Fritz Ullmann

Enzyklopädie der technischen Chemie

Erster Band

Verlag
der
Wissenschaften

Fritz Ullmann

Enzyklopädie der technischen Chemie

Erster Band

ISBN/EAN: 9783957003843

Auflage: 1

Erscheinungsjahr: 2015

Erscheinungsort: Norderstedt, Deutschland

Hergestellt in Europa, USA, Kanada, Australien, Japan
Verlag der Wissenschaften in Hansebooks GmbH, Norderstedt

Enzyklopädie der technischen Chemie

Unter Mitwirkung von Fachgenossen

herausgegeben von

Professor Dr. Fritz Ullmann

Berlin

Erster Band

Abanon – Äthylanilin

Mit 295 Textabbildungen.

URBAN & SCHWARZENBERG

BERLIN N., FRIEDRICHSTRASSE 105b.

WIEN I., MAXIMILIANSTRASSE 4.

1914.

Vorwort.

Vor ungefähr zwei Jahren trat die Firma URBAN & SCHWARZENBERG mit dem Vorschlage an mich heran, eine Enzyklopädie der technischen Chemie herauszugeben, die ungefähr 10 Bände umfassen und im Verlaufe von 3–4 Jahren erscheinen sollte. So ehrenvoll der Antrag auch war, seine Annahme ist mir im Hinblick auf die Größe der gestellten Aufgabe und das Maß der mit ihr übernommenen Verantwortung nicht leicht gefallen. Allein schon die Frage nach der Zweckmäßigkeit einer Einordnung der ganzen technischen Chemie mit ihrem verwirrenden Reichtum der Erscheinungen, ihrer erdrückenden Fülle von Problemen in ein enzyklopädisches Werk ohne Preisgabe des überall bestehenden engen Zusammenhanges begegnete schwerwiegenden Bedenken. Doch wie es dem Chemiker bei seiner praktischen Arbeit oft geht, so wuchs auch mir mit der Erkenntnis der Schwierigkeiten die Lust und der Mut zu ihrer Überwindung. Je mehr mich das Thema beschäftigte, umso deutlicher traten die Leitlinien für das Ganze hervor und ließen den Aufbau eines solchen Werkes greifbarere Formen annehmen. Bestimmend für meine Entschließung aber war das Ergebnis einer Rundfrage, welche ich an hervorragende Fachgenossen gerichtet hatte. Sie lieferte den Beweis, daß ein derartiges modernes Werk trotz der Reichhaltigkeit der vorhandenen Spezialliteratur einem Bedürfnis entspräche; sie erbrachte aber auch die Gewißheit, daß ein erlesener Stab von Fachgenossen, die nicht nur durch ihre praktische Tätigkeit mit dem betreffenden Gebiete aufs innigste vertraut sind, sondern vielfach auch den Rang von Autoritäten in ihrem Fache beanspruchen dürfen, zu treuer Mitarbeit bereit sei.

So wurde denn in fast 2jähriger angestrengter Vorarbeit der Grundplan für das gesamte Werk entworfen und die Anordnung sowie der Umfang der einzelnen aufzunehmenden Artikel festgestellt. Den Gegenstand des auf breitester Basis angelegten Werkes bilden nicht nur die chemische Großindustrie und die Metallhüttenkunde mit ihren maschinellen und apparativen Hilfsmitteln, sondern auch die zahlreichen Grenzgebiete, welche sich mit der stofflichen Veränderung oder der Veredelung der Materie überhaupt befassen. Demgemäß stellt es gleichzeitig eine Art Warenkunde dar, welche Bergwerksprodukte, Metalle, Chemikalien, pharmazeutische Präparate und Spezialitäten, Nahrungsmittel, Drogen und sonstige Stoffe, die Gegenstand technischer Verarbeitung sind, umfaßt. Ein klares und zutreffendes Bild von den gegenwärtigen Arbeitsweisen der Technik zu geben, gilt als der Hauptzweck des Werkes. Um ihn zu erreichen, schien es notwendig, mancherlei in zahlreichen Varianten durchgeführte Verfahren, wie z. B. das Abdampfen, Destillieren, Acylieren, Reduzieren u. s. w., unter den entsprechenden Stichworten gemeinsam abzuhandeln. Aus dem gleichen Grunde mußten auch Artikel rein wissenschaftlichen Inhalts aufgenommen werden, namentlich, um physikalische, chemische sowie physikalisch-chemische Begriffe und Arbeitsmethoden entsprechend dem heutigen Stande der Wissenschaft zu erklären.

Vorwort.

Dem enzyklopädischen Charakter des Werkes entsprechend, mußte die Anordnung des Stoffes alphabetisch sein. Doch schien es im Interesse der Übersichtlichkeit und zur Vermeidung von Wiederholungen zweckmäßig, Gebiete, welche stofflich eng zusammen gehören, auch äußerlich aneinander zu schließen. So ist z. B. die „Soda" unter „Natriumverbindungen" abgehandelt, in ähnlicher Weise sind die anorganischen Salze und Oxyde immer im Anschluß an die betreffenden Elemente beschrieben. Bei „Spiritus" findet sich ein Hinweis auf das Stichwort „Äthylalkohol", wo nicht nur seine physikalischen und chemischen Eigenschaften, sondern gleich die ganze Spiritusbrennerei erörtert sind. Das gleiche Streben nach der Schaffung zusammenhängender Artikel äußert sich auch darin, daß z. B. unter „Anilin" auch die durch Substitution aus dem Anilin erhältlichen Derivate untergebracht sind, was in gleicher Weise auch für „Benzol", „Benzoesäure", „Naphthalin" u. s. w. gilt. Die Salze organischer Säuren dagegen finden sich, alphabetisch geordnet, im Anschluß an die betreffenden Säuren. Auf diese Weise bilden große, zusammenfassende Einzelartikel den Grundstock des Werkes, dazwischen sind zahlreiche kleine Abhandlungen und Hinweise auf die etwa vorhandenen Hauptartikel eingereiht. In allen Fällen bringen die einzelnen Abhandlungen, welche z. T. bisher geheim gehaltene Verfahren zum Gegenstand haben, nach einer historischen Einleitung eine kurze Beschreibung der älteren Arbeitsweisen, an welche die ausführliche Schilderung der gegenwärtigen Methoden geschlossen ist. Neben- und Abfallstoffe, Analyse und Verwendung, sowie die wirtschaftlichen Momente, namentlich die Preisverhältnisse und die Statistik sind bei den wichtigeren Produkten besonders eingehend berücksichtigt worden. Durchweg ist großer Wert auf recht ausführliche Quellenangabe gelegt und die einschlägige Patentliteratur kritisch verarbeitet worden.

Um die Benutzung des Werkes in jeder nur denkbaren Weise zu erleichtern, dienen zur schnelleren Auffindung einer Substanz außer den zahlreichen Hinweisen die jedem Bande beigegebenen sehr ausführlichen Sachregister; den Schluß soll ein Generalregister bilden, welches die ganze Enzyklopädie umfassen wird. Für die Rechtschreibung gilt durchweg die wissenschaftliche Schreibweise nach JANSEN.

Weder Arbeit noch Mühe wurden gescheut, um mit der Hilfe von über 150 Mitarbeitern das hoch gesteckte Ziel zu erreichen. Wie weit dies gelungen ist, unterliegt dem Urteil meiner Fachgenossen; ihnen wäre ich für Anregungen, Berichtigungen sehr verbunden, um sie nach Möglichkeit für die weiteren Bände verwerten zu können.

Indem ich den ersten Band der Enzyklopädie der Öffentlichkeit übergebe, ist es mir ein Bedürfnis, sowohl meinen Mitarbeitern als auch dem Verlag an dieser Stelle den verbindlichsten Dank für ihre Bereitwilligkeit und wirksame Unterstützung auszusprechen. Doch vorerst ist nur der Anfang gemacht; um den harmonischen Charakter des Ganzen zu wahren, ist eine schnelle Folge der einzelnen Bände erforderlich und beabsichtigt. Darum verbinde ich mit meinem Danke die Bitte, auch künftig durch Innehaltung der Ablieferungstermine zum pünktlichen Erscheinen der Bände beizusteuern.

Herr Prof. DR. F. SACHS hat mich bei den Vorarbeiten, Herr DR. G. COHN beim Lesen der Korrekturen und Anfertigen des Registers bestens unterstützt. Ganz besonderer Dank aber sei auch hier Herrn Dozent DR. F. SPITZER ausgesprochen, der mir bei allen Arbeiten und schwierigen Fragen als treuer Ratgeber helfend zur Seite gestanden hat.

Berlin, im April 1914.

Technologisches Institut der Universität.

Fritz Ullmann.

Mitarbeiterverzeichnis.

Prof. **A. Albert**, Wien.
Dr. **Paul Alexander**, Berlin.
Prof. Dr. **K. Arndt**, Berlin.
Dr. **Ernst B. Auerbach**, Berlin—Baumschulenweg.
Hüttendirektor a. D. **Emil Bahlsen**, Frankfurt a. M.
Dr. **A. Bartels**, Harburg a. E.
Ob.-Ing. **Friedrich Barth**, Nürnberg.
Dipl.-Ing. **Ernst Baerwind**, Berlin.
Dr. **Carlo Baezner**, Seelze b. Hannover.
Dr. **L. Benda**, Mainkur bei Frankfurt a. M.
Eugen Bergmann, Fabrikbesitzer, Calbe a. S.
Dr. **W. Bertelsmann**, Berlin—Waidmannslust.
Dr.-Ing. **L. Bloch**, Berlin.
Dr. **C. Richard Böhm**, Berlin.
Dr. **R. Böhme**, Köln a. Rh.
Dr. **Gustav Bonwitt**, Berlin.
Dr. **E. Brauer**, Leipzig.
Prof. Dr. **G. Bredig**, Karlsruhe i. B.
Prof. **H. Brüggemann**, Mülhausen i. E.
Dr. **H. Brunswig**, Berlin—Steglitz.
Ingenieur **F. A. Bühler**, Berlin—Lichterfelde.
Prof. **Franz Částek**, Příbram (Böhmen).
Chemisches Laboratorium für Tonindustrie Prof. Dr. H. Seger & E. Cramer G. m. b. H. Berlin.
Dr. **Georg Cohn**, Berlin.
Direktor Dr. **Hans Dessauer**, Aschaffenburg.
Dr. **Theodor Diehl**, Berlin—Lichterfelde.
Prof. Dr. **Hugo Ditz**, Prag.
Dr. **L. Doermer**, Hamburg—Gr. Borstel.
E. Drouilly, Paris.
Dr. **Ernst Duntze**, Berlin.
Prof. Dr. **Felix Ehrlich**, Breslau.
Prof. Dr. **Alexander Eibner**, München.
Dr. **Arthur Eichengrün**, Berlin.
Direktor Dr. **Robert Eichloff**, Greifswald.
Dr. **Alfred Eisenstein**, Lobositz a. E.
Dr. **G. Ellrodt**, Berlin.
Prof. Dr. **Franz Erban**, Wien.
Dr. **Gg. Erlwein**, Berlin.
Ph. Eyer, Halberstadt.
Dr. **Fritz Frank**, Berlin.
Prof. Dr. **Paul Friedländer**, Darmstadt.
Prof. Dr. **Robert Gans**, Berlin.
Priv.-Doz. Dr. C. Freih. **v. Girsewald**, Berlin.
Dr. **Franz Goldschmidt**, Breslau.
Dr. **Franz Goldschmidt**, Berlin—Friedenau.
Prof. Dr.-Ing. **P. Goerens**, Aachen.
Dr. **E. Graefe**, Dresden.
Dr. **E. Graeger**, Berlin.
Prof. Dr. **Eugène Grandmougin**, Mülhausen i. Els.
Prof. Dr. **H. Großmann**, Berlin.
Dr. **Siegfried Guggenheimer**, Nürnberg.
Prof. Dr.-Ing. **E. Günther**, Breslau.
Dozent Dr.-Ing. **H. Hanemann**, Berlin.
Königl. Baurat **Eugen Hausbrand**, Berlin.
Ing. **C. Heine**, Düsseldorf.
Dipl.-Ing. **Otto Heinrich**, Berlin.
Dr. **A. Helfenstein**, Wien.
Dr. **Albert Hempel**, Leipzig—Oetzsch.
Prof. Dr. **W. Henneberg**, Berlin.
Dipl.-Ing. Dr. **Erich Herre**, Berlin.
Prof. Dr. **R. O. Herzog**, Prag.
Prof. Dr. **A. Hesse**, Berlin-Wilmersdorf.
Prof. Dr. **F. Willy Hinrichsen**, Berlin-Zehlendorf.
Prof. Dipl.-Ing. **Rudolf Hoffmann**, Claustal—Harz.
Obering. Dipl.-Ing. **Ernst Hurlbrink**, Berlin.
Direktor **Josef M. Illfelder**, Fürth.
Dr. **Ernst Jacoby**, München.
Prof. Dr. **M. Jacoby**, Berlin.
Prof. Dr. **Ernst Jänecke**, Hannover.
Dr. **M. Jewnin**, Berlin.
Hüttendirektor **Franz Juretzka**, Langelsheim a. Harz.
Prof. Dr. **Gerhard Just**, Berlin.
Dr. **Fritz Kalkow**, Offenbach a. M.
Dr.-Ing. **H. Kellermann**, Charlottenburg.
Prof. Dr. **Gustav Keppeler**, Hannover.
Dr. **Wilhelm Kiby**, Nürnberg.

Dr. **Richard Kissling**, Bremen.
M. Klar, Hannover—Kleefeld.
Dr. **Josef Klein**, Mannheim.
Dr. **W. Knecht**, Zürich.
Dipl.-Ing. **Martin Krause**, Berlin.
Direktor Dr. **C. Krauß**, Köln.
Dr. **P. Krische**, Berlin—Lichterfelde.
Dr. **Konrad Kubierschky**, Eisenach.
Dr. **Robert Lepetit**, Mailand.
Königl. Brandinspektor **Fritz Leybold**, Berlin.
Dr. **Richard Lüders**, Berlin.
Geh. Rat Prof. Dr. **W. Marckwald**, Berlin.
Prof. Dr. **B. M. Margosches**, Brünn.
Dr. **Georg Meyerheim**, Berlin.
Prof. Dr. **Otto Mohr**, Berlin—Hermsdorf.
Direktor Dr. **Martin Mugdan**, Nürnberg.
Dipl.-Ing. **Peter Müller**, Teutschental.
Direktor Dr. **Richard Müller**, Eilenburg bei Leipzig.
Dr. **A. Neuburger**, Berlin.
Dr. **M. P. Neumann**, Berlin.
Prof. Dr. **Franz Novak**, Wien.
Gewerbeassessor Dr.-Ing. **Karl Nugel**, Berlin.
Prof. Dr.-Ing. **Paul Oberhoffer**, Breslau.
Prof. Dr. **Johannes Paeßler**, Freiberg i. Sa.
Prof. Dr. **Amé Pictet**, Genf.
Dr. **Georg Pinkus**, Berlin.
Priv.-Doz. Obering. Dr. **Marcello v. Pirani**, Berlin.
Dr. **Wilhelm Pohl**, Manchester.
Dr.-Ing. **O. Pütz**, Tarnowitz (Ob.-Schlesien).
Geh. Rat Dr. **F. Regelsberger**, Berlin—Lichterfelde.
Prof. Dr. **Eugen Ristenpart**, Chemnitz.
Prof. Dr. **W. A. Roth**, Greifswald.
Dr. **Robert Rübencamp**, Dresden—Blasewitz.
Prof. Dr. **W. G. Ruppel**, Höchst a. M.
Prof. Dr. **Franz Sachs**, Berlin.
Dr.-Ing. **A. Sander**, Karlsruhe i. B.
Direktor Dr. **Robert E. Schmidt**, Elberfeld.
Priv.-Doz. Dr. **Josef Schmidt**, Wien.
Dr. **Hans Schneider**, Frankfurt a. M.
Dr. **Otto Schott**, Heidelberg.
Dipl.-Ing. **Ernst Schuchardt**, Berlin-Friedenau.
Prof. Dr. **Carl G. Schwalbe**, Eberswalde.
Dr. **Hermann Serger**, Braunschweig.
Direktor Dr. **Ottokar Serpek**, Paris.
Dr. **P. Siedler**, Berlin—Zehlendorf.
Dr.-Ing. **Felix Singer**, Bunzlau.
Dr. **Fritz Spitzer**, Berlin.
Prof. Dr. **Hans Stockmeier**, Nürnberg.
Direktor **W. G. Stolper**, Teutschental.
Dr. **Albert Sżameitat**, Flörsheim a. M.
Dr. **Rudolf Taussig**, Wien.
Baurat Dipl.-Ing. **Franz Paul Tillmetz**, Fürth i. B.
Dr. **W. Treadwell**, Berlin.
Dr. **P. W. Uhlmann**, Berlin.
Prof. Dr. **Fritz Ullmann**, Berlin.
Dr. **Martin Ullmann**, Hamburg—Horn.
Prof. Dr. **Max von Unruh**, Charlottenburg.
Prof. Dr. **L. Vanino**, München.
Prof. Dr. **I. H. Vogel**, Berlin.
Dr. **August Voelker**, Köln a. Rh.
Dr.-Ing. **Bruno Wäser**, Westeregeln.
Dr. **Max Weger**, Erkner bei Berlin.
Dr. **O. Weil**, Essen—Ruhr.
Dr.-Ing. **Ernst Weißhuhn**, Berlin.
Ing.-Chem. **Ludwig Wickop**, Berlin—Wilmersdorf.
Prof. Dr. **W. Windisch**, Berlin.
Priv.-Doz. Dr. **Fritz Wirth**, Berlin.
Dr. **Ernst Wulff**, Hamburg.
Dr. **H. Wüstenfeld**, Berlin—Neu-Finkenkrug.
Dr. **F. Zernik**, Berlin.
Prof. Dr. **R. Zsigmondy**, Göttingen.
Dr. **Jos. Zubelen**, Basel

Abkürzungen.

A. . . . . Liebigs Annalen
A. ch. . . . . Ann. de Chimie et de Physique
A. ch. anal. appl. . . Annales de chimie analytique appliquée
AEG . . . . Allgemeine Elektrizitäts Gesellschaft, Berlin
Agfa . . . . Actien-Gesellschaft für Anilin-Fabrikation in Berlin
A. Inst. Past. . . . . Annales de l'Institut Pasteur
Am. . . . . American Chemical Journal
A. Min. . . . . . . Ann. des Mines
Am. Ph. . . . . . . American Journal of Pharmacie
Am. Soc. . . . . . . Journal of the Americ. chem. Soc.
A. P. . . . . Amerikanisches Patent
Ann. Phys. . . . . . Annalen der Physik
Arch. Glas & Ker. . Arch. Physikal. Chem. des Glases und der keramischen Massen
A. Ph. . . . . Archiv der Pharmazie
A. ph. nat. . . . . . Archives des sciences physiques et naturelles
Ap. Z. . . . . Apothekerzeitung
Arb. K. Ges.-Amt . . Arbeiten aus dem Kaiserlichen Gesundheitsamt
Arch. Hyg. . . . . . Archiv für Hygiene
Arch. Phot. . . . . . Archiv für wissenschaftliche Photographie
Atm. . . . . Atmosphäre
Akad. W. . . . . . . Sitzungsberichte der Kgl. Preuß. Akademie der Wissenschaften, Berlin
B . . . . Berichte der Deutschen Chemischen Gesellschaft
Bamag . . . . Berlin - Anhaltische Maschinenbau A.-G.
BASF . . . . Badische Anilin- und Sodafabrik, Ludwigshafen a. Rh.
Bayer . . . . Farbenfabriken vorm. Friedr. Bayer & Co., Leverkusen
B. D. Bot. Ges. . . . Berichte der Deutschen Botanischen Gesellschaft
B. D. Pharm. Ges. . . Berichte der Deutschen Pharmazeutischen Gesellschaft
B. D. V. öff. Ges . Berichte des Deutschen Vereins für öffentliche Gesundheitspflege
°Bé. . . . . Grade Baumé
Beilstein . . . . . . Beilstein, Handbuch der organischen Chemie
Bergh. J. . . . . . . Berg- und Hüttenmännisches Jahrbuch
Berl. klin. W. . . . . Berliner klinische Wochenschrift
B. H. R. . . . . Berg- und Hüttenmännische Rundschau
B. H. Ztg. . . . . . Berg- und Hüttenmännische Zeitung
Bio. Z. . . . . Biochemische Zeitschrift
Bio. Ztrlbl. . . . . . Biochemisches Zentralblatt
Bl. . . . . Bulletin d. l. Soc. chim. de France
Bl. Belgique . . . . Bulletin de l'Académie royale de Belgique
Bl. du Froid. . . . . Bulletin Mensuel de l'Association International du Froid
Bl. Pétersbourg . . . Bulletin de l'Académie impériale des sciences de St. Pétersbourg
Bl. Sucre. & Dist. . . Bulletin de l'Assoc. des Chimistes de Sucrerie et de Distillerie
Boehringer . . . . . C. F. Boehringer & Söhne, Mannheim-Waldhof
Brandes . . . . . . Archiv des Apothekervereins im nördlichen Deutschland
Braunk. . . . . . . Die Braunkohle
Cal. . . . . Calorien
Cassella . . . . . . Leopold Cassella & Co., Frankf. a. M.
cbm . . . . Kubikmeter
ccm . . . . Kubikzentimeter
Ch. Apparatur . . . Chemische Apparatur
Ch. G. . . . . Chemical Gazette ed. by Francis
Ch. Ind. . . . . . . Die chemische Industrie
Ch. N. . . . . Chemical News
Ch. Rev. Fett- & Harz-I. Chemische Revue über die Fett- und Harzindustrie
Ch. Techn. Z. . . . . Allgemeine österreichische Chemiker- und Techniker-Zeitung
Ch. V. . . . . Sammlung chemischer und chemisch-technischer Vorträge (Stuttgart)
Ch. Weekbl. . . . . . Chemisch Weekblad
Ch. Ztg. . . . . Chemiker-Zeitung
Ch. Ztrlbl. . . . . . Chemisches Zentralblatt
Ch. Ztschr. . . . . . Chemische Zeitschrift
Ciba. . . . . Gesellschaft für chemische Industrie, Basel
Clayton. . . . . . . The Clayton Aniline Comp. Limited in Clayton b. Manchester
cm . . . . Centimeter
Colleg. . . . . Collegium
C. r. . . . . Comptes rendus des séances de l'Académie des sciences (Paris)
D . . . . Dichte (Spez. Gew.)

D_4^{20} . . . Spez. Gew. bei 20°, bezogen auf Wasser von 4°
D. A. B . . . Deutsches Apothekerbuch, früher Pharmacopoea germanica
D. A. 5. . . . Deutsches Arzneibuch, 5. Ausgabe
Des. . . . Desinfektion
D. Essig . . . Deutsche Essigindustrie, Die
Dingler . . . Dinglers Polytechnisches Journal
D. mediz. W. . . . Deutsche medizinische Wochenschrift
D. P. a. . . . Deutsche Patentanmeldung
D. R. P. . . . Deutsches Patent
Durand . . . Farbwerke vorm. L. Durand, Huguenin & Co., Basel
dz . . . Doppelzentner = 100 *kg*
Eis & Kälte . . . Eis- & Kälteindustrie
Electr. . . . Electrician
Electrochem. . . . Electrochemical Industry
Electrochem. met. Ind. . . . Electrochemical and metallurgical Industry
Electrochem. Z. . . . Elektrochemische Zeitschrift
Electr. Rev. . . . Electrical Review
Electr. W. a. E. . . . Electrical World and Engineering
El. Ztschr. . . . Elektrotechnische Zeitschrift
E. M. . . . Engineering and Mining Journal
E. P. . . . Englisches Patent
Färb. Ztg. . . . Färber Zeitung
Farben Ztg. . . . Farbenzeitung
Fer. . . . Ferrum
Flörsheim . . . Chemische Fabrik Flörsheim, Dr. H. Nördlinger in Flörsheim a. Main
Fortschritte Ch. Phys. Fortschritte der Chemie, Physik und physik. Chemie
F. P. . . . Französisches Patent
Fr. . . . Fresenius, Zeitschrift für analytische Chemie
Friedländer . . . Friedländer P., Fortschritte der Teerfarbenfabrikation
g . . . Gramm
G. . . . Gazzetta chimica italiana
Geigy . . . Anilinfarben- und Extraktfabriken vorm. Joh. Rud. Geigy & Co., Basel
Ges. . . . Gesundheit, Zeitschrift für Städtehygiene
Ges. Ing. . . . Gesundheitsingenieur
Gew. Mus. . . . Mitteilungen des k. k. Technologischen Gewerbemuseums Wien
Gew.-% . . . Gewichtsprozent
Gl. . . . Glückauf
Griesheim . . . Chemische Fabrik Griesheim Elektron in Frankfurt a. M. und Oehlerwerk in Offenbach a. M.
Gummi Ztg. . . . Gummizeitung
Heyden . . . Chemische Fabrik von Heyden in Radebeul b. Dresden
hl . . . Hektoliter
Holiday . . . Read Holiday & Sons, Limited in Huddersfield
HK . . . Hefner Kerzen
Hyg. R. . . . Hygienische Rundschau
J. . . . Jahresbericht der Chemie
J. A. Ch. . . . Journal of the Analytical Chemistry (Amerika)
Jäger . . . Carl Jäger, Anilinfarbenfabrik, Barmen
J. Agr. Sc. . . . Journal of Agriculture Science
Jahrb. Ph. . . . Jahrbuch für praktische Pharmazie
J. Ch. I. . . . Journal of the Soc. of Chem. Industry, Amerika
J. Ch. Ph. . . . Journal de Chimie et de Physique
J. Engin. Chem. . . . Journal of Industrial and Engineering Chemistry, The
J. G. . . . Journal für Gasbeleuchtung und Wasserversorgung
J. Gaslight. . . . Journal of Gaslight and Water Supply
J. Landw. . . . Journal für Landwirtschaft
J. Min. . . . Jahrbuch für Mineralogie
J. Ph. . . . Journal de Pharmacie
J. Pharm. Ch. . . . Journal de Pharmacie et de Chimie
J. Phys. Ch. . . . Journal of Physical Chemistry
J. pr. Ch. . . . Journal für praktische Chemie
Ir. . . . Iron
Ir. A. . . . Iron Age
Ir. a. St. J. . . . Journal of the Iron and Steel Institute
Ir. C. R. . . . Iron and Coal Trades Review, The
Ir. M. . . . Iron and Steel Magazine, The
Ir. Tr. J. . . . Iron Trade Journal
J. russ. phys.-chem. Ges. Journal der russ. phys.-chem. Gesellschaft
Kalle. . . . Kalle & Co., Biebrich a. Rh.
Keram. R. . . . Keramische Rundschau
kg . . . Kilogramm
Kinzlberger. . . . Kinzlberger & Co., Prag
Knoll. . . . Knoll & Cie., Ludwigshafen a. Rh.
Kolloid. Beih. . . . Kolloidchemische Beihefte
konz. . . . konzentriert
Kp_{760} . . . Siedepunkt bei 760 *mm* Druck
Kunstst. . . . Kunststoffe
KW . . . Kilowatt
l . . . Liter
Landw. Jahrb. . . . Landwirtschaftliche Jahrbücher
Leonhardt . . . Farbwerk Mülheim vorm. A. Leonhardt & Co., Anilinfarben- und Chemische Fabrik, Mülheim a. M.
Levinstein. . . . Levinstein, Limited, Vale Works, Blackley near Manchester
Lunge-Berl. . . . Lunge-Berl, Chemisch-technische Untersuchungsmethoden. VI. Auflage.
Lyon. . . . Manufacture Lyonnaise de Matières colorantes société anonyme, Lyon
m . . . Meter
M. . . . Monatshefte für Chemie
Merck. . . . E. Merck, Darmstadt
Met. . . . Metallurgie
Met. u. Erz . . . Metall und Erz
Met. and Chem. Eng. . . . Metallurgical and Chemical Engineering
M. D. L. G. . . . Mitteilungen der Deutschen Landwirtschafts - Gesellschaft
mg . . . Milligramm

Milchw. Ztrlbl. . . . Milchwirtschaftliches Zentralblatt
Milch-Ztg. . . . . . . Milchzeitung
Million. t . . . . . . Millionen *t*
Mineral Ind. . . . . Mineral Industry
Min. J. . . . . Mining Journal
Mitt. Materialpr. . . Mitteilungen des Materialprüfungsamtes in Groß-Lichterfelde
M. K. . . . . Medizin. Klinik
M. Kgl. Prüf. A. . . Mitteilungen der Kgl. Versuchs- und Prüfungsanstalt für Wasserversorgung und Abwasserbeseitigung
M. L. B. . . . . Farbwerke vorm. Meister Lucius & Brüning in Höchst a. M.
mm . . . . Millimeter
Mol.-Refr. . . . . . Molekularrefraktion
Molk. Ztg. . . . . . Molkerei-Zeitung
Mol.-Gew. . . . . . Molekulargewicht
Möhlau-Bucherer . . R. Möhlau u. H. T. Bucherer, Farbenchemisches Praktikum. Leipzig 1908.
Monnet. . . . . Société chimique des usines du Rhône anciennement Gillird, P. Monnet & Cartier, St. Fons bei Lyon
M. Sc. . . . . Moniteur Scientifique
Münch. med. W. . . . Münchener mediz. Wochenschrift
N. A. ph. nat. . . . . Archives de sciences physiques et naturelles, Nouvelle période
Nat. R. . . . . Naturwissenschaftliche Rundschau
N. J. Min. . . . . . Jahrbuch für Mineralogie. Neue Folge
Ö. P. . . . . Österreichisches Patent
opt.-akt. . . . . . . optisch-aktiv
Öst. Ch. Ztg. . . . . Österreichische Chemiker-Zeitung.
Öst. Verein. . . . . . Österreichischer Verein für chemische und metallurgische Produktion, Werk Hruschau
Ö. Z. B. H. . . . . . Österreichische Zeitschrift für Berg- und Hüttenwesen
P. . . . . Patentblatt
P. A. . . . . Poggendorfs Annalen
Papier Ztg. . . . . . Papierzeitung
Petr. . . . . Petroleum
Ph. Belg. . . . . . . Pharmakopoea Belgica
Ph. Helvet. . . . . . Pharmakopoea Helvetica
Phil. Trans. . . . . . Philosophical Transactions of the Royal Society of London
Ph. P. . . . . Pharmazeutische Post
Phys. Z. . . . . Physikalische Zeitschrift
Ph. Zentralh. . . . . Pharmazeutische Zentralhalle
Ph. Ztg. . . . . Pharmazeutische Zeitung
Proc. Chem. Soc. . . . Proceedings of the Chemical Society
Proc. R. Soc. . . . . Proceedings of the Royal Society of London
‰ . . . . Promille
% . . . . Prozent
%ig . . . . prozentig
PS . . . . Pferdestärke
qm . . . . Quadratmeter
qmm . . . . Quadratmillimeter
R. . . . . Recueil d. trav. ch. d. Pays-Bas
rac. . . . . racemisch
Radium. . . . . Radium, Le
Rev. g. Ch. p. et appl. . Revue générale de Chimie pure et appliquée
Rev. ind. . . . . . . Revue industrielle
Rev. Métall. . . . . . Revue de Métallurgie
Rep. Pharm. . . . . . Repertorium der Pharmazie
Riedel. . . . . J. D. Riedel, A.-G. in Berlin
R. P. . . . . Russisches Patent
Sandoz . . . . Chemische Fabrik vorm. Sandoz & Co., Basel
Scheideanstalt . . . . Deutsche Gold- und Silberscheideanstalt vormals Roessler in Frankfurt a. M.
Schering . . . . . . Chemische Fabrik auf Actien (vorm. E. Schering), Berlin
Schmelzp. . . . . . . Schmelzpunkt
Schöllkopf. . . . . . Schöllkopf, Hartford & Hanna Co., Buffalo N. Y.
Schultz . . . . Farbstofftabellen von G. Schultz
Schw. P. . . . . Schweizerisches Patent
Schw. W. Pharm. . . . Schweizerische Wochenschrift für Pharmazie
Seifens. . . . . Seifensieder-Zeitung
Sil. . . . . American Journal of sciences and arts (Silliman)
Soc. . . . . Journal of the chem. Soc. of London
Spez. Gew. . . . . . Spezifisches Gewicht
Sprechs. . . . . Sprechsaal, Der
St. Denis. . . . . . . Société anonyme des matières colorantes et produits chimiques de St. Denis (Seine)
St. u. E. . . . . . . Stahl und Eisen
t . . . . Tonne = 1000 *kg*
t. Meer . . . . Chemische Fabriken vorm. Weiler-ter Meer in Uerdingen a. Rh.
Ton-Ind. . . . . . . Tonindustriezeitung
°Tr. . . . . Grade Tralles
Trans. A. I. M. E. . . Transactions of the Americ. Institute of Mining Engineers
°Tw. . . . . Grade Twaddle
V. B. G. . . . . Verhandlungen des Vereins zur Beförderung des Gewerbefleißes
Veröff. K. Ges.-Amt. . Veröffentlichungen aus dem Kaiserlichen Gesundheitsamt, Berlin
V. öff. Ges. . . . . . Vierteljahrsschrift für öffentliche Gesundheitspflege
Vol.-% . . . . Volumenprozent
Verein f. ch. I. . . . . Verein für chem. Industrie in Frankfurt a. M.
W. Abw. . . . . Wasser und Abwasser
W. E. . . . . Wärmeeinheiten
W. J. . . . . Wagners Jahresbericht
Winther. . . . . Winther, Patente der organischen Chemie
Wülfing . . . . Farbenfabriken Wülfing, Dahl & Co., A.-G., Barmen
Z. anal. Ch. . . . . . Zeitschrift für analytische Chemie
Z. angew. Ch. . . . . Zeitschrift für angewandte Chemie
Z. anorg. Ch. . . . . Zeitschrift für anorganische Chemie
Z. Bel. . . . . Zeitschrift für Beleuchtungswesen

Z. B. H. . . . . Zeitschrift für Berg-, Hütten- und Salinenwesen
Z. B. H. Pr. . . . . . Zeitschrift für Berg-, Hütten- und Salinenwesen in Preußen
Z. Biol. . . . . Zeitschrift für Biologie
Z. ch. App. . . . . . . Zeitschrift für chemische Apparatenkunde
Z. Ch. Ind. Koll. . . . Zeitschrift für Chemie und Industrie der Kolloide
Z. Dampfk. . . . . . . Zeitschrift für Dampfkessel- und Dampfmaschinenbetrieb
Z. D. I. . . . . Zeitschrift des Vereines Deutscher Ingenieure
Z. Elektrochem. . . . . Zeitschrift für Elektrochemie
Z. Elektrotechn. . . . . Zeitschrift für Elektrotechnik
Z. Farben. . . . . . . Zeitschrift für Farben- und Textilchemie
Z. Farbenind. . . . . . Zeitschrift für Farben-Industrie
Z. Färberei . . . . . . Zeitschrift für Färberei und Druckerei
Z. f. Phot. . . . . . . Zeitschrift für wissenschaftliche Photographie, Photophysik und Photochemie
Z. f. Sauerstoff u. Stickstoff. . . . . Zeitschrift für Sauerstoff- und Stickstoffindustrie
Z. f. Spirit. . . . . . . Zeitschrift für Spiritusindustrie
Z. f. Warenkunde . . . Zeitschrift für allgemeine Warenkunde
Z. Brauw. . . . . . . Zeitschrift für das gesamte Brauwesen
Z. Kälte. . . . . Zeitschrift für die gesamte Kälteindustrie
Z. Kohlensäure. . . . . Zeitschrift für die gesamte Kohlensäureindustrie
Z. ges. Ww. . . . . . . Zeitschrift für die gesamte Wasserwirtschaft
Z. Gewk. . . . . Zeitschrift für Gewässerkunde
Z. Hyg. . . . . Zeitschrift für Hygiene und Infektionskrankheiten
Zimmer. . . . . Vereinigte Chininfabriken Zimmer & Cie., G. m. b. H. in Frankfurt a. M.
Z. Instr. . . . . Zeitschrift für Instrumentenkunde
Z. kompr. Gase. . . . . Zeitschrift für kompr. und verflüssigte Gase
Z. Med.-B. . . . . . . Zeitschrift für Medizinalbeamte
Z. öff. Ch. . . . . . . Zeitschrift für öffentliche Chemie
Z. phys. Ch. . . . . . . Zeitschrift für physikalische Chemie
Z. physiol. Ch. . . . . Zeitschrift für physiologische Chemie
Z. pr. Geol. . . . . . . Zeitschrift für praktische Geologie
Z. Sch. Spr. . . . . . . Zeitschrift für das gesamte Schieß- und Sprengstoffwesen
Zuck.-Ind. . . . . . . Zeitschrift der Zuckerindustrie
Z. Unters N. G. . . . . Zeitschrift für Untersuchung der Nahrungs- und Genußmittel
Zus. P. . . . . Zusatzpatent
Ztrlbl. allg. G. . . . . Zentralblatt für allgemeine Gesundheitspflege
Ztrlbl. Bakt. . . . . . Zentralblatt f. Bakteriologie, Parasitenkunde und Infektionskrankheiten

A.

Abanon (C. SORGER, Frankfurt a. M.), saures Magnesiumsalz einer komplexen Phosphorweinsäure. Die Darstellung nach *D. R. P.* 210857 beruht darauf, daß Magnesiumphosphat sich in Weinsäure löst; aus dieser Lösung ist Abanon abgeschieden. Weißes Pulver, fast ohne Geschmack, sehr schwer löslich in Wasser. Enthält rund 15% Wasser, 14% PO_4 und 11,5% *Mg*. Sollte 1908 als mildes Abführmittel Anwendung finden. Blieb ohne Bedeutung. Vgl. auch Asferryl und Phosiron. *Zernik.*

Abdampfen (Eindampfen, Konzentrieren, Verdampfen) bezweckt die Trennung einer Flüssigkeit von einem festen Körper oder die Trennung zweier oder mehrerer Flüssigkeiten voneinander unter Zuhilfenahme von Wärme derart, daß die zu entfernende Flüssigkeit in den dampfförmigen Zustand übergeht.

Die hierfür erforderliche Wärme kann

1. durch die Sonnenwärme,
2. durch die direkte Verbrennungswärme der Heizstoffe,
3. durch die Wärme des Wasserdampfes oder eines andern dampfförmigen oder flüssigen Heizmittels

erzeugt werden.

Man kann die Apparate, die zum Abdampfen gebraucht werden, auch einteilen in solche, bei denen die abgedampfte Flüssigkeit wiedergewonnen wird, und in solche, bei denen der entwickelte Dampf frei entweicht. Die in der Technik vielfach verwendete erstere Art von Abdampfapparaten ist unter Destillation beschrieben (s. d.).

I. Abdampfen durch die strahlende Wärme der Sonne.

Die einfachste Art der Abdampfapparate für technische Zwecke stellen die sog. Salzgärten dar, wie sie an den Küsten der südlicheren Meere häufig zu treffen sind. Flache, ausgebreitete Becken, die mit dem Meere durch Gräben und Schleusen in Verbindung stehen, werden mit Meerwasser gefüllt, worauf die Verbindung unterbrochen wird. Durch die strahlende Wärme der Sonne und durch die über die Oberfläche hinwegstreichende Luft wird das Wasser verdampft, so daß das Seesalz in fester Form gewonnen werden kann. Diese Form wiederholt sich häufig in der freien Natur ohne menschliches Zutun bei den sog. Bittersalzseen in Ägypten, Rußland, Innerasien und Amerika, die in der trockenen Jahreszeit Magnesium- und Natriumsulfat liefern.

In unserem nördlichen, gemäßigten Klima ist die Wirkung von Sonne und Wind nicht groß genug, um in gewöhnlichen Teichen hinreichend große Erfolge zu erzielen. Man steigert deswegen die Wirkung der beiden Faktoren durch Vergrößerung der Oberfläche der zu verdunstenden oder verdampfenden Flüssigkeit in den sog. Gradierwerken, die in größtem Maße zur Konzentration von Kochsalzsolen verwendet werden. Auch zur Rückkühlung von Kondenswasser für den Dampfmaschinenbetrieb haben die Gradierwerke eine weite Verbreitung gefunden.

Bei der Kochsalzgewinnung verwendet man fast ausschließlich Dorngradierwerke — große Holzgestelle, auf deren Latten Reisigbündel aus Schwarzdorn liegen. Die Reisigbündel haben den Zweck, die herniederrieselnde Sole auf das Feinste zu verteilen, um eine möglichst große verdunstende Oberfläche zu schaffen.

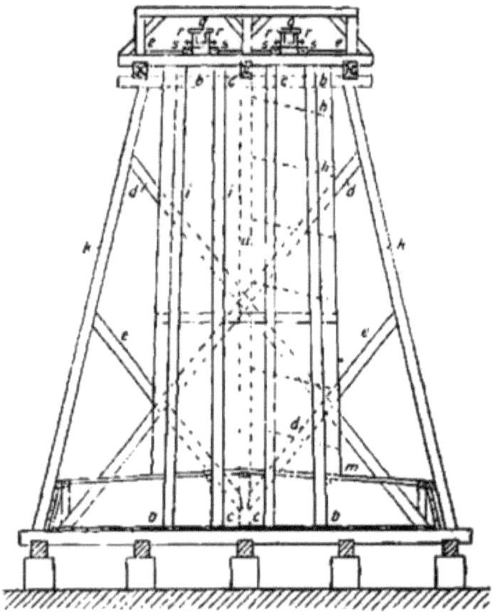

Abb. 1.

Abb. 1 zeigt den allgemeinen Aufbau eines solchen Gradierwerkes im Schnitte, während Abb. 2 die Einzelheiten zur Verteilung der Sole erkennen läßt.

In Abb. 1 sind die Rinnen, in welchen die Sole herbeifließt, mit *r* bezeichnet. Die Rinnen sind mit hölzernen Deckeln *q* abgedeckt. Die Sole fließt durch die hölzernen Auslaßhähne *s* in besondere kleinere Verteilungsrinnen und von diesen auf die Stellagen, welche die Dornbündel tragen. Das Gerüst, welches der ganzen Anordnung seinen Halt gibt, besteht aus der Mittelsäule *a*, den Außensäulen *k* und den Windstreben *e* und *d*. Die Reisigbündel liegen auf Latten *h*, welche die Lattenstützen *i* verbinden. Obere und untere Querhäupter sorgen für einen soliden Verband. Die Sole fließt in einen Holzkasten *b*, der durch einen Deckel *n* abgedeckt ist, um die konz. Sole vor Verdünnung durch Regenwasser zu schützen.

Die Verteilung der Sole über die Dornbündel wird durch eine Einrichtung gemäß Abb. 2 erzielt. Der Solenbehälter *a* besitzt am Boden Öffnungen, welche durch Holzstopfen *f* verschlossen werden können. Die Sole läuft bei geöffneten Stopfen durch die hölzernen Rohre *d* und *b* und kann durch kleine Holzhähne *c* auf Träufelrinnen *e* geleitet werden, von wo sie auf die Dornbündel niedertropft.

Gradierwerke werden in sehr großer Zahl auch in der Maschinentechnik angewendet. Hier ist jedoch der Hauptzweck nicht die Trennung zweier Körper voneinander, sondern lediglich die Abkühlung der Flüssigkeit durch die Verdampfung eines Teiles der Flüssigkeit selbst.

Die Gradierwerke, welche zur Rückkühlung von Kondenswasser dienen, besitzen an Stelle der Dornbündel zumeist Tropflatten aus Holz. Die von den Latten niederrieselnden Wassertropfen bieten der durchstreichenden Luft ausreichend Gelegenheit, Wasserdampf aufzunehmen. Hierdurch wird den Tropfen Wärme entzogen, und das zurückbleibende Wasser kühlt sich demgemäß ab. Während bei den gewöhnlichen Gradierwerken Sonne und Wind zur Verdunstung beitragen, schließt man die Sonnenwirkung bei den Rückkühlanlagen mit Kühltürmen zumeist aus. Vielfach werden neuerdings eiserne Kühltürme verwendet — sog. Kaminkühler — welche eiserne Verteilungsflächen besitzen, zumeist in Form von senkrechten, dicht neben- und aufeinander sitzenden Blechrohrstutzen. Die zur Abkühlung dienende Luft wärmt

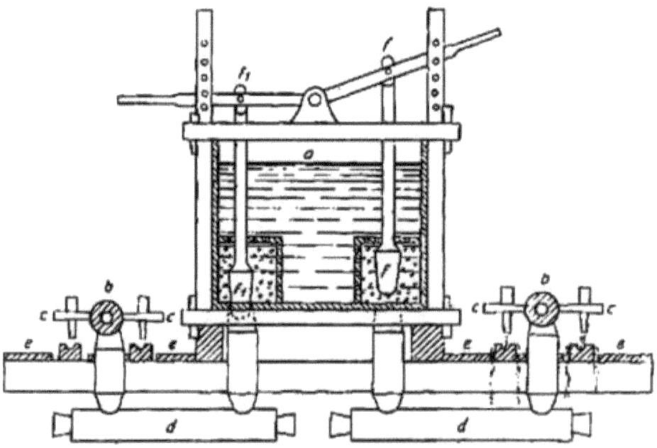

Abb. 2.

sich beim Passieren der Tropfgestelle an und steigt in dem kaminartigen Aufbau mit ziemlich großer Geschwindigkeit nach oben, so daß in einfachster Weise der nötige intensive Luftwechsel erzielt wird.

Bei hinreichend lebhaftem Luftwechsel gelingt es, das Wasser noch unter die Lufttemperatur abzukühlen. In den Tropen wendet man für die Kühlung von Gebrauchswässern öfters Streudüsen an, welche das Wasser staubfein zerteilen. Die Sammelbecken sind überdacht, um die Wirkung der Sonne auf das gekühlte Wasser auszuschalten. Auch mit dieser Einrichtung gelingt es, die Wassertemperatur erheblich unter die Lufttemperatur herabzukühlen.

II. Abdampfen durch direkte Übertragung der Verbrennungswärme von Brennstoffen.

Die zweite Art von Abdampfapparaten, die für die chemische Technik hauptsächlich mit in Frage kommt, benutzt die Verbrennungswärme der Heizstoffe. Die Übertragung der Wärme kann hierbei

a) unmittelbar durch Berührung der Heizgase mit der Flüssigkeit oder

b) mittelbar durch Beheizung der Wände der Abdampfapparate erfolgen; oft werden beide Heizarten miteinander vereinigt.

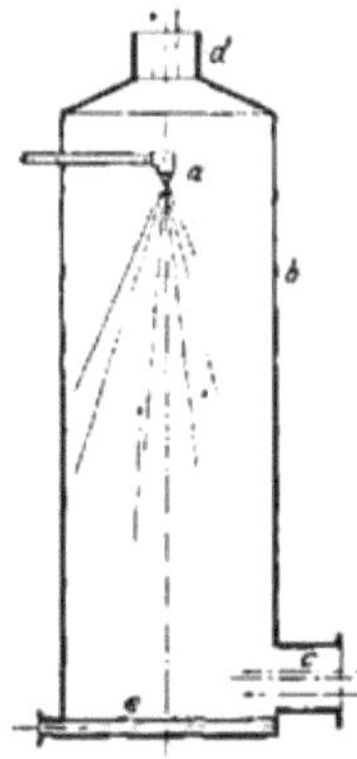

Abb. 3.

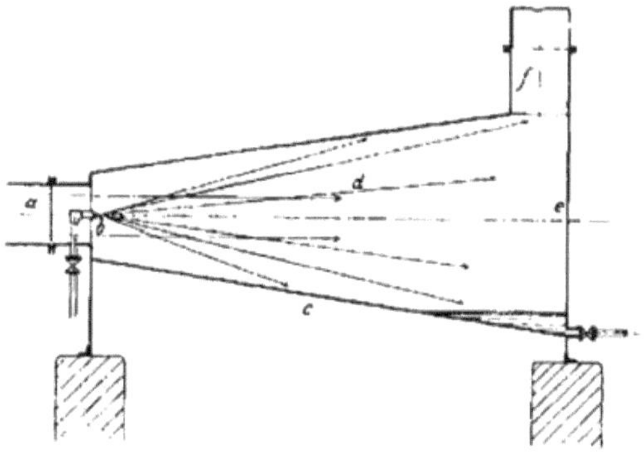

Abb. 4.

a) In der einfachsten Anordnung besteht die Einrichtung zum Verdampfen einer Flüssigkeit durch direkte Berührung mit den Heizgasen aus einem Düsensystem, welches die Flüssigkeit in feinst verteiltem Zustande in den von den Heizgasen erfüllten Raum hineinspritzt. Die Heizgase können der Flüssigkeit entgegenströmen oder die gleiche Richtung wie sie besitzen. Der Raum, in dem der Wärmeaustausch vor sich geht, kann in der senkrechten oder wagerechten Richtung seine größte Ausdehnung besitzen.

In der Abb. 3 ist eine solche Düsenanordnung in einem vertikalen Rohre (Turm, Schacht) angegeben. Durch die Düse *a* strömt die abzudampfende Flüssigkeit in das Innere des Turmes. Die Heizgase treten unten bei *c* durch einen oder mehrere Rohrstutzen, einen Ringkanal mit Schlitzen o. dgl. in den Turm ein und strömen nach oben, um bei *d* zu entweichen. Die konz. Flüssigkeit oder der feste Rückstand sammelt sich bei *e*, um abgelassen oder entfernt zu werden. Die Größe der Flüssigkeitströpfchen muß so bemessen werden, daß letztere vom Luftzug nicht durch den Abzugschlot *d* fortgeführt werden.

Bei wagerechter Anordnung, wie sie Abb. 4 zeigt, treten die Heizgase bei *a* ein und strömen mit den Flüssigkeitströpfchen, die durch die Brause *b* eintreten, in der Pfeilrichtung weiter. Der Boden *c* des Austauschraumes *d* ist zweckmäßig etwas geneigt anzuordnen, damit die Flüssigkeit oder der Rückstand sich am Auslaufende *e* sammelt, um abgelassen werden zu können. Die Gase entweichen durch den Abzugschlot *f*.

Eine etwas vollkommenere Einrichtung, wie sie für die Eindickung von Restlaugen im Gebrauch ist, zeigen die Abb. 5, 6 und 7.

Der Eindampfturm (Abb. 5 und 6) arbeitet nach dem Gegenstromprinzip. Die einzudickende Flüssigkeit wird durch die Flügelpumpe P zum Teil durch w, bzw. p und p_1, von unten in die Doppelwandung B_1 des Turmes B und teilweise durch w_1 von oben in die Brause H (s. Abb. 6) und den Ringkanal F in den Turm gedrückt. Beim Emporsteigen wärmt sich die Lauge in B bzw. B_1 an, tritt am obern Ende aus B und B_1 nach innen über und rieselt an den heißen Wandungen herab. Die aus der Brause H und dem Ringkanal F austretende Lauge strömt in Regenform hernieder und wird von den aufsteigenden Heizgasen erhitzt. Eine weitere

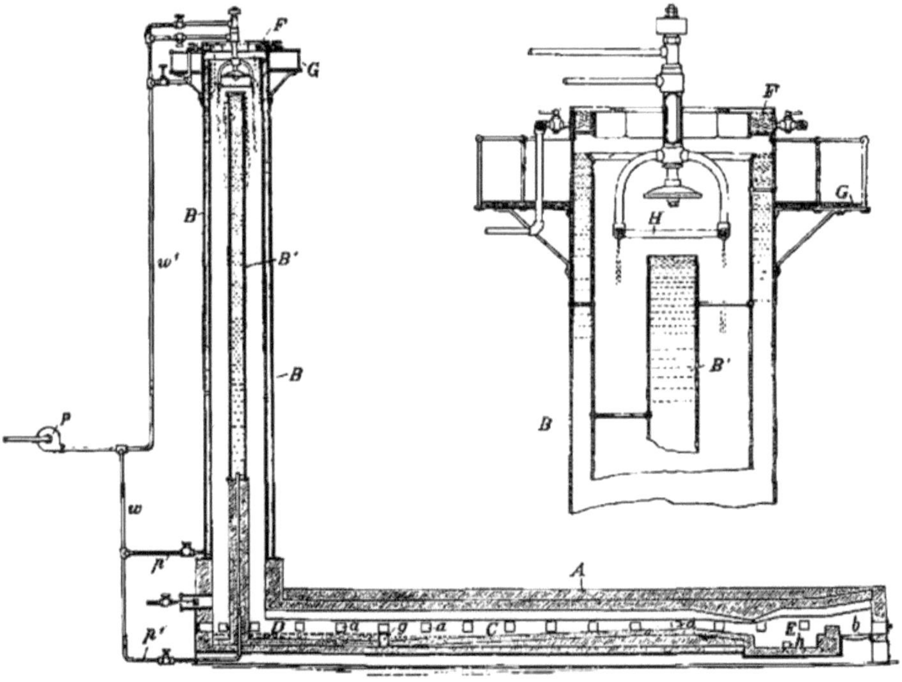

Abb. 5 und 6.

Erhitzung findet auf dem Herde D des Calcinierofens A statt, über welchen die Feuergase zuerst hinwegstreichen.

In Abb. 7 ist das Gleichstromprinzip erläutert.

Die Flüssigkeit wird in den Turm B durch Düsen D unter starkem Drucke hineingespritzt und steigt mit den Feuergasen zusammen eine gewisse Wegstrecke in die Höhe. Nachdem die einzelnen Tropfen ihre lebendige Kraft verzehrt haben, fallen sie auf den Herd zurück und werden in der vorbeschriebenen Weise weiter erhitzt. Um die Wärme der Feuergase weiter auszunutzen, sind am obern Ende des Turmes mehrere übereinander liegende Abdampfpfannen F angeordnet, die durch die Pumpe H mittels der Rohrleitungen k mit Flüssigkeit gefüllt werden. Ein Teil der Flüssigkeit verdampft, der Rest wird im Behälter E gesammelt, von wo aus die Druckpumpe saugt, welche die Strahldüsen D versorgt.

Auf die vorbeschriebene Weise kann man die verschiedenartigsten Flüssigkeiten behandeln — in Amerika wird beispielsweise Milch derart eingedickt. Mit Vorteil wird die Düsenverdampfung angewendet, wenn man Salzlaugen zur Trockne verdampfen und das verbleibende Salz in feinster Verteilung gewinnen will. Oft auch kann man die vorbeschriebene Methode bei solchen Flüssigkeiten anwenden, die in erhitztem Zustande die Gefäßwände zerstören.

Für die Konzentration von Säuren, speziell von Schwefelsäure, wendet man in ausgedehntem Maße flache Schalen aus keramischem Material (Porzellan) oder neuerdings Quarzgut an, um und über welche die Heizgase streichen. Die Schalen sind treppenförmig übereinander aufgestellt, und die Säure durchrieselt entgegen dem Strome der Heizgase die Schalenreihen in absteigender Richtung.

b) Im Vorstehenden ist schon die zweite Art der Abdampfprozesse berührt worden, nämlich die Verdampfung von Flüssigkeiten in von Feuergasen bespülten Behältern. Die einfachste Art solcher Apparate ist der gewöhnliche Kochkessel, aus Metall oder einem keramischen Material bestehend, von unten beheizt. Je nach dem Verwendungszweck, der Menge der zu behandelnden Flüssigkeit und den Eigenschaften derselben wechseln Form, Größe und das Material des Kessels. Nach diesen Gesichtspunkten entscheidet es sich auch, ob das Abdampfen bei gewöhnlichem atmosphärischen Drucke, unter Über- oder Unterdruck erfolgen soll. Auch die Art der Beheizung wird zuweilen beeinflußt — wenn auch nicht in erster Linie — durch die vorgenannten Gesichtspunkte; auf diese wirkt vielmehr zumeist die Frage der Brennstoffbeschaffung entscheidend ein.

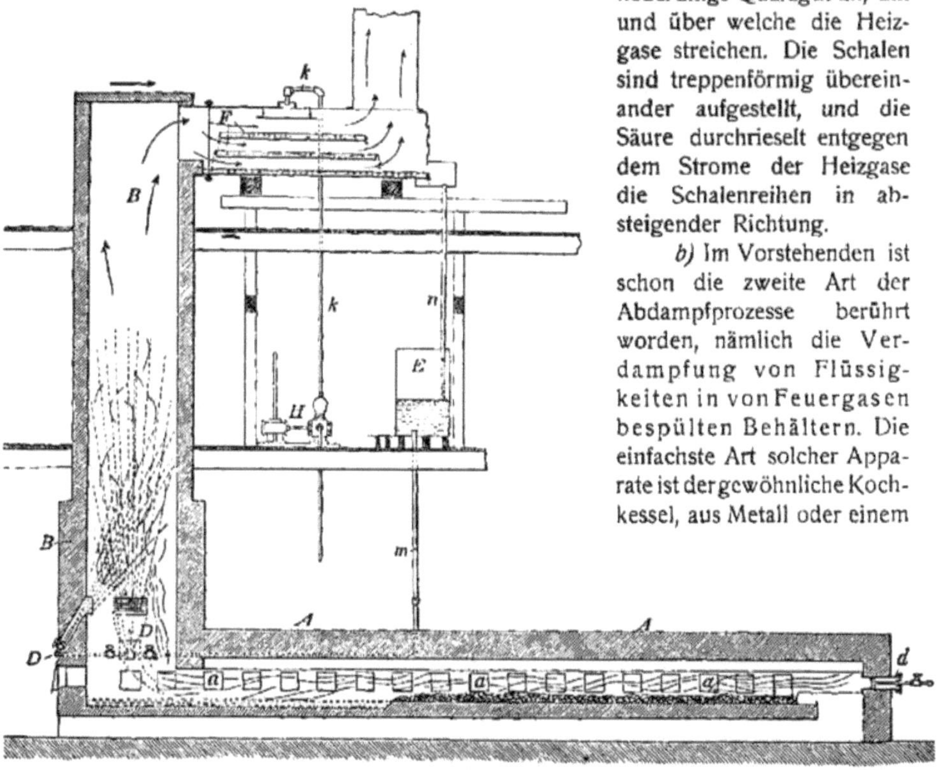

Abb. 7.

Der gewöhnliche runde oder viereckige Kochkessel wird üblicherweise bei gewöhnlichem Drucke mit Feuer beheizt. Er ist in seiner populären Form als Küchentopf schon seit Urzeiten bekannt und wird auch in der chemischen Technik in ausgedehntestem Maßstabe angewendet. Fast keiner der vielen Zweige chemischer

Industrie vermag ohne dieses einfachste aller chemischen Geräte zu existieren, das vielfach in ganz außerordentlich großen Dimensionen ausgeführt wird.

Ein einfacher, direkt beheizter Kessel, wie er in der Soda- oder Sulfatindustrie häufig verwendet wird, ist in Abb. 8 dargestellt.

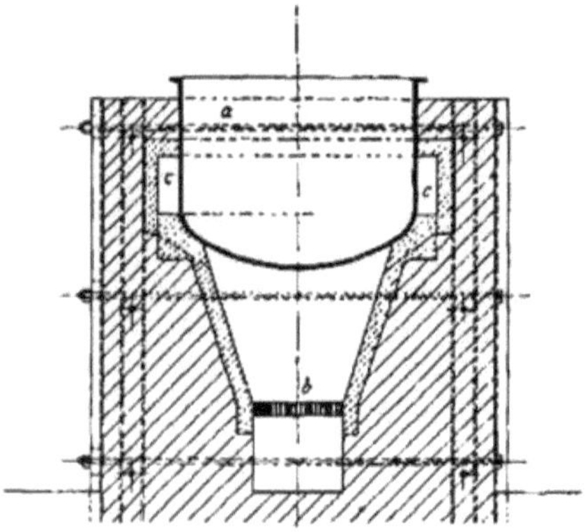

Abb. 8.

Der Kessel *a*, dessen Wandungen und Boden je nach dem Fassungsvermögen und der Art der einzudampfenden Flüssigkeit oft recht beträchtliche Stärke zeigen kann — bis zu 150 *mm* und mehr — sitzt in einer Feuerungsanlage über einem Plan- oder Treppenrost *b*. Das Feuer schlägt unmittelbar gegen den Boden und zieht entweder direkt in den Fuchs, oder seine Wärme wird noch in einem Ringkanal *c* weiter ausgenutzt, bevor sie in den Fuchs gelangt.

Ein Kochkessel in ganz moderner Ausführung ist in Abb. 9 wiedergegeben. Der Kessel dient zu den verschiedenartigsten Zwecken und wird bis zu den größten Dimensionen, welche die Technik bewältigen kann, hergestellt. Das Material ist in der Regel Gußeisen. An den geraden Mantel *a* schließt sich, wie die Zeichnung erkennen läßt, ein nach einwärts gewölbter Boden mit sanftem Übergang an. Diese Form gestattet die bequeme Anbringung eines Ablaßventils *d*, das man zuweilen noch zweckmäßigerweise, insbesondere wenn der Kessel eingemauert wird, von einer Schutzhülse *e* umgibt. Ein gewölbter Deckel *g* trägt ein kräftiges Rührwerk *h*, auf dessen senkrechter Welle ein freischwebender doppelter Schraubenrührer *f* befestigt ist. Zur Kontrolle der Temperatur dient das Thermometer *i*.

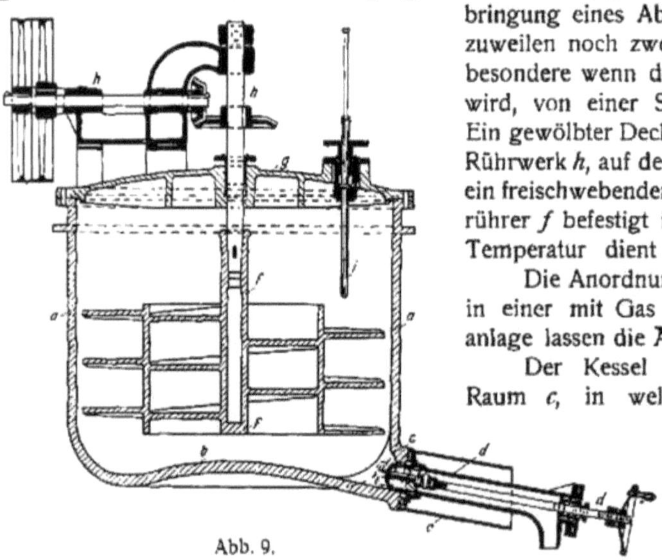

Abb. 9.

Die Anordnung solcher Kochkessel in einer mit Gas beheizten Feuerungsanlage lassen die Abb. 10—13 erkennen. Der Kessel *a* überspannt einen Raum *c*, in welchem die aus dem Schachte *d* aufsteigende Flamme sich frei entfalten kann. Soll *a* möglichst hoch erhitzt werden, wird der Kessel *a*, auf kräftigen Trägern hängend, möglichst freischwebend angeordnet, um gefährliche Spannungen infolge ungleichmäßiger Erwärmung zu vermeiden.

Wird der Kessel nicht so scharf beheizt, dann kann man ihn auf dem Mauerrande von *c* lagern. Die Heizgase steigen durch kleine Schächte *b* in die Höhe und werden in einem Ringkanal *h* gesammelt, so daß *a* auch noch von der Seite her beheizt wird. Die Gasfeuerung arbeitet mit Überdruck; das Heizgas strömt demgemäß mit einer gewissen Geschwindigkeit aus der Düse *g* in die weitere Mischdüse *e*. Hier mischt es sich mit der beim Durchstreichen des Kanals *f* vorgewärmten Luft. Das Gaszuleitungsrohr *m* ist mit den Absperrventilen *l* versehen, durch welche die genaue Regelung der durch die Stutzen *k* in die Feuerung strömenden Gasmenge bewirkt wird. Die zur Verbrennung nötige Luft strömt durch die Stutzen *p*

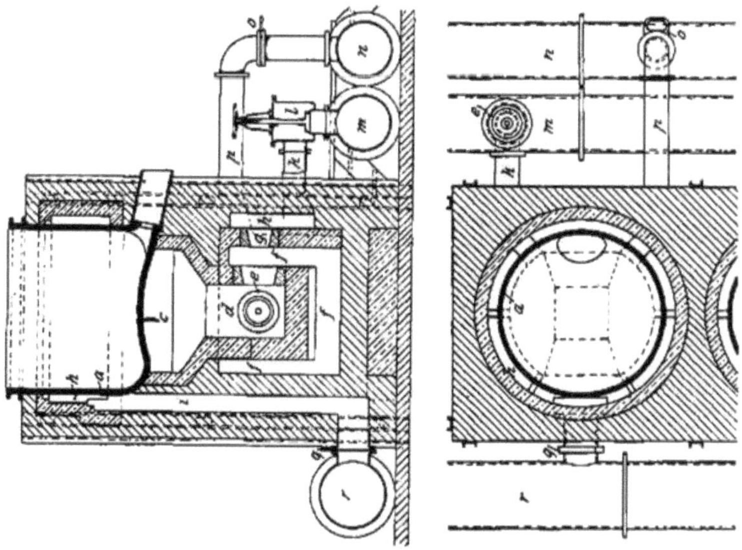

Abb. 10 und 11.

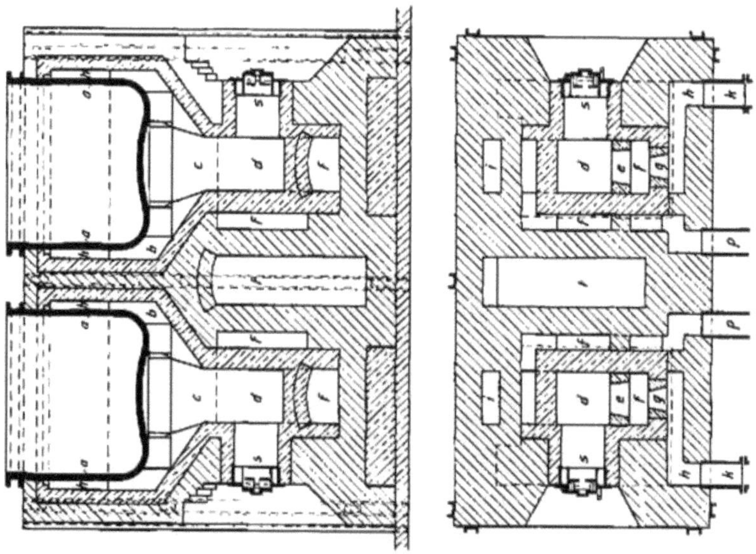

Abb. 12 und 13.

in die Kanäle *f*. Ihre Menge ist durch Schieber *o* ebenfalls genau regulierbar, so daß aus *n* nur das eben notwendige Quantum ausströmen kann. Sind die Feuerungen an Schornsteinen mit lebhaftem Zuge angeschlossen, dann ist es erforderlich, hinter dem Fuchs *i* noch einen Schieber *q* einzubauen, um das Sammelrohr *r* von der Feuerung beliebig absperren zu können.

Die Anordnung mit besonderen Sammelrohren für Luft, Frischgas und Abgase wird dann vorteilhaft sein, wenn die Feuerungen nicht zu ebener Erde, sondern in einem höheren Gebäudestockwerk liegen, und wenn die Träger desselben nicht noch durch schwere Fundamente, wie sie gemauerte Kanäle für die verschiedenen Gase bedingen würden, belastet werden sollen.

In größtem Maßstabe werden die direkt beheizten Kochpfannen in der Kochsalzindustrie (s. Natriumchlorid) angewendet; eine große Anzahl Salinen arbeitet heute noch ausschließlich mit solchen Siedepfannen. Die Ausmaße derselben sind oft ganz bedeutend. Pfannen von 5—6 *m* Breite und über 40 *m* Länge sind keine Seltenheit.

In der neueren Zeit werden die Siedepfannen mit Regenerativfeuerungen eingerichtet, um das Brennmaterial möglichst gut auszunutzen.

Abb. 14 zeigt eine solche Anordnung in schematischer Darstellung. Auf dem Roste *f* häuft sich das Brennmaterial bis in den Füllschacht hinein an und vergast allmählich. Durch den Gaskanal *h* steigen die Verbrennungsgase aufwärts und mischen sich bei *i* mit der Luft. Die Flamme schlägt durch den Flammraum *n* hindurch unter die Pfanne und zieht, in mehrere Kanäle geteilt, unter derselben hin. Die Verbrennungsluft tritt bei *l* ein, durchstreicht den jeweils im Gange befindlichen Regenerator *o* (es sind zwei solche Regeneratoren für jede Feuerung vorhanden) nach Passieren der Luftkanäle *p* und gelangt durch *m* und *k* nach den Mischöffnungen bei *i*. Die Verbrennung ist eine sehr vollkommene.

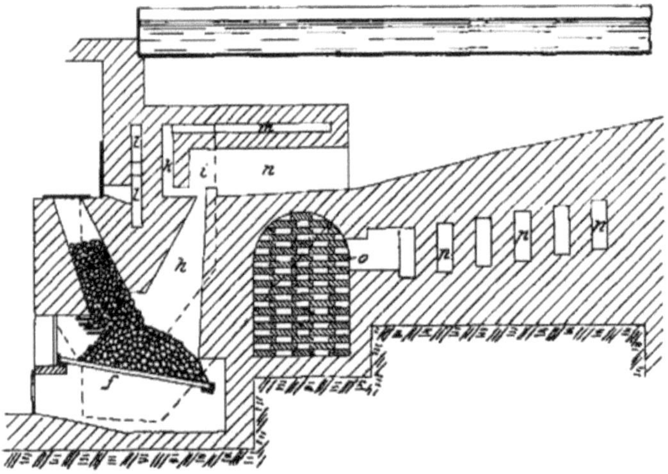

Abb. 14.

Bei der großen Länge der Pfannen ist es erforderlich, daß die Herstellung derselben in sorgfältiger und solider Weise erfolgt.

In der Petroleumindustrie werden Kochkessel angewendet, die man eigentlich als Destillierapparate ansprechen kann, wenn sie sich auch in der Form und Ausführung den Dampfkesseln älterer Konstruktion mehr nähern als den üblichen Destillierapparaten. Der Vollständigkeit halber seien zwei Vertreter dieser Kessel hier beschrieben.

Da es sich bei der Erdölindustrie (s. Erdöl) in der Regel um die Bewältigung großer Mengen handelt, sind die Kessel zumeist von sehr großem Fassungsvermögen. Mit dem steigenden Inhalt nimmt die Heizfläche nicht in gleichem Maße zu. Man muß also, um die nötige Berührungsfläche für die Feuergase zu schaffen, durch besondere Formgebung der Kesselwände und den Einbau von Flammrohren für die Herstellung der erforderlichen Heizfläche sorgen. Abb. 15 läßt die Form eines solchen Kessels erkennen, der im allgemeinen an die alten Kofferkessel erinnert, die zu Anfang und Mitte des vorigen Jahrhunderts als Dampferzeuger im Gebrauch waren. Der Fassungsraum beträgt 100—300 *cbm*, setzt also sehr große Apparate voraus.

Der Kessel *A* hat einen dreifach gewölbten Boden und einen schwach nach oben gewölbten Deckel, auf welchem die Abzugstutzen *a* sitzen. Da die Kessel häufig mit Rückstandsöl geheizt werden, zeigt die nebenstehende Figur eine solche Brenneranlage. In den überwölbten Verbrennungsräumen *B*, B_1 erfolgt die Flammenentwicklung; um bei der hohen Verbrennungstemperatur der Öle den Boden des Kessels nicht zu schnell zu zerstören, sind dieselben durch das Gewölbe durchgehends geschützt. Die Flamme kehrt am rückwärtigen Ende des Kessels nach vorn zurück, steigt in die Seitenzüge, um von da zum Schornstein zu ziehen.

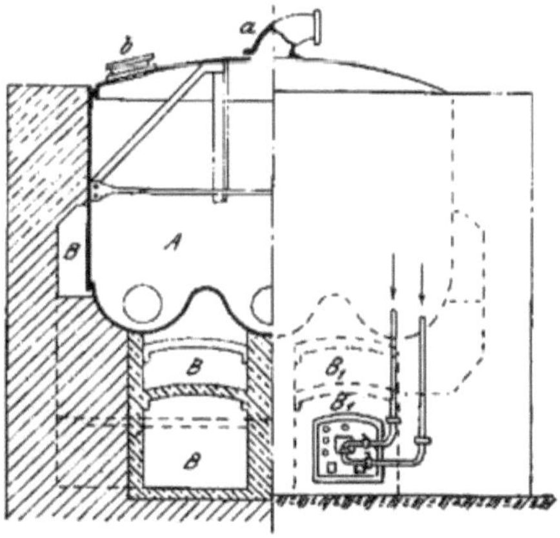

Abb. 15.

Wenn die Kessel mit Kohle beheizt werden, bei denen keine scharfe Stichflamme zu befürchten ist, findet man zuweilen auch die Ausführung Abb. 16, die schematisch aufzufassen ist.

Um die Wärme der Heizgase besser auszunutzen, sind je zwei Flammrohre *F* in die Ausbauchungen des Bodens gelegt, so daß die Seitenzüge entbehrlich erscheinen. Ein eigentümliches Kennzeichen dieser älteren Kessel ist das Rohrregister der Abzugsleitungen *C*, von denen 30—50 Stück vorhanden sein können.

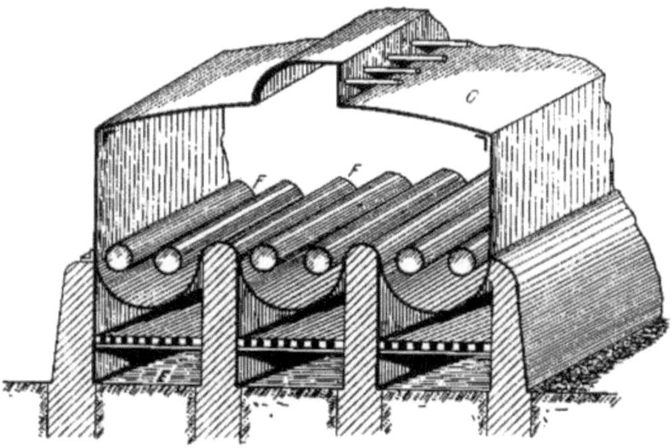

Abb. 16.

Dem Typus der gewöhnlichen Walzendampfkessel nähert sich der Kochkessel Abb. 17 und 18. Dieser Kessel besitzt nur Unter- und Seitenzüge. Die Flamme schlägt vom Roste *A* über die Feuerbrücke *B* in den überwölbten Zug Z_1 und teilweise durch schräge Löcher im Schutzgewölbe *C* direkt unter den Kessel. Von hier steigen die Gase aufwärts in den Seitenzug Z_2a und gehen von da zum Fuchs. Wenn der Inhalt des Kessels so weit verdampft ist, daß die Wandung an den Zügen Z_2 nicht mehr von Flüssigkeit bedeckt ist, so daß die Gefahr einer schädlichen Überhitzung vorliegt, werden die Heizgase direkt in die Züge Z_1a geleitet, um alsbald in den Fuchs zu strömen.

An dieser Stelle sei erwähnt, daß die verbreitetste Art von Abdampfkesseln, welche die erzeugten Dämpfe unter mehr oder minder großem Überdruck entlassen, die bekannten Dampfkessel sind. Da ihr Hauptzweck nicht die Trennung zweier Flüssigkeiten oder einer Flüssigkeit von einem festen Körper ist, sei hier nicht weiter auf ihre Beschreibung eingegangen (s. Dampferzeugung).

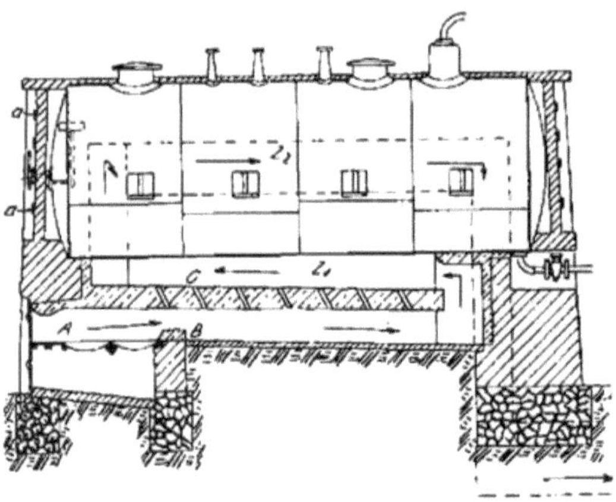

Abb. 17.

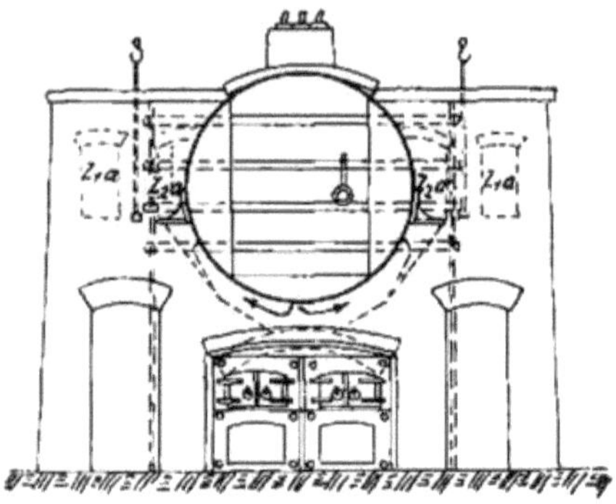

Abb. 18.

III. Abdampfen unter Beheizung durch Dampf.

Eine sehr große Verbreitung und außerordentlich vielseitige Ausgestaltung ihrer Bauart haben die mit Dampf beheizten Abdampfapparate gefunden. Die Beheizung kann

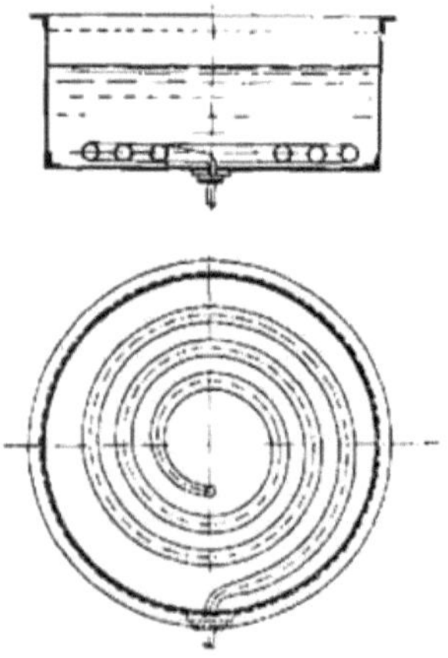

Abb. 19 und 20.

a) durch direktes Einleiten von gespanntem, event. überhitztem Dampf erfolgen, oder

b) indirekt durch äußere Heizmäntel, sie kann auch

c) durch innenliegende Heizkörper bewerkstelligt werden; endlich kann das Verdampfen selbst, außer unter gewöhnlichem atmosphärischen Drucke auch

d) bei Überdruck oder Vakuum oder einer Verbindung verschiedener Druckstufen vor sich gehen.

a) Bei der direkten Einleitung von Heizdampf handelt es sich zumeist um die Entfernung niedrig siedender Flüssigkeiten. Bei solchen Flüssigkeiten, deren Siedepunkt nahe bei demjenigen des Heizmittels liegt, kann es sich bei der direkten Beheizung nicht um die Entfernung erheblicher Flüssigkeitsmengen handeln, da durch den kondensierenden Dampf zumeist so viel oder mehr an Flüssigkeit zugeführt wird, wie in Dampfform entweicht. Beim direkten Einleiten des Dampfes in eine Flüssigkeit wendet man zumeist ein einfaches Rohr an; falls das hierbei entstehende knatternde Geräusch störend wirkt, kann man ein Verteilungsorgan anwenden, welches den Dampfstrahl vielfach zerteilt und hierdurch die Mischung von Flüssigkeit und Dampf geräuschlos erfolgen läßt. Am einfachsten kann dies mit einem gelochten Rohr erzielt werden, durch welches der Dampf austritt. Das Rohr kann hierbei verschiedenartig angeordnet sein, z. B. wie Abb. 19 und 20 zeigt, in Schlangenform.

Eine andere Form von Anwärm- oder Dampfheizapparaten sind die Düsenmischer, wie aus den Abb. 21–25 erkenntlich ist. Der Dampf tritt durch eine Düse in ein geschlitztes Rohr ein, wo er sich sofort mit der Flüssigkeit innig mischen kann. Will man auch das hierbei noch auftretende geringe Geräusch vermeiden, läßt man durch eine besondere Vorrichtung Luft in die Düse treten. Da das Geräusch seine Ursache lediglich in der Bildung leerer Räume bei der energi-

Abb. 21.

Abb. 22.

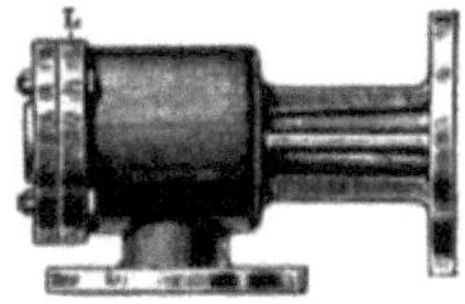

Abb. 23.

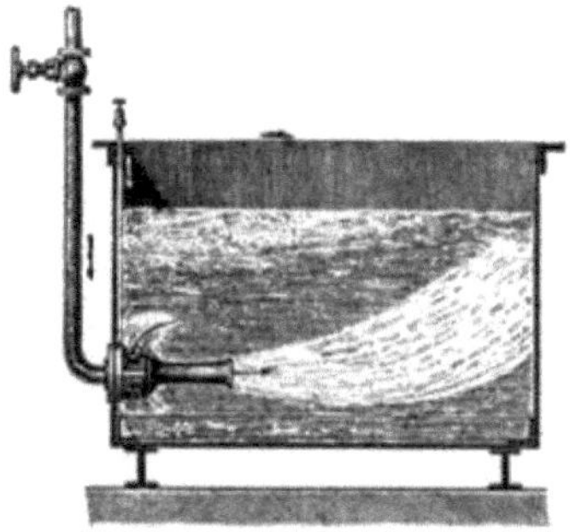

Abb. 24.

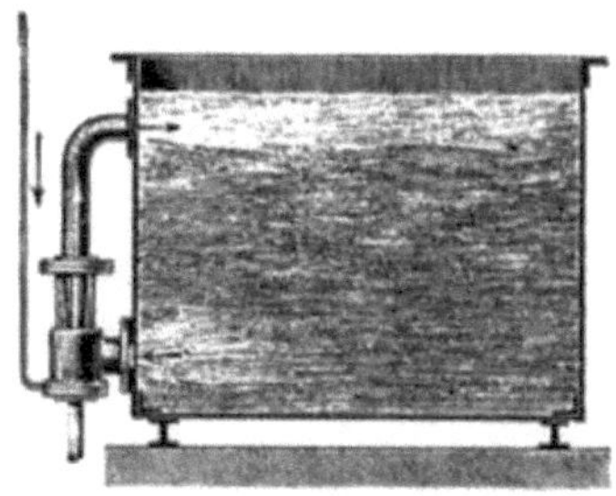

Abb. 25.

schen Kondensation des Wasserdampfes hat, die von den hineinstürzenden Wassermengen unter Schallwirkung ausgefüllt werden, wirkt die eingeführte Luft wie ein Polster, also geräuschdämpfend.

Die Mischapparate können, wie Abb. 24 zeigt, entweder ganz im Innern des Flüssigkeitsbehälters sitzen oder außen angebracht und durch geeignete Rohrleitungen mit dem Innern verbunden sein. Die beigemischte Luft tritt bei L in die Mischdüse ein. Ihre Menge kann durch eine Regulierschraube geregelt werden, die am Ende eines kleinen, bei L eingeschraubten Gasrohres sitzt.

Wenn der Kochpunkt der Flüssigkeit erreicht ist und das eigentliche Abdampfen somit begonnen hat, pflegt das Geräusch zumeist von selbst aufzuhören.

b) Bei der indirekten Wärmezufuhr ergibt sich eine Reihe von Forderungen, die erfüllt werden müssen, wenn die Abdampfapparate richtig funktionieren sollen. Der Anwärm- und Kochprozeß soll deshalb zunächst kurz erläutert werden.

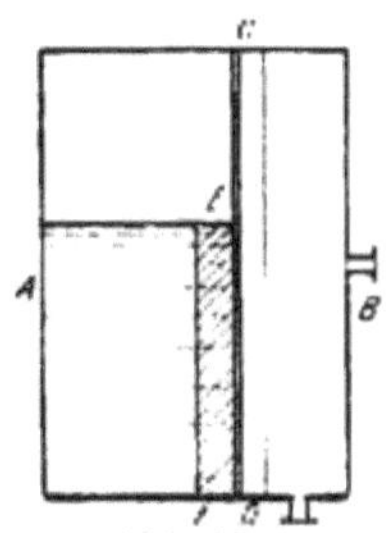

Abb. 26.

Die zwei Gefäße A und B seien durch eine Wand CD getrennt. In B befindet sich das Heizmittel, zumeist Wasserdampf, in A die zu erwärmende Flüssigkeit (Abb. 26).

Die Wand CD leitet die Wärme des Heizmittels, welches die Temperatur T besitzt, allmählich zur Flüssigkeit mit der niedrigeren Temperatur t. Allmählich steigt in der zunächst der Wand CD befindlichen Flüssigkeitsschicht EF die Wärme bis zur Temperatur t_1. Findet an der Wand CD keine Bewegung – Strömung oder Zirkulation der Flüssigkeit – statt, dann tritt die Wärme durch CD und EF, welches hierbei wie eine zweite Leitfläche wirkt, in die entfernteren Flüssigkeitsschichten allmählich über. Dieser Vorgang würde sich wiederholen, bis die ganze Flüssigkeit die Temperatur t_1 angenommen hätte. Das Wärmeleitungsvermögen von Flüssigkeiten ist im Verhältnis zu demjenigen von Metallwänden gering, und die übertragene Wärmemenge ist umgekehrt proportional zur Dicke der wärmeleitenden Schicht. Aus diesem Grunde ist es geboten, die Schicht *EF* möglichst schnell zu entfernen, damit neue Flüssigkeitsteile in Berührung mit *CD* kommen können. Dies kann durch mechanisch wirkende oder natürliche Mittel erzielt werden.

Liegt die wärmeleitende Fläche *CD* horizontal (Abb. 27) und befindet sich das Heizmittel unten in *B*, die zu erwärmende Flüssigkeit in *A*, dann vermag die zunächst *CD* befindliche erwärmte Flüssigkeitsschicht infolge ihres nunmehr verringerten spez. Gew. eine Lagenveränderung durch Emporsteigen in der kälteren, schwereren Flüssigkeit herbeizuführen. Naturgemäß kann diese Schicht als Ganzes nicht emporsteigen, sie teilt sich vielmehr in einzelne, aufwärts gerichtete Ströme, denen analoge, abwärts gerichtete Ströme der kälteren Flüssigkeit das Gleichgewicht halten. Beide Ströme hindern sich, da sie ungeregelt verlaufen, in ihrer Bewegung, das Anwärmen und Kochen verläuft demnach nicht gleichmäßig. Würde sich die

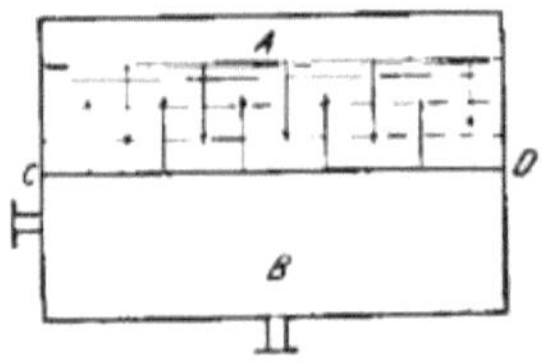

Abb. 27.

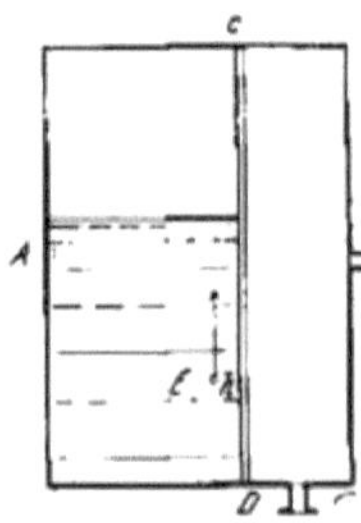

Abb. 28.

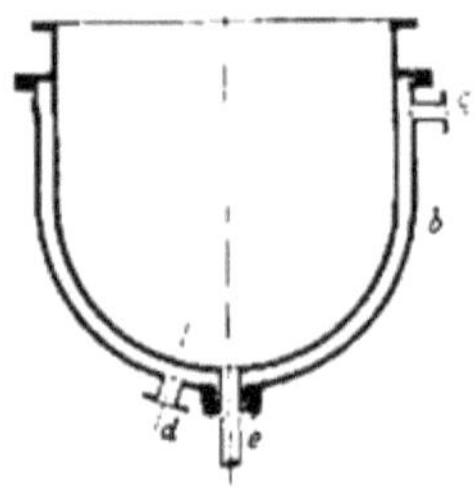

Abb. 29.

zu erwärmende Flüssigkeit unten und das Heizmittel oben befinden, wäre eine vollkommene Erwärmung ausgeschlossen. Die der Wand *CD* zunächst befindliche Flüssigkeitsschicht würde unbeweglich über der kälteren Hauptmenge stehen bleiben und die weitere Wärmeübertragung bis zur Unwirksamkeit verlangsamen. Wie wichtig eine gute Durchmischung der Flüssigkeitsschichten ist, kann man bei Dampfkesseln beobachten. Es ist festgestellt worden, daß im Oberteil der Wasserschichten eine Flüssigkeitstemperatur entsprechend der Dampftemperatur herrscht, während in der Nähe des Bodens die Temperatur beträchtlich unter 100° war.

Die Temperatursteigerung hört auf, wenn die zu erwärmende Flüssigkeit den Siedepunkt erreicht hat (Abb. 28). Die Dampfbildung setzt unmittelbar an der Fläche *CD* ein. Ein solches Bläschen *k* steigt, infolge seines im Verhältnisse zur Flüssigkeit selbst ungemein geringen spez. Gew. nach seiner Loslösung von *CD* in die Höhe und strömt zur Oberfläche. Diese Bewegung geht mit so beträchtlicher Schnelligkeit vor sich, daß auch Teile der Flüssigkeit mit nach oben gerissen werden, so daß eine lebhafte Strömung und Lagenverschiebung der einzelnen Flüssigkeitsteilchen entsteht. Könnte der Dampf, der sich zunächst der Wand *CD* entwickelt, nicht entweichen, dann wäre die Behinderung des Siedeprozesses noch empfindlicher als beim Anwärmen, da ruhender Dampf ein noch schlechterer Wärmeleiter ist als Flüssigkeit. Der als Heizmittel dienende Dampf in *B* kondensiert sich an *CD*, überzieht die wärmeleitende Wand mit einer Flüssigkeitsschicht, die ihrerseits wiederum die Wärmeleitung von *B* nach *A* ungünstig beeinflußt.

Es ist also erforderlich, daß einesteils die Dampfblasen der abzudampfenden Flüssigkeit und andererseits das Kondenswasser des Heizdampfes sich möglichst schnell und ungehindert von der Wärmeleitungswand *CD* entfernen können.

Die Berechnung der Größe der Heizflächen erfolgt für jeden einzelnen Fall nach den bekannten Gesetzen der Wärmelehre. Die stündlich mit je 1 *qm* Heizfläche übertragbare Wärmemenge Q ist bekanntlich $= k \cdot F(t_1 - t_2)$; die Wärmedurchgangszahl $k = \dfrac{1}{\dfrac{1}{\alpha_1} + \dfrac{1}{\alpha_2} + \dfrac{\delta}{\lambda}}$; die Koeffizienten α_1 und α_2 sind die Wärmeübergangszahlen für Dampf bis zu 10000 und für siedendes Wasser 4000 – 6000; für nicht siedendes Wasser, welches sich mit einer Geschwindigkeit w längs der Heizfläche bewegt, ist $\alpha = 300 + 1800\sqrt{w}$ oder bei $w = 1$ ist $\alpha = 2100$. In der Praxis werden diese Koeffizienten noch erniedrigt. δ ist die Dicke der Wand in Meter und λ ist die Wärmeleitungszahl, für Kupfer $= 320$, für Eisen 40 – 50. Wenn der Heizdampf 4 *Atm.* Überdruck hat, seine Temperatur $+ 151^0$ ist, die Temperatur der siedenden Flüssigkeit gleich $+ 100^0$, $\alpha_1 = 6000$, $\alpha_2 = 4000$, $\delta = 0{,}01\ m$ und $\lambda = 40$ ist, dann ist $k = 2265$; Q ist dann $(151 - 100) \cdot 2265 = 115515$ W.-E. Man könnte demnach mit 1 *qm* Heizfläche 180 *kg* Wasser verdampfen, welches in kaltem Zustande in den Apparat eintritt.

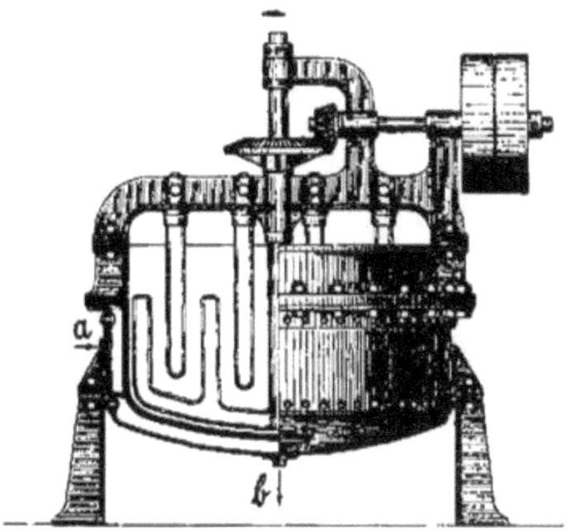

Abb. 30.

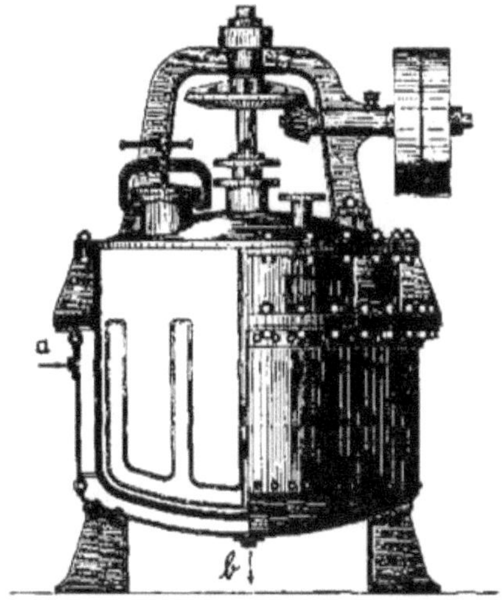

Abb. 31.

a Dampfeintritt; *b* Kondenswasserabfluß.

Die einfachste Form eines Abdampfapparates mit beheizter Außenwand ist der gewöhnliche Kochkessel mit Heizmantel gemäß Abb. 29. Der gußeiserne, schmiedeeiserne oder sonstwie beschaffene Innenkessel *a* ist von einem gußeisernen oder schmiedeeisernen Dampfmantel *b* umgeben. Der Dampf tritt durch Stutzen *c* ein. Das Kondenswasser läuft durch den Rohrstutzen *d* ab, während durch *e* der Kesselinhalt entleert werden kann.

Häufig werden die Abdampfkessel mit Rührwerk versehen, um den Wärmeaustausch zwischen Heizmittel und Inhalt zu beschleunigen. Ein solcher offener Rührwerkkessel ist in Abb. 30 wiedergegeben, während Abb. 31 einen Abdampfkessel mit Deckel und Rührwerk zeigt. Auch in horizontaler Anordnung werden solche Rührwerkkessel ausgeführt, wie Abb. 32 zeigt. Der Heizmantel des dargestellten Kessels umschließt hierbei nur die untere Hälfte; selbstverständlich existieren auch Kessel mit völliger Dampfmantelumhüllung.

Eine besondere Ausbildung hat der äußere Heizmantel in den Fällen gefunden, bei welchen das Material des Kessels aus mehr oder weniger dickwandigem Gußeisen bestehen mußte, während man die Höhe der Temperatur des Heizmittels über die sonst zulässigen Grenzen steigern wollte.

Hieraus entstanden die Apparate mit in die Wand eingegossenen **Heizelementen** in Form von schmiedeeisernen Schlangen oder Taschen. Die ersteren, zuerst von FREDERKING hergestellten Apparate bieten die Möglichkeit, durch Anwendung von **hocherhitztem Wasser** als Heizmittel die mit Dampf erreichbaren Temperaturen weit zu überschreiten. Hierdurch wird eine große Wärmeleitung erzielt, und das glatte Innere des Kessels bietet für den Betrieb große Annehmlichkeiten.

Abb. 32 zeigt einen gewöhnlichen Abdampfkessel. Die schmiedeeiserne druckfeste Heizschlange ist in die verstärkte Wand *c* des Kessels eingegossen. Das Heizmittel — falls es Dampf ist — tritt bei *a* ein und bei *b* aus; wenn überhitztes Wasser angewendet wird, ist die Laufrichtung umgekehrt von *b* nach *a*.

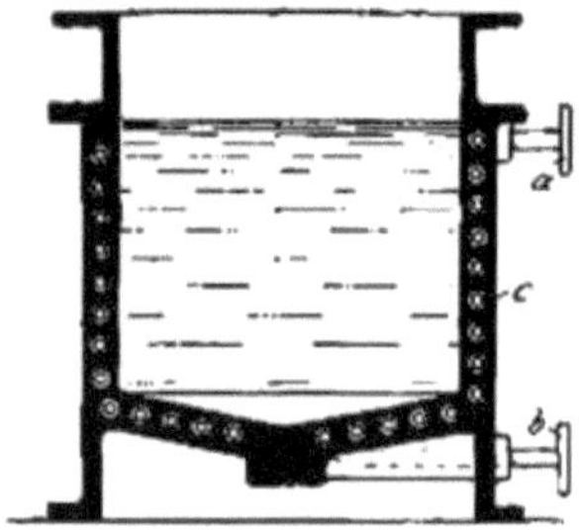

Abb. 32.

Ein großer Abdampfkessel, wie er für Brauereizwecke (s. **Bier**) hergestellt wird, ist in Abb. 33 angegeben. Ober- und Unterteil sowie der Deckel sind getrennt hergestellt und werden durch Flansche und Schrauben miteinander verbunden. Der Dampf tritt aus dem Zuleitungsrohr *a* durch eine Anzahl Abzweigrohre in die Heizschlange ein, die in den gewölbten starken Boden *b* eingegossen ist. Ein kräftiges Rührwerk *c* mit Rührkette verhindert das Anbrennen des Inhaltes am Boden. Der schmiedeeiserne Mittelteil *d* ist zweckmäßigerweise isoliert. Der entwickelte Wasserdampf tritt durch den Dampfstutzen *e* ins Freie. Die einzudickende

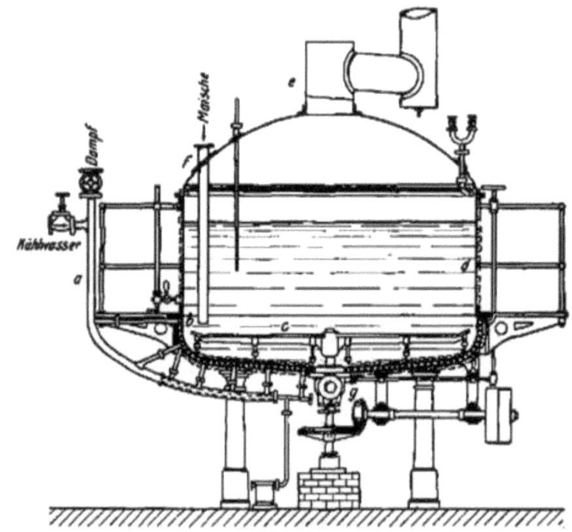

Abb. 33.

Abb. 34.

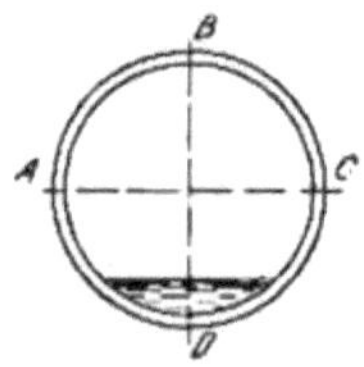

Abb. 35.

Flüssigkeit wird durch das Rohr *F* eingefüllt. Das Ablassen des eingedickten Inhaltes erfolgt bei *g*.

Wenn die einzudampfende Flüssigkeit es zuläßt, kann man das ganze Gefäß, seinen Boden oder seine Wand allein, ganz aus Heizschlangen herstellen, deren Windungen autogen miteinander verschweißt sind, wie Abb. 34 erkennen läßt.

c) Die bisher beschriebenen Abdampfapparate haben den Nachteil, daß die Heizfläche nur unvollkommen ausgenutzt wird. Sie wird deshalb meist so angebracht, daß sie ganz von der zu erwärmenden Flüssigkeit umgeben ist. Das einfachste Heizelement ist die Heizschlange. Bei ihrer Anwendung ist indessen zu beachten, daß nur ein gewisser Teil ihrer Heizfläche zur vollen Wirksamkeit gelangt, wie Abb. 35 erkennen läßt. Nur auf der Umfangstrecke *ABC* können die entwickelten Dampfbläschen frei nach oben strömen, zwischen *ADC* finden sie mehr oder weniger Widerstand, während im Punkte *D* selbst ein Entweichen der Dampfblase in ruhender Flüssigkeitsschicht ausgeschlossen ist. Hierzu kommt, daß der untere Teil des Rohres ständig mit Kondenswasser bedeckt ist, dessen Menge so groß

Abb. 36.

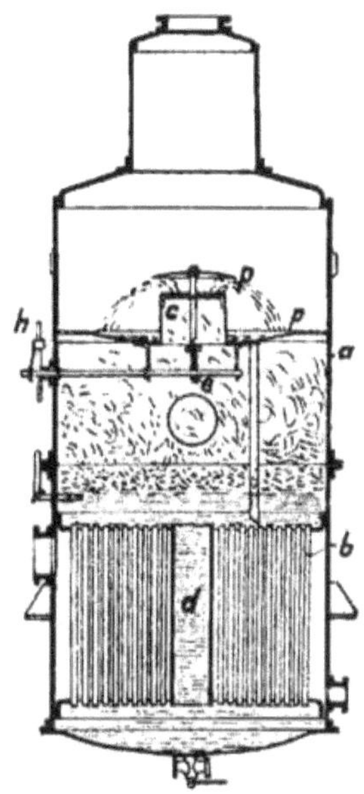

Abb. 37.

sein kann, zumal bei zu langen Schlangen, daß der ganze Rohrquerschnitt erfüllt ist. Da dies zumeist im untern Teil des Kessels in Erscheinung tritt, resultiert der Übelstand, daß die unteren Flüssigkeitsschichten gar nicht oder zu schwach erhitzt werden.

Will man demnach eine große Heizfläche in Form von Heizschlangen in einem Apparat unterbringen, muß man eine größere Zahl getrennt beheizter und entwässerter Heizschlangen anwenden.

Abb. 36 zeigt eine Konstruktion, wie sie von der BRAUNSCHWEIGISCHEN MASCHINENBAU-A.-G. ausgeführt worden ist. Deutlich erkennt man das Bestreben, dem Heizdampf möglichst kurze Wege zu bieten, um an Heizfläche möglichst wenig zu verlieren infolge der Anfüllung der Schlangen mit Kondenswasser.

Sehr bald ging man infolge dieser Übelstände dazu über, an Stelle des langen Schlangenrohres gerade, kurze Heizrohre, zu Bündeln und Gruppen vereinigt, anzuwenden.

In Abb. 37 ist *a* der Mantel des Verdampfers, *b* das Heizrohrbündel, während *c* das Zirkulationsrohr ist. Durch die heftige Dampfentwicklung in oder zwischen den

Heizrohren werden beträchtliche Flüssigkeitsmengen in die Höhe geschleudert. Damit die Verdampfung ordnungsgemäß weitergehen kann, muß der Flüssigkeit Gelegenheit gegeben werden, wieder nach unten zu gelangen. Dies erfolgt durch eines oder mehrere weite Zirkulationsrohre *d*. Um die vom Dampfe mitgerissenen Flüssigkeitsteilchen von ihm zu trennen, läßt man ihn, bevor er aus dem Kessel

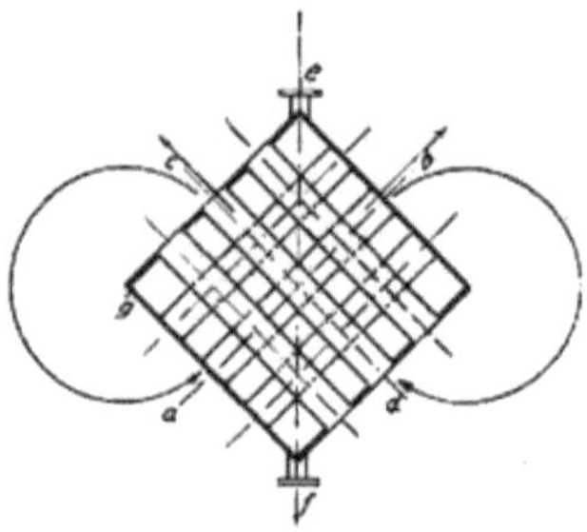

Abb. 38.

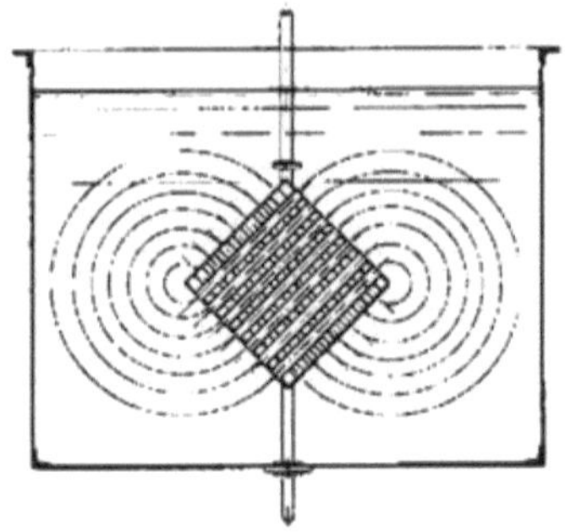

Abb. 39.

entweicht, eine Vorrichtung passieren, welche die Flüssigkeit abscheiden soll. Im Dampfraum ist ein Zwischenboden *P* angebracht, durch dessen mittlere Öffnung die Dämpfe strömen, um gegen die Prellplatte *p* zu stoßen. Der Hals *e* gibt dem Dampfstrom die erforderliche gerade Richtung. Beim Anprall gegen *p* scheiden sich die Flüssigkeitströpfchen aus und fließen durch ein Ablaßrohr in den Kochraum zurück.

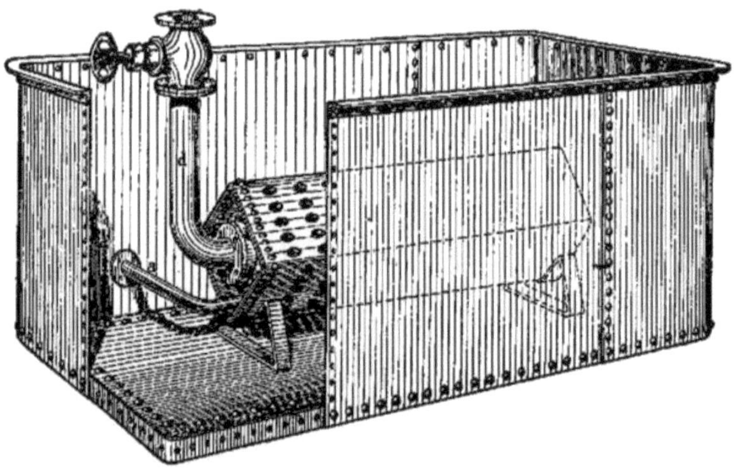

Abb. 40.

Um eine bessere Zirkulation der Flüssigkeit zu erzielen, hat man die verschiedensten Anordnungen getroffen; eine der interessantesten Lösungen ist der Witkowicz-Heizkörper. Die schräge Stellung der Heizrohre *ab—cd* (s. Abb. 38) hat den Vorteil, daß das Gemisch von Dampf und Flüssigkeit sich rasch voneinander trennen kann. Die Dampfblasen steigen nach oben, die Flüssigkeit fällt nach unten. Der Querschnitt des Heizkörpers *g* ist quadratisch, und Länge wie Durchmesser richten sich nach der gewünschten Heizfläche. Der Dampf tritt bei *e* ein, das Kondenswasser fließt bei *f* ab. Bei großen Verdampfleistungen gewährt der WITKOWICZ-Körper den Vorteil, daß ein Übersteigen der Flüssigkeit infolge Schaumbildung ausgeschlossen ist.

Abb. 39 läßt erkennen, daß die kreisförmige Bewegung der Flüssigkeitsteilchen auch bei sehr starker Beanspruchung der Heizflächen ein ruhiges Kochen ermöglicht.

Den Einbau eines WITKOWICZ-Heizkörpers in einen gewöhnlichen Kochkasten zeigt Abb. 40, während Abb. 41 die Anordnung eines solchen Heizelementes in einem Vakuumverdampfer zeigt.

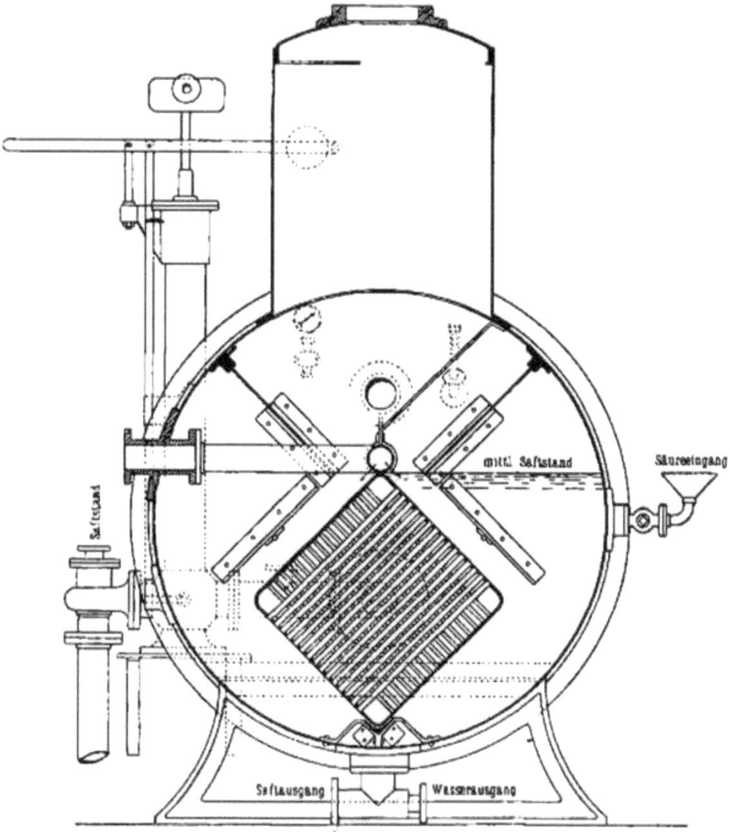

Abb. 41.

Es ist nicht zu verkennen, daß die Anordnung der quadratischen Heizelemente sich bequem jedem Querschnitt anpassen und beträchtliche Heizflächen auf verhältnismäßig beschränktem Raume unterzubringen gestattet.

d) Wenn der gewöhnliche atmosphärische Druck, unter welchem das Abdampfen stattfindet, ohne Einfluß auf die Formgebung der Apparate bleibt, so ändert sich dies beim Verdampfen unter Über- oder Unterdruck. In beiden Fällen müssen die Verdampfer allseitig geschlossen sein, und ihre Wandung muß der Wirkung der Druckdifferenz Widerstand leisten.

Die Anwendung von Unterdruckvakuum, von welchem die Industrie in ausgedehntestem Maße Gebrauch macht, bringt verschiedene erhebliche Vorteile mit sich. Da der Siedepunkt der Flüssigkeiten um so mehr sinkt, je geringer der Druck ist, unter dem die Flüssigkeit steht, sinkt auch der Wärmebedarf bei sinkendem Siedepunkt. Bei einstufiger Vakuumverdampfung kann von einer wirklichen Wärmeersparnis indessen keine Rede sein, weil der Bedarf der Luftpumpe, die das Vakuum erzeugt und aufrecht erhalten soll, die Ersparung beim Verdampfprozeß wieder für sich beansprucht. Mit dem sinkenden Siedepunkt ist aber die Möglichkeit gegeben, mehrstufig zu arbeiten; d. h., man stellt zwei oder mehr Verdampfapparate nebeneinander auf. Die Flüssigkeit verläßt den letzten Apparat in eingedicktem Zustande. Der letzte Apparat wird mit Frischdampf beheizt. Der aus der eingedickten Flüssigkeit entweichende Dampf wird in den Heizraum des nächsten Verdampfers geleitet und der in diesem entwickelte Dampf in den Heizraum des ersten Verdampfers,

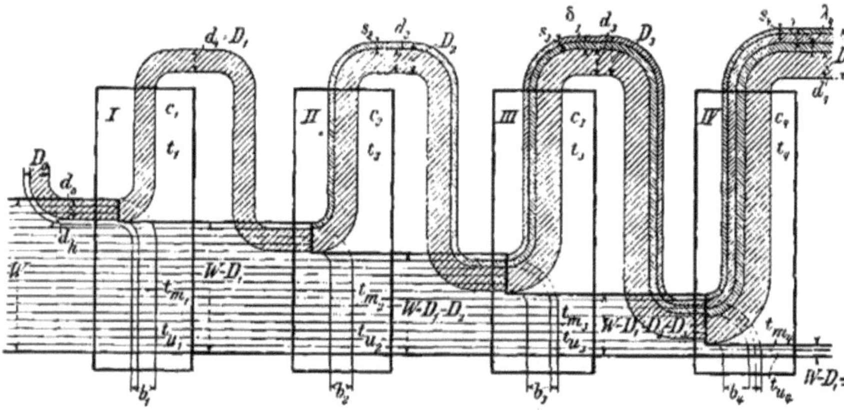

Abb. 42.

W Eintretende Saftmenge; D_0 Gesamter Heizdampf für den Körper I; d_h Heizdampf zum Erwärmen; d_0 Heizdampf zum Verdampfen (erzeugt $d_1 = D_1$); D_1 Dampf aus dem Körper I (erzeugt d_2); $D_2 = d_2 + S_2$ Gesamtdampf aus dem Körper II; d_2 aus d_1 entstanden (erzeugt d_3); S_2 durch Selbstverdampfung im Körper II entstanden (erzeugt δ_3); $D_3 = d_3 + S_3 + \delta_3$ Gesamtdampf aus dem Körper III; d_3 aus d_2 entstanden (erzeugt d_4); δ_3 aus S_2 entstanden (erzeugt λ_4); S_3 durch Selbstverdampfung im Körper III entstanden (erzeugt δ_4); $D_4 = d_4 + S_4 + \delta_4 + \lambda_4$ Gesamtdampf aus dem Körper IV; S_4 durch Selbstverdampfung im Körper IV entstanden; $b_1\ b_2\ b_3\ b_4$ Kondens(Brüden-)wasser aus den 4 Körpern; $t_1\ t_2\ t_3\ t_4$ Dampftemperatur in den 4 Körpern; $t_{m_1}\ t_{m_2}\ t_{m_3}\ t_{m_4}$ Safttemperatur in der Mitte; $t_{u_1}\ t_{u_2}\ t_{u_3}\ t_{u_4}$ Safttemperatur unten; $c_1\ c_2\ c_3\ c_4$ Gesamtwärme in 1 kg Dampf.

wenn die Verdampfung dreistufig ist. Über vier Verdampfstufen geht man selten hinaus. Die Flüssigkeit bewegt sich im Gegenstrom zu dem Wege des Heizdampfes. Es ist klar, daß sowohl die Temperaturen, wie auch die Drucke in den einzelnen Verdampfern voneinander verschieden sein müssen, u. zw. sinkt die Temperatur vom letzten bis zum ersten Körper, während der Druck steigt. Über die gegenseitigen Beziehungen der Vorgänge in einem System von vier Vakuumverdampfern gibt die graphische Darstellung von Abb. 42 Auskunft.

In der Zuckerindustrie, die am frühesten von allen Industrien vor die Notwendigkeit gestellt war, große Flüssigkeitsmengen zu verdampfen, wurden die mehrstufigen Vakuumverdampfer zuerst in großem Maßstabe angewendet und ihre Konstruktion schon vor geraumer Zeit bis zu einer gewissen Vollkommenheit gebracht.

Die typische Anordnung eines dreistufigen Vakuumverdampfers ist in den Abb. 43 und 44 dargestellt. Die zu konzentrierende Flüssigkeit tritt bei *a* in den Verdampfer III ein. Der entwickelte Dampf zieht nach Passieren des Schaumfängers *i* durch das Brüdenrohr *k* zum Kondensator. Die Beheizung der Dampfkammer von

III erfolgt durch den in II entwickelten Dampf, der durch *g* und *h* von II nach III strömt. Der Saft wird durch Rohr *d* von III nach II geleitet, was um so leichter geschieht, je größer die Druckdifferenz zwischen III und II ist. Derselbe Vorgang stellt sich zwischen II und I ein. Der eingedickte Saft wird bei *l* abgezogen. Die Frischdampfzuleitung erfolgt bei *b*.

Abb. 43 und 44.

Zum Betrieb der Vakuumverdampfer ist ein Kondensator erforderlich, dessen Ausführung sehr verschieden sein kann. Oberflächenkondensatoren werden dort angewendet, wo man das Kondensat wiedergewinnen will (s. Destillieren). Einspritzkondensatoren, zumeist mit Naßluftpumpen verbunden, findet man da, wo das Vakuum nicht besonders hoch zu sein braucht. Am weitesten verbreitet sind die Einspritzkondensatoren in Verbindung mit einem barometrischen Fallrohr und trockener Luftpumpe.

Zwei gebräuchliche Konstruktionen sind den Abb. 45 und 46 zu entnehmen. Wie man sieht, tritt das Kühlwasser oben in den Apparat ein, steigt über eine Überfallplatte und fällt auf einen Verteilungsteller. Von hier rieseln die Wasserfäden über eine Anzahl gelochter Prellplatten abwärts. Der Dampf tritt unten ein und mischt sich mit dem feinverteilten Wasser; das Kondensat mit dem Kühlwasser fließt am Boden ab. Die Luft wird oben unter der Decke abgesaugt.

Während die bisher beschriebenen Verdampfer mit großer Dicke der Flüssigkeitsschicht arbeiten, basiert das Prinzip einer Anzahl der neueren Bauarten auf der Anwendung kleiner Flüssigkeitshöhen. Hierzu gehören die Dünnschichtverdampfer, deren Heizfläche häufig als Trommel oder Walze ausgebildet wird. Je nachdem die Flüssigkeit nur eingedickt wird oder gänzlich abdampft, so daß der Rückstand in fester, trockener Form gewonnen wird, kann man diese Art Apparate zu den Verdampfern oder Trockenapparaten rechnen.

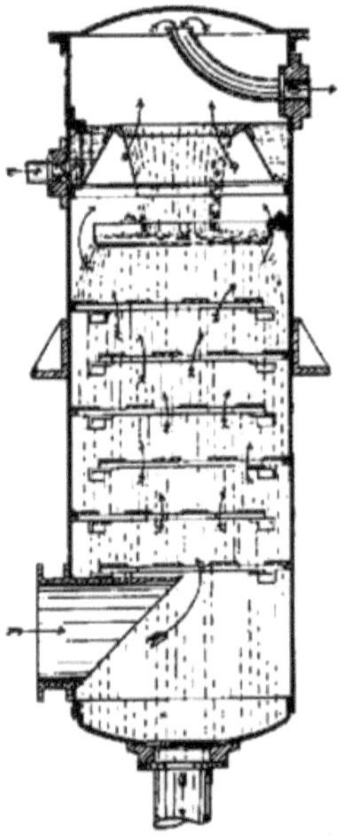

Abb. 45.

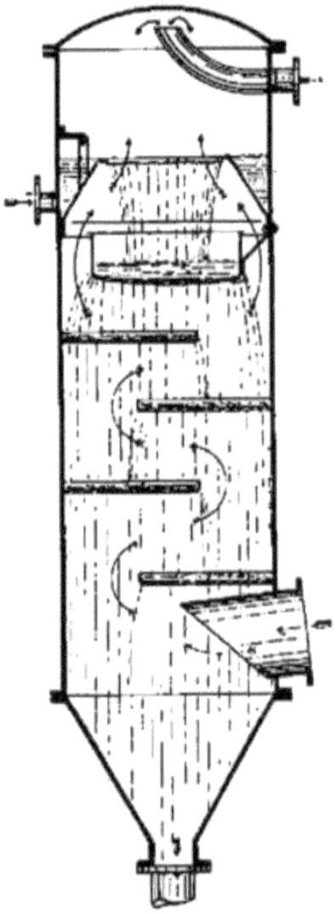

Abb. 46.

Man kann aus Abb. 47 das Prinzip dieser Apparate entnehmen. Die zu verdampfende Flüssigkeit tritt durch ein Rohr *d* ein und spritzt in dünnen Strahlen gegen die Mäntel der beiden dicht nebeneinander liegenden geheizten Trommeln. Die Flüssigkeit sammelt sich zwischen den Walzen an und wird bei ihrer gegenläufigen Drehung in dünner Schicht mitgenommen. Hierbei verdampft die Flüssigkeit, oder sie wird eingedickt und alsdann durch einen Schaber entfernt. Bei Milch schält sich der Rückstand beispielsweise in Form eines breiten weißen Bandes *p* ab (s. Milch).

Während der hier dargestellte Walzenverdampfer bei gewöhnlichem Atmosphärendruck arbeitet, steht naturgemäß der Dünnschichtverdampfung im Vakuum nichts entgegen. Zu dem Zwecke wird die ganze Maschine von einem druckfesten Gehäuse umgeben, in welchem die geheizten Walzen sich drehen.

Eine andere Art von Dünnschichtverdampfern sind die Kletterverdampfer von Kestner. Bei den gewöhnlichen Vakuumverdampfern bedeckt die Flüssigkeit in mehr oder weniger dicker Schicht die Heizkörperflächen. Ihre Ausdehnung in der Senkrechten ist, wie man aus den bisherigen Beschreibungen ersehen kann, gering. Beim Kestner-Verdampfer sind die Heizrohre, durch welche die einzudickende Flüssigkeit fließt, so eng, daß infolge der energischen Dampfentwicklung die Flüssigkeit in die Höhe gerissen und in dünner Schicht über die Rohrwandung hinweg nach oben getrieben wird. Das Gemisch von Dampf und Flüssigkeit prallt gegen eine Stoßplatte, welche die völlige Trennung desselben bewirkt. Die Flüssigkeit fließt, wie Abb. 48 erkennen läßt, am untern Teil der Haube ab, während der Dampf durch den weiten Dampfstutzen entweicht. Die KESTNER-Apparate zeigen eine außerordentlich große Leistung, auf das Quadratmeter Heizfläche berechnet, wie sie bisher noch von keiner der bekannten üblichen Art von Verdampfern erreicht worden ist. Demgemäß ist ihre Verbreitung eine sehr beträchtliche und schnelle geworden.

Der KESTNER-Apparat kann natürlich auch unter Vakuum arbeiten und wird zu beliebig vielen Druckstufen zusammengestellt.

In Abb. 49 ist eine Einrichtung zur Konzentration von Natronlauge angegeben. Der Röhrendampfkessel *A* wird mit der schwachen Lauge gespeist und liefert den Heizdampf für die Batterie von fünf Kletterverdampfern *B*. Mit *A* zusammen arbeiten sie sechsstufig

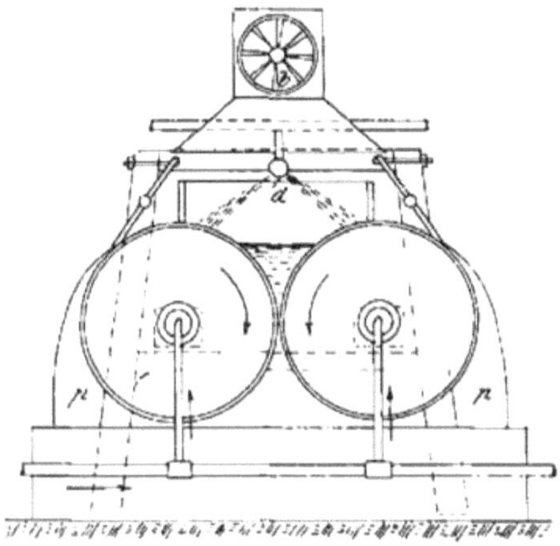

Abb. 47.

und liefern eine Lauge von 33° *Bé*. In den Zweistufenverdampfern *C* wird die Lauge auf 48° *Bé*. konzentriert, und in dem mit gußeisernen Heizrohren ausgestatteten Fertigverdampfer *D* steigt die Konzentration auf etwa 60° *Bé*.

Sehr schwer zu konzentrierende Laugen, wie z. B. Calciumnitratlaugen, können in den KESTNER-Apparaten bis auf 10% Wassergehalt eingedickt werden, so daß dieser Stickstoffdünger nach seiner Erstarrung und Zerkleinerung direkt versandfähig ist.

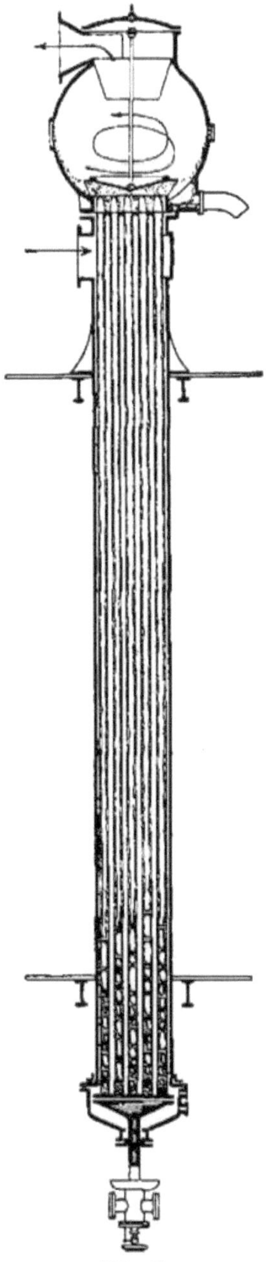

Abb. 48.

Ein Schnellstromverdampfer, der vielfach zum Eindicken von vegetabilischen Extrakten benutzt wird, wurde von dem Amerikan YARYAN konstruiert. Sein Prinzip ist in der schematischen Abb. 50 dargestellt.

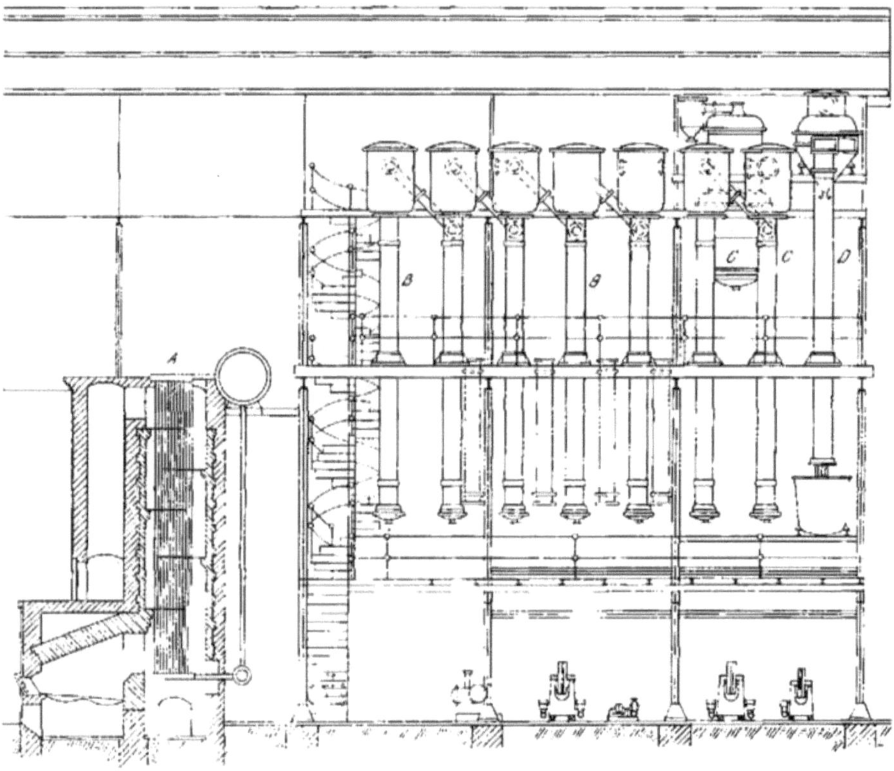

Abb. 49.

A Verdampfer, der mit schwacher Natronlauge gespeist wird und den Dampf für die Mehrphasen-Verdampfer liefert; *B* 5-Phasen-Verdampfer, der eine Lauge von 33° *Bé.* liefert; *C* 2-Phasen-Verdampfer, der von 33° *Bé.* auf 48° *Bé.* konzentriert; *D* Verdampfer mit gußeisernen Röhren, der auf 60° *Bé.* konzentriert.

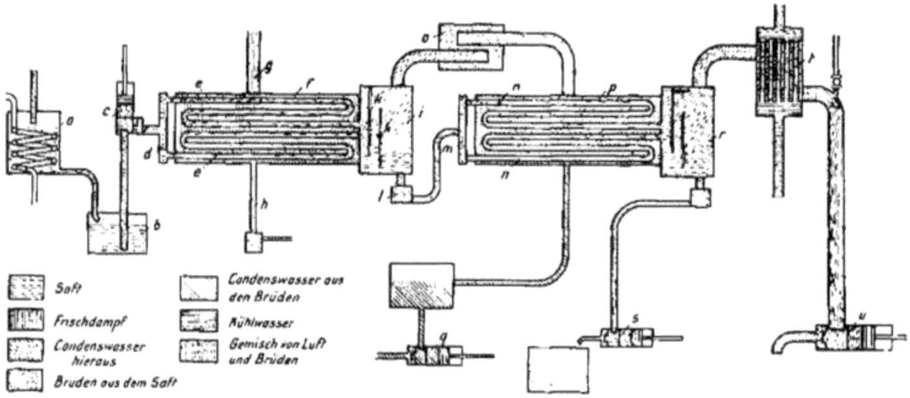

Abb. 50.

Der in einem Vorwärmer *a*, wenn nötig, vorgewärmte Saft gelangt in einen Speisekasten *b*, aus dem die Saftpumpe *c* saugt. Sie drückt den Saft in das Verteilungsrohr *d*, von wo aus er in die Schlangen *e* des ersten Verdampfers *f* eintritt

Durch *g* strömt Kessel- oder Abdampf ein, während sich das Kondenswasser durch *h* entleert. In den Schlangen erhitzt sich der Saft lebhaft und strömt in das Auffangegefäß *i*, wo Trennbleche *k* die Brüden von dem Safte trennen. Der Saft

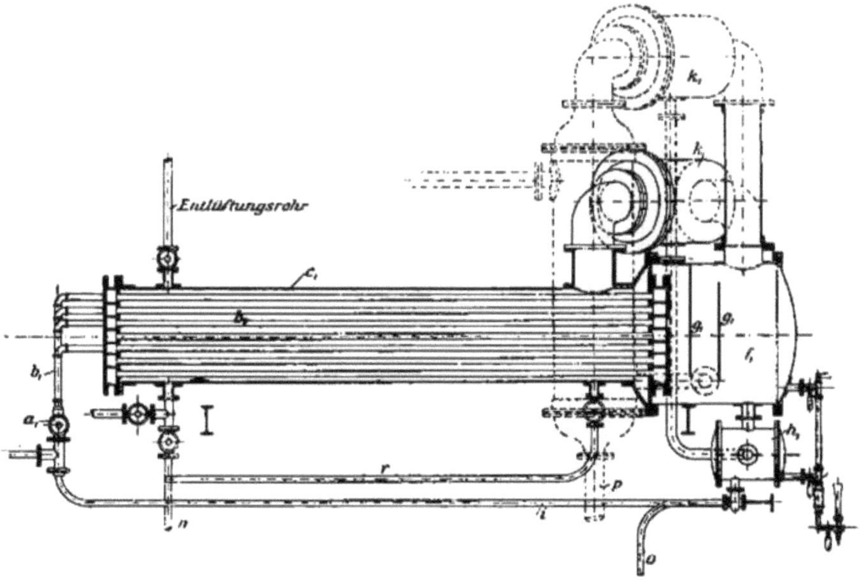

Abb. 51.

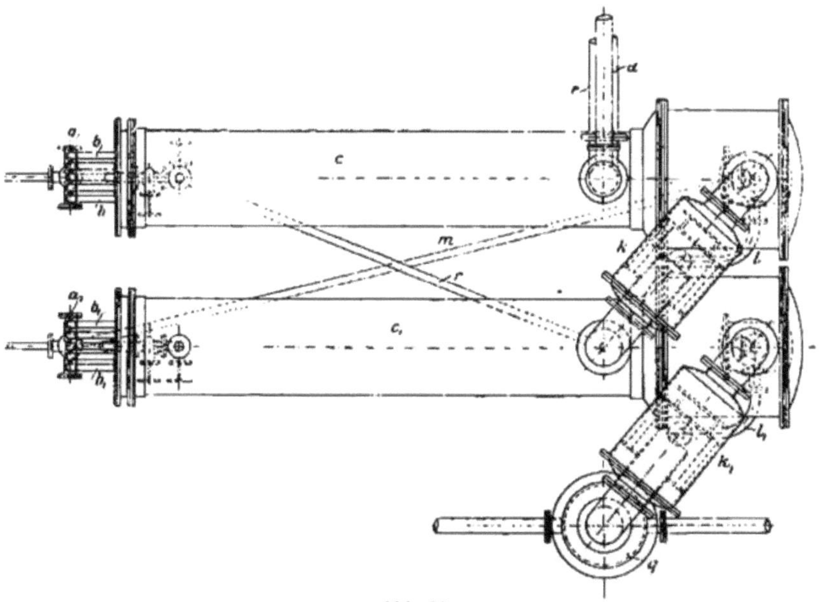

Abb. 52.

strömt durch ein Sammelgefäß *l* in das Verteilungsrohr *m* der Schlangen *n*. Die Brüden des ersten Verdampfers gehen, wenn erforderlich, erst durch einen Abscheider *o*, wo etwa übergerissener Saft sich noch absondern kann, und beheizen

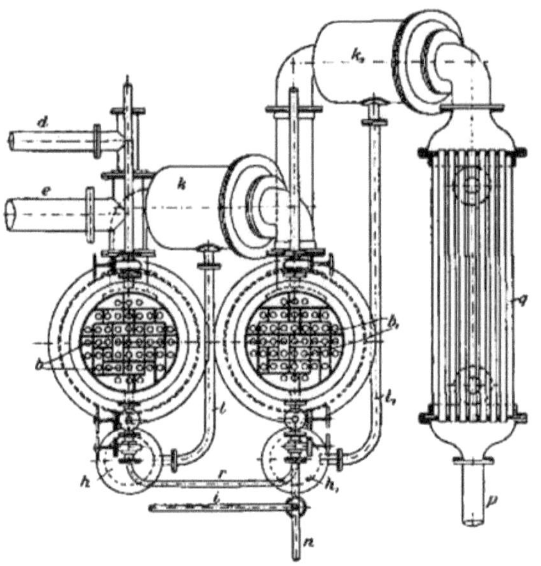

Abb. 53.

dann die Schlangen *n* des zweiten Verdampfers *p*. Bei mehrstufiger Verdampfung wiederholt sich dieses Spiel.

Das Kondenswasser aus den Brüden wird durch die Kondensationspumpe *q* abgezogen. Der eingedickte Saft trennt sich im Auffangegefäß *r* von den Brüden und wird durch die Saftpumpe *s* entfernt. Die Brüden werden im Oberflächen- oder Einspritzkondensator *t* niedergeschlagen und von der Brüdenpumpe *u* entfernt. Der Oberflächenkondensator kann als Vorwärmer ausgebildet werden, wo man kalten, dünnen Saft direkt verarbeitet.

Die konstruktive Ausgestaltung des YARYAN-Verdampfers,

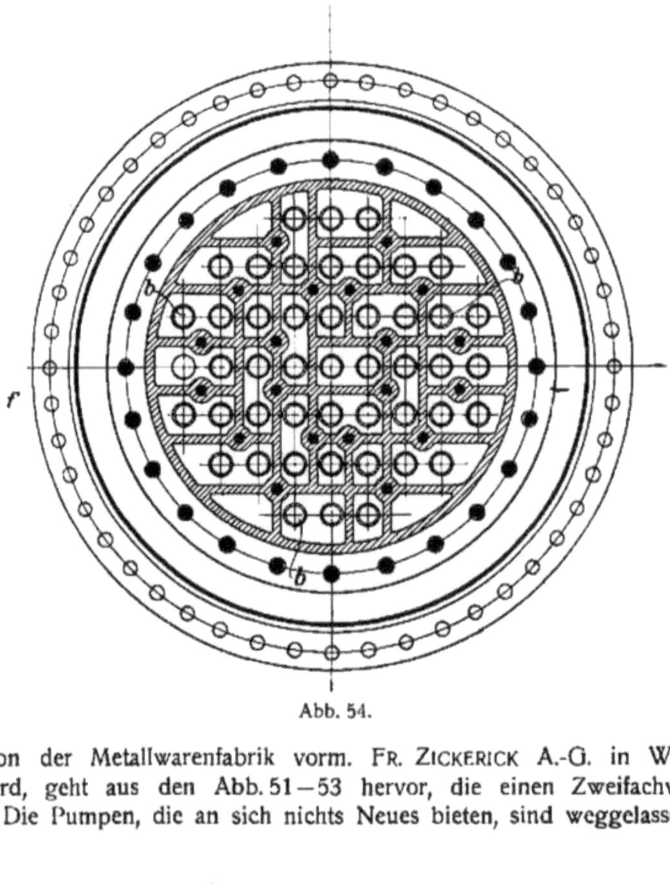

Abb. 54.

wie er von der Metallwarenfabrik vorm. FR. ZICKERICK A.-G. in Wolfenbüttel gebaut wird, geht aus den Abb. 51—53 hervor, die einen Zweifachverdampfer darstellen. Die Pumpen, die an sich nichts Neues bieten, sind weggelassen.

Der Saft tritt, von der Saftpumpe kommend, durch das Verteilungsrohr *a* in die Schlangen *b* des ersten Verdampfers *c* (s. Grundriß), der durch Rohre *d* oder *e* mit Frischdampf oder Abdampf beheizt wird.

Das Kondenswasser kann zur Ausnutzung der Flüssigkeitswärme durch Rohr *r* nach dem zweiten Verdampfer c_1 geleitet oder im Bedarfsfalle direkt abgelassen werden. Der Saft strömt durch das Auffangegefäß *f* mit den Prellwänden *g*, das Sammelgefäß *h* und Rohr *i* in das Verteilungsrohr a_1 der Schlangen b_1. Die Brüden entweichen durch den Abscheider *k* nach c_1. Der hierbei übergerissene Saft fließt durch Rohr *l* nach dem Sammelgefäß *h* und mit dem andern Safte zusammen durch Rohr *m* nach dem zweiten Verdampfer. Hier wiederholt sich der Vorgang in bekannter Weise. Das Kondenswasser aus den Brüden wird durch Rohr *n* von der Kondenswasserpumpe, der dicke Saft durch *o* von der Saftpumpe, und die Brüden nebst Kondensat werden durch *p* von der Brüdenpumpe abgezogen. Der Oberflächenkühler *q* kann auch durch einen mit der Brüdenpumpe verbundenen Einspritzkondensator ersetzt werden.

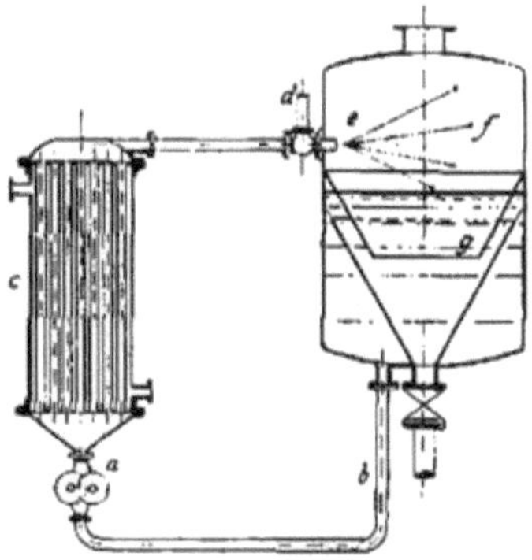

Abb. 55.

Die Schlangen, dieses bezeichnendste Merkmal des Varyan-Verdampfers, sind eigentlich keine Schlangen, da man sonst die engen Rohre nicht mechanisch reinigen könnte. Es sind 3–4 *m* lange, 1–2 Zoll weite Siederohre, welche in zwei Rohrwände eingewalzt sind. Auf den Rohrböden sitzen Hauben mit abnehmbaren Deckeln, welche durch ein System von Rippen, die an den Rohrböden und den Haubendeckeln gut abgedichtet sind, mehrere Rohre miteinander verbinden, so daß der Saft, im Verdampfer hin- und herwandernd, trotz hoher Durchflußgeschwindigkeit hinreichend Zeit findet, die nötige Wärme aufzunehmen. Abb. 54 zeigt eine solche Haube mit dem Rippensystem. Es sind fünf verschiedene Rohrsysteme, welche fünf in sich zusammenhängende Saftwege bilden. Die Abbildung gibt die Austrittsseite wieder; in den Haubendeckeln sind für den Saftaustritt entsprechende Öffnungen ausgespart.

Endlich sei noch eines Apparates gedacht, bei dem die Anwendung von Unter- und Überdruck vereinigt ist. Bei der von Block stammenden Verdampferkonstruktion, die sich durch außerordentlich rapide Verdampfung auszeichnet, wird die Flüssigkeit mit einer Pumpe durch einen Vorwärmer hindurch in den Verdampfer gedrückt. Die Flüssigkeit muß ein federbelastetes Überströmventil passieren und tritt in feinstverteilter Form in den Verdampfer aus. In luftverdünntem Raume findet eine momentane Verdampfung statt. In der nebenstehenden Abb. 55 ist *a* die Pumpe, welche durch das Saugrohr *b* die einzudickende Flüssigkeit ansaugt und durch den Vorwärmer *c* drückt. Die Flüssigkeit tritt oben aus und strömt durch das Überströmventil *d* und die Düse *e* in den Verdampfer *f*. Hier findet die Verdampfung augenblicklich statt. Etwa ausfallendes Salz bei der Konzentration von Salzlaugen kann im Trichter *g* aufgefangen oder durch andere Vorrichtungen abgeschieden werden. *F. A. Bühler.*

Abraumsalze ist eine veraltete Bezeichnung für Kalisalze s. d.

Abscheider sind Apparate zum mechanischen Trennen flüssiger Teilchen aus Gasen und Dämpfen. Ihrem Prinzip nach zerfallen die Abscheider in Stoßkraft- und Zentrifugalkraft-Abscheider, von denen die ersteren die meistverbreiteten sind.

1. Abscheider für Gase. Von größter Bedeutung sind die Teerabscheider, dazu bestimmt, aus Steinkohlen- oder Generatorgas die im Gase in Nebelform enthaltenen Teerteilchen auszuscheiden, um das zu Leucht-, Kraft- oder Heizzwecken bestimmte Gas so weit zu reinigen, daß die meist recht lange Rohrleitung, die Düsen, Brenner etc. vor Verstopfungen bewahrt bleiben, und um zugleich den wertvollen Teer wiederzugewinnen. Bei Kraftgas dienen sie dazu, den Gasmotor vor Verschmutzen zu schützen. Der bekannteste Apparat dieser Art ist der Stoßglockenreiniger bzw. der Teerscheider System Pelouze & Audouin, den Abb. 56 zeigt.

Das Gas tritt in den Unterteil des Apparates ein und strömt durch einen oder mehrere Rohrstutzen in den oberen Teil. Jeder Rohrstutzen wird durch zwei bis vier konzentrisch angeordnete Glocken aus gelochtem Blech abgeschlossen, die vertikal beweglich aufgehängt und unten durch das sich ebenfalls noch abscheidende Gaswasser hydraulisch abgeschlossen sind. Sie sind so ange-

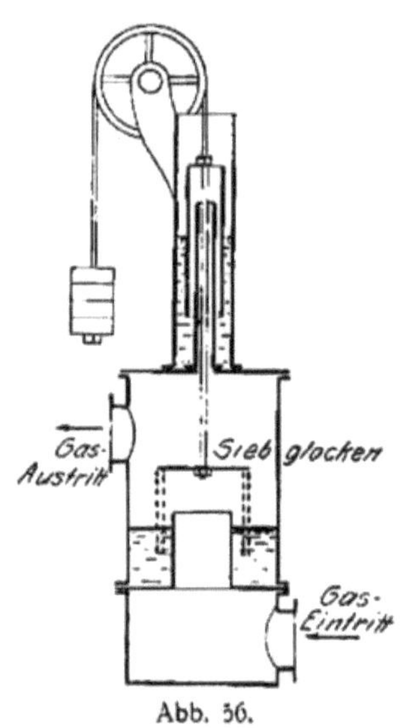

Abb. 56.
Teerabscheider, System Pelouze & Audouin.

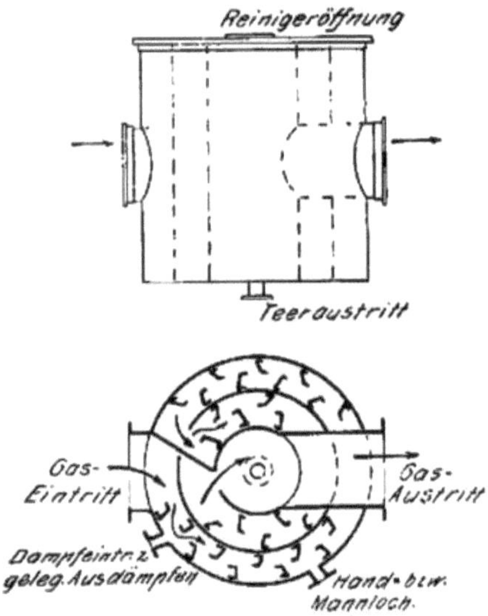

Abb. 57. Teerabscheider, System Heine.

bracht, daß die Schlitze des einen von den undurchbrochenen Stellen des darauf folgenden verdeckt werden, so daß das mit einer gewissen Geschwindigkeit durch die Öffnung des einen Bleches strömende Gas sich an der undurchbrochenen Fläche des in geringem Abstand folgenden Bleches stößt. Da in Gasfabriken, für welche dieser Apparat hauptsächlich in Frage kommt, die Gasproduktion je nach der Jahres- und Tageszeit sehr schwankt und zum sorgfältigen Abscheiden bei diesen Apparaten eine bestimmte Gasgeschwindigkeit bzw. Gasdruck herrschen muß, damit die Flüssigkeitsteilchen wirklich an die gegenüberliegende Wandung der gelochten Bleche geschleudert werden, müssen diese Glocken so aufgehängt werden, daß sich ihre Wirksamkeit der jeweiligen Gasproduktion bis zu einem gewissen Grade anpaßt. Aus diesem Grunde hängen die Glocken beweglich an einem Seile, wobei das eigene Gewicht durch eine entsprechende Belastung des freien Seilendes bis auf einen kleinen regulierbaren Betrag ausgeglichen ist. Dieser wird so gewählt, daß bei normalem Gasdruck die Glocke genügend weit aus der hydraulisch abschließenden Flüssigkeit gehoben wird. Steigt die Gasproduktion, so wird die Glocke weiter gehoben und ein größerer Querschnitt der durchlochten Bleche freigelegt; sinkt die Gaserzeugung, so fällt die Glocke. Der Druckunterschied des Gases vor und nach dem Passieren der Glocke beträgt etwa 80 *mm W. S.*

Nach diesem Prinzip existieren verschiedene Konstruktionen, so auch der Teerabscheider von Drory der *Bamag*. Bei dickflüssigem Teer und Pech verstopfen sich jedoch die fein geschlitzten Glocken sehr schnell.

Während die genannten Teerabscheider reine Stoßkraftabscheider sind, sind die nach dem System Heine, *D. R. P.* 230182 und *D. R. G. M.* 397036, 414115, 415674, 398984 der Firma Heine, Düsseldorf, kombinierte Stoßkraft- und Zentrifugalkraftabscheider.

Wie Abb. 57 zeigt, wird das Gas zwei- oder mehrmals in einem zylindrischen Behälter herumgeführt, wobei es gegen besonders geformte Schaufeln stößt. Die Breite dieser Schaufeln hängt von dem Gasquantum und dem Drucke ab, den dieser Apparat fortnehmen darf, z. B. bei Generatorgas manchmal noch nicht 5 *mm W. S.* Die Schaufeln werden, um bei den geringen Durchgangsgeschwindigkeiten Stagnationen zu vermeiden, mit einem gewissen Zwischenraum an den Wänden befestigt, dessen Breite von der Temperatur des Gases, bzw. von der Konsistenz des abzuscheidenden Stoffes abhängt. Die Form der Schaufeln richtet sich im allgemeinen nach der Durchflußgeschwindigkeit. Verstopfungen finden in diesem Apparat nicht statt. Sollte es sich um besonders zähflüssigen Teer handeln, wie er sehr häufig bei Generatorgas, namentlich bei aus Braunkohle gewonnenem, vorkommt, so wird der Boden fortgelassen und der Apparat in eine Wassertasse gestellt, so daß diese Abscheidungen nur an den vertikalen Wänden hinunter ins Wasser zu laufen haben.

Diese Apparate dienen auch für besonders schwierige Abscheidungen flüssiger Teilchen aus den verschiedenen Gasen der chemischen Industrie.

Meistens handelt es sich hier um die Abscheidung größerer Flüssigkeitströpfchen, die von dem Gase nur infolge zu großer Geschwindigkeit mechanisch mitgerissen werden, z. B. Wasser, welches das Gas aus dem Wascher mitreißt, Waschöl, mit dem das Koksofengas in den Destillationskokereien behandelt wird etc. Da diese Teilchen sich verhältnismäßig leicht ausscheiden lassen, sind häufig einfachere Apparate verwendbar. Vielfach bedient man sich eines Apparates mit acht bis neun Prallwänden, gegen die das Gas stößt (vgl. Abb. 58, gemäß *D. R. P.* 230182 der Firma HEINE, Düsseldorf).

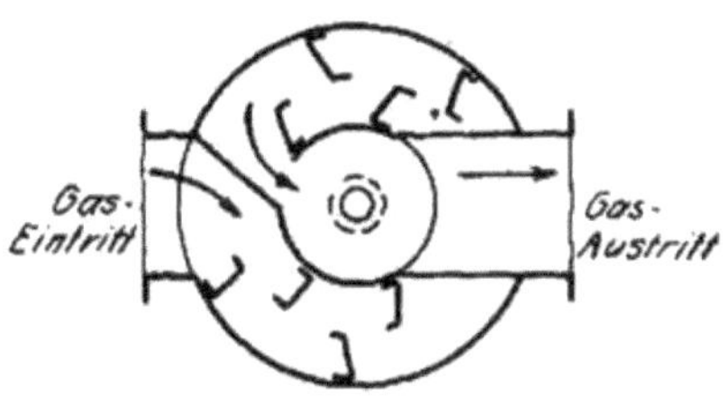

Abb. 58. Gasreiniger von C. HEINE, Düsseldorf.

Abb. 59.

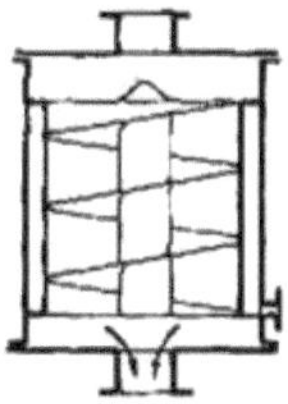

Abb. 60. Zentrifugalkraftentöler.

2. *Dampfwasserabscheider* sind Apparate, um den in den Rohrleitungen kondensierten Dampf auszuscheiden. Sie werden den Dampfmaschinen, mit Dampf zu heizenden Apparaten, Heizkörpern etc. dicht vorgeschaltet und sind in der Regel sehr einfacher Konstruktion. Es sind teils direkte Stoßkraftabscheider, Gefäße mit eingebauter Prallfläche, oder die flüssigen Teilchen werden durch Richtungsänderung und Geschwindigkeitsverzögerung zur Ausscheidung gebracht, wie Abb. 59 einen solchen Apparat zeigt.

3. *Dampfentöler.* Diese dienen dazu, das von dem Dampfe in der Dampfmaschine mitgeführte Schmieröl auszuscheiden, entweder, um letzteres wiederzugewinnen, oder um bei Oberflächen- oder Einspritzkondensation ein Kondensat zu erhalten, das zum Kesselspeisen oder für andere Zwecke wieder verwendbar ist, teils auch, um bei Heizanlagen, Apparaten etc. Verstopfungen durch Ölansammlungen zu vermeiden. Die einfachste Form dieser Entöler ist ein Filter, ein Behälter, der mit eisernen Drehspänen gefüllt ist. Bei vertikalen Dampfmaschinen, die den horizontalen gegenüber wesentlich weniger Schmieröl gebrauchen (Schiffsmaschinen), findet man auch an Stelle der Späne Kokosmatten. Diese beiden Ausführungsformen haben wenig Verbreitung gefunden.

Von größerer Wichtigkeit sind die Zentrifugalkraftentöler, wovon Abb. 60 ein schematisches Schnittbild bringt. Hier durchströmt der Dampf, den Windungen einer Spirale folgend, den Apparat, wobei durch die Einwirkung der Zentrifugalkraft die flüssigen, also spezifisch schwereren Teile durch einen Siebzylinder hindurch an die Wandungen des Apparates geschleudert und getrennt von dem Dampfstrom abgeleitet werden. Derartige Apparate werden mit geringen konstruktiven Abweichungen von verschiedenen Firmen hergestellt.

Man stellt auch mehrere derartige Zentrifugalkraftentöler in einem Apparat zusammen, indem man in einen Röhrenkessel in die Röhren, die der Dampf durchströmt, Spiralen einschiebt, so daß jedes Rohr zu einem Zentrifugalkraftentöler wird, z. B. *D. R. G. M.* 218402.

Während bei den vorerwähnten Apparaten der Dampf beim Passieren der Spirale in rotierende Bewegung versetzt wird, wodurch eine Zentrifugalkraft entsteht, wird von der Firma SCHEIBE & SÖHNE, Leipzig, ein Schleuderentöler hergestellt, bei dem der Dampf durch ein feststehendes Leitrad eintritt, dann ein Laufrad passiert und in Drehung versetzt, an dem eine Schleudertrommel mit Blechscheidewänden befestigt ist. Hierbei werden die flüssigen Teilchen gegen die Wände der Trommel geschleudert und ausgeschieden. Für gewisse Fälle wird das Laufrad von außen her durch Riemen oder elektromotorischen Antrieb in Rotation versetzt.

Von mannigfaltigster Form sind die Stoßkraftentöler. Das Prinzip ist hier, den Dampf auf zur Durchgangsrichtung geneigte Flächen aufprallen zu lassen (Vermeidung eines zentrischen Stoßes) und die abspritzende Flüssigkeit schnell, von dem Dampfe gesondert, abzuführen.

Abb. 61. Winkelflächenentöler.

Ein Stoßkraftentöler, der wenig Verbreitung gefunden hat und welcher von dem vorerwähnten Prinzip merklich abweicht, ist der Kettenentöler. In einem Gehäuse sind in vertikaler Richtung eine Menge Ketten aufgespannt, die beim Durchgang des Dampfes als Prallflächen dienen.

Von den Stoßkraftentölern nehmen die Winkelflächenentöler ein weites Feld ein. Winkeleisen werden in einer Vertikalebene, etwas geneigt, mit der offenen Seite dem Dampfe zugekehrt und zu mehreren Reihen in einem Behälter angebracht, wobei die Winkeleisen einer Reihe hinter die Spalten der vorhergehenden Reihe treten. Statt dieser Winkeleisen nimmt man auch U-Eisen. Zuweilen werden auch Winkelflächen aus Blech geformt, wobei zwei oder mehr Winkel zu einem Ganzen vereint, ineinandergestellt und zu einem Einbau zusammengefügt werden, wie Abb. 61 darstellt. Derartige Winkelflächen werden in den Apparaten horizontal wie vertikal einmontiert, manchmal auch abwechselnd horizontal und vertikal.

Bleche mit den verschiedensten Perforierungen und in den verschiedensten Formen, gegeneinander versetzt, bilden Entölereinbauten. Der Dampf wird in eine Reihe von Strängen zerlegt und jeder Strang wird für sich entölt. In manchen Apparaten wird der Dampf zwangsweise einem häufigeren Richtungswechsel unterworfen. Die Mannigfaltigkeit dieser Konstruktionen ist sehr groß.

Von Wichtigkeit bei diesen vielfach sehr verschlungenen Formen ist, daß der Widerstand, den diese Apparate dem durchziehenden Dampfstrome bieten, recht niedrig ist, da ein größerer Rückstau den Dampfverbrauch der Maschine ungünstig beeinflußt. Man rechnet im allgemeinen mit 100—200 *mm W. S.*, doch kommen auch höhere Gegendrucke vor. Ferner darf sich der Apparat nicht durch Ölablagerungen verstopfen.

Die in Abb. 57 und 58 veranschaulichten Abscheider, die auch als Dampfentöler ausgebildet werden, zeichnen sich durch den kaum meßbaren Widerstand, den sie bieten, aus, auch verstopfen sie sich nicht. Ein derartiger Apparat läßt sich daher auf dem Auspuffrohr einer Dampfmaschine, über Dach, anbringen und wirkt dabei zugleich als Schalldämpfer und Wasserfänger, wie Abb. 62 zeigt.

Von einem Dampfentöler erwartet man, daß das Öl so weit abgeschieden wird, daß bei Oberflächenkondensation maximal 0,01–0,02 *g* Öl in 1 *l* Kondensat zurückbleiben; bei Einspritzkondensation vermindert sich dieser Ölgehalt pro 1 *l* Kondensat, entsprechend der eingespritzten Wassermenge. Zum guten Funktionieren eines Dampfentölers ist auch die Anwendung eines guten Schmieröls Erfordernis, dessen Entflammungstemperatur über der Dampftemperatur liegt. Das von dem Dampfentöler ausgeschiedene Ölwassergemisch wird in ein Absetzgefäß geleitet, wo das Öl sich von dem Wasser trennt und auf der Oberfläche desselben sich sammelt. Soll es nochmals zu Schmierzwecken verwendet werden, so muß es filtriert werden. Das übrigbleibende Wasser wird, wenn es vom Öle genügend befreit ist, gern für Kesselspeisezwecke benutzt.

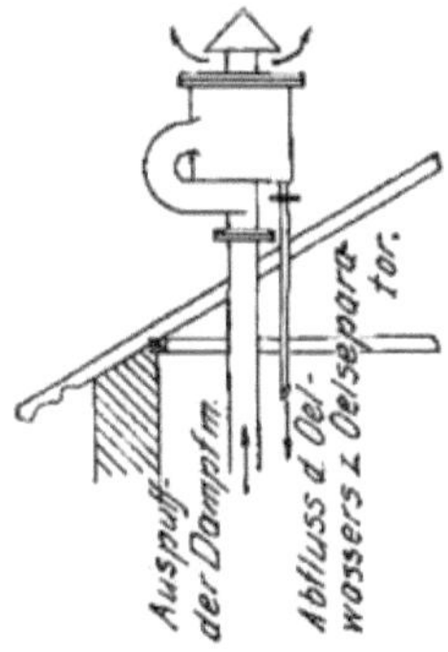

Abb. 62. Dampfentöler von C. Heine, Düsseldorf, zum Anbringen über Dach, zugleich als Schalldämpfer und Wasserfänger.

4. ***Preßluftentöler*** sind Apparate zum Trennen des Öles aus Preßluft, die mit dem im Kolbenkompressor zugeführten Schmieröl durchsetzt ist. Diese Vermischung von Öl und Luft ist eine außerordentlich feine. Zur Trennung werden Apparate derselben Konstruktion genommen, wie für die Dampfentölung. Des hohen Druckes wegen findet man meistens Zentrifugalkraftentöler, die ein zylindrisches Gehäuse beanspruchen, gegenüber den Stoßkraftentölern mit in der Regel viereckigem Gehäuse. Auch Dampfentöler nach Abb. 57 und 58 werden viel für Preßluftentölung gebraucht.

Literatur: Wasser und Gas, 1911, Nr. 16. – *Z. angew. Ch.* **25**, 2160 [1912]. – *Z. D. I.*, 19. Aug. 1911. – Kohle und Erz, 1912, Nr. 12. – *Z. D. I.* 19. Nov. 1910. – Deutsche Maschinisten- und Heizerzeitschrift, 25. Juni 1911. – Zeitschrift für komprimierte und flüssige Gase wie für die Preßluftindustrie, XIV. Jahrg., Nr. 1.
C. Heine.

Abschwächer s. Photographie.

Absolute Temperatur s. Temperatur, absolute.

Absorption. Hierunter versteht man vornehmlich die Aufnahme von Gasen durch Flüssigkeiten oder feste Stoffe.

1. Absorption von Gasen durch Flüssigkeiten.

Nach dem von Henry 1803 aufgestellten Absorptionsgesetze lösen sich die Gase proportional ihrem Drucke. Von einer gegebenen Wassermenge wird also z. B. unter 2 *Atm.* Druck die doppelte Menge Sauerstoff gelöst wie unter gewöhnlichem Drucke. In einer Reihe von Fällen gilt jedoch dieses einfache Gesetz nicht ohne weiteres, z. B. nicht für die Lösung von Ammoniak im Wasser. Es gilt nämlich nur dann, wenn der gelöste Stoff als Dampf und in Lösung gleichen molekularen Zustand besitzt. Nun besteht aber das Ammoniakgas aus den Molekülen NH_3, während das gelöste Ammoniak die Moleküle NH_3, NH_4OH sowie die Ionen $NH_4^{\cdot}$ und OH' enthält. Das Henrysche Gesetz gilt nun zwar für die Molekülart NH_3; da aber ihre Konzentration in der Lösung nicht einfach dem titrierbaren Ammoniak proportional ist, so kann auch bei Verdoppelung des Druckes der Ammoniakgehalt nicht ohne weiteres doppelt so groß werden; denn er wird durch die Verschiebung der Gleichgewichte beeinflußt, welche zwischen den einzelnen Molekülarten in der Lösung bestehen.

Sind im Gasraume mehrere Gase vorhanden, dann löst sich nach dem Absorptionsgesetze von DALTON jedes Gas entsprechend seinem Teildrucke so, als wenn die anderen Gase nicht vorhanden wären. Aus Luft von Atmosphärendruck z. B. wird vom Wasser ebensoviel Sauerstoff aufgenommen, als wenn reiner Sauerstoff von $^1/_5$ *Atm* Druck zugegen wäre.

Um die Löslichkeit eines Gases in einer Flüssigkeit zu bestimmen, bringt man eine bestimmte Menge der Flüssigkeit in ein mit Hahn verschließbares Glasgefäß, das mit einer Gasbürette in Verbindung steht, und schüttelt so lange, bis das Gasvolumen nicht mehr abnimmt. Als Maß der Löslichkeit nimmt man das von einem Volumen des Lösungsmittels aufgenommene Gasvolumen (red. auf 0° und 760 *mm* Druck), wenn der Teildruck des Gases 760 *mm* beträgt. Dieser Absorptionskoeffizient ist für eine Anzahl von Gasen und Wasser in der folgenden Tabelle gegeben, u. zw. für 0°, 20°, 50° und 100°.

Absorptionskoeffizient einiger Gase für Wasser.

	0°	20°	50°	100°
Luft	0,029	0,019	0,013	0,011
Stickstoff	0,024	0,016	0,011	0,010
Sauerstoff	0,049	0,031	0,021	0,017
Wasserstoff	0,021	0,018	0,016	0,016
Chlor	4,61	2,26	1,20	0,00
Bromdampf	60,5	21,3	6,5	–
Radiumemanation	0,51	0,23	0,15	–
Ammoniak	1305	715,4	–	–
Stickoxyd	0,074	0,047	0,032	0,026
Stickoxydul	–	0,63	–	–
Kohlenoxyd	0,035	0,023	0,016	0,014
Kohlendioxyd	1,71	0,88	0,44	–
Schwefeldioxyd	79,8	39,4	–	–
Methan	0,056	0,033	0,021	0,017
Äthan	0,099	0,047	0,025	0,017
Äthylen	0,23	0,12	–	–
Acetylen	1,73	1,03	–	–
Schwefelwasserstoff	4,62	2,55	1,38	0,80
Chlorwasserstoff	507	442,0	362,0	–

Zusatz von Salzen vermindert meist die Löslichkeit von Gasen im Wasser. Umgekehrt wird durch einen solchen Zusatz die Löslichkeit vermehrt, wenn das Gas durch ihn chemisch gebunden wird, z. B. Kohlensäure durch Natriumcarbonat unter Bicarbonatbildung. Wie verwickelt aber auch in andern Fällen, wo solche chemische Wirkung ausgeschlossen erscheint, die Sachlage sein kann, möge folgende kleine Tabelle zeigen:

Absorptionskoeffizient von Kohlendioxyd in wässerigen Lösungen bei 25°.

	Konzentration (Grammäquivalente in 1 *l*)				
	0	0,5	1	2	3
KCl	0,76	0,70	0,64	–	–
H_2SO_4	–	0,73	0,71	0,67	0,64
HNO_3	–	0,77	0,78	0,80	–
HCl	–	0,74	0,73	0,73	–

Durch Chlorkalium wird also die Löslichkeit der Kohlensäure vermindert, u. zw. um so mehr, je stärker der Salzgehalt der Lösung ist. Ähnlich, aber schwächer wirkt Schwefelsäure, während umgekehrt in wässeriger Salpetersäure das Gas löslicher ist als in reinem Wasser, u. zw. um so löslicher, je konzentrierter die Säure ist. In Salzsäure löst sich etwas weniger CO_2 als in Wasser; der Gehalt der Salzsäure scheint den Absorptionskoeffizienten kaum zu beeinflussen.

Übersättigte Gaslösungen, die mehr Gas enthalten, als den herrschenden Bedingungen von Druck und Temperatur entspricht, lassen sich leicht herstellen, da eine bei tieferer Temperatur oder höherem Drucke gesättigte Lösung beim Erwärmen oder unter geringerem Drucke ihren nunmehr vorhandenen Überschuß an gelöstem Gase nur zum Teile rasch, großenteils aber nur langsam an ihrer Oberfläche abgibt. Bringt man einen Glasstab, einen Draht oder einen andern Körper aus der Luft in eine solche übersättigte Lösung, so entwickeln sich an ihm Gasblasen, indem die dem eingeführten Körper anhaftende Luftschicht die Bildung der Gasblasen erleichtert. Besonders wirksam sind rauhe, mit Staub und mit Fett (wenn auch in unsichtbar dünner Schicht) bedeckte Körper; mit dem Verschwinden der anhaftenden Luft werden sie unwirksam. Erschüttert man eine übersättigte Gaslösung, so entweichen stürmisch große Mengen von Gas.

Völlig austreiben kann man absorbierte Gase, indem man die Lösung in ein Vakuum bringt oder indem man ein fremdes Gas genügend lange Zeit durch die Lösung leitet oder indem man die Lösung kocht, wobei die sich entwickelnden Dampfblasen das Gas mitnehmen, so weit es nicht schon beim Erhitzen entwichen ist. Flüssigkeiten völlig zu entgasen und dann gasfrei zu halten, ist gar nicht so einfach, da sie begierig Gas wieder aufnehmen, wo sie nur Gelegenheit dazu finden.

2. Absorption von Gasen durch feste Körper.

Feste Körper ohne merkliche Poren absorbieren im allgemeinen keine in Betracht kommenden Gasmengen. In manchen Fällen ist aber das Absorptionsvermögen recht merklich, z. B. von Kautschuk für Kohlensäure; deshalb sind Kautschukschläuche für Kohlensäure auch durchlässig, indem das auf der einen Seite aufgenommene Gas auf der andern Seite der Wandung wieder abgegeben wird. Bei sehr hohen Temperaturen sind die meisten Stoffe nicht mehr völlig gasdicht, zumal gegen den leicht diffundierenden Wasserstoff.

Durch 1 *mm* dickes Eisen- oder Nickelblech wandert Wasserstoff nach den Messungen von SIEVERTS schon bei 450° merklich hindurch; Kupfer läßt von 640° meßbare Wasserstoffmengen diffundieren, Palladium schon bei 140°. Mit steigender Temperatur nimmt die Diffusionsgeschwindigkeit zu; bei hohen Temperaturen dringt der Wasserstoff in Metalle, namentlich in Palladium und Nickel, so schnell wie in ein Vakuum ein.

Für einige Gase und eine Reihe von Metallen hat SIEVERTS (*Z. Elektrochem.* **16**, 708 [1910]) die Löslichkeit in einem großen Temperaturbereiche gemessen. Die hauptsächlichen Ergebnisse hat er in der umstehenden Kurventafel (Abb. 63) übersichtlich wiedergegeben.

Auf der wagrechten Achse sind die Temperaturen, auf der senkrechten Achse die Milligramme gelösten Gases aufgetragen, u. zw. beim Wasserstoff bezogen auf 100 *g* Metall, bei SO_2 bezogen auf 0,5 *g* Kupfer, bei Sauerstoff bezogen auf 1 *g* Silber.

In den meisten Fällen nimmt die Löslichkeit der Gase in den Metallen mit der Temperatur fast geradlinig zu. Beim Schmelzpunkt ändert sich die Löslichkeit sprungweise, u. zw. nehmen die flüssigen Metalle beim Schmelzpunkt mehr Gas auf als die festen Metalle. Am größten ist dieser Unterschied bei Kupfer und Schwefeldioxyd, wo die Löslichkeit von Null hoch emporschnellt, am kleinsten bei Kupfer und Wasserstoff.

Abweichend verhalten sich Silber gegen Sauerstoff und Palladium gegen Wasserstoff. Im flüssigen Silber löst sich mit steigender Temperatur weniger Sauerstoff. Bei Palladium fällt die Löslichkeitskurve des Wasserstoffes von 100 bis etwa 200^0 ganz steil ab, nähert sich dann der Abszissenachse und verläuft von 650^0 bis zum *Schmelzp.* 1540^0 fast wagrecht, dann stürzt sie ab, denn das flüssige Palladium absorbiert weniger Wasserstoff.

Was den Einfluß des Gasdruckes auf die Löslichkeit in Metallen anbelangt, so fand SIEVERTS, als er den Druck zwischen $1^1/_2$ *Atm.* und wenigen Millimeter Quecksilber änderte, die absorbierte Gasmenge sehr nahe der Quadratwurzel aus dem Drucke proportional; diese Beziehung galt auch für die Löslichkeit von Schwefeldioxyd in flüssigem Kupfer.

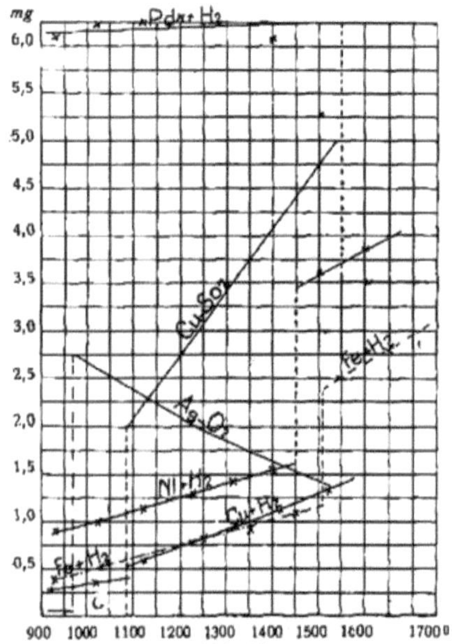

Abb. 63.

In Fällen, wo das Gas von der festen Substanz chemisch gebunden wird, z. B. Kohlendioxyd von Kalk oder Wasserdampf von Chlorcalcium, gilt die vom „Massenwirkungsgesetz" geforderte Beziehung, daß der gebildeten Verbindung bei jeder bestimmten Temperatur ein bestimmter Zersetzungsdruck zukommt. Je kleiner dieser Druck ist, umso besser wirkt das betreffende Absorptionsmittel. Z. B. ist für gute Trockenmittel wie Chlorcalcium, konz. Schwefelsäure und Phosphorpentoxyd die Wasserdampftension bei Zimmertemperatur außerordentlich klein.

Lösungen dagegen besitzen nicht einen solchen, nur von der Temperatur abhängigen Dampfdruck, sondern ihre Dampfspannung nimmt mit sinkendem Gehalt an gelöster Substanz stetig ab. Allerdings stellt sich bei Druckänderung das neue Gleichgewicht oft so langsam ein, daß ein wegen der trägen Diffusion vorübergehend konstant erscheinender Druckwert leicht eine chemische Verbindung vortäuschen kann.

Die Geschwindigkeit, mit welcher ein Gas absorbiert wird, hängt unter sonst gleichen Umständen vor allem von der Oberfläche der absorbierenden Substanz ab. Je größer die Gesamtoberfläche, je feiner verteilt die Substanz ist, um so schneller und vollständiger wird das Gas aufgenommen. *K. Arndt.*

Absorptionsapparate s. Kondensationsapparate.

Abwasser. Man versteht darunter flüssige Abgänge aus Wohnhäusern, Stallungen, Fabriken und sonstigen Betriebsstätten, soweit sie direkt oder indirekt als Ergebnis menschlicher Tätigkeit mit gewissen Stoffen versetzt sind, durch welche sie den Charakter eines natürlichen Wassers verloren haben. Soweit das, wie bei Wassern, die zur Kraftleistung, zum Kühlen, zum Bewässern u. a. m. benutzt werden, nicht der Fall ist, spricht man nicht von Abwasser. Man kann nach ihrem Ursprunge 4 Gruppen von Abwassern unterscheiden, nämlich

1. städtische Abwasser im weitesten Sinne, zu welchen auch die Abwasser aus einzelnen Häusern und Anstalten (Krankenhäusern, Irrenanstalten u. s. w.) zu zählen sind,

2. Abwasser aus Fabriken (chemische und landwirtschaftliche Industrien),

3. Abwasser der häuslichen Gewerbe und der mechanischen Industrien,

4. Abwasser der Montanindustrie.

Nach ihren Eigenschaften lassen sich die Abwasser nicht unter diese Gruppeneinteilung bringen. Es entfallen z. B. aus Fabriken und häuslichen Gewerben Abwasser, welche nach ihren chemischen und physikalischen, teilweise auch nach ihren bakteriologischen Eigenschaften große Ähnlichkeit mit städtischen Abwassern haben, während andererseits verschiedene Sorten von Fabrikabwassern in ihren Eigenschaften derart voneinander abweichen, daß sie geradezu nichts miteinander gemein haben. Dazu kommt, daß die an erster Stelle genannte Gruppe, die städtischen Abwasser, recht oft Abwasser der zweiten und dritten, vereinzelt auch solche der vierten Gruppe beigemengt enthält. Aus Zweckmäßigkeitsgründen teilt man deshalb die Abwasser besser ein in solche, welche ihren Charakter als Abwasser lediglich ihrem Gehalt an organischen, mehr oder weniger fäulnisfähigen Stoffen verdanken, und in solche, welche gekennzeichnet werden durch einen gewissen Gehalt an anorganischen Stoffen (Salzen, Säuren, Basen). Die erste Gruppe ist insbesondere mit Rücksicht auf den Grad ihrer Schädlichkeit wieder zu teilen in Abwasser, die nach ihrem Ursprunge als infektionsverdächtig, d. h. als Träger pathogener Keime angesehen werden können, und in solche, bei denen man normalerweise mit der Anwesenheit solcher Keime nicht zu rechnen braucht. In diesem Sinne sollen die Abwasser nachfolgend getrennt behandelt werden. Es können hier allerdings nur die allerwichtigsten Angaben, soweit sie zum Verständnis unbedingt erforderlich sind, Platz finden. Nach Möglichkeit wird dafür auf die Literatur verwiesen werden. Wir verfügen seit **1909** in der Fachzeitschrift *W. Abw.* über ein ausgezeichnetes referierendes Organ. Ich werde deshalb neben anderen Literaturangaben für gewisse industrielle Abwasser sämtliche Stellen in den Bänden 1 bis 6 dieser Zeitschrift angeben, in welchen irgendwie Wichtiges über das betreffende Abwasser berichtet wird. Bei vielen Abwassern aus Fabrikbetrieben muß davor gewarnt werden, auf die in der Literatur von einem Buche in das andere durchgeschleppten Analysen aus früheren Jahren irgendwelche Rücksicht zu nehmen. Die Fabrikationsmethoden ändern sich und mit ihnen auch die Abwasser nach Art und Zusammensetzung. In der Fachliteratur kann man dagegen immer wieder beobachten, wie alte Analysen, die nur noch historischen Wert haben, sich fortvererben.

Infektionsverdächtige Abwasser mit fäulnisfähigen organischen Stoffen.

Städtische Abwasser.

Sie bilden die wichtigste Gruppe der infektionsverdächtigen Abwasser. Zwar weichen sie je nach der Art ihrer Entstehung und den gleich noch zu besprechenden Faktoren, die an ihrer Bildung beteiligt sind, in ihrer Zusammensetzung ganz außerordentlich voneinander ab, sie besitzen aber unter allen Umständen stets zwei sie kennzeichnende Eigenschaften, denen gegenüber alle sonstigen Unterschiede, die sie in den verschiedenen Städten oder in derselben Stadt zu verschiedenen Jahreszeiten oder Tagesstunden aufweisen, stark zurücktreten. Es sind das der nie fehlende Gehalt an fäulnisfähigen organischen Stoffen und die Möglichkeit, ja Wahrscheinlichkeit eines gewissen Gehaltes an pathogenen Keimen. Bei vollständig durchgeführter Kanalisation nach dem Schwemmsystem setzen sich die Abwasser in der Hauptsache zusammen aus

1. den menschlichen Fäkalien und sonstigen Abgängen der Wasserklosetts und Bedürfnisanstalten,

2. den Haus- und Küchenwassern,

3. den Fabrik-, Gewerbe- und Badewassern,

4. dem Regen- und Straßenwasser.

Eine allerdings verhältnismäßig geringe Zahl von Städten ist nach einem der sog. Trennsysteme kanalisiert, bei welchen nur die unter 1, 2 und 3 oder auch die unter 2, 3 und 4 aufgezählten Abfallwasser gemeinsam abgeleitet werden. Handelt es sich dabei um die unter 1 bis 3 aufgezählten Abfallwasser, so leitet man die Regenwasser entweder in besonderen Kanälen ab oder man läßt sie oberirdisch ablaufen. Vereinzelt hat man auch ganze Ortschaften und Städte (z. B. Amsterdam) nur für die Ableitung der menschlichen Fäkalien kanalisiert. Die Fortbewegung der dann nicht immer dünnflüssigen Massen erfolgt entweder mittels Saugkraft (LIENURS Doppelröhrensystem) oder durch Druckluft. Von dieser Art der Kanalisation ist man aber in den letzten Jahren wieder ganz abgekommen, so daß man nur zu unterscheiden hat zwischen Trenn- und Schwemmsystem. Qualitativ ist zwischen den bei diesen Systemen abfallenden Abwassern kein Unterschied zu machen, da für sie alle die beiden oben erwähnten kennzeichnenden Gesichtspunkte zutreffen. Sie unterscheiden sich nur quantitativ in oft allerdings sehr beträchtlichem Grade voneinander.

Den wichtigsten Bestandteil der in schwemmkanalisierten Städten abfallenden Abwasser bilden die Fäkalien. Menge und Zusammensetzung derselben sind je nach Alter, Geschlecht und Lebensweise der Bewohner großen Schwankungen unterworfen. Immerhin lassen sich für Städte mit gemischter Bevölkerung annähernd zutreffende Mittelwerte dafür aufstellen.[1] Für deutsche Verhältnisse darf man im Mittel mit 486,5 *kg* Fäkalien, bestehend aus 48,5 *kg* Kot und aus 438 *kg* Harn für Jahr und Person rechnen, in welchen man folgende mittlere Mengen an den für die Beurteilung vornehmlich in Betracht kommenden Stoffen findet:

	Kot %	Harn %	Fäkalien %
Wasser	77,20	95,50	93,70
Trockengehalt	22,80	4,50	6,30
Organische Substanz	19,60	3,30	4,90
Stickstoff	1,30	0,80	0,85
Mineralstoffe	3,20	1,20	1,40
Phosphorsäure	1,16	0,16	0,26
Kali	0,40	0,19	0,21
Kalk	0,62	0,02	0,08
Chlor	0,04	0,50	0,40

Die Menge der tierischen Exkremente, welche in schwemmkanalisierten Städten mit abgeleitet werden, ist gegenüber den menschlichen so gering, daß sie vernachlässigt werden kann.

Die Haus- und Küchenabwasser können ihrer Zusammensetzung nach durch folgende, auf Veranlassung von C. WEIGELT[2] gesammelte und untersuchte Proben gekennzeichnet werden:

[1] Nähereres darüber sowie über die nachfolgenden Zahlen vgl. J. H. VOGEL, Die Verwertung der städtischen Abfallstoffe. Berlin 1896, S. 7—18.

[2] Vorschriften über die Entnahme und Untersuchung von Abwassern und Fischwassern. Berlin 1900.

	Unlösliches (g pro l)		Gelöste Stoffe (g pro l)				
	Gesamtmenge	Organische Stoffe	Gesamtmenge	Organische Stoffe	Stickstoff	Phosphorsäure	Fett
Küchenwasser	2,258	1,973	5,964	3,477	0,112	0,048	0,927
Wasch- und Spülwasser von Hauswäsche	2,242	1,977	4,379	2,993	0,071	0,004	0,743
Aufwischwasser von Schlafzimmern	0,318	0,195	0,855	0,272	0,011	0,002	
Waschwasser aus Schlafzimmern	0,220	0,193	0,541	0,296	0,010	0,001	0,146

Nicht nur die Beschaffenheit, sondern auch die Menge der Haus- und Küchenabwasser ist ebenso wie diejenige der Straßenwasser großen Schwankungen unterworfen. Außer durch die Lebensgewohnheiten der Bevölkerung werden dieselben zumeist bedingt durch die Art der Entwässerung und der Einrichtung der Häuser. Bequeme Badeeinrichtungen können z. B. die Menge der Hausabwasser um ein bedeutendes vermehren. Je größer die Stadt und namentlich je größer die Bevölkerungsdichte ist, um so größer wird, auf den Kopf der Bevölkerung gerechnet, der Wasserverbrauch sein. Während dieser jetzt fast überall die Höhe von mindestens 80 *l* täglich für den Kopf der Bevölkerung beträgt, steigt er in manchen Städten auf 200 *l* und mehr. Immerhin beträgt die gesamte aus den Häusern kommende Abwassermenge sogar in den Stunden größten Verbrauchs nicht mehr als etwa 2—3% der bei vollständiger Schwemmkanalisation im Jahresmittel in die Kanäle aufzunehmenden Regenwassermengen. Daraus folgt, daß an und für sich die Querschnittsgröße der Kanäle durch die aus den Häusern kommende Abwassermenge kaum beeinflußt wird, sondern daß hierfür ausschließlich die Regenwassermenge maßgebend ist. Wenn diese Tatsache allerdings, wie dies nicht selten geschieht, zu der Schlußfolgerung benutzt wird, daß es auf die Baukosten der für die Ableitung des Regenwassers erbauten und genügend weit bemessenen Kanäle ohne jeden Einfluß sei, ob dieselben die innerhalb des Hauses abfallenden Abwasser mit aufnehmen oder nicht, so muß dem widersprochen werden. Die Miteinleitung der letzteren bedingt eine so große Rücksichtnahme auf die Ableitung des Kanalinhalts, daß dadurch die Kosten der Kanalisation im höchsten Grade beeinfußt werden können. Kanäle, welche nur für die Ableitung des Regenwassers bestimmt sind, können billig in der Weise gebaut werden, daß statt eines zusammenhängenden Kanalnetzes eine möglichst große Anzahl von selbständigen, teilweise sehr flach eingebetteten Kanälen auf dem kürzesten Wege auch im Innern der Stadt schon einem Wasserlaufe zugeführt werden. Dies wird selbst dann erlaubt sein, wenn letzterer an denkbar größter Wasserarmut leidet, vorausgesetzt, daß sein Bett groß genug ist, die gesamten Regenwassermengen aufzunehmen. So sehr man die Ansicht, daß die Haus- und Küchenabwasser mit dem gleichen Recht als Träger von Krankheitskeimen angesehen werden müssen wie die menschlichen Fäkalien, als zutreffend anerkennt, so wenig wird man die von eifrigen Freunden des Schwemmsystems verschiedentlich ausgesprochene Ansicht billigen können, daß die Straßenwasser häufig „unreiner“ als die Brauchwasser und daher ebenso bedenklich seien. Daran können auch zahlreiche Analysen, welche zeigen, daß manche Straßenwasser einen größeren Gehalt an anorganischer Substanz und mehr Bakterien enthalten, als gelegentlich in Brauchwassern gefunden werden, nichts ändern. Die Frage, ob die Abwasser einer Stadt nach mehr oder weniger gründlicher Reinigung in einen Fluß geleitet werden dürfen oder nicht, wird in vielen Fällen davon abhängen, ob sie Krankheitskeime in solcher Menge enthalten oder enthalten können, daß durch ihre Einleitung in den Fluß die Gefahr der Übertragung auf Menschen naheliegt. Während dies bei den Fäkalien sowie bei Haus- und Küchenabwassern anerkanntermaßen von Zeit zu Zeit tatsächlich zutrifft und jeden Augenblick zutreffen kann, hat man dies bei den Straßenwassern kaum zu befürchten. Selbst zugegeben, daß z. B. durch den Lungenauswurf eines Schwindsüchtigen oder auf andere Weise gelegentlich Tuberkelbazillen oder vereinzelte andere Krankheitskeime auf die Straße und damit in die Straßenwasser gelangen, so dürfte damit noch nicht ihre Gemeinschädlichkeit bewiesen sein.

Die Natur lehrt uns überall, daß im Kampfe ums Dasein der Schwächere dem Stärkeren unterliegt. In gleicher Weise werden auch vereinzelte Krankheitskeime den Milliarden Mikroorganismen anderer Art, welche sie im Straßenschmutz und später im Flußlaufe antreffen, in der Regel bald erlegen sein (S. 64). Wenn aber das Straßenwasser als Träger von Krankheitskeimen nicht betrachtet werden kann, welcher Grund liegt dann vor, dasselbe unter geeigneten Voraussetzungen nicht auf dem kürzesten und billigsten Wege dem nächsten Flußlaufe zuzuführen, anstatt es unter Aufwand von Millionen für Bau und Instandhaltung von Kanälen mit riesenhafter Weite nach einem einzigen Punkte außerhalb der Stadt zu leiten? Etwa der Umstand, daß das Straßenwasser sich dem Auge oft als eine dunkelgefärbte Brühe darbietet oder weil die chemische und bakteriologische Untersuchung eine gewisse Menge „organischer Substanz" und recht viele Bakterien ergeben hat? Doch wohl sicherlich nicht aus diesen Gründen! Wenn man den im Flußwasser vorhandenen ungezählten Bakterien noch einige neue Millionen mit dem Straßenwasser zuführt, so ist dies eben so unbedenklich, als wenn die im Flußwasser vorhandene „organische Substanz" noch durch diejenige des Straßenschlamms vermehrt wird, oder wenn durch letzteren noch etwas Erde und Sand zu dem an den Ufern oder auf dem Grunde des Flusses schon ruhenden hinzugespült wird. Ganz anders liegt die Sache bei den innerhalb der Häuser entstehenden Abwassern. Durch Krankheiten in einzelnen Häusern oder in der ganzen Stadt können die Brauchwasser zumal bei mangelhaft durchgeführter Desinfektion am Krankenbett derartig mit Ansteckungskeimen überladen sein, daß ihre Einleitung in ein öffentliches Gewässer in der Tat gefährlich werden kann.

Über Menge und Art von Fabrikabwassern in Städten wird sich stets nur von Fall zu Fall ein Urteil abgeben lassen. Sie wechseln je nach Art und Anzahl der Fabriken. Abwasser aus chemischen Fabriken enthalten häufig giftige Säuren und mineralische Gifte. In anderen Fabrikwassern sind häufig beträchtliche Mengen freien Chlors enthalten, wieder andere sind reich an stickstoffhaltigen oder anderen organischen Stoffen. In der Regel vermögen die Fabrikabwasser den Charakter der städtischen Abwasser nicht zu ändern. Nur in ausgesprochenen Industriegegenden wird man auf sie Rücksicht zu nehmen haben, auch wird mit Ausnahme ganz seltener Fälle vom technischen Standpunkte gegen ihre Einleitung in das Kanalnetz nichts einzuwenden sein, sofern vorgeschrieben wird, daß ihr Gehalt an ungelösten Stoffen 0,4 *g* in 1 *l* nicht übersteigt, daß sie keinerlei Bestandteile (z. B. freie Mineralsäuren) enthalten, welche auf die Kanalwandungen schädlich einwirken können, und daß ihre Ableitung möglichst gleichmäßig über die 24 Stunden des Tages verteilt wird. Grundsätzlich auszuschließen sind nur solche Fabrikwasser, welche ausfällend auf die städtischen Abwasser einwirken können, wie das z. B. die Abwasser mit nennenswerten Mengen von Metallsalzen, ferner solche aus

Sodafabriken in Folge ihres Gehaltes an Chlorcalcium und aus Chlorkaliumfabriken in Folge ihres Gehaltes an Chlormagnesium tun (S. 48, 64).

Die Badewasser können gelegentlich, wie in Wiesbaden, den Gehalt an Chlornatrium in den Abwassern erhöhen.

Im allgemeinen sind die Abwasser in Städten mit voller Schwemmkanalisation etwas verdünnter als diejenigen, welche bei Benutzung eines Trennsystems abfallen. Immerhin sind die Unterschiede nicht so groß, wie man früher vielfach annahm. Dagegen sind die Tagesschwankungen in derselben Stadt durchweg recht bedeutend. Bei Berliner Abwasser habe ich den Grad dieser Schwankungen durch Ermittlung des Gehaltes an Gesamtstickstoff zu ermitteln gesucht. Ich fand, daß gegen Mittag durch die in der Frühe entleerten menschlichen Fäkalien die Stickstoffmenge zunimmt, während sie nachmittags infolge des Zuflusses größerer Mengen von Haus- und Küchenwassern wieder geringer wird.

Im Durchschnitt wurden im *l* gefunden:

8—9	Uhr vormittags	63 *mg* Gesamtstickstoff
10—11	" "	168 " "
3	" nachmittags	74 " "

Alle diese Angaben über die Schwankungen in der Art, Menge und Zusammensetzung der städtischen Abwasser zeigen, daß es nicht möglich ist, irgendwelche Mittelzahlen über ihre Zusammensetzung zu geben. Man wird vielmehr unter Berücksichtigung der vorstehend gegebenen Gesichtspunkte für den Einzelfall stets Untersuchungen des betreffenden Abwassers vornehmen müssen. Lediglich, um einen ungefähren Anhaltspunkt zu geben, seien hier bezüglich der wichtigsten Stoffe folgende Angaben gemacht.

Die Menge der ungelösten Stoffe schwankt zwischen 0,08 und 1,5 *g* in 1 *l*. Im Durchschnitt darf man mit 0,4 bis 0,7 *g* rechnen, von denen etwa 55 bis 75 % organischer Art sind. Nach Frühling sollen im Durchschnitt auf 1 Einwohner jährlich 28,6 *kg* ungelöste Rückstände entfallen, von denen 17 *kg* organischer Art sind, darunter 2,5 bis 3 *kg* Fett. Von anderer Seite werden wesentlich größere Fettmengen angegeben. Schreiber fand z. B. in trockenem Schlamm aus Berliner Abwasser 13,8 % Fett. Er berechnet auf Kopf und Jahr 6,77 *kg* Fett im Abwasser (S. 61).

Die Schwankungen an gelösten Stoffen im städtischen Abwasser werden durch folgende Zusammenstellung gekennzeichnet:

Die Gesamtmenge der gelösten Stoffe schwankt zwischen 0,3 und 2,0 *g* und mehr im *l*, von denen etwa 30 bis 45 % organischer Art (Glühverlust) sind.

Es schwankt der Gehalt an

Stickstoff	zwischen	0,04	und	0,30	*g* im *l*
Phosphorsäure . .	"	0,01	"	0,07	" " "
Kali	"	0,03	"	0,20	" " "
Chlor	"	0,07	"	0,80	" " "
Kalk	"	0,05	"	0,50	" " "
Magnesia	"	0,02	"	0,06	" " "
Schwefelsäure . .	"	0,04	"	0,30	" " "

Die Menge der drei letzten Stoffe wird wesentlich bedingt durch den Gehalt des Verdünnungswassers daran.

Zur Oxydation von je 1 *l* des nach Möglichkeit von den ungelösten Stoffen befreiten Abwassers braucht man zwischen 50 und 500 *mg* Kaliumpermanganat.

Selbstredend wird man in extremen Fällen Werte finden können, welche nach oben oder unten von den angegebenen noch abweichen.

Abwasser von Schlachthöfen.

In Schlachthöfen, welche über reichliche Mengen Frischwasser verfügen, pflegt man in neuerer Zeit den größten Teil aller Abfälle fortzuspülen. Auf diesem Wege entsteht ein Abwasser (*W. Abw.* I, 232; III, 90; V, 5, 450; VI, 239), das sich insofern in der Qualitität kaum von städtischen Abwassern unterscheidet, als es ebenfalls gekennzeichnet wird durch einen nie fehlenden Gehalt an organischen fäulnisfähigen Stoffen und durch seine Infektionsverdächtigkeit. Es setzt sich in der Hauptsache zusammen aus Blut und dem Inhalt von Magen, Darm und Blase. Dazu kommen dann noch die verschiedenartigsten mehr oder weniger festen Abfälle von den Tierkörpern, kleine Stücke von Fleisch, Fett und Knochen, soweit sie der Verwertung entgehen, ferner Wollschmutz, Spülwasser u. a. m. Die Konzentration richtet sich natürlich nach dem Wasserverbrauch, der erheblich größeren Schwankungen ausgesetzt ist, als z. B. derjenige bei Benutzung von Wasserklosetts. Zur Kennzeichnung der großen Schwankungen in der Konzentration sei hier angegeben, daß nach Analysen von KÖNIG[1] bzw. K. B. LEHMANN[2] die Menge der ungelösten Stoffe zwischen 1,0 und 6,5 *g* im *l* schwankt. Die ungelösten Stoffe pflegen mehr organische Substanz zu enthalten als diejenigen in den städtischen Abwassern. Man kann rechnen, daß 75 bis 85 % derselben aus organischer Substanz bestehen. Die Menge der gelösten Stoffe ist ebenfalls durchweg erheblich höher als in den städtischen Abwassern. Sie schwankt zwischen 1,5 und 3,5 *g* im *l*, von denen etwa 50 bis 60 % organischer Art sind (Glühverlust). Es schwankt der Gehalt an

Stickstoff	zwischen	0,05	und	0,50	*g* im *l*
Phosphorsäure . .	„	0,03	„	0,20	„ „ „
Kali	„	0,10	„	0,20	„ „ „
Chlor	„	0,07	„	0,20	„ „ „

Zur Oxydation von je 1 *l* des nach Möglichkeit von den ungelösten Stoffen befreiten Abwassers gebrauchte ich bei einer Reihe von Untersuchungen zwischen 200 und 2400 *mg* Kaliumpermanganat.

Abwasser aus Anstalten zur Vernichtung von Tierkadavern.

Die Abwasser, welche sich in den alten Abdeckereien ergeben, sind im wesentlichen in der Qualität denjenigen in Schlachthöfen gleich, nur sind sie in der Regel erheblich konzentrierter, weil diese Abdeckereien meist außerhalb der Städte liegen und keinen Anschluß an Wasserleitung und Kanalisation haben. Dafür ist ihre Menge aber auch nur eine geringe. In den modernen Anstalten zur Vernichtung von Tierkadavern ergeben sich dagegen größere Abwassermengen, die zwar auch gekennzeichnet werden durch ihren Gehalt an organischen fäulnisfähigen Stoffen, die aber bei wirklich rationellem Betriebe und sorgsamem Arbeiten nicht mehr ohne weiteres als infektionsverdächtig angesehen werden können. Wenn ihre Besprechung trotzdem an dieser Stelle erfolgt, so geschieht es, weil in einer Reihe von Betrieben jene Voraussetzungen nicht im vollen Umfange gegeben sind. Man wird deshalb stets von Fall zu Fall auf Grund sorgsamer Ermittlungen an Ort und Stelle festzustellen haben, ob und in welchem Umfange diese Abwasser als infek-

[1] Die Verunreinigung der Gewässer, Berlin 1899, 2. Aufl., Bd. II, S. 183.

[2] Die Verunreinigung der Saale bei und in der Stadt Hof. Hof 1895, S. 162.

tionsverdächtig anzusehen sind. Das gilt besonders auch für die Spülwasser mancher Geräte und derjenigen Räume, in welchen die Kadaver aufbewahrt oder durch die sie vor der Verarbeitung befördert werden. Infektionsverdächtig werden diese Spülwasser stets dann sein, wenn die Kadaver erst nach voraufgegangener Zerlegung in die thermischen Apparate eingebracht werden können oder wenn vor der Verarbeitung eine Enthäutung erfolgt. Außer diesen Spülwassern ergeben sich bei der Verarbeitung nur sterile Flüssigkeiten. Es sind das die Leimbrühen, der kondensierte Wasserdampf aus den Tierkörpern, die Leimkondenswasser und Fett. Letzteres und die Leimbrühen werden meist vollständig verwertet. Wo die Leimbrühen nicht mit dem Tierkörpermehl als Futtermittel oder zu Leim oder auch zu Dünger verarbeitet werden, erhöhen sie den Gehalt des Abwassers an leicht fäulnisfähigen organischen Stoffen in sehr hohem Grade. Das kondensierte Wasser aus den Kadavern und die beim Eindicken des Leims entstehenden Kondenswasser riechen widerlich. Sie enthalten erhebliche Mengen flüchtiger, leicht fäulnisfähiger organischer Stoffe. Das Leimkondenswasser enthält meist auch erhebliche Mengen ungelöster Stoffe, die infolge unvermeidlichen Schäumens mitgerissen werden. Der starke und widerliche Geruch dieser Kondensate hat schon wiederholt dort zu erheblichen Geruchsbelästigungen geführt, wo man glaubte, diese Abwasser ohne weiteres dem städtischen Kanalnetz zuleiten zu können. Nach THIESING[1] sei hier über die Beschaffenheit eines Abwassers (Endablaufs) aus der Kadaververnichtungsanstalt in Kiel angegeben, daß es von braunschwarzer Farbe, stark trübe und von widerlichem Geruch war. Es enthielt in 1 *l* 0,448 *g* ungelöste Stoffe, von denen 0,444 *g* organischer Art (verbrennlich) waren. In 1 *l* des filtrierten Abwassers wurden 15,397 *g* gelöste Stoffe gefunden, davon 14,499 *g* organischer Art. Der Gehalt an Stickstoff in 1 *l* betrug nicht weniger als rund 2,1 *g* organischer und 0,06 *g* Ammoniakstickstoff.

Abwasser aus Gerbereien (Lederfabriken).

Beim Gerben der Häute entstehen sowohl während der Vorbereitung der Häute als auch beim eigentlichen Gerbevorgang Abwasser (*W. Abw.* 2, 347; 3, 27, 28, 90, 100, 360) mit teilweise sehr hohem Gehalt an organischen fäulnisfähigen Stoffen, von welchen insbesondere die Wasch- bzw. Einweichwasser im hohen Grade infektionsverdächtig sind. Tatsächlich hat man auf sie auch schon die Übertragung von Milzbrand zurückführen können. Nachdem die frischen Häute gewässert oder die getrockneten geweicht sind, wobei leicht fäulnisfähige Stoffe an das Wasser übergehen, entstehen weiter die Kalk- (Aescher-) Wasser beim Enthaaren, die Beizwasser beim Entkalken und Schwellen der Häute und schließlich die eigentlichen Gerbbrühen (Lohbrühen). Letztere sind je nach dem Gerbverfahren außerordentlich verschieden zusammengesetzt, während die drei erstgenannten Abwasserarten in allen Betrieben in nahezu gleicher Beschaffenheit abfallen und sich nur in der Konzentration mehr oder weniger unterscheiden. Wo in Gerbereien auch Lederfärberei betrieben wird, kommen noch verbrauchte Beizen und Farbbrühen hinzu. Von der Anwendung des früher vielfach benutzten Schwefelarsens ist man mehr und mehr abgekommen. Selbst die heute noch Arsenkipse genannten Häute aus Indien werden in der Regel nicht mehr arseniert. Die früher wiederholt beobachteten Arsenvergiftungen der Haustiere, des Wassergeflügels und der Fische als Folgeerscheinung der Ableitung von Gerbereiabwässern sind jetzt also nicht

[1] Apparate und Transportwagen zur Verwertung und Beseitigung von Tierkadavern und Schlachthauskonfiskaten. Berlin 1908, S. 78.

mehr im gleichen Maße zu befürchten. Je danach, ob Lohgerberei oder Mineralgerbung betrieben wird, sind natürlich die Gerbbrühen sehr verschieden zusammengesetzt. In der Regel reagieren sie sauer im Gegensatz zu den meist stark alkalischen Aescherwassern. Für die sich daraus ergebende Lehre, durch richtige Zusammenleitung dieser beiden Abwasserarten für eine gegenseitige Abstumpfung zu sorgen, findet man in der Praxis vielfach überhaupt kein Verständnis. Enthält das Abwasser Schwefelnatrium vom Enthaaren der Häute, so darf es dann nicht ohne weiteres dem städtischen Kanalnetz zugeführt werden, wenn es darin mit sauer reagierenden Abwassern, zu denen auch solche aus Bierbrauereien gehören, zusammenkommen kann, da dann infolge Bildung von Schwefelwasserstoff geradezu unerträgliche Geruchsbelästigungen entstehen können. Angabe von Zahlen über den Gehalt dieser Abwasser an den wichtigeren Stoffen erscheinen angesichts der außerordentlichen großen Schwankungen unangebracht. Es sei betont, daß sie so ziemlich das konzentrierteste Abwasser ihrer Art vorstellen. Ich habe bis zu 4000 *mg* Kaliumpermanganat zur Oxydation von 1 *l* Gerbereiwasser verbraucht, nachdem ich vorher die mehr als 10 *g* betragenden ungelösten Stoffe durch Sedimentation und Filtration daraus beseitigt hatte[1]. In jedem Einzelfalle ist außer mit organischen fäulnisfähigen Stoffen und pathogenen Bakterien (Milzbrand), bis zum Nachweis des Gegenteils auch mit der Anwesenheit metallischer Gifte zu rechnen. Bemerkt sei noch, daß beim Verdünnen der Abwasser mit eisenhaltigem Wasser eine tiefschwarze Färbung einzutreten pflegt, bedingt durch Bildung gerbsauren Eisens (Tinte) oder auch durch Ausfällung von Schwefeleisen.

Sonstige Abwasser mit fäulnisfähigen organischen Stoffen.

Die in diesem Abschnitte zu besprechenden Abwasser sind bezüglich ihres Gehaltes an fäulnisfähigen Stoffen nicht wesentlich verschieden von den vorstehend erörterten. Sie können deshalb auch in physikalischer, biologischer und chemischer Hinsicht dieselben, weiter unten (S. 85) noch zu erörternden Nachteile bei ihrer Einleitung in Flußläufe hervorrufen, sie müssen aber doch wegen des Fehlens jeglichen Infektionsverdachtes milder beurteilt werden als jene, ein Umstand, auf den sowohl in der Abwasserliteratur wie ganz besonders auch in der Praxis durchaus nicht mit der gebührenden Betonung hingewiesen zu werden pflegt.

Abwasser aus Zuckerfabriken.

Die Abwasser der Zuckerfabriken (*W. Abw.*, **2**, 165, 166, 224, 343, 531; **3**, 262, 361, 539; **4**, 389; **6**, 125, 226) werden zweckmäßig getrennt aufgefangen und behandelt. Man soll grundsätzlich unterscheiden zwischen Abwasch- und Auswaschwassern und sie auch streng getrennt halten. Erstere sind verhältnismäßig unschädlich, was allerdings nicht besagen soll, daß sie ohne weiteres den Gewässern zugeleitet werden können. Jedenfalls spielen sie aber bei den bekannten Mißständen, welche die Abwasser der Zuckerfabriken in den Gewässern anrichten können, nur eine untergeordnete Rolle. Zu den Abwaschwassern gehören das Schwemmwasser und das Rübenwaschwasser. Sie führen beide meist große Mengen erdiger Bestandteile, etwas Pflanzenfasern, Rübenblätter u. dgl. mit sich und werden in Teiche geleitet, wo sich die erdigen Bestandteile absetzen. Man pflegt sie zusammen als Teichwasser zu bezeichnen. In bezug auf den Grad der Verunreinigung

---

[1] Zahlreiche Analysen finden sich in König a. a. O., S. 192–196; K. B. Lehmann a. a. O., S. 156, und Spindler, Die Unschädlichmachung der Abwasser in Württemberg, Stuttgart 1896. S. 105.

ist diesen Abwassern das sog. Fallwasser gleich zu bewerten. Es ist ein Gemenge, welches entsteht aus kondensierten Brüden des letzten Verdampfkörpers und Vakuums zusammen mit dem Einspritzwasser. Letzteres ist entweder Frischwasser oder abgekühltes Teichwasser. Bei Frostwetter wird dieses Fallwasser, das noch bedeutende Wärmemengen enthält, teilweise mit zum Auftauen gefrorener Rüben benutzt. Dabei nimmt es dieselben erdigen Bestandteile auf wie das Rübenwaschwasser. Als Beispiel für die Zusammensetzung des vereinigten Teich- und Kondenswassers (Fallwassers) sei hier aus der Analyse einer Probe, welche die Königliche Versuchs- und Prüfungsanstalt für Wasserversorgung und Abwasserbeseitigung im Dezember 1909 in der Zuckerfabrik Schafstädt entnahm, folgendes angegeben[1]: Saure Reaktion, stark trübe, graugelb, widerlich säuerlicher und gleichzeitig fauliger Geruch, starke Reaktion auf Schwefelwasserstoff, Zucker und Milchsäure nachweisbar, 65 *mg* Stickstoff in 1 *l*, davon 34 *mg* als Ammoniak und 31 *mg* in organischer Form, Salpetersäure und salpetrige Säure nicht vorhanden. Zur Oxydation von 1 *l* wurden 940 *mg* Kaliumpermanganat verbraucht. 100 *ccm* Abwasser erforderten zur Neutralisation 4,6 *ccm* $\frac{n}{10}$ *KOH*. Bodensatz vorwiegend tonartige, staubfeine Partikel in Salzsäure unlöslich, Pflanzenfasern bis 2 *mm* lang, vereinzelt Pflanzenreste, starker buttersäureartiger Geruch.

Im Gegensatze zu diesen Abwassern sind die Auswaschwasser, d. h. diejenigen Wasser, welche mit den abgetöteten und erhitzten Zellen der Rüben in Berührung gekommen sind, außerordentlich stark verunreinigt. Es sind das die Diffusionsabwasser, d. h. das Schnitzelablauf- und das Schnitzelpreßwasser. Beide enthalten große Mengen Zucker (bis zu 1%). Beide sind außerdem reich an Eiweißstoffen. Sie enthalten Salze, insbesondere Kaliumsalze der Buttersäure, Milchsäure und Essigsäure, ferner Asparagin, Glutamin und Pektinstoffe, letztere auch in ungelöster Form. Diese Abwasser können im Vorfluter zu starker Schaumbildung und reichlichem Wachstum lästiger Abwasserpilze (vgl. S. 85) Anlaß geben. Ihre Menge beträgt 1,8 bis 1,9 *cbm* auf 1000 *kg* Rüben bei insgesamt etwa 15 *cbm* Abwasser, darunter 10 *cbm* Kondenswasser. Es sollte mit allen Mitteln verhindert werden, daß diese Diffusionsabwasser fortan noch den Flußläufen zugeleitet werden, da man gelernt hat, sie im Betriebe nutzbringend zu verwerten. Sie besitzen nämlich noch wertvolle Stoffe und Eigenschaften (Zucker, Trockensubstanz und Wärme). Man kam deshalb auf den Gedanken, sie wieder in den Kreislauf des Fabrikbetriebes zurückzunehmen, anstatt sie in den Vorfluter zu entlassen. Von kleinen Anfängen ausgehend und zunächst noch ohne genaue Kenntnis aller dabei zu berücksichtigenden Punkte hat man es im Laufe der Jahre dahingebracht, dieses Ziel zu erreichen. Man kann jetzt gerade diesen Teil der Abwasser mit Vorteil wieder zur Saftgewinnung benutzen. Bereits seit Jahren arbeitet eine Reihe von Fabriken nach diesem Verfahren, von denen es drei verschiedene Abarten gibt. Die Fabriken haben davon einerseits durch Vermeidung der Verluste an Trockensubstanz im Gesamtbetrage von etwa 1,5 bis 2%, darunter im Mittel etwa 0,4% Zucker, direkt wirtschaftliche Vorteile, andererseits wird aber — und das ist die Hauptsache — die starke Verschmutzung des Vorfluters vermieden, so daß Klagen über die Folgen solcher Verunreinigungen in Fortfall kommen. Das Verfahren ist nun in den letzten Jahren von HERZFELD-Berlin einerseits, von der preußischen Kommission zur Prüfung von Zuckerfabrikabwassern andererseits eingehend in der Praxis geprüft worden.

[1] Bericht über die Arbeiten der staatlichen Kommission zur Prüfung der Reinigungsverfahren von Zuckerfabrikabwässern in der Kampagne 1909/10. Berlin 1910.

Übereinstimmend sind sie dabei zu dem Ergebnis gekommen, daß es spruchreif sei[1]. Es steht deshalb zu erwarten, daß die Zuckerfabriken binnen relativ kurzer Frist alle nach einem dieser Verfahren arbeiten werden, da diejenigen unter ihnen, welche etwa nicht weitsichtig genug sind, es um seiner wirtschaftlichen Vorteile willen aus eigenem Antriebe durchzuführen, zweifelsohne in der Mehrzahl von der Regierung im Interesse der Reinhaltung der Vorfluter dazu gedrängt werden dürften, wie das schon jetzt in einer Reihe von Fabriken geschehen ist. Speziell in Preußen ist darüber unter dem 21. Juni 1910 ein Erlaß aller an der Reinhaltung der Flußläufe interessierten Ministerien erschienen, aus dem hier der sachliche Teil im Wortlaut wiedergegeben sei:

„Die staatliche Kommission zur Prüfung der Reinigungsverfahren von Zuckerfabrikabwässern hat im Laufe der letzten Jahre in einer größeren Zahl von Rohzuckerfabriken verschiedene Verfahren geprüft, die darauf abzielen, durch Zurücknahme der Diffusions- und Schnitzelpreßwasser in den Betrieb oder auf andere Weise die Einleitung dieser Abwasser in den Vorfluter entbehrlich zu machen. Das Ergebnis der bisherigen Untersuchungen läßt sich dahin zusammenfassen, daß mit diesem neuen Verfahren in einer Reihe von Fabriken – und zwar zum Teil bereits während mehrerer Kampagnen – in technischer und wirtschaftlicher Hinsicht völlig befriedigende Ergebnisse erzielt worden sind. Da aber die Einführung dieser Verfahren je nach den besonderen Verhältnissen der einzelnen Betriebe mehr oder minder große Aufwendungen erfordert, und da überdies nicht alle Betriebe fachmännisch so gut geleitet sind, daß sich bei solchen Neuerungen Mißerfolge überall mit Sicherheit vermeiden lassen, so hat die Zuckerindustrie ein berechtigtes Interesse daran, einstweilen von Seiten der Behörden nicht ohne dringende Veranlassung zu den entsprechenden Umgestaltungen des Betriebes gezwungen zu werden. Immerhin sind nunmehr diese neuen Verfahren insoweit ausreichend erprobt, daß in solchen Fällen, wo durch das Einleiten der Diffusions- und Schnitzelpreßwässer in den Vorfluter erhebliche Mißstände hervorgerufen sind und die Beseitigung dieser Mißstände im öffentlichen Interesse dringend geboten erscheint[2], sich ein polizeiliches Verbot der Einleitung jener Abwässer in den Vorfluter sehr wohl rechtfertigen lassen wird."

Wird im Sinne dieser Vorschrift verfahren, so werden, da die anderen Abwasser (Abwaschwasser) leicht nach einem der bekannten Verfahren gründlich zu reinigen sind, in Zukunft wohl die langjährigen berechtigten Klagen über die schädlichen Folgen der Abwasser aus Zuckerfabriken in den Vorflutern verstummen. Damit würde aber überhaupt einem nicht so kleinen Teil aller Klagen über zunehmende Verunreinigung der Wasserläufe der Boden gründlich entzogen sein. Das wird aus folgenden Angaben ersichtlich werden.

Deutschlands Rübenanbau bezifferte sich für das Jahr 1913 auf rund 528.000 *ha*. Man darf mit 32 *t* Rüben von 1 *ha* rechnen. Danach würde also in der Kampagne 1913/14 in Deutschland eine Rübenmenge von rund 16,9 Millionen *t* zur Verarbeitung gelangen, wobei eine Abwassermenge von insgesamt rund 250 Millionen *cbm*, darunter rund 30 Millionen *cbm* Diffusions- und Schnitzelpreßwasser, abfallen würde. Demgegenüber kann man rechnen, daß zurzeit etwa 550 Millionen *cbm* städtische Abwasser im Verlauf eines Jahres abfallen. Bei Beurteilung dieser Zahlen bleibt zu beachten, daß die Abwasser der Zuckerfabriken innerhalb eines Zeitraumes von knapp $2^1/_2$ Monaten abgeleitet werden, daß also zur Zeit der Zuckerkampagne täglich 3,3 Millionen *cbm* Abwasser aus Zuckerfabriken abgeleitet werden gegen 1,5 Millionen *cbm* städtischen Abwasser. Die Menge allein ist aber bei Beurteilung der Verhältnisse nicht ausschlaggebend. Die städtischen Abwasser können heute, wie weiter unten (S. 49) eingehend gezeigt werden wird, durchaus befriedigend gereinigt werden und werden auch in der überwiegenden Mehrzahl aller Fälle jedenfalls so weitgehend gereinigt, daß sie – von vereinzelten Ausnahmen abgesehen – erhebliche Mißstände in den Wasserläufen nicht mehr

[1] Die Originalberichte darüber sind sämtlich in der Zeitschrift des Vereines der Deutschen Zuckerindustrie veröffentlicht worden.

[2] Vgl. Ziffer II und III der allgemeinen Verfügung betr. Fürsorge für die Reinhaltung der Gewässer vom 20. Februar 1901.

hervorrufen. Ganz anders liegen aber die Verhältnisse bei den Abwassern aus Zuckerfabriken. Solange diesen die Diffusions- und Schnitzelpreßwasser beigemengt sind, ist eine Reinigung, durch welche die Mißstände in den Vorflutern beseitigt werden können, nicht möglich. Geschieht das aber, so kann man die übrigbleibenden Abwasser mit Sicherheit gründlich nach einem der weiter unten (S. 52) angegebenen biologischen Verfahren reinigen. Die dringende Notwendigkeit derartigen Vorgehens ergibt sich umsomehr, wenn man neben vorstehenden Darlegungen in Berücksichtigung zieht, daß die Kampagne der Zuckerfabriken einsetzt, wenn gerade eben diejenige der Kartoffelstärkefabriken (vgl. nachstehend) begonnen hat und beide Abwasserarten oft nebeneinander demselbem Vorfluter zugeleitet werden.

Abwasser aus Stärkefabriken.

Bei den Stärkefabriken (*W. Abw.*, **1** 17, 74; **3** 90) hat man je nach der Art des verwendeten Rohmaterials (Kartoffeln, Weizen, Reis, Mais) verschiedene Abwasser zu unterscheiden.

Bei der Herstellung von Kartoffelstärke handelt es sich im wesentlichen darum, die gereinigten Kartoffeln zu zerreiben und aus dem Brei die Stärke auszuwaschen. Dabei entstehen das Kartoffelwaschwasser, das Fruchtwasser, das Stärkewaschwasser und das Abwasser aus den Pülpegruben. Die Menge des Abwassers schwankt innerhalb weiter Grenzen. Im Durchschnitt kann man mit etwa 8 *cbm* Abwasser auf 1000 *kg* verarbeitete Kartoffeln rechnen. Die Kartoffelwaschwasser werden in der Regel für sich aufgefangen und vielfach ohne jede weitere Behandlung dem Vorfluter zugeleitet. Sie enthalten vornehmlich erdige Bestandteile, daneben aber auch — namentlich in den eigentlichen Wintermonaten — Keime und Wurzeln von Kartoffeln, Gewebereste und gelöste fäulnisfähige organische Stoffe, letztere in allerdings nur geringer Menge. Die übrigen Abwasser werden in der Regel zunächst zur Abscheidung des weiter zu verarbeitenden Stärkeschlammes in Absitzbecken geleitet. Das dann abfallende Abwasser, welches alle löslichen Bestandteile der Kartoffeln aufgenommen hat, ist als hochkonzentriert zu bezeichnen. Es geht sehr rasch in Zersetzung über, wobei es eine stark saure Reaktion annimmt. Im frischen Zustande nach Kartoffeln riechend, nimmt es mit der fortschreitenden Zersetzung einen ausgesprochenen Geruch nach Buttersäure an. Schwefelwasserstoff konnte ich darin nie nachweisen, auch nicht nach längerem Stehen. Es ist rötlichbraun, gelegentlich auch gelbbraun gefärbt und enthält meist noch mindestens 1 *g* ungelöster Stoffe in 1 *l*, von denen 80 bis 85% organischer Art (verbrennlich) sind, darunter noch viel Stärke und Gewebereste. Je 1 *l* dieses Abwassers verbraucht zwischen 1500 und 3000 *mg* Kaliumpermanganat zur Oxydation und enthält zwischen 100 und 200 *mg* Stickstoff, der ursprünglich nur in organischer Form vorhanden ist, mit dem Fortschreiten der sauren Gärung aber teilweise in Ammoniak übergeführt wird. Neben den löslichen Stickstoffverbindungen (Eiweiß) sind noch Zucker und gummiähnliche Stoffe nachgewiesen.

Die Gewinnung der Stärke aus Weizen erfolgt nach grundsätzlich sehr verschiedenen Verfahren, je nachdem man den Kleber als Nebenprodukt gewinnen will oder nicht. Ersteres ist der Fall bei dem Verfahren der sauren Gärung. Dabei wird der Weizen geweicht, zerquetscht und dann nach Verdünnung mit Wasser der sauren Gärung überlassen. Bei diesem Verfahren fallen Einweichwasser, Sauerwasser und Kleberwasser ab. Das Gesamtabwasser verfällt der sauren Gärung, ist hoch konzentriert und bezüglich Art der gelösten und ungelösten Stoffe dem von der Kartoffelstärke abfallenden Abwasser sehr ähnlich. Die Abwasser von den ohne Vergärung arbeitenden Verfahren sind weniger konzentriert, gehen aber schließlich auch in saure Gärung über.

Mais und Reis werden entweder in ähnlicher Weise verarbeitet wie Weizen. Dann fallen gleichartige Abwasser ab. Oder sie werden vorher aufgeschlossen, und zwar Mais mit schwefliger Säure, Reis mit Kali- oder Natronlauge. Die dabei abfallenden Abwasser enthalten stets noch entweder freie schweflige Säure oder Lauge. Sie sind reich an gelösten stickstoffhaltigen fäulnisfähigen Stoffen.

Abwasser aus Stärkefabriken können im Vorfluter zu starker Schaumbildung und reichlichem Wachstum lästiger Abwasserpilze (S. 85) Anlaß geben.

Abwasser aus Malzfabriken und Bierbrauereien.

Beim Mälzen wird die geputzte Gerste gewaschen und dann geweicht. Die Waschwasser enthalten vornehmlich den auf mechanische Weise nicht vollständig entfernten Staub; in die Weichwasser gehen dagegen erhebliche Mengen leicht fäulnisfähiger organischer Stoffe über. Beim Maischen entstehen nennenswerte Abwassermengen nicht, wohl aber bei der Nachbehandlung der Treber einerseits, der Hopfenrückstände andererseits. Weiter sind die hefehaltigen Abwasser aus den Gärbottichen zu nennen und schließlich die der Menge nach weitaus überwiegenden, oft stark verunreinigten Waschwasser der Geräte (Gärbottiche, Kühlschiffe, Fässer und Flaschen) sowie der Räume (Fußböden und Wände).

Die Brauereiabwasser (*W. Abw.* **2**, 495, 498; **4**, 390) pflegen viele ungelöste Stoffe, wie Rückstände von Malz und Hopfen, Hefe, Korkstückchen u. a. m. zu enthalten. Sie werden im übrigen außer durch ihren hohen Gehalt an besonders leicht zersetzlichen organischen Stoffen gekennzeichnet durch die Anwesenheit großer Mengen von Gärungskeimen, Schimmelpilzen, Hefezellen und sonstigen Organismen. Sie nehmen sehr rasch unter Bildung von Milchsäure, Buttersäure, Essigsäure eine saure Reaktion an, hauptsächlich infolge des Gehaltes der hefehaltigen Abwasser an Gärungskeimen. Ihr Geruch ist sehr verschiedenartig. Bald riechen sie nach saurem Bier, bald weisen sie direkten Fäulnisgeruch auf, während sie im ganz frischen Zustande und bei hinreichender Verdünnung gelegentlich auch nur einen leicht säuerlichen, durchaus nicht lästigen Geruch bei der Ableitung besitzen. Da peinlichste Sauberkeit der Geräte und Räume eine der Grundbedingungen für die Herstellung guten Bieres ist, so werden oft sehr große Wassermengen für diese Zwecke verbraucht, und dann fällt ein stark verdünntes Gesamtabwasser ab. In Brauereien, welche nach dieser Richtung weniger peinlich sind, kann das Abwasser jedoch sehr konzentriert sein. Die Abwassermenge schwankt zwischen 0,3 und 0,6 *cbm* für je 1 *hl* erzeugten Bieres. Schwankungen: 0,1 bis 0,6 *g* Schwebestoffe nach vorheriger Abseihung der gröberen Sperrstoffe; 0,2 bis 4 *g* gelöste Stoffe, davon um so mehr (bis 80%) organischer Art, je größer die Gesamtmenge ist. Kaliumpermanganatverbrauch zwischen 47 und 520 *mg* auf 1 *l* gefunden. Will man Abwasser aus Bierbrauereien ohne weiteres dem städtischen Kanalnetz zuführen, so ist das zur Vermeidung intensiver Schwefelwasserstoff-Entwicklung in möglichst frischem Zustande, d. h. vor Eintreten der sauren Gärung (Schwefeleisen, Schwefelnatrium in Gerbereiabwassern) zu tun. Im Vorfluter können diese Abwasser zu starker Schaumbildung und reichlichem Wachstum lästiger Abwasserpilze (S. 85) Anlaß geben.

Abwasser aus Brennereien und Hefefabriken.

Diese Abwasser (*W. Abw.* **1**, 394, 395; **2**, 495, 498; **3**, 89, 92, 270, 361; **4**, 401; **5**, 2) sind ganz besonders reich an gelösten fäulnisfähigen organischen Stoffen. Sie setzen sich zusammen aus dem Hefepreßwasser, den Abwassern vom Abbrennen der Würze und den Spülwassern. Letztere wirken zwar stark verdünnend, trotzdem kann das Gesamtabwasser noch 4 bis 5 *g* gelöste Stoffe enthalten. Es verbraucht zwischen 2000 und 4000 *mg* Kaliumpermanganat zur Oxydation von 1 *l*. Infolge der ihm stets beigemengten Hefe geht es sehr leicht in Fäulnis über.

Abwasser aus Molkereien.

In diesen, im wesentlichen aus Spülwasser bestehenden Abwassern (*W. Abw.* **2**, 558; **3**, 89, 95, 362; **4**, 388, 422; **5**, 345.) sind sämtliche Bestandteile der Milch vorhanden, also Eiweißstoffe (Casein, Albumin), Fett, Kohlehydrate, Milchsäure, ferner Seifen und Schmieröl. An sich sind sie sehr konzentriert. Durch Verdünnung mit reichlichen Mengen Kühl- und Kondenswasser kann ihnen viel von ihrem sonst bedenklichen Charakter genommen werden. Größere Mengen Kühlwasser stehen da zur Verfügung, wo auch Milch pasteurisiert wird. Im konzentrierten Zustande enthält das Gesamtabwasser 4 bis 5 *g* gelöste Stoffe. Zur Oxydation von 1 *l* werden 2000 bis 4000 *mg* Permanganat verbraucht.

Abwasser aus Sauerkrautfabriken.

Stark zur stinkenden Fäulnis neigende, an organischen, schwefelhaltigen Stoffen reiche Abwasser (*W. Abw.* **3**, 90), die in ihren Eigenschaften ähnlich zu beurteilen sind, wie Molkereiabwasser (Milchsäure).

Abwasser aus Papierstoff-, Holzschliff- und Zellstoff-Fabriken[1].

Das Publikum pflegt in der Regel nicht zu unterscheiden zwischen Abwassern aus Papierstoff- und zwischen solchen aus Papierfabriken. Leider findet man auch in der Fachliteratur nicht selten beide Arten von Abwassern durcheinander geworfen, was um so verfehlter ist, als sich beide außerordentlich voneinander unterscheiden. Während ein Teil der Abwasser aus Papierstofffabriken mit zu jener Klasse von Abwassern zu rechnen ist, welche besonders große Mißstände in Vorflutern hervorrufen können, gehören diejenigen aus Papierfabriken (S. 46) mit zu den harmloseren Abwassern.

Der Papierstoff (Zellstoff, Holzschliff, Stoff, Cellulose), aus welchem die verschiedenen Sorten und Abarten des Papieres hergestellt werden, wird fast nur aus Pflanzenfasern, wie Stroh, Holz, Leinen- und Baumwollelumpen (Hadern), Jute, Espartogras, Spinnereiabfällen und Hanfabfällen u. a. m. gewonnen, wobei meist durch Behandlung mit Chemikalien in der Hitze die inkrustierenden Substanzen (stickstoffhaltige Stoffe, Kohlehydrate im engeren Sinne, Fett u. a. m.) in Lösung übergeführt und so die Fasern (Papierstoff) freigelegt werden. Beim Auswaschen der Fasern ist es dann unvermeidlich, daß ein Teil derselben mit in die Waschwasser übergeht. Die ausgebrauchten Chemikalien (Ablaugen) zusammen mit den Waschwassern bilden im wesentlichen das Abwasser der Papierstofffabriken. In demselben sind stets enthalten Cellulosefasern, gelöste organische Substanzen und die Bestandteile der Chemikalien (Kocherlaugen). Die Art der benutzten Kocherlaugen ist außerordentlich verschieden, und sie sind es auch, welche den Abwassern das charakteristische Gepräge verleihen. Beim Sulfitverfahren zum Aufschließen von

[1] *W. Abw.* **1**, 76, 78, 81, 101, 232, 395, 397; **2**, 40, 41, 344, 345, 531, 559; **3**, 349, 539; **4**, 100, 111, 392, 393, 537, 539, 540; **5**, 448, 449; **6**, 57, 58, 59, 141, 144.

Holz u. s. w. fallen Laugen ab, die als Lösungen von einfach schwefligsaurem Kalk in schwefliger Säure anzusehen sind. Ihre Reaktion ist eine ausgesprochen saure im Gegensatz zu derjenigen vom Sulfatverfahren bzw. zu denjenigen, welche beim Aufschließen mit Kalk oder Soda oder Pottasche abfallen. Die Art der in Lösung gegangenen organischen Stoffe ist in der Hauptsache bei allen Verfahren dieselbe, wenn diese Stoffe auch je nach Art der benutzten Kocherlauge teilweise in anderer Form vorhanden sind. Gemeinsam haben sie die Eigenschaft, zur starken Schaumbildung zu neigen und für gewisse Algen bzw. Pilze einen vorzüglichen Nährboden zu geben (S. 85). Die beim Sulfatverfahren abfallenden Kocherlaugen lassen sich bis zu etwa 90 % wieder nutzbringend verwerten, so daß aus diesen Fabriken – soweit sie die Ablaugen überhaupt wieder verarbeiten – verhältnismäßig geringere Mengen organischer Stoffe mit dem Abwasser abgeleitet werden.

Bezüglich der Zusammensetzung sei hier hervorgehoben, daß sich in der Literatur manche Analysen, insbesondere von den Abwassern aus Sulfitfabriken, von Autor zu Autor durchgeschleppt haben, die der heutigen Arbeitsweise nach keiner Richtung mehr entsprechen. Heute hat man z. B. die Ausnutzung der schwefligen Säure im Kocher besser beherrschen gelernt, so daß stellenweise Ablaugen entstehen, welche nicht mehr als 0,5 *g* freie schweflige Säure in 1 *l* enthalten. Dabei ist heute der Gehalt an organischer Substanz in diesen Ablaugen größer, wenn nicht aus ganz bestimmten Gründen mit verhältnismäßig schwachen Frischlaugen gearbeitet wird. Als Beispiel sei über eine kürzlich von mir untersuchte Sulfitablauge, welche direkt dem Kocher entnommen war, angegeben, daß sie einen nur beim Erwärmen deutlich erkennbaren Geruch nach schwefliger Säure aufwies, gegen Lackmus stark sauer reagierte, von rötlich-brauner Farbe war, ein *spez. Gew.* von 1,046 aufwies und in 1 *l* 97,52 *g* Abdampfrückstand, 11,50 *g* Glührückstand, sowie 0,73 *g* durch Kohlensäure austreibbare schweflige Säure enthielt (S. 79). Zur Oxydation von 1 *l* waren 2318 *g* Kaliumpermanganat erforderlich. Als Gegensatz dazu sei die Analyse einer Ablauge aus einer Hadernhalbstofffabrik, welche ich kürzlich ebenfalls direkt den Kochern entnahm, mit dem Bemerken wiedergegeben, daß zum Aufschließen Kalkmich benutzt war. Die Probe war von alkalischer Reaktion und dunkelbraun gefärbt, sie wies einen laugenartigen, etwas an Phenol erinnernden Geruch auf, war frei von Schwefelwasserstoff, enthielt in 1 *l* 4,98 *g* Abdampfrückstand und 0,76 *g* Glührückstand. Zur Oxydation von 1 *l* waren 4025 *mg* Kaliumpermanganat erforderlich. Derartige Laugen sind aber oft erheblich konzentrierter.

Abwasser aus Papierstofffabriken aller Art können im Vorfluter zu reichlichem Wachstum lästiger Abwasserpilze (S. 85) Veranlassung geben. Bei der Mannigfaltigkeit der Abwasser muß im übrigen auf die Literatur verwiesen werden, doch sind dort fast nur ältere Analysen niedergelegt, so daß im Einzelfall stets die Anfertigung besonderer Analysen gefordert werden muß. In Papierstofffabriken, in welchen auch ein Bleichen des Stoffes stattfindet, hat man auch mit den chlor- und säurehaltigen Abwassern der Bleichholländer zu rechnen (vgl. unter Abwasser aus Papierfabriken).

Abwasser aus Papierfabriken[1].

Abwasser fallen ab von den Bleichholländern, von der Leimung, wobei auch Füllstoffe (Kaolin, Schwerspat, Stärke u. a. m.) beigemischt zu sein pflegen, vom Färben, wozu bemerkt sei, daß fast alle Papiere (auch die sog. weißen) gefärbt

[1] *W. Abw.* 5, 189, 190, 277.

werden, von den Papiermaschinen und vom Waschen und Spülen der Räume und Maschinen. Die Abwasser sind im allgemeinen als harmlos zu bezeichnen, sofern die Papierfasern durch Abfangen nach Möglichkeit daraus beseitigt sind. Die letzten Reste davon lassen sich nicht zurückhalten. Ein Abwasser mit nicht mehr als 60 *mg* Fasern in 1 *l* kann als gut gereinigt gelten. Die in Lösung befindlichen organischen Stoffe, deren Menge übrigens meist eine nur geringe ist, pflegen durchweg nicht fäulnisfähig zu sein bzw. unter den in der Praxis obwaltenden Verhältnissen nicht in Fäulnis überzugehen. Die beigemengten Farbstoffe, die dem Laien naturgemäß sehr auffallen, sind teils ganz, teils nach erfolgter Verdünnung im Vorfluter unschädlich, ebenso die geringen Mengen von Füllstoffen und Harzleim, welche mit dem Abwasser verloren gehen. Die Papierfabriken haben nämlich einen außerordentlich großen Wasserverbrauch, so daß schon in der Fabrik eine sehr starke Verdünnung der Abwasser erfolgt. Aus diesem Grunde sind auch die in den Abwassern aus den Bleichholländern meist noch enthaltenen geringen Mengen freien Chlors verhältnismäßig unschädlich. Je feinere Papiersorten hergestellt werden, um so größer ist der Wasserverbrauch und um so verdünnter sind auch die Abwasser. Wo über nachteilige Einwirkungen von Abwassern aus „Papierfabriken" geklagt wird, handelt es sich meist um solche Fabriken, die auch Papierstoff herstellen. Man kann mit 0,03 bis 0,3 *g* ungelösten Stoffen in 1 *l* rechnen, von denen aber nur 10 bis 30 % organischer Art (verbrennlich) sind. An gelösten Stoffen fand ich in 1 *l* zwischen 0,4 und 1,2 *g*, von denen 15 bis 25 % organischer Art (verbrennlich) waren. In denselben Proben schwankte der Verbrauch an Kaliumpermanganat zwischen 80 und 190 *mg* auf 1 *l*. Die Reaktion ist durchweg eine schwach alkalische. Abwasser aus einzelnen Teilen der Fabrik weisen vor ihrer Verdünnung mit den großen Waschwassermengen gelegentlich stark alkalische Reaktion auf.

Abwasser aus Wollwäschereien[1], Wollkämmereien und Tuchfabriken.

Es entstehen die Vorwaschwasser, in welche neben Wollfasern fast alle beim Entstauben der Wolle nicht mit entfernten Verunreinigungen übergehen (Kot, Staub, Stroh u. s. w.), und die seifenhaltigen Wollwaschwasser, welche hauptsächlich das Wollfett und den Wollschweiß und außerdem noch viele Wollfasern aufnehmen. Letztere werden in der Regel durch Fasernfänger oder in Absitzgruben zu einem erheblichen Teile wiedergewonnen. Dazu kommen Spülwasser, Farbstofflösungen und Chemikalien in größter Mannigfaltigkeit. Letztere sind in jeder Fabrik andere und wechseln nicht selten in derselben Fabrik von Jahr zu Jahr. Sie geben meist dem Abwasser das charakteristische Gepräge. Das Gesamtabwasser weist in der Regel stark alkalische Reaktion auf. Färbereiwasser reagieren vielfach sauer. Die Konzentration der Abwasser schwankt innerhalb weitester Grenzen. Die seifenhaltigen Wollwaschwasser für sich allein enthalten bis zu 10 *g* gelöste Stoffe, das Gesamtabwasser jedoch nur 0,5 bis 1,5 *g* in 1 *l*.

Abwasser aus Bleichereien[2].

Stark alkalische, stark gefärbte, hoch konzentrierte Kocherlaugen, verdünnt mit den Bleichflüssigkeiten, geringen Mengen säurehaltiger Abwasser, sowie den Spül- und Waschwassern. Die Bleichflüssigkeiten enthalten beim Bleichen von Baumwolle in der Regel Chlorkalk, beim Bleichen von Seide und Wolle schweflige Säure. Als Kocherlaugen werden Soda, Kalk u. a. m. verwendet.

[1] *W. Abw.* **1**, 215, 549; **2**, 335, 339, 342; **4**, 529, 532; **6**, 141.
[2] *W. Abw.* **2**, 558; **3**, 534; **5**, 218, **6**, 319.

Abwasser mit vorwiegend anorganischen Bestandteilen.

Nachstehend werden in alphabetischer Reihenfolge lediglich die wichtigsten Bestandteile in den einzelnen Abwassern angegeben. Im Übrigen muß auf die Fachliteratur verwiesen werden:

Acetylenanlagen: Im Entwicklerwasser sind Kalkhydrat, kohlensaurer Kalk, Acetylen, geringe Mengen Schwefelwasserstoff und Ammoniak vorhanden. Die ausgebrauchten Acetylenwaschwasser sind mehr oder weniger gesättigte Lösungen von Acetylen, Schwefelwasserstoff und Ammoniak. Die gleichen Stoffe findet man im Gasbehälterwasser.

Beizereien[1]: Freie Mineralsäuren, Salze.

Blutlaugensalzfabriken: Ferrocyan- und Schwefelverbindungen.

Braunkohlengruben: Chlornatrium, Braunkohlenstaub.

Braunsteingruben: Braunsteinschlamm, gelegentlich arsenhaltig.

Chlorkaliumfabriken: vgl. Kaliwerke.

Chlorkalkfabriken: Freie Salzsäure, freies Chlor, Manganchlorür, Chloride des Calciums, Magnesiums, und einiger Schwermetalle.

Drahtziehereien: Freie Mineralsäuren, Eisensalze.

Dynamitfabriken: Schwefelsäure, Salpetersäure, Calciumsalze.

Galvanisierwerke: Freie Mineralsäuren, Salze der Schwermetalle.

Gasfabriken: vgl. Steinkohlengasfabriken.

Kaliwerke: Chloride und Sulfate des Natriums, Kaliums und Magnesiums; in Schachtwassern gelegentlich neben vorstehend genannten Chloriden auch noch Chlorcalcium. In den Chlorkaliumfabriken, welche Carnallit verarbeiten, fallen Endlaugen ab und zwar auf 1000 *dz* Carnallit rund 50 *cbm*, welche bei einem *spez. Gew.* von 1,28 bis 1,34 in 1 *cbm* enthalten: 390 *kg* $MgCl_2$, 35 *kg* $MgSO_4$, 10 *kg* KCl, 9 *kg* $NaCl$ und 1 *kg* $MgBr_2$.

Letzteres fehlt da, wo der Endlauge in den Bromfabriken das Brom entzogen wird. Daneben fallen Kieseritwaschwasser in wechselnder Menge ab, welche auf 1000 *dz* verarbeiteten Carnallit im Mittel enthalten: 24 *dz* $NaCl$, 2 *dz* KCl, 1,5 *dz* $MgSO_4$, 1,5 *dz* $MgCl_2$. Bei der Weiterverarbeitung des Chlorkaliums auf Sulfate fallen Endlaugen von gleicher Zusammensetzung ab, wie bei der Gewinnung des Chlorkaliums[2]. Es handelt sich dabei jedoch nur um verhältnismäßig geringe Mengen (1 *cbm* auf rund 4 *dz* K_2O als Sulfat), von denen der größere Teil zudem immer wieder als Löselauge in den Betrieb zurückgenommen wird.

Sodafabriken (Ammoniakverfahren): Auf 1 *t* fertige Soda entfallen rund 15 *cbm* Abwasser mit ungefähr 1000 *kg* Chlorcalcium und 700 *kg* Chlornatrium (vgl. S. 65).

Steinkohlengasfabriken[3], Kokereien und Braunkohlenschwelereien: Vornehmlich Verbindungen des Ammoniaks (Chlorammonium, Ammoniumcarbonat, Rhodanammonium, Schwefelammonium u. a. m.) neben freiem Ammoniak, Phenolen, Cyanverbindungen.

Superphosphatfabriken: Freie Mineralsäuren, Kalksalze.

Verzinkereien: Freie Mineralsäuren, Metallsalze.

---

[1] *W. Abw.* **2.** 314; **3**, 89; **5**, 451.

[2] Näheres vgl. J. H. Vogel, Die Abwasser in der Kaliindustrie, ihre Beseitigung und ihre Einwirkung in und an den Wasserläufen. Berlin 1913. S. 1 bis 4.

[3] Vgl. auch *W. Abw.* **3**, 94, 360; **4**, 391, 392, 537; **5**, 2, 258; **6**, 145, 316.

Reinigung der Abwasser.

Die Zahl der Abwasserreinigungsverfahren ist eine große. Sie lassen sich aber alle unter drei Hauptgruppen bringen, nämlich:

a) mechanische Verfahren, bei welchen lediglich ein mehr oder weniger großer Teil der ungelösten Stoffe beseitigt werden kann,

b) chemische Verfahren, bei welchen neben dem größeren Teil der ungelösten Stoffe auch noch ein Teil der gelösten beseitigt werden soll,

c) biologische Verfahren, bei welchen die ungelösten Stoffe nahezu vollständig, die gelösten zu einem sehr erheblichen Teile beseitigt werden können.

Die unter *a)* genannten Verfahren werden da, wo sie nicht für sich allein im Gebrauche sind, auch fast immer in Verbindung mit den unter *b)* und *c)* genannten zur Vorreinigung benutzt. Gelegentlich werden auch alle drei Verfahren hintereinander angewandt. Man kann nicht sagen, daß es ein für alle Verhältnisse bestes Verfahren gibt. Vielmehr wird man stets von Fall zu Fall das geeignete Verfahren ermitteln müssen und dabei z. B. für zwei ganz gleichartige Abwasser an verschiedenen Orten unter Umständen je nach dem zu erstrebenden Grade der Reinheit zwei ganz verschiedenartige Verfahren zu wählen haben. Von ganz geringen, praktisch kaum in Betracht kommenden Ausnahmen (vgl. S. 72) abgesehen, wird man in letzter Linie alle Abwasser den Wasserläufen zuleiten müssen, die dafür anerkanntermaßen die gegebenen Rezipienten sind (vgl. S. 67, 88). Es kann nun niemals verlangt werden, das zu entlassende Abwasser so weit zu reinigen, daß es den Reinheitsgrad des natürlichen Wassers wieder annimmt. Die Aufgabe darf vielmehr bei Abwassern mit organischen fäulnisfähigen Stoffen als erfüllt angesehen werden, wenn das Abwasser so weit gereinigt ist, daß es im oder am Vorfluter auch unter ungünstigsten Voraussetzungen (niedrigstes Niedrigwasser bei hoher Luftwärme) weder erhebliche Schlammablagerungen, noch Fäulnis und die damit verbundenen Geruchsbelästigungen hervorrufen kann. Bei Abwassern mit vornehmlich anorganischen Stoffen wird die Aufgabe als erfüllt anzusehen sein, wenn Schlammablagerungen vermieden und das Wasser des Vorfluters in seinen verschiedenen Verwendungszwecken, z. B. zur Viehtränke, Wiesenrieselung, als Brauchwasser für industrielle Betriebe u. a. m. entsprechend den Vorschriften des § 16 der Reichsgewerbeordnung nicht in einer Weise ungünstig verändert wird, durch welche für die Unterlieger oder die Allgemeinheit erhebliche Nachteile, Gefahren oder Belästigungen herbeigeführt werden können. Ob und in welchem Umfange das der Fall ist, kann stets nur von Fall zu Fall entschieden werden. Daraus ist ohne weiteres ersichtlich, daß der Grad, bis zu welchem die Abwasser dieser oder jener Art gereinigt werden müssen, von der Wassermenge und der Beschaffenheit des Vorfluters (vgl. darüber Näheres S. 86 ff.) und der Einleitungsstelle des Abwassers abhängt. In letzterer Hinsicht sei nur erwähnt, daß an Abwasser in der Regel bezüglich des Reinheitsgrades oder der Verdünnung höhere Anforderungen zu stellen sind, wenn sie kurz oberhalb einer Ortschaft eingeleitet werden. Kommen mehrere gleich leistungsfähige Verfahren in Betracht, so ist stets dem billigeren der Vorzug zu geben, wobei die Betriebskosten vor den Anlagekosten zu berücksichtigen sind. In dieser Hinsicht spielt manchmal die Wahl des geeigneten Platzes für die Reinigungsanlage eine Rolle. In Fällen, in welchen mangels hinreichender Erfahrung bei einigen Abwasserarten aus industriellen Betrieben der Erfolg nicht mit Sicherheit vorausgesagt werden kann, sollte man stets erst eine kleine Versuchsanlage für einen Bruchteil der Abwasser errichten. In früheren Jahren sind auf Verlangen der

Aufsichtsbehörden nicht selten umfangreiche und kostspielige Kläranlagen gebaut worden, die sich nachher als wirkungslos erwiesen. Das gilt namentlich aus der Zeit, als man die modernen künstlichen biologischen Anlagen noch nicht kannte. Handelt es sich andererseits um die Frage, ob eine teilweise Reinigung der Abwasser genügt oder ob eine so umfangreiche Reinigungsanlage gebaut werden muß, wie sie technisch nur irgend möglich ist, so sollte letztere zwar projektiert, aber nicht gleich im vollen Umfange ausgebaut werden, um erst in der Praxis zu erproben, ob und in welchem Umfange die Aufwendung weiterer Geldmittel noch erforderlich ist.

Reinigung der Abwasser mit organischen fäulnisfähigen Stoffen.

Bei der mechanischen Reinigung handelt es sich um Verrichtung verschiedener Arbeiten, die vielfach allerdings vereinigt werden, deren getrennte Vornahme jedoch in allen größeren Anlagen so weit anzustreben ist, wie das praktisch durchgeführt werden kann. Es handelt sich nämlich um die Abscheidung

a) der Sperr- und Sinkstoffe,
b) des Fettes,
c) des Feinschlammes einschließlich der auf mechanischem Wege etwa abzuscheidenden Kolloide.

Zur Abscheidung der Sperr- und Sinkstoffe dienen Sandfänge mit nachgeordneten Abfangvorrichtungen (Rechen, Siebe und Gitter). Man hat im letzten Jahrzehnt in der Konstruktion solcher Vorrichtungen sehr große Fortschritte gemacht. Insbesondere sei hier die Siebscheibe von RIENSCH erwähnt, eine schräg gestellte, drehbare Scheibe mit Löchern von verschiedener Weite bis herab zu 1 *mm* Durchmesser. Der aus dem Wasser herausragende Teil wird immer wieder mechanisch gereinigt.

Andere Ausführungen dieser Art sind die WINDSCHILDsche Trommel und das Siebschaufelrad von GEIGER. Diese Vorrichtungen gestatten bis zu einem recht weitgehenden Grade übrigens auch eine Feinabseihung des Abwassers[1]. Mit Sandfängen und anderen Abfangvorrichtungen, soweit solche nicht auch den Feinschlamm abscheiden, gewinnt man im Durchschnitt rund 15% der ungelösten Stoffe aus den verschiedenen Abwasserarten; bei städtischen Abwassern bis zu 20%. Zur Abscheidung des Fettes (vgl. S. 61) sind neuerdings ebenfalls außerordentlich zweckmäßige Vorrichtungen ersonnen, mit deren Hilfe so weit eine getrennte Gewinnung des Fettes ermöglicht wird, daß rund 12% der gewonnenen feuchten Massen aus Reinfett bestehen. In der Trockenmasse wurden 50 bis 60% Fett gefunden. Genannt sei hier der KREMERsche Fettfang mit Seiteneinlauf, wie er einige Jahre in Charlottenburg versuchsweise aufgestellt war (vgl. S. 62).

Die Zahl der verschiedenen Bauarten von Absitzbecken, -brunnen und -türmen zur Abscheidung des Feinschlammes ist ebenfalls eine außerordentlich große. Aus eigener Erfahrung kenne ich die Klärtürme nach MERTEN und die MAIRICHschen Brunnenanlagen als zweckmäßig. In der Literatur werden in neuerer Zeit die

[1] Eine eingehende, die neuesten Konstruktionen berücksichtigende, durch zahlreiche Abbildungen erläuterte Zusammenstellung bekannter und insbesondere auch bewährter Abfangvorrichtungen ist veröffentlicht in: Leitfaden für die Abwasserreinigungsfrage von Prof. Dr. DUNBAR, 2. Aufl. München **1912**, S. 92 bis 131. Dort sind ferner auch ausführliche Beschreibungen nebst Abbildungen von Fettfängen (S. 131 bis 140) und von Absatzbecken etc. (S. 140 bis 172) gegeben. Auch in dem Buche „Wasserreinigung und Abwasserbeseitigung“ von Dr. TILLMANS, Halle a. S. **1912**, sind in Verbindung mit anschaulichen Abbildungen Beschreibungen von Vorrichtungen zur mechanischen Abwasserreinigung gegeben. Ferner sei noch verwiesen auf die Ausführungen und Abbildungen darüber in: Über Anstalts- und Hauskläranlagen von Prof. Dr. K. THUMM, Berlin **1913**, S. 23 bis 32.

Emscher Brunnen u. a. lobend erwähnt. Das Prinzip der Emscher Brunnen beruht darauf, den Schlamm in eine leicht zu entfernende und trockenfähige Form überzuführen. In dem mit dem Brunnen verbundenen Schlammbecken werden im wesentlichen durch Einsetzung einer Cellulosegärung die Kolloide abgebaut, wodurch die nachfolgende Trocknung sehr erleichtert wird. Bei der Ausführungsart nach KREMER-IMHOFF ist eine besondere Vorrichtnng zur Fettabscheidung vorgesehen. Erwähnt seien ferner noch die Neustädter Becken, bei welchen der Schlamm zur Zersetzung in ein zweites Becken geleitet wird.

In der Praxis gelingt es mit Hilfe guter mechanischer Verfahren, bis zu 75% und mehr der ungelösten Stoffe als Feinschlamm zurückzuhalten. Bei städtischen Abwassern kann man auf etwa 65% rechnen[1].

Bis gegen Ende des vorigen Jahrhunderts war die chemische Klärung der Abwasser in großem Umfange im Gebrauch. Dabei wurden städtische und industrielle Abwasser mit sog. Chemikalien „geklärt“. Seit jener Zeit ist man mehr und mehr von ihrer Benutzung zurückgekommen. Leider sind sie aber, meist zu allseitigem Nachteile, hier und da immer noch im Gebrauche. Zur Klärung verwendet man Kalkmilch für sich allein oder in Verbindung mit Aluminiumsulfat, Ferrosulfat u. a. m. Letztere werden gelegentlich auch für sich allein benutzt[2]. Der Zusatz erfolgt in ganz gleichartigen Apparaten oder Vorrichtungen, wie sie auch zur mechanischen Abscheidung des Feinschlammes (S. 50) im Gebrauche sind. Sie bilden mit dem Abwasser voluminöse Niederschläge, welche sich zu Boden setzen und den Feinschlamm mit sich reißen. Tatsächlich gelingt es auch auf diese Weise, 5 bis 10% des Feinschlammes mehr abzuscheiden als bei ausschließlicher Verwendung mechanisch wirkender Verfahren. Die chemischen Fällungsmittel sollen auch einen Teil der gelösten organischen Stoffe abscheiden, was von mancher Seite bestritten wird, nach meinen eigenen langjährigen Erfahrungen aber doch fast bei allen Abwasserarten im geringen Umfange zutrifft, ohne daß allerdings daraus für die Reinhaltung der Wasserläufe ein nennenswerter Vorteil entstände, zumal die Chemikalien namentlich bei dem vielfach üblichen großen Kalküberschuß auch wieder ungelöste organische Bestandteile (Schwebestoffe) aus den Abwassern in Lösung bringen. Nach TILLMANS[3], der offenbar über eigene praktische Erfahrung verfügt, sollen diese Chemikalien in nicht unerheblichem Maße auf die pseudogelösten Stoffe, die Kolloide, ausfällend wirken. Gegenüber diesen kaum nennenswerten Vorteilen im Vergleich zu den mechanischen Verfahren stehen nun aber ganz erhebliche Nachteile. Als solche seien neben den großen Kosten die Schwierigkeiten der Schlammbeseitigung genannt. Der so gewonnene Schlamm ist erheblich wasserreicher als der mittels der mechanisch wirkenden Verfahren abfallende. Er nimmt etwa das zwei- bis dreifache Volumen ein. So groß dieser Nachteil schon ist, so ist er doch noch immer als gering zu bezeichnen gegenüber gewissen Nachteilen im Vorfluter, da nicht selten die zur Klärung in großen Mengen benutzten Chemikalien dadurch zu den Mißständen in den Wasserläufen beitrugen, daß sie deren Selbstreinigungskraft herabminderten oder gar auf weite Strecken ganz zerstörten (vgl. S. 67ff). Bei richtiger Anwendung, wozu ich in erster Linie eine weise Beschränkung in der Menge rechne, sind diese chemischen

[1] Über Schlammbeseitigung und Fettverwertung vgl. S. 60.

[2] Eine vollständige Aufzählung so ziemlich aller zur Abwasserklärung benutzten, bzw. empfohlenen sog. Chemikalien vgl. J. H. VOGEL, Die Verwertung städtischer Abfallstoffe. Berlin 1896, S. 302/303.

[3] a. a. O., S. 71.

Klärverfahren allerdings auch heute noch zur Vorreinigung mancher industriellen Abwasser nicht wohl zu entbehren, so z. B. vor Anwendung eines biologischen Verfahrens zur Abstumpfung der organischen Säuren in manchen Abwassern (vgl. S. 59). In solchen Fällen ist es jedoch nach meinen Erfahrungen richtiger, nicht Kalkmilch, sondern Kalkwasser zu benutzen. Bei alleiniger Ausfällung mit Salzen des Eisens oder der Tonerde sollen jedenfalls nicht mehr als 100 bis höchstens 125 *g* auf 1 *cbm* Abwasser verwendet werden. Dadurch kann man ein etwas rascheres Absetzen der ungelösten Stoffe erreichen und außerdem nach meinen Ermittlungen noch 10 bis 15% der gelösten oder pseudogelösten Stoffe – gemessen am Permanganatverbrauch – ausfällen, erlangt aber keinen klaren Abfluß. Nur da, wo man bei einigen industriellen Abwassern mit dem künstlichen biologischen Verfahren (vgl. S. 57ff) allein durchaus nicht zum Ziele kommt, kann ein Versuch mit chemischer Vorklärung innerhalb der angegebenen Grenzen empfohlen werden. Bei städtischen Abwassern oder auch als alleiniges Reinigungsmittel für industrielle Abwasser ist die chemische Klärung mit Kalkmilch oder Salzen unter allen Umständen zu verwerfen[1]. Nur das sog. Kohlebreiverfahren nach DEGENER, bei welchem Salze des Eisens oder der Tonerde in Verbindung mit 1 bis 2 *kg* gemahlener Braunkohle oder 2 bis 3 *kg* gemahlenem Torf auf 1 *cbm* Abwasser benutzt werden, verdient deshalb nicht ganz die ungünstige Beurteilung, weil dabei die Schwierigkeiten der Schlammbeseitigung (vgl. S. 60) leichter überwunden werden, zumal auch bei genügend großem Zusatz von Braunkohle oder Torf ein etwas größerer Prozentsatz der gelösten Stoffe mit ausgefällt wird. Bei Prüfung mehrerer Anlagen (in Tegel und Reinickendorf) konnte ich jedoch ein befriedigendes Resultat bezüglich Fäulnisfähigkeit der Abflüsse nicht feststellen.

Bei der biologischen Reinigung der Abwasser unterscheidet man zwischen natürlichem und künstlichem Verfahren. Zu dem ersteren rechnet man die Reinigung auf Rieselfeldern, durch intermittierende Bodenfiltration, durch Untergrundberieselung und in Fischteichen. Im weiteren Sinne kann man auch die Selbstreinigung der Flußläufe (vgl. S. 67) zu den natürlichen biologischen Reinigungsverfahren für Abwasser rechnen. Bei den künstlichen Verfahren leitet man die Abwasser entweder frisch oder nach vorausgegangener Ausfaulung auf große Körper, die mit Schlacke, Koks oder ähnlichen Materialien gefüllt sind, wobei die Durchlüftung dieser Körper eine ausschlaggebende Rolle spielt.

Die Reinigung der Abwasser auf Rieselfeldern bewirkt man dadurch, daß man geeignetes Land unter solchen Bedingungen mit dem Abwasser überschwemmt oder überstaut, daß ein oberirdisches Ablaufen des letzteren unmöglich ist und dadurch ein Versickern in den Untergrund herbeigeführt wird. Dieses Versickern erfolgt je nach der Beschaffenheit des Untergrundes, der Art des Rieselns, der Jahreszeit, dem Klima und mancherlei Umständen anderer Art in mehr oder weniger kurzer Zeit. Dabei werden die ungelösten Bestandteile sowie ein großer Teil der Mikroorganismen durch einfaches Abseihen zurückgehalten, ein Teil der gelösten, namentlich die landwirtschaftlich wertvollen Stoffe, Ammoniak, Phosphorsäure, Kali, werden ferner durch gewisse Bestandteile des Bodens gebunden und somit ebenfalls von dem in den Untergrund versickernden Abwasser getrennt. Die Ausnutzung der vom Boden zurückgehaltenen, bzw. gebundenen Pflanzennährstoffe, sowie die Möglichkeit, das Rieselland dauernd aufnahmefähig zu erhalten, sucht man durch Bebauung des letzteren mit Gräsern, Feldfrüchten, Gartengewächsen

[1] Über Schlammverwertung vgl. S. 60.

oder Bäumen zu erreichen. Während ihrer Wachstumszeit vermögen diese Pflanzen auch unmittelbar aus den Abwassern Nährstoffe aufzunehmen. Nicht jeder Boden kann mit Erfolg als Rieselland benutzt werden. Zunächst sind hierzu nur Mineralböden brauchbar und unter diesen wieder nur diejenigen, welche eine genügende Durchlässigkeit für Wasser und Luft besitzen, ohne jedoch gleichzeitig völlig verarmt an Humus zu sein. Demgemäß ist z. B. schwer durchlässiger Tonboden sehr wenig brauchbar. Humoser, mittelfeiner Sandboden mit schwachem Lehm- oder auch geringem Tongehalt, dabei aber durchlässigem Untergrunde gibt das geeignetste Rieselland. Allerdings kann man auch völlig sterilen Dünensand in Nutzung nehmen, wie das Beispiel von Danzig lehrt; ein geregelter Betrieb ist hier indessen erst dann möglich, wenn sich nach einigen Jahren durch die verwesenden Pflanzenreste ein gewisser Humusgehalt eingestellt hat. Außer den Moorböden sind auch ausgesprochene Ton- und Lehmböden für den Rieselbetrieb ungeeignet. Nach ROHLAND[1] soll das auf den hohen Gehalt dieser Bodenarten an kolloiden Substanzen zurückzuführen sein, welche nach genügender Wasseraufnahme ein solches Quellungsmaximum aufweisen sollen, daß sie für Wasser und die darin gelösten organischen Substanzen nicht mehr aufnahmefähig sind. Diese kolloiden Substanzen werden koaguliert, wirken wie Leim oder Kleister und verhindern so ein weiteres Eindringen von Wasser in den Boden. So verlieren solche Böden die Diffusionsfähigkeit und werden fast ganz undurchlässig.

Bei der Auswahl von Rieselfeldern ist vornehmlich zu beachten:

1. Ob genügend große zusammenhängende Ländereien unter möglichster Vermeidung umständlicher Enteignungsverfahren zu angemessenen Preisen zu haben sind,

2. ob diese Ländereien sich nach sorgfältiger physikalischer, chemischer und insbesondere geologischer Untersuchung als zum Rieselbetrieb geeignet erweisen,

3. ob dieselben in genügender Nähe der Hauptsammelstelle für das Abwasser (Hauptpumpstelle, Zentralpumpstation) liegen,

4. ob sie ihrer Höhenlage nach für den Pumpen- oder Luftdruckbetrieb nicht zu ungünstig gelegen sind,

5. ob eine gesicherte Entwässerung vorhanden ist oder mit Hilfe der aufzuwendenden Geldmittel geschaffen werden kann. Es muß eine mindestens hochwasserfreie Lage, besser noch eine geringste Grundwassertiefe von 1—1,5 *m* unter der Oberfläche vorhanden sein. Durch die Entwässerung dürfen benachbarte Gebäude oder Grundstücke nicht geschädigt werden.

Von Wert ist es ferner noch, daß

6. das Rieselland möglichst seitab von den großen Verkehrsstraßen und in angemessener Entfernung von Wohnorten liegt, damit Beschwerden über Belästigungen durch die Rieselfelder möglichst vermieden werden,

7. genügende Erweiterungsfähigkeit für ein später etwa eintretendes Bedürfnis nach größerer Rieselfläche vorliegt,

8. eine mäßige Neigung des Geländes vorhanden ist, da ganz ebenes Land in der Regel für die Entwässerung und zu welliges Land für die Einebnung und Anpassung an die Berieselung Schwierigkeiten macht.

Führen die Untersuchungen zu günstigen Ergebnissen, so ist das Gelände in zweckmäßiger Weise vorzubereiten und gleichzeitig eine gründliche Kalkung des Bodens vorzunehmen, sofern dieser nicht von Natur reichliche Mengen von Kalk enthält, was wohl nur ganz ausnahmsweise der Fall sein dürfte. Das Abwasser ent-

[1] P. ROHLAND, Die Tone. Wien, A. Hartleben, 1909.

hält stets Chlornatrium, welches den Boden rasch entkalkt und ihm damit die Fähigkeit nimmt, höchste und gute Ernten hervorzubringen. Durch eine Kalkung mit etwa 4000—6000 *kg* Ätzkalk auf 1 *ha* wird, abgesehen von der Zufuhr genügender Kalkmengen zur Nahrung für die Pflanzen, erreicht, daß

a) eine rasche Umbildung der stickstoffhaltigen Stoffe in Salpetersäure (Nitrifikation) erfolgt,

b) die Oxydation und Umsetzung der organischen Stoffe des Abwassers, welche der Boden aufgenommen hat, in hohem Maße befördert und die entsprechende Mineralisierung und Vorbereitung zur Bildung von Pflanzennahrung beschleunigt wird,

c) bei stark eisenhaltigen Bodenarten der reichlichen Lösung (und Ausscheidung) des Eisens, welche in solchen Fällen namentlich bei Beginn der Berieselung stark zu erwarten ist, wenigstens etwas entgegengewirkt und der Boden entsäuert und fruchtbarer gemacht wird.

Die Kalkung muß nach einigen Jahren stets wiederholt werden. Namentlich ist dies erforderlich, wenn ein vorher geklärtes Abwasser zur Rieselung benutzt wird.

Die Aptierung des Geländes ist je nach der Nutzungsart, welche sich in der Regel nach dem natürlichen Gefälle richtet, sehr verschieden. Die am stärksten geneigten Flächen werden in der Regel in sog. Hanganlagen als Wiesen benutzt. Sie bestehen aus einzelnen Stücken von 10—30 *a* Größe, welche hangartig in einem und demselben Gefälle geneigt sind. Das Abwasser fließt aus den Zuleitungsgräben zunächst in wagrechte Staugräben, welche an der höchstliegenden Seite der einzelnen Stücke entlang geführt werden. Diese Staugräben läßt man überlaufen, wodurch die ganze Wiese gleichmäßig überschwemmt wird.

Weniger geneigte Flächen werden zu Horizontalanlagen hergerichtet. Dieselben bestehen aus stufenförmig angelegten Stücken von je 25—40 *a* Größe, welche vor der Bestellung in der Regel in einzelne Beete von 1 *m* Breite und 20—30 *m* Länge geteilt werden. Zwischen je 2 solcher Beete legt man etwa 30 *cm* tiefe Furchen an. Während des Pflanzenaufwuchses werden diese Furchen bis zu $^2/_3$ der Beethöhe aus den Zuleitungsgräben mit Abwasser angefüllt; im Winter dagegen werden diese Anlagen einfach überstaut. Ebenso werden Kulturflächen, welche nicht in Beete eingeteilt sind, wie z. B. die Obstbaumschulen, überstaut. Mehr oder weniger völlig ebene Flächen werden als Einstaubecken eingerichtet, welche namentlich zur Unterbringung des Abwassers im Winter bei andauerndem Frost benutzt werden. Die Einstaubecken sind je nach den örtlichen Verhältnissen von sehr verschiedener Größe. Auf den Berliner Rieselfeldern hat man solche von 2—9 *ha* Größe. Sie dürfen einerseits nicht so umfangreich sein, daß das durch die Einlaßschieber auf der einen Seite eintretende Abwasser versickert, ehe es die vom Schieber entferntesten Stellen erreicht hat, müssen aber andererseits doch groß genug sein, um eine regelrechte landwirtschaftliche Bestellung zu ermöglichen. Man umschließt sie mit etwa 1 *m* hohen und 4—6 *m* breiten Erddämmen. Sobald bei Eintritt anhaltenden Frostes ein eigentliches Rieseln nicht mehr möglich ist, wird das Abwasser in die Einstaubecken bis zu 50—75 *cm* Höhe eingelassen. Das muß selbstredend geschehen, ehe der Frost tief in den Boden eingedrungen ist, weil sonst bis zum Eintritt des Tauwetters ein Versickern in den Untergrund nicht stattfinden würde, was andernfalls jedoch selbst dann erfolgt, wenn das Abwasser oberflächlich mit einer Eisschicht bedeckt ist.

Selbst der leichteste und durchlässigste Sandboden muß, wenn er als Rieselland benutzt werden soll, zuvor mit Entwässerungsvorrichtungen durch Rohre (Drainage) oder doch wenigstens durch offene Gräben versehen werden. Letztere allein genügen wohl nur ganz ausnahmsweise bei außerordentlich durchlässigem Boden. In den weitaus meisten Fällen ist das Legen von Rohren unumgänglich nötig, zumal durch sie nicht nur eine geregelte Entwässerung erreicht, sondern auch eine Verschlechterung des Grundwassers im weiteren Umkreise verhindert werden soll. Diese Rohre bestehen auf den Berliner Rieselfeldern aus unglasiertem Ton und haben eine Weite von 5—8 *cm*. Aus ihnen wird das Wasser durch Sammelrohre von 12—15 *cm* Weite den Vorflutgräben zugeführt, welche es nach den öffentlichen Wasserläufen leiten. Die Rohrstränge liegen meist $1^1/_4$—2 *m* tief. Bestimmend für die Tiefanlage ist einerseits die Erzielung des nötigen Gefälles zur Ableitung des Wassers in der gewünschten Richtung und andererseits die Gewinnung eines möglichst hohen Erdfilters.

Eine unausgesetzte Benutzung der Rieselflächen ist ebensowenig zulässig wie eine Überlastung bezüglich der Abwassermenge. Die Ruhepausen sollen mindestens das Vierfache der Benutzungszeit betragen. Die im übrigen auf 1 *ha* zu reinigende Abwassermenge hängt in erster Linie ab von der Art der Ausnutzungsfähigkeit des Bodenvolumens. Es leuchtet ein, daß Bodenarten mit einer nutzbaren Tiefe bis zu 1 *m* unter sonst gleichen Verhältnissen leistungsfähiger sind, als bei z. B. nur 0,60 *m* nutzbarer Tiefe. Im Mittel werden auf je 1 *ha* Rieselland in Berlin bei 1,4 *m* Wässerungshöhe die Abwasser von 275, in Paris dagegen bei nahezu 5 *m* Wässerungshöhe diejenigen von 400 Einwohnern gereinigt. Natürlich spielt auch die Beschaffenheit der Abwasser, ihre Konzentration und ihr Gehalt an ungelösten Stoffen dabei eine Rolle. So werden die Abwasser von Charlottenburg vor der Rieselung einer Vorreinigung unterzogen. Das soll der Grund dafür sein, daß man den dortigen Rieselfeldern auf je 1 *ha* die Abwasser von 1200 Einwohnern zuleiten darf.

In hygienischer Hinsicht muß auf Grund der praktischen Erfahrung gesagt werden, daß gut angelegte und zweckmäßig bewirtschaftete Rieselfelder hinreichenden Schutz gegen die Verschleppung oder Übertragung der etwa in den Abwassern vorhandenen pathogenen Keime bieten (vgl. S. 63). Im übrigen muß das Rieselverfahren unter allseitig günstigen Voraussetzungen als das in den meisten Fällen geeignetste und insbesondere auch in volkswirtschaftlicher Hinsicht[1] empfehlenswerteste Reinigungsverfahren bezeichnet werden. Rieselfelder zur Reinigung städtischer Abwasser sind u. a. angelegt in Berlin, Charlottenburg, Königsberg, Danzig, Breslau, Magdeburg, Braunschweig, Freiburg (Breisgau), Darmstadt, Dortmund, Pforzheim. Möglicherweise ist das neue Fischteichverfahren nach HOFER (vgl. S. 56) dem Rieselverfahren in volkswirtschaftlicher Hinsicht mindestens gleichwertig oder gar überlegen.

In bezug auf die Reinigung der Abwasser ist die sog. intermittierende Bodenfiltration den Rieselfeldern nahezu gleichwertig. Auch hierbei werden die Abwasser durch gewachsenen Boden filtriert, doch unterbleibt dabei jede oder doch nahezu jede landwirtschaftliche oder gärtnerische Nutzung des Bodens. Wenngleich auch bei diesem Verfahren Ruhepausen für den Boden durchaus erforderlich sind, so kann man doch auf derselben Fläche erheblich größere Abwassermengen reinigen. Das Verfahren hat in Deutschland durchaus noch nicht die ihm unter gewissen Voraussetzungen (verhältnismäßig verdünnte Abwasser, geeignete Boden- und Geländeverhältnisse) gebührende praktische Beachtung gefunden. Eingeführt ist es u. a. in Fürstenwalde, Luckenwalde, Stellingen-Langenfelde,[2] Celle (Hannover).

---

[1] Näheres darüber vgl. J. H. VOGEL, Die Verwertung städtischer Abfallstoffe. Berlin 1896, S. 293.

[2] Eine eingehende theoretische und praktische Würdigung und detaillierte Beschreibung des Verfahrens gibt DUNBAR a. a. O. S. 291—364.

Ein [illegible] [illegible]chtsreiches Verfahren ist die Abwasserreinigung in Fischteichen nach HOFER. Wenn nicht alles täuscht, wird man darin vielleicht das beste und zugleich billigste Reinigungsverfahren der Zukunft erblicken können. HOFER hatte beobachtet, daß es nicht so sehr Bakterien sind, welche die sog. Selbstreinigung der Flüsse (vgl. S. 67) bedingen, sondern ungeheure Mengen kleinerer Tiere (Regenwürmer, Aufgußtierchen, Moostierchen, Krebse, Insekten u. s. w.), die wiederum einer Anzahl Fischen, darunter unserem Hauptnutzfisch, dem Karpfen, als Nahrung dienen. Er kam infolgedessen auf den Gedanken, diese sog. Selbstreinigung auszunutzen, um die Schmutzstoffe in den Abwassern auf dem Umwege durch Bakterien und niedere Tierwelt in Fischfleisch umzuwandeln. Er legte deshalb Fischteiche zunächst in kleinerem Umfange an zur Reinigung der Abwasser aus Krankenhäusern, Irrenanstalten, Klöstern, Gefangenenanstalten u. s. w. Nachdem sich hier herausgestellt hatte, daß sein Verfahren grundsätzlich richtig ist, konnte er im Jahre 1911 dazu übergehen, eine Versuchsanlage für die Abwasser einer größeren Stadt zu errichten, wozu sich ihm in Straßburg (Elsaß) Gelegenheit bot. Diese jetzt im dritten Betriebsjahre stehende Teichanlage umfaßt eine Fläche von 2 *ha*, in welcher die Abwasser von 4000 Menschen seitdem jahraus und jahrein untergebracht werden. Dazu waren gewisse Bedingungen im Bau der Teiche und in der Verdünnung der Abwasser zu erfüllen, um Fäulnis zu verhindern; denn faulende Substanzen sind das gefährlichste Gift für die kleinen Lebewesen, die in den Teichen arbeiten. Sonnenlicht und Sauerstoff sind die wirksamsten Unterdrücker der Fäulnis, darum dürfen die Teiche nicht zu tief angelegt werden, damit die Sonnenstrahlen möglichst bis zum Grunde des Wassers eindringen können; darum müssen die Teiche auch mit Unterwasserpflanzen besetzt sein, die reichliche Mengen Sauerstoff abgeben. Ferner müssen die Abwasser auch richtig verdünnt sein, damit die Kleintierwelt nicht darin erstickt. Es muß also genügend reines Wasser verfügbar sein, um die Teiche zum ersten Male füllen zu können und um die Abwasser ungefähr auf ihre doppelte Menge zu verdünnen. Auch müssen diese an vielen Stellen eingeleitet werden, und der Teich mußte eine länglich-rechteckige Form erhalten, damit sich keine toten Winkel bilden können. Während des bald dreijährigen Betriebes ist nach einem Vortrage, den Professor HOFER am 16. März 1913 in der Generalversammlung des Bayerischen Landesfischereivereines[1] hielt, in der Straßburger Anlage niemals Fäulnisgeruch, über den sich die Anwohner auch sofort beschwert hätten, beobachtet worden. Die Selbstreinigungskraft der Teiche erwies sich als eine ganz vorzügliche. Das Abwasser, welches noch mit 50% der Schweb- und Sinkstoffe beladen in die Teiche eintritt, ist beim Auslaufe so klar, daß es eine Durchsichtigkeit von 2 *m* besitzt, was gutem Bachwasser entspricht. Die gelösten zuckerartigen Stoffe sind vollständig verschwunden, die stickstoffhaltigen bis auf 20%. Dieser Rest ist aber nicht fäulnisfähig, so daß die gereinigten Abwasser ohne Bedenken jedem Wasserlaufe zugeführt werden können. Ebenso deutlich ist die Abnahme der Bakterien; während davon beim Einlaufe in einem Kubikzentimeter durchschnittlich 10 Millionen gezählt werden können, sind sie beim Ablaufe auf 5000—10000 reduziert. Auch mit den wirtschaftlichen Ergebnissen kann man zufrieden sein. Die Teiche wurden besetzt mit Karpfen, Schleien und Regenbogenforellen. In einem Jahre wurde ein Gesamtzuwachs von 10 Zentner auf 1 *ha* erzielt. Die Karpfen waren mit einem Durchschnittsgewicht von $^1/_2$ *kg* im Frühjahre eingesetzt und mit einem Gewichte von 2—3 *kg* im Herbste abgefischt worden. Aber nicht nur Fischfleisch lieferten die

---

[1] Regensburger Anzeiger vom 5. April 1913.

Teiche. Wenn auch die Unterwasserpflanzen ein wichtiges Glied in dem ganzen Betriebe bilden, so gilt das nicht von den Pflanzen, die über das Wasser ragen oder auf dem Wasser schwimmen. Solche stellten sich aber bald in und an den Teichen ein, und vor allem waren es die Wasserlinsen, die bald die ganzen Teiche überzogen, das Wasser von Licht und Luft absperrten und dadurch eine ernstliche Gefahr für das ganze Verfahren wurden. Um die Linsen nun zu entfernen, wurden Pekingenten in die Teiche gelassen, die schnell damit aufräumten, aber dabei selbst ohne weitere Fütterung so stattlich heranwuchsen, daß sie ebenfalls eine gute Einnahmequelle wurden, indem jährlich auf 1 *ha* 4—5 Zentner solcher Enten verkauft werden konnten. Eine dritte Einnahmequelle stellte das Gras dar, welches auf den Teichdämmen üppig heranwuchs und mit dem Kaninchen herangefüttert wurden, für welche in Straßburg ein guter Markt vorhanden ist. Als besonderen Vorzug seines Verfahrens gegenüber Rieselfeldern (vgl. S. 52) weist HOFER darauf hin, daß letztere nur auf durchlässigem Boden betrieben werden können, während sich Fischteiche auf allen Böden anlegen lassen. Ferner können auf 1 *ha* Rieselfeld die Abwasser von nur 200 Personen geleitet werden, während Fischteiche die zehnfache Menge verarbeiten. Ermuntert durch die bisherigen guten Erfolge hat sich die Stadt Straßburg inzwischen entschlossen, eine Fischteichkläranlage von 100 *ha* Umfang zu bauen. Es sollen nur noch vorher Versuche darüber angestellt werden, ob nicht sämtliche Schweb- und Sinkstoffe bis auf das äußerst schwer zersetzliche Papier in die Teiche geleitet werden können. Bis jetzt hat sich gezeigt, daß die 50% mechanischer Verunreinigung, welche die Abwasser enthalten, fast restlos aufgezehrt wurden. Man wird mit Recht gespannt sein dürfen auf die weitere Entwicklung dieses Verfahrens.[1]

Bei den künstlichen biologischen Verfahren wird das Abwasser nicht durch gewachsenen Boden filtriert, sondern durch künstlich aufgeschichtete, grobkörnige Materialien (Koks, Schlacken, Steinkohlen, Ziegelsteinbrocken u. a. m.) geleitet, bzw. in diesen in noch zu beschreibender Weise behandelt. Die aus diesen Materialien hergestellten Körper werden „biologische Körper" genannt. Die vielen bestehenden Ausführungsarten fallen alle unter die beiden grundsätzlich voneinander verschiedenen Formen, welche man als „Füllverfahren", bzw. „Tropfverfahren" bezeichnet. Bei ersteren baut man „Füllkörper", bei letzteren „Tropfkörper". Beide Verfahren müssen zwar an sich als gleichwertig angesehen werden, jedes derselben hat auch seine besonderen Vorzüge, aber in der Praxis geht man doch mehr und mehr zum Tropfverfahren über und baut das Füllverfahren nur noch, wenn besondere örtliche Verhältnisse oder auch die Art des Abwassers das wünschenswert machen. Mit der künstlichen biologischen Reinigung der Abwasser erreicht man in physikalischer und chemischer Hinsicht genau dasselbe, wie mit den natürlichen biologischen Verfahren. Man entfernt die mit den mechanischen Verfahren (vgl. S. 50) nicht zu beseitigenden Mengen Feinschlamm bis auf Spuren (leichter Schleier) vollständig und führt die organischen fäulnisfähigen Stoffe in einfachere Körper über, wobei dem Abwasser jede Fäulnisfähigkeit genommen und sein Sauerstoffverbrauch (Permanganatverbrauch) um 60—70% oder mehr verringert wird. Das erreicht man nach möglichst weitgehender mechanischer — seltener chemischer — Vorreinigung, indem man beim Füllverfahren die Füllkörper mit dem vorgereinigten Abwasser bis zur Ausfüllung des gesamten Porenvolumens

[1] Wie mir Herr Professor HOFER mitteilte, hat er eine eingehende Beschreibung und Begründung seines Verfahrens bis jetzt noch nicht veröffentlicht. Er plant das aber noch im laufenden Jahre (1913).

schnell anfüllt, das Abwasser einige Zeit (1–2 Stunden) darin stehen und es dann wieder ablaufen läßt, was ein gleichzeitiges Durchsaugen von Luft zur Folge hat. Die Füllkörper müssen dann mehrere Stunden (2–4 Stunden) leer stehen, ehe man sie wieder benutzt (Lüftungsperiode), während welcher Zeit sie noch begierig Luft aufnehmen, was man durch zweckmäßige Bauart weitgehendst zu fördern hat.

Beim Tropfverfahren läßt man das Abwasser fortgesetzt durch die Körper hindurch tropfen. Dabei kommt es auf möglichst feine Verteilung des Abwassers in einzelne Tropfen an, die regenförmig auf den Körper und dann in diesem von einem Stück des Körpermaterials auf das andere fallen, bis sie sich im tiefsten Punkte des Körpers wieder zu dem abfließenden gereinigten Abwasser vereinigen. Das Durchtropfen des Abwassers durch den Körper vollzieht sich innerhalb weniger Minuten. Es wirkt auf den Laien geradezu verblüffend, wenn er das oft stark faulige, übelriechende Abwasser auf den Tropfkörper fallen und es nach kurzer Zeit als fast klares, nahezu geruchloses und jedenfalls seines fauligen Geruches vollständig beraubtes Wasser den Körper wieder verlassen sieht. Bei beiden Verfahren dauert es einige Zeit, bis die Körper sich eingearbeitet haben. Je nach der Jahreszeit, dem Abwasser u. s. w. beträgt die Einarbeitungszeit 1–2 Monate und mehr. Während dieser Zeit bildet sich eine schleimige Haut um jedes einzelne Teilstück (Schlacke u. s. w.) des Körpermaterials. Diese Haut, welche neben Bakterien und anderen Organismen auch Enzyme (Diastase, Pepsin u. a. m.) enthält, ist für die erfolgreiche Reinigung ebenso unentbehrlich, wie die zahlreichen Lebewesen pflanzlicher und insbesondere tierischer Art, darunter Regenwürmer, Fliegenlarven, Spinnen u. s. w., welche sich zwischen den Teilstücken des Körpermaterials in ungeheurer Menge ansiedeln und übrigens, wie die Schmetterlingsmücke, in der Umgebung gleichzeitig stark belästigend wirken können. Die Kräfte, welche die Reinigung bedingen, unterscheiden sich grundsätzlich nicht von den bei der Selbstreinigung der Flüsse (vgl. S. 67) wirksamen, nur scheint es, als ob der reichlichen Zufuhr von Luftsauerstoff bei der künstlichen biologischen Reinigung größere Bedeutung beizumessen ist. Beim Füllverfahren schickt man das Abwasser je nach seiner Art und dem erwünschten Reinheitsgrade entweder nur durch einen oder auch hintereinander durch mehrere Körper. Man spricht dann von einstufigen, zweistufigen oder auch dreistufigen Anlagen. Beim Tropfverfahren wendet man in der Regel nur das einstufige Verfahren an, schickt aber das gereinigte Abwasser hinterher noch durch ein Schönfilter aus Sand, um ihm die letzten Reste ungelöster Stoffe oder richtiger die bei den Reinigungsvorgängen entstandenen unlöslichen humusartigen Stoffe zu nehmen, wenngleich sie nicht mehr fäulnisfähig sind. Vielfach reinigt man sie auch hinterher statt durch Schönfilter nach dem Rieselverfahren, wozu man bei städtischen Abwassern auf 2500–3000 Einwohnern etwa 1 *ha* Land benötigt.

Wie bereits erwähnt, ist schon mit Rücksicht auf die Gefahr einer vorzeitigen Verstopfung der Körper eine möglichst weitgehende Beseitigung der ungelösten Stoffe des Abwassers vor Beschickung der Körper durchaus erforderlich. Vielfach behandelt man das mechanisch mehr oder weniger vorgereinigte Abwasser erst noch in sog. Faulanlagen, in welchem sich der größte Teil des Feinschlammes absetzt und die gelösten organischen Stoffe einer gewissen Zersetzung (Ausfaulung) unterliegen. Fauträume sind so groß anzulegen, daß sie höchstens einmal im Jahre (im Winter) von dem angesammelten Schlamm entleert zu werden brauchen. Letzterer unterliegt während der Lagerung in den Faulräumen einer weitgehenden Zersetzung durch Ausfaulung, wobei ein Teil seiner fäulnisfähigen Stoffe in Lösung oder in Gase übergeführt wird. Nimmt schon dadurch das Volumen des Schlammes ab, so geschieht das in noch höherem Grade dadurch, daß der Schlamm gleichzeitig wasserärmer wird. Er riecht zwar beim Herausbringen aus dem Faulraum infolge des ihm anhaftenden fauligen Abwassers noch faulig, verliert aber diesen Geruch beim Lagern an der Luft sehr rasch und gleicht dann mehr humusreicher Gartenerde als Abwasserschlamm. Dasselbe trifft bezüglich der Schwimmdecken zu, die sich auf dem Abwasser nicht selten bis zu $^1/_2$ *m* Stärke im Faulraum bilden. Die gelösten organischen Stoffe werden unter Auftreten stinkender Fäulnis (Reduktion) in den Faulräumen teilweise abgebaut. Der Permanganatverbrauch nimmt dabei um 25 bis 35% ab. Das ausgefaulte Abwasser wird dann fast immer in Füll- oder Tropfkörpern gereinigt. Unter Umständen kann es jedoch auch ohne weiteres abgeleitet werden. Es wird dann im Vorfluter leichter unschädlich gemacht (vgl. Selbstreinigung S. 67) als im frischen Zustande. Ein solches Ablassen ausgefaulten, sonst aber nicht gereinigten Abwassers kann jedoch selbst bei großem Wasserreichtum des Vorfluters nur ganz ausnahmsweise da in Frage kommen, wo besonders günstige Verhältnisse unterhalb der Einlaufstelle das zulassen. Ob die vorherige Ausfaulung des nach dem Füll- oder Tropfverfahren zu reinigenden Abwassers angebracht ist oder nicht, muß in der Regel von Fall zu Fall ermittelt werden. Grundsätzlich kann gesagt werden, daß z. B. die meist sehr konzentrierten Abwasser aus Schlachthöfen sich nach gründlicher Ausfaulung besser reinigen lassen, während die an Kohlehydraten reichen, leicht zur Säurebildung neigenden Abwasser (z. B. aus Brauereien, Zuckerfabriken, Brennereien, Flachsröstereien, Molkereien u. a. m.) im ausgefaulten Zustande schwieriger, bzw. überhaupt nicht mehr nach einem der künstlichen biologischen Verfahren zu reinigen sind. Sie müssen so frisch wie nur irgend möglich auf die Körper (S. 57) geschickt werden.

Fast alle Abwasser mit organischen fäulnisfähigen Stoffen können nach einem der vorbeschriebenen biologischen Verfahren soweit gereinigt werden, daß ihnen ihre Fäulnisfähigkeit genommen, daß ihr Permanganatverbrauch, auf filtriertes Abwasser bezogen, um 60 bis 80% vermindert wird und daß sie — praktisch genommen — frei sind von ungelösten Stoffen. Das schließt aber nicht immer aus, daß die so gereinigten Abwasser im Vorfluter noch zu gewissen nachteiligen Veränderungen des Wassers, zum Wachstum von Pilzen und Algen u. a. m. Veranlassung geben, wenn die abgeleitete Abwassermenge sehr groß und der Vorfluter wasserarm ist. Bei ihrer mindestens 10—20fachen Verdünnung kann man aber unter allen Umständen damit rechnen, daß derartige nachteilige Folgen im Vorfluter nicht mehr in überhaupt beachtlicher Menge auftreten. Den nach einem der biologischen Verfahren zu reinigenden städtischen Abwassern können die industriellen Abwasser organischer Art, abgesehen von den oben (S. 33 bis 47) angegebenen Ausnahmen, zugeleitet werden. Überwiegen in sehr industriereichen Städten diese Abwasser, so ist von Fall zu Fall zu prüfen, ob für einen Teil derselben vor der Einleitung in das städtische Kanalnetz besondere Vorbehandlung erforderlich wird[1].

Nach meinen Erfahrungen lassen sich Kocherlaugen aus Papierstoffabriken aller Art auch nach starker Verdünnung biologisch nicht in befriedigender Weise reinigen. Von anderer Seite ist mir gelegentlich über gegenteilige günstige Erfahrungen berichtet worden.

Bezüglich der sauren Kocherlaugen aus Papierstoffabriken, die nach dem Sulfitverfahren arbeiten, muß vor der früher vielfach üblichen, nicht selten von Be-

[1] Für alle solche Fälle empfiehlt sich das Studium des ausgezeichneten Werkes: Abwasserbeseitigung von Gewerben und gewerbereichen Städten, von Dr. Ing. Albert Schiele, Heft 11 der Mitteilungen aus der Königlichen Prüfungsanstalt für Wasserversorgung und Abwasserbeseitigung zu Berlin, 1909 (932 Seiten).

hörden geforderten Neutralisation mit Kalkmilch dringend gewarnt werden. Sie hat sich als vollständig verfehlt herausgestellt.

Es ist das darauf zurückzuführen, daß die Kalkmilch in erster Linie mit den organischen Substanzen der Kocherlauge Umsetzungen verschiedenster Art eingeht, ohne die sog. freie schweflige Säure zu binden. Man kann selbst so viel Kalkmilch zusetzen, daß eine ausgesprochen alkalische Reaktion entsteht, und dann nach einigen Tagen beobachten, daß wieder saure Reaktion eingetreten ist. Will man deshalb die schweflige Säure wirklich chemisch an Kalk mittels Kalkmilch binden, so muß man davon einen ganz gewaltigen Überschuß anwenden, ein Verfahren, das nicht nur viel Geld kostet, sondern auch weitaus in erster Linie die schweren Verunreinigungen mancher Wasserläufe infolge Einleitens von Kocherlaugen an solchen Orten veranlaßt hat, wo nur ein kleiner Bach mit einer zur hinreichenden Verdünnung der Kocherlaugen gänzlich unzureichenden Wassermenge zur Verfügung stand. Durch Vermischung dieser Kocherlaugen mit sämtlichen Waschwassern läßt sich bei Benutzung nicht zu weicher Brauchwasser schon meist nahezu alle Säure neutralisieren. Der Rest ist im Vorfluter jeder Art unschädlich.

Die Kosten der biologischen Reinigung sind natürlich je nach der Art des Abwassers und den örtlichen Verhältnissen sehr verschieden. Für städtische Abwasser möge folgende Zusammenstellung aus dem V. Bericht der Königlich englischen Kommission für Abwasserbeseitigung (1908) einen ungefähren Anhaltspunkt geben. Danach betrugen die jährlichen Kosten der Reinigung[1]:

	bei Tropfkörpern	bei Füllkörpern	bei Landberieselung
für 1 *cbm* Abwasser	M. 1,88 – 2,24	M. 2,53 – 3,28	M. 1,04 – 3,21
„ 1 Einwohner	0,97 – 1,22	1,37 – 1,80	0,57 – 1,78

Billiger als alle anderen dürfte das HOFERsche Fischteichverfahren werden. Man wird darüber aber erst Erfahrungen aus dem Großbetriebe abwarten müssen.

Die Beseitigung des bei der Abwasserreinigung gewonnenen Schlammes bietet vielfach sehr große Schwierigkeiten. Zwar ist er als wertvolles Bodenmeliorationsmittel anzusehen, zumal er auch noch gewisse Mengen der wichtigsten Pflanzennährstoffe enthält, aber diese Art restloser Beseitigung des nicht weiter verarbeiteten Schlammes kommt eigentlich nur für Rieselfelder und unter Umständen für biologische Anlagen mit Faulräumen in Betracht, da in den meisten anderen Fällen örtliche und wirtschaftliche Hindernisse entgegenstehen. Wo der frische Schlamm auf diese Weise nicht beseitigt werden kann, muß er erst durch Wasserentziehung verarbeitet werden. Das kann bis zu einem gewissen Grade durch Ausbreiten auf durchlässigem Boden erreicht werden. Das Verfahren ist aber mit mancherlei Schwierigkeiten und außerdem mit Belästigungen durch üblen Geruch, Fliegen u. s. w. verbunden. Besser ist schon das Pressen, was vielfach aber nicht ohne Zusatz von Kalk möglich ist, in welchem Falle wiederum das Verbrennen auf Schwierigkeiten stößt. Neuerdings ist es SCHAFER-TER MEER gelungen, den Schlamm durch Ausschleudern so weit zu entwässern, daß der Wassergehalt bis auf 72,5 % heruntergedrückt wurde. Solcher Schlamm läßt sich verfeuern. Eine solche Vorrichtung ist in Harburg a. E. im Betriebe. Auch der entwässerte Schlamm wird am zweckmäßigsten zu Düngezwecken benutzt, doch ist es in den meisten Fällen schwer, dafür von den Landwirten noch Geld zu erzielen. Eine günstige Lösung ist es schon, wenn die Landwirte den entwässerten Schlamm unentgeltlich abholen.

[1] Vgl. Neuere Erfahrungen über die Behandlung und Beseitigung der gewerblichen Abwasser, von J. KÖNIG, Berlin **1911**, S. 31.

Die Versuche, aus dem Schlamm zunächst das Fett zu gewinnen, sind zwar technisch gelungen, nach den bisherigen Erfahrungen aber wirtschaftlich nur ganz ausnahmsweise dort durchführbar, wo industrielle Abwasser mit großem Fettgehalt (Wollwäschereien) für sich allein oder in städtischen Abwassern doch in großer Menge in Frage kommen. In Kassel hat man jahrelang den zunächst gepreßten und dann mit Dampf bis auf 20% Wassergehalt getrockneten Schlamm der gesamten städtischen Abwasser entfettet. Durch Extraktion mit Benzol wurden daraus 8 bis 25% (im Mittel 15%) Fett gewonnen. Für 100 *kg* derartigen Fettes wurde ein Preis von 30 M. erzielt. Der Betrieb ist infolge seiner mangelnden Rentabilität wieder eingestellt. Trotz dieses Mißerfolges beschäftigt man sich in Dresden zurzeit, unter allerdings offensichtlich günstigeren Vorbedingungen, wieder mit Versuchen zur Schlammentfettung, benutzt dazu aber nicht Benzol, sondern Trichloräthylen, eine nicht feuergefährliche Flüssigkeit, welche gleichzeitig auch den entfetteten Schlamm geruchlos machen soll, was für den Transport von nicht zu unterschätzender Bedeutung sein würde. Nach Angaben von Fleck[1] ist der Arbeitsvorgang bei diesem von Wilhelm Wurl ausgearbeiteten Verfahren folgender:

Die mit rund 82% Wassergehalt von den Separatorscheiben kommenden Schmutzstoffe werden in kleinen Kipploren von je 0,4 *cbm* Inhalt einem trichterförmigen Behälter zugeführt, aus dem sie durch einen Verteiler und eine Transportschnecke in gleichmäßig fortlaufender Menge nach dem ein Geschoß tiefer stehenden, durch Dampf erhitzten Trockenapparat befördert werden. In diesem werden sie durch ein Rührwerk unter beständigem Wenden in einen Gegenstrom erhitzter Luft so langsam vorwärts bewegt, daß sie beim Austritt aus der Trockentrommel nur noch ungefähr 20% Wassergehalt besitzen. Die aus den Rückständen verdampfende Feuchtigkeit muß entweder in den Schornstein oder in die Kesselfeuerung geleitet werden, um Geruchsbelästigungen der Umgebung zu vermeiden.

Vom Trockner aus werden die Stoffe durch einen Elevator drei Stockwerke hoch gehoben und mittels Schnecke in zwei große, je 4 *cbm* fassende Sammelbehälter verteilt. Unter diesen stehen die beiden Extraktionsapparate von gleich großem Fassungsraum. Diese werden in wechselnden Arbeitsschichten beschickt und entleert. Ersteres erfolgt aus den darüber befindlichen Sammelbehältern mit Hilfe von Drehschiebern, letzteres durch Transportschnecken in die vor die Entleerungsöffnungen gefahrenen Kipploren.

Nach Füllung eines Extraktionsapparates mit den getrockneten Rückständen wird die Zuleitung von dem höherstehenden Trichloräthylen-Behälter geöffnet, sodaß sich alle Zwischenräume der Rückstände mit der fettlösenden Flüssigkeit füllen. Nach erfolgter Einwirkung wird die fetthaltige Flüssigkeit nach der tieferliegenden Destillierblase abgelassen. Gleichzeitig wird mittels einer Duplexdampfpumpe Trichloräthylen aus dem Behälter nachgedrückt, bis auch das letzte Fett gelöst ist. Dies soll binnen 4 Stunden erreicht werden, worauf die Leitungen abgestellt werden. In der 5 *cbm* fassenden Destillierblase wird durch Erhitzen mittels Dampfes alles Trichloräthylen verflüchtigt, sodann in einem über dem Behälter stehenden, mit Wasser gekühlten Kondensator wieder niedergeschlagen und in den Behälter aufgenommen. Der ganze Prozeß geht in einem nach außen vollständig abgeschlossenen Kreislaufsystem vor sich, so daß erhebliche Verluste an Trichloräthylen durch Verdunstung u. s. w. ausgeschlossen erscheinen.

Die geringen in den extrahierten Rückständen noch zurückgebliebenen Mengen von Trichloräthylen werden durch einen von oben eingeführten Kohlensäurestrom

[1] Verhandlungen der Stadtverordneten zu Dresden vom 28. November 1912.

entfernt und gleichfalls im Kondensator niedergeschlagen. Für diesen Zweck ist noch ein Gasbehälter von 30 *cbm* Inhalt mit einem Hochdruckrotationsgebläse und den erforderlichen Rohrleitungen vorgesehen. Auch der Kohlensäurestrom bildet einen völlig in sich geschlossenen Kreislauf, um Verluste an Kohlensäure nach Möglichkeit zu vermeiden. Diese Nachbehandlung der Stoffe erfordert weitere 2 Stunden. Bei Beurteilung der Ergebnisse der Dresdner Versuchsanlage darf aber nicht übersehen werden, daß man dort mit Rücksicht auf den Wasserreichtum der Elbe in der Lage ist, die Abwasserreinigung auf das Durchfließen von Sandfängen, Fettfängen, Grobrechen und Separatorscheiben zu beschränken, während man den Feinschlamm mit ablaufen läßt. Infolgedessen wird nur etwa die Hälfte aller ungelösten Stoffe aus den Abwassern zurückgehalten, die infolge ihrer gröberen Beschaffenheit nur einen Wassergehalt von etwa 82 % aufweisen. Von je 100 *cbm* dieser Rückstände stammen rund 14 *cbm* aus den Sandfängen, 8 *cbm* aus der Vorreinigungsanlage und 78 *cbm* von den Separatorscheiben. Die Versuchsergebnisse dürfen daher nicht ohne weiteres auf Verhältnisse in Orten an kleineren Vorflutern übertragen werden, schon weil man bei Mitgewinnung des Feinschlammes ungleich größere Kosten für Schlammtrocknung aufzuwenden hat. In solchen Fällen gewinnt man nämlich einen Schlamm mit etwa 92 % Wassergehalt, aus dem also zur Gewinnung der gleichen Menge Schlamm von 20 % Wassergehalt nahezu die dreifache Wassermenge zu verdampfen ist. Will man nämlich 100 *kg* Schlamm mit 20 % Wassergehalt gewinnen, so gebraucht man dazu entweder 445 *kg* Schlamm mit 82 % Wassergehalt, aus welchem 345 *kg* Wasser zu verdampfen sind, oder 1000 *kg* Schlamm mit 92 % Wassergehalt, aus welchem 900 *kg* Wasser zu verdampfen sind. Es kommt also alles auf den Wassergehalt des Rohschlammes an.

Auch in Elberfeld steht die Inbetriebsetzung einer größeren Versuchsanlage zur Entfettung des Schlammes anscheinend bevor.

Während man die Entfettung des Schlammes durchweg immer nur mit Rücksicht auf Haltbarkeit und Transportfähigkeit vorgenommen hat, weil der Absatz des Rohschlammes auf Schwierigkeiten stieß, hat man neuerdings versucht, das direkt aus den Abwassern durch Benutzung von Fettfängern (S. 50) gewonnene Fett um seiner selbst willen weiter zu verarbeiten. Man hat z. B. in einzelnen Häusern, aus deren Küchen besonders fettreiche Abwasser abfließen, wie in Hotels u. s. w., KREMERSCHE Fettfänger eingebaut und geglaubt, die so gewonnenen sehr fettreichen Massen verwerten zu können. In Frankfurt a. M. ist dies in größerem Umfange zur Ausführung gekommen. Dabei hat sich jedoch ergeben, daß der Masse zu große Mengen leicht fäulnisfähiger Substanzen beigemischt waren, so daß sie rasch in Gärung übergingen, üblen Geruch verbreiteten und das Fett minderwertig machten.

Neuerdings ist ein Fettfänger (System SCHILLING) konstruiert, der angeblich gestatten soll, lediglich Fett zu gewinnen, während der Schlamm fortgespült wird. Ein solcher Fettfänger für täglich 10000 *cbm* Abwasser ist seit Ende 1912 auf den Charlottenburger Rieselfeldern versuchsweise aufgestellt. Auch in Hamburg und Zürich sind zurzeit Versuche größeren Umfanges mit solchen Fettfängern, die dort aber an einzelne Häuser (Hotels u. s. w.) angeschlossen sind, im Gange.

Die Versuche sind noch nicht abgeschlossen, es soll aber auf diese Weise gelungen sein, das Fett in solcher Beschaffenheit zu gewinnen, daß man es ohne Extraktion nur durch Kochen und mechanische Reinigung so verarbeiten kann, daß es zur Seifenfabrikation geeignet ist und einen Verkaufswert von etwa 50 M. für 100 *kg* aufweist.

Selbst wenn gegen Erwarten die Fettgewinnung auf diese Weise nicht gewinnbringend sein würde, so wäre damit indirekt doch für eine nachfolgende biologische Reinigung der Abwasser der große Vorteil verbunden, daß durch das Fett keine Verstopfung der Poren mehr bewirkt werden kann, was namentlich bei künstlichen biologischen Körpern (S. 57) von großer Bedeutung ist.

Wo eine Unterbringung des gepreßten Klärschlammes für Düngezwecke nicht zu erreichen ist, kommen Verbrennung oder Entgasung in Betracht. Der Gehalt an Trockenmasse sollte für Verbrennungszwecke 40 % betragen, was durch Pressen nicht immer zu erreichen ist, so daß Nachtrocknung an der Luft oder in Trockenanlagen erforderlich wird. Am leichtesten läßt sich der beim Kohlebreiverfahren gewonnene Schlamm verbrennen. Neuerdings versucht man auch den Schlamm durch Entgasen zu beseitigen. In Brünn soll das jetzt mit Erfolg gelungen sein[1]. Dort wird der Schlamm zunächst durch Preßluft bis auf einen Trockengehalt von etwa 29 % entwässert, hierauf unter Verwendung der Abhitze von Retortenöfen bis auf 90—95 % Trockengehalt getrocknet und dann wie Steinkohle in Retorten bei Temperaturen von 600 bis 700° trocken destilliert, wobei man im Verlaufe von $2^1/_2$ Stunden aus 100 *kg* Schlamm 23,8 *cbm* Gas erhalten soll. Zusammensetzung und Heizwert dieses Gases sind nahezu dieselben wie bei gewöhnlichem Steinkohlengas. Bei dem Prozeß gewinnt man außerdem aus 100 *kg* Schlamm 0,96 *kg* Ammoniak (d. h. drei bis viermal so viel wie bei Kohle) und 63 *kg* kleinstückigen Koks mit einem Heizwert von 2300 *W. E.* Da diese im Koks vorhandene Wärmemenge zur Trocknung des Schlammes nicht völlig hinreicht, sind auf 100 *kg* Schlamm noch 2 *kg* billige Kohle erforderlich. Immerhin ist der durch Gas und Ammoniak erzielte Gewinn so groß, daß die städtischen Anlagen zur Abwässerreinigung fast völlig amortisiert werden, ganz abgesehen davon, daß die sonst so lästige Frage der Beseitigung des Schlammes in hygienisch einwandfreier Weise gelöst erscheint. Täglich werden etwa 37 Tonnen Schlamm entgast und daraus 8190 *cbm* Gas sowie 277 *kg* Ammoniak gewonnen. Bei Beurteilung dieses vielleicht zukunftsreichen Verfahrens darf nicht außer acht gelassen werden, daß die Abwasser der Stadt Brünn sehr schlammreich sind, daß ferner der Schlamm sehr stickstoffreich ist und einen außergewöhnlich hohen Gehalt an verbrennlichen Stoffen aufweist, da ihm sehr große Mengen Abwasser aus industriellen Betrieben, insbesondere aus Textilfabriken beigemengt sind.

Diejenigen Abwasser, welche nach ihrem Ursprunge als infektionsverdächtig anzusehen sind (S. 33 bis 40), müssen unter Umständen einer Desinfektion unterworfen werden. Das gilt insbesondere für die nur auf mechanische oder mechanisch-chemische Weise oder auch nach einem der künstlichen biologischen Verfahren zu reinigenden oder schon gereinigten Abwasser, während man bei ordnungsmäßiger Benutzung an sich brauchbarer Rieselfelder nach den bisherigen Erfahrungen ohne solche Desinfektion auskommen kann, wenngleich die Beseitigung aller pathogenen Bakterien während der Rieselung weder erwiesen ist, noch auch mit Sicherheit angenommen werden kann. Trotz langjähriger Erfahrungen ist bislang aber noch niemals der Ausbruch einer Epidemie auf den Betrieb von Rieselfeldern zurückzuführen gewesen. Städtische Abwasser brauchen im übrigen aber nur desinfiziert zu werden zu Zeiten ausgesprochener Epidemien.

Einzelne pathogene Keime in einem sonst ordnungsmäßig gereinigten Abwasser dürften auch ohne besondere Desinfektion zu erheblichen Bedenken keinen

[1] Vgl. „Morast — eine neue Quelle des Reichtums", von Dr. W. SCHWANDT, Leipzig. Berliner Tagblatt Nr. 661 vom 29. Dezember 1912.

Anlaß geben. Für sie gilt vielmehr, was oben (S. 36) über den sich unter den Bakterien abspielenden Kampf ums Dasein gesagt wurde, zumal nach den bisherigen Erfahrungen angenommen werden darf, daß sie sich in den Wasserläufen kaum vermehren können, darin vielmehr schon nach wenigen Tagen absterben. Immerhin wird man angesichts der heutigen Verhältnisse unter allen Umständen daran festhalten müssen, daß jedes Flußwasser von dem Augenblick an, wo es bewohnte Gegenden durchläuft, bis zu seiner Mündung jederzeit als infektionsverdächtig anzusehen ist und deshalb in keinem Falle im rohen Zustande getrunken werden darf. Diejenigen Städte und Ortschaften, welche zur Deckung ihres Trinkwasserbedarfs noch auf Flüsse angewiesen sind (z. B. Magdeburg, Hamburg, Altona, Bremen) haben deshalb für eine sichere Beseitigung etwaiger pathogener Keime Sorge zu tragen. Das läßt sich bei rationeller Anwendung moderner Sandfiltration in der Regel auch ohne Benutzung besonderer Desinfektionsmittel erreichen. Da wo die Desinfektion der Abwasser wegen ihres infektiösen Charakters vor der Ableitung in Gewässer gefordert werden muß, braucht man die Abwasser durchaus nicht zu sterilisieren. Es genügt vielmehr eine Abtötung der pathogenen Keime, was am sichersten und billigsten durch Zusatz von Chlorkalk zu erreichen ist, u. zw. genügt auf je 1 *cbm* mechanisch vorgereinigten Abwassers im allgemeinen eine Menge von 0,1 *kg* Chlorkalk, sofern man die Einrichtungen so trifft, daß diese Chlorkalkmenge mindestens 2 Stunden uneingeschränkt einwirken kann. Bei besonders konzentrierten Abwassern oder auch bei solchen, welche erhebliche Entwicklung von Schwefelwasserstoff aufweisen, muß man größere Mengen Chlorkalk anwenden u. zw. bis zu 0,3 *kg* bei 2stündiger Einwirkungsdauer auf 1 *cbm* Abwasser. Ist das Abwasser nicht sorgfältigst von der Hauptmenge seiner ungelösten Bestandteile befreit, so verbraucht man größere Chlorkalkmengen. Bei Benutzung biologischer Anlagen kann man die Desinfektion des Abwassers vornehmen, ehe man es auf die Körper (S. 57) schickt, da die überschüssigen Chlorkalkmengen nach den sorgsamen und eindeutigen Versuchen DUNBARS schon in der obersten Schicht dieser Körper oxydiert werden, ohne dabei deren Leistungsfähigkeit nennenswert herabzusetzen. Desinfiziert man gereinigte Abwasser erst kurz vor ihrer Ableitung in Wasserläufe, so muß man die überschüssigen Chlormengen besonders beseitigen, z. B. durch Zusatz von Ferrosulfat. Mengenverhältnisse sind von Fall zu Fall zu ermitteln. Andere Desinfektionsmittel sind Kalkmilch, Kupferchlorür, Kaliumpermanganat, Natriumhypochlorit u. a. m.[1] Eine regelmäßige Desinfektion größerer Abwassermengen läßt sich in der Praxis nur mit den allergrößten Schwierigkeiten und unter Aufwand ganz unverhältnismäßig großer Kosten durchführen. Deshalb kann nicht dringend genug auf die regelmäßige Desinfektion aller Abgänge solcher Personen, die an ansteckenden Krankheiten leiden, direkt am Krankenbett hingewiesen werden.

Reinigung der Abwasser mit vorwiegend anorganischen Stoffen.

Abwasser mit vorwiegend anorganischen Stoffen können nur ganz ausnahmsweise in städtische Kanalnetze eingeleitet werden. Diejenigen, welche Salze der Schwermetalle oder des Magnesiums (Kaliendlaugen) oder des Calciums (Sodafabriken) enthalten, geben zu Ausfällungen Anlaß und damit zu übermäßigen Schlammablagerungen in den Kanälen. Abwasser mit größeren Mengen freier Säuren können die Kanalwandungen zerstören, doch steht ihrer Einleitung in das städtische

[1] Vgl. DUNBAR a. a. O. 524–562.

Kanalnetz in der Regel dann nichts mehr im Wege, wenn sie vorher neutralisiert und von dem dabei ausfallenden Schlamm möglichst weitgehend befreit sind. Die Neutralisation kann mit Kalkmilch vorgenommen werden. Dann ist aber unausgesetzte, sehr sorgsame Kontrolle nötig, da überschüssige Kalkmilch ebenfalls auf städtische Abwasser ausfällend wirkt. Besser ist deshalb, da, wo es sich nicht um allzu große Säuremengen handelt, die Neutralisation mit Kalkwasser, mit der gleichzeitig eine weitgehende Verdünnung verknüpft ist. In gleicher Weise werden übrigens auch die Abwasser mit Salzen der Schwermetalle für sich allein gereinigt. Die ausgefällten Metallverbindungen werden dann in Absitzbecken oder -brunnen von der überstehenden Lösung getrennt. Da, wo die wirtschaftlichen Verhältnisse das zulassen, können sie auch ohne vorherige Ausfällung durch eine besondere Rohrleitung den Reinigungsanlagen städtischer Abwasser zugeleitet werden, u. zw. an der Stelle, an welcher die Vorreinigung erfolgt. Sie wirken dann genau so, wie die sog. Chemikalien bei der chemischen Klärung (vgl. S. 51). Das sollte aber nur dann geschehen, wenn ihre Menge relativ gering ist, so daß nicht mehr als etwa höchstens 0,1 *kg* Metall auf 1 *cbm* städtisches Abwasser kommt. Auch muß für möglichst gleichmäßige Zuleitung während der 24 Stunden des Tages Sorge getragen werden, was durch Einschaltung von Ausgleichbassins zu erreichen ist. Abwasser mit freien Säuren können den Wasserläufen unter Umständen auch ohne jede vorherige Neutralisation zugeleitet werden, u. zw. in umso größerer Menge, je höher der Gehalt des Vorfluters an Bicarbonaten des Calciums und Magnesiums ist (vgl. S. 65 und 70). Das Säurebindungsvermögen des Flußwassers ist in jedem Einzelfall vorher festzustellen und danach unter Berücksichtigung der örtlichen Verhältnisse und des S. 65 Gesagten die Säuremenge zu ermitteln, welche dem Fluß bei der jeweiligen Wasserführung ohne ernstliche Schädigung zugeleitet werden darf. Dabei ist zu beachten, daß mit der wechselnden Wasserführung auch das absolute Säurebindungsvermögen des Flußwassers Schwankungen oft sehr erheblicher Art aufweist. Je geringer die Wasserführung eines Flusses ist, umso größer ist in der Regel die Säuremenge, welche durch eine bestimmte Wassermenge neutralisiert werden kann. Dadurch wird ein gewisser Ausgleich gegenüber der absoluten Abnahme der Wassermenge im Vorfluter geschaffen.

Die Einleitung hat so zu erfolgen, daß eine möglichst rasche Vermischung des sauren Abwassers mit dem Wasser des Vorfluters erfolgt. Unter Umständen kann auch der geringsten Schädigung durch Anlegung einer künstlichen Mischvorrichtung mit dem Wasser des Vorfluters am Ufer vorgebeugt werden, so daß das Abwasser schon im neutralen oder doch nahezu neutralen Zustand abgeleitet wird.

Abwasser mit Salzen der Alkalien und Erdalkalien können im eigentlichen Sinne nicht gereinigt werden. Ihnen allen (vgl. S. 48) sind gewisse Mengen unlöslicher Bestandteile beigemengt, die man durch Absitzenlassen in großen Becken zurückhält. Besonders wichtig ist das bei den Abwassern aus Sodafabriken, sofern deren Ableitung durch eine längere Rohrleitung erfolgen soll. Man muß sie in solchen Fällen selbst von den letzten Resten Kalkmilch einschließlich der in Lösung gegangenen Kalkmengen durch Einleitung von Kohlensäure (Rauchgase) befreien, weil sonst während der Ableitung in der Leitung infolge Einwirkung der Kohlensäure der Luft kohlensaurer Kalk ausgeschieden und dadurch die Rohrleitung bald verstopft werden würde. Im übrigen gibt es keine wirtschaftlich brauchbare Methode, das Chlorcalcium aus diesen Abwassern zu beseitigen, ebenso wie es eine solche für die Ausfällung des Chlormagnesiums aus den Kaliendlaugen nicht gibt. Jedem Flußwasser kann allerdings unbedenklich und ohne ernsthafte Schädigung eine gewisse Menge Chlorcalcium oder Chlormagnesium zugeleitet werden. Wird die zugeleitete Menge aber zu groß, so können Nachteile verschiedenster Art (vgl. S. 87) entstehen. Den genannten Fabriken wird von den Behörden deshalb auch in der Regel nur die Ableitung beschränkter Abwassermengen je nach den örtlichen Verhältnissen und der Wasserführung der Vorfluter gestattet, worunter namentlich die für die deutsche Volkswirtschaft so bedeutsame Kaliindustrie seit Jahren schwer zu leiden hat. Alle Bemühungen dieser Industrie, die Kaliendlaugen durch Verfestigung oder sonstige Verarbeitung zu beseitigen[1], sind ebenso aus wirtschaftlichen Gründen gescheitert, wie der wiederholt aufgetretene Plan der Ableitung aller Kaliendlaugen durch eine gemeinsame Rohrleitung nach dem Meere. Letztere stößt aber auch sonst noch auf Schwierigkeiten, die bei den Erörterungen darüber bislang überhaupt noch keine Beachtung gefunden haben. Die Abwasser aus den verschiedenen Chlorkaliumfabriken haben nämlich nicht immer die gleiche Zusammensetzung. Sie können gegenseitig ausfällend wirken. So scheidet sich z. B. Chlornatrium aus, sobald Steinsalzlösungen in erheblichen Mengen mit Lösungen des Chlormagnesiums zusammentreffen[2], wodurch mit der Zeit Rohrverstopfungen unvermeidlich werden. Jedes einzelne Kaliwerk könnte derartiges in seiner eigenen Leitung vermeiden; eine Vielzahl solcher Werke mit gemeinsamer Leitung würde dazu aber nicht imstande sein. Weiter ist noch folgendes zu beobachten. In den letzten Jahren sind nicht nur die den Flüssen zugeleiteten Mengen Kaliendlaugen fortgesetzt gewachsen, sondern auch die Abwassermengen, welche denselben Flüssen aus Städten, aus Papierstoff-, Zucker-, Lederfabriken, Brauereien u. a. m. zufließen. Dieselben Flüsse, welche die Kaliendlaugen aufnehmen, müssen auch Abwasser mit organischen, fäulnisfähigen Stoffen in einer von Jahr zu Jahr steigenden Menge aufnehmen. Letztere würden möglicherweise bereits in diesen Flüssen einen geradezu unerträglichen Zustand hervorgerufen haben, wenn nicht das Chlormagnesium der Kaliendlaugen hier einen gewissen Ausgleich herbeigeführt haben würde. Dasselbe wirkt nämlich ausfällend auf gelöste und ungelöste organische Stoffe (vgl. S. 51) und hat dadurch erheblich zur Beschleunigung der Selbstreinigung der Flüsse von den ihnen zugeführten Stoffen dieser Art beigetragen (vgl. S. 67). Würden nun den in Frage kommenden Flüssen (Unstrut, Saale, Bode, Leine, Schunter, Oker, Aller, Werra u. a. m.) plötzlich keine Endlaugen mehr zugeleitet werden, so würde damit deren bisherige Förderung der Selbstreinigungskraft dieser Flüsse in Fortfall kommen, was möglicherweise von verderblichen Folgen sein könnte. Es gilt deshalb auch aus diesem Grunde, unter gerechter Würdigung aller Interessen, einen ausgleichenden Mittelweg zu finden.

Ableitung der Abwasser in die Gewässer.

Von ganz vereinzelten Ausnahmen abgesehen, in welchen eine restlose Aufarbeitung möglich ist, kommt für die endgültige Beseitigung der Abwasser nur die Ableitung in Gewässer in Betracht. Durch die in den Abwassern enthaltenen Stoffe werden Beschaffenheit und Zusammensetzung der Gewässer je nach der Art und dem Verhältnis dieser Stoffe zur Wassermenge der Flüsse, Bäche, Seen, Teiche u. s. w. mehr oder weniger stark verändert, wodurch die Gebrauchsfähigkeit des Wassers entsprechend beeinträchtigt werden kann. Um dem nach Möglichkeit vorzubeugen, unterwirft man entweder die Abwasser vor ihrer Ableitung einer Reinigung, oder

[1] Vgl. darüber „Über die Nutzbarmachung der Kaliendlaugen". Von Bergassessor Dr. DIETZ. Berlin 1913.

[2] Vgl. D. R. P. 205769, Kl. 5a vom 21. Dezember 1908 und ferner Ztschr. *Kali* 1909, S. 60.

man schränkt die Menge der abzuleitenden Abwasser ein. In dem einen wie in dem anderen Falle ist aber eine gewisse Verunreinigung der Gewässer unvermeidlich. Wie bei der Besprechung der verschiedenen Reinigungsverfahren (S. 49 bis 56) gezeigt wurde, ist es durchweg aus technischen und wirtschaftlichen Gründen nicht möglich, die Reinigung der Abwasser so weit zu treiben, daß sie wieder den Reinheitsgrad natürlicher Wasser erlangen. Das ist auch mit Rücksicht auf die noch zu besprechende Selbstreinigungskraft der Gewässer nicht erforderlich, und nach den Grundsätzen des deutschen Zivilrechtes sollen auch die Flüsse, ihrer natürlichen Bestimmung zufolge, zur Aufnahme und Abführung von Abwassern dienen. Die Grenze, welche dabei im Interesse der Reinhaltung der Gewässer nicht überschritten werden darf, läßt sich nicht etwa dahin bestimmen, daß jede Schädigung der unterliegenden Besitzer unterbleiben müsse, selbst dann, wenn diese Schädigung nur infolge eines nicht gewöhnlichen Gebrauches eintritt, den der unterliegende Besitzer von seinem Eigentume macht. Es würde dies zu einer Beschränkung des oberhalb liegenden Besitzers in seinem Eigentumsrechte führen, die diesen in einen ungerechtfertigten Nachteil gegenüber dem den völlig ungehinderten Gebrauch seines Eigentums beanspruchenden Nachbar versetzt. Der letztere muß vielmehr solche Zuleitungen dulden, die das Maß des Regelmäßigen, Gemeingewöhnlichen nicht überschreiten, selbst wenn dadurch die absolute Verwendbarkeit des ihm zufließenden Wassers zu jedem beliebigen Gebrauche irgendwie beeinträchtigt wird. Die Frage, ob und wie weit dieses Maß überschritten ist, läßt sich immer nur nach den tatsächlichen Verhältnissen des Einzelfalles unter Berücksichtigung der Anschauungen der Beteiligten und der Verhältnisse der in Betracht kommenden Gegend beurteilen[1]. Diese Rechtslage hat zur Folge, daß oft sehr weitgehende Verunreinigungen der Wasserläufe geduldet werden müssen, ohne daß die Grenzen des Gemeingebrauches dabei überschritten werden. Noch häufiger aber kommen Verunreinigungen unserer Wasserläufe vor, welche diese Grenzen überschreiten, teilweise bedingt durch unzureichende Reinigung der Abwasser infolge Anwendung mangelhafter Verfahren oder auch infolge ungenügender Ausnutzung an sich brauchbarer Verfahren zum Zwecke der Kostenersparnis, teilweise wiederum bedingt durch Ableitung so großer Abwassermengen, daß sie zur Wassermenge des aufnehmenden Gewässers im schroffen Mißverständnis stehen. Daraus entstehen oft schwere Nachteile, die noch fühlbarer wären, wenn den Gewässern an sich nicht eine große natürliche Fähigkeit zur Beseitigung der meisten verunreinigenden Stoffe eigen wäre. Man bezeichnet diese Fähigkeit als Selbstreinigung und versteht im engeren Sinne darunter das allmähliche Verschwinden fäulnisfähiger organischer Stoffe durch natürliche Vorgänge. Im weiteren Sinne rechnet man auch die Abstumpfung von Säuren und die Ausfällung oder sonstige Beseitigung gewisser anorganischer Stoffe dazu. Die Selbstreinigung hat in manchen Fällen zur Folge, daß die geschilderten Verunreinigungen sich nur auf einer gewissen Strecke des Wasserlaufes bemerkbar machen, bzw. daß sie in Gewässern mit nur mangelhaftem Abfluß oder ohne jeden Abfluß (Seen, Teiche) nach einiger Zeit wieder verschwunden sind. Wo es sich um organische fäulnisfähige Stoffe handelt, kommt es aber auch vor, daß die Selbstreinigungskraft vollkommen und dauernd zerstört wird. In solchen Fällen, die in Deutschland gar nicht so selten sind, hat man es mit einer dauernden Verunreinigung in einem das Gemeingewöhnliche weit übersteigenden Maße zu tun, die nur nach reichlichen Niederschlägen zeitweise etwas gemildert, aber niemals ganz be-

[1] Vgl. Entscheidungen des Reichsgerichtes in Zivilsachen, XVI. 180, XXXVIII. 266.

seitigt wird. Um diese Vorgänge würdigen und beurteilen zu können, muß man über die Kräfte, welche die natürliche Selbstreinigung von organischen fäulnisfähigen Stoffen bedingen, so weit unterrichtet sein, wie das nach dem heutigen Stande unserer Kenntnisse möglich ist. In fließenden Gewässern spielen sich die Vorgänge folgendermaßen ab:

Leitet man einem Flusse, dessen Wasser normale Reinheit besitzt, an einer bestimmten Stelle Abwasser mit organischen fäulnisfähigen Stoffen fortgesetzt in solchen Mengen zu, daß eine dem Auge deutlich wahrnehmbare Verunreinigung des Flußwassers entsteht, aber doch nicht in so großer Menge, daß dadurch das gesamte Flußwasser äußerlich den Charakter des Abwassers anzunehmen scheint, so kann man deutlich auf dem weiteren Laufe des Flusses ein mehr und mehr zunehmendes Verschwinden der Schmutzstoffe beobachten, bis schließlich das Flußwasser dem Auge wieder jenen Grad normaler Reinheit darbietet, den es oberhalb Einleitung des Abwassers aufwies. Chemische und bakteriologische Untersuchungen des Wassers zeigen, daß mit dem sichtbaren Verschwinden der Schmutzstoffe auch eine Abnahme der organischen Substanzen und des Bakteriengehaltes verbunden ist. Das Verschwinden der Schmutzstoffe erfolgt dabei meist auch dann ohne jede Geruchsbelästigung, wenn das Abwasser einen mehr oder weniger starken Fäulnisgeruch aufwies. Wird die Menge des Abwassers im Vergleich zur Wassermenge des Flusses jedoch zu groß, so nimmt man unter Umständen auf weite Strecken nicht nur keine Abnahme der Schmutzstoffe wahr, es kann vielmehr auch zu starker Geruchsbelästigung kommen. Im ersteren Falle haben diejenigen Kräfte, deren Tätigkeit man die selbstreinigende Kraft des Flusses nennt, teilweise einen mit gewissen Oxydationsvorgängen verbundenen Abbau der organischen Stoffe in einfachere Körper unter Umständen bis zur Bildung von Kohlensäure und Wasser bewirkt, teilweise haben sie diese Stoffe in lebende Organismen umgewandelt. Es sind also in der Hauptsache aus den das Wasser verunreinigenden Bestandteilen des Abwassers solche Körper entstanden, welche eine nachteilige Veränderung des Wassers nicht mehr bewirken können. Im letzteren Falle setzte dagegen unter Sauerstoffzehrung die Bildung von Schwefelwasserstoff und anderen übelriechenden Gasen ein, Erscheinungen, wie sie unter der Bezeichnung der Fäulnis bekannt sind. Diese Tatsachen sind in ihrer äußeren Erscheinung seit langer Zeit bekannt, und man folgerte daraus ganz richtig, daß zur Vermeidung der geschilderten Fäulniserscheinungen einem Flußlaufe an einer bestimmten Stelle nur eine gewisse beschränkte Menge von organischen fäulnisfähigen Stoffen zugeleitet werden dürfe. Man hatte aber weiter sehr richtig beobachtet, daß dem Flusse nach erfolgter Reinigung von neuem wieder Schmutzstoffe zugeleitet werden können, ohne daß eine Verminderung der selbstreinigenden Kraft des Flußwassers zu beobachten war, so daß er auf längerer Strecke anstandslos d. h. ohne Auftreten lästiger Fäulniserscheinungen jene Mengen von fäulnisfähigen Stoffen aufnehmen kann, die bei gemeinsamer Einleitung an nur einer Stelle zu der geschilderten Aufhebung der selbstreinigenden Kraft und zum Einsetzen von Fäulniserscheinungen geführt haben würden. Da man wiederholt Untersuchungen über die selbstreinigende Kraft schnellfließender Flüsse anstellte und hierbei zu besonders günstigen Ergebnissen gelangte, da ferner mit der größeren Strömungsgeschwindigkeit auch die Verteilung der Schmutzstoffe im Wasser beschleunigt wird, so glaubte man mit Rücksicht auf die gute Durchlüftung des Wassers solcher Flüsse, die selbstreinigende Kraft sei in der Hauptsache abhängig von einem möglichst hohen Sauerstoffgehalt des Flußwassers, eine Auffassung, welche durch die tatsächlich erfolgenden Oxydationsvorgänge eine gewisse Stütze fand. Man mußte sich jedoch bald überzeugen, daß zwar nur bei Anwesenheit gewisser Sauerstoffmengen im Flußwasser eine Selbstreinigung erfolgen kann, daß aber durch Oxydation mit Hilfe von Luftsauerstoff jedenfalls nicht zu erreichen war, was sich im Flußwasser in oft erstaunlich kurzer Zeit in scheinbar einfacher Weise abspielt. Es wurde deshalb von manchen Seiten die Behauptung aufgestellt, eine eigentliche selbstreinigende Kraft der Gewässer existiere überhaupt nicht, vielmehr seien es nur Vorgänge rein mechanischer Art, durch welche die optisch und scheinbar auch analytisch nachweisbare Abnahme der Schmutzstoffe erfolge. Als solche Vorgänge nannte man die Verdünnung, die mechanische Zerkleinerung und vor allen Dingen die Sedimentierung. Mit der fortschreitenden Entwicklung der Bakteriologie fand man nun immer wieder, daß der gleich unterhalb Einleitung von Abwassern oft erstaunlich hohe Gehalt des Flußwassers an Bakterien sehr bald zurückging u. zw. im ungefähren Verhältnis zu der sichtbaren und analytisch nachweisbaren Abnahme der Schmutzstoffe. Daraus entwickelte sich dann die Lehre von der schmutzzehrenden Tätigkeit der Bakterien. Man nahm an, daß die Selbstreinigung der Wasserläufe in diesem Sinne in der Hauptsache auf biologischen Vorgängen beruhe. Da man bei den Untersuchungen immer wieder auf Bakterien stieß, bei deren Lebenstätigkeit sich ganz bestimmte Spaltungen abspielten (Nitrifikation, Vergärung der Kohlehydrate, Zersetzung des Harnstoffs u. s. w.), so glaubte man, damit die Vorgänge der Selbstreinigung in der Hauptsache erklären zu können, und schrieb der Wirkung des in Wasser gelösten Luftsauerstoffs nur noch untergeordnete Bedeutung bei. Die Abnahme der Bakterien mit der fortschreitenden Selbstreinigung erklärte man mit der durch letztere bedingten Abnahme der Bakteriennahrung. Diese Lehre ist in Deutschland für die Einleitung von Schmutzwassern, insbesondere von städtischen Abwassern in öffentliche Wasserläufe von grundlegender Bedeutung geworden. Es sei hier nur an die Arbeiten von PETTENKOFER und PRAUSNITZ über die Einleitung der Münchener Abwasser in die Isar und diejenigen von Carl FRAENKEL über die Einleitung der Marburger Abwasser in die Lahn erinnert. Spätere Arbeiten, insbesondere zunächst solche von HOFER[1] an der Isar haben nun aber gezeigt, daß auch diese Auffassung nur in sehr beschränktem Umfange richtig ist. Nach HOFER ist es zwar richtig, daß die Selbstreinigung im wesentlichen ein biologischer Vorgang ist und den chemischen Umsetzungen (Vergasung, Mineralisierung) nur eine untergeordnete Bedeutung zukommt. Er hat aber den Nachweis dafür erbracht, daß Bakterientätigkeit jedenfalls nicht die Hauptursache der Selbstreinigung ist, daß diese sich insbesondere in den fließenden Gewässern vornehmlich am Boden abspielt, wo neben gewissen Pflanzen namentlich zahlreiche niedere Tiere die Hauptarbeit verrichten. HOFER bezeichnet die Selbstreinigung als eine Überführung lebloser organischer Substanz in lebende Organismen, in letzter Linie in Fischfleisch. Er kennzeichnet sie dahin, daß sie in der Hauptsache eine Funktion des Bodens sei. Daneben erfolgt allerdings auch im Wasser durch diejenigen niederen Pflanzen und Tiere, welche man unter dem Sammelbegriff des Plankton kennt, noch eine gewisse Zersetzung der organischen Substanz, die in stehenden Gewässern sogar größere Bedeutung gewinnen kann. In rasch fließenden Strömen kommt das aber fast ganz in Fortfall, da die niederen Pflanzen und Tiere sich nur schwer gegen starke Strömungen halten können. HOFER hat seine Theorie durch so umfassende und überzeugende Untersuchungen

[1] Über die Vorgänge der Selbstreinigung, „Münchener medizinische Wochenschrift", 1905, Nr. 47. Über den Einfluß geklärter Abwässer auf die Beschaffenheit der Flüsse, Bericht über den XIV. Internationalen Kongreß für Hygiene und Dermographie, Berlin 1907.

belegt, daß man an der Richtigkeit seiner Folgerungen umsoweniger zweifeln darf, als sie inzwischen durch die Arbeiten anderer Forscher weitgehende Bestätigung gefunden hat (vgl. Fußnote S. 72). HOFER hat aber weiter die irrige Ansicht, daß die schnellfließenden Gewässer die größte Selbstreinigungskraft besitzen, überzeugend widerlegt und gezeigt, daß auf die gleiche Grundfläche berechnet, die Gewässer um so mehr organische Stoffe durch Selbstreinigung abbauen können, je mehr sie sich in Ruhe befinden, ein Ergebnis, zu dem gleichzeitig mit ihm andere Autoren bei Untersuchungen über die Abnahme organischer Stoffe im Wasser von Talsperren kamen. Die Erkenntnis dieser Tatsache führte HOFER zum Ausbau seines Reinigungsverfahrens von Abwasser in Fischteichen (S. 56).

Sehr zutreffend sagt MARSON[1], dessen hervorragende Arbeiten auf diesem Gebiete gar nicht genug gewürdigt werden können, daß es sich bei der Selbstreinigung der Gewässer um eine Funktion von sehr vielen Faktoren handelt, die alle untereinander in Wechselbeziehung stehen und die sich gelegentlich ergänzen, bedingen und ineinander greifen, wie die Räder in einem Uhrwerk. Es seien hier nur lediglich als Beispiele erwähnt die assimilatorische Tätigkeit der Algen, die ebenso wie die Diatomeen aus gelöster organischer Substanz Kohlenstoff und daneben auch organischen Stickstoff aufnehmen, die flüchtige Fettsäuren, Aminosäuren, Skatol, Harnstoff, Pepton u. a. m. verdauen. Die Bakterien ferner vermögen die ungelösten organischen Stoffe zu lösen und für die Aufnahme durch die lebenden Pflanzen nutzbar zu machen. Viele niedere Tiere wieder, wie die Geißelinfusorien, Rädertiere, u. a. m., sind Bakterienfresser. Spielend gleichsam und in oft erstaunlich kurzer Zeit wird durch das Ineinandergreifen der Tätigkeit von Pflanzen und Tieren bewirkt, was die Technik des Menschen bislang in gleicher Vollkommenheit nicht zu erreichen vermochte, die restlose Beseitigung ungeheurer Mengen gelöster und ungelöster organischer Substanz.

Im weiteren Sinne rechnet man zur Selbstreinigung der Flüsse auch die Neutralisation von Säuren. Je höher der Gehalt eines Flußwassers an Bicarbonaten des Calciums und Magnesiums ist, umso größere Mengen freier Säuren kann man dem Fluß mit der Gewißheit zuleiten, daß diese Säuren ohne jede nennenswerte Schädigung alsbald infolge Neutralisation verschwunden sind.

Das Mainwasser weist z. B. nach TILLMANNS[2] bei Frankfurt für 1 *l* eine Alkalität von etwa 3 *ccm* Normalsäure auf. Bei mittlerer Wasserführung von 80 *cbm*/sec. könnte es deshalb 500000 *kg* konz. 100%ige Schwefelsäure unter der Voraussetzung gleichmäßiger zeitlicher und örtlicher Verteilung aufnehmen, ohne daß theoretisch das Entstehen einer sauren Reaktion an irgend einer Stelle im Mainwasser zu besorgen wäre. Praktisch läßt sich natürlich eine gleichmäßige Verteilung namentlich in örtlicher Hinsicht nicht sofort erzielen. Immerhin ließen sich aber wohl 20 bis 25% dieser Säuremenge ganz unbedenklich dem Main zuleiten, ohne daß angesichts der obwaltenden Verhältnisse ein anderer Nachteil davon zu besorgen wäre, als das vielleicht auf einer Strecke von 100 bis 200 *m* gleich unterhalb der Einleitungsstelle ein Teil des Mainwassers eine saure Reaktion annehmen würde, ein Nachteil, der unter normalen Verhältnissen praktisch belanglos bleiben

[1] In bezug auf die so überaus interessanten Forschungsergebnisse der letzten Jahre über die Wechselwirkung von Pflanzen und Tieren in unseren Gewässern und ihre große Bedeutung für deren Reinhaltung sei zum näheren Studium der Vortrag von MARSON: „Die Bedeutung der Flora und Fauna für die Reinhaltung der natürlichen Gewässer u. s. w.“ in Heft 14, 1911, der „Mitteilungen der Königl. Prüfungsanstalt für Wasserversorgung und Abwasserbeseitigung in Berlin“ empfohlen.

[2] Wasserreinigung und Abwässerbeseitigung, 1912, S. 60.

würde und höchstens zu einer unbedeutenden Schädigung des Fischereiertrages führen könnte.

Das Chlormagnesium in den Abwassern aus Chlorkaliumfabriken wird im Flußwasser ebenfalls durch Vorgänge, die man als Selbstreinigung zu bezeichnen pflegt, unter Abscheidung des Magnesiums zersetzt. Teils geschieht das auf biologischem Wege durch die Wasserpflanzen und die niederen im Wasser lebenden Organismen, teils auf chemischem Wege, indem das Chlormagnesium sich unter Abscheidung unlöslicher Verbindungen des Magnesiums mit Silicaten des Calciums oder mit im Flußwasser gelösten kohlensauren Alkalien umsetzt. Statt mit Chlormagnesium hat man es dann in letzterem Falle mit Chlorcalcium oder Chlornatrium zu tun[1]. Diese Art der Selbstreinigung wird zwar bis in die neueste Zeit hinein von manchen Autoren bestritten. An der Tatsache ist aber angesichts der Fülle des darüber vorliegenden Materials überhaupt nicht mehr zu zweifeln. Meinungsverschiedenheit kann nur noch über den Umfang dieser Selbstreinigung bestehen.

Die geschilderten Verhältnisse zeigen, daß man allgemeine Regeln für die Abwassermengen, welche unsere Gewässer aufnehmen können, nicht aufstellen kann. Das ist nicht einmal für einen bestimmten Flußlauf an einer bestimmten Stelle möglich, da Menge, Temperatur, Strömungsgeschwindigkeit, Durchlüftung, Belichtung des Wassers u. a. m. fortwährenden Schwankungen unterworfen sind. Dazu kommt aber, daß je nach dem örtlichen Überwiegen der Interessen von Landwirtschaft, Industrie, Hygiene oder Fischerei zu entscheiden sein wird. Man wird deshalb stets nur von Fall zu Fall nach eingehendem Studium der örtlichen Lage urteilen können und angesichts der obwaltenden Verhältnisse dabei gezwungen sein, an manchen Orten bis an das nur irgend zulässige Maß zu gehen, wozu in Preußen ein besonderer Erlaß verschiedener Ministerien[2] in ausgesprochenen Industriegegenden die Möglichkeit gewährt. Die Städte müssen ebenso wie die Industrie ihre Abwasser den Flüssen zusenden und damit denjenigen Anteil der darin enthaltenen verunreinigenden Stoffe, der sich mit den vernünftigerweise für die Reinigung aufzuwendenden Geldmitteln nicht mehr beseitigen läßt. Mit dem fortschreitenden Anwachsen der Städte und dem unausgesetzt zunehmenden erfreulichen Aufschwunge unserer Industrie wächst dieser Anteil von Jahr zu Jahr. Andererseits ist nicht zu verkennen, daß zahlreiche Flüsse und Bäche längst unter stillschweigender und übrigens durchaus zu billigender Duldung der Behörden über das

---

[1] Näheres darüber J. H. VOGEL, die Abwasser aus der Kaliindustrie, ihre Beseitigung und ihre Einwirkung in und an den Wasserläufen. Berlin 1913.

[2] In einer allgemeinen Verfügung der preußischen Minister für Landwirtschaft u. s. w., für Handel und Gewerbe, der öffentlichen Arbeiten, der geistlichen u. s. w. Angelegenheiten und des Innern vom 20. Februar 1901, betreffend Fürsorge für die Reinhaltung der Gewässer, heißt es unter IV, 2: „Gewässer, die in erster Linie zur Entwässeruug, insbesondere zur Aufnahme der Abwässer von Ortschaften und Fabriken benutzt werden, oder die in längerer Ausdehnung mit gewerblichen und anderen baulichen Anlagen besetzt sind, werden in der Regel bezüglich der Reinhaltungsmaßregeln anders zu behandeln sein, als Gewässer, die hauptsächlich Zwecken der Landwirtschaft und der Fischzucht dienen oder vorzugsweise zur Bewässerung benutzt werden."

Ergänzend werden dazu von dem Hilfsarbeiter im Ministerium für Landwirtschaft, Regierungsassessor Dr. L. HOLTZ, folgende Erläuterungen gegeben: „Im ersteren Falle verdient, sofern nicht Rücksichten der öffentlichen Gesundheitspflege entgegenstehen, und unbeschadet der grundsätzlichen Gleichwertigkeit der beteiligten wirtschaftlichen Interessen, das Bedürfnis der Ortschaften und industriellen Betriebe nach Beseitigung ihrer Abwasser vorwiegende Beachtung, während in dem zweitgedachten Falle das Bedürfnis der Landwirtschaft und Fischerei nach reinem Wasser an erster Stelle zu berücksichtigen ist." „Unter Umständen wird mit Rücksicht auf die bisherige tatsächliche Entwicklung der Verhältnisse, die bei manchen Gewässern zu einer erheblichen dauernden Verunreinigung geführt hat, während andere Gewässer noch reines und gutes Wasser enthalten, in der Weise zu unterscheiden sein, daß auf die weitere Reinhaltung der letzteren ein besonders großes Gewicht gelegt, der Einleitung unreiner Stoffe und Abwässer in die Vorfluter der erstgedachten Art aber, soweit es nicht aus gesundheitspolizeilichen Rücksichten geboten ist, weniger streng entgegengetreten wird."

zulässige Maß hinaus verunreinigt sind. Man sollte aber überall dort, wo es vom wirtschaftlichen Standpunkte erträglich ist, mit äußerster Energie vorgehen, um die Schäden nach Möglichkeit zu mildern. In manchen Fällen wird man das dadurch erreichen können, daß man für die konzentrierteren Abwasser mancher Industrien, soweit sie nicht bald in stinkende Fäulnis übergehen, große Aufhaltebecken vorschreibt, so daß man während der Zeit sehr niedriger Wasserführung nur die Waschwasser mit einem Teil der konzentrierten Abwasser laufen läßt, den anderen Teil aber aufspeichert, um ihn zur Zeit höherer Wasserführung allmählich mit ablaufen zu lassen. In einigen Fällen hat man in neuerer Zeit gelernt, die konzentrierten Abwasser ohne ernstliche wirtschaftliche Belastung wieder zu verwerten. Das gilt z. B. für die verbrauchten Kocherlaugen der nach dem Sulfatverfahren arbeitenden Papierstoffabriken (S. 46), ferner für die Diffusions- und Schnitzelpreßwasser der Zuckerfabriken, die bekanntlich nicht selten in den Herbstmonaten Ursache weitgehendster und oft kaum noch erträglicher Verunreinigung mancher kleinen Flüsse und Bäche sind (S. 85). Vielfach hat man aber auch behördlicherseits, wenn auch unbewußt, dadurch zum Auftreten stärkerer Fäulniserscheinungen in den Flüssen beigetragen, daß man Städte und Industrien zwang, ihre Abwasser vor der Ableitung mit solchen Mengen Chemikalien zu „klären“ (S. 51), daß letztere die selbstreinigende Kraft der Flüsse, denen die so geklärten Abwasser zugeleitet wurden, ganz erheblich störten. Wo noch heute derartige Zustände bestehen, sollte man für schleunigste Abhilfe besorgt sein.

Abwasser-Untersuchung.

Aus dem Widerstreit der Interessen zwischen Städten und Industrien, die sich ihrer Abwasser entledigen müssen, und denjenigen, welche auf die Wasserläufe zur Entnahme von Brauchwasser angewiesen sind, entstehen in einem von Jahr zu Jahr steigenden Grade die größten Schwierigkeiten, als deren Endergebnis fortgesetzte Proteste gegen weitere Ausdehnung gewisser Abwasser liefernden Industrien einerseits und zahlreiche Abwasserprozesse andererseits gelten können. Letztere bieten den Gerichten und den von diesen zugezogenen Sachverständigen meist sehr große Schwierigkeiten, da es sich in der Regel darum handelt, Schäden aus der Vergangenheit nachzuweisen. Früher, als man sich fast ausschließlich auf die chemische und allenfalls daneben auf die bakteriologische Untersuchung der den Gewässern entnommenen Proben beschränken mußte, war es oft überhaupt unmöglich, auf direktem Wege etwaige Schäden nachträglich noch festzustellen. Nachdem in den letzten Jahren jedoch infolge der Arbeiten einzelner Forscher[1] (Zoologen und Botaniker) die biologische Methode der Flußwasseruntersuchung mit so großem Erfolge ausgearbeitet ist, liegen die Verhältnisse nicht mehr ganz so ungünstig, wenngleich auch ihre nachträgliche Anwendung angesichts oft nach vielfacher Richtung eingetretener Veränderungen nicht immer mit Sicherheit zum Ziele führt, sobald ein zu langer Zeitraum zwischen Verunreinigung und Untersuchungszeit liegt. Man darf aber immerhin sagen, daß die biologische Untersuchungsmethode sich neben der chemischen volle Gleichberechtigung erworben hat, während die bakteriologische mehr und mehr in den Hintergrund getreten ist.

[1] Erstmalig haben Hofer-München und Kirchner-Hohenheim im Jahre 1900 in dem von C. Weigelt herausgegebenen Buche „Vorschriften für die Entnahme und Untersuchung von Abwassern und Fischwassern“ eine systematische Aufzählung der Reaktionen verschiedener Organismen auf Wasserverunreinigungen gegeben. In weiterer Folge hat dann die kgl. preußische Landesanstalt für Wasserhygiene in zielbewußten Arbeiten von Marson, Kolkwitz, Schiemenz u. a. die biologische Methode der Abwasseruntersuchung ausgebaut. Auch die Arbeiten von Mez-Breslau verdienen hier aufgeführt zu werden (vgl. sein Buch: Das Mikroskop und seine Anwendung. 10. Aufl., 1908).

Chemische Untersuchungsmethoden.

Bei der chemischen Untersuchung sowohl der Abwasser selbst, als auch namentlich der durch sie verunreinigten Gewässer wird jahraus jahrein viel überflüssige und nutzlose Arbeitskraft vergeudet, weil man noch immer in weiten Kreisen die Entnahme von Proben für eine einfache, von Laien auszuführende Arbeit hält und so gezogene Proben untersuchen läßt. Fast ausnahmslos sind aber die dabei gewonnenen Ergebnisse wertlos. Wohl ist es angängig, von zuverlässigen und unbeteiligten Laien an ganz bestimmten Stellen zu einem ganz bestimmten Zwecke für fortgesetzte Kontrollen Proben von Abwassern oder Flußwassern nach voraufgegangener Anleitung durch einen mit den Verhältnissen auf Grund eigener Untersuchungen vertrauten Sachverständigen entnehmen zu lassen. Beliebig von Laien entnommene Proben können dagegen niemals die Unterlage einer zuverlässigen Beurteilung bilden. In meiner langjährigen Praxis habe ich immer und immer wieder feststellen können, daß dabei namentlich bezüglich der ungelösten Stoffe geradezu irreführende Zerrbilder entstehen. Ein Beispiel dafür möge genügen. In einem Prozesse, in welchem es sich darum handelte, den Gehalt eines Bachwassers an ungelösten Stoffen aus einer Papierfabrik (Papierfasern und Kaolin) festzustellen, waren nacheinander 3 Chemiker im Auftrage des Prozeßgerichtes als Sachverständige tätig (Dr. B., Dr. T. und ich). Zwischen den einzelnen Probenahmetagen lag jedesmal ein langer Zeitraum. Die 3 Sachverständigen arbeiteten auch völlig unabhängig voneinander. Sie fanden in je 1 *l* des von ihnen selbst entnommenen Bachwassers folgende Mengen ungelöster Stoffe:

Probenahme und Analyse ausgeführt von	Zeit der Probenahme	Gesamtmenge mg	Mineralstoffe (Glührückstand) mg	Organische Stoffe (Glühverlust) mg
Dr. B.	Juni 1906	30,0	11,5	18,5
Dr. T.	Juni 1909	8,2	0,4	7,8
Dr. T.	Februar 1910	14,1	8,1	6,0
Prof. V.	Mai 1911	32,5	5,0	27,5

Angesichts der langen Zwischenräume und der durch die verschiedenartigen Wasserführungen des Baches bedingten Unterschiede wird man diese Ergebnisse als vorzüglich übereinstimmend kennzeichnen können. Abgesehen von den beiden von ihm selbst entnommenen Proben hatte Dr. T. zu anderen Zeiten noch 2 weitere Proben untersucht, welche nicht von ihm selbst, sondern von Laien (Vertrauensleuten des Klägers) entnommen waren. Aus den ganzen Verhältnissen gewann ich den Eindruck, daß diese Laien sich nach bestem Können bemüht hatten, wirkliche Durchschnittsproben zu entnehmen. Dr. T. fand nun bei der Analyse dieser Proben in je 1 *l* folgende Mengen ungelöster Stoffe:

Zeit der Probenahme	Gesamtmenge mg	Mineralstoffe (Glührückstand) mg	Organische Stoffe (Glühverlust) mg
Mai 1905	302,8	110,0	192,8
Januar 1909	310,3	125,7	184,6

Die so gewonnenen Werte mußten als unbrauchbar bezeichnet werden, was umso bedenklicher war, als die Untersuchungsergebnisse der im Mai 1905 entnommenen Probe als Grundlage der Klage gedient hatten.

Selbst für den Sachverständigen bedarf es großer Umsicht und Erfahrung, um alle Möglichkeiten einer irreführenden Probenahme zu vermeiden. Vor Beginn seiner Arbeiten hat er genaue Ermittelungen anzustellen über alle Einzelheiten des

Betriebes, aus welchem das Abwasser stammt, über die sich aus der Arbeitsweise voraussichtlich ergebenden Schwankungen in bezug auf Menge und Konzentration des Abwassers und über die Art und Weise der Ableitung desselben. Danach hat er die Probenahme einzurichten. In manchen Fällen wird ihm das Ergebnis der Voruntersuchung gestatten, eine Durchschnittsprobe des Abwassers aus einem Sammelbehälter zu entnehmen. Dies ist z. B. oft — nicht immer — möglich bei Abwassern aus Chlorkaliumfabriken und manchen anderen Betrieben mit Abwassern, welche vornehmlich anorganische Bestandteile enthalten. In solchen Fällen darf man sich natürlich nicht damit begnügen, an einer beliebigen Stelle des Sammelbehälters eine Probe zu ziehen. Man muß vielmehr an den verschiedenen Stellen und aus verschiedenen Tiefen Einzelproben entnehmen und diese, wenn die Umstände das gestatten, zu einer einzigen Durchschnittsprobe vereinigen. Vielfach wird der Sachverständige aber gut daran tun, die Einzelproben getrennt mitzunehmen und sie im Laboratorium zunächst auf einen charakteristischen Bestandteil zu untersuchen. Dies ist z. B. leicht ausführbar, wenn — was recht oft der Fall ist — Abwasser mit größerem Gehalt an Chloriden in Frage kommen. Hat dann die Titration auf Chlor einigermaßen übereinstimmende Ergebnisse geliefert, so werden gleiche Teile der Einzelproben vereinigt und alle übrigen Bestimmungen in der so erhaltenen Durchschnittsprobe ausgeführt.

Meist muß man umständlichere Wege zur Erlangung von Durchschnittsproben einschlagen, da namentlich bei Abwassern mit organischen fäulnisfähigen Stoffen der Sammelbehälter — sofern ein solcher überhaupt vorhanden ist — nicht immer ein dem Tagesdurchschnitt entsprechendes Abwasser enthält, ganz abgesehen davon, daß es recht oft von Wichtigkeit ist, die Schwankungen in der Zusammensetzung des Abwassers und die Beschaffenheit der verschiedenen Arten von Abwassern, welche sich in demselben Betriebe ergeben, zu ermitteln. Weiter bleibt zu beachten, daß der Sammelbehälter in allen Fällen, in denen es sich um Abwasser mit stark fäulnisfähigen organischen Stoffen handelt, schon ein in der weiteren Zersetzung begriffenes Abwasser enthält, während es vielfach erforderlich ist, die Zusammensetzung des Abwassers in dem Zustande kennen zu lernen, in welchem es aus den einzelnen Betrieben abläuft. In solchen Fällen wird man zur Erlangung eines zuverlässigen Urteils oft je nach der Art des Betriebes in kurzen Zwischenräumen (5 Minuten, $^1/_4$stündlich, $^1/_2$stündlich, stündlich) Einzelproben entnehmen müssen, u. zw. bei Tag- und Nachtbetrieb, unter Umständen 24 Stunden lang. Kann der Sachverständige wegen der Länge der zur Probenahme erforderlichen Zeit nicht alle Proben selbst ziehen, so ist für eine geeignete, zuverlässige Hilfe Sorge zu tragen. Nach dieser Richtung werden oft die gröbsten Verstöße begangen. So ist es z. B. vielfach üblich, die Kontrolle von Kläranlagen in der Weise auszuführen, daß man Sammelproben in kurzen Zwischenräumen von dem sog. Klärmeister ziehen und sich die so erhaltene Durchschnittsprobe zur Untersuchung einsenden läßt. Bei dem großen Interesse, daß der Klärmeister in der Regel an dem Erfolge der Klärung hat, sind die aus solchen Untersuchungen gezogenen Schlüsse natürlich völlig wertlos. Will man die selbst entnommenen Einzelproben nicht getrennt untersuchen, sondern zu einer Durchschnittsprobe vereinigen, so ist genau darauf zu achten, daß stets gleiche Mengen der Einzelproben miteinander vermischt werden. Vielfach ist aber eine gesonderte Untersuchung aller Einzelproben zur Erlangung eines sicheren Urteils unvermeidlich.

Bei der Kontrolle von Reinigungsanlagen (Rieselfelder, intermittierende Bodenfiltration, biologische Reinigungsanlagen, Klärbecken u. s. w.) ist es fast ausnahmslos undurchführbar, eine dem ungereinigten Abwasser entsprechende Probe des gereinigten Abwassers zu erlangen. Man kann indessen diesen Fehler durch wiederholte Untersuchung von möglichst sorgsam gezogenen Durchschnittsproben einigermaßen ausgleichen.

Abwasserproben mit organischen fäulnisfähigen Substanzen unterliegen oft einer mehr oder weniger weitgehenden Zersetzung während des Transportes von der Entnahmestelle bis zum Laboratorium, bzw. bis zum Beginn der Untersuchung. In manchen Fällen, wenn es sich z. B. nur um Gewinnung von Vergleichszahlen handelt, fällt dieser Umstand nicht allzu sehr ins Gewicht. Vielfach ist es aber erforderlich, die Proben zu konservieren, namentlich dann, wenn man Gewicht darauf legen muß, die Zusammensetzung des Abwassers genau in dem Zustande kennen zu lernen, in welchem es den Betrieb verläßt. Dann versetzt man die Proben sofort nach der Entnahme mit etwa 5 *ccm* Chloroform auf 1 *l*. Steht solches nicht zur Verfügung, so genügt auch ein Zusatz von so viel Schwefelsäure, daß schwach saure Reaktion vorhanden ist. Bei schwach sauer reagierenden, in der Zersetzung begriffenen Abwassern nimmt man 10 *ccm* konz. Schwefelsäure auf 1 *l*. Ist in solchen Fällen die Ermittlung des Schwefelsäuregehaltes erforderlich, so muß dafür eine besondere Probe entnommen werden. Letzteres ist auch erforderlich für die oft sehr wichtige Untersuchung auf Fäulnisfähigkeit, da hierzu konservierte Proben nicht benutzt werden können. Der Zusatz solcher Konservierungsmittel kann auch erforderlich werden bei Drainwassern von Rieselfeldern, von Anlagen für intermittierende Bodenfiltration oder bei gereinigten Abflüssen aus biologischen Anlagen. Normalerweise sollen allerdings darin keine fäulnisfähigen organischen Stoffe mehr vorhanden sein. Dann enthalten sie aber fast immer Ammoniak sowie Salpetersäure oder salpetrige Säure. In derart gereinigten Abwassern sind aber stets Bakterien verschiedener Art, darunter oft auch solche, welche die drei genannten Stickstoffverbindungen zersetzen können, vorhanden. Namentlich pflegt das bei Abflüssen aus biologischen Reinigungsanlagen der Fall zu sein. Formaldehyd eignet sich nicht zur Konservierung von Abwasserproben, welche einer chemischen Untersuchung unterworfen werden sollen (vgl. dagegen S. 82).

Erheblich größere Schwierigkeiten, als die Entnahme einer brauchbaren Durchschnittsprobe eines Abwassers, bietet die Entnahme einer Probe aus Gewässern (Flußlauf u. s. w.), welche mit Abwassern verunreinigt werden oder wurden. Nicht selten begnügt man sich damit, oberhalb und unterhalb der Einmündung des Abwassers Proben aus dem betreffenden Wasserlauf zu entnehmen. Das ist durchaus unzulänglich. Gewiß kann man vereinzelt auf diese Weise brauchbare Proben zur Untersuchung erlangen, wenn nämlich die Zusammensetzung des betreffenden Wasserlaufes an den Entnahmestellen sonst konstant ist, der Wasserstand unverändert bleibt, der Zufluß des Abwassers nach Menge und Beschaffenheit ein gleichmäßiger ist und alsbald eine völlig gleichmäßige Durchmischung des Abwassers mit dem Flußwasser erfolgt. Diese Vorbedingungen treffen zusammen jedoch in den seltensten Fällen zu. Wo sie ganz oder teilweise fehlen, wird es überhaupt kaum möglich sein, eine dem wirklichen Gesamtdurchschnitt des verunreinigten Wassers genau entsprechende Probe zu erlangen. Man kann jedoch bei Beachtung der nötigen Sorgfalt wohl Proben ziehen, deren Untersuchungsergebnis sich der Wahrheit so weit nähert, daß es für die Zwecke der Praxis Verwendung finden kann. In erster Linie hat man genaue Ermittelungen anzustellen über die Gleichmäßigkeit des Abwasserzuflusses sowohl nach Menge, als auch nach Beschaffenheit. Von dem Ergebnis dieser Ermittelungen hängt die Zahl der zu nehmenden Proben, die Zeitdauer der Probenahme und die Dauer der Zwischenräume zwischen den einzelnen Entnahmen ab.

Ist man hierüber hinreichend unterrichtet, so hat man zu ermitteln, an welcher Stelle im Flußlauf eine gleichmäßige Vermischung des Abwassers mit dem Flußwasser erfolgt ist. Bei kleinen Wasserläufen kann man dies manchmal mit einiger Sicherheit ermitteln, indem man das Abwasser färbt, z. B. mit Fluorescein (Uranin). Die gleichmäßige Vermischung des Farbstoffes im Flußwasser kann als Zeichen dafür angesehen werden, daß wahrscheinlich auch das Abwasser dem Flußwasser gleichmäßig beigemischt ist, sicher ist das aber noch keinesfalls. Liegen nun zwischen der Einmündungsstelle des Abwassers und derjenigen Stelle, an welcher man eine gleichmäßige Vermischung annehmen kann, keine anderen nennenswerten Zuflüsse, so legt man bei jedem größeren Gewässer an letzterer ein Querprofil, entnimmt in bestimmten Abständen von der Oberfläche, aus halber Tiefe und vom Grunde Proben und untersucht dieselben getrennt auf die Menge irgend eines charakteristischen Stoffes. Bei hinreichender Übereinstimmung kann die fragliche Stelle als diejenige angesehen werden, bei welcher spätere Probenahmen erfolgen können. Will oder muß man aus irgendwelchen Gründen von der Anwendung des Farbstoffes absehen oder ist der betreffende Flußlauf zu wasserreich, so muß man sich beliebig eine andere, unter Umständen auch mehrere Stellen zur Legung des Querprofils auswählen. Der Sachverständige, welcher mit Probenahmen aus Flußläufen vertraut ist, weiß bald mit einiger Sicherheit aus der Beschaffenheit des Abwassers und der Art der Einleitung desselben, aus der Stromgeschwindigkeit, aus den Krümmungen des Flußlaufes und einer ganzen Reihe anderer Zeichen, zu denen z. B. auch das Auftreten gewisser Pflanzen an beiden Flußufern gehören kann, an welcher Stelle er eine gleichmäßige Durchmischung des Abwassers mit dem Flußwasser annehmen darf, so daß er sich in der Regel die Legung mehrerer Querprofile ersparen, ja unter Umständen ohne weiteres eine einzige Stelle im Flußlaufe als diejenige bezeichnen kann, an welcher er eine Probe entnehmen darf, die sicher dem Durchschnitt entspricht. Er sollte es aber selbst in solchen Fällen niemals unterlassen, durch Entnahme einiger Kontrollproben an anderen Stellen zahlenmäßig den Beweis für die Richtigkeit seiner Annahme zu erbringen. Es ist übrigens zu beachten, daß man je nach der Wassermenge, der Strömungsgeschwindigkeit u. s. w. bald an einer Stelle schon eine gründliche Durchmischung feststellen, bald aber an derselben Stelle wieder beobachten kann, wie sich das Abwasser noch vornehmlich an dem einen Ufer hält und nach dem anderen noch nicht oder doch nur in verschwindend geringer Menge gelangt ist, so daß die Durchmischung erst erheblich weiter unterhalb vollzogen ist.

Wesentlich schwieriger gestalten sich die Verhältnisse, wenn längst vor der völligen Durchmischung ein neuer Abwasserzufluß stattfindet. Für solche Fälle lassen sich allgemeine Regeln nicht aufstellen; der Sachverständige muß dann von Fall zu Fall entscheiden. In der Regel wird er gut tun, kurz vor dem neuen Abwasserzufluß ein Querprofil zu legen, und sich im übrigen darauf zu beschränken, weitere Proben nur von demjenigen Ufer zu ziehen, an welchem das Abwasser eingeleitet wurde, was selbstverständlich in dem Berichte in allen Einzelheiten zu erwähnen ist.

In kleineren Wasserläufen kommt es nicht selten vor, daß schon 50 bis 100 *m* unterhalb der Einleitungsstelle eine gründliche Durchmischung des Abwassers mit dem Flußwasser erfolgt ist, es kann aber auch ebensowohl vorkommen, daß sich das Abwasser kilometerweit an dem einen Flußufer hinzieht, besonders wenn es sich um spezifisch schwerere Abwasser handelt, z. B. um Salzlösungen. Auch kann es vorkommen, daß solche spezifisch schwereren Lösungen sich kilometerweit auf dem Flußboden hinziehen und das Flußwasser darüber hinwegströmt. Dies wird z. B. begünstigt, wenn das letztere keinen ungehinderten Abfluß hat, vielmehr in einiger Entfernung unterhalb der Einleitungsstelle des Abwassers angestaut wird. In solchen Fällen wird überhaupt die Probenahme noch weiter erschwert. Vor einer Stauvorrichtung sammeln sich mit Vorliebe vom Abwasser mitgeführte unlösliche Stoffe in großer Menge an, auch Salzlösungen können sich hier in der Tiefe absetzen und lange unverändert bleiben. Hinter der Stauvorrichtung dagegen wird man selten ungelöste Stoffe in größerer Menge antreffen, auch Salzlösungen finden hier keine Gelegenheit zum Absetzen. Es leuchtet deshalb ohne weiteres ein, daß eine oberhalb von Stauvorrichtungen entnommene Probe gelegentlich eine völlig andere Zusammensetzung haben kann, als eine unterhalb derselben entnommene.

Bei allen bisherigen Erörterungen hat die Wassermenge des Flußlaufes überhaupt noch keine Erwähnung gefunden. Sie spielt aber stets eine wichtige, in manchen Fällen sogar eine ausschlaggebende Rolle. Niemals darf man es bei Entnahme einer Probe aus einem Wasserlauf unterlassen, die im Augenblick der Probenahme vorhandene Wassermenge zu ermitteln, oder, wenn dies bei größeren Wasserläufen nicht möglich ist, durch Ablesung des nächstgelegenen Pegels, bzw. durch sonstige Ermittlungen Unterlagen für ihre spätere Feststellung zu sammeln. Wesentlich vereinfacht wird die Probenahme, wenn es sich nicht darum handelt, ganz allgemein den Schaden festzustellen, den ein Abwasser in einem bestimmten Wasserlauf anrichtet oder angerichtet hat, sondern wenn lediglich zu ermitteln ist, welchen Einfluß das Abwasser an einer ganz bestimmten Stelle des Flußlaufes ausübt oder ausgeübt hat. Dann ist eben diese Stelle in erster Linie für die Probenahme auszuwählen, doch kann es unter Umständen erforderlich werden, auch Proben oberhalb oder unterhalb dieser Stelle zu entnehmen.

Zu erwähnen ist noch, daß bei der Auswahl der Stelle, an welcher man oberhalb der Einleitung des Abwassers die Kontrollprobe entnehmen will, auf etwaigen Rückstau zu achten hat. Solcher kann auf gelegentlich recht weite Strecken an der Mündung der Flüsse sowie oberhalb künstlicher oder natürlicher Stauvorrichtungen in Frage kommen.

Ganz anders liegen die Verhältnisse, wenn das Abwasser nicht in fließendes, sondern in mehr oder weniger stagnierendes Wasser, z. B. in einen Binnensee geleitet wird, in dessen Ausbuchtungen oft fast jede Strömung fehlt. Hier können allgemeine Regeln für die Probenahme überhaupt nicht aufgestellt werden. Die Verhältnisse können dann so einfach liegen, daß der Sachverständige auf den ersten Blick erkennt, wo er seine Proben zu entnehmen hat, sie können aber auch derart sein — und das ist gar nicht so selten — daß von der systematischen Entnahme irgendwelcher Wasserproben zur chemischen Untersuchung überhaupt Abstand genommen werden muß, weil jede Möglichkeit zur Gewinnung eines Urteils über die Art der Verteilung des Abwassers im Vorfluter ausgeschlossen erscheint und jede Wasserprobe, an welcher Stelle man sie auch entnehmen möge, als ein Zufallsprodukt angesehen werden muß. Hier kommt man in der Regel mit größerer Sicherheit zum Ziel, wenn man sich auf die biologische Untersuchung beschränkt, ein Verfahren, das ganz besonders auch dann nur in Frage kommt, wenn die Zuleitung des Abwassers zur Zeit der Anwesenheit des Sachverständigen aufgehört hat.

Nicht unerwähnt darf bleiben, daß unter Umständen die durch Einleitung von Abwasser in einen Wasserlauf entstehenden Schäden unmittelbar unterhalb der Einleitungsstelle weniger auffallend in die Erscheinung treten, als nachdem sich das Abwasser mit dem Wasser des Vorfluters längere Zeit innig vermischt hat, d. h. erheblich weiter stromabwärts. Das ist z. B. wiederholt bei Abwassern aus industriellen Betrieben mit hohem Gehalt an Kohlehydraten beobachtet, die zum Auftreten der sog. sekundären Fäulnis (vgl. S. 85) Anlaß geben können.

Die chemische Untersuchung der entnommenen Proben sollte aus wirtschaftlichen Gründen nicht wahllos auf alle Stoffe erfolgen, die man bei vollständigen Analysen zu ermitteln pflegt. In Gerichtsakten stoße ich immer und immer wieder auf derartig vollständige Analysen, trotzdem in den meisten Fällen einige wenige Ermittelungen der charakteristischen Stoffe genügt hätten. Da nach der oben gegebenen Anleitung in der Regel die Entnahme zahlreicher Einzelproben erforderlich wird, so ist jede nur irgend mögliche Einschränkung aus wirtschaftlichen Gründen dringend geboten. So ist es z. B. vielfach ausreichend, in Abflüssen von biologischen Reinigungsanlagen die Reaktion, die physikalischen Eigenschaften und die Fäulnisfähigkeit zu ermitteln, da man mit Recht heute allgemein den Standpunkt vertritt, daß es genügt, wenn derartige Abwasser nicht mehr fäulnisfähig sind und im Vorfluter grobsinnlich wahrnehmbare Veränderungen nicht mehr hervorrufen. In anderen Fällen allerdings, in denen es sich z. B. darum handelt, die Ursache von Störungen solcher Anlagen zu ermitteln, wird man nicht umhin können, eine Reihe weiterer Stoffe zu ermitteln, doch kommt man dabei vielfach mit vergleichenden qualitativen Reaktionen aus. Handelt es sich um den Identitätsnachweis mehrerer Proben, so wird man in jedem Falle gut tun, den Chlorgehalt festzustellen, da dieser in solchen Fällen, wo es sich nicht um den Zusatz von Chloriden, z. B. als Fällungsmittel, handelt, meist keinen Veränderungen unterliegt, so daß er zur Feststellung der Identität wertvolle Anhaltspunkte bietet. Doch sei bei dieser Gelegenheit der weit verbreiteten irrigen Auffassung entgegengetreten, nach welcher der Chlorgehalt eines Wassers beim Durchdringen des Erdbodens unverändert bleiben soll. Ich habe dabei wiederholt recht erhebliche Zunahmen festgestellt, womit natürlich nicht gesagt sein soll, daß solche Zunahmen Regel sind. Andererseits muß man dabei mit einer gewissen Abnahme des Chlorgehaltes eines an Chloriden reichen Abwassers fast immer infolge Verdünnung mit der an Chloriden oft recht armen Bodenfeuchtigkeit oder dem Grundwasser rechnen.

Eine Beschreibung der analytischen Methoden zur Ermittlung von Chlor, Oxydierbarkeit, Abdampfrückstand, Glührückstand, Stickstoff in seinen verschiedenen Formen, Schwefelwasserstoff, Eisen, Schwefelsäure, Kalk, Magnesia, Härte, Phosphorsäure, Kali und Natron, Schwermetalle, suspendierte Stoffe u. s. w. kann hier unterbleiben, da es sich durchweg um altbewährte Methoden handelt, die in zahlreichen, jedem Chemiker zugänglichen Büchern[1] beschrieben sind. Das gleiche gilt für die Untersuchung des etwa gesondert entnommenen oder durch Absitzen aus den Abwasserproben gewonnenen Schlammes, bei dem übrigens in der Regel das Hauptgewicht auf die biologische Untersuchung zu legen ist. Wertvoll können die Ermittelung der Gasentwicklung und Beobachtungen über das Verhalten des Schlammes beim Lagern an der Luft unter Einwirkung des Lichtes werden.

---

[1] Empfehlenswert sind: „Leitfaden der chemischen Untersuchung von Abwasser" von FARNSTEINER, BUTTENBERG und KORN, München 1902 und „Vorschriften für die Entnahme und Untersuchung von Abwässern und Fischwässern" von KURT WEIGELT, Berlin 1900. Letzteres Buch enthält auch Angaben über die an Ort und Stelle vorzunehmenden Untersuchungen.

Bezüglich der äußerst wichtigen Ermittelung der Fäulnisfähigkeit sei bemerkt, daß in allen Fällen, wo es sich nicht um möglichste Beschleunigung handelt, die einfachste und durchaus zuverlässige Methode darin besteht, daß man zwei Proben des Abwassers in Mengen von etwa $^1/_4$ bis $^1/_2$ *l* in Glaszylinder füllt, die von den Proben etwa zu $^3/_4$ gefüllt werden. Beide läßt man bis zu 10 Tagen bei Zimmertemperatur im zerstreuten Sonnenlichte stehen, u. zw. die eine Probe offen, die andere mit Glasstopfen verschlossen. In beide Proben hat man Streifen befeuchteten Bleipapieres eingehängt. Man prüft nun von Tag zu Tag durch den Geruch, ob Fäulniserscheinungen wahrnehmbar sind, überzeugt sich, ob am Bleipapier das Auftreten von Schwefelwasserstoff wahrnehmbar ist und ob eine Schwarzfärbung des Bodensatzes (Bildung von Schwefeleisen) eintritt. Ausdrücklich sei hervorgehoben, daß ich nach meinen Erfahrungen die Geruchsprobe für die wichtigere und bei Nichtfärbung des Bleipapieres für die ausschlaggebende halten muß. Ist Beschleunigung erwünscht, so nimmt man die Bestimmung bei etwa 37° vor; man kann dann die Beobachtung schon nach drei Tagen abbrechen. An Stelle des Bleipapieres kann man zum Nachweis des Schwefelwasserstoffes mit Vorteil auch die CAROsche Methylenblaureaktion anwenden[1].

Nicht ganz einfach gestaltet sich die Bestimmung der schwefligen Säure in den Ablaugen der Sulfitcellulosefabriken. Dieselbe ist darin teils in freier, teils in gebundener Form vorhanden. Gebunden ist die schweflige Säure einmal in ziemlich loser Form an Aldehyde und andere organische Verbindungen, dann aber auch in festerer Form an Kalk. Bei der Analyse hat man darauf Rücksicht zu nehmen. Die freie schweflige Säure läßt sich in den Sulfitablaugen nicht mit Jod titrieren, da die aldehydschweflige Säure durch Verdünnung mit Wasser gespalten wird und auch bei der Titration ein stufenweiser Zerfall unter Bildung von schwefliger Säure eintritt. Auch beim Stehen spaltet sich freie schweflige Säure ab, denn selbst nach jahrelangem Aufbewahren läßt sich dieselbe noch nachweisen[2]. STUTZER[3] bestimmt die leicht abspaltbare schweflige Säure, indem er die Sulfitablauge mit verdünnter Essigsäure (25%ig) destilliert, nachdem er die Luft durch Kohlensäure verdrängt hat, das Destillat in Jodlösung auffängt und die gebildete Schwefelsäure als Bariumsulfat bestimmt. Er gibt an, daß hierdurch die in Form von Sulfiten vorhandene schweflige Säure vollkommen und die in esterartigen Verbindungen mit Kohlehydraten enthaltene nur teilweise in Freiheit gesetzt wird, während die Ligninsulfonsäure nur zu etwa 3,3% gespalten wird. Frühere Versuche, welche STUTZER[4] mit dem Austreiben der schwefligen Säure mittels verdünnter Phosphorsäure angestellt hat, ergaben je nach der Dauer der Destillation wechselnde Resultate, weil die Phosphorsäure im Laufe derselben konzentrierter wurde und deshalb die ligninsulfonsauren Verbindungen stärker zersetzte als im Anfang. Um die freie schweflige Säure allein oder wenigstens nur diese mit der bei gewöhnlicher Temperatur leicht abspaltbaren zusammen zu bestimmen, leite ich durch die Sulfitablauge bei Zimmertemperatur während einiger (8—10) Stunden einen Kohlensäurestrom und fange die dadurch ausgetriebene freie schweflige Säure in titrierter Jodlösung auf, welche nachher mit Natriumthiosulfat zurücktitriert wird. Um dann in derselben Menge auch noch

[1] Näheres darüber und über die Bestimmung der Fäulnisfähigkeit überhaupt mit Einschluß einer Schilderung ergebnislos verlaufener Versuche zur Ermittelung anderer Methoden ist niedergelegt in der Arbeit von WELDERT und RÖHLICH „Die Bestimmung der Fäulnisfähigkeit biologisch gereinigter Abwasser". *M. Kgl. Prüf. A.*, Heft 10, 26.

[2] KERP und WÖHLER. *Arb. K. Ges.-Amt*, 32, 120—143, 1909.

[3] *Ch. Ztg.* Nr. 131, 1167 und 1168, 1910.

[4] *Z. angew. Ch.* 41, 1999 ff [1909].

die fester gebundene schweflige Säure zu bestimmen, wird konz. Salzsäure zu dieser Lauge gegeben und dieselbe dann unter weiterem Durchleiten von Kohlensäure gekocht (Vorsicht, da die Lauge leicht stößt!). Die hierbei ausgetriebene schweflige Säure wird in frisch vorgelegter titrierter Jodlösung aufgefangen und ebenfalls durch Rücktitration mit Natriumthiosulfat bestimmt.

In seiner Dissertation[1] gibt BERNHEIMER an, daß die Bestimmung der gesamten schwefligen Säure durch Destillation der angesäuerten Lauge und Auffangen der ausgetriebenen schwefligen Säure nicht einwandfrei ist, weil bei Kocher- und Ablaugen während der Destillation ständig ein weiteres Abspalten von schwefliger Säure stattfindet. Bei Frischlauge sind die durch Destillation erhaltenen Werte stets niedriger als die durch direkte Titration mit Jodlösung erhaltenen. Er empfiehlt deshalb im gewissen Gegensatz zu vorstehenden Darlegungen die direkte Titration mit Jodlösung. Für die Bestimmung der freien schwefligen Säure ist die Titration mit $^1/_{10}$ n-Natronlauge zu verwerfen, weil sowohl Frischlaugen, als auch Kocher- und Ablaugen freie organische Säuren enthalten können, welche natürlich mittitriert werden. Zur Bestimmung von freier schwefliger Säure in Frischlaugen empfiehlt BERNHEIMER folgende indirekte Methode:

In einem Teil bestimmt man die gesamte schweflige Säure durch Titration mit Jodlösung. In einem anderen Teil fällt man Schwefelsäure mit Chlorbarium und in einem dritten Teil Kalk mit Ammoniumoxalat. Dann bindet man die Schwefelsäure an Kalk, berechnet den Rest des Kalkes als Calciummonosulfit, zieht die gebundene schweflige Säure von der Gesamtmenge ab und erhält so die freie schweflige Säure.

Enthält die Frischlauge freien Schwefel, so wird dieser durch Oxydationsmittel, z. B. rauchende Salpetersäure, oxydiert und der Gesamtschwefel als Bariumsulfat ausgefällt. Da die schweflige Säure und die Schwefelsäure bereits bestimmt sind, läßt sich der freie Schwefel durch Rechnung leicht finden. Ein Ausschütteln der Lauge mit Lösungsmitteln wie Schwefelkohlenstoff u. a. führt nicht zum Ziel.

Schwierigkeiten bereitete bislang auch die Ermittelung des Chlormagnesiums in den Endlaugen aus Chlorkaliumfabriken, sobald es, wie nach Einleitung dieser Endlaugen in die Flüsse, mit natürlichem Wasser, das stets Magnesiumcarbonat enthält, verdünnt ist. Eine von PFEIFFER[2] angegebene Methode erwies sich bei der Nachprüfung durch EMDE und SENST[3], BOSSHARD und BURAWZOW[4] und andere[5] als nicht brauchbar. Neuerdings haben jedoch NOLL[6] einerseits, ZINK und HOLLANDT[7] andererseits, teilweise unter Benutzung der Angaben von HEYER[8], bzw. von PRECHT[9] Methoden ausgearbeitet, durch welche mit einer für die Verhältnisse der Praxis brauchbaren Genauigkeit die Ermittelung des Chlormagnesiums im Flußwasser möglich ist. Die Methode von PRECHT in der von ZINK und HOLLANDT vorgeschlagenen Modifikation, die allerdings infolge des wohl nie fehlenden Chlorcalciums[10] stets etwas zu hohe Resultate geben muß, wird wie folgt ausgeführt:

---

[1] Beiträge zur Kenntnis des Sulfit-Zellstoff-Kochverfahrens nach System MITSCHERLICH von Dr.-Ing. NORBERT BERNHEIMER. C. F. Müllersche Hofbuchdruckerei, Karlsruhe i. Baden 1913.

[2] *Z. angew. Ch.*, **22**, 435 [1909].

[3] *Z. angew. Ch.*, **22**, 2038 [1909].

[4] *Z. angew. Ch.*, **26**, 70 [1913].

[5] Ztschr. Kali, Heft 3, 154 [1909].

[6] *Ch.-Ztg.*, Nr. 106, 997 [1912].

[7] Ztschr. Kali, Heft 8, 185.

[8] *Z. angew. Ch.*, **24**, 154 [1911].

[9] *Z. angew. Ch.*, **26**, 151 [1913] und Ztschr. Kali, Heft 9, 210 [1913].

[10] Vgl. dazu auch S. 71.

Das zu untersuchende Wasser wird zunächst mit $^1/_{10}$ n-Schwefelsäure neutralisiert, dann zur Trockne verdampft, eine halbe Stunde bei 105° getrocknet und der Rückstand mit absolutem Alkohol ausgezogen. Auf 250 *ccm* des angewandten Wassers genügt eine Alkoholmenge von 2mal je 15 *ccm* und 2 bis 3mal je 10 *ccm*. Aus dem Magnesiumgehalt des alkoholischen Extraktes wird der Gehalt des Wassers an Magnesiumchlorid berechnet. Man muß aber den alkoholischen Auszug noch auf Calcium und Salpetersäure prüfen, da Calciumnitrat und Magnesiumnitrat ebenfalls in Alkohol löslich sind. Bei der Beurteilung darf man nicht außer acht lassen, daß die Resultate etwas zu hoch ausfallen können, u. zw. um die Menge Magnesiumchlorid, welche durch Umsetzung des etwa vorhandenen Calciumchlorides mit Magnesiumbicarbonat oder auch mit dem meist wohl auch vorhandenen Magnesiumsulfat entsteht. Praktisch ist das insofern bedeutungslos, als man die Wirkung von Calciumchlorid in Flußwassern für die meisten Verwendungszwecke des Wassers derjenigen des Chlormagnesiums gleichsetzen muß.

Biologische Untersuchungsmethoden.

Die Leistungsfähigkeit der biologischen Untersuchungsmethode kann nicht wohl treffender gekennzeichnet werden als HOFER das getan hat, indem er sagte:[1] „Die Sünden der Fabriken, welche unsere Gewässer verunreinigen, sind mit einer dem Biologen verständlichen Schrift am Grunde der Gewässer so fest verzeichnet, daß ihre Spuren noch nach Monaten entziffert werden können". Die Zuleitung von schlecht oder mangelhaft gereinigten Abwassern organischer Art kann zu gewissen, oft ganz wesentlichen Änderungen in der niederen Tier- und Pflanzenwelt eines Gewässers führen, indem sich vornehmlich solche Vertreter derselben ansiedeln, die bei der oben geschilderten Selbstreinigung der Gewässer eine ausschlaggebende Rolle spielen. Unsere Kenntnis dieser niederen Organismen ist jetzt so weit gediehen, daß wir ganz bestimmte Grade der Verunreinigung an dem Auftreten ganz bestimmter Leitorganismen (Saprobien) einerseits, an dem mehr oder weniger weitgehenden Verschwinden solcher Formen (Katarhobien), welche sich nur in sauerstoffreichem, reinem Wasser ansiedeln, andererseits erkennen und kennzeichnen können (vgl. weiter u.). Man entnimmt zu diesem Zwecke Proben des Planktons mit einem Netze aus feiner Seidengaze und solche vom Flußbett mittels der Grundschleppe (Dretsche), unterwirft sie zunächst mit Hilfe einer Lupe einer vorläufigen Prüfung an Ort und Stelle und nimmt Teilproben für eine genauere Untersuchung und Identifizierung im Laboratorium. Schon bei der vorläufigen Untersuchung kann man oft die Stelle, von der aus eine gewisse Verunreinigung erfolgt ist, mit völliger Sicherheit auch dann erkennen, wenn zur Zeit der Untersuchung eine solche Verunreinigung nicht mehr erfolgt. Laichkräuter, Wasserpest, Quellmoos u. a. m. unter den Pflanzen, Flohkrebse (insbesondere Gammarus pulex), die Larve der Kriebelmücke (Simulia ornata), die Napfschnecke (Ancylus fluvialitis) u. a. m. unter den Tieren sind plötzlich nicht mehr oder doch nur noch in ganz vereinzelten Exemplaren aufzufinden. Dagegen stößt man auf Sphaerotilus natans, Leptomitus lacteus, Beggiatoen u. a. m. (vgl. S. 85) und auf Rhizopoden, Flaggellaten, den charakteristischen grauweißen Rasen des Carchesium Lachmanni, Schlammwürmer, Schlammschnecken (Limuceen), Tellerschnecken (Planorben) u. s. w. Dabei ist allerdings immer und namentlich bezüglich der Pflanzen zu beachten, daß nur ihr massenhaftes Auftreten sichere Rückschlüsse zuläßt. Die charakteristischen Beggiatoafäden z. B. sind da, wo sie in großen Massen angetroffen werden, ein sicheres Anzeichen für die unter Abspaltung von Schwefelwasserstoff erfolgte Fäulnis eiweißhaltiger Stoffe. Vereinzelt findet man aber Beggiatoafäden in fast jedem, auch dem reinsten Wasser bzw. Flußschlamm.

Handelt es sich nicht um die Zuleitung von Abwassern mit vorwiegend organischen fäulnisfähigen Stoffen, sondern um Säuren, Alkalien oder metallische

[1] „Über den Einfluß geklärter Abwässer auf die Beschaffenheit der Flüsse", Bericht über den XV. Internationalen Kongreß für Hygiene und Dermographie. Berlin 1907.

Gifte, so reagiert darauf die Tier- und Pflanzenwelt durch mehr oder weniger vollständiges Absterben, u. zw. auch dann in der Regel, wenn nur eine einmalige oder eine unregelmäßige Ableitung in Frage kommt. In solchen Fällen versagt die chemische Analyse nicht selten vollständig, während die biologische Untersuchung oft noch nach Wochen durch Vergleich der niederen Tierwelt vom Boden des Gewässers oberhalb und unterhalb der verunreinigten Strecke weitgehenden Aufschluß geben kann. Dabei ist natürlich zu beachten, daß der betreffende Wasserlauf nicht auf der ganzen Breite geschädigt zu sein braucht. Es kann sogar vorkommen, daß an beiden Ufern normale Verhältnisse gefunden werden, während der Schlamm in der Mitte des Wasserlaufes alle Anzeichen der stattgehabten Schädigung aufweist. Über mehrere derartige Beobachtungen berichtet z. B. HOFER[1].

Wie bei der chemischen, so spielt auch bei der biologischen Untersuchung die richtige Probenahme eine ausschlaggebende Rolle. Es ist durchaus nicht nötig, von allen entnommenen und an Ort und Stelle einer vorläufigen Prüfung unterzogenen Proben auch Teilproben für die Untersuchung im Laboratorium mitzunehmen. Diejenigen Teilproben aber, welche man zwecks späterer genauer Untersuchung nimmt, müssen wirklich charakteristisch sein. Allgemeine Regeln lassen sich hier schwer geben. Der Sachverständige muß von Fall zu Fall entscheiden. Grundsätzlich muß man sagen, daß je 1 Probe des Planktons, des Schlammes vom Bette des Gewässers und der Tier- und Pflanzenwelt der Ufer oberhalb der Einleitungsstelle der Abwasser, an bzw. 2 bis 3 *m* unterhalb dieser und ferner da, wo nach dem Augenschein die Beeinflussung der Abwasser auf Tier- und Pflanzenwelt aufhört, zu entnehmen ist. Meist werden noch Zwischenproben erforderlich werden, zumal wenn unterhalb der unverkennbaren Einflußsphäre des Abwassers noch Zuflüsse anderer Abwasser stattfinden oder stattgefunden haben. Bei der Entnahme der Planktonprobe muß man das Netz so in das Wasser führen, daß es den Boden nicht berührt, daß aber auch jede Berührung mit den Wasserpflanzen vermieden wird. Man läßt das Wasser mehrere Minuten durchströmen. Das weithalsige Glas, in welchem man die Teilproben mitnimmt, wird zu $^3/_4$ mit Wasser gefüllt, das an derselben Stelle entnommen ist. Oft tropft aus dem Netz noch so viel Wasser ab, wie dazu erforderlich ist. Zur Konservierung benutzt man zweckmäßig Formaldehyd. Es genügt durchaus, wenn man der Probe auf 1 *l* schätzungsweise 25 bis 50 *ccm* der unter der Bezeichnung Formalin bekannten Formaldehydlösung hinzusetzt; nur bei größeren Tieren gebe man bis zu 100 *ccm*. In analoger Weise werden auch die anderen Proben entnommen. Tote Fische können, wenn sie noch nicht in Verwesung übergegangen sind, in ein reines weißes Tuch, das mit verdünntem Formalin getränkt wurde, eingewickelt werden. Die Untersuchung soll stets nur von Spezialsachverständigen vorgenommen werden.

Aus den Darlegungen dürfte zur Genüge hervorgehen, daß die biologische Untersuchungsmethode der chemischen nicht nur gleichwertig ist, daß man vielmehr ohne sie heute überhaupt nicht mehr bei der Beurteilung von Abwasserverunreinigungen auskommt. Es ist nicht angängig, daß der Chemiker, wie das auch jetzt noch vorkommt, sich auf den Standpunkt stellt, der Biologe möge wohl mittels seiner Untersuchungsmethoden ebenfalls imstande sein, Abwasserverunreinigungen in Wasserläufen festzustellen, er halte sich aber als Chemiker lediglich an den Ausfall seiner Analysen. Man muß vielmehr von jedem Chemiker, der sich mit Abwasseruntersuchungen beschäftigen will, verlangen, daß er sich zum mindesten

[1] „Die biologische Untersuchungsmethode bei Fischwasserverunreinigungen." Allgemeine Fischerei-Zeitung 1904, Nr. 11, 205.

so weit mit den biologischen Untersuchungsmethoden vertraut macht, wie das zur richtigen Probenahme und zur Anstellung der nötigen Voruntersuchungen erforderlich ist. Ohne gleichzeitige und gleichwertige Berücksichtigung der 3 nebeneinander gleichberechtigen Faktoren, Ortsbesichtigung, chemische und biologische Untersuchung, sollte in der Regel ein entscheidendes Urteil nicht abgegeben werden.

Beurteilung der Untersuchungsergebnisse.

Zwar ist oben (S. 71) ausgeführt, daß die Grenze des Gemeingewöhnlichen oder Gemeinüblichen nur von Fall zu Fall gezogen werden kann. Immerhin findet man doch bei allen 3 Untersuchungsmethoden Anzeichen, welche ein gewisses Urteil darüber gestatten, ob eine Verunreinigung das durchschnittliche Maß des Gemeingewöhnlichen übersteigt oder nicht. Als Merkmale dafür seien bezüglich der wichtigsten Abwasserarten hier genannt:

A. Ortsbesichtigung.

1. Eine bei der Annäherung gegen Wind schon aus einiger Entfernung vom Ufer aus durch den Geruchssinn wahrnehmbare stinkende Fäulnis;
2. starke Verschmutzung des ungehemmt abfließenden Wassers, insbesondere wenn damit fortgesetztes Aufsteigen von übelriechenden Gasblasen verbunden ist, die ihrerseits dann und wann mehr oder weniger in Klumpen zusammenhängende Schmutzstoffe mit an die Oberfläche bringen;
3. Aufsteigen von Gasblasen in Verbindung mit den unter 2 geschilderten Übelständen beim Aufrühren des Flußbettes an nicht gehemmten Abflußstellen;
4. Ansammlung starker Mengen faulig riechenden Schlammes auf größeren Strecken des Flußbettes bei einem durch Wehre oder sonstige Stauvorrichtungen nicht gehemmten Abfluß;
5. vollständiges Fehlen jeglichen Pflanzenwuchses an den in der Regel nur bei hoher Wasserführung vom Wasser bedeckten Böschungen;
6. Anhaften von Schlamm an den in das Wasser hineinragenden Pflanzen und sonstigen Gegenständen;
7. stark getrübtes Aussehen mit ausgesprochener Färbung des Flußwassers;
8. Auftreten der unter 2 bis 4 geschilderten Erscheinungen vor Wehren oder sonstigen Stauvorrichtungen;
9. massenhaftes Auftreten von Pilzen oder Algen.

B. Chemische Untersuchungen.

1. Ganz ausgesprochen stark alkalische oder ebenso ausgesprochen stark saure Reaktion des Wassers;
2. Auftreten eines schon bei Entnahme der Wasserprobe deutlich wahrnehmbaren Geruchs nach Schwefelwasserstoff;
3. rasches Auftreten einer intensiven Nachfaulung in einer bei der Entnahme noch nicht nach Schwefelwasserstoff riechenden Wasserprobe;
4. Auftreten einer rasch einsetzenden intensiven Nachfaulung in einer bei der Entnahme noch geruchlosen Schlammprobe oder im Bodensatz von den Wasserproben. Bei dem Schlamm ist zu unterscheiden zwischen solchem, der vor einem Wehr entnommen wurde, und solchem, der aus dem Flußbett an einer Stelle entnommen wurde, wo der Abfluß durch Stauvorrichtungen nicht gehemmt wurde;
5. hoher Gehalt an gelösten, oxydierbaren Substanzen in den filtrierten Wasserproben;

6. hoher Glühverlust der filtrierten Wasserproben unter Auftreten starker Schwarzfärbung und charakteristischer Gerüche;

7. schwache Nachfaulung des bei der Entnahme absolut nicht fauligen Wassers, bzw. nicht fauliger Schlammproben.

C. Biologische Untersuchung:

In einer meinen Erfahrungen entsprechenden, im übrigen sehr präzisen Fassung hat MEZ[1] die Kennzeichen, wie folgt zusammengefaßt: „Von der Beobachtung ausgehend, daß industrielle Abwasser bei Anwendung aller technisch möglichen Hilfsmittel nur so weit gereinigt werden können, daß in ihnen nur noch Leptomitus als Leitorganismus vorkommt, ist die Grenze der „Gemeinüblichkeit" der Wasserverschmutzung bei der durch genannten Pilz charakterisierten Stufe zu ziehen.

Diese Stufen der Wasserverunreinigung sind:

1. Wasserverpestung: Stadium der stinkenden Fäulnis, charakterisiert durch Mengen von Beggiatoa sowie durch Bakterien-Zoogloeen.

2. Starke Wasserverschmutzung: Das Wasser ist zwar nicht an Ort und Stelle faul, aber es geht, in Gläsern aufbewahrt, rasch in Fäulnis über. Charakterisiert durch: Sphaerotilus natans, Oscillatoria Froelichii.

3. Geringere Wasserverschmutzung: Das Wasser ist beim Stehen nicht oder kaum mehr fäulnisfähig. Leitorganismen: Leptomitus lacteus, Fusarium aquaeductuum, Carchesium Lachmanni.

4. Leichte Wasserverunreinigung: Das Wasser nähert sich physikalisch und chemisch dem normalen Zustand. Leitorganismen: Chladothrix dichotoma, Auftreten von Melosira varians.

Stufen 1 und 2 liegen oberhalb, Stufen 3 und 4 unterhalb der „das Gemeinübliche überschreitenden" Wasserverunreinigung; als charakteristisch hat nur das massenhafte Auftreten der Leitorganismen zu gelten."

Natürlich muß man sich hüten, auf Grund einiger weniger der hier aufgezählten Beobachtungen ein Urteil abzugeben. Das könnte leicht zu verhängnisvollen Folgerungen führen. So kann z. B. die intensive Färbung eines Flußwassers von Abwassern aus Papierfabriken verhältnismäßig harmlos sein. Ein unter Umständen recht hoher Gehalt an gelösten oxydierbaren Stoffen braucht für sich allein noch kein Anzeichen für eine das Maß des Gemeingewöhnlichen übersteigende Verunreinigung zu sein. Dasselbe gilt für die unter B, 7 gekennzeichnete schwache Nachfaulung oder für das unter A, 8 angegebene. Wo aber alle unter A bis C aufgezählten Kennzeichen oder doch der größere Teil derselben zutrifft, kann man über die Formulierung des Urteils unter normalen Verhältnissen kaum noch im Zweifel sein.

Schädlichkeit der Abwasser.

Über die Schädlichkeit der einzelnen Abwasserarten ist bereits in den vorausgegangenen Ausführungen an den verschiedensten Stellen das wichtigste gesagt. Es genügt hier deshalb eine kurze summarische Zusammenstellung. Bezüglich der Abwasser, welche durch ihren Gehalt an fäulnisfähigen organischen Stoffen gekennzeichnet werden, ist grundsätzlich zunächst festzuhalten an dem oben (S. 33) bereits hervorgehobenen Unterschiede zwischen infektionsverdächtigen, bzw. infektiösen und solchen, welche nach ihrer ganzen Entstehungsweise pathogene Bakterien

[1] HAGER-MEZ, Das Mikroskop und seine Anwendung, 11. Aufl. 1912, 244.

nicht enthalten können. An dieser Teilung ist auch angesichts der Ausführungen auf S. 63, 64 festzuhalten, aus welchen hervorgeht, daß bei Benutzung sonst guter Reinigungsverfahren diese Bakterien in der Regel keine großen Gefahrenquellen bieten und in allerdings wohl nur seltenen Ausnahmefällen noch durch besondere Desinfektion der Abwasser während oder nach der Reinigung ganz unschädlich gemacht werden können. Im übrigen darf nicht etwa geglaubt werden, daß die Einwirkung gleicher Mengen organischer fäulnisfähiger Stoffe verschiedener Herkunft unter sonst gleichen Voraussetzungen im Vorfluter auch die gleichen Erscheinungen in physikalischer, chemischer oder biologischer Hinsicht hervorruft. Dies ist durchaus nicht der Fall. Nach dieser Richtung üben in erster Linie solche Abwasser einen ungünstigen Einfluß aus, welche vorwiegend stickstoffhaltige organische Stoffe enthalten. Unter diesen verdienen wiederum ganz besonders diejenigen hervorgehoben zu werden, welche daneben noch einen hohen Gehalt an gelösten Kohlehydraten aufweisen, z. B. die Abwasser aus Zucker-, Papierstoff-, Stärke- und Hefefabriken, ferner diejenigen aus Brauereien, Gerbereien und Leimsiedereien. Sie geben nämlich nicht nur bei Überlastung des Vorfluters zu den üblichen Folgeerscheinungen der stinkenden Fäulnis Veranlassung, wie alle übrigen in diese Klasse gehörigen Abwasser (städtische, aus Schlachthöfen, Abdeckereien u. a. m.), sondern sie bewirken daneben noch in höherem Grade als die letzteren eine sog. sekundäre Fäulnis, die oft viel schwerwiegender ist, als die primäre, bei der Fäulnis der eingeleiteten ungelösten Stoffe einsetzende. Diese sekundäre Fäulnis, die auch die Eigentümlichkeit aufweist, oft erst ziemlich weit unterhalb der Einleitungsstelle einzusetzen, ist darauf zurückzuführen, daß gewisse Abwasserpilze und andere Kleinlebewesen, die an sich, solange sie am Leben bleiben, der Selbstreinigung der Gewässer (vgl. S. 67) wesentliche Dienste leisten, beim Absterben in stinkende Fäulnis übergehen, die nicht selten unerträgliche Zustände bedingt. Diese Pilze nähren sich von organischen faulenden Substanzen, u. zw. bevorzugen sie dabei gewisse gelöste Kohlehydrate. Unter diesen scheinen es die vergärungsfähigen Hexosen (Zuckerarten) zu sein, welche ganz besonders üppige Wucherungen der Pilze veranlassen, wenigstens trifft das nach Untersuchungen HOFERS für einen derselben, den Sphaerotilus natans, zu, den man neben Leptomitus lacteus und Beggiatoa alba am häufigsten vorfindet. Die beiden ersten bilden sich mit Vorliebe an Stellen mit starker Strömung, insbesondere Leptomitus bevorzugt diese, während man auf Massenentwicklung von Sphaerotilus auch in Flüssen und Bächen mit nur langsamem Laufe stößt. Teils sieht man sie als dicke, von ihrem Standorte losgerissene Flocken treiben, in der Hauptsache findet man sie aber an flutenden Stengeln von Weiden und Wasserpflanzen (Schilf), als Besatz an Steinen, Holzwerk u. a. Besonders üppig entwickeln sie sich an Mühlrädern, Wehren u. dgl., so daß die Wassermühlen besonders darunter zu leiden haben. Sie bilden Strähnen und Polster, die ich bis zu Längen von 50 *cm* fand und die besonders an in das Wasser hineinragenden Zweigen und Stengeln den Eindruck von flutenden Stücken eines Schaffelles machen. In Bächen, wie in der Panke bei Berlin, welche die Abflüsse von städtischen Rieselfeldern aufnehmen, kann man sie in der kälteren Jahreszeit, zu der sie besonders üppig wachsen, gelegentlich das ganze Bachbett ausfüllen sehen. Meist sind sie grauweiß oder gelblich, seltener schwach rosa oder rein weiß gefärbt. Nimmt man sie aus dem Wasser heraus, so fühlen sie sich schlüpfrig an und sie gleiten in ähnlicher Weise, wie manche Fische, leicht durch die Finger. So unverkennbar sie für den Fachmann sind, so leicht können sie Laien irreführen. In der Rheinprovinz beobachtete ich folgenden lehrreichen Fall. Eine Papierstoffabrik war wegen Verunreinigung eines

Wasserlaufes verklagt worden. Der Kläger hatte insbesondere die massenhafte Ableitung von Papierfasern hervorgehoben, die sich überall absetzten und schließlich zur stinkenden Fäulnis Veranlassung geben sollten. Die beklagte Fabrik gab das zwar zu, konnte sich das aber angesichts ihrer wirksamen und sorgsam bedienten Vorrichtungen zur Zurückhaltung der Papierfasern nicht erklären. Bei der Ortsbesichtigung machte mich der Fabrikleiter auf die vornehmlich an flutenden Stengeln sitzenden weißen Strähnen ausdrücklich aufmerksam. Als ich ihm erklärte, daß das überhaupt keine Papierfasern seien, wollte er das zunächst nicht glauben, bis er sich durch Anfühlen und Betrachtung mit der Lupe davon überzeugte.

In stagnierenden oder schwach fließenden Wässern, in welchen sich die eingeleiteten Abwasser unter Schwefelwasserstoffentwicklung zersetzen, findet man den meist schwarzen Schlamm oft mit einer Massenvegetation von Beggiatoa spinnwebartig wie mit einem weißen Filz überzogen.

Diejenigen Abwasser mit organischen, fäulnisfähigen Stoffen, welche nur einen geringen Stickstoffgehalt aufweisen und gleichzeitig arm sind an gelösten Kohlehydraten, können unter sonst gleichen Verhältnissen niemals so große Verunreinigungen bewirken, wie die soeben genannten. Dahin gehören Abwasser aus Spinnereien, Webereien, Bleichereien, Appreturanstalten, Zeugdruckfabriken, Papierfabriken, Färbereien u. a. m. Das Publikum klagt zwar oft sehr über diese Abwasser, namentlich dann, wenn sie stark gefärbt sind – in den meisten Fällen sind die Farbstoffe relativ unschädlich –, aber in Wirklichkeit können diese niemals zu so argen Belästigungen Veranlassung geben, wie die vorerwähnten Abwasserarten. Direkt und indirekt können jedoch die in manchen von ihnen in der Regel vorhandenen Faserstoffe Belästigungen und Nachteile hervorrufen. Direkt z. B. beim Überfluten von Bewässerungswiesen. Nach dem Ablaufen oder Versickern des Wassers findet man dann die Fasern als filzartigen Belag auf den Wiesenpflanzen, denen dadurch Licht und Luft genommen werden kann, so daß sie verkümmern. Im Heu zerfallen diese Fasern später zu Staub, so daß das Verfüttern zu gesundheitlichen Schädigungen der Atmungsorgane führen kann und die Tiere jedenfalls derartiges Heu nur ungern fressen. Wesentlich größer kann der indirekte Schaden werden, den solche Fasern im Wasser kleinerer Flüsse und Bäche anrichten können. Sie bleiben mit Vorliebe an flutenden Stengeln u. s. w. in ähnlicher Weise haften, wie das oben von den Abwasserpilzen geschildert wurde. Hier bilden sie mit der Zeit natürliche Wehre zur Zurückhaltung fäulnisfähiger organischer Stoffe aus anderen Abwassern, die dann in Fäulnis übergehen, zum Wachstum von Abwasserpilzen und damit bei deren Absterben zu lokalen Fäulnisherden Anlaß geben. Ohne die an sich ziemlich unschuldigen Fasern wäre es dazu aber nicht gekommen.

Abwasser mit direkt giftig wirkenden Stoffen, z. B. aus Gasanstalten, Teer- und Ammoniakfabriken, Holzessigfabriken, aus gewissen chemischen Fabriken, Farbenfabriken u. a. m., können je nach ihrem Gehalt an Cyan- oder Rhodanverbindungen, Phenolen, Kresolen, teerigen Stoffen, Ölen u. a. m. bei ungenügender Verdünnung mehr oder weniger großen Schaden anrichten. Abwasser mit freien Mineralsäuren in solchen Mengen, daß das Säurebindungsvermögen des Vorfluters (vgl. S. 65, 70) nicht ausreicht, um die Säuren entweder gleich beim Einlauf oder doch wenige Meter unterhalb desselben zu binden, können alles organische Leben abtöten, was nicht nur auf die Fische, sondern oft noch in weit höherem Grade da, wo auch Abwasser mit organischen fäulnisfähigen Stoffen eingeleitet werden, durch vollständige Aufhebung der Selbstreinigungskraft (vgl. S. 68) schädlich wirkt. Abwasser mit hohem Gehalt an Chloriden des Natriums, Magnesiums, Calciums wirken zwar nicht direkt giftig, können aber im Übermaß Nachteile[1] mannigfachster Art anrichten (vgl. S. 66), so namentlich als Kesselspeisewasser, als Betriebswasser für Zuckerfabriken, Papierfabriken, Lederfabriken u. a. m. Die vielfach in der Öffentlichkeit geäußerten Befürchtungen für landwirtschaftliche Betriebe beim Tränken des Viehs und beim Bewässern der Wiesen können erst dann eintreten, wenn es sich um Mengen dieser Salze handelt, wie sie durchweg so groß selbst in den wasserärmsten Zeiten in den Flüssen nicht vorkommen. Auch die Befürchtungen für die Fische, ihre Brut und Nahrung (Plankton) sind in der Öffentlichkeit ganz gewaltig übertrieben worden. Dagegen können sie da, wo das Flußwasser zum Trinken benutzt wird, in zu großen Mengen zu Nachteilen für die menschliche Gesundheit führen. Als unschädlich für die Gesundheit ist jedenfalls noch eine Menge von 0,16 *g* Chlormagnesium oder 1,0 *g* Chlornatrium im Liter Trinkwasser anzusehen, doch können geringere Mengen von empfindlichen Menschen schon unangenehm am Geschmack, namentlich bei der Zubereitung von Kaffe und Tee, empfunden werden.

Gesetzliche Bestimmungen.

In der Hauptsache regelt jeder einzelne deutsche Bundesstaat die Einleitung von Abwassern in die Gewässer für sich selbst. Einheitliche Bestimmungen darüber für das Gesamtgebiet des Deutschen Reiches fehlen, da die Reichsverfassung ein einheitliches Wasserrecht nicht kennt. Das Einführungsgesetz zum Bürgerlichen Gesetzbuche überläßt auch ausdrücklich das Wasserrecht den landesgesetzlichen Vorschriften. Immerhin sind doch einige reichsgesetzliche Bestimmungen vorhanden, welche bei der Frage der Flußverunreinigung Anwendung finden können, nämlich

a) § 366 des Strafgesetzbuches:

„Mit Geldstrafe bis zu 60 M. oder mit Haft bis zu 14 Tagen wird bestraft . . ., wer die zur Erhaltung der Sicherheit, Bequemlichkeit, Reinlichkeit und Ruhe auf den öffentlichen Wasserstraßen erlassenen Polizeiverordnungen übertritt.“

b) § 906 des Bürgerlichen Gesetzbuches:

„Der Eigentümer eines Grundstückes kann die Zuführung von Gasen, Dämpfen, Gerüchen, Rauch, Ruß, Wärme, Geräusch, Erschütterungen und ähnliche von einem anderen Grundstück ausgehende Einwirkungen insoweit nicht verbieten, als die Einwirkung die Benutzung seines Grundstückes nicht oder nur unwesentlich beeinträchtigt oder durch eine Benutzung des anderen Grundstückes herbeigeführt wird, die nach den örtlichen Verhältnissen bei Grundstücken dieser Lage gewöhnlich ist. Die Zuführung durch eine besondere Leitung ist unzulässig.“

Da die Zuführung von „Gasen“, „Gerüchen“ „und dergleichen“ nicht selten durch Vermittlung von Wasser erfolgt, so können auch Abwasser mit unter die Vorschriften des § 906 fallen.

Für Abwasser aus solchen gewerblichen Anlagen, welche nach § 16 der Reichsgewerbeordnung einer besonderen Genehmigung bedürfen, sind die in dieser gegebenen Vorschriften maßgebend. Nach § 18 derselben kann die Genehmigung zur Ableitung von Abwassern aus solchen Anlagen an gewisse Bedingungen geknüpft oder auch ganz versagt werden. Als solche Bedingungen kommen z. B. in Betracht gewisse Vorschriften über die Art der Reinigung der Abwasser, wobei die zu errichtenden Reinigungsanlagen genau vorgeschrieben werden können, über die in einer bestimmten Zeit (Tag, Jahr) im Höchstfalle abzuleitenden Abwassermenge, über die Einleitungsstelle in den Vorfluter und die Art der Einleitung, über die völlige Einstellung der Einleitung beim Eintreten und während der Dauer gewisser Ereignisse (z. B. niedrige Wasserführung) u. a. m.

[1] Näheres vgl. J. H. VOGEL, Die Abwässer in der Kaliindustrie, ihre Beseitigung und ihre Einwirkung in und an den Wasserläufen. Berlin 1913.

Auf Grundlage des Artikels 4, Ziffer 15 der Reichsverfassung ist das Gesetz vom 30. Juni 1900, betr. die Bekämpfung gemeingefährlicher Krankheiten (Seuchengesetz) erlassen. In § 35 dieses Gesetzes wird bestimmt:

„Die Einrichtungen für Fortschaffung der Abfallstoffe sind fortlaufend staatlich zu überwachen, die Gemeinden sind verpflichtet, für die Beseitigung von Mißständen zu sorgen und können jederzeit angehalten werden, Einrichtungen zum Schutze gegen ansteckende Krankheiten zu schaffen. Sind Maßregeln notwendig, von denen die Gebiete mehrerer Bundesstaaten getroffen werden, so hat der Reichskanzler für Herstellung und Erhaltung der Einheit in den Anordnungen der Landesbehörden zu sorgen und zu diesem Behufe das Erforderliche zu bestimmen. In dringenden Fällen ist er berechtigt, die Landesbehörden unmittelbar mit Anweisungen zu versehen."

In § 43 dieses Gesetzes wird die Bildung eines Reichsgesundheitsrates angeordnet. Durch Beschluß des Bundesrats vom April 1901 wurden dem Reichsgesundheitsrate u. a. folgende Aufgaben überwiesen:

„Dem Reichsgesundheitsrat werden mit bezug auf die aus gesundheits- oder veterinärpolizeilichen Rücksichten gebotene Reinhaltung der das Gebiet mehrerer Bundesstaaten berührenden Gewässer nachbezeichnete Obliegenheiten übertragen:

a) Der Reichsgesundheitsrat hat bei wichtigeren Anlässen auf Antrag eines der beteiligten Bundesstaaten in Fragen, welche sich auf die vorbezeichnete Angelegenheit und auf die dabei in Betracht kommenden Anlagen und Einrichtungen (Zuführung von Kanal- und Fabrikwassern, sonstigen Schmutzwassern, Grubenwassern, Änderungen der Wasserführung u. dgl.) beziehen, eine vermittelnde Tätigkeit auszuüben, sowie gutachtliche Vorschläge zur Verbesserung der bestehenden Verhältnisse und zur Verhütung drohender Mißstände zu machen.

b) Der Reichsgesundheitsrat hat auf Grund vorgängiger Vereinbarung unter den beteiligten Bundesregierungen über Streitigkeiten, welche auf dem vorbezeichneten Gebiet entstehen, einen Schiedsspruch abzugeben.

c) Der Reichsgesundheitsrat ist in wichtigen Fällen befugt, auf dem in Rede stehenden Gebiet durch Vermittlung des Reichskanzlers (Reichsamt des Innern) Anregungen zur Verhütung drohender Mißstände oder zur Verbesserung vorhandener Zustände zu geben."

Außerdem ist unter den verbündeten Regierungen die Vereinbarung getroffen, daß wichtige Fragen der bezeichneten Art, insbesondere über die Zuleitung von Fäkalien, häuslichen Abwassern oder Abwassern gewerblicher Anlagen, falls nach der Auffassung eines anderen Bundesstaates innerhalb seines Staatsgebietes die Reinhaltung eines Gewässers gefährdet wird und eine Einigung in der Sache sich nicht erzielen läßt, nicht endgültig erledigt werden, bevor der Reichsgesundheitsrat „gutachtlich" gehört worden ist. Tatsächlich ist letzteres inzwischen auch in einer ganzen Reihe von Fällen geschehen. Wiederholt ist auch seitens der beteiligten Bundesregierungen seinen Ratschlägen Folge gegeben worden. In anderen Fällen ist das aber nicht geschehen. Überall da, wo die Frage der Gesundheitsgefährdung nicht in Frage kommt und damit das vorerwähnte Seuchengesetz nicht in Anwendung kommen kann, ist in Deutschland die Auffassung des Reichsgerichts maßgebend. Nachdem sich dieses erstmalig durch Urteil vom 19. April 1882 dahin ausgesprochen hatte, daß der Uferbesitzer an einem Privatflusse berechtigt sei, jeder oberhalb seines Besitzes stattfindenden Zuleitung außer derjenigen von Regen- und Quellwasser zu widersprechen, hat es diesen praktisch überhaupt undurchführbaren Standpunkt in einer Reihe weiterer Entscheidungen wieder verlassen, bzw. stark eingeschränkt. Im Reichsgerichtsurteil vom 2. Juni 1886 wird der schon oben (S. 67) näher gekennzeichnete Grundsatz aufgestellt, daß der Uferbesitzer eines Privatflusses sich diejenigen Zuleitungen in den Fluß gefallen lassen muß, die das Maß des Regelmäßigen, Gemeinüblichen nicht übertreffen. In den Reichsgerichtsurteilen vom 18. September 1886 und 5. Februar 1887 wird dann bestimmt, daß es Sache des Klägers sei, den Nachweis dafür zu führen, daß eine Überschreitung des Gemeinüblichen und Regelmäßigen tatsächlich stattgefunden habe. Im Urteil vom 22. Dezember 1897 schließlich wird dann ganz eindeutig folgendes festgelegt:

„Das Wasser eines öffentlichen, wie eines Privatflusses ist die von der Natur gegebene Abflußrinne, nicht nur für das vom Boden selbst abfließende, sondern auch für das vielfach mit fremden Stoffen vermischte Wasser, welches zu Wirtschaftszwecken gedient hat und künstlich fortgeschafft werden muß."

Eine einheitliche Regelung der Abwässerung für das ganze Gebiet des Deutschen Reiches wäre dringend wünschenswert. Es hat auch an Versuchen dazu nicht gefehlt. Erst unter dem 16. November 1912 hat das preußische Abgeordnetenhaus bei Gelegenheit der Beschlußfassung des neuen preußischen Wassergesetzes eine dahingehende, weiter unten (S. 90) im Wortlaute mitgeteilte Resolution angenommen. Trotzdem bleibt zu befürchten, daß es in absehbarer Zeit in Deutschland nicht zu einer so weitgehenden Regelung kommen wird, daß tatsächlich die gesamte Überwachung einheitlich durch das Reich geschehen würde. Die Bundesstaaten dürften sich in ihrer Mehrheit kaum dazu bereit finden, auf ihre Hoheitsrechte nach dieser Richtung zu verzichten.

In den größeren deutschen Bundesstaaten sind in den letzten Jahrzehnten neue Wassergesetze erlassen, in welchen auch die Frage der Flußverunreinigung im Sinne der modernen Entwicklung geregelt ist. Nachdem in Hessen ein solches Gesetz bereits 1887 erlassen wurde, folgten Elsaß-Lothringen 1891, Baden 1899, Württemberg 1900, Hamburg 1905, Bayern 1907, Sachsen 1909 und Preußen 1913. Durch das neue preußische Wassergesetz, das im Laufe des Jahres 1914 in Kraft treten wird, werden nicht weniger als 76 teilweise völlig veraltete Einzelgesetze aufgehoben. Das Gesetz stellt zunächst den Grundsatz auf, daß in die natürlichen, wie auch in die künstlichen Wasserläufe jedermann die in der Haushaltung und Wirtschaft entstehenden Abwasser einleiten darf, soweit dies nicht mittels gemeinsamer Anlagen erfolgt und soweit dadurch anderen die Mitausübung des Gemeingebrauchs nicht unmöglich gemacht oder doch erheblich erschwert wird. Darüber hinaus darf die Einleitung von Abwassern in Wasserläufe fernerhin nur auf Grund einer besonderen Verleihung erfolgen. Das neue Gesetz führt zu dem Zwecke das dem geltenden Rechte unbekannte Verleihungsverfahren ein. Ist von einer solchen Verleihung eine Verunreinigung des Wasserlaufes zu erwarten, so darf sie nur unter Vorbehalt erhöhter Anforderungen in bezug auf die Reinigung der Abwasser erteilt werden. Stehen der Einleitung von Abwassern überwiegende Rücksichten des öffentlichen Wohles entgegen, so ist die Verleihung ganz zu versagen. Wohlerworbene ältere Rechte werden von diesen Vorschriften nicht berührt. Als solche gelten z. B. die bis zum Inkrafttreten des Gesetzes auf Grund des § 16 der Reichsgewerbeordnung erteilten Genehmigungen zur Ableitung von Abwassern. Die nicht auf besonderem Titel beruhenden Rechte bleiben nur insoweit und so lange aufrecht erhalten, als rechtmäßige Anlagen zu ihrer Ausübung vorhanden sind, vorausgesetzt, daß diese Anlagen vor dem 1. Januar 1913 errichtet sind, oder daß vor diesem Zeitpunkt mit ihrer Einrichtung begonnen ist.

Besonders schwerwiegend sind die Strafen, welche beim Verstoß gegen die Reinhaltung der Flüsse angedroht werden. Wer nämlich vorsätzlich den behufs Reinhaltung der Gewässer getroffenen Bestimmungen zuwider handelt, wird mit Geldstrafe bis zu 3000 M. oder mit Gefängnis bis zu einem Jahre bestraft. Unabhängig von der Verfolgung der eigentlichen Täter ist der Unternehmer oder Betriebsleiter mit Geldstrafen von 50—5000 M. zu bestrafen, wenn die Zuwiderhandlungen mit seinem Vorwissen geschehen sind, oder wenn er bei der nach den Verhältnissen möglichen eigenen Beaufsichtigung des Betriebes oder bei der Auswahl oder der Beaufsichtigung der Betriebsleiter oder Aufsichtspersonen es an der erforderlichen Sorgfalt hat fehlen lassen. Es steht zu erwarten, daß in Preußen durch die Bestimmungen des Gesetzes eine gewisse Besserung in der Reinhaltung der Wasserläufe bewirkt werden wird. Das kann selbstredend nur dadurch erreicht werden, daß den Städten und gewerblichen Betrieben größere Lasten auferlegt werden, da man die Entwicklung der Städte nicht hemmen kann und es auch den Absichten des Gesetzgebers nicht wohl entsprechen kann, eine weitere Ausdehnung der Industrien, welche Abwasser liefern, zu unterdrücken (vgl. S. 71). Einen völligen Schutz kann aber das Gesetz deshalb nicht gewähren, weil die meisten Flüsse Preußens das Gebiet anderer Bundesstaaten durchfließen und die oben wiedergegebenen reichsgesetzlichen Bestimmungen den preußischen Behörden weder direkt noch durch Vermittlung des Reiches hinreichend Handhaben bieten, in allen Fällen eine nach ihrer Auffassung das zulässige Maß überschreitende Verunreinigung wirksam zu verhindern. Deshalb hat auch das preußische Abgeordnetenhaus am 16. November 1912 im Anschluß an das neue preußische Wassergesetz die schon oben erwähnte Resolution folgenden Wortlautes angenommen:

In Rücksicht auf die Tatsachen, daß

a) die verschärften Bestimmungen dieses Gesetzes über die Reinhaltung der Flüsse ihren Zweck nicht erreichen können, wenn und solange solche gesetzliche Bestimmungen in den anderen Bundesstaaten fehlen und

b) in diesen Bundesstaaten schon Anlagen geschaffen und noch in großer Zahl in der Vorbereitung sind, welche unter wesentlich leichteren Bestimmungen als den jetzt schon in Preußen bestehenden Vorschriften ihre Abwässer den Flüssen zuführen und diesen Umständen ihre Entstehung verdanken,

die Königliche Staatsregierung zu ersuchen, im Bundesrat dahin zu wirken, daß gesetzliche oder andere Maßnahmen getroffen werden, welche diesen Übelständen baldmöglichst abhelfen.

Literatur: GEORG ADAM, Der gegenwärtige Stand der Abwässerfrage, dargestellt für die Industrie unter besonderer Berücksichtigung der Textilveredlungs-Industrie. Braunschweig, Friedrich Vieweg & Sohn, 1905. – A. BACKHAUS, Allgemeiner Wirtschaftsplan für die Rieselgüter der Stadt Berlin, vorgelegt im Oktober 1904. Berlin, W. & S. Loewenthal 1905. – A. BACKHAUS, Landwirtschaftliche Versuche auf den Rieselgütern der Stadt Berlin im Jahre 1904. Berlin, Paul Parey 1905. – H. BENEDIKT, Die Abwässer der Fabriken. Stuttgart, Ferdinand Enke 1897. – G. BONNE, Die Notwendigkeit der Reinhaltung der deutschen Gewässer. F. Leineweber, Leipzig 1901. – G. BONNE, Neue Untersuchungen und Beobachtungen über die zunehmende Verunreinigung der Unterelbe. 2. Auflage. F. Leineweber, Leipzig 1902. – G. BONNE, Wichtigkeit der Reinhaltung der Flüsse, erläutert durch das Beispiel der Unterelbe bei Hamburg-Altona. F. Leineweber, Leipzig 1905. – G. BONNE, Über die militärische Bedeutung der Reinhaltung unserer deutschen Gewässer. F. Leineweber, Leipzig 1901. – J. BRIX, Wie sind Schiffahrtskanäle vor mißständiger Verunreinigung zu schützen? F. Leineweber, Leipzig 1902. – WILHELM BRUCH, Das biologische Verfahren zur Reinigung von Abwässern. Berlin, Naturwissenschaftliche Verlagsanstalt 1899. – B. BURKHARDT, Die Abfallwässer und ihre Reinigung. Berlin, Julius Springer 1897. – F. W. BÜSING, Die Städtereinigung, Grundlagen für die technischen Einrichtungen der Städtereinigung. Stuttgart, Arnold Bergsträßer 1897. – H. CLASSEN, Neue Untersuchungen über die Grenzen und hydrometrischen Werte der Selbstreinigung fließender Gewässer. F. Leineweber, Leipzig 1899. – Deutsche Landwirtschafts-Gesellschaft, Apparate und Transportwagen zur Verwertung und Beseitigung von Tierkadavern und Schlachthofkonfiskaten, Prüfungsbericht erstattet von Fränkel–Halle, Fischer–Berlin, Stutzer–Königsberg, H. Thiesing–Berlin, Vibrans–Wendhausen. Berlin, Paul Parey, 1908. – DUNBAR, Leitfaden für Abwässerreinigungsfrage. 2. Auflage, München und Berlin, R. Oldenbourg 1912. – DUNBAR und K. THUMM, Beitrag zum derzeitigen Stande der Abwasserreinigungsfrage mit besonderer Berücksichtigung der biologischen Reinigungsverfahren. München und Berlin. R. Oldenbourg 1902. – FRIEDRICH WILHELM DÜNKELBERG, Die Technik der Reinigung städtischer und industrieller Abwasser durch Berieselung und Filtration. Braunschweig, Friedrich Vieweg & Sohn 1900. – R. ESCALES, Industrielle Chemie. Stuttgart, Ferdinand Enke 1912. – K. FARNSTEINER, P. BUTTENBERG, O. KORN, Leitfaden für die chemische Untersuchung von Abwasser. München und Berlin, R. Oldenbourg 1902. – Kaiserliches Gesundheitsamt, Gutachten. Die Errichtung von Rieselfeldern für die Stadt Braunschweig in Steinhof. Braunschweig, Joh. Heinr. Meyer 1894. – C. F. GÖHRING, Beiträge zur Reinigung von städtischen und Fabriksabwässern. F. Leineweber, Leipzig 1904. – HANS GRANDKE, Die Rieselfelder von Berlin und die Spüljauche unter besonderer Berücksichtigung ihrer chemischen Beschaffenheit. Berlin, Bodo Grundmann 1892. – C. HAGER, Über die Aufnahme des Wasserrechts in das Bürgerliche Gesetzbuch für das Deutsche Reich mit besonderer Rücksicht auf die Frage der Flußverunreinigung durch Fabrikabwässer. Berlin, Puttkammer & Mühlbrecht 1890. – SIEGFRIED HAGEN, Die Berliner Rieselfelder, ihre Einrichtung und volkswirtschaftliche Bedeutung, besonders vom landwirtschaftlichen Standpunkte aus. Berlin, Franz Wunder. – HACHE, Die Abwasserreinigung. Phönix Verlag. Kattowitz 1906. – E. HASELHOFF, Wasser und Abwässer. Ihre Zusammensetzung, Beurteilung und Untersuchung. Sammlung Göschen 473, 1909. – L. HOLTZ, Die Fürsorge für die Reinhaltung der Gewässer auf Grund der allgemeinen Verfügung vom 20. Februar 1901. Berlin, Karl Heymann 1902. – WALTER HÜBNER, Dissertation. Über Kanalwasserreinigung durch einfaches Sedimentieren ohne fällende Zusätze. München, R. Oldenbourg 1893. – KONRAD WILHELM JURISCH, Die Verunreinigung der Gewässer. Berlin, R. Gärtners Verlagsbuchhandlung 1890. – J. KÖNIG, Die Verunreinigung der Gewässer, deren schädliche Folgen, sowie die Reinigung von Trink- und Schmutzwasser. Zweite Auflage, Berlin, Julius Springer 1899. – J. KÖNIG, Maßnahmen gegen die Verunreinigung der Flüsse. Berlin, Paul Parey 1903. – J. KÖNIG, Neuere Erfahrungen über die Behandlung und Beseitigung der gewerblichen Abwässer. Vortrag. Berlin, Julius Springer 1911. – H. KOSCHMIEDER, Die Verwertung des Schlammes von Kläranlagen für Abwässer. F. Leineweber, Leipzig 1903. – K. KRAUT, Cum grano salis. Die Kali-Industrie im Leine- und Wesergebiete und das Gutachten der Königl. wissenschaftlichen Deputation für das Medizinalwesen über die Einwirkung der Kali-Industrie-Abwässer auf die Flüsse. Berlin, A. Seydel 1902. – O. KRÖHNKE, Über kontinuierlich arbeitende Oxydationsverfahren bei der Abwasserreinigung. F. Leineweber, Leipzig 1903. – ROBERT LAUTERBORN, Die Verunreinigung der Gewässer und die biologische Methode ihrer Untersuchung. Ludwigshafen a. Rh., August Lauterborn 1908. – K. B. LEHMANN, Die Verunreinigung der Saale bei und in der Stadt Hof, ihre Ursachen und die Mittel der Abhülfe. Gutachten erstattet im Auftrage des Stadtmagistrats Hof 1895. – H. METZGER, Städte-Entwässerung und Abwässerreinigung. Berlin, Carl Heymann 1907. – C. MEZ, Mikroskopische Wasseranalyse. Anleitung zur Untersuchung des Wassers mit besonderer Berücksichtigung von Trink- und Abwasser. Berlin, Julius Springer 1898. – W. OHLMÜLLER und O. SPITTA, Die Untersuchung und Beurteilung des Wassers und des Abwassers. Dritte Auflage, Berlin, Julius Springer 1910. – A. REICH, Reinigung und Beseitigung städtischer und gewerblicher Abwässer. Hannover, Dr. Max Jänecke 1907. – C. REICHLE, Die Behandlung und Reinigung der Abwässer. Dissertation. S. Hirzel, Leipzig 1910. – H. SALOMON, Über Geruchsbelästigungen bei künstlichen biologischen Abwässerreinigungsanlagen. Leipzig, F. Leineweber 1910. – H. SALOMON, Die städtische Abwässerbeseitigung in Deutschland. Abwässer-Lexikon. Jena, Gustav Fischer 1906 Bd. I. und II, 1911 1 Ergänzungsband. – ALBERT SCHIELE, Abwasserbeseitigung von Gewerben und gewerbereichen Städten. Berlin, August Hirschwald 1909 (als Heft 11 der Mitteilungen aus der Königl. Prüfungsanstalt für Wasserversorgung und Abwässerbeseitigung.) – H. SCHMIDT, Der heutige Stand der Abwässerklärungsfrage und die Reinerhaltung unserer Vorfluter. F. Leineweber, Leipzig 1903. – H. SCHREIB, Wasserpilze und Kalkreinigung. Berlin, M. Krayn 1904. – E. SENFT, Mikroskopische Untersuchung des Wassers mit Bezug auf die in Abwässern und Schmutzwässern vorkommenden Mikroorganismen und Verunreinigungen. J. Šafář, Wien 1905. – H. SPINDLER, Die Unschädlichmachung der Abwässer in Württemberg. Stuttgart, Ferdinand Enke 1896. – J. TILLMANS, Wasserreinigung und Abwässerbeseitigung. Halle a. S., Wilhelm Knapp 1912. – K. THUMM, Über Anstalts- und Hauskläranlagen. Berlin, August Hirschwald 1913. – J. H. VOGEL, Die Verwertung der städtischen Abfallstoffe. Berlin, Paul Parey, 1896. – J. H. VOGEL, Die Abwässer aus der Kali-Industrie, ihre Beseitigung und ihre Einwirkung in und an den Wasserläufen. Berlin, Gebr. Bornträger 1913. – Wassergesetz, Das neue preußische. Textausgabe mit einer Einführung und Sachregister. Berlin, Carl Heymann 1913. – CURT WEIGELT, Die Schädigung der Fischerei durch Haus- und Fabrikabwässer. Berlin, Bodo Grundmann 1892. – CURT WEIGELT, Vorschriften für die Entnahme und Untersuchung von Abwässern und Fischwässern nebst Beiträgen zur Beurteilung unserer natürlichen Fischgewässer. Deutscher Fischerei-Verein, Berlin 1900. – THEODOR WEYL, Beeinflussen die Rieselfelder die öffentliche Gesundheit? Vortrag. Berlin, L. Schuhmacher 1896. – THEODOR WEYL, Flußverunreinigung, Klärung der Abwässer, Selbstreinigung der Flüsse. Abdruck aus dem „Handbuch der Hygiene". Jena, Gustav Fischer 1897. – THEODOR WEYL, Die Abwehr gemeingefährlicher Krankheiten. Assanierung. Abdruck aus dem „Handbuch der Hygiene". Jena, Gustav Fischer 1904. – Wasser und Abwasser, Die Hygiene der Wasserversorgung und Abwässerbeseitigung. Bearbeitet von R. KOLKWITZ, C. REICHLE, A. SCHMIDTMANN, O. SPITTA und K. THUMM. 1911.

Periodische Schriften: Arbeiten aus dem Kaiserlichen Gesundheitsamt. Julius Springer, Berlin, seit 1885. Archiv für Hygiene. München und Berlin, R. Oldenbourg, seit 1893. – Fischerei-Zeitung, Allgemeine. Herausgegeben vom Bayerischen und Deutschen Fischerei-Verein, München, seit 1876. – Gesundheit. F. Leineweber, Leipzig, seit 1875, früher Zeitschrift für öffentliche und private Hygiene, jetzt Zeitschrift für Städtehygiene und Gesundheitstechnik. – Gesundheits-Ingenieur, seit 1878 Berlin, A. Seydel, unter dem Titel „Der Rohrleger", seit 1881 München und Berlin, R. Oldenbourg unter dem Titel „Rohrleger und Gesundheitsingenieur" und seit 1882 unter dem Titel „Gesundheitsingenieur". – Hygienische Rundschau. Berlin, August Hirschwald, seit 1891. – Journal für Gasbeleuchtung und Wasserversorgung. München und Berlin, R. Oldenbourg, seit 1858. – Mitteilungen aus der Königlichen Prüfungsanstalt für Wasserversorgung und Abwässerbeseitigung zu Berlin. (Kgl. Landesanstalt für Wasserhygiene zu Berlin-Dahlem.) Berlin, August Hirschwald, seit 1902. – Technisches Gemeindeblatt. Berlin, Carl Heymann, seit 1897. – Vierteljahresschrift für gerichtliche Medizin und öffentliches Sanitätswesen. August Hirschwald, Berlin, seit 1852. – Deutsche Vierteljahrschrift für öffentliche Gesundheitspflege. Friedrich Vieweg & Sohn, Braunschweig, seit 1869. – Wasser und Abwasser. Zentralblatt für Wasserversorgung und Beseitigung flüssiger und fester Abfallstoffe. Berlin, Gebrüder Bornträger, seit 1909. – Zeitschrift für Hygiene. Leipzig, Veit & Co., seit 1886.

J. H. Vogel.

Acenaphthen ist ein im Steinkohlenteer enthaltener und lediglich aus diesem gewonnener, fester Kohlenwasserstoff der aromatischen Reihe von der Zusammensetzung $C_{12}H_{10}$. Es wurde 1867 von BERTHELOT im Steinkohlenteer aufgefunden (*A.* Suppl. 5, 372 [1867]; *C. r.* **65**, 507) und bildet sich aus α-Äthylnaphthalin, wenn man diesen Körper durch hellrotglühende Porzellanröhren leitet:

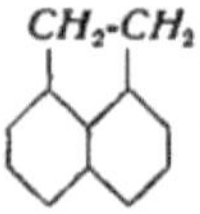

$$C_{10}H_7 \cdot C_2H_5 = C_{10}H_4 \cdot C_2H_4 + H_2.$$

(BERTHELOT und BARDY, *A.* **166**, 135), oder in gleicher Weise bei der Einwirkung von Äthylen auf Naphthalin (BERTHELOT, *A.* Suppl. 5, 372 [1867]), oder schließlich bei der Einwirkung von Äthylen auf Benzol im weißglühenden Rohre (BERTHELOT, *J.* **1866**, 544).

Da es bei 278° siedet, so ist es in den entsprechenden Fraktionen des Steinkohlenteers, also im Anthracenölvorlauf oder in den letzten Anteilen des Schweröls zu suchen, und es wird aus diesen in den Teerproduktenfabriken, neuerdings sogar in größeren Mengen, nach nicht allgemein bekanntem Verfahren hergestellt. Die im Steinkohlenteer vorhandenen Mengen sind nicht unbeträchtlich, indessen ist die Gewinnung des Acenaphthens wegen seiner großen Löslichkeit, und da in den entsprechenden Fraktionen auch andere feste Kohlenwasserstoffe von ähnlichen Eigenschaften vorhanden sind, nicht ganz einfach. Man bedient sich in der Hauptsache der fraktionierten Destillation und der Krystallisation.

Das im Handel befindliche Produkt ist meist 90—95%ig. Aus diesem erhält man leicht den Reinkörper durch Umkrystallisieren aus Lösungsmitteln, besonders Alkohol (vgl. auch BEHR und DORP, *A.* **172**, 264 [1874]), in dem es in der Hitze leicht, in der Kälte schwer löslich ist.

Acenaphthen besitzt in reinem Zustande ein ausgezeichnetes Krystallisationsvermögen und schießt aus seiner Lösung in Alkohol oder Benzin in farblosen, charakteristischen Nadeln von bis zu mehreren Zentimetern Länge an, wodurch es sich von Fluoren und anderen Teerkohlenwasserstoffen von ähnlichem Siedepunkt gut unterscheidet. Es schmilzt bei 95° und siedet unzersetzt bei 278° corr.

Es bildet mit Schwefelsäure eine Sulfosäure, mit Brom Bromacenaphthen und wird durch Salpetersäure nitriert. Das orangefarbige Pikrat $C_{12}H_{10} \cdot C_6H_2(NO_2)_3OH$ schmilzt bei 161° und ist sehr beständig.

Bei der Oxydation gibt das Acenaphthen je nach den Bedingungen Acenaphthenon, Acenaphthenchinon, Naphthalsäure und schließlich Hemimellithsäure.

Acenaphthenon, $C_{12}H_8O$, erhält man am besten, aber immerhin in schlechter Ausbeute beim Eintragen von Zinkstaub in eine siedende Eisessiglösung von Acenaphthenchinon (GRAEBE und GFELLER, *A.* **276**, 12 [1893]). Nach dem *D. R. P.* 230237 der *BASF* kann es hergestellt werden, indem man das Chorid oder Bromid der α-Naphthylessigsäure mit oder ohne Anwendung von Lösungs- oder Verdünnungsmitteln mit Aluminiumchlorid behandelt. Es krystallisiert in farblosen Blättchen vom *Schmelzp.* 121°, ist leicht löslich in Alkohol, Chloroform und Benzol und schwer löslich in Ligroin. Beim Kochen mit Zinkstaub und Eisessig geht es in Acenaphthylen, $C_{12}H_8$, über. Durch Kondensation mit α-Isatin- oder Naphtisatinderivaten entstehen Küpenfarbstoffe (*D. R. P.* 237719, *Bayer*), die aber offenbar nicht im Handel sind.

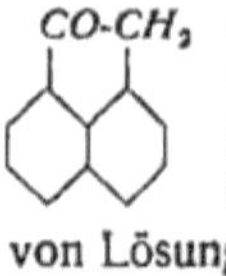

Acenaphthenchinon entsteht bei der Oxydation von Acenaphthen mit Eisessig und Natriumbichromat, die unter genau einzuhaltenden Bedingungen auszuführen ist, wenn man gute Ausbeuten erhalten will (vgl. GRAEBE und GFELLER, *A.* **276**, 4 [1893]). Als Nebenprodukt entsteht Naphthalsäure. Es krystallisiert und sublimiert in gelben Nadeln vom *Schmelzp.* 261° und hat technische Bedeutung.

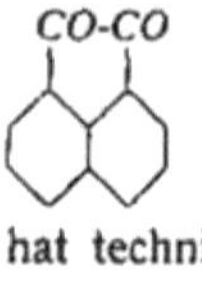

Naphthalsäure, Naphthalin-1, 8-dicarbonsäure $C_{10}H_6(COOH)_2$, wird bei der Oxydation von Acenaphthen mit Chromsäuregemisch erhalten (BEHR und DORP, *A.* **172**, 266 [1874]; GRAEBE und GFELLER, *B.* **25**, 653 [1892]) und bildet lange, verfilzte, sehr dünne Nadeln. Sie ist fast unlöslich in Wasser, wenig löslich in Äther, leicht löslich in warmem Alkohol. Naphthalsäure schmilzt nicht unzersetzt, sondern geht bei 140–150° in das Anhydrid über. Bei der Oxydation mit Kaliumpermanganat gibt es Hemimellithsäure (Benzoltricarbonsäure 1, 2, 3) (GRAEBE und LEONHARDT, *A.* **290**, 217 [1896]).

Interessant ist die Überführung des Acenaphthens in Trinaphthylenbenzol vermittels Schwefels (REHLÄNDER, *B.* **36**, 1583 [1903]; DZIWONSKY und BACHMANN, *B.* **36**, 962 und 3768 [1903]) sowie seine Dehydrierung zu Acenaphthylen $C_{10}H_6C_2H_2$ vermittels Bleioxyds (BEHR und DORP, *A.* **172**, 276 [1874] und *B.* **6**, 753 [1873]).

Den Reingehalt eines Produktes an Acenaphthen kann man durch Oxydation zu Naphthalsäure, die unter bestimmten, scharf einzuhaltenden Bedingungen auszuführen ist, ermitteln.

Das Acenaphthen resp. das Acenaphthenchinon hat in neuerer Zeit steigende Verwendung in der Teerfarbenindustrie gefunden, u. zw. besonders zur Herstellung von roten Küpenfarbstoffen.

Die von GROB zuerst ausgeführte Reaktion besteht darin, daß man Acenaphthenchinon mit Oxythionaphthen oder seinen Abkömmlingen kondensiert und Produkte von

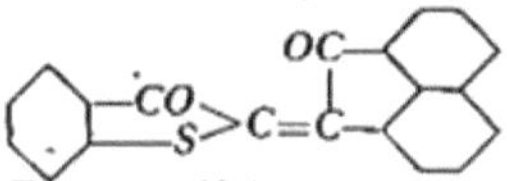

nebenstehender Formel erhält, die unter dem Namen Cibascharlach G (*Ciba*), Thioindigoscharlach 2 G (*Kalle*) und Helindonscharlach C (*M. L. B.*) (s. d. und indigoide Farbstoffe) in den Handel kommen. *Weger.*

Acerdol = Calciumpermanganat. Antisepticum. *Zernik.*

Acetaldehyd (Aethanal), $CH_3 \cdot COH$, kommt als Oxydationsprodukt des Alkohols im Rohsprit (vgl. z. B. KÉKULÉ, *B.* **4**, 718 [1871]) und spurenweise im Weine (SEIFERT, *Ch. Ztrlbl.* **1907**, I, 286) vor, ferner in rohem Holzgeist (KRÄMER, GRODZKI, *B.* **9**, 1920 [1896]). Der Acetaldehyd ist das erste Oxydationsprodukt des Äthylalkohols; er entsteht aus ihm durch Oxydation und zwar verwandte man als Oxydationsmittel früher Bichromat und Schwefelsäure. Zur Zeit wird derselbe dagegen durch Überleiten der mit Äthylalkoholdämpfen beladenen Luft, über heiße katalytisch wirkende Metalle dargestellt. Ein großer Teil des auf dem Markt befindlichen Acetatdehyds scheint als Nebenprodukt bei der Rektifikation der Vorläufe der Holzdestillate gewonnen zu werden, jedoch enthält der so hergestellte Aldehyd noch Körper mit ähnlichem Siedepunkt und ist ca. 95–96%ig.

Eine Zeitlang schied man den Acetaldehyd auch aus den Vorläufen der Spritrektifizierung ab, in welchen er vermutlich durch Autoxydation des Alkohols entstanden ist. Auch wurde er aus Milchsäure durch Erhitzen derselben mit verdünnter Schwefelsäure dargestellt nach der Gleichung:

$$CH_3 \cdot CH(OH)CO_2H = CH_3 \cdot COH + HCO \cdot OH.$$

Die hierfür verwendete Milchsäurelösung wurde durch Gärung aus Kartoffeln dargestellt.

Diese synthetischen Methoden sind im Begriff zu verschwinden, nachdem es in jüngster Zeit gelungen ist, den Aldehyd in glatter Reaktion aus Acetylen technisch darzustellen, womit sich für den Aldehyd eine große Verwendung in der organisch-chemischen Großindustrie als Ausgangsmaterial zur Erzeugung zahlreicher anderer Verbindungen, insbesondere Essigsäure, Essigsäureäthylester, Aldol und seiner Derivate und vielleicht auch für die Alkoholbereitung anbahnt.

Nach den *D. R. P.* 250356 und 253702 von N. GRÜNSTEIN, welche *Griesheim* erworben hat, wird eine Lösung von Quecksilberoxyd in starker Schwefelsäure oder einer andern Säure bei einer Temperatur unterhalb 50° mit Acetylen unter starkem Rühren behandelt, wobei sich eine Mischung von Paraldehyd und Acetaldehyd abscheidet. Das Reaktionsprodukt wird abgehebert oder aber durch Erwärmen, ev. im Vakuum, abdestilliert.

Nach einem Beispiel der Patentschrift wird eine Mischung von 10 *g* Quecksilberoxyd mit 400 *ccm* 45%iger Schwefelsäure bei 15–20° mit Acetylen unter Umrühren behandelt. Danach wird abdestilliert. Die Abscheidung des Aldehyds während der Reaktion kann durch Zusatz eines indifferenten Salzes, bzw. durch gleichzeitige Anwendung eines in der Säure unlöslichen Aldehydlösungsmittels befördert werden (s. *D. R. P.* 253703, 253708).

Nach dem *F. P.* 455370 des Konsortiums für elektrochemische Industrie, Nürnberg, wird Acetylen in heiße, verdünnte (nicht mehr als ca. 6%ige) Schwefelsäure, welche Quecksilberoxyd enthält, eingeleitet, wobei gleichzeitig der Aldehyd abdestilliert. Der Prozeß ist also hier ein kontinuierlicher. Ein Vorteil des letzten Verfahrens besteht darin, daß das Quecksilberoxyd, welches, wie auch bei der Arbeitsweise Grünsteins, allmählich durch Reduktion zu Quecksilber unwirksam wird, infolge der Anwendung der verdünnten Säure in Form eines Regulus zusammenfließt, so daß es in reiner Form abgezogen werden kann, während bei dem Verfahren von Grünstein das Quecksilber als eine schwierig zu regenerierende Emulsion anfällt. Das Metall wird nach der Patentschrift des Konsortiums für elektrochemische Industrie in einem alkalischen Bade anodisch unter Anwendung einer Eisenkathode wieder in Oxyd verwandelt und letzteres in den Reaktionsapparat zurückgeführt. Die Ausbeuten sind fast theoretische unter Berücksichtigung des Umstandes, daß ein Teil des Aldehyds entsprechend der Reduktion des Quecksilberoxyds in Essigsäure übergeht. Der gewonnene Aldehyd ist sehr rein. Die für die Reaktion erforderliche Oxydmenge scheint jedoch bei dem Verfahren von Grünstein geringer als bei dem Verfahren des Konsortiums für elektrochemische Industrie zu sein.

Der Acetaldehyd ist eine leicht bewegliche, wasserhelle Flüssigkeit, in geringen Mengen eingeatmet von angenehmem, in größeren Mengen von scharfem Geruch. Das Einatmen des Dampfes erzeugt vorübergehenden Brustkrampf, *Kp* 21°, *Schmelzp.* – 120,6°; D^{10} 0,7951, Verbrennungswärme für 1 *Mol.* bei konstantem Drucke 275,5 *Cal.* Mit Wasser in allen Verhältnissen mischbar, wird der Aldehyd aus der wässerigen Lösung durch Chlorcalcium wieder abgeschieden.

Der Acetaldehyd zerfällt bei 400° in Methan und Kohlenoxyd; bei 600° und darüber entstehen gleichzeitig Kohlenoxyd und Wasserstoff.

Der Acetaldehyd erfährt unter dem Einfluß von Katalysatoren folgende drei technisch wichtige Umwandlungen:

1. Mit einer Spur Säure (besonders konz. Schwefelsäure) bildet sich unter starker Wärmeentwicklung der bei 124° siedende Paraldehyd nach der Gleichung: $3\,C_2H_4O = C_6H_{12}O_3$. Diese Reaktion geht bis zu einem Gleichgewicht, in welchem bei +6,75°, dem Schmelzp. der entstehenden Gleichgewichtsmischung, 96%, – bei 45°, dem Siedep. der Gleichgewichtsmischung, 78,5% Paraldehyd neben Acetaldehyd vorhanden sind (berechnet nach den Angaben von Hollmann, *J. Phys. Ch.* **1903**, 150). Die Isolierung des Paraldehyds geschieht in der Weise, daß man bei möglichst niedriger Temperatur mit Calciumcarbonat neutralisiert und danach den Acetaldehyd vom Paraldehyd durch Fraktionierung trennt. Der Paraldehyd stellt eine cyclische Verbindung dar. Er zeigt keine der charakteristischen Eigenschaften eines Aldehyds. Letzterer läßt sich aber aus dem Paraldehyd durch Destillation mit einer Spur Säure leicht wieder gewinnen. Versetzt man Acetaldehyd in der Kälte mit geringen Mengen Salzsäuregas, Schwefeldioxyd oder verdünnter

Schwefelsäure und kühlt sofort ab, so krystallisiert aus dem Acetaldehyd in geringen Mengen Metaldehyd, welcher wahrscheinlich ein Stereoisomeres des Paraldehyds ist.

2. Unter Einwirkung von mäßig konz. Salzsäure beim Erhitzen mit Wasser und Chlorzink sowie besonders unter der Einwirkung gelinde alkalisch wirkender Lösungen vereinigen sich 2 *Mol.* Acetaldehyd zu Aldol (Oxybutyraldehyd):

$$CH_3 \cdot CHO + CH_3 \cdot CHO = CH_3 \cdot CH(OH) \cdot CH_2 \cdot CHO.$$

Das Aldol geht unter der weiteren Einwirkung von Alkalien in Aldehydharz über, welches sich auch aus dem Acetaldehyd direkt unter der Einwirkung von Ätzalkalien bildet. Diese letztere Reaktion ist eine wichtige Erkennungsreaktion für Acetaldehyd (s. u.).

3. Unter der Einwirkung von Aluminiumalkoholat (TISCHTSCHENKO, *Ch. Ztrlbl.* **1906**, II, 1309, 1552) geht der Acetaldehyd in Essigsäureäthylester über:

$$2CH_3 \cdot CHO = CH_3 \cdot COOC_2H_5.$$

Mit Hilfe dieser Reaktion läßt sich also Essigsäureäthylester aus Acetylen darstellen.

Die Additionsreaktionen des Acetaldehyds versprechen von besonderer technischer Wichtigkeit zu werden. Der Acetaldehyd absorbiert Sauerstoff und geht unter der Einwirkung desselben allmählich in starke Essigsäure über, wie bereits von LIEBIG (*A.* **13**, 139 [1835]) festgestellt worden ist. Von dieser Reaktion wird heute, besonders auf Grund der Arbeiten von BAEYER und VILLIGER (*B.* **33**, 1581 [1900]), angenommen, daß sie über die Acetpersäure geht:

$$CH_3 \cdot CHO + O_2 = CH_3 \cdot CO_3H;\; CH_3CO_3H + CH_3CHO = 2CH_3COOH.$$

Nach dem *D. R. P.* 261589 der *Griesheim* und GRÜNSTEIN wird die Oxydation des Aldehyds durch Sauerstoff dadurch beschleunigt, daß von vornherein Essigsäure zugesetzt wird. Ferner wirken gewisse Katalysatoren, insbesondere Eisenoxydoxydul, Vanadinpentoxyd, Uranoxyd, günstig auf die Oxydationsgeschwindigkeit (vgl. Essigsäure). Nach der *D. P. a.* C 22298 des KONSORTIUMS F. ELEKTROCHEM. INDUSTRIE geht die Essigsäuredarstellung von vornherein glatt bei Anwendung einer Spur einer Manganverbindung vor sich. Die Oxydation des Acetaldehyds geht außerdem leicht mit Hilfe von Oxydationsmitteln (z. B. Chromsäure) vor sich. Beim Erwärmen von Acetaldehyd mit ammoniakalischer Silberlösung findet Essigsäurebildung unter Reduktion zu Silber in Form eines an der Wandung des Gefäßes hängenden Spiegels statt. Auch diese Reaktion dient zur Erkennung des Aldehyds (s. u.).

Der Acetaldehyd geht beim Überleiten seiner mit Wasserstoff gemischten Dämpfe über erhitztes Nickelpulver in Äthylalkohol über (SABATIER, SENDERENS, *C. r.* **137**, 301 [1903]). Die Bildung des Äthylalkohols findet auch mit naszierendem Wasserstoff (Natriumamalgam und Wasser) statt, wobei aber gleichzeitig Aldol, bzw. Butylenglykol entsteht.

Der Acetaldehyd addiert Chlorwasserstoff; das primäre Additionsprodukt Äthylidenoxychlorid zerfällt unter Wasserabspaltung in Dichloräthyläther

$$CH_3 \cdot CHCl \cdot O \cdot CHCl \cdot CHCH_3.$$

Durch Addition von Chloräthyl (bzw. Chlorwasserstoff und Alkohol) entsteht Monochloräthyläther. Beim Einleiten von Ammoniak in die trockene ätherische Lösung des Aldehyds entsteht Aldehydammoniak $CH_3 \cdot CH(OH)NH_2$. Mit wässeriger Natriumbisulfitlösung bildet sich die Bisulfitverbindung. Durch Einwirkung von

Cyanwasserstoff auf Acetaldehyd entsteht Milchsäurenitril $CH_3 \cdot CH(OH)CN$. In ähnlicher Weise wie Cyanwasserstoff wird Chloroform addiert.

Zahlreich sind die weiteren, zumeist unter Austritt von Wasser erfolgenden Reaktionen des Acetaldehyds. Mit Alkohol reagiert er bei Einwirkung einer Spur Chlorwasserstoff unter Bildung von Acetal nach der Gleichung:

$$CH_3 \cdot CHO + 2C_2H_5OH = CH_3 \cdot CH(OC_2H_5)_2 + H_2O.$$

Mit Essigsäureanhydrid gibt er Äthylidendiacetat $CH_3CH(O_2C_2H_3)_2$, mit Schwefelwasserstoff Thioaldehyd, mit Mercaptan Mercaptale.

Zur Erkennung des Aldehyds dient am besten die Harzbildung beim Erhitzen mit Natronlauge und die Bildung des Silberspiegels beim schwachen Erwärmen mit alkalischer Silberlösung. Man verwendet für letztere Reaktion zweckmäßig eine Lösung von 3 *g* Silbernitrat in 30 *g* Ammoniak vom *spez. Gew.* 0,923, zu der man eine Lösung von 3 *g* Ätznatron in 30 *g* Wasser zufügt (TOLLENS, *B.* **15**, 1828 [1882]). Die Bestimmung des Aldehyds kann nach der Methode von M. RIPPER (*M.* **21**, 1079 [1900]) erfolgen. Die wässerige Aldehydlösung wird hiernach mit überschüssiger Kaliumbisulfitlösung versetzt, deren Jodtiter bekannt ist, und das unverbrauchte Sulfit zurücktitriert. Die Differenz entspricht der vorhandenen Aldehydmenge. Man wendet am besten $^1/_2$%ige Aldehydlösung und eine Lösung von 12 *g* $KHSO_3$ in 1 *l* an. Vorteilhafter ist (nach privater Mitteilung von E. BAUM) die folgende Methode, deren Anwendung für Formaldehyd V. A. BROCHET und R. CAMBIER (*C. r.* **120**, 449 [1895]) empfohlen worden ist: Die (essigsäurefreie) Aldehydlösung wird mit einer vorher neutralisierten Hydroxylaminchlorhydratlösung versetzt und die bei der Reaktion

$$NH_2 \cdot OH \cdot HCl + CH_3 \cdot CHO = CH_3 \cdot CH:NOH + H_2O + HCl$$

freigewordene Salzsäure mit Methylorange als Indikator titriert.

Der Acetaldehyd wird zurzeit als Reduktionsmittel in der Silberspiegelfabrikation, zur Darstellung des als Schlafmittel verwendeten Paraldehyds, sowie für Chinaldin benutzt. In Bälde dürften jedoch große Mengen zur synthetischen Herstellung von Essigsäure verbraucht werden. *M. Mugdan.*

Acetale. Hierunter versteht man Verbindungen der Aldehyde mit ein- oder mehrwertigen Alkoholen. Die wichtigsten sind Methylal, Äthylal, Acetal, Dimethylacetal und einige weniger bekannte aromatische Verbindungen. Die Darstellung aliphatischer Acetale geschieht zweckmäßig durch Einwirkung der Aldehyde, welche auch in polymerisierter Form zur Verwendung gelangen können, auf die Alkohole bei Gegenwart einer geringen Menge Säure oder eines anderen Kondensationsmittels (E. FISCHER und G. GIEBE, *B.* **30**, 3053 [1897]); ferner *Friedländer* VI, 20.

Methylal, Methylendimethyläther, $CH_2(OCH_3)_2$, bildet eine farblose, bewegliche, neutral reagierende Flüssigkeit von angenehmem Geruch. Kp_{750} 41,5°; D^{15}_4 0,872. Methylal löst sich in 3 T. Wasser, mischt sich mit Alkohol, Äther, ätherischen und fetten Ölen. Beständig gegen Alkalien, wird es von Säuren leicht in Formaldehyd und Methylalkohol gespalten.

1 *kg* Paraformaldehyd wird mit $2^1/_2$ *kg* 1%iger methylalkoholischer Salzsäure 6 Stunden gelinde erwärmt. Man macht mit Natronlauge alkalisch und fraktioniert. Ausbeute 2 *kg*.

1 *kg* Formalin wird mit 1,5 *kg* 2%iger methylalkoholischer Salzsäure unter Kühlung gemischt. Dann trägt man allmählich 1 *kg* granuliertes Calciumchlorid ein. Das Methylal scheidet sich schnell ab etc. Ausbeute 1,1 *kg*. Die Kondensation kann auch durch Salmiak bewirkt werden.

Methylal dient als Hypnoticum und Inhalationsanaestheticum. Es ist ein Gegengift für Strychnin.

Äthylal, Methylendiäthyläther, $CH_2(O \cdot C_2H_5)_2$.

Auf 1 *kg* Formalin wendet man 1,2 *kg* 2,5%ige alkoholische Salzsäure und 1 *kg* granuliertes Calciumchlorid an. Ausbeute 1 *kg*. Bei Anwendung von Salmiak als Kondensationsmittel kann man quantitative Ausbeuten erzielen.

Kp 89° (corr.); D^0 0,851. Die Verbindung löst sich bei 18° in 11 *Vol.* Wasser.

Acetal, Äthylidendiäthyläther, $CH_3-CH\,(O\cdot C_2H_5)_2$, ist eine farblose, ätherisch riechende, neutral reagierende Flüssigkeit. Kp_{760} 102,2°; $D^{20}{}_4$ 0,8314. Es löst sich bei 25° in 18 T. Wasser und wird aus dieser Lösung durch Calciumchlorid ausgeschieden. Es ist mit Alkohol und Äther mischbar. Wie alle Acetale wird es von Säuren leicht in seine Komponenten gespalten, von Alkalien aber nicht angegriffen.

Man läßt in 4 *kg* 1%ige absolut-alkoholische Salzsäure 1 *kg* Aldehyd einfließen. Die Temperatur darf auf 50° steigen. Nach 24 Stunden gießt man die Flüssigkeit in das gleiche Volumen Wasser, welches eine genügende Menge Kalilauge oder Pottasche enthält, um die Säure zu binden. Das abgeschiedene Öl wird getrocknet und fraktioniert. Ausbeute 1,3 *kg*.

Acetal dient bei innerlicher Anwendung zur Erzeugung von Schlaf und Anästhesie.

Dimethylacetal, Äthylidendimethyläther, $CH_3-CH\,(O\cdot CH_3)_2$, wird nach dem angegebenen Verfahren aus Acetaldehyd und 1%iger methylalkoholischer Salzsäure gewonnen. $Kp_{751,6}$ 62,7–63,3°; D^{14} 0,8590.

Anwendung als Inhalationsanaestheticum.

Die Methylale aromatischer Aldehyde haben z. T. angenehmen Geruch, ohne aber praktische Anwendung zu finden.

Methylenphenylglykoläther, „Jasmal“, $\begin{matrix} C_6H_5-CH-O \\ CH_2-O \end{matrix}\!\!>CH_2$ ist eine farblose Flüssigkeit von charakteristischem Jasmingeruch. Kp_{12} 103°; *Kp* 218°; D^0 1,1334.

A. Verley, Courbevoie bei Paris, *D. R. P.* 109176; cf. *B.* **32**, 565 [1899]. Ein Gemisch von 50 T. Phenylglykol, 500 T. Wasser, 125 T. 66%iger Schwefelsäure und 100 T. Formalin (40%ig) wird kurze Zeit auf dem Wasserbade erwärmt. Das abgeschiedene leichte Öl wird im Vakuum destilliert.

Die Verbindung kann als Riechstoff Anwendung finden. Im ätherischen Jasminblütenöl kommt sie nicht vor.

Acetalähnliche Kondensationsprodukte aus Glycerin und aromatischen Aldehyden stellt W. Gerhardt, Bonn (*D. R. P.* 253083) dar. *G. Cohn.*

Acetamid, $CH_3\cdot CO\cdot NH_2$, bildet hexagonale Krystalle, die in nicht völlig reinem Zustande einen ganz charakteristischen Geruch haben, leicht löslich in Wasser und Alkohol. *Schmelzp.* 82–83°; *Kp* 222°; *D* 1,159; $D_4^{86,5}$ 0,9901.

Es kann durch Einwirkung von Acetylchlorid auf stark gekühltes Ammoniakwasser gewonnen werden (O. Aschan, *B.* **31**, 2347 [1898]), ferner durch Erhitzen von saurem Ammonacetat (M. François, *J. Pharm. Ch.* [6] **23**, 230 [1906]), am zweckmäßigsten aber durch Reaktion von Eisessig (5 *kg*) mit scharf getrocknetem Rhodanammon (3,15 *kg*). Man erhitzt die Mischung an einem nicht zu langen Kühlrohr je 10 Stunden auf 120–130°, 140–160° und schließlich 170–180°, destilliert das Gemisch und zentrifugiert es nach völligem Erstarren. Wenn das Rohprodukt genügend hell ist, kann die Destillation umgangen und dadurch die Ausbeute etwas erhöht werden. Sie beträgt etwa 4 *kg* (J. Volhard, J. Schulze, *J. pr. Ch.* [2] **27**, 514 [1883]).

Acetamid dient zur Darstellung von Methylamin. Es bildet eine antiseptisch wirkende und Harnsäure lösende Verbindung mit Formaldehyd, $CH_3\cdot CO\cdot NH\cdot CH_2\cdot OH$ (*Kalle, D. R. P.* 164610). Auch Methylendiacetamid $CH_2\,(NH\cdot CO\cdot CH_3)_2$ wurde zu therapeutischen Zwecken angewandt (*Kalle, D. R. P.* 164611). *G. Cohn.*

Acetanilid, $C_6H_5\cdot NH\,CO\cdot CH_3$. Farblose, glänzende, geruchlose Blätter (aus Wasser) oder rhombische Tafeln, von brennendem Geschmack. *Schmelzp.* 115 bis 116°; Kp_{760}, 303.8° (i. D.); D^4 1,2105. Die Verbindung löst sich in 180 T. Wasser bei 6°, in 18 T. bei 100°, in 3,5 T. Weingeist, in 18 T. Äther, leicht in Chloroform. Löslichkeit in anderen organischen Solventien s. A. Seidell, *Am. Soc.* **29**, 1088 [1907]. Acetanilid ist bei 95° merklich flüchtig (A. Puckner, *Z. anorg. Ch.* **19**, 390 [1906]). Das für medizinische Zwecke bestimmte Präparat soll frei von Farbe, Geruch, anorganischen Bestandteilen und Staub sein, sich farblos in konz. Schwefelsäure und Salpetersäure (*D* 1,153) lösen, mit Eisenchlorid keine Färbung geben und den angegebenen Schmelzp. zeigen (Ed. Ritsert, *Ph. Z.* **35**, 306 [1890]).

Zur Darstellung kleinerer Mengen kocht man ein Gemisch von 200 *g* Anilin und 160 *g* Eisessig 8 Stunden am Rückflußkühler. Letzterer soll so lang sein, daß das Reaktionswasser entweichen kann, während Eisessig und Anilin kondensiert werden. Darauf fügt man noch 40 *g* Eisessig hinzu und kocht 6 Stunden, destilliert die Essigsäure möglichst ab und rührt den Rückstand mit warmem Wasser an. Das ausgeschiedene Acetanilid wird gewaschen und bei 120° getrocknet. Ausbeute 280 *g*. Es kann aus Wasser unter Zusatz von Tierkohle umkrystallisiert werden.

Zur Darstellung im Großen dient ein nahtloser Aluminiumkessel von $1^1/_4$" Dicke und 1400 *l* Inhalt. Er hält der korrodierenden Wirkung der Säure völlig stand. Umgeben ist er von einem eisernen eingemauerten Kessel. Der Luftraum zwischen beiden Gefäßen ist $1^1/_2$" breit. Der Aluminiumkessel ist in üblicher Weise mit Destillationsvorrichtung versehen. Er wird mit 760 *kg* Anilinöl und 600 *kg* Eisessig (99%) beschickt und am ersten Tage gelinde erwärmt. Bei 120° kommt eine energische Reaktion in Gang. Es destillieren 70–75 *l* Essigsäure von 14 24% Gehalt ab. Am zweiten Tage läßt man 150 *kg* Eisessig nachfließen und heizt stärker an, so daß das Thermometer nachmittags 150°, abends 240° anzeigt. Während dieses Tages destillieren 4–5 Ballons (zu 35–$37^1/_2$ *l* Inhalt) Flüssigkeit über, deren Säuregehalt 28, 34, 45 und schließlich 70–75% beträgt. Man läßt nunmehr abkühlen und drückt die Schmelze am nächsten Morgen in schmiedeeiserne Pfannen über, in denen sie erstarrt. Ausbeute 1050–1070 *kg* vom *Schmelzp.* 108–110° (ber. 1100 *kg*). P. MÜLLER, *Ch. Ztg.* **36**, 1050, 1055 [1912].

Mit 50%iger Essigsäure geht die Bildung des Acetanilids gleichfalls von statten. Man muß aber das Gemisch im Autoklaven 30 Stunden lang auf 150–160° erhitzen (WM. J. MATHESON & Co., Ltd., New York, *D. R. P.* 98070; P. T. AUSTEN, Brooklyn und H. C. TUTTLE, New York, *A. P.* 578394).

Acetanilid liefert bei der Einwirkung von Chlor 2,4-Dichloracetanilid, von Brom p-Bromacetanilid. Der Organismus wandelt Acetanilid in Acetyl-p-aminophenol um, das als Ätherschwefelsäure oder Glykuronsäure z. T. unter Abspaltung der Acetylgruppe ausgeschieden wird.

Acetanilid dient als Antipyreticum („Antifebrin") und Antineuralgicum, in Dosen von 0,25–0,5 *g*, hat aber vielfach unangenehme Nebenwirkungen, von denen neuere Antipyretica frei sind. Es wird technisch in großem Maßstabe zur Darstellung von p-Nitranilin gebraucht. Es kann den Campher im Celluloid ersetzen und wird in beträchtlichen Mengen zum Verfälschen von Riechstoffen (Piperonal, Vanillin, Moschus etc.) benutzt.

Methylacetanilid $C_6H_5 \cdot N(CH_3) \cdot COCH_3$ bildet bei 101° schmelzende, farblose Krystalle und dient ebenso wie das bei 54,5° schmelzende Äthylacetanilid $C_6H_5 \cdot N(C_2H_5) \cdot COCH_3$ als wertvolles Camphenersatzmittel in der Celluloidindustrie.

G. Cohn.

Acetannin = Diacetyltannin. *Zernik.*

Acetate s. Essigsäure.

Acetatoxyl s. Arsenverbindungen, organische (S. 584). *Zernik.*

Acetessigester, $CH_3 \cdot CO \cdot CH_2 \cdot CO_2 \cdot C_2H_5$, wurde von A. GEUTHER (*A. Ph.* **166**, 97 [1863]) bei der Einwirkung von Natrium auf Essigsäureäthylester entdeckt. Alkylacetessigester wurden von F. FRANKLAND und B. F. DUPPA durch Einwirkung von Alkyljodiden und Natrium auf Essigäther dargestellt (*A.* **135**, 217 [1865]; *A.* **138**, 205, 328 [1866]). J. WISLICENUS klärte die Reaktionen auf, die zur Bildung alkylierter Acetessigester führten (*A.* **186**, 161 [1877]).

Der Ester kann nicht nur in der Keto- sondern auch in der Enolform $CH_3 . C(OH) : CH . CO_2 . C_2H_5$ reagieren. Er wird von der Mehrheit der Chemiker jetzt als ein im Gleichgewicht befindliches allelotropes Gemisch von Keto- und Enolform aufgefaßt. Sein Gehalt an beiden Formen hängt von verschiedenen Umständen, der Art der Darstellung etc. ab (L. KNORR, C. ROTHE und H. AWERBECK, *B.* **44**, 1138 [1911]; A. HANTZSCH, *B.* **43**, 3049 [1910]; K. H. MEYER, *A.* **380**, 212 [1911]). Das Natriumsalz leitet sich von der Enolform ab, weil nur diese zu direkter Salzbildung befähigt ist. Bei der Alkylierung tritt das Alkyl nicht an die Stelle des Metallatoms, sondern an den Kohlenstoff. Bei der Behandlung von Essigäther mit Natrium entsteht wahrscheinlich als primäres Reaktionsprodukt eine Natriumverbindung,

$\frac{CH_3}{NaO}\!\!>\!C\!<\!\frac{O\cdot C_2H_5}{O\cdot C_2H_5}$, die unter Abspaltung von Alkohol mit einem zweiten *Mol.* Essigester zu dem Natriumsalz des Acetessigesters zusammentritt (L. CLAISEN, *A.* **297**, 92 [1897]).

Darstellung: Der zu verarbeitende Essigester (über seine Herstellung s. Essigsäure) muß absolut wasserfrei sein (metallisches Natrium darf innerhalb 15 Minuten nicht einwirken, das Natrium muß blank bleiben). In der Praxis wird mit großem Überschuß an Essigäther gearbeitet. Man verwendet auf 250 *kg* Essigester 25 *kg* Natrium. Das Natrium wird vorher in dünne Scheiben geschnitten und die Reaktion in einer kupfernen, mit Kühler versehenen Destillierblase ausgeführt. Der Essigester kommt zuerst in die Blase, nachdem man sich vorher genau überzeugt hat, daß dieselbe absolut trocken ist und nirgends Wasser hinzutreten kann. Danach werden die Natriumschnitten auf einmal eingefüllt, der Apparat geschlossen und angewärmt, bis die Wasserstoffentwicklung in der Vorlage bemerkbar wird. Hierauf wird der Heizdampf abgestellt und der Deckel der Destillierblase gekühlt, damit nur ein schwacher Strahl von Essigester überdestilliert, welcher stets wieder in die Blase zurückgeführt wird. Nach 2–3 Stunden wird die Reaktion schwächer und die Wasserstoffentwicklung läßt nach. Man stellt daher die Deckelkühlung ab, den Heizdampf im Doppelmantel an und erhitzt 7–8 Stunden lang derart, daß stetig ein dünner Strahl von Essigester überdestilliert, welcher immer wieder in die Blase zurückgegossen wird. Nach Ablauf dieser Zeit hört die Wasserstoffentwicklung vollständig auf, die Reaktion ist also tatsächlich beendigt. Man drückt den Blaseninhalt, bestehend aus Natriumacetessigester, Alkohol und überschüssigem Essigester, in ein Gefäß, welches die zum Zersetzen des Alkoholats und Natriumacetessigesters nötige 50%ige Essigsäure enthält. Zur Vorsicht schaltet man ein feinmaschiges Sieb dazwischen, welches etwa noch vorhandenes Natrium zurückhält und dadurch jede Gefahr beseitigt.

Das Gefäß, in welchem die Umsetzung mit Essigsäure unter Umrühren stattfindet, ist kräftig zu kühlen, damit weder Alkohol noch Essigester verloren gehen kann. Die Flüssigkeit muß deutlich sauer reagieren; hierauf neutralisiert man mit Soda und läßt 10–12 Stunden absitzen. Die untere, hellgelbe Schicht besteht aus einer Lösung von essigsaurem Natrium, welche, nachdem durch Erhitzen Alkohol und Essigester vollständig entfernt worden sind, zwecks Gewinnung von Natriumacetatkrystallen eingedampft wird. Die spezifisch leichtere, aber dunklere obere Schicht besteht aus Acetessigester, Alkohol und Essigester; diese wird vollständig getrocknet, ev. durch trockene Soda oder geschmolzenes Natriumacetat und dann durch Destillation in Alkohol, Essigester und Acetessigester getrennt; letzterer wird nochmals im Vakuum rektifiziert. Sowohl der zurückgewonnene Essigester, als auch der bei der Reaktion gebildete Alkohol werden nach ihrer Reinigung und Konzentration wieder verwendet. Für die Umwandlung in Antipyrin (s. d.) kann nur ein völlig reines Produkt Verwendung finden. Da von der Reinheit des Acetessigesters das Gelingen der weiteren Reaktionen abhängig ist, seien folgende Ansprüche, die man an ihn stellen muß, angeführt:

Bei seiner Destillation bei 750 *mm* Druck dürfen unter 180° höchstens 4% übergehen, 95% sollen bei 180–181° sieden. Er soll ferner allerhöchstens 0,5 *Gew.*-% Essigsäure (Phenolphthalein als Indikator) enthalten.

Eigenschaften: Acetessigester ist eine angenehm riechende Flüssigkeit, die in Wasser wenig löslich und mit Wasserdampf flüchtig ist. Kp_{754} 181°; $Kp_{12,5}$ 71°; $D^{20,4}$ 1,0282; $D^{16,3}$ 1,0307. Er gibt mit Eisenchlorid eine violette Färbung. Durch

Erhitzen mit verdünnten Säuren wird er in Aceton, Kohlensäure und Alkohol gespalten. Durch Erwärmen mit starken Alkalilaugen erleidet er außer dieser noch eine andere Zersetzung, nämlich in 2 *Mol.* Essigsäure.

Mit Ammoniak bildet der Ester Acetessigsäureamid und β-Aminoisocrotonsäureester, mit Anilin Acetessigsäureanilid und β-Anilinoisocrotonsäureester. Es hängt von den Versuchsbedingungen ab, welches Isomere überwiegt oder ausschließlich entsteht. Anilide der Acetessigsäure, welche in o-Stellung Halogen, Alkoxy- oder Aryloxygruppen enthalten, z. B. das o-Chloranilid, 3-Chlor-2-toluid, o-Anisidid, entstehen leicht aus dem Ester und der Base durch Erhitzen in einem indifferenten Lösungsmittel (*Bayer, D.R.P.* 256621; *F.P.* 445321). Durch Nitrieren von Acetessiganilid mit Salpeter-Schwefelsäure bei einer 0° nicht wesentlich übersteigenden Temperatur entsteht p-Nitroacetessiganilid, das man zu der p-Aminoverbindung reduzieren kann (*M.L.B., D.R.P.* 246382).

Der Acetessigester besitzt die Fähigkeit, ungewöhnlich zahlreiche Umbildungen einzugehen. Zwei Eigenheiten sind für seine technische Verwendung bedeutungsvoll, die Reaktionsfähigkeit seiner Methylengruppe und seine Neigung, ringförmige Kondensationsprodukte mannigfachster Art zu liefern. Vermöge der erstgenannten Eigenschaft gibt der Ester Halogen-, Metall-, Acyl- und Alkylverbindungen (s. Alkylieren), eine Isonitrosoverbindung und reagiert mit 1,2-Naphthochinon-4-sulfosäure (P. Ehrlich und C. A. Herter, *Z. physiol. Ch.* **41**, 385 [1904]), sowie mit Aldehyden. Es können 1 oder 2 *Mol.* Ester mit 1 *Mol.* Aldehyd zusammentreten. Im ersteren Falle erhält man z. B. Methylenacetessigester (A. Wülfing, Elberfeld, *D.R.P.* 80216), Äthylidenacetessigester (E. Knoevenagel, Heidelberg, *D.R.P.* 94132, 97734) und Citrylidenacetessigester (*D.R.P.* 94132; 97734; Haarmann & Reimer, Holzminden, *D.R.P.* 124227; E. Knoevenagel, *D.R.P.* 161171), der zu β-Jononcarbonsäuerester umgelagert werden kann (Haarmann & Reimer, Holzminden, *D.R.P.* 124228), im zweiten Falle z. B. Methylenbisacetessigester (Knoevenagel, *D.R.P.* 74885; *M.L.B., D.R.P.* 79087).

Die Reaktionskraft der Methylengruppe befähigt den Ester, mit Diazoverbindungen zu kuppeln, eine Eigenschaft, die den Aniliden (Toluiden, Xylididen etc.) erhalten bleibt, so mit Diazodehydrothiotoluidin (-xylidin)- und Primulinsulfosäure (*M. L. B., D. R. P.* 98761), mit Diazodehydrothiotoluidin (-xylidin) und -primulin (*M. L. B., D. R. P.* 100781), mit Tetrazobenzidinsulfosäure und Analogen (*M. L. B., D. R. P.* 99381), mit Benzidintetrazochlorid und Derivaten (*M. L. B., D. R. P.* 100612), mit Tetrazostilbendisulfosäure, Diazobenzolsulfosäure und -disulfosäure (*M. L. B., D. R. P.* 101917), mit o-Diazosalicylsäure, o-Diazo-p-sulfosalicylsäure, p-Nitro-o-diazosalicylsäure (*M. L. B., D. R. P.* 158148), mit 2-Diazophenolsulfosäure, 6-Nitro-2-diazophenolsulfosäure, 4-Nitro-2-diazophenolsulfosäure, 4-Chlor-2-diazophenolsulfosäure, 3-Diazo-2-kresol-5-sulfosäure etc. (*M. L. B., D. R. P.* 160040). Diazophenyltrimethylammon wird mit α-Naphthylamin, p-Xylidin, m-Toluidin etc. gekuppelt. Die entstandenen Farbstoffe werden diazotiert und mit Acetessiganilid (-toluid, -xylidid) vereinigt (*M. L. B., D. R. P.* 105319). Die Diazoverbindungen aus der Aminosulfosäure der Anthraisothiazole werden ferner mit dem Ester und seinen Aniliden gekuppelt (*Bayer, D. R. P.* 255590). Aus den Diazokörpern der Sulfo- und Carbonsäuren des o-Aminophenols und seiner Derivate stellt man mit Acetessigester Monoazofarbstoffe her, die mit Hydrazinen zu Pyrazolonen kondensiert werden (*Bayer, D.R.P.* 229179; cf. analoge Farbstoffe: C. Bülow, *B.* **31**, 3122; [1898]; **32**, 197 [1899]; **33**, 187 [1900]; derselbe und E. Hailer, *B.* **35**, 919 [1902]; derselbe und F. Busse, *B.* **39**, 2464 [1906]). Aus den Diazoverbindungen hydroxylfreier Mono- und

Dinitroaniline gewinnt man durch Kuppelung mit Acetessiganilid gelbe bis gelbrote Azofarbstoffe (*M. L. B., D. R. P.* 257488), aus Nitrobenzoyl-p-phenylendiaminsulfosäure substantive Farbstoffe, indem man die Diazoverbindung mit Acetessiganiliden kuppelt, dann die Nitro- zur Aminogruppe reduziert und den Farbstoff mit Phosgen behandelt (*M. L. B., D. R. P.* 257689). p-Aminoacetessiganilid reagiert einerseits mit Diazoverbindungen; andererseits kann es auch selbst diazotiert werden (*M. L. B., D. R. P.* 246382). Cf. E. COLLI, Bl. d. I. Soc. industr. Mulh. **73**, 210 [1903].

Die zweite wichtige Eigenschaft des Acetessigesters, seiner Alkylderivate und Amide ist seine Fähigkeit, mit den verschiedensten Substanzen zu Ringgebilden zusammenzutreten, zu Pyridinen, Chinolinen, Pyrazolen, Pyrimidinen, Isoxazolen, Pyrrol- und Furanverbindungen, Cumarinen etc. Die weitaus überwiegende Zahl dieser Kondensationsprodukte hat nur wissenschaftliche Bedeutung. Technisch wertvoll sind vor allem die mit Hydrazinen (Phenyl-, Tolyl-, Naphthylhydrazin und vielen anderen Abkömmlingen) entstehenden Pyrazolone der allgemeinen Formel I.

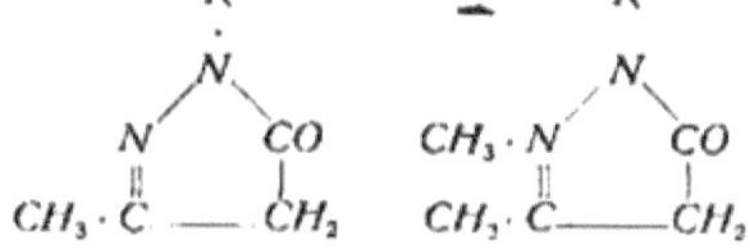

I. II.

Diese enthalten noch die reaktionsfähige Methylengruppe des Acetessigesters und sind deshalb zur Kuppelung mit Diazoverbindungen befähigt. Eine ganze Reihe Pyrazolonfarbstoffe sind zu technischer Bedeutung gelangt. Durch Methylierung gehen die Pyrazolone in Verbindungen vom Typus II über, von denen viele medizinische Verwendung gefunden haben.

Die Kondensation des Acetessigesters mit α-Aminoanthrachinon führt zu einer eigenartigen Verbindung der Formel

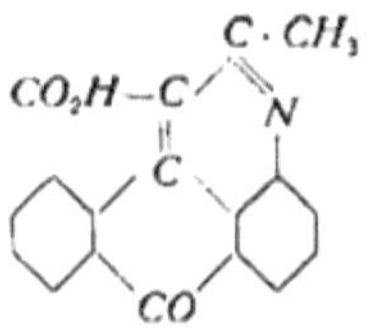

(*Bayer, D. R. P.* 185548, *F. P.* 372676, *E. P.* 28765 [1906]), die aber als solche noch keine Verwendung gefunden hat. Ferner ist der Farbstoff Anthracengelb beachtenswert. Er bildet das Dibromid des Dioxy-β-methylcumarins, welches durch Vereinigung von Acetessigester mit Pyrogallol entsteht (M. WITTENBERG, *J. pr. Ch.* [2] **26**, 68 [1882]; H. v. PECHMANN und C. DUISBERG, *B.* **16**, 2127 [1883]; *Bayer, D. R. P.* 52927, *E. P.* 8411 [1890]).

Aus dem Vorstehenden ergibt sich die technische Verwendung des Acetessigesters. Er dient zur Herstellung zahlloser wissenschaftlicher Präparate — erwähnt sei das in der Analyse gebrauchte Dimethylglyoxim — vieler Farbstoffe (Dianilgelb etc., s. o.), zur Gewinnung von Acetessiganiliden und ihren Azofarbstoffen, von Pyrazolonfarbstoffen, von therapeutisch wertvollen Substanzen (Antipyrin, Salipyrin, Pyramidon) und von Riechstoffen (Ionon).

G. Cohn & A. Hempel.

Acetin. Die reinen Acetine, d. h. Mono-, Di- und Triacetylglycerin (A. C. GEITEL, *J. pr. Ch.* [2] **55**, 417 [1897]) werden in der Technik nicht gebraucht. Unter „Acetin" schlechtweg versteht man ein Rohprodukt, welches ein Gemisch von Mono- und Di- neben wenig Triacetin darstellt. Zu seiner Gewinnung kocht man Glycerin mit etwa der doppelten Menge Eisessig 48 Stunden lang am Rückflußkühler und destilliert dann die überschüssige Essigsäure ab. Das Präparat findet in der Zeugdruckerei Verwendung.

Es hat ein ausgezeichnetes Lösungsvermögen für basische Farbstoffe, insbesondere für Induline, ferner auch für Tannin. Seine Flüchtigkeit ist gering; auch greift es die Faserstoffe nicht an. Diese Eigenschaften fehlen ganz oder teilweise anderen Lösungsmitteln, wie Oxalsäure, Weinsäure, Äthylweinsäure, die gleich dem Acetin den Zweck verfolgen, während des Druckens und Dämpfens den

Farbstoff und das Tannin in Lösung zu halten, damit diese Substanzen in gelöstem Zustande in die Faser eindringen und sich auf ihr zu dem unlöslichen, fest auf der Faser haftenden Farbstofftannat vereinigen können. Nach älteren Methoden war es nur auf Kosten der Haltbarkeit der Faser möglich, mit Indulinen intensive, klare und völlig fixierte Färbungen zu erzielen (*BASF*, *D. R. P.* 37064). Eine bei 80–90° hergestellte Lösung von 1 T. Indulin in 4 T. Acetin kommt als „Acetinblau" (s. d.) in den Handel.

Auch Cellulosefettsäureester kann man gut färben, wenn man den wässerigen Farbstofflösungen Acetin zusetzt (Fürst GUIDO DONNERSMARCKsche KUNSTSEIDEN- und ACETATWERKE, Sydowsaue, *D. R. P.* 228867). *G. Cohn.*

Acetinblau R (*BASF*, *Griesheim*), R-Pulver oder -Lösung (*M. L. B.*) ist ein basischer Azinfarbstoff.

Er entsteht durch die sogenannte Indulinschmelze, indem 2 T. Aminoazobenzol, 2,4 T. salzsaures Anilin und 5,7 T. Anilin auf 135–140° erhitzt werden (*D. R. P.* 50534, *Friedländer* **2**, 196).

Die Indulinschmelze liefert ein Gemenge von Basen, deren einfachste Vertreterin nach der Gleichung

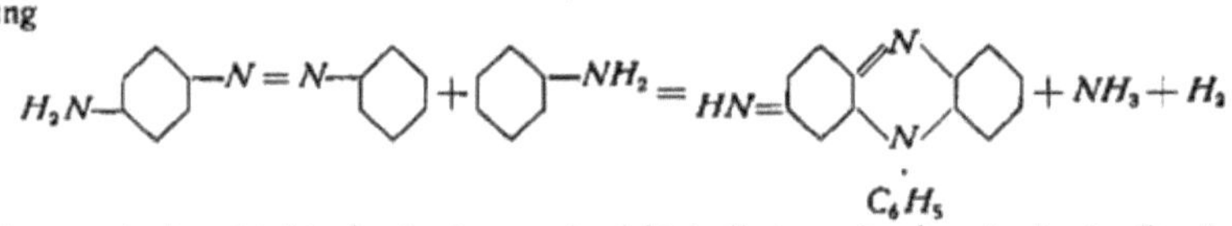

entstanden zu denken ist, bis heute aber noch nicht isoliert werden konnte. In der Regel reagieren weitere Molekel Anilin unter weiterem Wasserstoffaustritt, so daß Basen von folgenden Zusammensetzungen entstehen:

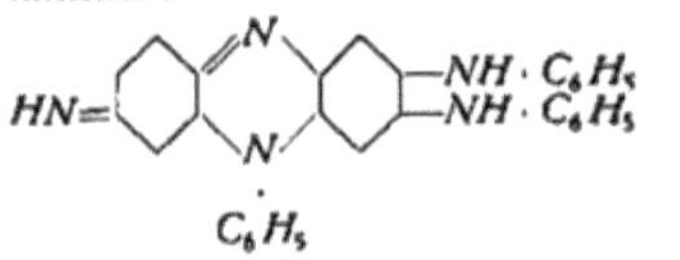

Mono-

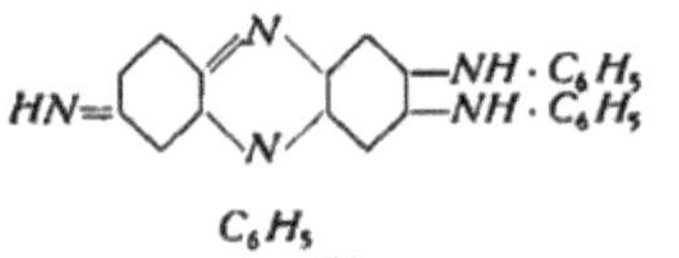

Di-

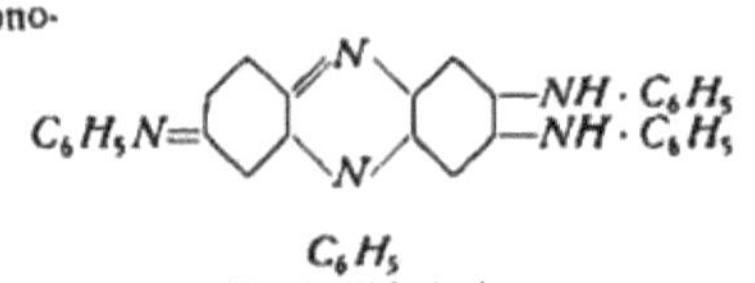

Tri-Anilidoderivat

Die Basen sind in Wasser unlöslich, in Alkohol, Äther und Benzol lösen sie sich mit fuchsinroter Farbe. Ihre Salze sind ebenfalls in Wasser unlöslich, nur das salzsaure und das essigsaure Salz des Monoderivates sind, ersteres schwer, letzteres leicht in Wasser mit blauer Farbe löslich.

Die Auflösung von Indulin in Acetin (s. d.) wird als Acetinblau bezeichnet (*Friedländer* **1**, 293). Der Farbstoff dient in erster Linie im Blaudruck als Indigoersatz, da er gut licht- und seifenecht ist. *Ristenpart.*

Acetindulin R-Lösung (*M. L. B.* und *Cassella*) entspricht Acetinblau. *Ristenpart.*

Acetocaustin: 50%ige wässerige Lösung von Trichloressigsäure. Ätzmittel. *Zernik.*

Aceton, $CH_3 \cdot CO \cdot CH_3$ (Dimethylketon), ist das einfachste Keton und wurde im Jahre 1754 von COURTENVAUX zuerst beobachtet und von DEROSNE Pyroessigäther genannt. Seine Zusammensetzung wurde von A. DUMAS (*A. ch.* [2] **49**, 208 [1832]) sowie J. LIEBIG (*A.* **1**, 225 [1832]) und die Formel durch CHANCEL sowie GERHARDT festgestellt.

Aceton ist eine pfefferminzartig riechende Flüssigkeit. *Kp* 56,5°; *Schmelzp.* –94,9°; D_4^0 0,81378, D_4^{15} 0,79705; D_4^{30} 0,77986. Seine wichtigsten für die Technik in Frage kommenden physikalischen Konstanten sind durch folgende Zahlen charakterisiert:

Kritische Temperatur 234,4; latente Verdampfungswärme für 1 *kg* 125,28 *Cal.* bei 56,3° Verdampfungstemperatur rund 140,5 *Cal.* bei 0° Volumgewicht des Dampfes (Luft = 1) 2,0025. 1 *l* Acetondampf wiegt bei 0^0_{760} 2,5896 *g*.

Die Dampfspannung des Acetons beträgt bei verschiedenen Temperaturen und ausgedrückt in *mm* Quecksilbersäule:

t^0	*mm*	t^0	*mm*
20	179,63	90	. 2141,66
30	281,00	100	. 2797,27
40	420,15	110	. 3593,96
50	620,86	120	. 4546,86
60	860,48	130	5669,72
70	1189,38	140	. 6974,43
80	1611,05		

Hilding BERGSTRÖM (Särtryck ur Bihang till Jern-Kontorets Annalen **1912**) hat die Zusammensetzung des Dampfes, der sich beim Kochen von wässerigen

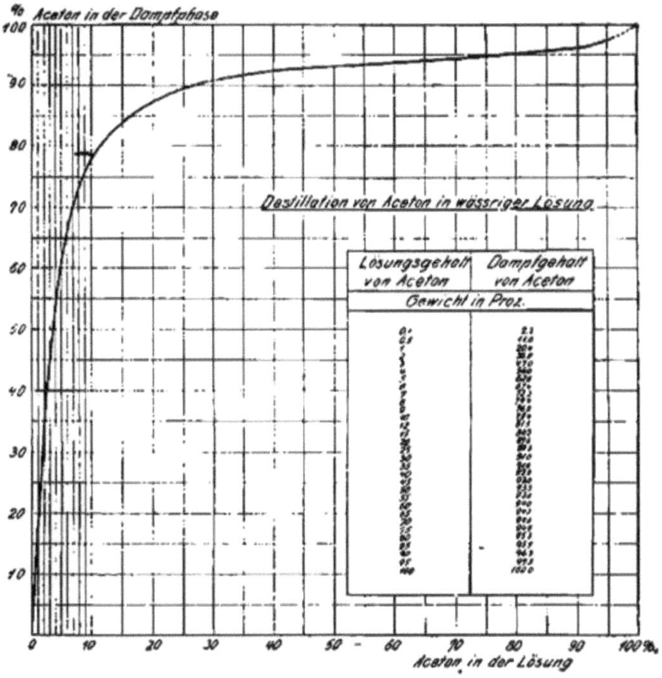

Abb. 64. Siedepunktsdiagramm wässeriger Acetonlösungen.

Acetonlösungen entwickelt, bestimmt; die von ihm erhaltenen Resultate sind in der vorstehenden Tabelle wiedergegeben und auch in graphischer Weise durch die Abb. 64 veranschaulicht.

Technische Herstellung des Rohacetons.

Für die technische Herstellung von Aceton kommen als Ausgangsmaterialien ausschließlich die drei nachfolgenden in Betracht:

1. Der Rohholzgeist, wie solcher bei der Destillation des Holzes erhalten wird, und dessen Herstellungsweise in dem Abschnitt über Holzverkohlung näher behandelt ist,

2. die Essigsäure, wie solche indirekt als Gärungsessig oder Holzessig gewonnen wird,

3. essigsaure Salze und hauptsächlich das wohlfeilste dieser Salze, der essigsaure Kalk, welcher in großen Mengen bei der Destillation des Holzes bzw. bei der Aufarbeitung des Holzessigs erhalten wird.

1. Gewinnung aus rohem Holzgeist. Der Gehalt des Rohholzgeistes an Aceton ist ein verschiedener; er hängt ganz und gar von der Verkohlungsmethode und der Zusammensetzung des Holzes ab. Man wird nicht fehl gehen, wenn man den Gehalt des Rohholzgeistes von 100% mit ca. 10—20% annimmt. Bei der Fraktionierung des Holzgeistes zum Zwecke der Isolierung von Methylalkohol aus ihm werden sehr acetonreiche Vorläufe gewonnen, welche bis zu 50% Aceton und mehr enthalten. In diesen Vorläufen ist aber das Aceton stets mit Methylacetat vermischt, und da diese Vorläufe außerdem noch eine ganze Anzahl anderer organischer Produkte enthalten, deren Siedepunkt nahe bei demjenigen des Acetons liegt und deren Dampftension derjenigen des Acetons gleicht, so ist es bisher nicht gelungen, aus diesen Vorläufen, selbst bei einer wiederholten Rektifikation, reines Aceton zu isolieren, jedenfalls nicht auf eine genügend billige Weise, welche eine Konkurrenz mit dem aus essigsauren Salzen erhaltenen Aceton aushalten kann. Man beschränkt sich deshalb darauf, diese acetonhaltigen Vorläufe der Holzgeistrektifikation, so weit als möglich, an Aceton anzureichern, und bringt dieses so erhaltene acetonreiche Produkt als Lösungsmittel in den Handel.

2. Gewinnung aus Essigsäure. Nach den Untersuchungen von E. R. Squibb (*W. J.* **1895**, 544) wird beim Überleiten von Essigsäuredämpfen über erhitztes Bariumacetat bzw. Bariumcarbonat oder Bimsstein die Essigsäure unter Abspaltung von Kohlensäure und Wasser direkt in Aceton übergeführt. Diese Reaktion verläuft aber leider nicht quantitativ; denn es wird nicht nur durch Nebenreaktionen Äthan gebildet, sondern es ist auch nicht möglich, die gesamte Menge der über das Bariumacetat geleiteten Essigsäure in Aceton zu verwandeln, wodurch das acetonhaltige Destillat beträchtliche Mengen freier Essigsäure enthält. Um nun diese unzersetzt gebliebene Essigsäure gleichfalls in Aceton überführen zu können, muß sie durch Neutralisation mittels Kalkes oder irgend einer andern Base gebunden und das durch Verdampfen erhaltene trockene Acetat auf dem Wege der trockenen Destillation in Aceton verwandelt werden.

Obgleich das von Squibb zuerst publizierte Verfahren der direkten Darstellung von Aceton aus Essigsäure an die Möglichkeit einer kontinuierlichen Darstellung denken ließ, so haben doch im Großen angestellte Versuche ergeben, daß dieses Verfahren gleichfalls nicht im stande ist, mit der direkten Darstellung des Acetons aus essigsauren Salzen zu konkurrieren, u. zw. aus den oben bereits angeführten Gründen, d. h. wegen des Auftretens von verlustbringenden Nebenreaktionen und wegen der Notwendigkeit, die im Destillat enthaltene Essigsäure, welche sich der Reaktion entzogen hat, durch Neutralisieren und Eintrocknen der Acetatlösungen nutzbar machen zu müssen.

3. Gewinnung aus Acetaten. Die bedeutenden Mengen Aceton, welche heutzutage in allen Kulturländern gebraucht werden, werden aus essigsauren Salzen gewonnen. Von diesen wiederum wird ausschließlich der essigsaure Kalk benutzt, weil Natrium-, Barium-, Bleiacetate etc. mit der Verwendung von Calciumacetat nicht konkurrieren können, abgesehen von einigen lokalen Fällen.

Die Herstellung des essigsauren Kalkes ist unter Holzverkohlung (s. d.) beschrieben. Der essigsaure Kalk des Handels entspricht im allgemeinen der folgenden Zusammensetzung:

82—84% Calciumacetat (bestimmt nach der Methode FRESENIUS),

3—5% organische Begleitprodukte,

11% Feuchtigkeit (atmosphärisches Wasser), Krystallwasser und andere anorganische Begleitprodukte.

Wird essigsaurer Kalk der trockenen Destillation unterworfen, so entstehen:

$$(CH_3CO_2)_2Ca = CaCO_3 + 2CH_3 \cdot CO \cdot CH_3$$

kohlensaurer Kalk, welcher als Destillationsrückstand verbleibt, und Aceton, welches aus dem Destillationsapparat in Dampfform nach dem Kühler gelangt und hier zu Flüssigkeit kondensiert wird.

Diese Reaktion verläuft aber bei der technischen Darstellung des Acetons aus essigsaurem Kalk nicht so glatt nach obiger Gleichung, denn auch die organischen Begleitprodukte des essigsauren Kalkes werden bei der trockenen Destillation zersetzt unter Bildung von Teer und Gasen, die sich unter den Bedingungen der technischen Acetonherstellung nicht kondensieren lassen. Da in dem essigsauren Kalk auch propion- und buttersaurer Kalk enthalten ist, welche bei der Analyse als essigsaurer Kalk in Rechnung gestellt sind, so entstehen aus diesen Säuren die entsprechenden Ketone, oder auch Mischketone. Außer propion- und buttersaurem Kalk enthält der essigsaure Kalk meistens auch noch ameisensauren Kalk, aus welchem bei der trockenen Destillation Holzgeist, Formaldehyd resp. andere Aldehyde entstehen. Da ferner der essigsaure Kalk unter Umständen auch noch Calciumhydroxyd enthält, so wirkt dieser auf essigsauren Kalk unter Bildung von kohlensaurem Kalk und Methan ein im Sinne der Gleichung:

$$(CH_3 \cdot CO_2)_2Ca + Ca(OH)_2 = 2CaCO_3 + 2CH_4.$$

Schließlich läßt es sich auch nicht vermeiden, daß schon fertig gebildetes Aceton resp. seine Dämpfe durch Berührung mit überhitzten Teilen des Destillierapparates zersetzt bzw. durch Kondensation verändert werden.

Der Acetonbildungsprozeß aus essigsaurem Kalk kann daher nicht durch eine einfache chemische Gleichung dargestellt werden, sondern er entspricht einer Reihe von chemischen Reaktionen, welche teils nebeneinander verlaufen, teils auch zeitlich getrennt.

Nach der Theorie sollten aus 100 *kg* essigsaurem Kalk von 80% (falls keine Essigsäurehomologen zugegen sind) 30 *kg* Aceton gebildet werden. Eine derartige Ausbeute wird aber bei der technischen Darstellung des Acetons aus essigsaurem Kalk niemals erreicht, und es muß als eine gute Ausbeute betrachtet werden, wenn man aus 100 *kg* Graukalk von 80% insgesamt 25 *kg* Ketone produziert. Von diesen 25 *kg* (Aceton und höhere Ketone) werden selten mehr als 20—21 *kg* chemisch reines Aceton als verkaufsfertige Ware erhalten.

Technische Methoden der trockenen Destillation des essigsauren Kalkes. Die Acetonbildung aus essigsaurem Kalk tritt ein, wenn dieser unter Luftabschluß auf ca. 400° erhitzt wird. Wie bereits oben erwähnt, enthält der essigsaure Kalk des Handels nicht unwesentliche Mengen Feuchtigkeit, ca. 3—5%, die beim Trocknen bei 125° verdampfen, und ca. 9% Krystallwasser ($^1/_2$ *Mol.*), welches erst bei Temperaturen entweicht, bei welchen bereits eine Spaltung des essigsauren Kalkes in kohlensauren Kalk und Aceton eintritt. Infolge der Gegenwart dieses Wassers gelingt es nicht, die der Acetonbildung günstigste Maximaltemperatur gleich von Anfang an zu erreichen. Der Acetonprozeß spielt sich vielmehr in der Weise ab, daß zuerst das atmosphärische Wasser entweicht und dann das Krystallwasser, u. zw. in dem Maße, wie die Innentemperatur innerhalb des Destillationsapparates steigt.

Sobald aber das Krystallwasser entweicht, sobald also eine genügende Temperatur, welche die Abgabe desselben voraussetzt, erreicht ist, treten auch schon geringe Mengen Aceton mit den Wasserdämpfen aus dem Destillationsapparat aus, ein Beweis, daß der essigsaure Kalk auch schon vor Erreichung der eigentlichen Acetonbildungstemperatur mehr oder weniger zerlegt wird. Sobald nun das Wasser aus dem essigsauren Kalk völlig entfernt ist, tritt ein kurzes Intervall in der Destillation auf, und alsdann beginnt erst das eigentliche Aceton zu laufen. Diese Periode ist dadurch charakterisiert, daß sich die Farbe des austretenden Destillats ändert, u. zw. von hellgelb in dunkelbraun, und daß Gase auftreten, welche von dem Kühler nicht kondensiert werden können. Auch ändert sich das spezifische Gewicht ganz bedeutend, weil das jetzt auftretende Destillat viel Aceton und wenig Wasser enthält, während es in der vorausgegangenen Periode der Entwässerung des essigsauren Kalkes viel Wasser und nur geringe Mengen Aceton enthielt. Der Prozeß der trockenen Destillation des essigsauren Kalkes wird fortgesetzt, bis nur noch geringe Mengen Rohaceton aus dem Kühler austreten und die Übergangsrohre zwischen Destillationsapparat und Kühler ein deutliches Erkalten zeigen. Öffnet man in diesem Moment den Destillationsapparat, erlaubt man also der Luft Zutritt zu den Acetondämpfen, welche sich noch in dem Apparat befinden, so würde eine explosionsartige Entzündung dieser Dämpfe eintreten, die nicht nur Schaden anrichten könnte, sondern auch einen Verlust an Aceton bedeuten würde. Um diesen Übelstand zu vermeiden, pflegt man vor dem Öffnen des Destillierapparates, also vor der Entleerung des wertlosen Destillationsrückstandes, eine Zeitlang Dampf durch den Apparat zu leiten, um daraus die verbliebenen Acetondämpfe zu verdrängen, die letzten Reste essigsauren Kalkes zu zersetzen, und endlich den Apparat für die Entleerung vorzubereiten, d. h. etwas abzukühlen.

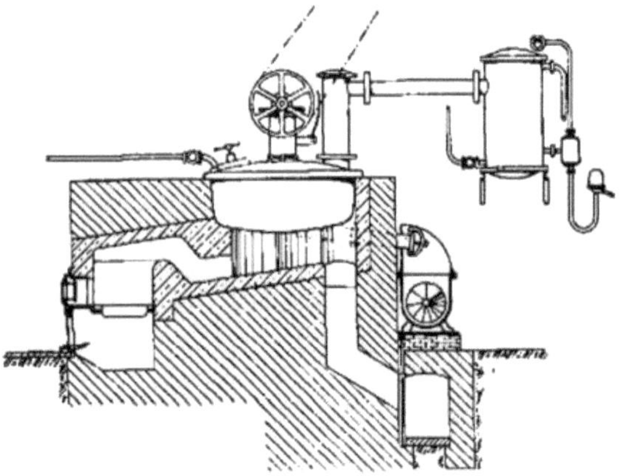

Abb. 65. Apparat zur Destillation des essigsauren Kalkes nach dem alten Rührwerkverfahren.

Die für die trockene Destillation in der Technik verwandte Apparatur besteht in ihren wesentlichsten Teilen aus:

1. einem eisernen Behälter, in welchem der essigsaure Kalk auf die Acetonbildungstemperatur von ca. 400° auf irgend eine Weise erhitzt wird,
2. einem Kühler, welcher durch Rohre mit dem Zersetzungsbehälter in Verbindung steht,
3. einem Staubfänger, welcher meistenteils zwischen dem Kühler und dem Destillierapparat eingeschaltet ist.

In der Technik werden der Hauptsache nach 3 verschiedene Arten von Destillierapparaten verwandt, u. zw. unterscheiden sich diese Apparate hauptsächlich durch die Art und Weise, wie die Wärme in den essigsauren Kalk geleitet wird. Bei den ältesten Apparaten wurden die Reaktionsgefäße direkt beheizt, während neue Konstruktionen zur Vermeidung von lokaler Überhitzung des essigsauren Kalkes die Wärmestrahlung heranziehen oder auch die Wärme mittels überhitzten Wasserdampfes übertragen.

Die einfachste älteste Form eines Destillierapparates zur trockenen Destillation von essigsaurem Kalk (s. Abb. 65) besteht aus einer flachen gußeisernen Schale, welche in einen mit direktem Feuer beheizten Ofen eingesetzt und durch einen gewölbten Deckel verschlossen ist, der ein Mannloch, das Rührwerk und Ableitungsrohr trägt. Die Feuergase bestreichen die Schale, in welche der essigsaure Kalk durch das im Deckel vorgesehene Mannloch eingeführt wird. Die auf einmal zu destillierenden Chargen betragen je nach der Größe des Apparates ca. 100 bis 300 *kg* Acetat. Um nun lokale Überhitzung zu vermeiden, ist der Apparat mit einem Rührwerk ausgestattet, welches den essigsauren Kalk beständig über die zur dunklen Rotglut erhitzte Wandung der unteren Schale führt. Von dem Deckel führt ein Verbindungsrohr die Dämpfe und Gase der trockenen Destillation des essigsauren Kalkes in ein Hohlgefäß, welches als Staubfänger dient und den von den Dämpfen und Gasen unvermeidlich mitgeführten essigsauren Kalk bzw. kohlensauren Kalk zurückhält. Der Staubfänger ist durch ein Übersteigrohr mit einem Kühler verbunden, welcher als Schlangen- oder auch als Rohrkühler konstruiert werden kann. Der letztere hat den Vorzug, eine leichtere Reinigung zu ermöglichen; u. zw. werden die Dämpfe durch die Rohre geleitet, während das Wasser außerhalb derselben zirkuliert. Der Kühlerausfluß ist mit einem T-Stück versehen, um die kondensierte Flüssigkeit von den unkondensierbaren Gasen zu trennen.

Die Natur dieser relativ kleinen Apparate bedingt es, daß lokale Überhitzung nicht vermieden werden kann, selbst unter Anwendung einer Gas-, Teer- oder Ölfeuerung. Man hat deshalb Metallbäder zur Beheizung der unteren Schale angewandt. Diese Beheizung hat sich aber nicht bewährt, weil sich die Metallbäder im Laufe des Betriebes durch Oxydationsprozesse verändern, wobei sie ihre Flüssigkeitsform allmählich verlieren und dann ihrem Zweck nicht mehr entsprechen, im Gegenteil mehr Brennmaterial erfordern und erst recht lokalen Überhitzungen Tür und Tor öffnen.

Diese Rührwerkapparate sind heutzutage mehr oder weniger aufgegeben worden, da sie gegenüber neuen Konstruktionen eine um ca. 10% geringere Ausbeute liefern. Ein weiterer Grund, diese Rührwerkapparate zu verlassen, war dadurch gegeben, daß durch die ständige Bewegung des leichten essigsauren Kalkes bzw. des kohlensauren Kalkes nicht nur bedeutende Mengen Staub in das Destillat gelangten, sondern daß auch bei der Entleerung große Staubmengen in das Arbeitslokal unvermeidlich eintraten. Ebenso waren diese Rückstandshalden eine große Belästigung für die Fabrik und Nachbarschaft, sobald die Luft nur irgend wie bewegt war.

Um nun diese Übelstände zu beseitigen, mußte das Rührwerk fortfallen und eine Überhitzung durch vorsichtigere Beheizung verhütet werden. Dies ist gelungen durch Einführung eines Destillierapparates, welcher es ermöglicht, große Chargen Acetat auf einmal zu zersetzen, u. zw. dadurch, daß man den essigsauren Kalk in dünner Schicht der Wärmestrahlung erhitzter Metallwände aussetzt (F. H. Meyer, Hannover-Hainholz, *D. R. P.* 134977 [1900]).

Zur Ausführung des Verfahrens nach diesem Patent, nach welchem heutzutage die größten Acetonfabriken arbeiten, wird der essigsaure Kalk auf eisernen Horden in dünner Schicht ausgebreitet (s. Abb. 66). Die Horden werden auf ein eisernes Wagengestell placiert und das beladene Gestell alsbald in eine horizontal liegende, allseitig vom Feuer umspülte Retorte eingefahren. Durch Anwendung von Gasheizung gelingt es, diese Retorte gleichmäßig auf ihre ganze Länge zu erhitzen und glühende, lokal überhitzte Stellen sicher zu vermeiden. Die Wärmeübertragung geschieht, ohne daß der essigsaure Kalk mit den direkt von Feuergasen beheizten Wänden der Retorte in Berührung kommt, so daß sekundäre Reaktionen, bedingt durch lokale Überhitzungen, ausgeschlossen werden. Apparate dieser Art können Chargen von 250 *kg* – 8000 *kg* aufnehmen; die Destillationszeit beträgt 8–24 Stunden. Nach vollendetem Destillationsprozeß wird in die Retorten trockener Dampf eingeblasen, um, wie schon oben erwähnt, zurückgebliebenen Acetondampf zu entfernen und nutzbar zu machen, und um auch die letzten Reste essigsauren Kalkes zu zersetzen. Die übrigen Einrichtungen dieses Destillationsapparates ähneln denen, welche bereits für die Rührwerkapparate beschrieben sind (s. Abb. 66).

Nach Vollendung der Zersetzung des essigsauren Kalkes und des Einblasens von trockenem Dampf wird die Tür der horizontalen Retorte geöffnet, das Wagengestell mit den Horden, welche jetzt kohlensauren Kalk enthalten, herausgezogen und sofort ein in Reserve gehaltener Wagen mit Frischfüllung eingeschoben. Auf diese Weise gelingt es, den Prozeß fast kontinuierlich durchzuführen, und da der essigsaure Kalk mit keinerlei Rührwerk in Berührung kommt, so behält er eine körnige Form, wodurch das lästige Stauben während der Entleerung und der späteren Ablagerung und Abfuhr ganz in Wegfall kommt. Da, wie aus der Beschreibung hervorgeht, lokale Überhitzungen des essigsauren Kalkes unmöglich sind, da ferner die dampf- und gasförmigen Destillationsprodukte vor dem Eintritt in den Kühler gleichfalls mit glühenden Metallwänden nicht in Berührung kommen, so werden mit diesen horizontalen Retortenapparaten ganz wesentlich bessere Ausbeuten erzielt (bis 21 *kg* reines Aceton per 100 *kg*) und auch sonstige Vorteile erreicht,

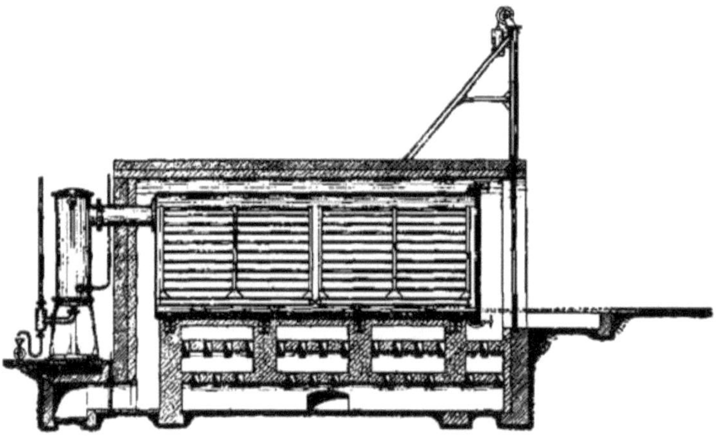

Abb. 66. Apparat zur Destillation des essigsauren Kalkes in dünner Schicht. (F. H. MEYER, *D. R. P.* 134977.)

z. B. wesentlich geringerer Brennmaterialverbrauch und weniger Arbeiter zur Bedienung der Anlage sowie geringere Anlagekosten, da die Chargen bedeutend größer gewählt werden können.

Außer diesen beiden bisher beschriebenen Verfahren der trockenen Destillation von essigsaurem Kalk wird noch ein drittes Verfahren in der Praxis angewandt, welches auf der Benutzung von überhitztem Dampf als Wärmeübertragungsmittel beruht. Die diesem Verfahren dienende Apparatur setzt sich aus folgenden Hauptteilen zusammen:

1. dem Dampfüberhitzer, bestehend aus einem System von schmiedeisernen Rohren, durch welche der Dampf zirkuliert, und welche auf irgend eine Weise von außen auf die erforderliche Temperatur erhitzt werden,

2. dem vertikal angeordneten Behälter zur Aufnahme des zu zersetzenden essigsauren Kalkes, welcher aus einer schmiedeisernen oder gußeisernen Retorte besteht, die in einen Ofen eingemauert ist und von außen durch irgend eine Feuerung erhitzt werden kann. Diese Retorte besitzt oben eine Füllöffnung für den essigsauren Kalk und unten eine Entleerungsöffnung zur Entfernung des Rückstandes. Außerdem sind Vorkehrungen getroffen, um den überhitzten Dampf in den unteren Teil dieser vertikalen Retorte eintreten zu lassen,

3. dem Staubfänger und dem Kühler, welche Teile ganz ähnlich denen konstruiert sind, welche bei den schon vorher beschriebenen Apparaten zur Anwendung kommen, nur muß der Kühler infolge der erheblich größeren Kondensatmenge, bedingt durch das andauernde Einblasen von überhitztem Dampf, entsprechend größer gewählt sein.

Der Zersetzungsprozeß wird in der Weise ausgeführt, daß man die Retorte mit dem essigsauren Kalk durch die obere Füllöffnung füllt, u. zw. werden kleinere Chargen, z. B. 300 *kg*, auf einmal der Destillation unterworfen. Um dem überhitzten Dampf einen leichten Durchtritt durch die dicht geschichtete Masse des essigsauren Kalkes zu verschaffen, muß letzterer bei diesem Verfahren sorgfältig von Staub und kleinen Körnern durch einen Siebprozeß befreit sein. Durch die die Retorte umziehenden Feuergase wird der Kalk für die Zersetzung vorgewärmt und alsdann der überhitzte Dampf durchgeblasen und dieser Prozeß fortgesetzt, bis das ablaufende Destillat kein oder nur unwesentliche Mengen Aceton enthält.

Das Wesen dieses Verfahrens bringt es mit sich, daß durch das Einblasen des überhitzten Dampfes ein sehr verdünntes Rohaceton entsteht. Dieser Umstand bedeutet einen bedeutend höheren Brennmaterialaufwand, und da auch der Vorbereitungsprozeß des essigsauren Kalkes, d. h. das Absieben des Pulvers, Verluste bedeutet, so steht aus diesen Gründen das Verfahren der Darstellung von Aceton durch überhitzten Dampf dem Verfahren der Zersetzung in flachen Schichten nach, trotzdem die Ausbeuten bei dem Dampfverfahren noch um eine Kleinigkeit günstiger sind als bei dem Verfahren der Zersetzung in dünner Schicht.

Allerdings werden die Vorteile der etwas höheren Ausbeute reichlich wieder aufgehoben durch einen wesentlich größeren Aufwand an Brennmaterial, welchen die Destillation erfordert und welchen auch die Aufarbeitung des sehr verdünnten Rohacetons benötigt.

Herstellung des reinen Acetons aus dem Rohaceton.

Das Rohaceton stellt eine tiefbraune Flüssigkeit dar, die je nach der angewandten Menge eingeblasenen Dampfes eine verschiedene Konzentration zeigt und sich meistens in 2 Schichten trennt, u. zw. in eine untere, welche gelblich gefärbt ist und hauptsächlich das Aceton, und in eine obere braunschwarz gefärbte Schicht, welche hauptsächlich die höheren Ketone, Teerprodukte, Mesityloxyd, Phoron, Kohlenwasserstoffe, Phenole, Amine enthält. Da außerdem durch Zersetzung des ameisensauren Kalkes Aldehyd entsteht, so enthält das Rohaceton Formaldehyd und seine Homologen.

Die Rührwerkapparate sowohl als auch die Retortenapparate, in welchen der essigsaure Kalk durch Destillation aus flacher Schicht mittels Wärmestrahlung zersetzt wird, liefern ein Rohaceton, welches ca. 35–40% Aceton und Ketone enthält, während das Dampfverfahren ein Rohaceton mit nur 10% Aceton und anderen Ketonen liefert.

Aufgabe der Reinigung des Rohacetons ist es, die oben erwähnten Beimischungen zu zerstören, unschädlich zu machen, oder von dem Aceton abzutrennen. Zunächst wird das Rohaceton verdünnt, falls nicht der Prozeß an und für sich ein verdünntes Rohaceton liefern sollte, um die schwer löslichen Ketone und sonstigen Beimischungen von der Hauptmenge des Acetons zu trennen, welches in Wasser leicht löslich ist. Diese Verdünnung wird in einem geschlossenen, mit Rührwerk ausgestatteten Apparat (s. Abb. 67) vorgenommen und alsdann die Mischung im gleichen Apparat der Ruhe überlassen. Dabei scheidet sich eine untere gelb bis bräunlich gefärbte wässerige Schicht ab, welche die Hauptmenge des Acetons enthält, und eine auf der wässerigen Lösung schwimmende ölige und schwarzbraun gefärbte Schicht, welche die Hauptmenge der begleitenden Ketone, des Teers, der Kohlenwasserstoffe etc. enthält. Die untere wässerige Lösung wird von der obenauf schwimmenden öligen Schicht abgetrennt und nun durch Zusatz von Alkalien oder alkalischen Erden die freie Säure gebunden.

Die neutralisierte Lösung gelangt alsdann in die Blase eines Kolonnenapparates, welcher in seiner Konstruktion den in der Spiritusindustrie gebräuchlichen Fraktionierapparaten gleicht und sich zusammensetzt aus der Blase nebst Heizschlange, der Kolonne mit den eingebauten Sieb- oder Glockenböden, dem Dephlegmator und dem Kondensator. Die Wirkungsweise dieser Apparate ist in dem Kapitel Destillation (s. d.) beschrieben.

Zur Zerstörung der Aldehyde und zur sicheren Bindung etwa vorhandener Phenole wird dem Blaseninhalt nochmals ein Überschuß von Ätznatron zugeführt und alsdann mit der Fraktionierung bzw. Rektifikation begonnen. Diese wird gewöhnlich nach der Anzeige des Thermometers geleitet, wobei zwischen 54° und 60°, gemessen vor Eintritt in den Kühler, die Hauptmenge des Destillats in Form eines technisch reinen Acetons von 97% erhalten wird. Es folgen alsdann Destillate, welche zwischen 60° und 85° übergehen und, mit der Spiritusspindel gemessen, ca. 82% anzeigen. Während die Hauptmenge des zwischen 54—60° übergehenden Acetons mit Wasser in jedem Verhältnis mischbar ist, läßt sich das zwischen 60—85° übergehende Destillat nicht mehr mit Wasser mischen, sondern es scheidet auf Zusatz die in Wasser schwerer löslichen höheren Ketone (Methyläthylketon) ab. Nachdem dieses Destillat übergegangen ist, erscheint in dem Kühlerablauf ein Gemisch von Wasser und gelben Ölen.

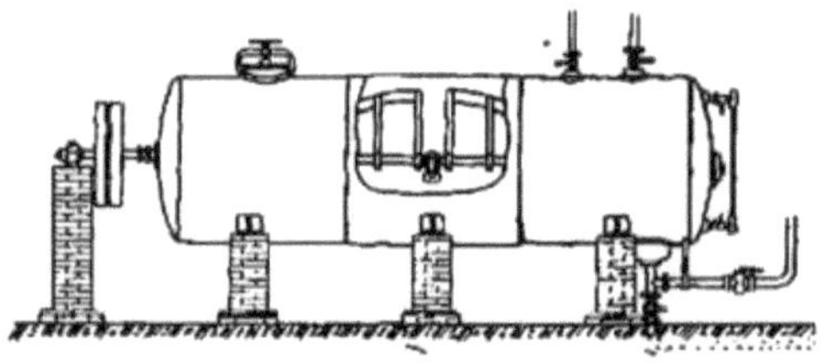

Abb. 67. Rohaceton-Misch- und Waschapparat.

Diese drei Fraktionen werden gesondert aufgefangen. Die erste stellt zwar noch kein chemisch reines Aceton dar, doch ist dieses Produkt schon für viele Zwecke verwendbar. Um jedoch chemisch reines Aceton herzustellen, wird die zwischen 54—60° übergehende Fraktion einer erneuten Rektifikation unterworfen, wobei gewöhnlich zur chemischen Reinigung Zusätze von Alkalien oder alkalischen Erden gemacht werden. Das Produkt dieser zweiten Rektifikation stellt alsdann chemisch reines Aceton dar, welches den höchsten Ansprüchen genügt und für die Zwecke der Pulverfabrikation benutzt werden kann.

Auch die zwischen 60—85° übergegangene Fraktion der ersten Rektifikation wird nach Verdünnung mit Wasser einer erneuten Rektifikation unterworfen, wobei als Hauptmenge des Destillates das Methyläthylketon gewonnen wird, auch weißes Acetonöl genannt, *Kp* 70—120°.

Das Gemisch von gelbem Acetonöl und Wasser, welches als Nachlauf jeder Rektifikation von Acetonhalbfabrikaten erhalten wird, wird der Ruhe überlassen, das Wasser abgetrennt und das auf dem Wasser schwimmende Öl einer Redestillation unterworfen, wobei die sog. gelben Acetonöle resultieren, deren *Siedep.*, je nach Fraktionierung und Zusammenstellung, zwischen 120° und 250° liegt.

Anwendung des Acetons. Die Hauptmengen des Acetons dienen in der Fabrikation des rauchlosen Pulvers zum Gelatinieren der Nitrocellulose, u. zw. ist es die englische Regierung, welche Aceton in ganz außerordentlich großen Mengen für die Fabrikation dieser Pulverart (Cordit) verwendet. Auch die Celluloidindustrie macht Gebrauch von diesem Quellungsvermögen des Acetons, um die Nitrocellulose in eine Form überzuführen, die es gestattet, die gequellte Masse in Platten auszuwalzen, etc. Diese Aceton-Nitrocelluloselösung wird auch für gewisse Zwecke als Klebemittel benutzt. Außer der Lösung oder Quellung von Nitrocellulose wird Aceton gelegentlich auch für die Extraktion organischer Produkte, wie z. B. Fetten, Harzen, Gerbsäuren etc., herangezogen.

Eine ziemlich ausgedehnte Verwendung findet das Aceton zum Absorbieren von Acetylengas. Das mit Acetylen unter Druck gesättigte Aceton dient als sog. Autogas zum Beleuchten von Automobilen und wird in Stahlflaschen in den Handel gebracht. S. Acetylen.

Auch zu Additionsreaktionen mit organischen Produkten wird Aceton verwendet, z. B. zur Vereinigung mit Casein, wodurch eine plastische Masse entsteht; das Vereinigungsprodukt mit Copalharz ist bernsteinähnlich; die Additionsprodukte mit Glycerin, Mannit, Arabit stellen Camphersurrogate dar (*D. R. P.* 214962).

Die Photographie, Druckerei und Färberei machen Gebrauch von den Bisulfitsalzen des Acetons oder auch den Hydrosulfiten, welche als Entwickler bzw. als Reduktionsmittel dienen. Ferner dient das Aceton als Rohmaterial zur Herstellung anderer organischer Produkte, von welchen nur Chloroform, Jodoform, Acetonchloroform, Sulfonal, Jonon und schließlich das Ausgangsprodukt zur Herstellung von künstlichem Kautschuk, nämlich Isopren, genannt werden sollen. Schließlich sei noch erwähnt, daß Aceton auch zur Herstellung von Indigo aus o-Nitrobenzaldehyd diente.

Alle diese Verwendungsarten stehen aber zurück gegenüber der Verwendung des Acetons als Quellungsmittel für Nitrocellulose.

Untersuchung des Acetons. Da die Hauptmenge des Acetons für Pulverfabrikation Verwendung findet, so haben die meisten der Staaten, welche sich des Acetons für ihre Zwecke der Fabrikation des rauchlosen Pulvers bedienen, auch besondere Vorschriften für den Ankauf des Acetons erlassen.

Die deutsche Regierung stellt folgende Ansprüche an das Aceton:

1. Das äußere Ansehen des Acetons muß wasserhell sein und klar.

2. Es muß sich mit destilliertem Wasser in jedem Verhältnis mischen lassen, die Mischung darf weder sofort, noch nach längerem Stehen eine Trübung oder einen Niederschlag zeigen.

3. Es muß völlig neutral sein.

10 *ccm* Aceton dürfen durch einige Tropfen Phenolphthaleinlösung nicht gerötet werden. Nach Zufluß von 1 *ccm* $^1/_{10}$-Normallauge muß jedoch deutliche Rötung eintreten. Eine Lösung von Quecksilberchlorid darf im Aceton keine Trübung hervorrufen.

4. Das Aceton muß bei der Temperatur von 15° C, mit dem Thermoalkoholometer gemessen, wenigstens 98,5 % zeigen.

5. Das Aceton darf nicht mehr als 0,1 % Aldehyd enthalten. Die Prüfung der Aldehydgrenze erfolgt durch Reduktion einer Silberlösung, welche aus 3 *g* krystallisiertem Silbernitrat, 3 *g* Ätznatron und 20 *g* Ammoniaklösung (von etwa 0,9 *spez. Gew.*) unter Auffüllen mit Wasser auf 100 *ccm* herzustellen ist.

10 *ccm* des zu prüfenden Acetons werden mit 10 *ccm* destilliertem Wasser und mit 2 *ccm* dieser Silberlösung versetzt und bedeckt $^1/_4$ Stunde im Dunkeln stehen gelassen. Nach dieser Zeit prüft man in der vom reduzierten Silber abgegossenen Flüssigkeit mit Hilfe einer verdünnten Lösung von möglichst hellem Schwefelammonium, ob noch überschüssiges Silber vorhanden ist. Beträgt der Aldehydgehalt weniger als 0,1 %, so ist noch Silber vorhanden und verrät sich durch einen braunschwarzen Niederschlag oder eine braune Trübung der Flüssigkeit.

6. Bei der Destillation müssen bis zu einer Temperatur von 58° wenigstens 95 % übergegangen sein.

7. Bei der jodometrischen Bestimmung des Gehalts an reinem Aceton darf derselbe nicht weniger als 98 % betragen.

Die jodometrische Bestimmung wird folgendermaßen ausgeführt. Es werden 2 *g* Aceton abgewogen, mit Wasser zu $^1/_2$ *l* verdünnt, von dieser Lösung 10 *ccm* in einen Glaskolben gebracht, mit 25 *ccm* Normalkalilauge und hierauf unter Umschütteln mit 50 *ccm* $^1/_{10}$-Normaljodlösung versetzt und unter öfterem Schütteln 15–20 Minuten bei 15° C stehen gelassen. Zur Zersetzung der überschüssigen Jodsalze wird ein Überschuß von Normalschwefelsäure (26 *ccm*) verwandt, worauf die Farbe der Flüssigkeit in Braun übergeht. Das ausgeschiedene Jod wird mit $^1/_{10}$-Normalhyposulfitlösung titriert, bis die Lösung farblos erscheint. Da aber die Endreaktion nicht ganz scharf ist, fügt man etwas Stärkelösung hinzu und titriert einen ev. Überschuß von Natriumhyposulfit mit $^1/_{10}$-Normaljodlösung zurück.

Die Berechnung erfolgt unter der Berücksichtigung, daß ein Molekül Aceton durch 6 Atome Jod in ein Molekül Jodoform übergeführt wird.

Dem gegenüber verlangt die englische Regierung, daß das den Zwecken der Pulverfabrikation dienende Aceton den nachstehend verzeichneten Ansprüchen genügen muß:

1. Aceton darf bei 60° F nicht mehr als 0,800 *spez. Gew.* haben. Beim Mischen mit Wasser darf es keine Trübung zeigen und keinen Rückstand beim Verdampfen bei 138° F. Bei der Destillation müssen $^4/_5$ Volumenteile bei einer Temperatur von nicht über 138° F überdestillieren. Der Rückstand bei dieser Destillation darf außer Aceton keinen Bestandteil enthalten, der nicht ein von der Acetondarstellung herrührendes Nebenprodukt ist.

2. 1 *ccm* einer $^1/_{10}$%igen Kaliumpermanganatlösung, zu 100 *ccm* Aceton hinzugefügt, muß die charakteristische Farbe während 30 Minuten behalten.

3. Aceton darf, nach der folgenden Methode analysiert, nicht mehr als 0,005% Säure, als Essigsäure berechnet, zeigen.

50 *ccm* des Musters, die mit 50 *ccm* destilliertem Wasser verdünnt sind, werden unter Zusatz von 2 *ccm* Phenolphthaleinlösung (1 *g* zu 1000 *ccm* 50%igen Alkohols) als Indikator mit $\frac{n}{100}$ Natriumhydroxydlösung (1 *ccm* = 0,0006 *g* Essigsäure) titriert.

Statistisches. Die Einfuhr an rohem Aceton hat in den letzten Jahren nach Deutschland sehr stark zugenommen, während raffiniertes Aceton nur in ganz unbedeutenden Mengen eingeführt wird. In der Ausfuhr spielt nur das gereinigte Aceton eine bedeutende Rolle, dessen Export jedoch ziemlichen Schwankungen unterworfen ist. Die folgenden Zahlen geben die Einfuhrziffern für Aceton roh (Nr. 345 b des deutschen Zolltarifs) und die Ausfuhrziffern für Aceton gereinigt (Nr. 350 b) für die Jahre 1907–1912 wieder:

Einfuhr von Aceton (roh) in Deutschland:

Jahr	Menge in *dz*	Wert in 1000 M.	Jahr	Menge in *dz*	Wert in 1000 M.
1907	559	70	1910	4820	410
1908	875	101	1911	7667	652
1909	2715	299	1912	9120	775

Im Jahre 1912 stammte die Gesamteinfuhr aus Österreich-Ungarn, dessen Holzverkohlungsindustrie gezwungen ist, ihren Überschuß im Ausland abzusetzen.

Ausfuhr von gereinigtem Aceton aus Deutschland (Nr. 350 b):

Jahr	Menge in *dz*	Wert in 1000 M.	Jahr	Menge in *dz*	Wert in 1000 M.
1907	8007	1201	1910	4142	476
1908	3570	500	1911	4679	553
1909	3279	426	1912	10125	1194

Literatur: Geschichte des Acetons: FITTIG (*A.* **110,** 23 [1859]). Acetonbildungsprozeß: EUG. BAMBERGER, *B.* **43,** 357 [1910]. Acetondarstellung: F. A. BÜHLER, *Z. angew. Ch.* **13,** 639 [1900]. – L. BECHERT, *Z. angew. Ch.* **14,** 515 [1901]. – M. KLAR, *Ch. Ind.* **20,** 178 [1897]. – L. WENGHÖFFER, Berlin, *D. R. P.* 144328. – J. BECKER, *D. R. P.* 170533. – F. H. MEYER, Hannover-Hainholz, *D. R. P.* 134977. – Herstellung von Aceton aus Essigsäure: *E. P.* 2816, 15907 [1898]. – *D. R. P.* 114196, 198852. – *A. P.* 933107. – *F. P.* 361379, sowie Zusätze vom 27. Juli 1906, 8. März 1907, 10. Oktober 1907. – *E. P.* 13508 [1907]. – *D. R. P.* 214151 [1907]. Reinigung von Aceton (Rohaceton): LIMPRICHT, *A.* **93,** 238 [1855]. – A. MARSHALL, *J. Ch. I.* **23,** 645 [1904]. Acetonherstellung aus Bariumacetat: A. WIESLER, *Z. angew. Ch.* **17,** 1718 [1904]. – A. NEUBURGER,

Z. angew. Ch. **18**, 1812 [1905]. Herstellung von Aceton aus Acetonölen: R. JÜRGENSEN und A. BAUSCHLICHER, Prag, *D. R. P.* 83439. Acetonöle als Lösungs- und Denaturierungsmittel: *Bayer, D. R. P.* 78861 [1894]. M. KLAR, *Ch. Ind.* **21**, 116 [1898]. — *D. R. P.* 64627 [1896]. — Herstellung von Aceton durch Gärung aus Kohlehydraten: A. FERNBACH, Paris und E. H. STANGF, London, *A. P.* 104, 4368 [1912]. Wiedergewinnung von Aceton aus acetonhaltiger Luft: *D. R. P.* 154124 und 207554.

Spezialwerke: H. LEMME: „Aceton als Lösungsmittel". Glauchau [1897]. — BECKER, „Das Aceton und seine medizinische Verwendung" [1867]. M. KLAR, „Technologie der Holzverkohlung". Berlin, 1. Auflage 1903, 2. Auflage 1910. *M. Klar.*

Acetonal: Angeblich Aluminiumnatriumacetat von der Zusammensetzung $(CH_3COO)_5 \cdot Na \cdot Al_2(OH)_2$, erhalten durch Zusammenbringen einer 25%igen Aluminiumsubacetatlösung mit der äquivalenten Menge Natriumacetat. In Wasser leicht lösliche Krystallmasse. S. Z. an Stelle der essigsauren Tonerdelösung empfohlen. — Seit 1913 sind Acetonal-Hämorrhoidalzäpfchen im Handel (ATHENSTÄDT & REDEKER, Hemelingen). Sie enthalten 10% Acetonchloroform-Salicylsäureester und 2% Alsol in Kakaobutter, haben also mit dem früheren Acetonal nichts zu tun. *Zernik.*

Acetonchloroform heißt der tertiäre Trichlorisobutylalkohol. S. a. Chloreton. *Zernik.*

Acetonitril, $CH_3 \cdot CN$. Angenehm riechende Flüssigkeit, brennbar mit pfirsichblütroter Farbe. *Schmelzp.* $-44,40^0$; Kp_{760} $81,54^0$; $D^{14,1}{}_4$ 0,7906; $D^0{}_4$ 0,8036. Die Verbindung ist mit Wasser mischbar, wird aber durch Salze wieder aus der Lösung abgeschieden.

Sie ist im Rohbenzol enthalten (C. VINCENT und B. DELACHANAL, *Bl.* [2] **33**, 405 [1880]) und wird durch Einwirkung von Phosphorsäureanhydrid oder Phosphorpentasulfid auf Acetamid gewonnen (DUMAS, MALAGUTI und LEBLANC, *A.* **64**, 333 [1848]; L. HENRY, *A.* **152**, 149 [1869]), aus Phospham und Essigsäure bei 150—200° (H. R. VIDAL, Paris *D. R. P.* 101391) oder aus Methyljodid und Cyankalium (L. HENRY, *C. r.* **104**, 1182 [1887]; AUGER, *C. r.* **145**, 1289 [1907]). Im letzteren Falle beträgt die Ausbeute 95% d. Th. Am billigsten und bequemsten erhält man den Körper aber mit Hilfe von Dimethylsulfat aus Cyankalium (P. WALDEN, *B.* **40**, 3215 [1907]; AUGER, *C. r.* **145**, 1287 [1907]). Zu 65 *g* desselben und 50—60 *g* Wasser läßt man unter energischem Schütteln und Kühlung mit Eiswasser 126 *g* Dimethylsulfat in 3 Portionen hinzufließen und destilliert dann das Nitril aus dem kochenden Wasserbade ab. Zu der rückständigen Salzlösung gibt man vorsichtig das gleiche Quantum Cyankalium und erwärmt schließlich gelinde etc. Die Ausbeute ist fast quantitativ.

Acetonitril wird als Denaturierungsmittel für Handelsalkohole vorgeschlagen (CARI-MAUTRAND, *Bl.* [3] **29**, 765 [1903]). Es kann zur Darstellung von Äthylamin (A. SKITA, Karlsruhe, und C. PAAL, Erlangen, *D. R. P.* 230724) und vielen anderen organischen Präparaten dienen. *G. Cohn.*

Acetophenon, $C_6H_5 \cdot CO \cdot CH_3$ bildet große Krystallblätter von charakteristischem Geruch. *Schmelzp.* $20,5^0$; *Kp* 202^0; $D\,^{15}_{15}$ 1,0329.

Der Körper ist mit Wasserdampf flüchtig. Er reagiert nicht mit Bisulfit, gibt mit Aluminium- und Quecksilberchlorid, mit Phosphor-, Arsen-, Salpeter- und Pikrinsäure Doppelverbindungen und kondensiert sich mit Aldehyden. Mit 1% Jod auf 180—190° erhitzt, liefert er s-Triphenylbenzol (*Knoll, D. R. P.* 250236).

Darstellung: C. FRIEDEL und J. M. CRAFTS, *A. ch.* [6] **1**, 507 [1884]; **14**, 455 [1888]; M. NENCKI und E. STOEBER, *B.* **30**, 1769 [1897]. Man übergießt 2 *kg* sublimiertes Aluminiumchlorid mit 1,6 *kg* Schwefelkohlenstoff und läßt im Laufe von 5 Stunden 1,3 *kg* Acetylchlorid und darauf in der gleichen Zeit 1,5 *kg* Benzol zutropfen. Nach 24stündigem Stehen zersetzt man das Reaktionsgemisch mit Wasser und destilliert das abgeschiedene Keton. Ausbeute 1,1 *kg*.

Acetophenon ist auch ein Bestandteil des Steinkohlenteers und in diesem von WEISSGERBER (*B.* **36**, 754 [1903]) nachgewiesen worden.

Man isoliert es nach WEISSGERBER am besten in der Weise, daß man unter Verwertung der schwach basischen Eigenschaften der Ketone (BAEYER und VILLIGER, *B.* **34**, 2679 und 3612 [1901]) das rohe Schwerbenzol des Steinkohlenteers mit etwa 4% Schwefelsäure von 60° *Bé.* (78%) ausschüttelt und aus der abgezogenen Säure nach dem Verdünnen mit Wasser durch einen Dampfstrom die in ihr gelösten Ketone abbläst und einer weiteren Reinigung mit Phenylhydrazin unterwirft. Acetophenon ist aber nur in sehr geringen Mengen im Steinkohlenteer vorhanden, so daß sich seine Darstellung aus ihm nicht lohnt. Man ist daher lediglich auf vorstehende Synthese angewiesen.

Acetophenon war eine Zeitlang als Schlafmittel unter dem Namen Hypnon in Anwendung und wurde, mit etwas Glycerin gemischt, in Gelatinekapseln dargereicht. Es ruft in Dosen von 0,05—0,15 *g* bei Erwachsenen tiefen Schlaf hervor.

Weger.

Acetopurpurin 8B (*Agfa*), substantiver primärer Disazofarbstoff aus Dichlorbenzidin und 2 *Mol.* Amido-R-Säure.

Der Farbstoff wurde zuerst 1896 von *Levinstein* als Brillantdianolrot R extra in den Handel gebracht. Er war der erste Vertreter der im Unterschied gegen die Benzidinfarbstoffe mit blauerer Nuance färbenden Dichlorbenzidinfarbstoffe (*D. R. P.* 94410 und 97101, *Friedländer* **4**, 73 und 75).

Rotes Pulver, in Alkohol unlöslich, in Wasser mit blauroter Farbe löslich. Mit gleicher Farbe wird Baumwolle im Salzbad mit wenig Soda angefärbt. Die Verwendung erstreckt sich auch auf Wolle und Seide, Halbwolle und Halbseide. Der Farbstoff wird geschätzt wegen seines guten Egalisierungsvermögens, seiner ziemlich guten Wasch- und Chlorechtheit, seiner guten Licht-, Alkali- und Schwefelechtheit, vor allem aber wegen seiner ausnehmend guten Säureechtheit. Er wird deshalb gern mit dem säureechten Columbia-Echtscharlach 4B derselben Firma verwendet. *Ristenpart.*

Acetopyrin (Hell, Troppau), Acopyrin, auch als „Antipyrinum acetylosalicylicum" bezeichnet, wird als „eine Verbindung der Acetylsalicylsäure mit Phenyldimethylpyrazolon" vom *Schmelzp.* 64—65° deklariert. Wenig löslich in Äther, Petroläther und kaltem Wasser, leicht in Chloroform und Alkohol. Antipyreticum; 0,5 *g* mehrmals täglich. *Zernik.*

Acetozon = Benzozon (s. d.). *Zernik.*

Acettoluid s. Toluol.

Acetylcellulosen (Celluloseacetate) sind Ester der Cellulose, welche durch Einwirkung von Essigsäureanhydrid oder Acetylchlorid auf Cellulose und Cellulosederivate bei Gegenwart eines Katalysators entstehen.

Wohl auf keinem Gebiete der chemischen Technik dürfte der Umfang der geleisteten Arbeit, die Größe der aufgewandten Kosten, die Mannigfaltigkeit der erfinderischen Tätigkeit, die Anzahl der Patentanmeldungen und vor allem die Höhe der in die Entwicklung dieses Arbeitsgebiets gesetzten Erwartungen in solchem Mißverhältnis zu dem erzielten Resultat stehen, wie auf demjenigen der Acetylcellulosen. Seitdem im Jahre 1894 Cross und Bevan zum ersten Male eine Acetylcellulose, das vermeintliche Cellulosetetraacetat, technisch dargestellt hatten, ist das neu erschlossene Gebiet von den verschiedensten Seiten und unter den verschiedensten Gesichtspunkten in Angriff genommen worden und haben vor allem eine ganze Reihe industrieller Werke die Herstellung und Weiterverarbeitung der Celluloseacetate in größerem Maßstabe begonnen, ohne daß jahre-, ja fast jahrzehntelang ein greifbarer Erfolg zu verzeichnen gewesen wäre.

Den Anlaß zu diesen Arbeiten gab wohl die mißverstandene Auslegung der von Cross und Bevan in ihrer ersten Patentschrift im Jahre 1894 gemachten Bemerkung, daß „Acetylcellulose an Stelle des Kollodiums benutzt werden könne". Dies war an sich schon unrichtig, denn das Kollodium verdankt seine Verwendbarkeit hauptsächlich seiner eigentümlich hohen Viscosität, der schnellen Verdunstungsfähigkeit seiner Lösungsmittel (Alkohol und Äther) und der Zähigkeit der beim Trocknen der Lösungen hinterbliebenen dünnen Häutchen. Schon in diesen drei Hauptpunkten unterschied sich aber das Acetat von CROSS und BEVAN zu seinen Ungunsten vom Kollodium, denn als Lösungsmittel kamen für ersteres nur Chloroform und hochsiedende Produkte, wie Nitrobenzol, Epichlorhydrin u. s. w., in Frage, die zwar beim Verdunsten dünne, jedoch nach vollkommenem Austrocknen stets spröde und brüchig werdende Häutchen hinterließen. Vor allem aber fehlte den Acetylcelluloselösungen vollkommen die Eigenschaft, die dem Kollodium sein Hauptanwendungsgebiet, dasjenige der photographischen Emulsionen, erschlossen hatte, die Tragfähigkeit für Halogensilber, so daß also tatsächlich die genannte Ansicht von CROSS und BEVAN nicht, resp. nur in sehr beschränktem Umfange zutraf.

Umso merkwürdiger ist es, daß in der ersten Veröffentlichung über diese neuen Körper WEBER (*Z. angew. Ch.* **12**, 5 [1899]), obschon er, nach eigener Angabe, größere Filmproben nur in Stärke irisierender Blättchen hat erhalten können, die Acetate ohne Einschränkung als Ersatzprodukte des Celluloids für diejenigen Gebiete bezeichnet, auf denen eine Herabsetzung der Entflammbarkeit des Celluloids wünschenswert sei.

Damit war das Schlagwort „schwer entflammbares Celluloid" gefallen, und es ist nicht auffallend, daß alsbald eine umfangreiche erfinderische Tätigkeit auf dem Gebiete der Acetylcellulose einsetzte, insbesondere nachdem der Erwerb der Patente von CROSS und BEVAN und später derjenigen von LEDERER durch die Fürst G. DONNERSMARCK'schen KUNSTSEIDE UND ACETATWERKE und die Aufnahme der Fabrikation von Acetylcellulose durch *Bayer* gezeigt hatten, welche Erwartungen man in der Großindustrie an das neue Material knüpfte. Allerdings stellte sich bei diesen Arbeiten sehr bald heraus, daß Acetylcellulose und Nitrocellulose zwar äußerlich große Ähnlichkeit besitzen, tatsächlich aber zwei grundverschiedene Körper von durchaus verschiedenartigem Verhalten sind, die wohl in vielen Fällen für die gleichen Verwendungszwecke in Frage kommen konnten, für die aber die entsprechenden Arbeitsbedingungen erst gefunden werden mußten. Naturgemäß ließen sich die Anwendungsgebiete viel leichter feststellen als die Anwendungsmethoden, und so kam es, daß in relativ kurzer Zeit Patente auf die wichtigsten Verwendungsarten genommen wurden, so auf diejenige zur Herstellung von Glühlampenfäden durch LITTLE, auf künstliche Seide durch WAGNER, künstliches Roßhaar durch die VEREINIGTEN KUNSTSEIDEFABRIKEN, hornartige Massen durch LEDERER, photographische Films sowie auch celluloidartige Massen durch EICHENGRÜN und BECKER (*Bayer*), daß aber die fabrikatorische Verwertung dieser Patente nur sehr langsame Fortschritte machte. Der Hauptgrund hierfür lag, wie bereits angedeutet, in dem durchaus verschiedenartigen Verhalten der Acetylcellulose gegenüber der Nitrocellulose, die es nicht nur nicht ermöglichte, die bei der letzteren übliche Arbeitsweise, Lösungsmethoden, Zusammensetzung u. s. w., beizubehalten, sondern im Gegenteil dazu zwang, fast durchweg die bei der Nitrocellulose resp. dem Celluloid gesammelten Erfahrungen zu verwerfen. Verhält sich doch die Acetylcellulose in den wichtigsten Punkten geradezu entgegengesetzt wie die Nitrocellulose. So wird die letztere vom Campher gelöst, Acetylcellulose nicht; sie gibt mit Campherersatzmitteln harte celluloidartige Massen, die Acetylcellulose dagegen weichplastische Materialien; sie wird durch Zusatz von Ricinusöl erweicht, Acetylcellulose durch fette Öle hart und brüchig; sie löst sich in Amylacetat, Alkohol-Äther und anderen technisch leicht anwendbaren Lösungsmitteln, Acetylcellulose wird durch dieselben nicht gelöst, sondern sogar aus ihren Lösungen ausgefällt. Zudem waren die Lösungsmittel, welche im Anfange für die Herstellung der Acetatlösungen zur Verfügung standen, teils zu giftig, teils zu hochsiedend, um eine technische Verwendung zuzulassen, abgesehen davon, daß diese Lösungen einen ganz anderen Charakter besaßen als diejenigen der Nitrocellulose. Als zweites erschwerendes Moment trat hinzu die Schwierigkeit, die Acetylierung größerer Mengen Cellulose gleichmäßig durchzuführen und zu einheitlichen Produkten zu gelangen, die auch bei längerer Aufbewahrung stabil blieben, d. h., keine Essigsäure abspalteten und in Form von Platten und Folien nicht mit der Zeit brüchig wurden. So leicht es ist, Cellulose unter irgendwelchen Bedingungen und mit irgendwelchen Kontaktsubstanzen zu acetylieren, so schwer ist es, das gleiche Resultat, welches man mit einigen 100 *g* oder auch mit einigen Kilogramm Ausgangsmaterial erzielt hat, mit 100, 500 oder gar 1000 *kg* Cellulose mit Sicherheit wieder zu erreichen. Gerade diese fabrikatorischen Schwierigkeiten haben die Entwicklung der Acetylcelluloseindustrie ganz außerordentlich lange aufgehalten und dürften auch heute nur von sehr wenigen Fabriken so überwunden sein, daß einheitliche, unveränderliche Acetate von gleichmäßigen Eigenschaften regelmäßig geliefert werden können. Aber auch in ihren Eigenschaften selbst zeigte die Acetylcellulose erhebliche Unterschiede gegenüber dem Celluloid resp. der Nitrocellulose, insofern ihre Wasseraufnahmefähigkeit[1] bedeutend höher ist als bei der letzteren, so daß sich damit neue Schwierigkeiten zeigten, die insbesondere bei der Herstellung von Kunstseide und von photographischen Films in Erscheinung traten.

Nicht zum wenigsten spielte außerdem das wirtschaftliche Moment eine Rolle, nämlich die Preisfrage, die durch den Preis des Ausgangsmaterials ungünstig beeinflußt wurde. Muß doch für die Acetylierung nicht nur statt der billigen Schwefel-Salpetersäuremischung das mehr als sechsmal teurere Essigsäureanhydrid benutzt werden, sondern es hat sich vor allem herausgestellt, daß brauchbare, d. h. nicht brüchig werdende, stabile Acetate nur unter Verwendung eines ziemlich bedeutenden Überschusses an Essigsäureanhydrid entstehen und daß vor allem die Anwesenheit erheblicher Mengen Eisessig, dessen Rolle noch vollkommen unaufgeklärt ist, notwendig ist, um die Acetylierung richtig zu leiten. Hierdurch stellt sich der Einstandspreis der Acetylcellulose bedeutend höher als er theoretisch sein müßte, und dieser Umstand ist im Verein mit den relativ hohen Kosten der Lösungsmittel ein unüberwindliches Hindernis für die Anwendung der Acetylcellulosen auf manchen Gebieten gewesen und geblieben, für die sie sich ihrer sonstigen Eigenschaften wegen ohne weiteres geeignet hätten, wie vor allem diejenigen der Herstellung von Kunstseide, Roßhaarimitation u. s. w.

Auch auf den anderen Gebieten, insbesondere demjenigen nicht feuergefährlicher plastischer Materialien, war lange Zeit hindurch der Erfolg ein vollkommen negativer, weil die Acetylcellulose sich wohl zu derartigen Massen verarbeiten ließ, die letzteren aber die außerordentlich hohen Ansprüche, die man infolge der großen Vollkommenheit, welche die Erzeugnisse der eigentlichen Celluloidindustrie in jahrzehntelanger Entwicklung erreicht hatten, in der Technik zu stellen gewohnt war, nicht ohne weiteres erfüllen konnten und infolgedessen praktisch wertlos waren.

Eine Änderung dieser Verhältnisse trat erst ein, als es gelungen war, neue Acetylcellulosen aufzufinden, welche sich von den bis dahin bekannten durch ihre Löslichkeit in Aceton unterschieden (Verfahren von Miles und von Eichengrün und Becker (*Z. angew. Ch.* **20**, 922 [1907]; **21**, 1211 [1908]). Während die durch Einwirkung von Essigsäureanhydrid oder Acetylchlorid auf Cellulose bei

[1] Reine Acetylcellulose nimmt bis zu 3 %, plastische Massen aus Acetylcellulose und Campherersatzmitteln nehmen zwischen 3 % und 9 % Wasser auf.

Gegenwart von Kontaktsubstanzen erhaltenen Acetylcellulosen mit wenigen Ausnahmen Cellulosetriacetate waren und sich in technischem Chloroform, nicht aber in Aceton lösten, sind die neuen Produkte als Cellulosehydroacetate zu betrachten, deren typische Eigenschaft die Acetonlöslichkeit ist, zu der bei manchen Acetylierungsstufen die Löslichkeit in Essigäther tritt. Wie schon die Gleichartigkeit der Lösungsmittel erkennen läßt, stehen die Cellulosehydroacetate, deren erstes unter dem Namen „Cellit" von *Bayer* fabrikatorisch hergestellt worden ist, der Nitrocellulose in ihren Eigenschaften wesentlich näher als die Triacetate. Sie geben zwar ebensowenig wie die letzteren mit Campher sog. „starre Lösungen", wohl aber mit gewissen Campherersatzmitteln (hochsiedenden Lösungsmitteln) plastische Materialien von genügender Zähigkeit und Festigkeit. Da außerdem die ungiftigen und nichtätzenden Lösungsmittel der Hydroacetate, insbesondere das Aceton, ihre technische Bearbeitung wesentlich erleichterten, haben diese neuen Produkte alsbald größere Bedeutung erlangt als die Cellulosetriacetate, welch letztere wohl hauptsächlich nur als langsam trocknende Lacke, Acetollacke, in Form ihrer Lösungen in Acetylentetrachlorid nach dem LEDERERschen Verfahren durch die INTERNATIONALE CELLULOSEESTER-GESELLSCHAFT verwertet werden.

Die Hauptanwendungsgebiete, welche die acetonlöslichen Acetylcellulosen gefunden haben, sind die Herstellung von schnell trocknenden Lacken und Imprägnierlösungen, insbesondere für die Herstellung wasserdichter Papiere und Gewebe, die Isolation von Drähten, die Herstellung sog. Metallgarne (Baykofäden) und vor allem diejenigen von plastischen Massen und photographischen Films für kinematographische Zwecke (Cellitfilm *Bayer*). So sehr die geringe Feuergefährlichkeit des Acetatfilms diesen als einen wünschenswerten Ersatz des allgemein gebräuchlichen Celluloidfilms erscheinen ließ, so schwierig hat sich doch ein tatsächlicher Ersatz des letzteren erwiesen. Der Grund hierfür lag einerseits in der außerordentlichen Schwierigkeit, fabrikatorisch ein absolut gleichmäßiges Acetat herzustellen (eine Schwierigkeit, welche bereits beim Triacetat sich gezeigt hatte und die naturgemäß durch die Einfügung eines hydrolysierenden Prozesses ganz bedeutend gesteigert wurde), andererseits in geringen Unterschieden in bezug auf Elastizität, Dehnbarkeit, Schrumpfung, Haftungsvermögen der Emulsion, Verhalten in den Entwicklungsbädern, mechanische Widerstandsfähigkeit gegen Zug und Reibung, welche der Acetatfilm gegenüber dem Celluloidfilm zeigte. Acetylcellulose ist, wie schon vorher erwähnt, in keiner Weise identisch mit der Nitrocellulose, und noch weniger sind ihre Mischungen mit Campherersatzmitteln identisch mit dem Celluloid aus Nitrocellulose und Campher, dessen außerordentliche Festigkeit und Elastizität trotz aller Versuche, den Campher durch andere Produkte zu ersetzen, durch keine Mischung von Nitrocellulose mit irgend einem der vielen Campherersatzmittel erreicht werden konnte, geschweige denn von einer Mischung eines der letzteren mit den Acetylcellulosen. Hatten von diesen die chloroformlöslichen Acetate sich wenig geeignet erwiesen, weil sie auch bei Gegenwart von Campherersatzmitteln leicht spröde oder (nach dem vollkommenen Verdunsten der oft monatelang zurückgehaltenen Lösungsmittelreste) spröde werdende Schichten ergaben, so zeigten die acetonlöslichen Acetate den entgegengesetzten Fehler, allzu biegsame und insbesondere durch Wasseraufnahme dehnbar werdende Folien zu bilden. Zu diesen Schwierigkeiten gesellte sich die weitere, daß den Acetylcellulosen die Eigenschaft der Nitrocellulose, ohne weiteres hoch viscose, langsam verdunstende Lösungen zu bilden, fehlte, und daß hierdurch infolge des Auftretens von Luftblasen, von Struktur, von Unregelmäßigkeiten und anderen Fehlern bei dem Gießen der Acetatfolien häufig

Mißerfolge eintraten, die zum Teil erst durch Konstruktion besonderer Maschinen (wie beispielsweise der Filmgießmaschine *Bayer, D. R. P.* 216460) behoben werden konnten, aber die Herstellung dickerer Schichten als etwa von 0,15—0,2 *mm* fast unmöglich machten.

In noch weit höherem Maße als bei der Filmdarstellung führte die niedrige Viscosität der Acetatlösungen und das geringe Gelatinierungsvermögen der Acetylcellulosen fabrikatorische Schwierigkeiten bei der Darstellung harter celluloidartiger Massen herbei; denn während Nitrocellulose mit Campher bei Gegenwart von Alkohol mit der größten Leichtigkeit sog. starre Lösungen gibt, sei es daß man die Komponenten nur miteinander mischt, sie unter Druck zusammenbringt oder miteinander erwärmt, wobei ihre relativen Gewichtsverhältnisse in weiten Grenzen geändert werden können, zeigten weder die Triacetate noch die Hydroacetate irgendwelche Neigung zur Bildung gelatinöser Lösungen, so daß die Herstellung plastischer Massen nur durch das Verdunstenlassen flüssiger, oder durch Eintrocknenlassen pastöser Lösungen oder aber durch Anwendung hohen Druckes möglich war. Außerdem aber fehlte die eine Komponente des Celluloids, der Campher, vollkommen, da sich die vielen als Camphersatzmittel empfohlenen organischen Körper wohl als nicht flüchtige Lösungs- oder Füllmittel eigneten und mehr oder weniger celluloidartige Massen bildeten, aber kein Celluloid ergaben, vor allem, weil sie meist, um überhaupt eine Lösung herbeizuführen, in so großen Mengen angewendet werden mußten, daß ein weichplastisches und nicht ein hartelastisches Material, wie es das Celluloid ist, entstand. Eine wirkliche Gelatinierung der acetonlöslichen Acetylcellulose gelang erst 1909 Eichengrün (*Z. angew. Ch.* **24**, 366 [1911]), nach dem sog. Cellonverfahren, welches auf der eigentümlichen Erscheinung beruht, daß sich die acetonlöslichen Acetylierungsstufen der Cellulose im Gegensatze zu den acetonunlöslichen Cellulosetriacetaten in Mischungen gewisser Flüssigkeiten, welche einzeln kein Lösungsvermögen besitzen, insbesondere von Alkohol und Kohlenwasserstoffen, lösten und unter bestimmten Bedingungen ohne weiteres feste gelatinöse Massen bildeten. Dieses Verfahren hat dann in seiner weiteren Ausbildung zu der fabrikmäßigen Herstellung unbrennbaren Celluloids (Cellon und Sicoid)[1] geführt sowie zu viscosen Acetatlacken, den Cellonlacken. Auch bei der fabrikmäßigen Herstellung des nichtbrennbaren Celluloids waren naturgemäß vielfache Schwierigkeiten zu überwinden, die sich daraus ergaben, daß dem neuen Celluloid aus Acetylcellulose möglichst in jeder Hinsicht der Charakter des Celluloids aus Schießbaumwolle gegeben werden mußte und daß vor allem das Verhalten der verschiedenen Acetylierungsstufen der Cellulose einerseits und der für jede derselben besonders geeigneten Camphersatzmittel andererseits durch langjährige Beobachtung festgestellt werden mußte, ehe man an eine technische Verwendung herantreten konnte.

Hieraus ist erklärlich, daß die industrielle Verwertung der Acetylcellulose auch nach Beseitigung der vielen Hemmungen, die ihrer Entwicklung entgegenstanden, nur sehr langsam Fortschritte machte und daß eigentlich von einer Acetylcelluloseindustrie erst seit wenigen Jahren die Rede sein kann.

Darstellung der Acetylcellulose.

Nachdem schon 1865 Schützenberger die Acetylierung der Cellulose durch Erhitzen derselben mit Essigsäureanhydrid auf hohe Temperaturen gelungen war

[1] Cellon ist das Fabrikat der Rheinisch-Westf.-Sprengstoff-Act.-Ges., Köln, Sicoid dasjenige der Société Industrielle de Celluloid in Paris.

und FRANCHIMONT im Jahre 1879 das auch dem heutigen Darstellungsverfahren noch zugrunde liegende Prinzip der Anwendung eines Katalysators – allerdings unter unrichtigen Temperaturbedingungen – versucht hatte, gelang zum erstenmal die technische Durchführung der Acetylierung den bekannten Erfindern der Viscose, CROSS und BEVAN, die im Jahre 1894 das grundlegende *D.R.P.* 85329 anmeldeten, nach welchem ein (vermeintliches) Cellulosetetraacetat durch Behandlung von Cellulosehydrat mit Acetylchlorid bei Gegenwart von Zinkacetat bei niedriger Temperatur hergestellt wurde. In weiteren Patentschriften (*D. R. P.* 86368, 105347, 112817) bildete CROSS – zum Teil in Gemeinschaft mit WEBER und FRANKENBURG – das inzwischen in den Besitz des Grafen HENCKEL-DONNERSMARCK übergegangene Verfahren unter Ersatz des Zinkacetats durch Magnesiumacetat und durch Zufügung von indifferenten Verdünnungs-, resp. Lösungsmitteln weiter aus. So wurde das erste Celluloseacetat, welches beim Verdunsten seiner Chloroformlösungen eine zusammenhängende Schicht vom Charakter der Kollodiumhäute hinterließ, nach diesem Verfahren fabrikatorisch hergestellt und im Jahre 1898 auf den Markt gebracht.

Weitere Patente, welche in der Einwirkung von Acetylchlorid auf Hydrocellulose beruhten, folgten, so dasjenige von WOHL (*D. R. P.* 139669 [1899]), der Cellulose bei Gegenwart von Pyridin – zur Bindung der entstehenden freien Säure –, und von ALTHAUSSE, der (*A. P.* 692497 [1902]) die eigenartigen, nach den Patenten STHAMER (*D. R. P.* 123121 und 123122 [1900]) durch Chlorierung von Cellulose in Eisessig erhaltenen Hydrocellulosen mit Acetylchlorid und Schwefelsäure behandelte.

Einen wesentlichen Fortschritt brachte das *D. R. P.* 118538 [1899] von LEDERER, welcher schwefelsäurehaltige Hydrocellulose (nach GIRARD) statt mit Acetylchlorid mit Essigsäureanhydrid in der Wärme behandelte und der in seinem Zusatzpatent 120713, nach welchem die vorgenannte Reaktion bei Temperaturen unter 30° ausgeführt wurde und nach welchem zum erstenmal einheitliche Celluloseacetate erhalten wurden, zweifellos die Grundlage für die weitere Entwicklung der Acetatindustrie geschaffen hat. Hat sich doch bei allen späteren Arbeiten gezeigt, daß die Temperatur von ausschlaggebender Bedeutung für den Verlauf der Reaktion und für die Eigenschaften des resp. der Acetylierungsprodukte ist und daß die Regulierung derselben eine der wichtigsten Fragen der fabrikmäßigen Darstellung bildet, weil nicht nur Temperatursteigerungen von außerordentlich schädlichem Einflusse auf die Qualität der Acetate sind, sondern auch Temperaturerniedrigungen den Verlauf der Reaktion ändern und damit die Bildung der richtigen Acetylierungsstufe endgültig verhindern können.

Nach einem weiteren Patent (*D. R. P.* 163316 [1901]) erzeugte LEDERER die Hydrocellulose im Reaktionsgemisch selbst, indem er Baumwolle mit Eisessig und Schwefelsäure behandelte und dann erst das Anhydrid zusetzte, während er nach dem *D. R. P.* 200916 [1905] in einem indifferenten Nichtlösungsmittel, z. B. Tetrachlorkohlenstoff acetylierte, um die Auflösung des gebildeten Acetats zu verhindern, ein Verfahren, welches MORK (*A. P.* 854379 [1907]) unter Verwendung von Benzol kopierte.

Als Ausgangsmaterial benutzten ebenfalls Hydrocellulose LANDSBERG, der nach *E. P.* 486 [1902] Phosphorsäure, die *Agfa*, welche nach dem *F. P.* 435507 [1911] Chlor und Brom als Katalysator benutzten, sowie BOESCH (*A. P.* 708456), der Xanthogenat statt der durch Säurewirkung hergestellten Hydrocellulose acetylierte.

Im Gegensatz zu vorgenanntem Verfahren gingen EICHENGRÜN & BECKER (*D. R. P.* 159524 [1901] *Bayer*) von der unveränderten Cellulose aus, in der Erwartung, hierdurch zu festeren, d. h. weniger zur Brüchigkeit neigenden Acetaten zu gelangen, als bei Benutzung der strukturlosen – immerhin bereits ein Umwandlungsprodukt der Cellulose darstellenden – Hydrocellulose entstehen. Sie erkannten ihr durch Einwirkung von Essigsäureanhydrid und Schwefelsäure auf Baumwolle bei niedriger Temperatur erhaltenes Produkt als Cellulosetriacetat. Die Annahme, daß es sich um ein neues, von den Tetraacetaten CROSS' und LEDERERS u. s. w. verschiedenes Produkt handle, erwies sich insofern nicht als begründet, als auch diese Produkte später von OST (*Z. angew. Ch.* **19**, 998 [1906]) als Triacetate erkannt wurden.

Sehr zahlreich sind die Verfahren, welche ebenfalls von der unveränderten Cellulose ausgehend, die Schwefelsäure durch schwefelsäurehaltige oder leicht Schwefelsäure abspaltende Kontaktsubstanzen zu ersetzen suchen.

So werden als Katalysatoren benutzt: Phenol- und Naphtholsulfosäuren von MORK, LITTE & WALKER, *A. P.* 709922 [1902], wobei aber tatsächlich nur die unter den angegebenen Bedingungen anhaftende Schwefelsäure wirkt, da reine Sulfosäuren wirkungslos sind.

Das gleiche gilt von den Sulfofettsäuren, z. B. Ricinolsulfosäure, PAUTHONIER (*F. P.* 909465 [1909]), während neutrale Schwefelsäureester, z. B. Dimethylsulfat, A. CORTI, Ch. Fabrik Flora (*E. P.* 9998 [1905]), ferner saure Schwefelsäureester, Ätherschwefelsäuren, DREYFUS (*F. P.* 430606 [1911]) und Bleikammerkrystalle, DREYFUS (*F. P.* 413671 [1910]), nur durch Schwefelsäureabspaltung wirken, also lediglich als Umgehungsverfahren des Patents 159524 aufzufassen sind.

Von Schwefelsäurederivaten als Kontaktsubstanzen wurden weiterhin vorgeschlagen von der SOCIÉTÉ D'EXPLOSIFS (*F. P.* 38590 [1905]) Sulfoessigsäure sowie Sulfurylchlorid und Chlorsulfonsäuren von *Heyden* (*E. P.* 24382 [1910]), während als Derivate der Phosphorsäure Phosphoroxychlorid und Phosphorpentachlorid von BOLSTON und BRIGGS (*E. P.* 10243 [1903], angegeben wurden.

Interessant sind die Patente der *BASF*, nämlich *D. R. P.* 184145 [1904], nach welchem feuchte Baumwolle angewendet wird, und *D. R. P.* 184201 [1904], nach welchem die Acetylierung ohne Lösung und ohne Änderung der Struktur der Baumwolle, z. B. der Fadenform derselben, ausgeführt wird, indem sie bei Gegenwart eines indifferenten Nichtlösungsmittels der Acetylcellulose, z. B. von Benzol erfolgt. Dieses eigenartige Acetat ist später von CROSS und BRIGGS (*D. R. P.* 224330 [1907]) auf anderem Wege, nämlich durch die Acetylierung mit einem salzartigen Kondensationsmittel unter Verwendung ungenügender Mengen Essigsäureanhydrid sowie von *Monnet* vermittels Einwirkung von Essigsäureanhydriddämpfen auf mit Säuren vorbehandelte Cellulose (*D. R. P.* 258879 [1910]) hergestellt worden. Eine Reihe von Patenten beruht auf der Verwendung von schwach wirkenden, das Endprodukt in geringerem Maße als Schwefelsäure beeinflussenden, resp. leichter auswaschbaren Kontaktsubstanzen. Hierher gehören in erster Linie die Patente KNÖVENAGELS (*Knoll*, *D. R. P.* 180666 und 180667 [1905]) nach welchen Sulfinsäuren, *D. R. P.* 201233 [1906], nach welchem flüchtige Mineralsäuren, wie Salzsäure, *D. R. P.* 203178 [1906], nach welchem Neutralsalze (jedoch keine Alkalisalze), speziell Chlorzink, benutzt werden. Übereinstimmend hiermit benutzt die SOC. D'EXPLOSIFS ET DE PRODUITS CHIMIQUES Chlorzink (*F. P.* 385179 [1907]) und analog PASCHKE (*E. P.* 15868 [1912]) Kupfersulfat unter nachheriger Chlorierung (?), während *Schering* und LOOSE die Sulfate des Hydrazins und Hydroxylamins als Katalysatoren anwenden (*E. P.* 27228 [1912]). Halogenhaltiger Fettsäuren, insbesondere der Trichloressigsäure, als Kontaktsubstanzen bedient sich die *Agfa* (*D. R. P.* 198482 [1905]) sowie — unter Anwendung geringerer Mengen — *Knoll* (*D. R. P.* 203642 [1906]). MILES (*A. P.* 733729 [1903]), der Schwefelsäureanhydrid anwendet, sucht das Essigsäureanhydrid in der Reaktion selbst durch Einwirkung von P_2O_5 auf Eisessig herzustellen. Von dem gleichen Gesichtspunkt aus geht die SOC. L'OYONAXIENNE (*F. P.* 432751 [1911]), indem sie Phosgen auf Eisessig im Reaktionsgemisch einwirken läßt, Verfahren, die, wenn sie überhaupt ausführbar sein sollten, schwerlich zu einheitlichen Acetaten führen können. Noch weniger verwendbar dürfte eine Reihe anderer Patente sein, deren Inhalt und Zweck zum Teil vollkommen unverständlich ist, wie beispielsweise das *F. P.* 432744 [1911] von PETERS, bei welchem die Cellulose vor der Acetylierung mit einem Gemisch von Dichlorhydrin und Palmitinsäure vorbehandelt wird.

Nach allen Acetylierungsverfahren werden Cellulosetriacetate, die sog. chloroformlöslichen Acetylcellulosen erhalten. Diese sind löslich in Chloroform, Acetylentetrachlorid, Ameisensäure, Eisessig, Nitrobenzol, Dichlorhydrin, Epichlorhydrin, Pyridin, Anilin, unlöslich in Alkoholen, Aceton, Essigäther, Benzol, Benzin, Dichloräthan, Tetrachlorkohlenstoff, Schwefelkohlenstoff, Amylacetat, Äther etc.

Die Lösungen in Chloroform und Acetylentetrachlorid vertragen einen geringen Zusatz an Alkohol und anderen Nichtlösungsmitteln und werden durch einen solchen sogar günstig beeinflußt. Durch einen größeren Überschuß (meist schon durch einen Zusatz von 10—15%) tritt jedoch partielle oder vollständige Ausfällung ein.

Ein anderes Verhalten zeigen die sog. acetonlöslichen Celluloseacetate, welche sich von den Triacetaten dadurch unterscheiden, daß sie sich in Aceton sowie zum Teil in Fettsäureäthern, insbesondere bei Gegenwart von Alkohol, leicht lösen, dagegen in der Kälte in Chloroform schwer löslich, in Acetylentetrachlorid nicht löslich (nur quellbar) sind. In den übrigen Lösungsmitteln der Triacetate (Eisessig, Nitrobenzol, Pyridin etc.) sind die acetonlöslichen Acetate ebenfalls löslich, in den Fällungsmitteln der Triacetate (Alkohol, Benzol, Benzin, Tetrachlorkohlenstoff etc.) unlöslich.

Diese acetonlöslichen Produkte sind als Cellulosehydroacetate zu bezeichnen und entstehen in der Hauptsache durch direkte Hydrolysierung der Acetylcellulose vermittels Wassers, verdünnter Säuren, Salze etc. Je nach dem Grade der Hydrolysierung werden Acetate von verschiedenartigem Verhalten gegenüber den Lösungsmitteln erzeugt, insofern manche Hydroacetate in reinem Aceton, andere nur in wässerigem Aceton, manche in reinem, andere nur in alkoholhaltigem Essigäther, manche in Aceton und in Essigäther, andere nur in Aceton, nicht aber in Essigäther löslich sind. Diese Acetate zeigen in ihrem Allgemeinverhalten eine größere Ähnlichkeit mit der Nitrocellulose als die Triacetate und nähern sich der ersteren insbesondere dann, wenn sie selbst noch stickstoffhaltige Gruppen enthalten.

Die Überführung der Cellulosetriacetate in die Hydroacetate kann entweder durch Hydrolysierung der Primärlösung mit hydrolytisch wirkenden Mitteln, z. B. verdünnter Schwefelsäure, bewirkt werden (*D. R. P.* 252706 [1905] *Bayer*, *A. P.* 838350 [1905] MILES), oder es werden die Triacetate mit verdünnten Säuren behandelt (EICHENGRÜN und BECKER *F. P. Bayer* 371447 [1905]), oder aber man bewirkt die Hydrolysierung mit Bisulfaten organischer Basen (*Bayer*, *F. P.* 417274) oder durch Bisulfate anorganischer Basen (L'OVONNITHE, *F. P.* 427265 [1911]. Nach dem *F. P.* 438649 [1912], *Heyden*, wird eine Acetylcellulose von geringerem Acetylgehalt, als einem Triacetat entspricht, durch verdünnte Schwefelsäure hydrolysiert. Die *F. P.* 432046 [1912], DREYFUS, und sein *Zus. P.* 16494, ferner das *F. P.* 428554 [1910], DANZER, sind lediglich Nachahmungen der vorgenannten Verfahren, insbesondere des *D. R. P.* 252706 [1905]. Neuerdings erzeugten *Schering* und LOOSE acetonlösliche Acetate durch Einwirkung von aromatischen Basen auf Triacetat (*F. P.* 452374 [1912]).

Außer den beiden typischen Arten von Celluloseacetaten, den chloroformlöslichen und den acetonlöslichen, sind eine ganze Reihe von anderen Acetylierungsstufen bekannt geworden, z. B. die in verdünnter Essigsäure lösliche Serikose und die in verdünntem Alkohol löslichen Produkte. Als letztere sind nicht nur die niedrigeren Abbauprodukte des Triacetats, die bei stärkerer Hydrolysierung entstehen, zu nennen, sondern auch die Zwischenstufen, welche sich bei der Acetylierung mit Schwefelsäure sowohl aus Cellulose wie aus Hydrocellulose vor der Entstehung des Triacetats bilden und die, mit verdünntem Alkohol erwärmt, Lösungen bilden, welche nach dem Erkalten zu einer gelatineartigen, schneidbaren Masse erstarren.

Diese Produkte, von EICHENGRÜN und BECKER zuerst erhalten (*D. R. P. Bayer* 153350 [1901] und 185837 [1902]), wurden von CROSS und BEVAN als Sulfoacetate der Cellulose erkannt (*B.* **38**, 353, 1859 [1905]). Wasserlösliche Celluloseester erhielt CLAESSEN *D. R. P.* 222450 [1908] durch Acetylierung bei Gegenwart von Pyridinsulfat resp. Chinolinsulfat und im Wasser gelatinierende Acetate LEDERER durch längere Einwirkung von Wasser auf Triacetat (*E. P.* 7687 [1912]). Niedrigere Acetylierungsstufen entstehen nach MORK durch teilweise Verseifung der Acetate mit Alkalien oder Säuren (*F. P.* 416752 [1910]) sowie nach CROSS und BRIGGS (*D. R. P.* 224330 [1907]) durch Acetylierung mit Zinkchlorid und vorzeitige Unterbrechung der Reaktion. Acetate, welche Stickstoff resp. Nitrogruppen enthalten, entstehen nach LEDERER (*D. R. P.* 179947 [1905] und 200149 [1906]) durch Acetylierung von Nitrocellulose, während nach einem Verfahren der *Agfa* (*F. P.* 449253 [1912]) stickstoffhaltige acetonlösliche Acetate durch Acetylierung von Cellulosederivaten, die Stickstoff enthalten aber unlöslich in Eisessig sind, gebildet werden.

Andere Fettsäureester der Cellulose können nach den für die Acetylierung gebräuchlichen Methoden durch Ersatz des Essigsäureanhydrids durch andere Fettsäureanhydride oder -Chloride erhalten werden und sind als Butyl-, Propionyl-, Valerylcellulosen bekannt geworden. Sie können beispielsweise nach dem *D. R. P. Knoll* 206950 [1907] unter Anwendung von Neutralsalzen als Kontaktsubstanzen hergestellt werden, während Sulfosäureester der Cellulose nach dem Patent der *Agfa* (*D. R. P.* 200334) durch Umsetzung von Arylsulfochloriden mit alkalilöslicher Cellulose entstehen sollen.

Die durch Einwirkung der Ameisensäure auf Acetylcellulose bei Gegenwart von Kontaktsubstanzen mit großer Leichtigkeit herstellbare Formylcellulose ist nicht als ein Celluloseester zu betrachten, wie dies ihre von den letzteren durchaus abweichenden Eigenschaften und Lösungsverhältnisse von vornherein sehr wahrscheinlich machten und wie es durch die Arbeiten von CROSS unzweifelhaft nachgewiesen worden ist.

Ausführung der Acetylierung.

Als Ausgangsprodukt für die Herstellung der Celluloseacetate kommt hauptsächlich unveränderte oder gebleichte Cellulose (in Form von Baumwolle, Watte, Papier, Zellstoff) in Frage, ferner Hydrocellulose (in Form strukturloser Cellulose, Kunstseide, Viscose) oder aber Derivate der Cellulose, wie Oxycellulose, Nitrocellulose, Xanthogenat, Alkalicellulose etc. Die Acetylierung verläuft bei Verwendung der vorgenannten Kontaktsubstanzen in ziemlich gleichartiger Weise, u. zw. zeigen die verschiedenen Katalysatoren nur in bezug auf die Schnelligkeit der Reaktion und die Reaktionstemperaturen wesentliche Unterschiede. Je stärker ein Katalysator wirkt und in je größerer Menge er angewendet wird, desto größer ist die Temperatursteigerung und damit auch die Gefahr, daß unstabile, brüchig werdende Produkte erhalten werden. Aus diesem Grunde wird die Acetylierung zweckmäßig unter äußerer Kühlung mit Eis ausgeführt und so geleitet, daß eine Durchschnittstemperatur von 15° nicht überschritten wird.

Der typische Verlauf einer Acetylierung mit Schwefelsäure ist der folgende: 20 *kg* Baumwolle werden in ein Gemisch von 70 *kg* Essigsäureanhydrid und 70 *kg* Eisessig eingetragen; man rührt dann in kleinen Portionen 2 *kg* Schwefelsäure von 66° *Bé.* hinein, wobei die Temperatur unterhalb 30° gehalten wird. Nach kurzer Zeit beginnt die Baumwolle aufzuquellen und zu erweichen. Sie geht allmählich in den Zustand einer gelatinösen Paste über, die Fasern verschwinden mehr und mehr, und es entsteht je nach der angewandten Menge und der Anfangstemperatur nach zwei bis sechs Stunden eine gleichartige, klare, sirupöse Lösung. Eine Probe derselben, mit Wasser gefällt, gibt ein flockiges Acetat, welches sich beim Erwärmen mit ca. 70%igem Alkohol löst; die Lösungen erstarren in der Kälte zu einer klaren Gallerte. Diese Acetylierungsstufe entspricht den Sulfosäureestern eines Diacetats und bildet die Vorstufe des eigentlichen Cellulosetriacetats. Läßt man die Reaktionsmasse nunmehr stehen, so bilden sich zunächst weitere Zwischenstufen, welche teils in wässerigem Aceton, teils in verdünnter Essigsäure, teils auch in reinem Aceton löslich sind, aber durchweg beim Verdunsten der Lösung brüchige Folien ergeben. Erst nach einigen Stunden hat sich das Cellulosetriacetat gebildet, welches nach dem Trocknen in Chloroform löslich ist.

Allerdings ist auch hier von einem einheitlichen Triacetat nicht die Rede, es können sich je nach den Arbeitsbedingungen verschiedenartige Produkte bilden, teils Triacetate verschiedener Art, teils Mischungen von Tri- und Diacetaten, woraus sich erklärt, daß die Löslichkeitsverhältnisse fast aller Handelsprodukte durchaus verschieden sind. Manche der chloroformlöslichen Acetylcellulosen lösen sich in reinem Chloroform, manche bei Gegenwart von Spuren Alkohol, andere wieder erfordern den Zusatz von 3—5%, ja selbst 10% Alkohol, manche quellen in Chloroform zuerst nur auf und lösen sich erst nach längerer Zeit, andere gehen schon beim Schütteln mit Chloroform leicht in Lösung.

Größere Temperatursteigerung, die ganz plötzlich eintreten und dann nicht mehr zurückgehalten werden kann, führt ebenso wie eine zu lange Dauer der Reaktion zu Produkten, die vollkommen brüchige Folien ergeben. Es entstehen Acetylierungsstufen, die über diejenigen des Triacetats hinausgehen, dann Spaltungs-, Hydrolysierungs- und Abbauprodukte verschiedener Art, bei denen die Löslichkeit in Aceton, verdünntem Alkohol, reinem Alkohol zunimmt bis zur vollkommenen Wasserlöslichkeit der bereits dem Gebiete des Zuckers angehörigen Endprodukte der Acetylierung (Octoacetat der Cellobiose und Pentaacetat der Dextrose).

Aus den Triacetaten entstehen die acetonlöslichen Produkte teils durch Hydrolyse des Cellulosemoleküls, teils vermutlich durch partielle Aufspaltung derselben sowie durch Abspaltung von Acetylgruppen bei der Bildung der Cellulosehydroacetate. Man erhält sie z. B. in der Weise, daß 100 *g* Cellulose mit 240 *g* Essigsäureanhydrid, 400 *g* Eisessig und 10—20 *g* konz. Schwefelsäure bei niedriger Temperatur acetyliert werden. Nachdem die Bildung des Triacetats erreicht ist, werden in das Reaktionsgemisch hydrolysierende Flüssigkeiten (Wasser, verdünnte Säuren oder Salze) eingerührt. Zweckmäßig hat sich ein Zusatz von etwa 40—50 *g* einer Mischung aus gleichen Teilen Wasser und Eisessig, welcher 5% Schwefelsäure hinzugefügt wurde, erwiesen, durch welche die Bildung acetonlöslicher Cellulosehydroacetate bei einer Temperatur von etwa 50° in 12 Stunden bewirkt wird.

Cellulosetriacetate und Cellulosehydroacetate unterscheiden sich in bezug auf ihren Essigsäuregehalt nicht merklich voneinander, umsoweniger, als die Acetylbestimmungen bei den einzelnen Sorten der Celluloseacetate, ja selbst bei den einzelnen Fabrikationspartien so bedeutende Unterschiede ergeben, daß auf eine bestimmte Formel nicht geschlossen werden kann. Theoretisch würde das Triacetat von der Formel $C_6H_7O_5(C_2H_3O)_3$ einen Essigsäuregehalt von 62,5% erfordern gegen 48,8% für Diacetat und 72,7% für Tetraacetat. Für die Acetate der Hydrocellulose von der Formel $(C_6H_{10}O_5)_6\ H_2O$ würden sich die entsprechenden Werte bei Diacetat auf 48,2%, Triacetat 61,8%, Tetraacetat 72,0% stellen. Tatsächlich werden bei den Essigsäurebestimmungen stets Zahlen erhalten, welche von den theoretischen wesentlich verschieden sind, u. zw. meistens um mehrere Prozent (bis zu einem Essigsäuregehalt von 57%) niedriger liegen als die Theorie für ein Triacetat erfordert.

Die Bestimmung der Acetylgruppen nach den üblichen Methoden durch Verseifung mit Alkali ist eine recht schwierige infolge der Bildung flüchtiger Säuren durch die Einwirkung des Alkalis auf die Cellulose. Aus diesem Umstande dürften sich die früheren irrtümlichen Angaben über die Bildung von Cellulosetetraacetaten bei der Acetylierung erklären. Zweckmäßiger hat sich die von SCHRANZ ausgearbeitete Methode der Verseifung mit Schwefelsäure erwiesen, welche, im Verhältnis von 1 : 1 mit Wasser verdünnt, das Acetat farblos auflöst und es bei längerem Stehen vollkommen verseift. Die mit Wasser verdünnte Lösung wird dann im Dampfstrom abdestilliert und im Destillate die Säure bestimmt (vgl. OST, *Z. angew. Ch.* **19**, 995 [1906]).

Abscheidung der Acetylcellulose.

Die Fällung der Acetylcelluloselösungen mit Wasser besitzt einerseits den Vorteil, eine weitere Einwirkung des Essigsäureanhydrids und der Kontaktsubstanzen, insbesondere der Schwefelsäure, aufzuheben, andererseits jedoch den Nachteil, daß der Überschuß an Anhydrid und der zur Verdünnung notwendige Eisessig in Form sehr verdünnter Essigsäure, also stark entwertet, wiedergewonnen wird. Es ist deshalb schon frühzeitig versucht worden, an Stelle des Wassers andere Fällungsmittel anzuwenden; so wurde schon 1902 im *A. P.* 708457 von BOESCH eine Fällung in Kohlenwasserstoffen wie Benzol, Naphtha, Petroleum vorgeschlagen. Das gleiche Verfahren wurde dann nochmals 1912 (*F. P.* 450886) von der Société DEBAUGE sowie zum dritten Male durch DREYFUS (*F. Zus. P.* 15894 [1912]) zum Patent angemeldet. DEBAUGE schlägt allerdings auch substituierte Kohlenwasserstoffe, speziell Tetrachlorkohlenstoff als Fällungsmittel vor, doch ist auch auf die Verwendung dieses Produktes bereits 1905 von LEDERER das *D. R. P.* 185151 genommen worden.[1] Nach dem Patente 242289 [1910] der HENCKEL-DONNERSMARCK-Werke wird die Ausfällung durch Äthyläther bewirkt, wodurch ein besonders stabiles Produkt erhalten werden soll, eine Angabe, die allerdings wenig plausibel erscheint.

Den gleichen Zweck, nämlich die Aufhebung der Säurewirkung und hierdurch Vermeidung des Eintretens von Brüchigkeit, suchen *Knoll* in den *D. R. P.* 196730 [1906], 201910 [1907], 255704 [1911] sowie LEDERER im *E. P.* 26502 [1906] durch Zusatz von Basen und basischen Salzen zu den Lösungen der Acetate vor ihrer Verarbeitung zu erreichen. Eine möglichst vollkommene Neutralisierung auf diesem Wege will die INTERNATIONALE CELLULOSEESTER-GESELLSCHAFT durch vorherige Verdünnung der Primärlösungen mit Nichtlösungsmitteln und darauf folgende Eintragung salzbildender Basen herbeiführen (*D. R. P.* 260984 [1912]).

Lösung der Acetylcellulosen.

Da die an sich schon kleine Zahl der für die Acetylcellulosen zur Verfügung stehenden Lösungsmittel noch dadurch verringert wurde, daß die meisten durch ihre physiologischen Eigenschaften (Ätzwirkung des Eisessigs, Giftigkeit des Nitrobenzols) sowie durch ihren starken Geruch (Pyridin) und ihre allzu hohen Siedepunkte (Dichlorhydrin, Epichlorhydrin) eine technische Verwendung nicht zuließen, stand von jeher die Auffindung eines billigen, geruchlosen, ungiftigen, langsam verdunstenden Lösungsmittels, welches bei der Acetylcellulose die Rolle übernehmen sollte, welche das Amylacetat bei der Nitrocellulose in unübertrefflicher Weise spielt, im Vordergrunde des Interesses, ohne daß es bis jetzt gelungen wäre, diese Frage zu lösen. Für das Cellulosetriacetat ist überhaupt nur ein einziges brauchbares Lösungsmittel neu aufgefunden worden, nämlich das Acetylentetrachlorid, welches von LEDERER im Jahre 1904 zum Patent angemeldet wurde (*D. R. P.* 175379 [1904]) und welches allein sowie unter Zusatz geringer Mengen Alkohol die Cellulosetriacetate sehr leicht auflöst und fast den gleichen Siedepunkt (147°) wie Amylacetat (148°) besitzt.

---

[1] Diese Fällungsmethoden, so einleuchtend sie auch erscheinen mögen, haben sich praktisch wegen der hohen Wiedergewinnungskosten und der großen Verluste an Fällungsmittel nicht bewährt.

Nach LEDERER haben dann später WALKER (*A. P.* 103518 [1905]) und die SOCIÉTÉ DEBAUGE (*F. P.* 418342 [1910]) Acetylentetrachlorid nochmals als Lösungsmittel für Triacetat angemeldet, ersterer in Mischung mit ganz geringen Mengen von Nichtlösungsmitteln, letztere in Kombination mit Pyridin und Hexachloräthan zur Aufhebung der korrodierenden Wirkung des Acetylentetrachlorids auf Metalle. Zu dem gleichen Zwecke schlägt KOLLER (*E. P.* 4744 [1911]) den Ersatz des Acetylentetrachlorids durch eine Mischung von Phenolen mit Trichloräthylen oder Perchloräthylen vor.

Das Acetylentetrachlorid hat als Lösungsmittel des Triacetats einige Bedeutung erlangt, trotz seiner nicht unbedenklichen physiologischen Wirkung, seines starken Geruches und seiner Neigung zur Salzsäureabspaltung. Dagegen sind fast alle anderen neuen Lösungsmittel, wohl hauptsächlich wegen ihres hohen Preises, unbeachtet geblieben. So das Nitromethan (FISCHER *D. R. P.* 201907 [1907]), der Diacetonalkohol (DOERFFLINGER *D. R. P.* 246967 [1910]), die von LINDSAY in den *A. P.* 1027614, 1027615, 1024486 [1912] vorgeschlagenen Salzsäureester Äthylenchlorhydrin, Äthylenacetochlorhydrin, Acetodichlorhydrin und Acetochlorhydrin. Die Ester hydrierter Phenole und Cyclopentanole (*BASF, D. R. P.* 251351 [1911] und 255692 [1912]) besitzen für Acetylcellulose ein viel geringeres Lösungsvermögen als für Nitrocellulose, während die von den HENCKEL-DONNERSMARCK-Werken vorgeschlagene Ameisensäure ihrer Ätzwirkung wegen als Lösungsmittel wohl nur in den Fällen in Frage kommt, in welchen die Acetate durch ein Fällungsmittel wieder ausgeschieden werden sollen. Das gleiche gilt von dem *D.R.P.* 256922, *Bayer*, nach welchem Acetate in alkoholischen resp. konz. wässerigen Lösungen gewisser Salze, wie Chlorzink, Rhodanammonium u.s.w. gelöst werden.

Als Lösungsmittel für acetonlösliche Acetylcellulose kamen in erster Linie Aceton und Essigäther in Frage, doch boten auch diese an sich leicht zugänglichen Lösungsmittel nicht die Möglichkeit einer universellen Verwendung von Acetatlösungen, da ihr hoher Preis und ihr niedriger Siedepunkt (insbesondere die hiermit verbundene Neigung zur Bildung von Struktur auf der Oberfläche der beim Verdunsten zurückbleibenden Acetatschichten) hinderlich waren. Diese Fehler wurden auch durch das Verfahren von MORK (*A. P.* 972464 [1910]), welches gleichzeitig auch von WOHL (*D. R. P.* 246651 [1910] angemeldet wurde und die Ameisensäureester als Lösungsmittel verwendet, nicht behoben. Dagegen haben die nach dem Verfahren von EICHENGRÜN (*D. R. P.* 254385 [1909]) dargestellten Lösungen (die sog. Cellonlacke) umfangreichere technische Verwendung finden können, da es auf diesem Wege möglich wurde, Lösungen von höherer Viscosität und günstigerer Trocknungsdauer herzustellen. Das Verfahren beruht generell auf der Erscheinung, daß eine Anzahl von Flüssigkeiten, welche in der Kälte (im Gegensatze zum Aceton) die acetonlöslichen Acetylcellulosen nicht lösen, in Mischung miteinander teils in der Kälte, teils in der Wärme lösend wirken. So lösen beispielsweise Mischungen der Nichtlösungsmittel Alkohol und Benzol, Alkohol und Wasser in der Wärme, Alkohol und Dichloräthylen, Alkohol und Acetylentetrachlorid (welches im Gegensatze zu der chloroformlöslichen die acetonlösliche Acetylcellulose an sich nicht löst) in der Kälte.

Das gleiche Verfahren resp. Ausführungsformen desselben wurden von verschiedener Seite nochmals zu Patent anzumelden gesucht, so durch REESER (*F. P.* 411126 [1909]), welcher die Mischung Alkohol-Benzol, durch DREYFUS (*F. Zus. P.* 15719 [1912]), der die Mischung von Alkohol und chlorierten Kohlenwasserstoffen, durch LINDSAY (*A. P.* 1027616 und 1041112 [1912]), welcher Äthylenchlorid und Pentachloräthan in Mischung mit Alkohol anwendet. Letzteres Verfahren haben sich auch EASTMANN-KODAK (*F. P.* 408396 [1909]) sowie *Bayer* (*F. P.* 417250 [1910]) schützen lassen.

Auch das durch *F. P.* EICHENGRÜN 412797 [1909] bereits geschützte Verfahren der gleichzeitigen Verwendung von Nichtlösungsmittelgemischen und von Lösungsmitteln hat die Firma LEDUC, HEITZ & Co. nochmals zum Gegenstand eines Patents (*F. P.* 429788 [1910]) zu machen gesucht. Eine Mischung von Methylchloracetat mit Alkoholen wurde neuerdings von MORK (*A. P.* 103782 [1912]) empfohlen.

Ein einheitliches, in jeder Hinsicht brauchbares Lösungsmittel fehlt aber auch für die Cellulosehydroacetate noch vollkommen.

Verarbeitung der Acetylcellulose.

Da die Lösungen der Acetylcellulosen beim Verdunsten der Lösungsmittel nur harte, wenig elastische Schichten zurücklassen, die nur in sehr wenigen Fällen, wie beispielsweise für Hartlacke, für Kunstseidedarstellung, für Versteifung von Geweben u. s. w. technische Verwendung finden können, wird im allgemeinen Acetylcellulose nur in plastischer Form, d. h. in Mischung mit Erweichungsmitteln (sog. Camphererersatzmitteln) verwendet, deren Eigenschaften für die technische Brauchbarkeit der Endprodukte von ausschlaggebender Bedeutung sind. Infolgedessen spielt die Auffindung passender Zusatzmittel in der Entwicklung der Acetylcelluloseindustrie eine große Rolle, umsomehr, als der Campher selbst sich für die meisten Zwecke als ungeeignet erwiesen hat, da er der Acetylcellulose im Gegensatze zur Nitrocellulose keine ausreichende Plastizität verleiht. Schon nach dem ersten Patente, in welchem die Herstellung celluloidartiger Massen aus Acetylcellulose beschrieben wurde (*Bayer*, *F. P.* 317008 [1901]), wurde die Anwendung der für die Nitrocellulose benutzten Camphererersatzmittel vorgeschlagen. Als solche waren bereits damals eine große Anzahl von organischen flüssigen oder festen Körpern bekannt, deren Verwendung für Acetylcellulose aber trotzdem von verschiedenen Seiten — zum Teil sogar mehrfach — nochmals zum Gegenstand einer Patentanmeldung gemacht worden ist.

Dies gilt insbesondere für die Anwendung des Triphenylphosphats resp. der analogen Phosphorsäureester der Phenöle, die schon im *D. R. P.* 128120 von ZÜHL & EISEMANN als nicht brennbare Camphererersatzmittel für Nitrocellulose empfohlen waren. Trotzdem ist die Verwendung von Triphenylphosphat zur Herstellung plastischer Massen aus Acetylcellulose und Camphererersatzmitteln im *E. P.* 66557 [1909] PARKIN & WILLIAMS, im *E. P.* 6608 [1910] MERCKENS & MANNISADJIAN, im *E. P.* 10794 [1910] (in Mischung mit Harnstoff), im *E. P.* 10795 [1910] sowie in Mischung mit den bereits im obengenannten *F. P.* 317008 [1910] genannten Camphererersatzmitteln Toluolsulfamid und dem bekannten Camphererersatzprodukte Manol im *A. P.* 1041113 [1912] und endlich in Mischung mit Campher selbst im *A. P.* 1041116 [1912] LINDSAY nochmals patentiert worden, obschon sie nach dem genannten grundlegenden Patent eine ganz selbstverständliche war.

Eine Reihe von Spezialpatenten bezieht sich auf die Benutzung von Camphererersatzmitteln von besonders großem Lösungsvermögen für Acetylcellulose, so das *A. P.* WAITE 690211 [1911] auf Milchsäure, die *D. R. P.* 145106 [1912] und 151918 von LEDERER auf Phenole und Phenolderivate; die *D. R. P.* 152131 [1902] und 189703 [1906] von LEDERER sowie das *A. P.* 774713 von WALKER auf Chloralhydrat und Chloralalkoholat. Im *A. P.* 1027619 [1910] wird Benzylbenzoat durch LINDSAY, im *A. P.* 962877 [1910] werden halogenierte Fettsäuren von AYLSWORTH empfohlen, obschon sie nur sehr geringes Lösungsvermögen besitzen. Fette und Öle selbst werden ebenfalls als Camphererersatzmittel angegeben, obgleich sie hierzu vollkommen unbrauchbar sind, wie beispielsweise Vaselin im *E. P.* 28848 [1910] von SEATON, SNOWDON & JOUNG und Ricinusöl durch WALKER (*A. P.* 774714) und DREYFUS (*F. Zus. P.* 14559 [1911]) und durch MANNISADJIAN (*E. P.* 27201 [1908]). Kondensationsprodukte aus Ketonen und Phenolen werden von BEATTY (*F. P.* 447645 [1912]) und Glycerinäther von Phenolen resp. Alkoholen von DANZER (*F. P.* 443031 [1912]) angegeben, während das altbekannte Camphererersatzmittel Manol, sowie die Essigsäureglycerinester von der COMPAGNIE FRANÇAISE DE CELLULOID (*F. P.* 427804 und 440955 [1912]) nochmals als Zusatz für Acetylcellulose angemeldet wurden, nachdem schon 1908 MANNISADJIAN ihre Verwendung im *E. P.* 270201 beansprucht hatte.

Bei all diesen Patenten ist dem Umstande, daß sich Acetylcellulose nicht ohne weiteres ebenso wie Nitrocellulose zu celluloidartigen Massen verarbeiten läßt, überhaupt nicht Rechnung getragen und in den meisten gar nicht angegeben, in welcher Weise die Ausführung des Verfahrens, d. h. die Verarbeitung des Acetats mit dem Camphererersatzmittel zu einer homogenen Masse, stattfinden soll. Sie beruhen deshalb meistens auf der bereits im obengenannten *F. P.* 317008 [1901] angegebenen Methode der Mischung der Komponenten mit einem Lösungsmittel und Eintrocknenlassen der entstandenen halb festen, halb flüssigen Massen. Dies gilt auch für das von LEDERER angegebene Verfahren, demzufolge das Lösungsmittel Acetylentetrachlorid gleichzeitig als Camphererersatzmittel benutzt wird (*D. R. P.* 188542 [1903]), was darauf beruht, daß wesentliche Mengen Acetylentetrachlorid auch nach dem Trocknen in den Acetatschichten zurückbleiben, also als Camphererersatzmittel wirken.

CONVERT hat dieses Verfahren nochmals zu Patent angemeldet (*F. P.* 421843 [1910]) und gibt die gebunden bleibende Menge Tetrachloräthan auf 25–27 % an (dauernd zurückgehalten werden tatsächlich 13 %).

Zu einer teigartigen Masse nach einem neuen Prinzip der gleichzeitigen Verwendung eines Lösungs- und eines Fällungsmittels gelangt BUME (*D. R. P.* 210519 [1907]), und zu einer gelatinierten Masse, aus acetonlöslicher Acetylcellulose, die sich vollkommen wie gelatiniertes Celluloid verhält, EICHENGRÜN (*D. R. P.* 238348 [1909]), durch Verwendung zweier Nichtlösungsmittel, welche in Mischung lösend wirken, insbesondere von Alkohol und Kohlenwasserstoff. Nach dem Trocknen bildet diese Masse das nichtbrennbare Celluloid Cellon.

Statt der einfachen können auch substituierte Kohlenwasserstoffe, wie Acetylentetrachlorid, Trichloräthylen, Pentachloräthan, Äthylenbromid etc. oder andere Nichtlösungsmittel der benutzten Acetylierungsstufe verwendet werden. Das gleiche Verfahren ist dann von REESER (*F. P.* 411126 [1909]) und von DREYFUS (*F. P.* 432047 [1911]) nacherfunden worden und wird auch von LINDSAY (*A. P.* 1041112, 1027616 etc.) benutzt. Nach einem weiteren Patent (EICHENGRÜN *E. P.* 27258 [1910]) werden celluloidartige Massen aus acetonlöslicher Acetylcellulose und Campherersatzmitteln durch Quellung in sehr geringen Mengen von Lösungsmitteln oder von Nichtlösungsmitteln unter mechanischer Bearbeitung der Reaktionsmasse erhalten. Ferner nach dem *E. P.* EICHENGRÜN 18180 [1910] prägefähige Massen aus Acetylcellulose und Camphererersatzmittel bei Gegenwart großer Mengen pulverförmiger Füllmaterialien.

Diese prägefähigen Materialien aus Acetylcellulose werden insbesondere von RICHTER (*D. R. P.* 246081 [1911]) zur Herstellung von Druckformen benutzt, eine Verwendung, welche auch BACIGALUPI in seinem – in bezug auf seine Ausführung vollkommen unverständlichen – *F. P* 424372 [1910]) vorschlägt.

Anwendungsgebiete der Acetylcellulosen.

Die nach einigen der vorstehenden Verfahren herstellbaren plastischen Massen besitzen Eigenschaften, welche zwar nicht ganz mit denjenigen des Celluloids aus Nitrocellulose übereinstimmen, insbesondere nicht in bezug auf die Härte und die Elastizität des letzteren, jedoch ihnen so ähnlich sind, daß die Produkte als nichtbrennbares oder z. T. als schwer brennbares Celluloid bezeichnet werden können. Zu der Schwerbrennbarkeit (deren Grad natürlich von der Brennbarkeit der angewandten Camphererersatzmittel abhängt) gesellen sich andere Vorzüge, wie die Beständigkeit gegen Fette und Öle, Alkohol, Benzin u. s. w., so daß sich das Acetatcelluloid (Cellon) bereits größere Anwendungsgebiete, insbesondere solche, welche dem Celluloid seiner Gefährlichkeit wegen nicht offen standen, erobert hat.

Eine besondere Rolle spielt diese Feuerungefährlichkeit für die Fabrikation der Kinematographenfilms, da derartige Films aus Acetylcellulose durch den Lichtkegel der Projektionslampe überhaupt nicht zur Entzündung gebracht werden können, während unter gleichen Bedingungen ein Celluloidfilm fast momentan aufflammt. Nach Überwindung vieler technischer Schwierigkeiten wird die Fabrikation des Acetatfilms nunmehr durch *Bayer* in großem Maßstabe ausgeübt, u. zw. nach dem Verfahren von EICHENGRÜN (Cellitfilm, *Bayer*, *D. R. P.* 135474 [1901]), nach welchem photographische Emulsionen auf Unterlagen, die aus einer plastischen Masse aus Acetylcellulose und Camphererersatzmittel bestehen, aufgetragen werden.

Als derartige plastische Unterlagen wurden dann später eine ganze Reihe der beschriebenen Mischungen von Acetylcellulosen mit Camphererersatzmittel trotz des vorstehend genannten generellen Patentes nochmals angemeldet, insbesondere solche mit Triphenylphosphat, z. B. durch MERCKENS und MANNISADJIAN (*F. P.* 414680 [1910]) und durch BORZYKOWSKI, der zur Herstellung des „Boroidfilms" eine plastische Masse aus Acetylcellulose, Triphenylphosphat und etwas Nitrocellulose benutzt (*E. P.* 2179 [1910]); CATTAERT (*F. P.* 441146) empfiehlt eine Mischung von Cellulose (?) und Acetylcellulose. Doppelschichten von Acetylcellulose und Gelatine werden von LUMIÈRE (*F. P.* 401228 [1908]) und solche von harten Acetatschichten und elastischen Schichten aus Acetat oder anderem Material durch MYNSSEN (*D. R. P.* 229450 [1909]) angegeben. Während diese Folien wohl ausnahmslos durch Ausgießen der Lösungen auf entsprechenden Unterlagen und Verdunstung der Lösungsmittel hergestellt werden, erzeugt BONWITT (*D. R. P.* 237151 [1908]) Filmbänder, analog der Kunstseide, durch Einführen von Acetatlösung durch schlitzförmige Öffnungen in Fällungsflüssigkeiten.

Die Herstellung der photographischen Emulsionen aus Acetylcellulose selbst wurde nach dem Verfahren *Bayer* (*D. R. P.* 169364 [1902]) und LEDERER (191326 [1906]) versucht, doch sind dieselben infolge des geringen Tragvermögens der Acetylcellulosen für Halogensilber praktisch nicht ausgeführt worden.

Künstliche Seide, Fäden und Gewebe aus Acetylcellulose.

Ein Verfahren zur Herstellung künstlicher Seide aus Acetylcellulose bei Gegenwart eines Erweichungsmittels, wie z. B. Thymol, wurde schon 1902 von MORK, LITTLE & WALKER (*A. P.* 712200) angegeben, nachdem bereits 1895 LITTLE (*A. P.* 532468) die Herstellung von Kohlenfäden für elektrische Lampen aus Acetylcellulose vorgeschlagen hatte. Nach dem *F. P. Bayer* 350442 [1904] wird künstliche Seide durch Verspinnen von Acetylcellulose in Fällflüssigkeiten oder Einspritzen in heiße Räume erzeugt; nach dem *F. P.* 426436 [1911], *Heyden*, wird das Eindringungsvermögen solcher Flüssigkeit durch vorherigen Zusatz eines Fällungsmittels zu den Spinnlösungen vermehrt. Als Lösungsmittel für die letzteren nehmen die HENCKEL-DONNERSMARCK-Werke (*D. R. P.* 235599 [1907] Ameisensäure.

Obschon Acetatkunstseide im Gegensatz zu den vielfachen Literaturangaben überhaupt fabrikmäßig noch nicht hergestellt worden ist, da ihr hoher Einstandspreis, die ungenügende Festigkeit des Fadens und das Fehlen geeigneter, insbesondere genügend billiger Lösungsmittel und Fällungsflüssigkeiten ihrer Fabrikation entgegenstand, sind doch bereits eine Reihe Patente auf die Weiterverarbeitung der Acetatkunstseide angemeldet worden. Dieselben beziehen sich insbesondere auf ihre Anfärbung, da eine solche durch ihre (von HERZOG zahlenmäßig festgestellte) Wasserwiderstandsfähigkeit, die an sich den Hauptvorzug der Acetatseide bildet, so erschwert wird, daß sich die letztere nach den gewöhnlichen Färbemethoden überhaupt nicht anfärben läßt.

Die *Agfa* löst (*D. R. P.* 193135) das Problem durch Verwendung von Färbebädern, welche organische Lösungsmittel enthalten. Nach *Knoll* (*D. R. P.* 198008 [1907]) werden die Farbstoffe im Färbebade selbst erzeugt und in statu nascendi zur Einwirkung gebracht. Nach dem Patente 199559 [1907] der gleichen Firma wird die Acetylcellulose vor der Anfärbung mit organischen Substanzen vorbehandelt, welche eine Quellung des Fadens hervorbringen. An Stelle organischer Quellmittel werden nach dem *D. R. P.* 234028 [1908] anorganische Säuren benutzt.

Eine Lockerung des Fadens, resp. der Acetatschichten zur Erhöhung der Anfärbbarkeit durch Zusatz von Acetin oder anderen Estern des Glycerins oder Glykols beschreiben die HENCKEL-DONNERSMARCK-Werke im *D. R. P.* 228867 [1907]. *Bayer* gehen (*D. R. P.* 237210 [1910]) von gefärbter Baumwolle unter nachträglicher Acetylierung derselben aus, ein Verfahren, welches von BORZYKOWSKY (*E. P.* 12995 [1012]) durch Zusatz von Farbstoffen zum Acetylierungsgemische selbst abgeändert wurde.

LEDERER, der (im *D. R. P.* 210778 [1906]) die Festigkeit der Fäden durch Verwendung von Acetylnitrocellulose und Denitrierung derselben zu erhöhen sucht, erzeugt (nach dem *A. P.* 945310 [1905]) auf Fäden, Geweben oder Papieren durch Eintauchen derselben in ein Acetylierungsgemisch eine dünne Acetatoberfläche, ein Prinzip, welches DANZER (*F. P.* 410725 [1909]) auch bei Cellulosebändern, speziell für Filmzwecke, anzuwenden sucht.

Näherliegend und technisch leichter auszuführen ist naturgemäß die Herstellung eines dünnen Überzuges von Acetylcellulose auf Fäden durch Eintauchen der letzteren in eine Acetatlösung, ein Verfahren, welches bereits 1901 von WAGNER (*D. R. P.* 158217) angegeben wurde und welches später GOLDSTEIN (*D. R. P.* 219116) für Asbestfäden anwendete. Obschon als Lösungsmittel für diesen Zweck naturgemäß Acetylentetrachlorid nach dem Patent LEDERER angewendet werden konnte, wurde die Verwendung solcher Lösungen von ACHARD & GONNON (*F. P.* 427562 [1910]) nochmals zu Patent angemeldet. Von technischer Bedeutung wurden die Patente *Bayer* (*D. R. P.* 224842 [1909] und 227238 [1909]), nach welchen Fäden durch eine Suspension von Metallbronzen in Acetylcelluloselösungen hindurchgeführt und hierdurch mit einem glänzenden, in den verschiedensten Nuancen anfärbbaren Metallüberzug überkleidet werden. Diese sog. Baykofäden haben zur Herstellung von Gold- und Silbertressen, Litzen und Geweben vielfach Verwendung gefunden.

Naturgemäß können auch fertige Gewebe mit Acetatlösungen behandelt werden, u. zw. werden sie je nach der Konzentration und der Viscosität derselben imprägniert oder mit einer zusammenhängenden Acetatschicht überkleidet, doch werden zu diesem Zwecke meist nicht Lösungen von reiner Acetylcellulose, sondern von Mischungen derselben mit Füllstoffen oder Erweichungsmitteln benutzt. Durch Auswahl der weichmachenden Zusätzen ist man in der Lage, die Eigenschaften der Acetylcelluloseschichten in weiten Grenzen zu ändern und sie nicht nur auf Geweben, sondern auch auf anderen biegsamen Materialien, wie auf Papier, Leder etc. zu erzeugen.

Über derartige Fabrikate (wasserdichte Stoffe, abwaschbare Tapeten, Kunstleder, Isolierleinen etc.) wurde durch EICHENGRÜN (Verhandl. des Naturwissenschaftl. Vereins, Düsseldorf 1907) berichtet, welcher die Verwendung der neuaufgefundenen acetonlöslichen Acetylcellulose (Cellit) zu diesem Zwecke beschrieb. Auf den gleichen Gegenstand meldete SIEBERT das *D. R. P.* 208738 [1907] an, während MEYER *D. R. P.* 223793 [1907] wachstuchartige Überzüge mit Hilfe einer teigartigen Masse aus Acetylcellulose und Erweichungsmitteln erzeugte und DONQUÉ Leinenstoffe durch einen Acetatüberzug wasserfest machte (*E. P.* 17449 [1909]).

Emailartige Acetatschichten auf Geweben und Gegenständen aller Art werden nach dem Verfahren von EICHENGRÜN (*D. R. P.* 254784 [1909]) unter Verwendung viscoser Lösungen, die mit Hilfe von Gemischen aus zwei oder mehreren Nichtlösungsmitteln und aus einem oder mehreren Lösungsmitteln hergestellt sind, erzeugt. Dieses Verfahren benutzten für die Behandlung der Tragflächen von Luftfahrzeugen die Firma LEDUC, HEITZ & CO. (*E. P.* 229396 [1910]), während die gleiche Firma nach dem *F. P.* 446627 [1912] den Acetatüberzug mit einem Leinölfirnisüberzug kombiniert.

Überhaupt hat Acetylcellulose für Luftschiffahrtszwecke vielfach Anwendung gefunden. Speziell für Ballonhüllen benutzt die SOCIÉTÉ FRANÇAISE DES TISSUS, Biaises (*F. P.* 427818 [1910] und *Zus. P.* 14044), wiederum Acetylentetrachloridlösungen von Acetylcellulosen, während COHEN (*D. R. P.* 217760 [1908]) einen Baustoff für Luftschiffahrtszwecke durch Ausfüllung weitmaschiger Draht- oder Stoffgewebe mit Acetatschichten und DE PETROCZY (*F. P.* 448669 [1912]) die ganzen Oberflächen der Aeroplane aus durchsichtigen plastischen Massen aus Acetylcellulose herstellt.

Sehr frühzeitige Verwendung haben die Acetylcellulosen in der Elektrotechnik gefunden, da ihnen ein hohes Isolationsvermögen zukommt. Ihre Dielektrizitätskonstante wurde von CAMPELL auf 4,7 für lufttrockenes und 3,9 für getrocknetes Acetat angegeben, doch dürfte für die praktische Verwendung eine einheitliche Angabe nicht gemacht werden können, weil die Konstanten der verschiedenen Acetylcellulosen nicht die gleichen sind und vor allem — ihrer Brüchigkeit wegen — Schichten aus reinem Acetat für die Elektrotechnik überhaupt nicht in Frage kommen, sondern nur solche aus plastischen Materialien, die naturgemäß je nach ihrem Härtegrade ein durchaus verschiedenes Verhalten zeigen. So liegt der Isolationswiderstand beispielsweise für weiche Cellonsorten zwischen 1200 und 5000 Megohm/*cm*, während harte Sorten einen Widerstand von 21000 und 26000 Megohm/*cm* zeigen. Die Verwendung reinen Acetats, also von Schichten, welche den höchsten Durchschlagswert ergeben, wird im übrigen nach dem bereits erwähnten Patent (*D. R. P.* 229450 [1909] MYNSSEN) durch Verwendung von Doppelschichten ermöglicht, bei welchen durch Hinterkleidung mit einer biegsamen Schicht die Brüchigkeit der reinen Acetatplatten aufgehoben wird.

Naturgemäß finden Acetylcellulosen insbesondere in Form ihrer Lösungen vielfache Anwendungen in der Technik zur Lackierung von Metall, Holz und Stein, zur Imprägnierung von Stoffen aller Art, zur Herstellung von Lackledern und Kunstledern und vor allem zur Erzeugung von wasser- und fettfesten Papieren für die Bindung feinkörniger oder faseriger Materialien etc., doch sind hierüber Details wenig bekannt geworden, mit Ausnahme der Verwendung für Museums- und Archivzwecke (RATHGEN, Zeitschrift für Museumskunde 1913, S. 44), da die Anwendungsmethoden und Anwendungsgebiete sich prinzipiell von denjenigen anderer Lackierungs- und Imprägnierungsmittel nicht unterscheiden. Einen besonderen Verwendungszweck ließ sich MEYER (*D. R. P.* 193210 [1906]) patentieren, nämlich einen Überzug über Zigarrenspitzen mittels einer bronzehaltigen Acetatlösung, sowie ferner *Bayer* (*D. R. P.* 134721), welche die alkohollöslichen Cellulosesulfoacetate zur Herstellung von Hartspiritus benutzen.

Als Isoliermaterial speziell für Drähte wurde Celluloseacetat zuerst von der TOMPSON-HOUSTON CO. (*E. P.* 2264 [1902]) vorgeschlagen, u. zw. wurden die sog. Acetatdrähte von einer Reihe bekannter Elektrizitätsfirmen eine Zeitlang im Großen hergestellt, jedoch die Fabrikation infolge der Brüchigkeit des damals allein zugänglichen chloroformlöslichen Cellulosetriacetats wieder eingestellt.

Erst neuerdings finden Lösungen der Hydroacetate, welche Schichten von sehr hoher mechanischer Widerstandsfähigkeit ergeben und nicht die Brüchigkeit der chloroformlöslichen Acetate zeigen, für die Isolation von Drähten, Spulen und Ankern ausgedehntere Verwendung. Allerdings läßt sich hierfür das Verfahren des *F. P.* DEBAUGE 418347 [1910], nach welchem speziell ein Firnis für elektrische Isolationszwecke mit Hilfe von Acetylentetrachlorid hergestellt werden soll, nicht verwenden, da dieses Lösungsmittel Metall stark angreift.

Überhaupt haben sich eine ganze Reihe der vorstehend angeführten Verfahren praktisch als unbrauchbar erwiesen, ganz abgesehen von den vielen, auf dem Gebiete der Acetylcellulose angemeldeten, von vornherein als absurd zu bezeichnenden Patenten (wie beispielsweise das *F. P.* 450646 von LEON DESVAUX, nach welchem Acetylcellulose mit Gelatine gemischt werden soll), und so kommt es, daß wohl zwei Drittel derselben keine Bedeutung erlangt haben und mehr als die Hälfte schon wieder erloschen ist. Auch die Fabrikation der Acetylcellulose, welche von einer ganzen Reihe von Firmen aufgenommen worden war, ist größtenteils wieder eingestellt worden und wird heute nur von wenigen Fabriken in größerem Maßstabe betrieben, insbesondere von *Bayer*, der *Agfa*, der INTERNATIONALEN CELLULOSEESTER-GESELLSCHAFT, dem VEREIN FÜR CHEMISCHE INDUSTRIE und der CHEMICAL PRODUCTS CO.

Es unterliegt wohl keinem Zweifel, daß nunmehr, wo die wesentlichsten Schwierigkeiten überwunden sind, technisch verwendbare Lösungsmittel vorliegen und sowohl Darstellungs- wie Verarbeitungsprozesse praktisch durchgearbeitet sind, die Acetylcellulosen steigende Verwendung finden werden. Tatsächlich befinden sie sich aber heute – fast 20 Jahre, nachdem zum ersten Male ihre technische Darstellung gelungen war, und über 40 Jahre nach ihrer ersten Auffindung durch SCHÜTZENBERGER – noch im Anfangsstadium ihrer industriellen Entwicklung. Diese zielt zum Teil, insbesondere beim Kinematographenfilm, beim schwer brennbaren Celluloid, bei der Kunstseide, beim Kunstleder u. a. auf einen Ersatz der Nitrocellulose hin, zum Teil führt sie auf Gebiete, welche bisher von anderen Präparaten ausgefüllt wurden, wie vom Gummi, vom Leinöl, von Harzen etc., zum Teil auch auf solche, für welche brauchbare Produkte noch nicht vorlagen und für welche die ölfeste Imprägnierung von Aeroplantragflächen (durch Cellon-Emaillit, Novavia-Lack etc.) ein typisches Beispiel bildet. Der Umfang, welchen die Verwendung der Acetylcellulose bisher angenommen hat, läßt sich zahlenmäßig schwerlich feststellen. Zweifellos aber sind die Literaturangaben, z. B. diejenige, in welcher die europäische Produktion für das Jahr 1911 auf 100000 *kg* angegeben wird (CLEMENT & RIVIÈRE *Ch. Ztg.* **36**, 1271 [1912]), ganz bedeutend zu hoch gegriffen, wie auch die kommerzielle Bedeutung einzelner Anwendungsgebiete in der Literatur wesentlich überschätzt wird.

Welche Bedeutung die Fabrikation der Acetylcellulose in der Zukunft erlangen wird, hängt einerseits von ihrer Preisgestaltung ab, in erster Linie also von dem Weltmarktpreis der Essigsäure, andererseits aber auch von der Auffindung noch besserer und noch billigerer Lösungsmittel und nicht zum wenigsten noch stabilerer und widerstandsfähigerer Acetylierungsstufen, als sie heute vorhanden sind, da hierdurch weite Absatzgebiete, z. B. dasjenige der Kunstseidefabrikation, ohne weiteres erschlossen werden würden.

Literatur: SCHÜTZENBERGER, *C. r.* **61**, 484 [1865]. — FRANCHIMONT, *B.* **12**, 2059 [1879] und **14**, 1290 [1881]. — SKRAUP, *B.* **32**, 2413 [1899] und **34**, 1115 [1901]. — CH. F. CROSS und E. J. BEVAN, Darstellung von Cellulosetetraacetat. *D. R. P.* 85329 [1884]. — ED. H. SKRAUP, Notizen über Cellulose und Stärke. *B.* **32**, 2413 [1894]. — CH. F. CROSS und E. J. BEVAN, Fabrikation von Celluloseacetat. *J. Ch. I.* **14**, 435, 447, 987 [1895]. HENCKEL V. DONNERSMARCK, Darstellung von Cellulosetetraacetat. *D. R. P.* 105347 [1898]. — K. O. WEBER, Über Neuerungen in der Celluloseindustrie, Fettsäureester, Cellulosetetraacetat, Cellulosetetrabutyrat. *Z. angew. Ch.*, **12**, 5 [1899]. — A. P. N. FRANCHIMONT, Die Einwirkung von Essigsäureanhydrid mit Zusatz von Schwefelsäure auf die Cellulose. *B.* **18**, 472 [1899]. — L. VIGNON und F. GERIN, Acetylderivate der Cellulose und Oxycellulose, *C. r.* **131**, 588 [1900]. — CROSS und BEVAN und R. L. JENKS, Über die gemischten Ester der Cellulose und das Verhalten der Cellulose zur Nitriersäure. *B.* **34**, 2496 [1901]. — E. VALENTA, Cellulosetetraacetat als Ersatz für Kollodiumwolle bei Bereitung von Chlorocitratemulsionen. Photogr. Korrespondenz **1901** September, *Ch. Ztrlbl.* **1901**, 2, 40. — L. MAQUENNE und W. GOODWIN, Untersuchungen über die Cellulose. *Bl.* (3) **31**, 854 [1904]. — CH. F. CROSS und E. J. BEVAN, Über die Konstitution der Cellulose. Essigschwefelsäureester der Cellulose. Z. f. Farben- und Textil-Chemie, **3**, 197 [1904]. — ARTUR G. GREEN, Über die Konstitution der Cellulose. Existenz der Tetraacetylcellulose. Z. f. Farben- und Textil-Chemie, **3**, 97, 309 [1904]. — CH. F. CROSS und E. J. BEVAN, Über die Konstitution der Cellulose. *Z. f. Farben und Textil-Ind.* **3**, 441 [1904]. — O. N. WITT, Die künstlichen Seiden. Vortrag, gehalten im Verein zur Beförderung des Gewerbefleißes am 7. März 1904. — SKRAUP und GEINSBERGER, Chloracetylcellulose, Cellobioseacetat. *M.* **26**, 1415 [1905]. CH. F. CROSS und E. J. BEVAN und J. TRAQUAIR, Die niederen Acetylderivate von Stärke und Cellulose. *Ch. Ztg.* **29**, 527 [1905]. — A. CAMPBELL, Über die Dielektrizitätskonstante der Cellulose. *Proc. R. Soc.* **78**, Serie A, 196 [1904]. — BELTZ, Celluloseester der Fettsäuren. *Rev. g. Ch. p. et appl.* **9**, 421 [1906]. — HARDT und STREMAYER, Über Acetylderivate der Cellobiose. *M.* **28**, 63 [1907]. — BERL und SMITH, Zur Kenntnis der Celluloseester (Darstellung der Formylcellulose, Acetylnitrocellulose). *B.* **40**, 903 [1807]. — Verfahren zum Färben von Fäden und Geweben aus Acetylcellulose. Leipziger Färber-Ztg., **1907**, 198. — GRANDMOUGIN, Einwirkung verschiedener Agenzien auf die Cellulose. Appretur-Ztg., **1907**, 77. — DOHT, Neuere Arbeiten über Acetylcellulose. *Z. angew. Ch.*, **20**, 143 [1907]. — EICHENGRÜN, Acetylcellulose und ihre technische Bedeutung. *Z. angew. Ch.*, **20**, 922 [1907]. — SCHWALBE, Probleme der Zellstoff- und Kunstseideindustrie. *Z. angew. Ch.*, **21**, 2404 [1908]. — EICHENGRÜN, Der nichtbrennbare Cellit-Kinematographenfilm. Photogr. Wochenblatt, **1908**, 28. — FREDERKING, Der angebliche Säuregehalt der Cellitlösung. *Mitt. Materialpr.*, **1910**. — SCHWALBE, Die Acetylierung der Baumwollcellulose. *Z. angew. Ch.*, **23**, 433 [1910]. — JENTGEN, Beiträge zur Kenntnis der Cellulose. *Z. angew. Ch.*, **23**, 1541 [1910]. — EICHENGRÜN, Neues auf dem Gebiete der Acetylcellulose. *Z. angew. Ch.*, **24**, 366 [1911]. — H. OST, Geschichtliches über Celluloseacetate. *Z. angew. Ch.*, **24**, 1304 [1911]. EICHENGRÜN, Geschichtliches über Celluloseacetate in anderer Beleuchtung. Zur Kenntnis der neueren Acetatseide. *Ch. Ztg.*, **34**, 347 [1910]. — Acetatlacke. Papierzeitung, **1912**. — E. J. FISCHER, Celluloseacetate und andere organische Säureester der Cellulose. *Kunstst.*, **1912**, 21, 48. — Die Verfahren zum Unentzündbarmachen der Fasern, Gewebe und Gespinste. *Kunstst.*, **1912**, 90. — Beiträge zur Kenntnis des acetolytischen Abbaus der Cellulose. *Kunstst.*, **1912**, 311. — H. OST und F. KATAYAMA, Vergleichende Acetylierung von Cellulose, Hydrocellulose und alkalisierter Cellulose. *Kunstst.*, **1912**, 311. — J. GUTSCHE, Zur Kenntnis katalytischer Wirkungen bei der Acetylierung von Stärke und Cellulose mit Essigsäureanhydrid. *Kunstst.*, **1912**, 371. — H. OST, Die Acetolyse zu Dextroseacetate. *Kunstst.*, **1912**, 412. — L. CLEMENT und C. RIVIÈRE, Über Celluloseacetat. Internationaler Kongreß für angewandte Chemie 1912. Referat: *Kunstst.*, **1912**, 436. — MAIN, Das Acetylieren der Cellulosen. Rev. scient., **1912**, 883. — MORK, Cellulosechemie des Handels. Internat. Kongreß, Washington 1912. — RATHGEN, Cellon. Museumskunde, **1913**, 44. — ROST, Neue Anwendungsgebiete des Cellons. *Kunstst.*, **1913**, 150.

Bücher: CROSS und BEVAN, Researches in Cellulose. London 1895. — CROSS und BEVAN, Cellulose, London 1903. — PIEST, Die Cellulose, Stuttgart 1910. — FEITLER, Das Celluloid und seine Ersatzstoffe, Wien 1912. — BONWITT, Das Celluloid, Berlin 1912. *A. Eichengrün.*

Acetylchlorid s. Essigsäure.

Acetylen, $CH \equiv CH$, ist bei gewöhnlicher Temperatur und gewöhnlichem Druck ein gasförmiger Kohlenwasserstoff, der zu den ungesättigten Kohlenwasserstoffen der Reihe $C_n H_{2n-2}$ gehört. Zur Bildung aus seinen Elementen bedarf das Acetylen der Zufuhr von Wärme, welche es beim Zerfall wieder abgibt, es ist also eine endothermische Verbindung. Die molekulare Bildungswärme beträgt bei konstantem Druck und konstantem Volumen — 50 *Cal.* Aus der Bildungsgleichung $2C + 2H = C_2H_2$ ergibt sich die Bildungswärme zu — 61 *Cal.* Das Acetylen selbst ist unter normalen Druckverhältnissen nicht explosiv. Leitet man die Zersetzung an einer Stelle ein, so pflanzt sie sich nicht fort, solange das Acetylen unter gewöhnlichem Druck steht. Sobald der Druck aber 2 *Atm.* erreicht, setzt sich der

Zerfall unter einer Temperaturerhöhung von ungefähr 3000° durch die ganze Masse fort. Es kann dann also eine Explosion erfolgen, wenn das Gas in einem Raum eingeschlossen ist. Ebenso verhält sich flüssiges Acetylen. Verdünnt man das Acetylen mit anderen Gasen, welche an sich nicht explosiv sind oder Explosionen mit Acetylen nicht bewirken, so wird die Explosionsfähigkeit herabgesetzt. So explodiert ein auf 7 *Atm.* komprimiertes Gemisch von Ölgas mit 20–40% Acetylen nicht, selbst wenn es der Einwirkung eines Holzfeuers ausgesetzt wird. Auch durch Abkühlung wird die Explosionsfähigkeit verringert; dasselbe ist der Fall beim Mischen mit Flüssigkeiten. Dagegen sind Gemische von Acetylen mit Gasen, welche chemisch mit ihm reagieren, wie Chlor oder Sauerstoff, sehr explosiv. Auch ein Acetylenluftgemisch ist explosiv, wenn es mehr als 5% und weniger als 80% Acetylen enthält. Die Explosion erfolgt meist unter Rußabscheidung. Die untere Grenze dafür soll 9% Acetylen betragen.

Die physikalischen Konstanten von reinem Acetylen sind folgende: *D* (bezogen auf Luft) 0,9056; *D* (bezogen auf Wasser 4°) 0,001194; 1000 *ccm* Acetylen von 1,17 *g* Gewicht enthalten rund 1000 *ccm* Wasserstoff und 1,08 *g* Kohlenstoff. Molekulare Verbrennungswärme 312,9 *Cal.* bei konstantem Druck. 1 *l* Acetylen bei 0° und 760 *mm* Druck hat rund 14100 *Cal.* Heizwert. Die Temperatur einer entleuchteten Acetylenflamme beträgt bei einem Acetylengehalt von 7,7, 12,2 und 17,0% 2420°, 2260° und 2100°, die einer leuchtenden Acetylenflamme nach NICHOLS 1900°. Die Sauerstoff-Acetylenflamme, wie sie bei der autogenen Metallbearbeitung gebraucht wird, soll etwa 3000° haben; doch will WISS für das zu Schweißzwecken günstigste Gemisch von 0,6 *Vol.* Acetylen auf 1 *Vol.* Sauerstoff nur 2340° Temperatur gefunden haben. 1 *l* Acetylen liefert beim Verbrennen 2 *l* Kohlendioxyd und 1 *l* Wasserdampf. Zur vollständigen Verbrennung von 1 *l* Acetylen sind erforderlich 2,5 *l* Sauerstoff oder 12,5 *l* Luft. Für 100 *HK* entstehen 120 *l* Kohlendioxyd und 60 *l* Wasserdampf, verbraucht werden 750 *l* Luft. Der Zerfall des reinen Acetylens in seine Elemente findet beim Erhitzen auf 780° statt. Die Entzündungstemperatur beträgt für Acetylen in Sauerstoff 428°, für Acetylen in Luft 429°. Nach V. MEYER und A. MÜNCH beträgt die Entzündungstemperatur eines Acetylen-Sauerstoffgemisches 511°. Das Acetylen ist in vielen Flüssigkeiten, wie z. B. Wasser, Alkohol, Aceton löslich.

Steigender Druck und sinkende Temperatur erhöhen die Löslichkeit; so vermögen 1 *Vol.* Aceton bei 12 *Atm.* Druck 300 *Vol.* Acetylen zu lösen; hierbei erfolgt eine Volumenvergrößerung der aufnehmenden Flüssigkeit; bei −80° löst 1 *Vol.* Aceton unter Atmosphärendruck mehr als 2000 *Vol.* Acetylen. Durch Druck oder Kälte kann Acetylen leicht verflüssigt werden. Nach CAILLETET[1] verflüssigt sich Acetylen unter einem Druck

von	48 *Atm.*	bei	1°	von	94 *Atm.*	bei	25°
„	50	„	2,5°	„	103	„	31°
„	63		10°				

Die kritische Temperatur des Acetylens beträgt 37°, der kritische Druck 68,0 *Atm.* Das flüssige Acetylen ist farblos, leicht beweglich und stark lichtbrechend. Bei −83,8° siedet es; D_0°: 0,451, D_{10}°: 0,420. Beim Verdunsten des flüssigen Acetylens an der Luft erstarrt es zu einer festen Masse. Der *Schmelzp.* des festen Acetylens liegt bei −81,5° und der Sublimationspunkt bei −83,6°. Infolge der geringen Abweichung des Siedepunktes des flüssigen Acetylens vom Sublimationspunkt des festen Acetylens verdampft das feste Acetylen bei gewöhnlicher Temperatur, ohne zu schmelzen. Flüssiges Acetylen kann durch Funken oder dergleichen zur Explosion gebracht werden, verliert aber die Explosionsfähigkeit bei starker Abkühlung bis auf −80°. Durch Stoß oder Schlag allein explodieren mit flüssigem Acetylen gefüllte Stahlflaschen nicht.

Bildungsweisen des Acetylens: Technisch wird das Acetylen hergestellt durch Zersetzen von Carbiden mit Wasser. Das am meisten benutzte und bekannteste Carbid ist das Calciumcarbid, welches nach folgender Gleichung Acetylen entwickelt:

$$CaC_2 + 2H_2O = Ca(OH)_2 + C_2H_2.$$

Die Carbide der Alkalimetalle und der Erdalkalien liefern reines Acetylen, während die Carbide der seltenen Erden Gasgemische mit mehr oder weniger Acetylen geben.

Ferner kann man Acetylen herstellen durch Zersetzung der Metallverbindungen, welche durch Einleiten von Acetylen in Metallsalzlösungen entstehen. Zersetzt man z. B. die Kupferacetylenverbindung mit Salzsäure, so erhält man Acetylen, allerdings verunreinigt; wendet man dagegen statt Salzsäure Cyankalium an, so erhält man ein äußerst reines Gas. Diese Methode wird zur Darstellung von chemisch reinem Acetylen benutzt. Acetylen aus seinen Komponenten darzustellen, ist zuerst BERTHELOT gelungen, indem er Wasserstoff zwischen zwei durch den elektrischen Strom ins Glühen gebrachten

[1] Weitere Versuchsergebnisse anderer Autoren vgl. J. H. VOGEL, Acetylen 1911, 8.

Kohlenelektroden hindurchleitete. Acetylen entsteht auch bei der trockenen Destillation organischer Substanzen sowie bei längerer Einwirkung von Rotglühhitze auf organische Verbindungen. Deshalb findet es sich auch im Steinkohlengas, sowie bis zu 0,8% in den Verbrennungsgasen eines zurückgeschlagenen Bunsenbrenners, der mit Steinkohlengas gespeist wird. Dieses Vorkommen wurde vor der fabrikmäßigen Herstellung des Calciumcarbides fast ausschließlich zur Gewinnung des Acetylens benutzt.

Besonders charakteristisch für Acetylen ist seine Einwirkung auf Kupfersalze, so daß man diese Reaktion benutzt, um Acetylen nachzuweisen und um Kupfer von anderen Schwermetallen quantitativ durch Ausfällung mit Acetylen aus einer ammoniakalischen Kupferoxydulsalzlösung zu trennen. Es entsteht dann Kupferacetylür, welches in einer wasserfreien Form C_2Cu_2 und in einer wasserhaltigen Form $C_2Cu_2H_2O$ existiert. Das Kupferacetylür ist als Endprodukt der Einwirkung von Acetylen auf ammoniakalische Kupfersalze anzusehen, dazwischen bilden sich komplexe Verbindungen. Diese Acetylenkupferverbindung ist im trockenen Zustande an der Luft explosiv. Man nimmt an, daß sich durch Oxydation geringe Mengen Diacetylenkupfer bilden, welche die Zersetzung verursachen. Wirkt Acetylen in saurer Lösung auf Kupferoxydulsalze ein, so entstehen Doppelverbindungen von Acetylen mit Kupfersalzen. Auch mit Kupferoxydsalzen geht Acetylen Verbindungen ein, doch tritt hierbei gleichzeitig Polymerisation ein. Ebenso kann Acetylen mit metallischem Kupfer explosibles Acetylenkupfer bilden, namentlich wenn es feucht oder mit Ammoniak verunreinigt ist. Deshalb dürfen an Acetylenapparaten keine kupfernen Hähne od. dgl. angebracht werden. Ähnlich wie auf Kupferverbindungen wirkt das Acetylen auch auf Silber- und Quecksilbersalze ein. So entsteht beim Einleiten von Acetylen in eine ammoniakalische Silberlösung ein Körper C_2Ag_2, der bei 200° explodiert. Mit wäßrigen und sauren Silberlösungen reagiert Acetylen unter Bildung von Doppelverbindungen. Solche Doppelverbindungen bilden sich auch bei Einwirkung von Acetylen auf ammoniakalische Silberacetat-, Silberchlorid- oder Silberjodidlösung. Wirkt Acetylen auf Quecksilbersalze ein, so ist einerseits die Wirkung analog derjenigen auf Kupfer- und Silbersalze, andrerseits aber entstehen durch Substitution und Addition Abkömmlinge des Acetaldehyds. Durch Einleiten von Acetylen in eine alkalische Quecksilberlösung erhält man einen weißen flockigen Niederschlag von der Zusammensetzung C_2Hg, der sehr explosiv ist. Beim Einwirken von Acetylen auf kalte wäßrige Sublimatlösung entsteht eine Verbindung $C_2H_2 \cdot 3HgCl_2 \cdot 3HgO$, bei gewöhnlicher oder höherer Temperatur dagegen erhält man eine Verbindung von der Zusammensetzung $C_2(HgCl_2)_4 + H_2O$, welche beim Zersetzen mit Salzsäure hauptsächlich Acetaldehyd gibt. Läßt man aber Acetylen in saurer Lösung auf Sublimat einwirken, so bilden sich wahre Acetylenabkömmlinge. Ebenfalls einen reinen Acetylenabkömmling erhält man aus frisch bereitetem Merkuroacetat und Acetylen. Dagegen entsteht ein Aldehydabkömmling, wenn man Acetylen in eine salpetersaure Quecksilberoxydnitratlösung leitet. Derselbe hat die Zusammensetzung $C_2Hg_2NO_4H$ und kann auch aus Merkurinitrat und Acetaldehyd erhalten werden, ein Beweis für die Abstammung des Körpers vom Acetaldehyd. Aus Lösungen von Gold, Palladium, Osmium fällt Acetylen entweder die Metalle als solche oder als Doppelverbindungen aus. Auf Salze von Eisen, Nickel, Kobalt, Blei, Cadmium, Platin, Iridium, Rhodium, Zink, Arsen und Zinn wirkt Acetylen nicht ein.

Durch Überleiten von Acetylen und Wasserstoff über Platinmohr entsteht Äthylen. Dasselbe erhielt BERTHELOT auch, wenn er nascierenden Wasserstoff auf Acetylen einwirken ließ. Leitet man ein Gemisch von Acetylen und Wasserstoff über fein verteilte Metalle wie Platin, Nickel, Kobalt, Eisen und Kupfer, so erhält man unter gewissen Bedingungen Äthylen, Äthan und andere Kohlenwasserstoffe sowohl der aliphatischen als auch der aromatischen Reihe.

Halogenwasserstoffsäuren lagern sich meist an Acetylen an. Jod- und Bromwasserstoffsäure wirken direkt ein, wobei sich Jod- bzw. Bromäthylen bilden. Chlorwasserstoffsäure dagegen wirkt nur auf Acetylen im status nascendi. Eine wäßrige Lösung von unterchloriger Säure gibt mit Acetylen bei 75 bis 80° hauptsächlich Dichloracetaldehyd, doch muß diese Reaktion in besonders konstruierten Apparaten vorgenommen werden, um Explosionen zu vermeiden. Ähnlich wirkt unterbromige Säure. Lösungen von Calciumhypochlorit wirken verdünnt nur sehr wenig auf Acetylen, in konzentriertem Zustande dagegen unter Umständen unter Feuererscheinungen ein. Chlorkalk soll auf Acetylen in kaltem Zustande nicht einwirken, wohl aber auf die üblichen Verunreinigungen. Man benutzt ihn daher als Reinigungsmittel für Rohacetylen, doch macht man immer noch alkalische Zusätze, um die Bildung von Chlorderivaten des Acetylens und von Chlorstickstoff sicher zu verhindern.

Wasser wirkt ebenso wie die Halogene. Es entsteht als Additionsprodukt Acetaldehyd, u. zw. erfolgt die direkte Anlagerung von Wasser, wenn man Acetylen sich in frisch geglühter Holzkohle verdichten läßt und diese dann im Bombenrohr mit Wasser über 300° erhitzt. Ferner entsteht Acetaldehyd direkt aus Acetylen und Wasserdampf bei Gegenwart einer heißen, als Katalysator wirkenden Oberfläche. Auch bei der Zersetzung verschiedener Acetylenabkömmlinge entsteht Acetaldehyd (s. d.).

Leitet man ein Gemisch von Acetylen und Wasserstoff in verdünnte kochende Schwefelsäure, in welcher Quecksilberoxyd suspendiert ist, so erhält man Thioaldehyd. Ein Gemisch von Acetylen und Stickstoff gibt unter dem Einfluß des elektrischen Funkens Blausäure. Diese erhält man auch, wenn Acetylen und Stickoxyd bei 800° über Platinschwamm geleitet werden. Leitet man ein Gemisch von Acetylen und Ammoniak durch glühende Röhren, so entsteht Pyrrol und Ammoniumcyanid.

Oxydation des Acetylens: Bei der Einwirkung oxydierend wirkender Mittel auf Acetylen können sich Oxydationsprodukte bilden, es kann nebenbei Wasseranlagerung eintreten, oder es erfolgt vollständiger Zerfall. Beim Schütteln einer stark alkalischen Kaliumpermanganatlösung mit

Acetylen entstehen die Kaliumsalze der Kohlensäure, Ameisensäure und Oxalsäure. Beim Einwirken einer Chromsäurelösung findet gleichzeitig Wasseranlagerung und Oxydation statt, indem sich Acetaldehyd und daraus Essigsäure bildet. Wässerige Chromsäure, in Kieselgur aufgesaugt, wirkt bei gewöhnlicher Temperatur auf Acetylen nicht ein. Deshalb findet sie Anwendung als Reinigungsmasse für Rohacetylen. Wasserstoffsuperoxyd gibt mit Acetylen Essigsäure, Acetaldehyd und Alkohol. Bei Einwirkung von Salpetersäure entstehen saure und neutrale Produkte, welche zum Teil explosiv sind. Oxydiert man Acetylen auf elektrolytischem Wege, indem man es beim Elektrolysieren von Kalilauge oder Schwefelsäure an der Anode einleitet, so erhält man im ersten Falle Ameisensäure, im zweiten Essigsäure in quantitativer Ausbeute.

Sauerstoff oder Luft wirken bei gewöhnlicher Temperatur auf Acetylen nicht ein, bei Erwärmung eines Gemisches dagegen findet Verbrennung statt, u. zw. je nach dem Mischungsverhältnis als stille Vereinigung oder als Explosion. Eine Explosion tritt auch ein, wenn man ein Acetylenluftgemisch durch einen Initialzünder oder durch einen elektrischen Funken entzündet. Die hierbei auftretenden Verbrennungsprodukte sind verschieden je nach dem Acetylengehalt des Gemisches. Bei hohem Acetylengehalt scheidet sich Kohlenstoff aus. Die Grenzen der Rußbildung sollen zwischen 9,3 und 58,7 % Acetylen im Acetylenluftgemisch liegen. Beim Verbrennen von Acetylen in Brennern treten keine brennbaren kohlenstoffhaltigen Gase auf, nur bei Sauerstoffmangel findet Kohlenstoffabscheidung statt. Diese Ausscheidung von Kohlenstoff hat man zur Gewinnung von Ruß benutzen wollen, indem man Acetylen mit Kohlensäure oder Kohlenoxyd gemischt durch glühende Röhren leitet. Hierbei wird der Wasserstoff des Acetylens oxydiert, während der Kohlenstoff sich abscheidet. Bei einem anderen Verfahren zur Rußgewinnung hat man statt Kohlensäure oder Kohlenoxyd die Verwendung von Halogenkohlenwasserstoffen vorgeschlagen; es bilden sich dann dabei die betreffenden Halogenwasserstoffe. Setzt man Acetylen allein oder im Gemisch mit anderen Gasen der Einwirkung höherer Temperaturen aus, so tritt Polymerisation neben Kondensation ein. So bilden sich beim Erhitzen von Acetylen in Röhren auf 640 bis 800° Benzol, Toluol, Biphenyl, Naphthalin, Anthracen, Fluoren, Pyren, Chrysen, Inden, Reten und andere Verbindungen neben Kohle. Mit anderen ungesättigten Kohlenwasserstoffen werden höhere Olefine erhalten. Auch die stille elektrische Entladung soll polymerisierend bzw. kondensierend auf Acetylen bzw. acetylenhaltige Gasgemische einwirken. Oberhalb 1500° zerfällt Acetylen in Äthylen und Äthan. Wird Acetylen aus Calciumcarbid und wenig Wasser entwickelt, also bei verhältnismäßig hoher Temperatur, so entstehen aus Acetylen und den mit vorhandenen Verunreinigungen schwefel-, phoshor- und stickstoffhaltige Kondensationsprodukte, die sich durch einen eigenartigen Geruch bemerkbar machen. Die Anwesenheit von Metallen wie Eisen, Aluminium, Kobalt, Nickel, Platin, Silber, besonders aber von Kupfer begünstigt die Polymerisation und den Zerfall des Acetylens. So erhält man beim Überleiten von Acetylen über Kupfer bei etwa 250° einen korkähnlichen Kohlenwasserstoff, Cupren genannt.

Beim Überleiten von Acetylen und Wasserstoff über fein verteiltes Kobalt oder Eisen bei einer Temperatur unter 180° erhält man ein dem kanadischen Petroleum ähnliches Produkt.

Technische Herstellung des Acetylens.

Nach der oben (Seite 131) angegebenen Gleichung wären zur Erzeugung von Acetylen theoretisch für 64 Gewichtsteile Calciumcarbid nur 18 Gewichtsteile Wasser notwendig, um 26 *g* Acetylen zu ergeben, während die anderen 18 Gewichtsteile Wasser zur Bildung von Ätzkalk verbraucht werden. Bei einem spezifischen Gewicht des Acetylens von 1,17 würden demnach aus 1 *kg* Reincalciumcarbid 348 *l* Acetylen erhalten werden können. Praktisch jedoch ist infolge der Verunreinigungen im technischen Calciumcarbid nur mit einer Gasausbeute von etwa 300 *l* Rohacetylen bei 15° und 760 *mm* zu rechnen. Die Einwirkung des Wassers auf das Calciumcarbid ist sehr energisch; bei Anwesenheit von wenig Wasser kann dabei eine starke Wärmeentwicklung auftreten, die bei besonders ungünstigen Verhältnissen ein Glühendwerden des Carbides und Bildung von Polymerisations- und Zersetzungsprodukten des entwickelten Acetylens im Gefolge haben kann (siehe oben). Bei der technischen Herstellung des Acetylens in besonders dafür konstruierten Apparaten ist man daher gezwungen, einen mehrfachen Überschuß des an und für sich für die Zersetzung des Carbides notwendigen Wassers anzuwenden, wenn man auf gefahrlose Weise ein gutgekühltes und daher möglichst reines Acetylen erhalten will. Nach den neuesten behördlichen Vorschriften, die laut Beschluß der deutschen Bundesregierungen im Jahre 1914 in Kraft treten sollen, müssen auf je 1 *kg* zu vergasendes Carbid 10 *l* Entwicklungs- bzw. bei besonderen automatischen Apparaten Kühlwasser entfallen, wobei die Temperatur in diesem Wasser nicht über 60° steigen darf. Außer diesen für den Bau von Acetylenapparaten grundsätzlichen Gesichtspunkten ist noch zu beachten, daß der bei der Zersetzung sich bildende Kalkschlamm etwa den doppelten

Raum des unzersetzten Carbides einnimmt, daß weiterhin aus 1 *l* Carbid (= etwa 1,2 *kg*) die dreihundertfache Gasmenge entsteht. Dieser Menge muß also der genügende Raum zur Aufspeicherung zur Verfügung stehen, ohne daß unzulässige Drucksteigerung (nicht über 2 *Atm.*) eintritt.

Ein anderer Umstand, mit dem beim Bau der Acetylenapparate gerechnet werden muß, ist die sog. Nachvergasung oder Nachentwicklung. Diese Erscheinung beruht darauf, daß Calciumcarbid, mit Wasser in Berührung gebracht, selbst dann noch Acetylen entwickelt, wenn diese Berührung wieder aufgehoben ist, u. zw. dauert die Entwicklung so lange fort, bis das am Carbid haftende Wasser völlig verbraucht ist. In ähnlicher Weise geht bereits in feuchter Luft diese Zersetzung vor sich, viel leichter natürlich in Acetylenentwicklern, in denen das Carbid mit Wasser bzw. mit Wasserdampf in irgend einer Weise in Berührung kommt oder in abgelagertem Kalkschlamm eingebettet ist.

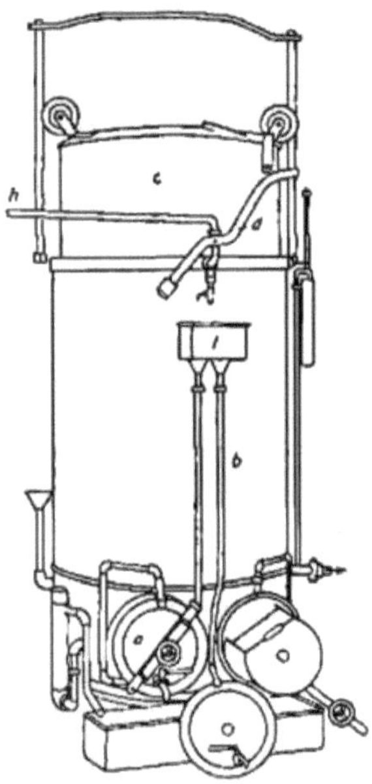

Abb. 68. Acetylenapparat nach dem Wasserzuflußsystem. Schubladenapparat von E. SCHNEIDER (Chemnitz i. S.).

Ein Acetylenapparat, wie er für Beleuchtungs- und technische Zwecke zumeist verwendet wird, besteht aus Entwickler, Wäscher, Gasbehälter und Reiniger. Der Wäscher dient gleichzeitig als Wasserabschluß zwischen Entwickler und Gasbehälter. Bei manchen Ausführungsformen, besonders bei solchen für technische (Schweiß-) Zwecke, ist der Entwickler in den Gasbehälter eingebaut. Bei Laternen u. ä. fehlt in den weitaus meisten Fällen sowohl Wäscher als auch Gasbehälter, während ein Reiniger vielfach vorhanden ist. Die Entwicklung des Acetylens kann nach 3 Arten, nach denen man auch 3 Hauptsysteme von Apparaten unterscheidet, vorgenommen werden, nämlich:

1. Das Wasser läuft zum Carbid: Apparate nach dem Zulauf-, Tropf-, Wasserzuführungs-, Überschwemmungssystem.

2. Das Carbid fällt in das Wasser ein: Apparate nach dem Einfall-, Einwurfsystem, Carbidzuführungssystem (Senksystem).

3. Wasser und Carbid werden abwechselnd miteinander in Berührung gebracht und voneinander getrennt: Apparate nach dem Berührungs-, Tauch-, Spülsystem.

Je nachdem die Zuführung von Carbid oder Wasser durch Menschenhand oder durch mechanische Einrichtungen erfolgt, kann man bei jedem dieser Systeme noch unterscheiden zwischen Hand- und automatischen Entwicklern.

Beim Zulaufsystem, bei dem Carbid und Wasser voneinander getrennt sind, erfolgt die Entwicklung von Acetylen dadurch, daß eine bestimmte, verhältnismäßig geringe Wassermenge zu einer größeren festliegenden Carbidmenge fließt. Infolgedessen erfolgt die Zersetzung des Carbides unter ziemlicher Wärmeentwicklung, auch findet eine gewisse Nachvergasung statt, da der dickbreiige Kalkschlamm während der Vergasungsperiode nicht entfernt wird, das Carbid also nur bei Beginn des Wasserzulaufes mit reinem kühlen Wasser in Berührung ist, während bei der weiteren Zersetzung eine Vergasung teilweise im Kalkschlamm stattfindet. Diesen Nachteilen stehen aber gewisse Vorteile gegenüber. Die Regulierung des Wasserzuflusses, die meist auf automatischem Wege erfolgt, ist einfach und leicht vorzunehmen; die Apparate selbst brauchen verhältnismäßig wenig Wartung und sind in ihrer ganzen Bauart äußerst einfach. Es ist auch schließlich gelungen, die Nachentwicklung durch möglichst weitgehende Unterteilung des Carbidvorrats (Schubladenapparate Abb. 68) auf ein Mindestmaß zu beschränken. Durch zweckmäßige Anordnung der Entwickler ist auch eine ausreichende Kühlung während der Vergasung erreicht worden. Besonders ist dies gelungen bei größeren Apparaten für Beleuchtungs- und Schweißzwecke. Als Tropfsystem wird dieses System häufig angewendet bei Entwicklern für sog. Kleinbeleuchtung (Gruben-, Fahrradlampen, Automobillaternen, Laternen für Streckenbeleuchtung u. s. w.).

Der in Abb. 68 veranschaulichte Apparat stellt einen sog. Schubladenapparat der Firma Ernst Schneider, Chemnitz, dar.

Die Entwickler *a* mit den Carbidbehältern sind in den Wasserbehälter *b* eingebaut, so daß das Sperrwasser des Gasbehälters *c* gleichzeitig das Kühlwasser für die Entwickler bildet. Durch Niedergang des Gasbehälters wird der Wasserzulauf *h* durch den Hebelarm *d* angestellt, das Wasser läuft durch den Verteilerkasten *l* erst in den einen Entwickler und, nachdem dieser völlig mit Wasser gefüllt, in den zweiten Entwickler. Bei steigendem Gasbehälter wird der Wasserzulauf durch das am Hebel *d* befindliche Gegengewicht geschlossen.

Die Carbidbehälter der Entwickler sind muldenförmig und durch Zwischenwände untergeteilt, so daß immer nur zu einer bestimmten Menge Carbid Wasser zuläuft. Die Entwickler sind vom Gasbehälter durch Wasserverschlüsse, die im Innern des Apparates angebracht sind, getrennt, so daß ein Rückströmen von Acetylen aus dem Gasbehälter nach dem geöffneten Entwickler nicht möglich ist.

Beim Einwurfsystem sind Carbid und Wasser ebenfalls in zwei voneinander getrennten Behältern untergebracht (Abb. 69). Um Acetylen zu erzeugen, muß man eine bestimmte Menge Carbid in eine bestimmte Wassermenge einwerfen oder einfallen lassen. Infolge des vorhandenen Wasserüberschusses macht sich bei diesem System eine unzulässige Wärmeentwicklung während der Zersetzung des Carbides im allgemeinen nicht bemerkbar. Die einfallende Carbidmenge wird auf einmal zersetzt, so daß eine Nachvergasung nicht auftritt. Das erhaltene Acetylen ist deshalb rein und vor allem fast luftfrei.

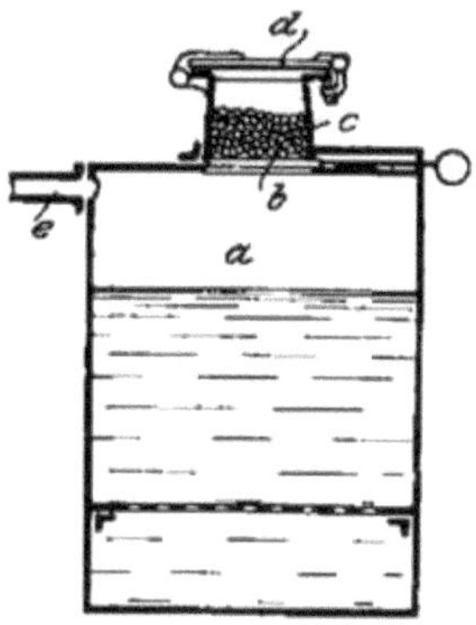

Abb. 69. Grundform des Einwurfsystems.

Abb. 69 stellt die Grundform des Einwurfsystems dar. Das im Carbidbehälter *c* lagernde Carbid kann durch Zurückziehen des Schiebers *b*, der für gewöhnlich Carbidbehälter *c* und Entwickler *a* trennt, in das Entwicklerwasser einfallen. Das entwickelte Acetylen wird durch Leitung *e* entnommen. Der Carbidbehälter wird durch eine Klappe *d* geschlossen, ehe der Schieber *b* zurückgezogen wird. In dieser Ausführungsart wäre der Apparat in der Praxis nicht ohne weiteres brauchbar. Durch die Zeichnung soll lediglich das Prinzip des Systems gekennzeichnet werden.

Obgleich dieses System theoretisch als das beste bezeichnet werden muß, stehen den erwähnten Vorzügen mancherlei Nachteile gegenüber. Infolge der vorhandenen großen Wassermenge tritt ein Acetylenverlust ein, da 1 *Vol.* Wasser ungefähr das gleiche Volumen Acetylen auflöst. Weiterhin ist die Erreichung eines gleichmäßigen Carbideinfalls ohne Störung bei automatischen Apparaten, wie sie hauptsächlich für kleinere Beleuchtungs- und für Schweißanlagen angewendet werden, nur durch Verwendung feinkörnigen Carbides von etwa 1–7 *mm* Korngröße zu erreichen. Bei Apparaten für Handbetrieb, wie sie besonders für große Anlagen (Zentralen, Fabriken für gelöstes Acetylen usw.) in Frage kommen, fällt dieser Nachteil jedoch weniger ins Gewicht. Der Gasbehälter bei diesem System muß selbstverständlich die ganze auf einmal entwickelte Acetylenmenge aufnehmen können.

Schließlich können jedoch auch bei Apparaten nach diesem System Gefahrenmomente (starke Wärmeentwicklung, unfreiwillige Zersetzung des Carbids und des Acetylens u. ä.) dann entstehen, wenn verabsäumt wird, das Entwicklerwasser entsprechend der bereits vergasten Carbidmenge rechtzeitig zu erneuern. Um ein Vergasen in Kalkrückständen möglichst zu verhindern, verlangen die Behörden die Anordnung von Siebböden und Rührvorrichtungen in Entwicklern, in denen Carbid von mehr als 1—7 *mm* Körnung vergast wird. In großem Umfange wird dieses System außer für große Anlagen, die mit Handelscarbid 20—80 *mm* arbeiten, neuerdings für Apparate zu Schweißzwecken angewendet. In den meisten Fällen wird bei diesen Apparaten der Einfall des feinkörnigen Carbides (1—3 oder 4—7 *mm* Körnung) durch eine im Inneren des Apparates angebrachte Beschickungswanne oder ein Kegel- oder Tellerventil geregelt, welche selbst durch den steigenden oder sinkenden Gasbehälter gesteuert werden (Abb. 70).

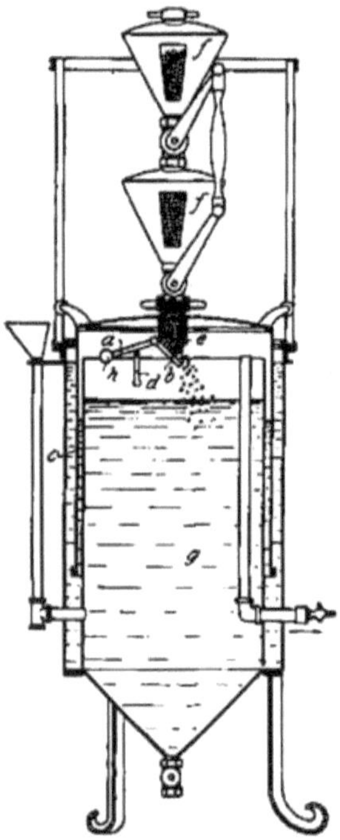

Abb. 70. Acetylenapparat nach dem Einwurfsystem. Automatischer Acetylenapparat „Akkumulator" der Firma KELLER & KNAPPICH, Augsburg, genehmigt für die Aufstellung in Arbeitsräumen.

Abb. 70 zeigt den Apparat Akkumulator der Firma KELLER & KNAPPICH-Augsburg, welcher zur Aufstellung in Arbeitsräumen zugelassen ist.

Der Apparat arbeitet in der Weise, daß der Hebel *a* der Klappe *b* sich beim Niedergehen des Gasbehälters *c* auf den Anschlag *d* auflegt und somit Schacht *e* öffnet. Eine bestimmte Menge des feinkörnigen Carbides, welches in den beiden Behältern *f* lagert, fällt in das Entwicklerwasser *g* ein, vergast und hebt den Gasbehälter. Das Gewicht *h* schließt dadurch mit Klappe *b* den Schacht *e*. Die beiden Behälter *f* stehen mit Schacht *e* durch zwangläufig gekuppelte Hähne in Verbindung. Da einer der beiden Hähne immer geschlossen ist, kann ein Entweichen von Gas bei richtiger Endstellung der Hähne nicht eintreten, während ein Nachfüllen von Carbid während des Betriebes möglich ist.

Das Berührungssystem (Spül-, Tauchsystem) arbeitet im Grunde nach demselben Prinzip wie der sog. KIPPsche Gasentwicklungsapparat. Das Wasser tritt an das in einem oben geschlossenen Zylinder festgelagerte Carbid heran und wird in dem gleichen Augenblick durch den erhöhten Druck des entstandenen Acetylens weggedrückt. Wird Gas entnommen, sinkt also der Druck etwas, so tritt das Wasser wieder mit dem Carbid in Berührung u. s. f. (Spülsystem). Das Tauchsystem beruht auf dem gleichen Prinzip, jedoch wird bei ihm das Carbid und nicht das Wasser bewegt. Meist ist das Carbid im beweglichen Gasbehälter untergebracht. Erreicht der Gasbehälter seine tiefste Stellung, so taucht das Carbid in das Wasser, wobei sich Acetylen entwickelt, das den Gasbehälter und damit auch das Carbid aus dem Wasser hebt. Diesem System in seinen beiden Unterarten haften die meisten Mängel an, obgleich es im Anfang der Acetylenindustrie infolge der einfachen leichten Ausführbarkeit der Apparate am weitesten verbreitet war. Die Zersetzung erfolgt hier, da das Carbid nur mit Wasser befeuchtet wird, unter hoher Wärmeentwicklung und Zersetzungserscheinungen. Man erhält daher auch ein stark verunreinigtes Acetylen. Da weiterhin Carbid und Wasser, auch bei ruhendem Apparat, nicht voneinander getrennt sind, findet eine dauernde Nachvergasung statt, die erst zum

Stillstand kommt, wenn sämtliches Carbid zersetzt ist. Immerhin ist es gelungen, auch diesem System die gröbsten Mängel zu nehmen, so daß seiner Verwendung bis zu einer gewissen Carbidfüllung bei geeigneter Apparatekonstruktion nichts im Wege steht. In Aufnahme ist dieses System besonders als Spülsystem wieder gekommen, nachdem es gelungen war, aus feinkörnigem Carbid unter Zusatz geeigneter Bindemittel Carbidpatronen mit verhältnismäßig großer Haltbarkeit, Festigkeit und sehr geringer Nachvergasung herzustellen (Beagid-, Carbididpatronen). Apparate mit solchen Patronen dürfen mit Genehmigung der Behörden auf Grund voraufgegangener Betriebsprüfung des Typs durch den Deutschen Acetylenverein bei einer Carbidfüllung bis zu 2 *kg* auch in bewohnten Räumen aufgestellt werden (Abb. 71).

Der Apparat besteht aus dem Wasserbehälter *B*, dem Patronengestell *D* mit den in *E* beweglichen Scharnierstangen *C* und dem Auffangekorb *F*. In das Patronengestell *D* werden die Patronen *P* eingestellt und darüber die Gasglocke *G*, welche gleichzeitig durch die Scharnierstangen *C* des Gestells gehalten wird, gestülpt. Das Ganze wird in den Behälter *B* eingesetzt, mit den Kugelscharnieren *K* daran befestigt und nun der Behälter *B* fast völlig mit Wasser gefüllt. Durch Öffnen des Hahnes *H* entweicht zuerst die Luft, während gleichzeitig das Wasser an die untere Patrone herantritt und Acetylen entwickelt. Wird Hahn *H* geschlossen, so drückt das nachentwickelte Acetylen das Wasser von der Patrone fort. Auffangekorb *F* dient dazu, etwa abbröckelnde Patronenstückchen aufzuhalten.

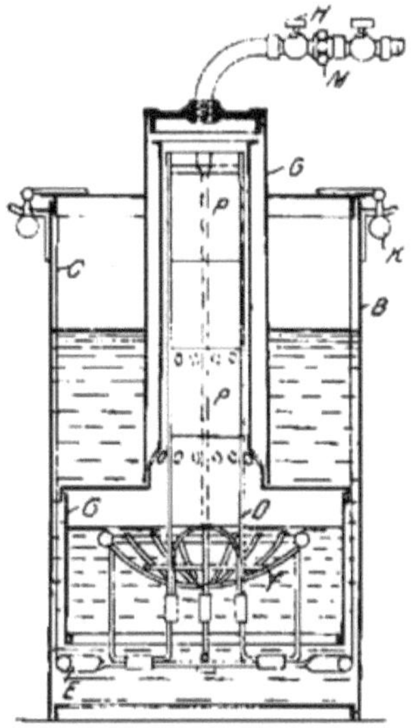

Abb. 71. Acetylenapparat nach dem Berührungssystem.
Beagidapparat der Bosnischen Elektrizitäts-A.-G., Lechbruck.

Verwendet wird schließlich das Berührungssystem auch für Kleinbeleuchtungsapparate (Automobilscheinwerfer) und für sog. Sturmfackeln, welche nur im Freien aufgestellt werden, wobei also die Nachvergasung in sicherheitstechnischer Hinsicht nicht so sehr ins Gewicht fällt.

Acetylenapparate müssen entweder in einem besonderen Apparatehaus oder im Freien unter genau vorgeschriebenen Bedingungen aufgestellt werden. In neuerer Zeit gestattet man jedoch die Aufstellung gewisser Apparate zur Erzeugung von Acetylen, das ausschließlich für technische Zwecke (autogene Metallbearbeitung) benutzt werden soll, auch in Arbeitsräumen, jedoch nur, nachdem der Typ des betreffenden Apparates ausdrücklich von einer bundesstaatlichen Aufsichtskommission dafür zugelassen ist, was wiederum nur auf Grund einer vorausgegangenen Betriebsprüfung durch den Deutschen Acetylenverein erfolgen darf. In solchen Apparaten darf der Carbidbehälter keinesfalls Raum für mehr als 4 *kg* Carbid gewähren. Ferner darf die Möglichkeit eines Austritts größerer Mengen von Acetylen aus dem Apparat in den Aufstellungsraum nicht gegeben sein. Der Apparat muß weiter entweder mit Vorrichtungen versehen sein, die ein gefahrloses Nachfüllen von Carbid während des Betriebes gestatten, oder mit solchen, die ein Öffnen des Carbidbehälters während des Betriebes oder bei gefülltem Gasbehälter verhindern. (Vgl. Abb. 70.) Außerdem müssen diese Apparate mit einer geprüften Wasservorlage versehen sein, durch welche ein Rücktritt von Sauerstoff aus dem Schweißbrenner nach dem Apparat hin aufgehalten und abgeleitet wird.

Für Apparate bis 10 *kg* Carbidfüllung kann auf Grund der gleichen Prüfung die Freizügigkeit, d. h. die Benutzung in anderen Orten ohne vorherige polizeiliche Anmeldung gewährt werden.

Acetylenbrenner.

Für Beleuchtungszwecke benutzt man offene und Glühlichtbrenner. Während die Leuchtkraft für Glühlicht zum großen Teil vom Glühkörper abhängt, ist sie bei offenen Brennern von ihrem Verbrauch an Acetylen abhängig.

Die gebräuchlichsten offenen Brenner haben 10, 12, 15, 20 und 25 *l* Stundenverbrauch. Es kommen aber auch andere Größen in den Handel, z. B. mit 60 und 100 und neuerdings auch solche mit nur 2 *l* Stundenverbrauch. Die letzteren sollen Verwendung für Bergwerkslampen finden. Bei Dauerprüfungen, welche ich anstellte, haben sie sich trotz des geringen Gasverbrauchs bewährt; so brannten sie über 2000 Stunden ohne jede Störung. Bei den offenen Brennern muß man unterscheiden zwischen solchen für Acetylen und solchen für Acetylenluftgemische. Zu den ersten gehören die Strahlen-(Loch-)brenner und die Schnittbrenner, die jedoch nur für kleinere Lampen Verwendung finden, da bei ihnen leicht ein Verrußen eintritt. Für Acetylenluftgemische gibt es zwei grundsätzlich verschiedene Ausführungsarten von Brennern. Beim BILLWILLER-Prinzip ist der eigentlichen Brenneröffnung noch eine durchbohrte Platte vorgelagert, über welcher die Flamme schwebt. Beim DOLAN-Prinzip geht dagegen der Gasstrahl durch eine Erweiterung im Brennerkopf (Vorkammer), die mit der äußeren Luft in Verbindung steht. Beide Aus-

a *b* *c* *d*

Abb. 72.

a Doppelbrenner nach dem DOLANprinzip; *b* Doppelbrenner nach dem BILLWILLERprinzip; *c* Doppelbrenner nach dem DOLANprinzip; *d* Brenner ohne Luftzuführung (Einlochbrenner).

führungsformen bezwecken, ein Acetylenluftgemisch herzustellen und dieses zur Verbrennung zu bringen. Da durch die Luftzuführung eine Kühlung des Brennerkopfes stattfindet, neigen diese Brenner weniger zur Verrußung.

Der Einführung des Acetylenglühlichts standen zuerst große Schwierigkeiten entgegen, weil das Acetylenluftgemisch, welches die entleuchtete Flamme liefert, explosiv ist. Es ist aber trotzdem gelungen, gut funktionierende Acetylenglühlichtbrenner herzustellen. Ihre Konstruktion beruht auf dem Bunsenbrennerprinzip, jedoch muß auf Erzielung eines stets gleichen Acetylenluftgemisches sowie auf Kühlung des Brenners geachtet werden, da sonst leicht ein Zurückschlagen der Flamme erfolgt. Man erreicht dies dadurch, daß man die Mischung der Luft mit dem Acetylen erst oberhalb der Brennerdüse erfolgen läßt, das Brennerrohr oberhalb der Düse einschnürt und Drahtsiebe einschaltet.

Noch größer waren die Schwierigkeiten bei der Konstruktion von hängenden Acetylenglühlichtbrennern; hier machte sich die Eigenschaft des Acetylens, bei höherer Temperatur leicht teerige Polymerisationsprodukte zu bilden, welche die Düsen des Brenners verstopfen, noch leichter bemerkbar. Doch auch hier ist es gelungen, durch geeignete Konstruktionen die abziehenden heißen Verbrennungsgase möglichst schnell abzuleiten und dadurch brauchbare Brenner für Acetylenhängeglühlicht herzustellen.

Bei der Verwendung des Acetylens zu Beleuchtungszwecken ist meist eine gute Reinigung durchaus notwendig. Vor allem gilt dies für Acetylenglühlicht, da die im Acetylen vorhandenen Unreinigkeiten sehr schnell die Glühkörper zerstören. Bei offenen Brennern ist jedenfalls in geschlossenen Räumen eine Reinigung erforderlich, da die Verbrennungsprodukte der Verunreinigungen des Acetylens leicht Nebel bilden und die Atmungsorgane reizen.

Reinigung des Acetylens.

Man reinigt das Rohacetylen, indem man es durch geeignete Massen streichen läßt. Eine wirksame Reinigungsmasse soll imstande sein, die Verunreinigungen des Rohacetylens bis auf geringe Reste zurückzuhalten, ohne das Gas selbst anzugreifen. Als Verunreinigungen, welche unschädlich gemacht werden müssen, kommen vornehmlich in Betracht: Phosphorwasserstoff, Schwefelwasserstoff und Ammoniak. Je nach ihrer Wirkungsweise unterscheidet man Reinigungsmassen, welche oxydierend wirken, und solche, welche die Verunreinigungen ausfällen. Als Oxydationsmittel haben sich bewährt: Chlor in Form von Chlorkalk, Chromsäure, ferner sind dafür vorgeschlagen: Braunstein, Eisenoxychlorid u. a. Bei Verwendung von Chlorkalk ist es notwendig, Zusätze zu machen, um die Entstehung freien Chlors zu verhindern. Dazu benutzt man Kalkhydrat und chromsaure Salze. Die letzteren haben noch den Vorteil, daß sie neben der Wirkung, das freie Chlor zu binden, auch noch die reinigende Wirkung unterstützen. Eine andere Reinigungsmasse enthält nur Chromsäure oder Schwefelsäure und ein chromsaures Salz; wieder eine andere enthält Eisenoxychlorid unter Zusatz verschiedener Katalysatoren. Letztere läßt sich durch einfaches Luftdurchsaugen regenerieren und deshalb mehrere Male benutzen. Auf dem Prinzip der Ausfällung der Verunreinigungen beruht eine Reinigungsmasse, welche die sauren Eisen-, Kupfer- oder Quecksilbersalze als wirksamen Bestandteil enthält. Um ein Neutralisieren dieser sauren Salze durch das im Rohacetylen vorhandene Ammoniak zu verhindern, wird der Masse freie Salzsäure zugesetzt. Damit nun mitgerissene Salzsäuredämpfe zurückgehalten werden, muß das Gas noch durch Kalk geleitet werden. Auch diese Masse läßt sich durch Luftdurchleiten regenerieren.

Außer den vorgenannten Mitteln hat man noch eine Reihe anderer Substanzen für Reinigungsmassen benutzt, doch haben diese in die Praxis keinen Eingang gefunden. Wesentlich ist, daß die Reinigungsmassen dem durchgeleiteten Acetylen eine große Oberfläche bieten. Man erreicht dies dadurch, daß man sie porös macht oder eine poröse Masse als Träger der wirksamen Substanz nimmt.

Zu den durch Oxydation wirkenden Reinigungsmassen gehören u. a. Acagin und Puratylen, deren reinigende Wirkung auf Chlorkalk beruht, ferner Heratol, dessen reinigendes Prinzip Chromsäure ist, und Catalysol, welches Eisenoxychlorid neben einigen anderen Katalysatoren enthält.

Zu jenen Reinigungsmassen, welche die Verunreinigungen ausfällen, gehört Frankolin, dessen wirksamer Bestandteil Kupferchlorür in salzsaurer Lösung ist.

Eine der verbreitetsten Reinigungsmassen, das vorerwähnte Heratol, wird nach ULLMANN in folgender Weise hergestellt: 20 *kg* Natriumbichromat werden in 25 *l* Wasser aufgelöst, wozu 15 *l* konz. Schwefelsäure 66° Bé. langsam unter Rühren hinzugefügt werden. Die erkaltete Lösung wird hierauf in einer Mischtrommel mit 30—35 *kg* Kieselgur innig gemischt, wobei ein fast trockenes staubförmiges Pulver erhalten wird, das direkt gebrauchsfähig ist.

Je nach der Menge der Verunreinigungen im Rohacetylen kann man mit 1 *kg* guter Reinigungsmasse 10—40 *cbm* Acetylen so weit reinigen, daß es von der Hauptmenge seiner Verunreinigungen befreit ist und nur noch praktisch bedeutungslose Spuren davon enthält.

Bei einem Wechsel der Reinigungsmassen in demselben Reiniger ist dieser sorgfältig von der zuerst benutzten Masse zu befreien, da das Vermischen von Massen verschiedener Gruppen zu großen Unzuträglichkeiten führen kann; z. B. können Acagin und Heratol beim Vermischen freies Chlor entwickeln, das beim Öffnen des Reinigers Anlaß zu Explosionen sein kann.

Analyse.

Das Acetylen wird nachgewiesen durch ammoniakalische Lösungen von Kupferoxydsalzen, die durch Hydroxylamin entfärbt sind. Sobald Spuren von Acetylen mit dieser Lösung zusammengebracht werden, entsteht eine Rotfärbung durch Acetylenkupfer. Im allgemeinen jedoch erstreckt sich die Analyse des Acetylens auf die Feststellung der Verunreinigungen. Die auf S. 139 genannten Verunreinigungen – Phosphorwasserstoff, Schwefelwasserstoff und Ammoniak – sind in jedem Rohacetylen vorhanden; ihre Menge schwankt je nach der Art der Entwicklung des Acetylens stark, u. zw. für Phosphorwasserstoff zwischen 0,03 und 1,8%, für Schwefelwasserstoff zwischen 0,001 und 1,5%, für Ammoniak von 0,02 bis 2,9%. Als Kriterium für die Verunreinigung des Rohacetylens gilt der Gehalt an Phosphorwasserstoff, u. zw. soll dieser höchstens 0,04 *Vol.-%* betragen. Phosphorwasserstoff wird nachgewiesen, indem man das vom Schwefelwasserstoff befreite Rohacetylen durch salzsaure Quecksilberchloridlösung leitet. Schwefelwasserstoff weist man durch Bleiacetatlösung nach. Eine einfache qualitative Methode, das Acetylen in der Praxis auf seine Reinheit zu prüfen, besteht darin, daß man einen Filterpapierstreifen mit Silbernitratlösung tränkt und das Acetylen einige Sekunden dagegen strömen läßt. Je nach dem Gehalt an Phosphorwasserstoff färbt sich das Papier mehr oder weniger braun oder auch schwarz.

Quantitativ werden sowohl Phosphorwasserstoff als auch Schwefelwasserstoff bestimmt, indem man entweder das Acetylen oder die aus ihm stammenden Verbrennungsgase durch eine Lösung von Natriumhypochlorit- oder -hypobromit leitet und in ihr die gebildete Phosphorsäure bzw. Schwefelsäure bestimmt (LUNGE, CEDERCREUTZ, *Z. angew. Ch.* **1897**, 651). Ammoniak wird durch Säure von bekanntem Gehalt absorbiert und die Menge der verbrauchten Säure bestimmt.

Verwendung.

Als in Deutschland im Jahre 1895 das technische Carbid und die Schönheit der offenen Acetylenflamme bekannt wurden, glaubte man zumal angesichts seiner einfachen Darstellungsweise in weiten Kreisen, das Acetylen sei berufen, das Steinkohlengas zu verdrängen. Diese Hoffnungen sind nicht in Erfüllung gegangen, können auch aus wirtschaftlichen Gründen infolge der heutigen Verhältnisse (Glühlicht, Metallfadenlampen) niemals mehr in Erfüllung gehen. Für Einzelanlagen und zur Beleuchtung kleinerer Ortschaften hat sich das Acetylenlicht aber durchaus bewährt. Zurzeit (1913) sind in Deutschland nach allerdings nur rohen statistischen Ermittlungen etwa 30000 Anlagen zur Beleuchtung einzelner Gebäude im Betriebe, und rund 180 kleinere Ortschaften haben das Acetylenlicht für zentrale Beleuchtung eingeführt. Eine große Zahl von Explosionen brachte das Acetylen in weiteren Kreisen in Mißkredit. Nachdem aber 1906 eine staatliche Kontrolle aller Acetylenanlagen eingeführt, auch brauchbare Normen für die Herstellung der Acetylenapparate geschaffen wurden, sind die vielen minderwertigen Apparate ausgemerzt und ist dementsprechend die Zahl solcher Explosionen stark zurückgegangen, zumal das Publikum inzwischen auch gelernt hat, mit dem Gase umzugehen.

Außerordentlich große Verbreitung hat das Acetylen in der sog. Kleinbeleuchtung gefunden. Namentlich die Benutzung tragbarer Acetylenlampen in Bergwerken nimmt von Jahr zu Jahr in großem Umfange zu.

Mit der Einführung der autogenen Metallbearbeitung (s. d.) ist dem Acetylen ein neues Anwendungsgebiet entstanden, da die Acetylen-Sauerstoffflamme sich in hervorragender Weise zum Schweißen und Schneiden der Metalle eignet.

Ein weiteres Verwendungsgebiet hat das Acetylen in der chemischen Industrie zur Herstellung gewisser Verbindungen gefunden. Erwähnt seien die Acetylenchlorverbindungen (s. d.) sowie der Acetaldehyd (s. d.).

Durch Spaltung des Acetylens unter Druck mittels elektrischen Funkens wurden bis Ende 1912 in Friedrichshafen in einer großen Anlage Ruß und Wasserstoff gewonnen. Letzterer, der zur Füllung der Zeppelinluftschiffe diente, besaß eine Reinheit von 98 bis 99%. Das Hauptprodukt, der Ruß, war zwar von großer Reinheit, eignete sich aber wegen seiner physikalischen Eigenschaften nicht für alle Zwecke, so daß er nur beschränkten Absatz fand. Die Anlage wurde deshalb nach zweijähriger Betriebsdauer wieder aufgegeben, trotzdem das Spaltungsverfahren inzwischen technisch vorzüglich durchgebildet war.

Eine der bequemsten und zugleich sichersten Formen, in welchen das Acetylen Verwendung findet, ist die des „gelösten Acetylens" (Dissousgas). Es kommt in Stahlflaschen in den Handel, wie andere verdichtete Gase. Da jedoch das komprimierte Acetylen bei 2 *Atm.* Überdruck explosibel wird, ist man gezwungen, ein anderes Verfahren zur Herstellung verdichteten Acetylens einzuschlagen. Man füllt die Stahlflasche mit einer feinporösen zementartigen Masse, welche mit Aceton getränkt wird. In diese so vorbereitete Flasche wird das sehr gut gereinigte und getrocknete Acetylen mittels eines Kompressors bei 12 bis 15 *Atm.* eingedrückt. Das Aceton kann bei diesen Drucken ungefähr das 250 bis 300fache seines eigenen Volumens an Acetylen auflösen, jedoch wird diese Löslichkeit durch Verunreinigungen des Acetylens stark beeinflußt. Obgleich eine Acetonacetylenlösung noch bei 10 *Atm.* Druck inexplosibel ist, kann bei höheren Drucken eine Zersetzung dieser Acetylenlösung dennoch eintreten; deshalb läßt man die Lösung durch eine poröse Masse aufsaugen. Durch die feinen Kanäle wird eine etwaige Explosion an der Fortpflanzung verhindert und bleibt auf den Ort des Entstehens beschränkt.

Der Inhalt einer Flasche für gelöstes Acetylen setzt sich ungefähr folgendermaßen zusammen:

Poröse Masse	25 %
Aceton	40 %
Acetylen	22,5 %
Raum für Ausdehnung durch Wärme	2,8 %
Freier Raum	9,7 %

In Deutschland sind bis jetzt vier Anlagen zur Herstellung gelösten Acetylens im Betriebe, in Cuxhafen, Düsseldorf, Berlin und Friedrichshafen.

Einen ungefähren Überblick über die Verwendung des Acetylens gibt nachfolgende Zusammenstellung über die im Jahre 1912 in Deutschland verbrauchte Carbidmenge, wobei zu beachten ist, daß man im Durchschnitt in der Praxis etwa 3,6 *kg* Carbid verbraucht, um 1 *cbm* Acetylen zu gewinnen. Insgesamt wurden nun in Deutschland für die nachbenannten Zwecke im Jahre 1912 rund 49000 t Carbid vergast, von welchen nach meinen Ermittlungen entfielen:

Für Bergwerks-, Fahrrad-, Automobillaternen	15000 t
„ stationäre Einzelbeleuchtungsanlagen	12000 „
Zentralanlagen	4000
gelöstes Acetylen	200 „
sonstige Beleuchtungszwecke (Fackeln u. s. w.)	300 „
Zwecke der autogenen Metallbearbeitung . . .	17000 „
sonstige Zwecke (Ruß- und Chloracetylenderivate)	500 „

Gesetzliche Bestimmungen.

In den Jahren 1897 und 1898 sind in den deutschen Bundesstaaten überall Verordnungen, bzw. Vorschriften für die Herstellung und den Betrieb von Acetylenapparaten erlassen, die durchweg sehr voneinander abwichen. Im Jahre 1907 wurden diese durch Vermittlung des Reichsamtes des Innern aufgehoben und in allen deutschen Bundesstaaten gleichlautende Verordnungen erlassen, die aber infolge der raschen Fortschritte bald veralteten und im Jahre 1913 durch eine neue Verordnung[1] ersetzt wurden, die in allen Bundesstaaten im Laufe des Jahres 1914 in Kraft tritt. Für Acetylengasfabriken kommen außerdem noch in Betracht die „Unfallverhütungsvorschriften der Berufsgenossenschaft der Gas- und Wasserwerke". Unter Acetylengasfabriken sind solche Anlagen zu verstehen, welche das Acetylen käuflich abgeben (Ortszentralen, Fabriken zur Herstellung gelösten Acetylens u. a. m.). Für den Verkehr mit gelöstem Acetylen sind ferner noch die Anlage *C* der Bekanntmachung des Reichskanzlers vom 23. Dezember 1908[2], betreffend die Eisenbahnverkehrsordnung, und in Preußen die Polizeiverordnung, betreffend den Verkehr mit verflüssigten und verdichteten Gasen[3], zu berücksichtigen. Schließlich sei noch erwähnt, daß der Deutsche Acetylenverein in Berlin allgemein anerkannte „Normen für die Herstellung von Acetylenapparaten" herausgegeben hat.

Literatur: *a)* Bücher: M. ALTSCHUL, Jahrbuch für Acetylen und Carbid. Berichte über die wissenschaftlichen und technischen Fortschritte, in Verbindung mit K. SCHEEL und J. H. VOGEL. Bd. I, 1899; II, 1900; III, 1901. Nicht fortgesetzt. Halle a. S. Karl Marhold. – NIK. CARO, Anleitung zur sicherheitstechnischen Prüfung und Begutachtung von Acetylenanlagen. Berlin, S. Calvary & Co., 1902; Die Explosionsursachen von Acetylen. Aus „Verhandlungen des Vereins zur Beförderung des Gewerbefleißes". Berlin 1906. – Deutscher Acetylenverein, Methoden zur Bestimmung der Gasausbeute aus Calciumcarbid. Halle a. S., Karl Marhold, 1900. – F. LIEBETANZ, Calciumcarbid und Acetylen. Ihr Wesen, ihre Darstellung und Anwendung, für die Bedürfnisse der Praxis dargestellt. 3. Aufl. Leipzig, Oskar Leiner, 1909. – J. H. VOGEL, Acetylenzentralen. Halle a. S., Karl Marhold, 1901; Handbuch für Acetylen. In Verbindung mit CARO und LUDWIG herausgegeben. Braunschweig, Friedr. Vieweg & Sohn, 1904; Das Acetylen, seine Eigenschaften, seine Herstellung und Verwendung. Leipzig, Otto Spamer, 1911. – *b)* Periodische Zeitschriften: Acetylen in Wissenschaft und Industrie. Halle a. S., Karl Marhold, seit 1898. – Carbid und Acetylen, erschien 1897 bis 1908 unter dem Namen „Zeitschrift für Calciumcarbidfabrikation, Acetylen und Kleinbeleuchtung". Berlin, Dr. Wedekind & Co., G. m. b. H. *J. H. Vogel.*

Acetylenblau 3R, BX, 3B, 6B (*Ciba*), sind substantive Azofarbstoffe, die sich von der Naphthacetoldisulfosäure ableiten. Sie werden auch für tierische Fasern angewendet und sind besonders in ihren blaustichigen Marken wegen ihrer Waschechtheit geschätzt. *Ristenpart.*

Acetylenchloride. Hier sollen die wichtigsten, aus Acetylen und Chlor technisch hergestellten Verbindungen sowie ihre Abkömmlinge beschrieben werden.

1. Acetylentetrachlorid (Tetrachloräthan) $C_2H_2Cl_4$. Die Überführung des Acetylens in Acetylentetrachlorid gelang zuerst BERTHELOT und JUNGFLEISCH im Jahre 1869 (*A.* Suppl. **7**, 252) in folgender Weise: Acetylen wurde in Antimonpentachlorid eingeleitet, wodurch sich die Doppelverbindung $SbCl_5 \cdot C_2H_2$ bildete. Diese

[1] Vgl. „Carbid und Acetylen", 1913, Nr. 9, S. 93.
[2] R.-G.-Bl. 1909, S. 93ff.
[3] Ministerialblatt der Handels- und Gewerbeverwaltung, 1913, Nr. 12.

Verbindung wurde mit Antimonpentachlorid erhitzt, wobei sie sich unter starker Wärmeentwicklung in Acetylentetrachlorid und Antimonchlorür zersetzte nach der Gleichung: $SbCl_5 \cdot C_2H_2 + SbCl_5 = C_2H_2Cl_4 + 2SbCl_3$. Die Zersetzung wurde in einem Destillationsapparat vorgenommen, so daß sich das Acetylentetrachlorid in einer Vorlage kondensierte. BERTHELOT und JUNGFLEISCH fanden ferner, daß die Doppelverbindung von Acetylen mit Antimonpentachlorid, für sich allein erhitzt, Acetylendichlorid (Dichloräthylen) unter Zurücklassung von Antimonchlorür abspaltet. Der Weg der beiden Forscher war natürlich für die technische Darstellung zu kompliziert und kostspielig. Auch die Versuche, Acetylen und Chlor direkt miteinander zu vereinigen, blieben lange erfolglos. Die direkte Vereinigung erfolgt nämlich entweder sehr langsam, auch wenn man bei Licht arbeitet, oder aber, u. zw. meist, unter Explosion, unter Bildung von Kohle, Chlorwasserstoff und Hexachloräthan. Auffallenderweise gelang es bis heute nicht, die Ursache dieser Entflammungen aufzufinden; man hat geringen Luftmengen die Schuld an der Explosion der Acetylen-Chlormischungen zugeschoben; sicher ist aber die Luft nicht die alleinige Ursache, da auch lufthaltige Mischungen häufig nicht explodieren. Nach RÖMER (*A.* **233**, 183 [1886]) soll sich vollkommen reines Acetylen im Lichte ruhig mit Chlor vereinigen.

Der erste, welcher etwas größere Mengen Acetylentetrachlorid im Laboratoriumsmaßstabe herstellte, war MOUNEYRAT (*Bl.* (3) **19**, 447, 452, 454 [1898]). Er leitete Chlor und Acetylen in Acetylentetrachlorid ein, welches mit Aluminiumchlorid versetzt und auf 70–75° erhitzt war. Bei Abwesenheit von Luft vereinigten sich die Gase ruhig im Innern der Flüssigkeit zu Acetylentetrachlorid, welches gleichzeitig teilweise zu Hexachloräthan weiterchloriert wurde. Die Bildung von Hexachloräthan findet vorzugsweise bei hoher Temperatur statt.

Die technische Darstellung des Acetylentetrachlorides wurde erst durch das *D. R. P.* 154657 [1903] des KONSORTIUMS FÜR ELEKTROCHEMISCHE INDUSTRIE, Nürnberg, ermöglicht. Bei diesem Verfahren wird trockenes Acetylen und Chlor abwechselnd oder gleichzeitig in Antimonpentachlorid eingeleitet, wobei man Sorge trägt, daß die Gase sich nicht mischen, um Explosionen zu verhüten. Es bildet sich hierbei durch die Einwirkung des Acetylens auf das Antimonpentachlorid die von BERTHELOT und JUNGFLEISCH bereits beschriebene Doppelverbindung $SbCl_5C_2H_2$ und gleichzeitig die Doppelverbindung $SbCl_5\,2C_2H_2$. Diese Doppelverbindungen werden nun durch Chlor — dies ist das Wesentliche des Verfahrens — glatt unter Bildung von Acetylentetrachlorid und Rückbildung von Antimonpentachlorid zersetzt. Das Antimonpentachlorid reagiert dann aufs neue mit dem Acetylen u. s. f.:

$$C_2H_2 + SbCl_5 = C_2H_2SbCl_5;\quad C_2H_2SbCl_5 + 2Cl_2 = SbCl_5 + C_2H_2Cl_4.$$

Das Antimonpentachlorid bleibt bei dem Prozesse sehr lange wirksam, und es können also mit geringen Mengen dieses Katalysators große Mengen Acetylentetrachlorid hergestellt werden. Es liegt hier also eine typische katalytische Reaktion vor, u. zw. eine solche, bei welcher die Zwischenreaktionen vollkommen klarliegen.

Bei der technischen Ausführung wird der Katalysator von Anbeginn der Reaktion an in Acetylentetrachlorid gelöst angewandt. Die Flüssigkeit befindet sich in einem 2teiligen Rührkessel, dessen beide Abteilungen durch eine Zirkulationsvorrichtung miteinander kommunizieren, und es wird unter guter Rührung in die eine Abteilung Chlor, in die andere Acetylen bei erhöhter Temperatur eingeleitet. In der einen Kammer bildet sich andauernd die Acetylendoppelverbindung, in der andern wird diese durch das Chlor zersetzt. Dabei füllt sich der Kessel, welcher anfangs nur wenig Flüssigkeit enthält, allmählich mit Acetylentetrachlorid ganz an. Die entwickelte, ziemlich große Wärmemenge wird durch eine Kühlvorrichtung abgeführt. Der Katalysator bleibt bis zu außerordentlich hohen Verdünnungen hinab wirksam. Am Ende der Operation wird das Acetylen abgestellt und durch Chlor die Acetylendoppelverbindung vollständig zersetzt. Das Reaktionsprodukt, welches weniger als 1 % Antimon enthält, wird fraktioniert destilliert und so das Antimon in Form von Antimonchlorür wiedergewonnen und letzteres wieder verwendet. Das abdestillierte, noch schwach antimon- und *HCl*-haltige Acetylentetrachlorid wird mit Wasser unter Zusatz von Kalk oder kohlensaurem Kalk von den Resten von Verunreinigung befreit und mit Wasserdampf rektifiziert. Die Ausbeuten betragen ca. 95 %, auf das angewandte Acetylen berechnet. Nach diesem Verfahren wird Acetylentetrachlorid heute außer vom KONSORTIUM FÜR ELEKTROCHEMISCHE INDUSTRIE von der BOSNISCHEN ELEKTRIZITÄTS-ACTIENGESELLSCHAFT in Jajce, der WESTON CHEMICAL COMPANY LIMITED in Weston Point bei Runcorn, und der COMPAGNIE GÉNÉRALE D'ELECTRO-CHIMIE DE BOZEL, Paris, fabriziert.

Das SALZBERGWERK NEUSTASSFURT hat sich unter *D. R. P.* 174068 [1904] ein Verfahren schützen lassen, bei welchem an Stelle des Antimonpentachlorids Schwefelchlorür in Verbindung mit einer geeigneten Kontaktsubstanz, z. B. Eisen oder Eisenverbindungen, verwendet wird. Eigentümlicherweise bildet nämlich Acetylen mit reinem Schwefelchlorür keine Doppelverbindung, während es unter Zusatz von wenig Eisen sich mit Acetylen vereinigt. Auch diese Doppelverbindung zersetzt sich mit Chlor, dabei entsteht bei niedriger Temperatur Acetylentetrachlorid, in der Nähe des Siedepunktes der Flüssigkeit Hexachloräthan. Bei der Darstellung ersterer Verbindung sättigt man zweckmäßig die Reaktionsflüssigkeit nach wiederholter Behandlung mit Acetylen und Chlor zuletzt mit Acetylen und destilliert das gebildete Tetrachloräthan mit Wasserdampf über, wobei Schwefel zurückbleibt, der wieder in Schwefelchlorür übergeführt werden und in den Prozeß zurückkehren soll. Zwecks Darstellung des Hexachloräthans sättigt man die Flüssigkeit bei Siedehitze mit Chlor. Aus ihr scheiden sich dann beim Erkalten Krystalle von Hexachloräthan ab, welche durch Abpressen und Sublimieren oder Destillieren mit Wasserdampf etc. gereinigt werden können. Es scheint, daß das SALZBERGWERK NEUSTASSFURT heute dieses Verfahren verlassen hat und nach dem unten beschriebenen Patent von ORNSTEIN, welches es erworben hat, arbeitet.

Nach dem *D. R. P.* 196324 [1905] von H. K. TOMPKINS sollen die Explosionen, welche beim Einleiten von Acetylen in Antimonpentachlorid leicht entstehen, dadurch verhindert werden, daß dem Antimonpentachlorid von vornherein etwas Antimonchlorür zugesetzt wird, welches letztere den Chlorgehalt des partiell dissoziierten Antimonpentachlorids herabdrückt. TOMPKINS arbeitet im übrigen nach dem Verfahren von BERTHELOT, mit der Modifikation, daß das Acetylen in die heißen Antimonchloride eingeleitet wird bei einer Temperatur, bei welcher die primär entstandene Doppelverbindung $SbCl_5C_2H_2$ sofort mit dem Antimonpentachlorid unter Acetylentetrachloridbildung reagiert und letzteres kontinuierlich abdestilliert. Der Rückstand von Antimonchlorür soll durch Einleiten von Chlor stets wieder in Antimonpentachlorid übergeführt werden.

Nach dem *D. R. P.* 201705 [1905] und 204516 [1906] von H. LIDHOLM soll die Vereinigung von Acetylen und Chlor zu Acetylentetrachlorid und Dichlorid durch Belichtung des Gemisches mit chemisch wirksamen Strahlen (auch Radium- oder Röntgenstrahlen) erzielt werden. Dabei soll die Gasmischung, um Explosionen zu verhüten, mit indifferentem Gase, z. B. Kohlensäure, verdünnt werden. Man kann die

Explosionen auch dadurch verhüten, daß die Intensität der Belichtung nicht zu stark gewählt wird. Diese Patente dürften keine technische Bedeutung haben.

Das Verfahren von *Griesheim* (*D. R. P.* 204883 [1906]) beruht auf der Beobachtung, daß Acetylen und Chlor ohne Explosion miteinander mischbar sind, wenn man die Vereinigung in einem Raume vor sich gehen läßt, welcher mit einem Verdünnungsmittel fester Natur (z. B. Sand) gefüllt ist. Diese Firma hat ferner gefunden, daß die Reaktion zwischen Acetylen und Chlor in einem solchen Raume durch Eisen beschleunigt wird. Das Verfahren wird in der Weise ausgeführt, daß die beiden Gase durch mit Sand gefüllte Zuleitungsröhren in ein vertikal stehendes, gekühltes Reaktionsrohr oben eingeleitet werden, welches in seiner ganzen Länge mit Sand, der mit Eisenpulver durchmischt ist, angefüllt ist. Das gebildete Acetylentetrachlorid tropft am unteren Ende des Rohres ab. Die Reaktionswärme wird durch die Kühlung abgeführt. Durch Waschen mit Wasser und einmaliges Umdestillieren wird das Rohprodukt in reines Acetylentetrachlorid übergeführt.

Nach *D. R. P.* 241559 [1909] von G. ORNSTEIN wird Acetylentetrachlorid in der Weise dargestellt, daß Acetylen und Chlor in Acetylentetrachlorid geleitet werden, welches mit „nicht flüchtigen Katalysatoren", z. B. Eisen, versetzt ist, oder es soll die Einwirkung an Stelle der Katalysatoren durch chemisch wirksame Strahlen bewirkt werden.

E. HÖFER und M. MUGDAN zeigten in dem *A. P.* 985528 [1910], daß auch Eisenchlorid ein wirksamer Katalysator für die Darstellung von Acetylentetrachlorid ist, und es dürfte wohl zweifellos sowohl bei dem Verfahren von *Griesheim* wie von ORNSTEIN nicht Eisen, sondern das aus dem Eisen entstandene Chlorid der wirksame Katalysator sein.

Die wichtigsten physikalischen Konstanten des Acetylentetrachlorids und seiner unten beschriebenen Derivate geben die Tabelle und die Kurven Abb. 73 u. 74 an. Die Daten entstammen teils Bestimmungen, welche im Laboratorium des KONSORTIUMS FÜR ELEKTROCHEMISCHE INDUSTRIE vorgenommen worden sind, teils Veröffentlichungen von W. HERZ und W. RATHMANN (*Ch. Ztg.* **36**, 1417 [1912]; **37**, 621 [1913]). Die Werte für Tetrachlorkohlenstoff sind zum Vergleich beigefügt. Über die Nomenklatur der Acetylenchloride vergl. B. M. MARGOSCHS *Ch. Ztg.* **37**, 509 u. 519 [1913].

Tabelle über die Konstanten der Chlorkohlenwasserstoffe.

Bezeichnung	Sym. Dichloräthylen	Trichloräthylen	Perchloräthylen	Sym. Tetrachloräthan	Pentachloräthan	Hexachloräthan	Tetrachlorkohlenstoff
Formel	$C_2H_2Cl_2$	C_2HCl_3	C_2Cl_4	$C_2H_2Cl_4$	C_2HCl_5	C_2Cl_6	CCl_4
Mol.-Gew.	90,9	131,4	165,8	167,8	202,3	236,7	153,8
Kp_{760}	–	87°	–	–	–	–	76,4
$Kp_{738,5}$	ca. 52°	85°	119°	144°	159°	185 subl.	–
Dampfdrucke bei 20° C.	205 *mm*	56 *mm*	17 *mm*	11 *mm*	7 *mm*	3 *mm*	89,55 *mm*
Spez. Wärme bei 20° C.	0,270	0,223	0,216	0,268	0,266	–	(bei 15°) 0,2015
Verdampfungswärme (berechnet)	71 Kal.	56,59 Kal.	51,59 Kal.	54,43 Kal.	43,64 Kal.	–	46,4 Kal.
Ausdehnungskoeffizient	ca. 0,0013	0,001193	0,001078	0,000998	0,0009097	–	–
Gefrierp. in ° C.	–	–73	–19	–36	–22	–	–24,7
D_{15}	1,278	1,471	1,624	1,6011	1,685	ca. 2	1,601

Acetylentetrachlorid ist wie alle seine Derivate nicht brennbar. Es ist durch ein außerordentlich hohes Lösungsvermögen für organische Stoffe, besonders für Fette, Öle, Harze und teerähnliche Stoffe ausgezeichnet, und es liegt hierin und in seiner Unbrennbarkeit seine industrielle Bedeutung. Auch Schwefel, Phosphor, Chlor, Brom und Jod werden leicht gelöst. Mit Schwefel mischt es sich oberhalb des Schmelzpunktes desselben in jedem Verhältnis, während die gesättigte Lösung bei gewöhnlicher Temperatur etwa 1% Schwefel enthält. Das Acetylentetrachlorid ist unzersetzt destillierbar und läßt sich mit Wasserdampf leicht quantitativ aus seinen Mischungen mit anderen Substanzen abdestillieren. Bei der Anwendung des Acetylentetrachlorids ist zu berücksichtigen, daß es in feuchtem Zustande Metalle langsam angreift, wobei es unter Abspaltung von 2 Chloratomen in Dichloräthylen übergeht (s. u.). Bei Abwesenheit von Feuchtigkeit ist Acetylentetrachlorid jedoch gegen Metalle fast indifferent. Es zeigt, wie alle Chlorkohlenwasserstoffe, eine gewisse narkotische Wirkung, welche jedoch entsprechend der geringeren Flüchtigkeit erheblich schwächer ist als beispielsweise die des Tetrachlorkohlenstoffes und Chloroforms. Immerhin ist natürlich dauerndes Einatmen der Dämpfe möglichst zu vermeiden. Dies gilt auch von den Acetylentetrachloridderivaten.

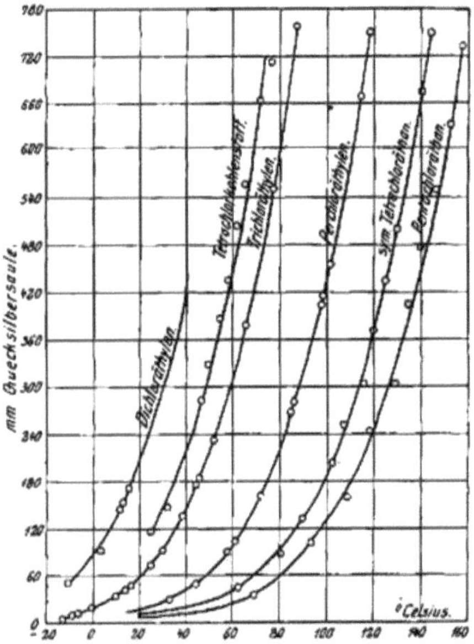

Abb. 73.

Gegen Säure, auch gegen starke Salpetersäure, ist Acetylentetrachlorid nur wenig empfindlich. Hochkonzentrierte Salpetersäure ist mit Acetylentetrachlorid in jedem Verhältnis mischbar und wird durch Zusatz einer Spur Wasser aus der Lösung wieder ausgefällt. Gegen Alkalien ist Acetylentetrachlorid dagegen außerordentlich empfindlich, und es spaltet schon beim Kochen mit Soda oder Magnesia allmählich Chlorwasserstoff ab, wobei es in Trichloräthylen übergeht. Auch für sich im Einschmelzrohr auf 300^0 erhitzt, spaltet es, wie BERTHELOT und JUNGFLEISCH (s. o.) feststellten, Chlorwasserstoff ab und geht in Trichloräthylen über, welches bei noch höherem Erhitzen ein weiteres Mol. Chlorwasserstoff verliert und — offenbar unter intermediärer Bildung von Dichloracetylen (C_2Cl_2) — in Perchlorbenzol übergeht. Auch mit Aluminiumchlorid erhitzt, spaltet Acetylentetrachlorid Chlorwasserstoff ab. Wie bereits erwähnt, widerstehen dem trockenen Acetylentetrachlorid die gebräuchlichsten Metalle gut, und es halten auch gußeiserne, kupferne und verbleite Apparate gegenüber heißem, feuchtem Acetylentetrachlorid recht lange, so daß das Produkt aus solchen Apparaten im Wasserdampfstrom destilliert werden kann. Gegen Chlor ist Acetylentetrachlorid für sich allein ziemlich beständig. Im Sonnenlicht, ferner bei Gegenwart von Aluminiumchlorid, Antimonpentachlorid und anderen Chlorüberträgern wird es zu Pentachloräthan und Hexachloräthan chloriert.

Acetylentetrachlorid wird als Lösungsmittel für Lackbestandteile, besonders für Celluloseacetat, das auch in der Filmfabrikation eine gewisse Bedeutung erlangt hat unter dem Namen Acetosol, benutzt. Die Herstellung solcher Lösungen ist durch *D. R. P.* 175379 [1904] von Lederer geschützt. Acetylentetrachlorid findet ferner zum Entfernen alter Farbanstriche und zum Reinigen und Entfetten von Metallen und anderen Stoffen Anwendung. In großem Umfange wird es als Lösungsmittel für organische Stoffe aller Art gebraucht. Auch zur Schwefelextraktion ist es zur Verwendung gekommen. Seine größte Bedeutung liegt indessen in seiner Überführbarkeit in andere Chlorderivate, insbesondere in Trichloräthylen, das technisch wichtigste der Acetylenchloride.

2. *Trichloräthylen,* C_2HCl_3, wird nach dem *D. R. P.* 171900 [1905] des Konsortiums für elektrochemische Industrie durch Kochen von Acetylentetrachlorid mit Kalkschlamm in einem Rührkessel gewonnen. Nach dem *Zus. P.* 208854 [1907] der gleichen Firma kann das Kalkhydrat auch in fester Form angewandt werden, wobei festes Chlorcalcium gewonnen wird. Eine Behandlung mit Kalkschlamm von wenigen Stunden genügt, um allen Chlorwasserstoff aus dem Acetylentetrachlorid abzuspalten und dasselbe quantitativ in Trichloräthylen überzuführen. Das abdestillierte Trichloräthylen ist fast für alle technischen Zwecke von genügendem Reinheitsgrade.

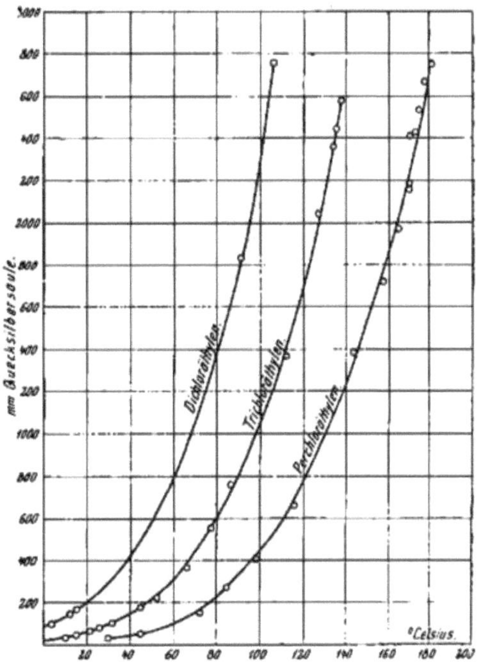

· Abb. 74.

H. K. Tompkins erzeugt Trichloräthylen nach *D. R. P.* 222622 [1907] in der Weise, daß er Acetylentetrachlorid durch ein heißes Rohr leitet, wobei neben Chlorwasserstoff und unverändertem Acetylentetrachlorid Trichloräthylen, oder bei höherer Temperatur eine Mischung dieser Stoffe mit Hexachlorbenzol übergeht, ein Prozeß, der sich eng an die obenerwähnte Reaktion von Berthelot und Jungfleisch anlehnt.

Nach *D. R. P.* 263457 [1912] von *Griesheim* geht die Chlorwasserstoffabspaltung aus Trichloräthylen in der Hitze dadurch besonders leicht vor sich, daß man Acetylentetrachloriddämpfe bei ca. 300° durch ein Rohr, welches mit Chloriden der 2-wertigen Metalle, beispielsweise Chlorcalcium oder Chlorbarium, angefüllt ist, leitet. Es dürfte allerdings schwierig sein, nach diesem letzteren Verfahren ein Trichloräthylen, welches frei von Resten unzersetzten Acetylentetrachlorids ist, zu erhalten.

Trichloräthylen, in der Technik kurz „Tri" genannt, ist eine chloroformähnliche Flüssigkeit vom *Kp.* 85°, *D* 1,47. In Wasser nur spurenweise löslich, nimmt es auch seinerseits Wasser nur in Spuren auf. Gegen verdünnte Alkalien und Kalk ist Trichloräthylen beständig, es geht aber bei der Behandlung mit starken Alkalien in der Hitze in Glykolsäure über (s. u.). Dabei bildet sich spurenweise auch Dichloracetylen C_2Cl_2, welches selbstentzündlich ist. Beim Erhitzen im Rohre auf hohe Temperatur geht Trichloräthylen, wie erwähnt, in Hexachlorbenzol über.

Trichloräthylen nimmt leicht auch bei Abwesenheit von Katalysatoren Chlor unter Bildung von Pentachloräthan auf. Mit Chlorwasserstoff reagiert Trichloräthylen nicht.

Trichloräthylen ist zum Unterschied von Tetrachloräthan und Tetrachlorkohlenstoff nicht nur im trockenen Zustande, sondern auch bei Gegenwart von Wasser und bei höheren Temperaturen gegen die technisch gebräuchlichsten Metalle, Eisen, Kupfer, Blei, Zinn und Zink, indifferent. Diese Indifferenz in Verbindung mit seiner Nichtbrennbarkeit qualifiziert „Tri" zu einem ausgezeichneten Ersatzmittel für Benzin und Tetrachlorkohlenstoff. Dazu kommt der Vorteil niedriger Verdampfungswärme und eines einheitlichen Siedepunktes, infolgedessen es leicht und ohne Erhöhung der Heizwirkung am Ende der Destillation aus der Fettlösung abdestillierbar ist. Die mit Trichloräthylen arbeitenden Extraktionsapparate können infolgedessen im allgemeinen wesentlich besser als mit Benzin ausgenutzt werden, zumal die Extraktion auch wegen des größeren Fettlösungsvermögens des Trichloräthylens rascher vor sich geht. Trichloräthylen löst nicht nur sehr stark Fette, Öle, Harze, teerige und bituminöse Produkte, Kautschuk und viele andere organische Stoffe, sondern auch Schwefel und Phosphor, und es wird auch zur Aufbereitung von Gasreinigungsmasse und anderen schwefelhaltigen Massen verwandt und empfohlen. „Tri"-haltige Seifen, bzw. Seifenlösungen, werden vielfach angewendet (Triol, Tripur, Westrol u. a.). In diesen Seifen gelangt die fettlösende Wirkung von Lösungsmittel und Seife vereint zur Wirkung. Die narkotischen Eigenschaften des Trichloräthylens sind nicht so stark, wie die des Tetrachlorkohlenstoffes (*Ch. Ztg.* **32**, 529 [1908]; *Arch. Hyg.* **74** [1911]). Über Trichloräthylen als Extraktions- und Waschmittel vgl. auch *Ch. Ztg.* **31**, 1095 [1907]; B. Lach, *Seifens.* **1911**, H. 15 und 16; S. Hartig, Sozial-Technik **1910**, H. 16; Gewerbeinspektor-Blätter, Mitt. d. Inst. f. Gewerbehygiene zu Frankfurt, **10**, H. 22.

Trichloräthylen wird heute in ziemlich großem Maße in der Extraktionsindustrie an Stelle von Benzin verwendet. Standen früher seiner Anwendung vielfach die gegenüber Benzin etwas hohen Preise (ca. 70—80 Pfennig bei Großbezügen) entgegen, so dürfte in Zukunft bei dem andauernden Steigen der Benzinpreise dem Extraktionsmittel eine außerordentlich große Verwendung beschieden sein.

Trichloräthylen bildet das Ausgangsprodukt für eine Reihe wichtiger organischer Synthesen. Von besonderem Interesse ist seine Überführbarkeit in Indigo mit Anilin (Imbert und Konsortium für elektrochemische Industrie *D. R. P.* 216940, 209268 [1906], 194884 [1907]). Das Trichloräthylen wird zunächst mit Ätznatron, Kalk und Alkohol am Rückflußkühler erhitzt, wobei sich Dichlorvinyläther bildet, welcher darauf, mit Wasser erhitzt, unter Salzsäureabspaltung glatt in Chloressigester übergeht

$$C_2HCl_3 + NaOC_2H_5 = NaCl + C_2HCl_2 \cdot OC_2H_5$$

$$C_2HCl_2 \cdot OC_2H_5 + H_2O = HCl + ClCH_2 \cdot CO \cdot OC_2H_5.$$

Der Chloressigester gibt mit Anilin Phenylglycinester, welcher schließlich zu Phenylglycinkalium verseift wird. Der Alkohol wird zum bei weitem größten Teile bei den Operationen immer wieder gewonnen. Er verteuert indessen das Verfahren. Die Bedeutung dieser Indigosynthese liegt darin, daß durch sie die Verwendung des Acetylens an Stelle der Essigsäure ermöglicht wird, deren Preis bei der zunehmenden Abholzung der Wälder ein steigender ist, während der Acetylenpreis gleichen Schwankungen nicht unterworfen ist; der Preis des Acetylens ist dabei weniger als halb so hoch wie der einer äquivalenten Menge Essigsäure (vgl. *Ch. Ztg.* **35**, 1053 [1911]).

Der Dichlorvinyläther ist ein außerordentlich reaktionsfähiger Körper, welcher noch einer Reihe anderer technischer Umwandlungen fähig ist. Er addiert sowohl Chlor wie Chlorwasserstoff. Die entstandenen Additionsverbindungen spalten sich bei der Destillation glatt in Dichloracetylchlorid, bzw. Chloracetylchlorid und Chloräthyl (*D. R. P.* 222194 [1909], IMBERT und KONSORTIUM FÜR ELEKTROCHEMISCHE INDUSTRIE).

$$C_2 \cdot HCl_2 \cdot OC_2H_5 + HCl = C_2H_2Cl_3 \cdot OC_2H_5 \rightarrow Cl \cdot C_2H_5 + Cl \cdot CH_2 \cdot COCl.$$

Nach diesem Verfahren werden von letzterer Firma diese Verbindungen dargestellt und in den Handel gebracht. Nach *D. R. P.* 257878 [1912] des KONSORTIUMS FÜR ELEKTROCHEMISCHE INDUSTRIE wird Trichloräthylen beim Kochen mit Natronlauge oder Kalk im Rührautoklaven bei ca. 150° in glykolsaures Salz mit guten Ausbeuten übergeführt.

Diese Reaktionen des Trichloräthylens eröffnen also zum ersten Male technisch gangbare Wege vom Kohlenstoff des Carbids zu komplizierten Produkten der organischen Chemie. Es dürften diesen Synthesen sicherlich weitere folgen.

3. Pentachloräthan, C_2HCl_5, wird durch Einleiten von Chlor in Trichloräthylen dargestellt. Es entsteht unter Erwärmung glatt mit fast theoretischer Ausbeute. Das noch chlorhaltige Produkt wird durch Behandeln mit Wasser und etwas Kalk vom Chlorüberschuß befreit und erforderlichenfalls im Wasserdampfstrom destilliert. *Kp* 159°, *D* 1,685; es steht in seinen physikalischen und chemischen Eigenschaften dem Tetrachloräthan nahe. Es ist wie dieses gegen Alkalien äußerst empfindlich und geht bei Behandlung mit ihnen unter *HCl*-Abspaltung in Perchloräthylen über. Pentachloräthan greift Metalle in feuchtem Zustande in der Hitze in ähnlichem Maße an wie Acetylentetrachlorid, während es im trockenen Zustand gegen Metalle so gut wie indifferent ist. Es wird an Stelle des Tetrachloräthans da verwendet, wo ein geringerer Flüchtigkeitsgrad und ein schwächerer Geruch erwünscht sind.

4. Perchloräthan, C_2Cl_4, (*Kp* 119°, *D* 1,624) wird durch Kochen von Pentachloräthan mit Kalkschlamm (analog dem Trichloräthylen) gewonnen. In seinen chemischen Eigenschaften ähnelt es dem Trichloräthylen; es ist also wie dieses gegen Metalle, selbst in feuchtem Zustand indifferent, wie auch gegen Alkalien, dagegen empfindlich gegen Chlor. In seinen lösenden Eigenschaften ähnelt es dem Trichloräthylen. Der höhere Preis schließt allerdings eine Verwendung in gleichem Umfang wie bei Trichloräthylen aus. Perchloräthylen wird wegen seiner geringeren Flüchtigkeit und seines schwächeren Geruches als Detachiermittel, besonders im Haushalt vielfach verwendet.

5. Dichloräthylen, $C_2H_2Cl_2$, wird nach Verfahren des KONSORTIUMS FÜR ELEKTROCHEMISCHE INDUSTRIE (*D. R. P.* 216070, 217554 [1907]) durch Behandeln von Acetylentetrachlorid mit Wasser und Zinkstaub am Rückflußkühler gewonnen, nach der Gleichung: $C_2H_2Cl_4 + Zn = C_2H_2Cl_2 + ZnCl_2$.

Der Prozeß wird auch mit Eisen ausgeführt; es muß aber dann im Autoklaven auf ca. 150—200° erhitzt werden.

Griesheim stellte nach *D. R. P.* 254069 [1912) Dichloräthylen in einem Apparate ähnlich dem oben für Acetylentetrachlorid beschriebenen dar, indem Chlor und Acetylen im theoretischen Verhältnis oder unter Acetylenüberschuß aufeinander wirken gelassen werden. Das Dichloräthylen wird von gleichzeitig gebildetem Acetylentetrachlorid und geringen Mengen anderer Verunreinigungen durch Fraktionieren getrennt.

Über die Bildung von Dichloräthylen aus Acetylen und Antimonpentachlorid s. unter „Acetylentetrachlorid".

Bei den Herstellungsprozessen entsteht ein Gemenge der beiden Stereoisomeren *Kp* 48°, bzw. 60°; *D* 1,265, bzw. 1,291 (s. G. CHAVANNE, *Ch. Ztrlbl.* **1912**, II, 1005), welche zueinander in demselben räumlichen Verhältnisse stehen wie Fumar- und Maleinsäure, infolgedessen das technische Dichloräthylen stets einen unscharfen Siedepunkt hat.

Dichloräthylen verhält sich dem Trichloräthylen und Perchloräthylen sehr ähnlich es ist wie diese beiden Verbindungen gegen Metalle und Alkalien indifferent. Auch seine lösenden Eigenschaften sind denen der genannten Verbindungen sehr ähnlich. Es besitzt ein besonders hohes Kautschuklösungsvermögen; die Herstellung von Kautschuklösungen mit Hilfe von Dichloräthylen ist durch *D. R. P.* 211186 [1907] von E. FISCHER geschützt. Die heißen Dämpfe des Dichloräthylens sind entzündlich, brennen jedoch mit so kalter Flamme, das sie leicht verlischt. Eine Feuersgefahr durch Dichloräthylendämpfe erscheint daher ebenso ausgeschlossen wie bei den anderen Acetylen-Chlorverbindungen.

6. Hexachloräthan, C_2Cl_6, entsteht nach MOUNEYRAT bei erschöpfender Chlorierung von Acetylentetrachlorid mit Aluminiumchlorid als Katalysator. Nach *D. R. P.* 174068 [1904] des SALZBERGWERKES NEUSTASSFURT entsteht diese Verbindung auch, wenn man Acetylentetrachlorid und Chlor auf ein Gemisch von Schwefelchlorür mit einer geeigneten Kontaktsubstanz (Eisenpulver) bei hoher Temperatur wirken läßt. Nach *D. R. P.* 248982 [1912] derselben Firma wird es durch Behandeln von Tetrachloräthan mit Chlor unter Bestrahlung mit einer an chemisch wirksamen Strahlen reichen Lichtquelle dargestellt. Dabei entsteht bei unzureichender Chlorierung Pentachloräthan, bei erschöpfender Chlorierung Hexachloräthan. Die Trennung des Hexachloräthans vom Pentachloräthan geschieht durch Auskrystallisierenlassen und Abpressen.

Hexachloräthan wird seit mehreren Jahren seitens des KONSORTIUMS FÜR ELEKTROCHEMISCHE INDUSTRIE technisch aus Perchloräthylen durch Behandeln mit Chlor dargestellt nach einer bereits von FARADAY ausgeführten Reaktion. Hexachloräthan ist ein fester, campherähnlich riechender Körper, welcher bei etwa 185° ohne zu schmelzen sublimiert; *D* ca. 2. Es ist zum Unterschied von den anderen Chloräthanen gegen Alkalien bei hoher Temperatur durchaus beständig, geht dagegen, mit Metallen bei Gegenwart von Feuchtigkeit erhitzt, unter Chlorabspaltung allmählich in Perchloräthylen über. Hexachloräthan findet als Ersatz für Campher und in der Sprengstoffindustrie bei der Herstellung von Sicherheitssprengstoffen Anwendung.

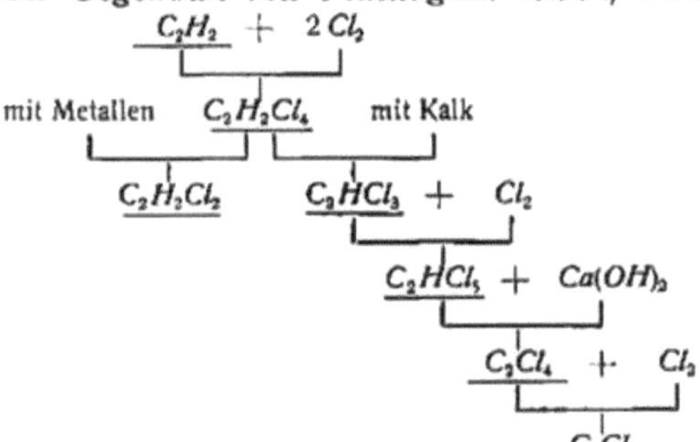

Es seien im Nebenstehenden der besseren Übersicht wegen schematisch nochmals die Prozesse dargestellt, nach welchen die Acetylenchlorverbindungen erhalten werden.

M. Mugdan.

Acetylieren s. Acylieren.

Acetylsalicylsäure, Aspirin, 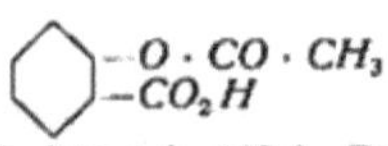

Für die Herstellung werden 138 *kg* Salicylsäure in 120 *kg* Essigsäureanhydrid gelöst und 500 *g* konz. Schwefelsäure hinzugefügt; die Mischung wird auf 50–60° erwärmt und die Temperatur langsam auf 90° gesteigert. Man läßt unter Rühren erkalten, saugt scharf ab, wäscht den Rückstand erst mit wenig Eiswasser und dann mit Toluol aus. Aus der Lauge wird die gebildete Essigsäure und das unverbrauchte Anhydrid abdestilliert und der Rückstand ev. zu einem neuen Ansatz benutzt.

Farblose glänzende Krystallnadeln von säuerlichem Geschmack, in etwa 100 T. Wasser bei 37° löslich. *Schmelzp.* 135°; *Erstarrungsp.* 118—118,5°. Lösungen von Acetylsalicylsäure geben keine Färbung mit Eisenchlorid. Die Verbindung wurde 1899 von *Bayer* unter dem Namen Aspirin in den Arzneischatz eingeführt. Sie passiert den Magen unzersetzt und wird erst im Darm zerlegt. Antipyreticum, Analgeticum, Antineuralgicum.

Alkalisalze (G. RICHTER, Budapest, D. R. P. 218467):

Zur Herstellung des Natriumsalzes suspendiert man 100 T. Acetylsalicylsäure in 140 T. Methylalkohol, fügt 28 T. gesiebte calcinierte Soda hinzu und fällt das klare Filtrat mit etwa 400 T. Äther. Analog wird das Lithiumsalz gewonnen.

Letzteres kommt als Hydropyrin L oder Grifa in den Handel (S. FRÄNKEL, *Ph. P.* **45**, 85). Es ist im Wasser leicht löslich und weniger hygroskopisch als das Natriumsalz.

Calciumsalz, Aspirin löslich, Kalmopyrin, $\left(C_6H_4\left\langle\begin{matrix}O \cdot CO \cdot CH_3\\ CO_2\end{matrix}\right.\right)_2 Ca + 2\,H_2O$. (*Bayer, D. R. P.* 253924, 255672, 255673; S. FRÄNKEL, *Ph. P.* **44**, 679 [1911]), ist geschmacklos, wasserlöslich, relativ indifferent gegen atmosphärische Einflüsse. Seine Lösung gibt mit Eisenchlorid einen gelbbraunen Niederschlag.

Der Acetylsalicylsäure-Äthylester (Alexipon, Äther acetylosalicylicus) $C_6H_4\left\langle\begin{matrix}O \cdot CO \cdot CH_3\\ CO_2 \cdot C_2H_5\end{matrix}\right.$ ist eine farblose Flüssigkeit *Kp* 272°; *D* 1,153. Äußerlich anzuwendendes Antirheumaticum. Bestandteil des Kacepebalsams (s. d.).

Der Methylester, Methylium acetylosalicylicum, Methyl-Rhodin, bildet farblose Krystalle vom *Schmelzp.* 54°, unlöslich in Wasser, löslich in Alkohol, Äther, fetten Ölen (R. WOLFFENSTEIN und J. ZELTNER, *B.* **46**, 582 [1913]). Antineuralgicum; 0,5—1 *g* mehrmals täglich.

Der Menthylester wird dargestellt durch Acetylierung von Menthylsalicylat (*D. R. P.* 244787) und ist gleichfalls im Kacepebalsam enthalten. *G. Cohn.*

Acetysal (FRITZ-PETZOLD, Wien) heißt eine wenig voluminöse Handelsmarke der Acetylsalicylsäure. *Zernik.*

Achibromin (Dr. A. VOSWINKEL, Berlin), Monobromisovalerylglykolylharnstoff, perlmutterglänzende Blättchen vom *Schmelzp.* 150—152° mit rund 28% Brom, wurde 1911 als Sedativum und Hypnoticum empfohlen, blieb aber ohne jede Bedeutung. *Zernik.*

Achijodin (Dr. A. VOSWINKEL, Berlin), Monojodisovalerylglykolylharnstoff, farblose Krystallblättchen vom *Schmelzp.* 150°, sollte die Wirkung der Jodalkalien mit der sedativen Baldrianwirkung vereinigen, hat aber nie Bedeutung erlangt. *Zernik.*

Acidol (*Agfa*), Betainchlorhydrat, Darstellung: nach *D. R. P.* 157173 (s. auch Betain) wird aus Melasseschlempe das Betain mittels Alkohols extrahiert und nach Reinigung in das Hydrochlorid übergeführt. Farblose, in Wasser sehr leicht lösliche Krystalle mit einem Gehalt von 23,8% *HCl*. In wässeriger Lösung sehr stark hydrolytisch gespalten (40% des vorhandenen *HCl* sind dissoziiert). Anwendung: als „feste Salzsäure" bei Dyspepsien; 0,5—1*g* in 1/2 Weinglas Wasser gelöst. *Zernik.*

$$\begin{matrix}CH_2 \cdot N(CH_3)_3 \cdot Cl\\ |\\ CO{-}OH\end{matrix}$$

Acidolchromfarbstoffe (*t. Meer*), gehören zur Klasse der Beizenfarbstoffe, sind meistens Azofarbstoffe, insbesondere mit einer Hydroxylgruppe in o-Stellung.

Eine besondere Wichtigkeit haben diejenigen, die Salicylsäure zur Azokomponente haben. Die meisten von ihnen sind, wie das in ihrer Natur als lackbildende Farbstoffe begründet ist, metallempfindlich. Man färbt sie deshalb am besten aus hölzernen Gefäßen, kupferne sollen nicht blank gescheuert werden, noch sicherer setzt man 0,1 *g* Rhodanammonium auf 1 *l* Flotte zu, wodurch eine Schutzschicht von unlöslichem Rhodankupfer gebildet wird. Kalkhaltiges Wasser ist vorher durch Zusatz von etwa 0,5 *g* oxalsaurem Ammonium auf das Liter zur heißen Flotte zu entkalken. Viele dieser Farbstoffe zeigen auch eine Empfindlichkeit dafür, ob das Chrom, mit dem sie sich zum Lacke verbinden sollen, ihnen als Chromisalz, z. B. Fluorchrom, oder als chromsaures Salz, z. B. Kaliumchromat, dargeboten wird. Infolgedessen zeigen auch die Färbungen auf Chromkali ganz wesentliche Verschiedenheiten in bezug auf Ton und Echtheit, je nachdem das Chromkali im Chromsud- oder im Nachchromierungs- oder im Chromatverfahren zur Anwendung gelangt, da im ersteren Falle z. B. ein großer Teil der Chromsäure bereits in Chromoxyd übergeführt ist, ehe der Farbstoff damit in Berührung kommt.

Acidolchromblau B (*t. Meer*), beizenziehender Azofarbstoff; als violettschwarzes Pulver im Handel. Eignet sich für das Färben von Wolle in jeder Form, besonders im Stück. Das direkt gefärbte schwärzliche Violett geht durch Nachchromieren in ein dunkles Marineblau von guter Echtheit über. Baumwoll- und Seideneffekte werden etwas angefärbt. Die Färbung auf mit Chrom angesottener Wolle fällt etwas reiner aus. Der Farbstoff eignet sich auch als Pigmentfarbe.

Acidolchromblau T ist mit dem vorigen verwandt. Wegen seiner guten Potting- und Lichtechtheit auch im Vigoureuxdruck viel verwendet; ferner für Grau- und Modetöne.

Acidolchrombraun 3G, T ist ein beizenziehender Azofarbstoff und als erbsgelbes Pulver im Handel. Der Farbstoff eignet sich nur für das Nachchromierungsverfahren, wobei das direkt gefärbte Gelbbraun in ein dunkles Braun übergeht. Sein gutes Egalisierungsvermögen befähigt ihn für Modetöne und Feldgrau. Auch für Chromleder gern gebraucht.

Acidolchrombraun R [1912] läßt sich auch nach dem Chromatverfahren, sowie auf Chromsud färben. Abgesehen von seiner geringen Pottingechtheit sind seine Echtheiten wie die der verwandten Marken sehr gut.

Acidolchromgelb G, R, 1890, beizenziehender Azofarbstoff aus β-Naphthylaminsulfosäure und Salicylsäure. Liefert ein billiges Gelb von guter Licht-, Walk- und

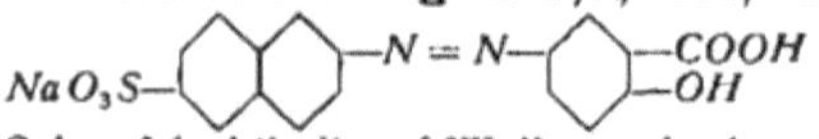

Schwefelechtheit auf Wolle nach dem Nachchromierungs-, Chromat- und Chromsudverfahren, nach letzterem etwas reiner und grüner als nach ersterem. Baumwolleffekte werden nicht angefärbt. Außerdem im Vigoureuxdruck, auf Chromleder und mit Bariumchlorid gefällt, als Pigmentfarbe angewandt. Die Marke GR (*t. Meer*), 1912, ist den vorigen ähnlich und gibt besonders mit Chlorbarium einen lichtechten Lack für die Tapetenindustrie.

Acidolchromrot A (*t. Meer*), beizenziehender Azofarbstoff. Hell- bis dunkelrotbraunes Pulver, wird in erster Linie nach dem Nachchromierungsverfahren gefärbt; nach dem Chromatverfahren wird die Färbung schwächer und stumpfer, nach dem Chromsudverfahren schwächer und reiner. Sehr lichtecht, daher besonders zum Färben von Uniformtuchen. Baumwolleffekte werden ganz wenig, Seide etwas angefärbt. Auch als Pigmentfarbe brauchbar.

Acidolchromschwarz FF, beizenziehender, sekundärer Disazofarbstoff aus Aminosalicylsäure-azo-naphthylamin und α-Naphtholsulfosäure NW. Grau- bis braunschwarzes Pulver, in Wasser und Alkohol mit blauvioletter Farbe löslich. Wird dargestellt nach *D. R. P.* 51504 [1889] (*Friedländer* **2**, 325). Wird auf lose Wolle, Kammzug und Stückware mit Essigsäure gefärbt und nachchromiert. Empfindlich gegen Schwefelsäure, ebenso gegen den Kalk des Wassers, der vorher durch oxalsaures Ammoniak zu entfernen ist. Baumwolleffekte werden angefärbt. Seide bleibt viel heller. Nicht ätzbar mit Hydrosulfit. *Ristenpart.*

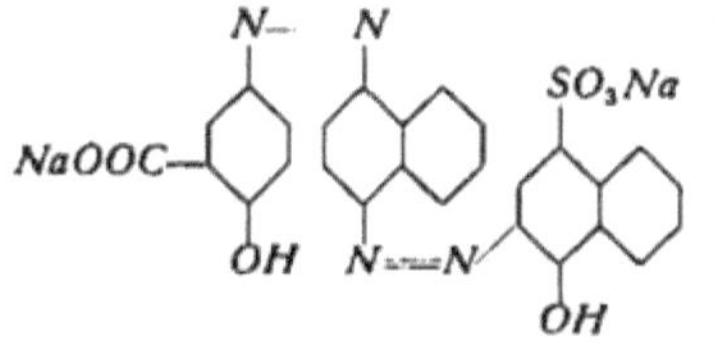

Acidolfarbstoffe sind Farbstoffe der Firma *t. Meer.*

Acidolblau A, saurer Triphenylmethanfarbstoff. Dunkelgrünblaues bis kupfrigrotes Pulver. In der Wollfärberei wegen seiner guten Walkechtheit für lose Wolle, ferner als Nuancierungsfarbstoff für Chromierungsfarbstoffe verwendet. Auch für Leder, Jute, Kokos und Stroh, in der Papierfärberei und als Baryt-, Tonerde- oder Bleilack in der Pigmentfärberei gebraucht.

Acidolblau G, saurer Triphenylmethanfarbstoff. Eine der mannigfachen Darstellungsweisen (*D. R. P.* 46348, 48523, 50286, 50293, 50440, 66791, 71156, 74014, *Friedländer* **2**, 31, 37, 39, 41, 43, 44; **3**, 155, 159, 160) dieses wichtigen Wollfarbstoffes ist folgende:

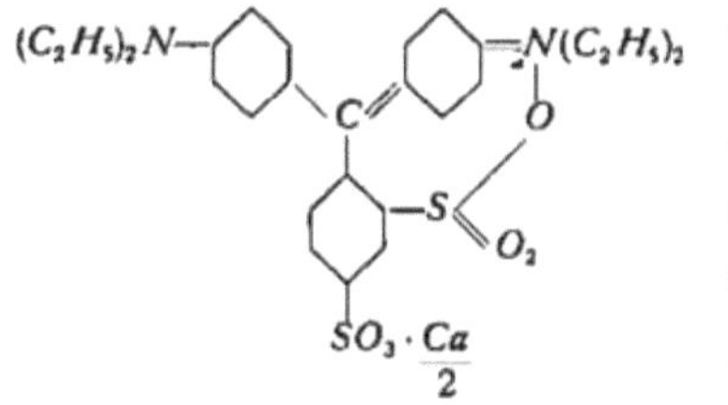

1. Kondensation von m-Nitrobenzaldehyd mit 2 *Mol.* Diäthylanilin; 2. Reduktion des erhaltenen Nitrotetraäthyldiaminotriphenylmethans; 3. Diazotierung der Amino- und Verwandlung in die Oxyverbindung; 4. Sulfuration; 5. Kalksalz; 6. Oxydation der Leukoverbindung zum Farbstoff.

Dunkelblaues bis kupfrigrotes Pulver, in Wasser leicht, in Alkohol schwer löslich. Wegen seines guten Egalisierens und seiner vortrefflichen Lichtechtheit in weitgehendstem Maße in der Wollstückfärberei für sich allein und zur Erzeugung von Modefarben verwendet, ein ausgezeichneter Ersatz des alten Indigocarmins. Auch für beschwerte Seide, für Jute und Federn, künstliche Blumen, Tinten und Pigmentfarben verwendet. Die Farbe ist in künstlichem Lichte grüner als im Tageslicht.

Acidolbraun G, primärer Disazofarbstoff aus 2 *Mol.* Sulfanilsäure als Diazo- und 1 *Mol.* α-Naphthol als Azokomponente (1882). Braunes Pulver, färbt Wolle in saurem Bade gelbbraun, wird aber wegen seiner mäßigen Echtheitseigenschaften nur mehr als Nuancierungsfarbstoff von ausgezeichnetem Egalisierungsvermögen verwendet. Baumwolle läßt er weiß. Hauptsächlich dient er zum Färben von Leder. Ähnliche Eigenschaften zeigen die verwandten Marken B, BR, R und T derselben Firma.

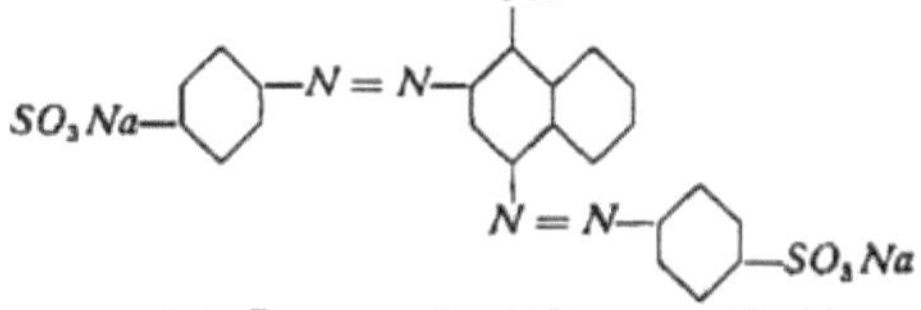

Acidolgrün B, 1879. Saurer Triphenylmethanfarbstoff. Darstellung: 1. Kondensation von Benzaldehyd mit Benzylmethylanilin. 2. Sulfierung der Leukobase. 3. Oxydation zum Farbstoff und Umwandlung in das Natriumsalz. Braunschwarzes Pulver, in Alkohol fast un-

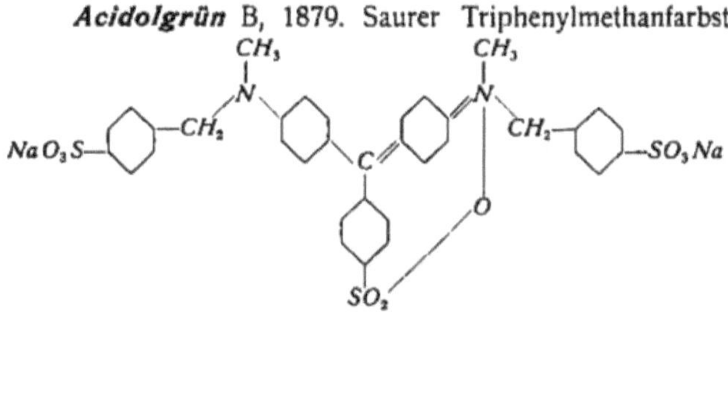

löslich. Die wässerige Lösung färbt Wolle in neutralem Bade, daher für die Halbwollfärberei, aber auch für Jute, Kokos und Papier geeignet. Die Lichtechtheit ist gering. Die Marke 3G färbt gelber als das vorige und die Marke S färbt stumpfer als die beiden vorigen.

Acidolrot, saurer Azofarbstoff für Wolle.

Acidolschwarz B, 5B, BR, saure Azofarbstoffe von vorzüglicher Lichtechtheit auf Wolle in Stück und Strang sowie auf Woll- und Haarhüten. Baumwolleffekte werden nicht, Seide fast nicht angefärbt. Die 5B- und BR-Marke wird aus 1-Naphthylamin-4,6-(bzw. 7-)-disulfosäure-azo-α-Naphthylamin und R-Salz hergestellt nach dem *D. R. P.* 39029 [1885] (*Friedländer* **1**, 450) und bildet ein schwarzes, in Alkohol unlösliches Pulver, in Wasser leicht löslich und gut egalisierend. Die Marke 10B extra konz. ist ein saurer Disazofarbstoff. Sie liefert ein bläuliches Schwarz von guter Waschechtheit und vorzüglichem Durchfärbevermögen. Da sie auch neutral auf Wolle zieht, wird sie in der Halbwoll- und Kleiderfärberei gebraucht. Baumwolle und Seide werden etwas angefärbt. Auch für Leder, Papier und Tinte. Mit Hydrosulfit weiß ätzbar. Die Marke 6G extra konz. entspricht Agalmaschwarz 10B (s. d.), während BN extra, 4BC konz., TN, TT extra konz., S den vorigen ähnlich sind. Die S-Marke läßt Baumwolleffekte besonders rein weiß.

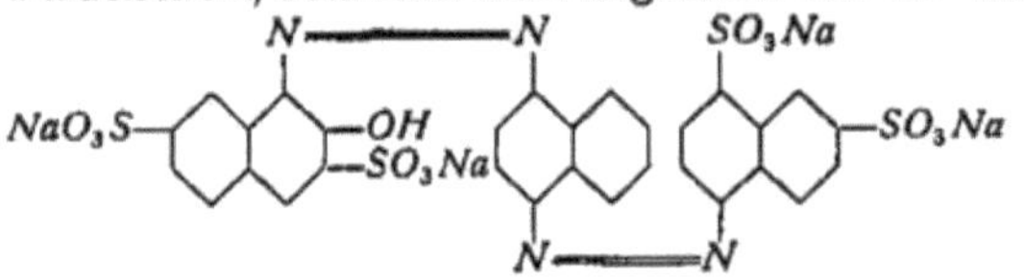

Acidoltuchrot B, beizenziehender Disazofarbstoff aus Amidoazotoluol und R-Säure. Dunkelbraunes Pulver, liefert nach allen drei Chromierungsverfahren gefärbt ein Kirschrot auf loser Wolle und Wollstück; nach dem Chromatverfahren etwas schwächer, auf Chromsud etwas stumpfer als nach dem Nachchromierungsverfahren. Baumwolleffekte werden angefärbt, Seide bleibt heller. Mit Hydrosulfit ätzbar.

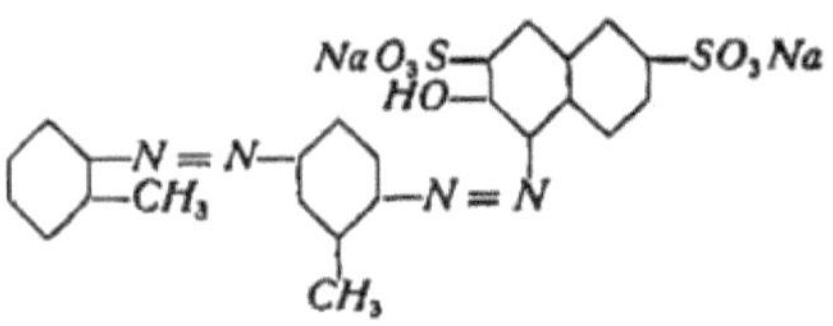

Die Marke G wird aus o-Amidoazotoluol und Schäffersalz nach *D. R. P.* 16482 [1879], (*Friedländer* **1**, 443) hergestellt. Rotbraunes Pulver, in Wasser schwer löslich, färbt gechromte Wolle dunkelrot, sehr lichtecht, aber schlecht egalisierend.

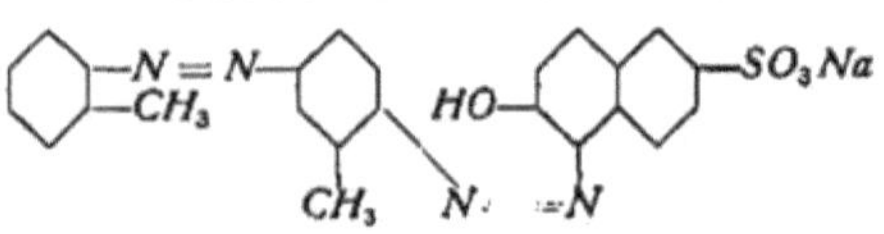

Acidolviolett, saurer Triphenylmethanfarbstoff. *Ristenpart.*

Acidolpepsin (*Agfa*). Nach *D. R. P.* 172862 hergestellte haltbare Mischung von Acidol mit Pepsin (wässerige Pepsinsalzsäurelösungen zersetzen sich bald). Im Handel als Acidolpepsinpastillen I (stark sauer) und II (schwach sauer) von folgender Zusammensetzung:

I.		II.	
Acidol	. 0,4	Acidol	. 0,05
Pepsin	. 0,1	Pepsin . .	. 0,2
		Sacch. lact.	. 0,25

Anwendung: als Appetit und Verdauung anregendes Mittel; in Wasser gelöst zu nehmen. *Zernik.*

Acitrin (*Bayer*), Cinchoninsäureäthylester, der Äthylester des Atophans, dargestellt nach *D. R. P.* 261028, bildet ein gelblichweißes Krystallpulver von neutraler Reaktion, ohne Geruch und Geschmack; *Schmelzp.* 61–62°. Kaum löslich in Wasser, leicht löslich in organischen Lösungsmitteln. Durch Kochen mit Alkalien wird Acitrin verseift. Im Handel in Tabletten zu 0,5 *g*; Anwendung und Dosierung wie Atophan (s. d.) *Zernik.*

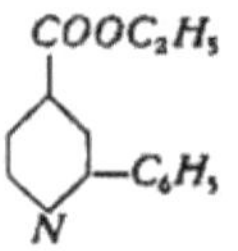

Acoin (*Heyden*). Unter dem Namen Acoine, Alkyloxyphenylguanidine, wird eine Gruppe von anästhesierend wirkenden Stoffen zusammengefaßt. Das Acoin schlechthin ist das Di-p-anisyl-p-phenetylguanidinchlorhydrat:

$$C \begin{cases} NH \cdot C_6H_4 \cdot OCH_3 \\ N \cdot C_6H_4 \cdot OC_2H_5 \cdot HCl \\ NH \cdot C_6H_4 \cdot OCH_3 \end{cases}$$

gewonnen nach *D. R. P.* 104361 durch Entschwefelung von Di-p-anisylthioharnstoff bei Gegenwart von p-Phenetidin. Farbloses Krystallpulver vom *Schmelzp.* 176°, löslich in Wasser zu etwa 6%, leicht in Alkohol. Die wässerigen Lösungen werden schon durch das Alkali des Glases zersetzt! Empfohlen als Cocainersatz in $^1/_2$—2%iger Lösung.

Acoin-Öl, Solutio Acoini basici oleosa, heißt die 1%ige sterile Lösung der freien Acoinbase, einer zähen, klebrigen Masse, in gereinigtem Arachisöl. Anaestheticum in der Augenheilkunde. *Zernik.*

Aconitin. In den verschiedenen Aconitumarten finden sich Alkaloide vor, denen man Namen gegeben hat, die auf den ersten Blick zweifelhaft lassen, ob das Wort Aconitin ein Sammelbegriff ist oder ob man darunter ein bestimmtes Alkaloid versteht. Die Frage läßt sich am besten an Hand der neueren Arzneibücher beantworten. Nach dem Ergänzungsbuche des Deutschen Apothekervereins stellt das Aconitin farblose, tafelförmige, gegen 194° schmelzende, aus den Wurzelknollen von Aconitum napellus erhaltene Krystalle von brennendem, jedoch nicht bitterem Geschmacke dar. Ähnliche Definitionen geben auch die Arzneibücher der Vereinigten Staaten, Englands, Frankreichs und Italiens, die den Artikel führen. Das wesentliche aus dieser Definition ist die krystallinische Form, der Schmelzp., die Herkunft und der Mangel des bitteren Geschmacks. Bei dieser Definition scheiden also für den praktischen Gebrauch Bezeichnungen wie Deutsches, Französisches und Englisches Aconitin, die man auch in neueren Werken ab und zu findet, aus. Als besondere Sorten führen die Preislisten ein Aconitin amorph. *Ph. Hung.* II und ein aus japanischer Aconitwurzel bereitetes amorphes und krystallisiertes Aconitin an, von denen das letztere um etwa 50% teurer als alle anderen ist. Zur Aufklärung über diese weiteren Bezeichnungen möge folgendes dienen.

Das Aconitin *Ph. Hung.* II ist ebenfalls aus den Wurzelknollen von Aconitum napellus bereitet und ein weißes oder gelblichweißes Pulver von sehr bitterem Geschmack, das in kochendem Wasser zu einer gelblichen harzartigen Masse zusammengeht und schon bei 80° erweicht. Diese Sorte ist als das Deutsche Aconitin, als das die *Ph. Hung.* II sie auch bezeichnet, zu betrachten. In ihr haben wir die Gesamtheit der basischen Bestandteile der Wurzelknollen und ihrer Zersetzungsprodukte, soweit diese in Äther löslich sind. Dem Deutschen Aconitin steht das Französische, von Liégois und Hottot dargestellte nahe. — Das krystallisierte Aconitin aus japanischen Aconitknollen ist das Japaconitin der chemischen Literatur. Zu diesem dürfte das amorphe Aconitin aus den gleichen Knollen in demselben Verhältnisse stehen wie das Deutsche und Französische Aconitin aus Aconitum napellus zu dem krystallisierten der gleichen Pflanze. Ein amorphes Aconitin aus Aconitum ferox ist das Englische Aconitin, wie es später in den Verkehr kam, nachdem der erste Darsteller desselben, Morson, ein krystallisiertes, aus Aconitum napellus dargestelltes Alkaloid Englisches Aconitin genannt hatte.

Die für die verschiedenen Aconitumarten charakteristischen Alkaloide haben, insoweit sie untersucht sind, das Gemeinschaftliche, daß sie hydrolytisch in einen basischen und meist zwei saure Komponenten aufgespalten werden können. So entsteht aus

1. Aconitin $C_{34}H_{47}NO_{11}$ von Aconitum napellus Aconin $C_{25}H_{41}NO_9$, Essigsäure und Benzoesäure;

2. Japaconitin $C_{34}H_{47}NO_{11}$ von Aconitum Fisheri Japaconin $C_{25}H_{41}NO_9$, Essigsäure und Benzoesäure;

3. Indaconitin $C_{34}H_{47}NO_{10}$ von Aconitum chasmanthum Pseudaconin $C_{25}H_{39}NO_8$, Essigsäure und Benzoesäure;

4. Pseudaconitin $C_{36}H_{49}NO_{12}$ von Aconitum ferox Pseudaconin $C_{25}H_{39}NO_8$, Essigsäure und Veratrumsäure;

5. Bikhaconitin $C_{36}H_{51}NO_{11}$ von Aconitum spicatum Bikhaconin $C_{25}H_{41}NO_7$, Essigsäure und Veratrumsäure;

6. Jesaconitin $C_{40}H_{51}NO_{12}$ von Aconitum Fisheri Aconin $C_{25}H_{41}NO_9$ Anissäure und Benzoesäure.

Das Lycaconitin $C_{36}H_{46}N_2O_{10}$ von Aconitum lycoctonum liefert dagegen neben Lycoctonin $C_{25}H_{39}NO_7$, nur Lycoctoninsäure.

Sehr wenig untersucht sind die Alkaloide Mycotonin von Aconitum lycoctonum, Lappaconitin, Septentrionalin und Cynoctonin von Aconitum septentrionale sowie noch einige andere.

Von den Aconitumalkaloiden soll hier näher nur das Aconitin aus Aconitum napellus erwähnt werden. Es ist unentschieden, ob diesem die oben angegebene Formel $C_{34}H_{47}NO_{11}$ oder die Formel $C_{34}H_{45}NO_{11}$ zukommt. Neben Aconitin enthalten die Knollen noch Pikroaconitin (Benzoylaconin $C_{32}H_{45}NO_{10}$ s. u.), Aconin, vielleicht auch Pseudaconin und amorphe Basen. Die besprochene Hydrolyse verläuft in zwei Phasen

$$a)\ C_{34}H_{47}NO_{11} + H_2O = \underset{\text{Pikroaconitin}}{C_{32}H_{45}NO_{10}} + CH_3 \cdot CO_2H.$$

$$b)\ C_{32}H_{45}NO_{10} + H_2O = \underset{\text{Aconin}}{C_{25}H_{41}NO_9} + C_6H_5 \cdot CO_2H.$$

Die Aufspaltung erfolgt sehr leicht; ätzende Alkalien und höhere Temperatur sind von Einfluß. Das ist bei der Darstellung des Aconitins besonders zu berücksichtigen. Nach der *Ph. Belg.* III und *Helvet.* IV sollen die Aconitumknollen mindestens 0,8% Aconitin enthalten; *D. A.* 5 macht dagegen im Gegensatz zu *D. A.* 4 über den Gehalt keine Angaben, anscheinend weil aus dem Gehalt an basischen Bestandteilen auf die Wirksamkeit kein Rückschluß zu ziehen ist. Aber das gilt von sehr vielen Alkaloidbestimmungen, auf die *D. A.* 5 einen Wert legt.

Die Darstellung geschieht nach der Regel der Darstellung der meisten Alkaloide, wobei auf die Empfindlichkeit der Base Rücksicht zu nehmen ist. Die gemahlenen Knollen werden unter Zusatz von Soda mit einem geeigneten Lösungsmittel, z. B. Äther extrahiert, der ätherischen Lösung mit einer Säure das Aconitin entzogen, letzteres durch Soda wieder gefällt und weiter gereinigt. Das aus Methylalkohol krystallisierte oder aus seinen Salzen vorsichtig mit Ammoniak ausgeschiedene Aconitin schmilzt nach SCHMIDT bei 197—198°. Es ist in alkoholischer Lösung rechtsdrehend. Das Drehungsvermögen ist nach dem französischen Codex $\alpha_D = +12^0$ (2 *g* in 100 *ccm* abs. Alkohol bei 18°). Das Aconitin zeigt schwach alkalische Reaktion und gibt mit Säuren krystallisierte Salze, deren Lösungen linksdrehend sind und von denen einige arzneilich angewendet werden. In Wasser ist Aconitin schwer löslich (1 : 730), noch schwerer in Petroläther (1 : 2800), leichter in Äther; *spez. Gew.* 0,720 (1 : 40) und Alkohol (abs. 1 : 37). Der Geschmack ist scharf, anhaltend brennend, aber nicht bitter (Pikroaconitin). In der mit Hilfe von Salzsäure bereiteten wässerigen Lösung rufen Jodlösung und Tanninlösung reichliche Fällungen hervor. In verdünnten Säuren soll sich Aconitin ohne Färbung auflösen. Diese Reaktionen mögen genügen, die Reinheit des krystallisierten Aconitins festzustellen.

Für das Aconitin fehlen charakteristische Reaktionen. Darum ist der chemische Nachweis ein sehr unsicherer und zur Feststellung, ob in Untersuchungsobjekten kleine Mengen Aconitin vorhanden sind, ist man auf das physiologische Experiment angewiesen. Schon 0,02 *mg* rufen auf der Zunge ein eigenartiges brennendes und prickelndes Gefühl hervor.

Zur Bestimmung des Aconitins in den Wurzelknollen und den aus ihnen dargestellten Präparaten, z. B. der Aconittinktur, verfährt man in ähnlicher Weise wie bei der Darstellung. Die Bestimmung kann sowohl gewichts- wie maßanalytisch vorgenommen werden. Die von CAESAR und LORETZ (deren Jahresbericht 1911) empfohlene KELLERsche Methode geht folgenden Weg:

13 *g* mittelfein gepulverte Aconitknollen werden in einer Arzneiflasche von 200 *ccm* Inhalt mit 130 *g* Äther und 7 *g* (15%iger) Natronlauge eine halbe Stunde lang oft und kräftig durchschüttelt. Alsdann wird der in eine zweite, gleich große Arzneiflasche so gut wie möglich abgegossene Äther, behufs Reinigung, mit 1 *g* Wasser ausgeschüttelt. Nach völliger Klärung wird durch einen Wattebausch filtriert, und 100 *g* Ätherlösung (= 10 *g* Aconitpulver) werden nacheinander mit 30, 15 und 15 *g* verdünnter Salzsäure (1 + 99) in einem Scheidetrichter ausgeschüttelt. Die vereinigten sauren Flüssigkeiten werden nach Zusatz von Natronlauge wieder nacheinander mit 25, 10 und 10 *g* Chloroform durchschüttelt und die durch ein kleines glattes Filter (das später mit etwas Chloroform nachgewaschen wird) gelaufenen Chloroformlösungen in einem gewogenen Erlenmeyerkölbchen verdunstet. Zur Beseitigung der letzten Chloroformanteile ist der Aconitinrückstand noch dreimal mit je 5 *ccm* Äther aufzunehmen und wieder zur Trockne zu verdampfen. Die Menge des bis zur Gewichtskonstanz getrockneten Rückstandes, mit 10 multipliziert, gibt den Prozentgehalt der Aconitknollen an. Selbstverständlich muß beim Filtrieren der Äther- und Chloroformlösung das Filter möglichst bedeckt gehalten werden. Die Natronlauge kann auch zweckmäßig durch Sodalösung oder Ammoniak ersetzt werden. – Zur maßanalytischen Bestimmung wird das gefundene Alkaloid mit einigen *ccm* Alkohol aufgenommen und nach Zusatz von etwa 20 *ccm* Wasser und einigen Tropfen Hämatoxylinlösung mit $^1/_{10}$-Normalsalzsäure titriert. 1 *ccm* von dieser entspricht 0,0645 *g* Aconitin.

Will man diese Methode auf Aconittinktur anwenden, so dampft man in einem Kolben eine genau abgewogene Menge (etwa 60 *g*) auf dem Wasserbade ein, setzt 60 *g* Äther und 3,5 *g* Natronlauge hinzu, schüttelt während einer halben Stunde wiederholt und kräftig und behandelt dann 50 *g* der klaren Ätherlösung in der bei der Untersuchung der Wurzelknollen üblichen Weise.

Bestimmungsmethoden sind aufgenommen in *D. A.* IV., *Ph. Jap.* III, *Ph. Belg.* III, *Ph. Helvet.* IV und *Ph. U. St. A.* VIII (mit Veränderung in Additions and Corrections, May 1907).

Das Aconitin wird arzneilich innerlich gegen Rheumatismus und Neuralgien sowie als temperaturherabsetzendes Mittel bei Pleuritis und Pneumonie, äußerlich in Salben ebenfalls gegen Neuralgien angewendet; als größte Einzelgabe gilt 0,0005 *g*, als größte Tagesgabe 0,0015 *g*. Es gehört zu den starken Giften.

Literatur: G. SCHULZE *A. Ph.* **244**, 136 [1906] und 165 [1906], G. SCHULZE und E. BIERLING *A. Ph.* **251**, 8 [1913].

Jos. Klein.

Acridin ist eine der aromatischen Reihe angehörende, feste Base von der Zusammensetzung $C_{13}H_9N$ und wurde 1872 von GRAEBE und CARO im Rohanthracen des Steinkohlenteers entdeckt (*A.* **158**, 265 [1871]).

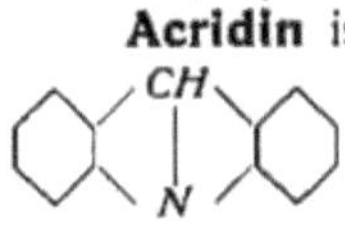

Es wird daraus gewonnen, indem man eine dem Siedepunkt nach geeignete, sehr hochsiedende, feste oder flüssige Fraktion, also z. B. Rohanthracen, mit verdünnter Schwefelsäure auszieht, das die Sulfate enthaltende rohe Säureharz wiederholt mit Wasser auskocht, aus den Sulfaten die freien Basen abscheidet und diese durch Destillieren und Umkrystallisieren oder durch Sublimieren weiter reinigt. Man kann auch den schwefelsauren Auszug mit Bichromat fällen und die chromsauren Salze durch Umkrystallisieren reinigen (GRAEBE und CARO, *A.* **158**, 265 [1871]).

Es ist gelb gefärbt und krystallisiert in dicken, durchsichtigen Prismen, die leicht in ziemlicher Größe zu gewinnen sind. Sein *Schmelzp.* liegt bei 107°; es siedet unzersetzt über 360°, sublimiert schon bei 100° und ist auch mit Wasserdämpfen flüchtig.

Acridin löst sich wenig in kaltem, etwas mehr in heißem Wasser, leicht in Alkohol, Äther, Schwefelkohlenstoff, Benzol und Benzin. Es ist eine schwache Base, reagiert auf Lackmus alkalisch und bildet gelb gefärbte Salze. Von Salpetersäure wird es nitriert, ist aber sonst gegen Oxydationsmittel und gegen starke Säuren und Alkalien ziemlich beständig. Durch Natriumamalgam wird es in Dihydroacridin übergeführt, welches keine basischen Eigenschaften mehr besitzt. Hydroacridin kommt ebenso wie die Methylacridine jedenfalls auch im Teere vor.

Acridin übt einen intensiven Reiz auf die Schleimhäute und die Epidermis aus (vgl. z. B. RUSSIG, *Ch. Ind.* **1902,** 432 und LEWIN, *Ch. Ind.* **1906,** 665), seine Darstellung ist daher mit gewissen Unannehmlichkeiten verknüpft, und auf seine Rechnung sind wohl auch die in Anthracenfabriken zuweilen aufgetretenen Erkrankungen zu setzen. Acridin wirkt stark baktericid (RAAB, *Ch. Ztrlbl.* **1900,** I, 491 und 1135). Es hat bis jetzt keine technische Verwendung gefunden. *Weger.*

Acridin-Farbstoffe. Hierunter versteht man die Farbstoffe, die sich vom Acridin (s. d.) ableiten; jedoch werden diese Farbstoffe nicht aus dem Acridin des Steinkohlenteers selbst dargestellt, sondern durchweg synthetisch aufgebaut. Technisches Interesse haben nur Aminoacridine, u. zw. solche, bei denen die Aminogruppen in p-Stellung zum Acridinkohlenstoff sich befinden.

Von dem Acridin selbst leitet sich des weiteren das Phenylacridin ab, das die Muttersubstanz des ältesten Farbstoffes dieser Klasse, des von A. W. v. HOFMANN entdeckten Chrysanilins oder Phosphins[1], ist. Es bildet sich als Nebenprodukt bei der Fuchsinschmelze und spielte während längerer Zeit als gelber basischer, für die Lederfärberei sehr geeigneter Farbstoff eine große Rolle. Durch die Untersuchungen von O. FISCHER sowie von KÖRNER wurde seine Konstitution als Diaminophenylacridin festgestellt. Seine Bildung in der Fuchsinschmelze kann durch folgende Gleichung veranschaulicht werden:

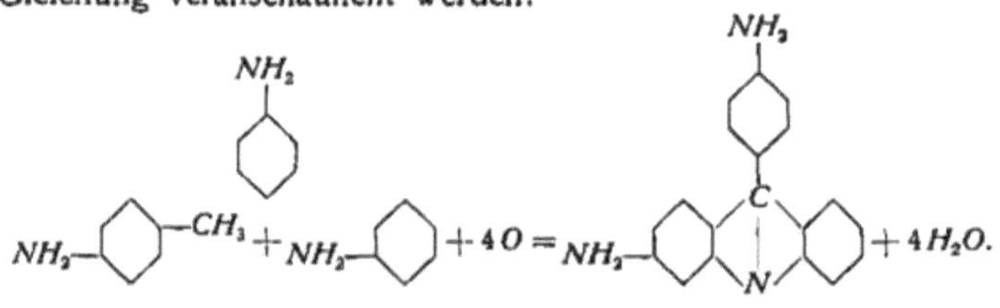

Im Jahre 1887 hat dann RUDOLPH den ersten synthetischen Acridinfarbstoff, das Benzoflavin, dargestellt, das von ÖHLER in den Handel gebracht wurde.

Es entsteht durch Kondensation von Benzaldehyd mit m-Toluylendiamin und Abspaltung von Ammoniak aus dem gebildeten Diaminoditolylphenylmethan (I); das so gebildete Phenyldiaminoditoluylhydroacridin (II) wird schließlich durch Oxydation in den Farbstoff umgewandelt:

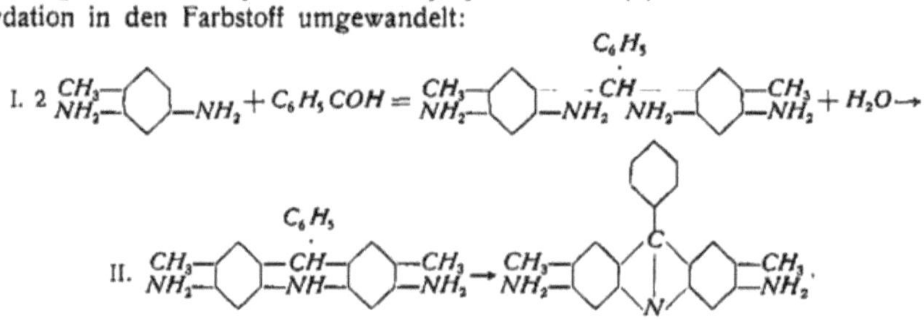

[1] Es kommt auch unter dem Namen Canelle OF und Vitolingelb 5G in den Handel.

. Nach der gleichen Synthese stellte BENDER im Jahre 1889 das entsprechende Acridinderivat unter Verwendung von Formaldehyd her, das von *Leonhardt* unter dem Namen Acridingelb in den Handel gebracht wird. Beide Produkte färben tannierte Baumwolle gelb und haben wegen ihrer geringen Löslichkeit kein großes Interesse. In neuester Zeit hat dann *Bayer* das ameisensaure Salz des Acridingelbs, das bedeutend leichter als das Chlorhydrat löslich ist, unter dem Namen Aurazin als Ersatz für Auramin auf den Markt gebracht. Der Farbstoff ist zwar weniger lichtecht aber gegen Hitze widerstandsfähiger als Auramin.

Die von RUDOLPH und BENDER aufgefundene Acridinsynthese wurde später verallgemeinert und an Stelle von Toluylendiamin m-Aminodimethylanilin mit Aldehyden verwendet, wobei orange färbende Produkte erhalten wurden. Während diese unter dem Namen Acridinorange im Handel befindlichen als Tetramethyldiaminoacridinderivate anzusprechen sind, hat *Ciba* alkylierte Acridine hergestellt, die durch Einwirkung von Alkylierungsmitteln auf Acridingelb gewonnen werden, unter dem Namen Patentphosphin (*Ciba*) *D. R. P.* 79703, Aurophosphine (*Agfa*) oder Brillantphosphine (*Leonhardt*) im Handel sind und als vollwertige Ersatzmittel des relativ teuren Phosphins hauptsächlich in der Lederfärberei benutzt werden. Nach den Untersuchungen von F. ULLMANN (*B.* **34**, 4308 [1901]) haben die Alkylierungsmittel der Hauptsache nach auf die Aminogruppen des Acridingelbs eingewirkt und diese alkyliert. In ganz untergeordnetem Maßstabe sind in einigen Marken Verbindungen enthalten, welche die Alkylgruppe am Acridinstickstoff tragen und wahre Acridiniumverbindungen sind. Diese entstehen, wie F. ULLMANN (*B.* **33**, 2470 [1900]; **34**, 4307 [1901]) gezeigt hat, bei der Einwirkung von Dimethylsulfat oder Toluolsulfosäuremethylester auf die Acridingelbbase (I), so daß ihnen in Form ihres Chlorids die Formel II zukommt:

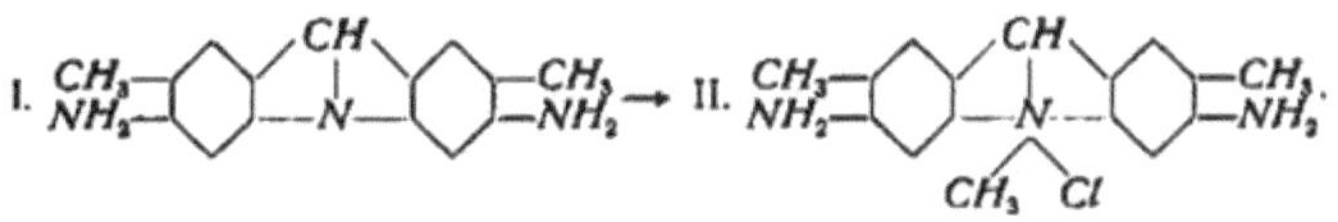

Diese Farbstoffe färben fast genau wie das Ausgangsmaterial, sind aber Salze starker Basen, die zum Unterschied von Acridinfarbstoffen nicht durch Ammoniak gefällt werden. Das Chlormethylat des 3,6-Diaminoacridins besitzt übrigens auch eine ausgesprochene trypanocide Kraft (L. BENDA, *B.* **45**, 1790 [1912]).

Aber nicht nur die Diaminoacridine besitzen Farbstoffcharakter, sondern auch die Monaminoderivate. Wie F. ULLMANN gezeigt hat (*B.* **33**, 2570 [1900]; **34**, 4317 [1901]; **35**, 316, 326 [1902]), entstehen diese Verbindungen sehr leicht durch Wechselwirkung zwischen Aldehyden, m-Diaminen und β-Naphthol. So bildet sich z. B. das Amino-methyl-naphthacridin durch Einwirkung von Formaldehyd auf m-Toluylendiamin und Verschmelzen des Kondensationsproduktes mit β-Naphthol, wobei die zuerst gebildete Leukoverbindung entweder während der Schmelze oder nachher durch geeignete Oxydationsmittel in den Farbstoff übergeführt wird:

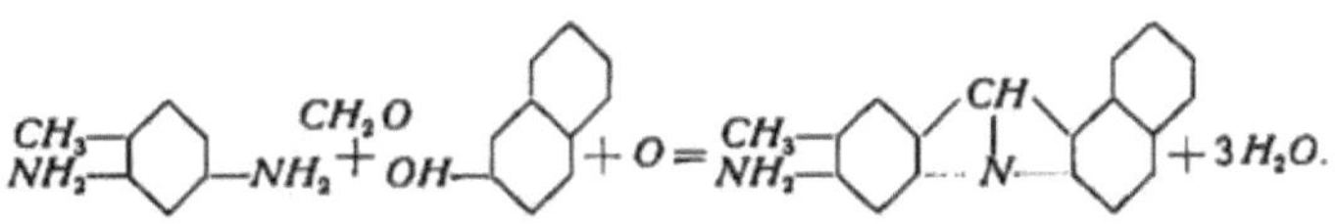

An die Stelle von β-Naphthol können auch aromatische Amine mit besetzter p-Stellung treten. So bildet sich z. B. das Amino-ditolyl-acridin durch Verschmelzen von Tetra-amino-ditolylmethan mit salzsaurem p-Toluidin:

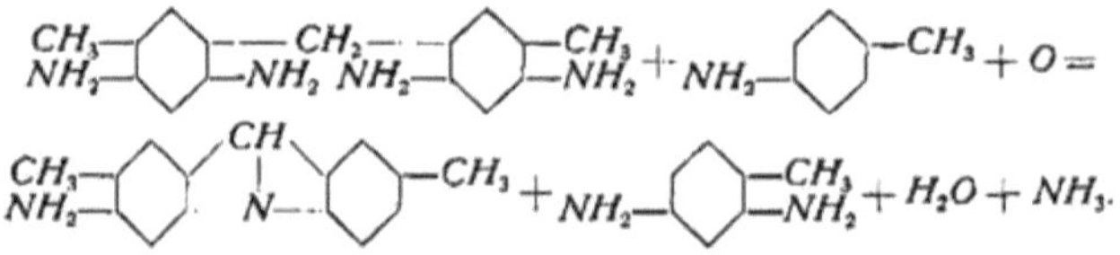

Diese Monaminoderivate färben zum Unterschied von den gelben Diaminoacridinen tannierte Baumwolle in orangefarbenen Tönen an, sind aber farbschwächer als z. B. Acridingelb. Sie kamen nicht in den Handel, da zudem bei ihrer Herstellung Vergiftungserscheinungen (Auftreten von bösartigen Ekzemen) beobachtet wurden. Von den sonstigen Acridinfarbstoffen ist ferner noch das Rheonin (s. d.) der *BASF* zu erwähnen, das ein Triaminophenyl-acridinderivat darstellt und in der Lederfärberei Verwendung findet. *F. Ullmann.*

Acridinbraun (*Leonhardt*), basischer Acridinfarbstoff, der tannierte Baumwolle im Alaun- (3–5%) oder essigsauren Bade ziemlich waschecht färbt.

Acridingelb G, R, T (*Leonhardt*) ist das Chlorhydrat des Diaminodimethylacridins.

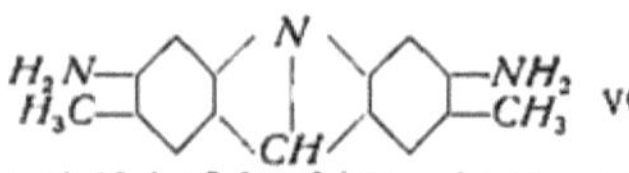

Die Darstellung erfolgt nach *D. R. P.* 52324 und verläuft in zwei Stufen (*Friedländer* **2**, 109):

1. 3 *kg* Formaldehyd werden mit 26 *kg* m-Toluylendiamin und 10 *kg* Schwefelsäure in etwa 400 *l* Wasser zusammengebracht. Es scheiden sich etwa 35 *kg* Tetraamino-ditolylmethan in glänzenden Nadeln ab. 2. Diese 35 *kg* werden mit 90 *kg* konz. Salzsäure und 270 *kg* Wasser im Autoklaven mehrere Stunden auf 150° erhitzt. Ammoniak wird abgespalten und es entsteht das Diamino-dimethyl-hydroacridin, das mit Eisenchlorid zum Farbstoff oxydiert wird (F. Ullmann, *B.* **33**, 915 [1900]; **34**, 4308 [1901]).

Der Farbstoff ist ein gelbes Pulver, das sich in Wasser und Alkohol löst und auf tannierter Baumwolle sowie auf Seide ein grünliches Gelb färbt. Seine Hauptverwendung ist im Buntätzdruck mit Hydrosulfit oder Zinnsalz. Er selbst läßt sich mit Chlorat weiß ätzen.

Acridingoldgelb (*Leonhardt*) ist dem vorigen verwandt und färbt nur etwas röter.

Acridinorange NO (*Leonhardt*) ist das Chlorzinkdoppelsalz des Tetramethyldiamino-acridins.

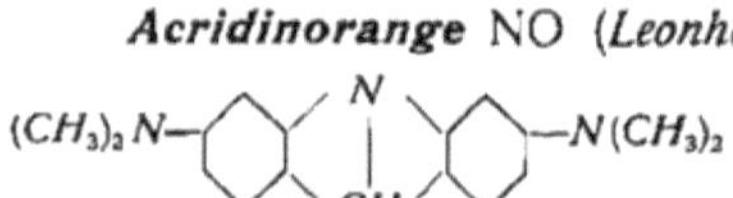

Es wird dargestellt durch Kondensation von Formaldehyd mit m-Amino-dimethylanilin, ganz ähnlich wie Acridingelb aus Formaldehyd und m-Toluylendiamin (*D. R. P.* 59179, *Friedländer* **3**, 290). Man erhält ein orangefarbiges Pulver, das sich in Wasser und Alkohol mit orangegelber Farbe und grüner Fluorescenz löst. Es wird für tannierte Baumwolle und Seide verwendet und bietet durch seine verhältnismäßig gute Seifenechtheit einen Ersatz für die allen Acridinfarbstoffen gemeinsame Lichtunechtheit.

Acridinorange R extra (*Leonhardt*) ist das Chlorhydrat des Tetramethyldiaminophenylacridins.

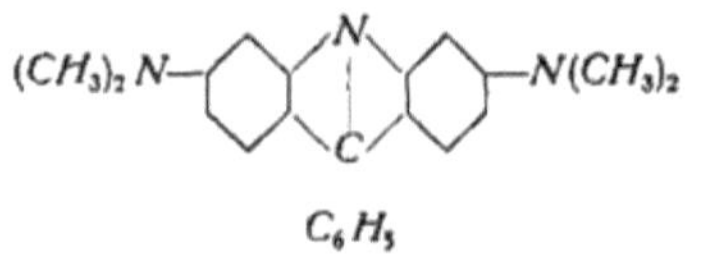

Es wird dargestellt durch Kondensation von Benzaldehyd mit m-Amino-dimethylanilin (*D. R. P.* 68908, *Friedländer* **3**, 293). Man erhält ein orangerotes Pulver, in Wasser und Alkohol mit orangegelber Farbe und grüner Fluorescenz löslich. Verwendung wie das vorige.

Acridinrot B, BB, 3B (*Leonhardt*) ist ein basischer Pyroninfarbstoff.

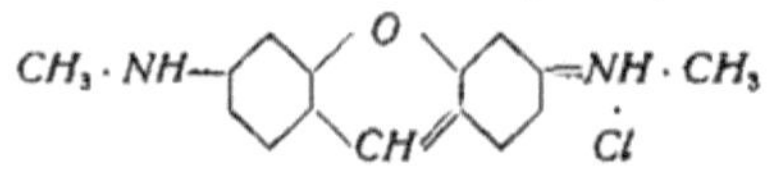

Er wird dargestellt durch Oxydation von Pyronin G mit Kaliumpermanganat (*D. R. P.* 65282, *Friedländer* **3**, 176). Das so erhaltene braune

Pulver ist in wasser und Alkohol mit roter Farbe löslich, die aber zum Unterschied von Pyronin G mehr ins Gelbe sticht. Auf tannierte Baumwolle gefärbt und gedruckt, sind die Färbungen wenig lichtecht, dafür aber ziemlich seifenecht und mit Chlorat ätzbar.

Acridinscharlach R, 2R, 3R (*Leonhardt*) sind Mischungen von Acridinorange NO mit Pyronin. *Ristenpart.*

Acrolein, Acrylaldehyd, $CH_2:CH \cdot CHO$, ist eine farblose, bewegliche Flüssigkeit von unerträglichem, die Schleimhäute stark angreifendem Geruch, löslich in 2–3 T. Wasser. *Kp* 52,4°. Es polymerisiert sich leicht. Seine Lösung wird durch Zusatz geringer Mengen schwefeliger Säure oder ihrer Salze haltbar gemacht (*Kalle, D. R. P.* 109053). Es reizt und entzündet Haut und Schleimhäute und ist schon in geringsten Mengen stark giftig (N. IWANOW, *Arch. Hyg.* **74**, 307 [1911]).

Es entsteht aus Glycerin durch Wasserentziehung. Darstellung: A. WOHL und C. NEUBERG, *B.* **32**, 1352 [1899]; G. LOCKEMANN und O. LIESCHE, *J. pr. Ch.* [2] **71**, 474 [1905]. Ein Gemisch, von $\frac{1}{2}$ *kg* Rohglycerin und $\frac{1}{3}$ *kg* krystallisierter Borsäure wird in einer dünnwandigen eisernen Retorte offen erhitzt, bis kein Wasser mehr entweicht und die Masse sich zu schwärzen beginnt. Dann schließt man das Gefäß und destilliert ab. Die Operation ist in etwa $\frac{3}{4}$ Stunden vollendet und liefert 154 *g* Acrolein (50,5% d. Th.). Darstellung mit Phosphorsäure: G. FR. BERGH, *J. pr. Ch.* [2], **79**, 351 [1909], mit Kaliumbisulfat: J.-B. SENDERENS, *C. r.* **151**, 530 [1910].

Acrolein kann zur Gewinnung kolloidaler Metalle dienen (N. CASTORO, *Z. anorg. Ch.* **41**, 126 [1904]; *G.* **37**, I, 391 [1907]; *Z. Ch. Ind. Koll.* **6**, 283 [1910]. Es ist besonders mit Formaldehyd zusammen ein starkes Desinfektionsmittel (*Kalle, D. R. P.* 116974). Es bildet Verbindungen mit Stärke, Gummiarten, Dextrin und Proteinstoffen (*Kalle, D. R. P.* 129884 und 131399). *G. Cohn.*

Actinophor (Dr. O. KNÖPFLER, Plötzensee), ist ein 1912 zur RÖNTGEN-diagnostik empfohlenes Gemisch aus 3 T. reinem Cerdioxyd und 1 T. reinem Thordioxyd. *Zernik.*

Actol (*Heyden*), Argentum lacticum, Silberlactat,

$$CH_3 \cdot CHOH \cdot COO\,Ag + H_2O,$$

erhalten durch Erwärmen von Silbercarbonat mit Milchsäure. Geruch- und geschmackloses weißes Pulver, löslich in 15 T. Wasser und eiweißhaltigen Flüssigkeiten. Antisepticum; die wässerige Lösung 1:500–1:300 entspricht einer 1‰igen Sublimatlösung an Desinfektionskraft. *Zernik.*

Acylieren, hierunter wird ganz allgemein der Ersatz von Hydroxyl- und Aminowasserstoff durch organische Säurereste verstanden. Acylieren ist also der Sammelbegriff für alle diejenigen Operationen, bei denen der Rest der Ameisensäure, der Essigsäure, der Benzoesäure und ihrer Derivate sowie der Arylsulfosäuren eingeführt wird.

1. Formylieren. Zum Formylieren organischer Verbindungen wird ausschließlich Ameisensäure benutzt. Da sie jetzt zu verhältnismäßig billigem Preis im Handel ist, zudem auf z. B. aromatische Amine bedeutend leichter einwirkt als die Essigsäure, so hat sie diese bei verschiedenen Operationen verdrängt. So gelingt es z. B., Anilin durch Erhitzen mit 50%iger Ameisensäure leicht in Formanilid umzuwandeln, $C_6H_5NH_2 \rightarrow C_6H_5NH \cdot COH$, das als Ausgangsmaterial für die Herstellung von p-Nitroanilin dienen kann.

Während zur Herstellung von Acetylcellulose Essigsäureanhydrid benötigt wird, lassen sich, wie von der A.-G. J. P. BEMBERG in den *D. R. P.* 189836 und 189837 gezeigt wurde, die Ameisensäureester der Cellulose sehr leicht schon durch Behandlung der Cellulose mit Ameisensäure unter Verwendung von Salzsäure oder Schwefelsäure als Katalysator herstellen.

2. Acetylieren. Für die Einführung des Acetyl- oder Essigsäurerestes kommen in der Technik Essigsäure, Essigsäureanhydrid und ev. Acetylchlorid in Betracht. Thioessigsäure wird nicht benutzt.

Die Acetylierung von Alkoholhydroxylgruppen gelingt hie und da durch Behandeln des betreffenden Alkohols mit Eisessig. So bildet sich z. B. das Acetin (s. d.) durch längeres Kochen von Glycerin mit Eisessig. In einigen Fällen ist der Zusatz von Katalysatoren, wie Schwefelsäure oder Salzsäure, notwendig, so z. B. bei der Herstellung von Essigsäureäthylester.

An Stelle der Säuren wurde von P. SABATIER (*C. r.* **152**, 1044 [1911]) auch Titan- und Thoroxyd, von HAUSER Berylliumoxyd (*Ch. Ztg.* **37**, 146 [1913]) vorgeschlagen, jedoch werden die Verfahren nicht technisch ausgeführt.

Unter Verwendung von Essigsäureanhydrid dagegen verläuft die Acetylierung ohne Katalysator, jedoch ist das Verfahren technisch meistens unrationell.

Für komplizierte hydroxylhaltige Verbindungen, die in Eisessig zudem nicht löslich sind, wie z. B. die Cellulose, dient ausschließlich Essigsäureanhydrid zur Acetylierung. Diese gelingt besonders glatt unter Verwendung von Katalysatoren, wie Schwefelsäure, Salzsäure etc. (s. Acetylcellulose).

Säurehydroxylgruppen lassen sich sowohl mit Essigsäureanhydrid als auch mit Acetylchlorid acetylieren. In letzterem Falle werden die Säuren in Form ihrer trockenen Natriumsalze verwendet (s. auch Essigsäureanhydrid):

$$CH_3 \cdot CO_2Na + CH_3COCl = (CH_3 \cdot CO)_2O + NaCl.$$

Phenolhydroxyle können durch Behandeln mit Essigsäureanhydrid acetyliert werden. Geringe Mengen von Pyridin und Schwefelsäure wirken auch hier außerordentlich beschleunigend auf die Reaktionsgeschwindigkeit (*Ch. Ztrlbl.* **1909** II 515). So wird z. B. Acetylsalicylsäure (s. d.) unter Verwendung von Schwefelsäure als Katalysator technisch hergestellt:

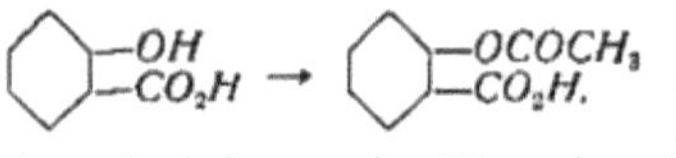

Eine sehr hübsche Methode zur Einführung von Acetylresten in Phenolhydroxyle rührt von A. EINHORN her (*D. R. P.* 105346, sowie *A.* **301**, 7 [1898]). Sie beruht darauf, daß man das Phenol und die betreffende Säure in Pyridin löst und Phosphoroxychlorid hinzugibt. Hierauf bildet sich wohl in erster Linie das entsprechende Säurechlorid, das dann unter dem Einfluß des Pyridins mit dem Phenol reagiert. So entsteht z. B. aus Guajacol und Monochloressigsäure Chloracetylguajacol, das als Ausgangsmaterial für die Herstellung von Guajasanol dient:

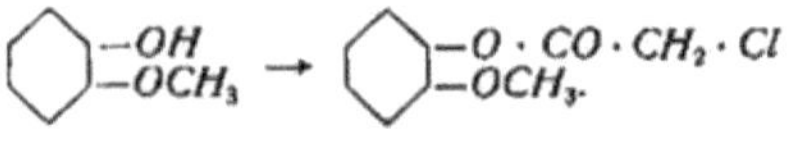

Man kann übrigens ganz allgemein Alkohole und Phenole in Pyridinlösung acylieren unter Verwendung der betreffenden Säurechloride (A. EINHORN, *A.* **301**, 95 [1898]).

Aminogruppen können sowohl mit Essigsäure, als auch mit Essigsäureanhydrid acetyliert werden. Hierbei ist das folgende zu beachten: Die Umsetzung von Anilin z. B. mit Essigsäure verläuft relativ langsam und gelingt nur durch 8—10stündiges Kochen der beiden Komponenten. Für jedes gebildete *Mol.* Acetanilid entsteht 1 *Mol.* Wasser. Dieses verdünnt schließlich den Eisessig derart, daß die Reaktion nicht zu Ende geht, indem ein Gleichgewichtszustand eintritt, und man hat deswegen dafür zu sorgen, daß das gebildete Wasser entfernt wird (vgl. Acetanilid):

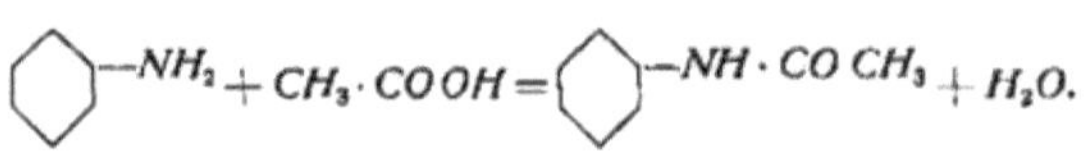

Arbeitet man dagegen unter Druck bei höherer Temperatur, wie dies im *D. R. P.* 98070 von MATTHESON empfohlen ist, so kann man verdünnte 50%ige Essigsäure verwenden, jedoch hat sich dieses Verfahren nicht eingebürgert.

Außerordentlich glatt verläuft die Acetylierung von primären und sekundären Aminen mit Essigsäureanhydrid. Es genügt hier meistens ein Vermischen der Komponenten eventuell unter Verwendung von Eisessig als Verdünnungsmittel, um die Acetylierung zu bewirken. So entsteht z. B. Phenacetin aus p-Aminophenoläthyläther und Essigsäureanhydrid:

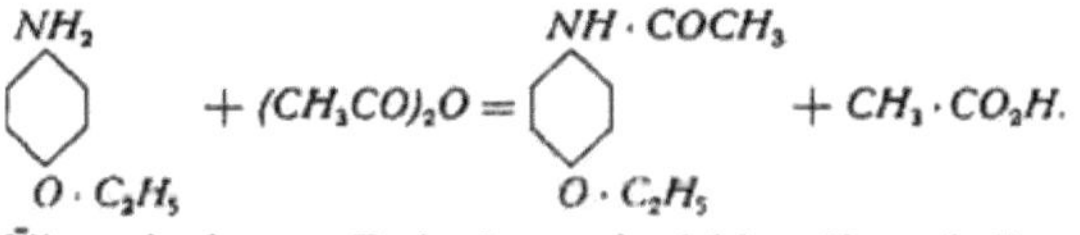

Handelt es sich um negativ substituierte Amine von geringem basischen Charakter, so muß das entsprechende Amin mit einem Überschuß von Essigsäureanhydrid während längerer Zeit erhitzt werden. Außerordentlich beschleunigend auf den Verlauf der Reaktion wirkt auch hier ein geringer Zusatz von konzentrierter Schwefelsäure. So läßt sich z. B. das 1-Acetylaminoanthrachinon sehr leicht herstellen. Jedoch entstehen bei dieser Methode auch sehr oft Diacetylderivate (*Ch. Ztrlbl.* **1909** II 1219).

Ganz allgemein verwendet man zur Acetylierung beständiger primärer aromatischer Basen, wie Anilin, Naphthylamin, aus Preisrücksichten Eisessig, während Essigsäureanhydrid für die Acetylierung von Aminen dient, die entweder schwer oder gar nicht von Eisessig angegriffen werden und sich bei etwaigem langen Erhitzen zersetzen würden.

3. Einführung des Oxalsäurerestes. In einigen wenigen Fällen wird an Stelle der Acetylgruppe der Rest der Oxalsäure in aromatische Amine eingeführt. So entsteht z. B. Oxanilid durch Erhitzen von Anilin mit Oxalsäure,

$$2\,C_6H_5NH_2 + H_2C_2O_4 = C_6H_5NH \cdot CO \cdot CO \cdot NHC_6H_5 + 2\,H_2O,$$

jedoch haben derartige Verbindungen keine große Verwendung als Ausgangsmaterial gefunden.

4. Einführung des Milchsäurerestes. Der Milchsäurerest läßt sich in aromatische Amine in ähnlicher Weise wie der Oxalsäurerest einführen. So entsteht z. B. das Lactylderivat des p-Phenetidins (Lactophenin) nach den Angaben des *D. R. P.* 70250 der Chemischen Fabrik vorm. GOLDENBERG, GEROMONT & Co. durch Erhitzen von milchsaurem p-Phenetidin:

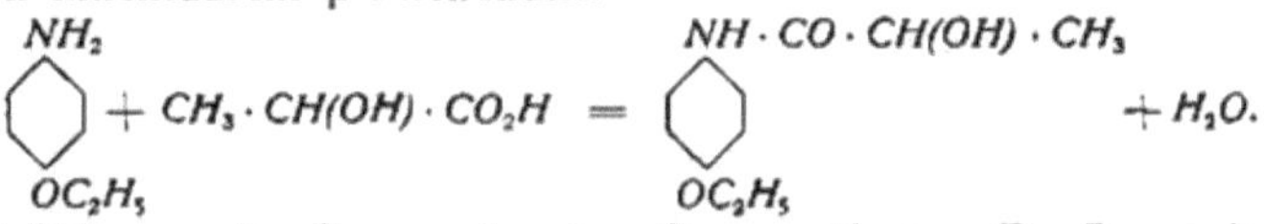

5. Einführung des Benzoylrestes. Benzoylieren. Der Benzoylrest C_6H_5CO kann auf die gleiche Weise in die Aminogruppen und in Hydroxylgruppen eingeführt werden wie der Acetylrest. Man verwendet hierzu hauptsächlich Benzoesäure und Benzoylchlorid, während das Benzoesäureanhydrid in der Technik kaum benutzt wird. So läßt sich z. B. das Benzoylguajacol (Benzosol) nach dem *D. R. P.* 55280 von *M. L. B.* leicht derart herstellen, daß man Benzoylchlorid auf Guajacol bei Gegenwart von Alkali einwirken läßt (Reaktion von SCHOTTEN-BAUMANN):

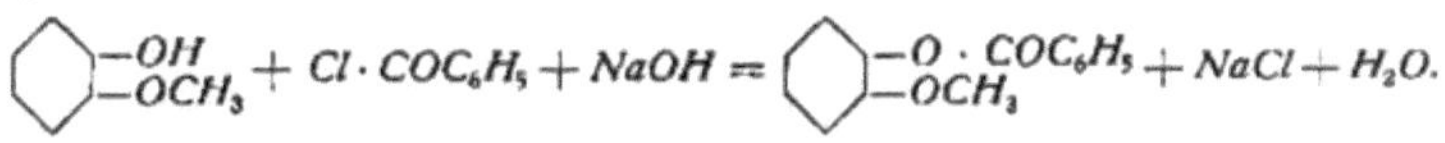

Um das immerhin unangenehme Arbeiten mit Benzoylchlorid zu umgehen, kann man das Säurechlorid während der Reaktion selbst aus der Säure und Phosphorchloriden herstellen. Diese von M. von NENCKI aufgefundene und im *D. R. P.* 38973 niedergelegte Reaktion dient z. B. zur Herstellung des Salols. Zu diesem Zwecke werden Salicylsäure, Phenol und Phosphoroxychlorid auf 120—130° erhitzt:

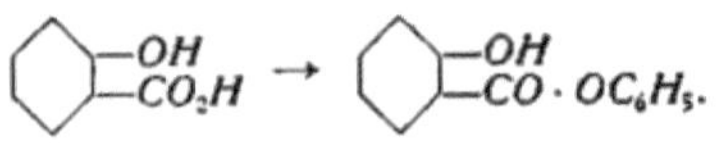

Jedoch verlaufen derartige Umsetzungen nie so glatt wie bei Verwendung von salzsäurebindenden Mitteln.

Will man rein aromatische Amine benzoylieren, so kann man, wenn die Amine stark basisch und beständig sind und ein längeres Erhitzen auf hohe Temperatur vertragen, hierzu Benzoesäure benutzen. So läßt sich z. B. Benzanilid durch Erhitzen von Anilin und Benzoesäure auf 180—200° sehr leicht herstellen:

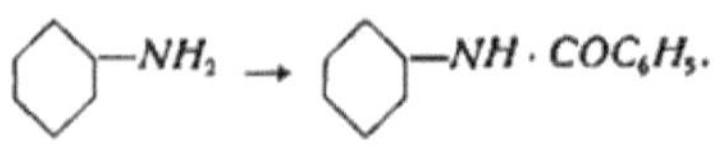

Würde man Benzoylchlorid hierfür anwenden, so wäre dafür Sorge zu tragen, daß die frei werdende Salzsäure entweder durch ein zweites Molekül Anilin oder durch Zusatz von Kaliumbenzoat gebunden wird.

Handelt es sich dagegen um die Benzoylierung von schwach basischen Aminen, deren salzsaure Salze bei höherer Temperatur sich in die Base und Salzsäure zersetzen, so ist Benzoylchlorid ein ganz vorzügliches Mittel zur Einführung des Benzoesäurerestes. Nach dieser Methode läßt sich z. B. Benzoyl-1-Aminoanthrachinon durch Erhitzen von 1-Aminoanthrachinon mit Benzoylchlorid bei Gegenwart eines Verdünnungsmittels wie Toluol oder Nitrobenzol in vorzüglicher Ausbeute erhalten:

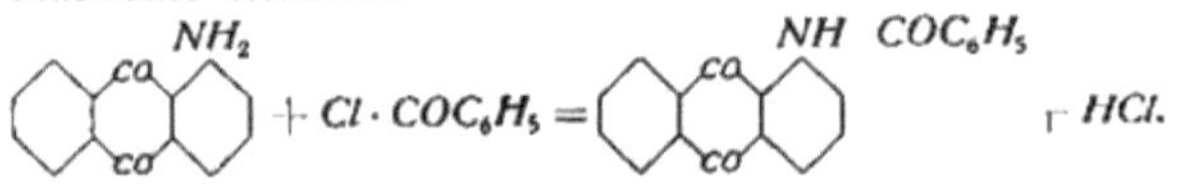

Nach dieser Methode werden eine große Anzahl von Algolfarbstoffen von *Bayer* hergestellt. An Stelle von Benzoylchlorid können andere der aromatischen Reihe angehörige Säurechloride zur Einführung von Acylresten benutzt werden. Es ist übrigens nicht notwendig, die Säurechloride vorher in reinem Zustande zu isolieren, sondern man kann auch sehr gut derart verfahren, daß man die Säure in Gegenwart eines Verdünnungsmittels, wie Toluol z. B. durch Hinzugabe von Phosphorpentachlorid oder Thionylchlorid in das entsprechende Säurechlorid verwandelt, das Aminoanthrachinon hinzufügt und bis zur Beendigung der Salzsäureentwicklung erhitzt. Dieses Verfahren dürfte immer da mit Vorteil angewendet werden, wo die Darstellung des betreffenden reinen Säurechlorids mit Schwierigkeit verbunden ist, wie z. B. bei der Salicylsäure.

Es ist selbstverständlich, daß die zuletzt beschriebenen Reaktionen auch unter Verwendung von Säureanhydriden vorgenommen werden können, jedoch sind diese meist mit Ausnahme von Benzoesäureanhydrid nicht sehr gut zugänglich und bieten auch meistens keinerlei Vorteile vor den Säurechloriden.

6. Einführung von Arysulfosäureresten. In neuester Zeit wird an Stelle des Formyl-, Acetyl- und insbesondere des Benzoylrestes der Rest von Arylsulfosäure namentlich in aromatische Aminoverbindungen an Stelle von labilen Wasserstoffatomen eingeführt. Als Arylsulfosäurechlorid wird fast ausschließlich das jetzt sehr billige p-Toluolsulfosäurechlorid benutzt, das bei der Saccharinfabrikation in großen Mengen abfällt. Die Umsetzung mit o-Anisidin z. B. erfolgt derart, daß man die Base mit der berechneten Menge p-Toluolsulfochlorid bei Gegenwart von Wasser verrührt und die frei werdende Salzsäure durch Zusatz von Soda oder besser von pulverisierter Kreide neutralisiert. Die so hergestellte Toluolsulfoverbindung läßt sich z. B. in vorzüglicher Weise als Ausgangsmaterial für die Gewinnung von Nitroderivaten benutzen:

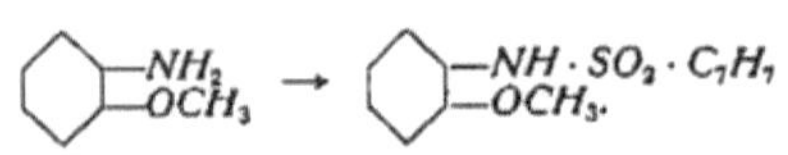

Nach dem *D. R. P.* 157859 der *Agfa* kann man dieses Derivat mit sehr verdünnter Salpetersäure nitrieren, wobei hauptsächlich die

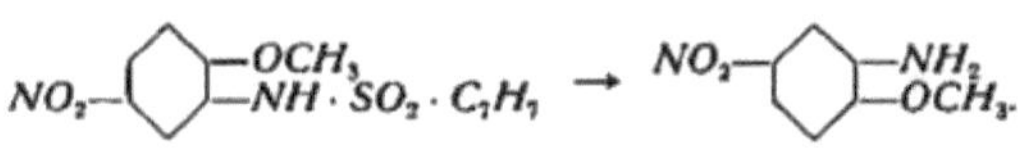

entsprechende p-Verbindung entsteht, die sich durch Lösen in Schwefelsäure und Wiederausfällen mit Wasser sehr leicht in das Nitroanisidin überführen läßt. Bei diesem Verfahren wird zwar die Toluolsulfosäure verloren gegeben, aber es hat doch vor derjenigen Methode, bei der das entsprechende Acetylprodukt als Ausgangsmaterial benutzt wird, derartige Vorzüge, daß gegenwärtig diese Verbindung wohl am vorteilhaftesten nach dieser Methode hergestellt werden dürfte. Das Toluolsulfochlorid läßt sich übrigens auch sehr leicht mit hydroxylhaltigen Substanzen in Reaktion bringen. So entsteht z. B. aus 2, 4-Dinitrophenol und Toluolsulfochlorid der Toluolsulfester des Dinitrophenols, wobei zum Binden der Salzsäure zweckmäßig Soda hinzugefügt wird:

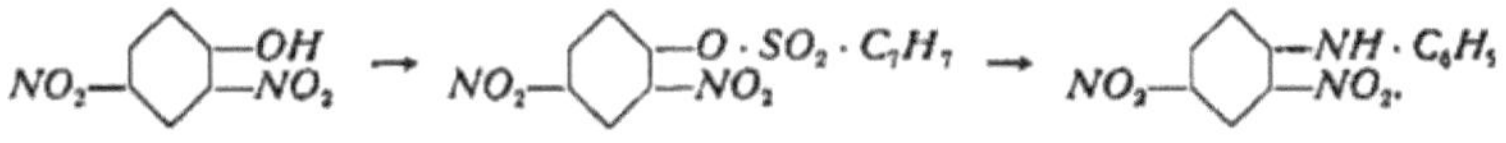

Diese Ester setzen sich sehr gut mit Aminen um, und es ist dadurch ein einfacher Weg geschaffen, um nitrierte Phenole in die entsprechenden Aminoverbindungen zu verwandeln. Läßt man aber diese Reaktion bei Gegenwart von Diäthylanilin vor sich gehen, so entstehen unter Verwendung von negativ substituierten Phenolen die entsprechenden Chlorderivate. Aus Pikrinsäure entsteht z. B. Pikrylchlorid (F. Ullmann, *B.* **41**, 1870 [1908]).

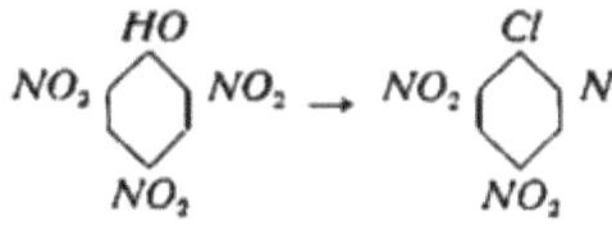

Säuren können nach diesem Verfahren auch gut in entsprechende Säurechloride verwandelt werden.

F. Ullmann.

Adalin (*Bayer*), Bromdiäthylacetylharnstoff, wird dargestellt nach *D. R. P.* 225710 durch Einwirkung von Bromdiäthylacetylchlorid auf Harnstoff oder durch Anlagerung von Wasser an Bromdiäthylacetylamid, durch Behandeln von Bromdiäthylacetylurethan mit Ammoniak, durch Entschwefeln von Bromdiäthylacetylthioharnstoff oder durch Behandeln von Diäthylacetylharnstoff mit Brom oder bromabspaltenden Mitteln; vgl. auch *D. R. P.* 240353, 249906, 253159, 262048. Farblose, fast geschmacklose Krystalle vom *Schmelzp.* 115–116°; schwer löslich in Wasser, leicht in Alkohol, Aceton, Benzol. Beim Erwärmen mit Alkali spalten sich Bromwasserstoff und Blausäure ab unter gleichzeitiger Bildung von Äthylcrotonylharnstoff und α-Diäthylhydantoin. Adalin, 1910 in den Arzneischatz eingeführt, ist ein vorzügliches Sedativum mit leicht hypnotischer Wirkung, dabei absolut harmlos; Dosis 0,5–1 *g*, am besten mit warmem Wasser. *Zernik.*

Adamon (*Bayer*), Dibromzimtsäurebornylester,

$$C_6H_5 \cdot CHBr\text{—}CHBr\text{—}COO \cdot C_{10}H_{17},$$

wird dargestellt nach *D. R. P.* 252158 durch Veresterung von Borneol mit Dibromzimtsäure, bzw. durch Einwirkung dieser Säure auf Campher; vgl. *D. R. P.* 254666. Weißes, fast geruch- und geschmackloses Krystallpulver vom *Schmelzp.* 73°, unlöslich in Wasser, leicht löslich in Äther, Chloroform. Enthält je rund 35% Brom und Borneol. Empfohlen als Sedativum in Dosen von täglich 3–5mal 0,5 *g*. *Zernik.*

Adhäsionsfette. Um bei Transmissionen das Abgleiten der Treibriemen von den Wellen oder Riemenscheiben selbst bei Lockerung der gedehnten Riemen zu verhindern, werden auf ihrer Innenseite sog. Adhäsionsfette aufgetragen.

Vielfach benutzt man hierzu Fettmischungen, wie sie durch Zusammenschmelzen von Harz, Talg, Wachs, Wollfett und Ricinusöl bei gelinder Wärme gewonnen werden. Nach dem *D. R. P.* 131316 von HOFSCHÜTZE erhält man z. B. durch Behandlung von Harz, Ölsäure, Ricinusöl und Vaselinöl in der Wärme ein stets flüssig bleibendes Adhäsionsfett für Treibriemen.

Während früher häufig zur Vermehrung der Reibung nur Kolophoniumpulver zwischen Riemen und Scheibe gestreut wurde, wird dies jetzt vermieden, da es das Leder spröde und brüchig macht. Bei der Zusammensetzung von Adhäsionsfetten muß natürlich überhaupt die Verwendung aller derjenigen Stoffe vermieden werden, die auf Leder, Hanf u. dgl. einen schädlichen Einfluß ausüben; es soll also besonders auf Abwesenheit von freien Mineralsäuren, freiem Alkali und Teer gesehen werden. Besonders geeignet ist das neutrale Wollfett, das sich mit anderen Ölen und Fetten durch einfaches Zusammenschmelzen vereinigt und gleichzeitig eine konservierende Wirkung auf das Leder ausübt.

Außer diesen auf der Innenseite der Treibriemen aufzutragenden Adhäsionsfetten benutzt man noch zum Schutz der glatten Außenseite Riemenfette, um den schädlichen Einfluß der Luftfeuchtigkeit auszuschließen, und um die Biegsamkeit der Riemen zu erhalten. Hierfür sind in erster Linie, wie bei allen Lederwaren, Trane geeignet, die mit so viel festen Fetten, wie Talg, Wollfett, Wachs, versetzt werden, daß eine bequem auftragbare Schmiere entsteht.

Literatur: HOLDE, Untersuchung der Kohlenwasserstofföle und Fette, 4. Aufl. Berlin 1913. KÜNKLER, Fabrikation der Schmiermittel. Mannheim 1897. *Georg Meyerheim.*

Adilol s. Photographie unter Entwickler.

Adorin (*Schering*) ist ein Paraform (s. d.) enthaltendes Fußstreumittel. *Zernik.*

Adralgin (Dr. E. BLOCH, Basel) soll Adrenalin und thymolsulfosaures Cocain enthalten. Im Handel als Adralgin dentale (mit 0,01 *g* Cocainverbindung und 0,051 *mg* Adrenalin im *ccm*) und als Adralgin chirurgicum (mit 0,015 *g* Cocainverbindung und 0,1 *mg* Adrenalin im *ccm*). *Zernik.*

Adrenalin, Adrenochrom, Adrin s. Nebennierenpräparate. *Zernik.*

Adsorption. Hierunter versteht man die Aufnahme von anderen Stoffen an der Oberfläche einer Substanz, z. B. von Wasserdampf an einer Glasfläche oder von Farbstoff auf einer Wollfaser. Dringt der adsorbierte Stoff durch Diffusion tiefer in die betreffende Substanz ein, so spricht man gewöhnlich von Absorption. Ganz scharf lassen sich beide Begriffe nicht trennen; am einfachsten dürfte es sein, die Adsorption als den zeitlich ersten Vorgang anzusehen, dem eine Absorption folgen kann. Ebenso schließen sich gerade in vielen technisch wichtigen Fällen, z. B. oft beim Färben oder Gerben, der Adsorption und Absorption chemische Umsetzungen zwischen dem aufgenommenen Stoffe und der aufnehmenden Substanz als dritter Vorgang an.

Der Natur der Sache nach ist das Adsorptionsvermögen einer Substanz um so höher, je größer ihre Oberfläche im Verhältnis zu ihrer Masse ist. Denkt man sich eine gegebene Substanzmenge in immer kleinere Kugeln zerteilt, so nimmt der Inhalt der einzelnen Kugel mit dem Kubus, ihre Oberfläche aber nur mit dem Quadrat des Durchmessers ab; demnach wird durch tausendfache Zerteilung auch die gesamte Oberfläche der gegebenen Substanzmenge tausendmal größer und entsprechend auch ihr Adsorptionsvermögen gesteigert. Daher können feine, lockere Pulver, die von zahllosen winzigen Poren durchsetzte Holzkohle und die ganze viel umfassende Gruppe der „Kolloide" große Mengen von anderen Stoffen durch Adsorption binden.

Von der Lösung eines Gases unterscheidet sich die Adsorption grundsätzlich dadurch, daß bei ihr das HENRYsche Gesetz gar nicht gilt. An seine Stelle tritt eine weniger einfache Gleichung von der Form

$$\frac{x}{m} = a \cdot p^b$$

worin x die von der Menge m der adsorbierenden Substanz insgesamt adsorbierte Gasmenge, p den Druck, a und b empirische Konstante bedeuten. Die Zahlenwerte von a und b sind je nach dem Adsorptionsmittel, dem adsorbierten Gase und der Temperatur verschieden. Z. B. fand CHAPPUIS für Meerschaum und Kohlendioxyd bei 0° $a = 54{,}8$ und $b = 0{,}184$. In allen bisher untersuchten Fällen lag der Zahlenwert von b zwischen 0,7 und 0,1, war also stets kleiner als 1; a bewegt sich dagegen in sehr weiten Grenzen. Im allgemeinen wird ein Gas um so stärker adsorbiert, je leichter es zu verdichten ist, z. B. Kohlendioxyd stärker als Kohlenoxyd.

Mit steigender Temperatur nimmt die Adsorptionsfähigkeit ab. Für Kohlendioxyd und poröse Kohle fand TRAVERS folgende Werte von a und b:

t	a	b
−78°	14,3	0,133
0°	2,96	0,333
35°	1,24	0,461
100°	0,32	0,518

Wie man sieht, nimmt der Adsorptionskoeffizient a rasch ab, während b ansteigt; $b = 1$ würde das HENRYsche Gesetz erfüllen.

Aus einem Gemische mehrerer Gase werden alle Bestandteile adsorbiert; jedoch wird das für sich stärker adsorbierbare Gas auch aus dem Gemisch vorzugsweise aufgenommen. Durch fortgesetzte Behandlung mit einem andren Gase kann man ein adsorbiertes Gas allmählich durch das andere verdrängen.

Was die Geschwindigkeit der Adsorption anlangt, so wird der größte Teil des Gases sehr rasch aufgenommen, der Rest meist in einigen Stunden. Bei Gasgemischen dagegen stellt sich das Gleichgewicht nur langsam, oft erst nach Tagen ein.

Für die Adsorption aus Lösungen gilt ebenfalls die oben mitgeteilte Gleichungsform; nur tritt an Stelle des Gasdruckes die Konzentration c, welche der adsorbierte Stoff in der Lösung besitzt. Es gilt also für den Zusammenhang zwischen Konzentration und adsorbierter Menge die Gleichung:

$$\frac{x}{m} = a \cdot c^b$$

Das Verfahren bei den Messungen ist einfach: Man schüttelt eine gewogene Menge der adsorbierenden Substanz mit einem abgemessenen Volumen der Lösung von bekanntem Gehalt und bestimmt dann den Gehalt der Lösung von neuem. Auf diese Weise hat man die Adsorption von vielen organischen und anorganischen Substanzen, besonders von Farbstoffen, an Blutkohle, Tierkohle, Seide, Wolle, Baumwolle, Kieselgur u. s. w. gemessen. Die Temperatur hat meist nur kleinen Einfluß.

Auch bei den Lösungen ist b ein echter Bruch, dessen Zahlenwert in den untersuchten Fällen sich zwischen 0,11 und 0,52 bewegte. Die a-Werte sind sehr verschieden, aber die Reihenfolge, in welcher sich die Stoffe nach ihrer Adsorbierbarkeit anordnen, ist für viele adsorbierende Substanzen ungefähr dieselbe. Bezeichnet man z. B. für verschiedene Farbstoffe die Adsorptionskoeffizienten an Kohle, Seide, Baumwolle und Wolle mit a_K, a_S, a_B und a_W, so ergibt sich nach FREUNDLICH folgendes:

Farbstoff	$a_K : a_W$	$a_K : a_S$	$a_K : a_B$
Krystallviolett	8,2	21	156
Patentblau .	9,9	27	–
Neufuchsin .	–	23	155

Geht man von wässerigen Lösungen zu anderen Lösungsmitteln über, so ändert sich die Adsorption. Zum Beispiel wird von Blutkohle aus alkoholischer Lösung nur etwa halb so viel Pikrinsäure aufgenommen wie aus wässeriger Lösung. Oft sind die Unterschiede noch viel größer.

Auch mit Lösungen stellen sich Adsorptionsgleichgewichte gewöhnlich rasch ein, und auch hier kann ein Stoff den anderen verdrängen. Die auswählende Adsorption äußert sich gegenüber Neutralsalzen öfter in der Weise, daß sie infolge der Adsorption in Base und Säure gespalten werden, also die überstehende Flüssigkeit, wenn die Base stärker gebunden wird, sauer reagiert.

Abgesehen von der hervorragenden praktischen Bedeutung, welche die Adsorption für die Färberei u. s. w. besitzt, spielt sie auch bei technischen Gasreaktionen eine sehr wichtige Rolle. Z. B. vollzieht sich die Schwefeltrioxydbildung bei dem „Kontaktverfahren" fast ausschließlich an der Oberfläche der als „Katalysator" wirkenden festen Substanz. Man kann sich vorstellen, daß hier die reagierenden Gase, Schwefeldioxyd und Sauerstoff, durch die Adsorption stark konzentriert worden sind und deshalb sich viel rascher als im Gasraume miteinander vereinigen. Wahrscheinlich spielt aber der Katalysator dabei auch eine chemische Rolle, indem sich durch seine Vermittelung Zwischenkörper bilden, über die als Brücke die Umsetzung schneller schreitet. Von der festen Substanz diffundiert dann das Reaktionsprodukt SO_3 langsam in den Gasraum, während neue Mengen von SO_2 und O_2 herzutreten. Im allgemeinen darf man sagen, daß ohne die Adsorption an feste Körper Gasreaktionen nur schwer oder gar nicht verlaufen; schon die Gefäßwände haben einen solchen wichtigen fördernden Einfluß. *K. Arndt.*

Adurol s. Photographie unter Entwickler.

Aescochinin (ENGELHARD, Frankfurt a. M.), Chininum aesculinicum neutrale, dargestellt nach *D. R. P.* 114845, wird als chemische Verbindung des Chinins mit Glykosiden aus der Roßkastanienrinde deklariert. Amorphes, gelbliches, in Wasser unlösliches Pulver von bitterem Geschmack, leicht löslich in angesäuertem Wasser. Gehalt an Chinin 50%. Wurde s. Z. als Expektorans bei Husten, Heiserkeit etc., auch als Nervinum bei Migräne, Influenza empfohlen; Dosis 0,1 *g* mehrmals täglich. *Zernik.*

Aether s. Äther.

Affinitätskonstante. Eine Säurelösung ist um so stärker sauer, je größer die Konzentration der durch elektrolytische Dissoziation abgespaltenen Wasserstoffionen ist. Das Massenwirkungsgesetz fordert nun für das Gleichwicht zwischen den Kationen (Wasserstoffionen), den Anionen und dem ungespaltenen (neutralen) Anteil der Säure die Gleichung:

$$C_H \cdot C_A = k \cdot C_N,$$

worin C_H, C_A, C_N die betreffenden Konzentrationen (in Mol auf 1 *l*) und k eine Konstante bedeuten. Diese Gleichung gilt zwar erfahrungsgemäß nicht für starke Säuren; für schwache Säuren ist aber k ziemlich unabhängig von ihrer Konzentration und bildet daher einen Zahlenausdruck für die Fähigkeit, Wasserstoffionen abzuspalten, d. h. für die Stärke der betreffenden Säure. Man bezeichnet deshalb diese Größe k als Affinitätskonstante. Ebenso bildet für Basen diese Dissoziationskonstante k ein Maß für ihre Fähigkeit, Hydroxylionen abzuspalten, und damit für ihre Stärke.

Die untenstehende Tabelle gibt für eine Reihe von Säuren und Basen den Zahlenwert der Affinitätskonstante k.

Affinitätskonstanten bei 25°.

Stoff	k	Stoff	k
Essigsäure	$0{,}18 \cdot 10^{-4}$	Arsensäure	$50 \cdot 10^{-4}$
Monochloressigsäure	$15{,}5 \cdot 10^{-4}$	Borsäure	$6{,}5 \cdot 10^{-10}$
Trichloressigsäure	$0{,}3$	Kohlensäure (1. Stufe)[1]	$3{,}0 \cdot 10^{-7}$
Ameisensäure	$2{,}14 \cdot 10^{-4}$	(2. Stufe)[2]	$1{,}3 \cdot 10^{-11}$
Benzoesäure	$0{,}7 \cdot 10^{-4}$	Phosphorsäure	$9 \cdot 10^{-3}$
Salicylsäure	$10{,}2 \cdot 10^{-4}$	Salpetrige Säure	$6{,}4 \cdot 10^{-4}$
Äpfelsäure	$3{,}95 \cdot 10^{-4}$	Schwefelwasserstoff	$5{,}7 \cdot 10^{-8}$
Milchsäure	$1{,}38 \cdot 10^{-4}$		
Saccharose	$1{,}85 \cdot 10^{-13}$	Ammoniak	$1{,}8 \cdot 10^{-5}$
Arsenige Säure	$6 \cdot 10^{-10}$	Arsentrioxyd	$1 \cdot 10^{-14}$

[1] Bei 18°.

[2] Zweibasische Säuren spalten sich stufenweise; z. B. Kohlensäure zerfällt erst in das Anion HCO_3' und das Kation $H^{\cdot}$; in der zweiten Stufe zerfällt das Anion HCO_3' in $H^{\cdot}$ und das zweiwertige Anion CO_3''.

K. Arndt.

Afridolseife (*Bayer*). Afridol ist oxymercuri-o-toluylsaures Natrium, $C_6H_3CH_3 \cdot COONa \cdot HgOH$, dargestellt nach *D. R. P.* 234913, indem man Oxymercuritoluylsäure mit Quecksilberoxyd oder oxymercuritoluylsaures Quecksilber in An- oder Abwesenheit von Lösungsmitteln erhitzt und die erhaltene freie Säure in das Natriumsalz überführt.

Afridolseife (hergestellt nach *D. R. P.* 216828 bzw. 233437) enthält 4% Afridol; im Gegensatze zu den Sublimatseifen findet in der Afridolseife eine Umsetzung der Quecksilberverbindung mit der Seife zu unlöslichen und unwirksamen Verbindungen nicht statt, die desinfizierende *Hg*-Wirkung bleibt vielmehr erhalten. Afridolseife wird zur Behandlung von Hautkrankheiten, auch zur Händedesinfektion empfohlen.

Zernik.

Agalmagrün B (*BASF*) ist ein saurer Triphenylmethanfarbstoff von der Formel

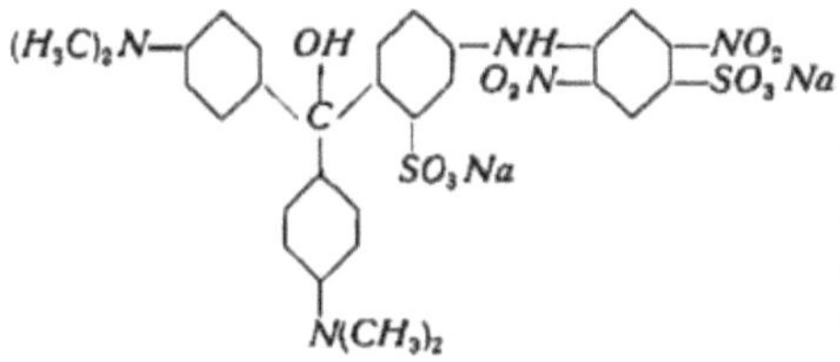

Er entsteht durch Kondensation von Tetramethyldiaminobenzhydrol mit Dinitrodiphenylamindisulfosäure und darauf folgende Oxydation (*D. R. P.* 186989, *Friedländer* **9**, 196). Man erhält so ein grünschwarzes Pulver, das auf Wolle ein sehr gut egalisierendes wasch- und walkechtes lebhaftes Grün färbt.

Agalmaschwarz 10B (*BASF*), saurer, primärer Disazofarbstoff. Nach dem

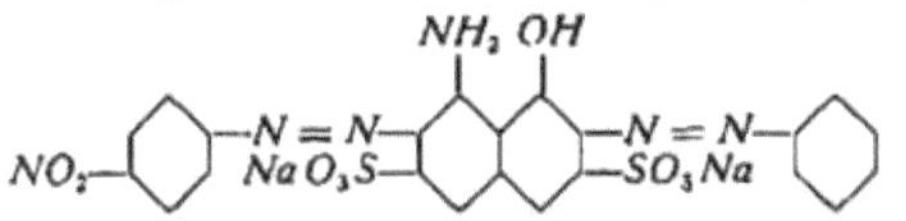

D. R. P. 65651 [1891] (*Cassella*) (*Friedländer* **3**, 675) wird der Farbstoff hergestellt, indem 32 *kg* Aminonaphtholdisulfosäure H zunächst in saurer Lösung mit 13,8 *kg* diazotiertem p-Nitranilin gekuppelt werden. Die rote Lösung wird durch

Soda schwach alkalisch gemacht und in die nunmehr blaue Lösung 9,3 *kg* diazotiertes Anilin einfließen gelassen.

Das erhaltene dunkelbraune Pulver färbt ein grünliches Schwarz auf Wolle, das licht-, wasch- und schwefelecht ist und gern mit Blauholz kombiniert wird.

Ristenpart.

Agar-Agar s. Drogen.

Agathin (*M. L. B.*), Salicylaldehydmethylphenylhydrazon. Darstellung

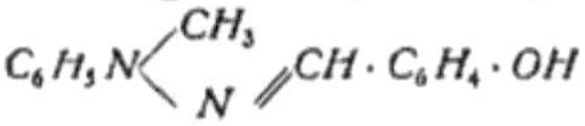

nach *D. R. P.* 68176; farblose Blättchen vom *Schmelzp.* 74°; s. Z. als Antirheumaticum empfohlen. Veraltet. *Zernik.*

Agavefaser, je nach der Herkunft auch Aloehanf, Bombay-Aloehanf, Domingohanf, Sisal, Tampiko, Campechehanf, Mexicanfibre und Mexicangras genannt, wird aus den Blättern verschiedener Agaven gewonnen. Die Agaven L. gehören zur Gattung der Amaryllideen und sind in zahlreichen Arten in allen tropischen und subtropischen Gegenden verbreitet.

Je nach der Agaveart und dem Ursprungsort unterscheidet man die Pitafaser aus der Agave americana L., die Istlefaser oder Tampiko aus der A. heteracantha Zucc., beide in Mexiko und Texas einheimisch; den Sisalhanf aus A. rigada Mill., auch in Westindien und Deutschostafrika angebaut, weiter den Bombay-Aloehanf aus A. vivipara L., in Ostindien wild wachsend. In Westindien werden die Agaven zur Fasergewinnung auch unter dem Namen Kerrato angebaut.

Die dickfleischigen, stachligen, 1—3 *m* langen, bis zu 20 *cm* breiten, graugrünen Blätter enthalten im Marke eine sehr widerstandsfähige Faser. Die Gewinnung erfolgt entweder in sehr primitiver Weise mit Hilfe eines hölzernen Schabmessers, besser mit Hilfe des Raspadors. Es ist dies eine breite, hölzerne Scheibe, die parallel mit der Achse Bronzemesser trägt und etwa 100 Umdrehungen in der Minute macht. Durch einen hölzernen Bremsklotz wird das zu bearbeitende Blatt angedrückt, wobei die fleischigen Teile entfernt werden. Bei Großkultur empfiehlt sich die Verwendung einer entsprechenden Maschine; sehr verbreitet ist die „Neue Corona" von FR. KRUPP, Magdeburg-Buckau.

Die Ausbeute an Faser ist gering; sie bleibt in den Grenzen von 1—5 % vom Blattgewicht. Die Rückstände, die reich an Kohlehydraten sind, können durch Gärung auf Spiritus verarbeitet werden.

Die Agavefaser ist leicht, gelblichweiß und glänzend; sie ist härter und weniger biegsam als der Manilahanf, dagegen stärker und elastischer als der gewöhnliche Hanf. Die Faserlänge des Sisalhanfs beträgt 0,75—1,2 *m*; andere Faserarten sind kürzer: 0,30—0,75 *m*.

Die Hauptverwendung ist zur Herstellung von Tauen, Schnüren, Seilen u. s. w. Weitere Verwendungen findet die Agavefaser für Packtücher, Kaffeesäcke, Teppiche, zum Teil auch als Rohstoff für Polsterungen und für die Papierfabrikation, dann für Bürsten und teilweise für Hüte.

Das Hauptproduktionsland ist Mexiko (insbesondere Yucatan), welches gegen 100000 *t* mit einem Handelswert von etwa 50 Millionen Mark produziert. Die größte Menge geht nach den Vereinigten Staaten, wo die Verarbeitung auf Taue u. s. w. erfolgt.

Literatur: Les textiles végétaux, J. BEAUVERIE, GAUTHIER-VILLARS, Paris. 1913.

E. Grandmougin.

Agobilin (GEHE & Co. A.-G., Dresden) sind Tabletten, von denen jede 0,0889 *g* nach patentiertem Verfahren gewonnenes cholsaures Strontium, 0,032 *g* salicylsaures Strontium und 0,04 *g* Phenolphthaleindiacetat enthält. Empfohlen 1913 gegen Gallensteinbeschwerden. *Zernik.*

Agurin (*Bayer*), Theobrominnatrium-Natriumacetat,

$$C_7H_8N_4O_2 \cdot NaOH \cdot CH_3COONa,$$

mit rund 60% Theobromin. Weißes, in Wasser leicht lösliches Pulver, hygroskopisch. Relativ reizloses Diureticum, das die Wirkungen der Komponenten vereinigt. Dosis 0,25–0,5 *g*. Seit 1901 im Arzneischatz. *Zernik.*

Aichmetall, auch Sterrometall genannt, ist eine Legierung aus 60,0–60,2% Kupfer, 38,2–38,4% Zink, 1,8–1,2% Eisen und dient zur Herstellung von Schiffsbeschlägen und ähnlichen Zwecken (s. auch Muntzmetall). *Oberhoffer.*

Airol (Hoffmann-La Roche, Basel), Wismutoxyjodidgallat, Bismutum oxyjodato-gallatum, Bismutum subgallicum oxyjodatum. Erhalten durch Einwirkung von Jodwasserstoff auf Wismutsubgallat oder von Gallussäure auf Wismutoxyjodid (*D. R. P.* 80399 und 82593). Enthält ca. 20% Jod. Geruch- und geschmackloses graugrünes Pulver, durch kaltes Wasser langsam, durch warmes rasch zersetzt in die Komponenten; unlöslich in organischen Lösungsmitteln. 1895 als Jodoformersatz eingeführt. *Zernik.*

Akkumulatoren sind elektrische Sammler. Das Problem, elektrische Energie in galvanischen Elementen aufzuspeichern, um sie dann nach Belieben wieder zu entnehmen, stammt aus den Fünfzigerjahren des vergangenen Jahrhunderts.

Sinsteden beobachtete schon 1854, daß Bleiplatten, welche längere Zeit in verdünnter Schwefelsäure für die Wasserzersetzung gedient hatten, nach Unterbrechung des Primärstromes einen kräftigen, diesem entgegengesetzten Sekundärstrom zu liefern vermögen, der freilich nur kurze Zeit dauerte. Damit war die Erkenntnis gewonnen, daß Bleiplatten in verdünnter Schwefelsäure eine Kombination darstellen, die einem elektrischen Sammler zugrunde gelegt werden kann. Die Hauptschwierigkeit bestand jetzt darin, den Platten die nötige Kapazität zu geben. Man verdankt dem Franzosen Gaston Planté die ersten Erfolge in dieser Richtung. Indem er durch zwei Bleiplatten, die in verdünnte Schwefelsäure tauchten, den Strom abwechselnd in der einen, dann in der andern Richtung durchschickte, erzeugte er auf den Platten schließlich größere Mengen von porösem, festhaftendem Blei bzw. Bleisuperoxyd und erreichte damit die Aufspeicherung größerer Elektrizitätsmengen. Abgesehen von den Kosten war das Verfahren in dieser Art der Ausführung viel zu zeitraubend, um sich technisch zu bewähren. Faure, Sellon und Volckmar schlugen einen andern Weg ein. Nach vielen vergeblichen Versuchen kamen sie schließlich dazu, in ein Gitterwerk von massivem Blei die aktive Masse in Form einer Paste hineinzustreichen (Mennige und Schwefelsäure für die Anode, Bleiglätte oder Bleipulver für die Kathode) und erhärten zu lassen. Solche Platten ließen sich rasch zu bedeutender Kapazität mit Hilfe des Stromes formieren. Den Gebrüdern Tudor gelang es dann, die Herstellung der Anoden durch eine Kombination der Planté-Formierung und der Formierung gepasteter Platten wesentlich zu verbessern.

In neuerer Zeit sind neben dem Bleiakkumulator etliche Sammler mit alkalischem Elektrolyten vorgeschlagen worden. Es hat nicht an Versuchen gefehlt, aus dem Kupfer-Zink-Element einen lebensfähigen Sammler zu machen. Nach den Waddel-Entz-Patenten hergestellte Typen dienten eine Zeitlang zum Betrieb von Straßenbahnwagen. Die Zellen litten aber dauernd an bedenklichen inneren Störungen, die nicht beseitigt werden konnten, so daß sie als technische Akkumulatoren aufgegeben werden mußten. Neben dem Bleisammler hat bis jetzt nur der alkalische Nickel-Eisensammler in der ihm von Edison gegebenen Ausführung technische Bedeutung erlangt.

Die Erfahrung hat gezeigt, daß ein galvanisches Element dann als technischer Akkumulator in Frage kommt, wenn es nachstehenden Bedingungen entspricht:

1. Es soll die zugeführte Energie möglichst vollständig wieder abgeben und durch eine, der abgegebenen möglichst gleiche, aber entgegengesetzte Strommenge wieder in den ursprünglichen Zustand zurückgeführt werden, d. h., die Kombination soll möglichst streng umkehrbar sein;

2. müssen die Elektroden sehr reaktionsfähig, trotzdem aber möglichst unlöslich im Elektrolyten sein, weil sich sonst eine zu hohe Selbstentladung einstellt;

3. ist möglichst geringer innerer Widerstand notwendig; damit sind alle Kombinationen mit Diaphragmen ausgeschlossen. Es haben sich denn auch alle Kombinationen vom Typus des DANIELL-Elements mit zwei Elektrolyten als Akkumulatoren nicht bewährt, trotzdem sie der Bedingung der Umkehrbarkeit vollkommen Genüge leisten;

4. die Klemmenspannung soll möglichst hoch liegen; das Baumaterial der Zelle muß billig sein.

1. Der Bleiakkumulator.

I. Theorie.

Der Bleiakkumulator ist ein galvanisches Element, dessen positiver Pol aus einem Satz von porösen Bleisuperoxydplatten besteht. Den negativen Pol bildet ein ähnlich gebauter Satz aus Bleischwammplatten. Als Elektrolyt dient eine ca. 22–27%ige reine Schwefelsäure.[1] Der chemische Gegensatz, der zwischen Bleisuperoxyd und Blei besteht, die in Schwefelsäure tauchen, kann sich praktisch ohne Energieverlust durch Nebenreaktionen unter Erzeugung eines elektrischen Stromes ausgleichen, wenn man die beiden Pole leitend verbindet.

Die stromliefernden Vorgänge im Bleisammler.

1. Bei der Entladung.

a) An der Kathode: Blei, in verdünnte Schwefelsäure getaucht, sendet positive Blei-Ionen in Lösung und erhält dadurch negative elektrische Ladung. Die Blei-Ionen reagieren aber unmittelbar mit der Schwefelsäure unter Bildung von Bleisulfat, das sich in den Poren und an der Oberfläche der Kathode festhaftend niederschlägt:

$$\ominus\ominus \underset{\text{Kathode}}{Pb}\,\Big|\rightarrow Pb^{\cdot\cdot} + SO_4'' \rightleftarrows PbSO_4$$

Mit der Bildung von 1 *g-Mol.* Bleisulfat ist die Erzeugung von 2 Faraday negativer Elektrizität verbunden.[2]

b) An der Anode: Bleisuperoxyd, in verdünnte Schwefelsäure getaucht, tritt mit dieser alsbald in ein chemisches Gleichgewicht unter Bildung von Plumbisulfat[3] nach dem Schema:

$$PbO_2 + 2H_2SO_4 \rightleftarrows Pb(SO_4)_2 + 2H_2O$$

Durch das Bestreben des vierwertigen Bleis im Plumbisulfat, unter Bildung von unlöslichem Bleisulfat in zweiwertiges Blei überzugehen nach der Gleichung

$$\oplus\oplus \underset{\text{Anode}}{PbO_2}\,\Big| Pb^{\cdot\cdot\cdot\cdot}(SO_4)_2'' \rightarrow PbSO_4 + SO_4''\,^{4},$$

werden der Elektrode zwei positive Ladungen erteilt. Mit der Bildung von 1 *g-Mol.* Bleisulfat werden hier 2 Faraday positiver Elektrizität an die Elektrode abgegeben. Nach F. FOERSTER[5] lassen sich die eben beschriebenen Vorgänge sehr anschaulich durch das folgende Schema darstellen.

---

[1] *Spez. Gew.* 1,16–1,20. Bei transportablen Sammlern wählt man etwas stärkere Säure, ca. 27–35%, *spez. Gew.* 1,20–1,27.

[2] 1 Faraday = 96540 Coulomb, entsprechend 26,8 Amp.-St.

[3] Plumbisulfat ist in Schwefelsäure beträchtlich löslich. Ein ruhender Akkumulator enthält in 1 *l* 0,17 *g*.

[4] Das freigesetzte SO_4-Ion neutralisiert sofort ein *Pb*-Ion der Kathode unter Bildung von Bleisulfat.

[5] Elektrochemie der wässerigen Lösungen, 143.

Entladung.

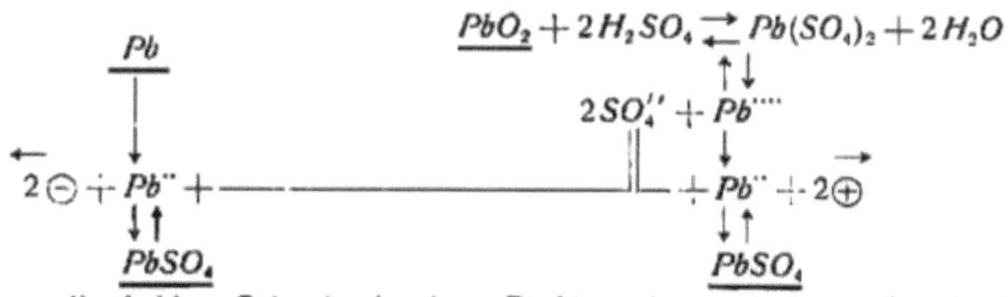

Verbindet man die beiden Pole durch einen Draht und vermittelt so den Ausgleich der Elektrizitäten, so schreitet die Sulfatbildung an den Elektroden voran und erhält in dem Schließungsdraht einen kontinuierlichen Strom. Es liegt auf der Hand, daß die Erzeugung eines starken Stromes nur möglich ist, wenn die Akkumulatorplatten von Schwefelsäure ganz durchtränkt sind und die Bildung von Bleisulfat rasch vonstatten gehen kann.

2. Bei der Ladung.

Um den Akkumulator zu regenerieren, muß ein dem Entladungsstrom entgegengesetzter Ladestrom durch die Zelle geschickt werden. Man bedient sich dazu einer geeigneten Gleichstrommaschine.[1]

a) An der Kathode: Die Kathode stellt im entladenen Zustand eine poröse, von Bleisulfat durchsetzte Platte dar, die mit gesättigter Bleisulfatlösung durch und durch getränkt ist. An denjenigen Stellen, wo das Metall mit dem Elektrolyten in Berührung steht, scheidet der Ladestrom festhaftendes Blei ab, während das anwesende Bleisulfat die Lösung dauernd in gesättigtem Zustand erhält. Die Bleiabscheidung dauert so lange fort, bis alles Bleisulfat zu metallischem Blei reduziert worden ist. Alsdann wird statt der Blei-Ionen Wasserstoff entladen. Die Elektrode beginnt zu gasen. Für jedes reduzierte Grammatom Blei wird dem Elektrolyten 1 *g-Mol.* Schwefelsäure zurückgegeben.

b) An der Anode: Die entladene Anode ist eine von Bleisulfat durchsetzte, poröse Superoxydplatte, die mit einer gesättigten Lösung von schwefelsaurem Blei durchtränkt ist. Der positive Strom hat das Bestreben, die Ladung der Blei-Ionen zu erhöhen. Es bildet sich das vierwertige Blei-Ionen enthaltende Plumbisulfat. Bevor aber die Löslichkeitsgrenze des Salzes erreicht ist, tritt Hydrolyse ein nach der Gleichung:

$$Pb(SO_4)_2 + 2H_2O \rightleftarrows 2H_2SO_4 + PbO_2$$

und festhaftendes Bleisuperoxyd schlägt sich auf der Anode nieder. Ist sämtliches Bleisulfat in Superoxyd übergeführt, so werden fortan die Sulfationen entladen. Sauerstoff wird abgeschieden nach der Gleichung:

$$2SO_4'' + 2H_2O \rightarrow 2H_2SO_4 + O_2$$

Die Anode beginnt zu gasen. Mit jedem Gramm-Molekül entstehenden Bleisuperoxyds wird dem Elektrolyten 1 *g-Mol.* Schwefelsäure zurückgegeben. Schematisch läßt sich nach F. Foerster die Ladung in folgender Weise darstellen:

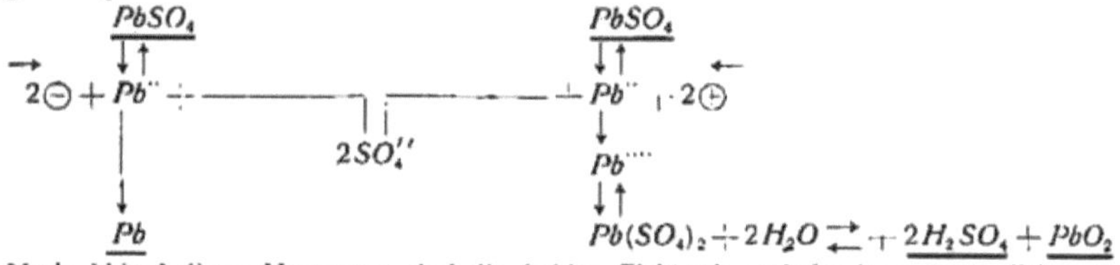

Nach Ablauf dieses Vorganges sind die beiden Elektroden wieder im ursprünglichen Zustand. Der Elektrolyt hat seine anfängliche Konzentration wieder erlangt. Der Akkumulator ist geladen.

II. Technische Herstellung.[2]

In der Technik wird eine große Zahl von Plattentypen hergestellt, die sich in vielen Einzelheiten unterscheiden. Die Mehrzahl der sinnreichen Vorschläge aber, kompliziert gebaute Gitterträger für die Elektrodenmasse anzuwenden, hat sich in der Praxis nicht bewährt, so daß mit der steigenden Konkurrenz auf diesem Gebiete die Zahl der für den Großbetrieb wirklich lebensfähigen Plattenkonstruktionen sehr gering geworden ist. Hier kann nur von den leitenden Gesichtspunkten beim Bau des Sammlers die Rede sein.

Heute werden die positiven und negativen Platten meistens auf grundsätzlich verschiedenem Wege hergestellt.

---

[1] Betreffs der mannigfachen Schaltungsarten sei auf die elektrotechnischen Spezialwerke verwiesen.

[2] Der Akkumulatorenfabrik A.-G. Hagen i. W. bin ich für ihre reichhaltigen Angaben sehr zu Dank verpflichtet.

a) Anfertigung der Kathoden. Die Kathoden sind mit wenigen Ausnahmen gepastete Bleiplatten: In ein Rahmen- oder Gitterwerk von massivem Blei wird ein aus Bleipulver und verdünnter Schwefelsäure hergestellter Teig gestrichen und gepreßt, der alsbald erhärtet und eine dauerhafte Platte darstellt. Die sog. Rahmenplatte besteht aus einem dünnen Gerüst von Hartblei[1], in das die aktive Masse mit dem Halt an den Kanten eingesetzt ist, ähnlich wie Glasscheiben in ein Fenster. Gegenüber der aktiven Masse tritt das tragende Gerüst ganz zurück. Die Kapazität der Rahmenplatte ist daher größer als diejenige anderer Konstruktionen; sie eignet sich besonders für langsame Entladung, besitzt aber im Vergleich zu anderen Masseplatten eine kürzere Lebensdauer. Auf 1 *kg* können 40—60 Amp.-St. kommen (bei positiven Rahmenplatten sogar 60—100 Amp.-St.).

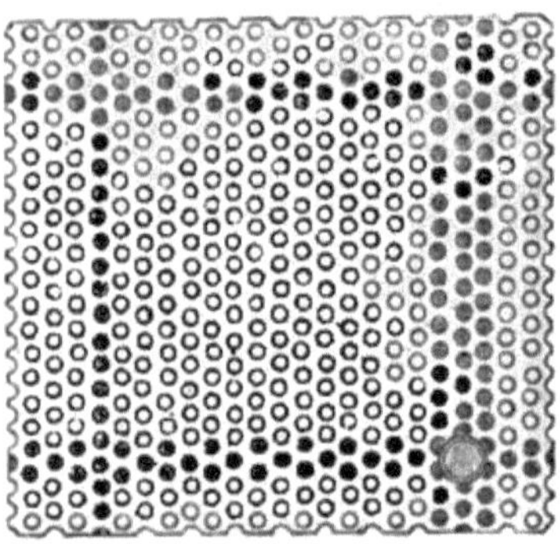

Abb. 75 u. 76. Schematische Darstellung einer Kastenplatte.

Abb. 77. Fertige Kathode.

Bei den Gitterplatten, die in den denkbar verschiedensten Varietäten angewandt worden sind (z. B. die alte Gitterplatte nach SELLON und VOLCKMAR, die Gitterplatte von GOTTFRIED HAGEN in Kalk, v. CORRENS, diejenige der Elektrizitätswerke vorm. A. W. BÖSE, diejenige von E. SCHULZ in Witten a. d. Ruhr, diejenige von Dr. LEHMANN und MANN in Berlin, die der Elektrizitätsgesellschaft GELNHAUSEN, diejenige nach System POLLAK u. s. w.), ist die mechanische Widerstandsfähigkeit bedeutend größer, die Kapazität aber entsprechend geringer.

Aus der Gitterplatte hat sich dann die zweiteilige Kastenplatte entwickelt. An Stelle eines Gitters treten hier zwei dünne, siebartig durchlöcherte Bleiplatten, deren Ränder einen verstärkten Rahmen tragen. Ein Kuchen aus aktiver Masse wird auf das eine Netz gebracht, das andere daraufgelegt und nun die Platten mit Stiften, die in den Rändern dafür vorgesehen sind, vernietet.[2]

[1] Ca. 4% antimonhaltiges Blei.

[2] Durch diese Art der Herstellung wird vermieden, daß sich die Löcher in den Deckplatten mit aktiver Masse dicht verschmieren, was beim direkten Auftragen der Paste auf die Gitter geschehen würde.

Die Abb. 75 und 76 stellen schematisch eine Kastenplatte dar. Abb. 77 ist das Bild einer fertig montierten Platte. Während des Gebrauches zeigt reiner Bleischwamm die Eigenschaft, zu schrumpfen, wobei sich seine Porosität verringert und Stückchen der Masse aus den Platten herausfallen können. Durch gewisse indifferente, mineralische oder organische Zusätze läßt sich die Schrumpfung verhindern und sogar eine gewisse Quellung des Bleischwamms bewirken.

Die Kapazität der Kathodenplatten muß etwas größer bemessen werden als die der Anodenplatten, weil sich bei jenen die Kapazität langsam vermindert,[1] bei diesen aber durch Selbstformation erhöht. Man wählt die Zahl der Kathoden stets um 1 größer als die der Anodenplatten und stellt die letzteren zwischen die Kathoden hinein. Diese Anordnung ist für die Anodenplatten unbedingt nötig, weil sie eine einseitige Belastung auf die Dauer nicht ertragen.

b) Anfertigung der Anoden. Zuweilen werden auch die Anoden als Rahmen- und Gitterplatten ausgebildet.

Die Paste ist in diesem Falle ein Teig aus Mennige und verdünnter Schwefelsäure. Solche Platten sind besonders gegen mechanische Erschütterungen empfindlich. Ihrer großen Kapazität wegen aber benutzt man sie in kleinen Batterien für elektrische Fahrzeuge. In größeren Batterien aber zieht man die widerstandsfähigeren Großoberflächenanoden vor, von denen weiter unten die Rede ist. Der Umstand, daß durch die Formierung nach PLANTÉ sehr festhaftendes Bleisuperoxyd erhalten wird, veranlaßte die Gebrüder TUDOR, die elektrische Formierung mit dem Pastenverfahren zu verbinden. Ein durch Guß erzeugtes Bleigerüst, daß in Abb. 78 zu sehen ist, wird zu 0,2—0,3 der erforderlichen Kapazität elektrisch formiert, der Rest der aktiven Masse aber nach dem Pastenverfahren aufgetragen. Die aufgetragene Paste hat nur vorübergehend ihre Aufgabe zu erfüllen. Im Laufe von 1—2 Betriebsjahren wird die Pastenmasse durch die wiederholten Ladungen und Entladungen wieder herausgespült. Inzwischen hat aber eine langsame PLANTÉ-Formierung des Bleikerns stattgefunden, welche reichlich die ausgespülte Pastenmasse ersetzt. Mittlerweile hat man auch gelernt, die PLANTÉ-Formierung in 5—10 Tagen bis zur vollen Kapazität durchzuführen. Zu diesem Zwecke wird eine Bleiplatte mit künstlich vergrößerter Oberfläche in chlorsaurer oder überchlorsaurer Lösung elektrisch formiert. Die Platten mit der vollen Kapazität werden dann elektrisch zu Bleischwammplatten reduziert, indem man sie als Kathoden gegen neu zu formierende Platten schaltet, nach der Reduktion vollständig ausgewaschen und nun in Schwefelsäure endgültig anodisch formiert. Bei der ausschließlich elektrischen Formation läßt sich die Oberflächenentwicklung der Platten weiter treiben als bei dem oben beschriebenen kombinierten Verfahren nach TUDOR.

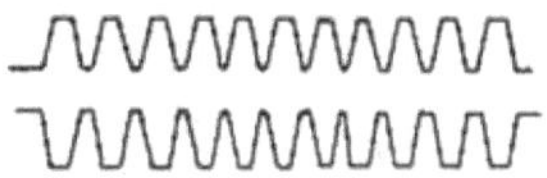

Abb. 78.

Für die Herstellung der Großoberflächenanoden wird nach dem Gießverfahren der AKKUMULATOREN-AKTIENGESELLSCHAFT IN HAGEN I. W. zunächst ein Bleikern von großer Oberfläche erzeugt. Ein Rippenkörper, wie ihn Abb. 79 im Querschnitt zeigt, wird in kunstvoller Weise gegossen und noch im warmen Zustand aus der Form entfernt. Durch Versuche ist in der Hagener Fabrik festgestellt worden, daß es sich

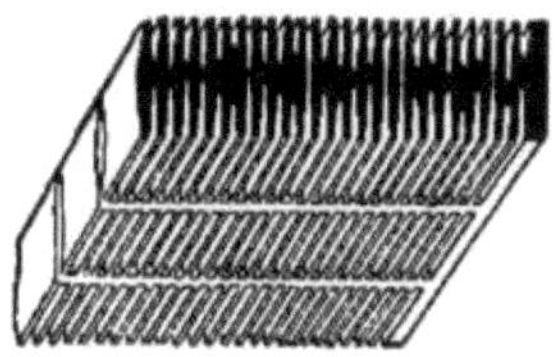

Abb. 79. Stück des Kerns der positiven Platte.

[1] Bei Kastenplatten ist der Betrag sehr gering.

nicht lohnt, die Oberflächenentwicklung durch Erhöhung und engere Stellung der Rippen über das 8fache der glatten Plattenoberfläche zu steigern. Das Bleisuperoxyd haftet an diesen Platten so fest, daß man sie biegen kann, ohne daß die aktive Masse dabei abblättert (Abb. 80).

Bei den MAJERT-Zellen des AKKUMULATORENWERKS OBERSPREE A.-G., Oberschöneweide bei Berlin, wurde die Oberflächenentwicklung durch ein Hobelverfahren bewirkt. Das Hobelmesser hebt von der Platte vertikal verlaufende dünne Späne ab, die aber mit dem Fuße noch auf der Platte stehen.

Die Gitter- und vor allem die Kastenkathode einerseits und die Großoberflächenanode andererseits sind heute die Elektroden der großen stationären Batterien.

Die kleinen Batterien für den Automobilbetrieb besitzen für beide Elektroden besonders dünne Gittermasseplatten. Durch die Wahl von möglichst leichten Gitterträgern hat man es dahin gebracht, bis zu 30 *W*.-St. pro 1 *kg* Zellengewicht unterzubringen. Das geschieht freilich sehr auf Kosten der Lebensdauer der Zelle. Nach 150—200 Entladungen bedürfen gewöhnlich die positiven Platten der Erneuerung. Für große Triebwagenzellen benutzt man in der Regel Großoberflächenanoden und leicht gebaute Kastenplatten.

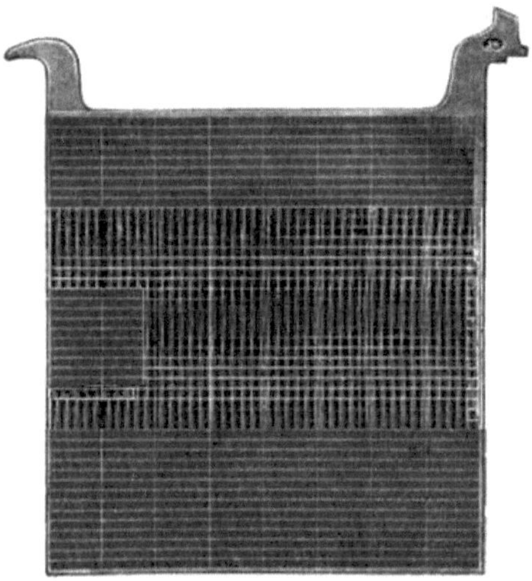

Abb. 80. Fertige positive Platte.

Ganz enorme Anforderungen werden an die für Unterseebote bestimmten Zellen gestellt. Es handelt sich da um Entladezeiten bis zu 1 Stunde.

Für kleine Batterien mit langsamer Ladung und Entladung, z. B. für telegraphische Zwecke, Grubenlampen, Handlaternen, Waggonbeleuchtung, Zündung von Automobilmotoren, eignen sich Masseplatten, wie sie u. a. die AKKUMULATORENFABRIK VARTA, Berlin, herstellt.

Eine sehr eigenartige Bauart besaßen die Platten der GÜLCHER-Zellen. Die aktive Masse wurde auf ein Gewebe aufgetragen, dessen Kette aus dünnen Bleidrähten und dessen Schuß aus feinen Glaswollefäden bestand. Zur Befestigung wurde rings um das Gewebe ein Bleirahmen gelegt, in den die vorstehenden Schußfäden verlötet waren. Die Platten umwickelte man mit Glaswolle, um das Herausfallen von Masseteilchen zu verhindern und Kurzschlüsse zu verhüten. Dadurch wurde freilich der innere Widerstand etwas erhöht. Der GÜLCHER-Akkumulator bewährte sich als handliche, kleine Laboratoriumszelle.

Hier sind auch die Zellen der jetzt nicht mehr bestehenden Akkumulatorenwerke System POLLAK zu erwähnen. Die Masseträger erhielten durch ein Walzverfahren 600—800 4 *mm* lange Zäpfchen pro 1 *qcm*. Feinverteiltes Blei wurde auf den Trägern elektrolytisch aus einer alkalischen Bleicarbonatlösung niedergeschlagen. Sodann wurde die Masse noch durch Walzen festgepreßt und einem Formierungsprozesse unterzogen.

In neuester Zeit hat Prof. HANOVER in Kopenhagen dadurch poröse Bleiplatten für Akkumulatoren hergestellt, daß er aus Blei-Antimon-Legierungen gegossene Platten bis eben zum Erstarrungspunkt (oberhalb 228°) abkühlte und nun die Platte einem Schleuderprozeß unterzog. Das flüssigbleibende Antimon (bzw. das niedrig schmelzende eutektische Gemisch des Antimons mit einem Teile des Bleies) soll dadurch bis auf wenige Prozente entfernt werden und hinterläßt dabei in dem erstarrten Blei eine Unzahl kleiner Poren.[1] So sinnreich das Verfahren ist, so scheint es doch höchst fraglich, ob es sich im Großbetriebe bewähren wird. Wenn die angegebene Porosität wirklich auch bei größeren Platten erreicht werden sollte, so würde sich eine solche Platte zumal für anodische Formierung wegen der viel zu feinen Poren nicht eignen; vgl. S. 176.

Die Platten der Bleiakkumulatoren sind bei kleineren Zellen in Trögen aus Hartgummi, Celluloid oder Glas angeordnet. Um Kurzschlüsse zu vermeiden, gibt man den Platten gewöhnlich eine Führung an den Seiten der Tröge oder stellt Glasröhren zwischen die Platten hinein. Damit abfallende Teilchen am Boden keinen Kurzschluß erzeugen können, dürfen die Platten nicht auf den Boden der Zelle reichen. Bei kleineren Typen stehen die Platten häufig auf dreikantigen Isolierschienen. Bei größeren Typen aber hängen sie stets an Nasen, die am obern Rand des Troges aufliegen. — In der Hagener Fabrik hat man die isolierenden Glasröhren zwischen den Platten mit Vorteil durch Holzstäbchen ersetzt, denen zuvor die löslichen Salze durch einen Auslaugeprozeß entzogen worden sind. Diese Brettchen geben gewisse organische Substanzen in geringer Menge an den Elektrolyten ab, welche dazu beitragen, die Schrumpfung der Kathodenmasse zu verhindern, was der Lebensdauer und Kapazität der Platte sehr zu statten kommt. Zellen von mehr als 500 Amp.-St. werden nicht mehr in Glaskästen, sondern in Holztröge, die mit Bleiblech ausgefüttert sind, eingebaut. Die fertigen Akkumulatoren werden mit reinster Schwefelsäure von 22—27% gefüllt.

III. Eigenschaften.

In geladenem Zustand zeigt ein Bleisammler, der mit der üblichen 22—27%igen Schwefelsäure[2] gefüllt ist, eine elektromotorische Kraft von 2 Volt. Sowohl das Anoden- wie auch das Kathodenpotential tragen bei Erhöhung der Säurekonzentration zur Steigerung der elektromotorischen Kraft des Sammlers bei.[3] Die Beziehung der elektromotorischen Kraft zur Säurestärke kommt in der folgenden, von F. Streintz empirisch gefundenen Formel zum Ausdruck:

$$E.M.K. = 1{,}85 + 0{,}917(S - S_0),$$

wobei S das *zpez. Gew.* der Säure, S_0 dasjenige des Wassers bei der Beobachtungstemperatur bedeutet.

Sehr gering ist der Einfluß der Temperatur auf den Wert der elektromotorischen Kraft. Pro Celsiusgrad ändert sich diese um ca. $^1/_{100000}$ ihres Wertes.

Während der Entladung bei normaler Stromdichte, die für gewöhnliche, stationäre Zellen mit gepasteten Elektroden 0,5—1 Amp. per Quadratdezimeter beträgt, für Zellen mit Großoberflächenplatten aber bis zum vierfachen Wert ansteigt, sinkt die Klemmenspannung bald von 2 auf 1,94 Volt und von da ganz allmählich, den größten Teil der Entladung beanspruchend, auf 1,88 Volt. Von diesem Punkt an fällt dann die Spannung verhältnismäßig rasch ab. Bei einer über der normalen liegenden Entladestromdichte verläuft die Spannungskurve indessen etwas tiefer. Um eine bestimmte Angabe über die Stromkapazität machen zu können, ist man

[1] Auf einer Platte von 14×8×0,6 *cm* berechnet sich die Zahl der Poren auf etwa 250000, einer Oberflächenentwicklung auf das 130fache der glatten Plattenfläche entsprechend.

[2] Säure von dieser Konzentration besitzt die größtmögliche Leitfähigkeit.

[3] Vgl. F. Dolezalek, *Z. Elektrochem.*, 1899, 5, 533.

übereingekommen, die Strommenge, welche der Sammler abgeben kann, bis seine Klemmenspannung um 10% des Anfangswertes gesunken ist, als **Stromkapazität** zu bezeichnen. Diese zeigt sich, wie die Klemmenspannung, veränderlich mit der Höhe der Entladestromstärke, wie aus folgenden Beispielen hervorgeht.[1] Für einen Sammler mit gepasteter Anode (s. technische Darstellung) ist z. B.

für die Entladezeit . . .	3	5	7	10	St.
entsprechend der Stromstärke	12	8	6	4,8	Amp.
die Kapazität .	36	40	42	48	Amp.-St.

Für einen Sammler mit Großoberflächenplatte (s. technische Herstellung) ist z. B.

für die Entladezeit	1	2	St.
entsprechend der Stromstärke .	37	22	Amp.
die Kapazität	37	44	Amp.-St.

Ein mit hoher Stromdichte entladener Bleisammler erholt sich, wenn man ihn vor der gänzlichen Erschöpfung einige Zeit ruhig stehen läßt. In dem Maße, wie die in den Platten verbrauchte Schwefelsäure durch nachdiffundierende ersetzt wird, erlangt der Sammler wieder die Fähigkeit, für längere Zeit schwachen Strom zu liefern.

Es ist von größter Wichtigkeit, zu beachten, daß während der Entladung des Akkumulators Schwefelsäure in den Platten gebunden wird, die Konzentration des Elektrolyten also abnimmt. Mit Hilfe eines Aräometers kann daher das Fortschreiten der Entladung verfolgt werden. Gegenüber der Elektrodenmasse darf nach dem Gesagten die Menge des Elektrolyten (der Schwefelsäure) nicht unter ein gewisses Minimum herabgesetzt werden. Auf 1 Amp.-St.-Kapazität müssen mindestens 25 *ccm* Akkumulatorensäure gerechnet werden.

In frisch entladenem Zustand ist das Bleisulfat an den Platten feinpulverig und geht beim Laden leicht wieder in Blei, bzw. Bleisuperoxyd über. Wartet man aber mit dem Laden längere Zeit, so wird das Bleisulfat grobkrystallinisch und krustig und regeneriert sich dann sehr schwer. Man darf den Entladungsvorgang nicht zu weit treiben. Wird nämlich die Sulfatschicht zu dick und infolge dessen die leitende Berührungsfläche zwischen Elektrode und Säure zu sehr vermindert, so kann der Ladevorgang anfänglich nur an einzelnen Stellen stattfinden; da aber geht er mit viel zu hoher Stromdichte vor sich. Die Gasentwicklung an den Elektroden beginnt viel zu früh und täuscht über das Ende der Ladung. Wiederholte starke Überladungen der Zelle sind zu vermeiden, weil durch die reißende Wirkung der aufsteigenden Gasblasen größere oder kleinere Stückchen aktiver Massen (besonders der Anode) losgerissen werden können. Mit der **Ladung** geht eine Konzentrationszunahme des Elektrolyten Hand in Hand, so daß man diese durch Spindelung der Akkumulatorensäure messend verfolgen kann.

Das Ende der normalen Ladung[2] zeigt sich dadurch an, daß die Klemmenspannung der Zelle von 2,2—2,3 Volt auf ca. 2,75 Volt steigt. Damit ist eine lebhafte Gasentwicklung an den Sammlerplatten verbunden. An dem Gasen kann man also das Ende der Ladung bei einer gesunden Zelle leicht erkennen. Besonders an Platten, die in Celluloidkästen eingebaut sind, ist das Gasen häufig mit starker Schaumbildung verbunden. Wahrscheinlich wird diese Erscheinung durch geringe Mengen kolloidal in der Schwefelsäure gelöster Substanzen verursacht, die aus dem Celluloid stammen.

[1] Dem Buche von F. FOERSTER, Elektrochem. der wässerigen Lösungen, entnommen.

[2] Die Fabriken geben für die Zellen, die sie liefern, die Ladestromstärke und die Ladezeit genau an. Wenn man entsprechend mehr Zeit anwendet, kann die Ladung auch mit einem schwächeren Strom erfolgen. Es ist dagegen nicht zu empfehlen, wesentlich über die vorgeschriebene Stromstärke hinauszugehen.

Der Vorschlag, der neuerdings wieder verschiedentlich aufgetaucht ist, stark sulfatierte Zellen durch elektrische Formierung in einer Natriumsulfatlösung zu regenerieren, ist technisch unbrauchbar. Das beste Mittel zur Regeneration der sulfatierten Zellen besteht in sachgemäßer wiederholter Ladung der Zellen nach den Vorschriften, wie sie von den Akkumulatorenfabriken gegeben werden.

In bezug auf Ampère-Stunden kann man unter normalen Verhältnissen ca. 92% der Ladestrommenge wiedergewinnen. Der Energienutzeffekt freilich ist geringer, da die Ladespannung diejenige der Entladung wesentlich übertrifft (vgl. Abb. 81). Bei normalem Betrieb mit stationären Zellen erreicht man einen Energienutzeffekt von 73–75%. Ähnlich hohe Nutzeffekte erreicht man auch mit den besten neuen Automobilzellen.

Der Akkumulator bewahrt die ihm erteilte Ladung nicht beliebig lange auf. Auch ohne daß Strom entnommen wird, geht sowohl an der Anode als auch an der Kathode ein langsamer Sulfatierungsprozeß vonstatten, den man als Selbstentladung bezeichnet.

— Vorgänge der Selbstentladung:

1. Blei geht in verdünnter Schwefelsäure unter Wasserstoffentwicklung langsam in Bleisulfat über, weil es unedler ist als Wasserstoff. Metalle, die edler sind als das Blei, wie Arsen, Silber, Kupfer, Gold und Platin, erleichtern die Wasserstoffentwicklung durch Verminderung seiner Überspannung und beschleunigen den eben beschriebenen Selbstentladungsprozeß in hohem Maße. Platin bewirkt z. B noch im Verhältnis $1:10^6$ zum Elektrolyten rasche Selbstentladung.[1] Arsen, Gold (dieses sehr selten) und Platin können durch unreine Schwefelsäure in die Zelle gelangen, während Silber und Kupfer wohl meistens als Verunreinigungen der aktiven Masse eingeführt werden[2].

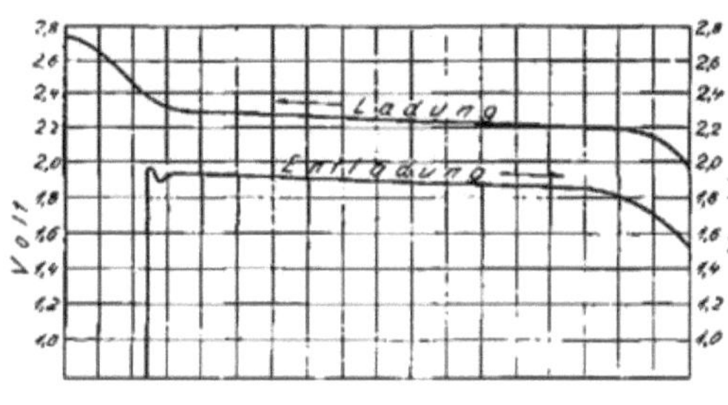

Abb. 81.

2. Die von den Anoden in Lösung gesandten Plumbi-Ionen[3] diffundieren nach der Kathode hinüber und werden da alsbald unter Abgabe von zwei Ladungen in Bleisulfat verwandelt, das sich auf der Elektrode niederschlägt. Andererseits stellen alle diejenigen Punkte, wo das Bleigerüst der Platte und das angrenzende Bleisuperoxyd mit Schwefelsäure in Berührung kommen, kurz geschlossene Lokalelemente dar. An der Berührungsstelle bildet sich aus dem Blei und Bleisuperoxyd allmählich Bleisulfat. Durch diesen Prozeß wird die aktive Anodenmasse mit der Zeit auf Kosten des tragenden Bleigerüstes vermehrt.

3. Fördernd auf die Selbstentladung wirken solche Säuren, die leicht lösliche Bleisalze bilden, wie z. B. Salpetersäure und Salzsäure. (Noch schädlicher sind diese Säuren aber der arbeitenden Zelle. Sie bewirken eine abnorm starke, die Elektroden bald zerstörende Formation derselben.)

4. Ionen, die zwar unedler sind als Blei, aber leicht verschiedene Ladungsstufen annehmen können, wie Eisen[4] und Mangan,[5] begünstigen die Selbstentladung. In gewöhnlichen stationären Zellen beträgt die Selbstentladung pro Tag etwa 1%.

Die großen stationären Batterien sind für die Kraftzentralen unentbehrlich geworden zum Zwecke des Ausgleichs der Maschinenbelastung. Sie unterstützen die Maschinen, wenn eine gesteigerte Energielieferung erforderlich ist. In Zeiten geringer Energieabgabe nehmen sie den Überschuß auf. Als sog. Pufferbatterien dienen sie dazu, kürzere, heftige Energieschwankungen im Verbrauchsnetz auszugleichen. Sehr wichtig ist die Anwendung der Sammler als sog. Momentreserve in plötzlichen Störungen der Stromversorgung, z. B. bei Theatern, Krankenhäusern,

[1] Vgl. Kugel, *Z. Elektrochem.* **13**, 9 und 16 [1892].
[2] Vgl. P. Schoop, *Z. Elektrochem.* **1**, 239.
[3] Plumbisulfat ist in Akkumulatorensäure beträchtlich löslich. K. Elbs fand, daß ein ruhender Bleisammler pro Liter 0,17 g Plumbisulfat enthält.
[4] Der Eisengehalt des Elektrolyten soll nicht mehr als 0,008% betragen; vgl. K. Elbs, *Z. Elektrochem.* **7**, 261 [1900].
[5] Vgl. L. v. Knorre, *Z. Elektrochem.* **3**, 362 [1896].

Lichtzentralen, bei Betrieben, die keine Unterbrechung erleiden können, wie z. B. Walzwerke oder Gießereien. Mit Hilfe der Anschlußbatterien wird es ermöglicht, größere Energiemengen zu möglichst niedrigem Preise von den Zentralen zu beziehen.

Das Verfahren besteht einfach darin, daß die Zentrale die Batterie des Abnehmers zu Zeiten des geringsten Strombedarfes lädt, also mit Strom vom niedrigsten Preise. Sehr wichtig hat sich auch die nächtliche Ausnutzung von Wasserkräften mit Hilfe von Akkumulatoren erwiesen. Betriebe, die nur mit Tagesschicht arbeiten können und nur über beschränkte Wasserkraft verfügen, können sich sehr gut durch nächtliche Ausnutzung der Wasserkraft mit Hilfe von Akkumulatoren behelfen. Batterien von wenigen Elementen sehr großer Zellen finden in den Telephon- und Telegraphenzentralen Verwendung. Es kommen da Elemente von 800 und mehr Amp.-St. zur Verwendung.

Eine große und steigende Zahl von leicht gebauten kleinen Zellen wird für den Betrieb von Automobilen benutzt, etwas größere Typen ähnlicher Bauart verwendet man für die auf Schienen geführten Triebwagen. Unterseeboote werden mit leicht gebauten Zellen von sehr großen Dimensionen ausgerüstet.

Nach der Schätzung von H. Beckmann betrug im Jahre 1910 der Weltumsatz an Akkumulatoren ca. 60 Mill. M., wovon etwa 75% den Tudorfabriken zukommen. Die gesamte verarbeitete Bleimenge wird auf etwa 70000 *t* geschätzt.

2. Der Edisonakkumulator (Eisen-Nickelsammler).

Nach mehr als zehn Jahren unermüdlichen Ringens ist es Edison und seinen Mitarbeitern gelungen, einen neuen Sammler hauptsächlich für transportable Zwecke in einer praktisch bewährten Form zu bauen, für dessen Konstruktion folgende Momente ausschlaggebend waren:

1. Aufspeicherung der Energie unter weitgehendster Einschränkung von Gewicht und Raum der Zelle;
2. Unempfindlichkeit und Bruchsicherheit gegen Erschütterungen;
3. möglichste Unempfindlichkeit gegen extreme elektrische Beanspruchung.

Eisen von der denkbar feinsten Verteilung als Kathode gegenüber feinverteiltem Nickeloxyd als Anode in verdünnter Kalilauge bildet die stromliefernde Kombination der Edisonzelle. Die aktive Masse ist in Behälter aus dünnem vernickelten Eisenblech eingepreßt, die selbst an der Stromerzeugung nicht teilnehmen. Sie dienen lediglich als Träger der Elektrodenmasse und ermöglichen es, diese mit der größten Raumersparnis in dem Akkumulatorgefäß unterzubringen. Die so geschaffenen Elektroden sind gegen Erschütterungen vollständig unempfindlich und enthalten die aktive Masse in sehr reaktionsfähiger Form. Dem Nickeloxydpulver der Anode wurde anfänglich durch einen Zusatz von Flockengraphit die nötige Leitfähigkeit gegeben. In den neueren Konstruktionen hat man diesen durch äußerst feine Nickelflocken ersetzt. Die Wahl des alkalischen Elektrolyten ermöglicht es, Elektrodenbehälter aus vernickeltem Eisenblech anzuwenden.

I. Die stromliefernden Vorgänge im Edisonakkumulator.

a) An der Kathode: Eisen in verdünnter Kalilauge sendet Ferro-Ionen in Lösung und lädt sich infolgedessen negativ. Die Ferro-Ionen reagieren alsbald mit der Kalilauge unter Abscheidung von Ferrohydroxyd innerhalb des Masseträgers. Mit der Bildung von 1 *g-Mol.* Ferrohydroxyd ist die Erzeugung von 2 Faraday negativer Elektrizität verbunden.[1] Der eben beschriebene Vorgang erschöpft das

[1] 1 Faraday = 96540 Coulomb, entsprechend 26,8 Amp.-St.

vorhandene Eisen nicht, sondern gelangt besonders bei höherer Strombelastung bald praktisch zum Stillstand, und das gebildete Ferrohydroxyd wird jetzt stromliefernd tätig, indem es sich weiter oxydiert. Durch den Übergang in Ferrihydroxyd wird an der Kathode pro 1 *g-Mol.* 1 Faraday negativer Elektrizität in Freiheit gesetzt. Während dieses Vorganges liegt die Klemmenspannung der Zelle um 0,1 – 0,15 Volt unter dem normalen Werte. Dieser Entladungsvorgang eignet sich für die Praxis vor allem deshalb nicht, weil die Spannung nach Unterbrechung des Stromes erhebliche Zeit braucht, um sich zu erholen, d. h. den für den stromlosen Zustand charakteristischen Wert von 1,2 Volt pro Zelle anzunehmen. EDISON hat nun die äußerst wichtige Beobachtung gemacht, daß auf Zusatz von einigen Prozenten feinverteilten Quecksilbers zur aktiven Masse die Kapazität der Zelle erheblich verbessert wird. Der Quecksilberzusatz bewirkt nämlich, daß der letztere der oben beschriebenen Vorgänge zugunsten des ersteren zurücktritt. Um in der Praxis sicher nur mit dem ersten Vorgang zu arbeiten, wird zudem die Kapazität der Eisenelektrode erheblich größer gewählt als die der Superoxydelektrode[1].

b) An der Anode: Das Nickelihydroxyd sendet Nickeli-Ionen in Lösung, die das Bestreben haben, unter Abgabe einer positiven Ladung in Nickelo-Ionen überzugehen. Diese letzteren reagieren dann sofort mit der Kalilauge unter Bildung von Nickelohydroxyd, das sich innerhalb des Masseträgers an der aktiven Masse niederschlägt. Nach F. FOERSTER[2] lassen sich die stromliefernden Vorgänge, bei normaler Entladung wenigstens, in bezug auf ihren elektrochemischen Charakter durch folgendes Schema veranschaulichen:

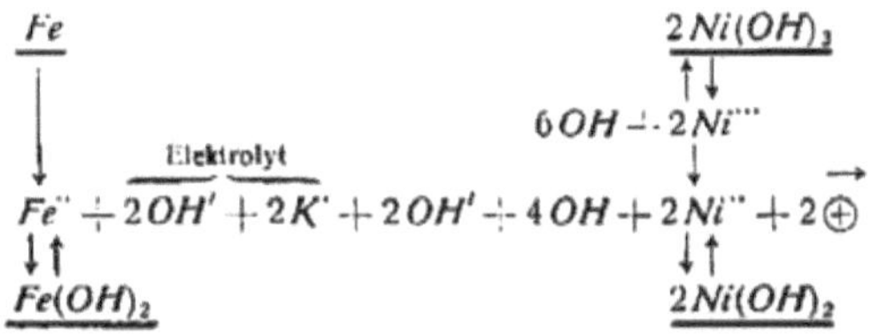

Aus diesem Schema ginge hervor, daß der Elektrolyt von den Vorgängen an den Elektroden überhaupt nicht beeinflußt wird. In Wirklichkeit werden aber nicht die reinen Hydroxyde $Fe(OH)_2$ und $Ni(OH)_2$ gebildet, sondern mehr oder minder wasserhaltige Oxyde.[3] Bei der Betätigung des Sammlers erleidet der Elektrolyt geringe Konzentrationsänderungen. Es werden nach F. FOERSTER bei der Abgabe von 4 Faraday = 107,2 Amp.-St. 3,2 *Mol.* Wasser von den Elektroden gebunden und bei Aufnahme derselben Strommenge wieder an den Elektrolyten abgegeben. Infolge der geringen Anteilnahme des Wassers an den Elektrodenvorgängen läßt sich der Elektrolyt auf die eben zur Stromleitung erforderliche Menge beschränken, was für den möglichst kompendiösen Bau der Zelle von großer Wichtigkeit ist.

II. Technische Herstellung der Edisonzelle.

Die aktive Masse der Kathoden ist äußerst feinkörniges, zwischen den Fingern nicht mehr fühlbares Eisenpulver. Es wird durch Reduktion von Eisenoxydhydrat mit Hilfe von Wasserstoff bei möglichst niedriger Temperatur (ca. 480°) erhalten.

[1] Vgl. *D. R. P.* 174676. Abgesehen von der weit überlegenen Bauart, unterscheidet sich der EDISONakkumulator von der JUNGNERschen Zelle hauptsächlich durch diesen Quecksilberzusatz, der geradezu die Lebensfähigkeit der Eisen-Nickelzelle bedingt.

[2] Elektrochemie der wässerigen Lösungen, 157.

[3] Möglicherweise findet durch kataphoretische Stromwirkung eine Entwässerung der ursprünglich gebildeten Hydroxyde statt, wie sie z. B. E. MÜLLER und F. SPITZER an Cuprihydroxyd beobachtet haben. *Z. Ch. Ind. Koll.* **1**, 44.

Durch Übergießen mit Wasser verliert das Pulver seine pyrophorischen Eigenschaften.[1]

Die Behälter der aktiven Masse sind flache, fein perforierte zweiteilige, vernickelte Stahltaschen von 75 *mm* Länge, 13 *mm* Breite und 2,5 *mm* Dicke.

Das Eisenband, das zur Herstellung der Elektrodenbehälter dient, wird nach gründlicher Reinigung rasch durch eine mit Schwefelsäure angesäuerte heiße Nickelsulfatlösung geführt, um elektrolytisch mit einer Nickelschicht überzogen zu werden, die etliche Prozente vom Gewichte des Eisenbandes beträgt. Um einerseits den Zusammenhang des Nickelüberzuges mit der Eisenunterlage zu vergrößern, andererseits den Überzug vollständig dicht zu machen, wird das elektrolytisch vernickelte Objekt bei Luftabschluß schwach geglüht. In der eben beschriebenen Weise werden die Nickelüberzüge aller Bestandteile der Edisonzelle hergestellt.

Eine Maschine besorgt ganz selbsttätig die Füllung der Taschen mit Masse und verschließt sie zugleich mit dem perforierten, übergreifenden Deckel vermittels eines mäßigen hydraulischen Druckes. Die so vorbereiteten Massebehälter werden nun in einen Rahmen aus dünnem vernickelten Eisenblech eingesetzt und durch hydraulischen Druck (150—250 *Atm.*) befestigt, wie aus Abb. 82 ersichtlich ist. Damit ist die Kathode zum Einbau in die Zelle bereit.

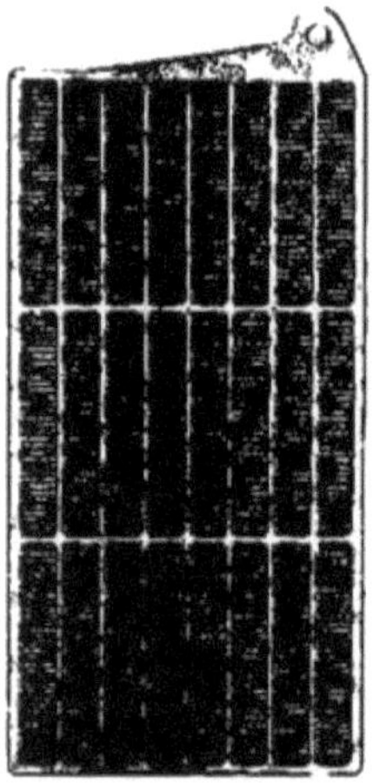

Abb. 82. Kathodenplatte.

Anfänglich wurden auch die positiven Platten in der eben beschriebenen Weise hergestellt. Es zeigte sich aber, daß die Schwellung der Masse beim Laden so heftig ist, daß der Kontakt zwischen aktiver Masse und Tasche bei der Entladung, die mit Volumenverminderung der Masse verbunden ist, zu gering wird. Edison verließ daher die Taschenform und füllte die aktive Masse in perforierte Zylinder, denen er in sinnreicher Weise hohe Druckfestigkeit verleiht. Als Ausgangsmaterial für die Tuben dient gut vernickeltes und perforiertes Band aus Eisenblech von 24 *mm* Breite. Es wird spiralig um eine Spindel gewickelt. Walzen legen den Blechrand um. So entsteht ein Rohr mit spiralig gewundenem Falz von besonderer Druckfestigkeit. Das vorgeschobene Rohr wird am Kopf der Spindel durch eine Zirkularsäge in lauter gleiche Stücke geschnitten. Dann werden zur weiteren Verstärkung auf jedes Stück acht kräftige Stahlringe aufgeschoben.

Der Zusatz von Flockengraphit, der anfänglich dazu verwendet wurde, dem Nickeloxyd die nötige Leitfähigkeit zu erteilen, ist später durch winzige Nickelflitterchen ersetzt worden, die Edison in folgender Weise herstellt: Auf elektrolytischem Wege wird Kupfer und Nickel aus ihren Sulfatlösungen abwechselnd auf rotierende Zylinder von ca. 1 *m* Höhe und 50 *cm* Durchmesser niedergeschlagen. 125 solcher Schichten erreichen eine Stärke von 0,175 *mm*. Die dünne Folie wird von dem Zylinder abgelöst und in lauter kleine Quadrätchen von 1,6 *mm* Kantenlänge zerschnitten; durch Behandlung mit Ammoniakflüssigkeit bei beschränktem Luftzutritt gelingt es, das Kupfer herauszulösen.[2] Es bleiben quadratische kleine Nickelflöckchen von 0,00125 *mm* Dicke zurück. Eine äußerst sinnreiche Maschine füllt die Hülsen mit aktiver Masse. In unzählbar rascher Aufeinanderfolge werden Nickel-

[1] *D. R. P.* 170540, s. a. 190263.

[2] In neuester Zeit scheint Edison das Kupfer mit einer Lösung von $(NH_4)_2SO_4 + CuCl_2$ oder $CuSO_4 + CuCl_2$ herauszulösen. Vgl. *A. P.* 1050629/30, 14. Januar 1913.

oxydpulver und Nickelflocken in die Hülsen gefüllt. Dabei fallen die Flöckchen infolge ihrer gleichmäßigen Dicke und enormen Leichtigkeit alle in horizontaler Lage und bilden auf der aktiven Masse eine dünne Schicht von lauter liegenden Blättchen, die sich ringsum gleichmäßig an die Rohrwandung anschmiegt. Im Querschnitt zeigt die gefüllte Hülse sich von mehr als 250 dünnen Nickellagen gleichmäßig durchsetzt. Wie sehr es bei diesem Prozeß auf vollkommen gleichmäßig ausgebildete Nickelflocken ankommt, beweist der Umstand, daß ganz ähnlich aussehende Flocken, die aber durch einen Stampfprozeß aus Nickelblech hergestellt worden sind, sich ihrer Ungleichförmigkeit wegen nicht eignen. Die gefüllten Hülsen werden gepreßt, automatisch verschlossen und, dicht aneinandergereiht, in einen Rahmen aus vernickeltem Eisenblech eingesetzt (vgl. Abb. 83). Damit ist die positive Elektrode fertiggestellt. Die positiven und die negativen Elektrodenplatten werden nun an geeigneten Stahlbolzen vereinigt und mit wenigen Millimetern Spielraum in die vernickelten Eisenblechkannen eingesetzt. Die erste und die letzte sind stets negative Platten, so daß die Anoden immer zwischen zwei Kathoden zu steheu kommen. Zwischen die einzelnen Platten sind dünne Hartgummistäbchen gesteckt, um Kurzschluß sicher zu vermeiden. Der Plattensatz ist ferner von der Kanne durch einen dünnen Hartgummieinsatz isoliert, und seine Klemmen sind isoliert durch den Deckel geführt. Abb. 84 stellt eine fertige Zelle dar.

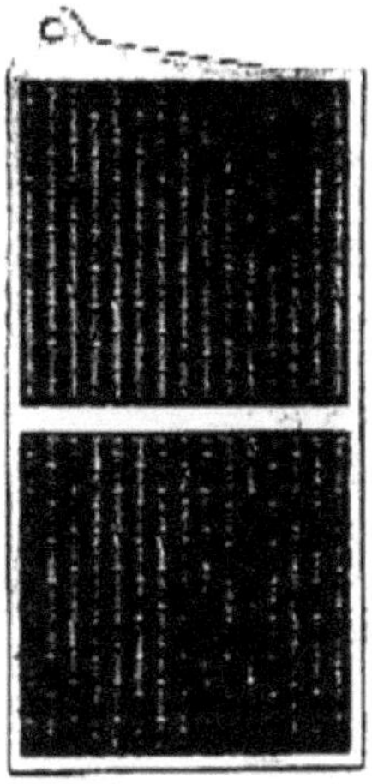

Abb. 83. Anodenplatte.

Abb. 84. Edisonzelle.

III. Eigenschaften der Edisonzelle.

In der Praxis erfordert die Regeneration der entladenen Zelle einen beträchtlichen Energieüberschuß.

a) An der Kathode: Die Reduktion des Eisenoxyds geht ohne beträchtlichen Spannungsüberschuß nur äußerst langsam vonstatten, weil sich das Eisenoxydul der entladenen Elektrode in einem Zustand chemischer Passivität befindet. Im praktischen Betrieb muß die Reduktion mit einer etwa 0,2 Volt über dem Entladungspotential liegenden Spannung ausgeführt werden. Aus diesem Grunde ist der Ladevorgang schon zu Anfang von Wasserstoffentwicklung begleitet; die im Verlauf der Reduktion immer mehr überhandnimmt.

b) An der Anode: Auch die Regeneration der Anode erfolgt nicht beim Gleichgewichtspotential, sondern benötigt einen Potentialüberschuß von 0,1 Volt. Der größte Teil des Ladevorganges geht indessen ohne Sauerstoffentwicklung vonstatten. Mit dem Spannungsüberschuß steht die Bildung eines unter gewöhnlichen Bedingungen unbeständigen höheren Nickeloxyds in Zusammenhang.[1] Die frisch geladene Zelle erhält die höhere Spannung auch bei unmittelbar darauffolgender Entladung längere Zeit aufrecht. Läßt man dagegen die frisch geladene Zelle einen Tag stehen, so kann man während dieser Zeit eine andauernde schwache Gasentwicklung beobachten. Die Klemmenspannung geht hierbei langsam auf ihren normalen Wert

[1] Vergl. F. Foerster und V. Herold, *Z. Elektrochem.* **13**, 488 [1910].

von 1,2–1,3 von herab. Gegen Ende vollzieht sich die Regeneration der vorhandenen aktiven Masse mit sehr geringer Stromausbeute. Im praktischen Betrieb verzichtet man aus diesem Grunde darauf, mit dem erreichbaren Höchstwert der Kapazität zu arbeiten, und wählt, wie schon oben erwähnt wurde, die Kapazität der Kathode erheblich größer als die der Anode.

Kapazität und Energieausbeute lassen sich, eine auf Kosten der andern, in weiten Grenzen verändern. So kann man z. B. unter Verzicht auf die listenmäßige Kapazität die Energieausbeute bis nahe an die der stationären Bleizelle steigern. EDISON bezeichnet indessen als eine normale Ladung eine solche, bei der 150% der listenmäßig verzeichneten normalen Kapazität zur Regeneration verwendet wurde.[1] Unter diesen Umständen arbeitet die Zelle mit einer Stromausbeute von 66,7%, woraus sich der Energienutzeffekt mit Berücksichtigung der oben genannten Lade- und Entladespannungen zu ca. 50% ergibt.

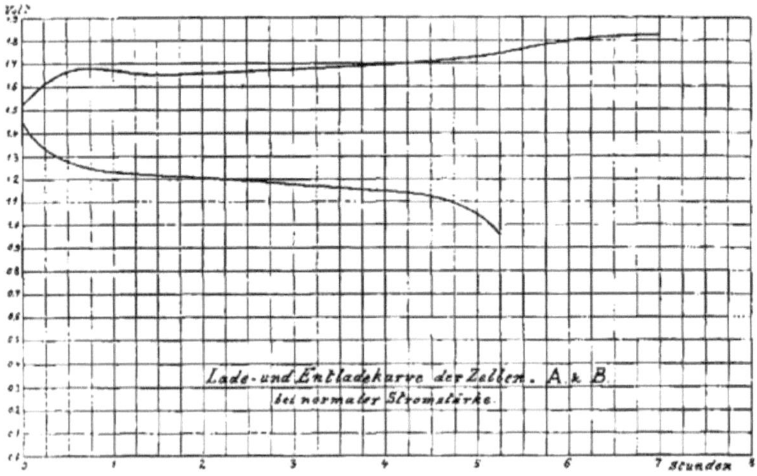

Abb. 85.

Die in den Listen aufgeführten Daten über Kapazität und Stromausbeute entsprechen den günstigsten Verhältnissen für den Automobilbetrieb.

Abb. 85 stellt den Verlauf von Ladung und Entladung dar.

Die elektromotorische Kraft des Edisonsammlers wird von der Temperatur etwas stärker beeinflußt, als es bei der Bleizelle der Fall ist. Für 1° ändert sich die *E. M. K.*[2] um etwa $^{1}/_{10000}$ ihres Wertes. Sehr mannigfach ist der Einfluß der Temperatur auf das Güteverhältnis der arbeitenden Zelle. Die beste Energieausbeute ergibt sich, wenn die Ladung bei gewöhnlicher Temperatur erfolgt, die Entladung aber bei etwa 50°.[3] Wenn auch solche Temperaturen bei einzelnen normal betriebenen Zellen kaum in Frage kommen, sind sie im Innern von großen, dicht gepackten Batterien nichts Seltenes, wo die Reaktionswärme beisammengehalten wird. Die Edisonzelle paßt sich somit diesen bei Automobilbatterien vorkommenden Verhältnissen aufs beste an. Dagegen besteht eine untere Temperaturgrenze, bei der plötzliche starke Stromentnahme nicht mehr möglich ist. Sie liegt bei etwa 12°.

[1] Bei normaler Kapazität kommen auf 1 *kg* Zellengewicht etwa 35 Amp.-St.

[2] Elektromotorische Kraft.

[3] Hohe Temperatur begünstigt indessen sehr die Entladung der Kathode im Sinne $Fe \rightarrow Fe^{\cdot\cdot} + 2\ominus$

Der großen Reaktionsfähigkeit der Elektroden ist es zuzuschreiben, daß die Kapazität des Sammlers von der Stärke des Entladestroms praktisch unabhängig ist. Sowohl die Entladung mit abnorm hohen Stromstärken über die gewöhnliche Kapazität hinaus bis zur völligen Erschöpfung des Sammlers, ebenso beliebig langes Stehenlassen im ungeladenen Zustande, dauerndes Laden mit der doppelten normalen Stromstärke oder auf kurze Zeit mit dem mehrfachen Betrage, schaden dem Sammler nicht. Die in den Listen gegebenen Normalbeanspruchungen entsprechen lediglich den mittleren Bedingungen für den Kraftwagenbetrieb. Einzig die Ladestromstärke soll nicht kleiner als ein Drittel des vorhandenen Betrages gewählt werden, weil sonst die Regeneration der vollen Kathodenkapazität nicht erfolgt. Bei der Entladung wird zwar die listenmäßige Ampere-Stundenzahl erhalten; die Klemmenspannung sinkt aber sehr bald um 0,1—0,15 Volt unter den normalen Wert, weil die Eisen-

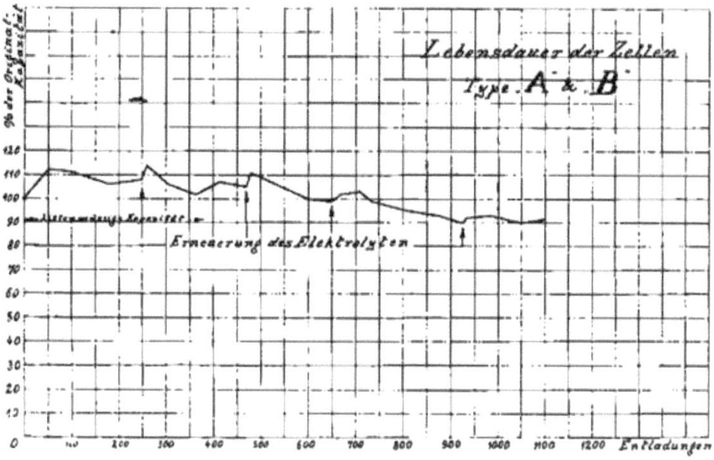

Abb. 86.

elektrode in diesem Falle gezwungen wird, die Stromlieferung auch durch die Bildung von Ferrioxydhydrat zu bestreiten.

Erneuert man den Elektrolyten ein- bis zweimal im Jahre und sorgt dafür, daß keinerlei Verunreinigungen hineingelangen, so zeigt die Zelle im Vergleich zum transportablen Bleisammler eine erstaunlich hohe Lebensdauer. Es wurde eine Abnahme von 10% der Kapazität erst nach mehr als 1000 Entladungen beobachtet; vgl. Abb. 86. Dauernde Beanspruchung bei Temperaturen von 50° und 60° und dauernde Entladungen bis zur völligen Erschöpfung bewirken schließlich eine Verkürzung der Lebensdauer der Zelle.

Sehr günstig für die Kapazität des Sammlers hat sich ein Zusatz von Lithiumhydroxyd zu der Elektrolytlauge erwiesen. Das Lithiumhydroxyd verschwindet im Laufe des Betriebes aus dem Elektrolyten. Es reichert sich insbesondere in der Anodenmasse an, bewirkt da eine starke Schwellung der letzteren und, damit Hand in Hand gehend, eine beträchtliche Steigerung der Kapazität. Es handelt sich hier offenbar um eine eigentümliche Oberflächenentwicklung der Nickeloxydmasse. Über die Natur dieses Vorganges ist nichts Näheres bekannt.

Sehr empfindlich reagiert die Zelle auf gewisse chemische Verunreinigungen. Selbst ein ganz geringer Gehalt des Elektrolyten an Sulfidschwefel verschlechtert die Kapazität bis zur Untauglichkeit der Zelle.[1] Fast ebenso schlimm wirkt Kieselsäure.

Die schädliche Wirkung besteht jedenfalls in der Bildung einer isolierenden Schicht auf der aktiven Masse.

Chlor, Sulfat und Nitrat bewirken eine rasche Zerstörung der Elektroden.

Die geladene Zelle verliert beim Stehen einen Teil ihrer Kapazität durch Selbstentladung. Trotz der äußerst hohen Reaktionsfähigkeit der aktiven Masse geht die Selbstentladung doch recht langsam vonstatten. Es büßt vor allem die Kathode einen Teil ihrer Kapazität ein. Die Selbstentladung als Funktion der Zeit ist für Zellen mit Tubenanoden aus Abb. 87 ersichtlich. Der Vorgang wird durch Erhöhung der Temperatur ganz wesentlich beschleunigt.

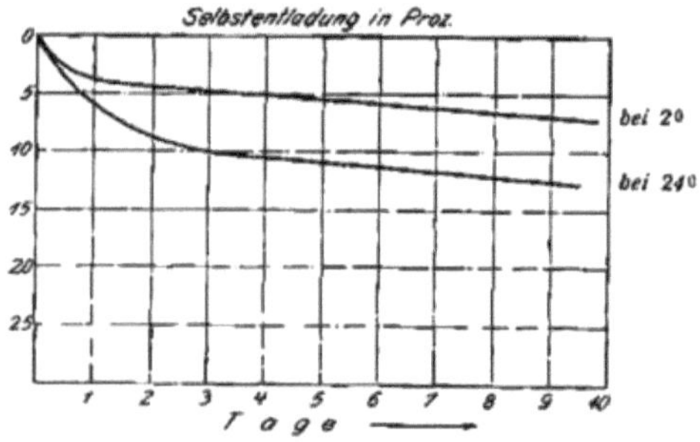

Abb. 87.

Die Hauptanwendung findet die Edisonzelle als Kraftspeicher für Last- und Personenwagen, Triebwagen, Grubenlokomotiven und ähnliche Fahrzeuge. Im Betrieb von Unterseeboten, die auf kurze Zeit sehr hoher Stromenergie bedürfen, steht der Edisonzelle ein weites Gebiet offen. Sie eignet sich ferner für Villen- und Kleinbeleuchtung, für tragbare Scheinwerfer, kleine Telephon- und Telegraphenbetriebe u. s. w. Je billiger der Strom, je größer die elektrische und mechanische Beanspruchung der Zelle, desto günstiger liegen die Verhältnisse für die Anwendung des Edisonakkumulators. Für den Fall einer Automobilbatterie läßt sich der Vergleich mit der Bleizelle in folgender Weise darstellen:

Bedeutet für ein Automobil von vorgeschriebener Leistung

Bb	Preis der Bleibatterie
Be	„ „ Edisonbatterie
K	„ einer Batterieladung
F	„ „ Elektrolytfüllung der Edisonbatterie
η_b	Energienutzeffekt der Bleizelle
η_e	„ „ Edisonzelle

und beträgt die Lebensdauer der Bleizelle 200 Entladungen (die der Edisonzelle ist mehr als 1000 Entladungen), so werden sich in der Regel nach einer gewissen Anzahl von Entladungen, die mit N bezeichnet sei, Blei- und Edisonzelle gleich teuer stellen:

$$N = \frac{Be}{0{,}005\,(Bb - F) + \left(\frac{1}{\eta_b} - \frac{1}{\eta_e}\right) K}$$

Hierbei ist angenommen, daß der Elektrolyt der Edisonzelle alle 200 Ladungen erneuert wird.

Bei weiterem Betrieb müßte sich dann die Edisonzelle billiger stellen, wenn sie ihre Kapazität beibehält.

Gegenwärtig wird der größte Teil der Edisonakkumulatoren in Amerika hergestellt. In Europa wird die Zelle gegenwärtig von der DEUTSCHEN EDISONAKKUMULATOREN-COMP. in Berlin gebaut. Die Jahresproduktion ist gegenüber derjenigen an Bleiakkumulatoren noch gering und nicht genau bekannt. *W. D. Treadwell.*

[1] Aus diesem Grunde ist es erforderlich, die Hartgummiteile, die zu Isolationszwecken verwendet werden, durch einen Auskochprozeß mittels verdünnter Kalilauge tunlichst vom Schwefel zu befreien. Der verwendete Hartgummi enthält etwa 1% anorganische Bestandteile und beträchtliche Mengen organischer Füllmasse.

Akmegelb (*Leonhardt*), saurer Azofarbstoff aus Sulfanilsäure und Resorcin; 1875 von GRIESS erfunden (*B.* **11**, 2195). Braunes Pulver, das ein rötliches Gelb auf Wolle und Seide färbt. *Ristenpart.*

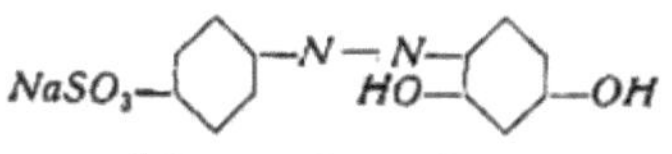

Akremninseife (CHEM. WERKE VORM. DR. ZERBE, Freiburg i. Br.). Mit Fenchel und Anisöl parfümierte, Alkalipolysulfide enthaltende Natronseife, die beim Waschen H_2S abgibt. Schutzmittel gegen Bleivergiftungen; das an den Händen der betreffenden Arbeiter etc. anhaftende Blei wird in unlösliches und unschädliches Schwefelblei übergeführt. *Zernik.*

Alaninquecksilber, Hydrargyrum aminopropionicum,

$(CH_3CHNH_2 \cdot COO)_2Hg$,

farblose, wasserlösliche Nadeln; s. Z. subcutan gegen Lues empfohlen. Veraltet. *Zernik.*

Alapurin = Adeps lanae purissimus; s. Wollfett. *Zernik.*

Alaune s. Aluminiumverbindungen.

Albacide (CHEM. INSTITUT L. W. GANS, Frankfurt a. M.) heißen Eiweißstoffe, die Chlor, Jod oder Brom intramolekular gebunden halten.

Chloralbacid, ein gelbliches Pulver, enthält 3% Chlor; löslich in Wasser. Angeblich gewonnen durch saure Spaltung von Chloreiweiß. In Dosen von 0,5 – 1 *g* mehrmals täglich als Ersatz der Salzsäure empfohlen.

Bromalbacid enthält 6% Brom, ist unlöslich in Wasser. In Dosen von 0,5 *g* als Ersatz der Bromalkalien.

Jodalbacid mit 10% Jod, ist wasserlöslich. In Dosen von 1 *g* mehrmals täglich als Ersatz von Jodalkalien. Angeblich gewonnen durch alkalische Spaltung von jodiertem Eiweiß; *S*-frei.

Die Albacide haben keine therapeutische Bedeutung mehr. *Zernik.*

Albargin (*M. L. B.*), eine Verbindung der Gelatose mit Silbernitrat, wird nach *D. R. P.* 141967 und 141792 in der Weise gewonnen, daß man die wässerige Lösung der Gelatosen neutralisiert, mit Silbernitratlösung oder anderen Silbersalzen (gelöst oder in feiner Verteilung) versetzt und dann eindampft oder die Silberverbindung mit Alkohol oder Äther ausfällt. Schwach gelb gefärbtes Pulver, sehr leicht in Wasser löslich; die Lösungen reagieren neutral. Enthält 15% Silber = 23,6% $AgNO_3$ „maskiert", d. h., nicht durch HCl oder H_2S fällbar. Im Jahre 1901 eingeführt. In 0,1 – 0,2%igen Lösungen zu Einspritzungen an Stelle von Silbernitrat empfohlen. *Zernik.*

Albin (PEARSON & CO., Hamburg), Zahnpasta, die annähernd 2% H_2O_2 in einer aus Gips und wenig Traganth bestehenden, mit Anisöl parfümierten Grundlage enthält. Von beschränkter Haltbarkeit. *Zernik.*

Alboferrin (DR. FRITZ und DR. SACHSSE, Wien), Eiseneiweißpräparat mit angeblich 0,68% *Fe*, 0,32% *P*, 90,14% Eiweiß. Hellbraunes Pulver ohne Geruch und Geschmack, leicht löslich in Wasser. Veraltet. *Zernik.*

Albulactin (J. A. v. WÜLFING, Berlin), salzartige, neutrale Verbindung aus Natriumhydroxyd und Lactalbumin, erhalten nach *D. R. P.* 210130, indem man das getrocknete und entfettete Lactalbumin in überschüssigem Alkali auflöst, mit Säure fällt und den gefällten Niederschlag in einer bestimmten Menge Natronlauge löst, so daß 1 *kg* trockenes Lactalbumin ca. 26 *g* $NaOH$ entspricht, und die so erhaltene neutrale Lösung bei mäßiger Wärme zum Trocknen bringt. Empfohlen als Zusatz zur Milch, um sie der Muttermilch ähnlicher zu machen. *Zernik.*

Albumin s. Eiweiß.

Albuminpapier s. Photographische Papiere.

Albumosenseife (SCHWANEN-APOTHEKE, Hamburg), dargestellt nach *D. R. P.* 183187, ist eine crêmeartige, mit Olivenöl überfettete, neutrale Grundseife mit einem Zusatz eines neutralen, Alkali bindenden Casein-Albumosenpräparats. Wegen dieser Fähigkeit, Alkali zu binden, werden die Albumosenseifen als reizlos auch für empfindliche Haut empfohlen (von UNNA u. a.). Im Handel auch mit verschiedenen medikamentösen Zusätzen. *Zernik.*

Alcarnose (*Riedel*), Nährpräparat, aus Albumosen des Fleisches und des Gemüses, Kohlehydraten und Extraktivstoffen bestehend. Veraltet. *Zernik.*

Alcho, angebliches Aluminiumcarbonat mit 40–45% Al und 8–9% CO_2. Kreidiges, weißes Pulver, als Adstringens empfohlen, blieb ohne Bedeutung (vgl. GAWALOWSKI, *Ph. P.* **1905**, 405). *Zernik.*

Alcuenta (CHEM. FABRIK HELFENBERG), wasserlösliche, nicht fettende Salbengrundlagen, deren wesentliche Bestandteile ca. 30% Spiritus, Kaliseife und Natronseife sind. Im Handel mit 33⅓% Quecksilber, 10% Jodkalium, 30% Salicylsäure. *Zernik.*

Aldehyde stellen eine Gruppe sehr reaktionsfähiger Verbindungen dar, von denen viele in der Technik der organischen Produkte eine wichtige Rolle spielen. Die Aldehyde enthalten als charakteristische Gruppe das Radikal $-CH:O$, das aus der primären Alkoholgruppe $-CH_2 \cdot OH$ (s. d.) durch Aboxydation von 2 Wasserstoffatomen entstehen kann. Auf diese Bildungsweise deutet auch der Name „Aldehyd", abgekürzt aus „Alkohol dehydrogenatus". Durch weitere Oxydation gehen die Aldehyde in die Carbonsäuren mit gleicher Kohlenstoffzahl über, sie sind also die Zwischenstufen zwischen diesen und den Alkoholen:

$$R \cdot CH_2 \cdot OH \rightarrow R \cdot CHO \rightarrow R \cdot COOH.$$

Die Nomenklatur der Aldehyde wird abgeleitet von den zugehörigen Säuren, also heißt Acetaldehyd der zur Essigsäure gehörige Aldehyd (Äthylaldehyd dafür zu sagen ist falsch), Propionaldehyd der Aldehyd der Propionsäure, Benzaldehyd der der Benzoesäure etc. Nach der Genfer Nomenklatur wird der Name eines Aldehyds aus dem Namen des zugehörigen Kohlenwasserstoffes durch das Anhängsel -al gebildet, z. B. Äthanal: $CH_3 \cdot CHO$.

Einige Aldehyde kommen in der Natur vor, so der Caprylaldehyd (Octanal), der Pelargonaldehyd (Nonanal vgl. Riechstoffe); andere können leicht aus Naturprodukten gewonnen werden. Auch Aldehyde der aromatischen Reihe sind zum Teil Naturprodukte, so der Cuminaldehyd (Kümmelöl) und der Zimtaldehyd (im Zimtöl).

Künstlich darstellen lassen sich die Aldehyde nach verschiedenen Verfahren. Das erste beruht auf der gemäßigten Oxydation von primären Alkoholen (s. o.). Nach diesem Verfahren wird z. B. Formaldehyd (s. d.) hergestellt. Das zweite besteht in der trockenen Destillation eines gleichmolekularen Gemisches der Calciumsalze der Ameisensäure und einer Säure der Fettreihe, wobei sich nach folgender Gleichung Aldehyde bilden:

$$CH_3 \cdot CH_2 \cdot COOca + H \cdot COOca = CH_3 \cdot CH_2 \cdot CHO + CO_3Ca,$$

jedoch wird diese Methode nicht technisch ausgeführt.

Ferner erhält man Aldehyde durch Addition von Wasser an Kohlenwasserstoffe der Acetylenreihe bei Gegenwart von Quecksilbersalzen: $CH \equiv CH \rightarrow CH_3 \cdot COH$; näheres darüber s. unter Acetaldehyd. Und endlich lassen sich endständig dihalogenierte Kohlenwasserstoffe $R \cdot CHCl_2$ mit heißem Wasser (event. in Gegenwart von PbO) in Aldehyde verwandeln, wobei als Zwischenprodukt ein Hydrat anzunehmen ist:

$$R - CHCl_2 \rightarrow R \cdot CH(OH)_2 \rightarrow R \cdot CHO.$$

In der aromatischen Reihe genügt meist der Eintritt eines Halogenatoms in die Methylgruppe; so läßt sich Benzaldehyd (s. d.) aus Benzylchlorid durch Erhitzen mit wässerigem Blei- oder Kupfernitrat gewinnen, jedoch ist dieses Verfahren veraltet. Speziellere Methoden, z. B. für die Darstellung von aromatischen Oxyaldehyden und Alkylaminobenzaldehyden s. Benzaldehyd.

Die Aldehyde sind sehr reaktionsfähige Körper, durch ihre leichte Oxydierbarkeit wirken sie als Reduktionsmittel, sie neigen sehr zu Additionsreaktionen, indem sie an das Carbonyl CO der Aldehydgruppe Addenden anlagern; sie lassen sich z. B. aus Gemischen leicht durch Behandeln mit Natriumbisulfit isolieren, wobei sich die im Wasser lösliche Sulfosäure: $R - CH\!<^{OH}_{SO_3Na}$ bildet. Zum Nachweis der Aldehyde dienen ihre Kondensationsprodukte mit stickstoffhaltigen Verbindungen, die unter Wasseraustritt sich bilden, so z. B. das Produkt mit Phenylhydrazin:

$$R - CHO + NH_2 \cdot NH \cdot C_6H_5 = R \cdot CH : N \cdot NH \cdot C_6H_5 + H_2O;$$

in analoger Weise lassen sich Hydroxylamin, Hydrazin, Semicarbazid u. a. verwenden. Über einzelne Aldehyde, die für die Technik besonders wichtig sind, s. Acetaldehyd, Benzaldehyd, Chloral, Formaldehyd, Vanillin, Zimtaldehyd, ferner auch Methylal, Acetal, Acrolein und Riechstoffe. *F. Sachs.*

Aldoform ist eine Formaldehydseifenlösung mit 10% $HCHO$; vgl. Lysoform. *Zernik.*

Aldogen ist eine zur Raumdesinfektion empfohlene Mischung von 20 T. Chlorkalk mit 10 T. Formaldehyd und 30 T. Wasser. *Zernik.*

Aleptontabletten (Chem. Fabrik Helfenberg), Eisenmangantabletten, als billiger Ersatz für die betreffenden Liquores gedacht. P-Aleptontabletten enthalten kolloidales Eisenmanganpeptonat, S-Aleptontabletten ebensolches Eisenmangansaccharat, mit Schokolade vermischt. *Zernik.*

Aleudrin (Dr. B. Beckmann, G. m. b. H., Berlin), Carbaminsäureester des αα-Dichlorisopropylalkohols. Weiße, geruchlose Krystalle von bitterem Geschmack. *Schmelzp.* 82°. Kaum löslich in Wasser, zu 2% löslich in mit 2% Glycerin versetztem Wasser, leicht löslich in organischen Lösungsmitteln und in fetten Ölen. 1912 als Einschläferungsmittel und Sedativum eingeführt; blieb ohne größere Bedeutung. Dosis 0,5–1 *g*. *Zernik.*

CH_2Cl
|
$CH \cdot OCONH_2$
|
CH_2Cl

Aleuronat, Kleberpräparate, als Nährmittel für Diabetiker empfohlen; s. a. Eiweiß. *Zernik.*

Alexipon ist Acetylsäureäthylester. *Zernik.*

Alfa (Esparto) s. Strohzellstoff.

Alfenid, s. Neusilber. *Oberhoffer.*

Alformin (Max Elb, G. m. b. H., Dresden), basisch ameisensaure Tonerdelösung mit rund 15% $Al_2(OH)_2(HCOO)_4$. 1906 als Ersatz des Liq. Alumin. acet. empfohlen; veraltet (vgl. *Ap. Z.* **1909**, Nr. 9). *Zernik.*

Algarobilla s. Gerbstoffe.

Alginoide werden die Metallsalze bzw. Alkaloidsalze der aus Laminaria erhaltenen Alginsäure genannt, die ohne therapeutische Bedeutung blieben. *Zernik.*

Algolfarben (*Bayer*) sind Küpenfarbstoffe, die wegen ihrer meist vorzüglichen Alkali-, Wasch-, Säure-, Chlor- und Lichtechtheit in der Echtfärberei von Baumwolle, Leinen und Kunstseide eine große Rolle spielen. Sie lassen sich in zwei Klassen einteilen: die der linken Hälfte des Spektrums angehörigen werden aus der Hydrosulfitnatronlaugeküpe fast sämtlich kalt unter Zusatz von Salz und mit nur 0,2—5 *ccm* Natronlauge 30° Bé. pro 1 *l* Flotte gefärbt. Die der rechten Hälfte des Spektrums angehörigen Farben werden dagegen meist bei 40—60° warm, ohne Salzzusatz, und mit 15—20 *ccm* Natronlauge 30° Bé. pro 1 *l* Flotte gefärbt. Dieses Zusammentreffen von Farbe und Färbeweise ist natürlich zufällig und wird in Wirklichkeit bedingt durch die verschiedene Löslichkeit der beiden Farbstoffgruppen.

Sollen Farbstoffe aus beiden Gruppen miteinander aus einer Küpe gefärbt werden, so wird ein Teil der für die zweite Gruppe z. B. nötigen Natronlaugemenge durch Wasserglas ersetzt. So verwendet man z. B. für eine Kombinationsfärbung aus 10% Algolblau CF i. T. und 10% Algolgelb R i. T. anstatt der für Blau allein erforderlichen 15 *ccm* Natronlauge 30° Bé. auf 1 *l* Flotte nur 7,5 *ccm* und setzt dafür noch 20 *ccm* Wasserglas hinzu.

Algolblau C, CF ist Dibromindanthren. Die Küpe ist blau und färbt ein klares, lichtechtes Blau.

Algolblau 3G, 4,4'-Dioxyindanthren. Es wird nach dem *D. R. P.* 193121 (*Friedländer* **9**, 783) dargestellt, indem 10 *kg* 1-Amino-2-brom-4-oxyanthrachinon mit 2 *kg* Kupferpulver, 3 *kg* Ätznatron und 100 *kg* Naphthalin zehn Stunden auf 210 bis 220° erhitzt werden. Der Farbstoff ist als dunkelblauer Teig im Handel und färbt aus seiner blauen Küpe ein klares grünstichiges Blau auf Baumwolle, das in seiner Echtheit, abgesehen von der geringeren Chlorechtheit, Algolblau CF ebenbürtig ist.

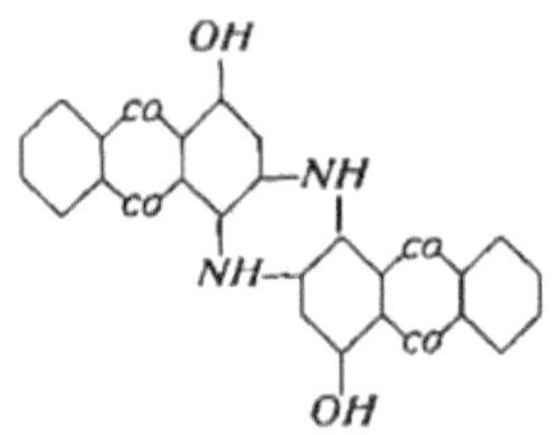

Algolblau K ist N-Dimethylindanthren. Es wird nach dem *D. R. P.* 158287 dargestellt. Das blaue Pulver liefert bei der Reduktion eine dunkelbraune Küpe, auf der ausnahmsweise auf kaltem Wege zarte bis volle Blau gefärbt und daher auch durch Kombination mit Algolgelb 3G lebhafte Grün erzielt werden können.

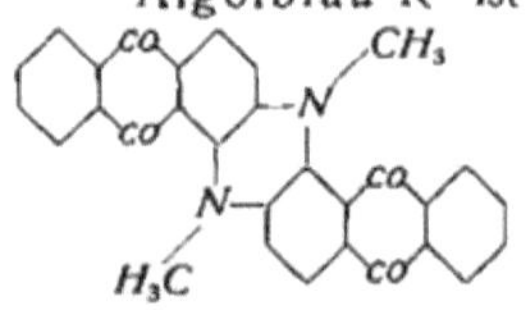

Algolblau 3R ist Dibenzoyldiaminoanthrarufin. Es wird hergestellt durch Benzoylierung von Diaminoanthrarufin nach dem *D. R. P.* 225232 (*Friedländer* **9**, 1197). Die Küpe ist rotbraun gefärbt und liefert kalt oder warm gefärbt rotstichigeres Blau als das vorige. In Kombination mit Algolrot wird es gern für Flieder- und Pflaumenblau benutzt. Mit Substraten gemischt, findet es als Pigmentfarbstoff Verwendung. Die Lichtechtheit ist die gleiche wie bei dem vorigen, die Chlor- und übrigen Echtheiten sind noch besser.

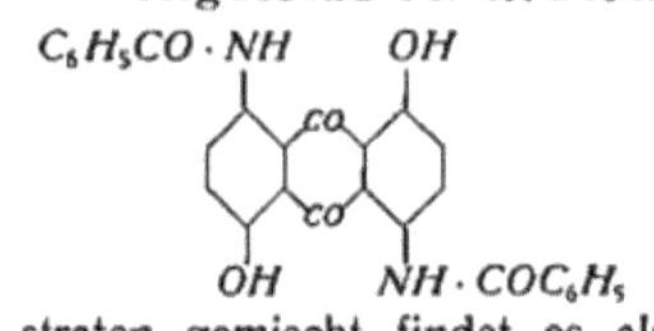

Algolbordeaux B ist 4,4'-Dimethoxy-di-α-anthrachinonyl-2, 6-diaminoanthrachinon. Es wird nach dem *D. R. P.* 216668 (*Friedländer* **9**, 763) dargestellt, indem 50 T. 1, 4-Amino-methoxyanthrachinon mit 25 T. 2, 6-Dichloranthrachinon, 4 T. Kupferchlorür, 25 T. entwässertem Natriumacetat und 300 T. Naphthalin sechs Stunden auf 210—220°

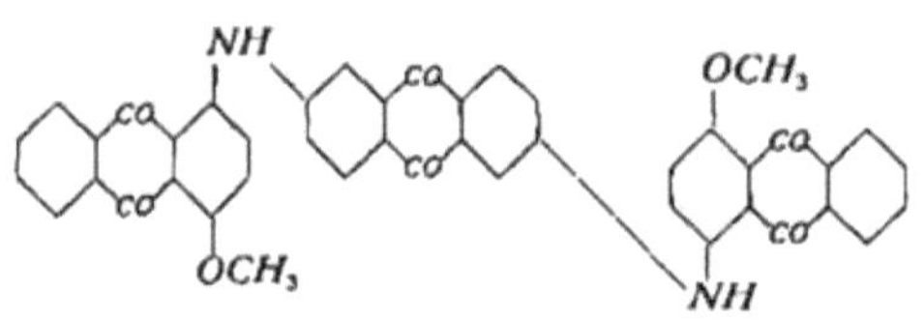

erhitzt werden. Der Farbstoff kommt als braunes Pulver oder Teig in den Handel und färbt aus braunroter Küpe kalt ein licht-, wasch- und chlor-echtes Bordeaux.

Algolbraun B Teig wird wahrscheinlich nach dem *D. R. P.* 226879, durch Alkalipolysulfidschmelze von Mercaptanen, bzw. Disulfiden des Anthrachinons als schwarzbrauner Teig erhalten, der aus violettbrauner Küpe ein ziemlich chlorechtes Gelbbraun auf Baumwolle färbt.

Die Marken G und R, 1912, sind zwei weitere einheitliche Küpenfarbstoffe und gehören zur Klasse des Algolgelbs; sie lassen sich sowohl kalt als auch bei 60° färben und sind gut wasch-, säure-, chlor- und lichtecht (LEHNES *Färberztg.* 1912, 219 und 505). Für Baumwolle, Leinen und Seide.

Algolbrillantorange FR in Teig ist vermutlich Benzoyl-1, 2, 4-triaminoanthrachinon und wird nach dem *D. R. P.* 225232 [1908] als orangeroter Teig gewonnen, der aus der orangeroten Hydrosulfitküpe kalt gefärbt, ein reines, feuriges Orange färbt, das heiß gefärbt, etwas stumpfer ausfällt. Der Farbstoff ist für den Kattundruck sehr geeignet und dann mit Rongalit CL ätzbar.

Algolbrillantrot 2B in Teig [1911] ist Dibenzoyl-1, 5-diamino-8-oxyanthrachinon und wird nach dem *D. R. P.* 213500 [1908] dargestellt, indem man durch Eintragen von 10 *kg* 1,5-Dibenzoyldiaminoanthrachinon in 200 *kg* rauchende Schwefelsäure von 5% Anhydrid bei gewöhnlicher Temperatur die Hydroxylgruppe in 8-Stellung einführt.

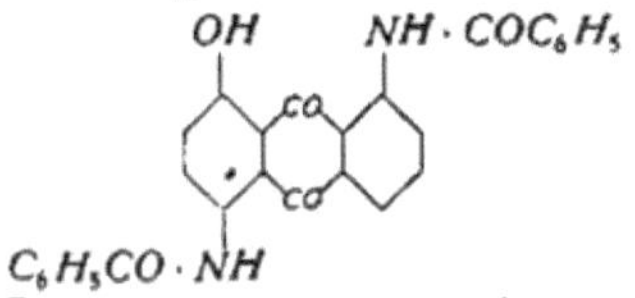

Dunkelroter Teig, der sich rotbraun mit violetter Blume verküpt und kalt ein klares Rot färbt, das mit Rongalit CL ätzbar ist. In Verbindung mit dem vorigen dient es als Ersatz für Türkischrot. Auch für Seide sowie im Kattundruck mit Rongalit C und Natronlauge.

Algolbrillantviolett 2B-Teig entspricht Algolblau 3R, während die Marke R-Teig [1911] vermutlich Succinyldiaminoanthrarufin ist. Der violette, krystallinische Teig färbt aus braunroter Küpe kalt oder 60° warm ein klares Violett auf Baumwolle, Leinen und Seide, das wasch-, licht- und chlorecht ist und sich mit Rongalit CL ätzen läßt, daher auch für Kattundruck gut geeignet ist.

Algolgelb 3G-Teig (*Bayer*) ist Succinyl-α-aminoanthrachinon. Der Farbstoff wird nach *D. R. P.* 210019 und 212436 dargestellt, indem 22 *kg* α-Aminoanthrachinon mit 12 *kg* Bernsteinsäure und 100 *kg* Nitrobenzol bis zur Lösung gekocht werden

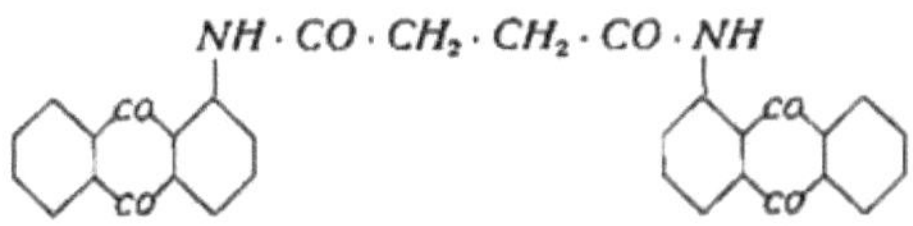

(*Friedländer* **9**, 750 und 751). Er färbt aus gelbroter Hydrosulfitküpe kalt das echteste Gelb auf Baumwolle.

3GL [1913], etwas rotstichiger, sonst von gleichen Eigenschaften wie das vorige.

R-Teig ist Dibenzoyl-1, 5-diaminoanthrachinon. Der Farbstoff färbt aus violetter Hydrosulfitküpe kalt ein klares Gelb von ähnlichen Echtheitseigenschaften wie das vorige. Auch im Kattundruck und auf Wolle verwendet. *D. R. P.* 213473 (*Friedländer* **9**, 748).

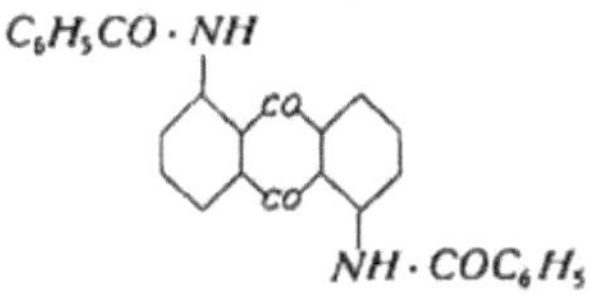

WG-Teig ist Benzoyl-1-aminoanthrachinon. Darstellung nach *D. R. P.* 225232 (*Friedländer* **9**, 1197). Färbt aus roter Hydrosulfitküpe Baumwolle gelb.

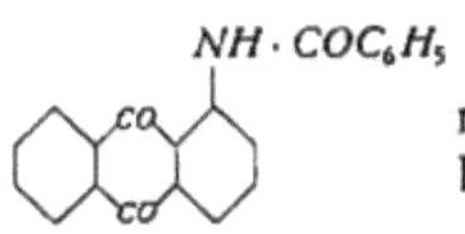

Algolgrau B, 2B, werden vermutlich nach dem *D. R. P.* 213501 (*Friedländer* **9**, 781) durch Einwirkung von Reduktionsmitteln, wie Natriumsulfid, auf nitrierte α α-Anthrimide dargestellt und liefern aus der rotbraunen Hydrosulfitküpe kalt gefärbt echte Grautöne auf Baumwolle und Seide.

Algolgrün B-Teig, Indanthrenfarbstoff aus 2, 3-Dichlor-1, 4-diaminoanthrachinon, dargestellt nach *D. R. P.* 193121 (*Friedländer* **9**, 783) durch Einwirkung von Kupferpulver in geschmolzenem Naphthalin. Färbt aus blaugrüner Hydrosulfitküpe ein echtes Grünblau auf Baumwolle, das aber nicht chlorbeständig ist.

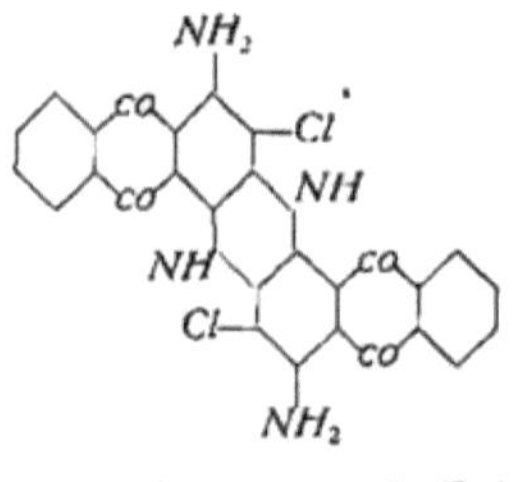

Algolkorinth R-Teig wird nach *D. R. P.* 228992 hergestellt und färbt aus der braunroten Hydrosulfitküpe in der Kälte Flieder- und Heliotroptöne auf Baumwolle, Leinen und Seide von vorzüglicher Echtheit.

Algololive R-Teig wird nach den *D. R. P.* 225232, 228992, 239544 (*Friedländer* **9** 1197) durch Einwirkung von Chlorsulfonsäure auf Dibenzoyl-p, p-diamino-2-α'-dianthrachinonimid hergestellt und färbt aus dunkelbrauner Hydrosulfitküpe mit violetter Blume kalt und bei 60° Reseda- und Olivetöne auf Baumwolle, Leinen und Seide von vorzüglicher Echtheit. Der Farbstoff läßt sich auf Baumwolle mit Rongalit C in Natronlauge drucken und mit Rongalit Cl. ätzen.

Algolorange R ist α, β-Dianthrachinonylamin und wird nach dem *D. R. P.* 174699 [1905] (*Friedländer* **8**, 365) erhalten durch Kondensation von 2-Chloranthrachinon mit 1-Aminoanthrachinon und nach *D. R. P.* 208845 [1908] (*Friedländer* **9**, 847) verküpt. Aus dieser roten Küpe wird Baumwolle gut egal und absolut echt angefärbt.

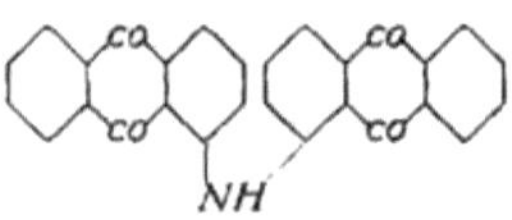

Algolrosa R-Teig und -Pulver ist Benzoyl-4-amino-1-oxyanthrachinon und wird nach *D. R. P.* 225232 [1908] (*Friedländer* **9**, 1197) dargestellt durch Benzoylierung von 4-Amino-1-oxyanthrachinon. Aus der gelbroten Hydrosulfitküpe färbt ein blaustichiges Rosa auf Baumwolle und Seide, chlor- und licht-, aber mäßig seifen- und nicht kochecht.

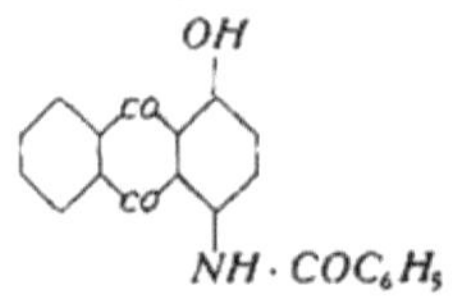

Algolrot B ist β-Anthrachinon-2-anthra-N-methylpyridonamin und wird nach *D. R. P.* 194253 [1906] (*Friedländer* **9**, 758) wie folgt dargestellt:

1. 1-Chloranthrachinon + Methylamin gibt 1-Methylaminoanthrachinon. — 2. Acetylierung der Aminogruppe. — 3. Kondensieren zu N-Methylanthrachinonpyridon. — 4. Bromieren in der 4-Stellung. — 5. Umsetzung mit 2-Aminoanthrachinon. Färbt aus gelbroter Hydrosulfitküpe Baumwolle rosa.

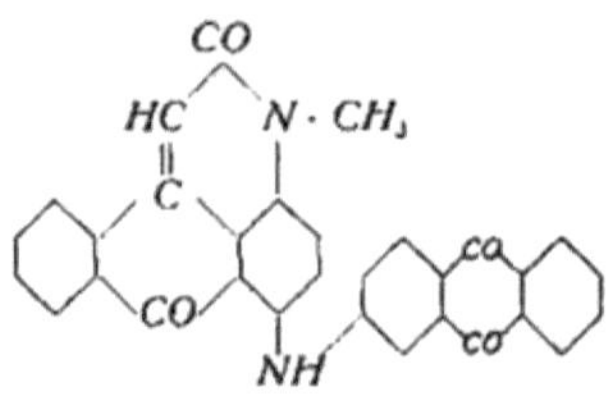

Die Marken FF und R extra entsprechen Algolbrillantrot 2B-Teig.

5G-Teig ist dagegen Dibenzoyl-1, 4-diaminoanthrachinon und wird nach *D. R. P.* 225232 [1908] (*Friedländer* **9**, 1197) dargestellt; es färbt aus violetter Hydrosulfitküpe ein ziegelrotes Scharlach auf Baumwolle und Seide, chlor- licht- und kochecht.

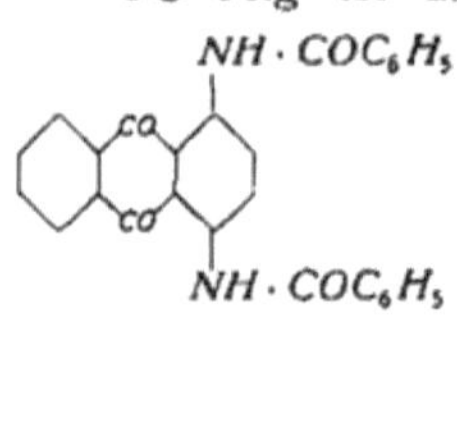

2G i. T. [1913] dient für echte Lachs- und Scharlachtöne auf Baumwolle, Kunstseide und unbeschwerte Seide. Letztere Färbung hält die Wasserstoffsuperoxydbleiche aus.

Algolscharlach *G* ist Benzoyl-1-amino-4-methoxy-anthrachinon und wird nach *D. R. P.* 225232 [1908] (*Friedländer* **9**, 1197) hergestellt. Es ist als Pulver im Handel und färbt aus der gelbroten Hydrosulfitküpe Baumwolle, Seide und Kunstseide wasch-, licht- und chlorecht scharlach. Auch im Kattundruck verwendet.

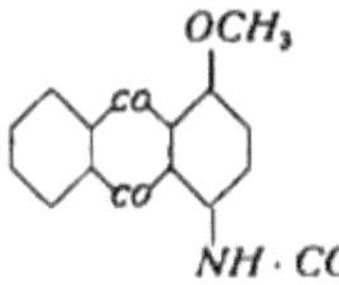

Algolviolett *B-Teig*, 1910, ist Benzoyl-1-amino-4, 5, 8-trioxyanthrachinon und wird nach *D. R. P.* 225232 (*Friedländer* **9**, 1197) dargestellt. Es färbt aus braunroter Hydrosulfitküpe kalt ein klares, echtes Violett auf Baumwolle und Seide. Auch in direktem Druck verwendet und mit Rongalit CL ätzbar.

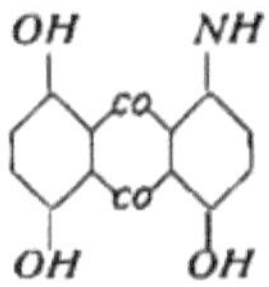

Ristenpart.

Alizarin, 1, 2-Dioxyanthrachinon, ist ein Farbstoff, der im Jahre 1826 von Colin und Robiquet aus dem Krapp (s. u. Farbstoffe, natürliche) isoliert wurde. Der Krapp führte in der Levante den Namen Lizari oder Alizari, wovon dann Alizarin abgeleitet wurde. Im reinen, krystallisierten Zustande bildet es glasglänzende rote Prismen oder Nadeln, die bei 289° schmelzen. In Alkohol und Äther ist es leicht, in Wasser wenig, aber nach Zusatz von Alkalien leicht mit blauvioletter Farbe löslich. 100 T. Wasser lösen bei 100° 0,034 T. Alizarin. Mit der Erforschung seiner Konstitution haben sich viele Chemiker beschäftigt (vgl. G. Schultz „Chemie des Steinkohlenteers" II, 250 [1901]), bis es im Jahre 1868 Graebe und Liebermann (*B.* **1**, 49 [1868]) durch ihre bahnbrechenden Untersuchungen gelang, die Konstitution des Alizarins festzustellen. Mit Hilfe der Baeyer-Methode, aromatische Verbindungen durch Zinkstaub zu reduzieren, gelang es den Forschern, die Muttersubstanz des Alizarins herzustellen, die sich als identisch mit dem Anthracen erwies. Sie legten dem Alizarin die auch von Strecker ermittelte Formel $C_{14}H_8O_4$ zu grunde und sprachen, gestützt auf die Ähnlichkeit seiner physikalischen Eigenschaften mit denen der Chloroxynaphthalinsäure und des Oxynaphthochinons, das Alizarin als Bioxyanthrachinon an. Im gleichen Jahre (*F. P.* vom 14. Dezember 1868) gelang es auch Graebe und Liebermann, das Alizarin synthetisch aus Anthracen resp. Anthrachinon aufzubauen (*B.* **2**, 14, 332 [1869]). Sie führten das Anthrachinon durch Behandeln mit Brom erst in Dibromanthrachinon über und stellten daraus durch Erhitzen mit konz. Kalilauge Alizarin her. Diese Synthese war auch das erste Beispiel der künstlichen Bildung eines im Pflanzenreiche vorkommenden Farbstoffes und erregte selbstverständlich das größte Aufsehen, jedoch ließ sich diese Methode technisch nicht gut durchführen. Auch das verbesserte Verfahren (Anthracen → Dibromanthracen → Tetrabromid → Tetrabromanthracen → Dibromanthrachinon) wurde verlassen, als es Caro (*B.* **45**, 2003 [1912]) in Gemeinschaft mit Graebe und Liebermann gelang, Anthrachinon zu sulfurieren und aus der Anthrachinonsulfosäure durch Verschmelzen mit Alkalien Alizarin herzustellen. Dieses Verfahren wurde am 25. Juni 1869 in England zum Patent angemeldet (*E. P.* 1936 [1869]); einen Tag später reichte W. H. Perkin eine Anmeldung ein, die genau das gleiche Verfahren zum Gegenstand hatte. In Preußen wurde auffälligerweise die Patentierung von der technischen Deputation für Handel und Gewerbe verweigert. Nach den Angaben der Festschrift der *M. L. B.* hat Dr. Rieser daselbst schon im April 1869 die gleiche

Reaktion gefunden und am 18. Mai 1869 bei dem Höchster Amtsgericht deponiert. Nach den Angaben von GRAEBE und LIEBERMANN kam aber die Fabrikation erst 1871 zu stande (*Färbr. Ztg.* **1904**, 287). Auf der Wiener Ausstellung im Jahre 1873 hatten Alizarin ausgestellt und wurden prämiiert: *M. L. B.* sowie Gebr. GESSERT, Elberfeld.

Handelsmarken.

Im Handel bedeutet Alizarin einen Sammelnamen, unter dem einerseits eine Reihe von färbenden Bestandteilen (etwa 4%) der Krappwurzel, andererseits drei bis vier künstlich dargestellte, vom Anthrachinon sich ableitende Farbstoffe zusammengefaßt werden. Von den letzteren unterscheidet man hauptsächlich drei einheitliche Handelstypen:

1. Alizarin VI (*BASF*), Ie (*Bayer*), Nr. I (*M. L. B.*) = 1, 2-Dioxyanthrachinon, das eigentliche Alizarin, auch im Krapp enthalten.

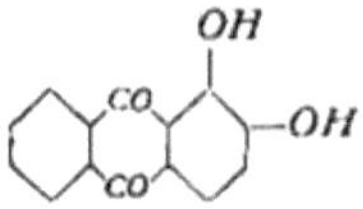

2. Alizarin GI, RG (*BASF*), VG, XG, XGG (*Bayer*), SDG (*M. L. B.*) = 1, 2, 6-Trioxyanthrachinon, das Flavopurpurin (s. auch Anthrachinon).

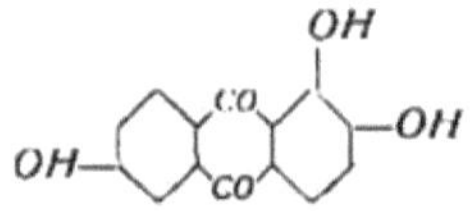

3. Alizarin SX, GD (*BASF*), RF, WR (*Bayer*), RX (*M. L. B.*) = 1, 2, 7-Trioxyanthrachinon, das Isopurpurin (s. auch Anthrachinon).

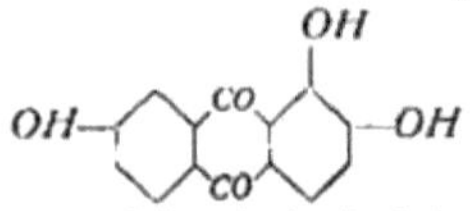

Alle drei sind im Wasser so gut wie unlöslich und kommen daher als 20-, seltener als 40%ige Pasten in den Handel. Für den Export z. B. nach Indien werden auch gewisse Marken mit Stärke versetzt und eingetrocknet. Die erhaltenen Stücke („lumps") werden im Bestimmungsland in Wasser gebracht, wodurch sie aufquellen und zu einem feinen Brei zerfallen. Russische Färbereien kaufen die reinen, trockenen Pulver, die sie in Natronlauge auflösen und mit Salzsäure wieder ausfällen. Aus der Dickflüssigkeit des Teiges läßt sich kein Schluß ziehen auf einen größeren oder geringeren Gehalt an Farbstoff, da die Paste unter der Einwirkung ganz geringer Mengen Säuren oder Kochsalz sich verdickt, durch die Gegenwart ganz geringer Mengen Alkalien aber dünnflüssiger wird. Hier hilft nur eine Trockenbestimmung bei 100°.

Das eigentliche Alizarin löst sich in Natronlauge am blaustichigsten. Flavopurpurin gibt eine rotviolette Lösung, Isopurpurin steht in der Mitte. Auf Grund dieser Reaktion kann man annähernd feststellen, in welchem Verhältnis die drei Typen in den vielfachen Handelsmarken gemischt sind. Nachstehend sind die Mischungen der einzelnen Farbenfabriken angeführt, von Blaustich nach Gelbstich geordnet:

BASF: V 2 bl., WB, V 2a gelbl., V 2, V 3, WR, GF, GFX, GFY, RA, GG;
Bayer: IIAB, IIA, RX, IIAG, IIIAG, IGG, IIGG, WRB, RVT, RAN, RIIIG, RA, RAG, RAB, IIIG;
M. L. B.: 2a bl., 2 A, 2 AG, 2 AW, 2 BW, 1 W, 2 W, 3 W, 2 RG, 3 GW, 4 NB, 4 NG, 5 F, GG.

Die Kenntnis der Zusammensetzung derartiger Mischungen ist von Wichtigkeit, da dieser Blau- bzw. Gelbstich den in der Türkischrotfärberei angewandten entsprechenden Tonerdelacken der drei Typen ebenfalls zukommt (s. Alizarinfärberei).

Seltener gebraucht werden die orangen Zinn-, bordeauxfarbigen Chrom- und violetten Eisen-Lacke, mehr noch in der Druckerei als in der Färberei.

Ganz geringe Bedeutung wegen seines höheren Preises hat

4. Alizarin Nr. 6 (*M. L. B.*), 1, 2, 4-Trioxyanthrachinon, das Purpurin. Es

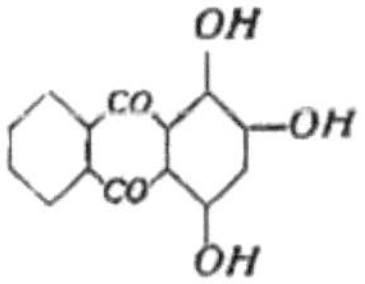

findet sich im Krapp natürlich vor und wird durch Oxydation von Alizarin mit Braunstein und Schwefelsäure künstlich hergestellt. Es wird ganz wenig im Baumwolldruck zur Erzeugung bläulicher Rosas von mäßiger Lichtechtheit gebraucht. Auch zeigt seine Auflösung in Natronlauge die Eigentümlichkeit, unter der Einwirkung von Licht und Luft sich in Phthalsäure zu zersetzen.

Der Name Alizarin kehrt auch wieder in einer Reihe anderer Farbstoffe, welche, ohne mit dem angeführten eigentlichen Alizarin identisch zu sein, sich in ihrer Anwendungsweise an das Alizarin anschließen (vgl. Alizarinfärberei).

Technische Herstellung des Alizarins.

Wie oben erwähnt, war in der Sulfurierung des Anthrachinons und der Verschmelzung der Sulfosäure mit Alkalien ein technisch gangbarer Weg zur Alizarindarstellung gegeben. Bei dem genaueren Studium dieses Vorganges erkannte man, daß es die Monosulfosäure ist, die Alizarin liefert, während die Disulfosäuren Flavo- und Isopurpurin geben. Seither ist natürlich das Bestreben darauf gerichtet, die Sulfurierung so zu leiten, daß man hauptsächlich die Monosulfosäure erhält. Aber die Sulfurierung, die anfangs mit der gewöhnlichen Schwefelsäure oder der Nordhäuser vorgenommen wurde, bot nicht geringe Schwierigkeiten, weil man mit der Temperatur bis auf 270° gehen mußte. Deshalb bedeutete es einen großen Fortschritt, als J. J. Koch (1873) in der Alizarinfabrik von Gessert in Elberfeld die rauchende Schwefelsäure von hohem Anhydridgehalt einführte, womit die Sulfurierung bei niedriger Temperatur möglich wurde.

Bei der Verschmelzung der Monosulfosäure mit Ätznatron ist der Reaktionsverlauf der folgende:

I. 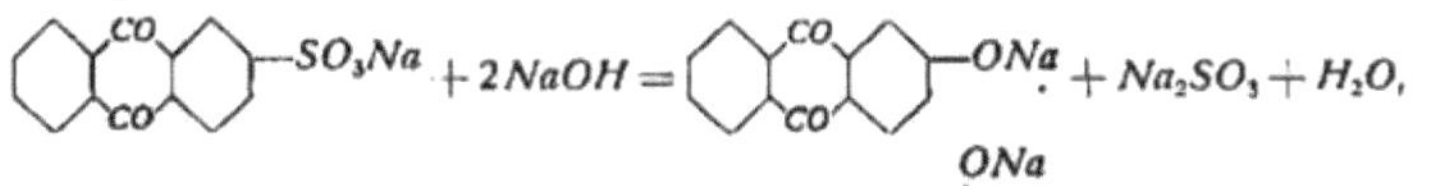

II. 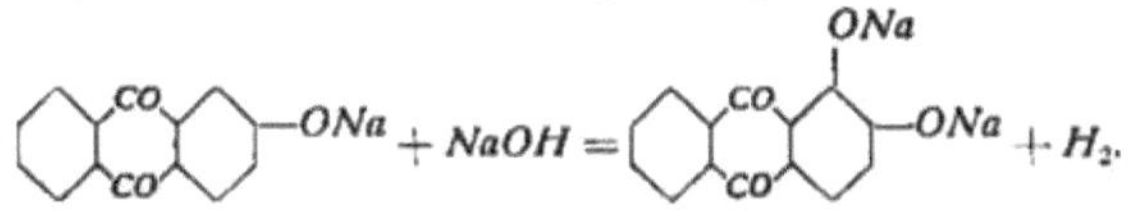

In der ersten Phase erfolgt Abspaltung der Sulfogruppe und Bildung von Oxyanthrachinonnatrium, das bei der weiteren Einwirkung von Natriumhydroxyd in Alizarinnatrium übergeht. Wenn man die Verschmelzung ohne Zusatz von Oxydationsmitteln vornimmt, wie es die obigen Formeln zum Ausdruck bringen und wie es in den ersten Jahren der Alizarinfabrikation geschehen ist, so sollte freier Wasserstoff auftreten. Dies ist jedoch nicht der Fall, sondern der Wasserstoff wirkt reduzierend teils auf das Ausgangsmaterial, teils auf das gebildete Alizarin, dieses zu Monooxyanthrachinon oder in Leukoverbindungen überführend. Letztere wurden allerdings wieder durch den Sauerstoff der Luft oxydiert, da die Schmelzen im Anfange in offenen Kesseln ausgeführt wurden. Erst im Jahre 1873 wurden diese von J. J. Koch durch Druckkessel ersetzt und den Schmelzen Oxydationsmittel wie Kaliumchlorat oder Salpeter zugesetzt, wodurch das Verfahren derartig verbessert wurde, daß aus 100 T. Anthrachinon ca. 100—115 T. Alizarin gewonnen werden.

III.

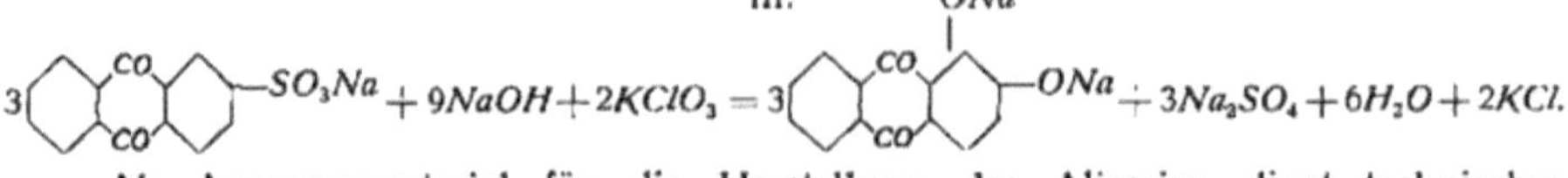

Als Ausgangsmaterial für die Herstellung des Alizarins dient technisches Anthracen, das ca. 40—50% Rein-Anthracen enthält und als solches von der Teerdestillation geliefert wird (vgl. Anthracen).

Reinigung des Anthracens.

Bei der früheren Arbeitsweise wurde auf einen hohen Reinheitsgrad des Anthracens kein Gewicht gelegt; man brachte es vielmehr vor der Oxydation nur in eine feine Verteilung, wozu anfangs Kugelmühlen in Gebrauch waren, an deren Stelle später die Sublimation mit Wasserdampf trat. Dann wurde oxydiert und nun erst das so gewonnene Rohanthrachinon gereinigt. Dies gelang verhältnismäßig einfach durch Erwärmen mit konz. Schwefelsäure auf 100—130°. Dadurch werden nämlich die Verunreinigungen sulfuriert und wasserlöslich, während das Anthrachinon nicht angegriffen wird, so daß es durch Wasser wieder abgeschieden werden kann. Um es durch eine allmähliche Abscheidung in krystallinischer und leicht filtrierbarer Form zu erhalten, wurde die schwefelsaure Lösung Wasserdämpfen ausgesetzt und auf diese Weise verdünnt.

Heute ist dieser Weg verlassen, denn es ist vorteilhafter, von einem reinen, wenigstens 95%igen Anthracen auszugehen und dieses zu oxydieren.

Die Reinigung des Rohanthracens erfolgt jetzt hauptsächlich nach dem erloschenen *D. R. P.* 42053 mittels Pyridinbasen. Sie wird in einem doppelwandigen, durch Dampf zu erwärmenden Kessel vorgenommen, der mit Rührwerk, Druckluft-Zuleitungsrohr und mit einem Ablaßrohr versehen ist, das mit einer Nutsche in Verbindung steht. Zum Einfüllen des Pyridins dient ein Rohr, das zu den Pyridinlagerkesseln führt, die entweder in dem Fabrikraum selbst feuersicher eingelagert sind oder sich außerhalb befinden. Durch ein Mannloch des Deckels füllt man 3000 *kg* Rohanthracen ein und läßt 5000 *l* Rohpyridin zulaufen, stellt den Dampf an und erwärmt unter Rühren auf 100°. Nachdem man 2 Stunden diese Temperatur innegehalten hat, stellt man den Dampf ab und läßt unter Kühlen mit Wasser vollständig erkalten. Unter fortgesetztem Rühren wird hierauf die Mischung auf die Nutsche gedrückt. Diese ist mit einem Deckel verschließbar, um das Austreten der lästigen Pyridindämpfe zu verhindern, und mit einem verstellbaren Gleitrührwerk versehen.

Aus der Nutsche kommt das Anthracen wieder in den Kessel zurück und wird nun mit 5000 *l* frisch destilliertem Pyridin nochmals auf 100° erwärmt. Für die erste Reinigung verwendet man gewöhnlich ein Pyridin, das man bereits zu einer zweiten Reinigung benutzt hatte, und destilliert es dann ab. Die Destillation kann mit direkter Feuerung geschehen. Steht einem jedoch gespannter Dampf zur Verfügung, so wird man der größeren Sicherheit wegen diesen zur Heizung nehmen und entweder eine Destillierblase mit Doppelboden oder mit eingelegter Heizschlange wählen.

Nach dieser zweimaligen Behandlung kommt das Anthracen in die Vakuumtrockner. Es enthält, so wie es von der Nutsche kommt, noch 25—30% Pyridin[1]. Dieses muß natürlich aufgefangen werden, was dadurch geschieht, daß die Schieberluftpumpe der Trockner mit einem Schwefelsäureturm verbunden ist. Letzterer ist von einem automatischen Montejus bedient, das die Schwefelsäure zunächst auf einen Verteiler drückt, von wo sie in den Turm und über seine Füllung (Tonkörper) hinabrieselt. Die unten eintretenden Pyridindämpfe werden so von der Schwefelsäure vollständig absorbiert. Von Zeit zu Zeit entnimmt man dem Montejus Proben. Ist die Schwefelsäure verbraucht, so wird aus ihr das Pyridin mit Natronlauge abgeschieden. 100 T. Rohanthracen (45%) ergeben so nach dieser Reinigung ca. 50 T. Anthracen von 88—92% Reingehalt.

Es wird hierauf einer Sublimation mit überhitztem Wasserdampf unterworfen. Gußeiserne Kessel oder flachere guß- oder schmiedeeiserne Pfannen von 1500 *mm* l. ∅ und 600 *mm* zyl. Höhe werden über direktem Feuer erhitzt. In die Pfanne führt das Dampfrohr des Überhitzers, das sich in der Höhe des Austrittsstutzens kranzförmig an die innere Kesselwand anlegt. Der Austrittsstutzen ist mit einem knieförmig abgebogenen Kondensrohr verbunden, in dem die Dämpfe mit einem feinen

[1] Viel vorteilhafter wäre es zweifellos, wenn man es noch vor dem Trocknen durch eine hydraulische Presse schicken würde, um es so vom größten Teil des Pyridins und der darin gelösten Verunreinigungen zu befreien.

Wasserregen zusammentreffen und kondensiert werden. Der Überhitzer befindet sich entweder innerhalb der Kesselanlage und ist dann zwischen Röhrenelement und Oberkessel eingebaut, oder aber er wird getrennt von dem Kessel und direkt neben den Sublimationspfannen aufgestellt. In beiden Fällen besteht er zumeist aus nahtlosen Stahlröhren mit außerhalb der Feuerzüge liegenden Verbindungsstellen, seltener aus Doppelröhren, von denen die inneren aus Guß-, die äußeren aus Schmiedeeisen bestehen. Pro 1 *qm* Heizfläche und Stunde können bei direkter Feuerung 300 *kg* Dampf um ca. 200° überhitzt werden, wobei ganz trockener Dampf vorausgesetzt ist. Man wird jedoch auch wegen besserer Ausnutzung des Brennstoffes die Heizfläche größer wählen. Für eine Tagesproduktion von etwa 500 *kg* Anthrachinon sind ca. 40 *qm* Heizfläche erforderlich. Zu berücksichtigen ist noch, daß bei dem vom Kessel getrennten Überhitzer der Dampf vor Eintritt in ihn einen Kondenstopf zu passieren hat.

Das in die Pfanne *A* eingetragene Anthracen wird auf 250° gebracht, worauf man den überhitzten Dampf von 300° eintreten läßt. Das sublimierte Anthracen läuft mit dem Kondenswasser in einen Kasten *J*, der innen mit Kaliko überspannt ist. Das Anthracen wird dadurch zurückgehalten, während das Wasser durch einen Siebboden abläuft. Der Hauptzweck der Sublimation ist, das Anthracen durch die Wasserkondensation in die für die nachfolgende Oxydation erforderliche feine Verteilung zu bringen. Kugelmühlen sind vollständig ungenügend.

Über die Analyse des Anthracens s. Anthracen.

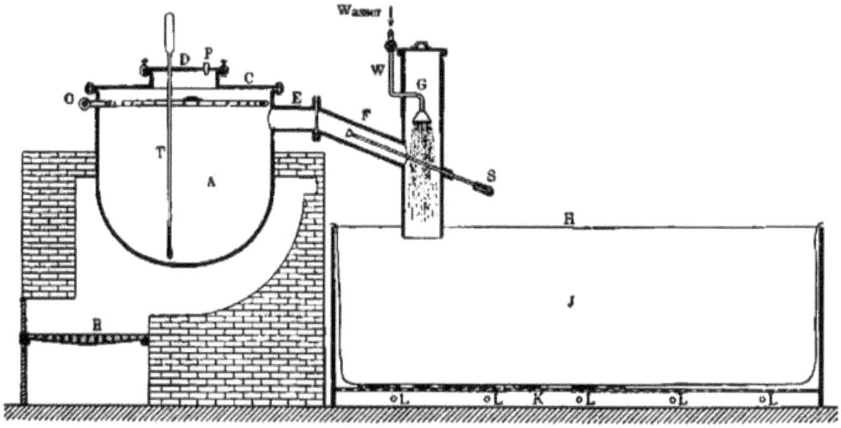

Abb. 88. Apparat für die Reinigung von Anthracen nach GNEHM.

Oxydation des Anthracens zu Anthrachinon.

Anthracen wird mit Natriumbichromat und Schwefelsäure oxydiert. Die hierbei abfallende Chromlauge kann entweder elektrolytisch oxydiert werden, wie dies nachstehend beschrieben ist, oder aus der Lauge wird Chromoxyd hergestellt und dieses entweder in Chromalaun oder in Bichromat übergeführt (vgl. Chrom). Die Oxydation selbst wird in großen Bottichen von 10—12 *cbm* vorgenommen. Sie sind innen verbleit und entweder aus Eisen, in diesem Falle dann außen von einer Wärmeisolierung umgeben, oder besser aus Holz. Sie führen ein Planetenrührwerk, und für die Erwärmung ist eine Heizschlange aus Blei vorgesehen.

Man trägt 150 *kg* Anthracen ein und gibt 3—4 *cbm* Wasser hinzu. Nachdem man auf 75° vorgewärmt hat, läßt man unter stetem Rühren und weiterem Erhitzen bis auf 95° die Chromlauge in einem nicht zu starken Strahl zufließen. Erforderlich sind hierzu 2 *cbm* einer Lauge, die im *l* 100 *g* CrO_3 und 250—300 *g* Schwefelsäure enthält. Hat man nicht genügend verdünnt oder die Chromsäure zu schnell hinzugegeben, so tritt zuweilen starkes Schäumen auf. Die Operation dauert 12—16 St. Um sich zuvor zu überzeugen, ob die Oxydation beendet ist, nimmt man eine Probe heraus, saugt das Chinon ab, wäscht es und bringt es in ein kleines Schälchen, das man über freier Flamme vorsichtig erhitzt, bis die Masse zusammensintert und zu schmelzen beginnt. Dann geht man aus der Flamme heraus und läßt erkalten. Hierbei überzieht sich die Masse mit dem charakteristischen Sublimat des Anthrachinons in Form feiner Nädelchen. Ist die Oxydation noch nicht beendet, so verrät sich dies sofort dem auch nicht geübten Auge durch die glitzernden Blättchen des Anthracens, die innerhalb der Nadeln in größerer oder geringerer Anzahl zu sehen sind. In einem solchen Falle kocht man noch weiter und fügt noch Chromatlösung hinzu, falls alles CrO_3 bereits verbraucht ist. Die Titration von CrO_3 in der Lauge geschieht durch eine Ferrosulfatlösung. Ein Überschuß an Ferrosalz wird durch eine Tüpfelprobe mit Ferricyankaliumlösung erkannt.

Das fertige Anthrachinon wird mit der Lauge in ein Druckgefäß abgelassen, von da in die Pressen geleitet und ausgewaschen. Die Chromlauge und Waschwasser werden gesammelt und in einem Vakuumverdampfer zur ursprünglichen Konzentration eingedampft.

Der Vakuumverdampfer ist in Hartblei ausgeführt, 1900 *mm* Durchmesser, 1700 *mm* Zargenhöhe, 540 *mm* Bodentiefe, 1100 *mm* Höhe des oberen konischen Teiles, mit Dom von 400 *mm* Durchmesser und besitzt eine Heizfläche von ca. 25 *qm* aus Hartbleirohr für eine Verdampfung von 12000 *l* Wasser in 24 Stunden.

Die Lauge kommt aus dem Verdampfer zur elektrolytischen Regenerierung in die Bäder.

Das Anthrachinon wird sublimiert. Die Apparatur zur Sublimation des Anthrachinons ist im allgemeinen die gleiche wie die des Anthracens. Die direkte Erhitzung der Pfannen hat jedoch hier größere Verluste zur Folge; man benutzt daher mit Vorteil Pfannen, die ebenso wie die Sulfurierungs- und Schmelzkessel mit hochüberhitztem Druckwasser erwärmt werden, eine Heizung, die eine genaue Regulierung ermöglicht und wirtschaftlicher ist als eine solche mit überhitztem Dampf. Zur Kondensation wurden früher große geräumige Kammern angebracht. Zum Austritt des nicht kondensierten Dampfes war das Dach zum Teil offen, aber mit Tuch überspannt, und dieses wurde ev. noch berieselt. Vor dem Austritt hatten die Dämpfe noch einige Prellwände zu passieren. Einfacher und weniger Raum beanspruchend ist eine Wasserkondensation wie bei Anthracen.

Elektrolytische Regeneration der Chromlauge.

Die Oxydation von Chromoxydverbindungen in saurer Lösung wurde bereits im Jahre 1886 von F. FITZ-GERALD[1] vorgenommen, u. zw. unter Benutzung von Bleianoden. Eine nicht zu umgehende Bedingung ist hierbei die Trennung der Kathoden vom Anodenraum durch ein Diaphragma. Ohne ein solches ist eine Oxydation der großen Stromverluste wegen praktisch nicht durchführbar; auch eine noch so kleine Stromdichte an der Anode gegenüber einer äußerst hohen an der Kathode wird kein brauchbares Ergebnis liefern. Elektrolysiert man nun schwefelsaure Lösungen, die durch ein Diaphragma getrennt sind, so tritt durch die Wanderung von SO_4-Ionen aus dem Kathoden- in den Anodenraum eine Anreicherung des anodischen und eine Verarmung des kathodischen Elektrolyten an Schwefelsäure ein. Um jedoch in ununterbrochener Folge die Chromlauge abwechselnd durch Anthracen reduzieren und durch den Strom oxydieren zu können, muß diese Konzentrationsverschiebung entweder ausgeglichen oder vermieden werden.

Der erste Weg ist von LE BLANC und REISENEGGER (*D. R. P.* 103860) beschritten worden. Die durch Anthracen reduzierte Chromlauge wird zunächst durch die Kathodenräume der Bäder geleitet. Während des Durchlaufens verliert sie an Schwefelsäure. Nach dem Verlassen der Kathodenräume tritt sie aber selbst in die Anodenseite der Bäder ein, wird hier oxydiert und gewinnt gleichzeitig die zuvor verlorene Schwefelsäure zurück.

Von DARMSTAEDTER rührt ein Verfahren her (*D. R. P.* 117949), und ähnlich diesem ist ein englisches Patent (*E. P.* 19029 [1900]), wonach die Konzentrationsverschiebung durch Diffusion ausgeglichen werden soll. Die Diffusionsgeschwindigkeit ist aber viel zu gering, um einen Ausgleich zu schaffen. LE BLANC sagt in seiner angeführten Monographie, „daß die Anwendung dieser Idee auf den vorliegenden Fall wie die Faust aufs Auge paßt“ und weiterhin „insgesamt muß also das Verfahren als unbrauchbar gekennzeichnet werden“. Letzteres gilt auch von einem zweiten Verfahren DARMSTAEDTERS (*D. R. P.* 109012), u. zw. der schlechten Ausbeuten wegen. Es ist dies bedauerlich insofern, als die Ausführung sehr einfach wäre. Das Verfahren besteht darin,

[1] *E. P.* 5542 (1886); siehe auch die Monographie von LE BLANC „Die Darstellung des Chroms und seiner Verbindungen.

daß man das Anthracen selbst in den Elektrolyten gibt, der aus einer Lösung von Chromsulfat und Schwefelsäure besteht. Das Chromsulfat wirkt hierbei nur als Sauerstoffüberträger und gibt den Sauerstoff sofort an die zu oxydierende Substanz (Anthracen oder Naphthalin) wieder ab. Diaphragmen wären hierbei nach der Patentbeschreibung nicht nötig.

Ein anderes Patent ist das der CHEMISCHEN FABRIK BUCKAU. Der Patentanspruch lautet: „Verfahren zur elektrolytischen Oxydation von Chromsulfatlauge zu Chromsäure, gekennzeichnet dadurch, daß eine Trennung von Anoden- und Kathodenlauge nicht erfolgt und eine Reduktion der entstehenden Chromsäure durch den an der Kathode entstehenden Wasserstoff durch Zusatz von schwefelsauren oder essigsauren Alkalien oder eines Gemisches beider Substanzen vermieden wird". Es braucht wohl nicht erst gesagt zu werden, daß dieser Zusatz nicht den geringsten Einfluß auf die Reduktion der entstehenden Chromsäure ausübt und ebensowenig das Kathodenpotential erniedrigt, wie es in der Patenterklärung heißt. Dagegen ist das Natriumacetat unbedingt wegzulassen, weil es, ganz abgesehen von den vollständig zwecklosen Stromverlusten, die Anodenplatten in kurzer Zeit zerstört[1].

Außer dem *M. L. B.*-LE BLANC-Verfahren kommt praktisch noch folgendes Verfahren in Betracht. Die Kathoden, welche die Form von Stäben haben, werden direkt mit einem Asbestdiaphragma umgeben. Es besteht aus einem möglichst dichten Gewebe aus dem blauen Asbest („Capasbest"), mit welchem die säurebeständigeren Kathoden umwickelt werden. Dadurch fällt also der Kathodenraum fort und die Konzentrationsverschiebung ist dadurch vermieden. Da stark schwefelsaure Lösungen dem Asbest sehr schädlich sind, so sucht man die Leitfähigkeit statt durch einen Überschuß an Schwefelsäure durch Zusatz von Natriumsulfat zu erhöhen, von dem man noch eine zweite gute Wirkung erhofft, nämlich die Ausbildung einer Chromhydroxydschicht innerhalb des Asbestgewebes, die nach FÖRSTER selbst als Diaphragma wirkt. Es sei dabei erinnert an die Anwendung desselben Kunstgriffes bei einer Methode der Alkalichlorat-Elektrolyse.

Die Bäder sind Bleikästen (1,2 *m* hoch, 1 *m* lang und 0,4 *m* breit), stehen in einem Gerüst aus Band- und ⅂-Eisen. Auf dem oberen Rand des Kastens liegen zunächst vier Längsschienen aus Kupfer, die durch eine Querschiene verbunden sind. Sie tragen die vier Blei-Anodenplatten von 0,8 *qm* Fläche. Des ungehinderten Verkehrs der Lauge wegen sind die Platten mehrfach geschlitzt. Zwischen diesen Platten sind drei Reihen je von 6 Kathodenstäben von 25–30 *mm* Durchmesser aus Hartblei. Die drei Schienen, welche die Kathodenstäbe tragen, liegen auf Querschienen von starkem Glas, die ihrerseits wieder auf den Längsschienen der Anodenzuführungen ruhen. Die Spannung der Bäder beträgt bei 30–40° und 500 Amp. ca. 3,5 Volt. Die Ausbeute ist etwa 70%, solange die Asbestdiaphragmen gut gedichtet sind. Sie hängt aber auch wesentlich davon ab, wie hoch man oxydiert. Es lohnt sich nicht, mehr als 85% des vorhandenen Chromoxydes zu oxydieren. In die Kostenberechnung kann man demnach 400 *KW.*-St. für 100 *kg* CrO_3 einsetzen.

Eine den tatsächlichen Verhältnissen wohl nahe kommende Berechnung des Stromverbrauches pro 100 *kg* Anthrachinon ist folgende: Angenommen, man erhält so viel Anthrachinon, als man Anthracen (ca. 96%) zur Oxydation brachte, ferner angenommen, man braucht zur Oxydation von 100 *kg* Anthracen 200 *kg* Bichromat (theoretisch 167,4) also 120%, so entspricht das bei 3,6 Volt Spannung 388 *KW.*-St. bei 100% Stromausbeute; bei 70% 554,3 *KW.*-St. Die Zahl der aufzustellenden Bäder wäre demnach bei 500 Amp. Stromdurchgang 13 für eine Tagesproduktion von 100 *kg* Anthrachinon.

Einen Nachteil hat die oben beschriebene Anordnung der Elektroden. Wenn man einem Kathodenstab eine Anodenplatte gegenüberstellt, so wird die Anoden-

[1] Eine Erklärung hierfür findet man in der Besprechung der Formierung von Akkumulatorenplatten in „Die Akkumulatoren" von DOLEZALEK.

stromdichte, selbst wenn die Platte noch so groß ist, nicht über ein gewisses Maß verringert. Denn die Stromlinien breiten sich ja nicht über die ganze Platte aus, sondern suchen den kürzesten Weg und weichen von diesem nur so weit ab, als die Spannung auf dem kürzesten Wege infolge der hohen Dichte gleich groß ist derjenigen auf dem weiteren Wege der Abweichung. Eine konzentrische Anordnung der Elektroden wäre also in diesem Falle vorzuziehen.

Will man dem Höchster Verfahren, das dem oberen ganz entschieden überlegen ist, die gleiche Bädergröße zu grunde legen, so wäre seine Ausführung etwa folgende:

Jedes Bad ist durch zwei Längswände dreiteilig. Der mittlere Teil, der Kathodenraum, ist 20 *cm* breit, also doppelt so breit als die beiden seitlichen Anodenräume. In beide Scheidewände sind je zwei Tondiaphragmaplatten eingelassen, vor denen beiderseits die Elektrodenbleiplatten zu hängen kommen. Die beiden Anodenräume sind durch ein an der einen äußeren Querwand des Bades schräg von oben nach unten verlaufendes Rohr verbunden. Es ergibt sich von selbst, daß zum Durchlaufen der Länge sowohl die Kathoden- als auch die Anodenräume der Bäder untereinander verbunden sein müssen.

Die Spannung beträgt nach der Angabe von Le Blanc (*D. P. a., B.* 56229 [9. Dez. 1911]) bei einer Stromdichte von 0,03 *qcm* kaum 3,5 Volt bei etwa 50°. Bei einem Stromdurchgang von 500 Amp. durch ein Bad von angegebener Größe müssen also die Anodenplatten eines Bades insgesamt eine Fläche von 1,7 *qm* haben, ebenso die Diaphragmen und Kathoden. Der Stromverbrauch für 100 *kg* CrO_3 wird im Durchschnitt mit 350 *KW*.-St. angegeben, so daß bei 3,5 Volt Spannung die Stromausbeute 80% beträgt.

Sulfurierung des Anthrachinons.

Die Sulfurierung wird in Rührwerkapparaten vorgenommen, die aus besonders säurebeständigem Guß hergestellt sind. Bewährt und gut eingeführt sind in der Technik solche, deren Erhitzung mit hochüberhitztem Druckwasser vorgenommen werden, System Paschke Frederking von Opitz & Klotz, Leipzig. Sie haben einen Durchmesser von 1165 *mm* und 1235 *mm* lichte Höhe. Der Deckel hat ein Mannloch, trägt das Rührwerk, das Druckleitungsrohr, sowie das Eintauchrohr des Thermometers. Letzteres ist mit einer Temperatur-Selbstregistriervorrichtung versehen.

Man trägt nun ein, um ein konkretes Beispiel anzuführen: 300 *kg* Anthrachinon, wie es nach dem Trocknen aus der Sublimation kommt, und 200 *kg* Rückchinon (mit diesem Namen wird das Anthrachinon belegt, welches unangegriffen von der Sulfurierung zurückgewonnen wird), dann 400 *kg* Oleum 20% SO_3 und 200 *kg* Oleum 60% SO_3. Die Temperatur wird 8 Stunden auf 145° gehalten. Man kann auch zunächst nur die Hälfte der obigen Oleummenge eintragen, 3–4 Stunden erhitzen und dann in ein oder zwei Partien die andere Hälfte zugeben.

Noch vor dem Erkalten wird die Reaktionsmasse unter fortgesetztem Rühren in einen ausgebleiten Kasten gedrückt, in dem sich $1\frac{1}{2}$–2 *cbm* Wasser befinden. Man verdünnt dann weiter auf ca. 5 *cbm*, wobei man durch direkten Dampf einige Zeit erwärmt. Unangegriffen bleiben in der Presse 80–120 *kg* Anthrachinon zurück. Die abfiltrierte Lauge wird mit 85 *kg* Soda versetzt. Sie bleibt jedoch noch stark sauer, denn diese Menge entspricht nur ungefähr $^3/_8$ der gesamten freien Säure. Das „Silbersalz" ist aber schwer löslich und scheidet sich daher bereits in dieser Verdünnung zum Teil ab. Zur weiteren Abscheidung wird die Lauge im Vakuumverdampfer auf 22–23° *Bé.* (heiß gemessen) eingedampft. Unterhalb des Verdampfers befindet sich zum Ablassen seines Inhaltes ein Rührwerkkessel mit Doppelmantel behufs Wasserkühlung, der gleichzeitig als Montejus dient. Von hier wird das Silbersalz mit seiner Mutterlauge nach dem Erkalten in die Pressen gedrückt. Nach dem Pressen wird es mit einer verdünnten Kochsalzlösung, in der es unlöslich ist, gewaschen. Die Ausbeute beträgt 450–500 *kg* (trocken).

Für die meisten Blaustichmarken ist dieses Silbersalz genügend rein und bedarf keiner weiteren Reinigung. Die Mutterlauge des Silbersalzes, welche hauptsächlich Anthrachinon-2, 6- und -2, 7-disulfosäure enthält, wird mit Kalk neutralisiert. Nach dem Abpressen des gefällten Gipses wird der überschüssige Kalk mit Soda gefällt bzw. die Kalksalze der Disulfosäuren in die Natriumsalze übergeführt. Die Lösung, die zuvor dunkelbraun war, nimmt hierbei eine tiefkirschrote Farbe an. Durch Einleiten von Dampf läßt man einige Zeit kochen, filtriert dann ab und dampft in Vakuumverdampfern ein, bis sich von den beiden Salzen das schwerer lösliche der 2, 6-Disulfosäure abgeschieden hat. Ist eine Trennung von Flavo- und Anthrapurpurin bzw. der beiden entsprechenden 2, 6- und 2, 7-Disulfosäuren beabsichtigt, so filtriert man ab und verschmilzt getrennt. Ist dies nicht der Fall, so läßt man die eingeengte Mischung, deren Trockengehalt 25–28% beträgt, aus dem Verdampfer in ein Druckgefäß ab, von wo sie direkt in den Schmelzkessel gelangt.

Verschmelzung der Anthrachinonsulfosäure.

Diese Umwandlung wird in liegenden, mit Rührwerk versehenen und mit überhitztem Wasser geheizten Kesseln[1] ausgeführt (vgl. Abb. 89).

Ihr Gesamtinhalt beträgt ca. 3550 *l*, u. zw. haben sie eine Länge von 2000 *mm* und einen lichten Durchmesser von 1400 *mm* und bestehen aus Gußeisen mit ca. 100 *m* in den Mantel eingegossenen Heizrohrschlangen. Der schmiedeeiserne Dom hat einen Durchmesser von 600 *mm* und ist 500 *mm* hoch. Der Kessel ist auf 12 *Atm.* geprüft. Das Rührwerk besteht aus einer vierkantigen Rührwerkswelle mit ausgedrehten Lagerzapfen und einer aus Flacheisen rechts und links gewundenen Spirale und dem Vorgelege.

Vor näherem Eingehen in den Schmelzprozeß muß hier hervorgehoben werden, daß die Alizarinfabrikation ein weiches, vor allem anderen aber ein eisenfreies

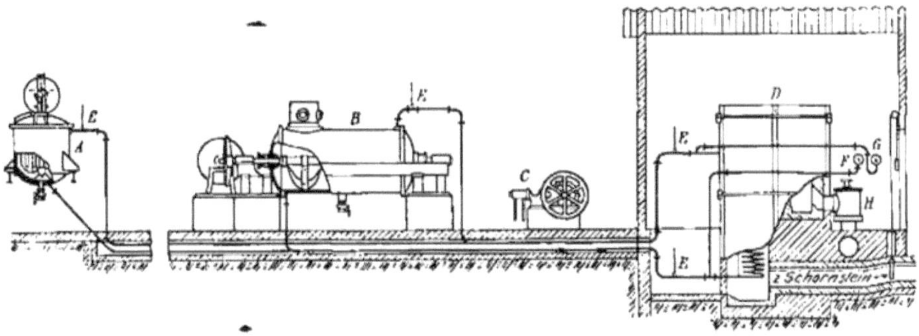

Abb. 89. Sulfurierungs- und Schmelzkessel
(OPITZ & KLOTZ, G. m. b. H., Leipzig).

A Sulfurierungskessel für Anthrachinon; *B* Schmelzkessel für Anthrachinonsulfosäure; *C* Zirkulationspumpe; *D* Heißwasserofen; *E* Thermometer; *F* Manometer; *G* Schreibthermometer; *H* Gasregulierventil.

Wasser erfordert. Selbst ein geringer Eisengehalt würde das Wasser hierzu untauglich machen, weil das mit ihm erhaltene Alizarin nicht die rein gelbe Farbe zeigt, sondern durch die Kalkeisenlacke mehr oder weniger dunkel gefärbt ist. Am nächstliegenden wäre es, Brüdenwasser zu verwenden, aber das ist keineswegs immer vollständig eisenfrei, im Gegenteil führt es sehr häufig aus den verschiedenen Apparaten und Leitungen Eisen mit sich, was zu berücksichtigen ist. Hat man durch irgend ein Versehen, beispielsweise dadurch, daß die Verbleiung der Fällbottiche schadhaft geworden ist, ein derartig mißglücktes Alizarin erhalten, so wäre ein nochmaliges Auflösen in Alkali zwecklos, denn auch die zweite Fällung wäre nicht besser. Man trägt dann unter Aufkochen in die Fällung Salzsäure und ebensoviel Kaliumchlorat ein, bis Aufhellung erfolgt. Diese Chlorbehandlung muß aber mit Vorsicht vorgenommen werden, um nicht beträchtliche Mengen von Alizarin selbst zu zerstören.

Die Verschmelzung des Silbersalzes soll nachstehendes Beispiel eines Ansatzes veranschaulichen.

625 *kg* Silbersalz (66,4%) = 415 *kg*,
1,687 *cbm* Natronlauge 45° *Bé.* = 1030 *kg* $NaOH$,
125 *kg* Salpeter.

[1] Die Anordnung der Heizelemente ist aus obiger Abbildung wegen der starken Verkleinerung nicht ersichtlich. Vgl. darüber Abdampfen, Abb. Nr. 32.

Auf 100 T. Silbersalz kommen also
250 T. Natriumhydroxyd und
30 T. Salpeter.

Man füllt erst die Natronlauge und den Salpeter in den Schmelzkessel ein, erwärmt auf ca. 125° und trägt dann erst das Silbersalz ein. Nun steigert man die Temperatur auf 180°, wobei der Druck 4–4,5 *Atm.* beträgt. Nach 36–48 Stunden ist gewöhnlich alle Monosulfosäure in Alizarin übergeführt, wovon man sich überzeugt, indem man eine herausgenommene Probe mit Kalkmilch kocht und das vom Alizarin-Kalklack befreite Filtrat ansäuert. Ist die Schmelze noch nicht beendet, so scheidet sich Oxyanthrachinon in gelben Flocken ab. Die fertige Schmelze wird in einen Kasten gedrückt. Unter diesem befinden sich die größeren, innen verbleiten Behälter, in denen die Ausscheidung vorgenommen wird. Die Schmelze wird partienweise in diese größeren Behälter abgelassen, dort bis auf 6° *Bé.* verdünnt, durch direkten Dampf erwärmt und die Fällung heiß durch Schwefelsäure 60° vorgenommen.

Für „Alizarin extrablau" wird die verdünnte Alkalischmelze siedend heiß mit Kalkhydrat versetzt, bis ein Tropfen auf Filterpapier mit rein roter Farbe abläuft. Der Kalklack des Alizarins wird dann durch Salzsäure zersetzt.

Das Alizarin wird nach der Abscheidung in die Pressen geleitet und dort so lange gewaschen, bis das Wasser nicht mehr sauer reagiert. Von den Preßkuchen werden Proben genommen und der Trockengehalt bestimmt. Die Temperatur beim Trocknen der Proben darf nicht höher als 105° sein, da sonst Verluste an Alizarin zu befürchten sind. Von dem Gewichte des getrockneten Alizarins wird noch das seines Aschenrückstandes abgezogen.

Zur Herstellung einer 20%igen Paste, in welcher Form das Alizarin zumeist im Handel ist, kommt es nun in das Mischgefäß. Dieses ist aus pitch-pine-Holz mit Rührwerk, dessen Welle entsprechend der Form des Gefäßes horizontal geführt ist. Hier wird das Alizarin mit der berechneten Menge Wasser vermischt. Die so hergestellte 20%ige Paste stellt eine dünne Flüssigkeit dar, deren feiner Niederschlag sich leicht gleichmäßig verteilen läßt. Manche Abnehmer, namentlich im Orient, ziehen dickere Pasten vor. Um solche darzustellen, genügt es, $^1/_2$–1% Kochsalz einzutragen. Es tritt dann die ganz eigenartige Erscheinung ein, daß die dünnflüssige Mischung sofort die Konsistenz einer mäßig dicken Paste annimmt. Die Erscheinung ähnelt sehr dem Aussalzen gewisser kolloidaler Lösungen. Für noch dickere 20%ige Pasten, wie sie namentlich in Indien erwünscht sind, wendet man Verdickungsmittel, wie Glycerin, Melasse, Stärke u. s. w. an.

Zur Herstellung von trockenem Alizarin in Stücken (lumps) verfährt man nach der Vorschrift *M. L. B.* (*D. R. P.* 81230 [1894]).

1000 *kg* Alizarinpaste von 20% werden mit der berechneten Menge trockener, feingeschlämmter Stärke, in ca. 3000 *l* kaltes Wasser eingerührt und unter ständigem Rühren durch eine Filterpresse wieder möglichst vom Wasser befreit. Die Preßkuchen werden anfangs bei niederer, später bei höherer Temperatur eingetrocknet. Um den gewünschten muscheligen Bruch zu erzielen, muß man ein Verquellen der Stärke vermeiden, das Wasser zunächst durch Pressen unter hohem Druck möglichst entfernen und die Temperatur im Vakuumtrockenschrank nicht über 60° halten.

Die Verschmelzung der Anthrachinon-disulfosauren Salze geschieht in derselben Weise wie die des Silbersalzes, nur hält man eine höhere Temperatur ein, 200–225°. Die Reaktion kann hierbei so verlaufen, daß sich intermediär die Alizarinsulfosäuren bilden, die dann weiterhin in die Purpurine übergehen; andererseits können aber auch beide Sulfogruppen durch Hydroxylgruppen ersetzt werden, bevor noch die dritte Hydroxylgruppe in die α-Stellung tritt, und in diesem Falle entstehen intermediär die Anthraflavin- und Isoanthraflavinsäure. Während letztere leicht in Isopurpurin übergeführt werden kann, zeigt sich die Anthraflavinsäure sehr träge in der Aufnahme von Sauerstoff, so daß man früher ihre Überführung in Anthrapurpurin überhaupt nicht für möglich hielt (R. SCHMIDT, *J. pr. Ch.* **43**, 236 [1891]). Entgegen dieser Anschauung fanden WEDEKIND u. Co. (*D. R. P.* 194945), daß dies doch eintritt, wenn man die Alkalischmelze mit wesentlich konzentrierterer wässeriger Alkalilösung und bei höherer Temperatur ausführt. Sie machen in erster Linie folgende Angabe: 100 T. Anthraflavinsäure, 50 T. Salpeter, 1500 Volumteile Natronlauge vom *Siedep.* 185°, Temperatur 215–225°. Die Folge dieses Patentes waren zwei weitere Patente desselben Gegenstandes von *Bayer* (*D. R. P.* 205097 und 223103). Diese Firma hält eine Temperatur über 200° und eine so stark konz. Lauge nicht für notwendig, sondern verschmilzt mit 20%iger Natronlauge bei 180–200°. Eines ihrer Beispiele lautet: 25 T. Anthraflavinsäure, 12 T. Natronsalpeter, 700 T. Natronlauge im Druckkessel bei 180–200° (*D. R. P.* 205097 und 223103).

Für die Verschmelzung der Lauge, welche die beiden anthrachinondisulfosauren Salze teils in Lösung, teils in Suspension enthalten, seien folgende Ansätze als Beispiel angegeben:

Beispiel 1.
2 *cbm* der Lauge (Trockengehalt 27,65%)[1] = 553 *kg*,
180 *kg* Salpeter,
1012 *l* Natronlauge 45° *Bé.* (= 618 *kg* *Na OH*), 3 Trommeln Ätznatron = 795 *kg*.

Beispiel 2.
1850 *l* Lauge = 514 *kg* trocken[1],
250 *kg* Salpeter,
900 *l* Natronlauge 45° *Bé.* (549,5 *kg* *Na OH*), 3 Trommeln Ätznatron 795 *kg*.

Auch hier trachtet man, wie bei der Verschmelzung des Silbersalzes, die Temperatur möglichst rasch zu erreichen und erwärmt daher zuerst die Lauge der disulfosauren Salze und die Natronlauge unter Zugabe des Salpeters, bevor man die in den Beispielen angegebenen drei Trommeln Ätznatron hinzugibt. Die Dauer beträgt mindestens 48 Stunden. Die weitere Verarbeitung und Fertigstellung geschieht ganz so, wie beim Alizarin angegeben wurde. Das Flavo- und Anthrapurpurin, bzw. die Mischung beider wird sowohl in Form einer Paste als auch in Stücken als Alizarin-gelbstich in den Handel gebracht, außerdem aber auch einigen Alizarin-Blaustichmarken beigemischt.

Unerläßlich ist es natürlich, von den fertiggestellten Pasten Probeausfärbungen vorzunehmen.

Von der präparierten, d. h. geölten und gebeizten Baumwolle schneidet man sich ein Stück von bestimmter Größe ab und färbt es gewöhnlich mit 8% seines Gewichtes Alizarin 20% unter Hinzugabe einer bestimmten Menge von essigsaurem Kalk, die 1,2% essigsaurer Kalklösung von 18° *Bé.* entspricht. Eine solche Lösung enthält etwa 270 *g* Calciumacetat im Liter. Beträgt das Gewicht des Streifens beispielsweise 2,64 *g*, so wägt man sich 0,2112 Alizarin 20% ab und fügt 25 *ccm* einer Calciumacetatlösung hinzu, die 0,27 *g* im Liter enthält. Der Färbebecher steht in einem Wasserbade. Man färbt erst ¼ Stunde kalt und erwärmt dann allmählich auf 90°. Eine herausgenommene Probe der Flüssigkeit darf sich auf Zusatz von Alkali nicht mehr violett färben.

Um die in den Gelbstichmarken stets enthaltene (JELLINEK, *B.* **21**, 2524 [1888]) Anthraflavinsäure zu isolieren, gibt WEDEKIND zwei Verfahren an (*D. R. P.* 137948, 140127, 140128); das erste beruht auf dem verschiedenen Verhalten der Kalksalze der Anthraflavinsäure und des Flavopurpurins. Letzteres geht bei Anwendung von wenig Alkali in Lösung, bei Gegenwart eines großen Überschusses von Alkali wird es ganz unlöslich, das Kalksalz der Anthraflavinsäure verhält sich dagegen gerade umgekehrt. Das zweite Verfahren beruht darauf, daß das anthraflavinsaure Natrium in über-

[1] Der Trockengehalt entspricht nur annähernd dem Gehalt an anthrachinondisulfosaurem Natrium. Die Salze halten hartnäckig 1 Molekül Wasser zurück, das sie erst über 150° abgeben.

schüssiger Natronlauge bei einer Konzentration von 10—12° *Bé.* in der Kälte vollständig unlöslich ist und sich aus einer solchen Lauge quantitativ ausscheidet. Man hat also nach diesem Verfahren die Gelbschmelze nach entsprechender Verdünnung auf 10—12° *Bé.* von dem unlöslichen Natriumsalz der Anthraflavinsäure abzufiltrieren.

Das Jahr 1904 brachte der Alizarinfabrikation die Überraschung einer interessanten Neuerung. Die *BASF* meldete zum Patent (*D. R. P.* 186526; *E. P.* 7398) an ein Verfahren zur direkten Überführung von Anthrachinon in Alizarin, darin bestehend, daß man ersteres mit Alkali unter Zusatz oxydierender Mittel behandelt. Die Vorschrift lautet 20—30 T. $NaClO_3$, 100 T. Wasser, 300 T. $NaOH + KOH$, 100 T. Anthrachinon, unter Rühren auf ungefähr 200° erhitzt. Merkwürdig genug ist es, daß die oxydierenden Substanzen dieses Verfahrens durch reduzierende ersetzt werden können, wobei die schlechten Ausbeuten des ersten Verfahrens bedeutend verbessert werden sollen. Dieses zweite Verfahren, darin bestehend, daß Anthrachinon mit einer mehr als 50%igen Ätzkalilösung mit oder ohne Zusatz von reduzierenden Substanzen geschmolzen wird, ist von *Bayer* (*D. R. P.* 241806, 245987, *E. P.* 19641) patentiert. Eines der gegebenen Beispiele sagt: „In einem mit Rührwerk versehenen Kessel werden 100 T. Na_2SO_3 und 200 T. Anthrachinon langsam mit 1200 T. einer heißen 80%igen Ätzalkalilösung (einem Gemisch von Natrium- und Kaliumhydroxyd) gemischt. Die Mischung wird auf ungefähr 200° erhitzt, bis eine Zunahme von Farbstoff nicht mehr stattfindet." Beide Verfahren hätten den Vorteil, reines von Purpurinen freies Alizarin zu liefern.

Die Bedeutung des Alizarins für die Färberei liegt in seiner außerordentlich großen Echtheit. Es ist nahezu vollständig lichtecht, absolut seifenecht und unempfindlich gegen fast alle chemischen Reagenzien, gegen Säure, soweit dieselben die Substanz der Cellulose noch nicht angreifen, und gegen ziemlich stark ätzende Alkalien. Es ist auch unempfindlich gegen Chlorkalklösung, vorausgesetzt, daß diese die alkalische Reaktion zeigt, welche ihr im frischen Zustande eigen ist. Dagegen ist Türkisch- und Alizarinrot äußerst empfindlich gegen freies Chlor und Brom sowie gegen freie unterchlorige Säure. Diesen Echtheitsgraden hat das Alizarin den hervorragenden Platz zu verdanken, den es in der Färberei einnimmt. Nichtsdestoweniger kann nicht geleugnet werden, daß es seinen Kulminationspunkt überschritten hat und ein weites Feld seiner Anwendung seinen Konkurrenten hat überlassen müssen, die es jedoch an Echtheit nicht erreichen.[1]

Nach GEORGIEWICS[2] sind im Jahre 1888 in Europa 65 *t* 10%ige Alizarinpaste täglich (das Jahr zu 300 Arbeitstagen angenommen) erzeugt worden und ist die Produktion bis zu Anfang dieses Jahrhunderts nur noch sehr wenig gestiegen. Nachstehende Tabelle veranschaulicht die Ausfuhr Deutschlands von Alizarin (Alizarinrot) innerhalb der Jahre 1901—1912.

Sie betrug in *dz* (100 *kg*) offenbar 20%iger Paste:

Jahr	Menge in 100 *kg*	Jahr	Menge in 100 *kg*
1901	100170	1907	57192
1902	98030	1908	49003
1903	91954	1909	62711
1904	90893	1910	62473
1905	93391	1911	51113
1906	62832	1912	59752

[1] F. FELSEN, Das Türkischrot und seine Konkurrenten. Berlin 1911, Verlag für Textilindustrie.
[2] Lehrb. der Farbenchemie, IV. Auflage 1913, 259.

Der Wert der Ausfuhr Deutschlands im Jahre 1912 betrug 9,2 Mill. M. Hauptabnehmer für Alizarinwaren: Britisch-Indien, England und die Vereinigten Staaten von Nordamerika.

Ein großer Konkurrenzkampf hatte ein bedeutendes Sinken der Alizarinpreise zur Folge, so kostete[1] im Jahre 1870 die 10%ige Paste 13–14 M., im Jahre 1875 nur noch 5,70 M., sank dann 1877 auf 3,50 M., und im April 1881 konnten nur noch 2 M. dafür erlöst werden. Am 15. September 1881 wurde von 7 deutschen und einer englischen Firma die erste Alizarinkonvention geschlossen. Der Konventionspreis war ca. 5,50 M. für 20%ige Ware und sank sofort nach Zerfall der Konvention (8. August 1885) auf 2,50 M. Während 1 *kg* 20%iges Alizarin 1888 noch 1,60 M. kostete, war der Preis gegen Ende der Neunzigerjahre bei großen Posten schon auf die Hälfte gesunken; so kostete 1900 1 *kg* 20%iges 0,8–0,9 M. Die zweite Konvention, welche heute noch besteht, und der die Firmen *M. L. B.*, *BASF*, *Bayer* und BRITISH ALIZ. CO. angehören (WEDEKIND u. CO. liefert an die deutschen Konventionsfirmen, *Griesheim* und CHEMISCHE FABRIK BUCKAU gehören der Vereinigung nicht an), setzte die Preise für gewöhnliche Marken auf 1,30 M. für Extramarken auf 1,40 M. fest, sah sich aber gezwungen, dieselben auf 1,05 M. und 1,25 M. herabzusetzen.

Literatur: R. GNEHM, Die Anthracenfarbstoffe. Braunschweig 1897. *Pohl.*

Alizarinfärberei ist eine spezifische Beizenfärberei, d. h. die Farbstoffe der Alizaringruppe, vor allem Alizarin selbst, ergeben, auf pflanzlicher oder tierischer Faser direkt aufgefärbt, keine brauchbaren Färbungen. Es muß das textile Material vorher gebeizt werden, d. h. mit einem Metalloxyd beladen werden, welches sich dann mit dem Farbstoff zu einem gefärbten Farblack verbindet, der je nach dem Metalloxyd verschiedene Farben aufweisen kann. Die Alizarinfarbstoffe sind daher adjektive Farbstoffe, um sie von den direkt färbenden substantiven Farbstoffen zu unterscheiden. Der Grund, weshalb zu dieser eigentlich umständlichen Färbeart gegriffen wird, ist der, daß die Beizenfärbungen zu den allerechtesten gehören, die wir besitzen; sie kommen also für echtfarbige Ware in Betracht. Der auf der Faser erzeugte Lack ist kein einfaches Farbsalz, wie man wohl zunächst vermuten könnte. Dagegen spricht schon seine Säurebeständigkeit; es handelt sich wohl um die Bildung von Komplexsalzen, deren Natur allerdings nicht immer vollkommen aufgeklärt ist, trotz der zahlreichen Arbeiten auf diesem Gebiete.[2]

Die Beizenfärberei selbst reicht bis ins Altertum hinein und wird bereits von PLINIUS (Hist. nat. lb. XXXV. 42) erwähnt; er beschreibt ganz deutlich das bei den Ägyptern ausgeübte Beiz- und Färbeverfahren und die Erzeugung verschiedener Farben, je nach der verwendeten Beize. Zum Färben wurde auch Krapp verwendet, dessen färbendes Prinzip hauptsächlich aus Alizarin, Analogen und Homologen besteht. Am reichlichsten findet sich das Alizarin in der Färberröte, rubia tinctorum, deren gemahlene Wurzel eben als Krapp (franz. Garance vom mittelalterlichen Verancia [vero = wahr]) in den Handel kam. Der Krapp wurde schon in früher Zeit in der Levante angebaut, und es kam das Produkt unter dem Namen Lizari oder Alizari nach Italien. Gegen Mitte des 16. Jahrhunderts wurde der Krappbau durch die Holländer eingeführt, später durch Karl V. ins Elsaß und durch Colbert in die Provence gebracht. Er wurde in diesen Ländern ein wichtiger Zweig der Landwirtschaft und eine reiche Erwerbsquelle, was wohl daraus ersehen werden kann, daß in den Sechzigerjahren des vorigen Jahrhunderts die jährliche Krapp-

[1] F. ERBAN, Der Färber und Wäscher, April 1909.

[2] TSCHUGAEFF, *B.* **38**, 2520 [1905]; A. WERNER, *B.* **41**, 1062 [1908]; P. PFEIFFER, *B.* **44**, 2653 [1911]; E. GRANDMOUGIN, *Ch. Ztg.* **1910**, 990.

erzeugung auf ca. 70000 *t* im Werte von 60—70 Millionen Mark geschätzt wurde. Trotzdem die Erzeuger bestrebt waren, ihr Produkt zu verbessern und zu konzentrieren, und eine Reihe konzentrierter Krapppräparate in den Handel brachten, konnte es dem Ansturm des seit 1869 synthetisch hergestellten Alizarins nicht widerstehen, und heute ist der Krappbau nahezu vollständig verschwunden.

Der genaue Verbrauch an Alizarin ist schwer zu bestimmen, da das Alizarin zurzeit in der Farbentechnik auch als Ausgangsmaterial für andere Farbstoffe dient. Im Jahre 1888 wurde die Jahresproduktion auf ca. 2000 *t* im Werte von annähernd 20 Millionen Mark geschätzt. Der Konsum dürfte seitdem kaum gestiegen sein, da die Einführung der direktziehenden roten Farbstoffe und hauptsächlich das Pararo dem Alizarinrot beträchtliche Konkurrenz bereiten. Dagegen ist trotz der Konvention der Preis des Alizarins auf ca. 1,10 M. für 20%ige Ware gefallen; auch hier hat also, wie beim Indigo, die Einführung des synthetischen Produktes eine erhebliche Preisermäßigung zur Folge gehabt.

Die wichtigste Farbe, die mit Alizarin erzeugt wird, ist das Rot auf Tonerdebeize, welches von hervorragender Echtheit und Schönheit ist und als Türkischrot bezeichnet wird. Es war im Orient schon lange bekannt; das Verfahren zu seiner Herstellung wurde in der Mitte des 18. Jahrhunderts von der französischen Regierung angekauft und, wie es scheint, 1747 zuerst in Rouen ausgeführt. Das ursprünglich geheim gehaltene Verfahren wurde durch die zur Einführung zugezogenen griechischen Arbeiter ins Elsaß gebracht und später auch veröffentlicht (1776). So verbreitete sich die Türkischrotfärberei in Frankreich und den angrenzenden Ländern und gelangte auch zu großer Bedeutung in Rußland und England. Charakteristisch für die Erzeugung des Türkischrots ist die Verwendung von Öl als Beize, die vielleicht empirisch gefunden wurde und eine Grundbedingung für die Erzielung lebhafter Töne ist. Das Verfahren hat sich nach der Einführung über ein Jahrhundert nahezu unverändert gehalten, bis mit der Ära des künstlichen Alizarins auch eine vereinfachte Färbeweise Eingang fand. Insbesondere wichtig war die Entdeckung der sulfurierten Öle (Türkischrotöle) durch WUTH und STORCK, und die bald nachher aufgefundene Schnellfärbemethode für Alizarinrot, Neurot genannt, durch H. KOECHLIN. Seitdem ist die Rotfärberei vielfach verändert und insbesondere vereinfacht worden.

Die auf Tonerdebeize erzeugte Farbe ist die wichtigste, aber nicht die einzige Farbe, die mit Alizarin hervorgerufen werden kann; es gibt auf Eisenbeize ein Violett (Eisenlila) und auf Chrom ein Puce (Flohbraun), die ebenfalls Bedeutung haben.

Dann hat sich die Alizarinfärberei auch deshalb erweitert, weil außer dem Alizarin eine Reihe weiterer Alizarinfarbstoffe entdeckt wurden, die sich in Anwendungsweise und Echtheit dem Alizarin anschließen, wie Alizarinorange, Alizarinblau, Alizarinmarron, Anthracenbraun, die Alizarincyanine, Anthracenblau u. s. w. Ferner rechnet man auch zu den Alizarinfarben eine Reihe weiterer Farbstoffe, wie Alizarinschwarz (Naphthazarin), verschiedene Azofarben, wie Alizaringelb u. a. m., die chemisch in andere Farbstoffgruppen gehören, in der Anwendungsweise aber zu den Alizarinfarben gerechnet werden müssen.

Ein weiteres Anwendungsgebiet der Alizarinfarben war die Echtwollfärberei, und es ist das Verdienst der *BASF* (BOHN, BRUNCK), hier bahnbrechend gewirkt und in den Achtzigerjahren des vorigen Jahrhunderts diese Neuerung eingeführt zu haben.[1] Später folgte auch die Anwendung auf Seide.

[1] Vgl. *B.* **46**, 368 [1913].

Statt der in Wasser unlöslichen Farbstoffe hat es sich in gewissen Fällen als zweckmäßig erwiesen, die Sulfosäuren, z. B. Alizarinrot *S*, *SW* u. s. w., zu gebrauchen, und, statt auf Vorbeize zu färben, durch Nachbeizen zu entwickeln. Auch hier sind dann eine Reihe von Farbstoffen erzeugt worden (Säurealizarinfarben; Anthracen-Chromfarben u. s. w.), die bloß der Färbeart nach zu den Alizarinfarben gehören, tatsächlich aber Azofarbstoffe sind. In den Neunzigerjahren des vorigen Jahrhunderts wurden dann Säurefarben in der Anthrachinonreihe erzeugt, die ohne weitere Behandlung echte Töne liefern, wie die Alizarinsaphirole, Alizarincyaningrün, Alizarincyanole u. s. w.; sie sollen in der Wollfärberei besprochen werden, da ihre Färbeart sich nicht wesentlich von den anderen sauren Wollfarbstoffen unterscheidet. Einzelne Alizarinfarbstoffe (Coerulein z. B.) können auch als Küpenfarbstoffe gefärbt werden: es soll aber dieser spezielle Zweig der Färberei an anderer Stelle (s. Färberei) zur Sprache kommen.

Wie aus dieser kurzen Übersicht geschlossen werden kann, ist die Alizarinfärberei ein außerordentlich umfangreiches Gebiet, das die Färberei sämtlicher Gespinstfasern umfaßt und die Erzeugung fast aller Töne und Farben in echter Ausführung gestattet.

Eine Sonderstellung nimmt die Färberei von Rot auf Baumwolle ein, die eine eingehendere Besprechung verdient.

I. Alizarinfärberei auf Baumwolle.

Alizarinrotfärberei. In der Einleitung ist bereits auf die Wichtigkeit dieser Färbereiart hingewiesen worden, die jetzt noch im allergrößten Umfange durchgeführt wird. An Stelle des alten Türkischrot (Altrot) ist allerdings fast überall das schneller auszuführende Neurotverfahren getreten; zum Teil wird auch ein gemischtes Rotverfahren gebraucht, das in der Ausführungsart gewissermaßen zwischen beiden liegt. Charakteristisch für das Alizarinrot ist die Verwendung von Ölbeize; der fertige Lack entsteht durch das Zusammentreten von Farbstoff mit Tonerde bei Gegenwart von Öl. Unerläßlich ist außerdem Kalk, mitunter wird auch Zinn eingeführt.

Die Alt- und Neurotverfahren unterscheiden sich hauptsächlich durch die Art der Einführung des Öles auf die Faser. Beim Altrotverfahren wird sog. Tournantöl (d. i. ranzig gewordenes Olivenöl) mit Pottaschelösung emulgiert (mitunter unter Zusatz von Schafmist) und die Faser mehrere Male durch diese Emulsion gezogen und zwischen jeder Ölung heiß getrocknet, um die Fixierung auf der Faser vorzunehmen. Diese Beizung mit Öl war der charakteristische Prozeß des Altrotverfahrens und nahm sehr lange Zeit in Anspruch. Es erklärt sich dies aus dem Umstande, daß das Öl unlöslich ist und das Eindringen in die Faser nur durch wiederholte Behandlungen zu erreichen ist. Nach dem Ölen folgte das Auslaugen in verdünnter Pottaschelösung, dann das Schmacken mit Sumach, endlich das Beizen mit basischer schwefelsaurer Tonerde. Die nun mit Öl und Tonerde gebeizte Faser wird mit ca. 10% Alizarin vom Garngewicht gefärbt; dann folgt die Avivage im Druckkessel mit Seife und Soda, ev. unter Zusatz von Zinnsalz, wenn es sich um gelbstichiges Rot handelt.

Ein ähnliches Verfahren wurde auch für Stückware ausgeübt; in gewissen Fällen erfolgte die Ölung in reinem, auf 110° erhitzten Olivenöl (Verfahren Steiner). Es ist unbestritten, daß das so erzeugte Rot in bezug auf Echtheit den weitgehendsten Ansprüchen genügt, weil eben durch die wiederholten Behandlungen die Faser bis auf den Kern gewissermaßen durchgefärbt wird. Doch ist für den modernen Betrieb das Verfahren zu umständlich und mit wenigen Ausnahmen verlassen.

Das Neurotverfahren beruht auf der Verwendung von löslichen Ölen (Türkischrotöle), das sind die Einwirkungsprodukte von konz. Schwefelsäure auf Ricinusöl, die vollkommen in Alkalien (Natronlauge und Ammoniak) löslich sind. Die Ölung kann in einer Operation erreicht werden, so daß das Verfahren ganz erheblich abgekürzt wird. Man rechnet zur Erzeugung von Altrot annähernd 20 Tage, während Neurot in 5–8 Tagen gefärbt werden kann; durch die vereinfachte Färbeweise ist auch der Gestehungspreis auf die Hälfte des alten Preises gesunken (40 Pfg. pro Pfund engl. Altrot gegen 20 Pfg. für Neurot).

Abb. 90. Maschine zum Ölen der Garne.
(ZITTAUER MASCHINENFABRIK UND EISENGIESSEREI A.-G., Zittau i. S.)

Neurot auf Garn. Das in üblicher Weise mit Soda unter Druck abgekochte, dann gewaschene und getrocknete Garn passiert die Ölbeize, die ca. 100–150 *g* Türkischrotöl pro *l* enthält. Bei großen Partien, wie sie in der Türkischrotfärberei meist üblich sind, wird die Operation auf einer entsprechend gebauten Passiermaschine vorgenommen.

Nun wird bei 65° während 12 Stunden getrocknet, um die Fixierung der Ölbeize zu bewirken. Hierauf folgt das Beizen in basisch-schwefelsaurer Tonerde oder Tonerdeacetat von 6–8° *Bé.* in der Kälte. Die Tonerde verbindet sich mit der Ölbeize zu ölsaurer Tonerde; um sie aber vollständig unlöslich zu machen, ist eine Fixierung notwendig, die darin besteht, daß das gebeizte Garn in einem Bad von Schlemmkreide oder phosphorsaurem Natrium bei 50° durchgezogen wird. Es wird nun gründlich gewaschen, um sämtliche Fremdsubstanzen zu entfernen, dann wird zum Färben geschritten, welches mit ca. 8–10% Alizarin vom Garngewicht unter Zusatz von etwas Calciumacetat und Tannin erfolgt. Mitunter gibt man etwas Türkischrotöl ins Bad, was die Lebhaftigkeit der Farbe erhöht. Das nun gefärbte Garn ist allerdings nicht leuchtend rot, sondern die Farbe ist noch trüb; zur vollen Lebhaftigkeit wird sie entwickelt durch zweistündiges Dämpfen bei 1 *Atm.* und nachfolgendes Seifen. Es kann auch die beim Altrot erwähnte Avivage im Druckkessel verwendet werden.

Das eben geschilderte Verfahren ist zahlreicher Änderungen fähig, die alle auf Vereinfachung und Zeitersparnis hinausgehen, und man kann wohl sagen, daß fast jede Färberei ihr eigenes Verfahren besitzt. Es würde hier zu weit führen, alle möglichen Varianten zu besprechen, die sich im Laufe der Zeit entwickelt haben.

Durch passende Auswahl der Alizarinmarken hat man es in der Hand, den gewünschten Rotton zu erzielen, also blaustichiges oder gelbstichiges Rot zu erzeugen; durch entsprechende Abschwächung der Beize und Verringerung des Farbstoffes erzeugt man Alizarinrosa in verschiedenen Tiefen.

Gefärbt wird Türkischrot vornehmlich auf Garn, dann aber auch auf Stückware. KORNFELD in Prag ist es auch gelungen, dieses umständliche Färbeverfahren auf gewickelte Garne (Cops z. B.) anzuwenden (*D. R. P.* 120464 [1901]). Bei diesem Verfahren kommt der Kalk in Form von Zuckerkalk zur Anwendung.

Alizarinrot auf Stückware. Im Prinzip wird die Alizarinrotfärberei auf Stückware wie auf Garn durchgeführt; auch hier haben sich eine Reihe vereinfachter Verfahren eingeführt. Folgendes der Praxis entstammende Verfahren möge als Anhaltspunkt dienen. Die Stücke werden mit Sulforicinat 150 *g* pro *l* geklotzt, auf der Hotflue getrocknet und dann 2 Stunden gedämpft. Hierauf folgt das Beizen in basisch-schwefelsaurer Tonerde, die mit 7,6 *kg* Aluminiumsulfat, 2,76 *kg* Krystallsoda und 60 *l* Wasser angesetzt wird. Man passiert zweimal auf dem Jigger, läßt eine halbe Stunde aufgerollt liegen, um die Vereinigung der Beize mit dem Öle zu erreichen, und färbt dann zunächst auf dem Jigger im breiten Zustande, dann in der Färbekufe mit 500 *g* Alizarin 20%, 200 *g* Zinnhydroxyd in Teig (aus $SnCl_4$ und Soda dargestellt), 80 *g* Türkischrotöl und 100 *g* Kreide pro 40 *m* Ware bei 60° $1\frac{1}{2}$ Stunden aus. Dann wird gewaschen, getrocknet, 2 Stunden gedämpft und ev. geseift.

Es braucht wohl kaum bemerkt zu werden, daß auch dieses Verfahren zahlreichen Modifikationen zugänglich ist. Für Großproduktion hat sich in gewissen Fabriken das SCHLIEPERsche Verfahren mit Natriumaluminat eingeführt; für Glattrosa wird öfters das ERBAN-SPECHTsche Verfahren gebraucht. Es besteht darin, daß das Alizarin in Ammoniak unter Zusatz von Türkischrotöl gelöst wird; dann wird die Baumwolle in diesem Bade geklotzt, getrocknet, durch ein zweites Bad passiert, welches die Beize (essigsaure Tonerde + essigsaurer Kalk) enthält, ev. nochmals getrocknet und die Farbe durch Dämpfen entwickelt.

Alizarinbuntfärberei. Stellt die Erzeugung von Rot die wichtigste Verwendung von Alizarin dar, so ist sie bei weitem nicht die einzige. Auf der mit Tonerde gebeizten Baumwolle können unter Weglassung der Avivieroperationen oder durch Verwendung anderer Alizarinmarken Dunkelrot, Bordeaux, Granat und andere Töne mit Rotstich erzeugt werden. Viel mannigfaltiger wird dann die Farbenskala, wenn außerdem noch Eisenbeizen oder Chrombeizen zur Verwendung kommen. Auf reiner Eisenbeize erzeugt man Alizarinlila (Violett) in verschiedenen Abstufungen, eine ebenfalls ihrer Echtheit wegen öfters begehrte Farbe. Viel gebraucht wird dann die gemischte Tonerde-Eisenbeize, auf der sich die verschiedensten dunklen Töne: Granat, Puce, Dunkelbraun u. s. w. in allen möglichen Schattierungen erzeugen lassen. Die Mannigfaltigkeit der Töne wird dadurch noch vergrößert, daß nicht nur die verschiedenen Alizarinmarken Verwendung finden, sondern auch Derivate, wie Alizarinorange, Alizaringranat, Alizarinbraun, Alizarinviolett (Gallein) u. s. w. Auch Holzfarben (Quercitron, Gelbholz, Sumach u. s. w.) werden als Tönungsmittel gebraucht. Als Eisenbeize kommt hauptsächlich in Betracht: holzessigsaures Eisen, welches allein oder bei der gemischten Tonerde-Eisenbeize mit Tonerdeacetat zusammen verwendet wird.

Eine erhebliche Erweiterung erfuhr dann die Alizarinfärberei in den Achtzigerjahren durch die Einführung der Chrombeize, die allein oder in Verbindung mit der Ölbeize gebraucht wird. Die Beize, die Verwendung finden soll, richtet sich nach dem Material; für Garn dient Chromchlorid, Chromchromat u. s. w.; für Gewebe wird fast ausschließlich Chrombisulfit gebraucht, welches nach dem Klotzen getrocknet und dann kurz gedämpft wird. Hierbei entweicht die schweflige Säure, und durch nachträgliche Passage durch ein Kreidebad wird das Chromoxydhydrat auf der Faser befestigt.

Auf Chrombeize werden vornehmlich dunkelblaue Töne mit Alizarinblau erzeugt, die bleichecht sind; dann erhält man verschiedene Olivtöne mit Coerulein, Alizarinviridin u. s. w. unter Mitverwendung von Holzfarben, braune Töne mit Anthracenbraun und Holzfarben, Bordeaux- und Granattöne mit Alizarin bzw. Alizaringranat u. s. w.

So echt die erzielten Färbungen sind, so muß doch bemerkt werden, daß die Umständlichkeit der Erzeugung vielfach ihren Ersatz durch andere Färbemethoden bewirkt hat. In der Garnfärberei dürften vor allem die Küpenfarben wichtig geworden sein, in der Stückfärberei sind die Alizarinfarben zum Teil durch die weniger echten direkten Azofarbstoffe (ev. mit Nachbehandlung), zum Teil auch durch die auf der Faser erzeugten Eisfarben ersetzt worden. So ist das p-Nitranilinβ-naphtholrot der stärkste Konkurrent von Alizarinrot geworden; das Alizaringranat ist vielfach durch das unechtere, aber billigere α-Naphthylamin-β-naphtholgranat ersetzt worden u. s. f.

Eine weitere wichtige Anwendung finden die Alizarinfarben in der Kattundruckerei; man kann durch örtlichen Aufdruck der Tonerde-, Chrom- oder Eisenbeize einerseits, andererseits durch Ausätzen der mit diesen Beizen präparierten Gewebe und nachträgliches Ausfärben die schon erwähnten Farben Rot, Bordeaux, Granat, Puce, Braun, Violett u. s. w. gemustert oder mit weißem Ätzmuster auf gefärbtem Grunde erhalten. Noch mannigfaltiger werden die Artikel durch Mitverwendung von Anilinschwarz. Die diesbezüglichen Methoden sollen im Kattundruck (s. Druckerei) ausführlicher besprochen werden.

II. Alizarinfärberei auf Wolle.

Ein außerordentlich wichtiges Gebiet ist die Anwendung der Alizarinfarben auf Wolle, wo sie einen Hauptzweig der Echtwollfärberei bildet. Während hierzu früher hauptsächlich Holzfarben Verwendung fanden und die Benutzung des Krapps bzw. des später eingeführten Alizarins auf Alaunbeize beschränkt war, welche fast ausschließlich nur für rote Töne in Betracht kommt, hat die Benennung der Chrombeize für die Alizarinfärberei eine tiefgreifende Umwälzung in diesem Zweige der Färberei bewirkt. Es muß allerdings bemerkt werden, daß auch in der Anwendungsweise und in der Echtheit Farbstoffe anderer Farbstoffklassen mit den eigentlichen Alizarinfarben zusammen Verwendung finden. Insbesondere sind es Azofarbstoffe; dann werden auch noch einige Holzfarben und zum Schönen gewisse Säurefarbstoffe gebraucht.

Die Echtwollfärberei wird selten im Stück ausgeübt; meist wird sie, um größere Echtheit zu erreichen, auf der losen Wolle ausgeführt. Die lose Wolle wird entfettet, dann gebeizt und ausgefärbt, was auf verschiedenen Apparaten erfolgen kann. Sehr oft wird die entfettete Rohwolle zunächst gekämmt und dann im Kammzug ausgefärbt, ein Verfahren, das speziell für die Herrenkonfektion in Betracht kommt, während die gefärbte lose Wolle z. B. auf Militärtuch verarbeitet wird. In beiden Fällen erreicht man, daß der einzelne Faden vollkommen durchgefärbt wird, wodurch eine größere Echtheit als beim Färben der fertigen Ware zu erreichen ist. Für das Färben im Kammzug dienen vor allem die wohlbekannten Obermayer-Apparate, von denen es verschiedene Ausführungsformen gibt (vgl. Färberei). Die lose oder im Kammzug gefärbte Wolle wird dann entweder allein oder mit weißer Wolle oder anders gefärbter Wolle vermischt, wobei die verschiedensten Mischtöne erzielt werden können.

Färben auf Tonerdebeize. Die Faser wird mit Tonerde gebeizt, indem man sie mit Alaun und Weinstein ev. unter Zusatz von Oxalsäure ansiedet. Für dunkle Farben kann z. B. folgendes Bad Verwendung finden: 10% Alaun, 3% Weinstein und 2% Oxalsäure. Die Ware wird ca. $1^1/_2$ Stunden gekocht, dann gespült und in frischem Bade mit Alizarinrot ausgefärbt, wozu sich sämtliche Teigmarken eignen. Zum Nuancieren nach der gelben Seite können entweder Holzfarben oder gelbe Azofarben Verwendung finden, zum Abdunkeln Alizaringranat oder Alizarinbraun. Beim Ausfärben wird außer dem Farbstoff noch $2^1/_2$% essigsaurer Kalk und 2% Tannin zugegeben.

Eine wesentlich vereinfachte Färbeweise wird erzielt bei Verwendung des Alaunentwicklungsverfahrens. Es besteht darin, die Alizarinsulfosäuren (Alizarinrot S, 1 WS, 3 WS, 3 S, Erweco-Alizarinsäurerot BS) wie saure Farben mit 4% Schwefelsäure und 10% Glaubersalz $1^1/_2$ Stunden kochend anzufärben und dann im gleichen Bade durch Zusatz von 5–10% Alaun, je nach der Tiefe, und einstündiges Weiterkochen zu entwickeln. Die Vorteile dieser Färbeart gegenüber derjenigen auf Vorbeize sind ohne weiteres ersichtlich. Für sehr lebhafte Töne muß der rote Lack ev. mit einem echten Säurefarbstoff übersetzt werden, was mit der Alaunentwicklung zusammen vorgenommen werden kann.

Färben auf Chrombeize. Die Ausführung der Färberei auf Chrombeizen ist in verschiedener Weise möglich. Am ältesten ist das Zweibadverfahren; es besteht darin, die Wolle zunächst mit Chrombeize zu beladen und dann in einem zweiten Bade die Ausfärbung vorzunehmen. Für das Beizen der Wolle mit Chrom sind mehrere Vorschriften gebräuchlich: im Prinzip wird mit Bichromat unter Zusatz eines Reduktionsmittels: Oxalsäure, Weinstein, Milchsäure, Ameisensäure u. s. w. gesotten. Wohl ganz verlassen ist das Verfahren, welches im Ansieden mit 3% Bichromat und 1% Schwefelsäure besteht, da hierbei die Wolle selbst das Reduktionsmittel spielen muß. Bewährte Beizvorschriften sind die folgenden: 3% Bichromat und 2½% Weinstein oder 2% Bichromat, 1% Schwefelsäure und 3% Milchsäure oder neuerdings 1¾% Bichromat und 2% Ameisensäure. Es kann sowohl Kalium- wie Natriumbichromat Verwendung finden; letzteres ist des billigen Preises wegen vorzuziehen. Welchem der Beizverfahren der Vorzug zu geben ist, läßt sich kaum entscheiden, da dies wesentlich von den örtlichen Bedingungen, also auch zum Teil von den erzeugten Tönen abhängig ist; alle drei geben bei richtiger Ausführung zufriedenstellende Resultate.

Bei hartem Wasser muß durch Essigsäurezusatz die Härte korrigiert werden; man geht dann mit der gut genetzten Wolle bei ca. 70° ein, treibt zum Kochen und unterhält dieses ca. 1½ Stunden. Die nun mit Chrom gebeizte Wolle wird gespült, dann in frischem Bade mit den gewünschten Farbstoffen unter Essigsäurezusatz 1½–2 Stunden kochend gefärbt. Diese lange Färbedauer ist infolge der Schwerlöslichkeit der Farbstoffe vonnöten, um eine vollständige Lackbildung zu bewirken. In der Apparatenfärberei ist man mitunter genötigt, die Farbstoffe durch Ammoniakzusatz in Lösung zu bringen; man färbt dann kochend aus und fügt darauf allmählich Essigsäure zu, um die Fixierung der Farbstoffe zu bewirken.

Nach diesem Verfahren können die sämtlichen Alizarinmarken (Rot, Orange, Braun, Granat, Marron, Blau, Grün u. s. w.), dann die Alizarincyanine, Anthracenblau (verschiedene Marken) allein oder in Verbindung mit Holzfarben und Beizen-Azofarben ausgefärbt werden, wodurch die Erzeugung aller echtfarbigen Töne möglich wird. Zum Schönen können auch geringe Mengen echter Säurefarben Verwendung finden. Es erübrigt sich, hier Beispiele für solche Färbungen zu geben, da sich die Zusammensetzung der Färbebäder je nach der zu erreichenden Vorlage ändert.

Das Zweibadverfahren ergibt gute Resultate, ist aber in der Ausführung umständlich, zeitraubend und daher kostspielig, so daß sich auch hier die Einbadverfahren Eingang verschafft haben.

Die Ausführung des Einbadverfahrens kann in verschiedener Weise erfolgen. Man kann unter Verwendung der oben angegebenen Bichromat-Ameisensäurebeize das Beizbad nahezu wasserklar erschöpfen, so daß nach erfolgter Beizung das kochende Bad bloß auf ca. 70° abgeschreckt zu werden braucht, um in demselben Bade unter Farbstoffzusatz die Ausfärbung vornehmen zu können. Die Vorteile dieser Arbeitsweise, die sich vielfach eingeführt hat, sind ohne weiteres ersichtlich; sie bedeuten erhebliche Dampf- und Zeitersparnis.

Auch der Milchsäuresud läßt sich, wenn auch in nicht so einfacher Weise, für diese Färbeart verwenden.

Eine andere Ausführungsart des Einbadverfahrens besteht darin, wie beim Alaunentwicklungsverfahren die Farbstoffsulfosäuren nach Art der sauren Farbstoffe auszufärben und in demselben Bade mit 1–3% Bichromat kochend zu entwickeln. Dieses Verfahren ist z. B. anwendbar für Alizarinrot S, für die Coeruleinmarken u. s. f., kommt aber nur für wenige Alizarinfarbstoffe in Betracht. Bemerkt sei nochmals, daß die sog. Säure-Alizarinfarben, Anthracenchromfarben, Diamantfarben u. s. w., die nach diesem Verfahren gefärbt werden, meist Azofarbstoffe aus o-Aminophenolen oder Derivaten darstellen.

Dieser Färbeart wird übrigens nachgesagt, daß sie eine ziemlich erhebliche Faserschwächung (bis zu 20%) zur Folge hat, was, da die gebrauchte Wolle bekanntlich als Kunstwolle wieder Verwendung findet, eine beträchtliche Schädigung für das Nationalvermögen bedeutet.

Die gefärbten Aminoanthrachinonsulfosäuren sowie die Alkylamino- und Alphylaminoanthrachinonsäurefarbstoffe, die bekanntlich die Wolle im sauren Bade direkt blau, grün, violett, rot u. s. w. anfärben, werden mitunter zur Echtermachung mit Chromfluorid nachbehandelt, was meistens den Farbton nicht erheblich verändert.

III. Alizarinfärberei auf Seide.

Zur Erzielung echter Färbungen auf Seide (z. B. für waschechte Seide) werden ebenfalls Alizarinfarbstoffe gebraucht.

Die entbastete Seide wird entweder mit Aluminiumnitratbeize von 10° *Bé.* oder mit Chromchlorid von 20° *Bé.* mit Tonerde oder Chromoxyd beladen. Das Beizen erfolgt in der Weise, daß die entbastete Seide über Nacht oder auch länger in das Beizbad eingelegt wird. Man spült hierauf in weichem Wasser und färbt im Bastseifenbade unter Verwendung der geeigneten Farbstoffe kochend aus. Die Färbungen werden dann kochend geseift und zum Schluß aviviert.

Auf Tonerdebeize bzw. Zinn-Tonerdebeize wird in dieser Weise das für rotes Fahnentuch dienende Seidengarn gefärbt, das vollkommen wetterecht sein muß.

Literatur: J. Depierre. Traité de la teinture et de l'impression des matières colorantes artificielles, 2me partie: l'alizarine artificielle et ses dérivés; Baudry & Cie., Paris 1892. – A. Delmart, Die Echtfärberei der losen Wolle, 3 Bände; Reichenberg 1891. – Schützenberger, Die Farbstoffe mit besonderer Berücksichtigung ihrer Anwendung in der Färberei und Druckerei, übersetzt von H. Schröder, Berlin 1868–1870. – Dr. F. Felsen. Türkischrot und seine Konkurrenten.

Verlag für Textilindustrie, Berlin SO. 26 (1911). – *BASF*, Die Alizarinfarben der *BASF* und ihre Anwendung auf Baumwolle, Wolle und Seide, Band I und II. – *Bayer*, Das Färben der Wolle mit Alizarin und Beizenfarbstoffen 1903. – *M. L. B.*, Kurzer Ratgeber für die Anwendung der Teerfarbstoffe, III. Auflage 1908. *E. Grandmougin.*

Alizarinastrol B, G (*Bayer*) (1908), ist ein saurer Anthrachinonfarbstoff, der ein lichtechtes grünliches Blau auf Wolle färbt. Die Walkechtheit wird durch Nachchromieren noch verbessert, ohne Änderung des Farbtones. Vorzügliches Egalisierungsvermögen befähigt das Produkt für die Wollstückfärberei; es dient auch für Seide sowie im Woll- und Seidendruck; durch Rongalit wird es gelborange geätzt. *Ristenpart.*

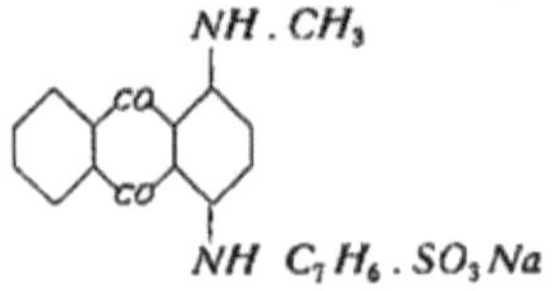

Alizarinblau X, R, RR, C, WX, WR, WRR, WC, WN doppelt neu in Teig (*BASF*), A, F, R, RR in Teig (*M. L. B.*), GW, GG, R, G, BM in Teig (*Bayer*), ist Alizarinchinolin und wird durch Erhitzen von β-Aminoalizarin mit Glycerin, Nitrobenzol in schwefelsaurer Lösung dargestellt (*B.* **11**, 522 [1878]; **11**, 1646 [1879]; **12**, 1416 [1880]; *Möhlau-Bucherer* 214). Da der Farbstoff in Wasser unlöslich ist, kommt er als 20%ige Paste in den Handel. Er ist einer der wichtigsten Beizenfarbstoffe und dient zur Erzeugung eines licht-, wasch-, säure- und chlorechten rötlichen Blaus auf chromierter Baumwolle.

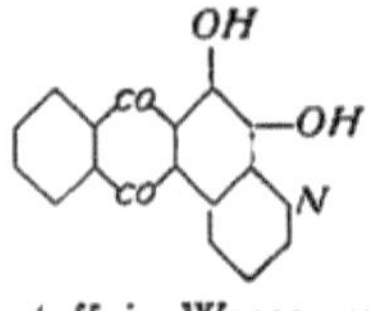

Die Marken XA in Teig (*BASF*), DNW in Teig (*M. L. B.*), WA in Teig (*Bayer*), sind die Natriumsalze der vorigen, schwer löslich in Wasser, daher ebenfalls als 20%iger Teig von rein blauer Farbe im Handel. Sie werden wie die vorigen und außerdem hauptsächlich auf chromierter Wolle verwendet.

Alizarinblau S, SW (*BASF, Bayer*), SR (*BASF, Bayer, M. L. B.*), SRW (*BASF, M. L. B.*), ist die Verbindung des Alizarinblaus mit zwei Molekeln Natriumbisulfits. Es wird dargestellt nach den *D. R. P.* 17695 und 23008 (*Friedländer* **1**, 168, 169) und kommt als 15%ige braune Paste oder als 50%iges Pulver in den Handel. Es löst sich in Wasser mit gelbbrauner Farbe und zersetzt sich beim Erwärmen dieser Lösung über 70° unter Abspaltung des Bisulfits und Abscheidung des ursprünglichen Farbstoffes. Der gleiche Vorgang findet beim Dämpfen im Kattundruck statt und beim Bedrucken von Kammzug. Außerdem findet die Bisulfitverbindung die gleiche Verwendung wie der Farbstoff selbst zur Herstellung licht-, walk-, säure-, schwefel- und dekaturechter rötlicher Blaus auf Wolle im Wettbewerb mit Indigo. *Ristenpart.*

Alizarinblauschwarz B, 3B, G (*Bayer*) sind Beizenfarbstoffe der Anthrachinonklasse aus den Jahren 1895/96, sulfierte Kondensationsprodukte aus Purpurin und Anilin. Sie lassen sich nach allen drei Chromierungsmethoden auf Wolle färben, die nachchromierten Färbungen sind etwas grauer und weniger lebhaft. Sehr gutes Egalisierungsvermögen. Licht-, walk-, schwefel- und dekaturecht. Ähnliche Eigenschaften besitzt die Marke B von *M. L. B.*, während die Marke GT (*BASF*, 1909), wegen ihrer leichten Löslichkeit gern in der Apparatefärberei der Wolle nach dem Nachchromierungsverfahren gefärbt wird. Echtheit wie bei den vorigen.

Alizarinblauschwarz W, WB extra, SW in Teig, in Pulver (*BASF*), ist Naphthazarin oder 1, 2-Dioxynaphthochinon. Es wurde bereits 1861 von ROUSSIN aus 1, 5- und 1, 8-Dinitronaphthalin durch Einwirkung konz. Schwefelsäure in Gegenwart von Zink dargestellt. Der technischen Verwendung wurde es aber erst 1887 durch BOHN zugänglich gemacht, der die wertvollen Eigenschaften des Chromlackes im Gegensatze zu den früher angewandten Tonerde-, Eisen- und Zinnverbindungen feststellte

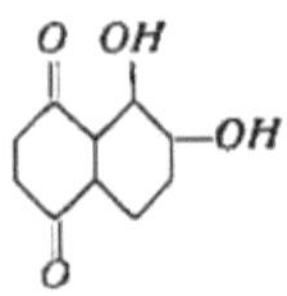

und die wasserlösliche Bisulfitverbindung des Farbstoffes nach *D. R. P.* 41518 (*Friedländer* **1**, 570) zuerst darstellte. Heute verwendet man zur Fabrikation dieses wichtigen Farbstoffes nicht mehr Zink und Schwefelsäure, sondern Schwefel und rauchende Schwefelsäure (*Möhlau-Bucherer* 232). Der Farbstoff ist in kaltem Wasser unlöslich, beim Kochen löst er sich mit rotbrauner Farbe. Er liefert auf Wolle, nach einem der drei Chromierungsverfahren gefärbt, ein licht-, walk-, säure- und unübertroffen pottingechtes rötliches Schwarz. *Ristenpart.*

Alizarinbordeaux B, BD in Teig (*Bayer*) ist 1, 2, 5, 8-Tetraoxyanthrachinon oder Chinalizarin. Es wird nach dem *D. R. P.* 60855 (*Friedländer* **3**, 198) durch Oxydation von Alizarin (10 *kg*) mit rauchender Schwefelsäure von 70% Anhydridgehalt (100 *kg*) während 24—48 Stunden bei 35—40° dargestellt. Es wird hauptsächlich auf Baumwolle gefärbt und gedruckt und liefert auf Tonerdebeize ein bläuliches Bordeaux, auf Chrombeize ein bräunliches Violett, licht-, wasch- und chlorecht. Seltener für Wolle und Seide gebraucht. Die Marken G und GG (*Bayer*) sind Mischungen der vorigen mit Alizarin. *Ristenpart.*

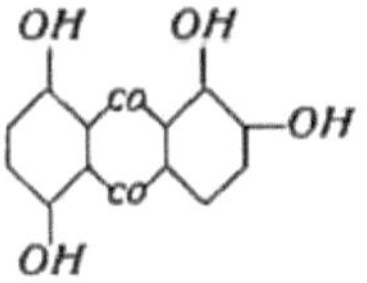

Alizarinbraun F̄, G, H, N, R in Teig (*M. L. B*), Trioxyanthrachinon oder Anthragallol, 1877 erfunden, aber erst 1886 von R. Bohn in die Technik eingeführt (*B.* **10**, 38 [1877]). Dargestellt durch Erhitzen von Gallussäure mit Benzoesäure und Schwefelsäure (Ausführungsbeispiel: *Möhlau-Bucherer* 1908, 216). Der Farbstoff ist in Wasser unlöslich, in Alkohol mit gelber Farbe löslich. Er wird auf Baumwolle mittels Chrombeize oder auch Tonerdeeisenbeize gefärbt und gedruckt. Auf Wolle wird er nur auf Chromsud gefärbt und wegen seiner vorzüglichen Licht-, Walk-, Schwefel- und Dekaturechtheit viel für Uniformtuche angewendet. Das Anthragallol färbt ein gelbliches Braun; da sich aber bei der Darstellung des Farbstoffes durch Vereinigung zweier Molekeln Gallussäure stets nebenher etwas Rufigallol, 1, 2, 3, 5, 6, 7-Hexaoxyanthrachinon bildet, dessen Lack rötlich braun ist, so erhält man je nach dem Mengenverhältnis, in dem beide Farbstoffe in dem Handelsprodukt gemischt sind, ein gelblich bis rötlich getöntes Braun. Die Marken R-, S-, RD-Pulver (*M. L. B.*) sind die Natriumsalze des vorigen. *Ristenpart.*

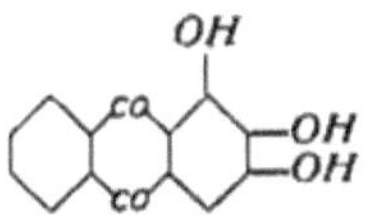

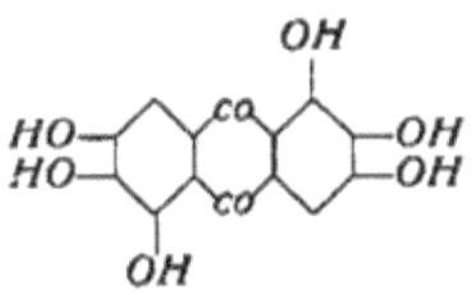

Alizarinbrillantgrün G und SE (*Cassella*). Beizenfarbstoff der Anthrachinonreihe. Dargestellt nach *D. R. P.* 172464 und 181879 [1903] (*M. L. B.*, *Friedländer* **8**, 316, 318), indem Leukochinizarin mit 4-Toluidin-2-sulfosäure in Gegenwart von Borsäure erhitzt wird. Liefert direkt in essigsaurem Bade oder nach den drei Chromierungsmethoden ein lebhaftes Blaugrün von hervorragender Licht-, Wasch- und Alkaliechtheit auf Uniformtuch, Garn, Kammzug und loser Wolle, ferner für Vigoureuxdruck und namentlich für Teppichgarne. Auch für Seide mittels Tonerde und Eisenbeizen.

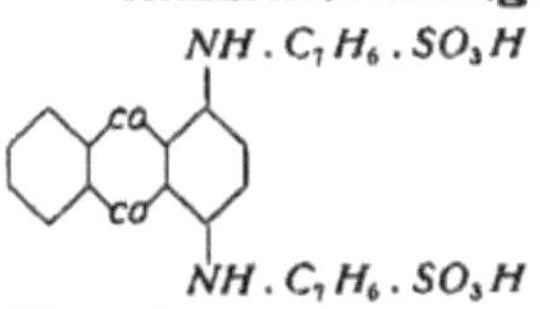

Alizarincardinal (*Bayer*) ist α-Aminoalizarin und wurde nach dem *D. R. P.* 74598 fabriziert. Heute wird es nur noch von den *M. L. B.* nach ihrem *D. R. P.* 66811 (*Friedländer* **3**, 261) als Alizaringranat R-Teig hergestellt durch Benzoylierung und Nitrierung von Alizarin und Reduktion des entstandenen α-Nitroalizarins mit Schwefelalkalien. Liefert im Kattundruck auf Tonerdebeize ein licht- und waschechtes Bordeaux. *Ristenpart.*

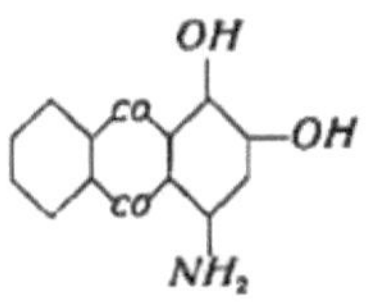

Alizarinchromschwarz W, S (*BASF*), dem Naphthazarin ähnliche Produkte aus isomeren Dinitronaphthalinen von geringer technischer Bedeutung. *Ristenpart.*

Alizarincölestol (*Bayer*), sauer ziehender Anthrachinonfarbstoff, gut egalisierendes Blau auf Wolle. *Ristenpart.*

Alizarincyanin (*Bayer*) ist eine Gruppe von Antrachinonfarbstoffen. Von den verschiedenen Marken 3R, NS, WRN, NSV in Teig ist R wesentlich 1, 2, 4, 5, 8-Pentoxyanthrachinon, R extra 1, 2, 4, 5, 7, 8-Hexaoxyanthrachinon und die Marke WRR das isomere 1, 2, 4, 5, 6, 8-Derivat. Sie werden nach *D. R. P.* 62018 (*Friedländer* 3, 212) dargestellt durch Oxydation von Alizarinbordeaux in Schwefelsäure mit Braunstein und Kochen des entstandenen Zwischenproduktes (Schwefelsäureester) mit verdünnten Säuren. Liefern lichtechte Blau auf mit Chrom angesottener Wolle, nicht so walk- und säureecht wie Alizarinblau, aber billiger. Die Einbadchromiermethode stumpft nach Grau hin ab; Fluorchrom liefert die klarste Nuance, verringert aber die Walkechtheit. Auf mit Alaun angesottener Wolle erhält man ein Violett von geringerer Echtheit als das Blau mit Chrom. Die Marke 3R ist identisch mit Alizarinbordeaux. Die Marken G in Teig, RR, WRB, G, G extra, GG sind Imide der vorigen und entstehen aus dem bei ihrer Darstellung auftretenden Schwefelsäureester nach *D. R. P.* 62019 [1890] (*Friedländer* 3, 235) durch Auflösen in 20%igem Ammoniak, Filtrieren und Ausfällen mit Säuren. Grünstichiges Blau auf Wolle von ähnlichen Echtheitseigenschaften wie das vorige.

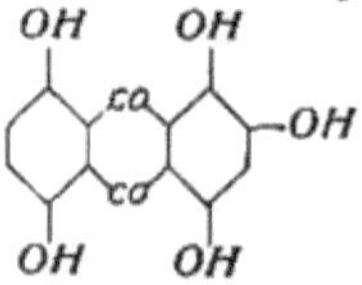

Die Marken WRS, BBS, WR sind im wesentlichen das Natriumsalz der Hexaoxyanthrachinondisulfosäure und werden nach *D. R. P.* 75490 [1893] (*M. L. B.*) dargestellt durch Sulfurieren von Anthrachryson, Nitrieren, Reduzieren und Kochen der Diaminoanthrachrysondisulfosäure mit Alkalien (*Friedländer* 4, 337). Liefern, auf Wolle gefärbt und mit Fluorchrom nachbehandelt, ein rötliches Blau von guter Licht-, Säure- und Dekaturechtheit. Wegen der etwas geringeren Walkechtheit hauptsächlich in der Stückfärberei verwendet.

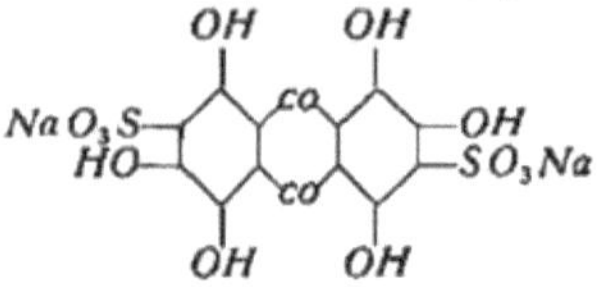

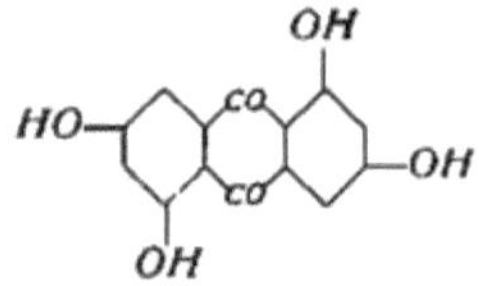

Alizarincyaningrün E, G extra, K (*Bayer*) ist isomer mit Alizarinbrillantgrün G (*Cassella*) und von ganz ähnlichen Färbe- und Echtheitseigenschaften. Es wird dargestellt nach *D. R. P.* 125698 und 107730 [1898] (*Friedländer* 6, 359 und 5, 303), indem Chinizarin (1,4-Dioxyanthrachinon) mit p-Toluidin erhitzt und sulfiert wird.

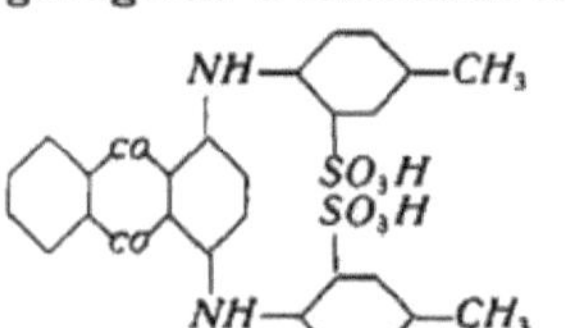

Alizarincyaninschwarz G in Teig (*Bayer*), Beizenfarbstoff der Anthrachinonreihe, liefert nach den drei Chromierungsmethoden ein licht-, walk-, säure-, schwefel- und dekaturechtes grünliches Schwarz auf Wolle. Auch für Baumwolle und Seide auf Tonerdebeize geeignet. *Ristenpart.*

Alizarincyanol B (*Cassella*) ist ein Gemisch der beiden Abkömmlinge der 1,5- und 1,8-Aminoanthrachinonsulfosäure und entsteht nach *D. R. P.* 183395 [1903] (*M. L. B.*) (*Friedländer* 8, 312) unter Anlehnung an *D. R. P.* 114262 [1899] und 119362 [1900] (*BASF*) durch Kondensation von Anilin mit den durch Einwirkung von Brom auf 1, 5-, bzw. 1, 8-Aminoanthrachinonsulfosäure erhältlichen

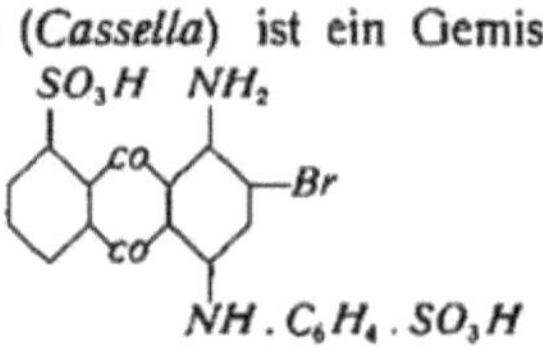

Dibromderivaten und Sulfierung der Kondensationsprodukte. Färbt Wolle im sauren Bade direkt lichtecht und lebhaft Blau, durch Bichromat wenig beeinflußt.

Alizarincyanolviolett R (*Cassella*), saurer Anthrachinonfarbstoff, dargestellt nach *D.R.P.* 172464 und 181879 (*M.L.B.*) (*Friedländer* 8, 316, 318) durch Erhitzen von Leukochinizarin mit 4-Toluidin-2-sulfosäure. Färbt auf Wolle und Seide ein gut egalisierendes, lichtechtes Violett, das durch Nachchromieren gebläut wird. *Ristenpart.*

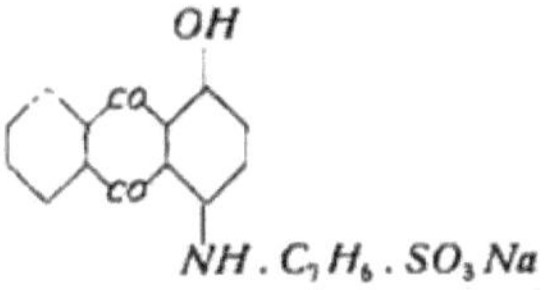

Alizarindirektfarbstoffe (*M. L. B.*) sind Anthrachinonfarbstoffe.

Alizarindirektblau B entspricht Alizarincyanol B. Die Marken EB, E3B, E3BO sind vorzüglich egalisierend, unübertroffen lichtecht; auch sehr alkali- und schweißecht; besonders für bessere Konfektion beliebt, weil die Bläue auch in künstlichem Licht erhalten bleibt; durch Chromieren grüner und walkechter. Die zweite Marke ist billiger, die dritte noch farbschwächer. Über die Herstellung der Marke EB s. Antrachinonfarbstoffe S. 491.

Alizarindirektgrün G (*M. L. B.*) entspricht Alizarinbrillantgrün G (*Cassella*).

Alizarindirektviolett R (*M. L. B.*) entspricht Alizarincyanolviolett R (*Cassella*). *Ristenpart.*

Alizarindunkelblau S (*M. L. B.*), SW (*BASF*) 1890, entspricht Alizarinblau S. *Ristenpart.*

Alizarindunkelgrün W (*BASF*) ist ein Naphthazarinderivat und wird dargestellt nach *D.R.P.* 103150 (*Friedländer* 5, 323) durch Einwirkung von Phenol bei 50° auf die Naphthazarinschmelze während 24 Stunden. In Wasser und Alkohol mit violetter Farbe löslich. Gibt auf Wollstück mit Bichromat nachbehandelt ein licht- und säureechtes Russischgrün, mit Fluorchrom nachbehandelt ein lebhafteres, aber immer noch dunkles Grün. *Ristenpart.*

Alizarinechtschwarz G, T, SP (*Bayer*), Beizenfarbstoffe der Anthrachinonreihe; liefern nach einer der drei Chromierungsmethoden ein rötliches Schwarz auf Wolle, licht-, walk-, säure-, schwefel- und dekaturecht und gut egalisierend. Auch im Wolldruck sowie für Baumwolle und Seide verwendet. *Ristenpart.*

Alizarinemeraldol G (*Bayer*), saurer Anthrachinonfarbstoff; gibt ein licht- und walkechtes Blaugrün auf Wolle und Seide, das beim Nachchromieren in Oliv umschlägt, auf Chromsud und mit Fluorchrom nachbehandelt dagegen einen gelberen Ton ohne Interesse für die Färberei ergibt. *Ristenpart.*

Alizarinfuchsin RD (*Bayer*), saurer Anthrachinonfarbstoff, von guter Lichtechtheit, besonders im Wolldruck verwendet. *Ristenpart.*

Alizaringelb A in Teig (*BASF*) ist Trioxybenzophenon und wird nach *D.R.P.* 49149 (*Friedländer* 2, 481) durch Kondensation von Pyrogallol mit 1 T. Benzoesäure bei Gegenwart von 3 T. Chlorzink bei 145° oder nach *D.R.P.* 54661 [1890] (*Friedländer* 2, 485) durch Kondensation von Pyrogallol mit 2 T. Benzotrichlorid bei Gegenwart von 2 T. Alkohol dargestellt. Die graugelbe Paste löst sich in kochendem Wasser und liefert im Kattundruck auf Tonerdebeize ein licht- und waschechtes rötliches Gelb.

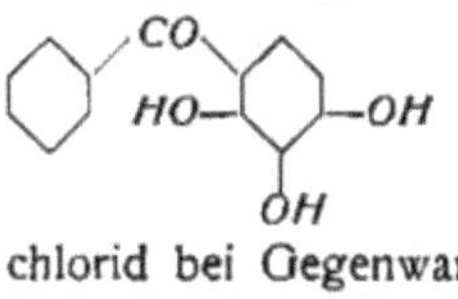

Alizaringelb C (*BASF*) ist Trioxyacetophenon und wird nach *D.R.P.* 49149, [1889] (*Friedländer* 2, 481) aus Eisessig und Pyrogallol dargestellt und nach *D.R.P.* 50238 [1889] (*Friedländer* 2, 484) zur Herstellung grüngelber Töne, die licht- und waschecht sind, im Kattundruck auf Tonerdebeize verwendet.

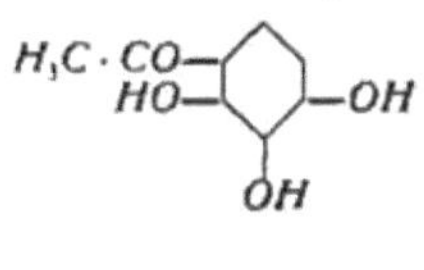

Die Marke FS (*Durand*), beizenziehender Trisazofarbstoff aus Fuchsin und Salicylsäure (*D.R.P.* 58393 [1890] *BASF*) (*Friedländer* 3, 645), färbt chromgebeizte Wolle licht- und walkecht. Läßt sich im Kattundruck mit Hydrosulfit oder Zinnsalz rot ätzen.

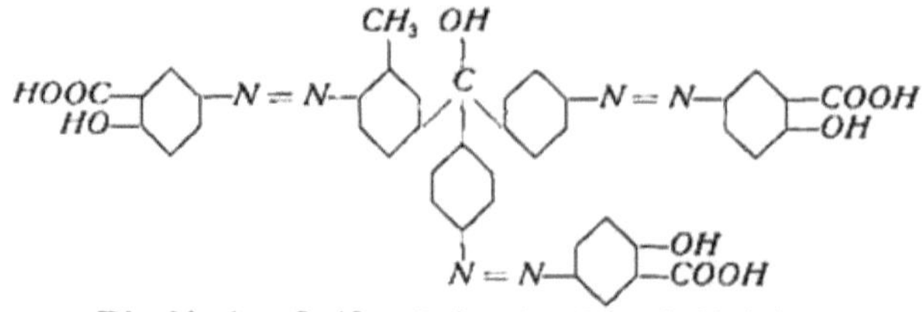

Die Marke G (*Sandoz*) entspricht Acidolchromgelb G (*t. Meer*).

Alizaringelb GG, GGW (*M.L.B.*) 3G (*Bayer*), beizenziehender Azofarbstoff aus m-Nitranilin und Salicylsäure, dargestellt nach *D.R.P.* 44170 [1887] (*Friedländer* 2, 323), (*Möhlau-Bucherer* 143). Die Marke GG ist die freie Säure und als im Wasser unlösliche, in Alkohol lösliche Paste im Handel. Die Marke GGW ist das Natriumsalz, ein gelbes Pulver. Färbt auf Wolle nach einer der drei Chromierungsmethoden ein licht-, walk-, säure- und schwefelechtes Gelb. Im Kattundruck mit essigsaurem Chrom fixiert.

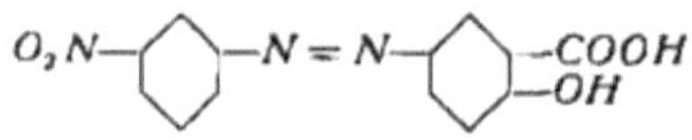

Alizaringelb R, RW (*M.L.B.*) (*Bayer*), beizenziehender Azofarbstoff aus p-Nitranilin und Salicylsäure, gibt ein rotstichiges Gelb von den gleichen Färbe- und Echtheitseigenschaften wie das vorige. *Ristenpart.*

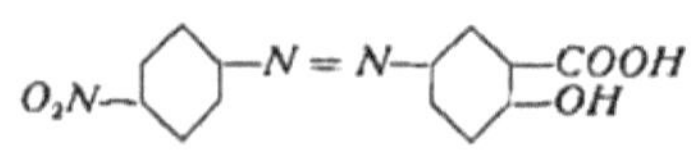

Alizaringeranol B (*Bayer*) [1912], saurer Alizarinfarbstoff, lebhaftes Rotviolett auf Wolle, durch Nachchromieren etwas blauer und walkechter. Baumwolleffekte, bleiben weiß, ebenso Seideneffekte, wenn mit Essigsäure gefärbt wird. Eisen ist ohne Einfluß, Kupfer stumpft den Ton ab. *Ristenpart.*

Alizaringranat R (*M.L.B.*) entspricht Alizarincardinal (*Bayer*). *Ristenpart.*

Alizaringrau SD (*Bayer*), Kondensationsprodukt aus Alizarinblau und Formaldehyd für den Kattundruck. *Ristenpart.*

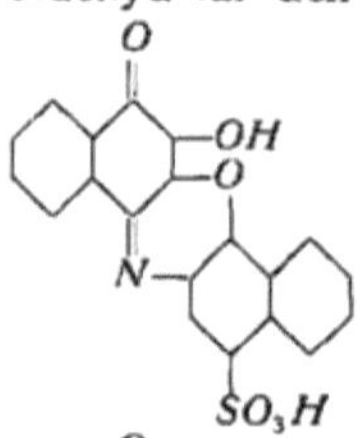

Alizaringrün B (*Wülfing*), beizenziehender Oxazinfarbstoff, dargestellt nach *D.R.P.* 82740 [1895] (*Friedländer* 4, 502) durch Kondensation von β-Naphthochinon, bzw. dessen Sulfosäure mit 2-Amino-1-naphthol-4-sulfosäure in Sodalösung; färbt chromgebeizte Wolle und Baumwolle ziemlich echt.

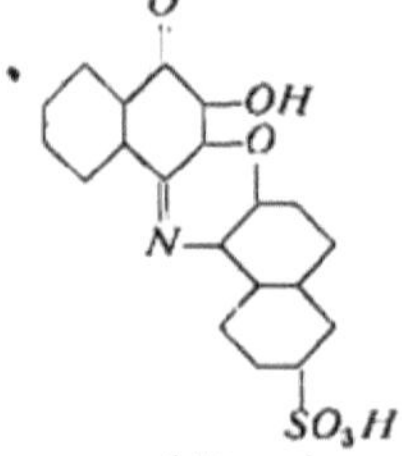

Die Marke G (*Wülfing*) gehört zur gleichen Klasse und wird dargestellt nach *D.R.P.* 82097 [1895] (*Friedländer* 4, 500) durch Einwirkung von β-Naphthochinonsulfosäure auf 1-Amino-2-naphthol-6-sulfosäure in Sodalösung; Färbe- und Echtheitseigenschaften wie beim vorigen.

Alizaringrün S-Teig (*M.L.B.*), beizenziehender Oxyketonfarbstoff, dargestellt nach *D.R.P.* 67470, 66811, 74431 [1892] (*Friedländer* 3, 252, 261, 264) durch Erhitzen von α-Aminoalizarin mit Glycerin, Nitrobenzol und Schwefelsäure und Überführung des α-Alizarinchinolins in die wasserlösliche Bisulfitverbindung. Färbt Wolle auf Chromsud licht-

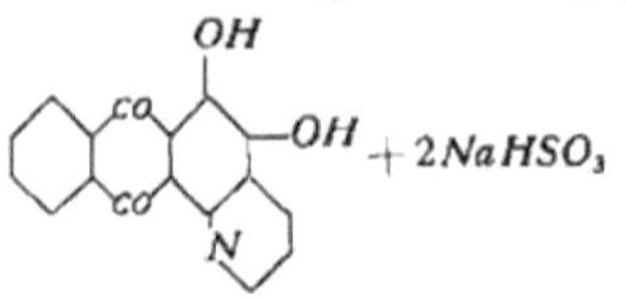

wasch- und säureecht blaugrün. Auch zum Färben und Drucken von chromgebeizter Baumwolle und Seide verwendet.

Alizaringrün S, SW (*BASF*), Bisulfitverbindung des folgenden.

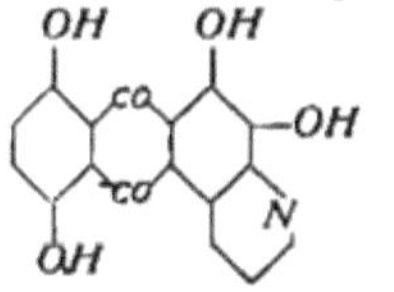

Alizaringrün X, WX (*BASF*), Beizenfarbstoff, dargestellt nach *D.R.P.* 46654 (*Friedländer* **2**, 111) durch Oxydation von Alizarinblau mit rauchender Schwefelsäure. Meist in Form seiner Bisulfitverbindung (2 *Mol.* $NaHSO_3$) als Marke S gebraucht. Färbt ein licht-, wasch-, walk-, säure-, schwefel- und dekaturechtes Grün auf chromangesottener Wolle. Auch für Baumwolle und Seide. *Ristenpart.*

Alizarinheliotrop R, BB (*Bayer*), Beizenfarbstoffe der Anthrachinonreihe, dienen in erster Linie im Kattundruck auf Tonerdebeize, mit Chlorat ätzbar. Seltener im Woll- und Seidendruck. Auf Chrombeize erhält man ein rötliches Blau. *Ristenpart.*

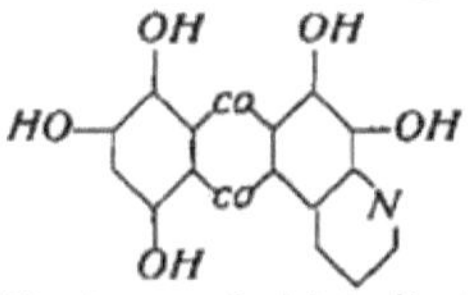

Alizarinindigblau S, SW, SMW (*BASF*), Beizenfarbstoff der Anthrachinonreihe, dargestellt nach *D. R. P.* 46654, resp. *D. R. P.* 47252 (*Friedländer* **2**, 116) durch Oxydation von Alizaringrün X mit 20 T. Schwefelsäure 66° Bé. bei 200° und Überführung in die Bisulfitverbindung (2 *Mol.* $NaHSO_3$). Man erhält so eine braunschwarze Paste, in Wasser mit roter Farbe löslich. Beim Kochen scheidet die Bisulfitverbindung den Farbstoff wieder aus. Die Pulver des Handels sind die in Wasser löslichen Natriumsalze des Farbstoffes. Das Blau auf gechromter Wolle ist grünlicher als Alizarinblau, im übrigen ebenso echt. Auch für Baumwolle und Seide. *Ristenpart.*

Alizarinindigo B (*Bayer*), indigoider Küpenfarbstoff, färbt aus braungelber Hydrosulfitküpe ein chlor- und seifenechtes Blau auf Baumwolle. Hauptsächlich im Kattundruck.

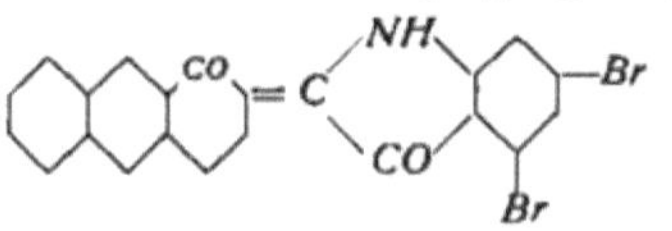

Die Marke G (*Bayer*), dargestellt nach *D.R.P.* 237199 aus Dibromisatinchlorid und α-Anthrol als schwärzlichblaues Pulver oder als 20%iger Teig im Handel. Färbt aus braungelber Hydrosulfitküpe ein reines grünstichiges Blau von gutem Egalisiervermögen, guter Wasch- und Koch- sowie vorzüglicher Chlor- und Überfärbeechtheit. Lichtechter als Indigo. Die Überfärbeechtheit wird durch Nachbehandlung mit Chromkali. und Kupfervitriol noch gesteigert. Der Farbstoff zieht fast ganz aus. Auch wichtig für den Kattundruck.

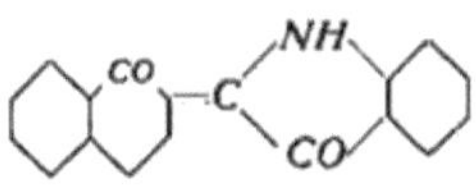

Alizarinindigo 3R (*Bayer*), dargestellt aus Dibromisatinchlorid und α-Naphthol, nach *D.R.P.* 237199, 241825/27 als dunkelblauer Teig oder schwärzlich blaues Pulver. Färbt Baumwolle aus hellgelber Hydrosulfitküpe vorzüglich chlor- und seifenecht; hauptsächlich im Kattundruck.

Alizarinindigo 5R und 7R (*Bayer*) sind weitere Glieder der Alizarinindigoreihe von ähnlichen Färbe- und Echtheitseigenschaften. *Ristenpart.*

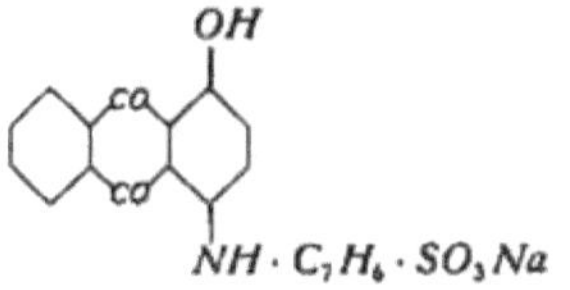

Alizarinirisol D, R (*Bayer*), saurer Farbstoff der Anthrachinonreihe, dargestellt nach *D.R.P.* 86150 [1894] und 91149 [1895] (*Friedländer* **4**, 308 und 315) durch Erhitzen von Chinizarin mit p-Toluidin und Sulfieren. Isomer mit Alizarincyanolviolett R (*Cassella*) und von fast gleichen Färbe- und Echtheitseigenschaften. *Ristenpart.*

Alizarinmarineblau RG, W. (*Bayer*) [1909], saure Anthrachinonfarbstoffe, licht- und waschecht; für Wolldruck. *Ristenpart.*

Alizarinmarron W (*BASF*) ist ein Gemenge von verschiedenen Aminoalizarinen mit Aminopurpurin und wird dargestellt, indem Alizarin, in Schwefelsäure gelöst, nach *D.R.P.* 66811 [1892] (*M.L.B.*) (*Friedländer* **3**, 261) nitriert und reduziert wird. Hauptsächlich im Kattundruck angewandt für Granatrot auf Tonerde- und für stumpfe Bordeaux auf Chrombeize. *Ristenpart.*

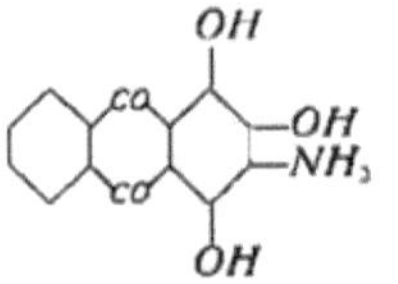

Alizarinorange A, W, SW (*BASF*), G, GG, R, RD, W (*Bayer*), N, R, P, NL (*M.L.B.*) ist β-Nitroalizarin oder 1, 2-Dioxy-3-nitro-anthrachinon und wird nach *D.R.P.* 74562 (*Bayer*) (*Friedländer* **3**, 266) dargestellt durch Einwirkung von 3 *l* Salpetersäure 42° Bé. auf den aus 10 *kg* Alizarin in 200 *kg* Schwefelsäure 66° Bé. und 10 *kg* Borsäure erhaltenen Borsäureester bei 0° und Spalten des Borsäureesters durch Kochen der mit Natronlauge bewirkten Lösung mit überschüssiger Schwefelsäure. Anderes Ausführungsbeispiel: *Möhlau-Bucherer* 211. Die Pulvermarken stellen das Natriumsalz dar. Der Farbstoff liefert, auf Baumwolle gefärbt und gedruckt, ein licht-, wasch- und chlorechtes lebhaftes Orange auf Tonerdebeize und ein rötliches Braun von gleicher Echtheit auf Chrombeize. *Ristenpart.*

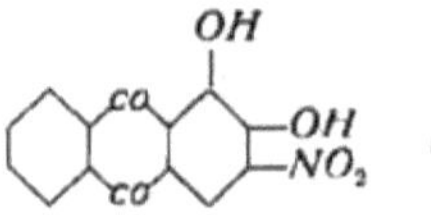

Alizarinpulver W (*Bayer*), Sulfosäure des Alizarins, dargestellt nach dem *D.R.P.* 3565 [1878] (*Friedländer* **1**, 310) durch Sulfieren von Alizarin mit rauchender Schwefelsäure bei 170°. Im Handel sind die Natriumsalze als orangegelbe Pulver. Sie dienen zur Herstellung licht-, walk-, schwefel- und dekaturechter Färbungen und Drucke auf Wollstück. Auf Tonerde erhält man lebhaftes Scharlach, auf Chrom stumpfes Bordeaux, sowohl auf Ansud als durch Nachbehandlung. *Ristenpart.*

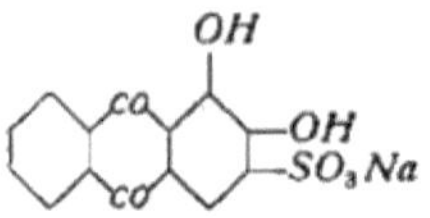

Alizarinpurpurin 20% (*Bayer*) entspricht Alizarin Nr. 6 (*M.L.B.*). *Ristenpart.*

Alizarinreinblau B (*Bayer*), saurer Farbstoff der Anthrachinonreihe, dargestellt durch Einwirkung von p-Toluidin auf Dibrom-α-aminoanthrachinon und Sulfierung *D.R.P.* 126392 (*Z. Farbenind.* **1904**, 220). Lebhaftes, lichtechtes Blau für Wolle und Seide; durch Nachchromieren walkechter ohne Änderung des Tones.

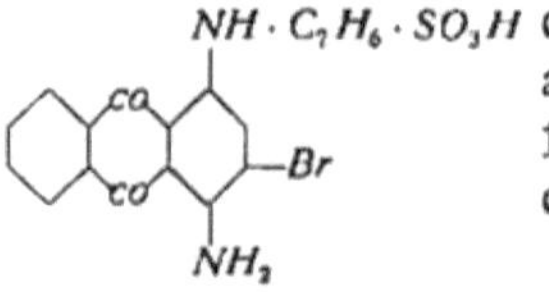

Alizarinreinblau 3R (*Bayer*) [1912], saurer Anthrachinonfarbstoff für Wolle. Baumwolleffekte bleiben weiß. Wasch-, Walk-, Carbonisier-, Dekatur-, Reib-, Licht- und Schwefelechtheit gut. Durch Nachchromieren im Ton nicht geändert. *Ristenpart.*

Alizarinrot S (*Bayer*) 1WS (*M.L.B.*) entsprechen Alizarinpulver W (*Bayer*).

Alizarinrot SS (*BASF*), 2SW (*M.L.B.*), Sulfosäure des Anthrapurpurins bzw. deren Natriumsalz.

Alizarinrot SSS (*BASF*), 3WS (*M.L.B.*), [1886]. Sulfosäure des Flavopurpurins, bzw. deren Natriumsalz. Gelbbraunes Pulver, liefert ein bräunliches Rot auf tonerde- oder chromgebeizter Wolle.

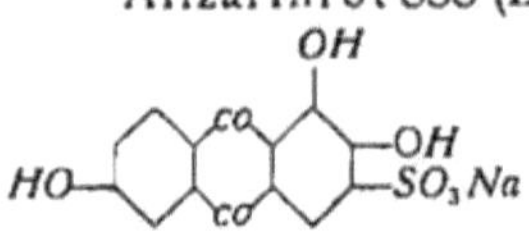

Alizarinrot PS (*BASF*), (*Bayer*), (*M.L.B.*), Sulfosäure des Purpurins. *Ristenpart.*

Alizarinrubinol G, 3G, GW (*Bayer*) [1910], saure Anthrachinonfarbstoffe, dargestellt nach *D. R. P.* 201904 durch Sulfierung von p-Arylido-N-methylanthrapyridon, liefern klare, lichtechte Rot auf Wollstück und im Vigoureuxdruck. Sehr wenig chromempfindlich. Baumwolleffekte bleiben weiß, auch Seideneffekte, wenn mit Essigsäure gefärbt wird.

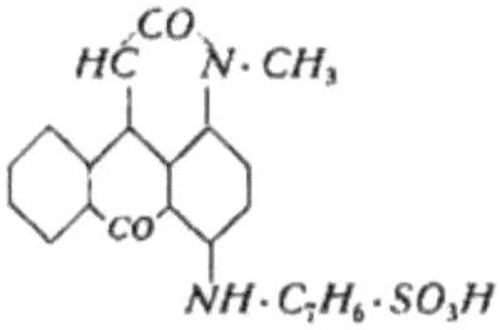

Ristenpart.

Alizarinsaphirol B (*Bayer*), der älteste Vertreter der sauren Anthracenfarbstoffe. Dargestellt nach *D. R. P.* 96364 (*Friedländer* 5, 246), indem 30 *kg* Anthrarufin (1, 5-Dioxyanthrachinon) mit 120 *kg* Schwefelsäure von 20% SO_3-Gehalt auf 120° erhitzt werden, bis sich die Disulfosäure beim Eingießen einer Probe in Wasser klar löst.

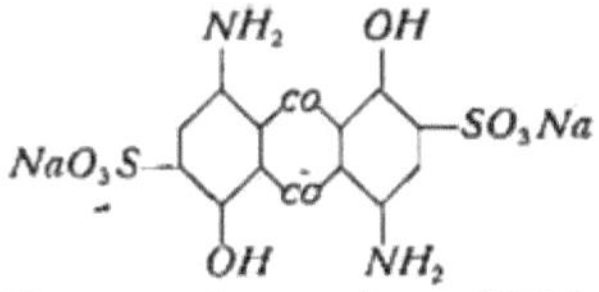

Nun werden weitere 380 *kg* Schwefelsäure 66° Bé. hinzugefügt und bei 20–30° 80 *l* einer Nitriersäure, enthaltend 16 *kg* HNO_3, zufließen gelassen und auf 60° erhitzt. Die beim Erkalten sich abscheidende Dinitroanthrarufindisulfosäure wird abfiltriert, in 4000 *l* heißem Wasser gelöst und mit 500 *l* gesättigter Kochsalzlösung in das Natriumsalz übergeführt, das beim Erkalten auskrystallisiert. Von diesem werden 5 *kg* in 250 *l* heißen Wassers gelöst und bei 30° 14 *kg* Zinnchlorür in 30 *l* Wasser und 30 *l* Salzsäure (33% HCl) hinzugefügt. Die entstehende Diaminoanthrarufindisulfosäure kommt als grünschwarzes Pulver in den Handel. Zusatzpatente zu dem erwähnten Hauptpatente sind die *D. R. P.* 100136, 100137, 105501, 108362 (*Friedländer* 5, 247, 249, 250, 251). Vorzüglich lichtechter Egalisierfarbstoff ersten Ranges für Wollstück von rötlichblauem Ton, der Baumwolleffekte weiß läßt.

Alizarinsaphirol SE, *D. R. P.* 117892, 119228 (*Bayer*) ist die dem vorigen entsprechende Monosulfosäure und der wichtigste Farbstoff dieser Gruppe.

Alizarinsaphirol C (*Bayer*) ist eine weitere Marke von den vorigen entsprechenden Färbe- und Echtheitseigenschaften. *Ristenpart.*

Alizarinschwarz P (*M. L. B.*) ist Flavopurpurinchinolin und wird nach *D. R. P.* 54624 (*Friedländer* 2, 122) dargestellt, indem β-Aminoflavopurpurin mit 7 T. Schwefelsäure 66° Bé., 0, 5 T. Glycerin und 0, 5 T. Nitrobenzol langsam auf 110° erhitzt wird. Der Farbstoff ist als grünlichschwarzer Teig im Handel und dient zum Färben und Drucken chromgebeizter Baumwolle und Wolle in licht-, walk-, wasch-, säure- und chlorechten violettgrauen bis schwarzen Tönen.

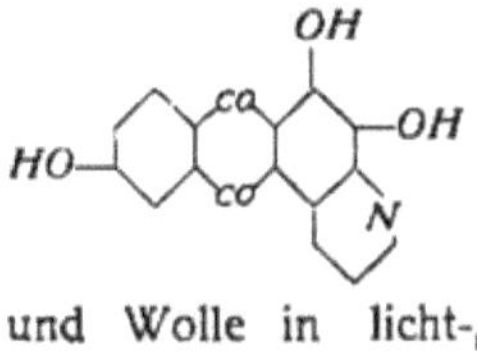

Alizarinschwarz S (*M. L. B.*) ist die Verbindung des vorigen mit 2 *Mol.* Bisulfit, kommt als dunkelbraune Lösung in den Handel und dient namentlich im Zeugdruck.

Alizarinschwarz S, SW, SRW, WR, WX (*BASF*) entsprechen Alizarinblauschwarz W (*BASF*). Die W-Marken entsprechen dem Naphthazarin selber, sind nur in heißem Wasser etwas löslich und dienen hauptsächlich in der Wollfärberei, die S-Marken sind die Bisulfitverbindungen, lösen sich mit gelbbrauner Farbe in Wasser und dienen für Druckzwecke.

Alizarinschwarz SRA in Teig (*BASF*) ist die Bisulfitverbindung des Kondensationsproduktes aus Naphthazarin und Anilin und wird nach *D. R. P.* 101152 [1897] (*Friedländer* 5, 327) dargestellt. Liefert ein chlorechtes Schwarz für Zeugdruck. *Ristenpart.*

Alizarinsprit*blau*, *-grün* und ***-violett*** (*Bayer*) sind spritlösliche Produkte, die sich durch besondere Lichtechtheit auszeichnen und zur Herstellung von Lacken dienen. *Ristenpart.*

Alizarinuranol R (*Bayer*) [1910], saurer Alizarinfarbstoff, färbt ein besonders klares, lebhaftes Blau auf Wolle von vorzüglicher Lichtechtheit. Läßt Baumwolle weiß. Chrom, Eisen und Kupfer stumpfen den Ton ab. *Ristenpart.*

Alizarinviridin DG, FF (*Bayer*), Beizenfarbstoff der Anthrachinonreihe dargestellt durch Erhitzen von Alizarinbordeaux mit p-Toluidin und Sulfierung. Auf chromgebeizter Baumwolle gefärbt oder mit essigsaurem Chrom gedruckt, licht- und waschechte Blaugrün, die sich mit Chlorat ätzen lassen. Auch zum Färben mit tonerde- oder chromgebeizter Seide geeignet. *Ristenpart.*

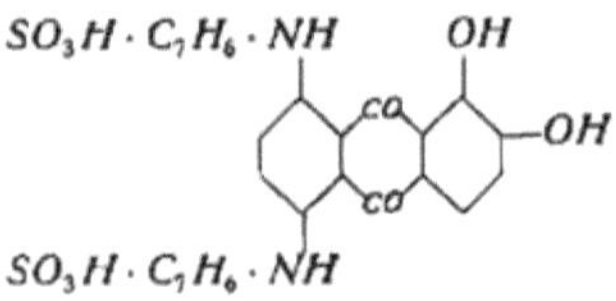

Alkaliazo*blau* B, R, ***-violett*** B, R[1] (*Wülfing*) und ***Alkaliazurin*** 3G, G, R[2] (*Wülfing*) sind substantive Baumwollfarbstoffe. Die Blau- und Violettmarken sind bereits in direkter Färbung ziemlich waschecht, Alkaliazurin erst durch Nachbehandlung mit Chromkali und Kupfervitriol. *Ristenpart.*

Alkaliblau 5R-R, B-7B (*BASF, Cassella, Geigy, Griesheim, Ciba, Kalle, M.L.B.*), D (*Agfa*), saurer Triphenylmethanfarbstoff, dargestellt durch Sulfierung von Anilinblau (Triphenylrosanilin und p-Rosanilin gemischt) zur Monosulfosäure und Herstellung des Natriumsalzes. *E.P.* 1857 [1862]. Blaues Pulver, in Wasser farblos löslich, färbt Wolle im alkalischen (boraxhaltigen) Bade; das Blau muß aber nach dem Waschen erst durch Schwefelsäure entwickelt werden. Der Farbstoff egalisiert vorzüglich, ist aber mäßig lichtecht. *Ristenpart.*

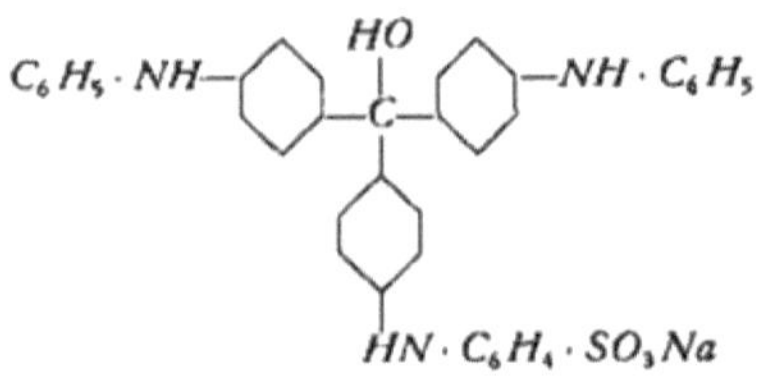

Alkalibordeaux B (*Wülfing*), substantiver Baumwollfarbstoff. *Ristenpart.*

Alkalibraun (*Wülfing*) 1887, substantiver Azofarbstoff aus Primulin und m-Phenylendiamin, dunkelbraunes Pulver, in Wasser und Alkohol löslich; färbt Baumwolle im Soda-Glaubersalzbad rotbraun. Nachbehandlung mit Formaldehyd erhöht die Waschechtheit. *Ristenpart.*

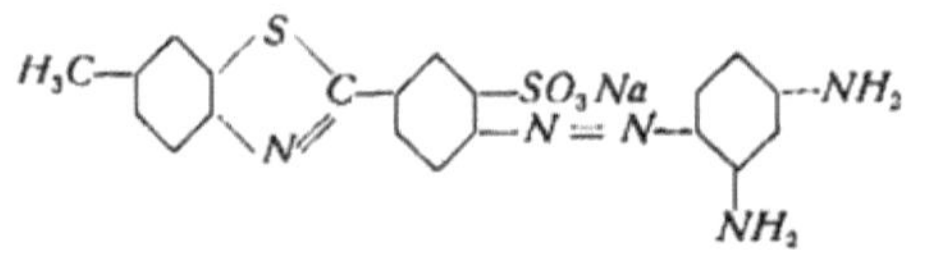

Alkalibrillantblau B, 3 B und G (*Wülfing*), 1908, sind substantive Baumwollfarbstoffe von ähnlicher Reinheit wie Isaminblau (Cassella). *Ristenpart.*

Alkalichlorid-Elektrolyse s. Chloralkali-Elektrolyse.

Alkaliechtgrün B, 3B, G, 3G (*Bayer*), saure Triphenylmethanfarbstoffe für Wolle, alkali- und waschecht, chrombeständig; Baumwolleffekte nicht angefärbt. *Ristenpart.*

Alkaliechtrot B, R (*M.L.B.*), saure Azofarbstoffe für Wolle, licht- und schwefelecht. *Ristenpart.*

Alkaligelb (*Wülfing*), substantiver Azofarbstoff aus Primulin und Salicylsäure *D.R.P.* 48465 [1888] (*Friedländer* **2**, 294). Rotes Pulver; färbt auf Baumwolle im Glaubersalzbad ein säure-,

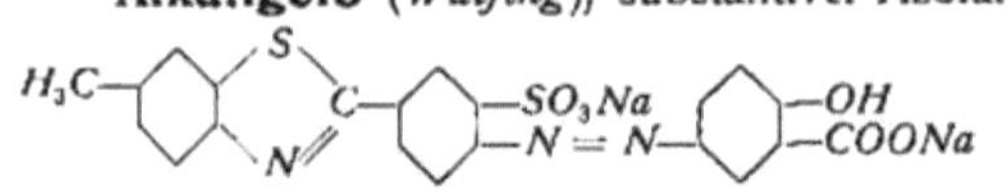

[1] Durch *Benzamin-Azoblau* und *-Azoviolett* (1913) derselben Firma überholt.

[2] Entspricht *Benzoazurin* anderer Firmen.

licht- und ziemlich seifenechtes Gelb, das durch Nachkupfern noch licht- und waschechter wird, zugleich aber auch röter. Es kann auch aus seinen beiden Komponenten auf der Faser selbst erzeugt werden. Färbt Wolle in gleichem Tone und gleicher Tiefe an, deshalb auch in der Halbwollfärberei verwendet. *Ristenpart.*

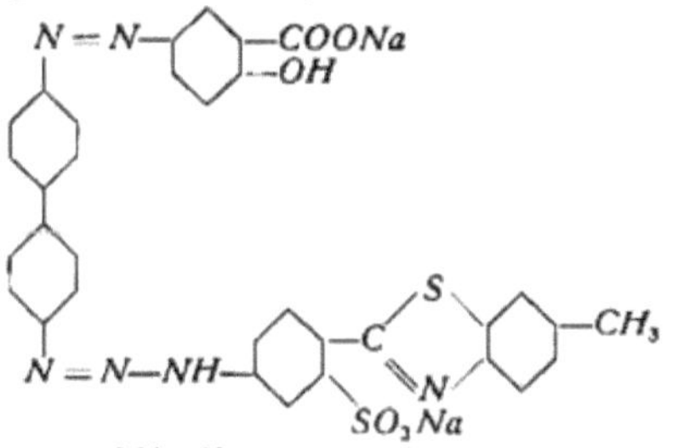

Die Marke R wird aus Benzidin und je 1 *Mol.* Salicylsäure und Primulin, *D. R. P.* 57095 [1889] (*Friedländer* 3, 749), dargestellt. Braungelbes Pulver, färbt Baumwolle in schwach alkalischem Glaubersalzbad säureecht, durch Alkali gerötet, ziemlich waschecht, mäßig lichtecht. *Ristenpart.*

Alkaligrün (*Wülfing*) entspricht Azidingrün 2 B. Alkalicatechin und -neubraun (*Wülfing*) sind substantive Baumwollfarbstoffe. *Ristenpart.*

Alkaliorange GT (*Wülfing*) substantiver Disazofarbstoff aus Tolidin und je 1 *Mol.* Kresotinsäure und m-Toluylendiaminsulfosäure (*D. R. P.* 31658, 44797, 47235 [1888], *Friedländer* 1, 465; 2, 349; 353) färbt Baumwolle unter Zusatz von $2^1/_2\%$ Seife und 10% Natriumphosphat mäßig lichtecht; Nachbehandeln mit Bichromat und Kupfervitriol erhöht Licht- und Waschechtheit. Durch Nachbehandeln mit Diazoparanitranilin entsteht ein wasch- und walkechtes Braun.

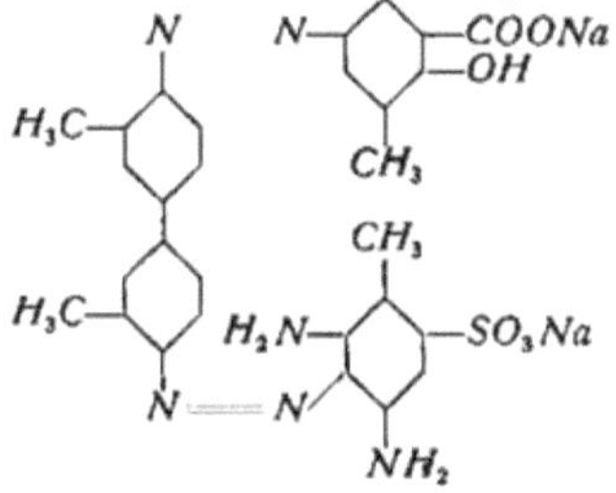

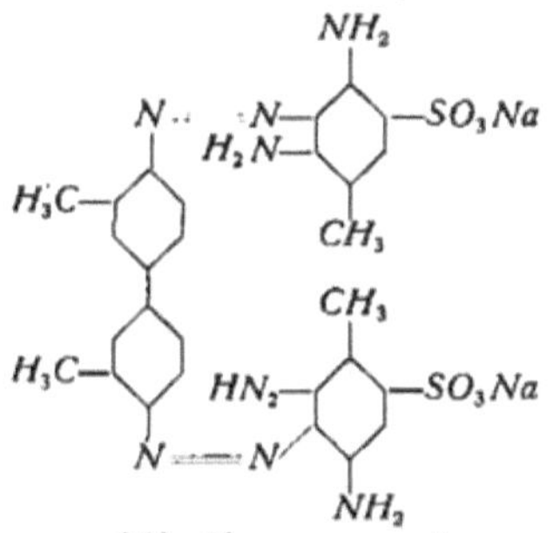

Alkaliorange RT, substantiver Disazofarbstoff aus Tolidin und 2 *Mol.* m-Toluylendiaminsulfosäure *D. R. P.* 40905 [1886] (*Friedländer* 1, 467), von ähnlichen Färbe- und Echtheitseigenschaften wie die Marke GT. *Ristenpart.*

Alkalipurpurrot, -rosa, -rot und rubin, sind substantive Baumwollfarbstoffe[1]. *Ristenpart.*

Alkalischmelzen. Hierunter versteht man hauptsächlich die 1867 von KEKULÉ, WURTZ und DUSART aufgefundene Methode zur Umwandlung aromatischer Sulfosäuren in die entsprechenden Phenole durch Erhitzen mit Alkalien. Diese Umsetzung geht nach folgender Gleichung vor sich:

$$R \cdot SO_3Na + 2\,NaOH = R \cdot ONa + Na_2SO_3 + H_2O.$$

H. WICHELHAUS führte diese Reaktion im Jahre 1869 in die Technik ein, indem er Naphthalin-1-sulfosäure durch Verschmelzen mit Ätznatron in α-Naphthol umwandelte. Zur gleichen Zeit begannen die Versuche, die Alkalischmelze auch für die technische Herstellung des Alizarins (s. d.) aus Anthrachinonsulfosäure nach der von C. GRAEBE, C. LIEBERMANN, H. CARO sowie von PERKIN aufgefundenen Methode zu verwerten.

[1] Die Alkalipurpurrot entsprechen den *Benzopurpurinen*, *Alkalirubin* dem *Congorubin* anderer Firmen.

Die Alkalischmelzen werden meist unter Verwendung von Ätznatron in gußeisernen Rührkesseln vorgenommen, die entweder mit direktem Feuer (ev. unter Verwendung von Öl- resp. Bleibädern) oder mit überhitztem Wasser oder Dampf geheizt werden (vgl. Alizarin und Naphthalin).

Hier und da verfährt man auch derart, daß man besonders für kleinere Quantitäten gußeiserne verschließbare Schmelzröhren benutzt, von denen eine größere Anzahl in einem Backofen gleichzeitig erhitzt werden (s. Resorcin). Wirkt schmelzendes Ätzalkali zu energisch ein, so kann man konzentrierte wäßrige Laugen (Druckschmelze) zur Umsetzung benutzen, ev. unter Verwendung von Rühr-Autoklaven; so entsteht z. B. aus der 1-Naphthol-3, 6, 8-trisulfosäure und 60%iger Natronlauge bei ca. 200° die 1, 8-Dioxynaphthalin-3, 6-disulfosäure (Chromotropsäure):

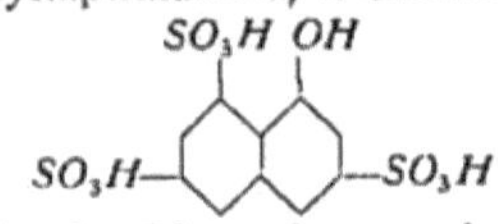

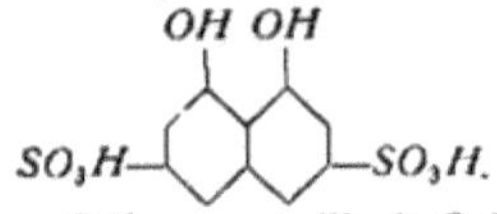

An Stelle der Natronlauge wird in einigen Fällen vorteilhaft Calciumhydroxyd als Alkali benutzt; das von ILJINSKY (*B.* **36**, 4196 [1903] und **37**, 69 [1904]) aufgefundene Verfahren, das meistens mit Kalkbrei ausgeführt wird, führt den Namen „Kalkdruckschmelze". Auf diese Weise läßt sich z. B. das 2-Oxyanthrachinon aus der Anthrachinon-2-sulfosäure herstellen.

Eine besondere Art der Alkalischmelzen sind die sogenannten Oxydationsschmelzen. Hierbei wird der Schmelze ein Oxydationsmittel wie Salpeter oder Chlorat zugesetzt und neben dem Ersatz der Sulfogruppen durch Hydroxyl gleichzeitig eine Oxydation bewirkt. Auf diese Weise wird z. B. aus der Anthrachinon-2-sulfosäure Alizarin (s. d.) hergestellt. Auffallenderweise entsteht aber beim Verschmelzen von p-Toluolsulfosäure mit Kaliumhydroxyd und Bleisuperoxyd hauptsächlich Benzoesäure (C. GRAEBE u. H. KRAFFT *B.* **39**, 794, 2507 [1906]).

Schließlich sei noch darauf hingewiesen, daß der Indigo sowohl aus Phenylglycin-carbonsäure, als auch aus Phenylglycin durch Erhitzen mit Alkalien gewonnen wird. Das Alkali wirkt in diesem Falle als ein Mittel zur Abspaltung von Wasser (Kondensationsmittel). Um diese Wirkung zu erhöhen, werden dem Alkali Substanzen zugesetzt, die eine große Affinität zu dem gebildeten Reaktionswasser besitzen, wie z. B. gebrannter Kalk, Natriumamid etc.

Die Alkalischmelzen werden in der Technik der Zwischenprodukte und organischen Farbstoffe außerordentlich häufig angewandt, so z. B. zur Herstellung von Phenol, Resorcin, der Naphthole und der technisch eminent wichtigen Naphthol- und Aminonaphthol-Sulfosäuren. Von den Farbstoffen seien Alizarin, Indigo, Indanthren, Flavanthren erwähnt.

Literatur: H. WICHELHAUS: Sulfieren, Alkalischmelzen der Sulfosäuren, Esterifizieren. Leipzig 1911. – H. FEUCHTER, *Ch. Ztg.* **1914**, 273. *F. Ullmann.*

Alkalischwarz FF extra (*Wülfing*) 1908, substantiver Baumwoll- und Halbwollfarbstoff, gut säureecht. *Ristenpart.*

Alkaliviolett A (*t. Meer*), 6B (*BASF, Ciba*), C, CA (*Cassella*), O (*M. L. B.*), R, LR (*Bayer*), 1886, saurer Triphenylmethanfarbstoff, dargestellt nach *D. R. P.* 27789, (*Friedländer* **1**, 80) durch Kondensation von Methyldiphenylamin mit Tetraäthyldiaminobenzophenon und Sulfieren. Blauviolettes Pulver, in Wasser und Alkohol löslich, färbt Wolle in alkalischem, neutralem und saurem Bade gut egal und walkecht, aber nicht lichtecht.

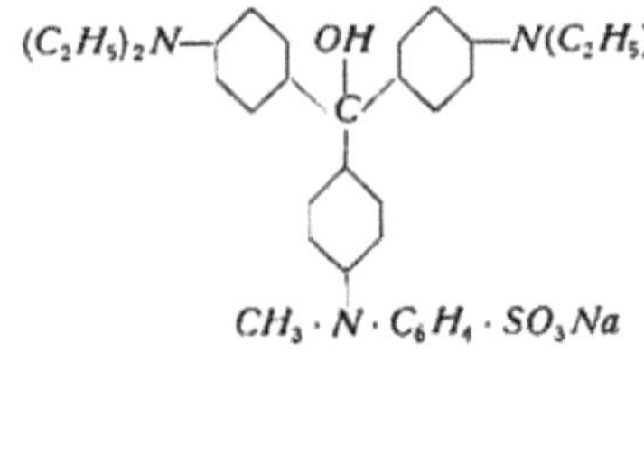

Alkaliviolett 10B (*Bayer*), 1911, saurer Farbstoff von sehr klarem Ton und guter Alkaliechtheit. Da er auch in neutralem Bade auf Wolle zieht, für die Halbwolleinbadfärberei geeignet. *Ristenpart.*

Alkaloide ist die Bezeichnung für alle basischen Verbindungen, die von der lebenden Pflanze erzeugt werden, mit Ausnahme derjenigen, die als unmittelbare Spaltungsprodukte der Proteine, resp. als Bausteine zu ihrer synthetischen Bildung aufzufassen sind.

Die erste dieser Basen entdeckte im Jahre 1817 SERTÜRNER, Apotheker in Einbeck bei Hannover, indem er aus Opium das Morphin isolierte und seine Fähigkeit, mit Säuren Salze zu bilden, erkannte. Diese Entdeckung erregte großes Aufsehen; mit Eifer machte man sich daran, in den bekannten, offizinellen Drogen nach analogen Substanzen zu suchen, und in schneller Folge wurde so aus dem Pflanzenreich eine Reihe wichtiger Stoffe aufgefunden: Narkotin (ROBIQUET 1817), Strychnin (PELLETIER und CAVENTOU 1818), Veratrin (MEISSNER 1818), Brucin (PELLETIER und CAVENTOU 1819), Chinin und Cinchonin (dieselben 1820), Coffein (RUNGE 1820), Sinapin (HENRY und GAROT 1825), Coniin (GIESECKE 1827), Nicotin (POSSELT und REIMANN 1828), Atropin (MEIN 1831) u. s. w.

Alle diese Körper erwiesen sich, ähnlich dem Morphin, als stickstoffhaltige, salzbildende Basen; deshalb die Benennung Alkaloid (alkaliähnlich), welche der ganzen Gruppe gegeben wurde, u. zw. blieben diese Produkte des Pflanzenreichs noch zwei Jahrzehntelang die einzig bekannten Vertreter dieser neuen Klasse von organischen Verbindungen.

Als aber RUNGE 1834 das Chinolin aus dem Steinkohlenteer und ANDERSON 1846 das Pyridin aus dem DIPPELschen Tieröl isolierten, als ZININ 1841 das Anilin durch Reduktion des Nitrobenzols erhielt und WURTZ 1848 die ersten Amine der Fettreihe darzustellen lehrte, wurden alle diese neuen Substanzen, obgleich sie dieselben basischen Eigenschaften wie die Alkaloide aufwiesen, denselben nicht zugereiht; man betrachtete sie vielleicht wegen ihres Mangels an ausgeprägter physiologischer Wirkung als verschieden genug von den vegetabilischen Basen, um eine besondere Körperklasse zu bilden, und die Bezeichnung Alkaloid blieb den alleinigen Basen pflanzlichen Ursprungs anhaften.

Erst später, u. zw. durch die ersten Untersuchungen von HUBER 1867, WILLM und CAVENTOU 1873, WEIDEL 1874, KÖNIGS 1879 über die Konstitution des Nicotins, Cinchonins, Berberins, Narkotins, Piperins wurde ein Zusammenhang zwischen den beiden Basengruppen erkannt, u. zw. erwiesen sich die sämtlichen genannten Alkaloide als Derivate einer und derselben Grundsubstanz, des Pyridins.

Dieser Befund veranlaßte KÖNIGS (1880), der das Bedürfnis fühlte, dem Worte Alkaloid eine nicht mehr auf der Herkunft, sondern auf der chemischen Struktur beruhende Bedeutung zu geben, vorzuschlagen, unter diesem Namen nur diejenigen Basen aufzufassen, die als Abkömmlinge des Pyridins erkannt waren. Dieser Ansicht zufolge hätte man nun aus der Liste der Alkaloide zu streichen nicht nur einige, zwar nicht sehr zahlreiche Individuen, wie Coffein, Cholin, Betain, Sinapin, von denen man damals schon wußte, daß ihr Molekül keinen Pyridinring enthielt, sondern auch die große Schar der in ihrer chemischen Konstitution noch nicht erforschten Pflanzenbasen, obgleich sie doch mit den eigentlichen Alkaloiden in ihren chemischen und physiologischen Eigenschaften die engsten Analogien zeigten. Trotzdem fand KÖNIGS' Vorschlag Beifall, indem dadurch eine wichtige Gruppe organischer Verbindungen ihre streng wissenschaftliche Einheitlichkeit fand, und wurde allgemein angenommen. Aber nur für kurze Zeit; denn bald (1895) zeigten die Untersuchungen von LIEBERMANN, PINNER u. a. über Hygrin, Nicotin, Atropin in diesen Verbindungen das Vorhandensein eines andern stickstoffhaltigen Ringes, nämlich des fünfgliedrigen Ringes des Pyrrolidins. Seitdem wuchs unaufhörlich durch neue Entdeckungen die Zahl derjenigen pflanzlichen Basen, die in ihrem Molekül gar keine heterocyclischen Komplexe enthalten (Damascenin, Hordenin, Ephedrin, Narcein, Colchicin, Surinamin etc.) oder die, wenn solche vorhanden sind (wie beim Imidazol oder Indol), mit dem Pyridinring nichts zu tun haben.

Heute ist man zu der notwendigen Erkenntnis gekommen, daß kein gemeinsamer, konstitutioneller Charakter die zahlreichen, vegetabilischen Basen unter sich vereinigt, und daß die Pflanze befähigt ist, basische Produkte zu erzeugen, die in chemischer Hinsicht den verschiedensten Gruppen der organischen Klassifikation angehören. Will man das Wort Alkaloid weiter gebrauchen, wozu eine jahrhundertlange Gewohnheit wohl zwingt, so muß man darauf verzichten, es als die Überschrift einer natürlichen, chemisch begründeten Körperklasse betrachten zu wollen und zum ursprünglichen Begriff zurückkehren, der als Alkaloide alle naturellen, mit basischen Eigenschaften ausgestatteten Verbindungen zusammenfaßt.

Dieser Definition sollte jedoch, nach der Meinung des Autors, eine Einschränkung gemacht werden. Sie betrifft eine Reihe im Pflanzenreich aufgefundener Substanzen, die zugleich schwach basische und schwach saure Eigenschaften aufweisen und dadurch zwischen den echten Pflanzensäuren und den echten Alkaloiden eine intermediäre Stellung einnehmen. Diese Substanzen (Tyrosin, Arginin, Leucin, Asparagin, Glutamin etc.) sind in ihrer chemischen Konstitution durch die gemeinsame Atomgruppe $-CH{<}^{COOH}_{NH_2}$ charakterisiert und bilden unter dem Namen Aminosäuren eine scharf abgegrenzte Körperreihe.

Es wirft sich nun die Frage auf: Sollen die Aminosäuren unter den Pflanzensäuren oder unter den Alkaloiden eingereiht werden, oder ist es zweckmäßiger, sie in ihrer intermediären Stellung als besondere Gruppe fortbestehen zu lassen?

Bekanntlich finden sich die meisten dieser Aminosäuren unterschiedslos im Pflanzen- und Tierreich und stehen genetisch in naher und direkter Beziehung zu den Eiweißstoffen; sie entstehen aus letzteren, ebensowohl in vitro als in vivo durch hydrolytische Spaltung und können vom lebenden Organismus für die synthetische Neubildung der Proteine als Bausteine wieder benutzt werden, zwei Eigenschaften, die den anderen naturellen Basen vollständig fehlen. Sie spielen also offenbar eine ganz andere biologische Rolle als die eigentlichen Alkaloide, obwohl sie, wie weiter unten erörtert werden soll, nicht ohne genetischen Zusammenhang mit ihnen zu sein scheinen. Sie unterscheiden sich übrigens auch chemisch von den anderen vegetabilischen Basen durch eine Reihe charakteristischer Merkmale, und physiologisch durch ihren Mangel an jeder ausgesprochenen Wirkung auf den tierischen Organismus.

Aus allen diesen Gründen müssen die Aminosäuren eine besondere Körpergruppe neben den Alkaloiden bilden und werden im folgenden außer Betrachtung bleiben.

Vorkommen. Die Alkaloide finden sich im ganzen Pflanzenreich verbreitet, doch auf die verschiedenen Pflanzenklassen und -familien sehr ungleichmäßig verteilt. Die weitaus größte Zahl der alkaloidführenden Pflanzen gehört der Klasse der Dicotyledonen an; unter den Monocotyledonen ist fast nur die Familie der Colchicaceen, die sich in dieser Hinsicht auszeichnet. In noch geringerer Zahl finden sich Alkaloide bei den Gymnospermen und Kryptogamen.

Bei den Dicotyledonen zeigen einige Familien (Papaveraceen, Solanaceen, Ranunculaceen, Rubiaceen, Apocynaceen) einen besonderen Reichtum an Alkaloiden, während andere daran sehr arm sind; nur ausnahmsweise sind sie z. B. in den drei großen Familien der Labiaten, Rosaceen und Compositen zu finden; es ist auffallend, daß die Pflanzen dieser letzteren Familien gerade diejenigen sind, die im Gegenteil in größerer Menge aromatisch riechende Stoffe hervorzubringen vermögen.

Im allgemeinen werden die kompliziert zusammengesetzten Alkaloide nur bei den Dicotyledonen aufgefunden, während die Monocotyledonen und die Kryptogamen einfachere Verbindungen enthalten. Dies ist aber keine ausnahmslose Regel (Colchicin, Ergothionin), und es ist kein Grund vorhanden, anzunehmen, daß das Vermögen, komplizierte basische Körper zu erzeugen, mit der höheren Entwicklungsstufe und mit der zunehmenden morphologischen Differenzierung der Pflanzen immer parallel geht.

Es ist höchst selten, daß die alkaloidführenden Pflanzen nur ein einziges Alkaloid enthalten; manche Beobachtungen eines solchen Falles (Tabak, Pfeffer, Zeitlose) sind durch nähere Untersuchungen hinfällig geworden. Im Gegenteil sind fast regelmäßig in derselben Pflanze mehrere, oft zahlreiche (bis über 20) verschiedene Alkaloide nebeneinander vorhanden (Opium, Chinarinde, Corydalisknollen). In diesem Falle sind diese Körper immer chemisch, oft auch physiologisch, einander nahe verwandt.

Früher glaubte man annehmen zu dürfen, daß ein und dasselbe Alkaloid fast nie in botanisch fernstehenden Pflanzen vorkam, daß also ein solches charakteristisch für eine bestimmte Familie, ja sogar für eine Gattung sei. Auch hier weiß man heute, daß die Regel nur für eine relativ kleine Zahl komplizierter Alkaloide gilt, indem durch die neueren Untersuchungen im Gegenteil die Zahl der vegetabilischen Basen fortwährend gewachsen ist, die in Pflanzen angetroffen wurden, welche in keinerlei botanischer Beziehung zueinander stehen.

Der Alkaloidgehalt der Pflanzen schwankt zwischen sehr weiten Grenzen. Bei einigen Arten verringert er sich bis auf Spuren, bei anderen dagegen kann er bis auf 10% des trockenen Pflanzenteiles steigen. Dieser Gehalt variiert übrigens stark je nach der Entwicklungsperiode der Pflanze, der Jahreszeit, der äußeren Bedingungen u. s. w.; er kann auch durch Kultur und Selektion stark beeinflußt werden.

Alkaloide können in sämtlichen Pflanzenteilen vorkommen. Wie ERRERA, CLAUTRIAU u. a. nachgewiesen haben, bilden sie sich vornehmlich in den in kräftiger Entwicklung begriffenen Geweben. Von da aus wandern sie in andere Teile der Pflanze, wo sie sich aufspeichern. Diese Teile sind von Fall zu Fall verschieden. Am häufigsten treten die Alkaloide in den Blättern, Früchten und Samen auf, oft auch in den Blüten oder Wurzeln, bei Baumpflanzen auch in der Rinde. Solche Lokalisierungen sind in pharmakologischer Hinsicht von großer Bedeutung.

Die Alkaloide kommen in der Pflanze nicht in freiem Zustande vor, sondern immer als Salze an Säuren gebunden, u. zw. an gewöhnliche im Pflanzenreiche allgemein verbreitete Säuren, wie Oxal-, Äpfel-, Bernstein-, Citronen-, Gerbsäure, oder an spezielle Säuren, die den betreffenden Pflanzen eigentümlich sind (China-, Mekon-, Aconit-, Veratrum-, Chelidonsäure).

Über die Darstellung der Alkaloide s. Alkaloid-Gewinnung.

Eigenschaften. Die meisten Alkaloide sind feste und krystallisierte Verbindungen; einige sind amorph oder konnten noch nicht zur Krystallisation gebracht werden. Wenige sind bei gewöhnlicher Temperatur flüssig (Coniin, Arecolin, Nicotin, Pyrrolidin, Hygrin, Spartein).

Die festen Alkaloide zeigen im allgemeinen einen bestimmten Schmelzpunkt, zersetzen sich aber bei weiterem Erhitzen und sind nicht destillierbar. Einige lassen sich dennoch bei gewöhnlichem Drucke, oder besser im Vakuum, unzersetzt sublimieren (Strychnin, Solanin, Veratrin, Morphin, Narkotin). Alle sind in der Kälte geruchlos. Die flüssigen Alkaloide können dagegen unzersetzt destilliert werden.

Die Lösungen fast aller Alkaloide, resp. ihrer Salze, sind durch einen ausgesprochenen Geschmack ausgezeichnet; im allgemeinen schmecken die festen Alkaloide bitter, die flüssigen scharf und brennend.

Eine sehr kleine Zahl von Alkaloiden besitzt in freiem Zustand oder als Salze eine deutliche (gelbe oder rote) Farbe (Berberin, Corydalisalkaloide, Sanguinarin,

Harmalin, Sinapin). Eine größere Zahl zeigt charakteristische Absorptionsspektren oder Fluoreszenzerscheinungen (Chinin, Cocain, Damascenin, Harmalin, Sanguinarin).

In ihren Löslichkeitsverhältnissen zeigen die Alkaloide die größte Mannigfaltigkeit. Im allgemeinen sind sie in Alkohol leicht löslich, etwas weniger in Äther, Chloroform, Tetrachlorkohlenstoff, Amylalkohol, Benzol, noch weniger in Petroleumäther. In Wasser sind nur die einfachsten Basen, und insbesondere die betainartig konstituierten, löslich. Das Verhalten der Alkaloide zu den üblichen Solventien ist dennoch ein sehr verschiedenes, was in praktischer Hinsicht, z. B. bei gerichtlich-chemischen Untersuchungen von Bedeutung ist.

Die große Mehrzahl der Alkaloide besitzt optisches Drehungsvermögen, u. zw. sind die meisten linksdrehend. Unter denjenigen, die ohne Einwirkung auf das polarisierte Licht sind, weiß man von Papaverin, Berberin, Betain, Narcein, Coffein, Piperin, daß sie in ihrem Molekül kein asymmetrisches Kohlenstoffatom enthalten; von Atropin, Lupanin, Laudanin, Gnoskopin, daß sie rac. Verbindungen darstellen.

Gegen Lackmus und andere Indikatoren zeigen die meisten Alkaloide alkalische Reaktionen. Einige (Betain, Trigonellin, Papaverin, Coffein, Colchicin, Piperin) reagieren neutral. Manche, wie Cocain, Arecaidin, Morphin, Cuprein, Pilocarpin, Coffein besitzen gleichzeitig schwach saure Eigenschaften und lösen sich in Ätzalkalien.

Nachweis. Identifizierung und Bestimmung der Alkaloide beanspruchen in pharmakologischer und toxikologischer Hinsicht die größte Bedeutung. Die zahlreichen, zu diesen Zwecken ausgearbeiteten Methoden eingehend zu besprechen, würde außerhalb des Rahmens dieses Artikels stehen. Es sei darüber nur folgendes erwähnt:

Allen Alkaloiden kommt das gemeinsame Verhalten zu, mit einigen Reagenzien unlösliche oder sehr schwer lösliche Verbindungen zu geben, was den Nachweis der kleinsten Mengen dieser Substanzen erlaubt. Dieses Verhalten ist zwar nicht allein den Alkaloiden eigen, sondern entspricht überhaupt den meisten organischen Basen; es hat trotzdem wegen seiner großen Empfindlichkeit für den Nachweis der Alkaloide bei gerichtlich-chemischen Untersuchungen seine hauptsächlichste Anwendung gefunden.

Die gebräuchlichsten, allgemeinen Fällungsreagenzien der Alkaloide sind:

Jod-Jodkaliumlösung (Reagens von BOUCHARDAT);
Kalium-Wismutjodid (DRAGENDORFF);
Kalium-Cadmiumjodid (MARMÉ);
Kalium-Mercurijodid (MAYER);
Phosphormolybdänsäure (SONNENSCHEIN);
Phosphorwolframsäure (SCHEIBLER);
Platin-, Quecksilber- und Goldchlorid;
Pikrinsäure;
Pikrolonsäure (KNORR);
Tannin;
Kaliumbichromat;
Ferrocyankalium.

Die Identifizierung der einzelnen Alkaloide geschieht durch

ihre Elementaranalyse und die Bestimmung der physikalischen Konstanten, wenn die Menge der zur Verfügung stehenden Substanz es erlaubt,
die mikroskopische Untersuchung der Krystalle,
das spektroskopische Verhalten der Lösungen,
die Beobachtung der physiologischen Wirkung,
die Anwendung spezieller Farbenreagenzien. Die meisten Alkaloide geben nämlich in Berührung mit gewissen Reagenzien Anlaß zu Farbenerscheinungen, deren chemische Ursachen uns noch unbekannt sind, welche aber für jede der betreffenden Basen charakteristisch sind und als Identitätsreaktionen dienen. Die gebräuchlichsten dieser Farbenreagenzien sind:

Schwefelsäure mit wenig Salpetersäure (Reagens von ERDMANN);
Molybdänsäure in konz. Schwefelsäure (FRÖHDE);
Vanadinsäure (MANDELIN);
Selenige Säure (LAFON);
Formaldehyd (MARQUIS);
Chromsäure „
Chlorwasser und Ammoniak.

Konstitution. Da die meisten Alkaloide eine ziemlich komplizierte Zusammensetzung besitzen, so gehört die Erschließung ihrer Konstitution zu den schwierigsten, aber auch reizvollsten Aufgaben der organischen Chemie. Sie hat seit einem fast vollen Jahrhundert unzählige Forscher beschäftigt und hat heute für eine beträchtliche Zahl der bekannten Basen, u. zw. für die meisten praktisch wichtigsten, ihr volles Ziel erreicht.

Diese Aufgabe zerfällt für gewöhnlich in zwei Hauptteile: man muß erstens die verschiedenen chemischen Funktionen, die im Molekül des in Frage stehenden Alkaloids enthalten sind, bestimmen, und zweitens die Struktur des innern Kohlenstoff-Stickstoffskelets des Moleküls festsetzen, indem man die einfachste Stammsubstanz, zu welcher das Alkaloid in genetischer Beziehung steht, herauszuschälen sucht.

Die Methoden, die zur Lösung dieser beiden Probleme dienen können, sind im allgemeinen dieselben wie in der übrigen organischen Chemie; doch haben sich im besonderen Gebiete der Alkaloide einige derselben als besonders fruchtbringend erwiesen; sie sollen deswegen hier kurz zusammengefaßt werden.

Die verschiedenen Funktionen, die im Molekül der Alkaloide vorhanden sind, hängen in erster Linie von der Bindungsart der in ihm enthaltenen Stickstoff- und Sauerstoffatome ab. Was zuerst den Stickstoff betrifft, so läßt sich darüber folgendes sagen:

Manche Alkaloide, die mehrere Atome Stickstoff enthalten (Strychnin, Coffein, Harmalin, Pilocarpin) sind nichtsdestoweniger einsäurige Basen. Die Analyse ihrer Salze wird über diesen Punkt Aufschluß geben.

Die allgemeinen Reaktionen der organischen Basen mit Jodalkylen, Säureanhydriden oder -chloriden, salpetriger Säure u. s. w., werden lehren, ob das untersuchte Alkaloid zur Klasse der primären, sekundären, tertiären oder quaternären Basen gehört. Es hat sich gezeigt, daß alle vier Typen bei den Pflanzenbasen vertreten sind. Einige wenige, meist einfach gebaute Alkaloide (Isoamylamin, Putrescin, Tyramin, Adenin) sind primäre Basen. Etwas zahlreicher sind diejenigen (Pyrrolidin, Coniin, Pseudo-hyoscyamin, Damascenin, Ephedrin, Nornarcein, Surinamin), die sekundäre Natur aufweisen. Die bei weitem größte Zahl der Alkaloide sind tertiäre Basen. Im Cholin endlich, sowie in der Gruppe der Betaine, findet man einige Vertreter der quaternären Basen.

Viele Alkaloide entwickeln bei starkem Erhitzen mit Ätzalkalien oder Kalk Mono-, Di- oder Trimethylamin; sie besitzen also eine oder mehrere Methylgruppen, an Stickstoff gebunden. Eine Methode zur Bestimmung dieser Methylimidgruppen, beruhend auf der trockenen Destillation der Jodhydrate in Gegenwart von konz. Jodwasserstoffsäure, ist von Herzig und Meyer ausgearbeitet worden. Mit ihrer Hilfe hat es sich ergeben, daß eine sehr große Zahl von Alkaloiden am Stickstoff methyliert ist. Dagegen ist ein anderes Alkyl (Äthyl oder homologe Radikale) in Stickstoffbindung bei den Pflanzenbasen noch nie aufgefunden worden.

Die Einwirkung von Mineralsäuren oder wässerigen Alkalien auf gewisse Alkaloide (Piperin, Colchicin, Physostigmin) bewirkt ferner eine hydrolytische Spaltung in eine sekundäre Base und eine Säure, was auf eine amidartige Struktur (Gruppe $=N-CO-R$) hindeutet. In den Alkaloiden der Xanthingruppe sind ebenfalls solche Gruppen anzunehmen.

Die Funktionen, die von der Bindungsart des Sauerstoffatoms abhängen, sind bei den Alkaloiden sehr verschiedenartig.

Alkoholische Hydroxylgruppen werden durch Acylierung (mit Essigsäureanhydrid, Acetyl- oder Benzoylchlorid) sowie durch Einwirkung der Phosphorchloride oder wasserentziehender Mittel nachgewiesen. So sind solche Hydroxyle bei den Chinaalkaloiden, beim Atropin, Ephedrin, Conhydrin u. s. w. aufgefunden worden.

Phenolhydroxyle erteilen gewissen Alkaloiden (Morphin, Cuprein, Laudanin, Corybulbin, Hordenin) die Eigenschaft der Löslichkeit in fixen Alkalien.

Freie Carboxylgruppen sind nur bei wenigen Pflanzenbasen (Arecaidin, Surinamin, Narcein) vorhanden, die dadurch die Fähigkeit erlangen, auch in kohlensauren Alkalien löslich zu sein und mittels Alkohols und Chlorwasserstoffs esterifiziert zu werden. In einigen Fällen (Pilocarpin, Hydrastin, Narkotin) erscheint das doppelte Vorhandensein eines alkoholischen Hydroxyls und einer Carboxylgruppe erst nach Behandlung mit einer Mineralsäure, woraus zu schließen ist, daß diese beiden Gruppen sich im ursprünglichen Alkaloid gegenseitig lactonartig sättigen. Andererseits ist in der Klasse der als Betaine aufzufassenden, ziemlich zahlreichen Alkaloide (Betain, Stachydrin, Betonicin, Trigonellin, Hercynin, Ergothionin, Hypaphorin) wenigstens bei den freien Basen die Carboxylgruppe mit einer am fünfwertigen Stickstoffatom haftenden Hydroxylgruppe gesättigt.

Viele Pflanzenbasen sind gleichzeitig Ester; sie werden durch Kochen mit Alkalien oder Mineralsäuren, manchmal auch schon mit Wasser verseift und in einen Alkohol und eine Säure gespalten (Sinapin, Arecolin, Atropin, Cocaalkaloide, Damascenin). Bei mehreren Alkaloiden (Sinalbin, Carnin, Vernin, Solanin, Achillein, Vicin, Casimirin) ist der dabei auftretende stickstofffreie Bestandteil ein Zucker, resp. eine Pentose, wodurch das betreffende Alkaloid zugleich als ein Glucosid, resp. Pentosid erscheint.

Eine noch größere Zahl von Alkaloiden ist als Äther, u. zw. des Methylalkohols oder des hypothetischen Methylenglykols charakterisiert, indem sie eine oder mehrere Methoxyl- ($-OCH_3$) oder Methylendioxygruppen $\left(\begin{smallmatrix}-O\\-O\end{smallmatrix}>CH_2\right)$ enthalten. Andere homologe Alkyle finden sich ebensowenig an Sauerstoff wie an Stickstoff gebunden bei den Pflanzenbasen. Zum Nachweis und Bestimmung der Methoxylgruppen dient die Methode von ZEISEL, welche auf dem Erhitzen der Substanz mit konz. Jodwasserstoffsäure beruht, wobei Jodmethyl abgespalten wird und ein Phenol oder Alkohol zurückbleibt. Methoxylgruppen wurden so im Chinin, Brucin, Aconitin, Emetin, Berberin, Hydrastin, in den meisten Opiumalkaloiden und in vielen anderen nachgewiesen. Methylendioxygruppen sind vorhanden im Piperin, Narcein, Hydrastin, Narkotin, Berberin, Canadin etc.

Die Funktion Aldehyd ist bis jetzt in keinem natürlichen Alkaloid aufgefunden worden. Einige dagegen (Hygrin, Narcein, Xanthalin) enthalten eine Ketongruppe, die sich durch ihre Verbindungen mit Hydroxylamin und Phenylhydrazin nachweisen läßt.

Die zweite Aufgabe, die bei der Ermittlung der Konstitution der Alkaloide obliegt, ist, wie oben erwähnt, die Struktur des inneren Kohlenstoff-, resp. Kohlenstoff-Stickstoffskelets festzustellen, welches das Zentrum des Moleküls und die Unterlage für die verschiedenen funktionellen Gruppen bildet. Zu diesem Zwecke bedarf es stark eingreifender Reaktionen, die einen tiefergehenden Abbau der Verbindung bis auf die beständige Muttersubstanz bewerkstelligt. Solche Reaktionen sind hauptsächlich:

Die Einwirkung stark oxydierender Mittel (Kaliumpermanganat, Chromsäure, Salpetersäure);

die Destillation über Zinkstaub;

die Kalischmelze.

Unter dem Einfluß dieser Agenzien werden meistens alle am wenigsten widerstandsfähigen Teile des Moleküls abgetrennt, Wasserstoffatome wegoxydiert, sauerstoffhaltige Gruppen reduziert, Seitenketten abgespalten oder in Carboxylgruppen verwandelt, und es bleibt als beständiges Endprodukt eine relativ einfach zusammengesetzte Verbindung, die vielfach als die gesuchte Grundsubstanz des betreffenden Alkaloids anzusehen ist.

Bei den meisten Pflanzenbasen hat es sich herausgestellt, daß der so herausgeschälte Kern ihres Moleküls durch eine ringförmig geschlossene Kette gebildet wird. So liefern viele Alkaloide (Ephedrin, Hordenin, Berberin, Opium- und Hydrastisbasen) durch energische Oxydation aromatische Säuren und enthalten hiermit den Benzolring als Kern ihres Moleküls. Morphin, Codein, Thebain geben durch Zinkstaubdestillation Phenanthren und sind als Derivate dieses Kohlenwasserstoffes anzusehen.

Zahlreiche Alkaloide legen in ähnlicher Weise einen stickstoffhaltigen Ring an den Tag und enthüllen sich als Derivate des Pyridins und des Pyrrols, oder der Kombination dieser Ringe mit dem des Benzols (Chinolin, Isochinolin, Indol). So liefern Nicotin, Atropin, Cocain durch Oxydation Carbonsäuren des Pyridins, Hygrin eine Pyrrolidincarbonsäure, Strychnin eine Indolcarbonsäure; alle Chinaalkaloide zersetzen sich bei der Kalischmelze unter Bildung von Chinolin. In anderen Pflanzenbasen sind weiter noch andere heterocyclische Gebilde (Imidazol, Purin, Chinuclidin, Tropanin) aufgefunden worden (s. die weiter unten zusammengestellte Übersicht).

Diese Befunde geben eine Erklärung für die fast allgemein beobachtete Festigkeit, mit welcher das Stickstoffatom der meisten Alkaloide in dem übrigen Molekularkomplex gebunden ist; dieses Atom ist nämlich integrierender Teil eines Ringes. Trotzdem ist es in manchen Fällen gelungen, es aus dem Molekül herauszuschaffen und so neue, wertvolle Aufschlüsse über den innern Bau des Moleküls zu gewinnen (HOFMANNsche Methode der erschöpfenden Methylierung, Einwirkung von PCl_5 oder PBr_5 nach v. BRAUN u. s. w.).

Selbstverständlich sind zur vollständigen Kenntnis der Konstitution eines Alkaloids weitere Untersuchungen nötig, welche vor allem die Bindungsart und die Stellungen der funktionellen Nebengruppen, Seitenketten u. s. w. um den Kern sowie die Hydrierungsstufe desselben festzustellen bezwecken. Auf solche, oft die größte Ausdehnung verlangende Untersuchungen kann hier nicht eingegangen werden.

Endlich bildet hier, wie in den übrigen Teilen der organischen Chemie, die Synthese die letzte und endgültige Kontrolle der durch die Abbaumethoden ermittelten Konstitution. Totalsynthesen sind heute für viele natürliche Alkaloide u. zw. für einige schon recht kompliziert zusammengesetzte (Piperin, Coniin, Atropin, Nicotin, Coffein, Theobromin, Papaverin, Narkotin, Narcein, Berberin) realisiert worden. Andere Alkaloide dagegen, u. zw. mehrere der praktisch wichtigsten, wie Chinin, Morphin, Strychnin, Aconitin, Colchicin harren noch auf ihre künstliche Darstellung.

Diese Totalsynthesen (mit Ausnahme vielleicht der des Coffeins) beanspruchen bis jetzt nur ein wissenschaftliches Interesse und besitzen noch keine technische Bedeutung. Anders verhält es sich mit einigen Partialsynthesen, d. h. mit der Umwandlung eines natürlichen Alkaloids in ein anderes wertvolleres, von denen einige (Darstellung von Codein aus Morphin, von Cocain aus seinen Nebenalkaloiden u. s. w.) fabrikmäßig betrieben werden und deswegen in den betreffenden speziellen Kapiteln dieser Enzyklopädie besprochen werden.

Einteilung der Alkaloide.

Die Einteilung der Alkaloide kann von zwei verschiedenen Gesichtspunkten aus, dem botanischen und dem chemischen, geschehen. Im ersten Falle sind sie nach ihrem Vorkommen in denselben Pflanzengattungen und -familien einzureihen und die so aufgestellten Gruppen nach der botanischen Klassifizierung zu ordnen. Diese Art der Einteilung hat den großen Vorteil, daß sie erlaubt, alle zurzeit bekannten Pflanzenbasen, wenn man nur ihrer Herkunft sicher ist, in das System einzureihen. Auch in praktischer und pharmakologischer Hinsicht hat sie ihren Nutzen, indem sie die Operationen der Trennung, Isolierung und Bestimmung der einzelnen Bestandteile der Drogen besser zu übersehen erlaubt. Dagegen besitzt sie den Nachteil, Basen einander näher zu bringen, die chemisch weit entfernt sind. Sie führt außerdem in Verlegenheit in allen, immer zahlreicher werdenden Fällen, wo dasselbe Alkaloid sich als in mehreren, oft botanisch sehr verschiedenen Pflanzen vorkommend erweist. Trotzdem ist diese Einteilung in manchen vortrefflichen Büchern angenommen; auch in dem vorliegenden Werke findet sie ihre Anwendung (vgl. auch Alkaloidgewinnung sowie die technisch wichtigen Alkaloide unter den betreffenden Stichworten).

Von den wichtigsten Hauptgruppen, die in dieser Beziehung unter den Alkaloiden aufgestellt worden sind, seien hier folgende angeführt:

Pflanzenfamilie	Alkaloidgruppen	Hauptvertreter
Palmen .	Alkaloide der Betelnußpalme	Arecaidin
Liliaceen	Veratrumarten	Veratrin
"	" Herbstzeitlose	Colchicin
Piperaceen	des Pfeffers	Piperin
Cruciferen . .	der Senfsamen	Sinapin
Papilionaceen	Lupinensamen	Lupinin
Erythroxylaceen	Cocablätter	Cocain
Rutaceen	Jaborandiblätter	Pilocarpin
" .	" Angosturarinde	Cusparin
Papaveraceen	des Opiums	Morphin
"	" Schöllkrauts	Chelidonin
Fumariaceen	der Corydalisarten	Corydalin
Myrtaceen .	" Granatbaumrinde	Pelletierin
Loganiaceen	" Strychnosarten	Strychnin
Umbelliferen	des Schierlings	Coniin
Apocynaceen	der Alstoniarinden	Alstonin
"	Quebrachorinden	Aspidospermin
"	Pereirorinde	Geissospermin
Solanaceen	" Atropa- und Hyoscyamusarten	Atropin
	des Tabaks	Nicotin
"	der Solanumarten	Solanin
Rubiaceen .	" Chinarinden	Chinin
Ranunculaceen .	Aconitumarten	Aconitin
"	" Hydrastis canadensis	Hydrastin
Berberidaceen	von Berberis vulgaris	Berberin

Das zweite Prinzip der Einteilung der Pflanzenbasen ist das chemische; es sucht die Alkaloide, wie alle übrigen organischen Verbindungen, nach der Konstitution ihres Moleküls zu klassifizieren. Leider ist diese Konstitution für eine sehr große Anzahl der natürlichen Basen noch vollständig unbekannt, was sofort dazu zwingt, zahlreiche Körper vorläufig außer dem System zu lassen und in einer besonderen Gruppe, unter dem Titel: „Alkaloide unbekannter Konstitution“, in ein buntes Gemisch zusammenzubringen.

Dagegen erleichtert diese Anordnung des Stoffes alle wissenschaftlichen Betrachtungen über den chemischen Zusammenhang der Alkaloide unter sich, die Beziehungen zwischen ihren physiologischen Eigenschaften und dem Bau ihres Moleküls, ihre Bildungsweise in den Pflanzen und ihre biologische Bedeutung, die Verwandlungen ineinander, welche sowohl im lebenden Organismus als in vitro realisiert werden, das Verständnis ihrer partiellen und vollständigen Synthesen u. s. w. In rein wissenschaftlicher Hinsicht bietet also diese zweite, auf chemischer Grundlage stehende Einteilung trotz ihrer Unvollkommenheit die größten Vorteile. Es möchte deshalb hier eine Übersicht der wichtigsten, in ihrer Konstitution heute bekannten Alkaloide nach dieser Einteilung folgen, mit Angaben ihrer empirischen und aufgelösten Formeln.

Gruppe I: Aliphatische Basen.

1. Untergruppe: Sauerstofffreie Amine.

Methylamin, CH_3-NH_2, in Mercurialisarten, Runkelrübe, Calamuswurzel.

Trimethylamin, $(CH_3)_3N$, in Chenopodium vulvaria, Arnica montana, Fliegenschwamm, Runkelrübe und zahlreichen anderen Pflanzen.

Isoamylamin, $C_5H_{13}N$, $\genfrac{}{}{0pt}{}{CH_3}{CH_3}{>}CH-CH_2-CH_2-NH_2$, im Tabak, Steinpilz.

Putrescin, $C_4H_{12}N_2$, $NH_2-CH_2-CH_2-CH_2-CH_2-NH_2$, im Steinpilz, Datura, Mutterkorn.

Tetramethylputrescin, $C_8H_{20}N_2$, $(CH_3)_2N-CH_2-CH_2-CH_2-CH_2-N(CH_3)_2$, in Hyoscyamus muticus.

Guanidin, $C(NH)(NH_2)_2$, in Vicia, Beta u. s. w.

2. Untergruppe: Quarternäre, sauerstoffhaltige Basen.

Cholin, $C_5H_{15}NO_2$, $(CH_3)_3\underset{\displaystyle OH}{\underset{|}{N}}-CH_2-CH_2OH$, in den verschiedensten Pflanzengattungen.

Betain, $C_5H_{13}NO_3$, $(CH_3)_3{\equiv}\underset{\displaystyle OH}{\underset{|}{N}}-CH_2-COOH$, in der Runkelrübe, Gerste, Wicke, Kartoffelblättern, Lycium barbarum u. s. w.

Muscarin, $C_5H_{15}NO_3$ (Konstitution noch nicht endgültig festgestellt, aber in naher Beziehung zu den zwei vorhergehenden), im Fliegenschwamm und anderen Giftpilzen, in Cannabis indica.

Sinapin, $C_{16}H_{25}NO_6$, in den Senfsamen, ein Ester des Cholins mit der Sinapinsäure

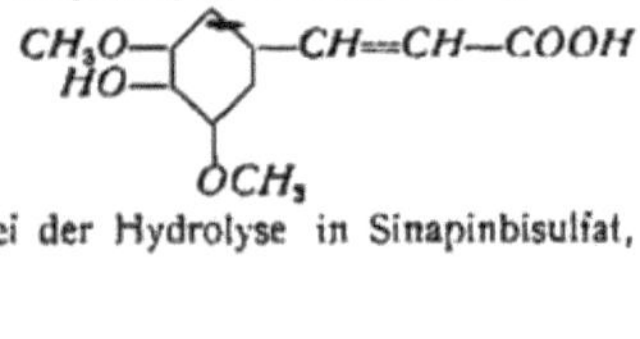

Sinalbin, $C_{30}H_{42}N_2S_2O_{15}$, in den Senfsamen; zerfällt bei der Hydrolyse in Sinapinbisulfat, p-Oxybenzylcyanid und Dextrose.

Gruppe II: Derivate des Pyrrolidins.

Pyrrolidin, C_4H_9N (F. I), im Tabak und Opium.

Stachydrin, $C_7H_{13}NO_2$ (F. II), in Stachys tuberifera, Citrus aurantium.

Betonicin, $C_7H_{13}NO_3$ (F. III), in Betonica officinalis.

Hygrin, $C_8H_{15}NO$ (F. IV) in den Cocablättern.

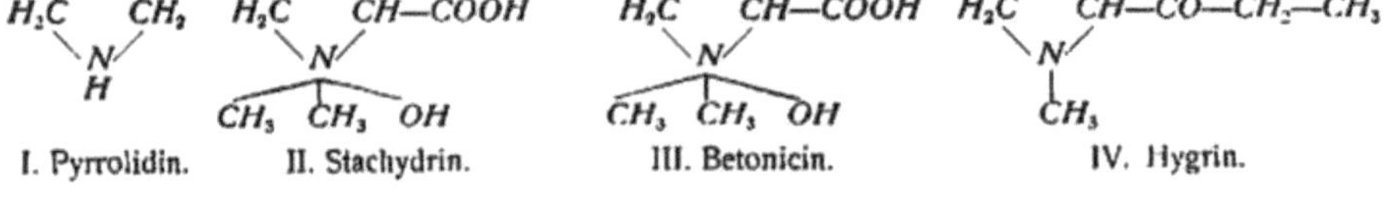

I. Pyrrolidin. II. Stachydrin. III. Betonicin. IV. Hygrin.

Gruppe III: Derivate des Pyridins.

1. Untergruppe: Derivate des Piperidins.

Piperin, $C_{17}H_{19}NO_3$, im Pfeffer; ist Piperidin, dessen Imidwasserstoff durch das Radikal der Piperinsäure substituiert ist:

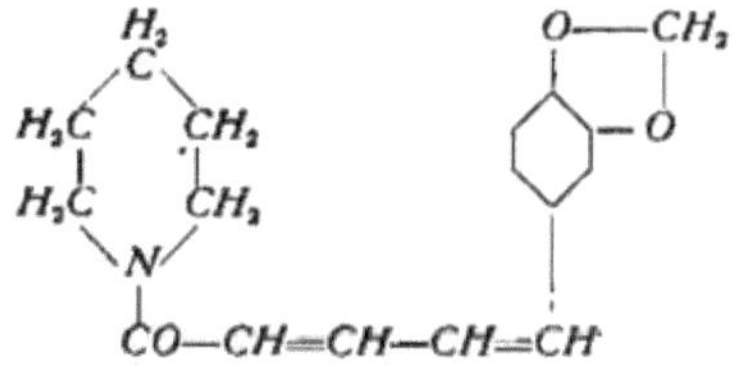

2. Untergruppe: Derivate des α-Propylpyridins (Schierlingsalkaloide).

Coniin, $C_8H_{17}N$ (F. I).
Methylconiin, $C_9H_{19}N$, am Stickstoff methyliertes Coniin.
γ-Conicein, $C_8H_{15}N$ (F. II).
Conhydrin, $C_8H_{17}NO$ (F. III).
Pseudoconhydrin, $C_8H_{17}NO$, Stereo-isomeres des Conhydrins.

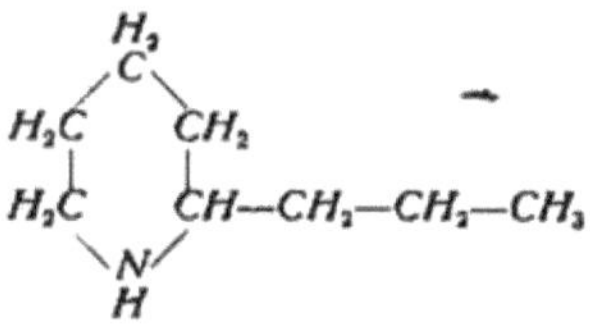

I. Coniin.

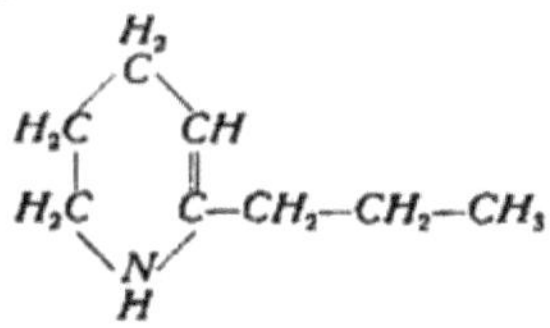

II. γ-Conicein.

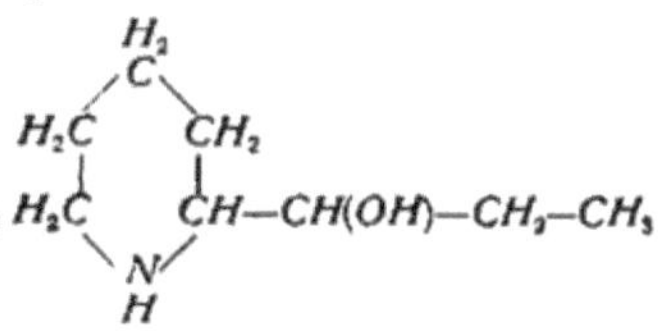

III. Conhydrin.

3. Untergruppe: Derivate der Nicotinsäure.

Nicotinsäure, $C_6H_5NO_2$, in der Reiskleie (F. I).
Trigonellin, $C_7H_9NO_3$, in Trigonella foenum graecum, Pisum sativum und anderen Pflanzen (F. II).
Arecaidin, $C_7H_{11}NO_2$ (F. III), in der Betelnuß (Areca Catechu).
Arecolin, $C_8H_{13}NO_2$, Methylester des Arecaidins, in der Betelnuß (Areca Catechu).

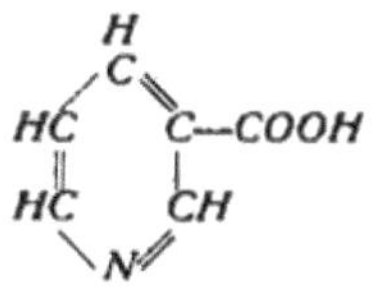

I. Nicotinsäure.

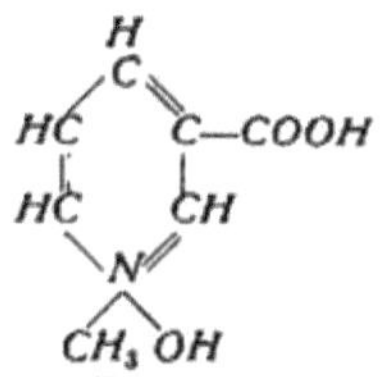

II. Trigonellin.

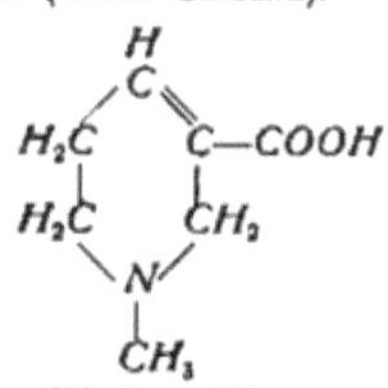

III. Arecaidin.

Gleichzeitig zu den Gruppen II und III gehören die Tabakalkaloide Nicotin, $C_{10}H_{14}N_2$ und Nicotein, $C_{10}H_{12}N_2$, indem sie sowohl einen Pyridin- als einen Pyrrolkern enthalten, die durch eine einfache Bindung verknüpft sind.

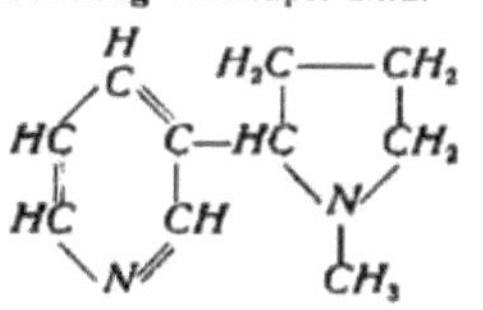

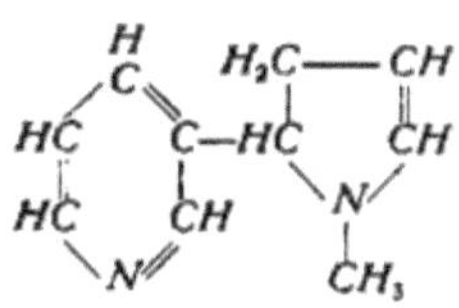

Gruppe IV: Derivate des Imidazols.

β-Imidazolyläthylamin, $C_5H_9N_3$ (F. I), im Mutterkorn.
Hercynin, $C_9H_{17}N_3O_3$ (F. II), im Steinpilz, Agaricus campestris.
Ergothionin, $C_9H_{17}N_3O_3S$, im Mutterkorn; ist Hercynin, worin das Wasserstoffatom α durch die Gruppe SH ersetzt ist.
Pilocarpin, $C_{11}H_{16}N_2O_2$ (F. III), in den Jaborandisblättern.
Allantoin, $C_4H_6N_4O_3$ (F. IV), in den Platanenknospen, Weizensamen, Rinde der indischen Kastanie, in der Zuckerrübe und vielen anderen Pflanzen.

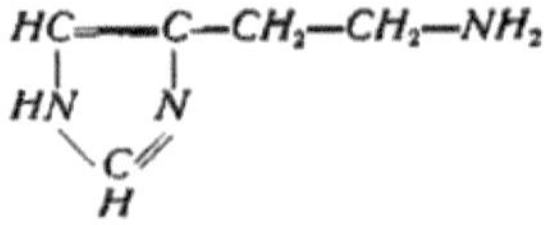

I. β-Imidazolyläthylamin.

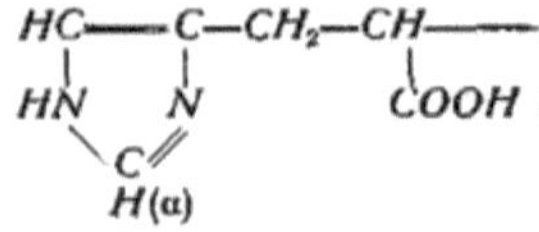

II. Hercynin.

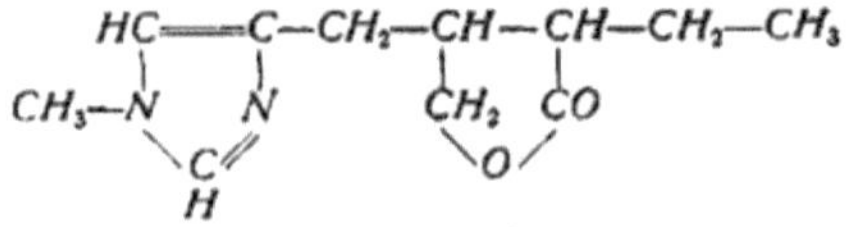

III. Pilocarpin.

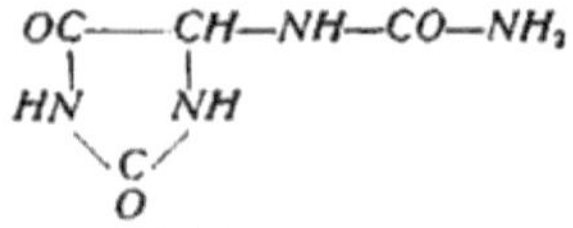

IV. Allantoin.

Gruppe V: Alkaloide mit kondensierten Pyrrolidin- und Piperidinringen.

1. Untergruppe: Mit dem Ringkomplex des Tropanins.

Solanaceenalkaloide: in den Gattungen Atropa, Hyoscyamus, Datura, Duboisia, Mandragora, Scopolia.

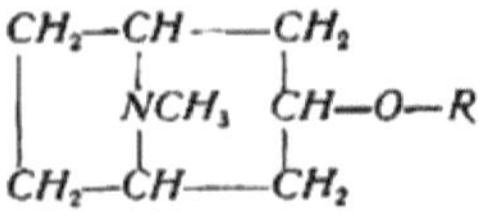

I.

Atropin, $C_{17}H_{23}NO_3$ (F. I), mit $R =$ dem Radikal der Tropasäure $C_6H_5—CH<^{CH_2OH}_{COOH}$

Hyoscyamin, $C_{17}H_{23}NO_3$, Stereo-isomeres des Atropins.

Pseudohyoscyamin, $C_{16}H_{21}NO_3$, ist Hyoscyamin mit der Gruppe NH anstatt NCH_3.

Atropamin, $C_{17}H_{21}NO_2$ (F. I), mit $R =$ dem Radikal der Atropasäure $C_6H_5—C\ll^{CH_2}_{COOH}$

Belladonnin, $C_{17}H_{21}NO_2$, Stereo-isomeres des Atropamins.

Tropacocain, $C_{15}H_{19}NO_2$ (F. I), mit $R =$ Benzoyl.

Cocaalkaloide:

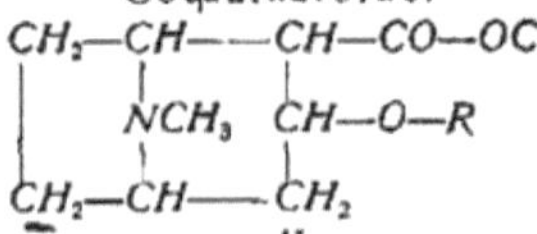

II.

Cocain, $C_{17}H_{21}NO_4$ (F. II), mit $R =$ Benzoyl.

Cinnamylcocain, $C_{19}H_{23}NO_4$, mit $R =$ Cinnamyl.

α- und β-Truxillin, $(C_{19}H_{23}NO_4)_2$, mit $R =$ dem Radikal der α-, resp. β-Truxillsäure.

Benzoylecgonin, $C_{16}H_{19}NO_4$, ist Cocain mit der Gruppe $COOH$ anstatt $COOCH_3$.

2. Untergruppe: Mit zwei kondensierten Piperidinringen.

Alkaloide der Granatbaumrinde:

III. 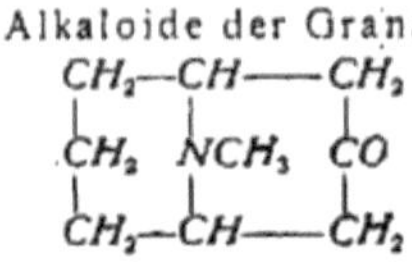

Isopelletierin, $C_9H_{15}NO$ (F. III).

Pseudopelletierin, $C_9H_{15}NO$.

Pelletierin, $C_9H_{15}NO$.

Methylpelletierin, $C_9H_{17}NO$.

Isomethylpelletierin, $C_9H_{17}NO$.

3. Untergruppe: Mit dem Ringkomplex des Chinuclidins (F. IV).

IV. 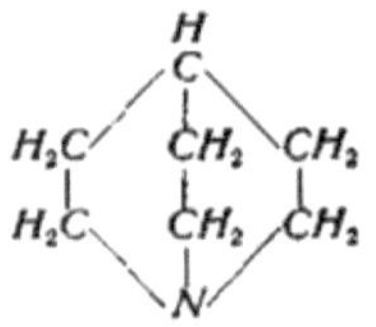

Spartein, $C_{15}H_{26}N_2$, im Besenginster, im Lupinus luteus und anderen Lupinenarten. Enthält wahrscheinlich zwei Chinuclidinkomplexe durch eine CH_2-Gruppe verknüpft.

Chinaalkaloide. Enthalten den Chinuclidinkomplex in Verbindung mit dem Chinolinkomplex und werden weiter unten unter den Chinolinderivaten eingereiht.

Gruppe VI: Derivate des Purins.

(Kondensierte Imidazol- und Pyrimidinringe, F. V).

Diese Alkaloide sind im Pflanzenreich sehr verbreitet. Sie finden sich in den Samen der Leguminosen und Gramineen, in der Zuckerrübe, Senf, Pfeffer, Kartoffeln, Teeblättern u. s. w. Coffein besonders im Tee, Kaffee, Maté, Guarana, Kolanuß; Theobromin in den Kakaobohnen.

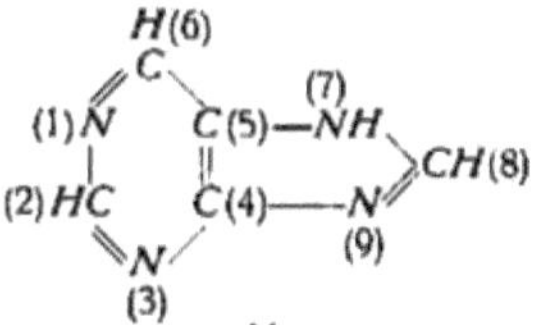

V.

Xanthin, $C_5H_4N_4O_2$, 2, 6-Dioxypurin.
Hypoxanthin, $C_5H_4N_4O$, 6-Oxypurin.
Guanin, $C_5H_5N_5O$, 2-Amino-6-oxypurin.
Adenin, $C_5H_5N_5$, 6-Aminopurin.
Coffein, $C_8H_{10}N_4O_2$, 1, 3, 7-Trimethylxanthin.
Theobromin, $C_7H_8N_4O_2$, 3, 7-Dimethylxanthin.
Theophyllin, $C_7H_8N_4O_2$, 1, 3-Dimethylxanthin.
Vernin, $C_{10}H_{13}N_5O_5$, zerfällt bei der Hydrolyse in Guanin und eine Pentose.

Gruppe VII: Aromatische Amine.

1. Untergruppe: Derivate der Anthranilsäure.

Anthranilsäure-Methylester, $C_8H_9NO_2$, in Orangen- und Tuberosenblüten (F. I).
Methylanthranilsäure-Methylester, $C_9H_{11}NO_2$ (F. II), in den Mandarinenschalen und -blättern.
Damascenin, $C_{10}H_{13}NO_3$ (F. III), in Nigella damascena.

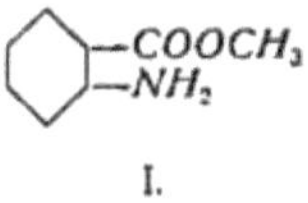

I.

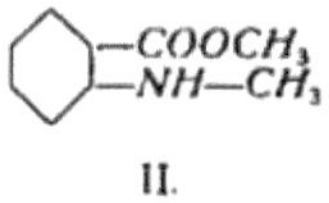

II.

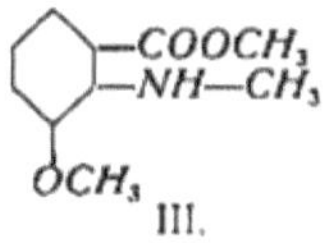

III.

2. Untergruppe: Derivate des Phenyläthylamins.

Ephedrin, $C_{10}H_{15}NO$ (F. IV), in Ephedra vulgaris.
Tyramin, $C_8H_{11}NO$ (F. V), im Mutterkorn.
Hordenin, $C_{10}H_{15}NO$ (F. VI), in den Malzkeimen.
Surinamin, $C_{10}H_{13}NO_3$ (F. VII), in Geoffroya surinamensis, Ferreira spectabilis, Krameria triandra u. s. w.

Sowie zwei Opiumalkaloide, welche eine Brücke zwischen den vorhergehenden Basen und den Isochinolinalkaloiden bilden:
Narcein, $C_{23}H_{27}NO_8$ (F. VIII);
Nornarcein (Oxynarkotin), $C_{22}H_{25}NO_8$, welches sich vom Narcein durch die Gruppe $NHCH_3$ anstatt $N(CH_3)_2$ unterscheidet.

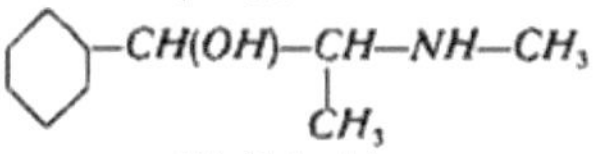

IV. Ephedrin.

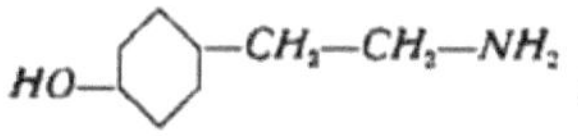

V. Tyramin.

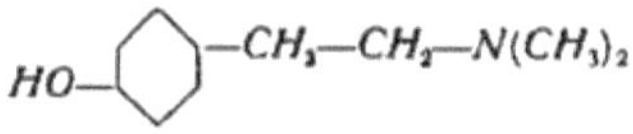

VI. Hordenin.

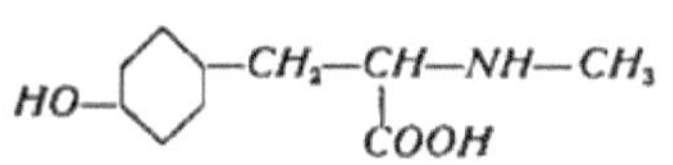

VII. Surinamin.

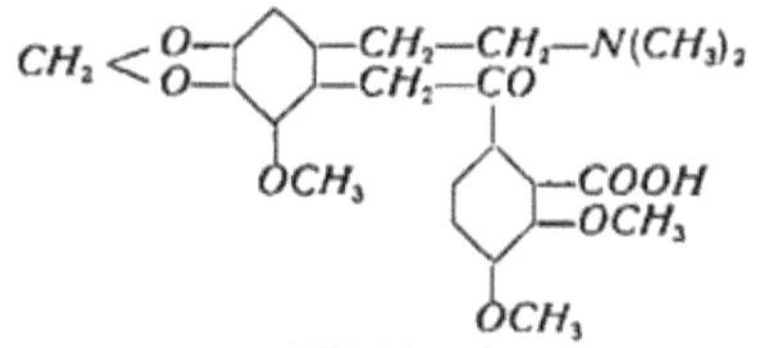

VIII. Narcein.

Gruppe VIII: Derivate des Indols.

Indol und Skatol sind in mehreren Pflanzen aufgefunden worden; da aber der basische Charakter ihnen fast gänzlich fehlt, können sie nicht (ebensowenig wie das Oxydationsprodukt des ersteren, der Indigo) zu den Alkaloiden gerechnet werden, obgleich sie in Betreff des innern Baues ihres Moleküls mit manchen von ihnen in nahem Zusammenhang stehen.

Unter den natürlichen Derivaten des Indols, die basische Eigenschaften aufweisen, sind zu erwähnen:

Das Hypaphorin, $C_{14}H_{20}N_2O_3$ (F. IX), in den Samen von Erythrina hypaphorus.
Die zwei Strychnosalkaloide
Strychnin, $C_{21}H_{22}N_2O_2$, und
Brucin, $C_{23}H_{26}N_2O_4$.
Das Physostigmin, $C_{15}H_{21}N_3O_2$, giftiges Prinzip der Calabarbohne.

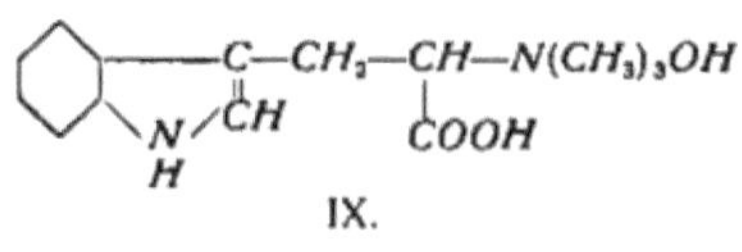

IX.

Obgleich die Konstitution dieser drei letzten Alkaloide zurzeit noch wenig aufgeklärt ist, weiß man doch, daß ihr Molekül den Indolkern enthält, weil sie durch Destillation über Zinkstaub Indol und Methylindol und durch Oxydation Indolcarbonsäuren liefern.

Gruppe IX: Derivate des Chinolins.

Alkaloid im Syndesmon thallictroides, $C_{11}H_9NO_2$ (F. I).
Galipin, $C_{20}H_{21}NO_3$ (F. II), in der Angosturarinde.
Chinaalkaloide, enthalten den Chinolin- und den Chinuclidinring durch die Carbinolgruppe verknüpft.
Cinchonin, $C_{19}H_{22}N_2O$ (F. III).
Cinchonidin, $C_{19}H_{22}N_2O$, Stereo-isomeres des Cinchonins.
Cuprein, $C_{19}H_{22}N_2O_2$, in der para-Stellung hydroxyliertes Cinchonin.
Chinin, $C_{20}H_{24}N_2O_2$ (F. IV), Methyläther des Cupreins.
Chinidin, $C_{20}H_{24}N_2O_2$, Stereo-isomeres des Chinins.
Cinchotin (Hydrocinchonin) und Cinchamidin (Hydrocinchonidin), $C_{19}H_{24}N_2O$, enthalten eine Äthylgruppe anstatt der Vinylgruppe des Cinchonins.
Hydrochinin und Hydrochinidin, $C_{20}H_{26}N_2O_2$, sind in derselben Beziehung zum Chinin.

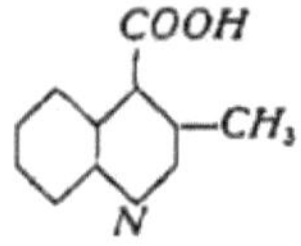

I.

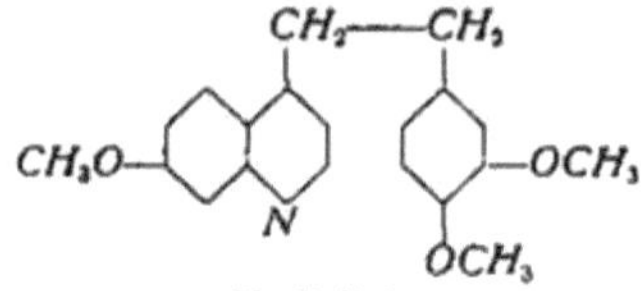

II. Galipin.

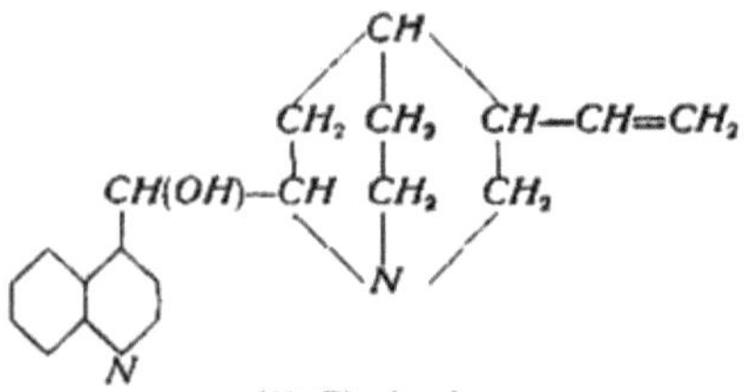

III. Cinchonin.

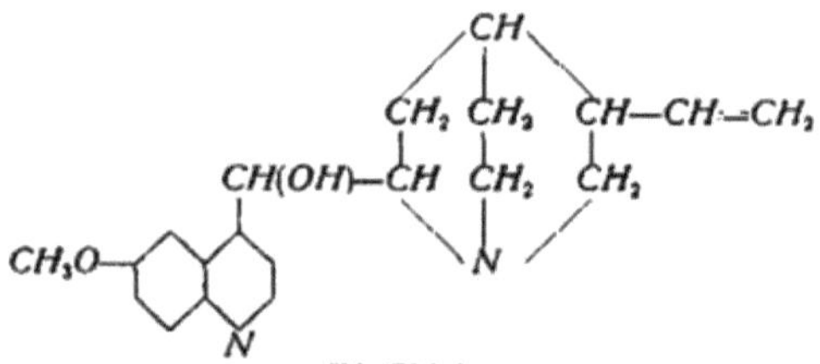

IV. Chinin.

Gruppe X: Derivate des Isochinolins.

1. Untergruppe.

Hydrocotarnin, $C_{12}H_{15}NO_3$, im Opium (F. I).

Alle anderen Alkaloide dieser Gruppe, welche die meisten Opiumalkaloide (Papaveraceen), aber auch Basen aus anderen Pflanzenfamilien, Fumariaceen (Corydalis), Ranunculaceen (Hydrastis), Berberidaceen (Berberis) u. s. w. enthält, leiten sich sämtlich von einem tetrahydroxylierten 1-Benzylisochinolin (F. II) ab.

2. Untergruppe.

Papaverin, $C_{20}H_{21}NO_4$ (F. III).
Laudanosin, $C_{21}H_{27}NO_4$ (F. IV).
Laudanin, $C_{20}H_{25}NO_4$, ist Laudanosin worin eine Methoxylgruppe durch die Hydroxylgruppe ersetzt ist.
Laudanidin, $C_{20}H_{25}NO_4$, Stereo-isomeres des Laudanins.
Xanthalin, $C_{20}H_{19}NO_5$, ist Papaverin, worin die CH_2-Gruppe durch die CO-Gruppe ersetzt ist.

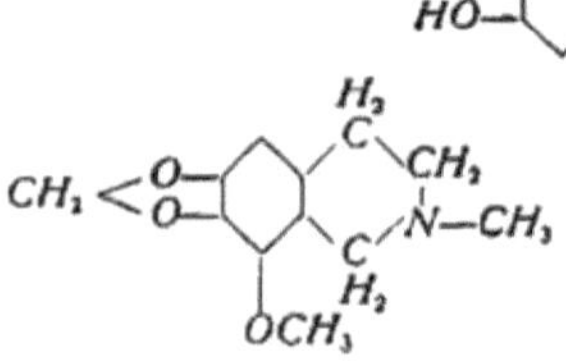

I. Hydrocotarnin.

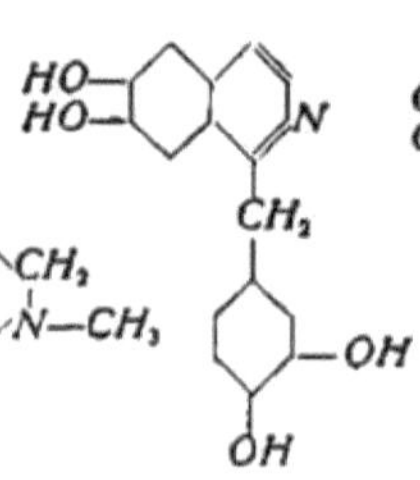

II.

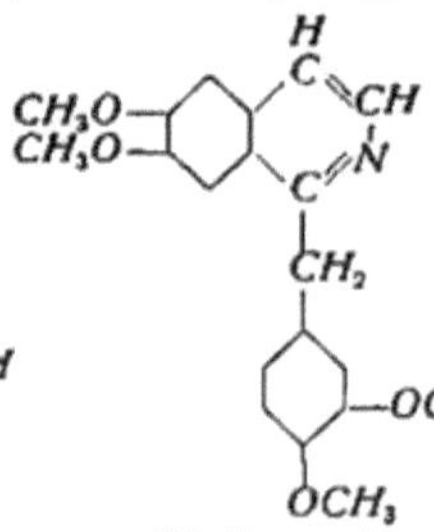

III. Papaverin.

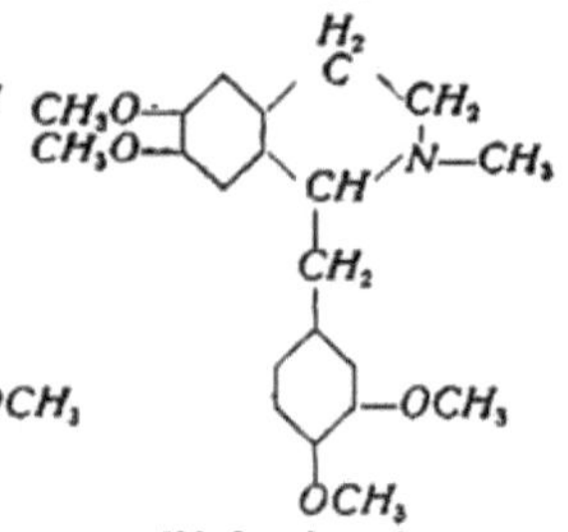

IV. Laudanosin.

3. Untergruppe.

Dieselbe Atomgruppierung, mit einer einfachen Bindung zwischen den beiden Benzolringen, wodurch ein Phenanthrenkern hervorgerufen wird.

Glaucin, $C_{21}H_{25}NO_4$ (F. V), in Glaucium luteum.

Dicentrin, $C_{20}H_{21}NO_4$, in verschiedenen Dicentraarten. Unterscheidet sich von Glaucin durch eine Methylendioxygruppe CH_2O_2 anstatt der beiden Methoxyle des Isochinolinkernes.

Morphin, $C_{17}H_{19}NO_3$, } Konstitution noch nicht vollständig aufgeklärt.
Thebain, $C_{19}H_{21}NO_3$, }

Codein, $C_{18}H_{21}NO_3$, Methyläther des Morphins.

Neopin, $C_{18}H_{21}NO_4$, ein Oxycodein.

4. Untergruppe.

Unterscheidet sich von den Alkoloiden der 2. Untergruppe durch das Vorhandensein einer Carboxylgruppe in Stellung 2 und einer Hydroxylgruppe in der Methylengruppe der Benzylhälfte: beide Gruppen sättigen einander unter Bildung eines Lactonringes.

Hydrastin, $C_{21}H_{21}NO_6$ (F. VI), in Hydrastis canadensis.

Narkotin, $C_{22}H_{23}NO_7$ (F. VII).

Gnoskopin, $C_{22}H_{23}NO_7$, Stereo-isomeres des Narkotins.

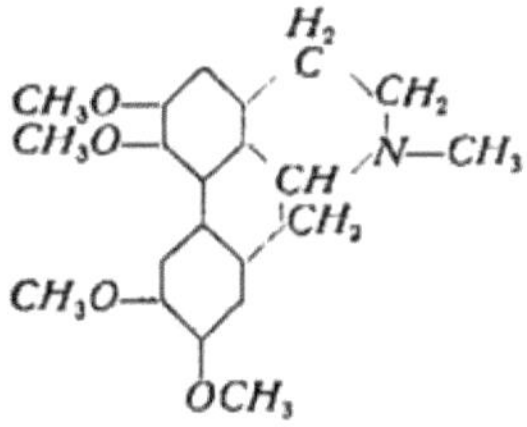

V. Glaucin.

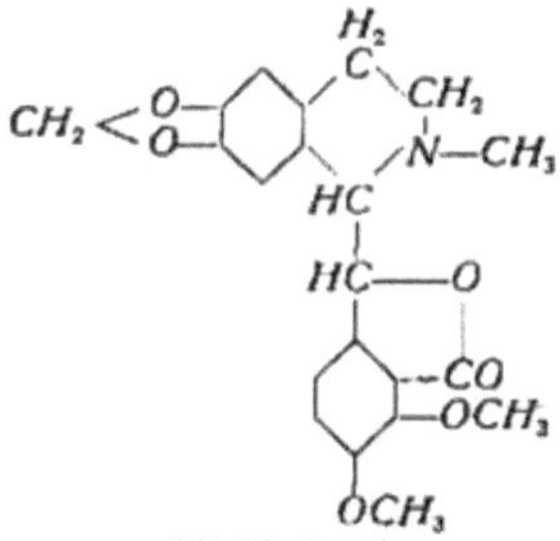

VI. Hydrastin.

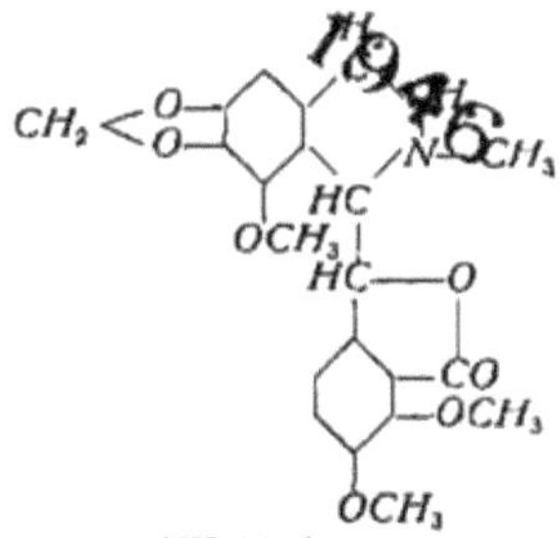

VII. Narkotin.

5. Untergruppe.

Die Alkaloide dieser Untergruppe enthalten, wie die vorhergehenden, eine Seitenkette in Stellung 2 des Benzylkernes; dieselbe ist aber nicht oxydiert und mit dem Stickstoffatom des Isochinolinkernes verbunden, wodurch das tetracyclische Gebilde des Diisochinolins gebildet wird.

Berberin, $C_{20}H_{19}NO_5$, in Berberisarten, Chelidonium majus, Argemone mexicana, Xanthoxylonarten, Nandina domestica, Hydrastis canadensis und vielen anderen Pflanzen (F. VIII).

Canadin, $C_{20}H_{21}NO_4$ (F. IX), in Hydrastis canadensis.

Corydalin, $C_{22}H_{27}NO_4$ (F. X), in Corydalis cava.

Corybulbin, $C_{21}H_{25}NO_4$, ist Corydalin, in dem ein OCH_3 durch OH ersetzt ist.

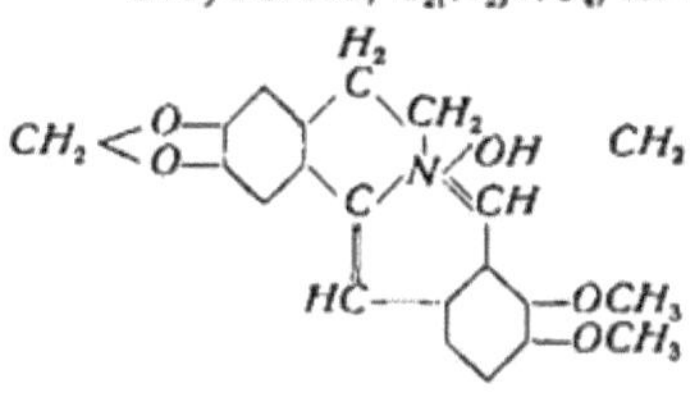

VIII. Berberin.

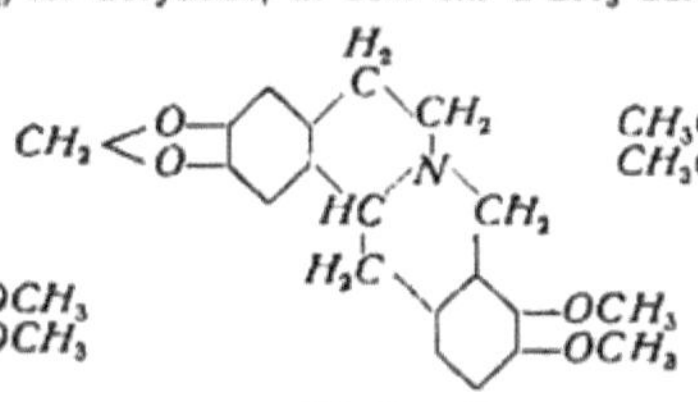

IX. Canadin.

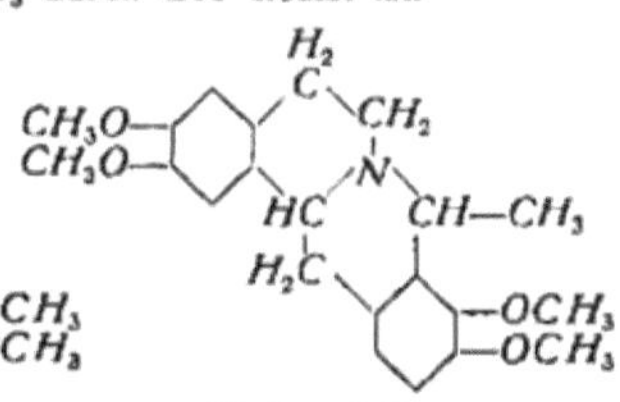

X. Corydalin.

Gruppe XI: Alkaloide unbekannter Konstitution.

Unter den wichtigsten, sehr zahlreichen Vertretern dieser Gruppe seien nur erwähnt:

Aconitin, $C_{34}H_{45}NO_{11}$, in Aconitumarten.
Bebeerin, $C_{18}H_{21}NO_3$, in Nectandraarten, Buxus sempervirens u. s. w.
Carpain, $C_{14}H_{25}NO_2$, in Carica papaya.
Chelidonin, $C_{20}H_{19}NO_5$, in Chelidonium majus.
Colchicin, $C_{22}H_{25}NO_6$, in Colchicumarten.
Conessin, $C_{24}H_{40}N_2$, in Whrigtia antidysenterica.
Cytisin, $C_{11}H_{14}N_2O$, in Cytisus laburnum und mehreren anderen Pflanzen.
Emetin, $C_{30}H_{44}N_2O_4$, in Psychotria ipecacuanha.
Harmin, $C_{13}H_{12}N_2O$ und Harmalin, $C_{13}H_{14}N_2O$, in Peganum harmala.
Lupinin, $C_{10}H_{19}NO$ und Lupanin, $C_{15}H_{24}N_2O$, in Lupinusarten.
Veratrin, $C_{32}H_{49}NO_9$, in Veratrumarten.
Yohimbin, $C_{22}H_{30}N_2O_4$, in Corynanthe yohimbe.

Entstehung der Alkaloide in den Pflanzen.

Die Frage nach der Entstehungsweise und der Rolle der Alkaloide in den Pflanzen bildet eines der interessantesten Probleme, die in chemischer wie physiologischer Hinsicht bei dem Studium dieser Körperklasse auftauchen, und es wird wohl hier am Platze sein, sie in etwas eingehender Weise zu behandeln.

Die erste hierüber geäußerte Anschauung, welche u. a. von HECKEL verfochten und fast allgemein angenommen wurde, ging dahin, daß die Alkaloide primäre Assimilationsprodukte darstellen und als ein Zwischenstadium des synthetischen Aufbaues der Protoplasmasubstanzen zu betrachten sind. Sie sollten infolge von Einwirkung der durch die Wurzel aufgenommenen anorganischen Stickstoffverbindungen auf die verschiedenartigen Substanzen, wie Säuren, Aldehyde u. s. w., die von anderen Organen der Pflanze produziert werden, entstehen und sich dann durch neue Umwandlungen am Aufbau der noch komplizierteren Pflanzenstoffe beteiligen.

Diese Anschauung kann richtig sein für die besonderen stickstoffhaltigen Substanzen, welche in der Untergruppe der Aminosäuren untergebracht worden sind. Dieselben können in der Tat, wie wir es durch die Arbeiten von SCHULZE und von PFEFFER wissen, wirkliche Nährstoffe der Pflanze sein und eine Rolle bei ihrer Eiweißbildung spielen. Sie unterscheiden sich aber, wie bereits erörtert, von den eigentlichen Alkaloiden durch eine Reihe wichtiger chemischer Merkmale und sollen von ihnen scharf getrennt werden. Es entsteht daher die Frage: Kann man die Vorstellung, die man sich über ihre Bedeutung im Haushalte der Pflanze zu machen hat, auf die eigentlichen Alkaloide ausdehnen?

Nach den Untersuchungen von LUTZ und von CLAUTRIAU ist diese Frage mit Nein zu beantworten, indem sich daraus auf das allerbestimmteste ergab:

1. daß die wirklichen Alkaloide, wie Chinin, Atropin, Cocain, Morphin, Coffein, Solanin, Betain, als Nährstoffe für die Pflanze unbrauchbar sind;

2. daß bei Pflanzen, deren Samenkorn eines jener Alkaloide enthält, dieses während der Keimung und im ersten Entwicklungsstadium nicht nur nicht verschwindet oder abnimmt, wie dies bei den Aminosäuren der Fall ist, sondern an Quantität mehr und mehr zunimmt;

3. daß da, wo ein Verschwinden der Alkaloide auftritt, niemals eine damit einhergehende Eiweißvermehrung als Begleiterscheinung zu verzeichnen ist.

Da es somit sicher festgestellt ist, daß die Alkaloide keine intermediären Produkte bei der Eiweißsynthese sind und da wir nicht sehen, daß sie irgendwelche andere physiologische Funktion in der Pflanze verrichten, so gelangen wir mit zwingender Notwendigkeit dazu, in ihnen nicht Assimilations-, sondern Zerfallstoffe zu erblicken, die aus dem partiellen Abbau komplizierterer Gebilde hervorgehen. Sie sind in dieser Hinsicht den zahlreichen anderen stickstofffreien Pflanzenstoffen, wie Säuren, Riech- und Farbstoffen, Harzen, Terpenen, die wohl keinen anderen Ursprung haben, an die Seite zu stellen und als die stickstoffhaltigen Überbleibsel des pflanzlichen Stoffwechsels zu betrachten. In dieser Hinsicht entsprächen sie dem, was beim Tiere der Harnstoff, die Harnsäure, das Neurin, das Harnindican, die Gallenfarbstoffe u. s. w. sind. Während jedoch das Tier sich dieser Abfallstoffe nach außen entledigt, ist die Pflanze mangels an Auswurforganen hierzu nicht befähigt. Sie ist dazu verurteilt, mit diesen Abfallstoffen zu leben, und muß sich darauf beschränken, diese so unschädlich und wenig hinderlich als möglich zu machen.

Sie erreicht dieses Ziel in erster Linie durch Aufspeicherung der betreffenden Stoffe in bestimmten Zellen oder besonderen Geweben, von wo aus eine störende Beeinflussung der allgemeinen Lebenstätigkeit nicht mehr möglich ist. Daher die so charakteristische Lokalisierung der meisten Alkaloide.

Diese Lokalisierung ist aber wohl nicht das einzige Mittel, über das der pflanzliche Organismus zur Beseitigung resp. Unschädlichmachung dieser Reststoffe verfügt. Eine Prüfung dessen, was in ähnlichen Fällen beim Tiere geschieht, läßt ein weiteres Schutzverfahren durchblicken. Es ist bekannt, daß bei den Tieren eine gewisse Anzahl giftiger Substanzen, gleichgültig ob sie künstlich dem Organismus einverleibt werden oder normalerweise durch die Verdauung der Nährstoffe und die Abnutzung der Gewebe entstanden sind, nicht als solche ausgeschieden werden; sie unterliegen vielmehr zunächst bestimmten chemischen Umwandlungen, denen zweifellos der Zweck zugrunde liegt, ihre schädliche Wirkung einzudämmen oder ihre Ausscheidung dadurch zu erleichtern, daß sie löslicher bzw. leichter diffusionsfähig gemacht werden. Solche Veränderungen bestehen zuweilen in einer einfachen Oxydation, des öfteren in einer Verkupplung mit anderen, im Organismus vorhandenen Stoffen. So gehen Phenole, Indol, Skatol, Acetanilid, Verbindungen mit Schwefelsäure ein (die ihrerseits von der Oxydation der Eiweißstoffe herrührt). Die aromatischen Säuren kommen im Harn an Glykokoll gebunden als Hippursäuren wieder zum Vorschein. Gewisse sauerstoffhaltige Verbindungen neutraler Art, wie Borneol, Menthol, Campher, Chloral, vereinigen sich mit Glykuronsäure, die ihrerseits wiederum durch Oxydation von Glucose innerhalb der Gewebe entsteht. Wir sehen also, daß der Tierkörper Synthesen ausführt und Energie aufwendet zum Zwecke des Schutzes gegen selbsterzeugte oder künstlich zugeführte Gifte. Warum sollte der Pflanzenorganismus, welcher zu synthetischen Prozessen noch viel geeigneter ist, sich schädlichen Überbleibseln gegenüber nicht ebenso verhalten? Die Notwendigkeit einer solchen Entgiftung durch chemische Veränderung erscheint für die Pflanze noch größer als für das Tier, wegen der Unmöglichkeit der Eliminierung. Es lägen also in den Alkaloiden, so wie wir sie aus den Pflanzen gewinnen, diese Überbleibsel nicht mehr in ihrem ursprünglichen Zustande, sondern in einer durch synthetische Reaktionen veränderten Form vor.

Diese Hypothese kann naturgemäß durch das Experiment nur schwierig geprüft werden. Es ist zurzeit nur möglich, sie durch Betrachtungen zu unterstützen zu suchen, welche aus dem Vergleich der chemischen Konstitution der Alkaloide unter sich und mit den komplizierteren Pflanzenstoffen hervorgehen können. Werden regelmäßige und enge Strukturanalogien bei den Vertretern dieser Körperklassen aufgefunden, so wird sich eine begründete Vermutung ihrer genetischen Beziehungen daraus ergeben. Nun sind unsere Kenntnisse über die Konstitution der Alkaloide einerseits und der komplizierteren Pflanzenstoffe andererseits gegenwärtig ausgedehnt genug, daß ein derartiger Vergleich mit Erfolg gemacht werden kann. Aus dem folgenden wird man sehen, daß er die vorliegende Hypothese vollauf bestätigt.

Wie aus der oben aufgestellten tabellarischen Übersicht ersichtlich ist, enthalten im allgemeinen die Alkaloide, die in derselben Pflanze oder Pflanzengattung vorkommen, als Kern ihres Moleküls dasselbe Kohlenstoff- und Stickstoffatomgebilde und unterscheiden sich voneinander nur durch die Natur der Nebengruppen und Seitenketten, die diesem Kerne anhaften. Außerdem sind diese Unterschiede von wenig mannigfaltiger Art und beschränken sich fast ausschließlich auf die drei folgenden Typen:

1. Reduktions- oder Oxydationsbeziehungen. Der Kern oder die Seitenketten sind mit Wasserstoff mehr oder weniger gesättigt (Coniin-Conicein, Nicotin-Nicotein, Cinchonin-Cinchotin, Berberin-Canadin), oder Wasserstoffatome werden durch Sauerstoffatome oder sauerstoffhaltige Gruppen ersetzt (Cholin-Betain, Coniin-Conhydrin, Hypoxanthin-Xanthin, Cinchonin-Cuprein, Papaverin-Xanthalin).

2. Verlust von Carboxylgruppen (Stachydrin-Pyrrolidin, Ecgonin-Tropin, Surinamin-Hordenin, Hercynin-Imidazoläthylamin).

3. Ersatz der Wasserstoffatome der Gruppen *OH* und *NH* durch Radikale. Diese letzte Veränderung ist bei weitem die häufigste. Es ist leicht zu konstatieren, daß sehr wenige Alkaloide diese freien Gruppen enthalten. Alkohol-, Phenol- oder Säurecharakter wird in dieser Körperklasse selten vorgefunden, noch seltener der Imidcharakter. Fast alle Pflanzenbasen sind tertiäre Basen, und von denen, die Sauerstoff enthalten, stellt die Mehrzahl Ester dar. Mit anderen Worten, der Wasserstoff der Hydroxyl- und Imidgruppe ist im allgemeinen durch ein kohlenstoffhaltiges Radikal ersetzt; man möchte sagen, daß jene Gruppen in der Pflanze nicht existenzfähig sind und, kaum darin gebildet, sofort mit Nachbarmolekülen in Reaktion treten.

Diese Erscheinung gleicht so außerordentlich jener, die wir im tierischen Organismus wahrnehmen, daß man nicht umhin kann, sie auf dieselbe Weise wie dort zu deuten. Die Pflanze kompliziert ebenso wie das Tier das Molekül ihrer stickstoffhaltigen Abfallstoffe mit dem offenkundigen Zwecke, sich zu schützen. Der Ersatz der Wasserstoffe in der *OH*- und *NH*-Gruppe soll die schädlichen Eigenschaften der primären Gebilde abschwächen; es geschieht dies vermutlich durch Bindung reaktionsfähiger Gruppen, mit deren Hilfe diese Körper auf Protoplasmasubstanzen einwirken und so als Gifte fungieren könnten.

Einige experimentelle Beweise dieser Ansicht liegen übrigens bereits vor. So sind, nach Beobachtungen von MAQUENNE, die Ammoniumsalze für die Pflanzen sehr giftig; Methylaminsalze sind es weniger und Trimethylaminsalze fast unschädlich. Durch Inokulationsversuche hat CIAMICIAN bewiesen, daß Amygdalin, Salicin und Arbutin für die Maispflanze und die Bohne weniger giftig sind als die aromatischen Körper, von denen diese Glucoside derivieren.

Die Radikale, die auf diese Weise an den Stickstoff und Sauerstoff der Alkaloide eintreten, sind verschiedener Natur. In einigen Fällen (Solanin, Achillein, Sinalbin) ist es ein Glucoserest. Häufiger (Cocain, Aconitin, Atropin, Sinapin, Colchicin) ein Säureradikal, das im allgemeinen der aromatischen, manchmal aber auch der Fettreihe angehört. In der weitaus größten Mehrzahl der Fälle wird die *OH*- bzw. *NH*-Gruppe durch ein Alkoholradikal abgesättigt. Die Verschiedenheit hört dabei jedoch auf, und es ist die bemerkenswerte Tatsache zu konstatieren, daß das einzige Alkoholradikal welches bislang im Molekül einer Pflanzenbase angetroffen worden ist, die Methylgruppe ist (allerdings mit Ausnahme einiger Alkaloide, wie Piperin, Narkotin, Narcein, Hydrastin, Berberin, wo jene zum Teil durch die zweiwertige Methylengruppe CH_2 ersetzt ist). In keinem Alkaloid aber hat man bis jetzt Äthyl oder ein höheres Alkyl angetroffen. Hingegen sind die Komplexe NCH_3 und OCH_3 in dieser Körperklasse derart häufig, daß zwei Methoden, die eine von ZEISEL, die andere von HERZIG und MEYER, zu ihrer Bestimmung eigens erdacht worden sind.

Von diesen drei Arten von Substitutionserscheinungen, welche das ursprüngliche Alkaloid zu einem Glucosid, einem Ester oder einem methylierten Derivate machen, sind die beiden ersten ohne Schwierigkeit erklärlich. Zuckerarten und organische Säuren sind in jeder Pflanze derart verbreitet, daß man nicht erstaunt sein kann, sie hier die Rolle übernehmen zu sehen, welche die Schwefelsäure und die Glykuronsäure im tierischen Organismus spielen. Die unter Wasserabspaltung sich dabei abspielende Kondensation erfolgt wahrscheinlich unter dem Einfluß eines Enzyms. Dies wird durch die Beobachtung von CIAMICIAN bestätigt, daß Saligenin, der Maispflanze inokuliert, sich darin als Salicin, also mit Glucose verbunden, wiederfindet, und daß dieselbe Kondensation auch in vitro auf Zusatz eines Maisextraktes in der Kälte sich vollzieht.

Weniger durchsichtig ist die Bildungsweise der Methylverbindungen, und es stellt sich die Frage auf: Welches ist das methylierende Agens der Pflanze?

Der Autor hat 1905 eine Ansicht darüber geäußert, die sich an die 1870 von BAEYER über die Kohlenstoffassimilation der Pflanzen aufgestellte Theorie knüpft. Bekanntlich beruht letztere im wesentlichen auf der Annahme, daß unter dem Einfluß des Sonnenlichtes und bei Gegenwart von Wasser das Chlorophyll auf das Kohlendioxyd der Luft unter Reduktion zu Formaldehyd und Entbindung von Sauerstoff einwirkt:

$$CO_2 + H_2O = CH_2O + O_2$$

oder vielmehr, da die Reaktion sich in wässeriger Lösung vollzieht:

$$CO_2 + 2H_2O = CH_2(OH)_2 + O_2$$

Der so gebildete Formaldehyd, resp. sein Hydrat, ist allerdings in den Pflanzengeweben nur in Spuren nachzuweisen; er besteht nämlich darin nicht als solcher fort, sondern polymerisiert sich augenblicklich, wobei Zucker, Stärke und Cellulose nacheinander entstehen.

Wir haben keinen Grund anzunehmen, daß sich der Formaldehyd ausschließlich mit sich selbst zu kondensieren vermag. Seiner großen Reaktionsfähigkeit wegen ist es im Gegenteil zu vermuten, daß er auch auf alle neben ihm in den Pflanzengeweben vorhandenen und ebenfalls reaktionsfähigen Verbindungen mit großer Begierde einwirken und mit ihnen unter Wasserabspaltung mannigfaltige Kondensationsprodukte liefern wird.

Sind z. B. ortho-dihydroxylierte Verbindungen zugegen, so erfolgt eine Reaktion nach folgender Gleichung:

$$R<{OH \atop OH}+{HO \atop HO}>CH_2 = R<{O \atop O}>CH_2 + 2H_2O$$

unter Bildung der Methylendioxygruppe, die im Molekül nicht nur der Alkaloide, sondern vieler andrer Pflanzenstoffe so häufig vorkommt.

In Gegenwart monohydroxylierter Verbindungen sowie primärer oder sekundärer Basen (resp. ihrer Salze) findet ebenfalls Kondensation statt; diese führt aber, unter gleichzeitiger Entbindung von Sauerstoff oder Kohlendioxyd, zur Bildung von Methylderivaten:

$$R-OH+CH_2O=R-OCH_3+O$$

(wobei vermutlich die Abspaltung von Sauerstoff durch pflanzliche Reduktasen erleichtert wird)

oder
$$R-NH_2+CH(OH)_2=R-NH-CH_2OH+H_2O$$
$$3R-NH-CH_2OH=2R-NH-CH_3+R-NH-COOH+H_2O$$
$$R-NH-COOH=R-NH_2-CO_2$$

Solche Methylierungen mittels Formaldehyds sind in vitro von BROCHET und CAMBIER, ESCHWEILER, PRUDHOMME, PICTET und BRESLAUER, DECKER und BECKER u. a. ausgeführt worden.

An der Hand dieser Hypothese läßt sich auf plausible Weise das häufige Vorkommen der Methylgruppe und die Abwesenheit jedes höheren Alkyls im Molekül der Alkaloide erklären. Sie ist jedoch aus verschiedenen Gründen, die hier nicht wiedergegeben werden können, von WINTERSTEIN und TRIER bestritten worden; diese Autoren ziehen vor, im Methylalkohol das methylierende Agens der Pflanze zu sehen. Da sie aber zugleich zugeben, daß der Methylalkohol seine Entstehung dem Formaldehyd verdankt, so beschränkt sich die vorliegende Meinungsverschiedenheit eigentlich nur auf eine Mechanismusfrage.

Nachdem es durch die vorhergehenden Betrachtungen wahrscheinlich gemacht worden ist, daß die Alkaloide nicht die unmittelbaren Zerfallprodukte komplizierterer Pflanzenstoffe darstellen, sondern ihre Veränderungsprodukte infolge nachträglich auftretender sekundärer Reaktionen, müssen wir einen Schritt weiter gehen und erforschen, welche diese komplizierteren Stoffe sind. Die Methode dazu wird dieselbe bleiben und sich auf die Analogien stützen, die sich zwischen der Konstitution der Alkaloide und jener der anderen Substanzen, aus denen sie vermutlich abstammen können, aufstellen lassen.

Es versteht sich von selbst, daß bei dieser vergleichenden Untersuchung es sich nicht mehr wie bislang darum handeln kann, gewisse Atomgruppen der Alkaloide, sondern das ganze innerliche Skelet ihres Moleküls ins Auge zu fassen. Dieses Skelet ist, wie oben erörtert, von sehr verschiedener Natur, und diese Verschiedenheit bildete gerade die Grundlage für die Einteilung der Alkaloide, welche als die natürlichste angegeben wurde. Es sei diese Einteilung hier kurz nochmals wiedergegeben:

Gruppe		Beispiel.
I.	Aliphatische Basen.	
	a) Sauerstofffreie Amine	Putrescin
	b) Quaternäre, sauerstoffhaltige Basen	Cholin
II.	Derivate des Pyrrolidins	Stachydrin
III.	Derivate des Pyridins	Coniin
IV.	Derivate des Imidazols	Pilocarpin
V.	Alkaloide mit kondensierten Pyrrol- und Pyridinringen	Atropin
VI.	Derivate des Purins	Coffein
VII.	Aromatische Amine	
	a) Derivate der Anthranilsäure	Damascenin
	b) Derivate des Phenyläthylamins	Ephedrin
VIII.	Derivate des Indols	Hypaphorin
IX.	Derivate des Chinolins	Chinin
X.	Derivate des Isochinolins	Narkotin

Jede dieser Gruppen, mit Ausnahme der ersten, ist durch einen aus einer oder mehreren geschlossenen Atomketten bestehenden besonderen Kern charakterisiert, welcher gegenüber chemischen Angriffen äußerst widerstandsfähig ist. Es leuchtet ein, daß, wenn wir dieselben Kerne in anderen komplizierteren Pflanzenstoffen wiederfinden, ein genetischer Zusammenhang zwischen ihnen und den betreffenden Alkaloiden mit großer Wahrscheinlichkeit daraus geschlossen werden wird.

Betrachten wir zunächst die Gruppe VI, deren Vertreter den bicyclischen Atomkomplex des Purins enthalten. Es ist seit langer Zeit bekannt, daß dieser Atomkomplex auch in den Nucleinen und Nucleoproteiden existiert, welche sowohl in den tierischen wie in den pflanzlichen Geweben die Hauptbestandteile der Zellkerne bilden. Werden nämlich diese Nucleine durch Kochen mit Mineralsäuren hydrolysiert, so bekommt man die sog. Purinbasen (Xanthin, Hypoxanthin, Adenin). Es ist anzunehmen, daß eine solche Spaltung auch im lebenden Organismus stattfindet, wodurch das Vorkommen derselben Purinbasen in den Tier-, resp. Pflanzengeweben leicht erklärlich wird. Sie bleiben aber darin nur zum kleineren Teil unverändert. Im Tierkörper unterliegen sie dem allgemeinen Oxydationsprozeß und werden in Harnsäure umgewandelt. In den Pflanzen tritt dagegen eine Veränderung anderer Art ein, nämlich die Methylierung, welche zur Bildung von Theobromin und Theophyllin (Dimethylxanthin) und von Coffein (Trimethylxanthin) führt. Wir sind demnach berechtigt, die sämtlichen Alkaloide der Gruppe VII als direkte oder nachträglich methylierte Zersetzungsprodukte der pflanzlichen Nucleine aufzufassen.

Für die Alkaloide der Gruppen II, IV und VIII, welche die charakteristischen stickstoffhaltigen Ringe des Pyrrolidins, des Imidazols und des Indols enthalten, fällt die Abstammung ebenso klar in die Augen. Die Arbeiten der letzten Jahre (Emil FISCHER, KOSSEL, ELLINGER u. a.) haben nämlich gelehrt, daß diese drei Ringe nebeneinander in dem sehr komplizierten Molekül fast aller Eiweißkörper, vegetabilischen wie tierischen Ursprungs, vorhanden sind. Werden nämlich diese Eiweißkörper der hydrolytischen Spaltung, sei es in vitro durch verdünnte Mineralsäuren oder im lebenden Tierorganismus durch die Verdauungsfermente, unterworfen, so findet man regelmäßig im Gemische der entstandenen mannigfaltigen Spaltungsprodukte relativ einfache, im allgemeinen carboxylierte und aminierte Derivate (Aminosäuren), die dieselben Ringe als Kern ihres Moleküls enthalten. So das Prolin (I) und das Oxyprolin (II) (Pyrrolidinring), das Histidin (III) (Imidazolring) und das Tryptophan (IV) (Indolring).

Dieselbe Zersplitterung des Eiweißmoleküls, unter Erzeugung derselben Produkte, muß offenbar in der lebenden Pflanze vor sich gehen. Doch sind bis jetzt weder Prolin, noch Histidin oder Tryptophan in den Pflanzen aufgefunden worden; dagegen begegnet man ihren nächsten Derivaten. Die Erklärung dafür liegt nahe: sofort nach ihrer Entstehung unterliegen sie Veränderungen, die sie in für die Pflanze weniger schädliche Alkaloide verwandeln.

Vergleicht man die Strukturformeln der genannten Aminosäuren mit denen der einfachsten Alkaloide der Gruppen II, IV und VIII:

I.

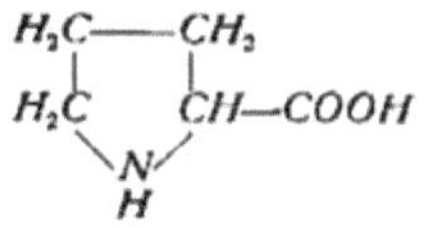

Prolin

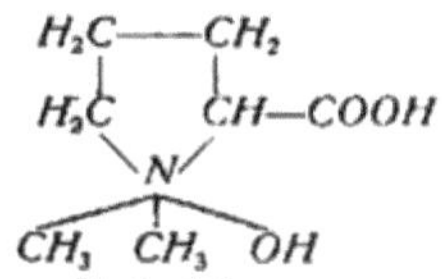

Stachydrin

II.

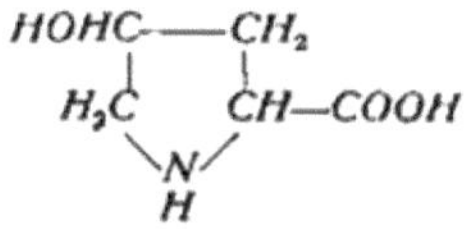

Oxyprolin

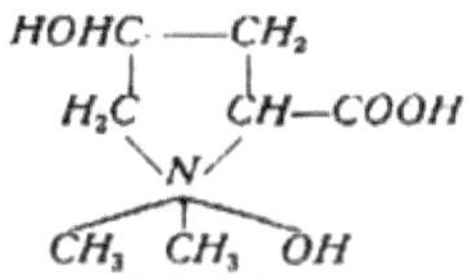

Betonicin

III.

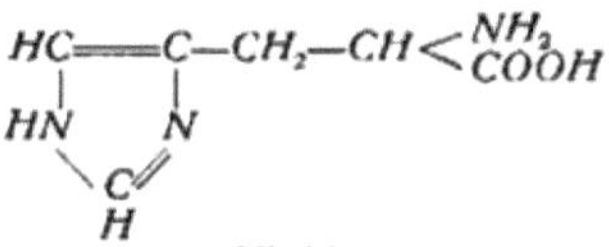

Histidin

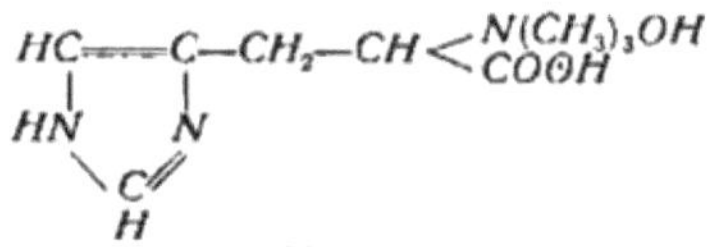

Hercynin

IV.

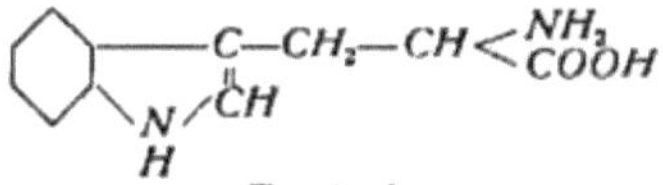

Tryptophan

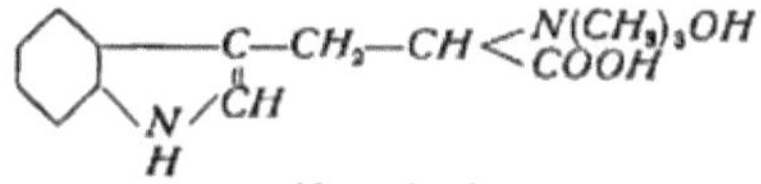

Hypaphorin

so sieht man, daß diese Veränderung in einigen Fällen sich wiederum bloß auf eine einfache Methylierung beschränkt. Für andere Alkaloide derselben Gruppen (Hygrin, Pilocarpin, Strychnin) sind allerdings andere, kompliziertere Modifikationen anzunehmen, deren Mechanismus noch aufzuklären ist. Nichtsdestoweniger bleibt der Schluß berechtigt: Die Alkaloide der Gruppen II, IV und VIII sind modifizierte Zerfallprodukte des pflanzlichen Eiweißes.

Es ist höchst wahrscheinlich, daß die Alkaloide der Untergruppe VIIa (Derivate der Anthranilsäure) ihre Entstehung der Öffnung des Pyrrolringes des im Eiweiß vorhandenen Indolkomplexes verdanken und somit denselben Ursprung wie die vorhergehenden Basen haben.

Eine ebensolche Abstammung aus den Eiweißkörpern läßt sich ohne Schwierigkeit für die weiteren Alkaloidgruppen Ia, VIIb und X ableiten.

Die Untergruppe Ia enthält nur einige aliphatische Amine wie Isoamylamin, Putrescin, Tetramethylputrescin. Der Vergleich ihrer Konstitutionsformeln mit denen der beiden durch Hydrolyse der Albumine entstehenden Aminosäuren

Leucin $\frac{CH_3}{CH_3}>CH-CH_2-CH<\frac{NH_2}{COOH}$

und Ornithin $NH_2-CH_2-CH_2-CH_2-CH<\frac{NH_2}{COOH}$

läßt kaum daran zweifeln, daß sie aus letzteren durch die üblichen Prozesse der Methylierung und der Entcarboxylierung entstehen.

In derselben Beziehung sind die Alkaloide der Untergruppe VIIb (Phenylaminderivate, Tyramin, Hordenin, Ephedrin, Surinamin) zu den aromatischen Aminosäuren (Phenylalanin, Tyrosin), die ebenfalls unmittelbare Produkte der Eiweißhydrolyse sind:

Tyrosin 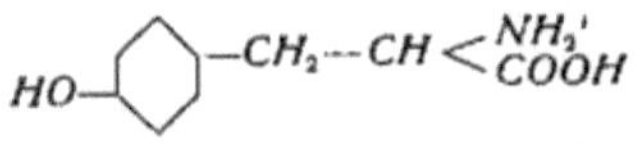 Hordenin 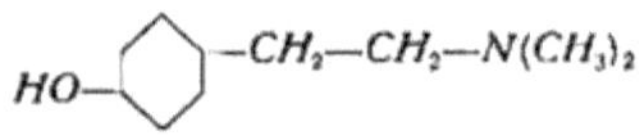

Gruppe X (Isochinolinalkaloide). Der Ursprung des Isochinolinringes, der in zahlreichen Alkaloiden vorhanden ist, ist lange Zeit rätselhaft geblieben. Man weiß mit voller Sicherheit, daß dieser Ring weder in den Eiweißstoffen, noch in den Nucleinen, Lecithinen, Chlorophyll oder irgend einem kompliziert zusammengesetzten Pflanzenstoffe vorhanden ist. Er muß also bei den Alkaloiden das Erzeugnis einer nachträglichen Synthese sein.

Man kann heute mit der größten Wahrscheinlichkeit behaupten, daß die Isochinolinalkaloide durch Einwirkung des Formaldehyds auf die primären Eiweißabbauprodukte, welche Derivate des Phenyläthylamins sind (Untergruppe VIIb), gebildet werden. Dabei wirkt der Formaldehyd (resp. sein Hydrat) nicht mehr methylierend, sondern in der Weise ein, daß unter Wasserabspaltung sein zweiwertiges Radikal CH_2 sich zwischen das Stickstoffatom der Seitenkette und das in Orthostellung des Benzolringes befindliche Kohlenstoffatom schiebt. Dadurch wird ein tetrahydrierter Isochinolinring geschlossen.

Diese Interpretation hat eine feste experimentelle Stütze in den Versuchen von PICTET und SPENGLER gefunden, die gezeigt haben, daß Phenyläthylamin sich mit Formaldehyd bei Temperaturen unter 100° mit der größten Leichtigkeit zu Tetrahydroisochinolin kondensiert:

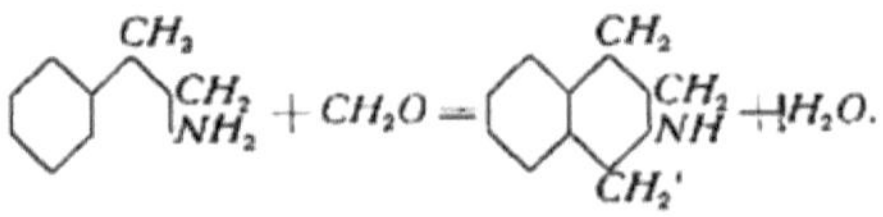

Allerdings enthalten alle bis jetzt bekannten Isochinolinalkaloide 2 oder 3 Hydroxyle oder Methoxyle im Benzolringe, u. zw. in den Stellungen 3, 4 bzw. 3, 4, 5 zur Seitenkette des ursprünglichen Phenyläthylamins, d. h. in denselben Stellungen wie die Hydroxyle der Protocatechusäure und der Gallussäure zum Carboxyl. Es ist wenig wahrscheinlich, daß diese sauerstoffhaltigen Gruppen nachträglich in den fertiggebildeten Isochinolinkomplex eingeführt werden. Man muß vielmehr annehmen, daß die betreffenden Alkaloide sich nicht vom Phenyläthylamin selbst herleiten, sondern von einem di- oder trihydroxylierten Derivate desselben, welches zwar unter den Produkten der Eiweißhydrolyse noch nicht aufgefunden worden ist, aber möglicherweise unter gewissen Bedingungen oder aus besonderen Proteinsubstanzen von der Pflanze gebildet werden kann. Denkt man sich ein solches Trioxyphenyläthylamin der erschöpfenden Einwirkung des Formaldehyds unterworfen, so kommt man in ungezwungener Weise zur Formel des Hydrocotarnins des Opiums:

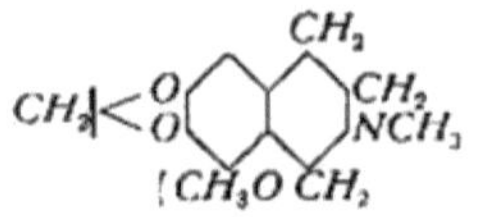

Außerdem ist bei den meisten Alkaloiden der Gruppe X ein Wasserstoffatom in Stellung 1 des Tetrahydroisochinolinringes durch ein hydroxyliertes oder methoxyliertes Benzylradikal substituiert. Am wahrscheinlichsten erfolgt diese Substitution durch eine weitere Kondensation mit aromatischen Aldehyden oder Alkoholen (Vanillin, Mekonin, Opiansäure), die häufig in den Pflanzen angetroffen werden und vielleicht, was ihre Abstammung betrifft, zu den erwähnten Phenyläthylaminderivaten in naher Beziehung stehen. Der Versuch hat nämlich gezeigt, daß die Wasserstoffatome in Stellung 1 besonders beweglich und durch Radikale ersetzbar sind.

Nachdem der Benzylisochinolinkomplex sich in dieser Weise konstituiert hat, können noch neue Bindungen zwischen den Seitenketten oder den beiden Benzolringen zustande kommen, wobei der Lactonring des Hydrastins und der Phenanthrenkern des Morphins entstehen. Auch durch eine weitere Einwirkung des Formaldehyds läßt sich die Bildung des Diisochinolinkomplexes des Berberins, wie dies übrigens sich auch in vitro bewerkstelligen ließ, erklären.

Wir kommen jetzt zu der bedenklichsten Frage im vorliegenden Gebiete, nämlich der des Ursprungs des Pyridin- und des Chinolinringes, welche die Alkaloide der Gruppen III und IX charakterisieren. Ebensowenig wie der des Isochinolins finden sich diese beiden Ringe in den Eiweißkörpern oder anderen kompliziert zusammengesetzten Pflanzenstoffen fertiggebildet vor. Man muß also annehmen, daß sie sich ebenfalls nachträglich aus anderen Atomkomplexen bilden.

Vor bereits 8 Jahren hat der Autor die Hypothese aufgestellt, daß sie in den Alkaloiden durch eine Erweiterung der fünfgliedrigen stickstoffhaltigen Ringe des Pyrrols resp. Indols entstehen. Diese Erweiterung sollte infolge einer vorübergehenden Öffnung des fünfgliedrigen Ringes, möglicherweise unter dem Einfluß hydrolytischer Fermente und einer darauffolgenden Kondensation der beiden Bruchstücke mit Formaldehyd, unter Neubildung eines sechsgliedrigen Ringes zustande kommen.

So würde man z. B. die Entstehung des Arecolins aus Prolin in folgender Weise deuten:

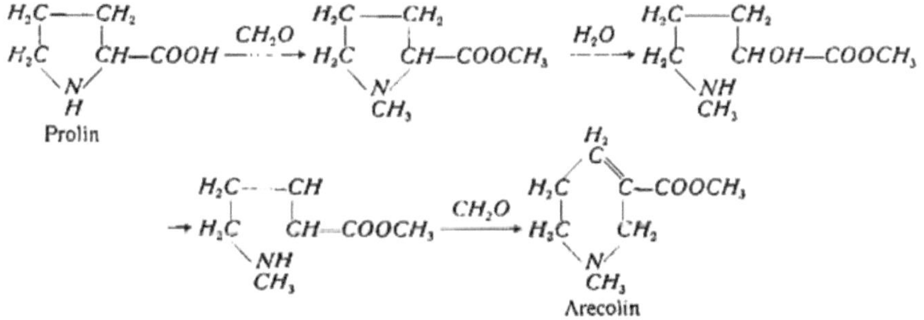

Prolin

Arecolin

In ähnlicher Weise könnte man den Übergang des Indolringes des Tryptophans in den in γ-Stellung substituierten Chinolinring der Chinaalkaloide veranschaulichen:

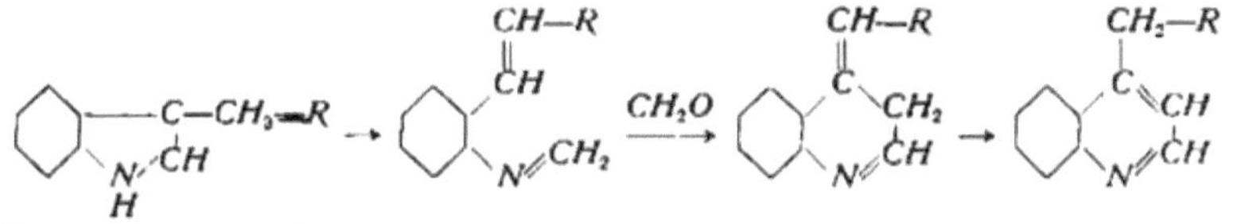

Untergruppe Ib. Die Abstammung der Alkaloide dieser Untergruppe (Cholin, Betain), die durch den gemeinsamen Atomkomplex $(CH_3)_3N<\genfrac{}{}{0pt}{}{OH}{CH_2-C-}$ charakterisiert sind, kann auf verschiedene Weisen gedeutet werden. Erstens kann das Cholin als direktes Verseifungsprodukt der pflanzlichen Lecithine aufgefaßt werden, welche bekanntlich denselben Komplex in esterartiger Verbindung mit Glycerin, Fettsäuren und Phosphorsäure enthalten. Oder, nach der Ansicht von TRIER, kann Cholin durch Methylierung des Colamins (Aminoäthylalkohol), eines Bestandteiles gewisser Lecithine entstehen. Ebenso denkbar wäre es aber, daß Cholin und Betain durch Methylierung und Entcarboxylierung des Serins $NH_2-CH<\genfrac{}{}{0pt}{}{CH_2OH}{COOH}$ und Glykokolls NH_2-CH_2-COOH gebildet werden und somit, wie die meisten übrigen Alkaloide, als modifizierte Zerfallprodukte der Eiweißstoffe erscheinen.

Als letzte noch zu betrachtende Alkaloidgruppe würde nur noch die Gruppe V bleiben, in welcher Kombinationen der Pyrrolidin- und Piperidinringe (Chinuclidin, Tropanol) vorkommen. Die Alkaloide dieser Gruppe (Atropin, Cocain, Alkaloide der Granatbaum- und der Chinarinde) gehören zu den therapeutisch wichtigsten, aber zugleich zu den chemisch kompliziertesten. Im gegenwärtigen Stande unserer Kenntnisse ist es nicht möglich, irgendwelche Hypothese über das Zustandekommen ihrer Molekülkomplexe zu wagen. Die Frage ihres Ursprungs muß also vorläufig offen bleiben.

Für alle übrigen Pflanzenbasen aber wird durch die vorhergehenden Auseinandersetzungen die eingangs geäußerte Ansicht über die Entstehung der Alkaloide in den Pflanzen in befriedigender Weise gerechtfertigt. Sie sei in den zwei folgenden Sätzen nochmals kurz zusammengefaßt:

1. In den Alkaloiden liegen die stickstoffhaltigen Endprodukte der Zelltätigkeit der Pflanze vor. Sie entstehen beim Zerfall von komplizierter zusammengesetzten Stoffen, besonders von den Eiweißkörpern.

2. Ehe sie in den besonderen Geweben, in denen wir sie finden, aufgespeichert werden, unterliegen sie vielfach chemischen Umformungen und hauptsächlich Kondensationen mit anderen in der Pflanze vorhandenen Verbindungen, in erster Linie mit dem in den grünen Teilen fortwährend gebildeten Formaldehyd. *A. Pictet.*

Alkaloidgewinnung. Infolge der überaus wichtigen therapeutischen Eigenschaften vieler Alkaloide sind dieselben Gegenstand technischer Gewinnung. Diese sowie vor allem die Reindarstellung der Alkaloide im Großbetrieb war aber erst möglich, nachdem man mit der chemischen Natur und den Eigenschaften dieser Körperklasse näher bekannt geworden war (vgl. darüber Alkaloide).

Das erste in reiner Form gewonnene Alkaloid ist bekanntlich das Morphin, das, wie bereits erwähnt, SERTÜRNER aus dem Opium isolierte. Wenn SERTÜRNER aber auch eine Methode zur Darstellung des Morphins aus dem Opium gefunden hatte, die sich allenfalls zur Gewinnung dieses Alkaloids im Laboratorium eignete, so war man trotzdem noch weit davon entfernt, an eine rentable technische Gewinnung denken zu können.

Nach SERTÜRNERS Entdeckung machte die Isolierung und Reindarstellung neuer Pflanzenbasen rasche Fortschritte. Es waren aber lediglich wissenschaftliche Zwecke, zu denen man die reinen Alkaloide darstellte und verwendete; im Handel waren nur die Pflanzenteile, welche die physiologisch wirksamen Bestandteile enthielten anzutreffen. Erst als die wissenschaftlichen Untersuchungen größere Fortschritte gemacht hatten, konnten auch Methoden ausgearbeitet werden, die eine technische Alkaloidgewinnung ermöglichten. Heute findet man große Fabrikanlagen, die sich mit der Darstellung der Opiumalkaloide (Morphin), der Chinaalkaloide (Chinin) sowie vieler anderer wichtiger Pflanzenbasen befassen.

Methoden der technischen Alkaloidgewinnung.

Die Methoden zur Isolierung der Alkaloide aus den betreffenden Pflanzen, bzw. Pflanzenteilen, variieren je nach den Eigenschaften der zu gewinnenden Alkaloide sowie der Form, in der sie in der Pflanze enthalten sind. Daß das Pflanzenmaterial, bevor man zur Abscheidung der Alkaloide übergeht, in geeigneter Weise zerkleinert werden muß, ergibt sich von selbst. Da die Alkaloide durchweg basische Eigenschaften haben, so kommen sie nur ausnahmsweise frei in der Pflanze vor; sie sind vielmehr fast immer an irgendwelche sauren Bestandteile gebunden. Aus diesen salzartigen Verbindungen können sie durch stärkere basische Körper, als sie selbst sind, wie Alkalilaugen, Kalkmilch, Ammoniak, gebrannte Magnesia etc., in Freiheit gesetzt und dann durch geeignete Lösungsmittel extrahiert werden. Sind sie mit Wasserdämpfen flüchtig, so lassen sie sich auch durch Destillation mit gespanntem Dampfe gewinnen.

Nach anderen Methoden zur Alkaloidgewinnung verfährt man in der Weise, daß man ihre salzartigen Verbindungen, so wie diese in der Pflanze enthalten sind, mit Wasser oder einem andern Lösungsmittel auszieht und die so gewonnenen Lösungen auf die betreffenden Alkaloide in der später zu beschreibenden Weise (s. Opiumalkaloide) weiter verarbeitet. Eine dritte Methode zur Isolierung beruht darauf, daß man die Pflanzenteile mit Wasser oder verdünntem Alkohol, die durch Zusatz einer starken Mineralsäure (Schwefelsäure, Salzsäure) angesäuert werden, erschöpfend auszieht. Durch diese starken Säuren werden die Alkaloide den verhältnismäßig schwachen organischen Säuren, an die sie in der Pflanze gebunden sind, entzogen und gehen als meist leicht lösliche Sulfate oder Chlorhydrate in die wässerige, bzw. wässerig-alkoholische Lösung über, aus der sie dann durch starke Basen wieder zur Abscheidung gebracht werden können. Hat man zur Extraktion eine verdünnte alkoholische Lösung verwendet, so muß der Alkohol zunächst durch Destillation entfernt werden. Sind, was häufiger der Fall ist, die freien Alkaloide ebenfalls beträchtlich in Wasser löslich (und nicht mit Wasserdämpfen flüchtig), so scheidet man sie dadurch ab, daß man sie in schwer lösliche Salze oder Doppelsalze überführt. Als solche Fällungsmittel kommen z. B. in Betracht: Tannin, Phosphorwolframsäure, Phosphormolybdänsäure, Merkurijodid-Jodkalium, Wismutjodid-Jodkalium u. s. w.

Zur Gewinnung wieder anderer Alkaloide (s. Solanumalkaloide) preßt man die Pflanzenteile aus und scheidet die Basen aus dem Preßsaft in geeigneter Weise ab.

Große Schwierigkeit macht bei der Alkaloidgewinnung die vollständige Befreiung der Pflanzenbasen von Fetten, Harzen, Eiweißstoffen u. s. w., die bei der Extraktion immer zum Teil mit in Lösung gehen. Auch die Trennung der einzelnen Alkaloide voneinander (aus den Pflanzen extrahiert man fast stets Alkaloidgemische) ist häufig recht umständlich (s. Opiumalkaloide) und erfordert die größte Aufmerksamkeit sowie reichliche Erfahrung der damit beschäftigten Arbeitskräfte. Auf die Ausführung der Methoden, nach denen man im Großbetriebe die Alkaloide aus den Pflanzen extrahiert und die erhaltenen Alkaloidgemische trennt, soll im folgenden für die wichtigsten Pflanzenbasen etwas näher eingegangen werden.

1. Berberisalkaloide (s. auch diese).

Von den Berberisalkaloiden wird technisch nur das Berberin und das Hydrastin gewonnen, während die übrigen, wie Oxyacanthin, Canadin, Berbamin bisher keine praktische Bedeutung erlangt haben. Berberin sowie auch Hydrastin finden sich in sehr verschiedenen Pflanzen, sogar in solchen, die verschiedenen Familien angehören. Die technische Darstellung der beiden Alkaloide variiert etwas, je nach der Pflanzenart, aus der sie gewonnen werden soll. Als Beispiel möge die Darstellung aus dem Rhizom von Hydrastis canadensis, in dem beide am reichlichsten vorkommen, näher erörtert werden. In Extraktionsapparaten werden die zerkleinerten Wurzelstöcke mit Wasser, das mit Essigsäure angesäuert ist, erschöpfend ausgezogen. Dann wird die Flüssigkeit, die immer noch saure Reaktion zeigen muß, von den ungelösten Bestandteilen durch Filtration getrennt und das klare Filtrat in Vakuumpfannen zu einem dünnen Sirup eingedampft. Zur Abscheidung des Berberins benutzt man meist das in Wasser schwer lösliche saure Berberinsulfat, das durch überschüssige verdünnte Schwefelsäure als gelbes Krystallpulver zur Abscheidung gebracht wird. Zwecks Reinigung wird es zunächst von den anhaftenden Mutterlaugen befreit und dann in der Weise umkrystallisiert, daß man es in möglichst wenig siedendem Wasser löst, die heiße Lösung mit etwa dem gleichen Volumen Alkohol verdünnt und ca. $^1/_{50}$ des Gemisches konz. Schwefelsäure zusetzt. Die sich beim Erkalten abscheidenden Krystalle stellen reines Berberinbisulfat dar, das vielfach als solches schon in den Handel kommt.

Um freies Berberin zu gewinnen, wird das Sulfat in Wasser aufgenommen und die Schwefelsäure durch einen möglichst geringen Überschuß von Barytwasser ausgefällt. Die Flüssigkeit wird von dem Bariumsulfat getrennt und das noch in der Lösung enthaltene Barium durch Einleiten von Kohlensäure als Bariumcarbonat abgeschieden. Die blanke filtrierte Lösung, die nunmehr das freie Berberin enthält, wird zur Krystallisation eingedampft und das auskrystallisierende Berberin durch Umlösen aus Wasser (oder Sprit) gereinigt. Als wichtigstes Salz des Berberins ist das Berberinhydrochlorid zu nennen. Auch das Berberinsulfat, dessen Bereitung bereits mitgeteilt ist, sowie das saure Berberinsulfat, welches wegen seiner Schwerlöslichkeit zur Reinigung des Berberins verwendet wird, haben besondere Bedeutung.

Die bei der Berberingewinnung zurückbleibenden Mutterlaugen stellen das Ausgangsmaterial für die Gewinnung des Hydrastins dar; im wesentlichen enthalten sie auch nur noch dieses Alkaloid, weshalb sich seine Abscheidung auch recht einfach gestaltet. Werden die Berberinmutterlaugen mit Ammoniak alkalisch gemacht, so scheidet sich das Hydrastin ab und kann aus Essigester oder Alkohol umkrystallisiert werden. Von Salzen seien das Hydrochlorid sowie das Sulfat, die beide technisch dargestellt werden, erwähnt. Zur Bereitung des Chlorhydrats leitet man gut getrockneten Chlorwasserstoff in eine absolut ätherische Hydrastinlösung, während man das Sulfat in der Weise gewinnt, daß man eine Lösung von Hydrastin in Äther mit schwefelsäurehaltigem Äther durchschüttelt.

Bei der Darstellung der Berberisalkaloide kann man auch in umgekehrter Reihenfolge verfahren, nämlich zunächst das Hydrastin und dann das Berberin isolieren. Nach dieser Methode werden die zerkleinerten Wurzelstöcke von Hydrastis zunächst mit Äther extrahiert, der nur das Hydrastin aufnimmt, worauf man den Rückstand in der oben beschriebenen Weise auf Berberin verarbeitet.

Zu den Berberisalkaloiden gehört ferner noch ein Umwandlungsprodukt des Hydrastins, das Hydrastinin, das als freie Base sowie auch in Form des Chlorhydrats als blutstillendes Mittel ausgedehntere Verwendung gefunden hat. Um es darzustellen, wird Hydrastin unter besonderen Bedingungen mit Salpetersäure oxydiert, u. zw. verfährt man in der Weise, daß man 10 *Gew.*-T. Hydrastin mit 50 *Vol.*-T. Salpetersäure vom *spez. Gew.* 1,3 und 25 *Vol.*-T. Wasser vorsichtig so lange auf 50–60° erwärmt, bis eine entnommene Probe mit Ammoniak keine Fällung mehr gibt. Man hat besonders darauf zu achten, daß während der Oxydation keine oder doch nur geringe Kohlensäureentwicklung stattfindet. Aus der sauren Lösung fällt man das freie Hydrastinin durch Übersättigen mit Kali- oder Natronlauge, trocknet und krystallisiert es dann aus Ligroin um. Hydrastininchlorhydrat gewinnt man aus der freien Base, indem man diese in der berechneten Menge konz. Salzsäure löst und die Lösung bis zur beginnenden Krystallisation eindunsten läßt. Die erhaltene Krystallmasse wird nach dem Trocknen in absolutem Alkohol gelöst und die Lösung bis zur beginnenden Trübung mit Äther versetzt. Nach längerem Stehen erhält man einen dicken Krystallbrei von reinem Hydrastininhydrochlorid. Man entfernt die Mutterlauge durch Absaugen und trocknet die Krystalle im Vakuum.

2. Chinaalkaloide (s. auch diese).

Von der fabrikmäßigen Darstellung aller Alkaloide hat die Gewinnung der Chinaalkaloide, besonders des Chinins, neben der der Opiumbasen den größten Umfang erreicht. Die für die Fabrikation erforderliche Chinarinde stammt hauptsächlich aus Südamerika, aus Indien und von Java, von wo sie unter der Bezeichnung „Fabrikrinde“, in Ballen zusammengestampft, nach Europa versandt wird. Der Alkaloidgehalt der Rinden ist ein sehr wechselnder; die südamerikanischen Rinden enthalten durchweg 2–3% Chinin, während man in der Rinde von Calisaya Ledgeriana, die von Java stammt, schon bis 13% gefunden haben will. Neben dem Chinin finden sich in ebenfalls wechselnder Menge in der Rinde Cinchonidin, Chinidin (= Conchinin), Cinchonin und andere Alkaloide, meist an Chinasäure oder Chinagerbsäure gebunden.

In den Chininfabriken werden Chinin sowie auch seine Begleitalkaloide zunächst als Sulfate gewonnen, die dann in die freien Basen oder andere Salze umgearbeitet werden. Hauptsächlich sind es zwei Verfahren, nach denen die Isolierung der Alkaloide aus der Rinde ausgeführt wird: die Dekantiermethode und die Deplaziermethode.

Bei beiden Verfahren wird die Rinde zunächst in Stampfwerken und Mühlen fein pulverisiert und dann in großen Bottichen, die mit Rührwerken versehen sind, mit Kalkmilch zu einem Brei verrührt. Dabei werden das Chinin sowie auch die übrigen Basen aus den Verbindungen mit den oben erwähnten Säuren freigemacht. Zwecks Isolierung der Alkaloide wird nun nach der Dekantiermethode in der Weise verfahren, daß man die alkalisch reagierende Masse in rotierende, heizbare Rührwerke bringt und sie mit hochsiedenden Ölen, wie Paraffinöl, unter gleichzeitigem Erwärmen durchrührt, wobei die Alkaloide von dem Öl aufgenommen werden. Nach mehreren Stunden stellt man das Rührwerk ab und läßt die Masse erkalten. Die Rinde setzt sich sehr bald zu Boden und die oben schwimmende klare Öllösung der Alkaloide wird abgehoben. Dieses Ausschütteln mit Öl muß 2–3mal wiederholt werden, ehe alle Basen vollständig aus der Rinde herausgelöst sind. Die vereinigten Öllösungen werden mit stark verdünnter Schwefelsäure durchgewaschen, wobei die Alkaloide den Paraffinen entzogen werden und als Sulfate in die saure wässerige Lösung gehen. Das nach kurzem Stehen sich auf der Lösung wieder absetzende Öl wird abgehoben und wieder zu neuen Extraktionen verwendet.

Das zweite Verfahren, das Deplazierverfahren, beruht auf demselben Prinzip wie das soeben beschriebene, nur die zur Verwendung kommenden Apparate sind anders gebaut. Die Extraktion der alkalisch gemachten Rinde wird in großen zylindrischen Gefäßen, die mit sog. Senkböden versehen sind, vorgenommen. Den Öllösungen werden die Alkaloide in der oben erwähnten Weise mit verdünnter Schwefelsäure entzogen.

An Stelle der hochsiedenden Öle werden auch vielfach niedrigsiedende Extraktionsmittel, wie Äther, Benzin, Ligroin oder tiefsiedende Paraffinöle verwendet. Um aus diesen Lösungen die Pflanzenbasen abzuscheiden, wird das Lösungsmittel aus Destillierblasen abgedampft, und die zurückbleibenden harzigen Massen werden mit verdünnter Schwefelsäure ausgezogen, in der sich nur die Alkaloide lösen, während die Harze u. s. w. zurückbleiben. Im weiteren handelt es sich lediglich um die nicht leichte Aufgabe der Trennung des Gemisches von Alkaloidsulfaten. Hierzu sind zahlreiche Methoden im Gebrauch, und fast jede Fabrik arbeitet nach ihren besonderen, meist geheimgehaltenen Verfahren. An dieser Stelle sei nur eines der Verfahren erwähnt, auch können nur diejenigen Alkaloide berücksichtigt werden, welche praktische Bedeutung haben, also Chinin, Cinchonin, Cinchonidin und Chinidin.

A. Chinin. Die nach einem der obigen Verfahren erhaltene schwefelsaure Alkaloidlösung wird in der Hitze mit Soda genau neutralisiert. Beim Erkalten und nach längerem Stehen scheidet sich unreines Chininsulfat aus; beigemengt sind ihm vor allem Sulfate von Hydrochinin und Cinchonidin, von denen es durch wiederholte fraktionierte Krystallisation aus heißem Wasser, zweckmäßig unter Zusatz von Knochenkohle, befreit wird. Bedeutend leichter gelingt die Reinigung, wenn man das rohe Chininsulfat zunächst durch Auflösen in verdünnter Schwefelsäure in Bisulfat überführt, das sich infolge seiner größeren Krystallisationsfähigkeit viel leichter von Hydrochinin und Cinchonidin befreien läßt. Um das Bisulfat wieder in das Sulfat zu verwandeln, löst man es in heißem Wasser auf und neutralisiert die sauer reagierende Lösung genau mit Soda. Beim Erkalten scheidet sich reines Chininsulfat aus.

Zwecks Darstellung des freien Chinins (Chininum purum) wird das reine Sulfat in Wasser gelöst und die Base durch Ammoniak ausgefällt. Der voluminöse, nicht krystallisierte Niederschlag nimmt nach längerem Stehen 3 *Mol.* Krystallwasser auf und geht in das gut krystallisierte Chininhydrat über, das auf Filtern oder in Beuteln gesammelt und bis zum Verschwinden der Schwefelsäurereaktion mit Wasser gewaschen wird. Die bei der Chinindarstellung erhaltenen Mutterlaugen bilden das Ausgangsmaterial für die Gewinnung der übrigen Chinaalkaloide.

Das wichtigste Chininsalz ist das bereits erwähnte Chininsulfat. Außerdem sind aber auch das saure Chininsulfat, Chininvalerianat und Chininhydrochlorid noch von Bedeutung. Zur Darstellung der letzteren geht man entweder von freiem Chinin aus, das man mit Salzsäure genau neutralisiert, oder aber man benutzt zu seiner Gewinnung das Chininsulfat. Um dieses Salz in das Hydrochlorid überzuführen, löst man es unter Zusatz von Salzsäure in siedendem Wasser auf, fällt die Schwefelsäure mit Chlorbarium und überläßt die Lösung nach dem Abfiltrieren des Bariumsulfats und dem Eindampfen auf Dampfbädern der Krystallisation.

In neuerer Zeit hat auch das gerbsaure Chinin, Chinintannat, Bedeutung erlangt, u. zw. lediglich wegen seines nur sehr schwachen Geschmacks. Zu seiner Bereitung löst man Chininsulfat in Wasser, dem man möglichst wenig verdünnte Schwefelsäure zufügt, und fällt das Tannat durch Zusatz einer wässerigen, etwas Salmiakgeist enthaltenden Tanninlösung.

B. Cinchonidin. Die Abscheidung dieses Alkaloids wird durch Zusatz einer konz. Lösung von Seignettesalz zu den Chininsulfatmutterlaugen bewirkt. Das infolge seiner Schwerlöslichkeit ausfallende Cinchonidintartrat (dem ev. noch etwas Chinintartrat beigemengt ist) wird zur weiteren Reinigung durch verdünnte Salzsäure als leicht lösliches Chlorhydrat wieder in Lösung gebracht. Durch Zusatz einer konz. Ammoniaklösung oder durch Einleiten gasförmigen Ammoniaks wird die freie Base aus der Chloridlösung ausgefällt, der Niederschlag auf Filter gebracht, gewaschen und bei 40–45° im Vakuum getrocknet. Um fast immer beigemischtes Chinin und Chinidin zu entfernen, wird die Rohbase so lange mit Äther extrahiert, bis eine Probe, in Chlorwasser gelöst, durch Ammoniakzusatz keine Grünfärbung mehr gibt. Diese Reaktion (Thalleiochin-Reaktion) ist erforderlich, um sicher zu sein, daß sowohl Chinin als auch Chinidin entfernt sind (Cinchonidin ist in Äther nur äußerst schwer löslich). Verläuft die Thalleiochin-Reaktion negativ, d. h. tritt keine Grünfärbung mehr auf, so löst man die Base in verdünnter Salzsäure wieder auf und bringt sie abermals durch Ammoniak zur Abscheidung. Dieses Lösen in Salzsäure und Wiederausscheiden durch Ammoniak muß ev. mehrfach wiederholt werden. Schließlich wird das freie Cinchonidin durch Umkrystallisieren aus Weingeist in vollkommener Reinheit erhalten.

C. Chinidin (= Conchinin). Hat man aus den Sulfatmutterlaugen das Cinchonidin durch Kalium-natrium-tartrat farblos abgeschieden, so läßt sich aus dem Filtrat das Chinidin mit einer nicht zu konz. Jodkaliumlösung ausfällen. Sind die Alkaloidlaugen, was meist der Fall ist, stark gefärbt, so werden sie, bevor man zur Abscheidung des Chinidins schreitet, durch Behandeln mit Tierkohle entfärbt. Das ausgeschiedene jodwasserstoffsaure Chinidin setzt sich rasch zu Boden und kann leicht von der überstehenden Flüssigkeit getrennt werden. Nachdem man es durch Zentrifugieren von den letzten Resten der Mutterlauge befreit hat, wird es in verdünnter Essigsäure gelöst und aus dieser Lösung das freie Chinidin durch Ammoniak ausgefällt. Wenn erforderlich, wird die Essigsäurelösung nochmals mit Tierkohle entfärbt. Zur endgültigen Reinigung wird das Chinidin aus Sprit umkrystallisiert. Nach einem neueren Verfahren von DE VRIJ verwendet man zur Abscheidung des Chinidins nicht das teure Jodkalium, sondern man fällt das Alkaloid mit überschüssiger Weinsäure als schwerlösliches Chinidinbitartrat.

Nicht für jeden Betrieb lohnt sich die Isolierung des Chinidins, da die in manchen Fabriken verwendete Chinarinde so arm an diesem Alkaloid ist, daß man auf seine Gewinnung Verzicht leistet.

D. Cinchonin. Die Mutterlaugen von der Chinidindarstellung enthalten im wesentlichen nur noch Cinchonin. In geringen, zum Teil äußerst geringen Mengen sind noch mindestens zwölf andere Alkaloide in dem Chinarindenauszug gefunden worden. Ist das Cinchonin in beträchtlichen Mengen vorhanden, so kommt es bisweilen vor, daß sich ein Teil desselben bereits mit dem Chininsulfat abscheidet. Die Hauptmenge bleibt aber in den Sulfatlaugen gelöst und wird aus diesen durch Kalkmilch oder Natronlauge ausgefällt. Die braune harzige Fällung wird erschöpfend mit siedendem Alkohol ausgezogen. Da Cinchonin in diesem Lösungsmittel in der Kälte recht schwer löslich ist, so scheidet es sich beim Erkalten fast quantitativ wieder aus, während die übrigen noch vorhandenen Basen in Lösung bleiben. Es wird auf großen Nutschen oder durch Zentrifugen von den Krystallisationsmutterlaugen befreit und durch Aufschlemmen mit verdünnter Schwefelsäure wieder in das Sulfat übergeführt. Dieses wird unter Zusatz von Tierkohle wiederholt umkrystallisiert, dann wird das Cinchonin durch Alkali wieder abgeschieden und durch Umlösen aus Weingeist in reiner Form gewonnen.

Weitere Alkaloide werden im Großbetriebe bis jetzt aus der Chinarinde nicht isoliert. Sie sind alle in dem bei der Cinchoningewinnung zurückbleibenden alkoholischen Extrakt enthalten. Beim Abdestillieren des Lösungsmittels, das wieder zu neuen Extraktionen Verwendung findet, bleiben sie als dunkelbraun gefärbte, harzige Masse zurück, die durch häufiges Ausziehen mit siedendem Wasser zum Teil von den ihnen anhaftenden Farbstoffen befreit werden. Durch wiederholtes Lösen in verdünnter Salzsäure und Ausfällen mit Alkalien wird das Alkaloidgemisch noch weiter gereinigt und schließlich durch gelindes Erwärmen in irgendwelchen Formen (Tafeln, Würfeln oder Stangen) geschmolzen. So kommt es unter dem Namen Chinoidin in den Handel. In diesem Gemisch von Chinabasen sind natürlich auch zahlreiche Umwandlungsprodukte des Chinins, Cinchonins etc. enthalten, die als solche nicht in der Chinarinde vorkommen, sondern sich erst im Laufe der Fabrikation der beschriebenen Alkaloide gebildet haben. Praktische Verwendung findet das Chinoidin als wohlfeiles Fiebermittel.

3. Cocaalkaloide (s. auch diese).

Für die Gewinnung der Cocabasen kommen vor allem die Blätter eines in Südamerika einheimischen, strauchartigen Gewächses, Erythroxylon coca, in Betracht. Zwei Alkaloide sind es hauptsächlich, die technisch aus dieser Pflanze gewonnen werden: das Cocain und das Hygrin. Letzteres ist ein ziemlich dickflüssiges, meist etwas dunkel gefärbtes, nikotinartig riechendes Öl, das neben dem eigentlichen Hygrin geringe Mengen mehrerer anderer Basen enthält.

Außer den beiden oben genannten Alkaloiden haben auch das Cinnamylisatropylcocain und besonders das Tropacocain große Bedeutung erlangt. Die letztgenannte Base ist besonders reichlich in der Javacoca enthalten; im Handel trifft man sie durchweg als Hydrochlorid an.

Die technische Gewinnung der Cocaalkaloide geschieht heute durchweg nach der mehr oder weniger modifizierten Methode von Bignon. Eine detaillierte Arbeitsweise kann nicht mitgeteilt werden, da sie von den Fabriken nicht verraten wird. In Deutschland sowie überhaupt in Europa werden die Cocabasen nicht aus dem Pflanzenmaterial selbst isoliert, sondern man beschränkt sich lediglich darauf, ein meist aus Südamerika als Hydrochlorid oder als freie Base importiertes Rohcocain zu reinigen, wobei man als Nebenprodukt das Hygrin gewinnt. Der Cocaingehalt der Rohbase schwankt je nach ihrer Güte zwischen 75—90%. Die fabrikmäßige Darstellung des Rohcocains, wie sie an Ort und Stelle ausgeführt wird, verläuft in großen Zügen etwa folgendermaßen: Die Cocablätter werden zunächst an der Sonne oder durch gelindes Erwärmen getrocknet und möglichst fein pulverisiert. Das so vorbereitete Blattpulver kommt in kupferne Blasen und wird hier unter schwachem Anheizen durch Dampfschlangen mit einem Gemisch von verdünnter Sodalösung und einer Petroleumfraktion vom *Kp* 200—250° längere Zeit durchgerührt. Durch die Soda werden die Basen aus ihren Salzen abgeschieden und können so von dem Öle aufgenommen werden. Das Öl samt der wässerigen Flüssigkeit wird schließlich durch Druckluft von dem Blattpulver abgepreßt und, nachdem sich die Flüssigkeit in zwei Schichten getrennt hat, das Öl abgehoben. Diesem Extraktionsprozeß werden die Blätter mehrfach unterworfen, bis alle vorhandenen Alkaloide herausgelöst sind. Dem Mineralöl entzieht man die Basen dadurch wieder, daß man es mit verdünnten Säuren, zumeist mit Salzsäure, bis zur neutralen oder doch nur ganz schwach sauren Reaktion durchschüttelt. Das Hydrochlorid des Rohcocains scheidet sich dabei sehr bald als fast weißer, krystallinischer Körper ab und wird durch Filtration von der Flüssigkeit getrennt. Durch Eindampfen der wässerigen Lösung, die zuvor von dem Petrolöl getrennt wird, gewinnt man auch die letzten Reste des Rohcocains. In dieser Form, ohne weitere Reinigung, kommen die Cocaalkaloide zum Versand nach Europa.

Ebenso wie von den amerikanischen Fabriken die Gewinnung des Rohcocains geheimgehalten wird, wird auch von den europäischen Betrieben die Art und Weise der Aufarbeitung desselben nicht mitgeteilt. Das Verfahren von LOSSEN zur Trennung von Cocain und Hygrin, auf die es in der Technik nur ankommt, beruht auf der Schwerlöslichkeit der letzteren in Äther. Man verfährt in der Weise, daß man aus dem Hydrochlorid des Rohcocains die Alkaloide durch Sodalösung in Freiheit setzt und die alkalische Lösung wiederholt mit Äther ausschüttelt. Cocain geht in Lösung, während Hygrin nicht aufgenommen wird. Das nach dem Abdestillieren des Äthers zurückbleibende Cocain wird durch Lösen in verdünnter Salzsäure in das Chlorhydrat verwandelt und aus diesem durch Alkalien wieder abgeschieden. Dieses Lösen und Wiederausfällen wird so lange wiederholt, bis sich das Cocain in krystallinischer Form abscheidet und durch Umkrystallisieren aus siedendem Alkohol gereinigt werden kann.

Von den Cocainsalzen ist das Cocainum hydrochloricum das wichtigste. Es wird fabrikmäßig dargestellt, jedoch sind die Einzelheiten bei der Gewinnung nicht bekannt. Man neutralisiert Cocain möglichst genau mit verdünnter Salzsäure und dampft die Lösung im Vakuum bis zur Trockne ein. Zur Reinigung krystallisiert man den Rückstand aus Ätheralkohol oder aus Petroläther um.

Hygrin. Aus den mit Äther erschöpfend extrahierten Cocainmutterlaugen läßt sich durch Destillation mit gespanntem Wasserdampf oder durch Ausziehen mit Chloroform ein Öl gewinnen, aus dem man durch fraktionierte Destillation im Vakuum eine unter etwa 20 *mm* Druck bei 92—94° siedende Flüssigkeit isoliert, die als Hygrin in den Handel kommt.

4. Opiumalkaloide (s. auch diese).

Unter Opium versteht man bekanntlich den in geeigneter Weise gewonnenen eingetrockneten Milchsaft von Papaver somniferum L., der aus den Produktionsländern (Kleinasien, Persien, Ostindien und China) in Form von Broten oder Kuchen in den Handel gebracht wird. In diesem Produkt sind mindestens 20 verschiedene Alkaloide enthalten, die alle zu trennen natürlich nicht Aufgabe der Großbetriebe sein kann, zumal einzelne nur in äußerst geringen Mengen vorhanden sind. Trotzdem ist es für die Technik noch eine recht schwierige Aufgabe, die für sie wichtigen Basen aus dem Gemisch in einer rentablen Weise abzuscheiden. Hauptsächlich sind es die folgenden sechs Alkaloide, auf deren Gewinnung es ankommt: Morphin, Codein, Narkotin, Papaverin, Thebain und Narcein. Es sind im Laufe der Zeit eine recht stattliche Zahl von Methoden in Vorschlag gebracht worden, aber die weitaus meisten kommen für den Großbetrieb aus dem einen oder andern Grunde nicht in Betracht. Vielfach sind es auch nur Variationen der alten und bewährten Methode von ROBERTSON, GREGORY und ANDERSON. Das Prinzip, nach dem man bei dieser Methode zur Trennung der oben genannten Alkaloide verfährt, ist folgendes: Das Opium des Handels wird zunächst in recht dünne Scheiben oder kleine Stücke zerschnitten, welche mit warmem Wasser erschöpfend ausgezogen werden. Man erhält so eine Lösung der im Opium enthaltenen Alkaloidsalze neben reichlich in kolloidaler Lösung befindlichen Harzen und anderen pflanzlichen Stoffen. Als Säuren, an welche die Opiumbasen gebunden sind, kommen vorzüglich Mekonsäure, Milchsäure und Schwefelsäure in Betracht. Es sind dies Säuren, deren Calciumsalze in kaltem Wasser ziemlich schwer löslich (mekon- und milchsaures *Ca*) oder praktisch unlöslich ($CaSO_4$) sind. Aus diesem Grunde versetzt man das Opiumextrakt mit einer Chlorcalciumlösung und filtriert die sich abscheidenden Calciumsalze ab; dabei werden gleichzeitig auch nicht unbeträchtliche Mengen der die Weiterverarbeitung sehr störenden harzigen Produkte mit ausgefällt. In der Lösung, die man zu einem dünnen Sirup eindampft, sind die Hydrochloride der Opiumalkaloide enthalten.

Die in Wasser am schwersten löslichen chlorwasserstoffsauren Salze scheiden sich, wenn man die Lösung der Krystallisation überläßt, nach kurzem Stehen aus. Es sind dies die Chlorhydrate von Morphin und Codein, die leicht durch Filtrieren oder Zentrifugieren von den Mutterlaugen befreit werden können. Infolge der sehr stark basischen Natur des Codeins gestaltet sich die Trennung von Morphin und Codein verhältnismäßig einfach; man löst die Hydrochloride in Wasser auf und setzt Ammoniak zu: nur Morphin fällt aus, während das Codein sich erst durch Alkalilaugen zur Abscheidung bringen läßt. Nach einem neueren Verfahren von PLUGGE benutzt man zur Trennung der beiden Alkaloide das schwerlösliche rhodanwasserstoffsaure Salz des Codeins.

Die von Morphin- und Codeinchlorhydrat befreiten Mutterlaugen enthalten im wesentlichen noch die Chloride von Narkotin, Thebain, Papaverin und Narcein; (ein nicht unbeträchtlicher Teil des Narkotins findet sich auch noch in den Opiumrückständen). Zur Trennung dieser Körper wird die Lauge mit Wasser verdünnt, und die sich dabei abscheidenden Harze werden durch Filtration entfernt. Durch reichlichen Ammoniakzusatz können Narkotin, Thebain und der größte Teil des Papaverins niedergeschlagen werden, wohingegen Narcein und der Rest des Papaverins durch dieses Agens nicht zur Abscheidung gebracht werden können.

A. Trennung von Narkotin, Thebain und Papaverin. Das Gemisch dieser drei Alkaloide wird, nachdem es mit Ammoniak abgeschieden, auf Filtern gesammelt, mit starker Kalilauge verrührt und dann mit Wasser versetzt. Narkotin bleibt ungelöst, während Thebain und Papaverin in Lösung gehen. Die beiden letzteren Basen werden dadurch voneinander getrennt, daß man ihre Lösung mit Essigsäure bis zur neutralen Reaktion versetzt und darauf das Papaverin durch basisches Bleiacetat ausfällt, während man in der Mutterlauge, die zuvor durch Schwefelwasserstoff oder Schwefelsäure entbleit wird, das Thebain durch Ammoniak abscheidet.

B. Trennung von Narcein und Papaverin (Mekonin). Diese durch Ammoniak nicht ausfällbaren Pflanzenbasen sind im Filtrat der unter *A* genannten Körper enthalten. Bei der Aufarbeitung der Filtrate kommt es hauptsächlich auf die Gewinnung des Narceins an. Zu diesem Zwecke behandelt man die Lösung zunächst mit Bleiacetat, filtriert, entbleit das Filtrat und versetzt nach abermaliger Filtration mit einem Überschuß von Ammoniak. Dann wird die Flüssigkeit, ohne sie jedoch beträchtlich zu erwärmen, bis zur Bildung einer Oberflächenhaut eingeengt. Überläßt man sie nun der Krystallisation, so scheidet sich das am reichlichsten vorhandene Alkaloid, das Narcein, ziemlich vollständig ab, wohingegen die anderen Basen in Lösung bleiben. Um auch diese noch zu gewinnen, engt man die Mutterlauge noch weiter ein und extrahiert sie dann mit Äther. Schüttelt man die ätherische Lösung mit Wasser, das mit verdünnter Salzsäure angesäuert ist, aus, so wird von der verdünnten Säure nur das Papaverin (nicht aber Mekonin) aufgenommen. Die nach dieser Methode gewonnenen Rohalkaloide bedürfen natürlich noch der weiteren Reinigung, da sie alle mehr oder weniger des einen oder andern Alkaloids beigemengt enthalten. Diese weitere Reinigung wird durch wiederholtes Umkrystallisieren aus geeigneten Lösungsmitteln oder aber dadurch bewirkt, daß man von den betreffenden Basen besonders leicht zu reinigende Salze oder sonstige charakteristische Derivate, aus denen sich die Alkaloide leicht wieder regenerieren lassen, darstellt.

Von den Salzen der Opiumalkaloide sind die des Morphins am wichtigsten. Erwähnt seien das Morphinacetat, Morphinhydrochlorid, Morphinsulfat sowie das weinsaure Morphin. Zu ihrer Darstellung löst man in der betreffenden verdünnten Säure die berechnete Menge Morphin auf, ev. unter schwachem Erwärmen, und überläßt dann die Lösung der Krystallisation oder dampft sie bis zur beginnenden Salzabscheidung ein. Besondere Schwierigkeit bereitet die Gewinnung des reinen Acetats, da es große Neigung zur Bildung übersättigter Lösungen hat und leicht Essigsäure abspaltet, so daß man Gemische von Morphin, Morphinacetat und sogar basisches Morphinacetat erhält. Infolgedessen muß man sich bei seiner Darstellung genau an besondere Vorschriften und Rezepte halten. Nach einem derselben fügt man zu einer heißen Lösung von 10 T. Morphin in 30 T. Wasser 7 T. einer 30%igen Essigsäure, filtriert die Lösung und dunstet sie bei 60° auf etwa 20 T. ab. Nach längerem Stehen und beim Animpfen mit einem Morphinacetatkrystall erhält man hinreichend reines essigsaures Morphin.

5. Solanumbasen (s. auch diese).

Zu den Solanumbasen rechnet man ca. 10 Alkaloide, die in den zu der Familie der Solanaceen gehörigen Pflanzen vorkommen, von denen das Atropin, Hyoscyamin, Scopolamin und das Nicotin die wichtigsten sind. Ferner gehören hierher das Pseudo-Hyoscyamin, Belladonnin, Apoatropin, Solanin und einige andere mehr. Die technische Gewinnung des Atropins, Hyoscyamins, Scopolamins und Nicotins soll im folgenden erörtert werden.

a) Atropin. Dieses Alkaloid findet sich in den Pflanzen als solches höchst wahrscheinlich nur äußerst spärlich, vielmehr bildet es sich erst aus einer reichlicher vorkommenden, aber unter den Bedingungen, unter denen die Alkaloide aus den Pflanzen gewonnen werden, äußerst unbeständigen Base, dem Hyoscyamin. Dargestellt wird Atropin aus Atropa belladonna (Tollkirsche) sowie aus den reifen Samen von Datura stramonium (Stechapfel), die im Handel mit dem Namen Daturin belegt werden. Die Gewinnung des Atropins aus den Pflanzen resp. Pflanzenteilen gestaltet sich verhältnismäßig einfach, wenigstens was die Trennung von den Begleitalkaloiden anbelangt. Einige Schwierigkeiten liegen nur in der Befreiung des Alkaloidgemisches von den beigemengten Harzen, Eiweisstoffen, Fetten etc. Hauptsächlich sind es zwei Verfahren, nach denen man das Atropin gewinnt, ein älteres von Rabourdin und ein neueres, das im wesentlichen von Pesci, Gerrard und Procter ausgebildet wurde.

Nach Rabourdin scheidet man das Atropin aus der frischen Atropa belladonna-Pflanze in folgender Weise ab: die frisch blühenden Pflanzen (zu dieser Zeit ist ihr Alkaloidgehalt am größten) werden gesammelt, in Mühlen zerquetscht und der

Saft durch Pressen oder Zentrifugen abgeschieden. In ihm sind die gesamten Alkaloide enthalten. Der Preßsaft wird zunächst auf ca. 80° erwärmt, wodurch das in ihm enthaltene Eiweiß zur Koagulation und damit in eine Form gebracht wird, in der man es leicht durch Filtration entfernen kann. Nun werden dem Safte die Alkaloide durch Ausschütteln mit Alkali und Chloroform entzogen; durch das Alkali werden die Pflanzenbasen in Freiheit gesetzt und dann vom Chloroform aufgegenommen. Das Extraktionsmittel nimmt dabei gleichzeitig organische Farbstoffe, Fette, Harze etc. mit auf, die ihm nach Möglichkeit durch Ausschütteln mit Wasser wieder genommen werden. Nun destilliert man das Chloroform in Dampfbädern ab und entzieht dem Rückstand, der meist eine grüngefärbte, harzige Masse bildet, die Alkaloide durch stark verdünnte Schwefelsäure. Die saure Lösung, die die Pflanzenbasen als Sulfate enthält, muß, wenn die vorhergegangenen Operationen mit der erforderlichen Sorgfalt ausgeführt worden sind, farblos oder doch nur sehr schwach gefärbt sein. Die Alkaloide, es handelt sich im wesentlichen nur um Atropin, werden durch eine konz. Pottaschelösung wieder abgeschieden, durch Filtration von der Flüssigkeit getrennt und dann in Weingeist gelöst. Beim langsamen Verdunsten des Lösungsmittels krystallisiert das Atropin aus, während die Begleitalkaloide in der Mutterlauge gelöst bleiben.

Als Beispiel für die Ausführung des neueren Verfahrens soll die Atropingewinnung aus Daturin oder aus den getrockneten Wurzeln von Atropa belladonna erwähnt werden. Das fein gepulverte Pflanzenmaterial wird erschöpfend mit 90%igem Spiritus ausgezogen und die weingeistige Lösung mit wenig Kalkmilch versetzt. Nachdem man ca. einen Tag lang hat stehen lassen, wird filtriert und das Filtrat mit Schwefelsäure bis zur schwach sauren Reaktion versetzt. Hat sich das ausgefallene Calciumsulfat abgesetzt, so dekantiert man die klare Flüssigkeit von dem Niederschlag ab und entfernt den Alkohol durch Destillation. Der schwach saure Destillationsrückstand wird nun zwecks Entfernung von Harzen und Fetten mehrfach mit Petroläther ausgeschüttelt und dann mit Pottaschelösung schwach alkalisch gemacht; man darf jedoch Pottasche nur bis zur eben beginnenden Trübung zugeben. Es hat dieser Kaliumcarbonatzusatz den Zweck, die immer noch vorhandenen Verunreinigungen — Harze etc., die sich nach etwa 24stündigem ruhigen Stehen absetzen — völlig zu entfernen. Aus der blank filtrierten Lösung werden nun das Atropin und mit ihm auch die übrigen Alkaloide durch Übersättigen mit konz. Pottaschelösung ausgefällt und in derselben Weise, wie oben angegeben, gereinigt.

Außer dem freien Atropin haben auch mehrere seiner Salze große Bedeutung, so vor allem das Sulfat und das Valerianat, die infolgedessen auch technisch gewonnen werden. Zur Darstellung des ersteren neutralisiert man eine Lösung von 1 T. Schwefelsäure in 10 T. absolutem Alkohol genau mit möglichst reinem Atropin. Die Abscheidung des gebildeten Sulfats wird durch Äther bewirkt, u. zw. verfährt man hierbei, um das Atropinsulfat gleich in genügend reinem Zustande zu erhalten, in der Weise, daß man die mit der freien Base neutralisierte alkoholische Schwefelsäure mit Äther überschichtet. So wie der Äther in die alkoholische Lösung hineindiffundiert, scheidet sich das Atropinsulfat krystallinisch aus. Das Atropinvalerianat wird auf ganz analoge Weise hergestellt, nur bedarf es längerer Zeit, und man muß auf 0° abkühlen, ehe das Salz zur Krystallisation kommt.

b) Hyoscyamin wird aus dem Bilsenkraut in ähnlicher Weise gewonnen wie Atropin aus der Belladonnawurzel. Bei seiner Darstellung muß man jedoch jegliches Erwärmen vermeiden, sobald man das Alkaloid durch Alkalien in Freiheit gesetzt hat, da es unter diesen Bedingungen sehr leicht in Atropin übergeht. Auch muß die Mutterlauge, nachdem man die Base abgeschieden hat, mehrfach mit Chloroform oder Äther ausgeschüttelt werden, um keine zu großen Verluste zu erleiden.

c) Aus den Mutterlaugen der Hyoscyamindarstellung gewinnt man das Scopolamin. Zu diesem Zwecke sättigt man die Laugen mit Brom-, resp. Jodwasserstoffsäure, setzt Alkohol hinzu und läßt längere Zeit stehen. Bald beginnt die Ausscheidung von brom-, bzw. jodwasserstoffsaurem Scopolamin. Man reinigt die Krystalle, nachdem man sie abfiltriert hat, durch Umlösen aus wenig verdünntem Alkohol. Besonders das Scopolaminhydrobromid zeichnet sich durch große Krystallisationsfähigkeit aus.

Um aus dem Bromhydrat die freie Base zu gewinnen, zersetzt man seine wässerige Lösung mit Pottasche und extrahiert das Alkaloid mit Chloroform. Nach dem Abdestillieren des Lösungsmittels hinterbleibt ein zäher Sirup, den man in Äther wieder löst. Beim langsamen Abdunsten des letzteren erhält man das Scopolamin in gut ausgebildeten Krystallen.

d) Nicotin findet sich, an Äpfelsäure gebunden, in mehr oder weniger beträchtlichen Mengen in allen Tabakpflanzen. Von den verschiedenen Methoden zu seiner Darstellung eignet sich für den Großbetrieb besonders die von Laiblin empfohlene. Die zerkleinerten Tabakblätter werden mit Wasser übergossen und etwa einen Tag lang stehen gelassen. Die genügend aufgeweichte Masse wird dann kurze Zeit auf ca. 170° erwärmt. Nach dem Erkalten preßt man die Flüssigkeit von dem Pflanzenmaterial ab und behandelt letzteres noch mehrmals in derselben Weise mit Wasser. Die vereinigten klebrigen Extrakte werden auf ein Drittel ihres Volumens eingedampft, in Destillierblasen gefüllt und mit reichlich Kalkmilch versetzt. Unterwirft man die alkalische Flüssigkeit der Destillation mit gespanntem Wasserdampf, so destilliert Nicotin über. Die Destillation wird unterbrochen, sobald eine Probe des Destillats den charakteristischen Nicotingeruch nicht mehr aufweist. Nun wird das Destillat mit Oxalsäure schwach angesäuert und bis zur beginnenden Krystallisation auf Dampfbädern eingeengt. Beim Erkalten scheidet sich neben anorganischen Salzen oxalsaures Nicotin aus. Die Krystallkrusten werden von der Mutterlauge befreit und dann mit soviel konz. Alkalilauge versetzt, wie der Menge der vorher verwendeten Oxalsäure entspricht. Durch das Alkali wird das Nicotin in Freiheit gesetzt und scheidet sich als auf der Flüssigkeit schwimmendes Öl ab. Es wird abgehoben, und die noch in der wässerigen Flüssigkeit gelöst gebliebenen Anteile werden durch Ausschütteln mit Äther gewonnen. Nach dem Verdampfen des Äthers wird die zurückbleibende Base mit der Hauptmenge vereinigt und dann durch wiederholte Destillation im Wasserstoffstrom gereinigt. Als reines Nicotin gilt die bei 240—242° übergehende Fraktion (s. auch die Tabakextrakte).

6. Strychnosalkaloide (s. auch diese).

Neben den Curarealkaloiden sind es vor allem zwei Pflanzenbasen, die zu dieser Gruppe gehören: das Strychnin und das dieses fast immer begleitende Brucin. Am reichlichsten sind diese beiden letzteren Basen in Strychnos nux vomica (Brechnuß oder Krähenaugen) und in den Samen von Strychnos Ignatii (Ignatiusbohnen) enthalten. Diese beiden letzteren Pflanzen sind es auch vor allem, aus denen technisch sowohl das Strychnin als auch das Brucin gewonnen wird; vielleicht kommen noch einige ostindische und afrikanische Strychnosarten in Betracht.

Um Strychnin und Brucin aus den Brechnüssen zu gewinnen, werden diese zunächst aufgeweicht, indem man sie mit siedendem Wasser behandelt. Dann werden sie durch Walzwerke zerquetscht. Die erhaltene breiige Masse kocht man mehrfach mit wässerigem Weingeist aus. Aus dem gewonnenen Extrakt wird, nachdem man es durch Filtrieren geklärt hat, der größte Teil des Alkohols durch Destillation wieder entfernt. Durch Zusatz einer Bleizuckerlösung erreicht man, daß ein großer Teil der von dem Alkohol mitextrahierten Verunreinigungen ausgefällt und abfiltriert werden kann. Das Filtrat wird durch Schwefelwasserstoff wieder entbleit und dann stark eingeengt. Nunmehr können Strychnin und Brucin durch Laugen, Kalkmilch oder Magnesia ausgefällt werden. Das Basengemisch — dessen völlige Abscheidung erst nach mehrtägigem Stehen erfolgt und durch zeitweises Rühren beschleunigt werden muß — wird in Beuteln gesammelt oder durch Zentrifugieren von der Mutterlauge befreit. Durch Kochen mit reichlich Alkohol werden die Alkaloide wieder in Lösung gebracht, die Lösung wird von den sich nicht auflösenden Verunreinigungen getrennt und dann das Lösungsmittel zum größten Teile wieder abdestilliert. Das besonders in kaltem Alkohol recht schwer lösliche Strychnin scheidet sich beim Erkalten krystallinisch aus und wird durch mehrmaliges Umkrystallisieren aus Sprit unter Zusatz von Tierkohle in völliger Reinheit erhalten.

Zur Brucingewinnung dienen die genannten Strychninmutterlaugen, die man alle vereinigt und durch Destillation vom größten Teil des Alkohols befreit. Durch Neutralisation mit Oxalsäure fällt man die Oxalate der noch vorhandenen Basen aus, sammelt und trocknet sie. Da das Oxalat des Brucins in kaltem hochprozentigen Alkohol nur äußerst schwer löslich ist, so erschöpft man die Oxalsäurefällung in der Kälte mit starkem Weingeist. Das ungelöst bleibende oxalsaure Brucin wird dann in siedendem Wasser gelöst und die Base durch Alkalizusatz — man verwendet auch vielfach gebrannte Magnesia — zur Abscheidung gebracht. Man filtriert den Niederschlag ab und krystallisiert das Brucin aus verdünntem Alkohol um.

Wirtschaftliches. Über den bedeutenden Handelsverkehr mit Alkaloiden gibt die Statistik nur einen höchst unvollkommenen Anhalt, weil, abgesehen von den Verbindungen des Chinins, die so verschiedenwertigen Salze der einzelnen Alkaloide in Deutschland und in anderen Ländern summarisch in einer Position zusammen aufgeführt werden, deren Wertzahlen natürlich sehr unsicher erscheinen. Nur die eine Tatsache geht aus den statistischen Angaben hervor, daß Deutschland mehr hochwertige Produkte ein- als ausführt.

Ein- und Ausfuhr von Alkaloiden, alkaloidischen und sonstigen Verbindungen (Nr. 380b des deutschen Zolltarifs von 1907—1912).

Jahr	Einfuhr		Ausfuhr	
	Menge	Wert	Menge	Wert
	dz	1000 M.	dz	1000 M.
1907	345,74	6646	486,52	9045
1908	314,68	5563	688,56	13083
1909	328,36	5521	616,56	11709
1910	374,84	5818	807,54	12113
1911	383,53	9689	1117,17	4073
1912	450,03	11369	823,57	5075

Die starke Verminderung des Wertes in der deutschen Ausfuhr rührt von einer genaueren Erfassung der Mengen und Werte der einzelnen Alkaloide her. In Wahrheit ist der deutsche Export nicht zurückgegangen.

Die Einfuhr lieferten im Jahre 1912 im wesentlichen England (115,15 *dz*) und die Schweiz (232,56 *dz*), während die Ausfuhr zur Hälfte nach den Vereinigten Staaten (401,10 *dz*) sowie nach England (113,29), Rußland (71,31 *dz*) und Frankreich (64,82 *dz*) ging. *Siedler.*

Alkanna s. Farbstoffe, pflanzliche.

Alkasal, Alkasol, Aluminium-Kaliumsalicylat, angeblich ein nach *D. R. P.* 78903 durch Einwirkung von Kaliumacetat auf Aluminiumsalicylat in der Wärme gewonnenes Doppelsalz aus Aluminiumsalicylat und Kaliumsalicylat. Veraltet; ebenso

Alkasal „Athenstädt", Aluminium-Kaliumacetat, $Al(OH)_2 \cdot (CH_3COO)_3K$; soll nach *D. R. P.* 94851 entstehen, wenn man eine 25%ige Lösung von $^2/_3$-Aluminiumacetat mit Alkaliacetaten zusammenbringt. *Zernik.*

Alkohole nennt man die organischen Verbindungen, welche sich von Kohlenwasserstoffen durch Ersatz eines Wasserstoffatoms durch die Gruppe $-OH$ ableiten. Befinden sich außerdem noch mindestens 2 freie Wasserstoffatome am selben Kohlenstoff, so heißt der Alkohol primär, bei Gegenwart von nur einem Wasserstoffatom sekundär und, wenn überhaupt kein freier Wasserstoff mehr am selben Kohlenstoffatom haftet, tertiär:

$$R-CH_2 \cdot OH \text{ primäre,} \quad {R \atop R_1}{>}CH \cdot OH \text{ sekundäre,} \quad {R \atop {R_1 \atop R_2}}{>}C \cdot OH \text{ tertiäre Alkohole.}$$

Es existieren auch mehrwertige Alkohole, d. h. solche, die die OH-Gruppe zweimal oder öfter im Molekül enthalten. Bedingung ist dabei, daß auf jedes Kohlenstoffatom nur eine OH-Gruppe kommt. Zu den mehrwertigen Alkoholen gehört von technisch wichtigen Verbindungen vor allem das Glycerin, sodann leiten sich die Zuckerarten von ihnen ab. Von den einwertigen Alkoholen sind besonders die Derivate bis zur fünften Kohlenstoffreihe wichtig; sie entstehen bei Gärungsprozessen und finden eine große industrielle Anwendung.

Von allgemeinen rein chemischen Bildungs- und Darstellungsweisen seien die folgenden genannt: Erwärmen von Halogenverbindungen mit Wasser auf 100°:

$$C_2H_5J + H \cdot OH = C_2H_5 \cdot OH + HJ;$$

verseifen von Estern durch Kochen mit Alkalien oder Säuren; aus ungesättigten Kohlenwasserstoffen durch Anlagerung von Halogenwasserstoff und nachfolgenden Ersatz des Halogens gegen Hydroxyl; aus primären Aminen durch salpetrige Säure; aus Aldehyden, Ketonen oder Säurederivaten mittels magnesiumorganischer Verbindungen oder durch Reduktion.

Die Nomenklatur der Alkohole wird meist von dem zugrunde liegenden Kohlenwasserstoffradikal abgeleitet, z. B. $C_2H_5 \cdot OH$ Äthylalkohol; nach der Genfer Nomenklatur hat man zur Kennzeichnung von Alkoholen die Endung -ol anzuhängen, demnach ist Äthanol für das eben angeführte Beispiel zu sagen; eine dritte Nomenklatur geht auf den Methylalkohol zurück, der auch Carbinol genannt wird, von dem sich alle anderen Alkohole ableiten lassen, z. B. $(CH_3)_3C \cdot OH$ Trimethylcarbinol.

Die Alkohole dienen teils als Lösungsmittel, teils zur Darstellung von Äthern und Estern, sie spielen ferner im Branntweingewerbe und in der Parfümerie eine wichtige Rolle. Durch Oxydationen entstehen aus ihnen Aldehyde, Ketone oder Säuren; s. auch im besonderen die Artikel Amylalkohol, Äthylalkohol, Gährung, Holzdestillation, bei denen auch das historische Material behandelt wird. *F. Sachs.*

Alkoholfreie Blütenöle s. Riechstoffe.

Alkoholfreie Getränke sind Erzeugnisse verschiedener Art, die Wein, Bier und Branntwein ersetzen und zu dauerndem Genuß einladen sollen. In allen Zeiten sind, soweit die Geschichtsforschung zurückreicht, alkoholhaltige und alkoholfreie Getränke verwendet worden; indessen hat sich der Gebrauch von flüssigen Genußmitteln, bei denen der Schwerpunkt auf dem Freisein von Alkohol liegt, erst in neuerer Zeit mehr und mehr eingebürgert, nachdem die Erkenntnis von der Gesundheitsschädlichkeit des Alkohols in weiten Kreisen der Bevölkerung der Kulturländer Platz gegriffen hat.

Wenn man den Durchschnittsgehalt des Bieres an reinem Alkohol zu 4%, des Weines zu 10%, des Branntweins zu 30% annimmt, so werden nach BEYTHIEN in Deutschland jährlich ungefähr 460, in Frankreich 600, in Rußland 800 Millionen Liter absoluten Alkohols genossen. Betrachtet man es als eine Aufgabe der „alkoholfreien Industrie", diese Alkoholmengen auch nur zum Teil durch alkoholfreie Genußmittel zu verdrängen, so ist hieraus die große volkswirtschaftliche und volkswohlfahrtliche Bedeutung der genannten Präparate ersichtlich.

Zum Ersatz der alkoholischen Getränke dienen natürliche und künstliche Mineralwässer (s. Mineralwasser), ferner Fruchtsaftlimonaden, alkoholfreie Trauben- und Obstmoste, die auch wohl „alkoholfreie Weine" genannt werden, dann alkoholfreies Bier, brausende Milchgetränke und die sog. „Brauselimonaden".

Die ***Fruchtsäfte*** sind wegen ihres Gehalts an Fruchtsäuren, aromatischen Substanzen und Zucker geeignet, die alkoholhaltigen Genußmittel hinsichtlich des Geschmacks und Geruchs aufs beste zu ersetzen. Sie enthalten ferner verdauungsanregende, natürliche Enzyme und physiologisch wichtige Salze und sind aus allen diesen Gründen als diätetische Präparate von großer Bedeutung. Die Darstellung geschieht entweder durch Gärung und nachheriges Verkochen des ausgegorenen Saftes mit Zucker oder durch Zuckern des ungegorenen Saftes. Bei der Gärung kann man ebenfalls auf verschiedene Weise verfahren, nämlich, indem man entweder die zerkleinerten Früchte oder den frisch ausgepreßten Saft vergären läßt. Im letztgenannten Falle empfiehlt sich der Zusatz gewisser Hefen. Ein Zusatz von Zucker vor der Gärung vermehrt den Gärungsalkohol und damit die Abscheidung der trübenden Substanzen. Der vergorene Saft besitzt in jedem Falle einen gewissen Alkoholgehalt, der auch durch Kochen nicht ganz zu entfernen ist. So enthält Himbeersaft $^1/_3$ – $^2/_3$% Alkohol, Citronensaft 1–2%. Da die Haltbarkeit der Fruchtsäfte eine nur begrenzte ist, wird vielfach der gegorene, ungezuckerte Saft, der sogenannte „*succus*", mit ungefähr 10% Alkokol versetzt und auf diese Weise konserviert. Beim Verkochen solchen Saftes mit Zucker gewinnt man einen noch bis 4% Alkohol enthaltenden Saft, der mithin auch beim Verdünnen mit Wasser ein alkoholfreies Getränk nicht ergibt.

Zur Herstellung kohlensäurehaltiger Getränke auf Flaschen sind die natürlichen Fruchtsäfte wegen früher oder später eintretender Trübungen durch ausfallende Schleim- und Eiweißstoffe wie wegen ihrer mangelhaften Färbung nicht geeignet, weshalb die Fabrikanten zu diesem Zwecke auf künstliche Säfte angewiesen sind, wenn sie nicht in der Lage sind, ihre Vorräte nach dem Bedarf derartig zu regulieren, daß die Limonaden nicht älter als einige Tage in den Verkehr kommen.

Um die Einführung der ***alkoholfreien Moste*** hat sich besonders H. MÜLLER-THURGAU an der deutsch-schweizerischen Versuchsstation für Obst-, Wein- und Gartenbau in Wädersweil verdient gemacht. Die Herstellung beruht auf vollkommener

Sterilisation der unvergorenen Preßsäfte und nachheriger aseptischer Behandlung der Getränke. Die Säfte werden, wie sie von der Kelter kommen, nach Regulierung des Zucker- und Säuregehaltes und vielfach unter Zusatz einer mit Wasser bereiteten „Nachpresse“ in geeignete Gefäße gefüllt, ohne jeden Zusatz antiseptischer Mittel bei 60–65° sterilisiert, dann filtriert, in die zum Versand kommenden Flaschen gefüllt und unter keimdichtem Verschluß nochmals auf 60° erhitzt. Der aus der Flasche hervorragende Teil des Korks wird dann abgeschnitten und die Schnittfläche in geschmolzenes Paraffin getaucht. Auch Flaschen mit Patentverschluß sind verwendbar. Das Verfahren eignet sich sowohl zur Herstellung haltbarer, ungegorener alkoholfreier Säfte aus Weintrauben wie aus Äpfeln, Birnen, Kirschen und Beerenobst. Es besitzt gegenüber den Gärungsverfahren den Vorteil, daß der natürliche Fruchtgeschmack dabei durchaus erhalten bleibt, während er durch Gärung stark verändert wird.

Der alkoholfreie Traubensaft läßt sich durch Imprägnieren mit Kohlensäure zu einem champagnerähnlichen Getränk verarbeiten, welches aber nicht ganz mit Recht mit Namen wie „alkoholfreier Champagner“ bezeichnet wird, da wir unter Champagner ein ausgegorenes Getränk verstehen. Unter den aus natürlichen Fruchtsäften bereiteten alkoholfreien Getränken nehmen die „Frada“-Präparate einen hervorragenden Platz ein; von besonderem Wohlgeschmack ist die Johannisbeerfrada.

Zur Herstellung alkoholfreier Fruchtgetränke im Kleinbetrieb zerstampft man nach G. Schneider die Beeren oder zerkleinert sie auf der Beerenmühle, preßt sie ab und filtriert den Saft. Drängt die Zeit oder ist längeres Warten nicht möglich, weil die Maische leicht in Gärung geraten könnte, so gibt man etwas Wasser dazu und bringt sie kurz zum einmaligen Aufkochen, um sie sofort heiß zu filtrieren. Der erhaltene Saft wird bis zu 10% mit Zuckersirup versüßt und in Fläschchen gefüllt, die man bei 60° sterilisiert. Es dürfen nur völlig reife, von Stielen befreite Früchte zur Verwendung kommen. Bei Steinobst werden die Kerne mit vermahlen. Wo das Filtrieren der Maische zu lange dauert, wird diese abgepreßt und der gewonnene Saft erst auf Spitzbeutel, dann auf Filter gebracht. – Eine andere Methode zur Gewinnung alkoholfreier Säfte aus Weintrauben und anderen Früchten besteht endlich darin, daß man die Früchte der Gärung unterwirft und den entstandenen Alkohol abdestilliert. Derartige Getränke scheinen indessen eine weite Verbreitung nicht gefunden zu haben.

Eine große Rolle spielt in der Industrie der alkoholfreien Getränke der natürliche Apfelsaft. Man stellt ihn nach *Ph. Z.* 55, 917 [1910] zweckmäßig auf folgende Weise dar: der abgepreßte Saft wird auf die Hälfte eingedampft, dann über Filtrierpapier und Talkum filtriert, bis zum dünnen Extrakt eingedampft, auf Flaschen von 0,5–1 *kg* Inhalt gefüllt und sterilisiert. Es empfiehlt sich, einen geringen Zusatz von Citronensäure zu machen, besonders wenn der Saft sehr süß ist. Soll er sich mit Wasser klar mischen, so müssen nach dem Eindampfen auf die Hälfte die Pektinstoffe durch Gelatine entfernt werden. Die hierzu nötige Gelatinemenge ist durch Versuche festzustellen. Ein Überschuß ist zu vermeiden (Probe mit frisch bereiteter Tanninlösung zum Filtrat; es darf höchstens eine ganz geringe Trübung entstehen). – Vielfach wird zur Herstellung alkoholfreier Getränke aus Äpfeln auch amerikanisches Dörrobst verwendet, in welchem Falle oft Zucker und Säure zugesetzt werden. Daß wässerige Auszüge ausgetrockneter Äpfelschnitzel noch Anspruch auf den Namen „Apfelsaft“ erheben können, erscheint zweifelhaft. Alkoholfreie Getränke aus frischen, bzw. getrockneten Äpfeln sind: Agano, Pomril, Apfelnektar, Frutil, Apfelin, Apfelblümchen, alkoholfreier Gravensteiner, Donaths Naturmots aus Äpfeln und viele andere. Aus Weinbeeren werden hergestellt: Wormser Weinmost, alkoholfreier Burgunder, Amplosia u. a. m.

Von Analysen alkoholfreier Weine seien folgende nach NIEDERSTADT wiedergegeben.

	Wormser Weißwein	Rotwein
Spez. Gew. bei 15°	1,0733	1,0591
Extrakt	18,91 g	15,17 g
Säure (als Weinsäure berechnet)	0,92 „	0,97 „
Invertzucker	16,01 „	13,18 „
Eiweißsubstanz . .	0,604 „	0,420
Mineralbestandteile	0,340 „	0,322 „
Phosphorsäure	0,0295 „	0,0317 „

Die Analysen zweier Typen von Apfelgetränken sind folgende:

Pomril: Extrakt 8,92 *g*, Zucker (natürlich) 5,95 *g*, zuckerfreies Extrakt 3,06, Säure (als Apfelsäure berechnet) 0,442, stickstoffhaltige Substanz 0,056, mineralische Bestandteile 0,298, Kohlensäure 0,398 *g*.

Apfelnektar: Extrakt in 1 *l* 120 – 140 *g*, Gesamtzucker 100 – 120 *g* (darunter 27 – 30 *g* Rohrzucker und 70 – 90 *g* Traubenzucker), Pflanzeneiweiß 24 – 32 *g*, Säure (Äpfelsäure) 6 – 8 *g*, Phosphorsäure 0,18 *g*, Schwefelsäure 0,08 *g*, Kali 1,73 *g*, Kalk 1,14 *g*, Magnesia 0,125 *g*, Kieselsäure 0,036 *g*, Eisenoxyd 0,040 *g*.

Mit Hilfe von Paraguaytee (Mate, Ilex paraguariensis) werden alkoholfreie Getränke wie Hactormin, Yermeth und Sekt-Bronte hergestellt. Yermeth ist nach *Ph. Zentralh.* „reich an Stoffen, die den Wert der Mate bedingen (Coffein, Kaffeegerbsäure und Pflanzeneiweiß) und enthält etwas citronensaures Natrium und Natriumbicarbonat“. Sekt-Bronte schmeckt, wie Verfasser dieser Zeilen fand, angenehm nach Apfelsaft.

Der natürliche Citronensaft eignet sich zur Herstellung alkoholfreier Getränke weniger gut als der aus Citronensäure und Citronen hergestellte. Naturreiner Citronensaft (Succus Citri) wird nach *Ph. Z.* **49**, 697 [1904] durch geeignete Pressung völlig ausgereifter Früchte dargestellt. Dieser Saft wird dann in Deutschland mit Hilfe besonderen Verfahrens von den Schleimteilchen und allen anderen, die Gärung befördernden Stoffen befreit, wiederholt einem umständlichen Klärungsprozeß unterworfen und ohne Anwendung unerlaubter Zusätze konserviert. — Neuerdings kommt auch Citronenmost in den Handel, natürlich in sterilisiertem Zustande.

Alkoholfreie Getränke aus Malz. Zur Herstellung alkoholfreien Bieres, besser gesagt: kohlensauren Malzextrakts, versetzt man eine Lösung von Malzextrakt mit etwas Hopfenextrakt, imprägniert die Flüssigkeit mit Kohlensäure, füllt sie auf Flaschen und pasteurisiert. Ein anderes Verfahren besteht darin, daß man auf gewöhnliche Art dargestelltes Bier in der Weise vom Alkohol befreit, daß man die aromatischen Bestandteile, welche weniger flüchtig sind als Alkohol, wieder in die Blase zurücklaufen läßt, so daß diese Bestandteile also dem Präparat, welches später mit Kohlensäure imprägniert wird, erhalten bleiben. Außerdem existieren noch mehrere patentierte Verfahren, deren eines auf Klärung der Würze durch Zentrifugieren und Zerstäuben mit Kohlensäure beruht. — Ohnegor ist ein kohlensaurer, zuckerhaltiger Malzauszug. Das als „alkoholfreies Bier“ oder „flüssiges Brot“ bezeichnete Getränk „Methon“ ist nach MECKE eine parfümierte, mit Schaumessenz versetzte Zuckercouleur oder eine mit Kohlensäure versetzte Invertzuckerlösung. Weitere, als Bierersatz angekündigte Getränke sind Pamako dunkeles, Ginger Ale, eine mit Hilfe von Honig, Citronensäure und Zucker hergestellte Brauselimonade, Goldblondchen und Champagnerweiße, ebenfalls malzfreie Brauselimonaden.

Kohlensaure, alkoholfreie Getränke aus Milch werden hergestellt, indem man Magermilch aufkocht, mit Kandiszucker und Essenzen aus Früchten sowie mit Kochsalz und Natriumbicarbonat versetzt, in Mineralwasserapparaten mit Kohlensäure imprägniert, auf Flaschen mit Patentverschluß füllt und in einem Apparat sterilisiert, in welchem auf die Flaschen von außen derselbe Druck ausgeübt wird wie von innen entsteht, um so einem Platzen der Flaschen vorzubeugen. Die so hergestellte Champagnermilch bildet ein wertvolles diätetisches Getränk. (Das mit Hilfe eines Gärungsprozesses hergestellte Milchpräparat Kefir enthält bis 8% Alkohol.) Neuerdings wird auch Molkenlimonade hergestellt, die eine angenehm säuerlich schmeckende, wenig Kohlensäure enthaltende Flüssigkeit darstellt. Unter dem Namen Nalkol wird eine Limonade aus Milchsäure mit Fruchtaroma empfohlen.

Brauselimonaden. Die Industrie der Brauselimonaden hat sich im letzten Jahrzehnte zu einer sehr bedeutenden ausgestaltet. Während man in der ersten Zeit der Brauselimonadenfabrikation noch vielfach die natürlichen Fruchtsäfte als Grundlage bevorzugte, ist man später der mangelhaften Haltbarkeit dieser Säfte in kohlensaurem Wasser wegen wieder mehr und mehr davon abgekommen, so daß von den natürlichen Bestandteilen der Brauselimonaden nur noch die aus Früchten hergestellten Essenzen, bzw. von Terpenen befreiten ätherischen Öle als Träger der Fruchtaromata übrig geblieben sind. Vielfach wird aber auch auf diese Essenzen, bzw. Öle, verzichtet, so daß sich die Brauselimonaden jetzt meist als zucker- und säurehaltige, mit natürlichen oder künstlichen aromatischen Stoffen, Farbstoff und vielfach auch mit Schaumerzeugungsmitteln zubereitete Getränke darstellen. Als Ersatz des Rohrzuckers dient vielfach Stärkezucker, als Säure wird Citronensäure und Weinsäure verwendet; unter den synthetischen aromatisierenden Stoffen ragen Aldehyd, Essigsäuremethyl-, -äthyl-, -amylester, Buttersäuremethylester, Benzoesäuremethylester u. a. hervor.

Die Zuckerlösung bildet den sog. „Grundsirup". Von Farbstoffen werden vorzugsweise die in der Nahrungsmittelindustrie gestatteten Azofarbstoffe verwendet. Nach Lohmann besteht ein Brauselimonadensirup aus ungefähr 10 *kg* Grundsirup, 50—100 *ccm* Fruchtessenz, 15—50 *ccm* Farblösung, 100—200 *ccm* Säurelösung und 10 *ccm* Schaumerzeugungsmittel. Die Vorschriften zur Herstellung der Limonaden sind je nach dem gewünschten Geschmack sehr verschieden. Von den Essenzfabriken werden für jede Art Brauselimonade die Vorschriften mitgeliefert, auch ist von diesen Fabriken meist der fertige Sirup zu beziehen. Auf eine Flasche von $^2/_3$ *l* kommen in der Regel 40 *g* Sirup, der mit Hilfe einer Saftpumpe in die Flasche gepumpt wird, worauf man diese mit Wasser füllt, das bei 2—3 *Atm.* mit Kohlensäure gesättigt ist.

Vielfach hat sich der Gebrauch herausgebildet, unter geschütztem Namen eingeführte Brauselimonaden in der Weise zu verbreiten, daß die Fabrik gleichzeitig mit dem Sirup eine entsprechende Anzahl Flaschenetiketten für die fertige Limonade mitliefert.

Der diätetische Wert der nicht aus natürlichem Fruchtsaft hergestellten Brauselimonaden ist natürlich ein sehr geringer, infolge des Gehaltes an synthetischen Estern oft sogar ein recht problematischer, indessen füllen auch diese Getränke in der Bewegung gegen den Alkoholgenuß eine wichtige Lücke aus und sind daher in volkswirtschaftlicher Beziehung zu großer Bedeutung gelangt. Unter allen Umständen muß von ihnen absolute Reinheit der Bestandteile, völlige Unschädlichkeit und eine einwandfreie Deklaration verlangt werden, so daß über die Beschaffenheit des Getränks falsche Vorstellungen nicht erweckt werden können. Bezeichnungen wie „Himbeerlimonade" sind nur zulässig für Limonade aus natürlichem Himbeersaft, jede andere Darstellungsart ist auf der Signatur der Flasche genau zu kennzeichnen.

Noch nicht erledigt ist die Frage über die Zulässigkeit von Schaumerzeugungsmitteln. Während Brauselimonaden aus natürlichen Fruchtsäften solcher Zusätze nicht bedürfen, ist die Erzeugung eines künstlichen Schaumes bei den synthetischen Brauselimonaden häufig erwünscht. Man verwendet zu diesem Zwecke entweder Glycyrrhizin oder Saponin. Das Glycyrrhizin ist seines widerwärtig süßen Geschmaks wegen nicht beliebt, auch besitzt es den Nachteil, daß es durch saure Fruchtsaftlösungen ausgeschieden wird. Von Saponinen wird fast ausschließlich das der Quillajarinde verwendet, welches jetzt in mehr oder minder sapotoxinfreiem, also ungiftigem Zustande geliefert wird. Während sich viele Behörden (auch das Kaiserliche Gesundheitsamt) der Zulässigkeit von Saponin gegenüber im allgemeinen ablehnend verhalten, wird von manchen medizinischen Sachverständigen ein Gehalt der Brauselimonaden an minimalen Mengen Saponin, wie solche zur Schaumerzeugung nötig sind, für unbedenklich erklärt, allerdings unter der Voraussetzung, daß ausschließlich ungiftiges Saponin verwendet wird. Als solches wird von KOBERT das neutrale Guajacrindensaponin bezeichnet. Saponinhaltige Schaummittel kommen unter Namen wie Spumalin u. s. w. in den Handel.

Die Brauselimonaden werden meist mit Phantasienamen wie Alfrutta, Goldmädel, Herzlabe, Spreenixe, Komoll, Ostseegold, Blitzmädel, Perle der Zukunft, Clariß, Medinaperle, Bilzbrause u. s. w. bezeichnet. Viele dieser Namen sind geschützt, andere nicht. Manche Brauselimonaden werden als „aus Naturprodukten hergestellt" empfohlen, aber ohne Angabe welcher Naturprodukte. Da Weinsäure, Citronensäure, Fruchtessenzen, Zucker und Kohlensäure in letzter Linie ebenfalls Naturprodukte sind, so sind derartige Bezeichnungen als sophistische zu verwerfen. Wegen der enormen Anzahl verschiedener Brauselimonaden im Handel kann auf einzelne nicht eingegangen werden.

Statistisches. Der Umsatz an alkoholfreien Getränken in Deutschland betrug nach der *Brennereizeitung* vom 5. April 1908/09: 28 Millionen Literflaschen und 400 Millionen Halbliterflaschen, die in etwa 6000 Betrieben hergestellt wurden. Seitdem soll sich die Anzahl der Betriebe und damit die Produktion ungefähr verdoppelt haben.

Literatur: A. BEYTHIEN, Über alkoholfreie Getränke. Abhandl. d. naturwissensch. Ges. 1818 in Dresden, 1906, Heft II. – H. MÜLLER-THURGAU, Die Herstellung unvergorener und alkoholfreier Obst- und Traubenweine. Frauenfeld 1898, J. Huber. – E. LUHMANN, Die Mineralwasserfabrikation. Halle 1904, L. Hofstetter. – G. HELL, Die pharmazeutische Nebenindustrie, Berlin 1910, Urban & Schwarzenberg. – EVERS, Der praktische Mineralwasserfabrikant. Düsseldorf 1905. – M. WENDER, Prakt. Anleitung zur Fabrikation kohlensäurehaltiger Erfrischungs- und Luxusgetränke. Berlin 1898, M. Brandt. – NIEDERSTADT, Analysen alkoholfreier Getränke. *Ph. Ztg.* 1903, Nr. 88, 895. – G. SCHNEIDER, Darstellung alkoholfreier Getränke im Nebenbetrieb. *Ph. Ztg.* 1904, Nr. 75, 792. – OTTO & TOLMACZ, Zusammensetzung alkoholfreier Getränke. *Z. Unters. N. G.* 1905, Nr. 5. – O. MEZGER, Alkoholfreie Getränke. *Z. Unters. N. G.* 1908, Nr. 1. – E. LUHMANN, Fabrikation alkoholfreier Getränke. M. Jaenecke, Leipzig 1913. *Siedler.*

Alkylamine. Die aliphatischen Amine wurden 1848 von WURTZ entdeckt (*A.* **71**, 330 [1849]; **76**, 317 [1850]). A. W. HOFMANN hat ihre wichtigsten Bildungsweisen, welche die Kenntnis des sekundären, tertiären und quaternären Basen erschloß, kennen gelehrt (*A.* **73**, 91 [1850]; **74**, 159 [1850]; **78**, 253 [1851]; **79**, 16 [1851]).

Technische Bedeutung haben nur ***Methyl-*** und ***Äthylamin, Dimethyl-*** und ***Diäthylamin.*** Durch Einwirkung von Alkylhaloiden auf Ammoniak erhält man ein Gemisch von Aminen. Reine primäre Amine entstehen aus Alkylnaphthylaminen durch Erhitzen mit Natronlauge; reine sekundäre Basen aus Nitrosodialkylanilinen bei der gleichen Behandlung.

Methyl- und Äthylamine werden in manchen Fabriken (z. B. bei C. A. F. KAHLBAUM, Berlin) ausschließlich aus Alkylhaloiden und Ammoniak gewonnen. Die Trennung der Chlorhydrate vom Salmiak geschieht durch Umkrystallisieren aus Alkohol, nachdem man die Hauptmenge des anorganischen Salzes von den mit wenig Wasser gelösten organischen Salzen abgesaugt hat. Das sekundäre Amin wird mittels seiner Nitrosoverbindung isoliert und mit konz. Salzsäure in die Base zurückverwandelt. Das Verfahren ist sehr vorteilhaft, wenn man große Mengen Basen zur Verfügung hat.

Die Darstellung der Äthylamine wird in Autoklaven von ca. 150 *l* Inhalt vorgenommen, die im Wasserbade erwärmt werden (A. WOLFRUM, Chemisches Praktikum. 1903, II, 133, 253, 514).

150 T. Alkohol werden unter Kühlung mit Ammoniakgas gesättigt. Die Lösung wird eingefüllt, mit 50 T. Äthylchlorid und noch so viel flüssigem Ammoniak versetzt, daß dessen Gesamtmenge 90 T. beträgt. Man erwärmt auf 55°. Sobald die Hauptreaktion vorüber ist, steigert man die Temperatur des Wasserbades langsam zum Sieden, das man 4—5 Stunden unterhält. Nach dem Erkalten wird das überschüssige Ammoniak abgeblasen, um für eine folgende Äthylierung Verwendung zu finden. Der Autoklaveninhalt wird mit Schwefelsäure oder Salzsäure neutralisiert. Die Salze werden, ev. nach genügendem Eindampfen, abgesaugt, getrocknet und mit Alkohol extrahiert. Die filtrierte Lösung wird eingedampft. Aus dem Rückstand werden die organischen Basen durch Alkali freigemacht und durch Kolonnenapparate, deren Kolonne 3—4 *m* hoch ist, getrennt; Äthylamin wird als 15—20%ige Lösung aufbewahrt. Diäthylamin ist das Hauptprodukt der Reaktion.

A. BAEYER und H. CARO (*B.* **1**, 963 [1874]) haben zuerst die Zersetzung der p-Nitrosodialkylaniline durch Natronlauge beobachtet, die jetzt allgemein zur Herstellung von Dimethyl- und Diäthylamin dient (cf. ferner A. KOPP, *B.* **8**, 622 [1875]; J. F. NORRIS und E. H. LANOS, *Am.* **20**, 54 [1898]; J. F. NORRIS und A. F. KIMBERLY, *Am.* **20**, 61 [1898]; N. MENTSCHUTKIN, *J. d. russ. phys.-chem. Ges.* **30**, 243; *Ch. Ztrlbl.* **1898**, II, 478 [1898]).

Eine Lösung von 90 T. Ätznatron in 2000 T. Wasser wird in einem sehr geräumigen Gefäß zum Kochen gebracht. Man läßt eine Paste von 100 T. Nitrosodimethylanilinchlorhydrat in dem Maße, wie die Zersetzung erfolgt, zufließen und fängt die überdestillierende Base in Salzsäure auf. Man erhitzt so lange, bis die Farbe der Flüssigkeit rotgelb geworden ist. Die Operation ist in jedem Maßstabe ausführbar. Die Ausbeute an Dimethylaminchlorhydrat ist fast quantitativ. Als Nebenprodukt ist p-Nitrosophenol entstanden, das auf p-Aminophenol verarbeitet wird.

Völlig analog verläuft die Gewinnung von Diäthylamin. Man läßt eine aus 50 T. Diäthylanilin in bekannter Weise erhaltene Lösung von salzsaurem Nitrosodiäthylanilin in eine kochende Lösung von 85 T. Natron in 2000 T. Wasser einlaufen und verfährt weiter wie oben.

Behandelt man Toluolsulfonamid mit Alkylierungsmitteln bei Gegenwart von Natronlauge, so entstehen Dialkyltoluolsulfonamide. Durch Erhitzen mit Chlorsulfonsäure werden sie in Toluolsulfochlorid, das wieder zum Acylieren von Ammoniak benutzt wird, und Dialkylaminsulfosäure $(Alk)_2N-SO_3H$ übergeführt. Aus letzterer Verbindung wird die sekundäre Base durch Kochen mit Alkalilauge frei gemacht (W. MARCKWALD und v. DROSTE-HÜLSHOFF, *D. R. P.* 105870).

Außer nach diesen allgemeinen Verfahren kann man Methylamin auch mittels einer eigenartigen Reaktion sehr vorteilhaft darstellen, die J. PLÖCHL (*B.* **21**, 2117 [1888]) entdeckt hat. Läßt man Formaldehyd auf Salmiak einwirken, so werden seine Wasserstoffatome sukzessive durch Methylgruppen ersetzt, indem Kohlensäure frei wird: $2NH_3 + 3CH_2O = 2CH_3-NH_2 + CO_2 + H_2O$ etc. (A. BROCHET und R. CAMBIER, *C. r.* **120**, 357 [1895]; *F. P.* 242865 [1894]; *Bl.* [3] **13**, 533 [1895]).

10 *kg* Formaldehyd (40%) und 5 *kg* Salmiak werden langsam auf 40° erwärmt. Sobald eine lebhafte Reaktion eintritt, stellt man die Wärmequelle ab. Es destilliert reichlich Methylal über. Man erhitzt etwa 8 Stunden, steigert dann die Temperatur langsam auf 95° und erhält hierbei 10 bis 20 Stunden. Dann dampft man auf 7 *l* ein und saugt den Salmiak ab. Das Filtrat liefert bei weiterer Konzentration 7,3 *kg* rohes Methylaminchlorhydrat. Die Mutterlaugen werden zweckmäßig auf Trimethylamin verarbeitet.

Trimethylamin (W. ESCHWEILER, *B.* **38**, 880 [1905]; A. KOEPPEN, *B.* **38**, 882 [1905]). 50 T. Salmiak werden mit 440 T. Formalin im Autoklaven auf 110° (Ölbadtemperatur) erhitzt. Nach einiger Zeit tritt eine sehr heftige Reaktion ein, während deren der Druck von 4—5 auf 35—40 *Atm.* steigt. Sobald er konstant geworden ist, hört man mit dem Heizen auf, läßt nach völligem Abkühlen die Kohlensäure entweichen, dampft den Autoklaveninhalt mit Salzsäure ein und gewinnt aus dem Rückstand das Trimethylamin durch Erhitzen mit Ätznatron.

Über die Herstellung von Methylamin aus Cyanverbindungen, durch Reduktion in saurer Lösung bei Gegenwart von kolloidalen Metallen der Platingruppe als Katalysatoren mit molekularem Wasserstoff vgl. *D. R. P.* 264528 *Riedel.*

Methylamin: *Kp* — 6,7°, D^{-11} 0,699. 1 *Vol.* Wasser löst bei 12,5° 1150 *Vol.* Gas auf, bei 25° 959 *Vol.* Chlorhydrat: *Schmelzp.* 225—226°; Kp_{15} 225—230°.

Dimethylamin: *Kp* 7°, D^{-6} 0,686.
Trimethylamin: *Kp* 3,5°, D^{-5} 0,662.
Äthylamin: *Schmelzp.* −83,8°, *Kp* 19°, D^{-2} 0,708.
Diäthylamin: *Schmelzp.* −40°, *Kp* 56°, D^{15} 0,711.

Zum Unterschied von Ammoniak lösen Methyl- und Äthylamin Aluminiumhydroxyd auf. Die Alkylamine dienen zur Herstellung von Farbstoffen und ihren Ausgangsmaterialien sowie von Heilmitteln. *G. Cohn.*

Alkylieren. Unter einem Alkyl versteht man den einwertigen Rest, das Radikal, eines Grenzkohlenwasserstoffes. Die von „Alkohol" abgeleitete Bezeichnung wurde von J. Wislicenus eingeführt. Ist auch die Zahl der möglichen Alkyle beliebig groß, so kommen für technische Zwecke doch nur Methyl, Äthyl und Benzyl in Betracht. Unter Alkylieren versteht man die Einführung eines Alkyls in eine andere organische, selten anorganische Verbindung. Dies kann in zweifacher Weise vor sich gehen, erstens, indem man ein Wasserstoffatom durch Alkyle ersetzt, zweitens, indem man ein Alkylhaloid oder einen Alkylester an eine organische Substanz anlagert. Der erste Fall findet z. B. statt, wenn man die Wasserstoffatome des Ammoniaks sukzessive gegen Alkyle austauscht, der letztere, wenn man das hierbei entstandene Trialkylamin mit Alkylhaloiden vereinigt, wobei der dreiwertige Stickstoff in fünfwertigen übergeht.

Alkyle können in Sauerstoff-, Stickstoff- und Kohlenstoffverbindungen eintreten. Aus Alkoholen entstehen Äther, aus Phenolen Phenoläther, aus Carbon- und Sulfosäuren Ester (s. Ester). Die Stickstoffverbindung braucht nicht basischer Natur zu sein. Auch Körper mit einer „sauren" Imidgruppe, wie beispielsweise Toluolsulfonanilid, können der Alkylierung unterworfen werden. Die Anlagerung von Alkylen an tertiäre Basen findet häufige Anwendung. Weniger oft kommt die Alkylierung von Kohlenstoffverbindungen vor. Als Beispiel hierfür gelte die Darstellung des Diäthylmalonäthers aus Malonäther.

Als ***Alkylierungsmittel*** dienen in erster Linie Alkohole (Methyl- und Äthylalkohol), dann Halogenalkyle, wie Methyl- und Äthylchlorid, seltener -bromid und -jodid, alkylschwefelsaure Salze, Schwefelsäurealkylester, Arylsulfosäurealkylester, in denen das Alkyl stets eine Methyl- oder Äthylgruppe ist. Der Formaldehyd ist ein wiederholt angewandtes, nicht unwichtiges Mittel zur Einführung von Methyl. Ganz selten werden Diazomethan und quaternäre Ammoniumbasen zur Alkylierung gebraucht.

Alkohole finden die ausgedehnteste Anwendung zur Darstellung von Äthern, namentlich des gewöhnlichen Äthers, und von Alkylanilinen. Zur Herstellung von Phenoläthern eignen sie sich im allgemeinen nicht. Nur die Naphthole können mit Hilfe von Alkoholen bei Gegenwart von Mineralsäure leicht ätherifiziert werden.

Alkylhaloide dienen zur Gewinnung einfacher und gemischter Äther, zur Alkylierung von Phenolen und Aminen. In letzterem Falle gewinnt man oft ein Gemisch von Basen. Methylchlorid hat früher in der Fabrikation methylierter basischer Farbstoffe eine nicht unbedeutende Rolle gespielt. Zur Äthylierung von Azofarbstoffen, welche einen Phenolrest enthalten, braucht man jetzt überwiegend Äthylchlorid, zur Benzylierung ausschließlich Benzylchlorid. Die Verwendung der teuren Alkyljodide ist unbedeutend.

Alkylschwefelsaure Salze finden zur Methylierung und Äthylierung von Phenolen Verwendung, zur Darstellung von Mercaptan etc. Sie sind ein sehr billiges Ausgangsmaterial.

Der Gebrauch von Dialkylsulfaten, in erster Linie von Dimethylsulfat, wächst von Tag zu Tag. Dieses dient in gleicher Weise zur Herstellung von Phenoläthern, wie von alkylierten aliphatischen und aromatischen Basen. Für manche Zwecke kann es durch kein anderes Methylierungsmittel ersetzt werden.

Von Arylschwefelsäureestern ist der p-Toluolsulfosäureester leicht zugänglich. Er eignet sich besser als Diäthylsulfat zur Einführung von Äthylgruppen in Amine.

Mit Formaldehyd stellt man zweckmäßig methylierte Basen der Fettreihe, besonders Methylamin und Trimethylamin her.

Darstellung der Alkylierungsmittel:

Alkohole, s. Äthylalkohol und Methylalkohol.

Methylchlorid wird durch Einwirkung von Salzsäure auf Methylalkohol unter Druck erzeugt. Die dem Autoklaven entströmenden Dämpfe werden durch Waschen mit Wasser und konz. Schwefelsäure von Alkohol und Feuchtigkeit befreit und durch ihren eigenen Druck bei äußerer Kühlung verflüssigt. Einen Apparat zur kontinuierlichen Gewinnung der Verbindung beschreibt M. E. Douane, *A.P.* 777406; Kp_{760} −24,09° D^0 9,952.

Äthylchlorid s. d.

Benzylchlorid s. Toluol.

Äthylbromid s. d.

Methyljodid, von J. Dumas und E. Peligot 1835 entdeckt, entsteht durch Einwirkung von Jod und gelbem oder besser rotem Phosphor auf Methylalkohol (Wl. Ipatiew, *J. pr. Ch.* [2] **53**, 275 [1896]. Ausbeute 94−95% d. Th. *Schmelzp.* −64,4°; $Kp_{758,5}$ 43°; D^{18} 2,293.

Äthyljodid. Auf 1000 T. Jod wendet man 700 T. Alkohol und 50 T. gelben Phosphor an. Die Ausbeute (96−98% d. Th.) ist etwas größer als die des niederen Homologen, weil letzteres flüchtiger ist. Die Darstellung mit rotem Phosphor, von dem man 300 T. auf 1,8 *kg* Alkohol und 3 *kg* Jod gebraucht, beansprucht längere Zeit und muß schließlich durch Kochen unterstützt werden. Ausbeute 3,4 *kg*. Cf. J. Walker, *Soc.* **61**, 717 [1892]. *Schmelzp.* −108,5°; $Kp_{759,1}$ 72,3°; D^{14} 1,944.

Darstellung von Alkyljodiden aus Bromiden: *Knoll, D.R.P.* 230172.

Alkylschwefelsäuren erhält man durch Behandlung von Alkoholen mit konz. Schwefelsäure oder Chlorsulfonsäure. Die erstgenannte Reaktion ist niemals vollständig, weil sie umkehrbar ist. Mischt man absoluten Alkohol und reines Schwefelsäuremonohydrat in molekularen Mengen, so entstehen 57% Äthylschwefelsäure. Diese wird technisch in einem säurebeständigen emaillierten Kessel hergestellt (F. Krüger, *Z. f. chem. App.* **1**, 553, 601 [1906]). Er steht in einem Holzbottich, welcher als Kühlgefäß dient und an die Wasserleitung angeschlossen ist. Der Kessel trägt eine Einlauf- und Ausdrückvorrichtung und hat ein Handloch. Man beschickt ihn mit 100 *kg* konz. Schwefelsäure (96%) und läßt unter Rühren den 95%igen Alkohol so langsam zufließen, daß keine übermäßige Erhitzung stattfindet. Nach Verlauf von 24 Stunden läßt man die Mischung in eine kalte Aufschlämmung von genügend viel gelöschtem Kalk, der stets im Überschuß vorhanden sein muß, einlaufen. Dann preßt man den Gips ab, versetzt das Filtrat mit Soda, hebt die klare Flüssigkeit ab und dampft sie im Vakuum ein.

Um den teuren Alkohol besser auszunutzen, ist es nötig, das bei der Reaktion entstehende Wasser zu binden. Das gelingt in zweckmäßigster Weise durch Schwefelsäureanhydrid, mit dem man die in wenig konz. Schwefelsäure gelösten Alkohole in der Kälte behandelt (*Merck, D.R.P.* 77278).

Da die Darstellung der Dialkylsulfate reine Alkylschwefelsäuren als Ausgangsmaterial braucht, so wird man sich jetzt der dort beschriebenen Verfahren, die sehr gut ausgearbeitet sind, bedienen.

Äthylschwefelsäure aus äthylenhaltigen Gasen s. P. FRITZSCHE, *D.R.P.* 89598.

Dimethylsulfat, $(CH_3)_2SO_4$, von J. DUMAS und E. PELIGOT entdeckt, wird von *Monnet* seit 1895 technisch hergestellt. Auf seine ausgedehnte Anwendbarkeit wiesen F. ULLMANN und P. WENNER mehrfach hin (*B.* **33**, 2477 [1900]; cf. auch *A.* **327**, 104 [1903]; H. DECKER, *B.* **38**, 1147 [1905]; C. GRAEBE, *A.* **340**, 205 [1905]; *Agfa, D.R.P.* 113239; E. GRANDMOUGIN *Ch. Ztg.* **37**, 812 [1913]). Zur Darstellung wird Methylschwefelsäure im Vakuum destilliert. Diese muß, wenn man gute Ausbeuten erzielen will, frei von Wasser und Salzsäure sowie von jeder andern Verunreinigung sein. Auch ein Überschuß von Schwefelsäure setzt die Ausbeute herab. Man destilliert die berechnete Menge Schwefelsäureanhydrid (25 *kg*) in wasserfreien Methylalkohol (10 *kg*) hinein. Die Temperatur muß unter 0°, am besten zwischen −5° bis −10° gehalten werden. Direkte Vakuumdestillation liefert fast die theoretische Menge Ester (19 *kg*; *Merck, D.R.P.* 133542). Oder man läßt Chlorsulfonsäure (100 T.) in Methylalkohol (27 T.) bei −10° bis −15° hineinfließen, sorgt für innige Mischung der Flüssigkeiten und Abschluß von Feuchtigkeit und destilliert hierauf im Vakuum (F. ULLMANN, *A.* **327**, 106 [1903]). Die leicht eintretende lokale Überhitzung und ihre Folgen kann man vermeiden, wenn man mit einem Verdünnungsmittel arbeitet. Als solches kommt seiner physikalischen und chemischen Eigenschaften wegen nur Tetrachlorkohlenstoff in Betracht (SOC. ANON. D. PROD. CHIM. D. FONTAÎNES, LYON-MONPLAISIR, *D.R.P.* 193830).

Man beschickt ein emailliertes, mit Rückflußkühler versehenes Gefäß mit 6,4 *kg* 99%igem Methylalkohol und 20 *kg* Tetrachlorkohlenstoff und trägt langsam unter Rühren 24 *kg* Chlorsulfonsäure ein. Dann destilliert man das Lösungsmittel auf dem Wasserbade ab, um es für die nächste Charge zu verwenden, und verfährt wie oben. Die Säure kann durch Schwefelsäureanhydrid ersetzt werden.

*Kp*187−188°; D^{18} 1,327. Farbloses, in Wasser unlösliches Öl von schwachem, angenehmem Geruch und pfefferminzähnlichem Geschmack. Der Ester übt eine entzündungserregende und ätzende Wirkung auf allen Applikationsstellen aus und greift die Respirationsorgane stark an. Daneben reizt er das Zentralnervensystem und ruft Konvulsionen, Koma und schließlich Lähmungen hervor. Die Schädigung tritt in der Regel erst nach einiger Zeit, dann aber umso stärker auf und hat mehrfach Todesfälle zur Folge gehabt (S. WEBER, Arch. f. exp. Path. u. Pharm. **47**, 113; *Ch. Ztrlbl.* **1902** I 364; *Agfa, Ch. Ind.* **23**, 549 [1900]). Man muß also das Dimethylsulfat vorsichtig handhaben, sich vor dem Einatmen der Dämpfe hüten und die auf Haut und Kleidung gekommene Substanz sofort mit verdünntem Ammoniak unschädlich machen.

Diäthylsulfat, $(C_2H_5)_2SO_4$, ist schwieriger und in schlechterer Ausbeute als das niedrigere Homologe zu gewinnen und deshalb teurer. Es reagiert auch weniger glatt mit Basen und Phenolen. Seine Anwendung ist unbedeutend. Darstellung nach *Merck* (*D. R. P.* 133542). Man läßt in 10 *kg* abs. Alkohol bei −10° bis −20° 17,4 *kg* Schwefelsäureanhydrid eindestillieren u. s. w. Ausbeute 7−8 *kg*, d. h. ca. 50% d. Th. Kp_{15} 96°; D^{19} 1,184.

Der Körper ist giftig (S. WEBER l. c.; B. RASSOW und A. BECKER, *J. pr. Ch.* 2 **84** 329 [1911]).

p-Toluolsulfosäureäthylester, $C_7H_7 \cdot SO_2 \cdot OC_2H_5$ (F. KRAFFT und A. ROOS, *B.* **26**, 2823 [1893]; **25**, 2259 [1892]). Man läßt p-Toluolsulfochlorid mit 3 T. abs. Alkohol eine Woche stehen, gießt die Lösung in Eiswasser und destilliert den ausgefällenen Ester im luftverdünnten Raum. Mit weniger Zeitaufwand, aber in etwas geringerer Ausbeute erhält man ihn, wenn man 10 T. Chlorid mit 4,6 T. Alkohol 2—3 Stunden auf dem Wasserbade erwärmt (F. ULLMANN und P. WENNER, *A.* **327**, 120 [1903]). Ausbeute 7 T. Die Verbindung ist nicht ungiftig und erzeugt bösartige Ekzeme. *Schmelzp.* 32—33°; Kp_{15} 173°; D^{32} 1,1736.

1. Alkylierung von Sauerstoffverbindungen.

Bekanntlich spielt die Schwefelsäure im Ätherprozeß die Rolle einer Kontaktsubstanz, wie AL. WILLIAMSON (*A.* **77**, 37 [1851]; *A.* **81**, 73 [1852]) durch scharfsinnige Untersuchungen nachgewiesen hat: sie bildet mit Alkohol Äthylschwefelsäure, die mit einer neuen Menge Alkohol in Äther und regenerierte Schwefelsäure zerfällt. Man könnte also mit einer bestimmten Menge Säure beliebige Quanten Alkohol in Äther überführen, wenn sie nicht durch gewisse, in geringem Umfang, aber stetig auftretende Nebenreaktionen allmählich aufgezehrt würde (s. auch Äthyläther). Man erzielt unter Umständen mit sehr wenig Säure beste Ausbeuten z. B. bei der Gewinnung von Amyläther (G. SCHRÖTER und W. SONDAG, *D. R. P.* 200150). In völligem Einklang mit der Erklärung des Ätherprozesses steht die Tatsache, daß man die Schwefelsäure durch aromatische Sulfosäuren ersetzen kann (F. KRAFFT und A. ROOS, *D. R. P.* 69115; F. KRAFFT, *B.* **26**, 2829 [1893]). Als Zwischenprodukt ist dann Arylsulfosäureäthylester anzunehmen. Die Ausbeuten sind besser, weil die Arylsulfosäuren gegen die reduzierende Wirkung der Alkohole beständiger sind und leichter das Reaktionswasser abgeben. Doch hat das Verfahren keine technische Bedeutung erlangt.

Das zweite Verfahren zur Darstellung von Äthern besteht in der Umsetzung von Alkylhaloiden mit Natriumalkoholaten oder Alkoholen bei Gegenwart von Kalihydrat. Es findet Anwendung zur Gewinnung von Benzyläthyläther, Amyläther, Santaloläther und Glycerindialkyläther etc. Die Phenole werden entweder mit Halogenalkylen, alkylschwefelsauren Salzen, Toluolsulfosäureäthylester oder Dimethylsulfat alkyliert. Letzteres reagiert beim Schütteln mit einer wässerig-alkalischen Lösung des Phenols quantitativ. Die Konzentration der Lauge ist ohne großen Einfluß auf die Ausbeute. Doch verläuft die Reaktion mit 30—40%iger Lauge bedeutend schneller als mit 10%iger. Die Temperatur soll 50—60° nicht übersteigen. Schüttelt man z. B. 9,4 T. Phenol mit 50 T. 10%iger Natronlauge und 12 *Vol.*-T. Dimethylsulfat, so erhält man 10,5 T. Anisol d. h. 96% d. Th. In Lösung bleibt methylschwefelsaures Natrium; dieses kann man gleichfalls der Alkylierung nutzbar machen. Man muß dann nochmals Phenol und Alkali hinzufügen und längere Zeit am Rückflußkühler kochen, um ein weiteres Quantum Anisol zu erhalten (cf. F. ULLMANN und P. WENNER, *B.* **33**, 2476 [1901]; F. ULLMANN, *A.* **327**, 114 [1903]; C. GRAEBE, *A.* **340**, 208 [1905]).

Die Nitrophenole setzen der Alkylierung größeren Widerstand entgegen. Die Ausbeuten sind bei Anwendung wässeriger Alkalilauge nicht besonders gut, können aber bei Ausschluß von Wasser bis auf 93% steigen. Man erhitzt z. B. 30 T. o-Nitrophenolnatrium, das man bei 105° getrocknet hat, mit 24 *Vol.*-T. Dimethylsulfat und Toluol unter Rühren im Ölbad auf 110—120°, bis die Orangefärbung des Salzes verschwunden ist (F. ULLMANN, *A.* **321**, 114 [1903]). Da sich das o-Nitrophenolnatrium jedoch beim Trocknen hie und da explosionsartig zersetzt, so ist das

Verfahren für den Großbetrieb nicht geeignet. Man alkyliert daher das o-Nitrophenol besser in alkoholischer Lösung mit Halogenmethyl unter Druck bei Gegenwart von Ätznatron. Zweckmäßiger wird die Verbindung überhaupt durch Umsetzung von o-Chlornitrobenzol mit methylalkoholischer Natronlauge gewonnen. p-Nitrophenetol erhält man in einer Ausbeute von 65–70% d. Th., wenn man 120 T. p-Nitrophenolnatrium mit 800 T. Alkohol, 75 T. Äthylbromid und 25 T. Soda zehn Stunden unter Rückfluß kocht.

Die Überführung des Morphins in seinen Methyläther, das Codein, welches physiologisch wertvoller als das Ausgangsmaterial ist, ist Gegenstand einer ganzen Anzahl von Patenten geworden, in denen so ziemlich alle bekannten Alkylierungsmittel Verwendung fanden. Jetzt stellt man das Heilmittel ausschließlich mit Hilfe quaternärer Ammoniumbasen her (C. H. BOEHRINGER SOHN, *D.R.P.* 247180). Diese gehen bei dem Prozeß in tertiäre Basen über, während der abgespaltene Alkohol die Alkylierung der *OH*-Gruppe übernimmt.

Naphthole sind reaktionsfähiger als Phenole und lassen sich deshalb mit Alkoholen bei Gegenwart einer Mineralsäure (L. GATTERMANN, *A.* **244**, 72 [1882]; O. N. WITT und F. SCHNEIDER, *B.* **34**, 3173 [1901]) leicht veräthern. Man erhitzt z. B. 25 T. Naphthol mit 5 T. Methylalkohol und 10 T. konz. Schwefelsäure 4 Stunden im Ölbad auf 125°, indem man den Druck durch Einschaltung einer kleinen Quecksilbersäule erhöht, oder mit Alkohol auf 140°. Die Ausbeute ist nach GATTERMANN fast quantitativ, läßt aber nach WITT und SCHNEIDER zu wünschen übrig. Die beiden letztgenannten Autoren ziehen deshalb die Alkylierung mit Kaliumäthylsulfat vor. Die Trennung der Äther von unverändertem Ausgangsmaterial gelingt durch Behandlung mit Natronlauge nur unvollkommen.

In den Oxyanthrachinonen ist die Methylierung der Hydroxyle erschwert, wenn sie einer Ketongruppe benachbart sind, so daß man zu völlig methylierten Körpern nur auf Umwegen gelangt, direkt aber nur durch Einhaltung besonderer Vorsichtsmaßregeln. Man muß nämlich die Alkalisalze der Oxyanthrachinone unter Ausschluß von Wasser, ev. unter Zusatz säurebindender Mittel mit Dimethylsulfat oder p-Toluolsulfosäureester erhitzen (*M. L. B.*, *D. R. P.* 243649).

Die Methylierung von Oxyaldehyden bietet in mehrfacher Hinsicht Interessantes. Aus Protocatechualdehyd entsteht Vanillin in sehr reiner Form und guter Ausbeute, wenn man ihn mit Dimethylsulfat und Soda statt der sonst üblichen Natronlauge schüttelt. Man muß die Reaktion durch Erwärmen auf dem Wasserbade zu Ende führen (R. SOMMER, *D. R. P.* 122851).

Methylsalicylsäure (C. GRAEBE, *A.* **340**, 209 [1905]) kann sowohl mit methylschwefelsaurem Natrium wie mit Dimethylsulfat gewonnen werden. Am besten ist eine Kombination beider Methoden. Ausbeute 82% der angewendeten Säure. Äthylsalicylsäure wird mittels Äthylchlorids erhalten. Man erwärmt die Substanzen mit verdünnt alkoholischem Natron unter Druck 6 Stunden auf 120° und trennt die äthylierte Säure durch ihr leicht lösliches Kalksalz von der Salicylsäure, deren basisches Kalksalz unlöslich ist. Ausbeute 80–85% d. Th.

Schließlich sei noch ein typisches Beispiel, wie man die technische Alkylierung eines sulfurierten Azofarbstoffes durchführt, angegeben. Ausgangsmaterial ist der aus Tolidin mit β-Naphthylamindisulfosäure R und Phenol entstehende Farbstoff. 65 *kg* desselben werden mit 250 *l* Wasser, 12 *kg* Natronlauge (40° *Bé.*), 5 *kg* Soda, 250 *kg* Alkohol und 15 *kg* Äthylbromid 5–6 Stunden auf 100° erwärmt. Es resultiert Congoorange R (*Agfa*, *D. R. P.* 52328). In ähnlicher Weise gelangt man zum Diaminscharlach B (*Cassella*, *D. R. P.* 54084) und erhält Chrysophenin und

Diamingoldgelb aus den entsprechenden hydroxylhaltigen Farbstoffen (*Leonhardt*, *D. R. P.* 42466). Durch diese Alkylierung wird bekanntlich die Alkali- und Seifenbeständigkeit der Farbstoffe wesentlich erhöht.

Auf die Methylierung der Thiosalicylsäure sei nur hingewiesen (*M. L. B.*, *D. R. P.* 203882), desgleichen auf die Alkylierung des Schwefelwasserstoffes, die zu Mercaptanen und Sulfiden führt (s. Äthylsulfhydrat und Äthylsulfid).

2. *Alkylierung von Stickstoffverbindungen.*

Über die technische Herstellung aliphatischer Amine s. Alkylamine und der Alkylaniline s. Anilin. Das Wenige, was noch über die Alkylierung von Stickstoffverbindungen zu sagen ist, soll an dieser Stelle Platz finden.

In der Fettreihe ist noch die Anlagerung von Halogenalkylen an tertiäre Basen zu erwähnen. Am leichtesten, meist ohne äußere Erwärmung, lagern sich Dimethylsulfat und Methyljodid an, während Alkylbromide zweckmäßig mit der Base gelinde erwärmt werden. Als Lösungsmittel dienen Alkohol, Chloroform und Äther. Aus den Alkylsulfaten entstehen durch Umsetzung mit Alkalibromid die Alkylbromide. Zahlreiche Halogenalkylate von Alkaloiden haben in den letzten Jahren therapeutische Anwendung gefunden. Erwärmt man 100 *g* feingepulvertes Morphin mit 500 *g* abs. Alkohol und 40–50 *g* Methylbromid 8–12 Stunden auf 40–50°, so scheidet sich das schwer lösliche Morphinmethylbromid ab (*Riedel*, *D. R. P.* 165898). In ganz ähnlicher Weise gewinnt man Codeinmethylbromid, Atropinmethylnitrat u. a. m. Eine ganze Anzahl komplizierter Ammoniumbasen der Fettreihe sind zur Darstellung von Isopren vorgeschlagen, indem man sie nach dem HOFMANNschen Verfahren abbaut.

Die Alkylierung eines aromatischen Amins mittels Alkohols und Schwefelsäure ist ein Gegenstück zum Ätherprozeß. Es findet keine einfache Wasserentziehung statt, sondern Zwischenbildung von Alkylschwefelsäure. Deshalb braucht man weit weniger als die berechnete Menge Säure zur Durchführung des Prozesses.

Leichter als die Sulfate und Chlorhydrate reagieren die Bromhydrate mit den Alkoholen, von denen man etwas mehr als die berechnete Menge anwendet. (W. STÄDEL, *D.R.P.* 21241). Dieses Verfahren eignet sich besonders zur Alkylierung höherer Homologen des Anilins. Für die des letzteren ist es nicht empfehlenswert.

Nach einem neueren Patent von *Knoll* (250236) gibt Anilin, mit Methylalkohol bei Gegenwart von Jod erhitzt, quantitativ Dimethylanilin; jedoch dürfte das Verfahren technisch kaum ausgeführt werden.

Dimethylsulfat hat den großen Vorzug vor den anderen Alkylierungsmitteln, daß es seines hohen Siedep. wegen in offenen Gefäßen in Reaktion gebracht werden kann, daß es äußerst energisch einwirkt und im allgemeinen gute Ausbeuten liefert. Es wird aber technisch wohl kaum für die Herstellung von einfachen aromatischen primären oder sekundären Basen angewandt.

Dasselbe dürfte für die p-Toluolsulfosäureester gelten, die nach dem *D.R.P.* 112177 (*M. L. B.*) mit aromatischen Aminen unter Bildung der toluolsulfosauren Salze der Alkylamine in Reaktion treten.

Für negativ substituierte Amine dagegen dürften die beiden Verfahren sich eignen.

So gibt m-Nitranilin mit Dimethylsulfat je nach den angewandten Mengen Mono- oder Dimethyl-m-nitranilin (F. ULLMANN, *A.* **327**, 111 [1903]) in einer Ausbeute von 50–60% d. Th.

Man trägt in 10 T. (1,5 *Mol.*) auf 140° erwärmtes Dimethylsulfat 7 T. m-Nitranilin langsam ein, indem man die Temperatur von 140—150° beibehält. Nach Beendigung der Reaktion löst man die orangegelbe Masse in Wasser, säuert mit Salzsäure an und fällt mit Natriumnitrit m-Nitronitrosomethylanilin aus.

Bringt man 24 T. Dimethylsulfat und 12 T. Nitranilin bei 150—160° zusammen, so gewinnt man m-Nitrodimethylanilin, das man aus der alkalisch gemachten Mischung mit Wasserdampf übertreibt.

Gleich den aromatischen Aminen kann man auch deren Carbonsäuren nach demselben Verfahren alkylieren. Methylanthranilsäure, deren Methylester ein geschätzter Riechstoff ist, wird am einfachsten aus Anthranilsäure mit Dimethylsulfat erhalten (R. Willstätter und W. Kahn, *B.* **37**, 408 [1904]; J. Houben und W. Brassert, *B.* **39**, 3233 [1906]). Man löst 137 T. Säure mit 215 T. 20%iger Natronlauge und 250 T. Wasser, kühlt stark ab und schüttelt einige Zeit mit 130 T. Dimethylsulfat. Methylanthranilsäure fällt in einer Ausbeute von 80% aus. Ersetzt man die Lauge durch Soda, so wird die methylierte Säure reiner, die Ausbeute etwas geringer.

Die Alkylierung fertiger basischer Farbstoffe, mit der meist eine Vertiefung der Nuance verbunden ist, wird bei weitem nicht so oft vorgenommen, wie ihre Darstellung aus alkylierten Ausgangsmaterialien. Hofmanns Violett, Violett 5R, wird z. B. wie folgt hergestellt:

1 T. Rosanilin, 20 T. Alkohol, 6 T. Äthylchlorid und 4 T. gelöschter Kalk werden (nach Wolfrum) fünf Stunden im Drehautoklaven auf 90—100° erhitzt, dann wird der Alkohol vollständig abdestilliert, der Rückstand in verdünnter Salzsäure gelöst und mit Kochsalz unter teilweiser Neutralisierung der überschüssigen Säure das Monochlorhydrat des Farbstoffs ausgesalzen.

Benzylviolett (Violett 6B; O. Fischer und G. Körner, *B.* **16**, 2910 [1883], O. Mühlhäuser, *D.* **270**, 179 [1888]) enthält neben Hexamethylpararosanilin Pentamethylbenzylrosanilin.

In 25 *kg* 96%igen Alkohol trägt man 30 *kg* gepulvertes Methylviolett ein und bringt es durch ½stündiges Kochen in Lösung. Dann läßt man auf 60° abkühlen, versetzt mit 18 *kg* Benzylchlorid und rührt ½ Stunde um. Hierauf läßt man 24 *kg* Natronlauge (31° *Bé.*) zufließen, erwärmt vier Stunden auf 80°, neutralisiert mit 3 *kg* Salzsäure (*D* 1,18), filtriert und salzt den Farbstoff aus.

Die Anlagerung von Alkyljodiden und -bromiden an aromatische tertiäre Basen geht meist unter erheblicher Wärmeentwicklung vor sich, so daß man gut tut, die Einwirkung durch Kühlung oder ein Verdünnungsmittel zu mäßigen. Noch energischer reagieren Dimethylsulfat und p-Toluolsulfosäureester. Es ist unbedingt nötig, daß bei diesem Prozeß alle Materialien absolut trocken sind. Andernfalls bildet sich z. B. aus Dimethylsulfat Methylschwefelsäure, die einen Teil der Base bindet und dadurch der Methylierung entzieht. Deshalb ist es angebracht, sie mit einem passenden Lösungsmittel — hierzu ist häufig Nitrobenzol geeignet — aufzukochen, bevor man das Alkylierungsmittel zusetzt.

Unter den Azofarbstoffen, welche aus Ammoniumbasen erzeugt werden, waren die Janusfarben von Wichtigkeit. Als Ausgangsmaterial kommen besonders m-Aminophenyltrimethylammonsalze in Betracht. Man erhält sie, wenn man m-Nitranilin erschöpfender Methylierung unterwirft und dann reduziert, oder indem man Trimethylphenylammon nitriert und reduziert (W. Städel und H. Bauer, *B.* **19**, 1940 [1886]; *M. L. B., D. R. P.* 87997).

Die Verbindungen der Chinolinbasen mit Alkyljodiden haben ein gewisses technisches Interesse, weil sie zur Herstellung der Cyanine gebraucht werden.

Chinolinmethyljodid: Man erwärmt die Bestandteile in Benzollösung. Chinolinäthyljodid: Man erhitzt 41,6 T. Base und 50 T. Alkyljodid zehn Min. lang auf dem Wasserbade (A. Miethe und G. Book, *B.* **37**, 2009 [1904]). Ausb. ca. 70% d. Th. Ganz ebenso gewinnt man Chinaldinäthyljodid. Diejenigen Chinolinbasen, die mit Dimethylsulfat energisch reagieren, werden in den auf 100° erwärmten Ester, dessen Menge die berechnete etwas übersteigen soll, langsam eingetropft oder eingerührt. Die Temperatur soll 110° nicht übersteigen. Ein Verdünnungsmittel ist bei dieser Arbeitsweise nicht nötig. Bis zur Beendigung der Reaktion muß man 25—30 Min. erhitzen. (H. Decker, *B.* **38**, 1147 [1905]). Die bekanntesten Cyanine sind Äthylrot, Orthochrom T und Pinachrom. Vielen Chinolinen mangelt die Fähigkeit, sich mit Methyljodid zu vereinigen („inerte Basen", H. Decker, *B.* **24**, 1984 [1891]; *B.* **38**, 1144 [1905]).

Die Vereinigung von Acridinen mit Dimethylsulfat macht keine Schwierigkeit. Nitrobenzol ist das zweckmäßigste Verdünnungsmittel. Es ist sehr bemerkenswert, daß freie Aminogruppen im Moleküle bei diesem Arbeitsverfahren nicht von dem Ester angegriffen werden, ihr Schutz durch Einführung von Acetylgruppen also nicht erforderlich ist (F. ULLMANN, *A.* **327**, 117 [1993]; derselbe und A. MARIĆ, *B.* **34**, 4313 [1901]).

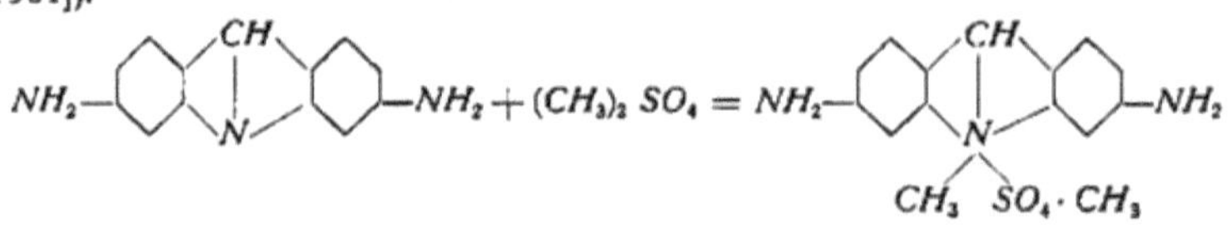

Alkylierungen von Verbindungen mit einer sauren Imidgruppe werden selten im Großen vorgenommen. Die Alkylierung des Acetanilids, mit deren Hilfe man zu reinen sekundären aromatischen Basen gelangt, hat nur wissenschaftliches Interesse (P. HEPP, *B.* **10**, 327 [1877]; A. PICTET, *B.* **20**, 3423 [1887]). In einer großen Anzahl von Patenten wird die Methylierung der Harnsäure beschrieben. Methylhaloide, methylschwefelsaures Natrium etc. werden mit der Verbindung bei Gegenwart von Alkalilauge, die in großer Verdünnung angewandt wird, unter Druck auf ca. 100° erwärmt. Bedingung zur Erzielung guter Ausbeuten ist energisches Durchschütteln der reagierenden Stoffe. Die alkylierten Harnsäuren dienen zur Fabrikation von Coffein und anderen Heilmitteln.

Wie von Acylaniliden, so kann man auch von Acylsulfoaniliden ausgehen, wenn man reine sekundäre Basen darstellen will (O. HINSBERG, *B.* **23**, 2963 [1890]). Schüttelt man beispielsweise Anilin mit Natronlauge und Toluolsulfochlorid, so erhält man eine Lösung von p-Toluolsulfoanilid, die man direkt mit Dimethylsulfat weiter behandelt. Es fällt Toluolsulfomethylanilid aus, das man mit mäßig verdünnter Schwefelsäure spaltet (F. ULLMANN, *A.* **327**, 110 [1903]; O. N. WITT und D. ÜRMÉNYI, *B.* **46**, 296 [1913]). Doch wird auch dieses Verfahren praktisch nicht angewandt.

3. *Alkylierung von Kohlenstoffverbindungen.*

Sie unterscheidet sich prinzipiell in nichts von der der Sauerstoff- und Stickstoffverbindungen. Es kommen dieselben Alkylierungsmittel und dieselben Verfahren zur Anwendung. Die Operation gelingt besonders leicht, wenn man in eine Methylengruppe, die an negativen Atomkomplexen haftet, Alkyle einführen will. So braucht nur an die Darstellung von Diäthylmalonester erinnert zu werden, mit dessen Hilfe Veronal dargestellt wird. Man behandelt Malonester mit 1 *Mol.* alkoholischem Natron und 1 *Mol.* Äthylhaloid und wiederholt den Prozeß nochmals (M. CONRAD, *A.* **204**, 138 [1900]). In ähnlicher Weise gelingt es, Monoäthylbarbitursäure in Diäthylbarbitursäure überzuführen (Gebrüder v. NIESSEN, *D. R. P.* 144432) und Diäthylsulfonmethylmethan in Sulfonal (*Bayer, D. R. P.* 49073).

Schließlich sei noch die Kernmethylierung aromatischer Basen erwähnt (A. W. HOFMANN und C. A. MARTIUS, *B.* **4**, 743 [1871]). Erhitzt man Anilinchlorhydrat mit Methylalkohol unter Druck auf 300–350°, so wandern Methylgruppen in den Benzolkern. Man gelangt zu p- und o-Toluidin, m-Xylidin, Mesidin etc. Technisch wertvoll ist die Gewinnung von Pseudocumidin aus Handelsxylidin, dessen Gehalt an p-Verbindung der Träger der Reaktion ist. Die Isolierung des Pseudocumidins erfolgt mittels des Nitrates (*Agfa, D. R. P.* 22265). *G. Cohn.*

Allagit ist die Bezeichnung für ein Filtermaterial, das ähnlich wie die Zeolithe (Permutite, s. d.) zur Enthärtung des Wassers dient. Es besteht vorwiegend aus den sog. Gesteinsgläsern, die durch mechanische Trennung aus den unter Wasser lagernden Trachyttuffen gewonnen werden (vgl. auch Wasser). Das Produkt wird von der Deutschen Filter-Compagnie, G. m. b. H., Berlin, in den Handel gebracht. *F. Ullmann.*

Allophansäure, Harnstoffcarbonsäure, $NH_2 \cdot CO \cdot NH \cdot COOH$, ist in freiem Zustand nicht bekannt, sondern nur in Form ihrer Salze oder Ester; im Augenblick des Freiwerdens zerfällt sie in CO_2 und Harnstoff. Am bekanntesten ist ihr Amid, das Biuret. Neuerdings wurden durch Kombination mit Allophansäure flüssige und schlechtschmeckende Medikamente in feste und geschmacklose Substanzen übergeführt, die sich erst im Darm in ihre Komponenten spalten, so z. B. Ricinusöl (*D. R. P.* 211197) und Sandelöl (*D. R. P.* 204922); vgl. auch Allosan. *Zernik.*

Allosan (*Zimmer*), Santalolallophansäureester, wird nach *D. R. P.* 204922 dargestellt durch Einleiten von Cyansäure in eine Benzinlösung von Santalol oder aus Harnstoffchlorid und Santalol. Feine geruch- und geschmacklose Nadeln vom *Schmelzp.* 162°, unlöslich in Wasser, leicht löslich in den meisten organischen Lösungsmitteln. Santalolgehalt 72%. Dosis 1 *g* dreimal täglich an Stelle von Sandelöl (1908). Das Präparat hat sich — wohl seiner schweren Spaltbarkeit im Darm halber — nicht einführen können. *Zernik.*

Allylalkohol, $CH_2 : CH \cdot CH_2 \cdot OH$, wurde zuerst von AUG. CAHOURS und A. W. HOFMANN dargestellt (*A.* **102**, 285 [1857]). Er ist eine bewegliche, stechend riechende Flüssigkeit, die sich mit Wasser in allen Verhältnissen mischt. Er ist mit leuchtender Flamme brennbar. $Kp_{760,5}$ 98°; D^{15} 0,8573; D^0_4 0,8699. Man gewinnt ihn am zweckmäßigsten durch Einwirkung von Oxalsäure auf Glycerin. Bei dieser Reaktion entsteht durch Zersetzung der Oxalsäure Ameisensäureglycerinester $HO \cdot CH_2 \cdot \cdot CH(OH) \cdot CH_2 - O \cdot COH$, der bei genügend hoher Temperatur in Kohlensäure, Wasser und Allylalkohol zerfällt (B. TOLLENS, *A.* **156**, 142 [1870]; ders. und A. HENNINGER, *A.* **156**, 135 [1870]; G. MÜNDER und B. TOLLENS, *A.* **167**, 222 [1873]; cf. A. BIGOT, *A. ch.* [6] **22**, 464 [1891]).

Man erhitzt 4 T. Glycerin mit 1 T. krystallisierter Oxalsäure, der man, wenn sie alkalihaltig ist, $^1/_4$ – $^1/_2$% Salmiak zugesetzt hat. Unter Kohlensäureentwicklung geht die Bildung des Formylglycerins vor sich, wobei das Thermometer längere Zeit unter 130° bleibt. Sobald es auf ca. 195° gestiegen ist, wechselt man die Vorlage und erhitzt sehr langsam weiter. Zwischen 205–210° beobachtet man erneute Gasentwicklung, die vom Zerfall des Esters herrührt. Man muß geraume Zeit eine Temperatur von 220–230° innehalten. Zuletzt steigert man die Wärme auf 260°. Die Fraktion 195–260° wird nochmals destilliert, bis eine Probe des Destillates mit Pottasche kein Öl mehr abscheidet (Temp. im Dampf etwa 105°). Dann salzt man den gelösten Allylalkohol mit Pottasche aus, trocknet ihn und läßt ihn 24 Stunden lang mit 5–10% Kalihydrat stehen. Schließlich destilliert man ihn, behandelt ihn nochmals mit geglühtem Kaliumcarbonat und entwässert ihn vollends über Baryt. Ausbeute 20 bis 25% der Oxalsäure.

Für viele Zwecke genügt die Verwendung eines unreinen Produktes. Dieses gewinnt man vorteilhaft aus rohem Holzgeist, der bis 0,2% Allylalkohol enthält (M. GRODZKI und G. KRÄMER, *B.* **7**, 1492 [1874]). Die Fraktion 80–100° besteht zur Hälfte aus ihm.

Allylalkohol dient zur Darstellung wissenschaftlicher Präparate (Allylbromid, Allyljodid etc.), zur Gewinnung von Salicylsäureallylester (*Agfa, D. R. P.* 244208) und Zimtsäureallylester. *G. Cohn.*

Almatein (GEHE & CO., A.-G., Dresden), ein Kondensationsprodukt von Formaldehyd und Hämatoxylin, soll die Formel $CH_2O_2 = (C_{16}H_{12}O_5)_2 = CH_2$ besitzen. Darstellung nach *D. R. P.* 155630 durch Einwirkung von Formaldehyd auf Hämatoxylin oder Blauholzabkochungen. Feines ziegelrotes Pulver ohne Geruch und Geschmack; unlöslich in kaltem Wasser, wenig in heißem, leicht löslich in Alkohol,

Glycerin, Alkalien. Empfohlen zuerst von Italien 1905 aus als Jodoformersatz; auch innerlich in Dosen von 0,5–1 *g* mehrmals täglich als Antidiarrhoicum. *Zernik.*

Aloe s. Drogen.

Alpaka, s. Neusilber. *Oberhoffer.*

Alpakawolle (Alpaka, Alpako) ist die Haarbekleidung verschiedener Huftiere, die eine Zwischenstellung zwischen dem Schaf und dem Kamel einnehmen und als Schafkamel oder Kamelschaf (Auchenia) zu bezeichnen sind. Man unterscheidet verschiedene Formen: den Guanako (A. Huanaco H. Sm.), die Vicuna (A. Vicugna Desm.), das Lama (A. Lama Desm.) und den Pako oder Alpako (A. Pacos Tschudi). Letzterer wird in den Kordilleren von Peru und Chile in großen Herden gehalten und seine Wolle durch Schur gewonnen. Das Vließ wiegt 3–4 *kg*, ist aber sehr ungleichmäßig und muß wie das Vließ des Schafes sortiert werden.

Das Alpakahaar ist mitunter weiß und grau, meistens schwarz; es ist leicht gewellt, besitzt große Elastizität, aber geringe Filzfähigkeit und hat seidenartigen Glanz. Die Länge erreicht bei der alljährigen Schur 10–20 *cm*, die Dicke beträgt 0,02–0,03 *mm*.

Die Industrie der Alpaka stand schon bei den Inkas auf hoher Stufe; die Alpakawolle wird jetzt noch im Heimatlande zu Geweben, Teppichen, Decken u. s. w. verarbeitet; außerdem wird sie exportiert. Ihre Verarbeitung erfolgt seit 1830 in England, hauptsächlich in der Bradforder Gegend (von Sir Titus Salt eingeführt), erst später auch auf dem Festlande.

Die Spinnerei der Faser geschieht in ähnlicher Weise wie diejenige der Wolle, öfters wird sie mit Kammgarn oder Mohair, auch mit Baumwolle verarbeitet.

Der unter dem Namen Alpaka bekannte Stoff hat Leinwandbindung und besitzt baumwollene Kette mit Alpakaschuß.

Von der Vicuna stammt die Vigognewolle, die feine Gewebe liefert, allerdings aber nur in beschränkter Menge zur Verfügung steht. Das gewöhnlich als Vigogne bezeichnete Garn ist eine Mischung von $^4/_5$ Schafwolle mit $^1/_5$ Baumwolle.

Literatur: E. L. Baker, Textile Colorist **1887**, 68 ff. *E. Grandmougin.*

Alphanolblau BR, B, GN, 5 RN (*Cassella*), 1908, saure Azofarbstoffe, grünliche bis rötliche Blau für Wolle und Halbwolle, mit essigsaurem Ammoniak gefärbt, licht- und waschecht, ziemlich walkecht, auch für Halbwolle und Vigoureuxdruck.

Alphanolschwarz R, BG, 3 BN (*Cassella*), 1908, saure Azofarbstoffe für Wolle, Halbwolle und Seide, mit Essigsäure anzufärben, licht- und walkecht, ähnlich Alphanolblau. *Ristenpart.*

Alphol, Salicylsäure-α-naphtholester, $C_{10}H_7O \cdot CO \cdot C_6H_4OH$, durch Erhitzen von α-Naphtholnatrium und Natriumsalicylat mit Phosphoroxychlorid dargestellt, bildet ein weißes, krystallinisches Pulver vom *Schmelzp.* 83°, löslich in organischen Lösungsmitteln; s. Z. als Antineuralgicum und Antisepticum empfohlen; längst veraltet. *Zernik.*

Alphylblauschwarz O, OK (*M. L. B.*), sekundärer Disazofarbstoff aus 1-Naphthylamin-4, 6(7)-disulfosäure, α-Naphthylamin und Aminonaphtholäthyläther; färbt Wolle in essigsaurem, mit Schwefelsäure zu erschöpfendem Bade gut licht- und waschecht. Gern als Kombinationsschwarz mit Blauholz, Oxalsäure, Kupfer- und Eisenvitriol. Deckt in Wollseidenstoffen beide Fasern gleich gut. *Ristenpart.*

Alsol (Athenstädt & Redeker, Hemelingen). Unter diesem Namen kam s. Z. die essigweinsaure Tonerde, Aluminium acetico-tartaricum, zuerst in den Handel. Man erhält das Präparat, wenn man 100 T. frischbereiteten Liquor Aluminii acetici (*D. A. B.*) mit 3,5 T. Weinsäure auf dem Wasserbade bis zur Salzhaut unter Umrühren eindampft und dann auf Glasplatten bei einer 30° nicht übersteigenden Temperatur trocknet. Weiße, krystallähnliche, gummiartige Stücke, langsam in gleichen Gewichtsteilen kalten Wassers löslich mit saurer Reaktion; cave Erwärmen! Liquor Alsoli ist eine 50%ige Lösung des Alsols. Als Adstringens anzuwenden wie die essigsaure Tonerdelösung. *Zernik.*

Aluminium *Al*, Atomgew. 27,1, ist in reinem Zustande ein weißglänzendes, silberähnliches Metall mit einem Stiche ins Bläuliche, von faseriger Struktur. Wird es aber leicht überhitzt und langsam erkalten gelassen, so krystallisiert es in regulären Oktaedern. Es ist härter als Zinn und Zink, aber weicher als Kupfer. Das Aluminium schmilzt bei 657,3—658° und siedet bei 1800°; sein *Erstarrungsp.* liegt bei 657°. Erhitzt man es, so besitzt das Metall keine Festigkeit mehr, zerfällt bei Erschütterungen und geht kurz vor dem Schmelzen in einen griesig-breiartigen Zustand über. Das *spez. Gew.* des gegossenen Aluminiums beträgt 2,64, des gewalzten 2,68 und des gezogenen 2,70. Je reiner, umso zäher ist Aluminium und umso widerstandsfähiger gegen Bruchbeanspruchung. Sinkt sein Gehalt unter 98%, so verliert es seine Zähigkeit und wird spröde.

Das Wärmeleitungsvermögen ist 0,343 bei 0°, 0,362 bei 100°, somit ungefähr $^1/_2$mal so groß wie das des Kupfers (0,819), aber doppelt so groß als das des Schmiedeeisens (0,177).

Der Ausdehnungskoeffizient für 100° ist 0,00231 (Kupfer 0,0017, Eisen 0,0012, Zink 0,0030).

Die spez. Wärme (Wasser = 1) ist 0,232 bei 100°, beim *Schmelzp.* 0,2845 und ist somit sehr hoch gegenüber anderen Metallen (Kupfer und Zink 0,094, Eisen 0,114), d. h., Aluminium braucht mehr Wärmezufuhr, um eine gewisse Temperatur zu erlangen, bleibt aber dann entsprechend länger warm.

Die totale Schmelzwärme des Aluminiums beträgt 240 *Cal.*, die latente Schmelzwärme 80 *Cal.*, ist somit ebenfalls hoch gegenüber anderen Metallen, denn die Gesamtschmelzwärme des Kupfers ist beispielsweise 165 *Cal.*, die latente Schmelzwärme 41 *Cal.*; Aluminium braucht somit trotz seines niedrigeren Schmelzpunktes mehr Wärme zum Schmelzen als Kupfer und Kupferlegierungen; einmal geschmolzen, bleibt es aber auch länger flüssig als andere Metalle; es ist dies beim Schmelzen und Vergießen wohl zu beachten.

Der elektrische Leitungswiderstand von 99%igem Aluminium in Form von hart gezogenem Draht ist 29,5 Ohm per *km* und *qmm* bei 15°; das Leitungsvermögen somit 33,9 oder ungefähr 60% von dem des hartgezogenen Kupferdrahtes (57—58). Der elektrische Temperaturkoeffizient für 1° ist 0,00392.

Hinsichtlich seiner mechanischen Eigenschaften ist zunächst seine große Dehnbarkeit und Hämmerbarkeit hervorzuheben. Es kann zu sehr feinem Draht ausgezogen werden und rangiert hinsichtlich der Hämmerbarkeit gleich nach Gold, es kann zu den dünnsten Blechen ausgewalzt und zu Blättern fast so dünn wie Blattgold ausgehämmert werden.

Die Festigkeitseigenschaften variieren wie bei jedem Metall mit der Art der Bearbeitung und dem Querschnitt. Außer durch Schmieden, Walzen oder Ziehen kann die Festigkeit ohne wesentliche Erhöhung des spez Gew. verbessert werden durch Zusatz anderer Metalle, z. B. von 2—6% Kupfer; die chemische Widerstandsfähigkeit wird dadurch allerdings beeinträchtigt, wenn es daher auf diese ankommt, ist Reinaluminium vorzuziehen.

Das Aluminium ist an der Luft ziemlich gut haltbar. Dies rührt davon her, daß es sich alsbald mit einer fast unsichtbaren, dünnen festhaftenden Oxydschicht bedeckt, die das darunter liegende Metall wie ein Firnis vor weiteren Einflüssen schützt. Besonders bemerkenswert ist seine große Widerstandsfähigkeit gegen konz. Essigsäure, Formaldehyd, Wasserstoffsuperoxyd, Fette und Fettsäuren. Auch im Wasser ist Aluminium beständig, jedoch oxydiert es sich beträchtlich, wenn es Natrium oder auch nur Spuren eines fremden Metalles, wie z. B. Kupfer enthält oder mit ihnen in Berührung ist, u. zw. infolge der Bildung eines galvanischen Elementes. Wo eine derartige Berührung nicht vermieden werden kann, sind die Metalle durch ein Zwischenlager, z. B. einen Farbenanstrich zu trennen. Außerordentlich groß ist die Empfindlichkeit des Aluminiums gegen Quecksilber und dessen Salze, indem Spuren bereits die Angreifbarkeit durch Wasser gewaltig erhöhen. Wasserdampf hat selbst bei hoher Temperatur keinen Einfluß auf Aluminium. Es ist ein kräftiges Reduktionsmittel und reduziert die Oxyde von Eisen, Kupfer, Mangan, Chrom etc. zu den entsprechenden Metallen (s. Aluminothermie). Die Halogene greifen das Metall an unter Bildung der entsprechenden Halogenide (s. Aluminiumverbindungen). In verdünnter Salz- und Schwefelsäure löst sich Aluminium leicht unter Entwicklung von Wasserstoff, während es mit Salpetersäure passiv wird, d. h., es überzieht sich mit einer durch Säure nicht angreifbaren Schicht und bleibt dann unverändert. Außerordentlich leicht wird es von Kali- und Natronlauge unter Wasserstoffentwicklung gelöst:

$$Al + 3\,NaOH = Al(ONa)_3 + 3\,H,$$

während Ammoniak nur langsam einwirkt unter Bildung von Aluminiumhydroxyd. Aus Metallsalzlösungen fällt Aluminium das Metall aus, besonders leicht, wenn diese Lösungen ammoniakalisch oder alkalisch sind, so z. B. aus *Ag*-, *Cu*-, *Hg*-, *Pb*-Lösungen.

Historisches: Aluminium ist in seinen Verbindungen das verbreitetste Metall auf der Erde und nächst Sauerstoff und Silicium sogar das verbreitetste Element. Trotzdem ist es in der Reihe der Nutzmetalle das jüngste, denn seine Affinität für den Sauerstoff und die meisten Metalloide ist eine so große, daß es erst spät gelungen ist, es als Metall aus seinen Verbindungen zu gewinnen. Im Jahre 1824 hatte OERSTEDT Aluminiumchlorid hergestellt, und drei Jahre später gelang es WÖHLER, durch Zersetzung von Aluminiumchlorid mit Kalium Aluminiummetall zu erhalten, allerdings zuerst nur in der Form eines grauen Pulvers. Erst 1845 nahm er die Versuche wieder auf, beschickte ein einseitig geschlossenes Rohr aus Eisen oder Platin mit Aluminiumchlorid und ließ die Dämpfe über ein mit Kalium gefülltes Platinschiffchen streichen. Auf diese Weise erhielt er glänzende Kügelchen des Metalles, an Hand deren er die physikalischen und chemischen Eigenschaften des Aluminiums bestimmen konnte. 1854 beschäftigte sich auch ST.-CLAIRE-DEVILLE mit der Herstellung des Aluminiums; er benutzte im Prinzip das WÖHLERsche Verfahren, erkannte aber die technische Wichtigkeit des Prozesses und wandte seine ganze Aufmerksamkeit auf die Verbesserung der Methode. Zuerst ersetzte er das teure Kalium durch das billigere Natrium und verbesserte namentlich die Methode der Gewinnung des letzteren. Seinen Bemühungen gelang es, den Preis des Natriums von M. 1600 auf M. 160 herunterzubringen; hiermit sank auch der Preis des Aluminiums von M. 2400 auf M. 200, und auf der Weltausstellung in Paris 1855 waren Blöcke des ST.-CLAIRE-DEVILLEschen „Silber aus Lehm" ausgestellt. Ihm gebührt auch das Verdienst, die Aluminiumgewinnung zuerst industriell durchgeführt zu haben. Er gründete ein großes Werk in Salindres (Frankreich), wo zur Reduktion statt des Aluminiumchlorids das Natriumaluminiumchlorid verwendet wurde. 1855 war es H. ROSE in Berlin und, unabhängig von diesem, PERCY in London gelungen, Aluminium aus Kryolith durch Natrium zu reduzieren; aber ein Jahr früher hatten schon BUNSEN und DEVILLE Natriumaluminiumchlorid durch den elektrischen Strom zersetzt, und 1856 zerlegte DEVILLE auf demselben Wege auch ein Kryolith-Natriumaluminiumchlorid-Gemisch. Jedoch war an eine technische Ausnutzung der Aluminiumabscheidung durch Elektrolyse damals nicht zu denken; denn die hohen Kosten der Stromerzeugung hinderten die industrielle Verwertung dieser Entdeckung, so daß bis ungefähr 1888 Aluminium nur auf chemischem Wege gewonnen wurde, u. zw. in der Hauptsache durch Reduktion des Doppelchlorids mit Natrium in Gasflammöfen. Um die Verbesserung dieses Prozesses hat sich CASTNER große Verdienste erworben, insbesondere durch Verbilligung des Natriums, dessen Preis von M. 8 auf M. 1,60 sank. Jedoch konnte auch dieser Betrieb die Konkurrenz der inzwischen aufgekommenen und sich rasch entwickelnden elektrolytischen Prozesse nicht aushalten.

Seitdem sich BUNSEN und DEVILLE mit der elektrolytischen Gewinnungsweise beschäftigt hatten, war dieser Weg nicht mehr außer acht gelassen worden, und es kann nicht überraschen, daß mit dem Aufschwung der Elektrotechnik verschiedene Forscher, aufbauend auf den älteren Erfahrungen und Vorschlägen, fast gleichzeitig, doch unabhängig voneinander zu einer im wesentlichen gleichartigen Lösung des Aluminiumproblems gelangten. Es waren dies der Amerikaner CH. M. HALL, die Franzosen A. MINET und P. T. HÉROULT und der Deutsche M. KILIANI. Das von ihnen in Patentschriften niedergelegte oder nur im Stillen befolgte Verfahren bestand — und besteht z. T. auch heute noch — hauptsächlich in der Verwendung einer Lösung von Tonerde in geschmolzenem Aluminiumfluorid, insbesondere Kryolith, mit oder ohne Zusatz anderer Fluoride (wie CaF_2) oder Chloride (wie $NaCl$) unter stetiger Ergänzung der Tonerde sowie des Aluminiumfluorides; der elektrische Strom dient hierbei gleichzeitig zur Zerlegung der Tonerde und zur Schmelzung bzw. Flüssighaltung der als Lösungmittel dienenden Salze. HALLS Patente wurden erst 1889 ausgegeben, und auch die von ihm geleitete Fabrik der PITTSBURGH REDUCTION CO. kam erst in diesem Jahre in Betrieb; HÉROULTS grundlegendes *E. P.* 7426/87 wurde im Mai 1888, das von MINET (*E. P.* 10057/87) auf den Namen der Gebr. BERNARD im März 1888 ausgegeben. KILIANI, der offenbar zu lange mit der Anmeldung zögerte und daher andere sich zuvorkommen sah, hat ein Patent auf sein Verfahren nicht mehr erhalten.

Mit der technischen Ausführung der Verfahren verhält es sich folgendermaßen. Sowohl MINET wie HALL fabrizierten gegen Ende des Jahres 1889 nur kleinere Mengen Aluminium. HÉROULT hatte im Jahre 1888 in dem Werke der SCHWEIZERISCHEN METALLURGISCHEN GESELLSCHAFT in Neuhausen am Rheinfall Aluminiumlegierungen (Bronze und Ferroaluminium) erzeugt, aber auf einem Wege, der Reinaluminium nicht gewinnen läßt, nämlich durch Elektrolyse von (anfänglich im Lichtbogen eingeschmolzener) Tonerde unter Einbringung von Legierungsmetall an der Kathode. Sein Verfahren zur Gewinnung von Reinaluminium hatte er selbst niemals probiert, vielmehr stand seine Erfindung zunächst nur auf dem Papiere. Erst nachträglich stellte sich ihr Grundgedanke als richtig heraus; seine praktische Durchführung aber begegnete den größten, unüberwindlich erscheinenden Schwierigkeiten[1]. KILIANI, welcher damals noch der *A. E. G.* in Berlin angehörte, war der erste, welcher sie zu meistern verstand und dann als Leiter der neuen ALUMINIUM-INDUSTRIE-

[1] Vgl. z. B. die von BORCHERS noch in der vorletzten (2.) Auflage seiner „Elektrometallurgie" gegen die Verwendbarkeit eines Kohlebodens als Kathode ausgesprochenen Bedenken.

ACTIEN-GESELLSCHAFT, die aus der SCHWEIZERISCHEN METALLURGISCHEN GESELLSCHAFT hervorgegangen war, die technische Durchführung der Idee verwirklichte. Auch er hatte sich anfänglich nur mit der Herstellung von Aluminiumlegierungen, aber schon unter Benutzung des Tonerde-Kryolith-Bades, befaßt, ging aber, nachdem sich 1889 sein Verfahren zur Gewinnung von Reinaluminium im großen bewährt hatte, noch gegen Ende dieses Jahres ganz zu dieser Arbeitsweise über. Die von HÉROULT gegründete SOCIÉTÉ ÉLECTROMÉTALLURGIQUE FRANÇAISE in Froges übernahm das von KILIANI ausgearbeitete Verfahren. So kann man zwar KILIANI nicht die literarische Priorität für sein Verfahren zuerkennen, muß aber gerechterweise ihn neben HALL (denn MINETS Verfahren wurde wohl bald darauf in der ursprünglichen Weise nicht mehr ausgeübt) als den Begründer der Aluminiumindustrie ansprechen.

Die wesentliche Verbesserung und der große technische Fortschritt des KILIANI-, HÉROULT- und HALL-Prozesses besteht darin, daß die Erhitzung des Bades gemäß dem Vorschlage von BRADLEY (1883) nur durch den Strom geschieht und daß jede Erhitzung von außen vermieden wird. Heute arbeitet man in allen Ländern ausschließlich nach diesem Prozeß, d. h., man zerlegt durch den Strom Tonerde, welche in Kryolith gelöst ist.

Von den verschiedenen anderen Vorschlägen zur Herstellung von Aluminium, die aber technisch niemals ausgeführt worden sind, seien die folgenden erwähnt.

GRABAN (*D. R. P.* 62851) elektrolysiert ein geschmolzenes Gemisch von Aluminiumfluorid oder Aluminiumoxyfluorid mit Alkalicarbonaten, wobei Alkalifluoride als Nebenprodukte gewonnen werden sollen:

$$4\,AlF_3 + 6\,Na_2CO_3 + 3\,C = 4\,Al + 12\,NaF \quad + 9\,CO_2$$

$$8\,AlF_3 + 6\,Na_2CO_3 + \underset{\text{(Anode)}}{3\,C} = \underset{(-)}{4\,Al} + 4\,Na_3AlF_6 + \underset{(+)}{9\,CO_2}$$

Da schon beim Schmelzen von Alkalicarbonaten mit Aluminiumfluoriden Kohlendioxyd auftritt:

$$2\,AlF_3 + 3\,Na_2CO_3 = Al_2O_3 + 6\,NaF + 3\,CO_2,$$

so wird hier letzten Endes eine Lösung von Tonerde in Alkalifluoriden, wenn nicht gar in Kryolith, elektrolysiert.

In den *D. R. P.* 63995 (BUCHERER) und 68909 (ALUMINIUM-INDUSTRIE A.-G.) wird die Gewinnung von Aluminium durch Elektrolyse einer Lösung von Aluminiumsulfid in Alkalichloriden bewirkt, wozu nur Spannungen von 2,5—5 Volt nötig sind. Die technische Verwirklichung dieses mancherlei Vorteile bietenden Verfahrens scheiterte aber an dem Umstande, daß es bis jetzt keine Methode gibt, um Aluminiumsulfid auf billigem Wege herzustellen.

Beschreibung des jetzt gebräuchlichen Verfahrens.[1]

a) Theoretisches der Schmelzflußelektrolyse.

Das Prinzip des jetzt gebräuchlichen Verfahrens besteht darin, daß man eine Lösung von Tonerde in geschmolzenem Kryolith mittels Kohlenelektroden elektrolysiert, wobei theoretisch nur die Tonerde durch den Strom zerlegt werden sollte, vorausgesetzt, daß davon genügend im Bade enthalten ist. Die Bildungswärme der Verbindungen, aus denen sich der Elektrolyt zusammensetzt, beträgt bei der Tonerde 64,26 *Cal.*, bei dem Aluminiumfluorid ca. 70 *Cal.* und für Natriumfluorid 110,8 *Cal.*, woraus sich die Zersetzungsspannungen von 2,79 Volt (Al_2O_3), 3,04 (AlF_3) und 4,82 (NaF) berechnen. Bei geringen Stromdichten wird also in erster Linie die Tonerde zerlegt, und die Bildung des Aluminiums findet auf deren Kosten statt. Das an der Kathode abgeschiedene metallische Aluminium sammelt sich am Boden des Ofens an, während der Sauerstoff sich mit dem Kohlenstoff der Anode verbindet und diese verbrennt:

$$\text{I.}\quad Al_2O_3 + 3\,C = 2\,Al + 3\,CO.$$

[1] Die nachfolgenden Angaben sind im wesentlichen entnommen: „L'industrie de l'aluminium" von G. FLUSIN (La Houille blanche **IV**, 9 und 10 [1911]; vgl. auch *Z. Electrochem.* 18, 174 [1912]).

Für 1 *kg* Aluminium wird also 0,667 *kg* Kohlenstoff verbraucht, der von den Anoden geliefert werden muß. Dieser Verbrauch konnte durch Wahl sehr günstiger Bedingungen auf 600—650 *g* reduziert werden, wobei die durch mechanischen Zerfall der Anoden bedingten Verluste mit inbegriffen sind. Man ist daher gezwungen, anzunehmen, daß der Vorgang wenigstens zum Teil wie folgt verläuft:

$$\text{II. } 2Al_2O_3 + 3C = 4Al + 3CO_2.$$

Im übrigen verbrennt das nach I. entwickelte Kohlenoxyd natürlich sofort bei Luftzutritt zu Kohlensäure. In Wirklichkeit ist aber die elektrolytische Zersetzung nicht ausschließlich auf die Tonerde beschränkt. Wenn der Tonerdegehalt des Bades unter einen gewissen Wert sinkt, ebenso, wenn gewisse Bedingungen eintreten, deren Einfluß noch nicht recht studiert und die bisher auch nicht genau fixiert sind, so tritt auch eine teilweise Elektrolyse des Fluoraluminiums und des Fluornatriums aus dem Kryolith ein. Man kann daher an der Anode eine Entwicklung von fluorhaltigen Gasen beobachten (Fluorkohlenstoff, Fluorsilicium) und bemerkt hie und da an der Kathode die Abscheidung von Natrium. Auch wenn nur sehr kleine Mengen Natrium im Aluminium vorhanden sind, so leidet, wie bekannt, seine Qualität außerordentlich. Um die Zusammensetzung des Bades konstant zu erhalten, um also alle Nebenelektrolysen zu unterdrücken, muß man, u. zw. in genügend kurzen Zwischenräumen, dem Bade Tonerde und ev. auch etwas Kryolith zusetzen. Außerdem ist man aus verschiedenen Gründen dazu übergegangen, dem Bade ein mehr oder weniger großes Quantum gewisser Salze zuzusetzen, vor allem Flußspat, Aluminiumfluorid und Chlornatrium. Die etwas verschiedenen Methoden der Badzusammensetzung, welche in den einzelnen Aluminiumfabriken gebräuchlich sind, unterscheiden sich gerade hinsichtlich des Zusatzes dieser Flußmittel.

Die Einverleibung der Flußmittel hat natürlich als erste Folge eine Schmelzpunkterniedrigung des Bades. Ein Tonerde-Kryolithgemisch, das bis 20% Tonerde enthält, schmilzt innerhalb 920—1000°, aber näher 1000°; über 20% Tonerde steigt der Schmelzpunkt rapid. Der Zusatz von Fluoraluminium drückt die Schmelztemperatur dieses Elektrolyten auf 800—850° herunter und gestattet, den Tonerdegehalt auf 30% zu bringen. Setzt man dem Gemisch außerdem noch Kochsalz zu, so kommt man zu einem Bade, das bei 700° schmilzt. Das Kochsalz verflüchtigt sich allerdings rasch, und die Temperatur des Elektrolyten geht dann, wenn man ihn flüssig erhalten will, natürlich in die Höhe. Man wird also nicht unter kontinuierlichem Zusatz von Kochsalz arbeiten, benutzt es jedoch häufig, um ein in Unordnung geratenes Bad wieder in regelmäßigen Gang zu bringen, oder für die rasche Inbetriebsetzung eines Ofens.

Die mittlere Badtemperatur, welche man durch Zusatz von Flußmitteln erzielt, beträgt bei normaler Fabrikation 800—900°. Die Ausbeute an Aluminium ist unter diesen Umständen besser als bei zu niedriger Temperatur, denn die Differenz zwischen der Temperatur des Bades und der Schmelztemperatur des Aluminiums (650°) ist dann genügend. Um durch die Stromwärme die Schmelztemperatur des Bades auf dieser Höhe zu erhalten, bleibt man mit der Stromdichte an der Anode bei 70—90 Amp.-*qdm*. Die Badspannung beträgt dann 7—8 Volt, und man erzielt dabei die günstigsten Energieausbeuten. Bei Störungen steigt die Spannung auf 8—10 Volt.

Eine zweite Folge des Zusatzes der Flußmittel ist eine Verminderung des spez. Gew. des Bades, und damit ist die leichtere Vereinigung der Teile des geschmolzenen Aluminiums auf dem Boden des Ofens zu größeren Metallmassen verknüpft. Die folgende kleine Tabelle vereinigt die spez. Gew. der in Betracht kommenden Substanzen in festem und geschmolzenem Zustande.

Produkte	Dichte		Differenz
	fest	flüssig	
Aluminium	2,66	2,54	–
Kryolith mit Tonerde gesättigt . .	2,90	2,35	0,19
Kryolith (1 *Mol.*) + 2 $AlFl_3$ mit Tonerde gesättigt	2,98	2,14	0,21

Festes Aluminium ist also leichter als der feste Elektrolyt, geschmolzenes Aluminium ist dagegen schon etwas schwerer als geschmolzener, mit Tonerde gesättigter Kryolith. Die Differenz der spez. Gew. ist aber nicht groß; sie wird umso kleiner, je höher die Badtemperatur ist. Es bedarf also nur einer kleinen Variation der Zusammensetzung des Bades oder eines raschen Temperaturanstieges, um Veranlassung zu geben, daß das Aluminium anfängt, an die Oberfläche des Bades zu steigen. Diese Umkehr in den Dichten des Bades und des Metalles stellt nicht nur eine theoretische Möglichkeit vor, sondern tritt in der Praxis öfters ein und bildet dann ein äußerst störendes Moment, denn das betreffende Bad liefert dann sofort keine Ausbeute mehr. Man versucht diesem Übelstand nach Möglichkeit zu begegnen, indem man, wie gesagt, die Baddichte durch Zusatz von Flußmitteln vermindert. Man sieht aus der eben angeführten kleinen Tabelle, daß der Zusatz von 2 *Mol.* Aluminiumfluorid und 1 *Mol.* Kryolith die Differenz in den Dichten des Metalles und des Elektrolyten in geschmolzenem Zustande verdoppelt.

b) Ausführung der Elektrolyse.

1. Ausgangsmaterial: Hierfür kommen in Betracht Tonerde, Flußmittel und Kohleelektroden. Sehr wesentlich für die Aluminiumgewinnung ist größte Reinheit des Ausgangsmaterials, da eine nachträgliche Raffination des Aluminiums nicht gut möglich ist und alle in den Rohmaterialien enthaltenen Verunreinigungen sich im Aluminium wieder vorfinden. Das wichtigste Ausgangsmaterial ist die Tonerde. Diese kommt aber in reinem Zustande in der Natur äußerst selten vor, und so ist man gezwungen, sie durch Abscheidung aus einem Mineral zu gewinnen. Das einzige natürliche Mineral aber, aus dem es bis jetzt gelungen ist, reine, für die Aluminiumfabrikation geeignete Tonerde zu gewinnen, ist der Bauxit. Um daraus reines Aluminiumhydrat zu erhalten, gibt es verschiedene Methoden. Nach dem Verfahren von PECHINEY und PENIAKOFF wird der Bauxit durch Verschmelzen mit Soda in wasserlösliches Natriumaluminat verwandelt und daraus die Tonerde durch Kohlensäure abgeschieden. BAYER benutzt zum Aufschluß Natronlauge unter Druck und scheidet die Tonerde aus dem Aluminat durch Ausrühren mittels Aluminiumhydroxyds ab. Bezüglich Einzelheiten s. Aluminiumoxyd unter Aluminiumverbindungen. Ein außerordentlich interessantes Verfahren zur Herstellung von reiner Tonerde ist neuerdings von SERPEK aufgefunden worden. Es besteht darin, daß der Bauxit durch Erhitzen im Stickstoffstrom in Aluminiumnitrid verwandelt wird, das bei der Zersetzung mit Natronlauge Ammoniak und Natriumaluminat liefert, welches nach dem BAYER-Verfahren auf Tonerde verarbeitet wird. Da dieses Verfahren das wertvolle Ammoniak als Nebenprodukt erzeugt, so bietet es für die Industrie ein besonderes Interesse (vgl. Aluminiumnitrid); doch scheint die technische Durchführung einstweilen noch mit erheblichen Schwierigkeiten verbunden zu sein (vgl. *Ch. Ind.* **36**, 20 [1913]).

Schließlich sei noch das Verfahren von HALL erwähnt. HALLS Methode besteht darin, den ausgeglühten Bauxit unter Zusatz von Kohle im elektrischen Ofen zu erhitzen. Hierbei bilden die Verunreinigungen eine spezifisch schwere Schlacke, die leicht von der darüber schwimmenden geschmolzenen Tonerde getrennt und zur Aluminiumfabrikation verwendet werden kann. Diese Methode, welche in Amerika allgemein angewendet wird, hat neben ihrer Einfachheit noch den Vorteil, daß sie es gestattet, auch kieselsäurereiche Bauxite zu verwenden, während es mit der indirekten Methode so gut wie ausgeschlossen ist. Jedoch scheint es, als ob die auf diesem Wege hergestellte Tonerde weniger rein ist als die auf chemischem Wege bereitete.

Als weitere Ausgangsmaterialien bei der Aluminiumfabrikation kommen Kryolith und Aluminiumfluorid sowie Calciumfluorid in Betracht, die als Lösungs- bzw. Flußmittel Verwendung finden. Die beiden ersten Produkte werden meist künstlich gewonnen; über ihre Herstellung s. Aluminiumverbindungen. Es ist hauptsächlich darauf zu achten, daß die Produkte möglichst frei von Kieselsäure sind.

2. Elektroden. – Über die technische Herstellung der Kohleelektroden vgl. den Artikel Elektroden. Hier sei nur darauf hingewiesen, daß die hierfür benutzte Kohle möglichst rein und frei von Mineralbestandteilen sein muß und daß die Hauptmenge der im technischen Aluminium enthaltenen Verunreinigungen von den Elektroden herrühren. Infolge des großen Aschengehaltes ist sowohl Anthrazit als auch Steinkohlenkoks von der Verwendung für diesen speziellen Zweck ausgeschlossen, und es kommt nur Retortengraphit und Petroleumkoks in Betracht, die nicht über 1% Asche enthalten.

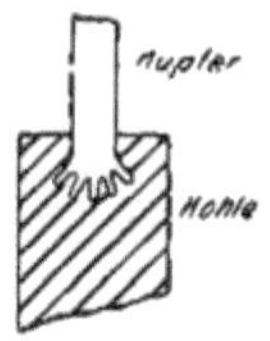

Abb. 91.

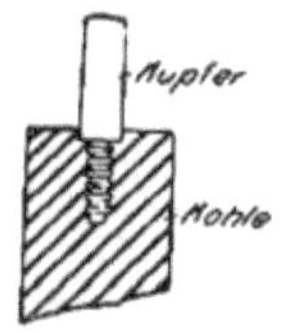

Abb. 92.

Man kann die Elektrodenklötze natürlich nicht, wie dies bei elektrothermischen Prozessen üblich ist, durch einen Überzug von Silicaten u. s. w. gegen Abbrand schützen, sie unterliegen also einer immerhin beträchtlichen Abnutzung durch Abbrand. Manche Fabriken verwenden deshalb, um diesen zu verhindern, Elektroden in Gestalt einer Pyramide, deren kleine Grundfläche ins Bad taucht, während sonst meist würfelförmige Stücke üblich sind. Die Elektrode befindet sich bei Verwendung der Pyramidenform fast ganz in der Schmelze und der Abbrand wird klein, doch ist in diesem Falle der Verlust durch die Abfallstücke beträchtlicher. Die Maße der Elektroden sind: etwa 25×30 *cm* Querschnitt, während die Länge zwischen 30 und 50 *cm* schwankt. Das Gewicht der einzelnen Elektrode beträgt dann zwischen 30 und 70 *kg*. Was die Stromzuführung für diese Elektrodenwürfel anbelangt, so wird entweder ein klauenförmiges Eisenstück mit Elektrodenmasse umpreßt (Abb. 91) und mit ihr festgebrannt; oder man verfährt so, daß man beim Pressen eines Elektrodenblocks eine Höhlung in der einen Würfelfläche ausspart (Abb. 92), in welche nach dem Brande eine Stromzuführung eingeschraubt wird (vgl. LOUIS, *Z. Elektrochem.* **17**, 377 [1911]).

Die Bäder werden aus einem rechtwinkligen, innen mit Kohle ausgekleideten Eisenblechkasten gebildet. Die Badplatten dienen als Kathode, auf ihr sammelt sich das ausgeschiedene Aluminium an, das nachher die Funktion der Kathode übernimmt. Der Boden ist deshalb mit Kohle belegt, weil Aluminium sich bei höherer Temperatur etwas mit Eisen legiert und weil beim Einschmelzen des Bades mit einer Widerstandskohle leicht lokale Überhitzung und Durchschmelzen des Eisens erfolgen. Um 1900 betrugen die Dimensionen dieser Bäder 1–1,50 *m* Länge,

0,55 — 0,75 *m* Breite und 0,30 *m* Höhe (Abb. 93). Später hat man die Kapazität des Bades vermehrt; die Dimensionen betrugen dann 2,40 *m* Länge, 1,20 — 1,50 *m* Breite und 0,60 — 0,75 *m* Höhe. Man benutzt Eisenblech von 8 — 10 *mm* Dicke, verstärkt es durch Winkeleisen, stellt die Eisenkästen auf Ziegel und erreicht dabei gleichzeitig eine gute Isolation gegen den Eisenboden. Hier und da stützte man die Kästen auch an einer Schmalseite auf Schraubböcke, um sie im Augenblick der Entleerung nach dieser Seite hinneigen zu können. Selten benutzte man wohl auch Bäder ohne Eisenboden, bei welchen dann die Kohleziegel direkt auf das Mauer-

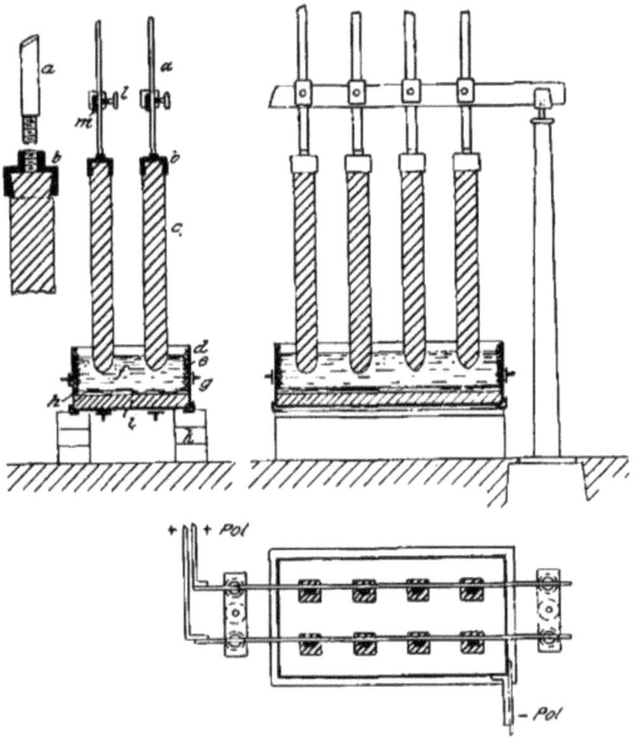

Abb. 93 nach WINTELER.

a Kupferstangen; *b* Elektrodenhalter; *c* Kohlenelektroden; *d* Schmiedeeiserner Kasten; *e* Erstarrte Schmelze; *f* Schmelze; *g* Versteifung; *h* Abgeschiedenes Aluminium; *i* Kohlenboden; *k* Ziegel; *l* Klemmen; *m* Stromzuführung.

werk aufgesetzt wurden. Zwischen 1900 und 1904 hat man anscheinend an verschiedenen Stellen darauf verzichtet, die vertikalen Wände der Bäder mit Kohle auszukleiden, hat sie vielmehr nackt gelassen. Eine mehr oder weniger dicke erstarrte Kruste des Elektrolyten schützte sie dabei an den exponierten Stellen gegen anodischen Angriff. Die Wärmeverluste durch Strahlung und Leitung waren dabei jedoch sehr beträchtlich, und man bekleidete deshalb in der Folge die Seitenwände nach innen hin mit wärmeisolierenden Steinen. Hinter dieser Schicht folgt erst die Auskleidung mit Kohlesteinen, die im Innern des Bades einen rechtwinkligen Hohlraum von 30 *cm* Höhe frei läßt. Sowohl der Kohleboden wie die Auskleidung der Wände dienen als Kathode. Es muß sorgfältig darauf gesehen werden, daß keine Spalten in der Auskleidung sich bilden können, da das Aluminium sonst durch sie hindurch bis zu der wärmeisolierenden Auskleidung oder sogar bis zum Metallboden des Kastens durchdringt und dann beträchtliche Mengen von Silicium und Eisen aufnimmt.

Der Kontakt zwischen der kathodischen Stromzuführung und dem Kohleboden muß mit besonderer Sorgfalt ausgeführt werden. Man hat sich lange Zeit damit begnügt, ein Teerkohlegemisch warm in den Eisenkasten einzustampfen, wobei man durch Aufrauhen der Eisenbleche oder durch Einnieten von Eisenstücken (Abb. 94) auf sie dafür Sorge trug, daß die Berührungsfläche zwischen Kohle und Metall

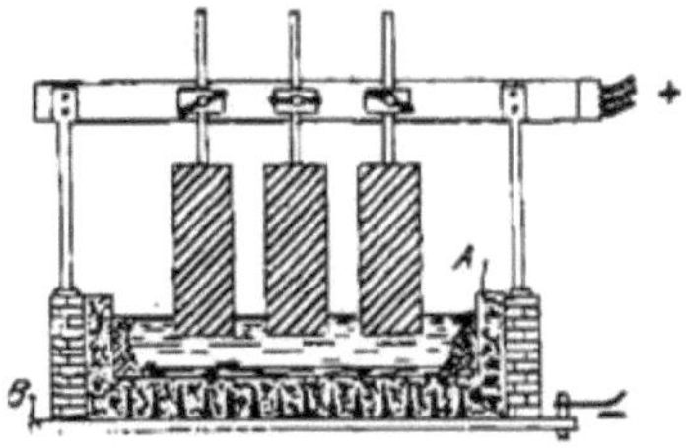

Abb. 94. Nach Regelsberger.
A Teer-Kohlegemisch; *B* Eiserne, mit Stiften versehene Bodenplatte.

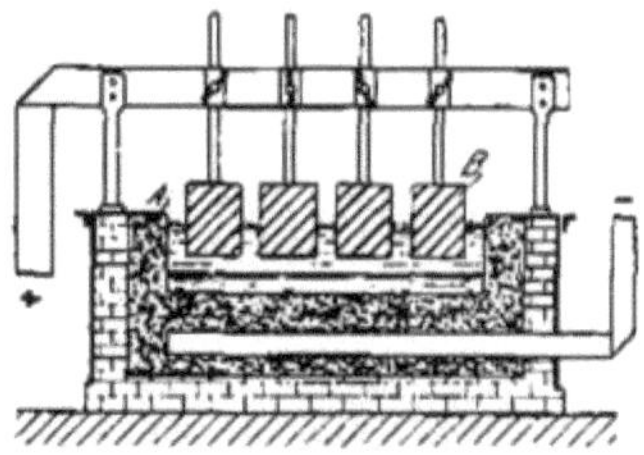

Abb. 95.
A Teer-Kohlegemisch; *B* Elektrode.

eine möglichst große, der Übergangswiderstand also ein kleiner wurde. Öfter hat man auch entsprechend Abb. 95 horizontale Stromzuführungen aus Eisenstangen verwendet. In einzelnen Fabriken hält man es dabei für notwendig, die fertiggestellten Badkästen in besonderen Öfen so zu erhitzen, wie man dies mit den Anoden allein macht, um die flüchtigen Bestandteile ganz zu entfernen und die ganze Masse gut leitend zu bekommen. In anderen Fabriken wieder wird das Bad sehr langsam in Gang gebracht, damit der Teer sich langsam zersetzt und gut bindet.

Die Leitfähigkeit der Badauskleidung ist jedoch auch dann keine sehr vollkommene. Man kleidet deshalb das Bad mit Kohleblöcken aus, die, wie dies für

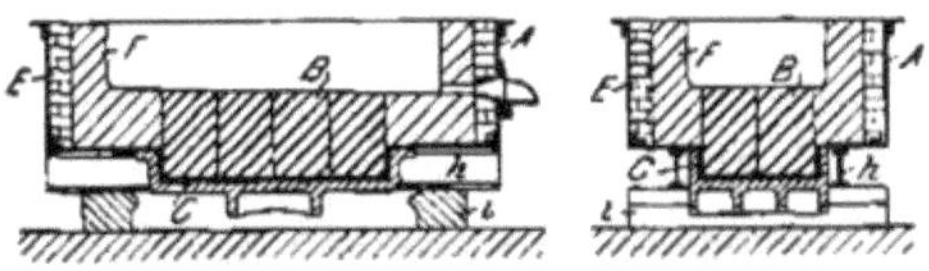

Abb. 96.
A Schmiedeeiserner Kasten; *B* Elektrodenkohle; *C* Klauen für Stromzuführung; *E* Mauerwerk; *F* Wärmeschutzmasse; *h* I-Träger; *i* Ziegel.

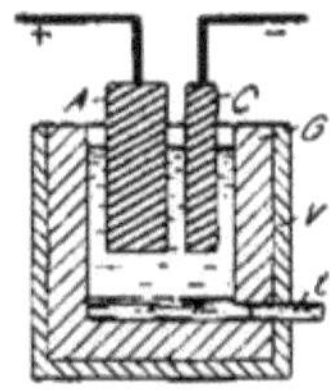

Abb. 97.
A Anode; *C* Kathode; *G* Wärmeschutzmasse; *V* Steine oder Ziegel; *t* Abstichöffnung.

Elektroden üblich ist, zubereitet und dementsprechend vor dem Einbau stark geglüht werden. Man legt sie oft horizontal nebeneinander auf den Boden der Bäder und hält sie mit Klauen zusammen, die gleichzeitig als Stromzuführung dienen. Hier und da stellt man sie auch entsprechend Abb. 96 horizontal nebeneinander und klemmt sie dabei in ein Einsatzstück am Boden des Bades ein (Konstruktion Lambert). Dabei kleidet man die Seitenwände, wie gesagt, zwischen Kohle und Eisen stets mit Wärmeschutzmasse aus.

Zum Schlusse soll noch die von Minet vorgeschlagene, aber jetzt wieder verlassene Anordnung (Abb. 97) erwähnt werden, wobei die Kathode aus langen

Elektrodenkohlen besteht, die neben den Anoden aufgehängt sind. Das an der Kathode abgeschiedene Aluminium sinkt auf den Boden, wo es sich zu größeren Massen vereinigt und abgestochen werden kann. In einem Bade sind gewöhnlich 32—40 Elektroden in 4 Reihen angeordnet, 2 Anoden- und 2 Kathodenreihen.

Bei den Anoden gibt man teilweise den kleineren von 8—10 *cm* Kantenlänge des quadratischen Querschnittes den Vorzug vor schwereren Stücken, die 45—90 *kg* wiegen. Je 8—12 Anoden werden etwa, wie Abb. 3 zeigt, in das Bad eingehängt, wenn das Gewicht der einzelnen Anode ein gewisses Maß nicht überschreitet. Bei höheren Anodengewichten muß man robustere Konstruktionen anwenden, welche erlauben, die einzelnen Anoden auf mechanischem Wege zu senken und zu heben. Die Stromintensität für eine Badreihe beträgt in der Regel 8000—10000 Amp., bei Bädern von größeren Dimensionen ist man auf 15000—20000 Amp. übergegangen. Die angewandte Stromdichte beträgt 0,7—1 Amp. pro Quadratzentimeter. Das Bad wird dabei nicht überhitzt und bleibt gut flüssig. Die kürzeren Elektroden haben den Vorzug, daß relativ wenig Spannung in der Elektrode verloren geht, aber auch mehr abgenutzte Anodenreste entstehen. Die Badspannung beträgt etwa 6—7 Volt, sie hängt natürlich vom Abstand zwischen Anode und Kathode ab. Diese niedrige Spannung ist ein Kriterium der richtigen Badzusammensetzung. Sie steigt sofort gewaltig bei Mangel an Tonerde und schwankt dann zwischen 8—20 Volt.

3. Zusammensetzung des Bades: Diese schwankt je nach den Fabriken und wird meist geheim gehalten. Der Hauptunterschied ist die Zusammensetzung des ursprünglichen Bades, das zum Lösen der Tonerde dient. In denjenigen Fabriken, welche auf HÉROULT zurückgehen, benutzt man als Elektrolyt entweder ausschließlich Kryolith oder Kryolith mit einem kleinen Zusatz von Flußspat oder von Chlornatrium. Der Tonerdegehalt wird allgemein nicht unter 10% genommen, soll aber 20% auch nicht überschreiten. In den Fabriken, welche auf HALL zurückgehen, benutzt man eine andere Zusammensetzung, u. zw.:

Zusammensetzung	Gewicht	Mol.
Kryolith ($AlF_3 \cdot 3\,NaF$) . .	36 T.	1
Aluminiumfluorid (AlF_3) .	44 T.	3
Calciumfluorid (CaF_2) .	20 T.	3

Vor zehn Jahren war, zum wenigsten in einigen französischen Fabriken, diese Badzusammensetzung üblich, es scheint jedoch, daß man in Frankreich seither die Menge des Fluoraluminiums reduziert hat. In jedem Falle ist man bestrebt, eine Zusammensetzung zu wählen, welche erlaubt, eine möglichst große Menge Tonerde bei niedriger Temperatur zu lösen. Man hat aus diesem Grunde zeitweise ein Bad genommen, welches der Zusammensetzung $2\,AlF_3 \cdot 3\,NaF$ entspricht. Bei der Anwendung hat sich dann herausgestellt, daß das Bad an Homogenität einbüßte und daß sich Krusten verschiedenartiger Zusammensetzung abschieden, welche seine Verwendung erschwerten.

4. Die Inbetriebsetzung des Bades erfolgt zweckmäßig so, daß man kleine Kohlestücke als Heizwiderstände zwischen die Anode und den Kathodenboden einschiebt. Dann schüttet man Kryolith oder Kryolith zusammen mit den angegebenen Flußmitteln auf und schaltet das Bad mit der normalen Stromstärke in den Stromkreis ein. Sobald die Salzfüllung schmilzt und sich senkt, gibt man von neuem Kryolith und Flußmittel hinzu und zieht die Anoden allmählich höher. Man muß

dabei natürlich darauf acht geben, daß die Stromdichte an allen Elektroden möglichst die gleiche sei, und reguliert dementsprechend die Stellung der Anoden. Selbstverständlich ist die beim Einschmelzen des Bades aufzuwendende Spannung ziemlich beträchtlich. Erst wenn die ganze Kryolithmenge vollkommen geschmolzen ist, gibt man Tonerde hinzu, u. zw. zunächst sehr wenig und unter Umrühren, um die gleichmäßige Verteilung und Auflösung der Tonerde zu beschleunigen. Dann kann man größere Mengen hinzugeben, wobei die Spannung allmählich auf den normalen niedrigen Wert sich vermindert. Die Inbetriebsetzung eines Bades dauert gewöhnlich zwei Tage. Um ihre Dauer zu verringern, nimmt man einen Zusatz von Kochsalz zu Hilfe. In manchen Fällen setzt man auch von Anfang an gleich das richtige Gemenge von Kryolith und Tonerde mit oder ohne Flußmittel zu, jedoch dauert die Inbetriebsetzung in diesem Falle gewöhnlich noch viel länger. Sie ist stets mit einigen Schwierigkeiten verknüpft, da es öfter vorkommt, daß sich teigige Massen bilden, wenn man nicht durch geschickte Regulierung der Stromdichten für gleichmäßige Verteilung der Substanzen sorgt. Die Temperatur des Bades soll jedenfalls 1000° nicht übersteigen.

Um während des Betriebes eine zu starke Wärmestrahlung und damit zu große Wärmeverluste zu verhindern, bedeckt man die Badoberfläche mit einer Schicht Tonerdepulver, welches in der Nähe der Anoden mit dem Bade bald zusammensintert. Die Anoden sind dabei dauernd von einer bläulichen Flamme verbrennenden Kohlenoxyds umhüllt. Die Flamme ist häufig durch die Gegenwart verdampfenden Natriums aus dem Kryolith gefärbt. Man beobachtet sorgfältig die Prüflampen zwischen Anoden und Kathoden, die man so wählt, daß bei richtigem Gange des Bades der Faden dunkelrot glüht; sobald der Tonerdegehalt abnimmt und die Badspannung steigt (15—20 Volt), fangen dann die Lampen an, heller zu leuchten. Man durchstößt dann mit einem harten Instrument die über dem Schmelzfluß stehende Schicht von erhärteter Tonerde, rührt um und wirft eine neue Schicht Tonerde auf das Bad auf. Kryolith und Flußmittel werden relativ selten, in Zwischenräumen von mehreren Tagen zugegeben. Es hängt dies von der Geschicklichkeit der Arbeiter ab, von denen einer etwa 3—4 Bäder überwachen kann. Die Arbeitsfläche der Anoden hält man 6—8 *cm* von der Kathodenfläche entfernt.

Das Aluminium wird alle 2—3 Tage abgezogen. Gelegentlich wird es durch „Abstechen" entfernt; hierzu wird das Bad etwas umgerührt, um die Metallmassen am Boden zu vereinigen; dann öffnet man das Abstichloch und läßt das Metall in gußeiserne Formen einlaufen. Dabei fließt auch eine gewisse Menge der Salzschmelze mit aus. Zweckmäßiger und allgemeiner erfolgt jedoch die Entnahme des Aluminiums durch Ausschöpfen mit einem eisernen Löffel. Um völlig trocken zu sein, wird der Löffel etwas angewärmt und behufs Vermeidung eines Kurzschlusses mit der nötigen Vorsicht hantiert. Eine längere Berührung mit dem Bade muß vermieden werden, weil sonst leicht etwas Eisen vom Aluminium aufgenommen wird. Man entfernt nicht alles Aluminium, sondern hält einen Teil auf der Kohlenauskleidung des Ofens zurück; die Gegenwart von etwas geschmolzenem Aluminium begünstigt die Stromausbeute, da die sich bildenden Aluminiumteile an einer schon vorhandenen Metallschicht besser als an der Kohle selbst zusammenhängend haften.

Nach dem FARADAYschen Gesetz soll sich 0,337 *g* Aluminium per Ampèrestunde bei einer Spannung von 8 Volt bilden. Das entspricht 42,1 *g* per *KW*-Stunde und 363,7 *kg* per *KW*-Jahr. Ein in normalem Gange befindliches Bad ergibt Stromausbeuten von 90—95%. Die vielfachen, bei der Fabrikation nicht zu vermeidenden

Störungen beeinflussen jedoch den Wirkungsgrad, so daß er im Mittel nicht über 60—65% steigt. Dies entspricht einer jährlichen Ausbeute von 210—275 *kg* Aluminium pro *KW*-Jahr oder 154—202 *kg* pro *PS*-Jahr.

Nach der Reaktionsgleichung entsprechen 1889 *g* Tonerde und 333,5 *g* resp. 666,7 *g* (je nach der Bildung von CO oder CO_2) Anodenkohle 1 *kg* Metall. Praktisch muß man mit 2 *kg* Tonerde, ev. mit noch mehr rechnen, da die Verstäubung nicht unerheblich ist, während man für den Anodenverbrauch mindestens 600—650 *g* einsetzt, eine Zahl, die sich durch den Abfall der Anodenköpfe auf 700—1000 *g* pro Kilogramm Aluminium erhöht.

Was nun den Materialverbrauch an Kryolith betrifft, so ist es schwer, genaue Zahlen anzugeben. Theoretisch ist der Verbrauch gleich Null. In der Praxis hängt er sehr von der Sorgfalt und der Geschicklichkeit der Arbeiter ab, welche die Badarbeit leiten. Man rechnet durchschnittlich 60—100 *g* Kryolith und 100—150 *g* Aluminium- und Calciumfluorid für 1 *kg* Aluminium.

Das im elektrischen Ofen gewonnene Aluminium wird meistens zur Überführung in Handelsqualität nochmals in Flammöfen umgeschmolzen; es enthält 98—99% *Al*, meist gegen 99%. Daneben stellt z. B. die ALUMINIUM-INDUSTRIE-A.-G. noch die folgenden Qualitäten her:

Aluminium garantiert 99%
" 99—99½%
" 99½%

Die Verunreinigungen, die sich, von kleinen Schwankungen abgesehen, ungefähr gleichmäßig verteilen, bestehen aus 0,18—0,58% Silicium und 0,11—0,34% Eisen. In anderen Marken finden sich hie und da Spuren von Kupfer. Besonders schädlich für die Verwendung des Aluminiums zu Gebrauchsgegenständen und Bronzefarben ist ein Natriumgehalt, der nach MOISSAN zwischen 0,1 und 0,4% schwankt, jedoch fast nur im Rohaluminium anzutreffen ist.

Analyse.

Die gewöhnliche Untersuchung des Handelsaluminiums beschränkt sich auf die Bestimmung von Silicium, Eisen und Kupfer.

Zur genauen Bestimmung des Siliciums löst man das zerkleinerte Metall (Bohrspäne oder Schnitzel) entweder in reinem Ätznatron von bekanntem SiO_2-Gehalt, worauf, wie üblich, nach etwaigem Abfiltrieren anderer zu bestimmender Rückstände (*Fe*, *Cu* etc.) mit Salzsäure abgestumpft und zur Trockne verdampft wird, oder in Königswassermischung, die man schließlich zur besseren Abscheidung des SiO_2 mit etwas konz. H_2SO_4 abraucht. Das hierbei entfallende SiO_2 muß mit HF (+ 1 Tropfen H_2SO_4) abgeglüht oder mit $NaKCO_3$ umgeschmolzen werden. (Vgl. F. REGELSBERGER, *Z. angew. Ch.* 4, 20, 52, 360, 442, 473 [1891]).

Zwecks einer raschen und meist hinreichend genauen Bestimmung des Siliciums geht man in folgender Weise vor: 3 *g* Späne werden in geräumigem (¾ *l*-) Kolben mit 150 *ccm* Schwefelsäure von 1,605 spez. Gew. oder mit einem Gemisch aus 100 *ccm* Schwefelsäure von 1,830 spez. Gew. und 80 *ccm* Wasser übergossen und bei aufgesetztem langen Kühlrohr etwa ½ Stunde hindurch zum Kochen erhitzt; dann wird vorsichtig mit Wasser auf 200—250 *ccm* verdünnt, heiß in einen entsprechend geräumigen Erlenmeyerkolben abfiltriert, mit heißem Wasser nachgewaschen (das erste Waschwasser kommt in den Kolben) und der Rückstand im Platintiegel mit dem Filter verascht und geglüht. Der Rückstand wird als SiO_2 betrachtet und gibt durch Multiplikation mit 15,6 (aus $100 \cdot 0{,}469 : 3$) den *Si*-Gehalt in Prozenten. Allerdings enthält der Rückstand noch geringe Mengen Eisen (0,04—0,06%), dafür aber enthält er auch noch sog. graphitisches *Si*, das sich der Oxydation durch Glühen entzieht, und auch das Filtrat hält geringe Mengen SiO_2 (bis zu 0,06%) zurück; für gewöhnlich handelt es sich aber nur um eine Differenz von ± 0,1% *Si*.

Das Filtrat von der vorigen Lösung dient, nach völliger Reduktion mit reinem Zink (Pt-schnitzel zugeben), zur Eisenbestimmung mittels Permanganats, wobei ein konstanter Wert (0,06%) für das beim Rückstand gebliebene Eisen zugezählt werden kann. Die Eisenbestimmung kann natürlich auch in der mit H_2SO_4 abgestumpften Ätznatronlösung oder — weniger rasch — in der mit H_2SO_4 abgerauchten Königswasserlösung vorgenommen werden.

Die Bestimmung des Kupfers läßt sich in dem Rückstand von der Ätznatronlösung nach etwaiger Abscheidung des Eisens mit NH_3 und Ansäuern mit Salpetersäure elektrolytisch bewirken; in den meisten Fällen aber genügt hier oder in der von der SiO_2-Bestimmung herrührenden schwefelsauren Lösung die kolorimetrische Feststellung des Kupfergehaltes durch Prüfung der mit Schwefelwasserstoffwasser auftretenden Färbung.

Das Natrium wird nach der Methode von MOISSAN (*Ch. Ztg.* 30, 6 [1906]) bestimmt. 5 *g* Substanz werden in heißer, verdünnter Salpetersäure (1 : 2) gelöst, die Lösung in einer Platinschale eingedampft und der Rückstand auf eine Temperatur erhitzt, die unter der Schmelztemperatur des Natriumnitrats liegt, wobei das Aluminiumnitrat völlig zersetzt wird. Aus dem Glührückstand wird das Natriumnitrat mit heißem Wasser ausgezogen, die Lösung in einer Porzellanschale eingedampft, der Rückstand durch zweimaliges Behandeln mit Salzsäure in *NaCl* verwandelt und schließlich im scharf getrockneten Rückstande das Chlor mit Silbernitrat gefällt oder titriert.

Über die Bestimmung von *Al, Pb, P, S, As* und *N* sowie über die Analyse von Aluminiumlegierungen vgl. *Lunge-Berl*, II, 791.

Verarbeitung.

a) Schmelzen und Gießen. Zum Einschmelzen des Aluminiums sowie der speziellen Gußlegierungen bedient man sich der Graphittiegel ohne jegliche Flußmittel, auch eine Holzkohlendecke ist nutzlos. Aluminium nimmt, wie verschiedene andere Metalle, beim Schmelzen Gase auf, soll daher weder überhitzt werden, noch nach dem Schmelzen zu lange im Feuer bleiben. Das Metall muß, nachdem es eben rotwarm und gut dünnflüssig geworden, wieder erkalten gelassen werden, zu welchem Zwecke man etwas festes Metall eintragen kann; die besten Güsse erhält man, wenn das Metall so kalt ist, daß es in der Form eben noch ausläuft. Vor dem Gießen ist das Metall gut durchzurühren, mit einem Löffel tüchtig abzuschäumen und der Schaum sorgfältig zurückzuhalten.

Bei der Herstellung der Modelle ist für Reinaluminium ein lineares Schwindmaß von 1,8% zu berücksichtigen, bei den speziellen Gußlegierungen von 1,3%. Beim Einformen und Gießen ist in erster Linie zu beachten, daß das Metall gerade vor dem Festwerden ungemein brüchig ist und daß die Gußstücke umso fester werden, je schneller sie erstarren; Kokillenguß besitzt daher immer größere Festigkeit als Sandguß. Hervorgehoben soll werden, daß beim Umschmelzen von Blechschnitzeln und anderen Abfällen starke Verluste auftreten. Der Abbrand beträgt bei Blech ca. 8, bei Spänen bis 20%.

b) Schmieden. Aluminium läßt sich kalt und warm schmieden und gewinnt im ersten Vorgang an Festigkeit. Bei dem Warmschmieden darf das Metall nicht rot werden, vielmehr nur einen solchen Hitzegrad zeigen, daß ein Fichtenholzspan, mit ihm in Berührung gebracht, zu rauchen beginnt.

c) Walzen. Bei der Herstellung der Walzplatten, die in liegender, oben offener oder geschlossener Kokille erfolgen kann, kommt es hauptsächlich darauf an, das Metall rasch zu kühlen, damit es feinkrystallinisch erstarrt (Sandguß ist daher unzulässig). Die Walzplatten oder -barren werden zunächst in warmem Zustande (vgl. beim Schmieden) auf 9 *mm* heruntergewalzt, wieder gewärmt und dann kalt weitergewalzt.

d) Pressen, Ziehen, Drücken, Treiben, Prägen. Diese Arbeiten sind von den bei anderen Metallen üblichen nicht viel verschieden, indem man wie bei diesen von weichem Blech ausgeht. Beim Pressen und Ziehen verwendet man am besten Vaselinöl als Schmiermittel. Ein Ausglühen ist zwischen den einzelnen Stufen meist nicht nötig.

e) Zusammenfügungs-Arbeiten. Die Stücke lassen sich mit Leichtigkeit zusammennieten, verzinken, verschrauben und fügen. Hierbei ist jedoch, wenn die betreffenden Gegenstände den Witterungs- oder sonstigen chemischen Einflüssen ausgesetzt sind, zu beachten, daß Aluminium mit einem andern Metall und einer Flüssigkeit nie zugleich in direkte Berührung kommen soll, da es sonst infolge galvanischer Wirkung einer allmählichen Zerstörung unterliegt. Falls daher Aluminium mit einem andern Metall verbunden oder mit Hilfe von Nägeln oder Schrauben auf Holz etc. befestigt werden muß, ist das Loch für den Nagel oder die Schraube größer als deren Schaft zu machen und durch Unterlegen eines Plättchens von Isoliermaterial (Gummi, Vulkanfiber, Holz, Pappe) dafür zu sorgen, daß eine direkte Berührung des Nagels oder der Schraube mit dem Aluminium vermieden wird. Zum Vernieten sind aus dem gleichen Grunde nur Nieten aus Aluminium anwendbar.

Von den vielen empfohlenen Aluminium-Loten hat sich keines bewährt. Es gibt trotz aller Anpreisungen kein dauernd haltbares Aluminiumlot, namentlich wenn chemische Einflüsse irgendwelcher Art in Frage kommen. Wenn daher die Vereinigung durch Vernieten oder Verstemmen nicht genügt, z. B. bei Gefäßen, welche Druck auszuhalten haben, empfiehlt es sich, nach dem Verfahren der Firma W. C. HERAEUS in Hanau a. M. geschweißte Gefäße anzuwenden oder aber die Verbindung auf dem Wege der sog. autogenen Schweißung zu bewirken, d. h. durch Löten mit Aluminium selbst unter Zuhilfenahme spezieller Schweißbrenner und Flußmittel (vgl. autogene Metallbearbeitung).

f) Verschönerungsarbeiten. Die Herstellung einer rein weißen metallischen Oberfläche erreicht man bei dem Aluminium am besten durch Beizen mit einer 10%igen Natronlauge, welche, um eine schöne, mattsilberähnliche Farbe des Metalles zu erzielen, am besten warm angewendet wird. Die Gegenstände bringt man zunächst etwa 15 bis 20 Sekunden in die Lauge, nimmt sie wieder heraus, wäscht und bürstet sie ab. Hierauf beizt man sie nochmals und ungefähr $^1/_2$ Minute lang, wobei an dem Metall eine lebhafte Gasentwicklung auftritt. Zuletzt wäscht man die Gegenstände gut ab und trocknet sie in Sägespänen.

Kupferhaltiges Aluminium läßt sich mit dieser Lauge ebenfalls sehr schön weiß beizen. Dieses Metall wird in der Beize zuerst braun bis schwarz und erreicht seine eigentliche Farbe erst, wenn man es nach dem Abwaschen kurze Zeit in konz. Salpetersäure taucht, dann wiederum gut wäscht und wie oben trocknet.

Eine schöne, moiréglänzende Mattierung erhält man mit einer Flußsäurebeize aus 30 *g* Fluorammonium und 30 *ccm* konz. Schwefelsäure auf 1 *l* Wasser. Diese Beize ist kalt anwendbar

(Dauer 15—20 Minuten), wirkt aber warm (40—50°) bedeutend schneller und kräftiger (5 bis 10 Minuten). Bei dieser Beize ist es empfehlenswert, die Bleche vor dem Beizen durch Abreiben mit Kalkbrei von dem anhaftenden Fette zu befreien und die Hände durch Gummihandschuhe zu schützen.

Sehr schöne gleichmäßige Mattierungen lassen sich mit dem Sandstrahlgebläse herstellen; je nach der Korngröße des Sandes wird auch das Korn der Mattierung verschieden. Durch nachträgliches Beizen wird die anfänglich mattgraue Farbe schön silberweiß. Eine schöne satinähnliche Oberfläche erzielt man nach vorausgehendem Beizen durch Behandlung mit der Kratzbürste.

Stark gebeiztes oder auf mechanischem Wege mattiertes Aluminium ist ziemlich empfindlich gegen Berührung mit fettigen Händen; man schützt daher die fertigen Gegenstände zweckmäßig durch Lackieren, wozu sich am besten der farblose, kaum sichtbare Zaponlack eignet.

Aluminium läßt sich wie jedes andere Metall anstreichen, nachdem man es wie üblich mit Terpentinöl abgewaschen hat. Es hält Farbe sogar besser als Eisenblech und bedarf keiner sorgfältigen Vorbehandlung.

g) Reinigen. Zum Reinigen bedient man sich der im Handel vorkommenden roten Putzpasta, einem Gemisch von Polierrot und Talg. Artikel mit nicht polierter Oberfläche, z. B. das Innere von Kochgeschirren, welches bräunlich anläuft, reinigt man mit fein geriebenem Putzstein oder Holzasche, mit geschlämmtem Schmirgel, sehr gut auch mit Tripel oder feinem Quarzsand. Ein sehr bequemes und die Geschirre schonendes Mittel, um braun angelaufenes Kochgeschirr zu reinigen, besteht darin, daß man in ihm eine verdünnte Lösung von Alaun und Weinstein kocht (1/3 Weinstein, 2/3 Alaun, hiervon 1 Eßlöffel voll auf 1 *l* Wasser).

S. a. Galvanoplastik und Galvanostegie.

Verwendung.

Infolge seines billigen Preises ist die Verwendung des Aluminiums in den verschiedenen Industriezweigen sehr gestiegen. Seine Hauptanwendung dürfte es in der Metallurgie finden, u. zw. in der Eisen- und Stahlindustrie (s. Eisen), wo ca. 0,02—0,05% Aluminium bei jedem Abstich in die Gießpfanne gegeben werden, um das gelöste Eisenoxyd zu reduzieren (Desoxydieren). Größere Mengen werden ferner für die Aluminothermie (s. d.) und für verschiedene Legierungen (s. d.), wie Aluminiumbronze, zu sog. Leichtlegierungen, wie Magnalium und Duraluminium, die im Luftschiffbau benutzt werden, verwendet. Es wird ferner dem Zink, das zum Verzinken der Eisenbleche dient, zu ca. 10% zugesetzt, um es dünnflüssiger zu machen. Zahlreiche Gebrauchsgegenstände, wie Kochgeschirre, Feldflaschen etc., werden entweder gegossen oder aus Aluminiumblech gestanzt; jedoch werden diese beim Gebrauch leicht schwarz, was durch die im Aluminium enthaltenen Verunreinigungen verursacht wird (über ihre Reinigung s. o.). Die bei der Herstellung dieser Gebrauchsartikel sich ergebenden Aluminiumblechabfälle werden ausschließlich auf Aluminiumbronzefarben (s. Bronzefarben) durch mechanische Zerkleinerung verarbeitet. Jedoch ist die Herstellung derselben wegen der leicht auftretenden Aluminiumstaubexplosionen nicht ungefährlich. Das so gewonnene feine Aluminiumpulver dient für lithographische Zwecke, als Anstrichfarbe, als Zusatz zu Rostschutzfarben, für die Herstellung von Explosivstoffen (s. d.), wie z. B. Ammonal, und in der Feuerwerkerei (s. d.). Aluminium dient ferner für die Herstellung von Apparaten für die chemische Industrie und Spiritusindustrie, die zusammengeschweißt werden, da noch kein wirklich brauchbares Aluminiumlot aufgefunden ist. Auch für den Aluminiumdruck (s. Reproduktionsverfahren) wird Aluminiumblech benutzt.

Infolge des jetzigen billigen Aluminium- und des hohen Kupferpreises wird es ferner schon an Stelle von Kupfer für elektrotechnische Zwecke, speziell für elektrische Leitungsdrähte benutzt.

Bei einer Leitungsfähigkeit von 60% ist der für Aluminium erforderliche Querschnitt zwar 1,66 mal größer als bei Kupferdraht von gleicher Leitungsfähigkeit; wegen des Verhältnisses der spezifischen Gewichte von 2,68 zu 8,93 beträgt aber das für eine Aluminiumleitung erforderliche Gewicht nur 50% einer Kupferleitung von gleichem Leitungsvermögen. Kupfer- und Aluminiumleitungen kommen daher gleich im Preise, wenn 1 *kg* Aluminiumleitung doppelt soviel kostet wie 1 *kg* Kupferleitung; sind aber, wie es jetzt der Fall ist, Aluminium und Kupfer ungefähr gleich teuer, so ergibt sich eine sehr erhebliche Preisersparnis bei Verwendung von Aluminium. Außerdem bietet die Verwendung von Aluminiumleitern infolge ihres nur halb so großen Gewichtes den Vorteil, daß Masten,

Träger und Isolatoren weniger beansprucht werden; die Bruchfestigkeit von Aluminiumdraht ist allerdings geringer als die des Kupferdrahtes; dieser Mangel wird aber, da die Aluminiumleitungen einen doppelt so großen Querschnitt erhalten, hierdurch mehr als ausgeglichen. Hinsichtlich des Verhaltens gegenüber den Witterungseinflüssen haben sich die Aluminiumleitungen bewährt; besonders gerühmt wird, daß sich an ihnen nasser Schnee bei weitem nicht so anhängt wie an den Kupferleitungen, wodurch sich die Gefahr des Reißens infolge der ungewöhnlichen Belastung sehr verringert. Die anfänglichen Schwierigkeiten des Verbindens der Kabelenden wegen des Mangels eines leicht anwendbaren Lotes sind jetzt durch mechanische Verbindungen verschiedener Konstruktion vollkommen überwunden.

Hingewiesen sei auch auf die Verwendung als Reduktionsmittel für organische Substanzen, die von WISLICENUS und KAUFMANN (*B.* 28, 1323 [1896] und *J. pr. Ch.* 54, 18 [1896]) vorgeschlagen wurde, aber keine praktische Anwendung fand. Hierzu wird sog. amalgamiertes Aluminium benutzt, das durch Behandeln von Aluminiumgries mit Quecksilberchlorid hergestellt wird (vgl. Reduzieren). Das gleiche Prinzip liegt übrigens einigen neueren Verfahren zur Herstellung von Wasserstoff aus Aluminium zugrunde (vgl. darüber Wasserstoff).

Interessant ist auch, daß es gelingt, mit einem Aluminiumgriffel auf Glas zu schreiben, wobei festhaftende Überzüge aus Aluminium entstehen. In neuerer Zeit endlich ist es DROUILLY gelungen, Aluminium zu dünnen Folien auszuwalzen, die vorteilhaft an Stelle der Zinnfolien zum Einwickeln von Schokolade, Zigarren etc. dienen, völlig bleifrei und daher auch ungiftig sind.

Statistik.

Nachstehend soll eine Übersicht über die Gesellschaften gegeben werden, die gegenwärtig Aluminium herstellen. Von den französischen Gesellschaften ist zu erwähnen: SOCIÉTÉ ELECTROMÉTALLURGIQUE FRANÇAISE, 15000000 Frs. Aktienkapital, 65000 *PS*; Fabriken in Froges, la Prace, la Saussaz bei St.-Michel-de-Maurienne und Argentière-la-Bessée. – COMPAGNIE DES PRODUITS CHIMIQUES D'ALAIS 10500000 Frs. Aktienkapital, 40000 *PS*; Fabriken in Calypso, Saint-Felix, St.-Jean-de-Maurienne. – SOCIÉTÉ D'ELECTROCHIMIE 6000000 Frs. Aktienkapital, 10000 *PS*; fabrizierte neben Aluminium auch Chlorat, ebenso die SOCIÉTÉ DES FORCES MOTRICES ET USINES DE L'ARVE 4000000 Frs. und 13000 *PS*, und SOCIÉTÉ DES PRODUITS ELECTROCHIMIQUES ET ELECTROMÉTALLURGIQUES DES PYRÉNÉES 12000 *PS*. – Die ALUMINIUM-INDUSTRIE-A.-G.-NEUHAUSEN, 31000000 Frs. Aktienkapital und ca. 74000 *PS* besitzt Fabriken in Neuhausen, Rheinfelden, Lend-Gastein, Lend-Rauris und Chippis (Schweiz).

In Amerika besitzt die ALUMINIUM COMPANY OF AMERICA 80000000 M. Aktienkapital; die Werke am Niagarafall 50000 *PS*, die Fabrik Masséna 40000 *PS*, und die in Canada 8000 *PS*. – Des ferneren ist die BRITISH ALUMINIUM COMPANY 11000000 M. mit Fabriken in Foyers und Kinlochleven in Schottland und am Stangfjord in Norwegen, die ALUMINIUM CORPORATION sowie die ANGLO-NORWEGIAN-ALUMINIUM COMPANY, 3200000 M. und 14000 *PS*, mit der Fabrik von Otterdal bei Kristiansand zu erwähnen.

In Italien endlich besteht die SOCIETA ITALIANA PER LA FABRICAZIONE DELL'ALUMINIO, 2400000 M. und 5000 *PS*, mit einer Fabrik in Busso.

Im ganzen dürften also 335000 *PS* für die Aluminiumfabrikation zur Verfügung stehen, von denen vielleicht zwei Drittel wirklich ausgenutzt werden.

Produktion: Die Aluminiumproduktion war von 1854—1882 ausschließlich auf Frankreich beschränkt, das in dieser Zeit 27,20 *t* herstellte. Im Jahre 1883 begannen die Vereinigten Staaten sehr geringe Mengen (0,04 *t*) und 1885 Deutschland (10 *t*) und England (1,0 *t*) Aluminium herzustellen. Die deutsche Aluminiumfabrikation hörte aber 1889 wieder auf, dafür wurde aber 1890 in der Schweiz (40,5 *t*) die Fabrikation aufgenommen.

Der Preis des Aluminiums betrug:

im Jahre 1854	M. 2400	im Jahre 1859	M. 160
„ 1855	1000	1864	160
1856	300	1878	105
1857	240	1884	82

Produktion und Preise bis 1912 sind aus nachstehender Tabelle ersichtlich, die den statistischen Zusammenstellungen der METALLGESELLSCHAFT Frankfurt a. M. entnommen sind. Im Jahre 1913 soll die Produktion in Amerika 70000 *t* und in Europa 50000 *t* betragen (*Ch. Ztg.* **37**, 259 [1913]), jedoch sind diese Zahlen bestimmt viel zu hoch gegriffen.

Produktionsland	1885	1887	1889	1891	1893	1895	1897	1899	1901
	Aluminium in metrischen Tonnen								
Vereinigte Staaten	0,3	8,1	21,6	76,1	133,6	411,86	1814	235,9	3000
Schweiz .	–	–	–	168,7	437,5	650	800	1600	2500
Frankreich	–	2	128	30	137	360	470	1000	1520
England	1	1	34,5	52,5	–	–	310	550	540
Durchschnittspreis in Mark für 1 *kg* .	74	70	38	8	5	3	2,50	2,20	2

Übersicht über die Weltproduktion von Aluminium.

Produktionsland	1902	1903	1904	1905	1906	1907	1908	1909	1910	1911	1912
	Aluminium in metrischen Tonnen										
Vereinigte Staaten	3300 (Vereinigte Staaten und Kanada)	3400	3900	4500	6000	8000	6000	13200	16100	18000	18000
Kanada .								[1]2800	[1]3500	4000	[1]8300
Deutschland, Österreich-Ungarn, Schweiz .	2500	2500	3000	3000	3500	4000	4000	5000	8000	8000	12000
Frankreich .	1400	1600	1700	3000	4000	6000	6000	6000	9500	10000	13000
England .	600	700	700	1000	1000	1800	2000	2800	5000	5000	7500
Italien .	–	–	–	–	–	–	600	800	800	800	800
Norwegen . . .	–	–	–	–	–	–	–	600	900	900	1500
Insgesamt ca. . .	7800	8200	9300	11500	14500	19800	18600	31200	43800	46700	61100
Durchschnittspreis in Mark für 1 *kg*	2,35	2,35	2,35	3,50	3,50	3,50	1,75	1,35	1,45	1,20	1,50
Wert der Produktion in 1000 Mark . .	18300	19300	21900	40300	50800	69300	32600	42100	63500	56000	91600

NB. Die Produktionsziffern sind von sachverständiger Seite geschätzt, da die Werke es ablehnen, Angaben über die Höhe ihrer Produktion zu machen.

Übersicht über den Verbrauch von Aluminium (Schätzung).

Verbrauchsland	1902	1903	1904	1905	1906	1907[2]	1908[2]	1909	1910	1911	1912
	Aluminium in metrischen Tonnen										
Vereinigte Staaten	3500	3400	3900	4300	5600	5000	5000	[3]15500	[3]21650	22000	28000
Frankreich	700	1000	1100	2100	2600	3000	3500	5000	5400	5000	6000
England .	600	700	700	1000	1000	1800	2000	2000	2700	3000	4000
Italien	–	–	–	–	–	–	500	800	900	900	1000
Deutschland, Österreich-Ungarn, Schweiz, Rußland, übrige Länder .	3000	3100	3600	4100	5300	5000	6000	12000	13500	17000	22100
Zusammen .	7800	8200	9300	11500	14500	14800	17000	35300	44200	47900	61100

Literatur: B. NEUMANN, Die Metalle. Halle 1904. – RICHARDS, Aluminium. 1896. – W. BORCHERS, Elektro-Metallurgie, Leipzig 1903. – A. NEUBURGER, Handb. d. Prakt. Elektrometallurgie, München 1907. — ALUMINIUM-INDUSTRIE A.-G. NEUHAUSEN, Aluminium und Aluminiumlegierungen. – F. WINTELER, Die Aluminiumindustrie. Braunschweig. – A. MINET, Die

[1] Ausfuhr.

[2] In den Jahren 1907 und 1908 überstieg die Produktion erheblich den Verbrauch, so daß Ende 1907 sowohl als auch Ende 1908 große Vorräte auf den Werken angesammelt waren.

[3] Lt. U. S. Geological Survey.

Gewinnung des Aluminiums und dessen Bedeutung für Handel und Industrie. Halle. – G. Flusin, L'industrie de l'aluminium. La Houille blanche, **1911**, 263f.; vgl. auch *Z. Elektrochem.* **18**, 174 [1912]. – F. Haber, *Z. Elektrochem.* **8**, 1, 26, 607 [1902]. – E. Neumann, *Z. Elektrochem.* **16**, 230 [1910].

E Drouilly.

Aluminium-Blitzlicht s. Photographie unter Blitzpulver.

Aluminiumbronze (Kupfer-Aluminiumlegierung) enthält:

1. Kupferreiche: 90,0–95,0% Kupfer, 5,0–10,0% Aluminium, dient zur Herstellung von Maschinenteilen (Lagerschalen), Schiffsbeschlägen, Waffenteilen und einigen Kunst- und Gebrauchsgegenständen.

2. Aluminiumreiche: 94—97% Aluminium, 3–6% Kupfer. Hauptverwendungszweck: Küchengeräte, Flaschen, Filtrierapparate. *Oberhoffer.*

Aluminiumferrosilicium ist eine Legierung mit 39,48% Aluminium, 36,26% Eisen, 23,52% Silicium. Sie dient zur Desoxydation bei der Eisenherstellung.

Aluminiumhaltige Bronze ist eine Spezialbronze und demnach eine Kupfer-Zinn-Aluminiumlegierung, doch dient das Aluminium lediglich zur Desoxydation und ist in diesen Bronzen nur bis zu einem Höchstgehalt von 0,4% enthalten. Höhere Gehalte verschlechtern die Festigkeitseigenschaften. *Oberhoffer.*

Aluminium-Messing wird in den Haupttypen verwendet:

	Kupfer	Zink	Aluminium
I	68–70	31–27	1–3
II	64–66	33–30	1–4
III	58–61	40,5–37,5	0,3–1,5

und dient zur Herstellung von Torpedo- und Unterseebootteilen und insbesondere zur Herstellung von Schiffsschrauben und Blechen, ferner von Nieten, Bolzen, Achsen u. s. w. häufig als Ersatz für Mangan-Messing. *Oberhoffer.*

Aluminiumnitrid *AlN* ist eine Aluminiumstickstoffverbindung, deren Existenz zuerst von Briegleb und Geuther (*A.* **123**, 228 [1862]) konstatiert wurde. Mallet (*Soc.* **30**, 349 [1876]) gelang es, aus einem Gemenge von Aluminium, Aluminiumcarbid und Aluminiumnitrid vom letzteren etwa 0,0374 *g* zu extrahieren und für diesen Körper die Formel *AlN* und seine wesentlichsten Eigenschaften, so die Zerlegung durch Alkali in Ammoniak und Aluminiumoxyd und die Zersetzung beim Erhitzen an der Luft in Aluminiumoxyd und freien Stickstoff, festzustellen.

Franck und Rossel (*Ch. Ztg.* **38**, 21 [1896]; **34**, 263 [1897]) erhielten durch Erhitzen eines Gemenges von Aluminiumpulver und gepulvertem Calciumcarbid eine stickstofffreie Masse. Camille Matignon, C. Zenghelis (*C. r.* **130**, 698 [1900]); *Z. Electrochem.* **9**, 698 [1903]) beobachteten, daß Aluminiumpulver, in einem Tiegel bei Luftzutritt hocherhitzt, sich teilweise mit Stickstoff zu Aluminiumnitrid verbindet.

Darstellungsweisen: *A)* Durch Vereinigung von Aluminium mit Stickstoff: Fichter mit Alber lehren uns zwei Darstellungsarten. Über diese berichtet Fichter (*Z. anorg. Ch.* **54**, 322 [1907]):

Ein Gemenge von 32 *g* Aluminiumbronze und 1,5 *g* Ruß. Letzterer dient zur Auflockerung und ist unter allen Zusätzen, die ich probiert habe, der wirksamste. Man erhitzt in einem bedeckten Tiegel am Gebläse zum lebhaften Glühen. Dann öffnet man den Deckel und beobachtet eine glänzende Feuererscheinung, die sich durch den ganzen, bald weißglühend strahlenden Tiegelinhalt hinzieht, ohne weitere Wärmezufuhr von außen. Nach Beendigung der Reaktion findet sich oben im Tiegel eine Schicht von weißen verfilzten Nädelchen von Tonerde und darunter graublaue krystallinische Massen von hochprozentigem Aluminiumnitrid, die in den Spalten und Ritzen von Tonerdenädelchen überzogen und im Innern gelegentlich von Aluminiumcarbidkugeln durchsetzt sind. Im Durchschnitt weist der Tiegelinhalt etwa 20% Stickstoff auf. In den ausgesuchten graublauen Massen habe ich 26,7% Stickstoff, entsprechend 78,2% Aluminiumnitrid, gefunden, neben etwa 12,5% unverbundenem Aluminium und kleinen Mengen von Aluminiumcarbid und den Verunreinigungen der Aluminiumbronze.

Aber reines Aluminiumnitrid kann so nicht erhalten werden, dazu muß der Sauerstoff ausgeschlossen sein. Nach mannigfach variierten Versuchen ist folgende einfache Darstellungsmethode als die beste erkannt worden. Entfettete und getrocknete Aluminiumbronze wird im Nickelrohr im HERAEUS-Ofen in einem Stickstoffstrom erhitzt. Bei 720–740° setzt eine lebhafte Reaktion ein. Wenn man das stromabwärts gelegene Ende der Röhre verschließt, so findet dennoch ein rasches Einströmen von Stickstoff statt, und man beobachtet im Rohr, dort wo der Stickstoff das Aluminiumpulver trifft, ein Aufleuchten, eine Steigerung der Temperatur, ein Anzeichen für den exothermen Verlauf der Reaktion. In der Tat kann man nach Beginn der lebhaften Stickstoffabsorption den Heizstrom unterbrechen, ohne daß das Gas irgend langsamer verschluckt würde. Erst bei Abkühlung gegen 600° herunter kommt die Reaktion zum Stillstand.

Mit kompakten Aluminiumstücken resp. mit geschmolzenen Aluminiumtropfen im Rohr oder durch Einblasen von Stickstoff in geschmolzenes Aluminium erhält man nur unvollkommene, auf die Oberfläche beschränkte Nitridbildung. Mit dem feinen Metallpulver aber geht die Reaktion sehr rasch; 6 *g* Bronzepulver wurden im Stickstoffstrom nur 2 Minuten lang auf 750° erhalten und wiesen nach der Abkühlung einen Stickstoffgehalt von 26% auf.

In der Regel gelingt es nicht, in einer Operation alles freie Aluminium an Stickstoff zu binden. Denn das Nitrid backt zusammen und hüllt unverändertes Metall ein. Pulvert man aber die Masse noch einmal durch und behandelt sie von neuem mit Stickstoff, so vollzieht sich die Umwandlung quantitativ. Die Analyse eines derartigen Produktes ergab:

Berechnet für *AlN*	Gefunden
Al 65,92	64,54%
N 34,08	33,13 „
Si –	0,48 „
Fe –	0,93 „

Eine sehr hübsche Methode, krystallinisches Nitrid herzustellen, zeigt ALBER (*Öst. Ch. Ztg.* **1913**, 105). In einem bedeckten Tiegel wird ein Gemenge von 50 *g* entfetteter und getrockneter Aluminiumbronze mit 3 *g* Ruß über dem Gebläse erhitzt. Durch ein im Deckel befindliches Loch ist ein Kohlerohr bis auf den Boden des Tiegels eingeschoben. Sobald der Tiegel dunkelrot geworden, erhitzt man seinen Boden kräftig mit kleiner Gebläseflamme und beginnt mit der Stickstoffzufuhr. Es findet an der Stickstoffeintrittsstelle eine kräftige Verbrennung des Aluminiums im Stickstoff statt, die sich durch die ganze Masse ohne weitere Wärmezufuhr von außen fortsetzt. Die entwickelte Hitze ist so stark, daß Aluminium in Dampfform entweicht und an der Oberfläche in Form einer blendendweißen Stichflamme verbrennt.

B) Mit Hilfe von Aluminiumcarbid (Al_4C_3). Diese von SERPEK (*D. R. P.* 181991, 181992 und 216748) herstammende Methode besteht darin, daß pulverförmiges Aluminiumcarbid bei erhöhter Temperatur im Stickstoffstrom in Aluminiumnitride übergeht. Nach der im *D. R. P.* 181991 veröffentlichten Beschreibung verläuft die Reaktion zwischen Carbid und Stickstoff außerordentlich heftig innerhalb kürzester Frist.

Zusätze wie Kohle, Chlorwasserstoff, schweflige Säure sowie tonerdehaltige Massen erleichtern nach den *D. R. P.* 181992 und 183702 in hervorragendem Maße die Stickstoffbindung. Eine katalytische Beschleunigung erfährt der Nitridbildungsprozeß durch die Gegenwart von Eisen, Kupfer und Aluminiumchlorid (*D. R. P.* 235213). Auch metallisches Aluminium selbst kann mit Erfolg als Beimischung zum Carbid benutzt werden (*D. R. P.* 235669, 206588, 231886).

Die außerordentlich hohen Temperaturen jedoch, die alle die genannten Umsetzungen erforderten, boten der technischen Durchführung erhebliche Schwierigkeiten. Ein wesentlicher Fortschritt war daher in der Feststellung zu erblicken, daß die Nitridbildung, auch ohne die Isolierung des Carbids, aus Tonerde, Kohle und Stickstoff, u. zw. bereits bei Hitzegraden von 1300–1400° gelingt, wenn man das Reaktionsgemenge in besonderer Weise mit feurigflüssigem Eisencarbid in Berührung bringt (*D. R. P.* 116746). Dieses Verfahren, so wichtig es theoretisch und namentlich hinsichtlich der niederen Reaktionstemperatur erscheinen mochte, fand im Großbetriebe mit Rücksicht auf die außerordentlich großen Schwierigkeiten im Bau von Anlagen mit kontinuierlichem Betrieb keine Anwendung.

Die Reaktion vollzieht sich nach der Gleichung:

$$Al_4C_3 + Al_2O_3 + 6N = 6AlN + 3CO.$$

C) Technische Methode: Durch Erhitzen eines Gemenges von Tonerde und Kohle im Stickstoff.

Die von MEHNER (*D. R. P.* 88999), WILLSON (*E. P.* 21 und 755 [1892]), CHALMOT (*A. P.* 741396) angegebene allgemeine Methode, Metalloxyde durch Kohle in der Hitze des Lichtbogens zu reduzieren und durch Einblasen von Stickstoff aus den freigewordenen Metallen Nitride zu bilden, führt nicht zum Ziele, da keines der bekannten Metallnitride in der Temperatur des Lichtbogens beständig ist. Man erhält auf diese Weise beim Behandeln von Tonerde und Kohle im Lichtbogen und überhaupt bei Temperaturen über 2000° geschmolzene Massen, die der Hauptsache nach aus Carbid und geschmolzener Tonerde bestehen und nur geringe Mengen von Stickstoff enthalten.

SERPEK (*D. R. P.* 224628) fand, daß sich die Reaktion im Sinne der Gleichung

$$Al_2O_3 + 3C + 2N = 2AlN + 3CO$$

schon bei einer Temperatur[1] durchführen lasse, bei der in Abwesenheit von Stickstoff eine Reduktion der Tonerde durch Kohle ebensowenig wie ein Schmelzen der Tonerde eintreten würde. Diese Reaktion läßt sich sehr bequem in einem elektrischen Kohlerohr durchführen (Abb. 98). Das Rohr, das beispielsweise eine Länge von 400 *mm*, einen äußeren Durchmesser von 26 *mm* und inneren von 20 *mm* besitzt, wird nahe seinen beiden Enden zwischen je zwei sich an das Kohlerohr anpassende Kohleköpfe eingeklemmt. Die Kohleköpfe werden an den elektrischen Strom angeschlossen. Das Kohlerohr dient zur Aufnahme der Tonerde-Kohle-Mischung. Nachdem man an den beiden Längsseiten je eine Asbest- oder Eternitplatte angebracht hat, füllt man den so gebildeten Hohlraum mit einem Wärmeisolator bis einige Zentimeter über dem Kohlerohr. Als Wärmeisolator kann vorteilhaft kleinstückige Holzkohle oder Petrolkoks dienen. Mit einem elektrischen Strom von etwa 20 Volt und 150–200 Ampère erreicht man Temperaturen von 1400–2000°, gemessen mit dem WANNERpyrometer. Mittels eines gebohrten Kaütschukpfropfens setzt man für die Stickstoffzufuhr ein T-Rohr ein, das an seinem äußeren Ende mit einem Schauglas versehen ist, durch welches man während der Erhitzungsoperation zur Bestimmung der Temperatur mittels des Pyrometers auf die Substanz visieren kann.

Abb. 98.

In einem solchen Ofen beginnt die Nitridbildung bei 1600° und wird erst bei 1700° energisch. Im heißesten Teile des Rohres findet eine starke Diffusion nach innen und außen statt, wodurch der Stickstoff mit viel Kohlenoxyd und selbst Kohlensäure verunreinigt wird. Die Anwesenheit von Kohlenoxyd ist aber hinderlich für die rasche Durchführung der Nitridreaktion unterhalb 1600°.

[1] Nach den Angaben von Jos. W. RICHARDS (*Ch. Ztg.* 37, 1331 [1913]) gelten für die Nitridherstellung folgende Gleichungen:

$$\begin{array}{cccc} Al_2O_3 + 3C + 2N & = 2AlN & + 3CO & \\ -391600\ Cal. & +90900\ Cal. & +87480\ Cal. & -213220\ Cal. \end{array}$$

Die Stickstoffreaktion ist also stark endothermisch und tritt dementsprechend unter 1500° nicht in merklicher Menge ein. Abgesehen von allen Wärmeverlusten absorbiert die Reaktion selbst 213220 *Cal.*, was 248 *KW*-St. für 82 *kg* oder ungefähr $^1/_3$ Kilowattjahr für 1 *t* Aluminiumnitrid ausmacht. Im praktischen Betriebe wird der Verbrauch sich natürlich bedeutend höher stellen.

Baut man jedoch die Widerstandsöfen in einen hermetisch verschließbaren Kasten ein, wie es die Abb. 99 und 100 zeigen, so tritt die Bildung schon bei Temperaturen von 1450° ein und wird bei 1500—1550° sehr energisch. Für Versuche unterhalb von 1520° kann man sich eines Ofens nach Abb. 98 bedienen, wenn man in das Innere des Kohlerohres ein Porzellanrohr einsetzt, wodurch die eben erwähnte Diffusion ausgeschlossen wird.

Die Nitridbildungstemperatur kann durch verschiedene Zusätze zur Tonerde herabgesetzt werden. Die beste Wirkung zeigt ein Zusatz von Eisen. Deshalb läßt sich die Tonerde im roten Bauxit besonders leicht in Nitrid umwandeln. Eine Anzahl Zusätze zur Erniedrigung der Temperatur hat die *BASF* (*D. R. P.* 243839) angegeben. Sehr gute Wirkung zeigt ein selbst geringer Zusatz von Wasserstoff zum Stickstoff, und es gelingt so, eisenhaltige Tonerde schon bei 1250° in Nitrid umzusetzen (*F. P.* 448924 und 450140).

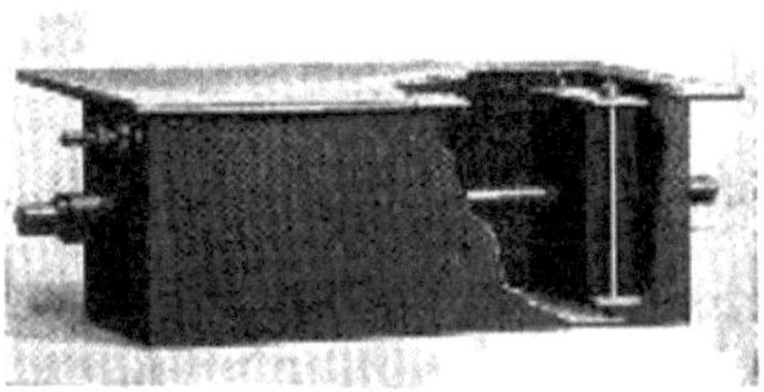

Abb. 99.

Abb. 100.

Alle diese Katalysatoren, mit Ausnahme des Eisens, erniedrigen nur die Reaktionstemperatur, erhöhen aber nicht die Geschwindigkeit der Reaktion. Für die Fabrikation im Großbetriebe kommt aber nur eine rasche Methode in Betracht. Deshalb wendet Serpek die Temperatur von 1600° an, bei welcher die Reaktion besonders bei eisenhaltigem Bauxit und selbst bei Verwendung von Generatorgas im Großbetriebe praktisch rasch genug verläuft.

Der Bau der zur Herstellung des Nitrides erforderlichen Öfen, deren Ausmessungen ganz gewaltige waren, erfuhr im Laufe weniger Jahre eine Reihe wichtiger Änderungen. Ausgehend von dem Prinzip der räumlich getrennten Vorwärmung der Tonerde wie des Reduktionsmittels (*D. R. P.* 236044) wurden zur Durchführung des Prozesses zwei übereinander liegende Drehöfen angeordnet (*D. R. P.* 239909). Im oberen schwach geneigten Ofen wurde der rohe Bauxit calciniert, im unteren erfolgte nach vorhergehender Mischung mit Kohle die Stickstoffbindung.

Diese Anordnung ist sodann dadurch vereinfacht worden, daß der untere Drehofen verlängert und der obere durch einen Turm ersetzt wurde, in welchen Retorten zur Aufnahme der fertigen Tonerde-Kohle-Mischung eingebaut waren. Um die Retorten herum wurden die kohlenoxydreichen Abgase des Prozesses verbrannt und auf diese Weise das Bauxit-Kohle-Gemenge vorgewärmt.

Auch diese Herstellungsweise ist jetzt verlassen, und heute geschieht die „Nitridfabrikation in großen Drehöfen" (*D. R. P.* 239909) von 60—80 *m* Länge und 3—4 *m* Durchmesser (Abb. 101). Der Nitriddrehofen ist ähnlich konstruiert wie die bekannten Zementdrehöfen, nur geschieht bei ersterem die Erhitzung nicht am Ende wie beim letzteren, sondern erst gegen die Mitte des Rohres und wird elektrisch durchgeführt (*D. R. P.* 238340 und 240403). Serpek hat für den elektrischen Teil des Ofens verschiedene Konstruktionen vorgeschlagen, die in einer Reihe von Patenten teils SERPEK, teils der SOCIÉTÉ GÉNÉRALE DES NITRURES geschützt worden sind. Das *D. R. P.* 204403 betrifft einen federnden Schleifkontakt, welcher als Stromzuführungsteil dient, während in den *D.R.P.* 244651, 246334, 246931, 246932, 248054, die Herstellung von elektrischen Heizwiderständen verschiedenster Bauart beschrieben wird. Diese Widerstandskörper laufen im allgemeinen in radialer Richtung quer durch den Drehofen, wobei der im Lichten liegende Teil den geringsten Querschnitt besitzt, damit besonders dieser hoch erhitzt wird und die Wärmeverluste

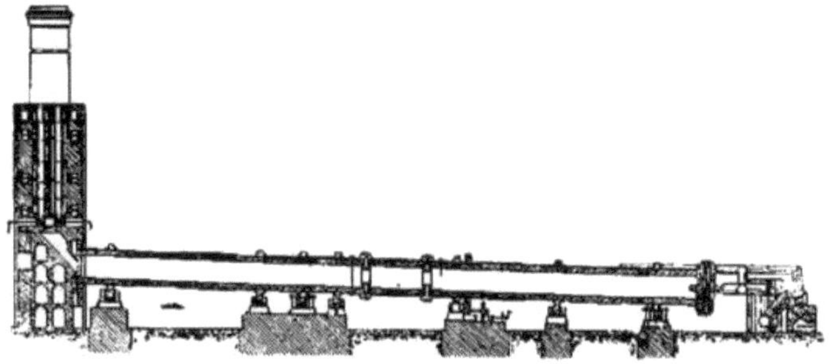

Abb. 101.

gering sind. Schließlich ist man jedoch zu der möglichst einfachen Beheizung übergegangen, die darin besteht, daß das Bauxit-Kohlegemisch selbst in den Strom eingeschaltet und demnach direkt durch den durchgehenden elektrischen Strom erhitzt wird. Die Konstruktion des elektrischen Teiles ist in Abb. 102 dargestellt. *A* und *B* sind mächtige Kohleköpfe, die selbst aus robusten Kohleelektroden zusammengefügt werden. Zwischen diesen Köpfen, die je nach der verfügbaren Stromspannung 5–8 *m* weit voneinanderstehen, ist das Material dem Stromdurchgang ausgesetzt und wird dort auf die gewünschte

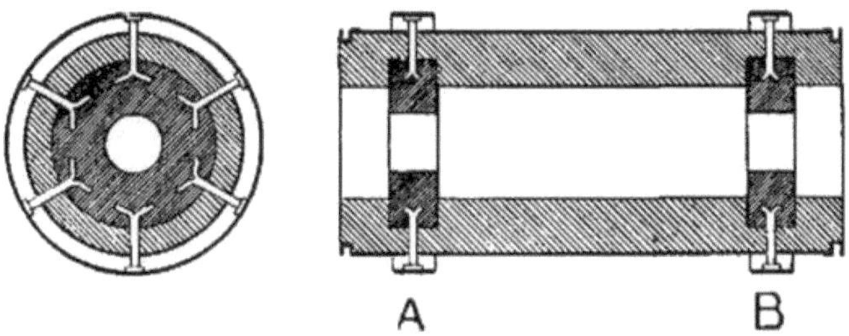

Abb. 102.

Temperatur erhitzt. Die Neigung des Ofens beträgt ca. $1^1/_2$%, und die Drehung des Rohres wird so geregelt, daß die Substanz etwa 1 Stunde braucht, um den elektrischen Teil des Ofens zu durchwandern. Das aus der elektrischen Zone hervorgehende Nitrid kühlt sich an dem ihm entgegenströmenden Gase ab, dieses erwärmend, so daß das Nitrid dem Ofen kalt entnommen werden kann, während die Gase glühend in den Reaktionsraum eintreten. Dem letzteren entströmt nach der Reaktion ein Gas, das 60–70% *CO* enthält, es kühlt sich an der ihm entgegenkommenden Mischung, diese erwärmend, ab und wird schließlich verbrannt, um die Mischung vorzuheizen, resp. im obersten Teile des Ofens die Tonerde (Bauxit) zu calcinieren. Die Öfen werden für 2000–8000 *KW.* bei Betriebsspannungen von 200–250 Volt gebaut.

Um die Leitfähigkeit der Masse im Reaktionsraum zu erhalten, müssen der Mischung ca. 30% Kohle mehr zugesetzt werden, denn das Nitrid selbst ist auch bei hoher Temperatur ein schlechter elektrischer Leiter. Der Überschuß der Kohle wird dem Nitrid durch Einblasen von Luft in den Ofen entzogen, wobei gleichzeitig das für den Prozeß benötigte Generatorgas erzeugt wird.

Die Ausfütterung des Ofens geschieht im heißesten Teil mittels Nitrids, das in krystallisierter Form speziell für diesen Zweck hergestellt wird in Öfen, die nach Abb. 6 konstruiert sind. Um einen aus Kohlesegmenten aufgebauten Heizwiderstand wird das Gemisch von reiner Tonerde und Kohle in körniger Form auf hohe Temperatur erhitzt. Gleichzeitig bläst man durch eine Anzahl Kohlerohre in das Innere des Ofens, bis knapp an den Widerstand, Generatorgas ein. Es bildet sich nach einigen Stunden der ganzen Länge nach, etwa 10–30 *cm* vom Heizwiderstand entfernt, eine 20–40 *cm* dicke Kruste von krystallisiertem Aluminiumnitrid. In den gebildeten Hohlraum kann neue Mischung eingetragen werden, die rasch in Nitrid umgewandelt wird.

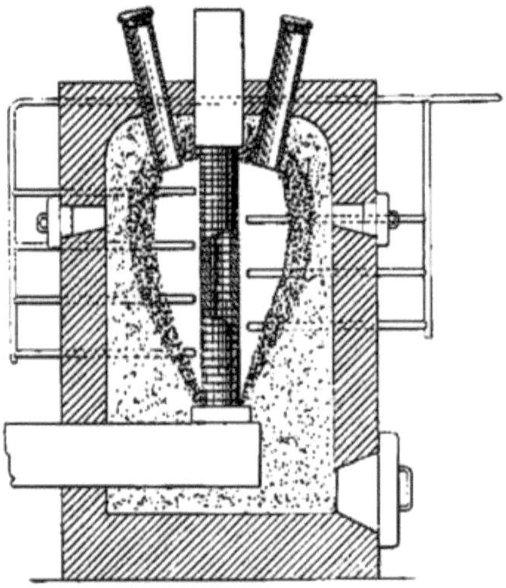

Abb. 103.

Eigenschaften: Das bei niedriger Temperatur aus Aluminium und Stickstoff hergestellte Nitrid ist im reinen Zustande weiß, ohne Anzeichen von Krystallisation. Das von Wolk (Dissertation Nancy) beschriebene, aus Aluminium und Ammoniak gewonnene graue Nitrid ist unrein, enthält noch freies Aluminium, daher ist die angegebene Analyse unrichtig (Spengel, Dissertation Basel). Das im Drehofen erzeugte Nitrid ist kleinkörnig und, wenn aus reiner Tonerde erzeugt, kohlefrei und weiß. Das bei höherer Temperatur, in feststehenden Öfen (Abb. 103) hergestellte Nitrid ist krystallisiert. Dieses Produkt zeigt häufig prächtige grüne und blaue Färbungen. Die Krystalle sind durchsichtig, hexagonal und optisch aktiv. Die bei niedriger und hoher Temperatur erzeugten Nitride unterscheiden sich voneinander durch ihre spez. Gewichte: Fichters Nitrid: 2,88, technisches Nitrid 3,18 (Spengel, Dissert. Basel, 1913). Das reine Nitrid schmilzt nicht und dissoziiert gegen 2300°. Chemisch sind die nach den oben beschriebenen Methoden erzeugten Nitride vollkommen identisch.

Wasserstoff, Kohle, Bor, Silicium, Phosphortrichlorid, Schweflige Säure, Schwefelwasserstoff sind bei höherer Temperatur ohne Wirkung auf Aluminiumnitrid, Chlor zersetzt es in der Hitze in Aluminiumchlorid und Stickstoff.

Von Bromdampf wird es nur wenig angegriffen. Salzsäure verwandelt es langsam in sublimierendes Aluminiumchlorid und Ammoniumchlorid. Schwefelchlorür greift bei hoher Temperatur Aluminiumnitrid energisch an unter Bildung von Aluminiumchlorid und Stickstoff. Kohlendioxyd oxydiert bei 1200° zu Aluminiumoxyd (Spengel, Diss. Basel, 1913).

Ammoniak- und Tonerdeerzeugung: Von technischem Interesse ist die Einwirkung von Wasser auf Aluminiumnitrid. Letzteres wird durch kochendes Wasser glatt in Tonerdehydrat und Ammoniak zerlegt nach der Gleichung:

$$2\,AlN + 6\,H_2O = 2\,NH_3 + 2\,Al(OH)_3.$$

Diese Reaktion vollzieht sich nach SERPEK (*F. P.* 367124 u. 415252, *D. R. P.* 241339) praktisch genügend rasch in mit Rührwerk versehenen Druckautoklaven bei 2—4 *Atm.*, jedoch noch rascher, wenn dem Wasser Alkalialuminat zugesetzt wird, von welchem man nur sehr wenig benötigt, wenn das gebildete Tonerdehydrat als Niederschlag erhalten werden soll. Der Niederschlag, der auch die im Bauxit ursprünglich enthaltenen oder die der Tonerde absichtlich zugesetzten Katalysatoren enthält, wird durch Dekantierung von der Flüssigkeit befreit, am Vakuumfilter zur Entfernung des Alkalis gewaschen und wieder zur Nitridfabrikation verwendet. Das Filtrat, vereinigt mit den Waschwässern, wird zur Zerlegung neuer Mengen von Nitrid benutzt.

Soll die aus der Zerlegung von Nitrid stammende Tonerde im reinen Zustande gewonnen werden, dann wird der Autoklav mit einer etwa 20° *Bé.* starken Natriumaluminatlösung beschickt und das Nitrid mit dieser Lösung bei einem Druck von 2 *Atm.* während 2 bis $2^1/_2$ Stunden verkocht. Während der Kochoperation wird das Ammoniak abgelassen; es entweicht gasförmig in sehr konz. Zustande und wird direkt auf schwefelsaures Ammoniak oder irgend ein anderes Salz, z. B. auf salpetersaures Ammoniak oder, nachdem es mit Luft vermischt wurde, direkt auf Salpetersäure verarbeitet.

Im Autoklaven findet man eine Flüssigkeit, die sich infolge des Verbrauches von Wasser für die Ammoniakreaktion von selbst konzentriert hat. Die Tonerde ist in dieser Flüssigkeit gelöst, die Lösung wird von den ungelöst gebliebenen Verunreinigungen durch einfaches Dekantieren befreit, worauf aus der Lösung in bekannter Weise die Tonerde in reinster Form gewonnen wird, um der Aluminiumfabrikation zugeführt zu werden. Diese Methode ist eine spezielle Anwendungsart des von BAYER für die Gewinnung von Tonerde aus Bauxit angegebenen Verfahrens (s. Aluminiumverbindungen). SERPEK (*D. R. P.* 241339 u. *Öst. Ch. Ztg.* **1913**, 105) bezeichnet deshalb diese Methode als BAYER-Nitridprozeß. Dieses Verfahren arbeitet billiger als der BAYER-Prozeß selbst, wenn man die Nebengewinnung von Ammoniak berücksichtigt, auf welche die Kosten für die Stickstoffbindung im Nitrid anzurechnen sind, u. zw. aus folgenden Gründen:

I. Arbeitet der BAYER-Nitrid-Prozeß mit Aluminatlaugen von nur 20° *Bé.* gegen 40° *Bé.* im BAYER-Verfahren. II. Für BAYER-Nitrid genügt ein Druck von 2 *kg* gegen 8 *kg* im BAYER-Verfahren. III. Dauert die Umsetzung im BAYER-Nitridverfahren nur 2—$2^1/_2$ Stunden, im BAYER-Verfahren 8 Stunden. IV. Konzentriert sich die Aluminatlauge im BAYER-Nitridverfahren von selbst auf 40° *Bé.*, so daß die Waschwässer, die aus den Tonerdefiltern ablaufen, zur Verdünnung der starken Aluminatlösung verwendet werden können, wogegen die Waschwässer, die man nach dem BAYER-Verfahren erhält, noch nachträglich konzentriert werden müssen, um sie wieder auf die Stärke von 40° *Bé.* zu bringen.

Die Kosten der Erzeugung von 1 *t* reiner Tonerde stellen sich nach BAYER auf ca. 100 M., nach BAYER-Nitrid auf 50 M., im ersten Falle ohne Berechnung des aufgewendeten Bauxits, im letzten Falle ohne Berechnung des Nitrides.

Pro Kilowattjahr werden nach der Nitridmethode 2 *t* reine Tonerde und gleichzeitig 500 *kg* Stickstoff in Form von Ammoniak gewonnen. Die Selbstkosten von 1 *kg* Ammoniak betragen ungefähr 24 Pf.

Neben SERPEK hat sich die *BASF* mit der Herstellung von Nitriden zum Zwecke der Ammoniakgewinnung beschäftigt.

Nach eingehenden Untersuchungen über die Titan-Stickverbindungen und ihr Verhalten gegen flüssige und feste Oxydationsmittel (*D. R. P.* 204563, 203748,

203750, 204204, 204847, 204475) wurde die Bindung mit Stickstoff an Silicium näher studiert (*D. R. P.* 237436, 236342, 244129, 236892, 241510). Seit dem Jahre 1909 hat die *BASF* auch die Darstellung von Aluminiumnitrid in ihr Arbeitsbereich gezogen sowie für die Gewinnung von Ammoniak und Tonerde aus diesem stickstoffreichen Körper eine Anzahl technischer wichtiger Verfahren gefunden. Durch milde Behandlung von rohem Aluminiumnitrid mit Säuren oder Oxydationsmitteln gelang es, das Nitrid von lästigen Verunreinigungen, wie Carbiden, Siliciden, Phosphiden, zu befreien (*D. R. P.* 237436). Durch bestimmte oxydische Zuschläge zu dem Tonerde-Kohlegemisch, welche ebenfalls mit Kohle und Stickstoff beständige Nitride liefern, wurde eine Erleichterung der Stickstoffbindung erreicht, derart, daß einerseits die Nitridbildung beschleunigt, andererseits die Reaktionstemperatur herabgedrückt wurde (*D. R. P.* 243839).

Die direkte Gewinnung von Ammonsalzen mit Hilfe der auf den Stickstoffgehalt des Nitrides berechneten Menge Säure ist der *BASF* durch das *D. R. P.* 235868 geschützt worden. Die Eigenschaft des Aluminiumnitrids, gegen Säuren weniger widerstandsfähig zu sein als die meisten anderen Nitride, benutzt die *BASF* zur Trennung der Tonerde von ihren Beimengungen, indem sie die Mischnitride mit Säuren oder Basen in beschränkter Menge behandelt (*D. R. P.* 235300). Die Reinigung und Gewinnung der durch Zersetzung des Nitrides gebildeten Tonerde sowie des Ammoniaks ist Gegenstand einer Reihe weiterer Patente der *BASF* (*D. R. P.* 235765, 235766, 236395), auf die im Rahmen dieses Kapitels nicht näher eingegangen werden kann.

Das Serpek-Verfahren, das sowohl für die billige Herstellung von Tonerde, als auch für die billige Fabrikation von Ammoniak von großer Bedeutung ist, wird teils für die gleichzeitige Gewinnung von reiner Tonerde und Ammoniak, teils nur für den Zweck der Ammoniakfabrikation im großen durchgeführt.

Die *BASF* hat, um unvermeidlichen Patentkollisionen aus dem Wege zu gehen, ihre sämtlichen Patente betreffend die Herstellung von Nitriden sowie die Zersetzung derselben unter Ammoniakbildung auf die Eigentümerin der Serpekpatente, die Société Générale des Nitrures in Paris, übertragen und dafür Lizenzen zur Ausübung des Serpek-Verfahrens für sich und einen bestimmten Interessentenkreis erhalten.

Die Internationale Nitridgesellschaft, Zürich, baute im Jahre 1909 die erste Anlage zur Gewinnung von Aluminiumnitrid nach Serpek in Niedermorschweiler bei Mülhausen. Inzwischen ist die genannte Gesellschaft in der Soc. Gén. d. Nitrures aufgegangen, und eine Anzahl weiterer Fabriken sind im Bau begriffen, von denen eine in St. Jean de Maurienne in Savoyen 1 *t* Nitrid pro Stunde erzeugen wird. Die Heizung der elektrischen Widerstandsöfen geschieht mit einem Kraftaufwand von 2500 *KW.* Eine neuere Anlage wird mit einem Kraftaufwand von 8000 *KW.* bei einer Betriebsspannung von 200—250 Volt betrieben.

Auch in Norwegen, welches reiche natürliche Wasserkräfte besitzt, beginnt die junge Industrie festen Fuß zu fassen. In Arendal ist eine Fabrik im Bau zur Herstellung von jährlich 40000 *t* Ammoniumsulfat. In neuester Zeit hat die Société d'Aluminium Française — die Vereinigung sämtlicher Aluminiumfabriken Frankreichs — gemeinsam mit einer amerikanischen Gruppe die Serpek-Patente für den Preis von 8 Mill. Fr. und gegen Gewinnbeteiligung von der Société Générale des Nitrures erworben.

Im Jahre 1915 soll eine Anlage zur Fabrikation von Aluminium und Aluminiumnitrid in Whitnay in Nord Carolina mit 85000 *PS* in Betrieb kommen; des ferneren ist eine englische Gesellschaft gegründet mit 25000000 Fr., die in Britisch Indien die Fabrikation von Ammoniumsulfat, Ammoniumnitrat und Salpetersäure auf Basis des *AlN*-Verfahrens aufnehmen wird.

Literatur: DONATH und FRENZEL, Die technische Ausnutzung des atmosphärischen Stickstoffes. Deuticke, Leipzig 1907. — DONATH und INDRA, Die Oxydation des Ammoniaks zu Salpetersäure und salpetriger Säure. Enke, Stuttgart 1913. — GMELIN-KRAUT, Handbuch der anorganischen Chemie, 7. Auflage. Winter, Heidelberg. — H. GROSSMANN, Die Stickstofffrage. Berlin 1911. — V. HÖLBING, Neuere Verfahren der Ammoniakindustrie. Vortrag im Österreichischen Ingenieur- und Architektenverein am 8. März 1912 (*Öst. Ch. Ztg.* **15**, 114). — WILH. KOCHMANN, Deutscher Salpeter. Berlin 1913. — G. LUNGE und H. KÖHLER, Die Industrie des Steinkohlenteers und des Ammoniaks. Bd. II. Braunschweig 1912. — WILH. RABIUS, Kritische Betrachtungen zur Stickstofffrage. Fischer, Jena 1907. — O. SERPEK, Über Aluminiumnitrid und das Stickstoffproblem. Vortrag vor dem Verein Österreichischer Chemiker am 4. Februar 1913 (*Öst. Ch. Ztg.* **16**, 104). — SPENGEL, Dissertation. Basel 1913. — LEOP. SPIEGEL, Der Stickstoff. Vieweg & Sohn, Braunschweig 1903. — WOLK, Dissertation. Nancy 1910. *O. Serpek.*

Aluminiumverbindungen (s. auch Aluminiumnitrid, Alundum, Permutite, Ton, Ultramarin). Wie lange die Menschheit schon Tonerdeverbindungen technisch verwertet, zeigt uns eine Stelle aus des PLINIUS Historia Naturalis, an der er von der Verwendung von „alumen“ als Beize zum Färben von Geweben spricht.[1] PLINIUS machte noch keinen Unterschied zwischen Eisenvitriol und Alaun, die ja beide dieselbe styptische Wirkung ausüben. Und diese Unkenntnis über das Wesen des Alauns herrschte, bis PARACELSUS die Eigenschaften des Alauns näher studierte und den Eisenvitriol wegen seiner metallischen Base vom Alaun trennte. 1754 zeigte dann MARGGRAF, daß die dem Alaun zugrunde liegende Base nicht mit Kalkerde identisch sei. 1797 stellten CHAPTAL und VAUQUELIN den Alaun endgültig als ein aus schwefelsaurem Kalium und aus Aluminiumsulfat bestehendes Doppelsalz fest. 1827 gewann OERSTED Aluminiumchlorid aus Tonerdehydrat, und im gleichen Jahre gelang dann WÖHLER noch die Gewinnung des elementaren Aluminiums aus Aluminiumchlorid.

Der Alaun, der das ganze Mittelalter hindurch die einzige technisch verwendete Aluminiumverbindung gewesen war, blieb dies auch bis vor einigen Jahrzehnten. Er wurde bis zum 15. Jahrhundert hauptsächlich aus dem Orient nach Europa gebracht. Doch soll schon um 1192 die erste europäische Alaunfabrik auf der Insel Ischia bei Neapel bestanden haben. Große Bedeutung hatten während des ganzen Mittelalters die päpstlichen Alaunsiedereien in Tolfa bei Civita Vecchia, die noch heute in Betrieb sind. Eine ganze Reihe von Päpsten förderte die Alaunwerke, die eine ihrer hervorragendsten Einnahmequellen bildeten, aufs eifrigste; so weit ging ihr Interesse, daß einer von ihnen, nämlich PIUS II., persönlich das ganze Verfahren der Alaunbereitung niederschrieb. In Deutschland treffen wir im 16. Jahrhundert bereits mehrere Alaunsiedereien an, so bei Lüneburg, bei Plauen und bei Saalfeld. Von dem technischen Verfahren eines im Beginn des 18. Jahrhunderts in Betrieb genommenen Alaunwerkes bei Freienwalde in der Mark Brandenburg berichtet P. MARTELL (*Ch. Ind.* **35**, 2 [1912]). Um 1800 erfreute sich der Lütticher Alaun eines besonders guten Rufes wegen hervorragender Reinheit. Von BLEIBTREU wurden um diese Zeit die Alaunhütten in der Haardt begründet.

Die ganze alte Alaunindustrie ging von zwei Rohstoffen aus, vom Alaunstein (Alunit) oder vom Alaunschiefer. Die Verarbeitung dieser Rohmaterialien gehört heute schon fast ganz der Geschichte an; seit einigen Jahren ist in Preußen und in Böhmen die Förderung von „Alaunerzen“ überhaupt ganz eingestellt worden. Wegen ihrer großen historischen Bedeutung sei die Fabrikation hier kurz geschildert.

[1] PLINIUS, Historia Naturalis **35**, 15 [52]: In Cypro candidum et nigrius (alumen), exigua coloris differentia, cum sit usus magna, quoniam inficiendis claro colore lanis candidum liquidumque utilissimum est, contraque fuscis aut obscuris nigrum.

Der Alaunstein ist das Einwirkungsprodukt von vulkanischer schwefliger Säure auf ein trachytisches Gestein. Das hervorragendste Vorkommen ist das von Tolfa bei Civita Vecchia. Der Alaunstein enthält schon alle für den fertigen Kalialaun nötigen Bestandteile. Das Material wurde in niedrigen Schachtöfen von Kalkofenform geröstet, was zwei bis drei Monate erforderte; das geglühte Produkt wurde dann in gemauerten Behältern durch häufiges Befeuchten mit Wasser in einen Brei verwandelt, aus dem man nach einiger Zeit durch heißes Wasser das Kaliumaluminiumsulfat herauslöste. Die Lösung dampfte man bis zum *spez. Gew.* 1,14 ein und überließ sie dann der freiwilligen Krystallisation. Die Krystalle wurden nochmals gelöst, wobei ein feiner roter Schlamm von Eisenoxyd zurückblieb; dann dampfte man wieder ein und erhielt so den „kubischen" oder „römischen" Alaun, der sehr rein war.

Das zweite Material, das in Betracht kam, ist der Alaunschiefer. Dies ist ein dem Tonschiefer ähnliches, Ton, fein verteilten Schwefelkies, Calciumcarbonat und Magnesiumcarbonat enthaltendes Gestein. Die ihm nahestehende Alaunerde hat fast die gleiche chemische Zusammensetzung und unterscheidet sich nur durch ihre lockere, erdige Beschaffenheit von dem Alaunschiefer. Der wesentliche Unterschied beider Materialien gegenüber dem Alaunstein liegt darin, daß sie beide keine oder doch bei weitem keine ausreichende Menge Kaliumsalz enthalten. Dieses mußte also bei der Darstellung zugesetzt werden. Man arbeitete etwa folgendermaßen: Das zunächst einmal geröstete Erz wurde zur Verwitterung durch die Atmosphärilien ein bis zwei Jahre an freier Luft in Halden gelagert. Hierbei entsteht aus dem Eisenkies Eisensulfat und freie Schwefelsäure. Diese beiden wirken langsam zersetzend auf den Ton ein, wobei sich schwefelsaure Tonerde und ein basisches Eisensulfat bilden. Nach der Verwitterung wurden die Erze einer zweiten Röstung unterworfen und dann das entstandene Tonerdesulfat ausgelaugt. Die ev. durch Gradieren angereicherte Lauge wurde nun eingedampft, die Hauptmenge des vorhandenen Eisenvitriols zur Krystallisation gebracht und dann durch Zusatz eines Kaliumsalzes der Alaun ausgefällt.

Es ist verständlich, daß man zuerst mit der Verarbeitung von solchen Rohmaterialien begann, die alle drei oder doch zwei Bestandteile des gewünschten Kalialauns schon im rohen Zustand enthalten. Mit dem Anwachsen des Bedarfes an Tonerdepräparaten und der Vervollkommnung der chemischen Arbeitsmethoden aber wurde es wichtiger, von einem reichlich zu Gebote stehenden Rohstoff auszugehen, als von einem, der sich in seiner Zusammensetzung dem darzustellenden Produkt schon am meisten näherte; d. h., man suchte an Stelle des verhältnismäßig seltenen Alunits und Alaunschiefers häufiger vorkommende Materialien zu verwenden. Hier boten sich nun Kryolith, Ton und andere Silicate und endlich Bauxit dar; auch Phosphate wurden zur Darstellung von Tonerdeverbindungen benutzt (*Ch. Ztrlbl.* **1906**, I, 1710), doch gewann dieses Material nur ganz geringe Bedeutung. Alle diese Rohstoffe enthalten vom Endprodukt, dem Alaun, nur das Aluminium. Schwefelsäure und Kalium treten erst bei der Fabrikation hinzu.

Kryolith wurde früher von Grönland viel nach Europa importiert zur Darstellung von Tonerdeverbindungen. Jetzt ist er für diese Verwendung schon lange zu teuer geworden, und seit Beginn der Achtzigerjahre des letzten Jahrhunderts wird in Europa kaum mehr Kryolith auf Tonerde verarbeitet. In den Vereinigten Staaten (O. N. WITT, *Ch. Ind.* **1894**, 75) liegen in diesem Punkte die Verhältnisse zum Teil anders. Die größte Fabrik für Tonerdeverbindungen in den Vereinigten Staaten, die PENNSYLVANIA MANUFACTURING SALT CO. in Natrona, bezieht infolge von alten Verträgen mit der dänischen Regierung Kryolith sehr viel billiger als irgend eine europäische Konkurrenz; es ist für sie infolgedessen rentabel, durch Aufschluß mit Kalk Tonerde und Soda daraus zu gewinnen.

Für die heutige Gewinnung des Alauns kommen Ton und andere Silicate und Bauxit als Ausgangsmaterialien in Betracht (vgl. Abschnitt über Alaune).

Für den Aufschluß von Silicaten dient das saure Verfahren, die direkte Einwirkung konz. Schwefelsäure auf das Silicat. Man kann nach diesem Verfahren wohl die schwer löslichen Alaune rein darstellen, da bei ihrer Fabrikation der Eisengehalt der Aluminiumsulfatlauge ohne großen Einfluß ist. Aber es war nicht möglich, nach dieser Methode ein Aluminiumsulfat zu erhalten, das den Anforderungen der Industrie an Eisenfreiheit entsprochen hätte. Alle Methoden der Enteisenung der Laugen ergaben keine technisch befriedigende Lösung des Problems.

Nun ist aber die technische Überlegenheit des Aluminiumsulfates gegenüber dem Kalialaun zu groß, als daß man sich bei der Verwendung des Kalialauns hätte beruhigen können. Der Kalialaun $K_2Al_2(SO_4)_4 \cdot 24\,H_2O$ (*Mol.-Gew.* = 949) enthält 10,8% Al_2O_3. Das Aluminiumsulfat $Al_2(SO_4)_3 \cdot 18\,H_2O$ (*Mol.-Gew.* = 667) enthält dagegen 15,5% Al_2O_3. In diesem Verhältnis (rund 2 : 3) steht nun auch die Wirksamkeit gleicher Gewichtsmengen der beiden Verbindungen, denn es handelt sich bei den meisten technischen Verwendungen nur um den Tonerdegehalt. Gleich große Mengen Tonerde bedingen also in Gestalt von Alaun um die Hälfte höhere Kosten an Verpackung, Fracht u. s. w. gegenüber dem Aluminiumsulfat. Und außerdem geht bei der Verwendung des Kalialauns noch das wertvolle Kalium nutzlos verloren.

Man suchte also nach anderen Auswegen, um die Verwendung des Kalialauns unnötig zu machen; und da kam man auf den Natronalaun. Dieser enthält schon etwas mehr Tonerde als der Kalialaun; $Na_2Al_2(SO_4)_4 \cdot 24\,H_2O$ (*Mol.-Gew.* = 917) enthält 11,2% Tonerde. Außerdem ist in ihm das teure Kalium durch das viel billigere Natrium vertreten. Aber die technische Darstellung des Natronalauns fand auch keine durchaus befriedigende Lösung.

Da bot sich in der Verarbeitung des Bauxits eine Möglichkeit, leicht zu reinem Tonerdesulfat zu gelangen, da Bauxit nicht nur nach dem sauren, sondern auch nach einem alkalischen Verfahren aufgeschlossen werden kann. Die beiden technischen Lösungen dieses Verfahrens, der pyrogene Aufschluß nach LE CHATELIER und MORIN und der nasse Aufschluß nach BAYER lieferten ein ganz reines Tonerdehydrat, das man nur in Schwefelsäure zu lösen brauchte, um Tonerdesulfat darzustellen. Damit hatte der Alaun seine Bedeutung im wesentlichen verloren und sein Verbrauch nahm von Jahr zu Jahr ab. An seine Stelle aber trat der konzentrierte Alaun, das Aluminiumsulfat. Nur für ganz minderwertige Sorten Aluminiumsulfat wendet man heute noch den sauren Aufschluß an.

Vollkommen in den Hintergrund des Interesses ist das saure Verfahren aber dadurch getreten, daß das nach dem alkalischen Verfahren dargestellte Tonerdehydrat das Ausgangsmaterial einer aufblühenden großen Industrie geworden ist, der Aluminiumindustrie. Die Versorgung der Aluminiumindustrie mit möglichst reinem Aluminiumoxyd ist heute die überwiegende Aufgabe der Tonerdeindustrie.

Das von PENIAKOFF 1893 eingeführte Verfahren des Bauxitaufschlusses hat trotz seiner Originalität keine sehr große Bedeutung erlangt. In den letzten Jahren wurde von SERPEK ein Verfahren zur Gewinnung von Tonerdehydrat ausgearbeitet, dessen technische Verwertung erst beginnen wird (*Ch. Ztg.* 37, 1227 [1913]), s. a. Aluminiumnitrid.

Nach Einführung des alkalischen Aufschlusses nahm die Tonerdeindustrie zunächst einen großen Aufschwung. Neben der Verwendung des Aluminiumoxyds in der Aluminiumindustrie schuf vor allem der gesteigerte Bedarf der rasch zunehmenden Papierfabrikation an Tonerdesulfat eine große Absatzmöglichkeit. Dieser Aufschwung kommt in den wachsenden Mengen des fabrizierten Aluminiumsulfats zum Ausdruck. Sämtliche anderen in diesem Artikel beschriebenen Verbindungen spielen neben Aluminiumsulfat und Aluminiumoxyd der Menge nach heute nur eine untergeordnete Rolle. Die Entwicklung der Fabrikation von Aluminiumoxyd für die Aluminiumindustrie scheint heute noch ungehemmt weiter ausdehnbar. Dagegen ist in der Aluminiumsulfaterzeugung eine bedenkliche Stagnation eingetreten. Trotz der dauernden Zunahme des Papierverbrauches geht in den letzten Jahren der Konsum an Aluminiumsulfat zum Leimen von Papier eher zurück, als daß er zunähme; der Grund hierfür liegt in der Einführung geänderter Leimverfahren, be denen vielfach Surrogate statt des Tonerdesulfats benutzt werden. Da trotzdem in Deutschland noch neue Tonerdesulfatfabriken entstanden sind, so herrscht augenblicklich eine große Überproduktion auf dem deutschen Tonerdesulfatmarkt. Auch der in den letzten Jahren stark angewachsene Export vermag es bei der großen Konkurrenz auf dem Weltmarkte nicht, der Tonerdesulfatfabrikation einen angemessenen Nutzen zu gewährleisten.

1. ***Alaune*** $Me^1Al(SO_4)_2 \cdot 12\,H_2O$. Als Alaune bezeichnet man eine Anzahl krystallwasserhaltiger Salze, die entsprechend der oben gegebenen typischen Formel zusammengesetzt sind. In ihnen sind zwei SO_4-Reste mit einem dreiwertigen Aluminiumatom und einem Atom eines einwertigen Elements verbunden. Das einwertige Element Me^1 kann eines der Alkalimetalle *Na, K, Rb, Cs* oder das NH_4-Radikal oder das einwertige *Tl* sein. Je nach der Art dieses einwertigen Komponenten bezeichnet man die Alaune als Kalialaun, Natronalaun, Ammoniakalaun u. s. w. Die Existenz eines Lithiumalauns ist nicht mit Sicherheit nachgewiesen. Es kann in den Alaunen aber auch an Stelle des Aluminiums ein anderes dreiwertiges Element treten, und dieser Ersatz führt dann zu Verbindungen wie $NH_4 \cdot Fe \cdot (SO_4)_2\ 12\,H_2O$ = Eisenammoniakalaun oder $KCr(SO_4)_2 \cdot 12\,H_2O$ = Kalichromalaun. Von einiger technischer Wichtigkeit sind nur der Kalialaun, der Natronalaun, der Ammoniakalaun und der Kalichromalaun.

Der Kaliumalaun $KAl(SO_4)_2\ 12\,H_2O$ ist, wie schon erwähnt wurde, die älteste bekannte Tonerdeverbindung. Seine Darstellung aus Alaunstein und aus Alaunschiefer, bzw. Alaunerde, die heutzutage mehr geschichtliches als technisches Interesse besitzt, ist in der Einleitung kurz behandelt. In Deutschland und Österreich werden seit einigen Jahren überhaupt keine Alaunerze mehr verarbeitet. Die für die Fabrikation von Alaunen in Betracht kommenden Rohmaterialien sind heute dieselben wie die für Aluminiumsulfat, nämlich Ton und andere Silicate und Bauxit. Die Verarbeitung von Kryolith ist heutzutage aufgegeben; betreffs der Monopolisierung des grönländischen Kryoliths durch die dänische Regierung vergleiche man die Angabe in der historischen Einleitung.

Als die Schwefelsäure im Laufe der zweiten Hälfte des vergangenen Jahrhunderts immer wohlfeiler wurde, da mußte es lohnend erscheinen, durch Behandlung von Silicaten mit Schwefelsäure Alaun darzustellen. Besonders sparte man so gegenüber der Verarbeitung von Alaunschiefer die großen platzraubenden Halden, welche das monatelange Verwitternlassen der Alaunerze nötig machte. Bei der Fabrikation von Alaun aus Ton schlägt man etwa folgende Arbeitsweise ein:

Man geht von einem möglichst reinen Ton aus. Ein früher von FIKENTSCHER in Zwickau verarbeiteter Ton hatte die Zusammensetzung:

Tonerde	27,0%
Kieselsäure	66,0%
Eisenoxyd	3,0%
Kali	2,0%
Kalkerde + Magnesia	0,8%
Wasser	1,2%
	100,0%

Der Ton wird zunächst geröstet, um einmal das Wasser zu entfernen und andererseits etwaigen Eisengehalt in die Ferriform überzuführen. Der Ton wird, wenn er wasserfrei ist, von der Schwefelsäure leichter angegriffen als im wasserhaltigen Zustand. Das darauf fein gepulverte und abgesiebte Material wird in verbleiten Pfannen, die durch Abhitze auf 70° erwärmt werden, mit Schwefelsäure von 50° *Bé.* gemischt. Bei der nun stattfindenden Reaktion scheidet sich die Kieselsäure als Gallerte ab, während Aluminiumsulfat entsteht. Nach vollendeter Reaktion läßt man das Gemisch in große Gefäße ab, in denen dann durch mehrmaliges Zugeben kleiner Mengen von Wasser das Aluminiumsulfat ausgelaugt wird. Die verdünnten Lösungen werden eingedampft und in eine Zisterne abgelassen, in der man darauf durch Zusatz eines Kaliumsalzes den Alaun ausfällt.

Zum Ausfällen des Alauns kommen Kaliumcarbonat, Kaliumsulfat und Kaliumchlorid in Betracht. Kaliumcarbonat benutzt man, wenn die Aluminiumsulfatlauge viel freie Säure enthält. Kaliumchlorid, welches ja als billigstes Kaliumsalz den Vorzug verdiente, kann nur dann angewendet werden, wenn in der Aluminiumsulfatlauge noch so viele andere schwefelsaure Salze, z. B. Magnesiumsulfat zugegen sind, daß sie ausreichen, um Kaliumchlorid in Kaliumsulfat zu verwandeln. Reichen die sonst vorhandenen schwefelsauren Salze hierzu nicht aus, so gibt ein Teil des Aluminiumsulfats seine Schwefelsäure an das Kalium ab, damit das Kaliumaluminiumsulfat entstehen kann, und das dabei erzeugte Aluminiumchlorid geht verloren. Kaliumsulfat läßt sich fast immer gut zur Alaundarstellung anwenden.

Das betreffende Kaliumsalz wird in möglichst wenig heißem Wasser gelöst und die konzentrierte Lösung unter Umrühren zu der heißen Aluminiumsulfatlösung gegeben. Während des Erkaltens und bei anhaltendem Rühren krystallisiert der Alaun dann als feines Pulver (Alaunmehl) aus. Man hebert nun die Mutterlauge von dem Krystallpulver ab und wäscht dieses durch mehrmaliges Aufspritzen kleiner Mengen kalten Wassers aus. Das Alaunmehl wird darauf durch nochmaliges oder noch häufigeres Wiederauflösen und Auskrystallisierenlassen raffiniert. Aus der Mutterlauge scheidet man oft noch Eisenvitriol ab und schüttet die Lauge dann weg.

Ein Patent von Gibbs (*D. R. P.* 173902) sucht den Aufschluß schwer aufschließbarer Silicate, wie Feldspat, Kaliglimmer, dadurch zu erleichtern, daß man der zum Aufschluß angewendeten Schwefelsäure eine geringe Menge Kieselfluorwasserstoffsäure zusetzt. Ein Zusatz von 2–4% an Kieselfluorwasserstoffsäure soll ausreichend sein. Die Wirkung dieser geringen Menge Kieselfluorwasserstoffsäure wird dadurch erklärt, daß die Kieselfluorwasserstoffsäure als katalytisch wirkendes Zwischenglied bei der Zersetzung des Silicats eingreift.

Will man Alaun aus Bauxit gewinnen, so kann man von dem Rückstand ausgehen, der beim Aufschließen des Bauxits mit Schwefelsäure unlöslich zurückbleibt (vgl. den Abschnitt über Aluminiumsulfat). Der Rückstand wird mit Wasser ausgewaschen; dieses Waschwasser wird dann konzentriert und aus der Aluminiumsulfatlösung durch Zusatz eines Kaliumsalzes der Alaun abgeschieden, wie soeben besprochen wurde.

Vom Natronalaun $NaAl(SO_4)_2\ 12\ H_2O$ hoffte man, als man noch kein eisenfreies Aluminiumsulfat erzeugen konnte, daß er einen Ersatz für den Kalialaun bieten werde, indem er nicht wie dieser das teure Kalium beanspruchte und trotzdem ein vollkommen eisenfreies Salz zur Anwendung in der Färberei darstellen sollte. Daß Natronalaun trotzdem nie eine größere technische Bedeutung erlangte, hat seinen Grund in verschiedenen Übelständen, die mit seiner Fabrikation verbunden sind. Zunächst ist Natronalaun in Wasser sehr viel leichter löslich als Kalialaun und hat außerdem noch die Eigenschaft, daß er kein Alaunmehl gibt. Diese beiden Umstände erschweren es schon beträchtlich – gegenüber der Darstellung des Kalialauns – einen ganz eisenfreien Natronalaun zu gewinnen. Dann aber verliert eine Natronalaunlösung die Fähigkeit zu krystallisieren, wenn sie über 60° erhitzt wird. Man muß also die Lösungen von Aluminiumsulfat und Natriumsulfat in der Kälte mischen und unterhalb von 60° langsam verdampfen, um Krystalle zu erhalten. Auch fand man, daß ein Gehalt der Natronalaunlösung an freier Säure die Bildung der Krystalle stört. Man muß also in neutraler oder noch besser in schwach alkalischer Lösung arbeiten. Mit der Behandlung aller dieser Schwierigkeiten beschäftigt sich eine Anzahl Patente (*D. R. P.* 50323, 52836 53570, 141670, 178236, 216034), deren Inhalt hier aber nicht genauer dargelegt werden soll, da ja heute die Darstellung von Natronalaun nur noch ganz geringes technisches Interesse besitzt.

Der Ammoniakalaun, $NH_4.Al(SO_4)_2.12H_2O$, wird ganz analog dem Kalialaun dargestellt, indem man eine irgendwie dargestellte, konzentrierte Lösung von Aluminiumsulfat mit einer Lösung von Ammoniumsulfat versetzt. Ammoniakalaun ist annähernd ebenso löslich wie Kalialaun und daher etwa gerade so leicht rein zu gewinnen wie dieser. Die Darstellung von Ammoniakalaun durch Erhitzen von Silicaten mit Ammoniumsulfat wird im *D. R. P.* 198707 behandelt.

Die Fabrikation des Chromalauns, $KCr(SO_4)_2.12H_2O$, der ebenso wie die eigentlichen, bisher beschriebenen Alaune seine Verwendung in der Färberei findet, ist in dem Artikel „Chrom" behandelt.

Die Eigenschaften der Alaune seien hier im Zusammenhang kurz beschrieben. Die Alaune sind mehr oder weniger wasserlösliche, krystallwasserhaltige Doppelsalze. In konzentrierter Lösung sind die Moleküle nur teilweise in die einfachen Ionen Alkalimetallion + Aluminiumion + $2SO_4$-Ionen zerfallen; daß auch komplexe -$Al(SO_4)_2$-Ionen darin vorhanden sind, geht nämlich aus der Leitfähigkeit dieser Lösungen hervor, die nie so hoch ist, wie man für vollkommene Ionisierung errechnet. Genügend verdünnte Lösungen sind dagegen vollständig in die einfachen Ionen gespalten. Die Wasserlöslichkeit der Alaune zeigt folgende Tabelle nach ERDMANN:

100 *g* Wasser lösen bei 16°: 51 *g* Natronalaun, 15 *g* Kalialaun, 12 *g* Ammoniakalaun, 2,2 *g* Rubidiumalaun, 0,6 *g* Cäsiumalaun, immer bezogen auf das krystallwasserhaltige Salz. Die Löslichkeit nimmt also mit steigendem Atomgewicht des Alkalimetalls ab. Charakteristisch für die Alaune ist ihre reguläre Krystallform; am häufigsten ist das Oktaeder. Sie besitzen einen eigenartigen, zusammenziehenden Geschmack. Beim Erhitzen der Alaune entweicht zunächst Wasser. Es entsteht so aus Kalialaun der sog. „gebrannte Alaun" (alumen ustum). Bei stärkerem Erhitzen verlieren die Alaune auch SO_3. Aus Ammoniakalaun kann man auf diese Weise reines Al_2O_3 darstellen, da Ammoniak und Schwefelsäureanhydrid entweichen (vgl. Aluminiumoxyd).

Die technische Verwendung der Alaune ist, wie schon in der historischen Einleitung erwähnt wurde, immer weiter zurückgegangen. Ursprünglich beherrschte der Alaun alle die Anwendungsgebiete, die heute das Aluminiumsulfat eingenommen hat. Denn da bei fast allen Verwendungen des Alauns nur sein Gehalt an schwefelsaurer Tonerde in Betracht kommt, so hatte der Alaun seine Rolle ausgespielt, als es gelungen war, mit Hilfe der alkalischen Aufschließverfahren zu einem nahezu eisenfreien Aluminiumsulfat zu kommen. Zunächst gewann das Aluminiumsulfat den Markt der Leimung der meisten Papiersorten; feinste Papiersorten wurden noch mit Alaun geleimt. Dann wurde der Alaun auch als Beize in der Färberei allmählich durch das Aluminiumsulfat verdrängt, und nur zur Fixierung der allerempfindlichsten Farben auf der Faser, z. B. des Alizarinrots, wurde Alaun vielfach beibehalten. Immerhin verdanken die 2000–3000 *t* Kalialaun, die Deutschland heute jährlich verbraucht, ihre Anwendung wohl mindestens ebensosehr dem konservativen Sinn der Konsumenten, wie einer wirklichen Überlegenheit des Alauns gegenüber dem Aluminiumsulfat.

Über die Wirkungsweise der Alaune bei ihrer Verwendung als Beizen in der Färberei sei folgendes kurz dargelegt. Was für die Wirkung der Alaune als Beizen gilt, gilt auch für die Wirkung sämtlicher später besprochener, als Beizen dienender Aluminiumsalze, und es wird daher bei diesen nur auf die Stelle hier verwiesen werden. In einer nicht zu konzentrierten Lösung eines Aluminiumsalzes ist – ebenso wie in der eines Chrom-, Eisen- oder Zinnsalzes – das Aluminiumsalz als Salz einer sehr schwachen Base stark hydrolysiert. Kocht man nun Wolle in einer solchen verdünnten Aluminiumsalzlösung, so nimmt die Wolle Tonerdehydrat auf und tritt damit zu einer chemischen Verbindung zusammen; durch Behandlung mit kaltem Wasser wird diese Verbindung nicht zerstört. Das Tonerdehydrat seinerseits bildet nun, wenn es mit Lösungen von hydroxylhaltigen Farbstoffen, z. B. von Alizarinfarbstoffen und vielen anderen natürlichen Farbstoffen, zusammentrifft, mit diesen chemische Verbindungen, die sog. „Farblacke". So dient die Tonerde als Bindeglied zwischen Wollfaser und Farbstoff. Baumwolle kann nicht in derselben Weise wie Wolle gebeizt werden, sondern man tränkt die Baumwolle mit der Aluminiumsalzlösung und fällt das Tonerdeoxydhydrat durch Sodazusatz innerhalb der Faser aus.

2. *Aluminate.*

a) Natriumaluminat, $NaAlO_2$ oder Na_3AlO_3, in der Technik auch häufig Tonerdenatron genannt, entsteht als Lösung bei den beiden alkalischen Aufschlußverfahren für Bauxit. Man gewinnt Natriumaluminat, wenn man diese Lösung, anstatt aus ihr durch Fällen mit Kohlensäure oder Ausrühren mit krystallinischem Tonerdehydrat Aluminiumhydrat abzuscheiden, zur Trockne dampft (vgl. Abs. über Aluminiumoxydhydrat).

Das durch Eindampfen der Lösung gewonnene Natriumaluminat ist eine weiße, leicht schmelzbare Masse; sie löst sich in Wasser leicht wieder auf. Die Verbindung $NaAlO_2$ erhält man beim Auflösen von fein gepulvertem Aluminiummetall in Laugen. Zum Trialkalialuminat Na_3AlO_3 gelangt man, wenn man frisch gefälltes Tonerdehydrat in Alkali löst, wobei auf ein Al drei $NaOH$ verbraucht werden. Als Salze einer sehr schwachen Säure sind die Aluminate stark hydrolytisch gespalten. Das Trialkalialuminat ist sicher zu zwei Dritteln hydrolysiert. Aber auch $NaAlO_2$ wird noch weiter hydrolysiert, wie aus der langsamen Zunahme der elektrischen Leitfähigkeit seiner Lösung hervorgeht. Bei dieser Hydrolyse aber bleibt das entstandene $Al(OH)_3$ lange noch kolloidal gelöst.

Das Natriumaluminat dient in der Färberei und beim Zeugdruck als Beize, da durch Hydrolyse aus dem Salz $Al(OH)_3$ freigemacht wird. Außer in der Textilindustrie wird Natriumaluminat noch zum Leimen von Papier, zum Härten von Gips und Steinen und zur Fabrikation von Lackfarben verwendet.

b) Bariumaluminat. $Ba(AlO_2)_2$. Die Darstellung von Bariumaluminat behandeln zwei Patente (Peniakoff, *D. R. P.* 93857 und Beringer, 244221). Schmilzt man Bauxit mit Kohle und Schwerspat zusammen, so erhält man beim Auslaugen der Schmelze eine Lösung von Bariumaluminat, aus der man durch Eindampfen das Salz gewinnt.

Bariumaluminat ist bis zu 10% in Wasser löslich. Es erleidet dabei keine allzu große Zersetzung, da das durch Hydrolyse aus ihm entstehende $Ba(OH)_2$ in Wasser verhältnismäßig leicht löslich ist. Hierin unterscheidet sich Bariumaluminat von dem analogen Calciumaluminat. Da $Ca(OH)_2$ in Wasser viel weniger löslich ist als $Ba(OH)_2$, ist das Calciumaluminat in wässeriger Lösung nicht beständig, sondern zerfällt zu Kalk und Tonerde.

Bariumaluminat wird als Wasserreinigungsmittel verwandt, da es als Bariumsalz Carbonate sowohl wie Sulfate niederschlägt, während das Aluminium zum Teil mit dem Kalk des Wassers als unlösliches Calciumaluminat, zum Teil als Aluminiumhydroxyd in Flocken ausfällt. Man erhält bei der Anwendung des *Bariumaluminats zur Wasserreinigung also gar kein in Wasser lösliches Salz, was gegenüber der Wasserreinigung mit Natriumcarbonat einen großen Vorteil bedeutet. Hierin ist dies Verfahren der Wasserreinigung auch dem Gansschen* Permutitverfahren überlegen, bei dem statt der entfernten Erdalkalisalze die entsprechende Menge Alkalisalz von dem Wasser aufgenommen wird. Nur der verhältnismäßig hohe Preis des Bariumaluminats ist daran schuld, daß dieses als Wasserreinigungsmittel sich nur langsam einführt.

3. *Aluminiumacetat,* $Al(CH_3 \cdot COO)_3$, s. Essigsäure.

*4. **Aluminiumcarbid***, s. unter Carbide.

*5a. **Aluminiumchlorid**, $AlCl_3$.* Bei der Darstellung von Aluminiumchlorid muß zwischen der Darstellung von wasserfreiem Aluminiumchlorid und der von krystallwasserhaltigem Salz unterschieden werden.

Das krystallwasserhaltige Salz, bzw. seine wässerige Lösung, kann man durch Auflösen von Aluminiumhydroxyd oder von metallischem Aluminium in Salzsäure gewinnen. Die Darstellung durch Umsetzung einer Lösung von Aluminiumsulfat mit einer Chlorcalciumlösung beschreibt das *D. R. P.* 21154. Man filtriert von dem bei der Reaktion ausfallenden Gips ab und konzentriert die Aluminiumchloridlösung in verzinnten Kupferkesseln im Vakuum; ev. leitet man Salzsäuregas durch die Lösung, wodurch die Löslichkeit des Aluminiumchlorids herabgesetzt wird. Beim Abkühlen der konz. Lösung krystallisiert das Salz dann aus.

Das wasserfreie Aluminiumchlorid wurde früher nach dem *D. R. P.* 62907 durch Einwirkung von Chlorwasserstoffgas auf ein Gemisch von Tonerde und Kohle, das vorher durch einen Strom heißen Generatorgases entwässert und zum Glühen gebracht worden ist, dargestellt. Des ferneren läßt es sich durch Überleiten von Chlorwasserstoffgas über fein verteiltes erhitztes Aluminium herstellen, wobei der Wasserstoff entweicht und das Aluminiumchlorid sich an den kälteren Stellen der Apparatur kondensiert (*D. R. P.* 76909).

Diese Methoden werden jedoch heute technisch nicht ausgeführt, sondern das wasserfreie Aluminiumchlorid wird ausschließlich durch Erhitzen von metallischem Aluminium im Chlorstrom hergestellt. Das Aluminium kann in Form von Gries oder Aluminiumblechabfällen benutzt werden, und die Reaktion, die bei dunkler Rotglut vorgenommen wird, ist derart zu leiten, daß das gebildete Aluminiumchlorid vollständig an den kälteren Teilen der Apparatur kondensiert wird. Das nach diesem Verfahren gewonnene Produkt ist durch geringe Mengen von Ferrichlorid schwach gelb gefärbt und sehr geeignet als Kondensationsmittel. Das wasserfreie Aluminiumchlorid bildet farblose Krystalle, die in feuchter Luft Nebel ausstoßen und stark hygroskopisch sind. Als schwacher Elektrolyt ist es in vielen organischen Lösungsmitteln löslich. Seine Hauptanwendung findet das wasserfreie Aluminiumchlorid als Kondensationsmittel bei der FRIEDEL-CRAFTSschen Reaktion. Diese wird u. a. zur Herstellung von Acetophenon, Methylanthrachinon s. d., Isobutylxylol (s. Moschus) technisch durchgeführt. In neuerer Zeit dient es auch zur Abspaltung aromatisch gebundenen Wasserstoffs und zur Verknüpfung aromatischer Kerne (R. SCHOLL und CH. SEER, *A.* **394**, 111 [1912]).

Eine wässerige Lösung von Aluminiumchlorid wird im Handel als „Chloralum“ bezeichnet; sie wird als fäulnisverhinderndes Mittel angewandt. Aluminiumchlorid dient auch zum „Carbonisieren“ der Wolle (s. Wolle).

*5b. **Natriumaluminiumchlorid**, $AlCl_3 \cdot 3NaCl$.* Mischt man Tonerde mit Kohle und Kochsalz und läßt auf das Gemisch Salzsäuregas in der Hitze einwirken, so destilliert das Doppelsalz über (*D. R. P.* 40393). Je nach der Menge des angewendeten Kochsalzes variiert die Zusammensetzung des Doppelsalzes. Ein Verfahren der Reinigung des Doppelsalzes von Eisenchlorid durch Anwendung von Aluminium beschreibt das *D. R. P.* 52770. Eine elektrolytische Methode der Reinigung ist der Inhalt des *D. R. P.* 54877.

Natriumaluminiumchlorid wurde früher bei der Darstellung von metallischem Aluminium verwandt, und deshalb mußte das Produkt möglichst frei von Eisen sein.

*6a. **Aluminiumfluorid**, AlF_3,* wird am einfachsten durch Einwirkung von Tonerde auf eine wässerige Lösung von Flußsäure gewonnen. Man kann auch derart verfahren, daß man unreine Tonerde (geglühten Bauxit) in Flußsäure löst und dann die Lösung mit Tonerde verrührt, wobei Eisenoxyd, Kieselsäure und Titansäure ausfallen. Die Darstellung einer reinen Lösung von Aluminiumfluorid beschreibt das *D. R. P.* 69791. Nach ihm schließt man calcinierten Ton durch Behandlung mit 12%iger Flußsäure auf. Die vorhergehende Calcination des Tons ist wesentlich. Nach Vollendung der Reaktion filtriert man die reine Aluminiumfluoridlösung vom Rückstand ab, der aus Kieselsäure und aus nicht aufgeschlossenem Ton besteht. Aluminiumfluorid bildet ebenso wie das Chlorid leicht Doppelsalze. Das einfache Fluorid wird in der Aluminiumfabrikation als Flußmittel verwendet. Das wichtigste Doppelsalz ist das Natriumaluminiumfluorid.

6b. Natriumaluminiumfluorid, $AlF_3 \cdot 3\,NaF$. Das Natriumaluminiumfluorid findet sich in der Natur als Mineral, genannt Kryolith (Eisstein). Das bedeutendste, technisch hauptsächlich in Betracht kommende Vorkommen ist das in Grönland bei Ivigtut. Der Kryolith ist rein weiß bis gelblich gefärbt, hat das *spez. Gew.* 2,05 und die Härte 3. Daß früher Kryolith auf dem ganzen Kontinent viel auf Soda und Tonerdeverbindungen verarbeitet wurde, daß diese Verwendung infolge der Monopolisierung des Kryoliths durch die dänische Regierung aber aufgehört hat, wurde bereits in der historischen Einleitung dargelegt. Da der Kryolith aber verschiedene technische Anwendungen hat, so ist es von großer Bedeutung, daß die fabrikmäßige Darstellung eines „künstlichen Kryoliths" gelang.

Das *D. R. P.* 35212 beschreibt die Herstellung von künstlichem Kryolith durch Vermischen einer Lösung von Natriumfluorid mit einer solchen von Aluminiumfluorid, wobei das in Wasser unlösliche Doppelsalz ausfällt. Zur Fabrikation von künstlichem Kryolith kann man durch Destillation von Flußspat mit Schwefelsäure eine wässerige Flußsäurelösung gewinnen und diese mit Tonerde und Soda neutralisieren. Hierbei ist es nötig, von einem möglichst reinen, kieselsäurefreien Flußpat auszugehen, da ein SiO_2-Gehalt des Flußspats die Entstehung von SiF_4 bedingt, welches sich dann im Destillat als H_2SiF_6, bzw. nach der Neutralisation als kieselfluorwasserstoffsaures Salz wiederfindet, welches so den Kryolith verunreinigt.

Interessant ist auch das Verfahren von Hulin, das in der Société d'Electrochimie in St.-Fons und Villers-St.-Sépulcie ausgeführt werden soll. Danach wird Aluminiumhydroxyd in einem Überschuß von Flußsäure gelöst, so daß die Verbindung $Al_2F_6 \cdot 6\,HF$ entsteht. Die so erhaltene Lösung wird mit Natriumsuperoxyd neutralisiert, wobei sich unlöslicher Kryolith abscheidet, während in der Lösung reines salzfreies Wasserstoffsuperoxyd bleibt.

Nach Loesekann (*D. R. P.* 205209) gewinnt man „künstlichen Kryolith", indem man Flußspat mit Kaliumsulfat und Kohle im Flammofen zusammenschmilzt nach der Gleichung:

$$I.\quad CaF_2 + K_2SO_4 + 4\,C = CaS + 2\,KF + 4\,CO.$$

Aus der Schmelze wird das entstandene, leichtlösliche Kaliumfluorid mit Wasser ausgelaugt. Die Lösung wird mit Natriumsulfat versetzt, wobei nach der Gleichung

$$II.\quad 2\,KF + Na_2SO_4 = 2\,NaF + K_2SO_4$$

das schwer lösliche Natriumfluorid ausfällt; das wieder zurückgewonnene Kaliumsulfat wird zu einem neuen Aufschluß nach Gleichung I benutzt. Das ausgefallene Natriumfluorid wird durch Behandlung mit Aluminiumsulfat in Kryolith übergeführt:

$$III.\quad 12\,NaF + Al_2(SO_4)_3 = 2\,(AlF_3 \cdot 3NaF) + 3\,Na_2SO_4.$$

Da bei diesem Verfahren keine Fluorsiliciumverbindung entstehen kann, so erhält man auch bei der Verwendung unreinen Flußspats reinen künstlichen Kryolith.

Und angesichts des großen Vorrats der Erde an unreinem Flußspat ist durch diese Fabrikationsmethode die Darstellung genügender Mengen von Kryolith sichergestellt.

Kryolith hat nämlich eine technische Anwendung gefunden, die ihm eine dauernd steigende Absatzmöglichkeit gewährleistet. Er dient in geschmolzenem Zustand als Elektrolyt bei der Fabrikation des Aluminiums; in dem geschmolzenen Kryolith wird das Aluminiumoxyd aufgelöst. Man bedarf aber hierzu eines möglichst reinen kieselsäurefreien Kryoliths. Außerdem wird Kryolith als Trübungsmittel bei der Fabrikation von Milchgläsern und Email oder Schmelzgläsern benutzt.

7. ***Aluminiumnitrat***, $Al(NO_3)_3$. Aluminiumnitrat wird entweder durch Auflösen von Aluminiumhydroxyd in Salpetersäure dargestellt oder durch doppelte Umsetzung aus Aluminiumsulfat und Bleinitrat. Im ersteren Falle erhält man eine Lösung von Aluminiumnitrat, aus der beim Eindampfen das Salz als gummiartige Masse hinterbleibt. Dampft man eine saure Aluminiumnitratlösung ein, so kann man Krystalle von der Formel $Al(NO_3)_3 \cdot 9H_2O$ erhalten. Die farblosen Krystalle schmelzen bei etwa 70° und sind hygroskopisch.

Durch doppelte Umsetzung von Aluminiumsulfat und Bleinitrat wird Aluminiumnitrat häufig in der Textilindustrie hergestellt. Es dient hier als Beize beim Alizarinrotdruck, wozu es sich wegen seiner starken hydrolytischen Spaltung gut eignet. Auch in der Industrie der Glühkörper findet Aluminiumnitrat Anwendung.

8. ***Aluminiumoxalat***, $Al_2(C_2O_4)_3$ (?) wird als Beize beim Kattundruck angewandt. Über die Herstellung s. Oxalsäure.

9. ***Aluminiumoxyd***, Al_2O_3. Von allen Verbindungen des Aluminiums ist das Aluminiumoxyd heute bei weitem die wichtigste, da es das Ausgangsmaterial für die elektrolytische Darstellung des Metalls Aluminium ist. Früher stellte man amorphes Aluminiumoxyd durch Glühen von Aluminiumsalzen, z. B. von Ammoniakalaun dar. Dieser hinterläßt beim Glühen reines Al_2O_3, während NH_3 und SO_3 entweichen (Gay-Lussac, *A. ch.* 5, 101 [1817]). Oder man mischte $Al_2(SO_4)_3 \cdot 18H_2O$ mit einem Viertel seines Gewichts an calcinierter Soda, glühte das Gemisch und laugte mit Wasser aus, wobei das Aluminiumoxyd zurückblieb (Fr. Wöhler, *A.* **53**, 422 [1845]).

Diese Wege spielen für den heutigen technischen Bedarf an Aluminiumoxyd natürlich gar keine Rolle mehr; vielmehr wird heute das meiste Aluminium durch Calcination aus Aluminiumhydroxyd (s. Absch. 10) dargestellt. Ein anderer Teil wird aus Bauxit direkt in wasserfreiem Zustande nach einem rein elektrothermischen Verfahren gewonnen.

Zur Gewinnung des Aluminiumoxyds aus Tonerdehydrat wird dieses zunächst getrocknet, wobei das mechanisch anhaftende Wasser ziemlich vollständig entfernt werden kann. Um aber vollkommen wasserfreies Aluminiumoxyd zu erhalten, d. h., um auch das chemisch gebundene Wasser zu vertreiben, bedarf es eines starken Glühens etwa bis zu 1200°. Wird das Aluminiumoxyd nicht bis zu heller Rotglut erhitzt, so nimmt es nach dem Erkalten wieder Wasser auf und ist unbrauchbar für die Schmelzflußelektrolyse. Die Calcination findet in Muffeln oder rotierenden Drehöfen statt. Immer ist diese aber ein kostspieliger Prozeß, denn einmal ist der Brennstoffverbrauch, einerlei, welche Ofenkonstruktion man auch wählt, ein ziemlich hoher, und andererseits entsteht bei dieser Operation ein beträchtlicher Materialverlust. Das pulverförmige, spezifisch nicht schwere Aluminiumoxyd wird nämlich äußerst leicht von dem Zug der Verbrennungsgase mitgeführt und entweicht auch durch die kleinsten Undichtigkeiten und Risse in der Apparatur.

Ein hierher gehöriges Patent sei erwähnt, nämlich das der Compagnie des Produits chimiques d'Alais (*D. R. P.* 165612). Nach diesem erreicht man durch

Zusatz von etwa 1% Aluminiumfluorid oder Flußsäure zu dem Tonerdehydrat, daß dieses nach dem Glühen nicht mehr die Tendenz zeigt, wieder Wasser aufzunehmen. Auch soll dieser Zusatz es ermöglichen, mit kürzerem Calcinieren und einer niedrigeren Temperatur auszukommen. Ein anderes Patent (*D. R. P.* 180712) beschreibt die Konstruktion eines Calcinierofens, der sich zum Calcinieren des Tonerdehydrats besonders gut eignen soll, da bei ihm Vorkehrungen gegen das Fortreißen des Aluminiumoxyds und daraus entstehenden Materialverlust getroffen sind. In der Regel aber benutzt man wohl, wie erwähnt, rotierende Calcinieröfen, die dem in Abb. 99 dargestellten im Prinzip vollkommen gleichen und auch in der Ausführung ähnlich sind.

Die verhältnismäßig umständliche Darstellung des Aluminiumoxyds über Tonerdehydrat mußte es natürlich verlockend erscheinen lassen, aus dem Bauxit direkt wasserfreies Aluminiumoxyd zu gewinnen. Das Patent von F. HASSLACHER (*D. R. P.* 85021) und die Patente von CH. M. HALL (*D. R. P.* 143901 und 135553) beschäftigen sich hiermit. Durch Glühen von Bauxit mit Kohle im elektrischen Ofen erhält man ziemlich reines geschmolzenes Aluminiumoxyd, während Eisenoxyd, Kieselsäure (und Titansäure) reduziert werden, eine leichtflüssige Schmelze von Ferrosilicium am Boden der elektrolytischen Zelle bilden und so vom Aluminiumoxyd gut zu trennen sind.

Aluminiumoxyd kann in amorphem und krystallisiertem Zustand erhalten werden; je nach seiner Beschaffenheit schwankt sein *spez. Gew.* von 3,725–4,1. Die Höhe der Temperatur, bei der das Aluminiumoxyd entstanden ist, bestimmt sein spez. Gew., u. zw. ist es umso höher, je höher die Temperatur war. Das natürlich als Korund, Rubin, Saphir und Schmirgel vorkommende Aluminiumoxyd hat das höchste spez. Gew. Die Härte des Aluminiumoxyds wird in der mineralogischen Skala mit Nr. 9 bezeichnet; es steht demnach direkt vor Diamant mit Nr. 10. Auf dieser hohen Härte beruht auch seine Verwendung als Schleifmittel.

Aluminiumoxyd ist in Wasser unlöslich; in Säuren löst es sich je nach seiner Beschaffenheit verschieden leicht auf. Das amorphe Aluminiumoxyd löst sich in verdünnten Säuren schwer, in konzentrierten leicht; das krystallisierte löst sich in Säuren gar nicht; man bringt es durch Ätzalkalischmelze zum Aufschluß. Auch in wässerigen Alkalien löst sich Aluminiumoxyd leicht auf.

Charakteristisch für das Aluminiumoxyd ist der hohe kalorische Effekt, der seiner Bildung aus den Elementen entspricht. Diese Eigenschaft ist die Grundlage des GOLDSCHMIDTschen Thermitverfahrens. Vgl. auch Alundum; Aluminothermie; Edelsteine, künstliche.

10. Aluminiumoxydhydrat, $Al_2O_3 \cdot 3H_2O$. Das Aluminiumoxydhydrat ist das wichtigste Zwischenprodukt bei der Gewinnung aller Tonerdeverbindungen. Denn einmal wird heute alles bessere Tonerdesulfat aus Tonerdehydrat dargestellt; und da auch die meisten anderen Aluminiumsalze von geringerer Bedeutung durch Umsetzung aus dem Tonerdesulfat gewonnen werden, so bildet das Aluminiumoxydhydrat auch die Grundlage für die Darstellung dieser Salze. Andererseits aber wird das meiste Aluminiumoxyd heutzutage aus dem Hydrat durch Calcination gewonnen (s. den Absch. über Aluminiumoxyd), und jenes ist als Ausgangsmaterial für die Aluminiumindustrie von überragender Bedeutung unter den Tonerdeverbindungen.

Das Rohmaterial, das zur Darstellung des Tonerdehydrats dient, ist der Bauxit, den uns die Natur in reichlicher Menge zur Verfügung stellt.

Der Bauxit ist im wesentlichen ein Tonerdehydrat, das durch wechselnde Mengen von Eisenoxyd verunreinigt ist. Er steht also seiner Zusammensetzung nach einmal zwischen den Tonerdehydraten Diaspor $Al_2O_3\ H_2O$ oder Hydrargillit $Al_2O_3 \cdot 2H_2O$ und dem Brauneisenerz $2Fe_2O_3 \cdot 3H_2O$; andererseits aber bildet er auch einen Übergang zwischen Diaspor und Hydrargillit, da sein Wassergehalt in weiten Grenzen schwankt. Die theoretische Zusammensetzung für die drei Verbindungen ist:

	Diaspor	Bauxit	Hydrargillit
	$Al_2O_3 \cdot H_2O$	$Al_2O_3 \cdot 2H_2O$	$Al_2O_3 \cdot 3H_2O$
Al_2O_3	85·01%	73·93%	65·41%
H_2O	14·99	26·07	34·59

Vergleicht man nun die vorliegenden Analysen (HINTZE, Handbuch der Mineralogie, 1940 ff. [1900]) von Diaspor und Hydrargillit mit denen von Bauxiten, so fällt auf, daß Diaspor und Hydrargillit immer etwa denselben Wassergehalt zeigen, nämlich etwa 15%, bzw. 34,5%, während der Bauxit zwischen 10% und 37% Wasser schwankt. Als Mineral im eigentlichen Sinne kann man den Bauxit also nicht ansprechen, sondern man muß ihn als ein Gemenge bezeichnen.

Der Bauxit erhielt seinen Namen nach dem ersten Vorkommen, das von BERTHIER 1821 beschrieben wurde, nach dem in der Nähe des Ortes Les Beaux (Bouches du Rhône) in Südfrankreich. Der Bauxit tritt dort in den Schichten zwischen Jura und Kreide auf und bildet gelbliche bis braune Ablagerungen von erdiger oder auch kompakter Beschaffenheit. Die Lager haben oft eine Mächtigkeit von 8 *m*, ausnahmsweise gar eine solche von 30 - 40 *m* (WINTELER, Aluminiumindustrie, S. 22). Bis zum heutigen Tage sind diese südfranzösischen Vorkommen die wichtigsten geblieben. Doch wurde seit jener Zeit noch an manchen anderen Stellen der Erde Bauxit entdeckt. Einige der Vorkommen seien hier erwähnt:

Deutschland, bei Offenbach a. M.; am Vogelsberg (CHELIUS, *Z. pr. Geol.*, **1904**, 361); an verschiedenen Stellen im Rheinland und Westfalen (KAISER, Z. d. Geol.-Ges., **1904**, 56).

Österreich, Steiermark (HELMACKER, *Z. pr. Geol.*, **1899**, 28); Krain (Wocheinit) (Z. d. Geol.-Ges., **1866**, 181).

Ungarn, im Bihar-Gebirge (LACHMANN, *Z. pr. Geol.*, **1908**, 353).

Dalmatien, bei Novigrad (SCHUBERT, *Z. pr. Geol.*, **1908**, 54).

Italien, in den Abruzzen (NOVARESE, *Z. pr. Geol.*, **1903**, 299).

Irland, bei Belfast (*Z. pr. Geol.*, **1898**, 181).

Frankreich, in den Departements: Ariège, Hérault, Charente, Var, Bouches du Rhône.

Vereinigte Staaten von Amerika, Arkansas, Alabama, Georgia, Tenessee (*Ch. Ind.*, **35**, 208 [1908]).

Die Bauxite schwanken in ihrem Al_2O_3- und Fe_2O_3-Gehalt in den weitesten Grenzen. HINTZE verzeichnet unter den analysierten Bauxiten einen mit 58% Fe_2O_3 und nur 12,4% Al_2O_3, einen andern dagegen mit 76,90% Al_2O_3 und nur 0,1% Fe_2O_3. Diese Extreme sind durch eine kontinuierliche Reihe von Übergängen verbunden. Außer Tonerde, Eisenoxyd und Wasser treten im Bauxit noch SiO_2, CaO, MgO und TiO_2 – letzteres ziemlich regelmäßig in beträchtlicher Menge – auf. Dagegen finden sich V_2O_5, Cr_2O_3, MnO, K_2O, Na_2O, P_2O_5 und SO_3 nur selten und in ganz geringen Mengen. Auch ein fast immer vorhandener Gehalt an organischen Stoffen ist zu erwähnen. Von entscheidender Bedeutung für den technischen Wert des Bauxits ist aber nur das Mengenverhältnis von Tonerde, Eisenoxyd und Kieselsäure zueinander. Die Analysen einiger typischer und in der Technik entweder früher oder noch jetzt verwendeter Bauxite seien hier zusammengestellt.

Zusammenstellung einiger Bauxitanalysen.

	Al_2O_3	Fe_2O_3	$SiO_2 + TiO_2$	H_2O %
Französische Bauxite:				
Bauxit von Villevayrac (Hérault) (von AUGÉ & CIE. verarbeitet) . .	75,70	1,9	8,3	13,5
Ein gelber Bauxit	71,2	3,5	11,9	14,0
Südfranzösischer Bauxit (1893 vom Verein chemischer Fabriken, Mannheim, verarbeitet) 1.	63,7	4,54	14,17	15,59
Südfranzösischer Bauxit 2.	61,85	12,97	10,04	15,14
Weißer Bauxit von Arles 1.	59,0	8,0	16,6	16,3
Weißer Bauxit von Arles 2.	73,0	1,5	16,5	9,0
Bauxit zwischen Marseille und Nizza (verarbeitet von der chemischen Fabrik GOLDSCHMIEDEN) . geglüht:	72,62	22,86	4,52	–
Irische Bauxite:				
Bauxit von Antrim bei Belfast (Irish Hill Mining Co.) 1.	61,89	1,96	8,33	27,82
Bauxit von Antrim bei Belfast 2.	3,8	1,6	14,5	29,3
Gertrude-Bauxit	–	0,53	17,78	
Bauxit (vom Verein chemischer Fabriken, Mannheim, 1893 verarbeitet)	56,37	3,60	13,43	26,40
Amerikanische Bauxite:				
Bauxit von Alabama .	56 60	3	9–10	25–30
Bauxit von Arkansas	55,59	6,08	10,13	28,99

Zum Vergleich sei noch ein besonders gutes, aber sehr seltenes Rohmaterial erwähnt:

	Al_2O_3	Fe_2O_3	$SiO_2 + TiO_2$	H_2O %
Ein Gibbsit (Hydrargillit) von Marianna (Brasilien)	63,81	0,49	0,20	35,85

Die geologische Entstehung der Bauxite ist nicht vollständig klargestellt (LIEBRICH, *Z. pr. Geol.* **1895**, 275ff. und **1897**, 212ff.) Es muß zunächst verwunderlich erscheinen, daß trotz der Häufigkeit der tonerdehaltenden Gesteine auf der Erde wir nur so verhältnismäßig spärliche Vorkommen von kieselsäurefreien Tonerdeverbindungen, wie Tonerdehydrat, Aluminiumoxyd, neutralen und basischen Sulfaten, finden. Das auf der Erde in so viel geringerer Menge vorhandene, dem Aluminium nahe verwandte Element. Eisen treffen wir als Oxyd, Hydroxyd und Carbonat überall in reichlicher Menge an; demgegenüber treten uns die entsprechenden Verbindungen des Aluminiums, das nach der bekannten Berechnung von F. W. CLARKE doch volle 7,8% unserer festen Erdrinde ausmachen soll, nur an verhältnismäßig wenigen Fundorten und in viel geringerer Menge entgegen. Das Aluminium bleibt also bei der gewöhnlichen Verwitterung mit der Kieselsäure vereinigt (z. B. Kaolinverwitterung), und es bedarf offenbar besonders starker chemischer Einflüsse, um es von ihr zu trennen. Und daß nun diese wenigen Fundstellen so häufig in Gegenden früherer vulkanischer Tätigkeit liegen (Bauxit im Vogelsgebirge, Alaunsteinlager von Tolfa, Bauxit in Südfrankreich, nahe bei den Schwefelquellen von Aix), das veranlaßt LIEBRICH, die Hypothese aufzustellen, daß alle kieselsäurefreien Tonerdemineralien vulkanischem Auftreten von H_2S, der sich zu SO_2, SO_3 oxydiert, ihr Entstehen verdankten. Hiernach sind die Sulfate das erste Produkt des zersetzenden Einflusses der Schwefelsäure auf die Urgesteine. Aus den Sulfatlösungen scheiden sich beim Zusammentreffen mit carbonathaltigen Wässern basische Sulfate und schließlich Hydrate der Tonerde ab, was zur Entstehung von Aluminit und Alaunstein, dann zu der von Diaspor, Bauxit, Hydrargillit und Korund führt. Nach dieser Annahme verdanken wir somit unsere sämtlichen kieselsäurefreien Aluminiumverbindungen der Einwirkung der vulkanisch entstandenen Schwefelsäure. Die Natur hat uns also hier den Prozeß schon vorgearbeitet, den wir vornehmen, wenn wir Silicate mit Schwefelsäure aufschließen, um Tonerdesulfat und andere Tonerdeverbindungen daraus herzustellen.

Die Gewinnung des Bauxits erfolgt in der Regel im Tagbau. So wird in Arkansas der Bauxit, der in Adern im Gestein an die Oberfläche tritt, mit Picke und Schaufel gewonnen. In Hessen (Vogelsgebirge) sammeln nach der Ernte die Kinder auf den Feldern die zerstreut umherliegenden rotbraunen Bauxitknollen in Körben. Doch ist diese Gewinnung in Hessen so unregelmäßig und unsicher, daß man noch keine industrielle Anlage zur ausschließlichen Verarbeitung dieser Vorkommen gegründet hat.

Für die Verarbeitung des Bauxits auf Tonerdehydrat kommen zwei prinzipiell verschiedene Methoden in Betracht, der alkalische Aufschluß und das Verfahren PENIAKOFFS.

Für die Anwendung beider Verfahren erfährt der Bauxit die gleiche Vorbehandlung. Der in frischem Zustande feucht aus der Grube kommende, oder der nur aus Transportrücksichten durch Rösten von seinem Wassergehalt befreite Bauxit wird grob zerkleinert und darauf geschlämmt, um sandige Verunreinigungen zu entfernen (HAENIG, *Bergh. J.* **1908**, 340). Manche Bauxite kommen auch so rein zur Fabrik, daß sie ein Schlämmen unnötig erscheinen lassen. Das geschlämmte Material wird scharf getrocknet, aufs feinste gemahlen und gesiebt. Die zur Zerkleinerung des Bauxits verwendeten Apparate sind die auch sonst in der anorganischen Großindustrie gebrauchten. Zum Zerkleinern dienen Kauwerke, Steinbrecher, Backenquetschen. Zur Feinzerkleinerung haben sich in neuerer Zeit durchweg Kugelmühlen eingeführt. Ein Katalog des KRUPP-GRUSON-Werkes gibt über die Mahlergebnisse von Patentkugelmühlen an, daß seine Kugelmühle Nr. 1 (Durchmesser der Mahltrommel 1050 *mm*, Breite der Mahltrommel 720 *mm*, Kraftbedarf 2–3 *PS*) stündlich 90–130 *kg* Bauxit aufs feinste zerkleinert und absiebt.

Das erste Verfahren zum Aufschließen von Bauxit, das geschildert werden soll, ist das alkalische. Es gründet sich auf die Eigenschaft des Aluminiumoxyds, nicht nur starken Säuren gegenüber als Base zu reagieren, sondern auch mit starken Basen recht beständige Verbindungen zu bilden, in denen es als Säureanhydrid wirkt. Während Aluminium solche Verbindungen, die Aluminate, gibt, fehlt dem Eisen diese Eigenschaft. Eisen bildet zwar auch Ferrite von der Formel $Fe_2O_3Na_2O$ (*D. R. P.* 1650); diese zerfallen aber beim Zusammentreffen mit Wasser sofort in Eisenhydroxyd und Ätznatron. Man hat also das Aluminiumoxyd des Bauxits in Aluminat überzuführen, von dem in Wasser unlöslichen Rückstand durch Filtration zu trennen und aus der Aluminatlösung das Tonerdehydrat wieder auszufällen. Es ist klar, daß sich für das alkalische Aufschließverfahren Bauxite, die einen ziemlich hohen Kieselsäuregehalt haben, schlecht eignen; denn beim alkalischen Aufschluß wird ein großer Teil der Kieselsäure zu Alkalisilicat gelöst werden und sich später mit dem Tonerdehydrat, dieses verunreinigend, abscheiden. Andererseits wird ein ziemlich hoher Eisengehalt ohne schädlichen Einfluß sein. Der in der Tabelle aufgeführte Bauxit aus der Gegend zwischen Marseille und Nizza kann also als ein für den alkalischen Aufschluß recht brauchbarer bezeichnet werden. Der Gertrude-Bauxit dagegen, der beim direkten Aufschluß mit Schwefelsäure ein gutes Aluminiumsulfat liefern könnte, wäre für den alkalischen Aufschluß gänzlich unbrauchbar.

Das alkalische Aufschließverfahren hat zwei wesentlich verschiedene technische Lösungen gefunden, das ältere Verfahren der Sodaschmelze und das nasse oder BAYERsche Verfahren.

Die Sodaschmelze, auch das pyrogene Verfahren genannt, wurde in den Grundzügen während der Jahre 1858–1863 von LE CHATELIER ausgearbeitet und ihm durch eine große Anzahl französischer und englischer Patente geschützt. MORIN veröffentlichte 1862 die ersten Notizen über die Verarbeitung des Bauxits nach dem Verfahren von LE CHATELIER und galt daher lange Zeit als Begründer der Bauxitindustrie. In Deutschland wurde die Ausbreitung des Verfahrens besonders von den Brüdern LÖWIG gefördert (*D. R. P.* 93, 1650, 19784, 70175, 25777), während diese Methode in Frankreich als Verfahren von DEVILLE-PÉCHINEY bekannt ist.

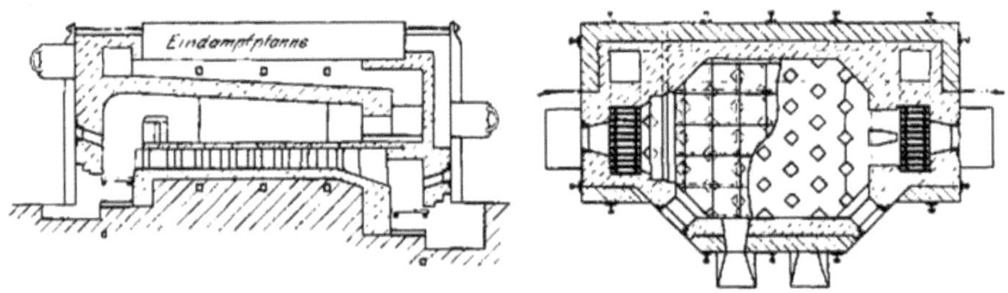

Abb. 104. Calcinierofen nach JURISCH.

Man geht von einem möglichst wenig Kieselsäure enthaltenden Bauxit, in der Regel also von einem „roten", stark eisenhaltigen aus. Der sehr fein zerkleinerte, häufig auch geröstete Bauxit wird mit ebenfalls fein gemahlener calcinierter Soda innig gemengt. Man wendet so viel Soda an, daß auf 1 *Mol.* Al_2O_3 etwa 1–1,2 *Mol.* Na_2O kommen. Mehr Soda darf nicht verwendet werden, da sonst beim Calcinieren zu viel unzersetztes Carbonat erhalten bliebe, welches aus der beim Lösen entstandenen Aluminatlauge sofort Tonerdehydrat ausfällen würde. Eine geringere Menge Soda, als dem angegebenen Verhältnis entspricht, macht sich dagegen durch eine ungünstigere Ausbeute an Aluminat bemerkbar. Diese Mischung wird nun in einem Flammofen calciniert. Hierzu dient der etwas abgeänderte Kryolithofen, der von THOMSEN konstruiert wurde. Überhaupt zeigt das Sodaschmelzverfahren in seiner Apparatur viel Ähnlichkeit mit der Fabrikation von Tonerde aus Kryolith. So ist z. B. die Fabrik GOLDSCHMIEDEN, die lange Jahre hindurch Kryolith verarbeitete, als dieses Ausgangsmaterial immer teurer wurde, zum Sodaschmelzverfahren übergegangen, wobei sie ihre Anlagen nur teilweise umbauen mußte.

Die Wirkungsweise des Calcinierofens erläutert Abb. 104 (nach JURISCH, Fabrikation der schwefelsauren Tonerde, 1894). Der Ofen wird durch zwei Rostfeuerungen geheizt; die von rechts kommenden Flammengase streichen unter dem Calcinierboden nach links und gelangen mit den hier erzeugten Flammengasen über die Feuerbrücke zu dem Calcinierbett. Sie entweichen je nach der Stellung der beiden Schieber entweder direkt zur Esse oder bespülen noch eine Pfanne, wobei ihre Wärme zum Eindampfen von Aluminiumsulfatlaugen benutzt wird.

An die Stelle dieses THOMSENschen Kryolithofens sind heute vielfach rotierende Calcinieröfen getreten, welche bei Ersparung menschlicher Arbeit gleichzeitig ein gleichmäßigeres Produkt liefern.

Einen solchen rotierenden Calcinierofen stellt Abb. 105 dar. Eine schmiedeeiserne, innen mit feuerfesten Steinen ausgekleidete Trommel ist in schwach geneigter Lage zwischen zwei gemauerten Kammern angebracht. Die Trommel ruht vermittels dreier schmiedeeiserner Reifen auf drei kurzen Wellen. Von der mittleren Welle aus erhält die Trommel ihre rotierende Bewegung; die Kraftübertragung ist auf der Zeichnung nur ganz schematisch angedeutet. An dem höher liegenden Ende der Trommel ist in das Mauerwerk der Kanal für die zur Esse abziehenden Feuergase eingebaut. An diesem höher liegenden Ende der Trommel findet auch die Beschickung durch einen Trichter statt. Die Kammer am untern Ende der Trommel enthält die Feuerung, in diesem Falle eine Kohlenstaubfeuerung. Die calcinierte Schmelze fällt vom Ende der ersten Trommel in die zweite kleinere, auch rotierende Trommel, in der sich die Schmelze abkühlt. Es ist ein knieförmiges Rohr vorgesehen, durch das die von der heißen Schmelze vorgewärmte Luft der Verbrennungskammer zugeführt wird, um so die Abhitze nutzbar zu machen.

Man kann in einem THOMSENschen Kryolithofen in 24 Stunden sechs Calcinationen vornehmen, braucht also etwa vier Stunden zu einer Calcination. Nach dieser Zeit wird die Schmelze aus dem Ofen herausgenommen. In ihr befinden sich etwa 75% des im Bauxit vorhanden gewesenen Aluminiumoxyds in wasserlöslicher Form. Der größte Teil der im Bauxit als Sand enthaltenen Kieselsäure wird in diesem pyrogenen Verfahren mit aufgeschlossen, ebenso wie die Gesamtmenge der als Ton im Bauxit vorhandenen Kieselsäure. Beim nassen Verfahren geht nur die als Ton vorhandene Kieselsäure

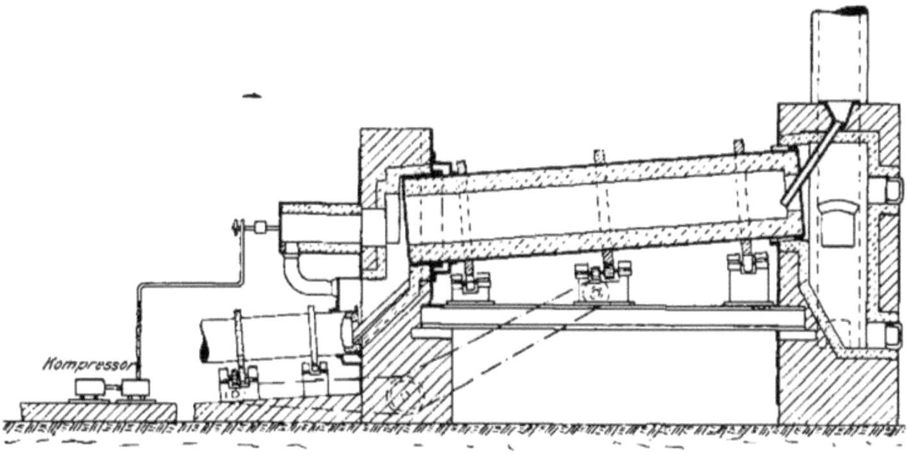

Abb. 105.

als Silicat mit in Lösung, während der Sand unangegriffen bleibt. Eine gute Trennung des rohen Bauxits von anhaftendem Sande durch Schlämmen ist also beim pyrogenen Verfahren wichtiger als beim nassen. Die Schmelzmasse ist krümelig und leicht zu zerkleinern. Sie erhält auf 1 *Mol.* wasserlösliche Tonerde 1,35 wasserlösliches Na_2O. Sie wird gemahlen und dann rasch zur Auslaugung gebracht.

Die Auslaugung der gemahlenen Schmelze muß schnell — in etwa zehn Minuten — vor sich gehen. Denn das Aluminat beginnt nämlich bei Gegenwart des unlöslichen Rückstandes sofort sich zu zersetzen (dieser Vorgang wird beim nassen Verfahren ausführlich besprochen werden) und alles sich hier schon ausscheidende Tonerdehydrat geht ja verloren. Auch setzt man zur Verminderung der Zersetzungsgeschwindigkeit des Aluminats dem Lösungswasser so viel Ätznatron zu, daß das Verhältnis von Al_2O_3 zu Na_2O, das ja in der Schmelze 1 1,35 betrug, auf 1:1,8 steigt. Die Auslaugung geht so vonstatten, daß man die fein gemahlene Schmelze in einen hölzernen Bottich einträgt, der die ätznatronhaltige, durch eingeleiteten Dampf zum Sieden erhitzte Auslaugeflüssigkeit enthält. Während des Eintragens wird die Lauge tüchtig umgerührt. Man erhält so eine Lauge von etwa 35° *Bé.*, die man nach zehn Minuten zur Filtration ablaufen läßt. Die Lauge ist sehr häufig goldgelb gefärbt, da sie Alkalichromat gelöst enthält, das sich beim Schmelzen aus dem ganz geringen Chromoxydgehalt des Bauxits gebildet hat (WINTELER, Aluminiumindustrie, S. 28).

Man läßt die Lauge mit natürlichem Druck in die Filterpressen eintreten und bemüht sich, sie möglichst rasch durchzujagen, selbst wenn etwas Eisenoxyd mit durch die Tücher gehen sollte. Man legt nämlich mehr Wert darauf, die Filtration rasch zu vollenden, um die Lauge nicht zu lange mit den Rückständen in Berührung zu lassen, als auf eine vollständige Klarheit des Filtrats. Die abfiltrierte Lauge läßt man einige Stunden zur Klärung stehen und hebert dann von dem wenigen Eisenoxyd ab. Solche Schwierigkeiten der Filtration, wie sie bei der Rotschlammfiltration des nassen Verfahrens zu besprechen sein werden, hat man bei den auf pyrogenem Weg erzeugten Laugen nie gehabt. Der Unterschied liegt wahrscheinlich darin, daß bei pyrogenem Aufschluß das Eisen größtenteils in $Na_2O \cdot Fe_2O_3$ verwandelt wird und erst beim Zusammentreffen mit Wasser in $Fe(OH)_3$ übergeht, während beim BAYERschen Aufschluß das Eisenoxyd gar nicht angegriffen wird, sondern in der Form, in der es im Oxyd vorhanden war, als $Fe_2O_3 \cdot 2H_2O$ zur Filterpresse gelangt.

Aus der geklärten Aluminatlauge kann man durch Eindampfen zur Trockne Natriumaluminat darstellen (vgl. den Absch. über Aluminate).

Die geklärten Laugen fließen nun in Zylinder von 3 *m* Höhe, die Carbonatoren, in denen das Aluminat durch eingeleitete Kohlensäure in Tonerdehydrat und Soda zerlegt wird:

$$2\,NaAlO_2 + CO_2 + 3\,H_2O = 2\,Al(OH)_3 + Na_2CO_3.$$

Damit sich das Tonerdehydrat grob krystallinisch, in leicht filtrierbarer Form ausscheidet, muß die Lauge die richtige Konzentration und Temperatur haben. Man erhitzt die Lauge im Carbonator durch direkt eingeleiteten Dampf auf 50—90°. Bei dieser Temperatur gemessen, soll die Lauge 35° *Bé.* stark sein. Bei niedrigerer Temperatur fällt das Tonerdehydrat schleimig aus und reißt mehr von den gelösten Verunreinigungen mit nieder. Kieselsäure (und Phosphorsäure) fallen bei der Ausscheidung des Tonerdehydrats durch Kohlensäure unter allen Umständen zu einem beträchtlichen Teil mit aus, worauf BAYER ausdrücklich hinweist (*D. R. P.* 43977). Phosphorsäure kommt nun allerdings nur bei wenigen Bauxiten in Betracht. Aber das Ausfallen der Kieselsäure macht sich immer unangenehm bemerkbar; insbesondere da ein Gehalt des Tonerdehydrats an Kieselsäure bei der Aluminiumgewinnung sehr störend ist.

Diesen Kieselsäuregehalt suchen nun zwei Patente von KUNHEIM zu beseitigen. Nach dem einen (*E. P.* 14657) setzt man dem aufzuschließenden Bauxit so viel Natriumphosphat zu, daß auf 1 *Mol.* wasserlösliches SiO_2 1,5 *Mol.* P_2O_5 kommen; nach dem andern (*D. R. P.* 68394) gibt man in die fertige Aluminatlauge Natriumphosphat in der angegebenen Menge. In beiden Fällen soll hierdurch die Kieselsäure unlöslich ausgeschieden werden. Ein etwaiger Überschuß an Phosphorsäure wird durch Zusatz von Ätzkalk gefällt. Die COMPAGNIE DES PRODUITS CHIMIQUES D'ALAIS (*D. R. P.* 197881) empfiehlt, die fertige Aluminatlauge einige Stunden in einem Autoklaven unter einem Druck von etwa 7 *Atm.* zu erhitzen; hierbei fällt fast alle Kieselsäure als $Na_2O \cdot Al_2O_3$ $3\,SiO_2 \cdot 9\,H_2O$ aus, also in der Gestalt, in der sie auch beim nassen Aufschluß abgeschieden wird. Dieses Patent stellt also überhaupt nur eine Nutzanwendung der BAYERschen Patente auf schon fertige Aluminatlaugen dar. Behandlung der Aluminatlauge im Autoklaven unter Zusatz von Kalk, wobei die Kieselsäure als Calciumsilicat ausfällt, ist der Inhalt eines Patents von HALL (*D. R. P.* 138219). Durch Zusatz von Calciumaluminat zu der Natriumaluminatlauge will ein Patent von PENIAKOFF (*D. R. P.* 221376) die Kieselsäure in unlösliches Calciumsilicat überführen.

Die Weiterverarbeitung des gewonnenen Tonerdehydrats ist im Anschluß an den nassen Aufschluß beschrieben.

Die zweite technische Lösung des alkalischen Aufschlusses ist das BAYERsche Verfahren, so genannt nach seinem Erfinder Dr. BAYER, der das Verfahren Ende der Achtzigerjahre ausarbeitete, sich patentieren ließ (*D. R. P.* 43977 und 65604) und es zuerst in der Tentelewa (St. Petersburg), dann in einer Tonerdefabrik in Elabuga einführte. Nach diesem Verfahren wird heute offenbar die überwiegende Hauptmenge des Tonerdehydrats gewonnen.

Der Gang der Fabrikation ist auf der schematischen Anlage einer Tonerdesulfatfabrik (Abb. 106) dargestellt.

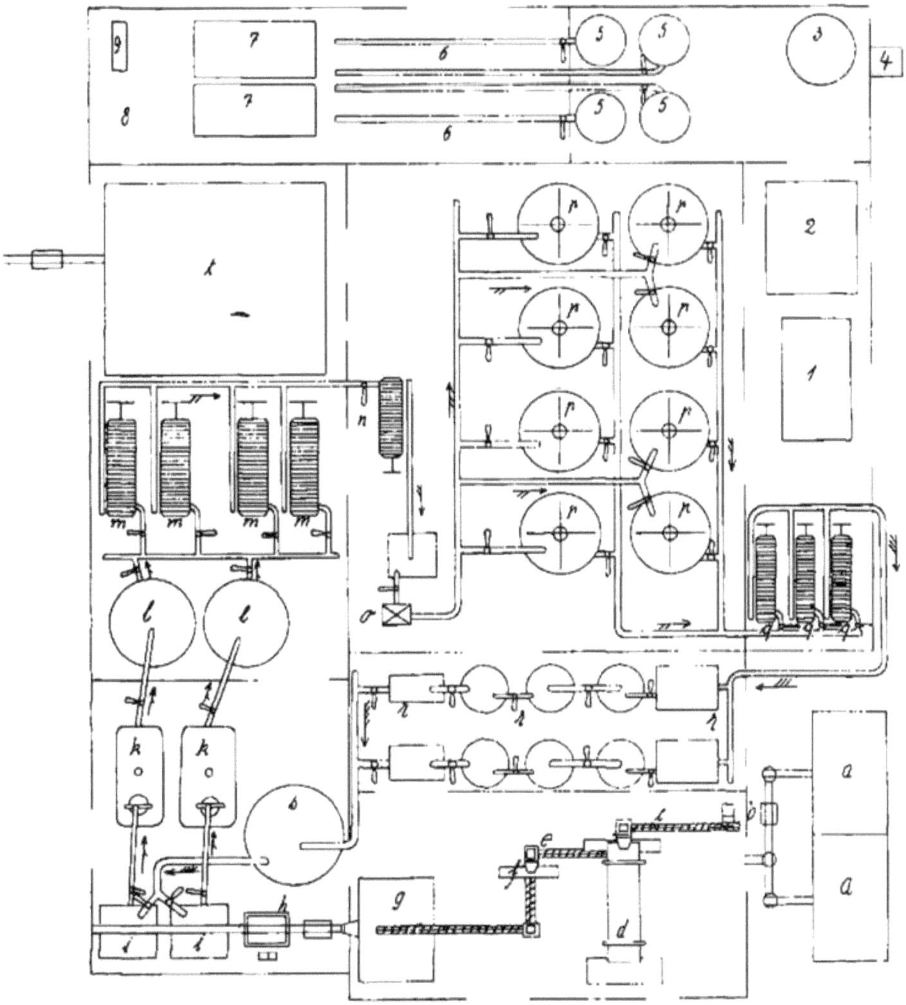

Abb. 106. Schematische Anlage einer Tonerdesulfat-Fabrik.

a Schuppen für Bauxit; *b* Wagen; *c* Transportschnecken; *d* Rösttrommel; *e* Elevator; *f* Kugelmühle; *g* Lager für gerösteten Bauxit; *h* Wage; *i* Mischgefäße; *k* Autoklaven; *l* Gefäße zum Verdünnen mit Wasser; *m* Filterpressen I; *n* Filterpresse II; *o* Pumpe; *p* Zersetzungszylinder; *q* Filterpressen III; *r* Verdampfanlage; *s* Reservoir für Natronlauge; *t* Lager für Eisenoxydschlamm; *1.* Trockenanlage; *2.* Lager für Tonerde; *3.* Säurereservoir; *4.* Aufzug für Säureballons; *5.* Auflösegefäße; *6.* Gießraum; *7.* Lager für Tonerdesulfat; *8.* Verpackungsraum; *9.* Desintegrator; —/→ Rohe Bauxitlauge; —//→ Aluminatlauge; —///→ Verdünnte Natronlauge; —////→ Konzentrierte Natronlauge.

Zur Verarbeitung gelangt z. B. ein südfranzösischer Bauxit mit etwa 25% Eisenoxyd. Der Bauxit kommt in Brocken von Kopfgröße und größer zur Fabrik.

Er wird zunächst in einem Steinbrecher vorgebrochen, um ihn für die nun folgende Calcination vorzubereiten. Durch die Calcination erreicht man dreierlei:

a) man entzieht dem Bauxit eine gewisse Menge Wasser (nie alles), das die Aufschlußlauge unnötig verdünnen würde;

b) man kann den Bauxit nach dem Glühen leichter fein mahlen als in rohem Zustande;

c) man entfernt die im Bauxit fast stets vorhandene organische Substanz, die sich andernfalls in der Aluminatlauge anreichern und hier die Abscheidung des Tonerdehydrats erschweren würde.

Man nimmt das Glühen des Bauxits in zwei rotierenden Trommeln vor, die in der gleichen Weise funktionieren wie die Trommeln des rotierenden Calcinierofens (Abb. 2). Die Trommeln sind nur etwas anders angeordnet. Man legt die beiden, in diesem Falle gleich langen Rohre übereinander und gibt dem obern eine Neigung nach rechts, dem untern eine nach links. Der Bauxit wird durch eine Schnecke automatisch in die obere Trommel eingetragen und beim langsamen Weitergleiten von den entgegenströmenden Feuergasen geglüht. Von der Austrittsöffnung des obern Rohres fällt er in die Eintrittsöffnung des untern Rohres, in dem er sich in entgegengesetzter Richtung weiterbewegt und dabei abkühlt. Die Heizung kann, wie auf der Zeichnung des rotierenden Calcinierofens, eine Kohlenfeuerung oder auch eine Gasfeuerung sein. Man erhitzt den Bauxit auf 350–400°. Bei dieser Temperatur wird alle organische Substanz sicher zerstört und das Aluminiumoxyd behält die Eigenschaft bei, sich in Ätznatron leicht zu lösen; ein Erhitzen bis zur Rotglut ist zu vermeiden, da hierbei die Löslichkeit des Aluminiumoxyds in der Aufschließlauge schon merklich vermindert wird.

Transportschnecke und Elevator befördern den geglühten Bauxit darauf zur Kugelmühle. Eine äußerst feine Zerkleinerung ist ganz besonders beim BAYERschen Verfahren Vorbedingung für eine gute Ausbeute an Aluminat.

Von der Kugelmühle gelangt der nun für den Aufschluß bereite Bauxit in einen siloartigen Aufbewahrungskasten, aus dem er nach Bedarf entnommen werden kann. Die berechnete und in kleinen Karren auf der Dezimalwage abgewogene Menge Bauxit wird in einem Mischgefäß mit der aus dem Betrieb zurückkehrenden, auf 46° *Bé.* konzentrierten Aufschlußlauge durcheinander gerührt und dann in den tiefer stehenden Autoklaven hinabgelassen.

Die Arbeit dieses Autoklaven ist das Charakteristische für das nasse Aufschließverfahren. In ihm wird die Tonerde in Natriumaluminat übergeführt, während das Eisenoxyd ungelöst zurückbleibt. Das normale Aluminat von der Formel Na_3AlO_3 enthält auf ein Äquivalent Al_2O_3 drei Äquivalente Na_2O oder auf 102 *Gew.*-T. Al_2O_3 186 *Gew.*-T. Na_2O; das Metaluminat $NaAlO_2$ enthält auf 102 *Gew.*-T. Al_2O_3 62 T. Na_2O. Der Idealzustand wäre nun, wenn man mit dem dem Metaluminat entsprechenden Verhältnis von Tonerdeoxyd zu Ätznatron arbeiten könnte; diese Arbeitsweise würde den geringstmöglichen Verbrauch und daher auch geringstmöglichen mechanischen Verlust an dem verhältnismäßig teuren Ätznatron gestatten. Man würde so zugleich mit der geringsten Menge Lösungsmittel auskommen und die geringsten Kosten für Brennstoffverbrauch beim Konzentrieren der Aufschlußlauge haben. Man hat aber gefunden, daß man mit diesem Verhältnis 1 : 1 niemals auskommt. Aus einer Aluminatlösung nämlich, die 1 Al_2O_3 auf 1 Na_2O enthält, scheidet sich schon beim Abfiltrieren des unlöslichen Rückstandes ein großer Teil des Tonerdehydrats wieder ab, der so verloren geht. Man muß immer mit einem Überschuß von Na_2O über das Verhältnis 1 : 1 hinaus rechnen. In Wirklichkeit arbeitet man also auf eine Lauge hin, die auf 1 Al_2O_3 1,75–1,85 Na_2O oder auf 102 *Gew.*-T. Al_2O_3 108,5–114,5 T. Na_2O enthält. Doch ist dieses Verhältnis für verschiedene Bauxite verschieden, und man kommt im allgemeinen mit umso geringerer Menge Ätznatron aus, je weniger unlöslichen, abzufiltrierenden Rückstand der betreffende Bauxit hinterläßt. Auch wird man bei der Inbetriebsetzung einer neuen Anlage einen ziemlich großen Überschuß an Ätznatron nehmen, und wird dann in dem Maße, wie der ganze Betrieb, insbesondere das später zu besprechende Ausrühren, sicher funktioniert, allmählich auf das Verhältnis 1 : 1,8, ja wohl auch noch tiefer herabgehen können.

Dr. BAYER empfiehlt einen Autoklaven von 3000 *mm* Länge, 1200 *mm* Durchmesser und 3500 *l* Inhalt; mit diesem soll man in 24 Stunden bequem 6000–7000 *kg* Bauxit aufschließen können. Der Autoklav ist aus Gußeisen gefertigt; in ihm bewegt sich ein Flügelrührer, der Lauge und Bauxit gut durcheinander mengt. Stutzen für Einführung eines Manometers und eines Thermometers sind vorgesehen. Zur Beheizung des Autoklaven ist an seiner Unterseite ein Mantel angebracht, durch den Dampf geleitet wird. Den nötigen Betriebsdampf liefert eine Hochdruckdampfmaschine, oder man benutzt den Dampf einer Niederdruckdampfmaschine und schaltet vor dem Autoklaven einen leistungsfähigen Dampfüberhitzer ein. Jedenfalls muß man im Autoklaven einen Druck von 4 *Atm.* erreichen können. Die Temperatur der Lauge während des Aufschlusses soll 160–170° betragen; doch scheint das Optimum noch höher zu liegen als diese Zahl, die der Angabe des BAYERschen Patentes entspricht. Die Zeitdauer des Aufschlusses hängt von sehr vielen Faktoren ab: von der chemischen Beschaffenheit des Bauxits, seiner mechanischen Zerkleinerung, von der Intensität des Vorcalcinierens, ferner von dem Druck und der Temperatur im Autoklaven während des Aufschlusses. Man bringt bei dem Aufschluß im Autoklaven bis zu 95% der im Bauxit vorhandenen Tonerde in wasserlösliche Form. In einer Anlage machte man z. B. in 24 Stunden vier Aufschlüsse zu je 1500 *kg* Bauxit, wobei also sechs Stunden auf einen Aufschluß kommen, allerdings einschließlich der Zeit des Füllens und Entleerens. Die Entleerung des Autoklaven erfolgt oft durch einen Stutzen, der im Boden des Autoklaven vorgesehen ist. Besser benutzt man hierzu ein Rohr, das durch einen Stutzen im Deckel des Gefäßes eingeführt ist und bis auf den Boden reicht; durch dieses Rohr wird die Lauge nach Beendigung des Aufschlusses durch den im Autoklaven herrschenden Überdruck herausgepreßt.

In der Behandlung des Autoklaven suchte man lange Zeit die schwierigste Seite des BAYERschen Verfahrens. Noch 1901 behauptete BRONN (*Z. angew. Ch.* **14**, 852 [1901]), das nasse Verfahren scheitere an der „Apparatenfrage", und er führt dabei an, daß eine „bekannte süddeutsche Fabrik" — gemeint sind wohl Gebrüder GIULINI in Mannheim — das nasse Verfahren eingeführt, aber nach mehreren Jahren erfolglosen Arbeitens es wieder aufgegeben habe. Später aber hat die Firma GIULINI, nachdem die BAYERschen Patente, die sie 15 Jahre lang besessen, schon abgelaufen waren, eine große Neuanlage für Tonerdegewinnung nach dem nassen Verfahren eingerichtet und dadurch selbst für die Überlegenheit dieses Verfahrens gezeugt.

Auch die Gefährlichkeit des Autoklavenaufschlusses, die BRONN an der zitierten Stelle behauptet, entspricht nicht dem Sachverhalt. Die Explosion in Gardanne, die BRONN als Explosion eines Autoklaven bezeichnet, wurde noch von BAYER selbst als eine Dampfkesselexplosion erwiesen, die mit dem Autoklaven an sich gar nichts zu tun hatte. Auch in der Zeit, da BAYER seinen Autoklaven noch mit direktem Feuer heizte, was später wegen leichten Anbrennens der dickflüssigen Lauge an den Wänden aufgegeben wurde, ist niemals eine Explosion eines Autoklaven vorgekommen.

Nicht der Aufschluß im Autoklaven, sondern die jetzt folgende Operation, das Abfiltrieren des unlöslichen Rückstandes hat der Einführung des nassen Verfahrens die größten Schwierigkeiten gemacht. Der unlösliche Rückstand, in der Technik „Rotschlamm" genannt, enthält zunächst die Gesamtmenge des im Bauxit vorhanden gewesenen Eisenoxyds, wahrscheinlich in der ursprünglichen Form als $Fe_2O_3 \cdot 2H_2O$. In dieser Form ist das Eisenoxyd sehr schwer zu filtrieren; es geht sehr leicht durch die Filtriertücher hindurch, bleibt in der Aluminatlauge suspendiert und verhindert so die Gewinnung eines absolut eisenfreien Tonerdehydrats. Außer Eisenoxyd findet sich im Rotschlamm der Titangehalt des Bauxits wieder. Beim Aufschluß geht TiO_2 in unlösliches Natriummetatitanat Na_2TiO_3 über, das sich beim Auswaschen mit Wasser in ein saures Natriummetatitanat verwandelt; dieses hat die Formel $NaHTiO_3$, resp. $2\,Na_2O \cdot 5\,TiO_2 \cdot 5\,H_2O$. Bei diesem Vorgang werden also für 80 T. TiO_2 62 T. Na_2O zum Aufschließen gebraucht, 31 T. Na_2O gehen mit dem sauren Titanat dauernd verloren, und es entstehen 120 T. unlöslicher Rückstand, der abfiltriert werden muß. Bei dem oft recht bedeutenden Titangehalt der Bauxite bedingt die Bildung dieses Salzes einen beachtenswerten Verlust an Alkali und zugleich eine Vermehrung des abzufiltrierenden Rotschlamms, wodurch Waschwassermengen und Konzentrationskosten ihrerseits wieder wachsen.

Noch viel schlimmer als Titansäure wirkt in dieser Hinsicht aber die Kieselsäure. Diese ist ja im rohen Bauxit zum Teil als Sand, zum Teil als Aluminiumsilicat, als Ton, vorhanden. Für den nassen Aufschluß hier kommt, wie schon erwähnt, nur die als Ton vorhandene Kieselsäure in Betracht. Während der Sand nämlich von der konz. Ätznatronlauge so gut wie nicht angegriffen wird, wird der Ton vollkommen zersetzt, und die Kieselsäure fällt größtenteils als Silicat von der Formel $Al_2O_3 \cdot Na_2O \cdot 3SiO_2 \cdot 9H_2O$ aus. Wir haben also auf 240 T. Kieselsäure einen Verlust von 103 T. Al_2O_3 und 62 T. Na_2O und eine Vermehrung des Rückstandes um 505 T.; und hiermit steigen wieder, wie schon besprochen, Verluste und Kosten. Außerdem aber wirkt das ausgeschiedene Silicat in den Filterpressen noch zersetzend auf die Aluminatlauge, so daß hier weitere Verluste an Tonerde entstehen. Aus dieser Betrachtung erhellt, wie ausschlaggebend für die beiden alkalischen Verfahren der Kieselsäuregehalt des Bauxits ist.

Früher preßte man die Lauge mit Druckpumpen in die Filterpressen und schickte sie dann noch durch Cellulosefilter. Die Filtriertücher verstopften sich häufig und ließen keine Flüssigkeit mehr durch, oder die Laugen liefen trübe (mit suspendiertem Eisenoxyd) durch. Seit man die Laugen nur mit dem Druck, den ein Höhenunterschied von 5—6 *m* zwischen Aluminatreservoir und Filterpresse hervorruft, in die Filterpressen schickt, ist dieser Übelstand beseitigt. Auch hat man die Cellulosefilter aufgegeben und schickt statt dessen die fast klaren Laugen nach dem Passieren der ersten Filterpressen nur noch durch eine zweite kleinere.

Das Bild, das das Filtrieren des Rotschlamms in einem modernen Betriebe gewährt, ist also folgendes: die aus dem Autoklaven heiß abgedrückte Lauge von etwa 50° *Bé.* wird in einem Mischgefäß mit Wasser auf etwa 30° *Bé.* verdünnt. Zum Verdünnen der Aufschlußlauge benutzt man die angereicherte Waschflüssigkeit, von der bald die Rede sein wird. Bei der Verdünnung soll die Lauge eine Temperatur von etwa 60° annehmen. Die verdünnte Lauge fällt nun durch Rohrleitungen zu den Filterpressen herab, die 5—6 *m* tiefer angeordnet sind als die Aluminatreservoire. Schon ein Höhenunterschied von 40—50 *cm* ist von Einfluß auf die Klarheit der Aluminatlauge und die richtige Ausfüllung der Rahmen durch die Kuchen. Auch die Filterpresse II ist tiefer angeordnet als die vier ersten Filterpressen, die nebeneinander arbeiten. Die Auswaschung des Rotschlammkuchens erfolgt mit den dazu bestimmten vier Waschlaugen systematisch. Nachdem die stärkste Waschlauge zum Auswaschen verwandt worden ist, dient sie zum Verdünnen der Aufschlußlauge in dem Mischgefäß. Die zweit- und die drittstärkste Waschlauge folgen im Auswaschen der stärksten; die vierte Waschlauge besteht aus reinem Wasser und wird jedesmal erneuert.

Die Rotschlammkuchen, die ja in der Hauptmenge aus Eisenoxyd bestehen, werden manchmal als Gasreinigermasse (LUXsche Gasreinigermasse) verwendet; auch auf Eisen hat man sie versuchsweise verhüttet. Doch ist der Rotschlamm kein regelmäßig abzusetzendes Nebenprodukt und daher im allgemeinen als wertlos anzusehen.

Die ganze Filtration ist eine heikle Aufgabe. Kühlen sich die Laugen zu tief ab, obgleich alle hierher gehörigen Rohrleitungen mit Wärmeschutzvorrichtungen umgeben sind, so erstarrt der ganze Rohrinhalt zu festem Aluminat. Filtriert man zu rasch, so läuft die Lauge trüb. Man schwebt also dauernd zwischen diesen beiden Gefahren, und häufig muß man eine ganze Rohrleitung auseinandernehmen, um das erstarrte Aluminat zu entfernen. Dadurch, daß man in dem zur Filtration bestimmten Raum alle Rohrleitungen doppelt vorsieht, verhindert man, daß bei derartigen Betriebsstörungen die ganze Anlage feiern muß.

Die der Filterpresse II klar entströmende Aluminatlauge fließt zu einem Sammelbassin, aus dem sie durch eine Zentrifugalpumpe in die Zersetzungszylinder befördert wird. In diesen Zylindern wird die Aluminatlauge unter der Einwirkung suspendierten Tonerdehydrats und unter starkem Rühren in Tonerdehydrat und freies Ätznatron zerlegt.

Dieser interessante Vorgang wurde von BAYER schon 1887 beobachtet und nutzbar gemacht (*D. R. P.* 43977), während er sich das nasse Aufschlußverfahren erst 1892 patentieren ließ. Der Inhalt des *P.* 33977, das sog. „Ausrührverfahren", kann natürlich auch auf Aluminatlaugen angewandt werden, die nach dem pyrogenen Aufschlußverfahren dargestellt sind. Über die theoretischen Grundlagen des Ausrührens hat A. DITTE Verschiedenes veröffentlicht. Eine rein mechanische Wirkung des Tonerdehydrats liegt jedenfalls nicht vor; man hat versucht, mit Sand, Glas und ähnlichen Materialien dasselbe zu erreichen, ohne aber die gewünschte Wirkung ausüben zu können. Vielleicht beruht das Ausrühren auf der Bildung einer unlöslichen Verbindung, in der $Al(OH)_3$ sowohl als Säure wie als Base wirkt. Wenn das Ausrühren ein technisch brauchbares Ergebnis haben soll, müssen viele Bedingungen zugleich richtig eingehalten werden. Die zu beobachtenden Punkte sind folgende:

das Verhältnis von Al_2O_3 zu Na_2O in der Aluminatlauge,
die Konzentration der Lauge,
die Temperatur der Lauge,
die Art des Rührens,
die Anwesenheit von organischer Substanz,
die Beschaffenheit des die Zersetzung der Lauge erregenden Tonerdehydrats.

Das Verhältnis des Aluminiumoxyds zu Na_2O in der Aluminatlauge beträgt, wie erwähnt, im Durchschnitt 1:1,8. Die spontane Zersetzung beim Ausrühren ist nun umso günstiger, je mehr sich die Zusammensetzung der Lauge dem idealen — aber aus schon geschilderten Gründen nicht erreichbaren — Verhältnis 1:1 nähert. Immerhin wird man sich also bemühen, so wenig überschüssiges Ätznatron wie möglich zu verwenden. Andererseits aber sorgt man dafür, daß die Aluminatlauge möglichst rasch in den Zersetzungszylinder gelangt; man schaltet also zwischen Filterpresse und Zersetzungszylinder keine Reservoire mehr ein, in denen immer schon ein Teil des Tonerdehydrats zurückbleiben würde, sondern pumpt die Lauge sofort aus dem Sammelbassin in die Zylinder.

Der Konzentration der zur Zersetzung gelangenden Lauge sind verhältnismäßig enge Grenzen gesetzt. Eine Konzentration von 24—25° *Bé.* gilt als Optimum. Die im Mischgefäß auf etwa 30° *Bé.* verdünnte rohe Aufschlußlauge zeigt nach der Trennung vom Rotschlamm etwa die gewünschte Konzentration von 24—25° *Bé.* Arbeitet man bei größerer oder geringerer Konzentration, so scheidet sich zu wenig Tonerdehydrat ab; man erhält dann eine zersetzte Lauge, in der das Verhältnis von Al_2O_3 zu Na_2O 1:5 bis 1:5,5 beträgt, während eine richtig zersetzte Lauge bei einer Konzentration von 21—22° *Bé.* eine Zusammensetzung von $1\,Al_2O_3$ auf $6\,Na_2O$ aufweisen soll.

Von äußerster Wichtigkeit ist ferner die Einhaltung der richtigen Temperatur während der Zersetzung. Sie soll zwischen 25 und 35° liegen, da unter 25° die Zersetzung zu träge vonstatten geht und über 35° ein Tonerdehydrat entsteht, das als Erreger für die Zersetzung neuer Aluminatlaugen weniger günstig wirkt als das zwischen 25 und 35° gefällte Tonerdehydrat. Man muß schon bei Anlage der Fabrik Rücksicht darauf nehmen, daß die Zersetzungszylinder so aufgestellt werden oder so mit Wärmeisolation umgeben werden, daß innerhalb von eineinhalb bis zwei Tagen in ihnen kein größerer Temperaturabfall als 10° stattfindet. Sind die Laugen, die aus den Rotschlammfilterpressen kommen, wesentlich wärmer als 35°, so werden sie in einer in die Leitung eingebauten, leicht zu regulierenden Wasserkühlanlage auf 35° abgekühlt, ehe man sie in die Zersetzungszylinder laufen läßt.

Sodann ist die Art des Rührens von Einfluß auf die Schnelligkeit und Vollständigkeit der Ausscheidung des Tonerdehydrats. Während Bayer früher die Rührung durch Flügelrührer vornahm, die auf dem Boden der Zylinder gelagert waren und 25—30 Umdrehungen in der Minute machten, ist man heute zu einer Umdrehungsgeschwindigkeit von 50—60 Touren pro Minute übergegangen. Auch hat sich herausgestellt, daß man bei Verwendung zweier kleinerer Rührer bei gleich gutem Ausrühren mit bedeutend weniger Kraftverbrauch auskommt als bei einem großen. Genaue Angaben über den Kraftverbrauch lassen sich nicht geben; er hängt von der Gestalt der Rührflügel, der Art der Lagerung und Kraftübertragung und der Tourenzahl ab. Diese Frage des Kraftbedarfs spielte eine große Rolle in einem langen Rechtsstreit zwischen Dr. BAYER und der Firma GIULINI. BAYER hatte von einem Kraftverbrauch von 0,33 *PS* gesprochen, während GIULINI erklärte, nicht unter 2,7 *PS* auszukommen. Worauf die enorme Differenz beruhte, wurde nicht aufgeklärt.

Die Anwesenheit von organischer Substanz in der Aluminatlauge übt einen sehr störenden Einfluß auf das Ausrühren aus. Daß die Entfernung der organischen Substanz aus dem Bauxit durch Calcinieren des rohen, vorgebrochenen Bauxits bewirkt wird, wurde oben schon dargelegt. Fehlt die Calcinieranlage, so reichert sich die lösliche organische Substanz in der Aluminatlauge an und verzögert und verringert den Erfolg des Ausrührens.

Wie stark und für die Rentabilität des ganzen Verfahrens entscheidend dieser Einfluß sein kann, zeigten die Betriebserfahrungen einer neu eingerichteten Fabrik in Riga. Diese hatte zunächst keine Calcinieranlage angelegt und hatte infolgedessen nach dreimonatlichem Arbeiten eine Aluminatlauge in Betrieb, die trotz fünftägigen Rührens sich nicht weiter als bis zum Verhältnis 1 Al_2O_3 zu 4,4 Na_2O zersetzte, während BAYERS Vorschrift für die zersetzte Lauge doch 1 Al_2O_3 auf 6 Na_2O verlangt. Infolgedessen war in der Fabrik in Riga die Menge des gewonnenen Tonerdehydrats zu gering, und die wieder in den Betrieb zurückgeführte, konz. Lauge, die ja zu viel Tonerde enthielt, konnte nicht genügend viel Bauxit aufschließen. Der Grund der schlechten Zersetzung lag nur in dem starken Gehalt an organischer Substanz. Der Vergleich der Angaben über die zur Entfärbung von 25 *ccm* Aluminatlauge verbrauchte Anzahl Kubikzentimeter Kaliumpermanganatlösung ließ denn auch die Anreicherung der organischen Substanz klar als Störenfried erkennen. Denn während BAYER als normal einen Verbrauch von 0,4 - 0,6 *ccm* Kaliumpermanganatlösung (1 *ccm* = 0,004159 *g Fe*) angibt, hatte die Fabrik in Riga einen Verbrauch von 7,2 *ccm* auf 25 *ccm* Lauge. Und derselbe Übelstand scheint auch hauptsächlich an dem Mißerfolg der ersten Anlage der Gebrüder GIULINI Schuld gewesen zu sein; in dieser Anlage war nämlich ursprünglich auch kein Calcinierofen vorgesehen.

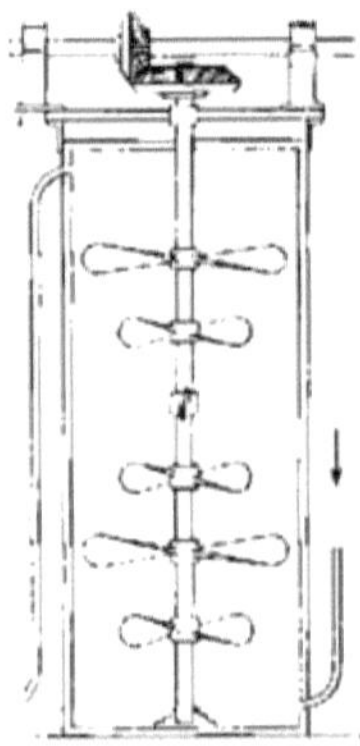

Abb. 107.

Und schließlich ist noch von hervorragender Wichtigkeit die Verwendung eines guten Tonerdehydrats als „Erregers". Der beste Erreger entsteht nur zwischen 25 und 35°. Oberhalb von 35° fällt das Tonerdehydrat zu grobkrystallinisch und schwer aus; es bietet dann nicht genügend Oberfläche dar, um auf neue Aluminatlauge rasch und vollständig genug zersetzend zu wirken. Der Betriebsleiter muß also immer das unter den günstigsten Umständen ausgefallene Tonerdehydrat als Erreger zur Zersetzung neuer Aluminatlauge reservieren. Das weniger gut ausgefallene Tonerdehydrat wird abfiltriert, ausgewaschen und für die Darstellung von calcinierter Tonerde oder von Aluminiumsulfat verwendet.

Unter Berücksichtigung aller dieser Punkte muß das Ausrühren also etwa folgendermaßen verlaufen: die Lauge von 24—25° *Bé.* wird aus dem Sammelbassin der Filterpresse sofort in die Zersetzungszylinder gepumpt. Diese sind zylindrische Gefäße von 2500 *mm* und 5000 *mm* Höhe. Abb. 107 (nach dem *D. R. P.* 43977) stellt einen Zersetzungszylinder dar, wie BAYER ihn angegeben hat. Das Rührwerk der Zersetzungszylinder wird sogleich beim Einfüllen in Bewegung gesetzt. Die Lauge hat beim Eintritt in die Zylinder eine Temperatur von 35°. Man rührt nun mit 60 Touren pro Minute 36—48 Stunden lang; nach spätestens 48 Stunden enthält die klare Lauge 1 *Mol.* Tonerde auf 6 *Mol.* Na_2O bei 21—22° *Bé.* Konzentration. Jetzt filtriert man in Filterpressen so viel Tonerdehydrat, wie sich aus einem Drittel des Zylinderinhalts ausscheidet, ab und wäscht es sorgfältig aus. Muß man noch mehr zersetzte Aluminatlauge abfiltrieren, als mit dem ersten Drittel Tonerdehydrat schon durchgelaufen ist, so filtriert man weiter, braucht aber das Tonerdehydrat nicht auszuwaschen, da es wieder in die Zersetzungszylinder zurückgegeben wird. Zwei Drittel des Gesamtinhalts eines Zersetzungszylinders an Tonerdehydrat bleiben also immer im Zylinder, um als Erreger für die neue Aluminatlauge zu dienen.

Die Hauptschwierigkeit des Ausrührens ergibt sich beim Inbetriebsetzen einer neuerrichteten Anlage. Es steht dann noch kein richtig gefälltes Tonerdehydrat zu Erregerzwecken in genügender Menge zur Verfügung, und es kann mehrere Wochen dauern, bis das Ausrühren so gut vonstatten geht, daß man nach 36—48 Stunden Rühren eine Lauge mit 1 Al_2O_3 auf 6 Na_2O und ein Tonerdehydrat von guten Erregereigenschaften erhält. Das aus einem pyrogenen Betrieb stammende, mit

Kohlensäure ausgefällte Tonerdehydrat läßt sich als Erreger kaum verwenden, da es die Zersetzung der Aluminatlauge nur langsam und unvollständig herbeiführt.

Das ausgewaschene Tonerdehydrat ist blendend weiß. Nach den Angaben der BRITISH ALUMINIUM CO. enthält das von ihr dargestellte Tonerdehydrat nur 0,02% SiO_2. Dieser geringe Kieselsäuregehalt ist einer der Hauptvorteile des durch Ausrühren erzeugten, gegenüber dem mit Kohlensäure gefällten Tonerdehydrat. Es wurde schon weiter oben angeführt, daß das beim nassen Aufschluß entstehende $Al_2O_3 \cdot Na_2O \cdot 3\,SiO_2 \cdot 9\,H_2O$ zum größten Teil in unlöslicher Form bei dem Rotschlamm bleibt; ein kleiner Teil allerdings – BAYER bezeichnet als Höchstgrenze 5% der vorhandenen Kieselsäure – geht in gelöstem Zustande mit in die Aluminatlauge. Während nun aber beim Ausfällen mit Kohlensäure die gelöste Kieselsäure großenteils mit in den Tonerdeniederschlag geht, bleibt sie beim Ausrühren in der Lauge gelöst. Beim Ausfällen mit Kohlensäure kann man den Kieselsäuregehalt kaum unter 0,3% herunterdrücken.

Was den Eisengehalt des dargestellten Tonerdehydrats angeht, so sei folgendes erwähnt. Bei gut geleiteter Filtration ist das Tonerdehydrat immer als technisch eisenfrei zu bezeichnen: oft kann man analytisch auch nicht die geringste Spur Eisen nachweisen. Trotzdem wurde bei der Einführung des BAYERschen Verfahrens in der Rigaer Fabrik und bei Gebrüder GIULINI über einen unverhältnismäßig großen Eisengehalt des fertigen Tonerdehydrats geklagt. Es kann sich hier entweder um Eisenrost handeln, der im Anfange des Betriebes sich den Laugen beimengte, so lange die eiserne Apparatur noch nicht völlig blank gearbeitet war, oder es handelte sich um Ferroeisen, das aus dem Titaneisen des Bauxits ($FeTiO_3$ = Ilmenit) stammt. Wie erwähnt, hatten diese beiden Fabriken nämlich zunächst keine Calcinieranlage errichtet. Erst beim Calcinieren nun wird etwa vorhandenes Ferroeisen zu Ferrieisen oxydiert, welch letzteres sicher nicht mit in die alkalische Lauge geht. Im Prinzip des BAYERschen Verfahrens liegt ein Eisengehalt des Tonerdehydrats auf jeden Fall nicht vor, und tatsächlich erhält man nach BAYER ein Tonerdehydrat, das auch den empfindlichsten Ansprüchen an Eisenreinheit des aus ihm dargestellten Aluminiumsulfats genügt.

Wenden wir uns nun wieder zu der zersetzten Aluminatlauge, die wir verlassen haben, nachdem sie in den Filterpressen von dem in ihr suspendierten Tonerdehydrat befreit worden war. Sie hat in diesem Zustand eine Konzentration von 21–22° *Bé.* und soll nun wieder auf 46° *Bé.* gebracht werden, um zum Aufschließen neuer Bauxitmengen zu dienen. Diese Konzentration nimmt man in einer Mehrkörperverdampfanlage vor. Auf der schematischen Anlage sind zwei Dreikörperverdampfapparate angedeutet; doch kann man die Körper auch so schalten, daß sie im Double-Effet arbeiten. Die Wirkungsweise der Verdampfanlage ist hier die eines jeden Mehrkörperverdampfapparates, wie sie z. B. aus der Zuckerindustrie bekannt ist; sie ist nicht für die Tonerdeindustrie speziell charakteristisch, und es wird deshalb nicht näher auf sie eingegangen (s. Abdampfen). Die konzentrierte Ätznatronlauge läßt man erkalten und eine Zeitlang stehen; aus ihr scheidet sich jetzt der in Lösung gewesene Anteil des $Al_2O_3 \cdot Na_2O \cdot 3\,SiO_2 \cdot 9\,H_2O$ und eine geringe Menge Soda aus, die stets durch die nicht vermeidliche Aufnahme von Kohlensäure entsteht. Von diesen Ausscheidungen trennt man die Lauge durch Abzentrifugieren; erst die so geklärte Lauge fließt in das Reservoir für Natronlauge (die Gefäße zum Absitzenlassen und die Zentrifuge sind auf der Abbildung nicht dargestellt).

Das ausgewaschene Tonerdehydrat wird aus der Filterpresse herausgenommen; es muß sich leicht wie ein nasser Kuchen aus der Form herauslösen. Will man nun trockenes Tonerdehydrat für die Fabrikation von Tonerdesulfat oder von anderen Aluminiumsalzen darstellen, so trocknet man das Tonerdehydrat in einer Dampftrockenanlage.

Eine solche Trockenanlage (z. B. eine von der Firma Gebrüder BURBERG in Mettmann konstruierte) ist folgendermaßen eingerichtet:

In einem gemauerten Raum sind rechts und links je eine Trockenkammer angebracht, die je zwölf Roste zum Auflegen der das feuchte Tonerdehydrat tragenden Bleche enthält. An den beiden Außenseiten sind die schmiedeeisernen Heizschlangen eingebaut, durch die Maschinenabdampf streicht. Die eintretende Luft steigt zwischen den Heizschlangen empor, erwärmt sich hierbei und fällt nun über die mit feuchtem Tonerdehydrat beladenen Bleche herab, wobei sie die feuchten Dämpfe mit sich fortführt. Zwei Ventilatoren, die an dem zentralen Abzugskanal angebracht sind, bewirken, daß ein kräftiger Luftzug durch die ganze Anlage geht.

Im Anschluß an das BAYERsche Aufschließverfahren sei noch der Versuch erwähnt, Bauxit durch Ätznatronlauge unter gewöhnlichem Druck aufzuschließen, der in drei Patenten beschrieben ist (BRADBURN & PENNOCK, *D. R. P.* 67504, *Griesheim*, *D. R. P.* 182775, Fr. CURTIUS & Co., *D. R. P.* 175416). Nach dem Patent von *Griesheim* soll man durch ein Erhitzen des Bauxits mit Ätznatronlauge auf 350—500° (mit Atzkalilauge schon bei 180—200°) im offenen eisernen Kessel einen technich brauchbaren Aufschluß erzielen und so die Autoklaven vermeiden können. Doch scheint nirgends in dieser Weise gearbeitet zu werden.

Während bei den beiden bis jetzt besprochenen alkalischen Aufschließverfahren das Tonerdehydrat das einzige Produkt oder doch wenigstens das Hauptprodukt des Fabrikationsvorganges ist, existieren noch zwei andere Verfahren zur Darstellung von Aluminiumoxydhydrat, bei denen dieses nur eines der Ziele der Fabrikation ist. Diese Verfahren sind das von PENIAKOFF und das von O. SERPEK. Dies letztere Verfahren, das die Tonerdeerzeugung mit einer Fabrikation von großer Wichtigkeit und unabsehbarer Entwicklungsfähigkeit, der Ammoniakindustrie, eng verknüpft, wird an anderer Stelle ausführlich geschildert (vgl. den Artikel über Aluminiumnitrid). Das Verfahren von PENIAKOFF sei jetzt hier behandelt.

PENIAKOFF verband die Gewinnung der Tonerdeverbindungen mit den wichtigsten Teilen der anorganischen Großindustrie, mit der Darstellung des Natriumsulfats, der Soda und der Salzsäure. Seine Ausgangsmaterialien sind Pyrit, Bauxit und Kochsalz. Pyrit wird mit Bauxit und Natriumsulfat zusammengeschmolzen; es entstehen, etwa nach der Gleichung

$$11\,Al_2O_3 + 2\,FeS_2 + 11\,Na_2SO_4 = 11\,Na_2O \cdot Al_2O_3 + Fe_2O_3 + 14\,SO_2$$

Natriumaluminat, Eisenoxyd und schweflige Säure. Die schweflige Säure wird nach dem HARGREAVESchen Prozeß verwendet, um aus Kochsalz Natriumsulfat und Salzsäure zu gewinnen; die Aluminatlauge wird mit Kohlensäure, die in Kalköfen dargestellt wird, in Tonerdehydrat und Soda zerlegt. Man gewinnt so also dieselben Produkte Sulfat, Soda und Salzsäure (Chlor), die der LEBLANC-Prozeß liefert, außerdem aber noch Tonerdehydrat. Während jedoch dieser Prozeß in seiner Gesamtheit keinen Eingang in die Technik gefunden hat, haben einige Fabriken ihn in die Wirklichkeit übersetzt, soweit die Tonerdefabrikation in Betracht kommt.

An Stelle der teuren Soda das billigere Natriumsulfat zum Aufschließen von Bauxit zu verwenden, mußte ja schon lange als ein lohnendes Problem erscheinen. Und so behandeln denn auch mehrere Patente diesen Gegenstand. In Betracht kommen hier die Patente von LAUR (*D. R. P.* 52726), von MÜLLER (Leopoldshall) (*D. R. P.* 230118), FLEISCHER (*D. R. P.* 62265), CLEMM (*D. R. P.* 180554 und 185030). Ihnen allen gemeinsam ist das Zusammenschmelzen von Bauxit, Natriumsulfat und Kohle, das Auslaugen der Schmelze und die Zerlegung der entstandenen Aluminatlösung. Sie alle leiden darunter, daß beim Zusammenschmelzen der drei Materialien das Eisen des Bauxits zum Teil in Eisensulfid übergeht, das mit Alkalisulfid zu einer Verbindung etwa von der Formel $Na_2S\ 2\,FeS$ zusammentritt. Diese ist im Wasser löslich und verunreinigt so die Aluminatlösung, indem sie ihr eine tiefdunkle Farbe erteilt. FLEISCHER und MÜLLER suchen diesen Übelstand zu bekämpfen, indem sie der Schmelze Kalk zumischen, um so möglichst alles Eisen als $CaFeS_3$ unlöslich zu machen und eine reine Aluminatlösung zu gewinnen. CLEMM fällt das Tonerdehydrat aus der Aluminatlösung nicht durch Kohlensäure unter Gewinnung von Soda, sondern er leitet schweflige Säure ein, wodurch er neben Tonerdehydrat Natriumthiosulfat gewinnt; oder er zerlegt das Aluminat durch Schwefelwasserstoff in Tonerdehydrat einerseits und Natriumsulfid und Natriumhydrosulfid andererseits.

Allen diesen Verfahren gegenüber bedeutete die Arbeitsweise PENIAKOFFS insofern einen Fortschritt, als es nach ihr wirklich gelang, Aluminatlaugen ganz frei von Alkalieisensulfidverbindungen zu erhalten. Nach PENIAKOFFS Methode (*D. R. P.* 80063 und 93952) ist es möglich, den Schwefelgehalt der Schmelze als schweflige Säure entweichen zu lassen, so daß keine Alkalieisensulfide in der Schmelze entstehen. Dies erreicht PENIAKOFF durch Anwendung des richtigen Mengenverhältnisses von Bauxit, Natriumsulfat und Kohle zueinander. Die Reaktionsgleichung, wie sie PENIAKOFF in seinem Patent aufstellt, ist folgende:

$$2(4\,Al_2O_3\;Fe_2O_3) + 8\,Na_2SO_4 + 5\,C = 16\,NaAlO_2 + 4\,FeO + 5\,CO_2 + 8\,SO_2.$$

Allerdings erreicht man hierbei nie einen so vollständigen Aufschluß der Tonerde wie etwa beim BAYERschen Verfahren. Der Fehler aller Vorgänger PENIAKOFFS war, zu viel Kohle anzuwenden, so daß der Schwefel nicht als SO_2 entweichen konnte, sondern unter dem Einfluß der Reduktionswirkung der Kohle zur Bildung der gefürchteten Sulfide führte.

Die Apparatur des PENIAKOFFschen Verfahrens soll im allgemeinen der der LEBLANC-Sodafabrikation ähnlich sein. In seinem letzten Patent (*D. R. P.* 247763) beschreibt PENIAKOFF folgende Anordnung: das Gemisch von Bauxit, Natriumsulfat und Kohle wird in einem rotierenden Ofen geglüht. Die hierbei entweichende schweflige Säure soll auf diese Weise fast die Konzentration erlangen, die man beim Abrösten von Pyriten erreicht. Das so gewonnene schwefligsaure Gas läßt man ebenfalls in einer rotierenden Trommel auf ein Gemisch von Kochsalz und Bauxit einwirken. Hierbei vollzieht sich auch der HARGREAVESsche Prozeß der Natriumsulfatbildung, wobei das im Oxyd vorhandene Eisenoxyd durch Katalyse den Übergang von SO_2 in SO_3 wesentlich beschleunigt. Das erhaltene Gemisch von Bauxit und Natriumsulfat ist nach dem Zusatz von Kohle sofort zu einer neuen Calcination zu verwenden. Der Prozeß stellt sich also als geschlossener Kreislauf dar, dem Kochsalz, Bauxit und Kohle stets zugeführt werden, während man Aluminat, Eisenoxyd und Salzsäure ständig entfernt.

Nachdem nun die beiden alkalischen und das PENIAKOFFsche Verfahren zum Aufschluß von Bauxit und zur Gewinnung von Tonerdehydrat daraus besprochen sind, sei hier noch ein kurzer Vergleich der verschiedenen Verfahren, ihrer Vor- und Nachteile und ihrer Verbreitung in der Technik gegeben.

Lange miteinander um den ersten Platz gerungen haben die beiden alkalischen Verfahren. Das pyrogene Verfahren hatte den Vorsprung vor dem nassen, schon vollkommen ausgebildet zu sein, als der nasse Aufschluß erst eingeführt wurde. Doch hat das nasse Verfahren dem pyrogenen gegenüber eine ganze Reihe von Vorteilen. Im nassen Verfahren kann man bis zu 96% der im Bauxit enthaltenen Tonerde in Lösung bringen, beim pyrogenen Verfahren nicht mehr als 75%. Das BAYERsche Verfahren braucht weniger Brennstoff und weniger Arbeiter zum Aufschluß, da beim Schmelzen im Kryolithofen viel Wärme verloren geht und ständige Handarbeit zum Durchkrüken der Schmelze erforderlich ist. Beim nassen Verfahren gewinnt man ferner ein Tonerdehydrat, das viel weniger Kieselsäure enthält als das auf pyrogenem Wege dargestellte. Und schließlich vermeidet man durch das „Ausrühren“ an Stelle des Ausfällens mit Kohlensäure die Erzeugung der großen Mengen schwer verkäuflicher (weil kostspielig zu transportierender) Krystallsoda. Die Qualität des nach beiden alkalischen Verfahren dargestellten Aluminiumsulfats ist gleich. Handelt es sich um Tonerde für Aluminiumgewinnung, so ist nur das nasse Verfahren am Platze wegen des geringen Kieselsäuregehalts der nach ihm gewonnenen Tonerde.

Das PENIAKOFFsche Verfahren erfordert viel Brennstoff, da bei ihm viel chemische Umsetzungsarbeit zu leisten ist. Wo keine billigen Brennstoffe vorhanden sind, ist es unausführbar. Es hat aber den Vorteil, vom Kochsalz auszugehen statt von der teuren Soda.

Das SERPEKsche Verfahren befindet sich noch im Anfangsstadium der technischen Entwicklung (vgl. *Ch. Ind.* **36**, 756 [1913]). Jedenfalls steht und fällt es mit dem Vorhandensein billiger Wasserkraft für elektrische Energie. Ist diese aber vorhanden, so hat es den hohen Vorteil, zwei wertvolle Produkte in einer Operation zu liefern, Tonerde und Ammoniak.

In Deutschland stellen zurzeit vier Fabriken in großem Maßstabe Tonerdeverbindungen her: „FR. CURTIUS & Co." in Duisburg, „H. BERGIUS & Co." in Goldschmieden, „Gebrüder GIULINI" in Mannheim und die „CHEMISCHE FABRIK HÖNNINGEN". Der „VEREIN CHEMISCHER FABRIKEN" in Mannheim hat seit einiger Zeit die Fabrikation von Tonerdeverbindungen aufgegeben. FR. CURTIUS & Co. arbeitet nur noch nach dem nassen Verfahren. Die „CHEMISCHE FABRIK HÖNNINGEN", die erst seit einigen Jahren die Fabrikation von Tonerde aufgenommen hat, arbeitet nach dem pyrogenen Verfahren. Gebrüder GIULINI haben zwar ihre Anlage nach dem pyrogenen Verfahren noch im Betrieb, haben aber vor einigen Jahren eine größere Anlage für den nassen Aufschluß eingerichtet. Von außerdeutschen Firmen des Kontinents arbeiten nach dem nassen Verfahren: „SOCIÉTÉ ELECTRO-MÉTALLURGIQUE" in Gardanne, „ALUMINIUM-FABRIK A.-G. NEUHAUSEN" in Saint-Louis bei Marseille, „BRITISH ALUMINIUM CO." in Larne-Harbour, „BAUXIT REFINING CO." in Hebburn bei Wallsend, „SOCIÉTÉ ITALIANA ALUMINIO" in Butti und „Gebrüder JEFDANOWITSCH" in Riga.

Man kann wohl sagen, daß zurzeit das nasse Verfahren nach BAYER die technisch vollkommenste Lösung des Problems der Gewinnung von Tonerdeverbindungen aus Bauxit darstellt. Wie lange das BAYERsche Verfahren aber für die Tonerdeindustrie ausschlaggebend sein und diese beherrschen wird, ist recht ungewiß. Denn in neuester Zeit ist die Gewinnung von Aluminiumoxyd nach dem SERPEKschen Verfahren in den Vordergrund des Interesses getreten (s. Aluminiumnitrid), und vielleicht stehen wir eben jetzt an einem Zeitpunkt, der der Tonerdeindustrie neue, schwerwiegende Änderungen bringen wird, vorausgesetzt natürlich, daß die technischen Schwierigkeiten, mit denen das SERPEKsche Verfahren noch zu kämpfen hat, behoben werden.

Eigenschaften. Ebenso wie das Aluminiumoxyd zeigt auch das Aluminiumoxydhydrat verschiedene Eigenschaften, je nach seiner Entstehungsart, so daß man von mehreren Modifikationen sprechen kann. Wird das Aluminiumhydroxyd durch Ammoniak aus seinen Salzen gefällt, so entsteht zunächst eine in Säuren verhältnismäßig leicht lösliche, gallertartige, amorphe Masse. Diese unbeständige Form geht allmählich in die unlösliche, beständige Form über, wobei sich das Aluminiumoxydhydrat zunächst in eine gummiähnliche Masse, dann in ein weißes Pulver verwandelt. Die schwer lösliche Modifikation entsteht auch, wenn schwach geglühtes Aluminiumoxyd Wasser aufnimmt. Durch starke Erhitzung verliert Tonerdehydrat seine 3 *Mol.* Wasser und geht in Aluminiumoxyd über (vgl. Absch. über Aluminiumoxyd).

Das in Wasser nur schwer lösliche Aluminiumoxydhydrat löst sich in Säuren und Alkalien. Es ist also ein Körper von amphoterer Reaktion, d. h., es kann als Säure und als Base reagieren. Doch ist es sowohl eine schwache Säure wie eine schwache Base; letzteres ist der Grund für die starke hydrolytische Spaltung der Aluminiumsalze.

Aluminiumhydroxyd bildet ähnlich wie Chrom-, Eisen- und Zinnhydroxyd mit vielen Farbstoffen unlösliche gefärbte Verbindungen, sog. Lacke. Auf der Entstehung dieser Lacke beruht die technische Anwendung der Aluminiumsalze in der Färberei (vgl. Absch. über Alaune).

Verwendung. Aluminiumhydroxyd wird als solches in der Technik wenig verkauft. Daß es Zwischenprodukt für die Darstellung von Aluminiumoxyd und Aluminiumsulfat ist, wurde schon am Anfang des Abschnittes erwähnt. Als solches wird es in sehr großer Menge dargestellt. Es findet ferner noch Anwendung zur Darstellung einiger Aluminiumsalze. Hierfür wird das Aluminiumhydroxyd in der betreffenden Säure gelöst, falls man nicht vorzieht, das Salz durch doppelte Umsetzung mit Aluminiumsulfat zu gewinnen.

Im Anschluß an das Aluminiumhydroxyd sei noch die sog. kolloidale Tonerde erwähnt. Die kolloidale Tonerde stellt man durch Fällen einer Aluminiumsulfatlösung mit Ammoniak oder Soda dar; sie wird mit einem Gehalt von 10%

Al_2O_3 in den Handel gebracht. Die *D. R. P.* 93, 1650, 2248 und 6713 von Löwig beschäftigten sich mit der Gewinnung von kolloidalem Tonerdehydrat aus Aluminaten bei gleichzeitiger Nutzbarmachung des Ätznatrons. Früher verwendete man sie beim Klären der Säfte in der Zuckerindustrie. Jetzt wird sie noch zur Darstellung von Aluminiumoxalat und saurem Aluminiumsulfit gebraucht.

11. Aluminiumrhodanid, $Al(CNS)_3$.

Zur Darstellung von Aluminiumrhodanid geht man von einer wässerigen Aluminiumsulfatlösung aus. Diese wird mit einer ziemlich konz. Lösung von Rhodanbarium oder Rhodancalcium versetzt; darauf trennt man die entstandene Rhodanaluminiumlösung von dem ausgefallenen Bariumsulfat oder Calciumsulfat durch Abfiltrieren in einer Filterpresse. Es ist von Wichtigkeit, daß man ein durchaus eisenfreies Aluminiumsulfat benutzt und während der Fabrikation jeden Kontakt mit eiserner Apparatur vermeidet, da ja schon die geringsten Spuren Eisen mit Rhodansalz die bekannte tiefrote Färbung hervorrufen, die das Produkt gänzlich unverkäuflich machen würde. Das Aluminiumrhodanid kommt als wässerige Lösung von 19–20° *Bé.* in den Handel. Man hat durch Auflösen von Aluminiumhydroxyd in Rhodanaluminiumlösung basische Salze hergestellt. Ein derartiges Produkt, das getrocknet werden kann und sich danach wieder unverändert in Wasser löst, hat die Zusammensetzung $Al_6(CNS)_2(OH)_{16}$ und wurde von Hauff in Feuerbach eingeführt (*D. R. P.* 42682).

Das normale Aluminiumrhodanid hinterbleibt als gummiartige Masse, wenn man seiner wässerigen Lösung durch Verdunsten über konz. Schwefelsäure das Wasser entzieht. Dampft man die wässerige Lösung aber auf dem Wasserbad zur Trockne, so entweicht *HSCN*, und man erhält eine basische Verbindung in gelben Flocken. Die in den technischen Sorten von Aluminiumrhodanid häufig vorhandene geringe Menge Eisenrhodanid läßt sich durch Ausschütteln mit Äther entfernen; doch ist auch Aluminiumrhodanid im Äther etwas löslich.

In der Technik wird das Aluminiumrhodanid als Beize beim Alizarindruck verwendet; infolge der Empfindlichkeit der Eisenrhodanreaktion ist man bei der Verwendung von Rhodanaluminium sicher, falls die rote Farbe fehlt, ein vollkommen eisenfreies Beizmittel zu benutzen.

12. Aluminiumsilicate s. unter Ton und Permutit.

13. Aluminiumsulfat, $Al_2(SO_4)_3 \cdot 18\,H_2O$. Aluminiumsulfat kann heutzutage nach zwei verschiedenen Verfahren dargestellt werden. Entweder löst man das durch den alkalischen Aufschluß gewonnene reine Tonerdehydrat in Schwefelsäure, oder man gewinnt das Aluminiumsulfat durch direkte Einwirkung von Schwefelsäure auf ein tonerdehaltiges Material. Die saure Arbeitsweise sei zuerst geschildert.

Als Rohstoffe kommen bei diesem Verfahren Ton und andere Silicate und Bauxit zur Anwendung. Die Verarbeitung von Bauxit ist etwa die folgende: man geht von einem „weißen" Bauxit aus, welcher im Gegensatz zu den „roten" Bauxiten weniger Eisen, aber mehr Kieselsäure enthält. Gewöhnlich verlangt man von den weißen Bauxiten, die nach dem sauren Verfahren aufgeschlossen werden sollen, daß sie nicht mehr als 3% Eisenoxyd enthalten (Bronn, *Z. angew. Ch.* **14**, 848 [1901]). Der feingepulverte Bauxit wird in gußeisernen Kesseln, die mit Bleiplatten ausgekleidet sind, mit der Säure übergossen; ältere Werke arbeiten auch noch in hölzernen, mit Blei ausgekleideten Bottichen. Man nimmt im allgemeinen an, daß umsoweniger Eisen mit in Lösung geht, je konzentriertere Säure man anwendet. Die Ausbeute an gelöster Tonerde wird durch möglichst intensives Rühren erhöht. Deshalb setzt man gewöhnlich ein mechanisches Rührwerk in den Kessel ein. Man kann, anstatt ein mechanisches Rührwerk anzuwenden, auch Luft einblasen, um Bauxit und Säure tüchtig durchzumischen. Auch sorgt man für gute

Ventilation, da besonders im Beginn des Aufschließens die in der verwendeten Kammersäure stets gelösten salpetrigen Gase entweichen. Die Aufschließung irischer und amerikanischer Bauxite erfordert weniger Zeit als die der französischen; bei den französischen braucht die Reaktion oft mehrere Tage zu ihrer Vollendung. Man läßt nun die Lösung von dem unzersetzten Rückstande ab, klärt durch Absitzenlassen und dampft dann die meist stark saure Lösung, die man mit überschüssigem Tonerdehydrat neutralisieren kann, in Bleipfannen zur Krystallisation ein. Das so gewonnene Aluminiumsulfat ist aber immer ziemlich stark eisenhaltig und für viele Zwecke, z. B. für das Leimen von besseren Papiersorten, geschweige denn für irgendeine Verwendung in der Färberei, durchaus unbrauchbar. Es ist immer das Problem des sauren Aufschließverfahrens gewesen, eine gute Methode zur Enteisenung der Aluminiumsulfatlaugen zu finden, und eine große Anzahl von Patenten behandelt diesen Gegenstand. Und daß es eigentlich nie gelungen ist, eine durchaus befriedigende Enteisenungsmethode zu finden, das ist einer der Hauptgründe für das immer weitere Vordringen des alkalischen Verfahrens geworden.

Die Hauptschwierigkeit der Gewinnung eines eisenfreien Aluminiumsulfats liegt nämlich darin, daß alle Verfahren der Enteisenung eine weitgehende Verdünnung der Aluminiumsulfatlauge mit Wasser verlangen. Das spätere Verdampfen dieses Wassers bedingt dann einen hohen Kostenaufwand für Brennstoff. Zur Entfernung des Eisens werden am meisten wohl folgende drei Methoden angewendet.

Das Eisen wird aus der Aluminiumsulfatlösung durch Zusatz von Ferrocyancalcium als Berlinerblau gefällt. Um dies vollständig zu erreichen, muß alles Eisen als Ferrisalz zugegen sein; etwaiges Ferrosalz wird also durch Zusatz von Chlorkalklösung vor der Fällung oxydiert. Das Berlinerblau wird nach längerem Stehen abfiltriert und entweder als solches benutzt oder durch Behandlung mit Ätzkalk wieder in Ferrocyancalcium übergeführt.

Nach CHADWICK und KYNASTON (*D. R. P.* 11137) läßt sich ziemlich eisenfreies Aluminiumsulfat dadurch erhalten, daß man den Bauxit vor dem Aufschluß mit Schwefelsäure 8—10 Tage lang mit einem Gemisch von Salzsäure und Oxalsäure durchgerührt stehen läßt. Hierbei geht das Eisenoxyd größtenteils in lösliches Eisenoxalat über. Die anwesende Salzsäure verhindert ein Ausfallen des Calciumoxalates. Man filtriert die Lösung dann vom Bauxit ab und wäscht diesen bis zum Verschwinden der Oxalsäurereaktion aus. Der Bauxit kommt nun zur Auflösung in Schwefelsäure, während die Lösung mit mehr Kalk versetzt wird, wodurch nach einigen Tagen alle Oxalsäure als oxalsaures Calcium ausgefallen ist; aus diesem wird die Oxalsäure durch Schwefelsäure regeneriert.

Aus einer neutralen Aluminiumsulfatlösung läßt sich das Eisensulfat auch durch Zusatz von Calciumsulfid entfernen. Durch doppelte Umsetzung fallen dabei Eisensulfid und Calciumsulfat aus. Die Lösung darf aber keinesfalls sauer sein, da Calciumsulfid in diesem Falle von der Schwefelsäure zu Schwefelwasserstoff und Gips umgesetzt würde, ohne Eisensulfid bilden zu können.

Außer diesem Verfahren existieren noch viele andere, durch Patente geschützte Arbeitsweisen, die nur aufgezählt sein mögen: Entfernen des Eisens vermittels arseniger Säure (*E. P.* 4078, *D. R. P.* 14185); Entfernen von Ferrieisen durch Bleioxyd als Eisenplumbat (*D. R. P.* 19218); Fällung des Eisens durch Mangandioxyd (*D. R. P.* 21256); Fällen des Eisens mit Zinnsäure und Antimonsäure (*D. R. P.* 23375; elektrolytische Abscheidung des Eisens an eisernen oder kupfernen Kathoden (*D. R. P.* 25777); Gewinnung eines eisenfreien Aluminiumsulfats durch Anwenden eines großen Überschusses von Schwefelsäure beim Auflösen des Bauxits (*D. R. P.* 232563); Fällung des Eisenoxyds durch die Tonerde einer nach dem Auflösen neu zugegebenen Menge Bauxit (*D. R. P.* 55419).

Schließlich wurde von F. WIRTH (*Z. angew. Ch.* **1913**, 83) vorgeschlagen, das in Lösung befindliche Eisen in Ferrosulfat überzuführen und die Krystallisation in einer reduzierenden Atmosphäre vorzunehmen, wobei reines eisenfreies Aluminiumsulfat erhalten wird.

Ein Patent (*D. R. P.* 23493) sucht nicht das Eisenoxyd zu entfernen, sondern es will dessen schädliche Wirkung etwa für das Aussehen des mit ihm geleimten Papiers dadurch verhindern, daß es alles Ferrisalz durch Schwefelwasserstoff zu Ferrosalz reduziert und dieses durch Zusatz von Magnesiumsulfat in $FeMg(SO_4)_2$ überführt. Der Eisengehalt dieses Doppelsalzes soll im geleimten Papier nicht in Ferrieisen übergehen; es soll sich das Papier also nicht gelb färben.

Auch versuchte man dadurch zu einem eisenfreien Aluminiumsulfat zu gelangen, daß man die Aluminiumsulfatlauge nicht bis zur vollständigen Krystallisation eindampfte, sondern schon früher aufhörte und die ausgeschiedenen Krystalle von der Mutterlauge, die alles Eisen enthalten sollte, abzentrifugierte. Hier ist ein Patent von BOCK (*D. R. P.* 131314) zu erwähnen, welches diese Reinigungsweise dadurch zu vervollkommnen sucht, daß man größere Krystalle zum Abzentrifugieren bringt als früher. Diese halten beim Abzentrifugieren weniger Mutterlauge fest und werden dadurch reiner. Die größeren Krystalle erhält BOCK durch Eindampfen der Aluminiumsulfatlösung bei 60–70° im Vakuum unter fortwährendem Zufluß neuer Mutterlauge. BOCK bezeichnet diesen Vorgang als „Krystallisation in Bewegung".

Ton und andere leicht angreifbare Silicate, wie Leucit, Sodalith und Nephelin, wurden und werden noch in großem Maßstab aufgeschlossen. Es sind Verfahren ausgearbeitet, die mit Flußsäure (GRABAU, *D. R. P.* 69791) in Lösung bringen, und solche, die mit Kaliumsulfat und Ammoniumsulfat (HEIBLING, *D. R. P.* 70549) oder Ammoniumsulfat (*D. R. P.* 174698 und LEVI, *Ch. Ztrlbl.* **1906**, II, 1147) allein erhitzen. Andere schließen mit Alkalicarbonaten (RINMAN, *D. R. P.* 198707) oder Ätzalkalien auf. Nach POCHIN (*Ch. Ind.* **3**, 381 [1880]), KYNASTON (vgl. auch LAURS *F. P.* 105921) läßt man das Einwirkungsprodukt von Schwefelsäure auf das Silicat, ohne mit Wasser zu verdünnen, erstarren; dieses so gewonnene Produkt ist die „rohe schwefelsaure Tonerde" des Handels oder Alumcakes. Sie enthält 10–12% Al_2O_3 als Sulfat, im übrigen ziemlich viel Eisen, Kieselsäure und unzersetztes Silicat. Sie wird in großem Umfang zur Klärung von organisch verunreinigten Fabrikabwässern benutzt.

Alle besseren Sorten Tonerdesulfat aber werden durch Auflösen von Tonerdehydrat in Schwefelsäure hergestellt. Betreffs der Fabrikation des Tonerdehydrats vergleiche man den Abschnitt über Aluminiumhydroxyd.

Man entwässert das aus den Filterpressen herausgenommene Tonerdehydrat so weit, daß sein Wassergehalt mit dem der Schwefelsäure zusammen gerade ausreicht, um die 18 *Mol.* Krystallwasser des Aluminiumsulfats zu liefern. Das soweit entwässerte Tonerdehydrat wird schaufelweise in einen großen kupfernen Kessel eingetragen, der von einem Dampfmantel zum Anheizen umgeben ist. Dieser Kessel enthält die berechnete Menge 66°iger Schwefelsäure, die durch die Dampfheizung auf 100° erhitzt wird. Solange noch nicht genügend Tonerde eingetragen ist, ruft jede neue Schaufel Tonerde starkes Aufschäumen der Säure hervor. Das Aufhören dieses Aufschäumens zeigt das Ende der Reaktion an. Man verwendet natürlich möglichst eisenfreie Schwefelsäure, wie sie aus den hinteren Kammern geliefert wird. Der etwa vorhandene Eisengehalt des Aluminiumsulfats stammt heutzutage größtenteils aus der Schwefelsäure, nicht aus dem Tonerdehydrat.

Ist die Säure mit Tonerde gesättigt, so läßt man die dickflüssige, heiße Lösung durch Röhren in den Gießraum laufen. Man gießt das Aluminiumsulfat in flache, mit Blei ausgeschlagene Kästen und läßt es in diesen unter beständigem Umschaufeln erstarren; so erhält man es in groben Brocken, die in einem Desintegrator zu etwa haselnußgroßen Stücken zerschlagen und dann in Säcke verpackt werden. Man gießt es aber auch in Formen von der Gestalt eines Mühlsteins und bringt es in dieser Form in den Handel.

Das nach dem von JURISCH geschilderten, pyrogenen Verfahren dargestellte Tonerdesulfat zeigte im Durchschnitt die Zusammensetzung (JURISCH, l. c. S. 60):

Al_2O_3	14,50%
SO_3 .	33,70%
Na_2SO_4	0,60%
Fe_2O_3 . .	0,02%
Unlösliches	0,50%
H_2O	. 50,68%
	100,00%

Über die Zusammensetzung des nach dem BAYERschen Verfahren dargestellten Aluminiumsulfats liegt keine genaue analytische Angabe vor, doch soll es bedeutend reiner sein, als obige Analyse des pyrogen erzeugten Aluminiumsulfats angibt; insbesondere soll es nicht annähernd so viel Eisen und auch viel weniger Unlösliches enthalten. Das als „Unlösliches“ bezeichnete ist entweder Kieselsäure oder basisches Aluminiumsulfat, das beim Übersättigen der Schwefelsäure mit Tonerdehydrat entsteht. Doch stellen die Fabriken außer dieser besten Ware auch eine Sekundaware her. Zu dieser benutzen sie Tonerdehydrat, das aus einer schlecht filtrierten oder sonst irgendwie mißratenen Aluminatlauge stammt, und verwenden auch unreinere Schwefelsäure. Diese Sekundaware hat etwas gelbliche Färbung; sie wird ganz unverpackt in groben Stücken waggonweise versandt.

Das Aluminiumsulfat krystallisiert mit 18 H_2O; außer dieser Form sind noch verschiedene andere Hydrate beschrieben worden, deren Existenz aber teilweise nicht ganz sicher ist. Eine wässerige Lösung von Aluminiumsulfat ist hydrolytisch gespalten; sie reagiert deshalb sauer. Aluminiumsulfat ist in Wasser leicht löslich. 100 T. Wasser lösen bei 0° 86,8 T., bei 100° 1132,0 T. $Al_2(SO_4)_3 \cdot 18 H_2O$. Es ist also bei 0° etwa zwanzigmal, bei 100° etwa viermal leichter löslich als $KAl(SO_4)_2 \cdot 12 H_2O$. Auf der so viel größeren Löslichkeit des Aluminiumsulfats gegenüber dem Kalialaun beruht die Schwierigkeit der Gewinnung reinen Aluminiumsulfats aus etwas Eisensulfat enthaltenden Laugen. Das wasserfreie Aluminiumsulfat zerfällt beim Glühen in Schwefeltrioxyd und Aluminiumoxyd.

Das Aluminiumsulfat hat ein sehr vielseitiges Anwendungsgebiet. Der Hauptverbrauch ist der für das Leimen des Papiers. Man setzt zu dem Papierbrei eine Lösung von Harzseife und eine Aluminiumsulfatlösung; durch Umsetzung entsteht in der Papiermasse aus dem harzsauren Natrium und dem Aluminiumsulfat harzsaures Aluminium, welches die einzelnen Papierfasern zusammenklebt. Da man auf 100 *kg* Papiermasse etwa 4 *kg* Aluminiumsulfat anwendet (BRONN, l. c. S. 849), und da fast alle Papiersorten, Schreibpapier, Zeitungspapier, Packpapier u. s. w. geleimt werden, ist der Verbrauch an Aluminiumsulfat hierfür außerordentlich groß. Die Anforderungen, die diese Verwendung an die Reinheit des Aluminiumsulfats stellt, betreffen eigentlich nur den Eisengehalt; denn ein Gehalt von einigen Zehnteln Prozent freier Schwefelsäure schadet nichts, ebensowenig wie die Anwesenheit von Kieselsäure. Eisen dagegen macht sich von 0,2% Gehalt an unangenehm bemerkbar, indem das Papier eine gelbliche Farbe bekommt; falls das Eisen als Oxydul anwesend ist, so tritt diese Erscheinung erst ein, wenn das Papier dem Sonnenlicht ausgesetzt war. Aluminiumsulfat mit mehr als 0,2—0,3% Eisen ist für gute weiße Papiere nicht mehr verwendbar; man leimt mit solchen Sorten Aluminiumsulfat farbige Papiere und Packpapiere.

Die höchste Anforderung an Eisenreinheit stellt die Verwendung des Aluminiumsulfats in der Färberei, in der es als Beize zur Fixierung des Alizarins und ähnlicher Farbstoffe auf Wolle benutzt wird. Hierbei ändert schon ein Gehalt von weniger als 0,01% Eisen die Nuance des Farbstoffes oft sehr erheblich. Auf diesem Gebiet also kommen nur ganz reine Sorten Aluminiumsulfat in Betracht, und hier hat auch der Alaun am längsten seine Position gehalten. Nicht ganz so große Ansprüche wie die Färberei stellt die Weißgerberei an die Reinheit des Aluminiumsulfats. Doch hat das Aluminiumsulfat auch auf diesem Gebiet den Alaun nur langsam verdrängen können, da ja lange Jahre unter dem Namen „Aluminiumsulfat" auch Produkte mit recht großem Eisengehalt auf den Markt kamen und so oft dem Gerber die Felle verdarben.

Schließlich ist Aluminiumsulfat das Ausgangsmaterial für die Darstellung vieler Aluminiumsalze, die man aus ihm durch doppelte Umsetzung mit dem betreffenden Bleisalz darstellt.

Statistisches und Wirtschaftliches.

Zunächst sei eine Tabelle gegeben, die einen zahlenmäßigen Beleg für den in der Einleitung erwähnten Rückgang in der Förderung und Verarbeitung von Alaunerzen liefert.

Es wurden in Böhmen gefördert:

In den Jahren	Zentner Alaunerze	im Werte von K
1903	29783	23826
1904	23373	18698
1905	16570	13256
1906	10198	8158
1907	—	—

Die zweite Tabelle zeigt das Anwachsen der Bauxitausfuhr von Frankreich nach Deutschland zu Beginn des neuen Jahrhunderts; zugleich läßt sie einen gewissen Stillstand in den letzten Jahren erkennen:

Jahr	Einfuhr von Deutschland an Bauxit in *t*	Wert in M.
1897	15537	622000
1900	24162	966000
1905	39136	1565000
1907	58824	2353000
1908	46843	1874000
1909	44260	1770000
1910	54513	2181000
1911	35761	1430000

Wie viel größer schon seit etwa 20 Jahren die Produktion von Aluminiumsulfat ist als die von Alaun, geht aus folgenden Zahlen hervor:

In Deutschland wurden dargestellt:

Jahr	Aluminiumsulfat in *t*	Wert in M.	Alaun in *t*	Wert in M.
1895	30836	2217000	3357	349000
1900	44371	2700000	4354	375000
1905	55806	3554000	4271	472000
1907	49473	3728000	4200	474000
1908	54122	3348000	3802	445000

Deutschlands Ausfuhr an Tonerdeverbindungen repräsentierte in den letzten Jahren etwa folgende Werte:

Warengruppe	Jahr	Ausfuhr in *t*	Wert in M.
298 *a)* Ammoniak-, Kali- und Natronalaun .	1907	1034	109000
	1908	1200	126000
	1909	1129	119000
	1910	1216	128000
b) Schwefelsaure und schwefligsaure Tonerde	1907	24756	1733000
	1908	22376	1454000
	1909	28623	1717000
	1910	23808	1428000
c) Tonerdenatron, Aluminiumchlorid, Aluminiumacetat, künstlicher Kryolith, Tonerdeoxyd, Tonerdehydrat, gereinigter Bauxit .	1907	12452	2490000
	1908	4451	1068000
	1909	6879	1169000
	1910	12942	2252000

Deutschlands Einfuhr im Jahre 1910 betrug in allen drei Untergruppen der Warengruppe zusammengenommen nur 693 *t* im Werte von 251000 M.

Deutschlands Anteilnahme an der Industrie der Tonerdeverbindungen ist also durchweg Qualitätsarbeit. Deutschland importiert im wesentlichen nur Rohmaterial, den Bauxit, und exportiert daraus hergestellte höherwertige Produkte. Erwähnenswert ist, daß Deutschland lange Zeit hindurch beträchtliche Mengen Aluminiumoxyd an französische Aluminiumfabriken lieferte, Aluminiumoxyd, zu dessen Darstellung Deutschland das Rohmaterial, den Bauxit, aus Frankreich selbst beziehen mußte.

Die Wertsteigerung, die mit der Verarbeitung von Bauxit auf Tonerdeverbindungen verbunden ist, veranschaulicht die folgende Tabelle:

100 *kg* Bauxit (franko Deutschland) kosten etwa	M. 3,—	
100 „ Aluminiumsulfat „	„ 8,—	beim Verkauf in Deutschland
100 Kalialaun „	„ 13,—	
100 Tonerdehydrat „	20,—	

Beim Export ermäßigen sich die genannten Preise von Aluminiumsulfat, Kalialaun und Tonerdehydrat um 1—2 M. pro 100 *kg*.

Literatur: DAMMER, Handbuch der anorganischen Chemie 3, 78 ff. — FLUSIN, L'industrie de l'aluminium (La houille blanche **10**, 263 ff. u. 281 ff. [1911]). — M. FEIGENSOHN, *Ch. Ztg.* **29**, 783 [1905]. — GAZES, *Rev. g. Ch. p. et app.* **14**, 363—367 [1911]. — JÜNEMANN, Fabrikation des Alauns. JURISCH, Fabrikation der schwefelsauren Tonerde [1894]. — KAUFFMANN, Vierzig Jahre Geschichte der Firma Otto Kaufmann [1912]. — F. RUSS, *Z. angew. Ch.* **1910**, 943. — F. RUSS, *Öst. Ch. Ztg.* **1910**, 222. — A. BERGE, Die Fabrikation der Tonerde, Halle 1913. *E. Baerwind.*

Aluminium-Zinklegierung mit 95% Zink und 5% Aluminium wird von der American Gramophone Co. für einzelne Grammophonteile empfohlen.

Oberhoffer.

Aluminothermie. Hierunter versteht man die von Dr. Hans GOLDSCHMIDT, Essen-Ruhr, im Jahre 1894 erfundene Thermitreaktion (auch GOLDSCHMIDTsche Reaktion genannt), welche nach seiner eigenen Definition darin besteht, daß ein oder mehrere reduzierend wirkende Metalle oder Metallegierungen auf eine Metallverbindung derart einwirken, daß das Gemisch, an einer Stelle zur Entzündung gebracht, von selbst unter Erzeugung hoher Temperaturen weiterbrennt, wobei sich unter völliger Oxydation des aktiven Elements das reduzierte Metall als einheitlicher Regulus abscheidet und sich eine flüssige Schlacke bildet. Das Charakteristische an der Reaktion ist, daß die Umsetzung vor sich geht, ohne daß das gesamte Gemisch durch äußere Wärmezufuhr auf die Reaktionstemperatur gebracht wird. Als Reduktionsmittel kommt für die Technik fast ausschließlich Aluminium, als Metallverbindung Oxyde in Betracht. Von mehr wissenschaftlichem Interesse sind die Reduktionen vermittels Magnesiums, Calciums, Siliciums und der Ceritmetalle, sowohl als Elemente allein, als auch als Legierungen unter sich oder mit Aluminium. An Stelle der Oxyde lassen sich die Sulfide, Gemische von Sulfiden und Oxyden, Chloride und die sauerstoffhaltigen Salze verwenden.

BERTHELOT hat durch zahlreiche Experimente festgestellt, daß in den meisten Fällen eine chemische Umsetzung nur dann stattfindet, wenn die Bildungswärme der neu entstandenen Verbindung positiv ist, und HELMHOLTZ hat unter Anwendung der Grundsätze der Thermodynamik für derartige exotherme Reaktionen Formeln aufgestellt. Bei Verwendung von Oxyden gilt folgende Gleichung:

$$MeO + Me' = Me'O + Me + x\ Cal.$$

Me und Me' bezeichnen zwei verschiedene Elemente. Einen gewissen Anhalt bei der Beurteilung der hier in Frage kommenden Verhältnisse gewinnt man, wenn man die Affinität der verschiedenen Körper zum Sauerstoff vergleicht, wie sie in den Verbrennungswärmen der Elemente zum Ausdrucke kommt. Die folgende Zusammenstellung enthält die Wärmemengen, welche von den einem Atom Sauerstoff äquivalenten Mengen der Elemente bei Bildung von Oxyden entwickelt werden:

Magnesium (MgO)	145,5 *Cal.*	Mangan (MnO)	90,0 *Cal.*
Lithium (Li_2O)	145,0	Chrom ($^1/_3 Cr_2O_3$)	89,3 „
Calcium (CaO)	145,0	Zink (ZnO)	84,8 „
Strontium (SrO)	131,2	Mischmetall ($^1/_6{,}8\ Me_2O_3$)	78,8
Aluminium ($^1/_3 Al_2O_3$)	131,2	Phosphor ($^1/_5 P_2O_5$)	73,1
Titan ($^1/_2 TiO_2$)	114,0	Mangan ($^1/_2 MnO_2$)	71,4
Natrium (Na_2O)	100,9	Lanthan ($^1/_3 La_2O_3$)	71,4
Kalium (K_2O)	98,2	Zinn (SnO)	70,7
Silicium ($^1/_2 SiO_2$)	90,9	Zinn ($^1/_2 SnO_2$)	70,6
Bor ($^1/_3 B_2O_3$)	90,9	Kohlenoxyd (CO)	68,2

Cadmium (CdO)	66,3 *Cal.*	Antimon ($^1/_3 Sb_2O_3$)	55,6 *Cal.*
Eisen ($^1/_3 Fe_2O_3$) .	65,9 „	Blei (PbO) . .	50,8
Wolfram ($^1/_2 WO_2$)	65,7	Chrom ($^1/_3 CrO_3$)	46,6
Kobalt (CoO)	64,5	Wismut ($^1/_3 Bi_2O_3$)	46,4
Nickel (NiO) . . .	61,5	Thallium (Tl_2O)	42,8
Molybdän ($^1/_3 MoO_3$) . .	60,5	Kupfer (Cu_2O) .	43,8
Wasserstoff (H_2O, gasf.)	58,1	Quecksilber (HgO) .	21,5
Cer ($^1/_2 CeO_2$)	56,1	Silber (Ag_2O)	7,0

Wie aus dieser Zusammenstellung hervorgeht, ist die Verbrennungswärme am größten bei den Erdalkalimetallen, am geringsten bei den Edelmetallen, deren stark passives Verhalten dem Sauerstoff gegenüber ihnen ja auch den Namen gegeben hat. Aus der Stellung eines Metalles in obiger Reihe ist sein Verhalten gegenüber anderen Metallen (als Sauerstoffverbindungen) ersichtlich. So ist die Verbrennungswärme des Aluminiums größer als die des Mangans, aber kleiner als die des Magnesiums. Es gelingt deshalb vermittels Aluminiums, das Mangan aus seinen Oxyden abzuscheiden, aber nicht das Magnesium. Ganz allgemein lautet das in obiger Reihenfolge der Elemente zum Ausdrucke kommende Grundgesetz der Thermochemie, daß bei dem Zusammentreffen verschiedener Körper mit Sauerstoff diejenige Sauerstoffverbindung gebildet wird, welche bei gegebener Temperatur die größte Wärmemenge entwickelt.

Ähnliche Verhältnisse liegen vor, wenn man statt der Oxyde die Sulfide verwendet. Die Bildungswärme ist indessen nicht allgemein maßgebend dafür, ob eine Reduktion vermittels eines Metalles durchzuführen ist, und gerade bei dem aluminothermischen Verfahren, d. h. bei einer Umsetzung ohne äußere Wärmezufuhr, sind außerdem von großer Bedeutung: der Schmelzpunkt und der Verdampfungspunkt der Metalle und der Metallverbindungen, sowie auch die Reaktionsgeschwindigkeit.

Bekanntlich gelang es WÖHLER 1827, Aluminium als graues Pulver aus seinem Chlorid durch metallisches Kalium abzuscheiden. Beim Studium der chemischen Eigenschaften erkannte er bereits die große Affinität zu Sauerstoff als ein ganz besonderes Charakteristicum dieses Metalles. Jedoch erst St. CLAIRE DEVILLE konnte in den Sechzigerjahren des vorigen Jahrhunderts genauere Umsetzungen mit Aluminium ausführen, nachdem es ihm gelungen war, reines alkalifreies Aluminium in gegossenen Blöckchen herzustellen. Auch andere Forscher arbeiteten in den nächsten Jahrzehnten erfolgreich auf diesem Gebiete. Allgemeineres Interesse wurde aber erst zu Anfang der Neunzigerjahre der reduzierenden Kraft des Aluminiums entgegengebracht, nachdem es durch die Verfahren von HÉROULT und HALL ein billiges Handelsprodukt geworden war und infolgedessen die Möglichkeit einer technischen Verwertung als Reduktionsmittel nicht mehr ausgeschlossen schien. Recht interessante Arbeiten auf dem Gebiete der Metalldarstellung mit Hilfe von Aluminium fallen in diese Zeit, man kam aber nie über den Rahmen von Laboratoriumsversuchen hinaus, da man stets die Umsetzung dadurch bewirkte, daß man die ganze Masse in einem kleinen Tiegel von außen erhitzte, wodurch meist mehr oder weniger heftige Reaktionen, sogar Explosionen erfolgten.

Genau so arbeitete anfangs GOLDSCHMIDT. Im Laufe der Jahre ergaben seine Versuche aber, daß es gar nicht nötig ist, das Gemenge von Aluminium und der zu reduzierenden Verbindung im ganzen zu erhitzen, sondern daß es genügt, die nötige Entzündungstemperatur an einem Punkte der Mischung hervorzurufen, von wo sie sich dann mehr oder minder rasch über die ganze Menge des Reaktionsgemisches fortpflanzte (*D. R. P.* 96317).

Literatur: *A.* 301, 19–28 [1898]; *Z. Electrochem.* **4**, 194–199 [1897/98]; *M. Sc.* **702** (XIV), 354–356 [1900].

Es verhält sich die in einem solchen Gemenge eintretende Umsetzung ähnlich wie diejenige in einem Gemische von Steinkohlen und Luft, als welches man die auf dem Roste befindliche Kohlenschicht ansehen kann. Ebenso wie hier die Umsetzung, das Verbrennen, an einem Punkte eingeleitet, sich weiter fortpflanzt und durch Zugabe neuen Materials unterhalten wird, so braucht man auch das Gemisch von Aluminium und Metallverbindung nur an einem Punkte zu erhitzen, worauf es weiterbrennt und zugefügte neue Gemengteile in Brand setzt. Bei beiden Vorgängen liegt die Entzündungstemperatur sehr hoch, und bei beiden ist es auch nötig, die Temperatur durch leichter entzündbare Stoffe erst an einem Punkte hervorzurufen. Bei Steinkohlen dient hierzu das leicht brennbare Holz, während es sich bei dem vorliegenden Verfahren als vorteilhaft erwiesen hat, die Verbrennung durch ein Gemisch aus Aluminium und einem leicht sauerstoffabgebenden Körper einzuleiten. Anfangs bediente man sich dessen in Form einer Zündkirsche, d. i. einer durch irgend einen Klebstoff zusammengehaltenen Kugel aus Aluminiumpulver und Bariumsuperoxyd, welche durch ein Magnesiumband entzündet wurde; später streute man eine kleine Menge dieses Gemisches ohne Klebstoff auf die Masse und entzündete es durch ein Sturmstreichholz, welch letzteres bei manchen Mischungen auch allein zur Zündung genügt.

Statt des Bariumsuperoxyds kann man sich zur Einleitung der Reaktion auch einer großen Anzahl anderer Stoffe bedienen, welche leicht Sauerstoff abgeben, wie des übermangansauren Kaliums, chlorsaurer und salpetersaurer Salze und sauerstoffreicher Oxyde, auch Blei- oder Kupferoxyd. Eine sehr niedrige Entzündungstemperatur hat ein Gemisch von Aluminium mit Natriumsuperoxyd, das beim Verreiben bei Gegenwart einer geringen Menge Feuchtigkeit schon bei gewöhnlicher Temperatur sich mit explosionsartiger Heftigkeit entzündet. Indes ist Bariumsuperoxyd für die technische Verwendung am besten geeignet. Man mischt 4 T. BaO_2 und 1 T. Al zum Teil in Form von feinem Pulver, zum Teil als Aluminiumbronze durch Schütteln in einer Glasflasche; es ist nicht empfehlenswert, in einem Porzellanmörser mit Pistill zu verreiben, da schon Explosionen beobachtet wurden.

Durch diese Art der Initialzündung gelang es GOLDSCHMIDT, die im Aluminium schlummernde Kraft technisch verwertbar zu machen. Der wärmeverbrauchende Vorgang war in einen wärmeliefernden umgewandelt, er war unabhängig gemacht von jeglicher Wärmequelle, deshalb überall ausführbar, praktisch unbeschränkt in bezug auf das Quantum, welches auf einmal in Verarbeitung genommen werden soll: eine Reaktion, die jahrzehntelang nur ein interessantes Laboratoriumsexperiment war, ist durch ihn in ein neues, metallurgisches Verfahren umgewandelt, durch welches man nicht nur Metalle in großem Maße gewinnen, sondern auch die Reaktionswärme von Aluminium anderweitig nutzbar machen kann.

Die Ausführung der GOLDSCHMIDTschen Reaktion geschieht nun derart, daß man in einen geeigneten Tiegel einen Löffel des Gemisches von äquivalenten Mengen Oxyd und Aluminium[1], Thermit genannt, gibt, dieses mit ein wenig Entzündungsgemisch ($BaO_2 + Al$) vermengt, wie oben erwähnt entzündet, und dann in dem Maße, wie die Reaktion fortschreitet, weitere Mengen Thermit nachgibt, bei kleineren Versuchen löffelweise, bei technischen Arbeiten große Schaufeln voll. Nach Beendigung der Reaktion befindet sich im Tiegel eine feuerflüssige Masse, am Boden sammelt sich das Metall als Regulus, darüber die Schlacke, welche bei langsamem Erkalten manchmal zu Krystallen erstarrt. In den meisten Fällen ist der Inhalt des Gefäßes dann noch derart flüssig, daß man ihn bequem ausgießen oder bei größeren Mengen abstechen kann. Nach dem Erkalten läßt sich Metall und Schlacke leicht durch Hammerschlag trennen.

[1] Das hierfür nötige Aluminium, das ungefähr eine Korngröße von ca. 1 *mm* haben muß, wird derart gewonnen, daß man geschmolzenes Aluminium unter beständigem Rühren auf 600° erkalten läßt, wobei es körnige Struktur annimmt. Die Körner überziehen sich nämlich hierbei mit einer sehr dünnen Oxydschicht, die eine Wiedervereinigung verhindert.

Zur technischen Verwertung dieses Verfahrens ist es erforderlich, die Reaktion derartig zu regeln, daß sowohl das Metall als auch die Schlacke gut flüssig sind, trotzdem aber der Verlauf der Umsetzung so langsam vor sich geht, daß man bequem Thermit nachgeben kann. Dies kann man unter Berücksichtigung verschiedener technischer Kunstgriffe leicht erzielen. Zunächst darf die Körnung der Komponenten weder zu grob, noch zu fein sein. Dann muß ferner dafür gesorgt werden, daß alle Substanzen, ebenso selbstverständlich der Tiegel, völlig trocken und selbst die letzten Mengen chemisch gebundenen Wassers ev. durch starkes Glühen der Oxyde entfernt sind. Den hohen Schmelzpunkt des Aluminiumoxyds kann man durch Zuschläge, wie diese in der Metallurgie gebräuchlich sind, Kalk, Flußspat, Natriumverbindungen etc., herabdrücken und so die Schlacke dünnflüssig machen; zum Teil geschieht dies schon dadurch, daß die flüssige Tonerde in statu nascendi gewisse Mengen des Oxyds aus dem Thermit auflöst, weshalb man nicht genau nach chemischen Äquivalenten die Komponenten mischen darf, sondern stets einen experimentell festzulegenden Überschuß an Oxyd nehmen muß. Liegt andererseits der Schmelzpunkt des Metalles derart hoch, daß selbst unter Verwendung der sauerstoffreichsten Oxyde eine regulinische Abscheidung nicht erzielt wird, so muß man das Metall in Form einer Legierung, welche einen niederen Schmelzpunkt hat, herstellen. Am besten läßt sich aber die Thermitreaktion regeln durch richtige Auswahl der Oxydationsstufe der Sauerstoffverbindung. An einigen technischen Beispielen möge dies näher erläutert werden. Aus ökonomischen Gründen wird man stets zunächst die untere Oxydform versuchen, da hierzu die geringste Menge Aluminium erforderlich ist. Bei Mangan ist der Unterschied zwischen MnO und MnO_2 genau 100%.

$$MnO_2 + {}^2/_3 Al_2 = {}^2/_3 Al_2O_3 + Mn + 137 \, Cal.$$
$$MnO + {}^1/_3 Al_2 = {}^1/_3 Al_2O_3 + Mn + 41{,}2$$

Die Bildungswärme des Oxyduls reicht aber nicht zu einer aluminothermischen Reaktion aus; das Superoxyd reagiert sehr heftig. Durch Mischen der beiden Oxydationsstufen erhält man die gewünschte Reaktionsgeschwindigkeit. Ähnlich verhält es sich bei der Herstellung von Chrom. Da reines Chromoxyd zu träge reagiert, um eine gute regulinische Abscheidung zu geben, muß man durch Zumischen von chromsauren Salzen die Umsetzung beleben; hierzu genügen schon einige Prozente, bei Manganoxydul muß indessen schon eine derartige Menge gewählt werden, daß ein Gemisch der annähernden Zusammensetzung $2MnO + MnO_2$ entsteht. Diese Erkenntnis ist durch Patente (*D. R. P.* 175885) geschützt.

Ist das sauerstoffreiche Oxyd mit Aluminium nicht reaktionsfähig, wie z. B. Titansäure, so muß man durch Zumischen von Komponenten mit hoher Bildungswärme die Abscheidung von Legierungen versuchen. Ein Gemisch von Titansäure und Eisenoxyd mit Aluminium gibt Ferrotitan, während unter Verwendung von Mangansuperoxyd eine Mangantitanlegierung entsteht. Hat man die Wahl zwischen Eisenoxyd und Eisenoxyduloxyd, so kann man unter Zusetzen von verschiedenen Mengen eines Metallpulvers, z. B. Eisenspänen, Reaktionen erzielen, welche gleiche Geschwindigkeit haben und, auf dieselbe Menge Aluminium berechnet, gleiche Mengen Eisen abscheiden:

$$^3/_4 Fe_3O_4 + Al_2 + x Fe = (Fe_2 + [^1/_4 + x] Fe) + Al_2O_3,$$
$$Fe_2O_3 + Al_2 + (x + {}^1/_4 Fe) = (Fe_2 + [x + {}^1/_4] Fe) + Al_2O_3.$$

Unter Berücksichtigung dieser und ähnlicher Umstände gelingt es, auf aluminothermischem Wege eine große Anzahl von Metallen abzuscheiden, welche zum Teil von großer technischer Bedeutung sind, zum Teil mehr wissenschaftliches Interesse haben, da sie frei von Kohlenstoff sind und deshalb ein Studium der chemischen und physikalischen Eigenschaften erleichtern. So werden z. B. Chrom, Ferrochrom, Mangan, Mangan-Chrom, Mangan-Titan, Mangan-Bor, Mangan-Silicium, Ferrotitan, Ferrovanadium, Nickel, Kobalt, Tantal, Niob, Zinn und andere Metalle hergestellt.

Vanadinsäure läßt sich mit Aluminium nicht zu Vanadium, sondern nur zu Vanadinoxydul, Va_2O, reduzieren. Ebensowenig eignen sich Metalle mit niedriger Dampfspannung zu derartigen Reaktionen; der Bleidampf z. B. schleudert den Inhalt des Tiegels heraus, und selbst geringe Mengen von Wismutoxyd reagieren unter sehr heftiger Detonation.

Neben der Metallgewinnung ist technisch von großer Bedeutung bei der aluminothermischen Reaktion die Ausnutzung der entstehenden Wärme. Durch Berechnung und kalorimetrische Messung läßt sich die Menge der freiwerdenden Calorien annähernd festlegen. Die Höhe der Temperatur ist indessen nur zu schätzen, da pyrometrische Messungen versagen; sie ist bei verschiedenen Verbindungen davon abhängig, ob die Reaktion mehr oder weniger exotherm ist, in gewissem Grade auch von den Quantitäten, mit welchen man arbeitet; diese müssen schon so groß sein, daß die Verluste durch Strahlung und Wärmeabgabe an die Tiegelwandung nicht ins Gewicht fallen. Unter Verwendung von Wyborghschen Thermophonen hat Goldschmidt für eine Mischung von ($Fe_3O_4 + 2\,^2/_3\,Al$) ca. 3000° festgestellt. Der thermische Effekt läßt sich für $Fe_2O_3 + Al_2$ wie folgt ermitteln:

An Wärme sind verbraucht:		Wärme erzeugt durch Verbrennen von	
a) Zur Bildung von 1 *kg Fe*	1768 *Cal.*		
b) Zum Schmelzen desselben .	337		
c) Zum Schmelzen der Schlacke	325,71 „	0,484 *kg Al*	. 3455,26 *Cal.*
Summe	. 2530,71 *Cal.*		3455,26 *Cal.*

Demnach beträgt die disponible Wärme 925,05 *Cal.* Da 1 *kg* Thermit etwa $^1/_2$ *kg* Eisen liefert, gibt dies ungefähr 450 *Cal.* Auf den ersten Blick scheint die Anzahl Calorien gegenüber der Steinkohle sehr gering. Man muß aber bedenken, daß beim Verbrennen von Kohle nur gasförmige Produkte erzeugt werden, bei Thermit dagegen lediglich feste Stoffe. Es bleiben die gebildeten Calorien im Tiegel zusammen, während bei der Kohle die Wärme sich auf einen großen Raum verbreitet und zum großen Teile zum Schornstein hinauswandert. Die Verbrennungstemperaturen sind ferner ganz verschieden voneinander, ebenso wie die Reaktionsgeschwindigkeiten. 1 *kg* Thermit verbrennt in einer Sekunde, wenn ein entsprechend großes Quantum zur Reaktion gelangt. Energiedichte, Verbrennungstemperatur und Reaktionsgeschwindigkeit bewirken also bei Thermit die erstaunlichen Effekte, welche im späteren Kapitel näher betrachtet werden.

Von wesentlichem Einfluß auf das gute Gelingen von aluminothermischen Reaktionen ist der Tiegel, in welchem die Umsetzung stattfindet. Bereits oben ist erwähnt, daß er völlig trocken sein muß, da sonst durch Wasserdampf und etwa zersetztes Wasser der Inhalt herausgeschleudert werden kann. Da die Schlacke aus Aluminiumoxyd besteht, welches im feuerflüssigen Zustand auf das Material der Tiegelwandung einwirkt, sind von vornherein alle Substanzen, welche mit Tonerde leicht schmelzbare Verbindungen eingehen, ausgeschlossen, ganz besonders Quarz und Silicate; es eignen sich deshalb selbst die aus feuerfesten Materialien hergestellten besten hessischen Tiegel und Graphittiegel nicht für diesen Zweck. Von allen in der Technik gebräuchlichen Materialien hat sich der Teermagnesit, wie er zum Ausstampfen von metallurgischen Öfen in ausgedehntem Maße Verwendung findet, als das beste erwiesen; man kann aber auch Magnesia oder jede möglichst reine Tonerde, also ganz besonders die aluminothermische Schlacke unter Verwendung von Bindemittel, z. B. Wasserglaslösung benutzen. Kleinere Tiegel bestehen meist aus einer Blechhülle, welche man unter Verwendung einer konischen Matrize mit Teermörtel ausstampft; alsdann wird bei niederer Temperatur der Teer verdampft und schließlich der Tiegel bei Rotglut geglüht. Bei größeren Öfen verwendet man Magnesitziegel. Selbstverständlich sind als Tiegelmaterial auch alle Verbindungen ausgeschlossen, welche mit Aluminium selbst in Umsetzung treten können.

Bevor auf die technische Auswertung des aluminothermischen Verfahrens eingegangen wird, sollen noch einige interessante Arbeiten erwähnt werden, welche darauf hinzielen, auch bei aluminothermischen Reaktionen das Aluminium ganz oder zum Teil durch andere Metalle zu ersetzen. Bereits in seinem ersten Patente (*D. R. P.* 96317) ist GOLDSCHMIDT neben Aluminium die Verwendung von Magnesium und Calciumcarbid geschützt worden. Jedoch erst 10 Jahre später hat er diese Reaktion auf Calcium und Silicium weiter ausgedehnt (*Z. Elektrochem.* **14**, 558 [1908]).

Aus dieser Veröffentlichung sei folgendes erwähnt und zum Teil ergänzt:

Für den Fachmann liegt es am nächsten, Aluminium durch Silicium zu ersetzen, weil dieses zu einem billigen Preise in genügend reinem Zustand im elektrischen Großbetrieb hergestellt wird. Die Bildungswärme zu $^1/_2$ SiO_2 ist nicht ungünstig, ebenso die chemische Umsetzung:

$$2\,Me_2O_3 + 3\,Si = 2\,Me_2 + 3\,SiO_2,$$

wobei auf 1 Silicium 2 Sauerstoffe kommen. Da die Atomgewichte von Aluminium und Silicium mit 27 und 28 fast dieselben sind, hat man bei der Verwendung von Silicium eine ca. 25%ige Ersparnis des Reduktionsmittels. Indessen ist es nur in wenigen Fällen möglich, vermittels Siliciums ohne äußere Wärmezufuhr überhaupt eine Einwirkung auf die Oxyde zu erhalten. Es wurde ferner versucht, auch das metallische Calcium zur Thermitreaktion zu verwenden. Theoretische Betrachtungen gaben indessen keine so günstigen Verhältnisse wie bei Silicium. Die Bildungswärme ist zwar höher als die des Siliciums, was auch in der äußerst heftigen Reaktion zum Ausdrucke kommt; der chemischen Äquivalenz nach werden aber für 16 T. Sauerstoff 40 T. Calcium gegenüber 18 T. Aluminium verwendet, so daß also schon das Calcium bedeutend billiger als Aluminium sein müßte, um überhaupt sich zur technischen Verwertbarkeit zu eignen. Magnesium ist rechnerisch dem Calcium gegenüber im Vorteil; aber weder bei Einwirkung von Calcium noch Magnesium auf Oxyde ist es gelungen, einen einheitlichen Regulus unter einer flüssigen Schlacke (die Charakteristica einer aluminothermischen Reaktion) abzuscheiden. Der Grund liegt in der Schwerschmelzbarkeit des Kalkes bzw. der Magnesia.

Nimmt man ein Gemisch von Silicium mit Calcium oder Magnesium, so findet die Umsetzung sehr glatt statt, da die Kieselsäure mit Kalk und Magnesia leichtflüssige Silicate bildet. Statt der Mischungen kann man selbstverständlich auch die Legierungen (Calcium- bzw. Magnesiumsilicide) nehmen. Diese Silicide werden durch Zersetzung von Kalk, bzw. Magnesia mit Silicium hergestellt (*D. R. P.* 187457 und 192015, ferner 204567).

Im Jahre 1904 hat MUTHMANN in Gemeinschaft mit WEISS, AICHEL und RIEDELBAUCH (*A.* **337**, 370) vermittels der Ceritmetalle und ganz speziell des sog. Mischmetalles zahlreiche Oxyde reduziert, also eine der Thermitreaktion ähnliche Umsetzung ausgeführt.

Wenn auch diese Umsetzungen glatt unter guter Metallabscheidung und vorteilhafter Schlackenbildung vor sich gehen, so sind sie für die Praxis selbst bei niedrigem Preise der Ceritmetalle nicht verwendbar, da das Metall sich nicht in die für die Reaktionen erforderliche Form von feinem Pulver bringen läßt; es müssen deshalb auf der Drehbank feine Späne gedreht werden, welche nebenbei die unangenehme Eigenschaft haben, sich in einigen Tagen in ein Gemisch von Oxyd und Nitrid zu verwandeln.

Praktisch läßt sich das GOLDSCHMIDTsche Verfahren besonders nach drei Seiten verwenden:

1. zur Herstellung reiner Metalle und Metallegierungen;
2. zur Gewinnung von künstlichem Korund;
3. zur Wärmeerzeugung für Metallbearbeitung.

I. Zur Herstellung reiner Metalle und Metallegierungen,

welche sämtlich die für den Hüttenmann besonders wertvolle Eigenschaft haben, praktisch kohlenstofffrei zu sein. Ihre Verwendung wird daher überall dort besonders in Frage kommen, wo die im Hochofen oder Elektroofen erschmolzenen Zusatzlegierungen, die alle mehr oder weniger Kohlenstoff, u. zw. meistens in Form von Metallcarbiden enthalten, infolge der Schwerlöslichkeit dieser Carbide nicht anwendbar sind. Ein weiterer großer Vorteil beim Gebrauch aluminogenetischer Metalle ist der, daß sie vollkommen gleichmäßig in ihrer Zusammensetzung sind, da sie in einem einzigen Schmelzfluß entstehen und daher stets mit Sicherheit ein gleichmäßig zusammengesetztes Endprodukt von hervorragenden Qualitätseigenschaften liefern. Dies ist ferner noch bedingt durch den geringen Gehalt an Verunreinigungen in diesen Metallen, welcher bei keiner andern hüttenmännisch hergestellten Legierung erreicht wird.

Von den nach dem aluminothermischen Verfahren hergestellten kohlefreien Metallen und Legierungen haben besonders Chrom, Ferrochrom, Ferrovanadium, Ferrotitan, Ferromolybdän und Mangan größere Anwendung in der Hüttentechnik gefunden. Es würde hier zu weit führen, näher anzugeben, welchen Einfluß diese Elemente auf die physikalischen Eigenschaften des Stahles ausüben; es sei diesbezüglich auf das Buch Georg Mars, Spezialstähle, ferner auf die Abhandlungen Eisen und Legierungen in diesem Werk verwiesen.

Hier sollen bei jedem Metall nur kurz die hauptsächlichsten Vorteile gegenüber den gewöhnlichen kohlenstoffreichen Metallen erwähnt werden.

Das kohlefreie Chrom ist ein sprödes Metall mit länglichen, silberweißen Spaltflächen. An der Luft hält es sich unbegrenzt lange, es ist in dieser Beziehung zu den Edelmetallen zu rechnen. In den Handel gelangt dieses Produkt in einer Reinheit von fast 99%. Neben Spuren von Aluminium enthält es nur noch geringe Mengen Eisen und Silicium. Folgende Durchschnittsanalyse eines Chrommetalles, „Marke Thermit", sei hier mitgeteilt:

Cr 98,95%, *Fe* 0,45%, *S* 0,03%, *Si* 0,35%, *Al* 0,25%, *C* 0,06%.

Der Schmelzpunkt liegt etwa bei 1540°, es legiert sich indessen leicht und ohne größeren Abbrand mit flüssigem Stahl.

In neuerer Zeit gelangen auch kohlefreie, aluminothermisch hergestellte Ferrochrome in den Handel, u. zw. eine Legierung „Marke Thermit" mit 75% Chrom und 25% Eisen, welches nur ca. 0,5% Aluminium enthält, und ferner ein 55–60%iges Produkt mit durchschnittlich 2–3% Aluminium. Die physikalischen Eigenschaften haben große Ähnlichkeit mit denen des reinen Chrommetalles. Dem Aussehen nach ist diese Legierung kaum von ihm zu unterscheiden, der Schmelzpunkt liegt annähernd in gleicher Höhe (ca. 1550°), auch die Legierungsfähigkeit ist die gleiche, wie die des reinen Chroms. Das kohlefreie, 75%ige Ferrochrom hat seines etwas billigeren Preises halber schnell in die Hüttenpraxis Eingang gefunden. Es ist als Ersatz des reinen Chrommetalles zu verwenden, wenn es auch in manchen Fällen den Gebrauch von diesem nicht zu ersetzen vermag.

Über die Vorzüge bei der Anwendung des kohlefreien Chroms geben die Arbeiten von Hadfield eingehenden Aufschluß. Er stellte fest, daß im Ferrochrom mit hohem Kohlenstoffgehalt die Kohle an das Chrom als Chromcarbid (Cr_2C_3 oder CrC_4) gebunden ist. Dieses Carbid ist aber selbst bei hohen Temperaturen noch sehr beständig und im Stahl schwer löslich. Ungleichmäßige Verteilung des Chroms im Schmelzgut, Härteadern und Blindrisse lassen sich sehr oft auf unvollständiges Lösen der Ferrochrome infolge ihres Carbidgehaltes zurückführen. Wenn auch die mit kohlefreiem Chrom hergestellten Stähle ebenfalls Chromcarbide enthalten und sogar enthalten müssen, da gerade auf deren Gegenwart die Härteeigenschaften beruhen, so besteht doch hierbei ein großer Unterschied, welcher leicht erklärlich ist, wenn man bedenkt, daß die Chromcarbide bei Verwendung des harten Ferrochroms bereits fertiggebildet in den Stahl gelangen, während sie bei Verwendung des weichen, d. h. kohlefreien Chroms sich erst im geschmolzenen Stahle bilden und daher von vornherein gleichmäßig verteilt sind. Im ersten Falle tritt stets eine Vermehrung des Kohlenstoffes im Stahle ein, im zweiten aber nur eine Umlagerung des Eisencarbids im Chromcarbid, bzw. Doppelcarbid. Der Zusatz des Chroms zum Stahlbad erfolgt im Martinofen jeweilig kurz vor beendeter Schmelzung, u. zw. je nach dem Verwendungszweck der Charge in verschiedenen Quantitäten. Hochchromierte Werkzeugstähle, welche neben mehreren Prozenten Chrom noch verschiedene andere Metalle enthalten, stellt man sowohl im Elektroofen als auch im Tiegelofen her, und selbst wenn es sich bei Tiegelguß um einen Chromgehalt von unter 2% handelt, wo also der Kohlenstoffgehalt nicht in Frage kommt, gibt man dem aluminothermischen Produkt den Vorzug.

Das Charakteristicum der Chromstähle, besonders der ternären und quaternären Wolfram- und Nickelstähle, ist die Härte, wodurch auch ihre Anwendung in der Technik bedingt ist. Wir finden sie deshalb auf dem weiten Gebiete der Fabrikation der Werkzeuge und Geschosse, ferner als Konstruktionsmaterial bei ganz bestimmten Verwendungszwecken; auch sollen sie sich ausgezeichnet für die Herstellung von Dauermagneten eignen.

Ferrovanadium wird ausschließlich auf aluminothermischem Wege hergestellt. Die Carbide des Vanadiums sind noch schwerer schmelzbar und werden vom Stahlbad noch weniger aufgelöst als die des Chroms; deshalb hat man die Fabrikation von kohlehaltigen Produkten im Elektroofen ganz aufgegeben. Die Anwendung des Ferrovanadiums in der Stahlindustrie ist eine zweifache: als Reinigungsmittel und härtesteigernder Zusatz.

Zunächst wirkt es stark desoxydierend und ferner auch entgasend, da es infolge seiner außergewöhnlichen Affinität zu Kohlenstoff die Kohlenoxyde unter Carbidbildung zersetzt. Diese vorzügliche Wirkung des Ferrovanadiums in dem Stahlbad wurde erst um 1900 durch ARNOLD (Sheffield) bekannt, der auch die Art der Verwendung genau studierte und dabei fand, daß das Vanadium in Gestalt von Ferrolegierungen dem Stahle erst kurz vor dem Vergießen zugesetzt werden müsse. Andererseits wird das Vanadin auch in größeren Mengen als oben, jedoch selten mehr als 1%, in das Stahlbad eingeführt, um neben der Härte auch Bruchfestigkeit und Elastizitätsgrenze zu steigern. Man findet es deshalb in den aus gewöhnlichem Kohlenstoffstahl hergestellten Lokomotivrahmen und anderen Maschinenteilen, ferner in Schneidewerkzeugen sowie auch in Nickel- und Chromstählen, speziell bei Federn, Triebachsen, Kuppelstangen, Wellen, Zahnrädern und ganz besonders bei Automobilteilen. Eine nicht geringe Verwendung findet Vanadin bei der Fabrikation von Schnelldrehstählen, u. zw. in hervorragendem Maße bei den hochprozentigen Chromwolframlegierungen; aber auch hierbei übersteigt der Gehalt an Vanadin nicht 1%.

Die handelsüblichen Ferrolegierungen haben entweder 25% oder 35–40% Vanadin. Außer geringen Mengen Silicium und Aluminium enthalten sie oft Arsen, Kupfer und andere Schwermetalle in beträchtlichen Mengen. Die 25%ige Legierung krystallisiert in ausgeprägten Würfeln, die höherprozentigen haben silberglänzenden, strahligen, zuweilen auch feinkörnigen Bruch. Der Schmelzpunkt beider Metalle liegt bei etwa 1400–1450°.

Ferrotitan enthält ca. 22–25% Titan, ist spröde, hat feinkörnigen, silberweißen Bruch, ist frei von Carbiden, enthält aber einen absichtlichen Zusatz von ca. 5% Aluminium (*D. R. P.* 235461), wodurch eine leichtere Löslichkeit und gleichmäßigere Verteilung im Stahlbad erreicht wird. Der Schmelzpunkt liegt bei ca. 1330–1380°. Der Zusatz erfolgt stets unmittelbar nach dem Abstich direkt durch Einwerfen in den fließenden Metallstrahl, u. zw. in Mengen von ca. 0,1–0,3% *Ti*. Auf diese Weise wird in der Pfanne die beste Mischung erzielt. Neben Kokillenguß und Stahlformguß ist es hauptsächlich der Schienenstahl, der ganz besonders in Amerika in größeren Mengen durch Behandlung mit Ferrotitan veredelt und dadurch widerstandsfähiger gegen das rollende Material wird.

Bei Herstellung von Werkzeugstählen kommt in neuerer Zeit der teilweise Ersatz des Wolframs durch Molybdän immer mehr in Aufnahme. In den meisten Fällen genügt etwa die Hälfte oder noch weniger der sonst angewendeten Menge Wolfram, um gleich- oder noch höherwertige Spezialstähle zu erzielen. Auf aluminothermischem Wege werden hergestellt reines Molybdän und Ferromolybdän mit ca. 80% *Mo*. Beide Metalle kommen in geschmolzenem Zustand, frei von jeglichen schädlichen Beimengungen auf den Markt. Das Metall selbst hat einen sehr hohen Schmelzp., der noch über 2000° liegt; der Schmelzpunkt des Ferromolybdäns liegt bei 1600–1650°.

Zur Herstellung von Chrommolybdän-, bzw. Molybdännickelstählen werden ferner ein Chrommolybdän mit 50% *Mo* und ein Nickelmolybdän mit 75% *Mo* in den Handel gebracht. Fast ausschließlich zum wissenschaftlichen Studium der

Einwirkung von Bor auf Eisen und andere Metalle ist auf aluminothermischem Wege ein Ferrobor hergestellt worden, welches ca. 20% Bor enthält. Technisch hat es bisher noch keine Verwendung in größerem Maßstabe gefunden.

Während alle bisher erwähnten kohlefreien Metalle hauptsächlich in der Eisen- und Stahlindustrie nutzbringend Verwendung finden, liegt die derzeitige Hauptverwendung des aluminothermischen Mangans auf anderem Gebiete. Hier ist es die Kupfer- und die mit ihr eng verbundene Bronzeindustrie, welche sich die Anwendung des kohlefreien Mangans in umfangreichem Maße zu eigen gemacht haben. Es hat einen Reingehalt von ca. 97%, der Rest ist neben Silicium und Aluminium ca. 1% Eisen. Das sehr spröde, leicht mit dem Hammer zu zerkleinernde Metall zeigt im Bruch häufig schöne regenbogenartige Anlauffarben. Der Schmelzpunkt liegt bei ca. 1245°. Das kohlefreie Metall widersteht dauernd der Einwirkung der Luft, während das kohlehaltige, bis zu 20% Mangancarbid enthaltende bald in Pulver zerfällt; das reine Mangan kann daher leicht mit anderen Metallen legiert werden, ohne Abbrand zu geben, der bei Verwendung von kohlehaltigem Mangan bzw. Ferromangan stets in großer Menge entstehen muß, da Kupfer weder Kohlenstoff noch Carbid zu lösen vermag. Kohlefreies Mangan ist ein ausgezeichnetes Desoxydationsmittel für Kupfer, Bronze und Nickel. Bei Kupferbädern genügt im allgemeinen ein Zusatz von etwa $^1/_4$%. Ein Überschuß des Desoxydationsmittels wirkt hier mit wenigen Ausnahmen nicht schädlich, sondern eher nützlich, im Gegensatze zu dem viel angewandten Phosphorkupfer, das, im Überschuß angewandt, die Beschaffenheit der Metallgüsse ungünstig beeinflußt. Reines Mangan wird auch als Desoxydationsmittel dem Nickel zugesetzt, zumeist in Mengen von 2–3%. In neuerer Zeit sind vielfach Versuche mit Erfolg angestellt worden, im Neusilber einen Teil des Nickels durch Mangan zu ersetzen. Wird es in Mengen bis 3% dem Messing zugesetzt, so entstehen die hochwertigen Manganbronzen. Die Verwendung des Mangans in der Kupfer- und Bronzeindustrie geschieht vielfach in Gestalt hochprozentiger Zwischenlegierungen. Hier werden besonders Legierungen von Mangan mit Kupfer, Zinn oder Zink gebraucht. Handelsübliche Legierungen sind vor allem Mangankupfer mit einem Gehalt von ca. 30% Mangan, Manganzinn mit 50% Mangan, Manganzink mit 20% Mangan. Zur Einführung von Chrom in Kupferlegierungen, besonders zur Herstellung von Chrommanganin wird eine Legierung von 70% Mangan und 30% Chrom hergestellt.

In ähnlicher Weise wie bei den flüssigen Eisen- und Stahlbädern will man in neuerer Zeit auch bei Kupfer- und Bronzegüssen erhebliche Qualitätsverbesserungen durch die Einführung geringer Mengen Titan und Vanadium festgestellt haben; beide Metalle sollen auch hier ausgezeichnete Desoxydationsmittel sein und auf diese Weise wesentlich zur Erhöhung der physikalischen Eigenschaften der Kupfer- und Bronzegüsse beitragen. Handelsware ist Vanadinkupfer mit ca. 8% Vanadin und Titankupfer mit ca. 6–7% Titan. Zu ähnlichen Zwecken dient auch eine schon länger bekannte Legierung von ca. 70% Mangan und 30% Titan. Zur Herstellung eisenhaltiger Bronzen, die in Seewasser und Säure beständig sind und hohe Festigkeit aufweisen, wird ein aluminothermisches Ferrokupfer verwendet, welches neben 50% Eisen noch 50% Kupfer enthält. Der Vollständigkeit halber sei noch Manganbor mit 30% Bor erwähnt. Diese Legierung soll ebenfalls zu Desoxydationszwecken dienen und auch die Leistungsfähigkeit des Kupfers günstig beeinflussen.

In manchen Fällen zieht man es vor, die Zusatzmetalle in flüssigem Zustand zu verwenden, wie in der Stahlindustrie z. B. neuerdings das flüssige Ferromangan. Hierzu eignen sich ganz besonders die aluminogenetischen Metalle, da man sie leicht als Schmelzfluß zur Verfügung hat, wenn man sie direkt nach der Thermitreaktion in das Bad gießt. Schon lange wird auf diese Weise Nickel dem Gußeisen zugeführt.

II. Die Gewinnung von künstlichem Korund,

der unter der Marke „Corubin" infolge seiner außerordentlichen Härte und Schleiffähigkeit zu Schleifscheiben und als Poliermittel, aber auch wegen seines hohen Schmelzpunktes als hochfeuerfestes Material für Ofenauskleidungen, zur Herstellung von Tiegeln und feuerfesten Gefäßen Verwendung findet.

Diese vorzüglichen Eigenschaften verdankt er außer seinem hohen Gehalt an Tonerde (bis 95%) hauptsächlich dem Umstande, daß er völlig wasserfrei ist, im Gegensatze zu dem natürlichen Schmirgel, bei welchem die Tonerde zum Teil als Hydrat neben großen Mengen von Eisenoxyd vorhanden ist. Das von der Chromfabrikation herrührende Material übertrifft alle anderen Sorten sowohl an Schleiffähigkeit als Feuerbeständigkeit, infolge eines Gehaltes von einigen Prozenten Chromoxyd. Dieses Oxyd bedingt auch das rötliche Aussehen, ganz besonders der kleinen Krystallplättchen. Im Gegensatze zu anderen künstlichen Schmelzflüssen leuchtet der Corubin, in Vakuumröhren den Kathodenstrahlen ausgesetzt, intensiv, was sonst nur bei Edelsteinen bemerkt wird; bei dem chromoxydhaltigen Produkt ist das Purpurlicht nicht von dem der echten Rubine zu unterscheiden (s. auch Schleifmittel).

III. Die Wärmeerzeugung für Metallbearbeitung.

Die Anwendung des Verfahrens für diesen Zweck wird auch als Thermitschweißung oder GOLDSCHMIDTsches Schweißverfahren bezeichnet. Zur technischen Ausnutzung der bei der aluminothermischen Reaktion entstehenden Wärme verwendet man ausschließlich ein Gemisch von Eisenoxyd bzw. Oxyduloxyd mit Aluminium, „Erwärmungsmasse, Marke Thermit". Gemäß der chemischen Formel besteht sie aus ca. 75% Eisensauerstoffverbindung und 25% Aluminium.

Über die Wirkungsweise des Thermits auf Eisen gibt folgender einfache Versuch Aufschluß: Gießt man kurz nach der Reaktion den Inhalt des Tiegels in eiserne Schälchen von ca. 5 *mm* Stärke, u. zw. in das eine Schälchen nur die Schlacke, in ein zweites nur das flüssige Eisen und in ein drittes sowohl die Schlacke wie auch das Eisen, so sieht man nach dem Erkalten, daß im ersten Falle das Schälchen überhaupt nicht angegriffen wurde. Im zweiten Falle hat sich das Thermiteisen mit der Schale fest verschmolzen, während im dritten Falle keine Vereinigung mit dem Schälchen stattfand; der Inhalt läßt sich leicht herausnehmen, und man ersieht beim Zerschlagen, daß das Eisen durch eine dünne Schlackenschicht daran verhindert worden ist, sich mit dem Schälchen zu verschweißen; es ähnelt der Fall dem Ei, wo das Eiweiß eine Berührung des Eidotters mit der Schale verhindert. Auf diesem verschiedenartigen Verhalten des Schmelzgutes beruhen nun sämtliche Anwendungsarten. Bevor hierauf näher eingegangen wird, sei noch erwähnt, daß das aluminothermisch ausgeschiedene Eisen folgende Zusammensetzung hat:

ca. C 0,10%, S 0,03%, Mn 0,08%, P 0,04%, Si 0,09%, Cu 0,09%, Al 0,07%;

es ist also ein weiches Schmiedeeisen. Zur Erhöhung der Festigkeit kann man dem Eisen Zuschläge von Ferromangan und Ferrosilicium geben, indem man diese Produkte kurz vor Beendigung der Reaktion in den Tiegel einführt; da hierdurch auch der Kohlenstoffgehalt des Eisens erhöht wird, hat man es in der Hand, das Schmiedeeisen auf diese einfache Art in Stahl von jeder beliebigen Zusammensetzung umzuwandeln. Die Temperatur des Eisens beträgt ca. 3000°. In vielen Fällen ist es ratsam, durch Zusatz von 10–40% kleiner Eisenstanzen eine Erniedrigung der Temperatur herbeizuführen. Manchmal ist es auch empfehlenswert, durch geeignete Zuschläge die Schlacke zäh- oder dünnflüssiger zu machen.

Bereits früher wurde im allgemeinen die Herstellung der Tiegel beschrieben. Der Form nach unterscheidet man zwei Arten, welche im Prinzip den in den Gießereien gebräuchlichen Gießpfannen (Entleeren durch Kippen oder durch Öffnen eines Ausflußloches im Boden) nachgebildet worden sind. Für den über den Rand zu entleerenden Tiegel ist in der aluminothermischen Technik der Name „Spezialtiegel" eingeführt. Die Herstellung des unten verschließbaren Tiegels (Abb. 108) muß noch etwas näher erläutert werden; sie geschieht in der Weise, daß man auf den Boden der stark konischen Hülle A, welche in der Mitte ein Loch hat, einen Magnesithohlkörper d setzt, der später zur Aufnahme eines ähnlichen Magnesitsteinchens *e* bestimmt ist. In dieses Loch setzt man einen Metallkonus und stampft den Zwischenraum zwischen der Tiegelwandung und dem Konus mit Teermagnesit, der auf ca. 100° erwärmt ist, vermittels eines Stampfeisens durch Hammerschläge fest aus. Nach Herausnehmen des Konus schraubt man ein Winkeleisen *w* an den obern Rand der Hülle, um den ganzen Tiegel leichter transportabel zu machen und ihn vor Deformationen zu schützen. Der Tiegel wird auf dieselbe Weise, wie früher beschrieben, getrocknet und geglüht und ist dann gebrauchsfähig. Das Verschließen des Abflußloches sowie das Abstechen des flüssigen Eisens geschieht wie folgt: Wie bereits erwähnt und aus der Abb. 109 ersichtlich ist, wird ein in die untere Öffnung passender Magnesitkörper (*e*) eingesetzt, welcher nach Verschleiß ausgewechselt wird. In diese enge Röhre hängt man ein Eisenstäbchen *f*, das oben in zwei Teile gespalten und auseinandergeschlagen ist; hierüber wird ein Asbestplättchen (*b*) und darüber ein kleines rundes Eisenplättchen (*c*) von ungefähr der Größe eines Zweimarkstückes frei aufgelegt, auf welches dann ein Löffel voll trockenen Magnesitsandes (*a*) oder gepulverter Schlacke gestreut wird. Wird nach Beendigung der Reaktion der Eisenstift durch leichten Schlag in die Höhe gehoben, so öffnet er den Verschluß und das Metall sowohl wie die Schlacke fließen in dünnem Strahle heraus. Die auf den ersten Blick etwas kompliziert erscheinende Verschlußvorrichtung ist deswegen nötig, weil das Eisen nicht mit dem Metallplättchen in Berührung kommen darf, da es sonst durchschmilzt und der Tiegelinhalt sich automatisch entleert; anfangs arbeitete man so, weshalb diese Art Tiegel „automatische Tiegel" genannt werden; der Name wurde später beibehalten und auch auf die Arbeitsweise mit dieser Anordnung übertragen

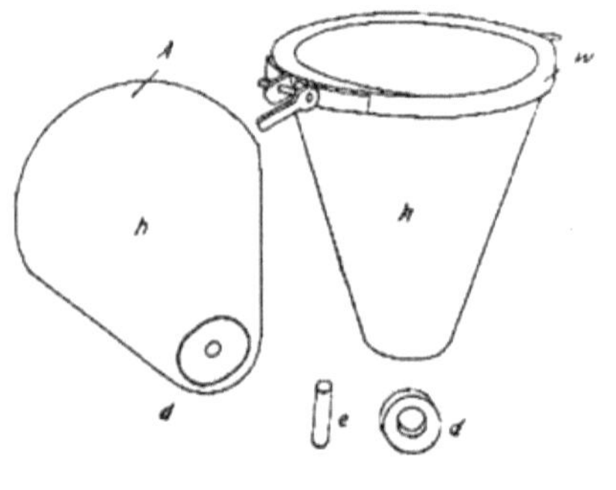

Abb. 108. *d* Magnesithohlkörper; *w* Winkeleisen; *h* perforiertes Blech; *e* Röhrchen aus gebranntem Magnesit.

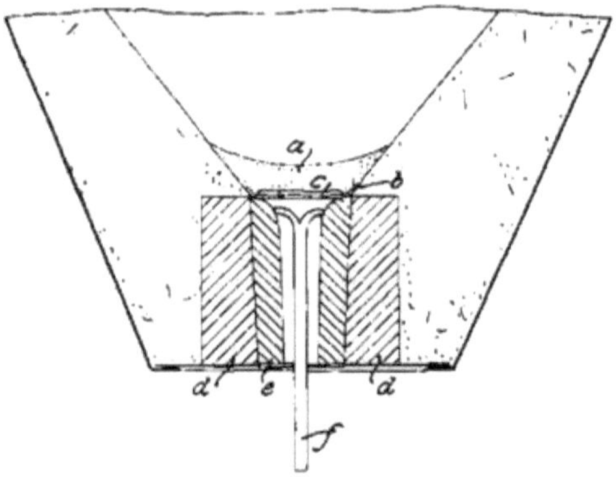

Abb. 109. *a* Magnesitsand; *b* Asbestblättchen; *c* Eisenblättchen; *d* Magnesithohlkörper; *e* Magnesitröhrchen; *f* Eisenstäbchen.

(automatisches Schweißverfahren). Die Art des Verschlusses ist genau dieselbe, ob es sich um einen Tiegel für einige Kilogramm oder für einige 100 *kg* handelt. Im letzten Falle kann man das Ausflußloch, welches gewöhnlich 10 *mm* beträgt, um einige Millimeter erweitern. Aus der Abb. 109 lassen sich annähernd die Größenverhältnisse ersehen, unter Zugrundelegung von ca. 10 *mm* für den Ausflußkanal.

Bei Verwendung der Spezialtiegel entzündet man eine geringe Menge Thermit und gibt das restliche Quantum nach; der automatische Tiegel dagegen wird mit der Gesamtmenge gefüllt, selbst bei mehreren 100 *kg*, und dann oben angezündet.

Nachstehende Skizze zeigt, wie man zu verfahren hat, um entweder zuerst die Schlacke (Abb. 110) oder das Eisen mit dem zu bearbeitenden Stücke zur Berührung zu bringen (Abb. 111). Um letzteres zu erreichen, kann man entweder die Schlacke abgießen und dann das flüssige Eisen verwenden (Abb. 111), oder man benutzt einen automatischen Tiegel, welcher gestattet, das Eisen von unten zuerst aus dem Tiegel herausfließen zu lassen (Abb. 112). Auf diese Weise ist man durch entsprechende Wahl der Form und des Quantums Thermit in der Lage, das Werkstück ganz oder nur teilweise vom flüssigen Eisen umspülen zu lassen (Abb. 115). Aus Abb. 110 und 114 ist schließlich ersichtlich, wie sich Schlacke und Eisen verhalten, wenn der ganze Inhalt des Tiegels über den Rand entleert wird, also zuerst die Schlacke und dann das Eisen ausfließt, im Gegensatz zu Abb. 111, 112 und 115. In manchen Fällen kann man auch das Thermit ohne jeden Tiegel verwenden, wobei allerdings gewisse Vorsichtsmaßregeln getroffen werden müssen, um eine Vereinigung des flüssigen Eisens mit dem Arbeitsstück zu erzielen, ohne daß dies durch die Schlacke verhindert wird (Abb. 113).

Je nachdem nur die Wärme ausgenutzt wird oder das Eisen selbst Verwendung findet, ergeben sich folgende verschiedenen Anwendungen des Thermitverfahrens:

1. Die Stumpfschweißung für Rohre, Quadrat- und Rundstäbe etc. und das lokale Erhitzen eiserner oder stählerner Konstruktionsteile (Abb. 110).

2. Die Ausbesserung kleiner Fehler in Guß- und Schmiedestücken (Abb. 111).

3. Das sog. automatische Verfahren zum Schweißen größerer Stahlguß-, Gußeisen- und Schmiedestücke (Abb. 112).

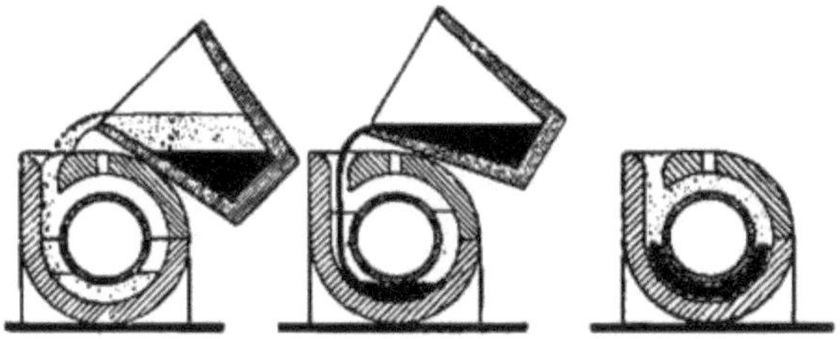

Abb. 110.

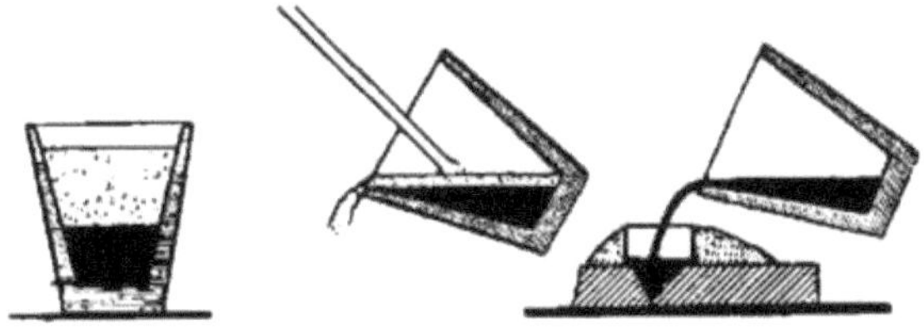

Abb. 111.

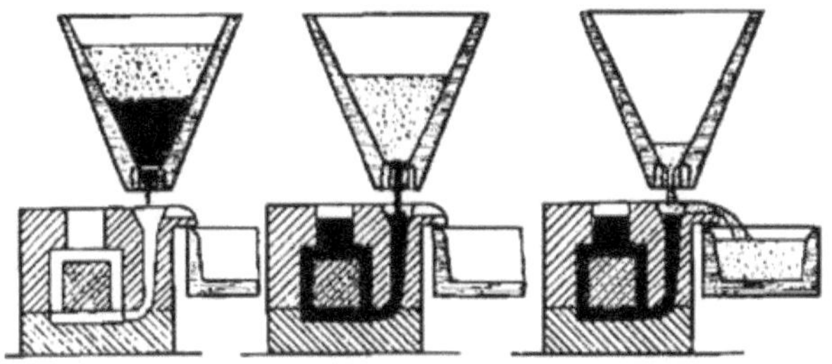

Abb. 112.

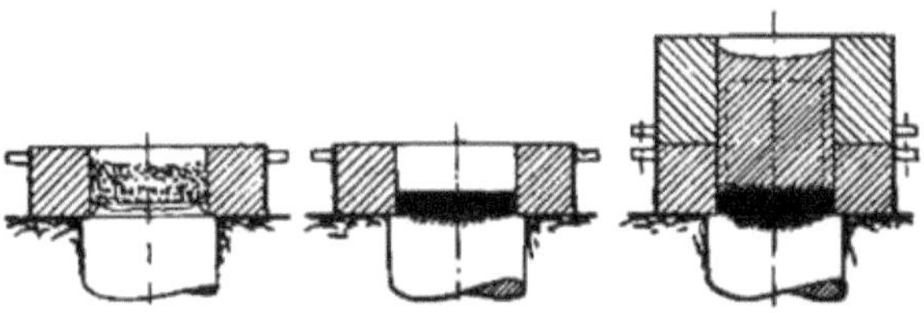

Abb. 113.

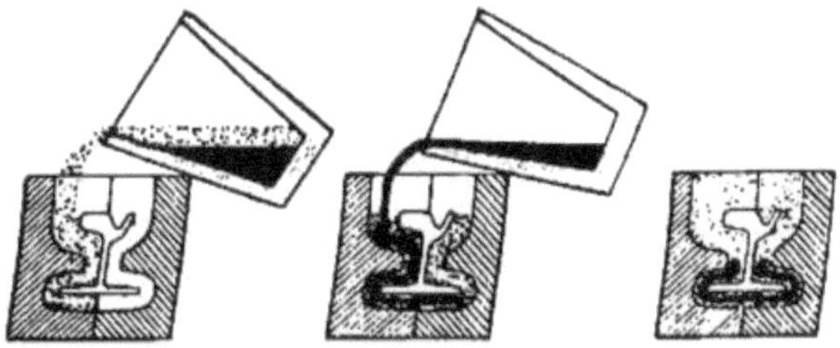

Abb. 114.

Abb. 115.

4. Die Schienenschweißung (Abb. 116).

5. Das Anschweißen von Walzenzapfen durch Aufweichen der Bruchfläche mittels Thermits und Angießen eines neuen Stückes mit flüssigem Gußeisen oder Stahl (Abb. 113).

6. Verschiedene Anwendungen des Thermits im Hüttenbetriebe.

Bei allen diesen Verfahren ist man in der Lage, die für jeden einzelnen Zweck erforderliche Thermitmenge vorher genau zu bestimmen und abzuwägen, indem man die einmal experimentell festgelegten Normen unter Verwendung folgender Zahlen umrechnet:

Das *spez. Gew.* des Thermits als Pulver ist ungefähr 1,4, nach der Reaktion ungefähr 4. Das Volumen ist zu einem Drittel ausgefüllt von Eisen und zu zwei Dritteln von Schlacke. Wird dem Thermit ein gewisser Zusatz von Eisenstanzen gegeben, so ist dies bei der Berechnung des Volumens von Eisen zu berücksichtigen, wobei als *spez. Gew.* für Eisen ca. 8 angenommen werden kann.

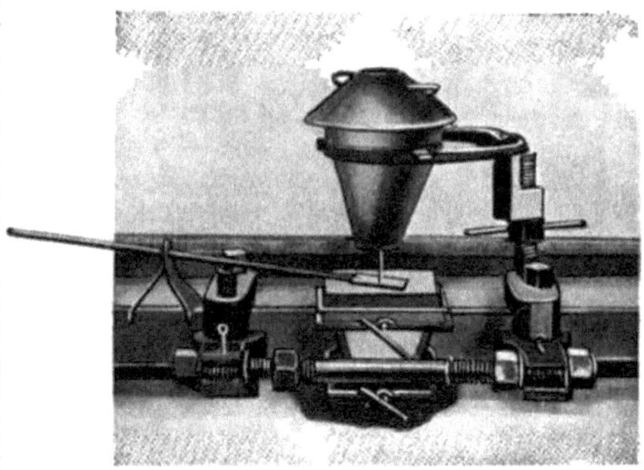

Abb. 116.

Recht zahlreich sind die Abhandlungen, in welchen über die genaue Ausführung und Anwendung nähere Angaben gemacht werden. Im Polytechnischen Zentralblatt **1900**, 17, ferner *I. G.* 1900 und *D.* **318**, 47, 48 [1903] finden sich ausführliche Tabellen und Winke zum Schweißen von Rohren, Profileisen etc. vermittels Thermits. Die zu schweißenden Flächen werden metallisch rein und lückenlos aufeinandergepreßt, dann wird in eine Form aus Gußeisen oder Eisenblech, welche die Schweißstelle umgibt, flüssige Thermitmasse aus einem sog. „Spezialtiegel“ eingegossen. Dadurch wird die Schweißstelle so hoch erhitzt, daß durch Anziehen der Schrauben des Klemmapparats eine Stumpfschweißung der aufeinandergepreßten Flächen eintritt. Ein derartig geschweißtes Rohr hat bei Dampfleitung selbst gegen die beste Flanschenverbindung den Vorteil, daß sie keinerlei Unterhaltungskosten fordert, da ein Undichtwerden durch Temperaturdifferenzen vollständig ausgeschlossen ist, was bei Flanschen nur durch häufiges Auswechseln der Dichtungsscheiben und Anziehen der Schrauben möglich ist.

In dem hocherhitzten Thermiteisen hat man ein vorzügliches Material, kleine Schönheitsfehler, defekte Stellen etc. dadurch auszubessern, daß man nach Entfernen der Schlacke das flüssige Eisen auf die gut gereinigte und ev. erhitzte Stelle gießt, wobei es fest verschweißt. Handelt es sich um größere Mengen, so wendet man besser das automatische Verfahren an, wobei eine intensive Ausnutzung der Hitze stattfindet. Diese Art der Verwendung des Thermits ist für die Technik von großer Bedeutung, da sie gestattet, gebrochene Teile jeder Art, gebrochene Kurbelwellen, Schiffssteven, Schraubenwellen, Radspeichen, Lokomotivrahmen, Träger und Profileisen jeder Form und Dimension durch Umguß von Thermiteisen wieder zu vereinigen oder abgebrochene und schadhafte Teile neu anzugießen. Für derartige Arbeiten wendet man das Zwischengußverfahren an, bei welchem nur das Thermiteisen das Arbeitsstück umspült und infolge seiner hohen Überhitzung mit allen Metallteilen, mit denen es in Berührung kommt, verschmilzt; die Schlacke wird bei dieser Ausführungsart des automatischen Verfahrens nicht verwendet (*St. u. E.* **21**, 545 [1901] und 1155 [1901]; *Z. angew. Ch.* **1902**, 699; Jahrb. d. Schiffsbautechn. Ges. **VII**, 188 [1906]).

Für das Zusammenschweißen von Straßenbahnschienen wird vorzugsweise eine Kombination der beiden Ausführungsarten angewendet, da der Schienenkopf seine Form behalten muß, Steg und Fuß dagegen mit Vorteil eine Verstärkung durch angeschmolzenes Thermiteisen erhalten. Die mit einem Klemmapparat eingespannten Schienen werden am Stoß mit einer Form aus feuerfestem Sand umgeben. In diese fließt (Abb. 115) durch einen seitlichen Einlaufkanal aus einem Spitztiegel das flüssige Thermiteisen, das Fuß und Steg miteinander verschweißt; die nachfolgende Schlacke umhüllt den Kopf der Schiene, der dadurch auf Schweißtemperatur gebracht wird und mit Hilfe des Klemmapparats stumpf geschweißt wird. Dieses Verfahren ist jedoch nur bei noch nicht eingepflastertem Geleise anwendbar. Ist der Schienenstrang bereits im Pflaster verlegt, dann wird auf

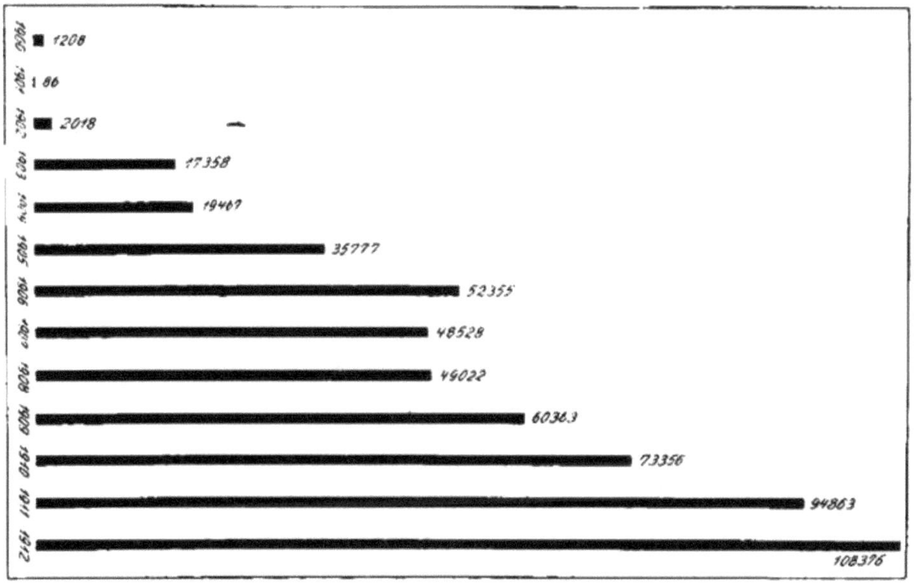

Abb. 117. Schienenschweißung nach dem aluminothermischen Verfahren.

eine Stumpfschweißung des Kopfes verzichtet und nur Fuß und Steg mit Thermiteisen umgossen. Die Anwendung dieser einfachen Umgießung erfordert aber ganz besondere Rücksichtnahme auf die klimatischen Verhältnisse. In besonderen Fällen kann auch für Schienenschweißungen das einfache Stumpfschweißverfahren, wie bei der Rohrschweißung beschrieben, angewendet werden (Abb. 114).

Zur Herstellung der Schienen wird in den letzten Jahren immer mehr kohlenstoffreicheres Material verwalzt; da hierdurch die Schweißbarkeit geringer wird, legt man zwischen die beiden Schienenenden ein verkupfertes oder vernickeltes Blech aus weichem Schmiedeeisen (Metallogenes Verfahren *D. R. P. A. G.* 34823 I/49*f*3), wodurch der Schweißstelle eine Festigkeit gegeben wird, die nicht von derjenigen der Schiene abweicht.

Die Vorteile einer verschweißten Schienenstrecke gegenüber einer mit Laschen verschraubten sind sehr groß. Die Lebensdauer des ganzen Geleises sowie aber auch die des umliegenden Pflasters wird hierdurch verlängert; die Anschaffungskosten für Laschen, ebenso die Unterhaltungskosten für das Nachziehen der Schrauben an den Laschen fallen ganz weg; die Schiene hat an der Schweißstelle dieselben Querschnitte, also auch Leitungsfähigkeit, wie an jedem beliebigen andern Teil, daher sind die für ungeschweißte Geleise erforderlichen Kupferverbinder, welche je zwei Schienenenden leitend verbinden, überflüssig. Stromverlust durch schlechte Verbinder oder vagabundierende Ströme sind ausgeschaltet. Das kontinuierliche Geleise gestattet den Fahrzeugen ein von Stößen und Erschütterungen freies Fahren, was auf den Verschleiß an rollendem Material und Schienen von großem Einfluß ist (D. Straß.- u. Kleinb.-Ztg. **1901**, 44; Techn. Mitt. **1910**, 38, 526).

Von den verschiedenen Schweißmethoden steht das aluminothermische, was sowohl Haltbarkeit als auch Einfachheit der Ausführung betrifft, an erster Stelle: Thermit, ein feuerfester Tiegel, eine Gußform, weniges Werkzeug zur mechanischen Bearbeitung des Stoßes vor und nach der

Schweißung und ein sehr einfacher Apparat zum Ausrichten und Zusammenstauchen der schweißwarmen Schienenenden bilden die ganze Ausrüstung einer aus zwei bis fünf Mann bestehenden Schweißkolonne, welche bequem an einer Baustelle 15–20 Stöße pro Tag verschweißen kann (Abb. 9). Bis Ende 1912 sind nach diesem Verfahren über $^1/_2$ Mill. Stöße verschweißt worden. Die Entwicklung zeigt Abb. 117.

Abgebrochene Teile an Gußstücken, speziell die Zapfen an Walzen werden in der Praxis oft derart repariert, daß man so lange flüssiges Eisen über die Bruchstelle fließen läßt, bis ein Erweichen derselben stattgefunden, worauf man den Zapfen angießt. Denselben Zweck kann man einfacher und billiger durch Thermit erreichen (Abb. 115), wobei pro Dezimeter nur ca. 2 *kg* erforderlich sind. Nach Abziehen der Schlacke hat das Thermiteisen die Bruchstelle derart aufgeweicht, daß nachgegossenes Gußeisen oder flüssiger Stahl sich absolut fest mit dem Stück verbindet (Z. d. Walzwerke, 1902).

Außer den vorbeschriebenen Gebrauchsarten findet das Thermit in Hüttenwerken und Eisengießereien noch weitgehendste Verwendung, z. B. als sog. Titanthermit zum Entgasen und Reinigen des flüssigen Gußeisens zwecks Erzielung porenfreier dichter Güsse, zum Flüssighalten von Steigetrichtern und zur Vermeidung von Lunker in Schmiedeblöcken und Gußstücken. Ausführlicher Bericht hierüber: *Ir. a. St. J.* 1912, Nr. 2, Vol. LXXXVI 18/90. *Weil.*

Alumnol (*M. L. B.*), β-naphtholdisulfonsaures Aluminium, wurde nach *D. R. P.* 74209 dargestellt, indem β-Naphthol durch Erhitzen mit 3 T. SO_4H_2 auf 110° sulfuriert und die entstandene Sulfosäure über das Bariumsalz in das Aluminiumsalz übergeführt wurde. Weißes Pulver, leicht löslich in Wasser und in Glycerin, wenig in Alkohol, unlöslich in Äther. 1892 als Adstringens in den Arzneischatz eingeführt, jetzt kaum noch verwendet. *Zernik.*

Alundum ist ein durch elektrisches Schmelzen von Bauxit gewonnenes Produkt und ist gemäß seiner Herstellung als geschmolzene Tonerde zu betrachten. Der nach dem französischen Fundort Baux benannte Bauxit findet sich auch in Amerika in großen Mengen, wo einer der größten Produzenten der geschmolzenen Tonerde, die NORTON COMPANY, in den Staaten Georgia, Alabama und Arkansas große Fundstätten besitzt. Da außer der leichten Beschaffung des Bauxits hauptsächlich billige elektrische Energie für die Fabrikation maßgebend ist, hat sich die Industrie der geschmolzenen Tonerde in der Nähe von Wasserfällen angesiedelt, so die erwähnte NORTON COMPANY an den Niagarafällen, die Firma MEYER & SCHMIDT, die ihr Produkt unter dem Namen Elektrorubin in den Handel bringt, in Rheinfelden und die ELEKTRITWERKE in Wien. Auch in Frankreich, in Froges (Isère), wurde eine Zeitlang geschmolzene Tonerde fabriziert.

Ein anderer Weg zur Erzeugung geschmolzener Tonerde ist das GOLDSCHMIDTsche Thermitverfahren (s. Aluminothermie), bei welchem das durch Umsetzung von Aluminium und Metalloxyden entstandene Aluminiumoxyd als Schlacke auf dem gebildeten Metallregulus schwimmt. Das auf diese Weise erhaltene Nebenprodukt kommt als Korundin oder Corubin in den Handel.

Das Fabrikationsverfahren der NORTON CO. ist in seinen Hauptzügen der Öffentlichkeit bekannt geworden. Das geförderte Bauxitmineral, von welchem nur die reinsten Teile auf Alundum verarbeitet werden, wird teilweise erst durch einen Waschprozeß aufbereitet, wodurch es von Lehm, Sand und Schlamm befreit wird, zum Teil wird es ohne Aufbereitung gleich der Trocknung und Calcination unterworfen, die hauptsächlich die Zerstörung etwa vorhandener organischer Beimengungen bezweckt. Zum Calcinieren dient ein moderner Drehofen von 18 *m* Länge, wie er in Zementwerken üblich ist, mit dem täglich 40 *t* durchsetzt werden können. Die Beheizung der schrägliegenden Trockentrommel, die durch Kammradantrieb gedreht wird, geschieht durch Wassergas, dessen Flamme mit dem Trockengut im Gegenstrom in Berührung kommt (s. a. Aluminiumverbindungen).

Der calcinierte Bauxit wird nun in einem elektrischen Ofen geschmolzen. Eine ältere, jetzt schon verlassene Konstruktion von CH. B. JACOBS bestand aus einem Herde, der von einer mit Kalk und Kohleziegeln bedeckten gußeisernen Platte gebildet wurde. Den Herd umrahmte ein Eisenblech, das mit feuerfesten Steinen und

Kohleziegeln, die als Wandung dienten, ausgefüttert war. Die vier Paare paralleler Elektroden wurden durch die Wandung geführt. Der Herd war auf einer Schraubenspindel montiert, durch die er gehoben und gesenkt werden konnte. Den eigentlichen Ofen umgab ein rechteckiges, auf vier Füßen ruhendes Gehäuse, das sich nach oben verjüngte und eine Öffnung besaß, durch die das Schmelzgut eingeführt und die Gase abgezogen werden konnten.

Jetzt befindet sich bei der NORTON CO. eine von A. C. HIGGINS herrührende Konstruktion im Betrieb (Abb. 118). Das Besondere derselben besteht in ihrem wassergekühlten Ofenmantel. Der nach oben sich konisch verjüngende Mantel aus starkem Blech wird an seiner ganzen Fläche berieselt und das Kühlwasser in einer auf dem Umfang des Herdes angebrachten Rinne gesammelt, von wo es durch ein Rohr abgeleitet wird. Nur der Herd des Ofens ist mit Kohleziegeln gepflastert, während der vom ersteren abhebbare Mantel keine Ausfütterung hat. Diese bildet sich vielmehr beim Schmelzen des Bauxits von selbst, indem die Temperatur des Blechmantels durch das Kühlwasser so niedrig gehalten wird, daß das Schmelzgut an ihm eine erstarrte Kruste bildet, die die Wärme sehr schlecht leitet und somit als Ofenfutter dient.

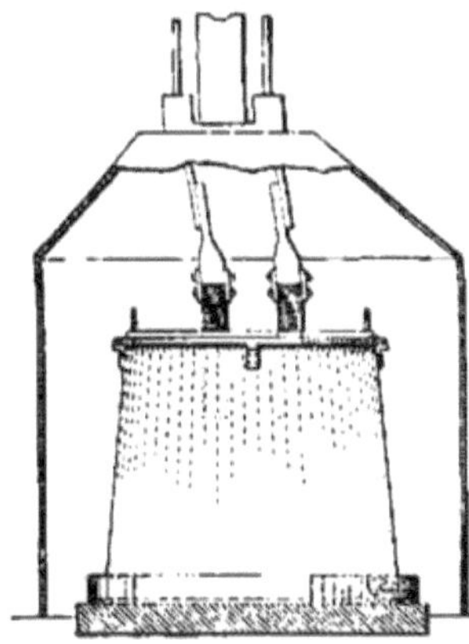

Abb. 118. Nach ASKENASY: „Technische Elektrochemie I."

Dem Ofen wird durch zwei Elektrodenpakete Wechselstrom von 110 Volt und etwa 2500 Amp. zugeführt. Durch die beiden Lichtbogen wird der Bauxit bis zum ruhigen Schmelzen erhitzt und dann weiteres Material je nach der Dauer des Schmelzens aufgegeben. Die Temperatur der Schmelze beträgt 2800–3300°. Sobald der Ofen gefüllt ist, wird der Schmelzprozeß beendet, die Elektroden werden herausgezogen, und man läßt die geschmolzene Masse langsam erkalten. Dann wird der Mantel, der sich von der erstarrten Schmelze leicht loslöst, hochgehoben und der auf Rädern laufende Herd mit dem geschmolzenen Block weggefahren. Letzterer wird heruntergeschoben und der Herd wieder zum Mantel und den Elektroden zurückgebracht, so daß der ganze Ofen wieder betriebsfertig ist. Der Block wird vor der weiteren Verarbeitung von der nicht ganz geschmolzenen äußeren Kruste befreit. Dann kommt er in ein Brecherwerk, wo er auf Stückgröße von einer Mannesfaust zerkleinert wird. Der hierbei abfallende Staub kommt mit der vom Block entfernten Kruste zusammen nochmals in den Ofen. Die Stücke werden über ein Band ohne Ende geführt, wo von Arbeitern die noch vorhandenen Krustenreste ausgesucht werden.

Während des Schmelzens wird durch die Elektroden aus dem Bauxit Eisen reduziert, das 5–12% *Si* enthält, in welcher Form es an Stahlfabriken verkauft wird.

Das zerkleinerte Schmelzprodukt ist im allgemeinen rotbraun und zeigt gelegentlich Anlauffarben, die auf einen Titangehalt schließen lassen. Es finden sich im Innern der Blöcke manchmal auch durchsichtige Krystalle, die die Farben des Rubins und Saphirs haben. Nach der Zerkleinerung wird das Schmelzprodukt nach der Fabrik der NORTON COMPANY in Worcester (Massachusetts) gebracht, wo es entsprechend gekörnt wird, um dann als Schleifpulver verkauft oder auf Schleifsteine, Schleifscheiben, Schmirgelpapier u. a. verarbeitet zu werden.

Das rotbraune Alundum, das auf Schleifmittel verarbeitet wird, enthält 5–8% Verunreinigungen neben 92–95% Al_2O_3. Es ist eine dichte glasige Masse vom *spez. Gew.* 3,9 und einer Härte zwischen Korund und Diamant, so daß Rubin und Saphir, die gefärbten Varietäten des Korunds, von Alundum geritzt werden. Infolge des hohen Schmelzpunktes von ca. 2000° und der hohen Widerstandsfähigkeit gegen Säuren, Alkalien und geschmolzene Alkalicarbonate ist das Alundum für feuerfeste Produkte sehr geeignet. Es wird mit Hilfe von Bindemitteln geformt und z. B. auf feuerfeste Ziegel, die zum Ausmauern von Öfen dienen, verarbeitet. Versuche mit solchen Ziegeln haben ergeben, daß sie in basischen offenen Herdöfen von Schlacken nur wenig angegriffen werden. Als Auskleidung eines Devilleofens haben sie sich bei wiederholten Bränden bei 1800° auch gut bewährt. Der allgemeinen Verbreitung der Alundumziegel als Ofenfutter steht der etwas hohe Preis im Wege.

Außer dem rotbraunen Alundum wird ein wesentlich reineres weißes Produkt mit 99% Al_2O_3 hergestellt, das dem ersteren gegenüber gewisse Vorzüge hat. Der *Schmelzp.* liegt etwa 50° höher, der Ausdehnungskoeffizient ist noch geringer, u. zw. schwankt die Ausdehnung in der Wärme linear zwischen 0,0000085 und 0,0000059. Die Wärmeleitfähigkeit des Alundums ist 1,6mal so groß wie die des Porzellans, andererseits ist es auch bei hohen Temperaturen ein besserer Isolator für Elektrizität als letzteres.

Diese günstigen Eigenschaften machen das Alundum zur Herstellung der verschiedensten Laboratoriumsapparate sehr geeignet. So werden daraus Tiegel, Muffeln, Verbrennungsschiffchen, Röhren für Drahtwiderstandsöfen u. s. w. hergestellt. Zum Formen werden dem gekörnten Alundum keramische Bindemittel zugesetzt, mit deren Hilfe die Porosität in weiten Grenzen variiert werden kann. Es können für Flüssigkeiten beinahe undurchdringliche, aber auch hochporöse Massen erhalten werden, so daß daraus z. B. auch Filtriertiegel nach GOOCH herstellbar sind. Versuche, Gegenstände aus gegossenem Alundum herzustellen, haben zu keinem vollen Erfolg geführt.

Auch als Magerungsmittel wird Alundum in der Keramik bei der Fabrikation wertvollerer Materialien benutzt. So eignet es sich z. B. als Zusatz zur Masse der Glühstrumpfringe für Invertbrenner ganz besonders (*Sprechs.* **46**, 79 [1913]).

Die Ausbeute bei der Fabrikation des Alundums pro Pferdekraftjahr berechnet F. HILLER nach Literaturangaben auf 2,86 *t*, die er für noch sehr steigerungsfähig hält. Die Produktion betrug im Jahre 1907 3058 *t* im Werte von M. 1721615.

Literatur: ASKENASY: „Technische Elektrochemie I“. Braunschweig 1910 (Beitrag von F. HILLER über „Geschmolzene Tonerde“), wo auch die ältere Literatur angegeben ist. – *Ch. Ztg.* **35**, 678, 895 und 1008 [1911]. – *Met. and Chem. Eng.* **9**, 225 [1911] und **10**, 129 [1912]

Heinrich Kellermann.

Alypin (*Bayer*), Benzoyl-1, 3-tetramethyldiamino-2-äthylisopropylalkohol-monochlorhydrat, wird nach *D. R. P.* 168491 folgendermaßen erhalten:

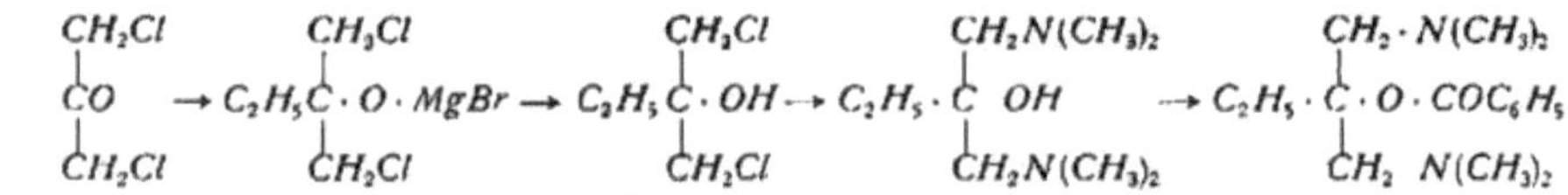

Dichloraceton — s-Äthyldichlorhydrin — 1, 3-Tetramethyldiamino-2-äthylisopropylalkohol — Alypinbase

Weißes, krystallinisches Pulver, das aus der Luft Feuchtigkeit anzieht, ohne sich äußerlich zu verändern (*Ap. Z.* **1905**, Nr. 74). Das bei 100° getrocknete Präparat schmilzt bei 169°. Leicht löslich in Wasser zu einer neutralen, bitter schmeckenden Lösung, die durch kurzes Aufkochen sterilisierbar ist, ohne Zersetzung zu erleiden.

Alypinnitrat, Alypinum nitricum, ist ein weißes krystallinisches, nicht hygroskopisches Pulver vom *Schmelzp.* 159°, das sich im übrigen wie das Chlorhydrat verhält. Alypin wurde 1905 als relativ ungiftiger Cocainersatz in den Arzneischatz eingeführt; es ruft keine Mydriasis hervor, auch keine Akkommodationsstörungen und keine Gefäßverengerung. Das Nitrat (1906) soll die Kombination mit Silbernitratlösungen ermöglichen. Anwendung in 2–4%iger Lösung. *Zernik.*

Amalgame s. Quecksilber.

Amaranth (*Cassella, M. L. B., t. Meer*), 1878, saurer Azofarbstoff aus Naphthionsäure und β-Naphtholdisulfosäure R nach *D. R. P.* 3229 (*Friedländer* **1**, 377). Lebhaftes, billiges Fuchsinrot auf Wolle und Seide. Im Wolldruck mit Hydrosulfit NF ätzbar. *Ristenpart.*

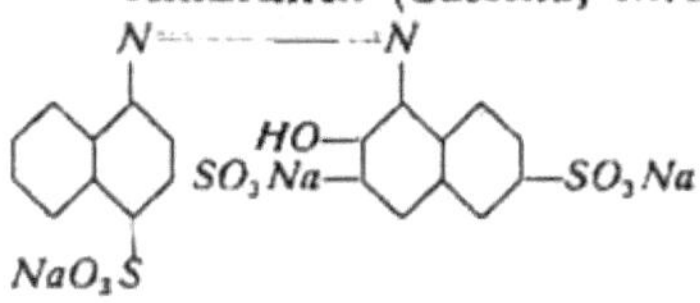

Amaxmetall ist eine Bleibronze, enthält 81,28% Kupfer, 10,98% Zinn, 7,37% Blei und wird als Lagermetall benutzt. *Oberhoffer.*

Ambroid ist gepreßter Bernstein. Nach dem sog. Ambroid-Verfahren werden aus kleinen Bernsteinstückchen große Bernsteinplatten durch hydraulischen Druck hergestellt (*Kunstst.* 3, 120 [1913]). *F. Ullmann.*

Ambroin ist ein säurefestes Isoliermaterial, das durch Vermischen von gemahlenem Kopalharz mit Asbest oder Glimmer und darauffolgendes Pressen bei erhöhter Temperatur hergestellt wird. Die Masse ist säurebeständig und verträgt Temperaturen bis ca. 300°. *F. Ullmann.*

Ameisensäure, HCO_2H, findet sich im Tier- und Pflanzenreich weit verbreitet. Sie ist eine der am längsten bekannten organischen Säuren; denn schon im 17. Jahrhundert fand man, daß in den roten Ameisen, Formica rufa, eine Säure enthalten sei, welchem Vorkommen die Säure auch ihren Namen, Acidum formicicum, Formylsäure, zu verdanken hat. Freie Ameisensäure findet sich ferner in den Muskeln, in der Milz und verschiedenen tierischen Sekreten, ferner in dem Safte der Brennnesseln, in manchen Früchten und in den Fichtennadeln.

Bezüglich ihrer Herstellung hat DÖBEREINER bereits in den Vierzigerjahren des vorigen Jahrhunderts vorgeschlagen, die Ameisensäure durch Oxydation von Stärke, Zucker usw. mit Braunstein und verdünnter Schwefelsäure oder aus Holzgeist nach Art der Schnellessigfabrikation herzustellen. Dieses letztere Verfahren fand aber keine technische Bedeutung, weil man keinen reinen Methylalkohol herzustellen verstand und andererseits vollständig übersehen hatte, daß die Bildung der Ameisensäure nicht wie die analoge Essigbildung durch Bakterien unterstützt werden kann (JODIN, *C. r.* **61**, 412 [1865]; *M. Sc.* **1866**, 66).

CH. GERHARDT hat ferner in seinem Lehrbuch der organischen Chemie, Bd. I, 262, darauf hingewiesen, daß Oxalsäure, die mit indifferenten Substanzen, wie Sand, gemischt ist, bei der Destillation in Ameisensäure und Kohlensäure zerfällt. Im Jahre 1855 hat dann BERTHELOT Glycerin an Stelle des Sandes benutzt. LORIN hat dieses Verfahren genau durchgearbeitet, und es gelang ihm, auf diese Weise Ameisensäure von 50–75% herzustellen. Der chemische Vorgang hierbei ist der folgende: Die Oxalsäure zerfällt beim Erhitzen in Kohlensäure, Ameisensäure und Wasser, wobei die Ameisensäure sich mit dem Glycerin in Ameisensäureglycerid umsetzt:

$$\begin{matrix} CO \cdot OH \\ | \\ CO \cdot OH \end{matrix} = H \cdot CO_2H + CO_2$$

$$C_3H_5(OH)_3 + HCO_2H = C_3H_5(OH)_2 \cdot O_2CH + H_2O.$$

Trägt man aufs neue krystallisierte Oxalsäure ein, so wird durch das Krystallwasser der Ester verseift, die Ameisensäure destilliert über und das Glycerin wird regeneriert. Obgleich nun dieses Verfahren sehr gute Ausbeuten liefert und keine komplizierte Apparatur benötigt, so erwies es sich doch zu teuer, um Ameisensäure technisch herzustellen, da zur Gewinnung von 100 *kg* 100%iger Ameisensäure fast 300 *kg* technische Oxalsäure benötigt werden, die bereits 180 M. kosten. Erst als die Technik scheinbar einen Umweg einschlug, von der direkten Gewinnung der freien Ameisensäure Abstand nahm und erst Formiate darstellte, um aus diesen dann die freie Säure zu gewinnen, gelang es, die Ameisensäure zu billigen Preisen der Industrie zur Verfügung zu stellen. Da ferner die Alkaliformiate sich beim Erhitzen leicht in Oxalate verwandeln, so wird heute die Oxalsäure aus den Formiaten hergestellt, also gerade der umgekehrte Weg wie früher angewandt.

Die technische Darstellung der Formiate fußt auf einer im Jahre 1855 von BERTHELOT (*A. ch.* **3**, 61, 463) aufgefundenen Reaktion, wonach Kohlenoxyd mit Ätzalkalien unter Bildung von ameisensauren Salzen in Reaktion tritt:

$$CO + KOH = H \cdot CO \cdot OK.$$

Die Umsetzung verlief aber bei gewöhnlicher Temperatur außerordentlich langsam und benötigte selbst bei 100° mehrtägiges Erhitzen. Im Jahre 1880 haben dann V. MERZ und J. TIBIRIÇÁ die Versuche von BERTHELOT wieder aufgenommen (*B.* **13**, 23) und an Stelle von Ätzalkali Natronkalk mit feuchtem Kohlenoxyd zur Umsetzung benutzt. Das im Natronkalk vorhandene Natron konnte zu 80% in Formiat umgewandelt werden, jedoch verlief die Umsetzung, die zwischen 170–200° durchgeführt wurde, auch hier noch relativ langsam, und ein Teil des Kohlenoxyds entwich unabsorbiert. Erst im Jahre 1894 gelang es M. GOLDSCHMIDT in Köpenick b. Berlin (*D. R. P.* 86419, erloschen November 1909), die BERTHELOTsche Reaktion derart zu verbessern, daß sie für die technische Herstellung der Formiate brauchbar wurde. Diese Verbesserung bestand darin, daß er das Kohlenoxyd nicht bei gewöhnlichem Drucke, sondern unter einem Überdruck auf Ätzalkalien oder alkalische Erden einwirken ließ. Durch diese Arbeitsmethode setzte GOLDSCHMIDT die von MERZ und TIBIRIÇÁ festgestellte Reaktionstemperatur um 50–70° herab und erzielte fast theoretische Ausbeuten. GOLDSCHMIDT erkannte ferner, daß das Alkali in möglichst feiner Verteilung vorliegen muß, und ersetzte den Natronkalk durch eine leicht herstellbare Mischung von fein gepulvertem Ätznatron mit Kalk oder Kohle. Bei der weiteren Bearbeitung dieses Gebietes zeigte es sich, daß man die von GOLDSCHMIDT vorgeschlagenen Zuschläge überhaupt weglassen kann, wenn man dafür Sorge trägt, daß die Einwirkung von Kohlenoxyd auf Ätznatron unter kräftigem Rühren vorgenommen wird. Zur Ausbeutung des GOLDSCHMIDTschen Verfahrens wurde die NITRITFABRIK A.-G. KÖPENICK gegründet, in der Salpeter mittels Natriumformiats in Natriumnitrit verwandelt werden sollte. Erst als es sich zeigte, daß die Gewinnung von Nitriten nach dieser Methode unrentabel ist, wandte man sich dem Studium der Gewinnung der freien Ameisensäure zu.

Eine wesentliche Verbesserung des GOLDSCHMIDTschen Verfahrens ist im *D. R. P.* 179515 der ELEKTROCHEMISCHEN WERKE BITTERFELD beschrieben. Hiernach ist die Herstellung von Formiaten aus festem Ätzalkali und Kohlenoxyd in der Wärme unter Druck dadurch gekennzeichnet, daß das Ätzalkali ohne Beimischung von Verteilungsstoffen in groben Stücken zur Verwendung gelangt und während der Einwirkung durch ein Rührwerk bewegt wird (vgl. Technische Herstellung). Dieses Verfahren vermeidet also die Verdünnungsmittel des *D. R. P.* 86419 und ist deshalb diesem überlegen. Nach dem Verfahren des *D. R. P.* 248254 von A. HEMPEL verfährt man derart, daß man die festen Alkalien allmählich zu dem im Überschuß vorhandenen und unter erhöhtem Drucke stehenden Kohlenoxyd hinzugibt.

Eine bemerkenswerte Abänderung endlich ist im *D. R. P.* 212844 von *M. L. B.* beschrieben. Sie ist dadurch gekennzeichnet, daß man auf ein Gemisch von calciniertem Alkalicarbonat und trockenem Kalkhydrat Kohlenoxyd bei erhöhter Temperatur unter Druck einwirken läßt. Bei dem genauen Vergleich dieses Verfahrens mit dem *D. R. P.* 179515 ergibt sich folgendes: Es arbeitet mit doppelt so großen Mengen trockener Stoffe, erfordert daher die doppelte Kraft zur Bewegung und doppelte Wärmemenge zum Anwärmen dieser Masse. Der Hauptnachteil dieses Verfahrens dürfte aber darin liegen, daß die Reaktion bedeutend träger, jedenfalls nur unter steter Wärmezufuhr verläuft, während bei dem Bitterfelder Verfahren nur im Anfang geringe Wärmezufuhr nötig ist, da dieser Prozeß ein exothermischer ist. Ferner ist das nach dem Höchster Verfahren hergestellte Natriumformiat durch das gebildete Calciumcarbonat und das im Überschuß vorhandene Calciumhydroxyd stark verunreinigt und bedarf zur weiteren Verarbeitung erst einer teuren Reinigung. Ob diese Nachteile durch Verwendung der im Vergleich zum Ätznatron bedeutend billigeren Soda aufgewogen werden, scheint sehr fraglich zu sein. Das Verfahren wird auch nicht technisch ausgeführt.

Im Gegensatze zu den soeben geschilderten Verfahren benutzt das *D. R. P.* 209417 von R. KOEPP & Co. in Östrich (Rheingau) Alkalilösungen zur Herstellung von Formiaten. Dieses Verfahren[1] greift auf die bereits erwähnte Arbeit von BERTHELOT zurück, ist aber dadurch gekennzeichnet, daß man sehr verdünnte Ätznatronlösung innig mit Kohlenoxyd mischt und die Umsetzung bei Temperaturen vornimmt, die über dem Siedepunkte der betreffenden Lösung liegen. Das Verfahren gestattet, in kontinuierlichem Strom eine Formiatlauge zu erhalten, aus welcher nach entsprechender Konzentration das Formiat auskrystalliert. Zur Ausführung pumpt man Natronlauge von 20° *Bé.* bei 150–170° kontinuierlich durch einen mit guter Verteilungsvorrichtung versehenen Absorptionsraum, wo sie mit einem in entgegengesetzter Richtung geführten Strom komprimierten Generatorgases in innigen Kontakt gebracht wird. Auf der einen Seite wird fortwährend die Formiatlauge entnommen, während auf der andern der Stickstoff des Generatorgases abbläst. Da der abgeblasene Stickstoff bei ca. 170° mit Wasserdampf gesättigt ist, dieser aber aus der Lauge stammt, so muß immer für Ersatz des verdampfenden Wassers gesorgt werden, da andernfalls sehr schnell Austrocknung der Absorber eintreten würde. Zweckmäßig vermeidet man dies nach dem *D. R. P.* 229216 dadurch, daß man die Absorptionsräume in die Dampfleitung verlegt; komprimiertes Generatorgas, gemischt mit Kesseldampf von der in den Absorbern herrschenden Spannung, wird durch das System gepreßt, aus dessen Ende dann ein Gemisch von Dampf und Stickstoff unter hohem Druck entweicht. Dieses Gemisch treibt eine Arbeitsmaschine, welche die Gaspumpen u. s. w. betätigt. Man nutzt also sowohl die Energie des Dampfes, als auch diejenige des komprimierten Stickstoffes in vollkommenster Weise aus.

Wie aus den Arbeiten von HABER und WEBER hervorgeht (Sitzung der Karlsruher Chemischen Gesellschaft vom 27. Juni 1908), ist die Reaktion von der Lösungs- und Hydrationsgeschwindigkeit des Kohlenoxyds abhängig.

[1] Nach R. O. HERZOG, Chemische Technologie der organischen Verbindungen. Heidelberg 1912.

Durch Verwendung so stark verdünnter Natronlauge erspart man zwar das teurere feste Ätznatron, aber man erhält dafür nicht festes Natriumformiat, sondern eine verdünnte Lösung, die erst wieder eingedampft werden muß.

Das Verfahren wird von der Patentinhaberin technisch ausgeführt und als eine sehr wichtige Neuerung auf dem Gebiete der Formiatdarstellung bezeichnet.

Technische Darstellungsmethode.

Gegenwärtig, Anfang 1913, sind 17 Formiatfabriken in vollem Betrieb, welche ca. 80—100 *t* Formiat täglich erzeugen. Hiervon entfallen 6 auf Deutschland, 2 auf die Schweiz, 3 auf Rußland, 2 auf Frankreich und je eine auf Holland, England, Österreich und die Vereinigten Staaten von Nordamerika. Von all diesen Fabriken dürfte höchstens eine mit Ätznatronlauge arbeiten, während alle anderen festes Ätznatron benutzen. Die meisten gehen von Ätznatron in Pulverform und nur wenige von Natron in Stücken aus. Alle Fabriken benutzen aber Kohlenoxyd, das durchweg in Generatoren hergestellt wird. Für die Gewinnung eines brauchbaren Natriumformiates ist die Herstellung eines guten Generatorgases außerordentlich wichtig, und es soll deshalb in erster Linie seine technische Herstellung geschildert werden.

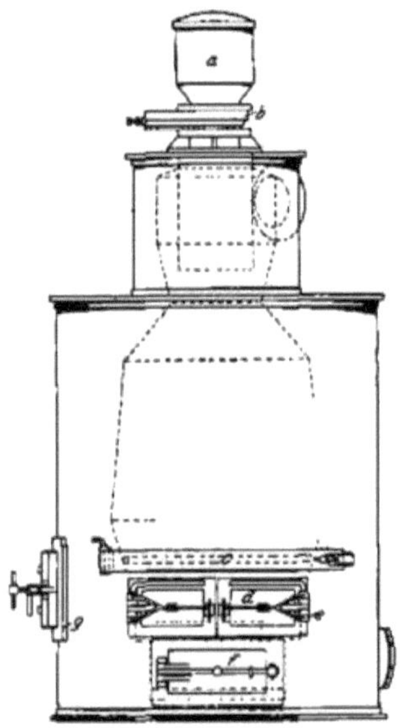

Abb. 119.
a Aufschüttgehäuse; *b* Abschlußschieber; *c* Spalt für falschen Rost; *d* Schlackentüren; *e* Rostoberkante; *f* Aschentür; *g* Einsteigöffnung.

Herstellung des Generatorgases.

In besonders konstruierten Generatoren wird Anthrazit oder Koks unter Zuführung der nötigen Luft verbrannt. Das so gewonnene Generatorgas soll ca. 30% CO und ca. 70% N, maximum 1% CO_2 und nur Spuren Schwefel und Schwefelverbindungen enthalten.

1 *kg* Hüttenkoks gibt 5 *cbm* Generatorgas. Der Generator verbrennt pro Stunde 70 *kg* Koks und liefert aus diesen 350 *cbm* Generatorgas, die ungefähr 500 *kg* wiegen und ca. 130 *kg* CO und ca. 370 *kg* N enthalten. Für die Güte des Generatorgases ist die Auswahl des Koks, seine Korngröße, sein Schwefel- und Aschengehalt von größter Bedeutung, ebenso ein genau konstruierter, leicht abschlackbarer, regulierbarer Generator (Abb. 119.).

Wertvoll ist auch das Vorwärmen der durch Turbinenventilatoren zugeführten nötigen Verbrennungsluft; man erreicht dies in besonderen, von dem heißen Generatorgas umspülten Vorwärmern oder in einem um den Generator angebrachten Luftmantel, wodurch gleichzeitig eine Abkühlung des Generators eintritt.

Das abziehende Generatorgas reißt eine Menge Staub mit sich; um diesen zu beseitigen, schaltet man daher zunächst 1—2 mit Wasser berieselte Koksskrubber *E* ein, wobei gleichzeitig eine kräftige Abkühlung und damit verbundene starke Teerausscheidung stattfindet. Die letzten Spuren Teer werden durch Stoßreiniger (*G*) entfernt. Das Entschwefeln des Gases geschieht entweder in den zur Entschweflung von Steinkohlengas eingeführten Trockenreinigern oder auf nassem Wege in

Skrubbern, welche mit Kalkmilch, Natronlauge oder Kalilauge berieselt werden und gleichzeitig CO_2 zurückhalten (Abb. 120 und 121).

Die trockenen Reiniger (H_1) sind Kästen mit 4 übereinander angebrachten perforierten Zwischenböden, auf denen die hierfür nötige Gasreinigungsmasse (z. B. LUXsche Masse) in Schichten von 75–100 *mm* Dicke ausgebreitet wird. Die Reinigungsmasse muß locker und porös sein und nötigenfalls mit dem gleichen Volumen Sägemehl gemischt werden. Die neue ungebrauchte LUXsche Masse hält allen Schwefel sicher zurück bei einer Gasgeschwindigkeit von 10 *mm* pro Sekunde; die gebrauchte regenerierte kann nur bis 5 *mm* Geschwindigkeit noch Schwefel absorbieren. Es ist deshalb ratsam, die regenerierte Reinigungsmasse nicht für sich allein, sondern gemeinsam mit ungebrauchter anzuwenden, z. B. 1 Kasten mit neuer und 2 Kästen mit gebrauchter, bzw. regenerierter Masse aufzustellen.

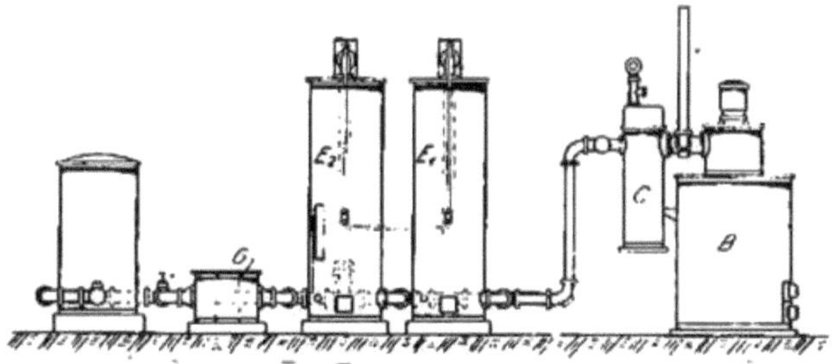

Abb. 120.

B Generator; *C* Luftvorwärmer; E_1 E_2 Wasserwäscher; *G* Stoßreiniger; H_1 Trockenreiniger.

Es ist auch versucht worden, dieses Generatorgas in denselben Schwefelreinigern durch trockenen gelöschten Kalk in Erbsenform zu entschwefeln, doch ist diese Reinigung unzuverlässig, weil bei Mangel an Kalk die Kohlensäure das Calciumsulfid unter Entbindung von Schwefelwasserstoff angreift und dadurch die Reinigung illusorisch macht: $CaS + CO_2 + H_2O = CaCO_3 + H_2S$.

Nasse Schwefelreiniger: Hierzu sind Skrubber (*k*) mit Kalkmilch, Natron- oder Kalilaugeberieselung am geeignetsten. Das billigste Mittel ist natürlich die Kalkmilch; aber nicht überall können so große Mengen Kalkmilch, welche nach einmaligem Gebrauch beseitigt werden muß, in die Schleusen oder Flüsse abgelassen werden, während die Natron- oder Kalilauge auf Carbonate u. dgl. verarbeitet werden kann.

Mitunter werden Kalkmilch- und Natronlaugeskrubber (*M*) benutzt. Auch BIRKHAMwascher, rotierende, mit Bürsten ausgerüstete Waschapparate, eignen sich gut zum Entschwefeln des Gases, nur muß hierbei Natron- oder Kalilauge verwendet werden, weil bei Benutzung von Kalkmilch der

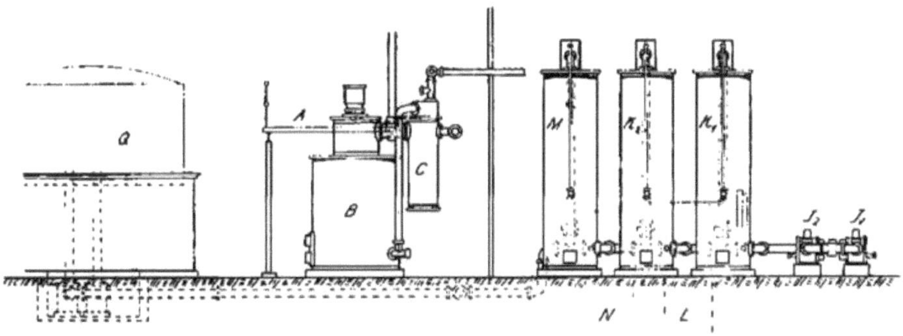

Abb. 121.

A Arbeitsbühne; *B* Generator; *C* Luftvorwärmer; *J* Gebläse; *K* Kalkwäscher; *L* u. *N* Tauchtopf; *M* Natronlaugewäscher.

Bürstenapparat durch den von der im Gase enthaltenen Kohlensäure gebildeten kohlensauren Kalk sehr schnell verschmutzt und außer Wirksamkeit gesetzt wird.

Gebraucht man zur Gasreinigung nur LUXsche Masse, so sind zur Entfernung der Kohlensäure noch besondere Skrubber notwendig, welche mit Kalkmilch oder Ätzlauge berieselt werden; sollen dagegen auch die Schwefelverbindungen auf nassem Wege, also mittels Kalkmilch oder Natronlauge entfernt werden, so kann man die Schwefelkästen sparen, braucht aber dafür mehrere solcher Kalkskrubber. Beide Wege führen zum Ziel, es kommt auf die örtlichen Verhältnisse an, welche Reinigungsmethode zu wählen ist.

Die Hauptsache dabei ist, wie bereits erwähnt, daß das Generatorgas von den Schwefelverbindungen vollständig und von Kohlensäure bis auf maximal 0,1% befreit wird. Durch die Reinigungsapparate muß das Gas zur Überwindung des geringen Widerstandes mittels eines Exhaustors befördert werden; man verwendet zu diesem Zwecke entweder nasse Ventilatoren mit Wassereinspritzung oder JÄGERkapselgebläse (*J*) mit automatischer Umschaltung. Das gereinigte Generatorgas wird in einem Gasbehälter gesammelt und dann durch einen Gaskompressor auf 8—10 *Atm.* komprimiert.

Da das Kohlenoxydgas und ebenso das für die Formiatfabrikation hier erzeugte Generatorgas ungemein giftig, brennbar und explosionsfähig ist, so muß dieser Betrieb mit äußerster Sorgfalt behandelt werden, vor allem darf das Einfüllen des Koks, das Ausschlacken, das An- und Abstellen des Ventilators, das Ein- oder Ausschalten des Exhaustors nur von genau angelernten Leuten ausgeübt werden. Der Generatorraum muß reichlich mit Ventilation, mit großen Türen und verstellbaren Fenstern versehen sein, damit stets Lüftung möglich ist. Vor allem müssen Sauerstoffbomben und Sauerstoffinhalatoren zur Hand sein. Da von der Güte des Generatorgases das Gelingen der Formiatfabrikation abhängig ist, so müssen von dem Gase oft Analysen gemacht, vor allem der CO_2- und der Schwefelgehalt bestimmt werden, u. zw. sowohl direkt am Generator, d. h. vor der Reinigung, als auch besonders am Ende der Reinigungsapparatur am Gasbehälter.

Die meisten Formiatfabriken haben sich auf eine Tagesproduktion von 3000 *kg* Formiat eingerichtet; dazu sind erforderlich, nach der Theorie, ungefähr 2000 *kg* Ätznatron, 96—97%ig, und 800 *kg* Hüttenkoks, entsprechend 1330 *kg* Kohlenoxyd rein = 4000 *cbm* Generatorgas. In der Praxis wird aber bedeutend mehr an Kohlenoxydgas, also an Koks verbraucht. Verluste an Gas treten auf zunächst beim Anblasen, Beschicken, Umschalten, Ausschlacken der Generatoren, vor allem aber dadurch, daß ein bestimmtes Quantum Gas bei der Formiatfabrikation aus dem Autoklaven entweichen muß (s. S. 349).

Das Anblasen des frisch beschickten Generators dauert 3—4 Stunden, d. h. erst nach dieser Zeit gibt es brauchbares Gas. Alle 8 Stunden ist der Generator gründlich von Schlacken zu befreien; während des Ausschlackens wird ein Reservegenerator in Betrieb gesetzt, welcher immer in schwachem Brand gehalten werden muß, um bei eintretendem Bedarf innerhalb kürzester Zeit gutes Gas liefern zu können.

Wie bereits erwähnt, wird der Generator so eingerichtet, daß er pro Stunde 70 *kg* Koks verbrennt zu ca. 350 *cbm* Generatorgas. Die Formiatreaktion darf, was später erläutert werden wird, aus verschiedenen Gründen nicht unterbrochen werden, deshalb muß auch das Generatorgas ohne Unterbrechung zur Verfügung stehen. Aus diesem Grunde ist es nötig, obgleich ein Generator stündlich 350 *cbm*, täglich also 8440 *cbm* Generatorgas zu liefern vermag, 2, besser 3 Generatoren aufzubauen; 2 davon müssen stets im Gebrauch sein, damit beim Ausschlacken keine Unterbrechung der Gaslieferung eintritt.

Die Formiatreaktion verläuft am günstigsten unter einem Druck von 6—8 *Atm.*, deshalb muß das Generatorgas auf 8 *Atm.* komprimiert werden. Es kann nur ein äußerst dauerhaft und rationell konstruierter Kompressor in Frage kommen; als zuverlässig und leistungsfähig haben sich die *CO*-Kompressoren von G. A. SCHÜTZ, Wurzen i. Sa., bewährt.

Die erste Bedingung, welche an den *CO*-Kompressor gestellt werden muß, ist die, daß beim Nachlassen der Stopfbüchsendichtungen und bei Reparaturen kein Gas in den Arbeitsraum gelangen kann; die Kolbenstangen werden mit einer Spezialstopfbüchsenpackung abgedichtet, die Sicherheitsventile besitzen geschlossenen, ins Freie führenden Ablauf. Die Leerlauf-, bzw. Leistungsregulierung wirkt in der Weise, daß durch ein Absperrventil die Druckleitung nach dem Windkessel geschlossen wird und durch weitere Ventile die einzelnen Druckleitungen mit der Saugleitung verbunden werden. Ein Sicherheitsventil verhindert bei versehentlich geschlossenem Absperrventil der Druckleitung eine unzulässige Drucksteigerung im Kompressor. Vor allem ist darauf zu achten, daß weder Staub noch Wasser mit dem aus dem Gasbehälter angesaugten Gase in den Kompressor gelangen kann; man erreicht dies durch ein dem Kompressor vorgeschaltetes, mit Holzwolle gefülltes Filter.

Die Formiatautoklaven.

Wie einerseits von der guten Qualität des Generatorgases, hängt andererseits von der richtigen Beschaffenheit des Formiatautoklaven, vor allem von seinem Rührwerk, das Gelingen der Formiatbildung ab. Diese Autoklaven von 2000—2100 *mm*

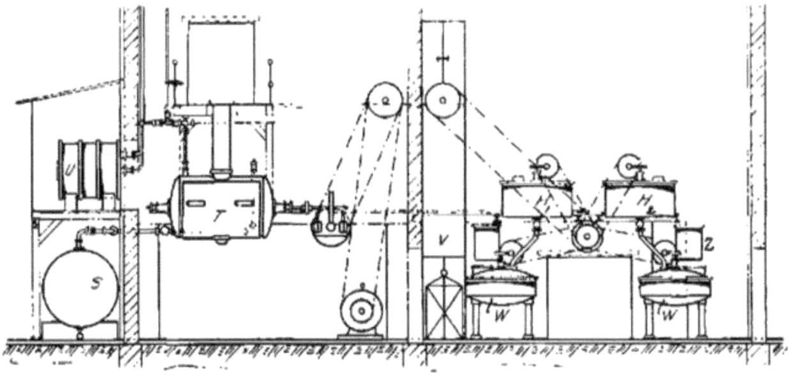

Abb. 122.

H_1 u. H_2 Mischer; *S* Sammelgefäß für komprimiertes Gas; *T* Autoklaven; *U* Gasuhr; *V* Aufzug; *W* Zersetzer; *Z* Staubfänger.

Länge und 1300—1400 *mm* Durchmesser werden aus Schmiedeeisen, 15—20 *mm* dick, gebaut für einen Betriebsdruck von 8—10 *Atm.*, der schmiedeeiserne Dampfmantel für 3—4 *Atm.* (Abb. 122.)

Aus Chargen von 1000 *kg* Ätznatron entstehen 1500—1600 *kg* technisches Formiat, es kommen also große Mengen in Frage, dazu wird die Masse mit fortschreitender *CO*-Einwirkung zuerst weich, danach äußerst zäh, zur Klumpenbildung neigend; es besteht daher die Gefahr, daß die Innenwandung sich mit einer starken, steinharten Kruste überzieht, welche jedes Erwärmen oder Kühlen von außen unmöglich macht, oder es bilden sich große, feste Klumpen, welche das härteste Rührwerk zertrümmern. Daher muß das Rührwerk so beschaffen sein, daß es die Wandung blank erhält und jede Klumpenbildung von Anfang an unmöglich macht.

Die Formiatautoklaven von GAUL & HOFFMANN, Inhaber H. ROLLINGER & M. RICHTER Maschinenfabrik in Frankfurt a. O., haben sich seit vielen Jahren in mehreren Formiatfabriken des In- und Auslandes trefflich bewährt.

Das Mahlen des Ätznatrons.

Das zu verarbeitende Ätznatron soll mindestens 95%, besser 97—98% *NaOH* enthalten und muß feinst gemahlen sein. Von einigen Sodafabriken wird das Ätznatron in Pulverform geliefert; da dieses bei längerem Lagern leicht fest wird, ist es lohnender, das Zerkleinern und Mahlen des in Blöcken von fast 300 *kg* angelieferten Ätznatrons kurz vor Verbrauch selbst vorzunehmen, obgleich dies keine angenehme Beschäftigung ist. Das Zerkleinern und Mahlen muß natürlich außerhalb des Formiatraumes, in einem mit guter Lüftung und Ventilation versehenen Raume ausgeführt werden.

Das Zerkleinern der harten Blöcke von ca. 800 *mm* Länge und 500 *mm* Durchmesser kann auf verschiedene Weise vorgenommen werden. In den meisten Fällen werden die Trommeln direkt mit schweren Hämmern so lange bearbeitet, bis der Inhalt in faustgroße Stücke zerfällt. Schutzbrille und Aspirator sind für diese Arbeit nötig, desgleichen Gummihandschuh, Gummiärmel und Umwickeln der Füße und Unterschenkel mit Gummibinden oder Sackleinwand. Oder man entfernt die Blechhülle und schneidet die Ätznatronzylinder mit geeigneter Säge in dünne Scheiben, welche sich dann leicht zerschlagen lassen.

Am ungefährlichsten und bequemsten wird das Ätznatron auf folgende Weise in Stückform erhalten: Man entfernt die Blechumhüllung, bringt den Inhalt von 4–5 Trommeln auf einmal in einem Schmelzkessel zum Schmelzen und gießt das Schmelzgut in dünnen Schichten in flache gußeiserne Schalen, in denen es sehr schnell erstarrt und beim Daraufschlagen leicht in kleinere Stücke zerspringt, welche dann in einer Kreuzschlagmühle feinst gemahlen werden. Die handgroßen Stücke werden in den Kettenelevator eingeschaufelt, welcher das Mahlgut in die Mühle befördert. Das gemahlene Produkt fällt in die untere Transportschnecke, die es in die Abfüllfässer schafft. Über der Schnecke ist ein Filter angebracht, welches das entwickelte, sehr lästige, staubförmige, vom Exhaustor weggesaugte Ätznatron aufnimmt. Die ganze Anlage ist staubdicht abzuschließen.

Zur täglichen Darstellung von 3000 *kg* Formiat aus ungefähr 2000 *kg* Ätznatron sind drei Formiatautoklaven, ein vierter zur Reserve nötig; jeder Autoklav wird beschickt mit 1000 *kg* Ätznatronpulver und liefert in 30 Stunden 1500–1600 *kg* Formiat; mit dem Einfüllen und Entleeren sind 36 Stunden Operationsdauer zu rechnen. Das Einfüllen des stark ätzenden, leicht stäubenden Ätznatronpulvers in den Formiatautoklaven hat sehr vorsichtig, vor allem staubsicher zu erfolgen. Die fahrbaren, mit Bodenschieber versehenen Transportbehälter werden in die auf den Autoklaven staubdicht angebrachten Füllrümpfe oder mit Transportschnecke ausgerüstete geschlossene Fülltrichter entleert, welche das Ätznatron dem Autoklaven zuführen. Nach dem Einfüllen des Ätznatrons wird der Formiatautoklav geschlossen (Dichtungsflächen vorher gut sauber machen), das Rührwerk langsam in Bewegung gesetzt und der Dampfmantel auf 120–130^0 geheizt. Danach kann die Zuleitung von Generatorgas beginnen, immer 8 *Atm.* Druck einhaltend. Im Anfange verläuft die Absorption des Kohlenoxyds und damit die Reaktion sehr energisch; dem im Generatorgase bis zu 70% vorhandenen Stickstoff muß Gelegenheit zum Entweichen gegeben werden durch Öffnen eines Regulierhahns. Es ist zu beachten, daß nicht zu viel CO mit entweicht, obwohl es natürlich unmöglich und auch nicht vorteilhaft ist, nur ein CO-freies Gas abziehen zu lassen.

Durch den energischen Verlauf der Reaktion wird die Temperatur in der Reaktionsmasse in kurzer Zeit so weit gesteigert, daß die Dampfheizung bereits nach fast 2 Stunden abgestellt und dafür die Kühlung angestellt werden muß. Der Autoklaveninhalt bildet zunächst eine klebrigweiche Masse, bestehend aus einer Mischung von Formiat und Ätznatron, mitunter schmilzt dieselbe sogar. Es ist gewissenhaft darauf zu achten, daß von diesem Zeitpunkt an der Betrieb keine Unterbrechung mehr erleidet, vor allem, daß das Rührwerk bis nach vollendeter Kohlenoxydreaktion nicht wieder zum Stillstand kommen darf. Tritt aus irgend einem Grunde ein Stillstand des Rührwerkes ein, so ist die Operation meistens verloren, weil in kürzester Zeit das Produkt zu einer steinharten Masse erstarrt, welche nicht wieder locker gemacht und fertig verarbeitet, sondern nur durch schwieriges, zeitraubendes Herausmeißeln oder Herauslösen mit Wasser aus dem Apparate entfernt werden kann. War das Generatorgas nicht genügend von Schwefel und Schwefelverbindungen befreit, so entstehen stark nach Mercaptan riechende, rotgefärbte Verbindungen, welche das Formiat zur Weiterverarbeitung untauglich machen, ja bei stärkerem Schwefelgehalt hört bisweilen die Formiatbildung vollständig auf; die Schwefelverbindungen wirken als Formiatgift. Während der Schwefel also die Formiatbildung stark nachteilig beeinflußt, wird dem Wasser eine reaktionsbeschleunigende Wirkung zugeschrieben, ob mit Recht, bleibe dahingestellt. Bei Verarbeitung von Ätznatron in Stücken ist periodenweises Zugeben von Wasser deshalb nötig, um die noch nicht in Formiat umgewandelten, aber vom Formiat umhüllten Ätznatronstücke durch die explosionsartig verlaufende Dampfbildung beim Zugeben des Wassers in den heißen Autoklaven freizulegen und dem Kohlenoxyd zugängig zu machen. Bei Verarbeitung von Ätznatron in Pulverform ist ein Zugeben von Wasser unnötig; es beeinflußt vielleicht sogar die Reaktion schädlich.

Zu Beginn der Einwirkung des Generatorgases auf Ätznatron findet also heftigere, schnellere Absorption des Kohlenoxyds statt als am Ende der Reaktion; deshalb geht am Ende der Operation verhältnismäßig viel Kohlenoxyd mit dem Stickstoff ins Freie, gleichwohl ist aber dies abziehende Gas nicht für weitere Formiatbildung zu verwenden. Mit Vorteil benutzt man es nach dem Verfahren von A. Hempel zur Überführung von Formiat in Oxalat (*D. R. P.* 250304). Macht sich das Ende der Formiatbildung durch starkes Sinken der Temperatur selbst beim Anstellen des Dampfes im Dampfkesselmantel bemerkbar, so stellt man die Gaszufuhr ab, läßt noch einige Zeit unter Kühlen das Rührwerk in Bewegung und entleert den Inhalt des Autoklaven, nachdem man die letzten Spuren Kohlenoxyd durch Absaugen sicher entfernt hat, in geschlossene Transportwagen oder Fässer. Bei gut verlaufener Operation stellt das technische Formiat ein strohgelbes bis weißes, die Schleimhäute reizendes Pulver dar, welches neben 90—95% Natriumformiat 1—2% Wasser, 0,1—0,7% freies Ätznatron und 2—7% Soda enthält; letztere stammt zum größten Teile aus dem Ätznatron, zum geringsten Teile ist sie infolge nicht genügender Reinigung des Generatorgases von Kohlensäure entstanden. Ein rationell geleiteter Formiatbetrieb muß mindestens eine Ausbeute von 95% ergeben (Abb. 5).

Analyse: Vor der Weiterverarbeitung des Formiats auf Ameisensäure ist der Gehalt an freiem Alkali im Formiat festzustellen, auch ist es ratsam, vor allem für Ungeübtere, sich von dem Gange der Kohlenoxydeinwirkung bei der Formiatdarstellung und besonders von dem Ende der Reaktion durch häufigeres Analysieren des Reaktionsproduktes Klarheit zu verschaffen.

a) Zunächst ist der Gehalt an freiem und an Ameisensäure gebundenem Alkali festzustellen; zu diesem Zwecke löst man 2 *g* Formiat in Wasser zu 1 *l* auf und titriert von dieser kalten Lösung je 10 *ccm* mit $\frac{n}{2}$ H_2SO_4 bei Gegenwart von Phenolphthalein als Indikator so lange, bis die Rötung verschwindet; dies geschieht, sobald alles freie Alkali in Na_2SO_4 übergeführt worden ist. Aus dem Verbrauch der *ccm* $\frac{n}{2}$ H_2SO_4 läßt sich das als Hydroxyd und Carbonat vorhandene Alkali berechnen.

b) Um den Gehalt des freien Alkalis an $NaOH$ festzustellen, muß in einer anderen Probe die Soda zunächst durch Zusatz von Chlorbarium entfernt und dann das $NaOH$ bei Gegenwart von Phenolphthalein mit $\frac{n}{2}$ H_2SO_4 titriert werden.

Aus der Differenz von *a* und *b* ist der Gehalt an freiem $NaOH$ und Na_2CO_3 zu berechnen.

c) Zur Bestimmung des gesamten, freien und gebundenen Alkalis könnte ja eine andere erhitzte Probe mit Normalsäure titriert werden; man erhält aber ein genaueres Resultat, wenn man, nachdem unter *a* und *b* das freie $NaOH$ und Na_2CO_3 bestimmt worden ist, eine andere Probe in Wasser auflöst, mit Schwefelsäure oder Phosphorsäure in geringem Überschuß versetzt, dann die entbundene Ameisensäure abdestilliert und diese im Destillate durch Titration mit Normallauge bei Gegenwart von Phenolphthalein bestimmt.

$$1\ ccm\ n\text{-}NaOH = 0{,}045\ g\ \text{Ameisensäure}$$
$$= 0{,}054\ g\ \text{Formiat.}$$

Der geübte Betriebsleiter hat es nicht nötig, sich von der Beendigung der Kohlenoxydreaktion durch zeitraubende Analyse überzeugen zu müssen; an der Farbe, an der Form, am Geschmack des Formiats erkennt er genau, ob die Umsetzung vollendet ist oder nicht.

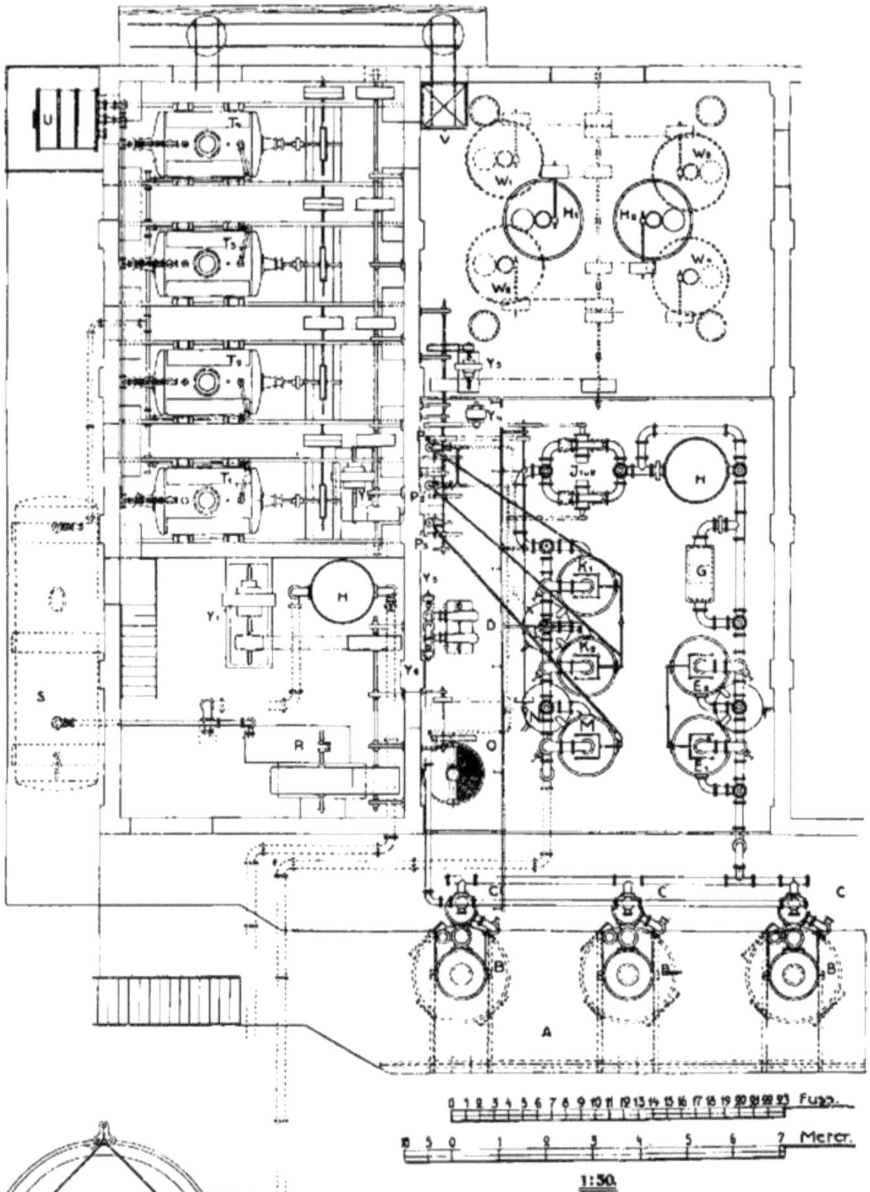

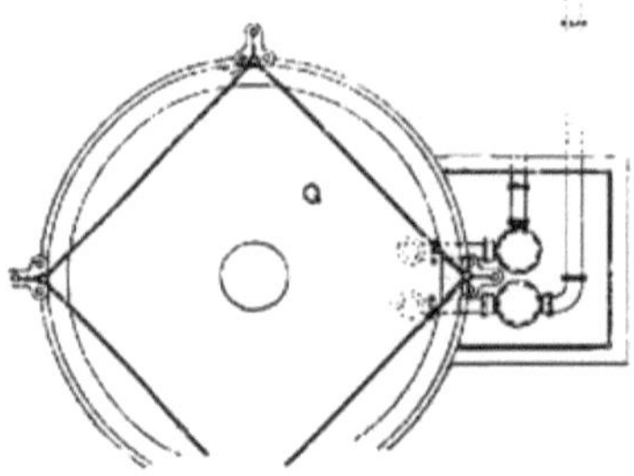

Abb. 123. Ameisensäureanlage nach A. HEMPEL (Leipzig). *A* Arbeitsbühne; *B* Generatoren; *C* Luftvorwärmer; *D* Anblaseventilatoren; E_{1-2} Wasserwascher; *F* Tauchtopf; *G* Stoßreiniger; *H* Trockenreiniger; H_1 u. H_2 Mischer; *J* Gebläse; K_{1-2} Kalkwäscher; *L* Tauchtopf; *M* Natronlaugewascher; *N* Tauchtopf; *O* Kalkmilchbereitungsgefäß; P_{1-3} Pumpen für den Wascher; *Q* Gasbehälter; *R* Kompressor; *S* Sammelgefäß für komprimiertes Gas; T_{1-4} Autoklaven; *U* Gasuhr; *V* Aufzug; W_{1-4} Zersetzer; Y_{1-6} Motore.

Das fertige Formiat muß in gut verschließbaren Behältern aufbewahrt werden, damit es nicht durch Wasseraufnahme in steinharte Klumpen übergeht, welche bei weiterer Wasseraufnahme zerfließen. Am besten ist es, und so wird es in den meisten Formiatfabriken gemacht, das erhaltene Formiat sofort weiter zu verarbeiten.

Verwandlung des Formiats in freie Ameisensäure.

Die hoch konzentrierte technische Ameisensäure läßt sich durch Zersetzen der Formiate mit Mineralsäuren, insbesondere Schwefelsäure gewinnen. Diese im Prinzip außerordentlich einfache Reaktion wird aber dadurch verwickelt, daß die konz. Schwefelsäure schon bei gewöhnlicher Temperatur zersetzend auf Ameisensäure einwirkt,

$$HCO_2H = H_2O + CO,$$

und dadurch infolge der Bildung von Kohlenoxyd und Wasser Verluste entstehen. Bei Verwendung von verdünnterer Schwefelsäure fällt dieser Übelstand zwar weg, aber man erhält dabei nur eine schwache, 60–65%ige Ameisensäure, die für viele Zwecke ungeeignet ist und viel zu hohe Transportkosten bei weiten Entfernungen verursacht.

Der nächstliegende Weg, aus dieser verdünnten Ameisensäure durch Destillation unter Verwendung von Kolonnenapparaten hochprozentige Ameisensäure zu gewinnen, ist aber nicht möglich, weil die Ameisensäure-Wassermischung die Erscheinung eines Dampfdruckminimums zeigt, also eines bei der Destillation zuletzt übergehenden, konstant siedenden Gemisches. Dasselbe besitzt bei der Destillation unter Atmosphärendruck einen Gehalt von ca. 75% Ameisensäure, und infolgedessen kann man aus verdünnterer Säure durch fraktionierte Destillation keine hochprozentige Ameisensäure gewinnen. Auch das Verfahren von MAQUENNE, der die verdünnten Säuren unter Verwendung von Schwefelsäure als wasserentziehendem Mittel konzentrieren will, liefert wegen der teilweisen Zersetzung der Ameisensäure keine befriedigenden Ausbeuten. Das gleiche gilt für die von LORIN vorgeschlagene Methode, der verdünnten Ameisensäure mittels wasserfreier Oxalsäure das Wasser zu entziehen und dadurch zu konzentrieren.

Der erste, der das Problem der Umwandlung von Natriumformiat in hochkonz. Ameisensäure löste, war M. HAMEL, der im *D. R. P.* 169730 derart verfährt, daß er das Formiat zunächst mit konz. Ameisensäure versetzt und dann die nötige Menge konz. Schwefelsäure hinzufügt. So werden z. B. 100 *kg* trockenes Natriumformiat in 100 *kg* 90%ige Ameisensäure eingetragen und dann allmählich unter Kühlen ca. 75 *kg* Schwefelsäure 66° *Bé.* einlaufen gelassen. Dem Reaktionsgemisch fügt man dann von neuem 100 *kg* Formiat und 75 *kg* Schwefelsäure hinzu und wiederholt dies so oft, als es der Fassungsraum des Gefäßes gestattet. Es bedarf also, was ausdrücklich hervorgehoben werden soll, nur eines einmaligen Zusatzes von Ameisensäure. Bei dieser Umsetzung scheidet sich neutrales Natriumsulfat aus; die gebildete Ameisensäure wird in kupfernen Vakuumblasen abdestilliert und in Tonapparaten kondensiert. Auf diese Weise erhält man etwa 90%ige Ameisensäure; man kann nach diesem Verfahren eine höherprozentige Säure gewinnen, wenn man zum Lösen des Formiats 99–100%ige Ameisensäure und außerdem Schwefelsäuremonohydrat oder schwach rauchende Schwefelsäure benutzt.

Während im vorliegenden Verfahren die zersetzende Wirkung der Schwefelsäure durch Verwendung eines Verdünnungsmittels (Ameisensäure) hintangehalten wird, ist im *D. R. P.* 247490 von A. HEMPEL ein Verfahren beschrieben, das ohne

Mitwirkung eines Verdünnungsmittels direkt hochprozentige Ameisensäure in guter Ausbeute liefert. Dieses Verfahren beruht darauf, daß man zu dem vorher am besten im Vakuum entwässerten technischen Formiat konz. Schwefelsäure einfließen läßt und die entbundene Ameisensäure im Vakuum abdestilliert.

Was die Ausführung dieses Verfahrens betrifft, so ist es nicht notwendig, das Natriumformiat in besonderen Apparaten und mit besonderen Unkosten zu trocknen, sondern man trocknet das Formiat direkt bei seiner Herstellung im Formiat-Autoklaven. Nach vollendeter Kohlenoxydreaktion und völliger Umwandlung des Ätznatrons in Formiat läßt man das Reaktionsprodukt unter Rühren erkalten und saugt während dieses Prozesses die letzten Spuren von Feuchtigkeit zusammen mit den letzten Spuren des Kohlenoxydes ab, so daß das Formiat nach erfolgter Abkühlung ohne jede Gefahr für die Gesundheit abgefüllt werden kann. Bei der Umsetzung mit Schwefelsäure ist vor allem zu berücksichtigen, daß eine außerordentlich innige Mischung mit dem Formiat notwendig ist und daß die Reaktion umso rascher und vollständiger verläuft, je inniger die Berührung der beiden Stoffe ermöglicht wird. Zum Eintragen der Schwefelsäure in fein verteilter Form benutzt man Zerstäubungsdüsen, Brausen, Verteilungsspinnen, und zur Herbeiführung innigster Berührung mit dem Formiat dienen Knet-, Rühr- oder Schabewerke.

Da im technischen Formiat geringe Mengen Alkali und Wasser vorhanden sind, die Anlaß zu lokaler Überhitzung geben, so ist für starke äußere Kühlung zu sorgen. Da das Verfahren ohne Verwendung von Verdünnungsmitteln ausgeführt werden kann, so bietet es gegenüber dem Verfahren des *D. R. P.* 169736 gewisse Vorteile in bezug auf Apparatur etc.

Nach diesen beiden Verfahren kann auch 100%ige Ameisensäure gewonnen werden, indem man besonders trockenes Formiat, worin das darin vorhandene Alkali vorher mit Ameisensäure neutralisiert wurde, und wasserfreie Schwefelsäure oder schwach rauchende Säure zur Umsetzung benutzt.

Die *M. L. B.* verfahren im *D. R. P.* 232704 derart, daß sie das Formiat bei niederer Temperatur in konz. Schwefelsäure eintragen und dann durch Temperaturerhöhung die Umsetzung vollenden, wobei gleichzeitig die Ameisensäure abdestilliert; jedoch wird dieses Verfahren technisch nicht ausgeführt.

An Stelle der Schwefelsäure verwendet das *D. R. P.* 182776 saure Sulfate, vor allem Bisulfat zur Zersetzung; jedoch wird hierdurch kein technischer Fortschritt erzielt, da infolge der größeren Salzmengen ein Mehraufwand an Kraft und Heizmaterial erforderlich ist. Ohne besonderes technisches Interesse sind die Verfahren der *D. R. P.* 209418, 234580, 239075, 244816, 245168.

Das Haupterfordernis für die Lebensfähigkeit einer Ameisensäurefabrik besteht darin, daß bei der Umsetzung zwischen Formiat und Schwefelsäure die Ameisensäure direkt mindestens 85—90%ig in höchster Ausbeute und Reinheit erhalten wird, so daß sie ohne nochmalige Destillation in den Handel gebracht werden kann. Bei unrationellem Arbeiten wird nur eine 80%ige Säure erhalten, die mitunter Salzsäure, schweflige Säure, Schwefel- und Metallverbindungen enthält und daher erst durch nochmalige Destillation gereinigt werden muß.

Eigenschaften: Die wasserfreie Ameisensäure ist eine farblose, schwach rauchende, stechend riechende, stark ätzende, auf der Haut Blasen ziehende Flüssigkeit, welche bei 8,3° schmilzt; *D* 1,2213.

Kp_{760} 100,6° Kp_{50} 30,5°
Kp_{75} 37,6° $Kp_{24,8}$ 21,8°

Sie löst sich in Alkohol und Äther, mischt sich mit Wasser in allen Verhältnissen. Eine Säure mit 22,69% Wasser entspricht der Formel $4\,HCO_2H + 3\,H_2O$ und siedet bei 107,1°. Der Dampf der Ameisensäure ist brennbar, verkohlt Papier. Die Destillationsanlagen sind also feuersicher mit guter Ventilation und nur mit elektrischer Beleuchtung auszustatten.

Bezüglich ihrer Stärke nimmt sie gegenüber den anderen Fettsäuren eine Sonderstellung ein, indem ihre Dissoziationskonstante viel größer ist als die der anderen Homologen. Sie übertrifft z. B. die der Essigsäure um das Zwölffache. Da die Ameisensäure auch eine Aldehydgruppe enthält, so zeigt sie manche Eigenschaften, die für diese Körperklasse charakteristisch sind. So z. B. die für ihre praktische Anwendung sehr wichtige antiseptische Wirkung, ferner manche Kondensationsreaktionen und vor allem die leichte Oxydierbarkeit. Fein verteiltes Rhodium zersetzt sie bei gewöhnlicher Temperatur in Wasserstoff und Kohlensäure. Bei Temperaturen von 200—300° wird die Säure durch Katalysatoren in verschiedener Weise zerlegt:

$$\text{I. } HCOOH = H_2 + CO_2$$
$$\text{II. } HCOOH = H_2O + CO$$
$$\text{III. } 2\,HCOOH = CO_2 + H_2O + COH_2.$$

Man hat versucht, auf diese Weise Formaldehyd (Gleichung III) herzustellen, doch war die Ausbeute zu gering.

Analyse. *a)* Die Bestimmung des Ameisensäuregehaltes erfolgt durch einfache Titration einer geringen, abgewogenen Menge mit Normalnatronlauge bei Gegenwart von Phenolphthaleinlösung:

$$1\,ccm\ n\text{-}NaOH = 0{,}046\,g\ HCOOH.$$

Zu beachten ist, ob die zu untersuchende Ameisensäure etwa Salzsäure, Schwefelsäure oder schweflige Säure enthält; diese Bestandteile müssen nach bekannter Weise bestimmt und in Abzug gebracht werden;

b) in Gegenwart von Essigsäure oder Buttersäure muß die zu untersuchende Ameisensäure mit Kalilauge neutralisiert und dann 1—1½ Stunden lang auf dem Wasserbade mit Sublimatlösung erwärmt werden. Das ausgefällte Kalomel wird abgesaugt, getrocknet, gewogen und daraus die Ameisensäure bestimmt;

c) Lösungen, welche neben Ameisensäure auch Oxalsäure enthalten, behandelt man in ammoniakalischer Lösung mit Chlorcalcium; es bilden sich dabei die Calciumsalze der beiden Säuren. Das ameisensaure Salz ist leicht löslich, das oxalsaure Salz dagegen unlöslich, es wird getrennt, getrocknet, gewogen, daraus die Oxalsäure berechnet, welche von der in einer andern Probe gefundenen Gesamtsäure in Abzug gebracht wird.

Salze: Die Ameisensäuresalze sind, mit Ausnahme der fast unlöslichen Blei- und Silbersalze, in Wasser leicht löslich. Infolge dieser Eigenschaft wird die Ameisensäure an Stelle der Essigsäure in verschiedenen technischen Betrieben verwendet. Die Alkalisalze sind an der Luft zerfließlich und gehen beim Erhitzen auf 360—440° in Oxalate über (s. Oxalsäure):

$$2\,HCO_2Na = H_2 + Na_2C_2O_4.$$

Das Natriumformiat bildet monokline Krystalle, die bei 200° schmelzen, während das rhombisch krystallisierende Kaliumsalz bei 150° schmilzt. In letzterer Zeit sind die Formiate des Aluminiums und Chroms hergestellt worden, die als Beizmittel Verwendung finden sollen (*D. R. P.* 224074, 228658, 244320 sowie 252039 und 252833).

Verwendung: Seitdem es gelungen ist, eine technisch reine Ameisensäure von 90% und darüber zu billigen Preisen herzustellen, hat sich die Ameisensäure insbesondere in der Textil- und Lederindustrie rasch Eingang verschafft. Die Produktion in Deutschland dürfte ca. 5000 *t* jährlich betragen. Infolge ihrer antiseptischen Eigenschaften dient sie als Konservierungsmittel für Fruchtsäfte, in der Spiritusindustrie zum Säuren der Hefemaischen, in der Bierbrauerei und Weinkellerei zum Desinfizieren der Fässer. In der Lederindustrie wird sie zum Entkalken aller leichten Ledersorten benutzt, da das Calciumformiat in Wasser gut löslich ist. Die mit

Ameisensäure entkalkten Leder zeichnen sich durch Fülle und weichen Griff aus. Die größte Verwendung aber findet die Ameisensäure in der Textilindustrie, worin sie in erster Linie der Essigsäure erfolgreich Konkurrenz macht und auch andere organische Säuren, wie z. B. Oxal- und Milchsäure, ihrer technischen Überlegenheit, und die Wein- oder Citronensäure ihres niedrigen Preises wegen im Konsum zurückgedrängt hat. Ja sogar die billige Schwefelsäure mußte in den Branchen weichen, wo es auf die Erhaltung der Faserfestigkeit, wie z. B. in der Halbwollfärberei, ankommt. Das Hauptverwendungsgebiet liegt in der Wollfärberei, wo sie den hier gebräuchlichen Hilfsbeizen, wie Weinstein, Oxal- oder Milchsäure deswegen überlegen ist, weil sie die Chromsäure langsamer und vollständiger reduziert und das Beizbad völlig erschöpft. Man erzielt hier durch ihre Anwendung bedeutende Ersparnisse an Bichromat, da z. B. unter Verwendung von $1^1/_2$% Bichromat und $1^1/_2$% 90%iger Ameisensäure kräftigere Färbungen erzielt werden als mit 3% Bichromat und $2^1/_2$% Weinstein. Auch beim Ausfärben der vorgebeizten Wolle in schwach saurem Bade arbeitet man in allen den Fällen, wo Essigsäure in Frage kommt, besser mit der kräftigeren, das Bad erschöpfenden und gut egalisierenden Ameisensäure. Auch bei Verwendung minder gut egalisierender saurer Wollfarbstoffe erzielt man bessere Erfolge mit Ameisensäure als mit der bis jetzt gebräuchlichen Essigsäure.

In der Halbwollfärberei wird zweckmäßig überall da, wo Woll- und Baumwollgewebe in schwefelsaurem Bade gefärbt werden sollen, Ameisensäure an Stelle von Schwefelsäure verwendet, da erstere die vegetabilische Faser nicht im geringsten angreift. Auch in der Seidenfärberei bedingt die Verwendung der Ameisensäure ein langsames Aufziehen der Farbstoffe. Von den Ameisensäuresalzen ist das Natriumformiat an Stelle von Natriumacetat zum Ätzen von Anilindampfschwarz und das Aluminiumsalz als Beize in der Türkischrotfärberei vorgeschlagen. Schließlich sei noch darauf hingewiesen, daß Ameisensäure zur Herstellung von Celluloseformiaten (*D. R. P.* 189836 und 189837) dient und daß im *D. R. P.* 199873 von der NITRITFABRIK A.-G. KÖPENICK ein Verfahren angegeben ist zur Herstellung des Ameisensäure-Glycerinesters, der unter dem Namen Diformin als Ersatz für Acetin in den Handel gebracht wird.

Die Herstellungskosten der Ameisensäure sollen in rationellen Betrieben sich auf weniger als 40 M. per 100 *kg* 85%iger Säure belaufen. Eine Erniedrigung dieses Preises dürfte durch Benutzung billiger Kohlenoxydquellen (Abgase der Calciumcarbidöfen, Angliederung an die Aluminiumnitrid-, resp. Kalkstickstoffindustrie) sich ermöglichen lassen. Der Verkaufspreis der technischen Ameisensäure betrug Ende 1913 ca. 50 M. per 100 *kg*, mitunter nur 40–42 M.

Literatur: *Griesheim*, Frankfurt a. M., Wertvolle Winke über die Verwendung von Ameisensäure.

A. Hempel.

Ameisensäureäther, Ameisensäureäthylester, $H \cdot CO_2 \cdot C_2H_5$, ist eine leicht flüchtige und entzündliche Flüssigkeit, nach Arrak riechend, mit Alkohol und Äther mischbar. *Gefrierp.* −80,5°; Kp_{760} 54,4°; $D^0{}_4$ 0,94801. Er kann durch Erhitzen von Oxalsäure, Glycerin und Alkohol gewonnen werden (LORIN, *Bl.* [2] 5, 712 [1866]). Zweckmäßiger geht man aber vom Natriumformiat oder von freier Ameisensäure aus.

Man übergießt 100 T. entwässertes Natriumformiat mit einem erkalteten Gemisch von 85 T. Weingeist (90 *Vol.*-%ig) und 150 T. konz. Schwefelsäure und destilliert vorsichtig auf dem Wasserbade ab. Die Ausbeute nach diesem Verfahren beträgt aber weniger als 80% d. Th., und der erhaltene Ester reagiert stark sauer. Ersetzt man die Schwefelsäure durch Natriumbisulfat, so erhält man ein fast neutral reagierendes Produkt in sehr guter Ausbeute (P. ENGELSKIRCHEN, Köln-Ehrenfeld, *D. R. P.* 255441). Man erwärmt ein Gemisch von 46 T. Alkohol (1 *Mol.*), 68 T. Natriumformiat (1 *Mol.*) und 240 T. Natriumbisulfat (2 *Mol.*), das gut zerkleinert sein muß, unter Rühren im geschlossenen Kessel etwa 10 Stunden auf etwa 80°, oder läßt es am Rückflußkühler gelinde sieden. Darauf destilliert man den Ester ab.

Auch durch Erhitzen molekularer Mengen Ameisensäure und Alhohol, bei Gegenwart von 1—2 *Vol.-%* Schwefelsäure, erhält man Ameisensäureäther in so bequemer Weise, daß der Prozeß technisch ausgeführt werden kann (J. B. SENDERENS und J. ABOULENC, *C. r.* **152**, 1671 [1911]). Darstellung aus den Komponenten mittels katalytisch wirkender Substanzen (Titan- und Thoroxyd) s. P. SABATIER und A. MAILHE, *C. r.* **152**, 1044 [1911].

Sogenannter „Rumäther" wurde früher nach einem von WÖHLER angegebenen Verfahren aus Kartoffelstärke gewonnen (cf. STINDE, *D.* **181**, 402). 4,5 *kg* derselben werden mit 14,5 *kg* Braunstein (85% MnO_2 enthaltend) und 6,7 *kg* Wasser zusammengerührt. Dann läßt man ein erkaltetes Gemisch von 10 *kg* Spiritus (80°ig) und 14 *kg* konz. Schwefelsäure zufließen. Nur bei Beginn und gegen Ende des Prozesses muß geheizt werden. Ausbeute 7—8 *kg* Ameisenäther. Die Reaktion verläuft so schnell, daß man an einem Tage bequem 6—7 Ansätze verarbeiten, also etwa 50 *kg* Ester erhalten kann. Darstellung als Nebenprodukt der Kunstseidefabrikation s. J. DUCLAUX, Paris, *D. R. P.* 256857.

Der Ester wird therapeutisch zur Bekämpfung von Kehlkopf- und Rachenkatarrhen verwertet. Er dient vielfach zur Synthese organischer Verbindungen. So erhält man z. B. durch Einwirkung auf magnesiumorganische Substanzen Aldehyde (L. GATTERMANN, *A.* **347**, 347 [1906]; *Bayer, D. R. P.* 157573). Die Hauptanwendung findet Ameisenäther zur Herstellung künstlicher Arrak- und Rumessenzen.

Der Ameisensäuremethylester, Kp_{760} 32,3°, wird als Lösungsmittel für Acetylcellulose verwendet. *G. Cohn.*

Amenyl (*Merck*), Methylhydrastimidchlorhydrat, wird nach FREUND und HEIM (*B.* **23**, 2899 [1890]) dargestellt im Sinne folgenden Schemas:

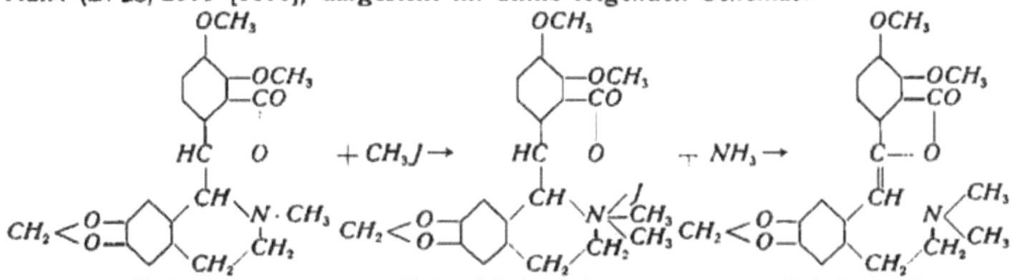

Hydrastin — Hydrastinjodmethylat — Methylhydrastin

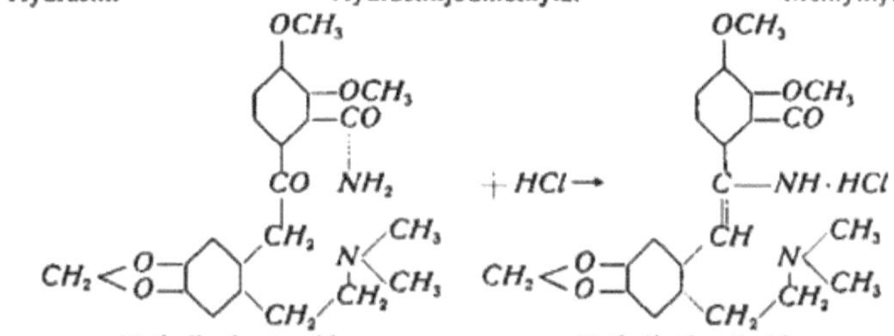

Methylhydrastamid — Methylhydrastimid

Es wird also Hydrastin zunächst in das Jodmethylat verwandelt. Behandelt man dieses mit Ammoniak, so tritt unter Abspaltung von *HJ* Öffnung des *N*-haltigen Ringes ein. Das entstandene Methylhydrastin nimmt bei der Behandlung mit Ammoniak ein Molekül davon auf unter Sprengung der Lactonbildung. Das resultierende Methylhydrastamid spaltet beim Erwärmen mit Salzsäure leicht 1 *Mol.* H_2O ab und geht in das Chlorhydrat des Methylhydrastimids, das Amenyl, über.

Schwach gelbe Nadeln, *Schmelzp.* 227°, löslich in warmem Wasser. Alkalien, ebenso Ammoniak fällen aus der Lösung die freie Base aus, die gelbe Nädelchen vom *Schmelzp.* 192° darstellt.

Amenyl, 1909 in den Arzneischatz eingeführt, wirkt gefäßerweiternd und dadurch senkend auf den Blutdruck; empfohlen bei funktioneller Amenorrhöe. Hat keine sonderliche Bedeutung erlangt. *Zernik.*

Amethystviolett (*Kalle*), 1883, basischer Azinfarbstoff, dargestellt durch Oxydation von Diäthyl-p-phenylendiamin mit Diäthylanilin und Anilin zu Tetraäthylphenosafraninchlorid. Dient in der Seidenfärberei zur Herstellung violetter Färbungen mit roter Fluorescenz.

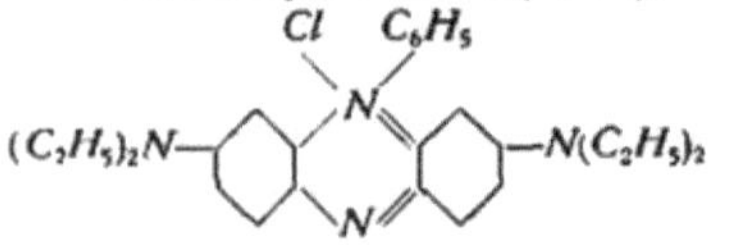

Ristenpart.

Amido s. a. Amino.

Amidoazoschwarz B und T *(M. L. B.)*, 1911, saure Azofarbstoffe, färben Wolle gut egal; reib-, dekatur-, alkali-, licht-, wasser-, schwefel- und schweißecht; für Stück und Garn. Baumwollene Leisten bleiben rein weiß. Ätzbar mit Hydrosulfit. *Ristenpart.*

Amidoblau B, GR *(M. L. B.)*, 1910, saure Wollfarbstoffe, Marineblau, von ähnlichen Färbe- und Echtheitseigenschaften wie das vorige. Die Marke BA *(M. L. B.)*, 1911, eignet sich besonders für Damenkonfektionsstoffe. Amidoblau GS und LE, 1910, schließen sich den älteren Marken an; sie zeichnen sich durch den lebhafteren Grünstich und besonders durch ihre hervorragende Wasserechtheit aus. Die Marke GGR, 1912, dient zur Herstellung lebhafter Marineblaus bei verhältnismäßig billigem Preis, deren Ton sich durch Trocknen und Dekatieren nicht ändert. *Ristenpart.*

Amidobrillantrot G (*M. L. B.*) 1910. Saurer Egalisierungsfarbstoff; färbt im Glaubersalz-Schwefelsäurebade ein klares Rot auf Wolle. *Ristenpart.*

Amidofebrin = Dimethylaminophenyldimethylpyrazolon (Pyramidon). *Zernik.*

Amidogallaminblau (*Durand*), 1908, Beizenfarbstoff der Oxazinreihe, dargestellt nach *D. R. P.* 199846 (*Friedländer* **9**, 238) durch Einwirkung von Ammoniak auf Gallocyanin. Färbt auf Chrombeize grünblau und dient besonders im Kattundruck. *Ristenpart.*

Amidogelb E (*M. L. B.*), 1912, saurer Egalisierungsfarbstoff für Wolle von außerordentlich hoher Lichtechtheit sowie sehr guter Alkali- und Dekaturechtheit mit sehr schöner Abendfarbe. Baumwoll- und Kunstseideeffekte werden nicht angefärbt. Chromkalibeständig. Wegen seiner guten Löslichkeit auch auf Apparaten zu färben. Kupfer und Blei ändern den Farbton nicht, dagegen fallen die Färbungen in eisernen Gefäßen stumpfer aus. *Ristenpart.*

Amidol s. Photographie unter Entwickler.

Amidonaphtholrot 6 B (*M. L. B.*), 1902, saurer Azofarbstoff aus p-Aminoacetanilid und Acetyl-H-Säure, braunes Pulver, färbt ein blaustichiges Rot auf Wolle, vorzüglich egalisierend, licht-, alkali-, dekatur- und bügelecht, für Misch- und Modefarben. Weil chrombeständig, auch wertvoll als Nuancierfarbstoff.

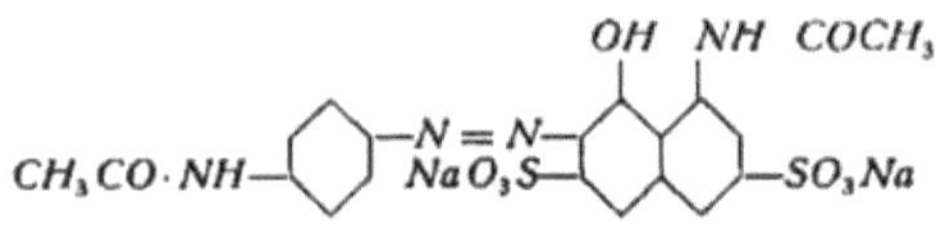

Die Marke G (*M. L. B.*), 1902, ist aus Anilin und Acetyl-H-Säure, rotes Pulver von denselben Färbe- und Echtheitseigenschaften wie das vorstehende blaustichige Produkt. *Ristenpart.*

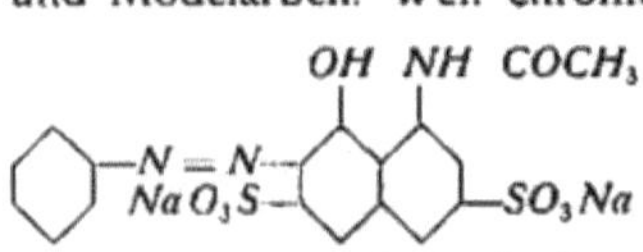

Amidonaphtholschwarz S, 6 B, 4 B, RK (*M. L. B.*), saure Azofarbstoffe für Wolle, mit Essigsäure zu färben, mit Schwefelsäure zum Erschöpfen des Bades ausgezogen. Viel benutzt als billige und tragechte Schwarz auf Stückware und besonders in der Hutfärberei. *Ristenpart.*

Amidopyrin = Dimethylaminophenyldimethylpyrazolon (Pyramidon). *Zernik.*

Amidosäureschwarz 10 B (*Agfa*) entspricht Agalmaschwarz 10 B (*BASF*) und ebenso Amidoschwarz 10 BO (*M. L. B.*) 1908, desgleichen. Neuere Marken (1910) sind A, AT und AG. *Ristenpart.*

Amidoschwarzgrün B (*M.L.B.*), 1908, saurer Egalisierungsfarbstoff. Vermöge seiner vorzüglichen Licht-, Reib- und Alkali-Echtheit zur Herstellung tragechter Dunkelgrün und Olive auf Damen- und Herrenkleiderstoffen verwandt. Widersteht der Wasser- und Tonerde-, sowie einer leichten Seifenwalke. Mit Hydrosulfit ätzbar.

Ristenpart.

Amigrin (Organotherap. Institut, Berlin O) 1910, namentlich in zahnärztlichen Kreisen propagiert, ist vermutlich ein Gemisch aus Magnesia usta und Acetylsalicylsäure gewesen. *Zernik.*

Amine. Hierunter versteht man die organischen Abkömmlinge des Ammoniaks. Man unterscheidet drei Klassen von Aminen, je nachdem 1, 2 oder alle 3 Wasserstoffatome des Ammoniaks durch organische Radikale ersetzt sind; diese drei Arten von Aminen werden bezeichnet als

$$R \cdot NH_2 \text{ primäre,} \qquad \begin{matrix} R \\ R' \end{matrix}\!\!>NH \text{ sekundäre,} \qquad \begin{matrix} R \\ R' \\ R'' \end{matrix}\!\!\gt N \text{ tertiäre Amine.}$$

Hierbei kann R, R', R'' ein aliphatischer oder aromatischer Kohlenwasserstoffrest sein. Sind mit einem Kohlenwasserstoff mehrere Ammoniakreste verbunden, so entstehen Diamine, Triamine u. s. w., die besonders in der aromatischen Reihe von Bedeutung sind.

In der Natur kommen Amine nur in so unbedeutender Menge vor, daß sie für die technische Darstellung nicht in Betracht kommen. Die Amine werden vielmehr ausnahmslos künstlich dargestellt. Allgemeine Methoden zur Darstellung von Aminen sind:

Umsetzung von Halogenalkylen mit Ammoniak. Hierbei entstehen nacheinander primäre, sekundäre und tertiäre Amine:

$$\text{I.}\quad NH_3 + CH_3J = NH_2 \cdot CH_3 \cdot HJ; \qquad \text{II.}\quad NH_2\, CH_3 + CH_3J = NH(CH_3)_2 \cdot HJ;$$
$$\text{III.}\quad NH(CH_3)_2 + CH_3J = N(CH_3)_3 \cdot HJ.$$

Aus dem Trimethylamin kann sich endlich durch Addition eines weiteren Mol. CH_3J die quartäre Ammoniumverbindung $N(CH_3)_4J$ bilden, die aber nicht mehr zu den Aminen zu rechnen ist.

Eine weitere Methode zur Herstellung von Aminen, die besonders für die aromatische Reihe von Wichtigkeit ist, geht von den Nitroverbindungen der Kohlenwasserstoffe aus, die durch energische Reduktion in die Amine verwandelt werden.

Sodann lassen sich primäre Amine aus den Amiden der um ein Kohlenstoffatom reicheren Carbonsäuren durch den Hofmannschen Abbau mittels Chlor und Natronlauge gewinnen; vgl. Anthranilsäure unter Benzoesäure.

Die aliphatischen Amine sind technisch von geringer Bedeutung, um so wichtiger sind die aromatischen; es gibt wohl nur vereinzelt einen stickstoffhaltigen Farbstoff, zu dessen Darstellung Amine entbehrlich wären.

Näheres s. Alkylamine, Anilin, Phenylendiamine, Naphthylamine u.s.w.

F. Sachs.

Aminoazobenzol (*Agfa, M.L.B., Wülfing*), 1861, Anilingelb (*Durand*), der erste Vertreter der durch die von P. Griess 1858 begonnenen denkwürdigen Untersuchungen über die Einwirkung von salpetriger Säure auf aromatische Amine entdeckten Azofarbstoffe.

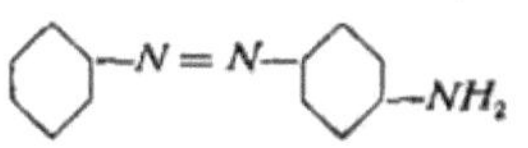

Dargestellt, indem 1 *Mol.* salzsaures Anilin, in 5–6 *Mol.* Anilin gelöst, mit 1 *Mol.* Natriumnitrit in wenig Wasser bei 40° versetzt und ein bis zwei Stunden auf dieser Temperatur gehalten wird. Nach zwölfstündigem Stehen bei gewöhnlicher Temperatur fällt man das Aminoazobenzol-chlorhydrat mit starker

Salzsäure unter 70° aus (in Form stahlblauer Krystalle). Die braungelbe Base schmilzt bei 127°. Der Farbstoff ist für Gespinstfasern ganz unbrauchbar, weil er absublimiert und überhaupt sehr unecht ist. Man verwendet ihn daher unter dem Namen Spritgelb zum Färben von Spritlacken, Fetten, Käse u. s. w., da er nicht giftig ist. Auch ist er ein vielseitiges Ausgangsmaterial für andere Farbstoffe, wie z. B. Säuregelb, Tuchrot und Induline. Vergl. auch Azobenzol. *Ristenpart.*

Aminoazotoluol medicinale „Agfa" (*Agfa*). Rotbraunes Krystallpulver, zerrieben ein gelbes Pulver. Kaum löslich in Wasser, leicht löslich in Alkohol, Äther, Ölen und Fetten mit orangegelber Farbe. Sintert bei 100°, schmilzt bei 102°. Nachdem man erkannt hatte, daß Aminoazotoluol der epithelisierend wirkende Faktor des sog. Scharlach R (Sudan IV) (s. d.) sei, wurde es 1909 wie dieses zur Anregung der Hautbildung auf Wundflächen empfohlen. Anwendung in Salbenform; die Scharlachsalbe nach Prof. SCHMIEDEN ist eine 8% Aminoazotoluol enthaltende Vaselinsalbe.

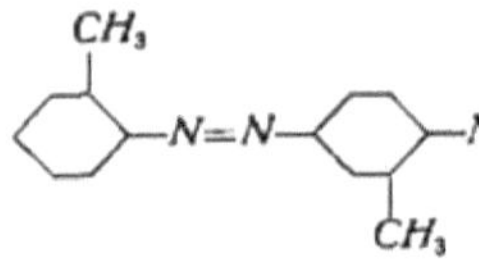

Neuerdings werden Acetylderivate des Aminoazotoluols zu gleichem Zweck empfohlen, weil minder stark färbend: das Monoacetylderivat als Azodermin (s. d.), das Diacetylderivat als Pellidol (s. d.), bzw. mit Jodolen gemischt als Azodolen (s. d.). *Zernik.*

Aminobenzoesäuren s. Benzoesäure.

Aminobenzolsulfosäuren s. Anilin.

Aminoessigsäure s. Glykokoll.

Aminoform = Hexamethylentetramin. *Zernik.*

Aminogen-blau RN, R neu und **-violett** (*Ciba*): sind substantive Baumwollfarbstoffe, die sich diazotieren und mit β-Naphthol entwickeln lassen. *Ristenpart.*

Aminonaphtholsulfosäuren s. Naphthalin.

Aminophenole s. Phenole.

Aminschwarz, 4B, 6B, 10B, 4BG, 1906, neuere Marken sind 4BD, 1910, und 4BL, SL, KL 1912 (*Agfa*), saure Azofarbstoffe für Wolle, gut egalisierend und unempfindlich gegen hartes Wasser, mit Schwefelsäure färbbar, aber auch im neutralen Bade aufziehend, daher für die Halbwolleinbadfärberei von Interesse. Auf Grund ihrer Lichtechtheit für Hutfärberei, sowie Herren- und Damenkonfektion viel benutzt. *Ristenpart.*

Aminschwarzgrün, B (*Agfa*), 1906, saurer Azofarbstoff, färbt ein Russischgrün auf Wolle, sauer sowie neutral, von gleichen Echtheitseigenschaften wie das vorige. *Ristenpart.*

Ammoniak. Die gebräuchlichsten Ammoniumsalze sind bereits seit sehr langer Zeit bekannt. Die alten Ägypter bedienten sich des Salmiaks, und die Araber kannten außer diesem auch das Ammoniumcarbonat. Wässerige Ammoniakflüssigkeit finden wir dagegen erst bei den Alchimisten erwähnt. PRIESTLEY stellte in der zweiten Hälfte des 18. Jahrhunderts das Ammoniakgas dar, als er Quecksilber als Absperrflüssigkeit benutzte. Er brachte es durch den elektrischen Funken sowie durch Erhitzen mit Metalloxyden zum Zerfall. SCHEELE zeigte dann, daß es aus Stickstoff und Phlogiston bestehe, und BERTHOLLET wies das Phlogiston als Wasserstoff nach. A. BERTHOLLET und HENRY ermittelten das Verhältnis der Bestandteile Stickstoff und Wasserstoff.

Der Name Ammoniak stammt von „sal ammoniacum", das man auch als s. armeniacum und s. armoniacum bezeichnet findet. Man verstand darunter ursprünglich Steinsalz, übertrug den Namen jedoch bald auf das Ammoniumchlorid, den Salmiak. Französische Forscher leiteten hiervon im 18. Jahrhundert das Wort „Ammoniaque" ab, und daraus bildeten die Deutschen zunächst „Ammonium", sowohl für Ammoniakgas wie für Ammoniumcarbonat, die man bis dahin „flüchtiges Laugensalz" und „flüchtiges Alkali" genannt hatte. (Nach SPIEGEL, Der Stickstoff. Braunschweig 1903.)

Eigenschaften. Das Ammoniak ist bei gewöhnlicher Temperatur ein farbloses Gas von intensiv stechendem Geruch und scharf alkalischem Geschmack. Sein Vol.-Gew. (Luft = 1) ist 0,5971, und 1 *l* Ammoniakgas wiegt bei 0° und 760 *mm* Druck 0,7708 *g*. Der Ausdehnungskoeffizient beträgt zwischen 0 und 100° 0,003847, die spez. Wärme ist 0,5009 bei 0°, 0,5317 bei 100° und 0,5029 bei 200°. Die Bildungswärme aus seinen Elementen beträgt für NH_3 beim absoluten Nullpunkt 10329 *Cal.* und bei 700–1000° 12000 bzw. 12800 *Cal.* Das Ammoniakgas wird äußerst heftig und unter lebhafter Wärmeentwicklung von Wasser absorbiert, wobei Temperatur und Druck eine wichtige Rolle spielen. 1 *g* Wasser von 0° absorbiert bei 760 *mm* Druck 1146 *ccm* Ammoniakgas = 0,899 *g*. Die konz. wässerige Lösung des Ammoniaks erstarrt beim Abkühlen zwischen –38° und –41° in biegsamen, glänzenden Nadeln, bei –49° zu einer Gallerte, die fast geruchlos ist. Das Ammoniak ist ferner in wässerigen Salzlösungen, in Äther und den verschiedenen Alkoholen löslich, wenn auch weniger leicht als in Wasser. Über die Eigenschaften des verdichteten Ammoniaks s. S. 379.

Die Hauptmengen des Ammoniaks werden gegenwärtig aus natürlichen Rohstoffen, insbesondere bei der trockenen Destillation der Steinkohle gewonnen. Neuerdings werden aber auch Verfahren technisch ausgeführt, bei denen der Stickstoff mit dem Wasserstoff direkt (vgl. II. Synthetisches Ammoniak) oder durch Vermittlung von Nitriden (s. Aluminiumnitrid) zu Ammoniak vereint wird (vgl. a. Calciumcyanamid).

I. Ammoniak aus natürlichen Rohstoffen.

Vorkommen. Das Ammoniak tritt in der Natur fast ausschließlich in Form seiner Salze, u. zw. vorwiegend als Bicarbonat, Nitrit, Nitrat, Sulfid, Chlorid und Sulfat auf und verdankt seine Entstehung dem Zerfall stickstoffhaltiger organischer Stoffe oder vulkanischer Tätigkeit. Die Luft enthält stets Ammoniumsalze in wechselnden Mengen; in industriereichen Städten hat man bis zu 100 T. in 1000000 T. Luft gefunden.

Aus der Luft gelangt das Ammoniak durch die meteorischen Niederschläge auf die Erde, und hier entstehen fortlaufend neue Mengen von Ammoniak durch den natürlichen Zerfall von Tier- und Pflanzenkörpern. Durch Herauslösen aus dem Erdboden gelangt es regelmäßig in das Wasser der Flüsse, Seen und Meere.

Als Zersetzungsprodukt der Steinkohle findet man Chlorammonium und Ammoniumsulfat an brennenden Steinkohlenlagern, z. B. am brennenden Berg bei Dudweiler. Ebenso tritt es an Vulkanen auf, z. B. am Hekla, Ätna und Vesuv als Mascagnin (Ammoniumsulfat), doch ist noch nicht klargestellt, ob es in diesen Fällen vulkanischer Tätigkeit oder der Zersetzung von Pflanzen durch Lavaströme seinen Ursprung verdankt. Ammoniumsulfat findet man auch in der Ufererde der Lagunen, und Ammoniumcarbonat ist ein regelmäßiger Begleiter der Guanolager.

Natürliches Ammoniumsulfat wird nur aus den Soffionen Toskanas industriell gewonnen. Nach v. HELMOLT (DAMMER, Chem. Techn. I, 491) beträgt die Ausbeute dortselbst in 24 Stunden etwa 1,5 *t* Sulfat.

Die weitaus größte Menge des Ammoniaks und seiner Salze entstammt der trockenen Destillation fossiler Brennstoffe, u. zw. in erster Linie der Destillationskokerei und Leuchtgaserzeugung, der die Steinkohle als Rohstoff dient, ferner der Schiefer- und Braunkohlenschwelerei und endlich der Torfvergasung.

Die Steinkohle enthält je nach ihrem Alter und ihrer Herkunft 0,2–0,5% Stickstoff (auf wasser- und aschefreie Substanz, sog. Reinkohle, bezogen), dessen Vorhandensein teils auf den Eiweißgehalt der Ursprungspflanzen, teils auf Einlagerung tierischer Reste in die Pflanzenmasse, aus der die Steinkohle entstanden ist, zurückgeführt werden muß. Die größten Stickstoffmengen kommen in den Gas-, Gasflamm- und Kokskohlen vor. DREHSCHMIDT (*J. G.* **1904**, 677) fand z. B. bei der Untersuchung von 68 Gaskohlen verschiedener Herkunft folgende Grenzwerte (auf Reinkohle bezogen): schlesische Kohle 1,02–1,76%; westfälische Kohle 1,42–1,85%; englische Kohle 1,10–1,94%. Der Stickstoff ist in der Steinkohle offenbar in Form komplizierter organischer Verbindungen enthalten, die beim Entgasungsvorgang zerfallen und in den Produkten als Stickstoffbasen, Ammoniak, Cyanwasserstoff und freier Stickstoff auftreten. Die Ammoniakausbeute hängt unter sonst gleichen Umständen von der Art der vergasten Kohle, jedoch nicht vom Stickstoffgehalt ab. DREHSCHMIDT fand, daß bei 1100–1200° vom Gesamtstickstoff in Ammoniak übergingen: bei schlesischen Kohlen 11,1–20,4%; bei westfälischen 11,3–17,0% und bei englischen 11,2–25,0%.

Da das Ammoniak schon bei beginnender Rotglut anfängt zu zerfallen (RAMSAY und YOUNG, *Soc.* **45**, 88 [1884], HABER und VAN OORDT, *Z. anorg. Ch.* **44**, 341 [1905]), so muß man annehmen, daß bei der Destillation ursprünglich weit mehr davon entsteht, als sich nachher in den Produkten wiederfindet. MAYER und ALTMAYER (*J. G.* **50**, 49 [1907]) haben eine Saarkohle Heinitz mit 1,13% *N* im elektrischen Ofen entgast und die Ammoniakausbeute bei verschiedenen Temperaturen bestimmt. Sie fanden die in Abb. 124 dargestellten Werte, aus denen hervorgeht, daß die Ammoniakentwicklung bei 800° ihren Höchstwert erreichte. Von der entwickelten Menge zerfällt ein großer Teil wieder beim weiteren Ansteigen der Temperatur. Lediglich die Zerfallsträgheit des Ammoniaks und die schützende Wirkung der gleichzeitig entstehenden Gase und Dämpfe verhindern den völligen Zerfall. Wasserdampf wirkt sowohl auf die Bildung wie die Erhaltung des Ammoniaks sehr günstig ein. So kann man den im Koks enthaltenen Stickstoff durch Behandeln mit Wasserdampf bei Glühhitze zum Teil in Ammoniak überführen

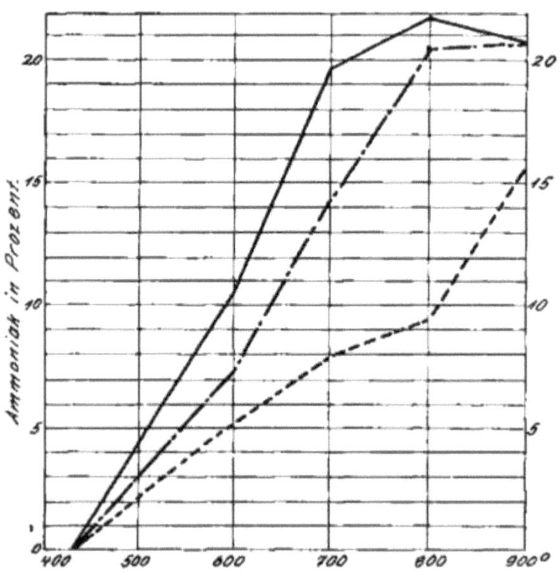

Abb. 124.
—— Ammoniakausbeute bei dreistündiger Dauer;
-·-·- Ausbeute während der Anheizperiode;
----- Elementar auftretender Stickstoff bei dreistündiger Entgasung.

(RICKMAN, *D. R. P.* 8238; YOUNG, *E. P.* 1377 [1882]; TERVET, *D. R. P.* 27200; STRÖHMER und SCHOLZ, *D. R. P.* 16807). Viel günstiger ist aber die Destillation der Kohle in Wasserdampf. BEILBY (*J. Ch. J.* **1884**, 216) hat dies 1883 auf den Oakbank-Werken zuerst ausgeführt und bei 1–1½ *t* Dampf für 1 *t* Kohle 4,0–5,6% Ammoniumsulfat gewonnen, was einer Ausbeute von 60–70% des Gesamtstickstoffes der Kohle entspricht. MOND (*E. P.* 3821 [1883], 3923 [1883], 8973 [1885], 12440 [1893]; *J. Ch. I.* **1889**, 505; *Z. angew. Ch.* **2**, 513 [1889]; *St. u. E.* **1895**, 464; Journ. Gaslight, **1903**, 80) hat sich sehr eingehend mit diesem Verfahren beschäftigt und es in großem Umfang bei der Kraftgas-(Mondgas-)erzeugung eingeführt. Er vergast die Kohle in einem auf 150° vorgewärmten Gemisch von Dampf und Luft und gewinnt etwa 50% des Stickstoffes als Ammoniak. Die der Vergasung vorhergehende Entgasung der Kohle findet dabei bei 300–600° statt. Es werden heute mehr als 1 Mill. *t* Kohlen in England nach dem Verfahren von MOND verarbeitet. Auch in Deutschland ist der Mondgasprozeß vor einigen Jahren eingeführt worden. Die zu diesem Zwecke gegründete DEUTSCHE MONDGASGESELLSCHAFT hat die erste Anlage in Mont-Cenis bei Sodingen errichtet. Nach CARO gewinnt man dort aus 1 *t* Kohle 40 *kg* Ammoniumsulfat, was 70–80% des Gesamtstickstoffes entspricht. Außerdem werden 3500 *cbm* Gas von 1100–1200 *W. E.* erzeugt. Dasselbe Verfahren ist auch von CARO auf die sog. Waschberge und ferner auf Braunkohle und Torf mit Erfolg ausgedehnt worden; (näheres vgl. Kraftgas).

WOLTERECK (*Ch. Ztg.* **33**, 277 [1909]) gewinnt Ammoniak dadurch, daß er Luft und Wasserdampf bei 450° über grubenfeuchten Torf, der bis zu 80% Wasser enthalten darf, leitet. Dabei soll auch ein Teil des Luftstickstoffs in Ammoniak übergehen. Es werden etwa 5% Ammoniumsulfat, 1–1½% Essigsäure und 3—8% Paraffin gewonnen. CARO (*Ch. Ztg.* **35**, 5 [1911]) bestreitet entschieden, daß bei diesem Verfahren der Luftstickstoff in Ammoniak verwandelt werde (s. a. LYMN, *Ch. Ztg.* **34**, 1334 [1910] und WOLTERECK, *Ch. Ztg.* **35**, 626 [1911]). Eine Anlage nach WOLTERECK ist seit mehreren Jahren in Carnlough (Irland) in Betrieb. Sie lieferte bereits 1909 etwa 5000 *t* Sulfat. Die Ausbeute betrug für 100 *t* Trockentorf etwa 5 *t* Sulfat. IRELAND und SUGDEN (*D. R. P.* 175401, 176616, 180141, 205006) arbeiten in ganz ähnlicher Weise. Der Torf wird durch Pressen oder Nutschen in dünner Schicht bis auf 70% entwässert und darauf in stehenden, schamottegefütterten Retorten mit feuchter Luft bei 400–500° behandelt. Nach Einleitung der Reaktion unterbricht man die Wärmezufuhr und setzt das Wasser in Nebelform zu. Das teer- und staubfreie Gas wäscht man mit Sodalösung und Schwefelsäure zur Gewinnung von Essigsäure und Ammoniak. Die Ammoniakausbeute beträgt etwa 2,6% der Trockensubstanz. JONES und SUAREZ (*D. R. P.* 234793) vergasen den Torf bei 600–800° in Luft, Dampf und Generatorgas. Nach PIEPER (*D. R. P.* 87061, 93705, 93706, 93746; *Z. angew. Ch.* **10**, 703 [1897]) wird Torf entwässert und in nußgroßen Stücken in einer drehbaren, von außen geheizten Retorte bei kaum sichtbarer Rotglut mit Dampf behandelt. Das Verfahren dürfte mittlerweile durch die vorbeschriebenen überholt sein. Eine Übersicht über die heutige Ammoniakgewinnung aus Torf hat KAUSCH (*Braunk.* **1910**, 221) geliefert (vgl. auch Torf).

Zur Gewinnung von Ammoniak auf dem Wege der trockenen Destillation benutzt man auch den Seeschlick, die sog. Mudde als Ausgangsmaterial. Dieser Schlick ist sehr reich an tierischen Überresten und enthält daher viel Stickstoffverbindungen, die bei der Zersetzung Ammoniak liefern. Bis jetzt wird nur das Schlickvorkommen bei Ludwigshof, u. zw. von den DEUTSCHEN AMMONIAKWERKEN ausgebeutet. Destilliert man den lufttrockenen Schlick, so erhält man 40% des Stickstoffes als Ammoniak. Schlick mit 40% Wasser liefert etwa 10% Ammoniumsulfat. Wie beim Torf und der Braunkohle kann man auch in diesem Falle die Ausbeute durch Destillation in Wasserdampf bedeutend erhöhen. Nach MOND vergast, gibt der Schlick eine fast quantitative Ausbeute (CARO). Da der feste Rückstand der Schlickdestillation etwa 70% Asche enthält und dadurch beinahe wertlos ist, empfiehlt KNUBLAUCH, den Schlick mit Kohlengrus, Kohlenschlamm oder mit Brikettabfällen von gasreichen Stein- oder Braunkohlen gemischt im Retorten- oder Koksofen zu destillieren; der Koksrückstand ist dann fest und hat einen erhöhten Brennwert (*D. R. P.* 115462, 137453, 142505).

Die Anwendung des Dampfes bei der Destillation fossiler Brennstoffe ist nicht das einzige Mittel zur Erhöhung der Ammoniakausbeute. Man hat seit langem Versuche gemacht, diesen Erfolg auch durch Zumischen starker Basen, vor allem Calciumhydrat zur Kohle vor der Destillation zu erzielen. Das Verfahren gründet sich auf die schon DUMAS 1831 bekannte, von VARRENTRAPP und WILL (*A.* **39**, 257) sorgfältig erforschte Tatsache, daß viele organische Stickstoffverbindungen beim Erhitzen mit Natronkalk ihren Stickstoff quantitativ als Ammoniak abgeben. PLAYFAIR (*E. P.* 3977 [1882]) hat dies Verfahren auf Kohle angewendet, und COOPER (*E. P.* 5713 [1882]) hat an Stelle des Natronkalks zu Pulver gelöschten Ätzkalk benutzt. Das Verfahren wurde bereits im Oktober 1883 auf den TUNBRIDGE WELLS-Gaswerken eingeführt und bildete in der Folgezeit mehrfach den Gegenstand eifriger Forschung, an der sich u. a. WANKLYN, TREWBY, WILTON, EASTWOOD und WALTON CLARK beteiligten. Die Ergebnisse waren nichts weniger als einheitlich. Manche fanden eine Zunahme der Ammoniakausbeute um 30—40%, andere erzielten gar keinen Erfolg. KNUBLAUCH (*J. G.* **1887**, 55, 96) führte eine sehr sorgfältige Untersuchung über das „Kalken" der Kohle aus und stellte eine Zunahme der Ammoniakausbeute um 20—40% fest, während SCHILLING (*J. G.* **1887**, 661, 707, 742, 771) fand, daß die Mehrausbeute von der Kohlenart abhängig sei. Das Verfahren geriet dann in Vergessenheit und ist erst in neuester Zeit wieder studiert worden (FÜRTH, Wasser und Gas, **1912**, 221). Dabei hat sich ergeben, daß der Erfolg lediglich von der Innigkeit der Mischung abhängig ist. Nicht nur der Kalk, sondern auch die Kohle muß fein gepulvert und beides sehr sorgfältig gemischt werden, dann bleibt der Erfolg nicht aus. Dennoch erscheint die praktische Brauchbarkeit fraglich, da die Aufbereitungskosten zu hoch sind. Bei der Vergasung des Ludwigshofer Schlicks hat man den Kalkzusatz ebenfalls angewendet und eine erhebliche Zunahme der Ammoniakausbeute festgestellt.

Die Melasseschlempe der Zuckerfabrikation wird schon seit langer Zeit als Rohstoff für die Ammoniakdarstellung benutzt. Nach PATAKY (*D. R. P.* 86400) dickt man sie bis auf 70° Brix ein, mischt sie darauf mit 0,5—1 T. geglühter Tonerde und destilliert sie bei schwacher Rotglut. Die Gase führt man über schwachrotwarmen Kalk und wäscht sie mit Wasser und Schwefelsäure. Man gewinnt sieben Achtel des Ammoniaks als Carbonat, den Rest als Sulfat. MATTHIESEN (*D. R. P.* 88147, 93397) leitet die Schlempegase über Ziegel, die aus Bauxit, Schlempekohle und Alkalicarbonat, ev. auch unter Zusatz von Schlempe hergestellt sind. STERNBERG (*D. R. P.* 105638) destilliert die Schlempe im wasserdampfhaltigen Luftstrom. Die Ammoniakentwicklung beginnt dann bei 100° und ist bei 500° beendet. Branntweinschlempe wird nach EFFRONT (*D. R. P.* 209114) zur Gewinnung des Ammoniaks erst konzentriert und zur Zersetzung der organischen Alkaliverbindungen mit Harzen vermischt, darauf destilliert man sie bis 700° in Luft.

Die menschlichen und tierischen Ausscheidungen, vor allem der Harn, waren früher beliebte Rohstoffe für die Ammoniakgewinnung. Man ließ sie faulen, wobei der Harnstoff unter Wasseraufnahme in Ammoniumcarbonat überging. Der gefaulte Harn wurde teils unmittelbar in der Textilindustrie zum Entfetten der Stoffe benutzt, teils destillierte man ihn und verarbeitete das Destillat auf Ammoniumsulfat. Auch Jauche, also Harn gemischt mit Kot, wurde früher auf Ammoniak verarbeitet, u. zw. durch Erhitzen mit Kalk; aus den Tankwässern der Chicagoer Schweineschlächtereien, die beim Auskochen des Abfalls zum Zwecke der Fettgewinnung entstehen, gewann man Salmiak. Alle diese Verfahren sind heute bedeutungslos und werden wohl kaum noch ausgeführt.

Verarbeitung des Gaswassers.

Das Ammoniak wird, wie wir im Vorstehenden gesehen haben, vorwiegend bei der trockenen Destillation und verwandten Vorgängen gewonnen und hierbei meist durch Auswaschen mit Wasser den Destillationsgasen entzogen (vgl. Leuchtgas, Kokerei, Braunkohlenschwelerei, Torf, Kraftgas). Das hierbei abfallende Gaswasser ist eine beinahe farblose, klare Flüssigkeit, die nach Schwefelammonium und Teer riecht und stets ein höheres *spez. Gew.* als 1 hat. An der Luft dunkelt es sehr schnell nach und trübt sich etwas. Da bei der Waschung nicht nur NH_3, sondern auch CO_2, H_2S und HCN aufgenommen werden, ist das Ammoniak im Gaswasser nur in Form von Salzen vorhanden, u. zw. teils als Salze, die beim Kochen zerfallen (Carbonate, Sulfid, Sulfhydrat, Cyanid), teils als kochbeständige, fixe Salze (Sulfat, Sulfit, Thiosulfat, Thiocarbonat, Chlorid, Ferrocyanid, Rhodanid). Kochsalzhaltige Kohle liefert ein an Chlorid reiches Wasser, schwefelreiche Kohlen ergeben ein Wasser mit viel Schwefelverbindungen. Wird der Cyanwasserstoff aus dem Gase ausgewaschen, so enthält das Gaswasser nur Spuren von Cyanverbindungen. So fand LINDER (*J. Gaslight* **1905**, 223):

Das Gaswasser enthielt:	Ohne Cyanwaschung *g* in 1 *l*	Mit Cyanwaschung *g* in 1 *l*
Ferrocyanammonium	0,12	1,01
Chloride als *HCl* ber.	7,76	3,26
Kohlendioxyd .	25,51	20,57
Schwefelwasserstoff	6,61	2,68
Cyanwasserstoff	0,68	0,03
Ammoniak:		
leicht zersetzlich	21,76	14,68
schwer zersetzlich	5,76	4,47
im ganzen	27,52	19,15

Lufthaltiges Gas liefert ein an schwerzersetzlichen Salzen reiches Gaswasser, u. zw. infolge der Oxydation der Schwefelverbindungen; auch beim Lagern des Gaswassers in Gruben steigt der Gehalt an fixen Salzen. Ein Beispiel dafür gibt LINDER (*J. Gaslight* **1905**, 642):

Das Gaswasser enthielt:	unmittelbar nach der Gewinnung *g* in 1 *l*	nach 1½jähriger Lagerung *g* in 1 *l*
Ammoniak:		
leicht zersetzlich	21,76	19,20
schwer zersetzlich	5,76	10,60
im ganzen .	27,52	29,80
Gesamtschwefel .	8,55	9,12
davon in %		
als Sulfat .	0,7	4,5
„ Rhodanid	23,4	57,9
„ Thiosulfat .	3,1	16,4
Kohlendioxyd .	25,51	21,22
Schwefelwasserstoff	6,61	2,05
Cyanwasserstoff	0,68	0,00
Ferrocyan als *HCN* ber.	0,068	0,00

Auch das zur Kohlendestillation benutzte Retortensystem übt nach CARPENTER (J. Gaslight, **1908**, 98) einen Einfluß auf die Zusammensetzung des Gaswassers aus.

Man bewahrt das Gaswasser gewöhnlich in unterirdischen Gruben auf. Gruben aus Eisenbeton und solche aus Stampfbeton bewähren sich gut (*J. G.* **1911**, 563), doch sind auch gemauerte Gruben in Gebrauch (*J. Gaslight*, **1911**, **116**, 376). Am besten ist es, die Gruben noch zu asphaltieren oder wenigstens zu teeren. DE LIEFDE (*J. G.* **1910**, 560) empfiehlt, den Boden geneigt anzulegen und an der tiefsten Stelle mit einer Vertiefung für das Pumpensaugrohr zu versehen. Die Gruben müssen dicht abgedeckt sein, da sonst die Ammoniakverluste sehr groß werden. HENDRICKSON (*J. Gaslight*, **1911**, **115**, 592) hat praktische Versuche über den Umfang dieser Verluste ausgeführt.

Die Verarbeitung des Gaswassers richtet sich nach der Größe des betreffenden Werkes und nach seiner Lage. Abseits des Verkehrs liegende kleine Werke geben das Gaswasser oft unmittelbar an Landwirte ab. Hat das Wasser nicht mehr als 0,9—1,2° *Bé.*, so kann es im Spätjahr zum Düngen der Wiesen und Äcker benutzt werden (*J. G.* **1909**, 1083). RYGARD (*J. G.* **1910**, 246) empfiehlt, das Wasser mit Schwefelsäure zu neutralisieren, es mit Torfstreu zu mischen und dann als Dünger zu benutzen. Auch OTT (*J. G.* **1905**, 902, 1157) befürwortet die Neutralisation des Gaswassers mit Schwefelsäure, will jedoch die Salzlösung in Bleipfannen, die von der Abhitze der Retortenöfen geheizt werden, zur Krystallisation eindampfen. Er fand in einer Probe derart gewonnenen Salzes aus dem Gaswerk Zug 20,3% *N* (statt 21,2%).

Während einige Erfinder vorschlagen, das Ammoniak aus diesen Lösungen auszutreiben und mit Hilfe von Luft und geeigneten Kontaktmitteln in Salpetersäure zu verwandeln (vgl. hierüber Salpetersäure), besteht die allgemein gebräuchliche Verarbeitung des rohen Gaswassers darin, daß durch Auskochen das Ammoniak ausgetrieben und in Form von (S. 374) verdichtetem Gaswasser, Salmiakgeist, flüssigem Ammoniak oder Ammoniumsulfat gewonnen wird. Verschiedentlich sind Vorschläge gemacht worden, aus dem Gaswasser vor der Destillation Cyanverbindungen zu gewinnen; da jedoch die bezüglichen Verfahren entweder gar nicht oder nur vorübergehend angewendet worden sind, sei auf folgende Literatur verwiesen: STORCK und STROBEL, Ber. d. österr. Ges. z. Förd. d. chem. Ind. **1879**, 10; GASCH, *J. G.* **1886**, 550; BUNTE, *J. G.* **1887**, 1063; BOWER, *D. R. P.* 88052, *E. P.* 2918 [1882] und *E. P.* 361 [1896]; DONATH, *J. G.* **1901**, 880; GUTKNECHT, *E. P.* 9396 [1903]; HERRY, *F. P.* 403056; GROSSMANN, *E. P.* 19888 [1907].

Das Auskochen des Gaswassers muß, wenn man das gesamte Ammoniak gewinnen will, in zwei Abschnitten ausgeführt werden. Beim Erhitzen zum Sieden zerfallen nur die leicht zersetzlichen Salze, die Carbonate und Sulfide; um auch die sog. fixen Salze zu spalten, ist es nötig, dem Gaswasser eine starke Base zuzusetzen, als welche man in der Praxis Ätzkalk, u. zw. in Form von Kalkmilch, benutzt. Man würde zwar schon dem kalten Gaswasser Kalkmilch zusetzen können, wie es FELDMANN im *D. R. P.* 31237 vorgeschlagen hat, und gewänne dann das gesamte Ammoniak in einer Operation, jedoch würden in dem Falle die gesamte Kohlensäure und Schwefelwasserstoff ebenfalls vom Kalk gebunden werden, und dadurch stiege der Kalkverbrauch ganz außerordentlich. Daher pflegt man allgemein das Gaswasser zunächst für sich auszukochen, bis die Carbonate und Sulfide zerstört sind, und dann erst durch Zusatz von Kalkmilch die fixen Salze zu zersetzen. Diese Zersetzung der fixen Salze durch Kalkmilch ist zuerst von PETER WARD (*E. P.* 1852) vorgeschlagen worden.

Bis zu den Siebzigerjahren des vorigen Jahrhunderts führte man das Auskochen des Gaswassers in Kesselapparaten aus, die abwechselnd beschickt und entleert und mit Rostfeuerungen beheizt wurden. Abbildungen und Beschreibungen der damals gebräuchlichsten Formen finden sich in SCHILLINGS Handbuch der Steinkohlengasbeleuchtung, III. Aufl., München 1879. Heute werden solche, für den unterbrochenen Betrieb bestimmte Vorrichtungen nur noch auf sehr kleinen Gaswerken sowie manchmal für besondere Zwecke, z. B. für die Salmiakgeistfabrikation angewendet. Eine moderne Anlage dieser Art, wie sie von KARL FRANCKE, Bremen, für Gaswerke von 400000 *cbm* Höchstgaserzeugung jährlich ausgeführt wird, ist in Abb. 125 dargestellt.

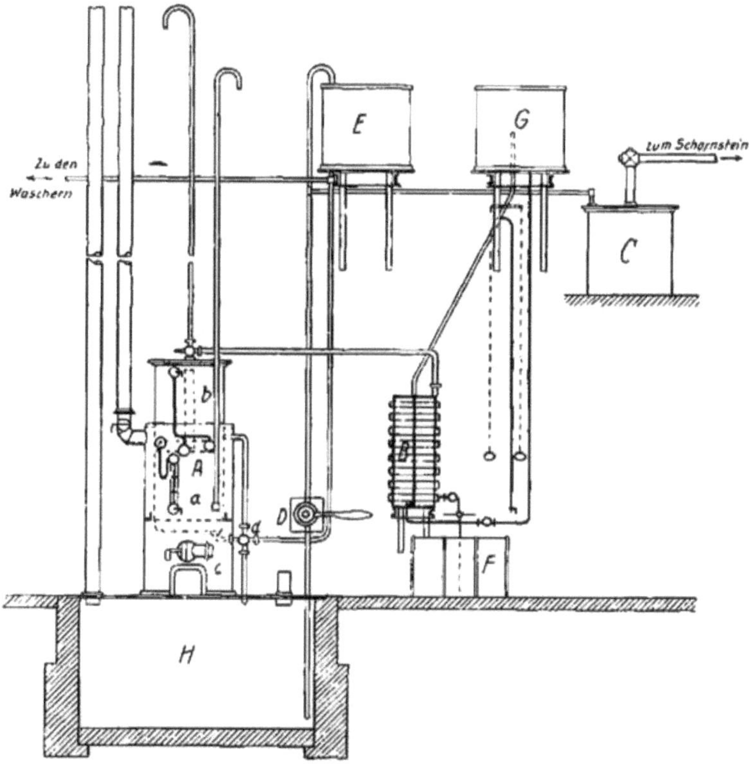

Abb. 125.

Ihr wichtigster Teil ist die Destillierblase *A*. Sie ist durch einen Zwischenboden in zwei übereinander liegende Räume *a* und *b* geschieden, deren Oberteile ein in der Mitte angebrachtes Rohr miteinander verbindet. An das Oberteil von *b* ist die zum Kühler *B* führende Ammoniakleitung angeschlossen. Den untern Raum *a* umgibt ein eiserner Mantel, auf dem die ganze Blase ruht und in dem sich auch die Feuerung befindet. Der mit beiden Blasenteilen *a* und *b* verbundene Hochbehälter *E* nimmt das zu destillierende Gaswasser auf und dient während des Stillstandes der Anlage zur Aufnahme ausgekochten Gaswassers, das wieder zum Waschen des Gases benutzt wird. Der Behälter *G* enthält Kühlwasser und ist mit dem Kühler *B* verbunden. *C* ist ein mit Rauchgasen beheiztes Eindampfgefäß für ausgekochtes Gaswasser, das aus der Kühlgrube *H* mittels der Flügelpumpe *D* hineinbefördert wird.

Man füllt nun durch Betätigung des Vierwegehahns *d* beide Teile der Blase mit (400 *l*) rohem Gaswasser und befeuert den Teil *a*. Die ammoniakhaltigen Dämpfe treten durch das mittlere Rohr aus *a* nach *b* über, geben hier einen Teil ihres Wasserdampfes ab und gelangen dann zum Kühler *B*, in dem sie zu verdichtetem Gaswasser mit 10–12% NH_3 verflüssigt werden. Ist das Wasser in *a* abgetrieben, so läßt man es durch *d* in die Kühlgrube *H* fließen, schafft ebenfalls durch *d* das vorgewärmte Wasser von *b* nach *a* und füllt *b* von neuem mit Gaswasser, worauf wiederum das Auskochen beginnt. Das in der Kühlgrube *H* gesammelte, ausgekochte Wasser wird während des Stillstandes der Anlage mittels *D* nach *E* gepumpt und an Stelle von Frischwasser zum Berieseln der Wascher benutzt. Ein Teil davon, u. zw. fast soviel, wie bei der Kohlendestillation entsteht, muß in *C* eingedampft werden und wird, sobald er ebenfalls 10–12% NH_3 enthält, dem verdichteten Wasser zugesetzt und mit diesem verkauft. Das Verfahren kann sich im Betrieb nicht besonders wirtschaftlich gestalten, da zuviel Wasser verdampft werden muß. THIEL (*J. G.* **1907**, 979) gibt zwar an, daß man zur Erzeugung von 1 *cbm* 10%igen Wassers nur 60 *kg* Abfallkoks gebrauche, das kann jedoch nicht stimmen. Liefert die Kohle bei der Destillation 0,25% NH_3 und 7% H_2O, so müssen für je 1 *cbm* 10%igen Wassers 2,8 *cbm* H_2O verdampft werden, was bei 8facher Verdampfung 350 *kg* Koks entspricht.

Viel wirtschaftlicher und leistungsfähiger als die Apparate der beschriebenen Art sind die heute allgemein gebräuchlichen, in denen das Gaswasser während des Durchflusses ausgekocht wird, die also ununterbrochen arbeiten. Sie leiten sich baulich von der Spiritusdestillierkolonne SAVALLES ab und beruhen auf dem Grundsatz, das in dünner Schicht fließende Gaswasser nach dem Gegenstromprinzip mit Dampf auszukochen. Das Verdienst, diese Apparate in die Ammoniakfabrikation eingeführt zu haben, gebührt LAMING (CLEGG, Treatise on gas manufacture, London 1841, 382), der als erster die sog. Coffey Still zur Destillation von Gaswasser anwandte.

Die heutigen **Gaswasserabtreiber** bestehen aus übereinanderliegenden Kammern aus Gußeisen, die unter sich durch abwärts gerichtete Überläufe für das Wasser und durch aufwärts gerichtete Stutzen für den Dampf verbunden sind. Ein solcher Apparat, von der *Bamag* für Beheizung mit Feuerungsabgasen gebaut, ist in Abb. 126 im Schnitt und in der Ansicht dargestellt. Sein Unterteil, in dem sich das abgetriebene Wasser sammelt, ist mit Röhren zum Vorwärmen des zu destillierenden Gaswassers durchzogen, darüber befindet sich der durch die Rauchgase geheizte Feuerraum, und auf diesem bauen sich vier der beschriebenen Kammern auf. Man erkennt in ihnen die seitlich angebrachten, gegeneinander versetzten Wasserüberläufe, die so lang sind, daß sie in die Wasserschicht der jeweils folgenden Kammer eintauchen. Die Dampfstutzen liegen zwischen ihnen und sind mit Hauben überdeckt, deren gezackter Rand in das Wasser eintaucht. Während letzteres von Kammer zu Kammer fließt, wird es von dem Dampfe, der unter dem Zackenrand der Hauben hervorquillt, kräftig aufgerührt und ausgekocht.

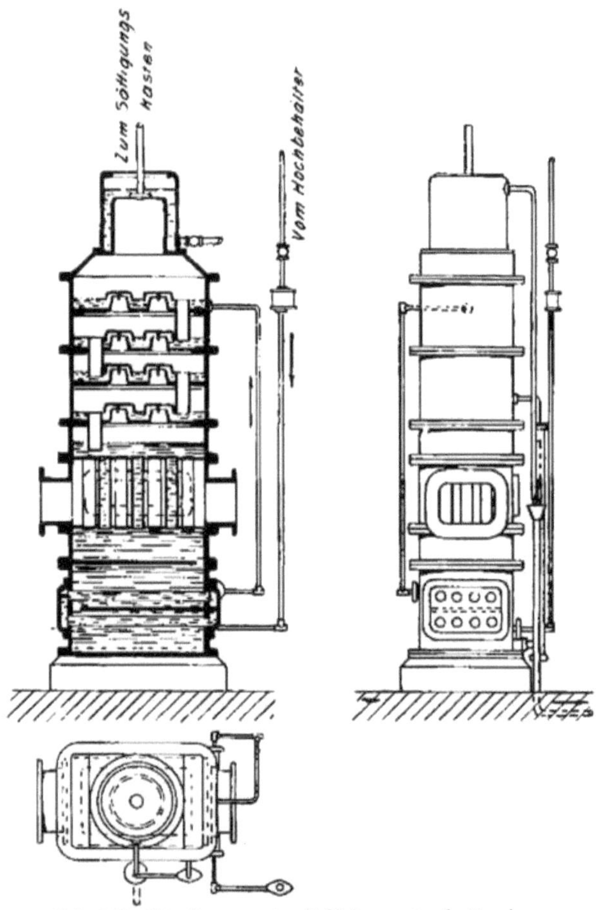

Abb. 126. Abtreibeapparat mit Heizung durch Rauchgase.

Der Dampf entsteht aus dem Wasser selbst im Heizraum. Den Abschluß der Kolonne bildet ein Rückflußkühler, der einen Teil des Dampfes wieder niederschlägt und auf diese Weise den ammoniakhaltigen Dampf anreichert. Das Gaswasser kommt vom Hochbehälter, durchfließt den Vorwärmer und tritt dann oben in die Kolonne ein. Es wird nicht mit Kalkmilch vermischt, da der Kalk im Heizraum leicht festbrennen würde. Auf die Gewinnung des fixen Ammoniaks verzichtet man also.

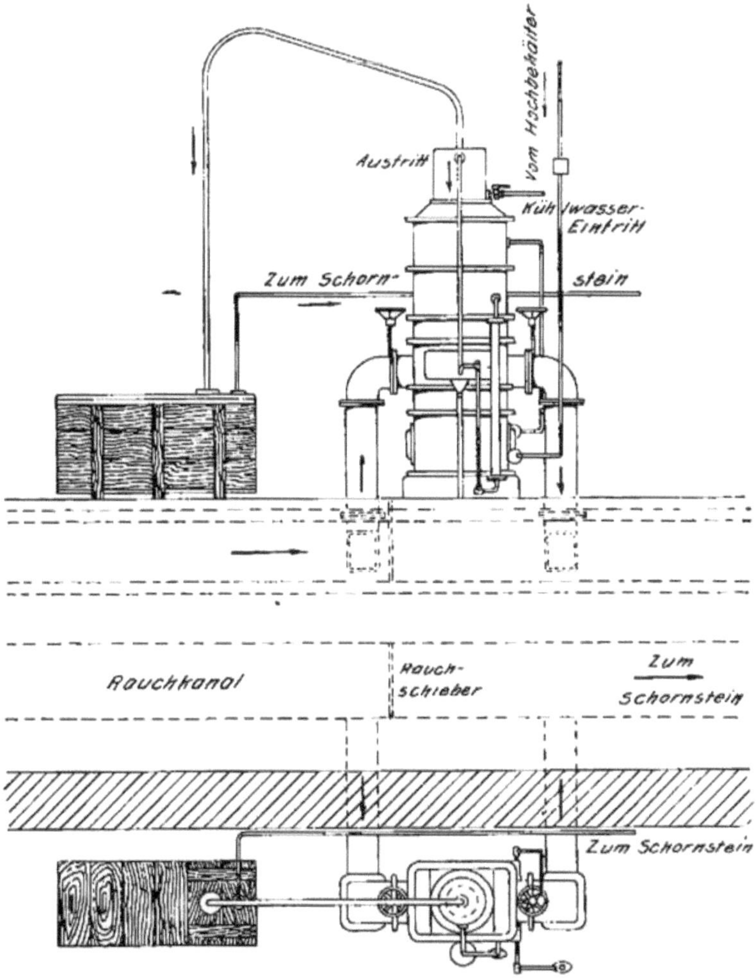

Abb. 127. Gaswasserverarbeitungsanlage mit Heizung durch Rauchgase.

In Abb. 127 sehen wir den Apparat an den Rauchgaskanal angeschlossen. Von letzterem führt ein Umgang durch die Kolonne, ein Rauchgasschieber dient dazu, den Apparat in und außer Betrieb zu setzen. Der im Bilde dargestellte Holzkasten enthält Schwefelsäure, in welche die Dämpfe zur Darstellung von Sulfat eingeleitet werden. Die Anlage ist nur für kleine Gaswerke bestimmt.

In größeren Betrieben arbeitet man nie mit unmittelbarer Feuerung, sondern stets mit Kesseldampf und kann dann auch das fixe Ammoniak gewinnen. Die Abtreiber sind in dem Falle etwas anders gestaltet, wie Abb. 128 zeigt, die einen gebräuchlichen Apparat der *Bamag* wiedergibt. An Stelle des Heizraumes befinden sich zwei Kammern, von denen die untere sich durch besonders tiefe Tauchungen auszeichnet; der Sammelraum für das abgetriebene Wasser ist auf das kleinste Maß beschränkt und der gewonnene Platz ebenfalls zur Unterbringung von zwei Kammern benutzt worden, so daß im ganzen acht Kammern in drei Abteilungen vorhanden sind. Das rohe Gaswasser fließt oben in die Kolonne ein, während sich der Dampfeingang in dem Sammelraum, also zu unterst befindet. In die mittlere Abteilung mündet die Kalkmilchleitung ein. Die einzelnen Kammern oder Zellen werden durch Zwischenböden gebildet, die auf den Vorsprüngen der gußeisernen Ringe liegen, aus denen das Gehäuse zusammengesetzt ist. Auf der Mitte jedes Bodens ist eine Rippe aufgegossen, die den Boden in zwei Hälften scheidet und nur an der Wand einen Durchgang freiläßt.

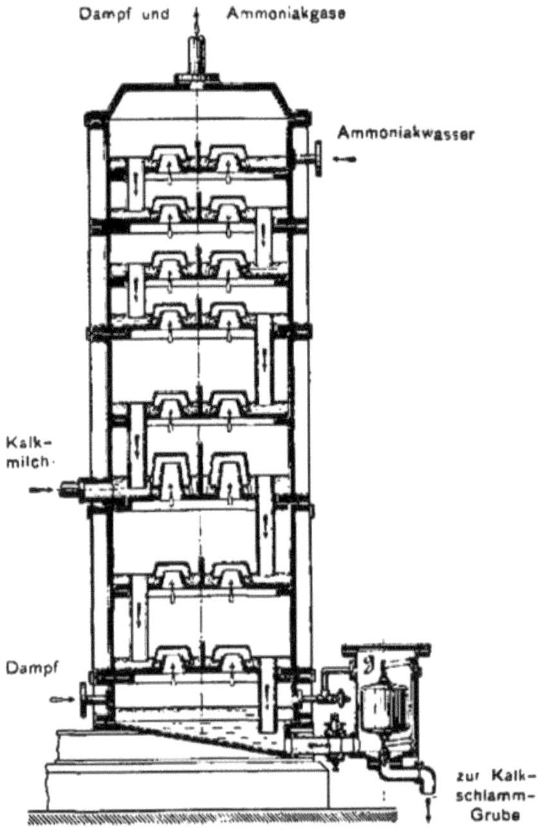

Abb. 128. Abtreibeapparat.

Das in der Abbildung durch schwarze Pfeile gekennzeichnete Wasser tritt, gegebenenfalls vorgewärmt, in die oberste Zelle ein, fließt um die vordere Haube herum, geht durch den von der Gußrippe freigelassenen Raum zur andern Seite des Bodens, umfließt die hintere Haube und läuft zur nächsten Zelle über. Hier und in den folgenden Zellen wiederholt sich dasselbe Spiel, doch wechselt, da die Überläufe gegeneinander versetzt sind, jedesmal die Richtung, so daß das Wasser im Zickzack die Kolonne durchfließt. In der obersten, aus vier Zellen bestehenden Abteilung wird das Wasser so stark ausgekocht, daß es seine flüchtigen Ammoniaksalze beim Überlauf in die zweite Abteilung bereits abgegeben hat. In der sechsten Zelle tritt nun die Kalkmilch hinzu und macht das gebundene Ammoniak frei, das nunmehr in der dritten Abteilung ausgetrieben wird. Aus dem Sammelbehälter fließt das ausgekochte „Abwasser" durch ein Schwimmerventil ab. Es durchläuft einen Röhrenvorwärmer, Abb. 129, und wärmt in diesem das zu verarbeitende Gaswasser auf 70—80° vor.

Der Dampf, in Abb. 128 durch helle Pfeile gekennzeichnet, tritt seitlich in den Abwassersammelraum ein und geht durch die kurzen Dampfstutzen der Zellenböden unter fortwährender Durchbrechung der Wasserverschlüsse an den Zackenrändern der Hauben ununterbrochen aufwärts, belädt sich mit Ammoniak und führt dieses oben aus der Kolonne heraus. Er tritt zur teilweisen Entwässerung der Gase zunächst in einen Rückflußkühler, Abb. 130, ein. Dieser besteht aus einem zylindrischen Gefäß, in das ein geteilter, ringförmiger Kühlzylinder eingesetzt ist. Das Dampfgemisch durchstreicht diesen Zylinder, während der Mantel von Gaswasser oder Reinwasser durchflossen wird. Den Grad der Rückflußkühlung regelt man durch Einstellung des Kühlwasserzulaufs. Das im Kühler verdichtete, an Ammoniak sehr reiche Wasser fließt in die oberste Zelle der Kolonne zurück.

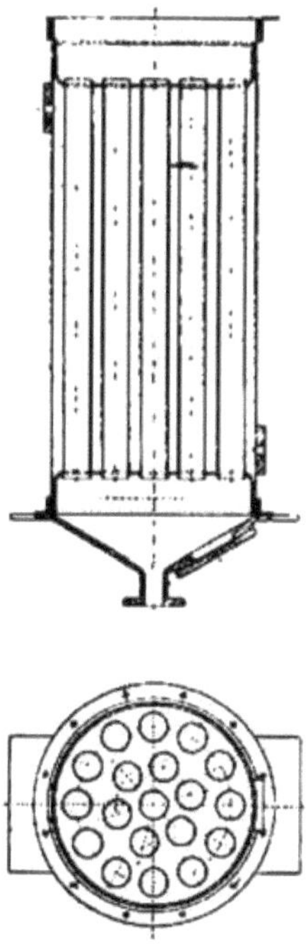

Abb. 129.

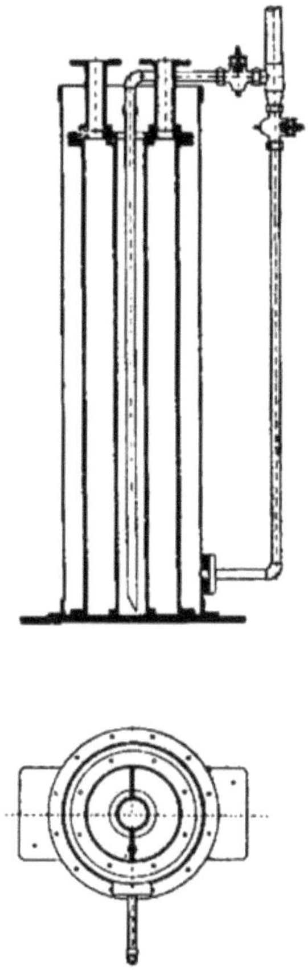

Abb. 130.

Der in dem Abtreiber herrschende Dampfdruck beträgt 0,1–0,3 *kg/qcm*. Die tägliche Leistung beträgt gewöhnlich 30 *cbm* Gaswasser mit 2,5–3% NH_3; das Abwasser enthält nur noch etwa 0,005% NH_3.

Nicht immer pflegt man die drei Abteilungen der Kolonne übereinander zu bauen, sondern setzt auch häufig die Abteilung zum Austreiben des fixen Ammoniaks neben die beiden anderen Abteilungen. Ein Beispiel für diese Anordnung ist der in Abb. 131 dargestellte Abtreiber von Koppers, Essen. Bei ihm liegt das Zersetzungsgefäß für die fixen Salze natürlich unter dem Kohlensäureausscheider (s. S. 372), ist aber bedeutend tiefer als beim Bamagapparat, und kann für sich mit Dampf geheizt werden. Das mit Kalkmilch gemischte Wasser fließt zu der davor stehenden, sog. Kalkkolonne über, die in bekannter Weise mit Dampf geheizt wird und deren

Dampfraum mit dem Dampfraum des Mischgefäßes verbunden ist. In jeder Zelle des Abtreibers befinden sich zwei langgestreckte Hauben über den Dampfeinlässen, die nur an einer Seite offen und ausgezackt sind. Sie sind derart zu den Wasserüberläufen angeordnet, daß das Wasser stets von außen nach innen fließen und über sie hinwegwallen muß, also zwangläufig über die Dampfaustrittstellen geführt

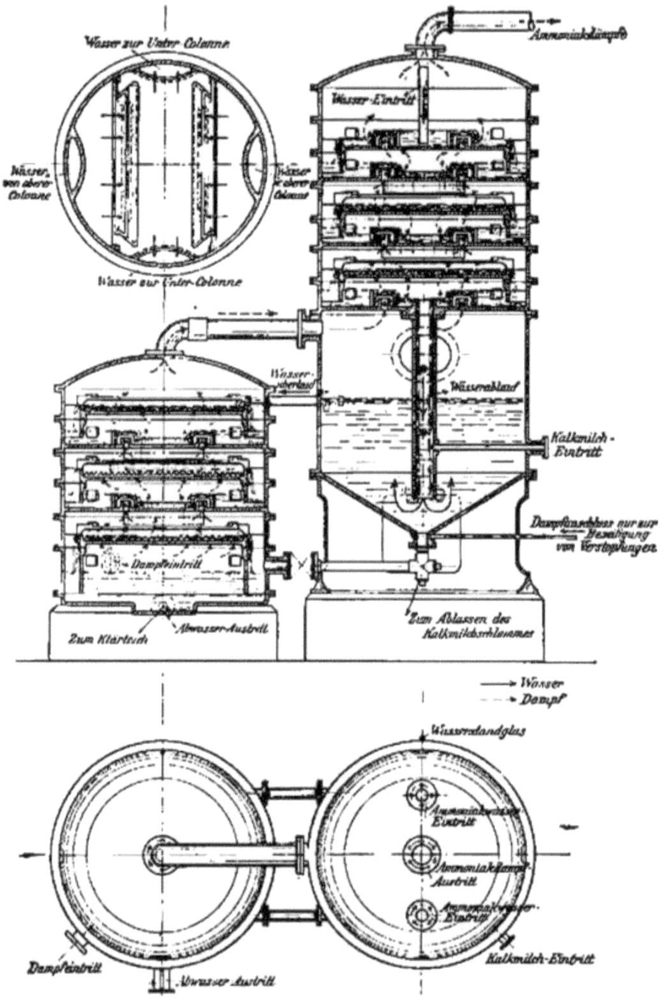

Abb. 131.

wird. Dadurch ergibt es sich von selbst, daß die Hauben zweier übereinanderliegender Stellen sich stets kreuzen müssen und auch der Weg des Wassers kreuzförmig ist.

Die beiden beschriebenen Abtreiber sind keineswegs die einzigen ihrer Art, doch sind sie kennzeichnende Beispiele und überdies weit verbreitet. Die Zahl der Bauarten ist im übrigen sehr groß, bezüglich der wichtigeren von ihnen sei auf folgende Patente verwiesen: *D. R. P.* 121743, 124978, 140824, 150227, 150228, 151980, 153475, 165309, 169444, 185196, 188814, 194567, 200592, 204858, 205773, 217680.

Der Rückflußkühler zum Anreichern des Destillats kann unter gewöhnlichen Umständen nicht so stark ausgenutzt werden wie wünschenswert ist, da der hohe Kohlensäuregehalt der Dämpfe zur Bildung großer Mengen von Ammoniumcarbonaten und damit bei Wassermangel zum Verstopfen der Kühler führt. Aus diesem Grunde sucht man sich im sog. Kohlensäureausscheider der Kohlensäure und des Schwefelwasserstoffes zuvor zu entledigen, u. zw. durch vorgängiges Erhitzen des Gaswassers. Bei Temperaturen von mehr als 50° beginnen nämlich die Carbonate und Sulfide des Ammoniaks zu zerfallen, und dieser Zerfall ist bei 96° vollendet. HILLS hat hiervon bereits in den Siebzigerjahren des vorigen Jahrhunderts zur Reinigung des Gaswassers Gebrauch gemacht (*E. P.* 1369 [1868], 934 [1874]; *J. G.* **1875**, 98). Er wollte das gereinigte Gaswasser zum Reinigen des Gases benutzen, erzielte damit aber keinen dauernden Erfolg. SOLVAY (*J. G.* **1891**, 130; *D. R. P.* 49500) bediente sich dieses Verfahrens als erster zum Reinigen des Gaswassers für die Destillation. Es wird heute allgemein in der Weise ausgeführt, das man das Gaswasser eine besondere Kolonne üblicher Bauart durchfließen läßt und in ihre unterste Zelle so viel Dampf einleitet, daß unten etwa 93° herrschen, während das Wasser in der obersten Zelle fast kalt bleibt. Es gelingt dann, ohne nennenswerte Ammoniakverluste $^2/_3$ der Kohlensäure und $^1/_3$ des Schwefelwasserstoffes auszutreiben. Man ist imstande, aus einem so vorbereiteten Gaswasser mit Hilfe des beschriebenen Abtreibeapparats durch entsprechende Rückflußkühlung ein Gaswasser mit 20–25% NH_3 zu erzielen (s. PFEIFFER, *J. G.* **1898**, 69 ff.; BERTELSMANN, *Ch. V.* **9**, 378 [1903]).

Der Verbrauch an Feuerung zum Abtreiben des Gaswassers richtet sich vorwiegend nach der Heizungsart und der Bauart des Abtreibers. Für unmittelbar beheizte Kesselapparate wurden diese Verhältnisse bereits auf S. 367 erörtert. Arbeitet der Kesselapparat unter Vorwärmung des Gaswassers mit Frischdampf, mit Rückflußkühlung und mittelbarer sowie unmittelbarer Dampfbeheizung, so sind nach PFEIFFER (*J. G.* **1898**, 69 ff.) für 1 *cbm* Gaswasser 570 *kg* Dampf erforderlich. Ältere Kolonnenapparate verbrauchen nach TIEFTRUNK (*J. G.* **1896**, 345) 350 *kg* Dampf, und bei den neueren Bauarten mit ausgiebiger Vorwärmung rechnet man 250–300 *kg* für 1 *cbm* Gaswasser. An Kalk sind für die gleiche Menge etwa 8 *kg* erforderlich. Man pflegt den Kalk zu Breiform zu löschen, treibt ihn durch ein Sieb von 1 *qmm* Maschenweite und läßt ihn in Gruben absitzen. Der feste Teig wird mit Wasser zu einer Milch von 10° Bé. angerührt und durch Kolbenpumpen mit Hand- oder Riemenantrieb in die Abtreiber gedrückt.

(Über die Zuführung der Kalkmilch s. KORDT, *J. G.* **1903**, 375; KORTEN, Glückauf **1912**, 1042, ferner die *D. R. P.* 164723, 165098, 226109).

Die Erzeugung von verdichtetem Gaswasser.

Sie stellt die einfachste Art der Gaswasserverarbeitung dar, insofern man das gegebenenfalls rückgekühlte Destillat nur durch Kühlung zu verflüssigen braucht. Kesselapparate liefern, wie bereits auf S. 366 ausgeführt, Destillate von höchstens 12% NH_3-Gehalt, bei Abtreibern kann man jedoch 18–25% NH_3 erreichen. Eine Anlage von JULIUS PINTSCH, Berlin, zur Darstellung eines Wassers mit etwa 18% NH_3 ist in Abb. 132 schematisch wiedergegeben. Sie besteht in der Hauptsache aus dem Abtreiber *h d f* mit der Kalkmilchpumpe *k*, dem Zellenkühler *n* und dem Sammelkessel *p*. Das rohe Gaswasser durchfließt, vom Hochbehälter kommend, den Wassermesser *a*, das Schwimmkugelventil *b*, den Skalahahn *c* und einen Teil des Zellenkühlers *n*, in dem es die NH_3-Dämpfe kühlt und sich dabei vorwärmt. Dann tritt es oben in die Kolonne *h* ein, wird hier von flüchtigen Ammoniaksalzen befreit, mischt sich in *g* mit der von *k* kommenden Kalkmilch und wird in der Kolonne *f* völlig ausgekocht, um dann aus dem Sammelgefäß *e* durch das Schwimmerventil *l* als Abwasser auszutreten.

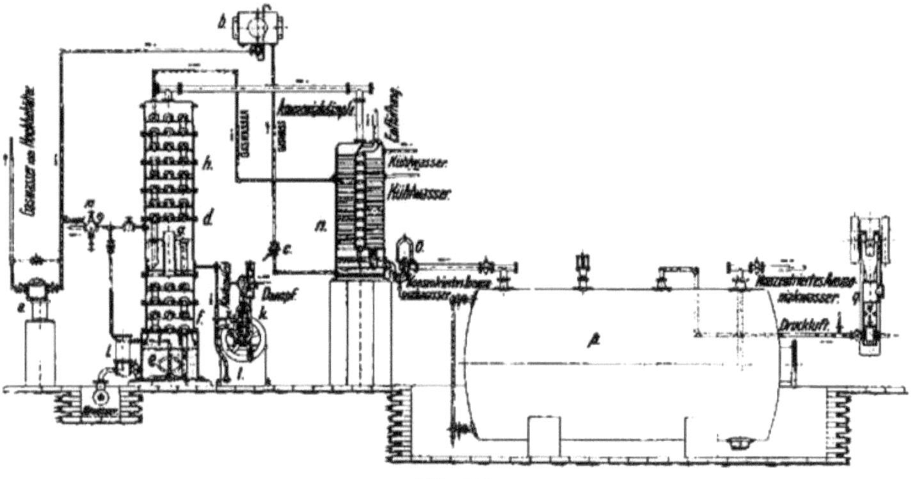

Abb. 132.

Der durch das Ventil *m* geregelte Dampf tritt an zwei Stellen, nämlich bei *e* und *g*, in den Abtreiber ein und entweicht aus der obersten Zelle in den

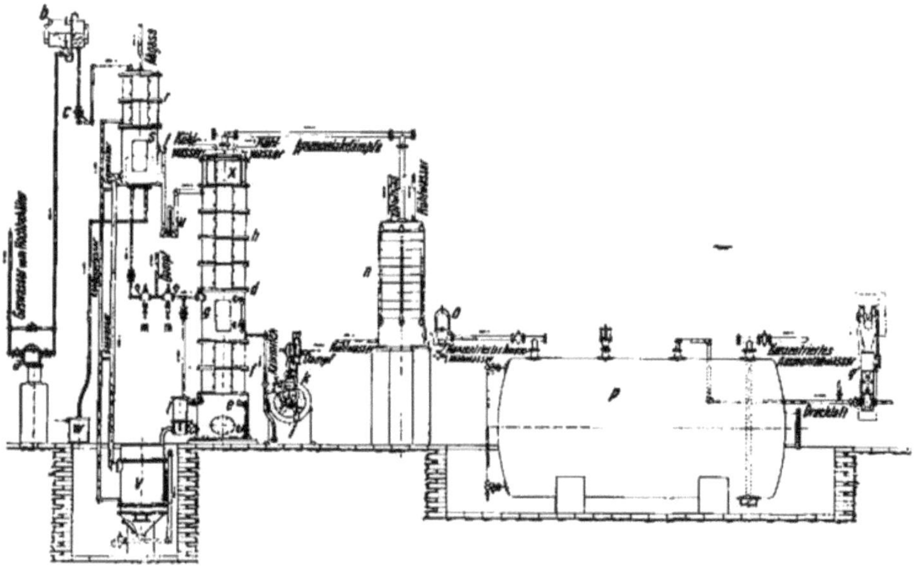

Abb. 133.

Kühler *n*. Hier wird er erst durch das vorzuwärmende Gaswasser, dann durch reines Wasser gekühlt und fließt als verdichtetes Gaswasser durch den sichtbaren Überlauf *o* in den Vorratsbehälter *p*. Aus diesem wird das Wasser durch Druckluft von der Pumpe *q* in Kesselwagen zum Versand abgedrückt. Eines Rückflußkühlers bedarf man bei Konzentrationen bis zu etwa 18% in dem verdichteten Gaswasser noch nicht.

Zur Erzeugung stärkeren Gaswassers von 20–25% NH_3 muß man unbedingt die Kohlensäure aus dem Wasser oder den Dämpfen abscheiden, weil sonst der Schlußkühler durch Ammoniumcarbonate verstopft werden würde. Dadurch wird die Anlage etwas verwickelter, wie das Schema Abb. 133, ebenfalls von PINTSCH stammend, zeigt. Sie ähnelt der in Abb. 136 dargestellten, ist aber noch durch den Kohlensäureausscheider *r s*, den Rückflußkühler *x* und den Vorwärmer *V* ergänzt. Das Gaswasser fließt vom Hochbehälter aus durch *a b c* in die obere Abteilung *r* der CO_2-Kolonne, wäscht hier das Ammoniak aus den Abgasen und durchläuft dann den Vorwärmer *V*, in dem es durch das heiße Abwasser des Abtreibers erhitzt wird. Nun tritt es in die Abteilung *s* der Kohlensäurekolonne ein, wird hier durch Frischdampf von CO_2 und H_2S größtenteils befreit und durchfließt dann die Abtreiber *h d f*. Der Ammoniakdampf wird im Rückflußkühler *x* gekühlt, dann im Zellenkühler *n* verdichtet und sammelt sich als 25%iges Wasser im Behälter *p* (s. dazu *D. R. P.* 166747).

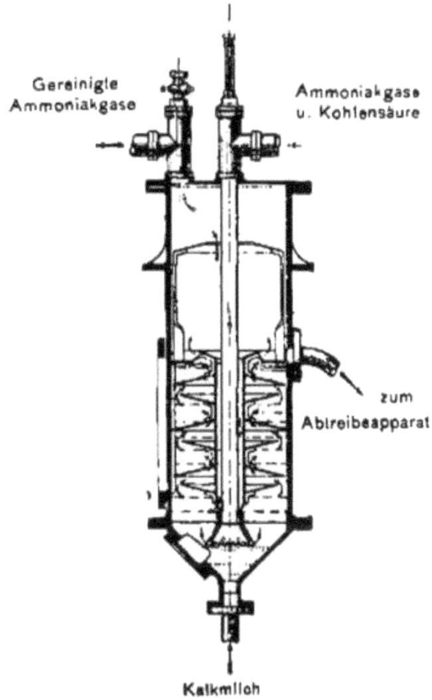

Abb. 134.

Statt Kohlensäure und Schwefelwasserstoff durch Abspaltung in der Wärme auszuscheiden, kann man sie auch durch Waschen der heißen Ammoniakdämpfe mit Kalkmilch beseitigen. Die *Bamag*, Berlin, schaltet zu diesem Zwecke in den Weg der Dämpfe vom Rückflußkühler zum Zellenkühler einen Kalkmilchwascher (Abb. 134) ein. Sein zylindrisches, kegelförmig auslaufendes Gefäß enthält ein fast bis zum Boden reichendes mittleres Rohr, durch das die Ammoniakdämpfe eintreten, und ist mit Kegelflächen ausgestattet, die die Dämpfe zwingen, beim Aufstieg den (durch Pfeile bezeichneten) Zickzackweg zu machen, bevor sie zum Auslaß gelangen. Die Kalkmilch wird von unten mit der Pumpe eingedrückt und fließt oben zum Kalkmilchgefäß des Abtreibers ab; (s. dazu *D. R. P.* 86228 [1896] und 95421 [1894]).

Das verdichtete Gaswasser ist eine wasserhelle bis gelbliche Flüssigkeit von starkem Geruch nach NH_3, Pyridin und Schwefelammonium. An der Luft und am Lichte dunkelt es wie gewöhnliches Gaswasser nach. Infolge des wechselnden Gehalts an CO_2 und H_2S kann man das spez. Gew. des starken Gaswassers nicht zur NH_3-Bestimmung benutzen, sondern muß letztere durch Titration ausführen. Das verdichtete Gaswasser ist ein Halbfabrikat und wird an chemische und Düngerfabriken abgegeben, die es auf technische NH_3-Präparate verarbeiten.

Die Erzeugung von Salmiakgeist und verflüssigtem Ammoniak.

Da der Salmiakgeist eine Lösung reinen Ammoniakgases in destilliertem Wasser ist, so geht man bei seiner Darstellung ebenso wie bei der des verdichteten

Gaswassers von den ammoniakhaltigen Dämpfen des Abtreibers aus, beseitigt aus ihnen sämtliche Verunreinigungen einschließlich des Wassers und absorbiert das übriggebliebene Ammoniakgas. Man bedient sich zur Reinigung der Dämpfe der bereits beschriebenen Verfahren, nämlich der Beseitigung von CO_2 und H_2S durch Erhitzen im Kohlensäureabscheider, ergänzt diese aber noch durch Waschen der Dämpfe mit Kalkmilch, durch Abscheiden des Wassers in Kühlern und durch Behandeln des trockenen Ammoniakgases mit Holzkohle und Paraffinöl zur Entfernung empyreumatischer Substanzen. Schließlich wäscht man es noch mit Natronlauge und bringt es dann zur Absorption.

Man stellt den Salmiakgeist sowohl im unterbrochenen Betrieb mit Kesselapparaten als auch im ununterbrochenen Betrieb mit Abtreibern dar. Eine Anlage der ersten Art hat PFEIFFER in Magdeburg errichtet und (*J. G.* **1903**, 1) beschrieben. Sie ist in Abb. 135 schematisch wiedergegeben. Der doppelwandige Kocher kann von drei Stellen aus mit Dampf versorgt werden; ein Einlaß im Mantel und im Boden dient der mittelbaren, ein gelochtes Spiralrohr, die Spinne, der unmittelbaren Heizung des Gaswassers. Man beschickt den Kocher mit 4 *cbm* Gaswasser und erwärmt dies durch mittelbaren Dampf auf 100°; die Verbindung zum Rückflußkühler ist während dieses Anwärmens unterbrochen, die aus CO_2 und H_2S neben wenig NH_3 bestehenden Gase werden in das Rohwasser eingeleitet, um an dieses ihr Ammoniak abzugeben. Ist das Wasser 100° warm, so sperrt man die Leitung zum Rohwasser, öffnet die Verbindung mit dem Rückflußkühler, pumpt die berechnete Menge Kalkmilch in die Blase ein und kocht 5—5½ Stunden lang mit unmittelbarem Dampf aus.

Die Dämpfe gelangen erst in drei Zellen bekannter Bauart und werden in diesen vom Kühlerablauf und mitgerissener Kalkmilch getrennt, dann treten sie in den Röhrenrückflußkühler ein, der sie völlig von Wasser befreit. Der stark ammoniakhaltige Kühlerablauf entzieht ihnen überdies jede Spur von H_2S. Das trockene Ammoniakgas geht darauf zu den Holzkohlenfiltern, gibt an diese sein Empyreuma ab und wird schließlich noch mit 10%iger Natronlauge gewaschen, um von den letzten Spuren CO_2 und H_2S befreit zu werden. Darauf läßt man es in drei miteinander verbundenen, gekühlten Kesselblechzylindern von destilliertem Wasser absorbieren. Diese Anlage verarbeitet in doppelter Schicht 10 *cbm* Gaswasser und liefert 700 *kg* Salmiakgeist mit 25% NH_3. Dafür verbraucht man 530 *kg* destilliertes H_2O und 6700 *kg* Dampf. Der Koksverbrauch beträgt für 100 *kg* Salmiakgeist 191 *kg*. Die Holzkohlenfilter werden nach je 6 Wochen Betriebsdauer ausgedämpft, wobei man große Mengen NH_3 wiedergewinnt, die Holzkohle glüht man aus und benutzt sie von neuem zur Absorption.

Eine Anlage von JULIUS PINTSCH zur ununterbrochenen Erzeugung von Salmiakgeist ist in Abb. 136 schematisch dargestellt. Das Gaswasser fließt vom Hochbehälter auf dem bekannten Wege *a b c* zum CO_2-Ausscheider *r s* und wird hier durch Frischdampf von CO_2 und H_2S befreit, dann tritt es abwechselnd in den einen und andern Kessel *f* ein, wird hier mit abgemessenen Mengen Kalkmilch durch Rührwerke gemischt und gelangt dann durch Pumpen auf den einteiligen Abtreiber *d*. Das abgetriebene Wasser sammelt sich in *e* und geht durch *l* zum Abfluß.

Der Ammoniakdampf tritt in den auf dem Abtreiber stehenden Rückflußkühler ein, wird dann im Wascher *h i* mit Natronlauge gewaschen, nochmals im Schlangenkühler *k* gut gekühlt, geht darauf durch die Holzkohlenfilter *o* und kommt nun in *p* zur Absorption.

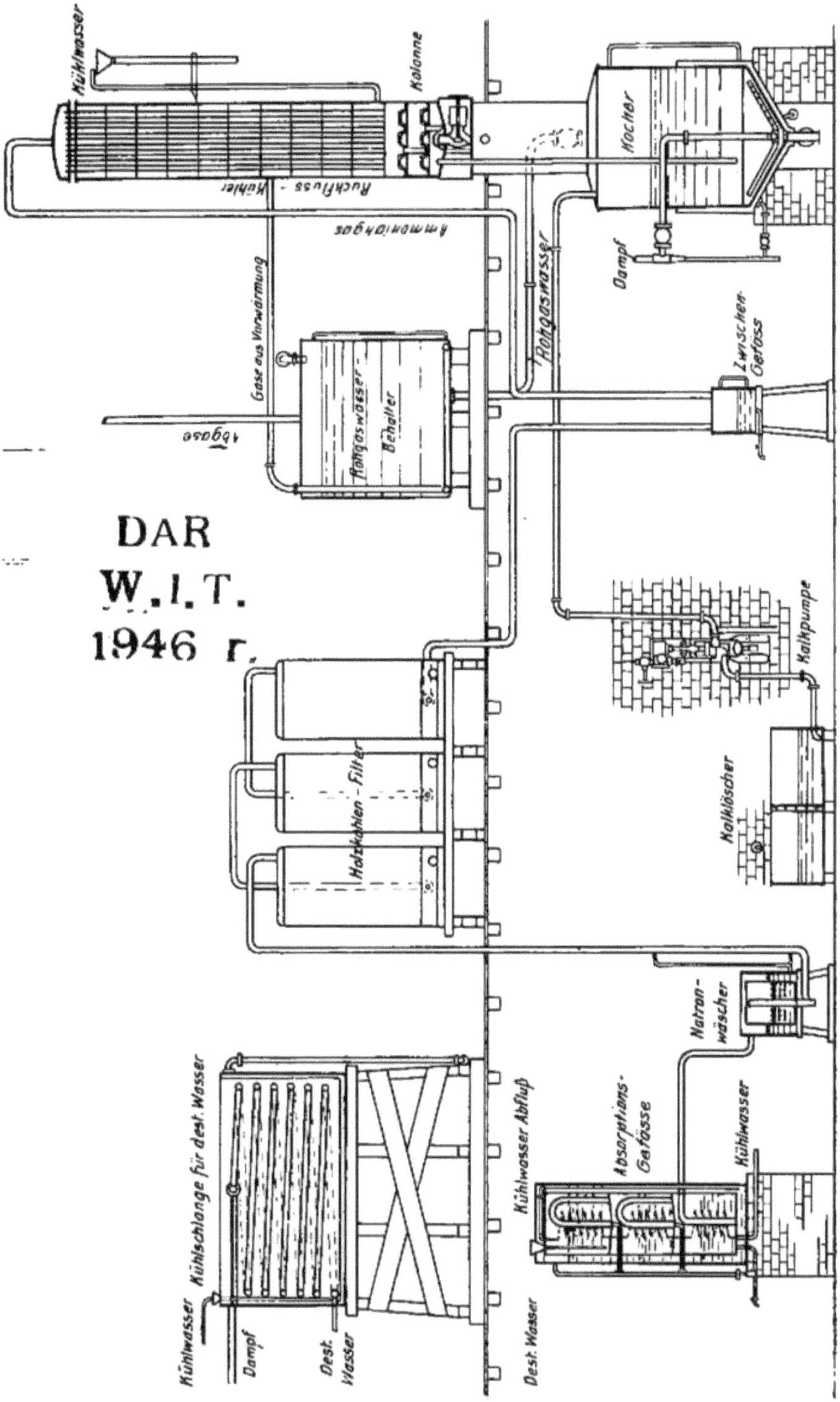
Kühlwasser
Kolonne
Kocher
Rückfluss-Kühler
Ammoniakgas
Dampf
Rohgaswasser
Zwischen-Gefäss
Gase aus Vorwärmung
Abgase
Rohgaswasser-Behälter
Kalkpumpe
Kalklöscher
Holzkohlen-Filter
Natron-wäscher
Absorptions-Gefässe
Kühlwasser
Kühlwasser Abfluß
Kühlschlange für dest. Wasser
Kühlwasser
Dampf
Dest. Wasser
Dest. Wasser

Abb. 135.

Manche Firmen bauen vor den Natronwascher noch einen Paraffinölwascher ein (KARL FRANKE, Bremen), um teerige und empyreumatische Stoffe schon vor dem Holzkohlenfilter möglichst zu entfernen.

Man verbraucht für 1 *cbm* Gaswasser und je 0,1% fixes Ammoniak je 1,9 bis 2,0 *kg* ungelöschten Kalk mit 90% CaO, für je 1% H_2S 5,5–6,4 *kg*, für je 1% CO_2 3,6–4,3 *kg* Kalk. Ferner erfordert 1 *cbm* Rohwasser 0,5 *kg* Paraffinöl, 0,5 *kg* technisches Ätznatron und 2 *kg* frisch geglühter Holzkohle. An Dampf wird nicht mehr gebraucht als bei der Erzeugung von verdichtetem Gaswasser, wenn man von der Menge, die für die Herstellung des destillierten H_2O nötig ist, absieht.

Hat man eiserne Gefäße zur Absorption des Ammoniaks benutzt, so erhält man technisch reinen Salmiakgeist, der am Licht gelblich wird. Für die Herstellung des chemisch reinen muß man kupferne, innen verzinnte Gefäße oder noch besser Tongefäße zur Absorption benutzen. Auch das destillierte Wasser ist dann in Ton- oder Glasgefäßen zu sammeln und aufzubewahren.

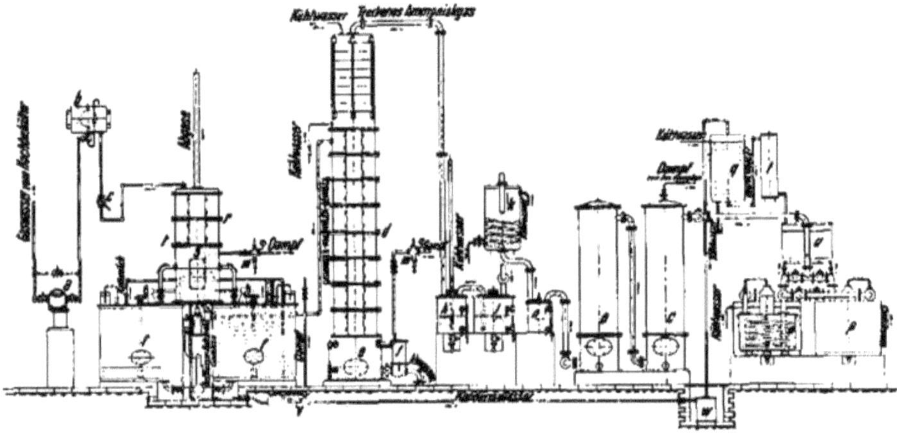

Abb. 136.

Der chemisch reine Salmiakgeist kommt in zwei Handelsmarken vor. Die eine enthält bei einer *D* von 0,91 25% NH_3, die andere, der Eissalmiak, wiegt 0,882 und weist 35% NH_3 auf. Beide Sorten werden in Korbflaschen oder beiderseits verbleiten oder verzinnten Eisenfässern aufbewahrt. Die Gefäße dürfen des etwa entwickelten Ammoniakgases wegen nie ganz gefüllt werden, man muß sie kühl lagern und vor der Sonnenbestrahlung schützen. Der Salmiakgeist soll frei von CO_2, H_2S und Empyreuma sein und darf sich bei längerem Stehen im Sonnenlicht nicht färben.

Technischer Salmiakgeist kommt in den gleichen Marken wie der vorgenannte in den Handel. Er darf kein Chlor enthalten und muß wasserhell sein. Spuren von Verunreinigungen wie Eisen, Empyreuma u. s. w. sind zulässig.

Man verwendet den Salmiakgeist in der Pharmazie, chemischen Industrie, besonders der Farbenfabrikation, in der Textilindustrie, Tuchfabrikation, Bleicherei, Färberei u. s. w. Eissalmiak wird vornehmlich zur Erzeugung verflüssigten Ammoniaks für die Kälteindustrie benutzt.

Für die Herstellung r e i n e n, v e r f l ü s s i g t e n A m m o n i a k s aus Gaswasser bedient man sich derselben Anlage wie zu der reinen Salmiakgeistes, muß sie jedoch durch Sammelbehälter und durch die Verdichtungsanlage ergänzen. Hinter die Holzkohlenfilter schaltet man oft noch einen Natronlaugenwascher oder einen mit ungelöschtem Kalke gefüllten Trockenreiniger und läßt aus diesem das gereinigte und getrocknete Ammoniak in einen Gasbehälter von 10–15 *cbm* Inhalt eintreten. Als Sperrflüssigkeit benutzt man bei diesem Behälter Mineralöl, am besten ein

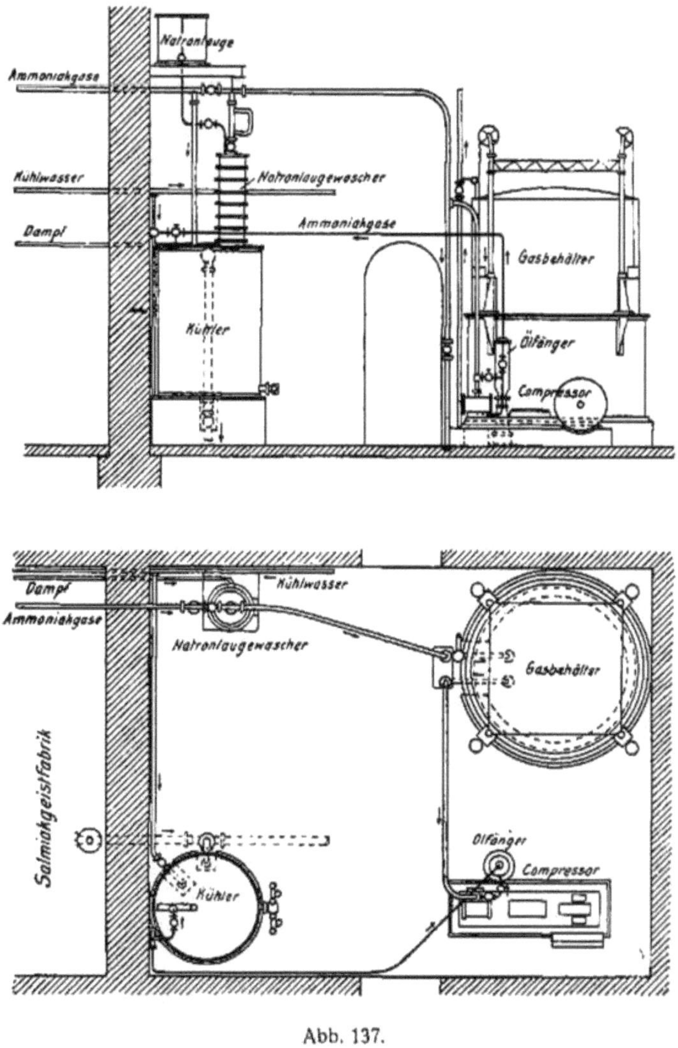

Abb. 137.

schweres Paraffinöl. Eine Anlage zur Erzeugung flüssigen Ammoniaks, wie sie die Firma Karl Franke, Bremen, ausführt, ist in Abb. 137 im Aufriß und Grundriß wiedergegeben. Sie schließt sich unmittelbar an die Salmiakgeistfabrik an, da sie von dieser das gereinigte Ammoniak bekommt. Diese Anordnung ist in der Praxis gebräuchlich, damit man je nach der Marktlage jederzeit das eine oder andere der beiden Erzeugnisse herstellen kann. Das von der Salmiakgeistfabrik kommende Ammoniak gelangt zunächst in den Natronlaugenwäscher und wird dann im Gasbehälter gesammelt. Die Verdichtungspumpe saugt unmittelbar aus letzterem und drückt das verdichtete Gas in einen Wasserkühler, aus dem es unmittelbar in die bekannten Stahlflaschen abgefüllt wird. In manchen Fabriken läßt man das Ammoniak noch ein oder mehrere Male sich ausdehnen, wobei ein flüssiger Rückstand, Wasser, Alkohol, Pyridin, Benzol und andere organische Stoffe enthaltend, zurückbleibt. Es ist nicht allgemein gebräuchlich, Gasbehälter als Sammler anzuwenden, für kleinere Anlagen benutzt JULIUS PINTSCH z. B. ein oder mehrere geschlossene Vorratsgefäße, die dem Verdichter vorgelagert werden. Über die zum Verdichten dienenden Pumpen vgl. Gase, verflüssigte.

Das verdichtete Ammoniak ist wasserhell, leicht beweglich, von hohem Lichtbrechungsvermögen, D^0 0,6362, Kp_{760} $-33,7^0$, Erstarrungsp. -75^0. Dampfspannung nach BUNSEN:

bei $-33,7^0 = 1$ *kg/qcm*
$-5^0 = 4$ „
$\pm 0^0 = 4,8$ „
$+10^0 = 6,5$ „
„ $+20^0 = 8,8$ „

Die kritische Temperatur beträgt $130,0^0$; der kritische Druck 113,0 *Atm.*
Nach LANGE (*Ch. Ind.* **1898**, 191) ist

	bei 13 - 16,2°	36,3 – 37,3°	65 - 66°
Drucksteigerung für 1° C	. 17,5	16,0	12,5 *Atm.*
Zusammendrückbarkeitskoeffizient	0,000128	0,000178	0,000304

Handelsammoniak enthielt nach V. STROMBECK (Proc. Franklin Inst. **21**, VI, 92; *W. J.* **1892**, 324) 96,984 – 99,792% NH_3, der Rest bestand aus Wasser, Ammoniumcarbonat, Schmieröl, Alkohol, Aceton, Sand und Fe_2O_3; (s. dazu LANGE und HERTZ, *Z. angew. Ch.* **1897**, 224; URBAN, *W. J.* **1897**, 443; ELLNAU und ENNIS, Journ. Franklin. Inst. 145, 189, 280; LANGE und HEFFTER, *Ch. Ind.* **1898**, 2; BUNTE und EITNER *J. G.* **1897**, 174).

Man benutzt das flüssige Ammoniak vornehmlich in der Kälteindustrie und an Stelle von Salmiakgeist in der Farbenindustrie, seit einigen Jahren wird es auch als Lösungsmittel für manche Stoffe verwendet (J. BRONN, Verflüssigtes Ammoniak als Lösungsmittel, Springer, Berlin 1905). Ferner dient es zur Herstellung von Natriumamid für die Cyanalkalifabrikation.

Die Abfallstoffe der Gaswasserverarbeitung.

Bei der Gaswasserverarbeitung entstehen mehrere Abfallstoffe, die wegen ihres unangenehmen Geruches und ihrer Giftigkeit gefahrlos beseitigt werden müssen. Der bezüglich der Menge größte Anteil von ihnen entfällt auf den Ablauf der Destillierkolonnen, das Abwasser, eine trübe, gelbliche Flüssigkeit von eigenartigem Geruch nach Phenol und Schwefelverbindungen, die an der Luft stark nachdunkelt. Man klärt es zunächst vom Kalkschlamm, indem man es durch mehrere große Behälter, wie sie zur Klärung von Sielwässern gebräuchlich sind, fließen läßt. Es enthält dann noch Kalkschlammreste, $Ca(CNS)_2$, CaS, $Ca(OH)_2$, $CaSO_4$, CaS_2O_3, Phenol und einige andere organische Stoffe. Es ist ein ausgesprochenes Fischgift und darf daher nur in große Sielanlagen oder große, schnellaufende Flüsse ohne weiteres abgelassen werden. In allen anderen Fällen muß man es erst kühlen und darauf mit Frischwasser auf das Fünfzehnfache verdünnen.

Der in den Klärbehältern abgesetzte Kalkschlamm besteht aus $CaCO_3$ und CaS nebst $Ca(CNS)_2$ und Phenolcalcium. Er riecht wie das Abwasser. Da er sich an der Luft unter Schwefelwasserstoffentwicklung zersetzt, muß man ihn vergraben.

Die beim Vorwärmen des Gaswassers und bei der Sulfatfabrikation entstehenden Abgase enthalten neben viel Wasserdampf vornehmlich CO_2, H_2S und HCN und sind ebenfalls giftig. Sie werden in gußeisernen Leitungen abgeführt, zur Abscheidung des Wassers gekühlt, dann in Kästen, die mit Gasreinigungsmasse beschickt sind, von H_2S befreit und endlich in eine Feuerung geleitet. In England verbrennt man sie nach dem Verfahren von CLAUS bei beschränkter Luftzufuhr über Kontaktmasse zu Wasser und Schwefel. Abb. 138 gibt einen Ofen zur Ausführung dieses Verfahrens wieder (nach LUNGE-KÖHLER, Steinkohlenteer und Ammoniak). Es ist ein zylindrischer Schachtofen von 2,7–3 *m* Höhe und 7,5–9 *m* Durchmesser, der aus einem Eisenblechmantel mit 225 *mm* starkem Schamottefutter hergestellt ist. Die aus mehreren Stücken zusammengesetzte Decke wird von oben durch *H*-Balken *ee* und von innen durch Mauerpfeiler *cc* getragen und ist mit Explosionsventilen *gg* versehen. In Höhe von 0,6 *m* über dem Boden befindet sich ein von Tonblöcken *aa* getragener Rost aus Tonfliesen *bb*, auf dem zunächst eine 0,30 *m* hohe Schicht *dd* aus Ziegelbrocken und darüber eine ebenso hohe Schicht *ff* von Raseneisenerz in Stücken von etwa 25 *mm* Durchmesser liegt. Das Gemisch aus Abgas und Luft tritt oben ein und unten bei *t* aus. Auf seinem Wege durch das glühende Raseneisenerz verbrennt es zu *S*-Dampf, H_2O-Dampf und *N*. Der *S*-Dampf wird teils flüssig, teils als Schwefelblume niedergeschlagen. Das entweichende Gas befreit man durch Waschen mit Wasser von SO_2 und durch Rasenerz von unverbranntem Schwefelwasserstoff. Ein CLAUS-Ofen von 7,5 *m* Durchmesser liefert wöchentlich 15–20 *t S*, man gewinnt aber nur 85% der Gesamtmenge.

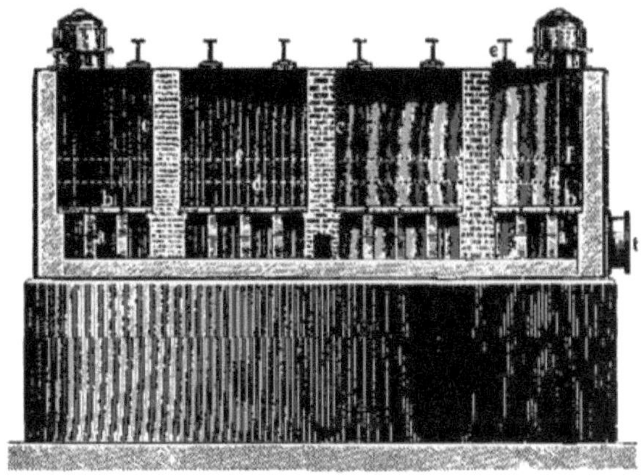

Abb. 138.

VAN EYNDHOVEN (*D. R. P.* 170554) will die Abgase vor der Verbrennung im CLAUS-Ofen mit Eisenvitriollösung waschen, um aus ihnen Blausäure zu gewinnen.

Man kann die Abgase auch bis zu SO_2 verbrennen und dies, sofern es sich lohnt, zur Fabrikation von Schwefelsäure ausnutzen oder durch Einleiten in einen mit Wasser berieselten Kalksteinskrubber zur Herstellung von Calciumbisulfit verwenden.

Nach WILSON (*E. P.* 1546 [1901]) soll man die Abgase mit überschüssigem Sauerstoff verbrennen und heiß durch von Wasser berieselte, mit Brucheisen gefüllte Türme leiten, so daß eine Lösung von Ferrosulfat entsteht, die man krystallisieren läßt. Die Mutterlauge wird wieder zum Berieseln benutzt. Den letzten Turm füllt man mit Calciumcarbonat und berieselt ihn nur mit Wasser. Die entstehende Gipslösung ist unschädlich und fließt fort.

Die beim Kühlen der Abgase abgeschiedene Flüssigkeit ist infolge ihres hohen Gehalts an Schwefelwasserstoff und Blausäure sehr giftig. Sie wird zweckmäßig dem rohen Gaswasser zugesetzt, da ihre Menge nur gering ist.

Wirtschaftlichkeit, Statistik und Literatur s. Ammoniumverbindungen.

Bertelsmann.

II. Synthetisches Ammoniak
nach HABER.

Zu den wirtschaftlich bedeutungsvollsten Aufgaben, die in den letzten Jahrzehnten der chemischen Wissenschaft gestellt worden sind, gehört das Problem der Nutzbarmachung des Luftstickstoffes. Der ständig steigende Bedarf an gebundenem Stickstoff rückte die Gefahr, daß die reichen Salpeterlager Chiles sich erschöpfen könnten, in immer bedrohlichere Nähe und lenkte schließlich die Blicke der chemischen Forschung auf die unerschöpfliche Vorratskammer an Stickstoff, welche die Natur der Menschheit in geradezu verschwenderischer Fülle in der Luft zur Verfügung gestellt hat.

Die glänzenden Erfolge der norwegischen Erfinder BIRKELAND und EYDE sowie der deutschen SCHÖNHERR und PAULING, welche mit Hilfe gewaltiger elektrischer Lichtbögen den spröden Stickstoff zur Vereinigung mit dem Sauerstoff zwangen und damit das Problem der Luftoxydation seiner Lösung entgegenführten, ließen die Hoffnung rege werden, daß auch die Bindung des Stickstoffes an Wasserstoff, sei es direkt oder auf dem Umwege über organische resp. anorganische Zwischenprodukte, gelingen würde.

Wohl ließen die ungeheuren, über die ganze Erde verbreiteten Steinkohlenlager, welche eine schier unversiegbare Quelle zur Gewinnung von Ammoniak darstellen, die Lösung dieser Aufgabe nicht allzu dringend erscheinen, jedoch infolge des von Jahr zu Jahr größer werdenden Verbrauches an Ammoniak, namentlich zu Düngezwecken, erhielt die Frage nach der synthetischen Darstellung dieses Gases erhebliche wirtschaftliche Bedeutung; dies umsomehr, als die vom Betriebe der Gasanstalten und Kokereien abhängige Gewinnung von schwefelsaurem Ammoniak mit dem rapide wachsenden Bedarf kaum Schritt zu halten vermochte.

Wie gewaltig die Mengen Ammoniak sind, die jährlich vom Weltmarkte aufgenommen und im wesentlichen den Zwecken der Landwirtschaft dienstbar gemacht werden, geht daraus hervor, daß nach BERNTHSEN (*Z. angew. Ch.* **26**, 16 [1913]) im Jahre 1911 der Gesamtverbrauch an schwefelsaurem Ammoniak annähernd 1200000 *t*, entsprechend 310000 *t* Ammoniak im Werte von über 300 Mill. M. betrug, und daß der jährliche Mehrbedarf sich im Durchschnitt der Jahre 1908 – 1911 auf ungefähr 110000 *t* Ammoniumsulfat, entsprechend 28000 *t* Ammoniak, belief, die einen Wert von ungefähr 30 Mill. M. repräsentierten.

Drei Wege waren streng voneinander zu scheiden, auf denen eine Bindung des Stickstoffes an Wasserstoff möglich erschien.

1. Die Herstellung direkt aus den Elementen,
2. die Bildung von Nitriden und deren Zersetzung unter Ammoniakabspaltung,
3. die Gewinnung von Ammoniak aus synthetisch gewonnenen Cyaniden resp. Cyanamiden.

Das zuletzt genannte Verfahren, das mit den Namen FRANK-CARO dauernd verknüpft ist, fand als erstes seine technische Lösung. Das Calciumcyanamid, das aus Calciumcarbid im Großbetrieb seit einer Reihe von Jahren unter dem Namen Kalkstickstoff mit einem Gehalt von ungefähr 20% Stickstoff hergestellt wird, dient als Ausgangsmaterial zur Ammoniakdarstellung. Über seine Gewinnung und Eigenschaften s. unter Calciumcyanamid.

Die Synthese des Ammoniaks direkt aus den Elementen sowie die mit Hilfe der Nitride sind vor allem dank den genialen Untersuchungen und Arbeiten HABERS und SERPEKS mit Erfolg durchgeführt worden. Das Nitridverfahren von SERPEK beruht im wesentlichen auf der Zersetzung von Stickstoffaluminium in Ammoniak und Tonerde. Die Herstellung des Aluminiumnitrids geschieht in drehbaren elektrischen Widerstandsöfen von gewaltigen Ausmessungen, in denen ein Tonerdekohlegemisch im Stickstoffstrom auf 1600—1700° erhitzt wird. Das Verfahren, welches unter Aluminiumnitrid eingehend beschrieben ist, hat sich sowohl für die Ammoniak- wie für die Aluminiumindustrie als bedeutungsvoll erwiesen. Da der für die Nitridbildung erforderliche Kraftbedarf jedoch einen Aufwand von immerhin 1 *KW.*-St. für 60 *g* gebundenen Stickstoff erfordert, so ist der neue Prozeß mit Rücksicht auf seine Rentabilität an das Vorkommen billiger Naturkräfte gebunden.

Im Gegensatz hierzu kann die HABERsche Synthese der direkten Vereinigung von Stickstoff und Wasserstoff zu Ammoniak auch in den Ländern, die unter einem Mangel an geeigneten Wasserkräften zu leiden haben, mit wirtschaftlichem Nutzen in größtem Maßstabe durchgeführt werden.

Die Versuche zur Herstellung von Ammoniak aus seinen Elementen sind alt, und die Möglichkeit der Vereinigung von Stickstoff und Wasserstoff ist seit langem bekannt. Mit Hilfe des Induktionsfunkens, unter dem Einfluß der direkten, wie dunklen elektrischen Entladung ist von zahlreichen Forschern — wie REGNAULT, PERROT, DEVILLE, BERTHELOT, DONKIN, HEMPTINNE, FINDLAY, NITHACK, YOUNG, BRINER und METTLER, BAUR, MÜLLER und GEISENBERGER u. a. — die Bildung von Ammoniak aus Stickstoff und Wasserstoff festgestellt worden. Auf diesem Wege werden jedoch nur sehr geringe Mengen Ammoniak gewonnen, weil dieses Gas unter der Einwirkung des elektrischen Stromes schon bei geringen Konzentrationen dazu neigt, sich in seine Elemente zu spalten, so daß Bildung und Zerfall sich die Wage halten und schnell ein Gleichgewichtszustand zwischen Stickstoff, Wasserstoff und Ammoniak eintritt. Auch die Beimischung eines sauren Gases, z. B. Chlorwasserstoff zur Bindung des jeweils gebildeten Ammoniaks blieb ohne wesentlichen Einfluß auf die Ammoniakausbeuten. (DONATH und FRENZEL: Die technische Ausnutzung des atmosphärischen Stickstoffes, 1907, S. 175 f.)

Nur kurz möge die große Zahl der Arbeiten gestreift werden, welche die Bildung von Ammoniak aus seinen Bestandteilen mit Hilfe von Überträgern, wie Platinschwamm, Holz, Torf, Natronkalk u. a. unter Atmosphärendruck zum Gegenstand haben. JOHNSON, WRIGHT, BAKER, MULDERS, LOEW, BRUNNEL und WOOG, LIPSKI, DAFERT und MIKLAUZ, BILLITER, MC. DERMOTT u. a. sind hier zu nennen. Besondere technische Bedeutung ist nur sehr wenigen der Untersuchungen zuzusprechen.

Auch die verschiedenen Verfahren von DR. WOLTERECK, zu deren Ausbeutung nach DONATH und FRENZEL (S. 186) englische Kapitalisten zusammentraten, scheinen bisher keine praktische Verwendung im Großbetrieb gefunden zu haben. WOLTERECK, der zuerst Stickstoff und wasserstoffhaltige Gase, welche mit Wasserdampf gesättigt waren, über erhitzte oxydische Katalysatoren leitete, änderte schließlich seine Arbeitsweise dahin ab, daß er ein Gemisch von Wasserdampf und Luft über erhitzten Torf streichen ließ. Ob wir es bei diesem Verfahren überhaupt mit einer direkten Synthese von Ammoniak aus den Elementen zu tun haben, ist fraglich. Der Prozeß von DE LAMBILLY (*D. R. P.* 74274 und 78573), welcher die Elemente des Ammoniaks in Gegenwart von Kohlenmonoxyd resp. Kohlendioxyd und Wasserdampf der Einwirkung von Überträgern aussetzte, ist ebenfalls ohne technischen Erfolg geblieben.

Die außerordentlich geringe Neigung des Stickstoffes, sich bei gewöhnlichem Drucke und Temperatur mit Wasserstoff zu vereinigen, bot den Versuchen zur Ammoniakdarstellung die erheblichsten Schwierigkeiten. Durch die Erhöhung der

Temperatur ließ sich zwar aus theoretischen Gründen eine Steigerung der Reaktionsgeschwindigkeit erwarten, jedoch standen der Anwendung dieses einfachen Hilfsmittels die Bedenken gegenüber, daß der Zerfall des Ammoniaks durch Hitze schon bei verhältnismäßig niederen Temperaturen beginnt.

RAMSAY und YOUNG haben sich bereits im Jahre 1884 mit der Spaltung des Ammoniakgases in seine Elemente mit Hilfe der Energiezufuhr in Gestalt von Wärme beschäftigt, und PERMAN (*Ch. N.* **90**, 13, 182 [1904]; *Proc. R. Soc.* **76**, 167) beobachtete im Jahre 1904 die wichtige Tatsache, daß die Zerfalls- und Bildungsgeschwindigkeit des Ammoniaks von der Anwesenheit katalytisch wirkender Substanzen stark abhängig sei.

Das Ergebnis aller Untersuchungen — über welche in dem bereits erwähnten Werke von DONATH und FRENZEL eingehend berichtet worden ist — ließ die Überzeugung reifen, daß eine direkte Ausnutzung des atmosphärischen Stickstoffes zur Ammoniakgewinnung keine große Aussicht auf eine erfolgreiche Durchführung böte.

Zur Lösung des Problems der technischen synthetischen Darstellung von Ammoniak aus seinen Elementen bedurfte es erst der Hilfsmittel, welche die moderne physikalische Chemie dem Forscher in die Hand gab. Das große Verdienst, als erster nach streng wissenschaftlichen Methoden die Bedingungen, betreffend die Bildung und den Zerfall des Ammoniaks eingehend untersucht zu haben, gebührt HABER. Gemeinsam mit VAN OORDT stellte sich HABER im Jahre 1904 (*Z. anorg. Ch.* **43**, 111; **44**, 341; **47**, 42) die Aufgabe, das Ammoniakgleichgewicht für bestimmte Temperaturen und gegebenen Druck festzulegen. Die erfolgreiche Durchführung dieser Versuche wurde durch die bereits erwähnte Passivität des Stickstoffes bei gewöhnlicher Temperatur sowie durch die Unbeständigkeit des Ammoniaks bei erhöhter Temperatur wesentlich erschwert. Bei der leichten Zersetzlichkeit des Ammoniakgases bereits bei dunkler Rotglut genügen zur Erreichung des thermodynamischen Gleichgewichtes schon Spuren von Ammoniak. Die mit peinlichster Sorgfalt durchgeführten Untersuchungen HABERS ergaben, daß bei Temperaturen von 1000° und Normaldruck von 1000 T. Ammoniak noch nicht 0,2 T. existenzfähig sind. Um eine schnellere Einstellung des Ammoniakgleichgewichtes zu erreichen, benutzte HABER eine Reihe von Überträgern, von denen das Eisen, Calcium, Nickel und Mangan die günstigste Wirkung zeigten. Die den Versuchen dienende Apparatur bestand im Prinzip aus zwei hintereinander geschalteten, elektrisch heizbaren Rohren, die mit dem Katalysator beschickt waren. Ein gleichmäßiger, langsamer Strom reinen Ammoniaks wurde bei genau eingehaltenen Temperaturen durch das erste Rohr geleitet, die nicht zersetzte Menge Ammoniak titrimetrisch bestimmt und das übrigbleibende Stickstoffwasserstoffgemenge, welches die stöchiometrische Zusammensetzung des Ammoniaks zeigte, im zweiten Rohre von neuem der gleichen Temperatur ausgesetzt. Entsprach das hierbei gebildete Ammoniak der im ersten Rohre nicht zersetzten Gasmenge, so waren die Werte über das Ammoniakgleichgewicht sowohl von der Bildungs-, als auch von der Zersetzungsseite aus mit hinreichender Genauigkeit ermittelt. HABER und VAN OORDT fanden, daß die Gleichgewichtslage auch bei tieferen Temperaturen stets sehr ungünstig bleibt, so daß die genannten Forscher zu der Überzeugung gelangten, daß ein praktischer Erfolg zur synthetischen Herstellung von Ammoniak selbst bei Verwendung gut wirkender Überträger unter gewöhnlichem Drucke nur dann erzielt werden könnte, wenn die Temperatur nicht wesentlich über 300° steige.

NERNST, der im Jahre 1907 mit JOST (*Z. Elektrochem.* **13**, 521; **14**, 373; *Z. anorgan. Ch.* **57**, 414) eingehende Versuche über das Ammoniakgleichgewicht durchführte, arbeitete bei diesen Untersuchungen unter erhöhtem Drucke, weil nach dem Massenwirkungsgesetz durch die Steigerung des Druckes höhere Ammoniakkonzentrationen sowie schnellere Einstellung des Gleichgewichtes zu erwarten waren. Es gelang ihm, auf diese Weise bei ca. 700° und 50 *Atm.* Druck mit Mangan als Katalysator Ammoniakkonzentrationen bis 0,9 *Vol.-%* im Stickstoffwasserstoffgemenge zu erreichen. Trotzdem hielt NERNST auf Grund der für das Gleichgewicht beobachteten Zahlen die technische Durchführbarkeit der Synthese des Ammoniaks aus seinen Elementen für sehr unwahrscheinlich.

Der völligen Klärung der wichtigen Frage nach dem Ammoniakgleichgewicht diente die von HABER und LE ROSSIGNOL (*B.* **40**, 2144; *Z. Elektrochem.* **14**, 181, 513) in den Jahren 1907/08 bei erhöhtem Drucke durchgeführten Bestimmungen. Den unmittelbaren Anlaß zu diesen Untersuchungen gaben die zum Teil recht erheblichen Differenzen zwischen den Arbeitsergebnissen von NERNST und JOST sowie denen von HABER und VAN OORDT. Als Katalysatoren wurden Eisen, Chrom, Nickel, Mangan benutzt.

Ungeachtet der nur geringen Aussichten zur technischen Lösung des Ammoniakproblems arbeiteten HABER und LE ROSSIGNOL, später unterstützt und gefördert durch das Interesse, das die *BASF* ihren Arbeiten entgegenbrachte, an der Lösung des Ammoniakproblems weiter.

Im Jahre 1909 erfolgten die ersten Patentanmeldungen, betreffend die Synthese des Ammoniaks aus seinen Elementen. Durch Anwendung sehr hoher Drucke von weit über 100 *Atm.* war es gelungen, selbst bei ungünstig wirkenden Katalysatoren praktisch verwertbare Ammoniakmengen zu erhalten. Das *D. R. P.* 238450 schützt ein Verfahren zur Gewinnung von Ammoniak aus Stickstoff und Wasserstoff bei Drucken von über 100, zweckmäßig 200 *Atm.* Nach diesem Patent werden bei ungefähr 175 *Atm.* Druck und einer Temperatur von 650 – 700° unter Verwendung von Eisen als Katalysator Ammoniakkonzentrationen von ungefähr 2 *Vol.-%* im Stickstoffwasserstoffgemisch gewonnen. Der Ausbau der HABERschen Synthese führte zu einem durch das *D. R. P.* 235421 der *BASF* geschützten Kombinationsverfahren, nach welchem die technische Darstellung des Ammoniaks aus seinen Elementen durchführbar ist, „wenn man das Gemenge von Stickstoff und Wasserstoff im Raumverhältnis 1 : 3 unter dauerndem Drucke kontinuierlich abwechselnd der katalytischen Ammoniakbildung bei höherer Temperatur und der Ammoniakentziehung durch Absorption oder Kondensation bei niederer Temperatur unterwirft und dafür sorgt, daß die Wärme der ammoniakhaltigen Reaktionsgase auf das von neuem der Reaktion zu unterwerfende ammoniakfreie Gasgemisch übertragen wird". Die nachstehende Schnittzeichnung (*E. P.* 17951 [1909]) gestattet in anschaulicher Weise einen Überblick über die im *D. R. P.* 235421 unter Schutz gestellte Arbeitsweise.

Später durchgeführte Untersuchungen der (*BASF D. R. P.* 252275) ergaben, daß bei Verwendung besonders günstig wirkender Katalysatoren, mit deren Hilfe relativ hohe Ammoniakkonzentrationen erzielt werden, die Wärmeregeneration nicht mehr notwendig ist; auch die dauernde Aufrechterhaltung des Druckes innerhalb der Apparatur bildet auf Grund neuerer Erfahrungen kein unbedingtes Erfordernis für die technische Durchführbarkeit der Ammoniaksynthese. Diese Feststellungen waren, wenngleich sie als die natürliche Folge der fortschreitenden Entwicklung des neuen Verfahrens angesehen werden können, für die technische Ausbildung der Ammoniaksynthese insofern von Bedeutung, als dadurch der an und für sich bereits mit erheblichen Schwierigkeiten verbundene Bau einer größeren Anlage wesentliche Erleichterungen erfuhr.

Die Anwendung von Wärmegraden von 500–700° gemeinsam mit Drucken bis zu 200 *Atm.* war in der Technik bis dahin nicht bekannt. Das *E. P.* 17951 [1909] enthält eine ausführliche Beschreibung des Weges, auf dem es ermöglicht wurde, nahezu gefahrlos unter den zur Ammoniakbildung unerläßlichen Bedingungen, wie hoher Temperatur und gewaltigen Drucken, zu arbeiten. Das Prinzip dieser Arbeitsweise ist Gegenstand einer später zurückgezogenen *D. P. a.* 45523, IV/12 *g* **(1910)** von KUNHEIM & Co. Berlin. Nach dieser Anmeldung wird die Gefahr des Aufreißens der Gefäße dadurch beseitigt, daß der unter Druck stehende, hoch erhitzte innere Reaktionsraum mit einem unter gleichem Drucke befindlichen Gasmantel umgeben wird, dessen äußere druckfeste Hülle auf geeignete Weise gekühlt wird. Das von innen und außen unter gleichem Drucke stehende, hoch erhitzte Reaktionsgefäß und das drucktragende kalt gehaltene Mantelrohr bieten so die Gewähr für ein sicheres Arbeiten, welches ohne Anwendung besonderer Vorsichtsmaßregeln mit beträchtlichen Gefahren verbunden wäre (s. Ofen, Abb. 139).

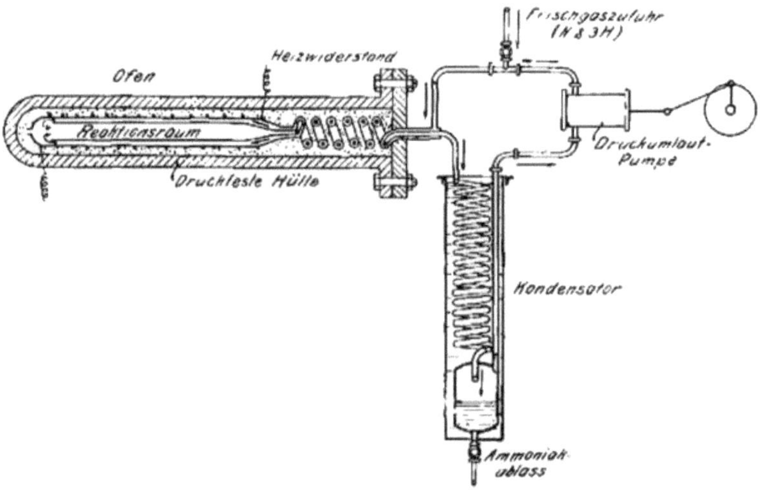

Abb. 139.

Während der technische Ausbau der neuen Synthese in erfolgreicher Weise gefördert wurde, nahmen auch die Untersuchungen über die Wirkungsweise der Katalysatoren ihren Fortgang.

HABER hatte gefunden, daß die Eigenschaft, die Bildung des Ammoniaks aus Stickstoff und Wasserstoff zu beschleunigen, nicht nur von der Höhe des Druckes und der angewandten Temperatur abhängig ist, sondern daß es Metallverbindungen gibt, die in ganz besonderer Weise befähigt sind, als Katalysatoren in positivem, d. h. ammoniakbildendem Sinne zu wirken. HABER stellte fest, daß namentlich dem Osmium (*D. R. P.* 223408) in hohem Maße die Fähigkeit zukommt, die Vereinigung von Stickstoff und Wasserstoff zu fördern. Bei Dunkelrotglut und Drucken von 175 *Atm.* wurden leicht Ammoniakkonzentrationen von 8 *Vol.-%* erreicht. Eingehende Mitteilungen über die katalytische Wirkung dieses Edelmetalles geben HABER und LE ROSSIGNOL in ihrem Bericht „Über die technische Darstellung von Ammoniak aus den Elementen“ (*Z. Elektrochem.* **19**, 69 [1913]). Der nur geringe Weltvorrat an Osmium, welcher eine Verwendung in größeren Mengen zu Zwecken der Ammoniaksynthese ausschloß, gab Veranlassung, nach einem zweiten, ähnlich wirkenden, jedoch leichter zugänglichen Überträger zu fahnden. Im Uran resp. seinen Stickstoffverbindungen (*D. R. P.* 229126) wurde ein solcher ermittelt. Bei ca. 580° und 190 *Atm.* Druck wurden im strömenden Stickstoffwasserstoffgemisch bis zu 7 *Vol.-%* Ammoniak festgestellt. Nach den in der *Z. f. Elektrochem.* von HABER (l. c.) gemachten Mitteilungen stieg bei geringer Gasgeschwindigkeit, ca. 500° und 125 *Atm.* Druck die Ammoniakkonzentration bis auf 11,9 *Vol.-%*.

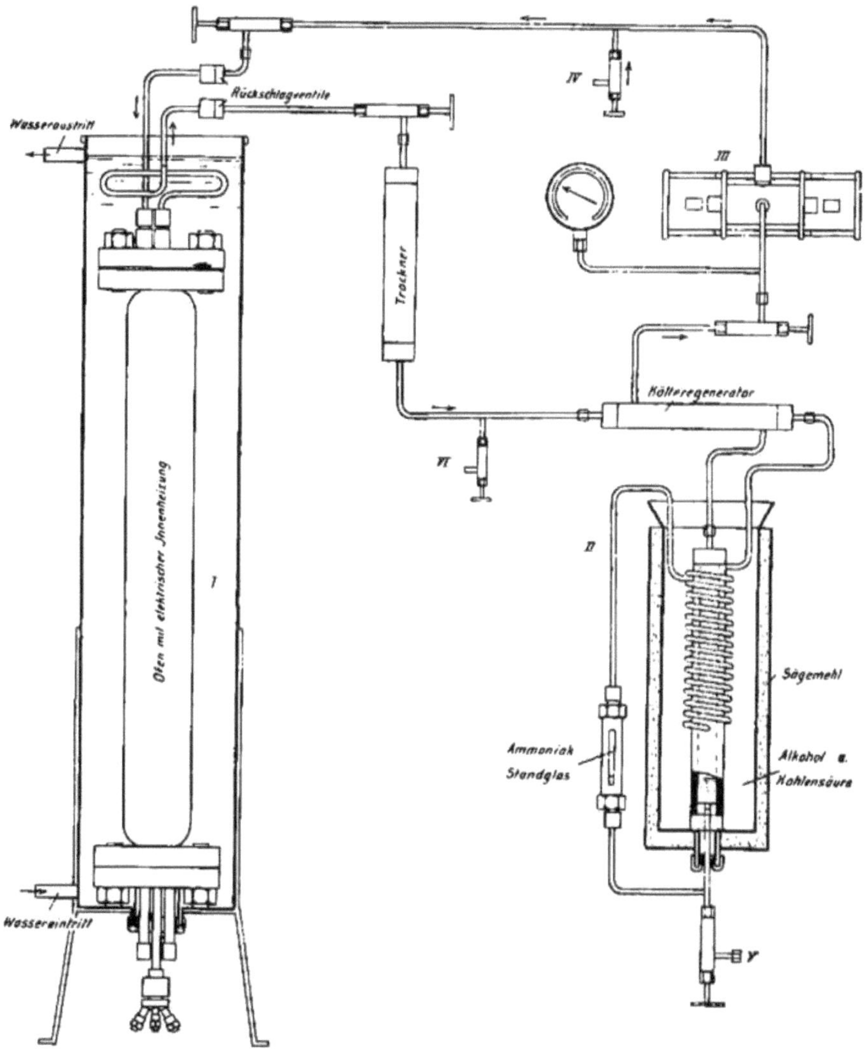

Abb. 140.

Diese Arbeitsresultate, gemeinschaftlich mit den inzwischen beim Baue druck- und hitzfester Apparate gesammelten Erfahrungen, ließen die Grundlage für eine industrielle Ausnutzung der synthetischen Ammoniakdarstellung gesichert erscheinen, und am 18. März 1910 führte HABER in Karlsruhe anläßlich eines Vortrages im Naturwissenschaftlichen Verein das neue Verfahren praktisch zum ersten Male vor.

Die zur Demonstration benutzte kleine Versuchsanlage besteht — wie aus Abb. 140 ersichtlich — aus der Ammoniakbildungskammer 1, dem Verflüssiger mit Kälteaustauscher und Ammoniakstandglas 2, der Hochdruckumlaufpumpe 3, der Frischgaszuführung 4 und dem Ammoniakablaß 5. Der Probehahn 6 gestattet, jederzeit den Ammoniakgehalt im Gasreaktionsgemisch festzustellen.

Um die Ausbildung der HABERschen Synthese für den Großbetrieb machte sich in hervorragender Weise die *BASF* verdient. Dabei waren Schwierigkeiten von ungewöhnlicher Größe zu überwinden. Es galt Apparate zu bauen, die bezüglich Druckfestigkeit und Betriebssicherheit den höchsten Anforderungen genügen mußten. Dazu kam, daß das Eisen, welches das zum Baue gegebene Material war, bei hohen Temperaturen und Drucken von den Reaktionsgasen nicht nur chemisch verändert wird, sondern auch namentlich für Wasserstoff stark durchlässig ist. Das bereits weiter oben erwähnte Prinzip der hoch erhitzten, innen und außen unter gleichem Drucke stehenden und somit drucklosen Reaktionswandung und des drucktragenden kalten Mantelrohres fand hier seine praktische Anwendung. Die Übelstände, die sich beim Arbeiten mit Wasserstoff unter Druck und bei hohen Temperaturen dadurch bemerkbar machen, daß das Gas die Gefäßwände chemisch verändert und so ihre Widerstandsfähigkeit gegen mechanische Beanspruchung herabmindert, hat die *BASF* (*D. R. P.* 254571) in der Weise zu vermeiden gesucht, daß sie die heiße, drucktragende, mit Verstärkungen versehene Gefäßwand aus chemisch gegen Wasserstoff möglichst widerstandsfähigem Stoff herstellt und dafür sorgt, daß der durch die Wandung diffundierende Wasserstoff, ohne großen Widerstand zu finden, entweichen kann. Nach dem *D. R. P.* 256296 (*Zus.* zu 254571) kann das Reaktionsgefäß auch aus einem gegen Wasserstoff zwar mehr oder weniger durchlässigen, jedoch chemisch nicht widerstandsfähigen Material gefertigt werden. So führte die mit peinlichster Beobachtung auch der scheinbar nebensächlichsten Erscheinungen verbundene mustergültige Bearbeitung aller für die technische Durchführung der Ammoniaksynthese möglicherweise wichtigen Momente durch die *BASF* dazu, daß in kurzer Zeit das neue Verfahren aus dem engen Rahmen eines Versuchsbetriebes herauswuchs und sich zu einer achtunggebietenden und machtvollen Handhabe der modernen Technik gestaltete.

Große Sorgfalt erforderte die Entfernung von Sauerstoff aus der Apparatur sowie den Reaktionsgasen, da unter erhöhtem Drucke bereits bei verhältnismäßig geringem Sauerstoffgehalt Explosionsgefahren vorhanden sind.

Besonders eingehend widmeten sich die *BASF* und ihre Mitarbeiter dem Studium der Katalysatoren. Durch geeignete Zusätze zu den Metallen der Eisengruppe gelang es, die Wirkung von an sich wenig geeigneten Überträgern wesentlich zu erhöhen. Als solche Hilfsmittel (Aktivatoren) kommen nach dem *D. R. P.* 249447 Oxyde, Hydroxyde, Salze oder sonstige Verbindungen der Alkalien oder alkalischen Erden oder Erdmetalle in Betracht. Schon 1 % und weniger dieser Fremdstoffe genügen, um selbst solche Katalysatoren, die ohne diese Beimengung zur Ammoniakbildung ungeeignet sind, zu guten Vermittlern zu machen. In dem *D. R. P.* 258146 wird der Bereich des soeben angeführten Patentes auf solche Beimengungen ausgedehnt, die frei von Selen, Schwefel, Tellur, Phosphor, Arsen, Bor u. a. sind. Auch Metalle wirken unter Umständen günstig, jedoch sind mit Wasserstoff reduzierbare, niedrig schmelzende Metalle, wie Blei, Zink, Zinn, Wismut sowie ihre Verbindungen als Aktivierungsmittel ungeeignet. Als vorteilhaft erwies sich ein vorhergehendes oxydierendes Schmelzen von Kontaktmetall und Hilfsstoff

(*D. R. P.* 254337). Derart zubereitete Kontaktmassen zeigen nach der Reduktion eine „hohe und andauernd vorzügliche Wirksamkeit".

BERNTHSEN (l. c.) führt die starke Aktivierung darauf zurück, „daß die Beimengungen beim Erhitzen sich in dem hoch erhitzten Metalloxyd lösen bzw. fein verteilen und daß hierdurch bei der nachherigen Reduktion ein im übrigen kaum wahrnehmbares Skelett innerhalb der Metallmasse entsteht, welches ein Zurückgehen ihrer Oberfläche und damit der katalytischen Eigenschaften in wirksamster Weise verhindert" (vgl. auch *D. R. P.* 254337).

Die *D. P. a.* B. 60405/12k gibt an, daß nicht nur die Metalle der Eisengruppe, sondern auch jede andere zur Katalyse des Ammoniaks befähigte Kontaktsubstanz durch Alkalisierung in ihrer Wirksamkeit gefördert wird. In scheinbarem Widerspruch zu diesen Feststellungen steht die Erkenntnis, daß völlig reines Eisen (*D. R. P.* 247852, *BASF*) außerordentlich gute katalytische Eigenschaften besitzt, sofern es bei niederen Temperaturen, die zweckmäßig nicht über 600° liegen, aus seinen Verbindungen hergestellt wird. Vorhergehendes Erhitzen auf hohe Temperatur in Gegenwart oxydierender Substanzen, z. B. Sauerstoff, soll auch in diesem Falle von Vorteil sein. Erfolgt jedoch die Herstellung des Eisenkatalysators mit Hilfe von überschüssigem Ammoniak, so ist die Temperatur nicht an die für die Reduktion mit Wasserstoff gesetzte obere Grenze von 600° gebunden (*D. R. P.* 256885). Die Reduktionstemperatur von 600° kann auch dann überschritten werden, ohne die katalytische Wirksamkeit des Überträgers wesentlich zu beeinflussen, wenn das Eisen oder die Eisenverbindung vor der Behandlung mit Wasserstoff kräftig oxydiert wird und die Reduktion schnell erfolgt (*D. R. P.* 259702, *BASF*).

Bei Verwendung von Eisen oder anderen Metallen als Katalysatoren, deren Oxyde mit Wasserstoff reduzierbar sind, hat es sich nach den Angaben der *BASF* im *D. R. P.* 259871 als vorteilhaft erwiesen, das Gasgemisch vom Wasser oder wasserbildenden Beimengungen zu befreien.

Einen ausgezeichnet wirkenden Überträger hat die *BASF* ferner in dem zur Eisengruppe gehörigen Molybdän resp. seinen Stickstoffverbindungen (*D. R. P.* 246377) gefunden. Die Gewinnung des Kontaktkörpers geschieht nach dem *D. R. P.* 246454 aus den Metallsauerstoffverbindungen, die in Gegenwart reduzierender Gase mit Stickstoff zweckmäßig unter Druck bei erhöhter Temperatur behandelt werden.

Eine Reihe weiterer Verfahren über die Verwendung und Herstellung von Katalysatoren aus Molybdän und Molybdänverbindungen sei nur kurz erwähnt. Im *D. R. P.* 250377 wird die zeitlich getrennte Reduktion und Nitrogenisierung der Molybdänsauerstoffverbindungen unter Schutz gestellt. Die Behandlung mit Wasserstoff unter gewöhnlichem Drucke bei Temperaturen bis zu 1000° ist Gegenstand des *D. R. P.* 259648, und durch das *D. R. P.* 259649 wird festgestellt, daß die Gewinnung der Molybdänstickstoffverbindungen bei Gegenwart von Katalysatoren wesentlich erleichtert wird.

Um Mangan mit Erfolg bei der Vereinigung von Stickstoff und Wasserstoff gebrauchen zu können, ist nach dem *D. R. P.* 254006 die vollständige Befreiung des Reaktionsgemisches von Sauerstoff in freier oder gebundener Form erforderlich. Die SOCIÉTÉ GÉNÉRALE DES NITRURES, Paris, hat im Zink (*D. R. P.* 250085, vgl. auch MATIGNON *F. P.* 430595) einen Vermittler entdeckt, der bereits bei 200° die Verbindung von Stickstoff und Wasserstoff beschleunigen soll. Auch das Lithium soll bei der Synthese des Ammoniaks aus seinen Elementen gute katalytische Fähigkeiten zeigen. Die Carbide der seltenen Erden üben mit und ohne Zusatz von Aktivatoren nach den Erfahrungen der *BASF* (*D. R. P.* 259872) ebenfalls einen günstigen Einfluß auf die Ammoniakbildungsgeschwindigkeit aus. Schon HABER und LE ROSSIGNOL (*Z. Elektrochem.* **19**, 65) haben die Leistungsfähigkeit von Cer und seinen Gruppenverwandten als Katalysatoren erkannt. Aus neuerer Zeit ist eine Anmeldung von KUNHEIM & Co., Berlin, hervorzuheben, nach der Cernitrid und seine Legierungen in hervorragender Weise zur Bildung von Ammoniak befähigt sind. Bei Drucken weit unterhalb 100 *Atm.* und kaum beginnender Rotglut liefert nach der *D. P. a.* K. 51732/12g hergestelltes Cernitrid bereits technisch verwertbare Ammoniakkonzentrationen.

Von Bedeutung für die Synthese des Ammoniaks aus den Elementen scheint auch die katalytische Wirkung des Wolframs zu sein. Die *BASF* (*D. R. P.* 259647), HABER (*D. R. P.* 259996 und 260756), die SOCIÉTÉ GÉNÉRALE DES NITRURES (*D. R. P.* 254934) und MATIGNON (*F. P.* 430595) besitzen Verfahren, nach denen die Bindung von Stickstoff und Wasserstoff zu Ammoniak in Gegenwart von fein verteiltem Wolfram resp. Woframnitrid in zufriedenstellender Weise erfolgt. Geradezu glänzende katalytische Wirksamkeit besitzt nach dem *D. R. P.* 252997 das Ruthenium. Ammoniakkonzentrationen von 11—12 *Vol.-%* lassen sich nach den Angaben des genannten Patentes schon unterhalb 100 *Atm.* Druck und 450° erreichen, während Osmium z. B. bei 150 *Atm.* nur 8 *Vol.-%* gibt. Leider ist das Vorkommen dieses dem Osmium nahestehenden Metalles derart geringfügig, daß an eine Ausnutzung seiner Fähigkeiten im Großbetriebe nicht zu denken ist.

Von der beträchtlichen Anzahl wirksamer Kontaktkörper scheint nur das Eisen bei der fabrikmäßigen Herstellung von Ammoniak aus den Elementen, die einzig von der *BASF* betrieben wird, Verwendung gefunden zu haben. Doch stehen der Industrie auch im Cer, Wolfram und Molybdän Überträger zur Verfügung, deren Benutzung gute Aussichten auf Erfolg bietet.

Von erheblicher Bedeutung für die technische Lösung des Problems der Ammoniaksynthese war die von der *BASF* gewonnene Erkenntnis, daß gewisse Verunreinigungen der Reaktionsgase (*D. R. P.* 254344) sowie der Katalysatoren (*D. P. a.* 58694, IV/12k) die Bildung des Ammoniaks ungünstig zu beeinflussen, ja sogar völlig zu verhindern vermögen. Schwefel, Selen, Tellur, Phosphor, Arsen und Kohlenoxyd erwiesen sich als gefährliche Reaktionsgifte, die schon in kleinsten Mengen den synthetischen Prozeß hemmten und die Überträger unbrauchbar machten, gleichgültig ob sie sich in dem Stickstoffwasserstoffgemenge oder als Beimengung im Katalysator befanden. Selbst die aus den eisernen Zuleitungen stammenden Verunreinigungen oder die Spuren von Schmieröl, welche bei der Kompression die Gase verunreinigten, übten eine nachteilige Einwirkung aus. Die Befreiung der Reaktionsgase von ihren schädlichen Beimengungen bereitete erhebliche Schwierigkeiten, zumal selbst elektrolytisch gewonnener Wasserstoff nicht immer sämtlichen Ansprüchen genügte und einer peinlichen Nachreinigung unterworfen werden mußte. Vorteilhaft wird die Entfernung der Kontaktgifte aus den Gasgemischen durch Filtrieren, Waschen, Trocknen und darauffolgendes Leiten über Alkali- oder Erdalkali-Metalle erreicht. Jedenfalls empfiehlt es sich, die Gase, bevor sie in den eigentlichen Reaktionsraum treten, bei erhöhter Temperatur über einen dem jeweiligen Katalysator chemisch verwandten Reiniger zu schicken. Die vergifteten Kontaktkörper lassen sich in vielen Fällen durch Oxydation bei hohen Temperaturen oder Zuschläge von Basen oder basisch wirkenden Salzen und nachfolgende Reduktion entgiften.

In neuester Zeit scheint auch die *BASF* (*D. R. P.* 260010, 260992 und *D. P. a.* B 62275, IV/12k) durch abwechselndes Überleiten von Stickstoff und Wasserstoff unter Druck über erhitzte, zur Hydrür- und Nitridbildung befähigte Katalysatoren gute Resultate erzielt zu haben. HABER und andere Forscher (KAISER, *D. R. P.* 181657) hatten bereits früher Versuche in dieser Richtung angestellt, ohne jedoch mehr als Spuren Ammoniak zu gewinnen. Die Angaben von LIPSKI (*Z. Elektrochem.* **15**, 189 [1909]), der durch abwechselndes Überleiten von Stickstoff und Wasserstoff über Cerhydrür und Cernitrid bei erhöhter Temperatur günstige Ergebnisse bezüglich der Ammoniakbildung erzielt haben will, erwiesen sich nach den Feststellungen von HABER (*Z. Elektrochem.* **19**, 54 [1913]) sowie der eingehenden Nachprüfung durch den Verfasser dieses Kapitels als irrtümlich. Auch DAFERT und MIKLAUZ (*M.* **33**, 911 [1912]) und BILLITER (NERNST-Festschrift, Halle 1912, 86) waren nicht imstande, die Erfolge, die LIPSKI erzielt haben will, zu bestätigen.

Von außerordentlicher Wichtigkeit für die technische Durchführung der Ammoniaksynthese ist der Weg, den die *BASF* eingeschlagen hat, um den Ammoniakbildungsraum auf die zur Reaktion unbedingt erforderliche Temperatur zu erhitzen. Die Anordnung einer besonderen Heizanlage verursacht nämlich mit Rücksicht auf die Unbeständigkeit der üblichen Konstruktionsmaterialien beträchtliche technische Schwierigkeiten. Die *BASF* fand nun (*D. R. P.* 259870), daß die bei der Bildung des Ammoniaks aus seinen Elementen freiwerdende Wärmemenge in vielen Fällen hinreicht, zumal wenn mit Wärmeregeneration gearbeitet wird, um die zum Verlauf der Reaktion nötige Anzahl Calorien zu liefern. Die Inbetriebsetzung des Verfahrens, wofür naturgemäß die Apparatur auf eine bestimmte Temperatur erhitzt werden muß, erfolgt bei Verwendung solcher Katalysatoren, die durch Wasserstoff reduzierbar sind, z. B. Eisen, Wolfram, Molybdän, in einfacher Weise derart, daß Luft oder andere sauerstoffhaltige Gase im Kontaktapparat verbrannt werden. Auch die im Dauerbetrieb unvermeidlichen Temperaturschwankungen lassen sich ohne Mühe dadurch ausgleichen, daß dem unter Druck umlaufenden Stickstoffwasserstoffgemisch vor seinem Eintritt in den heißen Kontaktraum Luft zugeführt wird. Abgesehen von den durch Vermeidung einer Heizanlage erzielten konstruktiven Erleichterungen, bietet diese Arbeitsweise den großen Vorteil, daß zur Bildung des Ammoniaks keine andere Kraft erforderlich ist als die, mit deren Hilfe die Gase auf den zur Erreichung hoher Ammoniakkonzentrationen erwünschten starken Druck gepreßt werden. Die Kosten für Ammoniak werden dadurch nahezu unabhängig von dem zur Ammoniaksynthese aus den Elementen erforderlichen geringen Kraftbedarf. Theoretisch beträgt der zur Kompression der Reaktionsgase auf 150 *Atm.* Druck benötigte Kraftaufwand nach den Angaben von HABER (*Ch. Ztg.* **37**, 584 [1913]) für 1 *kg* gebundenen Stickstoffes nicht viel über $^1/_2$ *KW.*-St., und für die Kosten des Verfahrens ist im wesentlichen der Preis des Wasserstoffes entscheidend. Es gesellt sich damit zu den Verfahren der Stickstoffbindung, die auf Grund ihres erheblichen Kraftbedarfes an das Vorkommen billiger Wasserkräfte gebunden sind, ein neues Verfahren, das auch in den Gebieten, in denen ein Mangel an geeigneten Naturkräften ist, mit wirtschaftlichem Nutzen durchgeführt werden kann.

Von wesentlicher Bedeutung für die Rentabilität des neuen Verfahrens war preiswerte Herstellung von Stickstoff und Wasserstoff. Auch diese Frage ist von der beteiligten Industrie glücklich gelöst worden. So ist es der *BASF* durch Ausbau des CARO-LINDE-Verfahrens gelungen, den Wasserstoff in der erforderlichen reinen Form aus Kohle und Wasserdampf zu gewinnen. Der Herstellungspreis soll noch nicht 10 Pf. pro *cbm* betragen. Der Stickstoff wird aus verflüssigter Luft durch Fraktionierung gewonnen; über Einzelheiten vgl. Luft, flüssige; Gase, komprimierte; Stickstoff; Wasserstoff.

Die erfolgreiche Bearbeitung des technischen Problems durch die *BASF* von den verschiedensten Gesichtspunkten aus hat dazu geführt, daß für die synthetische Herstellung von Ammoniak aus den Elementen sichere Grundlagen für einen zuverlässigen Dauerbetrieb geschaffen wurden. Die große Versuchsanlage der *BASF* in Ludwigshafen zur Gewinnung von Ammoniak aus seinen Bestandteilen hat den Betrieb eröffnet, und ihre Produkte spielen nach kaum halbjähriger Einführung auf dem Markte des verflüssigten Ammoniaks bereits eine ausschlaggebende Rolle. Die Gewinnung des Ammoniaks erfolgt zumeist direkt in verflüssigter Form, jedoch soll nach den Mitteilungen von HABER (Vortrag vor der Deutschen Chemischen Gesellschaft am 26. April 1913) noch im Jahre 1913 in Oppau bei Ludwigshafen eine zweite größere Fabrik zur Erzeugung von schwefelsaurem Ammoniak in Betrieb gesetzt werden. Diese Fabrik war auch Ende 1913 bereits in voller Tätigkeit. Die Produktion der der *BASF* gehörenden Gesamtanlage in Oppau zur synthetischen Gewinnung von Ammoniak aus seinen Elementen soll nach unverbürgten und wahrscheinlich zu hoch gegriffenen Angaben der Tagespresse ungefähr 60000 *t* Ammoniumsulfat jährlich betragen (O. SERPEK, *Ch. Ztg.* **37**, 1197 [1913], schätzt die Produktion nur auf 30000 *t*).

Das nach dem HABERschen Verfahren von der *BASF* hergestellte flüssige Ammoniak wird bereits in Deutschland in Kesselwagen befördert. Das synthetische flüssige Ammoniak dürfte bestimmt in Bälde das aus Gaswasser gewonnene Produkt vollständig verdrängt haben, da sein Gestehungspreis ein bedeutend niedrigerer ist.

Die Kosten für den Bau einer Ammoniakfabrik nach HABER sind außerordentlich hoch, zumal mit Rücksicht auf die Rentabilität der Anlage die Herstellung von Wasserstoff und Stickstoff im größten Maßstabe an Ort und Stelle erforderlich ist. Wenn auch zuverlässige Mitteilungen über die Höhe des investierten Kapitals nicht zu erfahren sind, so ist es doch sicher, daß die *BASF* in dem neuen Unternehmen Werte von vielen Millionen Mark angelegt hat.

Literatur: A. BERNTHSEN, Die synthetische Gewinnung des Ammoniaks. Vortrag auf dem VIII. Internationalen Kongreß für angew. Chemie zu New York am 11. September 1912 (*Z. angew. Ch.* **26**, 10 [1913]). – DONATH und FRENZEL, Die technische Ausnutzung des atmosphärischen Stickstoffes. Deuticke, Leipzig, 1907. – DONATH und INDRA, Die Oxydation des Ammoniaks zu Salpetersäure und salpetriger Säure. Enke. Stuttgart, 1913. – H. GROSSMANN, Die Stickstofffrage. Berlin 1911. – F. HABER, Die Vereinigung des elementaren Stickstoffes mit Sauerstoff und Wasserstoff. Vortrag vor der Deutschen Chemischen Gesellschaft, Berlin am 26. April 1913. – V. HÖLBLING, Neuere Verfahren der Ammoniakindustrie, Vortrag im Österreichischen Ingenieur- und Architekten-Verein am 8. März 1912 (*Öst. Ch. Ztg.* 15, 114). – K. KAISER, Der Luftstickstoff und seine Verwendung, 1910. – WILH. KOCHMANN, Deutscher Salpeter. Berlin 1913. – G. LUNGE und H. KÖHLER, Die Industrie des Steinkohlenteers und des Ammoniaks, Bd. II. Braunschweig, 1812. – WILH. RABIUS, Kritische Betrachtungen zur Stickstofffrage. Fischer, Jena 1907. – LEOP. SPIEGEL, Der Stickstoff. Vieweg & Sohn, Braunschweig 1903.

E. Herre.

Ammoniaksoda s. Natriumverbindungen.

Ammonite s. Schlagwettersichere Sprengstoffe unter Explosivstoffe.

Ammoniumverbindungen.

1. Ammoniumacetat, s. Essigsäure.

2. Ammoniumchlorid. Das Chlorammonium, der Salmiak, wird fast ausschließlich aus Gaswasser, bzw. Destillaten desselben, selten aus Ammoniumsalzen durch wechselweise Umsetzung dargestellt. Anfänglich pflegte man das gewöhnliche Gaswasser, den Wascherablauf, mit Salzsäure zu sättigen, ließ die teerigen Bestandteile absitzen, filtrierte die Salzlösung und dampfte sie zur Krystallisation ein. Der Brennstoffverbrauch war jedoch sehr groß, daher man dazu überging, verdichtetes Gaswasser (s. S. 372) mit starker Salzsäure zu sättigen und die Lösung zur Krystallisation einzuengen. Dies

Verfahren ist noch heute gebräuchlich. Um das lästige Schäumen bei der Neutralisation zu vermeiden, verdichtet man das Gaswasser unter vorheriger Ausscheidung von H_2S und CO_2 durch Vorwärmung (S. 374). Verwendet man ein Wasser mit 17% NH_3 und eine Säure mit 33% HCl, so braucht man für 100 *kg* verdichtetes Gaswasser 110,6 *kg* Salzsäure und erhält 210,6 *kg* Lösung mit 53,5 *kg* NH_4Cl, also mit 25,4% Salmiak. Eine solche Lösung ist nahezu gesättigt und braucht zur Krystallisation nur wenig eingeengt zu werden.

Hilgenstock (Lunge-Köhler, Steinkohlenteer und Ammoniak, Bd. II, 402) beschreibt eine Salmiakfabrik von F. Bendel in Magdeburg-Sudenburg an Hand der Abb. 141 und 142, in denen bedeuten: 1. Vorratsgefäß für Gaswasser; 2. Gaswasserzuflußregler; 3. CO_2-Ausscheider; 4. Abtreiber; 5. Kalkmilchzersetzer; 6. Konzentrationskühler; 7. Ablaufglocke; 8. Ölscheider; 9. Auffangegefäß; 10. Vorratsgefäß für verdichtetes Gaswasser; 11. Vorratsgefäß für HCl; 12. Sättigungsbottiche; 13. Mischgefäß; 14. Konzentrationsbottiche; 15. Filterbottiche; 16. Krystallisatoren; 17. Abtropfbühne; 18. Schleuder; 19. Darre; 20. Skrubber; 21. Skrubbervorlage; 22. Pumpen; 23. Dampfmaschine; 24. Kalkmilchbereiter. Das verdichtete Gaswasser und die Salzsäure werden gleichzeitig in dünnem Strahl in die säurefest ausgekleideten Pitchpinebottiche (12), die mit Steinzeugrührwerk versehen sind, eingeleitet. Die ammoniumchloridhaltigen Dämpfe werden im Steinzeugskrubber (20) mit Wasser gewaschen, das man immer wieder benutzt, bis es sich genügend angereichert hat, dann kommt es in das Mischgefäß. Die Salmiaklösung läßt man absitzen, bringt sie in das Mischgefäß (13), setzt die Mutterlauge von den Krystallisatoren zu und pumpt das Ganze mit einem Dampfstrahlgebläse in die Konzentrationsbottiche, die ebenfalls aus Pitchpine bestehen und mit säurefesten Steinen ausgekleidet sind. Hier wird sie mit indirektem Dampfe in gußeiserner Schlange eingeengt, bis sie bei 100° mit Salmiak gesättigt ist. Die Dämpfe wäscht man in einem Koksskrubber mit Wasser, da sie Pyridin enthalten und daher übel riechen. Die eingeengte Lösung läßt man kurze Zeit absitzen, filtriert sie durch

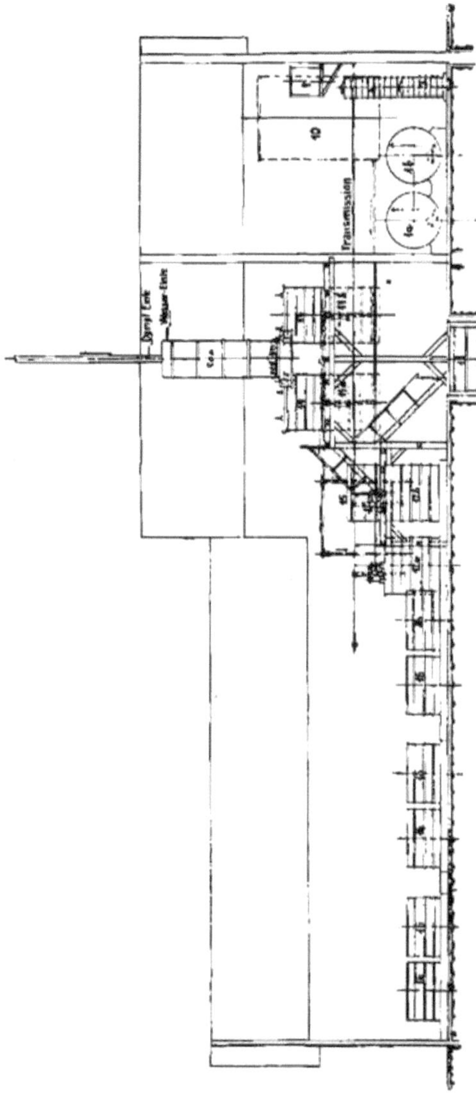

Abb. 141.

Leinwand und Knochenkohle in den heizbaren Pitchpinebottichen 15 und läßt sie in den Bottichen 16 an eingehängten Holzstäben krystallisieren. Nach 5–6 Tagen wird die Mutterlauge abgezogen und in den Betrieb zurückgegeben. Die Salmiakkrystalle schleudert man in 18 und darrt sie in 19 auf glasierten Tonplatten. Die Ware wird dann in Holzfässern zum Versand gebracht. In den Salmiakfabriken muß man Eisenkonstruktion vermeiden, da das Eisen durch die Dämpfe angegriffen wird. Man benutzt statt dessen entweder Holz oder Eisenbeton. Die Salzsäure wird in Steingutgefäßen oder in Holzkästen, die mit Guttapercha ausgekleidet sind, aufbewahrt.

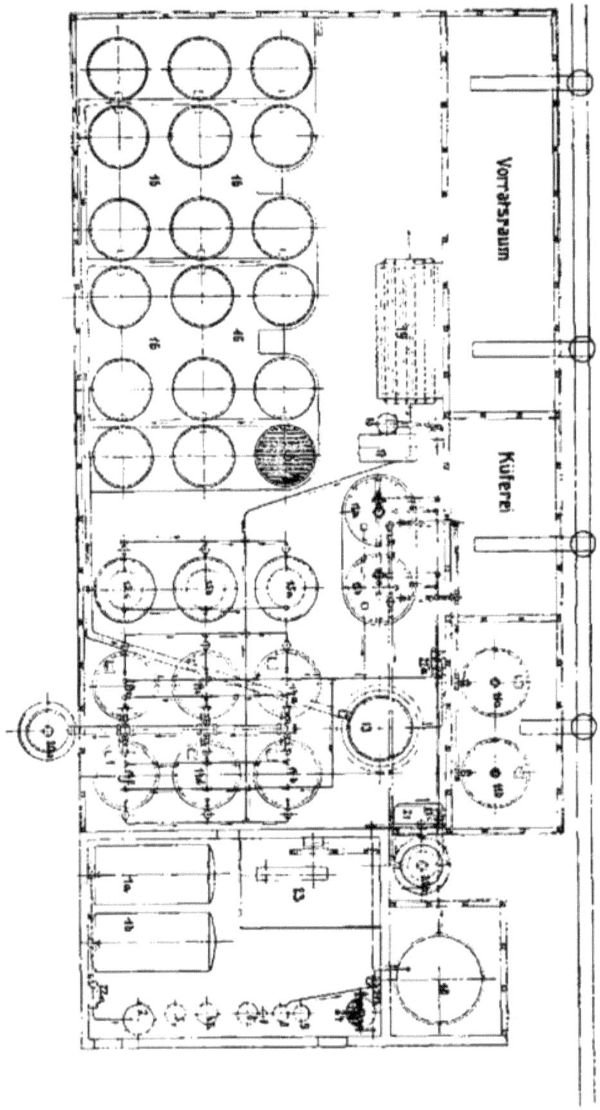

Abb. 142.

K. Franke, Bremen, empfiehlt, Salmiak aus Gaswasser dadurch darzustellen, daß man die aus dem Abtreiber kommenden Ammoniakdämpfe, nachdem sie einen Rückflußkühler passiert haben, in Salzsäure D 1,1, die sich in einem Steinguttrog befindet, eintreten läßt. Die Abgase behandelt man wie die der Sulfatfabrikation. Die gesättigte Lösung enthält etwa 25% Salmiak und wird in bleiausgekleideten Holzkästen von 5–6 qm Grundfläche und 0,5 m Tiefe mit indirektem Dampfe in einer Bleischlange eingeengt, bis sich an ihrer Oberfläche eine Salzhaut bildet. Dann läßt man sie in die Krystallisierpfanne ab, die aus Mauerwerk besteht, mit Blei verkleidet ist und durch Rauchgase oder Dampf geheizt werden kann. Die abgeschiedenen Krystalle werden auf eine Abtropfbühne geschöpft, abgeschleudert und ebenso wie Sulfat gelagert. Die Mutterlauge läßt man dauernd in die Krystallisierpfanne zurückfließen.

Beim direkten Sulfatverfahren ohne vorherige Kühlung des Gases enthält die Sulfatlösung, besonders wenn die vergaste Kohle sehr kochsalzhaltig war, stets

Salmiak. Dr. C. OTTO & CO. empfehlen im *D. R. P.* 239997, diese Lösung, sobald sie sich auf 12–15% NH_4Cl angereichert hat, auf 50 bis 70° abzukühlen. Der Salmiak soll sich dann fast chemisch rein abscheiden.

DUBOSC und HENZEY (Bull. Soc. Ind. Rouen, **1889**, 438; *J. Ch. I.*, **1890**, 614) wollen Gaswasser mit $FeCl_3$- und $CaCl_2$-Lösung in einem solchen Verhältnis mischen, daß FeS und $CaCO_3$ neben NH_4Cl entstehen. Die Lösung wird nach dem Absitzen abgezogen und eingedampft, der Niederschlag dient nach der Oxydation als Gasreinigungsmasse.

Auf Kokereien und Gaswerken, die kochsalzreiche Kohle verarbeiten, ist der Teer aus der Vorlage nicht selten so reich an Salmiak, daß schmiedeeiserne Vorlagen zerstört werden. Auf einer Kokerei des Ruhrbezirkes hatte Verfasser vor etwa 15 Jahren Gelegenheit, die Salmiakgewinnung aus derartigem Teer kennen zu lernen. Sie war sehr einfach und bestand nur in systematischer Auslaugung des Teers und im Eindampfen der Salzlösung zur Krystallisation.

Zur Salmiakfabrikation aus Ammoniumsalzen geht man gewöhnlich vom Sulfat aus. NAUMANN (*D. R. P.* 196260) löst 80 T. $(NH_4)_2SO_4$ in 100 T. Wasser bei 70° und verrührt mit einem Natriumchloridüberschuß von mindestens 15 auf 100 H_2O. Nach $^1/_2$ Stunde ist die Umsetzung vollendet. Man trennt die Lösung von den Na_2SO_4-Krystallen und läßt das Ammoniumchlorid in der Kälte krystallisieren.

Nach dem Verfahren von FREETH und COCKSEDGE (*E. P.* 26263 [1909], *E. P.* 86 [1910], *F. P.* 414682, *D. R. P.* 226108) stellt man aus äquivalenten Mengen von $(NH_4)_2SO_4$ und $NaCl$ bei 103° eine Lösung mit so viel H_2O her, daß sie für NH_4Cl und Na_2SO_4 gesättigt ist. Die Mengenverhältnisse sind etwa folgende: 97 T. $(NH_4)_2SO_4$, 86 T. $NaCl$ und 100 T. H_2O. Die Umsetzung ist nach einer Stunde beendet, und das Na_2SO_4 scheidet sich ab. Man filtriert, fügt 6 T. H_2O oder Salmiaklösung zu und kühlt auf 30° ab, dann scheidet sich NH_4Cl aus. SCHMIDTBORN (*A. P.* 330155) empfiehlt, an Stelle von $NaCl$ KCl anzuwenden, was jedoch zu kostspielig sein dürfte. DUBOSC und HENZEY (l. c.) verwenden für den gleichen Zweck Chlorcalcium. M. ADLER (*Z. angew. Chem.*, **1899**, 201–226) beschreibt ein Verfahren, aus $(NH_4)_2CO_3$ und $CaCl_2$ Salmiak herzustellen. Nach dem *A. P.* 805581 der SOLVAY-PROCESSES CO. gewinnt man Salmiak durch gleichzeitige Einwirkung von NH_3-Gas und CO_2-Gas auf eine heiße Lösung von $CaCl_2$ von D 1,38.

Eine gewisse Ähnlichkeit mit diesem Verfahren hat der Vorschlag von FRIEDRICH & CO. (*D. R. P.* 228538), der auf die gleichzeitige Darstellung von NH_4Cl und Na_2SO_3 hinausläuft. Man stellt eine Mischung von 120 T. $NaCl$ und 180 T. H_2O her und leitet in diese äquivalente Mengen NH_3 und SO_2 derart ein, daß durch die Reaktionswärme die für die Abscheidung des H_2O-freien Na_2SO_3 nötige Erhitzung herbeigeführt wird. Man trennt die noch heiße Lösung vom Niederschlag und kühlt sie auf 35° ab, um das NH_4Cl auszuscheiden. Der Mutterlauge fügt man von neuem $NaCl$ zu und behandelt sie wieder mit NH_3 und SO_2.

F. DUVIEUSART (*D. R. P.* 210804) geht von einer gesättigten $(NH_4)_2SO_3$-Lösung aus, versetzt sie mit $NaCl$ und erhitzt, bis die Umsetzung erfolgt ist und sich das Na_2SO_3 ausgeschieden hat. Nach der Trennung von den Krystallen kühlt man die Lösung ab, läßt NH_4Cl auskrystallisieren und benutzt die Mutterlauge von neuem. Nach dem *E. P.* 20931 wird an Stelle von $NaCl$ Seesalz verwendet.

Der Salmiak wird durch Umkrystallisieren oder durch Sublimation gereinigt. Völlig eisenfrei erhält man ihn nur, wenn man die siedende Lösung mit ganz wenig Chlorgas behandelt, das Eisen durch Ammoniak abscheidet, filtriert und nun unter sorgfältiger Vermeidung des Berührens mit Eisen zur Krystallisation eindampft.

Zur Sublimation erhitzt man nach KARL FRANKE, Bremen, den gedarrten Salmiak in Mengen von etwa 500 *kg* in einem flachen, eisernen Kessel, der mit feuerfesten Steinen ausgemauert und mit einem schwach gewölbten Deckel aus Gußeisen oder Blei versehen ist, durch unmittelbares Feuer. Man läßt erst die Luft und etwaige Feuchtigkeit durch ein kleines Loch im Deckel entweichen. Sobald jedoch Salmiakdämpfe auftreten, verschließt man das Loch mit einem Pfropfen und feuert vorsichtig weiter. Bei zu starkem Feuer verkohlen etwa vorhandene organische Verbindungen und verunreinigen das Erzeugnis, bei zu schwachem Feuer wird der Salmiak nicht durchsichtig. Nach 5 Tagen ist die Sublimation vollendet, man hebt den Deckel ab und entfernt von ihm die faserige, etwa 10 *cm* dicke Salmiakkruste. Die Stücke werden durch Beschneiden vom Schmutze befreit und kommen in Teilen von 5–10 *kg* in den Handel. In Frankreich pflegt man für die Sublimation Tongefäße zu verwenden, die nach jedem Arbeitsgang zerschlagen werden müssen.

Das Ammoniumchlorid ist ein farbloses Salz, das aus Wasser und verdünntem Alkohol in Oktaedern krystallisiert und in sublimiertem Zustand eine sehr zähe faserig-krystallinische Masse darstellt. *D* 1,52. Schon auf dem Wasserbad verflüchtigt sich das Salz in kleinen Mengen und verdampft bei stärkerem Erhitzen, ohne vorher zu schmelzen. Der Dampf ist zum Teil in NH_3 und HCl dissoziiert. H_2O löst nach MULDER:

in 100 *g* bei	0°	29,7 *g*
	10°	33,3 „
	20°	37,2 „
	30°	41,4 „
	40°	45,8 „
	50°	50,4 „
	60°	55,2 „
	70°	60,2 „
	80°	65,6 „
	90°	71,3 „
	100°	77,3 „
	110°	83,8 „
	115,6°	87,3 „

Beim Auflösen von 1 *g-Mol.* NH_4Cl in 30–40 *g-Mol.* H_2O tritt nach THOMSEN (*Z. phys. Ch.* **13**, 401) eine Volumenvermehrung um 38 *ccm* ein.

Absoluter Alkohol löst 0,62% NH_4Cl, absoluter Methylalkohol 3,52%; in flüssigem Ammoniak ist NH_4Cl leicht löslich. Die wässerige Lösung spaltet beim Kochen etwas NH_3 ab und wird sauer.

Der Salmiak wird in der Verzinkerei, Verzinnerei und beim Löten verwendet, ferner benutzt man ihn in der Kattundruckerei, Färberei und Farbenindustrie. Er dient zur Herstellung von Eisenkitt, zum Füllen galvanischer Elemente und wird in der Medizin benutzt.

3. Ammoniumcarbonat. Das kohlensaure Ammoniak des Handels wird gewöhnlich entweder durch Sublimation aus $(NH_4)_2SO_4$ und $CaCO_3$ oder aus Gaswasser dargestellt. Nach KÖHLER (LUNGE-KÖHLER, Steinkohlenteer und Ammoniak, Bd. II, 427 ff.) mischt man 1 T. $(NH_4)_2SO_4$ mit $1^1/_2$–2 T. geschlämmter Kreide, setzt manchmal noch etwas Holzkohlenpulver zu und destilliert das Gemenge aus liegenden, zylindrischen Gußeisenretorten, die durch unmittelbares Feuer geheizt werden. Die Hitze darf anfangs nicht sehr groß sein, muß jedoch allmählich bis zur Rotglut gesteigert werden. Die Dämpfe läßt man in hintereinanderliegende Bleikammern, die mit Türen versehen sind, eintreten und kühlt sie entweder durch Luft oder durch Wasser. Am Boden der Kammern sammelt sich infolge der stets vorhandenen und für den Arbeitsvorgang notwendigen Feuchtigkeit gesättigte Salzlösung, die durch ein Rohr abgeführt wird. Die aus der letzten Kammer entweichenden Dämpfe werden zur Absorption des NH_3 in einem kleinen Bleiturm, der mit Koks gefüllt ist, mit Schwefelsäure gewaschen. Man macht nacheinander mehrere Destillationen und klopft dann das in Krusten angesetzte Salz ab. Es ist meist nicht rein und wird gewöhnlich noch einmal sublimiert. Hierzu bedient man sich bleierner Kessel, auf die man Hüte aus spitz aufgerolltem, mit Papier verklebtem Walzblei aufsetzt. Für die zweite Sublimation genügt eine Temperatur von 70°.

Bei der Entstehung aus dem Salzgemisch bildet sich nach DIVERS (*Soc.* 8, 171 [1870]) $(NH_4)_2CO_3$ oder wahrscheinlicher das Carbamat $NH_4CO_2(NH_2)$, und dieses geht bei dem Umsublimieren in das käufliche, sog. Hirschhornsalz $(NH_4)HCO_3$ über.

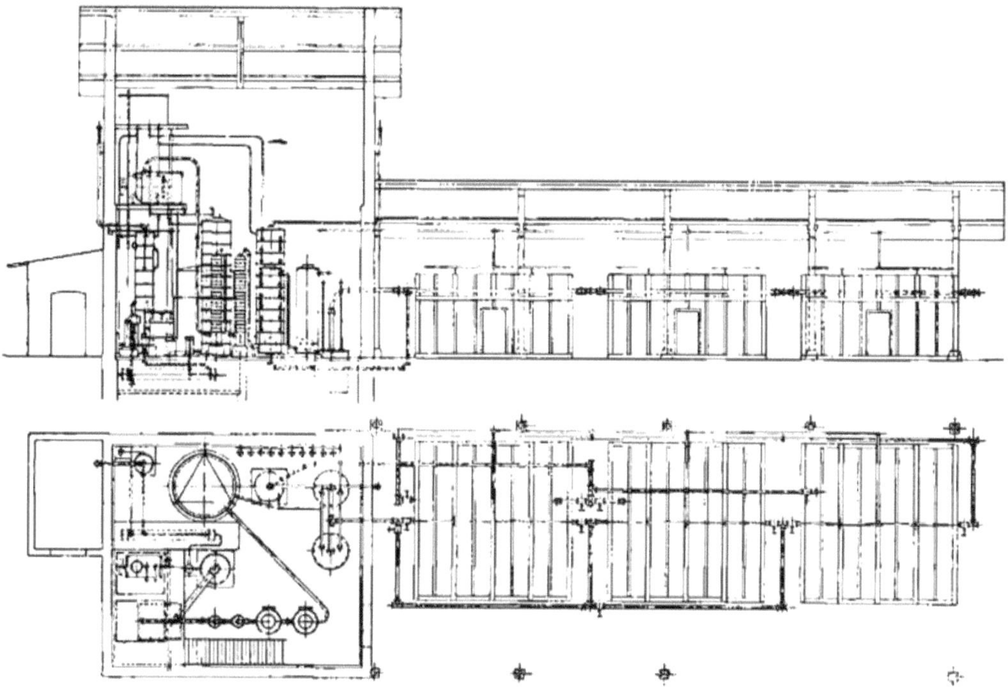

Abb. 143.

Die Fabrikation des Hirschhornsalzes aus Gaswasser beschreibt HILGENSTOCK (LUNGE-KÖHLER, Bd. II, 432) an Hand von Abb. 143, die eine Anlage von F. BENDEL, Magdeburg S, darstellt. Die Apparatur stimmt bezüglich der Destillation des Gaswassers mit der für Salmiakgeist gebräuchlichen durchaus überein, doch sind die Absorptionsgefäße für das Ammoniak auch zum Einleiten von CO_2 eingerichtet. Ferner kann man in die Schlangen der Absorptionsgefäße sowohl Kühlwasser wie Dampf einführen. Man absorbiert nun das Ammoniak unter Kühlung gleichzeitig mit der CO_2, bis die Lösung 1,40 wiegt, was etwa 44,25% Carbonat entspricht. Darauf erhitzt man durch indirekten Dampf und sublimiert das Hirschhornsalz bei 70° in drei hintereinanderliegende Bleikammern, die in verschiedener Reihenfolge geschaltet werden können. Das gewonnene Salz ist völlig rein und wird entweder gemahlen oder durch nochmalige Sublimation in der bereits früher beschriebenen Weise in Stückware umgewandelt.

Nach F. C. GLASER (*E. P.* 5761 [1884]) werden Ammoniumsalze zusammen mit der berechneten Menge Na_2CO_3 und etwas $NaHCO_3$ destilliert. KUNHEIM & Co. sublimierten früher NH_4Cl mit $BaCO_3$ und gewannen $BaCl_2$ als Nebenerzeugnis. CHATFIELD (*E. P.* 6151 und 6152 [1888]) destilliert $(NH_4)_2SO_4$ mit MgO, absorbiert das NH_3 nebst CO_2 in H_2O und sublimiert aus der 20° *Bé.* zeigenden Lösung das Carbonat in Bleikammern.

Zur Gewinnung von NH_4HCO_3 aus Destillationsgasen will SEIDLER, (*D. R. P.* 26633) rohes Gaswasser über $CaCO_3$ destillieren, das konz. Destillat mit CO_2 von H_2S befreien und NH_4HCO_3 durch Sublimation der Lösung darstellen. H. R. LEWIS (*E. P.* 14618, [1895]) leitet CO_2-haltige Abgase und NH_3-Dämpfe von der Gaswasserdestillation in Sublimationskammern, reinigt das Sublimat durch einen Luftstrom von H_2S und führt es durch CO_2 in $(NH_4)HCO_3$ über. KARL FRANKE, Bremen, empfiehlt, reines NH_3-Gas und CO_2 in berechneter Menge in Kammern aus Zementbeton einzuführen und das entstandene Salz durch Sublimation zu reinigen. Nach dem Verfahren von C. RASPE (*D. R. P.* 70977 und 83556) wird Gaswasser mit $ZnCO_3$ von H_2S und mit Öl von teerigen Stoffen befreit und darauf destilliert. Die Dämpfe reinigt man in geheizten, mit Holzkohle gefüllten Türmen, entwässert sie gegebenenfalls und läßt sie dann kondensieren.

J. BUEB und die DEUTSCHE KONTINENTAL-GASGESELLSCHAFT empfehlen endlich nach *D. R. P.* 237524, *E. P.* 9177 und 22586 [1910], *A. P.* 1004362, zur Gewinnung von festem NH_4HCO_3 ein Gemisch von NH_3, CO_2 und H_2O-Dampf durch ein Rohr zu leiten, das über die Zersetzungstemperatur des Carbonats, nämlich über 200° erhitzt ist. Die Dämpfe werden in gekühlten Kammern bei etwa 60° verdichtet. Man soll den Fabrikationsgang auf die Art bedeutend beschleunigen können.

Das käufliche Ammoniumcarbonat ist ein Gemisch von $(NH_4)HCO_3$ und Ammoniumcarbonat und kommt in zwei Formen vor, nämlich als $2(NH_4)HCO_3$, $CO(NH_2)(ONH_4)$ mit 28,81 % NH_3, 55,96 % CO_2 und 15,25 % H_2O und als $(NH_4)HCO_3$, $CO(NH_2)(ONH_4)$ mit 32,48 % NH_3, 56,05 % CO_2 und 11,47 % H_2O. Die erstgenannte Form wird beim allmählichen Erhitzen in der Retorte flüssig und löst sich bei 13° in 4 T. H_2O, bei 49° in 2 T. H_2O. Das NH_3-reichere Salz schmilzt nicht beim Erwärmen, es verwittert an der Luft, verliert dabei 47 % und läßt NH_4HCO_3 zurück. Es löst sich bei 15° in 2 T. H_2O, bei 65° in 1,5 T. H_2O. Die Lösung gibt bei 75° viel CO_2, bei 85° auch NH_3 ab, bei 100° ist alles Salz verflüchtigt.

Das Salz kommt in Holzfässern, die mit Pergamentpapier ausgekleidet sind, in den Handel und wird in der Färberei, Wollwäscherei, als Backpulver und in der Medizin verwendet.

4. Ammoniumfluorid. Fluorammonium wird durch Einleiten von Flußsäure in Salmiakgeist erzeugt. Dampft man die Lösung bei 40° ein, so entsteht $NH_4Fl \cdot HFl$. Nach W. MILLS (*D. R. P.* 93849) sublimiert man ein inniges, fein gepulvertes Gemisch aus $(NH_4)_2SO_4$ und $CaFl_2$ langsam bei über 350°. Als Unterteil der Retorte verwendet man mit Gips verkleidetes Gußeisen, als Haube Blei, das gut gekühlt werden muß. Das gewonnene NH_4Fl enthält stets Spuren von $(NH_4)_2SO_4$.

Ammoniumfluorid krystallisiert in hexagonalen Blättchen und zerfließt an feuchter Luft. In Alkohol ist es wenig löslich. Das saure Salz $NH_4Fl \cdot HFl$, rhombische Prismen, ist an der Luft haltbarer. NH_4Fl kommt in Flaschen aus *Pb* oder Guttapercha in den Handel. Es dient zur Glasätzung und wird in der Färberei für Beizzwecke sowie in der chemischen Industrie zum Aufschließen von Mineralien benutzt.

Bertelsmann.

*5. **Ammoniumnitrat.*** Das gebräuchlichste Verfahren zur Darstellung von Ammoniaksalpeter NH_4NO_3 ist die Neutralisation von Salpetersäure mit Gaswasser oder Salmiakgeist. Nach ESCALES benutzt man in der Staatspulverfabrik zu Lille gelbe Salpetersäure von 36° oder 39–40° *Bé.* und läßt zu dieser in Steingutbehältern von 200 *l* Inhalt Gaswasser von 22° *Bé.* langsam zufließen. Nach dem Abkühlen fällt man etwaige H_2SO_4 mit $Ba(OH)_2$, engt die geklärte Lösung auf 35–36° *Bé.* ein, gibt noch 0,5% NH_3 zu und läßt unter Umrühren krystallisieren. Das Salz wird durch Schleudern bis auf 2% H_2O entwässert. GUTTMANN (ESCALES, Ammoniaksalpetersprengstoffe, Leipzig 1909, 24) empfiehlt, rückgekühlten NH_3-Dampf durch Tontöpfe (Turills) zu leiten, die mit HNO_3 der *D* 1,22 beschickt sind. Die Säure läuft von einem Gefäß ins andere über, dem NH_3-Dampf entgegen. Die gesättigte Lösung wird konzentriert und in bleiausgekleideten Holzgefäßen zur Krystallisation gebracht. F. A. BÜHLER (*Ch. Ind.* **1911**, 210) beschreibt die Ammoniaksalpeterfabrik in Notodden, in der HNO_3 aus Luftstickstoff und Salmiakgeist verwendet werden. Die Fabrikation deckt sich sinngemäß mit derjenigen von NH_4Cl. Eine Eigentümlichkeit ist die Trocknung des Salzes, die durch Verblaser mit heißer Luft ausgeführt wird.

Nach RUDELOFF (*D. R. P.* 166427 [1904]) gewinnt man NH_4NO_3 aus der beim Denitrieren entstehenden Salpetersäure, indem man letztere, solange sie noch Dampfform hat, mit NH_3-Wasser mischt. Man spart dabei die Kondensation der HNO_3 und nutzt die Dampfwärme aus.

Hiernach kommen für die technische Gewinnung von Ammonnitrat aus freiem Ammoniak und freier Salpetersäure folgende prinzipiellen Methoden in Betracht: es werden zum neutralen Salz vereinigt:

1. Salpetersäure in Lösung mit Ammoniak in Lösung,
2. Salpetersäure in Lösung mit Ammoniak in Gasform,
3. Salpetersäure in Gasform mit Ammoniak in Lösung,
4. Salpetersäure in Gasform mit Ammoniak in Gasform.

Jede dieser vier Möglichkeiten läßt sich zu einem technischen Verfahren ausbilden und ist auch mit mehr oder weniger Erfolg verwendet worden. Am meisten haben die beiden ersten Methoden Verwendung gefunden.

1. Herstellung von Ammonnitrat aus Salpeteräure in Lösung und Ammoniak in Lösung. Als Ausgangsmaterial kommt verdünnte Salpetersäure (Abfallsäure) und entweder konz. Gaswasser oder sog. Salmiakgeist in Frage. Im ersteren Falle muß die Neutralisation besonders vorsichtig geschehen, weil die im Gaswasser enthaltenen Verunreinigungen sehr leicht Zersetzung und damit Verlust an Salpetersäure hervorrufen. Man verfährt am besten so, daß man von einem vorhandenen Reste der Nitratlösung ausgeht und nun abwechselnd oder kontinuierlich kleine Mengen von wässeriger Salpetersäure und wässerigem Ammoniak unter guter Kühlung hinzutreten läßt, wobei man Sorge trägt, daß der Neutralitätspunkt möglichst wenig verlassen wird. Die Salpetersäure wird in einer Anzahl von Tongefäßen gelagert, die miteinander und mit einer Zuflußleitung zu der Einstell-(Neutralisier)station verbunden sind. Die Ammoniaklösung befindet sich in einem eisernen Kessel. Säure- und Ammoniakstation sind am besten auf einer hohen Bühne aufgestellt, so daß die Flüssigkeiten natürliches Gefälle zu ihrer Verwendungsstelle haben. Das Zusammenbringen erfolgt in wassergekühlten Gefäßen aus Ton oder emailliertem Gußeisen derart, daß die Rohre unterhalb des Flüssigkeitsspiegels münden. Eine besondere Rühreinrichtung ist nicht notwendig. Man stellt die relativen Mengen so ein, daß die Lösung möglichst immer neutral bleibt. Schließlich erfolgt unter Umrühren von Hand die Schlußeinstellung, wobei man eine ganz schwach

alkalische Reaktion der Lösung erzielen soll. Darauf wird die Hauptmenge der Salzlösung abgezogen. Sie gelangt entweder in ein Klärgefäß, aus welchem die Eindampfvorrichtung nach Bedarf gespeist wird, oder durch eine Filterpresse hindurch nach der Verdampferstation.

2. Hat man das Ammoniak in Gasform, die Salpetersäure in wässeriger Lösung, wie z. B. beim OSTWALDprozeß (s. Salpetersäure), so verfährt man zweckmäßig in folgender Weise: Aus dem Vorratsgasometer saugt ein kleiner Kompressor das trockene Ammoniakgas an und komprimiert es auf einen konstanten Druck von etwa 0,5–1 *Atm.*; der Überschuß fließt durch ein regelbares Umlaufventil immer wieder in die Saugleitung zurück. Das Einstellgefäß ist ganz ähnlich wie bei der ersten Methode gebaut und enthält wieder eine größere Menge neutrale Salzlösung, der laufend eine passende Menge Salpetersäure zugeführt wird. Gleichzeitig tritt das komprimierte Ammoniakgas, durch ein Ventil regelbar und durch einen am Fuße des Eintrittsrohres angebrachten gezahnten Trichter gut verteilt, in die Flüssigkeit ein und wird hier sofort ohne Rest verschluckt. Hierbei muß in ganz besonderem Maße für gute Kühlung Sorge getragen werden, da außer der Neutralisationswärme auch die Lösungswärme des Ammoniaks abgeführt werden muß.

3. Die dritte Methode wird überall dort angewendet, wo Salpetersäuredämpfe absorbiert werden sollen. Man leitet die Gase durch Tongefäße mit breiten Böden oder durch Steinzeugtürme mit Füllung und führt eine Ammoniaklösung, die immer in der Nähe des Neutralitätspunktes gehalten wird, ihnen in guter gegenseitiger Verteilung entgegen (BIRKELAND, *Norw. P.* 17287 [1906]).

4. Die vierte Bildungsmethode für Ammonnitrat aus Salpetersäure und Ammoniak, beides in Gasform, hat ihre besonderen Schwierigkeiten insofern, als sie die Kühlung und Abscheidung von festen Partikelchen in einer Gasphase einbegreift. Sie hat daher technisch ihre volle Auswertung noch nicht gefunden, obgleich die Vorteile (Wegfall der Eindampfvorrichtung) nicht gering sind. Nur gelegentlich, z. B. bei fehlerhaft geleitetem Betriebe des OSTWALDprozesses, hat sie sich eingestellt, wenn nämlich infolge von Undichtigkeiten freies Ammoniakgas mit Salpetersäuredämpfen zusammentraf. Die dabei enstehenden sehr reinen und weißen Salzmassen führen nicht selten zu Verstopfungen der betreffenden Apparatenteile.

In den drei ersten Fällen wird das Ammonnitrat zunächst nur in Form einer mehr oder weniger konz. Lösung erhalten. Um das feste Salz in reiner Form daraus auszuscheiden, muß man die Lösung nach Klärung oder Filtration noch eindampfen. Das Klären erfolgt in großen Bottichen, die eine oder mehrere Tagesleistungen aufnehmen und abwechselnd gefüllt und entleert werden, so daß die Lösung mehrere Tage zum Absitzen Zeit hat. Der Schlamm wird gelegentlich durch eine Filterpresse gegeben, oder aber man schickt die ganze Menge Lösung durch Filterpressen.

Die Gewinnung des festen Salzes aus der gereinigten Lösung kann nun auf mehrererlei Art geschehen:

1. Man dampft die Lösung zunächst so weit ein, bis eine Probe beim Anblasen der Oberfläche eine Salzhaut entstehen läßt. Diese konz. Lösung gibt man in Krystallisierbottiche und läßt erkalten, wobei sich das Salz durch die ganze Flüssigkeit hindurch in wohl ausgebildeten, langen Krystallnadeln ausscheidet. Nach Beendigung des Kühlprozesses wird das Salzgut mittels gelochter Löffel ausgeschöpft und in einer Zentrifuge von der anhängenden Mutterlauge befreit. Die Mutterlauge wird zum Ansetzen der neuen Salzlösung verwendet. Die Vorteile dieses Verfahrens sind im wesentlichen: billige Beschaffung der Einrichtung, Erzielung eines

sehr reinen Produktes auch bei Verwendung von recht unreinem Ausgangsmaterial, Erzielung von größeren Krystallen, die sich leicht trocknen lassen, Einfachheit der Apparatur (für ungeübte Hände); Nachteile: Leistungsfähigkeit begrenzt, viel Handarbeit.

2. Man bringt die gereinigte Salzlösung in emaillierte Gußeisenpfannen mit Rührwerk, welche mit einer Luftpumpe in Verbindung stehen und mittels gespannten Dampfes geheizt werden. Das Rührwerk unterstützt zunächst die rasche Verdampfung des Lösungswassers. Später nach Ausscheidung des ersten Salzes hat es den Zweck, das Zusammenballen zu verhindern und ein gleichmäßig fein gekörntes Produkt erzielen zu lassen. Die Verdampfung wird bis zum letzten Rest Wasser fortgesetzt, und man erhält also die ganze Menge Lösung als festes Salz. Dies ist bei reiner, frisch filtrierter Salzlösung ganz unbedenklich: man erhält ein völlig klarlösliches Nitrat von äußerstem technischen Reinheitsgrad (für Sprengstoffe), vorausgesetzt nur, daß man hinreichend schnell arbeitet und vor allem für ein gutes und gleichmäßiges Vakuum sorgt. Nach Beendigung des Verdampfprozesses öffnet man die Pfanne und entleert sie, entweder durch Kippen des ganzen Gefäßes, wobei das Salz durch eine Austragsöffnung in eine darunter gestellte Transportrinne fällt oder aber bei feststehendem Eindampfgefäß durch Ausrühren durch die Austragöffnung.

3. Im Gegensatze zu diesen erprobten diskontinuierlichen Eindampfmethoden benutzt man neuerdings kontinuierliche Salzgewinnung. Die in der Einstellstation hergestellte Nitratlösung wird in einem Vakuumeindampfapparat beliebiger Konstruktion auf eine höhere Konzentration gebracht und gelangt dann in einen zweiten Vakuumapparat, in welchen sich das feste Salz auf geheizten Trommeln in dünner Kruste abscheidet. An die langsam sich drehende Trommel legen sich Messer an und entfernen das Salz, welches alsdann durch einen kontinuierlichen Austragapparat ins Freie geschafft wird. Die Vorteile dieses Verfahrens sind: beliebige Leistungsfähigkeit, Verringerung der Handarbeit; Nachteile: hoher Anschaffungspreis, kompliziertere maschinelle Apparatur. Daß man auch hiermit ein vorzügliches Produkt erzielen kann, trotzdem das Salz mit vielem ungeschützten Eisen in Berührung kommt, hat die Praxis bewiesen.

Das auf irgend eine der angegebenen Herstellungsweisen erhaltene Ammonnitrat erfährt vor dem Verpacken noch eine Nachtrocknung, am besten im Muldentrockner, und gelangt dann sofort zur Verpackung in feuchtigkeitsdichte Versandgefäße.

Eine Anzahl von Vorschlägen läuft darauf hinaus, NH_4NO_3 durch Umsetzung von Natriumnitrat mit Ammoniumsalzen herzustellen, u. zw. bedient man sich mit Vorliebe des $(NH_4)_2SO_4$. Karl Roth (*D. R. P.* 149026 [1903]) hat gefunden, daß die Umsetzung nicht glatt verläuft, sondern daß sich Doppelsalze bilden, die 20% des $NaNO_3$ und die entsprechende Menge $(NH_4)_2SO_4$ beanspruchen. Er wendet daher einen Überschuß von $NaNO_3$ an und erzielt bei dem Verhältnis 1 *Mol.* $(NH_4)_2SO_4$ zu 4 *Mol.* $NaNO_3$ eine Umsetzung des ersteren von 98%. Das Verfahren wird entweder durch Lösung der Salze in H_2O unter Erhitzen oder durch vorsichtiges Zusammenschmelzen ausgeführt. E. Naumann (*D. R. P.* 166746 [1903]) trennt die heiße, wässerige Lösung der Salze zunächst vom Na_2SO_4, kühlt dann so weit ab, daß sich im wesentlichen $Na(NH_4)SO_4$ abscheidet, und kühlt darauf die von dem Salze abgezogene Lösung gegebenenfalls nach vorgängigem Eindampfen schnell ab zwecks Ausscheidung von nahezu reinem NH_4NO_3.

Nach dem *D. R. P.* 259995 [1911] desselben Erfinders wird das bei der fraktionierten Krystallisation und aus den Mutterlaugen durch tieferes Abkühlen erhaltene Gemenge von NH_4NO_3 und $(NH_4)NaSO_4$ mit Betriebsmutterlaugen, die arm an NH_4NO_3 sind, bei einer solchen Temperatur verrührt, daß man eine mit NH_4NO_3 gesättigte Lösung von 25—40° erhält. Diese trennt man von dem zurückbleibenden Doppelsalz von $(NH_4)_2SO_4$ und NH_4NO_3 und kühlt sie ohne weiteres oder nach H_2O-Zusatz auf gewöhnliche Temperatur ab. Will man das letztgenannte Doppelsalz ebenfalls mit umsetzen, so muß man die Bestandteile des Gemisches erst bei 75° aufeinander wirken lassen und vom abgeschiedenen $(NH_4)_2SO_4$ trennen. Eine bei 18° mit NH_4NO_3, $(NH_4)_2SO_4$ und $NaNO_3$ gesättigte Lösung enthält auf 100 T. H_2O 150 T. NH_4NO_3, 23 T. $(NH_4)_2SO_4$ und 82 T. $NaNO_3$. Sie scheidet beim Abkühlen nur NH_4NO_3 aus. Mutterlaugen, die auf 100 T. H_2O nicht mehr als 75 T. $NaNO_3$ enthalten, scheiden auch beim Abkühlen auf 0° kein $NaNO_3$, sondern nur Gemische von NH_4NO_3 und $(NH_4)_2SO_4$ ab.

Nach R. Wedekind & Co. (*D. R. P.* 184144 [1905]) wird die Umsetzung wie bei Roth mit einem Überschuß von $NaNO_3$ vorgenommen. Darauf dampft man die Lösung so weit ein, daß sie bei 50° oder mehr mit $NaNO_3$ gesättigt ist. Nun kühlt man sie bis nahe zum Beginn der NH_4NO_3-Abscheidung, trennt von den ausgeschiedenen *Na*-Salzen und verdünnt mit so viel H_2O, daß bei weiterer Abkühlung auf Zimmertemperatur alle noch vorhandenen *Na*-Salze gelöst bleiben und sich nur reines NH_4NO_3 abscheidet.

Roth (*D. R. P.* 48705) und Fairley (*E. P.* 1667 [1896]) wollen das durch Umsetzung gewonnene Salzgemisch durch Ausziehen mit Alkohol trennen. Craig (*D. R. P.* 92172) benutzt für den gleichen Zweck flüssiges NH_3, in dem sich nur NH_4NO_3 löst.

Ein Gemisch von NH_4NO_3 und $NaNO_3$ stellt J. V. Skoglund (*D. R. P.* 127187 [1901]) her, indem er nach Beseitigung der Hauptmenge des durch die doppelte Umsetzung entstandenen Na_2SO_4 die noch in Lösung vorhandene H_2SO_4 als schwerlösliches Salz niederschlägt und die Mutterlauge zur Krystallisation eindampft.

R. Lennox (*D. R. P.* 96689) empfiehlt, ein geeignetes Gemisch von $NaNO_3$ und $(NH_4)_2SO_4$ im Vakuum zu destillieren.

Campion und Tenison-Woods (*E. P.* 15726 [1890]) wenden statt $(NH_4)_2SO_4$ NH_4Cl an, Dyes (*E. P.* 15391 [1908]), Nydegger und Wedekind (*E. P.* 20907 [1909]) und Henry (*E. P.* 19141 [1910]) benutzen $Ca(NO_3)_2$, Galloway (*E. P.* 10137 [1899]) $Sr(NO_3)_2$ an Stelle von $NaNO_3$.

Um das NH_3 unmittelbar aus Destillationsgasen als Nitrat zu gewinnen, wäscht Walter Feld (*D. R. P.* 177172 [1905]) die NH_3- und CO_2-haltigen Gase mit Lösungen von Alkali- oder Erdalkalinitraten und behandelt die gesättigten Lösungen nachher nochmals mit CO_2 allein. Nach *D. R. P.* 178620 [1905] reinigt man die Gase vor dem Waschen mit der Nitratlösung erst von H_2S. Man absorbiert z. B. NH_3 und CO_2 in Erdalkali- oder *Mg*-Salzlaugen und treibt sie, nunmehr frei von H_2S, aus diesem durch Erhitzen wieder aus, um sie dann mit den Nitratlösungen zu waschen. Ähnlich ist das *F. P.* 417505 [1910] vom Steinkohlenbergwerk Lothringen und F. Uhde.

Das Ammoniumnitrat ist ein farbloses, gewöhnlich rhombisch krystallisierendes Salz von *D* 1,64—1,79, schmilzt bei 166° und zerfällt bei 185° in H_2O und N_2O (Lachgas). Das Salz ist an der Luft zerfließlich und löst sich in H_2O unter erheblicher Wärmeaufnahme. Beim Lösen von 6 T. Salz in 10 T. H_2O sinkt die Temperatur um etwa 27°. 100 T. H_2O lösen bei

0°	12°	25°	30°	40°	50°	60°	70°	80°	90°	100°
118	153	214	242	297	344	421	499	580	740	871 T. Salz.

Das $(NH_4)NO_3$ wird vorwiegend zur Herstellung von Sicherheitssprengstoffen und daneben noch zur Erzeugung von N_2O verwendet. *Bertelsmann und Brauer.*

6. Ammoniumphosphat $(NH_4)_2HPO_4$. Zur Gewinnung desselben wird nach LAGRANGE (LUNGE-KÖHLER II, 450) Phosphorit mit H_2SO_4 aufgeschlossen und das Gut mit heißem Wasser systematisch ausgelaugt. Hat man die Lösung auf 25° *Bé.* gebracht, so fällt man die freie Schwefelsäure mit Bariumcarbonat, filtriert und fällt den Kalk als basisches Phosphat durch Neutralisation mit Ammoniak in geringem Überschuß. Der Niederschlag geht wieder zum Aufschließen zurück. Die filtrierte, 20° *Bé.* zeigende Lösung von $(NH_4)H_2PO_4$ wird mit Salmiakgeist von *D* 0,921 in geschlossenen, kleinen Gefäßen derart gemischt, daß auf 1 Äq. $(NH_4)H_2PO_4$ $1^1/_2$ Äq. NH_3 kommen. Das Gemisch erhitzt sich und gesteht nach dem Abkühlen zu einem Krystallteig, der hydraulisch ausgepreßt wird.

Durch Einleiten von Ammoniak in Phosphorsäurelösung entstehen ebenfalls Ammoniumphosphate. Um haltbares und trockenes Salz, das allerdings $(NH_4)_2SO_4$ enthält, darzustellen, empfehlen CARO und SCHEELE (*D. R. P.* 220020 [1908]), in die Lösung der rohen, noch schwefelsäurehaltigen Phosphorsäure erheblich mehr Ammoniak einzuleiten, als zur Bildung des primären Phosphats neben Sulfat nötig ist, und die Lösung dann einzudunsten. Man erhält dann ein trockenes, streubares und haltbares Salz, das etwa 65% H_3PO_4 und NH_3 enthält und in dem die H_3PO_4 fast völlig in wasserlöslicher Form vorhanden ist.

BOLTON und WANKLYN (*D. R. P.* 16788) haben vorgeschlagen, das NH_3 aus dem Gase durch festes Calciumsuperphosphat als Phosphat zu absorbieren und die gesättigte Masse unmittelbar als Phosphor- und Stickstoffdünger zu verwerten. Das Verfahren ist eine Zeitlang auf mehreren deutschen Gaswerken praktisch durchgeführt worden, hat sich jedoch nicht bewährt, da bei der Ammoniakabsorption der Gehalt an löslicher Phosphorsäure zurückging und die Masse $(NH_4)CNS$, ein Pflanzengift, enthielt; (s. dazu BUNTE, *J. G.* **1882**, 281, 628; BAUMERT, *J. G.* **1882**, 391; RIES, *J. G.* **1887**, 1061; **1899**, 276).

Im Handel kommt nur das zweibasische Salz $(NH_4)_2HPO_4$ vor; es krystallisiert monoklin und verwittert an der Luft unter Abgabe von Ammoniak. *D* 1,619. In der Hitze schmilzt es, wird dann trocken und geht beim Glühen unter langsamer, unvollständiger NH_3-Abgabe zu 62% in Metaphosphorsäure über. Es löst sich in 4 T. kaltem Wasser und ist in Alkohol unlöslich.

Das reine $(NH_4)_2HPO_4$ wird zur Zuckerreinigung nach LAGRANGE verwendet, das rohe ammoniumsulfathaltige Salz dient als Düngemittel.

7. Ammoniumsulfat. *a.* Ammoniumsulfat aus Gaswasser.

Die einfachste Art der Sulfaterzeugung ist das Sättigen des Gaswassers mit Schwefelsäure und das Eindampfen der Salzlösung zur Krystallisation. Sie ist bereits auf S. 365 beschrieben worden. Da das Gaswasser selten mehr als $2-2^1/_2$% NH_3 enthält, muß man bei diesem Verfahren außerordentlich viel Wasser verdampfen und erhält oft teeriges Salz. Daher ist das Verfahren sehr unwirtschaftlich und wird nur auf den kleinsten Gaswerken ausgeübt. In allen anderen Fällen treibt man das Gaswasser in Kolonnenapparaten ab und leitet den Dampf ohne jede weitere Behandlung in Schwefelsäure ein. Es entsteht Ammoniumsulfat, und für je 1 *kg* desselben werden gleichzeitig etwa 220 *W. E.* frei; infolgedessen erhitzt sich das Bad ganz bedeutend, u. zw. bis über den Siedepunkt des Wassers, so daß eine Verdichtung von Wasserdampf nicht eintreten kann. Der mitgeführte Dampf nebst H_2S, CO_2 und HCN tritt als Abgas aus dem Bade aus.

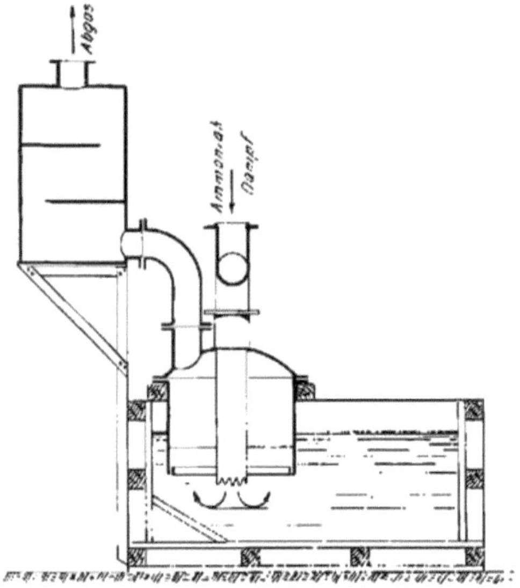

Abb. 144.

Als Absorptionsgefäße benutzt man starke Holzkästen von 1,1 – 2,2 *m* Länge, 0,8 – 2,0 *m* Breite und 0,70 – 0,75 *m* Tiefe, läßt den Boden nach hinten etwas ansteigen und schlägt den Kasten bis über die Kanten mit 10 *mm* starkem Walzblei aus, das in der Wasserstoffflamme gut verlötet wird. In den Kasten wird, wie Abb. 144 zeigt, eine Bleiglocke eingehängt, durch deren Mitte das unten offene und ausgezackte Bleirohr für den ammoniakhaltigen Dampf bis tief in die Säure eingeführt ist. Die Abgase ziehen durch ein in die Glockendecke eingelötetes Bleirohr in einen Bleitopf, den Säureabscheider, der mit Prallflächen versehen ist und die mitgerissene Säure zurückhält, und werden aus diesem abgeführt. Da die Abgase stets noch Ammoniak enthalten, u. zw. umsomehr, je weiter die Sättigung der Säure fortschreitet, so ist es vorteilhaft, sie nochmal mit Säure zu waschen. Franke bildet daher bei seinem Sättiger (Abb. 145), den Säureabscheider als Wascher aus, indem er die Abgase auch in ihn durch ein gezacktes Tauchrohr eintreten läßt. Der Säurestand wird dabei durch einen Überlauf geregelt. Die *Bamag* baute einen von Zimpell (*J. G.* **1905**, 683 und *D. R. P.* 170807) konstruierten Sättiger (Abb. 146), in dessen Glocke eine zweite Glocke *e* zum Nachwaschen der Gase eingebaut ist. Die Säure wird in den Zwischenraum *r* zwischen Glocke *G* und Innenglocke *b* eingeführt und steht darin so hoch, daß die gezackte Glocke in sie eintaucht. Die in *G* gesammelten Gase werden durch diese Säure nochmal gewaschen und ziehen dann erst durch *d* zum Säureabscheider. Die Säure fließt aus der Innenglocke durch *f* in den Sättiger über (s. dazu auch Rosenkranz, *J. G.* **1904**, 459).

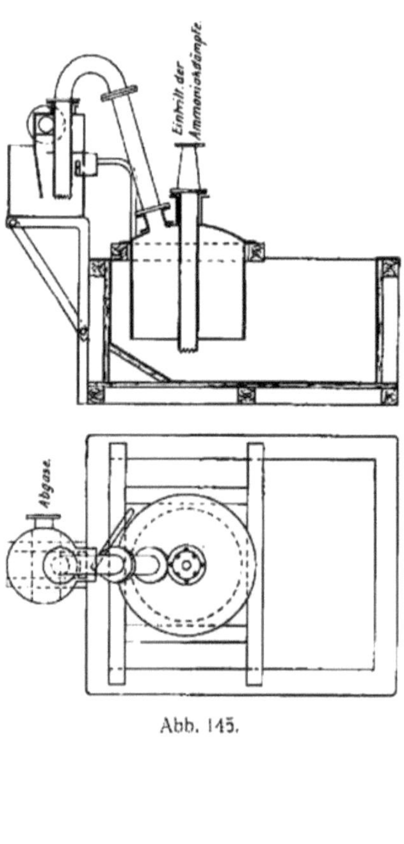

Abb. 145.

Eine Anlage von Julius Pintsch zur Erzeugung von Ammoniumsulfat ist in Abb. 147 schematisch dargestellt. Das Gaswasser fließt vom Hochbehälter durch den Wassermesser *a*, das Schwimmkugelventil *b* und den Skalahahn *c* zum Vorwärmer *o* und wird in diesem durch die heißen Abgase des Sättigers vorgewärmt. Dann durchläuft es den Abscheider *h g f* und fließt

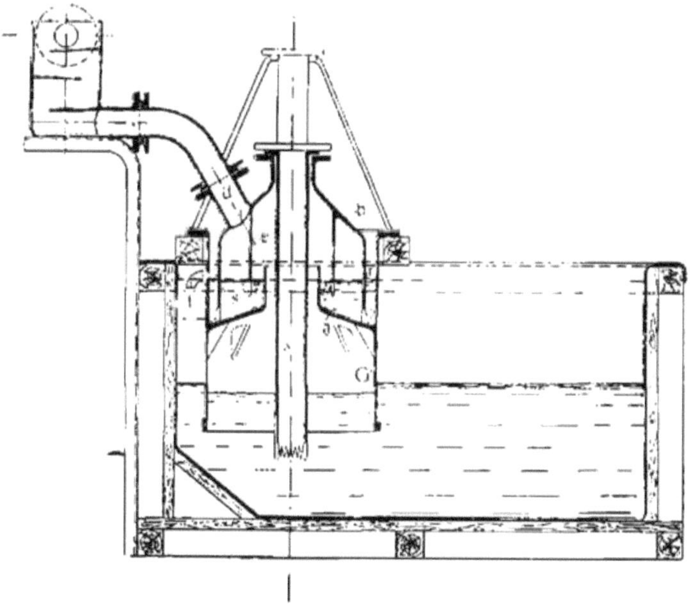

Abb. 146.

aus *e* durch das Schwimmerventil *l* als Abwasser fort. Der aus dem Abscheider entweichende Ammoniakdampf wird durch eine gußeiserne Leitung zum Sättiger *p* geführt, tritt durch das Tauchrohr in die Säure ein und gibt an diese sein NH_3 ab. Die nicht absorbierten Gase und Dämpfe ziehen in den Scheidetopf *q*, werden hier mit etwas Schwefelsäure gewaschen und steigen, den schrägen Prallplatten folgend,

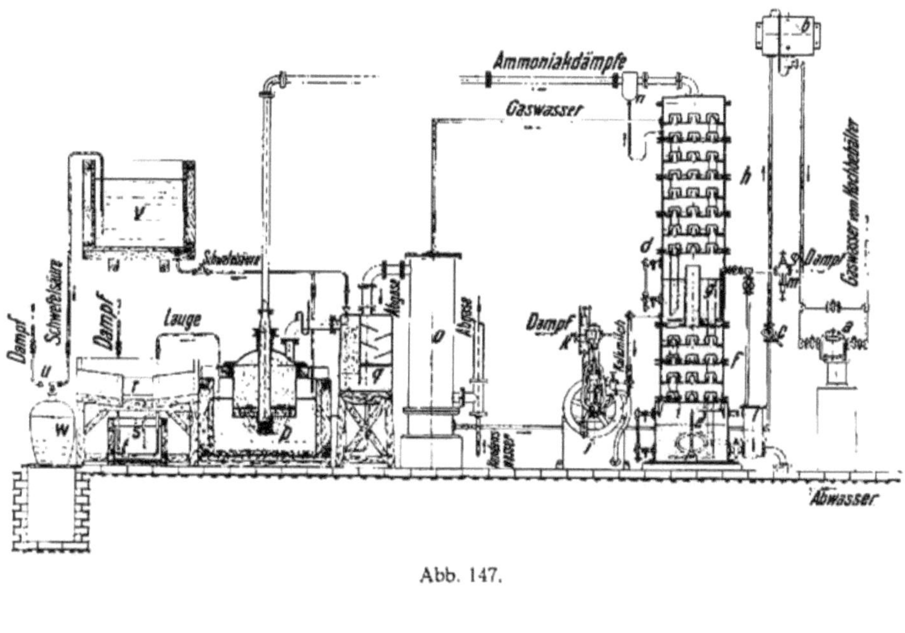

Abb. 147.

im Zickzack hoch, etwa mitgerissene Säuretröpfchen abscheidend. Im Vorwärmer wärmen sie das rohe Gaswasser an und werden schließlich durch eine gußeiserne Leitung abgeführt. Die H_2SO_4 schafft man durch ein Dampfstrahlgebläse *u* aus dem Glasballon *W* in den verbleiten Holzkasten *V* und läßt sie von hier durch eine mit Tonhähnen versehene Bleileitung in den Kasten *p* und den Säureabscheider *q* fließen. Sobald die Säure mit NH_3 gesättigt ist, schöpft man das Salz mit kupfernen Sieblöffeln aus und bringt es auf die ausgebleite Abtropfbühne *r*. Die Mutterlauge fließt in den Sammelkasten *s* und wird aus diesem durch Dampfstrahlgebläse wieder in den Sättiger *p* gebracht. Das Salz wird in Zentrifugen geschleudert und in einem heizbaren Lagerraum aufgestapelt. Man bringt es lose oder in Säcke gepackt zum Versand.

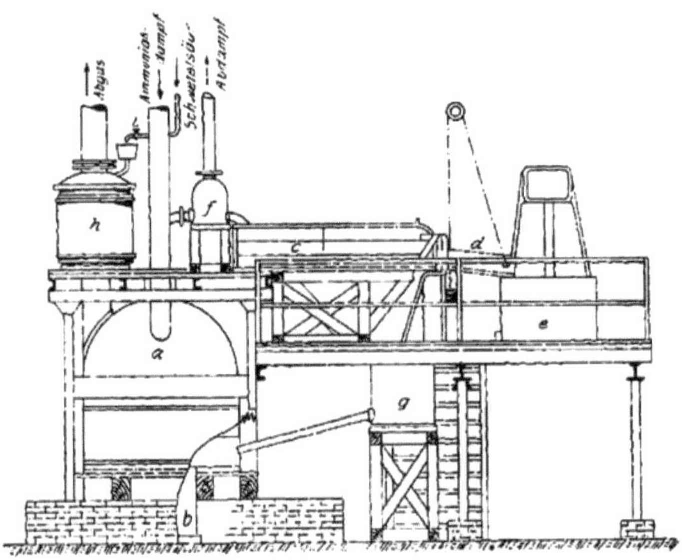

Abb. 148.

Zum Betrieb der Sättiger dient rohe Schwefelsäure von 60° *Bé.*, *D* 1,71 und 78% H_2SO_4 Gehalt. Sie wird mit Mutterlauge der Abtropfbühne auf 40—45° *Bé.* verdünnt. Gewöhnlich sind zwei Sättiger im Betrieb, von denen der eine mit Ammoniakdampf gespeist wird, während man den andern entleert. Beim Sättigen entsteht auf der Säure ein schwarzer Schaum aus verkohlten, organischen Stoffen, der jedoch allmählich wieder verschwindet. Arsenhaltige Säure liefert einen grünlichen, dicken Schaum von As_2S_3, der abgeschöpft werden muß, da man sonst grünes Salz erhalten würde. Arbeitet die Kolonne mit Dampfüberschuß, so geht das Bad zu kalt, es verdichtet sich dann leicht etwas Cyanammonium in der Ammoniakleitung und bildet mit ihrem Eisen Ferrocyanverbindungen, die das Salz blau färben. (Bavlay, *J. Gaslight*, **1907**, 522; *J. G.* **1907**, 794, Über den Betrieb von Sulfatanlagen; s. ferner: Fischer, Chem. Eng. Works Chem. **1912**, 50 und *J. G.* **1912**, 895; Lishmann, *J. Ch. J.* **1912**, 69 u. *J. G.* **1912**, 967; Kausch, Die Vorrichtungen zur Herstellung von Ammoniumsulfat, Weimar 1910. *D. R. P.* auf Sättigungskästen: 134976, 140350, 161718, 165308, 189473, 193218, 203309, 222407, 228546, 230825, 233518).

Während man beim vorstehend beschriebenen Verfahren stets mit zwei Kästen arbeitet, die abwechselnd beschickt und entleert werden, ist in den letzten Jahren mit großem Erfolg ein ununterbrochener Betrieb eingeführt worden, bei dem das Salz nicht mehr von Hand mit Sieblöffeln, sondern mechanisch und ununterbrochen aus dem Sättigungskasten herausgeschafft wird. Der Kasten ist in dem Falle völlig geschlossen und wird dauernd mit frischer Säure und mit Mutterlauge von der Salzschleuder beschickt. Am verbreitetsten ist das System von HEINRICH KOPPERS, Essen, das in Abb. 148 dargestellt ist.

Als Sättiger dient ein zylindrisches Bleigefäß *a* mit trichterförmigem Boden *b*, das durch eine Haube dicht verschlossen ist. Zwei Tauchrohre für den Ammoniakdampf münden, einander gegenüberliegend, in das Gefäß ein und gehen am untern Ende des zylindrischen Teiles *a* je in ein halbkreisförmiges, gelochtes Rohr über, das wagrecht liegt und an beiden Enden geschlossen ist. Durch die Mitte der Haube führt bis zum Boden ein in der Abbildung nicht sichtbares Bleirohr, in das eine Dampf- oder Luftstrahlpumpe eingebaut ist. Ein weiter Rohrstutzen mit dem Scheidetopf *h* dient zum Anschluß der Abgasleitung und zum Einführen der Schwefelsäure. Das ganze Bleigefäß ist der größeren Standfestigkeit wegen mit kräftigen Holzstäben umgeben. Der NH_3-Dampf tritt in die

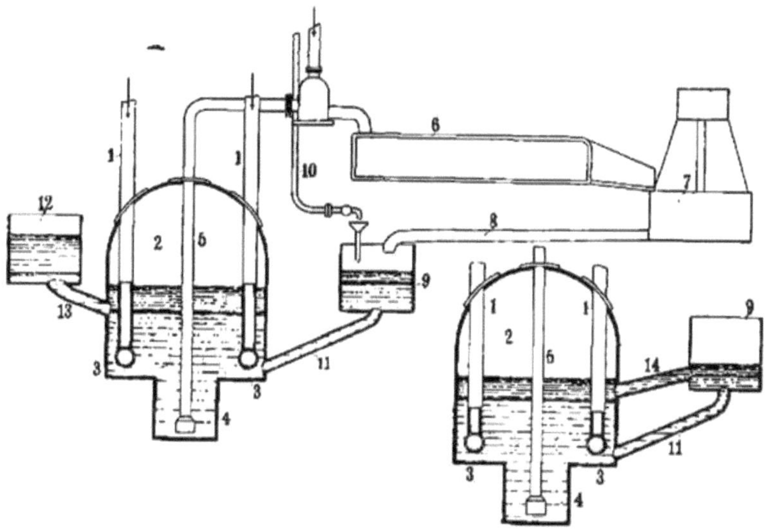

Abb. 149.

beiden Tauchrohre ein und wird, von den Löchern der halbkreisförmigen „Hörner" fein verteilt, in die Säure eingeführt. Das Salz sammelt sich im Unterteil *b* des Hauptgefäßes, wird von der Dampfpumpe zum Abscheiden des Dampfes in das Gefäß *f* geschafft und fließt von hier in den Kühlkasten *c*. Durch eine offene Rinne *d* läuft es zur Salzschleuder *e* und wird von der Mutterlauge getrennt. Letztere sammelt sich im Topfe *g* und fließt unmittelbar in den Sättiger zurück. Die Lösung in *a* soll dauernd ein *spez. Gew.* von 32° Bé. haben, was einem Säuregehalt von 5–7% entspricht. Man erhält dann grobkrystallinisches Salz, das sich leicht ausschleudern und trocken halten läßt. Infolge der gleichbleibenden Temperatur und des niedrigen Säuregehaltes der Lösung werden die Bleiteile der Apparatur weit mehr geschont als beim unterbrochenen Betrieb.

Das Ammoniumsulfat neigt wie alle Ammoniumsalze zum Hochkriechen an den Wänden und überzieht die Hauben innen oft mit Salzkrusten. KOPPERS bringt daher nach *D. R. P.* 210902 Brausen im Innern des Sättigers an, die die Wände dauernd mit Salzlösung benetzen, oder er kühlt die Haube, so daß sich Dampf daran verdichtet und beim Herabfließen die Krustenbildung verhindert.

Unreine, besonders arsenhaltige Säuren lassen sich in geschlossenem Sättiger ohne weiteres nicht verarbeiten, da man den Schaum nicht entfernen kann. DREHSCHMIDT versieht nach *D. R. P.* 234094 in dem Falle den Sättiger mit einem Nebengefäß, das als Schaumsammler dient.

Abb. 149 zeigt diese Anordnung. 1 1 sind die NH_3-Dampfrohre mit den Verteilern 3, 2 ist der Sättiger, 4 der Salzsammler, 5 die Dampfstrahlpumpe, 6 die Kühlrinne und 7 die Salzschleuder. Die Mutterlauge fließt durch Rohr 8 in das Gefäß 9, mischt sich mit der von 10 kommenden Säure und tritt durch 11 unten in den Sättiger ein. Auf der andern Seite des letzteren befindet sich das Gefäß 12, das durch die Leitung 13 mit dem Sättiger, u. zw. dicht unter dem Spiegel verbunden ist. In diesem Gefäß 12 sammelt sich dann der Schaum. Verbindet man das Gefäß 9 durch eine Leitung 14 dicht unter dem Flüssigkeitsspiegel mit dem Sättiger, so dient es ebenfalls als Schaumsammler und man braucht dann kein besonderes Gefäß für diesen Zweck.

Vorrichtungen zur ununterbrochenen Salzerzeugung sind ferner beschrieben in den *D. R. P.* 216069, 234668, 237609, 241782.

b) Die unmittelbare Gewinnung von Ammoniumsulfat aus Gasen.

Die Absorption in Wasser ist keineswegs die älteste Form der Ammoniakgewinnung aus Gasen; die ersten Verfahren liefen vielmehr sämtlich darauf hinaus, das Ammoniak mit Lösungen, die es an starke Säuren, vor allem an Schwefelsäure oder Salzsäure banden, auszuwaschen. Bereits im Jahre 1840 empfahl CROLL in einem *F. P.* [1840] (d'HURCOURT, De l'éclairage au gaz, Paris 1863, 294), das rohe Leuchtgas mit HCl, H_2SO_4 oder mit Lösungen von $FeCl_2$, $FeSO_4$, Mn-Salzen o. dgl. zu waschen, um NH_4Cl, bzw. $(NH_4)_2SO_4$ zu gewinnen, und MALLET (d'HURCOURT, S. 295) gab für dies Verfahren in einem *F. P.* [1840] einen Wascher an, der eine Zeitlang mit gutem Erfolg im Gebrauche war. Auch in englischen Gaswerken wurde die direkte Gewinnung des Ammoniaks in Salzform mehrfach ausgeführt, u. zw. mit verdünnter Schwefelsäure, mit Eisenvitriol- und mit Manganchloridlösungen (Rep. of the Comm. of the Metropol. Ass. of. Med. Offic. of Health; CLEGG, Manufacture of coal gas, 191; Les usines à gaz de Londres, *J. G.* **1864**, 262). Alle diese Verfahren verschwanden jedoch wieder aus der Leuchtgasindustrie, dagegen gewann die Auswaschung des Ammoniaks festen Boden in der schottischen Schieferschwelerei und gelangte von dieser nach Deutschland. Verfasser dieses lernte sie auf einem deutschen Werke bereits vor 15 Jahren kennen. Die ammoniakhaltigen Schwelgase wurden dort heiß, wie sie von den Öfen kamen, in einem verbleiten Gloverturme mit einer Ammoniumsulfatlösung, die 2–4% H_2SO_4 enthielt, gewaschen.

Den Gloverablauf kühlte man so weit ab, daß ein Teil des Sulfats auskrystallisierte, schöpfte letzteren aus und benutzte die Mutterlauge, nachdem man ihr wieder Schwefelsäure zugesetzt hatte, von neuem zum Waschen des Gases. Die Eigenwärme des heißen Gases und die Bildungswärme des Sulfats genügten, um die Verdichtung von Wasserdampf im Gloverturm und damit die Verdünnung der sauren Salzlösung zu verhüten.

SCHOLZ und THIEME (*W. I.* 1880), NEUMAYER (*D. R. P.* 24511) und WELLSTEIN (*D. R. P.* 28762) versuchten, das Verfahren der unmittelbaren Salzgewinnung bei der Destillationskokerei anzuwenden, doch blieben ihre Bemühungen fruchtlos. Erst FRANZ BRUNCK (*D. R. P.* 167022 und *E. P.* 8287 [1903]) gelang es, festes Ammoniumsulfat aus Kokereigasen unmittelbar darzustellen. BRUNCK behandelt die heißen Gase mit Schwefelsäure von 80–85°, deren Temperatur durch die Eigenwärme der Gase und im Notfall noch durch Dampfheizung aufrecht erhalten werden soll. Das Gas durchstreicht erst den Hauptsättiger und darauf den Nachsättiger. In letzteren fließt die frische Säure ein und läuft zum Hauptsättiger über, aus dem das Salz abgeschöpft wird. Da die Gase nicht teerfrei sind, erhält man jedoch unreines Salz. HEINEMANN (*D. R. P.* 166380) empfiehlt, das Gas derart dem Säurebad zuzuführen, daß der Teer von der Oberfläche fortgeblasen wird, doch ist das erfolglos. Nach einem späteren Patent (*D. R. P.* 181384) will BRUNCK den Teer durch Schleudern der Gase oberhalb ihres Taupunktes für Wasser, der je nach der Kohle und ihrer Feuchtigkeit von 55°—81° schwankt, vor der Waschung beseitigen; die Ergebnisse des Verfahrens sollen durchaus befriedigend sein (*St. u. E.* **29**, 1787 [1909]).

Während des letzten Jahrzehntes hat man sich sehr eingehend mit der unmittelbaren Gewinnung des Ammoniaks aus Kokereigasen beschäftigt und sie so weit durchgebildet, daß sie bereits seit etwa 5 Jahren auf vielen Destillationskokereien mit gutem Erfolg hat eingeführt werden können. Die verbreitetsten Verfahren dieser Art sind die von DR. C. OTTO & CO. in Dahlhausen a. d. Ruhr und von HEINRICH KOPPERS in Essen-Ruhr. Beide haben das gemeinsam, daß die teerfreien, heißen Destillationsgase in Sättigungskästen, die den bei der Sulfatfabrikation aus Gaswasser gebräuchlichen entsprechen, mit einer sauren Ammoniumsulfatlösung im ununterbrochenen Betriebe behandelt werden. Die Säure fließt dem Kasten beständig zu und das Salz wird dauernd herausgeschafft. Die Mutterlauge von der Salzschleuder geht ebenfalls stets in den Kasten zurück. Der Unterschied zwischen beiden Verfahren besteht hauptsächlich in der Art, wie der Teer aus dem Gase abgeschieden wird.

Das gewonnene Sulfat ist rein weiß und enthält mindestens 25,25% NH_3 und 0,2% freie H_2SO_4. Man kann es ohne weiteres lagern und braucht es weder zu trocknen, noch zu darren.

Eine entwicklungsgeschichtliche Studie über die unmittelbare Salzgewinnung hat OHNESORGE (*St. u. E.* **1910**, 113) geliefert und dabei besonders die Unterschiede zwischen dem Verfahren von OTTO und von KOPPERS hervorgehoben. GREBEL (*Rev. g. Ch. p. et appl.* **14**, 233 [1911]) bringt eine vergleichende Darstellung der Wärmeverhältnisse bei den verschiedenen Formen der unmittelbaren Salzgewinnung auf Grund der von PETERS mitgeteilten Betriebsversuche. RAU (*St. u. E.* **1910**, 1825) stellt dies in folgender Weise dar: Kokskohlen ergeben für 1 *cbm* trockenes Rohgas (bei 0° und 760 *mm*) 10,2—12,6 *g* NH_3, ferner je nach dem Wassergehalt 144—747 *g* H_2O-Dampf, im ungünstigsten Falle also 10,2 *g* NH_3 und 747 *g* H_2O-Dampf. Bei der Abkühlung schlägt sich von diesem Dampfe so viel nieder, daß das Gas gesättigt bleibt; von den 747 *g* z. B. bei 0° 742 *g*, bei 30° 712 *g*, bei 70° 391 *g*, bei 80° 42 *g*, beim Taupunkt 81° und darüber nichts. Dies Kondenswasser enthält alles fixe NH_3 (10—15% des gesamten) und so viel flüchtiges, daß seine Spannung aus dem Wasser der des im Gase verbleibenden gleich ist; bei gewöhnlicher Temperatur wird etwa die Hälfte des Ammoniaks abgeschieden. Beim Abtreiben desselben aus dem Gaswasser mischen sich ihm etwa 3 *kg* Dampf auf 100 *kg* Gaswasser bei. Tritt nun das Gas mit dem Ammoniak, dem im Gase verbliebenen und dem mit dem Ammoniak wieder zugeführten Dampfe in das Säurebad, so wird durch die Sulfatbildung Wärme frei, die sich nach THOMSENS Bestimmungen für gasförmiges Ammoniak, 60er Säure, festes Sulfat und dampfförmiges Säurewasser auf 40 *W. E.* für 34 *g* NH_3 berechnet. Beim Beharrungszustande des Dauerbetriebs muß die dem Bade zugeführte und die darin entwickelte Wärme gleich der durch die Gase, den Dampf und das Sulfat abgeführten Wärme sein, woraus sich die Badtemperatur berechnet. Die unter Annahme einer spez. Wärme von 0,35 für 1 *cbm* trockenes Gas, 0,465 für 1 *kg* Dampf von 0°, 0,421 für 1 *kg* Dampf von 100°, 0,520 für 1 *kg* NH_3-Gas, 0,41 für 1 *kg* 60er Säure, 0,35 für 1 *kg* Sulfat berechneten Badtemperaturen sind im Schaubild Abb. 150 durch eine Kurve dargestellt, ebenso die für eine Abkühlung von 10% berechneten.

Die abziehenden Gase haben dieselbe Temperatur, können aber aus der Salzlösung weniger Dampf entführen als aus Wasser von gleicher Temperatur, weil die

Spannkraft des Dampfes geringer ist. Aus den Versuchen von TAMMANN und GERLACH kann man für die Dampfspannung des Bades die Formel: $p = P$ $(1-0{,}00235\,g-0{,}004\,s)$ ableiten, worin P die Spannung aus reinem H_2O, g die Gramme Sulfat und s die Gramme freie Säure auf $100\,g$ H_2O im Bade bedeuten, g ergibt sich für die einzelnen Temperaturen aus den Bestimmungen von MULDER, s ist meist 2,8 (= 1,5%). Aus der Badspannung ergibt sich dann das Gewicht Dampf, das von 1 *cbm* trockenen Gases entführt werden kann. Diese Mengen sind in einer dritten Kurve dargestellt, in einer vierten die wirklich abzuführenden.

Die Kurven zeigen, daß man das Gas auf jede beliebige Temperatur bis zu 5° herab abkühlen kann, ohne es wieder erwärmen zu müssen. Die Temperatur des Bades ist dank der Reaktionswärme stets höher als nötig. Am geringsten ist der Temperaturüberschuß beim Taupunkt des Gases. Hier können Schwierigkeiten entstehen, wenn das Gas verhältnismäßig viel fixes NH_3 enthält, dessen Reaktionswärme natürlich geringer ist und bei Sulfit, namentlich aber bei Chlorid, negativ wird. Sind z. B. 10% des Ammoniaks als Chlorid vorhanden, so ergibt sich bei Einführung des Gases mit dem Taupunkt eine Badtemperatur von 95° ohne und 87° mit Abkühlung, während die erforderliche 88° ist; man muß dann also die Abkühlung beschränken oder das Gas wärmer eintreten lassen. Bei sächsischen Kohlen sind bis 80% des NH_3 als Chlorid vorhanden, so daß beim Taupunkt die Badtemperatur nur 72° betragen würde. Meist ist aber der Prozentsatz an fixem NH_3 viel geringer, oberschlesische Kohle gibt z. B. nur 3—8%. Außerdem sind die fixen Salze schon oberhalb des Taupunktes als Staub und Nebel im Gas enthalten und werden daher bei der Entteerung mit abgeschieden. Die Befürchtung SCHREIBERS (*J. G.* **1910**, 244), daß ohne Abkühlung viel Chloride ins Bad gelangen und dem Gas einen schädlichen Gehalt an Salzsäure erteilen könnten, ist grundlos. Da, wo die Kohle trocken in den Ofen kommt, wie in Gasanstalten, liegt der Taupunkt ohnehin soviel niedriger (bei 60°), daß gar keine Schwierigkeiten entstehen können. Immerhin empfiehlt es sich aber, bei Kohlen mit sehr viel fixem Ammoniak die Gase etwas unter den Taupunkt zu kühlen, um sicher alles fixe Salz zu entfernen, und andererseits muß dabei das mit dem Teere ausfallende Ammoniak schon deshalb wieder dem Gase als freies zugeführt werden, weil sonst wegen allzu geringen Ammoniakgehaltes die Reaktionswärme zu klein und die Badtemperatur zu niedrig wird.

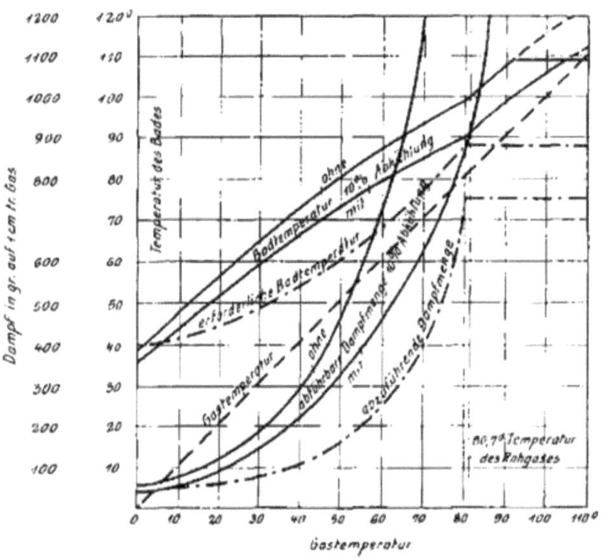

Abb. 150.

Nach PFUDEL (*J. G.* **1911**, 1272) arbeitet man auf Mont-Cenis derart, daß man das Gas auf 30° abkühlt und im Teerscheider vom Teere befreit, dann vermischt man es mit den Ammoniakdämpfen des Abtreibers, der das beim Kühlen abgeschiedene Gaswasser verarbeitet, und führt es darauf ohne weitere Vorwärmung in den Sättiger (s. a. *E. P.* 11442 [1909]).

SCHREIBER (*J. G.* **1910**, 244) hat Versuche darüber angestellt, welchen Einfluß die unmittelbare Salzgewinnung auf das Gas hat, und hat festgestellt, daß eine Änderung des Gases nicht eintritt, man mithin das Verfahren unbesorgt auch auf Gaswerken einführen kann. FÜRTH (*J. G.* **1911**, 1030) empfiehlt für Gaswerke besonders das Verfahren von KOPPERS.

STANLEY COOPER (*J. Gaslight*, **109**, 496 [1910]) will das Rohgas vor dem Einleiten in Säure unter hohem Drucke in ein Filter aus Sackleinwand, das mit Koks und Sägespänen gefüllt ist, einführen und es dann plötzlich entspannen. Das Gas soll dann völlig teerfrei sein. Für kleinere Gaswerke empfiehlt MOORE (*J. Gaslight*, **112**, 474 [1910]), das teerfreie Gas in Schwefelsäure von 30° *Bé.* zu leiten und regelmäßig Säure zuzusetzen, bis 26—29° *Bé.* erreicht sind. Dann zieht man dauernd Lösung, die man durch Säure ersetzt, ab, filtriert sie durch Sand und dampft sie mit verlorener Wärme ein; s. ferner HENSS, *D. R. P.* 227946 und COLLIN, *D. R. P.* 240190.

Die bereits eingangs vorigen Abschnitts erwähnten Versuche, Ammoniak mittels Salzlösungen aus dem Gase auszuwaschen, sind in den letzten Jahren ebenfalls wieder aufgegriffen worden, u. zw. von WALTER FELD. Während man damals jedoch darauf ausging, das Ammoniak sogleich als Salz, u. zw. als Chlorid, bzw. Sulfat, zu gewinnen, strebt FELD zunächst nur die Bindung des Ammoniaks an Säuren zum Zwecke der Absorption an und zersetzt das entstandene Salz nachher wieder, um freies Ammoniak zu gewinnen. Nach seinem *D. R. P.* 176746 wäscht man Kohlendestillationsgase, die neben NH_3 noch CO_2, HCN und H_2S enthalten, mit Salzlösungen solcher Basen, die als Oxyde, Hydroxyde, Carbonate, Cyanide oder Sulfide beim Erwärmen NH_3 aus seinen fixen, salzartigen Verbindungen auszutreiben vermögen. Dabei sollen diese Gase eine zur Bindung der flüchtigen Säuren ausreichende Menge NH_3 enthalten. Aus der ausgebrauchten Waschflüssigkeit werden das NH_3 und die flüchtigen Säuren durch fraktioniertes Erhitzen ausgetrieben; die Waschflüssigkeit kann dann von neuem zum Waschen des Gases benutzt werden. Nach *D. R. P.* 185419 desselben Erfinders wendet man zum Auswaschen besonders Magnesiumsalzlösungen an, da diese sich als beste Waschsalze erwiesen haben. Die konz. Lösungen neigen jedoch dazu, bei der Absorption sowohl wie beim Auskochen des Ammoniaks zu erstarren. Dies verhindert man durch Zusatz von Ammonium- oder Alkalisalzen, die zweckmäßig dieselbe Säure wie das Magnesiumsalz enthalten. Beim Erhitzen der gesättigten Waschflüssigkeit entweicht zuerst fast reines CO_2, zum Schlusse NH_3 mit dem Reste der Kohlensäure.

Später (*D. R. P.* 214662) hat dann FELD versucht, das Ammoniak als festes Salz auszufällen, u. zw. durch Waschen des Gases mit konz. Lösungen, bzw. Aufschwemmungen solcher Salze, die wie die Ferrocyanide der Alkalien, Erdalkalien, des *Mg*, *Mn* und *Zn* schwerlösliche Doppelsalze mit Ammoniak bilden. Und um bei seinen Verfahren die etwaige Verdichtung von Wasserdämpfen und die dadurch bedingte Verdünnung der Lösungen zu verhindern, will er nach *D. R. P.* 214070 das ungewaschene Gas mit anderen Gasen (wohl mit kaltem, gereinigtem Gase) so weit verdünnen, daß der Taupunkt unterhalb der Auswaschtemperatur liegt; s. auch die *D. R. P.* 219310 und 219771.

Die FELDschen Verfahren sind versuchsweise angewandt worden, haben jedoch keinen Eingang in den praktischen Betrieb gefunden.

c) Die Ammoniumsulfatgewinnung unter Benutzung des im Gas enthaltenen Schwefelwasserstoffes.

Ein altes Problem der Gasreinigung ist die gleichzeitige Gewinnung des Ammoniaks und des Schwefelwasserstoffes aus dem Gase, u. zw. derart, daß der Schwefelwasserstoff zu Schwefeldioxyd oxydiert wird und letzteres zur Bindung des Ammoniaks als Sulfit dient. Das Sulfit soll dann gegebenenfalls zu Sulfat oxydiert werden. Schon LAMING hat in seinem *E. P.* vom 29. Mai 1852 auf diese Möglichkeit hingewiesen, und MARIOTTE (*J. Gaslight*, 1876, II, 381) hat dies Verfahren dahin ausgebildet, daß er Gaswasser in einem Skrubber mit SO_2-haltigen Gasen behandelte und die entstandene Bisulfitlösung zum Waschen des Gases benutzte. War die Flüssigkeit genügend angereichert, so wurde sie zur Krystallisation eingedampft. J. und I. ADDIE (*E. P.* 4758 [1882]) führen Schwefeldioxyd in die Gichtgase der Steinkohlenhochöfen ein und waschen das entstandene Ammoniumsulfit mit Wasser aus. Nach LUNGE (Steinkohlenteer und Ammoniak, 5. Aufl., Braunschweig 1912, 172) soll dies Verfahren auf einer Hütte zu Coatbridge in Betrieb gewesen sein. A. P. PRICE (*E. P.* 6983 [1884]) empfiehlt dasselbe Verfahren zur NH_3-Gewinnung bei der Leuchtgasfabrikation. YOUNG (*E. P.* 1310 [1880]) will den Schwefelwasserstoff, der beim Abtreiben des Ammoniaks aus Gaswasser mit entweicht, in einer Feuerung zu Ammoniumsulfit verbrennen, doch dürfte dabei ein großer Teil des Ammoniaks zerstört werden.

Neuerdings sind die Bestrebungen, das Ammoniak mittels SO_2 aus dem H_2S des Gases zu binden, von BURKHEISER und von FELD wieder aufgenommen worden. BURKHEISER arbeitet nach seinem *D. R. P.* 212209 derart, daß er das teerfreie Rohgas nach etwaiger Vorwärmung über eine Kontaktsubstanz, z. B. Raseneisenerz bei dunkler Rotglut etwa 400°, leitet. Es tritt dann eine Oxydation des H_2S zu H_2O und SO_2, bzw. SO_3 ein und man kann aus dem Gase dann $(NH_4)HSO_3$, $(NH_4)_2SO_3$, bzw. $(NH_4)_2SO_4$ durch Waschen mit Wasser gewinnen. Das NH_3, welches bei der vorgängigen Kühlung des Gases abgeschieden worden ist, soll nach *D. R. P.* 215907 durch einen Luft- oder Gasstrom aufgenommen und mit diesem dem mit der Kontaktmasse zu behandelnden Gase zugeführt werden. Es ist nun nicht erforderlich, das Verfahren in einem Arbeitsgang auszuführen, vielmehr empfiehlt BURKHEISER (*D. R. P.* 217315), den Schwefelwasserstoff zunächst in der üblichen Weise durch das Raseneisenerz zu absorbieren und darauf die gesättigte Masse mittels eines Luftstroms so stark zu oxydieren, daß SO_2 entsteht. Der SO_2-haltige Stickstoffstrom wird dann mit einer Lösung von $(NH_4)_2SO_3$ gewaschen, und die dabei entstehende Lösung von $(NH_4)HSO_3$ dient nun zur Absorption des Ammoniaks aus dem Gase.

Das Raseneisenerz wird vor seiner Verwendung auf eine bestimmte, über 100° liegende Temperatur erhitzt, gibt dabei einen Teil seines Hydratationswassers ab und wird tiefrot und sehr porös. Es wird im Gegensatze zu gewöhnlicher Gasreinigungsmasse in trockenem Zustand benutzt und im Reiniger 2–3 *m* hoch aufgeschichtet.

Das nach BURKHEISERS Verfahren gewonnene Salz ist keineswegs reines Sulfit, sondern enthält 60% Sulfat. Man soll es durch Oxydation an der Luft in der Wärme völlig zu Sulfat oxydieren können. Reines Sulfat will der Erfinder nach *D. R. P.* 223713 dadurch gewinnen, daß er bei der Oxydation der ausgebrauchten Masse einen Luftüberschuß anwendet und das *O*-haltige Gemisch aus *N* und SO_2 bei hoher Temperatur über Kontaktsubstanz, Eisenoxyd, Platinasbest u. dgl. führt, um das SO_2 in SO_3 zu verwandeln; s. ferner dazu *D. R. P.* 225461 und 236757.

BURKHEISERS Verfahren ist versuchsweise auf den Gaswerken in Hamburg und Berlin-Tegel sowie in der Kokerei Flémelle Grande bei Lüttich in Betrieb gewesen, zu einer dauernden Einführung ist es noch nicht gekommen.

FELD (*Z. ang. Chem.* **1912**, 705–711) bewirkt die Bindung des Ammoniaks an den Schwefel des Gases in völlig anderer Weise. Es absorbiert das NH_3 zunächst mit Lösungen von Zink oder Ferrosulfat, wobei sich z. B. bildet:

$$FeSO_4 + 2\,NH_3 + H_2S = FeS + (NH_4)_2SO_4.$$

Der entstandene Schlamm von *FeS* wird nun mit SO_2 behandelt, und es entsteht dann je nach den Mengenverhältnissen Eisenthiosulfat oder Tetrathionat:

$$2\,FeS + 3\,SO_2 = 2\,FeS_2O_3 + S$$
$$FeS + 3\,SO_2 = FeS_4O_6.$$

Beide Salze sind leicht löslich und ihre Lösungen werden nun zum Waschen des Gases benutzt. Dabei fällt wieder Schwefeleisen aus, und in der Lösung bleiben Ammoniumthiosulfat, bzw. Tetrathionat. Durch Einleiten von SO_2 bringt man das Eisen wieder in Lösung und fährt in dieser Weise fort, bis die Lösung 30–40% Ammoniumsalze enthält. Dann erhitzt man sie unter Einleiten von SO_2:

$$2(NH_4)_2S_2O_3 + 3\,SO_2 = (NH_4)_2S_3O_6 + (NH_4)_2S_4O_6$$
$$(NH_4)_2S_3O_6 + (NH_4)_2S_4O_6 = 2(NH_4)_2SO_4 + 2\,SO_2 + 3\,S.$$

Es entsteht also aus den Thionaten Ammoniumsulfat neben SO_2 und *S*. SO_2 kehrt unmittelbar in den Betrieb zurück und *S* wird zu SO_2 verbrannt. Das in der Lösung enthaltene Eisenthionat geht ebenfalls in Sulfat über. Daher behandelt man die erhitzte Lösung nochmals mit Rohgas, um *Fe* als *FeS* auszufällen, filtriert sie und dampft zur Krystallisation ein. (Über die Ausführung des Verfahrens s. LUNGE-KÖHLER, Steinkohlenteer und Ammoniak, 5. Aufl., Braunschweig 1912, 165–170; im übrigen vgl. *E. P.* 3061 [1909], *Belg. P.* 184598, HURDELBRINK, *J. G.* **1910**, 956.) Das Verfahren ist versuchsweise in Hamburg in Betrieb gewesen und ist zurzeit (1913) noch in Königsberg in Versuchsbetrieb. Es zur dauernden Einführung zu bringen, ist noch nicht gelungen.

RAHTJEN will nach *D. R. P.* 226107 [1908] das NH_3 unmittelbar an SO_2, ev. daneben auch an CO_2 binden und diese Säuren dann durch Schwefelsäure wieder austreiben, um sie rein zu gewinnen. R. BARTH (*D. R. P.* 235157[1910]) empfiehlt, den H_2S aus dem Gaswasser zu verbrennen und die SO_2 dem Gase zum Zwecke der Ersparung von H_2SO_4 zuzusetzen, ein Vorschlag, der nichts weniger als neu ist. COLLETT und ECKARDT (*Norw. P.* 19972 [1909]) leiten NH_3, SO_2 und Luft in Wasser, wobei ein Gemenge von Sulfat und Sulfit entsteht, letzteres soll durch Behandeln mit Luft in Rieseltürmen zu Sulfat oxydiert werden. Schließlich wollen die CHEMISCHE INDUSTRIE A.-G. und FRANZ WOLF (*D. R. P. A. C.* 18248) das NH_3 des Gaswassers austreiben und mit den SO_2-haltigen Rauchgasen der Koksöfen zusammenbringen, so daß Sulfit entsteht. Das Sulfit wird nach *D. R. P.* 245873 [1909] in feuchtem Zustand in einem geschlossenen, heizbaren Behälter bei 30–70° in fein verteilter Form durch Luft oxydiert.

FRERICHS empfiehlt im *D. R. P.* 222918 [1908] und im *A. P.* 905415 [1908], das Ammoniak mit $(NH_4)HSO_4$ zu absorbieren. Das entstandene Sulfat wird auf 300–400° erhitzt und zerfällt dabei in Bisulfat, Pyrosulfat und reines NH_3. Das Gemisch der beiden Salze wird von neuem zur Absorption von NH_3 benutzt. Das Verfahren soll vornehmlich zur einfachen Gewinnung von reinem Ammoniak dienen.

Das Ammoniumsulfat ist ein rhombisch krystallisierendes, farbloses Salz ohne Krystallwasser und hat eine *D* von 1,77. Es enthält in chemisch reinem Zustand 21,237% *N*, bzw. 25,82% NH_3. Seine Löslichkeit in H_2O beträgt für 100 T.:

bei	0° = 71,00 T.	bei	60° = 86,90 T.
	10° = 73,65 „		70° = 89,55 „
	20° = 76,30 „		80° = 92,20 „
	30° = 78,95		90° = 94,85
	40° = 81,60 „		100° = 97,50
	50° = 84,25		

Nach neueren Untersuchungen von SMITH (*J. Gaslight*, **1911**, **113**, 677) schmilzt das Sulfat nicht, sondern beginnt schon unter 100° sich unter Ammoniakabgabe zu zersetzen. Bei 300° ist der Zerfall vollständig. Es entsteht dabei $(NH_4)HSO_4$, das bei 140° schmilzt und bei höherer Temperatur unter Sulfitbildung zerfällt. Auch BERZELIUS kennt bereits dies Verhalten des $(NH_4)_2SO_4$.

Das Sulfat des Handels ist meist etwas grau oder gelblich und soll nicht mehr als 1,5% freie H_2SO_4 enthalten (*J. G.* **1910**, 240). Der vorgeschriebene Mindestgehalt beträgt 24,5% NH_3.

Das $(NH_4)_2SO_4$ wird seiner Hauptmenge nach als Stickstoffdünger an Stelle von Chilesalpeter verwendet; s. Düngemittel. Im übrigen dient es als Ausgangsmaterial zur Herstellung anderer Ammoniumverbindungen.

8. Ammoniumthiosulfat $(NH_4)_2S_2O_3$. *Schering* stellt nach *D. R. P.* 202502 und 202503 ein natriumhaltiges Thiosulfat her. Ammoniumchlorid und Natriumthiosulfat werden in konz. Lösung bei 100° umgesetzt und bei derselben Temperatur getrennt. Man schmilzt 150 *kg* $Na_2S_2O_3$, verrührt sie bei 95—100° 1 Stunde lang mit 60 *kg* fein geriebenem NH_4Cl und trennt in heizbarem Druckfilter vom Bodenkörper. Die Lösung enthält dann 42% $(NH_4)_2S_2O_3$ und 17% $Na_2S_2O_3$. Das reine Thiosulfat gewinnt man durch Umsetzen von Calciumthiosulfat mit Ammoniumcarbonat. Es krystallisiert in monoklinen Tafeln oder Prismen und zerfließt an der Luft. Beim Erhitzen auf 150° zersetzt es sich fast völlig unter Abgabe von NH_3 und H_2S und Sublimation von $(NH_4)_2SO_4$, während *S* zurückbleibt. Seine Lösung dient als Fixierbad in der Photographie.

Wirtschaftlichkeitsberechnung für die Erzeugung von Ammoniakverbindungen.

Die Wirtschaftlichkeit der Ammoniakgewinnung hängt von sehr vielen Umständen ab, insbesondere spielen die örtlichen Verhältnisse und die Marktlage eine wichtige Rolle. Um jedoch ein ungefähres Bild über diesen Gegenstand zu geben, seien Berechnungen mitgeteilt, welche die JULIUS PINTSCH A.-G., Berlin, für ihre eigenen Anlagen ermittelt hat.

A. Für Anlagen zur Gewinnung von schwach verdichtetem Ammoniakwasser (16—18% NH_3), stark verdichtetem Ammoniak (ca. 25% NH_3) und Sulfat aus 10 *cbm* normalem Gaswasser in 24 Stunden.

Der Gehalt an Gesamtammoniak im Gaswasser betrage 1,8%. Es wird vorausgesetzt, daß die nötige Kesselheizfläche zur Dampferzeugung zur Verfügung steht, ein besonderer Kessel also nicht erforderlich ist.

Der Berechnung wird die Erzeugung von jährlich 1500 *cbm* Gaswasser, die in 150 Tagen verarbeitet werden können, zugrunde gelegt.

Bemerkung: Die nachfolgenden Rentabilitätsberechnungen sollen nur einen Anhalt geben für den bei Beschaffung der einzelnen Anlagen zu erwartenden Gewinn. Die eingesetzten Preise und Verbrauchsmengen sind daher nur mittlere Werte, die entsprechend den jeweilig herrschenden Verhältnissen verändert werden müssen.

Ausgaben.

Pos.	Gegenstand	1 Schwachverdichtung M.	2 Starkverdichtung M.	3 Sulfat M.
1	Verzinsung und Amortisation (5%+2%) für die Baulichkeiten in Höhe von 7% des Anlagekapitals von M. 2500,	175,–	175,–	175,–
2	Verzinsung und Amortisation der Apparate nebst Zubehör (5%+10%) für die Schwachverdichtung in Höhe von 15% des Anlagekapitals von M. 6000,–	900,–	–	–
3	Verzinsung und Amortisation der Apparate nebst Zubehör für die Starkverdichtung (5%+10%) in Höhe von 15% des Anlagekapitals von M. 7000,–	–	1050,–	–
4	Verzinsung und Amortisation der Apparate nebst Zubehör für die Sulfatgewinnung (5%+10%) in Höhe von 15% des Anlagekapitals von M. 7000,–	–	–	1050,–
5	Brennmaterial für Dampfkessel. Zur Kohlensäureausscheidung und Destillation von 1 *cbm* Gaswasser werden ca. 200 *kg* Dampf gebraucht, mithin für 1500 *cbm* Gaswasser 300000 *kg*. Zur Erzeugung dieses Dampfes sind bei 7 facher Verdampfung ca. 43000 *kg* Brennstoff erforderlich. Wird Steinkohle im Werte von 2 M. für 100 *kg* zugrunde gelegt, so kosten 43000 kg	860,	860,–	860,–
6	Kalk zum Zersetzen der fixen Ammoniakverbindungen. Angenommen, es wären 0,36% fix, das ist der fünfte Teil des oben genannten Gesamtammoniaks (1,8%), so würden für 1 *cbm* Gaswasser ca. 8 *kg* von gutem Kalk aufzuwenden sein; mithin für 1500 *cbm* 12000 *kg*. Bewertet man 100 *kg* Kalk mit M. 1,60, so kosten 12000 *kg*	192,–	192,–	192,–
7	Kühlwasser für Verdichtungskühler, Rückflußkühler und unter Umständen Abgaskühler. Zur Kühlung wird ungefähr die doppelte Menge Wasser gebraucht, wie Gaswasser zur Verarbeitung kommt; mithin 3000 *cbm*. Bewertet man 1 *cbm* Wasser mit M. 0,05, so kosten 3000 *cbm*	150,–	150,–	150,–
8	Schwefelsäure zur Bindung des Ammoniaks. Bei 1,8%igem Gaswasser sind in 1500 *cbm* 27000 *kg* Ammoniak enthalten. An Schwefelsäure von 60° *Bé.* ist nun etwa das 4 fache vom Gesamtammoniakgehalt des Gaswassers vorzulegen. Daher sind 108000 *kg* Schwefelsäure nötig. Bewertet man 100 *kg* Schwefelsäure mit M. 4,50, so kosten 108000 *kg*	–	–	4860,–
9	Löhne für Arbeiter. Die jährliche Erzeugung von 1500 *cbm* Gaswasser wird in 150 Tagen verarbeitet. Für jede Arbeitsschicht (12 Stunden) ist 1 Arbeiter erforderlich. Als Lohn für jede Arbeitsschicht wird M. 4,50 zugrunde gelegt. Die Lohnausgabe beträgt somit in 150 Tagen	1350,–	1350,–	1350,–
10	Kosten für Reparaturen und Ersatz leicht zerbrechlicher Teile ca.	50,–	50,–	50,–
11	Kosten für Dichtungs-, Putz- und Schmiermaterial, Beleuchtung des Arbeitsraumes, Abfahren der Kalkrückstände und Verschiedenes ca.	150,–	150,–	150,–
	Summe der Ausgaben	3827,–	3977,	8837,–

Einnahmen

Pos.	Gegenstand	1 Schwach-verdichtung M.	2 Stark-verdichtung M.	3 Sulfat M.
1	Aus der jährlich erzeugten Gaswassermenge von 1500 *cbm* mit einem Ammoniakgehalt von 1,8% werden 150 *t* schwachverdichtetes Ammoniakwasser mit 18% Ammoniak gewonnen. Bewertet man hiervon 1 *t* (180 *kg* Ammoniak enthaltend) mit M. 144,--, so ergibt sich eine Einnahme von	21600,–		–
2	Aus der jährlich erzeugten Gaswassermenge von 1500 *cbm* mit einem Ammoniakgehalt von 1,8% werden 108 *t* starkverdichtetes Ammoniakwasser mit 25% Ammoniak gewonnen. Bewertet man hiervon 1 *t* (250 *kg* Ammoniak enthaltend) mit M. 205,–, so ergibt sich eine Einnahme von		22140,	–
3	Als schwefelsaures Ammonium (Sulfat) erhält man fast die gleiche Gewichtsmenge der vorgelegten Schwefelsäure von 60° *Bé.*, nämlich 108000 *kg*. Der ungefähre Marktpreis für 100 *kg* Sulfat (ca. 25% Ammoniak enthaltend) betrage M. 24,–. Für 108000 *kg* erhält man somit			25920,–
4	Von diesen Einnahmen würden noch in Abzug zu bringen sein 1–2% für unvermeidliche Verluste an Ammoniak ca.	450,	450,–	450,
	Summe der Einnahmen	21150,-	21690,–	25470,

Zusammenstellung

Pos.	Gegenstand	1 Schwach-verdichtung M.	2 Stark-verdichtung M.	3 Sulfat M.
1	Gesamteinnahmen	21150,	21690,–	25470,–
2	Gesamtausgaben . .	3827,-	3977,–	8837,
3	Mithin verbleibt ein Überschuß von	17323,	17713,–	16663,–
4	Bei der Annahme, daß das Gaswasser bisher pro 1 *kg* Ammoniak mit M. 0,25 verkauft worden ist, würde von diesem Überschuß noch abzuziehen sein 27000 : 0,25 =	6750,–	6750,–	6750,–
5	Der wirkliche Reingewinn stellt sich dann auf	10573,	10963,–	9883,-

B. Für Anlagen zur Gewinnung von technisch reinem und chemisch reinem Salmiakgeist bis zur größten Stärke sowie von flüssigem Ammoniak aus *20 cbm* normalem Gaswasser in 24 Stunden.

Der Gehalt an Gesamtammoniak im Gaswasser betrage 1,8%. Es wird vorausgesetzt, daß die nötige Kesselheizfläche zur Dampferzeugung zur Verfügung steht, ein besonderer Kessel also nicht erforderlich ist.

Der Berechnung wird die Erzeugung von jährlich 3000 *cbm* Gaswasser, die in 150 Tagen verarbeitet werden können, zugrunde gelegt.

Man beachte auch die Bemerkung unter *A*.

A u s g a b e n.

Pos.	Gegenstand	4a Salmiakgeist technisch rein M.	4b Salmiakgeist chemisch rein M.	5 Flüssiges Ammoniak M.
1	Verzinsung und Amortisation für die Baulichkeiten (5% + 2%) in Höhe von 7% des Anlagekapitals von ca. M. 4000,–	280,–	280,–	280,–
	Verzinsung und Amortisation der Apparate nebst Zubehör für technisch reinen Salmiakgeist (5% + 10%) in Höhe von 15% des Anlagekapitals von ca. M. 16000,	2400,–	–	–
3	Verzinsung und Amortisation der Apparate nebst Zubehör für chemisch reinen Salmiakgeist (5% + 10%) in Höhe von 15% des Anlagekapitals von Mk. 16000,–	–	2400,–	–
4	Verzinsung und Amortisation der Apparate nebst Zubehör für die Ammoniakverflüssigung (einschl. etwa 500 Stahlflaschen für je M. 45,–), (5% + 10%) in Höhe von 15% des Anlagekapitals von M. 44500,–	–	–	6675,–
5	Brennmaterial für Dampfkessel. Zur Kohlesäureausscheidung und Destillation von 1 *cbm* Gaswasser werden ca. 250 *kg* Dampf gebraucht, mithin für 3000 *cbm* Gaswasser 750000 *kg*. Zur Erzeugung dieses Dampfes sind bei 7facher Verdampfung ca. 107000 *kg* Brennstoff erforderlich. Wird Steinkohle im Werte von M. 2. für 100 *kg* zugrunde gelegt, so kosten 107000 *kg*	2140,–	2140,–	2140,–
6	Kalk zum Zersetzen der fixen und der noch nach der Kohlensäureausscheidung vorhandenen flüchtigen Ammoniakverbindungen. Angenommen, es wären 12 *kg* von gutem Kalk pro 1 *Gew.-%* Ammoniak erforderlich, so sind für 1,8% ca. 21 *kg* für 1 *cbm* Gaswasser nötig. Bewertet man 100 *kg* Kalk mit M. 1,60, so kosten 63000 *kg*	1008,–	1008,–	1008,–
7	Kühlwasser für Rückflußkühler, Gaskühler Kondenswasserkühler und Absorber. Zur Kühlung wird ungefähr die 4fache Menge Klarwasser gebraucht, wie Gaswasser zur Verarbeitung kommt, mithin 12000 *cbm*. Bewertet man 1 *cbm* Wasser mit M. 0,05, so kosten 12000 *cbm*	600,–	600,–	600,–
8	Kühlwasser für den Ammoniakkompressor. Hierfür wird ungefähr die doppelte Menge an Klarwasser gebraucht, wie Gaswasser zur Verarbeitung kommt, also 6000 *cbm* zu je M. 0,05		–	300,–
9	Verbrauch an technischem Ätznatron. Er hängt von der Aufmerksamkeit der Bedienung ab. Legt man bei der Gewinnung von technisch reinem Salmiakgeist für 1 *cbm* Gaswasser ½ *kg* und bei chemisch reinem Salmiakgeist und Verflüssigung 1 *kg* Ätznatron zugrunde, so sind für 3000 *cbm* 1500, bzw. 3000 *kg* erforderlich. 100 *kg* Ätznatron von 75% wirksamer Substanz mögen M. 22,– kosten, mithin 1500 *kg*	330,–	–	–
	und 3000 *kg*	–	660,–	660,
10	Verbrauch an Knochenkohle (Erbsengröße). Er hängt von der Menge der mit dem Gaswasser in den Abtreibeapparat gelangenden Teerverbindungen ab. Nimmt man an, daß die Knochenkohlen erst nach 8maligem Ausdämpfen unbrauchbar werden und deshalb pro 1 *cbm* Gaswasser bei technisch reinem Salmiakgeist 1 *kg*, bei chemisch reinem Salmiakgeist und Verflüssigung 2 *kg* Knochenkohle erforderlich sind, so sind für 3000 *cbm* 3000 *kg* bzw. 6000 *kg* Knochenkohle nötig. 100 *kg* Knochenkohle mögen M. 28,– kosten, mithin 3000 *kg*	840,–	–	–
	und 6000 *kg*	–	1680,–	1680,–
	Vortrag	7598,–	8768,–	13343,–

Pos.	Gegenstand	4a Salmiakgeist technisch rein Mk.	4b Salmiakgeist chemisch rein Mk.	5 Flüssiges Ammoniak Mk.
	Vortrag	7598,–	8768,–	13343,–
11	Löhne für Arbeiter. Die jährliche Erzeugung von 3000 *cbm* Gaswasser wird in 150 Tagen verarbeitet. Für jede Arbeitsschicht (12 Stunden) sind 2 Arbeiter erforderlich; als Lohn für jede werden M. 9,– zugrunde gelegt. Die Lohnausgabe beträgt somit in 150 Tagen	2700,–	2700,–	2700,–
12	Kosten für Reparaturen und Ersatz leicht zerbrechlicher Teile ca.	150,–	150,–	150,–
13	Kosten für Dichtungs-, Putz- und Schmiermaterial, Beleuchtung des Arbeitsraumes, Abfahren der Kalkrückstände und Verschiedenes ca.	450,–	450,–	450,–
	Summe der Ausgaben	10898,–	12068,–	16643,–

Einnahmen.

Pos.	Gegenstand	4a Salmiakgeist technisch rein M.	4b Salmiakgeist chemisch rein M.	5 Flüssiges Ammoniak M.
1	Aus der jährlich erzeugten Gaswassermenge von 3000 *cbm* mit einem Ammoniakgehalt von 1,8% werden gewonnen 216 *t* technisch reiner Salmiakgeist mit 25% NH_3 und dem *spez. Gew.* von 0,91. Bewertet man hiervon 1 *t* (250 *kg* Ammoniak enthaltend) mit M. 275,–, so ergibt sich eine Einnahme von	59400,–		–
2	Aus den jährlich erzeugten Gaswassermengen von 3000 *cbm* mit einem Ammoniakgehalt von 1,8% werden gewonnen 216 *t* chemich reiner Salmiakgeist mit 25% NH_3 und dem *spez. Gew.* von 0,91. Bewertet man hiervon 1 *t* (250 *kg* Ammoniak enthaltend) mit M. 312,–, so ergibt sich eine Einnahme von		67392,–	–
3	Als flüssiges Ammoniak erhält man ca. 54000 *kg*. Der ungefähre Marktpreis für 1 *kg* verflüssigtes Ammoniak beträgt M. 1,50. Für 54000 *kg* erhält man somit	–	–	81000,–
4	Von diesen Einnahmen würden noch in Abzug zu bringen sein etwa 3% für unvermeidliche Verluste an Ammoniak ca.	2200,–	2200,–	2200,–
	Summe der Einnahmen	57200,–	65192,–	78800,–

Zusammenstellung.

Pos.	Gegenstand	4a Salmiakgeist technisch rein M.	4b Salmiakgeist chemisch rein M.	5 Flüssiges Ammoniak M.
1	Gesamteinnahme	57200,–	65192,–	78800,–
2	Gesamtausgabe	10898,–	12068,–	16643,–
3	Mithin verbleibt ein Überschuß von	46302,–	53124,–	62157,–
4	Bei der Annahme, daß das Gaswasser bisher pro 1 *kg* Ammoniak mit M. 0,25 verkauft worden ist, würden von diesem Überschuß noch abzuziehen sein	13500,–	13500,–	13500,–
5	Der wirkliche Reingewinn stellt sich dann auf	32802,–	39624,–	48657,–

Statistik der Ammoniakgewinnung.

Das Ammoniak wird hauptsächlich in Form von Ammoniumsulfat gewonnen und in den Handel gebracht, und nur für diese Ammoniumverbindung liegen Produktionszahlen vor. Die Welterzeugung von Ammoniumsulfat betrug in *t* zu 1000 *kg* (runde Zahlen):

Jahr	Deutschland	Großbritannien	Vereinigte Staaten	Frankreich	Übrige Länder	Welt
1896	75000	180000	—	45000	30000	330000
1900	120000	213000	58000	37000	68000	496000
1902	135000	233000	65000	40000	83000	556000
1903	140000	237000	70000	52000	80000	597000
1904	182000	246000	60000	45000	80000	613000
1905	203000	270000	100000	47000	80000	700000
1906	235000	289000	60000	49000	80000	713000
1907	287000	313000	60000	54000	90000	804000
1908	313000	321000	82000	54000	115000	885000
1909	323000	349000	90000	54000	137000	953000
1910	373000	369000	116000	56000	143000	1057000
1911	418000	378500	115000	60000	209500	1181000

Seit 1910 steht Deutschland also an der Spitze der NH_3-liefernden Länder, und seine Erzeugung ist derart gestiegen, daß es den eigenen Bedarf reichlich decken kann. Die deutsche Landwirtschaft verbrauchte nämlich:

1909 = 275000 *t* $(NH_4)_2SO_4$ und 424954 *t* $NaNO_3$
1910 = 350000 *t* $(NH_4)_2SO_4$ und 481947 *t* $NaNO_3$
1911 = 370000 *t* $(NH_4)_2SO_4$ und 468668 *t* $NaNO_3$

Dementsprechend haben sich auch die Außenhandelsverhältnisse geändert:

Jahr	Einfuhr *t*	Ausfuhr *t*	Ausfuhr-überschuß *t*	Jahr	Einfuhr *t*	Ausfuhr *t*	Ausfuhr-überschuß *t*
1893	42596	—	—42596	1906	35366	37288	+ 1922
1895	29202	—	—29202	1907	33522	57493	+ 23971
1900	23100	—	—23100	1908	47265	73186	+ 25921
1902	44250	—	—44250	1909	58132	58722	+ 590
1904	35165		—35165	1910	31400	93069	+ 61669
1905	48005	27589	—20416	1911	24463	74410	+ 49947

Besonders die früher sehr große Einfuhr aus Großbritannien ist sehr zurückgegangen und hat betragen: 1909 = 30545 *t*, 1910 = 7070 *t*, 1911 = 2740 *t*.

Über die Verteilung der Ammoniumsulfaterzeugung auf die verschiedenen Betriebe macht N. Caro (Die Stickstofffrage in Deutschland, Berlin 1908, 18) folgende Angaben:

Jahr	Aus Gasfabriken	Aus Kokereien	Gesamtsulfat	Jahr	Aus Gasfabriken	Aus Kokereien	Gesamtsulfat
1897	14000	70000	84000	1902	26000	117000	140000
1898	14000	84000	98000	1903	26000	120000	146000
1899	15500	84500	100000	1904	30000	152000	182000
1900	18000	88500	106500	1905	35000	168000	203000
1901	20000	113000	133000	1906	38000	197000	235000

In Großbritannien wird die Statistik der Ammoniumsulfaterzeugung weit sorgfältiger geführt. Nach den Berichten der Firma Bradbury & Hirsch, Liverpool, die sich auf die amtlichen Mitteilungen der Alkali-Inspektoren stützen, verteilt sich die Erzeugung Großbritanniens in englischen Tonnen zu 1016 *kg* wie folgt:

Jahr	Gaswerke	Hochöfen	Schiefer-schwelereien	Koksöfen und Gaserzeuger	Gesamt-erzeugung
1891	108000	6300	26600	2800	143700
1892	110800	11000	23100	5000	149900
1893	112200	8800	28500	3300	152800
1894	113600	10100	32100	3500	159300
1895	119600	14600	38300	7000	179500
1896	127000	16500	38000	9000	190500
1897	133000	18000	37000	10000	198000
1898	130000	17700	37300	11500	196500
1899	134000	18000	38500	15000	205500
1900	142000	17000	37000	17000	213000
1901	142400	17000	37300	17000	213700
1902	146000	17000	38000	20000	221500
1903	152000	18000	37500	26000	234000
1904	154000	19000	39500	32000	244500
1905	156000	20400	46400	46000	268000
1906	157000	21000	48500	62500	289000
1907	165500	21000	51000	75500	313000
1908	165000	18000	53500	85000	321500
1909	164000	20000	57000	107500	348500
1910	168000	21000	60000	120000	369000
1911	169500	20000	60000	129000	378500

Bis vor wenigen Jahren waren für den Handel mit $(NH_4)_2SO_4$ die englischen Preise (Beckton terms) maßgebend, und diese betrugen für 100 *kg*:

1868	28,80 M.	1891	21,60 M.	1903	25,06 M.
1870	32,00 „	1892	21,00	1904	24,70
1872	41,60	1893	25,50	1905	25,72
1874	34,40	1894	26,50 „	1906	24,08
1876	37,60	1895	19,80	1907	22,34
1878	40,80 „	1896	16,20	1908	24,04
1880	38,40	1897	16,00	1909	22,50
1882	40,80	1898	19,20	1910	24,32
1884	29,60 „	1899	22,40 „	1911	27,56
1886	22,40 „	1900	22,20	1912	–,–
1888	24,00 „	1901	20,81	1913	–,
1890	23,20	1902	23,27		

Seitdem Deutschland an die Spitze der ammoniakerzeugenden Länder getreten ist, hat es jedoch auch seine eigenen Preise, und diese haben in den letzten Jahren betragen:

1906	23,83 M.	1910	23,32 M.
1907	23,65	1911	26,85
1908	23,92 „	1912	28,35
1909	23,29 „	1913	28,06

Über die Erzeugung **verdichteten Gaswassers** liegen keine Zahlen vor. Die Berechnung geschieht nach dem Gehalt an NH_3, und in den letzten Jahren wurde in Deutschland für 1 *kg* NH_3 in dieser Form bezahlt:

1907	0,8075 M.	1911	0,8065 M.
1908	0,8042	1912	0,9625
1909	0.7870	1913	0,9213
1910	0,7900		

Die Erzeugung von **Salmiakgeist** hat nach N. CARO (Die Stickstofffrage in Deutschland, Berlin 1908) betragen:

1900	580 *t*	1904	1680 *t*
1901	720 „	1905	2425 „
1902	1180 „	1906	2500 „
1903	1630 „		

Im übrigen sind für die NH_3-Verbindungen nur die Außenhandelszahlen bekanntgegeben worden, u. zw. wie folgt:

1. Salmiakgeist.

Jahr	Einfuhr t	Ausfuhr t
1906	374,6	1058,9
1907	445,7	1246,8
1908	503,0	1021,3
1909	498,3	943,0
1910	615,7	1305,4
1911	678,0	1501,0

2. Chlorammonium.

Jahr	Einfuhr t	Ausfuhr t
1906	374,2	2169,7
1907	396,0	2967,9
1908	270,8	2473,5
1909	250,6	3104,8
1910	205,7	3601,0
1911	249,0	4759,0
1912	278,4	4372,3

3. Ammoniumcarbonat.

Jahr	Einfuhr t	Ausfuhr t
1906	410,3	230,4
1907	800,4	150,5
1908	673,2	139,4
1909	660,0	143,8
1910	773,7	194,8
1911	831,0	136,0
1912	860,0	154,8

Literatur: BERTELSMANN, Der Stickstoff der Steinkohle. Stuttgart 1904. — BERTELSMANN, Lehrbuch der Leuchtgasindustrie. Stuttgart 1911, Bd. I, 466–524. – DONATH und FRENZEL, Die technische Ausnutzung des atmosphärischen Stickstoffes. Wien 1907. – GROSSMANN, Ammonia and its compounds. London 1906. – J. GROSSMANN, Das Ammoniak und seine Verbindungen. Halle 1908. LUNGE-KÖHLER, Die Industrie des Steinkohlenteers und Ammoniaks. 5. Aufl. Braunschweig 1912, Bd. II. – TRUCHOT, L'Ammoniaque. Paris 1896. VINCENT, Ammonia and its compounds. London 1902.

Bertelsmann.

Ampèremeter s. Elektrische Meßinstrumente.

Amphotropin (*M. L. B.*), camphersaures Hexamethylentetramin, $C_8H_{14}(COOH)_2\ [(CH_2)_6N_4]_2$, wird erhalten durch Einwirkung molekularer Mengen der Komponenten aufeinander in einem geeigneten Lösungsmittel und Ausfällung des gebildeten Reaktionsproduktes. Weißes, krystallinisches Pulver, zu etwa 10% löslich in kaltem Wasser, leichter in heißem, ebenso in Alkohol, schwer in Äther und Benzol. 1912 als Harnantisepticum empfohlen; die Reizwirkungen der Camphersäure sind im Amphotropin gemildert. Dosis 0,5 – 1 *g* mehrmals täglich. *Zernik.*

Amygdalin, $C_6H_5 \cdot CH \cdot (CN) \cdot O \cdot C_{12}H_{21}O_{10} + 3H_2O$, bildet rhombische Säulen von schwach bitterem Geschmack, welche über Schwefelsäure 1 *Mol.* Wasser, bei 110–120° die beiden anderen Moleküle abgeben. *Schmelzp.* 214–216°; $[\alpha]_D$ −41,1°. Die Verbindung ist mit neutraler Reaktion in Wasser und in Alkohol löslich, unlöslich in Äther. Hefeenzyme spalten sie in Glykose und Mandelsäurenitril-glykosid, Emulsin oder heiße verdünnte Salzsäure in Benzaldehyd, Blausäure und Glykose (E. FISCHER, *B.* **28**, 1508 [1895]). Durch geeignete Maßnahmen kann man diese Spaltung – zum Zweck der Entbitterung von Mandeln – beschleunigen. (F. LODHOLZ, Freiburg i. Br., *D. R. P.* 150277; L. C. OETKER, Altona-Bahrenfeld, *D. R. P.* 154733). Mit konz. Salzsäure erhält man aus dem Glykosid Mandelsäure und Ammoniak neben Traubenzucker.

Von fettem Öle möglichst befreite bittere Mandeln werden zweimal mit der 2–3fachen Menge 95%igem Alkohol ausgekocht. Vom Filtrat wird die Hauptmenge des Alkohols abdestilliert und der Rückstand mit Äther versetzt. Die ausgeschiedenen Krystalle werden aus 90%igem Alkohol oder aus Wasser umkrystallisiert (A. BETTE, *A.* **31**, 211 [1839]).

Amygdalin dient zur Darstellung von Bittermandelölwasser, das in der Medizin gebraucht wird. 1,7 *g* Glykosid liefern mit 100 *g* einer aus süßen Mandeln bereiteten Emulsion 0,1 *g* Blausäure und 0,8 *g* Benzaldehyd.

G. Cohn.

Amygdophenin (*M. L. B.*), Mandelsäurephenetidid, weiße Krystallblättchen vom *Schmelzp.* 140,5°, schwer löslich in Wasser, leicht löslich in Alkohol, wurde s. Z. als Antineuralgicum und Antirheumaticum in Dosen von 1 *g* bis 6mal täglich empfohlen. Veraltet. *Zernik.*

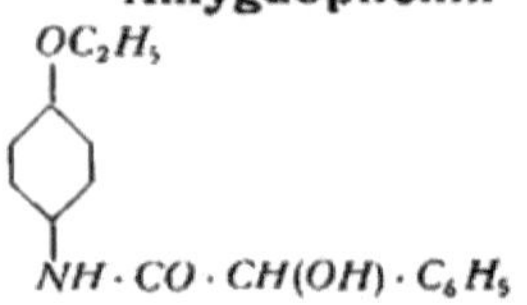

Amylacetat, Essigsäureisoamylester, $C_5H_{11}\ O \cdot CO \cdot CH_3$, wurde 1840 von A. CAHOURS (*A. ch.* [2] 75, 197) entdeckt und ist eine farblose, leicht bewegliche, neutral reagierende, durchdringend nach Bergamottbirnen riechende Flüssigkeit. $Kp_{758.6}$ 138,5–139°; $D^{15}{}_4$ 0,8752. Der Ester ist leicht entzündlich, wenig löslich in Wasser, in allen Verhältnissen mit Alkohol, Äther und Essigäther mischbar.

Man erhitzt ein Gemisch von 1 T. technisch reinem Amylalkohol, 1 T. Eisessig und 1/2 T. konz. Schwefelsäure einige Stunden auf 100°, scheidet den Ester durch Zusatz von Wasser ab und verarbeitet ihn in üblicher Weise. Eine Modifikation des Verfahrens s. J. B. SENDERENS und J. ABOULENC, *C. r.* 152, 1671 [1911].

In der Photometrie dient reinstes Amylacetat zur Speisung der HEFNER-ALTENECKschen Lampe, in der es, unter genau festgestellten Kautelen verbrannt, eine bestimmte als Normaleinheit vielfach anerkannte Lichtstärke entwickelt. Die Hauptanwendung findet es als Lösungsmittel für Lacke und Celluloid („Zaponlack"). Es wird ferner zur Herstellung von Fruchtessenzen (Birnen- und Reinettenessenz) benutzt. *G. Cohn.*

Amylalkohol ist der Sammelbegriff für die acht nach der Theorie möglichen strukturisomeren Alkohole der Formel $C_5H_{11} \cdot OH$, die chemisch sämtlich bekannt sind. Von den isomeren Alkoholen sind 4 primär, 3 sekundär und 1 tertiär.

Von technischem Interesse sind unter diesen Verbindungen allein die sich vom Dimethyläthylmethan ableitenden beiden primären Alkohole: der

Iso-Amylalkohol (Isobutylcarbinol oder Methyl-3-butanol-1)

$$\begin{matrix} CH_3 \\ CH_3 \end{matrix}\!\!>CH \cdot CH_2 \cdot CH_2OH$$

und der optisch aktive lävogyre d-Amylalkohol (Methyläthylcarbincarbinol oder Methyl-2-butanol-1)

$$\begin{matrix} CH_3 \\ C_2H_5 \end{matrix}\!\!>\dot{C}H\ \ CH_2OH.$$

Ein Gemisch dieser beiden Alkohole liegt in dem Gärungs-Amylalkohol vor, der sich als Nebenprodukt bei jeder alkoholischen Gärung lebender Hefe bildet und einen Hauptbestandteil des in den Spiritusbrennereien und Spritfabriken abfallenden Fuselöls darstellt. Man bezeichnet dieses Gemisch der beiden Amylalkohole gewöhnlich kurz als „Amylalkohol" und überträgt diese Bezeichnung auch auf die daraus gewonnenen „Amyl-Verbindungen", die also gleichfalls Gemische sind. Das Wort „Amyl" stammt von ἄμυλον Stärke, bei deren Verarbeitung auf Spiritus man zuerst den Amylalkohol in dem nebenher entstehenden Fuselöl aufgefunden hat.

Für die technische Gewinnung der beiden Amylalkohole kommt allein das Fuselöl als Ausgangsmaterial in Betracht. Es wurde 1785 von SCHEELE entdeckt. Je nach der Herkunft dieses Produktes spricht man von Kartoffel-, Korn-, Melassefuselöl, auch von Weinfuselöl und anderen charakteristischen Fuselölen. Der größte Teil des Fuselöls des Handels wird bei der Raffination des Rohspiritus der Kartoffel- und Melassebrennereien als Abfallprodukt gewonnen.

Die Abtrennung des hoch siedenden Fuselöls von dem Äthylalkohol und anderen niedrig siedenden Bestandteilen erfolgt gewöhnlich in besonderen Betrieben, den Spritfabriken, deren Aufgabe die Reinigung des Rohspiritus bildet. Der Rohspiritus wird zu diesem Zwecke mit Wasser auf 40—50% verdünnt, über Holzkohle filtriert, wobei eine teilweise Oxydation und Veresterung gewisser niedrig siedender Verbindungen, aber keine Entfuselung erreicht wird, und dann einer fraktionierten Destillation unterworfen. Diese wird in besonderen, periodisch arbeitenden Rektifizier- oder Feinspritapparaten vorgenommen, die aus einer großen eisernen Destillierblase mit aufgesetzter kupferner Rektifizierkolonne, Dephlegmator, Kühler und verschiedenen Nebenapparaten bestehen (System SAVALLE, HECKMANN, PAMPE etc. vgl. auch Äthylalkohol und Destillation). Bei der Rektifikation geht ein Vorlauf, dann der eigentliche Feinsprit und schließlich ein Nachlauf über, der aus einem Gemisch von wenig Äthylalkohol mit großen Mengen der höher siedenden Alkohole besteht. Die Hauptmenge des eigentlichen Fuselöls bleibt in der Destillierblase des Rektifizierapparats zusammen mit dem größten Teil des Wassers zurück, von dem das Öl durch Abheben getrennt wird.

Außer dieser allgemein üblichen Arbeitsweise kann auch so verfahren werden, daß man in den Brennereien selbst aus den vergorenen Maischen direkt in einer Operation die Abscheidung des Fuselöls zugleich mit der Destillation und Reinigung des Spiritus vornimmt. Hierzu dienen besonders konstruierte, sog. Rektifizier- oder Feinspritautomaten, die in kontinuierlichem Betriebe die vergorenen Maischen in Feinsprit, Vorlauf, Schlempe und Fuselöl zerlegen (System ILGES, GUILLAUME-LEINHAAS, STRAUCH, BARBET). Das Prinzip dieser Apparate beruht im wesentlichen darauf, daß man die Eigenschaft der Fuselöle benutzt, aus alkoholreichen Mischungen zunächst nur in sehr geringen Mengen zu destillieren, reichlicher erst, wenn der Alkoholgehalt des Lutters auf 15% gesunken ist, wobei sie dann anfangen sich ölig auszuscheiden. Zur Erreichung dieses Effektes besitzen die Apparate eine besondere Vorrichtung, den „Fuselölabscheider", bestehend aus einem Zwischengefäß mit Kühler, mit Hilfe dessen der Lutter mit ca. 15% Alkoholgehalt aus der Spirituskolonne entfernt und abgekühlt wird. Die sich dabei unlöslich abscheidenden Fuselöle, die sich infolge ihres leichteren spez. Gew. an der Oberfläche sammeln, werden mittels eines eintauchenden Rohres ununterbrochen nach außen abgeführt (vgl. Äthylalkohol).

Die Verarbeitung der Fuselöle auf Amylalkohol und andere Bestandteile erfolgt in chemischen Fabriken. Zur Entfernung des Äthylalkohols werden die Fuselöle zunächst mit schwach alkalisch gemachtem Wasser geschüttelt, vom Wasser abgehoben, mit Chlorcalcium getrocknet und fraktioniert destilliert.[1]

Die rohen Fuselöle stellen gelblich bis bräunlich gefärbte Flüssigkeiten von sehr scharfem widerlichen Geschmack und unangenehm stark zum Husten reizendem Geruch dar. Ihr *spez. Gew.* beträgt ungefähr 0,83. Beim Erhitzen beginnen die Fuselöle etwa von 80° an zu sieden, der Siedepunkt steigt allmählich bis auf 134°, wobei die Flüssigkeit vollkommen übergegangen ist. Die Hauptmenge der Fuselöle destilliert, entsprechend ihrem hohen Gehalt an Amylalkohol, zwischen 128—132° über. Die getrockneten Fuselöle mischen sich sehr leicht mit Alkohol, Äther und Chloroform. In Wasser lösen sie sich nur äußerst wenig, doch befördern schon relativ geringe Mengen Alkohol ihre Löslichkeit im Wasser ungemein. Fuselöl brennt mit stark leuchtender Flamme. Schon in geringen Mengen genossen, wirkt Fuselöl infolge seines Gehaltes an höheren Alkoholen ebenso stark giftig wie seine Dämpfe. Es besteht daher für den Rohspiritus aus den meisten Brennereien, besonders aus Kartoffeln und Melasse, ein gesetzlich vorgeschriebener Reinigungszwang, wenn der Alkohol zu Trinkzwecken Verwendung finden soll. Der Rohspiritus, d. h. der aus der vergorenen Maische durch Destillation resp. Rektifikation direkt abgeschiedene, etwa 95%ige Alkohol, enthält regelmäßig ungefähr 0,1–0,6%, durchschnittlich 0,4% Fuselöl. Trinkbranntweine, die aus Feinsprit künstlich gemischt sind, enthalten gar kein Fuselöl oder nur in Spuren. Dagegen weisen Branntweine, die durch nur einmalige Destillation aus den Maischen gewonnen und wegen ihres natürlichen Aromas beliebt sind, z. B. aus Korn, Obstfrüchten wie Kirschen, Kognak etc., meist einen ziemlich hohen Gehalt an Fuselöl (bis 0,6% und mehr) auf, das darin zum Teil in Esterform und im Gemisch mit verschiedenen aromatischen Stoffen vorhanden ist. Wenn auch die berauschenden Eigenschaften der gegorenen Getränke durch ihren Gehalt an Fuselöl erhöht werden, so sind doch die Schädigungen der Gesundheit, die bei übermäßigem Genuß von Branntwein auftreten, in erster Linie dem Alkohol und nicht dem Fuselöl zur Last zu legen.

Die chemische Zusammensetzung der Fuselöle ist je nach ihrer Herkunft eine verschiedene. Sie ist hauptsächlich abhängig von der Art und Beschaffenheit der Rohmaterialien der Gärung, dann aber auch von der Rasse der angewandten Hefe, von dem Verfahren des Gärbetriebes und der Abscheidung der Fuselöle.

Den Hauptbestandteil aller Fuselöle bildet stets der Amylalkohol, der darin regelmäßig in Mengen von ungefähr 65–80% enthalten ist. Er besteht in allen Fällen aus den beiden Isomeren

$$\text{Isobutylcarbinol}\ {}^{CH_3}_{CH_3}\!>CH\cdot CH_2\cdot CH_2OH,\ Kp_{760}\ 131^\circ \text{ und}$$

$$\text{d-Amylalkohol}\ {}^{CH_3}_{C_2H_5}\!>\overset{*}{C}H\cdot CH_2OH,\ Kp_{760}\ 128^\circ$$

(Pasteur, *C. r.* **41**, 296 [1855]; *A. ch.* **96**, 255 [1855]). Die Mengenverhältnisse, in denen diese beiden Amylalkohole nebeneinander vorkommen, sind je nach dem Ursprung der Fuselöle verschieden. In dem Amylalkohol aus Getreide- und Kartoffelfuselöl, der eine Drehung von $\alpha_D = -1{,}3^\circ$ bis $-2{,}1^\circ$ für $l = 2$ aufweist, findet sich ein Gehalt von 13,5–22% an optisch aktivem d-Amylalkohol, in dem Amylalkohol aus Melassefuselöl mit einem Drehungsvermögen von $\alpha_D = -4{,}65^\circ$ bis $-5{,}6^\circ$ dagegen entsprechend ein Gehalt von 48–58% d-Amylalkohol (W. Marckwald, *B.* **34**, 479, 485 [1901]; **35**, 1595 [1902]).

Neben den Amylalkoholen finden sich in allen Fuselölen regelmäßig die beiden nächst niederen Homologen

$$\text{Isobutylalkohol}\ {}^{CH_3}_{CH_3}\!>CH\cdot CH_2OH,\ Kp_{760}\ 108^\circ$$

in Mengen von etwa 15–25% und

$$\text{n-Propylalkohol}\ CH_3\cdot CH_2\cdot CH_2OH,\ Kp_{760}\ 97^\circ$$

in Mengen von ca. 4–7%.

Gegenüber diesen vier Alkoholen treten alle anderen Bestandteile der Fuselöle der Quantität nach sehr wesentlich zurück, wenn auch viele von ihnen den charakteristischen Geruch und das eigentümliche Aroma mancher Fuselöle mitbedingen.

Von Alkoholen sind noch gelegentlich in sehr geringen Mengen nachgewiesen n-Butylalkohol, Hexyl- und Heptylalkohol. Fast in allen Fuselölen finden sich Furfurol und Acetaldehyd. Melassefuselöl ist reich an Aldehyden, wie Isobutyl- und Valeraldehyd, Ammoniak und an Aminen, unter denen auch Derivate des Pyridins, Pyrazins und Piperazins beobachtet sind. Aus allen Fuselölen sind ferner geringe Mengen der verschiedensten Fettsäuren von der Ameisensäure bis zur Caprinsäure isoliert worden, besonders Essig-, Butter-, Valerian-, Capronsäure etc., teils frei, teils in Form der Acetyl-, Amyl- und Oenanthester. Solche esterartige Verbindungen mannigfacher Zusammensetzung sind vor allem im Weinfuselöl enthalten und bedingen zusammen mit anderen Gärprodukten und gewissen Extraktstoffen der Traube die Blume und das Aroma der Weine. Aus Kornfuselöl konnten auch zwei Terpene dargestellt werden, die wesentlich zu dem eigentümlichen Geschmack des Kornbranntweins beitragen. Die rohen Fuselöle aus Rohspiritus enthalten gewöhnlich stets etwas Wasser und Äthylalkohol.

Nach K. WINDISCH (*Arb. K. Ges.-Amt*, VIII, Berlin 1892) sind in 1 *kg* des vom Wasser und Äthylalkohol befreiten Fuselöls enthalten:

	Kartoffelfuselöl *g*	Kornfuselöl *g*
Normal-Propylalkohol	68,54	36,9
Iso-Butylalkohol	243,5	157,6
Amylalkohol	687,6	798,5
Freie Fettsäuren	0,11	1,60
Fettsäureester	0,20	3,05
Furfurol und Basen	0,05	—
Hexylalkohol	—	1,33
Furfurol, Basen und Heptylalkohol	—	0,21
Terpen	—	0,33
Terpenhydrat		0,48

In einem normalen Kognak, der im Jahre 1883 in der untern Charente gebrannt war, fand E. MORIN (*C. r.* **105**, 1019 [1888]; *J. Pharm. Ch.* **17**, 20 [1888]) in 100 *l*

	g
Aldehyd	Spuren
Äthylalkohol	50,837
Normal-Propylalkohol	27,17
Iso-Butylalkohol	6,25
Amylalkohol	190,21
Furfurol und Basen	2,19
„Ätherisches Weinöl"	7,61
Essigsäure	Spuren
Buttersäure	Spuren

Die Entstehung der Fuselöle bei der Gärung, über die früher die verschiedensten Hypothesen aufgestellt waren, ist durch die Arbeiten von Felix EHRLICH jetzt vollständig aufgeklärt (F. EHRLICH, Z. Ver. D. Zuck.-Ind., **55**, 539 [1905]; Meraner Naturforscherversammlung **1905**, II, 107; *Bio. Z.* **1**, 8 [1906]; **2**, 52 [1906]; *B.* **39**, 4072 [1906]; **40**, 1027, 2538 [1907]; J. Versuchs- u. Lehrbrauerei, Berlin, **10**, 515 [1907]; *Landw. Jahrb.*, **1909**, V, 289; *Ch. V.*, **17** [1911]; *Bio. Z.* **36**, 477, [1911]. — F EHRLICH und PISTSCHIMUKA, *B.* **45**, 1006, [1912]. — F. EHRLICH, Mitt. Bresl. Landw. Instit. **6**, 705 [1913]. — H. PRINGSHEIM, *Bio. Z.* **3**, 121 [1907] **10**, 490 [1908]).

Auf Grund dieser Untersuchungen sind die Hauptbestandteile der Fuselöle als Produkte des normalen Eiweißstoffwechsels der lebenden Hefe anzusehen. Sie bilden sich bei jeder Hefegärung aus den letzten Spaltprodukten des Eiweißes, den Aminosäuren, der Ausgangsmaterialien der Gärung und in geringerem Maße des Eiweißes der Hefe selbst, indem die Hefezellen zum Aufbau ihres Körpereiweißes die in den Nährlösungen befindlichen Aminosäuren aufnehmen und spalten, ihnen den Stickstoff für die Eiweißassimilation entziehen und dabei stickstofffreie Verbindungen nach entsprechender Umwandlung in Form von Alkoholen als unverwertbar für den weiteren Stoffwechsel zurücklassen. Die durch diesen Vorgang im Zellinnern der Hefe entstandenen höheren Alkohole diffundieren dann zusammen mit dem Äthylalkohol durch die Zellmembran in die äußere Gärflüssigkeit, reichern sich hier allmählich an und werden später bei der Destillation zusammen mit dem Spiritus als Fuselöl gewonnen. Die einzelnen höheren homologen Alkohole des Fuselöls bilden sich aus ganz bestimmt konstituierten Aminosäuren, nämlich der optisch inaktive Iso-Amylalkohol aus l-Leucin, der optisch aktive d-Amylalkohol aus dem von F EHRLICH (*B.* **37**, 1809 [1904]; **40**, 2538 [1907]) entdeckten d-Isoleucin, der Isobutylalkohol aus d-Valin, u. zw. unter Wasseranlagerung und gleichzeitiger Abspaltung von Ammoniak und Kohlendioxyd, wie aus den folgenden Gleichungen ersichtlich ist:

$$\begin{matrix}CH_3\\CH_3\end{matrix}\!>CH\cdot CH_2\cdot \overset{*}{C}HNH_2\cdot CO_2H + H_2O = \begin{matrix}CH_3\\CH_3\end{matrix}\!>CH\cdot CH_2\cdot CH_2OH + CO_2 + NH_3$$

l-Leucin — Iso-Butylcarbinol

$$\begin{matrix}CH_3\\C_2H_5\end{matrix}\!>\overset{*}{C}H\cdot \overset{*}{C}HNH_2\cdot CO_2H + H_2O = \begin{matrix}CH_3\\C_2H_5\end{matrix}\!>\overset{*}{C}H\cdot CH_2OH + CO_2 + NH_3$$

d-Isoleucin — d-Amylalkohol

$$\begin{matrix}CH_3\\CH_3\end{matrix}\!>CH\ \overset{*}{C}HNH_2\cdot CO_2H + H_2O = \begin{matrix}CH_3\\CH_3\end{matrix}\!>CH\ CH_2OH + CO_2 + NH_3$$

d-Valin — Iso-Butylalkohol.

Die Sternchen (*) zeigen die Lage der asymmetrischen *C*-Atome der einzelnen Verbindungen. Es ist daraus ohne weiteres verständlich, daß nur der Amylalkohol optisch aktiv sein kann, der aus Isoleucin entsteht, der einzigen natürlich vorkommenden Aminosäure, die zwei asymmetrische *C*-Atome besitzt. Der besonders hohe Gehalt des Melassefuselöls an d-Amylalkohol erklärt sich aus dem entsprechend hohen Gehalt der Melasse an d-Isoleucin. Auch andere Bestandteile der Fuselöle bilden sich wahrscheinlich aus gewissen Aminosäuren des Eiweißes. Über die Herkunft des n-Propylalkohol bestehen bisher noch Zweifel, ob er aus einer im Eiweiß bisher nicht aufgefundenen α-Aminobuttersäure oder nicht vielleicht aus dem Zucker hervorgeht.

Das in den obigen Gleichungen bei der „alkoholischen Gärung der Aminosäuren" theoretisch erforderte Ammoniakmolekül ist in den vergorenen Lösungen nicht nachweisbar, da es sofort bei der Spaltung der Aminosäuren durch die gärende Hefe zusammen mit Zucker, der das Kohlenstoffmaterial hierfür liefert, zu unlöslichem Hefeeiweiß aufgebaut wird, also aus der Flüssigkeit verschwindet. Hefepreßsaft oder mit Alkohol-Äther oder Aceton abgetötete Hefe, deren Eiweißstoffwechsel aufgehört hat, ist nicht imstande, Fuselöl zu bilden oder Leucin in Amylalkohol umzuwandeln. Das bei der Gärung von reinem Zucker und reiner Hefe für sich stets in Mengen von etwa 0,4—0,7% (auf Äthylalkohol berechnet) auftretende Fuselöl entsteht aus den Leucinen etc. des Hefeeiweißes selbst, das bei schlechter Ernährung der Zellen oder anderen ungünstigen Bedingungen durch ein autolytisches Enzym zu Aminosäuren abgebaut wird, die dann wieder anderen noch frischen Hefezellen zur Nahrung dienen und dabei nach obigem Schema zerlegt werden.

Wie F. Ehrlich zuerst gezeigt hat, kann man die Produktion von Fuselöl, resp. Amylalkohol, bei der Gärung beträchtlich steigern, wenn man in den zu vergärenden Flüssigkeiten vorher Leucine in Lösung bringt. Den höchsten Gehalt an Fuselöl im Rohspiritus erhält man, wenn man Leucin oder Isoleucin mit viel Zucker in Wasser löst und mit stickstoffarmer Hefe im Überschuß vergären läßt oder nach Zusatz der nötigen anorganischen Salze der Hefe Gelegenheit gibt, in der Zucker-Leucinlösung weiter zu wachsen und sich zu vermehren. So wurde z. B. bei der Vergärung von 200 *g* Zucker in 2 *l* Wasser mit 40 *g* Preßhefe Rohspiritus mit folgendem Gehalt an Fuselöl gewonnen:

ohne Zusatz von Leucin . .		0,40% Fuselöl
mit	3 *g* l-Leucin	2,11%
„ „	4,5 *g*	2,98%

Bei zweckentsprechender Abmessung der Mengenverhältnisse von Zucker, Hefe und Aminosäure kann man auf diese Weise den Fuselölgehalt im Rohspiritus bis auf 7% treiben und jede beliebige Quantität von Leucinen fast vollständig in Amylalkohole überführen. Auf Zusatz von Leucin ist das schließlich isolierte Fuselöl stets optisch inaktiv, dagegen auf Zusatz von Isoleucin optisch aktiv. Verwendet man aus Eiweiß durch Hydrolyse gewonnenes Leucin, das aus einem wechselnden Gemisch von l-Leucin und d-Isoleucin besteht, so erhält man bei der Vergärung ein entsprechendes Gemenge von Isobutylcarbinol und d-Amylalkohol, das je nach der Herkunft des Eiweißes verschieden zusammengesetzt ist. In Abwesenheit von Zucker und ohne seine gleichzeitige Vergärung vermag auch lebende Hefe nicht, Leucine in Amylalkohole umzuwandeln. Für die vollständige Umwandlung ist die nebenher verlaufende Vergärung der etwa 10fachen Zuckermenge erforderlich.

Auf die vorstehenden Beobachtungen hat F. EHRLICH ein technisches Verfahren zur Anreicherung von Fuselöl in Brennereimaischen begründet (*D. R. P.* 177174). Es ist dadurch gekennzeichnet, daß Rohleucin, das aus irgend einem hydrolysierten oder verdauten Eiweiß durch Eindampfen und Krystallisation direkt gewonnen ist, in kohlehydrathaltigen Flüssigkeiten, wie z. B. in den technischen Kartoffel- oder Melassemaischen, gelöst wird, worauf man die Vergärung einleitet. Das Plus an Fuselöl wird aus dem erhaltenen Rohspiritus in üblicher Weise gewonnen.

Die Fuselölbildung wird stark beeinflußt durch die Gegenwart anderer von der Hefe leicht assimilierbarer Stickstoffverbindungen außer Leucin in den gärenden Flüssigkeiten. Sind solche vorhanden, so wird der maximale Umsatz von Leucin in Amylalkohol nicht erreicht, da die Hefe in diesem Falle ihren Stickstoffbedarf für den Eiweißaufbau anderweitig decken kann und eine entsprechende Menge Leucin unberührt läßt. Durch Zusatz von größeren Quantitäten anderer Stickstoffkörper, besonders von Asparagin oder Ammoniumsalzen läßt sich auch bei Anwesenheit von viel Leucin in gärenden Flüssigkeiten die Fuselölbildung sehr stark einschränken. Man kann diese Erscheinung auch im praktischen Gärbetrieb zur Erzeugung eines fuselarmen oder fast fuselfreien Rohspiritus direkt aus der Maische verwerten, indem man vor der Gärung Ammonsalze in die Maischen einträgt, wobei es dann nicht mehr nötig ist, die fuselölbildende Aminosäure daraus zu entfernen.

Zur Umwandlung von Leucin in Amylalkohol während der Zuckergärung sind die meisten Heferassen befähigt. Kahmhefen und andere viel Oxydase enthaltende Hefearten oxydieren den primär gebildeten Amylalkohol zum Teil zu anderen Verbindungen. Esterbildende Hefen, wie Willia anomala und viele Weinhefen, führen Leucin teilweise in angenehm fruchtartig riechende Amylester über (F. EHRLICH). Außer den Hefen sind allerdings in geringerem Maße manche Zucker zu Alkohol vergärenden Pilzarten imstande, Leucin in Amylalkohol umzuwandeln, wie Mucor racemosus, Rhizopus tonkinensis, Monilia candida, Torula Will etc. (H. PRINGSHEIM, *Bio. Z.* **8**, 128 [1908]).

Als Zwischenprodukte der Leucin-Amylalkoholgärung kommen nach F. EHRLICH die den Aminosäuren entsprechenden Oxysäuren oder Amine, nach NEUBAUER und FROMHERZ (*Z. physiol. Chem.* **70**, 326 [1911]) die Ketosäuren in Betracht. Letztere lassen sich mit Hefe glatt zu den nächst niederen Alkoholen vergären:

$$R \cdot CHNH_2 \cdot CO_2H \rightarrow R \cdot CO \cdot CO_2H \rightarrow R \cdot CHO \rightarrow R \cdot CH_2OH.$$

Die intermediäre Bildung von Aldehyden bei diesen Reaktionen macht das Auftreten von hin und wieder beobachtetem Valeraldehyd und Valeriansäure bei der Gärung erklärlich.

Amylamin kann von den gewöhnlichen Kulturhefen nur in Spuren, dagegen von hautbildenden Hefen, wie Willia anomala Hansen und Kahmhefen, sowie von Oidium lactis vollständig in Amylalkohol übergeführt werden bei gleichzeitigem

Abbau von Zucker oder anderen Substanzen, wie Glycerin und Alkohol (F. EHRLICH und PISTSCHIMUKA, *B.* **45**, 1006 [1912]).

Leucin kann auch rein chemisch über das Amylamin in Amylalkohol verwandelt werden nach dem auch für Isoleucin geltenden Schema:

$$\frac{CH_3}{CH_3}\!>CH\cdot CH_2\cdot CHNH_2\cdot CO_2H \rightarrow \frac{CH_3}{CH_3}\!>CH\cdot CH_2\cdot CH_2NH_2 \rightarrow \frac{CH_3}{CH_3}\!>CH\cdot CH_2\cdot CH_2OH$$

Zu diesem Zwecke geht man von Leucin aus Eiweiß, d. h. dem Gemisch von Leucin und Isoleucin, aus und spaltet durch trockene Destillation daraus Kohlendioxyd ab, wobei Amylamin als Öl übergeht. Durch Destillation der Leucine im Vakuum kann die Ausbeute an Amin erhöht werden (CH. WERKE BYK, *D. R. P.* 193166). Aus dem Amylamin wird durch Einwirkung von salpetriger Säure Amylalkohol erhalten, den man durch Fraktionieren reinigt. Der gewonnene Amylalkohol zeigt je nach dem Gehalt des ursprünglich angewandten Leucins an Isoleucin ein verschieden hohes Drehungsvermögen, das von dem verschiedenen Gehalt an d-Amylalkohol herrührt.

Außer in den Fuselölen der Gärung findet sich Amylalkohol in der Natur noch in geringen Mengen in ätherischen Ölen vieler Pflanzen meist in Form von Estern, so im Lavendelöl, im Öl aus Eucalyptus, im Geraniumöl, im Pfefferminzöl. Im römischen Kamillenöl kommt Amylalkohol als Ester der Isobuttersäure, Croton-, Tiglin- und Angelica-Säure vor. Isoamylalkohol ist in freier Form auch im Holzöl in kleinen Mengen beobachtet worden. Unter den das Aroma bedingenden ätherischen Ölen vieler Obstfrüchte, wie Birnen, Ananas etc., sind auch Amylester enthalten, besonders in den reifen Früchten der Bananen, die beim Schälen einen deutlichen Geruch nach Amylacetat verbreiten. Derartige natürliche Vorkommen sind bisher nur für den Iso-Amylalkohol beschrieben worden, doch ist als ziemlich sicher anzunehmen, daß in allen diesen Fällen der Iso-Amylalkohol immer vom d-Amylalkohol begleitet ist, da beide sehr wahrscheinlich auch in den höheren Pflanzen einem ähnlichen Eiweißstoffwechsel aus den Leucinen wie in der Hefe ihre Entstehung verdanken (F. EHRLICH, *Landw. Jahrb.* 5, 323 [1909]).

Die Eigenschaften des Amylalkohols und seiner Derivate sind in der älteren Literatur und häufig auch bis in die neueste Zeit an dem Gärungs-Amylalkohol, d. h. an dem Gemisch von Isobutylcarbinol und d-Amylalkohol studiert worden. Da dieses Gemisch aber je nach der Herkunft des Fuselöls anders zusammengesetzt ist, so erklären sich daraus die mitunter recht widerspruchsvollen Angaben über die einzelnen Komponenten. Eine genaue Kenntnis der beiden Amylalkohole war erst möglich, nachdem W. MARCKWALD den d-Amylalkohol vollkommen rein abgeschieden und seine Eigenschaften, besonders sein Drehungsvermögen festgelegt hatte.

Die Schwierigkeiten der Trennung des Isobutylcarbinols und des d-Amylalkohols bestehen besonders darin, daß ihre Siedepunkte und die ihrer Derivate sehr nahe aneinanderliegen und daß ihre krystallisierenden Verbindungen ähnlich wie die beiden Leucine hartnäckig Mischkrystalle bilden. Es existieren drei Trennungsverfahren für das Gemisch von Iso-Amylalkohol und d-Amylalkohol:

1. Das Gemenge der beiden Amylalkohole wird mit konz. Schwefelsäure in die Amylschwefelsäuren verwandelt und deren Bariumsalze durch fraktionierte Krystallisation getrennt, wobei man die Mutterlauge der schwerer löslichen Fraktion jedesmal zur Auflösung der nachfolgenden leichter löslichen Fraktion verwendet. Das Bariumsalz der Iso-Amylschwefelsäure ist $2^1/_2$mal schwerer löslich als das der optisch aktiven Säuren und kann durch sehr häufiges Umkrystallisieren gereinigt werden. Die getrennten Bariumsalze werden dann durch Kochen mit Säuren zerlegt und die Amylalkohole jeder für sich isoliert. Nach dieser Methode ist am einfachsten reiner d-Amylalkohol zu gewinnen (PASTEUR, *C. r.* **41**, 296 [1855]; *A. ch.* **96**, 255 [1855]; W. MARCKWALD, *B.* **35**, 1595 [1902]).

2. Beim Behandeln mit trockenem Chlorwasserstoff wird der Iso-Amylalkohol schneller in das Chlorid verwandelt als der aktive. Durch Wiederholung der Operation läßt sich der d-Amylalkohol bis zu etwa 95% anreichern, (LE BEL, *B.* **6**, 1314 [1873]; **9**, 358, 732 [1876]; W. MARCKWALD, *B.* **34**, 483 [1901]).

3. Das Gemisch der beiden Amylalkohole wird mit 3-Nitrophthalsäure verestert und das Derivat des Iso-Amylalkohols und des d-Amylalkohols durch fraktionierte Krystallisation aus Schwefelkohlen-

stoff voneinander getrennt. Aus den Estern ergeben sich durch Verseifen mit verdünnter Natronlauge die betreffenden Amylalkohole rein (W. MARCKWALD, *B.* **34**, 479 [1901]; **37**, 1038 [1904]).

Iso-Amylalkohol (Isobutylcarbinol) $\frac{CH_3}{CH_3}{>}CH\cdot CH_2\cdot CH_2OH$. Wasserhelle Flüssigkeit von charakteristischem, hustenerregendem Geruch. Kp_{765} 131°; $Kp_{14,2}$ 46,8°. Erstarrt bei −134°. *Schmelzp.* −117,2°. D_4^{20} 0,823. Löst sich bei 13,5° in 50 T. Wasser. 1 *l* Wasser löst 32,84 *ccm* Iso-Amylalkohol, 1 *l* Iso-Amylalkohol löst 22,14 *ccm* Wasser. Synthetisch aus dem Iso-Butylalkohol dargestellt über das Jodid und Cyanid. Die aus dem Cyanid durch Verseifen erhaltene Isovaleriansäure wurde zum entsprechenden Alkohol reduziert. Einfacher ist die synthetische Gewinnung aus Isobutylmagnesiumbromid mit Trioxymethylen nach GRIGNARD. Durch Oxydation wird Iso-Amylalkohol in optisch inaktive Isovaleriansäure $\frac{CH_3}{CH_3}{>}CH\cdot CH_2\cdot COOH$ übergeführt. Stark giftig. Nach RICHARDSON hat Iso-Amylalkohol von den Alkoholen der Reihe Methyl bis Amyl auf Bakterien die stärkste keimtötende und entwicklungshemmende Wirkung. So hat z. B. eine 0,1-n-Lösung des Iso-Amylalkohols auf Bac. pyogenes die gleiche Wirkung wie 1,3-n-Lösung des Äthylalkohols. Die tödliche Dosis für Frösche ist 1 *ccm* einer 2%igen Lösung. Bei innerlicher Verabreichung ist die tödliche Dosis 1,7 *g* pro 1 *kg* Tier. Ein 3% Amylalkohol enthaltender Sprit führt den Tod bei Hunden in der Hälfte der Zeit herbei, die bei der gleichen Menge von amylfreiem Sprit beobachtet ist. Der Dampf von Iso-Amylalkohol und auch sein bloßer Geruch bewirken beim Menschen schwere Störungen, die denen der Fuselölvergiftung ähnlich sind (ABDERHALDEN, Biochem. Handlexikon I_1, 448). Nach A. VANDEVELDE besitzen 12,52 *g* Amylalkohol dieselbe Giftigkeitskraft gegenüber Menschenblut wie 100 *g* absoluter Äthylalkohol (*Bio. Z.* **1**, 5 [1906]).

d-Amylalkohol (Methyläthylcarbincarbinol) $\frac{CH_3}{C_2H_5}{>}\overset{*}{C}H\cdot CH_2OH$. Wasserhelle klare Flüssigkeit. Ihr Geruch, der sonst dem des Iso-Amylalkohols ähnlich ist, reizt nicht zum Husten, scheint aber stärker betäubend als ersterer zu wirken. Kp_{760} 128°. D_4^{20} 0,816. Die Verbindung ist optisch aktiv, das asymmetrische C-Atom befindet sich an der mit * bezeichneten Stelle. Der d-Amylalkohol dreht links, sein spezifisches Drehungsvermögen beträgt $[\alpha]_D^{20°} = -5{,}90°$. d-Amylalkohol wird er genannt wegen seiner genetischen Beziehungen zum d-Isoleucin und zur d-Valeriansäure. In letztere, die d-Methyläthylessigsäure $\frac{CH_3}{C_2H_5}{>}\overset{*}{C}H\cdot CO_2H$, ist der d-Amylalkohol durch Oxydation überführbar. Durch Erhitzen im Rohr oberhalb 200° wird der d-Amylalkohol partiell racemisiert. Vollständige Racemisierung tritt beim Erhitzen des Natrium-d-amylats über 200° ein. Die aus dem d-Amylalkohol hergestellten Derivate und Verbindungen sind im Gegensatz zu denen des Iso-Amylalkohols optisch aktiv.

Von den Verbindungen der beiden Amylalkohole besitzen die Ester und unter ihnen besonders das Amylnitrit und Amylacetat besonderes technisches Interesse. Sie werden, wie alle technischen Amylprodukte, gewöhnlich direkt aus der Amylalkoholfraktion der Fuselöle dargestellt und besitzen dementsprechend je nach der Herkunft und Behandlung der Fuselöle einen verschiedenen Gehalt an Isoamyl- und d-Amylester; vgl. Amylnitrit und Amylacetat.

Für den qualitativen Nachweis von Fuselöl, resp. Amylalkohol, existieren eine Reihe von Farbenreaktionen, die aber nicht eindeutig sind. Zur qualitativen Prüfung auf das Vorhandensein von Amylalkohol im Äthylalkohol oder im Branntwein erweist sich die Geruchsprobe als am schärfsten. Man kann sie in der Weise anstellen, daß man einige Kubikzentimeter des zu untersuchenden Spiritus zwischen den Handflächen verreibt, wobei der Äthylalkohol schnell verdunstet und sich ein etwaiger Fuselgehalt durch den charakteristischen Geruch bald deutlich bemerkbar macht. Das Verdunsten des Alkohols kann auch durch Ausschwenken in einem großen Becherglase vorgenommen werden.

Die quantitative Bestimmung des Fuselöls, resp. seiner Hauptbestandteile, kann bei Anwesenheit größerer Mengen direkt durch Zerlegung des Gemisches mittels der Destillation in die einzelnen Fraktionen und Wägung derselben erfolgen. Zu diesem Zweck wird das Gemenge der Alkohole zunächst mit Pottasche scharf getrocknet und unter Verwendung eines vielkugeligen Fraktionieraufsatzes fraktioniert. Der beim Abdestillieren bis zu 125° verbleibende Rückstand oder besser noch die zwischen 128—132° übergehende Fraktion wird als Amylalkohol angesehen. Zur genaueren Identifizierung können aus den einzelnen Fraktionen die Jodide bereitet und ihr Siedepunkt und Jodgehalt festgestellt werden. Auch kann man ev. aus den Alkoholen durch Oxydation die entsprechenden Fettsäuren darstellen und ihre Silbersalze analysieren.

Für die genauere Bestimmung des Fuselöls im Branntwein wird in der Gärpraxis und bei Steuer- und Zolluntersuchungen am meisten die ROESE-HERZFELDsche Methode angewandt. Das Verfahren beruht darauf, daß Chloroform einem Gemisch von 30%igem Alkohol und Fuselöl letzteres beim Schütteln entzieht, wodurch das Volumen des Chloroforms eine Vermehrung erfährt. Zu diesem Zweck wird in einem besonders konstruierten und kalibrierten Glasgefäß eine bestimmte Menge Chloroform mit 100 *ccm* des auf 30 *Vol.%* verdünnten zu untersuchenden Alkohols durchgeschüttelt und die Zunahme der Chloroformschicht, deren Absitzen man durch Zusatz von etwas verdünnter Schwefelsäure erleichtert, abgelesen. Eine Tabelle zeigt an, welcher Fuselölgehalt einer bestimmten Volumenvermehrung entspricht (*Arb. K. Ges.-Amt*, SELL **4**, 109; WINDISCH, **5**, 373; Tabellen **4**, 216—218. — Anweisung zur Bestimmung des Gehalts der Branntweine an Nebenerzeugnissen der Gärung und Destillation. Zentralbl. f. d. Deutsche Reich **95**, 305 [1895]. — Alkoholermittlungsordnung, Berlin, J. SPRINGER **1900**, 15.). Die Methode besitzt verschiedene Mängel und ist nur für relative Werte brauchbar (F. EHRLICH, *B.* **40**, 1031 [1907]; H. PRINGSHEIM, *Bio. Z.* **3**, 233 [1907]).

Außer diesen Methoden ist nur noch das Verfahren von E. BECKMANN von Bedeutung (*Z. Unters. N. G.* **10**, 143 [1905]; H. PRINGSHEIM in ABDERHALDENS' Handb. der biochem. Arbeitsmethoden II, 11). Es beruht auf der Abscheidung der höheren Alkohole vom Äthylalkohol durch Ausschütteln der mit Chlorcalcium gesättigten Lösung mit Tetrachlorkohlenstoff, Überführung der höheren Alkohole in die Nitrite und Bestimmung ihres Gehalts durch Titration der aus den Nitriten freigemachten salpetrigen Säure mit Permanganat. Die Fehlergrenze der Methode beträgt im Maximum ±10% (s. a. KOMAROWSKY, *Ch. Ztg.* **27**, 1086; *Ch. Ztrlbl.* **1903**, II, 1396).

Die Bestimmung des Fuselöls oder der Amylalkohole auf ihren Gehalt an d-Amylalkohol geschieht durch Ermittlung ihres optischen Drehungsvermögens und entsprechende Umrechnung.

In der chemischen Technik finden die Fuselöle eine sehr ausgedehnte und mannigfache Verwendung zur Darstellung der Alkohole und ihrer verschiedenen Verbindungen, besonders der Ester. Amylalkohol als solcher und namentlich in Form des Amylacetats ist ein ausgezeichnetes Lösungsmittel für viele Harze, Fette,

Öle, das besser löst als Äthylalkohol, in vielen Zweigen der chemischen Industrie daher fast unentbehrlich ist und kaum durch ein anderes Mittel ersetzt werden kann, so u. a. in der Nitrocelluloseindustrie bei der Herstellung des rauchlosen Pulvers. Aus Amylacetat (Birnöl) und einer Reihe von Fettsäureestern des Amylalkohols in verschiedener Mischung werden die Fruchtäther und Fruchtessenzen bereitet, die bei der Fabrikation von Bonbons, Limonaden, Fruchtgelees, Likören etc. eine große Rolle spielen. Amylacetat wird ferner noch zur Herstellung von bestimmten Lacken (Zaponlacke) und als Leuchtmittel zur Speisung der Hefnerlampe für photometrische Zwecke benutzt. Amylnitrit findet in der Medizin Anwendung.

Infolge der äußerst vielseitigen Verwertungsmöglichkeit der Fuselöle und infolge der Schwierigkeiten, größere Mengen als bisher davon im Brennereibetriebe zu erzeugen, ist der Preis dieses Handelsprodukts, das noch vor 25 Jahren als praktisch unverwertbar galt, in den letzten 10 Jahren enorm gestiegen. Der Preis für 1 *dz* Fuselöl betrug:

im Jahre 1901	50 M.
1905	140 „
1910	200 „
1911	230 - 400 „
Juni 1913	220–260 „ (Amylacetat 285–305 M.).

Der Rückgang des Preises in den letzten $1^1/_2$ Jahren erklärt sich daher, daß man sich seit einiger Zeit bemüht, billigere Ersatzstoffe, besonders als Lösungsmittel, in die Industrie einzuführen und außerdem die Erwartung hegt, daß es auf Grund der theoretischen Arbeiten über die Entstehung des Fuselöls bald gelingen wird, technische Verfahren zur Herstellung von Amylalkohol unabhängig vom Brennereibetrieb zu schaffen.

Die Aus- und Einfuhr von Fuselölen (Amyl-, Butyl-, Propylalkohol) für Deutschland belief sich auf:

	Ausfuhr	Einfuhr
1910	818 *dz*	27 *dz*
1911	563 „	360
1912	1237	1973 „

Über die gesamte Produktion an Fuselölen lassen sich nur ungefähre Schätzungen angeben, da Zahlen hierüber in der amtlichen Statistik fehlen. Legt man nur die Mengen an Spiritus zugrunde, die aus Kartoffel-, Melassebrennereien und Preßhefefabriken gewonnen werden, und rechnet man den durchschnittlichen Gehalt des Rohspiritus zu 0,4 *Gew.-%* Fuselöl, so ergibt sich für das Betriebsjahr 1910/11 in Deutschland eine Gesamtproduktion an Fuselölen von 10250 *dz*.

Felix Ehrlich.

Amyläther, Amyloxyd, $C_5H_{11} \cdot O \cdot C_5H_{11}$, entsteht in beträchtlicher Menge wenn man Amylalkohol mit 10% Amyljodid im Autoklaven auf 250° erhitzt. Er riecht angenehm birnenartig. *Kp* 172,5–173°; D^{15} 0,78073.

Darstellung: G. SCHRÖTER und W. SONDAG, Bonn, *D. R. P.* 200150. Man mischt 10 *kg* Amylalkohol (*Kp* 128–132°) mit 1 *kg* Schwefelsäure (96%) und erhitzt zum schwachen Sieden. Nach kurzer Zeit beginnen Wasser, Amylalkohol und Amyläther abzudestillieren. Die beiden letzten Verbindungen kann man in den Destillationsapparat zurückgeben. Die Temperatur steigt langsam auf 140–145°. Höhere Erhitzung soll man vermeiden, weil sich sonst schwefelige Säure und Amylen bilden. Nach 7 Stunden kühlt man auf 100° ab und destilliert mit Dampf. Der Amyläther geht zuletzt über. Bei der Fraktionierung gewinnt man 6,5 *kg* vom *Kp* 168–172°. Wenn man die Schwefelsäure durch 1 *kg* 95%ige Methionsäure ersetzt, so wird die Ausbeute noch etwas besser. Man gießt in diesem Falle die erkaltete Flüssigkeit von der ausgeschiedenen unveränderten Säure ab und destilliert erstere unter vermindertem Druck, während man letztere mit einer neuen Portion Amylalkohol in Reaktion bringt.

Lösungsmittel bei der Grignardierung; dient ferner zum Extrahieren von Fett- und Riechstoffen, Alkaloiden etc.; zur Herstellung von Lacken und für therapeutische Zwecke.

G. Cohn.

Amylenhydrat, Amylenum hydratum, tertiärer Amylalkohol, Dimethyläthylcarbinol. Darstellung s. Amylalkohol; ebenda auch Eigenschaften. Empfohlen als Hypnoticum in Dosen von 2—4 *g*. Größte Einzelgabe 4 *g*, größte Tagesgabe 8 *g*. *Zernik.*

Amylenol, Salicylsäureamylester, wird erhalten, indem man in eine gesättigte Lösung von Salicylsäure in Amylalkohol Salzsäuregas einleitet und nach mehreren Stunden das Reaktionsgemisch in Wasser gießt, wobei sich der Ester als Öl abscheidet, das in üblicher Weise gereinigt wird. Farblose, lichtbrechende Flüssigkeit vom *spez. Gew.* 1,066. Kp_2 115°; bei gewöhnlichem Druck 250° unter Zersetzung. Der Geruch erinnert an Mandarinenöl. Kaum löslich in Wasser, leicht in Alkohol und Äther. Wurde 1905 von Frankreich aus als Antirheumaticum empfohlen; innerlich in Kapseln à 0,2 *g*, äußerlich, auf Watte geträufelt, als Umschlag. *Zernik.*

$$C_6H_4 \langle {OH \atop COO \cdot C_5H_{11}}$$

Amylnitrit, $C_5H_{11} \cdot O \cdot NO$, ist eine gelbliche Flüssigkeit von fruchtartigem Geruch. *Kp* 97—98°; D^{15} 0,880. Die Reaktion ist neutral oder schwach sauer. Angezündet, verbrennt die Verbindung mit leuchtender Flamme. Sie muß vor Licht geschützt aufbewahrt werden.

Eine konz. wässerige Lösung von 35 T. Natriumnitrit wird mit 44 T. Amylalkohol versetzt und auf 0° abgekühlt. Unter sehr energischem Rühren läßt man 43 *Vol.*-T. Salzsäure (*D* 1,19) zutropfen, indem man durch äußere Kühlung die angegebene Temperatur innehält. Das abgeschiedene Öl wird gewaschen, getrocknet und destilliert. Ausbeute 52 T. vom *Kp* 94—98° (O. N. Witt, *B.* 19, 915 [1886]).

Amylnitrit diente zur Gewinnung von Diazo- und Isonitrosoverbindungen. Da es Pulsbeschleunigung und Erniedrigung des Blutdruckes bewirkt, so wird es bei Epilepsie, Asthma, Angina pectoris etc. therapeutisch angewandt. *G. Cohn.*

Amyloform (Pharm. Institut L. W. Gans, Frankfurt a. M.), das Einwirkungsprodukt von Formaldehyd auf Stärke, ein weißes, beim Erwärmen mit verdünnten Säuren oder Alkalien, ebenso in den Wundsekreten Formaldehyd abgebendes Pulver, wurde s. Z. als Jodoformersatz empfohlen. *Zernik.*

Amyloid s. Cellulose.

Amylum s. Stärke.

Analgen (*Bayer*), Äthoxyanabenzoylaminochinolin, Benzanalgen, Labordin, wurde dargestellt nach *D. R. P.* 60308 (o-Oxychinolin wird äthyliert, die Äthylverbindung nitriert und alsdann reduziert und die Aminoverbindung benzoyliert). Weißes geschmackloses Pulver vom *Schmelzp.* 208°, unlöslich in Wasser, leicht löslich in Alkohol; s. Z. (1891) als Antineuralgicum und Antirheumaticum empfohlen; Dosis 0,5—1 *g* mehrmals täglich. Veraltet. *Zernik.*

Anämin (J. B. Liebe, Dresden), Eisenliquor, der 0,2% *Fe* als Eisenoxydsaccharat, 2,5% Pepsin, 10% Zucker, 13,5% Weingeist, 0,5% aromatische Tinkturen und 73,3% Wasser enthalten soll. *Zernik.*

Anämosemilch (W. Lakemayer, Bonn a. Rh.), eine 0,15% FeJ_2 enthaltende Jodeisenbuttermilchkonserve; gegen Blutarmut empfohlen. *Zernik.*

Anästhesin (*M. L. B.*), p-Aminobenzoesäureäthylester, entsteht als salzsaures Salz beim Einleiten von Salzsäuregas in eine alkoholische Lösung von p-Aminobenzoesäure oder durch Reduktion des p-Nitrobenzoesäureäthylesters. Weißes, geruchloses, kleinkrystallinisches Pulver; *Schmelzp.* 90—91°. Schwer löslich in kaltem, leichter in warmem Wasser, leicht löslich in organischen Lösungsmitteln, auch in fetten Ölen. Bereits 1890 von Ritsert dargestellt, wurde Anästhesin 1902 als lokales Anaestheticum in die Therapie eingeführt; Anwendung innerlich (0,3—0,5 *g* 1—3 mal täglich)

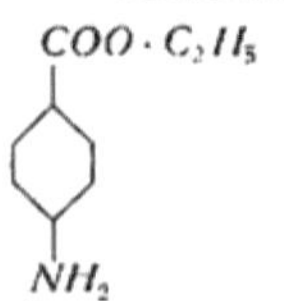

gegen Hyperästhesie des Magens; in Form von Pastillen und Bonbons gegen Hustenreiz und Schluckbeschwerden; äußerlich als 5—20%ige Salbe oder als Streupulver. Das leichter wasserlösliche phenolsulfosaure Anästhesin heißt Subcutin (s. d.). Vgl. auch Propäsin und Cycloform. *Zernik.*

Anästhin, Anästhol, Anästhyl sind Mischungen von Methyl- und Äthylchlorid in verschiedenen Verhältnissen, als Kälteanaesthetica zumal in der Zahnheilkunde empfohlen.

Anästhol Meyer soll aus 17% Äthylchlorid, 31,7% Äther und 51,5% Chloroform bestehen und ist zur Inhalationsnarkose bestimmt. *Zernik.*

Ancocit. Name eines dem Migränin (s. d.) nachgebildeten Präparats. *Zernik.*

Aneson (Anesin) (HOFFMANN-LA ROCHE, Basel), ist eine wässerige 10%ige Lösung von Acetonchloroform (s. Chloreton). Lokales Anaestheticum. *Zernik.*

Anesthol, Anesthyle, s. Anästhol, Anästhyl. *Zernik.*

Anethol, p-Methoxypropenylbenzol. Dieser seit sehr langer Zeit bekannte, bereits 1820 von de SAUSSURE (*A. ch.* [2] **13**, 280) wissenschaftlich untersuchte Bestandteil des Anisöls, Sternanisöls, Fenchelöls, Kobuschiöls etc. hat insofern ein gewisses Interesse für die Entwicklung der Industrie der ätherischen Öle, als er der erste der langen Reihe von Einzelbestandteilen gewesen ist, die aus den rohen Ölen gewonnen und als wertvollere Produkte an Stelle der Rohöle dem Handel geboten worden sind (vgl. A. HESSE, Wallach-Festschrift, Göttingen **1909**, 76.).

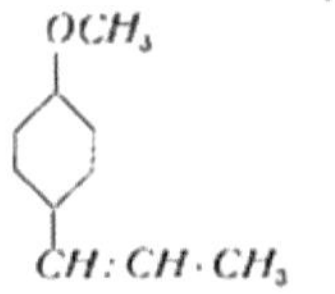

Darstellung. Das Anethol wird aus den fraktionierten Ölen durch Ausfrieren erhalten. Für seine synthetische Darstellung sind mehrere Verfahren angegeben worden: O. WALLACH (*A.* **357**, 72; *Ch. Ztrlbl.* **1907**, II, 1979) gewinnt Anethol aus Anisaldehyd durch Kondensation mit α-Brompropionsäureester in Gegenwart von Zink, Erhitzen des Kondensationsproduktes mit Kaliumbisulfat und Destillation der dabei entstehenden Anisyl-α-methylacylsäure. Nach BÉHAL und TIFFENEAU (*Bl.* [4] **3**, 301; *Ch. Ztrlbl.* **1908**, I, 1624) entsteht Anethol aus Anisaldehyd und Äthylmagnesiumbromid. Praktische Bedeutung können diese Methoden erst nach billigerer Herstellung des Anisaldehyds gewinnen. KLAGES (*B.* **35**, 2262 [1902]) reduziert Propionylanisol $CH_3O \cdot C_6H_4 \cdot CO \cdot CH_2 \cdot CH_3$, zum Carbinol $CH_3O \cdot C_6H_4 \cdot CH(OH) \cdot CH_2 \cdot CH_3$ und kocht das Acetat mit Pyridin.

Eigenschaften. Das in weißen Blättchen krystallisierende, intensiv süß und nach Anis schmeckende Anethol schmilzt bei 22—23°, erstarrt bei 21—22°, siedet bei 233—234° (751 *mm*). D_{25} 0,986. $D_{11,5}$ 0,999, $n_{D_{25^\circ}}$ 1,559 bis 1,561; es ist klar löslich in 3 *Vol.*-Teilen 90%igem Alkohol. Physiologisch ist es sehr wenig wirksam; nach VARENNE, ROUSSEL und GODEFROY (*C. r.* **137**, 1294 [1903]) bewirken 39 *g* auf 1 *kg* Tiergewicht keinerlei Vergiftungserscheinungen. Schon 10—15 Minuten nach der Aufnahme wird das Anethol durch Lunge und Harn wieder ausgeschieden. Die Ausscheidung dauert längere Zeit.

Von den Derivaten des Anethols seien das Dibromid,

$$CH_3O \cdot C_6H_4 \cdot CHBr \cdot CHBr \cdot CH_3,$$

Schmelzp. 67°, das Nitrit $[C_{10}H_{12}O \cdot N_2O_3]_2$ *Schmelzp.* 121°, und das Nitrosochlorid $[C_{10}H_{12}O \cdot NOCl]_2$, *Schmelzp.* 127—128°, erwähnt, die auch zum Nachweis und Charakterisierung des Anethols verwendet werden. Von dem isomeren Esdragol (Methylchavicol, p-Methoxyallylbenzol), welches bei der Behandlung mit alkoholischer Kalilauge in Anethol übergeführt wird, kann letzteres nach BALBIANO (*B.* **42**, 1502; *Ch. Ztrlbl.* **1909**, I, 1870) durch Behandlung mit Mercuriacetat getrennt werden. Die Allylverbindungen liefern mit diesem Reagens feste Additionsverbindungen, während die Propenylverbindungen Glykole geben.

Mit Oxydationsmitteln behandelt, bildet Anethol je nach den Versuchsbedingungen Anisaldehyd (Salpetersäure), Anissäure (Chromsäure) oder p-Methoxyphenylglyoxylsäure, *Schmelzp.* 89° (Kaliumpermanganat). Durch die letztere Oxydationsreaktion kann Anethol vom isomeren Esdragol unterschieden werden.

Bei längerem Stehen verändert sich das Anethol durch die Einwirkung von Luft und Licht, so daß es schließlich seine Krystallisationsfähigkeit verliert, dickflüssig und gelb wird und einen unangenehmen bitteren Geschmack annimmt. Nach de VARDA (*G.* **21**, 183; *Ch. Ztrlbl.* **1891**, I, 788) soll diese Umwandlung zum Teil auf die Bildung des polymeren Photoanethols zurückzuführen sein. Nach HOERING und GRAEBERT (*B.* **42**, 1204, *Ch. Ztrlbl.* **1909**, I, 1708) ist aber das Photoanethol nichts anderes als p.p'-Dimethoxystilben, das sich aus dem primär entstehenden Anisaldehyd bildet.

Anwendung. Das Anethol wird in der Pharmazie als Corrigens, insbesondere aber in der Likörfabrikation (Anisette) und in der Parfümerie in großen Mengen gebraucht. Eine Spezialwirkung übt das Anethol als bester Sensibilisator (Beschleuniger des Ausbleichens von Farbstoffen bei dem Ausbleichverfahren der Farbenphotographie) aus (vgl. LIMMER, Phot. Korrespondenz 1909; *Ch. Ztrlbl.* **1909**, I, 1441, II, 2212; **1910**, II, 118; KÜMMEL, *Z. f. Phot.* **9**, 54; *Ch. Ztrlbl.* **1910**, II, 1184).

Literatur: EDUARD GILDEMEISTER, Die ätherischen Öle, II. Aufl. 1910. L. Staackmann, Leipzig. — F. W. SEMMLER, Die ätherischen Öle. IV. Bd. 1907, Veit & Co., Leipzig. *A. Hesse.*

Anhydride. Anorganische Säureanhydride entstehen bei der Verbrennung einiger Elemente an der Luft oder im Sauerstoff, so aus Kohlenstoff Kohlenstoffdioxyd oder Kohlensäure CO_2, das Anhydrid der in freiem Zustand nicht beständigen Säure CO_3H_2, die nur in Form ihrer Salze haltbar ist. Das gleiche gilt für die Schwefelderivate SO_2 und schweflige Säure H_2SO_3. Andere anorganische Anhydride sind wieder außerordentlich hygroskopisch und gehen schon an feuchter Luft in die beständigen Säuren über, so Schwefelsäureanhydrid SO_3, Phosphorpentoxyd P_2O_5 u. s. w.

Organische Säureanhydride leiten sich von 1- oder mehrbasischen Säuren ab; erstere sind aus 2 *Mol.* Säure zusammengesetzt, z. B. Essigsäureanhydrid $CH_3\cdot CO-O-CO\cdot CH_3$, letztere können intramolekular entstehen, wenn bei der Abspaltung von 1 *Mol.* Wasser die Schließung eines 5- oder 6gliedrigen Ringes möglich ist (andere Ringschlüsse erfolgen selten) z. B.:

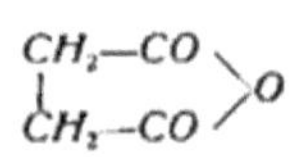

Bernsteinsäureanhydrid

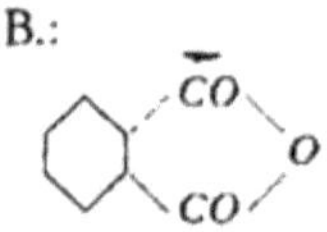

Phthalsäureanhydrid

Die organischen Säureanhydride können durch Einwirkung von Säurechloriden auf die Alkalisalze der Säuren gewonnen werden,

$$CH_3-CO\cdot Cl + CH_3-CO\cdot ONa = \genfrac{}{}{0pt}{}{CH_3-CO}{CH_3-CO}\!>\!O + NaCl,$$

oder aus Säurechloriden und Pyridin und Wasser.

Die Säureanhydride geben leicht Additionsreaktionen; so addieren sie Wasser unter Bildung von Säuren; aus den Anhydriden 2basischer Säuren entsteht bei Einwirkung von Alkoholen der saure Ester, von Ammoniak das Halbamid, während Anhydride 1-basischer Säuren je 1 *Mol.* Säure und Ester, resp. Säure und Amid liefern. Anhydride dienen in der organisch-chemischen Technik teils zur Einführung von Acylresten, teils als Zwischenprodukte, wie z. B. Phthalsäureanhydrid.

F. Sachs.

Anilin, Aminobenzol, wurde von UNVERDORBEN im Jahre 1826 bei der Destillation des Indigos gewonnen und als Krystallin bezeichnet. Im Jahre 1834 wurde es von RUNGE aus dem Steinkohlenteer isoliert und Kyanol genannt. Der Name Anilin (Anil ist eine spanische Bezeichnung des Indigos, während Nila im Indischen Blau bedeutet) wurde von FRITZSCHE im Jahre 1840 für das Einwirkungsprodukt von Ätzalkalien auf Indigo eingeführt. ERDMANN wies im Jahre 1834 nach, daß dieses Produkt identisch ist mit dem von UNVERDORBEN aus dem Indigo hergestellten. ZININ zeigte im Jahre 1842, daß durch Reduktion von Nitrobenzol mit Schwefelammonium Benzydam entsteht. Dieses ist, wie FRITZSCHE nachwies, identisch mit dem Anilin von RUNGE. Ein Jahr später endlich konnte A. W. HOFMANN zeigen, daß alle oben erwähnten Produkte untereinander identisch sind.

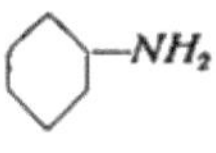

Technische Herstellung.

Als Ausgangsmaterial für die technische Herstellung des Anilins kommt ausschließlich Nitrobenzol (s. Benzol) in Betracht, das nach dem Vorschlage von

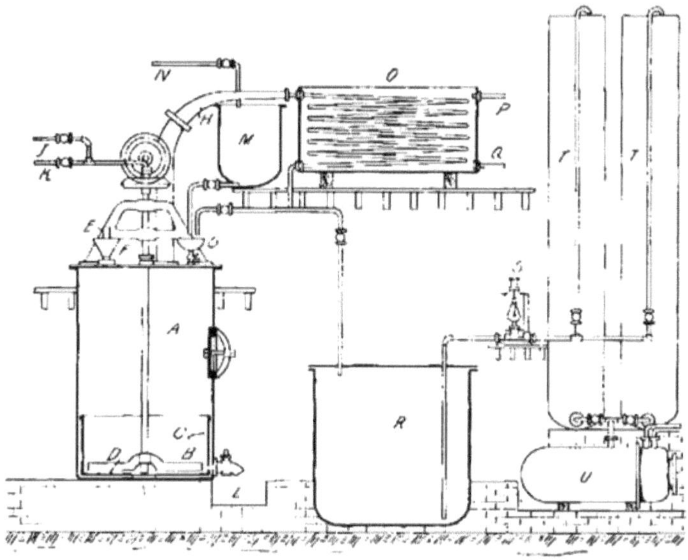

Abb. 151. Anilinölanlage.

A Reduktionskessel; *B* Rührflügel; *C* Gußeiserne Seitenplatten; *D* Gußeiserner Boden; *E* Holzstöpsel; *F* Einfülltrichter; *G* Nitrobenzolzufluß; *H* Kühlerrohr; *J* Zuleitung für reinen Dampf; *K* Zuleitung für anilinhaltigen Dampf; *L* Abflußrinne für Eisenschlamm; *M* Gefäß für Nitrobenzol; *N* Nitrobenzolleitung; *O* Kühler; *P* Kühlwasserabfluß; *Q* Kühlwasserzufluß; *R* Vorlage; *S* Dampfpumpe; *T* Absatzröhren; *U* Montejus.

BRIMMEYER mit Eisen und Salzsäure reduziert wird. Die hierfür nötige Menge Salzsäure beträgt ungefähr $\frac{1}{40}$ der Theorie, und der Prozeß selbst kann durch folgende Gleichungen veranschaulicht werden:

$$\text{I. } C_6H_5 \cdot NO_2 + 3\,Fe + 6\,HCl = C_6H_5 \cdot NH_2 + 3\,FeCl_2 + 2\,H_2O;$$
$$\text{II. } 4\,C_6H_5 \cdot NO_2 + 24\,FeCl_2 + 4\,H_2O = 4\,C_6H_5 \cdot NH_2 + 12\,Fe_2Cl_4O;$$
$$\text{III. } 12\,Fe_2Cl_4O + 9\,Fe = 3\,Fe_3O_4 + 24\,FeCl_2.$$

Zur technischen Ausführung der Reduktion dient ein Apparat, dessen Anordnung aus vorstehender Abb. 151 ersichtlich ist. Er enthält einen gußeisernen Reduktionskessel, der mit einem Rührer versehen ist. Hervorzuheben sind die auswechselbaren gußeisernen Platten *C*, mit denen der untere Teil sowie der Boden zum Schutze gegen eine zu rasche Abnutzung durch die abschleifende Wirkung der Bohrspäne ausgefüttert sind.

Bei den Apparaten, welche in deutschen Fabriken gewöhnlich gebraucht werden, ist der Reduktionskessel nicht aus einem Stück sondern aus 3 Teilen zusammengesetzt, wobei der untere Teil zudem noch mit Steinen ausgekleidet ist, um auch die korrodierende Wirkung der Salzsäure auf das Eisen zu verhindern. Der Reduktionsapparat faßt ca. 3000 *l*. Der zum Erhitzen erforderliche Dampf wird durch die hohle Achse des Rührwerkes eingeleitet und strömt am äußersten Ende bei den Rührflügeln wieder aus. Zur Reduktion dienen ausschließlich reine, ölfreie gußeiserne Bohr- oder Drehspäne (Stahlspäne sind nicht zu verwenden), die auf Desintegratoren gemahlen werden.

Die weitere Arbeitsweise variiert in den verschiedenen Fabriken. Meist wird aus der erforderlichen Salzsäure, dem Wasser und einem Teile des Eisens eine Eisenchlorürlösung erzeugt, in welche nach und nach das Nitrobenzol und die Hauptmenge des Eisens eingetragen wird. Man behält auf diese Weise die Herrschaft über die Reaktion in der Hand. Will man den bei der Bildung der Eisenchlorürlösung frei werdenden Wasserstoff nicht preisgeben, so kann man schon in diesem Stadium mit dem Einfließenlassen des Nitrobenzols beginnen.

Z. B. werden in den Reduzierkessel 50,8 *kg* gemahlene Eisenspäne, 45,5 *l* Salzsäure und ca. 27,3 *l* Wasser durch den Fülltrichter *F* eingetragen und Dampf eingeleitet. Zu gleicher Zeit läßt man aus dem Vorratsgefäß *M* 453,5 *kg* Nitrobenzol in dünnem Strahle durch den Trichter *G* in den Apparat fließen. Der hölzerne Zapfen *E* im Trichter *F* wird fest eingesetzt und der Raum zwischen Zapfen und Trichter mit Eisenspänen gefüllt. Bei richtiger Handhabung des Zapfens können die Eisenspäne nach Bedarf in den Reaktionsraum hinabbefördert werden, ohne daß nennenswerte Mengen der Dämpfe entweichen. Die Reaktion geht nun vor sich. Die entwickelten Dämpfe werden im Kühler *O* verdichtet; ihr Kondensat läuft nach entsprechender Hahnstellung bei *G* wieder in den Reduzierkessel, zusammen mit dem frischen Nitrobenzol zurück. Der Zusatz der Eisenspäne und des Nitrobenzols ist derart zu regeln, daß die Reaktion nicht zu stürmisch wird und die Menge des bei *G* wieder zurückfließenden Kondensats annähernd konstant bleibt. Wird die Reaktion zu heftig, so entstehen Verluste durch Bildung von Benzol. Vermindert sich die Menge des bei *G* zufließenden Kondensats, so erfolgt die Hinzugabe der Eisenspäne und des Nitrobenzols entsprechend rascher. Die Reduktion dauert annähernd 10 Stunden und erfordert im ganzen ungefähr 500 *kg* Eisenspäne. Kommt nach Zusatz des Eisens die Reaktion zum Stillstand, so wird noch einige Zeit am Rückflußkühler zum Sieden erwärmt. Man erkennt die Beendigung der Reduktion daran, daß eine gezogene Probe des Destillats, das anfangs gelb war, völlig farblos ist. Ist dieser Punkt erreicht, so werden größere Dampfmengen eingeleitet und das gebildete Anilin ev. abgetrieben. Die Dämpfe werden wieder im Kühler *O* verdichtet, das Destillat aber wird im Vorratskessel *R* aufgefangen. Man pumpt nun das Anilin in die Absetzröhren *T*, worin es 48 Stunden sich selbst überlassen bleibt. Da Wasser bei gewöhnlicher Temperatur ungefähr 3% Anilin löst, so benutzt man zum Abtreiben des Anilins ganz allgemein eigene Dampfkessel, die mit Anilinwasser gespeist werden. Das Abtreiben des Anilins aus dem Reduzierkessel dauert ungefähr 8 Stunden. Erst in der letzten Stunde wird Dampf aus reinem Wasser hierzu verwendet. Bei Beendigung dieser Operation ist das in dem Reduktionskessel kondensierte Wasser völlig rein und kann zum Ausspülen des Eisenoxyds in die Rinne *L* benutzt werden.

Die Eisenrückstände werden nach dem Trocknen entweder auf Eisenvitriol verarbeitet oder verhüttet. Sie dienen auch zur Herstellung von Gasreinigungsmasse, von Kunststeinen oder als billige schwarze Mineralfarben.

Das Anilinöl, das sich in dem Scheidegefäß *T* abgesetzt hat, wird in den Montejus *U* abgelassen, von wo aus es in den Vorratskessel für rohes Anilin gepreßt wird. Das im Scheidegefäß *T* abgeschiedene Wasser dient zur Speisung des Dampfkessels, der den zur Reduktion des Nitrobenzols und zur Abtreibung des Anilins nötigen Dampf liefert.

Zur endgültigen Reinigung wird das Rohanilin im Vakuum destilliert. Die Anordnung des hierfür gebräuchlichen Apparates ist aus Abb. 152 ersichtlich. Der Apparat ist aus Gußeisen und hat ein Fassungsvermögen von ca. 18000 *l*, so daß ca. 15000 *kg* Anilin daraus auf einmal destilliert werden können. Er wird durch Wasser von 170° geheizt, welcher die schmiedeeisernen Dampfröhren *C* durchströmt.

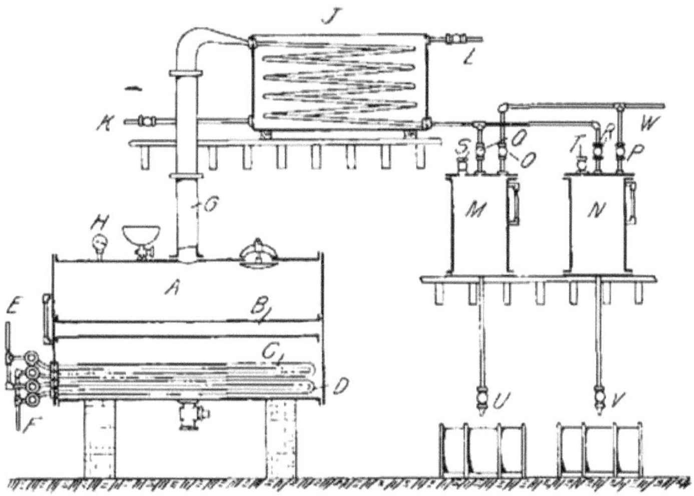

Abb. 152. Vakuum-Destillationsapparat für Anilinöl.

A Vakuumkessel mit Mannloch und Einführungshähnen; *B* innere hohle Stützen; *C,D* Heißwasserröhren; *E* Eintritt des überhitzten Wassers; *F* Austritt des überhitzten Wassers; *G* Kolonne; *H* Manometer; *J* Kühler; *K* Kühlwasserzutritt; *L* Kühlwasseraustritt; *M* u. *N* Reservoire für das destillierte Anilin, die abwechselnd eingeschaltet werden, um die Destillation nicht zu unterbrechen; *O* u. *P* Hähne zur Vakuumleitung; *Q* u. *R* Hähne; *S* u. *T* Lufteinlaßhähne; *U* u. *V* Ablaufhähne für das Anilin; *W* Vakuumleitung.

Das auf dem Kessel sitzende Ableitungsrohr ist aus Gußeisen und oben an drei parallel geschaltete Kühler aus Kupferspiralen angeschlossen, die nebeneinander in einem schmiedeeisernen Behälter stehen. Das Destillat fließt den beiden Vorlagen *M* und *N* zu, welche ihrerseits durch das Rohr *W* mit der Saugpumpe verbunden sind.

Die Anordnung der beiden Vorlagen gestattet ein kontinuierliches Arbeiten in der Weise, daß, wenn die eine gefüllt ist, was leicht am Schauglas zu ersehen ist, diese durch Hahnstellung ausgeschaltet und die zweite Vorlage benutzt wird. Der Inhalt der ersten Vorlage kann jetzt abgezogen werden, ohne daß das Vakuum aufgehoben zu werden braucht.

Zur Ausführung der Destillation wird der Apparat mit Rohanilin beschickt und der Dampf eingelassen. Die erste Fraktion (ungefähr 7% des Destillats) besteht aus Anilinöl und Wasser und wird zur Trennung in den in Abb. 1 beschriebenen Scheideapparat *T* gegeben. Die folgende Fraktion ist das sog. helle Anilin. Sie besteht aus Anilinöl neben einer kleinen Menge Benzol. Bei sorgfältig ausgeführter

Reduktion des Nitrobenzols darf diese zweite Fraktion nur 4% des Destillats betragen. Diese zweite Fraktion wird von verschiedenen Operationen gesammelt, abermals destilliert und hierauf in Benzol und Anilin getrennt. Die dritte Fraktion endlich liefert das reine, helle, wasserklare Anilin des Handels. Der Nachlauf beträgt ungefähr 5% des Gesamtdestillats und liefert seinerseits bei wiederholter Destillation 80% reines Anilin.

Nach vorstehender Methode geben 100 T. Benzol 110,85 T. Anilin, während die Theorie 119,2 T. verlangt. Jedoch ist hierbei auch berücksichtigt, daß 100 T. reines Benzol nur 154,5 T. Nitrobenzol anstatt 157,7 T. liefern.

Was die anderen Herstellungsmethoden für Anilin betrifft, so sind in erster Linie die Verfahren zu erwähnen, die Nitrobenzol auf elektrolytischem Wege reduzieren. Diese sind in den *D. R. P.* 116942, 117007, 127815, 130742 und 131404 von *Boehringer* beschrieben, werden aber technisch nicht ausgenutzt, da sie mit der Eisenreduktionsmethode nicht konkurrieren können. Eine hübsche Methode ist im *D. R. P.* 144809 von J. Kunz in Basel niedergelegt, die darin besteht, daß man zur Reduktion des Nitrobenzols Natriumdisulfid benutzt:

$$C_6H_5 \cdot NO_2 + Na_2S_2 + H_2O = C_6H_5 \cdot NH_2 + Na_2S_2O_3.$$

Das Verfahren gibt recht gute Ausbeuten an Anilin und läßt aus der wässerigen Lauge noch reines Natriumthiosulfat gewinnen. Jedoch stellt sich auch dieses Verfahren trotz seiner Vorzüge erheblich teurer als der eben geschilderte technische Prozeß.

Auch das im *D. R. P.* 139457 von Senderens, D'Andoque de Sériège und Chefdebien beschriebene Verfahren, darin bestehend, daß man dampfförmiges Nitrobenzol zusammen mit Wassergas bei 300–400° über Katalysatoren, wie Kupfer, Nickel etc., leitet, hat niemals technische Anwendung gefunden, da es nicht glatt verläuft. Die *BASF* schlägt für den gleichen Zweck Silber oder Gold als Katalysator vor, ohne daß dieser Weg praktisch ausgenutzt wird. Etwas aussichtsreicher erschien das im bereits erloschenen *D. R. P.* 204951 von der *Agfa* beschriebene Verfahren zur Herstellung von Anilin und anderen aromatischen Aminen. Nach dieser Methode wird Chlorbenzol durch Erhitzen mit konz. Ammoniaklösung unter Druck und Zusatz von Kupfersalzen als Katalysator in Anilin verwandelt. Obwohl infolge der zunehmenden Entwicklung der Alkalichloridelektrolyse gegenwärtig ein großer Überschuß an Chlor vorhanden ist, den man zur Herstellung von Chlorbenzol resp. Anilin verwerten könnte, ist dieses Verfahren ohne technische Bedeutung geblieben, da es einerseits infolge der großen Ammoniakmengen und des hohen Druckes eine große Apparatur benötigt und andererseits das Anilin zu einem wesentlich höheren Preise liefert als die gebräuchliche Methode.

Eigenschaften: Das über Zinkstaub oder im Vakuum destillierte Anilin ist ein farbloses Öl von D_4 1,0342, D_{15} 1,0254, das sich im Lichte alsbald braun färbt. Es erstarrt bei 5,96°; Kp_9 71°; Kp_{33} 92,4°; Kp_{760} 182°. 1000 *ccm* Wasser lösen 34,81 *ccm* Anilin und 1000 *ccm* Anilin nehmen 52,22 *ccm* Wasser auf (*B.* **31**, 2670 [1899]).

Temperatur	100 T. Wasser lösen Anilin	Temperatur	100 T. Anilin lösen Wasser
16°	3,1	8°	4,6
56°	3,5	25°	4,98
82°	5,1	39°	5,43
		68°	6,04

Anilin löst sich leicht in einer wässerigen Lösung von salzsaurem Anilin, u. zw. um so leichter, je konzentrierter die Salzlösung ist. Es mischt sich ferner in jedem Verhältnis mit Alkohol, Äther, Benzol.

Physiol /irkung: Anilin ist ein starkes Gift, dessen Wirkung sich speziell im Nervensystem äußert. Leichte Vergiftungsfälle machen sich durch Blässe der Haut, Gefühl von Müdigkeit und Schwäche, Schwindelgefühl, unsicheren Gang, langsame, schwerfällige Sprache, Erregungszustände (Anilinpips) bemerkbar. Bei schweren Fällen färben sich die Lippen dunkelblau bis schwärzlich. Der Kranke ist sofort aus dem Arbeitsraum zu entfernen, die Kleider sind zu wechseln und Sauerstoffeinatmung in Verbindung mit künstlicher Atmung ist anzuwenden. Bei schweren Fällen sind Reizmittel, wie schwarzer Kaffee, Campher, Äther, aber kein Alkohol darzureichen.

Zum Nachweis des Anilins dienen zweckmäßig Lösungen von unterchlorigsauren Salzen, die in wässeriger, nicht saurer Anilinlösung eine violette Färbung hervorrufen.

Blauanilin ist aus reinstem Benzol hergestellt und fast chemisch reines Anilin. Sein *spez. Gew.* schwankt zwischen 1,0265 und 1,0267 bei 15°. Es sollen 97—98% innerhalb $1-1^1/_2{}^0$ übergehen.

Rotanilin dient zur Herstellung von Fuchsin. Über seine Zusammensetzung liegen Angaben von P. SCHOOP (*D.* **258**, 276) und MÜLHÄUSER (daselbst **266**, 455), vor. Danach enthält es ungefähr 1 *Gew.*-T. Anilin und 2 *Gew.*-T Toluidin, also z. B. ca.

33% Anilin,
23% p-Toluidin,
44% o-Toluidin.

Das Anilin, auch Blauanilin genannt, ist ein sehr wichtiges Ausgangsmaterial zur Herstellung von Zwischenprodukten und Farbstoffen. Von den ersteren sollen nur die Alkylaniline, Diphenylamin, Sulfanilsäure, Phenylhydrazin, Acetanilid erwähnt werden. Von den Farbstoffen seien Anilinschwarz, Anilinblau, Fuchsin und zahlreiche Azofarbstoffe genannt. Der Preis des Anilins stellt sich auf ca. M. 100 per 100 *kg*.

Von den Salzen hat hauptsächlich das ***salzsaure Anilin*** (Anilinsalz) Interesse, das in außerordentlich großen Mengen zum Schwarzfärben der Baumwolle (Anilinschwarz) Anwendung findet. Zu seiner Herstellung verfährt man derart, daß man in Tongefäße oder verbleite Holzkästen (von 1,2 *m* Länge, 70 *cm* Breite, 45 *cm* Tiefe) 100 *kg* Anilin bringt und 130—135 T. reine, chlorfreie Salzsäure vom *spez. Gew.* 1,1955 mittels eines Hebers derart einlaufen läßt, daß das tiefere Ende des Hebers in das Anilin eintaucht. Man rührt mit Glasstäben um und unterbricht den Salzsäurezufluß, sobald Fuchsinpapier blau oder weiß gefärbt wird. Nach 3—4tägigem Stehen läßt man die Mutterlauge ablaufen, schleudert die ineinander gewachsenen Krystallblätter des salzsauren Anilins ab und wäscht mit ganz wenig Wasser aus. Das Salz wird bei 50° getrocknet, die abfallende Mutterlauge wird entweder weiter konzentriert oder das Anilin daraus wieder gewonnen. Da das Anilinsalz Holz gelb färbt, so ist zur Erzielung eines weißen Produktes jede Berührung mit Holz auf das sorgfältigste zu vermeiden. Das salzsaure Anilin schmilzt bei 198°, Kp_{760} 245°.

Chloraniline.

Sie haben eine außerordentlich geringe technische Verwendung gefunden. Sie werden ausschließlich durch Reduktion der entsprechenden Nitrokörper mittels Eisen und Salzsäure gewonnen.

o-Chloranilin ist bei gewöhnlicher Temperatur flüssig. *Kp* 207°, D_{20} 1,2125.

Das flüssige m-Chloranilin siedet bei 236,5°, D_{15} 1,2225.

p-Chloranilin schmilzt bei 70°, *Kp* 232,3°, D_{70} 1,1970.

Von den Poly-Chloranilinen hat das 2, 5-Dichloranilin für Azofarbstoffe ein gewisses Interesse. Als Ausgangsmaterial für seine Herstellung dient das durch

Nitrierung v(·benzol entstehende 2, 5-Dichlornitrobenzol. Das Dichloranilin schmilzt bei 50° und siedet bei 251°.

Nitroaniline.

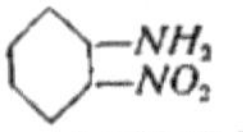

o-Nitranilin. Von den drei Nitranilinen findet das o-Nitranilin die geringste technische Verwertung, obwohl für seine technische Herstellung zwei sehr gut arbeitende Verfahren existieren. Das erste ist in den *D. R. P.* 65212 und 66060 beschrieben. Als Ausgangsmaterial dient Oxanilid, das durch Erwärmen mit konz. Schwefelsäure Oxaniliddisulfosäure liefert, die dann direkt in der schwefelsauren Lösung durch Behandeln mit Salpetersäure in die 2, 2'-Dinitrooxanilid-4, 4'-disulfosäure verwandelt wird. Verdünnt man die Reaktionsmasse mit soviel Wasser, daß die Flüssigkeit bei 120—150° siedet, und kocht einige Stunden am Rückflußkühler, so findet Verseifung und gleichzeitige Abspaltung der Sulfogruppe statt, wobei sehr reines o-Nitranilin entsteht.

Das zweite Verfahren beruht darauf, daß man das technisch leicht zugängliche o-Chlornitrobenzol mit Ammoniak unter Druck erhitzt. Das o-Nitranilin bildet orangegelbe Nadeln, die bei 71,5° schmelzen.

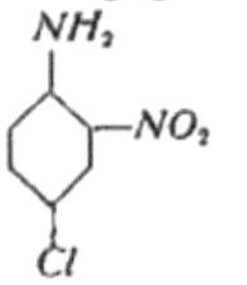

4-Chlor-2-nitranilin läßt sich ebenfalls sehr leicht aus dem durch Nitrierung von 1,4-Dichlorbenzol erhältlichen 1,4-Dichlor-2-nitrobenzol durch Erhitzen mit Ammoniak herstellen. Auch für dieses relativ billige Material fehlt noch eine geeignete technische Anwendung.

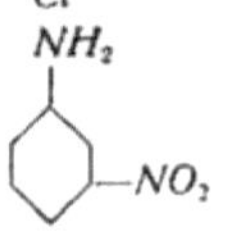

m-Nitranilin wird ausschließlich durch Reduktion von m-Dinitrobenzol (s. d. unter Benzolderivate) hergestellt, u. zw. wird hierzu Natriumpolysulfid benutzt.

Nach A. Cobenzl (*Ch. Ztg.* 37, 299 [1913]) werden 10 *kg* m-Dinitrobenzol in einem eisernen mit Rührwerk versehenen Montejus durch Einleiten von Dampf in 400 *l* Wasser in der Kochhitze fein verteilt und hierzu eine Lösung von 4 *kg* Schwefelblumen in 15 *kg* krystallisiertem Schwefelnatrium und 65 *l* Wasser langsam derart eingetragen, daß infolge der Reaktion das Gemisch nicht aus dem Kochen kommt. Nach Beendigung wird in die gelbe Lösung noch 15-20 Minuten Dampf eingeleitet und die heiße Flüssigkeit von ausgeschiedenem Schwefel in Holzbottiche filtriert, wobei beim Erkalten reines m-Nitranilin auskrystallisiert, das nach dem Erkalten zentrifugiert und mit Wasser alkalifrei gewaschen wird. Infolge der Giftigkeit des Dinitrobenzols und m-Nitranilins sind alle in Betracht kommenden Apparate mit gutem Abzuge zu versehen. Hauptbedingung für ein gutes Gelingen der Reaktion ist die Verwendung von reinem Dinitrobenzol.

Das m-Nitranilin bildet gelbe Krystalle, die bei 114° schmelzen. 100 T. Wasser lösen bei 24° 0,12 T. Es dient hauptsächlich zur Herstellung von Azofarben wie z. B. m-Nitranilinorange, Alizaringelb GG. Ferner bildet es das Ausgangsmaterial für m-Phenylendiamin.

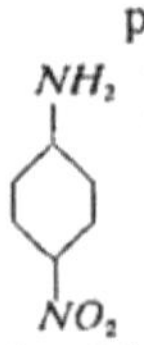

p-Nitranilin wird heute entweder durch Erhitzen von p-Chlornitrobenzol mit Ammoniak oder durch Nitrierung von Formanilid oder Acetanilid hergestellt. Bei dem ersten Verfahren bilden sich als Nebenprodukte geringe Mengen von 4, 4-Dinitrodiphenylamin, das seine Bildung der Einwirkung von p-Chlornitrobenzol auf bereits gebildetes p-Nitranilin verdankt und von dem es durch Behandeln mit Säuren ev. getrennt werden muß. Das Verfahren benötigt ferner einen sehr großen Überschuß an Ammoniak und, weil die Umsetzung unter Druck erfolgt, eine relativ kostspielige Apparatur.

Verwendet man dagegen Form- resp. Acetanilid als Ausgangsmaterial, so entsteht bei der Nitrierung immer eine gewisse Menge der isomeren o-Nitroverbindung, wodurch natürlich die Ausbeute herabgedrückt wird.

1. Aus p benzol. Die Gewinnung von p-Nitranilin nach diesem Verfahren ist in dem inzwischen erloschenen *D. R. P.* 148749 von *Clayton* beschrieben, nach welchem auch ein Teil des im Handel befindlichen Nitranilins hergestellt wird. Das wesentliche hierbei ist die Verwendung eines sehr großen Überschusses von reinem Ammoniak, das speziell von organischen Basen, wie Pyridin etc., frei sein muß.

157,5 T. p-Nitrochlorbenzol werden mit einer 18 *Mol.* entsprechenden Menge wässerigen 30%igen Ammoniaks 18 Stunden auf 165–170° unter Druck erhitzt. Nach dem Abkühlen wird filtriert, gewaschen und getrocknet, wobei die Ausbeute 98% d. Th. an reinem p-Nitranilin betragen soll.

Arbeitet man dagegen nur mit 5 *Mol.* Ammoniak, so muß die Erhitzungsdauer auf 22 Stunden (170–180°) ausgedehnt werden, während bei einem großen Überschuß an Ammoniak die Reaktion in kürzerer Zeit bei niedrigerer Temperatur zu Ende geführt werden kann.

2. Aus Acetanilid. Hierüber macht P. MÜLLER (*Ch. Ztg.* **36**, 1049 und 1055 [1912]) ausführliche Angaben.

200 *kg* gemahlenes Acetanilid (s. d.) werden unter Rühren in 800 *kg* Schwefelsäure 66° *Bé.* eingetragen, wobei die Temperatur nicht über 30° steigen darf. Nach völliger Lösung wird auf 0° abgekühlt und bei einer 30° nicht übersteigenden Temperatur eine Mischung von 152 *kg* Salpetersäure 40° *Bé.* und 150 *kg* Schwefelsäure 66° *Bé.* langsam einlaufen gelassen. Zur Beendigung der Reaktion wird noch 2–3 Stunden gerührt, und wenn eine mit Eis ausgefällte, filtrierte und gewaschene Probe sich in heißer, verdünnter Natronlauge klar löst, ohne daß der Geruch von Anilin auftritt, so wird die Nitrierungsmasse in 2500 *l* Wasser und 1200 *kg* Eis eingetragen, abgepreßt und sorgfältig ausgewaschen. Zur Entfernung des gleichfalls gebildeten o-Nitroacetanilids wird der Preßkuchen mit Wasser aufgeschlemmt, aufgekocht und mit einigen Kilogramm Soda versetzt, bis die Masse schwach alkalisch reagiert, wobei nur die o-Verbindung verseift wird und das gebildete o-Nitranilin in Lösung geht. Hierauf wird abermals gepreßt und zur völligen Entfernung des o-Nitranilins gewaschen. Die Ausbeute an Nitroacetanilid beträgt 85–88% d. Th. Es dient entweder zur Herstellung von p-Nitranilin oder wird durch Reduktion mit Eisen und Essigsäure in Acet-p-phenylendiamin verwandelt, das als Ausgangsmaterial für verschiedene Azofarbstoffe dient.

Für die Herstellung von p-Nitranilin wird der durch Nitrierung von 300 *kg* Acetanilid gewonnene, ausgewaschene Preßkuchen in drei Partien in einem mit Rührer versehenen Holzbottich, der 1000 *l* Wasser und 550–700 *kg* Natronlauge (35%ig) enthält, eingeschaufelt und durch Einleiten von Dampf während 2–3 Stunden zum Kochen erhitzt. Es ist darauf zu achten, daß die Masse während der Verseifung immer schwach alkalisch reagiert. Die Verseifung ist beendet, wenn sich eine Probe klar in Salzsäure löst. Man läßt hierauf die Masse sich absetzen, zieht die Mutterlauge ab, behandelt den Rückstand noch 1–2mal mit schwach alkalischem Wasser in der Siedehitze, saugt nach dem Erkalten ab, wäscht mit kaltem Wasser aus und trocknet bei 80°. Um daraus handelsfähige Ware zu machen, muß das Produkt sehr fein gemahlen werden. Aus 100 *kg* Anilin erhält man 110–115 *kg* Nitranilin, das sind 74–77,5% d. Th. Aus den alkalischen Mutterlaugen wird Natriumacetat gewonnen.

Das Nitranilin bildet gelbe Krystalle, die bei 147° schmelzen. Es lösen bei 20° 100 T. Wasser 0,077 T., während von der gleichen Menge Alkohol 5,84 T. gelöst werden. Das Nitranilin findet ausgedehnte Verwendung zur Herstellung von p-Nitranilinrot und Alizaringelb R sowie zur Gewinnung von p-Phenylendiamin.

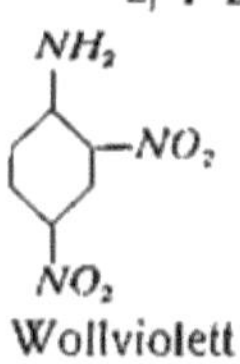

2, 4-Dinitranilin. Von den verschiedenen Dinitranilinen hat nur die 2, 4-Verbindung technisches Interesse. Sie wird hergestellt durch Erhitzen von 2, 4-Dinitrochlorbenzol mit wässerigem Ammoniak unter Druck. Sie bildet gelbe, bläulich schimmernde Krystalle, die bei 188° schmelzen, sehr wenig in siedendem und schwer in kaltem Alkohol löslich sind. Das Dinitranilin dient zur Herstellung von Azofarben, wie z. B. von Wollviolett G und Permanentrot 2 G. Infolge des geringen basischen Charakters läßt sich die Diazotierung des Dinitranilins nur in konz. schwefelsaurer Lösung vornehmen.

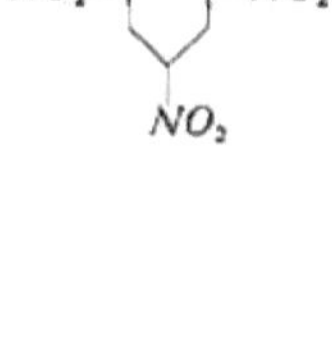

Das 2, 4, 6 Trinitranilin (Pikramid) hat bis jetzt keine technische Anwendung gefunden, obwohl es sich sehr leicht aus Pikrinsäure, Toluolsulfochlorid und Ammoniak nach dem von F. ULLMANN aufgefundenen Verfahren (*B.* **41**, 1875 [1908]) herstellen läßt. Es gelang bis jetzt auch noch nicht, das Pikramid zu diazotieren.

Das 2, anitranilin entsteht durch Nitrierung von m-Nitranilin mit Schwefelsäure oder Salpetersäure. Es ist von B. J. FLÜRSCHEIM (*Z. Sch. Spr.* 8, 185 [1913]) zur Verwendung als Sprengstoff vorgeschlagen worden, wofür auch das Tetranitromethylanilin unter dem Namen „Tetril" in den Handel gebracht wird. Letzteres wird nach den Angaben von F. LANGENSCHEIDT (*Z. Sch. Spr.* 7, 445 [1912], s. auch *Ch. Ztg.* 37, 167 [1913]) durch Nitrierung von Monomethyl- oder Dimethylanilin in schwefelsaurer Lösung mit Salpeterschwefelsäure bei 44 – 55° hergestellt und das Rohprodukt durch Umlösen aus Benzol gereinigt. Es schmilzt bei 145°.

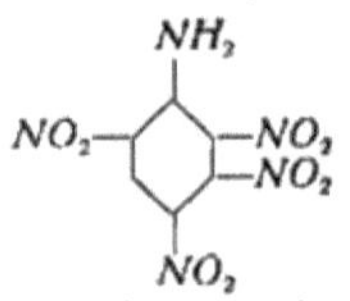

Anilinsulfosäuren.

Die o-Anilinsulfosäure hat keine technische Anwendung gefunden, wohl aber die homologe p-Toluidin-o-sulfosäure (s. Toluol).

3-Aminobenzol-1-sulfosäure (Metanilsäure) wird durch Reduktion der m-Nitrobenzolsulfosäure gewonnen. Man trägt zu ihrer Herstellung reines trockenes Nitrobenzol unter Rühren in die 3fache Menge rauchender Schwefelsäure von 20% SO_3 ein und erhitzt langsam während 5 Stunden auf 60 – 70° ev. unter Zusatz geringer Mengen von Schwefelsäure so lange, bis eine gezogene Probe beim Verdünnen mit Wasser klar gelöst bleibt. Hierbei entsteht als Hauptprodukt das m-Derivat, während die beiden Isomeren nur in untergeordneter Menge sich bilden. Für die Umwandlung in die Metanilsäure ist eine Isolierung und Reindarstellung der Nitrosäure unnötig. Man gießt vielmehr das Sulfierungsgemisch in die 10fache Menge Wasser und reduziert durch Zusatz von $1\frac{1}{2}$ T. Eisenspänen in bekannter Weise. Hierauf wird Kalkmilch hinzugegeben, die Lösung des m-aminobenzolsulfosauren Calciums vom Eisenoxyd und Gips getrennt, in bekannter Weise durch Zusatz von Soda das Natriumsalz hergestellt und die Lösung nach der Konzentration weiter verarbeitet. Die freie Säure bildet lange Nadeln, die sich in 68 T. Wasser von 15° lösen. Die Metanilsäure dient hauptsächlich zur Herstellung von Metanilgelb.

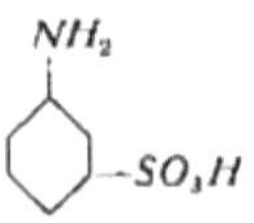

Ein Derivat der Metanilsäure, die Dimethylanilin-3-sulfosäure, findet ebenfalls technische Verwendung und dient ebenso wie die homologe Diäthylanilinsulfosäure als Ausgangsmittel für die Gewinnung von Dialkyl-m-aminophenolen. Sie wird durch Sulfierung der entsprechenden Dialkylaniline mit rauchender Schwefelsäure hergestellt. Über die Darstellung s. Dialkylaminophenole unter Phenol.

p-Aminobenzolsulfosäure (Sulfanilsäure) wird ausschließlich durch Erhitzen von schwefelsaurem Anilin nach dem sog. Backverfahren hergestellt. Zu ihrer Darstellung trägt man in 105 T. konz. Schwefelsäure, die sich in einem mit Rührwerk versehenen verbleiten Kessel befindet, 100 T. reines Anilin unter Rühren ein und bringt dann die Masse auf Bleche. Diese werden in einem Backofen (am besten im Vakuum) auf 200 – 210° erhitzt, bis eine gezogene Probe sich in Alkali klar löst, ohne daß beim Erwärmen der Geruch von Anilin auftritt. Nach ca. 4 – 6 Stunden ist die Umsetzung beendet; die erhaltene graue, blasige, rohe Sulfanilsäure wird in Wasser unter Zusatz der berechneten Menge Soda aufgelöst, durch eingeleiteten Dampf von geringer Menge Anilin befreit und durch Eindampfen schließlich auf sulfanilsaures Natrium verarbeitet. Die Sulfanilsäure krystallisiert mit 2 *Mol.* Wasser in monoklinen Tafeln. 1 T. Säure löst sich in 182 T. Wasser von 0° und 166 T. Wasser von 10°. Durch Einwirkung von salpetriger Säure entsteht die in Wasser schwer lösliche Diazobenzolsulfosäure.

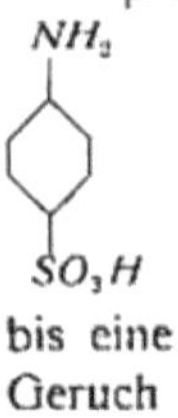

Sie dient hau[illegible]ur Herstellung von Azofarbstoffen, wie Orange, Tartrazin etc. Von den substituierten Anilinsulfosäuren haben insbesondere die Nitroderivate technisches Interesse.

Die p-Nitranilin-o-sulfosäure wird am zweckmäßigsten nach folgendem Schema hergestellt:

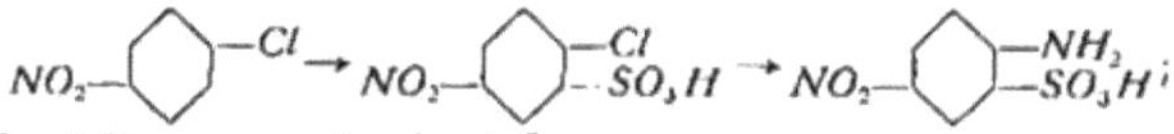

sie dient zur Herstellung von Lackrot P.

Die isomere o-Nitroanilin-4-sulfosäure wird aus der 1-Chlorbenzol-4-sulfosäure durch Nitrierung und darauffolgendes Erhitzen mit Ammoniak gewonnen. Sie dient ebenfalls zur Herstellung von Azofarben, wie z. B. Echtorange.

Des ferneren sei hier noch auf die Chloranilinsulfosäuren hingewiesen, von denen die 1-Amino-3-chlor-6-sulfosäure z. B. durch Erhitzen von schwefelsaurem m-Chloranilin nach dem bei der Sulfanilsäure beschriebenen Verfahren gewonnen wird. Sie dient z. B. zur Herstellung von Permanentorange R (s. d.).

Erwähnt seien endlich noch die Alkyl- und Benzylanilinsulfosäuren. Sie werden hergestellt durch Eintragen von 2 T. Methyl- oder Äthylbenzylanilin in 5 T. rauchender Schwefelsäure und darauffolgendes Erwärmen auf 80°. Sobald sich aus einer gezogenen Probe beim Verdünnen mit Wasser und Alkali kein Alkylbenzylanilin mehr abscheidet, wird das Sulfierungsprodukt in 3 T. Wasser eingetragen und mit Lauge teilweise neutralisiert. Beim Erkalten scheidet sich dann die freie Säure nach längerem Stehen ab. Die Verbindung dient zur Herstellung von Triphenylmethanfarbstoffen, wie z. B. Guineagrün B.

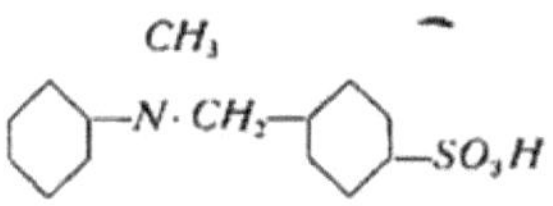

Alkylierte, arylierte Aniline.

Methylanilin, $C_6H_5 \cdot NH \cdot CH_3$, wird hergestellt durch Erhitzen von salz- oder schwefelsaurem Anilin mit Methylalkohol unter Druck.

a) 70 T. Anilin, 42 T. Methylalkohol und 8 T. Schwefelsäure werden im Autoklaven auf ca. 200° erhitzt;

b) 55 T. salzsaures Anilin und 16 T. Methylalkohol werden 2–3 Stunden auf 180° erhitzt, dabei steigt der Druck auf 5 *Atm.*, später von selbst höher auf 25 *Atm.* Man erhitzt nach dem Nachlassen des Druckes noch ca. 6 Stunden auf 180° und treibt nach Zusatz von Kalkmilch das Basengemisch ab.

Aus diesem Gemisch dürfte reines Monomethylanilin am zweckmäßigsten wohl auf folgende Weise gewonnen werden:

Durch Behandeln mit der äquivalenten Menge p-Toluolsulfochlorid und verdünnter Natronlauge wird Anilin und Monomethylanilin in die entsprechenden Toluolsulfoderivate umgewandelt, während das Dimethylanilin nicht angegriffen wird und mit Wasserdampf abgeblasen werden kann. Der Rückstand wird mit Natronlauge ausgezogen und das darin unlösliche Toluolsulfomethylanilin durch Eintragen in das gleiche Gewicht konz. Schwefelsäure, kurzes Erwärmen auf 100°, darauffolgendes Eingießen in Wasser verseift. Durch Zusatz von Kalkmilch wird dann das Monomethylanilin abgeschieden und mit Dampf abgeblasen.

Man kann auch derart verfahren, daß äquimolekulare Mengen von p-Toluolsulfochlorid und Anilin bei Gegenwart von verdünnter Natronlauge kondensiert werden und das entstehende Toluolsulfanilid dann mit Chlormethyl unter Druck oder mit Toluolsulfosäuremethylester, resp. Dimethylsulfat und Alkali alkyliert werden. Nach dieser Methode erhält man direkt reines Toluolsulfomethylanilin, das nach der oben angegebenen Methode in Monomethylanilin umgewandelt wird. Das reine Monomethylanilin findet übrigens in der Technik keine Verwendung.

Es ist flüssig, Kp_{760} 193,8°, $D^{15}{}_{15}$ 0,9921.

Dimethylanilin, $C_6H_5 \cdot N(CH_3)_2$, wurde im Jahre 1850 von A. W. Hofmann entdeckt und durch Erhitzen von Anilin mit Jodmethyl gewonnen (*A.* **74**, 150 [1850]). Lauth hat diese Base durch Erhitzen von salzsaurem Anilin mit Holzgeist hergestellt. In die Technik wurde dieses Verfahren von Bardy eingeführt. Nach den Angaben von J. WALTER (*Ch. Ztg.* **34**, 641 f [1910]) wird das Dimethylanilin jetzt ausschließlich unter Verwendung von Schwefelsäure gewonnen.

80 *kg* Anilin, 78 *kg* Methylalkohol, 8 *kg* Schwefelsäure 66° *Bé.* werden in einem Autoklaven, der sich in einem Metallbad befindet, auf 230–235° während 9–10 Stunden erhitzt, wobei der Druck auf 28–30 *Atm.* steigt. Nach dem fast völligen Abkühlen öffnet man den Autoklavenhahn und leitet die entströmenden Gase durch einen Kühler, worin der Methylalkohol verdichtet wird. Der gebildete Methyläther entweicht nach dem Waschen mit Wasser ins Freie oder kann zweckmäßig in rauchender Schwefelsäure absorbiert werden, wobei Dimethylsulfat (s. d.) entsteht.

Der Autoklaveninhalt wird dann in den Abtreiber gedrückt, der mit einer der angewandten Schwefelsäure entsprechenden Menge Natronlauge beschickt ist; hier wird das Dimethylanilin, das noch geringe Mengen Methylalkohol enthält, mit Dampf abgeblasen und dann in einem Scheidegefäß vom Kondenswasser getrennt. Die Ausbeute beträgt 98 *kg* Dimethylanilin, das sind 92% d. Th.

Wichtig ist, daß möglichst acetonfreier Holzgeist verwendet wird (*B.* **13**, 1006 [1880]), da bei Gegenwart von Aceton die Ausbeute an Dimethylanilin vermindert wird und ein für verschiedene Zwecke unbrauchbares Dimethylanilin entsteht. Es ist ferner selbstverständlich, daß völlig reines Anilin (Blauanilin) benutzt werden muß. Der Autoklav wird zweckmäßig aus Gußeisen oder säurefestem Guß hergestellt. Das Metallbad, das zum Erhitzen des Autoklaven dient, besteht aus einer Legierung von 71% Blei und 29% Zinn.

Das Dimethylanilin ist eine fast farblose, ölige Flüssigkeit, die bei 2,5° schmilzt und bei Kp_{761} 192,5° siedet; D^{15}_{15} 0,9621. Als Verunreinigungen des technischen Dimethylanilins sind in erster Linie Anilin und Methylanilin zu erwähnen, ferner höher siedende Kondensationsprodukte, die von der Verwendung eines unreinen Methylalkohols herrühren.

Für die Untersuchung kommt die Siedepunktbestimmung und namentlich das Verhalten gegen Essigsäureanhydrid in Betracht. Reines Dimethylanilin gibt beim Vermischen mit Essigsäureanhydrid eine geringe Temperaturerniedrigung, während bei Gegenwart von Monomethylanilin und Anilin eine erhebliche Temperatursteigerung stattfindet.

Die Methode ist so empfindlich, daß sie zur quantitativen Prüfung geeignet ist, wenn das Gemisch kein Anilin und nur wenig Monomethylanilin enthält.

Es werden dann 5 *ccm* des zu prüfenden Dimethylanilins mit 5 *ccm* Essigsäureanhydrid von gleicher Temperatur gemischt, wobei jeder Grad Temperaturerhöhung ca. ½% Monomethylanilin entspricht. Hierbei ist aber zu beachten, daß beim Vermischen von völlig reinem Dimethylanilin mit Essigsäureanhydrid eine Temperaturerniedrigung von 0,5° auftritt, die natürlich bei der Berechnung zu berücksichtigen ist. Zur Bestimmung des Monomethylanilins im Dimethylanilin kann auch die von E. NÖLTING und BOASSON (*B.* **10**, 795 [1877]) angegebene Methode benutzt werden, die auf dem verschiedenen Verhalten der Basen gegen salpetrige Säure beruht. Zu diesem Zwecke wird das Anilin, Methyl- und Dimethylanilin in Salzsäure gelöst und mit Nitritlösung versetzt, wobei das Anilin in Diazobenzolchlorid, Dimethylanilin in salzsaures Nitrosodimethylanilin übergeht, die beide in Lösung bleiben, während sich das aus Monomethylanilin gebildete Methylphenylnitrosamin als gelbes Öl abscheidet, mit Äther ausgezogen und gewogen werden kann. Durch Behandeln mit Reduktionsmitteln wird schließlich daraus reines Monomethylanilin gewonnen.

Handelt es sich schließlich um die quantitative Bestimmung von Anilin und Monomethylanilin in Dimethylanilin, so leistet die von REVERDIN und DE LA HARPE (*Ch. Ztg.* **13**, 387 [1889]) angegebene Methode gute Dienste. Hiernach wird zur Bestimmung des Anilins diazotiert und das Diazobenzolchlorid mit Hilfe einer R-Salz-(α-Naphtholdisulfosäure-)Lösung von bekanntem Wirkungsgrade titriert. Eine andere Probe des Gemisches wird dann mit einem bekannten Gewicht Essigsäureanhydrid behandelt; nach dem Zersetzen des unverbrauchten Essigsäureanhydrids mit Wasser wird der Überschuß unter Verwendung von Phenolphthalein als Indikator mittels Natronlauge zurücktitriert.

Das Dimethylanilin dient zur Herstellung von Methylviolett, Michlers Keton, Krystallviolett, ferner Nitrosodimethylanilin und Dimethyl-m-aminophenol.

Nitrosodimethylanilin.

Nach WALTER werden in einem mit Rührer versehenen Holzbottich 26 *kg* Dimethylanilin in 100 *kg* Salzsäure (*D* 1,17) eingerührt und 100 *kg* fein zerschlagenes Eis hinzugefügt, wobei die Temperatur auf –15° fällt; hierauf läßt man innerhalb 5 Stunden eine Lösung von 16 *kg* Natriumnitrit in 35 *l* Wasser einlaufen, wobei die Temperatur nicht über 5° steigen soll. Nach ½ Stunde wird das salzsaure Nitrosodimethylanilin abgesaugt und mit verdünnter Salzsäure etwas gewaschen. Das auf diese Weise dargestellte Salz ist haltbar.

Durch Zersetzen mit Sodalösung wird die Base gewonnen. Sie bildet große grüne Blätter. *Schmelzp.* 85°. Die Base selbst ist nur haltbar, wenn sie mit einigen Prozenten Soda vermischt ist. Sie dient zur Herstellung von Nitrosoblau. Durch Erwärmen mit Natronlauge wird sie quantitativ in Nitrosophenol und Dimethylamin verwandelt:

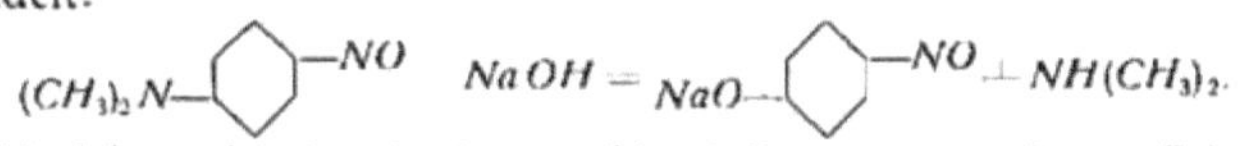

Dieses Verfahren ist das beste zur Herstellung von reinem Dimethylamin Das salzsaure Nitrosodimethylanilin wird meistens, ohne isoliert zu werden, durch Reduktion in p-Aminodimethylanilin verwandelt, das zur Herstellung von Safraninen dient. Auch für die Gewinnung von Methylenblau wird Nitrosodimethylanilin benutzt.

Äthylanilin, $C_6H_5NH \cdot C_2H_5$; Kp_{760} 204°; D^{15}_{15} 0,9643, wird hergestellt durch Erhitzen von äquimolekularen Mengen salzsauren Anilins und Äthylalkohols auf 180°, wonach beim Erkalten ca. 70% Monoäthylanilin in Form des salzsauren Salzes auskrystallisieren. Man kann auch derart verfahren, daß man das unangegriffene Anilin durch Zusatz von Schwefelsäure als schwer lösliches Anilinsulfat abscheidet, wobei das leicht lösliche schwefelsaure Monoäthylanilin in Lösung bleibt. Reines Monoäthylanilin findet als solches keine Verwendung, sondern dient als Ausgangsmaterial für die Herstellung von

Äthylbenzylanilin, $C_6H_5 \cdot N(C_2H_5) \cdot CH_2 \cdot C_6H_5$, das bei 0° noch flüssig ist. Kp_{710} 285–286° unter geringer Zersetzung. Für die technische Herstellung verfährt man derart, daß salzsaures Anilin durch Erhitzen mit Alkohol in ein Gemisch von annähernd gleichen Teilen Äthylanilin und Diäthylanilin umgewandelt wird. Dieses Gemisch wird dann mit Benzylchlorid und Sodalösung erhitzt, wobei direkt Äthylbenzylanilin sich bildet. Das Äthylbenzylanilin dient zur Herstellung von Säuregrün.

Diäthylanilin, $C_6H_5N(C_2H_5)_2$, wird durch Erhitzen von salzsaurem Anilin mit Äthylalkohol unter Druck hergestellt. Es ist jedoch schwierig, hierbei ein von Monoäthylanilin völlig freies Produkt zu erhalten. *Schmelzp.* −38,8°; Kp_{760} 215,5°; D^{15}_{15} 0,9389.

Durch Behandeln mit salpetriger Säure entsteht das p-Nitrosodiäthylanilin, das beim Erhitzen mit Natronlauge reines Diäthylamin und Nitrosophenol liefert. Das Diäthylanilin dient zur Herstellung von Brillantgrün.

Benzylanilin, $C_6H_5 \cdot CH_2 \cdot NH \cdot C_6H_5$, wird durch Einwirkung von Anilin auf Benzylchlorid gewonnen.

100 T. Benzylchlorid werden mit 300 T. Anilin gemischt. Es beginnt alsbald die Ausscheidung von salzsaurem Anilin; durch geeignete Kühlung und durch Rühren ist dafür zu sorgen, daß die Temperatur nicht über 30° steigt. Nach ungefähr 12 Stunden ist die Umsetzung beendigt; man macht mit Natronlauge alkalisch und treibt den größten Teil des unverbrauchten Anilins mit Dampf ab. Das zurückbleibende, schwer flüchtige, ölige Benzylanilin wird abgetrennt und mit 15%iger Salzsäure versetzt, wobei sich das sehr schwer lösliche salzsaure Benzylanilin ausscheidet, während das noch vorhandene Anilin als Chlorhydrat in Lösung geht. Das abgeschiedene Salz wird mit ganz verdünnter Salzsäure gewaschen und die Base daraus mit Alkali abgeschieden. Das Benzylanilin schmilzt bei 32°. *Kp* 298–300°; D_{15} 1,0698.

Diphenylamin, $C_6H_5 \cdot NH \cdot C_6H_5$, wird nach der von De Laire, Girard und Chapoteaut im Jahre 1866 angegebenen Methode noch heute technisch hergestellt. Man erhitzt molekulare Mengen von Anilin und salzsaurem Anilin während ca. 10 Stunden im Autoklaven auf 200–230° und entzieht dem Reaktionsprodukt das unverbrauchte Anilin durch Auskochen mit ganz verdünnter Salzsäure. Das unlösliche Diphenylamin erstarrt beim Erkalten und wird durch Destillation am besten im Vakuum gereinigt. *Schmelzp.* 54°; *Kp* 302°. Es dient zur Herstellung von

Orange IV (Diphenylaminorange), von Metanilgelb und Diphenylblau. Es wird ferner besonders in Frankreich bis zu 8% dem Nitrocellulosepulver als Stabilisator zugesetzt (*Z. angew. Ch.* **26**, 269 [1913]).

Methyldiphenylamin, $C_6H_5 \cdot N(CH_3) \cdot C_6H_5$, wird durch Erhitzen von Diphenylamin mit Salzsäure und Methylalkohol unter Druck gewonnen. Es ist bei gewöhnlicher Temperatur flüssig und siedet bei 292°.

Von den Diphenylaminderivaten haben die Nitroverbindungen als Zwischenprodukte ein gewisses Interesse. Sie lassen sich aber nicht durch Nitrierung in reinem Zustand herstellen, sondern werden zweckmäßig synthetisch aufgebaut.

o-Nitrodiphenylamin wird zweckmäßig durch Erhitzen von o-Chlornitrobenzol und Anilin unter Zusatz von Natriumacetat hergestellt. Es bildet gelbrote Tafeln. *Schmelzp.* 75°. Durch Reduktion entsteht das bei 80° schmelzende o-Aminodiphenylamin, welches für die Herstellung von Flavindulin dient.

Das p-Nitrodiphenylamin bildet orangefarbene, bei 133° schmelzende Blättchen. Es wird zweckmäßig nach der von F. ULLMANN angegebenen Methode (*B.* **41**, 3746 [1909]) durch Behandeln der Nitrodiphenylaminsulfosäure mit Salzsäure gewonnen.

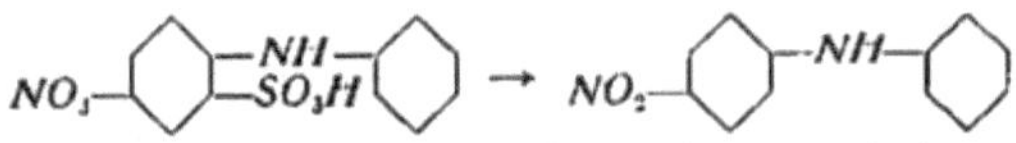

Das durch Reduktion daraus hergestellte p-Aminodiphenylamin findet zum Schwarzfärben von Haaren und Pelzen Verwendung.

Das asymetrische 2, 4-Dinitrodiphenylamin findet als solches keine Verwendung, wohl aber das sich davon ableitende 2, 4-Dinitro-4-oxydiphenylamin. Es wird aus 2, 4-Dinitro-1-Chlorbenzol und p-Aminophenol gewonnen:

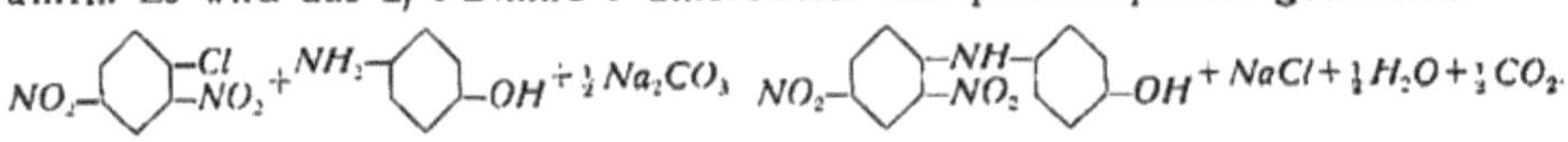

Es dient für die Herstellung von Schwefelfarbstoffen.

Das Hexanitrodiphenylamin (s. auch Aurantia) diente auch als Explosivstoff (*D. R. P.* 86295, *Griesheim*), Ausführliche Angaben über seine technische Herstellung macht Th. CARTER (*Z. Sch. Spr.* 8, 205, 251 [1913]).

Anilide.

Formanilid, $C_6H_5 \cdot NH \cdot COH$, wird durch Erhitzen von Anilin mit Ameisensäure hergestellt. Es schmilzt bei 46° und dient zur Gewinnung von p-Nitroanilin.

Acetanilid s. d.

Acetessiganilid, $C_6H_5NH \cdot CO \cdot CH_2 \cdot CO \cdot CH_3$, und seine Derivate haben in neuerer Zeit vielfach zum Aufbau von Azofarbstoffen Verwendung gefunden. Die Anilide werden zweckmäßig durch Erhitzen von Acetessigester mit Anilin oder seinen o-Substitutionsprodukten oder Homologen in einem indifferenten Lösungsmittel hergestellt.

Wirtschaftliches. Die Herstellung von Anilin und Anilinsalz wird vor allem in Deutschland ausgeführt, wo die Farbenindustrie vielfach selbständig die Reindarstellung in eigenen Betrieben ausführt. Unter den Produzenten sind besonders hervorragend die *Agfa, BASF, Griesheim, t. Meer,* FABR. DE PROD. CHIM. DE THANN ET DE MULHOUSE, *M. L. B.* und *Wülfing.* Ferner wird Anilin noch in England, Belgien, Frankreich und Rußland hergestellt, doch reicht die Produktion bei weitem nicht an die Deutschlands heran.

Die deutsche Reichsstatistik seit 1907 zeigt, daß die Ausfuhr an Anilin (Anilinöl) und Anilinsalzen, worunter in erster Linie das Chlorhydrat („Anilinsalz“

schlechtweg genannt) hervorzuheben ist, einen sehr großen Umfang gewonnen hat, während die Einfuhr ziemlich unbedeutend ist.

Anilin (Anilinöl), Anilinsalze (Nr. 2461 des Zolltarifs).

Jahr	Einfuhr		Ausfuhr	
	Menge	Wert	Menge	Wert
	dz	1000 M.	*dz*	1000 M.
1907	1372	127	87038	8051
1908	504	47	70452	6517
1909	639	59	78819	7496
1910	3576	331	73291	7158
1911	457	41	74846	7236
1912	208	19	75528	6544

Während die geringe Einfuhr aus Belgien und England kam, erstreckte sich die Ausfuhr in den beiden letzten Jahren 1911 und 1912 vor allem auf die folgenden Länder.

–	Ausfuhr 1912 in *dz*	Ausfuhr 1911 in *dz*
Vereinigte Staaten	23346	24665
Schweiz	11783	9112
Rußland	7959	11598
Österreich-Ungarn	7340	7655
England	5693	5423
Italien	5437	6266
Spanien	3286	2486

Literatur: G. SCHULTZ, Die Chemie des Steinkohlenteers. Bd. I, Braunschweig 1900. – W. HARMSEN, Die Fabrikation der Teerfarbstoffe und ihrer Rohmaterialien. Berlin 1889. – LUNGE-BERL, Chemisch-technische Untersuchungsmethoden. 6. Aufl., Bd. IV, Berlin 1911. – The Chemical Trade Journal **1906**, 59. *F. Ullmann.*

Anilingrau, B, R (*Agfa, Cassella*), saure Azinfarbstoffe, entstehen beim Sulfieren der spritlöslichen Nigrosine und dienen fast nur noch zum Färben von Seide. *Ristenpart.*

Anilinscharlach R (*t. Meer*), basischer Triphenylmethanfarbstoff. Ziegelrotes bis dunkelrotes Pulver; dient zum Färben tannierter Baumwolle, ferner zum Färben von Papier, Jute, Kokos, hauptsächlich aber zum Färben vegetabilisch gegerbten Leders, da die erzielten Scharlachtöne voll und reibecht sind. *Ristenpart.*

Anilinschwarz. Die Entdeckung des Anilinschwarz dürfte RUNGE zuzuschreiben sein, der bereits im Jahre 1834 beobachtete, daß das aus Steinkohlenteer isolierte Kyanol (Anilin), als salzsaures Salz auf einen mit Bichromat getränkten Stoff aufgedruckt, nach zwölf Stunden eine grüne Färbung ergibt, die dem Waschen widersteht. Die praktische Verwendung dieser Reaktion zum Färben und Bedrucken der Gewebe war allerdings erst möglich, nachdem durch die Arbeiten von A. W. HOFMANN die Identität des Kyanols mit dem Anilin, das man durch Reduktion von Nitrobenzol herstellen konnte, erwiesen war und das Anilin durch den Aufschwung der Farbenindustrie seit den Sechzigerjahren des vorigen Jahrhunderts technisch zugänglich geworden war.

Die englischen Chemiker CALVERT, CLIFT und LOWE (*E. P.* vom 11. Juni 1860) waren wohl die ersten, die die Erzeugung von Dunkelgrün bzw. Dunkelblau (Azurin) auf der Faser durch Oxydation von Anilin erzielten; aber die eigentliche Herstellung von Anilinschwarz dürfte wohl erst LIGHTFOOT in Accrington im Jahre 1863 (*F. P.* vom 28. Januar 1863) erreicht haben, der die Oxydation von Anilinsalz durch Chlorat bei Gegenwart eines löslichen Kupfersalzes als Sauerstoffüberträger vornahm. Die LIGHTFOOTsche Erfindung war von der größten Tragweite und ist die

Basis zahlreicher späterer Verfahren. Für Druckzwecke ist allerdings das LIGHTFOOTsche Schwarz deshalb nicht geeignet, weil das lösliche Kupfersalz die Stahlrackel angreift; CHARLES LAUTH gehört (1864) das Verdienst, das unlösliche Schwefelkupfer eingeführt zu haben, das jetzt noch gebraucht wird; später (1876) wurden von GUYARD und WITZ dafür auch Vanadinsalze gebraucht, 1881 auch unlösliches Bleichromat (Schmidlin, vgl. Kattundruck). An Stelle von Chlorat erwiesen sich noch andere Oxydationsmittel als technisch geeignet, so Manganbister (LAUTH 1869), Bichromat (BOBOEUF, 1865), Ferro- und Ferricyansalze bei Gegenwart von Chlorat (CORDILLOT 1863) u. a. m., die sich nach und nach einführten und zu den jetzigen Verfahren Anlaß gaben.

Die Bedeutung des Anilinschwarz in der Textilindustrie ist eine ganz enorme; es werden täglich tausende von Kilogrammen Anilin auf der Faser zu Anilinschwarz oxydiert. Nur ein geringer Bruchteil wird in Substanz erzeugt und dient als Lackfarbe im Kattundruck.

Konstitution, Formel und Eigenschaften des Anilinschwarz.

Das Anilinschwarz bildet sich durch einen Oxydationsvorgang aus Anilin, u. zw. können, wie in der Einleitung schon erwähnt wurde, die verschiedensten Oxydationsmittel zur Verwendung kommen. Es ist allerdings hierbei zu beachten, daß die Oxydation nur unter bestimmten Bedingungen erfolgt; am besten geht sie bei Gegenwart eines Metalles vor sich, welches verschiedene Oxydationsstufen bildet und daher als Sauerstoffüberträger dient (Kupfer, Vanadium, Eisen u. s. w.); doch ist, wie ROSENSTIEHL erwiesen hat, die Gegenwart eines Metalles nicht unbedingt nötig, und es können auch organische Körper: p-Phenylendiamin, p-Aminophenol u. s. w. (vgl. GREENsches Verfahren) die Rolle des Sauerstoffüberträgers spielen.

Die Formel und Konstitution des Anilinschwarz selbst waren lange Zeit unbekannt, trotzdem sich viele Forscher: GOPPELSROEDER, NIETZKI, KAYSER, LIECHTI und SUIDA u. a. m. mit dieser Frage ausführlich beschäftigten. Es ist aber zu bemerken, daß die Anwendung des Anilinschwarz vom praktischen Standpunkte aus sich unbekümmert um die wissenschaftliche Forschung entwickelte, und die erst in den letzten Jahren erfolgte Aufklärung der Konstitution durch WILLSTAETTER, GREEN und Mitarbeiter hat vorläufig an den Anwendungsmethoden, die ohne Kenntnis dieser Konstitution entstanden waren, nichts geändert.

Die Oxydation des Anilins zu Anilinschwarz erfolgt unter Wasserstoffentziehung und wurde früher wie folgt formuliert: $x(C_6H_5NH_2) + xO = (C_6H_5N)_x + xH_2O$. Heute wissen wir, daß das Anilinschwarz der Formel $(C_6H_{4\frac{1}{2}}N)_8$ entspricht, daß also zur Oxydation etwas weniger Sauerstoff nötig ist, als man früher annahm. Dagegen besteht die Tatsache weiter, daß das Anilin nur in Form seiner Salze (Chlorhydrat, Sulfat, Nitrat, Tartrat u. s. w.) oxydiert werden kann, und da die entstandene Schwarzbase weniger Säure bindet als das als Ausgangsmaterial dienende Anilin, so muß notwendigerweise bei dem Oxydationsprozeß Säure frei werden, die unter ungünstigen Umständen auf die pflanzliche Faser zerstörend einwirken kann. Insbesondere hat sich dieser Übelstand in der ersten Zeit der Anilinschwarzerzeugung störend bemerkbar gemacht, bis er durch passende Maßnahmen (Anwendung der schwächer wirkenden organischen Säuren, Weinsäure z. B.) behoben werden konnte; doch ist es jetzt noch nicht möglich, ein Oxydationsschwarz oder Dampfschwarz herzustellen, welches die Faser absolut nicht angreift. Selbst mit den besten Verfahren ist eine Schwächung von mindestens 10% vorhanden, die bei unvorsichtigem Arbeiten ganz beträchtlich zunehmen kann. Dies ist der eine Übelstand des Anilinschwarz, der von Blauholzschwarz und Schwefelschwarz nicht geteilt wird; ein zweiter Übelstand ist seine Vergrünbarkeit, d. h. die Tatsache, daß Anilinschwarz beim Lagern und Tragen, insbesondere auch durch den Einfluß der schwefligen Säure grün wird. Um diese Tatsache richtig zu erfassen, sei, ohne auf Einzelheiten einzugehen, die an anderer Stelle ausgeführt werden sollen, folgendes über die Konstitution desselben hier bemerkt.

Bei der Oxydation von Anilin werden nach den jetzigen Ansichten mindestens acht Anilinkerne indaminartig verknüpft; es sind demnach verschiedene Chinonstufen denkbar, u. zw. ein- bis vierfach chinoide Produkte. Die zweifach chinoide Stufe dürfte dem sog. Emeraldin ($C_{48}H_{38}N_8$) entsprechen, welche als Base blau (Azurin von CALVERT), als Salz grün ist; durch Oxydation entsteht daraus das 4fach chinoide Schwarz, das Pernigranilin ($C_{48}H_{34}N_8$), welches viel dunklere Salze ergibt und daher von Säuren weniger verändert wird. Durch Einwirkung von Reduktionsmitteln, insbesondere schwefliger Säure, wird das Pernigranilin zu Nigranilin, dann zu Emeraldin reduziert und dadurch auch die Säureempfindlichkeit gesteigert; Nigranilin ist aber wie Emeraldin, wenn auch schwieriger, vergrünlich.

Der wenig gefärbten Leukobase des Anilinschwarz kann mit großer Sicherheit die folgende entwickelte Formel zugeschrieben werden:

$C_{48}H_{42}N_8$:

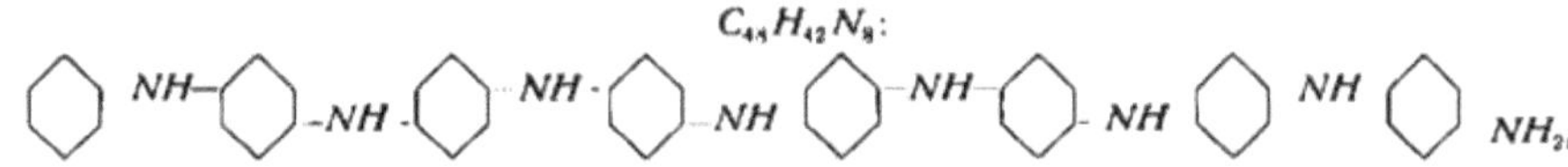

so daß die für uns interessanten Oxydationsstufen folgende Konstitution haben[1]:

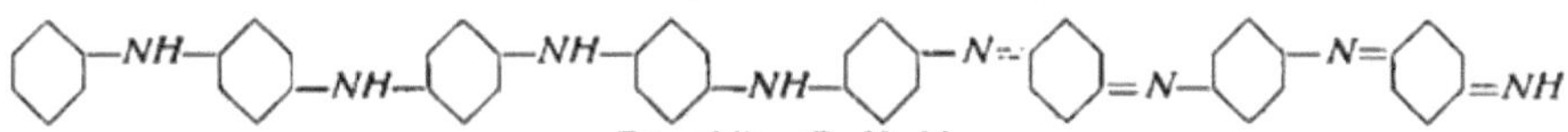

Emeraldin: $C_{48}H_{38}N_8$.

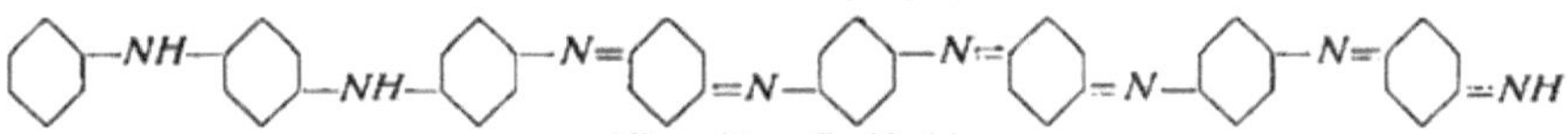

Nigranilin: $C_{48}H_{36}N_8$

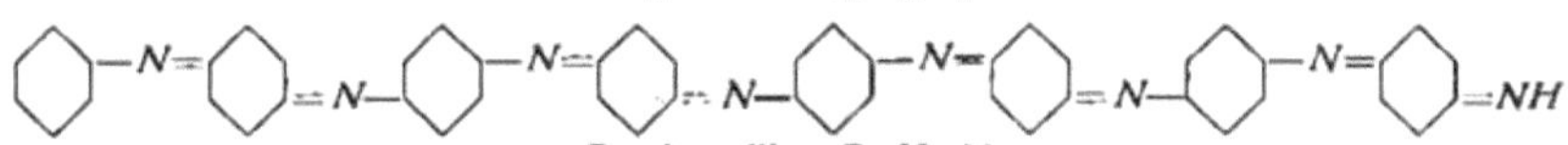

Pernigranilin: $C_{48}H_{34}N_8$

(wobei für die 2fache und 3fache chinoide Stufe die chinoiden Kerne willkürlich angenommen wurden).

Nun kennt aber die Technik ein wenig vergrünliches oder unvergrünliches Schwarz, das durch Säuren und Reduktionsmittel nicht oder kaum verändert wird, und welches aus dem vergrünlichen Schwarz durch weitergehende Oxydation, insbesondere bei Gegenwart von Anilin erzeugt werden kann. Wenn man sich vergegenwärtigt, daß das Nigranilin ein Indamin ist, so wird die Überführung in unvergrünliches Schwarz dadurch bewirkt, daß durch Einführung von Anilin bei gleichzeitiger Oxydation ein Azinderivat sich bildet, u. zw. kann, da mehrere chinoide Stufen vorhanden sind, die Azinbildung ein oder mehrere Male stattfinden, so daß auch hier verschiedene Produkte bzw. Stufen denkbar sind.

GREEN kommt daher zum Schluß, daß das unvergrünliche Anilinschwarz ein hochmolekulares Azin, bzw. Arylazoniumderivat darstellt, welches als Base z. B. folgender Formel entspräche[2]:

[1] Vgl. WILLSTAETTER und Mitarbeiter, *B.* **42**, 2147, 4118 [1909]; **43**, 2588, 2976 [1910]; **44**, 2162 [1911]; dann die folgenden Arbeiten von GREEN und Mitarbeitern.

[2] H. BUCHERER, *B.* **40**, 3412 [1907]; **42**, 2931 [1909]; A. G. GREEN und A. CH. WOODHEAD, *Soc.* **97**, 2388 [1910]; A. G. GREEN und S. WOLFF, *B.* **44**, 2570 [1911]; Journ. Soc. Dyers. **28**, 250 [1912]; *B.* **46**, 33 [1913]; F. GRANDMOUGIN, *Ch. Ztg.* **37**, 844 [1913].

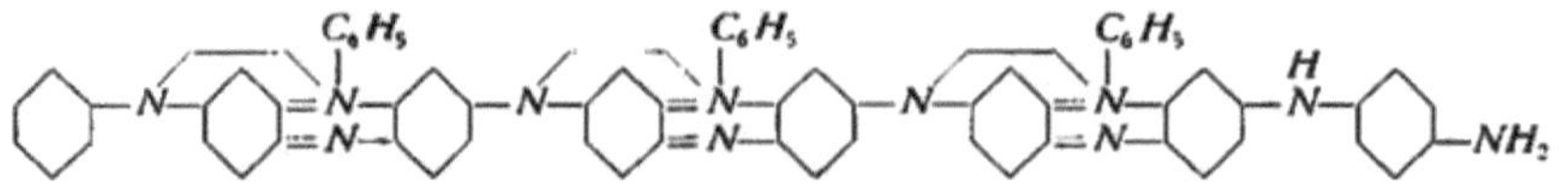

Unvergrünliche Anilinschwarzbase (nach GREEN).

Diese Formel ist vorläufig nur der vermutungsweise Ausdruck der Konstitution des technischen Anilinschwarz. Es ist dann weiter möglich, daß die endständige Gruppe ebenfalls chinoid wird, und dann kann durch Hydrolyse die Imidgruppe abgespalten und durch Sauerstoff ersetzt werden. Dies würde die Basizität verringern und dadurch die Unvergrünbarkeit erhöhen. In der ursprünglichen Ansicht WILLSTAETTERS war das unvergrünliche Schwarz ein Indaminschwarz mit endständiger O-Gruppe. Diese Auffassung erklärt nach den Untersuchungen des Verfassers nicht genügend das Unvergrünlichmachen. Zurzeit ist die GREENsche Formel sicher der beste Ausdruck für das Verhalten des in der Hitze erzeugten technischen Anilinschwarz, während die durch kalte Oxydation erzeugten Anilinschwarz wohl nach dem Indamintypus aufgebaut sind.

Welcher Stufe die auf der Faser erzeugten Schwarz entsprechen, ist mit Sicherheit nicht bekannt; aus dem sehr verschiedenen Verhalten der nach verschiedenen Methoden erzeugten Schwarz scheint aber hervorzugehen, daß die auf der Faser erzeugten Produkte selten einheitlich sind und wahrscheinlich Mischungen verschiedener Oxydations- bzw. Kondensationsstufen darstellen. Außerdem ist es möglich, daß zum Teil auch sauerstoffhaltige Produkte erzeugt werden, was aus der Hartnäckigkeit zu schließen ist, mit der die mit Hilfe von Metallsalzen erzeugten Schwarz Metalloxyde zurückhalten. Bei den mit Hilfe von Ferro- oder Ferricyaniden erzeugten Schwarz spielt das entstehende Berlinerblau ebenfalls eine gewisse Rolle; in anderen Fällen (Verfahren KÖNITZER) wird es sogar als Beize benutzt.

Man ist entschieden berechtigt, anzunehmen, daß die Anilinschwarz, die auf der Faser erzeugt werden, sehr verschiedenartiger Natur sein können; außer den Indaminschwarz (Emeraldin, Nigranilin und Pernigranilin) sowie den wenig vergrünlichen Azinschwarz, die wir zur bequemeren Übersicht unserer Entwicklung zugrunde gelegt haben, können alle möglichen Übergänge und Mischungen vorhanden sein. Man wird überhaupt zweckmäßiger von einer Anilinschwarzgruppe sprechen, die zahlreiche Glieder umfassen kann, wobei außerdem nicht ausgeschlossen ist, daß noch Körper aus anderen Farbstoffgruppen entstehen, wie es die Bildung von mauveinartigen Farbstoffen bei der Oxydation beweist. Immerhin dürfte die gegebene Erklärung ein genügendes Bild der Erscheinungen bei der Oxydation von Anilin ergeben.

Durch weitergehende Oxydation ergibt das durch kalte Oxydation erzeugte Anilinschwarz (Indaminschwarz) glatt Chinon, woraus auch die Konstitution desselben folgt; die technisch erzeugten Schwarz sind jedoch gegen Oxydationsmittel erheblich beständiger, obgleich sie auch bei starker Oxydation in braune Produkte übergeführt werden können. Reduktionsmittel führen die Anilinschwarz durch Wasserstoffaufnahme in wenig gefärbte Leukoprodukte über, welche dann leicht wieder zu Schwarz oxydiert werden können.

Anwendung des Anilinschwarz.

Wie schon vorhin erwähnt wurde, gehört die Erzeugung des Anilinschwarz zu den allerwichtigsten Färbeprozessen. Das Anilinschwarz ist deshalb wertvoll, weil seine Erzeugung sehr einfach und verhältnismäßig billig ist; dann aber auch, weil die erzeugte Färbung, was Schönheit und Echtheit anbelangt, von keinem künstlichen oder natürlichen Schwarz übertroffen wird. Seine Hauptverwendung ist auf Baumwolle, wo es trotz der Konkurrenz des älteren Blauholzschwarz und der neueren Schwefelschwarz sowie der direktziehenden Schwarz, die spezielle Verwendungsgebiete gefunden haben, immer noch eine erste Rolle spielt und wohl kaum verdrängt werden wird. Es dient sowohl zum Färben von Garn wie von Gewebe; dann wird es im Kattundruck für schwarze Muster auf weißem Grunde (Hemdenmuster) und sehr viel nach dem Reserveverfahren (weiße Muster auf schwarzem Grunde, sog. Trauerartikel) in gewaltigen Mengen erzeugt. Außer in der Baumwollfärberei und Baumwolldruckerei dient es in der Seiden- und insbesondere der Halbseidenfärberei (Futterstoffe, Schirmstoffe), dann auch für Halbwolle (Verfahren Könitzer); dagegen hat es für die Wollfärberei bis jetzt nur geringe Bedeutung erlangt, da hier infolge der zahlreichen und billigen Säureschwarz, bzw. der schwarzen Chromentwicklungsfarbstoffe ein eigentlicher Bedarf nicht vorliegt. Dagegen scheint es neuerdings Bedeutung für den Wolldruck (Battegay) zu erlangen. Anilinschwarz wird außerdem neben Blauholzschwarz auch auf Fellen und Pelzen gefärbt.

Obgleich in der Literatur eine Anilinschwarzsulfosäure (Nietzki) erwähnt ist, ist die Existenz einer solchen zweifelhaft; sie käme event. zur Färbung der Wolle nach Art der Säureschwarz in Betracht.

Die Erzeugung des Anilinschwarz kann im wesentlichen nach zwei Methoden erfolgen: entweder auf nassem Wege, sog. Färbeschwarz, von dem es verschiedene Ausführungsarten gibt, oder durch Oxydation bei höherer Temperatur (Oxydationsschwarz). Je nachdem die Oxydation durch Verhängen in warmer Luft oder durch kurzes Dämpfen vorgenommen wird, kann man entweder Hängeschwarz oder Dampfschwarz unterscheiden. Ersteres dient hauptsächlich für Garn (Diamantschwarz), letzteres besonders für Gewebe in den Kattundruckereien. Ausführlichere Vorschriften werden weiter unten gegeben werden.

Die Vorteile der Einbadschwarz sind die, daß die Farberzeugung ohne besondere Einrichtungen direkt im Färbebade vorgenommen werden kann; die Faser wird kaum angegriffen, dagegen ist das Schwarz weniger schön und zeigt, weil die Farbstofferzeugung in einem Bade erfolgte, den Übelstand des Abreibens oder Abrußens, der um so erheblicher ist, je konzentrierter die zur Farberzeugung dienenden Bäder sind. Das Einbadschwarz kommt nur für Garn in Frage.

Am schönsten ist das Oxydationsschwarz, das sowohl auf Garn wie auf Gewebe ausgeführt wird, u. zw. indem die Faser mit den zur Erzeugung von Schwarz nötigen Materialien getränkt wird. Hierauf wird getrocknet und die Entwicklung der Farbe bei höherer Temperatur (Hängen oder Dämpfen) vorgenommen. Das so erzeugte Schwarz reibt nicht ab, dagegen ist es kaum möglich, die Oxydation ohne Schwächung der Faser durchzuführen; ferner stellt es sich im allgemeinen auch teurer als das Einbadschwarz.

Für die Druckerei kommt nur das Oxydationsschwarz in Frage.

Zur übersichtlichen Besprechung wird es sich empfehlen, zunächst die Färbeverfahren von Anilinschwarz auf Garn und Gewebe, dann zusammenhängend die Druckverfahren durchzunehmen.

Zunächst sei kurz die Verwendung des Anilinschwarz in Substanz erwähnt.

Anilinschwarzlack. Unter diesem Namen wird das Anilinschwarz in Substanz unter Pastenform hergestellt und im Kattundruck als Albuminfarbe gebraucht. Durch Dämpfen wird das Albumin koaguliert und dadurch der Lack auf der Faser festgeklebt. Diese Fabrikation wird hauptsächlich für Futterstoffe benützt. Nach dem Dämpfen geht die Ware direkt zur Appretur, ein Waschen findet also nicht statt. Gegenüber der üblichen Arbeitsweise, bei der das Anilin auf der Faser oxydiert wird und ein nachträgliches Waschen und Seifen notwendig ist, bedeutet diese Arbeitsweise eine erhebliche Vereinfachung. Der Aufdruck findet auf weißer Ware statt, oder es wird vorher in hellgrau u. s. w. grundiert; außer Schwarz werden dann auch einzelne bunte Farben, wie blau (Ultramarin), rot u. s. w. verwendet. Bei dem Reversible genannten Artikel wird die Linksseite zunächst mit Schwarzlack grundiert und die Rechtsseite, die mit einem direktziehenden Farbstoff grau (Methylengrau) gefärbt wird, mit Anilinschwarzlack bemustert.

Die Herstellung der Anilinschwarzlacke kann nach verschiedenen Vorschriften erfolgen; es handelt sich darum, ein möglichst fein verteiltes Produkt zu erhalten, das sich glatt druckt und dessen Gestehungspreis niedrig ist. Dafür werden verschiedene Mineralsalze zugegeben, die an der Lackbildung teilnehmen und die Gestehungskosten vermindern. Die Darstellungsmethode möge aus folgenden, der Praxis entstammenden Vorschriften ersehen werden.

I. 600 *l* Wasser, 12,5 *kg* Anilinöl, 6,25 *kg* Salzsäure 20° *Bé*, 17,5 *kg* Schwefelsäure 66° *Bé*, 21 *kg* Natriumbichromat werden auf 90° erhitzt, bis die Lackbildung vollendet ist; man läßt dann abkühlen, filtriert auf der Filterpresse, wäscht mit Wasser nach und stellt auf 100 *kg* ein.

II. 200 *l* Wasser, 4 *kg* Ferrosulfat, 1 *kg* Salpetersäure 36° *Bé*, 12,5 *kg* Anilinöl, 14 *kg* Salzsäure, 3,5 *kg* Natriumchlorat und 5 *kg* Natriumbichromat werden ca. 1/2 Stunde gekocht. Man läßt über Nacht stehen, verdünnt auf 400 *l*, oxydiert nach durch Zusatz von 8 *kg* Natriumbichromat in der Kälte, filtriert, wäscht aus und stellt auf 100 *kg* ein.

Anilinschwarzfärberei auf Garn.

A. Färbeschwarz. Versetzt man eine saure Anilinsalzlösung mit Bichromat, so entsteht ein Niederschlag von Anilinschwarz im Bade. Wird aber diese Operation in Gegenwart von Baumwollgarn vorgenommen, so bildet sich der Anilinschwarzlack auf der Faser und bleibt auf ihr haften, so daß bei genügender Konzentration durch Fällung ein Schwarz auf der Faser erzeugt wird.

Man kann nun entweder die Ausfärbung im kalten Bade vornehmen, wobei zur Schwarzbildung ziemlich konzentrierte Bäder nötig sind, oder aber die Ausführung bei höherer Temperatur bewirken, wobei in verdünnterem Bade gearbeitet wird. Das erstere Verfahren hat den Vorteil, daß die Kosten für Erhitzen des Bades erspart werden, dagegen tritt der Übelstand des Abreibens in viel höherem Maßstabe auf als bei dem warmen Verfahren. Dieser Nachteil erklärt sich durch die Bildungsweise des Schwarz, da die Fällung besonders in konzentriertem Bade mehr auf der Oberfläche der Faser erfolgt und die Farbe nicht genügend in das Innere eindringen kann. Es sind allerdings verschiedene Verfahren gefunden worden, um diesen Übelstand in weitgehendem Maße zu verhindern.

Zur Ausführung des kalten Verfahrens wird in Nordfrankreich, insbesondere Lille, Tourcoing, Roubaix u. s. w. das Verfahren von Bobeuf gebraucht.

Es wird folgendermaßen ausgeführt: man stellt zwei Lösungen her:

I.	II.
6 *kg* Anilin werden gelöst in	12 *kg* Natriumbichromat gelöst in
9 " Salzsäure	200 *l* Wasser
12 " Schwefelsäure und	
200 *l* Wasser	

Zum Färben werden je 2 *l* jeder Lösung in einer Steingutschale gemischt und sofort 1 *kg* Baumwollgarn eingeführt und gut umgezogen, damit gleichmäßige Tränkung erfolge. Das Schwarz entwickelt sich in 1–2 Minuten; es ist stark bronzefarbig. In derselben Weise färbt man die ganze Partie weiter, dann werden die Stränge ausgewunden, um die überschüssige Flotte zu entfernen, und dann in einem geeigneten Dämpfapparat 20 Minuten bei 1/4 *Atm.* gedämpft; hierauf wird gespült und geseift. Durch diese Operationen verändert sich der Ton des Schwarz, das bronzefarbige Aussehen verschwindet und man erhält ein Kohlschwarz, das als praktisch unvergrünlich bezeichnet werden kann.

Andererseits wird das Kaltschwarz auch in verdünnterem Bade erzeugt, wobei allerdings die Entwicklung längere Zeit beansprucht. Es werden z. B. gebraucht 8–10% Anilin, 16–20% Salzsäure, 20% Schwefelsäure, 14–20% Bichromat und mitunter 10% Eisenvitriol vom Gewichte des zu färbenden Garnes. In einer geeigneten Färbekufe mit geringem Flottenraum mischt man zuerst die Hälfte der Ingredienzien, geht mit der gut genetzten Ware ein, färbt 1–1½ Stunden; dann wird die zweite Hälfte zugegeben und weiter gefärbt, bis die gewünschte Tiefe erreicht ist. Soll das Schwarz unvergrünlich sein, so muß vor dem Spülen, wie oben, gedämpft werden oder mit saurer Bichromatlösung überoxydiert werden. Nachher wird gut gespült und mit Seife eventuell unter Sodazusatz kochend geseift.

Vielfach arbeitet man nach dem heißen Verfahren in verdünntem Bade. Für ein solches Einbadfärbeschwarz rechnet man 8–12%, im Mittel ca. 10% Anilinsalz vom Garngewicht, und es kann der Ansatz innerhalb gewisser Grenzen schwanken. Die folgenden Angaben (Ratgeber, *M. L. B.* 114) sollen daher nur zur Zurechtfindung dienen.

Abb. 153. Garnfärbemaschine für Schwarz.
(ZITTAUER MASCHINENFABRIK UND EISENGIESSEREI A. G. Zittau i. S.

Man beschickt das Färbebad mit:

10% Anilinsalz
14% Salzsäure 22° *Bé*
3,5% Schwefelsäure 66° *Bé* und fügt nach dem Erkalten eine Lösung von
13% Natriumbichromat zu.

(Alle Angaben beziehen sich auf % von Garngewicht.)

Man geht kalt mit dem Garn ein, zieht ½ Stunde in der Kälte um und steigt dann innerhalb einer weiteren ½ Stunde zum Kochen und läßt ¼–½ Stunde nachziehen. Das Garn ist nun schwarz gefärbt; es wird hierauf gut gespült, um den oberflächlich fixierten Lack zu entfernen. Hierauf wird kochend geseift, gelegentlich unter Zusatz von 1% Blauholzextrakt, um den Ton blauer zu erhalten.

Die Ausführung der Färbeoperationen erfolgt bei kleineren Partien auf der gewöhnlichen Färbekufe, wobei das Umziehen durch Hand bewirkt wird. Bei großen Partien, die bei Schwarz oft in Betracht kommen, empfiehlt sich die Verwendung einer Färbemaschine, die in verschiedenen Konstruktionen existiert und infolge der unvermeidlichen Einfärbung vorteilhaft nur für diesen Zweck gebraucht wird.

Auch das Spülen und das Seifen werden bei großen Partien selbstredend auf entsprechenden Garnwaschmaschinen vorgenommen.

Der Übelstand des Einbadschwarz ist, wie mehrfach schon erwähnt wurde, seine Reibunechtheit. Es hat nicht an Vorschlägen gefehlt, um diesem Übelstand abzuhelfen; allerdings wird meistens die Arbeitsweise dadurch verwickelter.

Nach einer Beobachtung von JOURDAIN kann man die Ware zuerst mit direktziehenden Farbstoffen grundieren und überfärbt mit einem schwächeren Anilinschwarz. JOURDAIN selbst gebrauchte für diesen Zweck Congo- oder Benzopurpurin (welche durch Säuren bekanntlich tiefblau werden); *M. L. B.* empfehlen ihr Dianilschwarz *CR*, das 2%ig aufgefärbt und dann mit halb- oder viertelstarker Anilinschwarzflotte, je nach der Tiefe der zu erzeugenden Schwarz, übersetzt wird. Es lassen sich auch andere schwarze, direktziehende Baumwollfarbstoffe verwenden, die allerdings der Nachbehandlung mit Kupfersulfat und Bichromat widerstehen müssen; weniger dürften die Diazotierschwarz in Betracht kommen. Man kann auch zunächst mit Schwefelschwarz grundieren. Das Grundierverfahren soll insbesondere beim Färben von losem Material gute Resultate ergeben, da reines Färbeschwarz, auf loser Baumwolle erzeugt, in der Spinnerei sehr schlecht läuft.

B. Oxydationsschwarz. Handelt es sich darum, ein reibechtes Schwarz zu erzeugen, wie ein solches für Strickgarn, Strumpfwaren u. s. w. nötig ist, so muß das Oxydationsverfahren eingeschlagen werden. Der leitende Gedanke ist der, auf das zu färbende Garn eine Anilinschwarzmischung aufzubringen, die in der Kälte beständig ist, bei höherer Temperatur sich aber zu Dunkelgrün entwickelt, welches durch Chromieren zu Schwarz umgewandelt wird. Übelstände der Oxydationsschwarz, meist Diamantschwarz genannt, sind die unvermeidliche Schwächung der Faser, die der bei der Oxydation auftretenden Salzsäure zuzuschreiben ist. Sie läßt sich bedeutend verringern durch Verwendung von gut gelüfteten Oxydationshängen einerseits, andererseits durch passende Zusätze: Tonerdeacetat, Tonerdelactat (*D. R. P.* 96600), Alkohol (MAROT und BONNET) u. s. w., welche tatsächlich eine schützende Wirkung ausüben. Dieses Schwarz wird viel in der Chemnitzer Gegend (LOUIS HERMSDORF in Chemnitz, GEBR. WOLF in Krimmitschau), dann in Troyes (CLÉMENT MAROT & CO.) gefärbt; doch werden die Verfahren im allgemeinen streng geheim gehalten, da ein gutes Diamantschwarzverfahren einen hohen finanziellen Wert darstellt. Für die Technik des Verfahrens kann die folgende Vorschrift dienen (NOELTING, LEHNE II. 151).

Das zu färbende Rohgarn wird zunächst ausgekocht, dann gespült und getrocknet. Für 100 *kg* Garn bereitet man sich ein Stammbad, welches aus:

15 *kg*	Anilinsalz
0,7 „	Kupfervitriol
4,7	Natriumchlorat
0,5	Salmiaksalz
6,1	essigsaure Tonerde 10° *Bé*

für 125 *l* Bad zu 8° *Bé* besteht. Von der Stammbeize werden etwa 10 *l* in eine Steingutschale gegeben und dann das Garn, Kilo für Kilo, imprägniert, wobei das absorbierte Bad durch Nachbessern von Stammbeize ersetzt wird. Das Garn muß genetzt werden, dann am Pfahle leicht ausgewunden werden; hierauf wird zentrifugiert, um den Überschuß der Flüssigkeit zu entfernen, dann kommt das Garn in die Oxydationskammer.

Die Oxydationskammer muß passend eingerichtet und vor allem mit einer kräftigen Absaugevorrichtung versehen sein, um die gebildeten sauren Dämpfe, die eine Schwächung der Faser verursachen, möglichst rasch abzusaugen. Man rechnet für 100 *kg* Garn einen Fassungsraum von ca. 80–100 *cbm*; bei einer Höhe von 4,5 *m* also 4 *m* Breite und 5 *m* Länge. Die Garne werden entweder auf Stöcken aufgehängt, oder bei großen Lieferungen benutzt man entsprechende Oxydationshaspel.

Diese werden von den Maschinenfabriken in vertikaler oder horizontaler Ausführung geliefert; sie sind für die Bearbeitung großer Partien ganz unentbehrlich.

Die Temperatur der Kammer sei 30–35°; sie kann durch entsprechende Heizvorrichtungen reguliert werden. Den Verlauf der Oxydation verfolgt man durch an passender Stelle angebrachte Glasfenster, wo auch die Thermometer (trockenes und nasses Thermometer) angebracht sind.

Das mit dem Anilinklotz getränkte Garn ist schmutzig weiß; zunächst wird es getrocknet, was in ca. 4—6 Stunden erfolgt. Die hierbei hellgrün gewordene Ware oxydiert sich dann weiter im Verlauf von ca. acht Stunden oder mehr bei 35°—30° (35° trockenes Thermometer, 30° feuchtes Thermometer), bis sie schwarzgrün geworden ist. Durch Chromieren wird nun das Schwarz vollkommen entwickelt. Will man allerdings ein unvergrünliches Schwarz erzeugen, so muß die Chromierung bei Gegenwart von Anilin vorgenommen werden (Überführung von Indaminschwarz in Azinschwarz, bezw. Überfärbung mit Einbadschwarz); man behandelt dann das aus der Oxydationskammer kommende Garn pro 50 *kg* in einem Bade, das mit:

1000 *l* Wasser
3 *kg* Natriumbichromat
1 „ Schwefelsäure 66° *Be*
0,25 *kg* Anilinsalz

angesetzt ist, bei ca. 50°, hierauf wird gespült und bei 80° mit Seife und Soda geseift.

Das erwähnte Oxydationsverfahren läßt sich nicht nur auf Garn anwenden, es ist auch für lose Baumwolle geeignet unter Verwendung eines von Theilig und Klaus in Krimmitschau konstruierten Oxydationsapparates, in welchem das Material durch eine mit Stäben versehene, rotierende Welle locker und offen gehalten wird. Weitere Apparate für denselben Zweck sind von Wagner und Hamburger in Görlitz, dann auch von Monnet konstruiert worden.

Abb. 154 Oxydationshaspel für Garn.
(ZITTAUER MASCHINENFABRIK UND EISENGIESSEREI A G. Zittau i. S.)

Dann kann das Marot - Bonnetsche Schwarz unter Alkoholzusatz ebenfalls zum Färben von Copsen, Kreuzspulen und gewickeltem Material überhaupt benutzt werden; für diesen Zweck soll sich der von L'Huillier konstruierte Apparat besonders bewähren. Die Oxydation erfolgt hier durch Einblasen eines warmen Luftstromes mittels einer perforierten Nickelhülse im Innern der Bobine, so daß die Oxydation von innen nach außen erfolgt.

Anilinschwarz auf Stückware.

Besonders wichtig ist auch die Erzeugung von glattem Anilinschwarz auf Stückware für Satin, Köper u. dgl. m., die ebenfalls größtenteils unter Verwendung von Oxydationsschwarz vor sich geht.

Die Zusammensetzung des Klotzbades entspricht der bereits bei der Garnfärberei gegebenen; folgende Vorschrift, die im Elsaß gebraucht wird, hat sich technisch vollkommen im Großbetrieb bewährt.

Man klotzt die Stücke mit folgendem Anilinschwarzklotz:

I.	II.
In 145 *l* Wasser werden gelöst:	In 110 *l* Wasser werden gelöst:
7,35 *kg* Natriumchlorat	25 *l* Anilin
5,625 „ Kupfersulfat	$22^1/_2$ *l* Salzsäure 19° *Bé*
5,625 Chlorammon	4,25 *kg* Weinsäure
6,700 Eisennitratbeize 42° *Bé*	

Vor dem Gebrauch werden Lösung I und II vermischt und dann auf 300 *l* eingestellt, wobei zu beachten ist, daß die Mischung sich nur kurze Zeit unverändert hält.

Das Klotzen erfolgt auf dem Foulard, das Trocknen auf der angeschlossenen Hotflue (Trockenkammer mit heißer Luft oder mit Dampfplatten). Die eben trocken herauskommenden Stücke müssen sofort in die Oxydationshänge gebracht werden, da sonst durch die Reaktionswärme bei der Oxydation die Stücke bis zur Selbstentzündung erhitzt werden. Die Oxydation erfolgt wie bei Garnware bei einer Temperatur von 35°–30° innerhalb 6–8 Stunden.

Bei großer Produktion werden auch hier kontinuierliche Oxydationsapparate verwendet, von denen besonders der von C. A. Preibisch in Reichenau bei Zittau (*D.R.P.* 32079) sich eingeführt hat.

Die aus dem Foulard kommende Ware wird im ersten Teile des Apparates zunächst getrocknet und im zweiten Teile unter den günstigsten Feuchtigkeits- und Temperaturbedingungen (44–50°) oxydiert. Ventilatoren saugen die gebildeten sauren Gase möglichst rasch ab, wodurch der Angriff der Ware auf ein Minimum reduziert wird.

Abb. 155. Oxydationsapparat nach Preibisch.
(ZITTAUER MASCHINENFABRIK UND EISENGIESSEREI A. G. Zittau i. S.)

Die dunkelgrün aus der Oxydation kommenden Stücke werden nun durch Chromieren zu Schwarz entwickelt; dann wird auf der Waschmaschine gewaschen, geseift und event. mit Quercitron aufgesetzt, um den richtigen Ton zu erhalten.

Das so erzeugte Schwarz ist allerdings vergrünlich; soll es für Schirmstoffe u. dgl. m. unvergrünlich gemacht werden, so ist eine Nachbehandlung nötig; entweder wird mit Dinitrosoresorcin nachgefärbt (welches sich auf dem vorhandenen Eisen fixiert) oder auf frischem Bade mit Oxydationsmitteln: Kaliumbichromat, Natriumchlorat, Kupfersalzen u. s. w. unter Zusatz geringer Mengen Anilinsalz kochend nachbehandelt. Die chromierten und getrockneten Stücke werden z. B. in einem Bade geklotzt, welches 10 *g* Anilinsalz, 10 *g* Kupferchlorid und 5 *g* Chlorat pro *l* enthält, dann zwei Minuten bei 100° gedämpft (vgl. Scheurer, *Bull. Soc. Ind. Mulh.* **1902**, 132; F. Weber, Grosheintz, Mura, *Bull. Soc. Ind. Mulh.* **1900**, u. a. m.).

Dieses Verfahren zum Unvergrünlichmachen entspricht dem bei Garn bereits angeführten. Sehr gut, aber auch sehr teuer ist das Dämpfen mit Aluminiumchlorat unter Zusatz von Ferricyankalium.

Dann kann man Glattschwarz erzeugen auf dem Wege des Dämpfens mit Hilfe des in der Druckerei viel verwendeten Prussiatschwarz (Prud'hommeschwarz). Die halbgebleichten Stücke werden mit folgendem Bade geklotzt:

Anilinsalz:	80–130 *g*	pro 1 *l* Wasser.
Anilinöl:	8– 30 „	
Natriumchlorat:	30– 40 „	
Ferrocyankalium:	55– 95 „	

Die Konzentration richtet sich einerseits nach der Tiefe des zu erreichenden Schwarz, andererseits aber auch nach der Warenqualität; je dünner die Ware, um so konzentrierter muß der Klotz sein. Die in der Hotflue getrockneten Stücke werden dann durch zwei Minuten langes Dämpfen im Mather-Platt entwickelt, dann wird chromiert, gewaschen und ev. geseift. Das Verfahren ist rascher als das Oxydationsverfahren, der Angriff vielleicht weniger erheblich, die Vergrünbarkeit, da es sich um bei höherer Temperatur entwickeltes Schwarz handelt, wesentlich geringer als bei dem auf dem Oxydationswege erzeugten Schwarz; dagegen sind die Kosten wohl höhere. Ganz unvergrünlich ist das Schwarz auch nicht; auch hierzu bedarf es einer nachträglichen Behandlung (vgl. o.).

Unvergrünliches Schwarz in einer Operation kann man erzeugen unter Verwendung von Anilinsalz unvergrünlich (Oehler), das viel m-Toluidin enthält, sich aber nicht dauernd eingeführt hat, dann auch unter Verwendung von Diphenylschwarzbase I (*M. L. B.*), d. i. p-Aminodiphenylamin, an Stelle von Anilin. Trotzdem das so erhaltene Schwarz vollkommen unvergrünlich in einer Operation, also ohne Nachbehandlung, erhalten werden kann und den Stoff fast kaum angreift, da die Oxydation bei Gegenwart von organischen Säuren vorgenommen werden kann, so hat es sich seines erheblichen Preises wegen doch nur in beschränktem Maße eingeführt und muß auf eine eingehende Schilderung der Schwarzfärberei hier verzichtet werden. Die gesamten Verfahren übrigens sind durch die Publikationen von *M. L. B.* leicht zugänglich.

Bemerkenswert ist das neuerdings Green patentierte Verfahren (*D. R. P.* 204514; vgl. *Z. Farbenind.* **26**, 243 [1909]), in welchem kein Oxydationsmittel zugegeben wird, aber die Oxydation durch den Luftsauerstoff bei Gegenwart von Kupferchlorid erfolgt. Es muß in diesem Falle dem Anilinsalz etwas p-Phenylendiamin (oder p-Aminophenol) zugesetzt werden, welche unter diesen Bedingungen die Sauerstoffaufnahme ermöglichen. Das Schwarz wird in gewohnter Weise durch Hängen oder Dämpfen entwickelt. Auch andere Paradiamine können gebraucht werden (*D. R. P.* 208518). Das Greensche Verfahren ist für Baumwolle und Seide bestimmt. Auch auf Haare läßt sich das Verfahren anwenden (*D. P. a.* F. 29352, *Z. Farbenind.* **1910**, 308.). Durch Wegfall des Oxydationsmittels wird das Schwarz billiger; trotzdem scheint es bis jetzt ausgedehntere praktische Anwendung nicht gefunden zu haben.

Anilinschwarz im Kattundruck.

Die Verwendung von Anilinschwarz im Kattundruck ist eine außerordentlich wichtige; sie sei allerdings hier nur der Vollständigkeit halber erwähnt, da sie ausführlicher im Zusammenhang mit den übrigen Druckverfahren erläutert werden soll (s. Druckerei).

Da die Druckerei nichts anderes ist als eine örtliche Färberei, so könnten im Prinzip dieselben Verfahren gebraucht werden; doch müssen dabei natürlich verdickte Farben zur Verwendung kommen, damit ein Auslaufen der Farbe verhindert wird und die Muster scharf stehen.

Aus verschiedenen Gründen haben sich aber vor allem die Oxydationsschwarz bewährt, die aus Anilinsalz, Chlorat und einem Sauerstoffüberträger bestehen. Von diesen haben sich insbesondere das unlösliche Schwefelkupfer, dann Vanadiumchlorid und Bleichromat dauernd eingeführt. Die Entwicklung der Schwarz erfolgt entweder in der Warmhänge oder in modern eingerichteten Fabriken durch kurzes Dämpfen im Schnelldämpfer (Mather-Platt). Für schwere Muster haben sich besonders die Prussiat-Dampfschwarz bewährt, deren Zusammensetzung vollkommen der für Glattschwarz gegebenen entspricht, bloß ist das Wasser durch Stärke-Traganthverdickung zu ersetzen. Dieses Schwarz kann nur durch Dämpfen entwickelt werden. Nach der Oxydation wird meistens chromiert, dann ein Soda- und Seifenbad gegeben. Vielfach wird Anilinschwarz mit Beizen, insbesondere Tonerdeacetat, kombiniert, das unter gleichen Bedingungen fixiert wird; durch nachheriges Ausfärben in Alizarin erhält man schwarze und weiße Muster auf rotem Grunde. Dann läßt sich Anilinschwarz noch mit vielen anderen Farben verbinden.

Von der allergrößten Bedeutung ist der Prud'hommeartikel, der den früheren Trauerartikel auf Eisenbeize mit Blauholz fast vollkommen verdrängt hat. Wird nämlich das Gewebe durch den Prussiatanilinschwarzklotz gezogen und dann getrocknet, so kann man durch Aufdruck von alkalisch wirkenden Substanzen die Entwicklung des Schwarz beim Dämpfprozeß verhindern; man erhält dann weiße Muster auf schwarzem Grunde. Es lassen sich auch bunte Muster erzeugen, wodurch die Vielseitigkeit dieses klassischen Artikels noch vergrößert wird.

Seit 1891 bringen *M. L. B.* zur Schwarzerzeugung p-Aminodiphenylamin unter dem Namen Diphenylschwarzbase I, dann auch als Diphenylschwarzöl *DO*, mit Anilin gemischt, in den Handel. Bei richtiger Verwendung läßt sich ein vollständig unvergrünliches Schwarz ohne Faserschwächung erzielen, welches nur den Übelstand des höheren Gestehungspreises gegenüber Anilinschwarz aufweist.

Anilinschwarz auf gemischten Fasern und auf tierischen Fasern.

Große Wichtigkeit besitzt die Anilinschwarzerzeugung auf Halbseide, wo sie insbesondere mit Prussiatanilinschwarz in der für Baumwolle angegebenen Weise erfolgen kann und für Futterstoffe und Schirmstoffe viel gebraucht wird. Für reine Seide dagegen wird fast immer das in der Seidenfärberei zu besprechende Blauholzschwarz verwendet.

Auf Halbwolle hat sich das Färbeverfahren von FR. KÖNITZER (*Z. Farbenind.* **4**, 314 [1905]) bewährt. Es besteht darin, die Gewebe in Berlinerblau mit einer sauren Ferricyankaliumlösung vorzubeizen und hierauf in einem geeigneten Anilinschwarzbad auszufärben.

Für die Ausführung des Prud'hommeartikels auf Halbwolle ist das Verfahren von POKORNY (*Bull. Soc. Ind. Mulh.* **1900**, 112) zu empfehlen. Die gebleichten Stücke werden zunächst mit saurer Chlorkalklösung behandelt (chloriert), um die Wolle aufnahmefähig zu machen, dann durch den Prussiatanilinschwarzklotz gezogen, mit Ätzweiß oder Ätzfarben bedruckt, feucht gedämpft und gewaschen. Für Gloriastoffe (Wolle und Seide) sowie Halbwolle findet auch das Diphenylschwarz einige Verwendung.

Daß das Anilinschwarz auf Wolle nicht aufgeht, hatte schon LIGHTFOOT erkannt und der reduzierenden Wirkung der Wollfaser zugeschrieben. Um diese zu beheben, wurde sie daher chloriert, d. h. mit Chlorkalk und Säure behandelt, eine Operation, die sich seitdem in die Praxis der Wolldruckerei eingeführt hat.

Die Erzeugung von Anilinschwarz auf Wolle hat viele Forscher beschäftigt; es hat aber diese Schwarzerzeugung auf dieser Faser bei weitem nicht die Bedeutung wie für Baumwolle, da schwarze Wollfarbstoffe, sowohl saure wie Chromentwicklungsfarben, in allen Echtheitsgraden und billig zur Verfügung stehen. Dann wird auch noch viel Blauholzschwarz auf Wolle gefärbt. Weiter hat Anilinschwarz auf Wolle den Übelstand, nicht reibecht zu sein, und es erscheint kaum möglich, diesen Übelstand vollkommen zu beheben. Man könnte Wolle auch nach dem Verfahren KÖNITZERS glattschwarz färben.

Mehr Interesse bietet die Anilinschwarzerzeugung im Wolldruck, wo sie die Ausführung weißer und bunter Ätzmuster auf schwarzem Grunde gestattet.

Hier sind vor allem zu erwähnen das Verfahren KALLAB-OEHLER (*D. R. P.* 68887; 71729) und das neue Verfahren von BATTEGAY-HEILMANN (*D. R. P.* 247495), welches durch den Zusatz von p-Phenylendiamin zur Druck-, bzw. Klotzfarbe charakterisiert ist.

Endlich sei erwähnt, daß Anilinschwarz sich auch auf Kunstseide in ähnlicher Weise wie auf Baumwolle färben läßt (für Einzelheiten s. F. BELTZER, *M. Sc.* 88, 1017 [1907].

Literatur: KIELMEYER, Die Entwicklung des Anilinschwarz, Leipzig 1893. — NOELTING und LEHNE, Anilinschwarz, II. Aufl. (Springer) sowie die franz. Aufl. (1908). WITT-LEHMANN, Technologie der Gespinstfasern, 1911 (Vieweg). *E. Grandmougin.*

Anilinviolett (*Griesheim, t. Meer, Jäger*), ältester künstlicher Anilinfarbstoff nächst der Pikrinsäure, 1856 von PERKIN durch Oxydation von toluidinhaltigem Anilin entdeckt („Mauvein"). Basischer Azinfarbstoff, der nur noch zum Weißfärben von Seide im Seifenbade verwendet wird.

z. B.:

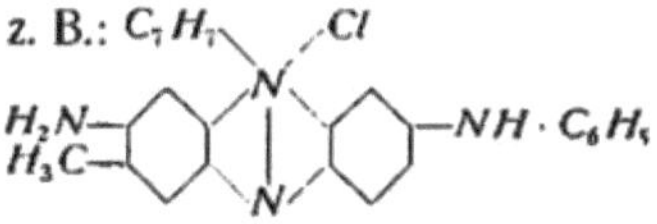

Das entsprechende ms-Phenyl-phenyltolusafraninchlorid wird unter dem Namen ROSOLAN (*M. L. B.*) fabriziert und hat gleiche Verwendung wie das obige ms-Tolylphenyltolusafraninchlorid. *Ristenpart.*

Anionen. Anion nennt man den Bestandteil eines Elektrolyten, welcher durch den Strom zum positiven Pol, zur Anode, geführt wird. Gemäß dem Satze der Elektrizitätslehre, daß sich entgegengesetzte Elektrizitäten anziehen, legt man dem Anion negative elektrische Ladung bei, u. zw. nimmt man an, daß ein einwertiges Anion eine Einheit negativer elektrischer Ladung besitzt, ein zweiwertiges Anion zwei Einheiten u. s. w. Man bezeichnet diese negativen Ladungseinheiten in der Schrift, indem man entweder über das betreffende Atomzeichen einen — Strich setzt oder (bequemer für den Druck) rechts oben einen kleinen Strich anfügt, z. B. Cl'; mehrere Ladungen drückt man durch mehrere Strichlein aus, schreibt also SO_4'' PO_4''' u. s. w. Durch diese die Wertigkeit berücksichtigende Schreibweise wird dem FARADAYschen Gesetze Rechnung getragen, nach welchem zur Abscheidung eines Grammäquivalentes (gleichgültig von welchem Stoffe) immer dieselbe Anzahl von Ampèrestunden (rund 27 Amp.-St.) erforderlich sind.

Nach der Ionentheorie sind freie Ionen, Anionen wie Kationen (s. d.), in jeder elektrolytisch leitenden Lösung vorhanden; bei Stromdurchgang werden die am negativen Pol zuwandernden Anionen entladen und wandeln sich nun zu elektrisch neutralen Molekülen um, z. B. treten zwei entladene Chloratome zu einem Mol. Cl_2 zusammen.

Die Art der Anionen, welche ein Elektrolyt abspaltet, ergibt sich gewöhnlich durch die Untersuchung der an der Anode entstehenden Produkte. Öfters sind die Anionen verwickelter aufgebaut, als man bei oberflächlicher Betrachtung annahm, z. B. enthält eine Lösung von Cyansilber in Cyankalium das Anion $Ag(CN)_2'$. Derartige Anionen, in welchen ein Bestandteil enthalten ist, der für sich gewöhnlich als Kation auftritt (im genannten Beispiele Ag) nennt man komplexe Anionen.

Mehrwertige Elektrolyte können auch mehrere Arten von Anionen abspalten, z. B. H_2SO_4 in erster Stufe HSO_4' und in zweiter Stufe SO_4''. *K. Arndt.*

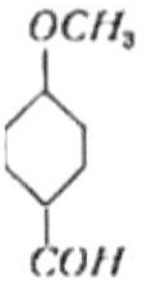

Anisaldehyd, p-Methoxybenzaldehyd kommt in alten Anis- und Fenchelölen vor, ist als Bestandteil des Cassiablütenöls und in der Tahiti-Vanille (WALBAUM, Wallach-Festschrift, **1909**, 649) und in dem ätherischen Öl von Pelea madagascarica Baill. (Geschäftsbericht von SCHIMMEL & Co., April **1911**) nachgewiesen worden.

Darstellung durch Oxydation von Anethol mit verdünnter Salpetersäure oder Chromsäure, oder mit Luft unter Bestrahlung mit ultra-violettem Licht (GENTHE & Co., *D. R. P.* 225708; *Ch. Ztrlbl.* **1910**, II, 1008.) oder mit Ozon (OTTO und VERLEY, *D. R. P.* 97620; *Ch. Ztrlbl.* **1898**, II, 693). GATTERMANN gewinnt Anisaldehyd durch Einleiten von Salzsäure in ein Gemisch von Anisol mit Blausäure (*D. R. P.* 99568; *Ch. Ztrlbl.* **1899**, I, 461).

Eigenschaften: Farblose, intensiv nach Weißdorn riechende Flüssigkeit, die unter 4 *mm* Druck bei 91°, unter Atmosphärendruck bei 248° siedet, D^{15} 1,126 bis 1,129, $n_{D20} = 1{,}572$; leicht löslich in verdünntem Alkohol.

Bei der Oxydation entsteht Anissäure. Das Semicarbazon schmilzt bei 203—204°; das Anis-anti-aldoxim bei 63°, das Anis-syn-aldoxim bei 132°. Der Anisaldehyd wird wegen seines angenehmen Geruchs vielfach in der Parfümerie angewandt (s. Riechstoffe). *A. Hesse.*

Anisidin s. Phenol.

Anisotheobromin (G. HELL & Co., Troppau), Theobrominnatrium-Natriumanisat, nach SZTANKAY (*Ph. P.* **1907**, S. 154) von der Formel

$$C_7H_7N_4O_2Na \cdot C_6H_4(OCH_3)COONa,$$

ist dem Theobrominnatrium-Natriumsalicylat nachgebildet und wird analog bereitet. Weißes, wenig hygroskopisches Pulver, schwer löslich in kaltem, leicht in heißem Wasser. Angeblich frei von den Nebenwirkungen des oben erwähnten Salicylats auf das Herz, wurde Anisotheobromin an dessen Stelle empfohlen, konnte sich jedoch nicht einführen. *Zernik.*

Annalin (Pearl hardening) ist fein verteilter, durch künstliche Fällung erhaltener Gips, der in der Papierfabrikation (s. Papier) als Füllmaterial dient. *F. Ullmann.*

Anogon (CHEM. FABRIK TROMMSDORFF, Aachen), die Mercuroverbindung der Dijodparaphenolsulfosäure (die Mercuriverbindung ist als Sozojodolquecksilber bekannt), dargestellt nach *D. R. P.* 245534, ein feines, schwefelgelbes, mikrokrystallinisches Pulver mit 48,5% *Hg* und 30,7% *J*, unlöslich in Wasser, Alkohol, Äther, wurde 1911 in 10%iger öliger Suspension zur Injektion bei Lues empfohlen, blieb aber ohne Bedeutung. *Zernik.*

Anstrichfarben s. Malerfarben.

Anthion s. Photographie unter Fixierpapier.

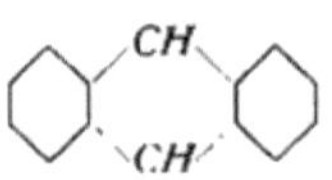

Anthracen, ein fester Kohlenwasserstoff der aromatischen Reihe, der im Jahre 1832 von DUMAS und LAURENT in den hochsiedenden Teilen des Steinkohlenteers entdeckt wurde (*A.* 5, 10 [1833]; *A. ch.* [2] 50, 187).

Die wichtigsten Arbeiten, welche Aufklärung über Natur, Eigenschaften und Konstitution dieses Körpers brachten, stammen von FRITZSCHE (*A.* **109**, 249 [1857]), TH. ANDERSON (*A.* **122**, 294 [1862]), LIMPRICHT (*A.* **139**, 308 [1866]), BERTHELOT (*A.* **142**, 254) und GRAEBE und LIEBERMANN (*B.* **1**, 49 [1868]; *A.* Suppl. **7**, 297 [1870]).

Von außerordentlicher Tragweite, wenn auch nicht so sehr in wissenschaftlicher, als vielmehr in wirtschaftlicher Beziehung, war die im Jahre 1868 von Graebe und Liebermann gemachte Beobachtung, daß man Anthracen erhält, wenn man Alizarin, den damals nur aus der Krappwurzel hergestellten Farbstoff, der Reduktion mittels Zinkstaubs unterwirft (*B.* **1**, 49 [1868]). Durch diese Entdeckung und die damit verknüpften anderen klassischen Untersuchungen der beiden Forscher wurde die Industrie des synthetischen Alizarins begründet, die das Anthracen zu einem der wichtigsten Produkte des Steinkohlenteers machte.

Anthracen wird lediglich aus Steinkohlenteer gewonnen und ist in anderen Teeren überhaupt nicht vorhanden.

Merkwürdigerweise ist das Anthracen, obgleich es in Deutschland jährlich in Tausenden von Tonnen gewonnen und verarbeitet wird, bisher nicht in reiner, auch nicht einmal in annähernd reiner Form in den Handel gebracht worden, wenn man von den wenigen Kilogrammen absieht, die für Versuche oder wissenschaftliche Arbeiten verwendet wurden. Vielmehr besteht das Anthracen des Handels in Qualitäten, die gewöhnlich nur einen Gehalt von 40, 45 oder 50%, im Maximum 80% Reinanthracen aufweisen. Dieses technische Anthracen wird in den Teerdestillationen aus dem Rohanthracen gewonnen, welches sich aus der Anthracenölfraktion des Steinkohlenteers beim Erkalten abscheidet. Die Trennung vom Öle geschieht durch Abnutschen, Schleudern oder Filtrieren durch Filterpressen, bzw. durch Kombination dieser Verfahren. Das so gewonnene Rohanthracen enthält, je nachdem es besser oder schlechter vom Öle befreit ist, je nach der Natur der zur Destillation gekommenen Teere und je nach den Grenzen, innerhalb deren die Anthracenölfraktion gewonnen wurde, 12—22% Reinanthracen. Die Begleiter des Anthracens im Rohprodukt sind Acenaphthen, Fluoren, Phenanthren und Carbazol in beträchtlichen Mengen, Methylanthracen, Pyren, Chrysen, Biphenoxyd, Acridin, Paraffin u.a.m. in kleinen Quantitäten.

Da der Gehalt des so gewonnenen Rohproduktes zu niedrig ist, um den Ansprüchen der Farbenfabriken zu genügen, wird eine Anreicherung vorgenommen, die entweder darin besteht, daß man durch hydraulische Kalt- und event. auch Heißpressen die Öle und leicht schmelzbaren Beimengungen noch ausgiebiger entfernt, oder besser darin, daß die Begleitkörper, die nicht nur leicht schmelzbar, sondern auch leichter löslich sind, zum Teil ausgewaschen werden. Als Waschmittel werden Solventnaphtha, das sind die hochsiedenden Kohlenwasserstoffe der Benzolreihe, oder Kreosotöle der Steinkohlenteerdestillation benutzt. Die Operation des Waschens wird in durch Dampf heizbaren und durch Wasser kühlbaren, mit Rührwerk versehenen Kesseln vorgenommen, aus denen das Waschgut dann auf Nutschen etc. befördert wird. So entstehen die Handelswaren von 40 und 45% Reingehalt. Durch keines der beiden genannten Verfahren gelangt man indessen praktisch zu einem Produkt, das mehr als 50% Anthracen besitzt.

Da eine Ware von 50% Reingehalt weder zur Sulfurierung noch zu der technisch viel bedeutsameren Oxydation zum Chinon rein genug ist, so wird zum Teil in den Teerproduktenfabriken, zum Teil in den Farbwerken eine weitere Reinigung und Anreicherung vorgenommen, die im wesentlichen auf eine Entfernung des Carbazols hinausläuft.

Dieser letztere Körper hat mit dem Anthracen außer dem Siedepunkt auch annähernd den Schmelzpunkt gemein und unterscheidet sich auch in den Löslichkeitsverhältnissen im allgemeinen nur wenig. Dennoch gibt es einige Lösungsmittel, die sich dem Anthracen anders als dem Carbazol gegenüber verhalten und von denen man demzufolge bei der Reinigung des Anthracens Gebrauch macht. Es sind dies vorzüglich die Pyridinbasen, auch Chinolin und Anilin, und ferner die bei der trockenen Destillation des Holzes entstehenden Ketone, wie Aceton, Methyläthylketon etc., in denen Carbazol leichter löslich ist als Anthracen.

Nach dem *D. R. P.* 42053 der Aktiengesellschaft für Teer- und Erdölindustrie verwendet man zur Reinigung des Anthracens Pyridinbasen. Über die technische Ausführung vgl. Alizarin.

Nach dem *D. R. P.* 78861 (*Bayer*) wird in einem mit Rührwerk und Dampfmantel versehenen, geschlossenen Kessel das Rohanthracen mit der knapp anderthalbfachen Menge Acetons, Acetonöls oder eines höheren Homologen des Acetons, wie Methyläthylketon, angerührt. Dann wird die Masse auf 60° erwärmt und während einer Stunde auf dieser Temperatur gehalten. Hierauf wird erkalten gelassen, das Anthracen abfiltriert und mit der Hälfte der Menge des Lösungsmittets nachgewaschen. Das auf dem Filter gebliebene Anthracen wird in üblicher Weise gepreßt und getrocknet und enthält dann ca. 80% Reinprodukt.

Beide Verfahren haben Anwendung in großem Maßstabe gefunden.

Außerdem sind von Lösungsmitteln Ölsäure (*D. R. P.* 38417, Remy und Erhart), flüssige schweflige Säure (*D. R. P.* 68474, *Bayer*) und wasserfreies flüssiges Ammoniak (*D. R. P.* 113291, Welton) vorgeschlagen worden.

Man kann aber noch auf einem zweiten, ganz andern Wege zu einem hochprozentigen Anthracen gelangen, indem man von der Eigenschaft des Carbazols, mit Kali unter gewissen Bedingungen eine Verbindung einzugehen (Graebe, A. **202**, 22 [1880]), Gebrauch macht. Anthracen besitzt die Fähigkeit hierzu nicht. Dieses Verhalten des Carbazols ist bekannt, und die Destillation des Rohanthracens bzw. technischen Anthracens über Kali war eine seit langem ausgeübte Reinigungsmethode. Hierbei wird jedoch ein Teil des Anthracens wie auch des Carbazolkaliums zerstört und das Destillat durch die Zersetzungsprodukte wieder verunreinigt, so daß das Verfahren wenig empfehlenswert ist. Erst durch die im *D. R. P.* 111359 der Aktiengesellschaft für Teer- und Erdölindustrie gegebenen Verbesserungen wurde die Kalischmelze einigermaßen brauchbar gemacht.

Dieses Verfahren besteht in folgendem:

Das Rohanthracen wird geschmolzen und die Schmelze, welche eine Lösung des Anthracens in seinen Begleitern bildet, in großen, etwa 2000 *kg* fassenden, gut isolierten Kesseln langsam partiell erkalten gelassen. Hierbei krystallisieren zuerst die einen höheren Schmelzpunkt besitzenden Komponenten des Rohmaterials, das Anthracen und Carbazol, aus, während das leichter schmelzende Phenanthren mit dem Rest von Anthracen und Carbazol noch flüssig bleibt und von den Krystallen abgelassen wird, sobald die Abscheidungen etwa 50% betragen. Die Krystalle werden nunmehr in einer mit Rührwerk versehenen gußeisernen Blase mit der auf die vorhandene Carbazolmenge berechneten Menge 50%iger Kalilauge bei einer Temperatur, die 260° nicht wesentlich überschreiten darf, verschmolzen. Nachdem die Reaktion vollendet ist, wird das Rührwerk abgestellt. Die Schmelze trennt sich hiernach in zwei Schichten; die untere Schicht von dünnflüssigem, geschmolzenem Carbazolkalium zieht man zuerst durch den am Boden des Schmelzkessels angebrachten Hahn ab und hierauf, getrennt, das noch flüssige Anthracen, läßt letzteres bis auf eine wenig über seinem Schmelzpunkt liegende Temparatur abkühlen und dann in ein anderes Gefäß in etwa die gleiche Menge Benzol oder Solventnaphtha einfließen. Das Benzol hält das Phenanthren in Lösung, während das schwerlösliche Anthracen sich abscheidet und durch Abpressen oder Abschleudern gewonnen wird. Man erhält nach diesem auch im Großen ausgeübten Verfahren ein schwach braun gefärbtes Pulver von 80–90% Reingehalt.

Ein ähnliches Patent (*D. R. P.* 178764), laut dem das über Kali geschmolzene Anthracen im Vakuum abdestilliert und das Destillat in Basen aufgefangen werden soll, hat die *Agfa* genommen.

Die Kalischmelze hat jedoch immerhin den Nachteil, kostspielig und unbequem zu sein.

Andere Wege, auf denen man das Anthracen reinigen kann, sind im *D. R. P.* 122852 von WIRTH angegeben, nach dem man das Carbazol mit salpetriger Säure in benzollösliches Nitrosocarbazol überführt, während Anthracen im Benzol nur schwer löslich ist, und im *D. R. P.* 164508 von VESELY und VOTOCEK, nach dem eine Anthracenlösung mit konz. Schwefelsäure, die das Carbazol bindet, behandelt wird. Jedoch werden die letzteren Verfahren nicht ausgeübt.

Um chemisch reines Anthracen herzustellen, muß man das nach einer der oben angegebenen Methoden, am besten durch die Kalischmelze, vorgereinigte technische Anthracen im Vakuum umdestillieren und systematisch aus Benzol umkrystallisieren, ev. auch sublimieren.

Das reine Anthracen bildet vollkommen weiße Blätter mit blauvioletter Fluoreszenz. Es siedet unter gewöhnlichem Drucke bei 360° und schmilzt bei 213°. Es ist in allen Lösungsmitteln schwer löslich; die zahlenmäßigen Literaturangaben über Löslichkeit sind meist unzuverlässig.

Anthracen ist leicht als solches sowie in Gestalt seines Chinons und seines rotgefärbten Pikrats, $C_{14}H_{10} \cdot C_6H_2(NO_2)_3OH$, zu identifizieren. Letzteres schmilzt bei 170° und wird von Alkohol, Natron und sogar Wasser leicht zersetzt.

Bei der Oxydation mit Chromsäure liefert das Anthracen Anthrachinon (s. d.), das bei weitem wichtigste Derivat.

Chlor führt das Anthracen bei gewöhnlicher Temperatur in Dichloranthracen über; bei höherer Temperatur entstehen Gemische von Additions- und Substitutionsprodukten. Brom bildet einen Körper, der z. T. Substitutions-, z. T. Additionsprodukt ist (K. H. MEYER und K. ZAHN, *A.* **396**, 167, [1913]). Salpetersäure wirkt hauptsächlich oxydierend.

Setzt man eine Lösung von Anthracen dem Sonnenlicht aus, so bildet sich Paraanthracen (Dianthracen) (GRAEBE und LIEBERMANN, *A.* Suppl. **7**, 264 [1870]), das noch schwerer löslich ist als Anthracen und bei 244° schmilzt, wobei es Anthracen zurückbildet. Nach LUTHER und WEIGERT (*Ch. Ztrbl.* **1904**, II, 117 und **1905**, I, 1152) geht das Anthracen nicht nur in Lösung, sondern auch in festem Zustand in Dianthracen über.

Die Wertbestimmung des Anthracens geschieht durch Überführung in das Chinon und ist eine der genauesten Methoden der organischen Analyse.

Man benutzt ausschließlich die Methode von LUCK (*Z. anal. Ch.* **16**, 81 [1877]), die im Laboratorium *M. L. B.* (Höchster Anthracenprobe) ausgearbeitet und nur in unwesentlichen Kleinigkeiten von den einzelnen Farbenfabriken abgeändert worden ist. Sie besteht in folgendem:

Nach sorgfältiger Probenahme wird in einem Wägeröhrchen 1 *g* des zu untersuchenden Anthracens genau abgewogen und in einen mit Rückflußkühler versehenen Kolben von 500 *ccm* Inhalt gebracht. Dann fügt man 45 *ccm* Eisessig hinzu und erhitzt zum Sieden, bis alles gelöst ist. Zu dieser Lösung, die in stetem Sieden zu erhalten ist, läßt man durch einen Kapillarheber tropfenweise eine Lösung von 15 *g* reiner krystallisierter Chromsäure (von 95% Reingehalt) in 10 *ccm* Eisessig und 10 *ccm* Wasser so zufließen, daß diese Operation 2 Stunden in Anspruch nimmt. Nachdem das Eintropfen der Chromsäure beendet ist, hält man weitere 2 Stunden im Sieden, also im ganzen 4 Stunden, und läßt dann 12 Stunden stehen. Hierauf gibt man allmählich 400 *ccm* Wasser in den Kolben und läßt das gebildete Anthrachinon 3 Stunden abscheiden. Alsdann bringt man es auf ein Papierfilter und wäscht zunächst mit kaltem Wasser und hierauf mit 200 *ccm* kochender 1%iger Kalilauge und schließlich mit kochendem Wasser nach, bis alles Kali entfernt ist. Der Filterinhalt wird nunmehr sorgfältig in eine kleine gewogene Schale abgespritzt, das Wasser auf dem Wasserbade verjagt und die Schale mit dem Anthrachinon bei 100° getrocknet. Dann fügt man die 10fache Menge rauchender Schwefelsäure mit 16% Anhydrid zu und erhitzt 10 Minuten lang auf 100°. Die Schale mit der Anthrachinonlösung wird nunmehr behufs Wasseranziehung unter einer Glasglocke auf sehr feuchtes Fließpapier gestellt und 12 Stunden stehen gelassen. Hiernach wird der entstandene Krystallbrei in ein Becherglas gespült und mit 200 *ccm* Wasser versetzt, das Anthrachinon abfiltriert und in gleicher Weise, wie oben angegeben, mit Wasser, Alkali und Wasser ausgewaschen. Der Filterinhalt wird alsdann in eine Platinschale gespritzt, das Wasser verdunstet und die Schale mit Inhalt bei 100° getrocknet und gewogen. Hierauf wird das Anthrachinon durch vorsichtiges Erhitzen über freier Flamme verflüchtigt (wobei die Schale nicht zum Glühen kommen darf) und die Schale mit den zurückbleibenden geringen Mengen Kohle und Asche zurückgewogen. Die Differenz der beiden Wägungen ergibt die Menge des Anthrachinons, aus der man durch Multiplikation mit 0,856 die Menge des Anthracens erhält.

Seine fast ausschließliche Verwendung findet das Anthracen zur Fabrikation des Anthrachinons, welches zur Herstellung des künstlichen Alizarins in sehr beträchtlichen Mengen benötigt wird.

Bei der Oxydation des Anthracens zu Anthrachinon (s. d.) benutzt man im großen Bichromat und verdünnte Schwefelsäure, geht aber nicht von reinem Anthracen aus, sondern kann technische Anthracene von 80 und weniger Prozent verwenden, weil das Anthracen vom Oxydationsmittel leichter angegriffen wird als seine Begleiter. Immerhin ist es empfehlenswert, den Anthracengehalt möglichst hoch zu wählen; auch auf die Feinheit und auf die gute Verteilung ist besonderer Wert zu legen.

Gefürchtet ist ein zu großer Gehalt des Anthracens an Methylanthracen, weil dieses die Nuance des Alizarins unvorteilhaft verändert. Für seine Bestimmung existiert noch keine genaue analytische Methode. Ein anderer unliebsamer Begleiter des Rohanthracens ist Paraffin. Letzteres findet sich in größerer Menge nur dann im Teere, wenn dieser aus Rohmaterialien stammt, welche einen größeren Zusatz von Cannel- oder anderen Paraffinkohlen erfahren haben. Betreffs seiner Bestimmung vgl. man HEUSLER und HERDE (*Z. angew. Ch.* 8, 253 [1895]) sowie KRÄMER und SPILKER (*Lunge-Berl* 3, 433).

Nach den Angaben von KÖHLER (LUNGE-KÖHLER, Industrie des Steinkohlenteers, 5. Aufl.) kann man annehmen, daß im Jahre 1880 von den deutschen Alizarinfabriken etwa 1400 *t* Reinanthracen verbraucht worden sind, von denen die deutschen Teerdestillationen nur 200 *t* lieferten, während der Rest von England importiert wurde. Jetzt dürfte der Verbrauch in Deutschland über 6000 *t* Reinanthracen sein, von denen über 5000 *t* in Deutschland selbst produziert werden; der Rest wird besonders von England, aber auch von Belgien und Frankreich importiert. Die deutsche Produktion ist also mit dem größeren Verbrauch an künstlichem Alizarin ganz gewaltig gestiegen und hat den Import aus England längst überflügelt.

Der Preis des Anthracens beträgt zur Zeit etwa 30 ₰ pro 1 *kg* in 40%iger Ware; Ware unter 40% ist nicht mehr verkäuflich. Dieser Preis ist seit ca. 7 Jahren ziemlich konstant geblieben. Im Jahre 1890 zahlte man 3,50 Mk., in den Jahren 1893–1895 etwa 2,– Mk., 1899–1906 etwa 70 ₰ und 1910 etwa 40 ₰ pro 1 *kg* rein.

In England unterschied man früher zwischen einer A-Qualität (paraffinarm) mit 40–45% und einer B-Qualität mit 25–30% Reingehalt und bemißt den Preis pro Unit (= 508 *g*) rein. Die B-Qualität wird aber auch in England schon seit Jahren nicht mehr gehandelt.

Jahr	Einfuhr an Anthracen in *t*	Wert in 1000 Mk.	Jahr	Einfuhr an Anthracen in *t*	Wert in 1000 Mk.
1892	5981	4718	1907	2418	257
1895	5913	5321	1910	1142	121
1898	8027	3211	1911	1886	196
1901	3293	823	1912	2328	242
1904	1230	172			

Anthracenmonosulfosäure kann man auf dem Umwege über die Anthrachinonsulfosäure erhalten oder, indem man nach dem *D. R. P.* 72226, *St.-Denis*, 100 T. 80%iges Anthracen in einem mit Rührwerk versehenen Druckkessel mit 200 T.

Schwefelsäure von 53° *Bé.* auf 120° erhitzt und dann einige Stunden auf 120–135° hält, bis das Anthracen verschwunden ist, oder gemäß dem *D. R. P.* 77311 derselben Gesellschaft durch 6stündiges Erhitzen von 100 T. 80%igen Anthracens mit 140 T. Natriumbisulfat auf 140–145°.

Zwei isomere Disulfosäuren erhält man nach dem *D. R. P.* 73961 und 76280 *St.-Denis,* wenn man 100 T. 80%iges Anthracen und 400–500 T. Schwefelsäure von 53–58° *Bé.* auf 140–145° erhitzt.

Da man kein Nitroderivat des Anthracens kennt, so lassen sich auch die zwei ***Aminoanthracene*** (Anthramine) nur auf dem Umwege über die zwei Aminoanthrachinone oder aus den Anthrolen ($C_{14}H_9 \cdot OH$) herstellen. Das β-Anthramin bildet gelbe Blättchen vom *Schmelzp.* 238° und wurde nach dem *D. R. P.* 21178, *Agfa,* zu Azofarbstoffen benutzt, hat aber keine technische Bedeutung erlangt.

Von den Oxyderivaten des Anthracens hat das ***α-Anthrol*** in neuerer Zeit technisches Interesse erlangt, da es zur Herstellung von indigoiden Küpenfarbstoffen, wie z. B. Alizarinindigo (s. d.), dient.

Weger.

Anthracenblau SWX, (*BASF*) entspricht Alizarincyanin WRS (*Bayer*).

Anthracenblau WB, WG, WGG (*BASF*) beizenziehende Alizarinfarbstoffe, dargestellt nach *D. R. P.* 6526, 67102, 76262, 87729, 89144 (*BASF*), 79768, 81694, 105567 (*Bayer*), 109613 (*BASF*) durch stufenweise Einwirkung von gewöhnlicher und schwach rauchender Schwefelsäure auf 1, 5-Dinitroanthrachinon in Gegenwart von Borsäure und einem Reduktionsmittel, z. B. Schwefel (*Friedländer* **3**, 254, 257, 259; **4**, 283, 288, 293; **5**, 281). Die Borsäure begünstigt die Reaktion wahrscheinlich durch mittelbare Bildung von Borsäureäthern. Vermutlich liegen penta- und hexahydroxylierte Anthrachinone vor, die aber außerdem Stickstoff enthalten, dem sie ihren Grünstich verdanken im Gegensatz zu den rotstichigen reinen Poly-Oxyanthrachinonen. Die Farbstoffe färben ein reines Blau auf Tonerde und ein grünstichiges Blau auf chromgebeizter Wolle. Sie sind billige Konkurrenten des Alizarinblaus, dem sie an Lichtechtheit überlegen sind, in Walk- und Säureechtheit aber nachstehen. Nach der Einbadchromiermethode gefärbt, sind sie walkechter, erhalten aber einen Stich ins Graue.

Anthracenblau WG neu (*BASF*) entsteht aus Anthracenblau WG durch Erhitzen mit 5 T. Ätznatron und 1 T. 20%igem Ammoniak im Autoklaven während 7 Stunden auf 150° nach *D. R. P.* 119959 (1899). Die blauschwarze 10%ige Paste ist in Wasser fast unlöslich, in Natronlauge reinblau löslich und gibt auf chromgebeizter Wolle ein Grünblau von großer Walkechtheit.

Anthracenblau WR (*BASF*) ist 1, 3, 4, 5, 7, 8-Hexaoxyanthrachinon und entsteht nach *D. R. P.* 67102 (*Friedländer* **3**, 254) durch Erhitzen des durch Einwirkung von rauchender Schwefelsäure von 40% Anhydrid nach *D. R. P.* 6526 auf 1,5-Dinitroanthrachinon erhaltenen wasserlöslichen Farbstoffes mit konz. Schwefelsäure auf 130°. Schwarzbraunes Pulver, in Wasser unlöslich, liefert auf chromgebeizter Wolle ein rotstichiges Blau von ähnlichen Eigenschaften wie die blaustichigen Marken.

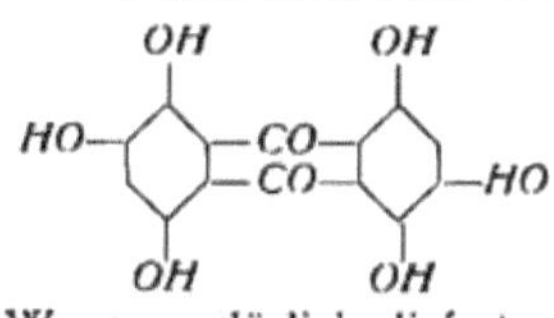

Ristenpart.

Anthracenblauschwarz BE (*Cassella*), beizenziehender Azofarbstoff aus 1-Amino-2-naphthol-4-sulfosäure und β-Naphthol. Dargestellt, indem nach *D. R. P.* 171024 (1904, *Geigy*) 12 *kg* 1-Amino-2-naphthol-4-sulfosäure in 50 *l* Wasser mit 1 *kg*

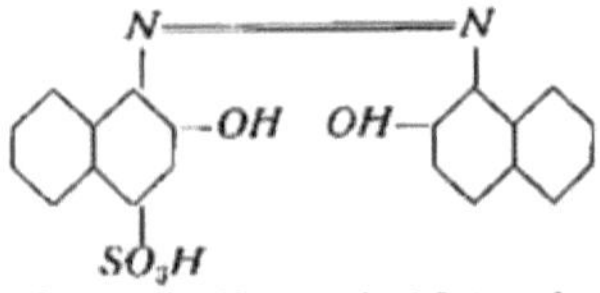

Kupfervitriol (als Katalysator, der die Oxydation zur Chinonsulfosäure unterdrückt) und $3^1/_2$ *kg* Natriumnitrit, jedes in konz. Lösung zugesetzt, diazotiert werden. (*Friedländer* 8, 640.) Oder man diazotiert nach *D. R. P.* 175593 (1904, *Kalle*) das Zinksalz der Säure, nach Neutralisation mit Natronlauge, mit Natriumnitrit. (*Friedländer* 8, 648.) Oder man diazotiert nach *D. R. P.* 156440 (1903, *BASF*) die 1-Naphthylamin-2,4-disulfosäure unter Austausch der 2-Sulfogruppe gegen Hydroxyl durch Natronlauge (*Friedländer* 8, 656). Die Kupplung mit β-Naphthol nehmen *Kalle* nach *D. R. P.* 195228 (1904) (*Friedländer* 8, 1379) vor. Der Farbstoff stellt ein dunkelbraunes Pulver dar, in Wasser und Alkohol mit violetter Farbe löslich; mit Essigsäure und Glaubersalz angefärbt und mit Essig- oder Schwefelsäure ausgezogen, gibt er ein Rotbraun auf Wolle, das beim Nachchromieren in ein Schwarz von vorzüglicher Licht-, Walk-, Säure-, Schwefel- und Dekaturechtheit übergeht. Besonders zur Herstellung echter Grau auf loser Wolle und Kammzug. Die ältere Marke C und die neuere BG haben ähnlichen Charakter. *Ristenpart.*

Anthracenbraun (verschiedene Marken) (*BASF*) entspricht Alizarinbraun (*M. L. B.*). *Ristenpart.*

Anthracenchromat-Farbstoffe (*Cassella*) sind beizenziehende Azofarbstoffe, die auf Wolle nach dem Chromatverfahren licht-, walk- und pottingechte Färbungen liefern. Von den verschiedenen Marken seien erwähnt, Anthracenchromat-blau XR; -braun WS, WG, WR; -grau G; -grün B, das besonders säure- und schwefelecht ist. *Ristenpart.*

Anthracenchromfarbstoffe (*Cassella*) sind gleichfalls beizenziehende Azofarbstoffe für Wolle.

Anthracenchromblau B, R, F, G, BB, FR, FD, BW, RRW. Die beiden letzten Marken eignen sich nur auf Chromsud, die anderen auch für Chromentwicklung. Licht-, walk-, säure-, schwefel- und dekaturecht. Die ersten drei Marken lassen Baumwolleffekte weiß. Die Marken BST und RST [1910] sind besonders gut löslich. Sie geben den Salpetersäuretest für Indigo und verändern ihren Ton in künstlichem Licht nicht.

Anthracenchrombraun D, A, DW, DWN, SWN eignet sich sowohl für Chromsud und kann nachchromiert werden; licht-, säure- und walkecht. SWN läßt Baumwolleffekte weiß. Die Marke SWR, 1910, färbt röter, hat im übrigen gleichen Charakter.

Anthracenchromrot A, G, liefert, mit Chrom entwickelt, stumpfes Rot; sehr licht-, walk-, säure- und schwefelecht. Die Marke A läßt Baumwolleffekte weiß. Die Marke G, 1909, kann auch auf Chromsud, sowie mit Chromkali in einem Bade gefärbt werden.

Anthracenchromschwarz F, FE, 5B, P und andere Marken, aus Aminonaphtholsulfosäure R (2, 3, 6) und β-Naphthol oder Dioxynaphthalin oder alkylierten 1, 8-Aminonaphtholdisulfosäuren, dargestellt nach *D. R. P.* 109932 [1897] (*Friedländer* 5, 521), braunschwarze Pulver, in Wasser mit roter Farbe löslich, liefern, mit Bichromat entwickelt, ganz vorzüglich lichtechte Schwarz auf Wolle, die auch walk-, säure-, dekatur- und schwefelecht sind. Die P-Marken sind auch sehr pottingecht. Zum färben von Uniformtuchen zugelassen.

z. B.

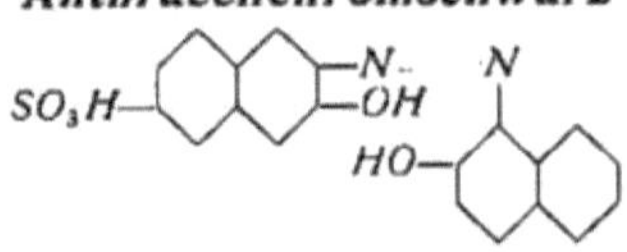

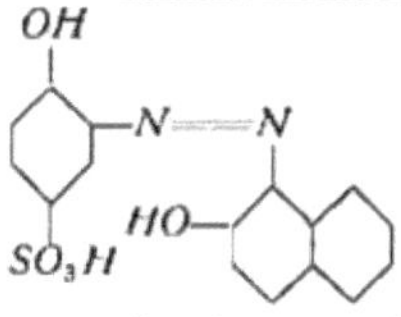

Anthracenchromviolett B, aus o-Aminophenol-p-sulfosäure und β-Naphthol, dargestellt nach *D. R. P.* 78409 (*Friedländer* 4, 785), dunkelbraunes Pulver, in Wasser bordeauxrot, in Alkohol gelbrot löslich, liefert auf Wolle, mit Chrom entwickelt, ein vorzüglich lichtechtes, walk-, säure-, schwefel- und dekaturechtes Violett und läßt Baumwolleffekte weiß. *Ristenpart.*

Anthracendunkelblau, W, SW, (*BASF*) sind besondere Marken der Anthracenblauklasse von gleichen Färbe- und Echtheitseigenschaften. *Ristenpart.*

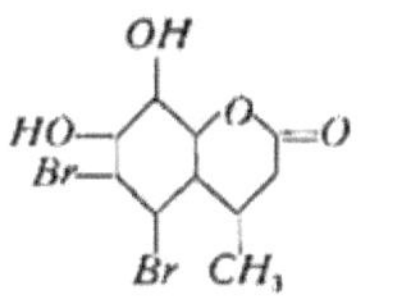

Anthracengelb (*Bayer*) ist Dioxy-β-methylcumarindibromid und wird nach *D. R. P.* 52927 (*Friedländer* 2, 486) dargestellt durch Bromieren des aus Pyrogallol und Acetessigester kondensierten Dioxy-β-methylcumarins. Weiße Paste, in Wasser schwer löslich; färbt Wolle auf Chromsud grünlich gelb, wird aber seines teuren Preises wegen trotz seiner guten Licht- und Walkechtheit nur mehr in der Seidenfärberei und im Kammzugdruck verwendet.

Anthracengelb C (*Bayer, Cassella*) beizenziehender Disazofarbstoff aus Thioanilin und 2 *Mol.* Salicylsäure (*Schulz-Heumann* 4, 994, 2424, 2427).

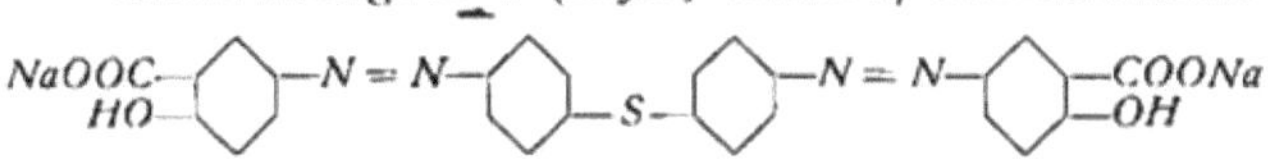

Braungelbe Paste oder Pulver, in Wasser schwer löslich, liefert auf Wolle nach allen drei Chromierungsmethoden ein licht-, walk-, schwefelsäure- und pottingechtes rötliches Gelb. Auch im Kammzugdruck verwendet.

Anthracengelb BN (*Cassella*) entspricht Acidolchromgelb G; die Marke GG (*Cassella*) entspricht Alizaringelb GG (*M. L. B.*) und die Marke RN (*Cassella*) entspricht Alizaringelb R (*M. L. B.*). *Ristenpart.*

Anthracenöl ist die bei der Destillation des Steinkohlenteers (s. d.) zuletzt, also etwa zwischen 280 und 400°, übergehende, spezifisch schwerste Fraktion. Es hat ein *spez. Gew.* von ca. 1,1 und eine schmutzig grüngelbe Farbe, die durch Oxydation bald bräunlich wird. Dieses rohe Anthracenöl ist als solches jedoch nicht im Handel, da es nur bei Temperaturen über 60° flüssig ist, bei gewöhnlicher Temperatur aber starke Abscheidungen, etwa 6—10% von Rohanthracen zeigt.

Es wird in den Teerdestillationen nach dem Abkühlen durch Abfiltrieren oder Abnutschen von den festen Abscheidungen befreit und gelangt dann als sogenanntes filtriertes Anthracenöl in den Handel, meist aber nicht allein, sondern im Gemisch mit Steinkohlenteerkreosotöl als Imprägnieröl oder als Anstrichöl, ferner nach entsprechender Aufbereitung als Naphthalinabsorptionsöl oder -waschöl, Röpertöl, als welches es zum Auswaschen des Naphthalins aus dem Leuchtgas dient. Es bildet schließlich das Rohmaterial zur Herstellung des Carbolineums, Avenarins und ähnlicher Anstrichmittel und wird in geringen Mengen wohl auch als Schmiermittel verwendet. Für alle diese Ölgattungen existieren bestimmte Qualitätsvorschriften. Das filtrierte Anthracenöl besitzt eine sehr große konservierende Kraft.

Über seine chemische Zusammensetzung ist man noch ziemlich im Unklaren. Es enthält bis 6% Phenole (sog. saure Öle), geringe Mengen Basen, wie z. B. Acridin, und neben an sich flüssigen, jedenfalls zum Teil aus Hydrüren des Phenanthrens, Anthracens etc., aus Methylnaphthalinen u. s. w. bestehenden Kohlenwasserstoffen eine große Anzahl fester Körper, die sich gegenseitig in Lösung halten oder durch die flüssigen Bestandteile gelöst sind, u. a. Acenaphthen, Fluoren, Phenanthren, Anthracen, Carbazol, Diphenyl, Chrysen. *Weger.*

Anthracenorange G (*Cassella*) [1912], Beizenfarbstoff für Wolle nach den drei Chromierungsmethoden, walk- und lichtecht und gut egalisierend. *Ristenpart.*

Anthracenrot (*Bayer, Ciba*) sekundärer saurer Disazofarbstoff aus Mono-o-nitrobenzidin, dessen Tetrazoverbindung zunächst mit Salicylsäure, dann mit 1-Naphthol-4-sulfosäure gekuppelt wird. *D. R. P.* 72867 [1892] (*Ciba*), *Friedländer* 3, 643). Färbt auf Wolle ein lebhaftes bläuliches Rot, licht-, schwefel- und waschecht. Durch Nachchromieren mit Fluorchrom oder Bichromat oder auf Chromsud dunkler, aber walkechter. In dieser Ausführung zum Färben von Uniformtuchen zugelassen. *Ristenpart.*

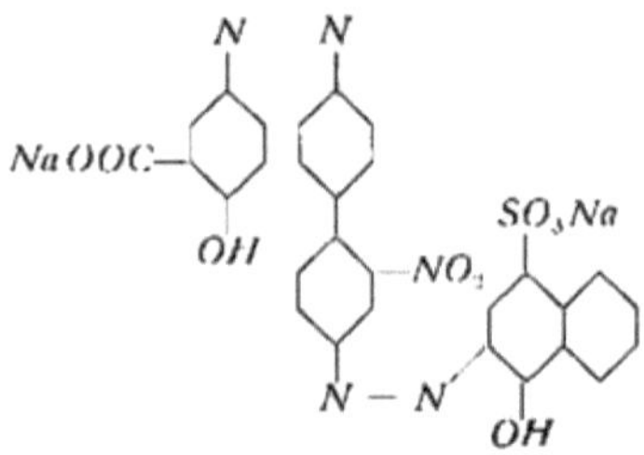

Anthracensäurefarbstoffe (*Cassella*) sind beizenziehende Azofarbstoffe für Wolle.

Anthracensäureblau EB, ER, 1908 und ältere Marken, färbt auf Chromsud lebhafter als nach der Einbadmethode. Die Marken RR und GG nur auf Chromsud. Licht-, walk- und dekaturecht. Baumwolleffekte bleiben weiß.

Anthracensäurebraun B, saurer Tetrakisazofarbstoff, dargestellt nach *D. R. P.* 92655, wonach 2 *Mol.* Aminosalicylsäure-azo-1-naphthylamin-6-sulfosäure mit tetrazotiertem Phenylendiamin gekuppelt werden (*Friedländer* 4, 791). Licht- und walkechtes Braun auf Wolle auf Chromsud und nachchromiert.

Anthracensäurebraun G, R, GN, N, V, SW, beizenziehender primärer Disazofarbstoff aus den Diazokomponenten Sulfanilsäure und p-Nitranilin und der Azokomponente Salicylsäure, dargestellt nach *D. R. P.* 95066 [1896] (*Friedländer* 5, 518). Die Marke G hat die angegebene Zusammensetzung, bei den übrigen tritt an Stelle der Salicylsäure eine Aminosulfosäure des Naphthalins oder Benzols. Gelbliche bis rötliche Braun auf Wolle, mit Chrom entwickelt, licht-, walk-säure- und dekaturecht. Die Marken G, R, V eignen sich auch auf Chromsud.

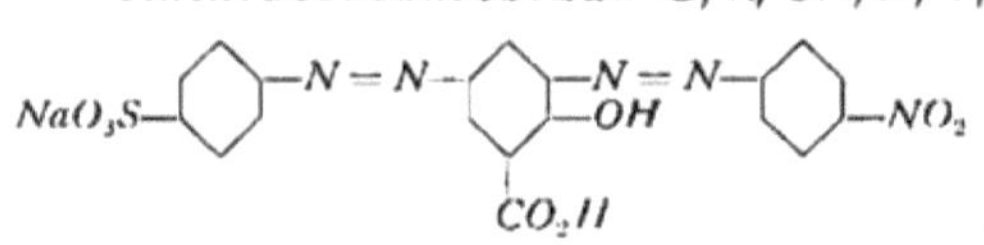

Anthracensäureschwarz DSN, SAS, SR, ST, LW und andere Marken (*Cassella* [1891]), sind beizenziehende sekundäre Disazofarbstoffe aus Aminosalicylsäure und Clevesäure (1-Naphthol-5-monosulfosäure) (*Schultz-Heumann* 4, 1515). Licht-, walk-säure- und dekaturechte Schwarz auf Wolle, mit Chrom entwickelt. Die Marken DSN und DSF ziehen auch auf Chromsud. SR, ST, DSF und DSN färben weiße Baumwolleffekte nicht an und eignen sich für Stückware. *Ristenpart.*

Anthrachinon wurde von LAURENT durch Behandeln von Anthracen mit Salpetersäure im Jahre 1840 aufgefunden und Anthracenuse genannt. ANDERSON untersuchte diese Substanz etwas eingehender und nannte sie Oxyanthracen. GRAEBE und LIEBERMANN führten hierfür den Namen Anthrachinon ein und zeigten auch, daß solche zweckmäßig durch Oxydation von Anthracen mittels Chromsäure gewonnen werden kann. Die jetzt angenommene Diketonformel wurde 1873 von FITTIG aufgestellt.

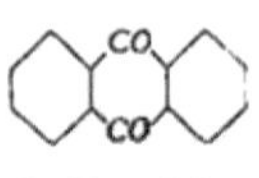

Über die technische Herstellung des Anthrachinons aus Anthracen s. Alizarin.

Hier sollen nur noch diejenigen Methoden kurz erwähnt werden, mit Hilfe deren man ebenfalls Anthracen oxydieren kann. So wird im *D. R. P.* 203848 Anthracendampf mit Luft über Kohlen geleitet. Im *D. R. P.* 215335 wird Anthracen mit Hilfe von Stickoxydverbindungen basischer Oxyde bei Temperaturen oberhalb

200° unter Zuführung von Luft oder Sauerstoff und schließlich im *D. R. P.* 234289 durch Stickoxyde oxydiert; jedoch geben alle diese Verfahren keine befriedigende Ausbeute und dürften, ebenso wie die *D. R. P.* 254710 und 256623, die zur Vermeidung der Bildung von Salpetersäure das Anthracen mit Zinkstaub oder Bleiglätte mischen und inerte feste Körper wie Bimstein etc. hinzufügen, nicht technisch ausgeführt werden. Mehr Interesse verdient das in der Anmeldung *M.* 46377 von K. H. Meyer in München beschriebene Verfahren, wonach das Anthracen mittels Ferrisalze in saurer Lösung oxydiert wird und die hierbei entstehenden Ferroverbindungen durch Einblasen von Luft, event. bei Gegenwart von Kupferverbindungen, wieder zu Ferrisalzen oxydiert werden. Die Oxydation wird also gewissermaßen durch Luft vorgenommen, und die Eisensalze dienen nur als Sauerstoffüberträger. Da die Umsetzung bei Gegenwart von heißer, verdünnter Schwefelsäure unter Druck vorgenommen werden muß, so dürfte die Frage der Apparatur einige Schwierigkeiten bereiten. Das Verfahren wird, soweit bekannt, bis jetzt nicht technisch ausgeführt; es war übrigens schon in dem *E. P.* 8431 [1887] beschrieben, weshalb offenbar die Anmeldung zurückgezogen wurde.

Eigenschaften. Das Anthrachinon bildet gelbe Krystalle, die bei 284,6° schmelzen; *Kp* 382°. Es ist in den meisten organischen Lösungsmitteln schwer löslich. Es dient zur Herstellung von Anthrachinonfarbstoffen (s. d.) und Ausgangsmaterialien für diese.

Bei der Reduktion mit Zinn und Essigsäure entsteht Anthranol (Liebermann, *B.* **20** 1854):

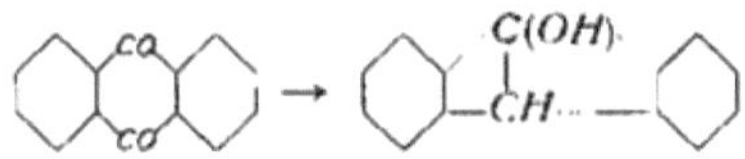

Zweckmäßiger jedoch kann man Anthranol nach den Angaben des *D. R. P.* 201542 (*Bayer)* durch Behandeln einer Lösung von 10 T. Anthrachinon in 150 T. konz. Schwefelsäure mit 2,5 T. Aluminiumpulver bei 30–40° herstellen. Durch Umlösen des mit Wasser ausgefällten Anthranols aus Eisessig erhält man glänzende, schwach gelbe, bei 163–170° schmelzende Nadeln. Das Anthranol hat bis jetzt keine technische Verwendung gefunden.

Anthrachinonsulfosäuren.

Die Herstellung der Anthrachinonsulfosäuren geschieht meist durch Sulfierung des Anthrachinons mit rauchender Schwefelsäure, wobei meistens Gemische von Mono- und Disulfosäuren entstehen. Je nach den Mengenverhältnissen, der Temperatur und der Reaktionsdauer kann man entweder Mono- oder Disulfosäuren herstellen, u. zw. bilden sich hierbei hauptsächlich β-Sulfosäuren. Erfolgt der Eintritt von zwei Sulfogruppen, so verteilen sich diese auf die beiden Phenylkerne des Anthrachinons.

Führt man dagegen, wie R. E. Schmidt, Iljinski und Dünschmann unabhängig voneinander fanden, die Sulfierung des Anthrachinons bei Gegenwart von Quecksilber oder seinen Salzen aus, so werden fast ausschließlich α-Sulfosäuren gebildet.

Die Herstellung der α-Sulfosäuren kann auch derart erfolgen, daß man die entsprechenden α-Nitroanthrachinone mit Sulfiten in wässeriger Lösung unter Druck erhitzt. Auch durch Oxydation der entsprechenden Anthrachinon-Mercaptane lassen sich die Sulfosäuren erhalten, jedoch beansprucht diese Methode kein technisches Interesse. Schließlich lassen sich die α- und β-Anthrachinonsulfosäuren noch durch Oxydation der entsprechenden Anthracensulfosäuren darstellen, die nach den Angaben des *D. R. P.*

251695 von *Bayer* durch Sulfierung von Anthracen bei Gegenwart von Eisessig entstehen.

Die Sulfogruppen in den Anthrachinon-α-sulfosäuren sind besonders reaktionsfähig, jedoch kann man in manchen Fällen auch mit den β-Derivaten, durch Erhöhung der Temperatur und Arbeiten unter Druck die gleichen Umsetzungen vornehmen.

Die Anthrachinon-mono- und -disulfosäuren lassen sich außerordentlich glatt durch Behandeln mit Natriumchlorat und Salzsäure in die entsprechenden Chloranthrachinone überführen, indem die Sulfogruppe durch Chlor ersetzt wird (vgl. die Herstellung von 1-Chloranthrachinon). Da diese Umsetzung sehr gut verläuft und mit sehr geringen Substanzmengen ausführbar ist, so kann diese Reaktion zweckmäßig zur Charakterisierung der Anthrachinonsulfosäuren benutzt werden.

Anthrachinon-1-sulfosäure. Die Säure wird zweckmäßig nach den Angaben von Iljinski (*B.* **36**, 4197 [1903]) oder von R. E. Schmidt (*B.* **37**, 66 [1904]), hergestellt.

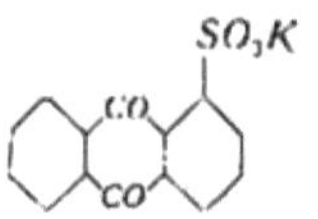

100 *g* Anthrachinon werden mit 1 *g* Merkurosulfat innig verrieben und mit 120 *g* rauchender Schwefelsäure von 20% SO_3 unter Rühren 1 Stunde auf 150° erhitzt. Die dunkle Schmelze wird hierauf mit 1400 *g* Eis vermischt, einige Zeit aufgekocht und vom unangegriffenen Anthrachinon abfiltriert. Das gelbbraune Filtrat wird auf 90° erhitzt und mit 60 *ccm* einer gesättigten Kaliumchloridlösung versetzt, wobei sich das anthrachinon-1-sulfosaure Kalium in hellgelben Blättchen abscheidet. Diese werden nach dem Abkühlen auf 60—70° abgenutscht und mit kaltem Wasser gewaschen.

Die gleiche Säure entsteht als Nebenprodukt bei der Darstellung von Anthrachinon-2-sulfosäure (Dünschmann, *B.* **37**, 331 [1904]).

Das Anthrachinon-α-sulfosäurechlorid schmilzt bei 218° und wird durch Erhitzen unter Entwicklung von schwefeliger Säure in 1-Chloranthrachinon umgewandelt.

Durch Erhitzen mit Ammoniak oder aromatischen Aminen entstehen die entsprechenden Aminoanthrachinone (*Bayer, D. R. P.* 175024).

Beim Erhitzen mit Kalkmilch unter Druck bildet sich 1-Oxyanthrachinon (Iljinski, *B.* **36**, 4197 [1903]; R. E. Schmidt, *B.* **37**, 69 [1904]; Dünschmann, *B.* **37**, 333 [1904]). Die Hauptverwendung dürfte diese Säure wohl zur Herstellung von 1-Chloranthrachinon finden.

Bei weiterer Sulfierung ohne Quecksilber entsteht aus der Anthrachinon-1-sulfosäure Anthrachinon-1, 6-disulfosäure und Anthrachinon-1, 7-disulfosäure (Wedekind, *D. R. P.* 170329 und Iljinski, *B.* **36**, 4198 [1903]).

Bei der Nitrierung bildet sich ein Gemisch von 5-Nitroanthrachinon-1-sulfosäure und 8-Nitroanthrachinon-1-sulfosäure (R. E. Schmidt, *B.* **37**, 71 [1904], und *Bayer, D. R. P.* 164293). Durch Behandeln mit Natriumchlorat und Salzsäure entsteht das bei 314° schmelzende 1, 5-Nitrochloranthrachinon, resp. das bei 263° schmelzende 1, 8-Chlornitroanthrachinon.

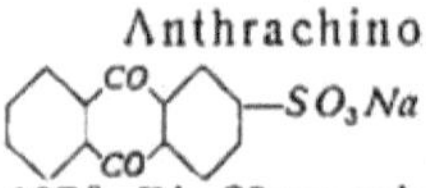

Anthrachinon-2-sulfosäure. Diese Säure entsteht bei der Sulfierung des Anthrachinons mit rauchender Schwefelsäure. Bezüglich genauerer Angaben s. Alizarin. Das zugehörige Säurechlorid schmilzt bei 197°. Die Säure wird meist in Form ihres Natriumsalzes („Silbersalz") abgeschieden. Dieses dient hauptsächlich zur Gewinnung von Alizarin und zur Herstellung von 2-Aminoanthrachinon. Das durch Behandeln mit Natriumchlorat und Salzsäure erhaltene 2-Chloranthrachinon schmilzt bei 210°. Bei der Nitrierung dieser Säure bildet sich die 1-Nitroanthrachinon-6-sulfosäure sowie die isomere 1-Nitroanthrachinon-7-sulfosäure (*M. L. B., D. R. P.* 145188, sowie R. E. Schmidt, *B.* **37**, 69 [1904]).

Die **Anthrachinon-1, 5-disulfosäure** wird am zweckmäßigsten durch energisches Sulfieren von Anthrachinon mit rauchender Schwefelsäure bei Gegenwart von Quecksilber hergestellt und nach den Angaben von R. E. SCHMIDT (*B.* 37, 68 [1904]) von der isomeren **Anthrachinon-1, 8-disulfoäure** getrennt. Beide Verbindungen dienen wohl hauptsächlich als Ausgangsmaterial für die Gewinnung der entsprechenden Dichlor- und Dioxyderivate.

Anthrachinon-2, 6-disulfosäure bildet sich als Nebenprodukt bei der Herstellung von Anthrachinon-2-sulfosäure. Sie wurde früher als α-Anthrachinondisulfosäure bezeichnet.

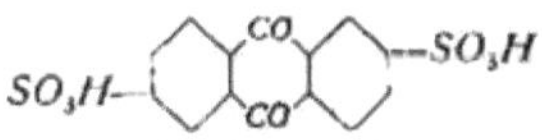

Sie entsteht als Hauptprodukt beim Erhitzen von 100 T. Anthrachinon mit 200—300 T. rauchender Schwefelsäure von 50% Anhydridgehalt auf 160—170°, bis alles Anthrachinon sulfiert ist und eine gezogene Probe sich völlig klar im Wasser löst. Dann wird noch eine Stunde erhitzt, um alle Monosulfosäure in Disulfosäure umzuwandeln, die Schmelze in die 3fache Wassermenge gegossen und mit konz. Natronlauge neutralisiert, wobei sich das Natriumsalz in feinen Kryställchen von bläulich grauer Farbe ausscheidet, während in der Lauge die isomere 2, 7-Anthrachinon-disulfosäure gelöst bleibt.

Das durch Behandeln mit Natriumchlorat und Salzsäure daraus hergestellte 2, 6-Dichloranthrachinon schmilzt bei 292°. Durch Erhitzen mit Ammoniak entsteht 2, 6-Diaminoanthrachinon (*Bayer, D. R. P.* 135634). Bei der Kalkdruckschmelze entsteht Anthraflavinsäure (*M. L. B.*, 106505). Die hauptsächlichste Verwendung findet jedoch die Säure zur Herstellung von **Flavopurpurin**, dem **Alizarin-Gelbstich** des Handels.

Anthrachinon-2, 7-disulfosäure bildet sich nach der bei der vorstehenden isomeren 2, 6-Verbindung angegebenen Methode, u. zw. in umso größerer Menge, je niedriger die Sulfierungstemperatur ist. Zweckmäßiger verfährt man jedoch derart, daß man das durch Chlorieren von Anthracen entstehende Dichloranthracen erst sulfiert und die gebildete Dichloranthracendisulfosäure zu der Anthrachinondisulfosäure oxydiert. Diese Oxydation kann entweder durch Erhitzen mit Schwefelsäure oder durch Behandeln mit Braunstein erfolgen (J. of the Soc. of Arts **1879**, 589). Man kann natürlich auch die durch Sulfierung von Anthracen entstehende Disulfosäure (*St. Denis, D. R. P.* 73961) zur Oxydation verwenden.

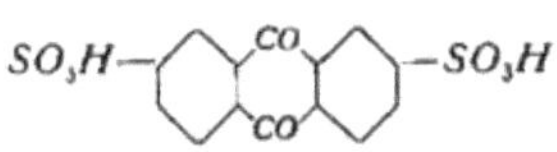

Die Säure führte den Namen β-Anthrachinondisulfosäure; ihre Salze sind in Wasser leichter löslich als die der isomeren α-Verbindung und zeichnen sich durch größeres Krystallisationsvermögen aus. Beim Erhitzen mit Kalkmilch unter Druck entsteht die Isoanthraflavinsäure (*M. L. B., D. R. P.* 106505). Beim Erhitzen mit Ätznatron und chlorsaurem Kalium bildet sich Anthrapurpurin.

Literatur: „Die Sulfosäuren des Anthrachinons und seiner Derivate“ von Dr. I. GOLDBERG und Dr. H. FRIEDMANN, Berlin 1909. Weidmannsche Buchhandlung (s. a. *Ch. Ind.* 1909).

Halogenanthrachinone.

Von den Halogenanthrachinonen haben hauptsächlich die Chlorderivate technisches Interesse, u. zw. wegen der großen Reaktionsfähigkeit des Chlors, das insbesondere bei Gegenwart von Kupfersalzen außerordentlich labil ist. Das Chlor ist in den 1-Chlorderivaten bedeutend beweglicher als bei den isomeren 2-Halogenverbindungen. Das 1-Chloranthrachinon ist, in bezug auf Reaktionsfähigkeit, der o-Chlorbenzoesäure oder dem o-Chlornitrobenzol an die Seite zu stellen.

1-Chloranthrachinon. Für die Herstellung dieser Verbindung kommt hauptsächlich die von A. FISCHER (*Bayer, D. R. P.* 205195) aufgefundene Methode in

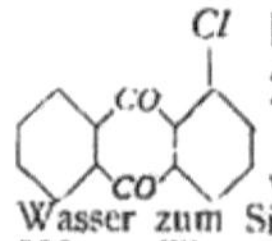

betracht (s. auch F. ULLMANN und P. OCHSNER, *A.* **381**, 2 [1911]; *B.* **46**, 2703 [1903]).

In einem mit Rückflußkühler und rasch laufendem Rührer versehenen Kolben werden 40 *g* anthrachinon-α-sulfosaures Kalium, 170 *ccm* rohe konz. Salzsäure, 1200 *ccm* Wasser zum Sieden erhitzt und in die kochende Flüssigkeit eine Lösung von 40 *g* Natriumchlorat in 200 *ccm* Wasser durch den Kühler langsam, innerhalb 3 Stunden, zutropfen gelassen. Hierbei scheidet sich sofort reines gelbes 1-Chloranthrachinon ab.

Die im *D. R. P.* 131538 von *Bayer* beschriebene Methode zur Herstellung von α-Halogenanthrachinonen, die darin besteht, daß man α-Diazoanthrachinone mit Chlor- oder Bromwasserstoffsäure mit oder ohne Zusatz von Kupferoxydulsalzen behandelt, liefert keine guten Ausbeuten. Das 1-Chloranthrachinon bildet gelbe, in heißem Benzol und Eisessig leicht lösliche, bei 162° schmelzende Nadeln. Es dient zur Einführung der verschiedensten Gruppen in das Anthrachinonmolekül.

2-Chloranthrachinon. Die Herstellung kann ebenfalls nach dem *D.R.P.* 205195,

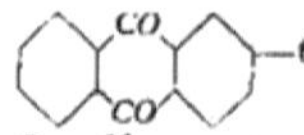

genau nach der bei der isomeren 1-Verbindung angegebenen Methode, vorgenommen werden unter Verwendung von anthrachinon-2-sulfosaurem Natrium (F. ULLMANN und E. KNECHT, *B.* **44**, 3128 [1911]).

Recht gute Resultate gibt auch das im inzwischen erloschenen *D. R. P.* 75288 der *M. L. B.* beschriebene Verfahren. Hiernach wird Phthalsäureanhydrid mit Chlorbenzol und Aluminiumchlorid zuerst zu Chlorbenzoylbenzoesäure kondensiert und diese dann durch Erwärmen mit Schwefelsäure in 2-Chloranthrachinon verwandelt (vgl. auch HELLER u. SCHÜLKE, *B.* **41**, 3627 [1908]).

Das β-Chloranthrachinon ist ganz schwach gelblich und schmilzt bei 210°. Es dient zur Herstellung von Küpenfarbstoffen. So liefert es z. B. beim Erhitzen mit 1-Aminoanthrachinon, mit oder ohne Zusatz von Kupfersalzen, 1, 2-Dianthrachinonylimin (*D. R. P.* 174699 und 257811, sowie 184905).

Dihalogenanthrachinone. Das gelbe, bei 251° schmelzende 1, 5-Dichloranthrachinon sowie das isomere, bei 202° schmelzende 1, 8-Dichloranthrachinon werden am besten nach dem *D. R. P.* 205195 hergestellt.

Beim Erhitzen von 1, 5-Dichloranthrachinon mit p-Toluidin unter Zusatz von Salzsäure bindenden Mitteln entsteht das 1, 5-Ditoluidoanthrachinon, das durch Sulfierung das Anthrachinonviolett (s. d.) der *BASF* liefert. Auch zur Herstellung von Indanthrenviolett RN extra (*BASF*) wird 1, 5-Dichloranthrachinon benutzt. Die isomeren 2, 6- und 2, 7-Dichloranthrachinone werden aus den entsprechenden Anthrachinondisulfosäuren und Chlor hergestellt. Die Darstellung des 2, 7-Dichloranthrachinons scheint Schwierigkeiten zu begegnen. Unter den gewöhnlichen Bedingungen reagiert die Anthrachinon-2, 7-disulfosäure schlecht mit Natriumchlorat und Salzsäure.

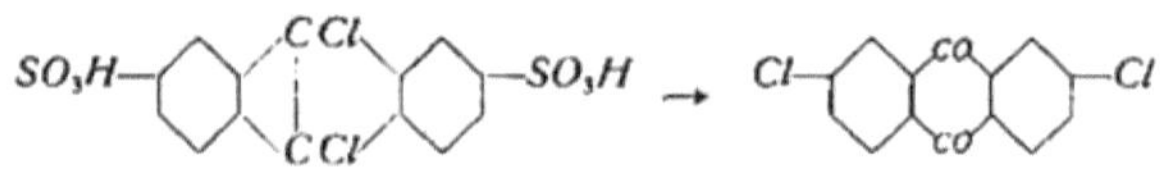

Besser scheint sich diese Verbindung aus der 9, 10-Dichloranthracen-2, 7-disulfosäure (*D. R. P.* 228876 *BASF*), Chlorat und Salzsäure herstellen zu lassen. Es findet hierbei sowohl ein Ersatz der Sulfogruppen durch Chlor als auch eine Oxydation zum Chinon statt.

Was dann schließlich die 1, 2-, 2, 3- und 1, 4-Dichloranthrachinone anbetrifft, so können sie aus den entsprechenden Dichlorphthalsäureanhydriden, Benzol und Aluminiumchlorid und durch Kondensation der so erhaltenen Benzoyldichlorbenzoesäuren mittels Schwefelsäure dargestellt werden (F. ULLMANN, *A.* **381**, 11 [1911]).

Auf dieselbe Weise gewinnt man das gelbe, bei 191° schmelzende 1, 2, 3, 4-Tetrachloranthrachinon (KIRCHER, *A.* **238**, 344 [1887]), in dem die in 1- und 4-Stellung stehenden Halogene sich durch besondere Beweglichkeit auszeichnen; jedoch haben alle diese Verbindungen noch keine technische Anwendung gefunden.

Nitroanthrachinone.

1-Nitroanthrachinon. Von den beiden isomeren Mononitroanthrachinonen hat nur das 1-Nitroanthrachinon technisches Interesse. Es wird durch Nitrierung von Anthrachinon hergestellt. Hierfür existieren in der Literatur zahlreiche Vorschriften, die aber fast durchweg kein reines Produkt liefern. Die Schwierigkeit besteht nämlich darin, daß bei Verwendung der theoretischen Menge von Salpetersäure bereits Dinitroanthrachinon entsteht und daher ein gewisser Prozentsatz von Anthrachinon unverändert bleibt, der dann nur außerordentlich schwer von dem gebildeten Nitroanthrachinon getrennt werden kann. Man verfährt daher zweckmäßig derart, daß man die Nitrierung mit einem geringen Überschuß an Salpetersäure vornimmt und das außerordentlich schwer lösliche Dinitroanthrachinon dann abtrennt. Relativ gute Resultate gibt nachstehende Methode, die im wesentlichen der von CH. LAUTH (*C. r.* **137**, 662 [1903]) beschriebenen nachgebildet ist.

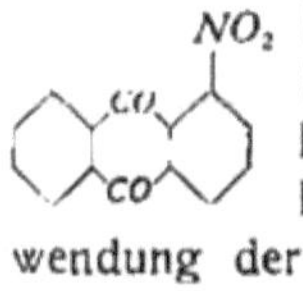

20,8 *g* Anthrachinon werden in 125 *ccm* konz. Schwefelsäure (*D* 1,84) gelöst und die Lösung auf 50° erwärmt. Man läßt dann unter beständigem Rühren 7,6 *ccm* Salpetersäure (*D* 1,4) derart zutropfen, daß die Temperatur annähernd auf 50° konstant bleibt. Ist alle Salpetersäure zugesetzt, so läßt man abkühlen und gießt das Reaktionsprodukt auf Eis. Hierbei scheidet sich das Nitroprodukt als gelber Krystallbrei aus, der abgesaugt, gepreßt und mit heißem Wasser neutral gewaschen wird (Ausbeute 25 *g*, *Schmelzp.* 217°). Zur Gewinnung von annähernd reinem 1-Nitroanthrachinon wird der Rückstand mit Toluol ausgezogen, wobei 2 *g* Dinitroanthrachinon als graues Pulver zurückbleiben. Beim Einengen der Toluollösung scheidet sich dann 1-Nitroanthrachinon aus, das durch wiederholte Krystallisation gereinigt wird.

Das 1-Nitroanthrachinon enthält eine bewegliche Nitrogruppe. Beim Erhitzen mit Anilin z. B., entsteht 1-Anilidoanthrachinon.

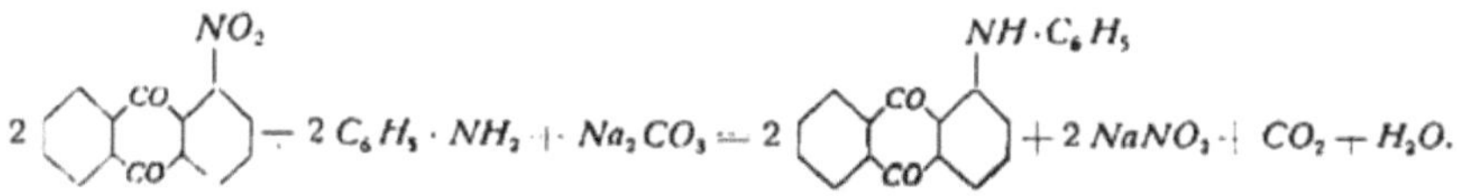

Durch Erhitzen mit Phenol und Ätznatron wird die Nitrogruppe durch den Phenoxyrest ersetzt (*D. R. P.* 158531, *Bayer*). Aber alle derartigen Umsetzungen dürften sich wohl besser mit dem leicht in reinem Zustand zugänglichen und bedeutend glatter reagierenden 1-Chloranthrachinon ausführen lassen. Die Hauptverwendung findet vielmehr das 1-Nitroanthrachinon zur Herstellung von 1-Aminoanthrachinon (s. d.). Hierfür wird zweckmäßig das neutral gewaschene, feuchte, rohe Nitrierungsprodukt benutzt.

Dinitroanthrachinone. Bei der weiteren Nitrierung von 1-Nitroanthrachinon oder bei der energischen Nitrierung von Anthrachinon entsteht ein Gemisch verschiedener Dinitroanthrachinone, u. zw. als Hauptprodukt das 1, 5-Dinitroanthrachinon, ferner das 1, 8-Derivat und in untergeordneter Menge dann noch das 1, 6- und 1, 7-Dinitroanthrachinon. Aus diesem Gemisch ist die 1, 5-Verbindung am besten zu isolieren. Für die Darstellung kann man die Vorschrift von RÖMER (*B.* **16**, 366 [1883]) befolgen:

Man versetzt eine Lösung von 10 *g* Anthrachinon in Schwefelsäure mit 10 *g* Salpetersäure (*D* 1,48), läßt einige Tage stehen, fällt mit Wasser, extrahiert den Niederschlag so lange mit Alkohol oder Aceton, bis eine Probe sich in Zinnoxydulkali mit rein blauer Farbe löst. Der Rückstand liefert dann beim Umkrystallisieren aus Nitrobenzol große, gelbliche Prismen, die bei 422° schmelzen.

In der bei der Reindarstellung des 1, 5-Dinitroanthrachinons abfallenden alkoholischen Mutterlauge befinden sich die isomeren Dinitroanthrachinone. Besonders leicht soll sich nach dem *D. R. P.* 72685 der *BASF* die 1, 8-Verbindung abscheiden lassen; jedoch ist eine Reindarstellung unter Benutzung der daselbst gemachten Angaben trotzdem mit Verlusten verknüpft.

In den 1, 5- und 1, 8-Dinitroanthrachinonen sind die beiden Nitrogruppen beweglich und können durch Arylaminreste, Hydroxylgruppen etc. ersetzt werden. Interessant ist die im *D. R. P.* 147851 (*Bayer*) angegebene Methode der Herstellung von Nitroaminoanthrachinonen:

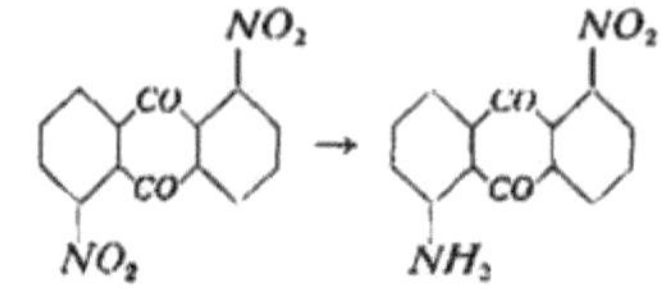

Diese bilden sich durch Erhitzen von Dinitroanthrachinon mit Dimethylanilin unter Zusatz eines Katalysators. Das 1, 5-Nitroaminoanthrachinon schmilzt bei 293°, während die entsprechende 1, 8-Verbindung bei 294° gleichfalls unter Zersetzung schmilzt.

Die Dinitroanthrachinone dienen zur Herstellung der entsprechenden Diaminoanthrachinone, aber ihre wichtigste Verwendung beruht auf der Überführung in blaue Beizenfarbstoffe durch Behandeln mit rauchender Schwefelsäure oder Schwefelsesquioxyd, die von der *BASF* unter dem Namen Anthracenblau (s. d.) in den Handel gebracht werden. Die Herstellung der Farbstoffe erfolgt derart, daß man reines Dinitroanthrachinon oder das rohe Gemisch mit Schwefelsäure, rauchender Schwefelsäure oder Schwefelsesquioxyd ev. unter Zusatz von Borsäure behandelt. Hierbei entsteht, wie GATTERMANN und R. SCHMIDT zuerst nachgewiesen haben, aus der Nitrogruppe zuerst die Hydroxylamingruppe, die dann in die Aminooxygruppe umgewandelt wird. Infolge der hydrolysierenden Wirkung der Schwefelsäure wird die Aminogruppe durch Hydroxyl ersetzt und treten noch weitere Hydroxylgruppen in das Molekül ein (s. a. Anthrachinonfarbstoffe).

Aminoanthrachinone.

Sowohl die Monoaminoanthrachinone als auch die Diaminoanthrachinone besitzen als Ausgangsmaterial ganz erhebliches Interesse.

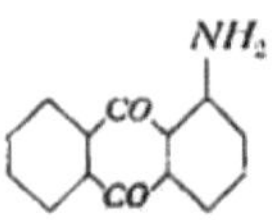

1-Aminoanthrachinon. Das Produkt wird heute nach zwei verschiedenen Methoden hergestellt. Erstens durch Reduktion des Nitroanthrachinons und zweitens durch Umsetzung der Anthrachinon-1-sulfosäure mit Ammoniak unter Druck. Das nach dem letzteren Verfahren hergestellte Aminoanthrachinon ist bedeutend reiner, dürfte sich aber etwas teurer kalkulieren.

a) Aus 1-Nitroanthrachinon. Hierfür wird zweckmäßig pastenförmiges Nitroanthrachinon verwendet, wie es durch Lösen in Schwefelsäure und Wiederausfällen mit Wasser erhalten wird. Als Reduktionsmittel dient Schwefelnatrium (*C. r.* 137, 662 [1903]).

1 T. fein verteiltes, feuchtes Nitroanthrachinon wird mit 1,7 – 2 T. krystallisiertem Schwefelnatrium in einer Schale innig verrieben, wobei sich ein dunkel gefärbter zäher Teig von Anthrachinon-Hydroxylamin bildet. Man fügt nun 700 T. siedendes Wasser allmählich unter Rühren hinzu, wobei die Masse beim Erhitzen alsbald rot wird unter Bildung von Aminoanthrachinon. Wenn eine gezogene Probe beim Verreiben mit heißer Schwefelnatriumlösung keine grünen Stellen mehr aufweist, was nach einer Kochdauer von 20 Minuten der Fall ist, so wird das Aminoanthrachinon abgesaugt und neutral gewaschen. Es schmilzt bei 243°.

b) Aus Anthrachinon-1-sulfosäure. Nach diesem, im *D. R. P.* 175024 (*Bayer*) beschriebenen Verfahren wird das anthrachinon-1-sulfosaure Kalium mit der 10fachen Menge 20%igen wässerigen Ammoniaks unter Druck auf 180 – 190° erhitzt, wobei außerordentlich reines 1-Aminoanthrachinon entsteht.

Mittels derselben Methode lassen sich auch Alkylamino- und Arylaminogruppen in das Anthrachinonmolekül einführen; jedoch wird man für die Herstellung letzterer zweckmäßig Chloranthrachinone benutzen.

Man kann des ferneren die 1, 5- oder 1, 8-Anthrachinondisulfosäure nach der gleichen Methode in Aminoderivate verwandeln (*D. R. P.* 181722, *Bayer*), wobei je nach der Temperatur und Menge Ammoniak entweder eine Sulfogruppe oder die beiden durch den Aminrest ersetzt werden.

Recht gut lassen sich 1-Aminoanthrachinon und seine Derivate auch herstellen, wenn man Chloranthrachinon mit p-Toluolsulfamid umsetzt und das entstehende Toluolsulfaminoanthrachinon durch Lösen in Schwefelsäure und Wiederausfällen mit Wasser zu 1-Aminoanthrachinon verseift (F. ULLMANN und O. FODOR, *A.* **380**, 317 [1911]).

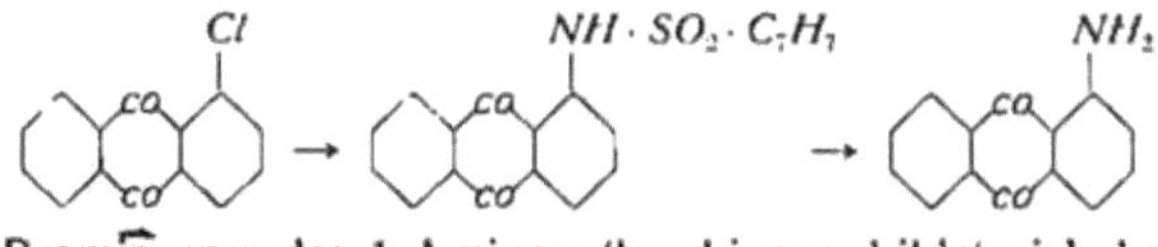

Bei der Bromierung des 1-Aminoanthrachinons bildet sich beim Arbeiten in essigsaurer Lösung gemäß den Angaben des *D. R. P.* 160169 (*Bayer*) das 2-Brom-1-aminoanthrachinon (I), während bei der energischen Bromierung das 2, 4-Dibrom-1-aminoanthrachinon (II) entsteht. Für die Herstellung des letzteren verwendet man zweckmäßig Nitrobenzol als Lösungsmittel und führt die Bromierung bei ca. 120—130° mit einem geringen Überschuß von Brom durch. In diesem 2, 4-Dibromaminoanthrachinon ist das in 4-Stellung befindliche Brom außerordentlich beweglich. Durch Behandeln mit p-Toluidin bildet sich das Toluidoderivat (III), dessen Sulfosäure unter dem Namen A l i z a r i n r e i n b l a u (s. d.) im Handel ist.

I. 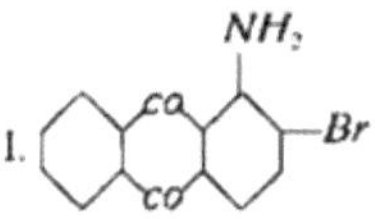

II. 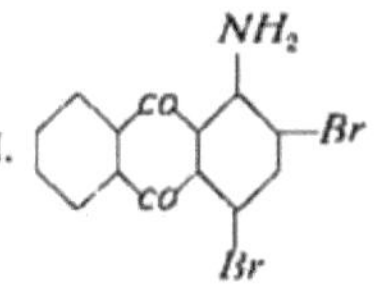

III. 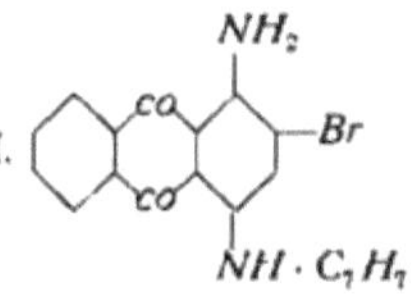

Von den Derivaten des 1-Aminoanthrachinons hat das Acetaminoanthrachinon ein gewisses Interesse. Es wird zweckmäßig durch Behandeln von Aminoanthrachinon mit Essigsäureanhydrid und Schwefelsäure als Katalysator (*D. R. P.* 211958, *BASF*) hergestellt. Es liefert bei der Chlorierung das 4-Chlor-1-acetaminoanthrachinon (*D. R. P.* 199758, *BASF*) und bei der Nitrierung das 4-Nitro-1-acetaminoanthrachinon (*D. R. P.* 125391).

Das 1-Acetaminoanthrachinon wird durch Behandeln mit Essigsäureanhydrid und Kaliumacetat leicht in das sog. A n t h r a p y r i d o n verwandelt.

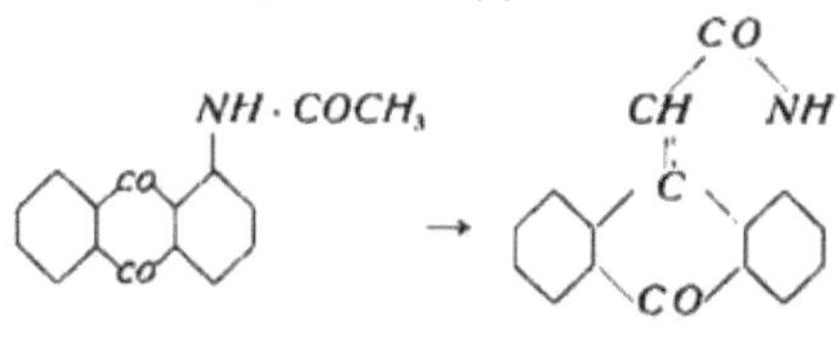

Das entsprechende 4-Brom-1-N-methylanthrapyridon liefert beim Behandeln mit 2-Aminoanthrachinon das von *Bayer* in den Handel gebrachte A l g o l r o t B (s. d.).

In neuester Zeit hat auch das durch Benzoylierung von 1-Aminoanthrachinon entstehende 1-Benzoylaminoanthrachinon technisches Interesse erlangt, da im *D. R. P.* 225232 von *Bayer* erkannt wurde, daß diese Verbindung sich verküpen läßt und Baumwolle in schönen gelben Tönen anfärbt. Sie kommt unter dem Namen Algolgelb WG in den Handel. Zur Herstellung kann man entweder 1-Aminoanthrachinon und Benzoylchlorid durch Erhitzen in Toluollösung kondensieren, oder man setzt 1-Chloranthrachinon mit Benzamid um (*D. R. P.* 216772, *Bayer*).

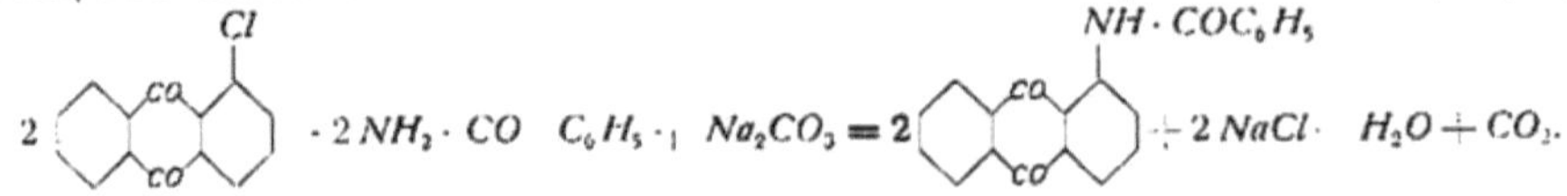

2-Aminoanthrachinon. Diese Verbindung wird nach dem von v. PERGER (*B.* **12**, 1567 [1879]) aufgefundenen Verfahren durch Erhitzen von anthrachinon-2-sulfosaurem Natrium mit Ammoniak unter Druck hergestellt.

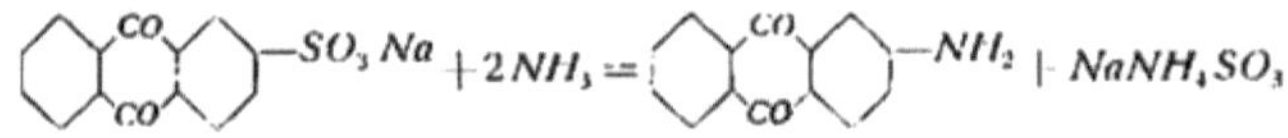

Hierbei bildet sich, wie aus der vorstehenden Gleichung ersichtlich ist, Sulfit, das bei der hohen Temperatur reduzierend auf die noch vorhandene Anthrachinonsulfosäure einwirkt und sie in Produkte überführt, die sich nicht weiter in Aminoanthrachinon verwandeln lassen, sodaß die Ausbeute im besten Falle nur 60% d. Th. beträgt. Eine wesentliche Verbesserung dieses Verfahrens ist im *D. R. P.* 256515 der *BASF* beschrieben. Hierbei wird die Umsetzung bei Gegenwart von Oxydationsmitteln, z. B. regeneriertem Braunstein oder Arsensäure, vorgenommen, wobei das Oxydationsmittel sofort die gebildeten Sulfite zu Sulfaten oxydiert, und dadurch die Bildung von Nebenprodukten verhindert.

Für die Herstellung werden z. B. 250 T. 2-anthrachinonsulfosaures Natrium, als 50 %ige Paste, mit 156 T. regeneriertem Braunstein und 130 T. Wasser angerührt, 580 T. 25 %iges Ammoniak hinzugefügt und unter Rühren 24 Stunden auf 200° erhitzt. Beim Erkalten hat sich reines, bei 302° schmelzendes, orangerotes Aminoanthrachinon in fast quantitativer Ausbeute abgeschieden.

Dieses Verfahren liefert ferner gute Resultate bei der Gewinnung von 2, 6- und 2, 7-Diaminoanthrachinon und erhöht auch die Ausbeute bei der Verwendung der Anthrachinon-α-sulfosäuren. An Stelle von Ammoniak lassen sich natürlich substituierte Ammoniake verwenden.

Nach dem *D. R. P.* 267212 (*M. L. B.*) läßt sich die Ausbeute an 2-Aminoanthrachinon auch erhöhen, wenn man die Umsetzung der Anthrachinon-2-sulfosäure mit Ammoniak bei Gegenwart von Bariumsalzen vornimmt, wodurch die entstehende schwefelige Säure in das schwer lösliche Bariumsulfit verwandelt wird, das nicht weiter auf das Anthrachinonmolekül einwirkt.

Die Hauptanwendung findet das 2-Aminoanthrachinon für die Herstellung von Indanthren und Flavanthren (s. d.). Durch Bromierung bildet sich das 1, 3-Di-

brom-2-aminoanthrachinon, dessen in 1-Stellung befindliches Bromatom außerordentlich beweglich ist. Zwei Moleküle lassen sich leicht miteinander kondensieren unter Bildung von Dibromindanthren (Algolblau CF, *Bayer* s. d.).

Ferner wird das 2-Aminoanthrachinon durch Behandeln mit Phosgen in das entsprechende Harnstoff-Derivat verwandelt, das von *M. L. B.* unter dem Namen Helindongelb 3GN in den Handel gebracht wird.

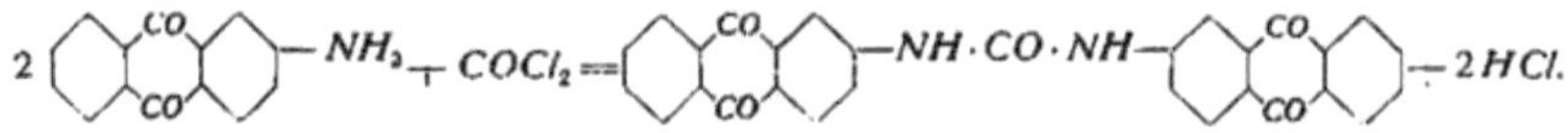

Bei der Nitrierung des 2-Acetaminoanthrachinons oder der entsprechenden Urethanverbindung entsteht ein Gemisch der entsprechenden 1-Nitro- und 3-Nitroverbindung, das sich leicht trennen läßt und das bei 310—311° schmelzende 1-Nitro-2-aminoanthrachinon und das isomere, bei 316—317° schmelzende 3-Nitro-2-aminoanthrachinon nach dem Verseifen liefert. Die Produkte besitzen, ebenso wie die durch Reduktion daraus gewonnenen Diaminoanthrachinone, bis jetzt keinerlei technisches Interesse.

Bei der Sulfierung bildet sich die 2-Aminoanthrachinon-3-sulfosäure, die Wolle in Orangetönen anfärbt, aber als Farbstoff kein Interesse hat. Sie liefert beim Behandeln mit der berechneten Menge Brom die 1-Brom-2-aminoanthrachinon-3-sulfosäure (*M. L. B., D. R. P.* 253683), die beim Erhitzen mit Schwefelsäure auf höhere Temperatur auffallenderweise in 2-Amino-3-bromanthrachinon umgewandelt wird, bei niederer Temperatur aber in normaler Weise das 1-Brom-2-aminoanthrachinon (*BASF, D. R. P.* 265727 und *D. R. P.* 266563) gibt. Das bei 311° schmelzende 3-Brom-2-aminoanthrachinon bildet sich auch, wenn man 2-Aminoanthrachinon in Nitrobenzollösung mit der berechneten Menge Brom (W. JUNGHANS, *A.* **399**, 327 [1913]), oder nach dem *D. R. P.* 261270 der *BASF* 1,3-Dibrom-2-aminoanthrachinon mit 2-Aminoanthrachinon in schwefelsaurer Lösung erhitzt. Das isomere 1-Brom-2-aminoanthrachinon läßt sich nicht durch direkte Bromierung von Aminoanthrachinon oder Acetaminoanthrachinon herstellen. Dagegen wird nach dem *D. R. P.* 199758 der *BASF* 2-Acetaminoanthrachinon in essigsaurer Lösung außerordentlich glatt in 1-Chlor-2-acetaminoanthrachinon verwandelt, und ebenso gibt die 1-Chlor-2-aminoanthrachinon-3-sulfosäure (*M. L. B., D. R. P.* 253683) beim Spalten mit Schwefelsäure lediglich 1-Chlor-2-aminoanthrachinon.

Diaminoanthrachinone. Die Bildung des 1,2- und 2,3-Diaminoanthrachinons ist bereits erwähnt worden. Das 1,4-Diaminoanthrachinon bildet violette Nadeln und schmilzt bei 268°. Es kann durch Reduktion aus 1,4-Nitroaminoanthrachinon (*D. R. P.* 125391 und 135561, sowie *B.* **39**, 643 [1906]) oder aus 1,4-Dichloranthrachinon (*A.* **381** [1911]) hergestellt werden und liefert bei der Benzoylierung das Algolrot 5 G (*Bayer*).

Das 1,5-Diaminoanthrachinon wird entweder durch Reduktion der entsprechenden Dinitroverbindungen, oder aus der 1,5-Anthrachinondisulfosäure und Ammoniak erhalten. Es bildet rote Nadeln, die bei 319° schmelzen. Durch Benzoylierung entsteht daraus der schöne gelbe, von *Bayer* unter dem Namen Algolgelb R in den Handel gebrachte Küpenfarbstoff. Das entsprechende 1,8-Diaminoanthrachinon bildet violette, bei 262° schmelzende Blättchen.

Arylaminonanthrachinone.

Diese Verbindungen entstehen durch Umsetzung der α-Nitroanthrachinone mit aromatischen Aminen. Heute werden sie wohl ausschließlich aus den α-Halogenanthrachinonen dargestellt. Durch Einwirkung von 1-Chloranthrachinon auf Anthranil-

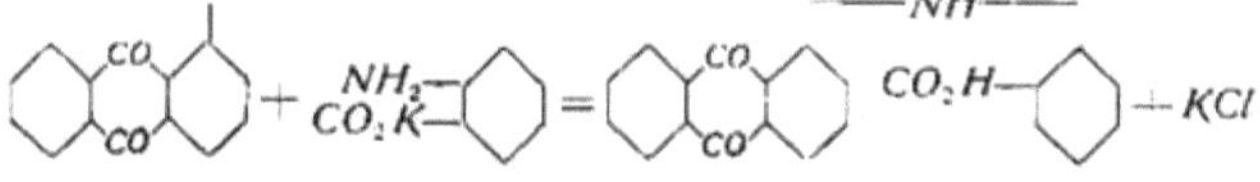

säure entsteht z. B. die Anilido-anthrachinon-carbonsäure, die als Ausgangsmaterial für Indanthrenrotviolett 2RN dient.

Besonders leicht reagieren die 1-ständigen Bromatome. So entsteht durch kurzes Erhitzen von 4-Brom-1-methylamino-anthrachinon mit p-Toluidin das entsprechende Toluidoderivat, das beim Sulfieren das Alizarinastrol *(Bayer)* liefert.

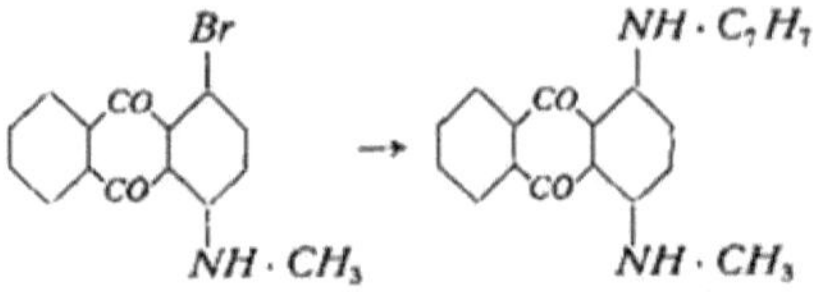

In einigen Fällen, besonders bei Chinizarin und seinen Derivaten, reagieren unter besonderen Versuchsbedingungen auch die *OH*-Gruppen mit den aromatischen Aminen unter Bildung der entsprechenden Mono- oder Diarylidoverbindungen, die durch Sulfieren in wertvolle Farbstoffe (Alizarinirisol, Alizarincyaningrün) übergehen.

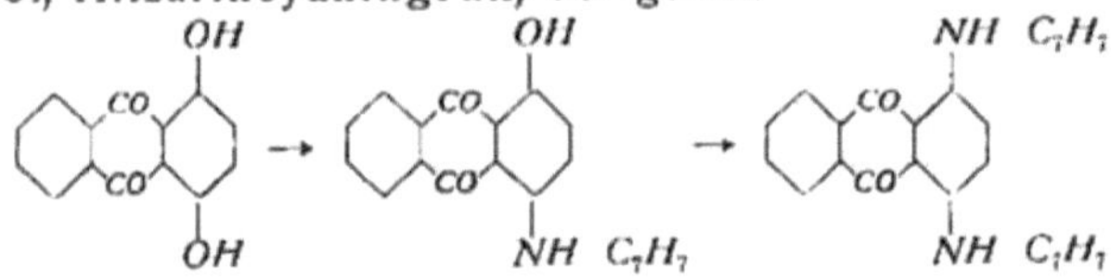

Dianthrachinonylamine.

Diese Verbindungen werden zweckmäßig aus Chloranthrachinon und Aminoanthrachinon hergestellt. Die Umsetzung erfolgt gewöhnlich derart, daß man äquimolekulare Mengen von Chlor- und Amino-anthrachinon bei Gegenwart von Salzsäure bindenden Mitteln und unter Zusatz von Kupfersalzen als Katalysator in Nitrobenzol- oder Naphthalinlösung erhitzt. Am besten verläuft die Reaktion unter Ver-

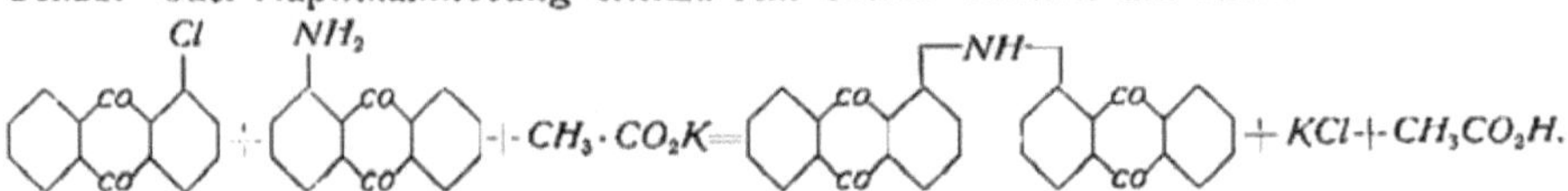

wendung von 1-Derivaten; jedoch haben diese symmetrischen Produkte keinen Farbstoffcharakter und nur als Ausgangsmaterial zur Darstellung von Farbstoffen Interesse. Sie dienen z. B. zur Herstellung von Algolbraun R, Algolgrau 2B und Algololiv R. Die assymmetrischen Verbindungen dagegen, die z. B. aus 1-Chloranthrachinon und 2-Aminoanthrachinon (*D. R. P.* 162824) oder aus 2-Chloranthrachinon und 1-Aminoanthrachinon (*D. R. P.* 174699) entstehen, besitzen Farbstoffcharakter. Algolorange R (*Bayer*). Das gleiche gilt für das nebenstehende Produkt, das Indanthrenbordeaux B (*BASF*), das nach dem *D. R. P.* 184905 aus 2 *Mol.* 2-Chloranthrachinon und 1 *Mol.* 1, 5-Diaminoanthrachinon hergestellt wird. Alle diese Di- und Trianthrachinonimine sind außerordentlich hoch schmelzende, in den meisten Lösungsmitteln unlösliche Verbindungen.

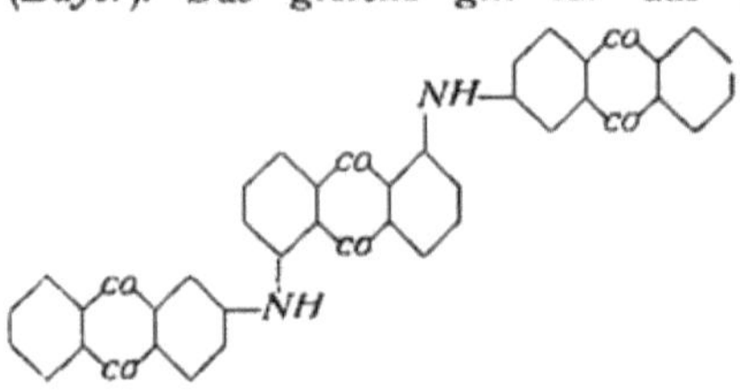

Oxyanthrachinone.

Für die technische Herstellung der verschiedenen Oxyanthrachinone kommen nachstehende Methoden hauptsächlich in Betracht.

1. Aus Anthrachinonsulfosäuren. Der Ersatz der Sulfogruppe durch die Hydroxylgruppe wird durch Erhitzen mit Erdalkalien unter Druck bewirkt (*M. L. B.*, *D. R. P.* 106505, *B.* **36**, 4197 [1903] und **37**, 69, 333 [1904]). Auf diese Weise kann z. B. aus Anthrachinon-2-sulfosäure das 2-Oxyanthrachinon erhalten werden.

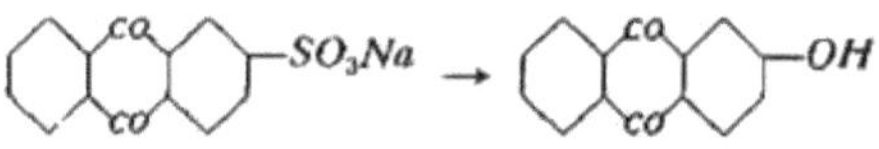

Die 1-Aminoanthrachinon-5-sulfosäure liefert beim Erhitzen mit Kalkmilch (*B.* **37**, 72 [1904]; *M. L. B.*, *D. R. P.* 148875) das 1,5-Aminooxyanthrachinon.

Bedeutend energischer als die Erdalkalien wirken die Ätzalkalien auf die Anthrachinonsulfosäuren ein. Hierbei findet in erster Linie, bei Verwendung von Anthrachinoñ-2-sulfosäure, die Bildung des Natriumsalzes von 2-Oxyanthrachinon statt, das aber bei der hohen Temperatur weiter zu Alizarinnatrium oxydiert wird. Der hierfür notwendige Sauerstoff wird der Anthrachinonsulfosäure entzogen, die in Anthracensulfosäure übergeht; daher muß man, um eine reduzierende Wirkung des Wasserstoffes zu verhindern, die theoretischen Mengen von Oxydationsmitteln, z. B. Salpeter oder Kaliumchlorat, hinzufügen (vgl. Alizarin).

Diese Reaktion, die als eine Oxydationsschmelze (Graebe, *B.* **39**, 795, 2507 [1906], s. u. Alkalischmelze) aufgefaßt werden kann, ist allgemeiner Anwendung fähig. Es bildet sich z. B. aus der Anthrachinon-2,6-disulfosäure bei der Oxydationsschmelze zuerst die 2-Oxyanthrachinon-6-sulfosäure, hierauf Alizarin-6-sulfosäure und schließlich daraus das Flavopurpurin:

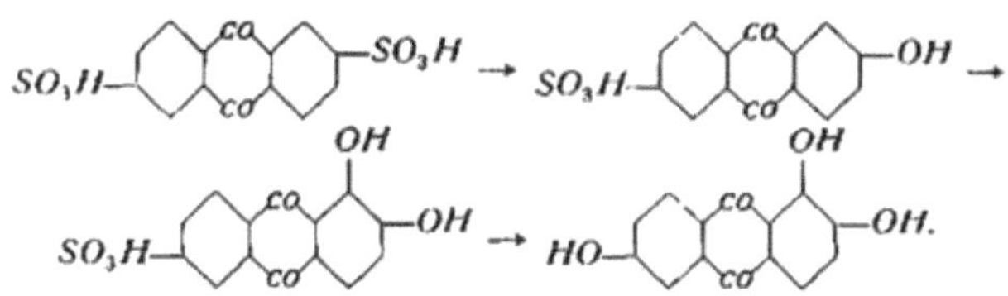

Ähnlich wie Erdalkalien wirkt auch methylalkoholisches Kalium. So entsteht z. B. der Methyläther des Erythrooxyanthrachinons beim Erhitzen von Anthrachinon-α-sulfosäure mit methylalkoholischem Kali (*B.* **37**, 70 [1904]; *Bayer*, *D. R. P.* 156762 und 166748).

2. Aus Nitroanthrachinonen. An Stelle der Anthrachinonsulfosäure können auch die α-Nitroanthrachinone und ihre Abkömmlinge für die Gewinnung von Oxyanthrachinonen verwendet werden. So liefert z. B. nach dem *D. R. P.* 145238 (*Bayer*) das 1, 5-Dinitroanthrachinon beim Erhitzen mit Pyridin unter Druck das Anthrarufin. An Stelle von Pyridin können auch die Hydroxyde alkalischer Erden benutzt werden (*D. R. P.* 158891, *Bayer*).

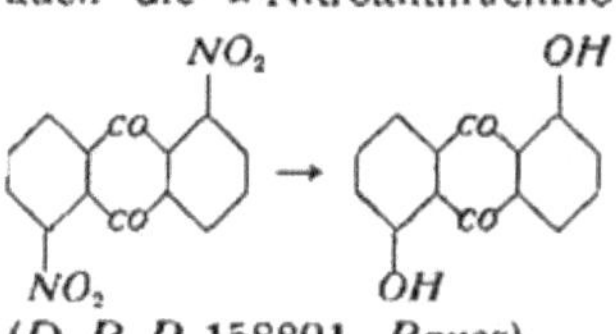

Nimmt man zur Umsetzung methylalkoholisches Ätznatron, so werden, wie im *D. R. P.* 75054 und 77818 (*M. L. B.*) gezeigt wird, die entsprechenden Methoxyverbindungen gebildet. Aus Nitroanthrachinon entsteht z. B. Methoxyanthrachinon.

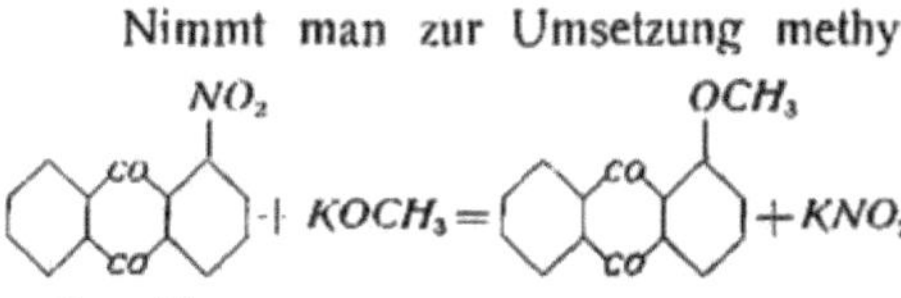

3. Durch Oxydations-Reaktionen. Diese Methode beruht auf der von R. Bohn (*D. R. P.* 46654 und 47252) im Jahre 1888 und von R. E. Schmidt (*D. R. P.* 60855) gemachten Beobachtung, daß in Anthrachinon-Derivate, resp. in Anthrachinon selbst, durch Behandeln mit hochprozentiger rauchender Schwefelsäure Hydroxylgruppen eingeführt werden können. Es bilden sich zunächst Anhydride der Sulfosäureäther, die dann in die freien Polyoxyanthrachinone übergehen. Weitere Untersuchungen haben ergeben, daß die Reaktion besonders glatt bei Zusatz von Borsäure und Verwendung von Quecksilber oder anderen Katalysatoren

verläuft. So kann z. B. aus Anthrachinon, konz. Schwefelsäure und Borsäure bei 260° Chinizarin gewonnen werden, das dann weiter in Purpurin übergeht.

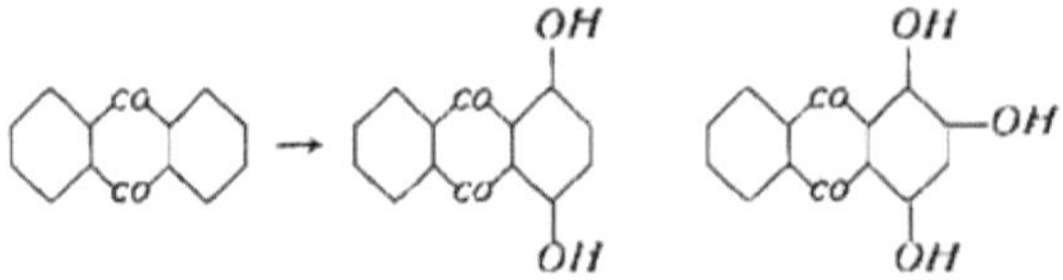

Verwendet man dagegen Schwefelsäure von 80% Anhydridgehalt, so bildet sich zuerst Anthrarufin, dann 1,5,8-Trioxy-, hierauf 1, 2, 5, 8-Tetraoxy-anthrachinon und schließlich 1, 2, 4, 5, 6, 8-Hexa-oxyanthrachinon.

Alizarin liefert das Chinalizarin (*Bayer*, *D. R. P.* 60855). Durch Behandeln mit

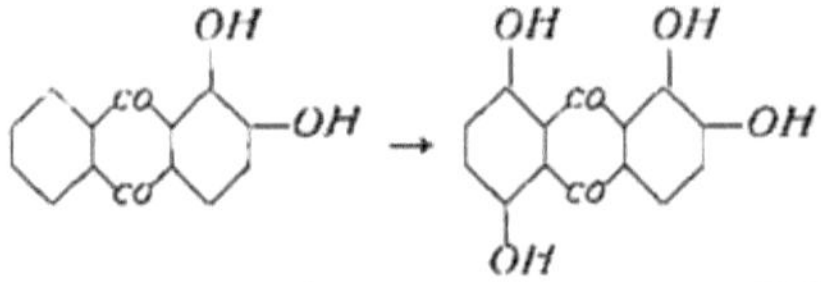

Schwefelsäure können übrigens aus dem Dinitroanthrachinon ebenfalls Oxyanthrachinone hergestellt werden, indem die Nitrogruppen durch Hydroxyle ersetzt und weitere Hydroxyle in das Molekül eingeführt werden. So wird z. B. das Anthracenblau WR (s. d.) aus dem 1, 5-Dinitroanthrachinon hergestellt.

Das Verfahren, Hydroxylgruppen in Anthrachinon einzuführen, wurde in neuester Zeit noch verallgemeinert, indem es auch gelang, durch Behandeln von Anthrachinon mit konz. wässerigen Alkalien, unter Zusatz von Oxydationsmitteln, Alizarin herzustellen (*D. R. P.* 186526). In den *D. R. P.* 241806 und 249368 beschreibt *Bayer* auch die Herstellung sämtlicher bei der technischen Alizarinschmelze entstehenden Produkte durch Behandeln von Anthrachinon mit Alkalien bei Gegenwart von Sulfiten.

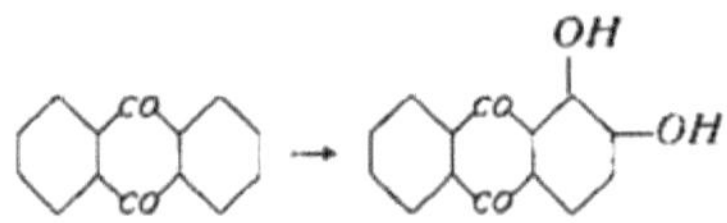

4. Aus Aminoanthrachinon. Für den Fall, daß die entsprechenden Aminoanthrachinone leicht zugänglich sind, können sie mittels der Diazoreaktion in die entsprechenden Oxyanthrachinone verwandelt werden. So entsteht z. B. 1-Oxyanthrachinon aus 1-Aminoanthrachinon.

5. Durch Kondensationsreaktionen. Die FRIEDEL-CRAFTSsche Synthese, unter Verwendung von Phthalsäureanhydrid und Phenoläthern, resp. alkylierten Aminen (*D. R. P.* 112913), findet keine technische Verwendung. Gute Resultate liefert die Kondensation von Phthalsäureanhydrid und Hydrochinon bei Verwendung von Schwefelsäure, unter gleichzeitigem Zusatz von Borsäure. Nach dieser Methode wird z. B. Chinizarin hergestellt.

Verwendet man α-Naphthol, so bildet sich das Oxynaphthacenchinon (*D. R. P.* 134985), das aber keine technische Verwendung gefunden hat:

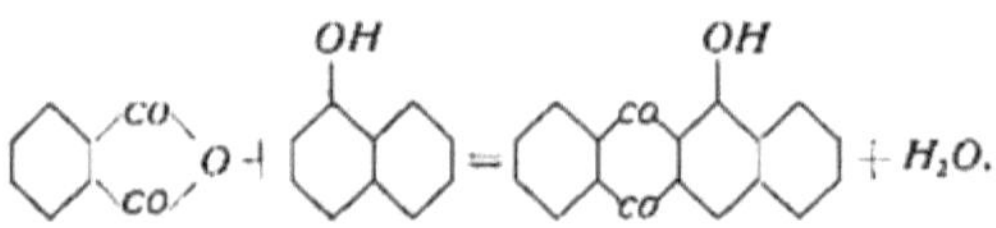

Von einiger Wichtigkeit ist die Herstellung von Anthragallol durch Kondensation von Benzoesäure mit Gallussäure:

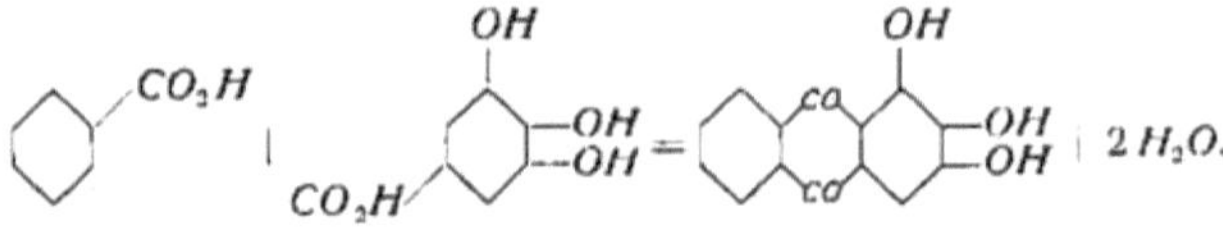

Als Nebenprodukt entsteht hierbei immer Rufigallussäure:

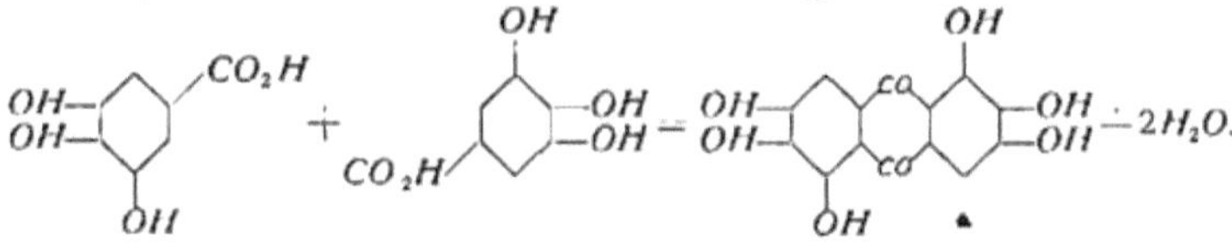

Nachstehend soll eine Übersicht über die wichtigsten Oxyanthrachinone, sowie ihre technische Herstellung gegeben werden.

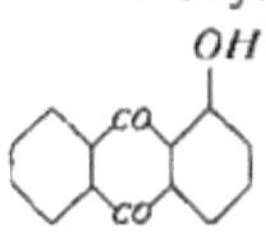

1-Oxyanthrachinon, Erythrooxyanthrachinon, entsteht nach dem *D. R. P.* 97688 (*M. L. B.*) durch Behandeln von 1-Aminoanthrachinon in schwefelsaurer Lösung mit Natriumnitrit und darauffolgendem Erhitzen. Es bildet orange Nadeln, die bei 190° schmelzen und keinen Farbstoffcharakter besitzen.

Zweckmäßig wird es aus Anthrachinon-1-sulfosäure durch Erhitzen mit Kalkmilch hergestellt, man kann auch verdünnte Alkalien (*D. R. P.* 172642) oder Alkalicarbonate (*D. R. P.* 197649) verwenden.

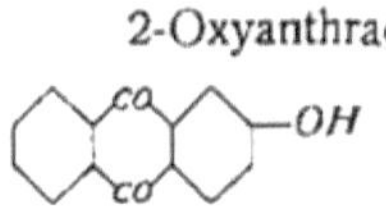

2-Oxyanthrachinon, m-Oxyanthrachinon. Diese Verbindung wird am besten nach dem *D. R. P.* 106505 (*M. L. B.*) durch Erhitzen von anthrachinon-2-sulfosauren Salzen mit Erdalkalien unter Druck gewonnen. Sie bildet gelbe Blättchen, die bei 302° schmelzen.

1, 2-Dioxyanthrachinon, s. Alizarin.

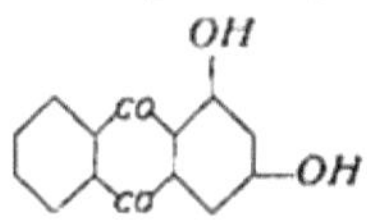

1,3-Dioxyanthrachinon, Purpuroxanthin, Xanthopurpurin. Diese Verbindung, die kein technisches Interesse hat, wird durch Reduktion von Purpurin gewonnen (*D. R. P.* 212697).

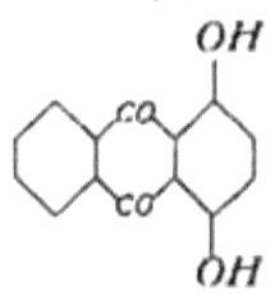

1, 4-Dioxyanthrachinon, Chinizarin. Neben den zahlreichen in den *D. R. P.* 81245, 81960, 86630, 125579, 153129, 162035, 162792 und 148792 beschriebenen Verfahren dürfte zur Herstellung von Chinizarin besonders die Methode des *D. R. P.* 255031 in Betracht kommen. Hiernach wird Phthalsäureanhydrid mit p-Chlorphenol bei Gegenwart von Borsäure und Schwefelsäure kondensiert. Es bildet gelbrote Blättchen oder rote Nadeln, die bei 192° schmelzen und sich in Alkalien mit blauer Farbe lösen. Das Chinizarin dient als Ausgangsmaterial für eine größere Anzahl von Farbstoffen, von denen insbesondere das Alizarincyaningrün und das Alizarinirisol (s. d.) Erwähnung finden sollen.

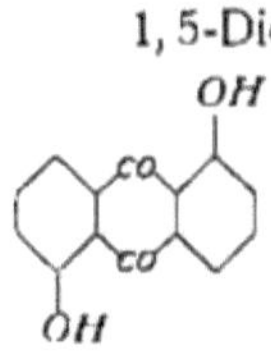

1, 5-Dioxyanthrachinon, Anthrarufin. Dieses Produkt wird durch die Umsetzung der 1, 5-Anthrachinondisulfosäure mit Kalkmilch (*D. R. P.* 170108) oder Alkalicarbonaten (*D. R. P.* 197649) gewonnen. Man erhält es ebenfalls aus dem 1, 5-Dinitroanthrachinon durch Erhitzen mit Kalkmilch (*D. R. P.* 158891) oder mit Pyridin (*D. R. P.* 145238). Des ferneren sind in den *D. R. P.* 97674, 97688 und 101220 Darstellungsmethoden angegeben. Das Anthrarufin bildet hellgelbe Blättchen, die bei 280° schmelzen. Es dient zur Herstellung von Alizarinsaphirol (s. d.).

1, 6-Dioxyanthrachinon wird aus der 1-Nitroanthrachinon-6-sulfosäure nach den Angaben von Frobenius und Hepp (*B.* **40,** 1048 [1907]) hergestellt. Es bildet orangegelbe Nadeln, die bei 271° schmelzen. Beim Erhitzen mit Natronlauge und Salpeter liefert es Flavopurpurin. Eine technische Anwendung hat das Produkt bis jetzt noch nicht gefunden.

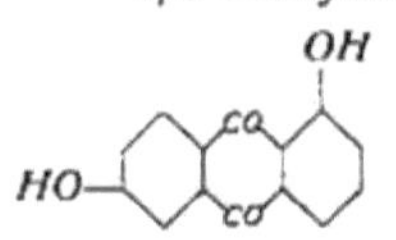

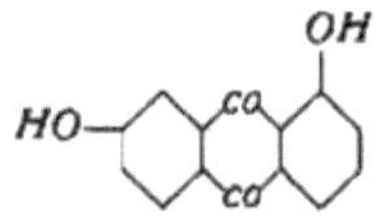

1, 7-Dioxyanthrachinon, m-Benzdioxyanthrachinon. Es schmilzt bei 292° (ILJINSKI, *B.* **36**, 4198 [1903]) und wird aus der 1, 7-Anthrachinondisulfosäure hergestellt (*D. R. P.* 170329). Das Produkt findet keine technische Anwendung.

1, 8-Dioxyanthrachinon, Chrysazin. Das Chrysazin schmilzt bei 193° und bildet

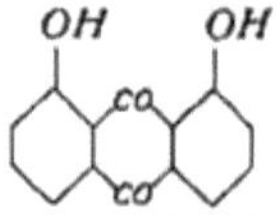

rote, bläulich glänzende Nadeln. Es wird genau nach der bei der isomeren 1, 5-Verbindung angegebenen Methode hergestellt. Es findet Verwendung zur Darstellung von Alizarinsaphirolen.

2, 3-Dioxyanthrachinon, Hystazarin, wird aus der aus Phthalsäureanhydrid und

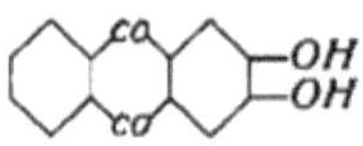

Veratrol erhältlichen m-Dioxy-benzoyl-benzoesäure durch Behandeln mit Schwefelsäure hergestellt. Es bildet orangegelbe Nadeln, die bei 260° noch nicht schmelzen (*B.* **28**, 118). Das Produkt findet keinerlei technische Verwendung.

2, 6-Dioxyanthrachinon, Anthraflavinsäure. Die Substanz wird durch Erhitzen

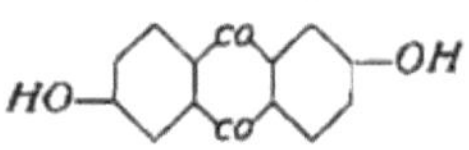

von anthrachinon-2, 6-disulfosaurem Natrium mit Kalkmilch unter Druck gewonnen (*M. L. B., D. R. P.* 106505). Es bildet gelbe Nadeln und wird in Flavopurpurin nach *D. R. R.* 194055 (WEDEKIND), 205097, 223103 (*Bayer*) übergeführt.

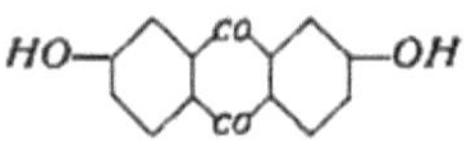

2, 7-Dioxyanthrachinon, Isoanthraflavinsäure, wird genau wie die isomere 2, 6-Verbindung unter Verwendung von Anthrachinon-2, 7-disulfosäure hergestellt.

1, 2, 3-Trioxyanthrachinon, Anthragallol, wird durch Erhitzen von Benzoesäure

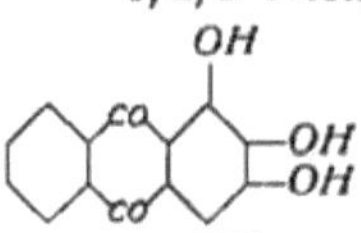

mit Gallussäure hergestellt und ist unter dem Namen Anthracenbraun (s. d.) (*BASF*) oder Alizarinbraun (*M. L. B.*) im Handel. Es bildet orangerote, bei 310° schmelzende Nadeln.

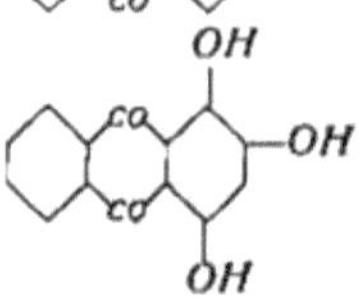

1, 2, 4-Trioxyanthrachinon, Purpurin, wird durch Oxydation von Alizarin mit Braunstein und Schwefelsäure hergestellt (s. Purpurin). Es bildet lange, orangefarbene Nadeln die 1 Mol. Wasser enthalten und bei 256° schmelzen.

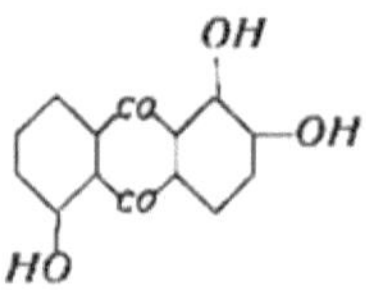

1, 2, 5-Trioxyanthrachinon, Oxyanthrarufin, wird aus Alizarin und rauchender Schwefelsäure unter Zusatz von Borsäure (*D. R. P.* 156960, *Bayer*) oder aus Anthrarufin mittels der Oxydationsschmelze (*D. R. P.* 195028, *M. L. B.*) hergestellt.

1, 2, 6-Trioxyanthrachinon, Flavopurpurin, wird am besten aus der Anthrachinon-

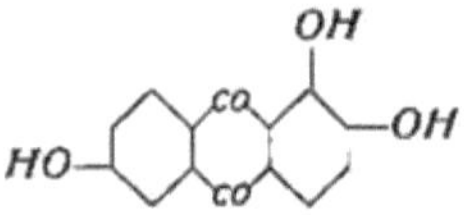

2, 6-disulfosäure mit Ätznatron unter Zusatz von Oxydationsmitteln gewonnen (s. a. *D. R. P.* 194955). Es wird von den verschiedenen Firmen unter dem Namen Alizarin G in den Handel gebracht. Es bildet goldgelbe Nadeln, die über 330° schmelzen und bei 459° sieden.

1, 2, 7-Trioxyanthrachinon, Anthrapurpurin oder Isopurpurin, wird aus

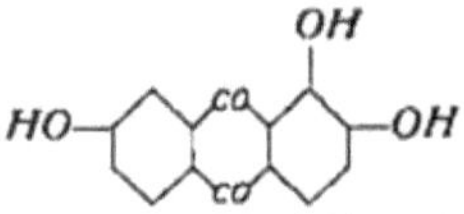

der Anthrachinon-2, 7-disulfosäure mittels der Oxydationsschmelze hergestellt. Es bildet orangefarbene Nadeln, die oberhalb 330° schmelzen und bei 462° sieden. Es färbt mit Tonerde gebeizte Baumwolle schwärzlich-rot und ist unter dem Namen Alizarin Rotstich im Handel.

Des ferneren seien hier der Vollständigkeit wegen noch das 1, 4, 8- und 1, 2, 8-Trioxyanthrachinon erwähnt, die durch Oxydation von Chrysazin entstehen und anscheinend keine technische Anwendung finden.

Von den 22 möglichen Tetraoxyanthrachinonen dürften nachstehende technisches Interesse haben:

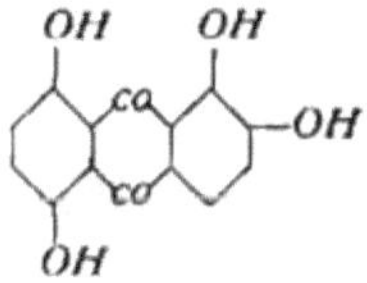

1, 2, 5, 8-Tetraoxyanthrachinon, Alizarinbordeaux, Chinalizarin, wird durch Oxydation von Alizarin mit rauchender Schwefelsäure hergestellt (*D. R. P.* 60855, *Bayer*). Es schmilzt oberhalb 270° und sublimiert in dunkelroten Nadeln mit grünem Oberflächenglanz; (im übrigen s. Alizarinbordeaux).

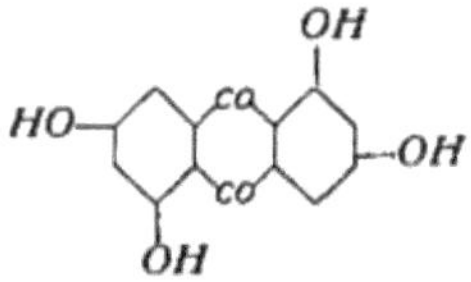

Das 1, 3, 5, 7-Tetraoxyanthrachinon, Anthrachryson, wird durch Behandeln der 3, 5-Dioxybenzoesäure mit Schwefelsäure hergestellt. Es bildet gelbe Blättchen, die oberhalb 360° schmelzen. Es dient zur Herstellung von Säurealizarinblau B B (*M. L. B.*).

Pentaoxyanthrachinone. Von den 12 möglichen Isomeren hat nur das nachstehende 1, 2, 4, 5, 8-Derivat als Farbstoff Interesse, das unter dem Namen Alizarincyanin R (*D. R. P.* 62018) in den Handel kommt und durch Oxydation von Alizarinbordeaux gewonnen wird.

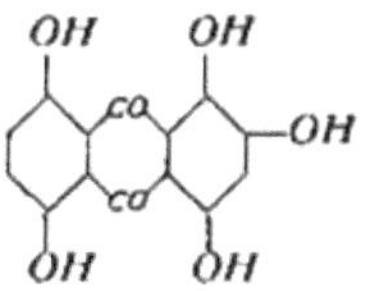

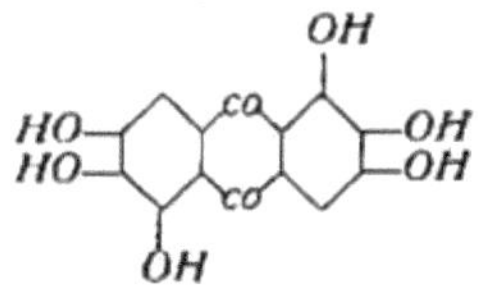

Hexaoxyanthrachinone. 1, 2, 3, 5, 6, 7-Hexaoxyanthrachinon, Rufigallussäure, wird durch Erhitzen von Gallussäure mit Schwefelsäure hergestellt und bildet kleine rote Krystalle.

Wichtig ist das 1, 2, 4, 5, 6, 8-Hexaoxyanthrachinon, das unter dem Namen Anthracenblau (s. d.) in den Handel kommt und aus 1, 5-Dinitroanthrachinon erhalten wird. Es kann auch durch Oxydation von Anthrachinon, bzw. hydroxylierten Oxyanthrachinonen, wie z. B. Anthrachryson, gewonnen werden.

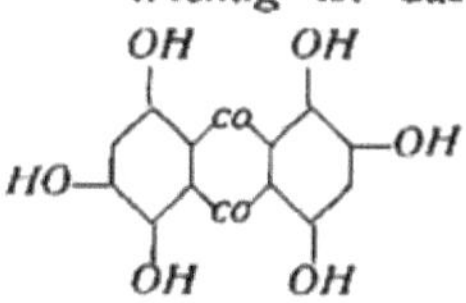

Was die Oxyanthrachinon-Sulfosäuren anbetrifft, so können sie entweder aus den entsprechenden Polysulfosäuren durch Erhitzen mit Alkalicarbonaten oder Kalkmilch dargestellt werden, oder durch Sulfierung der entsprechenden Oxyanthrachinone. Auch Aminoanthrachinonsulfosäuren lassen sich durch Diazotieren und Verkochen in bekannter Weise in die entsprechenden Oxyderivate verwandeln. Diese dienen entweder als Zwischenprodukte oder als Farbstoffe wie z. B. Alizarinrot S (s. d.).

Anthrachinonmercaptane.

Die Mercaptane der Anthrachinonreihe besitzen bis heute keinerlei technisches Interesse. Die Anthrachinon-α-mercaptane können aus Anthrachinon-α-sulfosäure oder α-Chloranthrachinon durch Behandeln mit Schwefelnatrium leicht gewonnen werden (*D. R. P.* 204772, 206536 und 212857).

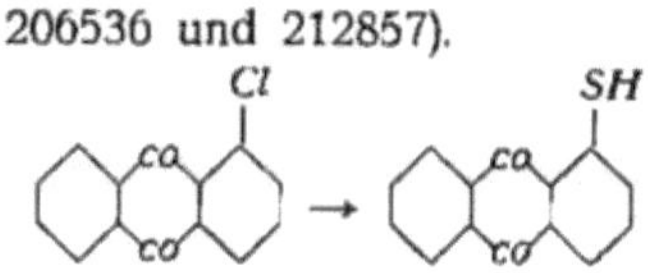

Sie lassen sich ferner aus α-Aminoanthrachinonen nach der LEUCKARDTschen Methode (*M. L. B.*, *D. R. P.* 241985) oder durch Verseifung der Rhodanide (*D. R. P.* 206054 und 208640) herstellen.

Eine große Anzahl dieser Mercaptane ist eingehend von L. GATTERMANN (*A.* **393**, 113 [1912]) beschrieben worden.

Anthrachinoncarbonsäuren.

Diese Verbindungen haben als Zwischenprodukte ein gewisses Interesse.

Anthrachinon-1-carbonsäure. Diese Säure wird am zweckmäßigsten nach der von F. ULLMANN und W. VAN DER SCHALK (*A.* **388**, 203 [1912]) angegebenen Vorschrift gewonnen. Man geht hierfür vom 1-Aminoanthrachinon aus, diazotiert es, verwandelt die Diazoniumverbindung mittels Kaliumkupfercyanürs in 1-Cyananthrachinon und verseift dieses endlich durch Kochen mit Schwefelsäure. Die Säure bildet hellgelbe Blättchen, die bei 294° schmelzen.

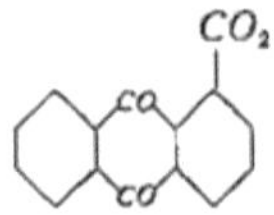

Auf dieselbe Weise kann man die 5-Nitroanthrachinon-1-carbonsäure und die 2-Bromanthrachinon-1-carbonsäure herstellen. Alle diese Säuren sind außerordentlich reaktionsfähig und kondensieren sich sehr leicht mit Phenylhydrazin unter Bildung von Phenylpyridazonanthron.

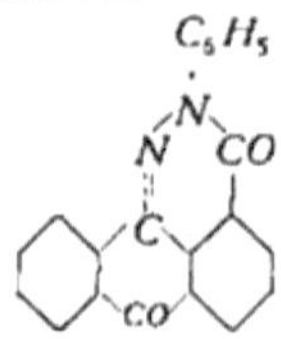

Die 1, 4-Chloranthrachinoncarbonsäure wird zweckmäßig aus dem aus Phthalsäureanhydrid und p-Chlortoluol leicht zugänglichen 1, 4-Chlormethylanthrachinon durch Oxydation hergestellt. Die Oxydation kann entweder durch Erhitzen mit Schwefelsäure (*A.* **388**, 217) oder zweckmäßiger noch nach dem *D. R. P.* 259365 der *BASF* erfolgen. Nach diesem Verfahren wird das Chlormethylanthrachinon in Nitrobenzollösung mit Chlor zur Carbonsäure oxydiert.

Die Anthrachinon-2-carbonsäure wird am besten nach dem inzwischen erloschenen *D. R. P.* 80407 der *M. L. B.* hergestellt. Als Ausgangsmaterial dient die durch Kondensation von Toluol und Phthalsäureanhydrid mittels Aluminiumchlorids erhältliche p-Toluylbenzoesäure, die in alkalischer Lösung mit Kaliumpermanganat zu der Benzophenondicarbonsäure oxydiert wird. Erhitzt man schließlich diese Verbindung mit konz. Schwefelsäure auf 150°, so entsteht in vorzüglicher Ausbeute die Anthrachinon-2-carbonsäure:

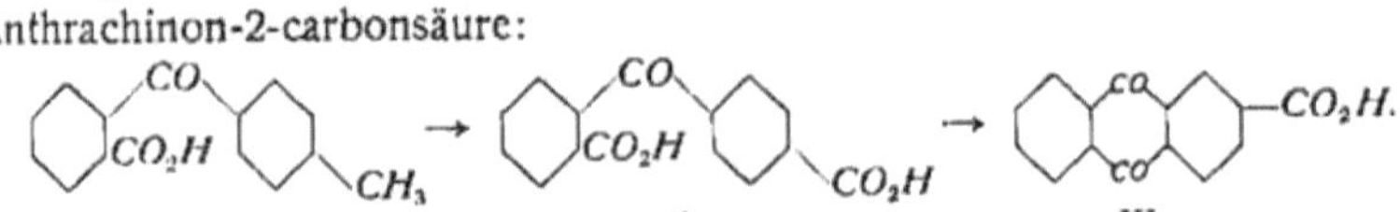

I. II. III.

Das Chlorid dieser Säure liefert bei der Kondensation mit 1-Amino- oder 1, 5-Diaminoanthrachinon Mono- resp. Dianthrachinoncarboyl-aminoanthrachinone von hervorragenden Echtheitseigenschaften.

Von den Derivaten der Anthrachinon-2-carbonsäure haben insbesondere die 1-Substitutionsprodukte ein gewisses Interesse. So wird z. B. die 1-Chloranthrachinon-2-carbonsäure nach den Angaben des *D. R. P.* 250742 (*BASF*) aus dem 1-Nitro-2-methylanthrachinon durch Behandeln mit Chlor in Nitrobenzollösung hergestellt; jedoch verläuft die Reaktion nach der Patentvorschrift nicht glatt.

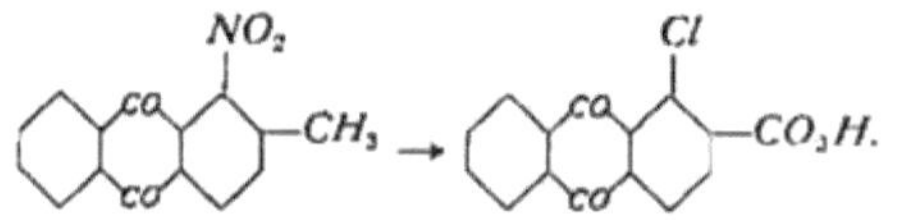

Es findet hierbei also nicht nur eine Oxydation der Methylgruppe, sondern auch zu gleicher Zeit ein Ersatz der Nitrogruppe durch Chlor statt. Die Säure bildet schwach gelbe Nadeln, die bei 267—268° schmelzen. Sie enthält ein sehr labiles Halogen. Durch Behandeln mit β-Naphthylamin z. B. bildet sich die β-Naphthylamino-1-anthrachinon-2-carbonsäure, die durch Abspaltung von Wasser in das Anthrachinon-naphthacridon übergeht, das von der *BASF* unter dem Namen Indanthrenrot BN extra in den Handel gebracht wird.

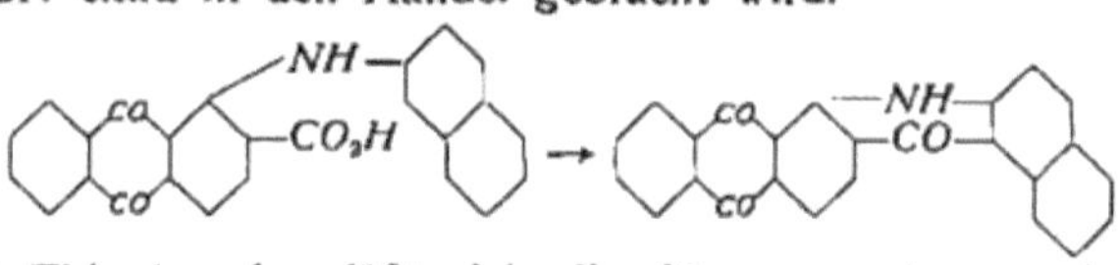

Auch mit Thiophenolen läßt sich die Säure umsetzen und die durch Abspaltung von Wasser erhältlichen gechlorten Anthrachinonthioxanthone werden von der *BASF* in den Handel gebracht.

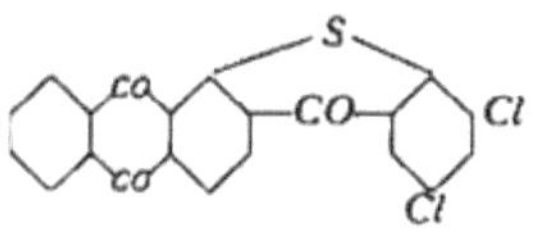

Indanthrengelb GN
A. P. 1044674, A. LÜTTINGHAUS und E. SCHWARZ.

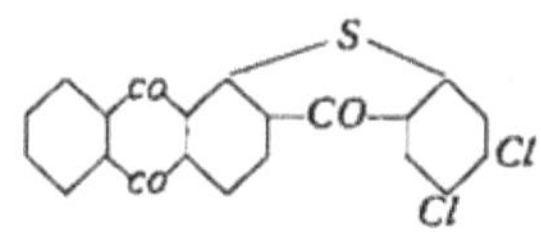

Indanthrengoldorange RN
A. P. 1044673, A. LÜTTINGHAUS und H. V. DIESBACH.

1-Nitroanthrachinon-2-carbonsäure wird am besten durch Behandeln von 1-Nitro-2-methylanthrachinon in salpetersaurer Lösung mit Oxydationsmitteln nach den Angaben des *D. R. P.* 229394 der *BASF* gewonnen. Die Säure bildet schwachgelbe, bei 287° schmelzende Nadeln. Sie enthält eine labile Nitrogruppe und dient zu ähnlichen Umsetzungen wie die 1-Chloranthrachinon-2-carbonsäure.

Des ferneren sei noch die Anthrachinon-1, 2-dicarbonsäure erwähnt, welche nach den Angaben von R. SCHOLL (*B.* **44**, 2992 [1911] sowie *D. R. P.* 241624 und 243077) sehr leicht durch Oxydation von Naphthanthrachinon mit Permanganat in schwefelsaurer Lösung erhalten wird.

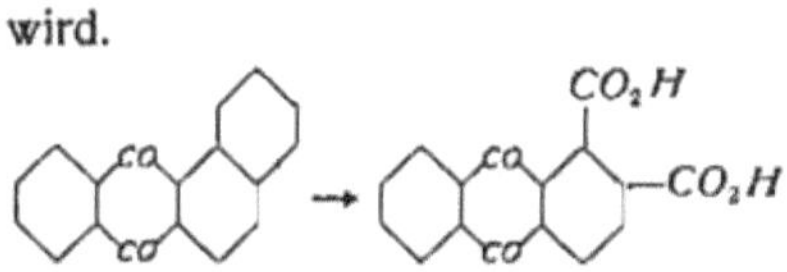

Die Säure hat ebenso wie die Anthrachinon-1-carbonsäure bis jetzt noch keine technische Verwendung gefunden.

Methylanthrachinone.

Das 1-Methylanthrachinon läßt sich am einfachsten aus dem 1-Chlor-4-Methylanthrachinon durch Behandeln mit Kaliumacetat und Spuren von Kupfer in Nitrobenzollösung herstellen (F. ULLMANN und W. MINAJEFF *B.* **45**, 688 [1912]).

Diese Verbindung hat, zum Unterschied von ihrem Isomeren, bis jetzt noch keine technische Verwendung gefunden.

2-Methylanthrachinon wird am zweckmäßigsten nach den Angaben

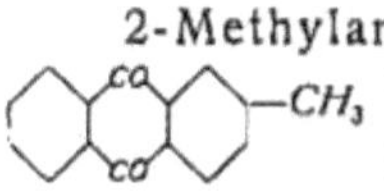

von HELLER (*B.* **41**, 3632 [1908]) durch Kondensation der p-Toluylbenzoesäure mittels Schwefelsäure gewonnen.

50 *g* fein gepulvertes Phthalsäureanhydrid werden in 200 *g* trockenem Toluol heiß gelöst, nach dem Erkalten mit 75 *g* wasserfreiem Aluminiumchlorid versetzt, worauf 5 Stunden unter Luftabschluß bei gewöhnlicher Temperatur gerührt wird. Hierauf wird nach beendigter Salzsäureentwicklung noch eine Stunde auf dem Wasserbad erwärmt, die Masse nach dem Erkalten mit Eis zersetzt, unverbrauchtes Toluol mit Dampf abgetrieben, der filtrierte und gewaschene Rückstand in Soda gelöst und mit Salzsäure wieder ausgefällt. Die auf diese Weise gewonnene p-Toluyl-o-benzoesäure (75 *g*) wird in 730 *g* rauchender Schwefelsäure (20% SO_3) gelöst und 1½ Stunden auf dem Wasserbad erwärmt. Die Schmelze wird auf Eis gegossen und das filtrierte Methylanthrachinon durch Auskochen mit verdünnter Soda gereinigt.

Es bildet gelbe Nadeln, die bei 177° schmelzen. Das Methylanthrachinon dient zur Herstellung von Anthraflavon; ferner zur Gewinnung von Cibanongelb und Indanthrengoldorange G. (s. d.).

Durch Behandeln mit Brom entsteht aus dem Methylanthrachinon ω-Dibrom-

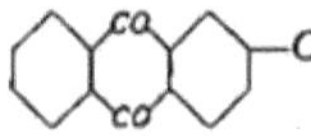

II.

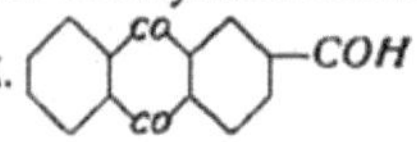

methylanthrachinon (I), das durch Behandeln mit Kupfer (E. HEPP, *B.* **46**, 709 [1913]) oder Diäthylanilin (F. ULLMANN und L. KLINGENBERG, *B.* **46**, 721 [1913]) Anthraflavon liefert.

Verseift man das ω-Dibromderivat mit Schwefelsäure nach den Angaben des *D. R. P.* 174984 *(BASF)*, so bildet sich Anthrachinonaldehyd (II), der schwach gelbe Blättchen bildet, die bei 185° schmelzen. Der Aldehyd (*B.* **46**, 718 [1913]) hat noch keine technische Verwendung gefunden.

1-Nitro-2-methylanthrachinon. Diese Verbindung entsteht durch Nitrierung von 2-Methylanthrachinon. Sie bildet gelbe glänzende Nadeln, die bei 269° schmelzen, und wird als Ausgangsmaterial für die Gewinnung von Nitroanthrachinoncarbonsäure und Chloranthrachinoncarbonsäure sowie von 1-Amino-2-methylanthrachinon verwendet. Das letztere dient zur Herstellung von Cyananthrol (s. d.). *F. Ullmann.*

Anthrachinonblau SR (*BASF*), saurer Anthrachinonfarbstoff, dargestellt nach *D. R. P.* 121684 [1898] (*Friedländer* **6**, 395) durch Kondensation von Tetrabrom-1, 5-diaminoanthrachinon mit Anilin nach *D. R. P.* 121528 und Sulfierung. Blauschwarzes Pulver, in Wasser und Alkohol löslich, färbt ein licht-, walk- und säureechtes Blaugrün auf Wolle und Seide, das durch Nachchromieren unter geringer Änderung im Tone noch walkechter wird. *Ristenpart.*

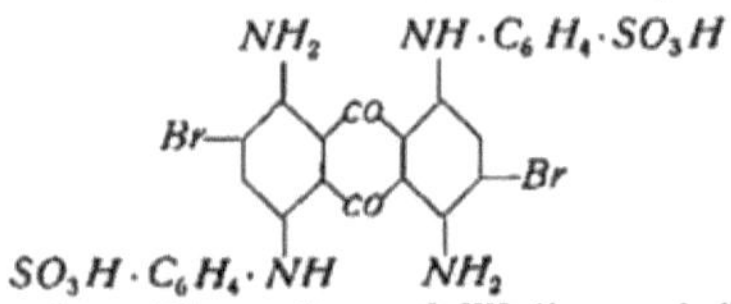

Anthrachinonblaugrün BXO (*BASF*) und **Anthrachinongrün** GX, GXN (*BASF*) [1908] gehören zur gleichen Klasse, färben Wolle und Seide licht- und walkecht; durch Chromieren wird der Ton nur wenig beeinflußt, die Walkechtheit noch verbessert. *Ristenpart.*

Anthrachinonfarbstoffe. In der Geschichte der künstlichen Farbstoffe spielen die Anthrachinonfarbstoffe (auch als Anthracen- oder Alizarinfarbstoffe bezeichnet) eine bemerkenswerte Rolle sowohl in wissenschaftlicher, als auch in technischer Hinsicht. In wissenschaftlicher Beziehung schon deshalb, weil mit der künstlichen Herstellung des Alizarins aus Anthracen, einem Bestandteil des Steinkohlenteers, die erste zielbewußte Synthese eines Naturproduktes, u. zw. eines außerordentlich wichtigen, bewerkstelligt wurde. Aber auch beim weiteren Ausbau des Gebietes haben sich wissenschaftlich sehr interessante Ergebnisse und Reaktionen ergeben, welche in mancher Beziehung den Anthrachinonderivaten eine Sonderstellung verleihen. In technischer Hinsicht ist das Gebiet deshalb bemerkenswert und außerordentlich wichtig, weil man in keiner andern Farbstoffgruppe eine derartige Summe von Echtheitseigenschaften vereinigt findet, wie bei den Anthrachinonfarbstoffen. Zu diesen gehören die echtesten der überhaupt bekannten Farbstoffe, und die Alizarinfarbstoffe sind es, welche in erster Linie dazu beigetragen haben, das Vorurteil gegen die künstlichen Farbstoffe wegen ungenügender Echtheit zu beseitigen.

Die Geschichte der Anthrachinonfarbstoffe beginnt mit der im wahren Sinne des Wortes epochemachenden Synthese des wichtigsten Krappfarbstoffes, des Alizarins, aus Anthracen durch GRAEBE und LIEBERMANN im Jahre 1868, eine Synthese, die sich streng logisch auf die vorher von GRAEBE ausgeführten wissenschaftlichen Untersuchungen über Chinone und über das natürliche Alizarin aufbaut und darin bestand, daß Dibromanthrachinon mit Kali verschmolzen wurde. Die *BASF*, in Erkenntnis der Wichtigkeit, welche diese Synthese für die Technik erlangen konnte, setzte sich alsbald mit den beiden Gelehrten zwecks gewerblicher Verwertung der Entdeckung in Verbindung. Bei dem damals in einigen Ländern noch mangelhaften Patentwesen war es jedoch nicht möglich, eine Monopolstellung zu schaffen.

Die Herstellung des Dibromanthrachinons war technisch keine einfache Sache. Die Situation änderte sich aber mit einem Schlage, als CARO, GRAEBE und LIEBERMANN fanden, daß die durch Sulfieren des Anthrachinons erhältliche Sulfosäure beim Verschmelzen mit Alkali noch viel leichter in Alizarin überging als Dibromanthrachinon; zudem war die Sulfosäure viel billiger herzustellen als die Bromderivate. Die gleiche Entdeckung machte A. W. PERKIN in England, sein englisches Patent reichte er aber einen Tag später ein als die deutschen Erfinder. In Preußen wurde das Patent wegen mangelnder Neuheit versagt! Durch diese Entdeckung war nun die Grundlage für eine rationelle technische Herstellung des künstlichen Alizarins gegeben. Allerdings gab es noch eine Menge schwieriger Probleme zu lösen. Zunächst mußte aus den hochsiedenden Fraktionen des Steinkohlenteers das bis dahin nur als kostbares Laboratoriumsprodukt bekannte Anthracen in großem Maßstabe gewonnen werden. Dann war die Oxydation des Anthracens zu Anthrachinon und die Reinigung des letzteren auszuarbeiten. Ferner wurde die interessante Tatsache festgestellt, daß das reine, blaustichige Alizarin — 1,2-Dioxyanthrachinon — nur aus der Anthrachinon m o n o sulfosäure entsteht, daß also bei der Kali- bzw. Natronschmelze neben dem Ersatz der Sulfogruppe durch Hydroxyl auch eine Oxydation, oder richtiger gesagt, die Einführung einer weiteren Hydroxylgruppe stattfindet. Bei der Sulfierung des Anthrachinons, die anfänglich durch Erhitzen mit konz. Schwefelsäure auf sehr hohe Temperaturen (über 200°) ausgeführt wurde, entstand aber nur verhältnismäßig wenig Monosulfosäure. Neben anderen, unerwünschten Reaktionen treten vorwiegend 2,6- und 2,7-Disulfosäure auf, welche bei der Natronschmelze — wobei ebenfalls Einführung einer weiteren Hydroxylgruppe stattfindet — die Trioxyanthrachinone Flavo- und Anthrapurpurin (g e l b s t i c h i g e s A l i z a r i n) liefern. Diese Sulfierungsmethode war also keineswegs eine glatte, und zur Herstellung der für reines Alizarin benötigten Monosulfosäure waren umständliche Trennungen und Krystallisationen notwendig. Ein großer Fortschritt war daher die Einführung der rauchenden Schwefelsäure für die Sulfierung des Anthrachinons 1873 durch J. J. KOCH in der Fabrik von Gebr. GESSERT in Elberfeld, wodurch die Sulfierung bei viel niedrigerer Temperatur erfolgt und man je nach der Wahl der Verhältnisse und Versuchsbedingungen entweder hauptsächlich Mono- oder Disulfosäure erhalten kann.

Eine weitere, sehr wichtige Verbesserung, welche ebenfalls von KOCH herrührt, ist das Ausführen der Natronschmelze mit starker Natronlauge in geschlossenen Kesseln unter Druck, unter Zusatz von chlorsaurem Kalium als Oxydationsmittel. Man hat es so mit einer stets flüssigen, homogenen und leicht durchzurührenden Schmelze zu tun; durch den Zusatz des Oxydationsmittels wird die oben erwähnte Einführung eines weiteren Hydroxyls viel besser und glatter erreicht als bei der früheren Arbeitsweise in offenen Kesseln oder in sog. Backöfen, wo die Oxydation durch den Luftsauerstoff in wenig vollkommener Weise erzielt wurde.

So erreichte die Fabrikation von Alizarinrot (Alizarin, Flavopurpurin und Anthrapurpurin) rasch einen hohen Grad der Vollkommenheit; (über die technische Herstellung und weitere historische Angaben vgl. Alizarin). Daß der Krapp mit dem künstlichen Alizarin nicht mehr wetteifern konnte und daß sein Anbau daher in relativ kurzer Zeit so gut wie ganz verschwand, ist allgemein bekannt.

Zu erwähnen ist hier noch die von Perkin entdeckte Darstellung der Anthrachinondisulfosäure durch Erhitzen von Mesodichloranthracen mit konz. Schwefelsäure, wobei zunächst bei niedriger Temperatur Dichloranthracendisulfosäuren entstehen, welche bei höherem Erhitzen mit konz. Schwefelsäure in die 2,6- und 2,7-Anthrachinondisulfosäure übergehen.

In neuerer Zeit ist ferner durch H. Boner (*BASF*) die direkte Überführung von Anthrachinon in Alizarin durch Erhitzen mit Alkali unter Zusatz von Oxydationsmitteln bearbeitet und patentiert worden (*D. R. P.* 186526), ein wissenschaftlich sehr bemerkenswertes Verfahren, welches sehr reines Alizarin zu liefern imstande ist (vgl. auch das *E. P.* 1642 [1869] von Brönner und Gutzkow).

Der weitere Ausbau der Anthrachinonfarbstoffe bestand zunächst in der Herstellung von Derivaten des Alizarins, welche andere Nuancen zeigten. Der Kolorist Strobel in Mülhausen i. Els. bemerkte, daß Färbungen von Alizarinrot unter dem Einfluß von salpetrigen Dämpfen in Orange umschlagen, eine Beobachtung, die Rosenstiehl zur Darstellung des Alizarinorange (β-Nitroalizarin) führten.

Ein anderer Kolorist, M. Prud'homme, beobachtete, daß dieses β-Nitroalizarin beim Erhitzen mit Glycerin und Schwefelsäure einen blauen Farbstoff liefert. Diese Reaktion wurde von der *BASF* in technischer, von Graebe in wissenschaftlicher Beziehung weiterstudiert. Graebe stellte fest, daß der blaue Körper ein Chinolinderivat des Alizarins ist, und schuf durch diese wichtige Beobachtung die Grundlage für die Skraupsche Chinolinsynthese. Der Farbstoff wurde als Alizarinblau, seine von H. Brunck zuerst dargestellte wasserlösliche Bisulfitverbindung als Alizarinblau S speziell für den Baumwolldruck in den Handel gebracht. Nächst dem Alizarinrot ist das Alizarinblau der wichtigste der „älteren" Alizarinfarbstoffe; es war der erste ernstliche Konkurrent des Indigo. Wichtig für die Entwicklung der bisher erwähnten Anthrachinonfarbstoffe, welche zunächst fast ausschließlich zum Färben und Drucken von Baumwolle benutzt wurden, war deren Einführung zum Färben von mit Chrom gebeizter Wolle, die von der *BASF* ausgegangen ist. Unterstützt wurde dieses neue Anwendungsgebiet durch die Einführung der Sulfosäure des Alizarinrots („Alizarinrot S"), besonders aber auch durch diejenige des Anthragallols (Anthracenbraun) (1-, 2-, 3-Trioxyanthrachinon) von Seuberlich (hergestellt durch Kondensation von Benzoesäure mit Gallussäure), dessen Bedeutung für die Wollfärberei von R. Bohn erkannt wurde. Diesen Produkten gesellten sich noch einige Oxyketonfarbstoffe zu, welche zwar keine Anthrachinonfarbstoffe sind, aber ähnliche Färbeeigenschaften besitzen (z. B. das Galloflavin von R. Bohn und namentlich das ebenfalls von R. Bohn als Alizarinschwarz in die Praxis eingeführte Naphthazarin von Roussin). Das von De Lalande 1874 durch Oxydation von Alizarin mit Braunstein dargestellte synthetische Purpurin (1-, 2-, 4-Trioxyanthrachinon) hat als Farbstoff keine Bedeutung erlangt.

Damit schien im allgemeinen die Entwicklung der Anthrachinonfarbstoffe auf ihrem Höhepunkt und auch zu einem gewissen Stillstand angelangt zu sein. In der

Tat, sieht man von der Synthese des Alizarins selbst und vom Alizarinblau ab, war die Ausbeute an neuen Erfindungen und Entdeckungen auf diesem Gebiet in dem Zeitraum von über 20 Jahren im Vergleich zu anderen Farbstoffgruppen, wie aus den beiden ersten Bänden der Patentsammlung von *Friedländer* ersichtlich ist, eine recht spärliche. Die Bedeutung der Anthrachinonfarbstoffe beruhte eben nur auf der technischen Wichtigkeit der wenigen bis dahin bekannten Glieder dieser Reihe. Auch die später viel angegriffene Färbetheorie von LIEBERMANN und KOSTANECKI vermochte nicht den geringsten Einfluß auf die weitere Entwicklung auszuüben und hat es in der Tat auch nicht getan. Als an und für sich eng begrenzte Theorie hätte sie auch nur zu Konstruktionen, nicht aber zu originellen Erfindungen führen können.

Mit dem Jahre 1888 fing nun eine neue, mächtige und überraschende Entwicklung auf dem Gebiete der Anthrachinonfarbstoffe an, die heute noch ungeschwächt anhält. In diesem Jahre wurde nämlich das *D. R. P.* 46654 der *BASF* (BOHN) bekannt, welches die Darstellung von neuen Schwefelsäurederivaten des Alizarinblau zum Gegenstand hatte, die teilweise durch Einwirkung hochprozentiger rauchender Schwefelsäure auf Alizarinblau erhalten wurden. Über die Natur der interessantesten dieser Produkte, des Alizaringrün und Alizarinindigoblau, war aus den Patentschriften nicht das geringste zu ersehen, aus dem Titel mußte man entnehmen, daß es sich um Körper handelte, welche in der Tat Schwefel oder Schwefelsäurereste in irgend einer Form gebunden enthalten.

Ganz unabhängig davon und einem ganz andern Gedankengange folgend, hatte nun R. E. SCHMIDT im Jahre 1889 die Einwirkung von rauchender Schwefelsäure verschiedener Stärke auf Alizarin studiert. Das interessanteste Ergebnis war, daß bei Einwirkung von sehr hochprozentigem Oleum auf Alizarin bei gewöhnlicher Temperatur ganz glatt und in vorzüglicher Ausbeute ein schwefelhaltiges Zwischenprodukt (Schwefelsäureäther) entsteht, welches beim Verseifen einen neuen, schwefelfreien Beizenfarbstoff liefert, der alsbald unter dem Namen „Alizarinbordeaux" in den Handel gebracht wurde (*D. R. P.* 60855). Das Alizarinblau hatte damals so viel Interesse, daß das erste, was mit dem neuen Farbstoff geschah, war, es in ein Nitroderivat und dieses in das entsprechende Chinolin überzuführen, u. zw. mit dem Erfolg, daß so ein Produkt erhalten wurde, welches im wesentlichen identisch war mit dem Alizarinindigoblau des *D. R. P.* 46654. Hiermit war der Zusammenhang der SCHMIDTschen und der BOHNschen Reaktion gegeben. Mittlerweile hatte GATTERMANN festgestellt, daß Alizarinbordeaux identisch ist mit dem Chinalizarin (1-, 2-, 5-, 8-Tetraoxyanthrachinon) von LIEBERMANN und WENSE. Das Schwefelsäureanhydrid hatte also auf Alizarin glatt hydroxylierend gewirkt, eine neue, höchst bemerkenswerte Reaktion. Somit war auch die Konstitution des oben erwähnten Chinolinderivates (Bestandteil des Alizarinindigoblau) gegeben. Der Verlauf dieser Reaktion ist zuerst bei der Auslage der dem *D. R. P.* 60855 zugrunde liegenden Anmeldung bekannt geworden, jedoch wurde er auch völlig unabhängig von C. GRAEBE (*B.* **23**, 3739 [1891]) einwandfrei festgestellt (vgl. auch die ausführlichen Angaben von SCHMIDT und GATTERMANN) *J. prakt. Ch.* **43**, 237 und 249 [1891] und **44**, 103 [1891]).

Durch Einführung von weiteren Hydroxylgruppen in das Alizarinbordeaux, z. B. durch Oxydation mit Braunstein in konz. Schwefelsäure oder durch Erhitzen mit konz. Schwefelsäure auf höhere Temperatur oder auch durch langandauernde Einwirkung von hochprozentigem Oleum bei gewöhnlicher Temperatur, wurden weitere wichtige Produkte gewonnen (R. E. SCHMIDT). Man erhält so das Pentaoxyanthrachinon 1, 2, 4, 5, 8 und die beiden Hexaoxyanthrachinone 1, 2, 4, 5, 7, 8 und 1, 2, 4, 5, 6, 8. Derartige Farbstoffe kommen unter der Bezeichnung Alizarincyanin R (1890) R extra und WRR in den Handel. Bei der Oxydation mit Braunstein beobachtet man das Auftreten von eigentümlichen Zwischenprodukten, welche neben der Doppelketongruppe des Anthrachinons noch eine wahre Chinongruppe enthalten und welche als Anthradichinone bezeichnet wurden. Sie reagieren leicht mit Ammoniak, lassen sich auch in konz. Schwefelsäure mit Phenolen und Phenolcarbonsäuren zu sehr beständigen Kondensationsprodukten vereinigen. Durch Einwirkung von Ammoniak auf letztere sowie auf die Polyoxyanthrachinone selbst entstehen unter Substitution von OH durch NH_2 neue Farbstoffe, von denen eine Anzahl unter dem Namen Alizarincyanin RR, WRB, G, G extra, GG im Handel sind. Diese Alizarincyanine haben bei ihrem Erscheinen großes Interesse bei den Färbern erregt. Vor dem alten Alizarinblau haben sie den Vorzug größerer Billigkeit und übertreffen es auch in manchen färberischen Eigenschaften.

Die Methoden zur Darstellung dieser Polyoxyanthrachinone sind bald sehr vermehrt und auch verbessert worden. Es sei hier z. B. auf die Anwendung von Selen (R. E. Schmidt) und von Quecksilbersalzen als katalytisch wirkende Substanzen bei der Hydroxylierung mittels konz. Schwefelsäure bei höherer Temperatur hingewiesen (*D. R. P.* 162035), ferner auf die Bildung von Hexaoxyanthrachinon direkt aus Anthrachinon und Schwefelsäureanhydrid (*D. R. P.* 65182). Eine sehr interessante, hierher gehörige Reaktion ist die Darstellung von Chinizarin durch Erhitzen von Anthrachinon mit Natriumnitrit unter Zusatz von Borsäure in konz. Schwefelsäure, zweckmäßig bei Gegenwart geringer Mengen Quecksilber als Kontaktsubstanz (R. E. Schmidt und P. Tust). Hierbei bildet sich als Zwischenprodukt, wie R. E. Schmidt nachwies, die Diazoverbindung des 1,4-Aminooxyanthrachinon (*D. R. P.* 161954).

Von außerordentlicher Wichtigkeit in der Anthrachinonchemie ist die durch R. E. Schmidt erfolgte Einführung der Borsäure zu den mannigfaltigsten Zwecken. Bei der im allgemeinen erst bei höherer Temperatur erfolgenden Oxydation von Oxyanthrachinonen mit Arsensäure in konz. Schwefelsäure wurde beobachtet, daß die Oxyanthrachinone bereits in der Kälte eine am Farbenumschlag erkenntliche Veränderung zeigen, die, wie festgestellt wurde, auf die Bildung von in konz. Schwefelsäure beständigen, in Wasser wenig haltbaren Arsensäureestern zurückzuführen ist. Bei der Prüfung anderer mehrbasischer Säuren in dieser Hinsicht ergab sich, daß die Borsäure in ganz besonderem Maße zur Bildung derartiger Ester befähigt ist. Diese Borsäureester verhalten sich in vieler Beziehung anders als die Oxyanthrachinone selbst. Behandelt man z. B. Alizarin in konz. Schwefelsäure bei Gegenwart von Borsäure mit Salpetersäure, so erhält man glatt β-Nitroalizarin, während der Arsensäureester α-Nitroalizarin, Alizarin allein aber, ohne einen derartigen Zusatz, hauptsächlich 3-Nitropurpurin liefert. Die Borsäure wirkt mildernd, unter Umständen ganz hindernd auf gewisse Hydroxylierungsvorgänge; so z. B. kann man durch Zusatz von Borsäure die Hydroxylierung des Alizarins durch hochprozentiges Oleum so leiten, daß nicht Alizarinbordeaux, sondern das 1-, 2-, 5-Trioxyanthrachinon in sehr glatter Weise entsteht (L. Wolman), welches von den Elberfelder Farbenfabriken als Brillant-Alizarinbordeaux R in den Handel gebracht wird. Einen hervorragend schützenden Einfluß übt die Borsäure (infolge der Bildung der sehr beständigen Borsäureester) bei allen denjenigen Reaktionen aus, in welchen Anthrachinonderivate mit konz. Schwefelsäure bei höherer Temperatur behandelt werden. Auch in gewissen indifferenten Lösungsmitteln (z. B. Anilin, Nitrobenzol) vermag die

Borsäure mit Oxyanthrachinonen Ester zu bilden, welche sich mit aromatischen Aminen leicht umsetzen, worauf weiter unten zurückgekommen werden wird. Einen unschätzbaren Wert hat die Borsäure ferner als diagnostisches Reagens, indem die Farbe der Lösungen der meisten Oxyanthrachinone und deren Derivate in konz. Schwefelsäure durch Borsäurezusatz infolge von Esterbildung charakteristisch verändert wird. So z. B. lösen sich viele Aminooxyanthrachinone in konz. Schwefelsäure mit gelber Farbe, welche auf Zusatz von Borsäure in rot bis intensiv blau umschlägt und welche Lösungen dann ganz charakteristische und scharfe Absorptionsspektren zeigen. So hat die Anwendung der Borsäure in ganz außerordentlichem Maße zur Weiterentwicklung des Anthrachinongebietes in wissenschaftlicher und technischer Richtung beigetragen.

Kurze Zeit, nachdem die Alizarincyanine auf dem Markte waren, brachte die *BASF* (R. Bohn) ähnliche, zum Teil identische Farbstoffe unter dem Namen Anthracenblau auf den Markt. Dieselben werden dargestellt, indem nach dem *D. R. P.* 67102 (*BASF*) und *Zus.* Dinitroanthrachinone (hauptsächlich 1,5 und 1,8) mit rauchender Schwefelsäure erhitzt und die erhaltenen wasserlöslichen Produkte mit konz. Schwefelsäure erhitzt werden, wobei durch Abspalten von Sulfogruppen wasserunlösliche Farbstoffe entstehen. Das hierher gehörige Anthracenblau WR besteht im wesentlichen aus 1, 2, 4, 5, 6, 8-Hexaoxyanthrachinon. Ganz bedeutend bessere Resultate erhält man, wenn die Herstellung der wasserlöslichen Farbstoffe unter Zusatz von Reduktionsmitteln, wie z. B. Schwefel, vorgenommen wird, eine Reaktion, die unabhängig voneinander R. Bohn und R. E. Schmidt aufgefunden haben. Besondere Resultate erhält man, wenn man diese Reaktion bei Gegenwart von Borsäure ausführt, also auf Dinitroanthrachinon Oleum, Schwefel und Borsäure einwirken läßt. Man erhält dann sehr grünstichige Produkte, zu denen das Anthracenblau WGG extra (*BASF*) und das Brillant-Alizarincyanin 3G (*Bayer*) gehören. Der Mechanismus der Bildung dieser „Nitroanthrachinonfarbstoffe" (auch durch Erhitzen von Dinitroanthrachinon mit konz. Schwefelsäure entstehen ähnliche Produkte, für welche Claus ungeheuerliche Formeln aufgestellt hatte) ist von R. E. Schmidt aufgeklärt und experimentell festgestellt worden (Schmidt und Gattermann, *B.* **29**, 2934 [1897], *D. R. P.* 81694, 105567). Durch Einwirkung von Oleum und Schwefel auf Dinitroanthrachinon entstehen zunächst Dihydroxylaminverbindungen, welche aber im Moment ihres Entstehens zu Diamino-dioxyanthrachinonen umgelagert werden. Letztere werden dann, je nach den Arbeitsbedingungen, durch die rauchende Schwefelsäure noch weiter hydroxyliert oder einfach sulfiert. Bei den p-Dinitrochrysazindisulfosäuren ist es übrigens auch gelungen, die durch Einwirkung von Schwefel und Oleum entstehende Hydroxylaminverbindung zu isolieren.

Einen andern Weg zur Herstellung von blaufärbenden Polyoxyanthrachinonsulfosäuren haben die *M. L. B.* (H. Laubmann) eingeschlagen, indem sie Anthrachryson (1-, 3-, 5-, 7-Tetraoxyanthrachinon) sulfierten, nitrierten, reduzierten und die Aminogruppen durch Kochen mit verdünnten Säuren durch Hydroxyl ersetzten. Man erhält so die 1, 2, 4, 5, 6, 8-Hexaoxyanthrachinon-3,7-disulfosäure, welche unter dem Namen Säurealizarinblau BB in den Handel gekommen ist.

Im Verlauf seiner Untersuchungen über die Nitroanthrachinonfarbstoffe hatte R. E. Schmidt aus dem Brillant-Alizarincyanin, welches ein kompliziertes Gemisch vieler Isomeren darstellt, einen Bestandteil herauskrystallisiert, welcher ungebeizte Wolle in saurem Bade in außerordentlich reinen blauen Tönen anfärbte. Als nun der Mechanismus der Bildung der Nitroanthrachinonfarbstoffe aufgeklärt war, wurde eines der Umlagerungsprodukte des 1,5-Dihydroxylaminanthrachinons, das p-Diaminoanthrarufin, einer gelinden Sulfierung mit Oleum und Borsäure unterworfen. Dabei wurde ein mit dem oben erwähnten klaren Produkt identischer Farbstoff, eine Monosulfosäure des p-Diamidoanthrarufins, erhalten. Bei der großen Wichtigkeit, die solche klaren, sauer färbenden, blauen, echten und nebenbei gut egalisierenden Farbstoffe für die Wollfärberei haben könnten, wurde nach einem billigeren und rationelleren Verfahren zu dessen Herstellung gesucht und von R. E. SCHMIDT gefunden, daß man durch aufeinanderfolgendes Disulfieren, Dinitrieren und Reduzieren von Anthrarufin leicht und glatt zur p-Diaminoanthrarufindisulfosäure gelangt, einem außerordentlich klaren, leicht egalisierenden blauen Wollfarbstoff von einer Lichtechtheit, welche die bis dahin bekannten blauen Egalisierungsfarbstoffe enorm übertraf (*D. R. P.* 96364). Das Produkt wurde alsbald im Großen fabriziert und unter dem Namen Alizarinsaphirol B von *Bayer* in den Handel gebracht. Ihm folgte später auch die Monosulfosäure unter der Bezeichnung Alizarinsaphirol SE. Diese Farbstoffe haben sich, dank ihren vorzüglichen Färbe- und Echtheitseigenschaften, rasch eine hervorragende Stellung in der Färberei verschafft.

Eine Reihe Jahre später haben *M. L. B.* einen ähnlichen Farbstoff als Alizarindirektblau EB in den Handel gebracht. Es wird dargestellt, indem man ein Gemenge von 1,5- und 1,8-Dimethoxyanthrachinon (aus Dinitroanthrachinon durch Erhitzen mit methylalkoholischem Kali erhalten) dinitriert, reduziert, in der NH_2-Gruppe äthyliert, dann sulfiert, wobei die Methoxygruppe verseift wird und ist mithin ein am Stickstoff äthyliertes Alizarinsaphirol.

In das Jahr 1894, also vor der Auffindung des Alizarinsaphirols, fällt die Einführung einer außerordentlich wichtigen Gruppe von Anthrachinonfarbstoffen, der Arylamino-(Arylido-)Anthrachinone durch R. E. SCHMIDT. Auch diese Gruppe verdankt ihre Erschließung der Borsäure, indem, wie schon bemerkt, beobachtet wurde, daß Oxyanthrachinone in gewissen organischen Lösungsmitteln mit der Borsäure Ester zu bilden vermögen. Es wurde in Verfolg dieser Beobachtung der Gedanke gefaßt, die Aufgabe, Hydroxylgruppen in Anthrachinonderivaten durch den Rest aromatischer Amine zu ersetzen, dadurch zu lösen, daß man Oxyanthrachinone mit dem betreffenden Amin (Anilin, Toluidin u. s. w.) einfach unter Zusatz von Borsäure erhitzte. Der Erfolg dieser Reaktion ist in den grundlegenden *D. R. P.* 86150 und 84509 (*Bayer*) und seinen Zusätzen niedergelegt. Zu dieser Farbstoffklasse gehört Alizarinblauschwarz B (*Bayer*), die Sulfosäure von aminophenyliertem Purpurin (1, 2, 4 Trioxyanthrachinon), ein durch vorzügliche Echtheits- und Färbeeigenschaften ausgezeichnetes Produkt, welches, als Chromlack auf Wolle gefärbt, viel verwendet wird. Besonderes Interesse bietet das sulfierte Di-p-toluidoanthrachinon, das Alizarincyaningrün des Handels, ein Grün, welches das alte Cörulein nicht nur an Lebhaftigkeit, sondern auch in bezug auf Lichtechtheit bedeutend übertrifft. Ein aus Alizarinbordeaux hergestelltes Dioxyderivat, das Alizarincyaningrün, ist das von K. THUN zuerst dargestellte Alizarinviridin (*Bayer*), welches speziell im Kattundruck mit Chrombeize verwendet wird. Alizarinirisol (*Bayer*), eine Sulfosäure des 1-Oxy-4-p-toluidoanthrachinons, gehört ebenfalls in diese Gruppe.

Bemerkenswert ist die von R. E. SCHMIDT und O. DIMROTH gemachte Beobachtung, daß die Reduktionsprodukte (Leukoderivate) des Chinizarins (Chinizarinhydrür) und anderer Oxyanthrachinone, welche Hydroxyl in Chinizarinstellung enthalten, sich ganz erheblich leichter und glatter mit Aminen kondensieren lassen als die Oxyanthrachinone selbst. Hierbei entstehen zunächst ebenfalls Leukoverbindungen der Kondensationsprodukte (Leukochinizaringrün), welche leicht zu dem Farbstoff selbst oxydiert werden können. Unter Benutzung dieser Reaktion haben später *M. L. B.* Leukochinizarin mit den Sulfosäuren aromatischer Amine kondensiert und so dargestellte Produkte als Alizarindirektgrün und Alizarindirektviolett in den Handel gebracht.

Beim Studium des Alizarincyaningrüns hat R. E. SCHMIDT die acridinartigen Verbindungen des *D. R. P.* 126444 dargestellt, bei denen zum ersten Male eine sog. Orthokondensation durch Ringschluß mittels der *CO*-Gruppe des Anthrachinonkernes bewerkstelligt wurde. Ähnliche Ringschließungen sind später in großer Zahl ausgeführt worden und haben zu technisch wichtigen Körpern geführt, wie es z. B. die Anthrapyridone von THOMASCHEWSKI und die Benzanthrone von O. BALLY sind.

Später war auch die *BASF* auf diesem Gebiete tätig. Sie erkannte zuerst, daß die starkgefärbten Produkte, welche RÖMER (*B.* **16**, 365 [1883]) durch Erhitzen von Dinitroanthrachinon mit Anilin erhielt, und die man wohl für indulinartige Körper halten mochte, einfach durch Ersatz der Nitrogruppe durch den Anilinrest entstehen und also Diarylidoanthrachinone sind. Durch Halogenisieren dieser Produkte sowie durch Halogenisierung der Aminoanthrachinone selbst wurden Halogenderivate erhalten, bei denen sich das Halogen (ebenso wie die Nitrogruppe) durch Erhitzen mit aromatischen Aminen ebenfalls durch Arylaminoreste ersetzen ließ. Eine große Anzahl von Patenten zeigen, wie emsig dieses Gebiet bearbeitet wurde. Hierher gehörige Produkte sind die von BALLY hergestellten Farbstoffe Anthrachinongrün und Anthrachinonblau (*BASF*), das von O. UNGER dargestellte Alizarinreinblau B (*Bayer*), die Sulfosäure des 1-Amino-2-brom-4-p-toluidoanthrachinons sowie das letzterem nachgebildete, von ISLER dargestellte Cyananthrol (*BASF*), eine Sulfosäure des 1-Amino-2-methyl-4-toluidoanthrachinons.

Noch erheblich vermehrt wurde die Möglichkeit der Darstellung ähnlicher Produkte, als R. E. SCHMIDT (im Verein mit seinen Mitarbeitern) durch Umsetzung von negativ substituierten Anthrachinonen mit primären und sekundären aliphatischen Aminen eine große Zahl von Alkylaminoanthrachinonen darstellte. So war man in der Lage Farbstoffe herzustellen, welche neben Arylaminogruppen auch Alkylaminogruppen enthalten. Hierher gehören das Alizarinastrol (*Bayer*), die Sulfosäure des 1-Methylamino-4-p-toluidoanthrachinons, sowie das von W. BERCHELMANN entdeckte Alizarinuranol R und BB, welch letzteres eine blaue Nuance besitzt, welche den lebhaftesten Triphenylmethanfarbstoffen gleichkommt.

Durch innere Kondensation von Acetylorthoaminoanthrachinonen erhielt P. THOMASCHEWSKI die sog. Anthrapyridone (*D. R. P.* 192201). Sulfosäuren der p-Arylido-N-methylanthrapyridone (*D. R. P.* 201904) befinden sich unter dem Namen Alizarinrubinol (*Bayer*) im Handel, sehr klare, rote, leicht egalisierende Wollfarbstoffe von außerordentlicher Lichtechtheit.

Hatte die Entwicklung der Anthrachinonfarbstoffe bis dahin einen Grad erreicht, den sich kein Mensch träumen ließ, hatte die Tätigkeit der Forscher in der Technik in dieser neuen Entwicklungsperiode zahlreiche neue Farbstoffe, für diese Reihe neue Nuancen und neue Anwendungsgebiete erschlossen, so war es doch, auch für die in dem Gebiet heimischen Spezialisten, eine große Überraschung, als R. BOHN im Jahre 1901 (*D. R. P.* 129845) durch Schmelzen von β-Aminoanthrachinon mit Ätzkali das Indanthren (*BASF*) entdeckte, jenen wunderbaren blauen Küpenfarbstoff, welcher den altehrwürdigen Indigo in bezug auf Nuance und Echtheit turmhoch überragt. Durch die bis dahin nur bei Indigo und einigen wenigen Analogen desselben übliche Färbemethode, welche nun auch bei einem Anthrachinonderivat in Anwendung kam, ferner durch die geradezu unheimliche Licht- und Waschechtheit des Indanthrens wurden den Erfindern ganz neue Perspektiven eröffnet, so daß ein emsiges Forschen nach ähnlichen Farbstoffen in der Anthrachinonreihe begann. Zurzeit steht auch tatsächlich, wie die Patentliteratur zeigt, die Anthrachinonchemie unter dem Zeichen der Küpenfarbstoffe, und man kann sagen, daß damit eine dritte Periode in der Entwicklung der Anthrachinonfarbstoffe begonnen hat. Die Zahl der in den letzten zehn Jahren bekannt gewordenen Küpenfarbstoffe der Anthrachinonreihe ist so groß, die Methoden zu ihrer Darstellung sind so mannigfaltig, daß hier nur das wichtigste angeführt werden kann. Die *BASF* bringt diese Farbstoffe als Indanthrenfarbstoffe, *Bayer* als Algolfarbstoffe in den Handel. Dem Indanthren folgten das ebenfalls von BOHN entdeckte Flavanthren (Indanthrengelb *BASF*), ferner des Cyananthren (Indanthrendunkelblau *BASF*) und das stickstofffreie Violanthren (Indanthrenviolett *BASF*) von O. BALLY, welch letztere Derivate des Benzanthrons darstellen. Ein Aminoderivat des Violanthrens ist das Indanthrengrün der *BASF*, durch Behandeln der grünen Färbungen desselben mit Chlorkalk erhält man ein sehr echtes Schwarz (Indanthrenschwarz).

Für die wissenschaftliche Erforschung dieser Farbstoffe hat sich außer ihren Entdeckern besonders R. SCHOLL verdient gemacht. Letzterem verdankt man auch die Entdeckung des Pyranthrens (Indanthrengoldorange *BASF*), eines aus zwei kondensierten Anthrachinonkernen bestehenden Farbstoffs.

Durch Kondensation von 2 *Mol.* β-Methylanthrachinon entsteht ferner das Anthraflavon (*BASF*), dessen Konstitution von HEPP (*M.L.B.*) aufgeklärt worden ist.

Eine sehr elegante Synthese des Indanthrens und seiner Derivate hat M. KUGEL in den Elberfelder Farbenfabriken gefunden, welche darin besteht, daß 1-Amino-2-bromanthrachinon unter Mitwirkung geringer Mengen Kupfer als Katalysator mit sich selbst kondensiert wird, wobei unter Austritt von 2 Mol. Bromwasserstoff die Bildung des Hydrazinringes des Indanthrens erfolgt. Nach diesem Verfahren werden Algolblau 3G (Dioxyindanthren) und Algolgrün B (Dichlordiaminoindanthren) hergestellt. Im Anschluß daran fand O. UNGER (*Bayer*), daß sich auch Aminoanthrachinone mit Halogenanthrachinonen unter dem Einfluß von Kupfer als Kontaktsubstanz zu Verbindungen kondensieren lassen, welche zwei oder mehr Anthrachinonreste durch die Imidgruppe *NH* verbunden enthalten und daher als Anthrimide (Di-, Trianthrimide u. s. w.) bezeichnet wurden. Auch die *BASF* hat diese Reaktion bearbeitet. Eine Anzahl der so erhaltenen Verbindungen besitzen küpenfärbende Eigenschaften und befinden sich im Handel. Dazu gehören Algolorange R, Algolbordeaux B, Indanthrenrot und Indanthrenbordeaux. Bemerkenswert ist das von THOMASCHEWSKI entdeckte Algolrot B (*Bayer*), welches durch Kondensation von 2-Aminoanthrachinon mit p-Brom-N-methylanthrapyridon entsteht und welches der erste in den Handel gebrachte rote Küpenfarbstoff der Anthrachinonreihe war.

Bei den bisher genannten Küpenfarbstoffen handelt es sich ausschließlich um Verbindungen, bei denen zwei oder mehrere Anthrachinonkerne zum Teil zu recht komplizierten Gebilden kondensiert oder in irgend einer Weise verkettet sind. Man konnte daher den Schluß ziehen, daß küpenfärberische Eigenschaften im technischen Sinne von der Anhäufung zweier oder mehrerer Anthrachinonkerne zu einem Molekül abhängig sind, und in der Tat bewegte sich die erfinderische Tätigkeit, wie die Patentliteratur zeigt, anfangs ausschließlich in dieser Richtung. Auch das von P. FISCHER entdeckte Algolgelb 3 (*Bayer*), das Kondensationsprodukt von 2 *Mol.* α-Aminoanthrachinon mit 1 *Mol.* Bernsteinsäure, entspricht dieser Voraussetzung.

Es war daher im höchsten Grade überraschend, als von *Bayer* gefunden wurde, daß die einfachen Acidylverbindungen der Aminoanthrachinone und ihrer Derivate ausgesprochene küpenfärberische Eigenschaften haben, und daß man so in einfachster Weise zu Küpenfarbstoffen gelangen kann, welche den allerhöchsten Anforderungen in bezug auf Echtheitseigenschaften nachkommen. Dadurch, daß diese Beobachtung sich auch auf die Aminoderivate der komplizierten Anthrachinonderivate anwenden läßt, war die Möglichkeit zur Darstellung einer außerordentlich großen Zahl neuer Küpenfarbstoffe gegeben. Zu dieser Klasse gehören z. B. Algolgelb R, Algolrosa R, Algolrot 5 G und R extra, Algolblau 3 R, Algolgrau, Algololive, Algolbraun, Algolkorinth, Brillant-Algolviolett R und 2 B u. a. m. Hier mag auch das Helidongelb der *M. L. B.*, das Einwirkungsprodukt von 1 *Mol.* Phosgen auf 2 Mol. β-Aminoanthrachinon erwähnt werden.

Auch küpenfärbende Acridon- und Thioxanthonderivate der Anthrachinonreihe sind von F. ULLMANN hergestellt und einige dahingehörige Produkte von den *BASF* in den Handel gebracht worden.

Hervorzuheben ist an dieser Stelle, daß die Küpenfarbstoffe der Anthrachinonreihe nicht nur als Farbstoffe zum Färben von Textilfasern, sondern auch als Pigmentfarben ausgedehnte Verwendung finden, wozu nicht nur ihre Lichtechtheit, sondern auch ihre Widerstandsfähigkeit gegen verschiedene chemische Agentien sie besonders geeignet machen. So spielt z. B. Indanthrenblau (in neuerer Zeit auch verschiedene Algolblaumarken) eine große Rolle als säureechter Ultramarinersatz zum Bläuen, resp. „Weißfärben" von Zucker, Papier, weißen Baumwollstoffen u. a. und werden wegen ihrer vorzüglichen Lichtechtheit für feinere Maler- und Lithographenfarben verwendet.

Zum Schluß noch einiges über die Zwischenprodukte zur Herstellung der Anthrachinonfarbstoffe (s. a. Anthrachinon). Zur Einführung von Substituenten in β-Stellung in den Anthrachinonkern geht man im allgemeinen von den bei der Sulfierung des Anthrachinons entstehenden β-Sulfosäuren aus. So wird z. B. in der Anthrachinon-β-sulfosäure die SO_3H-Gruppe durch Erhitzen mit Alkalien, oder besser noch nach dem *D. R. P.* 106505 der *M. L. B.* durch Erhitzen mit Kalk durch Hydroxyl ersetzt. Beim Erhitzen mit Ammoniak, zweckmäßig unter Zusatz von Oxydationsmitteln (*D. R. P.* 256515), erhält man das wichtige β-Aminoanthrachinon. Aus diesem können dann nach bekannten Methoden die β-Halogenderivate erhalten werden. Deren Gewinnung geschieht aber noch einfacher und billiger nach dem von A. FISCHER gefundenen Verfahren durch Einwirkung von *Cl* oder *Br* auf die Sulfosäuren in wässeriger Lösung (*D. R. P.* 205195).

Zur Einführung von Substituenten in α-Stellung war man lange auf die Nitroderivate des Anthrachinons angewiesen, indem bei der Nitrierung von Anthrachinon die Nitrogruppen vorwiegend (zu etwa 80%) in α-Stellung eintreten, d. h. man erhält beim Mononitrieren von Anthrachinon hauptsächlich α-Nitroanthrachinon, beim Dinitrieren vorwiegend ein Gemenge von 1,5- und 1,8-Dinitroanthrachinon. Aus diesen α-Nitroderivaten wurden nach bekannten Methoden die Amino-, Oxy- und Halogenderivate hergestellt. Bei der Wichtigkeit, welche im Laufe der Zeit die α-Derivate des Anthrachinons erlangten, war es daher ein großer Fortschritt, als man im Jahre 1902 fand, daß, wenn man Anthrachinon unter Zusatz von geringen Mengen Quecksilber sulfiert, die Sulfogruppen nicht in β-Stellung, sondern in α-Stellung eintreten und man so äußerst leicht und billig zu der Anthrachinon-α-Monosulfosäure und den Anthrachinon-1,5- und 1,8-disulfosäuren gelangt (*D. R. P.* 149801 und 157123). Diese Beobachtung wurde unabhängig von

R. E. SCHMIDT auch von ILJINSKI (WEDEKIND & CIE., Ürdingen) und von DÜNSCHMANN (*M. L. B.*) gemacht. Sämtliche diesbezügliche Patentanmeldungen sind jedoch zuerst von R. E. SCHMIDT bzw. *Bayer* eingereicht worden. Mittels dieser leicht und billig herzustellenden α-Sulfosäuren sind nun die übrigen α-Derivate ebenfalls viel vorteilhafter als aus den Nitroderivaten herzustellen (vgl. R. E. SCHMIDT, *B.* **37**, 66 [1904]; M. ILJINSKY, *B.* **36**, 4194 [1903]; M. DÜNSCHMANN, *B.* **37**, 331 [1904]).

Literatur. In erster Linie sei auf *Friedländer*, dessen Einleitung zu den Kapiteln Anthracenfarbstoffe vorzüglich sind, hingewiesen. Ferner sind schätzenswerte Angaben zu finden in: G. SCHULTZ, Chemie des Steinkohlenteers. – H. CARO, Über die Entwicklung der Teerfarbenindustrie (*B.* **25**, 955 [1891]). – R. BOHN, Über die Fortschritte auf dem Gebiete der Küpenfarbstoffe (*B.* **43**, 987 [1910]). E. GRANDMOUGIN, Tabellarische Übersicht der wichtigsten Küpenfarbstoffe. *R. E. Schmidt.*

Anthrachinonschwarz (*BASF*), Schwefelfarbstoff, dargestellt nach *D. R. P* 51908 [1895] und 95484 [1896] durch Eintragung von 50 *kg* 1, 5-Dinitroanthrachinon in 250 *kg* krystallisiertes Schwefelnatrium und 75 *kg* Schwefel und Erhitzen, bis die Schmelze wasserlöslich geworden. Färbt ungebeizte Baumwolle tiefschwarz, ist aber durch neuere Produkte überholt. *Ristenpart.*

Anthrachinonviolett (*BASF*), saurer Anthrachinonfarbstoff, dargestellt nach *D. R. P.* 108274 [1898] (*Friedländer* 5, 311) durch Sulfieren des nach *D. R. P.* 106227 entstandenen Kondensationsproduktes aus 1, 5-Dinitroanthrachinon mit p-Toluidin und dürfte jetzt aus 1, 5-Dichloranthrachinon gewonnen werden. Dunkelviolettes Pulver, in Wasser und Alkohol löslich, färbt Wolle und Seide rotviolett, licht- und säureecht; die gute Walkechtheit wird durch Nachchromierung ohne wesentliche Änderung des Tones noch verbessert. Es egalisiert mäßig. *Ristenpart.*

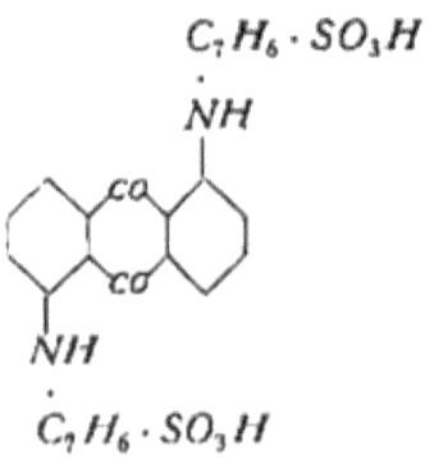

Anthrachromat-Farbstoffe (*Leonhardt*) sind beizenziehende Azofarbstoffe, die nach dem Chromatverfahren auf Wolle gefärbt werden und gute Echtheitseigenschaften haben. Die Firma bringt ein Anthrachromatbordeaux B, -braun G, -grau G, -olivebraun GS in den Handel. *Ristenpart.*

Anthrachrom-Farben (*Leonhardt*) sind gleichfalls beizenziehende Azofarbstoffe, die auf Wolle, mit Chromkali entwickelt, hervorragende Echtheitseigenschaften aufweisen. Von den verschiedenen Marken seien erwähnt Anthrachromblau BBB, -blauschwarz, -bordeaux, -braun GG, RR (1911), W (1908), WA, WGG, WS (1909) -grün B, G, GG (1909), -rot A (1909), -schwarz PB (1909), PFBB, PFF (1911), -violett R (1909). Einige, z. B. Blau BBB und Braun W, lassen sich auch auf Chromsud färben. Die Grünmarken lassen Baumwolleffekte weiß. Sie egalisieren gut. *Ristenpart.*

Anthracyanine (*Bayer*) sind saure Wollfarbstoffe, die wegen ihrer vorzüglichen Lichtechtheit und ihres guten Egalisierungsvermögens in der Färberei von Damenstoffen und Teppichgarnen eine ausgedehnte Verwendung gefunden haben. Weiße Baumwolleffekte lassen sie vollständig rein, und Seideneffekte bleiben ebenfalls weiß, wenn statt mit Schwefelsäure nur mit Essigsäure gefärbt wird. Von den verschiedenen Marken seien erwähnt: Anthracyanin 3GL, RL, 4RL (1909/10), -braun GL, RL (1910), -grau GL (1911), -grün BL, 3GL (1909), -violett 3B (1911).

Anthracylfarbstoffe (*Wülfing*), sind saure, meist beizenziehende Azofarbstoffe, die zum Färben der Wolle dienen. Es seien erwähnt:

Anthracylchromblau B, D, R werden mit Bichromat entwickelt und zur Erhöhung der Walkechtheit noch mit Milchsäure nachbehandelt.

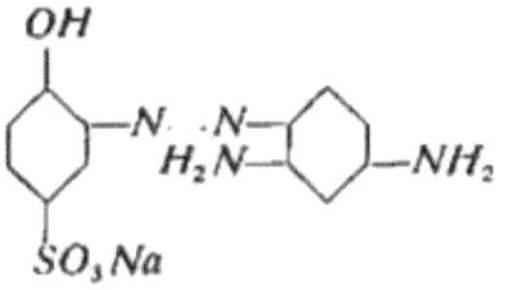

Anthracylchrombraun D (*Wülfing*) aus o-Aminophenol-p-sulfosäure und m-Phenylendiamin *D. R. P.* 78409 [1893] (*Friedländer* **4**, 785), sehr licht-, schwefel-, wasser-, wasch-, soda- und walkechtes Braun auf Wolle, mit Bichromat entwickelt.

Anthracylgelb G, -gelbbraun, -orange G und -rot (1911) werden in essigsaurem Bade gefärbt, sehr licht- und walkecht. Anthracylgelbbraun wird nachchromiert oder nach dem Chromatverfahren gefärbt.

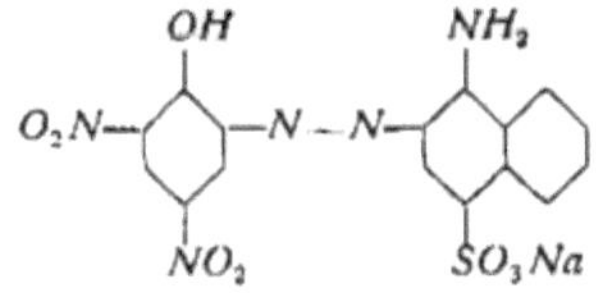

Anthracylchromgrün A, D, hergestellt aus Pikraminsäure und Naphthionsäure (*D. R. P.* 142153 [1902] *Friedländer* 7, 387). Dunkelbraunes Pulver, färbt Wolle in saurem Bade violettbraun, ergibt beim Nachchromieren ein licht- und walkechtes Olivegrün.

Anthraflavon G (*BASF*) ist ein Küpenfarbstoff der Anthrachinonreihe

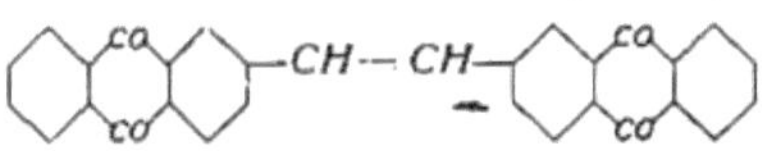

D. R. P. 179893, 199756 (*Friedländer* **8**, 357 und **9**, 793). Er wird zweckmäßig durch Kondensation von 2 *Mol.* β-Methylanthrachinon mit Bleioxyd (*E. P.* 10677 [1905]) oder durch Erhitzen von ω-Dibrommethylanthrachinon mit Kupferpulver oder Natriumjodid (E. HEPP, R. UHLENHUTH & FR. RÖMER, *B.* **46**, 709 [1913]), oder mittels Diäthylanilins (F. ULLMANN & K. KLINGENBERG, *B.* **46**, 712 [1913]) gewonnen. Grüngelber Teig, in Wasser unlöslich, färbt aus braunroter Hydrosulfitküpe auf Baumwolle ein grünstichiges Gelb von vorzüglicher Wasch- und Chlor-, aber sehr geringer Lichtechtheit.

Die Marke RR-Teig besitzt eine verhältnismäßig gute Koch- und Bäuchechtheit. Die Wasch-, Potting-, Chlor-, Überfärbe-, Schwefel-, Säure- und Alkaliechtheit sind sehr gut; Reib-, Bügel- und Dampfechtheit gut; die Lichtechtheit ist nicht die übliche der Indanthrenfarben, doch gibt die Kombination mit Indanthrenblau ein echtes Grün. *Ristenpart.*

Anthragallol ist Alizarinbraun. *Ristenpart.*

Anthranilsäure s. Benzoesäure.

Anthranolblau B, D, R, -bordeaux, -braun D, 3GN, GN, RN, -gelb, -gelbbraun, -grau, -grün B, G, -orange, -rot, -schwarz (*Wülfing* [1909]) sind saure Wollfarbstoffe, die in einbadiger, schwach saurer Färbung ohne Vor- oder Nachbeizung gleichmäßig aufziehen; licht- und walkecht. *Ristenpart.*

Anthrapurpurin ist 1, 2, 7-Trioxyanthrachinon = Alizarin SX (*BASF*).

Anthrarobin, Dioxyanthranol, Leukoalizarin, wurde zuerst von LIEBERMANN durch Reduktion von Alizarin mittels Zinkstaubs erhalten. Das Handelspräparat ist mehr oder weniger mit anderen Reduktionsprodukten gemischt.

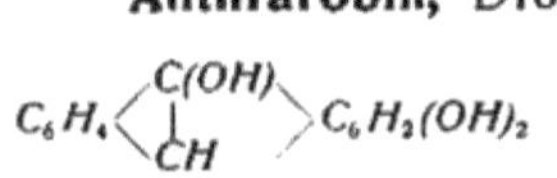

Gelblichweißes Pulver, in Wasser schwer, in heißem Alkohol und wässerigen Alkalien leicht löslich. Die braungelben alkalischen Lösungen färben sich an der Luft durch Sauerstoffaufnahme unter Rückbildung von Alizarin bald grün, dann blau und schließlich violett. Wegen dieser Fähigkeit, Sauerstoff aufzunehmen, wurde Anthrarobin als reduzierendes Hautmittel an Stelle des Chrysarobins angewendet, hat aber keinen sonderlichen Eingang gefunden. *Zernik.*

Anthrasol (*Knoll*) ist eine Mischung gleicher Teile „auf besondere Weise gereinigten" Steinkohlenteers und Wacholderholzteers mit einem geringen Zusatz von Pfefferminzöl. Leichtflüssiges, hellgelbes Öl von Teergeruch. Empfohlen als farbloser Teerersatz zu Pinselungen, Salben u. s. w. *Zernik.*

Anthrazit ist ein fester Brennstoff, der in dem natürlichen Umwandlungsprozeß der Pflanzensubstanz in fossile Brennstoffe das letzte Glied darstellt. Gleichwohl ist er kein reiner Kohlenstoff, sondern enthält neben Aschebestandteilen stets noch Wasserstoff, Sauerstoff und Stickstoff, sei es nun, daß die Dauer dieses Umwandlungsvorganges noch nicht ausreichend gewesen ist oder aber sein Chemismus die Bildung reinen Kohlenstoffs nicht gestattet. Nachstehend die Zusammensetzung einiger typischer Anthrazite (nach FISCHER: „Kraftgas", S. 27 [Leipzig 1911, O. Spamer]):

	% *C*	% *H*	% *O*	% *N*	% *S*	% Asche	% H_2O
Piesberg	75,41	1,51	1,82	0,42	4,14	16,70	—
Wales:							
Ponticats .	91,16	3,11	2,74	0,91	0,86	1,12	—
Timber Flöz	93,00	3,08	1,67	0,54	0,68	1,03	—
Jones & Co.	91,44	3,46	2,58	0,21	0,79	1,52	—
Böhmen:	88,90	2,91	2,10		1,49	2,80	1,80

Mit der Steinkohle (s. d.) sind die Anthrazite durch allmähliche Übergänge in den Eigenschaften und der Zusammensetzung verbunden. Infolge ihres geringen Wasserstoffgehaltes liefern sie nur sehr wenig flüchtige Bestandteile und verbrennen, ohne in hoher Temperatur zu erweichen, mit kurzer, wenig leuchtender Flamme. Sie gehören stets in die Gruppe der Sandkohlen und sind tief schwarz mit etwas metallischem Glanze. Sie haben namentlich für Feuerungen, in denen eine rauchlose Verbrennung erzielt werden soll (z. B. Füllöfen in Haushaltungen), Bedeutung.

Spitzer.

Anthrazitschwarz B, R (*Cassella*), saure Disazofarbstoffe aus 1-Naphthylamin-3,6-disulfosäure, α-Naphthylamin und Diphenyl-m-phenylendiamin nach *D. R. P.* 52616 [1889] und 61202 [1889] (*Friedländer* **2**, 322 und **3**, 543). Licht- und walkechte Schwarz für Wolle und Seide, mit Essigsäure anzufärben.

Ristenpart.

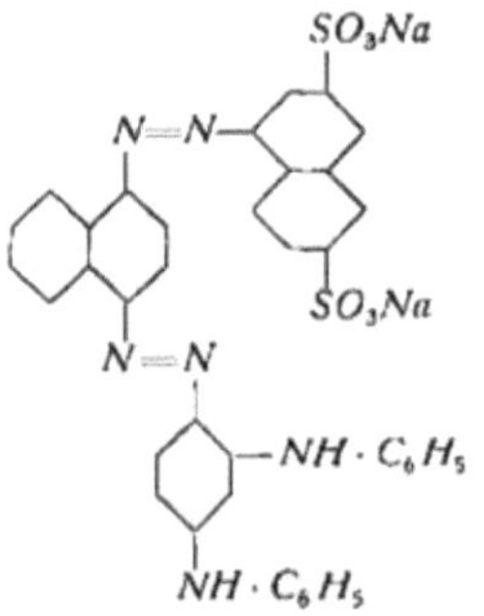

Antiarthrin (LUDWIG SELL & Co., München), in Form von Pillen im Handel, besteht aus gleichen Teilen Salicin und „Gerbstoffsaligenin", letzteres als zimtbrauner amorpher Körper nach *D. R. P.* 119963 durch Kondensation von Gerbsäure mit Saligenin erhalten. Gegen Gicht empfohlene Spezialität.

Zernik.

Antibenzinpyrin, ölsaures Magnesium, ist eine Magnesiaseife (M. M. RICHTER, *Ch. Ztrlbl.* **1902**, I, 786), welche weder Schaumfähigkeit noch Waschkraft besitzt. Sie ist gegen schwache Säuren beständig und ein guter Leiter der Elektrizität. Deshalb dient sie in Wäschereien zur Verhinderung der Selbstentzündung des Benzins.

Eine Lösung von 10 *kg* bester weißer Kernseife, die möglichst reich an Ölsäure ist, wird bei etwa 95° so lange mit Magnesiumchlorid oder -sulfatlösung versetzt, als noch eine Ausscheidung erfolgt. Die halbflüssige Magnesiaseife wird abgeschöpft, unter siedendem Wasser umgeschmolzen und in einem Kupferkessel mit indirektem Dampf langsam auf 150° erhitzt. Man löst sie dann in 7 *kg* kaltem Petroleum (Kaiseröl) und verdünnt die Lösung mit 90 *l* Benzin.

„Antielektron“ wird aus 1 T. gebrannter Magnesia und 10 T. Ölsäure unter Zusatz von Alkohol gewonnen. Man löst die Seife in 100 T. Benzin. Ein Zusatz von 1 *l* dieser Flüssigkeit zu 200 *l* Benzin soll zur Verhinderung der Selbstentzündung genügen. *G. Cohn.*

Antiberiberin heißt ein von SUZUKI aus dem alkoholischen Extrakt der Reiskleie isoliertes Basengemisch, im Wasser mit dunkler Farbe und saurer Reaktion löslich. In Verwendung als 10%ige Originallösung, bzw. 0,25%iges Pulver. Ist geeignet, die Beri-Beri-Krankheit zu heilen bzw. zu verhüten. Japanisches Präparat. *Zernik.*

Antichlor ist für gewöhnlich die Bezeichnung für Natriumthiosulfat (s. d. unter Natriumverbindungen), jedoch kann man hierunter ganz allgemein jeden Stoff verstehen, der geeignet ist, das nach der Chlorbleiche in der Papiermasse oder Baumwolle zurückerhaltene Chlor, resp. die unterchlorigsauren Salze, unschädlich zu machen. Außer dem Natriumthiosulfat können namentlich Ammoniak und Natriumbisulfit als Antichlor benutzt werden.

Antifebrin = Acetanilid. *Zernik.*

Antiformin (W. KNORR, Charlottenburg) ist eine alkalische Natriumhypochloritlösung, die 7,5% freies Ätznatron und 5,3% gebundenes Chlor enthalten soll, also zehnmal so stark ist wie der offizinelle Liquor Natrii hypochlorosi und halb so stark wie die offizinelle Natronlauge. Antiformin wurde 1908 als bakterienauflösendes Desinfektionsmittel von UHLENHUTH empfohlen; nur Tuberkelbazillen, Milzbrandsporen und andere säurefeste Bakterien verhalten sich gegen Antiformin resistent, so daß man sie mit Hilfe des letzteren isolieren kann. Antiformin findet in der bakteriologischen Technik Anwendung; auch zu therapeutischen Zwecken wurde es in verdünnter Lösung empfohlen, hat aber hier keine Bedeutung erlangt. *Zernik.*

Antifriktionsmetall, s. Lagermetall. *Oberhoffer.*

Antileprol (*Bayer*). Das sog. Chaulmoograöl (s. Gynocardiaöl) wird nach *D. R. P.* 216092 erst verseift und die Fettsäuren alsdann in die Äthylester übergeführt. Das neutral reagierende Estergemisch findet innerliche und subcutane Anwendung gegen Aussatz. *Zernik.*

Antiluetin, das Kalium-Ammonium-Antimonyl-Tartrat,

$$(SbO[C_4H_4O_6]_2)K\cdot(NH_4)_2\cdot H_2O,$$

wurde 1913 von Japan aus als subcutan anzuwendendes Mittel gegen Lues empfohlen. TSUZUKI schreibt dem Präparate folgende sonderbare Konstitution zu, die auf Grund der EHRLICHschen Seitenkettentheorie die spirillozide Wirkung erklären soll:

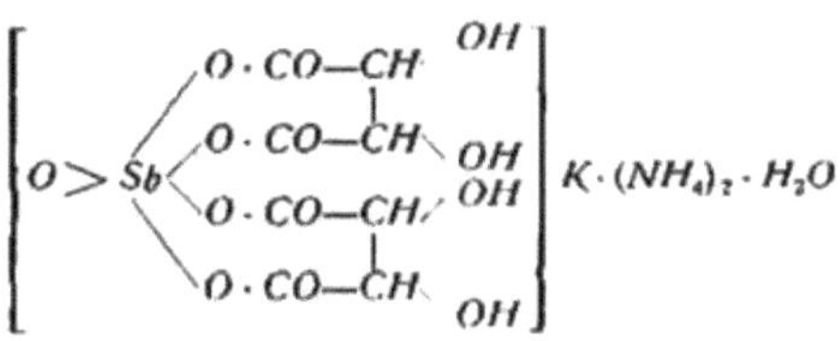

Zernik.

Antimeristem (BAKT.-CHEM. LABORATOR. W. SCHMIDT, Köln), früher Kankroidin-Schmidt genannt, wird nach *D. R. P.* 170680 aus Reinkulturen des aus menschlichen Carcinomen gezüchteten Schimmelpilzes Mucor racemosus hergestellt. Das Präparat, über dessen Wert die Ansichten sehr geteilt sind, ruft, injiziert, bei Krebskranken spezifische Reaktionen hervor, analog wie Tuberkulin bei Tuberkulösen, und soll zur Diagnose von Carcinom und Sarkom sich eignen, in gesteigerter Dosis angewendet, auch zur therapeutischen Beeinflussung von Krebsgeschwülsten. *Zernik.*

Antimon, *Sb*, Atomgewicht 120,2, schließt sich in chemischer Beziehung einerseits dem Wismut an, andererseits dem Arsen und Phosphor. Es bildet also einen Übergang zwischen Metallen und Nichtmetallen, neigt indessen wesentlich nach der Seite der Metalle. Es bildet verschiedene Modifikationen: 1. Das gewöhnliche rhomboedrische; 2. das schwarze Antimon; 3. das gelbe Antimon; 4. das explosive Antimon und 5. das kolloidale Antimon. Außerdem gibt es noch andere Antimonarten, die als besondere Modifikationen angesehen werden können, ohne daß dies bisher einwandfrei bewiesen wurde. Von all den genannten Modifikationen kommt indessen für die Technik nur das rhomboedrische oder gewöhnliche Antimon in Betracht. Es ist ein zinnweißes, lebhaft glänzendes Metall von krystallinischer, blättriger oder körniger Struktur. Es ist nicht sehr hart, spröde, leicht zu pulvern. Das Pulver ist von dunklerer Farbe, nimmt aber bei starkem Drucke den ursprünglichen Glanz wieder an. Das Aussehen des Bruches wechselt mit der Reinheit des Antimons und der Geschwindigkeit der Abkühlung; langsam erstarrtes und reines Antimon zeigt einen blättrigen Bruch, rasch erstarrtes einen körnigen. Das durch Elektrolyse der Lösungen von $SbCl_3$ erhaltene Antimon oder das aus Sulfantimonlösungen elektrolytisch dargestellte stellt je nach der Konzentration der betreffenden Lösungen, je nach der Stromdichte und je nach der Beschaffenheit der Kathodenoberfläche einen metallglänzenden, hell bis dunkelgrauen Überzug, einen pulverförmigen Niederschlag oder glänzende Metallschuppen dar. Das spez. Gew. des Antimons ist 6,715, die spez. Wärme 0,0509, der kubische Ausdehnungskoeffizient 0,0033, der lineare 0,1152. Der Schmelzp. des Antimons liegt bei 629,2°, der Siedep. bei 1440°, im Vakuum des Kathodenlichtes bei 290°. Das elektrische Leitungsvermögen ist 4,29 bei 18,7° (das des $Ag = 100$ bei 0°).

An der Luft verändert sich Antimon bei gewöhnlicher Temperatur nicht; wird es aber an der Luft über seinen Schmelzpunkt erhitzt, so entzündet es sich und verbrennt zu Oxyd, welches sich als weißer geruchloser Rauch verflüchtigt. Wirft man eine geschmolzene, rotglühende Antimonkugel auf eine glatte Papierfläche, so zerteilt sie sich in eine große Zahl kleiner Kugeln, die mit lebhaftem Funkensprühen verbrennen und eine Bräunung des Papiers auf den durchlaufenen Strecken hinterlassen.

Geschichtliches: Das wichtigste Antimonerz, das natürlich vorkommende Schwefelantimon, war schon in den ältesten Zeiten bekannt. Bereits im Alten Testament finden sich Stellen, die auf die Verwendung desselben als Schönheitsmittel deuten. DIOSCORIDES und PLINIUS kannten es unter dem Namen stimmi, bzw. stibium (στίμμι, στίβι). Die Griechen bezeichneten das Schwefelantimon als „augenerweiternd (πλατυόφθαλμον)“ oder „Weibchen (γυναίκιον)“, weil es von den Frauen begehrt war, um die Augenbrauen zu schwärzen und die Augen dadurch größer erscheinen zu lassen. Zur Herstellung der schwarzen Augenfarbe wurde das Erz bei gelinder Temperatur geröstet, bis es zu glühen anfing, wozu DIOSCORIDES bemerkt, daß es sich bei höherer Temperatur in Blei verwandle. Als Heilmittel wurde das Schwefelantimon im Altertum nur äußerlich verwendet. Den arabischen Chemikern des 8. bis 11. Jahrhunderts war der Grauspießglanz ebenfalls bekannt.

Das Wort Antimon kommt zuerst bei CONSTANTINUS AFRICANUS um 1100 vor, wird aber von ihm wie auch späterhin von anderen Schriftstellern bis gegen Ende des 18. Jahrhunderts, wo es ohne weiteren Zusatz genannt wird, zur Bezeichnung des Schwefelantimons gebraucht. BASILIUS VALENTINUS, ein Benediktinermönch, der in der zweiten Hälfte des 15. Jahrhunderts lebte, benutzt als erster für das natürliche Schwefelantimon den Namen Spießglas, später „Spießglanz“. Er weiß, daß es neben Antimon auch Schwefel enthält, beschreibt in seinem „Triumphwagen des Antimons“ (1460) die Herstellung vieler Präparate und auch die Darstellung von metallischem Antimon, das er für eine Abart des Bleis hält, und erwähnt die Verwendung desselben zu Glocken, Spiegeln, Druckerschriften u. s. w., wobei er übrigens dieses Metall als eine längst bekannte Sache behandelt. BASILIUS beschreibt ferner das Verfahren, Gold mit Antimon zu reinigen, auch kennt er das Hartblei und die Eigenschaft des Antimons, Blei zu härten.

In Bechern aus Antimon ließ man Wein längere Zeit stehen, um ihn dann als Brechmittel zu verwenden. Da aber die Mönche Unfug mit dem Antimon trieben, so erließ FRANZ II. einen den Gebrauch desselben verbietenden Befehl gegen die Mönche (ἀντι μόναχον), daher angeblich der Name. Nach SCHELENZ (*Z. angew. Ch.* **22**, 1311 [1912]) hängt der Name Antimon nicht mit Mönch (Antimonk, Antimoine) zusammen, sondern ist arabischen Ursprungs. Die Griechen übernahmen das zum Augenlidfärben verwendete Präparat als Stimmi, die Römer machten daraus stibium, dieses wurde zum arabischen Ithrid oder Ismid, zu Aitmod und Athmond, welches latinisier t wurde zu Athimodium, Atmodium und schließlich Antimondium.

Während man früher glaubte, daß zur Erzeugung eines sternförmigen Gefüges auf der Oberfläche des Antimons, welches noch heute vielfach als Zeichen der Reinheit des Metalls angesehen wird, eines Zuschlags von Eisen bedürfe, wurde durch Boyle 1661 das Gegenteil erwiesen. Bei den Alchemisten spielte das Antimon, weil es schon früh zur Scheidung von Gold und Silber benutzt wurde, eine Hauptrolle. Man schrieb ihm königliche Abstammung zu und nannte es „regulus“, ein Ausdruck, der später auch auf andere Metalle übertragen wurde.

Vorkommen: Die Hauptquelle für die Antimongewinnung bildet, wie bereits oben erwähnt, der Antimonglanz (Grauspießglanz, Antimonit, Stibnit), Sb_2S_3 mit 71,77% Antimon und 28,23% Schwefel, aus dem durch Zersetzung in den oberen Teufen der Antimonerzlagerstätten das Weißspießglanzerz oder Antimonblüte Sb_2O_3 hervorgeht. Letzteres Mineral ist dimorph, das rhombische Antimonoxyd wird Valentinit, das regulär krystallisierende Senarmontit genannt. Es enthält rein 83,4% Antimon und 16,6% Sauerstoff. Die übrigen Antimonerze kommen wegen ihres seltenen Vorkommens für die Metallurgie des Antimons nicht in Betracht. Dagegen bildet Antimon einen nicht seltenen Bestandteil von Blei-, Kupfer- und besonders Silbererzen. Der Antimongehalt von Silber- und Bleierzen konzentriert sich in den Abstrichen der Werkbleiraffination und dient zur Herstellung einer Bleiantimonlegierung, des sog. Hartbleis.

Bezüglich des geologischen Charakters der Antimonerzlagerstätten unterscheidet man nach Beck:

1. Gänge der antimonigen Goldquarzformation, bei welcher an Stelle des sonst vorherrschenden Pyrites als charakteristischer Begleiter des Freigoldes Antimonglanz tritt, der selber auch goldhaltig ist. Untergeordnet nehmen an der Zusammensetzung dieser Gänge noch teil: Pyrit und Arsenkies, selten Bleiglanz, Blende und Kupferkies. Hierhin gehören die Vorkommen von Schönberg und Mileschau in Böhmen, Magurka in Ungarn, Gold-Kronach im Fichtelgebirge und Laval im Departement Mayenne in der östlichen Bretagne. Die Gänge des zuletzt genannten Gebietes bilden einen Übergang zu den in der Bretagne häufigen Gängen der eigentlichen Antimonerzformation. Eine große Anzahl goldführender Antimonglanzgänge finden sich ferner im portugiesischen Dourogebiet sowie in Australien, z. B. am Mitschellfluß in Queensland.

2. Gänge der quarzigen Antimonerzformation: An die antimonige Goldquarzformation schließt sich die quarzige Antimonerzformation, deren Gänge sich von der der vorgenannten Formation in metallurgischer Hinsicht dadurch unterscheiden, daß der geringe Goldgehalt das Ausbringen nicht lohnt. Die vorherrschenden Gangarten sind Quarz nebst etwas Kalkspat. Die Erze bestehen aus Antimonglanz und seinen Zersetzungsprodukten. Als Begleiter finden sich zuweilen Schwefelkies, Bournonit, Berthierit, Bleiglanz, Zinkblende, Steinmannit, Zinkenit, Zinnober, selten gediegen Gold. Solche Lagerstätten finden sich zu Böhmsdorf und Wolfsgalgen bei Schleiz, Wolfsberg am Harz, Přičov in Böhmen und im Rechnitzer Schiefergebirge in Ungarn, ferner im südlichen Toskana, auf der Insel Korsika und bei Porto in Portugal. Sehr reich an Antimonglanz ist besonders das französische Zentralplateau, dessen wichtigste Lagerstätten bei Freycenet und Licoulne u. s. w. in Puy de Dôme, Cantal und Haute Loire abgebaut werden. Die älteste und reichste Grube dieses Distrikts ist La Licoulne, deren mittlere Jahresproduktion sich auf 1200—1800 *t* stellt. Sehr bekannt, namentlich auch in mineralogischer Hinsicht, sind die japanischen Antimonerzgruben, deren berühmteste Itshinokawa auf Shikoku, die größte Antimongrube der Welt, die bekannten, in allen größeren Sammlungen verbreiteten Antimonglanzkrystalle geliefert hat. Auch Borneo hat zeitweilig große

Mengen Antimonerz exportiert. Den beiden vorgenannten Formationen sollen auch die chinesischen Lagerstätten angehören, die besonders in neuester Zeit für den Antimonmarkt die größte Bedeutung erlangt haben. Die hauptsächlichsten Fundstätten sind Nanning, Szucheng, Taiping und Hsilin in der Provinz Hunan.

3. Antimonerzlager: Als Antimonerzlager im geologischen Sinne sind die Vorkommen bei Uentrop und Nuttlar in Westfalen, zu Brück a. d. Ahr und bei Sidi-Rgheiß in Algier zu bezeichnen.

4. Epigenetische Erzstöcke: Zu den epigenetischen Erzstöcken gehören die Lagerstätten von Kostainik in Serbien, Allchar in Mazedonien sowie bei Rosia und Ortebello in Toskana.

Die Bestimmung des Antimons kann 1. auf trockenem Wege, 2. gewichtsanalytisch, 3. maßanalytisch, 4. elektrolytisch erfolgen.

1. Trockne Proben: Zur trocknen Untersuchung von Antimonerzen wendet man Niederschlagsproben, Röstreduktionsproben und Saigerproben an. Alle diese Proben liefern wegen der Flüchtigkeit des Schwefelantimons, der Verunreinigung des Regulus durch andere Metalle sowie der unvollkommenen Zerlegung des Schwefelantimons durch Alkalien nur Annäherungswerte. Da sie indessen auf manchen Hütten als Betriebsproben in Anwendung stehen und in einzelnen Fällen sogar als Verkaufsproben dienen, haben sie ein gewisses technisches Interesse, und sollen deswegen die Hauptverfahren kurz erwähnt werden, während im übrigen auf das bekannte Probierbuch von KERL verwiesen sei.

Als Niederschlagsproben für geschwefelte Substanzen kommen die Schmelzprobe mit schwarzem Fluß[1] und Eisen und die LEVOLsche Probe mit Blutlaugensalz und Cyankalium in Betracht. Bei der ersteren schmilzt man das Gemenge von 5 *g* Erz, 10–15 *g* schwarzem Fluß oder Pottasche und Mehl, bis 42% rostfreier Eisenfeile und, je nach der Strengflüssigkeit vorhandener Erden, bis 25% Borax ähnlich wie eine Bleiprobe, nur mit einer stärkeren Kochsalzdecke und in nicht ganz so starker Hitze etwa ¾ Stunden im Muffel- oder Windofen, läßt erkalten und entschlackt den spröden, etwas Eisen und Kalium enthaltenden König vorsichtig, wobei man nach dieser Probe aus reinem Schwefelantimon etwa 66–68% ausbringt. Nimmt man mehr als 42% Eisen, so erfolgen zu schwere eisenreiche Könige. Bei der LEVOLschen Probe wird ein Gemenge von 5 *g* Erz und 10 *g* entwässertem Blutlaugensalz mit 2,5 *g* Cyankalium bedeckt und in einem Tontiegel etwa ¼ Stunde lang einer niedrigen Temperatur (Kirschrotglut) ausgesetzt. Wegen der verminderten Antimonverflüchtigung bei dieser niedrigen Temperatur und durch die vollständige Ausscheidung des Metalls durch das aus dem Blutlaugensalz frei gewordene, höchst fein verteilte Eisen steigt das Ausbringen bis auf 72%, der König enthält aber immer 2–3% Eisen.

Die Röstreduktionsprobe kommt, da die Röstung des Antimonglanzes große Schwierigkeiten darbietet, nur selten in Anwendung. Zur Reduktion von oxydischen Erzen gibt KERL u. a. folgende Beschickungen: 1 *g* Erz, 3 *g* schwarzen Fluß mit 1 *g* Weinstein, 1 *g* Soda und 15 *g* Holzkohlenpulver; 10 *g* Erz, 25 *g* schwarzen Fluß und 1 *g* Weinstein bei Kochsalzdecke.

2. Gewichtsanalytische Proben: Die gewichtsanalytische Bestimmung kann als Antimontrisulfid oder als Antimontetroxyd geschehen.

a) Bestimmung als Antimontrisulfid: Nach TREADWELL ist die Trisulfidmethode zur Antimonbestimmung am besten geeignet. Zur Ausführung derselben leitet man nach HENZ (Inaug.-Dissertation Zürich **1903**, 22; *Z. anorg. Ch.* **37**, 18 [1903]) in die kalte, schwachsaure Lösung des Antimonits oder Antimoniats Schwefelwasserstoff ein und erwärmt während des Einleitens langsam zum Sieden. Man filtriert durch einen Goochtiegel, den man vor dem Wägen im Kohlendioxydstrom erhitzt hat, und wäscht den Niederschlag zuerst vier- bis fünfmal mit 50 bis 70 *ccm* heißer, verdünnter, mit Schwefelwasserstoff gesättigter Essigsäure und zwei- bis dreimal mit heißem Wasser aus, bis das Filtrat einen schwachen Stich ins Orange zeigt, hierauf trocknet man den Niederschlag in einem besonderen Apparat im Kohlendioxydstrom bei 100–130° und erhitzt zwei weitere Stunden, ohne den Gasstrom zu unterbrechen, auf 280–300°; hierbei verflüchtigt sich der beigemischte Schwefel, und das Antimonpentasulfid zerfällt glatt in Trisulfid und Schwefel.

b) Bestimmung des Antimons als Tetroxyd (Sb_2O_4). Diese Methode beruht darauf, das gewöhnlich vorliegende Gemisch von Trisulfid, Pentasulfid und Schwefel, nach der Extraktion des Schwefels, durch Salpetersäure zu Antimonpentoxyd zu oxydieren und dieses bei einer bestimmten Temperatur (750–800°) in Tetroxyd überzuführen. Um beim Glühen das Sb_2O_4 vor den reduzierenden Flammengasen zu bewahren, hängt BRUNCK den Tiegel in eine durchlochte Asbestplatte. Nach den von BECKETT (Inaug.-Dissertation Zürich **1909**, 74) in TREADWELLS Laboratorium angestellten Versuchen läßt sich diese Methode mit Sicherheit nur mit Hilfe eines elektrischen Ofens, der mit Widerständen und LE CHATELIERschem Pyrometer versehen ist, ausführen. Unter Berücksichtigung dieser Vorsichtsmaßregel liefert die Methode genaue Resultate, immerhin aber weniger genau als die Trisulfidmethode.

[1] Unter schwarzem Fluß versteht man ein inniges Gemenge von kohlensaurem Kalium und Kohle, dadurch erhalten, daß man ein Gemenge von Salpeter mit dem 2–3fachen Gewicht Weinstein nach und nach in einen glühenden Eisen- oder Tontiegel einträgt.

3. Maßanalytische Bestimmungen:

a) Eine brauchbare Methode ist die Titrierung des Antimonchlorürs mit Kaliumbromat. Der Vorgang wird durch die Gleichung

$$2KBrO_3 + 2HCl + 3Sb_2O_3 = 2KCl + 2HBr + 3Sb_2O_5$$

zum Ausdruck gebracht. Als Indikator dient eine Indigolösung. Antimonsulfid wird mit Salzsäure zu Trichlorid gelöst. Durch weiteres Kochen verjagt man den Schwefelwasserstoff und titriert heiß mit $\frac{n}{10}$ Kaliumbromatlösung.

b) Die Titration des Antimonoxyds mit Jodlösung nach MOHR. Die Oxydation vollzieht sich in schwachalkalischer Lösung nach der Gleichung: $Sb_2O_3 + 4J + 2Na_2O = Sb_2O_5 + 4NaJ$. Es wird eine etwa 0,1 *g* Antimonoxyd enthaltende, mit Weinsäure und Wasser hergestellte Lösung mit kohlensaurem Natrium neutralisiert, mit 20 *ccm* einer kalt gesättigten Lösung von $NaHCO_3$ und etwas Stärkelösung versetzt und mit einer Jodlösung von bekanntem Gehalt bis zur Blaufärbung titriert.

4. Elektrolytische Antimonbestimmung:

Sie gelingt am besten aus einer Lösung von Natriumsulfid. Enthält diese Polysulfide, so setzt man, da letztere die vollständige Abscheidung des Metalls verhindern, unter Erwärmen ammoniakalische Wasserstoffsuperoxydlösung hinzu, bis die gelbe Farbe der Lösung verschwunden ist. Man löst das Antimonsulfid in 60 – 100 *ccm* einer kalt gesättigten Natriumsulfidlösung, verdünnt auf 100 – 150 *ccm*, erwärmt auf 60 – 80° und elektrolysiert mit 1,5 Ampère. Als Kathode dient eine mattierte Schale. Neuere Versuche haben ergeben, daß die Resultate der elektrolytischen Antimonbestimmung um 1,5 – 2% zu hoch ausfallen. Die Fehler werden um so größer, je mehr freies Natriumhydroxyd in dem Elektrolyten vorhanden ist.

Als Betriebsprobe wird nach *Lunge-Berl* 2, 729, folgende Methode auf dem Antimonwerk Szalónak (Schlaining) in Ungarn angewendet: von feingepulvertem, antimonhaltigem Erz werden 0,5 *g* in einem Becherglas mit 10 *ccm* einer 12%igen *NaHS*-Lösung unter öfterem Umrühren bei 100° behandelt, filtriert, ausgewaschen, getrocknet und der Rückstand gewogen. Differenz gegen 0,5 *g* ist Sb_2S_3; der durch Lösung einer geringen Menge von *FeS* entstehende Fehler kann vernachlässigt werden. Aus Lösungen gefälltes Schwefelantimon wird nach dem Trocknen vollständig vom Filter in ein Schiffchen gebracht und nach dem Glühen im CO_2-Strom als Sb_2S_3 gewogen.

Bezüglich Einzelheiten sowie spezieller Methoden für die Analyse von Erzen, Schlacken u. s. w. sei insbesondere auf die Werke von TREADWELL, LUNGE-BERL und NISSENSON und POHL hingewiesen.

Gewinnung des Antimons.

Das Hauptmaterial für die Antimongewinnung bildet, wie wiederholt erwähnt, der Antimonglanz, da die anderen Erze wie Valentinit, Senarmontit, Cervantit u. s. w. sich nur in geringen Mengen vorfinden. Dazu kommen noch die Zwischenprodukte der Antimonverhüttung, wie Flugstaub, Schlacken und Saigerrückstände. Die Gewinnung des Antimons erfolgt allgemein auf trockenem Wege, da die Vorschläge zur Antimonverhüttung auf nassem oder elektro-metallurgischem Wege noch keine Anwendung in der Praxis gefunden haben.

I. Gewinnung des Antimons auf trockenem Wege.

Dieselbe bezweckt, entweder aus den den Antimonglanz begleitenden Gangarten ein mehr oder weniger reines Antimonsulfid (Antimonium crudum) auszusaigern, welches ohneweiters technische Verwendung findet, oder aber aus dem ausgesaigerten Schwefelantimon oder aus den Erzen metallisches Antimon zu gewinnen. Die Herstellung von metallischem Antimon aus den Erzen ist das verbreitetste Verfahren. Nach altem Herkommen bezeichnet man das durch Saigerung gewonnene Schwefelantimon als Antimonium crudum, das metallische Antimon als Regulus antimonii. Das gewonnene Rohantimon bedarf meist noch einer Raffination, deren Erzeugnis den Namen Regulus antimonii stellatus führt. Eine Anreicherung des auf der Grube gewonnenen Fördergutes erfolgt vorzugsweise durch Handscheidung und Setzarbeit. Eine weitgehende Zerkleinerung und eine ausgedehnte Anwendung nasser Aufbereitungsmethoden sucht man wegen der durch starke Schuppenbildung veranlaßten Verluste zu vermeiden. Die Antimongewinnung liegt vorzugsweise in den Händen weniger Produzenten, die ihre Betriebsmethoden und Erfahrungen mehr oder weniger geheimhalten. Man ist deshalb zum großen Teil auf ältere Literatur angewiesen, die als dem heutigen Stande der Technik nicht mehr entsprechend anzusehen ist. Wenn auch in den letzten hren wiederum Veröffentlichungen über neue Methoden (HERRENSCHMIDT, CHATILLON u. a.) stattgefunden haben, so werden in ihnen doch keine ausreichenden Mitteilungen über Betriebserfahrungen und technische Anwendung der genommenen Patente im Großbetriebe gegeben.

A. Verarbeitung des Antimonglanzes auf Antimonium crudum. Erze mit mehr als 90% Antimonsulfid bedürfen keiner besonderen Behandlung, sie werden direkt als Antimonium crudum verwendet. Erze mit 90–45% Schwefelantimon werden der Saigerung auf Antimonium crudum unterworfen. Letztere gelingt am besten, wenn die Erze Hasel- bis Wallnußgröße haben und wenn die Temperatur den bei Dunkelrotglut liegenden Schmelzpunkt des Schwefelantimons nicht wesentlich überschreitet. Bei zu hoher Temperatur findet eine starke Verflüchtigung statt, während bei zu niedriger Temperatur zu viel Schwefelantimon in den Rückständen bleibt. Der letztere Übelstand tritt auch bei feineren als den genannten Korngrößen ein, u. zw. sind die Rückstände um so reicher, je feiner die Erze sind, weil sich diese zu dicht lagern und dadurch das vollkommene Abfließen des aussaigernden Schwefelantimons verhindern. Feine Erze und solche mit niedrigem Antimongehalt werden daher besser auf metallisches Antimon verarbeitet. Damit das Produkt das im Handel verlangte strahlig krystallinische Gefüge neben metallischem Glanz und Graphitfarbe erhält, muß es langsam erkalten; bei rascher Abkühlung wird es unansehnlich. Es wird daher bei allen Saigerungsverfahren auf eine langsame Abkühlung des ausgesaigerten Produktes ein großer Wert gelegt. Das Aussaigern geschieht teils in Tiegeln oder Röhren, welche bei kleineren Betrieben auf freiem Feuer, bei ausgedehnteren im Flammofen erhitzt werden, teils gibt man die Erze unmittelbar auf den Herd eines Flammofens. Das letztere Verfahren ist zweifellos billiger, bedingt aber eine größere Verflüchtigung des Schwefelantimons, welchem Nachteil indessen durch die Verwendung moderner Kondensationsanlagen entgegengearbeitet werden könnte.

Das Aussaigern in direkt vom Brennstoff umgebenen Tiegeln wurde zu Wolfsberg im Harz, Mileschau in Böhmen, Magurka, Rosenau und Groß-Göllnitz in Ungarn sowie zu Malbosc in Frankreich angewendet. Die 5–25 *kg* fassenden Töpfe sind aus Ton hergestellt und im Boden mit 4 bis 5 Löchern von 10–15 *mm* Durchmesser versehen, durch welche das geschmolzene Sulfid ausfließt. Diese Töpfe oder Tiegel stehen auf Sammeltöpfen aus gebranntem Ton zur Aufnahme des gesaigerten Schwefelantimons. Die Sammeltöpfe stellt man, um ein langsames Erkalten zu erzielen, in Sand, Asche oder Kohlengestübbe. Das Verfahren ist wegen der sehr unvollständigen Ausnutzung des Brennmaterials kostspielig und unzweckmäßig, gestattet aber wegen der einfachen Anlage das Aussaigern auf der Grube selbst. Besser wird das Brennmaterial ausgenutzt, wenn die Tiegel auf den Herd eines Flammofens gestellt werden, wie dies zu Schleiz und in La Lincoulne (Dep. Haute Loire) geschah. Die Anordnung wurde dann so getroffen, daß nur die oberen mit Erz gefüllten Tiegel von der Flamme bestrichen werden, während sich die unteren im Sandherd des Ofens befinden. Zu Schmöllnitz in Ungarn hat man die Sammeltöpfe außerhalb des Ofens angeordnet und durch Tonrohre mit den im Ofen stehenden Saigertiegeln in Verbindung gesetzt. Diese Einrichtung hat den Vorzug, daß bei Entleerung der Sammeltöpfe der Ofenbetrieb nicht unterbrochen zu werden braucht.

Am vollkommensten ist die Methode des Aussaigerns in Gefäßöfen zu Malbosc in Frankreich (Dep. Ardèche) ausgebildet worden, wo man statt der Tiegel vertikal stehende Röhren verwendete und die ganze Anlage zugleich für kontinuierlichen Betrieb einrichtete. Dasselbe Verfahren ist später auch in Bánya eingeführt worden. Die Anordnung der Malboscer Öfen ist aus Abb. 1 und 2 ersichtlich. Die zur Aufnahme des Erzes bestimmten Röhren von 1 *m* Höhe, 25 *cm* oberem und 20 *cm* unterem lichten Durchmesser sind in Gruppen von vier in einem von drei Rosten *g* befeuerten Ofen angeordnet. Sie stehen auf Tonplatten, welche Öffnungen *c* zum Abfluß des Schwefelantimons haben; oben werden die Röhren durch Deckel verschlossen, unten haben sie seitliche Öffnungen für das Ausräumen, welche während des Betriebes durch auflutierte kleine Tonplatten verschlossen gehalten werden. Unter jedem Rohre befindet sich der auf einem fahrbaren Wagen montierte Sammeltopf *e* zur Aufnahme des Schwefelantimons. Die Feuergase entweichen durch drei mit Schiebern regulierbare Füchse *h* in die Esse, teils treten sie durch die Öffnungen *b* in die Kanäle, in denen die Sammeltöpfe stehen, um diese warm zu halten. Diese Kanäle sind während des Betriebes mit Türen *i* verschlossen, in welchen sich durch Tonpfropfen verschließbare Schauöffnungen befinden. *k* sind während des Betriebes ebenfalls durch Vorsatzplatten verschlossene Öffnungen im Ofengemäuer, durch welche Ausbesserungen an den Röhren vorgenommen und die Röhren geräumt werden können.

Der Ofen muß vor Inbetriebsetzung durch 48 Stunden allmählich bis zur hellen Rotglut vorgewärmt werden. Die Farbe des aussaigernden Schwefelantimons soll blau sein, bei roter Farbe ist die Temperatur zu hoch und die Antimonverflüchtigung bedeutend. Jedes Rohr enthält 250 *kg* Einsatz, welcher binnen etwa drei Stunden abgesaigert ist. Die Röhren halten 20 Tage. Das Ausbringen an Antimonium crudum beträgt 50% bei einem Brennstoffverbrauch von 64%. Während nach der alten Saigermethode die Verhüttungskosten für 100 *kg* Schwefelantimon 8,55 Frcs. betrugen, so kostete die Saigeroperation zu Malbosc nur Frcs. 2,81 für 100 *kg*. Nach einer Mitteilung des chinesischen Metallurgen WANG, der sich mit der Antimonverhüttung besonders eingehend beschäftigt hat, soll die genannte Anlage außer Betrieb und durch HERRENSCHMIDT-Apparate ersetzt worden sein. Angesichts der nicht unbedeutenden Mengen Antimonium crudum, die zurzeit noch auf den Markt gelangen, besitzen die Saigermethoden indessen ein gewisses technisches Interesse.

Die Vorzüge und Nachteile des Aussaigerns von Antimonium crudum in Flammöfen sind oben erwähnt. Zur Ausführung der Arbeit kann man die bekannten Bleisaigeröfen oder auch deutsche Treiböfen benutzen, letztere mit der Abänderung, daß mit dem tiefsten Punkt des Herdes eine Abstichöffnung in Verbindung steht, die zur Abführung des geschmolzenen Schwefelantimons nach außen dient.

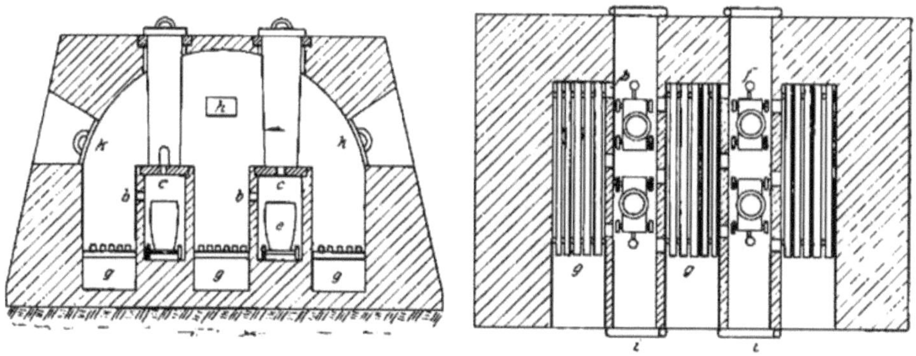

Abb. 156 u. 157.

Die Erzeugnisse des Saigerns sind Antimonium crudum und Saigerrückstände. Das käufliche Antimonium crudum enthält häufig Schwefelarsen sowie auch Blei, Eisen und Kupfer. Die folgenden Analysen, die, wie die vorstehenden Angaben über Saigerkosten, SCHNABELS Hüttenkunde entnommen sind, zeigen die Verunreinigungen einiger Sorten ungarischer Herkunft:

	Rosenau	Liptau	Magurka	Neusohl
FeS	1,102	4,093		} 3,235
PbS	—	—		
As_2S_3	0,568	3,403		0,247
Cu			0,59	
Pb			3,75	
Fe		—	2,85	

Saigerrückstände enthielten nach HERING: 20,40 Sb_2S_3, 2,87 FeS, 1,23 FeS_2, 59,84 SiO^2, 4,65 Al_2O_3, 5,22 CaO, 4,10 CO^2, 1,69 Alkalien und kohlige Teile. Die Saigerrückstände werden bei hinreichendem Antimongehalt auf metallisches Antimon verarbeitet.

B. Verarbeitung des Antimonglanzes und sonstiger Antimonverbindungen auf metallisches Antimon. Die Verarbeitung des Antimonglanzes (oder des Antimonium crudum) auf metallisches Antimon erfolgt entweder durch kombinierte Oxydations- und Reduktionsprozesse, das sog. Röstreduktionsverfahren, oder durch Zerlegung des Schwefelantimons durch Präzipitationsmittel (Eisen). Die letztgenannte Arbeit wird Niederschlagsverfahren genannt. Das im Bleihüttenwesen zuweilen angewendete Röstreaktionsverfahren, d. h., die Einwirkung von Oxyd und Sulfat auf das noch unveränderte Schwefelmetall, findet im Antimonhüttenwesen keine Anwendung, da Antimonoxyd und Schwefelantimon ohne Zersetzung zu Oxysulfureten (Antimonglas) zusammenschmelzen. Antimonsaures Antimonoxyd wird durch Schwefelantimon zu Antimonoxyd reduziert, wobei Antimonglas entsteht. Oxydische Erze werden der Beschickung gerösteter Sulfide vor dem Schmelzen zugesetzt, geschwefelte Erze wie Antimonglanz behandelt.

1. Röstreduktionsverfahren.

Röstung des Antimonglanzes. Sie kann in der Weise geführt werden, daß man das Schwefelantimon bei beschränktem Luftzutritt (event. unter Zuhilfenahme von Wasserdampf) in Antimonoxyd überführt und dieses verflüchtigt, um es in Kondensationskammern zu sammeln, oder aber daß man das Schwefelantimon durch reichlichere Zufuhr von Sauerstoff in nicht flüchtiges antimonsaures Antimonoxyd (Sb_2O_4 Spießglanzasche) verwandelt, welches auf dem Herde des Ofens zurückbleibt. Man unterscheidet demnach eine verflüchtigende und eine nicht verflüchtigende Röstarbeit. Auf das erstere, in neuerer Zeit besonders in Aufnahme gekommene Verfahren wird später eingegangen werden.

Die chemischen Vorgänge bei der sog. normalen, nicht verflüchtigenden Röstung sind folgende: das Schwefelantimon wird bei etwa 350° durch den Luftsauerstoff in schweflige Säure und Antimonoxyd verwandelt, das teilweise in Antimonsäure übergeht. Diese verbindet sich mit dem Antimonoxyd zu antimonsaurem Antimonoxyd. Fremde Metalloxyde, die geneigt sind, antimonsaure Salze zu bilden, verwandeln sich in Antimoniate. Eine Bildung von schwefelsaurem Antimonoxyd findet nicht statt. Im Großbetrieb ist eine gute Abröstung des Antimonsulfids sehr schwierig zu erreichen, da sowohl das Schwefelantimon als auch das Antimonoxyd schon bei geringer Hitze schmelzen und, wie oben erwähnt, Antimonglas bilden, wodurch sich die Masse zusammenballt und eine Weiteroxydation des Schwefelantimons verhindert wird. Es ist daher vor allem die Anwendung einer niedrigen Temperatur (nach Bidou nicht über 350°) wichtig. Durch ununterbrochenes Rühren sucht man dem Zusammenbacken der gerösteten Massen bis zu einem gewissen Grade entgegenzuwirken. Erst gegen Ende der Operation, wenn schon die Hauptmasse des Oxyds in antimonsaures Antimonoxyd übergegangen ist, darf die Hitze gesteigert werden. Je mehr Gangart das Erz enthält, desto leichter ist die Röstung durchführbar, am schlechtesten röstet sich Antimonium crudum. Auch bei gut geleiteter Röstung ist ein teilweises Aussaigern des Schwefelantimons und die Bildung von Flugstaub nicht zu vermeiden. Die Röstarbeit ist beendigt, wenn das Erzpulver im Ofen eine rötliche, beim Erkalten eine aschgraue Farbe zeigt und sich unter dem Krähl sanft anfühlt, ohne sich zusammenzuballen. Bei reinem Antimonglanz und richtig geleiteter Röstung enthält das fertige Röstprodukt hauptsächlich antimonsaures Antimonoxyd, welchem geringe Mengen von Antimonglas und unzersetztem Schwefelantimon beigemengt sind. Bei Anwesenheit fremder Schwefelmetalle und Arsenverbindungen sind auch antimon- und arsensaure Metalloxyde sowie Sulfate vorhanden. Zur Aufnahme des größtenteils aus Antimonoxyd, antimonsaurem Antimonoxyd, Schwefelantimon, Arsenverbindungen und Kohle bestehenden Flugstaubes müssen ausgedehnte Kondensationskanäle an die Öfen angeschlossen werden.

Die Röstung von Antimonglanz zur Erzeugung von antimonsaurem Antimonoxyd erfolgt in Flammöfen, die als Krähl- oder Fortschauflungsöfen eingerichtet sind. Wie in anderen Röstbetrieben sind auch hier die Fortschauflungsöfen den Krählöfen bezüglich Ökonomie an Brennstoff und Arbeitslöhnen überlegen. Krählöfen standen zu Bouc und Septèmes bei Marseille und in Toscana in Anwendung. Der von Wendt („Antimony Mining and Smelting in Canada" *E. M.* **16**, 387 [1873]) beschriebene Fortschauflungsofen zu New-Brunswick in Kanada ist bei 13 *m* Länge 2,3 *m* breit und hat 10 Arbeitsöffnungen auf jeder langen Seite. In 24 Stunden werden 3 Einsätze von je 300 *kg* abgeröstet. Das Erz verbleibt 40 Stunden im Ofen. Der Brennstoffaufwand beträgt 3/4 cords Holz. Der Röstverlust wird zu 7,5% angegeben. Zu Banya bei Schlaining in Ungarn werden die Erze in einem fünftürigen Fortschauflungsofen mit 8 *m* langem und 2 *m* breitem Herd, bei Braunkohlenfeuerung auf Treppenrost geröstet. Eine Post beträgt 200 *kg*, in 24 Stunden werden 1200 *kg* durchgesetzt. Für die Ausführung der Röstung und der Reduktionsarbeit in einem Ofen sind Flammöfen mit geneigter Herdsohle mit muldenförmiger Vertiefung auf der einen Längsseite des Ofens vorgeschlagen. Das sich trotz aller Vorsicht etwa aussaigernde Schwefelantimon kann bei dieser Einrichtung abgestochen und als Antimonium crudum verwertet werden.

Verflüchtigende Röstung: Der Zweck dieser Röstung ist, wie früher erwähnt, das Antimon als Oxyd bei beschränktem Luftzutritt und höherer Temperatur zu verflüchtigen. Bei Gegenwart von Wasserdampf vollzieht sich die Bildung des Antimonoxyds unter gleichzeitiger Entwicklung von Schwefelwasserstoff. Nach WANG bietet das verflüchtigende Röstverfahren folgende Vorteile: 1. Die Trennung des Arsens vom Antimon infolge des Umstandes, daß Arsenoxyd flüchtiger ist als Antimonoxyd. 2. Der Gold- und Silbergehalt der Erze bleibt in den Rückständen. 3. Es ist möglich, mit diesem Verfahren auch arme Erze, d. h. mit 7—20% Antimon mit Gewinn zu verhütten. 4. Bei guten Kondensationsanlagen ist der Antimonverlust praktisch gleich Null (?). 5. Ersparnis an Brennmaterial. 6. Das Antimonoxyd kann zu metallischem Antimon reduziert oder direkt zu industriellen Zwecken, z. B. der Darstellung von Farben verwendet werden. Wenn nun auch die Angaben WANGS, besonders bezüglich der Antimonverluste und der direkten Verwendung zu Farben, in manchen Fällen einigem Zweifel begegnen dürften, hat es doch den Anschein, als ob in den Hauptproduktionsländern Frankreich und China die verflüchtigende Röstung die anderen Verfahren zu verdrängen im Begriff ist, bzw. schon verdrängt hat.

Die ersten Vorschläge zur fabrikmäßigen Erzeugung von Antimonoxyd aus Antimonsulfid (unter gleichzeitiger Einwirkung von Luft und Wasserdampf) wurden von BOBIERRE, RUOLZ und ROUSSEAU 1844 gemacht. Aus der zahlreichen Reihe späterer Vorschläge seien nur einige erwähnt. HERRENSCHMIDT patentierte 1876 ein Verfahren, goldhaltige Antimonerze in einem rotierenden Röstofen von der Form eines abgestumpften Kegels zu rösten. Die Anlage war mit Ventilator und Kondensationskammer versehen.

OEHME nimmt, um ein rein weißes, direkt als Farbe verkäufliches Produkt zu erhalten, die Röstung in einem Muffelofen und bei Gegenwart von Wasserdämpfen vor.

Als die modernsten Verfahren zur verflüchtigenden Röstung von Antimonerzen können die von CHATILLON und HERRENSCHMIDT bezeichnet werden, welche wahrscheinlich auch die einzigen sind, die im Großbetrieb zu diesem Zwecke Anwendung gefunden haben. In beiden Verfahren wird das Erz mit dem Brennmaterial zusammen in kleine Schachtöfen aufgegeben und in denselben bei höherer Temperatur geröstet. Hierbei saigert das Antimonsulfid aus, wird oxydiert und das Oxyd in ausgedehnten Kondensationskammern aufgefangen. Die Reinheit des Produktes ist in den verschiedenen Kammern sehr verschieden, doch sollen 98—99% Oxyd nicht ungewöhnlich sein. Arsenoxyd ist die hauptsächlichste Verunreinigung.

Der beim Chatillonverfahren verwendete Röstofen[1] besteht aus zwei Doppelcupolöfen *a b* und *c d* von rechteckigem Querschnitt, die oben durch eine gemeinsame Kammer *e* verbunden sind. Jeder der beiden oberen Cupolöfen *a* und *c* steht auf einem kleinen Cupolofen *b* und *d*, welcher die Rückstände des obern Ofens aufnimmt, die Abscheidung der flüchtigen Substanzen vollendet und zur selben Zeit dazu dient, die dem obern Cupolofen durch Kanäle im Mauerwerk zugeführte Luft vorzuwärmen. Der Weg der Gase ist in den Abbildungen durch die Buchstaben f, i, f^1 f^2, g^1, g^2, h^1, h^2, i^1, i^2 bezeichnet. Jeder der unteren Cupolöfen endet in eine Art Trichter *k*, der auf zwei Seiten aus geneigten Roststäben, auf den anderen zwei Seiten aus Mauerwerk oder auch aus Roststäben besteht. Durch Ausziehen des durchlöcherten Bodens *m* werden die Rückstände in einen Wagen *n* behufs ihrer Entfernung abgestürzt. Die oberen Teile *p*, *q*, *r* der Ofenwände sind konsolenartig verbreitert und nach jedem Cupolofen zu mehr oder weniger geneigt. Sie bilden eine Fläche von ungefähr 4 *qm* und sind zur Aufnahme des Feinerzes bestimmt, aus welchem beim Erhitzen das Antimonsulfid aussaigert und Tropfen für Tropfen in den Cupolofen fällt, wobei es durch die aus den Kanälen f^1, f^2, g^1, g^2 u. s. w. zutretende heiße Luft in flüchtiges Oxyd verwandelt wird. Nach dem Aussaigern des Sulfids werden die Rückstände in die Cupolofen hineingestoßen, um die Extraktion zu vollenden. Die Gase werden aus dem Cupolöfen in Kühl- und Kondensationskammern

[1] Aus WANG, S. 96, Abb. 41.

abgesaugt. Auf ihrem Wege werden sie zu verschiedenen anderen Zwecken benutzt, z. B. der Erhitzung von Reduktionsöfen zur Erzeugung von metallischem Antimon, oder von Saigeröfen zur Erzeugung von Antimonium crudum. Ferner dienen sie zur Destillation von Erz mit oder ohne Oxydation und mit oder ohne Wasserdampfzuführung u. a. Die letzte Kondensation erfolgt in rechteckigen Behältern aus Eisenblech, in welchen Wasser zirkuliert und die derart in Kammern eingeschlossen sind, daß die Gase gezwungen werden, die ganze Oberfläche der Behälter zu bestreichen. Die abgekühlten Gase gehen alsdann noch durch eine Filteranlage, welche aus Säcken von grober Baumwolle oder Wolle, von 50–60 *cm* Durchmesser und 8–11 *m* Länge, besteht. Die Filteranlage entspricht in ihrer Anordnung den in Bleihütten üblichen Systemen.

Herrenschmidtprozeß: Derselbe ist von WANG im *Min. J.* (*F. P.* 386107) und in seinem Buche S. 98 beschrieben. Seine Aufzeichnungen stützen sich auf ein persönliches Studium des genannten Verfahrens auf den Werken von HERRENSCHMIDT in Le Genest (Mayenne), Frankreich. Über seine Ergebnisse teilt WANG folgendes mit: Die Ausbeute bei dem HERRENSCHMIDT-Verfahren beträgt nicht weniger als 90% des im Erz enthaltenen Metalls. Bei direkt von der Grube kommenden Erzen mit 10–15% Antimon können 6 *t* in 24 Stunden mit einem Brennmaterialaufwand von 4–5% Gaskoks oder 6–7% Holzkohle verarbeitet werden. Bei Erzen mit 18–20% Antimon beträgt die tägliche Ofenleistung 4½ *t* mit einem Brennmaterialaufwand von 5–6% Gaskoks oder 7–8% Holzkohle. Das etwa in der quarzigen Gangart enthaltene Gold wird aus den Rückständen gewonnen. Es sind für jeden Apparat vier Arbeiter in 24 Stunden erforderlich. Ventilatoren und Pumpe benötigen 3 *P. S.*

Die geeignetste Stückgröße ist 1–4 *cm*. Der Staub wird ausgesiebt, mit 7–8% Ton agglomeriert und die erzeugten Briketts mit dem Erz zusammen aufgegeben. Der Röstofen wird zunächst bis zu einer Höhe von etwa 10 *cm* über den letzten Roststäben, welche den Boden des Ofens bilden, mit Schlacke beschickt. Hierauf bringt man Holz und Holzkohle in einer gleichfalls 10 *cm* hohen Lage ein. Sobald das Brennmaterial entzündet und in volles Feuer gekommen ist, werden wiederum 300 *kg* alter Schlacke, mit 6% Holzkohle gemischt, aufgegeben nnd endlich, wenn der Ofen heiß ist, 50 *kg* Erz (mit etwa 15–20% Antimon) mit 2 *kg* Holzkohle gemischt. Mit dieser Beschikkung fährt man fort, bis der Ofen 30 *cm* unter dem obern Rand gefüllt ist. Alsdann geht der Betrieb gleichmäßig weiter, indem man, je nach der Geschwindigkeit der Ventilatoren (1200–1400 Umdrehungen in der Minute) alle 12–15 Minuten eine neue Charge aufgibt, während die Rückstände dementsprechend entfernt werden. Die Temperatur soll 400° nicht übersteigen. Eine HERRENSCHMIDTsche Antimonverflüchtigungsanlage zeigen die beistehenden Abb. 159–161, in welchen Abb. 159 einen Längsschnitt durch den Apparat, Abb. 161 einen Querschnitt nach der Linie *a–b* und Abb. 160 einen Querschnitt nach *c, d, e, f* darstellt. Das zerkleinerte Erz wird mit der vorgeschriebenen Menge Brennstoff in den Röstofen *a* aufgegeben, dessen Boden durch symmetrisch angeordnete Roststäbe (*b*) gebildet wird. Das flüchtige Antimonoxyd wird durch zwei Ventilatoren (*h*) in die Kondensationskammern *d* befördert. Letztere sind untereinander durch die Rohre *e* verbunden, die, um die Kühlfläche zu vergrößern und die Reibung der Gase zu vermehren, als Wellen- oder Rippenrohre konstruiert sind. Die letzten Reste von Oxyd sollen durch einen Wasserschauer im Koksturm ausgeschieden werden. Die Zuführung des Wassers erfolgt durch die Rohre *j* und die Verteilung durch den Kippapparat *k*. Der Röstofen ist teils aus Ziegeln, teils aus eisernen Gußstücken aufgebaut. Die Kondensationskammern bestehen aus Gußeisen, die Kokstürme aus Holz. Die Länge einer einzelnen Kondensationskammer ist 1 *m*. Das bei WANGs Versuchen verarbeitete Erz enthielt 19,5% Antimon, das Oxyd der ersten Kondensationskammer 23% Verunreinigungen. Eine Durchschnittsprobe der in den übrigen Kammern abgesetzten Oxyde wies 0,5% Verunreinigungen auf. In der Praxis ist das HERRENSCHMIDT-Verfahren außer auf den eigenen Werken HERRENSCHMIDTs auf der Hütte der Wah-Chang-Gruben- und Hüttengesellschaft in Changsa in Betrieb. Das produzierte regulinische Antimon soll angeblich 99,95% Antimon und nur Spuren von Arsen enthalten.

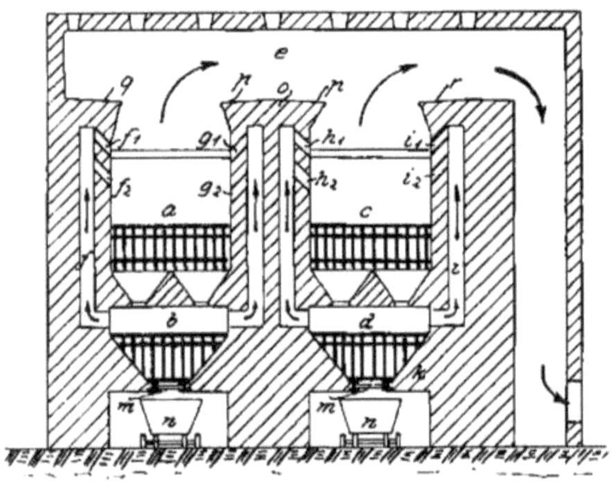

Abb. 158.

Es sei übrigens bei dieser Gelegenheit erwähnt, daß zwischen CHATILLON und HERRENSCHMIDT Differenzen bezüglich der Priorität ihrer Verfahren bestanden haben und daß ferner von G. PAUTRAT in der Rev. de Ch. ind. November 1908 Bedenken gegen die letztgenannten Verfahren erhoben sind. PAUTRAT behauptet, daß bei den modernen Verflüchtigungsmethoden die zur Erzeugung des Antimonoxyds bestgeeignete Temperatur von 350–400° häufig sehr stark überschritten

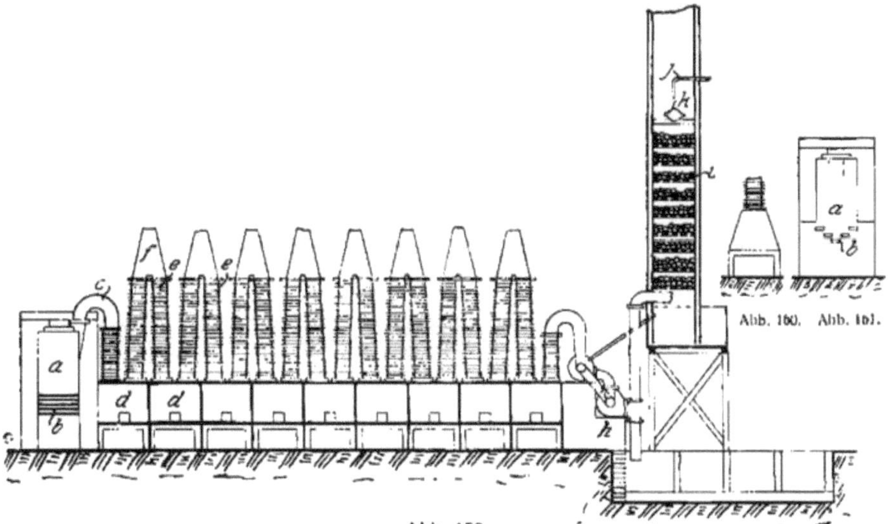

Abb. 160. Abb. 161.

Abb. 159.

a Röstofen; *b* Roststäbe; *c* Röhre nach der Kondensationskammer; *d* Kondensationskammern; *e* Rippenrohre; *f* Knierohr *h* Ventilator; *i* Koksturmfüllung; *j* Wasserzuführungsrohr; *k* Kippapparat.

werde. Daher enthalte das in den Kammern aufgefangene Antimonoxyd die in manchen Fällen unverkäufliche Antimonsäure, ferner Arsenverbindungen und selbst Eisenoxyd, so daß die unmittelbare Verwendung des Produktes als Farbe nicht angängig sei. PAUTRAT empfiehlt daher für solche Zwecke, die Verflüchtigung in Muffelöfen wie beim Rasse-Courbetprozeß (*F. P.* 362455) vorzunehmen.

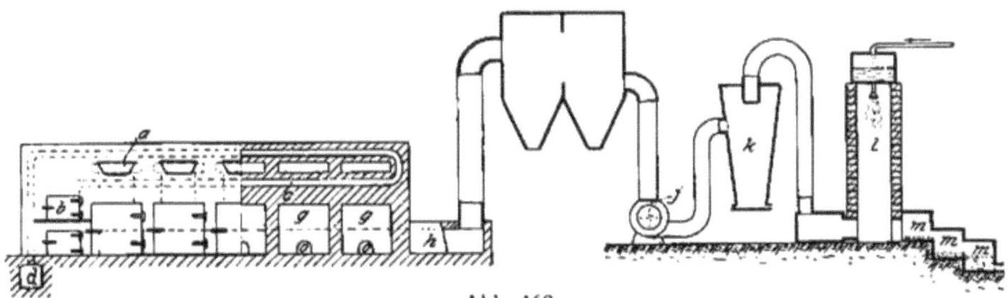

Abb. 162.

a Muffel; *b* Feuerung; *c* Feuerungskanal; *d* Austritt der Feuergase; *f* Türen; *g* Flugstaubkammer; *h* Flugstaubkanal; *i* Kondensationskammer; *j* Ventilator; *k* Kondensator; *l* Skrubber; *m* Klärbehälter.

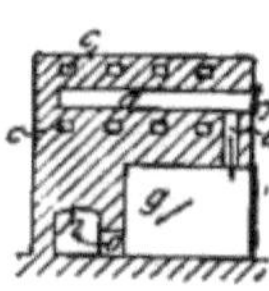

Abb. 163.

Eine Anlage der letztgenannten Art ist aus Abb. 162 - 163 ersichtlich. Der Ofen besteht aus verschiedenen Muffeln *a*, die von den Feuergasen in den Kanälen *c* umspült werden. Letztere treten bei *d* in den Schornstein. Das Erz wird in die Muffeln durch die Türen *f* eingeführt, die während der Röstung geschlossen sind. Die Muffeln sind voneinander unabhängig; jede Muffel steht durch eine Öffnung *e* mit einer Kammer *g* in Verbindung, von der aus die Gase durch die Öffnung *o* in den Kanal *h* und von hier aus in die Kondensationskammern *i* ziehen. Der Ventilator *j* steht hinter der letzten Kondensationskammer. Die Gase gehen alsdann durch *k*, werden in *l* durch einen Wasserschauer gewaschen und passieren schließlich die Behälter *m*.

Reduktion der Oxyde: Da bei einer Reduktion der Oxyde durch Kohle allein ein starke Verflüchtigung des Antimons eintritt und auch aus dem im Röstgut verbliebenen Schwefelantimon das Antimon nicht abgeschieden wird, gibt man ein Fluß- und Deckmittel zu, um das Metall vor Verflüchtigung zu schützen und der Schlacke die nötige Leichtflüssigkeit zu verleihen. Man wählt hierzu ein Material, welches gleichzeitig eine Raffination des Metalls bewirkt, wie Soda, Glaubersalz u. s. w. Die Reduktion erfolgt in Flammöfen, Schachtöfen oder Tiegeln.

a) Die Reduktion in Flammöfen ist einfach und leicht kontrollierbar, aber mit einem beträchtlichen Antimonverlust verbunden, sie steht daher bei reichen Erzen und billigem rohen Brennmaterial in Anwendung. Der Metallverlust beträgt mindestens 12% und soll nach HELMHACKER zuweilen auf 30 40% steigen. Öfen dieser Art standen in Bouc und Septèmes, Siena und Neu-Braunschweig in Anwendung.

In Bouc und Septèmes wurde das Röstgut mit rohem oxydischen Erz und Flugstaub gemengt in Chargen von 180 250 *kg* unter Zuschlag von 100 - 150 *kg* Schlacken von derselben Arbeit und 30 - 35 *kg* Kohlenklein durch eine Öffnung im Gewölbe in den mit tiefer Mulde zugestellten Schmelzofen, u. zw. in Mengen von je 20 *kg* nach und nach in die vorher in den Herd eingeschmolzenen Zuschläge eingetragen, welche aus 40 50 *kg* Kochsalz, Soda oder Glaubersalz bestanden; alle Viertel-

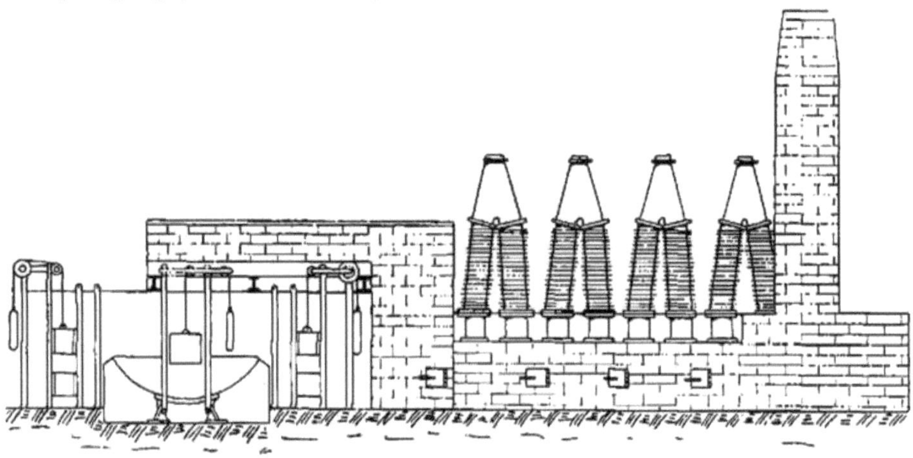

Abb. 164.

stunden wurde eine neue Partie nachgesetzt, wobei beständig gerührt wurde. Der Schaum wurde schließlich abgezogen, stark gefeuert und das Metall mit den Schlacken abgestochen. Der ganze Prozeß dauerte 4 - 6 Stunden, der Brennstoffverbrauch für die Verarbeitung eines Einsatzes betrug 250 - 300 *kg*, der Antimonverlust 14 - 15%.

Die chemischen Vorgänge bei dem Prozeß sind folgende: Oxyde und Oxysulfurete werden durch Kohle und Soda reduziert, die Gangarten durch Soda verschlackt. Das Glaubersalz wird zu Schwefelnatrium reduziert, welches einen Teil der fremden Metalle als Schwefelmetalle in die Schlacke führt. Kochsalz wirkt wie Soda und Glaubersalz als Fluß- und Deckmittel und führt die fremden Metalloxyde als Chlorverbindungen in die Schlacke.

In Kanada werden Reduktion und Raffination in einer Operation ausgeführt. Die im Fortschauflungsofen vorgerösteten Erze schmilzt man in Chargen von 250 *kg* Röstgut, 50 *kg* Glaubersalz und 37,5 *kg* hartem Holzkohlenpulver in einem Flammofen von 2,6 *m* Durchmesser mit Tonherd in etwa 4 Stunden ein und trägt nach dem Abziehen der Schlacke das Material zur Bildung der Raffinierschlacke (12,5 *kg* Glaubersalz und 5 *kg* Holzkohle) ein. Es wird darauf stark gefeuert und nach dünnem Fluß Metall und Schlacke in eiserne Formen derart geschöpft, daß eine mindestens 1,5 *cm* hohe Schlackendecke auf dem Metall steht, um ein vorzeitiges Erstarren des Antimonkönigs zu verhindern. Die etwa 15% enthaltende Schlacke wird mit Eisen im Flammofen oder mit Eisenerzen in niedrigen Schachtöfen verschmolzen.

Nach HERRENSCHMIDT kann das durch verflüchtigende Röstung erzeugte Antimonoxyd in folgender Weise reduziert werden: ein gewöhnlicher Flammofen, der nach beistehender Abb. 164[1] mit Kondensationsapparat versehen ist, wird auf Rotglut gebracht und alsdann folgende Charge auf-

[1] Aus WANG, S. 108, Fig. 52.

gegeben: 10 T. Antimonoxyd, 6 T. Antimonium crudum und 1 T. Holzkohle oder Anthrazit. Nach 6 Stunden muß die Charge gründlich durchgerührt werden, wobei sich Antimon ausscheidet. Auch folgende Mischung wird empfohlen: 80 T. Antimonoxyd, 10 T. Antimonium crudum und 11–15 T. Kohle. Als Raffiniermittel dient eine Mischung von 6 T. Soda und 4 T. Antimonoxyd, welche in einer kleinen Kammer an einem Ende des Flammofens zusammengeschmolzen wird.

b) Reduktion in Schachtöfen: der Schachtofenbetrieb ergibt ein besseres Ausbringen und stellt sich billiger als der Flammofenbetrieb, bietet aber insoferne technische Schwierigkeiten, als er zum Gelingen die Bildung einer genügend leicht- und dünnflüssigen Schlacke verlangt, um das ausgeschiedene Antimon vor der oxydierenden Wirkung des Gebläsewindes und der Verflüchtigung zu schützen. Er ist noch verwendbar, wo der Flammofenbetrieb wegen der Armut der Erze nicht mehr lohnt.

Zu Bouc und Septèmes wurden die im Flammofen vorgerösteten Erze in dreiförmigen Schachtöfen von 3,3 *m* Höhe, die als Spuröfen mit verdecktem Auge zugestellt waren, verschmolzen. In 24 Stunden setzte man 2–$2^1/_2$ *t* Erz mit 50% Koksverbrauch durch. Das erzeugte Rohantimon mit 92–95% Antimon wurde raffiniert.

Zu Bánya in Ungarn (*B. H. Ztg.* **1886**, 102) werden geröstete Erze mit rohen oxydischen Erzen, rohen und gerösteten Saigerrückständen, Flugstaub und Raffinierschlacke in Schachtöfen auf Rohantimon verschmolzen, welches in einem Flammofen raffiniert wird. Der als Tiegelofen zugestellte 6 *m* hohe Rundschachtofen hat an der Gicht 1,4 *m*, in der Formenebene 1 *m* Durchmesser und ist mit fünf Wasserformen versehen. Die von einem KRIGARschen Schraubengebläse gelieferte Windmenge beträgt 15 *cbm* pro Minute bei 30 *cm* Wassersäule. Es werden zwei Sorten Beschickung hergestellt.

	Kilo A	Kilo B
Geröstetes Erz	550	600
Geröstete Saigerrückstände	750	600
In Kalk eingebundenes Erz .	200	
In Kalk eingebundener Flugstaub	100	
Rohes Erz .		100
Oxydisches Erz . .	—	100
Rohe Saigerrückstände	—	100
Kalkstein	600	800
Unreine Schlacken derselben Arbeit	400	400
Raffinierschlacken		200
Unreines Antimon	—	100

Die besten Ergebnisse wurden erzielt, wenn man auf zwei Chargen der Sorte A eine Charge der Sorte B folgen ließ. Kalk wird in Mengen von 10% zum Einbinden des Erzpulvers und in solchen von 7% zum Einbinden des Flugstaubes verwendet; doch ist dies nur bei Beginn des Schmelzens nötig. Nach 8–10tägigem Betrieb können beide Materialien uneingebunden aufgegeben werden, ohne Störungen im Hochofen hervorzurufen. In 24 Stunden wurden 19 *t* Material durchgesetzt. Die Produkte des Schmelzens sind metallisches Antimon, Schlacke und Flugstaub. Das Antimon wird in drei Klassen sortiert:

	I.	II.	III.
Sb	90,02	73,80	65,04
Fe	6,23	16,66	23,80
S	2,85	8,42	10,46

Die Sorten I und II gehen zum Raffinieren, Sorte III zum Schachtofen zurück. Es fielen in Prozenten von Sorte I 82,5, II 9,0 und III 8,5. Die Schlacke zeigte folgende Zusammensetzung:

	I.	II.
SiO^2	46,9	45,9
CaO	34,6	31,4
FeO	15,1	19,9
Sb	0,5	0,9

Nach HERRENSCHMIDT können Antimonoxyde in Schachtöfen in folgender Weise reduziert werden; man stellt eigroße Briketts von folgender Zusammensetzung her: Antimonoxyd 82%, Kohle (Anthrazit oder gepulverte Holzkohle) 12% und Soda 6–7%. Man verschmilzt diese Briketts mit 5–20% Koks. Dabei werden etwa 33% verflüchtigt, welche in den früher wiederholt erwähnten Kondensationsapparaten aufgefangen werden. Das erhaltene Metall wird in Tiegeln oder Flammöfen raffiniert.

Man hat auch mit Erfolg versucht, Antimonerz mit silberfreiem Bleiglanz zu verhütten (*Min. Ind.* **1908**, 48); es wurde dabei im Hochofen Antimonblei erzeugt, welches direkt zur Herstellung von Babittmetall und anderen Legierungen Verwendung fand. Dieses Verfahren ist beispielsweise von der HOYT METAL COMPANY zu Granite City, Ill, zu Anhalt sowie an anderen Plätzen in Deutschland und Frankreich angewendet worden. Auch in Black Hills S. D. hat man mit dem Blei und Antimon enthaltenden Mineral Jamesonit ähnliche Versuche gemacht (*E. M.* 1. Mai 1909). Die Erze enthielten 4–$17^1/_2$% Antimon und 8–32% Blei und ergaben ein Werkblei von 79% Blei und 16% Antimon. Hierbei will man gefunden haben, daß das Stückerz sich ohne vorgängige Röstung gut verschmelzen ließ, während die Konzentrate derart gattiert und geröstet wurden, daß sich ein Steinfall von 8% ergab. Mit Rücksicht auf den letzteren Umstand ist ein Kupfergehalt der Erze wünschenswert. 10% Antimon wurden verflüchtigt, doch kann natürlich das erzeugte Antimonoxyd zum größten Teil in Kondensations- und Filteranlagen wieder aufgefangen werden.

c) Reduktion in Tiegeln: dieses Verfahren ist wegen der hohen Betriebskosten nur bei reichen Antimonerzen, Antimonium crudum und Antimonoxyd anwendbar. Nach KNAB (SCHNABEL, II, S. 592) setzt man in je einen Tiegel 12 *kg* Röstgut mit 10% Holzkohle und 7–15% Kochsalz oder

Soda ein. Die Tiegel stehen zu 10–12 in Wind- oder Galeerenöfen. In 24 Stunden sollen 4–5 Einsätze bei 70–80% Kohlenverbrauch verarbeitet werden.

Nach MEUNIER (*F. P.* 392169) wird das Antimonoxyd zum Zwecke der Reduktion mit 10–15% Holzkohle oder Anthrazit, 2–5% eines Flußmittels (Soda) und 12–15% Wasser gemischt und die Mischung maschinell brikettiert. Die erzeugten Briketts werden in einem gußeisernen Tiegel oder im Flammofen in noch feuchtem Zustande geschmolzen. Der letztere Umstand mildert nach Angabe des Patentinhabers die Heftigkeit der Reaktion und setzt gleichzeitig die Dauer derselben auf die Hälfte herab. Nachdem die gebildete Schlackenschicht entfernt ist, setzt man eine Mischung von 90% Antimonoxyd und 10% Soda zu, welche eine Decke über dem Antimon bildet, und gießt schließlich den Tiegelinhalt in eine Form aus.

2. Niederschlagsarbeit.

Sie ist nur für reiche Erze und Antimonium crudum anwendbar. Als Niederschlagsmittel dient metallisches Eisen, das dem Schwefelantimon seinen Schwefel bei verhältnismäßig niedriger Temperatur entzieht. Da die Trennung des Schwefeleisens von dem metallischen Antimon wegen ihres ähnlichen spez. Gew. schwierig ist, gibt man der Schlacke durch Zusatz von Schwefelalkali (Glaubersalz und Kohle) eine leichtflüssige Beschaffenheit und ein geringes spez. Gew. In England verwendet man anstatt Natriumsulfat und Kohle gewöhnliches Kochsalz. In der Regel wird das Eisen in Form von Drehspähnen, Hobelspähnen oder Weißblechabfällen zugeschlagen. Erfahrungsgemäß sollen bei einem Zusatz von 10% Glaubersalz und 2—3% Kohle auf 100 T. Schwefelantimon etwa 42–44 T. Eisen genommen werden. Diese Menge ist bei blei- und arsenhaltigen Erzen nicht zu überschreiten, weil sonst auch diese Körper reduziert werden. In England, wo man blei- und arsenfreie Erze verhüttet, verwendet man jedoch Eisen im Überschuß. Infolge des durch Verflüchtigung und Verschlackung verursachten Antimonverlustes beträgt die Ausbeute nach KARSTEN 64%, nach BERTHIER 65–67% gegen eine theoretische Ausbeute von 71,5%. Das Verfahren wird vorwiegend in Tiegeln durchgeführt, wie in England, Ungarn und anderen Plätzen.

Beim englischen Prozeß (*Min. Ind.* **1892**, 23; *J. Ch. I.* 30. Januar 1892; *E. M.* 12. März 1892) werden Erze mit 50–55% Antimongehalt in Graphittiegeln mit überschüssigem Eisen auf eisenhaltiges Antimon verschmolzen, wobei das ganze Antimon aus dem Erz ausgebracht wird. Aus dem so gewonnenen Antimon wird das Eisen durch Schmelzen mit Schwefelantimon als Schwefeleisen abgeschieden und das eisenfreie Antimon raffiniert.

Die, wie früher erwähnt, blei- und arsenfreien Erze werden auf Haselnußgröße zerkleinert. Die Tiegel stehen in Flammöfen von 16459 *mm* Länge (einschließlich der Feuerungen) und 2235 *mm* Breite. Die Befeuerung des Ofens erfolgt durch je einen Rost an den beiden kurzen Seiten des Ofens. Die Feuergase ziehen von hier zur Mitte und treten durch einen gemeinschaftlichen Kanal aus. Der Ofen hat ein niedriges Gewölbe mit 42 durch Deckel verschließbaren Öffnungen (21 an jeder langen Seite) zum Einsetzen und Herausnehmen der Tiegel. Außerdem sind noch an jedem Ende des Ofens zwei Öffnungen im Gewölbe zum Entschlacken der Roste vorgesehen. Die Seiten und das Gewölbe des Ofens sind mit Gußeisenplatten bedeckt. Das zunächst den Feuerungen stehende Tiegelpaar dient zum Raffinieren des Rohmetalls. Die Charge für jeden Tiegel besteht bei etwa 50%igen Erzen aus 19 *kg* Erz, 7¾ *kg* schmiedeeisernen Abfällen, 1,8 *kg* gewöhnlichem Kochsalz und ½ *kg* Gekrätz von der nächsten oder dem gleichen Gewicht Schlacke von derselben Arbeit. Als Eisenzuschlag bevorzugt man Weißblechabfälle und glaubt, daß die kleinen dadurch eingeführten Spuren Zinn auf das Antimon günstig einwirken. Das Weißblech wird zu einem Balle zusammengeschlagen, welcher groß genug ist, um den obern Teil des Tiegels lose zu schließen. Solch ein Ball wiegt ungefähr 6 *kg*. Der Rest des Eisens wird in Form von Dreh- und Bohrspänen mit dem Erz und Salz gemischt aufgegeben, worauf der Weißblechball als Deckel kommt. Im Durchschnitt können in zwölfstündiger Schicht vier Schmelzungen in jedem Tiegel durchgeführt werden. Nach beendigtem Schmelzen gießt man den Tiegelinhalt in konische Formen aus Gußeisen und schlägt nach dem Erkalten die Schlacke von dem Metallkönig. Die mit dem Ausdruck „single“ bezeichneten Könige enthalten 91,63% *Sb*, 7,23% *Fe*, 0,82% *S* und 0,32% unlösliche Substanz. Da zum vollständigen Ausbringen von Antimon ein Überschuß an Eisen gegeben wurde, besteht die nachfolgende Operation in der Entfernung des Eisens, welche durch Schmelzen des Königs mit einer geringen Menge ausgesaigerten Schwefelantimons erreicht wird. Hierbei reduziert das Eisen des Antimonkönigs aus dem Antimonsulfid metallisches Antimon, wobei es selber in Schwefeleisen (Stein) übergeführt wird. Als Flußmittel setzt man Kochsalz zu. Die Charge besteht aus 38 *kg* zerschlagenem Antimonkönig, 3–3,6 *kg* gesaigerten Schwefelantimons und 1·8 *kg* Salz. Die Schmelzung muß genau überwacht und Metall und Sulfid gründlich durcheina[illegible] g[illegible] werden. Indessen soll dies so schnell als möglich geschehen, um das Rühreisen so wenig als möglich der Einwirkung des Schwefelantimons auszusetzen. Die Schmelzdauer ist ungefähr $1^1/_2$ Stunden. Wenn die Schmelzung vollendet ist, werden Schlacke und Stein mit einem eisernen Löffel abgeschöpft und der Tiegelinhalt in gleiche Formen wie bei der vorigen Operation entleert. Stein und Krätze werden beim Erzschmelzen wieder zugesetzt. Das als „star bowls“ bezeichnete Metall enthält 99,53% *Sb*, 0,18% *Fe* und 0,16% *S*. Die Oberfläche auf den krystallinischen Figuren des Antimons ist mit winzigen, glänzenden Flecken bedeckt, welche ein sicheres Kennzeichen für die Gegenwart von Schwefel bilden. Zur Entfernung desselben und Erzeugung des im Handel verlangten Sterns ist noch ein zweites Schmelzen des Antimonkönigs mit einer geschmolzenen Mischung von 3 T. Pottasche und 2 T. gemahlenen gesaigerten Antimonsulfids erforderlich, welches bei Gelegenheit des Raffinierens von Rohantimon besprochen werden soll. Der Brennstoffverbrauch eines Ofens der genannten Art beträgt 22 *t* pro Woche oder etwa $1^1/_2$ *t* in 12stündiger Schicht, der Tiegelverbrauch 11 Stück auf die Tonne erzeugten Antimons. Bei 52%igen Erzen stellt sich die wöchentliche Erzeugung auf $14^1/_2$ *t* Antimon. Ungefähr 10% des im Erz enthaltenen Metalls werden verflüchtigt, doch wird der größere Teil des gebildeten Hüttenrauches in Kondensationskammern aufgefangen. Derselbe ist weiß, schwer, krystallinisch und enthält 70–72% *Sb*. Er wird mit der geeigneten Menge Kohle zusammengemahlen und in kleinen Mengen beim Erzschmelzen zugesetzt. Die Bedienung des Ofens erfordert 35 Mann in 24 Stunden.

Die englische Niederschlagsarbeit in Tiegeln ist umständlich und teuer. Etwa in den Erzen vorhandenes Gold und Silber geht teilweise in den Stein, teilweise in den Antimonregulus und wird daher dem Verkäufer meistens nicht bezahlt. Die hauptsächlichsten Nachteile aber sind die schnelle Zerstörung der Tiegel, die Metallverflüchtigung in dem ersten Stadium des Prozesses, der große Arbeitsaufwand und die im Verhältnis zur Produktion große Anlage. Auch die durch die Unreinheit des ersten Produktes bedingte kostspielige Nacharbeit bildet einen unverkennbaren Mangel des Verfahrens.

Es sei bei dieser Gelegenheit bemerkt, daß zu Magurka in Ungarn gleichfalls die Niederschlagsarbeit in Gefäßöfen mit Tiegeln ausgeführt worden ist. Man schmolz dort 9–10 *kg* Antimonium crudum mit Zuschlägen von Eisen, Pottasche und Pfannenstein. Zur Erzeugung von Verkaufsware war zweimaliges Schmelzen erforderlich.

Niederschlagsarbeit in Flammöfen. Zu Linz, Schleiz und Alais arbeitete man in Flammöfen, die in der Mitte der Sohle mit einer verschließbaren Röhre zum Abfluß des Metalls versehen waren. Derartige Öfen müssen ausgedehnte Kondensationsvorrichtungen und eine sehr dichte Herdsohle besitzen.

Eine besondere Ausbildung hat die Niederschlagsarbeit in Flammöfen in England erhalten, so daß das Verfahren gleichfalls als „Englischer Prozeß“ bezeichnet wird (*Min. Ind.* **1906**, 47).

Derselbe besteht darin, das Antimonerz durch einen Trichter in ein geschmolzenes Bad von Schwefeleisen und Eisen (Stein) von hoher Temperatur hineinfallen zu lassen, wodurch die einzelnen Erzpartikel verteilt und der Einwirkung des Bades voll ausgesetzt werden. Der hierbei unvermeidlichen Antimonverflüchtigung sucht man durch Schließen der Fuchsschieber beim Beschicken des Ofens, durch Vorwärmen des Erzes und des Zuschlages (um die Reaktion nach Möglichkeit abzukürzen) durch Bildung einer Schutzdecke von Schwefeleisen über dem Erze während des Zersetzungsprozesses und durch rasches Verarbeiten der Charge entgegenzuwirken. Nach der teilweisen Zersetzung des Erzes besteht das Bad aus Schlacke, Stein und dem letzteren beigemengtem Schwefelantimon. Unter dem Steine setzt sich das etwa schon ausgeschiedene Antimon ab. Hierauf wird zur Zersetzung des Antimonsulfids Eisen zugeschlagen, das abgeschiedene Antimon sammelt sich auf dem Boden des Bades, von wo es abgestochen wird, während Schlacke und Stein soweit abgezogen werden, daß das ursprüngliche Niveau des Bades wieder hergestellt wird. Hierauf wird der Ofen wieder gefeuert, und das Bad ist zum Empfang der nächsten Charge fertig. Das Verfahren ist billig und schnell, liefert aber einen unreinen Regulus, welcher einer umständlichen Umschmelzung in Tiegeln unterzogen werden muß. Bei gold- und silberhaltigen Antimonerzen sind die erzeugten Könige antimonhaltig. Ein Teil der Edelmetalle geht mit der abgezogenen Schlacke und Stein verloren, der größere Teil konzentriert sich indessen in dem Steinbad, und kann dieser Stein bei hinlänglicher Konzentration an Blei- und Silberhütten abgesetzt werden. Trotz der erwähnten Mängel sollen die Gesellschaften, welche dieses Verfahren anwenden, recht gute Geschäfte machen.

Nach PAUTRAT (*E. M. J.* vom 14. September 1907. – *Min. Ind.* **1907**, 55) steht dasselbe oder doch ein auf denselben Grundsätzen beruhendes Verfahren auf einem Werke in Mayenne in Anwendung, woselbst Antimon und Antimonoxyd aus Antimonglanz hergestellt werden. Die Erze kommen in zwei Sorten auf die Hütte: Reicherz mit 50–60% Antimon und quarzige Erze mit 10–20% Antimon. Die reichen Erze werden auf metallisches Antimon verarbeitet, während die armen Erze zur Darstellung von Oxyden dienen.

Die Verhüttung der reichen Erze erfolgt nach dem Niederschlagsverfahren in dem in Abb. 10 (*Min. Ind.* 1907) dargestellten Flammofen. Dieser hat eine Gesamtlänge von 8 oder 9 *m* und eine Breite von 1,25 *m*; die Höhe des Gewölbes über dem Herde beträgt 1,6–1,7 *m*. Der Ofen besteht aus der Feuerung *A*, dem Herde *B* und den Kondensationskanälen *C*, *D* und *E*, deren Nutzen indessen gering ist, da sich bei der im Ofen herrschenden Temperatur nur wenig Oxyd in ihnen absetzt. Zur Ausführung des Verfahrens wird der vorgewärmte Herd zunächst mit Schlacke und Soda beschickt. Hierauf gibt man das reiche Erz mit dem nötigen Zuschlag von Soda zu und schmilzt das ganze unter Umrühren ein. Die beim Einschmelzen sich bildende Schlacke, welche die quarzige Gangart und andere Verunreinigungen enthält, wird abgezogen. Sobald die Oberfläche des Bades klar ist, wird Eisen in Form von Weißblechabfällen, von denen man das bleihaltige Lot sorgfältig entfernt hat, zugegeben und eingerührt, worauf die Tür geschlossen und neu gefeuert wird. Hierbei setzt sich das abgeschiedene Antimon auf dem Boden des Herdes unter dem gleichzeitig gebildeten Stein ab. Die Operation wird fortgesetzt, bis die Oberfläche des Bades dem Niveau der Arbeitstür genügend nah ist, worauf der kontinuierliche Betrieb beginnt. Es wird hierbei, sobald nach jedesmaligem Zusatz von Eisen die Reaktion beendet ist, der Stein in einen eisernen Topf ausgekellt. Hierauf feuert man wieder und schöpft schließlich das Antimon mittels Kelle aus und gießt es in Formen. Es werden jedesmal 300–350 *kg* entfernt. Die gesamte Operation, Einrühren von Erz, Abziehen der Schlacke, Einrühren von Eisen, Ausschöpfen des Steines und Ausgießen des rohen Antimons erfordert 3 Stunden, eine Ofenkampagne dauert bei gut gebauten Öfen 5–6 Monate. Die normale Charge besteht aus 450 *kg* Stückerz, 150 *kg* Feinerz, 20 *kg* Schlacke der zweiten Schmelzung und 240 *kg* Eisenabfällen. Das Rohantimon, das hauptsächlich durch Eisen verunreinigt ist, zeigt krystallinische Struktur. Bei schlechtem Arbeiten kann das Antimon 4–5% Eisen enthalten und ist dann fein krystallinisch. Bei sorgfältiger Arbeit ist das Antimon außerordentlich grob krystallinisch und enthält nicht mehr als 1–2% Eisen. Eine Durchschnittsanalyse ergab 2,75% *Fe*, 1,95 *S*, 0,54 *As*, 0,22 *Pb*, 0,12 SiO^2 und

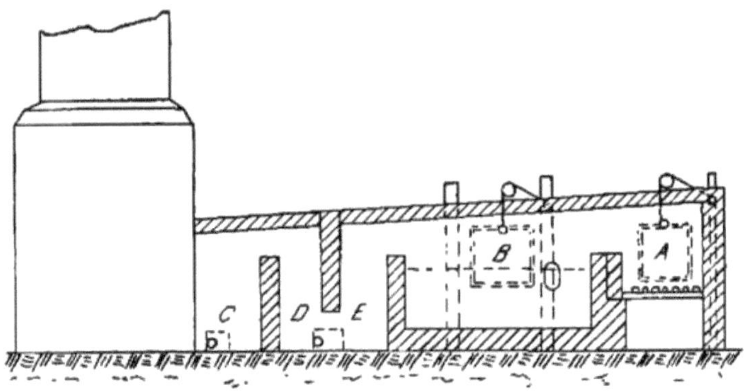

Abb. 165.
A Feuerung; *B* Herd; *C D E* Kondensationskanäle.

94,42 *Sb*. Die Schlacken der ersten Schmelzung sollen nicht über 1–2% Antimon enthalten. Der Stein enthält im Durchschnitt 6–7%, gelegentlich auch 10–12%. Beide Abfallprodukte werden abgesetzt. Das Rohantimon wird behufs Raffination einer zweiten Schmelzung in einem zweiten, aber kleineren Ofen gleicher Konstruktion unterworfen.

Niederschlagsarbeit in Schachtöfen ist über das Versuchsstadium nicht herausgekommen.

3. Besondere Verfahren zur Darstellung von metallischem Antimon.

An dieser Stelle sei erwähnt, daß vorgeschlagen ist, den neuerdings im Bleihüttenwesen so zu Ehren gekommenen Konverter auch in Antimonhütten zu verwenden. Germot (*Min. Ind.* **1908**, 48. – *Rev. Ch.* Oktober 1908) will Sulfiderze durch Einblasen von Luft in metallisches Antimon und ein sublimiertes Sulfid oder Antimonoxyd oder Oxysulfid verwandeln, welch letztere für sich oder als Rohmaterial für die Darstellung von metallischem Antimon verwendet werden sollen. Zu diesem Zwecke soll das Antimonsulfid in einem Konverter eingeschmolzen und darauf Wind in die geschmolzene Masse eingeblasen werden. Der Sauerstoff der Luft verbrennt den Schwefel des Erzes zu schwefliger Säure unter Ausscheidung von metallischem Antimon. Die gebildete schweflige Säure entweicht zusammen mit den Dämpfen des Antimonsulfids. Durch Einwirkung des Luftstroms auf den Rauch werden je nach der Menge der zugeführten Luft Oxysulfid und Antimonoxyd erzeugt. Übrigens ist die Verflüchtigung von Antimon aus Erzen schon von F. HEBERLEIN, dem Erfinder des Bleierzverblasens, 1901 patentiert und in Italien im großen ausgeführt worden.

An anderen besonderen Verfahren sei noch angeführt die Gewinnung von Antimon aus durch Amalgamation entsilberter Speise zu Stephanshütte in Ungarn durch Verschmelzen mit Kiesen in Schachtöfen sowie endlich die von HERRENSCHMIDT vorgeschlagene Extraktion von Gold aus Antimonerzen. Dieser letztere Prozeß gründet sich auf den Umstand, daß beim Zusammenschmelzen von Antimonsulfid mit metallischem Antimon das im Sulfid enthaltene Gold in das Metall übergeht. Die direkte Anwendung des Metalls kann vermieden werden, wenn man Antimonsulfid und Antimonoxyd zusammen mit Kohle verschmilzt. Das bei der Reaktion gebildete Antimon nimmt das Gold des Sulfids auf.

Die bei der Gewinnung des Antimons fallenden Erzeugnisse sind Saigerrückstände, Stein, Schlacken, Raffinierschlacken und Flugstaub. Sie werden bei genügendem Antimongehalt der Schmelzbeschickung zugesetzt, die Saigerrückstände manchmal nach vorgängiger Röstung. Der Flugstaub wird event. vor dem Schmelzen mit Kalk eingebunden.

4. Raffination des Rohantimons.

Das Rohantimon enthält wechselnde Mengen von Verunreinigungen, hauptsächlich Eisen, Schwefel, Kupfer und Arsen, wie die nachstehenden Analysen zeigen:

	1	2	3	4	5
Antimon	94,5	84	97,2	95,–	90,77
Schwefel	2,–	5	0,2	0,75	2,00
Eisen	3,–	10	2,5	4,–	–
Kobalt }	–	–	–	–	
Nickel }	–	–			1,50
Kupfer	–				5,73
Arsen	0,25	1	0,1	0,25	

1 und 2 in Flammöfen unter Zusatz von Eisenabfällen erzeugt; nach HELMHACKER. 3 und 4 in Krummöfen aus oxydischen Erzen erblasen; nach HELMHACKER. 5 Rohantimon vom Verhütten der Fahlerze auf Stephanshütte.

Von den Verunreinigungen des Antimons läßt sich der Schwefel und das Arsen durch Verschmelzen mit Soda entfernen, wobei letzteres als arsensaures Natrium verschlackt wird. Kupfer und Eisen können durch Verschmelzen mit Soda und Schwefelantimon oder durch Glaubersalz und Kohle in Schwefelmetall verwandelt werden, die durch gleichzeitigen Zusatz von Soda eine leichtflüssige Schlacke liefern. Auch durch chlorierendes Rösten mit Chlornatrium oder Magnesiumchlorid läßt sich eine Reinigung erzielen, jedoch ist diese mit großen Antimonverlusten verknüpft.

Durch die genannten Mittel wird indessen das zuweilen auch im Antimon vorkommende Blei nicht entfernt, da Bleioxyd und Schwefelblei durch Antimon wieder unter Bildung von metallischem Blei zersetzt werden. Nach dem Vorschlag von MITSCHERLICH läßt sich das Blei vor der Antimongewinnung durch Schmelzen mit 4% Eisen abscheiden; doch wird man vorziehen, bleifreie Erze zur Antimondarstellung zu verwenden.

Als Zeichen der Reinheit des Antimons betrachtet man, wie wiederholt erwähnt, die Bildung farrenkrautähnlicher Zeichnungen (Antimonstern) auf der Oberfläche des Gußstückes, welche einerseits nur entstehen, wenn das Antimon genügend rein ist, andererseits nur, wenn es unter einer Schlackendecke erstarrt und Erschütterungen desselben vermieden werden. Es ist auch darauf zu achten, daß keine unzersetzte Soda oder Pottasche in unmittelbare Berührung mit der Oberfläche des Antimons kommt. Das Raffinieren erfolgt in Tiegeln oder Flammöfen. Das letztere Verfahren ist naturgemäß billiger, dürfte aber mit größeren Verlusten verbunden sein.

Die Raffination in Tiegeln erfolgt im englischen Tiegelverfahren in unmittelbarem Anschluß an die Darstellung von Rohantimon. Zu diesem Zwecke wird der von der Schlacke besonders sorgfältig gereinigte König in Stücke zerschlagen und in Einsätzen von 38 *kg* in den der Feuerung zunächst stehenden Tiegeln des früher erwähnten Ofens eingeschmolzen und beim beginnenden Schmelzen etwa 3,6 *kg* des Zuschlages (3 T. Pottasche oder Soda und 2 T. Antimonium crudum) zugegeben. Die Charge wird nach dem Einschmelzen einmal mit einer eisernen Stange umgerührt und dann ausgegossen. Der Zuschlag wird durch Zusatz von Pottasche regeneriert und alsdann wieder verwendet. Die Antimonstücke müssen von dem Flußmittel vollständig umgeben und eine dünne Schicht zwischen dem Metall und der Form vorhanden sein. Ferner ist dafür Sorge zu tragen, daß die Oberfläche des Antimons auf etwa 6 *mm* Höhe von der Schlacke bedeckt ist. Die an dem Metall haftenden Spuren des Flußmittels werden durch Waschen mit warmem Wasser und etwas Sand beseitigt. Tiegelöfen zum Raffinieren des Antimons standen auch in Septèmes (Frankreich) und Oakland (Kalifornien) in Anwendung.

Raffinieren von Rohantimon in Flammöfen.

Nach HELMHACKER (*B. H. Ztg.* 1883, 44, 145, 172) hat sich der in Abb. 11 dargestellte Raffinier-

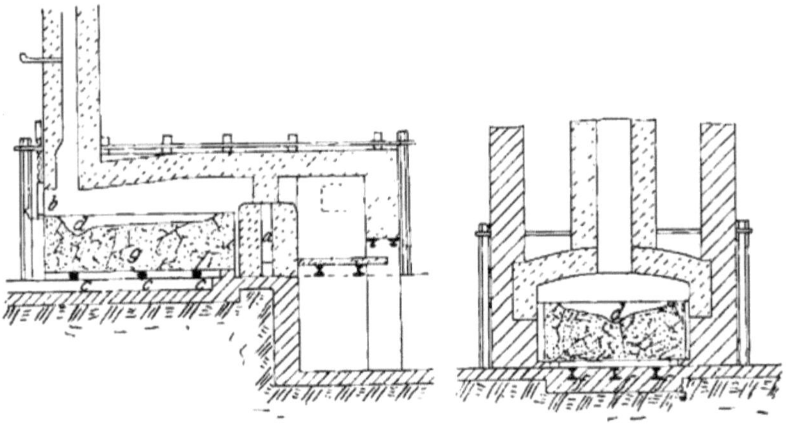

Abb. 166 u. 167.
a Feuerkanäle; *b* Arbeitstür; *c* eiserne Walzen; *d* Sumpf; *g* Herd aus Granit.

flammofen von HERING, welcher zu Mileschau in Böhmen zuerst aufgestellt wurde, gut bewährt. Der aus einem Granitblock *g* bestehende muldenförmige, ovale, nach dem Fuchs zu geneigte Herd ist mit einem Sumpf *d* versehen; er ruht auf drei eisernen Walzen *c*, die wiederum auf Eisenschienen (*f*) aufliegen. Die Feuerbrücke ist mit senkrechten Kanälen (*a*) zum Vorwärmen der Verbrennungsluft versehen, die über der Feuerbrücke zu den vom Rost aufsteigenden Flammengasen tritt. Die Arbeitstür *b* liegt der Feuerbrücke gegenüber. Bei neueren Ofen hat man diese Tür durch zwei an den langen Seiten des Ofens in der Nähe des Fuchses sich gegenüberliegende Arbeitsöffnungen ersetzt, von denen die eine zum Eintragen des Rohregulus und zum Ausschöpfen des Raffinats, die andere zum Ausziehen der Schlacke dient. Wo ein Granitherd nicht zu haben ist, wendet man in einen Eisenkasten eingestampfte Herde aus Schamotte oder Ton an, die aber leichter von den Alkalien zerfressen werden. Der Eisenkasten soll Antimonverluste durch Durchsickern verhindern.

Bei unreinem Rohmetall raffiniert man mit Soda und Antimonglas, bei weniger verunreinigtem nur mit Antimonglas. Behufs Raffination trägt man nach HELMHACKER 600–700 *kg* Rohantimon in den rotglühenden Ofen ein, wobei sich Dämpfe von arseniger Säure und Antimonoxyd bilden. Zu dem geschmolzenen Rohmetall fügt man je nach der Reinheit 3–7% Soda mit Holzkohlenstaub gemengt und steigert die Hitze bis zur Rotglut, wobei die geschmolzene Soda eine schützende Decke über dem Antimon gibt. Sobald die Schlacke dickflüssig geworden ist, wird sie langsam durch die Arbeitsöffnung abgezogen, und man fügt zur Entfernung der letzten Reste Eisen und Schwefel Antimonglas in Gestalt von 3% Antimonium crudum und $1^1/_2$% Antimonoxyd oder antimonsaurem Antimonoxyd hinzu, dann nach dem Eintritt des Schmelzens $4^1/_2$% Pottasche oder kohlensaures Kaliumnatrium. Nach etwa $^1/_4$ Stunde schöpft man das Metall mit einem eisernen Löffel in eine eiserne Form derart aus, daß nebst dem Metall noch eine 1–3 *cm* dicke schützende Antimonglasdecke mit eingefüllt wird. Der Verlust an Flugstaub und durch Verschlacken beträgt 20–30%. In 24 Stunden werden 2–3 Chargen von 600–700 *kg* Regulus mit einem Aufwand von 600 *kg* Steinkohle raffiniert. Die zuletzt erhaltene sog. Sternschlacke mit 20–60% Antimon wird gewöhnlich noch einmal beim Raffinieren verwendet. Bei größerer Verunreinigung wird sie ebenso wie die zuerst fallende Raffinierschlacke beim Erzschmelzen zugeschlagen. Bezüglich anderer Beispiele der Raffination in Flammöfen sei auf SCHNABEL, S. 602–603, verwiesen. Die Zusammensetzung verschiedener Sorten raffinierten Antimons ist aus nachstehenden, der SCHNABELschen Metallhüttenkunde entnommenen Analysen ersichtlich:

	1	2	3	4	5	6
Antimon	98,27	98,34	99,081	98,98	98,81	98,87
Kupfer	0,54	0,021	0,052	0,01	0,02	0,02
Eisen	0,63	0,144	0,039	0,35	0,34	0,16
Blei		0,410	0,538	0,34	0,34	0,73
Arsen	–	1,008	0,036	0,09	0,36	0,09
Wismut	0,36	–	–	–	–	
Schwefel	–	0,064	0,254	0,23	0,12	0,11
Kobalt / Nickel	–	0,013	Spuren	—	–	–

Nr. 1 von Lipto-Szt.-Miklos in Ungarn nach HIRZEL, 2 und 3 aus Kalifornien nach BOOTH, GARRETT und BLAIR, 4, 5 und 6 Submissionsproben für die kaiserliche Werft in Wilhelmshafen nach HIMLY.

II. Antimongewinnung auf nassem Wege.

Die Gewinnung von Antimon aus armen Erzen und Saigerrückständen hat, wie früher erwähnt, keine Anwendung gefunden. Folgende Vorschläge seien erwähnt:

HARGREAVES behandelt das fein gepulverte Erz mit warmer Salzsäure. Die Lösung wird mit Kalk neutralisiert und das Antimon mit Zink oder Eisen ausgefällt; der Niederschlag wird nacheinander mit Chlorantimon, Salzsäure und Wasser ausgewaschen und alsdann mit Pottasche in Tiegeln geschmolzen. SMITHS Verfahren ist ähnlich.

HERING schlägt für die Behandlung von Saigerrückständen gleichfalls Salzsäure vor. Die erhaltene Lösung wird mit Wasser behandelt, wodurch das Antimon als basisches Chlorantimon ausgefällt wird; auch der bei Auslaugung der Saigerrückstände entwickelte Schwefelwasserstoff soll als Fällungsmittel gebraucht werden.

N. W. EDWARDS behandelt gold- und silberhaltige Antimonerze mit einer kalten 7%igen Lösung von Calciumsulfid, wobei das Antimon als Sulfid in Lösung geht, während Gold und Silber im Rückstand verbleiben. Letztere Metalle werden in üblicher Weise gewonnen. Die Lösung wird mit Kohlensäure behandelt und zuerst das Calcium als Carbonat gefällt und abfiltriert. Bei weiterer Behandlung der Lösung mit Kohlensäure wird schließlich das Antimon als Sulfid gefällt. Der bei der Reaktion entwickelte Schwefelwasserstoff wird zur Regeneration der Calciumsulfidlösung benutzt.

Nach dem MAC ARTHURschen Verfahren wird das feingepulverte Erz mit einer 2%igen Lösung von Natriumhydroxyd bei 100° behandelt und aus der filtrierten Lösung das Antimon als Sulfid durch Kohlensäure ausgefällt.

HERRENSCHMIDT laugt zur Bildung eines löslichen Doppelsulfids von Antimon und Natrium die hauptsächlich Schwefelkies, Mispickel und Antimonglanz enthaltenden Konzentrate der Grube La Lucette mit einer Lösung von Natriumsulfid aus, wobei das Gold in den Rückständen verbleibt. Die Lösung wird mit schwefligsauren Gasen vor der Röstarbeit behandelt, wodurch das Antimon als Sulfid gefällt wird. Der goldhaltige Rückstand wird im Flammofen mit Bleiglätte verschmolzen. Das Verfahren soll angeblich bei einem Antimongehalt von 4% und einem Goldgehalt von 12 *g* pro *t* noch lohnend sein.

Gewinnung des Antimons auf elektrolytischem Wege. Trotzdem die elektrolytische Gewinnung des Antimons praktisch nicht angewendet wird, dürfte eine kurze Erwähnung der wichtigsten vorgeschlagenen Methoden von Interesse sein. Wenn man arme sulfidische Antimonerze und Saigerrückstände nach vorgängiger Zerkleinerung mit wässerigen Lösungen von Alkali- und Erdalkalisulfiden behandelt, so bilden sich im Wasser sehr leicht lösliche Sulfantimoniate Na_3SbS_4, bzw. $Ca_3(SbS_4)_2$ und Sulfantimonite Na_3SbS_3, bzw. $Ca_3(SbS_3)_2$, die sehr leicht zu elektrolysieren sind. Die im Jahre 1886 von BORCHERS angestellten Versuche zur Ermittlung der für die fabrikmäßige Antimongewinnung erforderlichen Bedingungen haben erwiesen, daß das Antimon sowohl das Sulfantimoniat, wie das Sulfantimonit durch gleiche Stromstärken in gleicher Menge gefällt wird, daß man also den zur Bildung von Sulfantimoniatlösungen erforderlichen Schwefel sparen kann. Bei Verwendung von Natriumsulfantimoniatlösungen mußte sogar, um während der Elektrolyse eine Schwefelabscheidung an der Anode zu verhüten, ein Zusatz von Natriumsulfid oder von Natriumhydroxyd gemacht werden, u. zw. in so großer Menge, daß nach Abzug des Antimons auf jedes Atom Schwefel mindestens ein Atom Natrium kam. Es würde sonach unzweckmäßig sein, auf ein Natriumsulfantimoniat während der Laugerei von Antimonerzen hinzuarbeiten.

Zum Auslaugen des Erzes dient nach dem Verfahren von BORCHERS Natriumsulfidlauge, welche in einem Spitzkasten durch einströmenden Dampf zum Kochen gebracht wird. In die kochende Lösung wird das feingepulverte Erz eingestreut. Das Umrühren der Flüssigkeit wird gleichfalls durch direkten Dampf bewirkt, kann aber auch zeitweilig mit Hilfe eines Dampfstrahl-Luftrührgebläses geschehen. Zu der Lösung, deren Konzentration kalt nicht mehr als 12° *Bé*, heiß nicht mehr als 9–10° *Bé* betragen soll, setzt man noch 3% Kochsalz, welches zur Klärung, Abscheidung von gelöstem Schwefeleisen und bei der Elektrolyse zur Verminderung des Widerstandes dient. Nach beendigtem Erhitzen und Rühren läßt man 2–3 Stunden absitzen und zieht die Lösung in ein Sammelgefäß ab, von wo aus sie den Bädern zugeführt wird. Als Zersetzungszellen sollen Gefäße aus Eisen verwendet werden, die als Kathode dienen, als Anoden sind Bleiplatten vorgesehen. Die zur Zersetzung erforderliche Stromspannung für jede Zelle soll 2–2½ Volt bei einer Stromdichte von 40–50 Ampère pro *qm* betragen. Eine Anlage nach BORCHERS zur Gewinnung von 300–400 *kg* Antimon aus armen Erzen mit weniger als 10% Antimon bei zwölfstündigem Betriebe ist in der BORCHERSschen Elektrometallurgie 1903, S. 488ff. beschrieben und auch von SCHNABEL in seiner Metallhüttenkunde ausführlich dargestellt.

KOEPP & Co. schlägt vor, sulfidische Antimonerze mit Eisenchlorid zu behandeln nach der Gleichung $6 FeCl_3 + Sb_2S_3 = 6 FeCl^2 + 2 SbCl_3 + 3 S$. Die Lösung soll bei 50° zwischen Bleiplatten elektrolysiert werden, wobei das Antimon an der Kathode ausgefällt wird, während sich an der Anode Eisenchlorid bildet.

Nach einem der Firma SIEMENS & HALSKE patentierten Verfahren sollen Antimon-, bzw. Arsensulfide in Alkalisulfhydraten gelöst und den Kathodenzellen eines Elektrolysierapparates zugeführt werden, während an den Anoden behufs Chlorgewinnung eine Alkalichloridlösung gehalten wird.

Nach einem anderen Verfahren von SIEMENS & HALSKE, das später von ENGELHARDT und NETTEL modifiziert wurde, werden Antimonsulfide mit den Sulfhydraten von Barium, Strontium, Calcium oder Magnesium behandelt. Bei der elektrolytischen Ausfällung des Antimons werden die Sulfhydrate rückgebildet.

Auf der Hütte von Cassagnac wurde nach einem Verfahren von IZART & THOMAS das Schwefelantimon der Erze durch Schwefelnatrium in Lösung gebracht. Es wurde unter Anwendung eines Diaphragmas elektrolysiert. Im Anodenraum befand sich Natronlauge.

Nach BETTS löst saure Eisenchloridlösung Antimonglanz mit Leichtigkeit auf unter Bildung einer Lösung von Eisenchlorür und Antimonchlorür und eines Schwefelrückstandes. Die gewonnene Lösung wird mit Kohlenanoden und mit Kupfer- oder Bleikathoden elektrolysiert, wobei sich *Sb* metallisch ausscheidet und $FeCl_3$ rückgebildet wird. Letzteres sammelt sich am Boden der Zelle und wird abgezogen, während von oben frische Lauge zugeführt wird. Die Lösung muß stark sauer sein, um das Ausfällen von weißem Antimonoxychlorid zu verhindern. Viel besser als Antimontrichlorid eignen sich für elektrolytische Fällung Antimontrifluoridlösungen, die man durch Lösen gerösteten Erzes in *HF* erhält. Man verwendet dabei Bleikathoden und Bleianoden.

Verwendung des Antimons. Die wichtigste Verwendung findet Antimon in der Fabrikation von Legierungen infolge seiner Eigenschaft, die Härte anderer Metalle zu erhöhen, wobei dieselben auch glänzender und spröder werden. Hierhin gehört in erster Linie das Hartblei, d. h. Legierungen von Blei und Antimon, in welchen der Antimongehalt zwischen 10 und 25% schwankt. Legierungen mit mehr als 25% finden wegen zu großer Sprödigkeit keine Benutzung. Wo höhere Härtegrade erzielt werden sollen, als durch Antimon allein erreichbar sind, fügt man neben dem Antimon Zinn (19–20%) sowie event. auch etwas Kupfer hinzu. Das Hartblei dient als Lagermetall an Stelle des kostspieligeren Weißgusses, insbesondere aber auch als Schriftmetall zum Guß von Lettern und anderen Schriftzeichen.

Neben den Blei-Antimonlegierungen sind die Zinn-Antimonlegierungen von besonderer Wichtigkeit, welche man unter die beiden Gruppen: Britanniametall und Weißmetall zu ordnen pflegt. Unter Britanniametall versteht man Zinn-Antimonlegierungen, die zur Herstellung von Hausgeräten, Kaffee- und Teekannen, Löffeln, Dosen u. s. w. dienen. Sie enthalten gewöhnlich 90–92% Zinn, 8–9% Antimon und 0 — 3% Kupfer. Soll die Legierung nicht gepreßt oder gewalzt, sondern durch Gießen verarbeitet werden, pflegt man etwas mehr Antimon und zur Erleichterung des Gießens etwas Blei zuzusetzen. Werden dagegen die Zinn-Antimonlegierungen als Material für die Herstellung von der Reibung besonders stark ausgesetzten Maschinenteilen, wie Lagerschalen und Stopfbüchsen, verwendet, so bezeichnet man sie als Weiß- oder Antifriktionsmetall. Die Zusammensetzung dieser Legierungen ist sehr verschieden, meistens sind 70–90% Zinn, 8–15% Antimon und 2—10% Kupfer vorhanden, daneben aber auch stark wechselnde Mengen Blei, wodurch Übergänge zu den Hartbleilegierungen entstehen. Während früher die bleireichen Weißmetalle für minderwertig angesehen wurden, werden sie neuerdings bevorzugt.

Über die Verwendung des Antimons zur Herstellung von Farben und Verbindungen s. unter Antimonverbindungen.

Statistisches. Die statistischen Quellen für die Antimonproduktion sind sehr unsicher. Zum Teil, wie bei China und Mexiko, sind nur die Exportziffern verfügbar, bei denen häufig nicht angegeben ist, ob es sich um Regulus oder Antimonium crudum handelt; bei letzterem müßte man die Produktionsziffer mit etwa 70% einsetzen. Den für Deutschland angegebenen Mengen sind die Legierungen zugezählt. Andererseits fehlen meistens diejenigen Mengen, die direkt in marktfähige Antimonverbindungen (Antimonoxyd, Hartblei u. s. w.) eingehen. Die englische Antimonproduktion fehlt ganz. Die beigefügten Tabellen I und II über Antimonproduktion seit 1901 haben daher nur einen sehr bedingten Wert. Bezüglich der Erzproduktion ist zu bemerken, daß ein großer Teil Antimonlegierungen aus Abfällen der Bleiverhüttung stammt, für die statistische Angaben fehlen.

Als das wichtigste Produktionsland für Antimon ist heute China zu betrachten. Die hauptsächlichsten Gruben liegen in der Provinz Hunan, nordwestlich vom Tuntingsee, woselbst Iyang den Mittelpunkt des Bergbaues bildet. Die Erze werden auf den Gruben handgeschieden und nach Changsa, dem Zentrum des Antimonhandels in China, gebracht. Im Jahre 1909 wurden in Changsa die Werke der WAH-CHANG-GRUBEN- UND HÜTTENGESELLSCHAFT gegründet, auf denen das HERRENSCHMIDT-Verfahren angewendet wird. Im Februar 1911 wurde die ganze Antimonproduktion der Provinz Hunan syndiziert. Nach der Vereinbarung soll alles Antimonerz und Antimonium crudum des Distrikts durch die Wah-Chang-Gesellschaft verhüttet und das Antimon als Regulus verschifft werden. Die Produktion der Provinz Hunan wird gegenwärtig auf 15000 *t* geschätzt. Man glaubt aber, daß sie innerhalb der nächsten Jahre auf 20000 *t* mit 45% Antimongehalt steigen wird. Die Leistungsfähigkeit der Anlage der Wah-Chang-Gesellschaft soll gegenwärtig 200 *t* Antimon im Monat betragen.

Nach China ist Frankreich der wichtigste Antimonproduzent. Frankreich bezieht seine Erze, wie früher erwähnt, aus eigenen Gruben, besonders in der Auvergne, importiert aber auch australische und chinesische Erze. Die wichtigsten französischen Antimonhütten sind E. BEAU in Alais, E. CHATILLON und V. GERAUD in Brionde (Haute Loire) und die HERRENSCHMIDT-Gesellschaft zu Le Genest (Mayenne). England bezieht Erze aus China, Australien, Japan und Kanada. Die englischen Werke sind COOKSON & CO. in Newcastle-on-Tyne, HALLETT & FRY, JOHNSON & MATTHEY und PONTIFEX & WOOD, London. In Italien verarbeitet die SOCIÉTÉ ANONYME FRANCO-ITALIENNE von Genua lokale Erze auf Antimonoxyd. Deutschland und die Vereinigten Staaten produzieren viel Hartblei, aber fast kein Antimonerz. Die in der preußischen Statistik aufgeführten Mengen Antimonmetall werden als Nebenprodukt aus Metallschlacken, Gekrätz u. s. w. von der chemischen Fabrik C. W. KAYSER & CO. in Oranienburg hergestellt. In Mexiko wurde im Jahre 1900 in dem nördlichen Teile von San Luis Potosi eine Antimonhütte zu Wadley gegründet, in welcher nahezu die ganze mexikanische Erzproduktion verhüttet wird. Diese Hütte gehört dem COOKSON-KONZERN an.

Der ganze Antimonmarkt befindet sich praktisch in wenigen Händen, und die Preisbestimmung ist demgemäß eine ziemlich willkürliche. Die französischen Händler bedienen sich nach WANG zur Bestimmung des Wertes von Antimonerzen der folgenden Formel:

$$p = \frac{t}{100}\left(1 - \frac{1}{a}\right)(c - f$$

worin bedeutet:

$p =$ der Wert von 1000 *kg* oder einer metrischen Tonne,

$\frac{t}{100} =$ der auf trockenem Wege ermittelte Antimoninhalt,

$c =$ der Wert des Antimonregulus in Francs auf die metrische Tonne,

$f =$ Schmelzkosten + Hüttenlohn auf die metrische Tonne Regulus,

$\frac{1}{a} =$ Schmelzverlust.

Der Schmelzverlust wird mit etwa 10% des Metallinhalts eingesetzt. Die Schmelzkosten werden auf 350–500 Frcs. oder 14–18 £ pro *t* erzeugten Metalls veranschlagt. Zur besseren Schätzung des Antimonverlustes gibt WANG folgende Tabelle:

9%	für Erze mit 55% *Sb* und darüber
10%	„ „ von 50–55% *Sb*
11%	45–50%
15%	„ 40–45%
18%	„ 35–40% „
20%	mit weniger als 35%.

In England bezahlt man gewöhnlich pro Einheit Antimon im Erz. So wurden 1904 4–5 *s* pro Einheit für 50%iges Sulfiderz bei einem Antimonpreis von 25–35 £ bezahlt; 1905 6–8 *s* bei einem Antimonpreis von 35–60 £; 1906 8–15 *s* und in einigen Fällen über 15 *s*, als der Preis des Regulus von 60 auf 120 £ stieg. Einige Händler kaufen auch nach der alten Formel: 0,9 T. · (P – 330) = v, in welcher *T* den Antimoninhalt in Prozenten, P den Marktpreis für Regulus bedeutet. Die beigefügte Tabelle III enthält die Antimonpreise des letzten Jahrzehnts.

Produktion von Antimonerz.

Jahr	China *a*	Frankreich	Mexiko *a*	Österreich	Ungarn	Italien	Spanien	Portugal
1901	–	9867	5103	126	323	8818	10	–
1902		9715	1280	18	748	6116	67	68
1903		12380	7302	41	205	6927	42	83
1904	–	9065	81	103	1080	5712	245	31
1905		12543	57	1673	949	5083	77	84
1906	–	18567	178	1071	1807	5704	180	481
1907	–	24000	681	910	2035	7892	205	383
1908	544	26026	36	193	1316	2821	124	76
1909	776	28105	31	450	1971	1077	–	6
1910	6643	28130	6	225	1939	2194	15	25
1911	6986	?	121	–	?	2441	–	

a Export.

Produktion von Antimon.

Jahr	China *a*	Frankreich	Deutschland *b*	Mexiko *a*	Österreich	Ungarn	Italien	Japan	Neu-Süd-Wales	Vereinigte Staaten *c*	*d*
1901		1786	2404		114	706	1721	429	90	2235	386
1902		1725	3542	1218	24	683	1574	528	58	2904	294
1903		2748	3224	2304	14	732	905	434	13	2552	535
1904		2116	2774	1694	36	1007	836	321	111	2515	412
1905	3353	2396	2795	1978	90	756	327	190	394	2561	395
1906	3829	3433	2953	2418	–	954	537	627	2490	2358	600
1907	2316	3950	3515	4615	207	841	610	248	9780	2240	657
1908	9356	3850	3596	4046	162	670	345	198	119	2621	836
1909	7937	5444	3841	4115		695	59	157	97	2546	732
1910	5762	4040	4969	3730		782	–	120	99	2277	–
1911	6812	?	5411	4131	–	600		?	168	1783	

a Export, *b* Antimon und Legierungen, *c* in Hartblei, *d* aus Antimonerzen.

Preise von Antimonmetall für 1000 *kg* in Mark:

1901	606	1907	1461
1902	573	1908	776
1903	634	1909	736
1904	636	1910	726
1905	995	1911	750
1906	2051	1912	639 – 666

1901 – 1902 nach NEUMANN, Londoner Marktpreise; 1903 – 1911 nach Mineral Industry, New Yorker Marktpreise; 1912 nach *Ch. Ztg.* Hamburger Notierung.

Literatur. C. A. U. BALLING, Die Metallhüttenkunde, Berlin 1885. RICHARD BECK, Lehre von den Erzlagerstätten, Berlin 1909. GMELIN-KRAUT, Handbuch der anorganischen Chemie. Herausgegeben von Friedheim. Bd. III, Abs. 2, Heidelberg 1908. BRUNO KERL, Grundriß der Metallhüttenkunde, Leipzig 1881. BRUNO KERL, Metallurgische Probierkunst, Leipzig 1882. A. LEDEBUR, Lehrbuch der Mechanisch-Metallurgischen Technologie, Braunschweig 1897. A. LEDEBUR, Die Legierungen in ihrer Anwendung für gewerbliche Zwecke, Berlin 1898. – LUNGE-BERL, Chemisch-Technische Untersuchungsmethoden, Berlin 1910. – BERNHARD NEUMANN, Die Metalle, Halle a. S. 1904. – H. NISSENSON & W. POHL, Laboratoriumsbuch für Metallhüttenchemiker, Halle a. S. 1907. – KARL SCHNABEL, Handbuch der Metallhüttenkunde, Berlin 1904. – C. STÖLZEL, Die Metallurgie, Braunschweig 1863 – 1886. – F. P. TREADWELL, Kurzes Lehrbuch der analytischen Chemie, Leipzig und Wien 1911. – CHUNG-YU-WANG, Antimony 1909. London, Grissin & Co.

O. Bahlsen.

Antimonverbindungen. Hier sind die anorganischen Verbindungen des Antimons, soweit sie ein technisches Interesse haben, abgehandelt worden. Die organischen Antimonsalze sind unter den betreffenden Säuren beschrieben, also z. B. Antimonoxalat unter Oxalsäure, Brechweinstein unter Weinsäure.

Alle Antimonsalze, die man durch Lösen von Antimontrioxyd in Mineralsäure erhält, werden durch Wasser leicht zersetzt und in basische Salze verwandelt. Beständig sind organische Salze und einige wichtige Doppelsalze. Durch konz. Salzsäure z. B. wird das Trioxyd gelöst unter Bildung von Antimontrichlorid $SbCl_3$.

Dieses Trichlorid läßt sich ohne Zersetzung in sehr wenig Wasser lösen, und, über Schwefelsäure aufbewahrt, krystallisiert diese Lösung; fügt man aber der kalten Lösung etwas mehr Wasser zu, so scheidet sich bald ein reichlicher weißer Niederschlag eines Oxychlorids aus:

$$SbCl_3 + H_2O = SbOCl + 2HCl.$$

Bei Anwesenheit von viel Wasser entsteht neben dem Oxychlorid noch Oxyd, durch Kochen mit sehr viel Wasser schließlich nur Antimonoxyd:

$$2SbCl_3 + 3H_2O = Sb_2O_3 \quad 6HCl.$$

Die Zusammensetzung der gefällten Oxychloride schwankt also, je nachdem mehr oder weniger Wasser in Reaktion getreten ist. Die Nitrate, Phosphate, Sulfate verhalten sich ähnlich. Große Verdünnung und Wärme begünstigen stets die Hydrolyse.

1. Antimonchloride.

a) Antimontrichlorid $SbCl_3$ (Spießglanzbutter), *Schmelzp.* 73°, *Kp* 223°, wurde von BASILIUS VALENTINUS zuerst dargestellt und Butyrum antimonii genannt. Man erhält es am besten durch Lösen von Antimontrioxyd in konz. Salzsäure (bei Gegenwart von Spuren Salpetersäure, wodurch die Auflösung wesentlich erleichtert wird), durch Abdampfen des überschüssigen Wassers und der Säure und Destillation des Rückstandes.

Man kann auch vom natürlich vorkommenden Schwefelantimon ausgehen und dieses derart mit Salzsäure behandeln, daß nicht alles Schwefelantimon zersetzt wird, wodurch ein arsenfreies Präparat erhalten werden soll.

100 T. gepulverter Grauspießglanz werden mit 500 T. roher Salzsäure übergossen und gelinde erwärmt, wobei unter Entwicklung von Schwefelwasserstoff fast völlige Lösung eintritt. Hierauf wird über Glaswolle oder Asbest vom Schwefel und der Gangart abfiltriert, auf dem Wasserbade eingedampft, event. von ausgeschiedenem Bleichlorid abermals filtriert und die Lauge nach Hinzugabe von wenig gepulvertem Antimon destilliert. Zuerst geht Salzsäure über, dann steigt die Temperatur rasch auf 223°, wobei farbloses Antimontrichlorid übergeht, das alsbald krystallinisch erstarrt.

Antimontrichlorid bildet eine weiße krystallinische Masse, ist löslich in Schwefelkohlenstoff, Aceton und Alkohol. Es ist stark ätzend und zieht an der Luft begierig Wasser an unter Bildung einer butterähnlichen Masse (Antimonbutter). Durch viel Wasser wird es erst in Algarotpulver und dann in Antimonoxyd verwandelt. Die Antimonbutter wird einfacher gewonnen durch Versetzen der konzentrierten, stark eingeengten Lösung von Grauspießglanz in Salzsäure mit soviel verdünnter Salzsäure, daß das *spez. Gew.* 1,34 – 1,36 beträgt; das Präparat enthält annähernd 33,3% Antimontrichlorid und dient, gemischt mit 10% Olivenöl, zum Brünieren von Eisenwaren, namentlich Gewehrläufen.

b) Algarotpulver (basisches Antimonchlorid) führt seinen Namen nach einem italienischen Arzt VIKTOR ALGAROTUS, der es früher als Abführungsmittel verwandte. Jetzt dient es wohl lediglich zur Fabrikation von gewissen Antimonpräparaten, wie Brechweinstein. Es ist das beste Material zur Gewinnung chemisch reiner Antimonverbindungen und wird durch Einwirkung von Wasser auf Antimontrichlorid gewonnen; seine Zusammensetzung kann schwanken, entspricht aber meistens der Formel $SbOCl$.

Für seine Herstellung übergießt man Antimontrichlorid mit der 30fachen Menge kalten Wassers, trennt durch Dekantation und wäscht mit wenig Wasser, bis die überstehende Flüssigkeit nicht mehr sauer reagiert und mit Ferrocyankalium kein Eisen mehr nachweisbar ist. An Stelle des reinen Antimontrichlorids kann auch die filtrierte Lösung von Grauspießglanz in Salzsäure benutzt werden. Es bildet ein weißes, amorphes Pulver oder feine glänzende Nadeln, die in Salzsäure und Weinsäure löslich sind. Es wurde früher als weiße Mineralfarbe gebraucht, dürfte aber infolge seines hohen Preises und seiner geringen Deckkraft hierfür nicht mehr benutzt werden.

c) Antimonpentachlorid bildet sich unter Feuererscheinung bei der Einwirkung von Chlor auf Antimonmetall; das Chlor muß im Überschuß eingeleitet werden, da sonst nur Trichlorid entsteht. Zweckmäßiger wird es aber durch Einleiten der berechneten Menge von trockenem Chlor (15,5 *g*) in verflüssigtes Antimontrichlorid (50 *g*) hergestellt.

Es bildet eine an der Luft rauchende, farblose oder gelbliche Flüssigkeit, die bei 6° erstarrt, schwerer als Wasser ist und beim Erhitzen sich schon bei 140° in Chlor und Antimontrichlorid zersetzt, aber im Vakuum unzersetzt siedet. Kp_{14} 68°.

Antimonpentachlorid zerfällt leicht in Trichlorid und Chlor und kann daher für organische Substanzen als Chlorierungsmittel oder Chlorüberträger Verwendung finden. In neuerer Zeit ist es für die Herstellung von Flavanthren (s. d.) vorgeschlagen worden.

2. *Antimonfluoride.*

Antimontrifluorid, SbF_3, kann aus Antimontrioxyd und Flußsäure erhalten werden; die Lösung wird bei ca. 70—90° langsam verdampft, wobei sich tafelförmige, zerfließliche Krystalle oder Oktaeder absetzen; bei raschem Abdampfen erhält man Prismen und mit Flußsäure im Überschuß kleine glänzende Krystalle. Antimonfluorid ist in kaltem Wasser ohne Zersetzung löslich im Gegensatze zu den Chloriden, Bromiden und Jodiden, welche äußerst leicht hydrolytisch gespalten werden.

Technisch sehr wichtig sind die Doppelsalze, welche das Antimonfluorid mit verschiedenen Alkalisalzen bildet und welche an Stelle des teuren Brechweinsteins in der Färberei zum Fixieren des Gerbstoffes (Tannin) auf der Baumwolle in ausgedehntem Maße Verwendung finden. Diese Doppelsalze können nach dem Verfahren von E. de Haën (*D. R. P.* 45222 [1887]) hergestellt werden. Zur konz. wässerigen Lösung von Antimonoxyd in Flußsäure werden die entsprechend notwendigen Mengen der vorher gelösten Chloralkalien zugefügt und die Lösung so weit eingedampft, daß nach dem Erkalten Krystalle ausschießen.

Die Verbindung $SbF_3 \cdot NaCl$ bildet kleine Nadeln.

$SbF_3 \cdot KCl$ zeigt schönes Krystallisationsvermögen; 51 T. lösen sich in 100 T. Wasser von 24°, bei Siedetemperatur nimmt Wasser das Dreifache seines Quantums davon auf.

$SbF_3 \cdot NH_4Cl$ bildet ebenfalls gut ausgebildete Krystalle und ist leicht löslich.

Die sämtlichen Salze dieser Gruppe besitzen weder Krystallwasser, noch sind sie hygroskopisch, daher sind sie auch luftbeständig. Das Antimonfluorid gibt auf ähnliche Weise mit den Sulfaten der Alkalien ebenfalls Doppelsalze (*D. R. P.* 45224 [1887]).

$SbF_3 \cdot Na_2SO_4$ kleine Prismen.

$SbF_3 \cdot K_2SO_4$ krystallisiert drüsenförmig.

$SbF_3 \cdot (NH_4)_2SO_4$ krystallisiert sehr leicht in Formen des hexagonalen Systems und wird selbst beim Krystallisieren aus nicht ganz reinen Mutterlaugen als vollkommen reine Verbindung erhalten. Im Wasser ist dieses Salz aus der ganzen Gruppe am leichtesten löslich; bei 24° löst 1 T. Wasser 1,4 T. Salz und 15 T. bei Siedetemperatur. Dieses Doppelsalz von Antimonfluorid und Ammoniumsulfat wurde im Jahre 1887 von der Firma E. de Haën in Seelze vor Hannover unter dem Namen Antimonsalz als Brechweinsteinersatz für die Färberei in den Handel gebracht. Es entspricht einem Gehalt von 47% Antimonoxyd. Doppelsalze des Fluorantimons mit Akalisulfaten können auch nach den Angaben des *D. R. P.* 53618 von O. FRÖHLICH direkt aus dem Antimonerz hergestellt werden, jedoch dürfte dieses Verfahren nicht sehr rationell sein.

Ein inniges Gemenge von Antimonerz, Flußspat und Alkali- oder Ammoniumnitrat wird fein gemahlen und in warme verdünnte Schwefelsäure von 50° *Bé* unter Rühren rasch eingetragen. Die dicke Masse wird mit Wasser ausgekocht, wodurch Antimonfluorür und Natriumbisulfat bzw. Natriumfluorid von dem unlöslichen aus Calciumsulfat und Schwefel bestehenden Rückstand getrennt werden. Durch Neutralisation der Lösung von Antimonfluorür und Natriumbisulfat mit Alkalien oder Ammoniak und Eindampfen bzw. bloßes Eindampfen der Lösung von Antimonfluorür und Natriumfluorid werden daraus die Doppelsalze des Fluorantimons gewonnen.

I. $Sb_2S_3 + 3\,CaF_2 + 2\,RNO_3 + 5\,H_2SO_4 = 2(SbF_3 \cdot HRSO_4) + 3\,CaSO_4 + 3\,S + 2\,NO + 4\,H_2O,$
$2(SbF_3 \cdot HRSO_4) + 2\,ROH = 2(SbF_3 \cdot R_2SO_4) + 2\,H_2O.$

II. $Sb_2S_3 + 4\,CaF_2 + 2\,RNO_3 + 4\,H_2SO_4 = 2(SbF_3 \cdot RF) + 4\,CaSO_4 + 2\,NO + 3\,S + 4\,H_2O.$

Im *D. R. P.* 57615 beschreibt ferner F. HASSLACHER die Herstellung einer Doppelverbindung der Formel $(SbF_3)_2 \cdot 1^1/_2\,(NH_4)_2\,SO_4$ durch Behandeln von basischem Antimonsulfat mit Ammoniumbifluorid ($NH_4F \cdot HF$).

Auch durch Lösen von Antimonoxyd in einem Gemisch von Salzsäure und Flußsäure und Hinzugabe von Kalium- oder Ammoniumsulfat können nach *D. R. P.* 76168 (Th. MAYER) die Doppelsalze gewonnen werden. Das Kaliumsulfat-Doppelantimonfluorür $2SbF_3 \cdot K_2SO_4$ enthält z. B. 54,8% Antimonoxyd.

Einen noch höheren Gehalt an Antimonoxyd (66%) enthält das Doppelantimonfluorid der Firma R. KOEPP & Co. in Oestrich. Es hat die Zusammensetzung $SbF_3 \cdot NaF$ und bildet leicht lösliche Krystalle. Es wird wahrscheinlich aus Antimonfluorid und Natriumfluorid hergestellt.

Nahe verwandt mit diesen Krystallen ist das Patentsalz von A. v. RAAD in Pfersee bei Augsburg, das ein Antimonammoniumfluorid darstellt mit 77% Antimonoxyd. Es wird wahrscheinlich nach dem *D. R. P.* 50281 von A. v. RAAD und G. HAUSER unter Verwendung von Alkaliphosphaten hergestellt. Entsprechend der Gleichung:

$$(NH_4)_2HPO_4 + 26\,HF + 4\,Sb_2O_3 = 2(4\,SbF_3 \cdot NH_4F) + 12\,H_2O + H_3PO_4$$

werden zur Gewinnung des Doppelsalzes 132 T. zweibasisches Ammoniumphosphat in 1040 T. 50%iger Fluorwasserstoffsäure gelöst und 1166 T. Antimonoxyd eingetragen. Beim Erkalten der Lösung beginnt sofort die Krystallisation, und durch Eindampfen können weitere Mengen gewonnen werden. Durch Umkrystallisieren des Salzes aus Wasser erhält man farblose wohlausgebildete luftbeständige Krystalle von der Formel $4\,SbF_3 \cdot NH_4F$ mit einem Antimonoxydgehalt von 77,5%. 3 T. des Salzes lösen sich in 2 T. Wasser von gewöhnlicher Temperatur ohne jede Ausscheidung.

Über die Verwertung der bei der Gewinnung dieses Salzes abfallenden Mutterlaugen zur Herstellung von Doppelsalzen mit Natriumsulfat vgl. *D. R. P.* 85626 von v. RAAD.

Des ferneren gehen unter dem Namen Antimondoppelfluoride auch saure Antimonfluoride z. B. $SbF_3 \cdot HF$.

Alle diese Fluor-Antimonpräparate bleiben beim Verdünnen mit Wasser klar, können aber wegen ihres Fluorgehaltes nicht in gläsernen oder irdenen, sondern nur in Holz- oder Kupfergefäßen verwendet werden.

3. *Antimonoxalat.*

Man versteht hierunter ein dem Brechweinstein analog zusammengesetztes Kaliumantimonyloxalat von der Zusammensetzung $Sb(C_2O_4K)_3 + 6\,H_2O$ mit 23,64% Antimonoxyd (Über seine Herstellung s. Oxalsäure).

4. Antimonnitrat

entsteht beim Eintragen von Antimontrioxyd in kalte, rauchende Salpetersäure. Wird die Lösung mit Wasser verdünnt, so scheidet sich ein basisches Nitrat in kleinen weißen Krystallen aus. Kocht man dagegen Antimontrioxyd in Salpetersäure, so wird es zu Pentoxyd oxydiert.

5. Antimonoxyde.

Antimon bildet mit Sauerstoff drei verschiedene Oxyde: ein Trioxyd Sb_2O_3, resp. Antimonsesquioxyd, welches sich vom dreiwertigen Antimon ableitet, mit hauptsächlich basischen Eigenschaften; ein Pentoxyd, Sb_2O_5, welches sich vom fünfwertigen Metall ableitet und mehr den Charakter eines Säureanhydrids besitzt; zwischen Tri- und Pentoxyd gibt es ein Antimontetroxyd, welches wegen seiner völligen Indifferenz als antimonsaures Antimon aufgefaßt werden kann.

Trioxyd und Tetroxyd können direkt durch Rösten des Metalls oder des Sulfids erhalten werden, ersteres bei möglichst geringem Luftzug, das andere durch starke Luftzufuhr; Pentoxyd dagegen wird indirekt aus Antimoniaten erzeugt.

a) Antimontrioxyd, Sb_2O_3, Antimonoxyd, Antimonigsäureanhydrid. Man findet es in der Natur in Form orthorhombischer Prismen als Weißspießglanzerz oder auch als reguläre Oktaeder (Senarmontit), hauptsächlich in Nordafrika. Wird Antimonmetall in einem Porzellanrohr unter langsamer Luftzufuhr geglüht, so kann man die Entstehung der beiden Modifikationen beobachten; das prismatische Antimonoxyd findet sich unweit der erhitzten Stelle, während das oktaedrische Oxyd sich weiter an den kühleren Stellen des Rohres absetzt.

Röstet man Trisulfid bei möglichst geringem Luftzug, so bildet sich Antimontrioxyd unter Entwicklung von Schwefligsäureanhydrid:

$$Sb_2S_3 + 9\,O = Sb_2O_3 + 3\,SO_2$$

Mit überhitztem Wasserdampf verwandelt sich ebenfalls Trisulfid zu Antimontrioxyd unter Entwicklung von Schwefelwasserstoff:

$$Sb_2S_3 + 3\,H_2O = Sb_2O_3 + 3\,H_2S.$$

Für die technische Herstellung des Antimontrioxydes hat man die beiden Methoden kombiniert und röstet die Antimonerze bei Gegenwart von Wasserdampf (Näheres s. Antimon).

Antimontrioxyd wird aber auch aus Antimonchlorid (s. d.) auf nassem Wege hergestellt; selbst das durch den Röstprozeß erhaltene Oxyd wird für gewisse Verwendungszwecke noch in Salzsäure gelöst und mit Wasser ausgefällt, wobei ein arsenfreies Produkt entsteht. Zu diesem Zwecke wird die noch heiße konz. Antimontrichloridlösung in viel Wasser gegeben, bis zur annähernden Neutralisation durch Dekantation mit Wasser ausgewaschen, die letzten Säureanteile mit Soda abgestumpft, abermals gewaschen und filtriert. Bei dieser Behandlung geht etwa noch vorhandenes Arsentrioxyd als arsenigsaures Natrium in Lösung.

Ein anderes geeignetes Ausgangsmaterial ist das Antimonsulfat (s. d.), das auf ähnliche Weise in Antimonoxyd verwandelt wird.

Antimontrioxyd wird beim Erhitzen gelb, beim Abkühlen wieder weiß. Es dient hauptsächlich zur Fabrikation des Brechweinsteins und seiner Ersatzprodukte. Es ist als Anstrichfarbe und als Bleiweißersatz vorgeschlagen worden, findet hierfür aber keine Anwendung. Es dient als Zinnoxydersatz zur Herstellung von weißen getrübten Emaillen, zwar nicht für Kochgeschirre, sondern für Gußemaillen im allgemeinen (s. auch Natriummetaantimonat).

Unter dem Namen Spießglanz oder Antimonglas versteht man ein geschmolzenes Antimonoxyd, das ca. 6% Schwefelantimon enthält und früher zur Herstellung von Brechweinstein diente.

b) Antimontetroxyd, Sb_2O_4, antimonsaures Antimonoxyd, ist ein weißes, weder flüchtiges, noch schmelzbares Pulver und entsteht beim Rösten des Antimontrisulfids unter reichlicher Luftzufuhr (s. Antimon). Es bildet den Hauptbestandteil der „Spießglanzasche".

c) Antimonpentoxyd, Sb_2O_5. Dieses Anhydrid der unbekannten Antimonsäure entsteht als blaßgelbes Pulver (*D* 5,6) durch Oxydation von Antimonmetall mit konz. Salpetersäure von 44° *Bé.* und gelindes Glühen der dabei entstandenen Antimonsäure in eisernen Retorten. Man darf nicht zu stark glühen, da sich sonst das Pentoxyd zersetzt und unter Sauerstoffabgabe in das Tetroxyd übergeht. Beim Verschmelzen mit Alkalicarbonaten entwickelt es Kohlendioxyd unter Bildung von Antimoniaten, aus denen mit Säuren Antimonsäure ausgefällt wird.

6. *Antimonsalz*, s. Antimonfluorid.

7. *Antimonsäure.*

Vom fünfwertigen Antimonmetall lassen sich drei Antimonsäuren ableiten:

H_3SbO_4	$H_4Sb_2O_7$	$HSbO_3$
Ortho-	Pyro-	Meta-Antimonsäure.

Die Orthoantimonsäure kann durch Einwirken von Wasser auf Antimonpentachlorid erhalten werden; sie spaltet sehr leicht Wasser ab und geht in die stabilere Metaantimonsäure über. Durch gelindes Erhitzen bei 100° entsteht Pyroantimonsäure, bei 175° ist die Umwandlung quantitativ. Bei 275° würde nur noch das Anhydrid oder Antimonpentoxyd vorhanden sein. Durch Säure werden alle antimonsauren Salze unter Ausscheidung von amorpher Antimonsäure zersetzt; nach dem Waschen und Trocknen der freien Säure hat man in den meisten Fällen die Metaantimonsäure in Händen. Metaantimonsäure bildet ein blaßgelbes Pulver, ist in Wasser praktisch unlöslich und kann durch Einwirkung von Königswasser (mit Salpetersäure im Überschuß) auf Antimonmetall erhalten werden. Von den Salzen hat das Kaliumpyroantimoniat ein gewisses Interesse. Es wird durch Verschmelzen von Antimonpentoxyd mit überschüssigem Kaliumhydroxyd hergestellt. Löst man die Schmelze, in der jedenfalls das Trimetallsalz der Orthoantimonsäure enthalten ist, in wenig Wasser und läßt krystallisieren, so bilden sich warzenförmige zerfließliche Krystalle von Kaliumpyroantimoniat $K_4Sb_2O_7$. Durch viel kaltes Wasser, rascher durch kurzes Kochen mit wenig Wasser, verwandelt es sich allmählich in das körnige saure Kaliumpyroantimoniat $K_2H_2Sb_2O_7 + 6H_2O$. Das Salz löst sich in Wasser schwierig und dient zum Nachweis von Natriumsalzen, mit denen es einen sehr schwer löslichen Niederschlag gibt.

Des ferneren ist das Natriummetaantimoniat zu erwähnen, das ein in Wasser fast unlösliches Salz bildet, welches als weißes Trübungsmittel für Glas, Emaille u. dgl. unter dem Namen Leukonin (R. RICKMANN, *Sprechs.* 8, 115 [1912]; *D. R. P.* 134774) eingeführt worden ist.

Während die Salze, die sich vom dreiwertigen Antimon ableiten, wie Brechweinstein, giftig sind, sollen die vom fünfwertigen Antimon herrührenden Säuren nebst ihren Alkaliverbindungen, wie Kaliumpyroantimoniat, Leukonin, ungiftig und für die Herstellung weißer Kochgeschirremaille brauchbar sein.

Ein technisch wichtiges Salz der Antimonsäure ist das antimonsaure Blei, das unter dem Namen Neapelgelb für die Darstellung von Porzellanschmelzfarben und als Unterglasurfarbe für Kalksteingut viel angewendet wird. Es ist wahrscheinlich ein wasserfreies Bleitriantimoniat und wird durch Glühen von Brechweinstein (1 T.), Bleinitrat (2 T.) und Kochsalz (4 T.) dargestellt. Kochsalz wird nachträglich durch mehrmaliges Waschen entfernt. Brechweinstein kann durch Antimonoxyd ersetzt werden; durch geringe Zusätze von Tonerdehydrat lassen sich hellere Töne erzielen; ein Teil des Bleis kann auch durch Wismut ersetzt werden. Es kann auch aus essigsaurem Bleioxyd und metaantimonsaurem Kalium als weißer Niederschlag gewonnen werden, welcher beim Glühen die schöne gelbe Farbe annimmt. Neapelgelb zeichnet sich durch große Widerstandsfähigkeit aus, weshalb es als keramische Farbe eigentlich unentbehrlich ist. Es kann auch als Malerfarbe verwendet werden, hat aber hierfür gegenüber den zahlreichen Chromgelbs, den Ockerarten und dem Cadmiumgelb keine wesentliche Bedeutung.

8. Antimonsulfat.

Antimonsulfat $Sb_2(SO_4)_3$ oder Normalsulfat entsteht, wenn man Antimontrioxyd, -oxychlorid oder -trisulfid in heißer konz. Schwefelsäure löst. Die überschüssige Säure kann abgedampft werden, worauf das Sulfat beim Erkalten in kleinen Prismen krystallisiert oder als krystallinische Masse erstarrt.

$$Sb_2S_3 + 12\,H_2SO_4 = Sb_2(SO_4)_3 + 12\,SO_2 + 12\,H_2O.$$

Dieses letztere Verfahren kann zweckmäßig auch zum Aufschließen von Grauspießglanz benutzt werden, da das Antimonsulfat mit viel heißem Wasser unter Abscheidung basischer Sulfate zersetzt wird. Jedoch verläuft der Aufschluß von Schwefelantimon vermittels konz. Schwefelsäure mit Schwierigkeiten. Nach METZL (*Z. anorg. Ch.* **48**, 144, 153 [1906], *D. R. P.* 161776) gelingt es durch fortgesetztes Erhitzen von Antimontrisulfid mit konz. Schwefelsäure selbst auf Temperaturen von 300° nicht, vollständige Umwandlung in Sulfat zu erzielen. METZL setzt deshalb der Schwefelsäure Alkali- oder Ammoniumsulfat zu, wodurch infolge Bildung von Doppelsulfaten, die leichter als Antimonsulfat löslich sind, z. B. von $K_2SO_4 \cdot Sb_2(SO_4)_3$, bereits bei 130—135° und selbst bei Verwendung von verdünnter Schwefelsäure ein vollständiger Aufschluß erzielt werden soll.

Nach dem *D. R. P.* 256802 von *Bayer* gelingt aber der Aufschluß von Antimon bereits in der Kälte, wenn man hierzu rauchende Schwefelsäure angewendet. Die Umsetzung wird zweckmäßig in einem mit Rührwerk versehenen Druckkessel vorgenommen, wobei man auf 1 T. fein gepulvertes Antimonium crudum 4,5—5 T. Oleum von 20% SO_3 benutzt. Unter starker Erhitzung entwickelt sich schweflige Säure, die nach beendigter Umsetzung abgelassen wird.

9. Antimonsulfide.

Das Antimon bildet zwei Sulfide, das Trisulfid Sb_2S_3 und das Pentasulfid Sb_2S_5.

a) Antimontrisulfid, Sb_2S_3, besitzt je nach seiner Bildungsweise verschiedene Eigenschaften. Das Naturprodukt, der Grauspießglanz, bildet graue bis schwarze, strahlige, krystallinische Massen und ebenso das daraus durch Saigern hergestellte Antimonium crudum. Das auf chemischem Wege hergestellte Antimonsulfid ist dagegen orange bis rot gefärbt, amorph und geht durch Erhitzen in die dunkle krystallinische Modifikation über. In chemischer Beziehung verhalten sich beide Modifikationen gleich. Sie verbrennen leicht beim Erhitzen an der Luft, sind in Wasser unlöslich, lösen sich aber in starken Säuren.

I. Antimonium crudum. Über die Herstellung dieser Verbindung aus dem Grauspießglanz vgl. Antimon. Das Handelsprodukt ist sehr rein und enthält bis 97% Sb_2S_3. Es bildet rhombische Prismen oder faserige, strahlige, stahlgraue Massen. Bringt man erhitztes Antimonium crudum in kaltes Wasser, so entsteht beim Zerreiben amorphes, rotbraunes Antimonsulfid. Das durch Saigern aus dem Grauspießglanz gewonnene Produkt dient hauptsächlich zur Herstellung von metallischem Antimon und als Ausgangsmaterial für Antimonverbindungen. Es findet ferner Verwendung in der Feuerwerkerei, bei der Herstellung von Zündhölzern und Rubinglas.

II. Amorphes Antimonsulfid. Leitet man Schwefelwasserstoff in eine saure Lösung von Antimontrichlorid, so fällt ein orangegefärbter Niederschlag von Antimontrisulfid aus. Seine Zusammensetzung ist dieselbe wie die des natürlichen Grauspießglanzerzes, doch bildet es ein amorphes, orangerotes Pulver. Durch längeres Erwärmen mit wässeriger Salzsäure sowie durch Erhitzen im Kohlensäurestrom geht es in die krystallisierte schwarze Art über.

Antimontrisulfid ist in Schwefelalkalien leicht löslich unter Bildung von Sulfosalzen, den sog. Sulfoantimoniten:

$$Sb_2S_3 + 3\,Na_2S = 2\,Sb(NaS)_3,$$

und in Kali- oder Natronlauge unter Bildung von Sulfo- und Oxysulfosalzen:

$$2\,Sb_2S_3 + 4\,KOH = SbO \cdot KO + 3\,SbS \cdot SK + 2\,H_2O.$$

Durch Säuren werden die Sulfosalze zersetzt unter Abscheidung von Antimontrisulfid und Entwicklung von Schwefelwasserstoff:

$$2\,Sb(NaS)_3 + 6\,HCl = Sb_2S_3 + 6\,NaCl + 3\,H_2S.$$

Die Lösung des Sulfids in Kalilauge scheidet ebenfalls nach Säurezusatz wieder Sulfid aus, ohne daß sich Schwefelwasserstoff entwickelt. Das so gewonnene amorphe Antimonsulfid führt den Namen oxydfreier Mineralkermes.

Wird Antimontrisulfid mit Natriumcarbonat behandelt, so löst es sich ebenfalls durch Kochen auf; es scheidet sich aber beim Erkalten als rotbrauner Niederschlag wieder aus. Dieser Niederschlag hat unter dem Namen Kermes (Kermes minerale, Karthäuser Pulver) früher eine medizinische Anwendung gehabt und besteht aus einem wechselnden Gemisch von amorphem Antimonsulfid und Antimonoxyd. Die hierbei stattfindende Reaktion ist nicht genügend aufgeklärt. Offenbar entstehen, wie aus obiger Gleichung hervorgeht, die Alkalisalze des Antimonoxyds und -sulfids, die in konz. und heißer Lösung bestehen, während beim Abkühlen und Verdünnen das Gleichgewicht sich wieder im entgegengesetzten Sinne, d. h. unter Rückbildung von Antimonsulfid verschiebt. Natriumcarbonatlösungen sollen allein imstande sein, das Antimontrisulfid anzugreifen, während reines Kaliumcarbonat auf nassem Wege zur Kermesherstellung nicht brauchbar ist (A. Terreil, *B.* **7**, 119 [1874]; **9**, 352 [1876]). Dagegen sind Schmelzen von Antimontrisulfid mit Kaliumcarbonat zur Herstellung des Kermes sehr günstig, während mittels Natriumcarbonats auf trockenem Wege lösliche Sulfosalze erhalten werden, deren Lösung beim Erkalten keinen Kermes abscheidet.

a) 3 T. Antimonium crudum werden mit 8 T. Kaliumcarbonat geschmolzen. Nach dem Erkalten wird die Masse gepulvert und mit siedendem Wasser ausgekocht. Die heiße filtrierte Lösung scheidet beim Erkalten Kermes als rotbraunes Pulver langsam aus.

b) 1 T. feingeschlemmtes Antimonium crudum oder besser frisch gefälltes amorphes Sulfid wird mit 22,5 T. Natriumcarbonat und 250 T. Wasser 2 Stunden lang gekocht; die Lauge wird nach kurzer Zeit abgehebert und in ein passendes Gefäß zum langsamen Erkalten gebracht. Das Gefäß soll bedeckt bleiben und nicht der Einwirkung des Lichtes ausgesetzt werden. Der rotbraune Niederschlag wird auch in einem dunklen Raume bei 25° getrocknet.

Wird Antimontrisulfid mit Kalkmilch gekocht, so geht es ebenfalls allmählich in Lösung unter Bildung von Sulfosalzen und antimonigsaurem Calcium. Letzteres scheidet sich in Form kleiner, tafelförmiger, hexagonaler Krystalle aus, während die

Antinosin (CHEM. FABRIK RHENANIA, A.-G., Aachen), das Natriumsalz des Nosophens (s. d.), ein amorphes, blaues, in Wasser und in Alkohol lösliches Pulver, das sich schon unter dem Einfluß der Luftkohlensäure zersetzt, wurde s. Z. als Streupulver oder in Lösung als Antisepticum empfohlen. Veraltet. *Zernik.*

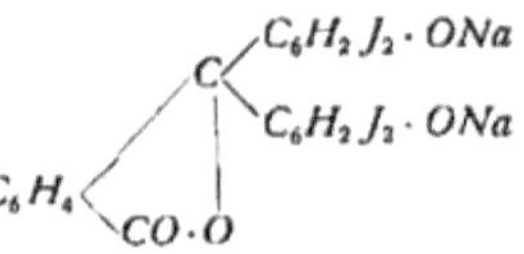

Antiperiostin, Ossoline (DR. A. KLEIN, Berlin W), angeblich nach *D. R. P.* 193219 bereitetes Mercurijodkantharidat, ist nach LENZ und LUCIUS (*Ap. Z.* **1907**, 81) eine Lösung von rund 20% Quecksilbersublimat und 5% Jodkalium in 75% einer starken Kantharidentinktur. Gegen Überbeine etc. in der Veterinärpraxis empfohlen. *Zernik.*

Antiphlogistine (KADE DENVER CHEMICAL CO., New York) ist eine Paste aus etwa gleichen Teilen geglühtem, natürlich vorkommendem Aluminiummagnesiumsilicat und Glycerin, versetzt mit etwas Borsäure, Salicylsäure und ätherischen Ölen. Die Paste erzeugt eine lokale Hyperämie und wird bei rheumatischen und gichtischen Leiden, auch bei Ödemen empfohlen. *Zernik.*

Antipyonin = Natriumtetraborat. *Zernik.*

Antipyrin (Analgesin, Anodynin, Metozin, Oxydimethylchinizin, Parodyn, Phenazon, Phenylon, Pyrazolin, Antipyreticum, Sedatin, Pyrazolonum dimethylphenylicum des *D. A. B.* 5; 1-Phenyl-2, 3-dimethyl-5-pyrazolon), entsteht durch Methylierung von 1-Phenyl-3-methyl-5-pyrazolon (LUDWIG KNORR, *D. R. P.* 26429 übertragen an *M. L. B.*, erloschen 1898; derselbe, *B.* **16,** 2597 [1883]; *A.* **238,** 147 [1887]; *B.* **17,** 549, 2037 [1884]).

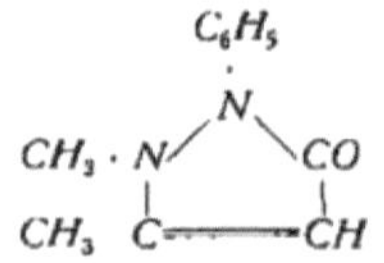

Darstellung: In 100 *kg* reines, im Vakuum destilliertes Phenylhydrazin (s. d.) läßt man unter Kühlen und Rühren langsam 120 *kg* reinen Acetessigester (s. d.), welcher mit 10% Alkohol von 85% versetzt worden ist, einfließen. Am Ende der Reaktion soll ein ganz geringer Überschuß an Phenylhydrazin vorhanden sein (prüfen mit FEHLINGscher Lösung). Ein größerer Überschuß ist aber zu vermeiden, sonst bildet sich Bis-methylpyrazolon, welches ein über 200° schmelzendes, sehr bitter schmeckendes Antipyrin liefert. Aber auch ein Überschuß an Acetessigester ist auf alle Fälle zu vermeiden, weil sonst ein gelbgefärbtes Pyrazolon entsteht, welches ein Antipyrin liefert, das sich am Lichte färbt. Das Reaktionsgemisch wird zuletzt am Rückflußkühler kurze Zeit gekocht und dann erkalten gelassen, worauf der dicke Brei von gelblichen, sandigen Krystallen zentrifugiert wird. Die Krystalle werden mit Alkohol gewaschen, bis sie vollständig blendend weiß aussehen, und sind ev. aus Alkohol umzukrystallisieren. Das Phenylmethylpyrazolon ist bei 40—50° zu trocknen und zu sieben. Schmelzp. 127°.

Für die Umwandlung des Phenylmethylpyrazolons in das Phenyl-dimethylpyrazolon (Antipyrin) benützte man früher Methyljodid. Gegenwärtig wird wohl ausschließlich Methylchlorid genommen. Man arbeitet mit einem Überschuß an Alkylierungsmittel bei 95—100° unter 9—10 Atm. Druck und bei Gegenwart von Methylalkohol. Das Reaktionsprodukt wird in Wasser gelöst, mit Soda schwach alkalisch gemacht und das Antipyrin mit Benzol extrahiert. Das aus Benzol auskrystallisierte Rohantipyrin wird nochmals aus Benzol oder Wasser umkrystallisiert unter Zusatz von Blutkohle.

Das Antipyrin soll ein vollständig farbloses, neutrales Pulver von glänzendem Aussehen sein, einen kaum wahrnehmbaren Geruch und milden bitteren Geschmack besitzen. Es muß sich ohne Trübung im Wasser lösen; diese Lösung muß farblos und neutral sein, darf nicht bitter schmecken und mit Schwefelwasserstoff keine

Färbung und Trübung geben. Der Schmelzpunkt soll mindestens bei 113° liegen. Das reine Produkt bildet trikline Krystalle oder glänzende Blättchen; in Wasser, Alkohol und in Chloroform sehr leicht löslich, schwer in kaltem Toluol, Äther, (1 : 50) und Ligroin. Die wässerige Lösung wird durch Eisenchlorid blutrot gefärbt (Reaktionsgrenze 1 : 100000), durch salpetrige Säure (Natriumnitrit und Essigsäure) blaugrün (Reaktionsgrenze 1 100000). Wässerige Antipyrinlösungen besitzen ein gutes Lösungsvermögen für in Wasser schwer lösliche Substanzen wie Chinin und Coffein.

Das teure Antipyrin wird vielfach mit dem billigen Antifebrin verfälscht. Da letzteres bedeutend schwerer löslich ist (1 T. Antifebrin in 194 T. Wasser von 15°, in 18 T. siedenden Wassers, in 3,5 T. Alkohol) als Antipyrin (1 T. Antipyrin löslich in weniger als 1 T. kalten Wassers, in 1 T. Alkohol), so kann die Fälschung leicht festgestellt werden. Bei Gegenwart von Antifebrin im Antipyrin entsteht beim Erhitzen mit Natronlauge Anilin und beim Erhitzen mit konz. Salzsäure Essigsäure, beide durch ihren Geruch leicht erkennbar.

Die quantitative Bestimmung des Antipyrins erfolgt am besten nach der von BOUGAULT (*J. Pharm. Ch.* [6] 7, 161–163) vorgeschlagenen Methode, wonach man 20 *ccm* einer 1%igen wässerigen Antipyrinlösung mit ca. 20 *ccm* einer Lösung von 2,5 *g* $HgCl_2$ in 100 *ccm* 95%igem Alkohol versetzt und dann mit einer alkoholischen Jodlösung, die in 100 *ccm* 95%igem Alkohol 1,351 *g* chemisch reines Jod enthält, bis zur eben bleibenden Gelbfärbung titriert. Diese Methode wird damit erklärt, daß das Antipyrin zuerst 1 *J* addiert, dann aber 1 *Mol. HJ* abspaltet, das seinerseits $HgCl_2$ zu $HgJ_2 + 2HCl$ zersetzt. 1 *g* Antipyrin entspricht dabei 1,351 *g* Jod (vgl. dazu ZERNIK, *Ap. Z.* **1906**, Nr. 64–65).

Antipyrin wurde Mitte der achtziger Jahre des vorigen Jahrhunderts von FILEHNE in Deutschland, von DUJARDIN in Frankreich als Heilmittel eingeführt und fand wegen seiner ausgezeichneten Wirkung als Antipyreticum und Antineuralgicum seither weitausgedehnte Verwendung. Von seinen zahlreichen Derivaten haben eigentlich nur das Salipyrin (s. d.) und das Pyramidon (s. d.) festen Fuß neben ihm zu fassen gewußt. Dosis: 0,5–1 *g* mehrmals täglich; auch zu äußerlicher Anwendung wurde es wegen seiner anästhesierenden und hämostatischen Eigenschaften empfohlen.

Das Antipyrin wird heute fast ausschließlich von *M. L. B.* fabriziert. Die meisten Fabriken, die während der Dauer des *D. R. P.* den Stoff im Auslande herstellten, haben den Betrieb eingestellt.

A. Hempel & Zernik.

Antirheumol (BOEHRINGER & REUSS, Stuttgart-Cannstadt) hieß eine 20%ige Lösung des Salicylsäureglycerinesters in Glycerin und Alkohol, Antirheumol concentratum eine 50%ige Lösung in Glycerin.

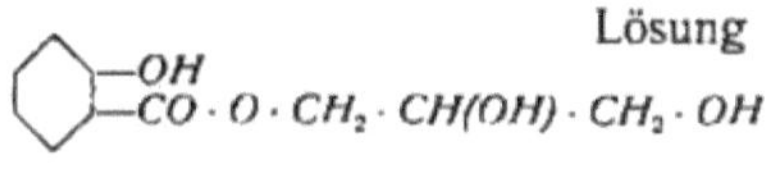

Dieser Salicylsäureglycerinester wird unter dem Namen Glykosal (s. d.) in reiner Form von *Merck* nach *D. R. P.* 126311 und 227139 dargestellt und in den Handel gebracht. Der Fabrikant des Antirheumols stellt ihn dar nach *D. R. P.* 186111 durch Erhitzen von Salicylsäuremethylester mit Glycerin bei Gegenwart von 0,2% Natriumacetat auf 195°, steigend bis 220°. Dabei destillieren Wasser und Methylalkohol ab, und der rohe Ester wird durch Eingießen in heißes Wasser vom überschüssigen Glycerin befreit. Bei längerem Stehen in der Kälte wird er krystallinisch und besitzt nach dem Umkrystallisieren aus Äther den *Schmelzp.* 71°.

Im Antirheumol, das 1907 als äußerliches Antirheumaticum empfohlen wurde, war der rohe, noch Salicylsäuremethylester enthaltende Ester enthalten (*Ap. Z.* **1907**, 104).

Zernik.

Antisepsin, Asepsin, p-Bromacetanilid, durch Bromieren von Acetanilid in Eisessiglösung erhalten, bildet farblose Prismen vom *Schmelzp.* 165–166°, unlöslich in Wasser, leicht löslich in heißem Alkohol. S. Z. in Dosen von 0,02–0,1 *g* als Antipyreticum und als Antisepticum zur äußerlichen Anwendung empfohlen. Erwies sich als nicht ungefährlich! Veraltet. *Zernik.*

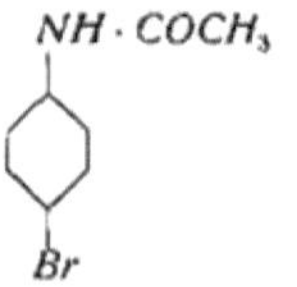

Antiseptische Mittel s. Desinfektion.

Antispasmin (*Merck*), Narceinnatrium-Natriumsalicylat,

$$C_{23}H_{25}NO_8Na + 3\,C_6H_4 \cdot OH \cdot COONa$$

ein alkalisch reagierendes, in Wasser leicht lösliches Pulver, wurde 1892 in Dosen von 0,01–0,1–0,2 *g* als Antispasmodicum und Sedativum empfohlen. Längst veraltet. *Zernik.*

Antithermin, Phenylhydrazinlävulinsäure, bei 108° schmelzende, farblose Krystalle, wurde 1887 in Dosen von 0,2 *g* als Antipyreticum empfohlen, kam aber wegen seiner unangenehmen Nebenwirkungen nicht in Aufnahme. *Zernik.*

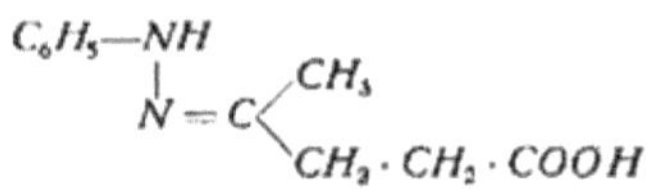

Antithyreoidin s. Serumpräparate. *Zernik.*

Antituman (*Riedel*), chondroitinschwefelsaures Natrium, $C_{18}H_{25}NSO_{17}Na_2$, ist als Bestandteil des Chondromukoids in der Knorpelsubstanz enthalten. Weißes, in Wasser mit neutraler Reaktion leicht lösliches Pulver. Da Knorpelgewebe erfahrungsgemäß vom Krebs verschont bleiben, glaubte OESTREICH, durch künstliche Zufuhr von Knorpelsubstanz in krebsige Neubildungen diese hemmen zu können; er empfahl dazu 1910 subcutane Injektionen von Antituman, 0,1 *g* ein- bis mehrmals täglich, mehrere Wochen lang. Antituman war im Handel als sterilisierte 2,5%ige Lösung mit Zusatz von 1/4% β-Eucain in Ampullen zu 4,4 *ccm*. Hat keinen Eingang gefunden. *Zernik.*

Antitussin (VALENTINER & SCHWARZ, Leipzig), eine Salbe aus 5 T. Difluordiphenyl, 85 T. wasserfreiem Wollfett und 10 T. Vaselin. Difluordiphenyl, $FC_6H_4-C_6H_4F$, wird nach Angaben der Darsteller durch Einwirkung von Fluorwasserstoff auf diazotiertes Benzidin erhalten in Form farbloser Krystalle vom *Schmelzp.* 87°, unlöslich in Wasser, leicht löslich in Alkohol und Fetten. Soll bei externer Anwendung sedativ wirken. Antitussin wurde speziell zur Kupierung von Keuchhustenanfällen empfohlen, ist aber ohne Bedeutung geblieben. *Zernik.*

Antivaricol Dr. HOFFMANN (KANNEN-APOTHEKE, Nürnberg), Liquor antivaricosus Müller, eine blaue Flüssigkeit, soll „Ferrimethylchlorphenolat" enthalten, dürfte vermutlich ein eisenchloridhaltiges Chlorkresol sein. Verdünnt als Antisepticum und Adstringens anzuwenden, 1 Eßlöffel auf 1/4 *l* Wasser. *Zernik.*

Antodyne, Monophenylglycerinäther, weiße, in Wasser, Alkohol, Äther leicht lösliche Krystallnadeln, wurde in Dosen von 0,5 ein- bis mehrmals täglich gegen die verschiedensten Leiden empfohlen. *Zernik.*

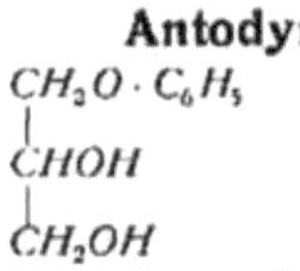

Anusol-Suppositorien (WEINREBEN, Frankfurt a. M.), ein Hämorrhoidenmittel, sollen angeblich bestehen aus „Bismutum jodresorcinsulfonicum", Zinkoxyd, Perubalsam, Kakaobutter und Wachssalbe. Nach SUYVER (Pharm. Weekblad **1908,** Nr. 45/46) ist weder Jod noch eine Sulfonsäure in dem Präparat enthalten; nachweisbar waren dagegen Zink, zum Teil als Sulfid, freies Resorcin und geringe Mengen einer nicht definierbaren organischen Wismutverbindung. *Zernik.*

Anytin (ICHTHYOLGESELLSCHAFT, Hamburg) hieß eine 33⅓%ige wässerige Lösung von Ichthyolsulfosäure; Anytole hießen Lösungen von Phenolen, ätherischen Ölen etc. in Anytin. *Zernik.*

Aperitol (*Riedel*) ist ein nach *D. R. P.* 212898, bzw. 216799 dargestelltes Gemisch gleicher Teile des Isovaleriansäure- und des Essigsäureesters des Phenolphthaleins, $C_{10}H_{12}O_4(C_5H_9O)_2 + C_{10}H_{12}O_4(C_2H_3O)_2$. Weißes krystallinisches Pulver ohne Geruch und Geschmack, leicht löslich in Aceton, Chloroform, Benzol, schwerer in Alkohol und Äther, unlöslich in Wasser. Beginnt bei 100° zu schmelzen und ist bei 135° flüssig. 1908 als Abführmittel an Stelle des Phenolphthaleins eingeführt; die Baldriansäurekomponente soll eine sedative Wirkung auf den Darm ausüben und auch bei empfindlichen Personen schmerzlose Wirkung gewährleisten. Die Zufügung der Acetylverbindung erfolgte, weil die Valerylverbindung allein zu schwach ist. Dosis 0,4 *g*; Wirkung nach ca. 12 Stunden. Im Handel in Form von Tabletten oder als Marzipanbonbons. *Zernik.*

Äpfelsäure, $CO_2H \cdot CH(OH) \cdot CH_2 \cdot CO_2H$, wurde von SCHEELE 1785 in Stachelbeeren und unreifen Äpfeln gefunden. Nur gewöhnliche oder l-Äpfelsäure findet technische Anwendung. Sie kommt teils frei, teils als Kalksalz im Pflanzenreiche außerordentlich oft vor, so z. B. in Äpfeln, Kirschen, Berberitzen, unreifen Vogelbeeren und Trauben, in den Stengeln von Rheumarten, in den Beeren vom Färbersumach, im Hauslauch, in den Tabaksblättern etc. Synthetisch kann sie aus Asparagin, Weinsäure, Chlor- und Brombernsteinsäure gewonnen werden.

Äpfelsäure krystallisiert schwer in zerfließlichen, büschelförmig vereinigten Nadeln. *Schmelzp.* 100°; $D^2{}_4$ 1,595; D^0 1,559. Die Säure dreht in verdünnter wässeriger oder in methylalkoholischer Lösung links. Sie ist sehr leicht in Wasser und Weingeist, wenig in Äther löslich.

Zur Darstellung (J. LIEBIG; s. R. HAGEN, *A.* **38**, 259 [1841]) eignen sich besonders unreife Vogelbeeren (Ebereschen). Sie werden zerquetscht und ausgepreßt. Die Preßrückstände werden mit etwas Wasser ausgelaugt. Der gesamte Preßsaft wird aufgekocht, filtriert und mit einer zur Neutralisation nicht ganz ausreichenden Menge Kalkbrei längere Zeit gekocht. Hierbei scheidet sich das unlösliche neutrale Kalksalz der Äpfelsäure als körniges Pulver aus. Es wird herausgeschöpft, zentrifugiert und getrocknet. Hierauf wird es in ein kochendes Gemisch von 1 T. Salpetersäure ($D = 1,4$) und 10 T. Wasser eingetragen. Aus dem Filtrat krystallisiert das saure Calciumsalz $Ca(C_4H_5O_5)_2 + 6H_2O$ in rhombischen Oktaedern beim Erkalten aus. 1 *t* Ebereschen kann 10 *kg* dieses Salzes liefern. Es wird mit der berechneten Menge Oxalsäure in wässeriger Lösung zerlegt. Man braucht auf 100 *kg* Salz etwa 27–30 *kg* Säure. Die Temperatur der Flüssigkeit soll bei diesem Prozeß 60° nicht übersteigen. Man filtriert vom Calciumoxalat ab und dampft die Lösung auf dem Wasserbade ein, bis der Rückstand beim Abkühlen völlig erstarrt. Schließlich wird die Äpfelsäure im Exsiccator getrocknet. Ausbeute 62% des angewandten sauren Kalksalzes.

Sehr geeignet zur Gewinnung der Äpfelsäure sind auch die Beeren des Sauerdorns (Berberis vulgaris), welche frei von Wein- und Citronensäure sind, sowie die Fruchtzapfen des Gerbersumachs (Rhus coriaria), aus deren wässerigem Auszug man mit Bleizucker das unlösliche äpfelsaure Blei ausfällen kann. Beim Eindampfen des Saftes des Zuckerahorns (Acer saccharinum) zum Zweck der Fabrikation von Ahornzucker scheidet sich äpfelsaurer Kalk als sandige Masse („sugar sand") ab (W. WARREN, *Am. Soc.* **33**, 1205 [1911]). 1000 Bäume liefern in einer Saison etwa 7–11 *kg* Salz, das in angegebener Weise auf Säure verarbeitet wird.

Äpfelsäure kann leicht in Fumarsäure und in Maleinsäureanhydrid übergeführt werden. Von Kaliumbichromat wird sie zu Malonsäure, von Salpetersäure zu Oxalsäure oxydiert, von Jodwasserstoffsäure zu Bernsteinsäure reduziert. Mit β-Naphthol und konz. Schwefelsäure gibt sie eine grüngelbe, bei vorsichtigem Erhitzen lichtgelbe, auf Wasserzusatz orange werdende Färbung. Bleizucker liefert einen voluminösen Niederschlag, der in kochendem Wasser harzartig zusammenschmilzt. Kocht man eine Lösung von äpfelsaurem Alkali mit Calciumchlorid, so entsteht ein Niederschlag des Kalksalzes. Bei Anwesenheit von Salmiak bleibt er aus, kann aber dann durch Zusatz von Alkohol abgeschieden werden. Äpfelsäure verhindert die Fällung der Schwermetalloxyde durch Alkalien, indem sie leicht lösliche Doppelsalze bildet, in denen das Schwermetall an der Gruppe *CH(OH)*, das Alkali am Carboxyle haftet.

Eine Verunreinigung der Säure mit Oxalsäure kann durch Erhitzen der Substanz nachgewiesen werden. Oxalsäure sublimiert vor den Spaltungsprodukten der Äpfelsäure und wird in den erhaltenen Beschlägen durch mikroskopische Untersuchung erkannt.

Die Säure wird therapeutisch verwertet. Sie ist ein Bestandteil mancher Abführmittel sowie von Pastillen, die gegen Katarrh und Heiserkeit empfohlen werden. Sie dient zur Darstellung vieler wissenschaftlicher Präparate (Cumarine etc.). *G. Cohn.*

Aphthisin (HELL, Troppau), Gemisch aus 9 T. guajacolsulfosaurem Kalium und 1 T. Petrosulfol (s.d.); im Handel nur in 6%iger sirupöser Lösung als Sirupus Guajacoli compositus „Hell" und in Gelatinekapseln à 0,25 *g* als Capsulae Guajacoli compositae „Hell". Antiphthisicum. *Zernik.*

Apiol, Petersiliencampher, in den Früchten, dem Kraut und der Wurzel der Petersilie, Petroselinum sativum Hoffm., enthalten.

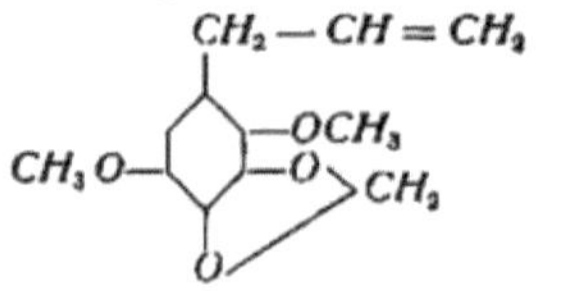

Man gewinnt es, indem man das alkoholische Extrakt der Früchte mit Äther auszieht; aus dem ätherischen Auszug krystallisiert Apiol in farblosen Nadeln vom *Schmelzp.* 32°, *Kp* 294°. Unlöslich in Wasser, leicht löslich in organischen Lösungsmitteln. In Dosen von 0,2–0,3 *g* bei Dysmenorrhöe, von 0,25–1 *g* bei Malaria empfohlen, auch subcutan in 20%iger öliger Lösung.

Von diesem Apiolum crystallisatum sind zu unterscheiden die flüssigen Apiole von gelber oder grüner Farbe; es handelt sich bei diesen, besonders im französischen Handel vorkommenden Präparaten um Destillate oder (meist ätherische) Extrakte aus Petersilienfrüchten. Anwendung analog wie bei Apiolum crystallisatum. *Zernik.*

Apol orot B, G (*Geigy*), saure Azofarbstoffe aus p-Nitranilin und α-Naphthylamindisulfosäure D, egalisieren zwar gut in gelb- und rotblauen Tönen auf Wolle in schwefelsaurem Bade, sind aber mäßig echt. *Ristenpart.*

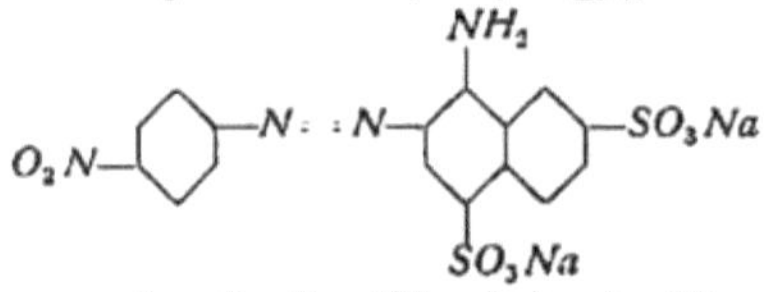

Apolysin (*Heyden*), ein Monophenetidid der Aconitsäure,

$$(C_6H_5O_5)\cdot NH\cdot C_6H_4OC_2H_5+H_2O,$$

wurde nach *D. R. P.* 87428 durch Erhitzen von p-Phenetidin und Citronensäure bei Gegenwart wasserentziehender Mittel gewonnen. Weißes Pulver vom *Schmelzp.* 72°, leicht löslich in heißen Wasser. Wurde s. Z. in Gaben von 0,5–1,5 *g* mehrmals täglich als Antipyreticum empfohlen. *Zernik.*

Apomorphin s. Morphin unter Opium-Alkaloide.

Aponal (*Zimmer*), der Carbaminsäureester des tertiären Amylalkohols, wird erhalten nach *D. R. P.* 245491 bzw. 246298 durch Einwirkung von Harnstoffchlorid auf Amylenhydrat bei Gegenwart salzsäurebindender Mittel. Farblose Krystalle, die zwischen 83 und 86° schmelzen; leicht löslich in Alkohol, Chloroform, unlöslich in Wasser; Geruch campherartig, Geschmack angenehm. In Dosen von 1–2 *g* als Schlafmittel empfohlen. *Zernik.*

$$\left.\begin{matrix}(CH_3)_2\\ C_2H_5\end{matrix}\right\rangle C\cdot O\cdot CO\cdot NH_2$$

Appretur. Der Ausdruck Appretur kommt vom Lateinischen „adparare" und bedeutete ursprünglich nur die Operationen, welche bezweckten, dem gefärbten bzw. bedruckten Gewebe ein gefälliges, marktfähiges Aussehen zu erteilen. Es entspricht dies dem englischen Ausdruck „finish", d. i. fertigstellen, und das Wort hat in der französischen Technologie diese Bedeutung beibehalten (apprêter). In Deutschland versteht man dagegen unter Appretur meistens sämtliche Operationen, die bestimmt sind, das von der Weberei kommende Gewebe zu veredeln, marktfähig zu machen. Infolgedessen sollten sowohl die vorbereitenden Operationen der Wäsche, Bleiche, Walke u. s. w., wie die fertigstellenden, speziellen Operationen der Appretur hier Besprechung finden.

Dagegen erscheint es zweckmäßiger, hier, dem begrenzten Ausdruck entsprechend, unter Appretur bloß die Operationen zu erläutern, welche sich auf das Fertigstellen bzw. Zurichten der bereits gebleichten, bedruckten oder gefärbten Gewebe beziehen, da die Besprechung der eigentlichen vorbereitenden Operationen: Wäsche, Bleichen u. s. w. sowie das Färben und Bedrucken der gereinigten Ware an anderer Stelle erfolgen wird (vgl. darüber Gespinnstfasern, Druckerei, Färberei). Allerdings kann nicht vermieden werden, daß gewisse Operationen, die sowohl an der rohen Ware wie an der gefärbten vorgenommen werden können (Sengen, Rauhen, Kratzen u. s. w.), auch hier Erwähnung finden, damit ein möglichst vollständiges Bild dieses Industriezweiges gegeben werde.

In historischer Hinsicht kann wohl, ohne auf Einzelheiten eingehen zu wollen, erwähnt werden, daß die Appretur ebenso alt ist wie die Textilindustrie selbst; natürlich entsprachen die Hilfsmittel dem jeweiligen Stand der Technik. Im Altertum waren daher die Ausrüstungsoperationen primitive, doch war das Rauhen der Tuche schon den Griechen und Römern bekannt, und der Anbau der Kardendistel wurde in Deutschland von Karl dem Großen anempfohlen. Die Zünfte der Tuchscherer und Tuchbereiter im Mittelalter benutzten die Walkmühle für die Bearbeitung der Tuche, und die aus damaliger Zeit stammenden Erzeugnisse beweisen eine schon ganz bemerkenswerte Fertigkeit in der Ausrüstung. Auch das Glänzendmachen durch Einwirkung von Hitze (Bügeln) dürfte uralt sein, wie das Stärken der Gewebe, welches bei den Indiern, früher wie jetzt noch, mit Reis erfolgte. Die Entwicklung der Stärkefabrikation im 16. Jahrhundert, das anscheinend zuerst in Flandern eingeführte Steifen der Wäsche mit Stärke (1525), dann besonders die Entwicklung der Kattundruckerei im 18. Jahrhundert brachten es mit sich, daß auch die Fertigstellung der Ware mit den steigenden Ansprüchen sich immer mehr und mehr vervollkommnete. Doch brachte erst das 19. Jahrhundert mit seiner hochentwickelten maschinellen Technik die jetzt gebräuchlichen Hilfsmittel, welche die früher umständliche Handarbeit ersetzen sollen.

Es darf hier nicht unerwähnt bleiben, daß die Appretur der Gewebe in weitgehendem Maße von der Mode beeinflußt wird, und daß sie sich auch je nach dem Verwendungsland außerordentlich verschieden gestalten kann. Wie die einzelnen Länder für gewisse Farben Vorliebe zeigen (Rot in Rußland, Blau in Ungarn u. s. w.), so verlangt auch jedes Land, mitunter auch verschiedene Gegenden desselben Landes, verschiedene Ausstattung, wodurch die Appreturmethoden ins unzählige gehen. Es können also hier, um sich nicht in Einzelheiten zu verlieren, nur die allgemeinen Methoden zur Sprache kommen.

Einteilung der Appreturarbeiten.

Der von der Weberei kommende Stoff bedarf zunächst der Operationen der Bleiche, Wäsche u. s. w. (s. Gespinnstfasern). Aber auch der bereits glatt gefärbte oder gemusterte (bedruckte) Stoff muß zur Verschönerung seines Aussehens und zur Erhöhung seines Handelswertes eine Reihe von Behandlungen durchmachen, von denen die wichtigsten die folgenden sind:

1. Zur Entfernung von Unebenheiten und Fehlern des Stoffes selbst: Noppen, Sengen, Scheren.

2. Zur Umänderung der Oberfläche: Walken, Rauhen, Scheren, Mangeln, Glätten, Gaufrieren, Moirieren, Kalandern, Ratinieren u. a. m. Allerdings sind diese Operationen in ihrer Wirkung recht verschieden; sie werden übrigens vielfach in Verbindung mit anderen Behandlungen gebraucht (vgl. z. B. unter 5).

3. Das Weichmachen der Gewebe kann erreicht werden: durch Dämpfen, Einspritzen, Dekatieren oder Pflatschen mit hygroskopischen Substanzen.

4. Das Steifmachen oder Griffigmachen wird erzielt durch Stärken, Imprägnieren und ähnliche Operationen.

5. Das Glänzendmachen der bereits griffigen Ware durch Kalandern, Pressen, Stampfen u. s. w.

6. Zwischenbehandlungen wie Bäumen, Auf- und Abrollen, Trocknen, die zwischen zwei Appreturoperationen vorgenommen werden müssen.

7. Die Einstellung der Gewebe auf Fadengeradheit und Ausziehen auf bestimmte Breite mit Hilfe von Spannrahmen u. dgl. m.

8. Das Fertigstellen der appretierten Ware durch Falten, Wickeln, ev. Doublieren, endlich Messen und Verpacken.

Hiermit sind bei weitem noch nicht alle möglichen Behandlungen aufgezählt, da für bestimmte Zwecke besondere Operationen: Beetle für Satinware, Potting für Wolltücher u. s. w. in Betracht kommen.

Die zur Appretur dienenden Mittel kann man einteilen einerseits in chemische Mittel, andererseits in physikalische bezw. mechanische Hilfsmittel; die letzteren bestehen hauptsächlich in der Anwendung von Druck, Reibung, Spannung, Wärme u. s. w. Sehr zahlreich sind die chemischen Appreturmittel, von denen nur die wichtigsten hier aufgezählt werden können, zumal sie täglich infolge Neuerungen zunehmen.

Chemische Mittel zur Appretur.

1. Eigentliche Verdickungs- oder Steifungsmittel, die bestimmt sind, das Gewebe zu stärken oder griffig zu machen.

Hierzu gehören vor allem die Stärkearten selbst (Weizen-, Reis-, Mais-, Kartoffel-, Kastanienstärke u. s. w.) und ihre zahlreichen Umwandlungsprodukte: Dextrin, Apparatin, Leiogomme u. s. w., dann die Gummiarten, Traganthgummi, ferner Albumin, Caseïn, Fischleim, Gelatine, seltener Flechtenarten (isländisch Moos), Flohsamen, Leinsamen, Kleber u. dgl. m.

2. Mittel zum Weich- oder Geschmeidigmachen bezw. hygroskopische Substanzen. Erwähnenswert sind vor allem die Fette: Sulforicinate (Türkischrotöle) in verschiedenen Marken, Talg, Stearin, Olivenöl, Paraffin, Spermaceti, Wachs u. s. w., dann Glycerin, Glucose; von anorganischen Salzen: Chlorcalcium, Zinkchlorid und die Alkalicarbonate.

3. Zum Beschweren der Ware dienen: Bariumsalze wie Schwerspat, Bariumchlorid, Bariumcarbonat, weiter Gips, Kreide, China-clay und Kaolin, Steatit bezw. Talk; Bleisulfat, Zinkvitriol, spanische Erde u. s. w., also wohl ausschließlich anorganische Körper.

4. Zum Schönen der Ware werden gebraucht: Ultramarin (verschiedene Marken) zum Bläuen, dann Berliner- und Pariser-Blau, Ocker und andere Mineralfarben. Für tierische Fasern dienen Anilinviolett oder andere Anilinfarben, seltener jetzt Indigocarmin oder Cochenilleammon.

5. Fäulnisverhindernd wirken gewisse Zusätze wie: Borsäure und Borate, Chlorzink, Salicylsäure, Alaun, Ameisensäure, Tannin u. dgl. m. Man vermeidet im allgemeinen die Verwendung stark riechender Substanzen, wie Carbolsäure u. s. w., da die Ware schwer verkäuflich wird.

Für besondere Zwecke benötigt man weiter

6. Substanzen zum Wasserdichtmachen, als: Stearin, Wallrat, Fette und Wachse, trocknende Öle, Paraffin, verschiedene Harze (Kolophonium), insbesondere finden die Tonerdesalze weitgehende Verwendung.

7. Zum Unverbrennlichmachen sind zahlreiche Körper vorgeschlagen worden, wie: Borsäure, Alaun, Phosphate, Wolframate der Alkalien, Silicate u. dgl. m.; diese Operation hat sich allerdings nur wenig eingeführt.

Endlich können auch für verschiedene Zwecke Metallbronzen, Glimmer, Musivgold u. dgl. m. Verwendung finden. Zur Haltbarmachung der Silkfinish sind Celluloseacetatlösungen vorgeschlagen worden, und es ist die Verwendung noch weiterer chemischer Mittel denkbar. Eine eingehende Besprechung der, wie ersichtlich, zahlreichen Produkte kann hier unmöglich erfolgen; immerhin muß die Rolle der wichtigsten derselben in der Appretur kurz charakterisiert werden.

Wichtig als Versteifungsmittel ist die Stärke, welche die Grundlage der meisten Appretmassen für Baumwolle bildet; man bedient sich vornehmlich der Kartoffel- und Weizenstärke, für feinere Ware auch der Reisstärke, sowie zahlreicher von diesen abgeleiteter Präparate, z. B. Apparatin, welche unter mehr oder weniger phantastischen Namen in den Handel kommen.

Die verschiedenen Stärkearten sind bekanntlich in Wasser unlöslich; durch Kochen mit diesem quellen sie auf und liefern eine gleichmäßige, zähe Maße, die als Kleister bezeichnet wird. Durch Tränken oder Aufstreichen des Kleisters auf das Gewebe und nachheriges Trocknen bleibt auf diesem eine dünne hornartige Maße zurück, die dem Gewebe Griff und eine gewisse Härte verleiht.

Wichtig sind weiter die durch Rösten bzw. Einwirkung von Säuren erhaltenen Dextrine und gebrannten Stärken. Leiogomme ist gebrannte Kartoffelstärke; Britishgum wird aus Maisstärke durch Rösten gewonnen.

Vielfach gebraucht werden auch die Gummiarten, z. B. die löslichen, wie Senegalgummi oder der in Wasser unlösliche Traganthgummi, der beim Kochen mit Wasser unter Druck zu einem Schleim aufquillt. Je nach dem zu erreichenden Zweck wird das eine oder andere Steifungsmittel gebraucht, wobei nicht nur die Qualität des Stoffes und der zu erzielende Griff, sondern auch die Farbe von Einfluß sein können. Gebrannte Stärken können z. B. ihrer dunklen Farbe wegen nur für dunkle Töne auf Glattware gebraucht werden.

Zum Geschmeidigmachen gebraucht man Glycerin resp. infolge seiner steigenden Preise vielfach Glycerinersatzmittel (Softening), die vielfach aus konz. Glucoselösungen bestehen dürften. Die Verwendung dieses Produktes ist allerdings nicht immer unbedenklich, da Traubenzucker leicht zur Schimmelbildung neigt. Fettkörper dienen ebenfalls für den genannten Zweck, wie sie auch in der Spinnerei zum Spicken, d. i. Einfetten des zu verspinnenden Materiales dienen, um ein besseres Gleiten der Fasern auf den bearbeitenden Maschinen zu erreichen. Dagegen benutzt man die Wachse hauptsächlich für Waren, die starken Glanz durch Druck erhalten sollen.

Zum Beschweren dient vornehmlich China-Clay, ein vollkommen weißes Aluminiumsilicat (Ton), außerdem die schon erwähnten anorganischen Beschwerungsmittel, insbesondere Bariumsalze. Um die Schimmelbildung in der Appretmasse zu verhindern, müssen öfters Antiseptica zugegeben werden, von denen besonders die vollkommen geruchlose Salicylsäure erwähnt sei, sowie die Zinksalze. Um den meist gelblichen Ton der fertigen Ware zu neutralisieren, wird die Weißware bzw. gemusterte Ware mit Weiß fast immer gebläut. Für Baumwolle und Leinen dient hierzu außer Indanthrenblau in großen Mengen das Ultramarin, welches in verschiedenen Marken erzeugt wird und als Mineralfarbe lichtecht ist. Dagegen wird es von Säure sofort zersetzt und ist daher zum Appretieren der Wolle nicht geeignet; hier benützt man lösliche Anilinfarben, die aber den Übelstand besitzen, lichtempfindlich zu sein. Für helle gelbe Töne (bei Möbelstoffen z. B.) gebraucht man Ocker, welcher sich für den besonderen Zweck infolge seiner Lichtechtheit und Unlöslichkeit vorzüglich eignet.

Um die genannten Körper, sowie überhaupt sämtliche in der Appretur gebrauchten Materialien auf das Gewebe aufzutragen, müssen sie zunächst in die geeignete Form gebracht werden; sie müssen verflüssigt werden, was durch Kochen mit Wasser erfolgt. Hierbei werden die stärkeartigen Körper verkleistert; in dem erhaltenen Kleister lösen sich die wasserlöslichen Salze oder Zusätze auf. Die unlöslichen werden in Suspension gehalten; Öle und Fette u. s. w. werden emulgiert, d. h. ebenfalls in feinste Tröpfchen aufgelöst.

Das Appretkochen erfolgt meistens in doppelwandigen Kupferkesseln, die mit Dampf geheizt sind; zum Teil werden auch Druckapparate gebraucht.

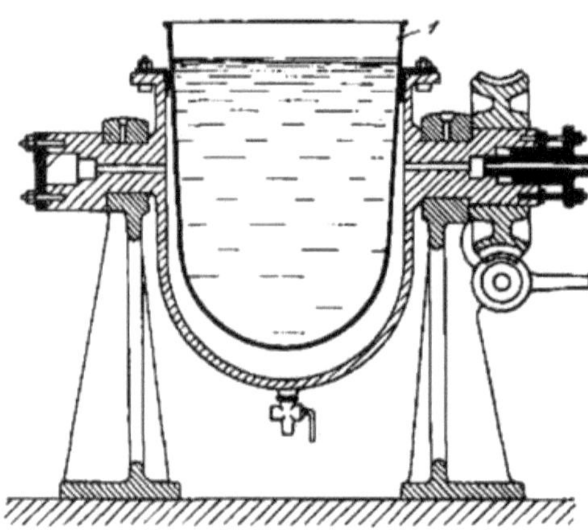

Abb. 168. Appretkocher.
1 Kochkessel; 2 Dampfleitung.

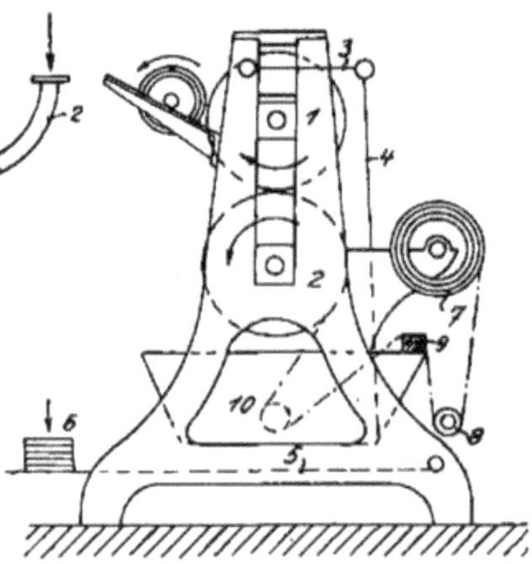

Abb. 169. Stärkekalander (Paddingmaschine).
1, 2 Walzen; 3, 4 und 5 Hebelwerk; 6 Gewicht; 7 Warenbaum; 8 Führungswalze; 9 Streichriegel; 10 Stärketrog.

Es können im allgemeinen dieselben Apparate benützt werden, wie zum Kochen der Farben für die Druckerei. Die Herstellung erfolgt zweckmäßig in der sogenannten Appretküche, die möglichst sauber sein soll; insbesondere vermeide man jeglichen Farbstaub, halte sie also von der Farbküche getrennt.

Es bedarf wohl keiner weiteren Ausführung, daß die Appreturrezepte, d. i. die Zusammensetzung der Appretmasse sowohl in qualitativer wie quantitativer Hinsicht die größten Verschiedenheiten aufweisen können. Die Zusammensetzung richtet sich nach der Warenart und der nachfolgenden Behandlung, nach dem zu erhaltenden Griff, ob leichte oder schwere, griffige oder geschmeidige Ware verlangt wird. Es gibt also hunderte von Rezepten, und es verlangt in dieser Hinsicht allein schon von seiten des Appreturleiters eine sehr große Erfahrung, um die richtige Masse herzustellen. Es sei hier übrigens gleich bemerkt, daß die spezielle Appretur eine nur durch lange Praxis zu erlernende Kunst darstellt, in welcher der durch lange Jahre ausgebildete Gefühlsinn bei weitem wichtiger ist als chemische Kenntnisse. Einzelne typische Rezepte für Appretmassen sollen später im Kapitel der speziellen Appretur als Beispiele angeführt werden.

Um die fertigen Appretmassen auf das Gewebe aufzutragen, sind verschiedene Wege möglich. Beim Klotzen oder Pflatschen geht das Stück durch die

Appretmasse in voller Breite hindurch. Diese Operation geschieht auf dem sogenannten *Stärkekalander*, auch *Paddingmaschine* genannt.

Das nach Passieren des Troges mit der Appretmasse beiderseitig beladene Stück wird zwischen Holz- bzw. Metallwalzen, die öfters mit Gummiüberzug versehen sind (Foulard), ausgepreßt, um es von dem mitgeführten Überschuß an solcher zu befreien. Ist die Masse dünn und der ausgeübte Druck groß, so bleibt natürlich nur wenig Appretmasse in der Ware; dagegen wird sie bei dicker Appreturmasse und geringem Druck stark gekleistert. Man hat es also in der Hand, durch Auswahl passender Bedingungen nach Wunsch die eine oder andere Ausführungsart zu erzielen. Bei dieser Arbeitsweise befindet sich die zur Appretur dienende Masse in einem besonderen Trog (auch Chassis genannt). Die Ware geht in voller Breite durch die Masse hindurch und kommt dann zu den auspressenden Foulardwalzen; der Stoff wird hier durch die beiden Foulardwalzen rechts- oder linksseitig hindurchgeführt.

Will man bloß einseitig, rechts- oder linksseitig appretieren, so sind verschiedene Vorrichtungen gebräuchlich, von denen hier bloß zwei erwähnt werden sollen. Es wird wie oben die Ware in voller Breite durch die beiden Druckwalzen geführt,

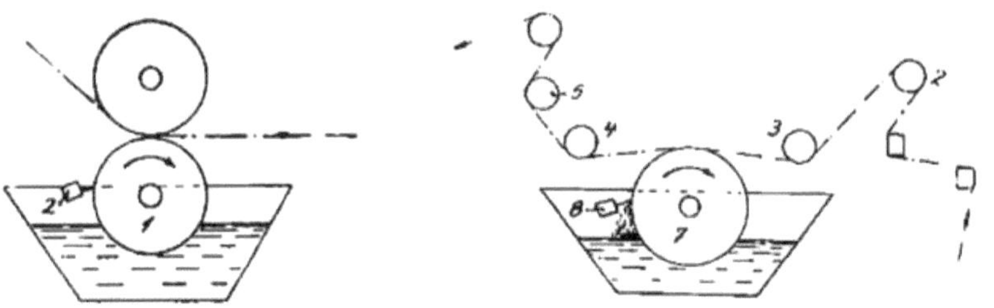

Abb. 170 und 171. Einseitige Appreturvorrichtungen.

Abb. 170. 1 Stärkewalze; 2 Abstreichschiene.

Abb. 171. 2, 3, 4 und 5 Führungswalzen; 7 Stärkewalze; 8 Abstreichschiene.

von denen die untere in die Appretmasse eintaucht und daher als Zuführungswalze dient. Die Walze kann glatt oder noch besser graviert sein; dann ist sie mit einem Abstreichmesser (Rackel, Doktor) ausgerüstet, das den Zweck hat, den Überschuß der Masse abzustreichen. Die obere Walze ist mit Bombage versehen (ausgefüttert) oder besitzt einen Mitläufer, um das Beschmutzen der Leisten zu verhindern. Die einseitige Auftragung der Appretur kann aber auch ohne Druckwalze in der Weise erfolgen, daß die Ware über eine Walze geführt wird, die in der Appretmasse läuft und ebenfalls mit Abstreichmesser versehen ist (Abb. 171). Es wird also hier nur *eine* Walze gebraucht; dieselbe kann ebenfalls glatt oder graviert sein, dann kann die Ware in der Richtung der auftragenden Walze sich bewegen, oder es kann die Warenbewegung entgegengesetzt sein (Linksappreturmaschine), wobei allerdings zu bemerken ist, daß bei jedem Verfahren außerdem verschiedene Varianten durchgeführt werden können. Man ist also in der Lage, die Ware entweder beiderseitig, rechtsseitig oder linksseitig mit Appretmasse zu versehen, wobei natürlich die Auswahl des Verfahrens von dem zu erzielenden Appret abhängig ist. Weiter erfolgt das Auftragen wohl stets auf das ausgebreitete Gewebe; das Eintauchverfahren, welches dem Stärken der Wäscherinnen ähnlich ist, dürfte wohl kaum mehr Verwendung finden. Unmittelbar auf das Stärken bzw. das Auftragen der Appreturmasse folgt in allen Fällen das Trocknen, und dann schließen sich die weiteren zahlreichen mechanischen Operationen an, die nun zunächst besprochen werden sollen.

Eine besonders wichtige chemische Appretur ist die Mercerisation, die sowohl mit der rohen (abgekochten) als auch mit der gebleichten Ware, selten mit bereits gefärbten oder bedruckten Waren durchgeführt wird. Die Mercerisation besteht in der Einwirkung starker Natronlauge auf die Baumwollgewebe, wodurch die Faser nicht nur chemisch, sondern auch physikalisch verändert wird. Besonders wichtig ist die Mercerisation unter Spannung, die den Baumwollgeweben hohen Glanz verleiht und eine der wichtigsten Appreturoperationen darstellt. Die Mercerisation soll im Zusammenhang mit der Veredlung der Fasern später besprochen werden (s. Gespinstfasern).

Durch örtliche Mercerisation auf dem Druckgewebe kann ein Kreppartikel erzeugt werden, der allerdings mit dem in der Weberei erzeugten bezüglich Widerstandsfähigkeit sich nicht messen kann.

Mechanische Hilfsmittel zur Appretur.

Außerordentlich zahlreich sind die mechanischen Hilfsmittel, die bei der Appretur gebraucht werden. In maschineller Hinsicht ist die Appretur erheblich verwickelter als die Bleicherei, Färberei oder Druckerei, die, abgesehen von der Druckmaschine, verhältnismäßig einfache mechanische Hilfsmittel gebrauchen.

Die Zahl der bei der Appretur verwendbaren Maschinen ist dagegen sehr groß, und es können daher nur die wichtigsten Typen angeführt werden.

Trockenvorrichtungen: Die Trocknung der appretierten Ware ist die erste und wohl auch die wichtigste aller mechanischen Operationen. Sie hat nicht nur den Zweck, das mit der Appreturmasse zugeführte Wasser zu entfernen, sondern man kann durch die Wirkung der Hitze gleichzeitig eine Glättung der Ware und bei gewissen Trockenvorrichtungen, die mit Spannvorrichtungen versehen sind (Rahmen), auch ein Ausbreiten der Ware auf bestimmte Dimensionen, sowie die Geradrichtung der Schußfäden erreichen.

Bezüglich der Appretur handelt es sich bloß darum, die Kapillarflüssigkeit durch Verdunstung zu entfernen, was wohl stets auf dem Wege des Erhitzens geschieht. Die in der Vorappretur vielfach gebrauchte Zylindertrockenmaschine kommt bei der eigentlichen Appretur weniger in Betracht, obgleich sie sehr leistungsfähig ist. Sie besteht aus kupfernen, mit Dampf geheizten Trommeln, deren Durchmesser bis zu 2 *m* groß sein können, und auf denen der feuchte Stoff direkt durch starke Spannung glatt aufliegt. Meistens verwendet man jetzt mehrere Trommelwalzen mit geringerem Durchmesser (400 *mm* z. B.); der Eintritt des Dampfes erfolgt auf einer Seite durch die hohlen Zapfen, der Kondensdampf bzw. das Wasser treten durch den anderen Zapfen aus und in den zweiten Zylinder ein u. s. w. Je nach der Anzahl der Zylinder sowie der Anwendung derselben gibt es verschiedene Bauarten; das gleiche gilt von der Warenführung. Bei gestärkter Ware darf im allgemeinen die Berührung derselben mit den Trockenzylindern bloß auf einer Gewebeseite erfolgen, wodurch eine bestimmte Führung notwendig wird.

So leistungsfähig die Zylindertrockenmaschine auch ist, so hat sie doch den Übelstand, daß infolge der Längsspannung die Ware in die Länge gezogen wird, was wohl vorteilhaft sein kann, dafür aber ein Eingehen in der Breite bedingt. Wenn bestimmte Breite vorgeschrieben ist, muß man dann zu anderen Vorrichtungen greifen, insbesondere zu den jetzt zu besprechenden Spannrahmen- und Trockenmaschinen, von denen es zahlreiche Modelle gibt.

Der stehende Spannrahmen besteht aus zwei Längsschienen von der Länge des zu trocknenden Stückes (40—50 *m*). Diese sind mit Klammern versehen, mit denen die Leisten der Ware eingeklemmt werden. Dies erfolgt in ungespanntem Zustande. Nun werden die beiden Längsschienen durch Andrehen einer Kurbel von einander entfernt, bis die gewünschte Breite erreicht ist; dann wird ein in der Längsrichtung arbeitender Ventilator in Bewegung gesetzt, der durch Rippenheizrohre erwärmte Luft zur Trocknung zuführt. Der eben erwähnte Handrahmen

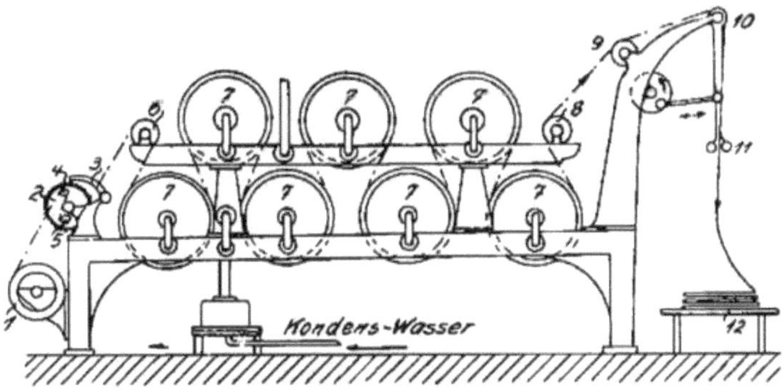

Abb. 172. Zylindertrockenmaschine.
1 Warenbaum; 2 und 3 Sperrvorrichtung; 4 und 5 Leitriegel; 6 und 8 Breithalter; 7 Trockentrommeln; 9 Leitrolle; 10 und 11 Fächervorrichtung (Legeapparat); 12 Ablegetisch.

besitzt übrigens eine Vorrichtung, mittels welcher die beiden Längsschienen sich um eine gemeinsame Achse, während das Stück aufgespannt ist, verschieben können; hierdurch können dünne Gewebe fadengerade erhalten werden, d. h. Gewebe, in denen durch die Operationen der Wäsche u. s. w. die Schußfäden sich gegeneinander verschoben haben, können wieder in senkrechter Richtung zu den Kettfäden eingestellt werden. Der Handrahmen ist infolge seiner geringen Leistungsfähigkeit nur noch wenig in Gebrauch, und für große Produktion wird jetzt fast überall der Kontinuerahmen verwendet, der auch in verschiedenen Bauarten hergestellt wird. Dieselben bestehen aus eisernen Rahmen von verschiedener Länge, die sich je nach der gewünschten Breite mehr oder weniger entfernen lassen.

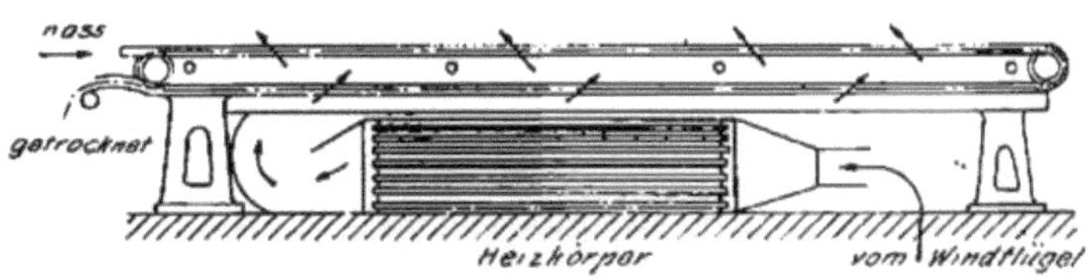

Abb. 173. Kontinuerahmen.

Diese tragen zwei Ketten ohne Ende, welche über zwei Endwalzen laufen, die ihre Fortbewegung bewirken. Von diesen wird das Gewebe mittels Spitzen (Nadeln) oder Kluppen (Klammern) gefaßt, gespannt und fortbewegt, während durch einen Ventilator warme Luft zugeführt wird, die das Trocknen bewirkt. In dem Handrahmen ist das Stück ruhend, hier dagegen läuft es feucht auf der einen Seite der Maschine, die etwas schmäler ist (Einlaßfeld), herein, wird dann in voller Breite über die Trockenvorrichtung geführt und verläßt getrocknet die Maschine auf der anderen Seite.

Diese Bauart bedingt sehr lange Räume; die Einlaßseite und das Austrittsfeld sind räumlich sehr weit voneinander entfernt und können daher nur durch verschiedene Arbeiter beaufsichtigt werden. Eine übersichtliche und gedrängtere Bauart wird durch die Etagentrockenmaschine erzielt, die sich in vielen Betrieben vorteilhaft eingeführt hat.

In den kastenförmigen Apparaten wird die zu trocknende Ware durch zwei parallele Spannketten entweder horizontal oder vertikal mehrere Male hin und hergeführt, wobei der Laufweg so lang ist, daß die Ware trocken herauskommt. Um die Maschine für verschieden dicke Ware gebrauchen zu können, kann durch ein Vorgelege die Geschwindigkeit entsprechend vergrößert oder verringert werden. Bei dicken Geweben, die natürlich mehr Flüssigkeit zurückhalten, ist ein langsamerer Gang vonnöten als bei dünner Ware, die sehr rasch trocknet. Wie oben schon erwähnt wurde, ist sowohl horizontale wie vertikale Führung möglich, meistens ist die erstere üblich. Die Erwärmung der Trockenräume erfolgt entweder durch eingelegte Rippenheizrohre, die durch Dampf geheizt werden, oder durch Einblasen von warmer Luft, die mittels eines Röhrenwärmers erzeugt wird. Zweckmäßig wird durch einen Ventilator die mit Wasserdampf gesättigte feuchte Luft abgesaugt.

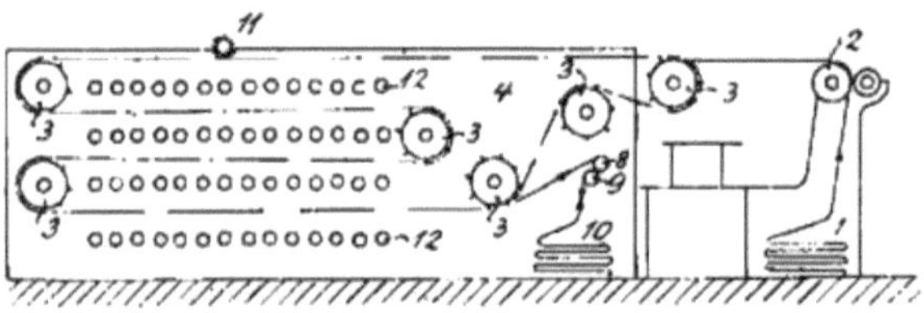

Abb. 174. Etagenrahmen.

1 feuchte Ware; 2 Ausbreitwalze; 3 Kettenrollen; 4 Trockenraum; 8 und 9 Spannrollen; 10 trockene Ware; 11 Abstreichbürste; 12 Heizkörper.

Was das Breithalten der Gewebe anbelangt, so sind meist zwei Befestigungsmethoden üblich; entweder wird die Nadelkette oder die Kluppenkette gebraucht. Die Nadelkette besteht aus einer endlosen Kette, die aus scharnierartigen Kettengliedern zusammengesetzt und mit Nadeln besetzt ist, in die die Leisten der Gewebe mittels zweier Rollen eingedrückt werden. Dafür ist das sog. Einlaßfeld etwas schmäler gehalten als die volle Breite des Gewebes, damit das Aufnadeln durch die bedienende Arbeiterin sicher erfolgen kann. Hierauf erst wird das Gewebe zur vollen Breite gestreckt und wird dann durch entsprechend angelegte Abziehwalzen nach der Trocknung abgenadelt.

In allerneuester Zeit benutzt man auch elektrische Einführungsapparate, die das Aufnadeln automatisch besorgen.

Die Kluppenkette trägt an Stelle der Nadeln eine Reihe von Kluppen; das sind breite Klammern verschiedener Konstruktion, die die Leisten der Gewebe erfassen und festhalten bis zum Austritt aus der Maschine, wo durch eine geeignete Vorrichtung die Kluppe losgelöst und das Gewebe von den Ablegewalzen erfaßt wird. Übelstand der Nadelkette ist, daß die Leisten die kleinen Löcher der Nadelkette aufweisen; bei der Kluppenkette trocknen die Leisten etwas schwieriger, auch sind gewisse helle Farben mitunter metallempfindlich.

Es werden auch Spannrahmen mit Nadelkette nach Art der Hotflue gebaut; die Trocknung erfolgt mit Hilfe einer Reihe von Dampfplatten, die parallel der Gewebebahn, meist vertikal, aufgestellt sind. Die erwähnte Hotflue kann ebensowohl für Appretzwecke, wie für Glattfärberei, Vorbeizen u. s. w. gebraucht werden.

Noppen, Carbonisieren, Sengen, Scheren, Bürsten. Die meisten der genannten Operationen gehören zur Vorappretur und sollen daher auch an späterer Stelle (Gespinstfasern) ausführlicher behandelt werden.

Das Noppen bezweckt die Entfernung von Knoten aus den Geweben, was meistens von Hand mit der Noppzange oder dem Noppeisen, mitunter auch mit Noppmaschinen geschieht.

Beim Carbonisieren werden die in gewissen Wollstoffen noch vorhandenen pflanzlichen Fasern, welche die Farbe nicht oder nur schlecht angenommen haben, entfernt. Dies geschieht, indem man die Ware mit verdünnter Schwefelsäure oder bei säureempfindlichen Farben mit Chloraluminium bzw. Chlormagnesium tränkt und dann höherer Temperatur aussetzt. Die Carbonisiermaschine ist eine Trockenmaschine, die aus zwei Abteilungen besteht: in der ersten Kammer wird die Ware getrocknet. in der zweiten auf ca. 100° C erhitzt. Hierbei wird die Pflanzenfaser zerstört und bei der nachfolgenden Waschoperation (zwecks Entsäuerung unter Sodazusatz) vollkommen entfernt. Es kann die Carbonisation gefärbter Ware selbstredend nur an Tuchen ausgeführt werden, die carbonisierecht gefärbt sind; vielfach ist das Carbonisieren der losen Wolle oder der ungefärbten Tuche üblich.

Das Sengen hat den Zweck, den Haarflaum durch Abbrennen zu entfernen. Nicht gesengte Ware sieht staubig aus, da der Flaum die Farbe nicht annimmt und daher einen grauen Überzug auf dem gefärbten Boden bildet.

Bei Baumwollware ist es meistens üblich, das Sengen als erste Operation vor dem Bleichen vorzunehmen; mitunter ist allerdings ein Nachsengen nötig, wenn durch langdauernde Färbeoperationen die Oberfläche der Gewebe flaumig geworden ist. Auch leichtere Wollgewebe müssen öfters gesengt werden. Für gefärbte Ware kommt wohl nur die Gassenge in Betracht. Sie besteht aus einer oder mehreren Gasrampen von der Breite des Stoffes, die mittels zugeführter Luft als Gebläseflamme wirken und über die das zu sengende Gewebe mit einer solchen Geschwindigkeit geführt wird, daß bloß der oberflächliche Flaum verbrennt, die Ware selbst natürlich keinen Schaden erleidet. Je nachdem wird rechtsseitig (bei Köperbindungen z. B.) oder beiderseitig, mit 1–4 Gasrampen gearbeitet. Ausführlicher soll die Sengerei in Verbindung mit der Bleicherei zur Sprache kommen (s. Gespinnstfasern).

Der Zweck des Scherens ist entweder, eine vollkommen glatte Oberfläche zu erzielen, wie dies bei Druckware vor dem Drucken unerläßlich ist, oder aber, insbesondere bei Wollstoffen, Velour, Samt u. s. w., die natürliche oder künstliche Haardecke auf eine gleichmäßige Länge zu bringen, wodurch das Aussehen bedeutend gehoben wird. Das Scheren bildet daher eine wichtige Appreturoperation. Bei der vom Trocknen kommenden Ware ist natürlich die Haardecke mehr oder weniger zusammengeklebt, und die Haare liegen größtenteils wirr durcheinander. Um zunächst die Haardecke zu trocknen und die Haare möglichst parallel zu legen, passiert das Gewebe die Bürstenabstrichmaschine, die aus einem Dämpftisch mit nachfolgender rotierender Bürstentrommel besteht. Die Trommel rotiert der Warenrichtung entgegengesetzt. Das nun erfolgende Scheren geschah früher von Hand mit einer großen Tuchschere, was sehr langwierig war und große Kunstfertigkeit erforderte. Heute erfolgt das Scheren wohl ausschließlich auf Schermaschinen mit 1, 2, 3 und 4 Schneidzeugen. Jedes Schneidzeug besteht aus einem wagrecht liegenden festen Untermesser aus gehärtetem Stahl und einem fest darauf liegenden Schercylinder, der in Schraubenlinien aufgezogene Schermesser aus 1–1,5 *mm* dicken Stahlblechschienen trägt. Die Ware wird je nach dem gewünschten Schereffekt – bei Schurscheren über festen Tisch, bei Glattscheren über verstellbaren Doppeltisch – unter den Schneidzeugen hindurchgeführt. Je nachdem das Scheren in der Längs- oder Querrichtung erfolgt, unterscheidet man Längsscher- und Querschermaschinen; eine Zwischenstellung nehmen die Diagonalschermaschinen ein. In der Längsschermaschine bleibt der Schneideapparat unverrückt stehen und die Ware bewegt sich in der Kettenrichtung ununterbrochen fort; in der Querschermaschine ist dagegen die Ware während des Schnittes ruhend und der Scherapparat wird in der Schußrichtung durch eine geeignete Vorrichtung bewegt. Nach jedem Schnitt rückt dann die Ware ruckweise weiter.

Bemerkt sei noch, daß man mit der Schermaschine auch Musterungen erzeugen kann, indem man das Schneidzeug entsprechend ausgestaltet, oder aber auch, indem man zwischen Schertisch und Gewebe Schablonen anbringt. Die Gewebeteile, die auf den vollen Stellen der Schablone aufliegen, werden kürzer geschoren als diejenigen, die auf den ausgesparten Stellen sich befinden.

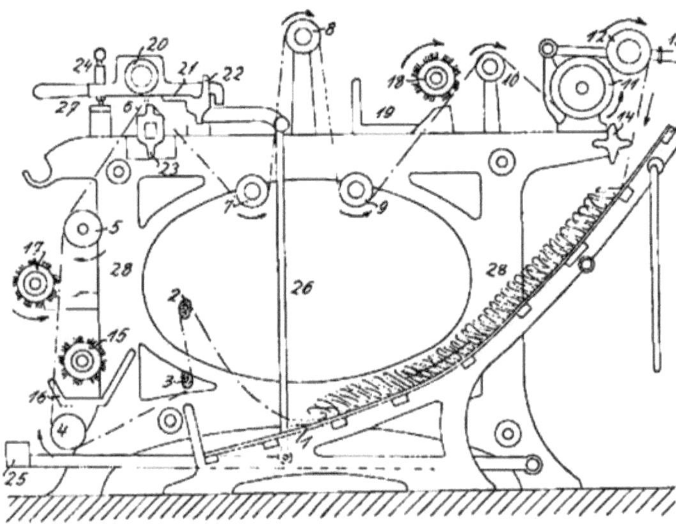

Abb. 175. Längsschermaschine.

1 Lattenkasten; 2 und 3 Spannstäbe; 4 und 5 Leitwalzen; 6 Oberkante des Schertisches; 7, 8, 9 und 10 Leitwalzen; 11 und 12 Abziehwalzen; 13 Griffhebel; 14 Schlagwalze; 15 und 18 Putzbürsten; 16 und 19 Schmutzkästen; 17 Aufstreichbürste; 20 Scherzylinder; 21 Untermesser; 22 und 23 Messerträger; 24 Stellschraube; 25, 26 und 27 Hebelwerk; 28 Tischgestell.

Man baut auch der Schermaschine ähnliche Abschleifmaschinen, die statt des Scherzylinders eine mit Schmirgel belegte Walze besitzen, die ein geringes Schleifen der Gewebeoberfläche gestattet, wie dies mitunter bei Seidengeweben nötig ist.

Rauhen. Diese wichtige Appreturoperation hat den Zweck, bei Geweben, die keine glatte Oberfläche besitzen, sondern haarig und wollig sind, Gleichförmigkeit in der Haarlage zu erreichen, wodurch gleichmäßige Lichtspiegelung erreicht und der Eindruck der fertigen Ware erheblich gebessert wird. Weiter hat das Rauhen noch den Zweck, Gewebe mit glatter Oberfläche derart zu verändern, daß eine oder beide Seiten wollig und flaumig werden, wodurch aus glatten und harten Stoffen solche mit weichem wollähnlichen Griff erzeugt werden. Die Herstellung solcher Baumwollstoffe als Baumwollflanell, Kalmuk, Pilou u. s. w. bildet einen außerordentlich wichtigen Industriezweig verschiedener Gegenden.

Zum Rauhen dienten früher ausschließlich die Fruchtköpfe der Kardendistel (dipsacus fullonum); sie ist für gewisse Zwecke durch die Metallkarde ersetzt worden, findet aber für die Wollappretur immer noch Verwendung, während die Metallkarde insbesondere für Baumwolle oder Halbwollgewebe dient.

Im Prinzip besteht die einfachste Rauhmaschine aus einer rasch rotierenden Rauhtrommel von 700—800 *mm* Durchmesser, die mit 16—18 Doppelreihen von Karden, deren Aufmachung in verschiedener Weise erfolgen kann, ausgestattet ist. Die Ware wickelt sich von einem oberen Warenbaum ab, geht teilweise um die Rauhwalze herum und wickelt sich auf dem untern Warenbaum wieder auf; dabei wird der obere Warenbaum gebremst. Hierbei wird die Haardecke der Ware, die in passendem Abstande von der sich viel schneller drehenden Rauhtrommel vorbeigeht, in richtiger Weise bearbeitet. Es wird dann die Wicklungsrichtung geändert, also von unten nach oben gewickelt und das Verfahren so oft wie nötig wiederholt. Die Produktion einer solchen einfachen Rauhmaschine ist, wie ersichtlich sein wird, natürlich beschränkt. Eine schnellere Erledigung des Rauhens erlangt man durch die Maschinen mit doppeltem Anstrich oder durch Verwendung von Doppelrauhmaschinen, die zwei Rauhwalzen enthalten und durch entsprechende Warenführung einen vierfachen Anstrich (touchement) auf einer Seite ermöglichen.

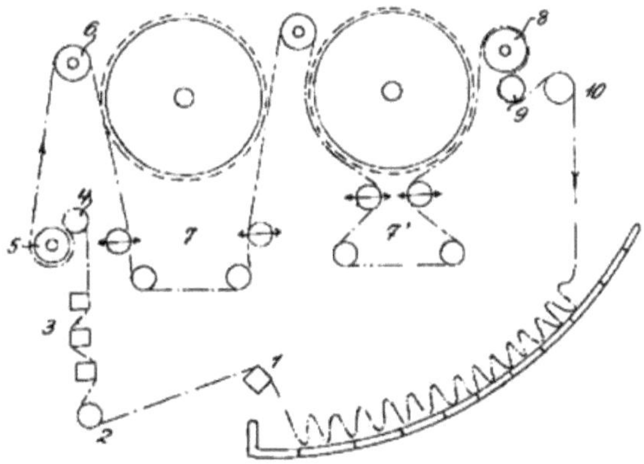

Abb. 176. Schema einer Doppelrauhmaschine.
1 und 3 Spannriegel; 2 und 4 Breithalter; 5, 6 und 8 Leitrollen; 7 und 7' Walzensystem mit Rauhwalzen; 9 und 10 Abzichwalzen.

Es gibt auch Maschinen mit acht Anstrichen und solche, die rechts- und linksseitig rauhen. Das Rauhen der Wollstoffe erfolgt im nassen Zustande, und es ist zu bemerken, daß das gewünschte Resultat nur in mehreren Passagen zu erreichen ist. Man beginnt mit bereits abgenutzten Karden, um schrittweise zu immer schärferen und neueren Karden zu gelangen. Die Auswechslung der Karden sowie das Putzen derselben bedingen viel Arbeit, und so sind mit der Zeit eben die Rauhmaschinen mit Metallkarden entstanden. Dabei ist wohl zu beachten, daß die Metallkarde ganz besondere Eigenschaften besitzen muß, um den an sie gestellten Anforderungen zu entsprechen; sie darf weder scharf noch schneidig sein, da sie sonst die Fäserchen zerschneiden oder zerreißen würde; dann muß sie eine bestimmte Elastizität besitzen, damit sie nötigenfalls nachgeben kann. Es ist daher verständlich, daß die Metallkardenherstellung die Spezialität gewisser Firmen ist, wie GROSSELIN in Sedan, A. W. FÜRTH u. a. m.

Sie haben in der äußeren Form etwas Ähnlichkeit mit den Karden, die in der Spinnerei Verwendung finden, und werden z. B. von A. MONFORTS oder FRANZ MÜLLER, M.-Gladbach, gebaut. Das Hauptorgan der Rauhmaschinen mit Metallkarden besteht aus einem großen Tambour, um dessen Peripherie eine Anzahl (12, 24 oder 36) mit Metallkarden bezogener Rauhwalzen gelagert ist. Die Rauhwalzen sind in zwei Serien eingeteilt: halb Strich, halb Gegenstrichwalzen. Die Strichwalzen sind mit den Spitzen der Garnitur in der Richtung der Trommel und Warenbewegung garniert, die Gegenstrichwalzen in umgekehrter Richtung. Die Ware wird über die Rauhtrommel geführt, wobei die Warengeschwindigkeit geringer ist als die Umdrehungsgeschwindigkeit der Walzen um ihre eigene Achse. Die Angriffsregulierung der Walzen erfolgt durch Veränderung ihrer Umdrehungsgeschwindigkeit und auch durch Veränderung der Warengeschwindigkeit.

Diese Maschinen dienten zunächst vornehmlich für Baumwollwaren, gleichviel, ob dieselben in fertigem oder in rohem Zustand zu rauhen sind, haben sich aber in der letzten Zeit mit großem Erfolge auch in der Wollbranche unter Verdrängung der Naturkarden für Wolldecken, Wollflanelle und selbst für Walkware vorteilhaft eingeführt. Für das Naßrauhen von Wollstoffen muß die Häkchengarnitur aus rostfreiem Metall bestehen. Der abfallende Flaum kann durch entsprechende Vorrichtungen (Ventilatoren) nach außen befördert werden.

Abb. 177. Universalrauhmaschine.
(MASCHINENFABRIK A. MONFORTS, M.-Gladbach.)

Auf der Rauhmaschine läßt sich durch Verwendung entsprechender Schablonen auch eine Musterung der Warenoberfläche vornehmen. Es ist eine solche Musterung auch durch lokalen Aufdruck von Substanzen erreicht worden, die als mechanische Reserven wirken und das Eindringen der Metallkarden verhindern.

In Verbindung mit dem Rauhen steht auch das schon besprochene Bürsten, das ein Gleichstreichen der Haardecke bezweckt und diese von lockeren Fasern, Faserenden u. s. w. befreien soll. Das Klopfen auf der Klopfmaschine erteilt gewissen gerauhten Wollstoffen eine samtartige Decke.

Anschließend wäre dann noch das Ratinieren und Frisieren zu erwähnen, bei welchen die Härchen der Haardecke zu Knötchen und Zöpfchen zusammengedreht werden. Dies erfolgt von Hand oder auf der Ratiniermaschine. Sie besteht aus einem festliegenden Tisch, über welchen die feuchte Ware langsam hinweggeht. Gleichzeitig wird die Ratinierplatte angedrückt, die mittels Exzenters so bewegt wird, daß jeder Punkt derselben eine zykloidische Bahn beschreibt. Durch Änderung der Bewegungsart können die verschiedensten Effekte erzielt werden.

Glätten der Gewebe. Um den Geweben eine ebene und glatte Oberfläche zu erteilen, kommen je nach der Art derselben verschiedene Operationen in Betracht, die sich auch danach richten werden, ob die Oberfläche der Ware glänzend, matt oder gemustert sein muß. Die vorher gestärkten und getrockneten Baumwollstoffe werden durch Einsprengen angefeuchtet, dann durch Kalandern, Mangeln, Moirieren, Gaufrieren und Stampfen (Beetle) geglättet bzw. gemustert. Meistens erfolgt das Glänzendmachen bei Baumwollstoffen erst nach Auftragen der Appreturmasse, die die Poren der Gewebe ausfüllt und daher den Stoff zur Glättung besonders geeignet macht. Wollstoffe erleiden heißes Pressen, ebenso Halbwolle. Die Einsprengmaschine besteht aus einer oder zwei rasch rotierenden Bürsten, welche das Wasser gleichmäßig und fein verteilt auf die in breitem Zustande befindliche Ware zerstäuben. Es kann dies auch mittels eines Injektors erreicht werden; auf alle Fälle darf weder zu viel noch zu wenig eingesprengt werden. Nach dieser vorbereitenden Operation erfolgt jetzt das Glänzendmachen, bei Baumwollware fast ausschließlich mit dem Kalander.

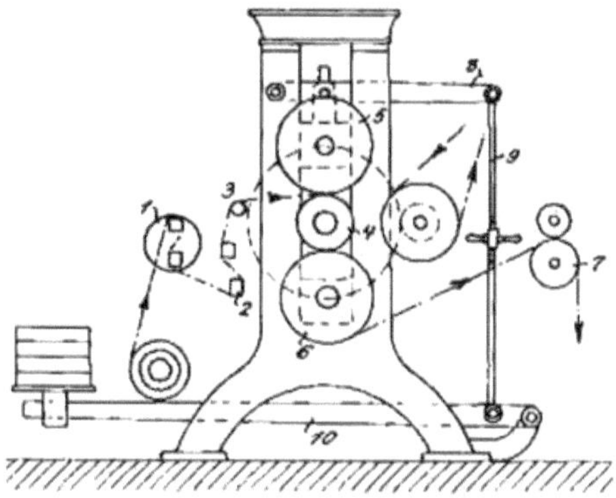

Abb. 178. Walzenkalander.
1, 2 und 3 Spannriegel; 4 Metallwalze; 5 und 6 Papierwalze; 7 Ablegewalze; 8, 9 und 10 Druckhebelvorrichtung.

Der Walzenkalander besteht aus zwei, drei, fünf oder sieben Walzen, zwischen denen das Gewebe in breitem Zustande unter starkem Druck hindurchgeführt wird. Der Druck kann entweder durch Druckhebel, durch Schrauben oder hydraulisch bewirkt werden. Meist werden Papierwalzen in Verbindung mit Metallwalzen gebraucht; auch können die Metallwalzen heizbar sein. Der erzielte Glanz hängt von der vorher aufgetragenen Appreturmasse ab, von der Feuchtigkeit, die beim Einsprengen zugeführt wurde, der Bauart des Kalanders u. s. w., so daß recht verschiedenartige Resultate erzielt werden können. Trägt die eine Metallwalze eine gravierte Musterung, so wird durch den hohen Druck das Muster aufgeprägt; es ist dies das Pressen oder Moirieren.

Der Moiréeffekt entsteht durch den verschiedenen Lichtreflex an den geprägten und nicht geprägten Stellen im Stoff. Wird die Gravur so fein gewählt, daß mindestens 10 Rillen pro *mm* vorhanden sind, so wird der Lichtreflex einheitlich, und man erzielt einen Hochglanz, der vollkommen an den Seidenglanz erinnert und als silk-finish auf dem Silkfinishkalander gegeben wird. In diesem wird die Rillenwalze geheizt und unter starkem hydraulischen Druck an die Ware angepreßt.

Für Satinware hauptsächlich, dann auch für Leinenware wird der Stampfkalander (Beetle) gebraucht, in welchem die auf einer Walze aufgerollten Stücke durch auffallende Stampfen bearbeitet werden.

Der Stampfkalander bildet gewissermaßen den Übergang zur Mange oder Mangel, in welcher der Stoff in aufgerolltem Zustande unter gleichzeitiger rotierender Bewegung einem hohen Druck ausgesetzt wird. Der durch Mangeln erzeugte Effekt ist ganz eigenartig und durch keine andere mechanische Vorrichtung zu erreichen; durch diese Operation bilden sich spiegelnde Flächen in verschiedener Lage, die durch die verschiedene Lichtspiegelung den schillernden Moiréeffekt bewirken.

Abb. 179. Silkfinishkalander.
(ZITTAUER MASCHINENFABRIK UND EISENGIESZEREI A. G. Zittau i. S.)

Es gibt verschiedene Bauarten; die älteste ist die sog. Kastenmangel oder deutsche Mangel, die trotz ihrer geringen Leistungsfähigkeit noch viel gebraucht wird. In neueren Betrieben bedient man sich auch der hydraulischen Mangel.

Sehr viel dient die Mangel auch für Leinenware. Zur Glanzerzeugung auf Wollgeweben dienen das Pressen und Lüstrieren. Das Pressen bezweckt, durch einen starken Druck bei erhöhter Temperatur der Ware Glätte und Glanz zu

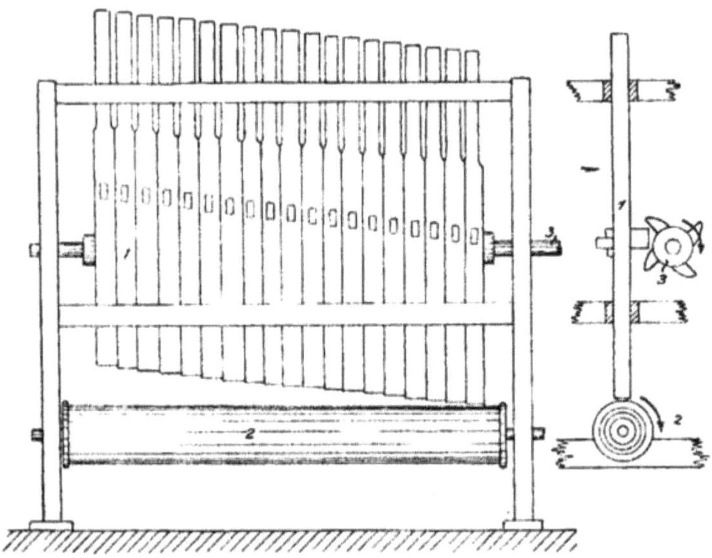

Abb. 180. Stampfkalander.
1 Stampfen; 2 Warenbaum; 3 Daumenwelle.

erteilen. Die Stoffe (Tücher, Schals u. s. w.) werden zusammengefaltet und durch Zwischenlage von Glanzpappe hergerichtet, dann in einer hydraulischen Presse heiß und längere Zeit gepreßt.

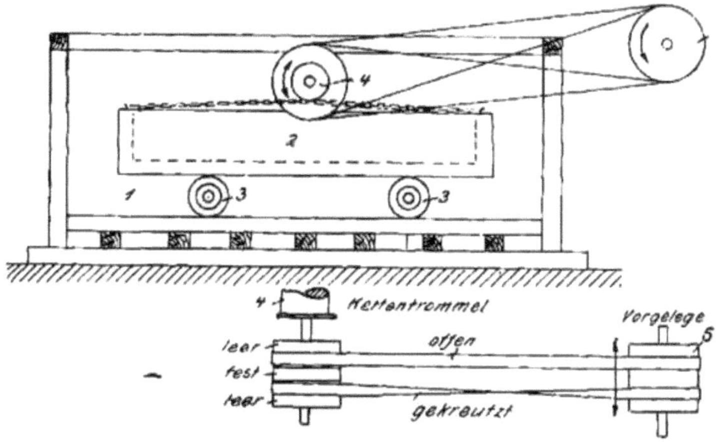

Abb. 181. Kastenmangel.
1 Mangeltisch; 2 Mangelkasten; 3 Mangelwalzen; 4 Kettentrommel; 5 Antriebscheibe.

Für Stückware ist hauptsächlich die Muldenpresse, auch Zylinderpresse genannt, zu gebrauchen.

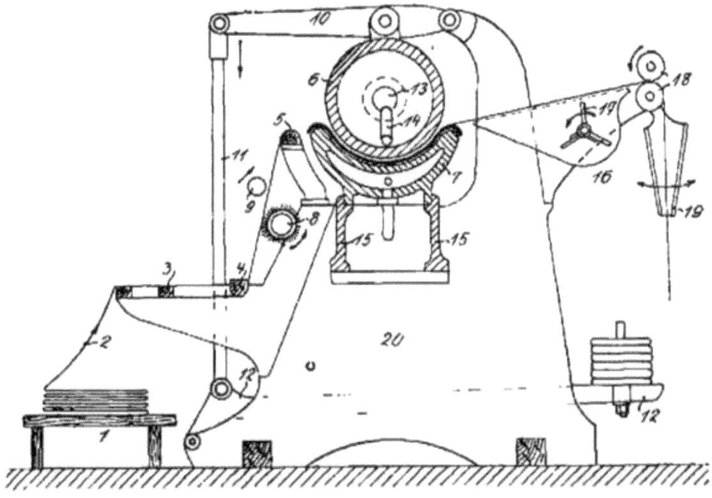

Abb. 182. Muldenpresse.
1 Warentisch; 2 Gewebe; 3 Spannriegel; 4 Leitriegel; 5 Breithalter; 6 Preßzylinder; 7 Preßmulde; 8 Bürstenwalze; 9 Putzwalze; 10 Druckhebel; 11 Zugstange; 12 Gewichtshebel; 13 und 14 Dampfrohr; 15 Führungen; 16 Blechverschalung; 17 Windschläger; 18 Abziehwalzen; 19 Facher; 20 Gestell.

Dieselbe besteht aus einer halbkreisförmigen, geheizten Preßmulde mit glänzender Oberfläche und einem geheizten Preßzylinder; die zu glättende Ware geht zwischen beiden unter starkem Druck hindurch. Öfters wird der Druck ebenfalls auf hydraulischem Wege erzielt. Man baut auch Maschinen mit zwei Preßmulden.

Durch das Pressen erhalten die Wollstoffe einen Hochglanz, der befestigt (fixiert) werden muß, da er sonst durch äußere Einflüsse leiden würde. Dies geschieht durch die Dekatur, auch Krumpfen genannt. Die Dekatur verhindert außerdem noch das spätere Eingehen der Stückware, wodurch nadelfertige Ware erhalten wird. Die Dekatur wird selten mit heißem Wasser, meistens aber mit Dampf bewirkt und kann sowohl in voller wie in halber Breite erfolgen. Sie geschieht entweder auf der Dekaturpfeife, indem man die Ware auf eine durchlöcherte Achse aufrollt und dann Dampf durchströmen läßt, oder auf entsprechend gebauten Dekaturmaschinen. Üblich ist auch die Plattendekatur, ebenfalls mit Dampf ausgeführt, selten die in warmem Wasser bewirkte Naßdekatur.

Zum Glänzendmachen der Woll- und Halbwollgewebe (Seidenwollgewebe) dient weiter das Lustrieren, welches auf der Tatsache beruht, daß der Glanz um so höher wird, je gespannter die Fäden sind. Es wird also das Gewebe möglichst ausgereckt und, um den erzielten Glanz zu fixieren, dämpft man kurz oder passiert über eine heiße Trommel oder verbindet beide Fixierungsarten.

Abb. 183. Appreturbrechmaschine.
(ZITTAUER MASCHINENFABRIK UND EISENGIESZEREI A.-G., Zittau i. S.)

Es gibt hierfür verschiedene Ausführungsarten, die dem Zweck der Anwendung entsprechend ausgewählt werden müssen.

Endlich gibt es Vorrichtungen, um besondere Effekte zu erzielen, so für Hochglanz auf schwarze Futterstoffe (Glacéappret u. a. m.).

Appreturbrechen. Ist durch das Auftragen der Appreturmasse der Stoff zu hart geworden, so muß der Griff weicher gemacht werden durch die Operation des Appreturbrechens, das gleich nach dem Trocknen der gestärkten Gewebe auf dem Spannrahmen erfolgt. Das Brechen kann bei leichter Ware auf dem Handrahmen selbst durch Hin- und Herbewegen der beiden Seitenrahmen geschehen; bei gewöhnlicher Ware erfolgt sie auf den sog. Appreturbrechmaschinen, die aus zwei geriffelten Walzen mit Gummiüberzug bestehen.

Die Walzen können auch spiralförmig angeordnete Erhebungen tragen; beim Hindurchgehen zwischen denselben wird die Ware nicht nur weicher gemacht, sondern auch ausgebreitet. Es gibt noch andere Vorrichtungen, wie die Verwendung mehrerer Knöpfelwalzen, d. h. mit Knöpfen versehener Holzwalzen, dann die Rakelbrechmaschine, bei der das Gewebe über Streichschienen geht, endlich der Palmer (MATHER & PLATT) und andere Bauarten.

Fertigstellen der Ware. Nachdem die Ware die zur Erreichung der Marktfähigkeit nötigen Operationen durchgemacht hat, die je nach der Gewebeart, der Musterung u. s. w. sehr verschieden sein können (vgl. spezielle Appretur), sind noch ergänzende Operationen nötig, die bezwecken, sie in eine bestimmte Form zu bringen. Meist ist für eine gegebene Stoffart eine besondere handelsübliche Aufmachung nötig.

Diese Vollendungsarbeiten begreifen das Messen, Zusammenlegen, Falten bzw. Wickeln, Pressen, Heften, Etikettieren und schließlich das Verpacken der Gewebe. Das Messen und Zusammenlegen erfolgt vielfach noch von Hand auf kleinen stehenden Meßrahmen, in anderen Fällen mit Hilfe spezieller Meß- und Legmaschinen, die gleichzeitig den Stoff messen (in Metermaß) und auf eine geeignete Unterlage, Brettchen, Pappe u. s. w. aufwickeln. Bei dieser Art der Aufmachung ist natürlich der innere Teil des Stoffes nicht zugänglich, sondern bloß die äußere Lage; bei zusammengelegter Ware kann der Stoff dagegen wie ein aufgeschlagenes Buch Falte für Falte durchgesehen werden.

Bei Wollstoffen wird mitunter ein Papierband mit aufgerollt, welches gleichzeitig das aufgedruckte Metermaß enthält, was für den Detailverkauf sehr praktisch ist. Gewisse Waren werden in ihrer Mitte gefaltet und in dieser Form verkauft. Das Doublieren, wie es genannt wird, erfolgt von Hand oder besser auf der Doubliermaschine. Nun folgt meist das Pressen in hydraulischen Pressen; hierdurch wird der äußersten Falte der Stoffe (Schaufalte) ein glattes Aussehen erteilt, und das Stück erhält seine definitive Form. Dann kommt das Heften, Umwickeln mit Bändern bei leichter Ware, Einnähen der Kanten bei gröberer Ware, Etikettieren mit Angaben über Qualität, Metermaß, ev. Fehler u. s. w., Einschlagen in Papier und andere für den Verkauf nötige Usancen. Bei Weißware werden die Enden öfters mit Hand- oder Maschinenstickerei geziert oder gezeichnet.

Spezielle Appretur.

Nachdem im vorstehenden die zur Ausführung der Appretur dienenden Hilfsmittel geschildert wurden, sollen hier unter Berücksichtigung der einzelnen Gewebearten verschiedene Ausführungsformen angegeben werden.

Appretur der Baumwollgewebe.

Am vielseitigsten ist wohl die Appretur der Baumwollgewebe, die sich ganz nach der Bindungsart und auch der späteren Verkaufsstelle richtet. Unter den zahlreichen Gewebearten kann man folgende Untergruppen unterscheiden:

1. Glatte Stoffe: z. B. Baumwollnessel, Madapolam, Kattun, Kaliko, Shirting, Perkal, Battist, Indienne u. s. w., die wieder je nach der dichteren oder lockereren Bindung (Fadenzahl von Kette und Schuß pro *qcm*) in verschiedenen Qualitäten geführt werden. Besonders locker gewebte Stoffe sind: Organdy (Mull), Musselin, (Canevas) u. dgl. m. Die Appreturarbeit richtet sich vollkommen nach der zu behandelnden Ware. Die lockeren Stoffe (Organdy, façonierte Organdy u. s. w.) werden auf der Klotzmaschine sehr stark appretiert, um ihnen Griff zu erteilen. Man stärkt mit einem Appret, der ca. 50 *g* Weizenstärke, 10 *g* Kartoffelstärke und 75 *g* weißes Dextrin pro *l* enthält. Die Stärke wird zum Verkleistern unter Druck verkocht; das Dextrin wird in warmem Wasser gelöst. Beide Lösungen werden hierauf gemischt, ev. wird noch mit Wasser verdünnt. Die mit Appret beladene Ware kommt dann auf den Handrahmen, wo sie eingespannt und auf die gewünschte Breite gebracht wird (79 *cm* z. B.). Durch das Hin- und Herbewegen der beiden Seitenführungen werden die Schußfäden zunächst senkrecht zu den Kettfäden gerichtet, dann der Ventilator

in Betrieb gesetzt. Nach dem Trocknen wird das Stück abgenommen und kommt zum Fertigstellen.

Ähnlich werden die Jaconas behandelt, wobei bei dichterem Gewebe die Appretmasse mit Wasser entsprechend verdünnt wird. Infolge der größeren Widerstandsfähigkeit kann die Ware auf dem Kluppenrahmen fortlaufend getrocknet werden; sie wird dann aufgerollt, gedämpft und schwach zylindriert. Soll der Appret gebrochen werden, so kann dies auf dem Handrahmen erfolgen, indem man während des Trocknens die Seitenführungen hin und her bewegt, wodurch das Zusammenkleben der Fäden verhindert wird, aber doch der Griff, der durch das Auftragen der Stärkemasse erzielt wird, erhalten bleibt.

Die verschiedenen Nesselarten sind bereits vor dem Bleichen gesengt und vor dem Färben oder Bedrucken geschoren worden. Das Stärken erfolgt auf der Paddingmaschine meist mit Stärke oder Stärke und Dextrin; die Konzentration der Appreturmasse richtet sich nach dem zu erreichenden Griff. Für Hemdenkattun nimmt man z. B. ca. 25 *g* Weizenstärke und 25 *g* Kartoffelstärke pro *l*, die man unter Zusatz von etwas Stearin 1/2 Stunde kocht; außerdem setzt man 1–3 *g* Ultramarin pro *l* Appretmasse zu. Die einseitig oder zweiseitig gestärkte Ware läuft dann auf den Spannrahmen zum Trocknen, dann wird meist schwach kalandiert.

Spezielle Operationen verlangen Futterkattune, Buchbinderkaliko u. s. w., die zur Erzielung von Musterungen auf der Oberfläche der Gewebe durch den Gaufrierkalander mit gemusterten Walzen hindurchgehen. Die schwarzen Futterstoffe, die vielfach noch mit Blauholz schwarz gefärbt sind, werden glaciert.

2. Geköperte Stoffe. Zu diesen gehören die verschiedenen Köper oder Croisés, dann die Satins mit Atlasbindung, Barchente, Baumwollmollton u. a. m. Die Satins werden schwach mit Stärke und Dextrinappret versehen, event. unter Zusatz von 2–5 *g* weißer Seife pro *l*, um sie geschmeidig zu machen; dann getrocknet auf dem Spannrahmen, aufgerollt, durch Einspritzen befeuchtet und hierauf kalandriert. Glattware, insbesondere Schwarz, wird mit Tragant und Dextrin unter Zusatz von Seife appretiert, und geht zweimal durch die Beetle (Stampfe).

Für gewöhnliche Glanzappretur genügt ein Kalander mit 2 oder 3 Walzen; wird Hochglanz verlangt, so werden solche mit 5 oder 7 Walzen verwendet, außerdem ist neben hohem Druck auch Wärme nötig. Man benutzt also einen Kalander mit geheizter, hohler Stahlwalze (Glanz- bzw. Friktionskalander). Eine besondere Ausführungsform dieses Kalanders ist der Silk-finish mit fein gravierter und geheizter Stahlwalze, der besonders auf mercerisierter Ware außerordentlich hohen Seidenglanz hervorruft. Wichtig ist zur Erzeugung desselben, daß der Stoff keinerlei Härte aufweist; von der Druckerei herrührende Verdickung muß also unbedingt entfernt werden. Moiréappretur wird auf Moiré-Kalandern oder Mangeln erzielt.

Die einseitig oder zweiseitig gerauhten Stoffe (Barchent, Kalmuk, Baumwollflanell, Pilou u. s. w.) werden vielfach vor dem Bleichen gerauht. Nach dem Bedrucken bzw. Färben gehen die Stoffe durch Wasser, werden auf dem Rahmen getrocknet; dann gehen sie ein- oder zweimal durch die Rauhmaschine, um die Haare wieder aufzurichten; hierauf wird gebürstet, die Haare werden auf gleiche Länge mittels der Schermaschine gebracht und endlich wird fertig gestellt. Gewisse Artikel werden erst nach dem Bedrucken gerauht, wodurch das aufgedruckte Musterbild stark verändert wird; man kann auch durch Verwendung passender Reserven die Einwirkung der Rauhmaschine verhindern; hierdurch werden ungerauhte Muster auf gerauhtem Grunde erzeugt.

3. Gemusterte Stoffe. Diese sind außerordentlich zahlreich: Baumwolldamast, gemusterte Satins, Piqué oder Doppelstoff, Baumwollkrepp u. s. w. Die Appretur dieser Stoffe erfolgt größtenteils wie diejenige der eben besprochenen Ware mit Köperbindungen und richtet sich wesentlich nach der Stoffart. Piqués werden meist nur auf dem Foulard genetzt, dann auf dem Spannrahmen in der gewünschten Breite ausgespannt und getrocknet.

4. Samtartige Stoffe, wie Baumwollsamt, Baumwollplüsch u. s. w., werden vielfach nur trocken mit Wachs gestrichen, um die Haare in dieselbe Richtung zu legen. Diese Operation wird öfters noch von Hand ausgeführt. Mitunter erfolgt das Aufrichten der Härchen durch Bürsten oder Dämpfen. Wie bei den Rauhoperationen kann das Samtschneiden auch nach den Färbe- und Druckoperationen erfolgen, in diesem Falle ist mitunter ein Stärken der Ware empfehlenswert.

Nachdem die verschiedenen Operationen ausgeführt sind, werden die Stücke meist noch einmal auf Fehler hin revidiert; dann erfolgt das Abmessen, Zusammenlegen bzw. Aufwickeln, Pressen, Heften und Etikettieren. Nun ist die Ware zum Verkauf bereit.

Die Appretur der Wollgewebe.

Wie in der Wollspinnerei zwei Arten der Verarbeitung der Wollfaser unterschieden werden, erleiden die so hergestellten Stoffe aus Streichwolle und die Kammwollzeuge eine verschiedene Appretierung.

1. Appretur der Streichwollstoffe. Zum Verständnis der hier auszuführenden Operationen sei folgendes über die Wolltuche mitgeteilt. Unter Tuch versteht man Wollstoffe, die leinwandartige Bindung besitzen und, wenn sie vom Webstuhl kommen, als Loden bezeichnet werden. Durch die Walke gehen sie in Länge und Breite ein und werden stark verfilzt, wobei die Bindungsart verdeckt wird. Tuchartige Gewebe werden auch aus Streichgarn hergestellt; sie unterscheiden sich aber durch andere Bindungsart (Köper) oder durch verschiedene Appretur. Hierzu gehören z. B. die als Köpertuch, Buckskin, Kasimir, Molleton, Coating, Flanell u. s. w. bekannten Gewebe, die je nach der Gegend verschiedene Namen tragen, zum Teil auch Kammwolle enthalten können und denen man gewisse Halbwollstoffe (Kette: Baumwolle, Schuß: Streichwolle) anschließen kann.

Am umständlichsten ist die Tuchappretur, die daher als Beispiel angeführt werden soll. Der vom Webstuhl kommende Loden wird durch Noppen von Hand oder auf der Noppmaschine zuerst von Knoten u. s. w. befreit und dann gewaschen unter Zusatz von Seife und Soda (Entgerben vgl. Wäscherei, Gespinstfasern). Nun kommt das Walken, wohl die wichtigste Operation bei der Tucherzeugung, die den Zweck hat, den Loden zu verfilzen, wobei die Bindung verschwindet und die Filzdecke gebildet, der Stoff daher griffig und wollig wird. Beim Walken wird der Wollstoff in alkalischer Seifenlösung unter Druck behandelt, wobei die Wollfasern sich ineinanderhaken und verfilzt werden. Erleichtert wird der Vorgang durch Anwendung von Wärme (25–35°); er kann auf den verschiedenen Walkmaschinen (Hammer-, Kurbel- und Walzenwalke) geschehen. Das Walken kann übrigens auch nach dem Färben erfolgen; es ist dann aber Bedingung, daß die Färbungen walkecht sind; ungefärbte Ware filzt schneller als gefärbte. Nach dem Walken folgt ein gründliches Waschen, dann Entwässern auf der Schleudermaschine oder Absaugemaschine, hierauf Trocknen und Spannen auf dem Tuchrahmen oder einer passenden Rahmentrockenmaschine. Das nun folgende Rauhen geschieht auf der Rauhmaschine; hierauf wird auf der Schermaschine geschoren, wobei entweder die Längsscher- oder die Querschermaschine Verwendung findet. Rauhen und Scheren werden nach Bedarf mehrfach wiederholt. Das nun durchgeführte Pressen hat den Zweck, durch Andrücken der Fasern in der Wärme einen hohen Glanz zu erzeugen; es erfolgt auf der hydraulischen Plattenpresse oder kontinuierlich auf der Muldenpresse. Das Dekatieren (Krimpen oder Krumpen) soll den durch das Pressen erzeugten Glanz fixieren, andererseits die Fleckenbildung und das Einlaufen beim Naßwerden verhindern. Dies erfolgt auf dem früher besprochenen Dekatiertisch mit Dampf oder auf der Dekatiermaschine. Nun folgt endlich das Fertigstellen, Wickeln und Messen des fertigen Tuches. Das Wolltuch macht also, von der Weberei kommend, folgende Operationen durch: Vorappretur: Entschlichten, Entgerben, Schleudern, Carbonisieren, Entsäuern, Walken, Waschen. Nun folgt das Färben in der gewünschten Nuance. Die Nachappretur begreift dann: Rauhen, Rahmen, Bürsten, Scheren, Dekatieren, Pressen und Fertigstellen.

2. Appretur der Kammwollstoffe. Bei den Kammwollstoffen bleibt die durch die Weberei erzeugte Bindung erhalten; infolgedessen sind auch hier wie bei den Baumwollgeweben die verschiedensten Gewebearten vorhanden, von denen nur wenige Typen erwähnt werden können.

Zu den glatten Stoffen gehört der Wollmusselin, der im Wolldruck eine wichtige Rolle spielt. Die Appretur erfolgt mit Tragantschleim oder dünner Gummilösung, dann wird auf dem Laufrahmen getrocknet, eingesprengt, aufgerollt und mit Filztuch schwach kalandriert. Hierauf wird fertiggestellt. Stoffe wie Orleans, Mohair, Rips u. s. w. enthalten Baumwollkette. Mohair wird mit Seife appretiert, gerahmt, aufgerollt, gedämpft; dann läßt man über Nacht aufgerollt liegen und gibt Hochglanz auf dem Dampftambour (Palmer).

Von den geköperten Stoffen muß vor allem Merino angeführt werden. Soll Merino schwarz gefärbt werden, so sind für die vom Webstuhl kommende Ware folgende Operationen nötig: Vorappretur: Sengen, Entschlichten und Fixieren, Entgerben, Waschen ev. Aufrollen. Nun folgt das Schwarzfärben und die Nachappretur: Gummieren auf dem Foulard, Trocknen auf dem Spannrahmen ev. Ausbreiten auf dem Palmer, Dämpfen auf der Pfeife, Heißpressen und Fertigstellen.

Dann seien erwähnt: Wollatlas, Serge, Tibet und Zanella mit Baumwollkette. Es werden weiter erzeugt gemusterte Gewebe, wie Wolldamaste, samtartige Gewebe, wie Wollsamt und Wollplüsch, dann gazeartige Stoffe, wie Barege u. s. w. Besondere Fabrikate sind die „Tüchel“, die in verschiedenen Gegenden als Kopftuch getragen werden, die Schals, die als Umschlagtücher dienen, die Teppiche, Möbelplüsche, Gobelins u. s. w. Einzelne derselben werden auf dem Druckwege hergestellt, die meisten aber aus gefärbten Garnen in der Weberei. Ganz eigenartige Erzeugnisse sind die in der Gobelinmanufaktur gewobenen Gobelins. Die vom Webstuhl kommende Ware ist in verschiedenen Fällen direkt fertig und wird nur gewickelt und gemessen, in anderen Fällen sind entsprechende Appreturoperationen vorzunehmen.

Die Stoffe mit glatter Oberfläche erhalten eine dem Wollmusselin ähnliche Appretur, d. i. Kalandern und warmes Pressen. Selbstredend wird Füllen oder Stärken bei Wollgeweben niemals vorgenommen, da hierdurch der wollige Griff verloren ginge. Zum Appretieren dient Gummi bezw. Tragant. Bei Tücheln, Schals u. dgl. m. ist vielfach ein Franzen üblich, das von Hand ausgeführt wird. Die genannten Erzeugnisse, wie Gobelins, Teppiche u. s. w. werden meist als Einheiten betrachtet, sind also keine Stückware im gewöhnlichen Sinne des Wortes.

Appretur der Seidenstoffe.

Da die meisten bunten und gemusterten Seidenstoffe auf dem Wege der Weberei aus gefärbtem Garn hergestellt werden, ist die vom Webstuhl kommende Ware nach dem Messen und Falten fertig. Der bedruckte Foulard wird dagegen appretiert, getrocknet, der Appret gebrochen, dann wird gepreßt. Seidensatins und andere Seidenstoffe werden trocken oder naß appretiert. Bei der Trockenappretur läuft die Ware über stillstehende, geheizte Zylinder, dann folgt das Aufrollen mit glatten Papierbögen als Zwischenlage und Liegenlassen für einige Stunden. Bei der nassen Appretur geht der Stoff unter starkem Druck durch einen zweizylindrigen Kalander, dessen untere Walze in eine dünnflüssige Appretmasse aus Gummi, Gelatine u. s. w. eintaucht. Hieran schließen sich Trocknen, Brechen, Pressen u. s. f. an. Für undurchlässige Stoffe (Schirmstoffe) werden Fettappreturen gebraucht, welche Wachs, Paraffin u. s. w. enthalten, die die Undurchlässigkeit bewirken und den Glanz des Stoffes erhöhen. Besondere Appreturen verlangen dann auch die Seidensamte, Plüsche, dann die Seidenbänder, Litzen u. s. w.

Appretur der Leinengewebe u. s. w.

Grobe Leinenstoffe, die vielfach aus Hanfgarn allein oder mit Leinengarn zusammen erzeugt werden, kommen ohne weiteres in den Handel bzw. werden bloß stark kalandriert (Pack- und Sackleinwand). Andere Leinengewebe werden teils gewaschen oder gepantscht, d. h. von Schlichte und Schmutz befreit, andere, insbesondere die besseren Qualitäten, gebleicht für Tafeltücher, Bettücher, Vorhänge, Servietten u. s. w. Viel Leinengewebe wird auch gefärbt; weniger ist das Bedrucken üblich. Die Bleiche selbst, die zum Teil der Baumwollbleiche ähnelt, soll unter Gespinstfasern (s. d.) besprochen werden. Die gebleichten Gewebe werden in ähnlicher Weise wie die Baumwollgewebe gestärkt; die Appretmasse enthält meist Stearin, Wachs oder Seife als Zusatzstoffe. Hierauf erfolgt das Trocknen, dann das Glätten, welches vielfach noch auf der Mangel vorgenommen wird. Außerdem finden der Stampfkalander und der Walzenkalander Verwendung, je nachdem mehr oder weniger Glanz oder mehr oder weniger ausgesprochene Moirierung verlangt wird.

Die Jutegewebe werden gesengt oder geschoren, um die Härchen zu entfernen; hierauf wird für Weichglacéappretur mehrfach durch die Kalander passiert. Wird harte, wenig glänzende Appretur verlangt, so werden die Stoffe, wie bei der Baumwolle, mit Stärkeappret und Leim auf dem Foulard geklotzt, dann auf dem Rahmen getrocknet und fertiggestellt.

Die Hauptverwendung der Jutegewebe ist die Sackfabrikation; ein Teil dient auch als Vorhangstoffe, Portièren, und wird bedruckt. Da die Muster nicht waschecht zu sein brauchen, so wird bloß getrocknet, dann kurz gedämpft und nach schwachem Kalandrieren fertiggestellt.

Literatur: J. DÉPIERRE, Traité des apprêts, III. Aufl., Paris 1904 (Baudry & Cie). MASSOT, Appreturanalyse, II. Aufl. (Springer). – GUIGNET-DOMMER-GRANDMOUGIN, Blanchiment et apprêts, teinture et impression, 1 vol. Paris 1895. – GROTHE, Die Appretur der Gewebe, Berlin 1882 (Springer). G. MEISSNER, Der praktische Appreteur, Leipzig 1875 (Weigel). – ROMEN, Bleicherei, Färberei und Appretur von Baumwoll- und Leinenwaren, Berlin 1895. – P. GARDNER, Mercerisation und Appretur (Springer). K. FRIEDLER, Die Appretur der Bänder und Litzen (Leipzig 1913).

E. Grandmougin.

Aqua Zeozoni (KOPP & JOSEPH, Berlin) ist eine auf Grund des *D. R. P.* 253334 hergestellte, fast farblose wässerige Lösung von β-Methyläskuletin, mit wenig Borax versetzt. Soll, ins Auge eingeträufelt, dieses gegen Blendung durch die ultravioletten Strahlen des Sonnenlichtes schützen; vgl. RUHEMANN, *Berl. klin. W.* **1911**, 27, und MANNICH, Ther. Monatsh. **1913**, 2; s. auch Zeozon.

Zernik.

Aquarellfarben s. Malerfarben.

Äquimolekular sind solche Gewichtsmengen verschiedener Substanzen, die im Verhältnis ihrer Molekulargewichte stehen. Äquimolekulare Lösungen enthalten im gleichen Volumen oder (was nicht ganz dasselbe ist) auf die gleiche Gewichtsmenge des Lösungsmittels äquimolekulare Mengen der gelösten Stoffe. Äquimolekulare Lösungen verschiedener Substanzen in demselben Lösungsmittel haben gleichen Siede- und Gefrierpunkt. *K. Arndt.*

Äquivalentgewicht. Das Äquivalentgewicht erhält man, indem man das Atomgewicht, bzw. das Molekulargewicht des betreffenden Stoffes durch seine Wertigkeit dividiert. Z. B. ist das Äquivalentgewicht des Aluminiums $27/3 = 9$, das Äquivalentgewicht der Schwefelsäure $^1/_2 H_2SO_4 = ^1/_2 \cdot 98 = 49$. *K. Arndt.*

Arabinsäure ist der Hauptbestandteil des arabischen Gummis (s. d. unter Gummi).

Arachisöl s. Fette.

Aräometer oder Senkwagen sind die bequemsten und in der Technik gebräuchlichsten, wenn auch nicht die genauesten Instrumente zur Messung des spez. Gew. von Flüssigkeiten. Die Aräometer dienen namentlich zur schnellen Bestimmung des spez. Gew. von Säure-, Alkali- und Salzlösungen, ferner zur Untersuchung und Wertbestimmung von Milch, Spiritus, Most u. dgl. Die gebräuchlichste Form des Instruments ist das Skalenaräometer, das eine direkte Ablesung ohne Rechnung erlaubt, wenn man von gelegentlich nötigen Korrekturen für Kaliberfehler und Unterschied zwischen Meß- und Normaltemperatur absieht (vgl. u.). Die fast nie mehr gebrauchten Gewichtsaräometer können hier unberücksichtigt bleiben, ebenso die Präzisionsinstrumente für Spezialzwecke, wie sie in der Meeresforschung u. dgl. verwendet werden.

Beschreibung und Erläuterungen. Ein Skalenaräometer besteht aus einem unten mit Schrot oder Quecksilber beschwerten Schwimmkörper von meist kreisrundem Querschnitt und dem angeschmolzenen dünnen, runden Stengel, der oben geschlossen ist und die Skala aus Papier enthält.

Da man dem Instrument früher häufig die Form einer Spindel gab, wird noch vielfach das Ganze „Spindel“ genannt, mitunter auch nur der oberste Teil, den wir, um jedes Mißverständnis auszuschließen, mit dem jetzt gebräuchlicheren Ausdruck „Stengel“ bezeichnen. — Befindet sich die zu untersuchende Flüssigkeit in engen Räumen, wie z. B. die Akkumulatorenschwefelsäure zwischen den Bleiplatten, so gibt man dem Schwimmkörper ausnahmsweise einen flachelliptischen Querschnitt. Als Gefäßmaterial kommt, von ganz seltenen Fällen abgesehen (Flußsäurearäometer), nur Glas in Frage.

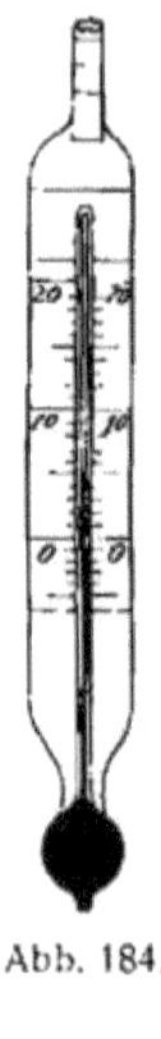

Abb. 184.

Abb. 185.

Bedingung ist für jedes Aräometer vollkommen senkrechtes Schwimmen, was symmetrische Gestalt des Instruments und symmetrische Verteilung des Ballastes zur Voraussetzung hat, sowie Konstanz des Stengelquerschnitts, zur Vermeidung von Kaliberfehlern. Verwendet man Quecksilber als Ballast, so wird die Ballastkugel häufig als Thermometerkugel ausgebildet, so daß man auch die Temperatur am Instrument ablesen und für Abweichungen von der Normaltemperatur korrigieren kann (s. u.); vgl. Abb. 184; Abb. 185 zeigt die gewöhnliche Form, mit Schrotballast.

Das Aräometer sinkt in jeder Flüssigkeit so weit ein, daß das Gewicht der verdrängten Flüssigkeit gleich dem Gewicht des ganzen Aräometers, vermehrt um das des kapillaren Wulstes an der Berührungsstelle von Glas und Flüssigkeitsoberfläche ist. In spezifisch schweren Flüssigkeiten sinkt das Instrument also weniger tief ein als in leichten. Durch geeignete Abstimmung von Volumen und Ballast des Schwimmkörpers, von Länge und Weite des Stengels hat man es in der Hand, für welche spez. Gew. das Aräometer bis an den Ansatz oder bis an das Ende des Stengels eintaucht, d. h., welches der Meßbereich und wie groß die Empfindlichkeit des Instruments ist. Ausgenommen für „Sucharäometer" wird man aus praktischen Gründen den Meßbereich nicht zu groß, d. h. den Stengel nicht zu lang nehmen und lieber mit Aräometersätzen arbeiten. Ein in der Praxis erprobter Satz von sechs Stück enthält z. B. folgende Meßbereiche: 0,700—0,850; 0,850—1,000; 1,000—1,200; 1,200—1,450; 1,450—1,700; 1,700—2,000. Daneben gibt es für Spezialzwecke viele Modelle mit besonderen kleinen Meßbereichen („Milchprober", „Akkumulatorenprüfer" u. s. w.).

Da der Stengelquerschnitt gegen den des Schwimmkörpers klein ist, entsprechen gleichen Differenzen im spez. Gew. nicht gleiche Abschnitte des Stengels, vielmehr rücken die Teilstriche, wenn diese direkt das spez. Gew. angeben, nach oben hin immer weiter auseinander. In der Technik wird aber viel mit gleichmäßig durchgeteilten, sog. Gradaräometern gearbeitet (vgl. folg. Abschn.). Um durch den Einfluß der Kapillarität nicht große und veränderliche Fehler zu erhalten, darf der Stengelquerschnitt nicht zu klein und muß namentlich die Stengeloberfläche sauber sein, besonders bei der Untersuchung verdünnter, wässeriger Lösungen. Ist die Meßtemperatur von der Normaltemperatur, bei der das Instrument geeicht ist (meist 15°, seltener 17,5°), erheblich verschieden, so hat man eine Korrektur anzubringen, die sich auf die Änderung des Aräometervolumens beschränkt, wenn die Teilung direkt das spez. Gew. angibt. Da der kubische Ausdehnungskoeffizient des Glases 0,000025 ist, ist für jeden Grad über Normaltemperatur 0,0025% vom spez. Gew. abzuziehen, für jeden Grad unter Normaltemperatur ebensoviel zuzuzählen. Gibt die Teilung willkürliche Grade oder bei Spezialinstrumenten direkt den Prozentgehalt an, so kompliziert sich die Korrektur und muß nach Spezialtabellen vorgenommen werden.

Verschiedene Teilungen. Neben der rationellen Teilung der Skalen nach spez. Gew. sind in der Technik von alters her noch einige willkürliche Teilungen in Gebrauch, deren einziger Vorzug darin besteht, daß die Skalen gleiche Intervalle haben. Es wäre im Interesse der Einheitlichkeit und Übersichtlichkeit zu wünschen, daß stets und überall nach spez. Gew. statt nach den willkürlichen Graden gerechnet würde. Denn die allermeisten dieser alten Skalen sind unscharf oder unpraktisch definiert. Namentlich bei der gebräuchlichsten, der nach BAUMÉ *(Bé.)*, ist das der Fall; diejenige für leichte Flüssigkeiten ist nicht organisch an die für schwere angeschlossen; die Skala ist öfter reformiert worden, so daß eine ganze Reihe von verschiedenen *Bé.*-Skalen in Gebrauch ist, die sich überdies auf verschiedene Normaltemperaturen beziehen.

Die wichtigste ist die „rationelle *Bé.*-Skala" mit der Normaltemperatur 15°. Bedeutet d die Dichte einer Flüssigkeit bei 15°, auf Wasser von gleicher Temperatur, nicht von 4°, als Einheit bezogen, so sind die Grade dieser *Bé.*-Skala für schwere Flüssigkeiten ($d > 1$) mit d durch die Formel verknüpft: $Bé._{15°} = 144{,}3 - \frac{144{,}3}{d}$. Ist d hingegen kleiner als 1, so gilt die Formel: $Bé._{15°} = \frac{146{,}3}{d} - 136{,}3$. Für schwere Flüssigkeiten gibt die folgende Tabelle I die Beziehung zwischen der wahren Dichte, auf Wasser bei 4° als Einheit bezogen, und rationellen Graden *Bé.* an.

Tabelle I.

d 15/4	Bé. 15°	d 15/4	Bé. 15°	d 15/4	Bé. 15°	d 15/4	Bé. 15°
1,00	0,13	1,22	26,13	1,44	44,18	1,66	57,45
1,02	2,95	1,24	28,03	1,46	45,55	1,68	58,48
1,04	5,67	1,26	29,88	1,48	46,89	1,70	59,49
1,06	8,29	1,28	31,66	1,50	48,18	1,72	60,48
1,08	10,81	1,30	33,40	1,52	49,45	1,74	61,44
1,10	13,23	1,32	35,08	1,54	50,68	1,76	62,39
1,12	15,57	1,34	36,71	1,56	51,88	1,78	63,30
1,14	17,83	1,36	38,29	1,58	53,05	1,80	64,20
1,16	20,01	1,38	39,83	1,60	54,19	1,84	65,94
1,18	22,12	1,40	41,32	1,62	55,30	1,85	66,37
1,20	24,16	1,42	42,77	1,64	56,39		

Tabelle II.

Wenn ein richtiges Aräometer mit rationeller *Bé.*-Skala (*Be.* 15°) die in der ersten und letzten Spalte verzeichneten Grade anzeigt, gibt ein in derselben Flüssigkeit bei derselben Temperatur schwimmendes Aräometer nach:

Bé. 15°	Bé.	Bé. holländ.	Bé. amerik.	Balling	Beck	Brix, Fischer	Stoppani	Bé. 15°
mit den Normaltemperaturen								
15°	17,5°	12,5°	15°	17,5°	12,5°	15,625°	15,625°	15°
0°	+ 0,05°	0,04°	0,00°	− 0,07°	− 0,05°	0,03°	+ 0,01°	0°
4°	4,12°	+ 3,95°	+ 4,02°	5,61°	+ 4,66°	11,12°	4,61°	4°
8°	8,19°	7,95°	8,04°	11,15°	9,38°	22,21°	9,22°	8°
12°	12,25°	11,94°	12,06°	16,70°	14,09°	33,29°	13,82°	12°
16°	16,32°	15,93°	16,08°	22,24°	18,81°	44,38°	18,42°	16°
20°	20,39°	19,92°	20,10°	27,78°	23,52°	55,47°	23,02°	20°
24°	24,46°	23,92°	24,12°	33,32°	28,23°	66,55°	27,62°	24°
28°	28,52°	27,91°	28,14°	38,86°	32,95°	77,64°	32,22°	28°
32°	32,59°	31,90°	32,16°	44,41°	37,66°	88,73°	36,82°	32°
36°	36,66°	35,90°	36,17°	49,95°	42,38°	99,82°	41,42°	36°
40°	40,73°	39,89°	40,19°	55,49°	47,09°	110,90°	46,02°	40°
44°	44,79°	43,88°	44,21°	61,03°	51,80°	121,99°	50,63°	44°
48°	48,86°	47,87°	48,23°	66,58°	56,52°	133,08°	55,23°	48°
52°	52,93°	51,87°	52,25°	72,12°	61,23°	144,16°	59,83°	52°
56°	56,99°	55,86°	56,27°	77,66°	65,94°	155,25°	64,43°	56°
60°	61,06°	59,85°	60,29°	83,20°	70,66°	166,34°	69,03°	60°
64°	65,13°	63,84°	64,31°	88,74°	75,37°	177,43°	73,63°	64°
68°	69,20°	67,84°	68,33°	94,29°	80,08°	188,51°	78,23°	68°

Tabelle III.

Vergleich eines Aräometers nach Twaddle (Normaltemperatur 60° *F* = 15⁵/₉° *C*) mit einem Dichtearäometer und einem Aräometer mit rationeller *Bé.*-Skala (Normaltemperatur für beide 15° C).

°Tw.	Dichte	Bé. 15°	°Tw.	Dichte	Bé. 15°	°Tw.	Dichte	Bé. 15°	°Tw.	Dichte	Bé. 15°
0	0,99906	− 0,01	48	1,23883	27,92	96	1,47860	46,79	144	1,71838	60,40
4	1,01904	2,82	52	1,25881	29,77	100	1,49858	48,09	148	1,73836	61,36
8	1,03902	5,54	56	1,27879	31,56	104	1,51856	49,36	152	1,75834	62,31
12	1,05900	8,16	60	1,29877	33,29	108	1,53855	50,59	156	1,77832	63,23
16	1,07898	10,68	64	1,31875	34,97	112	1,55853	51,79	160	1,79830	64,13
20	1,09896	13,11	68	1,33873	36,61	116	1,57851	52,96	164	1,81828	65,01
24	1,11894	15,45	72	1,35871	38,19	120	1,59849	54,11	168	1,83826	65,87
28	1,13892	17,71	76	1,37870	39,73	124	1,61847	55,22	172	1,85824	66,70
32	1,15890	19,89	80	1,39868	41,22	128	1,63845	56,31	176	1,87822	67,53
36	1,17889	22,00	84	1,41866	42,67	132	1,65843	57,37	180	1,89820	68,35
40	1,19807	24,04	88	1,43864	44,08	136	1,67342	58,15			
44	1,21885	26,02	92	1,45862	45,46	140	1,69839	59,41			

Alkoholometrie. Neben den Gewichtsprozenten Alkohol werden noch vielfach die „Volumprozente nach Tralles" benutzt; die Aräometerskalen enthalten häufig beide Angaben. Die Volumprozente drücken aus, wie viel Liter reiner Alkohol, bei 15,56° *C* gemessen, in 100 bei derselben Normaltemperatur abgemessenen Litern

Gemisch enthalten sind. Infolge der Kontraktion beim Mischen und der recht verschiedenen Ausdehnung von reinem und verdünntem Alkohol ist die Trallessche Rechnung unbequem, sie sollte durch die offiziell eingeführte Angabe der Gewichtsprozente ersetzt werden.

Die folgende Tabelle IV dient zur Umrechnung der abgelesenen Trallesschen Volumprozente in Gewichtsprozente Alkohol.

Tabelle IV.

Vol. % Tralles	Gew. %	Vol. % Tralles	Gew. %	Vol. % Tralles	Gew. %	Vol. % Tralles	Gew. %	Vol. % Tralles	Gew. %
0	0,04	20	16,39	40	33,54	60	52,31	82	76,00
2	1,66	22	18,08	42	35,33	64	56,35	84	78,37
4	3,27	24	19,76	44	37,13	66	58,40	86	80,80
6	4,88	26	21,44	46	38,94	68	60,48	88	83,28
8	6,50	28	23,13	48	40,78	70	62,59	90	85,82
10	8,12	30	24,85	50	42,64	72	64,74	92	88,44
12	9,75	32	26,57	52	44,53	74	66,92	94	91,16
14	11,39	34	28,29	54	46,44	76	69,13	96	93,99
16	13,05	36	30,03	56	48,37	78	71,39	98	96,95
18	14,72	38	31,78	58	50,33	80	73,68	99	98,51

Weitere Tabellen sowie die Eichvorschriften u. s. w. findet man in dem „Handbuch der Aräometrie“ von J. Domke und E. Reimerdes. Berlin, Julius Springer, 1912.

W. A. Roth.

Araroba s. Drogen.

Arbeit. Nach der Definition der Mechanik ist Arbeit gleich dem Produkte aus der wirkenden Kraft in den Weg ihres Angriffspunktes, also kurz:

$$\text{Arbeit} = \text{Kraft} \times \text{Weg}.$$

Nimmt man als Einheit der Kraft das Kilogrammgewicht, d. h. die Kraft, mit welcher die Schwerkraft die Masse 1 *kg* an der Erdoberfläche (im Meeresniveau unter 45° Breite) anzieht, und als Längeneinheit das *m*, so erhält man als technische Einheit der mechanischen Arbeit das *mkg*. Ob die Arbeit etwa darin besteht, daß 1 *kg* 10 *m* hoch oder 10 *kg* 1 *m* hoch gehoben werden, bleibt sich für die Arbeitsleistung gleich; das Produkt ist in beiden Fällen 10 *mkg*. Ebenso ist es hier gleichgültig, in welcher Zeit die Arbeit geleistet wird. In der Praxis dagegen kommt es gewöhnlich sehr darauf an, in welcher Zeit eine bestimmte Arbeit erledigt wird, man fragt z. B. bei Dampfmaschinen nach der in der Zeiteinheit von ihnen geleisteten Arbeit, nach dem „Effekt“. Die technische Einheit des Effektes ist die Pferdekraft, gleich einer Leistung von 75 *mkg* in der Sekunde. Durch Multiplikation mit der Zeit, während welcher die betreffende Maschine ihren Effekt erfüllt, erhält man die von ihr geleistete Arbeit:

$$\text{Arbeit} : \text{Zeit} = \text{Effekt}$$
$$\text{Effekt} \times \text{Zeit} = \text{Arbeit}.$$

Wissenschaftliche Einheit der Arbeit ist das Erg, die Arbeit, welche geleistet wird, wenn man gegen die absolute Einheit der Kraft (Dyne) den Weg 1 *cm* zurücklegt. Die Arbeit 10^7 Erg bezeichnet man mit den Namen Joule. Ein Effekt von 10^7 Erg in der Sekunde heißt ein Watt. Eine Pferdekraft ist gleich 736 Watt.

Einheit der Wärmearbeit ist die Calorie. Die in der Wissenschaft übliche Calorie ist gleich der Wärmemenge, welche 1 *g* Wasser von Zimmertemperatur um 1° erwärmt. Die Beziehung zwischen der Calorie und der mechanischen Arbeit ist durch die mechanische Wärmetheorie festgelegt:

$$1 \text{ cal.} = 41{,}89 \cdot 10^6 \text{ Erg}.$$

In der Technik nimmt man gewöhnlich den tausendfachen Wert, die große Calorie, welche 1 *kg* Wasser um 1° erwärmt, als Einheit der Wärmeenergie.

Einheit der elektrischen Arbeit ist die Wattsekunde.

Zwischen der Wattsekunde und der Calorie besteht die Beziehung

1 Wattsekunde = 0,238 cal.

Beispiel. Ein elektrischer Strom von 200 Ampère durchfließt eine Kupferschiene und erleidet dabei einen Spannungsabfall von 0,085 Volt; es werden dann in der Sekunde 200 × 0,085 Voltampère = 17 Watt geleistet und dadurch 17 · 0,238 = rund 4 cal. in jeder Sekunde der Schiene zugeführt.

In der Technik pflegt man die elektrische Arbeit nach Kilowattstunden, gelegentlich auch nach Kilowattjahren anzugeben:

1 *KW*-Stunde = $36{,}10^5$ Wattsekunden
1 *KW*-Stunde = 1,36 *PS*-Stunden.

Beispiel. Gemäß dem FARADAYschen Gesetze sind zur elektrolytischen Abscheidung von 1 Grammäquivalent irgend eines Stoffes rund 27 (genauer 26,8) Ampèrestunden nötig. Beträgt die Badspannung bei einer Chlorkaliumelektrolyse 4 Volt und die Stromausbeute 85%, so sind zur Gewinnung von 1 Grammäquivalent $KOH = 56g\ KOH$

4 · 27 : 0,85 = 127 Wattstunden

und für 1 *kg* Ätzkali

127 : 56 = 2,3 *KW*-St.

erforderlich. *K. Arndt.*

Arbutin, Vacciniin, ist ein in den Bärentraubenblättern, Folia uvae ursi, von Arctostaphylos uva ursi, einer Ericacee, enthaltenes Glykosid. Auch in den Blättern von Chimophila umbellata Nutt., von Pirola- und Vacciniumarten findet es sich. Es hat die Formel $C_{12}H_{16}O_2 + H_2O$ und zerfällt bei der Hydrolyse in Hydrochinon und Zucker. Gewonnen wird es aus den Bärentraubenblättern, in denen es sich neben Methylarbutin findet, in der für die Glykosidgewinnung üblichen Weise. Das käufliche Arbutin enthält stets mehr oder weniger Methylarbutin; der Schmelzp. ist demgemäß unscharf. Die Literaturangaben schwanken zwischen 142° und 195°. Das Arbutin aus Tiroler Bärentraubenblättern enthält bis 25%, das aus spanischen nur ca. 5% Methylarbutin. Der Gesamtglykosidgehalt der Droge beträgt bis 7%. Die Trennung des Arbutins vom Methylarbutin gelingt annähernd über die Hexamethylentetraminverbindung (*D. R. P.* 250884).

Die Synthese und damit die Darstellung chemisch reinen Arbutins gelang zuerst 1912 MANNICH. Aus Hydrochinon und Acetobromglucose entsteht zunächst Tetraacetylarbutin, das bei der kalten Verseifung mit Barytwasser Arbutin liefert. Reines Arbutin krystallisiert mit 1 H_2O; das Krystallwasser entweicht bei 100° oder beim Trocknen im Vakuum. Reines, wasserfreies Arbutin besitzt einen doppelten *Schmelzp.*: erst 163–164°, dann 199–200°; $\alpha_D = -60{,}34$. Leicht löslich in Wasser und in Alkohol, kaum in Äther. Arbutin wurde in Dosen von 0,15–0,3 *g* an Stelle der Fol. uvae ursi als Blasendesinfiziens empfohlen, besitzt indessen nicht die volle Wirkung der Droge und konnte sich demgemäß nicht behaupten. *Zernik.*

Arecolin, Arecaidin. Diese beiden Alkaloide finden sich neben Arecain $C_7H_{11}NO_2 + H_2O$, Guvacin $C_6H_9NO_2$ und Cholin in den Samen der Arekapalme (Areca Catechu L., A. Guvaca M.), den sog. Betelnüssen (Arekanüssen) vor. Das erstere, Arecolin $C_8H_{13}NO_2$ ist der Methylester des letzteren, Arecaidin $C_7H_{11}NO_2 + H_2O$. Die Beziehung der beiden zueinander wurde zuerst von E. JAHNS festgestellt (*A. Ph.* **229**, 669 [1897]). Arzneilich angewendet wird das Arecolin meist in Form seines bromwasserstoffsauren Salzes. In der Droge findet sich dieses Alkaloid zu etwa 0,5% (*Ph. Helvet.* IV) an Gerbsäure gebunden vor.

Zur Darstellung werden nach JAHNS die gepulverten Arecanüsse mit verdünnter Schwefelsäure kalt ausgezogen und aus dem eingeengten Auszuge der Basen mit Kaliumwismutjodid ausgefällt. Der Niederschlag wird darauf mit Bariumcarbonat zerlegt, die abfiltrierte Lösung bis zur Sirupkonsistenz eingedampft und nach Zusatz von Bariumhydroxyd mit Äther ausgeschüttelt, der nur das Arecolin aufnimmt; letzteres bleibt dann nach dem Verdunsten des Äthers als ölige Flüssigkeit von stark alkalischer Reaktion zurück. Einfacher als auf die genannte Art läßt sich das Alkaloid aus der Droge in der bei Aconitin genannten Art gewinnen. Zur Reinigung der Base führt man zweckmäßig diese in das bromwasserstoffsaure Salz über, zerlegt dieses wieder mit Soda und nimmt mit Äther das Alkaloid auf. Die reine Base ist farb- und geruchlos und in Wasser, Alkohol, Äther und Chloroform leicht löslich, mit Wasserdämpfen flüchtig und siedet bei 209°. Sie bildet leicht lösliche, meist krystallisierbare Salze, deren Lösungen mit Jodlösung, Bromwasser, Quecksilberchloridlösung, Kaliumwismutjodid Fällungen geben, nicht aber mit Platinchloridlösung und Tanninlösung (*D. A. B.* 5, Arecolin. hydrobromic.). Durch Erhitzen des Arecolins mit Salzsäure auf 150° oder durch Kochen mit Kalilauge oder Jodwasserstoffsäure wird es unter Bildung von **Arecaidin** zerlegt, aus dessen methylalkoholischer Lösung es durch Veresterung mit Hilfe von Salzsäure zurückgebildet werden kann. Die Überführung des natürlich vorkommenden Arecaidins in Arecolin dürfte eine praktische Bedeutung für die Fabrikation wohl kaum haben.

Dem Arecolin fehlen charakteristische Reaktionen. Über das Verhalten gegenüber verschiedenen Reagentien hat C. REICHARD in *Ph. Zentralh.* 52, 711 [1911] Angaben gemacht.

Zur Bestimmung des Arecolins in den Samen hat *Ph. Helvet.* IV die Methode von PANCHAUD aufgenommen. Darnach werden 12 g feingepulverte Samen in einer 250 *ccm* fassenden Arzneiflasche mit 120 *g* Äther (*spez. Gew.* 0,720) übergossen und während 15 Minuten häufig umgeschüttelt. Man fügt dann 5 *ccm* Ammoniak (*spez. Gew.* 0,960) hinzu, schüttelt während einer Stunde häufig und kräftig durch und läßt absitzen. Hierauf gießt man 100 *g* der ätherischen Lösung (= 10 *g* Samen) durch einen Bausch gereinigter Baumwolle in einen Kolben von 300 *ccm* Inhalt und destilliert den Äther ab. Den Rückstand übergießt man mit 5 *ccm* absolutem Alkohol, gibt nach dem Lösen 10 *ccm* Wasser, 3 Tropfen Hämatoxylin (1 : 100) und 30 *ccm* Äther hinzu und titriert mit $^1/_{10}$ Normalsalzsäure bis zur rotbraunen Färbung der wässerigen Schicht. Hierauf fügt man 30 *ccm* Wasser hinzu und titriert unter häufigem Verschließen und kräftigem Schütteln des Kolbens zu Ende, bis die wässerige Lösung eine citronengelbe Färbung angenommen hat und eine weitere Aufhellung nach erneutem Säurezusatz und Umschwenken nicht mehr eintritt. Jedes *ccm* Säure entspricht dann 0,151 *g* Arecolin.

Das auch in einige Arzneibücher (*D. A. B.* 5, *Ph. Helvet.* IV) aufgenommene Bromhydrid (Arecolinum hydrobromicum $C_8H_{13}NO_2 \cdot HBr$, *Mol.-Gew.* 236,04) wird durch genaue Neutralisation der Base in konzentrierter alkoholischer Lösung mit alkoholischer Bromwasserstoffsäure erhalten. Das Präparat soll aus feinen, weißen, luftbeständigen Nadeln bestehen, die sich in Wasser und Weingeist leicht, in Äther und Chloroform aber schwer lösen und nach dreitägigem Aufbewahren über Schwefelsäure (*D. A. B.* 5) einen Schmelzp. von 170—171° zeigen. Die wässerige Lösung darf Lackmuspapier kaum röten und wird auch durch Kalilauge nicht gefällt. Das Salz ist ein starkes Herzgift und dient als Bandwurmmittel und Myoticum, als Ersatz des Physostigmins sowie hauptsächlich in der Tierheilkunde bei Kolik der Pferde als Abführmittel.

Das ***Arecaidin*** $C_7H_{11}NO_2 + H_2O$ ist die Carbonsäure des Arecolins. Bei der Darstellung des letzteren nach dem JAHNSschen Verfahren findet es sich in dem ätherunlöslichen Alkaloidanteile. Indessen ist die Darstellung hieraus im reinen Zustande eine schwierige. Zweckmäßig wird Arecolin mit Barytwasser gekocht, dann der Baryt mit verdünnter Schwefelsäure genau neutralisiert, filtriert und das Filtrat zur Trockne verdampft. Einmaliges Umkrystallisieren des Produktes aus 60–70%igem Weingeist genügt, um das Arecaidin vollkommen rein zu erhalten. So bildet es farblose, luftbeständige, bei 223–224° schmelzende Tafeln, welche in Wasser leicht, in Äther und Chloroform unlöslich und in starkem Weingeist wenig löslich sind.

Interessant in der Chemie des Arecaidins sind die Synthesen, die es als N-Methyltetrahydronicotinsäure erscheinen lassen und sowohl von dem cyclischen System der Nicotinsäure ausgehen wie auch von einfachen nichtcyclischen Verbindungen (JAHNS l. c.; H. MEYER, *M.* **23**, 22 [1902]; A. WOHL u. A. JOHNSON, *B.* **40**, 4712 [1907]). Aus diesen Synthesen ergeben sich die folgenden Formeln:

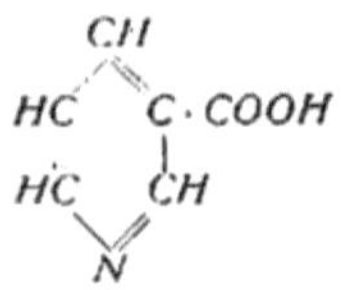
Nicotinsäure.

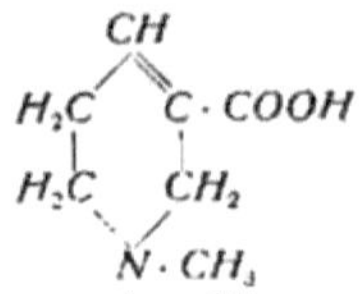
Arecaidin.

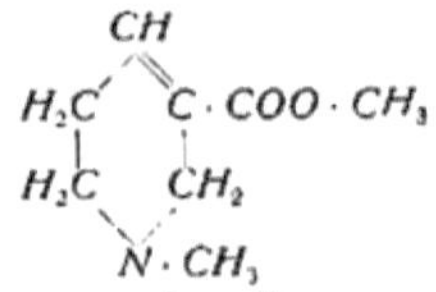
Arecolin.

Jos. Klein.

Argaldin (A. DERING, Fürth), ein mit abgebautem Eiweiß hergestelltes Silberpräparat, das, auf Schleimhäute gebracht, Formaldehyd abspaltet, wurde in Form von Salbe und als Lösung 1912 in Handel gebracht, ohne nähere Angaben über Zusammensetzung oder Anwendung. Möglicherweise handelt es sich um ein dem Sophol (s. d.) nahestehendes Präparat. *Zernik.*

Argatoxyl s. Arsenverbindungen, organische (S. 584). *Zernik.*

Argental, Argentan, s. Neusilber. *Oberhoffer.*

Argentamin (*Schering*), Liquor Argentamini, ursprünglich eine nach *D. R. P.* 74634 hergestellte Lösung von 8% Silberphosphat in einer 15%igen Äthylendiaminlösung, besteht gegenwärtig in einer Lösung von 10 T. Silbernitrat und 10 T. Äthylendiamin in Wasser. Argentamin reagiert alkalisch und gibt weder mit eiweißhaltigen noch mit kochsalzhaltigen Lösungen Niederschläge. Mitte der Neunzigerjahre des vorigen Jahrhunderts an Stelle des Silbernitrats zu Injektionen empfohlen; es übertrifft jenes an Tiefenwirkung, ist aber durch die neueren Silbereiweißpräparate in den Hintergrund gedrängt worden. *Zernik.*

Argent français (Argent-Ruolz) ist Neusilber, in dem das Zink durch Silber ersetzt ist. Es enthält:

	Kupfer	Nickel	Silber	Zink
	35–50	25–30	20–30	0
Ein Odessaer Fabrikat enthielt:	42,53	8,54	33,26	15,66

Die Legierung dient zur Herstellung von Kunstgegenständen. *Oberhoffer.*

Argentine. Hierunter versteht man auf chemischem Wege hergestelltes, fein verteiltes Zinn. Zu seiner Gewinnung wird nach PUSCHER (Kunst und Gewerbe **1882**, 16) Zinnsalz in sehr verdünnter Salzsäure gelöst und in diese Lösung Zink in Form von Streifen oder Stäben hineingestellt. Hierbei schlägt sich dann das sehr fein verteilte metallische Zinn als graubraunes Pulver nieder, das filtriert und ausgewaschen wird.

Es wurde im Jahre 1829 zuerst in England für den Zeugdruck verwandt, indem ein Gemisch von Argentine mit einer ammoniakalischen Casein-Lösung angerührt und die so hergestellte Druckfarbe dann auf das Gewebe aufgetragen wurde. Durch heiße Kalander wurde dann der Metallglanz erzeugt. Heute dient Argentine hauptsächlich zur Herstellung von gestrichenem Metallpapier. Zu diesem Zweck wird die Argentine ähnlich wie beim Zeugdruck mit einem Klebemittel angerührt, auf weißes Papier aufgetragen und dieses durch Kalandrieren glänzend gemacht. *F. Ullmann.*

Argentol, o-oxychinolin-m-sulfosaures Silber, das Silbersalz des Chinosols (s. d.), $C_9H_5N\ OH \cdot SO_3 \cdot Ag$, gelbliches, schwer lösliches Pulver, das sich bereits beim Kochen mit Wasser unter Abscheidung metallischen Silbers zersetzt. Silbergehalt 31,7%. Wurde s. Z. in Emulsion an Stelle des Silbernitrats in Substanz als Wundstreupulver empfohlen, hat aber keine Bedeutung erlangt. *Zernik.*

Argon, *Ar*, Atomgewicht 39,88, ist eines der sog. „Edelgase", die in der atmosphärischen Luft als normale Bestandteile enthalten sind. Es wurde im Jahre 1894 von RAMSAY und RAYLEIGH bei Gelegenheit genauerer Untersuchungen über den Luftstickstoff entdeckt und von ihnen Argon nach dem griechischen ἀργός (träge) genannt, weil es mit keinem Element eine chemische Verbindung bildet, also chemisch vollkommen träge ist.

In 1000 *ccm* Luft sind 9,37 *ccm* und in 1000 *g* Luft sind 12,9 *g* Argon enthalten; 1 *l* Argon wiegt unter Normalbedingungen (0°; 760 *mm*) 1,782 *g*; es ist also 1,38mal schwerer als Luft. Es ist ein einatomiges Gas; unter die kritische Temperatur –121° abgekühlt, wird es bei dem kritischen Druck von 50,6 *Atm.* flüssig, siedet bei –186,9° und erstarrt bei –189,6° zu einem weißen Schnee.

Über Herstellung und Verwendung des Argons und über die anderern Edelgase Helium, Neon, Krypton und Xenon siehe Näheres unter Edelgase. *M. v. Unruh.*

Argonin (*M. L. B.*), Caseinsilber, wurde ursprünglich nach *D. R. P.* 82951 gewonnen durch Fällen einer neutralen Caseinkaliumlösung mit Silbernitrat und Alkohol. Feines, grauweißes Pulver, in Wasser mit ganz schwach alkalischer Reaktion löslich. Silbergehalt früher 10, jetzt ca. 4,2%. Die wässerige Lösung opalesciert; sie gibt mit Eiweißlösungen keinen Niederschlag und darf auch durch Kochsalzlösung nicht sofort gefällt werden. 1895 von LIEBRECHT in den Arzneischatz eingeführt und als reizloser Ersatz des Silbernitrats empfohlen; Anwendung meist in 1–2%iger Lösung. *Zernik.*

Arguzoid, s. Neusilber. *Oberhoffer.*

Argyrol (A. C. BARNES Co., Philadelphia U. S.), als Silberverbindung des Getreideproteids Gliadin mit 30% *Ag* deklariert, ein dunkelbraunes, in Wasser leicht lösliches Pulver, wird als Ersatz des Silbernitrats in 1–5%iger Lösung empfohlen. In Deutschland kaum angewendet. *Zernik.*

Argyrolith, s. Neusilber. *Oberhoffer.*

Arhovin (GOEDECKE & Co., Berlin-Leipzig), s. Z. deklariert als „Diphenylamin. thymico-benzoicum", auch als „Additionsprodukt des Diphenylamins und der esterifizierten Thymylbenzoesäure" mit einer chemisch unmöglichen Formel, ist, wie ANSELMINO nachwies, ein flüssiges Gemisch aus Diphenylamin, Thymol und Benzoesäureäthylester; in den Gelonida Arhovini ist letzterer durch Harzbenzoesäure ersetzt. Empfohlen als internes Antigonorrhoicum an Stelle der Balsamica; Dosis 0,25 *g* mehrmals täglich. *Zernik.*

Aristochin (*Bayer* und *Zimmer*), Dichininkohlensäureester, das neutrale Carbonat des Chinins, $CO{<}^{O-C_{20}H_{23}N_2O}_{O-C_{20}H_{23}N_2O}$, wird erhalten nach *D. R. P.* 105666 durch Einwirkung von Phosgen oder Diphenylcarbonat auf Chinin. Weißes, krystallinisches Pulver, *Schmelzp.* 189° (Handelsprodukt schmilzt bei ca. 187°), unlöslich in Wasser, kaum in Äther und Petroläther, leicht in Alkohol und in Chloroform. Vermag sowohl mit 1 wie mit 2 *Mol.* Salzsäure lösliche Salze zu bilden. Chiningehalt 96,1%. Empfohlen seit 1902 als geschmackfreier Chininersatz ohne Nebenwirkungen, insbesondere bei Keuchhusten. Dosis 0,5–1 *g* ein- bis mehrmals täglich, Kinder 0,2–1,5 *g* täglich. *Zernik.*

Aristol (*Bayer*), Dithymoldijodid, Thymotol, Annidalin, Thymolum bijodatum, wird dargestellt nach *D. R. P.* 49739 durch Fällen einer alkalischen Thymollösung mit Jod-Jodkaliumlösung und Trocknen des Niederschlags bei mittlerer Temperatur. Hellrotbraunes, voluminöses Pulver von schwach aromatischem Geruch, neutraler Reaktion, unlöslich in Wasser und in Glycerin, löslich bis auf einen geringen Rückstand in Alkohol, Äther und fetten Ölen. Jodgehalt rund 45%. Seit 1890 bewährt als Jodoformersatz in Substanz, bzw. in 10%iger öliger Lösung oder in Salbenform. *Zernik.*

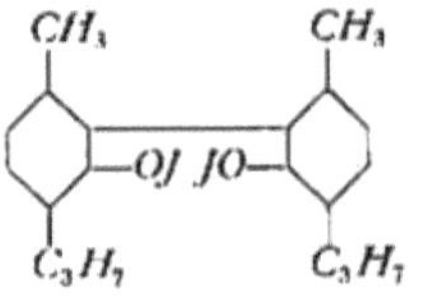

Arkometall oder französisches Tombak, s. Messing. *Oberhoffer.*

Arnika s. Drogen.

Aroform (HOECKERT & MICHALOWSKY, Neu-Kölln), Nachahmung von Formamint; parfümierte Tabletten aus Paraformaldehyd und Milchzucker. *Zernik.*

Arrak s. Äthylalkohol und Trinkbranntwein.

Arrhénal s. Arsenverbindungen, organische. *Zernik.*

Arrowroot s. Stärke.

Arsacetin s. Arsenverbindungen, organische (S. 584). *Zernik.*

Arsan s. Glidine. *Zernik.*

Arsanämin (P. PAUL LIEBE, G. m. b. H., Dresden), als „Verbindung des Anämins (s. d.) mit Arsen" deklariert, soll 0,0076% *As*, 0,2% *Fe* (als Ferrisaccharat) und 2,5% Pepsin enthalten. *Zernik.*

Arsen, As, Atomgewicht 75, bildet mit Phosphor und Antimon eine Gruppe von Elementen, die durch ihre Eigenschaften sowie den Bau und die äußere Form ihrer Verbindungen einander sehr nahe stehen. Arsen selbst ähnelt äußerlich den Metallen. Es tritt in wenigstens 3 allotropen Modifikationen auf, deren erste die altbekannte krystallinische grauweiße Masse ist. *D* 5,8726–5,728. Arsen ist metallglänzend, krystallisiert rhomboedrisch, nicht sehr hart, sehr spröde. Es verdampft bei ca. 449,5°, ohne vorher zu schmelzen. Der Dampf soll nach neueren Untersuchungen nicht citronengelb, sondern farblos sein. Die Dampfdichte ergibt bei 1300° die Formel As_4, bei 1750° As_2. Beim Abkühlen des Dampfes entsteht neben dem grauen auch amorphes schwarzes Arsen, von HITTORF und BETTENDORF entdeckt. Es hat das *spez. Gew.* 4,7 und geht bei ca. 360° in die graue – beständigste – Modifikation über. Gelbes, reguläres Arsen, durch intensive und schnelle Abkühlung des Arsendampfes erhalten, ist in Schwefelkohlenstoff löslich und sehr unbeständig. *D* 3,9 (ERDMANN und v. UNRUH, *Z. anorg. Ch.* **32**, 437 [1902]; STOCK und SIEBERT, *B.* **38**, 966 [1905]; LINCK, *B.* **32**, 892 [1899]). Schließlich kann man Arsen auch in kolloidaler Form erhalten, wenn man Arsenverbindungen in alkalischer Lösung bei Gegenwart von Schutzkolloiden reduziert (*D. R. P.* 202561; cf. TH. SVEDBERG, *B.* **39**, 1712 [1906]). Über graues und braunes Arsen s. F. FRANK und C. EHLERS, *A.* **400**, 268 [1913].

Gepulvertes feuchtes Arsen erhitzt sich unter Oxydation zu Arsentrioxyd von selbst. An der Luft erwärmt, verbrennt es mit blauer Flamme unter Entwicklung von Knoblauchgeruch, der ihm selbst, nicht etwa dem gebildeten Trioxyd (s. Arsenverbindungen) eigen ist; im Sauerstoffstrom verbrennt es mit glänzend weißem Licht. Verdünnte Salpetersäure oxydiert zu arseniger Säure, konz. Säure oder Königswasser oder schmelzendes Nitrat zu Arsensäure. Chlor führt das Metall unter Lichterscheinung in Arsentrichlorid über, nascierender Wasserstoff in Arsenwasserstoff. Salzsäure ist bei Luftabschluß ohne Wirkung. Bei Luftzutritt entsteht Arsentrioxyd, das weiterhin Arsentrichlorid bildet. Verdünnte Schwefelsäure reagiert nicht, konz. wird unter Bildung von arseniger Säure zu schwefeliger Säure reduziert. Kochende Alkalilösungen oder schmelzende Alkalien geben unter Wasserstoffentwicklung Arsenik. Ein Gemisch von Arsen und Kaliumchlorat explodiert durch Schlag. Mit Metallen verbindet sich Arsen zu meist spröden Legierungen. Ein Gehalt von 0,05 bis 0,08% Arsen macht beispielsweise Gold schon spröde. Beim Rösten geben Arsenmetalle arsensaure Metalloxyde, bei der chlorierenden Röstung Arsenchlorid. Legierungen von Arsen mit Schwermetallen geben, bei Luftabschluß erhitzt, ein Sublimat von metallischem Arsen, halten aber auch bei den höchsten Temperaturen einen Teil des Arsens fest, so namentlich die Verbindungen mit Nickel, Kobalt, Eisen und Kupfer.

Von den Schwefelverbindungen des Arsens besitzt namentlich das Arsendisulfid (Realgar) und das Arsentrisulfid (Auripigment) technisches Interesse (s. Arsenverbindungen).

Wie Phosphor liefert auch Arsen eine Wasserstoffverbindung, den Arsenwasserstoff, AsH_3. Es sind ferner zwei Chloride, $AsCl_3$ und $AsCl_5$, bekannt.

Alle Arsenverbindungen sind für Pflanzen und Tiere, gleichgültig, ob sie niedriger oder höher organisiert sind, heftige Gifte. Sie vermögen ferner auch manche anorganisch-chemischen Reaktionen zu beeinträchtigen („Kontaktgifte"). Diese Eigenschaften gaben Veranlassung, die analytischen Methoden zum Nachweis und zur quantitativen Bestimmung des Arsens aufs Sorgfältigste auszuarbeiten und ferner die größte Achtsamkeit auf die Reinigung der Reagenzien, Gase und Flüssigkeiten von dem Arsen zu verwenden.[1]

Wie andere Gifte können auch Arsenderivate in geeigneter Dosis als Heilmittel dienen. Man kann ferner durch Angewöhnung Tiere und Menschen bis zu einem beträchtlichen Grade arsenfest machen, so daß sie das Mehrfache der tötlichen Gabe ohne Schaden vertragen.

Historisches. Im Altertum waren nur die beiden Verbindungen des Arsens mit Schwefel bekannt, das rote Schwefelarsen, Realgar, und das gelbe, Auripigment. Erstere Bezeichnung rührt von THEOPHRASTOS, einem Schüler des ARISTOTELES, letztere von PLINIUS her. Beide Substanzen fanden als Heilmittel und Malerfarben Verwendung. Im 8. Jahrhundert soll der Araber GEBER den weißen Arsenik, das Arsentrioxyd, entdeckt haben. Es wird im 11. Jahrhundert durch Rösten von Schwefelarsen dargestellt, von ACIVENNA als giftiges Arsenicum album benannt und 4 Jahrhunderte später von BASILIUS VALENTINUS als Hüttenrauch bezeichnet, also um diese Zeit schon hüttenmännisch aus Kiesen gewonnen. Arsenmetall wurde im 13. Jahrhundert aus Arsenik und den Schwefelarsenverbindungen durch Schmelzung erhalten, eine Tatsache, die nach BERTHELOT (*A. ch.* [6] **13**, 430 [1888]) schon den griechischen Alchimisten bekannt war. Aber erst gegen Ende des 17. Jahrhunderts wurde das Element durch Sublimation hergestellt. Die Arsensäure und der Arsenwasserstoff wurden 1775 von SCHEELE entdeckt.

Ferner sind die Namen MACQUER (1746), CADET (1760), MONNET (1773), BERGMANN (1777), HAHNEMANN (1786), PROUST (1801) und V. ROSE (1806) u. a. m. mit der Geschichte des Arsens verknüpft.

---

[1] Anm. Reinigung von Röstgasen, s. die *D. R. P.* 106715, 159976, 221847, cf. auch Arsentrichlorid.

Vorkommen, wichtigste Mineralien. Arsen gehört zu den vagabondierenden Elementen. Rein findet es sich gleich seinen Derivaten nur selten in größerer Menge, anderen Mineralien beigemischt aber fast überall. Am verbreitetsten sind seine Verbindungen mit Schwefel und Metallen. Nur an wenigen Fundorten lohnt sich die Gewinnung.

Ausgangsmaterial für die Herstellung der Arsenikalien (Arsen, Arsentrioxyd, rotes und gelbes Schwefelarsen, Arsensäure), denen sich das Schweinfurtergrün anschließt, sind folgende Mineralien:

Gediegenes Arsen (Scherben- oder Näpfchenkobalt, Fliegenstein), rhomboedrisch krystallisierend, meist feinkörnig bis dicht, in kugeliger oder traubiger Gestalt auftretend, kommt besonders im krystallinischen Schiefer und Übergangsgebirge vor, meist vergesellschaftet mit Silber-, Blei-, Nickel- und Kobalterzen, gewöhnlich verunreinigt durch kleine Mengen Eisen, Kobalt, Nickel, Antimon, mitunter auch Gold.

Die Hauptfundstätten befinden sich am Harz, St. Andreasberg, ferner im Erzgebirge, Annaberg, Schneeberg, Marienberg, Freiberg, bei Joachimstal in Böhmen, außerdem in größeren oder geringeren abbauwürdigen Mengen in Ungarn (Kapnik und Orawitza), in Norwegen (Kongsberg), in Frankreich (Allemont und St. Marie aux Mines), in Italien (Darden), in England (Cornwall), in Sibirien (Zmeoff), in Chile (Charnacillo), in Mexiko (Hidalgo und San Augustin), und endlich in Neu-Seeland (Kapanga-Mine).

Arsenkies auch Arsenopyrit, Mißpickel, Giftkies ($FeS_2 + FeAs_2$) besteht aus Schwefeleisen und Schwefelarsen und enthält 46 T. Arsen, 34,4 T. Eisen und 19,6 T. Schwefel. Das Eisen ist häufig teilweise durch Kobalt (6–9%) ersetzt, auch enthält der Kies bisweilen Silber und Gold in lohnenden Mengen. Krystallform rhombisch, kommt auch derb, in körnigen und stengeligen Aggregaten vor. Findet sich besonders häufig als Begleiter von Silber-, Kobalt-, Nickel-, Zinn-, Blei- und Kupfererzen. Außer an den für gediegenes Arsen angegebenen Fundorten zu Reichenstein in Schlesien, zu Mitterberg im Salzburgischen, zu Schlagming in Steiermark, zu Sala in Schweden, in Floyd und Montgomerie (Amerika), in Audedepartement in Frankreich u. s. w.

Arsenikalkies, Arseneisen oder Lölingit, auch weicher Giftkies genannt, als $FeAs$ mit 66,80 Arsen und 33,20 Eisen und als $FeAs_2$ mit 72,84 Arsen und 27,16 Eisen. Krystallisiert ebenfalls rhombisch. Meist derb und eingesprengt, findet er sich unter ähnlichen Verhältnissen wie Arsenkies, aber seltener, besonders zu Lölling in Kärnten und zu Reichenstein in Schlesien. Das Reichensteiner Erz enthält 0,0022–0,0024% Gold. Die krystallisierte, bzw. krystallinische Varietät heißt Leukopyrit.

Technische Bestimmungsmethoden.

1. Arsenproben auf trockenen Wegen: Um zu ermitteln, wieviel Arsen aus einem Arsenerz zu gewinnen ist, erhitzt man 20 bis 50 *g* Arsen- oder Arsenikalkies, je nachdem Schwefel vorhanden ist oder nicht, mit oder ohne einen Zuschlag von Pottasche in einer Tonretorte 1 bis 1½ Stunde lang allmählig bis zur Rotglut und läßt das sublimierte Arsen sich auf einem in die Retortenhalsmündung gesteckten, spiralförmig zusammengewickelten Eisenbleche absetzen. Das im Halse nicht kondensierte wird in einer als Vorlage dienenden Kupfertüte verdichtet, in welche der bis auf eine kleine Öffnung verschlossene Retortenhals einmündet. Das metallisch glänzende krystallinische Arsen wird gewogen. Man kann als Sublimationsapparat auch einen Tiegel anwenden, auf welchen ein anderer Tiegel als Vorlage gedeckt ist.

2. Arsenprobe auf nassem Wege: *a)* Gewichtsanalytisch. Indirekte Bestimmung nach der Methode von Reich und Richter aus dem arsensauren Silber.

Bei Arsenalkalien läßt sich diese Bestimmung verhältnismäßig einfach ausführen, wird aber bei den Erzen um so komplizierter, je mehr Schwermetall neben dem Arsen in ihnen vorhanden ist.

Das Probegut wird mit Soda und Salpeter im Porzellantiegel geschmolzen, nachdem ein Aufschließen mit konz. chlorfreier Salpetersäure und Abdampfen zur Trockene vorhergegangen ist. Aus der Schmelze wird das gebildete arsensaure Alkali mit heißem Wasser ausgelaugt und abfiltriert. Das

Filtrat säuert man mit Salpetersäure an, kocht zum Austreiben von CO_2 und NO_2 und neutralisiert mittels Ammoniaks mit der größten Vorsicht, so daß sich Lackmuspapier nur langsam bläut. Erst dann wird Silbernitratlösung in geringem Überschuß zugesetzt und der Niederschlag (rotbraunes Silberarseniat Ag_3AsO_4) abfiltriert. Den Silbergehalt desselben bestimmt man durch Abtreiben mit Blei in der Muffel oder durch Titrieren nach der VOLHARDschen Methode mit Rhodanammonium und berechnet hieraus den Arsengehalt (1 *g* $Ag = 0{,}2315$ *g* As). PLATTNER-RICHTERS Lötrohrprobierkunst, *Ch. Ztg.* **9**, 1613 [1885].

b) Das Arsen kann aber auch direkt als arsensaures Ammoniummagnesium bestimmt werden, da es in dieser Form sehr vollständig ausfällt. Bei dieser Bestimmung dampft man die Schmelze mit Salpetersäure zur Trockene, um die Kieselsäure zu beseitigen, und fällt das Filtrat mit Magnesiamixtur. Durch vorsichtiges Erhitzen wird der Niederschlag in pyroarsensaure Magnesia übergeführt und als solche gewogen.

Die beiden vorstehenden Methoden sind einfacher als die Wägung des durch Schwefelwasserstoff gefällten Schwefelarsens, obgleich hierzu das Erz durch Digestion mit Salzsäure unter Zusatz von chlorsaurem Kalium aufgeschlossen werden kann.

c) Auf maßanalytischem Wege läßt sich sowohl die arsenige Säure wie die Arsensäure direkt bestimmen. Die Titrierung der arsenigen Säure nach MOHR geschieht durch Jod in alkalischer ($NaHCO_3$) Lösung unter Zusatz von Stärkelösung

$$As_2O_3 + 4J + 2H_2O = As_2O_5 + 4HJ.$$

Wenn die Lösung des Probegutes — wie immer nach dem Aufschließen von Arsenerzen — Arsensäure enthält, muß diese vorher in heißer saurer Lösung durch schwefligsaure Salze oder durch Einleiten von schwefliger Säure zu arseniger Säure reduziert werden. Hierauf wird mit Natriumcarbonat übersättigt und die stark verdünnte Lösung titriert. Das Reaktionsende wird durch die Bläuung der zugesetzten Stärkekleisterlösung angezeigt. 1 *ccm* n-Jodlösung = 0,00495 *g* arsenige Säure.

Mittels essigsauren (salpetersauren) Uranoxydes kann nach dem Verfahren von BÄDEKER die Arsensäure in essigsaurer, Ammoniaksalze enthaltender Lösung ähnlich wie die Phosphorsäure titrimetisch bestimmt werden. Es scheidet sich dabei aus der Lösung eine Verbindung von arsensaurem Uranoxyd-Ammoniak ab. Das Reaktionsende wird durch eine Tüpfelprobe erkannt. Sobald alle Arsensäure aus der Lösung gefällt ist, gibt ein Tropfen derselben, mit Ferrocyankaliumlösung auf weißem Porzellan zusammengebracht, eine rotbraune Färbung.

Über weitere Methoden vgl. *Lunge-Berl*, II, 714.

Herstellungsmethoden.

Die Gewinnungsmethoden des Arsens und seiner technisch wichtigen Verbindungen (Arsenikalien) beruhen auf der großen Flüchtigkeit des Arsenmetalls, seiner Sauerstoff- und Schwefelverbindungen.

Das metallische Arsen (Fliegenstein, graues Arsen, Kobaltum) wurde früher durch Reduktion von arseniger Säure erhalten, indem man sie mit Kohlenpulver mengte und dieses Gemenge in Tonröhren, welche in einen Ofen eingebaut und mit Vorlagen versehen wurden, vorsichtig erhitzte. Hierbei sublimiert jedoch noch vor Beginn der Reduktion ein beträchtlicher Teil unveränderter arseniger Säure, und man erhält nur ein schwarzgraues Produkt, welches mit arseniger Säure gemischt ist. Das Verfahren ist deshalb sehr wenig geeignet und in letzter Zeit gänzlich aufgegeben worden.

Die jetzt allgemein übliche Gewinnungsweise des metallischen Arsens besteht im Zersetzen von Arsenkies oder Arsenikalkies durch Erhitzen unter Luftabschluß, wobei man ein Sublimat von metallischem Arsen und einen Rückstand von Schwefeleisen, resp. ein Gemenge von Eisen und arsenhaltigem Eisen erhält. Bei Arsenkies ist der Vorgang folgender:

$$FeAs_2 + FeS_2 = 2As + 2FeS,$$

bei Arsenikalkies

$$2FeAs_2 = Fe_2As_2 + 2As.$$

Diese Rückstände werden, wenn sie noch erheblich arsenhaltig sind, alsdann einer oxydierenden Röstung unterworfen, ehe sie von den Arsenhütten abgesetzt werden; durch diese Röstung wird das Arsen in arsenige Säure verwandelt und als solche aufgefangen.

Bei Verhüttung von Arsenkies findet zu Anfang der Erhitzung eine geringe Sublimation von Schwefelarsen statt, die man aber dadurch einzuschränken sucht, daß man zum Erze etwas gebrannten Kalk, event. auch Pottasche, zuschlägt, wodurch Schwefel gebunden wird. Als Apparat zur Arsengewinnung dient ein Galeerenofen, der zwischen zwei Pfeilern eingespannt ist, die einen Blechmantel nebst draufgesetzter Esse zum Abzuge der Metalldämpfe etc. tragen. Die Röhren, Arsenikkrüge genannt, sind aus feuerfestem Ton hergestellt und werden in zwei Reihen, an jeder Längsseite des Rostes eine Reihe, aufgestellt. An dem anderen Ende der Krüge werden Vorlagen angebracht. Die Verbindungsstellen zwischen Krug und Vorlage werden mit Ton gut verschlossen.

Die Öfen für Gewinnung des metallischen Arsens sind im allgemeinen 3,5 *m* lang, 2,5 *m* hoch und 2,35 *m* breit; rechtwinklig zur Lage der Arsenikkrüge ist eine Rostfeuerung angelegt, die den Herd fast in seiner ganzen Länge durchschneidet und gewöhnlich eine Rostfläche von etwas über einen halben Quadratmeter hat.

Vermittels kleiner Beschickungskellen wird das gut getrocknete Erz, das sich in einem Kasten vor dem Ofen befindet, in die Krüge gefüllt. Nach vollendeter Füllung wird zum Erwärmen der Krüge zunächst ein gelindes Feuer unterhalten.

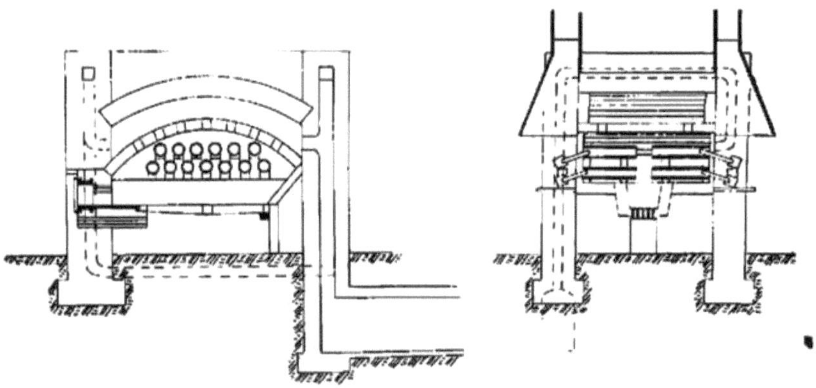

Abb. 186.

Darauf wird ein spiralförmig zusammengerolltes Eisenblech von etwa 300 *mm* Länge so in den Krug gesteckt, daß es ungefähr 10 *cm* in den Krug und ebenfalls ca. 10 *cm* in die angesetzte Vorlage hineinragt; man bezweckt dadurch, die Bildung von krystallischem Arsen zu begünstigen. Die Vorlagen werden erst angesteckt, wenn sich Arsendämpfe zu zeigen beginnen. Das Feuer wird dann verstärkt und durch die Füchse im Ofengewölbe geregelt, indem bald der eine, bald der andere geschlossen oder geöffnet wird, um die Flamme nach diesem oder jenem Punkt zu leiten. Die Dauer des Prozesses beträgt je nach dem Arsengehalt der Beschickung 8—12 Stunden. Der Prozeß ist beendet, wenn durch die geöffneten Vorlagetüren keine Arsendämpfe mehr entweichen. Man versucht, auch an dem Klange beim Beklopfen der zusammengerollten Bleche, Fliegensteinbleche genannt, den Fortgang bzw. das Ende des Prozesses zu erkennen; ein dumpfer Klang zeigt an, daß der Prozeß noch nicht beendet ist, ein heller Klang bekundet sein Ende. Der Ofen wird dem Erkalten überlassen, alsdann entfernt man aus dem aufgerollten Bleche recht vorsichtig die angesetzten Arsenlamellen, die einen besonders lebhaften Glanz besitzen und direkt in den Handel gehen. Diese Lamellen verlieren indessen nach einiger Zeit auf der Oberfläche ihren Glanz; durch Behandlung mit einer kochenden Kaliumbichromatlösung, der eine geringe Menge Schwefelsäure zugesetzt wird, soll sich dieser Überzug ohne Schwierigkeit entfernen lassen. Bei gut geleitetem Betriebe setzt sich in den Fliegensteinblechen nur festes Arsen ab, in den Vorlagen hingegen pulverförmiges Arsen, besonders in den kälteren Teilen derselben, gemengt mit dem leichter sublimierbaren Schwefelarsen; dieses aus den Vorlagen gewonnene Produkt geht entweder zum Prozesse zurück oder wird, was meist der Fall ist, zur Herstellung von Rotglas benutzt. Die Rückstände werden auf arsenige Säure verarbeitet und dann, je nach dem Metallgehalt weiter gegeben oder, wenn sie unhaltig sind, abgesetzt. Das Ausbringen beträgt von dem vorgelaufenen Arsen gewöhnlich etwas über 60% met. Arsen und etwa 10% eines Gemenges von pulverförmigem Arsen und Schwefelarsen, der Kohlenverbrauch meist 1,25% des vorgelaufenen Erzes, manchmal auch darüber.

Die Reinigung des Arsens erfolgt durch nochmalige Sublimation unter Zusatz von Kohlepulver. Hierbei bleiben fixe mitübergerissene Beimengungen zurück, während leichtflüchtiges Arsensulfid zuerst übergeht (SCHNABEL, Metallhüttenkunde, Berlin).

Ein neueres Verfahren (*D. R. P.* 245149) soll eine vorteilhaftere Ausnutzung von Schwefelarsenerzen ermöglichen. Sie werden mit Natriumsulfat, Kohle, Schwefeleisen (Pyrit etc.) und event. Soda zusammengeschmolzen. Man erhält neben der Schlacke ein Gemisch von Arsentrioxyd und Sulfoarseniat, aus dem man das Arsen durch Reduktion mit Eisen und Kohle abscheidet.

Von älteren Vorschlägen, die zur Herstellung von Arsen aus den Erzen gemacht wurden, aber keine technische Verwendung fanden, sei das Verfahren von BACHIMONT (*D. R. P.* 80225) erwähnt. Es besteht darin, daß man die Erze mit Ferrochlorid in geschlossenen Behältern erhitzt. Es entsteht neben Eisensulfid resp. Eisenoxyd Arsenchlorid, das überdestilliert und in einer Lösung von Ferrochlorid aufgefangen wird. Das Arsen wird aus der Flüssigkeit durch metallisches Eisen ausgefällt.

SIEMENS und HALSKE (*D. R. P.* 67973; *Z. angew. Ch.* 6, 291 [1893]) lösen natürliche oder künstlich hergestellte Arsensulfide in Alkalisulfiden auf und elektrolysieren die entstandenen Sulfosalze ohne Diaphragma. Das Arsen scheidet sich an der Kathode aus.

Das metallische Arsen findet nur geringe technische Verwendung. Es wird zu 0,4–0,8% dem Blei zur Herstellung von Schrotmetall zugesetzt. Bei gewissen Kupferzinnlegierungen (Spiegelmetall) werden bis 2% zugefügt, wodurch der Glanz und die Politurfähigkeit erhöht wird.

Produktion und Statistik s. Anorganische Arsenverbindungen (S. 579).

Anorganische Arsenverbindungen.

Von ihnen werden hier Arsenchlorid, die wichtigen Arsenoxyde und Abkömmlinge nebst Schweinfurtergrün sowie die Arsensulfide abgehandelt. Über die in neuerer Zeit wichtig gewordenen organischen Arsenverbindungen s. S. 580.

1. Arsentrichlorid, *$AsCl_3$*, wurde schon von GLAUBER 1648 beschrieben. Man kann es durch Verbrennung von Arsen im Chlorstrom oder durch Destillation von Arsentrioxyd mit Kochsalz und Schwefelsäure erhalten. Farbloses Öl, das an der Luft raucht und bei -18° erstarrt. Kp_{760} 130,2°; D_{20} 2,1668. Wasser zerlegt es in Salzsäure und arsenige Säure. Die Reaktion ist umkehrbar. Die Verbindung löst sich leicht in Chloroform, Tetrachlorkohlenstoff, Benzol und vielen Benzolderivaten, flüchtigen und fetten Ölen. Diese Eigenschaft wird ausgenutzt, um Gase und Flüssigkeiten zu entarsenieren (*D. R. P.* 179513, 179514, 184325, 194864, 195437, 195578).

2. *Arsenoxyde.*

a) ***Arsentrioxyd*** (arsenige Säure, Arsenik, weißer Arsenik, Hüttenrauch, Giftmehl, Arsenglas, Altenzucker) As_2O_3.

Für diese Verbindung hat sich der Name arsenige Säure eingebürgert.

Die Darstellung geschieht durch eine oxydierende Röstung der Arsenikalien, u. zw. werden sowohl die eigentlichen Arsenerze, wie auch die arsenhaltigen Gold-, Silber-, Nickel-. Kobalt-, Blei-, Kupfer- und Zinnerze verarbeitet. Das Arsen der Erze wird hierdurch in arsenige Säure übergeführt, welche sich in langen Flugstaubkanälen und Kammern zu einem grauweißen Pulver, dem grauen Giftmehl, verdichtet. Es ist stets verunreinigt, besonders in den dem Ofen zunächst liegenden Teilen, und muß deshalb sublimiert werden, wobei man die arsenige Säure als weißes Pulver oder auch in Form von Krystallen erhält. Letztere werden durch Mahlen in die für den Handel übliche Pulverform gebracht. Dagegen ist das Arsenikmehl, welches aus den letzten Kammern gewonnen wird, sehr rein und kann ohne weiteres in den Handel kommen.

Durch eine zweite Sublimation bei höherer Temperatur erhält man die arsenige Säure als eine schwach gelbliche, glasige Masse mit muschligem Bruch (weißes Arsenglas, auch Weißglas); es sind deshalb bei der Gewinnung der arsenigen Säure drei Phasen zu unterscheiden:

1. Gewinnung der rohen arsenigen Säure,
2. Reinigung der rohen arsenigen Säure,
3. Herstellung des weißen Arsenglases.

1. Gewinnung der rohen arsenigen Säure. Je nach der Art der zu verarbeitenden Erze sind die chemischen Vorgänge bei der oxydierenden Röstung und die entstehenden Nebenprodukte verschieden. Arsenikalkies entwickelt bei Dunkelrotglut zunächst Arsendämpfe; wird die Temperatur gesteigert, so entsteht arsenige Säure, während das Eisen teils als Eisenoxyd, teils als arsensaures Eisenoxyd zurückbleibt. Beim Rösten des Arsenikkieses entwickeln sich bis zur Rotglut Schwefelarsendämpfe. Wird die Temperatur bis zur hellen Rotglut gesteigert, so entstehen schweflige Säure und arsenige Säure, bis schließlich ein durch Rösten nicht mehr zersetzbarer Rest zurückbleibt, der aus einem Gemenge von Eisenoxyd, schwefelsaurem und arsensaurem Eisenoxyd besteht.

Durch Rösten des Scherbenkobalts (gediegenen Arsens) erhält man arsenige Säure; sie wird auch aus den Rückständen von der Fuchsinfabrikation gewonnen (s. S. 573).

Ein großer Teil der amerikanischen Arsenikproduktion entstammt den arsenhaltigen Golderzen der Delorominen in Ontario. Den Erzen wird das Gold durch Amalgamierung oder das Bromcyanverfahren entzogen. Die Rückstände werden getrocknet und in zylindrischen Drehöfen geröstet (*Z. angew. Ch.* **16**, 708 [1903]).

In Deutschland erfolgt die Röstung in Muffelöfen oder in Flammöfen. In den ersteren wird die arsenige Säure nicht verunreinigt, dagegen beanspruchen sie bedeutend mehr Heizmaterial als die Flammöfen. Bei diesen tritt sehr leicht durch Kohlenteilchen und Ruß eine Reduktion der gebildeten arsenigen Säure zu metallischem Arsen ein, wodurch das Produkt grau gefärbt wird. Trotzdem sind die Flammöfen, als sog. Fortschaufelungsöfen ausgebildet, am meisten in Anwendung, 1. weil sie in bezug auf Brennmaterialverbrauch viel ökonomischer arbeiten als Muffelöfen, und 2., weil man die Regulierung der Temperatur in den Flammöfen besser in der Hand hat, was für die Leitung eines guten Röstprozesses von großer Wichtigkeit ist. Man kann der Unannehmlichkeit, welche die Flammöfen durch die

Reduktion des Produktes zeigen, am besten entgehen, wenn man sie mit Generatorgas heizt.

Der Brand wird regelmäßiger und der Wärmeverlust geringer, wenn man die Verbrennungsluft dem Ofen unter Pressung zuführt (*D. R. P.* 142932).

Gewöhnlich werden zwei Röstöfen zu einem Block auf je einer Längsseite zusammengekoppelt. An den beiden freien Längsseiten des Ofenblocks befinden sich die Arbeitsöffnungen, deren Zahl 5–6 beträgt. Die Gesamtlänge eines solchen Doppelofens beträgt etwa 7,25 7,3 *m*, die gesamte Breite 4,8–4,9 *m*. Die lichte Breite der einzelnen Öfen ist meist 1,75–1,9 *m*, die Länge gewöhnlich 6 *m*. Der Ofen ist flach eingewölbt, um die Wärme besser zusammenhalten zu können. Der Rost bzw. der Gasgenerator liegt an dem einen Ende des Ofens, die mit einem Schütttrichter versehene Aufgabeöffnung für die Erze am andern. Früher waren allgemein Muffelöfen in Gebrauch, bei denen die Feuerungs- und Röstgase getrennt abgeführt wurden. Vereinzelt sind für Gewinnung der arsenigen Säure auch automatisch betriebene Röstöfen in Anwendung, entweder Flammenöfen mit feststehender Krählvorrichtung, durch die infolge Drehung des Herdes das Erz von seiner Mitte nach der Austragöffnung geschoben wird (Brunton-Öfen), oder Öfen, in denen aus Kesselblech gefertigte, mit feuerfestem Futter versehene Zylinder rotieren (Oxland-Öfen).

An alle Öfen sind Kanäle bzw. Kammern angeschlossen, in denen sich die sublimierte arsenige Säure in Staubform niederschlägt. Am vorteilhaftesten verwendet man für diese Zwecke zickzackförmige, von allen Seiten freistehende, auf Pfeilern aufruhende Kanäle, die in der Nähe des Ofens aus Mauerwerk, in einiger Entfernung aus Bleiblech hergestellt werden. Man baut sie nach Möglichkeit ansteigend. In den Cornwaller Arsenhütten ist einer dieser Kanäle ca. 3200 Fuß lang und hat einen Inhalt von ca. 63800 Kubikfuß. Maßgebend für die Kondensationskraft ist aber nicht der Fassungsraum, sondern die Ausdehnung der Oberfläche. Schließlich passieren die Gase noch Trockenfilter, so daß nur 0,114–0,171 *g* arsenige Säure im Kubikmeter in die Atmosphäre gelangen.

Die früher zur Kondensation der arsenigen Säure angewendeten Gifttürme sind jetzt allgemein verworfen. Ihre Herstellung ist kostspieliger, eine wirksame Abkühlung schwierig, die Reinigung umständlich und lästig.

Um eine Verunreinigung des Giftmehls zu vermeiden, hat man nach Möglichkeit darauf zu achten, daß keine Erzpartikelchen, Kohlenstaub und Asche in die Flugstaubaufsaugeapparate gelangen. Man schließt deshalb beim Durchkrählen des Röstgutes, beim Aufräumen der Rückstände, beim Bedienen des Gasgenerators, beim Aufgeben des Brennmaterials etc. den Ofen von den Giftfängen ab und verbindet ihn so lange mit einer Nebenesse.

Ein Überschuß von Wärme soll möglichst vermieden werden. Wenn das Röstgut nicht mehr flammt, ist der Prozeß beendet. Die Röstdauer hängt vom Gehalte an Arsen, Schwefel und Eisen ab. In den größten hier geschilderten Öfen werden in 24 Stunden 8–10 *t* Erz bei einem Brennstoffverbrauch von rund 150 *kg* pro *t* durchgesetzt. Die Leistung der kleineren Öfen ist relativ geringer. Das Räumen der Giftfänge erfolgt nach Bedarf in längeren oder kürzeren Zwischenräumen. Die Rückstände werden an der Feuerbrücke in die unter den Öfen geführten Kanäle ausgeräumt. Sie enthalten bei guter Abröstung nicht über 3% Arsen (auf den Freiberger Hütten 1,5–2%).

In Everett und Brinton ist durch automatische Einrichtungen dafür gesorgt, daß das Gut vom Einbringen des Erzes bis zur Verpackung nicht mehr mit Menschenhand in Berührung kommt (J. COWAN, *Z. angew. Ch.* **18**, I, 179 [1905]).

2. Reinigung der rohen arsenigen Säure. Das aus dem Kondensationsraum gewonnene Giftmehl, sei es nun krystallinisch oder amorphes weißes Arsenglas, ist sehr selten direkt als Handelsware zu verwerten und wird deshalb durch Sublimation raffiniert – „dubliert". Dies geschieht mitunter in besonders konstruierten Öfen, „Dublieröfen", meistens aber in Öfen von derselben Einrichtung wie die, in welchen die rohe arsenige Säure gewonnen wird. Auch bei diesen wird im allgemeinen Gasfeuerung angewendet. Die arsenige Säure wird durch einen heißgehaltenen Kanal in eine Kammer geführt, in welcher die Temperatur so hoch ist, daß die arsenige Säure dampfförmig bleibt, während den mechanisch mitgerissenen Beimengungen Gelegenheit geboten wird, sich abzusetzen. Darauf kommt die dampfförmige

arsenige Säure in genugend große, entsprechend angelegte Kühlkammern, in denen sie sich niederschlägt. Die in den Öfen oder Schmelzkesseln zurückbleibenden Reste werden wiederum auf arsenige Säure verarbeitet. Die sich meist in Krystallen niederschlagende reine arsenige Säure wird gemahlen und kommt, in Fässer verpackt, in den Handel. Die Ausbeute beträgt ca. 85%. Das Produkt ist nahezu chemisch rein.

Schließlich kann die Reinigung des rohen Arseniks auch in den unten beschriebenen „Weißöfen" erfolgen. Man muß bei dieser Operation („Gröbemachen") die Temperatur so niedrig halten, daß keine Sinterung des rohen Giftmehls im Kessel eintritt. Bei Anwendung der richtigen Temperatur erhält man ein lockeres zartes Sublimat. Die Sublimation ist beendet, wenn ein in den oberen Teil des Apparates eingeführter blanker Eisendraht sich nicht mehr weiß beschlägt.

3. Herstellung des weißen Arsenglases. Diese erfolgt durch einen Verdampfungsprozeß in geschlossenen Gefäßen, der so geleitet wird, daß die dampfförmige arsenige Säure an den auf ca. 400° erhitzten Wandungen sich ansetzen und schließlich zu einem weißen Glase schmelzen kann. Je größer die Spannung der Dämpfe ist, desto mehr und desto besseres Glas wird gewonnen. Der Raffinierofen, „Weißofen", hat folgende Konstruktion (Abb. 187). Ein gußeiserner Kessel, gewöhnlich 0,75 *m* tief und 0,55–0,6 *m* breit mit besonderem auswechselbaren Bodenstück, dient zur Aufnahme der arsenigen Säure. Er trägt 4 mit Handhaben versehene Eisenzylinder — Trommeln genannt — von etwa 0,4 *m* Höhe. Als Schlußaufsatz dient ein Bleihut mit einem Eisenrohr, das in einen Kondensationsraum führt. Die Kessel müssen aus möglichst graphitfreiem Roheisen hergestellt sein. Andernfalls erhält man, weil Graphit die arsenige Säure reduziert, ein mehr oder weniger graugefärbtes minderwertiges Glas.

Jeder Kessel wird mit etwa 130–150 *kg* Giftmehl beschickt. Der Raffinierprozeß dauert 8 bis 10 Stunden. Die Trommelwände werden so heiß gehalten, daß der Arsenik, der sich an ihnen festgesetzt hat, zu einem Glase zusammenschmilzt. Ist die Temperatur zu hoch, so geht viel Material in die Flugstaubkammern über, ist sie zu niedrig, so setzt sich an dem Glase Arsenikstaub fest und macht es unansehnlich. Der Hüttenmann erkennt die richtige Temperatur daran, daß einige Wassertropfen an der zweiten Trommel unter Zischen schnell, an der dritten allmählich verdampfen. Der Ofen braucht 14–16 Stunden zum Erkalten. Das Weißglas bildet an den Trommelwänden eine 3–5 *cm* dicke Schicht. Ausbeute beträgt etwa 90% Glas, ferner 4% Mehl, der Rückstand ist etwa 6%.

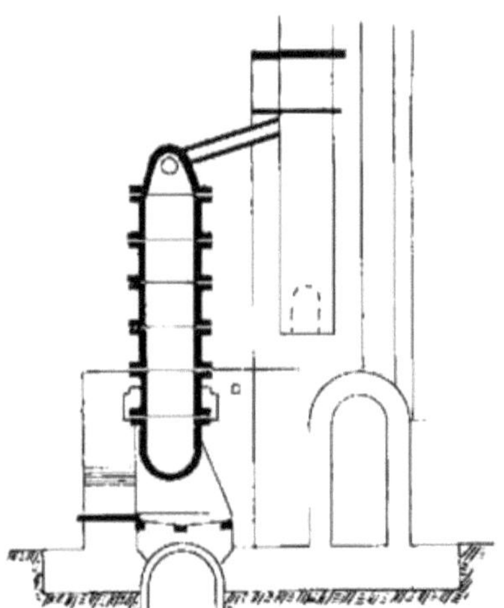
Abb. 187.

Die in England gebräuchliche Apparatur ist wesentlich einfacher (*Ch. I.* **19**, 54 [1896]).

Überall sind die Kondensationsvorrichtungen infolge sanitätspolizeilicher Vorschriften so vollkommen angelegt, daß arsenige Säure nur in minimaler Menge ins Freie gelangen und somit weder die benachbarte Vegetation noch animalische Organismen schädigen kann.

Die Sublimation wird umgangen, wenn man das Giftmehl in einer auf ca. 150° erwärmten eisernen Form einem starken Druck — etwa 2500 *Atm.* — aussetzt, am besten mittels einer gewöhnlichen Steinkohlenbrikettpresse. Es geht dann in die glasige Form über. Man erhält Stücke von bestimmter Größe, was für die Glasfabrikation von Wert ist, kann die Preßstücke mit Realgar oder Operment färben und verringert die Vergiftungsgefahr (*D. R. P.* 159541).

Die oben beschriebenen Verfahren sind in der Praxis die allgemein üblichen. Neueren Datums ist die Gewinnung von arseniger Säure aus den Elektrolytlaugen der Kupferraffineration. In den Mutterlaugen von der Kupfersulfatkrystallisation findet sich das ganze im Anodenkupfer enthaltene und aus den Kupfererzen stammende Arsen in Form von arseniger Säure. In Chicagoer Kupferraffinerien wird die Mutterlauge eingedampft. Der Rest des Kupfersulfats krystallisiert mit dem Arsenik zusammen aus. Die Trennung erfolgt durch Behandlung mit Wasser.

Zu erwähnen ist schließlich noch die Verarbeitung der bei der Fuchsinfabrikation[1] verbleibenden arsenhaltigen Rückstände und Laugen, zumal da letztere natürlich nicht in die Flüsse gelassen werden dürfen.

Nach A. LEONHARDT, (*D. R. P.* 3216 [1877]) verbrennt man die Rückstände, welche unlösliche Calciumverbindungen der arsenigen und Arsensäure neben viel harzartiger Materie enthalten, auf einem Herde. Mit der Wärme von dieser Verbrennung wird ein unmittelbar daranstoßender Flammofen geheizt, und die aus diesem Flammofen abziehenden heißen Gase werden zur Eindampfung der bei der Fabrikation abfallenden flüssigen Rückstände (Arsenlaugen) benutzt, indem diese über die mit den Laugen gefüllten Abdampfwannen hinwegstreichen. Der trockene Wannenrückstand wird in dem Flammofen der Röstung und Sublimation unterworfen. Das daraus sublimierende Arsen wird nebst dem bei der Verbrennung der festen Rückstände entweichenden, hinter den Abdampfwannen in Giftgängen üblicher Konstruktion gesammelt. Die durch das verdampfende Wasser abgekühlten und auch mit Wasserdampf gesättigten Feuergase lassen die arsenige Säure rasch fallen, so daß bei verhältnismäßig kleinen Giftfängen kein Arsen in den Schornstein gelangt. Im Flammofen bleibt eine Schlacke zurück, welche, wenn bei der Fuchsinfabrikation wenig Kalk angewendet worden ist, fast nur aus Kochsalz, kohlensaurem und arsensaurem Natrium besteht. Die löslichen Salze gehen wieder in die Fabrikation.

Die Laugen werden nach Cl. WINKLER (*J.* 1876, 997) mit Soda eben neutralisiert, der sich abscheidende Farbstoff abfiltriert und die klare Flüssigkeit nach weiterem Zusatz von Soda bis zur stark alkalischen Reaktion eingedampft. Sobald sich eine Salzhaut bildet, mischt man die Lösung mit gepochtem Kalkstein und Steinkohlenpulver. Von ersterem wendet man 30 *kg*, von letzterem 25 *kg* auf je 100 *kg* gesättigter Natriumarseniatlösung an. Das erhaltene trocken-bröckelige Produkt wird in einem Muffelröstofen destilliert. Es entweicht metallisches Arsen, das man als solches auffangen kann, zweckmäßiger aber bei seinem Austritt aus der Muschel sofort mit atmosphärischer Luft zu Arsenik verbrennt. Dieser wird, wie unten beschrieben, auf Arsensäure verarbeitet.

Eigenschaften. Arsentrioxyd existiert in einer amorphen und zwei krystallinischen Modifikationen. Erstere bildet das bekannte Glas mit muscheligem Bruch (D 3,71). Es ist die unbeständigste Form. Es löst sich reichlicher in Wasser als die krystallinischen Formen, die in regulären Oktaedern resp. monoklinen Krystallen auftreten. Das amorphe Produkt geht bei Anwesenheit von etwas Feuchtigkeit unter Wärmeentwicklung in das oktaedrisch krystallisierte über. Letzteres hat D_{125} 3,6461. Bei 218° sublimiert es, ohne zu schmelzen. Beim Auskrystallisieren, besonders aus salzsaurer Lösung, zeigt es deutliche Luminescenz. Die wässerige Lösung schmeckt süßlich, unangenehm metallisch. Mit Kohle erhitzt, gibt Arsentrioxyd metallisches Arsen, mit nascierendem Wasserstoff Arsenwasserstoff, mit konz. Salzsäure Arsentrichlorid, mit Salpetersäure oxydiert Arsensäure, mit Schwefelwasserstoff Arsentrisulfid. Jodlösung entfärbt es unter Bildung von Arsensäure. Die Salze, Arsenite, sind mit Ausnahme des sauren Kaliumsalzes amorph. Die Alkalisalze sind leicht löslich. Mit Schwermetallsalzen geben sie Niederschläge wechselnder Zusammensetzung.

Arsenige Säure ist die bei weitem giftigste Arsenverbindung, zumal sie sich weder durch Farbe und Geruch, noch durch auffallenden Geschmack zu erkennen gibt. 0,1 *g* erzeugt eine sehr schmerzhafte Vergiftung, die in wenigen Stunden, oft auch erst in einigen Tagen oder Wochen zum Tode führt. Äußerlich ruft Arsenik Geschwüre hervor. Die Fabrikation erfordert deshalb viele Vorsichtsmaßregeln, um die Arbeiter vor Schaden zu bewahren. Insbesondere ist gute

[1] Das Arsensäureverfahren zur Herstellung von Fuchsin dürfte wohl in Deutschland nicht mehr oder nur in sehr kleinem Maßstabe noch ausgeführt werden.

Ventilation der Hüttenräume wichtig. Leute, die die Giftfänge ausräumen, müssen sich Mund und Nase verbinden und doppelte, an Armen und Beinen dicht zugebundene Kleidung anlegen. Bei Vergiftungen muß sich der Arzt darauf beschränken, den noch nicht von den Organen gebundenen Anteil des Arseniks unschädlich zu machen, indem er ihn durch Brechmittel aus dem Magen entfernt oder ihn durch Eingabe chemischer Mittel – frisch gefälltes Eisenoxydhydrat, schwach gebrannte Magnesia, laues Eiweißwasser oder Milch, Seifen-, Zucker-, Kalkwasser etc. – bindet.

Arsentrioxyd und seine Derivate haben eine recht beträchtliche Anwendung gefunden und sind die technisch wichtigsten Arsenikalien. Geringfügig ist die Verwendung in der Maßanalyse, etwas größer der medizinische Konsum. In sehr geringen Dosen genossen, wirkt Arsenik auf die Gesundheit von Menschen und Tieren günstig ein. Er wird gegen Chlorose, Epilepsie, Hautausschläge, bösartige Geschwülste, zum Ätzen der Zahnnerven, zum Teil direkt, zum Teil in alkalischer Lösung (FOWLERsche Lösung) gebraucht. Arsenfeste Bakterien dienen als Heilmittel (*D. R. P.* 121266).

Große Mengen werden ihrer antiseptischen und antiparasitären Wirkung wegen verwendet, so zum Präparieren von Fellen, Häuten, Vogelbälgen, zur Vertilgung von Mäusen, Ratten, Insekten (Fliegenpapier). Die Lösung des Natriumsalzes dient namentlich in Südafrika und Südamerika zur Bekämpfung der Heuschreckenplage, der Krätzekrankheiten der Haustiere, der „sheep ticks" und in Frankreich so viel zur Vernichtung von Pflanzenschädlingen, daß CAZENEUVE 1908 den Handelsminister energisch auf die Schädlichkeit und Ungesetzlichkeit dieser Verwendungsart aufmerksam machen mußte. In tropischen und subtropischen Gegenden wird das Unkraut zwischen den Eisenbahnschienen mit Arseniklösungen vertilgt. In der Glasfabrikation dient Arsentrioxyd als Läuterungsmittel.

Ein sehr beträchtlicher Teil des Arseniks wird weiter verarbeitet auf Arsensäure, SCHEELEs Grün, Schweinfurtergrün, organische Heilmittel und wissenschaftliche Präparate.

Die Verbindungen der arsenigen Säuren mit Kupfer sind eigentlich bei den Kupferverbindungen zu besprechen; da aber der Hauptvertreter, das Schweinfurtergrün, in Betrieben, die sich mit der Herstellung von Arsenikalien befassen, hie und da gewonnen wird und bei seiner Herstellung ähnliche Vorsichtsmaßregeln zu berücksichtigen sind, wie bei den eigentlichen Arsenikalien, so sollen diese Produkte hier abgehandelt werden.

Schweinfurtergrün (Mitis-, Zwickauer-, Brixener-, Eislebener-, Leobschützer-, Würzburger-, Wiener-, Baseler- etc. Grün), ist eine Verbindung von neutralem Kupferacetat mit arsenigsaurem Kupfer nach der Formel $Cu(C_2H_3O_2)_2 + 3\,Cu(AsO_2)_2$. Es wurde 1814 zuerst in der SATTLERschen Farbenfabrik in Schweinfurt fabrikmäßig aus basischem Grünspan und Arsenik dargestellt. Im Handel wird es gewöhnlich mit Schwerspat, Leichtspat, Chromgelb, Bleisulfat gemischt, um den hohen Herstellungspreis zu ermäßigen und seiner Nuance eine gewisse Abtönung zu geben. Daher stammen die verschiedenen Benennungen Kaisergrün, Neugrün, Mineralgrün, Deckgrün etc. etc., die heute übrigens nur noch selten angetroffen werden.

Um ein schönes Schweinfurtergrün zu erzielen, muß man dem Grün genügende Zeit zur ungestörten Krystallisation geben, da hiervon in erster Linie die Schönheit der Nuance abhängt; bei Unachtsamkeit kann es vorkommen, daß überhaupt keine Krystallisation eintritt und man an Stelle des prächtigen Grüns eine unscheinbare, weißlichgrün gefärbte Substanz erhält. Die Ursache dieses Mißerfolges kann verschiedener Art sein, entweder unzureichende Wassermengen oder allzu häufiges oder unzeitiges Umrühren, andererseits kann auch die Fällung zu heiß vorgenommen worden sein. Aber auch das verwendete Wasser spielt eine wichtige Rolle, ebenso wie die Beschaffenheit der Rohmaterialien.

Als Rohmaterial kommen für die Fabrikation ausschließlich Kupfervitriol, arsenige Säure, Soda und Essig in Betracht, während die älteren Vorschriften, die sich auf die Verwendung von basischem Grünspan und Arsenik beschränkten, fast vollständig außer Gebrauch gekommen sind.

Für die Herstellung werden in einem mit Dampfschlange versehenen Bottich 40 *kg* reine Soda in ca. 50 *l* Wasser von 70–80° gelöst, 78 *kg* feingepulverter Arsenik hinzugefügt und durch Rühren und Einleiten von Dampf in Lösung gebracht. Unterdessen werden 93,5 *kg* Kupfersulfat in 250 *l* heißem Wasser gelöst. Nachdem sich die heiße Arseniklösung durch Stehen etwas geklärt hat, läßt man sie möglichst rasch in den darunter stehenden Fällbottich fließen und sofort danach die Kupfersulfatlösung, die klar und wenigstens 90° heiß sein muß. Als Fällungsprodukt entsteht arsenigsaures Kupfer, dessen Bildung unter lebhafter Entwicklung von Kohlensäure vor sich geht, die durch vorsichtiges Mischen unterstützt wird. Wenn der olivgrüne Niederschlag von arsenigsaurem Kupferoxyd im Fällbottich etwa 10–20 Minuten ruhig gestanden hat, kann die Zugabe des Essigs erfolgen, wobei die Temperatur des Niederschlags 82–85° betragen muß. Um eine allzu heftige Kohlensäureentwicklung zu vermeiden, muß die verwendete Essigsäure vorher stark verdünnt werden. Man versetzt daher 91,5 *kg* Essigsäure von 6° Bé. mit der doppelten Gewichtsmenge Wasser (10–12°) und fügt alsdann so viel heißes Wasser dazu, bis die Mischung eine Temperatur von 20–22° angenommen hat.

Ist die Reaktion normal verlaufen, so fängt nach der Zugabe des Essigs die Masse im Bottich an, Kohlensäure zu entwickeln, dann tritt ein Kräuseln der Flüssigkeit ein, und nach Ablauf von 10–15 Minuten wird die Entwicklung der Kohlensäure lebhafter. Man darf nunmehr nur noch kurze Zeit vorsichtig umrühren, um die Krystallbildung anzuregen; zeigen sich keine Blasen mehr, so überläßt man die Flüssigkeit der Ruhe. Die bis jetzt immer noch schmutziggrüne Farbe des Niederschlages geht nun in ein lebhafteres Grün über, und nach Ablauf von etwa einer Stunde ist die Bildung des Schweinfurtergrüns beendet. Nach weiteren 2–3 Stunden wird der Farbkörper mit heißem Wasser ausgewaschen, filtriert, gepreßt, in Stücke geschnitten und bei ca. 35° getrocknet. Als gesiebte Masse kommt er unter der Marke 707 in den Handel.

Schweinfurtergrün wird als Öl- und Wasserfarbe verwendet und ist in reiner Luft, welche keinen Schwefelwasserstoff enthält, sehr beständig. Man kann es durch Eiweiß auch auf Geweben fixieren. Wegen seiner Giftigkeit ist seine Anwendung sehr beschränkt, namentlich darf es nicht benutzt werden, wo es direkt mit der Haut in Berührung kommt oder staubförmig eingeatmet werden kann. Es dient jetzt hauptsächlich zur Vertilgung von Parasiten. In Amerika werden zu diesem Zweck nicht weniger als 2500 *t* jährlich verbraucht (E. MOLZ, *Z. angew. Ch.* **26**, 587 [1913]). Der Farbkörper stellt ein smaragdgrünes, licht- und luftbeständiges, in Wasser unlösliches Pulver dar. Beim längeren Kochen mit Wasser bräunt es sich unter Abgabe von Essigsäure. Es löst sich in starken Mineralsäuren, in Ammoniak und überschüssiger Kalilauge mit blauer Farbe. Aus der Lösung in Kalilauge scheidet sich beim Erwärmen rotes Kupferoxydul aus, ebenso wie beim SCHEELEschen Grün. Von letzterem kann es dadurch unterschieden werden, daß es beim Erhitzen im Glasrohr ohne Zusatz eines Acetats das widerlich riechende Kakodyl entwickelt.

Aus den bei dem Schweinfurtergrün abfallenden Mutterlaugen, die arsenige Säure, Essigsäure und gelöstes Schweinfurtergrün enthalten, wird durch Neutralisation mit Soda das sog. Sodagrün gewonnen. Nimmt man Kalkmilch zur Neutralisation, so entstehen die sog. Kalkarsengrüne, die eine bläulichere Nuance besitzen als das Schweinfurtergrün. In die gleiche Klasse gehört ferner das jetzt nur noch wenig gebrauchte kalkhaltige Braunschweigergrün und das Neuwiedergrün, das ein Gemisch von Schweinfurtergrün mit Schwerspat, Gips oder Blanc fixe darstellt und entweder durch Mischen des Schweinfurtergrüns mit diesen Materialien oder auf nassem Wege gewonnen werden kann. Schließlich sei noch das SCHEELEsche Grün (Mineralgrün, Schwedisches Grün) erwähnt, das allerdings fast aus dem Handel verschwunden ist. Es ist mehr oder weniger reines arsenigsaures Kupfer $CuHAsO_3$ und wird hergestellt durch Lösen von arseniger Säure in Soda oder Pottasche und Ausfällen der Arseniklösung mittels heißer Kupfersulfatlösung. Die Nuance fällt umso gelber aus, je größer die bei der Herstellung verwendete Menge arseniger Säure ist; der reine Farbstoff entspricht obiger Formel, während die blaustichigeren Nuancen größere Mengen von basischem Kupfercarbonat enthalten.

b) Arsensäure H_3AsO_4 kommt in Form von Salzen vielfach natürlich vor, wird aber ausschließlich durch Oxydation von arseniger Säure hergestellt. Früher bediente man sich hierzu des Chlors oder des elektrischen Stromes, jetzt nur noch der Salpetersäure (P. SCHOOP, *D.* **259**, 327 [1886]). Theoretisch könnte man mit einer bestimmten Menge Säure beliebige Quanten Arsenik umwandeln, da die bei dem Prozeß entstehenden Stickstoffoxyde durch den Luftsauerstoff und Wasser zu Salpetersäure regeneriert werden könnten. In praxi hat man aber durch die Bildung niedrigerer Stickstoffoxyde unvermeidliche Verluste.

Die Anlage besteht aus Entwicklern, Absorptionsgefäßen, Neutralisier- und Eindampfpfannen. 6 Entwickler sind mit 5 Vorlagen in geeigneter Weise verbunden. Von der letzten führt ein Rohr zu den Kondensationstöpfen, aus denen die Gase in den Kamin treten. Der Entwickler ist ein ca. 300 *l* fassendes Tongefäß mit 3 Öffnungen, die mit Wasserverschluß versehen sind. Die mittlere, große, dient zum Eintragen des Arseniks, die zweite zum Einfüllen der Säure, die dritte zum Ableiten der Gase. Der Topf steht in einem Bottich mit Wasser, dessen Temperatur beliebig reguliert werden kann. Die Dämpfe jedes Entwicklers müssen erst zwei bis drei Vorlagen passieren, bevor sie in die eigentlichen Kondensationstöpfe gelangen. Überschäumende Flüssigkeit kann deshalb die letzteren nicht erreichen. Das Material der Tongefäße muß von sehr guter Beschaffenheit sein, da sie leicht springen. Die Zahl der Kondensationstöpfe beträgt mindestens 60. Sie enthalten ein Gaszu- und ableitungsrohr, eine Öffnung zum Nachfüllen von Wasser resp. Salpetersäure und eine zum Ablassen der Säure. Letzteres geschieht, sobald sie die *D* 1,32 – 1,35 hat. Das Gefäß wird darauf mit dünner Säure beschickt.

In je einen Entwickler kommen 180 *kg* Salpetersäure (1,35 – 1,4) und 150 *kg* gepulverter Arsenik. Die Hauptreaktion findet bei 65° statt; ihre größte Heftigkeit erreicht sie bei 70°. Zuerst wird wenig Arsenik eingetragen, dann auf 70° erwärmt und das Material allmählich nachgegeben. Die Verarbeitung erfordert etwa 60 Stunden. Zuletzt erhitzt man etwas stärker, läßt schließlich etwas erkalten und hebert die Masse in die Neutralisationspfannen. Je nachdem das Reaktionsprodukt einen Überschuß von Salpetersäure oder Arsenik enthält, wird es mit dem fehlenden Körper versetzt und bis zur völligen Beendigung der Gasentwicklung erwärmt. Man konzentriert dann auf 75° *Bé.* und zieht den Syrup auf Fässer ab, kann aber auch zur Trockne eindampfen.

Sorgfältige Überwachung der Entwickler ist nötig, um ein Übersteigen der Flüssigkeit zu verhindern. Durch die lose aufliegenden Deckel strömt so viel Luft nach, als zur Oxydation der salpetrigen Säure erforderlich ist. Man gewinnt ca. 75% Salpetersäure zurück. Die entweichenden Stickstoffoxyde können in konz. Schwefelsäure aufgefangen werden (*Ch. I.* **1896**, 54). In England verwendet man große geteerte Sandsteintröge zur Oxydation des Arseniks. Man hat den Vorschlag gemacht, die Salpetersäure durch ein Gemisch von Salpeter und Arsensäure zu ersetzen, das in heißer Lösung den Arsenik oxydiert (MEBUS, *D. R. P.* 31149). Das Verfahren ist aber ohne Bedeutung.

Röstet man Erze oder Speisen bei Gegenwart von calcinierter Soda, so gewinnt man arsensaures Natrium, das durch Wasser ausgelaugt wird (*D. R. P.* 214814). Durch Eindampfen der Flüssigkeit in eisernen Pfannen erhält man direkt marktfähige Ware. Das Verfahren ist brauchbar, eignet sich aber nur für ein Gut, das mindestens 30% Arsen enthält. Minderwertiges Material muß erst einem vorbereitenden Schmelzprozeß unterworfen werden. Man könnte Natriumarseniat wohl auch durch Schmelzen von Arsenik mit Natronsalpeter gewinnen, wird es aber meist vorziehen, es aus fertiger Arsensäure durch Neutralisation zu erhalten.

Kaliumarseniat wird durch Calcinieren eines Gemenges gleicher Teile Arsenik und Kalisalpeter in gußeisernen Zylindern, Auslaugen der Schmelze mit Wasser und Eindampfen etc. dargestellt. Es bildet weiße Krystallkrusten der Formel KH_2AsO_4 (CL. WINKLER; cf. A. W. HOFMANNS Ber. über d. Entwicklung d. chem. Ind. etc., S. 969, Braunschweig 1877).

Eigenschaften: Arsensäure kann in rhombischen, zerfließlichen Krystallen der Formel $2H_3AsO_4 + H_2O$ erhalten werden. Sie ist eine starke Säure, die Zink und Eisen unter Wasserstoffentwicklung löst. Bei 100° verliert sie das Krystallwasser, bei 140 – 180° geht sie in Pyroarsensäure $H_4As_2O_7$ über. Aus dieser entsteht bei 200° Metarsensäure $HAsO_3$ und schließlich bei Rotglut Arsenpentoxyd As_2O_5 (*D* 4,086 bei mittlerer Temperatur). Die Reduktion liefert Arsentrioxyd, unter Umständen auch Arsen und Arsenwasserstoff; Phosphorpentachlorid gibt Arsentrichlorid, Schwefelwasserstoff Arsenpenta- oder trisulfid. Die Verbindung liefert 3 Reihen von Salzen, die mit den korrespondierenden Phosphaten isomorph sind. Charakteristisch ist das rotbraune Silberarseniat und das schwerlösliche Magnesium-Ammonarseniat, das zur quantitativen Bestimmung der Säure dient.

Arsensäure ist ein sehr brauchbares Oxydationsmittel, das früher in großen Mengen zur Gewinnung von Fuchsin (s. d.) angewendet wurde. Recht gute Dienste leistet die Säure auch bei der Herstellung von Chinolinderivaten (C. A. KNÜPPEL, *B.* **29**, 704 [1897]; *D. R. P.* 87334), ferner von 2-Aminoanthrachinon (*BASF, D. R. P.* 256515). Endlich wird Arsensäure zur Herstellung von organischen Arsenverbindungen (s. d.) benutzt und als solche sowie in Form ihrer Salze in der Heilkunde gebraucht.

Natriumarseniat wird in der Landwirtschaft, speziell im amerikanischen Obstbau und französischen Weinbau direkt in großen Mengen zur Vernichtung von Pflanzenschädlingen gebraucht oder von den Bauern durch Zusatz von Bleizucker in eine Aufschlemmung von Bleiarseniat verwandelt, die dieselbe Verwendung – u. zw. in größtem Umfange – findet. E. MOLZ, *Z. angew. Ch.* **26**, 587 [1913]. Bleiarseniatpaste ist auch ein Handelsartikel. Darst. s. *A. P.* 1014742.

Über arsenhaltige Glühkörper s. *D. R. P.* 107046.

3. Arsensulfide.

a) Arsenpentasulfid, As_2S_5, hat keine technische Bedeutung.

b) Realgar, rotes Arsenglas, Rotglas (Rauschrot, Sandarach, Arsenrubin, Arsenblende, Arsendisulfid) As_2S_2, kommt in rubinroten Krystallen oder als amorphe morgen- bis hyazintrote Masse vor. Hüttenmännisch wird es durch Vereinigung seiner Bestandteile in passenden Mengenverhältnissen gewonnen. Reinheit und Schönheit der Farbe, nicht chemische Zusammensetzung bestimmen seinen Handelswert. Die Fabrikation erfolgt in 2 gesonderten Prozessen. Zuerst wird ein Rohglas hergestellt, das wechselnde Zusammensetzung hat. Dieses wird dann einer Raffinierung („Läuterung") unterworfen, um ihm den gewünschten Farbenton zu geben.

Darstellung des Rotglases. Sie erfolgt entweder durch Erhitzen und Sublimieren eines Gemenges von Arsenikalkies und Schwefel oder eines Gemisches von Arsen- und Schwefelkies, seltener durch Zusammenschmelzen und Sublimieren von metallischem Arsen und gediegenem Schwefel.

Das Erhitzen erfolgt in Tonröhren mit Vorlagen, in denen sich das sublimierte Schwefelarsen ansammelt. Die Arsenkiese resp. Arsenikalkiese werden mit dem Schwefelkies resp. Schwefel in solchen Mengenverhältnissen gattiert, daß Schwefel im Überschuß vorhanden ist. Hierbei muß berücksichtigt werden, daß auch bei gutem Betriebe nicht aller Schwefel des Erzes, sondern nur 4/5 in Reaktion treten, daß man also von dem Schwefelkies einen gewissen Überschuß anwenden muß. Als erprobte Gattierung gilt ein Gemisch gleicher Mengen beider Kiese.

Die zur Darstellung des Rohglases angewendeten Öfen sind Galeerenöfen, welche intermittierend, seltener kontinuierlich betrieben werden. Ein Ofen enthält 12 Retorten, die in 3 Etagen – in der unteren 5, der mittleren 4, der oberen 3 Stück – angebracht sind. Sie sind aus feuerfestem Ton hergestellt und haben eine Länge von 1,4 *m*, eine Wandstärke von 2 *cm*, einen lichten Durchmesser von 20 *cm*. Die unterste Retortenlage ist gegen die direkte Einwirkung des Feuers durch eine aus alten Retortenstücken bestehende Unterlage geschützt. Die Feuerungen sind an einer Längsseite des Ofens, u. zw. an den Beschickungsseiten der Retorten, angebracht. Die Verschlußdeckel haben einen entsprechenden Falz, mittels dessen die Retorten gut abgedichtet werden. Auf der anderen, etwas hervorragenden und verengten Seite der Retorte befinden sich aus Eisenblech gefertigte kegelförmige Vorlagen, in denen sich das Schwefelarsen ansammelt.

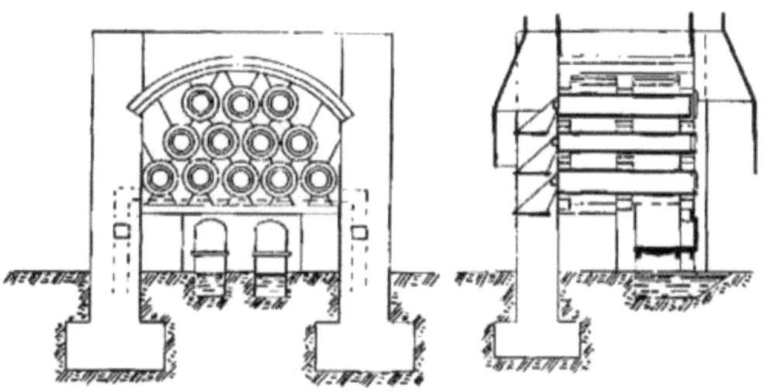

Abb. 188.

Der Verbrennungsprozeß ist in ca. 12 Stunden beendet. Nach Bedarf, meist erst nach Verarbeitung von 3 Chargen, werden die Vorlagen entleert. Man erhält ca. 27–28% rohes Rotglas, das zu einem geringen Teil nicht in kompakter, sondern in pulveriger Form ausgebracht wird. Das Pulver wird in einer neuen Operation mitverarbeitet.

Läutern des Rohglases. Zur Erzielung des richtigen Farbentones wird das Rohglas unter Zusatz von Schwefel in gußeisernen Pfannen oder Kesseln geschmolzen. Diese haben einen Durchmesser von 42 *cm*, eine Tiefe von 57 *cm* und sind am Boden mit einem Abzugsrohr versehen. 150–175 *kg* Rohglas erhalten einen Beischlag von 18–27 *kg* Schwefel. Man erhitzt schnell bis zur Rotglut und entfernt die an der Oberfläche der Schmelze sich ausscheidenden Verunreinigungen („Läuterschlacken"). Sobald die Schmelze dünn von einem Eisenstab abläuft und beim Erkalten die gewünschte Färbung zeigt, läßt man sie in luftdicht verschließbare konische Eisenformen fließen. Nach dem Erkalten reibt man das Glas in Kugelmühlen fein. Der Prozeß dauert etwa 2 Stunden. Der Verlust beträgt etwa 6% Glas. Das geläuterte Glas enthält gewöhnlich 75% Arsen und 25% Schwefel.

Reiner Realgar ist nicht im Handel. Der Vollständigkeit wegen sei nur erwähnt, daß er monoklin krystallisiert und die *D* 3,5–3,6 hat. Beim Zerreiben geben die roten Krystalle ein gelbes Pulver. Das Kunstprodukt hat ein viel geringeres spez. Gew. (2,3–3,3). Bei der Verbrennung liefert Realgar arsenige und schwefelige Säure, bei der Oxydation mit heißer Salpetersäure Arsen- und Schwefelsäure. Mit Salpeter zusammen erhitzt, verbrennt die Substanz unter lebhafter Lichterscheinung.

Der Körper fand früher als Malerfarbe Verwendung, ist aber jetzt durch Bleichromat verdrängt worden. Eine Mischung von Schwefel, Salpeter und Realgar ist das „griechische" oder „indianische" Weißfeuer. In der Gerberei, namentlich der Weißgerberei, fand Arsensulfid zum Enthaaren der Schaffelle Verwendung.

c) Auripigment, gelbes Arsenglas (Operment, Rauschgelb, Chinagelb, Königsgelb, Arsentrisulfid) As_2S_3, kommt zwar als Mineral vor, wird aber für industrielle Zwecke stets künstlich hergestellt. Das gelbe Arsenglas besteht nur zum kleinen Teil aus Arsentrisulfid, zum weitaus größten aus arseniger Säure. Aus dieser wird es durch Zusammensublimieren mit Schwefel gewonnen. Die Vereinigung von Schwefel mit Arsen in den berechneten Mengen würde ein unansehnliches, für den Handel nicht verwertbares Produkt ergeben. Zur Sublimation dienen dieselben Öfen wie für Weißglas. Der Schwefel, gewöhnlich 3–4% der arsenigen Säure, wird auf den Boden des Kessels gebracht, darüber der Arsenik – 120 *kg* pro Kessel. Man erhitzt so hoch, daß das Sublimat eben in der Trommel schmilzt. Zu hohe Temperatur hat starke Verluste zur Folge. Ein Teil des Arsentrioxyds wird von dem Schwefel zu Arsen reduziert, das während des Prozesses in Schwefelarsen übergeht. Ein kleiner Teil des Schwefels bleibt unverändert. Bei gut geleiteter Operation ist im ersten Aufsatz das Reaktionsprodukt als dichte citronen- bis pomeranzengelbe Masse angesetzt. An den Wänden des nächsten Aufsatzes ist das Sublimat minderwertig, nicht gleichartig, sondern gestreift. Das gleichmäßig gefärbte Produkt wird nach dem Erkalten sorgfältig ausgelesen. Das streifig und pulverig ausgefallene Produkt wird der nächsten Beschickung zugeschlagen. Ausbeute an Glas und Pulver ca. 90%. Der Farbton ist auffallenderweise umso intensiver, je größer der Arsenikgehalt ist. Gute Handelsware enthält 2,7–3,4% Arsentrisulfid.

Aus Arsen, Antimon und event. Tellur enthaltenden Erzen, sog. rebellischen Erzen, kann man durch Erhitzen mit Kohlepulver bei Luftabschluß direkt Auripigment erhalten (*D. R. P.* 124886). Es entweicht bei ca. 650°, während Antimontrisulfid erst bei 900–1000° sublimiert (Trennung s. *D. R. P.* 132138). Die rückständigen Metalle (Gold, Silber, Kupfer, Zinn) werden dann in bekannter Weise gewonnen.

Auf nassem Wege wird Arsentrisulfid technisch nicht dargestellt. Doch hat man in Vorschlag gebracht, die bei der Röstung von Schwefelmetallen entweichenden Gase (schwefelige Säure) in schwefelarsensaure Alkalilösungen einzuleiten, um Schwefelarsen auszufällen (*D. R. P.* 172410). Das Verfahren bietet eine Reihe von Vorteilen, dürfte aber nicht ausgeführt worden sein.

Reines Auripigment bildet eine gelbe, perlmutterglänzende Masse vom spez. Gew. 3,46. In amorpher Form sieht es je nach Feinheit ei- bis pomeranzengelb aus. Es schmilzt leicht zu einer roten Flüssigkeit, die beim Abkühlen zu einem roten Körper erstarrt ($D = 2{,}76$). Der Siedepunkt beträgt etwa 700°. Durch Einleiten von Schwefelwasserstoff in eine verdünnte wässerige Lösung von arseniger Säure erhält man Arsentrisulfid in kolloidaler Form (SCHULZE, *J. pr.* [2] **25**, 431 [1882], KÜSTER und DEHMER, *Z. anorg. Ch.* **33**, 105 [1902]; FOÀ und AGGAZZOTTI, *Bio. Z.* **19**, 15 [1909]). Von Alkalien und Schwefelalkalien wird es leicht aufgenommen.

Gelbes Arsenglas fand früher als Malerfarbe in der Färberei zur Erzielung eines dauerhaften glänzenden Gelbs, in der Lack-, Schellack- und Wachstuchfabrikation einige Verwendung. Es dient zum Vernichten von Insekten und Ungeziefer, ferner als Enthaarungsmittel in der Gerberei („Rhusma" der Orientalen), schließlich auch in der Feuerwerkerei zur Erzielung blauer Flammen.

Produktion und Statistik. Die folgende Tabelle gibt ein ungefähres Bild von dem Außenhandel Deutschlands in den letzten Jahren. Die Zahlen bedeuten 100 *kg* netto. Die Kolumne I bezieht sich auf Arsenik und Arsensäure, die Kolumne II auf sonstige in der amtlichen Statistik nicht benannte Arsenikalien.

Jahr	Ausfuhr		Einfuhr	
	I	II	I	II
1907	17325	6195	4312	536
1908	19558	10009	4534	78
1909	10115	11109	8395	980
1910	14917	7615	7334	461
1911	19734	7740	4857	564
1912	23688		7005	
Jahr	**Der Wert der Produktion in 1000 M. betrug:**			
1907	1213	452	280	38
1908	1076	631	204	5
1909	364	589	235	49
1910	482	449	176	21
1011	598	483	121	25
1912	1128		280	

Deutschland ist jedenfalls eines der Hauptarsenerzländer, da es 1909 an der Weltproduktion von ca. 20000 *t* hochprozentigen Arsenerzes mit ungefähr 1/4 beteiligt war. Hauptproduzent ist die Grube Reicher Trost bei Reichenstein in Schlesien, die im Jahre 1910 4462 *t* im Werte von 58 M. pro *t* lieferte.

An der Arsenerzproduktion waren im Jahre 1903 beteiligt:

Canada	1024 *t*	Japan (Arsenik)	einige *t*
Frankreich	einige 1000 „	Portugal	zwischen 1000 u. 2000 „
Deutschland	6150 „	Schweden	182 „
Spanien (Arsenik)	einige 1000 „	Vereinigte Staaten	1000 „
England (Arsenik)	3259 „	China (unsichere Angaben)	vielleicht einige 1000 „

Da die amerikanische Gesetzgebung neuerdings nicht mehr gestattet, die Arsendämpfe in die Luft gehen zu lassen, so verkaufen die Hüttenwerke ihre Produkte wenig über dem Herstellungspreise. Der Bericht des U. S. Geological Survey 1911, II, p. 855 macht auch darauf aufmerksam, daß mit steigender Produktion eine Verminderung des Preises eingetreten ist, wie aus den folgenden Produktions- und Preisangaben hervorgeht.

Jahr	Produktion an Arsenik in *t*	Wert in 1000 Dollars	Jahr	Produktion an Arsenik in *t*	Wert in 1000 Dollars
1902	1353	81,2	1909	1214	52,9
1904	36	2,2	1910	1457	52,3
1907	1751	163,3	1911	3133	73,4

Die Gesamteinfuhr an Arsenik, metallischem Arsen- und Schwefelarsenverbindungen in Amerika, das am meisten Arsenverbindungen verbraucht, betrug 1902 4055 *t* im Werte von 280000 Dollars, 1907 5164 *t* im Werte von 575000 Dollars und 1911 4096 *t* im Werte von 247000 Dollars.

Im Jahre 1911 wurde weißer Arsenik von den Werken der UNITED STATES SMELTING CO., der AMERIKAN SMELTING AND REFINING CO. und der ANACONDA COPPER MINING CO. im Nebenbetriebe hergestellt.

Literatur: A. RZEHULKA, Die Gewinnung von Arsenikalien (*B. H. R.* **4**, 49, 12 [1907]). — ZERR u. RÜBENCAMP, Handbuch der Farbenfabrikation. Berlin 1909. *Wickop u. G. Cohn.*

Organische Arsenverbindungen.

Die technische Bedeutung der organischen Arsenpräparate liegt ausschließlich auf medizinischem Gebiete. Sie sind zum Teil wegen ihrer roburierenden, die Blutbildung anregenden Wirkung für die Behandlung von Schwächezuständen, Anämie, Chlorose u. s. w. von Wichtigkeit. Namentlich aber haben einige der aromatischen Reihe angehörende Glieder infolge ihrer intensiven Heilkraft gegenüber bestimmten Infektionskrankheiten eine hervorragende Stellung im Arzneimittelschatz errungen.

CADET erhielt im Jahre 1760 durch Destillation von Kaliumacetat mit arseniger Säure ein braunes Öl, das er für „eine Verbindung der Essigsäure mit dem Arsen" hielt. Etwa 80 Jahre später klärte R. BUNSEN (*A.* **37**, 1 [1841]; **42**, 14 [1842]; **46**, 1 [1843], die Natur dieser „CADETschen rauchenden, arsenikalischen Flüssigkeit" auf. Er zeigte, daß sie im wesentlichen aus Dimethylarsenoxyd (I), Alkarsin,

$$\text{I. } (CH_3)_2As\cdot O\cdot As(CH_3)_2; \qquad \text{II. } (CH_3)_2As$$

besteht, das sich wie das Oxyd eines Radikals (II) verhält. Für diese furchtbar riechende, giftige Flüssigkeit schlug BERZELIUS den Namen Kakodyl (κακώδης = schlechter Geruch) vor. Die Verbindungen, die obiges Radikal enthalten und von denen BUNSEN eine große Zahl — darunter die wichtige Säure $(CH_3)_2:AsO\cdot OH$ — darstellen konnte, werden als Kakodylverbindungen bezeichnet.

Um den Ausbau der Alkylarsenchemie machten sich besonders verdient CAHOURS und RICHE (*A.* **92**, 361 [1854]), H. LANDOLT (*A.* **92**, 370 [1854]), und vor allem BAEYER, (*A.* **107**, 257 [1858]), der die Arsenmonomethylverbindungen auffand, eine wertvolle Zusammenstellung der BUNSENschen Resultate gab und Klarheit in das ganze Gebiet[1] brachte. Therapeutische Verwendung finden das Natriumsalz der Monomethylarsinsäure (Arrhenal) und die Salze der Dimethylarsinsäure (Kakodylate).

Die Chemie der aromatischen Arsenverbindungen wurde von A. MICHAELIS und seinen Schülern begründet. Wir verdanken ihm die Kenntnis einer außerordentlich großen Anzahl aromatischer Arsine, Halogenarsine, Arseno- und Arsenoxydverbindungen und Arsinsäuren. Die Untersuchungen, die vom Jahre 1875 an, zum Teil im Anschluß an die Arbeiten des gleichen Forschers über aromatische Phosphorverbindungen, ausgeführt wurden, sind in einer großen Reihe von Abhandlungen veröffentlicht. Die Methoden und die dargestellten Verbindungen sind so mannigfaltiger Art, daß hier auf die Originalarbeiten verwiesen werden muß (vgl. namentlich W. LA COSTE und A. MICHAELIS, *A.* **201**, 184 [1878]; W. LA COSTE, *A.* **208**, 1 [1881]; A. MICHAELIS und J. RABINERSOHN, *A.* **270**, 139 [1892]; A. MICHAELIS, *A.* **320**, 271 [1901]; *A.* **321**, 141 [1902]; *B.* **41**, 1514 [1908]).

Im Jahre 1863 erhielt BÉCHAMP (*C. r.* **56**, 1, 1172 [1863]) durch Erhitzen von arsensaurem Anilin auf 190—200° eine Substanz, die er für ein Arsensäureanilid $C_6H_5NH\cdot AsO(OH)_2$ hielt und die infolge dieser Annahme für die chemische Forschung zunächst ohne besonderes Interesse blieb. 40 Jahre später tauchte sie unter dem Namen „Atoxyl" (Metaarsensäureanilid) als Heilmittel wieder auf (VER. CHEM. WERKE, Charlottenburg). Namhafte Biologen und Mediziner widmeten ihr nun eingehende Studien.

[1] R. BUNSEN, Untersuchungen über die Kakodylreihe; Herausgeg. von A. v. BAEYER (OSTWALDS Klassiker der exakten Wissenschaften Nr. 27).

F. BLUMENTHAL (*Med. Woche* 1902, Nr. 15) stellte fest, daß sie vierzigmal weniger giftig sei als arsenige Säure; THOMAS und BREINL (Liverpool School of Tropical Medicine 1905) sowie MESNIL und NICOLLE (*A. Inst. Past.* 1906, Nr. 7) konstatierten ihre günstige Wirkung bei experimentellen Trypanosomenerkrankungen (Trypanosomen sind die Erreger der menschlichen Schlafkrankheit und einer Reihe von Tierkrankheiten); AYRES KOPKE, BRODEN, RHODAIN und in großem Stile ganz besonders R. KOCH behandelten schlafkranke Menschen mit diesem Mittel und konnten über gute Erfolge berichten. UHLENHUTH wies auf die Beeinflussung der Syphilis durch Atoxyl hin, nachdem er bei experimentellen Spirillenerkrankungen Heilerfolge damit erzielt hatte; andere Forscher, wie EHRLICH, SALMON, LASSAR, METSCHNIKOFF, LEVADITI, HALLOPEAU, E. HOFFMANN, MANTEUFEL, MULZER u. a. studierten ebenfalls die Atoxylwirkung bei Lues.

P. EHRLICH war der erste, dem das Verhalten des Atoxyls im Organismus, seine relativ geringe Giftigkeit, die große Haftfestigkeit des Arsens, unvereinbar erschien mit der bisher angenommenen Formel eines Säureanilids. Nachdem einige Vorversuche ihm gezeigt hatten, daß die Verbindung sich wie ein primäres Arsin verhält, stellte er in Gemeinschaft mit A. BERTHEIM (*B.* **40**, 3292 [1907]) die für die weitere Entwicklung der Arsenchemie und der Arsentherapie hochbedeutsame Tatsache fest, daß das Atoxyl ein Natriumsalz des BÉCHAMPschen „Anilids" und dieses selbst die para-Aminoverbindung der MICHAELISschen Phenylarsinsäure sei:

$$C_6H_5\_AsO \cdot (OH)_2 \qquad \underset{(4)}{NH_2} \cdot C_6H_4 \cdot \underset{(1)}{AsO} \cdot (OH)_2$$

Ebenso wie p-Aminobenzolsulfosäure (Sulfanilsäure) durch Erhitzen von schwefelsaurem Anilin, so entsteht die p-Aminophenyl(benzol)arsinsäure aus arsensaurem Anilin, und da auch das sonstige chemische Verhalten der beiden Verbindungen weitgehende Analogie zeigte, wurde die p-Aminophenylarsinsäure mit dem Namen „Arsanilsäure" belegt.

Es begann nun eine neue Ära für die Synthese aromatischer Arsinsäuren. EHRLICH und seine chemischen Mitarbeiter stellten solche in großer Anzahl her, indem sie einerseits die Aminogruppe der Arsanilsäure den bekannten Reaktionen der Acylierung, Diazotierung u. s. w. unterwarfen, andererseits in den Benzolkern Substituenten einführten, endlich aber an Stelle des Anilins die verschiedensten seiner Derivate mit Arsensäure erhitzten.

Bei unbesetzter Parastellung des verwendeten primären Amins entstehen stets die p-Aminoarylarsinsäuren (O. und R. ADLER, *B.* **41**, 931 [1908]; L. BENDA und R. KAHN, *B.* **41**, 1672 [1908]); daneben entstehen sekundäre Diaminodiarylarsinsäuren (L. BENDA, *B.* **41**, 2367 [1908]; F. L. PYMAN und W. C. REYNOLDS, *Ch. Ztrbl.* **1908** II, 781). Bei besetzter Parastellung des Amins entstehen, gewöhnlich in sehr schlechter Ausbeute, c-Arsanilsäuren (L. BENDA, *B.* **42**, 3619 [1909]; *B.* **44**, 3293 und 3304 [1911]).

Unter den so erhaltenen Substanzen fanden sich manche, die der Arsanilsäure therapeutisch überlegen waren. EHRLICH erkannte jedoch bald, daß die wertvollsten Verbindungen nicht unter den Arsinsäuren selbst gesucht werden müßten. Gewisse Beobachtungen auf biologischem Gebiete hatten in ihm den Gedanken wachgerufen, daß nicht die Derivate des fünfwertigen, sondern diejenigen des dreiwertigen Arsens die eigentliche parasitentötende Wirkung ausüben, daß also der infizierte Organismus die ihm einverleibte, kaum wirksame Arsinsäure zunächst reduzieren müsse, bevor sie ihre Wirkung auf die Krankheitserreger voll entfalten könne.

Das Experiment bestätigte diese Voraussetzung. EHRLICH bestimmte quantitativ die trypanocide (trypanosomentötende) Kraft, die einerseits von der Arsanilsäure (I), andererseits von ihren Reduktionsprodukten, dem p-Aminophenylarsenxoyd (II) und dem p-p-Diaminoarsenobenzol (III) im Reagensglas — also unter Ausschluß des reduzierenden Einflusses der tierischen Gewebe — ausgeübt wird: und er fand, daß die Reduktionsprodukte noch in ungeheurer Verdünnung (Verb. II in einer Konzentration von 1:1000000) die Trypanosomen abtöteten, während selbst 0,5%ige Lösungen

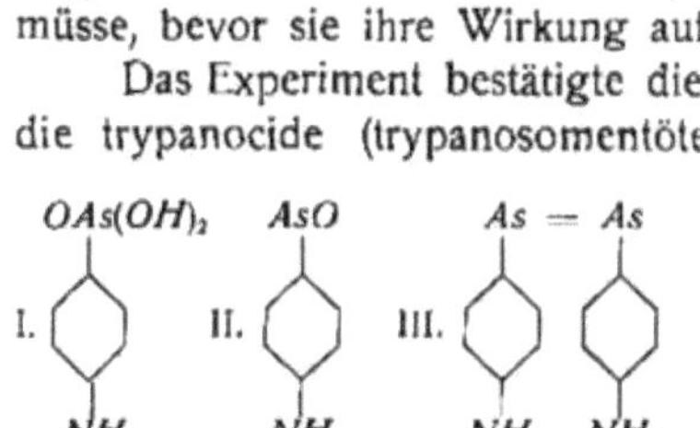

der Arsanilsäure (I) unter den gleichen Bedingungen ohne Einfluß blieben. Freilich war durch die Reduktion auch die Giftigkeit gestiegen – wie dann die Tierversuche zeigten – jedoch bei weitem nicht in dem Maße, wie die trypanocide und spirillocide Kraft. Das Verhältnis von Dosis curativa zu Dosis tolerata $\left(\frac{c}{t}\right)$, war somit günstig beeinflußt, nämlich erheblich verkleinert worden. Etwas weniger wirksam, aber viel weniger toxisch als die Arsenoxydverbindung (II) erwies sich das Diaminoarsenobenzol (III), so daß hier der Quotient $\frac{c}{t}$ am günstigsten lag.

In konsequenter Verfolgung der gewonnenen Erkenntnis, daß man dem Organismus die „Reduktionsarbeit" abnehmen müsse, ließ EHRLICH nun eine große Reihe von Arsenoxyden und Arsenoverbindungen herstellen und das Verhältnis $\frac{c}{t}$ bei verschiedenen Tierspezies und verschiedenen Infektionen, darunter natürlich in erster Linie auch Spirillenerkrankungen, wie Rekurrens, Syphilis, Framboesie u. a. bestimmen.

Die langwierigen Arbeiten zeitigten außer einer Fülle theoretisch interessanter Resultate als praktisch wertvollstes Ergebnis die Erfindung des Arsenophenylglycins, des Dioxydiaminoarsenobenzols (Salvarsan) und des Neo-Salvarsans. Die beiden zuletzt genannten Präparate sind neben dem altbewährten Quecksilber und dem Jod und in Kombination mit diesen die stärksten Waffen im Kampfe gegen die Syphilis geworden. Sie bedeuten aber auch eine Verwirklichung des EHRLICHschen Ideals einer Therapia magna sterilisans, denn sowohl bei der Framboesie, einer bisher nur im Laufe von Jahren heilbaren Tropenkrankheit, wie bei Rückfallfieber und verschiedenen Tierkrankheiten werden die Patienten durch eine einzige Salvarsaninjektion vollkommen und dauernd sterilisiert, d. h. von den Krankheitserregern befreit und geheilt.

Eine interessante Bildungsweise von aromatischen Arsinsäuren hat in neuester Zeit H. BART gefunden. Er diazotiert Amine und behandelt sie mit Natriumarsenit. Die Reaktion, die bisher nur in Patenten (*D.R.P.* 250264[1]) beschrieben ist und die Darstellung zahlreicher Arsinsäuren ermöglicht, geht nach BART am besten in alkalischer, ev. neutraler Lösung vor sich. Sie erinnert an die SANDMEYERsche Reaktion und an die GATTERMANNsche Synthese von aromatischen Sulfinsäuren.

$$R \cdot N = N \;\; Cl + As(ONa)_3 = NaCl + R \cdot N = N \cdot OAs(ONa)_2 \rightarrow R \cdot AsO(ONa)_2 + N^2.$$

a) Aliphatische Arsenverbindungen.

Kakodylsäure $(CH_3)_2{:}AsO \cdot OH$. Bei der Destillation von Kaliumacetat mit der gleichen Menge As_2O_3 erhält man ein Destillat (CADETsche Flüssigkeit), das wesentlich aus Dimethylarsenoxyd (Kakodyloxyd) neben wenig Kakodyl besteht

$$As_2O_3 + 4KO \cdot CO \cdot CH_3 = [(CH_3)_2As]_2O + 2K_2CO_3 + 2CO_2.$$

Durch Quecksilberoxyd werden die beiden Verbindungen in Kakodylsäure übergeführt:

$$[(CH_3)_2As]_2O + 2HgO + H_2O = 2(CH_3)_2AsO \cdot OH + 2Hg.$$

Man fügt zu 1 Mol. Kakodyloxyd, das sich unter Wasser befindet, langsam 2 Mol. Quecksilberoxyd. Die vom Quecksilber getrennte Lösung wird bei mäßiger Wärme zur Trockne verdampft und die so erhaltene rohe Kakodylsäure wird aus Alkohol umkrystallisiert (R. BUNSEN, *A.* **46**, 2 [1843]; E. SCHMIDT, *Ph. Ch.* **1910**, II, 770). Man erhält farb- und geruchlose Säulen vom *Schmelzp.* 200°, die in Wasser sehr leicht löslich sind. Die Kakodylsäure ist einbasisch, sie ist im Vergleich zu den anorganischen Arsenverbindungen verhältnismäßig wenig giftig, doch hat sich die Ansicht BUNSENS, daß sie, selbst in größeren Dosen genommen, nicht im mindesten giftig sei, nicht bestätigt. Bei längerem Verweilen der Kakodylverbindungen im Organismus treten Arsensymptome auf. Der Eintritt der aliphatischen organischen Radikale bewirkt vermutlich nur eine Verlangsamung der Wirkung der anorganischen arsenigen Säure resp. Arsensäure (vgl. S. FRÄNKEL, Arzneimittelsynthese, 3. Aufl. S. 663), s. a. Natriumkakodylat.

[1] Vgl. hierzu die *D. P. a. C* 20007 (*Heyden*).

Die freie Kakodylsäure kommt für therapeutische Zwecke nur ausnahmsweise in Betracht, ausgedehnte Verwendung findet dagegen das

Natriumkakodylat $(CH_3)_2 \cdot AsO \cdot ONa + 3H_2O$, ein weißes, krystallinisches Pulver, das in Wasser und Alkohol sehr leicht löslich ist. Da bei interner Medikation sehr häufig im Harn, Schweiß und in der Expirationsluft der Patienten ein lästiger Geruch auftritt, wird es vorzugsweise in Form von subkutanen Injektionen angewendet, wobei diese unangenehme Nebenerscheinung seltener beobachtet wird. Das Natriumkakodylat wird an Stelle der viel giftigeren Arsenite empfohlen. Es wirkt tonisierend, soll die roten Blutkörperchen vermehren und ist außer bei Anämie und Chlorose bei einer großen Anzahl der verschiedensten Krankheiten wie Malaria, Tuberkulose, Trypanosomiasis, Carcinom und Sarkom, Syphilis und Hautkrankheiten mit mehr oder weniger günstigen Resultaten angewendet worden. JOCHHEIM (1862) schlug als erster die Kakodylate als Ersatz der anorganischen Arsenikalien für die Behandlung von Hautkrankheiten vor. GAUTIER führte 37 Jahre später die Kakodylsäure definitiv in die Therapie ein.

Außer dem Natriumsalz sind noch viele andere Kakodylsäurepräparate im Handel, von denen hier das

Eisenkakodylat $[(CH_3)_2AsO \cdot O]_3Fe$, erwähnt sei; ein gelbliches, in heißem Wasser lösliches Pulver.

Argentarsyl ist eine Mischung von Eisenkakodylat und Argentum colloidale.

Arsycodile (Dr. E. BLOCH, Basel) ist ein Sammelname für Kakodylpräparate.

Literatur: LAUNOY (*C. r.* **151**, 897 [1902]); SIBONI (*Boll. Chim. Farm.* **41**, 73 [1910]); MERCKS Jahresbericht, XXIV, 1; XXV, 323; NIERENSTEIN, Organ. Arsenverb. u. ihre chemoterap. Bedeutung, *Ch.* V, **19**, 8.

Arrhenal $CH_3 \cdot AsO(ONa)_2 + 6H_2O$, (Wassergehalt wechselnd), (Arsynal, Natrium-monomethyl-arsenicicum, Methyldinatriumarsenat) ist das Natriumsalz der Monomethylarsinsäure. Der Name kommt von Arrhenium, den PLINIUS neben Arsenicum gebraucht. Es wird durch Behandeln von Arsenigsäureanhydrid mit Natronlauge und Methyljodid hergestellt (H. KLINGER & A. KREUTZ, *A.* **249**, 149 [1888]); weißes, krystallinisches, ungemein leicht lösliches Pulver, das ähnlich wie Kakodylat Verwendung findet.

Néo-Arsycodile sind Präparate, die im wesentlichen aus monomethylarsinsaurem Natrium bestehen. (Dr. M. LEPRINCE, Paris, Dr. E. BLOCH, Basel und St. Ludwig.)

Elarson (*Bayer*) ist das Strontiumsalz der Chlorarsinosobehenolsäure.

Die Behenolsäure $C_{22}H_{40}O_2$ wird aus der im Rüböl enthaltenen Erucasäure gewonnen. Beim Erhitzen mit $AsCl_3$ und nachträglicher Behandlung mit Basen verwandelt sie sich in eine Säure, die 13% Arsen und 6% Chlor in organischer Bindung und ungefähr in äquivalenter Menge enthält. Die bisher nur ölig erhaltene Säure bildet in Wasser lösliche, seifenähnliche Alkalisalze, die anderen Salze sind fast alle in Wasser unlöslich; die besten äußeren Eigenschaften hat die Strontiumverbindung, weshalb sie für den praktischen Gebrauch ausgewählt wurde.

Sie soll leicht vertragen und gut resorbiert werden. Gegen sekundäre Anämien, Schwächezustände (Phthisis), Chorea, Neuralgien.

Literatur: E. FISCHER & G. KLEMPERER (Therapie d. Gegenwart, **54**, 1 [1913]); E. FISCHER *A.* **403**, 106 (1914).

b) Aromatische Arsenverbindungen

Enesol $Hg \cdot As[CO_2(OH)C_6H_4]^2$? wird durch Einwirkung von 1 Mol. Methylarsinsäure auf 1 Mol. basisches Quecksilbersalicylat erhalten und soll vorstehende, bestimmt unrichtige Formel haben. Gegen Syphilis und Elephantiasis.

Atoxyl NH_2-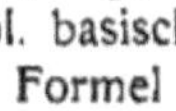$-AsO(OH) \cdot ONa$, (Arsanilat, Soamin, arsanilsaures Natrium, Natr. arsanilicum), ist das Mononatriumsalz der p-Amino-phenylarsinsäure. Diese Säure wird hergestellt, indem man nach BÉCHAMP (*C. r.* **56**, I, 1172 [1863]) arsensaures Anilin auf 190—200° erhitzt.

Erwärmt man Arsensäure mit überschüssigem Anilin, so bildet sich, wie L. BENDA (*B.* **41**, 2367 [1908]) und unabhängig von ihm PYMAN u. REYNOLDS (*Ch. Ztrbl.* **1908**, II, 781) gezeigt haben, neben der Arsanilsäure (I) eine aromatische Kakodylsäure, die p, p-Diamino-diphenylarsinsäure (II):

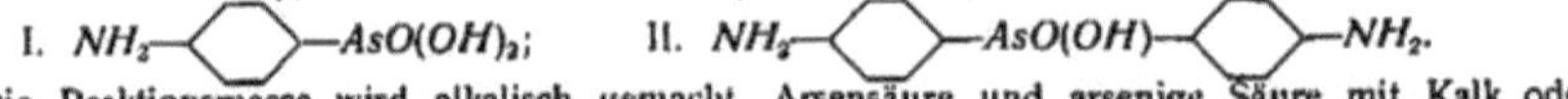

Die Reaktionsmasse wird alkalisch gemacht, Arsensäure und arsenige Säure mit Kalk oder Baryt gefällt und das überschüssige Anilin abgetrieben. Die zurückbleibende Flüssigkeit wird mit Natriumchlorid gesättigt und nach längerem Stehen filtriert. Wird dann mit Salzsäure neutralisiert, so fällt zunächst die sekundäre Säure als schwächere Säure aus. Man trennt sie von der Lösung und läßt letztere 24 Stunden stehen. Die nun abgeschiedene rohe Arsanilsäure enthält noch geringe Mengen der sekundären Säure. Um sie davon zu befreien, wird sie in Natronlauge gelöst und nun aus der filtrierten Lösung mit Alkohol gefällt. Die sekundäre Säure bleibt quantitativ in Lösung. (Näheres über Darstellung und Reinigung der p-Aminoarylarsinsäuren vgl. L. BENDA u. R. KAHN *B.* **41**, 1674 [1908]; L. BENDA, *B.* **41**, 2369 [1908]; O. u. R. ADLER, *B.* **41**, 931 [1908]; WELLCOME u. PYMAN, *E. P.* 855 [1908]; L. BENDA, *A. P.* 913940 übertr. *M. L. B.*).

Die Arsanilsäure ist nicht nur in Alkalien, sondern auch in Mineralsäuren (nicht in Essigsäure) löslich; in Wasser löst sie sich nur sehr schwer. Ihr Mononatriumsalz (Atoxyl) stellt ein farb- und geruchloses, schwach salzig schmeckendes, im Wasser leicht mit neutraler Reaktion lösliches Krystallpulver dar.

Arsanilsäure läßt sich diazotieren; die Azofarbstoffe, auch die mit basischen Komponenten gebildeten, sind sodalöslich; sie haben keinen therapeutischen Wert. Durch Verkochen der Diazolösung der p-Arsanilsäure erhält man die p-Oxyphenylarsinsäure, die auch durch Erhitzen von Phenol mit Arsensäure gewonnen werden kann (*M. L. B. D. R. P.* 205616).

Beim Erhitzen der wässerigen Lösung von Atoxyl unter Druck entstehen merkliche Mengen von Anilin, und es darf daher nur durch Tyndallisation (wiederholtes, kurzes Erwärmen auf 65–70°) sterilisiert werden.

Freie Arsanilsäure enthält	34,56% *As*
wasserfreies Natr. arsanilat enthält	31,38%
aus wässerigem Alkohol kryst. Natr. arsanilat enthält	27,27%
Handels-Atoxyl enthält	23–24%

Therapeutisches: Natriumarsanilat ist 1902 unter dem Namen Atoxyl in den Arzneimittelschatz eingeführt worden; es hat hauptsächlich dadurch Bedeutung erlangt, daß ROBERT KOCH es in großem Maßstabe bei der Behandlung der Schlafkrankheit verwendete (s. Einleitung). Die Annahme, daß es ungiftig (Atoxyl) sei, hat sich als irrig erwiesen. Es treten nicht ganz selten Vergiftungen ein, die nicht von etwa abgespaltenem Anilin herrühren, sondern der Verbindung als solcher zuzuschreiben sind. Als besonders charakteristische Nebenerscheinungen sind Sehstörungen (Amaurosen) beobachtet worden. Trotzdem wird das Atoxyl noch weiter in großem Maßstabe als Specificum gegen Trypanosomenerkrankungen verwendet; man nimmt das Risiko allfälliger, selbst schwerer Störungen mit in den Kauf. Bei längerer Behandlung mit Atoxyl tritt, wie EHRLICH gefunden hat, eine Gewöhnung der Trypanosomen an das Mittel ein; solche atoxylfeste Trypanosomenstämme werden durch gewisse andere Arsenverbindungen (s. u. Arsacetin und Arsenophenylglycin) sowie durch arsenfreie Körper wie Trypanrot, Tryparosan, Trypaflavin abgetötet.

Das Atoxyl wurde subkutan oder intravenös auch bei Syphilis (UHLENHUTH) (event. als Hg-Salz), Tuberkulose, Malaria, Anämie, Nervenkrankheiten mit wechselnden Resultaten angewendet.

Natriumarsanilat wird als Atoxyl von den VER. CHEM. WERKEN, Charlottenburg, als Soamin von BURROUGHS, WELLCOME & Co. London, als Arsanilat von *M. L. B.* in den Handel gebracht.

Die homologen Arsanilsäuren stehen nach EHRLICH in therapeutischer Beziehung unter der Muttersubstanz. Es zeigt sich hier der ungünstige Einfluß der Methylgruppen.

Aspirochyl (Asiphyl, Atoxifil, Atyroxyl, atoxylsaures Quecksilber, Hydrargyrum atoxylicum) ist das neutrale Quecksilbersalz der Arsanilsäure $[NH_2 \cdot C_6H_4 \cdot AsO(OH)O]^2 \cdot Hg$ und wird durch Einwirkung von Quecksilberchlorid auf Natriumarsanilat erhalten. Nach *D. R. P.* 237787 (*Agfa*) entsteht es auch, wenn man Arsanilsäure auf Quecksilberoxyd oder Sublimat wirken läßt. Die Verbindung soll die Wirksamkeit ihrer Komponenten besitzen, ohne die unangenehmen Eigenschaften des Atoxyls zu zeigen (?)

Argatoxyl ist arsanilsaures Silber, ein im Wasser unlösliches, 23% As und 33% Ag enthaltendes Präparat. Es wird von den VER. CHEM. WERKEN, Charlottenburg, in 10%iger Aufschwemmung in Olivenöl in den Handel gebracht.

Arsacetin, 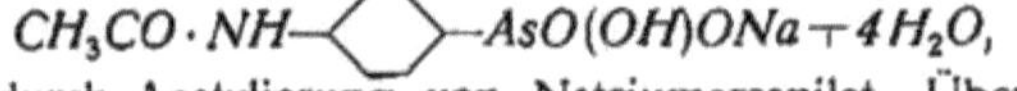 acetarsanilsaures Natrium, entsteht durch Acetylierung von Natriumarsanilat. Über die Herstellung vgl. P. EHRLICH u. A. BERTHEIM (*B.* **40**, 3296 [1907]).

Im Gegensatz zum Arsanilat (Atoxyl), dessen Lösungen sich beim Kochen zersetzen und Arsensäure abspalten, können Arsacetin-Lösungen selbst bei 130° (unter Druck) sterilisiert werden.

Das Arsacetin ist nach den Tierversuchen weit weniger giftig als Atoxyl und wirksamer bei Trypanosomiasis und Spirillosen. Atoxylfeste Stämme werden nach EHRLICH durch Arsacetin abgetötet. Die ersten Versuche gegen Syphilis stellte A. NEISSER an (Kombination mit Quecksilber). Für die Behandlung von Syphilis wurde es vorgeschlagen in Fällen, die sich gegen Jod oder Quecksilber refractär verhalten.

Hectine, Hektin $C_6H_5SO_2 \cdot NH$—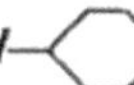—$AsO(OH)ONa$, benzosulfon-p-aminophenylarsinsaures Natrium, wird aus Arsanilat und Benzolsulfochlorid hergestellt (*M. L. B., D. R. P.* 191548). Da es nach den Tierversuchen keinerlei Vorzüge gegenüber dem Arsacetin besitzt, wurde es in Deutschland nicht in den Handel gebracht. In Frankreich, wo bekanntlich kein Patentschutz für Arzneimittel besteht, wurde es aber von MOUNEYRAT dargestellt und von HALLOPEAU für die Behandlung der Syphilis empfohlen.

Hectargyre ist eine Quecksilberverbindung von Hektin.

Arsenophenylglycin, $CO_2Na \cdot CH_2 \cdot NH \cdot C_6H_4 \cdot As = As \cdot C_6H_4 \cdot NH \cdot CH_2 \cdot CO_2Na$, ist das Natriumsalz des Arsenophenylglykokolls (EHRLICH u. BERTHEIM); es wird durch Reduktion der p-Phenylglycinarsinsäure gewonnen (*M. L. B., D. R. P.* 204664). Das Präparat ist noch nicht im Handel.

Salvarsan (EHRLICH-HATA 606, *M. L. B.*), 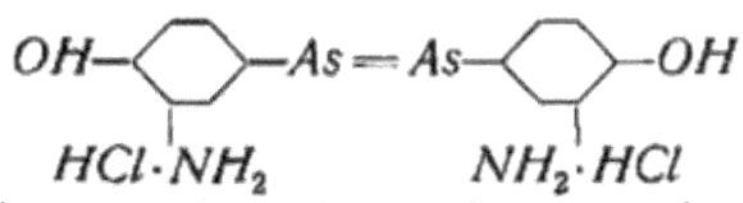

ist das Dichlorhydrat des p, p'-Dioxy-m, m'-diaminoarsenobenzols, wurde zuerst dargestellt von EHRLICH u. BERTHEIM (*B.* **45**, 756 [1912]) durch Reduktion der p-Oxy-m-nitrophenylarsinsäure (L. BENDA, *B.* **44**, 3449 [1911], L. BENDA u. A. BERTHEIM, *B.* **44**, 3445 [1911]) und im Tierversuch durch S. HATA geprüft (P. EHRLICH u. S. HATA Chemotherapie der Spirillosen 1910).

Die als Ausgangsmaterial dienende Nitro-oxy-phenyl-arsinsäure kann z. B. durch Nitrieren der p-Oxyphenylarsinsäure oder durch Erwärmen der Nitroarsanilsäure mit Ätzalkalien gewonnen werden. Die Reduktion kann stufenweise oder aber in einer einzigen Operation bis zum Endprodukt durchgeführt werden. Nach EHRLICHS Versuchen ist das Natriumhydrosulfit ein hierfür besonders geeignetes Reduktionsmittel. Reduziert man mit Natriumamalgam, so wird zunächst Aminophenol-arsinsäure gebildet; diese kann man mittels Jodkalium und schwefliger Säure zum Aminophenol-arsenoxyd und letzteres z. B. mit Natriumhydrosulfit zur Arsenoverbindung reduzieren (A. EHRLICH u. BERTHEIM *B.* **43**, 917 [1910]; *B.* **44**, 1260 [1911]).

Nitroaminoarylarsinsäuren kann man mit Natriumamalgam (A. BERTHEIM, *B.* **41**, 1657 [1908]) oder Eisenoxydul (L. BENDA *B.* **44**, 3449 [1911]) in Diaminoarylarsinsäuren überführen. Azofarbstoffe, die den Arsinsäurerest enthalten, lassen sich unter ganz bestimmten Bedingungen mit Hydrosulfit oder Metallen, wie Aluminium, in der Weise spalten, daß der Arsinsäurerest intakt bleibt (L. BENDA, *B.* **44**, 3580 [1911]).

Darstellung: 50 *g* Nitroarsanilsäure (*B.* **44**, 309 [1911]) werden in 150 *ccm* Kalilauge von 36° *Bé.* gelöst. Die rote Lösung wird dann so lange auf 80° erwärmt (Ammoniakabspaltung), bis eine angesäuerte Probe, mit Natriumnitrit versetzt, keine R-Salzreaktion mehr gibt. Die Lösung, die stark nach Ammoniak riecht, wird nun mit 300 *g* Eis verdünnt, hierauf mit 100 *ccm* reiner Salzsäure (1,185 spez. Gew.) übersättigt. Die gebildete Nitrooxyphenylarsinsäure fällt nach längerem Stehen aus.

Zur Reduktion zu Salvarsan werden in 13 *l* Wasser 513 *g* kryst. Magnesiumchlorid und hierauf 2950 *g* Natriumhydrosulfit (80%ig) eingerührt. Unmittelbar nachher läßt man eine kalte Lösung von 197 *g* Nitrooxyphenylarsinsäure in 4,5 *l* Wasser und 135 *ccm* zehnfach normaler Natronlauge einlaufen. Man wärmt dann auf 55–60° an; allmählich beginnt ein gelber Niederschlag sich abzuscheiden, dessen Menge mit der Zeit zunimmt. Sobald die Reduktion beendet ist (eine filtrierte Probe darf sich beim Erhitzen nur noch schwach trüben), wird abgesaugt, gut ausgewaschen und gepreßt. Der noch feuchte Niederschlag wird dann durch Lösen in 1700 *ccm* Methylalkohol und der berechneten Menge alkoholischer Salzsäure (0,75 Mol.) in das Dichlorhydrat übergeführt. Dieses wird durch Zufügen von stark gekühltem Äther als feiner mikrokrystallinischer, fahlgelber Niederschlag ausgefällt. Man saugt ab, wäscht mit Äther, trocknet im Vakuum und füllt das Präparat in hoch evakuierte oder mit einem indifferenten Gas gefüllte Röhrchen ab. Da das Präparat außerordentlich leicht durch den Sauerstoff der Luft in das eminent giftige Aminooxyphenylarsenoxyd übergeführt wird, muß bei allen oben beschriebenen Operationen diese Einwirkung der Luft verhindert werden. Die Fabrikation wird dadurch natürlich erschwert.

Salvarsan ist ein gelbes Pulver, das sich in Wasser mit gelber Farbe und saurer Reaktion löst. Auf Zusatz von verdünnter Schwefelsäure fällt das sehr schwer lösliche Sulfat aus. Mit p-Dimethylaminobenzaldehyd in verdünnter Salzsäure gibt es eine orange Färbung. Setzt man der Aldehydlösung etwas Sublimat zu, so wird die Reaktion empfindlicher und ist dann geeignet zum Nachweis des Salvarsans in Körpergeweben (EHRLICH-BERTHEIM l. c.).

Von großer Wichtigkeit ist es festzustellen, ob und wieviel von der zwanzigmal giftigeren Arsenoxydverbindung, z. B. einem verdorbenen Präparat, beigemengt ist. Dies kann zwar auf chemischem Wege, z. B. durch Titration, festgestellt werden, jedoch ist die biologisch-toxikologische Methode wohl die schärfste Kontrolle. Die Dosis tolerata des Höchster Präparates beträgt subkutan für Mäuse pro 20 *g* Lebendgewicht 1 *ccm* 1:125 bis in maximo 1:150.

Therapeutisches: Das Salvarsan eignet sich zur Behandlung der primären, sekundären und tertiären Syphilis und deren Begleiterscheinungen; besonders auch für diejenigen Fälle, bei welchen es auf den raschen Erfolg ankommt und wo Quecksilber und Jod sich unwirksam zeigen oder nicht vertragen werden. Bei beginnender Tabes und Frühparalyse ist nur dann Aussicht auf Erfolg vorhanden, wenn sofort bei Auftreten der allerersten Symptome die Behandlung einsetzt.

Bei primärer Syphilis ist, besonders in Kombination mit Quecksilber, Heilung in über 90% der Fälle erzielt. Bei sekundärer und tertiärer Syphilis ist ebenfalls gleichzeitige Quecksilber- oder Jodtherapie zu empfehlen. Bei der Behandlung der Schlafkrankheit kombiniert man zweckmäßig mit Tryparosan und Trypaflavin (EHRLICH, BRODEN, RODHAIN; L. BENDA, *B.* **45**, 1791 [1912]); doch sind die bezüglichen Untersuchungen noch nicht abgeschlossen.

Ganz vorzügliche Resultate wurden bei Malaria tertiana, Rekurrens, Framboesie, Aleppobeule, Filaria, sowie bei der Brustseuche der Pferde und der afrikanischen Rotzkrankheit erzielt.

Die Anwendung geschieht am besten in Form von intravenösen Injektionen. Für die Herstellung der Lösung ist es absolut notwendig, sich genau an die Gebrauchsanweisung zu halten, insbesondere frisch destilliertes, steriles Wasser zu verwenden (WECHSELMANN). Dann werden die anfänglich dem Präparat zur Last gelegten, bisweilen beobachteten unangenehmen Nebenerscheinungen vermieden oder auf ein Minimum reduziert. Bei technisch mangelhafter Injektion sowie Verwendung von bakterienhaltigem Wasser sind natürlich selbst Todesfälle nicht ausgeschlossen.

Mediz. Literatur: Ein Präparat, das in der Literatur zu einem so reichen Austausch der Gedanken und Erfahrungen geführt hat, wie das Salvarsan, ist bis heute noch nicht in die Therapie eingeführt worden (*Merck*, XXV, 426.).

EHRLICH: Abhandlungen über Salvarsan, München, J. H. LEHMANNS Verlag. (drei Bände 1911, 1912, 1913.)

Chem. Literatur: L. BENDA: *B.* **44**, 3293, 3300, 3449, 3578 [1911]; **45**, 53 [1912]; L. BENDA u. A. BERTHEIM: *B.* **44**, 3445 [1911]; A. BERTHEIM: *B* **44**, 3093 [1911]; *B.* **45**, 2130 [1912]; P. EHRLICH u. A. BERTHEIM: *B.* **45**, 746 [1912]; P. KARRER: *B.* **46**, 249, 515 [1913]; MAMELI, *Boll. Chim. Farm.* **48**, 682.

Joha (Dr. KADES Oranien-Apotheke, Berlin) ist eine Salbe aus 40% Salvarsan, Jodipin und Adeps Lanae anhydr., die für intramuskuläre Injektionen in Spritzenröhrchen in den Handel kommt, aus denen das Joha direkt injiziert wird (soll haltbar sein; 1 *ccm* Joha = 0,4 *g* Salvarsan (SCHINDLER, *D. R. P.* 260527).

Neo-Salvarsan (*M. L. B.*), dargestellt von P. EHRLICH, enthält als wirksamen Bestandteil neben anorganischen Salzen Dioxy-diamino-arsenobenzol-mono-formaldehydsulfoxylsaures Natrium:

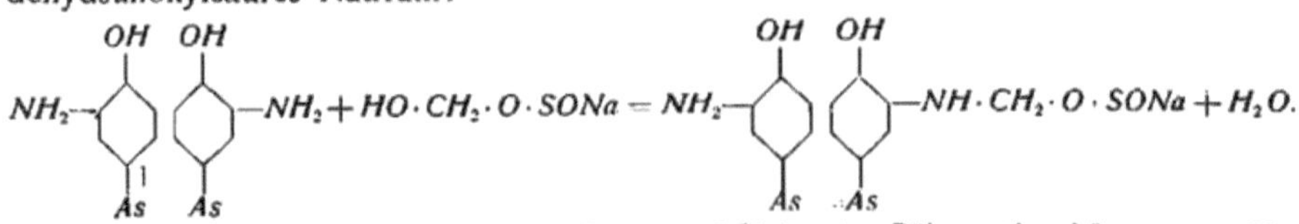

25 *g* Salvarsan löst man in 1250 *g* Wasser und fügt unter Rühren eine Lösung von 25 *g* Formaldehydsulfoxylat in 250 *g* Wasser und nach einer Stunde 80 *ccm* 10%ige Natriumcarbonatlösung hinzu. In die klare Lösung gibt man 100 *ccm* 12%ige Salzsäure. Die ausgefällte Säure wird abgesaugt, ausgewaschen und im Vakuum getrocknet. Sie enthält nur eine saure, schwefelhaftige Gruppe. Um sie in das Natriumsalz überzuführen, suspendiert man 20 *g* der Säure in 70–80 *ccm* Wasser, bringt sie durch Zusatz von 20 *ccm* 2*n*-Natronlauge in Lösung und gießt diese Lösung in dünnem Strahle in 1000 *ccm* Alkohol. Die Fällung wird abgesaugt, mit Alkohol gewaschen und im Vakuum getrocknet. Sie enthält nur ein Atom Na (*D. R. P.* 245756 *M. L. B.*).

Besonders reine, hellgefärbte Produkte von verhältnismäßig geringer Toxizität erhält man, wenn man die Kondensation statt in wässeriger in alkoholischer (Glykol)-Lösung vornimmt (*D. R. P.* 260235, *M. L. B.*). Andere neutral reagierende wasserlösliche Derivate des Salvarsans entstehen, wenn man auf dieses (nach *D. R. P.* 249726, *M. L. B.*) Formaldehyd-bisulfit oder (*D. R. P.* 250745, *M. L. B.*) Chloressigsäure einwirken läßt und die erhaltenen Säuren in ihre Alkalisalze überführt.

Nach den Anmeldungen F 34209 u. F 34462 (*M. L. B.*), Zusatz zu *D. R. P.* 245756, kann man das Neo-Salvarsan auch herstellen, indem man nicht das isolierte Salvarsan, sondern direkt die 3-Nitro-4-oxyphenylarsinsäure (L. BENDA und A. BERTHEIM, *B.* **44**, 3445, [1911], L. BENDA, *B.* **44**, 3449 [1911]) oder die 3-Amino-4-oxyphenylarsinsäure (EHRLICH-BERTHEIM, *B.* **45**, 757 [1912]) oder endlich die diesen Arsinsäuren entsprechenden Arsenoxydverbindungen (EHRLICH-BERTHEIM, *B.* **45**, 759 [1912]) mit Formaldehydsulfoxylat, event. unter Zusatz von Natriumhydrosulfit behandelt.

Das Neo-Salvarsan stellt ein hellgelbes Pulver dar, das sich in Wasser mit fahlgelber Farbe und vollkommen neutraler Reaktion leicht und klar auflöst.

Therapeutisches: Das Neo-Salvarsan hat gegenüber dem Salvarsan den Vorzug, in Wasser neutral löslich zu sein; die gebrauchsfertige Lösung ist also weit rascher und einfacher herstellbar. Die Lösungen müssen sofort nach ihrer Bereitung injiziert werden, da sie sich noch leichter als die Salvarsanlösungen unter Bildung hochtoxischer Produkte oxydieren. In Bezug auf den Arsengehalt entsprechen 1,5 *g* Neo-Salvarsan = 1,0 *g* Salvarsan.

Anwendungsweise: intravenös oder intramuskulär, nicht subkutan wegen Infiltratbildung; auch hier ist die Verwendung von bakterienfreiem Wasser von höchster Wichtigkeit.

Chem. Monographien über die neueren organischen Arsenverbindungen:

A. BERTHEIM: Handbuch der organ. Arsenverbindungen, Verlag F. ENKE, Stuttgart, Band IV der Chemie in Einzeldarstellungen. Herausgegeben von Prof. J. SCHMIDT.

M. NIERENSTEIN: Organ. Arsenverbindungen und ihre chemotherapeutische Bedeutung (1912) F. ENKE, Stuttgart, B. XIX der *Ch. V.*

H. SCHMIDT: Aromat. Arsenverbindungen, Berlin 1912, J. SPRINGER.

In letzterem Werke befindet sich eine vollständige Zusammenstellung der chem. Literatur bis zum Frühjahr 1912. *L. Benda.*

Arsen-Blei (Schrotmetall) enthält 99,0% Blei, 0,2—0,9% Arsen und dient zur Herstellung von Schrotkugeln. *Oberhoffer.*

Arsen-Blutan (CHEM. FABRIK HELFENBERG) ist ein mit 0,01% arseniger Säure versetztes Blutan (s. d.). *Zernik.*

Arsenferratin und **Arsenferratose** s. Ferratin bzw. Ferratose. *Zernik.*

Arsenhaematose s. Hämatose. *Zernik.*

Arsen-Metaferrin (CHEM. FABRIK DR. H. WOLFF, Elberfeld) ist Metaferrin (s. d.) mit 0,1% organisch gebundenem Arsen, dargestellt nach *D. R. P.* 245572. Arsen-Metaferrose, die entsprechende Lösung (s. Metaferrose), enthält 0,004% Arsen. *Zernik.*

Arsenogen (*Knoll*), nach *D. R. P.* 192473 dargestellte Verbindung von Paranucleinsäure mit Eisen und Arsen mit ca. 16,4% *Fe*, 14% *As* und 2% *P*, erhalten durch Behandeln der durch künstliche Pepsinverdauung von Casein gewonnenen Lösung erst mit Arsensäure und dann mit Eisenammoniakalaun und Trocknen des entstandenen Niederschlags. Gelbes Pulver, als Arseneisenpräparat empfohlen, doch ohne Bedeutung geblieben. *Zernik.*

Arsen-Peptoman enthält 0,0015% Arsen; s. im übrigen Peptoman.

Arsen-Regenerin ist Regenerin flüssig (s. d.) mit einem Zusatz von Extr. Cascarae Sagradae und je 0,04% Lithium kakodylicum und Arsacetin. *Zernik.*

Arsentriferrin und **Arsentriferrol** s. Triferrin bzw. Triferrol. *Zernik.*

Arsoferrin „BARBER" (APOTHEKE ZUM HEILIGEN GEIST, Wien) wird deklariert als „konstante chemische Verbindung von paranucleinsaurem Eisen mit arseniger Säure". Im Handel in dragierten Tabletten, die je 0,1 *g* Arsoferrin mit Extr. Gentianae enthalten sollen; jede Tablette soll 1 Tropfen Fowlerscher Lösung = 0,0005 *g* As_2O_3 entsprechen. *Zernik.*

Arsojodin (DR. R. und DR. O. WEIL, Frankfurt a. M.) sind Pillen mit je 0,12 *g* Jodnatrium und 0,001 *g* As_2O_3. *Zernik.*

Arsycodyle s. Arsenverbindungen, organische (S. 583). *Zernik.*

Arsylin (HOFFMANN-LA ROCHE, Basel), eine Arsen-Phosphor-Eiweißverbindung mit 0,1% *As* und 2,6% *P*, ist anzusehen als Arsenverbindung des Protylins (s. d.). Gelblichweißes, in Wasser unlösliches Pulver von schwach saurem Geschmack, das erst im Darme gespalten wird. Wurde s. Z. als Ersatz der anorganischen Arsenpräparate empfohlen, hat sich aber kaum eingeführt. *Zernik.*

Arterenol (*M. L. B.*), Aminoäthanolbrenzcatechin, wird dargestellt, indem Brenzcatechin mittels Chloracetylchlorid in Chloracetobrenzcatechin und dieses durch Behandeln mit Ammoniak in Aminoacetobrenzcatechin übergeführt wird. Letzteres gibt bei der Reduktion Arterenol.

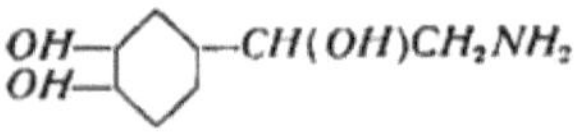

Das Arterenolhydrochlorid bildet ein weißes Krystallmehl, *Schmelzp.* 141°; leicht löslich in Wasser, schwer in Weingeist. Die freie Base schmilzt bei 191°. Wurde 1908 als Ersatz des Suprarenins empfohlen; entsprechend seiner geringeren Giftigkeit ist auch die Wirksamkeit nur etwa halb so stark wie die des Suprarenins, das es nicht zu verdrängen vermochte. *Zernik.*

Arzneimittel, synthetische. Der ungeahnt schnelle Aufschwung der organischen Chemie, die ganz neue Zweige der chemischen Industrie erschlossen hatte, mußte naturgemäß auch in den Teil der angewandten Chemie eingreifen, in welchem die Wiege dieser Wissenschaft überhaupt gestanden hatte, in die Pharmazie, bzw. pharmazeutische Chemie, um so ihrem vornehmsten praktischen Zweck zu dienen.

Mit der Einführung des Äthers im Jahre 1846 und bald darauf des Chloroforms als Narcotica hielten die ersten organischen, auf synthetischem Wege erhaltenen Individuen ihren Einzug auf diesem Gebiete. Die Arzneimittelsynthese schuf auf Grund pharmakologischer Untersuchung ganzer Körperklassen neue Mittel, welche durch ihr edelstes Endziel, der leidenden Menschheit zu helfen, die innere Medizin und besonders die Chirurgie in ihrer Entwicklung wesentlich förderten, ja zu den Fortschritten der reinen Wissenschaften selbst beitrugen. Ganz besonderer Pflege erfreute sich dieses Wirkungsfeld seitens der deutschen chemischen Industrie und führte hier zur Bildung eines neuen Fabrikationszweiges, der seine Erzeugnisse bis auf den heutigen Tag siegreich über die ganze Welt verbreitet hat.

Aber zunächst schritt diese neue Industrie nur langsam fort. Erst das Jahr 1869 brachte die Erkenntnis der schlafbringenden Eigenschaft des schon seit dem Jahre 1832 bekannten Chloralhydrats (s. d.) durch LIEBREICH. Dieser gab uns damit das erste der hypnotisch wirkenden Mittel, welche die Natur uns bisher vorenthalten hatte, die später aber in immer größerer Vervollkommnung entstanden. Wieder einige Jahre später, 1874, trat in der von KOLBE empfohlenen Salicylsäure (s. d.) ein weiteres synthetisches Arzneimittel auf, das bald in noch größerer Menge als die vorhergehenden produziert wurde und auch bis jetzt seinen Platz behauptet hat.

Noch versuchte man aber, hauptsächlich aus den vorhandenen Mitteln vegetabilischen Ursprungs, soweit man ihren chemischen Bau erkannt zu haben glaubte, ihrer Konstitution nach ähnliche chemische Individua darzustellen, womit der natürliche Weg der Empirie beschritten wurde. Gerade diesem Streben aber verdanken wir die eigentliche Geburt der Arzneimittelsynthese, auf Grund chemischer und pharmakologischer Erfahrung neue therapeutisch wirksame Verbindungen darzustellen.

In dem seit 1820 bekannten, als Heilmittel gegen Malaria äußerst wirksamen und auch sonst als Antipyreticum viel benutzten Alkaloid Chinin hatte man den Chinolinkern entdeckt und versuchte nun, mit letzterem als Grundsubstanz zu neuen Fiebermitteln durch Einführung von organischen Radikalen zu gelangen. Man erhielt auch tatsächlich im Thallin (Methoxychinolin), dem Kairolin (schwefelsaurem Salz des Alkyltetrahydrochinolins) und dem Kairin (Oxytetrahydrochinolinäthylhydrür) ganz kräftige Antipyretica, denen aber infolge gefährlicher Nebenwirkungen kein langes Dasein beschieden war. Der Zufall mußte zu Hilfe kommen, um einige Jahre später wieder zu einem sehr nützlichen, wichtigen Arzneimittel zu gelangen. KNORR entdeckte an Stelle des von ihm bei der Darstellung erwarteten Chinolinderivats einen Pyrazolonabkömmling, welchen FILEHNE 1883 als sehr starkes Fiebermittel erkannte, das, mit dem Wortzeichen Antipyrin (s. d.) belegt, von großer Bedeutung wurde und als Phenyldimethylpyrazolon bis in die Jetztzeit benutzt wird. Der Zufall fügte es wiederum 1887, daß im Antifebrin (Acetanilid) die fieberherabsetzende Wirkung erkannt wurde. Überraschend schnell wurden diese neuen Tatsachen bekannt und bahnbrechend für die Synthese weiterer Arzneimittel. Zeigten sie doch ferner, daß leicht erhältliche Substanzen einfacher Zusammensetzung event. wertvolle Heilmittel sein konnten.

Zielbewußt ging man nun, diese Kenntnisse benutzend, systematisch an die Synthese weiterer Mittel, als deren erstes das p-Äthoxy-acetanilid oder Phenacetin von HINSBERG auf Anregung von C. DUISBERG dargestellt wurde. Bald folgte eine Entdeckung der andern. Namhafte deutsche Pharmakologen, wie SCHMIEDEBERG, BAUMANN, v. MEHRING u. a., nahmen sich mit Eifer und Interesse dieser neuen Arzneimittelrichtung an, und die schnell emporblühende Farbenindustrie bemächtigte sich des neuen Gebiets. Es folgten die neuen Schlafmittel, der tertiäre Amylalkohol oder Amylenhydrat, das Disulfonäthyldimethylmethan oder Sulfonal (s. d.), ferner das sich von ihm durch Ersatz einer Methyl- durch die Äthylgruppe unterscheidende Trional und schließlich das Urethan. Von großer Bedeutung wurde das von NENCKI zuerst auf die Salicylsäure angewandte Veresterungsprinzip, das außer in ihrem Phenylester (Salol) noch später in einer großen Zahl von Fällen mit Erfolg durchgeführt wurde. Nach Erkennung der harntreibenden Wirkung des Theobromins geschah die Einführung seines löslichen Doppelsalzes mit Natriumsalicylat, des Diuretins, dem bald weitere derartige Theobrominsalze nachfolgten.

Unter den alten Arzneimitteln befanden sich manche, welche bei der Medikation unerwünschte Eigenschaften besaßen. Hier schaffte die Arzneimittelsynthese Abhilfe, indem sie durch Veresterung, durch Verbindung mit Eiweiß oder durch Kuppelung u. s. w. aus bitterschmeckenden Arzneimitteln andere Verbindungen darstellte, welche den Vorzug der Geschmacklosigkeit vor ihrer Muttersubstanz, bzw. außerdem die vielfach erwünschte Resistenz gegen den Magensaft besaßen. So entstanden z. B. aus dem Chinin das Euchinin und Aristochin (Kohlensäure-, bzw. Äthylkohlensäureester), aus dem Tannin das Tannalbin (Eiweißverbindung) u. v. a.

Die Verschließung der Hydroxylgruppen von Arzneimitteln verschiedensten chemischen Charakters vornehmlich durch die Acetylgruppe erwies sich als außerordentlich nützlich. Allbekannte, bewährte Arzneimittel verdanken wir diesem Darstellungsprinzip. Aus dem Morphin erhielt man das sehr geschätzte Diacetylmorphin oder Heroin, aus der Salicylsäure das bekannte Aspirin oder die Acetylsalicylsäure (s. d.). Aber auch Alkylgruppen wurden für den Wasserstoff der Hydroxylgruppen substituiert. Man erhielt das Methylmorphin oder Codein, das Diäthylmorphin oder Dionin.

Ein neues Streben bekundete sich in dem völligen Ersatz von guten Arzneimitteln durch weniger giftige, mit event. stärkerer Leistungsfähigkeit. So treten im Xeroform (Tribromphenolwismut), Vioform (Jodchloroxychinolin), Dermatol (Wismutsubgallat) u. a. Ersatzmittel des Jodoforms auf.

Aber auch für die Alkaloide selbst suchte man geeignete Ersatzpräparate zu schaffen. KOLLERS interessante und wichtige Beobachtung (1882) der anästhesierenden Eigenschaft des Cocains bewirkte schnell die Einführung des letzteren in die Therapie, regte zur Erforschung seiner Konstitution und gleichzeitig zur Herstellung einer Reihe von Ersatzpräparaten an. Eucain, Stovain, Novocain u. a. waren das Ergebnis dieser Arbeiten und erwiesen sich als weniger giftige und zum Teil vollwertige Cocainersatzmittel. Die Erkenntnis, daß das Vorhandensein einer Aminogruppe und der Benzoesäure in Esterverbindung mit Alkylalkoholen für das Anästhesierungsvermögen einer Substanz notwendig sei, lieferte das Orthoform (m-Amino-p-oxybenzoesäuremethylester), das Anaesthesin (p-Aminobenzoesäureäthylester) und Propaesin (p-Aminobenzoesäurepropylester), unlösliche, aber dafür zur innerlichen Medikation verwertbare Lokalanaesthetica. Die Wirksamkeit der erstgenannten Lokalanästhetica konnte noch verstärkt werden, nachdem das wirksame Prinzip der Nebenniere entdeckt worden war. Unter dem Namen Suprarenin vom *D. A. B.* aufgenommen, hat es von den einzelnen Fabrikanten verschiedene Bezeichnungen erhalten; synthetisch wurde es von STOLZ hergestellt; als Suprarenin syntheticum ist es officinell. An weiteren therapeutisch benutzten Alkaloiden wurden noch das Theophyllin, eine dem Theobromin isomere und ebenfalls harntreibende Verbindung, von TRAUBE das Theobromin selbst und das Coffein von FISCHER synthetisch dargestellt; ihnen folgte im vorletzten Jahre noch das dem Mutterkorn in pharmakologischer Beziehung und auch hinsichtlich der Konstitution nahestehende Hydrastinin durch DECKER.

Weitere Bemühungen der Forscher galten dem Ziel, an sich wirksamen Grundsubstanzen die Reizwirkung bei ihrer Anwendung zu nehmen. Ein typisches Beispiel hierfür bieten die als Ersatz für den Höllenstein (salpetersaures Silber) dienenden organischen Silberpräparate, welche durch Bindung dieses Metalles an Eiweiß, bzw. Albumosen oder an sonstige organische Substanzen, wie im Protargol, Argonin, Albargin u. a., die Medikation des Silbers infolge seiner verminderten Reizwirkung und Vermeidung seiner Ausfällung durch das Eiweiß der Organe wesentlich vervollkommneten. Das gleichem Zwecke gegen Gonorrhoe dienende Sandelöl wurde durch seine Veresterung im Santhyl geschmacklich verbessert und im Carbaminsäureester als Allosan in fester Form geboten.

Hatte der große Erfolg des Aspirins noch zu einer ganzen Reihe von Salicylsäurederivaten angeregt, wie zu Mesotan, Vesipyrin, Spirosal, Novaspirin u. s. w., von denen einige der äußeren Medikation dienten, so hatte das Antipyrin das Pyramidon und Melubrin, beides Pyrazolonderivate, zur Folge. Dem Bedürfnis des Arztes nach einer Anzahl von Schlafmitteln behufs Abwechslung in der Verordnung entsprang der weitere Ausbau dieser Präparate, welcher im Veronal (Diäthylmalonylharnstoff) zu dem schönsten Erfolg führte. Ihm reihte sich noch das Baldrianpräparat Bromural und das ähnliche Adalin an.

Zur Bekämpfung der Gicht hatte man anfangs organische Basen wie Piperazin und Lysidin, ferner auch Säuren, wie die Chinasäure, als zweckmäßige Mittel benutzt, bis erst die neuere Zeit in der Phenylcinchoninsäure (Atophan) ein das Symptom der Gicht, die Harnsäure, und damit auch den Schmerz beeinflussendes Mittel kennen gelehrt hat.

Ihren höchsten Triumph sollte die Arzneimittelsynthese jedoch erst in der sog. Chemotherapie feiern. Die Schaffung wirklicher Heilmittel, die nicht nur die Symptome, sondern die Krankheitsursache beseitigen, wie dies beim Chinin durch Tötung der Parasiten im Organismus der Fall ist, zeigte EHRLICH im Salvarsan, dem vorläufigen Endprodukt der organischen Arsentherapie, wodurch manche unheilbare

Spirochätenkrankheit radikal beseitigt und ausgerottet wurde. Mit ihr begann eine neue bahnbrechende Epoche der synthetischen Arzneimittelchemie, die für die Zukunft noch viel erhoffen läßt.

Die synthetischen Arzneimittel sind fast ausschließlich Produkte der deutschen Industrie. Ihre rasche Entwicklung kommt am klarsten in unseren Pharmakopöen und Arzneitaxen zum Ausdruck. Enthielt die im Jahre 1872 erschienene Pharm. Germ. I unter ihren 47 organisch-chemischen Individuen nur 13 synthetisch dargestellte, so waren i. J. 1910 unter 95 Präparaten schon 65 synthetische. Ferner umfaßte die Kgl. preußische Arzneitaxe vom Jahre 1891 nur 138 organisch-chemische Verbindungen; in der deutschen Arzneitaxe vom Jahre 1912 ist ihre Zahl schon auf 284 gestiegen.

Die Beziehungen zwischen chemischer Konstitution und pharmakologischer Wirkung.

Wie schon durch die täglich neu auftauchenden Gemische, Mixturen und Geheimmittel unter mehr oder weniger geschmackvollen Bezeichnungen die Zahl der Mittel unübersehbar vergrößert wurde, so führte auch die vorliegende Bearbeitungsart dieses Gebietes durch Schaffung zahlreicher Analogieprodukte der therapeutisch wertvollen synthetischen Mittel zu einer so großen Überproduktion, daß auch der Fachmann die nach Tausenden zählende Menge kaum zu überblicken vermag. Trotzdem hatte dieser Mißstand seine gute Seite, denn eine große Zahl der an sich überflüssigen Mittel wurde zu einem wesentlichen Hilfsmittel für den Ausbau eines neu entstandenen Teiles der Pharmakologie, der Lehre vom Zusammenhang zwischen chemischer Konstitution und physiologischer, bzw. pharmakologischer Wirkung.

Zwar zeigte sich die überraschende Tatsache, daß oft chemisch ganz verschiedenen Substanzen eine gleichartige therapeutische Wirkung zukam, wie beim Phenacetin und Antipyrin, jedoch beobachtete man andererseits an den vielen Derivaten wirkungsvoller Arzneimittel, daß ähnlich der Übereinstimmung in den chemischen und physikalischen Eigenschaften der einzelnen Glieder homologer Reihen ihnen auch fast gesetzmäßig zu nennende Beziehungen in ihrem pharmakologischen Verhalten eigen waren.

Die normalen Alkohole zeigten mit steigendem Molekulargewicht in manchen physiologischen Eigenschaften Steigerung, in anderen wieder Abnahme. Dasselbe beobachtete man beim Eintritt von Alkylgruppen der gleichen homologen Reihe in das gleiche Molekül einer pharmakologisch wirksamen Substanz. Hatte uns schon die Esterbindung beim Vorhandensein einer Aminogruppe in dem Kerne einer aromatischen einbasischen Säure die Auslösung der lokalanaesthetischen Wirkung gezeigt, so fand man, daß für die ihr verwandte hypnotische Wirkung mehrfach ein an Alkylgruppen direkt gebundenes Kohlenstoffatom vorhanden war und gleichzeitig im Molekül befindlicher Harnstoff diese Hypnose begünstigte. Doppelte Bindung erhöhte in der Regel die Giftwirkung, dabei scheint die doppelte Bindung im cyclischen System einen geringeren Effekt hervorzurufen als in offener Kette. Deutlich unterscheiden sich in pharmakologischer Beziehung die aliphatischen von den aromatischen Verbindungen beim Eintritt verschiedener Gruppen. Die Halogenisierung der aliphatischen Kohlenwasserstoffe bringt eine Steigerung der hypnotischen Wirkung hervor; in den aromatischen Phenolen wird die Desinfektionswirkung auf diese Weise verstärkt, während der Eintritt von Halogenen bei den aromatischen Kohlenwasserstoffen nur wenig Bedeutung besitzt. Die Einführung von Hydroxyl in die aromatischen Kohlenwasserstoffe wirkt im Gegensatz zu der Fettreihe krampferregend; dieser Effekt nimmt aber beim weiteren Eintritt von solchen Gruppen ab, gerade wie bei den aliphatischen Alkoholen dies mit der hypnotischen Wirkung der Fall ist.

Die Alkylierung im Kerne der Phenole erhöht zwar ihre antiseptische Wirkung, jedoch nicht oder nur kaum merklich die Giftigkeit für höhere Lebewesen. Durch Eintritt von Säureradikalen, Carboxyl oder Sulfogruppe wird die desinfizierende Wirkung der Phenole abgeschwächt.

Die ihnen nahestehenden Chinone üben eine Reizwirkung auf die Haut und den Verdauungskanal aus, der durch Eintritt von Hydroxylgruppen noch erhöht wird; als Beispiel hierzu möge das Phenolphthalein (Purgen) dienen. Alkylierung und Acidylierung der Hydroxylgruppen steigern ebenso wie die chemische auch die pharmakologische Widerstandsfähigkeit, sie üben keine wesentliche Änderung im physiologischen Charakter aus, weil solche Derivate im Organismus die freie Hydroxylgruppe allmählich regenerieren und so die Substanz vielfach erst im Darm spalten (Tannalbin, Aspirin u. a.). Seltener, aber doch nur in vereinzelten Fällen hat die Alkylierung, wie bei Resorcin-dimethyläther den gegenteiligen Effekt.

Das Ammoniak weist außer seiner Reiz- und Ätzwirkung eine heftige Krampfwirkung auf, welche durch Eintritt von Alkyl verstärkt, aber durch Säureester abgeschwächt wird. Die Aminosäuren der aliphatischen Reihe sind wirkungslos; erst in den höheren Gliedern dienen sie verkuppelt als Eiweißbausteine. Die Paarung des Ammoniakrestes mit den Radikalen der für sich krampferregenden aromatischen Kohlenwasserstoffe löst bei gleichzeitiger Bindung des entstandenen Anilins an ein Säureradikal vor allem auch eine antifebrile Wirkung aus, die im Antifebrin und Phenacetin zum Ausdruck kommt; dabei muß die Aminogruppe direkt am Kerne sitzen, denn das Benzylamin besitzt diese Eigenschaft nur wenig.

Die basischen Triphenylmethanfarbstoffe verstärken durch den Eintritt von Alkylen am Stickstoff ihre trypanocide Wirkung. Die Hydrierung der Basen erhöht ihre Wirkung, und der Übergang der 3- zu den 5wertigen Ammoniumbasen führt zur Lähmung der motorischen Nervenenden, die man als Curarewirkung (nach dem Pfeilgift) bezeichnet; sie zeigt sich auch bei den Phosphonium-, Arsonium- und Stiboniumbasen.

Die von E. FISCHER und v. MEHRING (Therapie d. Gegenw. **1903**, 97) über dialkylierte Säuren und deren Derivate geführten Untersuchungen lieferten einen lehrreichen Beitrag bezüglich des Einflusses der Zahl der Alkylgruppen und ihrer Größe auf die narkotische Wirkung. Die Schlafwirkung trat erst ein nach Einführung der Harnstoffgruppe und wurde stärker bei cyclischer Anordnung dieser Gruppe.

Auch unter den Alkaloiden zeigte sich bei Ähnlichkeit der Konstitution bzw. Isomerie öfter gleiche Wirkung; Beispiele hierfür sind die harntreibende Wirkung der Xanthine, ferner die Übereinstimmung des dem Cocain chemisch verwandten Atropins in der zuerst erregenden, dann lähmenden Wirkung auf das zentrale Nervensystem. Beispiele für die Änderung der Wirkung durch Eintritt von Alkylgruppen in das Molekül weisen ferner die Morphinderivate auf.

Von Interesse war auch die Untersuchung der Abkömmlinge des Pyrazolons, der Stammsubstanz des Antipyrins. Hatten die mehrjährigen Bemühungen zur Vervollkommnung dieses Präparates zum Pyramidon oder 4-Dimethyl-aminoantipyrin und zuletzt zum Melubrin oder 1-phenyl-2, 3-dimethyl-5-pyrazolon-4-aminomethan-sulfosauren Natrium geführt, so wiesen doch die langjährigen systematischen Bearbeitungen der Pyrazolonderivate seitens der *M. L. B.* und die pharmakologische Prüfung der Derivate durch BIBERFELD (Z. f. pharm. exp. Path. u. Ther. **5**, 28, [1909]) schätzenswerte Bereicherungen für diesen Gegenstand auf. In noch größerem Maße wurden unsere diesbezüglichen Kenntnisse aber durch das umfassende planmäßige Studium der organischen Arsenverbindungen gefördert, welches uns das Salvarsan bescherte und in der Gegenwart noch fortdauert.

Wenn es nun auch nicht wahrscheinlich ist, daß jemals die Zeit kommen wird, in der wir allgemein imstande sein werden, aus der Konstitution einer organischen Verbindung heraus ihre Wirkung vorauszusagen, so werden wir doch immer mehr in die Materie einzudringen streben, um diesem Ideale näher zu kommen.

Spezieller Teil.

Antipyretica: Antipyrin, Phenyldimethylpyrazolon, wird nach dem *D. R. P.* 26429 [1883] von *M. L. B.* (seit 1898 erloschen) hergestellt. (Über Einzelheiten s. Antipyrin.)

Dieses von FILEHNE pharmakologisch und klinisch untersuchte Mittel (Z. f. klin. Med. **7**, H. 6) hat MERKEL in Nürnberg zuerst an einer großen Zahl von Kranken geprüft. Außer gegen Fieber wird es bei Neuralgie, zum Krampf- und Blutstillen, ferner bei Krankheiten in den Urogenitalaffektionen, auch gegen Asthma und Keuchhusten in Tagesdosen von 5–6 *g* für Erwachsene benutzt. Das in 2. T. Wasser lösliche, farblose Pulver gibt selbst in 1‰iger Lösung mit 1 Tropfen Eisenchlorid eine tiefrote Färbung. Fiebertemperatur der Kranken wird prompt zu einer normalen gebracht, die Wirkungsdauer beträgt 8–20 Stunden; im Organismus scheidet sich das Antipyrin in Form einer gepaarten Glykuronsäure aus. Schon nach 1 Stunde der Einnahme ist es im Harn nachweisbar. Der Preis des Mittels betrug anfangs einige 100 Mk. pro Kilogramm, heute beträgt er für nicht wortgeschützte Präparate nur ca. 16 Mk., Original-Löwenmarke (*M. L. B.*) ist jedoch noch höher im Preise.

Der große materielle Erfolg des Antipyrins, der sich durch den außerordentlich großen Verbrauch des Mittels vom Beginn an äußerte, reizte nicht nur zu Bemühungen bezüglich der Erkenntnis der Beziehungen seiner Wirkung zur Konstitution, sondern auch zum Suchen nach neuen Methoden zu seiner Darstellung sowie einer Reihe verwandter oder analoger Körper.

Zunächst gewann nur das salicylsaure Antipyrin oder Salipyrin Bedeutung, ferner das mandelsaure Antipyrin oder Tussol und das Migränin, ein aus Antipyrin, Citronensäure und Coffein zusammengesetztes Mittel.

Das von MOSENGEIL (D. Med.-Z. **1893**, 98) eingeführte Salipyrin (s. d.) erwies sich als Specificum gegen Influenza und leistete auch bei Rheumatismus gute Dienste. Tussol, von REHN 1894 eingeführt, hat sich als Mittel gegen Keuchhusten und das von OVERLACH 1893 empfohlene Migränin bei schwersten Fällen der Migräne und Neurasthenie sehr bewährt.

Durch Substitution eines Wasserstoffes der Methylengruppe des Antipyrinmoleküls durch eine dimethylierte Aminogruppe gelang es STOLZ 1893, in dem Pyramidon oder Phenyl-dimethyl-dimethylamino-pyrazolon (s. d.) ein verbessertes Antipyrin herzustellen.

Die Wirkung dieses Präparats ist prinzipiell die gleiche wie die des Antipyrins, jedoch mit den Vorzügen, daß sie langsamer beginnt, dafür aber auch länger anhält und 3–4mal so stark ist. Außerdem übt es keinen schädigenden Einfluß bei herzkranken Personen aus, wie sich dies beim Antipyrin öfter gezeigt hat. Da es im Vergleich zu dem Antipyrin in geringeren Dosen von nur 0,3–0,5 *g* gegeben wird, so greift es auch den Magen weniger an. Über dieses ebenfalls von FILEHNE (*Berl. klin. W.* **1896**, 10) zuerst pharmakologisch geprüfte Fiebermittel haben dann weiter ROTH, 1897, sowie LEPINE und noch viele andere berichtet. Außer seiner Eigenschaft als Ersatz für Antipyrin ist es auch ein Mittel gegen Typhus geworden. Bei ständiger Zunahme seines Konsums hat es heute das Antipyrin vielfach verdrängt, auch sein salicylsaures und camphersaures Salz wurde benutzt. Als jüngstes Antipyrinderivat trat erst jetzt das Melubrin (s. d.) oder phenyldimethyl-5-pyrazolon-4-aminomethan-sulfonsaure Natrium hinzu, welches durch Einwirkung von Formaldehydsulfitlösung auf das betreffende Pyrazolonderivat von *M. L. B.* hergestellt wird und zuerst von LÖHNING (Münch. Med. W. **1912**) geprüft worden ist. Es bewährte sich bereits als antifebriles und antineuralgisches Mittel, das auch bei Ischias günstig wirkte. Hervorzuheben ist aber noch seine für Pyrazolonabkömmlinge neue Indikation gegen Gelenkrheumatismus. Über das Mittel ist trotz seiner Jugend schon eine verhältnismäßig große Literatur erschienen, welche seine Güte hervorhebt.

Nächst den Pyrazolonderivaten sind es die Abkömmlinge des Acetanilids, welche für die weiteren Fortschritte der synthetischen Arzneimittelindustrie von Bedeutung geworden ist. Nachdem durch die Untersuchungen von SCHMIEDEBERG bekannt geworden war, daß Anilin im Organismus in der Weise eine Entgiftung erfährt, daß es zum p-Aminophenol oxydiert wird, wurde diese Beobachtung zur Synthese verschiedener p-Aminophenolderivate benutzt, von denen das von HINSBERG dargestellte und von KAST in seinem antifebrilen Verhalten erkannte Phenacetin (s. d.) das wichtigste geworden ist.

In Dosen von 0,5 *g* ist Phenacetin ein gutes Antipyreticum, in solchen von 1 *g* ein vortreffliches schmerzstillendes Mittel, das vor dem Antipyrin den Vorzug besitzt, weniger das Herz zu alterieren und auch die beim Gebrauch des Antifebrins leicht auftretende Veränderung des Blutes (Methämoglubinämie) erst in Gaben von mehreren Gramm erzeugt. Das in Deutschland nicht patentierte, sondern nur wortgeschützte Präparat erzielte bald einen sehr großen Verbrauch, und nur durch Preiskonventionen war es möglich, den bald von vielen einschlägigen Fabriken aufgenommenen Artikel vor allzu niedrigem Verkaufspreise zu bewahren.

Es trat nun noch eine ganze Reihe von p-Phenetidinderivaten auf, in welche als Ersatz für die Acetylgruppe eine andere Säure oder sonstige Gruppe eingetreten war. Meist standen diese Präparate dem Phenacetin nach oder aber waren bei gleichen Eigenschaften teurer. Von diesen hat sich nur das Lactyl-p-phenetidin oder Lactophenin (s. d.) eingebürgert, das durch direktes Erhitzen von möglichst starker Milchsäure mit p-Phenetidin bis ca. 180° erhalten wird.

Es wirkt als promptes Fiebermittel, das gleichzeitig sedative Wirkung erzeugt. Zur Vermeidung von Ikterus darf es besonders bei Ischias nicht lange Zeit hindurch verabreicht werden. Unter den wortgeschützten Namen haben nur die Firmen *M. L. B.* und *Boehringer* das Recht, das Präparat abzugeben; die Darstellungspatente sind erloschen.

So groß demnach die Anzahl der neuen Antipyretica auch geworden ist, so fehlt es doch noch an einem Ersatzpräparat für das am meisten angewandte, von der Natur gelieferte Fiebermittel Chinin, das gleichzeitig in seiner Wirkung gegen Malaria als ein wirkliches Heilmittel gilt. Unsere Kenntnisse vom Chininmolekül, wonach es den p-Methoxychinolinrest sowie den Loiponrest enthält, haben verschiedene Versuche am Chininmolekül selbst entstehen lassen. Man ersetzte die Methoxygruppe durch die Äthoxy-, Propyloxy- und Amyloxy-Gruppe, wobei GRIMAUX und ARMAND vom entmethylierten Chinin, dem Cuprein, ausgingen. Die so erhaltenen Chinaethylin, Chinpropylin Chinamylin wirkten intensiver antifebril als das Chinin, aber auch toxischer.

Von praktischem Werte sind bis jetzt besonders die Kohlensäureester des Chinins geworden, das Aristochin und Euchinin, welche vor den bitteren Chininsalzen den Vorzug völliger Geschmacklosigkeit besitzen.

Das Euchinin (Äthylkohlensäureester des Chinins [s. d.]) wird durch Einwirkung von Chlorkohlensäureäthylester auf Chinin erhalten (*Zimmer, D. R. P.* 91370 [1897]). Es hat sich bei Keuchhusten besonders bewährt.

Durch einen über 90% betragenden Chiningehalt zeichnet sich das Aristochin (Dichininkohlensäureester) aus, das man nach *D. R. P.* 134307 und 134308 durch Erhitzen von Chinin mit Phenolcarbonat oder durch Einwirkung von Phosgen auf Chinin erhält. Beide Präparate haben wohl hauptsächlich infolge ihrer Geschmacklosigkeit besonders in die Kinderpraxis Eingang gefunden, jedoch vermochten beide ebensowenig wie die noch sonst dargestellten Chininderivate der Muttersubstanz in ihrer Wirkung gegen Malaria gleichzukommen.

In neuester Zeit hat man außer einem Glykolsäureester des Chinins, dem Insipin, besonders auch noch hydrierte Chininbasen dargestellt. Da nach der Beobachtung von BACHEM die hydrierten Basen, das Hydrochinin, Hydrochlorisochinin u. a. stärker auf die Malariaparasiten wirken als das Chinin selbst, so haben *Zimmer* diese Basen ebenfalls als solche und in Form ihrer Ester mit Kohlensäure und organischen Säuren ähnlich wie beim Euchinin u. s. w. eingeführt. Es liegen aber noch zu wenig Erfahrungen über diese Produkte vor, so daß sich ihr Wert noch nicht ermessen läßt.

Im Anschluß hieran seien die weiteren Alkaloide selbst betrachtet.

Alkaloide. Die schnelle und prompte Wirkung der Alkaloide in schon sehr kleinen Dosen war wohl der Grund, daß diese pharmakologisch interessantesten und wichtigsten Substanzen auch in den Arbeiten der synthetisch tätigen Chemiker, ebenso wie bei den Pharmakologen von jeher eine bedeutende Rolle eingenommen haben. Dieses Streben bekundete sich auch hier in der Einführung bestimmter Gruppen in das Molekül oder durch Verschließung oder Öffnen bestimmter Seitenketten, um Veränderungen in der Wirkung hervorzurufen. Oder man versuchte auch, bestimmte schädliche oder unangenehme Eigenschaften des Geschmackes wie beim Chinin durch Darstellung von Salzen und Veresterung auszuschalten, ohne daß dabei die Grundwirkung des Alkaloides in irgend einer Weise verändert wurde. In einigen Fällen ist es auch gelungen, das Alkaloid selbst auf synthetischem Wege darzustellen (s. auch Alkaloide).

Lokalanaesthetica. Das erste therapeutisch wertvolle Alkaloid, welches auf synthetischem Wege hergestellt werden konnte, obschon die Synthese nicht zur praktischen Umwertung führte, war das von WILLSTÄTTER in seiner Konstitution erkannte Cocain (s. d.), das sich in seinem Bau mit dem Atropin verwandt zeigte. In der mit der Bezeichnung Ecgonin belegten Grundsubstanz tritt ein Benzoylrest in die Hydroxylgruppe ein, und die Carboxylgruppe wird mit Methylalkohol verestert. Dieses zuerst als starkes Excitans von den Eingeborenen Südamerikas durch Kauen der Blätter der Cocapflanze benutzte Mittel erlangte erst Bedeutung in der Medizin, seit der Wiener Arzt KOLLER seine lokalanaesthetische Wirkung erkannt hatte.

Sein anfänglich sehr hoher Preis (der 1885 noch 13000 Mk. pro Kilogramm betrug, sich bis 1886 aber schon auf 2800 Mk. ermäßigte, sank 1906 auf 450 Mk., während es heute nur noch ca. 230 Mk. kostet) regte im Verein mit seiner Giftigkeit besonders zur Schaffung eines geeigneten Cocainersatzes an. Es folgte ihm zunächst 1891 das von GIESEL in einer japanischen Cocapflanze aufgefundene Tropacocain, das sich in seiner chemischen Konstitution vom Cocain durch das Fehlen von Alkohol bei der Verseifung unterschied und, obschon etwas weniger giftig, dem Cocain nicht nur in der Stärke der Anaesthesie, sondern vor allem der Anforderung nach einem billigeren Ersatz durchaus nicht entsprach, da es noch teurer war als dieses.

1896 traten in den Eucainen von *Schering* die ersten synthetischen Ersatzpräparate auf. Das nach *D. R. P.* 90245 zunächst dargestellte wurde aus dem Triacetonamin (aus Aceton und Ammoniak) von MERLING erhalten, indem dieses durch Addition von Cyanwasserstoff in sein Cyanhydrin übergeführt, letzteres zur Oxymethylpiperidincarbonsäure verseift und dann diese benzoyliert und methyliert wurde. Es entsteht demnach das Chlorhydrat des Benzoyl-methyl-tetramethyl-γ-oxypiperidin-carbonsäuremethylesters.

Dieses wegen seiner Reizwirkung und Hyperämie der Gewebe verursachenden Eigenschaft heute kaum noch benutzte Mittel erhielt bald durch die gleiche Firma im Eucain β von VINCI, dem Benzoylester des Vinyldiacetonalkamins oder o-Benzoat des Trimethyl-γ-oxypiperidins einen Nachfolger. Trotz des Vorzuges geringerer Giftigkeit und der Abschwächung der Nachteile der vorhergehenden Verbindung hat man auch gegen dieses Eucain β den Vorwurf erhoben, daß es bei seiner Verwendung zu den Operationen der Augenheilkunde Nachblutungen und Schmerz bei der Injektion erzeuge. Auch war das anfänglich auf den Markt gebrachte salzsaure Salz wegen seiner Schwerlöslichkeit für manche Zwecke unverwertbar, ein Übelstand, den das 1904 nachfolgende Lactat allerdings nicht mehr besaß. Heute jedoch findet Eucain β infolge anderer vollkommenerer Mittel nur noch in der Infiltrationsanaesthesie, Zahnheilkunde und der Lumbalanaesthesie einige Anwendung.

Schon im Jahre 1897 brachten *M. L. B.* das salzsaure Salz des p-Diäthoxyäthenyldiphenylamidins, das von TÄUBER durch Kondensation von Phenacetin und p-Phenetidin erhaltene Holocain, in den Handel. Mit diesem Mittel wich man zum ersten Male von der vermeintlichen Regel ab, daß die lokalanaesthetische Eigenschaft an die Veresterung mit Benzoesäure gebunden wäre. Holocain hatte die guten Eigenschaften starker Anaesthesie bei schnellem Eintritt derselben. Das salzsaure Salz löste sich jedoch zu wenig in Wasser und erwies sich als keineswegs ungiftig. Heute ist es veraltet, findet aber in der Augenheilkunde noch seine Liebhaber.

Ein in seiner Konstitution ebenfalls die Veresterung mit Benzoesäure entbehrendes Mittel ist das Di-p-anisyl-mono-p-phenetylguanidin-chlorhydrat oder Acoin von *Heyden*, nach *D. R. P.* 104361 aus den thiocarbaminsauren Salzen oder Thioharnstoffen aromatischer Basen wie Aminophenol durch Entschweflung erhalten. Es ist zwar wie alle seine synthetisch dargestellten Vorläufer im Gegensatze zum Cocain in Lösung haltbar, zeigt besonders eine sehr lange dauernde Anaesthesie und ist auch billig, hat jedoch den großen Nachteil zu ätzen, weshalb es dem Mittel niemals gelang, sich einzubürgern.

Bessere Lokalanaesthetica erhielt man erst, als man den Benzoesäureanteil als solchen oder mit Substituenten im Kerne wieder in das Molekül einführte. Die neue Beobachtung von E. FOURNEAU 1904, daß auch die aromatischen Ester aliphatischer tertiärer Aminoalkohole starke und brauchbare Anaesthetica liefern, veranlaßte Genannten zur Darstellung des Stovains, des Chlorhydrats des Dimethyl-amino-p-benzoylpentanols.

Es wird aus dem Monochloraceton erhalten; nachdem dieses in das unsymmetrische Methyläthyläthylenchlorhydrin übergeführt ist, wird das Chlor durch die Dimethylaminogruppe ersetzt und die Hydroxylgruppe durch Benzoesäure verestert. Das Mittel wird wegen seiner geringen Giftigkeit und der Stärke seiner Anaesthesie noch heute viel benutzt, ja es diente dem Schöpfer der Rückenmarkanaesthesie BIER hierbei eine Zeitlang ausschließlich, wie dies jetzt noch in Frankreich der Fall ist. Jedoch ist es in der Augenheilkunde wegen Erzeugung von Mydriase und Akkommodationsstörungen unverwendbar, ferner wegen seiner sauren Reaktion leicht reizend; hiervon kommt es auch, daß durch die alkalischen Säfte die Base leicht ausfällt.

Ein vollständiges Analogon hinsichtlich der Konstitution und Darstellung ist das Alypin von *Bayer*, welches ein Jahr später aufkam. Das Ausgangsprodukt bildet das Dichloraceton, aus welchem mittels der GRIGNARDschen Methode das β-Äthyldichlorhydrin entsteht. Beim Ersatz der Chloratome durch Dimethylaminoreste resultiert das Tetramethyldiamo-β-äthylglycerin, welches bei der Benzoylierung die Alypinbase liefert, deren salzsaures Salz das Alypin ist (Monochlorhydrat des Benzoyl-1,3-tetramethyldiamino-2-äthylisopropylalkohols).

Alypin hat mit dem zuletzt genannten Mittel die Vorzüge ziemlich gemein, besitzt außerdem die günstige Eigenschaft neutraler Reaktion und übt keine nachteilige Nebenwirkung auf das Auge aus. Indessen fanden BRAUN (*D. med. W.* **1905**, 1669) u. a. manchmal ausgesprochene Reizwirkung und Gewebeschädigung am Applikationsort.

Das vollkommenste der vorhandenen löslichen Lokalanaesthetica brachten *M. L. B.* in dem Novocain (s. d.) genannten p-Aminobenzoyldiäthylaminoäthanol, bezw. seinem salzsauren Salz von EINHORN und UHLFELDER 1905 auf den Markt. Dieses durch Einwirkung von p-Nitrobenzoesäurechlorid oder -anhydrid auf Alkamin und nachherige Reduktion oder durch Einwirkung von Diäthylamin auf p-Aminobenzoesäurechloräthylester erhältliche Lokalanaestheticum wurde von BRAUN eingeführt und hat seitdem fast ausnahmslos nur Anhänger bei seinem Gebrauche gefunden. Ungiftigkeit, Reizlosigkeit und Haltbarkeit bei genügend großer Löslichkeit zeichnen dieses Mittel aus und bewirkten, daß es heute bereits das am meisten angewandte Cocainersatzmittel ist, welches das Cocain in der Lumbalanaesthesie und Zahnheilkunde vollständig verdrängt hat und überhaupt in allen denjenigen Fällen bereits an Stelle des Cocains benutzt wird, in welchen die Giftigkeit des letzteren leicht sich äußern kann, wie in der Zahnheilkunde, der Dermatologie, Urologie, Rückenmarkanaesthesie u. a.

Seit der Schaffung des Novocains hat bis jetzt eine weitere Einführung von lokalanaesthetischen Ersatzpräparaten nicht mehr stattgefunden, wenn auch die Arbeit auf diesem Gebiet keineswegs ruht und z. B. mit der weiteren Einführung einer Aminogruppe in den Benzolkern der Diaminobenzoylalkamine noch weitere derartig wirkende Substanzen geliefert hat.

Eine Erhöhung des praktischen Wertes erfuhren diese löslichen Lokalanaesthetica durch die gefäßverengend wirkenden Nebennierenpräparate, welche durch Erzeugung einer Blutleere die lokalanaesthetische Wirkung verstärken. Der Japaner TAKAMINE isolierte aus dem leicht veränderlichen Nebennierensaft ein krystallinisches, einheitliches Individuum, das Adrenalin (s. d.), das neben seiner vasokonstriktorischen Eigenschaft auch das stärkste blutstillende Mittel bildet. Nachdem von FÜRTH und FRIEDMANN seine Konstitution erkannt war, gelang es STOLTZ von *M. L. B.*, diese Nebennierensubstanz, das erste Alkaloid des Tierkörpers, aus dem Brenzcatechin synthetisch aufzubauen. Durch Chloroacetylchlorid wurde zunächst das Chloracetobrenzcatechin erhalten, das sich mit Methylamin und durch nachherige Reduktion mit Natriumamalgam zum Suprarenin umsetzte; diese Bezeichnung erhielt das synthetische Präparat. Die Nebennierenpräparate, von denen das natürliche auch noch die Benennungen Epinephrin, Renoform, Hemesin und Tonogen erhielt, kommen in meist 1‰iger, mit einem Desinfiziens versetzter Lösung auf den Markt. Wenige Tropfen dieser Lösung als Zusatz zu derjenigen der löslichen Lokalanaesthetica üben die erwähnte Verstärkung aus. Das Suprarenin wird heute, besonders mit Novocain kombiniert, in der ganzen Chirurgie und vornehmlich auch in der Zahnheilkunde angewandt.

Von den bisher betrachteten eigentlichen Cocainersatzmitteln sind zu unterscheiden die unlöslichen Lokalanaesthetica, welche das Cocain nicht ersetzen können, da sie auf Schleimhäuten infolge der Unlöslichkeit unverwendbar sind, es vielmehr in seiner Wirkung ergänzen. Bei weit größerer Ungiftigkeit als die vorher angeführten Mittel sind sie zur Schmerzstillung bei offenen Wunden, überhaupt freiliegenden Verwundungen, die bestgeeigneten Mittel und können außerdem innerlich bei Magenschmerzen sowie im Kehlkopf zur Insufflierung benutzt werden. Das erste dieser Mittel war das Orthoform oder der p-Amino-m-oxybenzoesäuremethylester, welcher indessen bald durch sein Isomeres, das Orthoform-Neu oder den m-Amino-p-oxybenzoesäuremethylester (EINHORN, *D. R. P.* 97334 und 97335) ersetzt wurde. Diesem ersten wasserunlöslichen Anaestheticum von *M. L. B.* wandte sich nach Einführung durch HEINZ, 1897, ein außerordentlich großes ärztliches Interesse zu. Da es aber bald unangenehme Nebenwirkungen in Form von Exanthemen u. s. w. zeigte, so suchte man nach vollkommeneren Präparaten. Im Äthylester der p-Aminobenzoesäure, dem Anaesthesin (RITSERT) trat das zweite derartige Präparat der gleichen Firma auf, das bei stärkerer Anaesthesie diese Nachteile nicht besaß. Die Darstellung geschieht durch Veresterung der Nitrobenzoesäure und nachherige Reduktion. Zahlreiche weitere Synthesen ähnlicher Verbindungen von EINHORN u. a. unter Variation der aromatischen Säure und Veränderung der Stellung der Aminogruppe im Kern sowie weiterer Einführung von Hydroxylgruppen zeitigten kein vollkommeneres Mittel. Erst die umfassenden Synthesen ähnlicher Verbindungen unter Ersatz des Alkohols durch höhere Homologe, Isomere, oder durch die anaesthesierend wirkenden aromatischen Alkohole Menthol, Guajacol seitens des Verfassers führten zu einem neuen, etwas stärkeren Anaestheticum, dem p-Aminobenzoesäurepropylester oder Propäsin (LÜDERS) von FRITZSCHE & CO.

Morphin. Beschäftigt man sich mit der Feststellung der Konstitution des Morphins (s. auch dieses) schon seit einer Reihe von Jahren, ohne die Frage bis jetzt vollständig gelöst zu haben, so hat doch die länger bekannte Tatsache des Vorhandenseins von zwei Hydroxylgruppen im Morphinmolekül, eines alkoholischen und eines Phenyl-Hydroxyls, schon bald zu neuen therapeutisch benutzten Morphinderivaten geführt, deren eines, das Codein, zusammen mit dem Morphin in dem noch mehrere einander nahestehende Alkaloide enthaltenden Opium vorkommt. *Knoll* war der erste, der im *D. R. P.* 39887 durch Einwirkung von methylschwefelsaurem Kalium auf Morphin die zuerst von GRIMAUX 1881 beobachtete Entstehung von Codein (s. d.) aus Morphin durch Methylierung technisch ausgestaltete, so daß dieses früher nur aus dem Opium isolierte und in diesem nur in einigen Zehnteln Prozent vorhandene Alkaloid nunmehr der Therapie in ausgedehnterem Maße zur Verfügung gestellt werden konnte.

Lange Zeit ist dieses *Knoll*sche Verfahren das alleinherrschende gewesen, trotzdem andere, wie das von V. PECHMANN, *Merck* u. a. hinzukamen. Wurden doch allmählich alle Alkylierungsverfahren zur Umwandlung von Morphin in Codein unter Patentschutz gestellt. Der Preis des Codeins, welcher Ende der Achtzigerjahre 900 Mk. pro Kilogramm war, beträgt heute nur noch ca. den dritten Teil und schwankt nach den Tagespreisen des Morphins. Obgleich im Tierversuch giftiger als Morphin, zeigte sich das Codein beim Menschen viel weniger toxisch als seine Stammsubstanz; es hat seine Hauptindikation als Sedativum bei Husten, Bronchitis und verwandten Krankheiten gefunden.

Die synthetischen Methoden zur Variation der Arzneimitteleigenschaften durch Substituierung der H-Atome in den Hydroxylgruppen kommen besonders bei dem Morphin zum Ausdruck; denn gerade dieses Alkaloid bietet ein typisches Beispiel für die hierdurch bedingte Auslösung neuer und Coupierung anderer Eigenschaften. *Bayer* brachte im Jahre 1898 unter der Handelsmarke Heroin das Diacetylmorphin auf den Markt, das sich als freie Base wie auch als salzsaures Salz beim Menschen nach den Erfahrungen hervorragender Kliniker, wie GERHARDT u. a., als Beruhigungsmittel besonders bei Bronchitiden ausgezeichnet bewährte, trotzdem namhafte Pharmakologen, wie HARNACK und MAYOR, seine weit größere Giftigkeit im Tierversuch hervorhoben. Gleichzeitig hatte auch v. MERING (*Mercks* Ber. ü. 1898) eine ganze Reihe von anderen Derivaten des Morphins dargestellt, insbesondere Alkyl-, Mono- und Diacidylester, von denen sich schließlich der Morphinäthyläther, kurzweg Äthylmorphin genannt, auf Grund seiner pharmakologischen und physikalischen Eigenschaften in Form des salzsauren Salzes als das zur Aufnahme in den Arzneischatz geeignetste erwies. Dieses nach klinischer Prüfung durch SCHRÖDER und KÖRTE eingeführte schmerzstillende Präparat fand neben seinem Gebrauch als Morphinersatzmittel besonders auch in der Augenheilkunde als einziges Morphinpräparat Verwendung. Von den letztgenannten Abkömmlingen wurde noch auf Veranlassung v. MERINGS das Peronin oder salzsaure Benzylmorphin durch *Merck* eingeführt. Wegen seiner Schwerlöslichkeit und seines brennenden Geschmacks gelang es aber diesem Präparat nicht, sich einzubürgern. In der neuesten Zeit hat man ähnlich wie beim Chinin noch das Prinzip der Hydrierung auf das Codein im Paracodin angewandt. Über den Wert des so erhaltenen Mittels liegen jedoch noch keine genügenden Erfahrungen vor.

Eine weitere Arbeitsrichtung, speziell bei den Opiumalkaloiden, besteht seit kurzem in der Kombination von zweien oder noch mehreren. Ein solches erwähnenswertes Präparat ist das Narcophin von *Boehringer*, das je 1 Mol. Morphin und Narkotin an die zweibasische Mekonsäure gebunden enthält.

Ein völlig verändertes Opiumalkaloid ist indessen durch Oxydation von Narkotin erhalten worden, wobei eine als Cotarnin bezeichnete Base als Spaltungsprodukt entsteht, deren salzsaures Salz unter dem Namen Stypticin und deren phthalsaures Salz als Styptol beliebte Blutstillungsmittel geworden sind.

In naher Beziehung zu diesem Blutstillungsmittel in seiner Wirkung und seiner Konstitution steht das seit längerer Zeit schon als Hämostaticum angewandte Alkaloid Hydrastinin, das Oxydationsprodukt des Hydrastins, das in der kanadischen Gelbwurzel enthalten ist und als Methoxynarkotin aufgefaßt werden kann. Die Synthese des letzteren ist gleichzeitig wie diejenige des Cotarnins erst 1911 DECKER gelungen. Es wird nach dem *D. R. P.* 234850 aus dem Homopiperonylamin hergestellt, indem dieses in 6,7-Methylendioxy-3,4-dihydroisochinolin verwandelt wird, das dann weiter durch Behandlung mit Methyljodid das Jodhydrat des Hydrastinins liefert. Auf analoge Weise wie dieses jetzt von *Bayer* fabrizierte Hydrastinin stellte DECKER das Cotarnin aus dem Myristin, einem Bestandteil des Dill-, Petersilien- und Muskatnußöls ebenfalls vermittels der Formylverbindung dar. Das zunächst erhaltene Formylhomomyristinylamin liefert wie oben mit Methylchlorid das salzsaure Cotarnin.

Noch jüngeren Datums sind die von BARGER und DALE im Mutterkornextrakt unter anderen aufgefundenen Basen p-Oxyphenyläthylamin 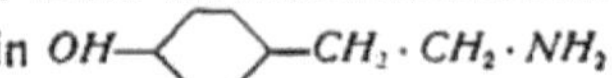 und β-Imidazolyläthylamin, welche teilweise einzeln als Blutstillungsmittel, teilweise vereint unter der Bezeichnung Systogen, Tyramine, Tenosin (*Bayer*) Verwendung finden. Beide Präparate, von denen das erstere durch eine ganze Reihe von Patenten geschützt wurde (*D. R. P.* 243545, 244321 u. a.), werden jetzt wohl ausschließlich synthetisch dargestellt. Von Interesse ist, daß diese Basen auch aus zwei Eiweißspaltprodukten, dem Tyrosin und Histidin, erhalten werden können. Das erstere bildet durch Abspaltung der Carboxylgruppe p-Oxyphenyläthylamin, das letztere Imidazolyläthylamin. Dieses erhielt den Handelsnamen Imido.

Einen der schönsten Erfolge der Alkaloidsynthesen hat die pharmazeutische Chemie bei den diuretisch wirkenden Xanthinbasen zu verzeichnen. Auf Grund langjähriger Arbeiten auf dem Puringebiete gelang E. FISCHER die Synthese der methylierten Xanthinbasen, des Theobromins, Coffeins und Theophyllins, welche therapeutisch wichtige Alkaloide repräsentieren.

Fast noch wichtiger als diese von den Purinen ausgehende Synthese von FISCHER und ACH wurde die kurz darauf von W. TRAUBE gefundene, welche von den einfachsten Grundstoffen ausging. TRAUBE kondensierte zunächst Cyanessigsäure mit Dimethylharnstoff zu 1,3-Dimethylamino-2,6-dioxy-pyrimidin; dieses liefert mit salpetriger Säure eine Isonitrosoverbindung, die durch Reduktion mit Schwefelammonium in das 1,3-Dimethyl-4,5-diamino-2,6-dioxy-pyrimidin übergeführt wird. Auf diese Verbindung läßt man Ameisensäure bei höherer Temperatur einwirken, worauf unter Anlagerung dieser Säure bei Austritt von Wasser das eine der drei isomeren Dimethylxanthine entsteht. Diese Synthese wurde besonders für das eine Xanthinderivat, das Theophyllin, von Bedeutung, da dieses bisher nur in kleinsten Mengen aus dem Tee isolierte und deshalb teure Alkaloid nun preiswerter und leichter zugänglich wurde. Als Theocin brachte es *Bayer* auf den Markt, von *Boehringer* wird es nach der FISCHER-ACHschen Synthese unter seinem Alkaloidnamen Theophyllin eingeführt.

Für das zwar weniger starke, aber nachhaltiger und mit weniger Nebenerscheinungen wirkende Diureticum Theobromin besaß diese Synthese keinen praktischen Wert, da die Darstellung des letzteren aus den Cacaoschalen heute noch immer rationeller ist. Beide Alkaloide, an sich unlöslich, werden in Form von Doppelsalzen ihrer Natriumverbindung mit organischen Salzen verwendet, von denen das mit Natriumsalicylat als Diuretin das bekannteste ist.

Antiseptica und Desinfektionsmittel. Schon bald nach Beginn der Arzneimittelsynthese wurde die von KOLBE (*A.* **113**, 115 [1860] und **115**, 201 [1860]) aus Phenolalkali mittels Kohlensäure hergestellte o-Oxybenzoesäure (*D. R. P.* 426), nach ihrem natürlichen Vorkommen in den Weiden Salicylsäure genannt, 1889 zur Einführung als Antisepticum empfohlen. SCHMIDT vervollkommnete diese Synthese nach *D. R. P.* 29959 durch Arbeiten unter Druck.

Anfangs wurde die Salicylsäure nur durch die Fabrik von *Heyden*, Besitzerin des KOLBEschen Patents, hergestellt. Die Fabrikation nahm bald einen bedeutenden Umfang an, besonders als STRICKER die wichtige Beobachtung machte, daß diese organische Säure beim akuten Gelenkrheumatismus spezifische Wirkung besitze. Schnell verbreitete sich nun dieses meist als Natriumsalz benutzte spezifische Mittel gegen eine so allgemein verbreitete Krankheit wie Rheumatismus über die ganze Welt, und der Verbrauch stieg so schnell, daß mit dem Tage des Erlöschens des Patentes 1891 neue Fabriken auftraten, welche diesen Artikel zum Teil in Mengen von einigen 100 *kg* pro Tag fabrizierten. Der Preis wurde damals noch durch Konvention auf 10–12 Mk. pro Kilogramm gehalten, ist aber heute allmählich auf ca. Mk. 2,50 gefallen.

Die Anwendung der freien Säure und auch ihres Natriumsalzes hatte die Unannehmlichkeit, den Magen zu belästigen, was 1886 zum ersten Male zur Einführung des Veresterungsprinzips in die Arzneimittelsynthese zwecks Darstellung des Salicylsäurephenylesters (Salol) Veranlassung gab. Durch die Bindung der therapeutisch wirksamen Säure an einen Alkohol oder an Phenol kam diese erst im esterspaltenden Darm zur Reaktion. Nach diesem Beispiel wurde nun eine große Menge von Estern der in Rede stehenden Säure dargestellt, vornehmlich um das Salol, dem nachteilige toxische Nebenwirkungen zugeschrieben wurden, zu vervollkommnen. Von diesen seien folgende genannt: Das Salophen (Acetyl-p-aminophenol-salicylsäureester), das Benzosalin (Benzoylsalicylsäureester), das Vesipyrin (Acetylsalicylsäurephenylester), Diplosal (Salicylo-Salicylsäure) u. a.

Bald trat an die Seite dieser innerlich verabreichten Präparate eine Reihe von solchen flüssigen, welche der percutanen Einreibung dienen sollten: Salicylsäurederivate, die ohne Reizung der Epidermis und Erzeugung von Exanthemen im innern Organismus wirken sollten. Wenn man vom Gaultherinöl (Salicylsäuremethylester) absieht, war das erste dieser percutan applicierten Salicylsäurederivate das Mesotan (s. d.) (Salicylsäuremethoxymethylester von EICHENGRÜN), das durch Einwirkung von Halogenmethylalkyläther oder Halogendialkyläther auf die Salze der Salicylsäure nach *D. R. P.* 137585 erhalten wird. Diesem von FLORET eingeführten und von *Bayer* fabrizierten Präparat folgten außer dem Spirosal der gleichen Firma nun bald das Protosal oder der Glycerinformalester von *Schering*, das Salen der *Ciba*, ein Gemisch gleicher Teile von Methyl- und Aethylglykolsäureester, der Salit oder Borneolsalicylsäureester von *Heyden* und als Salokreol der Kreosotester der gleichen Firma.

Einer der größten praktischen Erfolge, welcher bis jetzt mit den synthetischen Arzneimitteln erreicht wurde, gelang durch die Einführung des Aspirins, der Acetylsalicylsäure (s. d.), durch WITTHAUER im Jahre 1899. Dieses, ein weißes, schwach säuerlich schmeckende Krystalle bildende Pulver dient ausschließlich der inneren Medikation; über die Darstellung der Acetylsalicylsäure s. diese.

Die ungeheuer schnelle Verbreitung dieses Mittels, das unter seinem Wortschutz Aspirin bald allgemein im Volksmunde bekannt war, bewirkte, daß die Eigentümer des Wortzeichens (*Bayer*) bald eine einige 100 *kg* pro Tag betragende Fabrikation aufweisen konnten, da die Verordnung der Salicylsäure als solcher oder in Form ihres Salzes seitdem sich auf ein Minimum reduzierte, soweit sie zu therapeutischen Zwecken benutzt wurde. Trotzdem die Acetylgruppe im Organismus vollständig abgespalten wird, tritt beim Aspirin nicht nur die Salicylsäurewirkung, sondern merkwürdigerweise in geringer Dosis auch eine antipyretische, ja fast narkotische auf. Auf Grund dieser Eigenschaften ist das Aspirin populär geworden; vielfach wird es mit seiner den Ärzten bekannten, chemischen Bezeichnung Acetylsalicylsäure verordnet, ist aber auch im freien Handverkauf erhältlich. Der saure Geschmack und die immerhin leichte Zersetzlichkeit hat zur Erzeugung von Ersatzmitteln des Aspirins angeregt, wie z. B. dem Novaspirin, die aber im Verhältnis zum Aspirin noch keinen großen Platz auf dem Markt erzielt haben. Auch hat man in jüngster Zeit Salze des Aspirins, wie das Natrium- (Hydropyrin) und Calciumsalz (Calmopyrin), dargestellt und in den Handel gebracht.

Von den einfacheren Abkömmlingen des Phenols bzw. der Carbolsäure, deren Desinfektionskraft durch den Eintritt von Methylgruppen in den Kern, wie bei den Kresolen (Lysol), erhöht wird, ist besonders das gegen Tuberkulose benutzte Guajacol (s. d.) erwähnenswert. Im Buchenholzteer vorkommend, wird es jetzt noch preiswerter synthetisch aus dem Anisidin durch Diazotierung und nachheriges Verkochen erhalten. Wegen seiner innerlich ätzenden Eigenschaft hat man auch vom Guajacol Ester, wie das Duotal (Guajacolcarbonat), Benzosol oder Benzoylguajacol und auch die Sulfosäure im Thiocol dargestellt, welche nicht nur die Geschmacksnerven, sondern auch den Magen weniger reizen; von diesen haben sich allerdings die unlöslichen, durch Veresterung des Hydroxyls entstandenen, als die wirkungsvolleren gegenüber den im Kern substituierten erwiesen. Die gleichen Verbindungen werden auch vom Buchenholzkreosot selbst dargestellt.

Die stark antiseptische Eigenschaft einer anderen aromatischen Verbindung, des Chinolins, wird praktisch benutzt im Chinosol, welches durch Hydroxylierung und Herstellung des schwefelsauren Salzes erhalten wird und ein beliebtes, weit verbreitetes Desinfektionsmittel geworden ist.

Eine überaus rege Arbeitstätigkeit entfaltete die chemisch-pharmazeutische Industrie aber bei der Schaffung neuer Wundantiseptica und Streupulver, nachdem sich das Jodoform ausgezeichnet bewährt hatte. Diesem ersten vorzüglichen Trockenantisepticum und Wundstreupulver haftete neben einem unangenehmen Geruch vor allem eine von empfindlichen Personen schwer verträgliche Reizwirkung an, welche die Schaffung einwandfreier Präparate wünschenswert erscheinen ließ. Außer der Verbindung des Jodoforms mit Eiweiß (Jodoformogen) und Hexamethylentetramin (Jodoformin), die unwesentlich blieben, traten andere jodhaltige aromatische Verbindungen, wie Aristol (Dijodthymol), Europhen (Iobutyl-o-kresoljodid), Jodol (Tetrajodpyrrol), Sozojodol (dijodphenolsulfosaure Salze), Isoform (p-Jodanisol), Jodchloroxychinolin u.a., ferner auch noch solche auf, welche an Stelle des Jods Wismut, wie das Dermatol (basisch gallussaures Wismut), Xeroform (Tribromphenolwismut), Noviform (Tribrombrenzcatechinwismut) oder andere, welche, wie das Airol (Wismutoxyjodidgallat), diese beiden Elemente gleichzeitig enthielten. Fast unübersehbar ist die Zahl der hierher gehörigen Jodoformersatzmittel, die teilweise verschwunden sind oder nur noch vereinzelt benutzt werden.

Die Eigenschaft des freien Schwefels, beim Eintritt in organische Sustanzen antiseptische, granulationbefördernde und resorptionbefördernde Wirkungen zu erzeugen, hatte die Darstellung von Sulfaminol, Thiuret zur Folge, welche jedoch, selbst mit Jod vereint, in ihrem praktischen Ergebnis keinen Fortschritt boten und sich deshalb nicht behaupten konnten. Hier war es das aus einem Naturprodukt, dem seit langer Zeit als Volksheilmittel in Tirol benutzten und durch trockene Destillation bituminöser Schiefer erhaltenen Öl, durch Sulfurierung gewonnene Ichthyol, welches eine bleibende Wertschätzung in den 15 Jahren seiner Existenz errungen hat und die Industrie zu einer großen Zahl von Ersatzmitteln, wie Thiol, Isarol etc., anregte, ohne indessen mit dem Erstlingspräparat gleichkommende oder gar bessere Präparate zu erhalten.

Das große Heer der Teerfarbstoffe ist auch in der Therapie nicht ganz unangewandt geblieben. Hatte man doch schon im Altertum den blauen Indigo zur Heilung von Wunden benutzt. Von den zahlreichen Farbstoffen, die untersucht wurden, sind nur wenige als geeignet gefunden worden. In erster Linie ist hier das von P. Ehrlich vorgeschlagene Methylenblau zu berücksichtigen, das nicht nur als Antisepticum, sondern mehr noch gegen Malaria, überhaupt außerordentlich vielseitig angewandt wurde; ferner ist zu erwähnen das Trypanrot (Benzidin-Farbstoff), das gegen Trypanosomen angewendet wird, und das in den letzten Jahren vorgeschlagene Scharlachrot (Azotoluol), das auch in Form seiner Acetylverbindung (Pellidol und Azodol) sich eingebürgert hat.

Eine umfangreiche, populär zu nennende Verbreitung erfuhr auf dem vorliegenden Gebiete der Formaldehyd (s. d.) wegen seiner stark antiseptischen und härtend wirkenden Eigenschaften. In einer großen Zahl von Fällen, wie z. B. bei dem Tannoform, Eugoform, Glutol, Amyloform u.s.w. trat er in feste Bindung mit dem Molekül und errang in dieser Form Bedeutung. Bei der Einwirkung von Ammoniak auf Formaldehyd entsteht Hexamethylentetramin, das als Harnantisepticum unter dem Namen Urotropin und in Form von Derivaten, wie Helmitol (anhydromethylencitronensaures Hexamethylentetramin), Amphotropin (camphersaures Hexametylentetramin), Borovertin (borsaures Hexamethylentetramin) u. s. w. viel angewendet wird. Weit größer wurde aber die Verwendung von Formaldehyd durch seine allgemeine Benutzung zur Desinfektion der Wohnräume in Verbindung mit Wasserdampf. Der anfänglich nur mit Hilfe besonderer Apparate bewirkten

Desinfektion reihte sich für mobile Zwecke die apparatlose an, welche im Autanverfahren (EICHENGRÜN) zum ersten Mal zum Ausdruck kam. Im letzteren wird der Formaldehyd aus Paraformaldehyd zusammen mit Wasserdampf durch Bariumsuperoxyd entwickelt. Andere Verfahren benutzen an Stelle des Superoxyds andere Oxydationsmittel, wie das Kaliumpermanganat (s. auch Desinfektion).

Dieser Gruppe von Arzneimitteln kann man auch das wegen seiner antiseptisch-adstringierenden Wirkung auf den Darm von altersher viel benutzte Tannin, welches bei aller Beliebtheit nicht nur einen sehr unangenehmen Geschmack besaß, sondern auch seine Wirkung leicht zu früh, d. h. nicht erst am gewünschten Platze (in diesem Falle im Darme) äußerte. Erfolgreich schuf hier die Befolgung des Veresterungsprinzips durch Schließung zweier Hydroxylgruppen mittels des Acetylradikals das Tannigen und durch Kuppelung mit Eiweiß das Tannalbin, von denen das letztere ganz, das andere fast geschmacklos ist, beide aber erst im Darme spaltbar sind. Neben ihnen entstanden noch andere, aber nicht so zweckdienliche Derivate.

Quecksilberverbindungen. Die unentbehrliche Anwendung von Quecksilberpräparaten bei der Syphilis und als Antiseptica mußte es als eine Aufgabe der synthetischen Chemie erscheinen lassen, leicht lösliche einspritzbare Präparate zu schaffen, welche nicht eiweißfällend wirken und langsamer als das mit diesem Mangel behaftete Sublimat ausgeschieden werden. Auch war dieses meist gebrauchte und bestgeeignete Quecksilbersalz zur Sterilisierung der Metallinstrumente wegen der Ausscheidung des Quecksilbers auf ihnen ungeeignet. Zu den ersten Resultaten der in diese Richtung fallenden Bemühungen gehörten die Quecksilbersalze organischer aliphatischer Verbindungen, von denen das Quecksilbersuccinimid am meisten benutzt wird, ferner das kolloidale Metall und seine Verbindung mit Eiweiß. In der Neuzeit bevorzugt man aromatische Quecksilbercarbonsäuren, welche durch SCHÖLLER und SCHRAUTH dargestellt wurden.

Viele ungesättigte Carbonsäuren von dem Typus $ACH:CHA_1 \cdot CO_2H$ (A und A_1 = Reste am Kohlenstoff) wirken leicht auf Mercurisalze in der Weise ein, daß Körper mit am C-Atomkomplex gebundenem Quecksilber entstehen. Es zeigte sich, daß solche Quecksilberverbindungen, welche kein sonst für die Desinfektionsstärke maßgebendes ionisierbares Quecksilber enthalten, doch teilweise außerordentlich große, aber untereinander verschiedene Desinfektionswerte besaßen, so daß sie selbst die kräftigsten ionisierbaren Quecksilbersalze übertrafen.

Von den hierher gehörigen Verbindungen wurde bis jetzt erst das Asurol, ein Doppelsalz aus Quecksilbersalicylat und aminooxyisobuttersaurem Natrium, durch *Bayer* eingeführt.

Silberverbindungen. Das salpetersaure Silber wird wegen seiner stark antiseptischen Eigenschaft als lokal wirkendes Mittel an erster Stelle von allen Metallsalzen in der Therapie benutzt, wobei es zunächst eine bis zur Entzündung gehende Ätzung bewirkt, der dann eine Adstringierung folgt. Dieses anorganische Salz fällt aber die Eiweißkörper und wird selbst von den Chloriden als unlösliches Chlorid niedergeschlagen, was zur Folge hat, daß man es nur für Oberflächenwirkungen in der Medizin verwenden kann. Der Beseitigung dieser Einschränkung der Anwendung des Silbers gelten die Bestrebungen zur Schaffung der neuen Silberpräparate, welche denn auch von Erfolg begleitet waren. Die Methode der Darstellung der Metalle im kolloidalen Zustande schuf zunächst hier beim Silber das bis jetzt beste Präparat seiner Art in dem Collargol (auch Lysargin) mit ca. 87% Silbergehalt, erhalten durch Reduktion der Silberlösung mittels alkalischer Eiweißlösung oder mittels Ferrosulfats und nachherige Dialyse. Das Silber erlangte in dieser Form eine außerordentlich große, bisher nicht gekannte Ausbreitung der Anwendung, teilweise bei septischen inneren Erkrankungen als intravenöse Einspritzung, teilweise aber auch äußerlich als Salbe in der Chirurgie, Dermatologie und auch anderen Teilen der Medizin. Unter den eigentlichen Ersatzpräparaten des Silbernitrats entsprechen die Verbindungen desselben mit Eiweiß oder eiweißartigen Substanzen am meisten dem praktischen Zweck. Hierher gehören das Argonin von LIEBRECHT der Firma *M. L. B.* mit 4,2% Silber und Albargin mit 15% Silber, Largin oder Protalbinsilber mit 10,5%, das Nargol oder Nucleinsilber von SCHWICKERAT mit 10%, das Novargin ebenfalls mit 10%, das Argyrol mit 30% und das Protargol, eines der ersten von EICHENGRÜN, mit 8,3% Silber, wozu noch als weniger zweckdienlich die Salze der Milchsäure (das Lactol), der Citronensäure (das Itrol) und die Verbindung des Silberpräparates mit der organischen Base Aethylendiamin als Argentamin treten.

Von allen diesen Präparaten bürgerten sich trotz relativ geringen Silbergehaltes das Protargol und Albargin wegen ihrer großen Reizlosigkeit bis jetzt am meisten ein. Die organischen Silberpräparate bieten ein treffliches Beispiel für den Wert der organischen Synthese in der Schaffung von Ersatzpräparaten für ältere bewährte Mittel; wird doch das salpetersaure Silber zur Einspritzung bei der Gonorrhoe heute wohl nur noch wenig verordnet.

Santalolpräparate. Zur Bekämpfung der Gonorrhoe dienen auch die Balsamica, speziell das mit einem unangenehmen Geschmack behaftete Sandelholzöl mittels innerer Medikation. Auch bei diesem Mittel griff die organische Synthese durch ihr Veresterungsprinzip mit Erfolg ein. Mit dem von VIETH dargestellten Santyl oder Salicylsäureester des Santalols der Firma *Knoll*, dem dann das Blenal (*Heyden*) als Kohlensäureester, das Allosan als fester Carbaminsäureester (*Zimmer*) und schließlich noch das Thyresol als Santalylmethyläther (*Bayer*) folgten, gelang es, den unangenehmen Geschmack zu einem kaum merklichen herabzumindern.

Jod- und Bromalkaliersatzmittel. Die wichtige arzneiliche Rolle, welche die Halogene Jod und Brom in ihren Alkalisalzen bei internem Gebrauche spielen (das erste wird bei Asthma und Arteriosklerose, das zweite als Nerventonicum benutzt) hat auch hier zur Schaffung von Ersatzmitteln angeregt, um so mehr, als diese Alkalisalze einen als Jodismus und Bromismus bezeichneten Symptomenkomplex auslösen, welcher sich hauptsächlich durch Ausschlag äußert.

Dieser Übelstand und die leichte Zersetzbarkeit der wässerigen Lösungen der Jodalkalien war der Grund zur Synthese neuer Verbindungen. Zu diesem Zwecke wurden zunächst Verbindungen mit Eiweiß, wie Jod- bzw. Bromalbacid, das Eigon, dann solche mit fetten Ölen, wie Jod- bzw. Bromipin, dargestellt. Glaubte man, in diesen Mitteln, von denen das Jodipin sogar zur Injektion geeignet war, dem gewünschten Ziele nahe gekommen zu sein, so erhöhte man später noch die Ansprüche an derartige Mittel; denn trotzdem inzwischen noch die halogenierten Behenolsäuren als Calciumsalze unter dem Namen Sajodin *Bayer* (*M. L. B.*), bzw. Sabromin und der Jodovalerianylharnstoff als Jodival (*Knoll*) aufgekommen waren, suchte man nach einer weiteren Verbesserung, die in der Anreicherung des eingeführten Jods in bestimmten Organen, wie Nieren, Milz u. s. w., bestehen sollte.

So entstanden als weitere Verbindungen der Äther der Brassidinsäure als Lipojodin und das Dijodid der Taririnsäure (isomere Stearolsäure) als Jodostarin denen sich noch unwesentlichere Präparate anreihten. Wie groß der Erfolg dieser letztgenannten Mittel ist, läßt sich noch nicht feststellen; sicher ist, daß auf diesem Gebiete, auf welchem auch ein Jodoxypropan, das Jothion, als äußerliche Applikation versucht wurde, die Arzneimittelsynthese bis jetzt nicht so erfolgreich war wie auf manchem andern Gebiete, wohl weil das Bedürfnis nach Ersatzmitteln hier nicht so dringend war.

Valeriansäurepräparate. Die Veresterung erwies sich auch zur Erhöhung der Resorptionsfähigkeit von großem Vorteil bei der Isovaleriansäure. Die Synthese führte in diesem Falle zu den viel benutzten Präparaten Validol oder Valeriansäure-menthylester von SCHWERSENTZKY, Bornyval oder Isovaleriansäureborneolester und noch anderen, nachdem vorher sich das Valyl oder Valeriansäurediäthylamid von LIEBRECHT (*M. L. B.*) als erstes synthetisches Baldrianpräparat gut bewährt hatte.

Gichtmittel. Die meisten Bestrebungen der synthetischen Tätigkeit waren bei der Gicht darauf gerichtet, die als Symptome dieser Krankheit aufgefaßten Ablagerungen der Harnsäure aus dem Organismus zu entfernen. Die Beobachtung der Löslichkeit der Harnsäure und ihrer Salze in den organischen Basen Piperazin, Diäthylendiamin, Lysidin oder Äthylenäthenyldiamin im Laboratoriumsversuch führte zur Einführung dieser Basen in die Therapie; ihnen schloß sich dann die Chinasäure als Sidonal und in ihrem Anhydride als Neusidonal an. In dem mit größeren Flüssigkeitsmengen und unter anderen komplizierteren Verhältnissen arbeitenden Organismus änderten sich aber ganz bedeutend die Versuchsbedingungen, und die Mittel hatten in ihren pharmazeutischen Dosen infolge dessen nur mehr oder weniger vermeintliche Erfolge aufzuweisen. Im Atophan, der schon längere Zeit bekannten 2-Phenyl-4-chinolincarbonsäure, fand NICOLAIER eine bei Gicht schmerzstillend wirkende und die Harnsäureausscheidung befördernde Substanz, welche ihrem Zweck unter allen synthetischen Gichtmitteln bis jetzt am besten entsprochen hat. Es wirkt außerdem prompt schmerzlindernd bei dieser Krankheit. Zahlreiche Versuche wurden unternommen behufs Darstellung ähnlich konstituierter Verbindungen, indem bei der Synthese des Atophans aus Brenztraubensäure, Benzaldehyd und Anilin Variation der Aldehyde oder substituierten Aniline stattfand. Ferner wurden Chinolindicarbonsäuren und ihre Ester für diesen Zweck dargestellt, durch welche teilweise wohl eine Geschmacksverbesserung, aber kein in der Wirkung vollkommeneres Präparat erzielt wurde.

Glycerophosphate. Die Glycerinphosphorsäure bildet einen Bestandteil des Lecithins, welches als Ester des Cholins in einer Reihe von Geweben vorkommt und physiologisch eine Rolle zu spielen scheint. Während man das Lecithin selbst isoliert hat, hat man die Glycerophosphate synthetisch durch Einwirkung ihrer beiden Komponenten, u. zw. meist aus Glycerin und einbasischen Phosphaten oder Natriummetaphosphat dargestellt, um mit deren Verabreichung den Stoffwechsel zu heben und die Assimilation zu fördern. Ihre Wirkung ist indessen noch nicht sicher festgestellt. Große Bedeutung haben sie auch nicht erlangt.

Eisenpräparate. Die Einführung des Eisens als Mittel gegen Chlorose und Anämie hat eine außerordentlich große Zahl von Darreichungsformen gezeitigt, in denen das Eisen teils in organisch gebundener Form, wie im Hämoglobin (mit Eiweiß gebunden), seinen Umwandlungsprodukten, wie Ferratin, aus anderen Organen gewonnen, oder teils in Form von Salzen gereicht wird. In zahlreichen, meist in flüssiger Form gebotenen Präparaten, unter denen das bekannteste das Haematogen von HOMMEL geworden ist, kommen sie auf den Markt. Der therapeutische Wert beider Arten von Präparaten ist der gleiche. Erwähnenswert noch ist die Kombination des Antipyrins mit Eisenchlorid zum Ferropyrin oder Ferripyrin, das aber als Blutstillungsmittel Verwendung fand.

Reduzierende Hautmittel. Bei der Behandlung der Hautkrankheiten werden reduzierend wirkende Hautmittel, wie Chrysarobin, Pyrogallol, mit Erfolg angewandt, welche aber die unangenehme Nebenwirkung besitzen, die Haut zu reizen. Auch hier vermochte die moderne Arzneirichtung abzuhelfen, indem sie von ersterem das Tetraacetat (Lenirobin) und von lezterem das Triacetat oder Lenigallol erzeugte. Diese von VIETH dargestellten Produkte der Firma *Knoll* reizen infolge Abstumpfung der Hydroxylgruppen weniger, vermochten aber einen großen Verbrauch bis jetzt nicht zu erringen.

Abführmittel. Die Untersuchungen von TSCHIRCH, daß in den gebräuchlichen Abführmitteln Frangula, Senna, Aloe Derivate des Oxymethylanthrachinons als laxierend wirkende Agentien enthalten seien, führten zunächst zur Isolierung einer solchen Substanz, dem Emodin oder Trioxymethylanthrachinon; dann aber wurden seitens der Industrie das Purgatin (Diacetylanthrapurpurin) und das Exodin (Gemisch von Rufigallussäureestern) eingeführt. Beide Präparate haben sich nicht bewährt, so daß ersteres überhaupt nicht mehr benutzt wird. Dem Zufall war es hier vorbehalten, in dem seit langem in der Analyse als Reagens benutzten Phenolphthalein ein prompt wirkendes Abführmittel zu finden, das zuerst als Purgen, dann noch mit einer Unzahl weiterer Bezeichnungen, gemischt mit Geschmackskorrigentien, den alten Laxiermitteln vegetabilischen Ursprunges wirksamste Konkurrenz machte und nun zur weiteren Variation seiner Konstitutionsbestandteile anregte, ohne indessen bis jetzt wesentlich bessere Präparate zu zeitigen.

Schlafmittel. Kaum eine Krankheit bot der synthetischen Chemie ein dankbareres Feld der Tätigkeit, als die Schlaflosigkeit; hatte doch die Natur freiwillig kein einziges gegen diese mit am häufigsten auftretende Krankheit unseres nervösen Zeitalters geboten. Rührige und erfolgreiche Bearbeitung dieses Gebietes hat dann auch bereits zu ziemlich vollkommenen Schlafmitteln geführt.

Dem Chloralhydrat folgte nach einigen unwesentlichen Umänderungen das Isopral (Trichlorisopropylalkohol) $CCl_3CH(CH_3)OH$, das in seiner Wirkung sich vom ersten nicht sehr unterschied, aber doch doppelt so stark sein sollte. Es verdankte seine Entstehung der Beobachtung v. MEHRINGS, daß Chloralhydrat im Organismus in Trichloräthylalkohol übergeht und, mit Glykuronsäure gepaart, diesen verläßt. Ein eigenartiges Bestreben bekundete sich in dem Wunsche, das Chloralhydrat durch Verbindung mit anderen therapeutisch wirksamen Substanzen, z. B. auch mit Hypnoticis, in seiner Wirkung zu variieren; so entstand das Hypnal (Chloralhydratantipyrin), Dormiol (Chloralhydratamylenhydrat), ferner das Chloralhydraturethan u. a., die durch Kondensation der beiden Komponenten leicht erhalten werden konnten.

Eine Vervollkommnung der bisherigen Erkenntnis von dem Wesen hypnotischer Verbindungen konnte nur durch Untersuchung neuer Klassen von Substanzen erreicht werden. Der Freiburger Pharmakologe KAST untersuchte, angeregt durch seine Erfolge bei der Auffindung der antipyretischen Eigenschaften des Phenacetins, die gelegentlich erhaltenen mercaptanartigen Verbindungen von BAUMANN, wobei er bei ihnen hypnotische Eigenschaften feststellte, die in kurzer Zeit in dem neuen schwefelhaltigen Schlafmittel Sulfonal (s. d.) (Disulfonäthyldimethylmethan), dem Trional (Diäthylsulfonmethyläthylmethan) und dem wenig angewandten Tetronal (Diäthylsulfondiäthylmethan) zu praktisch wertvollen Resultaten führte. Hatten diese neuen Präparate doch vor den halogenhaltigen Mitteln manche Vorteile, besonders den, daß sie von Herzkranken unbedenklich genommen werden konnten. Trotzdem waren sie noch wegen ihrer kumulativen Wirkung und Erzeugung von Hämatoporphyrie u. s. w. sehr verbesserungsfähig. Inzwischen hatte man auch im tertiären Amylalkohol oder Amylenhydrat und dem Paraldehyd hypnotisch wirkende, wenn auch schwächere Mittel erkannt.

Bei der Betrachtung der Konstitution obiger Sulfone sowie bei den weiteren Untersuchungen von Derivaten zeigte sich vor allem das Charakteristische, daß in all diesen Verbindungen zwei Alkylgruppen stets direkt an ein Kohlenstoffatom gebunden waren. Diese Tatsache wurde grundlegend für den Aufbau weiterer Hypnotica. Im Jahre 1903 wurden auf Anregung von v. MEHRING die alkylierten Barbitursäuren, speziell der von CONRAD dargestellte Diäthylmalonylharnstoff $\begin{matrix} C_2H_5 \\ C_2H_5 \end{matrix}\!\!>C<\!\!\begin{matrix} CO-NH \\ CO-NH \end{matrix}\!\!>CO$, durch FISCHER nach verbesserter Methode erhalten und mit dem Namen Veronal belegt. Bald wurde er als ein prompt zuverlässig wirkendes, ca. 8 Stunden Schlaf erzeugendes Mittel erkannt, das in kurzer Zeit bei den Ärzten beliebt wurde und sich, unterstützt durch zahlreiche Abhandlungen der Mediziner aller Kulturländer, bald über die ganze Welt verbreitete. Das Produkt wird von *Bayer, M. L. B.* und *Merck* in den Handel gebracht. Zu seiner Darstellung sind zahlreiche Patente mannigfacher Art entnommen (s. Veronal).

Ein Abkömmling des Veronals ist das diäthylbarbitursaure Natrium, das sich durch größere Löslichkeit auszeichnet und außer von den genannten Firmen auch von *Schering*, welche es mit dem Wortzeichen Medinal belegten, auf den Markt kam.

Hatte man schon vorher in den Urethanen $NH_2 \cdot COOR$ ($R =$ Alkyl) milde wirkende Schlafmittel erkannt, bei denen gleichzeitig alle lebenswichtigen Funktionen erhalten blieben, und war unter diesen zu einem guten Präparat, Hedonal (s. d.) $H_2N-CO-O-CH<\!\!\begin{matrix} CH_3 \\ C_3H_7 \end{matrix}$, gelangt, so lehrte nun das Veronal, daß auch das Vorhandensein einer Harnstoffgruppe im Molekül des Schlafmittels für dieses vorteilhaft sei, wenn auch nicht in dem Maße, wie die direkte Bindung von Alkylgruppen an ein Kohlenstoffatom.

Eine erste Verbindung, welche die letzte Bedingung erfüllte und dabei den Erfahrungssatz bestätigte, daß der Eintritt von Halogenen in das Molekül die hypnotische Wirkung begünstige, war das Neuronal (Diäthylbromacetamid) von KALLE, $\begin{matrix} C_2H_5 \\ C_2H_5 \end{matrix}\!\!>\overset{Br}{\overset{|}{C}}-CONH_2$ welches aus einer Reihe von Präparaten der Darsteller und Prüfer FUCHS und SCHULZE (Münch. med. W. **1904**, 25) ausgewählt wurde. Es hat sich als ein mildes, besonders bei Nervösen indiziertes Hypnoticum bewährt, wenn schon es ihm nicht gelungen ist, eine allzu große Anhängerschaft zu gewinnen.

Ein großer Erfolg war wieder bei dem Bromisovalerianylharnstoff, dem Bromural von SAAM, $\begin{matrix} CH_3 \\ CH_3 \end{matrix}\!\!>CH-CHBr-CO\diagdown\begin{matrix} NH_2 \\ NH \end{matrix}\!\!>CO$, der Firma *Knoll* zu verzeichnen, in welchen nicht nur die Alkylgruppen am C-Atom in der therapeutisch wirksamen Isovaleriansäure, sondern auch die Harnstoffgruppe vertreten war. Diese Zusammensetzung erwies sich als eine so glückliche, daß das Bromural viele Bedingungen eines gut wirkenden Schlafmittels erfüllte, indem es einen dem natürlichen nahe kommenden Schlaf allerdings von nur kurzer, etwa 5stündiger Dauer erzeugte.

Ein durch zahlreiche Abhandlungen bekundetes Interesse der Ärzteschaft bahnte diesem Mittel denn auch schnell seinen Weg. Dem Bromural folgte noch in denselben Bahnen das Adalin oder Bromdiäthylacetcarbamid von *Bayer*. Diesem Mittel gelang es, dem Bromural wirksame Konkurrenz zu machen und bei ziemlich gleicher Leistungsfähigkeit ein fast gleich großes Terrain zu erobern.

In jüngster Zeit schloß sich als letztes im Luminal von HÖRLEIN noch eine Äthylphenylbarbitursäure an, $\begin{matrix} C_6H_5 \\ C_2H_5 \end{matrix}\!\!>C<\!\!\begin{matrix} CO-NH \\ CO-NH \end{matrix}\!\!>CO$, die sich als ein außerordentlich starkes Schlafmittel erwies, das aber infolge relativ vieler toxischer Nebenwirkungen doch kein vollwertiger Ersatz für das Veronal wurde.

Dem Wunsche der Ärzte, zur Vermeidung von Angewöhnung mehrere Hypnotica an der Hand zu haben, ist demnach durch eine Reihe guter Mittel entsprochen worden.

Chemotherapie, Arsenpräparate. Groß erschienen die Erfolge der synthetischen Arzneimittel. Sie lindern die Schmerzen, vermindern die Krankheitssymptome, üben aber doch nur selten einen spezifischen Einfluß auf den Krankheitsverlauf aus. Keines von ihnen ist ein Heilmittel in engerem Sinne, wie es die Natur im Chinin gegen Malaria geliefert hat, welches die Krankheitsursache selbst, ihre Erreger beseitigt und sogar prophylaktisch wirkt. Alle weiteren Infektionskrankheiten, wie Typhus, septische Wochenbettfieber, Scharlach, Pneumonien u. a., vermögen durch unsere modernen Arzneimittel nicht heilend bekämpft zu werden. Hier muß eine andere kausale Behandlung einsetzen, welche uns P. EHRLICH in der Chemotherapie auf Grund biologisch-chemischer Forschung lehrte. Als mit einem schon längere Zeit bekannten organischen Arsenpräparat, dem als Arsensäureanilid bezeichneten Atoxyl von KOCH, bei der in den Kolonien viele Opfer erfordernden Schlafkrankheit sehr günstige Resultate erhalten wurden, gab dieses Mittel EHRLICH die Veranlassung zu eingehendem Studium; er stellte zunächst mit BERTHEIM (*B.* **40**, 3292 [1907]) seine Konstitution als Mono-Natriumsalz der p-Aminophenylarsinsäure

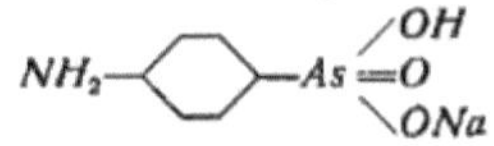

fest. Durch diese Erkenntnis wurde das Mittel der weiteren chemischen und biologischen Forschung zugeführt; es begann eine systematische Untersuchung der organischen Arsenpräparate, um die Anschauung EHRLICHS zu bewahrheiten, daß die Wirkung jedes Giftstoffes auf eine Zelle abhängig sei ebensowohl von der chemischen Natur des Giftes, als auch von der physiologischen Natur der Zelle, und daß es demnach möglich sei, solche Mittel zu finden, welche die organische Zelle, den Wirtsorganismus, nicht schädigen, wohl aber die einschließenden Parasiten töten können.

Die Darstellung einer großen Zahl von aromatischen Arsenverbindungen, wie der Acetylaminophenylarsinsäure, des Arsacetins, dann in ihrem weiteren Verlaufe der Arsenophenylglycine, ferner der Oxyarylarsinsäuren, und der Arsenphenole führte schließlich zu dem EHRLICH-HATA 606 oder dem Salvarsan, dem p, p-Dioxy-m-m-diamino-arsenobenzol bzw. seinem chlorwasserstoffsauren Salz:

$$\begin{matrix} OH \\ NH_2 \end{matrix} \Big\rangle C_6H_3 - As = As - C_6H_3 \Big\langle \begin{matrix} OH \\ NH_2 \cdot HCl \end{matrix}$$

Von allen dargestellten Arsenverbindungen und auch sonst noch untersuchten Derivaten, auch der Thiazin- und Benzidinreihe, erwies sich das EHRLICH-HATA 606 oder Salvarsan *(M. L. B.)* gegen die Spirochäten, die Erreger der Syphilis, im Tierversuch als dasjenige Mittel, welches der Therapia sterilisans magna, sämtliche Parasiten bei einmaliger Injektion auf einmal abzutöten, am nächsten kam und gleichzeitig den größten Unterschied zwischen der kleinsten tödlichen Dosis, resp. größten, noch nicht tödlichen Dosis, der dosis tolerata, und derjenigen Dosis, deren Einverleibung alle Parasiten zum Verschwinden bringt, der dosis curativa, aufwies.

Zur Erhöhung seiner Löslichkeit, zur Erzielung neutraler Reaktion und verminderter Giftigkeit wurde noch von diesem Präparat ein unwesentlich veränderter Abkömmling, das Neosalvarsan, hergestellt, welches die Gruppe $CH_2OH - O - SONa$ enthält und ebenfalls von *M. L. B.* wie das Salvarsan fabriziert wird.

Die Analogie, welche die anorganischen Antimonverbindungen mit den Arsenverbindungen aufweisen, führte auch zu entsprechenden Antimonverbindungen, über welche aber noch keine Erfahrungen vorliegen.

In größtem Umfang hat das Salvarsan in die Therapie der Syphilis seinen Einzug gehalten. In manchen Fällen wurden Patienten, welche einige Jahre vergeblich mit den gebräuchlichen Mitteln, Quecksilber und Jod, behandelt waren, nach einigen Injektionen geheilt. Der Eintritt der Wirkung ist verschieden, manchmal tritt sie so rapide ein, daß schon nach 24 Stunden die Geschwüre verschwinden. Vielseitiger Anwendung bei den mannigfachsten Spirochätenkrankheiten ist das Salvarsan fähig. Den glänzendsten Erfolg hat es bei einer Spirochätenkrankheit der Tropen, der Frambösie, davongetragen. Diese bisher unheilbare Seuche ist durch Salvarsaneinspritzungen endgültig verschwunden, die Spitäler sind geschlossen worden. Weitere nicht aussichtslose chemotherapeutische Arbeiten anderer Forscher gegen contagiöse Krankheiten sind bereits von WASSERMANN, NEUBERG, E. FISCHER, KLEMPERER angebahnt worden, welche die Verwendung von selenigsauren Metallverbindungen gegen krebsartige Geschwülste zum Gegenstande haben.

Die Morgenröte einer neuen Aera, der Schaffung wirklicher Heilmittel, ist damit angebrochen. *Lüders.*

Asaprol, Abrastol, β-naphtholsulfonsaures Calcium, ein weißes, in Wasser und in Alkohol lösliches Pulver, wurde s. Z. als Antisepticum und Antipyreticum empfohlen. Längst veraltet. *Zernik.*

$$\begin{matrix} HO\cdot C_{10}H_6SO_3 \\ HO\cdot C_{10}H_6SO_3 \end{matrix}\Big> Ca + 3H_2O$$

Asbest (Amiant). Man versteht darunter schlechtweg silicatische Mineralien von faseriger Struktur, welche sich zu einem lockeren, weichen, geschmeidigen Fasermaterial aufschließen lassen und somit einen nach den Methoden der Spinnerei, Weberei und Papierbereitung verarbeitbaren Rohstoff liefern. Der Name wird leider auch vielfach ausgedehnt auf Mineralien ähnlicher Zusammensetzung und faserigen Aussehens, selbst wenn sie zu einer flexiblen Faser nicht aufschließbar sind; sie haben zwar dieselbe Entstehungsgeschichte und sind vielfach aus dem eigentlichen Asbest hervorgegangen, werden aber zweckmäßig durch die mineralogischen Bezeichnungen Bergholz, Bergkork, Bergleder u. dgl. von ihm unterschieden. Hervorgegangen ist der Asbest durch Umwandlung zahlreicher silicatischer Gesteine, unter denen namentlich die Glieder der Amphibolreihe (Hornblende) und der Serpentin in Betracht kommen. Hierin liegt es begründet, daß auch die chemische Zusammensetzung und mit ihr viele, für die technische Verwendung wichtige Eigenschaften der Asbeste in weiten Grenzen schwanken, ein Umstand, dem auch heute nicht immer genügend Rechnung getragen wird. Gemäß dieser Herkunft unterscheidet man

1. Hornblendeasbest (Amphibolasbest, Tremolith, Actinolith) der Zusammensetzung $MgSiO_3$, wobei das Magnesium durch äquivalente Mengen von Calcium, zweiwertigem Eisen u. dgl. vertreten werden kann. Charakteristisch für diese Gruppe ist das Verhältnis von Basis : Säure = 1 : 1, womit höchste Widerstandsfähigkeit gegen Einwirkung von Säuren selbst bei höheren Temperaturen verbunden ist. Sein *spez. Gew.* ist 2,9–3; er schmilzt bei etwa 1150°. Die Fasern, welche als unendlich dünne, monokline Krystalle aufzufassen sind, erreichen enorme Längen und geben derartigen Asbeststücken oft das Aussehen geborstener oder verwitterter Baumstämme. Jedoch gibt es nur wenige Vorkommnisse, deren Faser die notwendige Weichheit, Festigkeit und Geschmeidigkeit besitzt, um ihre technische Verarbeitung zu ermöglichen. Derartige Fundorte sind namentlich in Norditalien (Valtellina und Val d'Aosta), weshalb oft die Bezeichnung italienischer Asbest gleichbedeutend mit Hornblendeasbest ist, wenngleich durchaus nicht alle italienischen Asbeste Hornblendeasbeste sind. Das Aussehen ist weiß bis grau, grünlich, bräunlich, glas- und seidenglänzend. Mit in diese Gruppe gehört der blaue Asbest, welcher wegen seines reichen Vorkommens im Griqualand (Südafrika) meist als Capasbest bezeichnet wird. Er ist vermutlich aus Krokydolith entstanden und verdankt seine schöne blaue Farbe dem hohen Gehalt an Ferrosilicaten. Die sehr zarte und lange Faser ist für Spinnzwecke zwar sehr geeignet, zumal sie eine bemerkenswerte Zugfestigkeit besitzt, jedoch wird ihre technische Verwertung wesentlich eingeschränkt durch die nachteilige Eigenschaft, durch Hitze und die Atmosphärilien rasch angegriffen zu werden, indem die Ferrosilicate gleichzeitig oxydiert werden.

2. Der Serpentinasbest (auch Chrysotil genannt) gleicht in der Zusammensetzung dem Serpentin $H_4Mg_3Si_2O_9$ (43,48% SiO_2, 43,48% MgO, 13,04% H_2O; statt MgO oft Eisenoxyde bis zu einem Gehalt von etwa 13%), der seinerseits durch Zersetzung anderer Silicate, namentlich des Olivins entstanden ist:

$$2Mg_2SiO_4 + CO_2 + 2H_2O = 3MgO \cdot 2SiO_2 \cdot 2H_2O + MgCO_3.$$

Im Serpentinasbest stehen Basis und Säure also in dem Verhältnis 3:2; charakteristisch für ihn ist weiterhin der erhebliche Gehalt an chemisch gebundenem Wasser, das sich nur bei hellster Glut vollständig entfernen läßt. Das *spez. Gew.* beträgt 2,3—2,8; seine Struktur ist vermutlich (Wesky) rhombisch; er schmilzt bei etwa 1550°. Von Säuren, selbst schwachen, wie Weinsäure, Essigsäure u. s. w. wird er mehr oder weniger rasch, bei genügender Dauer der Einwirkung aber vollständig zerstört; z. B. genügt zur vollständigen Zersetzung ein viertelstündiges Kochen mit überschüssiger 5%iger Salzsäure; hierbei bleibt die Kieselsäure in der Form der ursprünglichen Asbestfasern, aber ohne ihre Festigkeit zurück. In dem Maße, wie die Magnesia durch die Einwirkung von Säuren oder das chemisch gebundene Wasser unter dem Einfluß von Hitze entfernt wird, verliert die Faser ihre Festigkeit und Geschmeidigkeit, so daß z. B. der geglühte Asbest leicht zu Pulver zerrieben werden kann. Für die technische Gewinnung des Serpentinasbestes sind von besonderer Bedeutung die Lager von Canada, unter denen namentlich die Bezirke Danville — Brompton — Oxford — Bolton und Thetford — Blacklake (Provinz Quebec) zu nennen sind. Eine wichtige Rolle spielt ferner der russische Asbest, der sich an verschiedenen Stellen des Uralgebirges findet und namentlich nördlich von Jekaterinburg ausgebeutet wird. Daneben sind andere Vorkommnisse von Serpentinasbest außerordentlich zahlreich, doch von geringerer Wichtigkeit; z. B. findet er sich bei Reichenstein in Schlesien, Zöblitz in Sachsen, Corsika, Oisans, (Dauphiné, Frankreich), in den Pyrenäen, im Altai (Sibirien), Cypern, Transvaal u. s. w. Unter diesen produziert Cypern seit 1906 steigende Mengen.

Für die technische Verarbeitung kommen hauptsächlich der canadische und an zweiter Stelle neben ihm der russische Asbest in Frage, welche beide Serpentinasbeste sind. Wenn der letztgenannte trotz seiner hervorragenden Qualität noch nicht zu einem vollwertigen Konkurrenten des canadischen Asbestes auf dem europäischen Markte geworden ist, so ist dies hauptsächlich in den ungünstigen Verhältnissen des Herkunftslandes und Transportschwierigkeiten begründet. Gegenüber den beiden genannten tritt der italienische und der Capasbest an Bedeutung weit zurück.

Förderung: Der Asbest zieht sich in Adern und schmalen Gängen durch den Serpentin, so daß seine Fasern immer annähernd senkrecht zur Kluftfläche stehen. Die Faserlänge kann daher nur höchstens gleich der Spaltbreite sein; meist ist sie kürzer, da sich auch innerhalb des Asbestes noch Reste des Gesteins, häufig von schieferiger Gestalt, finden. Nach Entfernung des oben aufliegenden Erdreiches liegen die Adern frei zu Tage. Um tiefer hinab zu arbeiten, wird das dichte Gestein gesprengt und der Asbest in steinigen Brocken erhalten. Das Material wird in die Asbestmühlen geschafft, wo die reineren Stücke durch Handarbeit, das minder reiche Material durch Maschinenarbeit vom anhaftenden Serpentin nach Möglichkeit befreit und eine Sortierung nach der Faserlänge vorgenommen wird. Ein beträchtliches Aufschließen der Faser ist in diesem Stadium der Arbeit im allgemeinen nicht erwünscht, da das gesamte Material zum Versand kommt und eine geöffnete Faser hierbei einen zu großen Raum beanspruchen würde. Gehandelt wird der durch Handarbeit gewonnene Asbest als Rohasbest (Crude Asbestos I und II), das Maschinenprodukt (mill stock) nach der Faserlänge als lange Spinnfaser (long spinning fibre), kurze Spinnfaser (spinning fibre) und Pappenfaser (paper stock). Im Ural wird das ebenfalls durch Stempel oder Walzwerke gebrochene Rohmaterial schließlich mit Hilfe rotierender Siebe in fünf Sorten von etwa 0,5 bis 4 *cm* Faserlänge geschieden. In manchen Mühlen wird ferner der beim Trennen der Faser vom tauben Gestein abfallende Sand durch Mahlen in Asbestic verwandelt, d. i. ein feines, leichtes, ganz kurzfaseriges Pulver, das vielfach zum Füllen der hohlen Wände an feuersicheren Schränken, als Zusatz an feuerbeständigen Anstrichen, als Wandbewurf u. dgl. verwendet wird.

Zusammensetzung einiger typischer Asbestproben:

1. Canadischer Asbest (Danville)		2. Sibirischer Asbest	
SiO_2	41,84 %	SiO_2	41,80 %
MgO	41,99 %	MgO	35,18 %
FeO und Fe_2O_3	2,23 %	FeO und Fe_2O_3	6,63 %
H_2O	14,28 %	H_2O	16,39 %

3. Hornblendeasbest		4. Blauer Asbest (West-Griqualand)	
SiO_2	54,60 %	SiO_2	51,1 %
MgO	27,85 %	FeO	35,8 %
Fe_2O_3	11,15 %	MgO	2,3 %
Al_2O_3	2,85 %	Na_2O	6,9 %
H_2O	3,55 %	H_2O	3,9 %

Geschichtliches. Die Kenntnis und Verwertung des Asbestes reicht bis in das Altertum zurück. Der seidenartige Glanz und das fettige Gefühl beim Anfassen ließen ihn für ein Erzeugnis der lebenden Natur gelten; auch die Bezeichnung Stein- oder Erdflachs weist darauf hin, obwohl seine Unverbrennlichkeit ihn in schroffen Gegensatz zu allen organischen Fasern stellt. Diese auffallende Eigenschaft, welche ihm auch den Namen (ἄσβεστος = unverbrennlich) eingetragen hat, war es denn auch, die überall zu seiner Verwertung anregte. Zu den Zeiten des Plinius war der Asbest so rar, daß er höher als Gold bewertet, ja den kostbarsten Perlen gleich geachtet wurde. Er erzählt, daß bisweilen bei Feuerbestattungen die Toten in Asbesttücher gehüllt wurden, um die Asche besser von der Holzasche zu trennen. Daß Asbest zur Herstellung unverbrennlicher Lampendochte (z. B. für die Tempel der Vesta) diente, berichtet Plutarch; Pausanias erwähnt eine ähnliche derartige Lampe mit einem Docht aus „karpasischem Flachs" (Carpasia = Stadt auf Cypern, wo, wie oben erwähnt, auch gegenwärtig Asbest gefördert wird). Marco Polo erzählt, daß er auf Reisen durch die Tatarei Kleider aus schöner, weißer Seide gesehen habe, die der Einwirkung des Feuers widerstanden. Trotzdem hielt sich die Verwertung des Asbestes in sehr engen Grenzen, teils weil die Beschaffung größerer Mengen mit Schwierigkeiten und hohen Kosten verbunden blieb, teils aber wohl auch, weil die Verarbeitung des Materials auf reine Asbestfabrikate so gut wie unmöglich war. Ledermüller erzählt in seiner 1775 in Nürnberg gedruckten Schrift über den Asbest folgendes:

„Man findet hin und wieder in Naturaliensammlungen und Kunstkabinetten, Papiere und Leinwand, vom gesponnenen oder zubereiteten Asbest und Amiant, unter dem Titel: charta asbestina, auch salamandra; linum asbestinum u. s. w. Es ist aber in der That kein gar zu großes Geschrey von diesen Naturkunststücken zu machen. Ein oder zweymal halten sie wohl zur Noth die (Feuer-) Probe aus, dann ist die Rarität verlohren. Die Ursach ist die Zusammensetzung und Vermischung anderer Dinge, welche man nöthig hat, um den gestoßenen Asbest zusammen zu halten, daß er einem Papier ähnlich werde."

Darauf gibt er ein Rezept zur Bereitung von Asbestpapier aus Löschpapier und Asbest an; er erwähnt auch auf Grund anderer Berichte, wie zum Zwecke des Verspinnens der Asbest mit Öl erweicht und Flachs- und Hanffaden mit darunter gemischt werden. Wenn bei solchen Fabrikaten von einer hohen Beständigkeit gegenüber dem Feuer naturgemäß keine Rede sein kann, so sei an dieser Stelle gleich darauf hingewiesen, daß überhaupt die Feuerbeständigkeit des Asbestes cum grano salis zu verstehen ist. Denn bei hohen Temperaturen wandelt sich die Asbestfaser in ein mehr oder minder gesintertes Stäbchen um, welches sehr spröde und brüchig und ohne nennenswerte Festigkeit ist. Bei den hauptsächlich in Frage kommenden Serpentinasbesten verschwindet die Festigkeit der Faser sogar schon lange vor dem Sintern in dem Maße, wie das chemisch gebundene Wasser entweicht. So wird auch Kaiser Karl V., der ein Tischtuch von Asbest nach beendigter Mahlzeit zur Belustigung seiner Gäste ins Feuer geworfen und nachher unversehrt wieder herausgeholt haben soll, dieses Experiment ohne Enttäuschung nicht oft wiederholt haben. Von den russischen Asbestlagern im Ural steht fest, daß sie schon 1720 bekannt waren; ihre etwa 40 Jahre später von Peter dem Großen betriebene Verwertung blieb mangels genügender Anwendungsgebiete ohne Erfolg. Zur modernen industriellen Verwertung wurden die ersten Schritte etwa 1860 getan, indem eine englische Gesellschaft mit italienischem Asbest auf breiterer Grundlage dahingehende Versuche anstellte; die etwa gleichzeitig erfolgte Entdeckung von Asbestlagern in der Provinz Quebec regte zu weiteren Bemühungen an. Die rapide Entwicklung, welche diese Industrie seither genommen hat, liegt begründet in dem Erfolge, welchen zunächst die Anwendung des Asbestes zur Herstellung von Packungen und Dichtungsmaterial für das moderne Maschinenwesen gezeitigt hat. Bald wurden weitere umfangreiche Absatzgebiete erschlossen; das Feuerschutzwesen, die Gasglühlichtindustrie und die Elektrotechnik benötigen die mannigfaltigsten Asbesterzeugnisse, und als jüngstes wichtiges Glied in dieser Entwicklung ist die Asbestbauplatte zu nennen, welche berufen ist, mit dem Naturschiefer in Wettbewerb zu treten.

Aufbereitung des Asbestes.

Der von den Minen bezogene Asbest muß vor seiner weiteren Verarbeitung aufgeschlossen, d. h. von beigemengtem, an der Faser festhaftendem Gestein befreit und in eine lose, wollige Masse umgewandelt werden. Diese Aufbereitung erfolgt in zwei Stadien, indem zunächst durch Schlagen oder Quetschen eine Loslösung der Fasern voneinander und von dem Gestein und gleichzeitig eine Zerkleinerung des letzteren bewirkt wird; im zweiten Stadium erfolgt die räumliche Trennung der Fasern von den Gesteinstrümmern und die Umwandlung der vorher noch starren Faserbündel in eine zarte, weiche Masse.

Die erste Arbeit wird vielfach von Kollergängen mit Steinläufern verrichtet, welche durch ihre gleichzeitig quetschende und reibende Wirkung das taube Gestein zermalmen und die faserigen Teile auflockern. Doch erfordert die Operation große Aufmerksamkeit, da jede unnötige Beanspruchung des Gutes vermieden werden muß; es ist auch klar, daß besonders in steinreichen Asbesten bei dieser Vorbereitung eine Schädigung der Faser unvermeidlich ist. Die Läufer sind mit Abstreichern versehen, durch welche während des Mahlens das Gut gemischt und am Schlusse nach Öffnung einer in der Umrandung des Bodensteins vorgesehenen Klappe entfernt wird. An die Stelle des Kollerganges tritt namentlich für kurzfaseriges Material der leistungsfähigere Desintegrator, dem weiter die Aufgabe zufällt, allerlei Abfallprodukte der Asbestverarbeitung und andere Rohstoffe zu mahlen.

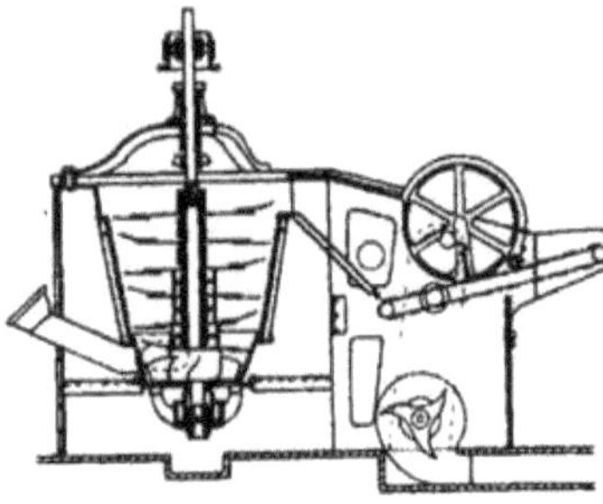

Abb. 189.

Für den zweiten Teil der Aufbereitung, die mechanische Entfernung des Staubes und die endgültige Aufschließung der Faser, diente früher ausschließlich der Opener, welcher nach dem Prinzip der Reißwölfe konstruiert ist und bei ziemlich beschränkter Leistungsfähigkeit gerade das wertvollste langfaserige Material durch Zerreißen sehr schädigte. An seine Stelle ist der sog. Vertikalöffner getreten, der in den Abb. 189 und 190 wiedergegeben ist. Der Apparat enthält einen hohlkegelförmigen Rost, in welchem eine senkrechte, mit Flügeln versehene Welle rotiert. Das in den Kegel unten eingeführte Material wird in Schraubenlinien empor-

Abb. 190.

gehoben und dabei ständig gegen die Rostfläche geschleudert, wobei der Sand und die kürzeste Faser durch die Spalten des Rostes hindurchgeschleudert werden. Die oben anlangende aufgeschlossene Faser fällt seitlich auf ein Transportlattentuch; zwischen diesem und dem darüber befindlichen Trommelsiebe tritt sie in zusammenhängender Schicht aus dem Apparat heraus. Der unten sichtbare Ventilator saugt an diesem Trommelsiebe feinen Staub u. dgl. ab.

Neuerdings sind für die gesamte Aufbereitung des Asbestes auch besondere Maschinen konstruiert worden, welche der Eigenart des Materials angepaßt sind und das Ziel verfolgen, auch die mit dem Kollern oder Desintegrieren des Asbestes verbundenen Schädigungen der Faser zu umgehen. Die Abb. 191 bis 193 zeigen den

Abb. 191.

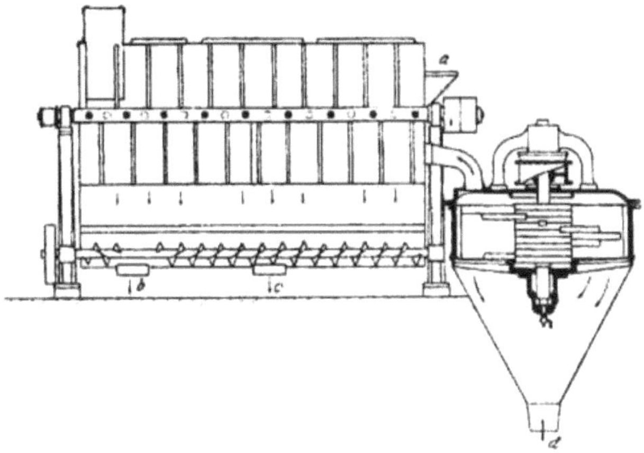

Abb. 192.
a Einfall für Fasern, die geöffnet und ohne Zerfaserer sortiert werden; *b* kurze Faser; *c* kürzere Faser; *d* Staub und Steinchen.

Zerfaserer und Sortierapparat von C. Nunn. Der Zerfaserer (Abb. 191 u. 192 rechts) besteht aus einer flachen, 1 *m* im Durchmesser zeigenden, innen mit ge-

Abb. 193.

rippten Hartgußwandungen verkleideten Trommel, in welcher ein Stahlschlagwerk mit etwa 1000 Umdrehungen läuft. Das Schlagwerk besteht aus 8, an den Enden gehärteten kräftigen Stahlstiften, die spiralig und auswechselbar an der Welle sitzen. Der Boden der Zerfaserertrommel besteht aus einem Stahlsiebe von 2—4 *mm* Lochweite; nach unten hin schließt sich der konische Staubfangtrichter an. Der Deckel der Trommel enthält je eine Öffnung für das Eintragen des Rohstoffes und den Austritt der Faser sowie den Antrieb für das Schlagwerk. Die Trennung des den Fasern anhaftenden Gesteins und die Auflockerung der Fasern wird durch das Schlagwerk momentan bewirkt; während das schwerere Gestein nach unten fällt und hier soweit zerkleinert wird, bis es das Bodensieb passieren kann, wird die leichtere Faser infolge der spiraligen Anordnung der Schlagstifte nach oben befördert und fällt hier durch das Verbindungsrohr in den Sortierapparat. Je nach der Stelle, an welcher sich dieser Austrittstutzen des Zerfaserers befindet, werden die Fasern in stabförmigen Aggregaten oder aber als völlig geöffnete, wollige Masse abgeliefert. Der Sortierer (Abb. 192 links und 193) enthält ein ähnliches, horizontal liegendes Schlagwerk, durch welches die Fasern von rechts nach links hindurchgeführt werden. Unter dem Oberkasten ist ein Stahlsieb angeordnet, durch dessen Lochweite gleich eine Sortierung in längere und kürzere Faser erreicht wird.

Die weitere Verarbeitung der langen Fasern erfolgt nach den Methoden der Spinnerei und Weberei; der hierbei verbleibende Abfall wird mit dem kurzfaserigen Material zusammen zur Herstellung von Pappen, Platten, Isolierkompositionen u. s. w. verwertet. Sofern eine hinreichende Trennung von Spinnfaser und Pappenfaser nicht schon bei der Aufbereitung erzielt ist, kann sie durch Schüttelsiebe und ähnliche Hilfsmittel nachträglich bewirkt werden.

Die Asbestspinnerei.

Obwohl die Asbestfaser guter Qualität ein außerordentlich zartes und geschmeidiges Gebilde ist, bietet infolge ihrer eigenartigen Beschaffenheit das Verspinnen ein besonderes Problem. Während die Baumwolle bandförmig, vielfach gewunden und verhältnismäßig rauh ist, also Eigenschaften zeigt, welche für den Spinnprozeß von höchstem Nutzen sind, gleicht die Asbestfaser mehr einem glatten, überall gleichmäßig starken Stäbchen von meist kürzerer Länge als die Baumwolle. So lange daher nur die typischen Maschinen der Baumwollspinnerei auf den Asbest angewandt wurden, konnten nur ziemlich grobe und ungleichmäßige Fäden erzeugt werden. Das erste Dezennium des neuen Jahrhunderts hat auf diesem Gebiete zu außerordentlichen Verbesserungen geführt, und namentlich sind es deutsche Maschinen, welche bei einer doppelt bis dreifach so hohen Leistungsfähigkeit einen Faden von früher unmöglicher Gleichmäßigkeit und Feinheit liefern.

Eine solche moderne Maschine ist in den Abb. 194 und 195 wiedergegeben und stellt eine Doppelflorkrempel mit Speiser und Florteiler für Asbest dar. In der schematischen Schnittzeichnung befindet sich links die automatische Speisevorrichtung. Ein geräumiger Behälter nimmt die aufgeschlossene Spinnfaser auf; durch ein Nadeltuch ohne Ende wird die erfaßte Faser nach oben geschafft, wobei ein auf- und abschwingender Kamm den Faserüberschuß zurückhält, also die Flockenschicht auf dem Nadeltuch vergleichmäßigt; zwei Nadelwalzen streichen die Flocken von dem Fördertuch ab und führen sie der mit einem Klappboden versehenen Schale einer Wage zu. Sobald ein bestimmtes, einstellbares Gewicht in der Schale enthalten ist, wird der Antrieb des Nadeltuches automatisch abgestellt und die Schale nach unten entleert. Die Flocken fallen hierbei auf ein Lattentuch ohne Ende, auf welchem sie zu einem der Fortbewegung des Lattentuches entsprechenden Streifen zusammengeschoben werden. Ist der Wagschalenboden geschlossen, so beginnt die Füllung von neuem, doch setzt die Entleerung so lange aus, bis das Lattentuch mit den darauf noch liegenden Fasern um eine bestimmte Strecke vorgerückt ist. Da jede Schalenfüllung auf einen stets gleich bleibenden Teil der Krempeloberfläche übernommen wird, hat man es in der Hand, durch die Veränderung der Schalenfüllung die Garnnummer einzustellen. Es folgt dann die eigentliche Krempel mit der Haupttrommel *T*, welcher zur gleichmäßigen Lagerung und Verteilung der Faser über die ganze Breite der Vorreißer vorgeschaltet ist, bestehend aus der Vortrommel *t* nebst den darüber befindlichen Arbeiterwalzen, der Vorwalze *w* und der Übertragungswalze *e*. Die Aufgabe der Krempel ist es, das aufgelieferte Gut in einzelne Fasern zu zerlegen und diese in gleichmäßiger Schicht möglichst parallel zueinander zu lagern. Die dünne Faserschicht wird durch den Abnehmer *P* in Form eines zarten Flores von dem Kratzenbeschlag der Haupttrommel *T* abgenommen, wobei der vorgelagerte Läufer *v* zur Hebung der Fasern

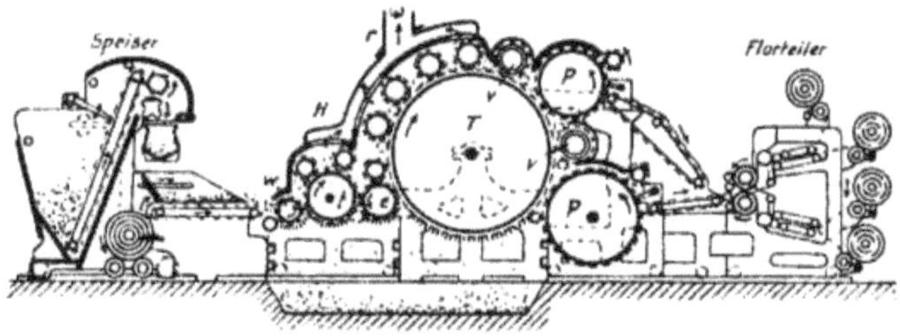

Abb. 194.

Abb. 195.

aus dem Kratzenbeschlage dient. In der vorliegenden Skizze werden durch den Abnehmer *P* nur die oberen Fasern als Flor abgenommen, während die tiefer im Kratzenbeschlag liegenden Fasern durch den nachfolgenden Abnehmer *p* mit vorgelagertem Läufer *v* als ein zweiter Flor gewonnen werden. Durch die Erzeugung dieser beiden Flore und ihre nachträgliche Wiedervereinigung durch Übereinanderlagerung wird eine größere Gleichmäßigkeit in der Schichtendicke und damit auch in dem herzustellenden Garn erzielt. Um bei dieser Umwandlung der Faserflocken in den zusammenhängenden Flor Sandkörnchen und schwerere Partikel zu entfernen, ist unter dem Vorreißer und der Haupttrommel ein Rost angeordnet, durch welchen die Verunreinigungen hindurchfallen; außerdem sind Vor- und Haupttrommel durch eine aufklappbare Haube abgedeckt, an welcher durch einen Ventilator der bei der Faserbearbeitung entwickelte Staub sowie kürzere Fasern abgesaugt werden. Rechts in der Abbildung befindet sich der Florteiler, durch welchen der in der ganzen

Arbeitsbreite der Maschine erhaltene Flor in 20—40 Streifen zerlegt wird, je nach der Anzahl der herzustellenden Fäden; jeder Streifen wird durch seitliches Hin- und Herrollen (Nitscheln) gerundet und liefert so das Vorgarn, aus welchem

Abb. 196.

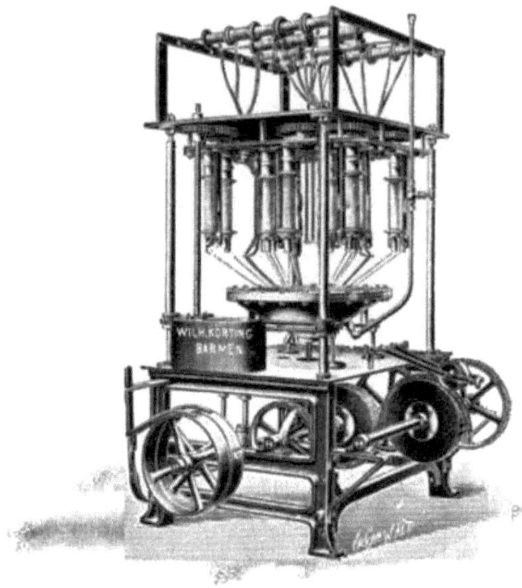

Abb. 198.

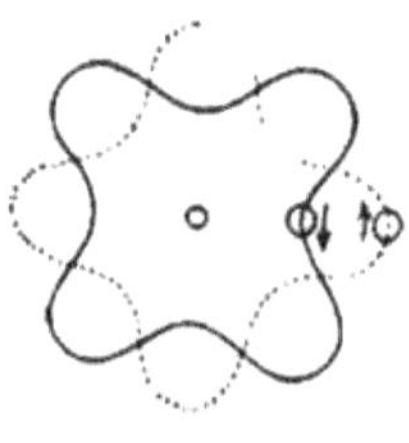

Abb. 197.

Abb. 199.

durch Drehen und Strecken das Feingarn erhalten wird.

Die Nummer eines Asbestgarnes wird angegeben durch diejenige Zahl von je 100 *m*, welche auf 1 *kg* gehen. Besonders für die feineren Garne gilt es, daß sie sich nicht aus reinem Asbest herstellen lassen. Man gibt in der Regel einen geringen Zuschlag von Baumwollfaser; die schematische Abbildung zeigt, wie in diesem Falle die Baumwolle als ein dünner Watteflor unterhalb des Speisers zugeführt werden kann.

Das Asbestgarn findet eine vielfache Anwendung, ganz besonders in der Herstellung der Glühstrümpfe für Gasbeleuchtung, bei der Anfertigung von Perlenbehängen für Beleuchtungskörper; dicke Asbestschnüre dienen vielfach zur Wärmeisolation. Die Fäden werden ferner in Webstühlen auf mancherlei Asbestgewebe verarbeitet, aus denen Kleidungsstücke, Feuerwehrschirme, Filter- und Preßtücher u. dgl. hergestellt werden. Viel Asbestgewebe dient auch zur Anfertigung von Theatervorhängen und feuersicheren Dekorationen, wobei zur Erhöhung der Zerreißfestigkeit vielfach Messingdrähte in die Kette eingezogen sind. Zu erwähnen sind ferner Asbestmatratzen, das sind Säcke aus Asbestgewebe, die mit loser Asbestfaser gefüllt sind; sie dienen z. B. als Isoliermittel für Dampfkessel auf Schiffen, Lokomotiven u. s. w.

Ein weiteres umfangreiches Spezialgebiet dieser Industrie ist die Herstellung von ***Asbestpackungen,*** wobei aus Asbestfäden durch Flechten (Klöppeln) Schläuche erzeugt werden, deren Innenraum mit Asbest oder anderen Stoffen angefüllt sein kann. Eine solche Flechtmaschine ist in der Abb. 196 wiedergegeben. Sie zeigt in der Mitte eine horizontale Scheibe, auf welcher eine große Zahl von Spulen mit Asbestgarn aufrecht steht. Oben ist ein kegelförmiges Hohlgefäß sichtbar, durch dessen Bodenöffnung eine Anzahl von Schnüren langsam nach unten gezogen wird, ein in der Mitte der Scheibe befindliches Loch passiert und auf dem Wege zwischen Hohlgefäß und Scheibe umklöppelt wird. Das Prinzip dieser Umklöppelung ergibt sich aus der schematischen Abb. 197; mit Hilfe eines unter der Scheibe angeordneten Systems von Zahnrädern wird die eine Hälfte der Garnspulen im Sinne der ausgezogenen Linie, die andere Hälfte im Sinne der punktierten Linie bewegt, während die Enden der Garne an dem abwärts geführten Strang befestigt sind. Der fest umwickelte Strang tritt unten aus der Maschine aus und kann dort aufgerollt werden. Zur Herstellung von Talkumpackungen oder Kieselgurisolierschnüren wird in das trichterförmige Gefäß Talkum oder Kieselgur eingetragen; ein Rührwerk sorgt dafür, daß diese Pulver von den abwärts bewegten Schnüren gleichmäßig mitgenommen werden. Die Abb. 198 stellt eine Flechtmaschine mit hängenden Klöppeln dar; hier ist unten ein mit Dampf heizbarer Kupferkessel zum Schmelzen von Fett-, Paraffin-, Ceresinmischungen u. s. w. für die Herstellung von imprägnierten Packungen angeordnet. Die Packungen werden in außerordentlich mannigfaltiger Ausführung benötigt; teils besitzen sie, wie oben beschrieben, lockere Einlauffäden, teils sind sie von Grund auf geflochten; die Art der Fäden kann weitgehend variiert werden, indem sowohl Fäden vegetabilischer Fasern wie Metalldrähte mit verwendet werden; der Querschnitt der Packungen ist teils kreisförmig, teils quadratisch oder rechteckig. Um die fertige Packung auf ein gleichmäßiges Kaliber zu bringen, dient die in Abb. 199 wiedergegebene Kaliberwalze.

Die Pappenfabrikation.

Sie umfaßt gleichzeitig auch die Herstellung des Asbestpapieres sowie der Asbestbauplatten und bedient sich derselben maschinellen Hilfsmittel wie die Papierfabrikation, wenn auch in einfacher Form. Als Rohmaterial dient der kurzfaserige Asbest sowie der Abfall, welcher beim Öffnen, Spinnen und Weben erhalten ist und sich in den Staubkammern angesammelt hat.

Um Asbestpappen zu erzeugen, wird der Rohstoff unter Zusatz von Wasser im Holländer zu einem gleichmäßigen dicken Brei zerfasert, dem man gleich im Holländer etwas Klebstoff beimischt, um ein besseres Zusammenhaften der Fasern in der Pappe zu erzielen. Als Klebstoff wird meist das sog. Kollodin verwendet, welches z. B. aus 20 *kg* Kartoffelmehl, etwa 80 *kg* Wasser und 5 *kg* Natronlauge (36° Bé.) in einer Knetmaschine bereitet wird. Auf 100 *kg* Pappenfaser werden etwa 30 *kg* dieses Bindemittels benutzt. Ist die Faser genügend fein, so wird der Inhalt des Holländers unter Verdünnung mit Wasser in den Rührbottich gespült, von welchem aus er durch Schöpfräder den Pappenmaschinen zugeführt wird. Zur Verhinderung einer Entmischung ist in dem Bottich ein Rührwerk angeordnet. Die Umwandlung der losen Faser in Pappe erfolgt bekanntlich dadurch, daß aus dem stark mit Wasser verdünnten Stoff auf einem Siebe oder Filze durch Ablaufenlassen und Absaugen des Wassers ein dünner zusammenhängender Flor kontinuierlich erzeugt wird, der so lange auf einer Walze (Formatwalze) aufgewickelt wird, bis die so entstehende Pappe die gewünschte Stärke angenommen hat. Dies wird angezeigt durch ein kleines Läutewerk, welches auf die jeweilige Pappenstärke eingestellt wird. Mit Hilfe eines Messers oder einer Schnur, die in einer quer über die Walze laufenden Nut liegt, wird nun die Pappe aufgerissen und durch Arbeiter von der rotierenden Walze abgenommen, worauf die Aufwicklung des Flores von neuem beginnt. Man wendet hierfür sowohl Langsieb- wie Rundsiebmaschinen, letztere meist mit 2–3 Zylindern, an (s. Papierfabrikation). Die von den Walzen abgenommenen Pappen werden zwischen Preßtüchern übereinander gestapelt und kommen unter Zwischenschaltung starker Zinkplatten alsdann in eine hydraulische Presse, wo unter einem Drucke von 15–25 *kg* pro *qcm* ein großer Teil des Wassers entfernt wird. Nach dem Pressen besitzen die Pappen genügende Festigkeit, um zum Trocknen aufgehängt zu werden. Zu diesem Zweck werden sie an dem einen Ende zwischen dünnen Leisten eingeklemmt und an diesen in Trockenkammern oder Trockenkanälen aufgehängt. Die getrocknete Pappe läßt man, um ihr ein glatteres Aussehen zu geben, durch ein Satinierwalzwerk hindurchgehen und schneidet sie zum Schlusse auf die gewünschte Größe. Der Abfall wandert in die Holländer zurück. Zur Aufhellung der Farbe setzt man dem Asbest meist etwas weißen Ton (China clay) hinzu. In ähnlicher Weise stellt man Asbest-Kieselgurpappen her, indem man den Holländer beispielsweise mit 100 *kg* Asbest, 100 *kg* Kieselgur und 30 *kg* Kollodin beschickt.

Im Gegensatz zu der Asbestpappe und den später zu besprechenden Asbestbauplatten wird das Asbestpapier in kontinuierlicher Bahn mit Hilfe der Rundsiebmaschine hergestellt. Die auf den Rundsieben erzeugten Flore werden auf dem Filze zu einer ununterbrochenen Bahn von genügender Stärke übereinander gegautscht; die Bahn wird um einen oder mehrere mit Dampf beheizte Trockenzylinder herumgeführt, durch Längsschneider auf die gewünschte Breite gebracht und gleich aufgerollt.

Asbestpappe und Asbestpapier werden hauptsächlich auf Dichtungsringe und Formstücke, Asbestschalen, Kochteller u. s. w. verarbeitet. Die Herstellung erfolgt teils durch Ausstanzen oder Schneiden aus der fertigen Pappe, teils durch Pressen und Formen der mit Wasser geweichten Pappe.

Unter den Asbestbauplatten sind zwei voneinander grundverschiedene Materialien zu verstehen: Der Asbestschiefer und der Asbestzementschiefer. Der Asbestschiefer hat sich allmählich entwickelt aus den Superatorplatten des Ungarn NAGEL (*D. R. P.* 19808), welcher einen dicken Teig aus geholländertem Asbest und Zinkoxyd auf ein Eisendrahtnetz aufwalzte und dann mit einer konz. Chlorzinklösung imprägnierte, wodurch die Erhärtung herbeigeführt wurde. Heute stellt man die Asbestschiefer in folgender Weise dar: Guter Pappenasbest wird geholländert und hierauf im Holländer mit dem gleichen Gewicht gebrannten Magnesits gleichmäßig gemischt. Die Mischung wird in ähnlicher Weise, wie bei der Pappenfabrikation beschrieben, über die Rührbütte auf der Rundsieb- (event. auch Langsieb-) Maschine verarbeitet. Unmittelbar, bevor die einzelnen Flore auf der Formatwalze aufgewickelt werden, werden sie mit einer konz. Chlorzinklösung (etwa 50° Bé.) imprägniert. Zu diesem Zwecke wird kurz vor der Formatwalze quer über dem

Filze ein schmaler Kasten angeordnet, in welchen aus einem Hochbehälter, durch Hahn regulierbar, die Chlorzinklösung einfließt. Die Übertragung der Lösung aus dem Kasten auf den Flor erfolgt durch eine rotierende Walzenbürste, welche unten in die Lösung eintaucht. Sobald die auf der Formatwalze aufgewickelten Flore die gewünschte Dicke angenommen haben, werden die Pappen in üblicher Weise abgenommen und zwischen Preßtüchern aufgestapelt, um in ähnlicher Weise wie die gewöhnlichen Pappen auf etwa 25 *Atm.* pro *qcm* hydraulisch gepreßt zu werden. Man läßt sie einige Zeit unter diesem Drucke; durch die zwischen der Magnesia und dem Chlorzink sich abspielende Umsetzung tritt eine Erwärmung ein, welche die Erhärtung der Platten beschleunigt. Beim Herausnehmen aus der Presse sind die Platten bereits hart; man legt sie übereinander und überläßt sie einen Tag sich selbst, um den Erhärtungsvorgang, begünstigt durch die den Platten noch innewohnende Wärme, ungestört zu Ende laufen zu lassen. In diesem Zustand sind die Platten jedoch nicht wasserdicht; das in dem Bindemittel enthaltene Chlorzink, bzw. das durch Umsetzung daraus entstandene Chlormagnesium zieht infolge seiner hygroskopischen Eigenschaften Feuchtigkeit an und verteilt sie durch die ganze Platte hindurch; wollte man aber die hygroskopischen Salze durch Wässern entfernen, so würde in demselben Grade die Festigkeit des Bindemittels aufgehoben werden. Man hilft sich in der Weise, daß man die Platten mit einem wasserabstoßenden Überzug versieht, indem man sie nacheinander in ein Seifenbad und in eine Lösung von schwefelsaurer Tonerde einhängt. Hiernach werden die Platten getrocknet, durch Satinieren geglättet und zugeschnitten. So hergestellte Asbestschieferplatten sind auch bei der Verwendung im Freien längere Zeit wasserdicht; sobald aber der wasserabstoßende Überzug, der sich nur in den äußersten Schichten der Platte befindet, durch Wind und Wetter gelitten hat, hört die Wasserdichtigkeit auf; durch den Regen wird das in den Platten enthaltene Bindemittel immer mürber und lockerer, so daß bei starker Beanspruchung eine solche Platte schließlich vollständig zerfällt. Im Innenbau aber, überhaupt dort, wo sie vor dauernder Berührung mit Wasser geschützt sind, haben sich derartige Asbestschieferplatten, auch wenn sie nicht mit dem wasserabstoßenden Überzug versehen sind, sehr bewährt. Und das verdanken sie einer Reihe guter Eigenschaften; so sind sie verhältnismäßig sehr leicht, indem ihr Raumgewicht nur wenig über 1 liegt; trotz ihrer Festigkeit lassen sie sich leicht nageln, sägen, hobeln, fräsen; sie sind nicht feuergefährlich, da sie nichts Brennbares enthalten. Durch Zusatz mineralischer Farbkörper zur Holländerbeschickung lassen sie sich beliebig färben; neben weißen Schieferplatten werden namentlich graue, rote und grüne erzeugt.

Diesen älteren Bauplatten an Haltbarkeit bei weitem überlegen ist der Asbestzementschiefer, in welchem der Portlandzement als Bindemittel für die Asbestfasern fungiert. Der erste, welcher aus diesen beiden Materialien vorzügliche Platten erzeugte, war L. HATSCHEK in Vöcklabruck (Ob. Österr.), dessen Verfahren in Deutschland durch das *D. R. P.* 162329 [1900] geschützt wurde. Sein Patentanspruch lautet: „Verfahren zur Herstellung von Kunststeinplatten aus hydraulischen Bindemitteln unter Anwendung von Faserstoffen, dadurch gekennzeichnet, daß man das unter Zusatz großer Mengen Wassers hergestellte innige Gemisch des hydraulischen Bindemittels und des Faserstoffes auf der Pappen- oder Papiermaschine verarbeitet, so daß die Abbindung des hydraulischen Bindemittels erst nach Fertigstellung der Platten eintritt." Der Patentanspruch behandelt nur die Erzeugung des Asbestzementgemisches im Holländer und die Formung auf der Pappen- oder Papiermaschine zu Platten, läßt aber ein Moment, das zur Erzeugung brauchbarer Platten von höchster Wichtigkeit ist, ganz außer acht, das ist ein enorm hoher Preßdruck, dem die Pappen nach ihrer Abnahme von der Formatwalze ausgesetzt werden müssen. Zur Herstellung geht man zweckmäßig von russischer Pappenfaser aus, welche wegen ihrer höheren Ergiebigkeit und Festigkeit trotz eines etwas höheren Preises für diesen Zweck der canadischen Faser vorzuziehen ist. Es werden etwa 70 *kg* russischer bzw. sibirischer Asbest im Holländer gemahlen und nach genügender Zerfeinerung mit etwa 500 *kg* langsam bindenden Portlandzements gemischt. Trotz des Mißverhältnisses zwischen Faser und Zementpulver läßt sich die Mischung auf der Lang- oder Rundsiebmaschine zu Pappen formen, welche möglichst bald nach der Abnahme von der Formatwalze der hydraulischen Pressung unterworfen werden. Je höher der Preßdruck ist, umso dichter und fester werden die Platten; für ein Format von 50×50 *cm* beträgt er etwa 800000—1000000 *kg*, entsprechend etwa 400 *kg* pro *qcm*. Die gepreßten Platten werden zweckmäßig in eine Tauchvorrichtung gebracht, um durch zeitweises Eintauchen in Wasser das Abbinden des Zements zu befördern, und werden dann in einem kühlen, feuchten Raum mindestens vier Wochen aufgestapelt. Derartige Platten, welche z. B. unter dem Namen Eternitschiefer in den Handel kommen, dienen vorzugsweise als Ersatz des Naturschiefers zum Belegen von Dächern und Verkleiden von Außenwänden. Sind sie nicht gründlich erhärtet, so werfen sie sich unter dem Einfluß der einseitigen Bestrahlung und Erwärmung durch die Sonne. Ist aber der Erhärtungsprozeß sachgemäß durchgeführt, so stellen die Platten ein vorzügliches Baumaterial von hoher Festigkeit, Dichtigkeit und Dauerhaftigkeit bei verhältnismäßiger Leichtigkeit dar, welches der Beanspruchung durch Wind und Wetter dauernd gewachsen ist. Seine Zugfestigkeit beträgt etwa 4,2 *kg* pro *qmm*, die Biegungsfestigkeit wird mit 6,4 *kg* angegeben. Mit dem Sinken des Preßdruckes werden die Platten poröser, durchlässiger für Wasser und verlieren an Festigkeit. Derartige Platten können dafür aber in größeren Formaten dargestellt werden und sind für die Innenverkleidung durchaus geeignet. Auch der Asbestzementschiefer kann durch Zusatz von Mineralfarben zur Holländermischung gefärbt werden. Die Abwässer dieser Pappen- und Plattenfabrikation passieren vor dem Verlassen der Fabrik Klärbassins, in denen sich die mitgeführten Fasern und sonstigen schwereren Partikel als Schlamm zu Boden setzen.

Im Anhang zu den Bauplatten sind hier noch die Hochdruckdichtungsplatten oder „It-Platten" anzuführen, welche aus gut aufgeschlossener Asbestfaser und bester Kautschuklösung neben etwaigen anderen Zusätzen, wie Schwefel, färbenden Stoffen u. s. w., durch Walzen auf dem sog. „It-Walzwerk" hergestellt werden; näheres hierüber vgl. unter Kautschuk.

Sonstige Anwendungsgebiete des Asbestes.

Soweit die manigfaltige Verwendung des Asbestes im Laboratorium in Betracht kommt (zum Filtrieren in Gooch-Tiegeln, in der Elementaranalyse, als Träger für Kontaktstoffe u. s. w.), sei nur daran erinnert, daß der hauptsächlich in Frage kommende Serpentinasbest Krystallwasser enthält, das erst durch kräftiges Glühen entfernt wird, und daß er weiter durch Säuren, selbst verdünnte organische, angegriffen wird. Für Zwecke der anorganischen Analyse wird der Asbest daher zweckmäßig durch Kochen mit Salz- oder Schwefelsäure vollständig zersetzt, so daß nur die in Faserform zurückbleibende Kieselsäure tatsächlich benutzt wird. Man vergesse nicht, diese durch Glühen vom chemisch gebundenen Wasser und anhaftender organischer Substanz zu befreien.

Eine eigenartige technische Verwendung hat der durch Säuren zersetzte Asbest als Reinigungs-, Putz- und Poliermittel gemäß *D. R. P.* 201862 gefunden. Beim trockenen Aufbürsten des faserigen Materials, besonders auf angelaufene Edelmetalle, werden die Bestandteile der Anlaufschicht von ihm aufgenommen und festgehalten, so daß das Mittel besonders zum Reinigen und Polieren von Metallstickereien auf Stoffen geeignet ist. Staub und Schmutz werden von den Fasern so vollständig aufgenommen, daß keinerlei Übertragung auf den die Stickerei umgebenden Stoff zu befürchten ist. Für diesen Zweck wird das Mittel unter dem Namen „Dr. Spitzers Tressenputz" in den Handel gebracht.

Nicht unbedeutende Mengen Asbest dienen als Bier- und Weinfilterfaser. In Betracht kommt hierfür ein möglichst reines, leichtes, wenn auch kurzes Fasermaterial, welches beim Eintragen in die zu klärenden Flüssigkeiten die feinen Trübstoffe an sich zieht und zu Boden reißt. Auch hierbei ist auf die Angreifbarkeit des Asbestes durch schwache organische Säuren Rücksicht zu nehmen, indem man nötigenfalls den Asbest vorher mit verdünnter Salzsäure behandelt, zu ihrer Entfernung das Material auf der Maschine zu Pappen formt und letztere in einer Exzelsiormühle auf die gewünschte Feinheit mahlt. Unter Umständen aber kann auch die dem Asbest stets anhaftende organische Substanz den Geschmack der zu reinigenden Flüssigkeit nachteilig beeinflussen.

Von Bedeutung sind ferner die Asbest-Isolierkompositionen, welche zur Umkleidung von Dampfrohren zwecks Verhütung der Wärmeausstrahlung dienen. Derartige Mischungen müssen sich in angefeuchtetem Zustande möglichst bequem auf die Rohre auftragen lassen, sie müssen sehr leicht und von lauter feinen Poren durchsetzt sein, da die in diesen Poren stagnierende Luft die beste Wärmeisolation gewährt. Ein Hauptbestandteil dieser Kompositionen bildet daher die Kieselgur, statt ihrer auch Korkpulver; Asbestfaser, Kuhhaare, zerfasertes Papier dienen zum Zusammenhalten des Pulvers; endlich werden Dextrin, Gips, hochplastischer Ton, bzw. Lehm, oder ähnliche Stoffe als Bindemittel hinzugesetzt.

Ein weiteres Produkt, dem die Aufgabe zufällt, alle in dieser Industrie sich ergebenden, sonst nicht weiter nutzbaren Abfälle zu verwerten, ist der Asbestmörtel. Der Schlamm aus den Klärbassins der Pappen- und Schieferfabrikation, die sonstigen Abfälle der letztgenannten, die steinigen Rückstände aus dem Öffner, alle diese Materialien werden durch Passieren einer Schleudermühle zerkleinert und unmittelbar vor der Verwendung etwa mit dem gleichen Gewicht Zement und der nötigen Menge Wasser zu einem dicken Brei angemacht, der nach Art des Rabitzputzes auf ein aufgespanntes Drahtgewebe aufgetragen wird.

Statistisches. Die nachstehende Tabelle zeigt die Asbestgewinnung in den wichtigsten Erzeugungsländern in *t* à 1000 *kg*:

	1902	1905	1908	1911
Canada	27414	45967	60372	87370
Vereinigte Staaten Amerikas	912	2820	849	6900
Rußland	4507	7266	10540	15475
Capkolonie	41	454	770	–
Cypern		–	330	420

Die Tabelle läßt deutlich die steigende Tendenz in der Verwertung dieses Naturproduktes erkennen.

Über die Produktion von Asbest liegen besonders ausführliche Angaben in dem Buche „Chrysotile Asbestos, its occurrence, exploitation, milling and uses von FRITZ CIRKEL“, II. Aufl. Ottawa 1910, Veröffentlichung des Departement of Mines (Mines Brand) vor.

Angaben über die Produktion in den Vereinigten Staaten und in Canada hat DILLER im Bd. II der „Mineral Resources of the United States“, 1911, gemacht. Die Produktion in engl. *t* an Asbest in den Vereinigten Staaten betrug 1911 7604 *t* im Werte von 119935 Dollars und stammt aus den Staaten Arizona, Georgia, Vermont, Wyoming, Kalifornien. Die größte Produktion weist aber Canada (Provinz Quebec) auf, dessen Produktion von 8756 *t* im Jahre 1895 auf 100893 im Wert von 2,92 Mill. Dollars im Jahre 1912 gestiegen ist. Eine erhebliche Bedeutung weist auch die russische Produktion auf. Der deutsche Import an Asbest betrug in den letzten Jahren 12334 *t* (1911) und 14790 *t* im Jahre 1912 im Gesamtwert von 3,8 bzw. 4,56 Mill. M.

Canada lieferte 1912 hiervon mehr als die Hälfte (7919 *t*), während der Rest der Einfuhr auf die Vereinigten Staaten (3723 *t*, zum Teil wohl ebenfalls canadischer Provenienz), auf Rußland (2208 *t*) und Britisch-Südafrika (504 *t*) entfiel. Die Ausfuhr von 1872 *t* im Werte von 936000 Dollars ging nach Österreich-Ungarn, der Schweiz und Italien. Im wesentlichen dürfte es sich hierbei um Wiederausfuhr handeln.

Literatur: VENERAND, Asbest und Feuerschutz. Hartleben, Wien, Pest, Leipzig. – CONQUIST, Das Ganze der Asbestverarbeitung. Union Deutsche Verlagsgesellschaft, Zweigniederlassung Berlin. – CIRKEL, Chrysotile asbestos. II. Auflage, Ottawa 1910, Govern. Print. Bur. – ROHN, Die Spinnerei in technologischer Darstellung. Jul. Springer, Berlin 1910. – JONES, Asbestos and Asbestic. London 1897. – SPONAR, Das Mineralgespinst Asbest. *Kunstst.* I. [**1911**], 245, 285, 308. – WENINGER, Erzeugung von Asbestzementschieferpappen. Ztschr. Der Papierfabrikant **1912**, 247. – SCHRADER, Säurebeständige Asbestfabrikate für die chemische Industrie. *Ch. Ztg.* **1897**, 285. – VAN DER BELLEN, Über die Bildung von Asbest auf mechanischem Wege. *Ch. Ztg.* **1900**, 284; Beiträge zur Kenntnis des Asbestes. *Ch. Ztg.* **1900**, 392. – REIDEMEISTER, Über sog. Asbest. *Ch. Ztg.* **1900**, 537; Die canadische Asbestindustrie. *Ch. Ztg.* **1906**, 767. *F. Spitzer.*

Aseptinsäure, Acidum aseptinicum oder asepticum, hieß eine Lösung von 3 T. Salicylsäure (oder auch Kresotinsäure) und 5 T. Borsäure in ca. 1,5%iger Wasserstoffsuperoxydlösung. Empfohlen als Antisepticum, auch zur Eierkonservierung. *Zernik.*

Aseptol = $33^1/_3$%ige Lösung von o-Phenolsulfosäure. Unter gleichem Namen kam von Schweden aus eine aromatisierte wässerige Lösung von oxychinolinsulfosaurem Kalium und Seife in den Handel. *Zernik.*

Asferryl (C. SORGER, Frankfurt a. M.), früher Asferrin, ist das saure Ferrisalz einer komplexen Arsenweinsäure. Die Darstellung beruht darauf, daß Ferriarseniat in Weinsäure sich löst; aus dieser Lösung ist Asferryl abgeschieden. Grünlichgelbes, lichtempfindliches Pulver mit 20% *Fe* und 26% *As* wasserfrei, wasserhaltig (10% H_2O) 18% *Fe* und 23% *As*. 1907 als Arseneisenpräparat empfohlen; blieb ohne Bedeutung. *Zernik.*

Ashberrium-Metall, Ashberrymetall, s. Britanniametall. *Oberhoffer.*

l-Asparagin $\begin{matrix} CH_2 \cdot CO \cdot NH_2 \\ | \\ NH_2 \cdot CH \cdot CO_2H \end{matrix} + H_2O$, kommt im Spargel vor; es bildet große glänzende, linkshemiedrische, rhombische Krystalle von fadem, widerlich kühlendem Geschmack. *Schmelzp.* im geschlossenen Rohr 226–227° (Zers.); *D* 1,552. Die Substanz dreht das polarisierte Licht in rein wässeriger oder alkalischer Lösung links, in saurer rechts. Sie ist in heißem Wasser ziemlich, in Alkohol und Äther nicht leicht löslich.

Zur Darstellung wird der Saft von Schwarzwurzeln, gekeimten Wicken, Erbsen oder Bohnen aufgekocht, filtriert und eingedampft. Die Verbindung wird durch Quecksilbernitrat gefällt (R. PIRIA, *A.* **68**, 343 [1848]; F. v. GORUP-BESANEZ, *A.* **125**, 291 [1863]; E. SCHULZE, *B.* **15**, 2855 [1882]).

Asparagin gilt als „Eiweißsparer“ bei der Ernährung des tierischen Körpers, ohne das Eiweiß ersetzen zu können.

Anwendung gegen Gicht und Herzwassersucht. Die Quecksilberverbindung $Hg(C_4H_7O_3N_2)_2$, erhalten durch Auflösen von Quecksilberoxyd in Asparaginlösung, wird gegen Syphilis angewendet. *G. Cohn.*

Asphalt ist der griechische Ausdruck für Erdpech und ist später für solche Bitumina angewendet worden, die, natürlich vorkommend, schwarz, brennbar und schmelzbar sind. Im Laufe der Zeit hat sich der Begriff erweitert und ist auch für solche Materialien gebraucht worden, die ähnliche Bedingungen erfüllen, auch wenn sie künstlich hergestellt wurden, wie z. B. Steinkohlenpech. Ein gewisser Unterschied zwischen beiden besteht insofern, als die natürlich vorkommenden Asphalte in der Regel als Asphalte bezeichnet werden, während die künstlich erzeugten gewöhnlich den Namen Pech führen. Eine scharfe Trennung der natürlichen und künstlichen Produkte ist weder nach der Bezeichnung, noch nach ihrer Zusammensetzung und ihren Eigenschaften festzustellen, da ein allmählicher Übergang von dem einen zum andern stattfindet. Zwischen den Endgliedern der Reihe, z. B. zwischen Naturasphalt und Steinkohlenpech, bestehen allerdings gewaltige Unterschiede.

Der Asphalt ist schon seit langen Zeiten bekannt, u. zw. nicht nur seinem Vorkommen, sondern auch seiner technischen Verwendung nach. Schon in der Bibel wird angeführt, daß beim babylonischen Turmbau Asphalt als Bindemittel verwendet worden ist, ebenso beschreiben HERODOT und PLINIUS die Gewinnung und Verwendung von Asphalt, und der Name findet sich schon bei ARISTOTELES. Asphalt selbst ist weitverbreitet auf der Erde, wenn er sich auch selten rein in großen Mengen auf einmal vorfindet. Am meisten verbreitet ist er als bituminöser Kalkstein, d. h. Kalkstein, der mit geringen oder größeren Mengen Asphalt imprägniert ist, wie er auch zum Bau von Asphaltstraßen verwendet wird. Solche Vorkommen befinden sich in Italien, Schweiz, Frankreich, Deutschland, Nordamerika und an vielen anderen Stellen mehr. In wesentlich reinerem Zustand kommt er auf der Insel Trinidad, in Venezuela, in Cuba, Californien und in der Türkei vor. Während beim Asphaltgestein die anorganischen Bestandteile ihrer Menge nach überwiegen, bestehen die zuletzt genannten Asphaltvorkommen zum großen Teil aus Asphalt mit nur geringen Beimischungen. Es finden sich sogar natürliche Asphalte, die fast frei von anorganischen Bestandteilen sind. Schließlich findet er sich noch in mehr oder weniger dickflüssiger Form als Maltha (Bergteer) oder flüssiger Asphalt und bildet als solcher gewissermaßen schon einen Übergang zum Erdöl, dem er unserer jetzigen Kenntnis nach ja seinen Ursprung verdankt.

Es seien zunächst kurz einige der hauptsächlichsten Asphaltvorkommen beschrieben. Das größte zurzeit bekannte Vorkommen dürfte wohl das von Trinidad sein. Hier findet sich in der Nähe der Ortschaft La Brea auf einer kleinen Halbinsel, nicht weit vom Seeufer entfernt, ein regelrechter See von Asphalt, etwa 40 *ha* groß und von außerordentlicher Tiefe. Das Material besteht aus etwa 40% Asphalt und etwa je 30% Wasser und Mineralbestandteilen. Es bildet zurzeit die ergiebigste Quelle für Asphalt, und jährlich werden zurzeit über 200.000 *t* dort gefördert, das ist mehr, als von allen anderen Asphaltvorkommen zusammengenommen. Das Material wird durch Hacken direkt von der Oberfläche gewonnen, wird in unregelmäßig geformten Blöcken dann in Kabelbahnwagen geladen (Abb. 200), die sich direkt in die Transportschiffe entleeren. Es wird am Verbrauchsorte dann durch Raffination gereinigt. Die Raffinierung besteht in einem Aufschmelzen des Materials und Verjagen des anhängenden Wassers. Es entsteht dann ein Produkt, das ziemlich konstant 56% Bitumen enthält. Ein weiteres bedeutendes Vorkommen findet sich nicht weit von der Insel Trinidad, im gegenüberliegenden Venezuela bei der Ortschaft Guanoko. Es bildet den Bermudezsee. Hier quillt der flüssige Asphalt ständig aus Quellen und Kratern (Abb. 201) und verdickt an der Luft, wobei das sehr weiche Material fest wird. Der Bermudez-Asphalt ist weicher als der Trinidad-Asphalt und wesentlich reiner. Während der Trinidad-Asphalt im raffinierten Zustande nur etwa 56% Bitumen enthält, steigt der Bitumengehalt im Bermudez-Asphalt auf 90–95%. Ähnliche, wenn auch nicht so bedeutende Vorkommen von ziemlich reinem Asphalt sind in Mexiko an verschiedenen Orten festgestellt worden, ebenso in Californien bei La Patera. Ein weiteres Vorkommen findet sich in Cuba in der Nähe von Matanzas. Sehr reines Material wird ferner am Toten Meere gewonnen, teilweise schwimmt das Material auf der Oberfläche des sehr salzreichen Wassers. Ein besonders reines Material stellt der Gilsonit dar, der in Colorado und Utah gewonnen wird. Er ist ein tiefschwarzes, glänzendes Material, fast zu 100% aus reinem Bitumen bestehend. Verschieden davon, wenn auch gleichfalls sehr rein, ist der Grahamit vom Aussehen der Steinkohle und im Gegensatz zum Gilsonit in den gewöhnlichen Lösungsmitteln unlöslich. Asphalthaltiges Gestein findet sich in der Nähe von Ragusa in Sizilien, von wo aus es in großer Menge gewonnen und verschifft wird. Ein großer Teil des in Deutschland verwendeten Stampfasphaltes stammt von dort. Weitere Lager finden sich in den Abruzzen bei Lettomanopello, die gleichfalls ausgebeutet werden, teilweise nicht allein auf Asphaltgestein, sondern auf reineren Asphalt, der durch Ausschmelzen reicheren Gesteins erhalten wird. Eine der wichtigsten und auch am längsten bekannten Lagerstätten ist die im Val de Travers im Kanton Neuchatel. Diese Lager waren schon im Jahre 1712 von Eirinis, einem griechischen Arzt, entdeckt und teilweise auch ausgebeutet worden. Frankreich hat Lager bei Seyssel an der Rhone, an der Bahn von Genf nach Culoz, 50 *km* von Genf entfernt. Die Lager liegen treppenförmig übereinander und werden gleichfalls zurzeit ausgebeutet. Deutschland hat Lager bei Lobsann im

Abb. 200.

Abb. 201.

Elsaß, ferner bei Limmer und Vorwohle in Hannover. Die letzteren Lager sind jedoch nicht sehr reich an Bitumen, durchschnittlich etwa 5—6%, und das Material muß deshalb zur Herstellung von Stampf- und Gußasphalt noch mit reinem Bitumen angereichert werden.

Große Mengen sog. Asphalt werden ferner künstlich gewonnen; einmal hinterbleibt er als Rückstand bei der Destillation des Steinkohlenteers in Mengen von etwa 50—60%. Dieser Asphalt oder Pech, wie das Material besser genannt wird, ist vollkommen verschieden von Naturasphalten, da es im wesentlichen aus aromatischen Kohlenwasserstoffen besteht. Näher kommt dem Naturasphalt schon das Braunkohlenteerpech, resultierend bei der Destillation der Raffinationsabfälle der Braunkohlenteerindustrie, und schließlich bilden die sog. Petrolpeche, die als Rückstand bei der Destillation von Rohpetroleum hinterbleiben, das eigentliche Bindeglied nach den natürlichen Asphalten. Sie werden im größten Maßstabe namentlich in Amerika gewonnen, wo einmal in den asphaltischen Rohölen ein ausgezeichnetes Ausgangsmaterial für ihre Darstellung vorhanden ist, zum andern auch für ihre Darstellung ein Bedürfnis vorliegt, infolge der dort angewandten Methoden des Straßenbaues. Man kann sagen, daß, je mehr ein Rohöl schon vorgebildeten Asphalt enthält, um so mehr sich der bei seiner Destillation hinterbleibende Asphaltrückstand dem Naturasphalt nähern wird.

Nachfolgend sind Eigenschaften und Zusammensetzung von einigen Asphalten angegeben:

Herkunft des Asphaltes	Aussehen	Bitumengehalt	Schmelzp.	Spez. Gew.	Mineralbestandteile
Trinidad	braunschwarz	56%	84°	1,40	43%
Bermudez	schwarz, glänzend	96%	65°	1,057	3%
Gilsonit	tiefschwarz, glänzend	100%	über 100°	—	—
Grahamit	schwarz, steinkohlenähnlich	100%	unschmelzbar	—	—
Italienischer Asphalt	graubraun bis schwarzbraun	10—25%	schmilzt nicht, zerfällt beim Erhitzen in Pulver	—	75—90%
Selenitza	—	ca. 75%	über 100°	—	—
Cuba	schwarzbraun	ca. 75%	über 100°	1,30	22%
Californischer von La Patera	schwarzbraun	50%	über 100°	1,38	49%
Ölpech von Baku	schwarz	92%	66°	1,1	Spuren
Ölpech von Californien „D“ Grade	schwarz	99%	ca. 70°	—	Spuren
Braunkohlenpech	schwarz, glänzend	99%	85°	über 1	Spuren
Steinkohlenpech	schwarz, mattglänzend	40—80%	80— über 100°	über 1	sog. freier Kohlenstoff, 20—40%

Deutscher Asphalt (angereichert):

Lösliches Bitumen mit 2,61% Schwefel	10,27%	Kohlensaures Magnesium	0,84%
Unlösliches Bitumen, Gips, Alkalien	0,62%	Feuchtigkeit . .	0,25%
Kieselsäure inkl. Sand, bzw. Gangart	3,71%	Kohlensaures Calcium	82,46%
Eisenoxyd und Tonerde	1,85%		

Die Eigenschaften der Asphalte. Die Asphalte zeigen je nach ihrem Vorkommen vollständig verschiedene Eigenschaften. Man findet Asphalte, die infolge des geringen Bitumengehaltes fast gewöhnlichen Steinen ähnlich sind, ferner solche, die rein, spröde und hochglänzend sind, und schließlich solche, die mehr einem Rohöl ähneln. Um die wirklichen Eigenschaften des Bitumens, wie es in den Asphalten und Asphaltgesteinen enthalten ist, prüfen zu können, muß man stets auf das reine Bitumen zurückgehen, das durch Extraktion aus den Asphalten gewonnen werden kann. Untersucht man dieses reine Bitumen, so findet man, daß es zum allergrößten Teil aus Kohlenstoff, dann Wasserstoff, wechselnden Mengen Schwefel, Sauerstoff und Stickstoff besteht.

Viele der Asphalte sind zu hart und spröde, um gleich Verwendung zu finden. Bei einigen derselben, z. B. bei Lackasphalten, wie Gilsonit und Grahamit, ist die Härte erwünscht, bei anderen wieder, wie bei Trinidad-Asphalt, muß sie je nach dem Verwendungszweck durch Zusatz von schwersiedenden Ölen vermindert werden. Als solche Öle dienen mit Vorteil die flüssigen Asphalte, die sich entweder in der Natur vorfinden oder, wie es meistens der Fall ist, als Rückstand bei der Destillation von asphaltischen Erdölen hinterbleiben.

Verwendung. Die Verwendung der Asphalte ist äußerst vielseitig, und es ist wohl kaum ein Gebiet der Technik zu finden, mit dem sie nicht in irgend welcher Weise im Zusammenhange stehen. Das Hauptverwendungsgebiet ist jedoch und wird auch voraussichtlich in Zukunft bleiben: der Straßenbau. Hierfür finden sowohl das Asphaltgestein wie auch der reine Asphalt Verwendung. Eine der ältesten Formen ist die Anwendung des Asphaltgesteins zum Bau von Stampfasphaltstraßen. Die bitumenhaltigen Kalksteine zerfallen in der Wärme zu einem feinen Pulver dadurch, daß das in ihnen enthaltene Bitumen schmilzt. Komprimiert man nun während des Erkaltens dieses Pulver, so bildet es nach dem Erkalten eine zusammenhängende harte Masse, wie wir sie als Oberfläche der Stampfasphaltstraße sehen. Man unterstützt dieses Zerfallen in der Technik durch vorheriges Zerkleinern des Asphaltgesteins, das meistens mit Hilfe von Desintegratoren geschieht.

Die Desintegratoren (Abb. 202) bestehen aus Trommeln, in deren Innern sich mit großer Geschwindigkeit in entgegengesetzter Richtung mehrere runde Körbe bewegen, die mit einer großen Anzahl von Stäben besetzt sind. Die zu zerkleinernden Materialien treffen auf die Stäbe auf und werden gegen den nächsten in entgegengesetzter Richtung sich bewegenden Korb geworfen, von diesem abermals weggeschleudert, so daß infolge der Wucht des Aufprallens an die Stäbe eine vollständige Zerkleinerung eintritt. Solche Desintegratoren werden von verschiedenen Firmen in Deutschland, wie KRUPP-Magdeburg, Maschinenfabrik LUTHER-Braunschweig, MÖLLER-Brackwede und einer großen Anzahl anderer erbaut.

Das Pulver wird dann entweder auf flachen Darren oder auch in rotierenden Trommeln erhitzt (auf etwa 100—120°) und dann im erhitzten Zustande auf die vorher vorbereitete Straßenoberfläche gebracht. Für Stampfasphalt dient gewöhnlich als Untergrund eine Betonschicht, die eigentlich die Last des Verkehres trägt, während die darübergelegte Asphaltdecke nur mit einem Teppich zu vergleichen ist, der den Schall dämpft, die Straße stets glatt und sauber und zu gleicher

Zeit unangreifbar für Feuchtigkeit erhält. Das heiße Pulver wird so hoch aufgeschüttet, daß es nach dem Komprimieren eine Dicke von 4—5 *cm* Stärke bildet. Die Kompression geschieht zunächst in der Regel durch Walzen mit leichten Handwalzen und nachfolgende Kompression mit Hilfe von Handstampfern. Stampfmaschinen sind wohl versucht worden, haben aber bis jetzt wenig Anklang gefunden. Die Stampfasphaltpflasterung hat sich namentlich in Deutschland große Beliebtheit erworben, und in Berlin sind schätzungsweise 4 Mill. *qm* Straße damit versehen. Zur Stampfasphaltherstellung eignet sich nur ein Asphaltgestein von etwa 10—11% Bitumengehalt. Man ist also dabei an eine sorgfältige Auslese des Materials gebunden. Teilweise hat man auch versucht, wie z. B. in Deutschland, in ärmerem Gestein durch Anreicherung mit reinem Asphalt den Bitumengehalt zu erhöhen. Geht man mit dieser Erhöhung des Bitumengehaltes weiter, so beginnt die Masse nicht nur pulverförmig, sondern sogar flüssig zu werden und bildet in dieser Form die Grundlage des Gußasphaltes. Der Gußasphalt besteht aus Asphaltsteinmehl, konz. Bitumen in solcher Quantität, daß das Ganze beim Erwärmen flüssig wird, und Kies.

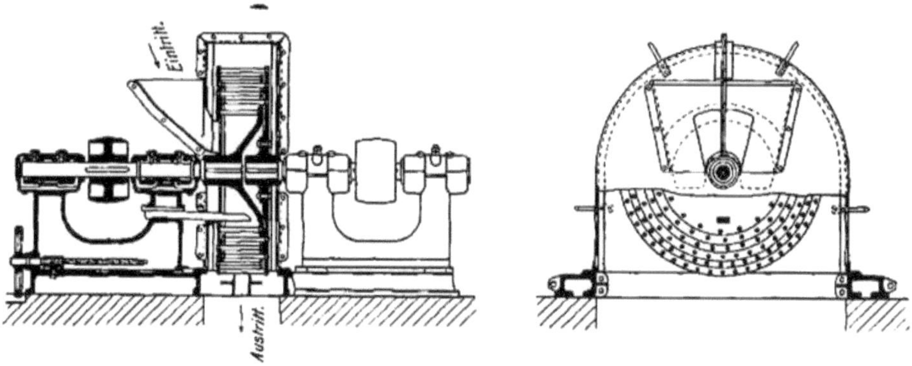

Abb

Das konz. Bitumen führt in dieser Industrie den Namen „Goudron". Der Goudron ist demnach ein Gemisch von härterem Asphalt mit hochsiedenden Mineralölen in solcher Menge, daß das Gemisch einen gewissen Grad der Weichheit und Knetbarkeit erlangt. Die Herstellung des Goudrons geschieht dadurch, daß man den Asphalt, wie z. B. Trinidad-Asphalt, aufschmilzt, am besten, wenn auch in der Kleinindustrie noch wenig angewendet, mit Hilfe von indirektem Dampf, um eine Überhitzung und Zersetzung zu vermeiden, und in den flüssigen Asphalt dann das Flußöl einrührt. Die Temperatur soll bei der Herstellung nicht mehr als 180—200° betragen, um eine Zersetzung des Asphaltes zu vermeiden. Der Zusatz an dem Flußöl kann je nach den Erfordernissen 5—15%, wenn man ein Destillat, oder 20—40%, wenn man einen Rückstand verwendet, betragen. Der Goudron wird nach dem Aufschmelzen entweder direkt auf Mastix verarbeitet, oder, wenn man ihn aufheben oder versenden will, in Fässer gefüllt, die mit Kalkmilch oder Lehmbrühe ausgeschwenkt sind.

Der Mastix (Asphaltmastix) enthält etwa 15—20% Bitumen und wird aus gemahlenem Asphaltstein und Goudron in solchem Mengenverhältnis hergestellt, daß das Gemisch den gewünschten Bitumengehalt erhält. Die anzuwendenden Mengen richten sich nach dem Bitumengehalt des Asphaltsteinmehles. Angenommen, das Asphaltgestein enthält 10% Bitumen und man will auf einen Mastix von 20% Bitumen kommen, so muß man etwa 20% Goudron von 60—75% Bitumengehalt zufügen. Die Herstellung des Mastix geschieht in mit direktem Feuer geheizten Trommeln, die im Innern ein Rührwerk haben, damit das Gemisch nicht am Boden anbrennt. Teils wird der Mastix direkt auf die Baustelle gefahren und zu Gußasphalt verarbeitet, teils auch in Brotform gegossen und in dieser Form aufbewahrt und versandt. Beifolgend ist die Form einiger solcher Brote dargestellt. (Abb. 203.)

Beim Gebrauch wird der Mastix wieder aufgeschmolzen, mit reinem, getrocknetem Kies versetzt und in Breiform auf die Straße, den Fußweg oder sonstigen Untergrund gebracht, mit Spachteln ausgestrichen und verrieben und bildet nach dem Erkalten die Gußasphaltdecke. Der Gußasphalt ist gegenüber dem Stampfgehalt reicher an Bitumen und enthält etwa durchschnittlich 13—14% Bitumen, wenn auch Abweichungen, namentlich nach oben, vorkommen. Man muß bei der Gußasphaltherstellung vor allem auch auf das Klima des Ortes, wo er angewendet werden soll, Rücksicht nehmen. In heißen Gegenden empfiehlt sich ein bitumenärmerer Gußasphalt, damit er in der Hitze nicht zu weich wird, in kalten Gegenden dagegen ein bitumenreicherer, damit er im Winter nicht reißt und bröckelig wird. Der Gußasphalt hat vor dem Stampfasphalt den Vorzug, daß er etwas rauher ist und keiner kostspieligen Vorrichtung beim Verlegen bedarf. Er wird gern zum Bedecken von Fußwegen, Bahnsteigen, Fabrikfußböden u. dgl. verwendet.

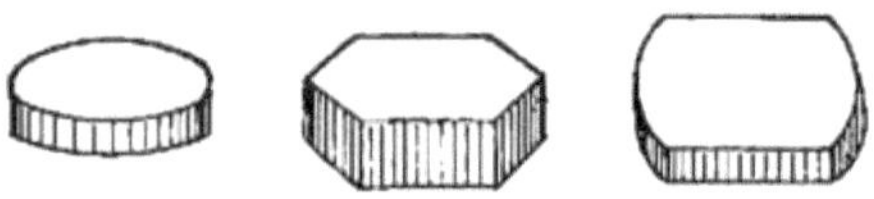

Abb. 203.

Eine namentlich in Amerika vielgebrauchte Form für die Straßenasphaltierung ist der Walzasphalt. Der Walzasphalt verdankt seinen Namen dem Umstand, daß er weder durch Stampfen, wie der Stampfasphalt, noch durch Gießen, wie der Gußasphalt, hergestellt wird, sondern daß seine Kompression durch Walzen erfolgt. Der Walzasphalt geht vom gewöhnlichen Stein- und Sandmaterial aus, das bitumenfrei ist. Die Mineralbestandteile werden vorher erhitzt, so daß sie mit verflüssigtem heißen Asphalt umkleidet werden können. Das Gemisch von Steinmaterial und Bitumen wird dann auf die Straße gebracht, ausgebreitet und durch Walzen mit leichten Dampfwalzen komprimiert. Beim Erstarren werden dann die einzelnen Mineralbestandteile durch das Bitumen fest miteinander verbunden. Man unterscheidet verschiedene Formen des Walzasphaltes. Der Asphaltmakadam besteht im wesentlichen aus Steinmaterial, dessen Zwischenräume durch Grus und Sand ausgefüllt sind. Dieses Gemenge, etwa zu zwei Dritteln aus Steinen, einem Drittel aus feinem Kies und Sand bestehend, erfordert zu seiner Bindung etwa 5—8% Bitumen. Bei sehr heißem Wetter kann man auch einfach Asphaltmakadam dadurch herstellen, daß man die trockenen Steine, wie sie auf die Straße gebracht und leicht eingewalzt sind, mit flüssigem Bitumen übergießt und sie so miteinander verkittet. Für sehr schweren Verkehr gibt man auf die Asphaltmakadamdecke noch eine Schicht eines Gemenges von feinem Sand, Steinstaub und Bitumen. Dieses Gemenge braucht etwa 10—12% Bitumen zur Bindung. Es bildet dann den sog. Sheetasphalt. Der Walzasphalt hat in Amerika eine Bedeutung erlangt, von der in Europa verhältnismäßig nur wenig bekannt ist, und es mögen zurzeit schätzungsweise etwa 180 Mill. *qm* Walzasphalt in den Vereinigten Staaten liegen, während alle Guß- und Stampfasphaltstraßen in Europa zusammengenommen nur etwa 20—30 Mill. *qm* ausmachen mögen. In neuester Zeit bemüht man sich, auch in Europa diese Form einzuführen, vor allem da sie billiger ist als die anderen Methoden und im Gegensatze zum Stampfasphalt kein Betonfundament erfordert, sondern direkt auf die vorhandene Straßenoberfläche, die ev. erst planiert wird, aufgebracht werden kann.

Während beim Bau von Asphaltstraßen einer der Hauptzwecke des asphaltischen Überzugs der ist, die Straße gegen Einwirkung der Feuchtigkeit unempfindlich zu machen, ist dies der Hauptzweck bei der Verwendung des Asphaltes zu Isolationen. Solche Isolationsarbeiten kommen vor bei Hausbauten, beim Bau von Tunnels und von unterirdischen Gewölben u. dgl. m. In roher Weise wurden solche Isolationen schon im Altertum bei Bauten vorgenommen, z. B. in Babylon. Jetzt bedient man sich dazu vor allem der mit Asphalt getränkten Isolierplatten. Die Durchtränkung von Isolierpappe, einer Wollfilzpappe, die event. auch noch mit Gewebeschicht versehen sein kann, um sie haltbarer zu machen, wird mit Tränkmasse vorgenommen. Als Tränkmasse dient in den meisten Fällen der Billigkeit wegen ein Gemisch von sog. präpariertem Teer, der durch Destillation von Rohteer gewonnen wird, mit Pech und einem Füllstoff, wie Schlämmkreide. Die Pappen werden durch die geschmolzene Masse hindurchgezogen, gelangen auf Abstreichwalzen, werden dann bekiest, um ein Zusammenkleben zu verhindern, und schließlich gerollt. Starke Platten werden durch Bestreichen von Pappe oder Filz mit der Imprägniermasse dargestellt. Sehr dicke Isolierpappen werden nicht gerollt, sondern in Form von Tafeln aufbewahrt und versandt. Die bei weitem wichtigste Art der Isolation stellen die Dachpappen dar. Dachpappen werden sowohl als

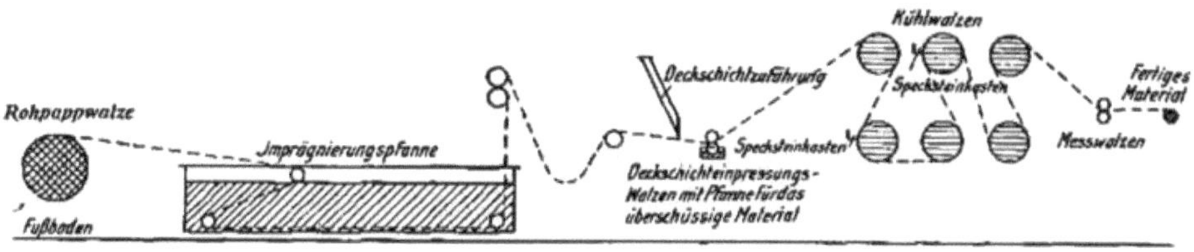

Abb. 204. Kontinuierlich arbeitende Maschine für Asphaltbedachungsmaterial-Herstellung.

Teerpappen wie auch als Asphaltpappen hergestellt, u. zw. durch Tränken von Rohpappe, die am besten aus Wollfasern bestehen soll, aber namentlich für billigere Sorten viel vegetabilische Fasern, wie Holzstoff, enthält. Die Rohpappe wird fast nie in den Dachpappenfabriken hergestellt, sondern von Pappefabriken bezogen, u. zw. in Form von Rollen. Die Rollen werden auf einen Zapfen gesteckt und am Ende der Imprägnierpfanne gelagert. Die Imprägnierpfannen sind lange, eiserne Kästen, die durch Dampf oder direktes Feuer geheizt werden können. In den Kästen lagern zwei Rollen, über die die Pappe hinweggleitet. Über dem unteren Ende des Kastens sind heizbare Walzen angebracht, die aus den getränkten Pappen den Überschuß des Imprägniermaterials abpressen.

Man läßt nunmehr durch Drehen der Walzen die Pappe langsam durch die Imprägnierpfanne passieren, wobei sie sich mit dem Imprägnationsmaterial sättigt. Nach dem Verlassen der Ausdrehwalzen wird sie noch beiderseitig mit Sand bestreut, um ein Zusammenkleben zu verhindern. Soll die Pappe aufeinandergeklebt werden, so bedient man sich oft auch der einseitigen Besandung. Der Sand soll scharf und lehmfrei, möglichst sedimentären Ursprunges sein. Die Pappe wird nach der Imprägnation auf Rollen gewickelt. Schwere Sorten werden dagegen flach aufeinandergestapelt und erst nach einigen Tagen gewickelt. Unbesandete Dachpappen, sog. Lederpappen, können nicht direkt verschickt werden, sondern müssen erst einige Zeit in lockerer Wicklung zum Erhärten und Austrocknen gelagert werden. Die Leistungsfähigkeit einer Imprägnierpfanne beträgt bei stärkeren Sorten etwa 50—100 *qm* pro Stunde, bei schwächeren etwa das $1^1/_2$fache bis doppelte. Die Rohpappe nimmt je nach ihrer Stärke etwa das 2—3fache ihres Gewichtes an Teer und noch etwas mehr Sand auf. In neuerer Zeit hat man begonnen, an Stelle von Teer zum Imprägnieren Asphalte zu verwenden, u. zw. sowohl Naturasphalte wie Ölrückstände. Die Asphaltpappen sind infolge der teuren Rohmaterialien natürlich teurer aber auch entsprechend haltbarer als Teerpappen. Sie werden nicht durch einfache Präparation hergestellt, sondern erhalten eine Imprägnation von leichterschmelzendem Asphalt und einen Überzug von einem härteren Material. Als leichter schmelzende Asphalte gelten entweder Mineralölrückstände, die nicht zu weit abgetrieben sind, oder auch Gemische von Naturasphalt mit schweren Mineralölen. Als Überzug benutzt man Gemische dieser Imprägniermasse mit höher schmelzenden Materialien, wie Gilsonit oder Grahamit. Die Asphaltpappen werden entweder als Lederpappen, die eine charakteristisch narbenartige Oberfläche zeigen, oder als gesandete Pappen, schließlich auch als fertig bekieste Pappen in den Handel gebracht. Die lederartigen Pappen gestatten auch, die Oberfläche noch mit einem farbigen Anstrich zu versehen, grün, rot oder in anderen Farben, und kommen so vielfach geäußerten Wünschen entgegen, die sich darauf bezogen, ein Bedachungsmaterial zu haben, das die bekannte Farbe der Ziegeldächer zeigt. Die Asphaltpappen werden in den meisten Fällen kontinuierlich hergestellt, wozu Spezialmaschinen dienen, und kommen als Rollen in den Handel, die gleich das zu ihrer Befestigung dienende Befestigungsmaterial, wie Nägel, Haftstreifen oder Klebemasse enthalten.

Ein sehr wichtiger Verwendungszweck für Asphalte ist der zur Fabrikation von Lacken und Firnissen. Für Lacke und Firnisse kommen sowohl künstliche, wie auch natürliche Asphalte in Frage. Für die feineren Lacke werden fast ausschließlich Naturasphalte, wie Gilsonit und Grahamit und andere verwendet, die mit anderen Bestandteilen, wie Harzen und sonstigen Rohstoffen, zur Lackfabrikation verschmolzen und in Lösungsmitteln, wie Terpentinöl, leichtem Steinkohlenteeröl oder Petrolölen aufgelöst werden. Für billigere Sorten verwendet man auch Braunkohlenteerpech, teilweise auch Steinkohlenteerpech, die gleichfalls durch Verdünnen mit Lösungsmitteln auf die genügende Konsistenz gebracht werden.

Ein vielgebrauchter Artikel sind die Dachpappenlacke, die aus präpariertem Steinkohlenteer unter Zusatz von Teerölen, oft auch Harzen und Füllmaterial, hergestellt werden. Asphaltdachlacke stellt man aus Petrolasphalten oder Naturasphalten unter Zusatz von Härtungsmitteln, wie Gilsonit und Grahamit, her, und verdünnt dies Gemisch mit leichten Steinkohlenteerölen oder Benzin. Für primitive Zwecke hat man auch schon gewöhnlichen Steinkohlenteer verwendet; doch muß man hier Sorge tragen, daß der Steinkohlenteer von Ammoniakwasser durch Destillation gut befreit wird, da sonst z. B. bei Eisenanstrichen statt des erhofften Schutzes das Rosten begünstigt wird. Gut für Lackzwecke eignen sich besonders Rückstände von Teeren, die wenig freien Kohlenstoff enthalten, wie Ölgasteer, Wassergasteer und auch Teer von stehenden Retorten. Aus dem gleichen Grunde ist das Braunkohlenteerpech gut geeignet, das aber in den meisten Fällen nicht bei der Destillation des Braunkohlenteers selbst zurückbleibt, sondern bei der Destillation der Abfallprodukte, die bei der chemischen Reinigung der Braunkohlenteeröle mit Säure und Lauge entstehen. Die Dachbedeckungsindustrie verbraucht ferner große Mengen von Klebemassen und Kitt, wozu auch der Holzzement gehört. Der Holzzement wird durch Erhitzen von halbabgetriebenem Teer mit Schwefel und etwas Harz hergestellt und durch Verdünnen mit Anthracenöl etwas weicher gemacht. Der Schwefel wirkt chemisch durch Kondensation bzw. Wasserstoffabspaltung auf den Teer ein, was sich durch reichliche Entwicklung von Schwefelwasserstoff bei dem Erhitzen verrät. Der Holzzement wird auf Holzdächer aufgetragen und bildet so gewissermaßen eine stärkere Ausführungsform der Bedeckung mit Dachpappe. Als Unterlage des Holzzementes dient starkes Papier, das auf die Schalung des Daches aufgelegt und dann mit dem heißen Holzzement gestrichen wird. Auf die Holzzementschicht kommt schließlich noch eine Lage von Sand und Kies.

Eine große Verwendung finden namentlich die künstlichen Asphalte ihrer Billigkeit wegen zum Dichten von Muffen und Steinzeugröhren, wie zum Vergießen von Steinpflaster. Da aber die künstlichen Asphalte gegen Temperaturdifferenzen ziemlich empfindlich sind, so schreiben Stadtverwaltungen oft vor, daß die Vergußmassen für Steinpflaster auch unter wesentlichem Zusatz von Naturasphalt, vor allem Trinidadasphalt, hergestellt werden.

Unter den weiteren Verwendungsarten von Asphalten sei aufgeführt die Verwendung von natürlichem wie auch künstlichem Asphalt als Isolationsmaterial in der Elektrotechnik und als Zusatz- und Ersatzmasse in der Gummifabrikation. Hierfür eignen sich sehr gut die durch Blasen von Mineralölrückständen gewonnenen biegsamen und gummiartigen Asphalte. Kleinere Mengen von Asphalt werden in der Reproduktionstechnik gebraucht. Bekanntlich wird natürlicher Asphalt, besonders syrischer Asphalt, durch Belichten schwer löslich in Lösungsmitteln. Man überzieht deshalb z. B. Zinkplatten mit Asphalt, exponiert sie dann nach Bedeckung mit dem Negativ dem Lichte und wäscht dann mit Lösungsmitteln ab. Die belichteten Teile sind schwerer löslich geworden und trennen sich nur schwer vom Zink, so daß beim Abwaschen der Platten ein Punkt eintritt, bei dem die leichtlöslichen schon entfernt sind, während die schwerlöslichen noch haften. Ätzt man die Platten an, so entstehen auf dem freiliegenden Metall Vertiefungen, auf den durch Asphalt geschützten Stellen Erhöhungen, so daß man die so vorbereiteten Platten zum Drucken benutzen kann.

Prüfung von Asphaltmaterialien. Bei der großen Verschiedenheit sowohl in der Qualität der Asphaltmaterialien wie ihrer Herkunft und dem Preise nach ist eine analytische Untersuchung sowohl der Rohprodukte wie der Erzeugnisse von höchster Bedeutung; namentlich die Unterscheidung von Natur- und Kunstasphalt ist eine Frage, die sehr oft in der Technik beantwortet werden muß. Die Frage ist zurzeit noch nicht vollkommen gelöst, da ja zwischen Natur- und Kunstasphalten kein scharfer Übergang besteht insofern, als Petrolasphalte, die aus stark asphalthaltigen Ölen erzeugt wurden, sich in ihren Eigenschaften dem Naturasphalt nähern. Ein schärferer Unterschied ist zwischen Petrolasphalten und Steinkohlenasphalt, wenn auch hier wieder durch Peche aus Wassergasteer und Ölgasteer Zwischenglieder zwischen beiden hergestellt werden.

Viel haben zur Kenntnis des Unterschiedes zwischen Natur- und Ölasphalten neuerdings die Arb. Materialpr. beigetragen (*Ch. Ztg.* **35**, 461 [1911]). Nachfolgend seien einige Prüfungsmethoden für verschiedene Asphalte angegeben.

Eine große Rolle spielt bei Prüfung der Asphalte die Frage nach dem Bitumengehalt, da ja letzten Endes bei Asphaltmaterialien der Bitumengehalt das eigentlich Wertvolle ist. Die Prüfung des Bitumengehaltes kann oberflächlich durch Veraschung des Materials erfolgen. Die Veraschung wird in einem Quarz- oder Platintiegel vorgenommen und die nach Verbrennung alles Organischen zurückbleibende Asche zurückgewogen. Da bei Anwesenheit von Carbonaten in der Asche Kohlensäure daraus ausgetrieben werden kann, so befeuchtet man schließlich nochmals den Rückstand mit einer Lösung von Ammoniumcarbonat, wodurch etwa entstandener Ätzkalk wieder in kohlensauren Kalk übergeführt wird, und verjagt dann durch Erhitzen das überschüssige Ammoniumcarbonat. Die hierbei enthaltenen Resultate sind natürlich nur dann ungefähr maßgebend für den Bitumengehalt, wenn das Material sonst keine brennbaren organischen Stoffe enthält. Ein einwandfreies Resultat erhält man nur mit Hilfe der Extraktion. Bei Steinkohlenteerpech würde man zum Beispiel den freien Kohlenstoff, der in Mengen von 25–40% darin enthalten ist, bei der Veraschung mit verbrennen, und der Bitumengehalt würde zu hoch erscheinen. Die Extraktion wird z. B. mit den von SOXHLET, GRAEFE (s. Abb. 205) und anderen angegebenen Apparaten ausgeführt. Man wiegt 10 *g* des Materials, das, wenn möglich, gepulvert sein soll, in eine Extraktionshülse und extrahiert nun mit einem Lösungsmittel, wie Benzol, Schwefelkohlenstoff u. dgl. solange, bis das Lösungsmittel klar aus der Patrone abtropft. Nicht anwendbar als Lösungsmittel sind Benzin, Tetrachlorkohlenstoff u. a., da manche Asphalte nur unvollkommen darin löslich sind und z. B. mit Tetrachlorkohlenstoff geradezu eine Scheidung des Asphaltes in verschiedene Bestandteile herbeigeführt werden kann. Das Extrakt wird eingedampft und solange auf dem Ölbade erwärmt, bis das Lösungsmittel vollkommen verdampft ist. Zum Verjagen der Bestandteile genügt bei den oben erwähnten Lösungsmitteln eine Temperatur von 150°. Der Rückstand kann dann auf seine Eigenschaften untersucht werden. Der Extraktionsrückstand in der Hülse wird gleichfalls getrocknet und zurückgewogen. Extrakt und Extraktionsrückstand müssen nach dem Trocknen etwa der angewendeten Menge Asphaltmaterial gleich sein: Differenzen können entstehen, wenn das Material Wasser oder noch leichtflüchtige Öle enthält, die natürlich hierbei verdampfen.

Ein wichtiges Untersuchungsmerkmal für Asphalte ist der Schmelzpunkt. Es gibt für seine Bestimmung verschiedene Methoden. In Deutschland hat sich am meisten die von KRÄMER und SARNOW eingebürgert. Sie besteht darin, daß man in ein Wasserbad Glasröhren einsetzt, die mit einem Pfropfen des zu prüfenden Materials verschlossen sind. Am besten nimmt man dazu Röhren, die etwa 6 *mm* weit sind und in gleicher Höhe am Ende mit Asphaltmaterial verschlossen sind. Hierauf schüttet man nun 5 *g* Quecksilber, hängt das Röhrchen in ein Wasserbad neben dem Thermometer an und erhitzt solange, bis das Quecksilber die Asphaltschicht durchbricht. Dieser Punkt ist der Schmelzpunkt. Der Schmelzpunkt allein ist jedoch nicht maßgebend zur Beurteilung der Bitumina. Manche Bitumina haben durch geeignete Behandlung eine solche

Abb. 205.

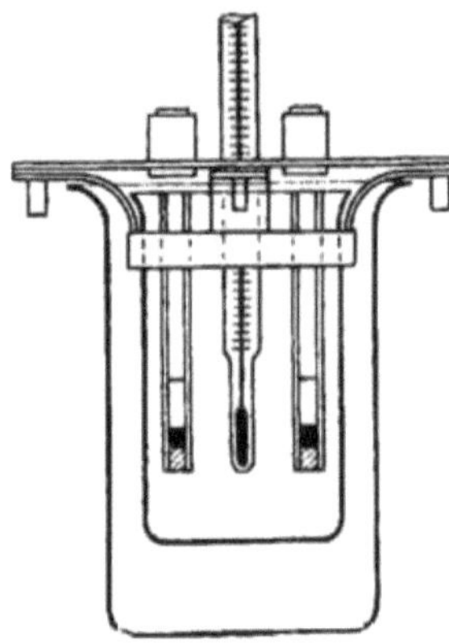

Abb. 206.

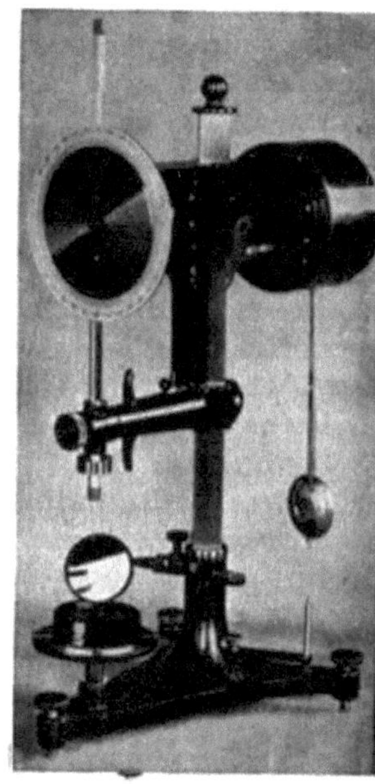

Abb. 207.

Änderung erfahren, daß sie zwar sehr hoch schmelzen, dennoch aber verhältnismäßig weich bleiben, was sich dann bei der Verwendung störend bemerkbar machen kann. Die Konsistenz des Bitumens wird einwandfrei mit Hilfe der Penetration festgestellt, welche durch Penetrometer ermittelt wird. Ein Penetrometer ist eine Vorrichtung, mit deren Hilfe man eine Nadel von bestimmten Abmessungen mit einem zu vereinbarenden Gewicht belasten und feststellen kann, wie weit diese Nadel in einer gewissen Zeit eindringt. Man hat hierzu die Nähnadel Nr. 2 gewählt, die man mit 100 *g* belastet und 5 Sekunden in die Masse eindringen läßt. Die Temperatur beim Versuch kann entweder 0°, 25° oder 50° sein, je nach der Härte des Bitumens. Meistens werden die Untersuchungen bei 25° angestellt. Ein Penetrometer in der Konstruktion von RICHARDSON ist hier abgebildet (Abb. 207.)

Wichtig ist ferner die Zerreißfestigkeit des Asphaltes oder Dehnbarkeit, die mit Hilfe des Duktilometers bestimmt wird. Im Duktilometer wird ein Asphaltkörper von 1 *qcm* Querschnitt bei einer gewissen Temperatur, entweder 0° oder 25°, auseinandergezogen, bis der Faden reißt. Asphalte, die von Ölen mit Paraffinbasis gewonnen sind, haben in der Regel viel geringere Duktilität als solche von Ölen mit Asphaltbasis.

Von großer Bedeutung ist bei den verschiedenen Asphaltmaterialien, die auf den Markt kommen, auch die Feststellung des Ursprungs. Diese Frage ist ziemlich schwer zu beantworten, und schon die Lösung der Frage, ob ein Natur- oder Kunstasphalt vorliegt, verursacht Schwierigkeiten. In letzter Zeit sind große Schritte in dieser Hinsicht getan worden, namentlich durch die Bemühungen des Materialpr., das festgestellt hat, daß Naturasphalte und ihre Destillate wesentlich höhere Säurezahlen zeigen als künstliche Asphalte, die aus Petrolpech gewonnen sind. Steinkohlenteerpeche verraten sich schon durch ihren Gehalt an freiem Kohlenstoff. Außerdem sind die Destillate des Steinkohlenteerpechs vollständig löslich in Dimethylsulfat, die von Petrolpechen und Naturasphalten nur zum geringen Teil. Braunkohlenteerpeche ähneln in mancher Beziehung Naturasphalten, geben aber infolge ihres geringen Phenolgehaltes die GRAEFEsche Diazobenzolreaktion Holzpech ist daran erkennbar, daß es ein stark sauer reagierendes Destillat liefert (*Ch. Ztg.* **30**, 298 [1906]). Von den weiteren physikalischen Prüfungsmethoden käme in Betracht die Bestimmung des spez. Gew., die bei festen Asphalten durch die Schwimmethode oder in Pyknometern geschieht, bei flüssigen in besonders geformten Aräopyknometern oder durch Aräometer. Zu beachten ist hierbei, daß das spez. Gew. noch keinen Rückschluß auf das Gewicht des Bitumens gestattet. Enthält der Asphalt viel mineralische Bestandteile, wie z. B. Asphaltgestein oder Trinidadasphalt, so setzen diese naturgemäß das spez. Gew. herauf. Von chemischen Prüfungsmethoden kommt in Betracht die Bestimmung der Elementarbestandteile, von denen eine besondere Wichtigkeit die Bestimmung des Schwefels einnimmt. Während die anderen Elementarbestandteile, wie Kohlenstoff und Wasserstoff, durch Verbrennung im gewöhnlichen Verbrennungsrohr ermittelt werden, gibt es für Schwefelbestimmung eine größere Anzahl anzuwendender Methoden. Sehr einfach ist die Verbrennung des Asphaltes im Sauerstoff und Ermittlung der dabei entstandenen Schwefelsäure, nachdem die Verbrennungsprodukte des Schwefels vorher durch oxydierende Mittel, wie Natriumsuperoxyd oder Wasserstoffsuperoxyd, vollständig in Schwefelsäure übergeführt sind (*Z. angew. Ch.* **17**, 616 [1904]).

Ein großer Teil der eben beschriebenen Untersuchungsmethoden für Asphalte gilt auch für Asphaltprodukte. Der Bitumengehalt in solchen, wie z. B. Pflastermassen, Isolationen, Dachpappe u. dgl., wird durch Extraktion bestimmt. Für die Produkte existieren dann noch besondere, meist physikalische Prüfungsmethoden, wie z. B. bei Pflastermassen Prüfung auf Druckfestigkeit, Abnutzungsfestigkeit, Bruchfestigkeit, bei Isolationen auf Wasserdichtigkeit, bei Dachpappen gleichfalls auf Wasserdichtigkeit, Zerreißfestigkeit, Beständigkeit gegen Einflüsse der Witterung, z. B. Wärme, Regen, Licht.

Über die Produktion von Asphalt in den verschiedenen Ländern bringt der Bericht von DAVID P. DAY im Bd. II der Mineral Resources of the United States 1911 ausführliche Angaben.

Danach betrug die Produktion in den wichtigsten Produktionsländern in *t* in den Jahren 1902, 1905, 1908 und 1909:

Jahr	Vereinigte Staaten	Trinidad	Deutschland	Frankreich	Italien	Spanien	Österreich-Ungarn	Rußland	Venezuela
1902	105458	178230	97415	284719	70619	6946	4047	13637	11872
1905	115267	114845	113513	211043	117929	7135	8257	23659	33803
1908	198382	173532	98088	188616	148433	13635	12239	24961	31539
1909	228655	159416	85446	186298	123361	5822	11179	–	37292
1910	260080	–	–	–	–	–	–	–	–

Die Einfuhr an Asphalt, festem und Asphaltsteinen in den Jahren 1911 und 1912 nach Deutschland zeigt die folgende Tabelle:

	1912		1911	
	Menge	Wert	Menge	Wert
	t	1000 M.	*t*	1000 M.
Gesamteinfuhr	147784	6650	133635	6014
davon aus				
Italien	95132	–	87544	–
Schweiz	18274	–	11532	–
Vereinigte Staaten von Nordamerika	4526	–	4262	–

Die Ausfuhr betrug 1912 20387 *t* im Werte von 1,14 Mill., wovon 4875 *t* nach England und 2250 *t* nach Österreich-Ungarn gingen.

Schließlich seien noch einige Angaben gemacht über die jetzige Jahresproduktion verschiedener Asphaltvorkommen. Es werden zurzeit gewonnen im See von Trinidad ca. 200000 *t* Asphalt, im See von Bermudez ca. 80000 *t* Asphalt. In Californien wurden gewonnen im Jahre 1911 etwa 140000 *t* Ölasphalt, in den Vereinigten Staaten zusammen etwa 250000 *t* Ölasphalt, Manjak von Barbados etwa 165 *t*, Gilsonit 30000 *t*, Grahamit 5000 *t*. An Asphaltgestein in Frankreich ca. 40000 *t*, in Deutschland ca. 85000 *t*, von italienischen Vorkommen bei San Valentino etwa 25000 *t*, Vorkommen bei Ragusa etwa 90000 *t*, in Dalmatien etwa 30000 *t*.

Literatur: E. DIETRICH, Die Asphaltstraßen. Berlin 1882, Jul. Bohne. – LÉON MALO, L'Asphalte. Paris 1888. – MEYN, Der Asphalt und seine Bedeutung für den Straßenbau. Halle 1872. — MALO, Guide pratique pour la fabrication et l'application de l'asphalte. Paris 1866. – CHABRIER, The Applications of Asphalte. London 1878. – ELLICE CLARK, Asphalt and its Application to Streetpaving. London 1879. – E. O. SCHUBARTH, Über Asphaltstraßen. Berlin 1881. – Derselbe, Asphalt und Asphaltstraßen. München 1888. – A. GILLMORE, Practical Treatise on Roads, Streets and Pavements. New York 1876. – W. H. DELANO, Twenty Years Practical Experience of Natural Asphalt and Mineral Bitumen. London und New York 1893. – G. LUNGE und H. KÖHLER, Die Industrie des Steinkohlenteers und des Ammoniaks. 5. Aufl. Braunschweig 1913. – G. SCHULTZ, Die Chemie des Steinkohlenteers. 2. Aufl. Braunschweig. – A. SPILKER, Kokerei und Teerprodukte der Steinkohle. Halle a. S. – W. SCHEITHAUER, Die Fabrikation der Mineralöle usw. Braunschweig. H. HÖFER, Das Erdöl (Petroleum) und seine Verwandten. Braunschweig. – A. VEITH, Das Erdöl (Petroleum) und seine Verarbeitung. Braunschweig. – F. FISCHER, Die chemische Technologie der Brennstoffe. Braunschweig. – J. BERLINERBLAU, Das Erdwachs, Ozokerit und Ceresin. Braunschweig. – E. GRAEFE, Die Braunkohlenteerindustrie. Halle a. S. – W. SCHEITHAUER, Die Braunkohlenteerindustrie. Hannover. – E. GRAEFE, Laboratoriumsbuch für die Braunkohlenteerindustrie. Halle a. S. – W. SCHEITHAUER, Die Schwelteere. Leipzig. – C. ENGLER und H. v. HÖFER, Das Erdöl. Leipzig. Hirzel. – H. KÖHLER, Die Chemie und Technologie der natürlichen und künstlichen Asphalte. Braunschweig. Vieweg. – C. RICHARDSON, The Modern Asphalt Gavements. New-York. John Wiley & Sons. – E. GRAEFE, Die Verwendung des Trinidad-Asphaltes zum Straßenbau. Dresden. *Ch. Ind.* **26**, 233 [1913]. E. GRAEFE, Der Asphaltsee auf der Insel Trinidad und Verwertung des Trinidadasphaltes. *Z. angew. Ch.* **36**, 269 [1913]. – PECKHAM, Solid Bitumens New York M. C. C. Clark.

E. Graefe.

Aspiratoren s. Saugapparate.

Aspirin s. Acetylsalicylsäure. *Zernik.*

Aspirophen (CHEM. FABRIK FALKENBERG, Grünau), als acetylsalicylsaures Aminoacet-p-phenetidin deklariert, *Schmelzp.* 200°; ist nach ZERNIK (*Ap. Z.* **1906**, 102–103) ein Gemisch aus molekularen Mengen Salicylsäure und Acetylaminoacet-p-phenetidin (*Schmelzp.* 205°). Wurde als Antipyreticum und Antineuralgicum empfohlen. Hat nie Bedeutung erlangt. *Zernik.*

Asquirrol (POULENC FRÈRES, Paris) wird als eine 56% *Hg* enthaltende Lösung von Diphenylquecksilber deklariert; da $(C_6H_5)_2Hg$ rund 60% *Hg* entspricht, so müßte Asquirrol etwa die Zusammensetzung $(C_6H_5)_2Hg + 1^1/_2\ H_2O$ haben. Wird zur schmerzlosen Injektion bei Lues empfohlen; im Handel in Ampullen, die je 0,075 *g* Asquirrol in $1^1/_2$ *ccm* steriler Lösung enthalten sollen. Nähere Angaben über die chemische Zusammensetzung fehlen. *Zernik.*

Assoziation. Unter Assoziation versteht man die Vereinigung mehrerer gleichartiger Moleküle zu einem größeren Molekül, z. B. von zwei Essigsäuremolekülen zu einem Doppelmolekül. *K. Arndt.*

Astacingelb, -orange und **-rot** (*BASF*) sind Säurefarbstoffe, nur letzteres ist noch im Handel und dient zum Färben von Wolle. *Ristenpart.*

Asterol (HOFFMANN-LA ROCHE, Basel), p-Sulfophenolquecksilber-Ammoniumtartrat, wird nach *D. R. P.* 104904 dargestellt durch Auflösen von gelbem Quecksilberoxyd in molekularen Mengen einer $33^1/_3$%igen Lösung von p-Phenolsulfosäure, Zusatz der berechneten Menge Weinsäure, nachfolgende Neutralisation mit Ammoniak und schließliches Eindampfen zur Trockne. Weißes, schwach gelbstichiges Pulver, bis 2% in Wasser löslich. Mit Hilfe von Borax lassen sich 6 bis

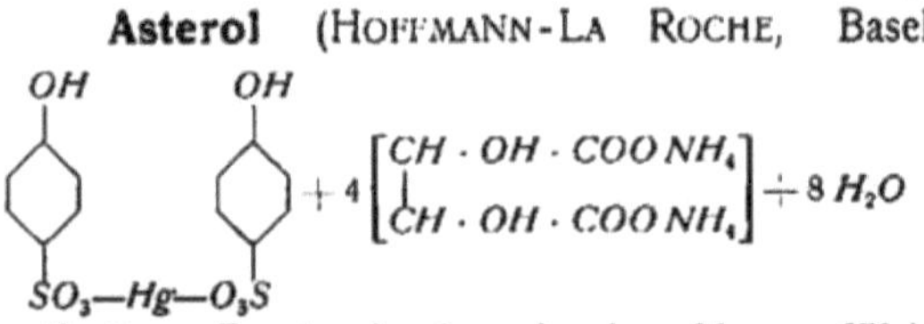

8%ige Lösungen herstellen. 1899 empfohlen in 0,2–1%iger Lösung an Stelle des Sublimats, vor dem es den Vorzug besitzen soll, nicht zu ätzen und Eiweiß nicht zu fällen. Es hat indessen keinen sonderlichen Eingang gefunden. *Zernik.*

Astrolin (*Riedel*), methyläthylglykolsaures Antipyrin. Darstellung nach *D. R. P.* 218473 durch Vereinigung molekularer Mengen von Methyläthylglykolsäure und Antipyrin. Farbloses Krystallpulver, *Schmelzp.* 64–75,5°. Leicht löslich in Wasser und in Alkohol, schwerer in Äther. Geschmack säuerlich, gleichzeitig schwach bitter. 1909 als Migräninersatz eingeführt; blieb ohne Bedeutung. *Zernik.*

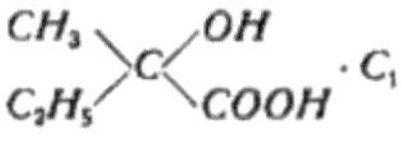

Asurol (*Bayer*), Doppelsalz aus Quecksilbersalicylat und aminooxyisobuttersaurem Natrium, wird erhalten nach *D. R. P.* 224435 durch Einwirkung von Aminooxyisobuttersäure und Alkali auf Quecksilbersalicylat; vgl. auch *D. R. P.* 224864, 127391 u. a. Amorphes, schwach gelblich gefärbtes, hygroskopisches Pulver, leicht löslich in Wasser, unlöslich in Alkohol und Äther. Das Quecksilber ist darin maskiert enthalten, d. h. weder durch Alkali beim Erhitzen fällbar, noch bei gewöhnlicher Temperatur durch Schwefelammon. Gehalt an *Hg* 40,3%. Wurde 1909 von NEISSER zur Behandlung der Syphilis empfohlen, 0,06–0,12 *g* subcutan, am besten in Verbindung mit einer Quecksilberölkur. Die Einspritzungen sollen reiz- und schmerzlos sein. Asurol hat sich wenig eingeführt. *Zernik.*

Asyphil, Aspirochyl s. Arsenverbindungen, organische (S. 584). *Zernik.*

Äthacol (*Kalle*), Ajacol (*Merck*), Guaethol, Thanatol, Brenzcatechinäthyläther, dargestellt durch Äthylierung des Brenzcatechins (*D. R. P.* 78882, *Merck*) oder durch Verseifung des Brenzcatechindiäthyläthers (*D. R. P.* 94852, *Heyden*). Guajacolähnlich riechende Krystalle vom *Schmelzp.* 26–28°; löslich in Alkohol, Äther, fetten Ölen. An Stelle des Guajacols s. Z. als Antiphthisicum empfohlen. Veraltet. *Zernik.*

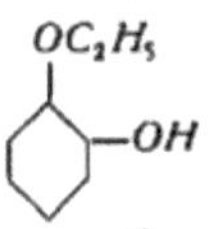

Äthan, $CH_3 \cdot CH_3$, 1848 von E. FRANKLAND und H. KOLBE entdeckt, ist ein farb- und geruchloses, mit leuchtender Flamme brennbares Gas. Kp_{760} –84° (–93°), *Schmelzp.* –172°, kritische Temp. 34°, kritischer Druck 50,2 *Atm.* D^0 der flüssigen Verbindung 0,466. Sie wird von Wasser wenig, von Alkohol leichter aufgenommen.

Äthan wird technisch ausschließlich durch Vereinigung von Äthylen mit Wasserstoff, die durch katalytische Einwirkung fein verteilter Metalle wie Platin, besonders aber Nickel vor sich geht, dargestellt (L. PAAL und W. HARTMANN, *B.* **42**, 2239 [1909]; A. MAIHLE, *Ch. Ztg.* **31**, 1098 [1907]; **33**, 18, 29 [1909]). Das Verfahren ist von den ELEKTROCHEMISCHEN WERKEN, G. m. b. H., Berlin (*D. R. P.* 265171 und 265297) für den Großbetrieb ausgearbeitet worden. Es dient augenblicklich in Bitterfeld zur täglichen Erzeugung von 25 *kg* reinem Äthan, die auf 100 *kg* gesteigert werden kann (C. SPRENT, *J. ch. I.* **32**, 171 [1913]).

Äthylen (s. d.) wird in Bitterfeld durch Überleiten von Alkoholdämpfen über 360° heißes amorphes Aluminiumoxyd erzeugt. Es muß, wenn man einer baldigen Beeinträchtigung und schließlichen Vernichtung der katalytischen Kraft des verwendeten Nickels vorbeugen will, auf das peinlichste von Kontaktgiften befreit werden. Zu diesem gehören nicht nur Schwefelwasserstoff und schwefelige Säure, sondern auch organische in geringen Mengen in dem Gase vorhandene Verunreinigungen, wie Äther, Aldehyd, Isopren. Diese kondensieren sich zum größten Teil, wenn man das Gas einem Druck von 50 Atm. aussetzt, und werden dann entfernt. Die letzten Spuren von Beimengungen können aber nur durch gründliches Waschen mit konz. Schwefelsäure beseitigt werden. Deshalb passiert das Äthylen nacheinander konz. Bleiacetatlösung, konz. Schwefelsäure, konz. Natronlauge und schließlich festes Calciumchlorid. Auch an die Reinheit des Wasserstoffs werden größte Anforderungen gestellt.

Die Vereinigung der beiden Gase geht unter praktisch brauchbaren Arbeitsbedingungen nicht auf einmal quantitativ von statten. Man führt den Prozeß in zwei Etappen durch. Zunächst leitet man ein Gemisch gleicher Volumen der Gase über das feinst verteilte, frisch reduzierte Nickel. Sie durchstreichen mit einer Geschwindigkeit von 2 *cbm* pro Stunde je 2 *m* lange, 3 Zoll weite Röhren, die in einem Ofen auf 150–200° erhitzt werden. Es resultiert ein Gasgemisch, das 80% Äthan neben

10% Äthylen und 10% Wasserstoff enthält. Dieses wird nunmehr in einem mit Nickelbimsstein beschickten Autoklaven bei 200° einem Druck von 30–40 *Atm.* (die Patentschrift gibt nur 10 *Atm.* an) ausgesetzt. Hier vollzieht sich die Vereinigung der noch nicht umgesetzten Gasmengen momentan und quantitativ selbst bei größerer Strömungsgeschwindigkeit, u. zw. ohne daß Zersetzungs- und Polymerisationsprodukte entstehen. Das reine Äthan wird in LINDEschen Eismaschinen verflüssigt und in Stahlzylindern versandt. Der Prozeß ist kontinuierlich.

Nach dem *E. P.* 10724 [1911] erzielt man eine gute Umsetzung der beiden Gase, wenn man sie nicht von vorn herein mischt, sondern etappenweise der einen Komponente die andere zuführt, doch ist dieses Verfahren umständlich und liefert keine praktisch genügenden Ausbeuten.

Äthan dient zur Beschickung von Kältemaschinen, die speziell für diesen Zweck konstruiert sein müssen. *G. Cohn.*

Äther sind Verbindungen, die aus 2 Molekülen des gleichen oder verschiedener Alkohole unter Wasseraustritt entstanden sind, z. B. ist Äthyläther (s. d.) oder genauer Diäthyläther $C_2H_5 \cdot O \cdot C_2H_5$, entstanden aus $2 C_2H_5 \cdot OH - H_2O$. Fälschlicherweise werden als Äther auch Verbindungen bezeichnet, die nach anderen Reaktionen entstanden sind, so z. B. Essigäther (s. Essigsäure), der richtig Essigester oder Essigsäureester genannt werden sollte, da er aus 1 *Mol.* Essigsäure und 1 *Mol.* Alkohol unter Wasseraustritt entstanden ist.

Äther aus Alkoholen werden hergestellt durch Wasserentziehung mittels Schwefelsäure. Will man gemischte Äther darstellen, d. h. solche, deren beide Radikale verschieden sind, so bedient man sich der Einwirkung von Halogenalkyl auf Natriumalkoholate, z. B. $C_5H_{11}J + CH_3 \cdot ONa = C_5H_{11} \cdot O \cdot CH_3 + NaJ$; (vgl. auch Alkylieren). *F. Sachs.*

Ätherische Öle s. Riechstoffe.

Äthol = Cetylalkohol (s. d.), als Arzneimittelträger oder für sich allein gegen Ekzeme etc. empfohlen. *Zernik.*

Äthon, Äthylameisensäureäther, Methenyltriäthylester, Aether orthoformicicus, $HC(OC_2H_5)_3$. Wasserhelle, leicht bewegliche Flüssigkeit vom *Kp* 145–146°. In Dosen von 25 Tropfen zur Unterstützung der Euchininbehandlung als Antispasmodicum bei Keuchhusten empfohlen. Nicht zu verwechseln mit Aether formicicus, Ameisensäureäthylester, $HCOOC_2H_5$, *Kp* 54°. *Zernik.*

Äthrin (*Flörsheim*) besteht nach Angaben des Fabrikanten aus 5% Mentholäthrol und 95% Dericinsalbe (vgl. Dericin und Äthrole). In Tuben als Schnupfenmittel empfohlen. *Zernik.*

Äthrole (*Flörsheim*) werden aus Riechstoffen und Dericinseife (s. Dericin) hergestellt; minder konzentriert sind die Deciaethrole. Die Formäthrole werden aus dem dem Lysoform (s. d.) entsprechenden Formaldehyd-Dericinat unter Zusatz einer entsprechenden Menge Aethrol hergestellt (25% $HCHO$). Verdünnt zu Desinfektions- und kosmetischen Zwecken empfohlen. *Zernik.*

Äthylalkohol, Alkohol, Alkohol aethylicus, Spiritus vini, Weingeist, Äthanol, $C_2H_5 - OH$, wird in enormen Quantitäten durch Gärung von Zuckerarten erzeugt (s. u.). In geringer Menge findet er sich vielfach auf der Erdoberfläche, da die Bedingungen zu seiner Entstehung ohne menschliches Zutun oft gegeben sind. So kommt er z. B. in den Früchten von Pastinaca sativa, Heracleum giganteum hort. und Spondylium, Anthriscus cerefolium vor, im echten Rosenöl und anderen ätherischen Ölen, spurenweise in der Atmosphäre, in vielen natürlichen Wässern, in humusreichem Erdboden, in frischem Brot, in verschiedenen Organen und Gewebesäften von Pferd, Hund und Rind, im Harn der Diabetiker, ferner im Steinkohlenteer und Tieröl etc. Wichtig ist seine Entstehung im Lebensprozeß zuckerhaltiger Früchte, wenn sie — ohne Mitwirkung von Mikroorganismen — bei Ausschluß von Sauerstoff aufbewahrt werden („anaerober Stoffwechsel", „intramolekulare Atmung"). Ein Enzym, die Zymase, welches von Mikroorganismen gebildet wird, spaltet aus Zucker

Alkohol ab, wobei als Zwischenprodukt nach Ansicht einiger Forscher Milchsäure entsteht. $CH_3 \cdot CH(OH) \cdot CO_2H = CO_2 + C_2H_5 \cdot OH$. Das Auftreten dieser Säure ist möglich, weil einerseits milchsaures Calcium bei Zutritt von Luft und Licht leicht in Alkohol und Calciumcarbonat zerfällt, andererseits Traubenzucker unter bestimmten Bedingungen sowohl Alkohol (mit Kalilauge im Sonnenlicht) als auch Milchsäure (mit Barytwasser) zu bilden im stande ist (F. DUCLAUX, *C. r.* **103**, 881 [1886]; F. BUCHNER und J. MEISENHEIMER, *B.* **37**, 422 [1904]; **38**, 625, 626 Anm. 1 [1905]).

Es sind zahlreiche künstliche Bildungsweisen des Alhohols bekannt. So erhält man ihn durch Kochen von Äthylhaloiden mit Wasser bei Gegenwart von Basen, aus Äthylamin durch Zersetzung des salpetrigsauren Salzes, aus Acetaldehyd durch Reduktion z. B. mit Nickel im Wasserstoffstrom bei 140° (P. SABATIER und J.-B. SENDERENS, *C. r.* **137**, 301 [1903]; cf. A. WURTZ, *A.* **123**, 140 [1862]), durch Reduktion von Essigäther, Acetamid oder Essigsäureanhydrid, durch Elektrolyse von Natriumpropionat, aus Formaldehyd durch Behandlung mit Methylmagnesiumbromid (V. GRIGNARD und L. TISSIER, *C. r.* **134**, 107 [1902]; V. GRIGNARD, *Bl.* [3] **29**, 953 [1903]; M. TIFFENEARI und R. DELANGE, *C. r.* **137**, 573 [1903]). Von besonderer Bedeutung sind aber die Synthesen, welche Äthylen und Acetylen zum Ausgangsmaterial nehmen, weil diese Darstellungsverfahren eine Zeit lang Aussicht auf industrielle Verwertung boten. Äthylen steht als Bestandteil des Leucht-, Kokerei- und Ölgases billig zur Verfügung, kann aber auch durch Reduktion von Acetylen glatt gewonnen werden (s. Äthylen). Es wird von mäßigwarmer konz. Schwefelsäure unter Bildung von Äthylschwefelsäure absorbiert. Diese spaltet beim Erhitzen mit Wasser Alkohol unter Regenerierung der Schwefelsäure ab.

$$C_2H_4 + H_2SO_4 = C_2H_5 \cdot O \cdot SO_3H; \quad C_2H_5 \cdot O \cdot SO_3H + H_2O = C_2H_5 \cdot OH + H_2SO_4$$

Dieser Prozeß wurde schon 1825—1828 von einem Mitarbeiter FARADAYS, HENNEL, der Äthylschwefelsäure („Weinschwefelsäure") aus Leucht- und Ölgas erhielt, beobachtet und von M. BERTHELOT 1855 (*C. r.* **40**, 102; *A. ch.* [3] **43**, 385) einer systematischen Durcharbeitung unterworfen. P. FRITZSCHE (*Ch. Ind.* **20**, 266 [1897]; **35**, 637 [1912]) ermittelte seine günstigsten Bedingungen: 100 *kg* heiße Schwefelsäure absorbieren 14 *kg* Äthylen, aus denen man 18 *kg* 100%igen Alkohol gewinnen kann. Die praktische Ausbeutung des Verfahrens scheitert an der großen Säuremenge, welche es erfordert (450 *kg* für 1 *hl* Alkohol!). Für Acetylen ist Calciumcarbid eine billige Quelle. Acetylen kann nach Reduktion zu Äthylen aber auch direkt auf verschiedenen Wegen (cf. z. B. S. JAY & Co., Paris, *D. R. P.* 149893) in Alkohol übergeführt werden. Auch hier konnte eine rentable Verwertung nicht erzielt werden (FR. KRÜGER und M. PÜCKERT, *Ch. Ind.* **18**, 454 [1895]).

Der Alkohol des Handels enthält noch 5—10% Wasser, im günstigsten Falle 0,5—2%. Zur Entfernung desselben destilliert man ihn über gebrannten Kalk (F. ERLENMEYER sen., *A.* **160**, 249 [1871]; L. CRISMER, Bull. d. l. soc. chim. d. Belg. **18**, 18 [1904]; cf. L. W. WINKLER, *B.* **38**, 3612 [1905]). Die vollständige Entwässerung ist daran zu erkennen, daß sich Ätzbaryt mit gelber Farbe in dem Alkohol löst (D. MENDELEJEW, *P. A.* **138**, 246 [1869]), daß wasserfreies Kupfersulfat sich nicht färbt, und daß absolut alkoholische Paraffinlösung keine Trübung erzeugt.

Durch Fraktionierung kann man aus wässerigem Alkohol keinen absoluten herstellen, weil er mit Wasser eine konstant siedende Mischung (95,57% Alkohol und 4,43% Wasser) bildet, die bei 78,15°, also niedriger als reiner Alkohol siedet. Fügt man aber Benzol zu, so gelingt die Fraktionierung (S. YOUNG, *Soc.* **81**, 707 [1902]; derselbe und E. C. FORTEO, *Soc.* **81**, 717 [1902]). Es geht dann erst ein „ternäres" Gemisch bei 64,85°, bestehend aus Wasser, Alkohol und Benzol über, dann ein „binäres", bestehend aus Alkohol und Benzol, bei 68,25° und schließlich reiner Alkohol bei 78,3°.

Zur Entwässerung dient ferner geglühte Pottasche. Vorgeschlagen zu demselben Zweck hat man weiterhin Magnesiumamalgam (TH. EVANS und W. C. FETSCH, *Am. Soc.* **26**, 1158 [1904]), Calciumcarbid (P. YVON, *C. r.* **125**, 1181 [1897], cf. E. OSTERMAYER, *Ph. Z.* **43**, 99 [1898]) und Calciummetall (L. W. WINKLER, *B.* **38**, 3612 [1905]). Calciumchlorid ist weniger geeignet, weil es mit Alkohol eine Verbindung eingeht. Natürlich können obige Reagenzien auch zum Nachweis von Wasser im Alkohol dienen, da sie mit ihm Gase (Wasserstoff oder Acetylen) entwickeln.

Reiner Alkohol bildet eine leicht entzündliche, mit blaßblauer, nicht leuchtender Flamme brennende, wasserhelle Flüssigkeit von angenehmem Geruch und brennendem Geschmack. Kp_{760} 78,3°. D_4^{15} 0,79326. Bei −100° wird er dickflüssig. In flüssiger Luft erstarrt er zu einem farblosen Glase, das bei −130,5° unter Temperatursteigerung in eine bei −117,3° schmelzende krystallinische Form übergeht. Stark hygroskopisch, besitzt er die Fähigkeit, manchen Salzen (Soda, Glaubersalz) einen Teil ihres Krystallwassers zu entziehen. Mit Äther, Chloroform, Glycerin mischt er sich, mit Wasser gleichfalls unter geringer Wärmeentwicklung und Kontraktion. Das Maximum derselben entspricht einem Gehalt von 1 *Mol.* Wasser auf 3 *Mol.* Alkohol. So geben 52 *Vol.* Alkohol und 48 *Vol.* Wasser bei 20° 96,3 *Vol.* Mischung. Alkohol ist ein Lösungsmittel für zahlreiche organische und manche anorganische Verbindungen (Calcium-, Strontium-, Magnesiumchlorid). Er absorbiert viele Gase (Wasserstoff, Sauerstoff, Stickstoff, Stickstoffoxydul, schweflige Säure, Schwefelwasserstoff, Kohlensäure, Kohlenoxyd) in größerer Menge als Wasser.

Alkohol wirkt fäulniswidrig, in geringer Menge genossen anregend auf den Organismus und berauschend, in größerer und unverdünnt giftig.

Mit Lithium-, Calcium-, Zinnchlorid und Magnesiumnitrat tritt Alkohol zu krystallinischen Verbindungen, in denen er die Rolle des Krystallwassers spielt, zusammen; mit Alkali- und Erdalkalimetallen, ferner mit Aluminium und Magnesium bildet er unter Wasserstoffentwicklung Alkoholate, die der Formel $C_2H_5 \cdot OMe$ entsprechen. Über „aktiviertes" Natriumalkoholat s. J. W. BRÜHL, *B.* **37**, 2066 [1904]. Mit Salzsäure liefert er bei Gegenwart von Zinkchlorid Äthylchlorid, mit Brom resp. Jod bei Anwesenheit von Phosphor Äthylbromid resp. -jodid, mit wasserentziehenden Mitteln (Schwefelsäure, Phosphorsäure, Borsäureanhydrid) Äthylen, mit Chlor neben anderen Verbindungen Choral. Die Luftoxydation, bei der eine glühende Platinspirale als Kontaktsubstanz dient, führt je nach den Versuchsbedingungen zu Aldehyd, Essigsäure oder Acetal. Salpetersäure oxydiert zu Glykolsäure, Glyoxal, Glyoxylsäure und Oxalsäure. Mit Sauerstoffsäuren oder Säurechloriden bildet Alkohol Ester. Sein Dampf ist bis 300° beständig. Bei Glühhitze zersetzt er sich zu Wasserstoff, Methan, Äthylen, Acetylen, Benzol, Naphthalin etc., mit erwärmtem Zinkstaub unterhalb Glühhitze zu Äthylen, bei Dunkelrotglut zu Wasserstoff, Methan und Kohlenoxyd.

Zum Nachweis geringer Alkoholmengen dient in erster Linie die A. LIEBENsche Jodoformreaktion (*A.* Suppl. **7**, 208, 377 [1870]), die ihn noch in einer Verdünnung von 1:2000 kennzeichnet. Man erwärmt die Flüssigkeit mit einem Körnchen Jod und einer zur Entfärbung gerade hinreichenden Menge Kalilauge. Das entstandene Jodoform wird durch Farbe, Geruch, Flüchtigkeit und Krystallform (mikroskopische sechsseitige Tafeln oder sechsstrahlige Sterne) erkannt. Doch ist zu beachten, daß auch Aldehyd und Aceton dieselbe Reaktion geben. Mit Benzoylchlorid entsteht aus Alkohol Benzoesäureäthylester (M. BERTHELOT, *C. r.* **73**, 496 [1871]), durch eigenartigen Geruch ausgezeichnet, der nach Zerstörung des überschüssigen Chlorids durch Lauge hervortritt. Zuverlässiger ist der Nachweis mit p-Nitrobenzoylchlorid, das den bei 57° schmelzenden krystallisierten p-Nitrobenzoesäureäthylester bildet.

Über die quantitative Bestimmung des Alkohols vgl. Alkoholometrie S. 772. Sind dem verdünnten Alkohol noch andere Stoffe als Wasser beigemengt wie im Bier und Wein, so muß man ein gewisses Quantum der Flüssigkeit abdestillieren und im Destillat die Bestimmung vornehmen. Auch Dampfspannung (Vaporimeter von GEISSLER) und Siedepunkt können zur Ermittlung des Alkoholgehalts in wässeriger Lösung dienen.

In der Technik wird der Feinsprit und der sog. absolute Alkohol verwendet. Vom letzteren kann man verlangen, daß er wenigstens 99,1 *Gew.-%* Alkohol und demnach ein *spez. Gew.* von nicht über 0,797 besitzt, während Feinsprit mindestens 94,38 *Gew.-%* und ein *spez. Gew.* von 0,811 haben soll.

Als Verunreinigungen kommen hauptsächlich Fuselöle, Acetaldehyd, Furfurol und flüchtige Säuren in Betracht, über deren Art und Nachweis s. S. 738, 748.

Geschichtliches. Die Herstellung alkoholhaltiger Getränke ist seit Jahrtausenden bekannt und wurde bereits von den alten Ägyptern, Griechen, Israeliten und Germanen ausgeführt. Die Ansichten über den Ursprung der Alkoholdestillation gehen weit auseinander. Nach E. O. v. LIPPMANN (*Ch. Ztg.* **1912**, 655) finden sich wirkliche Destillationsapparate erst bei den hellenistischen Alchemisten in Alexandrien in den ersten nachchristlichen Jahrhunderten, deren Konstruktion bis in das 6. und 7. Jahrhundert wenig Fortschritte betreffs der Kühlung zeigt, so daß sie zur Gewinnung von Substanzen mit niedrigem Siedepunkt unbrauchbar waren. Zu jener Zeit war bereits Aqua vitae bekannt. Dieses bedeutet jedoch nach v. LIPPMANN nicht Weingeist, sondern das uralte ägyptische Lebenswasser, Lebenselixier. Auch die syrischen und arabischen Alchemisten hatten keine besseren Apparate, so daß auch ihnen eine Alkoholdestillation nicht möglich war. Noch im Jahre 1120 erklärt AL KHAZIM ausdrücklich, daß die spezifisch leichteste Flüssigkeit das Olivenöl sei. Wahrscheinlich wurde die Gewinnung des Alkohols in den weinbautreibenden Ländern des Mittelmeeres, u. zw. in Italien im 11. Jahrhundert entdeckt. Die erste Nachricht hierüber enthält ein aus dem 12. Jahrhundert stammendes Manuskript aus der Mappa clavicula, in der der Weingeist brennendes Wasser genannt wird. MARCUS GRAECUS, ALBERTUS MAGNUS und VILLANOVA bezeichnen ihn gegen Ende des 13. Jahrhunderts als aqua ardens, aqua permanens, aqua vitae. In den falschen Schriften des sog. LULL gegen Ende des 13. und Anfang des 14. Jahrhunderts wird bereits über die Verstärkung durch Alkalisalz, fraktionierte Destillation und verbesserte Kühlung berichtet. Als Allheilmittel wurde der Alkohol in Italien 1250 und in den nördlichen Ländern 1400 verwendet. (Vgl. ferner *Ch. Ztg.* **1913**, 1313 u. f.) Um diese Zeit beginnt auch die Gewinnung von Branntwein aus Getreide, ohne daß man jedoch über das Wesen der Gärung, wie INGENKAMP in seiner Arbeit „Die geschichtliche Entwicklung unserer Kenntnis von Fäulnis und Gärung“ (Z. f. klin. Med. **10**, Heft 1 und 2) berichtet, sich klare Vorstellungen machen konnte. Die Branntweinerzeugung wurde bereits im 15. Jahrhundert allgemeiner, und der Weingeist oder Spiritus vini, wie er damals von BASILIUS VALENTINUS zum erstenmal genannt wurde, fand bereits ausgedehnte Verwendung als Genußmittel. Auch das erste Buch über Branntweinbrennerei von SCHRICK bescherte uns das 15. Jahrhundert. Trotzdem war der Begriff Gärung noch ein ganz allgemeiner Sammelbegriff. Man bezeichnete fast jede Einwirkung zweier Körper als solche, ganz besonders, wenn sie mit irgend einer Gasentwicklung verbunden war. Ende des 17. Jahrhunderts (1680) stellte LEEUWENHOCK mittels des von ihm selbst zusammengestellten Mikroskopes bei 150facher Vergrößerung fest, daß die Hefe aus kleinen Körnchen bestehe, und legte somit den Grundstein zur Erforschung der Gärungserscheinungen mit Hilfe des Mikroskopes, das hierfür in späteren Jahrhunderten noch hervorragende Dienste leistete. Im 17. Jahrhundert war WILLIS Ansicht vorherrschend, daß ein in Zersetzung begriffener Körper diesen Zustand auf einen anderen übertragen könne und daß das für die Gärung benutzte Ferment diesen Zustand dem gärungsfähigen Körper übermittele. Dieser Ansicht huldigte auch GEORG ERNST STAHL 1660—1734, nach dessen Meinung es sich bei der Gärung um eine Zerlegung des gärungsfähigen Körpers in seine Bestandteile und Bildung neuer Verbindungen aus diesen handele (G. E. STAHL, Zymotechnia fundamentalis 1697). Einen wichtigen Fortschritt in der Erforschung der Gärungserscheinungen brachte in der Mitte des 17. Jahrhunderts die Entdeckung VAN HELMONTS, daß bei der Gärung eine Gasart entstehe und ein Ferment zur Einleitung der Gärung nötig sei. Auch tauchen um diese Zeit die ersten Nachrichten auf über die Möglichkeit, aus Kartoffeln Spiritus herzustellen (DR. JOH. JOACHIM BECHER, 1682). Wesentliche Fortschritte in der Branntweinbrennerei, sowohl in technischer als auch in wissenschaftlicher Hinsicht, brachte das 18. Jahrhundert. MAC BRIDE stellte 1764 fest, daß das bei der Gärung auftretende Gas Kohlensäure sei, und LAVOISIER wies durch zahlreiche Versuche nach, daß der Zucker sich bei der Gärung glatt in Alkohol und Kohlensäure spalte (A. L. LAVOISIER, Traité élementaire de chimie, Paris, 1793). 1793 begann RÉAUMUR die Feststellung der Methoden zur Bestimmung des Prozentgehaltes alkoholwässeriger Lösungen nach dem *spez. Gew.*, und im Jahre 1794 wurden die von BLAGDEN und GILPIN hierüber ausgeführten Arbeiten von der englischen Regierung veröffentlicht. Bereits Mitte des 18. Jahrhunderts wurde die erste Kartoffelbrennerei in Deutschland in Monsheim in der Pfalz gegründet und 1796 der erste wasserfreie Spiritus von LOWITZ durch Behandeln von rektifiziertem Weingeist mit frischgeglühtem Kaliumcarbonat gewonnen. Das 19. Jahrhundert brachte den Kampf der Gelehrten über die Ursache der Gärung und die definitive Aufklärung hierüber. Im Jahre 1810 berichtet GAY LUSSAC (*A. ch.* **76**, 245), daß nach den Untersuchungen von LAVOISIER, FABRONI und THENARD zum Zustandekommen der alkoholischen Gärung das Zusammenwirken eines zuckerhaltigen Materials und eines eigentümlichen Fermentes animalischer Natur notwendig sei. Man nahm damals an, daß die Gärung ohne Hilfe des Sauerstoffs eintreten und fortlaufen könne. GAY LUSSAC war jedoch der Ansicht, daß Sauerstoff hierzu unbedingt nötig sei.

1836 erklärte CAGNIARD LATOUR (*A. ch.* **68**, 206 [1838]) und 1837 DR. SCHWANN in Berlin (*P. A.* **41**, 184 [1837]), daß die Hefe eine Pflanze sei, die durch ihr Leben die Ursache der geistigen Gärung werde. Sie bestehe aus Kügelchen, die sich vermehren und nur im lebenden Zustande auf Zucker einwirken. FRIEDRICH KÜTZING in Nordhausen gelangte durch Versuche und mikroskopische Beobachtungen zu denselben Resultaten wie C. LATOUR und SCHWANN. Auch TURPIN in Paris (*C. r.*, **1838** [2] 402) und H. L. HELMHOLTZ: Über das Wesen der Fäulnis und Gärung, (Arch. f. anat. Phys. u. wiss. Med. von J. MÜLLER, **1843**, 453) waren der gleichen Ansicht. HELMHOLTZ erklärte, daß die Fäulnis den für die Entwicklung und Ernährung von lebenden Wesen fruchtbarsten Boden bilde und dadurch in ihren Erscheinungen modifiziert werde. Eine solche durch Organismen modifizierte und an diese gebundene Fäulnis sei die Gärung. Diese Ansicht wurde von den bedeutendsten Chemikern der damaligen Zeit, JUSTUS V. LIEBIG und JAK. BERZELIUS, auf das entschiedenste bekämpft. BERZELIUS war der Meinung, daß die Gärung durch eine katalytische Kraft bewirkt werde, während nach Ansicht LIEBIGS leicht zersetzliche stickstoffhaltige Stoffe bei ihrer Zersetzung die chemische Bewegung auf die Atome der gärungsfähigen Körper fortpflanzen und so den Zerfall bewirken sollten (LIEBIG: Die organische Chemie in ihrer Anwendung auf Agrikulturchemie und Physik, Braunschweig 1840). Für diese Theorie trat HOPPE-SEYLER ein. Ein Bindeglied zwischen den entgegengesetzten Anschauungen der beiden Parteien bildete diejenige EILHARDS MITSCHERLICHS, nach dessen Ansicht die Gärung durch Organismen bewirkt werde, jedoch nicht durch ihre Lebenstätigkeit, sondern durch Kontaktwirkung (Monatsberichte der Akademie zu Berlin, Dez. **1841**, 396). Für die rein chemische Natur der Gärung trat auch BERTHELOT ein (BERTHELOT: Sur la fermentation alkoholique", *C. r.* **44**, 702 [1857]). Schließlich siegte durch die Versuche PASTEURS die von CAGNIARD LATOUR, SCHWANN und KLÜTZING vertretene vitalistische Anschauung. PASTEUR vertrat entschieden die Ansicht, daß die Hefe infolge ihrer Lebenstätigkeit den Zucker zerlege. Er stellte auch fest, daß bei der Gärung neben Alkohol und Kohlensäure Bernsteinsäure entstehe und daß Glycerinbildung mit der Alkoholgärung verbunden sei. Er wies ferner nach, daß jede Art von Gärung ihre spezielle Art von Mikroorganismen benötige, und stellte den Satz auf, daß keine Gärung ohne Organismen möglich sei. Von außerordentlicher Bedeutung für das Brennereigewerbe waren PASTEURS Untersuchungen über die schädliche Einwirkung der Spaltpilze auf die Gärung. Über die Gärung selbst sagt PASTEUR (*A. ch.* [3] **58**, 323): Ich nenne alkoholische Gärung diejenige, welche den Zucker unter dem Einflusse des Fermentes, das die Bezeichnung Bierhefe führt, zersetzt. Dies ist die Gärung, welche den Wein und alle alkoholischen Getränke liefert. Eine alkoholische Gärung wird niemals eintreten ohne die Gegenwart von Hefezellen. Der chemische Vorgang der Gärung ist hauptsächlich eine den Lebensprozeß der Hefe begleitende Erscheinung; sie fängt damit an und endigt damit; eine Alkoholgärung ohne gleichzeitige Organisation, Entwicklung und Vermehrung der Hefe, d. h. ohne fortgesetztes Leben, findet niemals statt.

Der Streit um die Ursache der Gärung, der sich durch PASTEURS Versuche zugunsten der vitalistischen Anschauung, der auch die bedeutendsten Gärungstechniker zuneigten, entschieden hatte, wurde gegen Ende des 19. Jahrhunderts durch BUCHNERS Entdeckung der Zymase definitiv entschieden. BUCHNER stellte im Jahre 1896 (*B.* **30**, 117 [1897]) fest, daß durch Auspressen der Hefezellen ein Saft erhalten wird, der durch seinen Gehalt an einem Enzym, der Zymase, imstande sei, in Zuckerlösungen Gärung hervorzurufen. Es ist dadurch festgestellt, daß die lebende Hefe die Gärung hervorruft, aber nur durch ihren Gehalt an Zymase. Das 19. Jahrhundert brachte also die wissenschaftliche Erklärung für den Gärungsvorgang.

Nicht minder bedeutend waren die Fortschritte, die es in technischer Beziehung der Alkoholerzeugung zu teil werden ließ. So brachte das Jahr 1811 für Preußen die von TRALLES revidierten und umgearbeiteten GILPINschen Tabellen. Seit 1824 dienen in Frankreich die GAY LUSSACschen Tabellen für die amtliche Alkoholbestimmung. Für Deutschland wurde die Tabelle von A. F. W. BRIX revidiert. 1888 wurden neue Tafeln für Gewichtsalkoholometer von der kaiserlichen Normaleichungskommission herausgegeben, die heute noch in Geltung sind. Seit 1820 fanden die Kartoffelbrennereien größere Verbreitung, und die Hefefabrikation hielt ihren Einzug in Deutschland. Die Kunsthefebereitung, deren erste Anfänge bis zum Jahre 1766 zurückreichen, erfuhr eine bedeutende Vervollkommnung durch CHRISTIAN HANSENS Forschungen über das physiologische Verhalten der Brauereihefen und die Einführung der Hefereinzucht in die Brauerei, die durch P. LINDNER auf die Brennerei übertragen wurde. Wichtig war für die Kunsthefebereitung die von R. KOCH ausgearbeitete Methode der Bakterienreinkultur und die Einführung der Verwendung der Milchsäurereinkultur in die Brennerei durch das Institut für Gärungsgewerbe, Berlin, 1896. Durch Aufstellung der Regeln des Systems der natürlichen Hefereinzucht durch DELBRÜCK wurde die Kunsthefebereitung auf eine bedeutende Höhe gebracht. Vereinfacht wurde sie durch Einführung der Verwendung technischer Säuren durch EFFRONT und BÜCHELER. Das 19. Jahrhundert brachte auch den Fortschritt vom Hand- zum Maschinenbetrieb und eine Vervollkommnung der Destillierapparate. Es brachte uns den Übergang vom Einblasenapparate, der, um einen hochprozentigen Spiritus zu erhalten, eine wiederholte Destillation notwendig machte, zu dem vom Rittergutsbesitzer JOH. H. LEBRECHT PISTORIUS in Weißensee bei Berlin erfundenen Zweiblasenapparat und 1822 die Einführung der Destillation mit direktem Dampf durch Sir ANTON PERRIER aus Cork in Irland. Aus dem Zweiblasenapparate hat sich im Laufe der Zeit der kontinuierliche Destillationsapparat entwickelt, der imstande ist, Spiritus von $93^1/_2$ *Gew.-%* durch einmalige Destillation zu liefern. Die Kartoffelbrennerei erhielt eine große Förderung durch die Einführung des HENZE-Dämpfers in den Siebzigerjahren des 19. Jahrhunderts. Das Ende des 19. Jahrhunderts brachte auch einen großen Aufschwung in der technischen Verwertung des Spiritus, vor allem durch Erfindung des Spiritusglühlichtes und der Spiritusmotore. Auch das beginnende 20. Jahrhundert brachte eine Fülle neuer Errungenschaften, von denen die bedeutendsten die Erforschung des physiologischen Zustandes der Hefe durch DELBRÜCK und seine Mitarbeiter und die Aufklärung der Entstehungsart des Fuselöles bei der alkoholischen Gärung durch EHRLICH sind.

A. Rohmaterialien.

Zur Alkoholgewinnung dienen 4 Gruppen von Rohmaterialien.

Die 1. Gruppe enthält die stärkemehlhaltigen Rohstoffe. Diese können nicht ohne weiteres der Gärung unterworfen werden, sondern es ist nötig, die Stärke erst in Zucker zu verwandeln. Dies geschieht durch Kochen mit verdünnten Säuren oder durch Einwirkung eines Enzymes, der Diastase, auf die Stärke. Als Lieferant für die Diastase werden die verschiedenen Getreidearten benutzt, die im gemälzten Zustande größere Mengen Diastase enthalten. Außerdem kommen noch verschiedene Pilzarten hierfür in Betracht. Speziell in Deutschland dienen hauptsächlich stärkemehlhaltige Rohmaterialien zur Alkoholgewinnung. Zu ihnen gehören die Kartoffel, Trockenkartoffel, die verschiedenen Getreidearten, Mais, Reis, Dari, Hirse, Buchweizen, Kastanien, Bohnen, Erbsen, Manioka, Bananen, Topinambur sowie die Abfälle der Stärkefabrikation.

Die 2. Gruppe enthält die zuckerhaltigen Körper, aus denen Alkohol durch Gärung und nachfolgende Destillation gewonnen werden kann. Zu dieser Gruppe gehören vor allem die Zuckerrüben und das Zuckerrohr, die Nebenprodukte bei der Zuckerfabrikation, wie die Melasse, ferner verschiedene zuckerhaltige Früchte und Wurzeln, Blüten und sonstige Pflanzenteile.

Zur 3. Gruppe gehören die alkoholhaltigen Rohstoffe, aus denen dieser durch einfache Destillation gewonnen werden kann. Hierzu gehören Bier und Wein und die Abfälle bei der Wein- und Bierbereitung.

Die 4. Gruppe enthält die cellulosehaltigen Rohstoffe, wie Holz und Torf, und die Abfälle bei der Cellulosefabrikation, die Sulfitlaugen.

I. Stärkemehlhaltige Rohstoffe.

Die Stärke $(C_6H_{10}O_5)_x$ (s. d.) wird in den Chlorophyllkörnern der grünen Pflanzen unter dem direkten Einfluß des Sonnenlichtes gebildet. Sie entsteht nach STRASSBURGER als erstes geformtes Produkt der Assimilation. Sie bildet kleine

Körner, die ständig wieder aufgelöst werden. Große Stärkekörner findet man nur in den Reservestoffbehältern, wo sie sich aus der bereits assimilierten Substanz bildet. Sämtliche in den Handel kommende Stärke ist als Reservestärke zu betrachten. Sie besitzt je nach der Stammpflanze eine ganz verschiedene charakteristische Form. Die Stärkekörner der Kartoffelknollen sind eiförmige Gebilde mit exzentrischer Schichtung. Die durchschnittliche Größe beträgt 0,09 *mm*. Die Schichtung wird durch die verschiedene Dicke der Schicht erzeugt. Die Reservestärke der verschiedenen Getreidearten ist wesentlich kleiner und meist zentrisch geschichtet. Größe der Gerstenstärke 0,0016 – 0,020 *mm*, der Weizenstärke 0,0023 – 0,028 *mm*, der Roggenstärke 0,0022 – 0,036 *mm*. Die Roggen-, Weizen- und Gerstenstärke besitzt eine runde Form, die des Maises ist vieleckig mit einem Spalt in der Mitte. Hafer und Reis enthalten zusammengesetzte Stärkekörner. Die der Bohnen sehen wie abgeflachte Kugeln oder Ellipsoide aus.

Die Stärkekörner werden als krystallinische Gebilde (sog. Sphärite) betrachtet, die nach ARTHUR MEYER (Untersuchungen über die Stärkekörner 1895) aus radial angeordneten Trichiten aufgebaut sein sollen. Die Schichtung entspricht nach MEYER dem Wechsel der Tag- und Nachtzeiten. Das Stärkekorn enthält außer Stärkesubstanz noch Cellulose, Proteinkörper, Amide, Fette und Asche. Der Gehalt an Reinstärke schwankt nach SAARE zwischen 96 und 99,11 %, der Eiweißgehalt zwischen 0,18 und 1,82 %, der Aschengehalt zwischen 0,13 und 0,62 %. Nach den Arbeiten von L. MAQUENNE, J. WOLFF, A. FERNBACH und E. ROUX besteht die Reinstärke aus 80 – 85 % Amylose und 20 – 15 % Amylopektin. Das Amylopektin ist nach GATIN GRUZEWSKA (*C. r.* **146**, 540 [1908]) ein Schleimkörper, der alle Eigenschaften der Stärke besitzt außer der, sich nach dem Erhitzen zurückzubilden. Das Amylopektin bildet nach GRUZEWSKA im Kartoffelstärkekorn die Hülle in Form von Säcken, während die Amylose die Innensubstanz bildet. Das spez. Gew. der Kartoffelstärke beträgt nach HORACE T. BROWN, auf Wasser von 4° bezogen, 1,50 – 1,51, nach PAROW (*Z. f. Spirit.* **1907** 432) in Wasser bestimmt 1,648, in Toluol 1,513, das der Weizenstärke in Wasser 1,629, in Toluol 1,502, das der Maisstärke in Wasser 1,623, in Toluol 1,499, das der Reisstärke in Wasser 1,620, in Toluol 1,504. Die Stärke dreht die Polarisationsebene nach rechts. Sie ist im getrockneten Zustande stark hygroskopisch. Beim Erhitzen über 160° geht sie in lösliche Stärke und bei höherer Temperatur in Dextrin über. Sie ist in Alkohol und Äther unlöslich, ebenso in kaltem Wasser, mit heißem Wasser tritt Kleisterbildung ein.

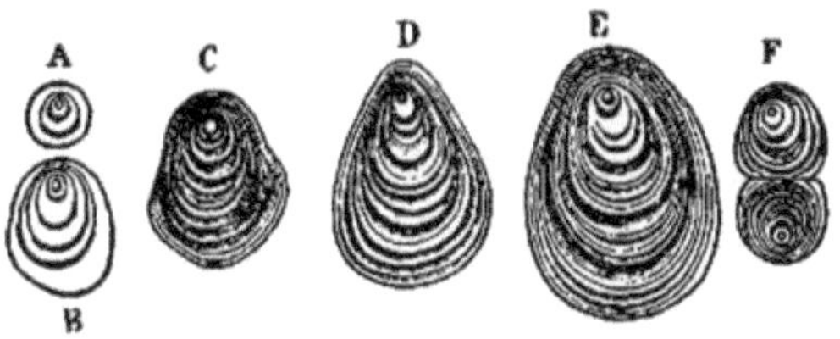

Abb. 208. Verschiedene Arten der Kartoffelstärke. Vergrößerung 300fach. *A* junges, unentwickeltes Korn; *B* – *E* entwickelte Körner; *F* zusammengesetztes Korn.

Verkleisterungstemperatur nach LINTNER (MAERCKER):

Kartoffelstärke	65°	Maisstärke	75°	Gerstenstärke	80°
Darrmalzstärke	80°	Roggenstärke	. . 80°	Weizenstärke	80°
Reisstärke	80°	Luftmalzstärke	80 – 85°	Haferstärke	85°

Nach SAARE benötigen 100 *g* Stärke zur Verkleisterung mindestens 40 *g* Wasser. Durch Erhitzen des Stärkekleisters auf 125° wird er verflüssigt, es scheidet sich jedoch beim Erkalten wieder ein Teil der Stärke aus. Beim Stehen von Stärkekleister und Stärkelösungen tritt Rückbildung ein. Mit Jod bildet sie blaue Jodstärke, die beim

Erwärmen ihre blaue Farbe verliert, beim Erkalten aber wieder zeigt. Durch verdünnte organische und anorganische Säuren wird die Stärke in Dextrose verwandelt. Hierbei treten als Zwischenprodukte lösliche Stärke, Dextrin und Maltose auf. Aus 92 – 94 Teilen Stärke entstehen nach MAERCKER-DELBRÜCK 100 Teile Dextrose. Durch Diastase wird sie in Maltose verwandelt, wobei dieselben Zwischenprodukte auftreten wie bei der Verzuckerung durch Säuren.

Als Stärkelieferanten für die Alkoholbereitung kommen zahlreiche Pflanzen in Betracht, deren wichtigste nachstehend aufgeführt sind:

1. Kartoffel. Die Heimat der Kartoffel ist Amerika, u. zw. nach A. v. HUMBOLDT wahrscheinlich Chile. Die Einwohner unterscheiden dort zweierlei Arten von Kartoffeln, die Kartoffel vom wilden Lande, deren Knollen klein und etwas bitter sind, und die Kartoffel, welche angebaut wird und Pogny heißt. In Mexiko wächst sie nach A. v. HUMBOLDT in den höchsten und kältesten Teilen der Kordilleren und Anden, wo man sie durch Frierenlassen und Trocknen konserviert. Man bezeichnet dort die getrocknete Kartoffel als Chuno. Die Zusammensetzung des Chunos ist nach PAROW (*Z. f. Spirit.* **28**, 405 [1905] folgende:

Wasser	14,54 %	Stickstofffreier Extrakt	74,00 %
Protein	6,00 „	Rohfaser	1,65 „
Fett	0,52 „	Asche	2,14 „

Die Kartoffelpflanze, Solanum tuberosum oder esculentum, wurde im Jahre 1585 von FRANZ DRAKE in England eingeführt. Von dort aus verbreitete sie sich über die Niederlande und Frankreich nach Deutschland, wo sie allerdings erst nach dem dreißigjährigen Krieg eine weitere Verbreitung fand.

Nach anderer Ansicht soll die Kultur der Kartoffel im Jahre 1492 über Peru und Ecuador nach Nicaragua gelangt sein, von wo sie in der ersten Hälfte des 16. Jahrhunderts bis nach Nordkarolina in Virginien vordrang. In der zweiten Hälfte des 16. Jahrhunderts soll sie über Sevilla nach Italien und von hier 1588 nach Wien gelangt sein. Nach einer dritten Version soll sie Admiral Sir WALTER RALEIGH im Jahre 1586 von Virginia nach Irland gebracht haben.

Die ersten Mitteilungen über die Möglichkeit, die Kartoffeln zur Alkoholerzeugung zu verwenden, stammen aus dem Jahre 1747 (SCHROHE, *Z. f. Spirit.* **1895**, 61). Nach anderen Berichten soll hierüber bereits im Jahre 1682 von JOH. JOACHIM BECHER geschrieben worden sein. Die erste Kartoffelbrennerei in Deutschland wurde in Monsheim in der Pfalz errichtet. Die Verarbeitung der Kartoffel begegnete anfangs großen Schwierigkeiten. Nach W. SCHMIDT „Die Branntweinbrennerei auf der höchsten Stufe der jetzigen Zeit, 1809", bestand am Anfang des 19. Jahrhunderts in Polen eine große Kartoffelbrennerei, die jedoch wieder einging, da sie zu viel Arbeitskräfte benötigte. Nach SCHMIDT besaß der damals erzeugte Kartoffelbranntwein einen erdigen Geschmack.

Die Kartoffelknolle ist der unterirdische verdickte Stengelteil der Pflanze, deren Augen als verkümmerte Blattanlagen zu betrachten sind. In ihre Zellen ist die Stärke eingelagert, u. zw. enthalten die der Schale, die aus einer mehrfachen Schicht von Korkzellen gebildet ist, am nächsten liegenden Zellen meist nur wenig Stärke, dagegen größere Mengen Eiweiß, während der Stärkegehalt nach der Mitte hin zunimmt. Die Stärke bildet sich in den Blättern der Kartoffelpflanze, u. zw. nur im Sonnenlichte. Daher kommt es, daß in an Sonnenschein armen Jahren die Kartoffeln meist einen geringeren Stärkegehalt besitzen als in an Sonnenschein reichen Jahren. Die in den Blättern gebildete Stärke besteht aus kleinen Körnchen, die durch Enzymwirkung eine Umwandlung in Zucker erfahren und als solcher durch die

Gefäßbündel der Knolle zugeführt werden. Hier findet wieder eine Umwandlung in Stärke und Ablagerung in der der Kartoffelstärke charakteristischen eiförmigen Gestalt mit exzentrischer Schichtung statt. Die Größe dieser Stärkekörner ist sehr verschieden. Sie schwankt zwischen 0,003 und 0,1 *mm*. Das spez. Gew. der Kartoffeln ist von ihrem Stärkegehalte abhängig. Es differiert zwischen 1,0616 und 1,1468.

Die Zahl der durch Kultur und Zucht erzeugten Kartoffelsorten ist außerordentlich groß. Die am meisten angebauten Sorten sind Wohltmann, Märker, Fürst Bismarck, Silesia, Industrie, Imperator, Böhms Erfolg, Magnum bonum, Topas, Ceres, Up to date, Wohltmann 34, Hero, Daber, Bohun, Brocken, Reichskanzler, Athene, Hannibal, Gelbe Rosen, Sächsische Zwiebel, Seed, Hero, Thiel, Juwel, blaue Riesen, Juno, Fürst v. Lippe, Weltwunder, Achilles etc.

Die Zusammensetzung ist nach MORGEN folgende:

	Maximum	Minimum	Mittel
Spez. Gew.	1,134 %	1,084 %	1,106 %
Trockensubstanz	30,39 %	20,33 %	25,57 %
Wasser	79,67 %	69,61 %	74,43 %
Stickstoff	0,489 %	0,229 %	0,324 %
Stärke	24,26 %	14,532 %	16,615 %
Zucker	1,08 %	0,075 %	0,267 %
Dextrin	0,276 %	0,049 %	0,164 %
Asche	1,208 %	0,65 %	1,076 %

Der Stärkegehalt ist je nach der Kartoffelsorte sehr verschieden und ist auch von der Witterung der einzelnen Jahre, vom Boden und von der Düngung abhängig. Er kann bei ein und derselben Kartoffelsorte auf demselben Gute um 3 % und mehr schwanken. Ja auch unter den einzelnen Kartoffelknollen kann er wesentlich differieren. Den höchsten Stärkegehalt besitzen die mittelgroßen Knollen, während die großen und kleinen meist einen niedrigeren Stärkegehalt aufweisen. Der Stärkegehalt differiert zwischen 9 und 28—30 %.

J. F. HOFFMANN untersuchte 160 Proben der Kartoffelernte 1911. Er stellte folgenden Stärkegehalt und Eiweißgehalt fest:

	Stärke	Eiweiß
Richters Imperator	15,7—20,9 %	1,8—2,8 %
Dabersche	15,8—22,6 %	2,5—3,4 %
Jubel	14,7—20,6 %	2,4—3,4 %
Wohltmann 34	14,8—22,0 %	2,0—3,2 %
Prof. Wohltmann	14,0—21,9 %	1,9—3,2 %
Böhms Erfolg	16,6—23,3 %	2,1—3,1 %
Vater Rhein	14,5—21,3 %	2,5—3,9 %
Lucya	17,2—20,0 %	2,6—3,9 %
Geh. Rat Haas	16,2—21,7 %	2,3—3,8 %
Schnellerts	16,9—22,1 %	2,4—4,1 %

Der Zuckergehalt der Kartoffel schwankt zwischen 0,4 und 5,0 %. Meist enthält sie auch noch einen geringen Gehalt an Pentosanen. Der Eiweißgehalt schwankt zwischen 0,6 und 4,1 %. Hiervon ist nur ein geringer Teil als wirkliches Eiweiß vorhanden. 30—56 % des Stickstoffes enthält die Kartoffel in Form von Amidstickstoff. Nach SCHULZE ist letzterer hauptsächlich als Asparagin in der Kartoffel vorhanden. Sie enthält noch geringe Mengen Ammoniaksalze und Solanin. Der Solaningehalt beträgt nach M. WINTGEN (*Z. Unters. N. G.* **12**, 113) 0,017—0,107 %. F. MORGENSTERN (Landw. Versuchsstationen **65**, H. 5) fand in Speisekartoffeln durchschnittlich 0,0125 %, in Futterkartoffeln 0,0058 %, im allgemeinen in gelben Kartoffeln mehr als in roten. Besonders große Mengen, bis zur dreifachen normalen, wies er in Kartoffeln nach, deren Schalen durch das Licht grün geworden waren.

An Säuren sind enthalten Oxal-, Citronen-, Pektin- und Arabinsäure. Der Rohfasergehalt schwankt nach SAARE zwischen 1,33 und 2,58 %. Der Aschengehalt zwischen 2,2 und 5,8 %.

Aschenbestandteile nach C. v. WOLFF:

	Maximum	Minimum	Mittel
Kali	73,61 %	43,95 %	60,37 %
Natron	16,93 %	0,00 %	2,62 %
Kalk	6,23 %	0,51 %	2,57 %
Magnesia	13,58 %	1,32 %	6,69 %
Eisenoxyd	7,18 %	0,04 %	1,18 %
Phosphorsäure	27,14 %	8,39 %	17,33 %
Schwefelsäure	14,89 %	0,44 %	6,49 %
Kieselsäure	8,11 %	0,00 %	2,13 %
Chlor	10,75 %	0,85 %	3,11 %

Die für die Brennerei wichtigsten Bestandteile der Kartoffel sind der Zucker und die Stärke, deren Gesamtheit man als Stärkewert bezeichnet. Bestimmen läßt sich dieser in einer für die Praxis ausreichenden Weise nach dem spez. Gew. Die Kartoffel besteht zum größten Teil aus Wasser und Stärke. Das *spez. Gew.* der Stärke ist wesentlich höher als das der übrigen Bestandteile der Kartoffel. Dieses beträgt nach SAARE 1,65, nach PAROW in Wasser bestimmt 1,648, in Toluol bestimmt 1,513. Je höher demnach das spez. Gew. der Kartoffel ist, desto höher wird der Stärkegehalt derselben sein. Auf Grund zahlreicher Untersuchungen wurde von MAERCKER, BEHREND und MORGEN 1879 eine Tabelle aufgestellt zur Bestimmung des Stärkegehaltes der Kartoffeln nach dem spez. Gew., die von FOTH revidiert wurde und heute noch Geltung hat. Zurzeit wird dieselbe einer neuerlichen Revision durch J. F. HOFFMANN unterzogen.

Tabelle zur Bestimmung des Stärke- und Trockengehaltes der Kartoffeln nach dem spez. Gew.

Nach BEHREND, MAERCKER und MORGEN (1879), revidiert und erweitert von G. FOTH (1907).

Gewicht von 5000 g Kartoffeln unter Wasser g	Spezifisches Gewicht	Stärkewert %	Gewicht von 5000 g Kartoffeln unter Wasser g	Spezifisches Gewicht	Stärkewert %	Gewicht von 5000 g Kartoffeln unter Wasser g	Spezifisches Gewicht	Stärkewert %	Gewicht von 5000 g Kartoffeln unter Wasser g	Spezifisches Gewicht	Stärkewert %
290	1,0616	10,0	390	1,0846	14,9	490	1,1086	20,1	590	1,1338	25,4
295	1,0627	10,2	395	1,0858	15,2	495	1,1099	20,3	595	1,1351	25,7
300	1,0638	10,5	400	1,0870	15,4	500	1,1111	20,6	600	1,1364	26,0
305	1,0650	10,7	405	1,0881	15,7	505	1,1123	20,8	605	1,1377	26,3
310	1,0661	11,0	410	1,0893	15,9	510	1,1136	21,1	610	1,1390	26,6
315	1,0672	11,2	415	1,0905	16,2	515	1,1148	21,4	615	1,1403	26,8
320	1,0684	11,5	420	1,0917	16,4	520	1,1161	21,7	620	1,1416	27,1
325	1,0695	11,7	425	1,0929	16,7	525	1,1173	21,9	625	1,1429	27,4
330	1,0707	11,9	430	1,0941	17,0	530	1,1186	22,2	630	1,1442	27,7
335	1,0718	12,2	435	1,0953	17,2	535	1,1198	22,5	635	1,1455	28,0
340	1,0730	12,4	440	1,0965	17,5	540	1,1211	22,7	640	1,1468	28,2
345	1,0741	12,7	445	1,0977	17,7	545	1,1224	23,0	645	1,1481	28,5
350	1,0753	12,9	450	1,0989	18,0	550	1,1236	23,3	650	1,1494	28,8
355	1,0764	13,2	455	1,1001	18,2	555	1,1249	23,5	655	1,1507	29,1
360	1,0776	13,4	460	1,1013	18,5	560	1,1261	23,8	660	1,1521	29,4
365	1,0787	13,7	465	1,1025	18,7	565	1,1274	24,1	665	1,1534	29,6
370	1,0799	13,9	470	1,1038	19,0	570	1,1286	24,3	670	1,1547	29,9
375	1,0811	14,2	475	1,1050	19,3	575	1,1299	24,6	675	1,1561	30,2
380	1,0822	14,4	480	1,1062	19,5	580	1,1312	24,9	680	1,1574	30,5
385	1,0834	14,7	485	1,1074	19,8	585	1,1325	25,2	685	1,1587	30,8

Um das spez. Gew. der Kartoffel festzustellen, benutzt man verschiedene Methoden. Da der Stärkegehalt der einzelnen Kartoffeln sehr verschieden ist, wählt man zweckmäßig Methoden, die die Anwendung größerer Kartoffelmengen gestatten, um eine bessere Durchschnittsprobe zu erhalten. Die älteren Methoden, wie die KROCKERsche Probe, bei der nur einzelne Kartoffelknollen verwendet werden, haben daher, wenn nicht eine größere Anzahl von Proben untersucht wird, wenig Anspruch auf Genauigkeit. Bei der KROCKERschen Methode sucht man sich eine Kochsalzlösung zu bereiten, die (. z. Gew. besitzt wie die zu untersuchenden Kartoffeln. Hierfür stellt man eine gesättigte Kochsalzlösung her, gibt eine oder mehrere Kartoffeln in diese und verdünnt die Lösung so lange mit Wasser, bis die Kartoffel schwebt. Dann bestimmt man mittels eines Aräometers das spez. Gew. der Flüssigkeit und kann nun aus der Tabelle den Stärkegehalt ablesen. Da man meist mehrere Knollen benutzt, diese aber in der Regel nicht gleiches spez. Gew. besitzen, so verdünnt man die Salzlösung so lange, bis die Hälfte der Kartoffeln untersinkt und die andere Hälfte schwimmt. Das spez. Gew. der Salzlösung ist dann annähernd gleich dem mittleren der Kartoffeln. Auch die STOHMANNsche Methode, bei der ebenfalls nur einige Kartoffeln Verwendung finden, wird in der Praxis kaum mehr angewandt. Bei dieser wird festgestellt, wieviel Wasser durch die Kartoffel verdrängt wird und aus dem Gewicht der Kartoffel und dem Volumen des verdrängten Wassers das spez. Gew. berechnet.

Am meisten Verwendung finden die Kartoffelwagen nach REIMANN (Abb. 209), PAROW (Abb. 210 und 211) und V. DER HEIDE (Abb. 212) und die sog. Kartoffelwage „Rapid" (Abb. 213). Die beiden ersten Wagen ermitteln das spez. Gew. der Kartoffeln nach dem ARCHIMEDESschen Prinzip. Es wird bei diesen das Gewicht einer bestimmten Menge Kartoffeln (5 *kg*) unter Wasser festgestellt. Durch Abziehen des Gewichtes unter Wasser von dem Gewichte derselben Kartoffelmenge über Wasser erhält man das Volumen und kann sich hieraus das spez. Gew. berechnen. Zur Bequemlichkeit ist den Wagen stets eine Tabelle beigefügt, aus welcher der dem Gewichte unter Wasser entsprechende Stärkegehalt gleich abgelesen werden kann. Bei der PAROWschen Wage ist der eine Hebelarm der Dezimalwage in eine Skala eingeteilt. Mit Hilfe eines Schiebegewichtes wird das Einstehen der Wage bewirkt und dann der Stärkegehalt an der Skala direkt abgelesen. Die Kartoffelwage nach V. DER HEIDE beruht auf dem Prinzipe der NICHOLSONschen Senkwage und des Skalenaräometers. Sie besteht aus einem Schwimmkörper, an dem sich ein Drahtkorb zur Aufnahme der Kartoffeln befindet, der oben eine mit einer Skala versehene Spindel trägt. Je größer das spez. Gew. der Kartoffeln ist, desto tiefer sinkt die Spindel ein, und an dem Schnittpunkt zwischen Spindel und Wasseroberfläche kann der Stärkegehalt abgelesen werden.

Bei der Rapidwage wird das Prinzip der REIMANNschen Wage verwendet, nur geht man hier nicht von einer bestimmten Kartoffelmenge aus, sondern von einem bestimmten Volumen Wasser und stellt fest, wieviel Kartoffeln nötig sind, um das Wasser bis zu einer bestimmten Marke ansteigen zu lassen. Diese Wage besteht ebenfalls aus einem ungleicharmigen Hebelarm, der mit Hilfe eines Laufgewichtes zum Einstehen gebracht wird. Der Arm mit dem Laufgewicht trägt eine Skala, an der sofort der Stärkegehalt abgelesen werden kann.

Bei allen 4 Methoden ist es notwendig, eine gute Durchschnittsprobe der Kartoffel zu entnehmen und diese gründlich zu reinigen. Da beim Trocknen der Kartoffeln auch ihr eigener Wassergehalt vermindert werden würde, was eine Einschrumpfung der Kartoffeln und eine Änderung des spez. Gew. zur Folge hätte, so verwendet man die Kartoffeln meist im feuchten Zustande und nimmt dann bei Wage 1, 2 und 3 statt 5000 *g* Kartoffeln 5050 *g*. Das Wasser, in dem die Kartoffel gewogen wird, muß eine Temperatur von 17,5° besitzen. Zur Untersuchung können nur gesunde Kartoffeln verwendet werden. Im Wasser schwimmende Kartoffeln müssen zerschnitten werden, da sie mit Gas gefüllte Höhlungen enthalten. Nach SAARE geben erfrorene und wieder aufgetaute Kartoffeln bei obigen Untersuchungsmethoden einen zu hohen Stärkegehalt an.

Die zur Zeit der Ernte angelieferten Kartoffeln müssen, da sie nicht auf einmal in der Brennerei verarbeitet werden können, für längere Zeit (bis zu 9 bis 10 Monaten) in Kellern oder Mieten aufbewahrt werden. Während dieser Lagerung gehen in der Knolle ständig enzymatische und speziell Atmungsvorgänge vor sich, wodurch ein Verlust der Kartoffeln an Trockensubstanz eintritt. Die Größe der Verluste ist abhängig von dem Enzymgehalte der Kartoffeln und der Lagerungstemperatur. Je höher die Temperatur, desto größer die Verluste. Hierbei findet ständig

Abb. 209. REIMANNsche Wage.

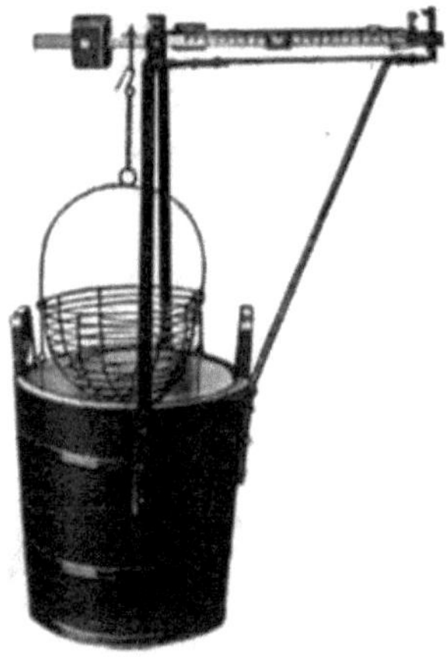

Abb. 210. PAROWsche Wage.

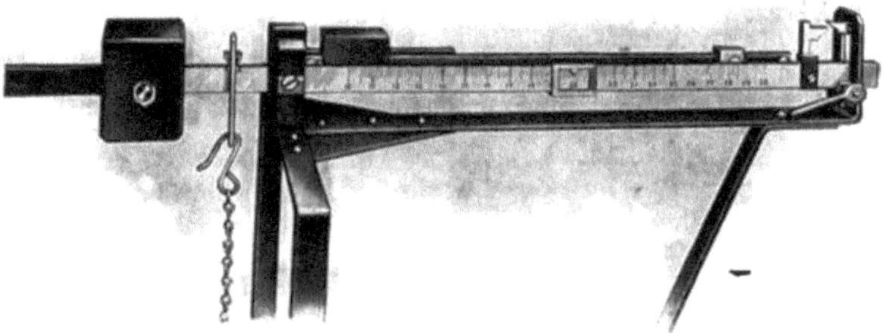

Abb. 211. Hebelarm mit Skala der PAROWschen Wage.

eine Überführung von Stärke in Zucker und eine Zersetzung (Veratmung) des Zuckers zu Kohlensäure und Wasser unter Wärmebildung statt. Veratmung und Zuckerbildung halten sich nach MÜLLER-THURGAU (*Z. f. Spirit.* **27**, 76 [1904]) bei 6–8° das Gleichgewicht. Bei niedrigerer Temperatur wird die Atmung schwächer und hört bei –2° ganz auf. Die Kartoffeln werden dann infolge Anreicherung an Zucker süß. Die Stärkeverluste betragen nach WOLLNY 1,2–2,1% bei normaler Atmung, bei sehr warmer Atmung können sie nach NOBBE bis zu 46,6% steigen. Verringert werden können die Verluste durch Herabsetzung der Lagerungstemperatur. Größere Verluste entstehen auch durch die im Frühjahre stets auftretende Keimung der Kartoffeln. Diese betragen nach C. KRAMER bei 1–2 *cm* Keimlänge 3,2%, bei

2–3 *cm* 5,3% und bei 3–4 *cm* Keimlänge bis zu 9,9% der Gesamtstärke. Ein Gewichtsverlust tritt auch auf durch Wasserverdunstung der Kartoffeln. Bei größerer Wasserverdunstung als Veratmung kann es vorkommen, daß der Stärkegehalt der Kartoffeln zunimmt, trotzdem ein Stärkeverlust besteht. Die größten Verluste treten während der Lagerung der Kartoffeln durch Fäulnis ein. Die Fäulnis wird stets durch starke Erhitzung der Kartoffeln eingeleitet. Eiweißreiche Kartoffeln erhitzen

Abb. 212. v. d. HEIDEsche Wage.

Abb. 213. Kartoffelwage „Rapid".

sich nach DELBRÜCK stärker als eiweißarme. Nach HENNEBERG wird die Widerstandsfähigkeit der Kartoffelsorten gegen Fäulnisbakterien begünstigt durch hohen Zuckergehalt der Kartoffeln. Krankheitserscheinungen während der Vegetationsperiode begünstigen ebenfalls die Fäulnis. Die am häufigsten auftretenden Krankheiten sind nach O. APPEL und W. KREITZ folgende (D. Landwirtsch. Presse 84, 685 [1907]):

Name der Krankheit	Erreger	Kennzeichen Kraut	Kennzeichen Knollen	Zeit	Schutzmittel
Kraut- und Knollenfäule	Phytophthora infestans	Braune Flecken mit weißem Saum	braun-bräunlich schimmernde Flecken der Schale	Juli bis September	Bespritzen des Krautes mit Kupferkalkbrühe
Schwarzbeinigkeit	Bact. phyt.	Stengel am Grunde schwarz und abgestorben	naßfaul	Juni bis Juli	Verwendung gesunden unzerschnittenen Saatgutes
Schorf	Pilz Oospora scabres	–	schorfige Stellen	?	Beizen des Saatgutes mit 0,01% Sublimatlösung, schorffreies Saatgut. Frische Ätzkalkdüngung
Dürrfleckenkrankheit	Pilz Alternia solani	Runde braune trockene Flecken auf den Blättern	–	Juli bis September	Spritzen mit Kupferkalkbrühe

Name der Krankheit	Erreger	Kennzeichen Kraut	Kennzeichen Knollen	Zeit	Schutzmittel
Eisenfleckigkeit	?	—	braune rostfarbene Flecken im Fleisch	?	?
Bakterienringkrankheit	Bakterien	Verkümmerung der Stengel und Blätter	Gefäßbündelring tiefbraun bis schwarz	Vegetationsperiode	Verwendung gesunden unzerschnittenen Saatgutes
Fusarium Stengelfäule	Pilz Fusarium	Blätter rollen sich zusammen	gelbgefärbte Gefäßbündel in Knollen und Stengel	Juni bis Juli	Verwendung gesunden unzerschnittenen Saatgutes
Kräuselkrankheit	Fusarium	Verkümmerung und Verkürzung der Blätter	klein, oft glasig	Juli	Verwendung gesunden unzerschnittenen Saatgutes

Die Kartoffelernte im Deutschen Reiche betrug:

1903	429,92 Mill. *dz*	1907	455,38 Mill. *dz*
1904	362,87 „ „	1908	463,42 „ „
1905	483,23 „ „	1909	467,06 „ „
1906	429,37 „ „	1910	434,68 „ „

Der durchschnittliche Ertrag war:

1907	pro *ha*	138,1 *dz*
1908	„ „	140,7 „
1909	„ „	140,5 „
1910	„ „	137,9 „

Zur Alkoholerzeugung werden in Deutschland jährlich ca. 25 Mill. *dz* Kartoffeln verwendet; ca. 43 Mill. *dz* gehen während der Lagerung durch Fäulnis etc. verloren.

2. Trockenkartoffel. Die in den letzten Jahrzehnten ganz wesentlich gesteigerten Kartoffelernten und die jährlich durch Fäulnis entstehenden Verluste regten zu der Frage an, ob nicht durch Trocknung der Kartoffeln ein großer Teil des durch Fäulnis entstehenden Verlustes an Nationalvermögen gerettet werden könnte. Im Jahre 1894 gingen die ersten Anregungen hierzu von seiten des Vereins der Spiritusfabrikanten in Form eines Preisausschreibens für Methoden und Apparate zur Herstellung von Trockenkartoffeln aus, und im Laufe von nicht 2 Jahrzehnten hat sich die Kartoffeltrocknung zu einer bedeutenden landwirtschaftlichen Industrie entwickelt. Man unterscheidet je nach der Herstellungsweise 2 Arten von Trockenkartoffeln: Trockenschnitzel und Kartoffelflocken. Erstere werden durch Trocknung mittels direkter Heizgase erzeugt. Zur Herstellung der Flocken werden die Kartoffeln erst mit Dampf gekocht und dann durch Pressen zwischen zwei mit Dampf geheizten Walzen getrocknet. In bezug auf Zusammensetzung und Nährwert ähneln die Trockenkartoffeln sehr dem Mais. Ihr Stärkegehalt ist je nach dem Gehalte der Rohkartoffeln sehr verschieden, jedoch nicht derartigen Schwankungen unterworfen wie der des Maises. Der Wert der beiden Sorten für die Alkoholgewinnung ist der gleiche (vgl. auch Kartoffeltrocknung).

Zusammensetzung einiger Trockenkartoffelproben nach PAROW:

	Schnitzel			Flocken		
Wasser	17,4 %	11,14 %	9,53 %	15,2 %	11,7 %	12,0 %
Asche	3,42 %	3,29 %	4,12 %	—	—	—
Faser	1,51 %	1,33 %	2,14 %	1,9 %	2,7 %	—
Protein	6,93 %	6,34 %	6,01 %	6,6 %	6,9 %	5,5 %
Fett	0,17 %	0,18 %	0,12 %	0,1 %	0,2 %	0,4 %
Stickstoffreie Extraktstoffe	70,57 %	77,72 %	78,08 %	72,5 %	72,0 %	78,0 %

3. Gerste. Stammpflanze Hordeum vulgare und mehrere Varietäten. Sie dient bei der Alkoholfabrikation nicht nur ihres Stärkegehaltes wegen als Rohmaterial, sondern wird hauptsächlich als Diastaselieferant benutzt. Sie hat ebenso wie die anderen Getreidearten die Eigenschaft, bei der Keimung das die Umwandlung der Stärke in Zucker besorgende Enzym, die Diastase, zu bilden. Sie wird hierzu in weit ausgedehnterem Maße verwendet als die anderen Getreidearten, weil sie billiger ist als diese, auch mehr Diastase bilden kann und sich leichter mälzen läßt. Man verwendet in der Brennerei nicht die wertvollen großkörnigen zweizeiligen Gersten, die eine verhältnismäßig große Alkoholausbeute liefern würden, sondern meist die billigen kleinkörnigen vier- und sechszeiligen. Bevorzugt werden die ausländischen, insbesondere die russischen und rumänischen Gersten, die, soweit ihr Hektolitergewicht nicht mehr als 62 – 63 *kg* beträgt, mit dem niedrigen Zollsatz von 1,30 M. pro *kg* belastet sind, während die Braugersten einen solchen von 4,00 M. zu tragen haben. Die Einfuhr zum niedrigeren Satze ist auch bei höherem Hektolitergewicht möglich, wenn die Gerste mit Eosin denaturiert wird. Hierdurch wird die Verarbeitung der Gerste zu Braumalz unmöglich, während die Eosinfärbung für die Alkoholgewinnung ohne jeden Nachteil ist. Die Zollbehörde kommt dem Brennereigewerbe auch insofern entgegen, als sie den Bezug von ausländischer Gerste mit höherem Hektolitergewicht für Brennereizwecke zum Zollsatz von 1,30 M. auch dann gestattet, wenn sie in besonderen Räumen gelagert und besonders gebucht wird, so daß jederzeit eine zollamtliche Kontrolle möglich ist. Die wertbestimmenden Eigenschaften der Gerste sind in erster Linie neben dem Stärkegehalte der Eiweißgehalt und die Keimfähigkeit. Zur Bestimmung der letzteren dient eine große Anzahl von Apparaten. Einer der häufigst gebrauchten ist der von SCHÖNFELD (Abb. 214).

Abb. 214. Keimapparat nach SCHÖNFELD.

Zur Ausführung der Bestimmung wird die Gerste in dem Glastrichter 3 Stunden geweicht. Nach dem Ablassen des Wassers bleibt sie dann 10 – 12 Stunden ohne Wasser stehen, worauf sie nochmals 2 – 3 Stunden geweicht wird. Nach 48 Stunden wird durch Auszählen der gekeimten Körner die Keimungsenergie festgestellt. Die nicht gekeimten Körner werden nochmals einige Stunden unter Wasser gehalten, und nach weiteren 24 Stunden wird festgestellt, ob noch einige Körner gekeimt haben. Die Gesamtzahl der gekeimten Körner bezeichnet man als Keimfähigkeit. Eine gute Brenngerste soll eine Keimfähigkeit von ca. 95 – 98% besitzen.

Zusammensetzung der Gerste nach KÖNIG im Mittel von 544 Gerstenanalysen:

Wasser	12,95%
Eiweiß	9,68%
Faser	4,40%
Asche	2,50%
Stickstoffreie Extraktstoffe	68,51%

Durchschnittliche Zusammensetzung nach Untersuchungen der landwirtschaftlichen Versuchsstation Halle (MAERCKER):

	Vollkörnige Gerste	Mittelgerste	Kleinkörnige Gerste
Eiweiß	8,0%	9–10%	12–14%
Faser	3,5%	4,5%	6,5%
Stärkewert	63,0%	60–61%	57,0%

Analyse von 3 typischen russischen Gersten nach KIBY:

	Vollkörnige Gerste	Mittelgerste	Kleinkörnige Gerste
Wasser	14,90%	14,85%	14,30%
Protein	12,82%	12,60%	12,72%
Stärke	47,85%	47,95%	48,30%
Bruch	0,4 %	0,45%	0,40%
Unkraut	4,70%	3,90%	3,90%
1000 Körnergewicht	33,5 *g*	34,5 *g*	35,7 *g*
hl-Gewicht	60,4 *g*	61,4 *g*	62,0 *g*
Keimungsenergie	96,3 %	96,7 %	97,8 %

Amerikanische Gersten:

		Mittel
Wasser	4,53–14,06%	6,95%
Eiweiß	8,66–14,70%	10,96%
Fett	2,03–3,75%	2,69%
Faser	1,67–4,96%	3,61%
Asche	1,62–4,64%	2,88%
Stickstofffreie Extraktstoffe	68,99–75,75%	72,91%

Aschengehalt der Gerste nach WOLFF:

	Maximum	Mittel	Minimum
Gehalt der Gerste an Reinasche	3,09%	2,60%	1,09%
Diese enthält:			
Kali	32,2 %	20,15%	11,39%
Natron	6,00%	2,54%	–
Kalk	4,20%	2,60%	1,21%
Magnesia	12,47%	8,62%	5,00%
Phosphorsäure	42,56%	34,58%	26,01%

4. Roggen, Stammpflanze: Secale cereale, wird sowohl als Maischmaterial als auch als Diastaselieferant in der Brennerei und Preßhefefabrikation verwendet. Zur Alkoholfabrikation benutzt man die großkörnigen schweren Roggensorten, während zur Hefefabrikation meist die kleinkörnigen für sich allein oder gemischt mit großkörnigen Verwendung finden. Der Roggen zeichnet sich vor den übrigen Getreidesorten dadurch aus, daß er bereits im Rohkorne Diastase in großer Menge enthält (WINDISCH und JETTER, *Z. f. Spirit.* **1907**, 541), die imstande ist, fast die gesamte Stärke des Kornes in Zucker zu verwandeln. Nach Untersuchungen von H. LANGE, HAYDUCK und HENNEBERG enthält er einen Giftstoff, der auf gewisse Bakterienarten und untergärige Hefen eine Giftwirkung ausüben kann. Nach Untersuchungen ELLRODTS können durch diese Giftwirkung in Brennereien, die mit untergäriger Bierhefe arbeiten, Betriebsstörungen hervorgerufen werden. Die Giftwirkung ist nach ELLRODT bereits im eingeteigten Korn vorhanden und nimmt bei der Maischbereitung ständig zu. Sie ist am stärksten direkt nach der Verzuckerung, wird aber durch die Säuerung mittels Milchsäurebakterien oder durch Zusatz von technischen Säuren wieder vollkommen aufgehoben. Nach HAYDUCK und HENNEBERG sind vor allem Calciumsalze geeignet, die Giftwirkung zu paralysieren.

Zusammensetzung des Roggens nach KÖNIG:

		Mittel
Wasser		13,37%
Eiweiß	8,80% – 18,66%	11,19%
Fett	1,60% – 2,50%	1,68%
Faser	1,80% – 4,00%	2,16%
Asche		2,24%
Stickstofffreie Extraktstoffe	59,00% – 70,00%	69,36%

Roggen enthält meist eine große Menge Pentosane. Der Gehalt an solchen beträgt nach TOLLENS 13,01%, nach KÖNIG 10,45%. Die Asche zeichnet sich durch einen hohen Gehalt an Phosphorsäure (nach E. v. WOLFF 39,9% –50,35%) und Kali (27,78% –37,54%) aus.

5. Weizen, Stammpflanze: Triticum vulgare, mit zahlreichen Varietäten und Rassen. Der Weizen wird hauptsächlich zur Kornbrennerei, seltener zur Hefefabrikation verwendet. Auch in ersterer dient er meist nur zur Herstellung von Spezialbranntweinen, da er als Rohmaterial für die Spiritusgewinnung meist einen zu hohen Preis besitzt. Ausgedehntere Verwendung findet er als Malz bei der Geneverfabrikation in Belgien. In Deutschland wird er zur Malzbereitung in der Brennerei kaum benutzt, obwohl er größere Mengen Diastase zu liefern vermag als die übrigen Getreidearten. Er findet dagegen, gemälzt, in der Weißbierbrauerei und als Backhilfsmittel Verwendung.

Mittlere Zusammensetzung nach KÖNIG:

Wasser	13,40%	Stickstofffreie Extraktstoffe	68,70%
Eiweiß	12,50%	Faser	2,30%
Fett	1,85%	Asche	1,75%

Eiweißgehalt und Stärkegehalt schwanken ebenso wie der des Roggens innerhalb weiter Grenzen, doch ist der Stärkegehalt meist etwas höher als der des Roggens und der Gerste. Der Pentosangehalt und der Gehalt der Asche an Kali und Phosphorsäure ist etwas geringer. Wie der Roggen enthält auch der Weizen einen für gewisse Mikroorganismen sehr giftigen Stoff.

6. Hafer, Stammpflanze: Avena sativa, findet in der Kornbrennerei und Hefefabrikation als Maischmaterial nur sehr geringe Verwendung, dagegen wird er in der Kartoffelbrennerei zur Diastaseerzeugung vielfach benutzt, trotzdem er bedeutend weniger davon liefert als Gerste und Roggen. Man verwendet ihn daher nicht rein, sondern mit zwei Drittel Gerste gemischt. Infolge seines Gehaltes an flüssigem Fett beeinflußt er die Gärung günstig (Verhinderung der Schaumgärung) und wirkt infolge seines Gehaltes an Salzen auf die Gärwirkung der Hefe anregend. Das Fett bzw. der ätherische Auszug enthält nach TÖPPLER 11,49% Lecithin. Im Gegensatze zum Roggen und Weizen wirkt er nicht giftig auf Bierhefe.

Mittlere Zusammensetzung nach KÖNIG:

		Mittel
Wasser	4,60% – 18,46%	12,81%
Eiweiß	6,27% – 18,20%	10,25%
Fett	1,75% – 12,12%	5,27%
Stickstofffreie Extraktstoffe	42,90% – 64,10%	59,68%
Faser	4,41% – 26,25%	9,97%
Asche	1,67% – 8,20%	3,02%

Nach MITZAKEW schwankt der Eiweißgehalt zwischen 9,7 und 13,72%, der Gehalt an stickstofffreien Extraktstoffen zwischen 55,73 und 57,98%. Der Pentosangehalt ist nach TOLLENS zuweilen recht hoch, bis zu 15,04%. Die Asche enthält weniger Kali und Phosphorsäure als die der übrigen Getreidearten, dagegen mehr Kieselsäure.

7. Mais, Stammpflanze: Zea mays. Der Mais wird in Deutschland meist nur in gewerblichen Brennereien verarbeitet, da in landwirtschaftlichen Brennereien seine Verarbeitung nur in Süddeutschland, Bayern, Württemberg und Baden ohne Verlust an Brennrecht gestattet ist. Besonders ausgedehnte Verwendung findet er in der Hefefabrikation, wo er zuweilen bis zu 60% der Rohmaterialien ausmacht. Nur in Jahren von Kartoffelmißernten, wie z. B. in der Kampagne 1911–1912, kann vom Bundesrat die Maisverarbeitung ohne Brennrechtskürzung in landwirtschaftlichen Kartoffelbrennereien gestattet werden.

Die Zusammensetzung des Maises ist je nach der Provenienz sehr verschieden. Besonders der Wasser- und Stärkegehalt ist außerordentlichen Schwankungen unterworfen. Nach Untersuchungen im Laboratorium des Vereins der Spiritusfabrikanten in Deutschland schwankte der Stärkegehalt der in der Brennkampagne 1911–1912 verarbeiteten Maissorten zwischen 44,23 und 65,13%, der Wassergehalt zwischen 11,80 und 23,80%, der Stärkegehalt in Trockensubstanz zwischen 53,9 und 75,5%. Der Wassergehalt ist abhängig von der Lagerzeit. Direkt nach der Ernte ist er am größten und nimmt mit der Lagerung ständig ab. Nach SCILAGYI (*Z. f. Spirit.* **1898**, 414) beträgt er im

		am häufigsten			am häufigsten
Oktober	18,0–30,2%	24,0–26%	April	15–19,0%	17%
November	18,0–26,1%	24,0–26%	Mai	13–16,5%	15%
Dezember	18,0–26,0%	23%	Juni	12–14,0%	13%
Januar	17,0–26,0%	23%	Juli	11–12,0%	12%
Februar	16,0–24,3%	21,5–22%	August	11–12,0%	12%
März	15,5–22,0%	20%			

Zusammensetzung nach KÖNIG:

		Mittel
Wasser	4,68–21,20%	13,32%
Eiweiß	5,57–14,38%	9,58%
Fett	1,64–12,01%	5,09%
Rohfaser	0,99– 7,58%	2,65%
Asche	0,51– 3,92%	1,47%
Stickstofffreier Extrakt	52,09–73,78%	67,89%

	Italienischer Mais	Amerikanischer Mais			
		Flint Corn	Dent Corn	Western Corn	Sweet Corn
Wasser	13,32%	13,32%	13,32%	9,10%	13,32%
Eiweiß	9,97%	10,18%	9,36%	8,30%	11,40%
Fett	4,12%	4,78%	4,95%	3,70%	7,77%
Rohfaser	2,69%	1,68%	2,20%	1,75%	2,85%
Asche	1,86%	1,40%	1,47%	1,20%	1,81%
Stickstofffreier Extrakt	68,04%	68,64%	68,70%	66,00%	62,85%

	Weißer Pferdezahnmais		Gr. gelber ung. Mais	
Wasser	11,38%		11,33%	
Eiweiß	8,09%	in Trockensubstanz	8,86%	in Trockensubstanz
Fett	5,79%	"	3,57%	"
Asche	1,51%	"	1,63%	"
Stickstofffreier Extrakt	84,64%	"	85,94%	"

Zusammensetzung der Asche:

	Maximum	Mittel	Minimum
Kali	31,86%	27,93%	24,33%
Kalk	3,76%	2,28%	0,47%
Magnesia	17,35%	14,98%	12,12%
Phosphorsäure	53,69%	45,00%	37,63%

Beim Einkauf für Brennereizwecke ist vor allem darauf zu achten, daß der Mais einen möglichst geringen Wassergehalt besitzt. Je geringer der Wassergehalt, desto größer der Stärkegehalt und dementsprechend die Ausbeute an Alkohol. Sehr wenig Wasser enthält gewöhnlich der havarierte getrocknete Mais, meist nur 4–6%. Da der Preis desselben niedriger ist als der des gesunden Maises, so ist er für die Brennerei sehr gesucht. Nicht geeignet ist er für die Hefefabrikation, da die Haltbarkeit der daraus erzeugten Hefe meist sehr mäßig ist. In neuerer Zeit trocknet man den havarierten Mais häufig unter Anwendung von schwefliger Säure. Dieser Mais besitzt gewöhnlich eine schöne gelbe Farbe, neigt nicht zur Schimmelbildung und hat einen eigenartigen säuerlichen Geruch. In Brennereien gibt er häufig zu Klagen Anlaß, da die aus solchem Maise hergestellten Maischen meist schlecht vergären. Verschiedentlich wurde auch das Auftreten von Krankheiten unter dem Viehstand nach Verfütterung der aus solchem Mais hergestellten Schlempe beobachtet.

8. Reis, Stammpflanze: Oryza sativa, findet in Deutschland kaum in der Brennerei Anwendung, dagegen häufig in Italien und in den Tropen. Er dient vielfach zur Arrakfabrikation.

Zusammensetzung nach König:

Wasser	12,18 %
Eiweiß	6,38 %
Fett	2,08 %
Rohfaser	6,51 %
Asche	3,57 %
Stickstofffreier Extraktstoff	69,28 %

9. Hirse findet ebenfalls in Deutschland nur wenig Verwendung als Maischmaterial in der Brennerei. In Rußland wird sie vielfach vermälzt und als Diastaselieferant benutzt.

Zusammensetzung nach König:

	Kolbenhirse	Rispenhirse	geschält	Mohrhirse	Zuckerhirse
Wasser	8,60 %	12,50 %	11,79 %	11,09 %	14,58 %
Fett	3,12 %	3,89 %	4,62 %	3,82 %	3,18 %
Eiweiß	11,81 %	10,61 %	10,51 %	9,77 %	9,44 %
Rohfaser	12,38 %	8,07 %	2,48 %	1,92 %	2,54 %
Asche	2,65 %	3,82 %	2,80 %	2,42 %	1,71 %
Stickstofffreier Extrakt	61,44 %	61,11 %	68,16 %	70,98 %	68,55 %

10. Dari, Sorghohirse, Negerkorn, enthält nach Maercker 60–65 % Stärkemehl.

11. Manioka, Stammpflanze: Manihot utilissima. Die Maniokawurzel wird in den Tropen vielfach als menschliches Nahrungsmittel benutzt. Zuweilen dient sie dort auch zur Spiritusfabrikation. In neuerer Zeit kommt sie in getrocknetem Zustande nach Europa, wo sie speziell in Frankreich und Belgien, vereinzelt auch in Deutschland als Rohmaterial der Spiritus- und Preßhefefabrikation Verwendung findet.

Zusammensetzung nach Ransohoff:

Wasser 14,00 %, Eiweiß 2,06 %, Zucker 1,90; Stärkewert nach Maercker best. 66,89 %, Stärkewert, polarimetrisch bestimmt, 67,40 %.

12. Buchweizen findet zur Spiritusfabrikation nur selten Verwendung, dagegen wird er in der Hefefabrikation nach dem Wiener Verfahren angewendet, um die Bildung des Hefeschaums zu befördern. Es ist zweckmäßig, den Buchweizen im ganzen Korne einzukaufen, da die im Handel befindlichen Buchweizenmehle häufig stark verfälscht sind.

Zusammensetzung nach König:

	ungeschält	geschält
Wasser	13,27 %	12,68 %
Eiweiß	11,41 %	10,21 %
Fett	2,68 %	1,90 %
Rohfaser	11,44 %	1,65 %
Asche	2,38 %	1,68 %
Stickstofffreier Extrakt	58,79 %	71,70 %

13. Erbsen. Zusammensetzung nach König:

Wasser 13,80 %, Eiweiß 23,35 %, Fett 1,88 %, Rohfaser 5,57 %, Asche 2,75 %, stickstofffreier Extrakt 52,65 %.

14. Pferdebohnen werden neuerdings als eiweißhaltiges Zumaischmaterial in der Preßhefefabrikation verwendet.

Zusammensetzung nach König:

		Mittel
Wasser	7,87 – 19,94 %	14,00 %
Eiweiß	18,06 – 29,80 %	25,68 %
Fett	0,81 – 9,55 %	1,68 %
Rohfaser	5,19 – 12,84 %	8,25 %
Asche	2,12 – 4,67 %	3,10 %
Stickstofffreier Extrakt	40,99 – 58,16 %	47,29 %

15. Lupinen werden ebenfalls wegen ihres Eiweißgehaltes in der Preßhefeindustrie verwendet.

Zusammensetzung nach KÖNIG:

		Mittel
Wasser	9,45 – 21,6 %	14,71 %
Eiweiß	27,45 – 52,26 %	37,79 %
Fett	1,30 – 5,53 %	4,25 %
Rohfaser	7,73 – 18,57 %	14,23 %
Asche	2,69 – 4,92 %	3,54 %
Stickstofffreier Extrakt	17,89 – 40,87 %	25,49 %

16. Sojabohnen. Zusammensetzung nach KÖNIG:

Wasser 10,14 %, Eiweiß 33,74 %, Fett 19,15 %, Rohfaser 4,68 %, Asche 5,24 %, stickstofffreie Extraktstoffe 27,09 %.

17. Kastanien. Zusammensetzung nach KÖNIG:

Wasser 39,82 %, Eiweiß 3,80 %, Fett 2,49 %, Rohfaser 8,09 %, Asche 2,09 %, stickstofffreie Extraktstoffe 43,71 %. Nach E. LAVES (*Z. f. Spirit.* **1902**, 471) enthalten die Roßkastaniensamen 8,0 % Eiweiß, 7,0 % Rohfett, 77,0 % stickstofffreie Extraktstoffe und 2,6 % Asche. Die stickstofffreien Extraktstoffe bestehen aus 50 % Stärke und Hemicellulose, 14 % Rohrzucker, 13 % Glykosiden und 0,2 % Gerbstoff. Die Glykoside und der Gerbstoff lassen sich nach dem FLÜGGEschen Patent entfernen. Nach LAVES beträgt die Ausbeute aus 100 *kg* 25 *l* Alkohol.

18. Eicheln. Zusammensetzung nach KÖNIG:

Wasser 37,12 %, Eiweiß 4,11 %, Fett 3,05 %, Rohfaser 8,95 %, Asche 1,50 %, stickstofffreie Extraktstoffe 45,27 %.

19. Pülpe ist ein Abfallprodukt der Stärkefabrikation. Sie zeigt je nach den Rohmaterialien und der Einrichtung der Fabrik, in welcher sie erzeugt wird, eine wechselnde Zusammensetzung. Der Wassergehalt schwankt zwischen 96 und 90 %. In der Trockensubstanz enthält schlecht ausgewaschene und geriebene Pülpe 70 bis 80 %, gute Pülpe 50 – 60 % und Pülpe aus vorzüglich arbeitenden Stärkefabriken ca. 45 % Stärke.

Mittlere Zusammensetzung:

	Nach MAERCKER	E. v. WOLFF
Wasser	86,00 %	86,00 %
Eiweiß	0,7 %	0,8 %
Asche	0,40 %	0,40 %
Faser	1,80 %	1,0 %
Fett	0,10 %	0,1 %
Kohlehydrate	11,0 %	11,7 %

Um sie haltbar und transportfähig zu machen, wird sie getrocknet.

Zusammensetzung des trockenen Produkts nach PAROW:

Wasser	18,77 %	14,60 %	11,40 %	13,05 %	7,10 %
Asche	3,67 %	3,25 %	3,50 %	7,80 %	7,10 %
Faser	2,21 %	8,00 %	5,90 %	14,84 %	12,20 %
Fett	0,67 %	0,20 %	0,30 %	0,55 %	0,20 %
Eiweiß	10,19 %	4,38 %	3,90 %	4,45 %	3,60 %
Kohlehydrate	64,49 %	69,57 %	75,00 %	59,31 %	69,80 %

20. Bananen und Bananenmehl. Man unterscheidet zweierlei Bananen, Obstbananen und Gemüsebananen. Während die reifen Obstbananen größere Mengen Zucker enthalten, besteht die stickstofffreie Substanz der Gemüsebananen und der unreifen Obstbananen größtenteils aus Stärke. Nach REICH (*Z. Unters. N. G.*, **2**, 208 – 226 [1911]) enthalten unreife Obstbananen in der Trockensubstanz im Mittel 86,4 % Stärke und 2,7 % Zucker, reife dagegen 79,0 % Zucker und 4,5 % Stärke. Die getrockneten unreifen Obst- und Gemüsebananen kommen auch in Form eines Mehles in den Handel.

Zusammensetzung nach KÖNIG:

Wasser 74,95%, Eiweiß 1,4%, Fett 0,43%, Zucker 16,20%, Rohfaser 0,6%, stickstofffreie Extraktstoffe außer Zucker 5,37%.

21. Bataten, auch Yamswurzel, Sweet Potato oder Counbar genannt, sind die Knollen der Dioscorea Batatas Decaisne. Sie werden in Afrika, den Inseln der Südsee und des Indischen Ozeans gebaut und speziell in Japan vielfach zur Herstellung von Branntwein benutzt.

Zusammensetzung nach KÖNIG:

		Mittel
Wasser	58,48 – 86,45%	71,66%
Eiweiß	0,37 – 5,56%	1,57%
Fett	0,14 – 1,19%	0,50%
Rohfaser	0,39 – 8,62%	0,97%
Asche	0,66 – 4,53%	1,19%
Stickstofffreier Extrakt	11,89 – 25,47%	24,13%

Die Wurzeln werden, da sie im frischen Zustande beim Aufbewahren leicht verderben, in Scheiben geschnitten und an der Sonne getrocknet.

22. Wurzeln der Quecke, Stammpflanze: Triticum repens, werden zuweilen zur Spiritusfabrikation verwendet. Sie enthalten größere Mengen Stärke.

Den Übergang von den stärkehaltigen Rohstoffen zu den zuckerhaltigen bilden die inulinhaltigen, zu denen in erster Linie die Topinambur- und die Helianthiknollen gehören.

23. Topinambur, Stammpflanze: Helianthus tuberosus. Nach BEHREND ist das Kohlehydrat der Knolle nicht, wie angenommen wird, Inulin, sondern Lävulin. (*Z. f. Spirit.* **1904**, 241). Nach DUBRUNFAUT eignet sich die Frühjahrstopinambur besser für die Spiritusfabrikation als die Herbsttopinambur, da die Knolle im Frühjahre mehr Zucker besitzt als im Herbst. Nach BEHREND enthält die Frühjahrstopinambur 1,6 – 6,87% der Trockensubstanz als direkt reduzierenden Zucker.

Zusammensetzung nach KÖNIG:

		Mittel
Wasser	71,64 – 84,24%	79,12%
Eiweiß	0,90 – 3,29%	1,89%
Fett	0,11 – 0,44%	0,18%
Rohfaser	0,64 – 2,98%	1,25%
Asche	0,85 – 2,52%	1,16%
Stickstofffreier Extrakt	13,60 – 18,70%	16,40%

24. Helianthi, Stammpflanze: Bois Helianthus decapetalus oder Helianthus dovonicoides, gehört ebenso wie Nr. 23 zur Familie der Sonnenblumengewächse. Ihre Heimat ist Nordamerika.

Zusammensetzung nach KOCHS (*Z. f. Spirit.* **1909**, 161):

Wasser	72,02%	72,62%	72,62%
Trockensubstanz	27,98%	27,38%	27,38%

Die Trockensubstanz besteht aus:

Rohprotein	3,52%	3,85%	3,20%
Zucker	2,27%	3,57%	3,74%
Inulin und verwandten Stoffen	16,84%	16,57%	15,97%
Rohfett	0,41%	0,53%	0,87%
Cellulose	1,23%	1,14%	1,17%
Mineralstoffen	1,44%	1,30%	1,94%

25. Renntiermoos enthält nach STENBERG (*Z. f. Spirit.* **1897**, 157) ca. 1% Stärke und sehr viel Amylocellulose. Nach ZETERLAND enthält es bis zu 72,0% Amylocellulose plus Stärke. Die erste Renntiermoosbrennerei wurde 1868 in Stockholm errichtet.

26. Seegras und Seetange enthalten sehr viel Stoffe, die sich unter Anwendung von Phosphorsäure in Glykose verwandeln lassen. Es existiert für die Verarbeitung desselben ein *F. P.* 412959 von H. SIMONIN und JEAN.

II. Zuckerhaltige Rohstoffe.

Von den zuckerhaltigen Rohstoffen kommen in erster Linie die Zuckerrübe und die Melasse in Betracht. Die Zuckerrübe findet in Deutschland für die Alkoholfabrikation keine Verwendung, da die Alkoholfabrikation aus ihr mit einer höheren Steuerabgabe belastet ist; dagegen werden in Frankreich große Mengen Alkohols aus Zuckerrüben erzeugt. Auch Melasse findet in Deutschland nur in ca. 30 Betrieben als Rohmaterial Verwendung. Die Verarbeitung derselben unterliegt ebenfalls einer höheren Steuerabgabe.

1. Zuckerrübe, Stammpflanze: Beta cida altissima. Der Zuckergehalt schwankt zwischen 8–18%. Er besteht in der Hauptsache aus Rohrzucker, doch enthalten die Rüben auch 0,13–0,28% Invertzucker und geringe Mengen Raffinose. Letztere Zuckerart tritt nach STAMMER besonders in Jahren auf, in denen durch Kälte und Nässe Wachstumsstörungen hervorgerufen wurden. Der Nichtzucker der Rüben besteht aus Cellulose, Pflanzensäuren (Glykolsäure, Glyoxylsäure, Oxalsäure, Malonsäure, Bernsteinsäure, Glutarsäure, Adipinsäure, Äpfelsäure, Weinsäure, Tricarballylsäure, Aconitsäure, Citronensäure, Oxycitronensäure), Gummiarten (Metarabin, Arabinsäure, Paraarabin, Galaktan), Rübenfarbstoff, Fetten und Harzen (Phytosterin, Rübenharzsäure), aromatischen Stoffen (Vanillin, Coniferin, Brenzcatechin), Eiweiß, Leucin, Asparagin, Glutamin, Tyrosin, Lecithin, Cholin, Betain, Citracinsäure. An anorganischen Stoffen enthalten sie Kalium, Natrium, Calcium, Magnesium und Eisen teils an organische Säuren, teils an Schwefelsäure, Kieselsäure, Phosphorsäure und Chlor gebunden. Der Durchschnittszuckergehalt der Zuckerrüben betrug im Laufe der letzten zehn Jahre 17,56%, der Aschengehalt 0,428%.

2. Rübenmelasse. Die Melasse ist der technisch nicht mehr krystallisierbare eingedickte Rübensaft. Wegen ihres unangenehmen Geruchs und Geschmacks ist sie für menschliche Genußzwecke nicht brauchbar. Sie besteht nach STAMMER aus 50% Zucker, 30% Nichtzucker und 20% Wasser. Vom Nichtzucker sind ein Drittel anorganische Substanzen, deren Hauptbestandteil das Kali ist. Die Zusammensetzung ist je nach der Beschaffenheit der Rüben und der Arbeitsweise verschieden. Man unterscheidet drei Arten von Melassen, Rohzuckermelasse, Raffineriemelasse und Restmelasse. Erstere stammt aus den Zuckerfabriken, die Raffineriemelasse aus Raffinerien und Restmelasse aus Betrieben, die die Melasse nach dem Strontianitverfahren entzuckern.

Durchschnittliche Zusammensetzung der Trockensubstanz dieser drei Melassearten nach STOHMANN:

	Rohzuckermelasse	Raffineriemelasse	Restmelasse
Organische Substanz	90,80%	90,90%	94,7 %
Asche, frei von Kohlensäure	9,20%	9,10%	5,3 %
Gesamtzucker als Rohrzucker	64,30%	61,60%	63,1 %
Raffinose	–	–	15,1 %
Gesamtstickstoff	2,15%	2,01%	0,6 %
Eiweißstickstoff	0,11%	0,07%	0,05%

Zusammensetzung der kohlensäurefreien Asche nach E. v. WOLFF:

	Maximum	Mittel	Minimum
Kali	72,74%	69,85%	66,15%
Natron	15,86%	12,17%	9,42%
Kalk	7,09%	5,70%	4,37%
Phosphorsäure	0,80%	0,60%	0,23%
Schwefelsäure	2,56%	2,04%	1,59%
Chlor	11,32%	10,26%	8,51%

Die Rübenzuckermelassen besitzen meist alkalische Reaktion. Die in den deutschen Rohzuckerfabriken erzeugte Menge beträgt ca. 2,8 Mill. *dz*, die der Raffinerien ca. 1,1 Mill. *dz*, die Erzeugung an Restmelasse ca. 200000 *dz*.

3. Zuckerrohrmelasse wird nur in außereuropäischen Ländern in der Brennerei verarbeitet. Sie dient zur Herstellung von Spiritus, Whisky, Arrak und Rum.

	Zusammensetzung nach SAARE	Zusammensetzung nach ELLRODT
Wasser	26,50 %	16,40 %
Asche	3,20 %	6,66 %
Rohrzucker	35,3 %	37,54 %
Invertzucker	19,8 %	24,80 %
Stickstoff	0,45 %	–
Andere organische Stoffe	18,40 %	–

4. Obstarten. Von den übrigen zuckerhaltigen Rohstoffen werden in Deutschland in ausgedehnterem Maße nur die Obstarten und von diesen nur bestimmte Sorten benutzt. Diese finden jedoch keine Verwendung zur Herstellung von Sprit, sondern aus ihnen werden durch Gärung und nachherige Destillation sog. Edelbranntweine gewonnen. Am häufigsten verwendet man Pflaumen, Kirschen, Zwetschen, Reineclauden und Mirabellen. Die Heimat der Obstbrennerei in Deutschland ist Bayern, Elsaß-Lothringen, Baden, Württemberg und Hessen (s. a. Trinkbranntwein).

Zuckergehalt der verschiedenen Obstarten nach KÖNIG:

	Invertzucker	Rohrzucker
Äpfel	7,97 %	0,88 %
Birnen	7,61 %	1,50 %
Pflaumen	14,71 %	–
Reineclauden	5,92 %	4,81 %
Mirabellen	4,97 %	4,65 %
Pfirsiche	3,66 %	5,62 %
Aprikosen	10,01 %	–
Kirschen	11,17 %	–
Stachelbeeren	7,10 %	1,05 %
Johannisbeeren	6,64 %	0,06 %
Himbeeren	4,38 %	0,95 %
Heidelbeeren	5,92 %	–
Brombeeren	5,30 %	0,48 %
Maulbeeren	9,19 %	–
Preiselbeeren	1,53 %	–
Weintrauben	14,30 %	–

Zur Herstellung von Edelbranntweinen dienen auch die Wurzeln verschiedener Gentianeen, z. B. von Gentiana bavarica, lutea und punctata.

Seltenere zuckerhaltige Rohmaterialien.

5. Zichorienwurzel. Zusammensetzung nach KÖNIG: Wasser 75,69 %, Eiweiß 1,01 %, Fett 0,49 %, Zucker 3,44 %, Inulin u. s. w. 17,62 %, Rohfaser 0,97 %, Asche 0,78 %.

Zusammensetzung nach BIBRA: Wasser 73,8 %.

Trockensubstanz.

	kultivierte Wurzel	wilde Wurzel
Fett	0,068 %	0,466 %
Ätherische Öle	Spuren	Spuren
Harz, löslich in Äther und Alkohol	0,791 %	0,894 %
Harz, unlöslich	0,053 %	0,071 %
Saure Körper	3,552 %	3,696 %
Zucker	22,08 %	37,812 %
Inulin	19,121 %	10,990 %
Pflanzeneiweiß	0,124 %	0,150 %
Gerbsäure	Spuren	Spuren
Pflanzenfaser	54,21 %	46,00 %

6. Mohrrübe. Zusammensetzung nach KÖNIG: Wasser 86,77 %, Eiweiß 1,18 %, Fett 0,29 %, Zucker 6,42 %, Rohfaser 1,67 %, Asche 1,03 %, sonstige stickstofffreie Extraktstoffe 2,64 %.

7. Johannisbrot. Zusammensetzung nach KÖNIG: Wasser 15,36 %, Eiweiß 5,65 %, Fett 1,12 %, Zucker 47,54 %, sonstige stickstofffreie Extraktstoffe 21,50 %, Rohfaser 6,35 %, Asche 2,48 %.

8. Korinthen. Zusammensetzung nach KÖNIG: Wasser 25,35 %, Zucker 61,85 %, Pektinstoffe 1,67 %, Säure 1,52 %, Asche 1,84 %.

9. Feigen. Zusammensetzung nach ROLANDS (Journal de la Distillerie franç. **1899**, 794): Wasser 84,65 %, Invertzucker 10,00 %, Säure als H_2SO_4 berechnet 0,036 %, Asche 1,057 %, Pektinstoffe 1,573 %, stickstoffhaltige Extraktstoffe 2,614 %.

10. Datteln. Zusammensetzung nach ELLRODT:

	Kerne	Fleisch
Wasser	9,24 %	21,13 %
Eiweiß	5,07 %	2,24 %
Fett	7,58 %	0,81 %
Asche	1,42 %	2,18 %
Rohfaser	36,50 %	2,96 %
Kohlehydrate	40,19 %	Dextrose 70,80 %

11. Wacholderbeeren enthalten nach DONATH: Wasser 29,44 %, Zucker 29,65 %, Rohfaser 15,83 %; nach RITTHAUSEN: Wasser 10,77 %, Zucker 14,36 %, Rohfaser 31,60 %; nach BEHREND: Stickstoffsubstanz 3,3 %, Ätherextrakt 10,20 %, Rohfaser 16,40 %, Asche 3,00 %, stickstofffreie Extraktstoffe 45,50 %, davon Zucker 25,80 %, in Wasser lösliche Substanz 35,10 %.

12. Mowra flowers, Stammpflanze: Bassia latifolia. Zusammensetzung: Wasser 16,5 %, Asche 4,92 %, Protein 3,96 %, lösliche Extrakte 70,03 %, Rohrzucker 14,03 %, Invertzucker 53,60 %.

In selteneren Fällen finden noch Riesenmöhren, Asphodillwurzeln, Meerzwiebeln, die Früchte von Cactus opuntia, Sorghorohr, Grünmais, Krapp, Melonen, Früchte des Erdbeerbaumes, Kakaofruchtfleisch und Agaven zur Spiritusfabrikation Verwendung.

III. Alkoholhaltige Rohstoffe.

Unter ihnen ist es vor allem der Wein, der speziell in Frankreich, Italien und neuerdings auch in größerer Menge in Deutschland zur Bereitung von Weinsprit und Kognak Verwendung findet. Zur Kognakbereitung dienen hauptsächlich bessere Weine, während zur Weinspritbereitung auch kranke und geringere Weine benutzt werden können. Zur Spriterzeugung werden auch Wein, Weinhefe, Bierhefe, Tropfbier, Bierrückstände und Obsttreber herangezogen.

IV. Cellulosehaltige Rohstoffe.

Die Fabrikation von Spiritus aus Cellulose ist ein Problem, das Wissenschaftler und Praktiker schon seit Jahrzehnten bewegt. Verschiedentlich wurden Fabriken gegründet, die jedoch infolge Unrentabilität des Verfahrens meist sehr bald den Betrieb wieder einstellen mußten. Im letzten Jahre wurde eine große Fabrik in Amerika zur Erzeugung von Spiritus aus Holz gegründet, die bei einer täglichen Produktion von 7000 *l* das *l* für 12 Pf. herstellen will (vgl. auch G. FOTH, *Ch. Ztg.* **1913**, 1221, 1297, sowie R. von DEMUTH, *Z. angew. Ch.* **1913**, 786). Ob sich dies nicht wieder als Utopie erweisen wird, muß die Zukunft lehren. Dagegen ist es in neuerer Zeit GÖSTA ECKSTRÖM (Swensk kemisk Tidskrift, 1909, Nr. 7) gelungen, die Sulfitlaugen der Cellulosefabrikation auf Spiritus zu verwerten. Nach ECKSTRÖM enthält 1 *l* Sulfitlauge 100—115 *g* organische Stoffe und 12—15 *g* Mineralstoffe (STOLZER, *Z. angew. Ch.* **1909**, 1999, fand 120 *g* organische Stoffe und 15 *g* Mineralstoffe). Auf 1000 *kg* Sulfitcellulose fallen 8,3 *cbm* Sulfitlauge ab; sie enthält nach ECKSTRÖMS Untersuchungen 2,5% Zucker, wovon 1,6% vergärbar sind.

V. Wasser.

Es findet bei der Alkoholfabrikation außer zur Speisung der Dampfkessel für Reinigungszwecke und als Maischwasser Verwendung. Von einem guten Maischwasser verlangt man vor allem, daß es frei von Mikroorganismen ist, die die Hefe schädigen können. In bezug auf seinen Salzgehalt müssen die gleichen Anforderungen wie an ein gutes Trinkwasser gestellt werden. Nach KÖNIG wirken 0,08—0,16% Gips im Wasser günstig auf den Eiweißabbau. Nach WINDISCH ist ein solcher Gehalt günstig für die Diastasebildung, dagegen nach KÖNIG nachteilig für die Verzuckerung und die Gärung. Calciumcarbonat begünstigt die Verzuckerung und die Vergärung, was speziell durch HAYDUCK festgestellt wurde, der in Brauereien durch Zusatz von Calciumcarbonat zum Maischwasser eine ganz wesentliche Beschleunigung der Gärung erzielte. Der Kalkgehalt des Wassers ist auch insofern von außerordentlicher Bedeutung, als er die Giftwirkung des Roggens und Weizens auf Hefen und Bakterien aufheben kann. Salpetersäure, salpetrige Säure und Ammoniak sind im Brennereibetrieb dann schädlich, wenn damit ein größerer Gehalt an Hefeschädlingen verbunden ist, was beim Vorhandensein von Ammoniak und salpetriger Säure stets der Fall zu sein pflegt. Salpetrige Säure wirkt auch als solche sehr ungünstig auf die Gärung ein. Ein zu großer Chlorgehalt kann in der Mälzerei den Wachstumsprozeß ungünstig beeinflussen. Ein Eisengehalt des Wassers ist sowohl in der Mälzerei als auch besonders in der Hefefabrikation schädlich.

B. Die technische Erzeugung des Alkohols.

Wie sich schon aus der Einleitung zu den Rohmaterialien ergibt, sind zur unmittelbaren Gewinnung des Alkohols nur diejenigen Stoffe geeignet, in denen er fertig gebildet vorhanden ist. Die übrigen machen, je nachdem ob das Molekül der Stärke, des Zuckers oder der Cellulose abgebaut werden soll, eine verschiedene Vorbehandlung erforderlich, so daß sich auch hier die gleiche Unterteilung wie bei den Rohmaterialien empfiehlt. Und zwar soll hierbei zunächst nur die Zubereitung der verschiedenen Rohstoffe bis zur Entstehung des Alkohols und erst anschließend daran die Gewinnung des Alkohols durch Destillation und seine etwaige Reinigung und Konzentration erörtert werden.

I. Bildung des Alkohols aus stärkehaltigen Rohstoffen.

Die Verarbeitung der verschiedenartigen stärkemehlhaltigen Rohstoffe erfolgt im wesentlichen nach den gleichen Prinzipien. Nachdem sie einer gründlichen Reinigung unterzogen sind, erfolgt die Aufschließung der Stärke durch Verkleisterung, um den chemischen Abbau des Moleküls zu erleichtern. Sie wird meist durch Erhitzen mit Dampf unter Druck bewirkt; nur bei verschiedenen Getreidearten, namentlich Roggen und Gerste, werden die zerkleinerten und mit Wasser gemischten Rohstoffe statt dessen unter Zusatz von etwas Malz längere Zeit bis fast auf die Verkleisterungstemperatur erwärmt. Die nunmehr aufgeschlossene Stärke wird der Verzuckerung (Maischprozeß) unterworfen, die nach drei Verfahren durchgeführt werden kann: 1. mittels Säuren, 2. mittels Malzdiastase, 3. mittels Pilzdiastase (Amyloverfahren).

Für Deutschland ist das zweite dieser Verfahren weitaus am wichtigsten; denn die bei seiner Durchführung abfallende Schlempe hat sich als ein bewährtes Viehfutter erwiesen, welches umso wertvoller ist, als die deutschen Brennereien meist landwirtschaftliche Betriebe sind. Bei einer Verzuckerung der Stärke durch technische Säuren würde die Eignung der Schlempe als Viehfutter erheblich herabgesetzt werden; so kam es, daß dieses Verfahren früher namentlich auf solche Gegenden beschränkt blieb, deren klimatische Verhältnisse der Malzbereitung ungünstig waren. In neuerer Zeit geht man in diesen Betrieben mehr und mehr zum Amyloverfahren über; auch in Deutschland bestehen zurzeit bereits fünf Amylobrennereien.

Die zur Verzuckerung nötige Diastase wird durch das Mälzen des Getreides, bzw. durch die Kultur des Pilzes in der Maische erzeugt. Die verzuckerten Maischen unterliegen einer Gärung, wobei der Zucker durch die Zymase, das Enzym der Hefe, in Alkohol und Kohlendioxyd gespalten wird. Die erforderliche Hefe muß auf geeigneten Nährböden gezüchtet werden. Die vergorene Maische liefert endlich durch Destillation den Alkohol, wobei die entgeistete Maische als Rückstand (Schlempe) verbleibt.

Bis zur Entstehung des Alkohols lassen sich mithin folgende Stadien unterscheiden:

1. Bereitung des Malzes, 2. das Maischen, 3. Hefebereitung, 4. Gärung der Maische.

Von diesen soll die Bereitung des Malzes zunächst für sich behandelt werden, während die Punkte 2, 3 und 4 an Hand der Kartoffelbrennerei erörtert werden; ihr schließt sich die Behandlung der übrigen Glieder dieser Rohstoffgruppe an.

1. Die Diastase und die Malzbereitung.

Als Entdecker des diastatischen Vorganges wird KIRCHHOFF bezeichnet. Er stellte 1814 fest, daß die Getreidekörner einen eiweißähnlichen Stoff enthalten, der imstande ist, Stärke in Zucker überzuführen, und daß diese Fähigkeit der Getreidekörner durch den Wachstumsprozeß gesteigert werde. Dieser Körper wurde 1833 von BIOT und BERSOZ Diastase genannt. 1870 stellte SCHWARZER (*J. pr. Ch.* **1**, 212 [1870]) fest, daß die beim Verzuckerungsprozeß entstehende Zuckermenge von der Temperatur abhängig sei und daß bei höherer Temperatur mehr Dextrin gebildet werde als bei niedriger. Man unterscheidet zwei Arten von Diastase, die bereits im Korne vorhandene, auch Translokationsdiastase genannt, und die bei der Keimung entstehende, die Sekretionsdiastase. Nach A. FERNBACH (Annales de la Brasserie et Distillerie **14**, 73 [1911]) besteht die letztere aus einem Gemisch von drei verschiedenen Diastasen, einer verflüssigenden, einer dextrinisierenden und einer verzuckernden. F. CHRZASZEC (*Z. f. Spirit.* **1911**, 545) ist der Ansicht, daß sie aus zwei verschiedenen Körpern zusammengesetzt ist, einer verflüssigenden und einer verzuckernden, und daß letztere wahrscheinlich aus mehreren besteht. Nach BROWN und MORRIS findet sich die Hauptmenge der Diastase im Endosperm, u. zw. zu 95,1%. Die Bildung der Diastase reguliert sich nach PFEFFER gemäß dem Bedarf der Pflanze. Aus ihren Lösungen kann sie durch Alkohol und Ammoniumsulfat ausgefällt und auf verschiedene Art gereinigt werden. Sie enthält nach OSBORNE 16,10%, nach WROBLEWSKI 16,53%, nach LINTNER 10,41% Stickstoff. Beim Aufbewahren in wässeriger Lösung verliert sie nach EFFRONT an Wirksamkeit, nach MAQUENNE nimmt die verzuckernde Kraft beim Aufbewahren zu. Nach EFFRONT (Les Enzymes et leurs applications 1900, Carré, Paris) kann die verzuckernde Kraft eines Malzauszuges durch gewisse Mengen Milchsäure gesteigert werden, während die verflüssigende abnimmt. Nach MAQUENNE und ROUX (*C. r.* **142**, 1387 [1906]) ist die alkalische Reaktion für die Verzuckerung die günstigste sowohl in bezug auf Schnelligkeit als auch auf Maltosebildung. Die neutrale Reaktion ist ungünstig für

Konservierung der Diastase; Säuren aktivieren anfangs die Diastase, hemmen sie aber nachher wieder. Geringe Mengen freier Säuren und saure Salze begünstigen die Diastasewirkung, vermindern aber nach MAQUENNE und ROUX die Haltbarkeit. Schwermetalle wirken schädlich. Ungünstig wirken auch Alkalien und alkalisch reagierende Carbonate. Die günstigste Temperatur für die verzuckernde Wirkung der Diastase liegt bei 50—56°. Die Wirkung beginnt nach MÜLLER-THURGAU bei 0°. Die oberste Grenze ist nach MAERCKER-DELBRÜCK bei 85°. Das Optimum für die verflüssigende Kraft liegt bei 70°. Die Einwirkung der lösenden Wirkung der Diastase ist bei den verschiedenen Stärkearten verschieden.

Nach LINTNER werden bei 4stündiger Einwirkung gelöst:

	60°	65°
Kartoffelstärke	52,68%	90,34%
Reisstärke	19,68%	31,14%
Gerstenstärke	92,81%	96,24%
Grünmalzstärke	92,13%	96,26%
Weizenstärke	91,08%	94,58%
Maisstärke	18,50%	54,60%
Roggenstärke	39,70%	94,50%
Haferstärke	92,50%	93,40%

Nach der Verkleisterung werden die sämtlichen Stärkesorten leicht gelöst. Die Wirkung der Diastase ist nach EFFRONT (Die Enzyme und ihre Anwendung, 1899) und nach VAN LAER (Bulletin de Belgique, Jubiläumsnummer Mai 1912) eine rein katalytische. Das Enzym findet sich nach der Reaktion unverändert wieder vor, wenn man bei Temperaturen arbeitet, die es nicht zerstören. Nach W. LISBONNE und E. VULQUIN (Annales de la Brasserie et de la Distillerie **18**, 274 [1912]) ist die Malzdiastase bei absoluter Abwesenheit von Elektrolyten unwirksam, durch Zusatz von solchen erhalten Diastaselösungen einen beträchtlichen Teil ihrer Leistungsfähigkeit zurück. Nach PETZOLD kann die Diastase in Lösung umso höhere Temperatur vertragen, je mehr Zucker in der Lösung vorhanden ist, u. zw. wirkt Maltose günstig, während Versuche mit Rohrzucker keine günstigen Resultate ergeben haben (*Z. f. Spirit.* **13**, 89 [1890]). Im trockenen Zustande verträgt die Diastase höhere Temperatur. Der Abbau der Stärke geht nach BROWN und MORRIS derart vor sich, daß von den fünf Amylingruppen, aus denen die Stärke besteht, eine abgespalten wird, die das schwer verzuckernde Dextrin bildet. Dann wird Wasser aufgenommen und zunächst eine weitere Amylingruppe abgespalten, die durch Wasseraufnahme in Maltose übergehen kann, dann werden die anderen drei Gruppen in Maltose verwandelt. Nach VAN LAER wird die Diastase von der Stärke absorbiert und nach der Verzuckerung wieder frei. Hierdurch erklärt sich die Geschwindigkeit der Wirkung, die vom Verhältnis der noch absorbierten Diastase und der noch produzierbaren Maltose abhängig ist. Nach ED. PHILOCHE (*J. Ch. Ph.* **6**, 355) nimmt die relative Geschwindigkeit der Zuckerbildung im Anfang ab, bis 30% Maltose gebildet sind, dann wird sie konstant. Nach seiner Ansicht setzt sich die Wirkung aus zwei verschiedenen Prozessen zusammen, der Bildung eines komplexen Kolloides (Stärke plus Diastase) und der chemischen Veränderung der Stärke. Nach LINTNER findet sofort ein Zerfall in Dextrine statt, die dann weiter abgebaut werden. Nach MAQUENNE verläuft der Prozeß in zwei Stadien. Im ersten wird das Amylin verzuckert, im zweiten das Amylopektin. Nach J. REYNOLDS GREEN (Annales agronomiques **23**, 337 [1897]) wirkt Licht auf die Diastase zerstörend ein; doch wird durch Proteinsubstanzen die Einwirkung des Lichtes geschwächt. Aus diesem Grunde hält man die Malztenne dunkel oder dämpft das einfallende Licht durch Blaufärben der Fensterscheiben. Außer den verschiedenen Getreidearten enthalten auch mehrere

Bakterien und Pilzarten Diastase. TAKAMINE (*Z. f. Spirit.* **1897**, 27) wies solche in Eurotium Oryzae nach. Nach KATZ enthalten Penicillium glaucum, Aspergillus niger und Bacterium megatherium, nach CALMETTE und BOIDIN Mucor alternans, Aspergillus Oryzae, Mucor Amylomyces und Mucor Delemar Diastase.

Die folgende Tabelle gibt an, wieviel Teile von 100 T. Stärketrockensubstanz durch Diastase bei den verschiedenen Temperaturen umgewandelt werden.

	50°	55°	60°	65°	Verkleisterungstemp.
Kartoffelstärke	1,13	5,03	52,68	90,34	65°
Reisstärke	6,58	9,68	19,68	31,14	80°
Gerstenstärke	12,13	53,30	92,81	96,24	80°
Grünmalzstärke	29,70	58,56	92,13	96,26	85°
Darrmalzstärke	13,07	56,02	91,70	93,62	80°
Weizenstärke	–	62,23	91,08	94,58	80°

Die Malzbereitung (s. auch Bier).

Sie bezweckt die Bereitung der zur Verzuckerung nötigen Diastasemenge. Als hauptsächlicher Rohstoff hierfür dient die Gerste, doch werden auch Roggen, Weizen, Hafer, Mais und Hirse hierzu verwendet. Für die Malzbereitung ist ein Hauptgesetz, daß die größtmögliche Diastasemenge unter möglichst geringen Stoffverlusten erzielt wird. Von den verschiedenen Gerstensorten benutzt man nicht die stickstoffarmen zweizeiligen Gersten, sondern die eiweißreichen vier- und sechszeiligen kleinkörnigen Sorten, von denen wiederum die russischen und rumänischen bevorzugt werden. Nach ELLRODT (Unterschied des Diastasegehaltes von Malzen aus großkörnigen und kleinkörnigen Gersten [*Z. f. Spirit.* **1906**, 210]) erzielt man aus 100 *kg* großkörniger Gerste eine diastatische Kraft von 5920 Einheiten, aus kleinkörniger Gerste eine solche von 7890 Einheiten. Berücksichtigt man den wesentlich höheren Preis der großkörnigen Gerste, so kommt die diastatische Einheit aus großkörnigen Gersten doppelt so teuer zu stehen wie die aus kleinkörnigen. In neuerer Zeit benutzt man in der Brennerei die sog. Eosingerste. Es ist dies aus Rußland eingeführte, durch Zusatz von 1 *kg* Eosin auf 10000 *kg* Gerste für Brauzwecke unbrauchbar gemachte Gerste, die sich aber für Brennzwecke sehr gut eignet. Auch Wintergerste findet in der Brennerei vielfach Verwendung. Sie eignet sich besonders gut für die Malzbereitung, da sie infolge ihres hohen Spelzgehaltes auf der Tenne locker liegt, sich weniger stark erwärmt und dadurch eine geringere Bearbeitung benötigt. Von größter Bedeutung ist die Keimfähigkeit der Gerste. Diese soll nach MAERCKER-DELBRÜCK 95–98% betragen. Eine geringere Keimfähigkeit ist für den Brennereibetrieb von Schaden, da die nicht keimenden Körner keine Diastase bilden. Eine Gerste mit geringer Keimfähigkeit wird daher stets ein Malz mit geringer diastatischer Kraft liefern. Andererseits bilden die nicht keimenden Körner einen guten Nährboden für Schimmelpilze und Bakterien, u. zw. besonders für Hefeschädlinge. Sie bedeuten daher stets eine große Infektionsgefahr für den Brennereibetrieb. Das Malzgetreide soll frei von zerschlagenen und beschädigten Körnern, von Unkrautsamen und Staub sein. Es soll möglichst gleichmäßig sein, da ungleichmäßige Körner auf der Tenne ungleichmäßig wachsen. Man läßt daher zweckmäßig die Gerste vor dem Gebrauch durch eine Sortiermaschine gehen und zur Befreiung vom Staube, der außerordentlich reich an Bakterienkeimen ist (1 *g* enthält bis zu 400000 Keime), durch sog. Windfegen. Braunspitzige, auf dem Felde ausgewachsene Gerste eignet sich nicht für die Malzbereitung. Auch frisch geerntete Gerste wird hierzu zweckmäßig nicht verwendet, da die Keimfähigkeit direkt nach der Ernte meist ungenügend ist, sich aber während der Lagerung gewöhnlich bessert. Von großer Wichtigkeit ist der Feuchtigkeitsgehalt der Gerste, der möglichst nicht über 12% betragen soll. Häufig ist es für Brennereien nicht möglich, ein Malzgetreide zu erhalten, das allen diesen Anforderungen entspricht. In solchen Fällen ist es notwendig, das Getreide in der Quellweiche einer bestimmten Behandlung zu unterziehen (s. u.) und bei geringer Keimfähigkeit eine entsprechend größere Menge Malz zur Verzuckerung zu verwenden.

Zum Einleiten des Wachstumsprozesses muß dem Getreide zunächst eine entsprechende Wassermenge zugeführt werden. Dies geschieht durch die sog. Quellweiche. Zu diesem Zwecke läßt man das Getreide längere Zeit in Quellbottichen mit Wasser stehen. Das hierzu benutzte Wasser soll den Anforderungen entsprechen, die man an ein gutes Trinkwasser stellt. Nach A. BROWN (*Z. f. Spirit.* **1908**, 130) ist es für die Wasseraufnahme gleichgültig, ob das Wasser hart oder weich ist. Die Wasseraufnahme ist nach seiner Ansicht annähernd dieselbe, ausgelaugt würden nur Stoffe der Spelze. Die Zeit, innerhalb deren die Quellreife erlangt wird, ist abhängig von der Art des Getreidekorns, von der Beschaffenheit und Temperatur des Wassers und von der Weichmethode. Sie nimmt 36–72 Stunden in Anspruch. Das Malzgetreide muß im Quellbottich gründlich gewaschen werden. Die Quellbottiche sind teils gemauert, teils aus Eisenblech hergestellt. In beiden Fällen müssen sie mit Wasserzuführung und mit zwei Wasserabläufen versehen sein. Die Wasserzuführung ist zweckmäßig unten im Quellbottich angebracht, ein Wasserablauf ebenfalls unten und ein zweiter oben. Letzterer dient für die Reinigung des Malzes. Das Malzgetreide wird zweckmäßig 10–12 Stunden nach dem Einstoßen gewaschen. Diese Prozedur direkt beim Einstoßen vorzunehmen, ist zwecklos, da der Schmutz erst vom Getreide abweichen muß. Das Waschen kann in der Weise vorgenommen werden, daß man von unten Wasser zufließen läßt und so lange mit einer Krücke oder Schaufel umrührt, bis das Wasser oben klar abläuft. Am oberen Ablauf wird zweckmäßig ein Siebkorb angebracht, in dem die Schwimmgerste aufgefangen wird. Vielfach sind im Quellbottich mechanische Rührwerke angeordnet, wie Abb. 215 zeigt.

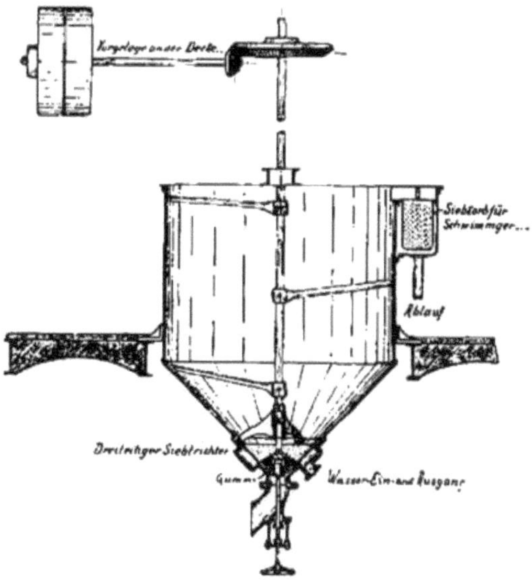

Abb. 215. Quellbottich mit mechanischer Waschvorrichtung.

Das Rührwerk darf jedoch nicht zu rasch gehen und nicht scharfkantig sein, damit keine Verletzung der Körner eintritt, die zur Infektion des Malzes führen würde. Man verwendet daher zweckmäßiger zum Bewegen beim Waschen des Malzgetreides Luft, welche durch den Wasserstrom angesaugt wird. Abb. 216 zeigt einen Quellstock mit Lüftungsvorrichtung nach Patent JÄNICKE-Elberfeld.

Abb. 217 zeigt einen ebensolchen nach dem Patent LANGE, Cüstrin.

Beim System JÄNICKE tritt das Wasser in einen Trichter ein und reißt durch die Sieblöcher desselben die Luft mit. Das Wasser-Luftgemisch tritt durch den unteren durchlöcherten Teil des Zuführungsrohres in das Malzgetreide und bringt es in Bewegung. Beim System LANGE tritt das Wasser durch eine Röhre ein, deren Ausfluß unten gegen eine in der Mitte des Quellbottichs angebrachte breite senkrechte Röhre gerichtet ist. In die Wasserröhre mündet ein Luftrohr. Das aus der Röhre austretende, mit Luft gemischte Wasser treibt das Getreide in der breiten Röhre in die Höhe und bringt so eine beständige Bewegung im Quellbottich hervor.

Die Größe des Quellbottichs soll pro 100 *kg* Getreide 300 *l* betragen. Zweckmäßig beläßt man das Getreide nicht während der ganzen Quelldauer unter Wasser, sondern verwendet die sog. Luft-Wasser-Weiche. Bei dieser läßt man das Getreide abwechselnd mit und ohne Wasser stehen. Hierdurch wird ein gleichmäßiges Wachstum erzielt und ein Überweichen der Körner nahezu ausgeschlossen. Wenn das Korn quellreif ist, wird es aus dem Quellbottich herausgenommen. Für diesen Zeitpunkt hat der Praktiker verschiedene Merkmale. Nach MAERCKER-DELBRÜCK soll das quellreife Korn

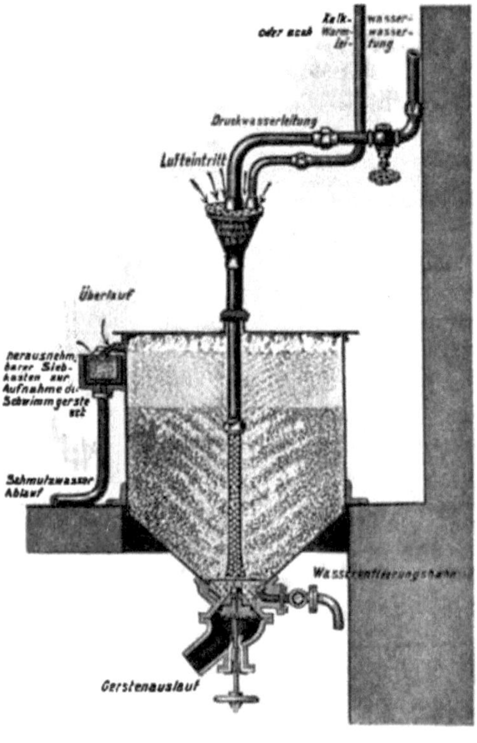

Abb. 216.

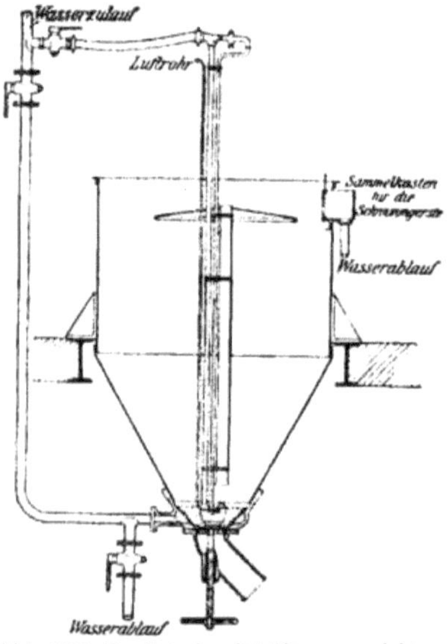

Abb. 217. Quellstock mit Lüftungsvorrichtung (LANGE, Cüstrin).

1. beim Drücken zwischen zwei Fingern nicht mehr stechen, sondern sich zusammendrücken lassen;

2. beim Zerdrücken zwischen den Fingern oder beim Biegen über den Fingernagel die Hülse leicht ablösen;

3. beim Zerschneiden mit einem stumpfen Messer sich breit drücken;

4. das zerschnittene Korn soll einen kreideartigen Strich geben.

Quellreife Gerste enthält 40—45% Wasser. Neben der Aufnahme des Wassers gehen bereits bei der Quellweiche enzymatische Vorgänge vor sich. Die Quelldauer ist bei den verschiedenen Getreidearten verschieden. Roggen, Weizen und Hafer nehmen das Wasser leichter auf als die Gerste, so daß man bei diesen gewöhnlich mit 12—24 Stunden Weichzeit weniger auskommt. Will man diese Getreidearten mit Gerste gemischt verarbeiten, so ist es zweckmäßig, sie entweder getrennt einzuquellen oder die Gerste einen Tag zu quellen und dann erst den

Roggen, Weizen oder Hafer zuzuschütten. Bei Verwendung schlecht keimfähiger oder feuchter Gerste ist es zweckmäßig, dem ersten Keimwasser zur Abtötung der an der Gerste haftenden Bakterien und Pilzkeime Kalkwasser zuzusetzen. Nach HAUTER verwendet man auf 100 *l* Wasser 200 *g* Ätzkalk und läßt die Lösung 6—8 Stunden auf die Gerste einwirken. CERNY empfiehlt einen Zusatz von Chlorkalklösung. Versuche mit Formalin haben nach GÜNTHER (*B. D. Pharm. Ges.* 5, 325 [1895]) keine günstigen Resultate ergeben. Bei 24stündiger Einwirkung einer 0,2%igen Lösung wurde die Keimfähigkeit des Getreides bereits geschwächt und durch eine 1,4%ige Lösung bedeutend geschädigt. Nach KINSEL (Landw. Vers. Stat. 1898, 48) wirkt eine 0,1%ige Lösung bei kurzer Einwirkungsdauer nicht schädlich.

Ist die Quellreife erreicht, so kommt das Malz auf die Tenne, in Trommeln, Kasten oder Horden, je nach Art der Mälzerei, die betrieben wird. In der Kartoffelbrennerei, die gewöhnlich nur vom September bis Mai im Betriebe ist, verwendet man meist Tennenmälzerei. In gewerblichen Getreidebrennereien und Preßhefefabriken, die Sommer und Winter arbeiten, hat man meist Kasten- oder Trommelmälzereien.

Während des Keimungsprozesses treten umfangreiche Veränderungen im Korn ein. Mit abbauenden Prozessen gehen aufbauende Hand in Hand. Die Stärke wird durch Enzymwirkung abgebaut. Die Abbauprodukte dienen teilweise zum Aufbau der Zellsubstanz des Keimlings, teils werden sie veratmet und dienen zur Erzeugung der für den Aufbauprozeß nötigen Energie. Durch die Atmung treten Verluste an Stärkesubstanz ein, die nach LINDET ein Fünftel des Stärkegehaltes betragen können. Nach seinen Untersuchungen zeigte eine Gerste mit 60,2% Stärke nach 3tägiger Keimung 55,7%, nach 6 Tagen 53,9% und nach 9 Tagen 47,4%. Nach LÜHDER (*Z. f. Spirit.* 1908, 401) hatte eine Gerste nach 8tägiger Führung 8,41% der Stärke veratmet, Roggen dagegen nur 5,36%; nach 18tägiger Führung betrug der Verlust bei Roggen 32,21%, bei Gerste 31,23%. Bei warmer Führung des Malzes entstand in der Tennenmälzerei ein Verlust von 48,15% der Stärkesubstanz und in der Kastenmälzerei ein solcher von 47,99%.

Tennenmälzerei.

Schaufelmalz. Bei der Tennenmälzerei ist vor allem wichtig, daß die Größe der Tenne der zu verarbeitenden Getreidemenge angepaßt ist. Man benötigt für 100 *kg* Malzgetreide ca. 6 *qm* Tennenfläche, wobei der Raum für Wege und Wasserkanäle schon inbegriffen ist. Die Größe der Tenne richtet sich auch nach der Zahl der Tage, während welcher das Malz auf der Tenne geführt werden soll. Im allgemeinen verwendet man in der Kartoffelbrennerei Langmalz, u. zw. Grünmalz, während in der Kornbrennerei meist Kurz-, resp. Darrmalz Verwendung findet. Das Langmalz wird zweckmäßig ca. 15—18 Tage auf der Tenne geführt, so daß die Größe der Tennenfläche für die 15—18fache tägliche Menge berechnet werden muß. Nach FOTH verwendet man zur Erzeugung von 100 *l* Alkohol 15 *kg* Gerste als Malz. Legt man diese Menge der Berechnung zu grunde, so müßte man bei einer täglichen Erzeugung von 100 *l* stets das Malz für 15 Tage = 225 *kg* und für 18 Tage 270 *kg* Getreide auf der Tenne haben. Dementsprechend müßte die Malztenne eine Größe von 13,5—16,2 *qm* besitzen. Um allen Fällen, spez. bei wärmerer Jahreszeit zu genügen, rechnet man für 100 *l* Alkoholerzeugung 20 *qm*. Würde man statt des Langmalzes Kurzmalz verwenden, so müßte man normalerweise mit einer wesentlich kleineren Tenne auskommen. Da aber Kurzmalz bedeutend weniger Diastase enthält als Langmalz, so müßte, um denselben Verzuckerungseffekt zu erzielen, bedeutend mehr Malz verbraucht werden, so daß durch Verwendung von Kurzmalz nur wenig an Tennenraum gespart werden kann. Beim Bau einer Tennenmälzerei soll Sorge getragen werden, daß die Tennentemperatur nicht zu großen Schwankungen unterworfen ist. Man würde daher am zweckmäßigsten die Tenne vollkommen versenkt in der Erde anlegen. Dies ist jedoch meist nicht möglich, da dann die Beseitigung des Schmutz- und Reinigungswassers häufig auf Schwierigkeiten stößt. Auch die Lufterneuerung muß dann auf mechanischem Wege geregelt werden. Man legt die Tenne daher nach MAERCKER-DELBRÜCK ca. $1\frac{1}{2}$ *m* tief in der Erde an und sorgt durch zweckmäßige Anbringung von Fenstern für eine leicht durchführbare Lüftung. Die Tenne wird am besten direkt unter der Brennerei angelegt, doch dürfen durch sie weder Rohre der Schlempeleitung gehen, noch darf der Schlempemontejus in der Tenne stehen, da es sonst im Frühjahr und Herbst nicht möglich ist, die für das Wachstum des Malzes günstigsten Temperaturen einzuhalten. Um im Winter bei starker Kälte die für das Wachstum des Malzes unbedingt nötige Temperatur erzielen zu können, versieht man die Tenne zweckmäßig mit einem Ofen oder Rippenheizkörper. Ferner muß der Fußboden mit einem Gefälle von der Mitte nach den Seiten hin versehen sein, so daß beim Reinigen das Schmutzwasser in die nahe den Wänden angebrachten Kanäle ablaufen kann.

Der Tennenbelag soll möglichst glatt sein, so daß eine gründliche Reinigung gut möglich ist. Als Material hierfür dienen Sandstein, Sohlenhofer Platten, Zement und Ziegelsteine, mit Zement verputzt oder verfugt. Die Fenster der Tenne werden zweckmäßig mit Läden oder die Scheiben mit einem Licht durchlassenden blauen Anstrich versehen, um das direkte Licht abzuhalten. Blaufärben der Fenster ist nach BODE (*Z. f. Spirit.* **1906**, 10) insofern günstig, als die durchgelassenen blauen und ultravioletten Strahlen die Wachstumsvorgänge im günstigen Sinne beeinflussen, während die Strahlen der roten Hälfte ungünstig wirken. Nach EFFRONT wird durch das Licht die verzuckernde Kraft der Diastase beeinträchtigt, während die verflüssigende nicht ungünstig beeinflußt wird. Durch die Einwirkung direkten Lichtes wird auch das Hervortreten der grünen Keime begünstigt, deren Auftreten einen Zurückgang der diastatischen Kraft bedeutet. Die Temperatur auf der Tenne soll ca. 10 – 15° betragen. Man weicht gewöhnlich die für 3 Tage nötige Menge im Quellbottich ein und bringt sie, wenn sie die Quellreife erreicht hat, auf die Tenne. Früher verwendete man Kurzmalz, d. h. Malz, das 6 – 9 Tage auf der Tenne geführt wurde. Durch HAYDUCKS Versuche wurde jedoch festgestellt, daß durch längeres Wachstum eine weit größere Diastasemenge entsteht. Nach seinen Untersuchungen vermehrte sich die diastatische Kraft eines Malzes aus schwerer Gerste bei längerer Mälzungsdauer von 100 auf 128,5, die eines Malzes aus leichter Gerste von 100 auf 160,5. EFFRONT (*M. Sc.*, Jan. 1906) stellte ebenfalls die Entwicklung der diastatischen Kraft während der Keimung fest.

Keimdauer in Tagen	Verzuckernde Kraft	Verflüssigende Kraft	Länge des aus dem Korn herausgetretenen Blattkeimes
6	106	666	1/4 Kornlänge
8	116	1000	1/4 "
10	167	1140	1/4 "
11	170	1600	3/5 "
12	140	1760	3/5 "
14	138	1800	1/1 "
16	180	1900	1/1 "
18	210	2000	1/1 "
20	220	2280	1/1 "
22	225	2760	1/1 "
23	250	3200	doppelte "
24	240	3200	" "
25	230	3600	dreifache "
27	210	4000	" "
29	215	4000	" "
30	218	4000	" "

Durch HAYDUCKS grundlegende Versuche veranlaßt, wurde in den deutschen landwirtschaftlichen Brennereien die Verarbeitung von Langmalz eingeführt. Man läßt das Malz jetzt mindestens 15—18 Tage auf der Tenne wachsen. Wenn das Getreide vom Quellbottich auf die Tenne kommt, so richtet sich die Höhe des Malzbeetes danach, wie weit der Keimungsprozeß bereits vorgeschritten ist. Hat das Getreide noch nicht zu spitzen begonnen, d. h. ist der Wurzelkeim noch nicht aus der Spelze herausgetreten, so legt man das Beet ca. 50 *cm* hoch an. Hat das Getreide bereits zu spitzen begonnen, so darf es nicht über 25—30 *cm* hoch liegen. Die nächste Sorge ist, darüber zu wachen, daß die durch den Wachstumsprozeß und die verstärkte Atmung erzeugte Wärme die Temperatur im Haufen nicht zu sehr erhöht. Erhitzt sich der Haufen zu stark, so werden die zarten Wurzelkeime geschädigt, und es ist nachher mit der besten Arbeit kein einwandfreies Malz mehr zu erzielen. Auch für den Diastasegehalt ist die Einhaltung einer niedrigen Wachstumstemperatur von Bedeutung, da bei niedriger Temperatur mehr Diastase gebildet wird als bei höherer. Man wendet daher das Malz so oft, daß die Temperatur von $17^1/_2{}^0$ nicht überschritten wird. Je nach der Tennentemperatur ist dies verschieden oft nötig. Meist kommt man mit zweimaligem Wenden am Tage aus. Das Wenden hat außerdem noch den Zweck, das durch den Atmungsprozeß entstandene Kohlendioxyd, welches infolge seines höheren spez. Gew. am Boden verbleibt, zu entfernen und den keimenden Körnern frische Luft zuzuführen. Nach F. SCHÜTT (*Z. f. Spirit.* **1890**, 203) erzeugen 100 *kg* Malz in 9 Tagen 10,91 *kg* Kohlendioxyd. Vor dem Wenden werden die Malzhaufen stets mit Wasser besprengt; das ist notwendig, weil auf der Tenne ständig eine lebhafte Wasserverdunstung vor sich geht, in deren Folge sonst das Malz bald eintrocknen würde. Bei dem Wenden wird endlich auch die Haufenhöhe geregelt, welche mit dem Fortschreiten des Wachstums und infolge der durch die gesteigerte Atmung immer stärker werdenden Wärmeententwicklung allmählich niedriger gehalten werden muß. Bei dem Wachstumsprozeß tritt zunächst der Wurzelkeim unter der Spelze hervor, dann der Blattkeim, der als Anlage bereits im Korne vorhanden ist. Will man Kurzmalz verwenden, wie es gewöhnlich in Kornbrennereien der Fall ist, so läßt man das Korn so lange auf der Tenne wachsen, bis bei den meisten Körnern der Blattkeim unter der Spelze die volle Kornlänge erreicht hat. Bei der Bereitung von Langmalz tritt mit der Zeit auch der Blattkeim unter der Spelze hervor. Hierbei muß man das Malz so kühl führen, daß in 15—18 Tagen der aus der Spelze herausragende Blattkeim die doppelte Kornlänge erreicht.

Filzmalz. Bei der Herstellung von Filzmalz läßt man die einzelnen Körner fest miteinander verwachsen, so daß ein filzartiges Gebilde entsteht. Man erspart bei dieser Art der Malzbereitung das tägliche Wenden auf der Tenne, hat aber bedeutend größere Tennenflächen nötig, da das Malz, wenn nicht starke Schimmelbildung auftreten soll, in möglichst dünner Schicht geführt werden muß. Man läßt die Haufen ca. 4 *cm* hoch liegen. Nach 8—10 Tagen wird die Filzmasse in Karrees zerschnitten, welche gewendet werden. So bleiben sie dann nochmals 8—10 Tage liegen. Der Gehalt des Filzmalzes an diastatischer Kraft ist teilweise recht gut, häufig tritt jedoch bei der Bereitung desselben Schimmelbildung auf, namentlich, wenn die Qualität des Malzgetreides keine gute ist. Vor der Verwendung muß das Filzmalz erst mittels eines Reißwolfs auseinander gerissen werden.

Wurzelloses Malz. Nach MOUFANG und VETTER (*W. Brauerei* **1909**, 629) kann durch Anwendung einer Warmwasserweiche von 50—60° ein Malz erhalten werden, das seine Fähigkeit, Wurzeln zu bilden, verloren hat, während die Enzymwirkung im Innern trotzdem in Tätigkeit tritt. Bei Herstellung eines solchen Malzes soll der Schwund sehr gering sein. Für Brennereien ist es nicht geeignet, da es zu wenig Diastase bildet.

Kastenmälzerei.

Außer der Tennenmälzerei benutzt man in den Hefefabriken und Brennereien auch Kastenmälzereien. Vgl. darüber Bier- und Preßhefe.

Abb. 218.

Trommelmälzerei. Die Trommelmälzerei, die besonders in Brauereien und Malzfabriken Anwendung findet, hat für die Brennerei und Hefefabrikation erst durch die Herstellung der Mehrhaufentrommel Bedeutung erlangt. Abb. 218 und 219 stellen eine Mehrhaufentrommel der Gebr. Topf, Erfurt, dar.

Sie ist eine Vereinigung mehrerer Trommeln zu einer einzigen und besteht aus einem inneren und einem äußeren gelochten Zylinder, deren Zwischenraum durch Wände in mehrere Abteilungen zerlegt ist. Die Lochung ist vorhanden, damit die durch die Atmung des Kornes sich bildende Kohlensäure entweichen kann. Für jede Trommelabteilung befinden sich im inneren Zylinder Zuleitungsrohre für Wasser und Luft. Hierdurch ist die Möglichkeit geboten, jede Abteilung gesondert anzufeuchten und zu lüften. Die Luft wird mittels eines Ventilators zugeführt. Sie wird angefeuchtet und gekühlt durch das ihr aus Düsen entgegenströmende Wasser. Die Arbeitsweise geht in derselben Weise vor sich wie auf der Tenne, nur gibt man die Haufen statt auf die Tenne in die Kammern, wo sie bis zum Verbrauch bleiben. An die Stelle des Wendens des Malzes auf der Tenne tritt hier die Bewegung der Gerste durch Rotation der Trommel. Man führt sie aus, wenn die Temperatur-

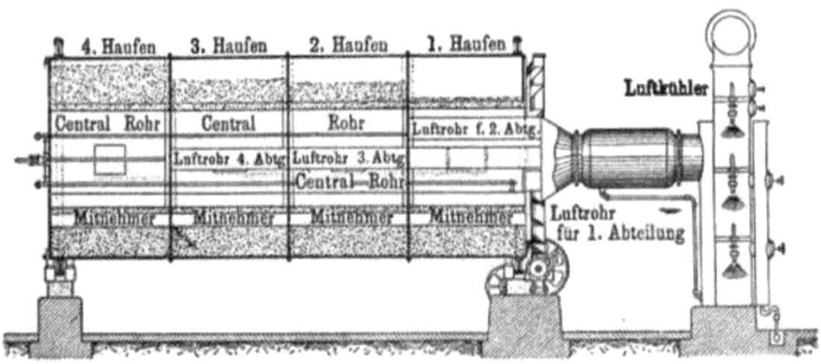

Abb. 219.

erhöhung der Haufen eine Abkühlung notwendig macht. Sie wird alle 6–12 Stunden bewirkt, u. zw. etwa 40 Minuten lang. Die Trommel kann sowohl zur Herstellung von Kurzmalz als auch von Langmalz Verwendung finden und liefert Sommer wie Winter ein gutes Malz.

Hordenmälzerei. Sie dient als Ersatz für die Tennenmälzerei in Betrieben, welche für die letztere nicht genügend Platz haben. Sie besteht nach Maercker-Delbrück aus einem eisernen Gerüst mit an den Wänden angebrachten Schienen, zwischen welche Kästen mit einem Boden aus gelochtem Eisenblech hineingeschoben werden. Solche Horden befinden sich mehrere übereinander. Das Wenden des Malzes wird meist mit den Händen vorgenommen. Nach Christek (*Z. f. Spirit.* **1905**, 283) kann man auf Horden auch gutes Filzmalz herstellen.

Malz aus Hafer, Roggen, Weizen. Der Wert von Gerste, Roggen und Weizen in bezug auf die Fähigkeit der Diastasebildung ist annähernd derselbe, während der des Hafers etwas geringer ist. Nach HAYDUCK beträgt er (bestes Gerstenmalz als 100 angenommen) bei Gerstenmalz 46,6—100; Roggenmalz 50,4—111,1; Weizenmalz 55,2—113,5.

Hafermalz enthält Stoffe, die auf die Gärung anregend einwirken. Man verwendet letzteres besonders gern beim Auftreten von Schaumgärung, auf deren Bekämpfung es infolge seines Gehaltes an flüssigem Fett einen günstigen Einfluß hat. Gewöhnlich benutzt man es mit Gerste gemischt, u. zw. $^2/_3$ Gerste und $^1/_3$ Hafer. Vielfach verwendet man es auch in Form von Gemengsel zur Malzbereitung. Roggen und Weizen eignen sich trotz ihres starken Diastasebildungsvermögens weniger zur Herstellung von Brennmalz, da sie infolge ihrer Spelzlosigkeit sehr dicht auf der Tenne liegen, sich daher sehr leicht erhitzen und infolgedessen sehr zur Schimmelbildung neigen. Bei Weizen verbietet auch meist schon der höhere Preis die Verwendung hierzu. Beide lassen sich jedoch in Mischung mit Hafer sehr gut verarbeiten.

Maismalz. In vielen Brennereien des Auslandes, besonders in Maisbrennereien, verwendet man als Diastaselieferanten den Mais selbst, indem man ihn vermälzt. Über die Herstellung des Maismalzes berichtet STIEGELER in der Brennereizeitung (**1907**, 738). Er verwendete zu seinen Versuchen gelben La Plata-Mais mit einer Keimfähigkeit von 90%. Die Weichdauer betrug 48 Stunden. Die Temperatur des Malzkellers 20°. Die Temperatur im Haufen stieg bis auf 36°, so daß es nötig war, das Malz 4mal am Tage zu wenden. Angefeuchtet wurde täglich mit 12 *l* Wasser pro 100 *kg* Mais. Der Wassergehalt des quellreifen Kornes betrug 33—38%. Das Malz erreichte bereits nach 5 Tagen sein Maximum an diastatischer Kraft. Dieselbe betrug nach LINTNER 85. Das Maximum an verflüssigender Kraft wurde nach 8 Tagen erreicht. Die günstigste Verwendung des Maismalzes erfolgt nach 8—9 tägiger Keimung. Nach STIEGELER betrug die verzuckernde Kraft des Maismalzes 32—34% derjenigen eines guten Gerstenmalzes, während die verflüssigende Kraft 88% eines solchen betrug. Nach GLÄSER und MOROWSKI soll Maismalz sogar nur 28% der verzuckernden Kraft eines guten Gerstenmalzes besitzen. Nach STIEGELERS Erfahrung eignet sich der Pferdezahnmais weniger zur Malzbereitung als der Donaumais und der La Plata-Mais. Für deutsche Verhältnisse ist jedenfalls die Verarbeitung des Maises zu Malz nicht zu empfehlen.

Hirsemalz. Es wird nach J. PIOTROWSKI und PIROZEK-PROSYNSKI (*Z. f. Spirit.* **1911**, 618) speziell in Rußland und Sibirien verwendet. Der Quellungsvorgang sol sehr langsam verlaufen. Die Quelldauer beträgt mindestens 72 Stunden. Das Weichwasser soll eine Temperatur von 15—18° besitzen. Bei höherer Temperatur tritt leicht Schimmelbildung ein. Man verwendet die Luft-Wasserweiche. Die Hirse bleibt je 9 Stunden mit Wasser und 3 Stunden ohne Wasser stehen. Die Temperatur im Haufen darf 22,5° nicht übersteigen. Die Haufenhöhe erniedrigt sich stufenweise von 36 auf 9 *cm*. Das Umschaufeln muß alle 3—8 Stunden vorgenommen werden. Zum Bespritzen verwendet man pro 100 *kg* Korn 10 *l* Wasser. In den ersten 3 Tagen ist ein Befeuchten nicht nötig. Nach 10—12 Tagen kann das Besprengen unterbleiben. Die Mälzungsdauer beträgt 14—16 Tage. Der Blattkeim ist dann ca. 2 *cm* lang. Die diastatische Kraft ist niedriger als die des Roggen- und Gerstenmalzes, doch höher als die des Hafermalzes. Das Hirsemalz soll einen sehr guten Einfluß auf die Vergärung ausüben und ein wertvolles Vorbeugungsmittel gegen Schaumgärung sein.

Darren des Malzes.

Da die Haltbarkeit des Grünmalzes beschränkt ist, sucht man es durch Trocknen zu konservieren. Man kann dies erreichen durch Trocknen an der Luft, wodurch man das sog. Luftmalz erhält. Hierbei kann jedoch der Wassergehalt nicht so weit herabgesetzt werden, daß eine dauernde Haltbarkeit gewährleistet wird. Um dies zu erreichen, muß das Malz abgedarrt werden (Darrmalz, Brennmalz). Dies bedeutet aber stets einen Verlust an diastatischer Kraft, welcher umso geringer wird, je niedriger die Darrtemperatur ist. Nach KJELDAHL beträgt der Verlust bei Annahme der diastatischen Kraft mit 100

bei 50° 12,8%; bei 60° 21,7%; bei 70° 47,1%.

Aus 175 T. Grünmalz erhält man ca. 100 T. Darrmalz. Aus 100 T. Gerste ca. 150 T. Grünmalz, so daß also zur Herstellung von 100 T. Darrmalz ca. 116 T. Gerste notwendig sind.

Die Darrtemperatur soll tunlichst 50° nicht überschreiten. Zum Darren verwendet man nur Kurzmalz, u. zw. für Brennzwecke möglichst solches, bei dem der Blattkeim die Kornlänge erreicht hat, also nahe daran ist, unter der Spitze hervorzubrechen. Nach dem Darren wird das Malz von den Keimen befreit und gereinigt (Näheres s. u. Biermalzfabrikation). Ein gutes Brennmalz soll möglichst viel Blattkeime von voller Kornlänge besitzen. Es soll gut gelöst sein, also keine oder nur wenige glasige oder halbglasige Körner aufweisen. Es muß bei niedriger Temperatur abgedarrt sein. Ein Kriterium hierfür bildet die noch vorhandene Wachstumsfähigkeit des Brennmalzes, die umso größer ist, je niedriger die Darrtemperatur war. Die Blattkeimlänge kann als Kriterium für den Diastasegehalt des Malzes dienen. ELLRODT (Brennereizeitung 1909, 5049) untersuchte die diastatische Kraft eines Darrmalzes, das 8% der Blattkeime mit $^1/_1$, 8% mit $^3/_4$, 20% mit $^2/_3$ und 64% mit $^1/_2$ Kornlänge besaß. Die diastatische Kraft nach LINTNER betrug 61,6.

Die diastatische Kraft der Körner mit $^1/_2$ Kornlänge betrug 50
" " " " " " $^2/_3$ " " 66
" " " " " " $^3/_4$ " " 72,8
" " " " " " $^1/_1$ " " 100

Bei der Berechnung der diastatischen Kraft des Malzes aus diesen Zahlen ergibt sie sich zu 59,1, während sie durch die Untersuchung zu 61,6 gefunden wurde.

Zerkleinerung des Malzes.

Da die Diastase des Malzes, wenn sie die Stärke verzuckern soll, möglichst innig mit ihr in Berührung kommen muß, ist es zweckmäßig, das Malz zu zerkleinern. Dies erfolgt bei Verarbeitung von Darrmalz mittels Mühlen, bei Verwendung von Grünmalz mittels Malzquetschen oder Naßmühlen. Um eine möglichst feine Zerkleinerung zu erreichen, verwendet man gewöhnlich Malzquetschen mit verschieden großen Walzen oder bei gleich großen Walzen mit verschieden großer Geschwindigkeit.

Zur Zeit der Maischraumsteuer war in landwirtschaftlichen Brennereien die Benutzung solcher Naßmühlen nicht möglich, weil infolge des zur Zerkleinerung erforderlichen Wassers der Maischraum nicht hinreichend ausgenutzt werden konnte. Nach Aufhebung der Maischraumsteuer ist ihre Verwendung sehr zweckmäßig geworden.

Die KLETZSCHsche Malzquetsche (Abb. 220) besteht aus dem gußeisernen Gestell *A*, der Treibwalze *D*, der Druckwalze *J*, dem Zuführungskasten *B*, der Zuführungs- und Verteilungswalze *C*, den zu beiden Seiten der Zuführungswalze angeordneten Stiftrechen b_1, der Stellvorrichtung *K* für die Druckwalze, den beiden Abstreichern *L*, dem hölzernen Einschütttrichter *O* und der Auffangrinne *P*. Das in den Einschütttrichter gebrachte Malz wird selbsttätig zerrupft, zerkleinert und gleichmäßig zwischen die beiden Quetschwalzen *D* und *J* verteilt. Die Druckwalze kann durch die Stellvorrichtung an die Treibwalze angepreßt werden. Die Treibwalze hat einen größeren Umfang als die Druckwalze und dadurch eine größere Umfangsgeschwindigkeit. Hierdurch wird erzielt, daß das Malz nicht nur gequetscht, sondern auch zerrieben wird. Durch die beiden Abstreichmesser gelangt es auf die Rinne *P* und von da in den untergesetzten Kasten.

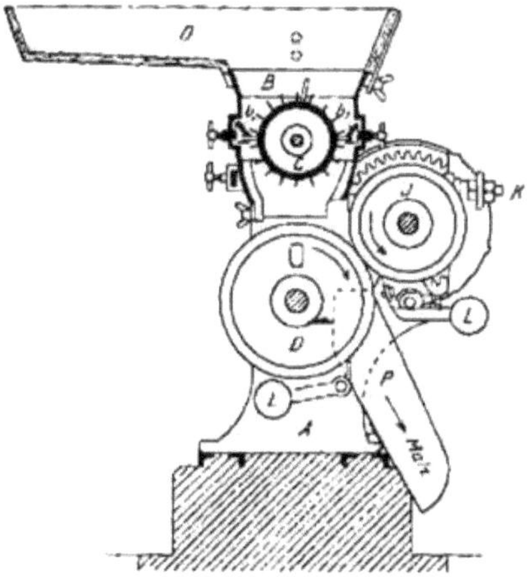

Abb. 220. Malzquetsche. KLETZSCH, Coswig. *A* Gestell; *B* Zuführungskasten; *C* Zuführungs- und Verteilungswalze; *D* Treibwalze; *J* Druckwalze; b_1 Stiftrechen; *K* Stellvorrichtung; *L* Abstreicher; *O* Einschütttrichter; *P* Auffangrinne.

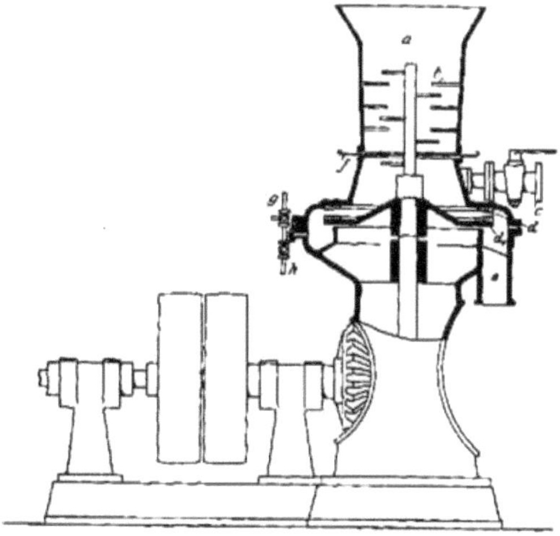

Abb. 221.

Die Arbeitsweise der Naßmühle von BOHM in Fredersdorf (Abb. 221) ist folgende:

Das Rohmaterial fällt direkt oder nach Zwischenschaltung eines geeigneten Holzrumpfes mit Absperrschieber in den Einschütttrichter *a*. Die in ihm angeordnete Speise- und Zerreißvorrichtung *b* befördert bei beliebigem Wasserzufluß das Material zwischen die Mahlschärfen *d* und d^1, von denen *d* fest und d^1 beweglich ist. Das Mahlgut tritt bei *e* aus und bildet somit einen dicken oder dünnen Brei. *f* ist der Regulierschieber, und bei *g* und *h* kann Wasser oder Dampf zur Reinigung der Mühle eingelassen werden. Die BOHMsche Naßmühle kann, wie die Walzenstühle, über dem Maischbottich aufgestellt werden. Sie wird jedoch zweckmäßig gleich in der Mälzerei untergebracht, da sie ein sofort maischfertiges Produkt herstellt, welches als homogener Brei leicht transportabel ist.

Ist das Malz mit Schimmel behaftet, so wird es zweckmäßig vor der Zerkleinerung gewaschen. C. SOMLO empfiehlt, das Malz mit Wasser von 33° 4 Stunden, von 50° 25 Minuten oder von 70° 1 Minute zu behandeln. Als sehr geeignet hat sich (SOMLO & ALADOR LASZLOFFY, *Öst. Ch. Ztg.* **1904**, Nr. 6) ein Zusatz von Formaldehyd erwiesen. Eine 2%ige Lösung des 35%igen Formalins wirkte bei 2stündiger Einwirkung und nachherigem gründlichen Auswaschen nicht schädigend, sondern günstig auf den Diastasegehalt des Malzes, während die ihm anhaftenden Bakterien abgetötet wurden. Ebenso soll gasförmiger Formaldehyd wirken.

2. *Kartoffelbrennerei.*

a) Waschen der Kartoffeln.

Die Kartoffeln werden bis zur Verarbeitung in der Brennerei in Kellern oder Mieten gelagert. Der Prozentgehalt an anhaftendem Erdreich, Schmutz u. s. w. schwankt zwischen 2 und 50%. Besonders groß ist er bei eingetretener Fäulnis der Kartoffeln. Würde dieser Schmutz mit in die Maische gelangen, so würde er nicht nur die Gärung beeinträchtigen, sondern auch eine abnorm rasche Abnutzung der Apparate zur Folge haben. Deshalb müssen die Kartoffeln vor ihrer Verwendung in der Brennerei einer gründlichen Reinigung unterzogen werden, wozu man die Kartoffelwäschen und -Schwemmen benutzt. Abb. 222 zeigt eine solche Schwemme mit Zachariaskratze und Kartoffelwäsche der Firma KLETZSCH, Coswig.

Die Kartoffelschwemme ist nach der Art der in Zuckerfabriken gebräuchlichen Schwemmen eingerichtet. Sie ist meist in den Fußboden des Kartoffelkellers versenkt eingebaut. Man stellt sie gewöhnlich aus Zementbeton oder Ziegelsteinen her und verdeckt sie mit Brettern, so daß Kartoffeln darauf lagern können. Zuweilen baut man die Schwemme erhöht. Ihre Breite soll 30 *cm* betragen;

Abb. 222.

das Profil darf nicht eckig sein. Da die Kartoffeln durch das Wasser vorwärts bewegt werden sollen, so darf das Gefälle nur sehr gering sein. Am besten hat sich ein solches von 7 *mm* und an Kurven von 9 *mm* bewährt. Am Ende der Schwemme vor der Kartoffelwäsche ist die Zachariaskratze oder ein Hubrad eingebaut. Die Zachariaskratze besteht aus einem Fangkasten mit Rost, den Lagern mit der Welle, Kettenrädern, Antriebscheiben, Ausrücker und der Evartskette mit den Kratzerhölzern. Am Ende der Schwemme ist ein Rost angebracht, durch den das Schmutzwasser zum Schlammsammler abläuft. Der Ablauf hinter dem Roste hat gewöhnlich ein Gefälle von 20 *mm*. Zum Anschwemmen benutzt man das bereits in der Wäsche verwendete Wasser, so daß der Wasserverbrauch einer Schwemme verhältnismäßig gering ist und trotzdem eine gute Vorreinigung der Kartoffeln erzielt wird.

Abb. 223, 224 und 225 zeigen die Wäsche der Firma KLETZSCH.

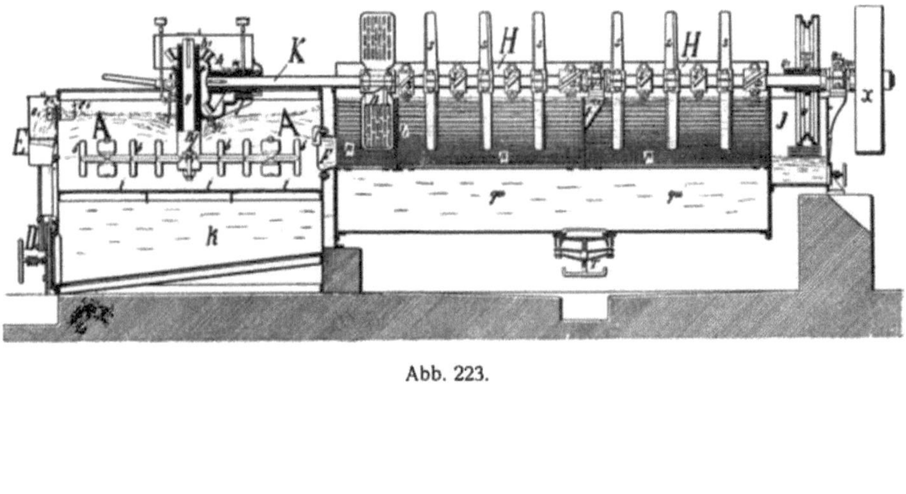

Abb. 223.

Diese besteht aus der runden Vorwäsche, dem Wannenbottich, dem Elevatortroge und dem Elevator.

Die Kartoffeln werden durch die Zachariaskratze oder eine andere Vorrichtung in den Bottich *A* befördert; dort werden sie durch das zweiarmige horizontale Rührwerk durcheinander geworfen. Durch die Rührwirkung und durch das gegenseitige Aneinanderreiben löst sich der Schmutz los. Der abgetrennte Sand und Schlamm fällt durch den Siebboden *i* in den Schlammkasten *k*. Für den Fall, daß die Kartoffeln mit außergewöhnlich viel oder sehr fauligem Stroh vermengt sind, so daß

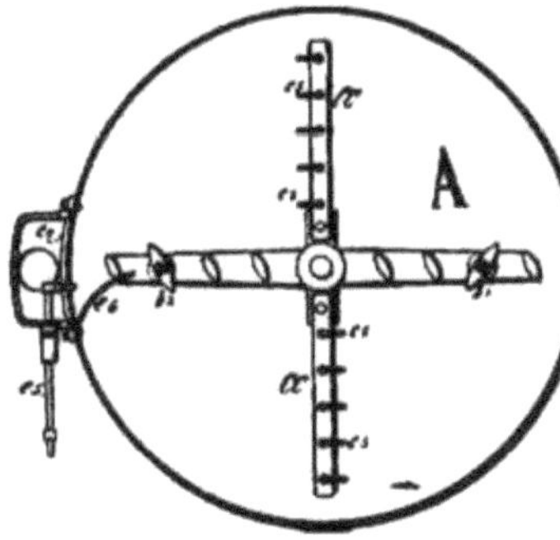

Abb. 224.

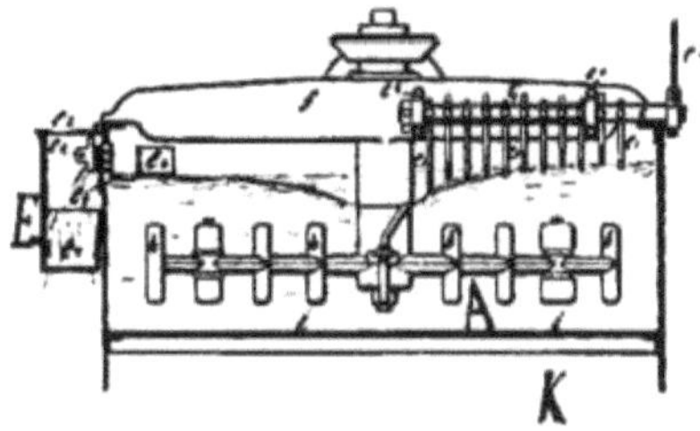

Abb. 225.

ein Teil des Strohes mit den Kartoffeln nach unten gerissen wird, ist der untere sich mit dem Rührwerke *B* drehende Strohrechen *CC* angeordnet. Das Stroh sammelt sich hier an den Stiften c^5, von welchen es nach beendetem Waschen entfernt wird. Das mit den Kartoffeln eingeschüttete kleine Häckselstroh, wie es in den Mieten durch Mäusefraß entsteht, wird durch den Wasserstrudel an den Rand des Bottichs *A* gedrückt, hier vom Blech e^6 vor dem Überlaufkasten *E* angestaut und durch den Rost e^4 hindurchgeschwemmt. Die Kartoffeln werden durch die schräg stehenden Querstäbe *b* nach der Wand des Bottichs gedrückt und gelangen hier durch den Verbindungsgang *F* in das erste Abteil des Wannenbottichs *H*. Im Wannenbottich *H* kommen sie in eine kleine Abteilung, aus welcher

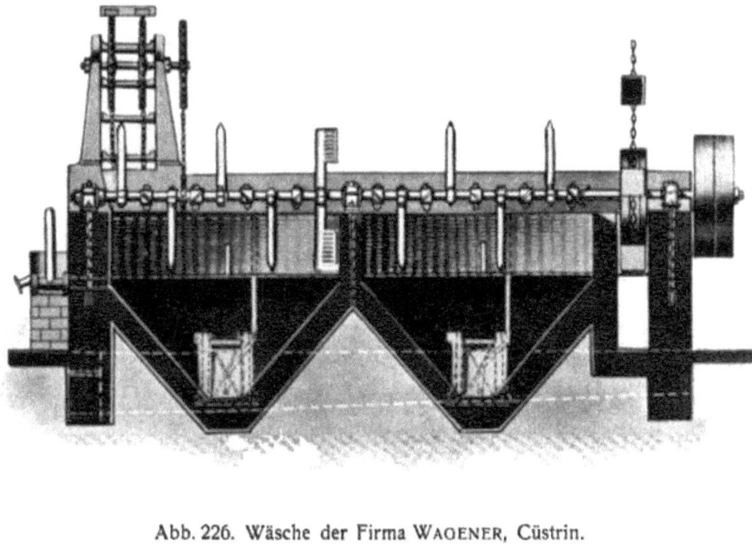

Abb. 226. Wäsche der Firma WAGENER, Cüstrin.

sie durch die Überhebeschaufeln *n* über die Wand t_1 nach der größeren zweiten Abteilung übergehoben werden. Das zweite Abteil ist vom letzten nochmals durch eine Zwischenwand getrennt. Durch die Überwurfschaufel s_3 gelangen sie in den Elevatortrog *l*.

In der Nachwäsche befindet sich reineres Wasser als in der Vorwäsche, da das Wasser der letzteren nicht in die Nachwäsche übertritt, sondern wegläuft. Der Schmutz fällt durch den Rost *p* in den Schlammtrog *qu*. Zum Ablassen des Schlammes und des schmutzigen Wassers ist am Schlammkasten *k* des Bottichs *A* der Schlammschieber angebracht. Aus dem Elevatorkasten werden die Kartoffeln durch den Elevator in den Henze befördert.

Der Waschtrog der Firma WAGENER (Abb. 226) ist aus Zement gemauert. Die Länge beträgt 3–3½ *m*. Der Trog *i* ist in 2 oder 3 Abteilungen geteilt. Der Boden wird durch einen herausnehmbaren Rost gebildet. Der den Kartoffeln anhaftende Schmutz gelangt durch diesen in die darunter befindlichen Schlammsammler. Der Schlamm kann sowohl während des Betriebes als auch nach dem Betriebe entfernt werden. Der Wasserstrom ist so geregelt, daß er am Elevator zu den nahezu reinen Kartoffeln zufließt und am Ende der Wäsche, wo die schmutzigen Kartoffeln in die Wäsche gelangen, heraustritt.

b) Wägen und Dämpfen der Kartoffeln.

Die in der Wäsche vom Schmutz und Unrat befreiten Kartoffeln werden mittels Elevators zur Kartoffelwage oder direkt zum Henzedämpfer befördert. Die Becher des Elevators müssen mit Schlitzen oder Löchern versehen sein, damit das mit in die Becher gelangende Wasser ablaufen kann. Zur Zeit der Maischraum-

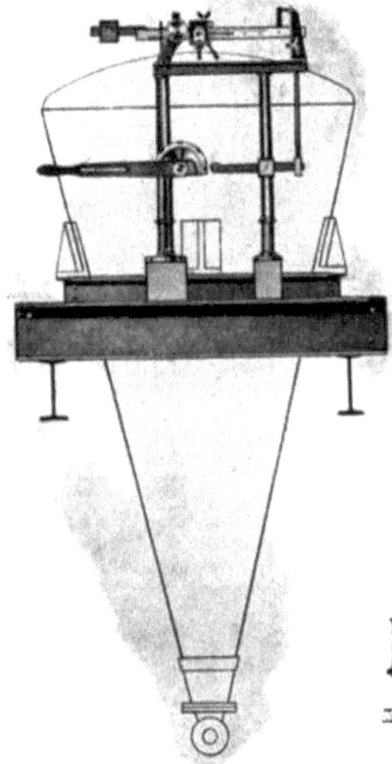

Abb. 227.

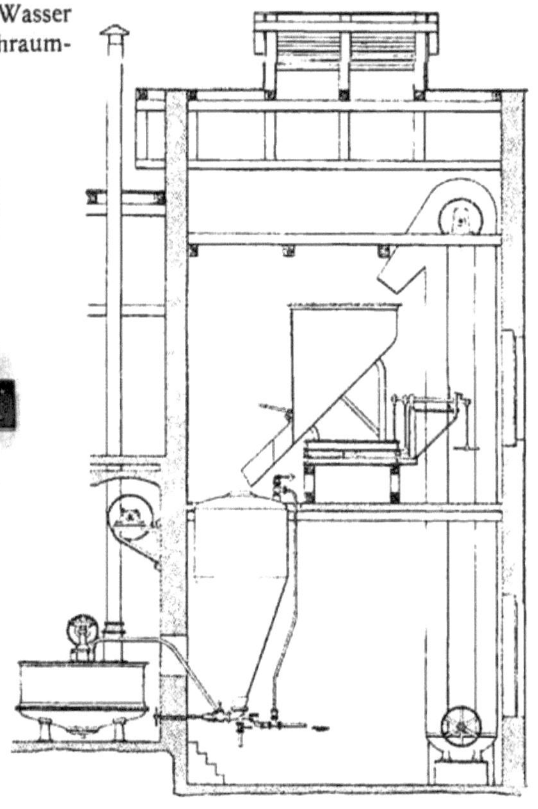

Abb. 228.

steuer gehörten die Wagen für die Feststellung der Kartoffelmenge zu den Seltenheiten in der Brennerei. Seit dem Inkrafttreten des neuen Branntweinsteuergesetzes bürgern sie sich immer mehr ein. Man verwendet die verschiedensten Konstruktionen, die meist mit einer automatischen Ausrückvorrichtung versehen sind, so daß, wenn der Henze oder der Kartoffelkasten mit einer bestimmten Menge Kartoffeln gefüllt ist, Wäsche und Elevator automatisch ausgeschaltet werden.

Abb. 227 zeigt einen Dämpfer, der in die Wage eingehängt ist. Die Genauigkeit dieser Wage ist nicht sehr groß, doch für die Praxis vollkommen ausreichend.

Abb. 228 veranschaulicht die Anordnung eines Dämpfers mit Kartoffelwage, Wäsche, Elevator und Vormaischbottich. Hier ruht nicht der Henze, sondern ein Kartoffelvorratsgefäß auf der Wage.

Für sehr genaue Kontrolle der zu verarbeitenden Kartoffelmenge dient die Wage der HENNEFER MASCHINENFABRIK REUTER & REISER. Diese kommt unter der Marke „Chronos" in den Handel. Abb. 229—231 zeigen eine solche.

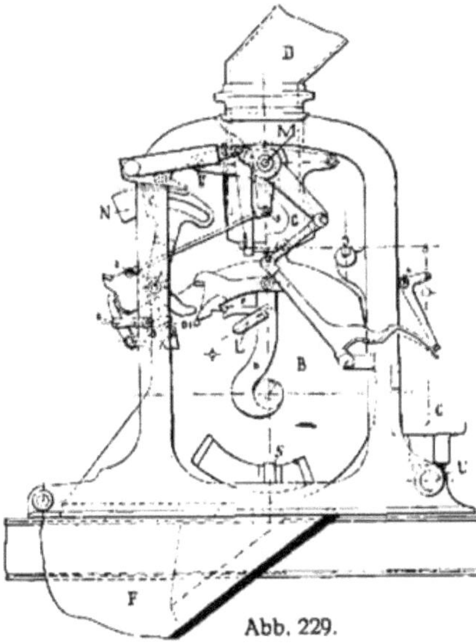

Abb. 229.

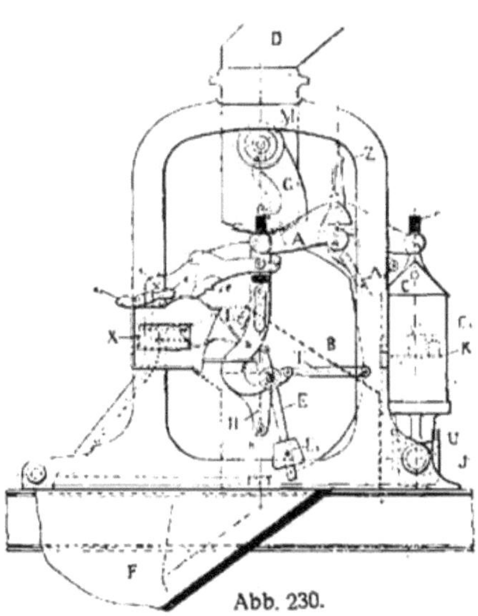

Abb. 230.

Die Wage wird von der Firma genau austariert geliefert, doch ist es zweckmäßig, sich zu überzeugen, daß sie in Ordnung ist. Hat man dies getan, so muß man die einzelnen Füllungen kontrollieren und regulieren. Dies wird folgendermaßen gehandhabt. Das Pendelband *H* wird an dem Bolzen *h* befestigt und der Griff *o* nach rechts gedreht, wodurch der Hebel *N* herunterfällt. Nun drehe man das Gefäß vornüber bis in die tiefste Stellung und lasse es alsdann sich von selbst wieder aufrichten, wodurch der Einlauf eröffnet wird und die Wage selbst in betriebsfähigen Zustand kommt.

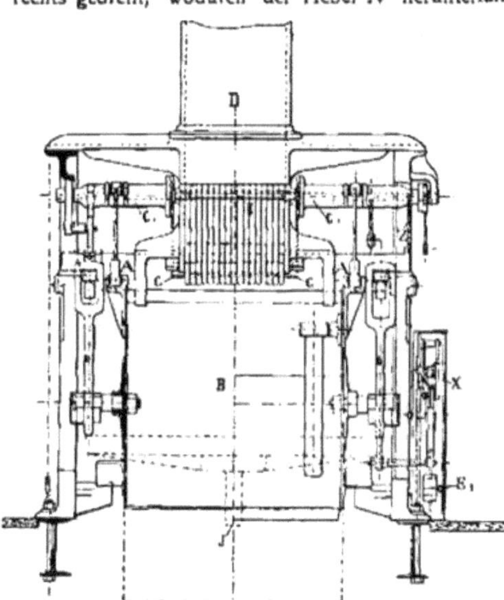

Abb. 231.

Um nun eine einzelne Füllung zu kontrollieren, drehe man den Griff *o* wieder nach links und eröffne die Zufuhr der Kartoffeln durch Einrücken des Kartoffelelevators. Sobald dann die Einlaufklappe *G* der Wage sich schließt, muß der Kartoffelelevator sofort wieder ausgeschaltet werden, weil sonst, da das Gefäß *B* am Entleeren gehindert ist, Störungen eintreten würden.

Das Gefäß enthält jetzt eine Füllung, die aber, da der Griff *o* nach links steht, nicht entleert wird. Wird das Band *H* aus dem Bolzen *h* ausgehängt, so kann die Wage frei schwingen. Stellt man nun auf die Blechklappe *K* der Gewichtschale *C* noch so viel Gewichtstücke, bis der Zeiger *Z* einspielt, so muß diese Gewichtszulage auf der Gewichtschale mit dem letztmaligen Vorschub der unteren Zahlenreihe des Zählwerks *X*, welche die addierten Übergewichte der einzelnen Gefäßfüllungen der Wage darstellt, übereinstimmen. Tut sie dies nicht, so muß die Differenz durch Verschieben des Gewichtes E_1 auf dem Pendel *E* ausgeglichen werden. Beträgt der Zahlenvorschub der unteren Zahlenreihe des Zählwerks weniger als die Gewichtszulage auf der Blechklappe *K* der Gewichtschale, so muß das Schiebegewicht E_1 nach oben, beträgt er mehr, nach unten geschoben werden. Bei geeichten Wagen ist die richtige Stellung des Schiebegewichtes E_1 durch den Königlichen Eichmeister ausprobiert und mittels Messingplomben fixiert worden.

Das Gefäß entleert seinen Inhalt, wenn man den Griff *o* nach rechts dreht. Das Pendelband *H* wird wieder eingehängt, die kleinen Gewichte von der Blechklappe *K* abgenommen, der Elevator eingerückt und, will man eine weitere Füllung kontrollieren, der Griff *o* nach links gedreht. Diese neue Füllung wird in derselben Weise wie vorhin kontrolliert und diese Manipulation so lange wiederholt, bis die Gewichtszulage auf der Gewichtschale mit dem letztmaligen Vorschub der unteren Zahlenreihe des Zählwerks übereinstimmt.

Von der Kartoffelwage bzw. vom Kartoffelkasten aus gelangen die Kartoffeln in den Henze, wo das Aufschließen (Verkleistern) der Stärke durch Dampf erfolgt. Früher dämpfte man die Kartoffeln in einem Dämpffasse ohne Hochdruck; sie wurden durch Quetschwalzen zerkleinert. Hierdurch wurde nur eine sehr unvollkommene Aufschließung bewirkt, und dementsprechend waren die Ausbeuten verhältnismäßig gering. Einen großen Fortschritt bedeutete für die Kartoffelbrennerei der Apparat von HOLLEFREUND 1871, bei dem zum erstenmal gespannter Dampf Verwendung fand. Eine vollkommene Umwälzung brachte die Einführung des vom Rittergutsbesitzer HENZE 1873 erfundenen Apparates, des nach ihm benannten Henzedämpfers, der auch heute noch allgemein im Gebrauch ist. Die Verkleisterungstemperatur der verschiedenen Stärkearten ist nach LINTNER verhältnismäßig niedrig, so daß eine vollkommene Verkleisterung bei niedriger Temperatur erzielt werden könnte. Es würde dies jedoch sehr viel Zeit in Anspruch nehmen und eine nachfolgende Zerkleinerung der Rohstoffe nötig machen. Gespannter Wasserdampf führt die vollständige Verkleisterung viel rascher durch und bewirkt außerdem beim Ausblasen eine derart vorzügliche Zerkleinerung, wie sie durch andere Apparate kaum zu erzielen wäre. Zum Verkleistern benötigt die Stärke in erster Linie Wasser, welches sich im Zellsafte der Kartoffel in ausreichendem Maße vorfindet. Beim Dämpfen findet zunächst eine Wasseraufnahme durch die Stärke statt. Die Körnchen quellen auf und füllen den Inhalt der Zelle vollkommen aus, wobei das zur Verkleisterung nicht benötigte Wasser durch die beim Dämpfen durchlässig gewordene Zellwand hinausgedrängt wird und als sog. Fruchtwasser austritt. Gleichzeitig findet eine Lösung der Intercellularsubstanz statt, so daß die Zellen vollkommen voneinander getrennt und nur noch durch die Schale, die hauptsächlich aus Korkzellen besteht, zusammengehalten werden. Durch die Einwirkung der hohen Temperatur beim Dämpfen werden aber auch gleichzeitig die Zellwände derartig verändert, daß es der Diastase möglich wird, durch sie hindurch einzudringen. Bei Anwendung höheren Druckes tritt nicht nur Verkleisterung, sondern auch Verflüssigung der Stärke ein. Nach DELBRÜCK und STUMPF genügt hierzu schon eine Temperatur von 125°. Die verflüssigte Stärke hat die Eigenschaft, erst bei verhältnismäßig niedriger Temperatur wieder zu gerinnen, aber bei den für die verzuckernde und verflüssigende Wirkung der Diastase günstigsten Temperatur noch flüssig zu bleiben. Hierauf ist auch wohl die bedeutend schnellere Verzuckerung der mit Hochdruck gedämpften Rohmaterialien zurückzuführen. Die Aufschließung der Stärke im Henzedämpfer ist eine nahezu vollkommene. Infolge

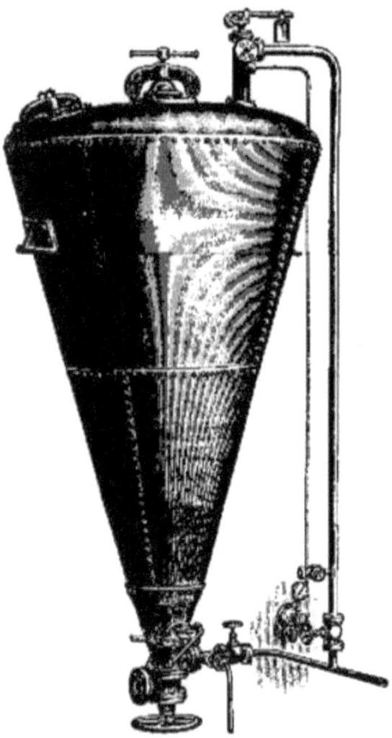

Abb. 232. Henze der Firma PAUCKSCH.

der Einwirkung der im Zellsafte vorhandenen Säuren und Salze findet beim Dämpfen bereits eine geringe Hydrolysierung der Stärke statt. MAERCKER fand z. B. in rohen Kartoffeln 1,96%, in gedämpften Kartoffeln dagegen 8,51% Zucker. Beim Dämpfen unter hohem Drucke werden aber gewisse Zuckerarten zerstört, so daß mit der Aufschließung der Stärke ein Verlust an gärungsfähigem Material Hand in Hand geht. Auch ein Abbau der in den Kartoffeln vorhandenen Eiweißstoffe findet beim Dämpfen statt.

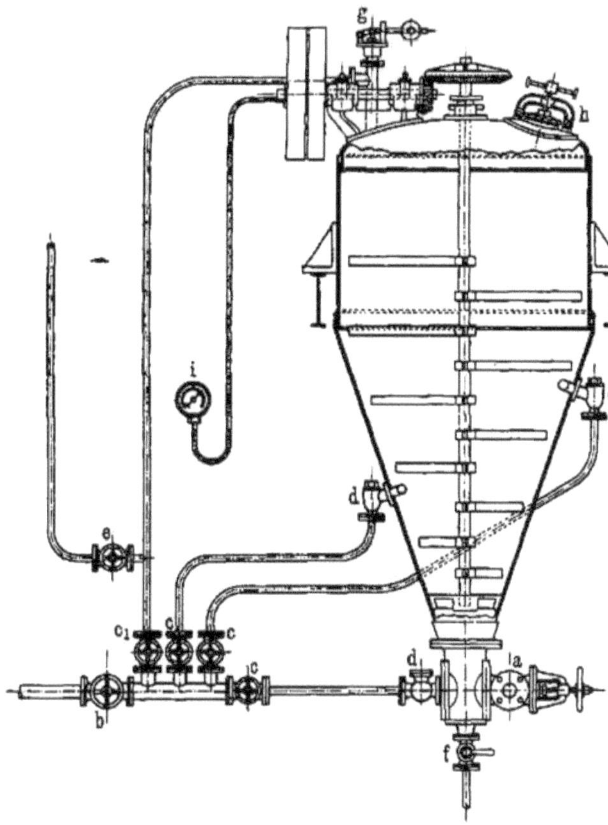

Abb. 233. Schnittbild eines modernen stehenden Henze mit Rührwerk (C. G. BOHM).
a Ausblaseventil; *b* Hauptdampfventil; *c* drei Kochventile; c_1 Dampfdruckventil; *d* drei Rückschlagventile; *e* Luft- und Dampfblaseventil; *f* Spülwasser- (Fruchtwasser-)hahn; *g* Sicherheitsventil; *h* Mannloch- und Füllverschluß; *i* Manometer.

Der jetzt allgemein in Kartoffelbrennereien verwendete Henzedämpfer hat entweder eine rein konische Form, wie derjenige der Firma PAUCKSCH in Landsberg (Abb. 232), oder er besteht aus einem zylindrischen Teil mit konischem Ansatz. Er besitzt ein Mannloch, das gleichzeitig als Einfülloch dient und nach behördlicher Vorschrift einen Durchmesser von 400 *mm* besitzen muß. Außerdem sind an ihm angebracht:

1. ein Sicherheitsventil; 2. ein Druckmesser (Manometer); 3. mehrere Dampfeinströmungen, mindestens zwei, u. zw. eine an der tiefsten Stelle des Konus, die andere oben; 4. ein Hahn zum Ablassen des Kondenswassers; 5. ein Ausblaseventil; 6. ein Steinfänger, der zwischen Ausblaseventil und Vormaischbottich eingeschaltet ist und dazu dient, Fremdkörper abzufangen; 7. ein Ausblaserohr, durch welches die Kartoffelmasse in den Vormaischbottich gelangt; 8. einen oben angebrachten Lufthahn, der dazu dient, bei Verarbeitung stärkereicher Kartoffeln, bei denen kein Kondenswasser abgelassen wird, die Luft aus dem Henze ausströmen zu lassen.

Abb. 233 stellt einen Henze mit Rührwerk von C. G. BOHM dar, der sich auch für die Getreideverarbeitung eignet.

Abb. 234 zeigt den Verschluß des Mannloches; Abb. 235 ein Henzeausblaseventil mit Steinfänger.

Die Größe des Henze richtet sich nach der zur Verarbeitung kommenden Kartoffelmenge. Das Fassungsvermögen ist abhängig von der Form desselben, von der Größe der Kartoffeln und ihrem Stärkegehalt. Nach FOTH beanspruchen 100 *kg* Kartoffeln 142,8 *l* Henzeraum, oder 100 *l* Henzeraum fassen 70 *kg* Kartoffeln.

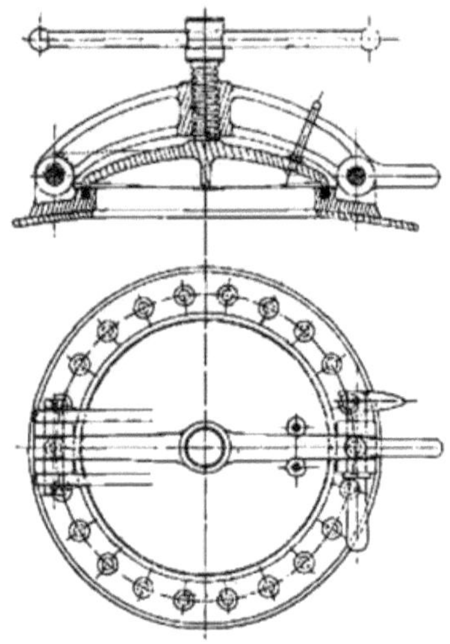

Abb. 234.

Da die Dämpfer einen ziemlich hohen Druck aushalten müssen, ist eine Prüfung auf ihre Betriebssicherheit vor Inbetriebsetzung und alle vier Jahre nach dieser notwendig. Eine Anfertigung des Deckelverschlusses, des Konus und der Armaturstützen aus Gußeisen ist nicht statthaft. Die Verschlußschrauben müssen gegen Abrutschen gesichert sein. Der Betriebsdruck darf höchstens nur $1\frac{1}{2}$ *Atm.* geringer sein als der Kesseldruck.

Ausführung des Dämpfens.

Die Art des Dämpfens ist abhängig von dem Stärkegehalte der Kartoffeln. Seit dem Inkrafttreten des neuen Branntweinsteuergesetzes ist man von der extremen Dickmaischung abgekommen und zur Herstellung von Dünnmaischen oder solchen mit einem mittleren Extraktgehalte übergegangen. Man hat es daher nicht mehr wie früher nötig, neben dem Kondenswasser auch einen Teil des aus den Kartoffeln austretenden Fruchtwassers wegzulassen, sondern verwendet bei Verarbeitung sehr stärkereicher Kartoffeln sogar einen Teil des Kondenswassers. Hat man sehr stärkereiche Kartoffeln zu verarbeiten und ist das Betriebswasser in biologischer Hinsicht nicht vollkommen einwandfrei, so verwendet man das ganze Kondenswasser mit. Man schließt dann den Fruchtwasserhahn, öffnet den Lufthahn am oberen Boden des Henze und gibt durch die untere Dampfzuleitung Dampf. Der obere Lufthahn wird geschlossen, sobald die Luft im Henze vollkommen verdrängt ist. Dann erhöht man langsam den Druck durch Zufuhr von Dampf, u. zw. auf 2,5 – 3 – 3,5 *Atm.* Das im Henze sich sammelnde Fruchtwasser läßt man zweck-

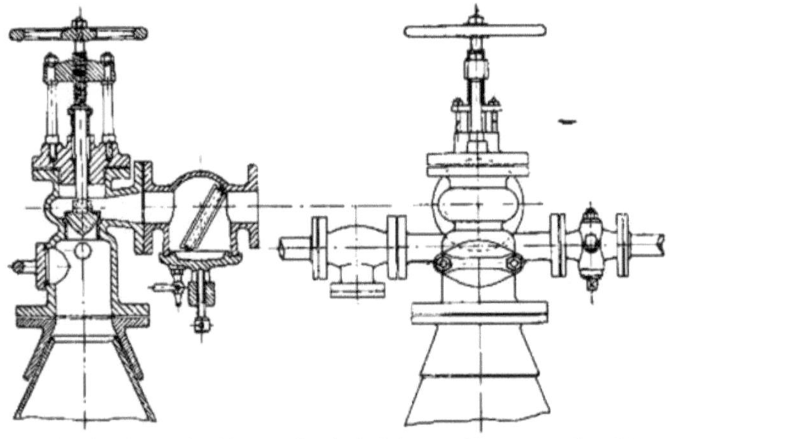

Abb. 235. Henze-Ausblaseventil mit Steinfänger (WAGENER, Cüstrin).

mäßig in den Vormaischbottich ab, weil es sonst bei zu großer Ansammlung das Gardämpfen der Kartoffeln verzögern könnte. Bei stärkereichen Kartoffeln, speziell bei gewissen roten Sorten wie Bismarck, Wohltmann, Reichskanzler, verwendet man meist 3—3,5 *Atm.* Druck. Bei stärkearmen Sorten kommt man mit einem Druck von 3 *Atm.* gut aus. Auf 3—3,5 *Atm.* läßt man den Druck ungefähr 10—15 Minuten stehen, dann werden die Kartoffeln ausgeblasen. Bei Verarbeitung von Kartoffeln von mittlerem Stärkegehalt gibt man bei offenem Fruchtwasserhahn so lange Dampf, bis der Henze zur Hälfte angewärmt ist, schließt dann den Fruchtwasserhahn und gibt von unten Dampf, bis der gewünschte Druck erreicht ist. Bei stärkearmen Kartoffeln dämpft man so lange von oben, bis der Henze vollkommen angewärmt ist, was sich dadurch kundgibt, daß durch den Fruchtwasserhahn kein Kondenswasser, sondern Dampf ausströmt. Bei Kartoffeln mit ganz abnorm niedrigem Stärkegehalt läßt man etwas Fruchtwasser ab, um keine zu dünnen Maischen zu erzielen, dann gibt man von unten Dampf und verfährt, wie oben angeführt, weiter. Zur Zeit der Maischraumsteuer ließ man sowohl bei stärkearmen als auch bei stärkereichen Kartoffeln Fruchtwasser weglaufen, um eine möglichst konz. Maische zu erhalten. Das Fruchtwasser enthält stickstoffhaltige Substanzen, Zucker, und bei höherem Druck gelöste Stärke und Salze. Die Verluste an gärungsfähigen Materialien, welche hierdurch entstanden, waren teilweise recht beträchtlich. Daher kam es auch, daß die damalige Ausbeute im günstigsten Falle nur 84% der theoretischen betrug. Sehr schwer lassen sich erfrorene und faule Kartoffeln aufschließen, da sie im Henze leicht zusammensinken, so daß der Dampf sich nicht gleichmäßig verteilen kann. Es ist hier vor allem notwendig, möglichst langsam anzudämpfen. Bei schnellem Andämpfen tritt meist das Fruchtwasser aus den durch den Frost teilweise zerstörten Zellwänden aus, so daß die Stärke nur unvollkommen verkleistert. Es ist zweckmäßig, den Lufthahn am oberen Deckel des Henze etwas geöffnet zu lassen. Häufig wird jedoch trotzdem kein vollkommenes Aufschließen der Kartoffeln erreicht. Es finden sich dann in den verzuckerten Maischen noch Stücke von unvollständig gedämpften Kartoffeln. Dies gibt sich bereits beim Ausblasen durch starkes kanonenschußähnliches Krachen kund. Das Ausblasen der Kartoffelmasse muß stets mit einem Druck von ca. 3 *Atm.* geschehen. Aus diesem Grunde ist es notwendig, während des Ausblasens etwas Dampf zuströmen zu lassen. Der Dampfverbrauch beträgt nach GOSSLICH und ELLRODT pro 100 *kg* Kartoffeln ca. 18,6 bis 18,7 *kg*.

Das Ausblasen der Kartoffelmasse findet durch das Ausblaserohr statt. Zunächst öffnet man das Ausblaseventil nur ein wenig, um das im Konus des Henze angesammelte Fruchtwasser in den Vormaischbottich abzulassen. Dann öffnet man das Ventil weiter. Die Kartoffeln, die im Henze meist noch in vollkommen intaktem Zustande vorhanden sind, werden durch den auf ihnen lastenden Druck beim Öffnen des Ausblaseventils durch dieses hindurchgepreßt, wodurch eine Zerkleinerung erreicht wird. Eine weitere Zerkleinerung erfolgt beim Durchdrücken der Masse durch den Rost des Steinfängers. Am intensivsten werden die Kartoffeln jedoch beim Austritt aus dem Ausblaserohr zermalmt, wo infolge plötzlicher Druckentlastung ein explosionsartiges Zerstäuben der Masse eintritt. Hierbei soll sogar eine teilweise Zersprengung der Zellen selbst erfolgen. Jedenfalls wird eine vollkommene Trennung der einzelnen Zellen voneinander erreicht, was beim Maischprozeß den Zutritt der Diastase zur Stärke wesentlich erleichtert und den Verzuckerungsvorgang fördert. Beim Ausblasen kommt die Masse mit einer derartig hohen Temperatur in den Vormaischbottich, daß die Berührung mit dem Malze sofort die Diastase zerstören würde. Dies war auch anfangs bei Einführung des Henze-Dämpfers sehr häufig der Fall, und erst die Einführung des Exhaustors schaltete diesen Übelstand aus. Der Exhaustor besteht aus einem auf den Vormaischbottich aufgesetzten runden oder viereckigen Kamin, der an das Ausblaserohr angeschlossen und mit einem Dampfstrahlgebläse versehen ist. Durch dieses Gebläse werden die heißen Dämpfe abgeführt und kalte Luft durch den Bottich, der heißen Kartoffelmasse entgegen, gesaugt. Der Exhaustor hat aber den Nachteil, daß er meist sehr schwer zu reinigen ist und so häufig eine sehr große Infektionsgefahr für die Maische bildet. Man bläst daher in neuerer Zeit nicht mehr die Kartoffelmasse in den Exhaustor aus, sondern gegen eine am Deckel des Vormaischbottichs angebrachte Prellglocke. Der Exhaustor dient dann nur noch dem Schwadenabzug, kann aber auch durch einen Ventilator ersetzt werden.

c) Maischbereitung.

Zweck der Maischbereitung ist, die im Henze verkleisterte Stärke in gärungsfähigen Zucker (Maltose) zu verwandeln. Dies geschieht entweder durch die Diastase des Malzes oder durch Pilzdiastase, wie beim Amyloverfahren. Der Übergang der Stärke in Zucker ist, wie schon bei Diastase besprochen, kein direkter, sondern erfolgt über nicht vergärbare Zwischenprodukte hinweg. Es sind dies die lösliche Stärke und die verschiedenen Arten der Dextrine. Die Menge der entstehenden Maltose ist abhängig von der Konzentration der Maische, von der Dauer der Einwirkung der Diastase und von der hierbei angewendeten Temperatur. In Maischen von mittlerer Konzentration, wie man sie zurzeit in den Brennereien verarbeitet, werden meist etwa 80% der Stärke in Maltose verwandelt, während man früher bei Verarbeitung von Dickmaischen nur 65—70% der Stärke als Maltose erhielt. Es findet jedoch beim Vorhandensein eines Überschusses an Diastase während der Gärung eine weitere Verzuckerung der Dextrine statt, so daß es dadurch möglich ist, die gesamte Stärke in Zucker und diesen in Alkohol und Kohlensäure zu verwandeln. Von den verschiedenen Dextrinen ist durch die in der Brennerei gebräuchliche Hefe nur das Maltodextrin vergärbar, doch gibt es Hefearten, wie z. B. Saccharomyces Pombe und Logos, die auch die übrigen Dextrine spalten können. Die Zuckerbildung aus der Stärke mittels Diastase ist ein katalytischer Akt. Es müßten demnach unbegrenzte Mengen Stärke durch geringe Mengen Diastase verzuckert werden können. Dies ist auch tatsächlich der Fall, wenn die Verzuckerung bei niedriger Temperatur, etwa 30°, vor sich geht. Diese niedrige Verzuckerungstemperatur anzuwenden, ist praktisch nur möglich, wenn man mit vollkommen sterilen Materialien und Apparaten arbeitet. Die Kartoffeln, die im Henze durch einen Druck von 3 *Atm.* aufgeschlossen werden, sind absolut keimfrei, vorausgesetzt, daß es sich um gesundes Material handelte. Bei Verarbeitung gefrorener oder fauler Kartoffeln, die im gedämpften Zustande noch Stücke roher Kartoffeln enthalten, ist die Gefahr, daß die Masse nicht vollkommen sterilisiert war, vorhanden. Niemals aber wird es gelingen, in den Mälzereien ein vollkommen steriles Malz zu erzielen. Es ist daher die Anwendung niedriger Verzuckerungstemperaturen ohne weiteres ausgeschlossen. Sie wird dagegen möglich, wenn man das fertige Malz vor der Verwendung sterilisiert. Durch hohe Temperatur läßt sich dies nicht erreichen, da hierdurch die Diastase zerstört wird. Man muß daher zu desinfizierenden Mitteln greifen. Nach Somlo (s. Malz) eignet sich hierfür sehr gut das Formalin. Bei Behandlung mit verdünnten Lösungen soll es möglich sein, die dem Malze anhaftenden Mikroorganismen vollkommen abzutöten, ohne die Diastase zu schädigen. Ja es soll sogar eine Steigerung der verzuckernden Kraft beobachtet worden sein. Im allgemeinen wählt man jedoch keine so niedrigen Verzuckerungstemperaturen, sondern diejenige, die sich für die Praxis als am geeignetsten herausgestellt hat, nämlich Wärmegrade von 50—55°. Bei dieser Temperatur verläuft die Verzuckerung sehr rasch, aber es tritt auch eine Schwächung der Diastase ein. Da das Malz meist mit Hefeschädlingen behaftet ist, darf man sich mit der Innehaltung dieser Temperatur nicht begnügen, sondern muß, um die Schädlinge abzutöten oder zum mindesten zu schwächen, die Maische zum Schlusse auf eine noch höhere Temperatur bringen. Nach HENNEBERG genügt die Einwirkung einer Temperatur von 55° während 15 Minuten, um die Hefeschädlinge abzutöten. In der Praxis hat es sich jedoch herausgestellt, daß hierfür die Einwirkung einer solchen von mindestens 60—62,5° nötig ist. Man würde in der Lage sein, noch höhere Temperaturen anzuwenden, wenn eine vollkommene Verzuckerung der Stärke ohne weiteres erzielt würde und man infolgedessen die Diastase nachher entbehren könnte. Dies ist jedoch nicht möglich, abgesehen von einem besonderen Maischverfahren, dem sog. Mastschlempeverfahren, bei dem nicht die sämtliche Stärke in Alkohol verwandelt werden soll, sondern bei dem statt auf hohe Alkoholausbeute mehr Wert auf das Erhalten einer nährstoffreichen Schlempe gelegt wird. Wir können demnach bei dem gewöhnlichen Maischverfahren nicht über die Abmaischtemperatur von 60—62,5° hinausgehen. Häufig ist jedoch auch diese schon zu hoch, wenn es sich z. B. um ein sehr diastasearmes Malz handelt. Man ist aber genötigt, noch höher zu gehen, wenn das Malz stark mit Pilzen behaftet ist, muß aber dann wesentlich größere Malzmengen anwenden. Neben der Verzuckerung wird gleichzeitig eine Peptonisation der Eiweißstoffe bewirkt.

Die Maischbereitung wird dementsprechend im praktischen Betriebe durchgeführt. Man gibt zunächst eine ganz geringe Menge Malz in den Vormaischbottich und läßt durch geringes Öffnen des Ausblaseventils das Kondens- resp. Fruchtwasser zufließen. Dieses kühlt man rasch auf die Maischtemperatur von 50—55° ab, dann bläst man unter ständigem Rühren die Kartoffelmasse in den Vormaischbottich. Man reguliert die Schnelligkeit des Ausblasens und die Kühlung derartig, daß während des Maischaktes die Temperatur nicht über 55° steigt. Die Temperatur wird durch ein am Vormaischbottich angebrachtes Stock- oder Winkelthermometer ständig beobachtet. Größere Mengen Malz gibt man erst in den Vormaischbottich, wenn das Thermometer in die Flüssigkeit eintaucht und man so die Temperatur ständig kontrollieren kann, so daß ein Verbrühen der Diastase ausgeschlossen ist. Man kann dann die ganze Menge Malz auf einmal zugeben oder in mehreren Portionen. Zweckmäßig trägt man es in mehreren Anteilen ein, von denen der letzte kurz vor Schluß des Ausblasens oder direkt nach dem Ausblasen zugegeben wird. Wenn die Kartoffelmasse zu etwa $^3/_4$—$^4/_5$ ausgeblasen ist, erhöht man durch Verringern der Kühlung oder durch schnelleres Ausblasen die Temperatur der Maische auf 60—62°. Dieses Erhöhen hat den Zweck, eine Pasteurisation der Maische und eine Verzuckerung der Malzstärke zu bewirken. Bei diesen Temperaturen läßt man die Maische ca. 10—15 Minuten stehen. Ein zu langes Stehenlassen kann nachteilig sein, da man dadurch die Diastase des Malzes schädigt und dann größere Malzmengen benötigt. Im allgemeinen verwendet man in der Brennerei pro Zentner Kartoffeln ca. 2 Pfund Malzgetreide von guter Keimfähigkeit. Bei schlechter Keimfähigkeit benötigt man entsprechend mehr.

Bei einer besonderen Gärungserscheinung, der sog. Schaumgärung, wird empfohlen, einen Teil des Malzes der Maische nach dem Abkühlen zuzugeben. Dies hat sich zwar im angegebenen Falle vielfach bewährt, zeigt aber den Nachteil, daß die Maische dadurch leicht infiziert wird. Will man dieses Mittel anwenden, so muß das Malz in biologischer Hinsicht absolut einwandfrei sein und vor dem Quetschen gewaschen oder durch desinfizierende Mittel, wie Formalin, sterilisiert werden.

Etwas anders wird die Maischbereitung bei dem sog. Mastschlempeverfahren gehandhabt. Hier will man die verzuckernde Wirkung der Diastase ausschalten, um eine an Kohlehydraten reiche Schlempe zu erhalten. Man kann dies auf 2 Arten erreichen. Entweder verwendet man weniger Malz (pro Zentner Kartoffeln 1 Pfund), oder man schaltet nach beendeter Lösung der Stärke die Nachwirkung der Diastase durch ihre Zerstörung mit hohen Maischtemperaturen aus. Man erhitzt dann die Maische statt auf 60–62,5° auf 70° und überläßt sie der Einwirkung dieser Temperatur ca. 30 Minuten. So bereitete Maischen enthalten ca. 20–25% der Kohlehydrate als Dextrin, die nicht von der Hefe gespalten werden können. Sie vergären daher nur auf ca. 5° Balling.

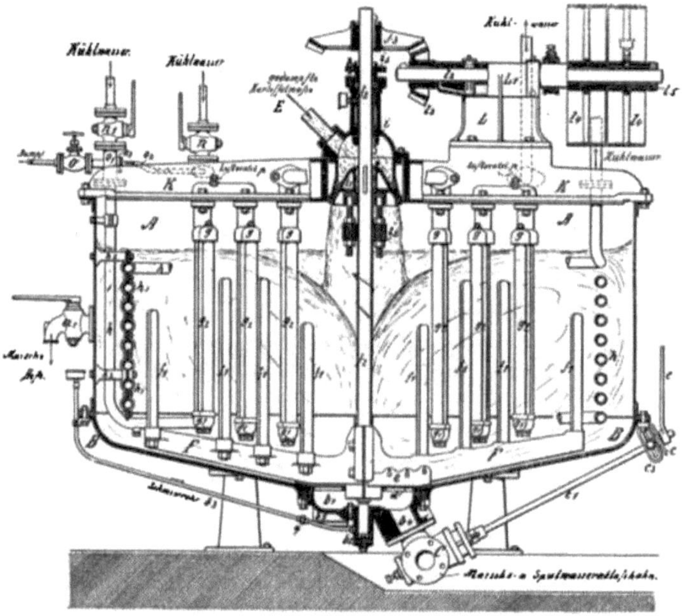

Abb. 236.

Nach der Verzuckerung wird die Maische auf die Anstelltemperatur abgekühlt. Dies geschieht meist mittels einer im Vormaischbottich vorhandenen Kühlvorrichtung. Früher verwendete man Kühlschiffe. Von diesen ist man wegen der großen Infektionsgefahr abgekommen. Auch Kühlvorrichtungen außerhalb des Vormaischbottichs werden in Kartoffelbrennereien kaum mehr benutzt. Nur in den seltenen Fällen, in denen der Vormaischbottich so oft benutzt werden soll, daß die Betriebszeit die Kühlung der Maische in ihm nicht gestattet, werden Flächen-, Röhren- und Spiralkühler benutzt.

Abb. 236 zeigt einen Vormaischbottich der Firma KLETZSCH, Coswig, mit eingebauter Maischmühle.

Er ist auf gußeisernen Füßen montiert und besteht in der Hauptsache aus dem schmiedeeisernen Mantel A, dem gußeisernen konischen Boden B, der Bodenvertiefung b_1 mit Stroh- und Queckenfänger d, dem Dreiwegehahn C für den Maischabfluß und den Spülwasserablauf, dem gußeisernen Tragebalken K in Verbindung mit dem Vorgelege, den vertikalen hängenden Röhrenkühlern g_2, der Maischmühle i, der Kühlschlange h, dem kombinierten Zentrifugal- und Rechenmischwerk f_1 und F und dem schmiedeeisernen Deckel. Die gedämpfte Masse wird durch die im Tragbalken befindliche Maischmühle i in den Vormaischbottich geblasen.

Die in Abb. 237 vergrößerte Maischmühle besteht aus einem gezahnten konischen Gehäuse i, in welchem sich ein auf der Welle f_2 des Mischwerkes befindlicher Zahnkonus i_1 dreht, so daß durch die gegenseitige Reibung der Zähne eine Zerkleinerung der gedämpften Masse in feinste Teile stattfindet. Der Eintritt der Dämpfmasse erfolgt vom Henze aus durch den Stutzen E, und bei G wird

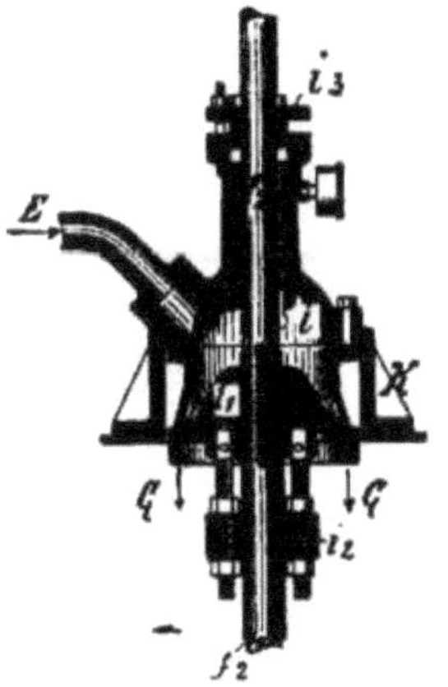

Abb. 237.

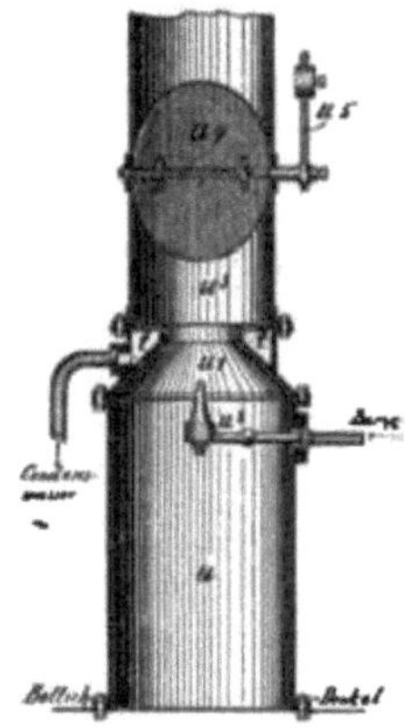

Abb. 238.

die Masse in den Bottich gestäubt. Auf dem Bottichdeckel ist ein Dunstrohr (Abb. 238) angebracht; es besteht aus einem gußeisernen Mantel u mit einem Trichteraufsatz u_1, durch welchen der aus der Dampfdüse u_2 ausströmende Dampf emporsteigt. Um den Trichteraufsatz u_1 ist eine Rinne gelegt, in welcher das zurücklaufende Kondenswasser aufgefangen und durch ein kleines Rohr abgeleitet wird. Im schmiedeeisernen Dunstrohr u_3 ist eine Verschlußklappe u_4 angebracht, durch welche mittels Drehung des Hebels u_5 der Luftzutritt während der Verzuckerung abgeschlossen werden kann.

Abb. 239 zeigt den Zentrifugalmaisch- und Kühlapparat der Maschinenbauaktiengesellschaft Golzern-Grimma. Das Rührwerk besteht aus einem doppelten Propellerflügel, welcher der Form des Bodens angepaßt ist. Die Welle läuft unten in einer Pockholzführung, oben hängt sie auf einem Spezialkugellager. Der Antrieb erfolgt mit Zahnrädern. Die Kühlvorrichtung besteht aus einer kupfernen Kühlschlange, die aus einzelnen, durch Schrauben verbundenen Stücken besteht und dadurch leicht zerlegt werden kann. Das Ausblasen der Maische erfolgt gegen eine zurückklappbare gußeiserne Glocke, aus welcher das eingeblasene Maischgut nach unten fällt. Die Glocke wird zur Reinigung zurückgeklappt. Das Absaugen der Dünste erfolgt durch Dampfstrahlgebläse oder Zentrifugalexhaustor.

Abb. 239.

Ähnlich gebaut ist der Vormaischbottich der Firma C. G. Bohm, Fredersdorf, und Wagener, Cüstrin, der an Stelle des Dunstrohres einen Ventilator besitzt. Eine von diesen Vormaischern ganz verschiedene Form besitzt der Wannenvormaischbottich der Firma Gebr. Sachsenberg, Roßlau (Abb. 240). Die Wirkungsweise ist aus der Abbildung leicht ersichtlich.

Von einem guten Vormaischbottich muß man in erster Linie ein gutes Mischen der Maische verlangen. Er muß bei geringem Wasserverbrauch eine schnellwirkende Kühlung besitzen, muß leicht zu reinigen sein und soll wenig Kraft

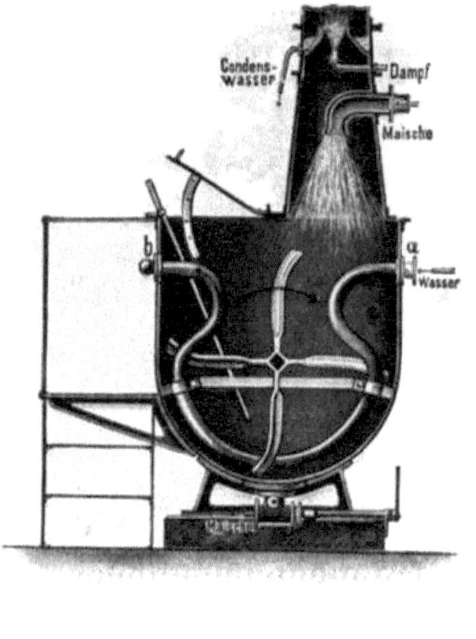

Abb. 240.

verbrauchen. Man gibt dem Bottich gewöhnlich den 2—3fachen Durchmesser der Mantelhöhe. Für 1000 *l* Maische benötigt man ca. 1400 *l* Bottichraum. Das Rührwerk soll 60—100 Umdrehungen pro Min. besitzen. Der Vormaischbottich muß das Einmaischquantum innerhalb einer Stunde auf die Anstelltemperatur von 18° herunterkühlen und darf hierzu pro *l* Maische nicht mehr als 2,5 *l* Kühlwasser verbrauchen bei einer Wassertemperatur von 10°. Bei einer höheren Anfangstemperatur genügt er den Anforderungen, wenn er das Einmaischquantum innerhalb einer Stunde so weit abkühlt, daß der Unterschied zwischen der erreichten Maischtemperatur und der Anstelltemperatur von 18° nicht größer ist als der Unterschied zwischen der beim Versuch gemessenen Kühlwassertemperatur und 10°. Eine Toleranz von 3% ist zulässig (MAERCKER-DELBRÜCK).

Entschalung der Maische.

Zur Zeit der Maischraumsteuer füllte man zur vollkommenen Ausnutzung des Maischraums die Bottiche möglichst stark. Da man aber auch gleichzeitig sehr konzentriert maischen mußte, konzentrierte Maischen aber bei der Gärung sich stark aufblähen, so war es nötig, einen sehr großen Steigraum zu lassen, wenn das Überlaufen der Maische verhindert werden sollte. Um nun die Maische dünnflüssiger zu machen und doch eine stärkere Befüllung der Maischbottiche zu ermöglichen, befreite man sie von einem Teile der Treber. Man konnte dann mit einem geringeren Steigraum auskommen und mehr Maische in den Gärbottich geben. Das Enttrebern hatte aber auch den Vorteil, daß weniger Verstopfungen der Destillierapparate vorkamen. Bei Verarbeitung der Dünnmaischen, wie sie zurzeit in den Brennereien verwendet werden, ist eine Entschalung der Maischen nicht mehr nötig, da man vor allem jetzt infolge des Fallens der Maischraumsteuer den Steigraum so hoch nehmen kann, wie nötig ist, um ein Überlaufen der Maische zu verhüten. Bei einzelnen enggebauten Destillierapparaten ist es auch jetzt noch ratsam, die Maische zu entschalen. Auch bei Verarbeitung fauler und erfrorener

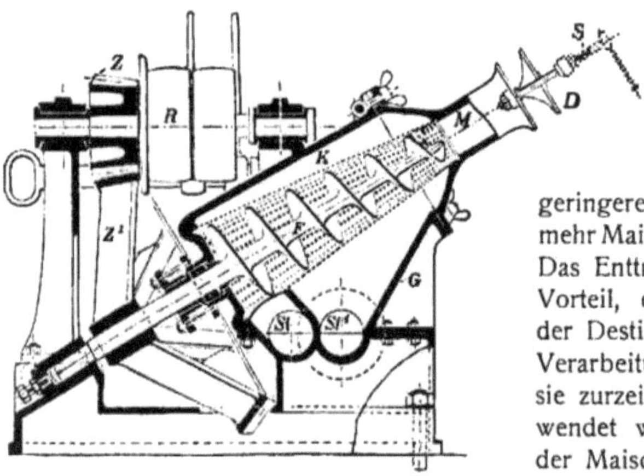

Abb. 241.

Kartoffeln, die durch das Dämpfen meist nicht vollkommen aufgeschlossen werden und daher häufig noch unaufgeschlossene Stücke enthalten, ist die Benutzung eines Entschalers dringend zu empfehlen. Von den vielen Konstruktionen, die in der Brennerei Verwendung fanden und teilweise noch finden, ist wohl der am meisten gebrauchte die Schneckenpresse der BROMBERGER SCHLEPPSCHIFFAHRTSGESELLSCHAFT.

Der Entschaler besteht, wie Abb. 241 zeigt, aus einem konischen Sieb *K*, der von der Riemenscheibe *R* durch Vermittlung der Zahnräder *Z Z*[1] angetriebenen Preß- und Transportschnecke *F*, dem luftdicht schließenden Gehäuse *G* mit dem Eintrittsstutzen *St*[1] und dem Austrittsstutzen *St*, sowie der rohrartigen, mit dicht schließendem Deckel *D* versehenen Fortsetzung *M*. Der Apparat hat den Vorteil, daß er sehr wenig Raum einnimmt und sehr trockene Treber liefert. Da man jetzt die Maischen nicht mehr bewegt, ist es zweckmäßig, die Treber in der Maische zu belassen, damit sie der Hefe als Transportmittel dienen können. Man verwendet daher jetzt Siebzylinder mit größerer Lochweite als früher, so daß nur die gröbsten Schalen und Stücke entfernt werden. Die Entschalung wird meist während des Überpumpens der Maische in den Gärbottich ausgeführt. Gewöhnlich ist eine Vorrichtung vorhanden, die es ermöglicht, schon direkt nach dem Ausblasen ein geringes Maischquantum, das zur Hefebereitung verwendet wird, zu entnehmen.

d) Hefe, Spaltpilze, Hefebereitung.

Die Spaltung des Zuckers in Alkohol und Kohlensäure wird durch die Lebenstätigkeit der Hefe resp. eines in dieser enthaltenen Enzymes, der Zymase, bewirkt. Die Hefen gehören zu den niedrigsten Pflanzen ohne Blattgrün, den Pilzen, u. zw. zur Gruppe der Askomyceten. Sie sind einzellige Pilze, welche sich meist durch Sprossung vermehren. Man unterscheidet nach HENNEBERG 3 große Gruppen. Die 1. enthält die sporenbildenden Hefen, die 2. die sporenlosen Hefen, die 3. die Spalthefen. Zu den sporenbildenden Hefen zählen vor allem die Kulturhefen, die speziell für die Alkoholgewinnung in Frage kommen. Unter den Kulturhefen unterscheidet man je nach der Gärform untergärige und obergärige. Die für die Brennerei in Frage kommenden sind meist obergärige Hefen. Nur in Melassebrennereien und kleinen Kornbrennereien findet auch untergärige Bierhefe zuweilen Verwendung. Man kann die Kulturhefen auch in Alkohol- und Wuchshefen gliedern. Während erstere hauptsächlich in der Brennerei Verwendung finden, werden die Wuchshefen speziell in Lufthefefabriken (s. Preßhefe), in denen der Alkohol nur als 2. Hauptprodukt erzeugt wird, angewendet. Die einzelnen Heferassen unterscheiden sich hauptsächlich durch ihr verschiedenartiges Wachstum. Die Hefe ist mikroskopisch klein. Ihre Größe schwankt nach HENNEBERG zwischen 0,004 und 0,0084 *mm*. In Flüssigkeiten bildet sie Sproßverbände, die bei den einzelnen Rassen ein vollkommen verschiedenes Wachstum zeigen. Die Vermehrung geht sehr rasch vor sich. Je nach der Art bildet die Hefe Sproßverbände, oder es trennt sich die Tochterzelle von der Mutterzelle, wenn sie die Größe der letzteren erreicht hat. Auf festen Nährsubstraten, wie Nährgelatine oder Agar, wo Mutter- und Tochterzellen gezwungen sind, möglichst nahe beieinander zu bleiben, wachsen sie zu Gebilden heran, die man als Kolonien bezeichnet und die je nach Rasse und Art ein ausgeprägt verschiedenartiges Aussehen haben, das für jede einzelne Rasse immer dasselbe ist. Die Optimaltemperaturen für Gärung und Wachstum sind verschieden. Nach HENNEBERG liegt die Maximaltemperatur für die Gärung der Brennereihefen bei 40°, die Optimaltemperatur bei 33–34°, die Minimaltemperatur für das Wachstum liegt zwischen 5–14°. Die Form der einzelnen Hefezellen ist ebenfalls für verschiedene Arten verschieden. Die Kulturhefen, wie Brauerei- und Brennereihefe, besitzen meist eine ovale Form, die Kahmhefe ist länglich gestreckt, Torulahefe rund. Die Form ist auch von der Art der Ernährung und den äußeren Umständen, die während des Wachstums auf sie einwirken, abhängig. Auch vom Alter der Hefenzelle wird das Aussehen bestimmt. Junge Zellen enthalten gewöhnlich ein gleichförmiges Protoplasma, während es bei älteren meist gekörnt ist und eine oder mehrere Vakuolen enthält. Auch die Zellwand ist verschieden stark. Absterbende und tote Hefezellen sind meist kleiner als lebende und besitzen vielfach eine unregelmäßige Gestalt und geronnenes Eiweiß. Sie unterscheiden sich von der lebenden Zelle auch durch ihr Verhalten gegenüber ungiftigen Anilinfarben. Während die lebende Zelle diese Farbstoffe nicht aufnimmt, ist die Zellhaut der toten Hefe für sie durchlässig. Durch Einwirkung peptatischer Enzyme findet nach dem Tode der Hefezelle eine Lösung der Eiweißstoffe und dadurch Verflüssigung der Hefe statt. Die Abtötungstemperatur liegt für Brennereihefen nach HENNEBERG bei 68—70°. Die chemische Zusammensetzung ist je nach dem Ernährungszustande der Hefen sehr verschieden. Der Wassergehalt beträgt nach MAERCKER 70—76%.

Zusammensetzung nach HEINZELMANN:

Wasser 73,7—76,7% Trockensubstanz 23,3—26,3%

Zusammensetzung der Trockensubstanz:

Asche 8,13—9,90%; N-haltige Stoffe 43,34—50,28%; N-freie Stoffe 41,59—46,76%. Die Asche enthält große Mengen Phosphorsäure, u. zw. 52,72—54,41%.

Nach HENNEBERG schwankt der Eiweißgehalt der Trockensubstanz für Rasse 12 zwischen 33,5 und 64,5%, für die Hefenrasse 2 zwischen 36,5 und 63,0%. Er ist umso geringer, je größer die Vermehrung der Hefe ist. Die Gärkraft ist nach HAYDUCK dem Stickstoffgehalte proportional. Zur Ernährung der Hefe sind neben einigen anorganischen Verbindungen auch organische Stoffe notwendig, da CO_2 von ihr nicht assimiliert wird. Von den anorganischen Stoffen benötigt sie besonders Kalium, Magnesium und Phosphorsäure. Calcium verlangt sie nur in geringer Menge; trotzdem wirkt die Gegenwart von Calciumsalzen nach Untersuchungen HAYDUCKS und HENNEBERGS günstig auf die Gärwirkung der Hefe ein, vor allem schon dadurch, daß sie die in einigen Rohmaterialien der Alkoholfabrikation, wie Roggen und Weizen, enthaltenen Giftstoffe für die Hefe unschädlich macht. Zur Entnahme des Kohlenstoffs dient der Hefe eine große Anzahl organischer Verbindungen, wie organische Säuren, Amide, Eiweiß, Glycerin, Mannit, sowie besonders die verschiedenen Zuckerarten und Dextrin.

Zum Aufbau der Eiweißsubstanz verwendet sie mit Vorliebe die Amide. Nach HEINZELMANN soll auch die Diastase von der Hefe assimiliert werden. Nach Untersuchungen LINDNERS, HAYDUCKS und HENNEBERGS werden auch anorganische Stickstoffverbindungen, speziell Ammoniumsalze, zum Aufbau von Hefeeiweiß aufgenommen. Durch entsprechende Zusammensetzung der für die Hefe notwendigen Stoffe kann man sog. künstliche Nährlösungen herstellen. Eine solche ist die HAYDUCKsche Nährlösung, die als Zusatz zu Zuckerlösungen verwendet wird. Diese enthält im Liter 25 *g* saures phosphorsaures Kalium, 8,5 *g* schwefelsaures Magnesium, 20 *g* Asparagin. Man gibt von dieser Lösung 2% zur Zuckerlösung. Nach HENNEBERG ist der Zusatz eines Calciumsalzes zu dieser Lösung zweckmäßig.

Nährlösung *a)* nach LAURENT: Saures phosphorsaures Kalium 0,07%, schwefelsaures Magnesium 0,01%, schwefelsaures Ammonium 0,4%;

b) nach NÄGELI: Saures phosphorsaures Kalium 0,5%, schwefelsaures Magnesium 0,04%, Chlorcalcium 0,02%, weinsaures Ammonium 1,0%, Rohrzucker 10,0%;

c) nach HANSEN: Phosphorsaures Kalium 0,3%, schwefelsaures Magnesium 0,2%, Pepton 1,0%, Zucker 5%.

Neben den Nährstoffen sind auf das Wachstum und die Gärkraft der Hefe verschiedene Stoffe von Einfluß, die nicht als Nährmittel dienen, sondern nur nach bestimmter Richtung hin einen Anreiz geben, weshalb man sie als Reizmittel bezeichnet (s. Preßhefe). Auch die Konzentration des Nährmittels ist in dieser Beziehung von großer Bedeutung. Je schwächer sie ist, desto stärker ist die Vermehrung der Hefe. Gewisse Stoffe, die in größerer Menge direkt giftig auf die Hefe einwirken, begünstigen in geringer Menge Gärkraft und Vermehrungsenergie. Zu diesen gehören eine große Anzahl Säuren und Salze. Zu den Giftstoffen für die Hefe sind auch in gewissen Getreidearten enthaltene Stoffe eiweißartiger Natur zu rechnen,die speziell auf untergärige Hefen schädlich einwirken, deren Giftwirkung aber durch Zusatz von Calciumsalzen aufgehoben werden kann. Da die Hefe ein großes Anpassungsvermögen besitzt, so ist es leicht, sie an gewisse Gifte zu gewöhnen, z. B. an schweflige Säure, Schwefelsäure, Salzsäure, Formaldehyd und Flußsäure.

Nicht sämtliche Zuckerarten können von der Zymase gespalten werden. Direkt gärungsfähig sind nur die einfachen Zuckerarten Dextrose und Lävulose. Die Biosen jedoch werden nur von solchen Hefen vergoren, welche die zur Umwandlung in Monosen notwendigen Enzyme besitzen.

Einzelne Hefearten sind imstande, sehr zuckerreiche Lösungen zu vergären. Weinhefen können einen bis zu 20%igen Alkohol erzeugen. Glykogenhaltige Hefe ist imstande, auch in zuckerfreien Medien durch Selbstgärung Alkohol zu liefern. Aus gewissen Aminosäuren vermag die Hefe ein sehr wertvolles Nebenprodukt der Alkoholfabrikation zu erzeugen, das Fuselöl (s. darüber Amylalkohol).

Die Spaltung des Zuckers in Alkohol und Kohlensäure geht unter Wärmeentwicklung vor sich. Die Wärmemenge, die bei der Vergärung eines Moleküls Traubenzucker frei wird, berechnet MOHR (*Z. f. Spirit.* **24**, 48) auf 26 *Cal.* Nach DUBRUNFAUT beträgt sie bei der Spaltung von 1 *kg* Rohrzucker 146,6 *W. E.*, während nach VON RECHENBERG auf 1 *kg* gebildeten Alkohol 720 *W. E.* entfallen.

Die Gärungserzeugnisse sind Alkohol und Kohlensäure, Bernsteinsäure, Glycerin, Amide und Fuselöle. Zu letzteren gehören Propylalkohol, Isopropylalkohol, Butylalkohol, Isobutylalkohol, Amylalkohol, Isoamylalkohol, Hexyl- und Heptylalkohol. Außerdem entstehen bei der Alkoholgärung durch Hefe noch Acetal, Aldehyd, Mannit, Gärungsgummi, Terpen, Terpenhydrat, Furfurol, eine Base $C_7H_{10}N_2$ und Glykosin.

Die theoretische Ausbeute beträgt:

Aus 1 *kg* Stärke	0,7154 *l* Alkohol
„ 1 „ Rohrzucker	0,6776 „ „
„ 1 „ Dextrose kryst.	0,5859 „ „
„ 1 „ Dextrose wasserfrei	0,6439 „ „

Man verwendet im Brennereibetrieb meist obergärige Reinzuchthefen, von denen besonders drei Rassen, R. 2, R. 12 und R. M., ausgedehnte Anwendung finden. Diese werden im Institut für Gärungsgewerbe rein gezüchtet und von der Hefezuchtanstalt dieses Instituts an die verschiedenen Brennereien des In- und Auslandes abgegeben. Nach den überseeischen Ländern werden sie als Trockenhefe versandt. Die Hefenrasse 2 wurde im Jahre 1889 von LINDNER aus der Betriebshefe der Brennerei zu Gronowo, die R. 12 von MATTHES 1902 rein gezüchtet. Die Rasse M ist eine Mischung verschiedener Heferassen. Rasse 2 und Rasse 12 lassen sich besonders leicht in flüssigen Nährsubstraten durch ihre Sproßverbände unterscheiden. Während R. 12 mehrzellige sparrige Sproßverbände bildet, bestehen sie bei der Rasse 2 meist nur aus zwei Zellen. Auch die Einzelzellen unterscheiden sich voneinander, u. zw. sind die Zellen der Rasse 2 größer als die der Rasse 12. Ebenso zeigen die Kolonien der beiden Hefen wesentliche Unterschiede, wie aus Abb. 32, 33 und 34 ersichtlich ist.

Spaltpilze.

Von den Spaltpilzen, die für die Brennerei von Bedeutung sind, ist vor allem der Kulturmilchsäurebacillus, Bacillus Delbrücki, zu nennen. Die Milchsäurebakterien sind imstande, die verschiedenen Zuckerarten in Milchsäure umzuwandeln. Nach E. Kaiser beträgt die Ausbeute bei der Milchsäurefabrikation 60,9–95,3% des Zuckers. Bei gewissen Sorten von Milchsäurebakterien soll sie sogar über 100% betragen. Die Zahl der Milchsäurebakterien ist sehr groß. Henneberg unterscheidet Kulturmilchsäurebakterien, unschädliche wilde Milchsäurebakterien und schädliche wilde Milchsäurebakterien. Der Hauptvertreter der Kulturmilchsäurebakterien ist der erwähnte Bacillus Delbrücki. Das Wachstumsoptimum für ihn ist nach Henneberg 45°, das Minimum 18°. Die günstigste Säuerungstemperatur liegt bei 46–47°. Bei 33° ist

Abb. 242. Rasse 2 und 12 (Brennereihefen) in Strichkultur auf Würzegelatine, 50tägig. nat. Größe.

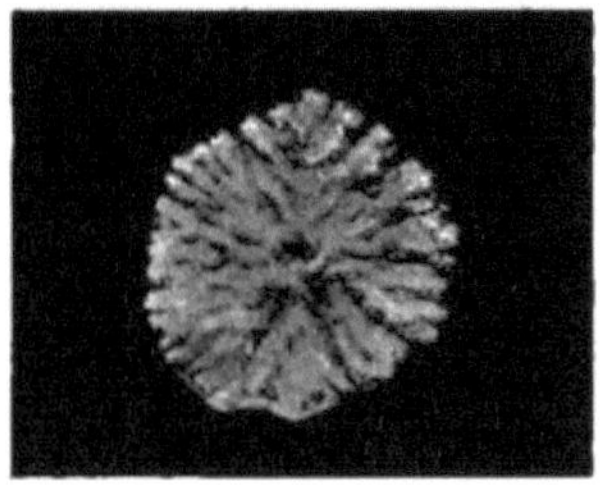

Abb. 243. Riesenkolonie auf Würzegelatine (Rasse 12), nat. Größe, 1½ Monat alt.

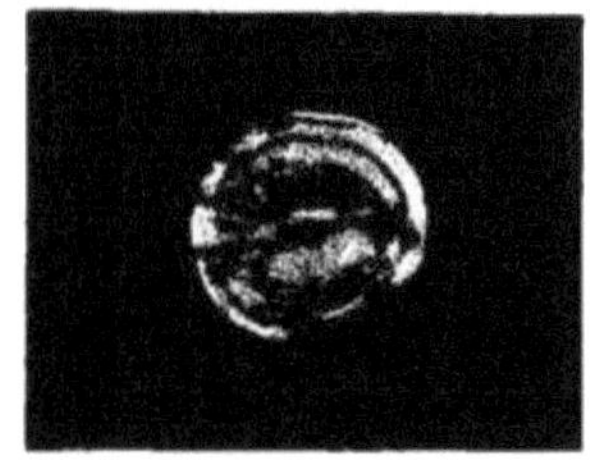

Abb. 244. Riesenkolonie auf Würzegelatine (Rasse 2), nat. Größe. 1½ Monat alt.

die Säuerung minimal, bei 26° findet keine mehr statt. Abgetötet werden die Bakterien durch trockene Wärme bei 93—96°, in Flüssigkeiten bei 68–72,5° in 1 Minute, bei 65° in 5 Minuten. Zu den unschädlichen Milchsäurebacillen zählt Henneberg den Bacillus Beijerinki, Bacillus Märckeri und die Kugelbakterien. Zu den schädlichen gehören eine Anzahl Milchsäurebakterien, die durch Erzeugung flüchtiger Säuren neben Milchsäure imstande sind, die Hefe zu schädigen. In gewissen Arten von Brennereibetrieben treten als Hefeschädlinge auch Buttersäurebakterien, Essigsäurebakterien und Butylalkoholbacillen auf. Über die verschiedenen Formen der Milchsäurebakterien s. Milchsäure.

Hefebereitung.

Die Hefe, die in der Brennerei zur Verwendung kommt, wird nach zwei verschiedenen Methoden gezüchtet. Entweder durch Herstellung einer absoluten Reinzucht oder nach dem System der natürlichen Hefereinzucht. Das System der absoluten Reinzucht, das von HANSEN-Kopenhagen in den Brauereibetrieb eingeführt wurde und jetzt durch DELBRÜCK und LINDNER in verschiedenen Brennereigroßbetrieben sinngemäße Anwendung gefunden hat, beruht darauf, die Hefe aus einer einzelnen Zelle zu züchten und so zahlreiche Abkömmlinge einer einzigen Art zu erlangen. Die absolute Reinzucht ist also charakterisiert durch Heranzüchtung der Hefe aus einer Zelle, Verwendung steriler Würzen oder Maischen und Ausschließung jeder Infektion bei der Weiterzucht (Ausführung s. Preßhefe).

Das von DELBRÜCK aufgestellte System der natürlichen Reinzucht (*Z. f. Spirit.* **1895**, 117) beruht darauf, daß man durch verschiedene Hilfsmittel imstande ist, aus einem Gemisch von verschiedenen Mikroorganismen eine speziell gewünschte Art heranzuzüchten, dadurch, daß man die für diese Art günstigsten Lebensbedingungen bietet und dieselbe hierdurch im Kampfe gegen die übrigen Mikroorganismen stärkt und unterstützt. Man ist durch dieses System in der Lage, infizierte Hefe zu reinigen. Die Anwendung desselben ist in der Brennerei umso leichter, als es sich hier darum handelt, der ohnedies kräftigsten Hefe zum Siege zu verhelfen. Meist erreicht man jedoch durch die natürliche Reinzucht nicht absolute Rassenreinheit, sondern man erhält mehrere gleichartige Hefearten.

Nach DELBRÜCK erfolgt die Sonderung der Rassen bei der natürlichen Reinzucht durch Unterdrückung der unter bestimmten Kulturverhältnissen schwächeren Rassen infolge der schnellen Entwicklung der stärkeren. Bei dieser Züchtung spielen eine wesentliche Rolle die Kulturverhältnisse; die Art, Konzentration und Zusammensetzung der Nährstoffe, Lüftung, Anhäufung von Umsatzstoffen, Temperatur, Belichtung, Anwesenheit von Reizstoffen oder Giften, Hemmung oder Förderung der Bewegung, ferner sind von großer Bedeutung hierbei die in Betracht kommenden Rasseneigentümlichkeiten. Zu diesen gehören Wachstumsenergie, Gärkraft, Anpassungsvermögen, Fähigkeit besondere Verteidigungsgiftstoffe abzusondern, unverdauliche Nährstoffe durch Enzymwirkung abzubauen u. a.

Während man nach dem System der natürlichen Reinzucht in der Lage wäre, aus einem Gemisch verschiedener Hefen die kräftigste heranzuzüchten, geht man doch zweckmäßig in den Brennereien bereits von einer kräftigen Rasse aus und benutzt zu Anfang eine Reinzuchthefe, die man nach dem Gesetze der natürlichen Reinzucht weiterzüchtet. Hierbei sucht man die Hefe, der man den für ihre Entwicklung günstigsten Nährboden schafft, durch besondere Mittel gegen die ihr feindlich gesinnten Mikroorganismen zu schützen. Man sucht ihr zunächst ein Nährmedium zu bereiten, das möglichst frei von jeglichen fremden, ihr schädlichen Bakterien ist. Dies erreicht man durch Anwendung höherer Temperaturen bei der Bereitung des Nährmediums, die geeignet sind, die ev. in demselben vorhandenen Bakterien oder deren Keime zu töten oder mindestens derartig abzuschwächen, daß es der Hefe ein leichtes ist, durch ihre Lebenstätigkeit deren Entwicklung zu verhindern. Auch sucht man sie durch Einführung ihr günstig gesinnter Bakterien in ihrem Kampfe gegen die Schädlinge zu unterstützen. Diese Hefenfreunde sind die Kulturmilchsäurebakterien, die durch Bildung von Milchsäure einerseits das Aufkommen der säureempfindlichen Bakterien verhindern, andererseits aber durch Abbau der hochmolekularen Eiweißstoffe für die kräftige Ernährung der Hefe sorgen und dadurch diese für den Kampf um die Vorherrschaft geeigneter machen. Diese Wirkung der Milchsäurebakterien kann auch durch Zusatz technischer organischer und anorganischer Säuren erreicht werden. Hierzu eignen sich besonders Flußsäure, Schwefelsäure, Salzsäure, Milchsäure, Ameisensäure und Buttersäure. Auch Formalin kann in Verbindung mit anderen Säuren oder für sich allein hierzu verwendet werden. Besonders starke Gifte für die Hefeschädlinge sind die Umsatzstoffe der Hefe selbst. So kann die starke Kohlensäureentwicklung das Aufkommen der Essigsäurebakterien, die stark luftbedürftig sind, verhindern. Andererseits ist der von der Hefe erzeugte Alkohol ein starkes Spaltpilzgift.

Man muß daher, wenn man die Hefe im Kampfe gegen Spaltpilze unterstützen will, ihr die Möglichkeit geben, viel Alkohol zu erzeugen. Dies erreicht man durch Herstellung einer konz. Hefemaische. Vor allem aber ist es Grundbedingung, für die Hefe ein Nährmedium zu bereiten, in dem sie alle zu ihrer Vermehrung und kräftigen Entwicklung nötigen Nährstoffe vorfindet und das dieselben in einem für sie günstigen Verhältnis enthält. Die Hefe braucht neben Kohlehydraten Eiweißstoffe und Salze, u. zw. kann sie als Nährstoffe nur diffusible Körper benutzen. Aus diesem Grunde muß die Stärke der Kartoffel, wenn sie der Hefe als Nahrung dienen soll, erst in Zucker verwandelt werden. Man verwendet daher in der Kartoffelbrennerei zur Herstellung des Nährmediums für die Hefe verzuckerte Kartoffelmaische. Die Kartoffelmaische ist aus Kartoffeln und Malz bereitet. Die Kartoffel enthält hauptsächlich Kohlehydrate, dagegen verhältnismäßig wenig stickstoffhaltige Bestandteile. Von letzteren enthält das Malz größere Mengen, die bei der Malzbereitung durch den Wachstumsprozeß abgebaut und in einen für die Hefenahrung günstigen Zustand übergeführt werden. Da die Gärkraft der Hefe nach M. HAYDUCKS Versuchen (*Z. f. Spirit.* **1889**, 183) dem Eiweißgehalt der Hefe proportional ist, dieser aber mit der besseren Stickstoffernährung wächst, so ist die Herstellung einer möglichst stickstoffreichen Maische für die Hefezüchtung nötig. Aus diesen Gründen gibt man zur Maische, die zur Züchtung der Hefe dienen soll, noch eine besondere Menge Malz. Dieses Malz kann auch durch andere Stoffe, die den Stickstoff in für die Hefe leicht assimilierbarer Form enthalten, ersetzt werden; so z. B. durch Hefeextrakt oder durch sonstige Hefenährpräparate. Man darf jedoch die Hefe nicht übermäßig mit stickstoffhaltigen Substanzen ernähren, da sie sonst leicht einen physiologischen Zustand erreicht, den DELBRÜCK als „geil" bezeichnet und der geeignet ist, eine in der Brennerei gefürchtete Form der Gärung, die Schaumgärung, hervorzurufen.

Die Herstellung der Hefenmaische geht folgendermaßen vor sich: Man entnimmt dem Vormaischbottich, nachdem die Hauptmaische zur Verzuckerung gestanden hat, eine bestimmte Menge süßer Maische, die man gewöhnlich durch Absieben oder durch Entschalungsapparate von den Trebern befreit. Diese Maische bringt man in ein besonderes Hefengefäß, dessen Größe gewöhnlich den zehnten Teil der Hauptmaische ausmacht. Diese Gefäße sind meist aus Holz hergestellt, u. zw. verwendet man am besten hierzu Pitch Pine-Holz. Des besseren Transportes wegen werden sie auf Rollkarren gesetzt. Die Hefenmaische wird entweder im Hefengefäße selbst bereitet oder in großen Betrieben in einem besonderen Hefenmaischapparat, der einem kleinen Maischbottich ähnelt, wie aus der Abb. 245 ersichtlich ist.

Man entnimmt also dem Vormaischbottich nach der Verzuckerung der Hauptmaische eine bestimmte Menge, mischt fein zerquetschtes Malz hinzu und erwärmt die Masse auf ca. $62^1/_2{}^0$, um etwaige mit dem Malze in die Maische gelangte Mikroorganismen abzutöten. Bei dieser Temperatur läßt man die Hefenmaische 2 Stunden zur Pasteurisation und zur Verzuckerung der Malzstärke stehen. Dann kühlt man sie auf ca. 55^0 ab und leitet die Säuerung durch Impfen der Maische mit einer Reinkultur von Milchsäurebakterien ein. Auch hier wendet man das System der natürlichen Reinzucht an. Obwohl die günstigste Temperatur für Entwicklung und Säuerung des Bacillus Delbrücki nach Henneberg bei 41 bis 47° liegt, verwendet man im Interesse der Reinhaltung der Bakterien höhere Temperaturen. Denn unterhalb 50° liegt auch die Optimaltemperatur verschiedener wilder, der Hefe schädlicher Milchsäurebakterien, so daß bei dieser Temperatur niemals eine reine Säuerung erzielt würde. Man läßt daher in der Praxis die Maische zur Säuerung bei 50–56° 20–24 Stunden stehen und benutzt zur Aufrechterhaltung dieser Temperatur sog. Wärmekammern.

Es sind dies kleine mit Rippenheizkörpern versehene Kammern. In vielen Betrieben, wo solche Wärmekammern nicht vorhanden sind, muß die Hefenmaische während der Säuerung ein- oder mehrere Male aufgewärmt werden. Hierbei darf die Temperatur der Maische jedoch nicht über 60° gesteigert werden, da sonst infolge

Abb. 245. Hefenmaischapparat von Wagener, Cüstrin.

teilweiser oder vollständiger Abtötung der Milchsäurebakterien eine zu geringe Säurebildung stattfinden würde. Die Säurebildung ist abhängig von der Säuerungstemperatur, von der Bakterienart, von der Art der Nährstoffe und von der Aussaatmenge. Geht die Säuerung zu langsam vor sich, so erniedrigt man zweckmäßig die Temperatur, schreitet sie rasch vorwärts, so erhöht man sie. Man kann die Säurebildung auch befördern durch Zugabe einer größeren Impfmaischmenge und durch Umrühren während der Säuerung. Wenn der gewünschte Säuregrad erreicht ist (er soll 1,6–1,8° betragen), wird die Hefenmaische zwecks Abtötung der Milchsäurebakterien auf 70–75° erhitzt. Vorher entnimmt man zweckmäßig aus der Mitte zum Ansäuern einer neuen Hefenmaische eine bestimmte Menge (0,5 *l* pro 100 *l* Hefenmaische); diese muß entweder bei einer Temperatur von 50–56° aufbewahrt oder unter 20° abgekühlt werden. Nachdem die Maische zur Pasteurisation $^1/_2$ Stunde bei 70 bis 75° gestanden hat, wird sie auf die Abstelltemperatur abgekühlt. Dies geschieht mit Hilfe beweglicher Kühler, die in das Hefengut eingehängt und durch Maschinenkraft auf- und abbewegt werden (Abb. 246). Die Abstelltemperatur richtet sich nach der Temperatur der Hefenkammer und muß so gewählt werden, daß die Hefenmaische bis zu ihrer Verwendung die Temperatur von $28^1/_2-29^0$ annimmt und bis auf $4-6^0$ Balling vergärt. Die Mutterhefe wird der Hefenmaische zweckmäßig bereits zugesetzt, wenn dieselbe auf 30^0 abgekühlt ist. Das erstemal verwendet man Reinzuchthefe, u. zw. pro 100 *l* Hefenmaische $^1/_2-^3/_4$ *kg*. Dann nimmt man von der vergorenen Hefenmaische immer eine bestimmte Menge zum Anstellen der neuen ab. Man verwendet von dieser Hefe, die man als Mutterhefe bezeichnet, pro 100 *l* Hefenmaische 10–20 *l*. Sofort nach dem Zusammenbringen von Hefe und Maische beginnt die Hefe, sich unter gleichzeitiger Spaltung des Zuckers in Alkohol und Kohlensäure zu vermehren. Aus der Hefenmaische, die anfangs unbeweglich dalag, beginnen Kohlensäurebläschen zu entweichen. Durch die Spaltung des Zuckers erhöht sich die Temperatur der Hefenmaische, wodurch wiederum die Vermehrungstätigkeit der Hefe gefördert wird. Dies geschieht jedoch nur bis zu einer gewissen Grenze, da die Hefe durch die Erzeugung von Alkohol ihrer Vermehrung selbst ein Ziel setzt. Nach Untersuchungen M. HAYDUCKS und RUBNERS findet bei einem Alkoholgehalte der Maische von ca. 5% keine Vermehrung der Hefe mehr statt. Die Hefe, die bis jetzt die Nährstoffe zum Aufbau neuer Zellsubstanz verwendete, verbraucht sie nun zu ihrem inneren Ausbau. Sie wird reif.

Abb. 246. Hefenkammer mit Hefengefäß und Wärmekammer.

Die Maische kommt in starke Bewegung und wird um und um gewälzt. Mit dem Eintreten des Reifezustandes läßt die Bewegung der Maische wieder nach. Die reife Hefe wird nun zur Hauptmaische gegeben, u. zw. sobald diese beim Abkühlen die Temperatur von 30^0 erreicht hat. Vor dem Zusatze zur Hauptmaische muß auch durch mikroskopische Prüfung festgestellt werden, ob sich die Hefe während der Gärung rein erhalten hat. Einen ziemlich sicheren Anhalt hierfür gewährt auch die Untersuchung der vergorenen Hefenmaische auf die Säurezunahme während der Gärung. Haben sich keine säurebildenden Bakterien entwickelt, so hätte keine Vermehrung der Säure stattfinden dürfen, wenn nicht die Hefe selbst geringe Mengen Säure erzeugen würde und die Reaktion der Maische nicht auch durch den Kohlensäuregehalt beeinflußt würde. Man darf daher bei einer nur geringen Säurezunahme annehmen, daß keine Infektion der Maische stattgefunden hat. Die äußerste zulässige

Grenze der Säurezunahme ist 0,2°. Um eine Infektion der Hefenmaische zu verhüten, muß bei der Bereitung der Hefenmaische mit peinlichster Sorgfalt verfahren werden. Es muß stets eine gründliche Reinigung und Desinfektion der Gär- und Säuerungsgefäße erfolgen. Man erreicht dies durch Ausdämpfen der gereinigten Hefengefäße oder durch Behandeln mit Desinfektionsmitteln wie Ätzkalk, Schwefelsäure, Formalin Montanin, Keramyl etc.

Verfahren der Hefenbereitung mittels technischer Säuren.

Man kann bei diesem Verfahren die 24stündige Säuerung durch Milchsäurebakterien und Peptonisation der Maische ausschalten und direkt nach der Verzuckerung und Pasteurisation eine entsprechende Menge Säure zur Hefenmaische geben und dann abkühlen. Verwendung können hierzu sowohl organische als auch anorganische Säuren finden. Recht gute Resultate liefert die technische Milchsäure. Auch Versuche mit teilweisem Ersatz der technischen Milchsäure durch technische Buttersäure zeitigten gute Erfolge. Ameisensäure hat sich hierfür ebenfalls als günstig erwiesen, doch verwendet man sie meist als Zusatz bei der bakteriellen Säuerung und gewöhnt durch langsame Steigerung die Hefe allmählich an sie.

Von den Mineralsäuren finden speziell die Schwefelsäure und die Flußsäure in Brennereibetrieben ausgedehnte Verwendung. Es bedeutete einen außerordentlichen Fortschritt für die Gärungsgewerbe, als EFFRONT vor ca. 30 Jahren feststellte, daß die Hefe imstande ist, sich an Gifte wie die Flußsäure wesentlich leichter als die anderen Mikroorganismen zu gewöhnen, und hierdurch ihre Verwendung im Brennereibetrieb ermöglichte. Das Flußsäureverfahren findet verschiedentlich im Auslande Anwendung und hat auch in Deutschland einige Anhänger.

Wesentlich größere Bedeutung aber hat für Deutschland das Schwefelsäureverfahren gewonnen. Die Anwendung der Schwefelsäure im Brennereibetriebe ist schon alt. Da die Säure jedoch häufig regellos zugesetzt wurde, so waren die Ergebnisse nicht selten sehr ungünstig, zumal, wie von M. HAYDUCK (*Z. f. Spirit.* 1881, 341) festgestellt wurde, verhältnismäßig geringe Mengen freier Schwefelsäure genügen, um die Hefe abzutöten. Die Empfindlichkeit der Hefe gegen freie Mineralsäure ist auch von ihrem Ernährungs- und physiologischen Zustand abhängig. Eine guternährte Hefe vermag größere Mengen freier Schwefelsäure zu ertragen als eine schlecht ernährte. Ein Zusatz von Schwefelsäure zur Maische bedingt nicht immer das Vorhandensein freier Schwefelsäure in ihr, da die Maische stets größere oder kleinere Mengen organischer Salze enthält, deren organische Säuren durch die Schwefelsäure in Freiheit gesetzt werden. Diese letzteren werden von der Hefe leicht vertragen, während sie für die Spaltpilze starke Gifte sind. Daher rührte es auch, daß beim empirischen Zusatze von Schwefelsäure häufig Erfolge mit Mißerfolgen wechselten. Selbst die ständige Zugabe der gleichen Menge Schwefelsäure konnte ganz verschiedene Resultate geben, da der Gehalt der Maischen an Salzen organischer Säuren von der Art der Rohmaterialien abhängig ist, daher außerordentlich schwankt und selbst bei gleichen Kartoffelsorten sehr differiert. Er ist natürlich auch wesentlich durch die Konzentration der Maische bedingt. Auf richtiger Erkenntnis dieser Tatsachen beruht das BÜCHELERsche Verfahren (*D. R. P.* 123437). Es ist dadurch gekennzeichnet, daß zu den Maischen nur so viel Mineralsäure zugesetzt wird, als nötig ist, um die in der Maische vorhandenen Salze organischer Säuren zu zersetzen, so daß die Maische selbst keine freie Mineralsäure enthält. Als Kriterium, ob freie Mineralsäure in der Maische ist, dient nach BÜCHELER die Methylviolettreaktion. Methylviolett hat die Eigenschaft, durch Gegenwart von Mineralsäuren einen Farbenumschlag in Grün zu erleiden, welcher durch organische Säuren nicht bewirkt wird.

Beim BAUERschen Verfahren wird die zur Hefebereitung nötige Malzmenge durch einen unter Verflüssigung von untergäriger Bierhefe gewonnenen Extrakt ersetzt. Man kann diesen Extrakt sowol beim Milchsäureverfahren als auch beim Schwefelsäureverfahren verwenden. Das Patent BAUER, das älter ist als das Patent BÜCHELER, sieht bereits die Verwendung der Schwefelsäure zur Hefebereitung vor. Die Hefenmaische wird aus süßer Kartoffelmaische bereitet, wobei je nach dem Stärkegehalte der Kartoffeln mehr oder weniger Extrakt zugegeben wird. Man verwendet bei Verarbeitung gesunder Kartoffeln bis zu 420 *g* pro 100 *l* Hefenmaische. Bei Verarbeitung fauler Kartoffeln ist es nötig, diese Menge bis auf das Doppelte zu erhöhen. Der Säuregehalt der Hefenmaische soll beim Milchsäureverfahren 1,6 bis 1,8—2,0°, beim Schwefelsäureverfahren 1,3—1,5°, betragen.

Außer dem BAUERschen Hefeextrakt kommt noch ein Nährpräparat von KUES in den Handel, das ebenfalls als Ersatz des Malzes bei der Hefebereitung dienen kann.

Reinigung infizierter Hefen.

Häufig, speziell bei Verarbeitung schlechter Rohmaterialien, kommt es vor, daß trotz der strikten Einhaltung der Regeln für die natürliche Reinzucht die Hefe mit der Zeit eine Infektion durch Spaltpilze erleidet und dadurch in ihrer Leistungsfähigkeit beeinträchtigt wird. Das zweckmäßigste ist dann, sie durch neue Reinzuchthefe zu ersetzen. Wenn dies nicht möglich ist, muß die Hefe einer Reinigung oder Reinigungsgärung unterworfen werden. Hierzu verwendet man technische Säuren. Am besten eignen sich hierfür nach HENNEBERG (Einfluß von 12 Säurearten, Alkohol, Formaldehyd und Natronlauge auf infizierte Brennereihefen und Preßhefen, *Z. f. Spirit.* **1906**, 443) Schwefelsäure, Salzsäure, Salpetersäure, Milchsäure, Weinsäure und Citronensäure. Für die Praxis kommt wegen der verhältnismäßig günstigen Wirkung und ihres billigen Preises hauptsächlich Schwefelsäure in Betracht. HENNEBERG verwendete bei seinen Versuchen 0,5—1,3 %ige Schwefelsäure. Bei keinem der Versuche wurde die Kulturhefe vollkommen abgetötet, wogegen die die Hefe infizierenden Bakterien vollkommen vernichtet wurden. In der Praxis genügt es meist, wenn man in der zu reinigenden Hefenmaische (Mutterhefe) einen Säuregrad von 2,0 durch Zusatz von Schwefelsäure herstellt und diese nach 1—2 Stunden zur Hefenmaische gibt.

e) Gärung der Maische.

Die Hefe wird zur Hauptmaische im Vormaischbottich bei einer Temperatur von 30° gegeben, dann wird die Maische möglichst rasch auf die Abstelltemperatur heruntergekühlt. Die Wahl der letzteren ist abhängig von der Außentemperatur, von der Temperatur des Gärraumes, der Konzentration der Maische, der Menge der Anstellhefe, der Größe der Bottiche und der Zeit, innerhalb welcher die Maische vergoren werden soll. Früher pflegte man verhältnismäßig warme Abstelltemperaturen zu benutzen und die Maische, wenn sie sich auf 29—30° erwärmt hatte, teils durch stehende, teils durch bewegliche Kühlschlangen zu kühlen. Zur gleichmäßigen Durchmischung der Maische wurde am häufigsten die auf- und niedergehende Bewegung benutzt.

Die Gärung der Maische, bei der die Spaltung des Zuckers durch die Hefe in Alkohol und Kohlensäure bewirkt wird, zerfällt in 3 merklich voneinander unterscheidbare Abschnitte, die Angärung, Hauptgärung und Nachgärung. Jede der einzelnen Perioden kann durch die Arbeitsweise verlängert oder verkürzt werden. Im allgemeinen gibt man der kühleren Abstelltemperatur den Vorzug. Hierdurch erhält man eine ziemlich langsame Angärung, mittlere Hauptgärung und kurze Nachgärung. Die zur Maische gegebene Hefemenge würde zur Spaltung des in dieser vorhandenen Zuckers ziemlich lange Zeit benötigen, wenn nicht während der Gärung — hauptsächlich während der Angärung — eine Hefevermehrung stattfinden würde. Die bei der Zuckerspaltung auftretende Erwärmung begünstigt wiederum die Gärtätigkeit und Vermehrungsenergie der Hefe, so daß diese durch Vermehrung ihrer Art und durch die Wärmeerhöhung sich in ihrer Leistung immer mehr steigert bis zu dem Moment, in welchem die höchste Leistung in der Zeiteinheit erreicht wird. Dann findet wieder ein Nachlassen der Gärung statt.

Die Hefevermehrung kommt verhältnismäßig rasch zum Stillstand, u. zw. umso früher, je höher die Abstelltemperatur war. In letzterem Falle wird die Alkohol-

Abb. 247.

menge, bei der die Hefe das Wachstum einstellt, früher erreicht. Die Hefevermehrung, die während der Gärung in der Hauptmaische eintritt, ist recht beträchtlich, nach HAYDUCK (*Z. f. Spirit.* 1880, 175) vermehrt sie sich im Verhältnis 1:13. Dieses Verhältnis ist jedoch in hohem Maße von der Aussaatmenge abhängig.

Zur Zeit der Maischraumsteuer bereitete man die Maischen so konzentriert wie möglich, um eine recht große Alkoholmenge vom Bottichraum zu erhalten. Maischen mit einem Extraktgehalte von 24° Balling und darüber waren damals keine Seltenheiten. Diese Maischen waren, trotzdem sie meist entschalt wurden, sehr zähflüssig, so daß die bei der Spaltung des Zuckers entstehende Kohlensäure nur sehr schwer entweichen konnte. Hierdurch wurde ein Aufblähen der Maische bewirkt, so daß es nötig war, einen hohen Steigraum zu lassen, wenn nicht durch Überlaufen der Maische Verluste entstehen sollten. Es war aber dann nicht möglich, den Maischraum vollständig auszunutzen. Man versuchte daher, der Kohlensäure das Entweichen zu erleichtern, um die Bottiche mehr befüllen zu können. Um dies zu erreichen, wurden die mannigfaltigsten Arten von Maischbewegungsvorrichtungen verwendet. Meist war Bewegung und Kühlung vereinigt. Dies hatte eine wesentlich bessere Ausnutzung des Kühlwassers zur Folge. Die Bewegungseinrichtungen wurden teils durch das Kühlwasser selbst, teils durch Maschinenkraft in Gang gebracht. Da die Bewegung nicht nur am Tage, sondern auch nachts nötig war, so hatte man meist, um Dampf zu sparen, eine kleine Nachtdampfmaschine, deren Abdampf zum Heizen der Hefewärmekammer verwendet wurde. Die am häufigsten gebrauchte bewegliche Kühlung war diejenige, bei welcher die Kühlschlange senkrecht auf- und niederbewegt wurde. Die Bewegung konnte durch verschiedene Übertragung bewerkstelligt werden. Abb. 247 zeigt einen Gärraum, in dem sie durch eine hin- und herschwingende Welle, an der für jeden Gärbottich ein Hebelarm angebracht ist, betrieben wird.

An Stelle der schwingenden Welle konnte auch ein Antrieb durch Ketten- oder Drahtseil benutzt werden. Die bewegliche Kühlung führte meist 16–18 Auf- und Abwärtsbewegungen in der Minute aus. Die Kühler bestanden aus Kupferschlangen. Die Hubhöhe war abhängig von der Höhe der Bottiche. Sie mußte jedoch so geregelt werden, daß die Kühlschlange beim Heben nicht aus der Maische heraustrat. Kühlung war meist nur während der Hauptgärung nötig. In der Nachgärung konnte man die Kühler aus der Maische entfernen. Man setzte dann statt ihrer sog. Rührkreuze oder Rührscheiben ein. Über den Wert der beweglichen Bottichkühlung war man verschiedener Ansicht. Zur Zeit des Maischraumsteuergesetzes war sie entschieden ein Vorteil für den Brennereibetrieb, da neben der Raumersparnis, die hierdurch erzielt wurde, die Kühlwirkung eine sehr intensive war. Durch die schnellere Entfernung der Kohlensäure wurde auch die Leistungsfähigkeit der Hefe erhöht. Die Mehrausbeute wurde auf 0,58–0,85% vom Maischraume berechnet. Die dicken Maischen von damals erwärmten sich auch viel mehr als die heutigen Dünnmaischen und hatten daher die Kühlung viel notwendiger. Die Temperaturerhöhung während der Gärung beträgt nach MAERCKER-DELBRÜCK für Maischen von 20° Balling 18°, 17,5° Balling 16°, 15° Balling 14°, 12½° Balling 12°. Maischen von 25° Balling, wie sie damals häufig verarbeitet wurden, hätten daher zur Kühlung mit stehenden Kühlern sehr viel mehr Wasser benötigt als mit beweglichen Kühlern. Den Vorteilen der beweglichen Kühlung standen aber auch sehr große Nachteile gegenüber. Durch die Bewegung wurden die Verdunstungsverluste, die ohnedies schon recht bedeutend sind, ganz wesentlich gesteigert, sie wurden aber durch den Vorteil der Maischraumsteuerersparnis meist nicht nur ausgeglichen, sondern es resultierte häufig noch ein Gewinn.

Mit dem Aufhören der Maischraumsteuer wurde es zwecklos, hochkonzentrierte Maischen herzustellen und die Maischen während der Gärung zu bewegen, denn den Verlusten stand kein Gewinn mehr gegenüber. So kam es, daß man jetzt die Maischen nicht mehr bewegt. Dagegen ist die Kühlung in vielen Fällen auch heute noch notwendig, doch nicht mehr so intensiv, so daß man mit stilliegenden Kühlschlangen auskommen kann.

Kühlung ist nur während der Hauptgärung nötig, während dieser ist aber die Bewegung der Maische durch die Gärung selbst eine so intensive, daß eine Bewegung des Kühlers nicht erforderlich ist, zumal infolge des hohen Steigraumes, den man jetzt anwenden kann, ein Überlaufen der Maische nicht befürchtet zu werden braucht. Bei Verarbeitung von Dünnmaischen kann man die Maische im Vormaischbottich so weit herunterkühlen, daß eine Kühlung während der Gärung überhaupt nicht notwendig ist. Die Temperatur von 28–29° soll jedenfalls nicht überschritten werden, da sonst die Hefe geschwächt und die Entwicklung der Hefeschädlinge begünstigt wird. Auch die Verdunstungsverluste werden durch Anwendung hoher Gärtemperaturen wesentlich erhöht. Die Gärung der Maischen dauerte früher 72–96 Stunden. Die 96stündige Gärung wurde bei sehr konz. Maischen angewendet. Über den Wert derselben gehen die Ansichten auseinander. Die Vergärung wurde allerdings dadurch meist gefördert, aber der Alkoholgehalt der Maische war am 4. Tage gewöhnlich infolge der Verdunstungsverluste geringer als am 3. Tage. Es war nötig, am 3. und 4. Tage die Maische zu bedecken, um übermäßige Verdunstungsverluste zu vermeiden. Hierzu war das Einholen der steueramtlichen Erlaubnis notwendig. Für die jetzt in den Brennereien zur Verarbeitung kommenden Dünnmaischen ist eine 3tägige Gärung absolut ausreichend; 4tägige Gärung würde einen Verlust bedeuten. Bei warmer Anstelltemperatur kann man sogar gut mit 2tägiger Gärung auskommen. Um die Verdunstungsverluste auf ein Minimum zu beschränken, bedeckt man jetzt die Gärbottiche mit Deckeln oder benutzt vollkommen geschlossene Gärbottiche. Auch verwendet man aus diesem Grunde für eine Maische 2 Bottiche und für 2 Maischen 3 Bottiche. Hierdurch erhält man zwar eine größere Oberfläche der Maische und dadurch eine Steigerung der Verdunstung, aber andererseits wird der Steigraum im Gärbottich wesentlich erhöht, wodurch die aus der warmen Maische aufsteigenden Alkoholdämpfe Gelegenheit zur Abkühlung finden und großenteils wieder in den Gärbottich zurückfallen. Ein Bedecken der Bottiche trägt weiter zur Verhütung der Verdunstung bei.

An Stelle von Holz- und Metalldeckeln verwendet man auch besondere Bottichabdeckungen. Abb. 248 zeigt eine solche der Firma STRAUCH und SCHMIDT in Neiße.

Um den Bottich 1, Zeichnung *A* und *B*, welcher die Gärflüssigkeit aufnimmt, ist oben ringsherum die Wasserrinne 2 angebracht. In diese taucht der Deckel 3 mit seinem nach unten gebogenem Rande ein. Durch Wasser, welches in die Rinne eingefüllt wird, ist der Luftzutritt in das Innere des Bottichs abgeschlossen.

Auf dem Deckel 3 ist der Kranz 4 angeordnet, welcher dazu dient, Kühlwasser dort festzuhalten. Ferner ist die Kühlschlange 5 unter dem Deckel 3 angebracht. Sie ist so hoch gelagert, daß sie dicht unter dem Flüssigkeitsspiegel sitzt. Da gekühlte Flüssigkeit schwerer wird und infolgedessen nach unten sinkt, wird wärmeren Schichten Platz gemacht. Dadurch und durch die Gärung entsteht eine Bewegung in der Maische, welche die bisher üblichen mechanischen Bewegungsvorrichtungen überflüssig macht.

Durch Rohr 6 tritt das Kühlwasser in die Schlange und ergießt sich durch Rohr 7 auf den Deckel 3. Durch Rohr 8 fließt das Kühlwasser ab, sobald es eine gewisse Höhe im Kranz 4 erreicht hat. Deckel 3 bleibt daher stets mit Kühlwasser bedeckt, kann aber durch Hahn 9 entleert werden. Durch die Kühlung des Deckels 3 wird der in den Gärungsgasen enthaltene Alkohol zum größten Teil kondensiert und in die Maische zurückgeführt.

Der in die Rinne eintauchende Rand ist mit Löchern versehen, durch welche die Gärungsgase, fein verteilt, in das Sperrwasser treten, um dort ausgewaschen zu werden. Der noch in den Gasen enthaltene Alkohol wird durch diese Auswaschung zurückgewonnen.

Rinne 2 ist mit einem Überlauf 10 versehen, durch welchen das durch die austretenden Gase verdrängte Wasser abfließen kann. Sobald die Hauptgärung einige Stunden angedauert hat, wird dieser Überlauf durch den darin befindlichen Hahn geschlossen. Ferner sitzt an der Rinne das mit einem Hahne versehene Rohr 11, durch welches nach beendeter Gärung das alkoholhaltige Wasser in die Maischleitung 12 abgeführt wird, um mit der Maische zusammen abdestilliert zu werden.

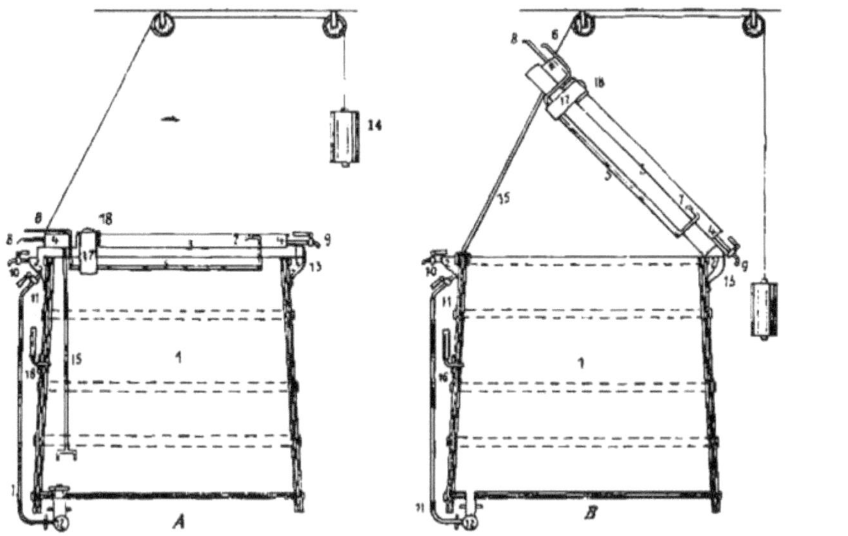

Abb. 248.

Bei kleinen Bottichen wird der Deckel 3 mit 2 Handgriffen versehen, um ihn vom Bottich 1 abheben zu können. Bei größeren Bottichen ist er durch 2 Charniere 13 mit dem Bottich 1 und mittels eines Drahtseiles, welches über Klobenräder läuft, mit dem Gewicht 14 verbunden. Durch diese Vorrichtung läßt sich der Deckel 3 samt der Kühlschlange leicht und ohne Kraftanwendung hochheben und in die aus Abb. *B* ersichtliche Stellung bringen. Bottich 1, Deckel 3 und Kühlschlange 5 liegen nun frei und lassen sich bequem reinigen. Um bei dieser Arbeit den Deckel 3 in der gewünschten Lage sicher festzuhalten, ist die bewegliche Stütze 15 angeordnet. Bei geschlossener Abdeckung hängt diese Stütze im Innern des Bottichs.

Zur Beobachtung der Temperatur der Gärflüssigkeit ist seitlich am Bottich das Thermometer 16 angebracht. Um bei geschlossenem Bottich jederzeit die Gärflüssigkeit kontrollieren zu können oder Maische oder Wasser nachzufüllen, oder den Bottich durch Dampf zu sterilisieren, ist auf dem Deckel 3 der Stutzen 17 angebracht. Er reicht bis in die Gärflüssigkeit und ist durch eine Kappe 18 überdeckt. Durch das auf dem Deckel stehende Kühlwasser wird diese Kappe und der Stutzen 17 luftdicht abgeschlossen.

Bei Neueinrichtungen von Brennereien benutzt man meist geschlossene Gärbottiche aus Eisen, die gewöhnlich mit einer Kohlensäurewäsche in Verbindung stehen. Durch letztere soll der von der Kohlensäure mitgerissene Alkohol gewonnen werden. Man benutzt meist größere Bottichdimensionen und verwendet jetzt einen großen Bottich, wo früher 2, 3 und 4 kleinere üblich waren. Große Bottiche sind unverhältnismäßig billiger als kleine für denselben Fassungsraum und gewähren eine bequemere und sicherere Regelung der Gärtemperatur.

Abb. 249 stellt einen geschlossenen Gärbottich der BROMBERGER SCHLEPPSCHIFFAHRTSGESELLSCHAFT im Querschnitt dar.

Wie ersichtlich, trägt das vollkommen geschlossene, ohne Nietung hergestellte, auf eisernen Füßen ruhende Gärgefäß auf dem Deckel die verhältnismäßig kleine Kohlensäurewäsche, in

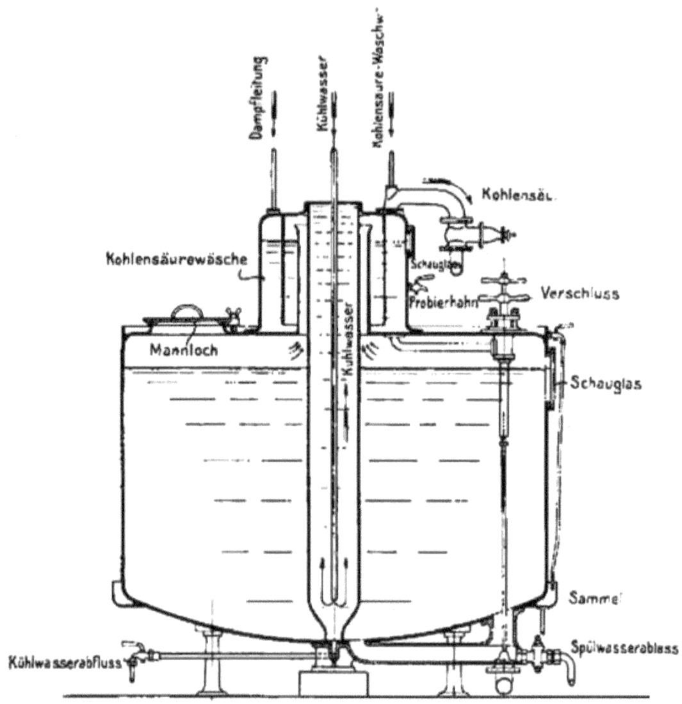

Abb. 249.

welcher die während der Gärung aus der Maische aufsteigende Kohlensäure unter Luftabschluß durch eine entsprechend große Wassermenge hindurchstreichen muß, so daß der mitgerissene Alkohol zurückgehalten wird. Die Kohlensäure strömt durch den gezeichneten Krümmerstutzen ab und wird in geschlossener Leitung zur beliebigen Verwendung oder Ausströmung ins Freie weitergeführt, während das alkoholhaltige Trennungswasser zwangsweise dem Bottichinhalt zugeführt wird und zu-

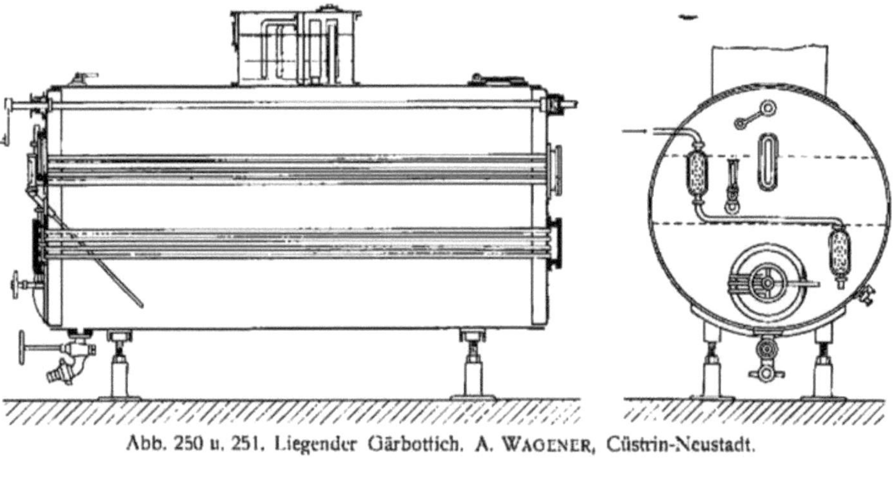

Abb. 250 u. 251. Liegender Gärbottich. A. WAGENER, Cüstrin-Neustadt.

sammen mit der Maische zur Destillation gelangt. Dies geschieht mittels einer selbsttätig wirkenden Ablaßvorrichtung.

Eine weitere wesentliche Besonderheit des Bottichs bildet die Temperaturregelung der Maische durch Außenberieselung, welche in nachstehender Weise erfolgt:

Das Kühlwasser wird durch ein Rohr oder einen Schlauch ins Innere des den ganzen Bottich sowie die Kohlensäurewäsche in der Mitte durchdringenden weiten Kühlrohres eingeleitet, füllt dasselbe an, tritt am oberen Ende aus, berieselt die Wandungen der Kohlensäurewäsche, sammelt sich dann infolge der in der Abbildung ersichtlichen seitlichen Erhöhung der Bottichwandungen in flacher Schicht auf dem Bottichdeckel an, um schließlich über den vorstehenden Rand hinweg allseitig die Bottichwandungen zu berieseln und sich in der den Bottich am Boden umgebenden Rinne anzusammeln, von wo es an passender Stelle weitergeleitet werden kann.

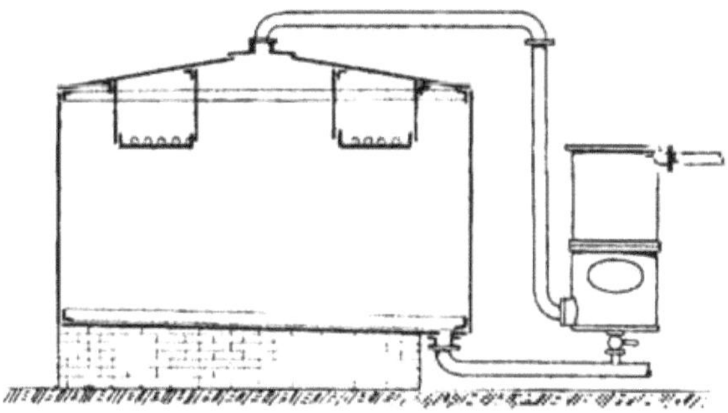

Abb. 252.

Der Boden der Bottiche ist gewölbt bzw. besitzt nach dem Ablaßventil hin bedeutendes Gefälle, um das leichte Ablassen der Maische und des Spülwassers zu bewirken. Für das letztere ist ein besonderer Ablaßhahn vorgesehen. Das Maischventil befindet sich nicht in der Mitte, sondern an der vorderen Seite der Bottiche, wodurch die leichte Zugänglichkeit der Maischleitung gewährleistet wird. Zum Befüllen und Reinigen der Bottiche mittels Ausspritzens dienen zwei reichlich bemessene Mannlöcher mit luftdichtem Deckelverschluß, welche so angeordnet sind, daß man von außen jede Bottichhälfte für sich leicht erreichen kann.

Auch für die Kohlensäurewäsche ist eine besondere Dampfzuführung vorgesehen, durch welche man mittels Dampfes das Waschwasser in den Bottich treiben kann, wobei eine sorgfältige Ausspülung des Wäscheinnern erfolgt. Hinterher kann man dann noch Kohlensäurewäsche und Bottich ausdämpfen.

Jeder Bottich ist mit zwei Schaugläsern zur Erkennung des Flüssigkeitsstandes der Maische und des Waschwassers sowie einer Öffnung für das Einsetzen eines Thermometers versehen. Zur Entnahme

Abb. 253.

von Waschwasserproben zwecks Bestimmung des Alkoholgehaltes desselben dient ein kleiner Probierhahn an der Kohlensäurewäsche. Das Kühlwasser im Innern des Kühlrohres kann durch eine besondere Abflußleitung mit Absperrhahn abgelassen werden.

Die Abb. 250 und 251 zeigen die Seitenansicht und Vorderansicht eines liegenden Gärbottichs der Firma Wagener, Cüstrin. Die Kohlensäurewäsche ist ebenfalls oben auf dem Bottich angebracht. Die Kühlung wird durch zwei Reihen Kühlrohre bewirkt. Die sonstige Einrichtung ist ähnlich der des Bottichs der Bromberger Schleppschiffahrtsgesellschaft.

Abb. 252 stellt den hermetisch geschlossenen Gärbottich der HALLESCHEN MASCHINENFABRIK in Verbindung mit einem daneben stehenden Alkoholfänger dar. Das Gemisch von Gasen geht durch ein Rohr nach dem unteren Teile des Apparates, in dem sich Wasser befindet, durchstreicht dasselbe und gibt den größten Teil des mitgeführten Alkohols an das Wasser ab. Die Kohlensäure mit den noch etwa beigemischten Alkoholteilen wird hierauf im Oberteile des Apparates, welcher ebenfalls mit Wasser gefüllt ist, einer nochmaligen Waschung unterzogen, die Alkoholreste lösen sich in dem Wasser, während die Kohlensäure oben abzieht. Das alkoholhaltige Wasser wird nach dem Maischablaßrohr des Gärbottichs abgelassen, um mit der reifen Maische zusammen abgebrannt zu werden.

Die Reinigung des Bottichs wird ausgeführt, indem man ihn nach der Entleerung mit Wasser ausspritzt und dann ausdämpft.

Abb. 253 stellt einen Gärraum mit geschlossenen Bottichen des SCHWELMER EISENWERKES MÜLLER & COMP. dar.

3. *Kornbrennerei.*

Die Kornbrennerei ist nächst der Branntweingewinnung aus Wein wohl die älteste Art der Alkoholerzeugung. Ihre ersten Anfänge reichen bis in das 15. Jahrhundert zurück. Sie dient fast ausschließlich der Erzeugung von Edel-Branntwein, während die Kartoffelbrennerei, die speziell in Deutschland im letzten Jahrhundert die Kornbrennerei weit überflügelt hat, hauptsächlich der Spiritusfabrikation dient. Für Erzeugung des Spiritus für technische Zwecke kommt die Kornbrennerei nicht in Betracht, da die verwendeten Rohmaterialien hierfür zu teuer sind. Man benutzt als solche meist Roggen, Weizen, Gerste und Hafer, u. zw. teils in Form von Malz, teils als Rohkorn. Doch überwiegen Roggen und Gerste, während der Weizen gewöhnlich nur zur Herstellung bestimmter Spezialbranntweine dient. Zur Verzuckerung der Stärke dient teils Malzdiastase, teils Pilzdiastase. Als Lieferanten der Malzdiastase benutzt man Darrmalz, in einzelnen Betrieben jedoch auch Grünmalz. Das Darrmalz dient hierbei nicht nur als Diastaselieferant, sondern soll auch den Branntweingeschmack günstig beeinflussen. Der Kornbranntwein wird teils in Dickmaischbrennereien, teils in Hefenfabriken nach dem Wiener Verfahren (s. Preßhefe) erzeugt. Für den Dickmaischbetrieb verwendet man am besten möglichst vollkörnige stärkereiche Roggensorten (s. Rohmaterialien). Sie müssen vor dem Gebrauch einer gründlichen Reinigung mittels Putzmaschinen unterzogen werden, da sie häufig sehr verunreinigt sind und der ihnen anhaftende Staub große Mengen Bakterien und Pilzsporen enthält. Die Zerkleinerung der Rohmaterialien wird mit Steinmühlen oder Walzenstühlen erreicht. Je feiner sie ausgeführt wird, desto leichter erfolgt die Aufschließung. Das in der Brennerei verwendete Darrmalz wird ebenso wie das Grünmalz aus kleinkörnigen, meist russischen Gersten hergestellt. Besonderer Wert muß hierbei auf die Anwendung niedriger Darrtemperaturen zur Schonung der Diastase gelegt werden. Man verwendet zur Bereitung des Darrmalzes nicht Langmalz sondern Kurzmalz, welches meist nicht in den Brennereien hergestellt, sondern aus Spezialfabriken für Brennereidarrmalz bezogen wird. Bei seinem Einkauf ist besonders darauf zu achten, daß das Malz einen hohen Extraktgehalt besitzt und nicht zu wasserreich ist. Der Extraktgehalt der Brennereimalze schwankt zwischen 60 und 75%, der Wassergehalt zwischen 4 und 10%. Ein gutes Darrmalz soll möglichst nicht über 6% Wasser und einen Extraktgehalt von 68—70% zeigen. Zur oberflächlichen Beurteilung der diastatischen Kraft kann die Länge des Blattkeimes dienen, welche möglichst die volle Kornlänge haben soll. Bei einem guten Brennmalze müssen mindestens 50% der Körner Blattkeime von voller Kornlänge und die restierenden 50% möglichst solche von zwei Drittel Kornlänge besitzen. Für die Alkoholausbeute kann die Auflösung des Malzes Anhaltspunkte geben.

Zu diesem Zwecke zerschneidet man mit dem Malzschneider (Abb. 254) 50 Körner und stellt fest, wieviel Prozent vollkommen aufgelöst, also mehlig sind, ferner wieviel ganz und wieviel halbglasig. Je weniger ganz- und halbglasige Körner das Malz enthält, desto besser ist es.

Untersuchungsresultate von Brennmalzen aus dem Laboratorium der Versuchsanstalt des Vereins der Kornbrennereibesitzer und Preßhefefabrikanten:

Wassergehalt:

Wasser	1901	1902	1903	1904	1905	1906	1907	1908	1909	1910
4–6%	0	6,2	7,1	10,4	12,9	9,3	8,5	6,6	9,8	5,2
6–8%	34,6	34,3	33,0	36,8	32,3	46,8	37,8	40,0	39,2	42,1
über 8%	65,4	59,5	59,9	52,8	54,8	43,9	53,7	53,4	51,0	52,7

Extraktgehalt:

Extrakt	1901	1902	1903	1904	1905	1906	1907	1908	1909	1910
unter 60%	3,8	15,6	21,4	7,1	19,3	25,0	15,5	10,0	7,8	0,0
60–65%	57,6	31,2	20,5	67,8	70,9	68,7	68,9	80,0	78,4	52,6
65–70%	34,6	50,0	35,7	23,2	10,8	6,3	13,8	5,0	13,8	42,6
70–75%	4,0	3,2	2,4	1,9	0,0	0,0	1,8	5,0	0,0	4,8

Die diastatische Kraft eines Brennereidarrmalzes soll, nach LINTNER bestimmt, möglichst 100 oder darüber betragen.

Zur Maischbereitung ist vor allem eine möglichst feine Zerkleinerung der Rohmaterialien erforderlich. Obwohl die Verkleisterungstemperatur der Roggen-, Weizen- und Gerstenstärke wesentlich höher liegt als die der Kartoffelstärke, so werden diese Stärkearten, vor allem die Roggenstärke, doch auch bei niedrigerer Temperatur durch Diastase verzuckert; nur ist eine längere Einwirkung derselben notwendig, weshalb man die Maischen meist eine Stunde und darüber zur Verzuckerung stehen läßt.

Abb. 254. GROEBECKERS Gerstenschneider.

a) Maischbereitung. Sie kann auf verschiedene Arten vorgenommen werden. Entweder verkleistert man die Stärke oder läßt die Diastase bei höherer Temperatur auf die unverkleisterte Stärke einwirken. Die Verkleisterung kann durch Erhitzen auf 75° oder durch Dampfdruck erreicht werden. Soll die Stärke nicht verkleistert werden, so teigt man zweckmäßig am Abend vorher den Roggen mit Wasser ein. Hierbei ist zu berücksichtigen, daß dem Roggen stets Milchsäurebakterien und Buttersäurebakterien resp. die Sporen der letzteren in größerer Menge anhaften. Ist das Wasser zu warm, so wird ihre Entwicklung begünstigt, und es tritt Milchsäure- oder Buttersäureinfektion resp. Gärung ein. Dies ist für die alkoholische Gärung mit großen Gefahren verbunden, da Buttersäurebakterien und wilde Milchsäurebakterien starke Hefeschädlinge sind. Es muß daher stets zum Einteigen möglichst kaltes Wasser verwendet werden. An warmen Sommertagen, an welchen eine starke Erwärmung der eingeteigten Masse zu erwarten ist, unterläßt man zweckmäßig das Einteigen.

Immer aber gibt man, um das Aufkommen der Hefeschädlinge zu erschweren, etwas Schwefelsäure hinzu. Die in der Kornbrennerei zur Maischbereitung meist verwendeten Vormaischbottiche sind fast ebenso eingerichtet wie die der Kartoffelbrennereien; eine Ausblaseglocke fehlt natürlich in den Betrieben, in welchen das Rohmaterial nicht mit Dampfdruck aufgeschlossen wird. Dagegen ist eine Dampfzuführung zum ev. Aufwärmen des Wassers oder der Maische vorhanden. Häufig ist auch die Kühlschlange mit Dampfanschluß versehen, so daß sie zum Abkühlen und zum Aufwärmen dienen kann. Zuweilen sind zum Einteigen besondere Gefäße vorhanden. Die einfachste Methode der Maischbereitung ist folgende: Man gibt zu der am Tage vorher mit Wasser eingeteigten Roggenmenge das Malzschrot und wärmt langsam auf die Verzuckerungstemperatur auf. Die Verzuckerungstemperatur wählt man in diesen Fällen zweckmäßig nicht zu niedrig. Sie richtet sich nach der Malzmenge, die verwendet werden soll. Ist letztere des Branntweingeschmackes wegen reichlich bemessen, so kann man auch die Verzuckerungstemperatur höher wählen. Dementsprechend schwankt sie zwischen 62,5 und 65,5°. Die Malzmenge differiert zwischen 8 und 30%. Man wärmt die Maische auf die Verzuckerungstemperatur und läßt sie hierbei 1—2 Stunden zur Verzuckerung und Pasteurisation stehen.

Soll nicht am Tage vorher eingeteigt werden, so wärmt man das Wasser im Vormaischbottich auf ca. 50° an, gibt Roggen und Malzschrot gleichzeitig zu und wärmt dann langsam auf die Verzuckerungstemperatur auf. Häufig hält man auch 1/2—1 Stunde lang bei 40—50°, um die Peptonisation der Eiweißstoffe zu fördern.

Will man mit geringen Malzmengen arbeiten, so ist es zweckmäßig, die Diastase des Roggens, der nach WINDISCH und JETTER größere Mengen davon enthält, auszunutzen. Man wärmt dann den Roggen mit einer geringen Menge Malz und Wasser auf ca. 68—70° auf und läßt zur Verflüssigung und Verzuckerung ca. 1 Stunde bei dieser Temperatur stehen. Dann kühlt man auf 60° ab, gibt die Hauptmenge des Malzes zu, wärmt wieder langsam auf 62,5° auf und läßt die Maische nochmals eine Stunde stehen.

Häufig verkleistert man vor der Verzuckerung die Stärke. Man erwärmt dann den Roggen mit Wasser langsam auf 75—80°, gibt aber beim Aufwärmen etwas Malz hinzu, damit auch gleichzeitig Verflüssigung der Stärke erfolgt. Bei dieser Temperatur läßt man die Maische ca. 1/2—1 Stunde stehen, kühlt dann auf 60° ab, gibt die Hauptmenge des Malzes zu, wärmt wieder auf 62,5° auf und läßt sie 1/2—1 Stunde stehen. Dieses Verfahren verwendet man speziell, wenn die Maische zur Schaumgärung neigt. Durch die hohe Temperatur wird neben der Verkleisterung der Stärke gleichzeitig eine Koagulation der die Schaumgärung begünstigenden Eiweißstoffe bewirkt.

Soll die Stärke durch Hochdruck aufgeschlossen werden, so wird das Getreide meist im ganzen Korn verarbeitet. Man verwendet zum Dämpfen entweder Henzedämpfer oder liegende Dämpfer mit Rührwerk. Für 100 *kg* Getreide benötigt man 160 bis 200 *l* Wasser. Das Wasser wird mit etwas Schwefelsäure angesäuert. Entweder teigt man einen Tag vorher ein, oder dämpft am Abend vorher an, oder die ganze Dämpf- und Maischprozedur wird an einem Tag vorgenommen. Die erste Methode des Einteigens ist nicht sehr zweckmäßig, u. zw. aus oben angeführten Gründen wegen der Möglichkeit der Infektion, andererseits auch, weil sich das Getreide leicht festsetzt und dann am nächsten Tage schwer in Bewegung zu bringen ist, so daß der Dampf nicht gleichmäßigen Zutritt zum Getreide erhält. Will man einen Tag vorher andämpfen, so kocht man das Wasser und schüttet dann langsam den Roggen zu. Ist aller Roggen eingetragen, so läßt man den Luftstutzen des Dämpfers etwas offen und kocht auf 1 *Atm.* an. Dann werden alle Ventile geschlossen, und man läßt die Masse so bis zum nächsten Tage stehen. Die Temperatur darf während dieser Zeit nicht unter 63° sinken. Am nächsten Tage wärmt man bei offenem Abblaseventil oder Lufthahn in ca. 40 Minuten auf 2 1/2 *Atm.* an und läßt bei dieser Temperatur 1 Stunde stehen. Dann bläst man die Masse aus und arbeitet wie in der Kartoffelbrennerei weiter. Man kann auch das Andämpfen unterlassen und am Maischtage mit dem Dämpfen beginnen. In diesem Falle führt man das nötige Wasser in den Henze, gibt Dampf, so daß das Wasser ins Wallen kommt, und schüttet den Roggen langsam ein. Dann schließt man den Henze, öffnet das Abblase- oder Luftventil etwas und erhöht langsam auf 3 *Atm.* Druck. Hierauf läßt man 1 Stunde stehen, dann bläst man die Masse aus und verarbeitet wie in der Kartoffelbrennerei weiter. Man kann hier wie dort mit niedriger Verzuckerungstemperatur resp. Abmaischtemperatur (60—62°) arbeiten und läßt nur $^1/_4$—$^1/_2$ Stunde zur Verzuckerung stehen. Auch verwendet man beim Verarbeiten des Roggens nach dem Hochdruckverfahren meist Grünmalz.

Wird Weizen verarbeitet, so ist es zweckmäßig, das Schrot zur Verkleisterung auf 75° zu erhitzen, da die Weizenstärke bei 62—63° nur schwer verzuckert. Auch bei Verarbeitung von Gerste ist dies zu empfehlen, da Gerstenmaischen sehr zur Schaumbildung neigen, was durch hohe Verkleisterungstemperatur verhindert werden kann. Die Gerste läßt sich jedoch auch gut verarbeiten, wenn sie am Tag vorher eingeteigt wird. Es ist dann eine Verzuckerungstemperatur von 62,5° ausreichend.

b) Hefebereitung und Gärführung. In ganz kleinen Betrieben, deren es in Deutschland noch eine große Anzahl gibt, verwendet man zum Anstellen häufig flüssige Bierhefe oder Preßhefe. Es wird dies besonders in solchen Betrieben gehandhabt, die nur an einigen Tagen in der Woche arbeiten. In diesen Fällen ist eine Hefesatzführung nicht gut möglich, da sich die Hefenmaische (Mutterhefe) nicht gut ohne Schaden mehrere Tage aufbewahren läßt. Man stellt am besten mit Reinhefe an, die man sich für mehrere Tage im voraus bezieht. Von dieser verwendet man für 1000 *l* Maische 1 *kg*. Man rührt sie mit einigen *l* Wasser an und gibt dann ebensoviel süße Maische aus dem Vormaischbottich zu. Hierzu fügt man so viel Schwefelsäure, daß ein Säuregrad von 2° erreicht wird, und läßt die Hefe 1 Stunde zur Angärung stehen. Der Säurezusatz hat den Zweck, als Reizmittel für die Hefe zu dienen. Andererseits soll dadurch auch eine ev. Infektion mit Hefeschädlingen, die bei längerer ungünstiger Aufbewahrung auch bei Reinhefe eintreten kann, beseitigt werden. Nach HENNEBERG wird die Hefe hierdurch nicht geschädigt, während die Hefeschädlinge abgetötet werden. Unbedingt notwendig ist diese Reinigung, wenn nicht Reinhefe, sondern gewöhnliche Preßhefe verwendet wird.

In größeren Betrieben, die täglich eine Maische bereiten oder höchstens einen Tag in der Woche aussetzen, ist unbedingt Hefesatzbereitung das Zweckmäßigste. Bis jetzt wird in den meisten Betrieben die Hefenmaische gesondert für sich bereitet, u. zw. meist aus gleichen Teilen Roggen und Darrmalz unter Zusatz des nötigen Wassers. Man erhitzt das Wasser auf ca. 70°, gibt erst den Roggen, dann das Darrmalz hinzu und rührt gründlich durch, so daß keine Klumpen in der Maische entstehen. Dann wärmt man auf 63° auf, läßt 2 Stunden zur Verzuckerung und Pasteurisation stehen, impft nach dem Abkühlen auf 57$^1/_2$° mit Milchsäurebakterien und behandelt weiter wie bei der Kartoffelbrennerei. Ist die Hauptmaische konzentriert (über 20° Balling), so kann man diese zur Bereitung der Hefenmaische anwenden. Enthält sie nur wenig unter 20° Balling Extrakt, so verwendet man ebenfalls einen Teil der Hauptmaische hierzu, sucht aber den Extrakt derselben durch Zusatz von Malz zu erhöhen und arbeitet sonst, wie oben geschildert, weiter. Besonders von Bedeutung ist es, daß die Säuerungstemperatur nicht unter 50° sinkt, da sonst leicht eine Buttersäuregärung eintritt, die die Ursache von großen Betriebsstörungen sein kann. Der Extraktgehalt der Hefenmaische soll möglichst 22—24° Balling, der Säuregrad 1,8—2,0° betragen. An Stelle der bakteriellen Säuerung können auch alle bei der Kartoffelbrennerei erwähnten Verfahren Anwendung finden. Beim Schwefelsäureverfahren soll der Säuregrad 1,5—1,6° betragen. Vielfach findet auch das Flußsäureverfahren in der Kornbrennerei Anwendung.

Die Gärführung wird ebenso gehandhabt wie in der Kartoffelbrennerei. Da die Roggenmaischen sehr zähe sind, benötigen sie einen sehr hohen Steigraum.

Man darf sie nicht zu dünn herstellen, da sie sonst einen hefehaltigen Schaum bilden und dadurch leicht überlaufen. Man nutzt diese Eigenschaft der Roggenmaischen bei der Hefefabrikation nach dem Wiener Verfahren (s. Preßhefe) aus.

Besonders ist bei Verarbeitung von Roggenmaischen zu beachten, daß die in der Hefenmaische vorhandene Säuremenge nicht ausreichend zum Schutze der Hefe in der Hauptmaische ist, da die Roggenmaischen meist neutral oder alkalisch reagieren, im Gegensatz zur Kartoffelmaische, die häufig einen ziemlich hohen Säuregrad besitzt. Man muß daher der Maische einen Zusatz technischer Säuren geben. Hierzu benutzt man gewöhnlich Schwefelsäure. Der Säuregrad der Maische soll ca. 0,3° betragen. Um den Säuregrad der Maische um 0,1° zu erhöhen, muß man zu 1000 *l* Maische ca. 135—140 *ccm* einer Schwefelsäure von 66° *Bé.* geben.

4. *Maisbrennerei.*

Mais wurde früher in fein geschrotenem Zustande verarbeitet. Man kochte unter Zusatz von etwas Malz 1½—4 Stunden und verzuckerte dann bei einer Temperatur von 60—63°. Im übrigen wurde die Maische wie in der Kartoffelbrennerei behandelt. Dieses Verfahren lieferte jedoch sehr geringe Ausbeute, da die Maisstärke nicht genügend aufgeschlossen wurde. Jetzt verwendet man allgemein zur Aufschließung des Maises Hochdruck.

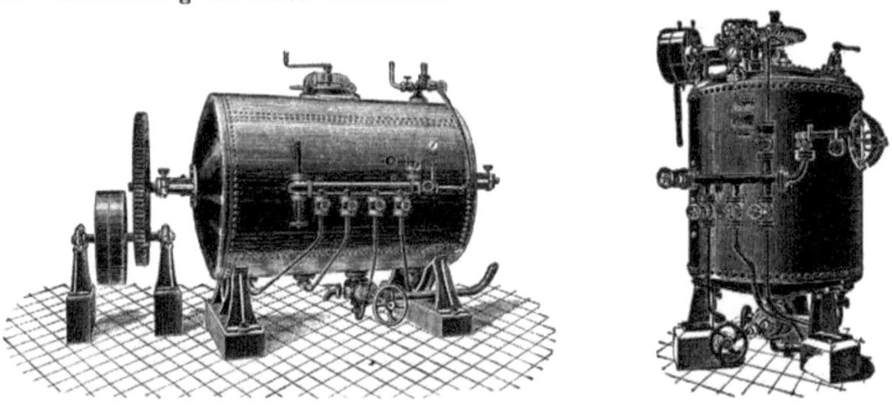

Abb. 255.
Liegender und stehender Dämpfer von C. G. BOHM in Fredersdorf.

Der Mais hat meist nur einen Gehalt von 12—24% Wasser, welcher für die Verkleisterung der Stärke absolut nicht ausreichen würde; man muß daher beim Dämpfen Wasser zufügen. Die Verarbeitung wird im ganzen Korn oder in geschrotenem Zustande vorgenommen. Im ersteren Falle ist die Anwendung eines höheren Druckes notwendig; in letzterem muß der Henze ein Rührwerk besitzen. Man verwendet meist liegende und in neuerer Zeit auch stehende Dämpfer. Abb. 255 zeigt einen solchen von C. G. BOHM in Fredersdorf. Letzterer besteht aus einem starken zylindrischen schmiedeeisernen Gefäß, das auf eisernen Füßen ruht und eine mit Rührstäben versehene Welle enthält. Er ist mit mehreren Dampfeinströmungen, Manometer, Mannloch, Sicherheitsventil, Ausblaserohr, Abblaseventil und Ausblaseventil versehen. Für die Verarbeitung des Maises im ganzen Korn kann man die in der Kartoffelbrennerei gebräuchlichen Henzedämpfer verwenden. Früher war man der Ansicht, daß die Anordnung der Dampfeinströmungen bei letzteren für die Maisverarbeitung ungenügend sei.

Für die Maisverarbeitung besaßen die Henzedämpfer meist mehrere Dampfeinströmungen im Konus u. zw. derartig angeordnet, daß die Masse hierdurch in wirbelnde Bewegung gebracht wurde (Biesdorfer Dampfeinströmung). Die Brennkampagne 1911/1912, während welcher infolge der Kartoffelmißernte fast in allen Brennereien Mais verarbeitet wurde, zeigte, daß es auch sehr gut möglich ist, im Henze, der nur eine Dampfeinströmung besitzt, Mais zu verarbeiten. Dieser Dampfeinlaß muß sich aber an der untersten Stelle des Konus befinden, so daß sich hier keine Maismasse festsetzen kann. Auch ist es zweckmäßig, daß der Dampfeinströmungsstutzen etwas nach innen verlängert ist, damit der Henze beim Anwärmen keine zu starke Erschütterung erleidet. Der Rauminhalt des Henze muß für 100 *kg* Mais 400–450 *l* betragen. Das Dämpfen im ganzen Korn wird folgendermaßen vorgenommen: Man gibt zunächst das Wasser in den Henze, u. zw. pro 100 *kg* Material 180–200 *l* Wasser. Dann läßt man den Dampf einströmen. Wenn das Wasser ins Wallen kommt, gießt man den Mais durch das Mannloch hinzu und schließt es. Es ist vor allem notwendig, daß der Mais in Bewegung bleibt und sich nicht zu Boden setzt. Dies wird erreicht, indem man das oben am Henze befindliche Luftventil etwas offen läßt, so daß während der ganzen Dämpfperiode etwas Dampf entweicht. Den Druck bringt man je nach der Maisart auf $3-3^1/_2$ *Atm.* und läßt so $1^1/_2-3$ Stunden kochen, bis der Mais vollkommen gar ist. Häufig gibt man in das Wasser im Henze etwas Schwefelsäure oder Salzsäure. Zur Beurteilung des Dämpfprozesses nimmt man eine Probe der Masse durch das Ausblaserohr oder den Fruchtwasser-, resp. Probehahn heraus und wäscht sie in einem Durchschlag mit heißem Wasser aus. Ist der Mais gar, so löst sich hierbei die Stärkemasse vollkommen von den Schalen, wodurch letztere durchsichtig erscheinen. Das Dämpfen in geschrotenem Zustande hat den Vorteil, daß man zur Aufschließung des Maises mit einem geringeren Druck ($1^1/_2-2^1/_2$ *Atm.*) auskommt; auch die Dämpfzeit kann wesentlich herabgemindert werden. Die Schlempe wird bei Verarbeitung des Maises mit geringerem Dampfdruck bekömmlicher. In diesem Falle gießt man das Schrot unter Umrühren in das angewärmte Wasser. Zur Verringerung des Kraftverbrauchs des Rührwerks gibt man in den Dämpfer etwas Malz, um gleichzeitig mit der Verkleisterung der Stärke auch eine Verflüssigung zu erzielen. Für die Zerkleinerung der Masse leistet ein scharfkantiges Ausblaseventil gute Dienste. Verschiedentlich wird der Mais schon am Tage vorher eingequellt oder sogar angedämpft, was für den Arbeitstag selbst eine Zeitersparnis bedeutet. Häufig kann dies jedoch eine Infektion zur Folge haben, s. Kornbrennerei. Die verwendete Malzmenge ist sehr verschieden. Man nimmt Grünmalz, u. zw. auf Gerste berechnet 4–12% des Maischmateriales. Im allgemeinen kommt man mit ca. 10% gut aus. Größere Brennereien, speziell in Belgien, verwenden sogar nur 3%. Dies ist jedoch nur möglich bei vollkommen steriler Arbeitsweise und bei Anwendung niedriger Verzuckerungstemperaturen. In diesem Falle ist die Verwendung geschlossener Gärbottiche und die Sterilisation mit für die Diastase unschädlichen Mitteln Bedingung. Nach Somlo soll Formalin das Malz keimfrei machen, ohne seine diastatische Kraft zu schädigen; es soll sie vielmehr noch erhöhen. Vielfach, speziell in wärmeren Ländern, wird die Verzuckerung der Maisstärke mittels Pilzdiastase bewirkt, s. Amyloverfahren. Die Hefebereitung wird ebenso gehandhabt, wie in der Kartoffelbrennerei. Auch die Gärführung ist vollkommen die gleiche.

Aufschließung des Maises durch Kochen mit Säuren. Sie wird meist nur in Gegenden angewendet, in denen die klimatischen Verhältnisse der Malzbereitung unüberwindliche Schwierigkeiten in den Weg legen, und war namentlich in italienischen Maisbrennereien üblich. Nach Maercker-Delbrück werden auf 100 *kg* Mais 400 *l* Wasser und 7–10 *kg* Schwefelsäure von 50° *Bé.* verwendet und die Mischung mit einem Dampfdruck von 2–3 *Atm* 6–8 Stunden gedämpft. Nach dem Abkühlen der Maische versetzt man sie mit Kalkmilch und stumpft die Säure bis zu einem Säuregrad von 0,2–0,3° ab. Die nach diesem Verfahren erreichten Ausbeuten sind mäßig. Nach dem Verfahren Billet werden 100 *kg* des geschrotenen Maises mit 4–4,5 *kg* Salzsäure und 150 *l* Wasser 25 Minuten lang einem Drucke von 4 *Atm.* ausgesetzt. Alsdann wird die Masse mit Ätzkalk oder kohlensaurem Kalke bis auf 0,3° abgestumpft, worauf durch Filterpressen die Treber von der Würze getrennt werden. Der Rückstand wird nochmals mit Wasser ausgelaugt und ausgepreßt. Die Würze stellt man mit Hefe zur Gärung und gewinnt nach beendeter Gärung neben dem Alkohol die Hefe. Diese Verfahren sind meist durch das Amyloverfahren verdrängt worden.

In Ungarn quellt man den Mais in natriumbisulfithaltigem Wasser ein. Auf 100 *kg* Mais verwendet man 2 *kg* Bisulfit. Dann setzt man Schwefelsäure oder Salzsäure zu. Hierdurch soll die Aufschließung des Maises wesentlich gefördert werden. An Stelle des Bisulfites wird auch gelöste schwefelige Säure verwendet.

5. Verarbeitung sonstiger Rohstoffe.

1. Trockenkartoffel. Bei Verarbeitung von Kartoffelschnitzeln oder -Scheiben muß erst eine Zerkleinerung dieser erfolgen. Im allgemeinen werden sie grob geschrotet und im Dämpfer mit Rührwerk wie Mais verarbeitet. Meist genügt jedoch ein viel niedrigerer Druck als bei der Verarbeitung von Mais, da die Stärke in den Trockenkartoffeln bei der Herstellung zum Teil einen Verkleisterungsprozeß durchgemacht hat. Bei Kartoffelflocken ist durch die Herstellungsweise bereits eine vollkommene Verkleisterung bewirkt worden. Es ist daher bei Verarbeitung dieser nur, wenn Dickmaischen hergestellt werden sollen, die Anwendung von Hochdruck notwendig.

Zur Verarbeitung von Kartoffelflocken wärmt man das zum Einmaischen nötige Wasser auf 50° an, u. zw. für 100 *kg* Flocken 220—240 *l* Wasser. Ein Drittel des Malzes gibt man in das Wasser und gießt dann unter Umrühren langsam die Kartoffelflocken ein. Sind alle Flocken im Bottich, so erhöht man nach KRÜGER die Temperatur der Masse auf 68° und läßt hierbei 1/4—1/2 Stunde verkleistern und verflüssigen. Dann kühlt man auf 62 1/2° ab und gibt den Rest des Malzes zu, wodurch sich die Temperatur weiter bis auf ca. 60° erniedrigt. Bei dieser Temperatur läßt man ungefähr 1/2 Stunde zur Verzuckerung stehen. Hat man einen Henze mit Rührwerk zur Verfügung, so ist es zweckmäßiger, die Flocken mit Dampfdruck aufzuschließen. Ein Druck von 1 1/2—2 *Atm.* ist vollkommen ausreichend. An Malzgetreide benötigt man ebensoviel wie bei der Maisverarbeitung. Auch hier verwendet man meist Grün-Langmalz.

2. Reis wird im allgemeinen, soweit er zur Spiritusfabrikation dient, wie Mais verarbeitet. Vielfach verarbeitet man ihn auch nach dem Amyloverfahren (s. d.).

3. Manioka. Die Maniokawurzel wird in den Tropen vielfach zur Spiritusfabrikation verwendet. Die Verarbeitung der frischen Knolle wird ebenso gehandhabt wie die der Kartoffel. Die Ausbeute beträgt nach REUTER bis zu 18,5 *l* pro 100 *kg*. Zur Einfuhr nach Europa kommen nur die an der Sonne getrockneten Wurzeln. Diese besitzen einen außerordentlich hohen Stärkegehalt, dagegen nur wenig stickstoffhaltige Substanzen.

Nach LANGE (*Z. f. Spirit.* **1909**, 201) benötigt man zur Verzuckerung der Stärke 10—13% Gerste in Form von Grünmalz. Zur Aufschließung der Stärke müssen die Wurzeln zerkleinert werden. LANGE benutzte hierzu eine Kugelmühle und zur Nachzerkleinerung eine Grusonmühle. Auf 100 *kg* Schrot verwendet man zweckmäßig 250 *l* Wasser. Man kocht im Dämpfer 1 Stunde bei offenem Abblasehahn, schließt dann denselben, erhöht den Dampfdruck auf 2 1/2 *Atm.*, läßt bei diesem Druck ca. 10 Minuten stehen und bläst dann die Masse aus. Das Ausblasen wird genau wie bei der Kartoffelverarbeitung gehandhabt. Als Abmaischtemperatur nimmt man 60—62°, bei welcher Temperatur man die Maische 3/4—1 1/2 Stunden stehen läßt. Die übrige Arbeitsweise, Hefeführung und Gärführung wird genau wie in der Kartoffelbrennerei gehandhabt.

4. Buchweizen, Pferdebohnen, Sojabohnen und Lupinen werden bei der Hefefabrikation ihres Eiweißgehaltes wegen meist nur als Zumaischmaterial benutzt.

5. Hirse findet in Form von Malz Verwendung. In einzelnen Fällen dient sie auch als Rohmaterial bei der Spiritusfabrikation und wird dann wie Mais verarbeitet.

6. Erbsen werden nach HEINZELMANN im Henzedämpfer unter Anwendung von 3—3 3/4 *Atm.* Dampfdruck in 1 1/2 Stunden aufgeschlossen. Auf 100 *kg* verwendet man 140 *l* Wasser. Zur Verzuckerung verwendet man 8% Gerste in Form von Grünmalz.

7. Kastanien und Eicheln lassen sich wegen ihres hohen Gerbstoffgehaltes nicht ohne weiteres zur Spiritusgewinnung verwenden, da nicht nur die Gärung,

sondern auch d[illegible]ung durch die Gerbsäure beeinträchtigt wird. Die Gerbsäure kann durch Auslaugen mit Sodalösung beseitigt werden. Es existieren für die Verarbeitung von Kastanien und Eicheln verschiedene Verfahren von E. Laves sowie von Flügge. Über Einzelheiten s. Maercker-Delbrück.

8. Pülpe. Kartoffelpülpe enthält die bei der Stärkefabrikation nicht auswaschbare Stärke. Der Gehalt an letzterer ist von der Einrichtung der Stärkefabrik abhängig. Eine Pülpe aus einer gut arbeitenden Stärkefabrik läßt bei Verarbeitung in der Brennerei nur mäßige Rentabilität erwarten. Sie enthält wenig Stärke, viel Rohfaser und nur eine sehr geringe Menge Eiweißstoffe. Trotzdem wird sie zuweilen als Zumaischstoff zu Kartoffeln verwendet. Sie kann (*Z. f. Spirit.* **1911**, 629) folgendermaßen verarbeitet werden. Die Trockenpülpe wird mit Wasser am Abend vorher 1 Stunde lang im Henze bei offenem Mannloch gekocht, dann das Mannloch geschlossen und der Druck auf $4-4^1/_2$ *Atm.* gebracht. Am nächsten Morgen wird nochmals durch Dampfzufuhr der Druck auf 4 *Atm.* erhöht und dann ausgeblasen. Gemaischt wird wie bei der Kartoffelbrennerei, doch ist zur Verzuckerung eine recht beträchtliche Menge Malz nötig. Gärung und Hefeführung geht wie in der Kartoffelbrennerei vor sich.

9. Bananen und Bananenmehl. In der Brennerei finden meist nur die unreifen Obstbananen und die Gemüsebananen Verwendung. Beide enthalten größere Mengen Stärke. Sie kommen entweder in Form von Stücken oder in Form von Mehl in den Handel. Aus beiden Sorten kann nach der Methode der Maisverarbeitung resp. der Trockenkartoffelverarbeitung Spiritus gewonnen werden. Die reifen Obstbananen werden in der Brennerei zu Trinkbranntwein verwendet. Da diese beträchtliche Mengen Zucker enthalten, kann man die daraus bereitete Maische direkt mit Hefe zur Gärung anstellen. Häufig überläßt man sie auch wie bei der Obstbrennerei der Selbstgärung. Die getrockneten unreifen Obst- und die getrockneten Gemüsebananen werden wie Trockenkartoffeln und Mais verarbeitet.

10. Bataten verarbeitet man wie die Kartoffeln. Vielfach werden sie zur Aufbewahrung getrocknet oder in ein trockenes Mehl verwandelt. In letzterem Falle werden sie wie Mais behandelt. In Japan bereitet man aus Bataten einen besonderen Branntwein. Die Arbeitseinteilung besteht bei Herstellung dieses Getränks in der Bereitung des Kogi, der Darstellung des Moroni und der Destillation. Zur Bereitung des Kogi wird geröstete Gerste und Mohrhirse gedämpft und an einem warmen Orte ausgebreitet, damit sich auf ihr Pilze ansiedeln können. Nach 3 Tagen rührt man die Masse um und verwendet sie nach einer Woche, wenn sie durch Pilzsporenbildung ganz schwarz geworden ist. Das Moroni wird aus 6 Teilen gedämpfter Bataten und 1 Teil Kogi bereitet. Durch das Kogi wird die Stärke verflüssigt und verzuckert. Die Maische überläßt man der spontanen Gärung. Nach 5–6 Tagen wird sie destilliert.

11. Queckenwurzeln. Bei diesen wird die Stärke am besten mittels Säuren in Zucker übergeführt und dann die Maische nach dem Säureverfahren (s. Mais) weiterbehandelt.

12. Helianthiknollen. Diese enthalten größere Mengen Inulin, das erst durch Kochen mit Säuren in gärungsfähigen Zucker übergeführt werden muß. Die Säure muß dann zum größten Teile neutralisiert werden, hernach wird mit Hefe angestellt.

13. Topinambur enthält ebenfalls größere Mengen Inulin, das zweckmäßig mit Salzsäure oder Schwefelsäure invertiert wird. Man kann die Inversion des Inulins (nach Behrend soll es Lävulin sein) auch durch Dämpfen auf $2^1/_2$ *Atm.* bewirken und dann die so erhaltene Maische direkt mit Hefe zur Gärung anstellen.

Anhang:

Das Amyloverfahren und seine Anwendung auf Mais und Roggen.

Wie schon zu Anfang besprochen, kann die Verzuckerung der Stärke mit Säuren, Malzdiastase oder Pilzdiastase bewirkt werden. Die letztere Methode wird mit dem Namen Amyloverfahren bezeichnet. Benutzt werden hierzu verschiedene Schimmelpilzarten, von denen früher der Mucor Amylomyces der gebräuchlichste war. Dieser hat nicht nur die Fähigkeit, Stärke zu verzuckern, sondern auch Zucker zu vergären. Die Gärwirkung ist jedoch sehr langsam, so daß man sie meist durch Zusatz von Hefen unterstützt. Man benutzt hierzu gewöhnlich Hefen, die höhere Gärtemperaturen vertragen können. Das Amyloverfahren findet meistens in Maisbrennereien Anwendung. In neuerer Zeit benutzt man es auch für Korn- und Kartoffelbrennereien. Da der Mucor Amylomyces sehr empfindlich gegen Infektion ist, verwendet man in der Amylobrennerei sterile Maischen. Bei Anwendung der Malzdiastase zur Verzuckerung der Stärke ist die Verwendung steriler Maischen nicht möglich, da durch die Sterilisation der Maische die verzuckernde Kraft der Diastase resp. diese selbst zerstört würde. Bei Verwendung von Mucor Amylomyces ist die Sterilisation leicht durchführbar, da erst nach der Sterilisation der Maische der Pilz in Reinkultur eingeimpft wird. Das Amyloverfahren hat vor allem den Vorteil, daß es speziell in klimatisch wärmeren Gegenden, in denen die Malzbereitung auf Schwierigkeiten stößt, leicht durchführbar ist, und daß infolge der sterilen Arbeitsweise nur sehr geringe Verluste durch Nebengärungen entstehen. Auch die Verwendung geschlossener Gärbottiche trägt viel dazu bei, daß die praktisch erreichbare Ausbeute der theoretischen sehr nahe kommt. Ein Nachteil ist, daß die Maischen verhältnismäßig dünn hergestellt werden müssen, weshalb das Verfahren für landwirtschaftliche Betriebe, in denen eine dicke Schlempe bevorzugt wird, nicht in Frage kommt. Es hat sich daher auch in Deutschland sehr wenig eingeführt. Trotzdem man eigentlich ohne Malz auskommen kann, verwendet man beim Amyloverfahren doch noch 1—2% Malz zur Verflüssigung der Stärke, um dem Pilz eine bessere Angriffsmöglichkeit zu geben.

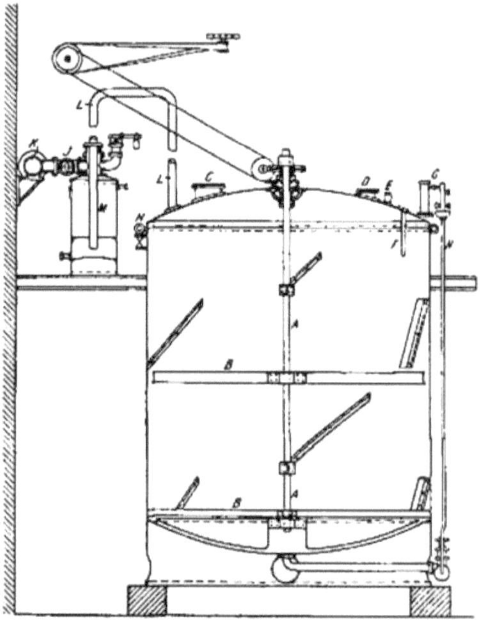

Abb. 256. Amylogärbottich nach MAERCKER-DELBRÜCK.

Man verwendet beim Amyloverfahren geschlossene eiserne Gärbottiche (Abb. 256). Diese besitzen ein Mannloch und eine besondere Einfüllöffnung *D* für die Maische. Am Boden befindet sich ein Ablaufrohr für die Maische, an der Seite sind ein oder mehrere Schaugläser angebracht. Der Stutzen *E* dient zur Einführung der Pilz- und Hefenkulturen. Das Abzugsrohr *L* ist für die entweichende Kohlensäure bestimmt und kann auch als Abzug für die Dämpfe beim Sterilisieren der Bottiche benutzt werden. Dieses Rohr mündet in die Vorlage *M*, die mit Wasser befüllt wird und zum Waschen der Kohlensäure dient. In größeren Brennereien wird die hieraus entweichende Kohlensäure aufgefangen und nach genügender Reinigung komprimiert. Im Innern des Bottichs ist das Rührwerk *A* angebracht. Zur Sterilisation des Bottichs und der Maische ist eine Dampfzuführung und zur Lüftung der Maische eine Luftzuführung vorgesehen. Die Kühlung der Maische findet durch Außenberieselung statt.

Der grobgebrochene Mais wird $1^1/_2$ Stunden in salzsäurehaltigem Wasser eingeteigt und dann im Henze gedämpft. Man steigert den Druck in einer Stunde auf 4 *Atm.* und bläst, nachdem die Masse unter diesem Drucke 25 Minuten gestanden hat, aus. Auf 100 *kg* Mais verwendet man 200 *l* Wasser und 300—600 *ccm* Salzsäure von 18° *Bé.* Die Maische wird durch den Henze direkt in den Gärbottich ausgeblasen. Für einen Gärbottich benutzt man gewöhnlich mehrere Dämpferfüllungen. Ist der Bottich vollkommen befüllt, so gibt man Wasser in die Kohlensäurewäsche und kühlt unter Lüften die Maische auf 39° ab. Bei dieser Temperatur wird der auf Reis gezüchtete Schimmelpilz, der einige Zeit vorher, um eine bessere Überführung zu ermöglichen und eine Auskeimung der Sporen zu bewirken, mit steriler Würze versetzt worden war, in die Maische gebracht. Nach 25—30 Stunden hat sich der Schimmelpilz in der Maische so vermehrt, daß dann die Verzuckerung sehr rasch vorwärts schreitet. Nun kann das Impfen der Hefe vorgenommen werden. Man wählt hierzu eine Hefe, deren Optimaltemperatur derjenigen des Pilzes möglichst nahe liegt. Früher verwendete man die Hefe „Levure Fiquet", in neuerer Zeit wird die sog. anamitische Hefe bevorzugt. Von der Hefe wird ebenfalls eine geringe Menge Reinkultur eingeimpft. Während der nun eintretenden Gärung wird gekühlt, damit die Temperatur nicht über 38° steigt. Sobald eine stärkere Kohlensäureentwicklung stattfindet, kann die Lüftung der Maische abgestellt werden. Die ganze Prozedur dauert gewöhnlich 4 Tage.

Verarbeitung von Roggen. Hier verwendet man das Getreide im geschrotenen Zustande. Man teigt es mit 2—3% Malzschrot im Vormaischbottich ein und bringt die Maische durch Einleiten von Dampf in ca. 20 Minuten auf 72,5°. Bei dieser Temperatur bleibt sie 20 Minuten zur Verflüssigung stehen und wird dann, mit etwas Schwefelsäure versetzt, in den Dämpfer hinabgelassen. Hier wird sie schnell (in etwa 10 Minuten) auf 1 *Atm.* Druck erhitzt, bleibt 5 Minuten unter diesem Drucke stehen und wird dann in einen zweiten größeren Henze ausgeblasen. Das Mannloch des zweiten Henze ist geschlossen, dagegen ist auf seinem oberen Boden ein mit einem Ventil versehenes Dampfabzugsrohr angebracht, aus dem man beim Überblasen der Maische etwas Dampf ausströmen läßt, den man in die inzwischen im Vormaischbottiche bereitete folgende Maische leitet. Durch die beim Ausblasen entstehende Druckentlastung findet eine vollkommene Zerkleinerung der Dämpfmasse statt, so daß beim nochmaligen Erhitzen auf 1 *Atm.* innerhalb 5—20 Minuten eine vollständige Aufschließung der Stärke bewirkt wird. Vom zweiten Henze aus gelangt die Maische in den gut sterilisierten Gärbottich. Dieser ist ähnlich eingerichtet wie der bereits beschriebene. Nach dem Befüllen wird der Impfstutzen geschlossen und Luft eingeblasen, damit bei der Abkühlung im Gärbottich kein Vakuum entstehen kann. Die Maische wird auf 40° abgekühlt und mit dem Schimmelpilz Mucor Delemar in der bei der Maisverarbeitung angegebenen Weise geimpft. Während der Verzuckerung lüftet man die Maische. Nach 15 Stunden wird die Hefereinkultur (anamitische Hefe) zugesetzt und die Gärung bei 35° eingeleitet; nach 3—4 Tagen ist sie beendet.

Auch in die Kartoffelbrennerei findet das Amyloverfahren in neuerer Zeit Eingang. In Deutschland wird es gegenwärtig in 2 Brennereien angewendet.

II. Bildung des Alkohols aus zuckerhaltigen Rohstoffen.

Bekanntlich werden Trauben- und Fruchtzucker (Monosen $C_6H_{12}O_6$) durch die Zymase direkt in Alkohol und Kohlendioxyd gespalten, Rohrzucker aber, der zu der Gruppe der Biosen ($C_{12}H_{22}O_{11}$) gehört, erst nach vorheriger Hydratisierung

(Invertierung), wobei er in je 1 *Mol.* Glucose und Fructose zerfällt: $C_{12}H_{22}O_{11} + H_2O = 2\,C_6H_{12}O_6$; ähnlich verhält sich der Malzzucker, welcher bei der Hydratisierung 2 *Mol.* Glucose liefert. Da nun in der lebenden Hefe außer der Zymase auch solche Enzyme enthalten sind, welche (wie die Diastase, Invertase) diese Hydratisierung der in Betracht kommenden Biosen bewirken, so genügt es zur Erzeugung des Alkohols, wenn die Rohstoffe dieser Gruppe unter Zusatz von Hefe der Gärung unterworfen werden. Zur Verarbeitung kommen die Zuckerrüben, die Zuckerrübenmelasse und die Zuckerrohrmelasse, ferner zuckerhaltige Früchte und Wurzeln.

1. Rübenbrennerei.

Über die Möglichkeit, aus den Runkelrübenrückständen Alkohol zu gewinnen, berichtet bereits NEUBECK im Jahre 1806. Heute wird die Verarbeitung von Zuckerrüben auf Spiritus hauptsächlich in Frankreich und in Ungarn betrieben. In Deutschland ist sie infolge höherer Steuerbelastung des aus Rüben hergestellten Spiritus nicht mit der Kartoffelbrennerei konkurrenzfähig, weshalb man hier die Zuckerrüben ausschließlich zur Zuckerfabrikation verwendet. Die Rüben werden nach BRIEM (die Rübenbrennerei) meist nicht als solche, sondern erst auf einen zuckerhaltigen Saft verarbeitet, den man der Gärung unterwirft. Diesen kann man durch Auspressen, Macerieren oder Diffundieren gewinnen. Soll der Saft durch Auspressen gewonnen werden, so muß man die Rüben zerkleinern, was durch Reibselmaschinen ähnlich wie bei der Kartoffelstärkefabrikation erreicht wird. Dann wird die Masse durch Walzenpressen, von denen die DUJARDINsche die bekannteste ist, vom Safte befreit.

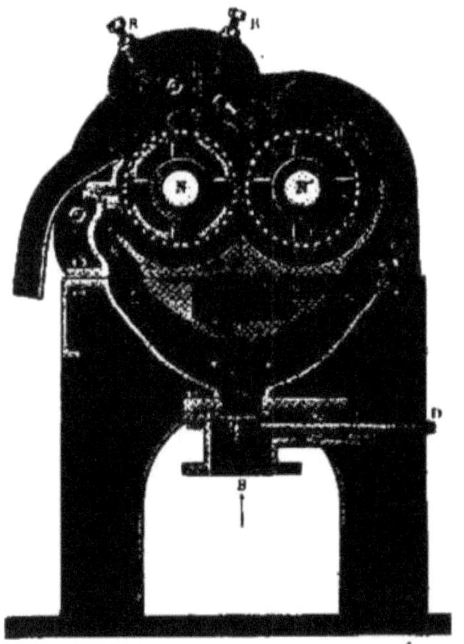

Abb. 257. DUJARDINS Walzenpresse.

Abb. 257 stellt die DUJARDINsche Walzenpresse dar. Der Brei tritt durch das mit einem Schieber versehene Rohr *B* ein. Die Presse besteht aus 2 in entgegengesetzter Richtung rotierenden Walzen *N* u. *N'*, welche mit einem Mantel von gelochten Blechen versehen sind. Durch die äußeren Wandungen *E* u. *E'*, und durch die Teile *H*, *I* u. *T* wird eine Zweiteilung des Troges bewirkt und so der Brei auf 2 Wegen der eigentlichen Presse zugeführt. Das Ablaufen des Saftes findet durch die Löcher des Mantels statt. Der Preßrückstand tritt bei *P* aus der Presse aus. Die Regulierung der Presse wird durch die Stellschrauben *R* u. *R'* bewirkt. Die DUJARDINsche Presse soll einen konzentrierteren Saft als das Diffusionsverfahren liefern. Als Flüssigkeit zum Anmachen der Reibsel wird Schlempe oder der zweite Saft der Presse verwendet.

Der Saft wird durch Maceration oder Diffusion in ähnlicher Weise gewonnen wie bei der Zuckerfabrikation. Die gut gereinigten Rüben werden geschnitzelt und in sog. Diffusionsbatterien ausgelaugt. Das Auslaugen findet entweder mit Schlempe oder mit Wasser statt. Die Diffusionsbatterien bestehen meist aus 5 Diffuseuren. In den Diffuseuren werden die Schnitzel durch 2 Siebe zusammengehalten. Die Gefäße sind untereinander durch Übersteigrohre verbunden; von dem letzten Gefäß führt ein Übersteigrohr zu dem ersten zurück. Jedes Gefäß besitzt eine Schlempe- und Wasserzuleitung und einen Abfluß nach dem Saftsammelgefäß.

Abb. 258 stellt eine solche Diffusionsbatterie dar. Die Diffusion wird so gehandhabt, daß man mit den zuckerärmsten Schnitzeln die zuckerärmsten Säfte zuerst in Berührung bringt und diese dann zum Auslaugen immer zuckerreicheren Materials verwendet, bis sie zum Schlusse mit frischen Schnitzeln in Berührung kommen. Hierdurch erhält man Säfte, deren Zuckergehalt nahezu denjenigen der dazu verwendeten Rüben erreicht.

Zur Vergärung müssen die Säfte, die sehr leicht in Selbstgärung geraten, zum Schutze der Hefe gegen schädliche Mikroorganismen mit Säure versetzt werden, besonders, wenn bei der Diffusion der Schnitzel eine zu niedrige Temperatur angewendet wurde. Nach Briem erzeugt man durch Zusatz von Schwefelsäure einen Säuregrad von 0,16–0,18°. Auch durch Aufkochen der Säfte kann man die Wirkung der der Hefe schädlichen Bakterien ausschalten. Die Säfte besitzen eine Konzentration von ca. 8–12° Balling und können nach der Ansäuerung direkt vergoren werden.

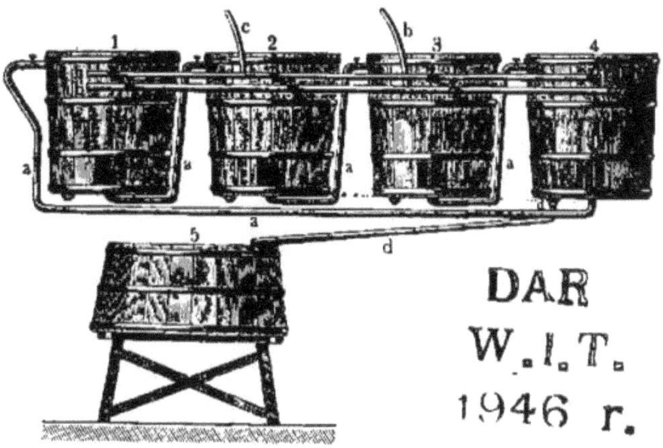

Abb. 258. Diffusionsbatterie nach Briem, Rübenbrennerei.

Man verwendet hierbei die sog. kontinuierliche Gärung. In diesem Falle wird die Maische das erstemal mit Brennereihefe oder Bierhefe angestellt und die nächste Maische dann immer mit einem Teil der vorhergehenden verschnitten. Hierdurch wird die Gärung rasch eingeleitet und, da nur sehr schwache Zuckerlösungen verarbeitet werden, rasch beendet (Gärungsdauer 4–10 Stunden). Da zum Auslaugen oder Auspressen des Saftes Schlempe verwendet wird, gelangen die Eiweißstoffe der Hefe wieder als Nährstoffe für die neue Hefe zur Verwendung. In Rübenbrennereien treten besonders leicht Infektionen durch Hefeschädlinge auf, daher ist große Reinlichkeit in der Betriebsführung sehr am Platze.

Nach Koloczek (*Z. f. Spirit.* **1911**, 239) werden in Österreich-Ungarn auch größere Mengen Zuckerrüben in Kartoffel- und Getreidebrennereien verarbeitet. In Österreich dürfen bestehende Brennereien die in eigener Wirtschaft geernteten Zuckerrüben verarbeiten, während in Deutschland dies eine Kürzung des Brennrechtes zur Folge hätte. Nach Koloczek können die Rüben und Rübenköpfe in Mieten bis zum März ohne wesentlichen Zuckerverlust aufbewahrt werden. Der letztere beträgt nach Koloczek 2–3%. Zur Verarbeitung werden Rüben und Köpfe gewaschen, mittels Elevators in den Henze befördert und, um den Verlust an Fruchtwasser zu vermeiden, nur von unten gedämpft. Der Druck wird auf $1^1/_4$–$1^1/_2$ *Atm.* erhöht, während man den aus den Rüben abgeschiedenen Zuckersaft von Zeit zu Zeit in den Vormaischbottich abläßt. Beim gleichzeitigen Verarbeiten von Kartoffeln wird der Henze erst mit den Kartoffeln befüllt, dann werden auf diese die Rüben geschichtet. Es werden dann erst die Kartoffeln ausgeblasen und mittels Malzes verzuckert, während die Rüben noch ca. $^1/_2$ Stunde im Dämpfer bleiben und dann zur

Kartoffelmaische zugeblasen werden. Man kann aber auch beide Maischen für sich bereiten, die Kartoffelmaische einen Tag gären lassen, worauf die Rübenmaische zugefügt wird. Die Maischen kann man nach KOLOCZEK mit Bierhefe anstellen, doch ist es zweckmäßiger, mit Brennereihefe oder Weinhefe, u. zw. mit Kunsthefe, zu arbeiten. Man stellt sie her, indem man der Rübenmaische pro *hl* zu erzeugenden Alkohols 150 *l* entnimmt, auf 0,8° Säure ansäuert und 3–400 *g* Hefeextrakt zugibt. Als Anstellhefe verwendet man Weinhefe. Die Hefenmaische soll, wie bei der Kartoffelbrennerei, möglichst konzentriert sein und bis zu ihrer Verwendung nicht unter 4–5° Balling vergären. Die Hefenmaische wird der Hauptmaische, die gewissermaßen als Vorgärung dient, zugegeben und diese nach 24 Stunden mit frischer Maische versetzt. Die Vergärung der Maischen inkl. Vorgärung dauert 44–48 Stunden. Die Maischen vergären bis auf 0,6–1,0° Balling. Da die Rübenmaischen sehr dick sind, ist es zweckmäßig, sie zu entschalen. Man benutzt hierzu die Schneckenpresse.

2. Verarbeitung von Rübenmelasse.

In der Melassebrennerei werden hauptsächlich 2 Sorten von Melassen verarbeitet: Rohzuckermelasse und Raffineriemelasse (Zusammensetzung s. Rohstoffe). Die Melassen sind sehr konz. Zuckerlösungen, die nicht ohne weiteres vergoren werden können. Zunächst muß eine Verdünnung mit Wasser erfolgen. Da beim Eindicken der Säfte bei der Zuckerfabrikation die Säuren mit Kalk abgestumpft werden, um Invertzuckerbildung zu verhüten, besitzen die Melassen meist eine alkalische Reaktion, welche beim Vergären ein Aufkommen der Hefeschädlinge begünstigen würde. Die Melassen müssen daher angesäuert und zur Abtötung ev. vorhandener Bakterien gekocht werden. Die Arbeitsweise in den Melassebrennereien gestaltet sich folgendermaßen:

1. Ansäuern und Kochen der Melassen.
2. Verdünnen der Melasse.
3. Anstellung der Maische mit Hefe.
4. Vergärung der Maische.

Die Melasse enthält meist ca. 50% Zucker und große Mengen Salze. Die Verdünnung der Melasse ist abhängig von der Art der Vergärung. Bei Verwendung von Bierhefe kann man nur Maischen von geringerer Konzentration vergären, da Bierhefen nur geringe Mengen Alkohol zu erzeugen und zu ertragen vermögen. Bei Verwendung von Brennereihefe oder Weinhefe, welche größere Mengen Alkohol erzeugen können, bereitet man die Maischen konzentriert; dies ist umso vorteilhafter, da die Schlempe zur Weiterverarbeitung meist wieder eingedampft werden muß. Die Melasse kann wegen ihrer Zähflüssigkeit im kalten Zustande nur sehr schwer verdünnt werden. Man verdünnt daher entweder die Melasse nach dem Ankochen oder benutzt für kalte Melasse warmes Wasser. Zum Kochen der Melasse verwendet man gewöhnlich das KÖRTINGsche Dampfstrahlgebläse oder vollführt die Verdünnung in Bottichen, die am Boden mit einer Dampfschlange versehen sind. Die Melasse verdünnt man auf ca. 20–35° Balling. Man verwendet in der Melassebrennerei meist Teilbemaischung, u. zw. stellt man die erste Maische dünner her als die zweite, und die dritte konzentrierter als die zweite. Zum Verdünnen verwendet man Wasser; in manchen Betrieben, mit denen eine Getreidelufthefefabrik verbunden ist, ersetzt man einen Teil des Wassers durch abgebrannte Lufthefenwürze. Die Neutralisation der Melasse wird meist mit Schwefelsäure, in neuerer Zeit auch mit Milchsäure vorgenommen. Bei der Verwendung von Schwefelsäure muß berücksichtigt werden, daß ein zu großer Überschuß davon die Ausbeute an kohlensauren Alkalien bei der Verwertung der Schlempe beeinträchtigt. Da die Alkalität der Melassen außerordentlich verschieden ist, so muß sie für jede Melasse festgestellt und der nötige Säurezusatz berechnet werden. Man verwendet so viel Säure, daß ein Säuregrad von 0,2–0,5° (auf 20 *ccm*) erreicht wird. Nach COLLETTE und BOIDIN wird Phosphorsäure, nach M. DE CUYPER fein zerteilter Torf zum Ansäuern verwendet. Zuweilen kommen auch saure Melassen in den Handel. Diese sind meist mit säurebildenden Bakterien und Sporen verunreinigt. Zum Abtöten dieser und zum Entfernen der bereits gebildeten flüchtigen Säuren, die die Vergärung behindern können, werden solche Melassen am besten unter Zusatz von Schwefelsäure längere Zeit gekocht. L. RIVIERE (*Z. f. Spirit.* **1909**, 437) befreit die Melasse durch Kieselfluorwasserstoffsäure oder Aluminium-, Zink- oder Magnesiumsalze der Kieselfluorwasserstoffsäure vom Kalium. Die alkalifreien Melassemaischen sollen besser vergären und in höheren Konzentrationen vergoren werden können als gewöhnliche Melassen. HEINZELMANN prüfte dieses Verfahren nach und fand, daß die vom Kalium befreiten Melassen eine größere Alkoholausbeute und bessere Spiritusqualität liefern.

Die Einleitung der Gärung erfolgt häufig durch Zusatz von Bierhefe. Diese eignet sich hierfür besonders, da sie imstande ist, eine in der Melasse häufig vorkommende Zuckerart, die Raffinose, zu vergären. Man verwendet sie im flüssigen oder abgepreßten Zustande, muß aber dafür sorgen, daß sie stets frisch zur Verfügung steht und aus einer guten Brauerei stammt, in der mit Reinhefe gearbeitet wird. Nach HEINZELMANN verwendet man bei der Vergärung von Melassen mittels Bierhefe zweckmäßig Weizenkleie als Zusatz. Diese wird mit einem geringen Malzzusatz und Wasser langsam auf 63° gebracht und nach kurzer Zeit auf 75° erhitzt, bei welcher Temperatur sie zur Pasteurisation einige Zeit stehen bleibt. Diese Kleie gibt man mit der Bierhefe zur ersten Maische. HEINZELMANN verwendet auf 6000 *l* Maische 25 *kg* Kleie und 50 *kg* Bierhefe, doch kann man auch mit wesentlich weniger Bierhefe auskommen. Häufig wird die Maische zu Anfang der Gärung gelüftet. Vielfach verarbeitet man auch in der Melassebrennerei als Hefenährstoff einen durch Selbstverdauung aus Bierhefe bereiteten Extrakt. In neuerer Zeit verwendet man an Melasse gewöhnte Hefen. Nach MAERCKER-DELBRÜCK bereitet man für einen Maischraum von 50000 *l* täglich aus 45 *kg* Roggenschrot, 15 *kg* Malz und Wasser ca. 200 *l* Hefenmaische, läßt $1^1/_2$ Stunden bei 62,5° zur Verzuckerung stehen, säuert entweder durch Pilzsäuerung oder durch Zusatz technischer Säuren und stellt mit Reinzuchtbrennerei- oder Weinhefe an. Mit dieser Hefe werden, nachdem zur Bereitung der neuen Hefe ca. 50 *l* abgenommen sind, ungefähr 5000–6000 *l* gut gekochte, mit Schwefelsäure auf 1,2–1,3° angesäuerte Melasselösung angestellt. Die Konzentration der Melasselösung erhöht man allmählich von 18 auf 27° Balling. Während der Gärung wird die Hefenmaische zweckmäßig etwas gelüftet. Von dieser Hefenmaische wird ein Teil zurückbehalten und zum Anstellen der neuen Hefenmaische mitverwendet. Die Gärung der Melassemaischen wird bei ziemlich warmen Temperaturen eingeleitet, dann so weit abgekühlt, daß die Temperatur von 30° nicht überschritten wird. Die häufig während der Angärung geübte Lüftung der Maischen ist nicht unbedingt nötig. Zu Beginn der Gärung tritt meist Schaumbildung ein, die durch Fettzugabe gedämpft werden muß. Zuweilen treten in der Melassebrennerei Betriebsstörungen auf. Eine der gefürchtetsten ist die sog. Salpetergärung. In diesem Falle bildet sich aus salpetersauren Salzen infolge von Bakterienwirkung salpetrige Säure, die die Hefe abtötet und so die Gärung unterbricht. Häufig ist auch Schwergärigkeit der Melassen die Ursache von geringen Alkoholausbeuten. Die Schwergärigkeit wird oft durch den Gehalt der Melasse an

Hefeschädlingen bedingt, zuweilen ist auch die chemische Zusammensetzung der Melasse die Ursache davon. Die scheinbare Vergärung der Melassen liegt ziemlich hoch. Je nach der Konzentration der Maischen wird eine Vergärung von 3,0 bis 7,5° Balling erreicht. Am besten läßt sich die Beendigung der Gärung durch Polarisation feststellen. Gut vergorene Maischen zeigen meist eine Rechtsdrehung von unter 0,1 im 100 *mm*-Rohr bei 20°.

In größeren Melassebrennereien verwendet man meist Reinzuchthefen, die man selbst in Reinzuchtapparaten züchtet.

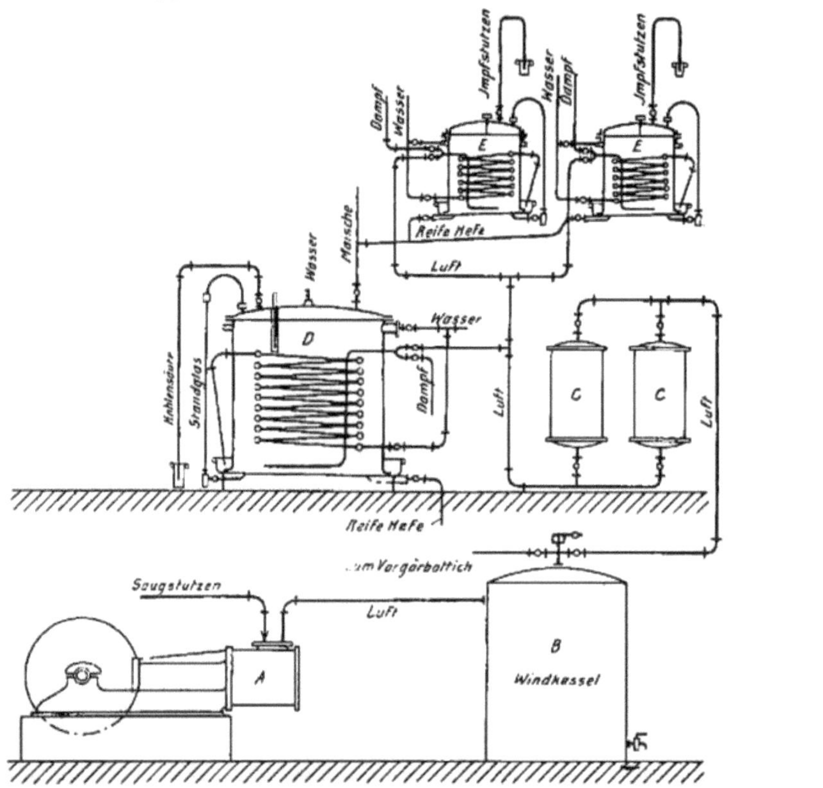

Abb. 259. Schema einer Hefereinzuchtanlage der MASCHINENBAU-A.-G. GOLZERN-GRIMMA.

Abb. 259 zeigt eine solche Reinzuchtanlage, hergestellt von der MASCHINENBAUAKTIENGESELLSCHAFT GOLZERN-GRIMMA. Sie besteht aus dem Luftkompressor *A*, dem Windkessel *B*, den Luftfiltern *C*, den Reinzuchtapparaten *D* und *E*.

In den Reinzuchtapparaten wird die Hefe in aus Melasse und Hefeextrakt bereiteten Maischen gezüchtet. Man wählt einen Extraktgehalt der Maische von 17,5° Balling und läßt sie auf ca. 9,5° Balling vergären, nachdem sie mit Schwefelsäure auf 1,4° angesäuert ist. Aus den kleinen Reinzuchtapparaten kommt die Maische in den großen Apparat, dessen Maische annähernd dieselbe Zusammensetzung hat und ebensoweit vergoren wird wie die Maische in den kleinen Reinzuchtapparaten. Vom großen Apparat wird die Hefenmaische zum Anstellen der Maische im Vorgärbottich verwendet. Diese hat ebenfalls einen Extraktgehalt von 17,5° Balling, aber nur einen Säuregrad von 1,0°. Sie wird zum Anstellen der Hauptmaische benutzt. Die Heranzüchtung der zum Vergären der Maische notwendigen Hefe kann auch in offenen Hefengefäßen ohne Reinzuchtapparate in aus Melasse und Hefeextrakt bereiteten Maischen, die entweder durch Milchsäurebakterien oder durch Zusatz von Schwefelsäure gesäuert sind, vorgenommen werden. In diesem Falle ist der häufigere Ersatz der Hefe durch frische Reinzuchthefe notwendig.

Nach EFFRONT, Brüssel (*D. R. P.* 146499), setzt man zur Melassemaische Harze, u. zw. 2–100 *g* auf 100 *l* Maische; schon mit 5 *g* Kolophonium auf 100 *l* Maische soll man guten Erfolg erzielen. Am besten wird das Harz in gelöster Form zugesetzt. Die Lösung bereitet man sich, indem man 1 *kg* Harz mit 200 *g* Kaliumhydroxyd und 5 *l* Wasser 1–2 Stunden kocht und dann mit Wasser auf 10 *l* verdünnt. Man kann auch Harzseifen oder harzhaltige Fettseifen verwenden. Der Harzzusatz erfolgt am zweckmäßigsten, wenn die Gärung beginnt. Auch zur Kunsthefe gibt man Harz, u. zw. doppelt soviel als zur Hauptmaische. Nach EFFRONT kann die starke Ansäuerung, das Kochen der Maische und der Zusatz von Hefenährstoffen beim Harzverfahren unterbleiben. Die Maischbereitung geschieht in der Art, daß man die Melasse mit der 2½–3fachen Menge Wasser verdünnt und dann pro *hl* Maische 200–600 *ccm* einer 10%igen Harzlösung zugibt. Hefenmaische verwendet man pro *hl* Hauptmaische 20 *l* und setzt sie hinzu, wenn der Extrakt derselben bis zur Hälfte vergoren ist. Die Alkalität der Melassen wird bei diesem Verfahren durch Schwefelsäure beseitigt. Schwer vergärbare Maischen behandelt man nach EFFRONT mit Harzsäuren. Man erhält dieselben, indem man die alkalischen Harzlösungen mit einem Überschuß von Säuren versetzt. Man verdünnt die Melasse mit dem gleichen Volumen Wasser, erhitzt auf 100° und verwendet pro 100 *kg* Melasse ca. 100 *g* mit Wasser angerührter Harzsäuren.

3. Verarbeitung von Zuckerrohrmelasse.

Die Zuckerrohrmelasse entspricht in ihrer Zusammensetzung der Rübenzuckermelasse, doch enthält sie wesentlich andere Geschmacks- und Geruchsstoffe. Dementsprechend besitzt der daraus bereitete Spiritus einen ganz anderen Charakter als der Rübenmelassespiritus. Während letzterer auch durch die besten Reinigungsmethoden nicht für die Branntweinbereitung geeignet gemacht werden kann, wird der Zuckerrohrmelassespiritus in Amerika vielfach zur Herstellung von Whisky benutzt. Auch dient die Zuckerrohrmelasse in einzelnen Gegenden zur Erzeugung von Edelbranntweinen, wie Rum und Arrak. Die Alkoholfabrikation aus Zuckerrohrmelasse wird genau ebenso ausgeführt, wie die aus Rübenmelasse, dagegen dienen zur Herstellung von Arrak und Rum besondere Methoden, die teilweise noch geheim gehalten werden.

a) Arrakfabrikation.

Ihre Heimat ist Java, wo in Batavia die feinste und teuerste Marke hergestellt wird (s. auch Trinkbranntwein). Dort befinden sich nach E. de KRUYFF (Indischer Mercur, 1909) nur wenige Brennereien, alle im Besitze von Chinesen, welche die Fabrikationsmethode als Geheimnis betrachten. Trotzdem man an den Küstenorten Javas genau wie in Batavia arbeitet, ist es nicht möglich, daselbst ein annähernd gleich gutes Fabrikat zu erzeugen. Man schiebt dies dem in Batavia verwendeten kalihaltigen Wasser zu, nach anderer Ansicht soll die verschiedene Zusammensetzung der Melasse die Ursache sein. Sehr eigenartig wird die zur Vergärung benutzte Hefe bereitet. Als Ausgangsmaterial verwendet man Raggi. Dies besteht aus kleinen mehligen Kugeln, die aus Reismehl, Zuckerrohr, Allium sativum und Alpinia galanga bereitet werden. Man macht aus diesen Ingredienzien einen Teig, der nach 3 Tagen zu Kügelchen geknetet wird, die an der Sonne getrocknet werden. Diese enthalten verschiedene Schimmelpilze, wie Chlamydomucor oryzae, Rhizopus oryzae, Mucor javanicus, und verschiedene Hefensorten, von denen Saccharomyces Vordermanni und Monilia javanica am häufigsten vorkommen.

Zur Bereitung der Hefe wird roter Reis in offenen Pfannen über freiem Feuer gar gekocht und dann zum Abkühlen ausgebreitet.

Nach Abkühlung des Reises werden mehrere Raggikugeln zerstoßen und dem Reis beigemischt. Das Gemisch kommt in hölzerne Töpfe mit doppeltem Boden. Auf den oberen Boden kommt eine Matte und auf diese der Reis. Der Reis wird dann wiederum mit einer Matte bedeckt. In diesen Töpfen bleibt die Masse 2 Tage, wobei die Stärke durch die Schimmelpilze verzuckert wird und die Hefen sich unter starker Temperatursteigerung (bis auf 50°) vermehren.

Zur Maischbereitung benutzt man Rohrzuckermelasse; Zusammensetzung s. Rohstoffe.

Man verdünnt dieselbe mit dem warmen sog. Kaliwasser in hölzernen Gefäßen. In das erste Gärgefäß kommen 48 *l* Melasse, 150 *l* Wasser und die Anstellhefe. Die Melasse wird nicht neutralisiert. Nach 24 Stunden wird die Masse in ein zweites Gefäß übergeführt und eine Mischung aus 224 *l* Melasse und 672 *l* Wasser zugefügt. Nach weiteren 24 Stunden wird die Masse in ein drittes Gefäß gesiebt und 200 *l* Melasse und 280 *l* Wasser zugefügt. Nach weiteren 24 Stunden werden 200 *l* Melasse zugefügt und die Maische noch 3 Tage der Gärung überlassen. Nach Beendigung der Hauptgärung wird die Maische in unglasierte Steintöpfe von 20 *l* Inhalt übergeführt. In diesen Töpfen wird die Masse 9 Tage der Nachgärung überlassen. Während der Nachgärung geht die alkalische Reaktion der Maische in saure über. Die bei der Gärung zuerst auftretende Hefe wird bald durch Saccharomyces Vordermanni und Monilia javanica verdrängt. Während der Nachgärung sterben sie ab, und Bakterien kommen auf.

Die Destillation geht in kupfernen Destillierblasen über freiem Feuer vor sich, die mit einem einfachen Kühler verbunden sind. Man fängt den Alkohol so auf, daß ein 50%iges Produkt erhalten wird, das übrige wird gesondert aufgefangen und nochmals destilliert. Mit diesem Destillat wird dann der 50%ige Arrak auf 60–66% gebracht. Die Lagerung findet in hölzernen Fässern statt.

b) Rumfabrikation (s. a. Trinkbranntwein).

Rum wird hauptsächlich in Jamaica, Barbados, Cuba, Puerto Rico, Britisch Guayana, Niederländisch Guayana und Mauritius erzeugt. Als Rohmaterial dient neben Zuckerrohrmelasse der Saft des Zuckerrohres, Auswaschungen, Abschaum und andere Rückstände von der Rohrzuckerfabrikation.

Die Maischen werden mit Schwefelsäure angesäuert und in einer Konzentration von 6–19° Balling vergoren. Die Vergärung wird durch direkte Anstellung mit aus Europa eingeführter Hefe durchgeführt. Zur Destillation werden teils einfache Blasenapparate, teils kontinuierliche Apparate verwendet. Dem fertigen Branntwein werden noch Essenzen zugesetzt. Die Farbe wird durch Couleur- oder gebrannten Zucker erzeugt. Zum Export kommt eine 75–80%ige Ware.

4. Obstbrennerei.

Aus jeder zuckerhaltigen Frucht kann durch Vergärung Branntwein bereitet werden, der je nach dem Geschmacksstoffe der Frucht einen besonderen Charakter erhält. Der für die Branntweinerzeugung wertbestimmende Bestandteil der Frucht, der Zucker, ist in den einzelnen Fruchtarten in verschiedener Menge vorhanden

(s. Rohstoffe) und schwankt auch bei den einzelnen Arten selbst außerordentlich. Seine Menge ist vor allem von der Witterung während der Wachstumsperioden und vom Reifezustand bei der Ernte abhängig. Infolge ihres hohen Preises eignen sich nicht alle Früchte zur Branntweinbereitung, viele nur in Jahren besonders reicher Ernten. Zur Alkoholgewinnung selbst können sie infolge des hohen Preises der Rohmaterialien nicht verwendet werden. Die Arbeitsweise ist die denkbar einfachste und hat sich seit einem Jahrhundert nicht wesentlich verändert. In den meisten Fällen überläßt man die Früchte der Selbstgärung. In neuerer Zeit finden auch Reinhefen und spezielle Weinhefen zur Vergärung der Maische Verwendung. Die Früchte müssen je nach der Art zerkleinert werden. Äpfel, Birnen etc. werden zerrieben, Steinfrüchte werden zerstampft oder gequetscht, wobei besonders darauf Rücksicht genommen werden muß, ob die Kerne mit zerstoßen werden sollen oder nicht. Vielfach werden auch nur die Rückstände von der Obstweinbereitung, so die Treber bei der Apfel- und Birnweinbereitung, vergoren. In fast allen Fällen gibt man die zerkleinerte oder zerquetschte Masse in Fässer oder Zementgruben und überläßt sie daselbst der Gärung. Sie tritt je nach der Menge der den Früchten anhaftenden Hefezellen früher oder später ein. Nach beendeter Gärung wird die Masse in einfachen Destillationsapparaten (s. Destillation) abgebrannt, oder man hebt die Maische noch mehrere Wochen oder Monate luftverschlossen auf. Im letzten Fall soll ein Branntwein mit ausgeprägtem Aroma- oder Fruchtgeschmack, der sog. Spätbrand, erhalten werden. Die in Deutschland am meisten hergestellten Obstbranntweine sind Zwetschenbranntwein und der Kirsch. Zur Herstellung des Zwetschenbranntweines verwendet man meist die sog. Hauszwetschen mit ihren verschiedenen Abarten und verschiedene Sorten Pflaumen. Zu feinerem Branntwein nimmt man Mirabellen, Reineclauden und Pfirsiche. Meist wird ein Drittel der Kerne mitgequetscht. Zur Kirschbereitung werden in Deutschland meist die kleinfrüchtigen roten und schwarzen Waldkirschen verwendet. In der Schweiz benutzt man meist großfrüchtige Sorten. Bei der Kirschbereitung werden die Steine meist nicht mit zerstoßen. Nur bei geringen Qualitäten, die einen ausgeprägten Blausäuregeschmack haben sollen und zum Verschneiden dienen, werden dieselben mit zerstoßen.

Zur Erzeugung von Branntwein aus Obsttrebern werden die letzteren häufig mit Zucker versetzt.

Außer den Früchten können auch zuckerhaltige Wurzeln Verwendung zur Branntweinfabrikation finden. In Süddeutschland sind es besonders die Wurzeln verschiedener Gentianeen, die zur Erzeugung des sog. Enzians verwendet werden. Die Wurzeln hierzu werden spez. von Gentiana bavarica, lutea und punctata während der Blütezeit, wo sie am meisten Zucker enthalten, von Juli bis September gegraben. Sie werden von der Erde durch Waschen gereinigt, zerhackt und pro Zentner Wurzeln mit 100 *l* warmem Wasser vermengt. Die Maische überläßt man der Selbstgärung. Die Gärräume müssen häufig geheizt werden. Der Branntwein wird durch zweimalige Destillation erhalten. Er wird häufig mit Korn- oder Kartoffelspiritus verschnitten. Nicht selten wird auch der Maische bereits Zucker zugesetzt, um einen höheren Alkoholgehalt und dadurch höhere Ausbeute zu erzielen.

Verarbeitung von Mowra flowers.

In Indien wird aus den Blüten der Bassia latifolia in großen Mengen Alkohol bereitet. Die Brennereien sind in den verschiedenen Distrikten meist an bestimmten Orten vereinigt, damit der Regierung die Kontrolle erleichtert wird. Die des Bombay-Distriktes liegen in Uran. Es waren früher 19, sie sind aber jetzt auf

6 zusammengeschmolzen. Sie werden von Parsen betrieben, der einzigen Sekte in Indien, deren Religion die Fabrikation von Alkohol nicht verbietet. Hergestellt wird nur Trinkbranntwein. Die Mowra flowers wachsen in Mittelindien in Wäldern. Es sind kolossale Bäume mit fleischigen Blüten. Die Frucht ist wie ein sog. Holzapfel. Nach der Befruchtung fällt die Blütenkrone ab und wird mit Regierungserlaubnisschein gesammelt. Die Blüten werden in Mauersteinschuppen auf Holzfußboden gelagert. Sie klumpen zusammen und nehmen allmählich eine schwarze Farbe an. Die Verarbeitung und Einrichtung der Brennerei ist sehr primitiv. Zunächst wird abgebrannte Maische durch 12 Stunden langes Stehenlassen und Umrühren an der Luft abgekühlt. Dann kommt sie in den Gärbottich, wo sie wiederum 24 Stunden stehen bleibt, dann wird sie, wenn sie auf 31° abgekühlt ist, mit der doppelten Menge Süßwasser verdünnt und bei 29° mit den Mowras versetzt. Man überläßt die Masse der Selbstgärung, die schon kurze Zeit nach dem Einschütten einsetzt. Es gehen dann Extraktion und Gärung gleichzeitig vor sich, so daß trotz der intensiven Gärung der Extrakt im Anfang steigt. Während der Gärung kommen die Blüten hoch und werden 3mal am Tage nach unten gestoßen. Die Gärung dauert 3 bis 6 Tage. Abgebrannt wird die Maische auf einfachen Destillierapparaten, u. zw. meist 2mal. Der Branntwein wird dann durch Filtration über Kohle und Soda nochmals gereinigt. Die Ausbeuten sind bei dieser Arbeitsweise natürlich nicht übermäßig hoch. In neuerer Zeit versucht man nach europäischen Grundsätzen zu arbeiten, was aber ziemlich beschwerlich ist, da in den meisten Gegenden kein kaltes Wasser zur Verfügung steht. Man verwendet jetzt häufig nicht mehr Selbstgärung, sondern arbeitet mit aus Deutschland bezogener Rein- resp. Trockenhefe.

Verarbeitung von Datteln.

Die Datteln werden im Orient in großen Mengen zur Branntweinbereitung verwendet. Nach ELLRODT werden sie am besten in der Weise verarbeitet, daß man sie eine halbe Stunde lang mit Wasser kocht. Es geschieht dies zweckmäßig in einem mit Rührwerk versehenen liegenden Dämpfer. Man läßt dann die Kerne absitzen und gießt die Maische von diesen in den Gärbottich ab. Zum Vergären benutzt man aus Dattelmaische und etwas Malz bereitete Hefenmaische, die durch bakterielle Säuerung oder technische Säuren gesäuert werden kann.

Verarbeitung seltenerer zuckerhaltiger Rohmaterialien.

Es gibt noch eine große Anzahl von zuckerhaltigen Rohmaterialien, die jedoch meist nur in bestimmten Gegenden und auch da verhältnismäßig selten Verwendung finden. Zu diesen gehören die Zichorienwurzeln, die Mohrrüben, Korinthen, Johannisbrot, Feigen, Asphodillwurzeln, Meerzwiebeln, die Früchte von Cactus opuntia, Sorghorohr, Grünmais, Krapp, Melonen, Früchte des Erdbeerbaumes, Kakaofruchtfleisch und Agaven. Die Verarbeitung dieser Rohstoffe ist sehr verschieden, beruht jedoch im Prinzip immer darauf, daß eine verhältnismäßig leicht flüssige Maische bereitet wird, die entweder der Selbstgärung überlassen oder mit direkter Hefe (häufig Bierhefe) oder Kunsthefe vergoren wird.

III. Zubereitung alkoholhaltiger Rohstoffe.

Am einfachsten ist die Gewinnung des Alkohols aus alkoholhaltigen Rohstoffen, da er aus diesen durch einfache Destillation isoliert werden kann. Besonders häufig wird sie in Wein produzierenden Ländern wie Frankreich und Italien gehandhabt. In Deutschland finden hierfür nur Abfälle bei der Wein- und Bierbereitung Verwendung, während der Wein hauptsächlich zur Kognakerzeugung dient (s. auch Trinkbranntwein.)

Kognak. Die Branntweinbereitung aus Wein ist die älteste bekannte Art der Alkoholgewinnung. Sie hat sich allmählich auf die hauptsächlich Weinbau treibenden Länder verbreitet und ist speziell in Frankreich zu Hause; bekanntlich leitet sie auch von der französischen Stadt Cognac ihren Namen her. Laut Verordnung der französischen Regierung vom 1. Mai 1909 dürfen die Bezeichnungen Kognak, Kognakbranntwein, Charente-Branntwein nur solche Branntweine führen, welche aus Wein der Departements Charente Inférieure, la Charente, la Dordogne oder Deux Sèvres hergestellt sind. In Deutschland darf als Kognak nur Trinkbranntwein in den Handel kommen, der ausschließlich aus Wein hergestellt ist und mindestens 38 *Vol.-%* Alkohol enthält. Verwendet werden dazu meist leichte, nicht zu alte Weine, die jedoch nicht mehr in Gärung sein dürfen. Auch eignen sich Weine, die auf Trestern gegoren haben, nicht hierzu. Schadhafte Weine können nicht verwendet werden, ausgenommen leicht essigstichige, die häufig ein ganz gutes Aroma liefern. Die Qualität des Kognaks hängt sehr von der Art der Destillation ab. Bei guten Weinen wird durch einmalige Destillation der Kognak gewonnen, der Nachlauf wird gesondert aufgefangen. Bei geringen Weinen wird das Destillat nochmals rektifiziert. Vor- und Nachlauf wird dann nicht zur Branntweinbereitung verwendet, sondern anderen Weinen zugefügt. Die Destillation wird meist mit Blasenapparaten vorgenommen (s. Destillation). Der frischbereitete Kognak ist farblos. Die gelbe Farbe erhält er durch Lagern in Eichenfässern oder durch Couleur.

Weinhefe, Bierhefe, Tropfbier etc. werden ebenfalls auf Alkohol verarbeitet, indem er aus ihnen in Blasenapparaten oder kontinuierlich arbeitenden Apparaten abdestilliert wird.

IV. Erzeugung von Alkohol aus Holzabfällen, Sulfitlaugen, Torf.

1. Holzabfälle. Um aus Holzabfällen Alkohol erzeugen zu können, muß die Cellulose erst in gärungsfähigen Zucker verwandelt werden. Daß dies möglich ist, ist bereits seit ca. 100 Jahren bekannt. Schon im Jahre 1819 stellte BRACONOT durch Erhitzen von Holzabfällen mit Schwefelsäure eine zuckerhaltige Masse her. 80 Jahre später erhielt SIMONSEN ein Patent (*D. R. P.* 92079) auf die Umwandlung der Cellulose in Zucker durch Einwirkung verdünnter Schwefelsäure auf Sägemehl. SIMONSEN hatte 1898 gefunden, daß reine Cellulose beim Erhitzen mit 0,5–2%iger Schwefelsäure unter erhöhtem Druck bis zu 45% in Zucker umgewandelt wird, während ECKSTRÖM (*D. R. P.* 193112) starke Schwefelsäure benutzt. Im Jahre 1900 stellte A. CLASSEN fest, daß durch die Einwirkung wäßriger schwefliger Säure unter Druck die Cellulose des Holzes bei einer Temperatur von 120–140° in Glykose verwandelt werde. Einige Fabriken zur Erzeugung von Spiritus nach dem CLASSENschen Verfahren wurden in Amerika gebaut. Die Einrichtung bestand aus einem Säureerzeugungsapparat, einem Converter, in dem die Einwirkung der Säure auf das Holz erfolgte, einer Auslaugebatterie, Neutralisationsgefäßen, Gärbottichen und Destillierapparat. Nach diesem Verfahren wurden die Holzabfälle in den Converter geschüttet und mit einer gesättigten Lösung schwefliger Säure versetzt. Die Temperatur im Innern wurde allmählich auf 143–149° gesteigert und die Masse 4–6 Stunden dieser Einwirkung überlassen. Dann wurde die schweflige Säure durch Dampf in die Absorptionsgefäße geblasen. Den Spänen wurde im Auslaugegefäß der Zucker entzogen. 100 *kg* Holzabfälle lieferten 17,5–20 *kg* Zucker. Die saure

Flüssigkeit wurde neutralisiert und vergoren. Die Ausbeute betrug aus 100 *kg* Holzabfällen 7,5—8,5 *l* Alkohol. Durch MALCOLM EWEN und G. H. TOMLINSON wurde dieses Verfahren verbessert. Es unterscheidet sich von dem CLASSENschen Verfahren dadurch, daß in den Convertern ungefähr 1% vom Gewicht des Holzes an gasförmiger schwefliger Säure durch ein mit Löchern versehenes Rohr eingepreßt wird. Wenn dies geschehen ist, wird Wasserdampf zugeführt, bis der Druck auf 7 *Atm.* gestiegen ist. Bei diesem Verfahren wird die Hydrolyse in 40—45 Minuten beendigt. Dann wird der Dampf und die Säure in die Absorptionsgefäße geblasen und das Holz wie beim CLASSENschen Verfahren weiter behandelt. Die zum Vergären fertigen Maischen enthielten nach einem Versuch von R. F. RUTTAN (*J. Ch. I.* 1909) 5—6% Zucker, Schwefelsäure, schweflige Säure, Essigsäure, Furfurol und aromatische Verbindungen. Bei diesem Versuche wurden der Lösung als Hefenährstoffe Malzkeime zugefügt. Erzielt wurden nur ca. 80% der theoretischen Ausbeute, u. zw. 8,05 *l* pro 100 *kg* Holztrockensubstanz und 5,5 *kg* auf 100 *kg* Holzabfälle.

Nach den neuesten Angaben von R. von DEMUTH (*Z. angew. Ch.* **1913**, 786) wird das CLASSENsche Verfahren in Amerika nicht mehr ausgeübt, sondern die Hydrolyse der Sägespäne ausschließlich mittels verdünnter Schwefelsäure in kugelförmigen rotierenden Digestoren vorgenommen, die mit säurefesten Façonziegeln ausgekleidet sind. Um eine Zersetzung des bereits gebildeten Zuckers zu verhindern, wird möglichst rasch gearbeitet und nur so lange Dampf unter Druck eingeleitet, bis eine bestimmte Menge Cellulose hydrolysiert und ein Gleichgewichtszustand eingetreten ist, was nach ca. 1 Stunde der Fall ist. Das hydrolysierte Holz wird hierauf in einer Diffusionsbatterie ausgelaugt, und nach dem Auspressen als Feuerungsmaterial verwendet. Der Holzsaft wird mit Ätzkalk annähernd neutralisiert, geklärt und mit Hefe, die in aus Roggen und Malz bereiteten Maischen erzeugt wird, vergoren unter Zusatz von abgekochten Malzkeimen.

Der vergorene Holzsaft wird schließlich wie jede vergorene Maische destilliert und der erhaltene Alkohol rektifiziert. Es wird Sprit gewonnen, der nur Spuren von Fuselöl und Estern enthält und von sehr guter Beschaffenheit ist. Als Nebenprodukt wird aus 1000 *kg* Holz ca. 0,2—0,3 *kg* Terpentinöl gewonnen.

Die Ausbeuten betrugen 7,3—9,5 *l* Alkohol (100%ig) per 100 *kg* Holztrockensubstanz. In Georgetown soll die gegenwärtige Jahresproduktion 2 Mill. *l* 100%igen Alkohols betragen und per Gärbottich im Durchschnitt ca. 2300 *l* 100%igen Alkohols liefern.

OST und WILKENING (*Ch. Ztg.* **1910**, 461) fanden, daß bei den zur Umwandlung der Cellulose in Zucker nötigen Temperaturen der gebildete Traubenzucker zum Teil wieder zerstört wird; bei 120—145° wird der Traubenzucker bereits in Säuren und Huminstoffe verwandelt. Nach ihren Versuchen kann man die Verzuckerung bei 120° bereits in 2 Stunden erreichen. Theoretisch müßte man aus Cellulose 111% Dextrose erhalten. OST und WILKENING erhielten verschiedentlich über 100%. Nach GENTZEN und ROTH werden die Holzabfälle bei einem Drucke von 3—4 *Atm.* 10—30 Min. lang mit Ozon im Autoklaven behandelt und dann mit Mineralsäuren einem je nach der Art der Holzabfälle verschiedenen Dampfdrucke ausgesetzt. Nach diesem Verfahren sollen 100 *kg* Holz 34—40 *kg* vergärbaren Zucker liefern.

In Frankreich wird nach einem Berichte von G. BORDE im General Electr. Review Sept. 1909 Holz verarbeitet nach einem Verfahren, das neben Essigsäure und festen Rückständen noch 7,85 *l* Alkohol liefert. Nach der Hydrolyse und nach der Entfernung der schwefligen Säure wird in einem Separator die Essigsäure durch Dampf aus der Masse ausgetrieben, hiernach wird neutralisiert und vergoren. Die Rückstände sollen ein brauchbares Viehfutter sein (?).

Der aus Holz hergestellte Feinsprit soll keinerlei Holzgeruch oder Holzgeschmack besitzen. Er enthält Aldehyd und Furfurol, soll aber frei von Fuselöl sein.

2. Sulfitlaugen. Nach GÖSTA ECKSTRÖM (Swensk. Kemisk Tidskrift 1909, Nr. 7) wird die Sulfitlauge dadurch hergestellt, daß man gemahlenes Holz mit einer Lösung von Calciumbisulfit und freier schwefliger Säure ca. 18 Stunden bei 135—140° behandelt. Hierbei geht das Lignin und ein Teil der Cellulose in Lösung, der größte Teil wird nicht angegriffen. Aus 24000 *kg* absolut trockener Holzsubstanz erhält man 100 *cbm* Sulfitablaugen und 11800 *kg* Sulfitcellulose. Die Sulfitlauge besitzt das *spez. Gew.* 1,05 und enthält nach ECKSTRÖM im Liter 100—115 *g* organische Stoffe, darunter $2^1/_2$% Zucker und 12—15 *g* Mineralstoffe. Von den $2^1/_2$% Zucker sind 1,6% vergärbar, 0,5% nicht vergärbar. Nach STUTZER (*Z. f. angew. Ch.* **1909**, 1999) enthält die Sulfitlauge 120 *g* organische Stoffe und 15 *g* Mineralstoffe. Die Sulfitlaugen wurden früher in Wasserläufe abgelassen und verunreinigten sie im hohen Maße. Es war daher schon lange das Bestreben vorhanden, diese Ablaugen irgend einer Verwertung zuzuführen. Bereits 1891 erhielt MITSCHERLICH auf die Gewinnung von Spiritus aus Sulfitlaugen ein Patent (*D. R. P.* 72161), das sich jedoch nicht bewährte. H. WALLIN nahm 1907 ein schwedisches Patent hierauf (26825). Er verwendete als Hefenährmittel Malz, worauf wahrscheinlich seine etwas höhere Ausbeute zurückzuführen ist. Das neueste Verfahren von GÖSTA ECKSTRÖM findet bereits in Schweden Anwendung. Nach ECKSTRÖM wird die schweflige Säure durch im Überschuß zugesetzten Kalk entfernt, worauf der Lauge organische und anorganische Hefenährstoffe zugeführt werden. Das beim Neutralisieren sich bildende Calciummonosulfit wird abfiltriert und zur Erzeugung von Calciumbisulfit verwendet. Ein Zehntel der bei der Gärung sich bildenden Hefe benutzt ECKSTRÖM zur Weiterzucht, während er aus der übrigen ein Hefenährmittel bereitet. Nach ECKSTRÖM enthält die vergorene Sulfitlauge 1,15% Alkohol. Auf 1000 *kg* Sulfitcellulose entfallen 8,3 *cbm* Sulfitlauge, wovon jedoch nur 6 *cbm* Verwendung finden. Auf die Erzeugung von 1000 *kg* Sulfitcellulose entfallen daher ca. 60 *l* reiner Alkohol, die aus den Sulfitablaugen gewonnen werden können. Zur Destillation werden kontinuierliche eiserne, innen emaillierte Apparate verwendet. Der Spiritus aus Sulfitlaugen ist stark verunreinigt, was seine Verwendung zu Trinkzwecken ausschließt. In Deutschland ist durch die zu hohe Steuerbelastung die Verarbeitung der Sulfitlaugen auf Spiritus noch unrationell. In Schweden dagegen sind seit 1912 bereits 3 Sulfitspritfabriken in Betrieb, die 4346622 *l* Sprit aus den Ablaugen der Sulfitzellstoffabriken herstellen sollen.

3. Torf. Nach dem Patente der Société anonyme „ORIGO" in Brüssel, *D. R. P.* 204058, sollen nicht die Cellulose des Torfes, sondern die gummiartigen Substanzen desselben verzuckert werden. Der Torf wird in Autoklaven mit Wasser und Schwefelsäure behandelt. Auf 100 *kg* verwendet man 550 *l* Wasser und 6 *kg* Schwefelsäure von 53° *Bé.* und hält 40 Minuten unter einem Druck von 3 *Atm.* Nun wird die Masse in einem besonderen Behälter bis auf 3 *g* Säure im Liter neutralisiert. Dann stellt man mit Hefe zur Gärung an. Nach beendeter Gärung wird die Flüssigkeit von den festen Körpern getrennt und zur Wiederbenutzung der Schwefelsäure wieder in den Autoklaven gegeben. Den Alkohol läßt man durch einen Hahn in eine Rektifikationskolonne entweichen. Die feste Masse, die noch Alkohol enthält,

wird im Destillationsapparate entgeistet. E. FRESTADIUS und Baron J. FOCK führten in Wildmoor bei Aalberg in Jütland Versuche aus. Auf 225 *kg* Torfstreu wurden 450 *l* Wasser und $3^3/_4$ *l* Schwefelsäure verwendet. Man kochte die Masse 15 Minuten bei 3 *Atm.*, filtrierte den Saft ab, neutralisierte mit Kreide und vergor mit Hefe. 80,6 *l* des vergorenen Torfsaftes ergaben 20,6 *l* Destillat mit 5,5% Alkohol. Nach ECKSTRAND wurden aus 100 *kg* trockenem Torf 6,5 *l* Alkohol erzielt (s. auch Torf).

Diese Verfahren erwiesen sich jedoch als nicht rentabel.

V. Gewinnung des Rohspiritus durch Destillation.

Die vergorene Maische, aus welchen Rohmaterialien sie auch immer hergestellt sein mag, enthält den Alkohol stets vermischt mit anderen Stoffen, von welchen er durch Destillation getrennt werden muß. Diese sind teils Bestandteile der Rohmaterialien, teils sind es Nebenprodukte der Gärung, teils Produkte der durch Bakterien oder sonstige Mikroorganismen hervorgerufenen Nebengärungen, teils Hefe selbst. Bei unvollständiger Gärung enthält die Maische auch noch Zucker und Dextrine. Die Trennung des Alkohols von der Maische kann man durch Destillation leicht erreichen, da der Siedepunkt des ersteren von dem des Wassers und dem der übrigen Bestandteile der Maische wesentlich verschieden ist. Er liegt bei 78,3°. Doch läßt sich aus den niedrig prozentigen Maischen nicht ohne weiteres reiner Alkohol gewinnen, da Alkohol-Wasser-Gemische beim Sieden Alkohol-Wasser-Dämpfe entwickeln, deren Gehalt an Alkohol zwar größer als in der erhitzten Flüssigkeit, aber doch immer noch mit Wasser gemischt ist. Die Siedepunkte derartiger Mischungen liegen zwischen denen des Alkohols und Wassers, u. zw. umso niedriger, je höher der Alkoholgehalt ist. Da bei der Destillation die zurückbleibende Flüssigkeit alkoholärmer wird, erhöht sich ihr Siedepunkt, und der Alkoholgehalt der Dämpfe wird immer geringer, bis die Maische alkoholfrei ist. Für die Siedepunkte der alkoholhaltigen Flüssigkeiten und den Alkoholgehalt der jeweiligen Dämpfe hat GRÖNING eine Tabelle ausgearbeitet, die von E. DÖNITZ für MAERCKERS „Brennereibetrieb" erweitert wurde. Diese gibt den Siedepunkt und den Alkoholgehalt der Dämpfe an, die einem bestimmten Alkoholgehalt der Lösung entsprechen. Wie aus dieser Tabelle zu ersehen, enthält der Dampf einer Flüssigkeit mit einem Alkoholgehalte von 10 *Vol.-%* 57,2 *Vol.-%* Alkohol. Durch einmalige Destillation läßt sich jedoch nicht der ganze Alkoholgehalt mit einer Stärke von 57,2 *Vol.-%* gewinnen, da die zurückbleibende Flüssigkeit und die nachfolgenden Alkoholdämpfe fortgesetzt alkoholärmer werden, so daß das Gesamtdestillat, wenn die Maische vollkommen entgeistet ist, natürlich wesentlich alkoholärmer ist als das erste Destillat. Man muß daher, wenn man ein höher prozentiges Produkt erzielen will, das erste Destillat wiederholt destillieren. Nach MAERCKER-DELBRÜCK muß man eine Maische mit einem Alkoholgehalte von 11,3% fünfmal destillieren, wenn man ein Destillat mit 83 *Gew.-%* erhalten will. Solange man noch nicht die modernen Destillierapparate kannte, war es daher nötig, das aus der Maische gewonnene Destillat wiederholt zu destillieren, wodurch gleichzeitig mit der Verstärkung auch eine Reinigung des Alkohols erzielt wurde.

Über die Prinzipien der Destillation und Rektifikation siehe unter dem Stichwort „Destillation". An dieser Stelle sollen nur die in den einzelnen Betrieben gebräuchlichsten Apparate besprochen werden.

GRÖNINGS Tafel, erweitert durch C. DÖNITZ.

Siedetemperatur	Alkoholgehalt				Siedetemperatur	Alkoholgehalt			
	der Flüssigkeit		des Dampfes			der Flüssigkeit		des Dampfes	
°C	*Vol.-%*	*Gew.-%*	*Vol.-%*	*Gew.-%*	°C	*Vol.-%*	*Gew.-%*	*Vol.-%*	*Gew.-%*
99,0	1,0	0,8	13,0	10,5	83,3	46,0	38,8	84,1	78,4
98,2	2,0	1,6	28,6	23,5	83,1	47,0	39,7	84,3	78,7
97,4	3,0	2,4	35,0	29,0	83,0	48,0	40,7	84,6	79,0
96,6	4,0	3,2	39,9	33,3	82,9	49,0	41,6	84,8	79,3
95,9	5,0	4,0	43,4	36,5	82,8	50,0	42,5	85,1	79,6
95,2	6,0	4,8	46,7	39,5	82,7	51,0	43,5	85,3	79,9
94,5	7,0	5,6	49,8	42,3	82,6	52,0	44,4	85,5	80,2
93,9	8,0	6,4	52,3	44,7	82,5	53,0	45,4	85,7	80,4
93,3	9,0	7,2	54,5	46,8	82,4	54,0	46,3	86,0	80,7
92,6	10,0	8,0	57,2	49,4	82,3	55,0	47,3	86,2	81,0
92,1	11,0	8,9	59,0	51,2	82,1	56,0	48,3	86,4	81,2
91,5	12,0	9,7	60,8	53,0	82,0	57,0	49,2	86,6	81,5
91,1	13,0	10,5	62,4	54,6	81,9	58,0	50,2	86,9	81,8
90,6	14,0	11,3	64,0	56,2	81,8	59,0	51,2	87,1	82,0
90,2	15,0	12,2	65,4	57,7	81,7	60,0	52,2	87,3	82,3
89,7	16,0	13,0	66,8	59,1	81,6	61,0	53,2	87,5	82,5
89,3	17,0	13,8	68,0	60,4	81,5	62,0	54,2	87,6	82,7
89,0	18,0	14,6	69,2	61,6	81,4	63,0	55,2	87,8	83,0
88,6	19,0	15,4	70,3	62,8	81,3	64,0	56,2	88,0	83,2
88,3	20,0	16,3	71,3	63,9	81,2	65,0	57,3	88,2	83,4
87,9	21,0	17,1	72,1	64,8	81,2	66,0	58,3	88,3	83,6
87,7	22,0	17,9	73,0	65,7	81,1	67,0	59,3	88,5	83,8
87,4	23,0	18,8	73,7	66,5	81,0	68,0	60,4	88,6	84,0
87,1	24,0	19,6	74,4	67,3	80,9	69,0	61,4	88,8	84,2
86,9	25,0	20,5	75,1	68,1	80,8	70,0	62,5	89,0	84,4
86,6	26,0	21,3	75,8	68,8	80,7	71,0	63,6	89,1	84,6
86,4	27,0	22,1	76,4	69,5	80,6	72,0	64,6	89,3	84,8
86,2	28,0	23,0	77,0	70,2	80,5	73,0	65,7	89,4	85,0
86,0	29,0	23,8	77,6	70,8	80,5	74,0	66,8	89,6	85,2
85,7	30,0	24,7	78,1	71,4	80,4	75,0	67,9	89,8	85,5
85,5	31,0	25,6	78,7	72,1	80,3	76,0	69,0	90,0	85,7
85,3	32,0	26,4	79,2	72,7	80,2	77,0	70,2	90,1	85,9
85,1	33,0	27,3	79,7	73,2	80,1	78,0	71,3	90,3	86,1
85,0	34,0	28,1	80,1	73,7	80,0	79,0	72,5	90,4	86,3
84,8	35,0	29,0	80,5	74,1	79,9	80,0	73,6	90,6	86,6
84,7	36,0	29,9	80,9	74,6	79,8	81,0	74,8	90,8	86,8
84,5	37,0	30,7	81,2	75,0	79,7	82,0	75,9	91,0	87,0
84,4	38,0	31,6	81,6	75,5	79,7	83,0	77,1	91,1	87,2
84,2	39,0	32,5	82,0	75,9	79,6	84,0	78,3	91,3	87,4
84,1	40,0	33,4	82,3	76,3	79,5	85,0	79,5	91,5	87,7
83,9	41,0	34,3	82,7	76,7	79,4	86,0	80,7	91,6	87,9
83,8	42,0	35,2	83,0	77,1	79,3	87,0	82,0	91,8	88,1
83,7	43,0	36,1	83,4	77,4	79,2	88,0	83,2	92,1	88,5
83,5	44,0	37,0	83,6	77,8	79,2	89,0	84,5	92,3	88,8
83,4	45,0	37,9	83,8	78,1	79,1	90,0	85,8	92,6	89,2

Diese berechneten Zahlen zeigen nach SOREL einige Abweichungen von den in der Praxis erhaltenen, namentlich bei den Flüssigkeiten mit niedrigem Alkoholgehalt.

Nach SOREL (*C. r.* **116**, 693 [1893]) ist der Alkoholgehalt der Dämpfe folgender:

Vol.-% der Flüssigkeit	*Vol.-%* der Dämpfe	*Vol.-%* der Flüssigkeit	*Vol.-%* der Dämpfe
5,0	35,75	55,0	76,54
10,0	51,00	60,0	78,17
15,0	61,50	65,0	79,92
20,0	66,20	70,0	81,85
25,0	67,95	75,0	84,0
30,0	69,26	80,0	86,49
35,0	70,60	85,0	89,05
40,0	71,95	90,0	91,80
45,0	73,45	95,0	95,05
50,0	74,95	97,6	97,60

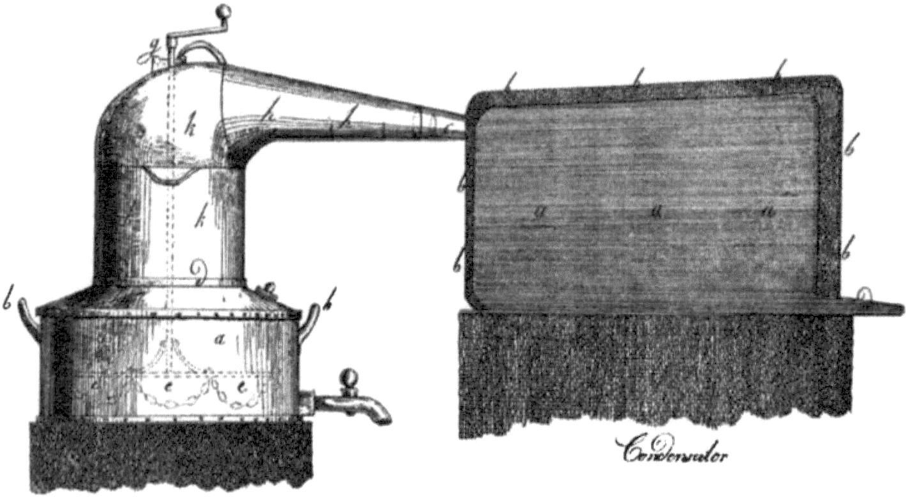

Abb. 260.

Abb. 260 zeigt einen Destillierapparat nach einem alten Stiche aus dem Jahre 1809. Dieser besteht aus der Blase, die mit einem Hahn zum Ablassen der Schlempe versehen ist, dem Helm und dem sog. Kondensator. Die Heizung geschah durch direkte Feuerung mit Holz. Einen bedeutenden Fortschritt brachte die Anwendung des Dampfes bei der Destillation; sie wurde ANTON PERRIER aus Cork in Irland im Jahre 1822 patentiert.

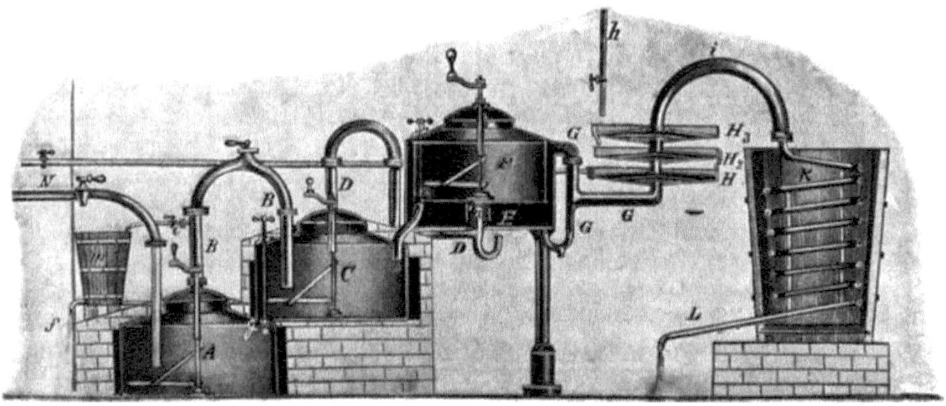

Abb. 261.

Von wesentlicher Bedeutung für die Entwicklung des Baues der Destillierapparate war die Erfindung des Zweiblasenapparates durch den Rittergutsbesitzer J. H. L. PISTORIUS in Weißensee bei Berlin im Jahre 1817. Dieser Apparat, der den Übergang zu dem jetzt allgemein in Großbetrieben verwendeten kontinuierlichen Apparat darstellt, wird mit einigen Abänderungen auch heute noch von verschiedenen kleineren und mittleren Betrieben benutzt.

Die Bedeutung dieses Apparates liegt darin begründet, daß in ihm die für eine wirksame Trennung des Alkohol-Wasser-Gemisches maßgebenden Momente zum ersten Male berücksichtigt worden sind, so daß es durch ihn ermöglicht wurde, durch einmalige Destillation einen höherprozentigen Alkohol zu erzielen.

Abb. 261 zeigt den PISTORIUSschen Apparat nach der Originalzeichnung des Werkes über Spiritusfabrikation von LÜDERSDORFF-PISTORIUS. Die zu entgeistende Maische wird dem Vorwärmer *F* zugeführt und kann von dort in die Blase *C* und schließlich in die Blase *A* abgelassen werden. Der Inhalt der letzteren wird durch direktes Feuer zum Sieden gebracht; die Feuergase umspülen vor dem Entweichen noch die Blase *C*. Rührwerke verhindern das Absetzen und Anbrennen der Maische. Die aus *A* entwickelten geistigen Dämpfe streichen durch die Maische in *C* und bringen sie zum Sieden, indem ein Teil der Dämpfe kondensiert und ihre latente Verdampfungswärme dabei frei wird. Da hierbei hauptsächlich die Dämpfe der höher siedenden Flüssigkeit verdichtet werden, so entweicht aus *C* ein Dampfgemisch, dessen Alkoholgehalt zwar noch gering, aber immerhin etwas erhöht ist. Durch Rohr *D* und den Stutzen *a* gelangt es in den „Rektifikator" *E*, in welchem sich der Vorwärmer für die kalte Maische *F* befindet. Bei dem Umspülen der Trommel *F* verdichten sich die Dämpfe zum Teil und liefern ein Kondensat, das sich am Boden von *E* ansammelt, so daß die über dem Stutzen *a* befindliche Glocke *b* bald Tauchung hat. Von jetzt ab werden die zuströmenden Dämpfe gezwungen, durch dieses Kondensat hindurchzustreichen, wobei wiederum vorzugsweise Wasserdampf kondensiert und der Gehalt der Dämpfe an Alkohol erhöht wird. Das Dampfgemisch tritt nun durch *G* in eine Reihe hintereinander geschalteter flacher Becken H_1 H_2 und H_3, welche so mit Wasser bespült werden, daß nur ein Teil der Dämpfe verdichtet wird; es entsteht eine wasserreiche, alkoholarme Flüssigkeit, der „Lutter" oder das „Phlegma", welche durch *O* in den Rektifikator zurückläuft, während der alkoholreiche Dampf durch *i* in den Kühler *K* tritt und hier kondensiert wird. Die teilweise Verdichtung der Alkohol-Wasser-Dämpfe zum Zweck der Gewinnung eines angereicherten Alkoholdampfes wird „Dephlegmation" genannt. An dem Rohr *B* der ersten Blase ist ein Hahn *e* angeordnet, durch welchen von Zeit zu Zeit geprüft werden konnte, ob die Maische in *A* entgeistet war.

Aus diesem Zweiblasenapparat hat sich im Laufe der Zeit der kontinuierlich arbeitende Apparat entwickelt. Er besteht gewissermaßen aus einer größeren Anzahl (meist 12—13) Maischblasen, die kammerförmig gestaltet und übereinander angeordnet sind. Je zwei aufeinanderfolgende sind einerseits durch Überfallstutzen verbunden, die sich abwechselnd auf der einen und anderen Seite befinden, andererseits durch einen von der unteren Blase in die obere ragenden Stutzen, der sich in der Mitte befindet und oben durch eine Glocke überdeckt ist. In der obersten Kammer wird die Maische dem Apparat zugeführt. Sie breitet sich auf dem obersten Boden aus und fließt, wenn das Niveau hoch genug gestiegen ist, durch den Überfallstutzen in die nächsttiefere Kammer u. s. w. Der Dampf hingegen wird in der untersten Kammer durch ein Verteilerrohr in die Maische eingeleitet. Er entgeistet die hier befindliche Maische. Da für ihn die Überfallstutzen hydraulisch gesperrt sind, bleibt ihm nur der Weg durch die zentralen Stutzen nach oben übrig; doch muß er, da die über diesen Stutzen befindlichen Glocken Tauchung haben, auf jedem Boden durch die dort vorhandene Maische hindurchstreichen. Hierbei wird ein Teil des Dampfes kondensiert, die Maische erhitzt und zum Teil entgeistet, so daß auf jedem Boden eine Anreicherung des Alkoholgehaltes im aufsteigenden Dampfe erfolgt. Maische und Dampf werden also im Gegenstrom durch den Apparat geführt; die Zahl seiner Kammern ist so bemessen, daß die von dem untersten Boden abfließende Maische vollkommen entgeistet ist; sie läuft durch den Schlempeablauf oder Regulator in demselben Maße ab, wie oben frische Maische zugeführt wird.

Man unterscheidet beim kontinuierlichen Apparate zwei Systeme: das einteilige und das zweiteilige. Beim einteiligen Apparat befindet sich auf der Maischkolonne eine Rektifizierkolonne, beim zweiteiligen steht diese neben der Maischkolonne. Der einfachste kontinuierliche Apparat ist der unter Abb. 262 wiedergegebene von SAVALLE.

Er besteht aus der Destilliersäule *A*, der Rektifiziersäule *B*, dem Kondensator *C*, dem Kühler *D*, dem Spiritusablauf *G* und dem Schlempeabfluß *E*. Bei ihm wird die vergorene Maische mittels einer Dampfmaischpumpe aus dem Gärbottich durch das Rohr *s* nach dem Kondensator *C* befördert. Hier dient sie dazu, die aus der Rektifizierkolonne aufsteigenden Dämpfe teilweise zu verdichten, während

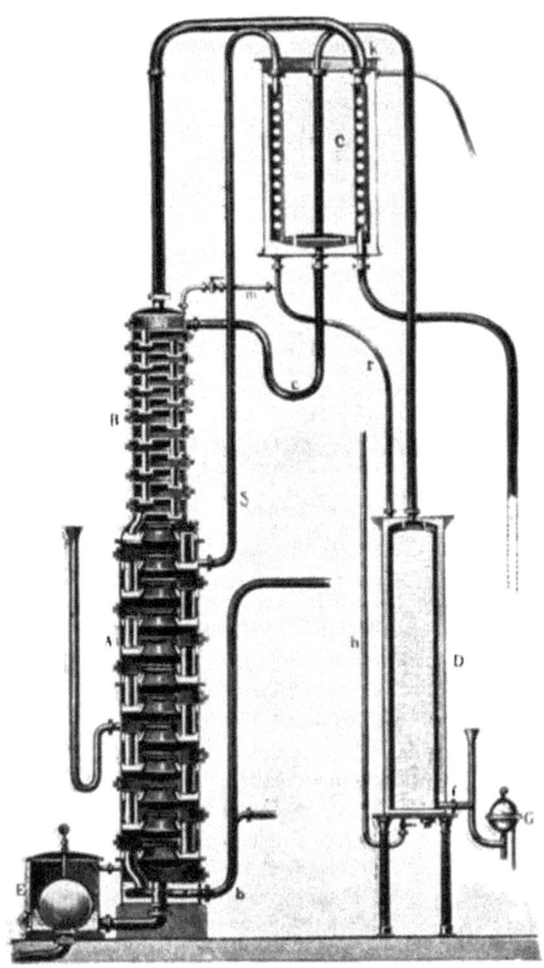

Abb. 262. Kontinuierlich wirkender Maischdestillierapparat nach SAVALLE.

sie selbst angewärmt wird und dann durch das Rohr *S* in die oberste Kammer der Maischkolonne *A* gelangt, von wo sie von Kammer zu Kammer läuft. Die von unten aufsteigenden Dämpfe gelangen aus der obersten Kammer der Maischsäule in die Rektifizierkolonne *B*, welche von oben her mit dem Kondensat aus *C* berieselt wird und aus mehreren Kammern mit Überlaufstutzen besteht, deren Böden siebartig durchlöchert sind. Jedes Sieb hält eine dünne Flüssigkeitsschicht zurück, durch welche die von unten aufsteigenden Dämpfe hindurchstreichen. Die an Alkohol angereicherten Dämpfe treten aus der obersten Kammer in den Kondensator *C* über, wo sie eine teilweise Kondensation erfahren; das alkoholarme Kondensat, der „Lutter", kehrt durch das Rohr *c* wieder in die Rektifizierkolonne zurück, während die alkoholreicheren Dämpfe durch *e* in den Kühler gelangen und durch *G* kondensiert ablaufen.

Derartige Apparate benötigen einen sehr hohen Raum. Man war daher mit Erfolg bemüht, unter stärkerer Ausnutzung des Dephlegmationsprinzips solche Konstruktionen zu schaffen, die bei gleicher Leistung einen geringeren Raum beanspruchen. Die so entstandenen modernen „Dephlegmatoren" ersetzen die Rektifikationskolonne und den Kondensator zugleich. Ihr Prinzip beruht darauf, daß in den aus der Maischkolonne aufsteigenden Dämpfen durch teilweise Verdichtung möglichst feine Tröpfchen erzeugt werden, welche fortlaufend von dem umgebenden Dampf wieder rektifiziert werden. Als Kühlmittel dient im unteren Teil Maische, welche dabei gleich vorgewärmt wird, und im oberen Teil Wasser.

Abb. 263 stellt den Simplexdephlegmator der Firma WAGENER, Cüstrin, dar, der, wie ersichtlich, eine flachgedrückte, viereckige Gestalt von geringen Dimensionen besitzt.

Die Größe dieses Dephlegmators beträgt:

Höhe	Breite	Stündliche Leistung
1,70 *m*	1,10 *m*	800 *l*
1,70	1,20	1200 „
2,05	1,40 „	1800 „
2,45	1,55 „	2500 „

Er zerfällt in die Maischabteilung und die Wasserabteilung. Die Maischeabteilung besteht aus messingenen Kammerwänden *e*, in welche horizontale kupferne Röhren *a* mit rhombischem Querschnitt eingelötet sind. Diese Röhren sind an den Schmalseiten der Kammerwände durch Deckel und Bügel geschlossen. Das Maischrohrsystem wird an den Seiten durch kupferne leicht abnehmbare Wellblechwände *d* eingefaßt. Die Wasserabteilung besteht aus einem gußeisernen Kasten *B* mit gewellten Seiten, in welche in horizontaler Richtung Metallröhren eingewalzt sind. Die Schmalseiten der Wasserabteilung sind durch leicht zu entfernende Kammerdeckel *K* geschlossen; *i* und *c* sind gelochte, kupferne Dephlegmationsbleche. Infolge dieser Anordnung ist sowohl die Maische als auch das Kühlwasser gezwungen, durch die horizontalen Röhren im Zick-Zacklauf seinen Weg von oben nach unten zu nehmen. Die Spiritusdämpfe umspülen, von unten nach oben gehend, die Maisch- und Wasserrohre, wobei sie ihre Wärme an diese abgeben und die Maische vorwärmen, so daß diese warm in den Apparat eintreten kann.

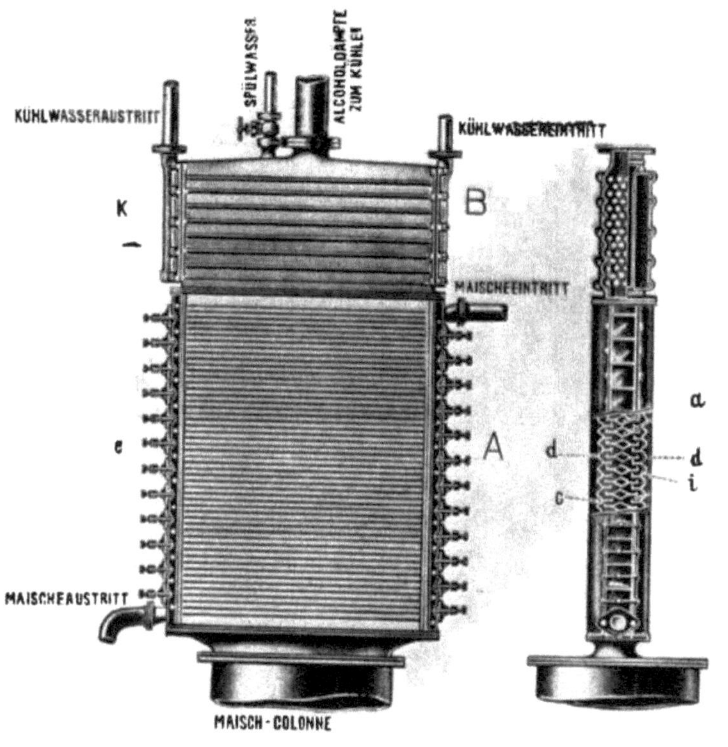

Abb. 263.

Unter den zahlreichen Systemen von Dephlegmatoren sind noch erwähnenswert die der Firma J. VERCHOW in Tütz, welche den ersten vervollkommneten Dephlegmator herstellte, der Maschinenfabrik EWALD in Pritzwalk, von GESSNER, Beeskow, BÖCKENHAGEN, Güstrow, AVENARIUS und HERBST, Berlin etc.

Abb. 264 stellt den kontinuierlichen Apparat der Firma SCHMIDT SOHN, Nauen, dar. In diesem sind die Maischkolonne *a*, und der Dephlegmator *c* übereinander angeordnet.

Die Maischkolonne *a* zeigt die übliche Einrichtung zur getrennten Führung von Maische und Dampf. Der Gang der Maische ist folgender:

Sie wird mittels Pumpe zwischen die äußere und mittlere Wandung des Dephlegmators *c* geleitet und fließt abwärts. Den Dephlegmator unten verlassend, gelangt sie auf den oberen Boden der Maischkolonne *a* und durchläuft sie bis zur untersten Abteilung. Die aus der Maische entwickelten Alkoholdämpfe steigen aufwärts und gelangen aus der obersten Abteilung der Maischkolonne in den Dephlegmator, dem sie durch ein Rohr seitlich zugeführt werden. Die hier nicht verdichteten Dämpfe treten in den Kühler *d*.

Die Lutterkolonne *b* besteht ebenfalls aus mehreren Kammern, durch welche das aus dem Dephlegmator kommende Kondensat abwärts fließt und entgeistet wird.

Die Schlempe tritt aus dem unteren Teil der Maischkolonne *a* in den Schlemperegulator *e* und wird durch diesen abgelassen.

Das Abtreiben der Maische wird folgendermaßen vorgenommen: Man befüllt den Apparat mit etwas frischer Maische, öffnet dann den Lufthahn am Schlemperegulator und gibt durch die in der untersten Kammer befindliche Dampfschlange Dampf, bis der Schlemperegulator erwärmt ist, dann schließt man den Lufthahn und wartet, bis der Spiritus aus der Vorlage läuft.

Dann pumpt man wieder Maische zu und reguliert nach dem Ablauf des Spiritus die Dampfzufuhr. Steigt die Temperatur des ablaufenden Spiritus über 15°, so gibt man in den Kühler Wasser, u. zw. so viel, daß das Wasser vom Dephlegmator mit einer Temperatur von 62,5–67,5° abläuft. Man befüllt erst den Apparat mit wenig Maische und gibt dann Dampf, bis der Spiritus läuft, aus dem Grunde, weil, wenn sofort Maische dauernd zugepumpt würde, die alkoholhaltige Flüssigkeit, bevor sie vollkommen entgeistet ist, unten anlangen und folglich alkoholhaltig durch den Schlemperegulator ablaufen würde. Wenn der Apparat im Gange ist, führt man gleichmäßig Maische, Dampf und Kühlwasser zu. Ist der Bottich leer, so wird mit kaltem Wasser nachgespült, bis die Leitung zum Apparat nur noch Wasser enthält. Dann stellt man das Spülen ein, destilliert aber weiter, bis der Spiritus nur noch mit einer Stärke von 80–70% läuft. Den gesamten noch im Apparat vorhandenen Spiritus herauszutreiben, hat keinen Zweck, da hierdurch nur die Konzentration des fertigen Produktes erniedrigt würde. Man bringt daher, wenn der Spiritus mit verminderter Stärke abläuft, die Destillation durch Abstellen des Dampfes zum Stillstand. Die noch im Apparate befindliche Maische bleibt in ihm bis zum nächsten Tage.

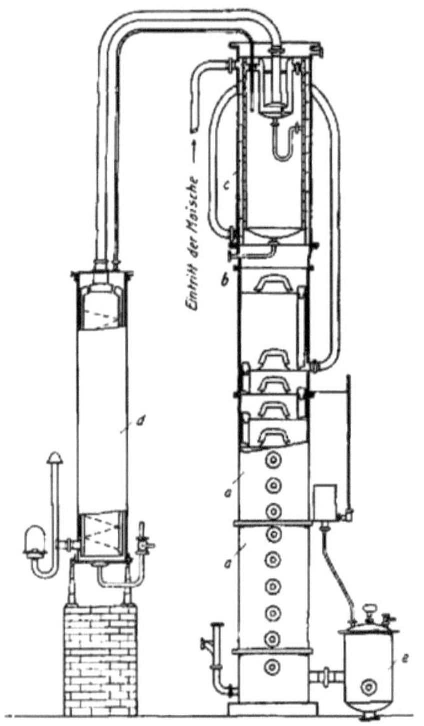

Abb. 264.

Früher war vielfach die Ansicht verbreitet, daß das Lutterwasser, das größere Mengen Fuselöle und Säuren enthält, nicht nur keinen Nährwert besitze, sondern dem Vieh direkt schädlich sei und infolgedessen nicht in die Schlempe gelangen dürfe. Aus diesem Grunde wurden früher vielfach die zweiteiligen Apparate bevorzugt, die auch heute noch Verwendung finden.

Die zweiteiligen Apparate haben den Vorteil, daß man mit ihnen eine konzentriertere Schlempe erhält; dafür erfordern sie eine aufmerksamere Bedienung als die einteiligen Apparate und etwas mehr Dampf.

Abb. 265 stellt einen zweiteiligen Destillierapparat der Firma VENULETH & ELLENBERGER in Darmstadt dar. Er besteht aus einer Maischkolonne und der daneben stehenden Rektifikationskolonne. Die Maische tritt zur Kühlung der Alkoholdämpfe in den Kondensator ein und gelangt von hier aus angewärmt in die Maischkolonne, wo sie denselben Lauf durchmacht, wie beim einteiligen Apparat. Die Alkoholdämpfe treten aus der Maischkolonne durch ein Rohr in die Lutterkolonne über. Diese besteht im unteren Teil aus Kapselböden, im oberen aus Siebböden. Die Alkoholdämpfe treten in ein Drittel Höhe in die Kolonne ein und machen dann denselben Gang wie in der Rektifikationskolonne des einteiligen Apparates. Die unterste Kammer der Kolonne ist mit einer Dampfschlange versehen. Der Lutter läuft aus der untersten Kammer entgeistet in die Gosse.

Eine besondere Art von kontinuierlichen Apparaten stellen die von der Firma SACHSENBERG in Roßlau gebauten automatischen Destillierapparate von ROBERT ILGES dar, welche ein- und zweiteilig ausgeführt werden. Abb. 266 gibt den einteiligen Apparat wieder, Abb. 267 den zweiteiligen.

Wie aus Abb. 267 ersichtlich, ist der Maischeregulator *G* eine große Balkenwage, welche auf ein weites, senkrechtes Standrohr montiert ist. Letzteres steht oben offen und kommuniziert von unten mit dem Maischebehälter *H*, so daß in beiden die Maische immer gleich hoch steht. Die Bewegungen des Wagebalkens übertragen sich mittels einer daran aufgehängten Zugstange auf ein am unteren Teile des Standrohrs befindliches entlastetes Maischeventil, welches so eingestellt werden soll, daß ein Maischestrahl von immer gleicher Größe hindurchläuft, zuerst in die eine der beiden Wageschalen ein- und von dort weiter in den Apparat überfließt. Wird die Gewichtsschale in bestimmtem Maße belastet, so kommt die Wage zur Ruhe bei gleicher Belastung der Maischeschale, also bei derjenigen Stellung des Maischeventils, wobei die Maischeschale in bestimmter Höhe mit Maische gefüllt ist. Da an der Maischeschale seitlich ein mehr hoher als breiter Überlauf angebracht ist, so wird die Maische, wenn ihr Flüssigkeitsspiegel über der Unterkante des Überlaufs steht, in einem Strahle von bestimmter Größe ununterbrochen ausfließen, während das Maischeventil einen Strahl von gleicher Größe in die Maischeschale entsendet. Vermehrt man die Belastung der Gewichtsschale, so steigt der Maischespiegel, und der Maischestrahl wird stärker. Auf diese einfache Weise wird der gleichmäßigste Einfluß der Maische zum Apparat hergestellt, so lange der Behälter *H* noch viel oder wenig Maische enthält

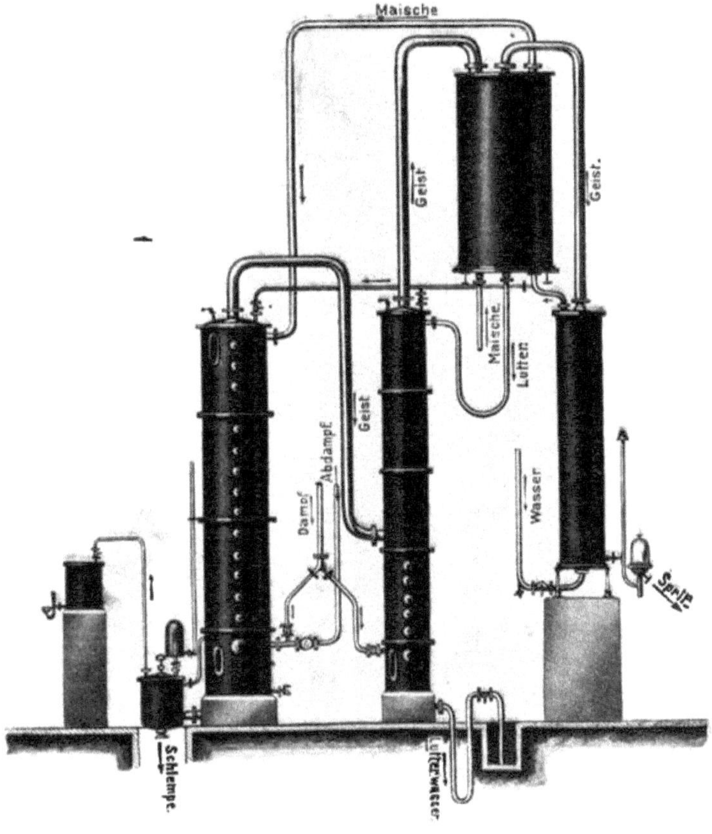

Abb. 265.

Die Maische tritt durch das Trichterrohr in die Maischesäule *A* ein, woselbst die eigentliche Destillation stattfindet. Die abgetriebene Schlempe wird durch ein Ventil im Schlemperegulator *C* entlassen und gibt beim Austritt selbsttätig einige Dämpfe in den Schlempeprober *a* ab, welche dort verdichtet werden, und deren Kondensat fortlaufend den sichersten Aufschluß über die richtige Entgeistung der Schlempe gibt. Beim Dampfregulator ruht der Schwimmer auf dem unteren Wasserspiegel und überträgt mittels eines Hebels seine Bewegungen unmittelbar auf den Kolben des Dampfregulierventiles. Die zur Destillation benutzten Abgangsdämpfe der Betriebsmaschine treten durch den Stutzen rechts in das Dampfgefäß von *F*. Der Eintritt der Kesseldämpfe geschieht durch Stutzen links am Regulierventil. Gegenüber befindet sich der Stutzen, welcher den überschüssigen Maschinendampf entläßt, sofern einmal die Betriebsmaschine allein schon zu viel Dampf für die Destillation liefern sollte.

Die Dämpfe treten, nachdem sie die Maischesäule durchströmt haben, in den rektifizierenden Dephlegmator *D* ein, welcher aus einzelnen Abteilungen, von deren Anzahl die Alkoholstärke des Produktes abhängt, aufgebaut ist. Jede Dephlegmatorabteilung besteht aus einem quadratischen, gußeisernen Kasten, in welchen Messingkühlrohre wagerecht eingelegt sind; zur Abscheidung der

Tröpfchen aus dem Dampf und zur Erzielung einer innigen Berührung zwischen Dampf und Flüssigkeit ist der zwischen den Rohren befindliche Raum mit Porzellankugeln angefüllt. Die Rohre, durch welche das Kühlwasser fließt, sind von außen sichtbar und können jederzeit während des Betriebes ohne weiteres von Schlamm und Wasserstein gereinigt werden.

Bei den Apparaten ohne Luttersäule – siehe Abb. 266 – werden die Dephlegmatorabteilungen oben auf die Maischesäule gesetzt. Kommt indessen eine Luttersäule *O* zur Anwendung – siehe Abb. 267, Seite 733 –, so setzt man die Dephlegmatorabteilungen auf diese.

Die im Dephlegmator *D* konzentrierten Spiritusdämpfe gelangen in den Spirituskühler *E*, wo sie zu Spiritus verdichtet werden.

Die senkrechten Kühlrohre im Spirituskühler *E*, dessen Mantel, anschließend an die Lagerung der Kühlrohre, die Form des regelmäßigen Sechsecks hat, lassen sich während des Betriebes leicht reinigen.

Die Apparatteile arbeiten jeder für sich, sowie miteinander genau und zuverlässig, so daß bei ganz automatischem Betriebe die Spiritusstärke und die Entgeistung der Schlempe immerwährend sich gleich bleiben. Die Arbeit des Führers besteht darin, Störungen von außen fern zu halten, also hauptsächlich dafür zu sorgen, daß Maische, Dampf und Kühlwasser genügend vorhanden sind.

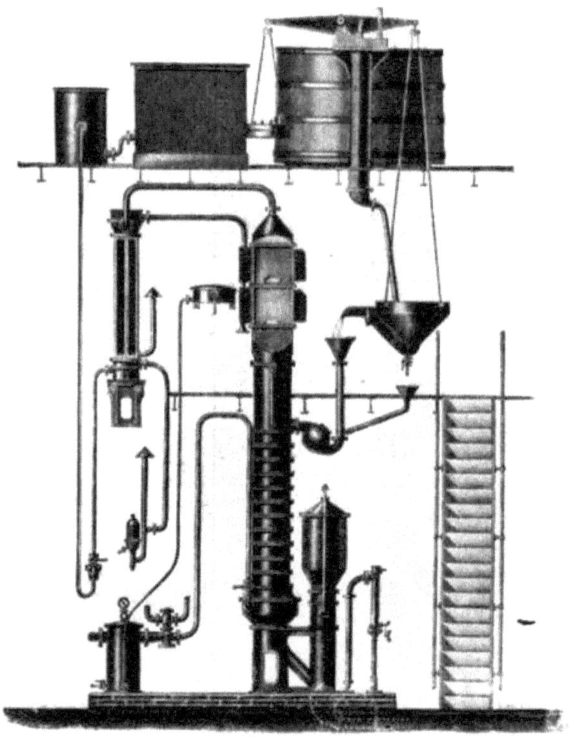

Abb. 266. Automatischer Destillierapparat von ILLGES.

Im Maischereservoir ist ein Rührwerk mit Siebvorrichtung. Der Wasserregulator *K*, welcher von dem Reservoir *J* gespeist wird, sorgt dafür, daß stets eine gleichmäßige Wassermenge in die Kühlschlangen gelangt. Ein Dampfmanometer gibt Aufschluß über die Arbeit des Dampfregulators. Den Maischestrahl sieht man offen in den Apparat laufen, und eine Skala zeigt an, ob er die richtige Stärke hat. Der ablaufende Spiritus wird durch Alkoholometer und Thermometer gemessen. Der Schlempeprober zeigt fortwährend an, ob die Schlempe alkoholfrei ist.

Destillation in Kartoffel- und Maisbrennereien. Hier wird meist nur Rohspiritus erzeugt, der in besonderen Reinigungsanstalten einer Rektifikation unterworfen wird. Man findet in diesen Brennereien sämtliche bereits beschriebenen Destillationsapparate mit unbedeutenden Variationen vor. In kleineren Betrieben wird meist der PISTORIUSsche Zweiblasensäulenapparat verwendet, während die größeren hauptsächlich mit kontinuierlichen Apparaten arbeiten.

Kornbrennereien. Hier sucht man einen Branntwein mit spezifischem Korngeschmack zu erzeugen. Deshalb sieht man weniger darauf, ein möglichst reines,

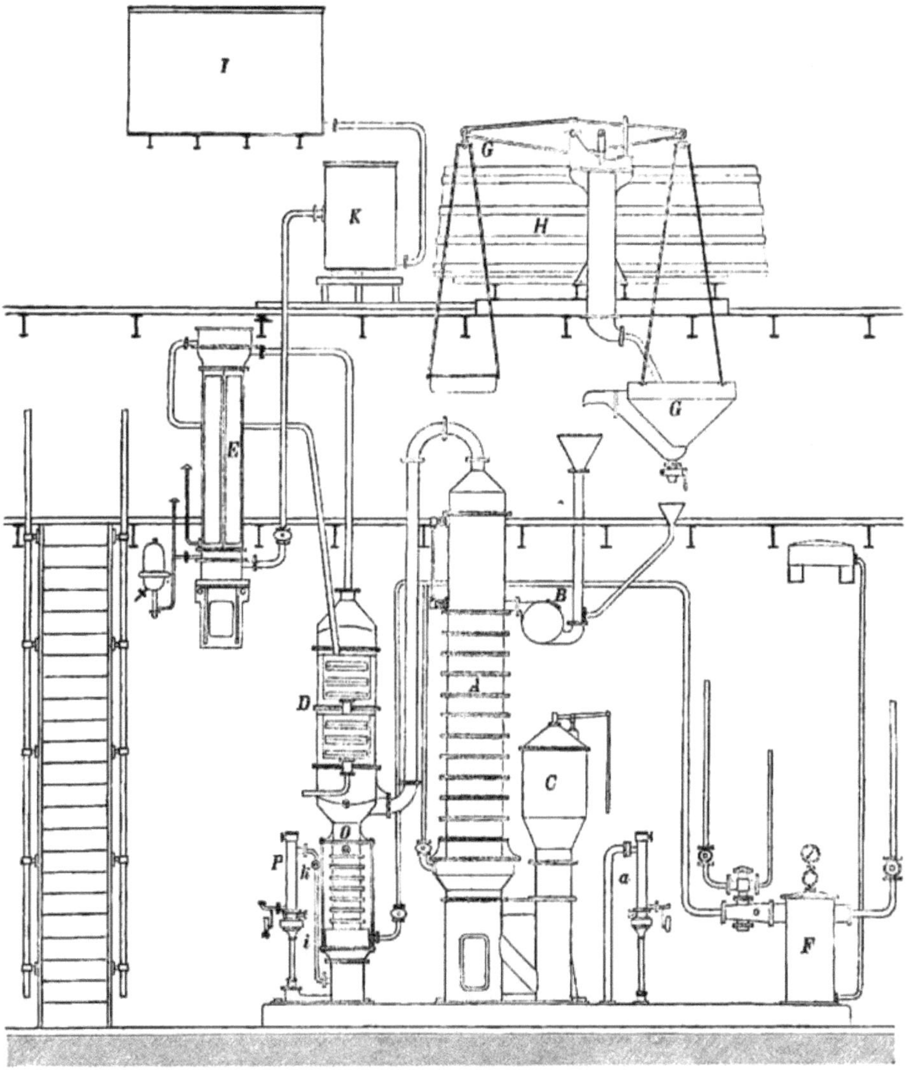

Abb. 267. Automatischer Destillierapparat mit Luttersäule von R. ILGES.

hochprozentiges Produkt zu erhalten, sondern benutzt meist Apparate, die einen ca. 60%igen Rohsprit liefern. Man verwendet hierzu kontinuierliche oder Blasenapparate. In ganz kleinen Betrieben benutzt man nicht selten Einblasenapparate; doch sind diese nicht zu empfehlen, da sie entweder die Maische nicht vollkommen entgeisten oder zum Abtreiben der Maische außerordentlich viel Zeit benötigen.

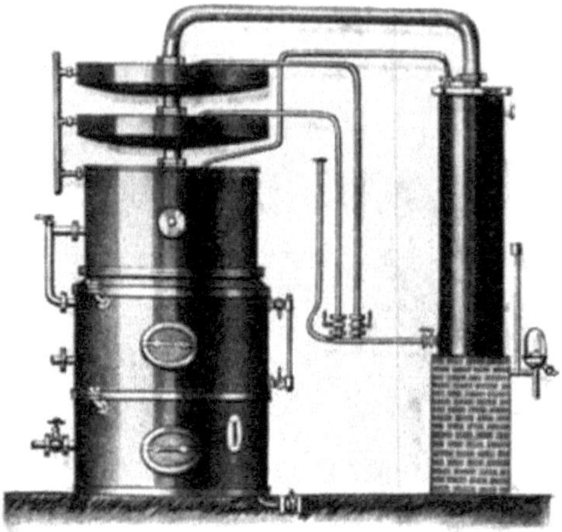

Abb. 268.

Abb. 268 zeigt einen in kleinen und mittleren Kornbrennereibetrieben sehr häufig benutzten Zweiblasenapparat. Er besteht aus zwei Maischblasen, einer Lutterblase, 2 Dephlegmationsbecken und dem Kühler mit dem Spiritusablauf.

Werden kontinuierliche Apparate verwendet, so benutzt man meist solche ohne Dephlegmator oder Rektifikationskolonne. Die Arbeitsweise ist dieselbe wie bei den sonstigen kontinuierlichen Apparaten. Der auf diesen gewonnene Rohsprit wird meist noch einer Rektifikation auf kleinen Rektifikationsapparaten unterworfen.

Abb. 269 zeigt einen solchen Apparat der Firma GEBR. BECKER, Beckum. Er besteht aus der Blase *A*, der Rektifikationskolonne *B* mit Siebböden und Überlaufstutzen, dem Kondensator *C* und Kühler *D*. Zur Rektifikation wird der Rohspiritus gewöhnlich mit Wasser verdünnt, u. zw. auf ca 50 *Vol.-%*. Häufig wird er auch

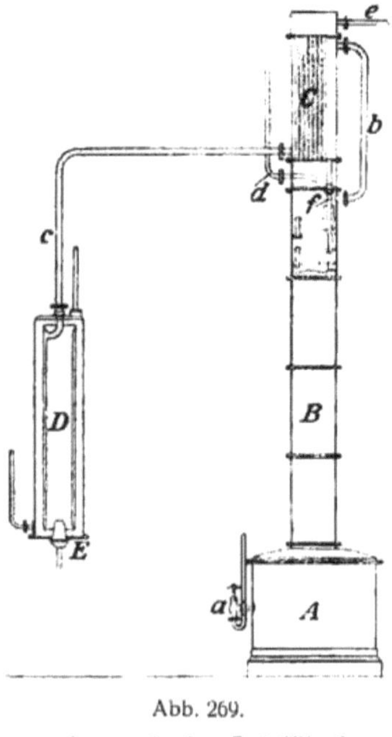

Abb. 269.

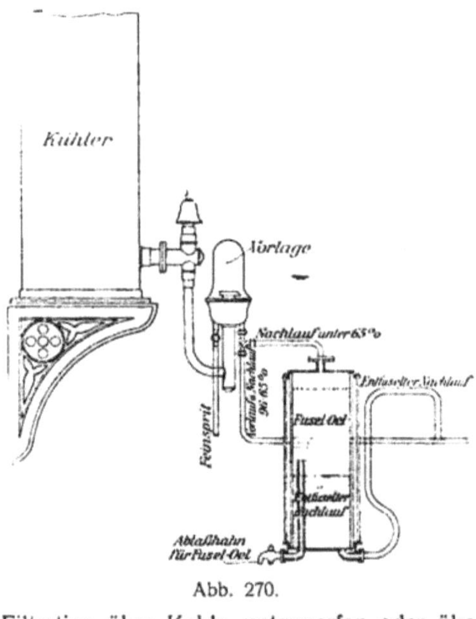

Abb. 270.

vor oder nach der Rektifikation einer Filtration über Kohle unterworfen oder über Kies oder Asbestfilter filtriert. Bei der Rektifikation fängt man Vor- und Nachlauf gesondert auf. Den Nachlauf läßt man häufig zur Gewinnung des Fuselöles durch einen Fuselölabschneider fließen.

Abb. 270 zeigt einen solchen Fuselölabschneider der Firma GEBR. BECKER, der in Kornbrennereien vielfach anzutreffen ist. Er besteht aus einem oben und unten durch Metallböden verschlossenen Glaszylinder. Der Nachlauf tritt oben ein, das Fuselöl scheidet sich in Tropfen ab und bildet an der Oberfläche eine Schicht, welche von Zeit zu Zeit durch ein Standrohr abgelassen wird. Der entfuselte Nachlauf wird bei der nächsten Rektifikation mitverwendet.

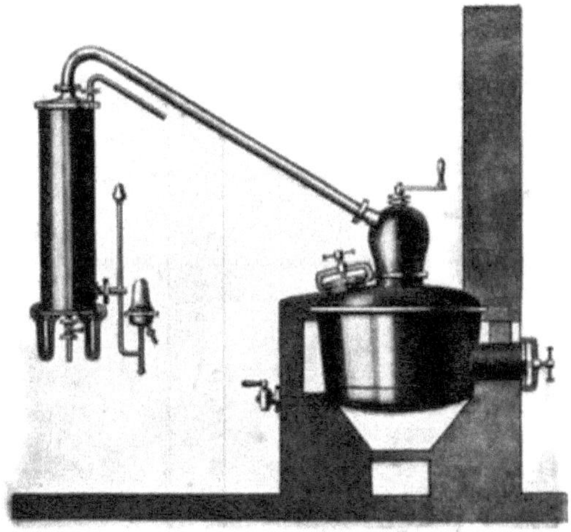

Abb. 271.

Die Ausbeute an Fuselöl beträgt 0,3%. Entstehung, Gewinnung und Verwendung s. Amylalkohol. Der rektifizierte Sprit wird mit Wasser auf die gewünschte Stärke gebracht und häufig durch Zusatz verschiedener Ingredienzien gewürzt. Derartige Stoffe, so z. B. Wacholderbeeren, setzt man nicht selten bereits bei der Rektifikation zu. Der fertige Branntwein wird, um sein Aroma zu verbessern und um eine goldgelbe Farbe zu erzeugen, oft auf Eichenfässern abgelagert. Die Farbe wird nicht selten auch durch Zusatz von Zuckercouleur erzielt. Whisky (s. Trinkbranntwein) lagert in angebrannten Fässern und kommt meist erst nach 4–5 Jahren in den Handel.

Melasse- und Rübenbrennerei. In diesen Betrieben werden ebenfalls meist Blasen- oder kontinuierliche Apparate verwendet. Als Rohmaterial zur Herstellung dieser Apparate dient gewöhnlich Gußeisen. In der Melassebrennerei verwendet man meist zweiteilige kontinuierliche Apparate mit indirekter Dampfheizung, um eine möglichst konz. Schlempe zu erhalten.

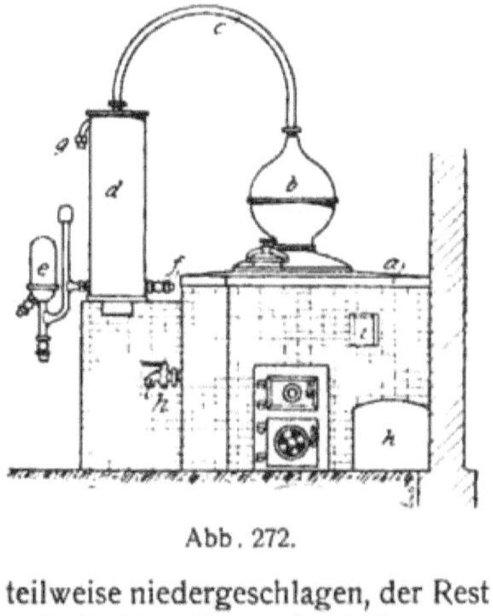

Abb. 272.

Obst-, Wein-, Kognak-, Arrak-, Rum- und Tresterbrennereien. Für diese Arten von Brennereien kommen meist nur Blasenapparate in Betracht, welche teils für direkte Feuerung, teils für Dampfheizung eingerichtet sind. Abb. 271 zeigt einen solchen von der MASCHINENFABRIK GOLZERN-GRIMMA für Wein- und Obstmaischen, welcher ein 40%iges Produkt liefert. Die zu destillierende Maische wird durch den oben an der Blase angebrachten Mannlochverschluß eingeführt und durch direckte Feuerung zum Kochen gebracht. Die Alkoholdämpfe werden im Blasenhelm und in der Rohrleitung durch die Luftkühlung teilweise niedergeschlagen, der Rest wird im Kühler kondensiert. Um beim Destillieren mit direktem Feuer das Anbrennen der Fruchtmaische zu verhüten, ist in der Blase ein Rührwerk angebracht. Zum Ablassen der Maische dient ein am Boden befindlicher Hahn und ein seitlicher Ausgangsstutzen.

Abb. 272 stellt einen Weindestillierapparat dar, wie er speziell für die Kognakbrennerei Verwendung findet.

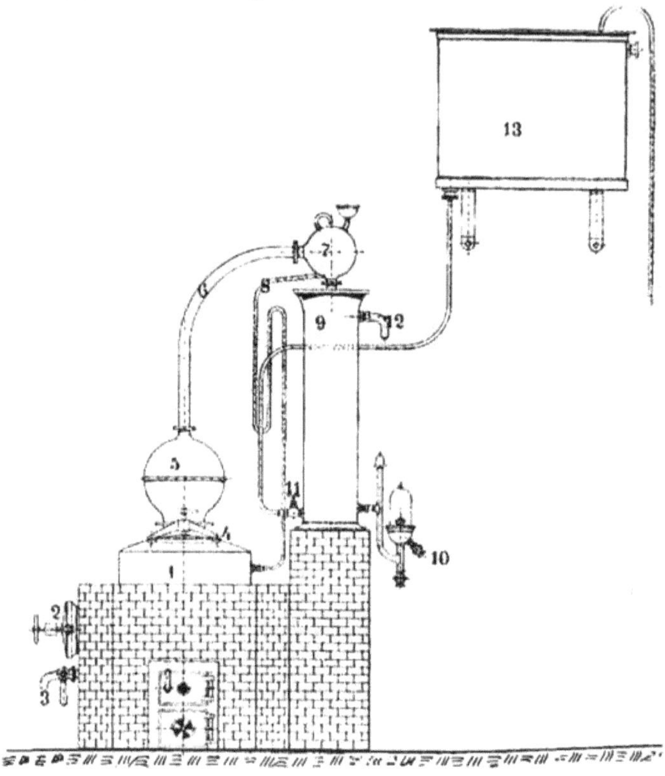

Abb. 273.

Er besteht aus der Brennblase *a*, dem Luftdephlegmator *b*, dem Helmrohr *c*, dem Kühler *d*, der Spiritusvorlage *e*, dem Kühlwasserabschluß *f*, dem Kühlwasserüberlauf *g*, dem Ablaßhahn *h*, der Reinigungsöffnung für den Feuerungskanal *i* und dem Kohlenbunker *k*.

Abb. 273 stellt einen Weindestillierapparat der Firma W. BITTER, Bielefeld mit Kugelrektifikator dar, der auch zur Herstellung von Tresterbranntwein Verwendung finden kann. Er besteht aus der Brennblase 1, dem Entleerungsstutzen 2, dem Ablaßhahn 3, dem Füllöffnungsverschluß 4, dem Dom 5, dem Helmrohr 6, dem Kugelrektifikator 7, dem Rücklaufrohr 8, dem Kühler 9, der Spiritusvorlage 10, dem Wasserregulierhahn 11, dem Wasserüberlauf 12 und dem Wasserreservoir 13.

Abb. 274 stellt einen kleinen Destillierapparat mit Wasserbad (Firma VENULETH & ELLENBERGER) für Obstbrennereien dar.

Abb. 275 ist ein Destillierapparat mit direkter Feuerung für Kognakfabrikation, Abb. 276 ein solcher für eine Arrakbrennerei. Beide sind Systeme der Firma VENULETH & ELLENBERGER, Darmstadt.

Abb. 274.

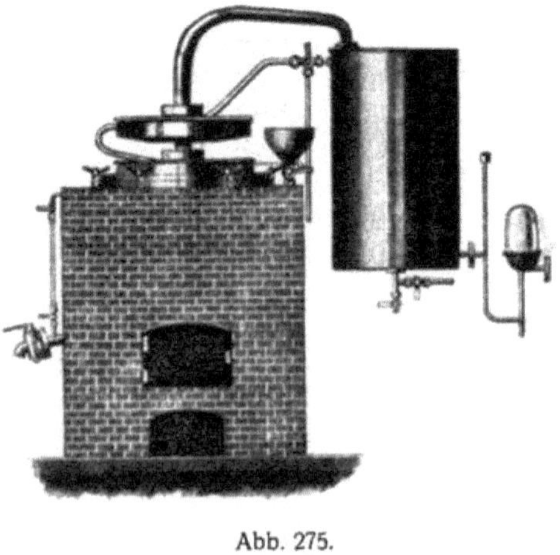
Abb. 275.

Abb. 277 ist ein Dampfdestillierapparat der Firma BITTER in Bielefeld mit Kippblase, wie er ebenfalls vielfach zur Kognakfabrikation Verwendung findet. Er besteht aus der Brennblase *a*, dem Deckel mit Klappschraubenverschluß *b*, dem Luftdephlegmator *c*, dem Geistrohr *d*, dem Kühler *e*, der Vorlage *g*, dem Entleerungshahn *h*, der Dampfzuführung für die Heizschlange *i*, der Dampfzuführung für die Blase *k*, der Kondenswasserleitung für die Heizschlange *l*, dem Kondenswassertopf *m*, dem Kühlwasseranschluß *n*, der Füllöffnung *q*, den Schaugläsern *r*, der Kippvorrichtung *s* und dem Dampfeintrittsventil *t*.

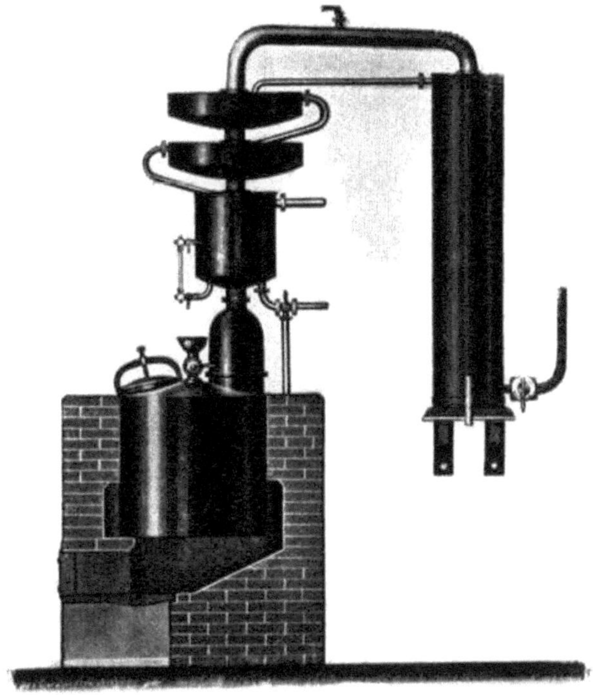

Abb. 276.

Für Weindestillation werden, soweit es sich um Herstellung von Kognak handelt, meist die bereits beschriebenen einfachen Apparate benutzt. Handelt es sich um Herstellung von Weinsprit, so finden kontinuierliche Apparate Verwendung.

In Italien findet man in Großbetrieben vielfach auch den Destillier- und Rektifizierapparat „System Guilleaume", s. S. 745.

Bei den in der Obstbrennerei gebräuchlichen Apparaten ist es meist nicht möglich, durch einmalige Destillation ein Produkt von genügender Stärke zu erzielen. In diesem Falle ist eine nochmalige Destillation notwendig. Bei dieser wird Vor- und Mittellauf zusammen aufgefangen, während der Nachlauf getrennt wird. Diesen gibt man meist zur nächsten Maische oder zum nächsten zu rektifizierenden Rohsprit.

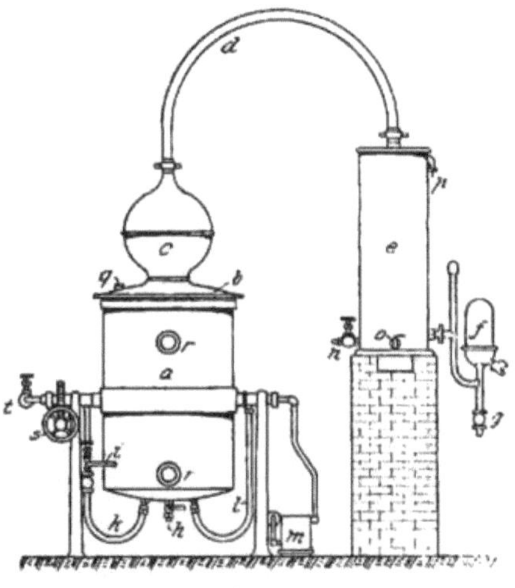

Abb. 277.

Bei der Kognakfabrikation wird bei besseren Weinen nur einmal destilliert. Hierbei werden Vor- und Mittellauf zur Kognakbereitung verwendet, während der Nachlauf dem nächsten Wein zugefügt wird. Bei Verarbeitung gewöhnlicherer Weinsorten wird der Wein destilliert und der Rohsprit einer fraktionierten Destillation unterworfen. In diesem Falle kann man auch zur Destillation kontinuierliche Apparate verwenden. Der fertige Kognak wird zur

Verbesserung des Geschmackes und zur Erzielung einer goldgelben Farbe in Eichenfässern gelagert.

Herstellung von Spiritus aus Holz und Sulfitlaugen.

Zur Herstellung des Alkohols aus diesen Rohstoffen verwendet man meist kontinuierliche Apparate, die, da Kupfer zu sehr angegriffen wird, am zweckmäßigsten aus emailliertem Eisen hergestellt werden.

VI. Raffinieren des Rohspiritus.

Die nach den verschiedenen Verfahren und aus den verschiedenen Rohstoffen erzeugten Rohspiritusarten können nicht ohne weiteres zur Herstellung von Trinkbranntweinen und Likören verwendet werden. Auch die Verwendung zur Essig- und zur Parfümfabrikation und verschiedenen anderen technischen Zwecken ist nicht ohne Reinigung angängig, da der Rohspiritus noch Beimengungen enthält, die zum Teil natürliche Produkte der Hefegärung, zum Teil die Erzeugnisse von Spaltpilzgärungen oder sonstigen Nebengärungen sind. Die Bestandteile des Rohspiritus sind folgende:

Wasser	*Kp* 100	Essigsäureäthylester . .	*Kp* 77
Acetaldehyd	„ 21	Buttersäureäthylester . .	„ 121
Äthylalkohol	„ 78	Acetal	„ 103
Propylalkohol	„ 97	Opt.-akt. Amylalkohol . .	„ 129
Isopropylalkohol	„ 82	Amylalkohol	„ 131
Butylalkohol	„ 117	Furfurol	„ 162
Isobutylalkohol	„ 108 – 109		

Die höher-molekularen Alkohole faßt man mit dem Namen Fuselöl zusammen, während der Aldehyd zu den sog. Vorlaufprodukten zu rechnen ist. Neben diesen in mehr oder minder großer Menge in fast allen Rohspiritusarten vorhandenen Stoffen sind noch je nach der Herstellungsweise und den benutzten Rohmaterialien verschiedene Geschmacks- und Geruchsstoffe vorhanden, die sich chemisch schwer identifizieren lassen, aber dem Spiritus einen eigenen, meist unangenehmen Geschmack und Geruch verleihen. Speziell der Melassespiritus und der Spiritus aus Holz, Sulfitablaugen und Torf enthält solche Stoffe, die sehr schwer daraus abzuscheiden sind und daher ihre Verwendung zu Trinkzwecken nahezu unmöglich machen.

Um nun den Rohspiritus von den oben genannten Stoffen so weit wie möglich zu befreien, wird er der „Rektifikation“ unterworfen, welche gleichzeitig ein Reinigungs- und Verstärkungsprozeß ist. Über das Prinzip derselben s. Destillation.

Die Rektifikation wird durch wiederholte Destillation in den sog. Rektifikationsapparaten bewirkt, wobei man 3 verschiedene Produkte: den Vorlauf, den Feinsprit und den Nachlauf auffängt. Aus letzterem kann als 4. Produkt das Fuselöl abgeschieden werden. Der Feinsprit erhält je nach der Reinheit verschiedene Bezeichnungen, u. zw. Weinsprit, Feinsprit, Primasprit, unfiltrierter Primasprit und Sekundasprit. Das erhaltene höchstprozentige Produkt wird als Weinsprit bezeichnet, während die 2. Sorte Prima- oder Feinsprit benannt wird. Je mehr Weinsprit mit einem Rektifikationsapparat erzielt wird, umso vollkommener ist dieser. Für die Ausbeute an Wein- oder Feinsprit ist aber neben dem Rektifikationsapparate in hohem Maße die Art der Rohstoffe bei der Alkoholfabrikation von Bedeutung. Am besten eignet sich für die Rektifikation der Kartoffelspiritus, der den neutralsten Feinsprit liefert. Ihm nahe kommt der Maissprit. Sehr wenig eignen sich hierfür Lufthefe- und Melassespiritus, die daher auch meist nur zu technischen Zwecken verwendet werden. Mit den modernen Rektifikationsapparaten läßt sich aus allen Rohspiritusarten ein Feinsprit herstellen, der den Anforderungen der chemischen Analyse vollkommen genügt, während der Geruch und Geschmack meist noch seinen Ursprung erkennen läßt. Es wird daher zur Bonitierung des rektifizierten Alkohols die Geruchs- und Geschmacksprobe in hohem Maße herangezogen. Die Geruchs- und Geschmackseigenschaften werden durch gewisse Esterarten, flüchtige Säuren und sonstige leicht flüchtige Stoffe bedingt, welche zum Teil in den Rohmaterialien vorhanden sind, zum Teil erst während der Gärung, der Destillation oder der Rektifikation entstehen. Der Esterbildung während der Rektifikation wird durch Neutralisierung der Säure des Rohspiritus durch Soda, Pottasche, Ätzalkalien, Kalk, Magnesia vorgebeugt.

Die Rektifikation wird vielfach durch Anwendung besonderer Reinigungsmittel unterstützt. Am meisten Verwendung hierfür findet die Filtration des Spiritus über Kohle. Man benutzt meist Kohle aus Linden-, Birken- oder Weidenholz und bevorzugt die leichteren Sorten. Erfinder der Holzkohlenfiltration ist der Apotheker LOWITZ aus Petersburg, der im Jahre 1785 entdeckte, daß beim Destillieren des Kornbranntweins über Kohle das Destillat wesentlich verfeinert wird, und auch feststellte, daß durch Filtration über Kohle nahezu dasselbe erreicht wird. Über die Wirkungsweise der Kohlefiltration gehen die Ansichten weit auseinander. Die einen nehmen eine physikalisch adsorbierende Wirkung an, während die anderen die Wirkungsweise für eine rein chemische halten. Auch darüber, wann die Filtration stattzufinden habe, ist man sich nicht einig. Nach GLASENAPP, Riga, wird ein Teil des Äthylalkohols und der Fuselöle bei der Filtration in Aldehyde und Ketone und Säuren verwandelt, die dann mit dem Alkohol Ester bilden und so den Geschmack des Sprites verbessern; diese Ester würden durch eine nachfolgende Rektifikation wieder beseitigt werden, so daß nach GLASENAPP die Filtration vor der Rektifikation nicht immer zweckmäßig ist. In Rußland wird bei der Fabrikation des Wódka erst der rektifizierte und mit Wasser verdünnte Spiritus einer Filtration über Kohle unterworfen.

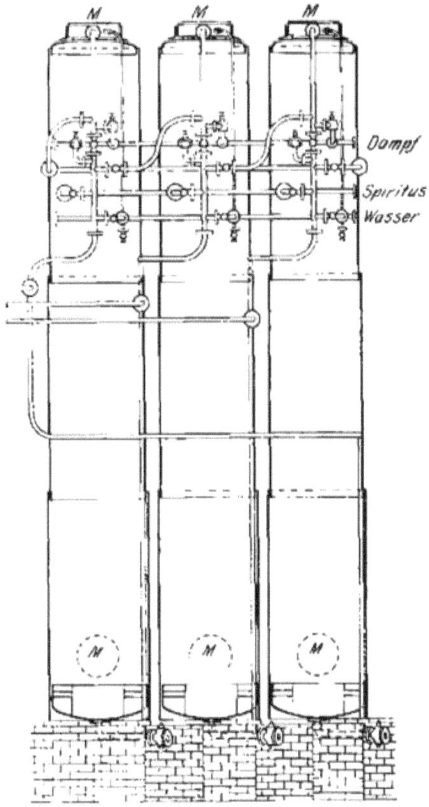

Abb. 278.
Spiritusfilter von Friedrich HECKMANN, Berlin.

In den Spritfabriken wird die Kohlefiltration fast allgemein angewendet, u. zw. benutzt man sog. Filterbatterien. Der Rohsprit wird zur Filtration auf 40—50 *Vol.-%* verdünnt und durch die Kohlefilter geschickt. Die ausgebrauchte Kohle kann durch Behandeln mit überhitztem Wasserdampf oder durch Ausglühen wieder belebt werden. Dies wird in einem besonderen Ofen vorgenommen, worin die Kohle in

Röhren unter Luftabschluß erhitzt wird. Es ist darauf zu achten, daß sie hierbei nicht mit Eisen in Berührung kommt und bis zum völligen Erkalten vor Luftzutritt bewahrt bleibt. Abb. 278 zeigt eine Kohlenfilterbatterie.

Die eisernen zylindrischen Gefäße sind oben und unten mit Mannlöchern *M* versehen. Oben und unten befinden sich Siebe. 3 horizontale Rohre für die Zu- und Abführung von Spiritus, Wasser und Dampf sind mit vertikalen Rohren verbunden, von denen sie nach Bedürfnis durch Hähne und Ventile trennbar sind. Spiritus, Wasser und Dampf können durch diese Vorrichtungen von oben nach unten oder von unten nach oben diese Filter durchströmen. S-förmig gebogene Rohre mit Hähnen, zwischen denen die vertikalen eingeschaltet sind, gestatten, ein Filtergefäß zu umgehen.

Neben dem bewährten Kohlefilter wird für die Beseitigung der im Rohspiritus enthaltenen Verunreinigungen eine große Anzahl von physikalisch oder chemisch wirkenden Mitteln vorgeschlagen, die vielfach durch Patente geschützt sind, aber bezüglich des Erfolges meist die Kohlefiltration nicht erreichen. In vielen Fällen bezweckt man mit ihnen weiter nichts, als durch Oxydation eines Teiles des Alkoholes oder Fuselöles den Geschmack des letzteren zu verdecken. Angewendet resp. zur Anwendung empfohlen werden Chlorkalk, Salpetersäure, Essigsäure, mangansaures und doppeltchromsaures Kalium, Schwefelsäure, Ätzkali, Sauerstoff, salpetersaures Quecksilber, Bleisuperoxyd, Wasserstoffsuperoxyd, Barium-, Strontium- und Calciumsuperoxyd, salpetersaures Silber, ferner ein geglühtes Gemisch aus Salpeter, kohlensaurem Magnesium und ätzenden und kohlensauren Alkalien. Häufig schaltet man chemisch wirksame Substanzen in den Destillierapparat ein, so daß sie von den Spiritusdämpfen durchstrichen werden; z. B. verwendet man so mit Chlorbarium behandelte Asbestwolle und mit Natriumhydroxyd getränkte Asbestwolle oder Bimsstein, ferner mit Chlorcalcium und Holzkohle gefüllte Zylinder, Glycerin enthaltende Lösungen von Bleisuperoxyd und Bleioxyd in Kalilauge oder anderen ätzenden Alkalien, alkalische Kupferlösung, flüssiges Paraffin etc.

Die rein physikalischen Methoden basieren darauf, daß die Fuselöle sich in fetten Ölen oder Kohlenwasserstoffen leichter lösen als in verdünnten Spirituswassermischungen. Verwendet werden hierzu Olivenöl, Mineralfett, Pflanzenwachs, Japanwachs, Carnaubawachs, Rindsfett, Petroleumäther oder Petroleum.

Sehr viel Aufsehen erregte das im Jahre 1888 von I. TRAUBE aufgefundene und im *D. R. P.* 41207 beschriebene Verfahren (vgl. auch *Z. f. Spirit.* **1888** Nr. 27 und 49, **1889** Nr. 34 und 35, *Ch. Ztg.* **1908** Nr. 101). Es beruht auf dem Umstande, daß beim Vermischen von Pottaschelösungen mit Rohspiritus bei Anwendung bestimmter Mengenverhältnisse und Temperaturen 2 Schichten sich bilden, deren untere salzreich und alkoholarm, deren obere dagegen salzarm und alkoholreich ist. Da man bei Einhaltung gewisser Konzentrationen und Temperaturen die obere Schicht beliebig klein erzeugen kann, so ist man in der Lage, trotz des relativ großen Alkoholgehaltes der oberen Schicht die Bedingungen so zu wählen, daß dort nur ein geringer Teil des Gesamtalkohols ausgesalzen wird. Enthält nun der Alkohol Unreinheiten, wie Fuselöle oder Vorlaufprodukte, so wird nach dem Verteilungssatze die Verteilung der Unreinheiten in den beiden Schichten in der Weise erfolgen, daß die größere Menge davon sich in der oberen alkoholreichen Schicht ansammelt.

Entfernt man durch zweckentsprechende Abfüllvorrichtungen diese obere Schicht und wiederholt in rationeller Weise diese Schichtenbildung mehrmals hintereinander, sammelt man ferner die Fuselschichten in besonderen Bassins, um sie später in systematischer Weise weiter an Fuselöl anzureichern, so hat man das Prinzip eines Vorreinigungsverfahrens, welches unter Umständen die kostspielige Kohlenfiltration im Großbetrieb beseitigen könnte und, was noch wichtiger ist, den Kleinbetrieb in den Stand setzen würde, aus schlechter Rohware einen fuselfreien Feinsprit in Prozentsätzen zu erzeugen, wie dies bisher im Großbetrieb nur unter Benutzung von vorzüglich wirkenden Rektifikationsapparaten möglich war. Es handelt sich hier um ein Vorreinigungsverfahren ähnlich der Kohlenfiltration. In beiden Fällen haben wir es mit einer Anwendung des Verteilungssatzes zu tun, in dem einen Falle ist die Kohle das Adsorbens der Unreinheiten, in dem anderen Falle die konz. alkoholische Schicht. Das Verfahren hat sich in die Praxis nur wenig eingeführt. In einem kleinen Betriebe wird es seit über 20 Jahren ununterbrochen ausgeführt und liefert einen fuselfreien Feinsprit, der als Prima- bis Sekundaware zu bezeichnen ist. Die Kosten sollen 85 Pf. pro *hl* betragen. Im übrigen wird dieses Verfahren in neuester Zeit auch in großen Raffinerien angewandt und soll ein Produkt liefern, das direkt für Parfümeriezwecke benutzt werden kann.

Die großen Spiritusraffinerien in Deutschland führen meistens die Raffination unter Zusatz von Chemikalien durch, jedoch werden die betreffenden Verfahren streng geheim gehalten.

Zur Entfernung des Aldehyds speziell bei der Rektifikation des in Lufthefefabriken erzeugten Rohspiritus dient das KILLING-OPPENHEIMERsche Verfahren. Bei diesem wird der auf 40 *Vol.-%* verdünnte Rohspiritus auf 50—60° erwärmt; die entweichenden Aldehyde werden durch einen oben in den Apparat geleiteten Luftstrom beseitigt.

Bezüglich der Entwicklung des Spiritusreinigungsverfahrens sei bemerkt, daß die Entdeckung der Kohlenfiltration durch LOBITZ etwa gleichzeitig mit der Entdeckung des Fuselöles durch den schwedischen Apotheker SCHELE und den praktischen Arzt WESTENDORF erfolgte. WESTENDORF stellte auch damals bereits fest, daß das Fuselöl durch einfache Destillation vom Rohspiritus getrennt werden könne. Von dieser Entdeckung bis zur praktischen Lösung der Aufgabe verging jedoch geraume Zeit. Erst im Jahre 1862 wurde für die STENGELsche Spritfabrik in Leipzig ein Rektifikationsapparat aufgestellt, bei dem das Fuselöl gewonnen wurde. Derartige Apparate wurden zunächst nur in großen Raffinerien benutzt. Ihre Verwendung in kleineren Betrieben datiert erst seit dem Jahre 1887, als durch den § 4 der damaligen Branntweinsteuergesetznovelle der Branntweinreinigungszwang eingeführt werden sollte. Von da ab richteten die Apparatebauer ihr Augenmerk darauf, kleinere Apparate zur Gewinnung von Feinsprit herzustellen. Der drohende Reinigungszwang hatte eine wesentliche Verbesserung der Destillierapparate und vor allem der Reinigungsapparate zur Folge. Um die damalige Zeit entstand der ILGESsche Spritautomat und der BARBETsche Apparat. Ihnen folgte in den Neunzigerjahren der SAVALLEsche Apparat, der speziell in Kornbrennereien vielfach vertreten ist. Einen sehr bewährten Apparat brachte ferner die Firma FR. HECKMANN, Berlin, heraus. Vielfach verwendet wird auch der Apparat „System Guilleaume", der für Deutschland von der MASCHINEN A-G. GOLZERN-GRIMMA hergestellt wird. Dieser liefert ebenso wie der ILGESsche Apparat direkt Feinsprit aus der Maische.

Nachstehend seien einige der bekanntesten Apparate beschrieben.

Abb. 279 zeigt den Rektifikationsapparat von FR. HECKMANN, Berlin:

B ist die Blase, deren Inhalt (Rohspiritus von 50—80%) durch die Dampfschlange *S* allmählich verdampft wird. *R* bedeutet den Dampfzuführungsregulator von SAVALLE, in dem ein durch den Dampfdruck der Blase *B* mehr oder weniger gehobener Schwimmer vermittels eines besonderen Drosselventils die Menge des der Blase zuzuführenden Heizdampfes regelt. Die Kolonne *C* enthält eine große Zahl von Rektifikationsböden und bewirkt mit diesen, daß der aufsteigende Dampf durch die aus dem Kondensator *D* zurückströmende Flüssigkeit, von Wasser und Fuselölen befreit, sehr alkoholreich in den Kondensator *D* tritt. In diesem wird ein erheblicher Teil des Dampfes niedergeschlagen,

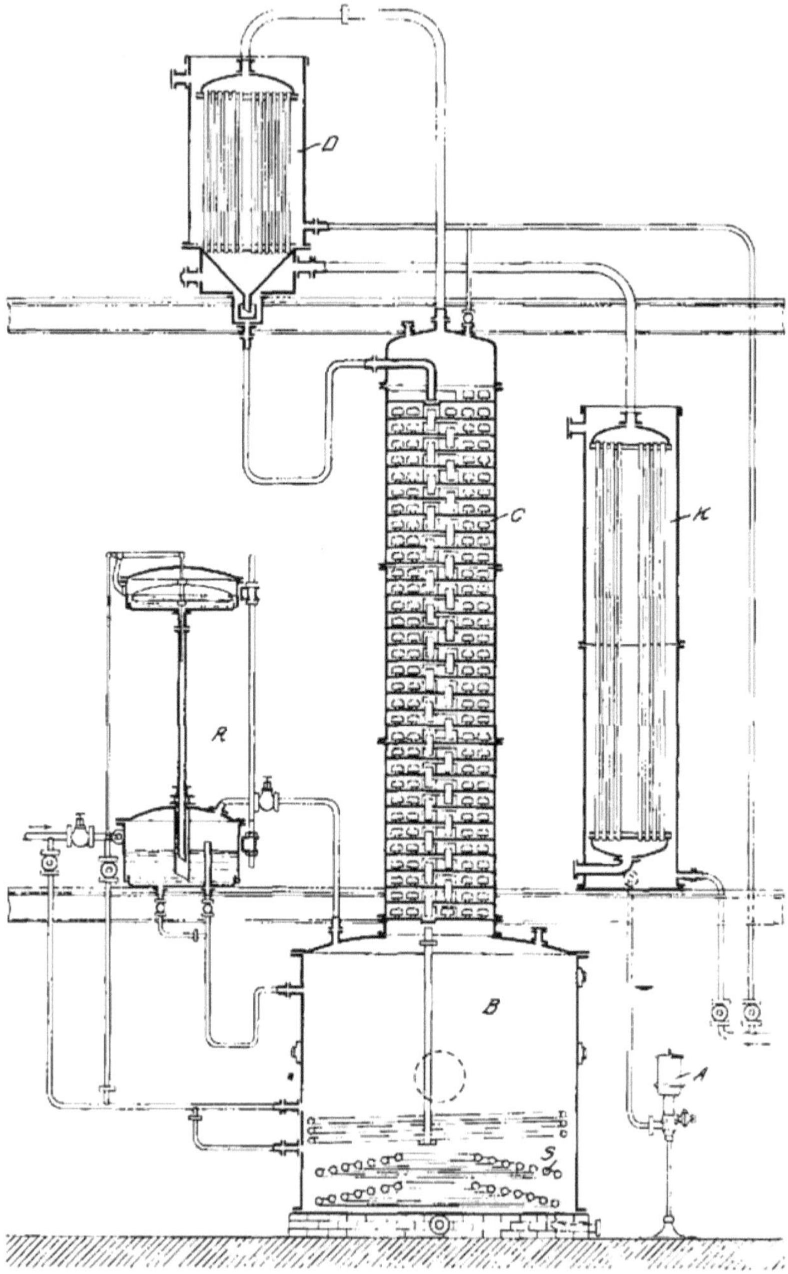

Abb. 279. Rektifizierapparat von FRIEDRICH HECKMANN, Berlin.

um Kolonnenrücklauf zu bilden. Der gereinigte Alkoholdampf gelangt in den Kühler *K* und aus diesem, in dem er niedergeschlagen und gekühlt worden ist, in den Auslaufapparat *A*. Hier wird Temperatur und Alkoholhaltigkeit des gewonnenen Sprits durch geeignete Instrumente festgestellt und die Verteilung der Qualitäten bewirkt.

Der BARBETsche Apparat (Abb. 280) wird in Deutschland von der Firma J. ADERS, Magdeburg, hergestellt.

Seine Arbeitsweise ist folgende: Der Rohspiritus läuft aus dem in der obersten Etage befindlichen Rohspiritusreservoir *Q* durch den Filter *R* und den Rohspiritusniveauregler *S* nach dem Mischgefäß *T*. Hier wird der Rohspiritus mit dem heißen Lutterwasser, welches vom Lutterwasserreservoir *O* kommt, auf 40 - 45° *Tr.* verdünnt. Dieses Rohspirituslutterwassergemisch läuft nun nach dem Vorwärmer *H*, wird hier mittels des von der Erschöpfungskolonne *B* austretenden Lutterwassers, welches den Vorwärmer, die Außenflächen der Heizrohre bestreichend, passiert, weiter erwärmt und tritt dann in die Vorlaufkolonne *A* ein. Der Rohspiritusniveauregler *S* hat die Funktion, den Rohspiritus dem Apparat stets mit gleichem Druck zuzuführen. Zur Regulierung der Mengen an Rohspiritus und Lutterwasser dienen Regulierhähne am Mischgefäß *T*.

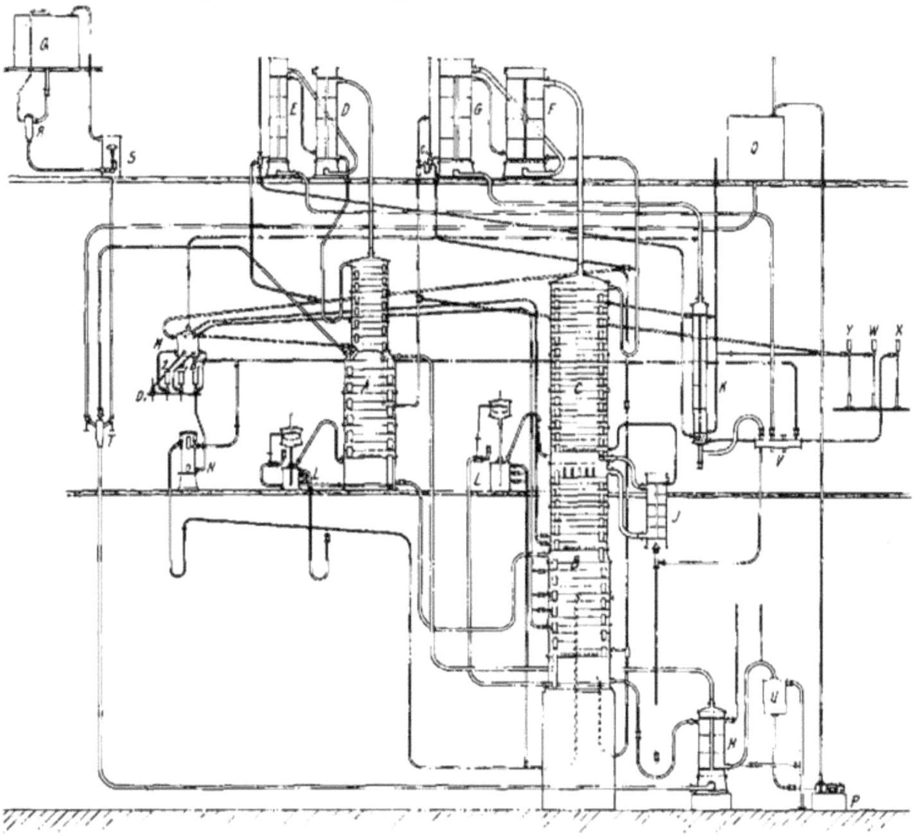

Abb. 280. Kontinuierlicher Rektifizierapparat Patent BARBET der Metallwerk-A.-G. vorm. J. ADERS, Magdeburg-N.

A Vorlaufkolonne; *B* Erschöpfungskolonne; *C* Rektifizierkolonne; *D* Kondensator zur Vorlaufkolonne; *E* Kühler zur Vorlaufkolonne; *F* Kondensator zur Rektifizierkolonne; *G* Kühler zur Rektifizierkolonne; *H* Vorwärmer; *J* Spezialkühler; *K* Kühler für Primasprit; *L* Dampfregulatoren; *M* Kühler für Nachlaufprodukte; *N* Dekanteur; *O* Lutterwasserreservoir; *P* Lutterwasserpumpe; *Q* Rohspiritusreservoir; *R* Filter; *S* Rohspiritusniveauregler; *T* Mischgefäß; *U* Lutterwasserzwischengefäß; *V* Wasserverteilrohr; *W* Eprouvette für Primasprit; *X* Eprouvette für Vorlauf; *Y* Eprouvette für Sekundasprit; *Z* Eprouvette für Äther; A_1 Eprouvette für leichte Öle; B_1 Eprouvette für schwere Öle; C_1 Spezialeprouvette; D_1 Eprouvette für Erschöpfungskontrolle.

In der mit Glockenböden besonderer Konstruktion versehenen Kolonne *A* geht die Vorreinigung des verdünnten Rohspiritus vor sich. Der untere Teil der Kolonne *A* wird mittels direkter Dampfeinführung beheizt. Im oberen Teil findet die Konzentration des Vorlaufes statt. Letzterer tritt in Dampfform nach dem Kondensator *D* über, von wo aus die kondensierten höhersiedenden Teile nach der Kolonne *A* zurückfließen, während die leichtflüchtigen Teile nach dem Kühler *E* gelangen.

Der hier gewonnene Vorlauf läuft nach der Vorlaufeprouvette *X*, an welcher sich ein Zeigerhahn zur Regulierung des Durchflusses befindet. Vorher passiert er eine im unteren Teil des Kühlers für Primasprit *K* eingebaute Schlange, die zur weiteren Abkühlung des Vorlaufes dient. Der überschüssige Teil des Vorlaufes läuft durch ein am Austritt des Kühlers *E* abzweigendes Rohr dem vom Kondensator *D* ablaufenden Kondensat der höher siedenden Teile zu und gelangt mit diesem zusammen wieder in die Vorlaufkolonne *A* zurück.

Der gereinigte, vorlauffreie Rohspiritus tritt von der Vorlaufkolonne *A* in die Kolonne *B* über, welche im unteren Teil mittels direkter Dampfzuführung beheizt wird und mit der darüber befindlichen Rektifizierkolonne *C* ein Ganzes bildet. Die Rektifikation der in *B* aufsteigenden Dämpfe von Alkohol, Fuselöl und Wasser wird so geleitet, daß schon im oberen Teil von *B* die schwereren, in Wasser unlöslichen Bestandteile des Fuselöls als flüssiges Kondensat abgezogen werden, während im unteren Teile von *C* die leichteren, in Wasser löslichen Öle abfließen. Beide Ölleitungen werden getrennt je einem Doppelmantelrohr, welches mittels der Dämpfe, die für die Erschöpfungskontrolle aus dem unteren Teil der Kolonne *B* entnommen werden, beheizt wird, zugeführt, und die Öle werden hier wieder in Dampfform versetzt, um sie auf diese Weise so hoch führen zu können, wie es die Höhenanordnung der einzelnen Apparatteile erfordert.

Nach dem Austritt aus dem Doppelmantelrohr werden die leichten und schweren Öle in getrennten Leitungen dem Schlangenkühler *M* für Nachlaufprodukte zugeführt.

Aus der Eprouvette A_1 werden die leichten Öle entnommen. Diese Produkte können mit dem Vorlauf gemischt werden, welcher für die Denaturierung bestimmt ist.

Die schweren Öle werden der Eprouvette B_1 entnommen und dem Dekanteur *N* zugeführt. Letzteren verlassen sie als handelsfertige Ware.

Die bei der Dekantierung des Fuselöles ausgeschiedenen Produkte laufen mit dem dem Dekanteur zugeführten Waschwasser zusammen zur nochmaligen Aufarbeitung nach der Erschöpfungskolonne *B* zurück.

In den Schlangenkühler *M* mündet auch die bereits erwähnte Leitung für Erschöpfungskontrolle, welche nach dem Verlassen des Kühlers in der Eprouvette D_1 endet.

Wie bereits oben gesagt, steigen die vom Vorlauf befreiten Alkoholdämpfe in Gemeinschaft mit den Fuselöldämpfen in der ebenfalls mit Glockenböden versehenen Rektifizierkolonne *C* empor und werden in der bekannten Weise gereinigt. Eine bessere Ausscheidung der Fuselöle wird dadurch erreicht, daß der Rückfluß vom Boden XIII der Rektifizierkolonne *C* nach dem Spezialkühler *J* geführt und, nachdem er in diesem abgekühlt, in die Kolonne *C* zurückgeleitet wird. Infolge dieser Zwischenkondensation werden die schwersiedenden Fuselöle gehindert, in den oberen Teil der Rektifizierkolonne *C* zu gelangen.

Oben treten die gereinigten Alkoholdämpfe aus der Kolonne *C* nach dem Kondensator *F* über, von wo die kondensierten höhersiedenden Teile nach der Kolonne *C* zurückfließen.

Die im Kondensator *F* nicht kondensierten Dämpfe treten nach dem Kühler *G* über, an dessen Austritt sich eine Spezialeprouvette C_1 befindet. Letztere ist mit einem Zeigerhahn versehen, mittels dessen man die Menge des nach der Vorlaufkolonne *A* zurückzuführenden Sprits, welcher noch Spuren von riechenden Bestandteilen enthält, reguliert. Gewünschten Falls braucht man diesen nicht nach der Kolonne *A* zurückzuschicken, sondern kann ihn aus einer besonderen Eprouvette *Y* entnehmen und als Sekundasprit verwerten.

Der überschüssige Teil dieses Sprits, welcher nicht nach der Vorlaufkolonne zurückgeführt oder als Sekundasprit gewonnen wird, wird vereint mit den Rücklaufprodukten des Kondensators *F* in die Kolonne *C* zurückgeführt.

Der Primasprit wird aus dem oberen Teil der Rektifizierkolonne *C* entnommen und nach Passieren des Kühlers *K* an der Eprouvette *W* abgeleitet.

Von den Eprouvetten aus laufen die erzeugten Produkte, Meßuhren passierend, in die betreffenden Sammelgefäße.

Aus dem Unterteil der Kolonne *B* tritt das vom Alkohol vollständig befreite Lutterwasser in den Vorwärmer *H*, von diesem in ein besonderes Zwischengefäß *U*, von wo aus es der Pumpe *P* zuläuft, welche es in das obere Reservoir *O* hebt.

Die Kolonnen *A*, *B* und *C* stehen je mit einem Dampfregulator *L* in Verbindung, welcher nach Maßgabe des jeweilig erforderlichen Druckes die Zuführung des Heizdampfes, wozu auch Maschinenabdampf verwendet werden kann, selbsttätig reguliert.

Das Wasserverteilrohr *V* bildet eine Zentralstelle, von wo aus die Zuführung des erforderlichen Kühlwassers reguliert wird.

Abb. 281. Guillaume-Destillier-Rektifizier-Apparat.

Um einen möglichst gleichmäßigen Gang des Apparates zu erzielen, wird die zu destillierende Maische zunächst in das über dem Apparat in entsprechender Höhe anzuordnende Reservoir *A* gepumpt, von wo aus sie in genau zu regulierender Menge dem Vorwärmer *B* zugeführt wird. Die angewärmte Maische verläßt diesen Vorwärmer oben und gelangt durch das Sackrohr in den Verteilungsboden der Maischkolonne *C*, um in der letzteren in der üblichen und bekannten Weise ausgekocht zu werden und die Kolonne durch den Schlemperegulator *D* als Schlempe zu verlassen.

Ein enges Dampfröhrchen führt vom Deckel des Schlemperegulators zum Probierkühler *E* und dessen mit Lutterprober ausgerüsteter Eprouvette, um jederzeit kontrollieren zu können, ob die aus der Schlempe aufsteigenden Dämpfe und somit die letztere selbst frei von Alkohol ist.

Die alkoholhaltigen Dämpfe sammeln sich im Oberteil der Kolonne und werden zur Vorlaufkolonne FF_1 geleitet. Dieselbe besitzt oberhalb des Geisteintrittes eine Anzahl Kochböden besonderer Konstruktion, um die aufsteigenden, stark aldehydhaltigen Dämpfe auf handelsübliche Konzentration zu bringen, während die vom Vorlauf fast freie alkoholhaltige Flüssigkeit im Rücklauf allmählich in der Kolonne *F* nach unten sinkt und sich im Unterteil sammelt. Ein geringes Quantum Frischdampf das gleichzeitig in das Unteren der Kolonne F eingeführt wird, dient dazu, die Trennung der Vorlaufprodukte von dem übrigen Alkohol zu vervollständigen.

Die Aldehyddämpfe treten zunächst zum Vorwärmer B über und werden hier zum Anwärmen der zu destillierenden Maische benutzt. Soweit sie hier nicht niedergeschlagen und als Rücklauf der Kolonne F_1 wieder zugeführt werden, gelangen sie zum Kondensator G, wo sie im wesentlichen weiter kondensiert und als Rücklauf ebenfalls zur Kolonne F_1 zurückgeleitet werden. Nur ein kleiner, dem verarbeiteten Maischequantum entsprechender Prozentsatz dieser aldehydhaltigen Dämpfe wird zum Kühler H übergeführt, dort niedergeschlagen und kondensiert, um nach erfolgter Kühlung zur Aldehydeprouvette I und von dort zum Reservoir zu gelangen.

Geeignete Regulierhähne dienen dazu, das abzuziehende Quantum ein für alle Mal genau einzustellen. Um die Trennung der Vorlaufprodukte von dem übrigen Alkohol zu erleichtern, ist an der

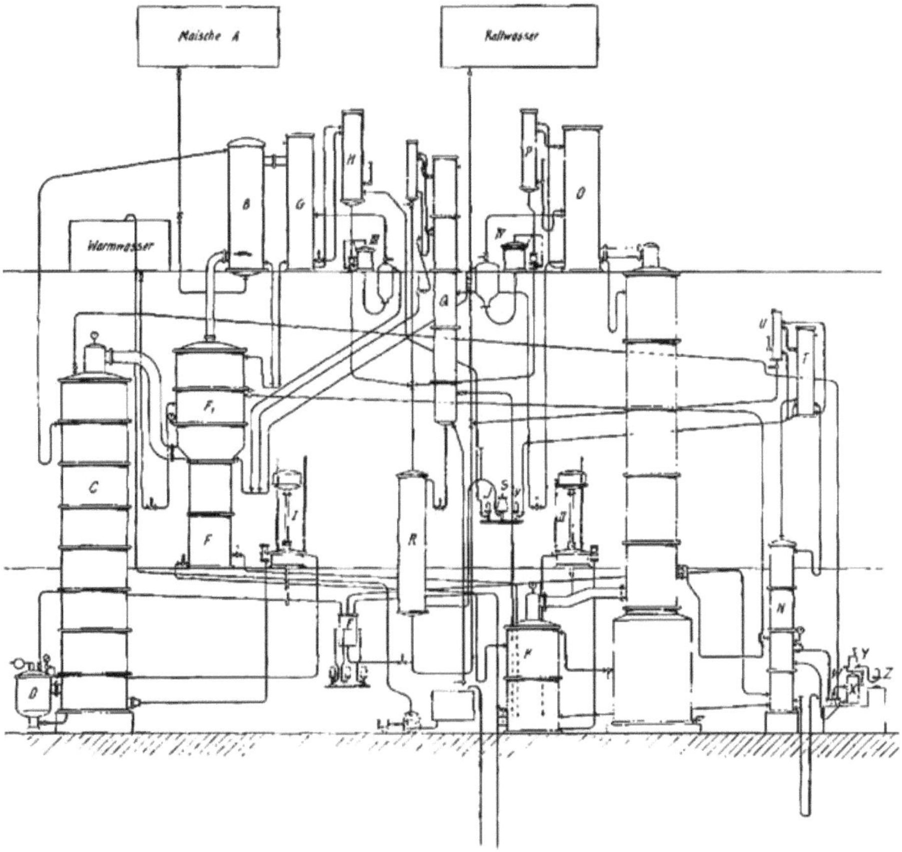

Abb. 281. Destillier-Rektifizier-Apparat „System Guillaume" der MASCHINENBAU-A.-G. GOLZERN-GRIMMA. Leistung 135 *hl* Alkohol in 24 Stunden.

Kolonne F_1 eine Warmwasserzuführung vorgesehen, die es ermöglicht, die bestgeeignete Konzentration an den fraglichen Stellen zu erzeugen. Die mit Maische und Wasser in die Kolonnen gelangte Luft kann durch den Kugelstutzen des Kühlers H entweichen.

Die im Unterteil der Kolonne F sich ansammelnde, von Vorlauf befreite Flüssigkeit hat einen Gehalt von 25–30° *Tr.* und wird kochend der Entgeistungskolonne K zugeführt. Bei der verhältnismäßig schwachen Konzentration dieser Flüssigkeit läßt es sich nicht vermeiden, daß gewisse Nachlaufprodukte, die sich bei dieser Konzentration noch wie Vorlauf verhalten, d. h. schneller als Äthylalkohol verdampfen, speziell Isovalerianäthyl etc., in die Kolonne F_1 mit aufsteigen und sich auf den Böden ansammeln, wo sie günstigste Konzentration vorfinden. Hier werden sie mittels der vorgesehenen kleinen Hähne abgezogen und zur Nachlaufkolonne N geführt.

Die nach der Entgeistungskolonne K übertretende Flüssigkeit besteht aus einem Gemisch von reinem Äthylalkohol und Nachlaufprodukten; die Kolonne selbst ist mit Kochböden gleicher Konstruktion wie die Vorlaufkolonne FF_1 ausgerüstet. Die Flüssigkeit wird in der Kolonne K ausgekocht und verläßt sie alkoholfrei am Unterteil durch ein Siphonrohr. Auch hier ist eine gleiche Vorrichtung angebracht wie bei dem Schlempcregler, um jederzeit kontrollieren zu können, daß das abfließende Lutterwasser tatsächlich frei von Alkohol ist. Die Geistdämpfe treten zur Konzentrationskolonne *L* über, wo sie in der üblichen Weise konzentriert werden, während die im Unterteil der Kolonne *L* sich sammelnden Nachlaufprodukte abgezogen werden und zur Ölkolonne *N* kommen.

Die stark konzentrierten, oben in der Kolonne *L* sich sammelnden Dämpfe, die nunmehr aus reinem Äthylalkohol bestehen, welcher nur noch mit einigen Spuren von Aldehyden vermischt ist, die sich aufs neue während der Rektifikation gebildet haben, werden in den Kondensator *O* geschickt und hier zum größten Teile niedergeschlagen. Nur ein kleiner Prozentsatz wird gemeinsam mit der in die Kolonne *L* gelangten Luft zum Luftkühler *P* übergelassen, wo die letzten Spuren Alkohol niedergeschlagen und zum Kondensator *O* als Rücklauf zurückgeführt werden, während die Luft aus dem Kugelstutzen entweicht. Der größte Teil des Kondensates von *O* wird der Kolonne *L* als Rücklauf wiedergegeben, wo er zur weiteren Konzentration der aufsteigenden Spiritusdämpfe dient, während der Rest zur Schlußkolonne *Q* abgeht. Diese Schlußkolonne ist etwas anders konstruiert als die vorerwähnten und mit einem Heizkörper ausgerüstet, um die bereits hochkonzentrierte Alkoholflüssigkeit nicht von neuem durch direkten Dampf zu verdünnen. Durch eine leichte Verdampfung in der Schlußkolonne werden die obengenannten Aldehydspuren ausgetrieben, im Kondensator und Luftkühler kondensiert und zur Vorlaufkolonne F_1 zurückgeführt, während der nunmehr tadellose Feinsprit die Kolonne *Q* unten verläßt und zum Kühler *R* und von dort zur Feinspriteprouvette *S* und dem Reservoir gelangt.

Die zur Ölkolonne *N* fließenden Nachlaufprodukte werden im Unterteil dieser Kolonne gleichfalls ausgekocht. Die dabei sich ausscheidenden Öle sind an geeigneter Stelle wieder abzuziehen, während das Lutterwasser durch das Siphonrohr austritt. Auch hier ist die Möglichkeit gegeben, das austretende Wasser dauernd auf Alkoholfreiheit zu kontrollieren. Die von den Ölen befreiten Nachlaufprodukte werden im Oberteil der Kolonne *N* konzentriert und im Kondensator *T* bzw. im Luftkühler *U* niedergeschlagen, von wo ein entsprechender Teil abgezogen wird und zur Nachlaufeprouvette *V* gelangt.

Die Öle werden in der Mischeprouvette *W* mit heißem Wasser gewaschen und zum Dekantiergefäß *X* geführt, wo sie sich von dem Wasser wieder trennen und zum Ölkühler *Y* steigen, von wo sie dann in konz. Form zur Eprouvette *Z* und von da zum Ölreservoir fließen.

Das schwach alkoholhaltige Waschwasser wird unten aus dem Absatzgefäß *X* entfernt und zur Kolonne *N* zurückgeleitet, wo es gleichfalls wieder mit ausgekocht und von Alkohol befreit wird. Die vorgesehenen Dampfregulatoren *I* und *II* sowie die Wasserregulatoren *III* und *IV* dienen dazu, den Betrieb des Apparates möglichst automatisch zu gestalten, wodurch dem Apparatführer seine Arbeit wesentlich erleichtert wird.

Zu erwähnen bleibt noch der Akkumulator *M*, der einerseits seinen Inhalt entsprechend anreichert, wenn einmal durch eine Unaufmerksamkeit des Führers mehr Alkohol aus der verarbeiteten Maische in das Apparatsystem geführt wird als gleichzeitig an den einzelnen Eprouvetten entnommen wird, und der andererseits aus seinem Vorrat an die Konzentrationskolonne *L* abgibt, wenn umgekehrt dem Apparatsystem weniger Alkohol zugeführt wird, als während derselben Zeit an den Eprouvetten abfließt. Im ersteren Falle verhindert er eine Überfüllung der Entgeistungskolonne *K* und damit verbundene Alkoholverluste, und im letzteren Falle erreicht er, daß die Konzentration des an der Eprouvette *S* ablaufenden Feinsprits auch bei verminderter Alkoholzufuhr in der Kolonne *L* lange Zeit ungeschwächt dieselbe bleibt. Regelmäßig aus dem Akkumulator zu entnehmende Proben halten den Apparatführer auf dem Laufenden, ob die Quantität der an den Eprouvetten entnommenen Produkte dem verarbeiteten Maischequantum entspricht.

Abb. 282. Rektifizier-Automat „Ilges".

Vom Maischbehälter *P* tritt die Maische in den Cylinder *G* des Maischregulators ein, läuft von hier infolge der selbsttätigen Einstellung der Balkenwage durch ein bei 1 befindliches Maischregulierventil in die Maischschale 2, und hier, genau reguliert, weiter in das Trichterrohr 3, endlich durch die Kugel 4 in die Maischdestilliersäule *A*.

In *A* wird die Maische destilliert durch Wasserdampf, welcher vom Dampfregulator *FF* geliefert wird und durch Stutzen *d* in *A* eintritt. Die Maische sinkt in *A* allmählich tiefer und wird dabei vollständig entgeistet, und die übrig bleibende Schlempe tritt unten, ohne eine Spur Alkohol zu enthalten, durch Rohr 5 in den Schlempercgulator *B* ein, füllt *B* hoch an bis zu einem im oberen Teile sitzenden Schwimmer, welcher durch seine Bewegungen ein mit ihm verbundenes, im untersten Teile von *B* angebrachtes Schlempeventil reguliert. Die hier kontinuierlich in gleichmäßig starkem Strahl austretende Schlempe wird auf ihren Alkoholgehalt ununterbrochen von einem Schlempeprober *O* untersucht, in welchem auch die kleinste Spur von Alkohol an einem Alkoholometer zur Anzeige kommt.

Die in *A* entwickelten Rohdämpfe, welche alle leicht- und schwerflüchtigen Verunreinigungen, also Aldehyde und Fuselöl enthalten, treten durch Rohr *a* und Stutzen 6 in die erste Rektifiziersäule *C* ein, welche den Zweck hat, die Dämpfe auf $96\frac{1}{2}\%$ zu verstärken und deren Gehalt an Fuselöl mit dem Lutter zu verflüssigen und auszuscheiden.

Die Abteilung *k*, in welche durch Stutzen 7 ebenfalls die Destillationsdämpfe aus der Luttersäule *E* eintreten und sich mit den Dämpfen aus *A* mischen, ist ein leerer Raum. Die Abteilung 1 ist ein Dephlegmator der bekannten Ilgesschen Konstruktion mit horizontalen Kühlröhren, deren Zwischenräume mit Kugeln beschickt sind. Alle zwischen *k* und 1 befindlichen Abteilungen sind mit Porzellankugeln vollständig ausgefüllt. In der Verschraubung 8 liegt eine Rostplatte, d. h. eine quadratische Messingplatte, worin eine Menge kurzer und enger Messingröhrchen stecken, welche so eingerichtet sind, daß die Kugeln darauf lagern können, ohne die Dämpfe am Durchströmen zu hindern. In den Verschraubungen 9 liegen Tropf- und Rostplatten, welche nicht nur als Auflager für die Kugeln dienen, sondern auch dazu eingerichtet sind, den von den Kugeln herabrinnenden und auf den Platten sich ansammelnden Lutter durch kleine Löcher ins Innere der Röhrchen zu befördern und weiter auf die unmittelbar darunter lagernden Kugeln gleichmäßig aufzutropfen. Indem die Dämpfe durch die Zwischenräume der Kugeln strömen, bewirken dieselben an dem vom Dephlegmator 1 herabrinnenden und die Kugeln gleichmäßig benetzenden Lutter eine sehr kräftige Rektifikation, wodurch das Fuselöl gänzlich ausgeschieden wird und im verflüssigten Zustande mit dem Lutter durch Rohr 11 aus der ersten Rektifiziersäule austritt.

Zur endgültigen Ausscheidung des Fuselöls aus dem Apparat läuft der Lutter am Thermometer *i* vorbei, durch Rohr 11 zunächst in den Kühler *J* und wird hier auf 30° C abgekühlt. Bereits in Rohr 11 enthält der Lutter ausgeschiedenes Fuselöl; durch die Abkühlung des Lutters in *J* wird jedoch noch viel mehr Fuselöl ausgeschieden, welches mit dem Lutter durch Rohr 12 in den Ölscheider *M* läuft. Hier steigt das leichte Fuselöl zum Rohre 13 auf, während der von Fuselöl befreite Lutter durch Rohr 14 in den auf der Luttersäule *E* sitzenden Aufsatz eintritt und hier in der bestimmten Höhe *m..n* in die eigentliche Destilliersäule überläuft, um durch bei *d* eintretenden regulierten Wasserdampf vollkommen entgeistet zu werden. Der durch Stutzen *o* ablaufende Lutter wird durch den Lutterprober *O* auf Alkoholgehalt geprüft. Im Rohre 13 steht die Flüssigkeit, solange nur Lutter ohne ausgeschiedenes Fuselöl sich darin befindet, genau in der Höhe *m..n*, so daß durch Stutzen 15, welcher erheblich höher als *m..n* sitzt, niemals Lutter auslaufen kann. Füllt sich dagegen Rohr 13 mit hochkonzentriertem Fuselöl, so steigt dies infolge seines geringen spezifischen Gewichtes über *m..n* hinaus, erreicht den Stutzen 15 und läuft von hier durch ein Sackrohr endgültig ab. Um das Fuselöl bei hoher Konzentration zu erhalten, läßt man durch ein seitliches Anschlußrohr ein wenig Wasser in das Rohr 13 einfließen. Nachdem die Rohdämpfe in der ersten Rektifiziersäule *C* ihren ganzen Gehalt an Fuselöl verloren haben, treten dieselben, $96^1/_2$° *Tr.* stark und nur noch reinen Äthylalkohol mit Aldehyd gemischt enthaltend, durch Rohr *b* nach der zweiten Rektifiziersäule *D* über, um dort die Aldehyde auszuscheiden.

In *D* sind die Abteilungen *p* und *q* Dephlegmatoren, ähnlich *l* in *C*. Die Abteilungen *r* und *s*, Überhitzer genannt, sind ähnlich *p* gebaut, aber die wagerechten Rohre enthalten statt des Kühlwassers gespannten Kesseldampf und zwischen den Rohren fehlen die Kugeln. In den Verschraubungen 17, 18 liegen Rostplatten, welche, wie oben beschrieben, Kugeln tragen und Dämpfe durchströmen lassen, jedoch dem Lutter keinen Durchgang gewähren. In den Verschraubungen 19 dagegen liegen Tropf- und Rostplatten, und die unmittelbar darüber befindlichen Räume sind bis zur nächsthöheren Platte ganz mit Kugeln angefüllt. Nur die in der Verschraubung 20 liegende Tropf- und Rostplatte trägt keine Kugeln, weil der Überhitzer *r*, wie erwähnt, keine Kugeln enthält. Die durch Rohr *b* und Stutzen 21 in *D* eintretenden Dämpfe durchströmen *r* und alle darüber befindlichen Abteilungen und verstärken sich auf ihrem Wege durch Rektifikation immer mehr an Aldehyd. Im Dephlegmator *p* lassen die Dämpfe etwa $^7/_{10}$ ihres Gewichts als einen nur mäßig aldehydhaltigen Lutter zurück, während etwa $^3/_{10}$ ihres Gewichts dampfförmig bleiben, in die oberen engsten Teile der Säule aufsteigen und hier durch nochmalige Rektifikation den Aldehydgehalt aufs höchste konzentrieren.

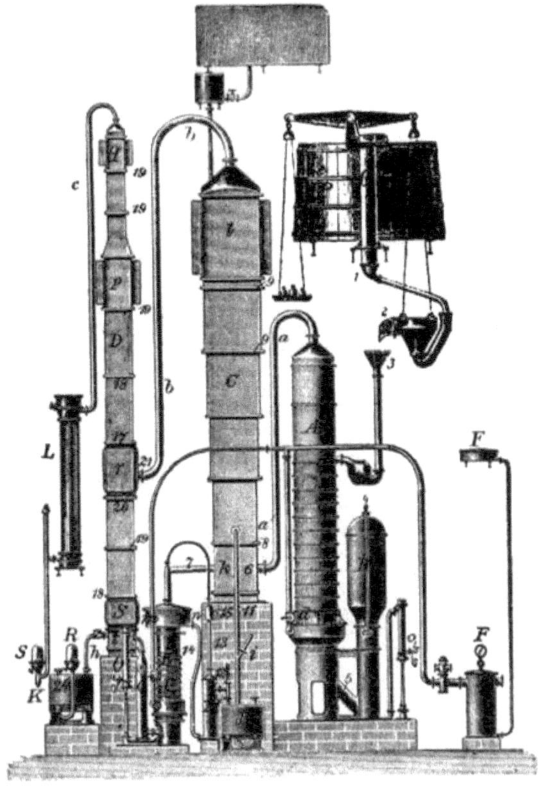

Abb. 282. Rektifizier-Automat „Ilges" der G. m. b. H. GEBR. SACHSENBERG in Rosslau (Anhalt).

Im oberen Dephlegmator *q* lassen die Dämpfe nochmals $^2/_{10}$ ihres ursprünglichen Gewichtes als stark aldehydhaltigen Lutter zurück und nur $^1/_{10}$ geht dampfförmig, beladen mit dem ganzen Aldehydgehalt des von *C* nach *D* übergetretenen Dampfes, durch Rohr *c* nach dem Kühler *L*, um hier verdichtet zu werden und als flüssiger Vorlauf am Verschluß *S* abzulaufen. Die obersten Teile der Säule *D* sind aus dem Grunde viel enger gemacht, als die anderen, damit von dem stark aldehydhaltigen Lutter nur wenig in *q* niedergeschlagen zu werden braucht, während die in *p* gebildete Hauptmenge des Lutters nur einen mäßigen Aldehydgehalt hat.

Es bleiben noch die unteren Teile von *D* zu beschreiben. Die bei Stutzen 21 in *r* eintretenden Dämpfe enthalten allen Aldehyd der Maische und sind deshalb nicht ohne weiteres imstande, auf ihrem Wege nach oben den herabrinnenden Lutter so vollständig zu rektifizieren, d. h. von allem Aldehyd zu befreien, daß die bis zur Rostplatte 17 herabgeronnene Flüssigkeit bereits als reiner Feinsprit betrachtet und abgezogen werden könnte. Aus diesem Grunde ist die Überhitzungsrektifikation eingeführt worden, d. h. die in *r* eingetretenen Dämpfe werden hier an den geheizten Rohren zuerst überhitzt und sind dann imstande, in der über *r* stehenden Abteilung den Lutter aldehydfrei zu rektifizieren, also aus Lutter, welcher fuselölfrei und nur wenig aldehydhaltig ist, reinen Feinsprit zu machen.

Der auf Platte 17 angekommene reine Feinsprit wird einer nochmaligen Behandlung unterworfen. Man leitet ihn durch ein Sackrohr auf Tropfplatte 20 und über die Kugeln der darunter befindlichen Abteilungen auf Rostplatte 18, von da durch ein Sackrohr in die Abteilung *t*, wo derselbe im Zickzack an geheizten Flächen entlang läuft und teilweise verdampft wird. Diese aus absolut reinem Sprit entwickelten absolut reinen Dämpfe werden zuerst in *s* überhitzt und entnehmen in den darüber befindlichen Abteilungen aus dem Sprit durch höchst gesteigerte Rektifikationswirkung die letzte Spur von Aldehyd, während der Rest der Flüssigkeit in *t* durch Rohr *h* als reinster Feinsprit in den Kühler *K* tritt, nach seiner Abkühlung durch Rohr 24 aufsteigt und durch Spritverschluß *R* ausläuft.

Des ferneren seien noch die Apparate von M. STRAUCH in Neiße, GEBRÜDER AVENARIUS, Berlin-Westend, erwähnt.

Untersuchungsmethoden für rektifizierten Sprit.

Die Anforderungen, die an einen rektifizierten Sprit gestellt werden, sind in den einzelnen Ländern verschieden. Die Proben, die zur Feststellung der Feinheit des Sprits dienen, sind jedoch meistens dieselben. Die schweizerische Alkoholverwaltung schreibt folgende Untersuchungen zur Prüfung des rektifizierten Sprits vor:

Chemische Prüfung.

Die Sprite werden insbesondere auf ihren Gehalt an Aldehyden, Fulfurol und Säure, auf ihre Entfärbungsdauer mit Kaliumpermanganat und auf Fuselöl geprüft.

Zur Feststellung des Gehaltes an Aldehyden werden in kalibrierten Reagenszylindern 10 *ccm* Sprit mit 1 *ccm* einer frisch bereiteten 10%igen Lösung von reinstem Metaphenylendiaminchlorhydrat in destilliertem Wasser versetzt; nach Ablauf von 10 Minuten wird die etwa entstandene Färbung mit reinen Lösungen von bekanntem Aldehydgehalte oder mit Mischungen verschiedener Farbstofflösungen, welche genau die gleiche Nuance zeigen, verglichen.

Das Furfurol wird ebenfalls auf kolorimetrischen Wege bestimmt, indem 10 *ccm* des Sprits mit 1 *ccm* reiner Essigsäure und 1 *ccm* frisch destilliertem Anilin versetzt werden und die entstandene Färbung nach Ablauf von 5 Minuten mit einer analog wie für die Aldehyde hergestellten Farbenskala, bzw. mit Lösungen von bekanntem Gehalte verglichen wird.

Der Säuregehalt ist durch Eintröpfeln einer $^1/_{20}$-Normalnatronlösung in 100 *ccm* Sprit bis zur Neutralisation zu bestimmen, die Zahl der gebrauchten *ccm* Normallösung ist anzugeben. Als Indikator dient Phenolphthalein.

Die Oxydationsprobe mit Kaliumpermanganat wird in folgender Weise ausgeführt: Ein ca. 80 *ccm* fassendes zylindrisches Fläschchen mit engem Halse, welches bei 50 *ccm* Gehalt einen Eichstrich hat, wird mit dem zu prüfenden, auf + 15° temperierten 95gradigen Sprit bis zur Eichmarke gefüllt. Hierauf wird dem Sprit 1 *ccm* einer Lösung von 0,1 *g* Kaliumpermanganat in 500 *ccm* Wasser zugesetzt. Durch einmaliges Schütteln des Fläschchens erhält man eine homogene rotviolette Flüssigkeit. Als Schluß der mit dem Zusatze des Reagens beginnenden Beobachtungsdauer gilt jener Moment, wo die rotviolette Farbe verschwunden ist und einem lachsfleischfarbenen Tone Platz gemacht hat. Während der ganzen Dauer des Versuches ist streng auf Innehaltung der Normaltemperatur von + 15° zu achten; auch müssen sämtliche zu prüfende Sprite gleichmäßig auf 95% Alkohol eingestellt werden.

Der Fuselgehalt wird durch die KOMAROWSKY-Reaktion nachgewiesen. Zu diesem Zwecke werden 10 *ccm* des Sprits mit 1 *ccm* einer 1%igen Lösung von Salicylaldehyd in reinstem Weinsprit und sodann sorgfältig mit 20 *ccm* chemisch reiner Schwefelsäure versetzt und das Ganze durch Schütteln vermischt. Nach Ablauf von 12 Stunden wird die entstandene Färbung (hellgelb bis dunkelrot) beobachtet und notiert. Reine Sprite zeigen nur eine hellgelbe Färbung. In besonderen Fällen ist der Fuselgehalt auch noch nach der Anreicherungsmethode von STUTZER & REITMAIR (Ausschüttelung mit Chloroform) zu bestimmen.

Zur Prüfung auf Farbe und auf Trübung beim Verdünnen des Sprits mit Wasser ist ein hoher Glaszylinder zu verwenden, den man auf eine weiße Unterlage stellt. Zum Verdünnen auf 30 *Vol.-%* ist nur destilliertes Wasser zu gebrauchen.

Folgende Vorsichtsmaßregeln, bzw. Vorschriften, sind bei der chemischen Prüfung zu beobachten: Die zur chemischen Prüfung dienenden Reagenzien sind, wenn irgend möglich, immer von der nämlichen Quelle zu beziehen und alsdann vor Gebrauch auf ihre Reinheit zu prüfen. Die Prüfung ist zeitweise zu wiederholen. Für die Fuselreaktion nach KOMAROWSKY ist zurzeit nur Salicylaldehyd Marke KAHLBAUM oder MERCK zu verwenden.

Die Lösung von Kaliumpermanganat ist jeden Monat zu erneuern, auch wenn das alte Reagens noch brauchbar scheint. Ebenso sind die Vergleichsflüssigkeiten (Farbenskalen) für die Aldehyd- und Furfurolreaktion alle 6 Monate neu zu erstellen und alsdann in eingeschmolzenen Röhren im Dunkeln aufzubewahren.

Das Metaphenylendiaminchlorhydrat ist sorgfältig in einer Flasche aus braunem Glase und im Dunkeln aufzubewahren.

Des ferneren seien der Vollständigkeit wegen noch die Proben mit konz. Schwefelsäure angeführt, obwohl sie nicht mehr allgemein als maßgebend betrachtet werden.

VITALI-Probe: Gleiche Raumteile konz. Schwefelsäure und Alkohol, im Reagenzglas vorsichtig übereinander geschichtet, sollen in der Kälte auch bei längerem Stehen keine rosenrote Zone zeigen.

SAVALLEsche Probe: Ein Gemisch von 10 *ccm* Sprit und 10 *ccm* konz. Schwefelsäure *D* 1,777 (63 *Bé.*) darf beim Aufkochen keine Dunkelfärbung zeigen.

Degustative Prüfung.

In einem besonderen, nach oben konisch sich verengenden Glase von ca. 130 *ccm* Rauminhalt werden direkt aus der Musterflasche 15 *ccm* Sprit mit reinem Brunnenwasser von 25° auf 50 *ccm* verdünnt, der Inhalt des Glases tüchtig durchgeschüttelt und sofort, d. h. während die Flüssigkeit noch etwas schäumt, der Geruch, später auch der Geschmack des Gemisches konstatiert. Um die ev. auftretenden Gerüche in ihren feinsten Abstufungen eruieren zu können, ist das Riechorgan möglichst tief in das Gefäß hineinzubringen.

Bei der Degustation ist folgendes zu beobachten:

1. Sie hat in einem besonderen, von anderen Lokalen abgeschlossenen Raume zu geschehen, in welchem keine chemischen Arbeiten vorgenommen werden dürfen.

2. Die zur Degustation dienenden Gläser sind jeweilen nach Gebrauch mit reinem Wasser und hernach mit etwas Weinsprit erster Qualität auszuspülen und an einem eigens dazu hergerichteten, zu keinem anderen Zwecke dienenden hölzernen Gestelle zum Trocknen umgekehrt aufzuhängen, wobei das Innere des Glases nicht mit Holz oder anderen Gegenständen in Berührung kommen darf.

3. Das zur Verdünnung des Sprits dienende Wasser muß frisch sein und durch Erwärmen auf eine Temperatur von 25° gebracht werden; destilliertes Wasser ist nicht verwendbar.

4. Bei Indisposition ist die Degustation zu verschieben.

Allgemein dienen folgende Regeln mit Bezug auf diese Indisposition:

a) Als beste Tageszeit zum Degustieren eignet sich der Vormittag, ca. 2 Stunden nach eingenommenem Frühstück. Nach dem Mittagessen, also nachmittags, insbesondere nach dem Genusse scharfer oder gewürzter Speisen, ist man in der Regel weniger gut disponiert.

b) Alles Rauchen vor dem Degustieren ist zu vermeiden.

c) Starker Schnupfen macht jede Degustation illusorisch.

5. Es sind nicht mehr als 4 bis höchstens 5 Spritproben nacheinander zu prüfen. Liegen mehr Proben vor, so ist es zweckmäßig, eine Pause von mindestens einer Stunde zu machen.

6. Die degustative Prüfung ist mit jedem Sprit zweimal, an zwei aufeinander folgenden Tagen vorzunehmen; fällt die zweite Degustation wesentlich verschieden von der ersten aus, so ist eine dritte erforderlich.

Für die Abgabe des endgültigen Befundes ist in der Regel und sofern nicht vorschriftswidrige Mängel bei der chemischen Untersuchung konstatiert wurden, das Ergebnis der degustativen Prüfung maßgebend.

Um bei der degustativen Prüfung nicht durch das Resultat der chemischen Prüfung beeinflußt zu werden, soll die Degustation vor der letzteren stattfinden.

Anforderungen an Spiritus, der zur Pulverfabrikation verwendet werden soll.

Er muß eine Stärke von 92,5 *Gew.-%* besitzen, klar, farblos, frei von fremdartigem Geruche und mit Wasser ohne Trübung mischbar sein. Der Verdampfungsrückstand darf nicht über 0,01% betragen. Mit 2 Teilen Kalilauge gemischt und abgedampft, darf sich im Rückstand beim Ansäuern mit Schwefelsäure kein Fuselölgeruch entwickeln. Mit Anilin und Salzsäure darf höchstens Gelbfärbung eintreten. Beim Schichten mit gleichen Teilen konz. Schwefelsäure und Alkohol darf sich nach längerem Stehen keine rosarote Zone entwickeln. Mit verdünnter Kaliumpermanganatlösung vermischt, darf vor 20 Minuten keine Farbenveränderung eintreten. Zur Titration von 200 *ccm* Alkohol mit Phenolphthalein dürfen nicht über 0,8 *ccm* $^1/_5$-Normalnatronlauge verbraucht werden.

Analysenresultate verschiedener Spiritusarten.

Von großem Einflusse auf die Qualität des Rohspiritus ist neben den Rohmaterialien und der Herstellungsweise vor allem die Art des Destillationsapparates. Man kann dies aus nachfolgenden Analysen ersehen. Die beiden Rohspiritusse sind mit den gleichen Apparaten aus Kartoffelmaische gewonnen, nur mit dem Unterschiede, daß bei I auf der Kolonne ein Kondensator und bei II ein Dephlegmator sich befinden.

	I Apparat mit Kondensator	II Apparat mit Dephlegmator
Alkohol	80,0 *Gew.-%*	84,16 *Gew.-%*
Säure	0	0
Furfurol	0	0
SAVALLE	fast schwarzbraun	hellbraun
VITALI	schwarzbraun	gelb
Silbernitrat	dunkelbraun	farblos
Aldehydreaktion	deutlich	farblos
Geruch	stark nach Fuselöl	schwach nach Fuselöl.

Analysen von Rohspriten.

	Aus Kartoffeln		Aus Roggen	Aus Lufthefefabriken		Aus Zuckerrohr	Aus Zuckerrohrmelasse		Aus Rüben	Aus Torf
	a	b		a	b		roh	rektifiziert		
Alkohol, *Gew.-%*	88,34	79,07	82,53	94,79	81,6	92,98	78,79	94,95		
Prozent Trockenrückstand	0,0033	0,002	0,0024			0,003	0,0116	0,005		
Prozent Glührückstand	0	0	0,0014			0	0			
Säure in 100 *ccm* Alkohol, ausgedrückt in *ccm* $\frac{n}{10}$-$NaOH$	3,2	6,6	1,2			0,4	5,0	0,4	vorhanden	vorhanden in größeren Mengen
Ester als Äthylacetat, berechnet auf 100 *ccm* Alkohol	0,044	0,048	0,041			0,0053	0,1311	0,0229		
g Aldehyd im *l*	unter 0,01	0,01	0,4	1,03	1,43	fast 0	0,071	0,061	Spuren	
Furfurol	0	0	0			0	0,0023	0	0	vorhanden in größeren Mengen
Fuselöl pro 100 *g* Alkohol	0,34	0,56	0,25	0,11	1,64	fast 0	0,445	0,11		
Kaliumpermanganat			nach 5 Min. entfärbt			nach 20 Min. lachsfarben	nach 0,5 Minuten entfärbt	nach 9 Minuten entfärbt		sofort entfärbt
Mischung mit Wasser			klar			opalisierend	klar	klar		
VITALIsche Probe			brauner Ring			0	rosa Zone	hellgelbe Zone	hellbraune Zone	braune Zone
SAVALLEsche Probe						0	tiefbraun	dunkel	Braunfärbung	braun
Farbe						fast gelblich	klar, schwach opalisierend	farblos		
Geruch						aromatisch	eigenartiger Nebengeruch	aromatischer Nebengeruch	an faulende Rübenschnitzel erinnernd	
Geschmack						unreiner Nachgeschmack	eigenartiger Nebengeschmack	aromatischer Nebengeschmack		

Analysen aus Feinspriten.

	Weinsprit KAHLBAUM	Unfiltrierter Primasprit		Filtrierter Primasprit	Aus dem ILOES-Automaten		Aus dem Apparat v. BÖCKENHAGEN	Aus dem GUILLAUME-schen Apparat		Aus Lufthefefabriken		
		I	II		a	b		I	II	I	II	III
Alkohol, *Gew.-%*	92,4	94,73	94,7	94,6	94,45	94,2	95,0	94,2	94,7	94,7	94,0	95,2
Trockenrückstand	0	0	0	0								
Glührückstand	0	0	0	0								
Gesamtsäure	0	0,15	0,2	0,2	0	0	0	0	0	fast neutral	neutral	fast neutral
Ester	0	0,0140	0,0123	0,0123								
Aldehyd	0	Spuren	Spuren	Spuren	0	0	0	0	0	Spuren	Spuren	Spuren
Furfurol	0	0	0	0	0	0	0	0	0	0	0	0
Fuselöl	0	Spuren	Spuren	fast frei	0	0		0	0	fast 0	0	0
Kaliumpermanganat	nach 1 Stunde noch rot	nach 23 Minuten lachsfarben	nach 33 Minuten lachsfarben	nach 35 Minuten gelb			nach 20 Minuten rot	nach 2 Stunden gelb	nach $1^3/_4$ Stunden gelb			
Mischung mit Wasser		klar	klar	klar						klar	klar	klar
VITALIsche Probe	negativ	negativ	negativ	negativ	negativ	negativ	negativ	negativ	negativ	negativ	negativ	negativ
SAVALLEsche Probe	negativ	negativ	negativ	negativ	braun	negativ	negativ	negativ	negativ	fast negativ	negativ	negativ
Farbe	farblos	klar	klar	klar	klar	klar	klar	weiß klar	weiß klar	klar	gelb	klar
Geruch	neutral	rein	rein	rein	neutral	neutral	neutral	neutral	neutral	fast neutral	nicht neutral	fast neutral
Geschmack	neutral	rein	rein	rein	neutral	neutral	neutral	neutral	neutral	fast neutral	nicht neutral	fast neutral

Zusammensetzung von Fuselöl und Vorlauf.

	Vorlauf in Gew.-%	Fuselöl in %		
Äthylalkohol	93,55	14,9	17,2	5,8
Nebenprodukte	0,5	—	—	—
Fuselöl	0,0	71,0	71,5	87,0
Wasser	5,95	14,1	11,3	7,2

VII. Ausbeuten an Alkohol.

Die theoretische Ausbeute an Alkohol beträgt aus:

1 *kg* Traubenzucker	0,6439 *l*
1 „ Maltose	0,6776 „
1 „ Rohrzucker	0,6776 „
1 „ Stärke oder Dextrin	0,7154 „

Diese Ausbeuten werden jedoch im praktischen Brennereibetriebe niemals erreicht. Bei stärkehaltigen Rohstoffen beträgt die Ausbeute im günstigsten Falle 0,66 – 0,68 *l* pro *kg* eingemaischter Stärke.

Ausbeuten	aus 100 *kg*	Mittel
Kartoffeln	6,6 – 16,6 *l*	11,5 – 12,0 *l*
Trockenkartoffeln	34,0 – 40,0 „	36,0 – 38,0 „
Gerste	28,7 – 37,8 „	31,0 – 33,0 „
Roggen	30,0 – 36,0 „	33,0 – 34,0 „
Weizen	32,0 – 39,0 „	34,0 – 35,0 „
Hafer	28,0 – 32,0 „	28,0 – 30,0 „
Mais	26,4 – 39,0 „	34,0 – 36,0 „
Reis	36,0 – 45,0 „	38,0 *l*
Dari	36,0 – 40,0 „	38,0 „
Manioka	38,0 – 42,0 „	38,0 – 40,0 *l*
Buchweizen	30,0 – 36,0 „	–
Erbsen	–	24,0 *l*
Kastanien	–	25,0 „
Eicheln	–	20,0 „
Pülpe	1,5 – 3,0 *l*	2,5 „
Bataten	4,0 – 12,0 „	–
Topinambur	7,0 – 9,0 „	–
Helianthi	8,0 – 10,0 „	–
Rohzucker	60,0 – 64,0 „	62,0 *l*
Zuckerrüben	4,8 – 10,8 „	–
Rübenmelasse	27,0 – 32,0 „	28,5 *l*
Zuckerrohr	8,0 – 11,0 „	–
Zuckerrohrmelasse	32,0 – 36,0 „	–
Äpfel	–	4,7 *l*
Birnen	–	5,0 „
Zwetschen	–	6,5 „
Pflaumen	–	8,5 *l*
Reineclauden	–	5,5 „
Mirabellen	–	5,2 „
Pfirsiche	–	4,7 „
Aprikosen	–	5,5 „
Kirschen	–	6,0 „
Stachelbeeren	–	4,2 „
Johannisbeeren	–	3,4 „
Himbeeren	–	3,0 „
Heidelbeeren	–	3,0 „
Brombeeren	–	2,8 – 3,9 *l*
Maulbeeren	–	5,0 *l*
Preiselbeeren	–	0,8 – 1,0 „
Weintrauben	–	8,0 *l*
Zichorienwurzeln	–	1,0 – 2,5 „
Mohrrüben	–	3,8 *l*
Johannisbrot	–	20,0 – 28,5 *l*
Korinthen	–	30,0 – 37,0 „
Feigen	–	9,3 *l*
Datteln	–	28,0 – 29,0 „
Mowra flowers	–	34,5 *l*
Bananen	–	36,0 „
Bananenmehl	–	41,0 „
Wein	–	8,0 – 15,0 „
Bier	–	1,0 – 4,0 „

Messen des gewonnenen Spiritus.

In vielen Betrieben läuft der gewonnene Spiritus von der Vorlage des Apparates direkt in das Sammelbassin. Soll die tägliche Erzeugung zur besseren Kontrolle des Betriebes resp. der Ausnutzung der Rohmaterialien festgestellt werden, so schaltet man häufig zwischen Destillierapparat und Sammelbassin ein mit einer Skala versehenes kleines Meßbassin. Noch besser benutzt man die besonderen Meßapparate, von denen der Präzisions-Meßapparat von Siemens und der Spiritus-Meßapparat von Gebr. Siemens die in Deutschland gebräuchlichsten sind. Ersterer dient nur zur Feststellung der Literzahl des gewonnenen Spiritus. Letzterer dagegen gibt nicht nur die Literzahl des Spiritus, sondern auch die Literzahl des in diesem enthaltenen absoluten Alkohols genau an.

Beschreibung des SIEMENSschen Alkohol-Meßapparates.

1. Er besteht aus einer rotierenden Meßtrommel, deren drei Kammern (Abb. 283 und 284) sich nacheinander füllen und entleeren und deren Umdrehungen auf ein Zählwerk übertragen werden, und einem Schwimmkörper, welcher an einer horizontalen Blattfeder *Q* hängt und in einen mit dem zufließenden Branntwein gefüllten Behälter taucht. Der Schwimmer nimmt in dem Branntwein je nach seiner Stärke eine höhere oder tiefere Lage ein und verändert damit auch die Stellung der Feder; diese Änderungen werden auf einen Fallhebel und sodann durch Vermittlung einer Registriervorrichtung auf ein zweites Zählwerk übertragen.

2. Die Meßtrommel hat einen Raumgehalt von 20 *l*, ihre drei gleich großen Kammern (*I*, *II*, *III* in Abb. 284) werden durch zwei ineinander geschobene Zylinder und drei ebene Scheidewände gebildet. Der innere Zylinder *D* nimmt zunächst den Branntwein auf, der aus dem Zuleitungsrohr *i* durch ein die Trommelachse teilweise umgebendes Rohrstück i^1 zufließt. Aus *D* strömt der Branntwein durch eine der Spalten r_1, r_2, r_3 in die zugehörige Trommelkammer ein, während die Luft durch eines der engen Rohre t_1, t_2, t_3 entweicht.

Die Ausflüsse s_1, s_2, s_3 der Kammern sind schlitzartig gestaltet und so weit fortgeführt, daß sie bei der tiefsten Stellung der betreffenden Kammer den höchsten Punkt derselben noch überragen, um vorzeitiges Ausströmen zu vermeiden.

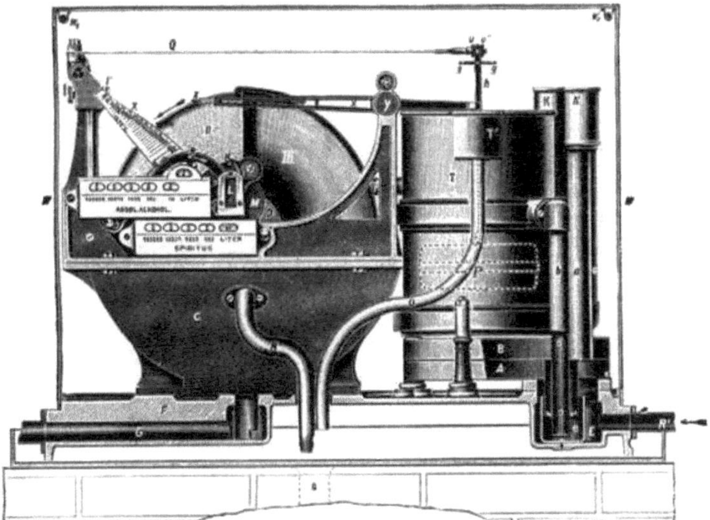

Abb. 283.

Abb. 284 gibt einen schematischen Durchschnitt der Trommel und der Zuflußeinrichtungen; der Deutlichkeit wegen sind die unmittelbar zur Trommel führenden Rohrleitungen in anderer Anordnung gezeichnet, als sie in Wirklichkeit liegen (vgl. die Ansicht in Abb. 283). In der in Abb. 284 dargestellten Lage der Trommel fließt der Branntwein durch die Spalte r_1 in die Kammer *I* ein, während die Luft aus t_1 entweicht. Da der Schwerpunkt von Kammer *I* während der Füllung vertikal unter der Trommelachse bleibt, so findet eine Bewegung der Trommel nicht statt. Ist aber Kammer *I* ganz gefüllt, so steigt das Niveau der Flüssigkeit in dem inneren Zylinder *D* an, bis sie durch die Spalte r_2 in die Kammer *II* überfließt. Der hier sich sammelnde Branntwein bewirkt nunmehr eine Verlegung des Schwerpunktes der Trommel nach links, wodurch letztere sich in der durch den Pfeil angegebenen Richtung zu drehen, zu „kippen", beginnt. Hierdurch wird aber die Spalte r_1 so hoch gehoben, daß ein weiteres Einfließen in die Kammer *I* – während ihrer Entleerung – nicht mehr stattfinden kann. Im ferneren Verlauf der Drehung senkt sich die Ausflußöffnung s_1 so tief, daß der in Kammer *I* befindliche Branntwein in den die Trommel umschließenden Trog *C* ausfließt. Hat *I* sich völlig entleert, so steht die Trommel so, daß der Schwerpunkt der Kammer *II* senkrecht unter der Trommelachse liegt, es nimmt also dann Kammer *I* dieselbe Stellung ein, die vorher Kammer *III* hatte, und nun wiederholt sich der eben beschriebene Vorgang. Aus *C* läuft der Branntwein durch das Rohr *G* ab. Hierbei geht er zunächst durch ein kurzes Schutzrohr, welches nur nach rechts offen ist, so daß die Einführung von Drähten od. dgl. durch *G* hindurch behufs Störung der Trommelbewegung verhütet wird.

3. Der alkoholometrische Teil des Apparates besteht in einem Schwimmer *P*, einem allseitig verschlossenen Zylinder aus verzinntem Kupferblech. Der Schwimmer befindet sich in dem Sammeltopf *T* (Abb. 283 und 284), in welchem der Branntwein vor Eintritt in die Trommel sich ansammelt; er hängt mittels eines dünnen Drahthakens an dem freien Ende einer stählernen Blattfeder *Q* (Abb. 283), deren anderes Ende fest liegt, so daß sie durch das Gewicht des Schwimmers gespannt wird. Um dem Schwimmer hinreichende Beweglichkeit zu wahren, ist zwischen der Feder und dem Schwimmerhaken

ein Gehänge *h* eingeschaltet. Mit diesem ist mittels eines Universalgelenkes der bei *y* (Abb. 283) in Stahlspitzen gelagerte Stoßhebel *x* verbunden, so daß jeder Neigung der Feder eine bestimmte Stellung von *x* entspricht.

4. Für die Registrierung dieser Stellungen dienen der Fallhebel *XH* mit der Kurve *X* und das Alkoholrad *R*. Auf der Trommelachse ist nämlich die dreiflügelige Scheibe *M* (Abb. 284), das sog. Kleeblatt, aufgekeilt und seitwärts von der Trommelachse, etwas höher als diese, eine zweite Achse gelagert, um welche der Fallhebel *XH* sich dreht. Die Scheibe *M* nimmt an der Drehung der Trommel teil; auf ihrem Rande liegt mit einer Rolle der eine Arm *H* des Fallhebels auf. Sein anderer Arm *X* ist ein auf einer Seite kurvenartig begrenztes Blatt. Auf die Achse des Fallhebels ist ferner das Rad *R*, das Alkoholrad, mit einer die Achse umschließenden Buchse lose aufgesteckt.

Bei der Drehung der Trommel rollt die Rolle des Fallhebels auf dem Rande der Scheibe *M*. Die drei Flügel der letzteren entsprechen den drei Trommelkammern. Entleert sich eine Kammer, so beginnt während der dadurch eingeleiteten Trommelkippung die Rolle in die nächste Einbuchtung der Scheibe *M* hinein zu gleiten. Infolge davon dreht sich der ganze Fallhebel nach rechts, hierbei stößt aber das Kurvenblatt *X* an geeigneter Stelle gegen den Stoßhebel *x* und wird von diesem festgehalten, da die Kurve und das Ende des Stoßhebels mit kleinen, ineinander greifenden Zähnen versehen sind. Auf solche Weise festgehalten, verhindert die Kurve ein weiteres Herabsinken der Rolle in die Einbuchtung der Scheibe *M*. Somit wird der Winkelwert der Drehung, welche der

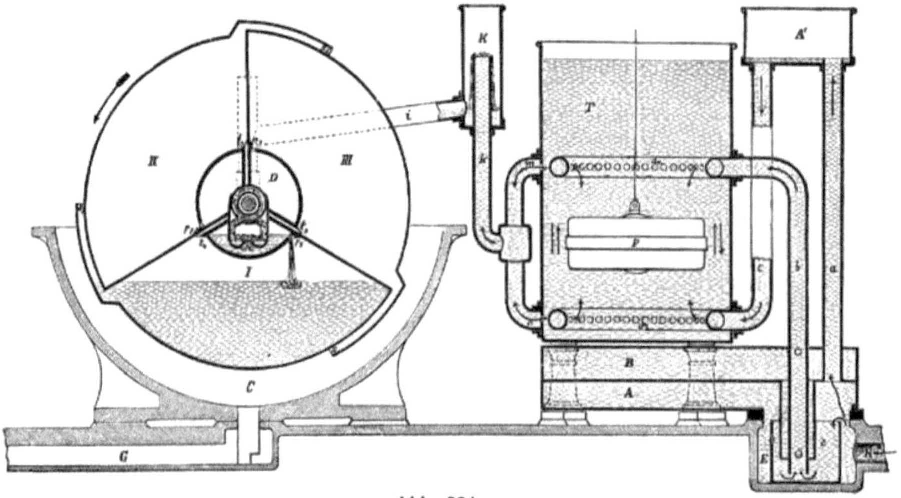

Abb. 284.

Fallhebel bei jeder Entleerung der Trommelkammer ausführt, durch die Stellung des Stoßhebels *x*, d. i. durch den Alkoholgehalt des in dem Sammeltopf *T* enthaltenen Branntweins (vgl. unter 6) bedingt.

Im weiteren Verlauf der Trommelkippung wird die Rolle durch die Scheibe *M* wieder angehoben, bis bei beendeter Entleerung der Trommelkammer der Fallhebel in seine Anfangslage zurückgeführt ist. Hierbei beschreibt er einen gleich großen Bogen wie vorher beim Hinabgleiten der Rolle. Die Aufwärtsbewegung des Fallhebels macht aber das Alkoholrad *R* mit, welches somit ebenfalls um den gleichen Bogen fortschreitet. Letztere Bewegung wird schließlich durch ein mit dem Rade fest verbundenes Zahnrad auf das Alkoholzählwerk übertragen.

5. Die Verbindung des Rades *R* mit dem Fallhebel bei der Aufwärtsbewegung des letzteren bewirkt ein Kugelgesperre. Der Arm *H* enthält vier nach unten hin sich verengende Aussparungen, sog. Taschen, in welche je eine kleine Kugel eingelegt ist. Bei der Aufwärtsbewegung von *H* werden diese Kugeln in den engeren Raum der Taschen gepreßt, sie drücken gegen den Radkranz von *R* und klemmen somit das Rad an den Arm *H* fest. Bei der Aufwärtsbewegung des Armes gelangen dagegen die Kugeln in den weiteren Raum der Taschen; *R* wird dann nicht mitgenommen. Um zu verhindern, daß *R* sich in entgegengesetztem Sinne drehen kann, ist in einem besonderen, an den unbeweglichen Teilen des Apparates befestigten Ansatzstück *L* (Abb. 283) ein ebensolches Kugelgesperre angebracht. Das Rad *R* kann demgemäß nur von rechts nach links sich drehen.

6. Je nach der Dichte des in dem Topfe *T* enthaltenen Branntweins wird der Schwimmer *P* mit größerer oder geringerer Kraft die Feder *Q* spannen; er wird in alkoholreicheren, minder dichten Branntwein tiefer eintauchen als in alkoholärmeren und dichteren. Mithin wird er in ersterem Falle die Feder *Q* und das mit ihm verbundene Ende des Stoßhebels *x* tiefer hinabziehen. Dann stellt sich aber das andere Ende des Stoßhebels höher; demzufolge wird in solchem Falle, wenn die Kurve gegen den Stoßhebel sich anlegt, auch der Berührungspunkt beider höher liegen als bei alkoholärmerem Branntwein.

Die Kurve ist so gestaltet, daß sie bei derjenigen Stellung des Stoßhebels, welche einer Topffüllung von reinem Alkohol (100%) entspricht, eine Winkelbewegung von genau 36 Grad macht, ehe sie auf den Stoßhebel trifft. Enthält dagegen der Topf Branntwein von 50% Stärke, so steht der Stoßhebel entsprechend tiefer als bei 100%; der bei der Trommelkippung den Stoßhebel berührende Punkt der Kurve liegt dann so, daß die Bewegung der Kurve bis zur Berührung mit dem Stoßhebel nur halb so groß ist als bei 100%, also $\frac{50}{100} \times 36$, d. i. 18° erreicht. Hat überhaupt die Flüssigkeit im Topf eine Stärke von a%, so ist der entsprechende Punkt der Kurve so angelegt, daß die Winkelbewegung der letzteren bis zur Berührung mit dem Stoßhebel $\frac{a}{100} \times 36°$ beträgt. Die Stellen der Kurve, an denen für die verschiedenen Stärken Berührung mit dem Stoßhebel stattfindet, sind mit den entsprechenden Prozentzahlen bezeichnet und durch einen Strich hervorgehoben (Abb. 283).

Wie unter Nummer 4 angegeben worden ist, schreitet das Alkoholrad um genau denselben Winkelbetrag fort wie der Fallhebel bei seiner Aufwärtsbewegung; bei Füllung des Topfes T mit reinem Alkohol (100%) beträgt also seine Bewegung ebenfalls 36°. Die Übertragung zwischen Alkoholrad und Alkoholzählwerk ist ferner derart angeordnet, daß der Bewegung des Rades um 36° ein Fortschreiten des Zählwerkes um $6^2/_3$ l, d. i. um den Raumgehalt einer Trommelkammer, entspricht. Da nun auf die Entleerung einer jeden Trommelkammer je eine Aufwärtsbewegung des Fallhebels entfällt, so schreiten bei Füllung des Apparates mit reinem Alkohol das Branntweinzählwerk (vgl. unter Nr. 9) und das Alkoholzählwerk um gleiche Beträge fort. Ist dagegen der Apparat mit 50%igem Branntwein gefüllt, so beträgt der Fortschritt des Alkoholzählwerks halb $\left(\frac{50}{100}\right)$ soviel wie derjenige des Branntweinzählwerkes, das erstere schreitet also dann für jede Kammerentleerung um $3^1/_3$ l fort. Überhaupt schreitet das Alkoholzählwerk, bei Füllung des Apparates mit Branntwein von a% Stärke für jede Kammerentleerung um $\frac{a}{100} \times 6^2/_3$ l fort.

7. Der Alkoholmesser soll die Alkohol- und Branntweinmenge bei der Normaltemperatur anzeigen, ist also für $12^4/_9$° R oder 15,55° des hundertteiligen Thermometers eingerichtet.

Bei jeder anderen Temperatur würde der Alkoholmesser unrichtige Angaben liefern. Denn erstens entspricht bei anderen Temperaturen als der Normaltemperatur die Stellung des Schwimmers und damit auch die des Stoßhebels der scheinbaren Stärke des im Topfe enthaltenen Branntweins, nicht aber seiner wahren Stärke, d. h. nicht seinem Alkoholgehalte bei $12^4/_9$° R. Zweitens wird mit einer vollen Umdrehung der Trommel zwar bei jeder Temperatur – abgesehen von der unbedeutenden Ausdehnung der Trommel selbst – eine Menge von 20 l vermessen, die vermessene Flüssigkeit nimmt aber, wenn man sie auf die Normaltemperatur bringt, einen größeren oder kleineren Raum als 20 l ein, je nachdem ihre Temperatur vorher niedriger oder höher war als $12^4/_9$° R. Beiden Fehlern, welche die Angaben des Alkoholmessers erheblich verfälschen können, ist dadurch zu begegnen versucht, daß der Schwimmer mit einer Flüssigkeit gefüllt ist, die sich stärker ausdehnt als der durchschnittlich in der Brennerei erzeugte Branntwein, und daß seine Wände so dünn hergestellt sind, daß sie sich wölben und so der Ausdehnung der Flüssigkeit folgen. Eine Ausgleichung der Fehler wird allerdings nur für Branntwein von etwa 63 Raumprozent gewonnen, doch sind die bei Branntwein von anderer Stärke übrig bleibenden Fehler im allgemeinen klein und für die Steuerberechnung nur in besonderen Fällen von Bedeutung. In letzteren Fällen kann die Verwendung von Schwimmern besonderer Einrichtung angeordnet werden. Außerdem ist noch, um bei schwachen Stärken der Ausnutzung jener Fehler zu ungunsten der Steuerverwaltung vorzubeugen, die Kurve unterhalb 40 Raumprozent für eine höhere Temperatur, nämlich 22,5° des hundertteiligen Thermometers, eingerichtet.

8. Die Bewegungen der Trommel sowie des Alkoholrades werden durch je einen auf der Trommelachse und der Buchse des Alkoholrads befindlichen Trieb auf Zählwerke übertragen. Das untere, das Branntweinzählwerk (auf dem Alkoholmesser durch „Spiritus" gekennzeichnet, vgl. Abb. 283), gibt die Liter des durch die Meßuhr geflossenen Branntweins, das obere, das Alkoholzählwerk (auf dem Alkoholmesser durch „Absol. Alkohol" gekennzeichnet, vgl. Abb. 283), die Liter des im Branntwein enthaltenen Alkohols an.

9. Der der Meßuhr zufließende Branntwein tritt durch das Rohr R^1 ein (Abb. 283 und 284) und gelangt zunächst in die Dose E. Diese ist durch den Einsatz e in zwei Teile getrennt. Bis nahezu auf den Boden des inneren Teiles reicht das in den Topf T führende Rohr b; nach oben erweitert sich die Dose zu einem flachen Sammelzylinder A und findet in dem aufsteigenden Rohr a unmittelbare Fortsetzung. a endet in einem den Topf T überragenden Aufsatzbecken A^1, von dem aus das Rohr c nach unten in den Topf führt (vgl. insbesondere Abb. 284). Oberhalb des Zylinders A findet sich ein ähnlicher flacher Zylinder B mit rohrartigem, nach unten durch A in den Einsatz e reichenden Stutzen, der das Rohr b umschließt; das letztere steht durch zwei Löcher mit dem Zylinder B und dessen Fortsatz in Verbindung. Die in den Topf T führenden Rohre b und c enden im Innern des Topfes in zwei ringförmige Rohre, die Schlangen d_1 und d_2, die auf ihrem Umfange mit Öffnungen versehen sind, wie Abb. I sie andeutet. Etwa in der Mitte zwischen diesen beiden Schlangen soll der Schwimmer P schweben.

Der Zweck dieser Einrichtung ist, eine Durchmischung der Flüssigkeit in dem Schwimmertopfe zu erzielen. Ihre Wirksamkeit ist folgende: Gesetzt, der Topf und die Zuleitungen, also auch die Dose und die Zylinder A und B, seien mit Branntwein von einer gewissen Stärke gefüllt und es fließe durch das Einflußrohr R^1 Branntwein zu, der alkoholärmer, also dichter ist als die bisherige Füllung der Dose E. Der neu zufließende Branntwein wird dann in der Dose zu Boden sinken, während die bisher vorhandene weniger dichte Füllung gehoben wird. Ist der dichtere Branntwein bis zum Rande der inneren Dose e gelangt, so beginnt er auch in diese zu fallen und in das Rohr und in den Zylinder B zu steigen. Aus diesem drückt er den leichteren Branntwein in das Rohr b, und indem er zugleich in diesem Rohre ansteigt, vermischt er sich mit dem darin befindlichen Branntwein zu einem weniger dichten Branntwein. Gleichzeitig drängt er den leichten Branntwein des Zylinders *A* in das Rohr *a*. Hiernach gelangt der leichte Branntwein der Dose *E* und des Zylinders *A* durch *a* in A^1 und von A^1 durch *c* in d_2 und in den Topf *T*, um dort als leichter Branntwein in die Höhe zu steigen, und der dichte Branntwein, vermischt mit dem leichten des Zylinders *B*, durch *b* in d_1 und in den Topf *T*, um dort, wenn auch verdünnt, aber jedenfalls immer noch dichter als der aus d_2 zufließende, herabzusinken. Ist dagegen der in die Dose *E* neu einfließende Branntwein alkoholreicher, also weniger dicht als die Füllung der Dose, so steigt er auf und nimmt überwiegend seinen Weg durch das Steigrohr *a* bis in das Aufsatzbecken A^1. Von dort gelangt er durch das Rohr *c* von unten her in die Schlange d_2 und in den Topf. Der Branntwein, der unterdessen auch in das Rohr *b* gelangt, ist der kleinere Teil des zufließenden und erfährt noch dadurch, daß er beim Eintritt in die Löcher des Zylinders *B* sich mit dessen Inhalt vermischt, einen Aufenthalt, der hinreicht, dem Hauptteile den erwähnten Weg zu sichern.

Demzufolge wird der alkoholärmere, also dichtere Branntwein stets von oben her durch d_1, der leichtere von unten her durch d_2 in den Topf eintreten; da nun der erstere das Bestreben hat, von oben nach unten zu sinken, der letztere von unten nach oben zu steigen, so findet um den Schwimmer *P* eine fortdauernde Durchmischung der Flüssigkeit statt und die Stellung des Schwimmers wird der mittleren Stärke des durch den Topf fließenden Branntweins entsprechen.

In gleicher Höhe mit den Schlangen liegen zwei Ablaufrohre *m* und *n* (Abb. 284; in der Ansicht der Abb. 283 werden sie durch den Topf *T* verdeckt), die sich zu dem Steigrohr *k* vereinigen; der aus *k* überströmende Branntwein sammelt sich in dem weiteren Rohre *K* und fließt von hier durch *i* in die Trommel.

10. Die Geschwindigkeit des Zuflusses zum Alkoholmesser wird zwar durch die Weite des Zuflußrohres R^1 und der vor ihm liegenden Leitungen in gewissen Grenzen gehalten, immerhin liegt aber die Möglichkeit vor, daß die Geschwindigkeit absichtlich oder infolge grober Fahrlässigkeit soweit gesteigert wird, daß der in den Topf *T* einfließende Branntwein nicht schnell genug abfließen kann, demzufolge ansteigt und schließlich unvermessen überläuft.

Um zu verhüten, daß der überlaufende Branntwein aufgefangen wird, und um jedenfalls zu bewirken, daß ein derartiger Vorgang zur Kenntnis der Steuerbehörde gelangt, ist außen am Topf *T* ein kleines Überlaufbecken T^1 (Abb. 283) angesetzt, das mittels einer Aussparung am Rande des Topfes *T* mit diesem in Verbindung steht. Füllt sich das Becken bis zu einer gewissen Höhe mit Flüssigkeit, so läuft diese durch das in dem Becken in die Höhe geführte Rohr *O* ab. Letzteres mündet unmittelbar über einem in den gemauerten Unterbau, auf dem der Alkoholmesser steht, eingesetzten Rohrstutzen *o*, der sich bis zu einem etwas tiefer eingemauerten Einsatzkasten fortsetzt. Der übergelaufene Branntwein fließt in diesen Kasten und, wenn dieser voll ist, in den Unterbau. Findet sich Branntwein im Kasten und zugleich im Überlaufbecken, so ist auf ein Vorkommnis dieser Art zu schließen.

Um auch das Verstopfen des Abflußrohres *G* (Abb. 283) unschädlich zu machen, ist in den Trog *C* ein Heber gesetzt, der außen in Gestalt des Rohres *N* sichtbar ist. Beim Verstopfen von *G* staut sich der Branntwein in *C* und läuft durch den Heber *N* ab, so daß er wiederum durch den Rohrstutzen *o* in den vorhin erwähnten Einsatzkasten gelangt. Findet sich, ohne daß zugleich das Überlaufbecken angefüllt ist, Branntwein im Hauptkasten vor, so wird er in der Regel aus dem Troge *C* herrühren.

11. Der Alkoholmesser wird von dem Umschließungskasten *W* (Abb. 283), der in der Vorderwand mit einer Glasscheibe behufs Beobachtung des Alkohol-Registrierwerkes versehen ist, umgeben und dieser wiederum von einem Zinksturz. Beide Kasten sind mit Einrichtungen versehen, die eine steuersichere Verschließung des ganzen Apparates gestatten.

Von der Firma SIEMENS & HALSKE wird auch eine einfache Meßuhr, die nach dem System der Wassermesser eingerichtet ist, geliefert. Diese kommt jedoch nur für größere Betriebe in Frage. In Österreich-Ungarn finden der DALAINSKIsche, PRICH-WEISERsche und BESCHORNERsche Meßapparat Verwendung. Diese sind meist einfache Apparate, die nur die Litermenge des Spiritus anzeigen.

VIII. Abfallprodukte der Brennerei.

Abgesehen von den bei der Raffinierung des Rohspiritus erhaltenen Fuselölen, über welche Näheres unter Amylalkohol zu suchen ist, kommen als Nebenprodukte namentlich die entgeistete Maische (Schlempe) und das Kohlendioxyd in Frage, welch letzteres bei der Spaltung des Zuckers entsteht; über weitere Nutzbarmachung von Hefe s. u. Preßhefe.

1. Schlempeverwertung.

Die entgeistete Maische bezeichnet man als Schlempe. Sie dient teils als wertvolles Futtermittel, teils findet sie als Düngemittel oder als Rohprodukt für die Herstellung verschiedener Chemikalien Verwendung.

Schlempen aus Maischen stärkemehlhaltiger Rohstoffe. Der Gehalt an wertbestimmenden Bestandteilen und die Zusammensetzung der Schlempen ist sehr verschieden. Beide sind in erster Linie von der Art der Rohstoffe abhängig. Von besonderer Bedeutung hierfür ist auch die Konzentration der Maische, die Art des Destillationsapparates und die sonstige Einrichtung und Arbeitsweise der Brennerei. Der Destillationsapparat ist für den Gehalt der Schlempe an Extrakt insofern von wesentlicher Bedeutung, als die Konzentration der Schlempe von dem Dampfverbrauch resp. von der Ausnutzung des Dampfes im Apparate abhängt und auch davon, ob das Lutterwasser in die Schlempe zurückläuft oder wie bei den zweiteiligen Apparaten weggelassen wird.

Nach MAERCKER-DELBRÜCK ergeben 100 *l* Maische bei einem

hölzernen Blasenapparat	125	*l* Schlempe
WEIGELschen Blasenapparat	137	„ „
älteren ILGESapparat	118	„ „
CHRISTOFFS Apparat	122,3	„ „
ILGES Feinspritapparat	119	„ „
Kolonnenapparat WAGENER, Cüstrin	112,46	„ „
„ ZIMMERMANN, Prenzlau	108,82	„ „
„ GESSNER, Beeskow	111,77	„ „
„ SCHMIDT, Nauen	112,17	„ „
GEBR. AVENARIUS, Charlottenburg	109,0	„ „

Über zweiteilige Apparate liegen keine genauen Resultate vor. Gewöhnlich entspricht die Schlempemenge nahezu der Maischmenge, häufig ist sie etwas geringer als diese.

Vor allem wird die Zusammensetzung der Schlempe beeinflußt von der Arbeitsweise. Je besser die Rohmaterialien aufgeschlossen werden und je besser die Vergärung ist, umso geringer wird der Gehalt der Schlempe an Kohlehydraten sein. Je schlechter die Rohmaterialien aufgeschlossen werden, umso größer ist ihr Gehalt an solchen.

Zusammensetzung verschiedener Schlempen nach MAERCKER-DELBRÜCK s. S. 758.

Die Schlempe der aus stärkemehlhaltigen Rohstoffen bereiteten Maische ist als wertvolles Futtermittel sehr geschätzt. Sie wird hauptsächlich zur Mästung von Rindern und als Futter für Kühe und Schafe verwendet. Ihr Wertgehalt ist abhängig vom Gehalt an stickstoffhaltigen Stoffen, Kohlehydraten und Fett. Im allgemeinen sind die Kartoffel- und Getreideschlempen sehr stickstoffreiche Futtermittel. Über den Futterwert der Schlempen liegen exakte Versuche erst aus neuerer Zeit von ZUNTZ und VÖLTZ vor. Zu seinen Versuchen mit Maisschlempe (*Z. f. Spirit.* **1913** Seite 47) verwendete VÖLTZ eine Trockenschlempe von folgender Zusammensetzung:

Trockensubstanz	95,91
Asche	4,69
Org. Substanz	91,22
Rohprotein	32,21
Rohfett	10,67
Rohfaser	9,10
N-freie Extraktstoffe	39,24

Als Ausgangsmaterial wurden 84% Mais und 17% Gerste verwendet. Der Schlempewert betrug für 100 *kg* Ausgangsmaterial 4,67 M., während der Futterwert des letzteren selbst 17,06 M. betrug.

Nach VÖLTZ (J. d. V. d. Spirit. **1912**) berechnet sich der Wert der Kartoffelschlempe für 100 *kg* Ausgangsmaterial auf 1,10 – 1,20 M. und beträgt ungefähr $^1/_4$ – $^1/_3$ des Ausgangsmateriales. Der Verdaungskoeffizient ist bei der Schlempe höher als beim Rohmaterial und beträgt nach VÖLTZ für Kartoffelschlempe (durch Tierversuch mit Schafen festgestellt):

	Org. S.	Rohprotein	*N*-freie org. S.
Ausgangsmaterial	69	30	71,4
Schlempe	84	62	93,4

Nach ZUNTZ an Rindern festgestellt, beträgt er 67. Er ist jedoch sehr abhängig von der Zugabe anderer Nahrung.

Die Zusammensetzung der verschiedenen Schlempearten.

Art der Schlempe	Prozentischer Gehalt an Rohnährstoffen: Wasser	Rohprotein	Wirkliches Eiweiß	Fett	Stickstofffreie Extraktstoffe	Rohfaser	Asche	Prozentischer Gehalt an verdaulichen Nährstoffen: Rohprotein	Fett	Stickstofffreie Extraktstoffe und Rohfaser	Wertigkeit (vollwertig = 100)	Verdauliches Eiweiß	Stärkewert per dz kg
A. Frische Schlempen.													
Kartoffelschlempe	**94,3**	**1,2**	**0,9**	**0,1**	**3,1**	**0,6**	**0,7**	**0,6**	—	**2,3**	**93**	**0,5**	**2,6**
	91,2–97,3	0,9–1,6	—	Spur bis 0,3	2,3–3,8	0,5–1,0	0,5–2,0	0,5–1,0	Spur bis 0,2	1,7–3,0	—	0,3–1,1	—
Roggenschlempe	**92,2**	**1,7**	**1,5**	**0,4**	**4,6**	**0,7**	**0,4**	**1,1**	**0,3**	**4,1**	**87**	**0,9**	**4,8**
	86,8–96,6	1,2–2,3	—	0,3–0,7	3,7–5,6	0,4–1,3	0,1–0,5	0,8–1,6	0,2–0,5	2,9–4,7	—	0,6–1,2	—
Weizenschlempe	**89,0**	**2,2**	**1,9**	**0,6**	**7,1**	**0,7**	**0,4**	**1,5**	**0,4**	**5,9**	**87**	**1,2**	**6,8**
	88,9–89,2	1,4–3,0	—	0,5–0,7	5,9–8,3	0,3–1,0	0,2–0,6	0,9–2,3	0,4–0,6	4,4–7,4	—	0,6–1,9	—
Maisschlempe	**91,3**	**2,0**	**1,8**	**0,9**	**4,5**	**0,8**	**0,5**	**1,3**	**0,8**	**3,6**	**90**	**1,1**	**5,5**
	87,7–94,3	1,6–2,3	—	0,5–1,4	3,2–5,8	0,5–1,4	0,3–0,8	1,0–1,6	0,3–1,2	2,2–5,1	—	0,7–1,4	—
Schlempe bei Hefeentnahme	**94,3**	**1,2**	**1,0**	**0,4**	**3,4**	**0,4**	**0,3**	**0,8**	**0,3**	**2,8**	**88**	**0,6**	**3,5**
	88,0–96,8	0,5–2,2	—	0,2–0,8	2,4–4,0	0,1–0,7	0,1–0,4	0,3–1,7	0,1–0,6	1,7–3,7	—	0,2–1,4	—
Zwetschenbranntweinschlempe	**93,4**	**0,4**	**0,3**	**0,2**	**4,8**	**0,6**	**0,6**	**0,3**	**0,1**	**3,8**	**85**	**0,2**	**3,5**
Melasseschlempe	**92,2**	**1,9**	**1,2**	—	**4,0**	—	**1,9**	**1,0**		**3,6**	**95**	**0,3**	**3,7**
	90,2–95,2	1,2–3,0	—	—	2,7–5,8	—	1,5–2,2	0,7–1,7	—	2,2–5,2	—	0,4–1,0	—
Rübenschlempe	**94,02**	**0,82**	—	**0,1**	—	—	**0,86**	—	—	—	—	—	—
B. Getrocknete Schlempen													
Kartoffelschlempe	**10,0**	**24,3**	**21,9**	**3,7**	**40,8**	**9,5**	**11,7**	**12,2**	**1,8**	**22,4**	**90**	**9,4**	**31,2**
	7,8–21,6	18,5–26,4	—	3,0–8,1	2,4–43,4	7,2–10,6	13,0–16,4	9,3–14,0	1,5–4,8	15,8–23,5	—	7,5–11,2	—
Roggenschlempe	**10,0**	**22,7**	**20,1**	**5,4**	**47,1**	**8,9**	**5,9**	**14,5**	**4,9**	**43,0**	**84**	**11,9**	**53,2**
	5,8–15,0	19,9–25,5	—	4,3–7,9	36,8–58,2	4,0–13,6	3,8–7,7	12,7–16,9	3,7–7,3	30,5–49,7	—	10,4–14,0	—
Weizenschlempe	**12,0**	**28,7**	**25,3**	**8,5**	**33,7**	**8,5**	**8,7**	**20,1**	**7,9**	**30,4**	**84**	**16,7**	**52,8**
Maisschlempe	**10,0**	**27,1**	**24,0**	**12,6**	**35,6**	**9,1**	**5,6**	**18,2**	**12,0**	**29,2**	**88**	**15,1**	**60,6**
	5,0–11,7	18,0–39,0	—	7,4–21,5	23,7–49,7	4,0–19,9	1,3–9,1	11,3–27,5	6,3–20,5	22,5–40,0	—	8,8–24,0	—
Roggen- und Maisschlempe	**8,7**	**25,7**	**22,9**	**12,4**	**33,0**	**14,6**	**4,2**	**16,4**	**11,7**	**35,3**	**86**	**13,6**	**62,7**
	4,6–13,9	21,1–32,5	—	8,2–22,0	18,0–44,1	5,6–28,6	0,7–7,6	12,8–22,0	7,3–20,9	25,3–40,5	—	12,3–18,8	—
Französische Maisschlempekuchen	**6,2**	**39,0**	**38,3**	**11,3**	**26,8**	**10,6**	**6,1**	**32,8**	**8,6**	**26,1**	**88**	**32,1**	**65,5**
	4,6–7,8	35,8–40,9	—	9,9–13,3	24,8–27,2	8,6–13,1	5,0–7,5	30,0–34,6	7,6–10,3	24,8–26,9	—	29,0–33,6	—
Reisschlempe	**7,5**	**38,0**	**36,5**	**15,5**	**23,5**	**13,3**	**4,2**	**22,8**	**14,0**	**20,3**	**88**	**20,5**	**60,9**

Die Schlempe ist ein äußerst gesundes Futter, jedoch nur, wenn sie im unverdorbenen Zustande verfüttert wird. Da sie einen guten Nährboden für Mikroorganismen bildet, muß dafür Sorge getragen werden, daß eine Infektion nach dem Verlassen des Destillationsapparates vermieden wird. Dies kann man erreichen, wenn man die Schlempe bei Temperaturen nicht unter 62,5° aufbewahrt oder sie rasch unter 15° herunterkühlt. In den meisten Fällen wird sie im frischen Zustande verfüttert oder warm aufbewahrt; in einigen Großbetrieben des Auslandes wird sie auch getrocknet und bildet in dieser Form einen geschätzten Handelsartikel. Nach KELLNER gibt man an Mastochsen bis 60 *l*, Milchkühe und Zugochsen bis 40 *l*, an Mastschafe und Mastschweine 2—3 *l* pro Tag. Arbeitspferde erhalten 10—15 *l*.

In früheren Zeiten wurde bei Verfütterung von Schlempe beim Vieh oft das Auftreten von Schlempekrankheiten beobachtet, von denen die Schlempemauke die häufigste war. Über die Ursache der letzteren gehen die Ansichten weit auseinander. Seit die Technik der Gärungsgewerbe so bedeutende Fortschritte gemacht hat, ist das Auftreten der Schlempemauke immer seltener geworden. Sie zeigt sich jetzt nur noch bei schweren, durch Unreinlichkeit verursachten Betriebsstörungen und bei nachträglicher Infektion der Schlempe. In einem gut geleiteten Betriebe kommt sie kaum vor. In neuerer Zeit werden vielfach unberechtigte Angriffe gegen die Schlempefütterung erhoben, mit der Behauptung, daß die Milch hierdurch verdünnt und verschlechtert werde. Diese Behauptungen sind absolut unzutreffend.

Beförderung und Trocknung der Schlempe.

Die heiße Schlempe läuft vom Destillierapparate entweder in eine Schlempegrube, von wo sie mittels Pumpe in den Stall befördert wird, oder in einen Montejus, von wo sie mittels Dampfdrucks in den Stall gelangt.

Abb. 285 zeigt einen solchen Montejus. Er ist mit dem Schlempezulauf oben und dem Schlempeablauf unten versehen. Oben trägt er außerdem ein Mannloch, einen Lufthahn und eine Dampfzuführung. Beim Füllen des Montejus ist der Lufthahn offen, zum Entleeren wieder geschlossen und die Dampfzuleitung geöffnet.

Abb. 285.

An Stelle des Montejus verwendet man in neuerer Zeit auch den Schlempeheber von R. HÜBNER, Züllichau (Abb. 286).

Die aus dem Destillierapparat abfließende Schlempe tritt durch das Eintrittsventil 1 in den Heber ein. Mit dem Ansteigen der Flüssigkeit im Heber wird ein in diesem befindlicher Schwimmer gehoben, welcher mit einer Stange fest in Verbindung steht. Die Schwimmerstange bewegt bei ihrem Aufwärtssteigen einen Hebel, welcher mit einem Schaltwerk 2 derart gekuppelt ist, daß dieses bei seiner höchsten Stellung einen Dreiwegeschieber so einschaltet, daß direkter reduzierter Dampf in den Heber eintreten kann und auf die Flüssigkeit drückt. Hierdurch wird die Flüssigkeit durch das Austrittsrückschlagventil 3 durch eine anschließende Leitung nach dem Schlempereservoir befördert. Mit dem Sinken des Flüssigkeitspiegels bewegt sich auch der Schwimmer abwärts und nimmt den Hebel mit nach unten, welcher alsdann in seiner niedrigsten Stellung durch das Schaltwerk den Dreiwegeschieber wieder so betätigt, daß der Kesseldampf abgesperrt und eine Verbindung mit dem Brennapparat hergestellt wird, durch welche der in dem Heber befindliche Dampf dem Destillierapparat zur weiteren Ausnutzung zuströmt. Dieses Spiel wiederholt sich stets von neuem.

Wie aus vorstehender Beschreibung ersichtlich, ersetzt der Heber gleichzeitig Schlemperegulator und Montejus oder Schlemperegulator und Pumpe. Der Apparat arbeitet vollständig automatisch und stellt in jedem Falle eine wesentliche Vereinfachung des Brennereibetriebes dar. Man kann mit ihnen Schlempe ca. 650 *m* weit bzw. 20 *m* hoch befördern.

Abb. 287 und 288 stellen Schlempetrocknungsanlagen der Firma VENULETH und ELLENBERGER in Darmstadt dar.

Bei Abb. 287 wird die Schlempe mittels Pumpe *b* aus der Schlempegrube *a* nach dem Verdampfapparat *c* und von da nach dem Eindickapparat *d* befördert. Hier wird sie durch Abdampf oder Frischdampf

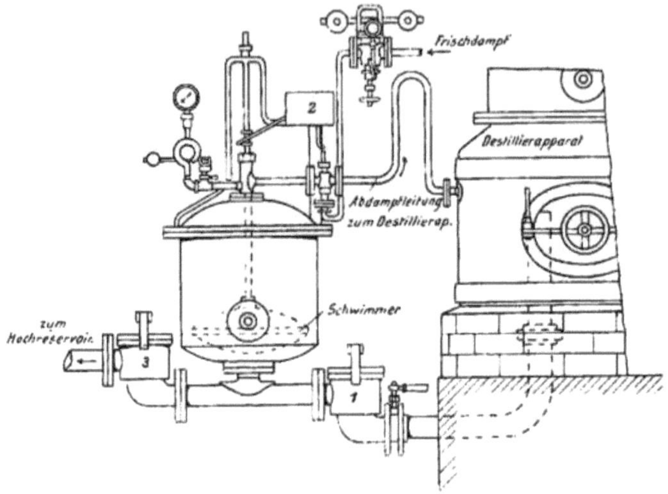

Abb. 286.

eingedickt und kommt dann nach dem Trockenapparat *e*, der aus 2 geheizten, gegeneinander drehbaren gußeisernen, mit Schabemessern versehenen Walzen besteht. Die getrocknete Schlempe gelangt schließlich in die Nachtrockenapparate.

Abb. 288 stellt eine Schlempetrocknungsanlage nach dem Abpreßverfahren dar.

Die Schlempe wird aus den Vorratsreservoiren nach einem Rührbassin gefördert, wo sie durch Rührwerke in steter Bewegung gehalten wird, damit sie in gleichmäßiger Konsistenz von der Pumpe (*b*) der Filterpresse (*c*) zugeführt werden kann. Hier werden die Schwebestoffe als Preßkuchen gewonnen,

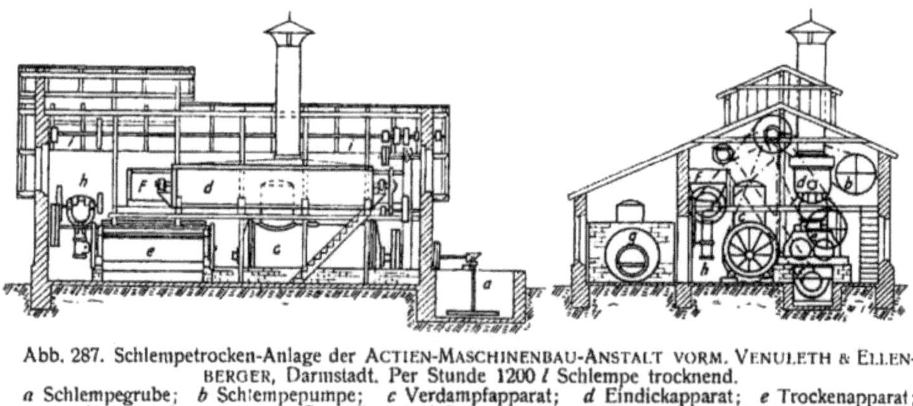

Abb. 287. Schlempetrocken-Anlage der ACTIEN-MASCHINENBAU-ANSTALT VORM. VENULETH & ELLENBERGER, Darmstadt. Per Stunde 1200 *l* Schlempe trocknend.
a Schlempegrube; *b* Schlempepumpe; *c* Verdampfapparat; *d* Eindickapparat; *e* Trockenapparat; *f* Nachtrockenapparate; *g* Dampfkessel; *h* Dampfmaschine; *i* Transmission; *k* Schornstein.

während das abgepreßte Wasser nach einem Kanal abfließt oder zum Tränken des Viehes benutzt wird. Die Schlempekuchen werden zum Trocknen auf den Walzen-Trocken-Apparat (*e*) gebracht. Von hier fällt die getrocknete Schlempe in eine Mulde (*f*), welche die Schlempe noch etwas nachtrocknen läßt und zugleich als Transportvorrichtung dient. Sie bringt die getrocknete Schlempe einem Elevator (*g*) zu, welcher sie nach der Sichtmaschine (*h*) hebt. Hier werden die größeren Teile von der absackfähigen Schlempe geschieden und letztere zugleich eingesackt, worauf die Schlempe gelagert werden kann.

Zum Waschen der Filtertücher der Filterpresse dient die Filtertücher-Waschmaschine (*d*).

Zum Abführen der beim Trocknen über dem Apparat entstehenden Dämpfe ist ein Dunstschlot (*k*) angeordnet, welcher bis über das Dach des Gebäudes geführt ist und die Dämpfe ins Freie ableitet. Die Gesamtanlage wird durch die Transmission (*l*) angetrieben, welche durch einen Elektromotor oder eine Dampfmaschine von *m* her bewegt werden kann. Die ganze Anlage ist im Anschluß an eine Brennerei gebaut, deren Dampfkessel auch die Trocknerei mit Dampf versieht. Die Anlagen können jedoch auch selbständig für sich gebaut werden.

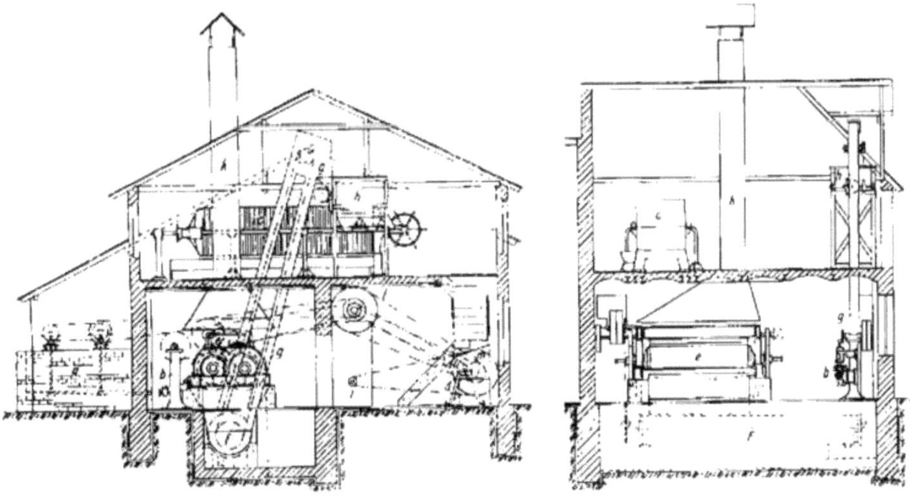

Abb. 288. Schlempetrocken-Anlage der ACTIEN-MASCHINENBAU-ANSTALT VORM. VENULETH & ELLENBERGER, DARMSTADT.
a Schlempe-Zwischengefäß; *b* Schlempepumpe; *c* Filterpresse; *d* Waschmaschine für Filtertücher; *e* Trockenapparat; *f* Nachtrockenmulde; *g* Elevator f. getr. Schlempe; *h* Sichtmaschine; *i* Elektromotor; *k* Dunstschlot; *l* Haupttransmission; *m* Vorgelege.

Schlempen aus Maischen zuckerhaltiger Rohstoffe. Die Maischrückstände aus Zuckerrüben und Obstmaischen finden ebenfalls als Viehfutter Verwendung. Die Melasseschlempen sind jedoch hierzu nicht geeignet, da der hohe Salzgehalt ihre Verfütterung nicht ratsam erscheinen läßt. Dagegen bilden sie ein wertvolles Düngemittel und werden in kleinen Betrieben, die mit Landwirtschaft verbunden sind oder solche in der Nähe haben, meist als Dung auf das Feld gefahren. In größeren

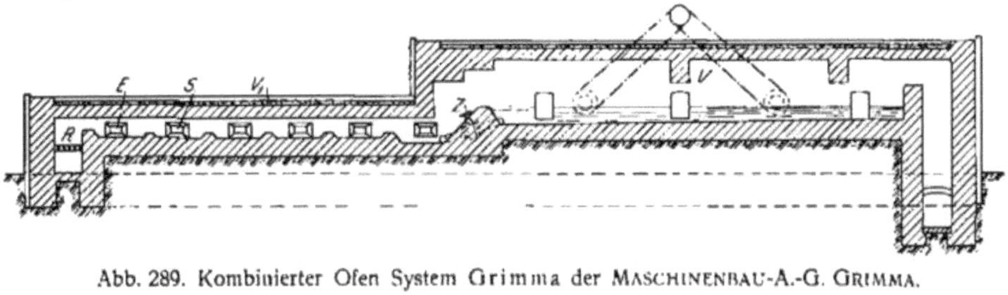

Abb. 289. Kombinierter Ofen System Grimma der MASCHINENBAU-A.-G. GRIMMA.

Betrieben werden sie eingedickt und entweder direkt auf Schlempekohle weiter verarbeitet oder zu diesem Zwecke an chemische Fabriken geliefert.

Die eingedickte Schlempe kann verarbeitet werden auf:

1. Schlempekohle ohne Gewinnung des Stickstoffes;
2. Schlempekohle bei Gewinnung des Stickstoffes in Form von Ammoniak und Cyanverbindungen (s. Ammoniak S. 364 und Cyanverbindungen).
3. Melasseschlempedünger (s. Düngemittel).

Bei der Schlempekohleerzeugung ohne Gewinnung des Stickstoffes im Gamerofen kann man aus 100 *kg* konz. Schlempe 25 *kg* Kohle mit 45–46% Kaliumcarbonat gewinnen.

Die Eindickung der Melasseschlempe wird entweder im Vakuumkocher oder in besonderen Schnellverdampfern (s. Abdampfen) bewirkt.

Die Verbrennung der Schlempe zu Kohle findet im Porion- oder Gamerofen oder in dem kombinierten Ofen der MASCHINENBAUAKTIENGESELLSCHAFT GOLZERN-GRIMMA statt. Abb. 289 stellt diesen Ofen dar.

Die von der Verdampferstation kommende, je nach ihrer Zusammensetzung auf ca. 9–11° *Bé.* eingedickte Schlempe gelangt zunächst in die mit zwei Schaufelwellen ausgestattete und hinsichtlich Fläche und Inhalt zweckentsprechend gewählte Verdampfkammer *V*, in der die weitere Eindickung durch die aus dem Verbrennungsofen kommenden Heizgase erfolgt. Auf ca. 25–30° *Bé.* eingedickt,

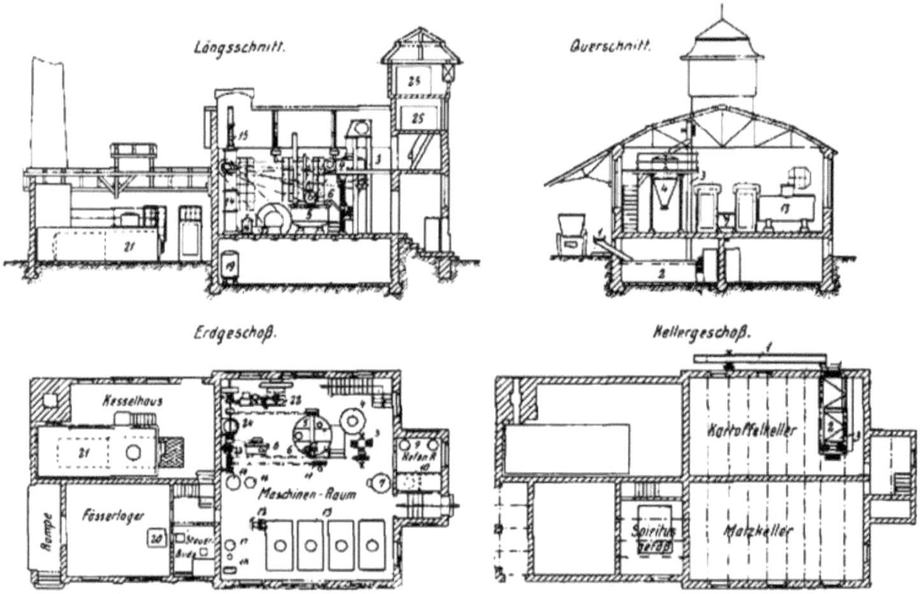

Abb. 290. Kartoffelbrennerei für 5000 *l* Alkohol von A. WAGENER, Cüstrin-Neustadt.
1 Schüttelrinne; 2 Wäsche; 3 Kartoffelelevator; 4 Henze; 5 Vormaischbottich; 6 Ventilator; 7 Quellstock; 8 Malzquetsche; 9 Hefengefäße; 10 Wärmeschrank; 11 Süßmaischpumpe; 12 Dampfmaischpumpe; 13 Gärgefäße; 14 Destillierapparat; 15 Dephlegmator; 16 Schlempenregulator; 17 Spirituskühler; 18 Meßuhr; 19 Montejus; 20 Spirituswage; 21 Dampfkessel; 22 Dampfmaschine; 23 Speisewasserpumpe; 24 Vorwärmer; 25 Wassergefäße.

tritt die Schlempe von hier durch die Zuleitung *Z* in die erste Pfanne des Verbrennungsofens (V_1) über. Der Ofen arbeitet, mit Ausnahme der ersten Inbetriebsetzung, ohne jeden Kohlenverbrauch, da die bei der Verbrennung der organischen Substanz der Schlempe erzeugte Wärmemenge zur Eindickung der Schlempe ausreicht. Die Entleerung der fertigen Schlempekohle erfolgt bei *E*. Der Rost *R* dient für die erste Inbetriebsetzung. Auf beiden Seiten des Verbrennungsofens sind die mit Arbeitstüren versehenen Schüröffnungen *S* angeordnet, damit die brennende Schlempe leicht mittels Eisenkrücken durchgerührt werden kann.

Zusammensetzung einer Melasseschlempekohle: Wasser 11,27%, $CaCl_2$ 10,19%, K_2SO_4 15,98%, K_2S 0,23%, K_3PO_4 0,81%, K_2CO_3 47,7%, Na_2CO_3 3,86%, Kohle, Eisen etc. 11,47%.

Die Rohasche wird auf Kugelmühlen zerkleinert, dann ausgelaugt und auf Kaliumsalze verarbeitet. Man erhält aus 100 *kg* Melasse: 6 *kg* Pottasche, 2 *kg* Kaliumsulfat, 1 *kg* Kaliumchlorid, 1 *kg* Soda. Häufig kommt es vor, daß die Schlempekohle nur eine geringe Ausbeute an kohlensaurem Kalium liefert. Zuweilen soll die Schuld hieran ein zu großer Schwefelgehalt der Kohle tragen.

Kohlensäuregewinnung.

Bei der Vergärung des Zuckers durch die Hefe entsteht neben Alkohol Kohlensäure. 100 *kg* Zucker zerfallen in 51,34 *kg* Alkohol und 48,66 *kg* Kohlensäure. Der Alkohol bleibt zum größten Teil in der Maische, während die Kohlensäure entweicht. Solange das Maischraumsteuergesetz bestand, konnte in Deutschland die Kohlensäure nicht gewonnen werden, da es verboten war, geschlossene Gärbottiche zu benutzen. Zurzeit werden die geschlossenen Gärbottiche immer mehr eingeführt,

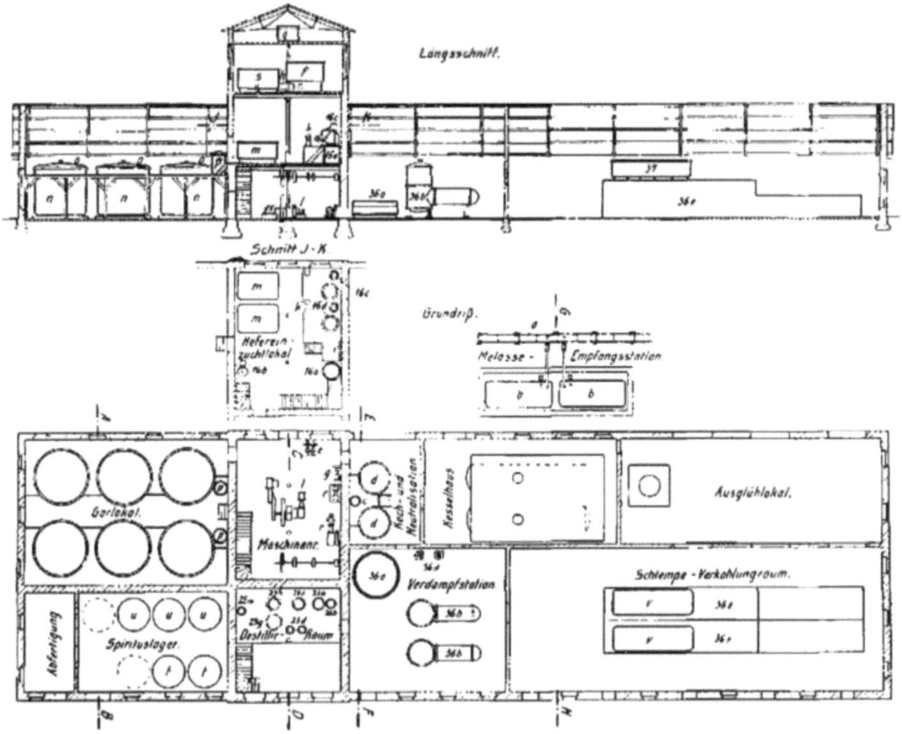

Abb. 291. Melassebrennerei, zur Erzeugung von 67 *hl* Spiritus in 24 Stunden, der MASCHINENBAU-A.-G. GOLZERN-GRIMMA.

a Melasscentleerungsrinne; *b* Melasseempfangsreservoire; *c* Melassepumpe mit Dampfbetrieb; *d* Koch- und Neutralisationsbottiche; *e* Schwefelsäurebottich; *f* Reservoir für verdünnte Melasse; *g* Duplex Dampfpumpe; *h* Spiralkühler; *i* Mischeprouvetten; *k* Mischgefäße dazu; *l* Schieberluftkompressor; *m* Vorgärbottiche; *n* Gärbottiche; *o* Abdeckung dazu; *p* Kohlensäurewaschgefäß; *q* Kaltwasserreservoire; *r* Kaltwasserpumpen; *s* Kaltwasserreservoir; *t* Rohspiritusreservoire; *u* Feinspiritusreservoire; *v* Dickschlempereservoire; 16 Komplette Hefereinzuchtanlage, bestehend aus: 16 *a* Melassesterilisiergefäß; 16 *b* Luftfiltrier- und Sterilisiergefäß; 16 *c* Kleine Hefereinzuchtanlage; 16 *d* Große Hefereinzuchtanlage u. s. w.; 25 Destillier-Rektifizierapparat System Guillaume, bestehend aus: 25 *a* kupferne stehende Maischedestillierkolonne; 25 *b* kupferner Schlempeabflußregulator; 25 *c* kupferne Vorlaufkolonne; 25 *d* kupferner Akkumulator; 25 *g* kupferne Entgeistungskolonne; 25 *h* kupferne Rektifizierkolonne; 25 *m* kupferner Spirituskühler u. s. w.; 36 komplette Schlempeverdampf- und Verkohlungsanlage, bestehend aus: 36 *a* Schlempesammelbottich; 36 *b* Schnellverdampfer (Double Effet); 36 *d* Schlempepumpe mit Dampfantrieb; 36 *e* Schlempeverbrennungsöfen mit Schlempeverdampfkammern.

da durch ihre Verwendung die Verdunstungsverluste, die 3–4% des erzeugten Alkohols betragen, nahezu vollkommen verhütet werden können. Die Kohlensäure, die immerhin einen nicht unbeträchtlichen Wert repräsentiert, läßt man ungehindert in die Luft entweichen. Im letzten Betriebsjahre wurden in Deutschland 345,6 Millionen *l* reiner Alkohol erzeugt, was einer Kohlensäureproduktion von ca. 260 Millionen *kg* entspricht. In Deutschland wird bis jetzt in keiner einzigen Brennerei die Kohlensäure gewonnen, dagegen geschieht dies vielfach im Auslande. So gewinnt die BRENNEREI von LOUIS MEEUS in Whyneghem bei Antwerpen nicht nur die Kohlensäure in ihrer Dickmaischbrennerei, sondern auch in der Hefefabrik nach dem Wiener Verfahren. Die hierzu angewendete Methode ist Geheimnis der Firma. Ein Verfahren der Kohlensäuregewinnung beruht darauf, daß die durch Waschen gereinigte Kohlensäure an Kaliumcarbonat zu Kaliumbicarbonat gebunden wird, welches beim Erhitzen wieder rückwärts zerfällt.

IX. Pläne von Brennereien.

Obwohl die verschiedenen Arten von Brennereien alle das nämliche Hauptprodukt erzeugen, so sind die Einrichtungen und die bauliche Anordnung entsprechend

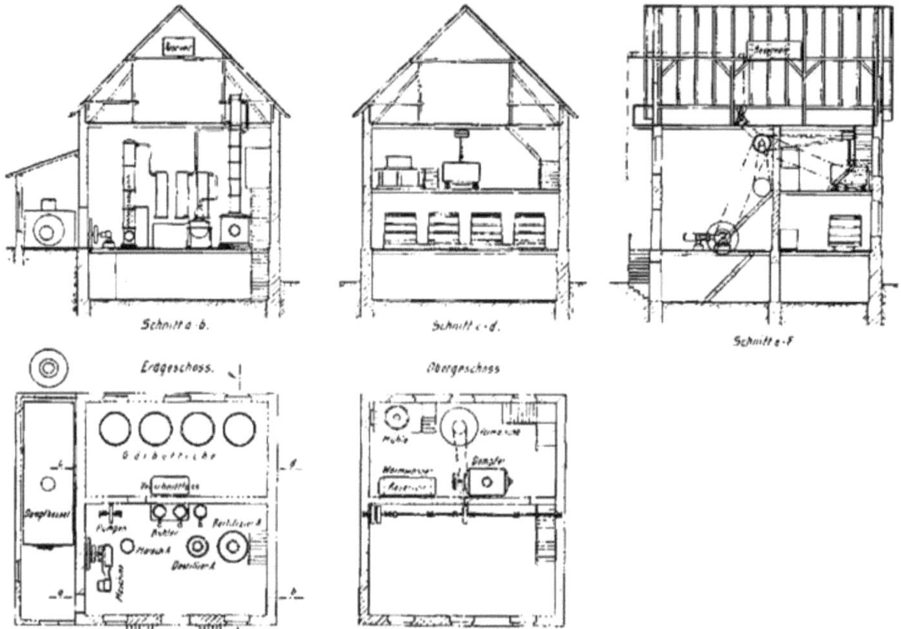

Abb. 292. Plan einer Kornbrennerei von GEBR. BECKER IN BECKUM i. W.

den verschiedenartigen Rohmaterialien in mancher Richtung voneinander abweichend. Abb. 290, 291 und 292 zeigen die Liegepläne einer Kartoffelbrennerei, Getreidebrennerei und Melassebrennerei.

X. Brennereibetriebskontrolle.

Die Betriebskontrolle in der Brennerei zerfällt in die chemische und die bakteriologische. Dieselbe hier ausführlich zu besprechen, geht über den Rahmen dieses Werkes hinaus. Es werden daher an dieser Stelle nur die gebräuchlichsten Untersuchungsmethoden beschrieben, während für die übrigen auf die verschiedenen Spezialwerke verwiesen wird.

Untersuchung der Rohmaterialien. Die Untersuchung der Kartoffeln auf Stärkegehalt ist bereits bei der Besprechung der Rohmaterialien ausführlich behandelt. Für die übrigen Untersuchungen sei auf MAERCKERS Handbuch der Spiritusfabrikation verwiesen. Für die Prüfung der verschiedenen Getreidearten ist vor allem die Feststellung des Wassergehalts von Bedeutung, welcher durch Trocknen im Toluoltrockenschrank bei 105° oder mit dem HOFFMANNschen Wasserbestimmungsapparat ermittelt werden kann.

Die Wasserbestimmung mittels des HOFFMANNschen Apparates wird in der Weise ausgeführt, daß man das unzerkleinerte Getreide in einer Flüssigkeit von höherem Siedepunkt als Wasser kocht. Man verwendet hierzu Schmieröl, dem etwas Toluol zugesetzt wird. Das verdampfende Wasser wird in einer als Vorlage dienenden Bürette aufgefangen und direkt gemessen.

Von Bedeutung ist besonders bei Gerste die Feststellung des Sperrigkeitsgrades und des Hektolitergewichts, worüber ebenfalls Näheres im MAERCKER-DELBRÜCK zu finden ist.

Sehr wichtig ist die Ermittelung der Keimfähigkeit der Gerste, da nur aus einer gut keimenden Gerste ein diastasereiches Malz erzielt werden kann. Näheres siehe Rohstoffe.

Die Bestimmung des Stickstoffgehaltes der verschiedenen Getreidearten wird zweckmäßig nach Kjeldahl (s. MAERCKER) ausgeführt.

Über die Bestimmung der Aschenbestandteile s. KÖNIG „Die Untersuchung landwirtschaftlicher und gewerblich wichtiger Stoffe".

Untersuchung der Melasse. Zur Feststellung des Extraktgehaltes der Melassen benutzt man die Baumèspindel. Der Zuckergehalt wird mittels Polarisation ermittelt. Im Handel rechnet man nach alten Baumégraden. Über die weiteren Untersuchungen s. FRÜHLING u. SCHULZE: „Anleitung zur Untersuchung der für die Zuckerindustrie in Betracht kommenden Rohmaterialien".

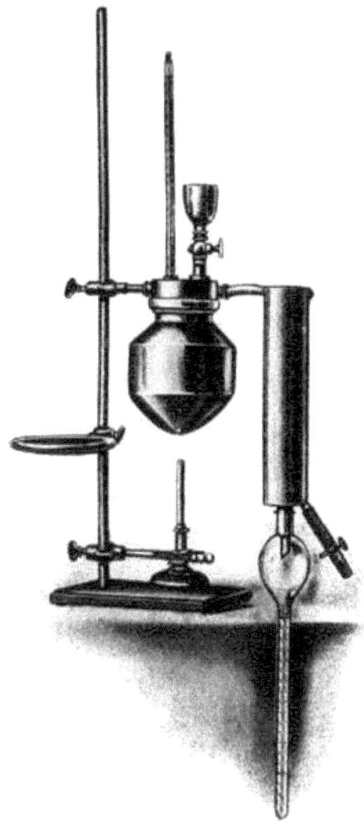

Abb. 293.

Untersuchung der Maischen. Die Untersuchung der Maischen aus stärkemehlhaltigen Rohstoffen erstreckt sich hauptsächlich auf die Feststellung der Verzuckerung, des Extraktes und Säuregehaltes und auf ev. noch vorhandene überschüssige Diastase. Für genauere Betriebskontrolle kommt auch noch die Maltose und der Dextringehalt der Maische, ferner Stickstoff und Aschegehalt in Frage. Zur Feststellung der Verzuckerung wird die unfiltrierte Maische benutzt. Man nimmt ein oder mehrere Tropfen der Maische heraus, gibt sie auf eine Porzellanschale oder Platte, verdünnt mit etwas Wasser und gibt ein oder mehrere Tropfen einer wässerigen Jodjodkaliumlösung hinzu. Je nachdem die Verzuckerung der Maische minder oder weiter vorgeschritten ist, tritt Blau-(Stärke), Violett-(Amylodextrin), Rot-(Erythrodextrin) oder Gelbfärbung (Achroodextrin) ein. Eine gut verzuckerte Maische darf durch Jod nicht mehr gefärbt werden, sondern nimmt die Jodfärbung an. Meist sind jedoch in der mit Jod versetzten Maische kleine dunkle Pünktchen vorhanden, die von unverzuckerter Kartoffel- oder Malzstärke herrühren.

Der Extraktgehalt der Maische wird in praktischen Brennereibetrieben mit Saccharometern ermittelt. Das am meisten gebrauchte ist das nach BALLING, welches auf Rohrzuckerlösungen für eine Normaltemperatur von $17^1/_2{}^0$ eingestellt ist. Bei Melassemaischen benutzt man die Baumèspindel. Der Extraktgehalt für genauere Bestimmungen wird durch Feststellung des spez. Gew. mittels Pyknometers und Benutzung der beigefügten Extrakttabelle bestimmt.

I. Abgekürzte Tafel zur Vergleichung der spez. Gew. von Zuckerlösungen mit ihrem Zuckergehalt bei 14° $R = 17^1/_2$° C nach BALLING.

Zucker in 100 Gewichtsteilen	Spez. Gew.	Zucker in 100 Gewichtsteilen	Spez. Gew.	Zucker in 100 Gewichtsteilen	Spez. Gew.	Zucker in 100 Gewichtsteilen	Spez. Gew.
0	1,0000	20	1,0832	40	1,1794	61	1,2959
1	1,0040	21	1,0877	41	1,1846	62	1,3019
2	1,0080	22	1,0922	42	1,1898	63	1,3079
3	1,0120	23	1,0967	43	1,1951	64	1,3139
4	1,0160	24	1,1013	44	1,2004	65	1,3199
5	1,0200	25	1,1059	45	1,2057	66	1,3260
6	1,0240	26	1,1106	46	1,2111	67	1,3321
7	1,0281	27	1,1153	47	1,2156	68	1,3383
8	1,0322	28	1,1200	48	1,2219	69	1,3445
9	1,0363	29	1,1247	49	1,2274	70	1,3507
10	1,0404	30	1,1295	50	1,2329	71	1,3570
11	1,0446	31	1,1343	51	1,2385	72	1,3633
12	1,0488	32	1,1391	52	1,2441	73	1,3696
13	1,0530	33	1,1440	53	1,2497	74	1,3760
14	1,0572	34	1,1490	54	1,2553	75	1,3824
15	1,0614	35	1,1540	55	1,2610	75,35	1,3847 =
16	1,0657	36	1,1590	56	1,2667		gesättigte
17	1,0700	37	1,1641	57	1,2725		Zucker-
18	1,0744	38	1,1692	58	1,2783		lösung bei
19	1,0788	39	1,1743	59	1,2841		17,5° C
				60	1,2900		(14° R)

II. Tafel zur Umwandlung der spez. Gew. in Saccharometergrade nach BALLING.

Spez. Gew.	diesem entsprechende Saccharometeranzeige in ° B.	Spez. Gew.	diesem entsprechende Saccharometeranzeige in ° B.	Spez. Gew.	diesem entsprechende Saccharometeranzeige in ° B.	Spez. Gew.	diesem entsprechende Saccharometeranzeige in ° B.	Spez. Gew.	diesem entsprechende Saccharometeranzeige in ° B.
1,0000	0,000	1,0031	0,775	1,0062	1,550	1,0093	2,325	1,0124	3,100
1	0,025	32	800	63	575	94	350	125	125
2	050	33	825	64	600	95	375	126	150
3	075	34	850	65	625	96	400	127	175
4	100	35	875	66	650	97	425	128	200
5	125	36	900	67	675	98	450	129	225
6	150	37	925	68	700	99	475	1,0130	250
7	175	38	950	69	725	1,0100	500	131	275
8	200	39	975	1,0070	750	101	525	132	300
9	225	1,0040	1,000	71	775	102	550	133	325
1,0010	250	41	025	72	800	103	575	134	350
11	275	42	050	73	825	104	600	135	375
12	300	43	075	74	850	105	625	136	400
13	325	44	100	75	875	106	650	137	425
14	350	45	125	76	900	107	675	138	450
15	375	46	150	77	925	108	700	139	475
16	400	47	175	78	950	109	725	1,0140	500
17	425	48	200	79	975	1,0110	750	141	525
18	450	49	225	1,0080	2,000	111	775	142	550
19	475	1,0050	250	81	025	112	800	143	575
1,0020	500	51	275	82	050	113	825	144	600
21	525	52	300	83	075	114	850	145	625
22	550	53	325	84	100	115	875	146	650
23	575	54	350	85	125	116	900	147	675
24	600	55	375	86	150	117	925	148	700
25	625	56	400	87	175	118	950	149	725
26	650	57	425	88	200	119	975	1,0150	750
27	675	58	450	89	225	1,0120	3,000	151	775
28	700	59	475	1,0090	250	121	025	152	800
29	725	1,0060	500	91	275	122	050	153	825
1,0030	750	61	525	92	300	123	075	154	850

Tafel zur Umwandlung der spez. Gew. in Saccharometergrade nach BALLING (Fortsetzung).

Spez. Gew.	diesem entsprechende Saccharometer-anzeige in ° B.	Spez. Gew.	diesem entsprechende Saccharometer-anzeige in ° B.	Spez. Gew.	diesem entsprechende Saccharometer-anzeige in ° B.	Spez. Gew.	diesem entsprechende Saccharometer-anzeige in ° B.	Spez. Gew.	diesem entsprechende Saccharometer-anzeige in ° B.
1,0155	3,875	1,0217	5,425	1,0279	6,950	1,0341	8,463	1,0403	9,975
156	900	218	450	1,0280	975	342	488	404	10,000
157	925	219	475	281	7,000	343	512	405	023
158	950	1,0220	500	282	024	344	536	406	047
159	975	221	525	283	048	345	560	407	071
1,0160	4,000	222	550	284	073	346	584	408	095
161	025	223	575	285	097	347	609	409	119
162	050	224	600	286	122	348	633	1,0410	142
163	075	225	625	287	146	349	657	411	166
164	100	226	650	288	170	1,0350	681	412	190
165	125	227	675	289	195	351	706	413	214
166	150	228	700	1,0290	219	352	731	414	238
167	175	229	725	291	244	353	756	415	261
168	200	1,0230	750	292	268	354	780	416	285
169	225	231	775	293	292	355	804	417	309
1,0170	250	232	800	294	316	356	828	418	333
171	275	233	825	295	341	357	853	419	357
172	300	234	850	296	365	458	877	1,0420	381
173	325	235	875	297	389	359	901	421	404
174	350	236	900	298	413	1,0360	925	422	428
175	375	237	925	299	438	361	950	423	452
176	400	238	950	1,0300	463	362	975	424	476
177	425	239	975	301	488	363	9,000	425	500
178	450	1,0240	6,000	302	512	364	024	426	523
179	475	241	024	303	536	365	048	427	547
1,0180	500	242	048	304	560	366	073	428	571
181	525	243	073	305	584	367	097	429	595
182	550	244	097	306	609	368	122	1,0430	619
183	575	245	122	307	633	369	146	431	642
184	600	246	146	308	657	1,0370	170	432	666
185	625	247	170	309	681	371	195	433	690
186	650	248	195	1,0310	706	372	219	434	714
187	675	249	219	311	731	373	244	435	738
188	700	1,0250	244	312	756	374	268	436	761
189	725	251	268	313	780	375	292	437	785
1,0190	750	252	292	314	804	376	316	438	809
191	775	253	316	315	828	377	341	439	833
192	800	254	341	316	853	378	365	1,0440	857
193	825	255	365	317	877	379	389	441	881
194	850	256	389	318	901	1,0380	413	442	904
195	875	257	413	319	925	381	438	443	928
196	900	258	438	1,0320	950	382	463	444	952
197	925	259	463	321	975	383	488	445	976
198	950	1,0260	488	322	8,000	384	512	446	11,000
199	975	261	512	323	024	385	536	447	023
1,0200	5,000	262	536	324	048	386	560	448	047
201	025	263	560	325	073	387	584	449	071
202	050	264	584	326	097	388	609	1,0450	095
203	075	265	609	327	122	389	633	451	119
204	100	266	633	328	146	1,0390	657	452	142
205	125	267	657	329	170	391	681	453	166
206	150	268	681	1,0330	195	392	706	454	190
207	175	269	706	331	219	393	731	455	214
208	200	1,0270	731	332	244	394	756	456	238
209	225	271	756	333	268	395	780	457	261
1,0210	250	272	780	334	292	396	804	458	285
211	275	273	804	335	316	397	828	459	309
212	300	274	828	336	341	398	853	1,0460	333
213	325	275	853	337	365	399	877	461	357
214	350	276	877	338	389	1,0400	901	462	381
215	375	277	901	339	413	401	925	463	404
216	400	278	925	1,0340	438	402	950	464	428

Tafel zur Umwandlung der spez. Gew. in Saccharometergrade nach BALLING (Fortsetzung).

Spez. Gew.	diesem entsprechende Saccharometer-anzeige in ° B.	Spez. Gew.	diesem entsprechende Saccharometer-anzeige in ° B.	Spez. Gew.	diesem entsprechende Saccharometer-anzeige in ° B.	Spez. Gew.	diesem entsprechende Saccharometer-anzeige in ° B.	Spez. Gew.	diesem entsprechende Saccharometer-anzeige in ° B.
1,0465	11,452	1,0527	12,928	1,0589	14,404	1,0651	15,860	1,0713	17,295
466	476	528	952	1,0590	428	652	883	714	318
467	500	529	976	591	452	653	907	715	340
468	523	1,0530	13,000	592	476	654	930	716	363
469	547	531	023	593	500	655	953	717	386
1,0470	571	532	047	594	523	656	976	718	409
471	595	533	071	595	547	657	16,000	719	431
472	619	534	095	596	571	658	023	1,0720	454
473	642	535	119	597	595	659	046	721	477
474	666	536	142	598	619	1,0660	070	722	500
475	690	337	166	599	642	661	093	723	522
476	714	538	190	1,0600	666	662	116	724	545
477	738	539	214	601	690	663	139	725	568
478	761	1,0540	238	602	714	664	162	726	590
479	785	541	261	603	738	665	186	727	613
1,0480	809	542	285	604	761	666	209	728	636
481	833	543	309	605	785	667	232	729	659
482	857	544	333	606	809	668	255	1,0730	681
483	881	545	357	607	833	669	278	731	704
484	904	546	381	608	857	1,0670	302	732	727
485	928	547	404	609	881	671	325	733	750
486	952	548	428	1,0610	904	672	348	734	772
487	976	549	452	611	928	673	371	735	795
488	12,000	1,0550	476	612	952	674	395	736	818
489	023	551	500	613	976	675	418	737	841
1,0490	047	552	523	614	15,000	676	441	738	863
491	071	553	547	615	023	677	464	739	886
492	095	554	571	616	046	678	488	1,0740	909
493	119	555	595	617	070	679	511	741	931
494	142	556	619	618	093	1,0680	534	742	954
495	166	557	642	619	116	681	557	743	977
496	190	558	666	1,0620	139	682	581	744	18,000
497	214	559	690	621	162	683	604	745	022
498	238	1,0560	714	622	186	684	627	746	045
499	261	561	738	623	209	685	650	747	067
1,0500	285	562	761	624	232	686	674	748	090
501	309	563	785	625	255	687	697	749	113
502	333	564	809	626	278	688	721	1,0750	136
503	357	565	833	627	302	689	744	751	158
504	381	566	857	628	325	1,0690	767	752	181
505	404	567	881	629	348	691	790	753	204
506	428	568	904	1,0630	371	692	814	754	227
507	452	569	928	631	395	693	837	755	250
508	476	1,0570	952	632	418	694	860	756	272
509	500	571	976	633	441	695	883	757	295
1,0510	523	572	14,000	634	464	696	907	758	318
511	547	573	023	635	488	697	930	759	340
512	571	574	047	636	511	698	953	1,0760	363
513	595	575	071	637	534	699	976	761	386
514	619	576	095	638	557	1,0700	17,000	762	409
515	642	577	119	639	581	701	022	763	431
516	666	578	142	1,0640	604	702	045	764	454
517	690	579	166	641	627	703	067	765	477
518	714	1,0580	190	642	650	704	090	766	500
519	738	581	214	643	674	705	113	767	522
1,0520	761	582	238	644	697	706	136	768	545
521	785	583	261	645	721	707	158	769	569
522	809	584	285	646	744	708	181	1,0770	590
523	833	585	309	647	767	709	204	771	613
524	857	586	333	648	790	1,0710	227	772	636
525	881	587	357	649	814	711	250	773	659
526	904	588	381	1,0650	837	712	272	774	681

Tafel zur Umwandlung der spez. Gew. in Saccharometergrade nach BALLING (Fortsetzung).

Spez. Gew.	diesem entsprechende Saccharometeranzeige in ⁰ B.	Spez. Gew.	diesem entsprechende Saccharometeranzeige in ⁰ B.	Spez. Gew.	diesem entsprechende Saccharometeranzeige in ⁰ B.	Spez. Gew.	diesem entsprechende Saccharometeranzeige in ⁰ B.	Spez. Gew.	diesem entsprechende Saccharometeranzeige in ⁰ B.
1,0775	18,704	1,0833	20,022	1,0892	21,333	1,0951	22,644	1,1010	23,935
776	727	834	044	893	356	952	667	011	957
777	750	835	067	894	378	953	689	012	978
778	772	836	089	895	400	954	711	013	24,000
779	795	837	111	896	422	955	733	014	022
1,0780	818	838	133	897	444	956	756	015	043
781	841	839	156	898	467	957	778	016	065
782	863	1,0840	178	899	489	958	800	017	087
783	886	841	200	1,0900	511	959	822	018	109
784	909	842	222	901	533	1,0960	844	019	130
785	931	843	244	902	556	961	867	1,1020	152
786	954	844	267	903	578	962	889	021	174
787	977	845	289	904	600	963	911	022	196
788	19,000	846	311	905	622	964	933	023	217
789	022	847	333	906	644	965	956	024	239
1,0790	045	848	356	907	667	966	978	025	261
791	067	849	378	908	689	967	23,000	026	283
792	090	1,0850	400	909	711	968	022	027	304
793	113	851	422	1,0910	733	969	043	028	326
794	136	852	444	911	756	1,0970	065	029	348
795	158	853	467	912	778	971	087	1,1030	370
796	181	854	489	913	800	972	109	031	391
797	204	855	511	914	822	973	130	032	413
798	227	856	533	915	944	974	152	033	435
799	250	857	556	916	867	975	174	034	457
1,0800	272	858	578	917	889	976	196	035	478
		859	600	918	911	977	217	036	500
801[1]	295	1,0860	622	919	933	978	239	037	522
802	318	861	644	1,0920	956	979	261	038	543
803	340	862	667	921	978	1,0980	283	039	565
804	363	863	689	922	22,000	981	304	1,1040	587
805	386	864	711	923	022	982	326	041	609
806	409	865	733	924	044	983	348	042	630
807	431	866	756	925	067	984	370	043	652
808	454	867	778	926	089	985	391	044	674
809	477	868	800	927	111	986	413	045	696
1,0810	500	869	822	928	133	987	435	046	717
811	522	1,0870	844	929	156	988	457	047	739
812	545	871	867	1,0930	178	989	478	048	761
813	569	872	889	931	200	1,0990	500	049	783
814	590	873	911	932	222	991	522	1,1050	804
815	613	874	933	933	244	992	543	051	826
816	636	875	956	934	267	993	565	052	848
817	659	876	978	935	289	994	587	053	870
818	681	877	21,000	936	311	995	609	054	891
819	704	878	022	937	333	996	630	055	913
1,0820	727	879	044	938	356	997	652	056	935
821	750	1,0880	067	939	378	998	674	057	957
822	772	881	089	1,0940	400	999	696	058	978
823	795	882	111	941	422	1,1000	717	059	25,000
824	818	883	133	942	444	001	739	1,1060	021
925	841	884	156	943	467	002	761	061	043
826	863	885	178	944	489	003	783	062	064
827	886	886	200	945	511	004	804	063	085
828	909	887	222	946	533	005	826	064	106
829	931	888	244	947	556	006	848	065	128
1,0830	954	889	267	948	578	007	870	066	149
831	977	1,0890	689	949	600	008	891	067	170
832	20,000	891	311	1,0950	622	009	913	068	191

[1] Der nachfolgende Teil der Tafel rührt nicht mehr von BALLING her, sondern ist aus der abgekürzten Tafel BALLING (S. 766) durch Interpolation von FÖTH (J.) berechnet worden.

Tafel zur Umwandlung der spez. Gew. in Saccharometergrade nach BALLING (Fortsetzung).

Spez. Gew.	diesem entsprechende Saccharometeranzeige in ° B.	Spez. Gew.	diesem entsprechende Saccharometeranzeige in ° B.	Spez. Gew.	diesem entsprechende Saccharometeranzeige in ° B.	Spez. Gew.	diesem entsprechende Saccharometeranzeige in ° B.	Spez. Gew.	diesem entsprechende Saccharometeranzeige in ° B.
1,1069	25,213	1,1115	26,191	1,1161	27,170	1,1207	28,149	1,1253	29,125
1,1070	234	116	213	162	191	208	170	254	146
071	255	117	234	163	213	209	191	255	167
072	277	118	255	164	234	1,1210	213	256	187
073	298	119	277	165	255	211	234	257	208
074	319	1,1120	298	166	277	212	255	258	229
075	340	121	319	167	298	213	277	259	250
076	362	122	340	168	319	214	298	1,1260	271
077	383	123	362	169	340	215	319	261	292
078	404	124	383	1,1170	362	216	340	262	312
079	426	125	404	171	383	217	362	263	333
1,1080	447	126	426	172	404	218	383	264	354
081	468	127	447	173	426	219	404	265	375
082	489	128	468	174	447	1,1220	426	266	396
083	511	129	489	175	468	221	447	267	417
084	532	1,1130	511	176	489	222	468	268	437
085	553	131	532	177	511	223	489	269	458
086	574	132	553	178	532	224	511	1,1270	479
087	596	133	574	179	553	225	532	271	500
088	617	134	596	1,1180	574	226	553	272	521
089	638	135	617	181	596	227	574	273	542
1,1090	660	136	638	182	617	228	596	274	562
091	681	137	660	183	638	229	617	275	583
092	702	138	681	184	660	1,1230	638	276	604
093	723	139	702	185	681	231	660	277	625
094	745	1,1140	723	186	702	232	681	278	646
095	766	141	745	187	723	233	702	279	667
096	787	142	766	188	745	234	723	1,1280	687
097	809	143	787	189	766	235	745	281	708
098	830	144	809	1,1190	787	236	766	282	729
099	851	145	830	191	809	237	787	283	750
1,1100	872	146	851	192	830	238	809	284	771
101	894	147	872	193	851	239	830	285	792
102	915	148	894	194	872	1,1240	851	286	812
103	936	149	915	195	894	241	872	287	833
104	957	1,1150	936	196	915	242	894	288	854
105	979	151	957	197	936	243	915	289	875
106	26,000	152	979	198	957	244	936	1,1290	896
107	021	153	27,000	199	979	245	957	291	917
108	043	154	021	1,1200	28,000	246	979	292	937
109	064	155	043	201	021	247	29,000	293	958
1,1110	085	156	064	202	043	248	021	294	979
111	106	157	085	203	064	249	042	295	30,000
112	128	158	106	204	085	1,1250	062		
113	149	159	128	205	106	251	083		
114	170	1,1160	149	206	128	252	104		

Zuvor muß die Maische filtriert werden, wozu man gewöhnlich nachstehenden Apparat verwendet (Abb. 294).

In diesen setzt man einen Filtrierbeutel oder Siebzylinder ein. Zur Untersuchung wird das Filtrat so lange zurückgegossen bis es klar abläuft. Die Untersuchung mittels des Saccharometers muß stets bei einer Temp. von $17^1/_2{}^0$ stattfinden. Häufig sind die Saccharometer mit einem Thermometer versehen und enthalten an der Thermometerskala eine Korrekturskala. Nach MAERCKER-DELBRÜCK beträgt die bei Maischen für jeden Grad C notwendige Korrektur 0,06° Balling.

Das Saccharometer nach BALLING dient auch zur Feststellung des scheinbaren Vergärungsgrades. Es kann damit in der vergorenen Maische nur der scheinbare Vergärungsgrad festgestellt werden, weil durch den während der Gärung sich bildenden Alkohol das spez. Gew. der Maische wesentlich herabgedrückt wird, so daß das Saccharometer in der Maische einen niedrigeren Extraktgehalt anzeigt, als tatsächlich vorhanden ist. Will man den wirklichen Vergärungsgrad ermitteln, so muß man erst den Alkohol abdestillieren, den Rückstand mit destilliertem Wasser auf das ursprüngliche Volumen auffüllen und dann mit dem Saccharometer den Extraktgehalt feststellen. Man kann ihn auch durch Eindampfen der Maische und Trocknen des Rückstandes im Toluoltrockenschrank ermitteln. Die wirkliche Vergärung einer Maische kann man auch berechnen nach der Formel $S = \frac{s_1}{s}$, wobei s_1 gleich dem spez. Gew. der vergorenen Maische, s gleich dem spez. Gew. einer Mischung von Alkohol und Wasser mit dem prozentualen Alkoholgehalt der Maische ist. S ist dann gleich dem spez. Gew. der alkoholfreien Maische.

Der Grad der scheinbaren Vergärung, welcher erzielt werden kann, hängt in hohem Maße von der Zusammensetzung der Rohmaterialien ab. Kartoffelmaischen vergären äußerst selten unter 0,3° Balling, Maismaischen häufig unter 0, Melassemaischen meist nur bis 5-7-8° Balling.

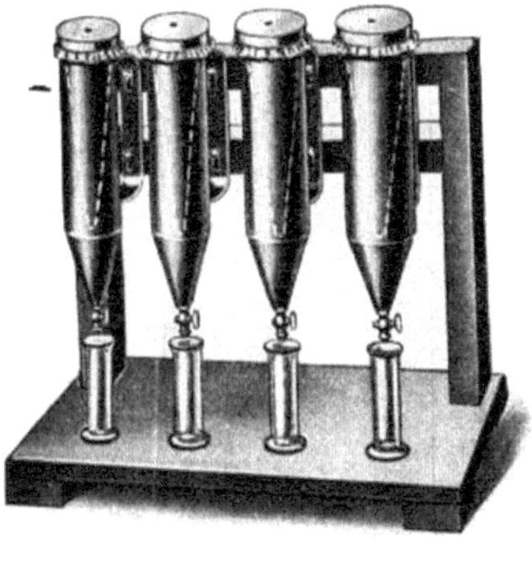

Abb. 294.

S ä u r e b e s t i m m u n g. Von außerordentlicher Bedeutung für den praktischen Brennereibetrieb ist die Säurebestimmung, da sie Aufklärung darüber geben kann, ob eine Infektion der Maische durch säurebildende Bakterien eingetreten ist und welchen Grad sie erreicht hat. Eine Säurezunahme während der Gärung von 0,2° wird als normal betrachtet. Eine höhere ist meist durch Hefeschädlinge hervorgerufen und hat eine schlechte Vergärung der Maische zur Folge. Die Säurebestimmung wird mittels Normalnatronlauge ausgeführt. Als Indikator dient neutrales Lackmuspapier. Man verwendet zur Säurebestimmung 20 *ccm* Maischfiltrat und bezeichnet die zu ihrer Neutralisation notwendigen *ccm* Normalnatronlauge als Säuregrade. Die Säuremenge in der Maische ist sehr großen Schwankungen unterworfen, je nach den Rohmaterialen. Sie beträgt in unvergorenen Kartoffelmaischen 0,3—0,8°. Getreidemaischen reagieren meist neutral oder schwach alkalisch. Diese müssen daher mit einem Säurezusatz versehen werden. Die für die Hefe schädlichen Bakterien, von denen besonders die wilden Milchsäurebakterien, Buttersäurebakterien und Essigsäurebakterien zu erwähnen sind, bilden flüchtige Säure oder neben Milchsäure flüchtige Säuren. Zur Feststellung des Gehaltes an flüchtigen Säuren dampft man 100 *ccm* des Maischfiltrates auf 20 *ccm* ein, füllt mit destilliertem Wasser wieder auf 100 *ccm* auf und bestimmt dann in 20 *ccm* die Säure. Die Differenz gegen den ohne Eindampfen ermittelten Säuregrad entspricht dem Gehalt an flüchtigen Säuren.

Diastasereaktion. Zur Feststellung, ob die Maische überschüssige Diastase enthält, dient die Guajacharzreaktion. Man verwendet hierzu alkoholische Guajacharzlösung und Wasserstoffsuperoxyd. Bei Gegenwart von Diastase tritt Blaufärbung der Maische auf. Diese Reaktion ist jedoch keine spezielle auf Diastase, sondern eine allgemeine Enzymreaktion. Sie bietet daher bei positivem Ausfall keine Gewähr für die Gegenwart von Diastase, dagegen zeigt der negative Ausfall sicher an, daß in der Maische keine Diastase mehr vorhanden ist. Zur genauen Feststellung der Diastase dienen die Methoden nach KJELDAHL, LINTNER, EFFRONT und REISCHAUER (s. MAERCKER-DELBRÜCK).

Endvergärung. Die Untersuchung auf Endvergärung hat den Zweck, festzustellen, ob die Maische noch vergärbare Stoffe enthält. Aus diesem Grunde versetzt man die Maische nach der Entgeistung und eventuellen Abstumpfung der Säure mit Hefe und überläßt sie der Gärung. Will man feststellen, ob die Maische noch Dextrin oder Stärke enthält, so verwendet man nicht Maischfiltrat, sondern unfiltrierte entgeistete Maische, gibt hierzu eine bestimmte Menge eines Diastaseauszuges und stellt je eine bestimmte Menge der Maische, des Gemisches und des Diastaseauszuges mit Hefe zur Gärung an. Von dem nach der Gärung aus dem Gemisch durch Destillation gewonnenen Alkohol zieht man den auf die zugesetzte Diastaselösung entfallenden Teil ab, ebenso den bei der direkten Vergärung ohne Zusatz gewonnenen Alkohol. Der Rest stammt dann von dem in der Maische noch vorhandenen Dextrin oder Stärke.

Abb. 295.

Über die bakteriologische Betriebskontrolle siehe HENNEBERG und LINDNER.

Alkoholbestimmung. Die Alkoholbestimmung der Maische wird im Maischfiltrat mit Hilfe eines kleinen Destillationsapparates ausgeführt.

Man verwendet hierzu 100 *ccm* Maischfiltrat in Mischung mit 100 *ccm* Wasser und destilliert hiervon 100 *ccm* ab. Im Destillat wird mittels Volum-Alkoholometers der Alkoholgehalt festgestellt.

Man kann auch das spez. Gew. des Destillates bei 15° ermitteln und an der Hand der Tabelle von WINDISCH (S. 773) den Alkoholgehalt in Gewichts- oder Volumprozenten bestimmen.

Zur Untersuchung der Schlempe auf Alkohol destilliert man von 500 *ccm* 100 *ccm* ab. Der hierin festgestellte Alkoholgehalt wird dann durch 5 geteilt.

Alkoholometrie. Die Feststellung des Alkoholgehaltes wässeriger Lösungen bezeichnet man mit dem Namen Alkoholometrie. Man ermittelt das spez. Gew. und kann dann an der Hand von Tabellen den einem jeden spez. Gew. entsprechenden Alkoholgehalt in *Vol.*- oder *Gew.-%* entnehmen.

Die ältesten Untersuchungen über die Beziehungen zwischen spez. Gew. und Alkoholgehalt wässeriger Lösungen wurden von BLAGDEN und GILPIN 1794

III. K. WINDISCHS Tafel zur Ermittlung des Alkoholgehalts bei 15° C.

Spez. Gew.	Gew.-% Alkohol	Maßprozente Alkohol	Spez. Gew.	Gew.-% Alkohol	Maßprozente Alkohol	Spez. Gew.	Gew.-% Alkohol	Maßprozente Alkohol
1,0000	0,00	0,00	0,9937	3,49	4,36	0,9874	7,49	9,32
0,9999	0,05	0,07	6	3,55	4,43	3	7,56	9,40
8	0,11	0,13	5	3,60	4,51	2	7,63	9,48
7	0,16	0,20	4	3,66	4,58	1	7,70	9,57
6	0,21	0,27	3	3,72	4,65	0	7,77	9,66
5	0,26	0,33	2	3,78	4,73	0,9869	7,84	9,74
4	0,32	0,40	1	3,84	4,80	8	7,91	9,83
3	0,37	0,47	0	3,90	4,88	7	7,98	9,91
2	0,42	0,53	0,9929	3,96	4,95	6	8,05	10,00
1	0,48	0,60	8	4,02	5,03	5	8,12	10,09
0	0,53	0,67	7	4,08	5,10	4	8,19	10,17
0,9989	0,58	0,73	6	4,14	5,18	3	8,26	10,26
8	0,64	0,80	5	4,20	5,25	2	8,33	10,35
7	0,69	0,87	4	4,26	5,33	1	8,41	10,43
6	0,74	0,93	3	4,32	5,40	0	8,48	10,52
5	0,80	1,00	2	4,39	5,48	0,9859	8,55	10,61
4	0,85	1,07	1	4,45	5,55	8	8,62	10,70
3	0,90	1,14	0	4,51	5,63	7	8,69	10,79
2	0,96	1,20	0,9919	4,57	5,70	6	8,76	10,88
1	1,01	1,27	8	4,63	5,78	5	8,84	10,96
0	1,06	1,34	7	4,69	5,86	4	8,91	11,05
0,9979	1,12	1,41	6	4,75	5,93	3	8,98	11,14
8	1,17	1,48	5	4,81	6,01	2	9,06	11,23
7	1,23	1,54	4	4,88	6,09	1	9,13	11,32
6	1,28	1,61	3	4,94	6,16	0	9,20	11,41
5	1,34	1,68	2	5,00	6,24	0,9849	9,28	11,50
4	1,39	1,75	1	5,06	6,32	8	9,35	11,59
3	1,45	1,82	0	5,13	6,40	7	9,42	11,68
2	1,50	1,88	0,9909	5,19	6,47	6	9,50	11,77
1	1,56	1,95	8	5,25	6,55	5	9,57	11,86
0	1,61	2,02	7	5,32	6,63	4	9,65	11,95
0,9969	1,67	2,09	6	5,38	6,71	3	9,72	12,05
8	1,72	2,16	5	5,44	6,79	2	9,80	12,14
7	1,78	2,23	4	5,51	6,86	1	9,87	12,23
6	1,83	2,30	3	5,57	6,94	0	9,94	12,32
5	1,89	2,37	2	5,63	7,02	0,9839	10,02	12,41
4	1,94	2,44	1	5,70	7,10	8	10,10	12,50
3	2,00	2,51	0,9900	5,76	7,18	7	10,17	12,59
2	2,05	2,58	0,9899	5,83	7,26	6	10,25	12,69
1	2,11	2,65	8	5,89	7,34	5	10,32	12,78
0	2,17	2,72	7	5,96	7,42	4	10,40	12,88
0,9959	2,22	2,79	6	6,02	7,50	3	10,48	12,97
8	2,28	2,86	5	6,09	7,58	2	10,55	13,06
7	2,34	2,93	4	6,15	7,66	1	10,63	13,16
6	2,39	3,00	3	6,22	7,74	0	10,71	13,25
5	2,45	3,07	2	6,28	7,82	0,9829	10,78	13,34
4	2,50	3,14	1	6,35	7,90	8	10,86	13,44
3	2,56	3,21	0	6,41	7,99	7	10,94	13,53
2	2,62	3,28	0,9889	6,48	8,07	6	11,01	13,63
1	2,68	3,35	8	6,55	8,15	5	11,09	13,72
0	2,73	3,42	7	6,61	8,23	4	11,17	13,82
0,9949	2,79	3,49	6	6,68	8,31	3	11,25	13,91
8	2,84	3,56	5	6,75	8,40	2	11,33	14,01
7	2,90	3,64	4	6,81	8,48	1	11,40	14,10
6	2,96	3,71	3	6,88	8,56	0	11,48	14,20
5	3,02	3,78	2	6,95	8,64	0,9819	11,56	14,29
4	3,08	3,85	1	7,02	8,73	8	11,64	14,39
3	3,14	3,93	0	7,08	8,81	7	11,72	14,48
2	3,19	4,00	0,9879	7,15	8,89	6	11,80	14,58
1	3,25	4,07	8	7,22	8,98	5	11,88	14,68
0	3,31	4,14	7	7,29	9,06	4	11,96	14,77
0,9939	3,37	4,22	6	7,36	9,15	3	12,04	14,87
8	3,43	4,29	5	7,42	9,23	2	12,12	14,97

K. WINDISCHS Tafel zur Ermittlung des Alkoholgehaltes bei 15° C. (Fortsetzung).

Spez. Gew.	Gew.-% Alkohol	Maßprozente Alkohol	Spez. Gew.	Gew.-% Alkohol	Maßprozente Alkohol	Spez. Gew.	Gew.-% Alkohol	Maßprozente Alkohol
0,9811	12,20	15,07	0,9747	17,49	21,46	0,9683	22,64	27,60
0	12,28	15,16	6	17,57	21,56	2	22,72	27,69
0,9809	12,36	15,26	5	15,65	21,66	1	22,79	27,78
8	12,44	15,36	4	17,73	21,76	0	22,87	27,87
7	12,52	15,46	3	17,82	21,86	0,9679	22,95	27,96
6	12,60	15,55	2	17,90	21,96	8	23,02	28,05
5	12,68	15,65	1	17,98	22,06	7	23,10	28,14
4	12,76	15,75	0	18,07	22,16	6	23,17	28,23
3	12,84	15,85	0,9739	18,15	22,26	5	23,25	28,32
2	12,92	15,95	8	18,23	22,35	4	23,32	28,41
1	13,00	16,04	7	18,32	22,45	3	23,40	28,50
0	13,08	16,14	6	18,40	22,55	2	23,47	28,59
0,9799	13,16	16,24	5	18,48	22,65	1	23,55	28,67
8	13,25	16,34	4	18,56	22,75	0	23,63	28,76
7	13,33	16,44	3	18,65	22,85	0,9669	23,70	28,85
6	13,41	16,54	2	18,73	22,95	8	23,77	28,94
5	13,49	16,64	1	18,81	23,05	7	23,85	29,03
4	13,57	16,74	0	18,89	23,14	6	23,92	29,11
3	13,66	16,84	0,9729	18,98	23,24	5	24,00	29,20
2	13,74	16,94	8	19,06	23,34	4	24,07	29,29
1	13,82	17,04	7	19,14	23,44	3	24,15	29,38
0	13,90	17,14	6	19,22	23,54	2	24,22	29,46
0,9789	13,98	17,24	5	19,30	23,63	1	24,29	29,55
8	14,07	17,34	4	19,39	23,73	0	24,37	29,64
7	14,15	17,44	3	19,47	23,83	0,9659	24,44	29,72
6	14,23	17,54	2	19,55	23,93	8	24,51	29,81
5	14,32	17,64	1	19,63	24,02	7	24,59	29,89
4	14,40	17,74	0	19,71	24,12	6	24,66	29,98
3	14,48	17,84	0,9719	19,79	24,22	5	24,73	30,06
2	14,56	17,94	8	19,87	24,32	4	24,80	30,15
1	14,65	18,04	7	19,95	24,41	3	24,88	30,23
0	14,73	18,14	6	20,04	24,51	2	24,95	30,32
0,9779	14,81	18,24	5	20,12	24,60	1	25,02	30,40
8	14,90	18,34	4	20,20	24,70	0	25,09	30,49
7	14,98	18,44	3	20,28	24,80	0,9649	25,17	30,57
6	15,06	18,54	2	20,36	24,89	8	25,24	30,66
5	15,15	18,64	1	20,44	24,99	7	25,31	30,74
4	15,23	18,74	0	20,52	25,08	6	25,38	30,82
3	15,31	18,84	0,9709	20,60	25,18	5	25,45	30,91
2	15,40	18,94	8	20,68	25,27	4	25,52	30,99
1	15,48	19,04	7	20,76	25,37	3	25,59	31,07
0	15,56	19,14	6	20,84	25,47	2	25,66	31,16
0,9769	15,65	19,24	5	20,92	25,56	1	25,74	31,24
8	15,73	19,34	4	21,00	25,66	0	25,81	31,32
7	15,81	19,44	3	21,08	25,75	0,9639	25,88	31,41
6	15,90	19,53	2	21,16	25,84	8	25,95	31,49
5	15,98	19,63	1	21,24	25,94	7	26,02	31,57
4	16,06	19,75	0	21,32	26,03	6	26,09	31,65
3	16,15	19,85	0,9699	21,40	26,13	5	26,16	31,73
2	16,23	19,95	8	21,47	26,22	4	26,23	31,81
1	16,32	20,05	7	21,55	26,31	3	26,30	31,89
0	16,40	20,15	6	21,63	26,41	2	26,37	31,98
0,9759	16,48	20,25	5	21,71	26,50	1	26,44	32,06
8	16,57	20,35	4	21,79	26,59	0	26,51	32,14
7	16,65	20,45	3	21,87	26,69	0,9629	26,57	32,22
6	16,73	20,55	2	21,94	26,78	8	26,64	32,30
5	16,82	20,65	1	22,02	26,87	7	26,71	32,38
4	16,90	20,75	0	22,10	26,96	6	26,78	32,45
3	16,98	20,86	0,9689	22,18	27,05	5	26,85	32,54
2	17,07	20,96	8	22,25	27,14	4	26,92	32,62
1	17,15	21,06	7	22,33	27,24	3	26,99	32,70
0	17,23	21,16	6	22,41	27,33	2	27,05	32,78
0,9749	17,32	21,26	5	22,49	27,42	1	27,12	32,85
8	17,40	21,36	4	22,56	27,51	0	27,19	32,93

ausgeführt und von TRALLES 1811 für die preußische Regierung nachgeprüft. Für Frankreich stellte 1824 GAY LUSSAC eine Tabelle auf, die sich im wesentlichen mit der TRALLESschen deckt. Dieselbe wurde auch von BAUMHAUER und MORSE einer Prüfung unterzogen, ebenso 1865 von MENDELEJEFF, jedoch ohne daß eine bedeutende Abweichung konstatiert werden konnte. A. F. W. BRIX unterzog die Zahlen für Deutschland einer Revision. Seit 1888 wurden die Volumalkoholometer in Deutschland durch Gewichtsalkoholometer ersetzt und von der Normaleichungskommission Tabellen hierfür herausgegeben.

Die Feststellung des Alkoholgehalts wird meist mittels Aräometers vorgenommen, die an Stelle des spez. Gew. als Skala eine Einteilung besitzen, welche den Alkoholgehalt der Flüssigkeit entweder in *Gew.*- oder *Vol.*-% anzeigt. Diese Alkoholometer sind mit einem Thermometer versehen, so daß mit dem Alhoholgehalte gleichzeitig die Temperatur ermittelt wird. Das Alkoholometer zeigt den richtigen Alkoholgehalt nur bei der für dasselbe gültigen Normaltemperatur an. Bei anderen Temperaturen kann man mit ihm nur die scheinbare Stärke feststellen. An der Hand von Tabellen vermag man dann die scheinbare Stärke in die wahre Stärke umzurechnen.

Man kann die Umwandlung der scheinbaren in die wahre Stärke auch mit Hilfe eines von der Glasbläserei des Vereins der Spiritusfabrikanten konstruierten Rechenschiebers durchführen.

Seit 1888 wird in Deutschland zu amtlichen Messungen das Gewichtsalkoholometer benutzt. Die Normaltemperatur für dieses ist 15°. Die Tabelle ist berechnet unter Zugrundelegung des *spez. Gew.* von 0,79425 für reinen Alkohol und 1,0 für Wasser von 15°. Im Handel wird meist noch nach *Vol.*-% gerechnet und zur Feststellung des Alkoholgehaltes das Volumalkoholometer benutzt, dessen Normaltemperatur bei 15,55° liegt bei Zugrundelegung eines *spez. Gew.* des Alkohols von 0,7946 und des Wassers von 1,0 bei eben jener Temperatur. Das Volumalkoholometer nach TRALLES wird auch in der Schweiz und in Italien benutzt. In Österreich und Schweden findet es ebenfalls Anwendung, jedoch mit 15° als Normaltemperatur. In Belgien, Frankreich, Norwegen und Portugal benutzt man das Alkoholometer nach GAY LUSSAC (15°), in Holland Volumalkoholometer nach BAUMHAUER (15°), in Spanien das Alkoholometer nach CARTIER (12,5°), in Dänemark benutzt man das von A. v. SPENDRUP (11,25°), in Rumänien und Serbien die von BAUMÉ und WAGNER. England verwendet das Alkoholometer nach SYKES. Dies hat 9 Anhängegewichte (51° *F*). Die wahre Stärke wird an der Hand von Tabellen festgestellt. Dieses Alkoholometer zeigt an, in welchem Verhältnis der Alkoholgehalt zum sog. Probespiritus (57,5° T. bei 15,55°) steht. In Rußland wird ein ähnliches Alkoholometer mit 9 Anhängegewichten verwendet.

In den Vereinigten Staaten von Amerika benutzt man das sog. Gendarhydrometer, das eine Teilung von 0—200 besitzt (60° *F* = 15,55°), 0 ist das spez. Gew. des Wassers, 100 das des 50%igen und 200 das des 100%igen Alkohols.

Bei Benutzung der verschiedenen Alkoholometer muß vor allem dafür gesorgt werden, daß die Spindel rein und trocken ist, langsam in die Flüssigkeit eingesenkt wird und in dieser frei schwimmt. Soll nur die scheinbare Stärke festgestellt werden, so muß man sie vor dem Ablesen eine Zeitlang in der Flüssigkeit belassen, bis die Temperatur des Thermometers konstant bleibt. Die Umrechnung kann dann an der Hand beifolgender Tabellen erfolgen. Das Volumalkoholometer ist meist mit einem Thermometer nach RÉAUMUR, das Gewichtsalkoholometer mit einem solchen nach CELSIUS vereinigt.

Tabellen für Äthylalkoholometer.

I. Zur Ermittlung der wahren Alkoholstärke nach den Angaben des Gewichtsalkoholometers für die Normaltemperatur 15° *C*.

Wärmegrad nach C	Scheinbare Stärke																			
	0,5	1	2	3	4	5	6	7	8	9	10	11	12	13	14	15	16	17	18	19
	Wahre Stärke																			
5	0,5	1,0	2,0	3,0	4,0	5,5	6,5	7,5	8,5	10,0	11,0	12,0	13,5	14,5	16,0	17,0	18,5	19,5	20,5	22,0
6	0,5	1,0	2,0	3,0	4,0	5,5	6,5	7,5	8,5	9,5	11,0	12,0	13,5	14,5	15,5	17,0	18,0	19,0	20,5	21,5
7	0,5	1,0	2,0	3,0	4,0	5,5	6,5	7,5	8,5	9,5	11,0	12,0	13,0	14,5	15,5	16,5	18,0	19,0	20,0	21,0
8	0,5	1,0	2,0	3,0	4,0	5,5	6,5	7,5	8,5	9,5	10,5	12,0	13,0	14,0	15,5	16,5	17,5	18,5	20,0	21,0
9	0,5	1,0	2,0	3,0	4,0	5,0	6,5	7,5	8,5	9,5	10,5	12,0	13,0	14,0	15,0	16,0	17,5	18,5	19,5	20,5
10	0,5	1,0	2,0	3,0	4,0	5,0	6,5	7,5	8,5	9,5	10,5	11,5	12,5	14,0	15,0	16,0	17,0	18,0	19,5	20,5
11	0,5	1,0	2,0	3,0	4,0	5,0	6,0	7,0	8,5	9,5	10,5	11,5	12,5	13,5	15,0	16,0	17,0	18,0	19,0	20,0
12	0,5	1,0	2,0	3,0	4,0	5,0	6,0	7,0	8,0	9,5	10,5	11,5	12,5	13,5	14,5	15,5	16,5	17,5	19,0	20,0
13	0,5	1,0	2,0	3,0	4,0	5,0	6,0	7,0	8,0	9,0	10,0	11,5	12,5	13,5	14,5	15,5	16,5	17,5	18,5	19,5
14	0,5	1,0	2,0	3,0	4,0	5,0	6,0	7,0	8,0	9,0	10,0	11,0	12,0	13,0	14,0	15,0	16,0	17,5	18,5	19,5
15	0,5	1,0	2,0	3,0	4,0	5,0	6,0	7,0	8,0	9,0	10,0	11,0	12,0	13,0	14,0	15,0	16,0	17,0	18,0	19,0
16	0,5	1,0	2,0	3,0	4,0	5,0	6,0	7,0	8,0	8,5	10,0	11,0	12,0	13,0	14,0	15,0	16,0	17,0	17,5	18,5
17	0,5	1,0	2,0	3,0	4,0	5,0	6,0	7,0	8,0	8,5	10,0	10,5	11,5	12,5	13,5	14,5	15,5	16,5	17,5	18,5
18	0,5	1,0	2,0	3,0	4,0	5,0	6,0	7,0	8,0	8,5	10,0	10,5	11,5	12,5	13,5	14,5	15,5	16,5	17,0	18,0
19	0,5	0,5	1,5	2,5	3,5	4,5	5,5	6,5	7,5	8,5	9,5	10,5	11,5	12,5	13,0	14,0	15,0	16,0	17,0	18,0
20	0,5	0,5	1,5	2,5	3,5	4,5	5,5	6,5	7,5	8,0	9,5	10,5	11,0	12,0	13,0	14,0	15,0	16,0	16,5	17,5
21	0,5	0,5	1,5	2,5	3,5	4,5	5,5	6,5	7,5	8,0	9,5	10,0	11,0	12,0	13,0	13,5	14,5	15,5	16,5	17,5
22	0,5	0,5	1,5	2,5	3,5	4,5	5,5	6,0	7,0	8,0	9,0	10,0	11,0	12,0	12,5	13,5	14,5	15,5	16,0	17,0
23	0,0	0,5	1,5	2,5	3,5	4,0	5,0	6,0	7,0	8,0	9,0	10,0	10,5	11,5	12,5	13,5	14,0	15,0	16,0	17,0
24	0,0	0,5	1,0	2,5	3,5	4,0	5,0	6,0	7,0	8,0	9,0	9,5	10,5	11,5	12,0	13,0	14,0	15,0	15,5	16,5
25	0,0	0,0	1,0	2,0	3,0	4,0	5,0	6,0	7,0	7,5	8,5	9,5	10,5	11,0	12,0	13,0	13,5	14,5	15,5	16,5

Wärmegrad nach C	Scheinbare Stärke																			
	20	21	22	23	24	25	26	27	28	29	30	31	32	33	34	35	36	37	38	39
	Wahre Stärke																			
5	23,0	24,0	25,0	26,0	27,5	28,5	29,5	30,5	31,5	32,5	33,5	34,5	35,5	36,5	37,5	38,5	39,5	40,5	41,5	42,5
6	22,5	24,0	25,0	26,0	27,0	28,0	29,0	30,0	31,0	32,0	33,0	34,0	35,0	36,0	37,0	38,0	39,0	40,0	41,0	42,0
7	22,5	23,5	24,5	25,5	26,5	27,5	28,5	30,0	31,0	32,0	33,0	34,0	35,0	36,0	37,0	38,0	39,0	40,0	41,0	42,0
8	22,0	23,0	24,0	25,5	26,5	27,5	28,5	29,5	30,5	31,5	32,5	33,5	34,5	35,5	36,5	37,5	38,5	39,5	40,5	41,5
9	22,0	23,0	24,0	25,0	26,0	27,0	28,0	29,0	30,0	31,0	32,0	33,0	34,0	35,0	36,0	37,0	38,0	39,0	40,0	41,0
10	21,5	22,5	23,5	24,5	25,5	26,5	27,5	28,5	29,5	30,5	32,0	33,0	33,5	34,5	35,5	36,5	37,5	38,5	39,5	40,5
11	21,0	22,0	23,5	24,5	25,5	26,5	27,5	28,5	29,5	30,5	31,5	32,5	33,5	34,5	35,5	36,5	37,5	38,5	39,5	40,5
12	21,0	22,0	23,0	24,0	25,0	26,0	27,0	28,0	29,0	30,0	31,0	32,0	33,0	34,0	35,0	36,0	37,0	38,0	39,0	40,0
13	20,5	21,5	22,5	23,5	24,5	25,5	26,5	27,5	28,5	29,5	30,5	31,5	32,5	33,5	34,5	35,5	36,5	37,5	38,5	39,5
14	20,5	21,5	22,5	23,5	24,5	25,5	26,5	27,5	28,5	29,5	30,5	31,5	32,5	33,5	34,5	35,5	36,5	37,5	38,5	39,5
15	20,0	21,0	22,0	23,0	24,0	25,0	26,0	27,0	28,0	29,0	30,0	31,0	32,0	33,0	34,0	35,0	36,0	37,0	38,0	39,0
16	19,5	20,5	21,5	22,5	23,5	24,5	25,5	26,5	27,5	28,5	29,5	30,5	31,5	32,5	33,5	34,5	35,5	36,5	37,5	38,5
17	19,5	20,5	21,5	22,5	23,5	24,5	25,5	26,5	27,5	28,5	29,5	30,5	31,5	32,5	33,5	34,5	35,5	36,5	37,5	38,5
18	19,0	20,0	21,0	22,0	23,0	24,0	25,0	26,0	27,0	28,0	29,0	30,0	31,0	32,0	33,0	34,0	35,0	36,0	37,0	38,0
19	19,0	20,0	21,0	21,5	22,5	23,5	24,5	25,5	26,5	27,5	28,5	29,5	30,5	31,5	32,5	33,5	34,5	35,5	36,5	37,5
20	18,5	19,5	20,5	21,5	22,5	23,5	24,5	25,5	26,0	27,0	28,0	29,0	30,0	31,0	32,0	33,0	34,0	35,0	36,0	37,0
21	18,5	19,0	20,0	21,0	22,0	23,0	24,0	25,0	26,0	27,0	28,0	29,0	30,0	31,0	32,0	33,0	34,0	35,0	36,0	37,0
22	18,0	19,0	20,0	21,0	21,5	22,5	23,5	24,5	25,5	26,5	27,5	28,5	29,5	30,5	31,5	32,5	33,5	34,5	35,5	36,5
23	17,5	18,5	19,5	20,5	21,5	22,5	23,5	24,0	25,0	26,0	27,0	28,0	29,0	30,0	31,0	32,0	33,0	34,0	35,0	36,0
24	17,5	18,5	19,0	20,0	21,0	22,0	23,0	24,0	25,0	26,0	27,0	28,0	29,0	30,0	31,0	32,0	33,0	34,0	35,0	36,0
25	17,0	18,0	19,0	20,0	21,0	21,5	22,5	23,5	24,5	25,5	26,5	27,5	28,5	29,5	30,5	31,5	32,5	33,5	34,5	35,5

Wärmegrad nach C	Scheinbare Stärke																			
	40	41	42	43	44	45	46	47	48	49	50	51	52	53	54	55	56	57	58	59
	Wahre Stärke																			
5	43,5	44,5	45,5	46,5	47,5	48,5	49,5	50,5	51,5	52,5	53,5	54,5	55,5	56,5	57,5	58,5	59,5	60,5	61,5	62,5
6	43,0	44,0	45,0	46,0	47,0	48,0	49,0	50,0	51,0	52,0	53,0	54,0	55,0	56,0	57,0	58,0	59,0	60,0	61,0	62,0
7	43,0	44,0	45,0	46,0	46,5	47,5	48,5	49,5	50,5	51,5	52,5	53,5	54,5	55,5	56,5	57,5	58,5	59,5	60,5	61,5
8	42,5	43,5	44,5	45,5	46,5	47,5	48,5	49,5	50,5	51,5	52,5	53,5	54,5	55,5	56,5	57,5	58,5	59,5	60,5	61,5
9	42,0	43,0	44,0	45,0	46,0	47,0	48,0	49,0	50,0	51,0	52,0	53,0	54,0	55,0	56,0	57,0	58,0	59,0	60,0	61,0
10	41,5	42,5	43,5	44,5	45,5	46,5	47,5	48,5	49,5	50,5	51,5	52,5	53,5	54,5	55,5	56,5	57,5	58,5	59,5	60,5
11	41,5	42,5	43,5	44,5	45,5	46,5	47,5	48,5	49,5	50,5	51,5	52,5	53,5	54,5	55,5	56,5	57,5	58,5	59,5	60,5
12	41,0	42,0	43,0	44,0	45,0	46,0	47,0	48,0	49,0	50,0	51,0	52,0	53,0	54,0	55,0	56,0	57,0	58,0	59,0	60,0
13	40,5	41,5	42,5	43,5	44,5	45,5	46,5	47,5	48,5	49,5	50,5	51,5	52,5	53,5	54,5	55,5	56,5	57,5	58,5	59,5
14	40,5	41,5	42,5	43,5	44,5	45,5	46,5	47,5	48,5	49,5	50,5	51,5	52,5	53,5	54,5	55,5	56,5	57,5	58,5	59,5
15	40,0	41,0	42,0	43,0	44,0	45,0	46,0	47,0	48,0	49,0	50,0	51,0	52,0	53,0	54,0	55,0	56,0	57,0	58,0	59,0
16	39,5	40,5	41,5	42,5	43,5	44,5	45,5	46,5	47,5	48,5	49,5	50,5	51,5	52,5	53,5	54,5	55,5	56,5	57,5	58,5
17	39,5	40,5	41,5	42,5	43,5	44,5	45,5	46,5	47,5	48,5	49,5	50,5	51,5	52,5	53,5	54,5	55,5	56,5	57,5	58,5
18	39,0	40,0	41,0	42,0	43,0	44,0	45,0	46,0	47,0	48,0	49,0	50,0	51,0	52,0	53,0	54,0	55,0	56,0	57,0	58,0
19	38,5	39,5	40,5	41,5	42,5	43,5	44,5	45,5	46,5	47,5	48,5	49,5	50,5	51,5	52,5	53,5	54,5	55,5	56,5	57,5
20	38,0	39,0	40,0	41,0	42,5	43,5	44,5	45,5	46,5	47,5	48,5	49,5	50,5	51,5	52,5	53,5	54,5	55,5	56,5	57,5
21	38,0	39,0	40,0	41,0	42,0	43,0	44,0	45,0	46,0	47,0	48,0	49,0	50,0	51,0	52,0	53,0	54,0	55,0	56,0	57,0
22	37,5	38,5	39,5	40,5	41,5	42,5	43,5	44,5	45,5	46,5	47,5	48,5	49,5	50,5	51,5	52,5	53,5	54,5	55,5	56,5
23	37,0	38,0	39,0	40,0	41,0	42,0	43,0	44,0	45,0	46,0	47,0	48,5	49,5	50,5	51,5	52,5	53,5	54,6	55,0	56,0
24	37,0	38,0	39,0	40,0	41,0	42,0	43,0	44,0	45,0	46,0	47,0	48,0	49,0	50,0	51,0	52,0	53,0	54,0	55,0	56,0
25	36,5	37,5	38,5	39,5	40,5	41,5	42,5	43,5	44,5	45,5	46,5	47,5	48,5	49,5	50,5	51,5	52,5	53,5	54,5	55,5

Wärmegrad nach C	Scheinbare Stärke:																			
	60	61	62	63	64	65	66	67	68	69	70	71	72	73	74	75	76	77	78	79
	Wahre Stärke:																			
5	63,5	64,5	65,4	66,4	67,4	68,4	69,4	70,4	71,4	72,4	73,4	74,4	75,4	76,4	77,4	78,4	79,4	80,4	81,4	82,4
6	63,0	64,0	65,0	66,0	67,0	68,0	69,0	70,0	71,0	72,0	73,0	74,0	75,0	76,0	77,0	78,0	79,0	80,0	81,0	82,0
7	62,5	63,5	64,5	65,8	66,8	67,8	68,8	69,8	70,8	71,8	72,8	73,8	74,8	75,8	76,8	77,8	78,8	79,0	80,8	81,8
8	62,5	63,5	64,5	65,4	66,4	67,4	68,4	69,4	70,4	71,4	72,4	73,4	74,4	75,4	76,4	77,4	78,4	79,4	80,4	81,4
9	62,0	63,0	64,0	65,0	66,0	67,0	68,0	69,0	70,0	71,0	72,0	73,0	74,2	75,0	76,0	77,0	78,0	79,0	80,0	81,0
10	61,5	62,5	63,5	64,5	65,8	66,8	67,8	68,8	69,8	70,8	71,8	72,8	73,8	74,8	75,8	76,8	77,8	78,8	79,8	80,8
11	61,5	62,5	63,5	64,5	65,4	66,4	67,4	68,4	69,4	70,4	71,4	72,4	73,4	74,4	75,4	76,4	77,4	78,4	79,4	80,4
12	61,0	62,0	63,0	64,0	65,0	66,0	67,0	68,0	69,0	70,0	71,0	72,0	73,0	74,0	75,0	76,0	77,0	78,0	79,0	80,0
13	60,5	61,5	62,5	63,5	64,5	65,6	66,6	67,6	68,6	69,6	70,6	71,6	72,6	73,6	74,6	75,6	76,6	77,6	78,6	79,6
14	60,5	61,5	62,5	63,5	64,5	65,4	66,4	67,4	68,4	69,4	70,4	71,4	72,4	73,4	74,4	75,4	76,4	77,4	78,4	79,4
15	60,0	61,0	62,0	63,0	64,0	65,0	66,0	67,0	68,0	69,0	70,0	71,0	72,0	73,0	74,0	75,0	76,0	77,0	78,0	79,0
16	59,5	60,5	61,5	62,5	63,5	64,5	65,6	66,6	67,6	68,6	69,6	70,6	71,6	72,6	73,6	74,6	75,6	76,6	77,6	78,6
17	59,5	60,5	61,5	62,5	63,5	64,5	65,4	66,4	67,4	68,4	69,4	70,4	71,4	72,4	73,4	74,4	75,4	76,4	77,4	78,4
18	59,0	60,0	61,0	62,0	63,0	64,0	65,0	66,0	67,0	68,0	69,0	70,0	71,0	72,0	73,0	74,0	75,0	76,0	77,0	28,0
19	58,5	59,5	60,5	61,5	62,5	63,5	64,5	65,6	66,6	67,6	68,6	69,6	70,6	71,6	72,6	73,6	74,6	75,6	76,6	77,6
20	58,5	59,5	60,5	61,5	62,5	63,5	64,5	65,2	66,2	67,2	68,2	69,2	70,2	71,2	72,2	73,2	74,2	75,2	76,2	77,2
21	58,0	59,0	60,0	61,0	62,0	63,0	64,0	55,0	66,0	67,0	68,0	69,0	70,0	71,0	72,0	73,0	74,0	75,0	76,0	77,0
22	57,5	58,5	59,5	60,5	61,5	62,5	63,5	64,5	65,6	66,6	67,6	68,6	69,6	70,6	71,6	72,6	73,6	74,6	75,6	76,6
23	57,0	58,0	59,0	60,0	61,0	62,0	63,0	64,0	65,2	66,2	67,2	68,2	69,2	70,2	71,2	72,2	73,2	74,2	75,2	76,2
24	57,0	58,0	59,0	60,0	61,0	62,0	63,0	64,0	65,0	65,8	66,8	67,8	68,8	69,8	70,8	71,8	72,8	73,8	74,8	75,8
25	56,5	57,5	58,5	59,5	60,5	61,5	62,5	63,5	64,5	65,4	66,4	67,4	68,4	69,4	70,4	71,4	72,4	73,4	74,6	75,6

Wärmegrad nach C	Scheinbare Stärke:																			
	80	81	82	83	84	85	86	87	88	89	90	91	92	93	94	95	96	97	98	99
	Wahre Stärke:																			
5	83,4	84,4	85,4	86,4	87,2	88,2	89,2	90,2	91,2	92,2	93,0	94,0	95,0	96,0	96,8	97,8	98,8	99,6		
6	83,0	84,0	85,0	86,0	87,0	88,0	89,0	89,8	90,8	91,8	92,8	93,8	94,6	95,6	96,6	97,6	98,4	99,4	–	
7	82,8	83,6	84,6	85,6	86,6	87,6	88,6	89,6	90,6	91,6	92,4	93,4	94,4	95,4	96,4	97,2	98,2	99,2	–	
8	82,4	83,4	84,4	85,4	86,4	87,4	88,2	89,2	90,2	91,2	92,2	93,2	94,0	95,0	96,0	97,0	98,0	98,8	99,8	
9	82,0	83,0	84,0	85,0	86,0	87,0	88,0	89,0	90,0	91,0	91,8	92,8	93,8	94,8	95,8	96,8	97,6	98,6	99,6	
10	81,8	82,8	83,8	84,6	85,6	86,6	87,6	88,6	89,6	90,6	91,6	92,6	93,6	94,4	95,4	96,4	97,4	98,4	99,4	—
11	81,4	82,4	83,4	84,4	85,4	86,4	87,4	88,4	89,4	90,2	91,2	92,2	93,2	94,2	95,2	96,2	97,2	98,0	99,0	—
12	81,0	82,0	83,0	84,0	85,0	86,0	87,0	88,0	89,0	90,0	91,0	92,0	93,0	94,0	94,8	95,8	96,8	97,8	98,8	99,8
13	80,6	81,6	82,6	83,6	84,6	85,6	86,6	87,6	88,6	89,6	90,6	91,6	92,6	93,6	94,6	95,6	96,6	97,6	98,6	99,6
14	80,4	81,4	82,4	83,4	84,4	85,4	86,4	87,4	88,4	89,4	90,4	91,4	92,4	93,4	94,2	95,2	96,2	97,2	98,2	99,2
15	80,0	81,0	82,0	83,0	84,0	85,0	86,0	87,0	88,0	89,0	90,0	91,0	92,0	93,0	94,0	95,0	96,0	97,0	98,0	99,0
16	79,6	80,6	81,6	82,6	83,6	84,6	85,6	86,6	87,6	88,6	89,6	90,6	91,6	92,6	93,8	94,8	95,8	96,8	97,8	98,8
17	79,4	80,4	81,4	82,4	83,4	84,4	85,4	86,4	87,4	88,4	89,4	90,4	91,4	92,4	93,4	94,4	95,4	96,4	97,4	98,4
18	79,0	80,0	81,0	82,0	83,0	84,0	85,0	86,0	87,0	88,0	89,0	90,0	91,0	92,0	93,2	94,2	95,2	96,2	97,2	98,2
19	78,6	79,6	80,6	81,6	82,6	83,6	84,6	85,6	86,6	87,8	88,8	89,8	90,8	91,8	92,8	93,8	94,8	95,8	96,8	98,2
20	78,2	79,2	80,2	81,2	82,4	83,4	84,4	85,4	86,4	87,4	88,4	89,4	90,4	91,4	92,4	93,6	94,6	95,6	96,6	97,6
21	78,0	79,0	80,0	81,0	82,0	83,0	84,0	85,0	86,0	87,0	88,0	89,0	90,2	91,2	92,2	93,2	94,2	95,2	96,4	97,4
22	77,6	78,6	79,6	80,6	81,6	82,6	83,6	84,6	85,6	86,8	87,8	88,8	89,8	90,8	91,8	93,0	94,0	95,0	96,0	97,0
23	77,2	78,2	79,2	80,2	81,2	82,2	83,4	84,4	85,4	86,4	87,4	88,4	89,4	90,6	91,6	92,6	93,6	94,8	95,8	96,8
24	76,8	77,8	78,8	79,8	81,0	82,0	83,0	84,0	85,0	86,0	87,0	88,2	89,2	90,2	91,2	92,2	93,4	94,4	95,4	96,4
25	76,6	77,6	78,6	79,6	80,6	81,6	82,6	83,6	84,6	85,8	86,8	87,8	88,8	89,8	91,0	92,0	93,0	94,0	95,2	96,2

Anmerkung: Vorstehende Tafel, dem Brennereilexikon entnommen, ist ein Auszug aus der von der Kaiserlichen Normal-Eichungs-Kommission herausgegebenen Tafel, welche von der Steuerbehörde den amtlichen Spiritusabnahmen zugrunde gelegt wird; diese gibt die wahren Stärken von 0--65% nur auf 0,5%, über 65% auf 0,2% abgerundet an. In anderen Staaten sind z. T. Tafeln in Gebrauch, welche auch bei niedrigen Spiritusprozenten die wahren Alkoholstärken bis auf 0,1% angeben. Die Tafeln stimmen indessen untereinander nicht immer überein.

II. Tabellen für Volumalkoholometer nach TRALLES bei 15,55° $C = 12,49°$ R.

Wärmegrad nach R	Scheinbare Stärke:																			
	0	1	2	3	4	5	6	7	8	9	10	11	12	13	14	15	16	17	18	19
	Wahre Stärke:																			
5	0,4	1,4	2,4	3,5	4,5	5,5	6,6	7,7	8,8	9,9	11,0	12,2	13,3	14,5	15,7	16,9	18,1	19,3	20,5	21,7
6	0,4	1,4	2,4	3,4	4,5	5,5	6,6	7,6	8,7	9,8	10,9	12,1	13,2	14,3	15,5	16,6	17,8	19,0	20,1	21,3
7	0,4	1,4	2,4	3,4	4,4	5,5	6,5	7,6	8,7	9,7	10,8	11,9	13,0	14,2	15,3	16,4	17,5	18,7	19,8	20,9
8	0,3	1,3	2,4	3,4	4,4	5,4	6,5	7,5	8,6	9,6	10,7	11,8	12,9	14,0	15,1	16,1	17,3	18,4	19,5	20,6
9	0,3	1,3	2,3	3,3	4,3	5,4	6,4	7,4	8,5	9,5	10,6	11,6	12,7	13,8	14,8	15,9	17,0	18,1	19,1	20,2
10	0,2	1,2	2,2	3,2	4,3	5,3	6,3	7,3	8,3	9,4	10,4	11,5	12,5	13,6	14,6	15,6	16,7	17,8	18,8	19,0
11	0,1	1,1	2,1	3,2	4,2	5,2	6,2	7,2	8,2	9,2	10,3	11,3	12,3	13,3	14,4	15,4	16,4	17,5	18,5	19,5
12	0,0	1,0	2,0	3,1	4,1	5,1	6,1	7,1	8,1	9,1	10,1	11,1	12,1	13,1	14,1	15,1	16,1	17,1	18,1	19,2
13	—	0,9	1,9	2,9	3,9	4,9	5,9	6,9	7,9	8,9	9,9	10,9	11,9	12,9	13,9	14,8	15,8	16,8	17,8	18,8
14	—	0,8	1,8	2,8	3,8	4,8	5,8	6,8	7,8	8,7	9,7	10,7	11,7	12,6	13,6	14,6	15,5	16,5	17,5	18,4
15		0,7	1,7	2,7	3,7	4,7	5,6	6,6	7,6	8,5	9,5	10,5	11,4	12,4	13,3	14,3	15,2	16,2	17,1	18,1
16		0,6	1,6	2,5	3,5	4,5	5,5	6,4	7,4	8,3	9,3	10,3	11,2	12,1	13,0	14,0	14,9	15,8	16,8	17,7
17	—	0,4	1,4	2,4	3,4	4,3	5,3	6,2	7,2	8,1	9,1	10,0	10,9	11,9	12,8	13,7	14,6	15,5	16,4	17,4
18	—	0,2	1,2	2,2	3,2	4,1	5,1	6,0	7,0	7,9	8,8	9,8	10,7	11,6	12,5	13,4	14,3	15,2	16,1	17,0
19		0,1	1,1	2,0	3,0	4,0	4,9	5,8	6,8	7,7	8,6	9,5	10,4	11,3	12,2	13,1	14,0	14,9	15,7	16,6
20	—	0,0	0,9	1,8	2,8	3,8	4,7	5,6	6,6	7,5	8,4	9,3	10,2	11,1	11,9	12,8	13,7	14,5	15,4	16,3
21	—	..	0,7	1,6	2,6	3,5	4,5	5,4	6,3	7,2	8,1	9,0	9,9	10,8	11,6	12,5	13,3	14,2	15,0	15,9
22	—	—	0,5	1,4	2,4	3,3	4,3	5,2	6,1	7,0	7,9	8,8	9,6	10,5	11,3	12,2	13,0	13,9	14,7	15,6
23	—		0,3	1,2	2,2	3,1	4,0	4,9	5,8	6,7	7,6	8,5	9,3	10,2	11,0	11,9	12,7	13,5	14,3	15,2
24	—	—	0,0	1,0	1,9	2,9	3,8	4,7	5,6	6,5	7,3	8,2	9,0	9,9	10,7	11,5	12,4	13,2	14,0	14,8
25	—	—	—	0,8	1,7	2,6	3,5	4,4	5,3	6,2	7,1	7,9	8,8	9,6	10,4	11,2	12,0	12,8	13,6	14,5

Wärmegrad nach R	Scheinbare Stärke:																			
	20	21	22	23	24	25	26	27	28	29	30	31	32	33	34	35	36	37	38	39
	Wahre Stärke:																			
5	22,9	24,0	25,2	26,3	27,4	28,5	29,6	30,7	31,7	32,8	33,8	34,8	35,8	36,8	37,8	38,8	39,8	40,8	41,8	42,8
6	22,5	23,6	24,7	25,9	26,9	28,0	29,1	30,2	31,2	32,2	33,1	34,3	35,3	36,3	37,3	38,3	39,3	40,3	41,3	42,3
7	22,1	23,2	24,3	25,4	26,5	27,6	28,6	29,7	30,7	31,7	32,8	33,8	34,8	35,8	36,8	37,8	38,8	39,8	40,8	41,8
8	21,7	22,8	23,9	25,0	26,0	27,1	28,1	29,2	30,2	31,2	32,3	33,3	34,3	35,3	36,3	37,3	38,3	39,3	40,3	41,3
9	21,3	22,4	23,5	24,5	25,6	26,6	27,7	28,7	29,7	30,7	31,8	32,8	33,8	34,8	35,6	36,8	37,8	38,8	39,8	40,8
10	20,9	22,0	23,0	24,1	25,1	26,1	27,2	28,2	29,2	30,2	31,3	32,3	33,3	34,3	35,3	36,3	37,3	38,3	39,3	40,3
11	20,6	21,6	22,6	23,6	24,6	25,7	26,7	27,7	28,7	29,7	30,8	31,8	32,8	33,8	34,8	35,8	36,8	37,8	38,8	39,8
12	20,2	21,2	22,2	23,2	24,2	25,2	26,2	27,2	28,2	29,2	30,3	31,2	32,2	33,3	34,3	35,3	36,2	37,2	38,2	39,2
13	19,8	20,8	21,8	22,8	23,8	24,8	25,7	26,7	27,7	28,7	29,8	30,7	31,7	32,7	33,7	34,7	35,7	36,7	37,7	38,7
14	19,4	20,4	21,4	22,3	23,3	24,3	25,3	26,3	27,3	28,2	29,3	30,2	31,2	32,2	33,2	34,2	35,2	36,2	37,2	38,2
15	19,0	20,0	20,9	21,9	22,9	23,8	24,8	25,8	26,8	27,8	28,8	29,7	30,7	31,7	32,7	33,7	34,7	35,7	36,7	37,7
16	18,7	19,6	20,5	21,5	22,4	23,4	24,3	25,3	26,3	27,3	28,3	29,2	30,2	31,2	32,2	33,2	34,2	35,2	36,2	37,2
17	18,3	19,2	20,1	21,1	22,0	22,9	23,9	24,8	25,8	26,8	27,8	28,7	29,7	30,7	31,7	32,7	33,7	34,7	35,7	36,7
18	17,9	18,8	19,7	20,7	21,6	22,5	23,4	24,4	25,3	26,3	27,3	28,2	29,2	30,2	31,2	32,2	33,2	34,2	35,2	36,2
19	17,5	18,4	19,3	20,2	21,1	22,1	23,0	23,9	24,9	25,8	26,8	27,8	28,7	29,7	30,7	31,7	32,7	33,7	34,7	35,7
20	17,2	18,0	18,9	19,8	20,7	21,6	22,5	23,4	24,4	25,4	26,3	27,3	28,3	29,2	30,2	31,2	32,2	33,2	34,2	35,2
21	16,8	17,6	18,5	19,4	20,3	21,2	22,1	23,0	23,9	24,9	25,8	26,8	27,8	28,7	29,7	30,7	31,7	32,7	33,7	34,7
22	16,4	17,3	18,1	19,0	19,9	20,8	21,6	22,6	23,5	24,4	25,4	26,3	27,3	28,2	29,2	30,2	31,2	32,2	33,2	34,2
23	16,0	16,9	17,7	18,6	19,4	20,3	21,2	22,1	23,0	23,9	24,9	25,8	26,8	27,8	28,7	29,7	30,7	31,7	32,7	33,7
24	15,6	16,5	17,3	18,2	19,0	19,9	20,8	21,7	22,6	23,5	24,4	25,3	26,3	27,3	28,2	29,2	30,2	31,2	32,2	33,2
25	15,3	16,1	16,9	17,8	18,6	19,5	20,3	21,2	21,1	23,0	23,9	24,9	25,8	26,8	27,8	28,7	29,7	30,7	31,7	32,7

Wärmegrad nach R	Scheinbare Stärke:																			
	40	41	42	43	44	45	46	47	48	49	50	51	52	53	54	55	56	57	58	59
	Wahre Stärke:																			
5	43,7	44,7	45,7	46,7	47,6	48,6	49,6	50,5	51,5	52,5	53,5	54,4	55,4	56,4	57,4	58,3	59,3	60,3	61,2	62,2
6	43,2	44,2	45,2	46,2	47,1	48,1	49,1	50,1	51,0	52,0	53,0	54,0	55,0	55,9	56,9	57,9	58,9	59,8	60,8	61,8
7	42,7	43,7	44,7	45,7	46,7	47,6	48,6	49,6	50,6	51,6	52,5	53,5	54,5	55,5	56,5	57,4	58,4	59,4	60,4	61,4
8	42,3	43,2	44,2	45,2	46,2	47,2	48,1	49,1	50,1	51,1	52,1	53,1	54,1	55,0	56,0	57,0	58,0	59,0	60,0	60,9
9	41,8	42,7	43,7	44,7	45,7	46,7	47,7	48,7	49,6	50,6	51,6	52,6	53,6	54,6	55,6	56,6	57,5	58,5	59,5	60,5
10	41,3	42,2	43,2	44,2	45,2	46,2	47,2	48,2	49,2	50,2	51,1	52,1	53,1	54,1	55,1	56,1	57,1	58,1	59,1	60,1
11	40,7	41,7	42,7	43,7	44,7	45,7	46,7	47,7	48,7	49,7	50,7	51,7	52,7	53,7	54,7	55,7	56,7	57,6	58,6	59,6
12	40,2	41,2	42,2	43,2	44,2	45,2	46,2	47,2	48,2	49,2	50,2	51,2	52,2	53,2	54,2	55,2	56,2	57,2	58,2	59,2
13	39,7	40,7	41,8	42,8	43,7	44,7	45,7	46,7	47,7	48,7	49,7	50,7	51,8	52,8	53,8	54,8	55,8	56,8	57,8	58,8
14	39,2	40,2	41,3	42,3	43,3	44,3	45,3	46,3	47,3	48,3	49,3	50,3	51,3	52,3	53,3	54,3	55,3	56,3	57,3	58,3
15	38,7	39,7	40,8	41,8	42,8	43,8	44,8	45,8	46,8	47,8	48,8	49,8	50,8	51,8	52,8	53,8	54,9	55,9	56,9	57,9
16	38,2	39,2	40,3	41,3	42,3	43,3	44,3	45,3	46,3	47,3	48,3	49,3	50,3	51,4	52,4	53,4	54,4	55,4	56,4	57,4
17	37,7	38,7	39,8	40,8	41,8	42,8	43,8	44,8	45,8	46,8	47,9	48,9	49,9	50,9	51,9	52,9	54,0	55,0	56,0	57,0
18	37,2	38,2	39,3	40,3	41,3	42,3	43,3	44,3	45,3	46,4	47,4	48,4	49,4	50,4	51,5	52,5	53,5	54,5	55,5	56,5
19	36,7	37,7	38,8	39,8	40,8	41,8	42,8	43,8	44,9	45,9	46,9	47,9	48,9	50,0	51,0	52,0	53,0	54,1	55,1	56,1
20	36,2	37,2	38,3	39,3	40,3	41,3	42,3	43,4	44,4	45,4	46,4	47,5	48,5	49,5	50,5	51,5	52,6	53,6	54,6	55,7
21	35,7	36,8	37,8	38,8	39,8	40,8	41,9	42,9	43,9	44,9	46,0	47,0	48,0	49,0	50,1	51,1	52,1	53,1	54,2	55,2
22	35,2	36,3	37,3	38,3	39,3	40,3	41,4	42,4	43,4	44,5	45,5	46,5	47,5	48,6	49,6	50,6	51,7	52,7	53,7	54,8
23	34,7	35,8	36,8	37,8	38,8	39,8	40,9	41,9	43,0	44,0	45,0	46,0	47,1	48,1	49,1	50,2	51,2	52,2	53,3	54,3
24	34,2	35,3	36,3	37,3	38,3	39,4	40,4	41,4	42,5	43,5	44,5	45,6	46,6	47,6	48,7	49,7	50,7	51,8	52,8	53,9
25	33,7	34,8	35,8	36,8	37,8	38,9	39,9	40,9	42,0	43,0	44,1	45,1	46,[illegible]	47,2	48,2	49,2	50,3	51,3	52,4	53,4

Wärmegrad nach R	Scheinbare Stärke:																			
	60	61	62	63	64	65	66	67	68	69	70	71	72	73	74	75	76	77	78	79
	Wahre Stärke:																			
5	63,2	64,2	65,2	66,1	67,1	68,1	69,0	70,0	71,0	72,0	72,9	73,9	74,9	75,8	76,8	77,8	78,8	79,7	80,7	81,7
6	62,8	63,8	64,7	65,7	66,7	67,7	68,6	69,6	70,6	71,6	72,6	73,5	74,5	75,5	76,4	77,4	78,4	79,4	80,4	81,3
7	62,4	63,3	64,3	65,3	66,3	67,3	68,2	69,2	70,2	71,2	72,2	73,1	74,1	75,1	76,1	77,1	78,0	79,0	80,0	81,0
8	61,9	62,9	63,9	64,9	65,9	66,9	67,8	68,8	69,8	70,8	71,8	72,8	73,7	74,7	75,7	76,7	77,7	78,6	79,6	80,6
9	61,5	62,5	63,5	64,5	65,5	66,4	67,4	68,4	69,4	70,4	71,4	72,4	73,3	74,3	75,3	76,3	77,3	78,3	79,3	80,3
10	61,1	62,1	63,1	64,1	65,0	66,0	67,0	68,0	69,0	70,0	71,0	72,0	73,0	73,9	74,9	75,9	76,9	77,9	78,9	79,9
11	60,6	61,6	62,6	63,6	64,6	65,6	66,6	67,6	68,6	69,6	70,6	71,6	72,6	73,6	74,6	75,5	76,5	77,5	78,5	79,5
12	60,2	61,2	62,2	63,2	64,2	65,2	66,2	67,2	68,2	69,2	70,2	71,2	72,2	73,2	74,2	75,2	76,2	77,2	78,2	79,2
13	59,8	60,8	61,8	62,8	63,8	64,8	65,8	66,8	67,8	68,8	69,8	70,8	71,8	72,8	73,8	74,8	75,8	76,8	77,8	78,8
14	59,3	60,3	61,3	62,4	63,4	64,4	65,4	66,4	67,4	68,4	69,4	70,4	71,4	72,4	73,4	74,4	75,4	76,4	77,4	78,4
15	58,9	59,9	60,9	61,9	62,9	63,9	64,9	65,9	67,0	68,0	69,0	70,0	71,0	72,0	73,0	74,0	75,0	76,0	77,0	78,0
16	58,4	59,5	60,5	61,5	62,5	63,5	64,5	65,5	66,5	67,5	68,5	69,6	70,6	71,6	72,6	73,6	74,6	75,6	76,6	77,7
17	58,0	59,0	60,0	61,1	62,1	63,1	64,1	65,1	66,1	67,1	68,1	69,2	70,2	71,2	72,2	73,2	74,3	75,2	76,3	77,3
18	57,6	58,6	59,6	60,6	61,6	62,6	63,7	64,7	65,7	66,7	67,7	68,7	69,8	70,8	71,8	72,8	73,8	74,9	75,9	76,9
19	57,1	58,1	59,2	60,2	61,2	62,2	63,2	64,3	65,3	66,3	67,3	68,3	69,3	70,4	71,4	72,4	73,4	74,5	75,5	76,5
20	56,7	57,7	58,7	59,7	60,8	61,8	62,8	63,8	64,9	65,9	66,9	67,9	68,9	70,0	71,0	72,0	73,1	74,1	75,1	76,1
21	56,2	57,3	58,3	59,3	60,3	61,4	62,4	63,4	64,4	65,5	66,5	67,5	68,5	69,6	70,6	71,6	72,7	73,7	74,7	75,7
22	55,8	56,8	57,8	58,9	59,9	60,9	62,0	63,0	64,0	65,0	66,1	67,1	68,1	69,1	70,2	71,2	72,3	73,3	74,3	75,3
23	55,3	56,4	57,4	58,4	59,5	60,5	61,5	62,6	63,6	64,6	65,7	66,7	67,7	68,7	69,8	70,8	71,9	72,9	73,9	75,0
24	54,9	55,9	57,0	58,0	59,0	60,0	61,1	62,1	63,2	64,2	65,2	66,3	67,3	68,3	69,4	70,4	71,4	72,5	73,5	74,6
25	54,4	55,5	56,5	57,5	58,6	59,6	60,6	61,7	62,7	63,8	64,8	65,8	66,9	67,9	69,0	70,0	71,0	72,1	73,1	74,2

Wärmegrad nach *R*	Scheinbare Stärke:																			
	80	81	82	83	84	85	86	87	88	89	90	91	92	93	94	95	96	97	98	99
	Wahre Stärke:																			
5	82,7	83,6	84,6	85,6	86,5	87,5	88,5	89,4	90,4	91,3	92,3	93,2	94,1	95,1	96,0	96,9	97,8	98,7	99,6	
6	82,3	83,3	84,3	85,2	86,2	87,2	88,1	89,1	90,1	91,0	92,0	92,9	93,9	94,8	95,7	96,7	97,6	98,5	99,4	
7	82,0	82,9	83,9	84,9	85,9	86,8	87,8	88,8	89,8	90,7	91,7	92,6	93,6	94,5	95,5	96,4	97,3	98,3	99,2	–
8	81,6	82,6	83,6	84,6	85,5	86,5	87,5	88,5	89,4	90,4	91,4	92,3	93,3	94,3	95,2	96,2	97,1	98,0	99,0	99,9
9	81,2	82,2	83,2	84,2	85,2	86,2	87,2	88,1	89,1	90,1	91,1	92,0	93,0	94,0	94,9	95,9	96,9	97,8	98,8	99,7
10	80,9	81,9	82,9	83,9	84,9	85,8	86,8	87,8	88,8	89,8	90,8	91,7	92,7	93,7	94,7	95,6	96,6	97,6	98,5	99,5
11	80,5	81,5	82,5	83,5	84,5	85,5	86,5	87,5	88,5	89,5	90,5	91,4	92,4	93,4	94,4	95,4	96,4	97,3	98,3	99,3
12	80,2	81,2	82,2	83,2	84,2	85,2	86,1	87,1	88,1	89,1	90,1	91,1	92,1	93,1	94,1	95,1	96,1	97,1	98,1	99,1
13	79,8	80,8	81,8	82,8	83,8	84,8	85,8	86,8	87,8	88,8	89,8	90,8	91,8	92,8	93,8	94,8	95,9	96,9	97,9	98,9
14	79,4	80,4	81,4	82,4	83,4	84,5	85,5	86,5	87,5	88,5	89,5	90,5	91,5	92,5	93,6	94,6	95,6	96,6	97,6	98,7
15	79,0	80,1	81,1	82,1	83,1	84,1	85,1	86,1	87,1	88,2	89,2	90,2	91,2	92,2	93,3	94,3	95,3	96,4	97,4	98,4
16	78,7	79,7	80,7	81,7	82,7	83,7	84,8	85,8	86,8	87,8	88,8	89,9	90,9	91,9	93,0	94,0	95,1	96,1	97,2	98,2
17	78,3	79,3	80,3	81,3	82,4	83,4	84,4	85,4	86,4	87,5	88,5	89,5	90,6	91,6	92,7	93,7	94,8	95,8	96,9	98,0
18	77,9	78,9	80,0	81,0	82,0	83,0	84,1	85,1	86,1	87,1	88,2	89,2	90,3	91,3	92,4	93,4	94,5	95,6	96,6	97,7
19	77,5	78,6	79,6	80,6	81,6	82,7	83,7	84,7	85,8	86,8	87,8	88,9	89,9	91,0	92,1	93,1	94,2	95,3	96,4	97,5
20	77,1	78,2	79,2	80,2	81,3	82,3	83,3	84,4	85,4	86,4	87,5	88,5	89,6	90,7	91,7	92,8	93,9	95,0	96,1	97,2
21	76,8	77,8	78,8	79,8	80,9	81,9	82,9	84,0	85,0	86,1	87,1	88,2	89,3	90,3	91,4	92,5	93,6	94,7	95,9	97,0
22	76,4	77,4	78,4	79,5	80,5	81,5	82,6	83,6	84,7	85,7	86,8	87,9	88,9	90,0	91,1	92,2	93,3	94,4	95,6	96,7
23	76,0	77,0	78,1	79,1	80,1	81,2	82,2	83,3	84,3	85,4	86,4	87,5	88,6	89,7	90,8	91,9	93,0	94,2	95,3	96,5
24	75,6	76,6	77,7	78,7	79,7	80,8	81,8	82,9	83,9	85,0	86,1	87,2	88,3	89,4	90,5	91,6	92,7	93,9	95,0	96,2
25	75,2	76,3	77,3	78,3	79,4	80,4	81,5	82,5	83,6	84,6	85,7	86,8	87,9	89,0	90,1	91,2	92,3	93,5	94,7	95,9

III. Tabellen für Volumalkoholometer nach GAY-LUSSAC. Normaltemperatur 15° *C*.

Wärmegrad nach *C*	Scheinbare Stärke:																			
	1	2	3	4	5	6	7	8	9	10	11	12	13	14	15	16	17	18	19	20
	Wahre Stärke:																			
10	1,4	2,4	3,4	4,5	5,5	6,5	7,5	8,5	9,5	10,6	11,7	12,7	13,8	14,9	16,0	17,0	18,1	19,2	20,2	21,3
11	1,3	2,4	3,4	4,4	5,4	6,4	7,4	8,4	9,4	10,5	11,6	12,6	13,6	14,7	15,8	16,8	17,9	19,0	20,0	21,0
12	1,2	2,3	3,3	4,3	5,3	6,3	7,3	8,3	9,3	10,4	11,5	12,5	13,5	14,6	15,6	16,6	17,6	18,7	19,7	20,7
13	1,2	2,2	3,2	4,2	5,2	6,2	7,2	8,2	9,2	10,3	11,4	12,4	13,4	14,4	15,4	16,4	17,4	18,5	19,5	20,5
14	1,1	2,1	3,1	4,1	5,1	6,1	7,1	8,1	9,1	10,2	11,2	12,2	13,2	14,2	15,2	16,2	17,2	18,2	19,2	20,2
15	1,0	2,0	3,0	4,0	5,0	6,0	7,0	8,0	9,0	10,0	11,0	12,0	13,0	14,0	15,0	16,0	17,0	18,0	19,0	20,0
16	0,9	1,9	2,9	3,9	4,9	5,9	6,9	7,9	8,9	9,9	10,9	11,9	12,9	13,9	14,9	15,9	16,8	17,8	18,7	19,7
17	0,8	1,8	2,8	3,8	4,8	5,8	6,8	7,8	8,8	9,8	10,8	11,7	12,7	13,7	14,7	15,6	16,6	17,5	18,4	19,4
18	0,7	1,7	2,7	3,7	4,7	5,7	6,7	7,7	8,7	9,7	10,7	11,6	12,5	13,5	14,5	15,4	16,3	17,3	18,2	19,1
19	0,6	1,6	2,6	3,6	4,5	5,5	6,5	7,5	8,5	9,5	10,5	11,4	12,4	13,3	14,3	15,2	16,1	17,0	17,9	18,8
20	0,5	1,5	2,4	3,4	4,4	5,4	6,4	7,3	8,3	9,3	10,3	11,2	12,2	13,1	14,0	14,8	15,8	16,7	17,6	18,5
21	0,4	1,4	2,3	3,3	4,3	5,2	6,2	7,1	8,1	9,1	10,1	11,0	11,9	12,8	13,7	14,6	15,5	16,4	17,3	18,2
22	0,3	1,3	2,2	3,2	4,1	5,1	6,1	7,0	7,9	8,9	9,9	10,8	11,7	12,6	13,5	14,4	15,3	16,2	17,0	17,9
23	0,1	1,1	2,1	3,1	4,0	4,9	5,9	6,8	7,8	8,7	9,7	10,6	11,5	12,4	13,3	14,1	15,0	15,9	16,7	17,6
24	—	1,0	1,9	2,9	3,8	4,8	5,8	6,7	7,6	8,5	9,5	10,4	11,3	12,2	13,1	13,9	14,8	15,7	16,5	17,4
25	—	0,8	1,7	2,7	3,6	4,6	5,5	6,5	7,4	8,3	9,3	10,2	11,1	12,0	12,8	13,6	14,5	15,4	16,2	17,1

Wärmegrad nach *C*	Scheinbare Stärke:																			
	21	22	23	24	25	26	27	28	29	30	31	32	33	34	35	36	37	38	39	40
	Wahre Stärke:																			
10	22,4	23,5	24,6	25,7	26,8	27,9	29,0	30,0	31,0	32,0	33,0	34,0	35,0	36,0	37,0	38,0	39,0	40,0	41,0	42,0
11	22,1	23,2	24,3	25,4	26,5	27,6	28,6	29,6	30,6	31,6	32,6	33,6	34,6	35,6	36,6	37,6	38,6	39,6	40,6	41,6
12	21,8	22,9	24,0	25,1	26,1	27,2	28,2	29,2	30,2	31,2	32,2	33,2	34,2	35,2	36,2	37,2	38,2	39,2	40,2	41,2
13	21,5	22,6	23,6	24,7	25,7	26,8	27,8	28,8	29,8	30,8	31,8	32,8	33,8	34,8	35,8	36,8	37,8	38,8	39,8	40,8
14	21,2	22,3	23,3	24,3	25,3	26,4	27,4	28,4	29,4	30,4	31,4	32,4	33,4	34,4	35,4	36,4	37,4	38,4	39,4	40,4
15	21,0	22,0	23,0	24,0	25,0	26,0	27,0	28,0	29,0	30,0	31,0	32,0	33,0	34,0	35,0	36,0	37,0	38,0	39,0	40,0
16	20,7	21,7	22,7	23,7	24,7	25,7	26,6	27,6	28,6	29,6	30,6	31,6	32,5	33,5	34,5	35,5	36,5	37,5	38,5	39,5
17	20,4	21,4	22,4	23,4	24,4	25,4	26,3	27,3	28,2	29,2	30,2	31,2	32,1	33,1	34,1	35,1	36,1	37,1	38,1	39,1
18	20,1	21,1	22,0	23,0	24,0	25,0	25,9	26,9	27,8	28,8	29,8	30,8	31,7	32,7	33,7	34,7	35,7	36,7	37,7	38,7
19	19,8	20,8	21,7	22,7	23,6	24,6	25,6	26,5	27,4	28,4	29,4	30,4	31,3	32,3	33,3	34,3	35,3	36,3	37,3	38,3
20	19,5	20,5	21,4	22,4	23,3	24,3	25,2	26,2	27,1	29,0	29,0	30,0	30,9	31,9	32,9	33,9	34,9	35,9	36,9	37,9
21	19,1	20,1	21,1	22,1	23,0	23,9	24,8	25,8	26,7	27,6	28,6	29,6	30,5	31,5	32,5	33,5	34,5	35,5	36,5	37,5
22	18,8	19,8	20,7	21,7	22,6	23,6	24,4	25,4	26,3	27,2	28,2	29,2	30,1	31,1	32,1	33,1	34,1	35,1	36,1	37,1
23	18,5	19,5	20,4	21,4	22,3	23,2	24,1	25,0	25,9	26,8	27,8	28,8	29,7	30,7	31,7	32,7	33,7	34,7	35,7	36,7
24	18,3	19,2	20,1	21,1	21,9	22,8	23,7	24,6	25,5	26,4	27,4	28,4	29,3	30,3	31,3	32,3	33,3	34,3	35,3	36,3
25	18,0	18,9	19,8	20,7	21,6	22,5	23,3	24,3	25,2	26,1	27,0	28,0	28,9	29,9	30,9	32,9	32,9	33,9	34,9	35,9

Wärmegrad nach *C*	Scheinbare Stärke:																			
	41	42	43	44	45	46	47	48	49	50	51	52	53	54	55	56	57	58	59	60
	Wahre Stärke:																			
10	43,0	44,0	45,0	46,0	46,9	47,9	48,9	49,9	50,9	51,8	52,8	53,8	54,8	55,8	56,8	57,8	58,8	59,7	60,7	61,7
11	42,6	43,6	44,6	45,6	46,6	47,6	48,6	49,5	50,5	51,5	52,5	53,5	54,4	55,4	56,4	57,4	58,4	59,4	60,4	61,4
12	42,2	43,2	44,2	45,2	46,2	47,2	48,2	49,2	50,2	51,1	52,1	53,1	54,1	55,0	56,0	57,0	58,0	59,0	60,0	61,0
13	41,8	42,8	43,8	44,8	45,8	46,8	47,8	48,5	49,8	50,8	51,8	52,7	53,7	54,7	55,7	56,7	57,7	58,7	59,7	60,7
14	41,4	42,4	43,4	44,4	45,4	46,4	47,4	48,4	49,4	50,4	51,4	52,3	53,3	54,3	55,3	56,3	57,3	58,3	59,3	60,3
15	41,0	42,0	43,0	44,0	45,0	46,0	47,0	48,0	49,0	50,0	51,0	52,0	53,0	54,0	55,0	56,0	57,0	58,0	59,0	60,0
16	40,6	41,6	42,6	43,6	44,6	45,6	46,6	47,6	48,6	49,6	50,6	51,6	52,6	53,6	54,6	55,6	56,6	57,6	58,6	59,6
17	40,2	41,2	42,2	43,2	44,2	45,2	46,2	47,2	48,3	49,3	50,3	51,3	52,3	53,3	54,3	55,3	56,3	57,3	58,3	59,3
18	39,8	40,8	41,8	42,8	43,8	44,9	45,9	46,9	47,9	48,9	49,9	50,9	51,9	52,9	53,9	54,9	55,9	56,9	57,9	58,9
19	39,4	40,4	41,4	42,5	43,5	44,5	45,5	46,5	47,5	48,5	49,5	50,6	51,6	52,6	53,6	54,6	55,6	56,6	57,6	58,6
20	39,0	40,0	41,0	42,1	43,1	44,1	45,1	46,1	47,2	48,2	49,2	50,2	51,2	52,2	53,2	54,2	55,2	56,2	57,2	58,2
21	38,6	39,6	40,6	41,7	42,7	43,7	44,8	45,8	46,8	47,8	48,8	49,8	50,8	51,8	52,9	53,9	54,9	55,9	56,9	57,9
22	38,2	39,2	40,2	41,3	42,3	43,3	44,3	45,3	46,4	47,4	48,4	49,4	50,4	51,4	52,5	53,5	54,5	55,4	56,5	57,5
23	37,8	38,8	39,8	40,9	41,9	42,9	43,9	44,9	46,0	47,0	48,0	49,1	50,1	51,1	52,1	53,1	54,1	55,1	56,1	57,1
24	37,4	38,4	39,4	40,5	41,5	42,5	43,6	44,6	45,6	46,6	47,6	48,7	49,7	50,7	51,8	52,8	53,8	54,8	55,8	56,8
25	37,0	38,0	39,0	40,1	41,1	42,2	43,2	44,2	45,2	46,3	47,3	48,3	49,3	50,3	51,4	52,4	53,4	54,4	55,5	55,5

Wärmegrad nach C	Scheinbare Stärke: 61	62	63	64	65	66	67	68	69	70	71	72	73	74	75	76	77	78	79	80
	Wahre Stärke:																			
10	62,7	63,7	64,7	65,7	66,7	67,6	68,6	69,6	70,6	71,6	72,6	73,5	74,5	75,5	76,5	77,5	78,5	79,5	80,5	81,5
11	62,4	63,4	64,4	65,4	66,4	67,3	68,3	69,3	70,3	71,3	72,3	73,2	74,2	75,2	76,2	77,2	78,2	79,2	80,2	81,2
12	62,0	63,0	64,0	65,0	66,0	67,0	68,0	69,0	70,0	71,0	72,0	72,9	73,9	74,9	75,9	76,9	77,9	78,9	79,9	80,9
13	61,7	62,7	63,7	64,7	65,7	66,7	67,7	68,7	69,6	70,6	71,6	72,6	73,6	74,6	75,6	76,6	77,6	78,6	79,6	80,6
14	61,3	62,3	63,3	64,3	65,3	66,3	67,3	68,3	69,3	70,3	71,3	72,3	73,3	74,3	74,3	76,3	77,3	78,3	79,3	80,3
15	61,0	62,0	63,0	64,0	65,0	66,0	67,0	68,0	69,0	70,0	71,0	72,0	73,0	74,0	75,0	76,0	77,0	78,0	79,0	80,0
16	60,6	61,7	62,7	63,7	64,7	65,7	66,7	67,7	68,7	69,7	70,7	71,7	72,7	73,7	74,7	75,7	76,7	77,7	78,7	79,7
17	60,3	61,3	62,3	63,3	64,3	65,3	66,3	67,3	68,3	69,3	70,3	71,3	72,3	73,3	74,3	75,4	76,4	77,4	78,4	79,4
18	59,9	61,0	62,0	63,0	64,0	65,0	66,0	67,0	68,0	69,0	70,0	71,0	72,0	73,0	74,0	75,1	76,1	77,1	78,1	79,1
19	59,6	60,6	61,6	62,7	63,7	64,7	65,7	66,7	67,7	68,7	69,7	70,7	71,7	72,7	73,7	74,7	75,8	76,8	77,8	78,8
20	59,2	60,3	61,3	62,3	63,3	64,3	65,3	66,3	67,3	68,3	69,4	70,4	71,4	72,4	73,4	74,4	75,5	76,5	77,5	78,5
21	58,9	59,9	61,0	62,0	63,0	64,0	65,0	66,0	67,0	68,1	69,1	70,1	71,1	72,1	73,1	74,1	75,2	76,2	77,2	78,2
22	58,5	59,5	60,6	61,6	62,7	63,7	64,7	65,7	66,7	67,8	68,8	69,8	70,8	71,8	72,8	73,8	74,8	75,9	76,9	77,9
23	58,1	59,2	60,2	61,3	62,3	63,3	64,3	65,4	66,4	67,4	68,4	69,4	70,5	71,5	72,5	73,5	74,5	75,5	76,6	77,6
24	57,8	58,9	59,9	61,0	62,0	63,0	64,0	65,0	66,0	67,1	68,1	69,1	70,1	71,2	72,2	73,2	74,2	75,2	76,3	77,3
25	57,5	58,5	59,5	60,6	61,6	62,6	63,7	64,7	65,7	66,7	67,8	68,8	69,8	70,8	71,8	72,8	73,9	74,9	76,0	77,0

Wärmegrad nach C	Scheinbare Stärke: 81	82	83	84	85	86	87	88	89	90	91	92	93	94	95	96	97	98	99	100
	Wahre Stärke:																			
10	82,4	83,4	84,4	85,4	86,4	87,4	88,3	89,3	90,2	91,2	92,2	93,2	94,2	95,1	96,0	97,0	98,0	98,9	99,9	
11	82,2	83,1	84,1	85,1	86,1	87,1	88,0	89,0	90,0	91,0	92,0	92,9	93,9	94,9	95,8	96,8	97,8	98,7	99,7	—
12	81,9	82,9	83,9	84,8	85,8	86,8	87,8	88,7	89,7	90,7	91,7	92,7	93,7	94,7	95,6	96,6	97,6	98,5	99,5	—
13	81,6	82,6	83,6	84,6	85,5	86,5	87,5	88,5	89,5	90,5	91,5	92,5	93,5	94,4	95,4	96,4	92,4	98,4	99,3	—
14	81,3	82,3	83,3	84,3	85,3	86,3	87,3	88,2	89,2	90,2	91,2	92,2	93,2	94,2	95,2	96,2	97,2	98,2	99,2	—
15	81,0	82,0	83,0	84,0	85,0	86,0	87,0	88,0	89,0	90,0	91,0	92,0	93,0	94,0	95,0	96,0	97,0	98,0	99,0	100,0
16	80,7	81,7	82,7	83,7	84,7	85,7	86,7	87,7	88,7	89,7	90,8	91,8	92,8	93,8	94,8	95,8	96,8	97,8	98,8	99,8
17	80,4	81,4	82,4	83,4	84,4	85,4	86,4	87,4	88,4	89,5	90,5	91,5	92,6	93,6	94,6	95,6	96,6	97,6	98,7	99,7
18	80,1	81,1	82,1	83,1	84,1	85,2	86,2	87,2	88,2	89,2	90,2	91,3	92,3	93,3	94,3	95,4	96,4	97,4	98,5	99,5
19	79,8	80,8	81,9	82,9	83,9	84,9	85,9	86,9	87,9	88,9	90,0	91,1	92,1	93,1	94,1	95,2	96,2	97,2	98,3	99,3
20	79,5	80,5	81,6	82,6	83,6	84,6	85,6	86,6	87,7	88,7	89,7	90,8	91,8	92,9	93,9	95,0	96,0	97,1	98,1	99,1
21	79,2	80,2	81,3	82,3	83,3	84,3	85,3	86,4	87,4	88,4	89,5	90,5	91,6	92,6	93,7	94,7	95,8	96,9	97,9	99,0
22	78,9	79,9	81,0	82,0	83,0	84,0	85,0	86,1	87,1	88,2	89,2	90,2	91,3	92,4	93,4	94,5	95,6	96,7	97,7	98,8
23	78,6	79,6	80,7	81,7	82,7	83,8	84,8	85,8	86,8	87,9	89,0	90,0	91,1	92,1	93,2	94,3	95,4	96,5	97,5	98,6
24	78,3	79,3	80,4	81,4	82,4	83,5	84,5	85,5	86,5	87,6	88,7	89,7	90,8	91,9	93,0	94,1	95,2	96,2	97,3	98,4
25	78,0	79,0	80,1	81,1	82,1	83,2	84,2	85,2	86,3	87,4	88,4	89,5	90,6	91,6	92,7	93,8	94,9	96,0	97,1	98,2

IV. Tabelle zur

a) Umwandlung wahrer Maßprozente in Gewichtsprozente. | *b)* Umwandlung wahrer Gewichtsprozente in Maßprozente.

a) Maßprozente	Gewichtsprozente	Maßprozente	Gewichtsprozente	Maßprozente	Gewichtsprozente	b) Gewichtsprozente	Maßprozente	Gewichtsprozente	Maßprozente	Gewichtsprozente	Maßprozente
1	0,8	34	28,1	67	59,3	1	1,2	34	40,7	67	74,2
2	1,6	35	29,0	68	60,3	2	2,5	35	41,8	68	75,1
3	2,4	36	29,9	69	61,4	3	3,7	36	42,9	69	76,0
4	3,2	37	30,7	70	62,4	4	5,0	37	44,1	70	76,9
5	4,0	38	31,6	71	63,5	5	6,2	38	45,2	71	77,8
6	4,8	39	32,5	72	64,6	6	7,5	39	46,3	72	78,7
7	5,6	40	33,4	73	65,7	7	8,7	40	47,3	73	79,6
8	6,4	41	34,3	74	66,8	8	9,9	41	48,4	74	80,4
9	7,3	42	35,2	75	67,9	9	11,2	42	49,5	75	81,3
10	8,1	43	36,1	76	69,0	10	12,4	43	50,6	76	82,1
11	8,9	44	37,0	77	70,1	11	13,6	44	51,6	77	83,0
12	9,7	45	37,9	78	71,2	12	14,8	45	52,7	78	83,8
13	10,5	46	38,8	79	72,4	13	16,1	46	53,7	79	84,7
14	11,3	47	39,7	80	73,5	14	17,3	47	54,8	80	85,5
15	12,1	48	40,6	81	74,7	15	18,5	48	55,8	81	86,3
16	13,0	49	41,5	82	75,9	16	19,7	49	56,8	82	87,1
17	13,8	50	42,5	83	77,0	17	20,9	50	57,8	83	87,9
18	14,6	51	43,4	84	78,2	18	22,1	51	58,9	84	88,7
19	15,4	52	44,4	85	79,4	19	23,3	52	59,9	85	89,5
20	16,3	53	45,3	86	80,7	20	24,5	53	60,9	86	90,3
21	17,1	54	46,3	87	81,9	21	25,7	54	61,9	87	91,0
22	17,9	55	47,2	88	83,1	22	26,8	55	62,8	88	91,8
23	18,8	56	48,2	89	84,4	23	28,0	56	63,8	89	92,5
24	19,6	57	49,2	90	85,7	24	29,2	57	64,8	90	93,3
25	20,5	58	50,2	91	87,0	25	30,4	58	65,8	91	94,0
26	21,3	59	51,2	92	88,3	26	31,5	59	66,7	92	94,7
27	22,1	60	52,2	93	89,7	27	32,7	60	67,7	93	95,4
28	23,0	61	53,2	94	91,0	28	33,9	61	68,7	94	96,1
29	23,8	62	54,2	95	92,4	29	35,0	62	69,6	95	96,8
30	24,7	63	55,2	96	93,9	30	36,2	63	70,5	96	97,5
31	25,5	64	50,2	97	95,3	31	37,3	64	71,5	97	98,1
32	26,4	65	57,2	98	96,8	32	38,5	65	72,4	98	98,8
33	27,3	66	58,2	99	98,4	33	39,6	66	73,3	99	99,4
				100	100,0					100	100,0

V. Tafel zur Ermittnung des Alkoholgehaltes von Alkohol-Wassermischungen aus dem spez. Gew. bei 15° *C*.

Nach WINDISCH.

Spez. Gewicht	Gewichts-Prozente Alkohol	Maß-Prozente Alkohol	Spez. Gewicht	Gewichts-Prozente Alkohol	Maß-Prozente Alkohol	Spez. Gewicht	Gewichts-Prozente Alkohol	Maß-Prozente Alkohol	Spez. Gewicht	Gewichts-Prozente Alkohol	Maß-Prozente Alkohol
1,000	0,00	0,00	0,948	35,66	42,57	0,896	60,02	67,70	0,844	81,83	86,95
0,999	0,53	0,67	0,947	36,21	43,17	0,895	60,45	68,12	0,843	82,23	87,28
0,998	1,06	1,34	0,946	36,75	43,77	0,894	60,88	68,53	0,842	82,63	87,60
0,997	1,61	2,02	0,945	37,28	44,35	0,893	61,31	68,94	0,841	83,03	87,92
0,996	2,17	2,72	0,944	37,80	44,93	0,892	61,75	69,34	0,840	83,43	88,23
0,995	2,73	3,42	0,943	38,33	45,50	0,891	62,18	69,75	0,839	83,83	88,55
0,994	3,31	4,14	0,942	38,84	46,07	0,890	62,61	70,16	0,838	84,22	88,86
0,993	3,90	4,88	0,941	39,35	46,63	0,889	63,04	70,56	0,837	84,62	89,18
0,992	4,51	5,63	0,940	39,86	47,18	0,888	63,47	70,96	0,836	85,01	89,48
0,991	5,13	6,40	0,939	40,37	47,72	0,887	63,90	71,36	0,835	85,41	89,79
0,990	5,76	7,18	0,938	40,87	48,26	0,886	64,33	71,76	0,834	85,80	90,09
0,989	6,41	7,90	0,937	41,36	48,80	0,885	64,75	72,15	0,833	86,19	90,40
0,988	7,08	8,81	0,936	41,85	49,33	0,884	65,18	72,53	0,832	86,58	90,70
0,987	7,77	9,66	0,935	42,34	49,85	0,883	65,61	72,94	0,931	86,97	90,99
0,986	8,48	10,52	0,934	42,83	50,37	0,882	66,04	73,33	0,830	87,35	91,29
0,985	9,20	11,41	0,933	43,31	50,88	0,881	66,46	73,72	0,829	87,74	91,58
0,984	9,94	12,32	0,932	43,79	51,39	0,880	66,89	74,11	0,828	88,12	91,87
0,983	10,71	13,25	0,931	44,27	51,89	0,879	67,31	74,49	0,827	88,50	92,15
0,982	11,48	14,20	0,930	44,75	52,39	0,578	67,74	74,88	0,826	88,88	92,44
0,981	12,28	15,16	0,929	45,22	52,89	0,877	68,16	75,26	0,825	89,26	92,72
0,980	13,08	16,14	0,928	45,69	53,39	0,876	68,58	75,64	0,824	89,64	93,00
0,979	13,90	17,14	0,927	46,16	53,88	0,875	69,01	76,02	0,823	90,02	93,28
0,978	14,73	18,14	0,926	46,63	54,36	0,874	69,43	76,40	0,822	90,39	93,55
0,977	15,56	19,14	0,925	47,09	54,84	0,873	69,85	76,78	0,821	90,76	93,82
0,976	16,40	20,15	0,924	47,55	55,32	0,872	70,27	77,15	0,820	91,13	94,09
0,975	17,23	21,16	0,923	48,01	55,80	0,871	70,70	77,53	0,819	91,50	94,35
0,974	18,07	22,16	0,922	48,47	56,27	0,870	71,12	77,90	0,818	91,87	94,61
0,973	18,89	23,14	0,921	48,93	56,74	0,869	71,54	78,27	0,817	92,23	94,87
0,972	19,71	24,12	0,920	49,39	57,21	0,868	71,95	78,64	0,816	92,59	95,13
0,971	20,52	25,08	0,919	49,84	57,67	0,867	72,37	79,00	0,815	92,96	95,38
0,970	21,32	26,03	0,918	50,29	58,13	0,866	72,79	79,37	0,814	93,31	95,63
0,969	22,10	26,96	0,917	50,75	58,59	0,865	73,21	79,73	0,813	93,67	95,88
0,968	22,87	27,87	0,916	51,20	59,05	0,864	73,63	80,09	0,812	94,03	96,13
0,967	23,63	28,76	0,915	51,65	59,50	0,863	74,04	80,45	0,811	94,38	96,37
0,966	24,37	29,64	0,914	52,09	59,95	0,862	74,46	80,81	0,810	94,73	96,61
0,965	25,09	30,49	0,913	52,54	60,40	0,861	74,87	81,17	0,809	95,08	96,85
0,964	25,81	31,32	0,912	52,99	60,84	0,860	75,29	81,52	0,808	95,43	97,08
0,963	26,51	32,14	0,911	53,43	61,29	0,859	75,70	81,87	0,807	95,77	97,31
0,962	27,19	32,93	0,910	53,88	61,73	0,858	76,12	82,23	0,806	96,11	97,54
0,961	27,86	33,71	0,909	54,32	62,17	0,857	76,53	82,57	0,805	96,46	97,76
0,960	28,52	34,47	0,908	54,76	62,61	0,856	76,94	82,92	0,804	96,79	97,99
0,959	29,17	35,22	0,907	55,20	63,04	0,855	77,35	83,27	0,803	97,13	98,20
0,958	29,81	35,95	0,906	55,65	63,47	0,854	77,76	83,61	0,802	97,47	98,42
0,957	30,43	36,67	0,905	56,09	63,91	0,853	78,17	83,96	0,801	97,80	98,63
0,956	31,05	37,37	0,904	56,52	64,34	0,852	78,58	84,03	0,800	98,13	98,84
0,955	31,66	38,08	0,903	56,96	64,75	0,851	78,99	84,64	0,799	98,46	99,05
0,954	32,25	38,74	0,902	57,40	65,19	0,850	79,40	84,97	0,798	98,79	99,26
0,953	32,84	39,40	0,901	57,84	65,61	0,849	79,81	85,31	0,797	99,11	99,46
0,952	33,42	40,06	0,900	58,27	66,03	0,848	80,21	85,64	0,796	99,44	99,66
0,951	33,99	40,70	0,899	58,71	66,45	0,847	80,62	85,97	0,795	99,76	99,86
0,950	34,56	41,33	0,898	59,15	66,87	0,846	81,02	86,30	0,794	100	100
0,949	35,11	41,95	0,897	59,58	67,29	0,845	81,43	86,63			

VI. Tafel zur Umrechnung von 1 *l* Alkohol-Wassermischung in Gramme für 15,55° *C*.

Vol.-%	1 *l* = Gramme	Vol.-%	1 *l* = Gramme	Vol.-%	1 *l* = Gramme	Vol.-%	1 *l* = Gramme	Vol.-%	1 *l* = Gramme
1	996,33	21	972,88	41	948,23	61	909,22	81	859,23
2	994,84	22	971,88	42	946,64	62	907,03	82	856,44
3	993,44	23	970,88	43	944,94	63	904,73	83	853,64
4	992,04	24	969,79	44	943,15	64	902,44	84	850,75
5	990,65	25	968,79	45	941,45	65	900,14	85	847,76
6	989,35	26	967,67	46	939,66	66	897,75	86	844,76
7	988,05	27	966,79	47	937,86	67	895,35	87	841,77
8	986,85	28	965,60	48	936,06	68	892,96	88	838,67
9	985,65	29	964,49	49	934,17	69	890,56	89	835,48
10	984,46	30	963,40	50	932,27	70	888,06	90	832,09
11	983,26	31	962,21	51	930,28	71	885,57	91	828,80
12	982,16	32	961,01	52	928,28	72	883,05	92	825,40
13	981,07	33	959,71	53	926,28	73	880,58	93	821,91
14	979,97	34	958,41	54	924,29	74	877,99	94	818,32
15	978,97	35	957,12	55	922,19	75	875,40	95	814,63
16	977,88	36	955,82	56	920,20	76	872,80	96	810,74
17	976,88	37	954,42	57	918,00	77	870,11	97	806,65
18	975,88	38	952,92	58	915,81	78	867,41	98	802,53
19	974,88	39	951,43	59	913,01	79	864,72	99	797,76
20	973,88	40	949,83	60	911,42	80	862,02	100	792,87

VIII. Tafel zur Ermittlung der Alkoholmenge in Litern aus dem Gewicht und der wahren Stärke des Branntweins.

Nettogewicht in *kg*	Wahre Stärke in Gewichtsprozenten:																			
	80	81	82	83	84	85	86	87	88	89	90	91	92	93	94	95	96	97	98	99
	Gehalt an reinem Alkohol in Litern:																			
0,5	0,5	0,5	0,5	0,5	0,5	0,5	0,5	0,5	0,6	0,6	0,6	0,6	0,6	0,6	0,6	0,6	0,6	0,6	0,6	0,6
1	1,0	1,0	1,0	1,0	1,1	1,1	1,1	1,1	1,1	1,1	1,1	1,1	1,2	1,2	1,2	1,2	1,2	1,2	1,2	1,1
2	2,0	2,0	2,1	2,1	2,1	2,1	2,2	2,2	2,2	2,2	2,3	2,3	2,3	2,3	2,4	2,4	2,4	2,4	2,5	2,5
3	3,0	3,1	3,1	3,1	3,2	3,2	3,3	3,3	3,3	3,4	3,4	3,4	3,5	3,5	3,6	3,6	3,6	3,7	3,7	3,7
4	4,0	4,1	4,1	4,2	4,2	4,3	4,3	4,4	4,4	4,5	4,5	4,6	4,6	4,7	4,7	4,8	4,8	4,9	4,9	5,0
5	5,0	5,1	5,2	5,2	5,3	5,4	5,4	5,5	5,6	5,6	5,7	5,7	5,8	5,9	5,9	6,0	6,1	6,1	6,2	6,2
6	6,1	6,1	6,2	6,3	6,4	6,4	6,5	6,6	6,7	6,7	6,8	6,9	7,0	7,0	7,1	7,2	7,3	7,3	7,4	7,5
7	7,1	7,2	7,2	7,3	7,4	7,5	7,6	7,7	7,8	7,9	8,0	8,0	8,1	8,2	8,3	8,4	8,5	8,6	8,7	8,7
8	8,1	8,2	8,3	8,4	8,5	8,6	8,7	8,8	8,9	9,0	9,1	9,2	9,3	9,4	9,5	9,6	9,7	9,8	9,9	10,1
9	9,1	9,2	9,3	9,4	9,5	9,7	9,8	9,9	10,0	10,1	10,2	10,3	10,5	10,6	10,7	10,8	10,9	11,0	11,1	11,2
10	10,1	10,2	10,4	10,5	10,6	10,7	10,9	11,0	11,1	11,2	11,4	11,5	11,6	11,7	11,9	12,0	12,1	12,2	12,4	12,5
11	11,1	11,2	11,4	11,5	11,7	11,8	11,9	12,1	12,2	12,4	12,5	12,6	12,8	12,9	13,1	13,2	13,3	13,5	13,6	13,7
12	12,1	12,3	12,4	12,6	12,7	12,9	13,0	13,2	13,3	13,5	13,6	13,8	13,9	14,1	14,2	14,4	14,5	14,7	14,8	15,0
13	13,1	13,3	13,5	13,6	13,8	14,0	14,1	14,3	14,4	14,6	14,8	14,9	15,1	15,3	15,4	15,6	15,8	15,9	16,1	16,2
14	14,1	14,3	14,5	14,7	14,8	15,0	15,2	15,4	15,6	15,7	15,9	16,1	16,3	16,4	16,6	16,8	17,0	17,1	17,3	17,5
15	15,1	15,3	15,5	15,7	15,9	16,1	16,3	16,5	16,7	16,9	17,0	17,2	17,4	17,6	17,8	18,0	18,2	18,4	18,6	18,7
16	16,2	16,4	16,6	16,8	17,0	17,2	17,4	17,6	17,8	18,0	18,2	18,4	18,6	18,8	19,0	19,2	19,4	19,6	19,8	20,0
17	17,2	17,4	17,6	17,8	18,0	18,2	18,5	18,7	18,9	19,1	19,3	19,5	19,7	20,0	20,2	20,4	20,6	20,8	21,0	21,2
18	18,2	18,4	18,6	18,9	19,1	19,3	19,5	19,8	20,0	20,2	20,5	20,7	20,9	21,1	21,4	21,6	21,8	22,0	22,3	22,5
19	19,2	19,4	19,7	19,9	20,1	20,4	20,6	20,9	21,1	21,3	21,6	21,8	22,1	22,3	22,5	22,8	23,0	23,3	23,5	23,7
20	20,2	20,5	20,7	21,0	21,2	21,5	21,7	22,0	22,2	22,5	22,7	23,0	23,2	23,5	23,7	24,0	24,2	24,5	24 7	25,0
30	30,3	30,7	31,1	31,4	31,8	32,2	32,6	33,0	33,3	33,7	34,1	34,5	34,8	35,2	35,6	36,0	36,4	36,7	37,1	37,5
40	40,4	40,9	41,4	41,9	42,4	42,9	43,4	43,9	44,4	44,9	45,4	46,0	46,5	47,0	47,5	48,0	48,5	49,0	49,5	50,0
50	50,5	51,1	51,8	52,4	53,0	53,7	54,3	54,9	55,5	56,2	56,8	57,4	58,1	58,7	59,3	60,0	60,6	61,2	61,9	62,5
60	60,6	61,4	62,1	62,9	63,6	64,4	65,1	65,9	66,7	67,4	68,2	68,9	69,7	70,4	71,2	72,0	72,7	73,5	74,2	75,0
70	70,7	71,6	72,5	73,3	74,2	75,1	76,0	76,9	77,8	78,7	79,5	80,4	81,3	82,2	83,1	84,0	84,8	85,7	86,6	87,5
80	80,8	81,8	82,8	83,8	84,8	85,8	86,9	87,9	88,9	89,9	90,9	91,9	92,9	93,9	94,9	95,9	97,0	98,0	99,0	100,0
90	90,9	92,0	93,2	94,3	95,4	96,6	97,7	98,9	100,0	101,1	102,3	103,4	104,5	105,7	106,8	107,9	109,1	110,2	111,3	112,5
100	101,0	102,3	103,5	104,8	106,0	107,3	108,6	109,8	111,1	112,4	113,6	114,9	116,1	117,4	118,7	119,9	121,2	122,5	123,7	125,0
200	202,0	204,5	207,0	209,6	212,1	214,6	217,1	219,7	222,2	224,7	227,2	229,8	232,3	234,8	237,3	239,9	242,4	244,9	247,4	250,0
300	303,0	306,8	310,6	314,4	318,1	321,9	325,7	329,5	333,3	337,1	340,9	344,7	348,4	352,2	356,0	359,8	363,6	367,4	371,2	375,0
400	404,0	409,0	414,1	419,1	424,2	429,2	434,3	439,3	444,4	449,4	454,5	459,5	464,6	469,6	474,7	479,7	484,8	489,8	494,9	499,9
500	505,0	511,3	517,6	523,9	530,2	536,5	542,9	549,2	559,5	561,8	568,1	574,4	580,7	587,0	593,4	599,7	606,0	612,3	618,6	624,9
600	606,0	613,6	621,1	628,7	636,3	643,9	651,4	659,0	666,6	674,2	681,7	689,3	696,9	704,5	712,0	719,6	727,2	734,8	742,3	749,9
700	707,0	715,8	724,7	733,5	742,3	751,2	760,0	768,8	777,7	786,5	795,4	804,2	813,0	821,9	830,7	839,5	848,4	857,2	866,1	874,9
800	808,0	818,1	828,2	838,3	848,4	858,5	868,6	878,7	888,8	898,9	909,0	919,1	929,2	939,3	949,4	959,5	969,6	979,7	989,8	999,9
900	909,0	920,3	931,7	943,1	954,4	965,5	977,2	988,5	999 9	1011,2	1022,6	1034,0	1045,3	1056,7	1088,0	1079,4	1090,8	1102,1	1113,5	1124,9
1000	1010,0	1023,0	1035,0	1048,0	1060,0	1073,0	1086,0	1098,0	1111,0	1124,0	1136,0	1149,0	1161,0	1174,0	1187,0	1199,0	1212,0	1225,0	1237,0	1250,0

VII. Tafel zur Umrechnung von 1 *kg* Alkohol-Wassermischung in Liter für 15,55° *C*.

Vol.-%	1 *kg* = Liter	Vol.-%	1 *kg* = Liter	Vol.-%	1 *kg* = Liter	Vol.-%	1 *kg* = Liter	Vol.-%	1 *kg* = Liter
1	1,003681	21	1,027873	41	1,054589	61	1,099842	81	1,163832
2	1,005191	22	1,028928	42	1,056368	62	1,102504	82	1,167029
3	1,006606	23	1,030091	43	1,058264	63	1,105301	83	1,171450
4	1,008022	24	1,031151	44	1,060279	64	1,108111	84	1,175435
5	1,009444	25	1,032213	45	1,062190	65	1,110937	85	1,179585
6	1,010767	26	1,033364	46	1,064220	66	1,113902	86	1,183765
7	1,012095	27	1,034451	47	1,066256	67	1,116879	87	1,187975
8	1,013322	28	1,035627	48	1,068304	68	1,119875	88	1,192357
9	1,014554	29	1,036819	49	1,070472	69	1,122886	89	1,196914
10	1,015787	30	1,037986	50	1,072649	70	1,126040	90	1,201794
11	1,017024	31	1,039278	51	1,074951	71	1,129212	91	1,206569
12	1,018161	32	1,040573	52	1,077261	72	1,132402	92	1,211528
13	1,019300	33	1,041980	53	1,079582	73	1,135610	93	1,216677
14	1,020442	34	1,043390	54	1,081913	74	1,138963	94	1,222017
15	1,021482	35	1,044804	55	1,084371	75	1,142341	95	1,227555
16	1,022628	36	1,046222	56	1,086841	76	1,145736	96	1,233447
17	1,023673	37	1,047753	57	1,089322	77	1,149284	97	1,239703
18	1,024720	38	1,049399	58	1,091933	78	1,152853	98	1,246332
19	1,025768	39	1,051050	59	1,094557	79	1,156445	99	1,253503
20	1,026820	40	1,052817	60	1,097193	80	1,160060	100	1,261233

IX. Tafel zur Umrechnung der wahren Gewichtsprozente in wahre Volumenprozente (15,55° *C*).

Gew.-%	Vol.-%	Gew.-%	Vol.-%	Gew.-%	Vol.-%	Gew.-%	Vol.-%	Gew.-%	Vol.-%
1	1,2	21	25,7	41	48,4	61	68,7	81	86,3
2	2,5	22	26,8	42	49,5	62	69,6	82	87,1
3	3,7	23	28,0	43	50,6	63	70,5	83	87,9
4	5,0	24	29,2	44	51,6	64	71,5	84	88,7
5	6,2	25	30,4	45	52,7	65	72,4	85	89,5
6	7,5	26	31,5	46	53,7	66	73,3	86	90,3
7	8,7	27	32,7	47	54,8	67	74,2	87	91,0
8	9,9	28	33,9	48	55,8	68	75,1	88	91,8
9	11,2	29	35,0	49	56,8	69	76,0	89	92,5
10	12,4	30	36,2	50	57,8	70	76,9	90	93,3
11	13,6	31	37,3	51	58,9	71	77,8	91	94,0
12	14,8	32	38,5	52	59,9	72	78,1	92	94,7
13	16,1	33	39,6	53	60,9	73	79,6	93	95,4
14	17,3	34	40,7	54	61,9	74	80,4	94	96,1
15	18,5	35	41,8	55	62,8	75	81,3	25	96,8
16	19,7	36	42,9	56	63,8	76	82,1	96	97,5
17	20,9	37	44,1	57	64,8	77	83,0	97	98,1
18	22,1	38	45,2	58	65,8	78	83,8	98	98,8
19	23,3	39	46,3	59	66,7	79	84,7	99	99,4
20	24,5	40	47,3	60	67,7	80	85,5	100	100,0

X. Tafel zur Umrechnung der wahren Volumenprozente in wahre Gewichtsprozente (15,55° *C*).

Vol.-%	Gew.-%	Vol.-%	Gew.-%	Vol.-%	Gew.-%	Vol.-%	Gew.-%	Vol.-%	Gew.-%
0	0,04	20	16,39	40	33,54	60	52,31	80	73,08
1	0,85	21	17,23	41	34,43	61	53,31	81	74,84
2	1,66	22	18,08	42	35,33	62	54,32	82	76,00
3	2,47	23	18,92	43	36,23	63	55,33	83	77,18
4	3,27	24	19,76	44	37,13	64	56,35	84	78,37
5	4,08	25	20,60	45	38,04	65	57,37	85	79,58
6	4,88	26	21,44	46	38,94	66	58,40	86	80,80
7	5,69	27	22,28	47	39,86	67	59,44	87	82,03
8	6,50	28	23,13	48	40,78	68	60,48	88	83,28
9	7,31	29	23,99	49	41,71	69	61,53	89	84,54
10	8,12	30	24,85	50	42,64	70	62,59	90	85,82
11	8,94	31	25,71	51	43,58	71	63,66	91	87,12
12	9,75	32	26,57	52	44,53	72	64,74	92	88,44
13	10,57	33	27,43	53	45,48	73	65,83	93	89,79
14	11,39	34	28,29	54	46,44	74	66,92	94	91,16
15	12,22	35	29,16	55	47,40	75	68,02	95	92,56
16	13,05	36	30,03	56	48,37	76	69,13	96	93,99
17	13,88	37	30,90	57	49,35	77	70,26	97	95,45
18	14,72	38	31,78	58	50,33	78	71,39	98	96,95
19	15,55	39	32,66	59	51,32	79	72,53	99	98,51
								100	100,13

XI. Zusammenziehung beim Mischen von Alkohol mit Wasser.

Alkoholgehalt in Maßprozenten	Spezifisches Gewicht $\delta\left(\frac{15,55}{15,55}\right)^0 C$	100 *l* enthalten: Alkohol *l*	Wasser *l*	Zusammenziehung beim Mischen *l*	Alkoholgehalt in Maßprozenten	Spezifisches Gewicht $\delta\left(\frac{15,55}{15,55}\right)^0 C$	100 *l* enthalten: Alkohol *l*	Wasser *l*	Zusammenziehung beim Mischen *l*
0	1,0000	0	100,000	0,000	60	0,9134	60	43,664	3,664
10	0,9866	10	90,714	0,714	70	0,8900	70	33,378	3,378
20	0,9760	20	81,708	1,708	80	0,8639	80	22,822	2,822
30	0,9655	30	72,712	2,712	90	0,8339	90	11,876	1,876
40	0,9519	40	63,406	3,406	100	0,7946	100	0,000	0,000
50	0,9343	50	53,700	3,700					

XII. Verdünnungstabelle bei 15° C.

Um aus 100 *l* Spirit. von Vol.-%	94	93	92	91	90	89	88	87	86	85	84	83	82	81	80
	Branntwein von den in der ersten Vertikalspalte angegebenen Vol.-% zu erhalten, setzt man *l* Wasser zu														
30	220,5	216,9	213,4	209,8	206,3	202,7	199,2	195,6	192,1	188,6	185,1	181,6	178,1	174,6	171,1
31	210,4	206,9	203,5	200,0	196,6	193,1	189,7	186,3	182,9	179,4	176,0	172,6	169,2	165,9	162,5
32	200,9	197,5	194,2	190,8	187,5	184,1	180,8	177,5	174,2	170,9	167,6	164,3	161,0	157,7	154,4
33	192,0	188,7	185,4	182,2	178,9	175,7	172,5	169,2	166,0	162,8	159,6	156,4	153,2	150,0	146,8
34	183,6	180,4	177,2	174,0	170,9	167,7	164,6	161,4	158,3	155,2	152,1	148,9	145,8	142,7	139,6
35	175,6	172,5	169,4	166,3	163,3	160,2	157,1	154,1	151,0	148,0	145,0	141,9	138,9	135,9	132,9
36	168,1	165,1	162,1	159,1	156,1	153,1	150,1	147,1	144,2	141,2	138,3	135,3	132,4	129,4	126,5
37	161,0	158,0	155,1	152,2	149,3	146,3	143,4	140,5	137,7	134,8	131,9	129,0	126,1	123,3	120,4
38	154,2	151,4	148,5	145,6	142,8	140,0	137,1	134,3	131,5	128,7	125,9	123,1	120,3	117,5	114,7
39	147,8	145,0	142,2	139,4	136,6	133,9	131,1	128,4	125,6	122,9	120,1	117,4	114,7	111,9	109,2
40	141,7	139,0	136,2	133,5	130,8	128,1	125,4	122,7	120,0	117,3	114,7	112,0	109,3	106,7	104,0
41	135,9	133,2	130,5	127,9	125,2	122,6	120,0	117,3	114,7	112,1	109,5	106,9	104,2	101,6	99,1
42	130,4	127,7	125,1	122,5	119,9	117,3	114,7	112,2	109,6	107,1	104,5	101,9	99,4	96,9	94,3
43	125,0	122,5	119,9	117,4	114,8	112,3	109,8	107,3	104,8	102,3	99,8	97,3	94,8	92,3	89,8
44	120,0	117,5	115,0	112,5	110,0	107,5	105,0	102,6	100,1	97,7	95,2	92,8	90,4	87,9	85,5
45	115,1	112,7	110,2	107,8	105,3	102,9	100,5	98,1	95,7	93,3	90,9	88,5	86,1	83,7	81,4
46	110,5	108,1	105,7	103,3	100,9	98,5	96,1	93,8	91,4	89,1	86,7	84,4	82,1	79,7	77,4
47	106,0	103,7	101,3	99,0	96,6	94,3	92,0	89,7	87,4	85,1	82,8	80,5	78,2	75,9	73,6
48	101,7	99,4	97,1	94,8	92,5	90,2	88,0	85,7	83,4	81,2	78,9	76,7	74,4	72,2	70,0
49	97,6	95,4	93,1	90,8	88,6	86,4	84,1	81,9	79,7	77,5	75,3	73,1	70,9	68,7	66,5
50	93,7	91,4	89,2	87,0	84,8	82,6	80,4	78,2	76,1	73,9	71,7	69,6	67,4	65,3	63,1

Besteuerung.

Vor dem jetzt geltenden Steuergesetz, das eine Produktionssteuer darstellt, war die Maischraumsteuer in Kraft, welche in Norddeutschland bereits seit dem Jahre 1820 bestand. Durch das Gesetz vom 24. Juni 1887 wurde das Maischraumsteuergesetz auch in den süddeutschen Staaten eingeführt und neben der Maischraumsteuer und Materialsteuer eine Verbrauchsabgabe innerhalb des Kontingentes mit 0,50 M., außerhalb des Kontingentes mit 0,70 M. pro *l* Alkohol sowie Zuschläge zur Verbrauchsabgabe eingeführt. Beim Maischraumsteuergesetz wurde eine Steuer von dem verwendeten Gärbottichraum erhoben, u. zw. pro 100 *l* Maischraum 1,31 M., die jedoch in kleineren Betrieben je nach der Größe der Gärbottiche ermäßigt wurde. Das Gesamtkontingent betrug ursprünglich 4,5 *l* Alkohol pro Kopf der Bevölkerung, wurde aber seit 1898 nach dem Durchschnitt derjenigen Branntweinmenge festgestellt, welche in den vorhergehenden 5 Jahren im Inlande zu Trinkzwecken verwendet wurde.

Durch das Branntweinsteuergesetz vom 15. Juli 1909 wurde das Maischraumsteuergesetz vom Jahre 1887 aufgehoben und eine Produktionssteuer verordnet. In diesem Gesetz von 1909 blieb die Kontingentierung zwar weiter bestehen, wurde jedoch durch das Gesetz vom 14. Juni 1912 größtenteils beseitigt.

Das Branntweinsteuergesetz unterscheidet landwirtschafliche, gewerbliche, Obst- und Klein-Brennereien.

Als landwirtschaftliche Brennereien gelten solche, die ausschließlich Kartoffeln oder Getreide verarbeiten und die sämtlichen Rückstände ihres Betriebes in einer oder mehreren den Eigentümern oder Besitzern der Brennerei gehörenden oder von ihnen betriebenen Wirtschaften verfüttern, während der erzeugte Dünger vollständig auf dem den Eigentümern oder Besitzern der Brennerei gehörenden oder von ihnen bewirtschafteten Grund und Boden verwendet wird. Als Obstbrennereien gelten alle Brennereien, die ausschließlich Obst, Beeren oder Rückstände davon verarbeiten. Diesen gleichgestellt sind die Betriebe, welche Wein, Weinhefe, Most, Wurzeln oder Rückstände davon oder von der Bierbereitung ausschließlich oder neben Obst, Beeren oder Rückständen davon verarbeiten.

Als gewerbliche Brennereien sind alle Brennereien, welche Hefe erzeugen, sowie diejenigen anzusehen, welche weder zu den landwirtschaftlichen noch zu den Obstbrennereien und den diesen gleichgestellten Brennereien gehören. Betriebe, die bereits vor dem 1. April 1909 als landwirtschaftliche Hefebrennereien bestanden haben, gelten als landwirtschaftliche Brennereien weiter, wenn sie die sonstigen Bedingungen der landwirtschaflichen Brennereien erfüllen.

Nach dem neuen Branntweinsteuergesetz ist der Alkohol mit zwei Abgaben belastet, der Verbrauchsabgabe und der Betriebsauflage. Beide sind für die verschiedenen Arten der Brennerei verschieden.

Verbrauchsabgabe.

Gewerbliche Brennereien.

	Baden, Württemberg, Bayern, Hohenzollern im Kontingent	Baden, Württemberg, Bayern, Hohenzollern außer Kontingent	für die übrigen Staaten und Provinzen im Kontingent	für die übrigen Staaten und Provinzen außer Kontingent
bis 10 *hl*	114,00 M.	125,00 M.	125,00 M.	125,00 M.
„ 100 „	115,00 „	125,00 „	125,00 „	125,00 „
„ 200 „	116,00 „	125,00 „	125,00 „	125,00 „
„ 300 „	117,00 „	125,00 „	125,00 „	125,00 „
über 300 „	120,00 „	125,00 „	125,00 „	125,00 „

Landwirtschaftliche und ausschließlich Roggen, Weizen, Buchweizen, Hafer oder Gerste verarbeitende Betriebe.

	Baden, Württemberg, Bayern, Hohenzollern im Kontingent	Baden, Württemberg, Bayern, Hohenzollern außer Kontingent	für die übrigen Staaten und Provinzen nur für die Menge des Kontingentes von 1911/12	für die übrigen Staaten und Provinzen außer Kontingent
bis 10 *hl*	114,00 M.	125,00 M.	116,00 M.	125,00 M.
„ 100 „	115,00 „	125,00 „	116,00 „	125,00 „
„ 200 „	116,00 „	125,00 „	117,00 „	125,00 „
„ 300 „	117,00 „	125,00 „	117,50 „	125,00 „
über 300 „	117,50 „	125,00 „	125,00 „	125,00 „

Obstbrennereien.

	Baden, Württemberg, Bayern, Hohenzollern	für die übrigen Staaten und Provinzen
bei Erzeugung von nicht mehr als 0,5 *hl*	84,00 M.	84,00 M.
für die vor dem 1. April 1912 betriebsfähigen	im Kontingent	im Kontingent
bis 10 *hl*	114,00 M.	114,00 M.
„ 100 „	115,00 „	116,00 „
„ 200 „	116,00 „	117,00 „
„ 300 „	117,00 „	117,50 „
über 300 „	125,00 „	125,00 „
	außer Kontingent 125,00	

Betriebsauflage.

Die Betriebsauflage ist je nach der im Betriebe erzeugten Alkoholmenge einer Staffelung unterworfen.

Sie beträgt für die Erzeugung innerhalb des Brennrechtes:

bis zu 50 *hl*	4,00 M.	über 1200 bis 1400 *hl*	9,00 M.
über 50 bis 100 „	4,50 „	„ 1400 „ 1600 „	9,50 „
„ 100 „ 150 „	5,00 „	„ 1600 „ 1800 „	10,00 „
„ 150 „ 200 „	5,50 „	„ 1800 „ 2000 „	10,50 „
„ 200 „ 300 „	6,00 „	„ 2000 „ 2200 „	11,00 „
„ 300 „ 400 „	6,50 „	„ 2200 „ 2400 „	11,50 „
„ 400 „ 600 „	7,00 „	„ 2400 „ 2600 „	12,00 „
„ 600 „ 800 „	7,50 „	„ 2600 „ 2800 „	12,50 „
„ 800 „ 1000 „	8,00 „	„ 2800 „ 3000 „	13,00 „
„ 1000 „ 1200 „	8,50 „	„ 3000 *hl*	14,00 „

vom Hektoliter Alkohol.

Ermäßigt wird diese für die vor dem 1. Oktober 1908 betriebsfähig hergerichteten Brennereien mit einer Jahreserzeugung

von mehr als 10, nicht aber mehr als 50 *hl* Alkohol auf $^1/_{10}$
„ „ „ 50 „ „ „ „ 100 „ „ „ $^2/_{10}$
„ „ „ 100 „ „ „ „ 200 „ „ „ $^3/_{10}$
„ „ „ 200 „ „ „ „ 300 „ „ „ $^8/_{10}$.

Bei einer Jahreserzeugung von mehr als 300 *hl* muß die volle Betriebsauflage bezahlt werden, mit Ausnahme von Brennereien, die ausschließlich Roggen, Weizen, Buchweizen, Hafer oder Gerste verarbeiten und vor dem 1. Oktober 1908 betriebsfähig hergerichtet waren. Diese zahlen bei einer Erzeugung von über 300, aber nicht über 600 *hl* nur $^8/_{10}$ der Betriebsauflage. Ebenso zahlen landwirtschaftliche Genossenschafts-Brennereien, die als solche schon vor dem 1. April 1895 bestanden haben, für den Umfang des damaligen Betriebes nur $^8/_{10}$ der Betriebsauflage.

Von der Betriebsauflage befreit sind Kleinbrennereien, die vor dem 1. Oktober 1908 bestanden haben, für eine Erzeugung von nicht mehr als 10 *hl* und solche Brennereien, die nach dem 30. September 1908 betriebsfähig hergerichtet wurden, wenn sie nicht mehr als 50 *hl* Alkohol erzeugen.

Die Betriebsauflage (§ 42) erhöht sich

1. während der Monate, in denen eine Brennerei mit Hefenerzeugung betrieben wird, um 3 M.,

2. bei landwirtschaftlichen Brennereien, die im Laufe des Betriebsjahres Kartoffeln oder Mais verarbeiten, für den in der Zeit vom 16. Juni bis einschließlich 15. September hergestellten Branntwein, unbeschadet der Vorschrift in Nr. 1, um 3 M.,

3. bei gewerblichen Brennereien, unbeschadet der Vorschrift Nr. 1., um 4 M. für das Hektoliter Alkohol;

4. bei solchen am Kontingente beteiligten Brennereien, die Rübenstoffe (Melasse, Rüben oder Rübensaft) oder Zellstoffe verarbeiten, sofern sie in einem Betriebsjahr eine Alkoholmenge herstellen, die das im Betriebsjahr 1894/95 innegehabte Kontingent um mehr als ein Fünftel übersteigt, unbeschadet der Vorschriften in Nr. 1 und 3, um 3 M. für jedes Hektoliter Alhohol;

5. bei den nach dem 30. Juni 1895 betriebsfähig hergerichteten und den neu entstehenden Brennereien, die Rüben- und Zellstoffe verarbeiten, unbeschadet der Vorschriften in Nr. 1 und 3, um 5 M. für das Hektoliter Alkohol.

Für den außerhalb des Durchschnittsbrandes hergestellten Branntwein erhöht sich die nach vorhergehenden Daten berechnete Betriebsauflage um $^5/_{10}$, jedoch bei gewerblichen Brennereien mindestens auf 22 M., bei Hefebrennereien auf 25 M. und bei den übrigen Brennereien, mit Ausnahme derjenigen, welche ausschließlich Wein, Weinhefe, Weintrester, Steinobst, Kernobst, Beeren oder Wurzeln verarbeiten, auf mindestens 18 M.

Kleinbrennereien und die Obstbrennereien, welche unter 50 *l* aus selbstgebautem Obst erzeugen, entrichten für das Liter Alkohol 0,20 M., soweit sie Branntwein herstellen, der dem höheren Verbrauchsabgabesatz unterliegt.

Wird der Durchschnittsbrand gekürzt, so erhöht sich die Betriebsauflage für den Überbrand für jedes Hundertteil, um das gekürzt wird, auf die Dauer der Kürzung um 1 Mark, jedoch im ganzen um nicht mehr als 6 M. für das Hektoliter Alkohol.

Ein Teil des alljährlich erzeugten Alkohols unterliegt der vollständigen Vergällung. Die Menge wird jährlich im Bundesrate festgestellt.

Vollständig der Vergällung unterliegt der Überbrand. Bei den Brennereien, die ihr Erzeugnis ganz oder zum größten Teile zu gebrauchsfertigem Trinkbranntwein von nicht mehr als 50 Hundertteilen Alkoholgehalt verarbeiten und selbst vertreiben, ist der Branntwein von der Vergällungspflicht freizulassen, der einer Alkoholmenge gleichkommt, die an dieser Brennerei selbst im Durchschnitte der Betriebsjahre 1909/10–1911/12 nachweislich zu Trinkbranntwein weiter verarbeitet und vertrieben worden ist.

Die Vergällungspflicht gilt als erfüllt, wenn der vergällungspflichtige Branntwein ausgeführt oder nachgewiesen wird, daß eine gleiche Menge Branntwein, die der Vergällungspflicht nicht unterlag, vollständig vergällt oder ausgeführt worden ist. Von der Vergällungspflicht befreit ist Branntwein

1. aus Brennereien mit einer Jahreserzeugung von nicht mehr als 150 *hl* Alkohol;
2. aus Obstbrennereien;
3. aus Brennereien, die ausschließlich Roggen, Weizen, Buchweizen, Hafer oder Gerste verarbeiten und nicht Hefe nach dem Würzeverfahren herstellen.

Vergütungen.

Aus den Einnahmen der Betriebsauflagen werden für vergällten und ausgeführten Branntwein Vergütungen gezahlt.

Die Vergütung für vollständig vergällten Branntwein wird doppelt so hoch bemessen, wie für unvollständig vergällten.

Der Bundesrat ist ermächtigt, für Branntwein, der zur Herstellung von Essig, essigsauren Salzen, Zellhorn, Kunstseide und Kunstleder sowie aus Teerfarbstoffen und ihren organischen Vorerzeugnissen unvollständig vergällt wird, die Vergütung für vollständig vergällten Branntwein, indessen nicht mehr als 20 M. für das Hektoliter Alkohol zu gewähren. Ferner bei der Ausfuhr von Likören und aus Steinobst oder Beeren hergestelltem Branntwein in Flaschen bis zu einem Liter oder in Fässern oder Korbflaschen bis zu 100 *l* Raumgehalt die Vergütung für die Ausfuhr bis auf das Doppelte zu erhöhen. Bei der Ausfuhr von Trinkbranntwein aus dem freien Verkehre, sowie von Erzeugnissen, zu deren Herstellung versteuerter oder verzollter Branntwein verwendet worden ist, kann nach näherer Bestimmung des Bundesrats eine Vergütung aus der Betriebsauflage in gleicher Höhe wie bei der Ausfuhr von Branntwein gewährt werden.

Eingangszoll.

Einfuhr aus dem Auslande.

Der Eingangszoll für den *dz* beträgt vom 10. Juli 1909 ab:

für Branntwein aller Art, einschließlich des Weingeistes, für Arrak, Rum, Kognak und versetzte Branntweine, sowie für Mischungen von Weingeist mit Äther und Lösungen von Äther in Weingeist

1. in Fässern
   a) Likör . . . . . 350 M.
   b) anderen Branntwein . . . . . 275 „
2. in anderen Behältnissen . . . . . 350 „

für Äther aller Art, einfache und zusammengesetzte, auch Kognaköl (Weinbeeröl)
1. in Fässern . . . . . 275 „
2. in anderen Behältnissen . . . . . 350 „

für äther- oder weingeisthaltige Riechmittel (Parfümerien) und Schönheitsmittel (kosmetische Mittel, z. B. Haarfärbemittel sowie Haut- und andere Verschönerungsmittel); für äther- oder weingeisthaltige Kopf-, Mund- und Zahnwässer; für wohlriechende oder zur Verbreitung von Wohlgeruch dienende äther- oder weingeisthaltige Auszüge (Essenzen, Extrakte, Tinkturen) und Wässer; für wohlriechenden Essig . . . . . 400 „

für Essigsäure, auch krystallisiert (Eisessig), und Essigsäureanhydrid bei einem Gewichte der unmittelbaren Umschließung nebst Inhalt
von mindestens 20 *kg* . . . . . 42 „
von weniger als 20 *kg* . . . . . 78 „

Der Bundesrat wird ermächtigt, die im Abs. 1 vorgesehenen Zollsätze für Branntwein u. s. w.

1. in Fässern
   a) Likör von 350 bis auf 300 M.;
   b) anderen Branntwein von 275 bis auf 225 M.;
2. in anderen Behältnissen von 350 bis auf 300 M.,

für äther- oder weingeisthaltige Riech- und Schönheitsmittel, Kopf-, Mund- und Zahnwässer, wohlriechende u. s. w. Auszüge und Wässer, wohlriechenden Essig von 400 bis auf 350 M. vom 10. Juli 1909 ab herabzusetzen.

Das Branntweinsteuergesetz schützt den Branntweinkonsum durch Untersagung der Verwendung von Branntweinschärfen. Ferner bestimmt es, daß unter der Bezeichnung Kornbranntwein nur Branntwein in den Verkehr gebracht werden darf, der ausschließlich aus Roggen, Weizen, Buchweizen, Hafer oder Gerste hergestellt und nicht im Würzeverfahren erzeugt ist. Als Kornbranntweinverschnitt darf nur Branntwein in den Verkehr gebracht werden, der mindestens 25% Kornbranntwein enthält. Als Kirschwasser und Zwetschenwasser darf nur Branntwein in den Verkehr gebracht werden, der ausschließlich aus Kirschen oder Zwetschen hergestellt ist.

Vergällung.

Branntwein, der zu gewerblichen Zwecken einschließlich der Essigbereitung, zu Putz-, Heizungs-, Koch- oder Beleuchtungszwecken oder in öffentlichen Kranken-, Entbindungs- und ähnlichen Anstalten oder in öffentlichen wissenschaftlichen Lehranstalten Verwendung findet, wird Steuerfreiheit, u. zw. in der Regel nach Vergällung des Branntweines, in besonderen Fällen ohne Vergällung auf Grund eines Nachweises über die Verwendung des Branntweins gewährt. Die Steuerfreiheit umfaßt den Erlaß der Verbrauchsabgabe von 1,25 M. und eine Vergütung aus den Einnahmen der Betriebsauflage. Die Vergütung beträgt 1. für vollständig vergällten Branntwein α) des Überbrandes 0,075 M., β) anderer Art 0,28 M. 2. für unvollständig vergällten Branntwein, der verwendet wird α) zur Herstellung von Essig, essigsauren Salzen, Zellhorn, Kunstseide und Kunstleder, sowie von Teerfarbstoffen und ihren organischen Vorerzeugnissen 0,20 M. β) zu anderen Zwecken, 0,14 M. pro *l* Alkohol. Für solchen Branntwein, den die Hersteller von Bleiweiß für die Erzeugung von Essig beziehen, wird die Vergütung von 0,20 M. nicht gewährt, sofern der Essig zur Bleiweißbereitung gebraucht wird. Von der Steuerfreiheit ist ausgeschlossen der im freien Verkehr befindliche Branntwein und Branntwein, der einen größeren Gehalt an Nebenerzeugnissen der Gärung und des Abbrennens als ein Hundertstel des Gewichtes der Alkoholmenge besitzt.

Die Vergällung ist entweder vollständig oder unvollständig. Zur vollständigen Vergällung dient ein Gemisch von vier Raumteilen Holzgeist und einem Raumteile Pyridinbasen, welchem Lavendel- oder Rosmarinöl bis zu 50 *g* auf ein *l* hinzugefügt werden darf. Von dem Gemisch werden dem Branntwein $2^1/_2$ *l* auf 100 *l* Alkohol zugesetzt. Die vollständige Vergällung kann auch durch Zusatz von 1,25 *l* des oben genannten Vergällungsmittels erfolgen, wenn außerdem noch 2—20 *l* Benzol auf je 100 *l* Alkohol zugesetzt werden.

Zur unvollständigen Vergällung dürfen folgende Stoffe verwendet werden, u. zw. für je 100 *l* Alkohol:

a) Zu gewerblichen Zwecken aller Art einschließlich zur Herstellung bestimmter Heilmittel 25 *l* Holzgeist oder 0,5 *l* Pyridinbasen.

b) Zur Herstellung von Brauglasur und zum Appretieren von Gummizeugen 20 *l* Schellacklösung, die aus einem Gewichtsteil Schellack und 2 Gewichtsteilen Branntwein von mindestens 90 *Gew.-%* hergestellt sind.

c) Zur Herstellung von Zellhorn, Kunstleder und synthetischem Campher 1 *kg* Campher oder 2 *l* Terpentinöl oder 0,5 *l* Benzol.

d) Zur Herstellung von Äther mit der aus § 27 der Branntweinsteuerbefreiungsordnung sich ergebenden Beschränkung, äthylschwefelsaure Salze, Agarizin, Podophyllin und Scammonium, Guajacharz, Jalapenharz sowie andere Harze und Gummiharze, Aldehyd und Paraldehyd, Bleiweiß und essigsaure Salze, Chlor- und Jodäthyl, Chlor-, Brom- und Jodsilbergelatine und ähnliche Zubereitungen sowie photographische Platten und Papiere, Chloralhydrat, Elektrodenplatten für elektrische Sammler, Essigäther mit der aus § 27 sich ergebenden Beschränkung, Glykoside, Klebegummipräparate Kollodium und Chlor-, Brom- und Jodsilberkollodium sowie Lösungen von Kollodiumwolle in

Branntwein und Amylacetat oder anderen Lösungsmitteln, Pankreatin, Pflanzenbasen, Salicylsäure und salicylsaure Salze, Santonin, Tannin, Teerfarbstoffe einschließlich der zu ihrer Gewinnung bestimmten Hilfs- und Zwischenstoffe sowie Lösungen von Teerfarbstoffen für die Zeugdruckerei, chemische Präparate, welche keinen Branntwein enthalten mit Ausnahme der im § 71 der Branntweinsteuerbefreiungsordnung unter a–e bezeichneten zusammengesetzten Äther, Verbandstoffe einschließlich Nutzstoffe für Heilzwecke 10 *l* Äther oder 1 *l* Benzol oder 0,5 *l* Terpentinöl oder 0,025 *l* Tieröl.

e) Zur Herstellung von Chloroform, Jodoform, Bromoform und Bromäthyl, Chloräthyl sowie von brom- und jodhaltigen Fetten zu Heilzwecken 300 *g* Chloroform oder 200 *g* Jodoform oder 300 *g* Bromäthyl oder 500 *g* Chloräthyl.

f) Zur Herstellung von Essig 200 *l* 3%iger Essig oder 150 *l* 4%iger Essig oder 100 *l* 6%iger Essig oder 75 *l* 8%iger oder 60 *l* 10%iger oder 50 *l* 12%iger oder 30 *l* 6%iger Essig, neben welchem 70 *l* Wasser und 100 *l* Bier zugesetzt werden müssen.

g) Zur Herstellung von Farblacken, Stempelfarben und Tinten: 0,5 *l* Terpentinöl oder 0,025 *l* Tieröl.

h) Zur Herstellung von Lacken aller Art, Polituren, Bettstreichwachs, Vanillezucker sowie zur Speisung von Glasierlampen, zum Appretieren von Seidenbünden, zum Schattieren von Tonwerkzeugen und zur Reinigung von Schmierkannen, Billardgestellen und galvanisch verzinnten feinen Metallwaren, 0,5 *l* Terpentinöl.

i) Zur Herstellung wissenschaftlicher Präparate zu Lehrzwecken: 1 *l* Petroleumbenzin.

k) Zur Herstellung von festen Seifen 1 *kg* Ricinusöl und 400 *g* Natron- oder Kalilauge.

l) Zur Herstellung von Wollfetten und Wollspicklölen und Galalith 5 *l* Petroleumbenzin.

Die hier bezeichneten Denaturierungsstoffe müssen durch einen Chemiker geprüft werden und sind bis zu ihrer Verwendung als Vergällungsmittel unter amtlichem Verschluß aufzubewahren.

Handel mit vergälltem Branntwein.

Vergällter Branntwein darf nur verkauft werden, wenn die wahre Stärke nicht weniger als 80 *Gew.-%* anzeigt. Er darf im Kleinhandel nur in Behältnissen von 50, 20, 10, 5 und einem Liter Raumgehalt feilgehalten werden, die verschlossen und mit einer Angabe der Alkoholstärke versehen sind.

Ohne Vergällung darf Branntwein steuerfrei abgelassen werden

a) an Kranken-, Entbindungs- und ähnliche Anstalten, welche nicht nach § 30 der Gewerbeordnung der Konzessionspflicht unterliegen, sowie an öffentliche wissenschaftliche Lehranstalten,

b) an militärtechnische Anstalten und an Anstalten für die Herstellung von Pulver und Knallquecksilber.

Besteuerung des Alkohols in außerdeutschen Ländern.

Österreich-Ungarn. Zurzeit ist ein neues Branntweinsteuergesetz in Vorbereitung.

Rußland. Branntweinmonopol.

Frankreich. Konsumtionssteuer 220 Fr. (176 M.) pro *hl* à 100%. Daneben Lizenzgebühr für Brenner und Destillateure pro $^1/_4$ Jahr bei einer Erzeugung von nicht mehr als

50 *hl*	10 Fr.
51–150 „	15 „
über 150 „	30 „

Für Branntwein aus anderen Stoffen als Wein, Apfelwein, Birnenmost, Hefe, Trestern und Obst (außer Rum und Genever) wird ab 1. Januar 1912 eine Fabrikationsgebühr von 2,33 Fr. pro *hl* r. A. erhoben.

Schweiz. Monopol.

Italien. Fabrikationssteuer seit 21. Sept. 1910 270 *l* = 216 M. pro *hl* r. A. Außerdem verschiedene Gemeindeverbrauchssteuern auf Alkohol.

Belgien. Produktionssteuer 150 Fr. pro *hl* à 50%.

Schweden. Produktionssteuer 65 Öre (73$^1/_8$ Pf.) pro *l* à 50%.

Großbritannien. Konsumtionssteuer 14 Sh. 9 Pence (15,04 M.) pro Gallon proof spirits.

Spanien. Seit dem 1. Januar 1910 beträgt der Steuersatz für Alkohol aus Wein 25, Industriealkohol 55, denaturierten Alkohol 7,5 Pesetas pro *hl* Raumgehalt. Vergällter Spiritus darf mit keiner besonderen Steuer seitens der Gemeindehörden und Provinzen belegt werden.

Rumänien. Fabrikatsteuer: Für den aus Getreide und Kartoffeln hergestellten Spiritus 2 Lei (1,60 M.) pro *l* à 100%.

Vereinigte Staaten von Nordamerika. Konsumtionssteuer 1,10 Dollar pro proof. Gallon 3,785 *l* à 50%. Außerdem erheben die einzelnen Staaten eine Lizenzsteuer.

Statistisches.

Kartoffelernte, Einfuhr und Ausfuhr in Deutschland in Mill. *dz:*

Jahr	Kartoffelernte	Einfuhr	Ausfuhr	Jahr	Kartoffelernte	Einfuhr	Ausfuhr
1903	429,02	1,794	2,729	1908	463,42	3,294	1,156
1904	362,87	3,112	2,438	1909	467,06	3,466	1,244
1905	483,23	3,541	1,487	1910	434,68	3,106	3,050
1906	429,37	2,650	1,583	1911	343,74	7,914	2,898
1907	455,38	3,367	1,105	1912	502,09	8,223	1,245

Kartoffelernte in den wichtigsten Kulturländern:

Land	Jahr	Mill. *dz*	Land	Jahr	Mill. *dz*
Belgien	1909	24,592	Schweiz	1906	12,713
Bosnien und Herzegowina	1908	1,374	Serbien	1910	0,440
Bulgarien	1910	0,117	Spanien	1911	24,770
Dänemark	1907	7,730	Europäische Türkei	1907/8	0,029
Deutschland	1911	343,742	Ungarn mit Kroatien und Slavonien	1912	50,471
Finnland	1910	4,284	Chile	1910/11	2,632
Frankreich	1911	115,279	Canada	1911	17,968
Großbritannien	1910	38,878	Ver. Staaten von Amerika	〃	79,671
Irland	1911	37,541	Japan	〃	5,986
Italien	1911	16,922	Neu-Süd-Wales	〃	1,230
Luxemburg	1911	1,214	Queensland	〃	0,159
Niederlande	1910	26,933	Südaustralien	〃	0,244
Norwegen	1911	5,586	Tasmanien	〃	0,714
Österreich	1911	116,050	Victoria	〃	1,662
Rumänien	1911	1,543	Westaustralien	〃	0,060
Rußland	1911	311,072	Algier	〃	0,459
Schweden	1911	15,549			

Kartoffelverbrauch der Brennereien im Gebiete der Reichssteuergemeinschaft in Mill. *dz*:

Jahr	Mill. *dz*	Jahr	Mill. *dz*
1902/1903	23,67	1907/1908	27,78
1903/1904	26,31	1908/1909	29,39
1904/1905	24,81	1909/1910	25,40
1905/1906	31,32	1910/1911	25,19
1906/1907	26,32	1911/1912	18,57

Sonstiger Rohstoffverbrauch:

Betriebsjahr (1. Oktober beginnend)	Verarbeitete Stoffe							
	Getreide und alle übrigen mehligen Stoffe *dz*	Melasse, Rüben und Rübensaft *dz*	Brauereiabfälle u. s. w. Hefenbrühe *hl*	Kernobst und Kernobsttreber *hl*	Steinobst *hl*	Obst- und Traubenwein *hl*	Weinhefe, Weintreber *hl*	Sonstige Stoffe *hl* (* *dz*
1902/1903	3518840	345010	85462	118156	128930	24286	386765	77620 (* 1609
1903/1904	3798460	363120	86061	87742	191141	20996	534099	86113 (* 1037
1904/1905	4144510	412740	80393	271323	392149	32990	619276	113748 (* 1072
1905/1906	4106860	303330	80613	96176	324621	27564	510242	115951 (* 555
1906/1907	4030580	335190	86932	140857	349840	30693	316675	112117 (* 1232
1907/1908	4022910	392690	87089	99547	537892	29453	311282	123387 (* 1347
1908/1909	3931920	324880	81754	352348	500514	63346	435888	133797 (* 1036
1909/1910	3410440	298700	90756	159616	405032	71417	276842	27379 (* 108
1910/1911	3202390	345820	87280	280276	215957	49314	215853	26452 (* 103
1911/1912	5087370	490980	82360	193701	336114	54361	324640	35597 (* 60

Erzeugung im Gebiete der Branntweinsteuergemeinschaft (Mill. *l* r. Alkohol):

Jahr	Mill. *l*	Jahr	Mill. *l*
1887/1888 – 1891/1892 Durchschnitt	296,9	1906/1907	384,1
1892/1893 – 1896/1897 〃	313,5	1907/1908	401,8
1897/1898 – 1901/1902 〃	381,1	1908/1909	425,5
1902/1903	338,2	1909/1910	364,2
1903/1904	385,4	1910/1911	346,8
1904/1905	378,7	1911/1912	345,6
1905/1906	437,7		

Die Erzeugung der einzelnen Brennereigattungen.

Betriebsjahre	Kartoffelbrennereien Mill. Liter	Hefebrennereien Mill. Liter	Getreidebrennereien (ohne Hefenerzeugung) Mill. Liter	Melassebrennereien Mill. Liter	Obst- und diesen gleichgestellte Brennereien Mill. Liter
Durchschnitt:					
1887/88–1891/92	230,1	38,6	11,6	12,6	2,6
1892/93–1896/97	243,7	39,3	13,7	13,7	3,4
1897/98–1901/02	308,6	41,3	18,0	12,1	3,3
1902/03	265,0	43,6	18,9	8,8	1,9
1903/04	304,7	45,7	23,5	9,3	2,3
1904/05	287,8	48,2	28,4	10,8	3,7
1905/06	351,8	48,0	26,5	8,3	3,1
1906/07	279,0	47,5	27,4	8,9	3,0
1907/08	314,8	48,4	24,4	10,3	3,8
1908/09	341,9	45,1	23,9	8,7	4,8
1909/10	293,8	35,8	23,3	7,3	3,8
1910/11	280,6	30,8	23,6	8,8	2,8
1911/12	249,9	30,0	49,6	12,8	3,4

Die Anzahl der Brennereien der verschiedenen Gattungen.

Betriebsjahre	Kartoffel-Brennereien		Getreide-Brennereien		Melasse-Brennereien	Material-Brennereien	Brennereien überhaupt	Darunter Hefe-Brennereien	
	landwirtschaftliche	gewerbliche	landwirtschaftliche	gewerbliche				landwirtschaftliche	gewerbliche
1887/88	6256	12	4431	953	19	36744	48415	772	498
1888/89	5137	8	3866	981	18	55642	65652	741	516
1889/90	6611	15	4189	916	18	37431	49180	718	496
1890/91	6364	24	5075	903	26	45374	57766	703	476
1891/92	5804	14	4802	875	39	48255	59789	652	456
1892/93	6230	40	5450	893	27	47385	60025	634	449
1893/94	5774	16	5772	870	27	59044	71503	626	443
1894/95	5611	20	6642	907	30	52167	65377	616	435
1895/96	5615	68	6654	1075	29	47322	60763	617	419
1896/97	5533	38	6967	1083	31	48456	61108	600	426
1897/98	5941	44	6980	1072	30	46712	60779	570	406
1898/99	5530	41	7837	1064	29	46425	60926	554	400
1899/00	6262	72	7648	1040	28	43974	59024	538	395
1900/01	5796	61	6164	884	27	61908	74840	519	385
1901/02	6459	78	7065	921	28	55307	69858	489	371
1902/03	6337	36	8436	789	29	45244	60871	454	356
1903/04	6059	22	8934	788	29	50190	66031	440	347
1904/05	6048	21	7620	780	29	57674	72172	409	336
1905/06	6367	33	8159	758	28	53050	68405	484	309
1906/07	5871	21	7966	752	29	50766	65405	372	301
1907/08	6583	25	7431	734	28	51944	66745	346	289
1908/09	6404	26	6594	730	27	60189	73970	332	285
1909/10	5949	18	7221	710	27	53311	67236	342	254
1910/11	5577	17	7626	710	30	49377	63337	300	248
1911/12	4992	10	8357	727	31	52403	66520	296	227

Trinkverbrauch.

	Millionen Liter	pro Kopf der Bevölkerung Liter		Millionen Liter	pro Kopf der Bevölkerung Liter
Vor 1887	300,0	6,2	vor 1903/04	232,6	4,0
1888/92	218,6	4,4	1904/05	220,3	3,7
1892/97	222,3	4,3	1905/06	226,2	3,8
1897/98	225,9	3,8	1906/07	242,8	4,0
1898/99	240,9	4,4	1907/08	238,9	3,8
1899/1900	237,6	4,3	1908/09	269,1	4,2
1900/01	240,3	4,2	1909/10	178,0	2,8
1901/02	237,6	4,1	1910/11	196,9	3,0
1902/03	232,7	4,0	1911/12	193,3	2,9

Verbrauch an vollständig vergälltem Spiritus.

	Millionen Liter	pro Kopf der Bevölkerung Liter		Millionen Liter	pro Kopf der Bevölkerung Liter
1899/1900	64,48	1,1	1906/07	104,85	1,7
1900/01	73,59	1,3	1907/08	113,92	1,9
1901/02	76,36	1,3	1908/09	104,00	1,6
1902/03	88,26	1,5	1909/10	121,70	1,9
1903/04	99,61	1,7	1910/11	123,60	1,9
1904/05	83,64	1,4	1911/12	128,00	2,0
1905/06	93,27	1,5			

Verbrauch an ausländischem Trinkbranntwein.

	Millionen Liter r. A.		Millionen Liter r. A.
1900/01	1,5	1906/07	2,9
1901/02	2,3	1907/08	2,9
1902/03	2,6	1908/09	5,8[1]
1903/04	2,5	1909/10	1,4
1904/05	2,6	1910/11	1,9
1905/06	2,7	1911/12	1,1

Ausfuhr an rohem und gereinigtem Branntwein

	in Millionen Litern		in Millionen Litern
1897/98	8,076	1905/06	16,826
1898/99	22,021	1906/07	21,561
1899/1900	16,000	1907/08	1,736
1900/01	18,799	1908/09	1,064
1901/02	21,962	1909/10	1,023
1902/03	37,643	1910/11	1,175
1903/04	7,499	1911/22	1,183
1904/05	0,425		

Spirituspreise.

Verwertungspreis der Centrale.

	M. pro Hektoliter r. Alkohol		M. pro Hektoliter r. Alkohol
1899/1900	41,5	1906/07	43,3
1900/01	39,0	1907/08	51,25
1901/02	31,7	1908/09	41,51
1902/03	40,5	1909/10	43,03
1903/04	46,5	1910/11	44,31
1904/05	56,0	1911/12	52,02
1905/06	42,5		

Preise für Brennspiritus.

	pro Liter 90% Pfennige	pro Liter 95% Pfennige		pro Liter 90% Pfennige	pro Liter 95% Pfennige
1900/01	30	35	1906/07	28	30
1901/02	25	30	1907/08	30	32
1902/03	25	30	1908/09	30	32
1903/04	30	35	1909/10	30	32
1904/05	40	43	1910/11	30	32
1905/06	30	33	1911/12	32	35

Branntweinsteuer und Zollertrag.

	Steuerertrag M.	Zoll M.		Steuerertrag M.	Zoll M.
1899/1900	143 114 000	13 109 000	1906/1907	144 377 000	6 722 000
1900/1901	153 077 000	3 303 000	1907/1908	146 971 000	6 656 000
1901/1902	155 932 000	5 227 000	1908/1909	159 735 000	13 311 000[3]
1902/1903	137 069 000	5 830 000	1909/1910	178 957 000[2]	5 252 000
1903/1904	139 331 000	5 635 000	1910/1911	206 098 000	7 249 000
1904/1905	132 496 000	5 868 000	1911/1912	202 968 000	5 095 000
1905/1906	142 105 000	5 831 000			

[1] Wegen der starken Vorversorgung höher.
[2] Branntweinsteuergesetzänderung.
[3] Vorversorgung.

Spirituserzeugung, Verbrauch, Ein- und Ausfuhr einiger außerdeutscher Länder in Millionen Litern.

	Land	Erzeugung	Trinkverbrauch	Technischer Verbrauch	Ausfuhr
1911/1912	Österreich-Ungarn	277,026	195,095	48,196	5,415
1911/1912	Rußland	550,400	437,900	38,893	52,800
1912	Frankreich	331,000	?	69,320	31,700
1911/1912	Italien	26,063	?	(11) 11,466	(12) 0,072
1912	Großbritannien und Irland	119,300	33,147	9,657	26,600
1911/1912	Vereinigte Staaten von Amerika	354,970	257,020	26,420	3,880
1910	Niederlande	35,050	?	?	20,450
1911	Belgien	34,700	?	?	2,550
1912	Dänemark	14,530	12,850	1,920	0,400
1911/1912	Schweden	20,107	?	3,450	0,089
	Norwegen	0,500			0,060

Der Verbrauch alkoholischer Getränke in den Haupt-Kulturländern nach Dr. KIRMSE.

Durchschnittliche Menge des Konsums von Branntwein pro Kopf der Bevölkerung in Litern.

Land	1885/1889	1890/1894	1895/1899	1900/1904	1905/1909	1885/1909
Frankreich	7,64	8,66	8,73	7,55	6,0	7,72
Belgien	8,9	9,5	8,84	7,72	4,9	7,97
Niederlande	8,98	8,86	8,35	7,98	6,3	8,09
Italien	1,5	1,33	1,08	1,28	1,9	1,42
Schweiz	–	6,05	5,82	5,1	3,5	5,09
Dänemark	14,52	14,84	14,8	14,0	10,4	13,71
Großbritannien und Irland	4,3	5,58	4,68	4,7	3,9	4,63
Deutschland	8,1 [1]	8,8	8,64	8,4	6,7	8,13
Österreich-Ungarn	8,8	10,26	10,52	10,3	7,0	9,36
Vereinigte Staaten von Amerika	4,86	5,24	4,22	5,34	5,6	5,05
Schweden	7,1	6,82	7,64	7,92	6,0	7,07
Rußland	6,46	4,86	4,84	4,94	5,2	5,26
Norwegen	3,1	3,77	2,72	3,3	2,6	3,10

Durchschnittliche Menge des als Branntwein genossenen Alkoholes pro Kopf der Bevölkerung in Litern.

Land	1885/1889	1890/1894	1895/1899	1900/1904	1905/1909	1885/1909
Frankreich	3,06	3,46	3,49	3,02	2,4	3,09
Belgien	3,56	3,80	3,54	3,09	2,0	3,19
Niederlande	3,59	3,54	3,34	3,19	2,52	3,24
Italien	0,60	0,53	0,43	0,51	0,76	0,57
Schweiz	–	2,42	2,33	2,04	1,40	2,04
Dänemark	5,81	5,93	5,92	5,6	4,14	5,48
Großbritannien und Irland	1,72	2,23	1,87	1,88	1,56	1,79
Deutschland	3,24	3,52	3,48	3,36	2,68	3,25
Österreich-Ungarn	3,52	4,50	4,21	4,12	2,8	3,75
Amerika	1,94	2,09	1,69	2,13	2,24	2,02
Schweden	2,84	2,73	3,06	3,17	2,4	2,83
Rußland	2,58	1,94	1,94	1,97	2,28	2,10
Norwegen	1,24	1,51	1,09	1,32	1,04	1,24

Wirtschaftliches.

Das Brennereigewerbe ist für das Wirtschaftsleben Deutschlands von enormer Bedeutung. Es ist ein hervorragender Abnehmer für die Erzeugnisse unserer Landwirtschaft. 20–30 Mill. *dz* Kartoffeln, 3–5 Mill. *dz* Getreide, nahezu eine halbe Mill. *dz* Melasse, Rüben und Rübensäfte, bedeutende Mengen Brauereiabfälle, Kern-

[1] Nur 1888/1889.

obst, Steinobst, Obst- und Traubenwein, Weinhefe und Weintreber gelangen jährlich in den Brennereien zur Verarbeitung auf Spiritus. Aber auch in anderer Hinsicht ist das Brennereigewerbe für die Landwirtschaft außerordentlich segensreich. Bei der Spiritusfabrikation, soweit sie nicht mit Hefegewinnung verbunden ist, werden nur die Kohlehydrate der Rohstoffe in Alkohol verwandelt, während die hauptsächlich dem Boden entstammenden stickstoffhaltigen Bestandteile und die Salze in der Schlempe zurückbleiben und zur Viehfütterung verwendet werden. Auf diese Weise gelangen sie zum Teil wieder in den Boden, dem sie entnommen sind, zurück. Da die Schlempe ein außerordentlich nährkräftiges und billiges Futter ist, so ist es in mit Brennereien verbundenen Wirtschaften möglich, größere Mengen Vieh zu halten als in solchen ohne Brennerei. Hierdurch wird die Dungproduktion ganz wesentlich erhöht, was wiederum eine Anreicherung des Bodens an Nährstoffen zur Folge hat, durch welche die Ernteerträgnisse gesteigert werden. Die Brennerei ermöglicht in vielen Gegenden ausgedehnten Kartoffelanbau, der sonst wegen ungünstiger Absatz- und Transportverhältnisse nur in geringem Umfange möglich wäre. Aus diesem Grunde ist die Kartoffelbrennerei hauptsächlich in den östlichen Provinzen Deutschlands zuhause. Die Verwertung des Spiritus macht diesen für das Wirtschaftsleben Deutschlands unentbehrlich. Während er früher hauptsächlich zu Trinkzwecken verwendet wurde, hat in letzterer Zeit seine Verwendung zu technischen Zwecken dank der von der Zentrale für Spiritusverwertung dafür aufgewendeten Mühe außerordentlich zugenommen. Der Verbrauch an vergälltem Spiritus ist vom Jahre 1900 bis zum Jahre 1912 von 64 Mill. *l* auf 128 Millionen gestiegen. Trotz der großen Konkurrenz, die dem Spiritus aus den immer mehr entstehenden elektrischen Überlandzentralen erwächst, nimmt der Verbrauch an solchem für Beleuchtungszwecke dank den Verbesserungen, die die Spiritusglühlampen in den letzten Jahren erfahren haben, immer noch bedeutend zu. Auch die chemische Industrie ist ein starker Abnehmer für Spiritus. Die Fabriken von Farbstoffen, Zwischenprodukten und pharmazeutischen Präparaten, Nitrocellulose- und Kunstseidefabriken benötigen davon große Mengen. Die Essigindustrie, die unter der Konkurrenz des Holzessigs sehr zu leiden hat und stark zurückgegangen ist, benötigt immer noch jährlich ca. 15 Mill. *l* Spiritus. Auch für medizinische Zwecke wird er sehr viel angewendet. In neuerer Zeit hegt das Spiritusgewerbe die Hoffnung, daß der Rückgang, den es in den letzten Jahrzehnten und speziell in den letzten Jahren infolge der enormen Steuererhöhung durch den Rückgang des Trinkverbrauchs erlitten hat, durch die Erhöhung des Verbrauchs für technische Zwecke wieder ausgeglichen wird, zumal auch die Regierung diesen wesentlich fördert. Vor allem setzt man große Hoffnungen darauf, daß die chemische Industrie ihn in Zukunft immer mehr als Rohmaterial zur Herstellung ihrer Produkte benötige und so den Spiritus, der wegen seiner hohen Erzeugungskosten kaum exportiert werden kann, exportfähig mache.

Literatur: CARL WILHELM SCHMIDT, Die Branntweinbrennerei auf der höchsten Stufe der jetzigen Zeit. Posen-Leipzig 1809. – J. C. MUNTZ, Neuentdecktes Verfahren, die Gerste zum Branntweinbrennen zu benutzen. Neustadt a. d. Orla 1828. – J. C. MUNTZ, Anleitung zum Schnellbrennen des Branntweins aus Getreide und Kartoffeln. Neustadt a. d. Orla 1830. – FRIEDR. SPICHER, Gründliche Anweisung der Branntweinbrennerei nebst Vervollkommnung der Hefefabrikation. 1837. M. L. MOEWES, Die Destillierkunst. Berlin 1841. – J. H. L. PISTORIUS, Praktische Anleitung zum Branntweinbrennen. 2. Aufl. Berlin 1841. – FRIEDR. SCHWARZE, HERMBSTÄDTS chemische Grundsätze der Kunst, Branntwein zu brennen. Berlin 1841. 3. Aufl. – L. GUMBINNER, Das Wichtigste und Interessanteste aus dem Brennereibetriebe. Berlin 1855. – HAMILTON, Offene Briefe über Branntweinbrennerei. Königsberg 1857. – E. TROMMER, Lehrbuch der Spiritusfabrikation. Berlin 1858. – T. GLÄSER, Der praktische Branntweinbrennereibetrieb. Leipzig 1862. – C. SIEMENS, Anleitung zur Branntweinbrennerei. Stuttgart 1869. – ADOLF V. KUPFFER, Handbuch der Alkoholometrie. Berlin 1865. – CARL BALLINO, Die Branntweinbrennerei. Prag 1865. – A. KÖRTE, Die Branntweinbrennerei. Breslau 1870–1876. 1., 2. u. 3. Aufl. – H. HUSS, Der gesamte Brennereibetrieb. Berlin 1871. – AUGUST HAMILTON, Brennereierfahrungen. Leipzig 1873. – UDO SCHWARZWÄLLER, Lehrbuch der Spiritusfabrikation. Leipzig 1874. – UDO SCHWARZWÄLLER, Schule der praktischen Spiritusbrennerei. Hannover 1875. L. GUMBINNER, Katechismus der Spiritusfabrikation. Wien 1875. – ALOIS SCHÖNBERG, Populäres Handbuch der Spiritus- und Preßhefefabrikation. Wien 1875. – K. STAMMER, Der Wegweiser in der Branntweinbrennerei. Braunschweig 1876. – ERNST HORN, Neue Spiritusbrennerei. Weimar 1876. – E. FUCHS, Die Branntweinbrennerei. Berlin 1876. – C. V. NÄGELI, Die niederen Pilze. München 1876. – MAX MAERCKER, Chemische Untersuchungen auf dem Gebiete der Spiritusfabrikation. Berlin 1877. – MAERCKER-DELBRÜCK, Handbuch der Spiritusfabrikation. 1.-9. Aufl. Berlin 1877–1908. – P. BEHRENT u. M. MAERCKER, Gewährt die Dünnmaischung gegenüber der Dickmaischung einen erheblichen Vorteil durch die Erhöhung der Erträge? Berlin 1878. – DUJARDIN-BEAUMETZ, Recherches experimentales sur la puissance toxique de l'Alcool. Paris 1876. – FRIEDR. LARSSEN, Tabellen zur Vorausbestimmung der Alkoholausbeute aus mit Hülsen gemengten Maischen. Riga 1880. – JOSEF BERSCH, Die Spiritusfabrikation und Preßhefebereitung. Berlin 1881. – JOSEF REIS, Bereitung der Brennereikunsthefe. Wien-Pest-Leipzig 1883. – E. GELBKE, Der rationelle praktische Branntweinbrenner oder die Spiritusfabrikation aus Kartoffeln und Getreide. Reval 1884. – H. LUNGE, MAYER, SCHULZE, Über die analytische Bestimmung und technische Beseitigung des Fuselöls im Sprit. Bern 1884. – ADOLF WILFERT, Die Kartoffel- und Getreidebrennerei. Wien 1885. – HEINRICH BÖHM, Das Neueste und Interessanteste der gesamten Branntweinbrennereikunde. Berlin 1885. – ALFRED JÖRGENSEN, Die Mikroorganismen der Gärungsindustrie. Berlin 1886–1898. – E. EIDHERR, Der chemisch-technische Betriebsleiter. Wien 1886. LADISLAUS V. WAGNER, Handbuch der Spiritusfabrikation. Weimar 1888. – HERMANN BRIEMS, Die Rübenbrennerei. Wien 1888. – Kais. Normalaichungskommission, Tafel zur Ermittlung des Alkoholgehaltes von Spiritusmischungen. Berlin 1888. – EUGEN SELL, Über Branntwein, seine Darstellung und Beschaffenheit. Berlin 1888. – HUGO SCHULZ, Über Hefengifte. Bern 1888. MELCHIOR STENGLEIN, Betriebsanleitung für Kornbranntweinbrennerei. Berlin 1890. – ALFRED KOCH, Jahresbericht über die Fortschritte in der Lehre von den Gärungsorganismen. Braunschweig-Leipzig 1890. – FRITSCH-GUILLEMIN, Traité de la Distillation. Paris 1890. – MELCHIOR STENGLEIN, Betriebsanleitung für Kartoffel-, Getreide- und Melassebrennerei. Berlin 1890. – MAX MAERCKER, Das Flußsäureverfahren in der Spiritusfabrikation. Berlin 1891. – ANTONIO DA PIAZ, Die Kognak- und Weinfabrikation. Wien 1891. – KARL WINDISCH, Über die Zusammensetzung der Trinkbranntweine. Berlin 1892. – KARL WINDISCH, Tafel zur Ermittlung des Alkoholgehalts. Berlin 1893. – A. BAUDIEN, Les Eaux de vie et la Fabrication du Cognac. Paris 1893. E. HAUSBRAND, Die Wirkungsweise der Rektifizier- und Destillationsapparate. Berlin 1893 1903. – FRANZ LAFAR, Technische Mykologie. Jena 1893. – J. A. NETTLETIN, The Manufacture of Spirit. London 1893. – HEINRICH WICHMANN, Neuere Hefereinzuchtapparate. Wien 1894. – MAX DELBRÜCK, 25 Jahre Brennereibetrieb. Berlin 1894. – E. BARBET et G. ARACHEQUESNE, Manuel Théorique et Pratique des Fabricants d'Alcool et d'eaux de vie. Paris 1894. – PAUL LINDNER, Mikroskopische Betriebskontrolle in den Gärungsgewerben. Berlin 1895–1905. – KARL WINDISCH, Die Zusammensetzung des Kirschbranntweins. Berlin 1895. – MAX DELBRÜCK, Natürliche Hefereinzucht. Berlin 1895. – KARL STAMMER, Die Branntweinindustrie. Braunschweig 1895. – KARL WINDISCH, Die Zusammensetzung des Zwetschenbranntweins. Berlin 1898. – D. MAX BÜCHELER, Leitfaden für den landwirtschaftlichen Brennereibetrieb. Braunschweig 1898. – Alkoholermittlungsordnung. Berlin 1899, 1900. – SITNIKOFF u. ROMMEL, Vergleichende Untersuchungen über einige Amylomycesarten. Berlin 1900. – J. DUJARDIN, Recherches retrospectives sur l'art de la Distillation. Paris 1900. – MAX MAERCKER, Anleitung zum Brennereibetrieb. Berlin 1900. – R. KUSSEROW, Der Brennereibetrieb. Berlin 1900. ALBERT KLOECKER, Die Gärungsorganismen. Stuttgart 1900. – EMIL BAUER, Verfahren zur Vergärung stärkemehlhaltiger Materialien ohne Malzhefe und ohne Milchsäurebildung. Raab 1900. – ALFRED JÖRGENSEN, Die Hefe in der Praxis. Berlin 1901. – M. BARSIONN, Über die bakterientötende Wirkung des Alkohols und des Spir. sap. Berlin 1901. W. CHRISTECH, Die Malzbereitung auf Horden in der Spiritusbrennerei. Krizanan 1901. – MAX DELBRÜCK, Die Lage des Brennereigewerbes. Berlin 1901. – Jahrbuch des Vereins der Spiritusfabrikanten. Berlin 1901–1913. – ERNST LANGE, Der Zusammenschluß der deutschen Spiritusindustrie. Berlin 1901. – OSWALD RICHTER, Die Bedeutung der Reinkultur. Berlin 1901. – MAX DELBRÜCK, Hefe und Gärung. Berlin 1902. – – K. FEHRMANN, Die Verwendung des Spiritus für technische Zwecke in Frankreich. Berlin 1902. – M. LINDET, L'éclairage et la chauffage par l'alcool. Paris 1902. – DELBRÜCK-SCHÖNFELD, System der natürlichen Hefereinzucht. Berlin 1903. – D. SIDERSKY, Les Usages industriels de l'alcool. Paris 1903. – ADOLF MAYER, Die Branntweingewinnung und Besteuerung. Tauberbischofsheim 1903. – O. ALMEIDA, Assucar et Alcohol na Bahia. Rio de Janeiro 1903. – Congrès des Applications de l'Alcool dénaturé. Paris 1903. – DELBRÜCK-LANGE, Maerckers Brennereibetrieb. Berlin 1904. DELBRÜCK-HEINZELMANN-LANGE, Regeln für einen geordneten Brennereibetrieb. Berlin 1904. – S. FEITLER, Die Gewinnung von Alkohol aus Holzabfällen. Wien 1904. - Bericht über technische Arbeiten auf dem Gebiete der Branntweinsteuer. Befreiungsordnung. Berlin 1904–1906. – MELCHIOR STENGLEIN, 24stündige Hefeführung und 48stündige Gärfrist der Maischen in Kartoffel- und Getreidedickmaischbrennereien. Verfahren von Bücheler. Berlin 1904. – Tabellen mit dazu gehörigem Text über die chemische Kontrolle von fiskalischem Branntwein. Petersburg 1904. – N. WENDER, Die Verwertung des Spiritus für technische Zwecke. Wien-Leipzig 1904. – DELBRÜCK-SCHROTE, Hefe, Gärung und Fäulnis. Berlin 1904. – GEORG FOTH, Vergärung und Alkoholertrag der Kartoffelmaischen. Berlin 1905. – DELBRÜCK-WITTELSHÖFER, Regeln für einen geordneten Brennereibetrieb und Sicherstellung ihrer Anwendung. Berlin 1905. – P. BOISSONADE, La fabrikation et la commerce des Eaux de vie Charentoises. Angoulême 1905. – HASEK-LINDNER-KUES, Reinhefe und Reinzuchtsystem. Jena 1905. – W. BEHREND, Spiritus contra Petroleum. Berlin 1906. – ALBERT KLOECKER, Die Gärungsorganismen in der Theorie und Praxis der Alkoholgewerbe. Stuttgart 1906. – W. SEIFERT, Über die Veredelung des Gelägerbranntweins. Klosterneuburg 1906. – GYULA SZILAGYI, A Szeszgyártás Üzemanch Ellenörése. Budapest 1906. – BUCHWALD u. BAKER, An Atlas of the Saccharomycetes. London 1906. – FRITZ HAYDUCK, Über die Bedeutung des Eiweißes im Hefeleben. Berlin 1906. – HUGO LINSCHMANN, Die Spiritusindustrie. Stuttgart 1907. – F. G. KOHL, Die Hefepilze. Leipzig 1908. – DONATH-GRÖGER, Kurzgefaßtes Lehrbuch der Spiritusfabrikation. Leipzig-Wien 1908. – A. CLUSS, Brennerei. Hannover 1908. – MAXIMILIAN LETZRING, Die landwirtschaftliche Brennerei. Berlin 1908. – W. HENNEBERG, Gärungsbakteriologisches Praktikum. Berlin 1909. – MASTBAUM, Eaux de vie et alcools du Portugal. Coimbra 1909. – MAX RUBNER, Die Ernährungsphysiologie der Hefenzellen bei alkoholischer Gärung. Leipzig 1913.

Zeitschriften.

Alcohol, Berlin. – Annales de la Brasserie et de la Distillerie, Paris. – Annales de l'institut Pasteur, Paris. – Branntweinbrenner, Der, Bunzlau. – Brennereileiterverbandswochenblatt, Berlin. – Brennereizeitung, Berlin. – Brennereizeitung, Österreichische, Czernowitz. – Bulletin de l'institut Pasteur, Paris. – Centralblatt für Bakteriologie, Parasitenkunde, Infektionskrankheiten, Abt. II, Jena. – Destillateur und Liqueurfabrikant, Der, Leipzig. – Destillateurzeitung, Deutsche, Berlin. – Destillateur und Liqueurfabrikant, Leipzig. – Korrespondenz der Abt. f. Trinkbranntwein und Liqueurfabrikation am Inst. f. Gärungsgewebe, Berlin. – Mitteilungen für Kornbrennerei u. Preßhefefabrikation, Sachsenhausen i. M. – Mycologisches Centralblatt, Jena. – Pure Produits, New York. – Spirituosenzeitung, Deutsche, Neustadt a. d. Haard. – Spirituosenzeitung, Österr., Wien. – Spiritus- und Spirituosenrundschau, Berlin. – Spiritusindustrie, Die, Budapest. – Zeitschrift für Gärungsphysiologie, Wien. – Zeitschrift f. Spiritusindustrie, Berlin. – Zeitung f. Spiritus- und Stärkeindustrie. München.

Ellrodt.

Äthylamine s. Alkylamine S. 260.

Äthylanilin s. Anilin S. 445.

Sachregister zum I. Band.

E.

F.

L

M.

N.

O.

P.